U0323054

第二届精细爆破东湖论坛暨
第十二届中国爆破行业学术会议
论 文 集

谢先启　　主编

北　京

冶 金 工 业 出 版 社

2023

内 容 提 要

本书基于第二届精细爆破东湖论坛暨第十二届中国爆破行业学术会议征集论文编辑而成。书中收录了学术论文 150 篇，分为综述与爆破理论、岩土爆破与水下爆破、拆除爆破、特种爆破、爆破器材与装备、爆破测试技术与安全管理六大部分。内容反映了近年来我国爆破行业在爆破新理论、新技术、新材料、新装备，特别是以精细爆破为基础的爆破模拟技术、数字爆破技术和智能化爆破技术及爆破器材与装备等的研发与应用方面取得的长足进步与丰硕成果。

本书可供爆破领域的工程技术人员及相关科研、教学和管理人员参考阅读。

图书在版编目（CIP）数据

第二届精细爆破东湖论坛暨第十二届中国爆破行业学术会议论文集／谢先启主编 . —北京：冶金工业出版社，2023.9
  ISBN 978-7-5024-9634-0

  Ⅰ.①第…　Ⅱ.①谢…　Ⅲ.①爆破技术—学术会议—中国—文集
Ⅳ.①TB41-53

中国国家版本馆 CIP 数据核字（2023）第 177795 号

第二届精细爆破东湖论坛暨第十二届中国爆破行业学术会议论文集

出版发行	冶金工业出版社	**电　话**	(010)64027926
地　址	北京市东城区嵩祝院北巷 39 号	**邮　编**	100009
网　址	www.mip1953.com	**电子信箱**	service@mip1953.com

责任编辑　郭雅欣　程志宏　美术编辑　吕欣童　版式设计　郑小利
责任校对　石　静　责任印制　禹　蕊
北京捷迅佳彩印刷有限公司印刷
2023 年 9 月第 1 版，2023 年 9 月第 1 次印刷
787mm×1092mm　1/16；87.5 印张；2350 千字；1376 页
定价 380.00 元

投稿电话　（010）64027932　投稿信箱　tougao@cnmip.com.cn
营销中心电话　（010）64044283
冶金工业出版社天猫旗舰店　yjgycbs.tmall.com
（本书如有印装质量问题，本社营销中心负责退换）

《第二届精细爆破东湖论坛暨第十二届中国爆破行业学术会议论文集》

编 委 会

序

　　工程爆破是利用炸药爆炸所产生的巨大能量对介质做功，达到预定工程目标的作业过程。我国工程爆破历经 70 多年的发展壮大，已从最初的经验科学发展成一门相对完整的学科体系，并广泛应用于交通、采矿、水利水电、城市建设和新材料加工等领域中，成为国民经济建设中不可或缺的基础学科。

　　精细爆破是当前爆破科技发展的新阶段，即通过定量化的爆破设计、精心的爆破施工、精细化的管理，以及对炸药爆炸能量释放与介质破碎、抛掷等过程的精确预测，达到预期的爆破效果，并实现爆破有害效应的有效控制。其测量、装备、计算、模拟过程更为准确、高效，爆破作业也更加安全可靠、绿色环保、经济合理。

　　精细爆破这一概念由本论坛学术委员会主席谢先启院士提出，并逐步被我国爆破行业所认可和推广应用。中国爆破行业协会于 2008 年在武汉组织了"精细爆破"研讨会，湖北省科技厅于 2009 年在武汉组织召开了"精细爆破"科技成果鉴定会。在 2021 年举办的首届精细爆破东湖论坛上，我与 30 多名院士对行业科技进行探讨，经过十多年的快速发展，我国爆破行业在精细爆破方面积累的科技成果已经非常丰硕。

　　本届精细爆破东湖论坛和第十二届中国爆破行业学术会议一起召开，对进一步促进爆破科技及相关学科的技术创新，实现我国爆破行业的高质量、可持续发展具有重要意义。《第二届精细爆破东湖论坛暨第十二届中国爆破行业学术会议论文集》收录了近年来我国爆破行业在科技创新特别是精细爆破方面取得的新成果，具有较高的学术价值和重要的工程指导意义。

　　我相信，随着科学计算、大数据、云计算、数值模拟等技术的发展，以及装备和器材的完善与进步，我国爆破科技在推动国民经济建设方面必将有更大的作为。

中国爆破行业协会名誉会长

中 国 工 程 院 院 士

2023 年 8 月 28 日

前　　言

2023 年，是我国实施"十四五"规划承上启下的关键之年，正值全国上下深入开展学习贯彻习近平新时代中国特色社会主义思想主题教育、全力以赴推动高质量发展取得新成效之际，我国爆破行业迎来了第二届精细爆破东湖论坛暨第十二届中国爆破行业学术会议。

近年来，受世界经济波动下行影响，我国经济处于波浪式发展、曲折式前进的过程。基此，我国爆破行业全面贯彻新发展理念，扎实推进高质量发展，在爆破新理论、新技术、新材料、新装备的研发与应用等方面取得了长足的进步与丰硕的成果，例如以精细爆破为基础的爆破模拟技术、数字爆破技术和智能化爆破技术及爆破器材与装备等都取得了新突破。本次会议旨在展示与交流我国爆破行业近年来的科技创新成就与生产应用成果，进一步提升我国爆破行业科技、安全和管理水平，促进我国爆破行业高质量、可持续发展。

本次学术会议由中国爆破行业协会、精细爆破国家重点实验室和中国力学学会工程爆破专业委员会共同主办。截至 2023 年 8 月初，共收到全国 23 个省（区、市）提交的学术论文 199 篇。2023 年 8 月 13—15 日在南京召开了会议论文审稿会。来自全国各地的 41 名行业专家、学者经过两天认真负责的严格审查与仔细修改，最终确定录用 150 篇论文汇编成《第二届精细爆破东湖论坛暨第十二届中国爆破行业学术会议论文集》。论文集按照综述与爆破理论、岩土爆破与水下爆破、拆除爆破、特种爆破、爆破器材与装备、爆破测试技术与安全管理六大部分编排，基本覆盖了爆破行业的主要方面，较好地展示了近年来我国爆破行业的科技进步。论文集内容充实丰富，水平较高，可供国内外爆破行业的同仁们学习和参考。

面向新时代、新征程、新伟业，我们在科技创新方面要有新理念、新思想、新战略。要坚持以习近平新时代中国特色社会主义思想为指导，深入贯彻落实党的二十大精神，团结奋斗、开拓创新、坚定信念、勇毅前行，在创新中培育我国爆破行业高质量发展的新引擎，在创新中构建促进经济可持续增长的新动力。

　　鉴于时间紧迫和水平所限，论文集中不足之处，恳请广大读者指正。

中国爆破行业协会会长

中 国 工 程 院 院 士

2023 年 8 月 28 日

目　　录

综述与爆破理论

基于动能和应变能联合破碎理论的台阶爆破块度预测模型

　　　　　　　　　　　　　　　　卢文波　孟　婷　郑嘉惟　等　3

绿色爆破及其技术体系 …………… 周桂松　钟东望　冷振东　等　11

埋地管道结构爆破振动安全控制研究进展 ……… 蒋　楠　周传波　姚颖康　等　20

基于爆炸能量的炸药岩石匹配试验研究 ……… 陶　明　朱兆祯　洪志先　等　32

拟柱体破坏理论及其在台阶爆破智能设计中的应用 ……… 杨　军　徐　轩　李立杰　44

富水裂隙殉爆检测与防止方法研究 ……… 费鸿禄　包士杰　李文焱　54

岩石节理对光面爆破成型的影响机制研究 ……… 胡英国　马晨阳　丁照祥　等　66

基于正交经验模态分解的爆破延时识别与应用 …………… 刘连生　易文华　刘　昇　82

基于现场混装炸药作业的高原隧道爆破优化设计方法研究

　　　　　　　　　　　　　　　　周桂松　冷振东　刘　令　等　98

不同耦合介质爆破裂纹动态扩展特性研究 ……… 王雁冰　付代睿　李　杨　等　110

岩石边坡坡面爆破振动放大效应的产生机制 ……… 赵逢泽　刘君雄　陈　明　等　126

隧道爆破应力波理论分析模型及验证 ……… 吉　凌　周传波　蒙贤忠　134

爆炸冲击下钻杆螺纹动态响应数值仿真 ……… 唐　凯　陈建波　马　峰　等　145

塌落冲击作用下土体动力响应模型试验与数值模拟研究

　　　　　　　　　　　　　　　　姚颖康　纪红皇　贾永胜　等　155

基于 Hough 变换的爆破裂纹定量统计研究 ………… 张久洋　徐振洋　王雪松　等　171

爆炸荷载作用下冰岩耦合体损伤规律数值模拟研究

　　　　　　　　　　　　　　　　徐振洋　刘万通　刘　鑫　等　180

铁路隧道空孔直孔掏槽数值模拟及其应用研究 ……………………… 李曙光　192

基于应力平衡效果指标的霍普金森试验数据处理方法

　　　　　　　　　　　　　　　　王雪松　徐振洋　邓　丁　等　206

基于 SHPB 试验探索与元胞模型构建的粉砂岩损伤阈值研究 ……… 张青成　刘殿书　220

预应力条件下不耦合装药系数对爆轰聚能效果的数值研究

　　　　　　　　　　　　　　　　孙博闻　郭　建　李　斌　等　227

条形药包爆轰波碰撞聚能传播特性的数值研究 ……… 李昱锦　陈　翔　缪玉松　等　238

循环冲击荷载作用下花岗岩损伤劣化试验研究 ……… 司剑峰　吴剑锋　249

钢结构构件聚能爆破侵彻规律及机理研究 …………… 周晓光 贾金龙 刘 康 等 257

炮孔壁峰值压强的理论计算方法探讨 …………… 张 贺 谢守冬 郭子如 等 268

含裂隙岩体单孔爆破应力波传播及裂缝扩展的数值模拟研究

…………………………………………… 黄铭皓 范 勇 杨广栋 等 276

爆炸荷载下不对称 Y 型裂纹扩展规律的试验研究 …… 苏 洪 龚 悦 王 猛 等 287

软岩隧洞轮廓开挖聚能爆破数值模拟与工程应用研究

……………………………………………… 蒲文龙 许路遥 刘 洋 等 298

高地应力隧道大直径空孔直孔掏槽爆破围压效应研究

……………………………………………… 周子龙 王培宇 蔡 鑫 等 308

爆破荷载作用下注浆结石体动态力学性能研究 ……… 何 如 李栋伟 代四龙 318

地下洞室开挖爆破对初期支护安全影响的综述 …… 张振康 赵 根 胡英国 等 328

关于营业性爆破作业单位高质量发展的思考 …………………… 郑德明 夏曼曼 336

岩土爆破与水下爆破

基于骨料块度控制的同一条件下矿山台阶爆破炮孔直径优化

……………………………………………… 叶海旺 余梦豪 韦文蓬 等 343

大直径空孔掏槽爆破数值模拟研究及现场试验 ………… 刘智兵 霍晓锋 施 鹏 354

基于地质体智能感知的隧道爆破设计方法及其应用

……………………………………………… 王军祥 吴佳鑫 郭连军 等 364

隧道掘进楔形掏槽精确延时爆破技术研究 ………… 胡 宇 李 峰 汪旻忠 等 379

多面临空条件下炮孔爆破设计与施工 ……………… 丁汉堃 石 磊 王 峰 等 388

深孔集束药包爆破施工技术及应用 ………………… 卜绍平 谭云飞 张智宇 398

炸药爆炸作用下几种形态采空区顶板损伤量化分析 … 潘 博 王雪松 李广尚 等 405

轴向全孔水间隔光面爆破参数优化与应用 ………… 王建国 张 伟 王 勉 等 415

临近重要建构筑物控制爆破新技术与应用 …………… 高毓山 鹿文娇 刘新宇 429

复杂环境下隧道开挖爆破振动控制方法及应用 …………………………… 胡柏阳 437

VCR 爆破法在水利工程出渣通道掘进中的应用 …… 汤 波 塞 彬 李克勇 等 447

临近既有高速公路高边坡开挖控制爆破技术 …………………… 张京亮 王仕虎 455

南芬露天矿上盘扩帮 18m 台阶提高爆破质量的控制措施 ……… 李兰彬 高毓山 466

带金属罩聚能管在高速公路隧道光面爆破中的应用 …………………………… 张俊兵 472

地下水封石油储备洞库群大断面隧道光面爆破技术

……………………………………………… 闫传波 何永春 周光凤 等 479

隧洞爆破实践中光爆孔孔底连续装药的原因、危害与对策 ……… 吴从清 张汉斌 490

矿山边坡无导爆索宽孔距预裂爆破技术试验研究 …… 赵良玉 刘丰博 张迎春 495

抽水蓄能电站地下厂房岩锚梁爆破施工技术 ………… 仇业振 郑 堃 孙 波 502

一种高位危岩体的爆破排险方法 …………………… 陈朝章 吴香善 唐银佩 509

复合式间隔装药结构在深孔台阶爆破中的应用 ……………… 张广贝 周建华 516

临近水岸石方水下钻孔爆破设计与施工 ……………… 管志强 冯新华 陈鹄 524

桥墩深基坑水下爆破控制成型开挖 ……………… 周志江 刘毅 邓智红 等 535

贴近建筑物的岩坎基槽一次成型爆破技术 ……………… 唐小再 刘桐 李荣磊 等 543

无人机航测技术在露天矿山精准爆破中的研究与应用

………………………………… 黄东兴 许龙星 张兵兵 等 554

缙云蓄能电站石方爆破技术 ……………… 李德林 田立中 徐旭东 等 560

复杂环境下临边爆破工程实践 ……………… 赵翔 谢钱斌 熊万春 等 566

中型断面隧洞开挖爆破的楔形与直缝联合掏槽技术 ……… 吴从清 张汉斌 汪坤林 572

水袋间隔装药爆破技术在隧道爆破中的应用 ……………………… 郭克举 575

拆 除 爆 破

城市复杂环境下高大楼房精细爆破拆除 ……………… 黄小武 谢先启 贾永胜 等 583

超高同轴薄壁钢内筒钢混凝土烟囱爆破拆除的研究

………………………………… 罗宁 柴亚博 张浩浩 等 597

高密度配筋立柱爆破合理炸药单耗研究 ……………… 张耀良 夏云鹏 吴庆 610

框架剪力墙结构楼房的精准转体控制爆破实践与应用 ……… 颜世骏 杨凯 公文新 617

18层框-筒结构楼房爆破拆除设计与模拟验证 ……… 苏健 闫鸿浩 李晓杰 等 627

复杂环境下混合结构火损危楼精细爆破拆除 ……… 叶小军 付艳恕 李卫群 等 639

大规模建筑群一次性爆破拆除施工 ……………… 段德胜 刘学庆 吕盛 等 650

复杂环境下椭圆形框剪楼房定向爆破技术 ……………… 孙飞 顾云 李飞 等 661

城市复杂环境下U形楼房爆破拆除 ……………… 贺攀 刘士兵 伍锡南 670

大跨度多功能剧场建筑物的控制爆破拆除 ……………… 罗伟 王明明 杨洪新 等 683

两座150m高钢筋混凝土烟囱同时爆破拆除 ……………… 任江 汪高龙 王潇 691

卸荷槽数量对双曲线冷却塔爆破倒塌过程影响的数值研究

………………………………… 张书鹏 余德运 杨威 等 700

小切口在高90m钢筋混凝土冷却塔爆破拆除中的应用 ……… 汪庆桃 孙向阳 710

复杂环境下超长肋拱式渡槽上部结构精细爆破拆除

………………………………… 刘桐 王璞 蒋跃飞 等 716

复杂环境空心墩简支超高架渡槽爆破拆除 ……………… 段筱冀 刘兵兵 牛江 等 727

取水口岩埂围堰控制爆破拆除设计与施工 ……………………… 胡安静 739

地下管桩水压爆破拆除 ……………… 陈豫生 樊荆连 樊荆江 752

特 种 爆 破

夹层爆炸焊接的焊接特性研究 …………………… 陈　翔　胡家念　黄佳雯　等　759

复合增效射孔枪孔眼外部压强分布检测方法研究 ……… 杨　斌　魏晓龙　郝志坚　等　778

氮氧混合体相变气体破岩理论分析 ……………… 张　娟　李运潮　李国良　等　783

CuCrZr/316L 爆炸焊接中空构件的制备及性能研究 … 张冰原　马宏昊　沈兆武　等　790

高温高压条件下油气井用管柱切割爆松技术研究及应用

……………………………………………… 郭同政　李　凯　朱建新　等　802

一种大尺寸钛/不锈钢法兰环件爆炸焊接方法的工艺研究

……………………………………………… 李　超　夏小院　夏克瑞　等　809

N06600/S30408 复合板复层焊缝裂纹产生机理研究

……………………………………………… 张越举　刘　洋　刘晓亮　等　816

自清洁射孔弹在岩石地层下的流动效率研究 ………… 刘玉龙　向　旭　陈　玉　等　821

二氧化碳相变膨胀过程的理论计算研究 …………… 杨利军　夏　军　席运志　等　828

含微量五羰基铁气相爆轰合成纳米碳材料 ………… 陈端花　李晓杰　闫鸿浩　等　836

高破裂压力储层新型定面复合射孔技术研究和应用

……………………………………………… 孙宪宏　姚志中　师西宏　等　846

影视烟剂配方与白烟控制技术研究 ……………… 赵国清　孟　强　刘忠民　857

LNG 海水汽化器用钛-不锈钢管板爆炸复合工艺研究

……………………………………………… 邢　昊　夏小院　方　雨　等　870

水平井避光纤定向射孔技术 ……………………… 贺红民　孙志忠　扈　勇　等　877

新型气能破岩技术露天台阶爆破钻爆参数优化研究

……………………………………………… 李国良　方　莹　朱振海　等　884

3D 打印不锈钢/纯铝爆炸焊接界面研究 …………… 黄佳雯　梁国峰　胡家念　等　892

临氢铬钼钒钢复合板的爆炸焊接实验研究 ………… 侯国亭　冯　健　刘献甫　等　902

纯铝与钛合金的爆炸焊接研究 …………………… 梁国峰　黄佳雯　胡家念　等　908

多层轻质金属复合爆炸焊接技术及界面微观结构特征研究

……………………………………………… 梁汉良　罗　宁　周嘉楠　等　917

新型气能破岩技术隧道掘进掏槽钻爆参数优化研究

……………………………………………… 李国良　方　莹　朱振海　等　925

爆炸焊接制备大比例碳钢-不锈钢复合板 …………… 张　杰　孙　建　许成武　等　933

铝铜等厚爆炸焊接复合板工艺研究 ……………… 张　杰　许成武　孙　建　等　937

热处理制度对改善 316L/Q345R 复合板爆炸硬化的影响

……………………………………………… 吴　好　刘　洋　李子健　等　942

激光调控含能材料爆炸驱动微尺度薄膜精密焊接实验研究

………………………………… 付艳恕　肖先锋　叶小军　等　948

不同厚度 N02201/Q245R 复合板热处理工艺研究 …… 刘　洋　陈　磊　吴　好　等　959

粉末孔洞的细观运动对爆炸压实结合机制的影响 ………………… 赵　帅　李晓杰　966

大规格钛-钢复合板的制备工艺及性能研究 ………… 王　丁　樊科社　薛治国　等　975

爆破器材与装备

冲击载荷作用下钽电容电压瞬变特性及微观机理研究

………………………………… 王家乐　李洪伟　王小兵　等　987

乳化炸药水下爆炸 TNT 当量系数数值计算分析 …… 王　博　王小红　李晓杰　等　996

火灾条件下乳化炸药安全性的数值分析 ………………………… 张　奇　于建波　1003

生物质燃料非稳态爆轰与破岩技术研究 ………… 沈兆武　何　泽　马宏昊　等　1011

井下专用乳化基质黏弹性分析 ………………… 孙伟博　杨　健　王　燕　等　1020

现场混装乳化炸药及其在地下矿山的应用 ………………… 刘万义　王肇中　1030

北京市电子雷管推广应用的现状与思考 ………… 关四喜　刘忠民　徐靖宇　等　1035

电子雷管-导爆管雷管混合起爆网路应用探讨 ……………… 张万斌　李强蜂　1040

电子雷管在复杂环境岩石路基爆破开挖中的应用 ……………… 李建设　王　冠　1046

电子雷管起爆系统在城镇暗挖中的应用 ………… 郭玉琪　闫鸿浩　李晓杰　等　1054

电子雷管延时设置影响因素及取值建议 ………………… 樊百平　万向东　1061

基于 HHT 分析的大断面隧道爆破数码雷管合理延时研究

………………………………… 谭成驰　覃献军　黄朝喜　等　1069

浅议工业电子雷管现场使用问题 ………… 王浩雨　张英豪　张立明　等　1076

数码电子雷管在某石灰岩矿山爆破中的应用 ……………………………… 焦永品　1081

水环境中爆破器材爆炸性能测试装置设计研究 …… 何声虎　刘　辉　汪思涵　等　1086

隧洞开挖爆破电子雷管拒爆及带炮问题探讨 ……………… 吴从清　张汉斌　1092

岩石钻孔爆破电子雷管合理时差的设置 ………… 成永华　郑长青　许　松　1096

一种新型内冲击激发式安全电子雷管的研究 …… 刘登程　聂　诚　王　爱　等　1103

有关电子雷管用点火药剂的探讨 ………… 李荣荣　张英豪　张立明　1112

某敏感区域电子雷管应用及振动分析 ………… 黄继龙　闫鸿浩　李晓杰　等　1121

基于 MBD 的水上施工平台设计与应用 ………… 陆少锋　范怀斌　王尹军　1127

模拟深地环境射孔性能试验装置研制 ………… 郭　鹏　唐顺杰　杨清勇　等　1139

一种新型伞式间隔装置研究与应用 ………… 郝亚飞　安振伟　张程娇　1151

矿山智能爆破关键装备器材与工程应用 ………… 李萍丰　许献忠　赵国瑞　等　1157

现场混装炸药预装药爆破关键技术研究与应用 ……………………………… 曾祥武　1176

爆破测试技术与安全管理

高陡边坡岩体爆破振动效应研究 ……………… 张声辉　高文学　郑小龙　等　1183

基于 PSO-LSSVM 模型的埋地钢管爆破振动速度预测研究

　　…………………………………… 涂圣武　钟冬望　贾永胜　等　1190

小净距隧道掘进爆破及其振动响应规律研究 ……… 李小帅　葛晨雨　张小军　等　1200

不同爆心距下隧道爆破振动波传播与衰减特性研究

　　…………………………………… 王军祥　马宝龙　宁宝宽　等　1211

超高钢筋混凝土烟囱爆破拆除早断控制方法研究 … 罗　鹏　刘昌邦　黄小武　等　1227

复杂环境下隧道爆破振动控制关键技术 ……………………… 张凤海　朱明德　1237

隧道爆破近区振动衰减规律研究 ……………… 许华威　凌贤长　丁　灏　等　1245

隧道爆破对既有线铁路隧道的振动安全影响分析 … 邓志勇　刘世波　付天杰　等　1254

智能化石油民爆设计与器材链管理系统设计与实现

　　…………………………………… 许君扬　王　峰　马　涛　等　1265

露天矿山爆破振动传播规律研究 ……………………………… 杨　飞　董恒超　1276

近距离下穿引水隧洞的地下爆破开挖振动控制研究

　　…………………………………… 张福炀　罗　伟　张　雷　等　1283

上跨既有高铁隧道掘进爆破振动响应分析 ………… 吴廷尧　阳　洋　张　旭　等　1294

爆破作业现场爆炸物品智能管控平台 ………… 赵宏伟　刘忠民　徐靖宇　等　1305

岩塞爆破安全监理实践与探讨 ………………… 黎卫超　赵　根　吴从清　等　1311

基于物联网技术的爆破作业全过程精细化管控 ……… 毛允德　王尹军　王清正　1317

废旧炮（炸）弹的辨识方法 ………………………………… 周明安　周晓光　1323

数码电子雷管使用人脸识别验证系统的探索 ……… 龙昌军　苏　皇　黄忠明　等　1331

物联网架构下爆破企业精细化管理研究 …………………………………… 黄兴诚　1339

无底柱分段崩落法爆破参数的优化 ……………… 任敦虎　李　焘　王　明　1347

基于智能无线爆破方案的安全管理实践 ……… 李　旺　宇永山　束学来　等　1357

激光销毁未爆弹药研究进展 ………………………………… 汪庆桃　吴克刚　1365

浅析民爆物品"五定管理模式"在煤矿生产中的应用 ……………………… 尹斌斌　1372

Contents

Overview and Blasting Theory

Prediction Model of Bench Blasting Fragments Based on the Theory of Joint Effects
of Strain-energy and Kinetic Energy ········ Lu Wenbo Meng Ting Zheng Jiawei, et al 3
Green Blasting and Its Technological System
················· Zhou Guisong Zhong Dongwang Leng Zhendong, et al 11
Research Progress on Safety Control of Blasting Vibration of Buried Pipeline Structures
················· Jiang Nan Zhou Chuanbo Yao Yingkang, et al 20
Experimental Study for the Matching of Explosives and Rocks Based on Blasting Energy
················· Tao Ming Zhu Zhaozhen Hong Zhixian, et al 32
Prismatoid Failure Theory and Its Application in Intelligent Design of Bench Blasting
················· Yang Jun Xu Xuan Li Lijie 44
Research on Detection and Prevention Methods for Sympathetic Detonation in Water-rich
Fissure ················· Fei Honglu Bao Shijie Li Wenyan 54
Research on the Influence Mechanism of Smooth Blasting Forming of Jointed Rock Mass
Tunnel ················· Hu Yingguo Ma Chenyang Ding Zhaoxiang, et al 66
Blasting Delay Identification Based on Orthogonal Empirical Mode Decomposition
and Its Application ················· Liu Liansheng Yi Wenhua Liu Sheng 82
Optimization Design Method of High Altitude Tunnel Blasting Based on Onsite Mixing
Explosive Operations ················· Zhou Guisong Leng Zhendong Liu Ling, et al 98
Study on Dynamic Propagation Characteristics of Blasting Cracks in Different Coupling
Media ················· Wang Yanbing Fu Dairui Li Yang, et al 110
Mechanisms of Vibration Amplification by Slope Blasting on Rocky Slopes
················· Zhao Fengze Liu Junxiong Chen Ming, et al 126
Theoretical Analysis Model of Stress Wave Generated by Tunnel Blasting and Its Verification
················· Ji Ling Zhou Chuanbo Meng Xianzhong 134
Dynamic Response Numerical Simulation of Drill Pipe Thread under Explosive Impact
················· Tang Kai Chen Jianbo Ma Feng, et al 145
Model Test and Numerical Simulation Study of Soil Dynamic Response Under the Action
of Collapse Impact ················· Yao Yingkang Ji Honghuang Jia Yongsheng, et al 155

Quantitative Statistical Study of Blasting Cracks Based on Hough Transform
.... Zhang Jiuyang   Xu Zhenyang   Wang Xuesong, et al   171
The Damage Law of Ice-rock Coupling by Explosion Load
.... Xu Zhenyang   Liu Wantong   Liu Xin, et al   180
Numerical Simulation and Application Research on Straight Cutting of Empty Hole in
Railway Tunnel .... Li Shuguang   192
The Data Processing of the SHPB Test Based on the PSO-TWER
.... Wang Xuesong   Xu Zhenyang   Deng Ding, et al   206
SHPB Experimental Study and Fractal Analysis of Damage Threshold of Siltstone
.... Zhang Qingcheng   Liu Dianshu   220
Numerical Study of the Effect of Decoupling Coefficient on Detonation Energy under
Prestressed Conditions .... Sun Bowen   Guo Jian   Li Bin, et al   227
Numerical Study on the Propagation Characteristics of the Detonation Wave Collision Fusion
in Strip Packs .... Li Yujin   Chen Xiang   Miao Yusong, et al   238
Experimental Study on Damage and Deterioration of Granite under Cyclic Impact Load
.... Si Jianfeng   Wu Jianfeng   249
Research on the Penetration Law and Mechanism of Steel Structure Components Through
Shaped Charge Blasting .... Zhou Xiaoguang   Jia Jinlong   Liu Kang, et al   257
Discussion on the Theoretical Calculation Method of Peak Pressure on Blasting Hole Wall
.... Zhang He   Xie Shoudong   Guo Ziru, et al   268
Numerical Study on Stress Wave Propagation and Crack Propagation in Single-hole Blasting
of Fractured Rock Masses .... Huang Minghao   Fan Yong   Yang Guangdong   276
Study of Regularity of Asymmetric Y-shaped Cracks Propagation under Blast Loading
.... Su Hong   Gong Yue   Wang Meng, et al   287
Bidirectional Shaped Energy Blasting Numerical Simulation Study Based on
ANSYS/LS-DYNA .... Pu Wenlong   Xu Luyao   Liu Yang, et al   298
Study on Confining Stress Effect of Cutting Blasting with Large Diameter Empty Hole in
High In-situ Stress Tunnel .... Zhou Zilong   Wang Peiyu   Cai Xin, et al   308
Dynamic Mechanical Properties of Grouting Stones under Blasting Load
.... He Ru   Li Dongwei   Dai Silong   318
View of Blasting Effect Mechanism, Prediction and Safety Standard on Primary Support
of Underground Caverns .... Zhang Zhenkang   Zhao Gen   Hu Yingguo, et al   328
Reflections on the Quality Development of Business Blasting Operations Units
.... Zheng Deming, Xia Manman   336

Rock Blasting and Underwater Blasting

Mine Bench Blasting Aggregate Fragmentation Control by Borehole Diameter Optimization under the Same Condition ············ Ye Haiwang　Yu Menghao　Wei Wenpeng, et al　343

Numerical Simulation and Field Application of Large Diameter Empty Hole Cut Blasting ·· Liu Zhibing　Huo Xiaofeng　Shi Peng　354

Tunnel Blasting Design Method Based on Geological Body Intelligent Sensing and Its Application ································· Wang Junxiang　Wu Jiaxin　Guo Lianjun, et al　364

Study on Accurate Delay Time Theory and Application of V-cut Blasting in Tunnel ··· Hu Yu　Li Feng　Wang Genzhong, et al　379

Design and Construction of Hole Blasting under Multiple Free Surfaces ··· Ding Hankun　Shi Lei　Wang Feng, et al　388

Deep Hole Cluster Blasting Construction Technology and Application ································· Bu Shaoping　Tan Yunfei　Zhang Zhiyu　398

Quantitative Analysis of Roof Damage in Some Types of Goaf under Explosive ································· Pan Bo　Wang Xuesong　Li Guangshang, et al　405

Parameter Optimization and Application of Axial Full-hole Water-interval Smooth Blasting ································· Wang Jianguo　Zhang Wei　Wang Mian, et al　415

Research and Application of New Controlled Blasting Technology for Adjacent Important Structures ································· Gao Yushan　Lu Wenjiao　Liu Xinyu　429

Vibration Control Method and Application of Blasting in Tunnel Developmeng under Complex Environments ·· Hu Baiyang　437

Application of VCR Blasting Method in Excavation of Slag Discharge Channel of Hydraulic Engineering ··························· Tang Bo　Jian Bin　Li Keyong, et al　447

Controlled Blasting Technology for Excavation of High Slopes Near Existing Highways ·· Zhangjingliang　Wangshihu　455

The Controlling Measures of 18m Steps for Increasing Blasting Quality in Nanfen Open-pit Mine ··· Li Lanbin　Gao Yushan　466

Application of Shaped Charge Tube with Metal Cover in Smooth Blasting of Highway Tunnel ··· Zhang Junbing　472

The Smooth Blasting Technology for Large Section Tunnels of the Underground Water Sealing Oil Reservoir Group ············ Yan Chuanbo　He Yongchun　Zhou Guangfeng, et al　479

Causes, Hazards and Countermeasures of Continuous Load at the Bottom of Light Blast Holes in Tunnel Blasting Practice ·························· Wu Congqing　Zhang Hanbin　490

Exploration and Application of Pre-splitting Blasting Technology of Mine Slope Without

Detonating Cable ···················· Zhao Liangyu   Liu Fengbo   Zhang Yingchun   495

Blasting Technology of Rock Anchor Beam for Underground Powerhouse of Pumped Storage

Power Station ····························· Qiu Yezhen   Zheng Kun   Sun Bo   502

The Method of Blasting Hazard Removal in High Dangerous Rock Mass

··························· Chen Chaozhang   Wu Xiangshan   Tang Yinpei   509

Application of Composite Interval Charging Structure in Deep Hole Bench Blasting

······························· Zhang Guangbei   Zhou Jianhua   516

Design and Construction of Underwater Drilling and Blasting for Rock Near the Water Bank

························· Guan Zhiqiang   Feng Xinhua   Chen Hu   524

Underwater Blasting Controlled Shaping Excavation for Deep Foundation Pit of Bridge Piers

···················· Zhou Zhijiang   Liu Yi   Deng Zhihong, et al   535

One-time Shaping Blasting Technology of Water Intake-outlet's Rock Cill and Foundation

Trench Near the Buildings ················ Tang Xiaozai   Liu Tong   Li Ronglei, et al   543

Research and Application of UAV Aerial Survey Technology in Accurate Blasting of

Open-pit Mines ··············· Huang Dongxing   Xu Longxing   Zhang Bingbing, et al   554

Blasting Technology on Stone Engineering of Jinyun Power-storage Station

···················· Li Delin   Tian Lizhong   Xu Xudong, et al   560

Engineering Practice of Controlled Blasting at the Edge in Complex Environments

···················· Zhao Xiang   Xie Qianbin   Xiong Wanchun, et al   566

Straight Seam and Wedge-shaped Composite Slotting Technique for Medium-sized Section

Tunnel Excavation Blasting ············· Wu Congqing   Zhang Hanbin   Wang Kunlin   572

The Application of Water-bag Interval Charge Blasting Technology in Tunnel Blasting

··· Guo Keju   575

Demolition Blasting

Precision Blasting Demolition of Tall Buildings in Complex Urban Environment

···················· Huang Xiaowu   Xie Xianqi   Jia Yongsheng, et al   583

Study on Blasting Demolition of Ultra-high Coaxial Thin-walled Steel Reinforced Concrete

Chimney ······················· Luo Ning   Chai Yabo   Zhang Haohao, et al   597

Study on Rational Unit Explosive Consumption of High-density Reinforcement Column

Blasting ····················· Zhang Yaoliang   Xia Yunpeng   Wu Qing   610

Frame Shear Wall Structure Building in Complex Environment Practice and Application of

Precise Twist Controlled Blasting ··············· Yan Shijun   Yang Kai   Gong Wenxin   617

Blasting Demolition Design and Simulation Verification of 18-story Frame-barrel Structure
  Building ·················· Su Jian Yan Honghao Li Xiaojie, et al 627
Study on Precision Demolition Blasting of Dangerous Fired Hybrid Building in Complex
  Environments ·················· Ye Xiaojun Fu Yanshu Li Weiqun, et al 639
One-time Explosive Demolition for Large-scale Buildings
  ·················· Duan Desheng Liu Xueqing Lv Sheng, et al 650
Directional Blasting Technology for Elliptical Frame-shear Structure Buildings in Complex
  Environments ·················· Sun Fei Gu Yun Li Fei, et al 661
Blasting Demolition of U-shaped Building in Complex Urban Environment
  ·················· He Pan Liu Shibing Wu Xi'nan 670
Controlled Blasting Demolition of the Large Span Multi-functional Theater Building
  ·················· Luo Wei Wang Mingming Yang Hongxin, et al 683
Simultaneous Blasting Demolition of Two 150m High Reinforced Concrete Chimneys
  ·················· Ren Jiang Wang Gaolong Wang Xiao 691
Numerical Study on the Effect of Unloading Chutes on the Process of Blast Collapse of
  Hyperbolic Cooling Towers ·········· Zhang Shupeng Yu Deyun Yang Wei, et al 700
Application of Small Cut in Blasting Demolition of a 90 meter High Reinforced Concrete
  Cooling Tower ·················· Wang Qingtao Sun Xiangyang 710
Precision Demolition Blasting of Over-length Ribbed-arch Aqueduct Superstructure in
  Complex Environment ·················· Liu Tong Wang Pu Jiang Yuefei, et al 716
Blasting Demolition of Hollow Pier Simply Supported Superelevated Aqueduct
  in Complex Environment ·········· Duan Xiaoyan Liu Bingbing Niu Jiang, et al 727
Design and Construction of Controlled Blasting Demolition Plan for the Rock Embankment
  Cofferdam ·················· Hu Anjing 739
Demolition Blasting of Underground Concrete Pipe Piles
  ·················· Chen Yusheng Fan Jinglian Fan Jingjiang 752

Special Blasting

Study on Characteristics of Explosive Welding with an Interlayer
  ·················· Chen Xiang Hu Jianian Huang Jiawen, et al 759
Research on the Detection Method of Pressure Distribution Outside the Hole of a Composite
  Enhanced Perforation Gun ·········· Yan Bin Wei Xiaolong Hao Zhijian, et al 778
Theoretical Analysis of Rock Breaking with Phase Transition of Nitrogen-oxygen Mixed Gas
  ·················· Zhang Juan Li Yunchao Li Guoliang, et al 783

Fabrication and Performance Investigations on Explosively Welded CuCrZr/316L Hollow
  Component ················· Zhang Bingyuan Ma Honghao Shen Zhaowu 790
Research and Application about the Technology of String Cutting & Backing Off with
  Explosives within Oil and Gas Wells under High Temperature and High Pressure
  ················· Guo Tongzheng Li Kai Zhu Jianxin, et al 802
Research on Explosive Welding Process of Large-sized Titanium/Stainless Steel Flange
  Rings with Multipoint Detonation ·········· Li Chao Xia Xiaoyuan Xia Kerui, et al 809
Study on the Crack Forming Mechanism of Cladding Sheet Welding Seam in N06600/S30408
  Cladding Plates ·············· Zhang Yueju Liu Yang Liu Xiaoliang, et al 816
Study of Flow Efficiency of Self-cleaning Charge under Rock Stratum
  ················· Liu Yulong Xiang Xu Chen Yu, et al 821
Calculation Study on the Phase Expansion of Carbon Dioxide Blasting System
  ················· Yang Lijun Xia Jun Xi Yunzhi, et al 828
Gaseous Detonation Synthesis of Carbon Nanomaterials Containing Trace Iron Pentacarbonyl
  ················· Chen Duanhua Li Xiaojie Yan Honghao, et al 836
Experimental Study on Aftereffect Composite Perforation Efficiency
  ················· Sun Xianhong Yao Zhizhong Shi Xihong, et al 846
Research on White Smoke Control Technology and Pyrotechnic Formula for Film and
  Television ·············· Zhao Guoqing Meng Qiang Liu Zhongmin 857
Explosive Composite Process of Titanium-stainless Steel Pipe Plate for LNG Seawater
  Vaporizer ·············· Xing Hao Xia Xiaoyuan Fang Yu, et al 870
Oriented Perforation Techniques with Avoidance of Optical Fibers in Horizontal Wells
  ················· He Hongmin Sun Zhizhong Hu Yong, et al 877
Study on Optimization of Drilling and Blasting Parameters of Open-pit Bench Blasting with
  New Gas Energy Rock Breaking Technology
  ················· Li Guoliang Fang Ying Zhu Zhenhai, et al 884
Research on Interface Microstructure of Explosive Welding 3D Printing Stainless Steel/
  Pure Aluminum ·············· Huang Jiawen Liang Guofeng Hu Jianian, et al 892
Study on Explosion Welding of Clad Metal Plate Made of Chromium-Molybdenum-Vanadium
  Steel in Hydrogen Environment ·········· Hou Guoting Feng Jian Liu Xianfu, et al 902
Study of Pure Aluminum and Titanium Alloy in Explosive Welding
  ················· Liang Guofeng Huang Jiawen Hu Jianian, et al 908
Research on the Explosive Welding Technology and Microstructure Characteristics of Joining
  Interfaces of Multilayer Lightweight Metal Composites
  ················· Liang Hanliang Luo Ning Zhou Jia'nan, et al 917

Study on Optimization of Drilling and Blasting Parameters of Tunnel Excavation Cut with
New Gas Energy Rock Breaking Technology
·· Li Guoliang Fang Ying Zhu Zhenhai, et al 925
Large Proportion CS-SS Clad Plate Prepared by Explosion Welding
·· Zhang Jie Sun Jian Xu Chengwu, et al 933
Study on Aluminum Plus Copper Clad Plate with Same Thickness Process
·· Zhang Jie Xu Chengwu Sun Jian, et al 937
Effect of Heat Treatment on Explosion Hardening of 316L/Q345R Composite Plate
·· Wu Hao Liu Yang Li Zijian, et al 942
Experimental Researches on Precise Explosive Welding of Microscale Metal Foils by Laser
Manipulated Energetic Material Explosion
·· Fu Yanshu Xiao Xianfeng Ye Xiaojun, et al 948
Study on Heat Treatment Process of N02201/Q245R Composite Plate with Different
Thicknesses ·· Liu Yang Chen Lei Wu Hao, et al 959
Effect of Meso-motion of Powder Poreson the Bonding Mechanism of Explosive Compaction
·· Zhao Shuai Li Xiaojie 966
Study on the Preparation Technique and Properties of Large-sized Titanium Steel Composite
Plants ·· Wang Ding Fan Keshe Xue Zhiguo, et al 975

Blasting Materials and Equipment

Voltage Transient Characteristics and Microscopic Mechanism of Tantalum Capacitor under
Impact Load ·· Wang Jiale Li Hongwei Wang Xiaobing, et al 987
Numerical Analysis of TNT Equivalent Factor Underwater Explosion of Emulsified
Explosives ·· Wang Bo Wang Xiaohong Li Xiaojie, et al 996
Numerical Study on Safety State of Emulsion Explosive in Fire
·· Zhang Qi Yu Jianbo 1003
Study of Unsteady Detonation and Rock Breaking Technology of Biomass Fuel
·· Shen Zhaowu He Ze Ma Honghao, et al 1011
Analysis of the Viscoelasticity of Underground-specific Emulsion Matrix
·· Sun Weibo Yang Jian Wang Yan, et al 1020
In-situ Mixed Emulsion Explosive and Its Application in Underground Mines
·· Liu Wanyi Wang Zhaozhong 1030
Current Situation and Consideration of the Application of Electronic Detonators in Beijing
·· Guan Sixi Liu Zhongmin Xu Jingyu, et al 1035

Discussion on Application of Electronic Detonator-detonator Hybrid Detonator Network
　　…………………………………………………………… Zhang Wanbin　Li Qiangfeng　1040
Application of Millisecond Delay Blasting Technology of Electronic Detonator in Excavation
　　of Rock Subgrade of Adjacent Operating Highway　………… Li Jianshe　Wang Guan　1046
Electronic Detonator Initiation System in the Application of Urban Concealed Excavation
　　……………………………………………… Guo Yuqi　Yan Honghao　Li Xiaojie, et al　1054
Influence Factor and Value Suggestion for Setting Delay of Electronic Detonator
　　……………………………………………………… Fan Baiping　Wan Xiangdong　1061
Research on Reasonable Delay of Digital Detonators for Large Section Tunnel Blasting
　　Based on HHT Analysis　……… Tan Chengchi　Qin Xianjun　Huang Chaoxi, et al　1069
Discussion on the Field Use of Industrial Electronic Detonators
　　………………………… Wang Haoyu　Zhang Yinghao　Zhang Liming, et al　1076
Blasting Practice of Digital Electronic Detonator in a Limestone Open-pit Mine
　　……………………………………………………………………… Jiao Yongpin　1081
Design and Research of Explosive Performance Testing Device for Blasting Supplies
　　in Water Environment ………………………… He Shenghu　Liu Hui　Wang Sihan, et al　1086
Research on the Problem of Electronic Detonator Misfiring and Pulling Out of the Hole in
　　Tunnel Excavation Blasting　……………………………… Wu Congqing　Zhang Hanbin　1092
Reasonable Time Difference Setting of Electronic Detonator for Rock Drilling and Blasting
　　………………………………… Cheng Yonghua　Zheng Changqing　Xu Song　1096
Research on a New Safe Inner-incentive Non-primary Electronic Detonator
　　………………………………… Liu Dengcheng　Nie Cheng　Wang Ai, et al　1103
Discussion on Ignition Agents for Electronic Detonators
　　………………………………… Li Rongrong　Zhang Yinghao　Zhang Liming　1112
Electronic Detonator Application and Vibration Analysis in a Sensitive Area
　　………………………………… Huang Jilong　Yan Honghao　Li Xiaojie, et al　1121
Design and Application of Water Construction Platform Based MBD
　　………………………………… Lu Shaofeng　Fan Huaibin　Wang Yinjun　1127
Development of Perforation Performance Test Device for Simulating Deep Ground
　　Environment　……………………… Guo Peng　Tang Shunjie　Yang Qingyong, et al　1139
Research and Application of a New Umbrella Type Spacer
　　………………………………… Hao Yafei　An Zhenwei　Zhang Chengjiao　1151
Key Equipment and Engineering Applications of Intelligent Blasting
　　………………………………… Li Pingfeng　Xu Xianzhong　Zhao Guorui, et al　1157
Research and Application of Key Technologies for On-site Mixed Explosives Pre-charged
　　Blasting　……………………………………………………… Zeng Xiangwu　1176

Blasting Test Techniques and Safety Management

Study on Rock Blasting Vibration Effect on High Slope
.... Zhang Shenghui   Gao Wenxue   Zheng Xiaolong, et al   1183

Prediction of Blasting Vibration Velocity of Buried Steel Pipe Based on PSO-LSSVM Model
.... Tu Shengwu   Zhong Dongwang   Jia Yongsheng, et al   1190

Study on Attenuation Law of Blasting Vibration in a Small Clear Distance Highway Tunnel
.... Li Xiaoshuai   Ge Chenyu   Zhang Xiaojun, et al   1200

Study on the Propagation and Attenuation Characteristics of Tunnel Blasting Vibration
    Wave at different Blast Center Distances
.... Wang Junxiang   Ma Baolong   Ning Baokuan, et al   1211

Research on Early Break Control Method for Demolition of Ultra High Reinforced Concrete
    Chimney by Blasting .... Luo Peng   Liu Changbang   Huang Xiaowu, et al   1227

Key Technology of Tunnel Blasting Vibration Control in Complex Environment
.... Zhang Fenghai   Zhu Mingde   1237

Vibration Characteristics and Vibration Velocity Attenuation Law of Tunnel Blasting Near
    Field .... Xu Huawei   Ling Xianzhang   Ding Hao, et al   1245

Analysis of the Impact of Tunnel Blasting on the Vibration Safety of Existing Railway
    Tunnels .... Deng Zhiyong   Liu Shibo   Fu Tianjie, et al   1254

Design and Implementation of Intelligent Petroleum Civil Explosive Design and Equipment
    Chain Management System .... Xu Junyang   Wang Feng   Ma Tao, et al   1265

Study on Attenuation Law of Blasting Vibration in Open-pit Mine
.... Yang Fei   Dong Hengchao   1276

Research on Vibration Control of Underground Blasting Excavation Through a Diversion
    Tunnel at Close Range .... Zhang Fuyang   Luo Wei   Zhang Lei, et al   1283

Research on Blasting Safety Criterion of Existing High Railway Tunnel over Tunnel
.... Wu Tingyao   Yang Yang   Zhang Xu, et al   1294

Intelligent Supervision Platform for Explosives in Blasting Site
.... Zhao Hongwei   Liu Zhongmin   Xu Jingyu, et al   1305

Practice and Discussion of Safety Supervision for Large Rock-plug Blasting in Deep Silt
.... Li Weichao   Zhao Gen   Wu Congqing, et al   1311

Fine Control of the Entire Process of Blasting Operations Based on Internet of Things
    Technology .... Mao Yunde   Wang Yinjun   Wang Qingzheng   1317

Identification Method for Waste Cannons (Bombs) ...... Zhou Ming'an   Zhou Xiaoguang   1323

Exploration of Using Face Recognition Verification System in Digital Electronic Detonator
.... Long Changjun   Su Huang   Huang Zhongming, et al   1331
Research on Refined Management of Blasting Enterprises under the Internet of Things
   Architecture .... Huang Xingcheng   1339
Optimization of Blasting Parameters by Segmented Caving Method Without Bottom Column
   .... Ren Dunhu   Li Tao   Wang Ming   1347
Safety Management Practice Based on Intelligent Wireless Blasting Scheme
   .... Li Wang   Zi Yongshan   Shu Xuelai, et al   1357
Research Progress in Laser Destruction of Unexploded Ordnance
   .... Wang Qingtao   Wu Kegang   1365
Analysis on the Application of "Five Fixed Management Mode" of Civil Explosive Materials
   in Coal Mine Production .... Yin Binbin   1372

综述与爆破理论

基于动能和应变能联合破碎理论的台阶
爆破块度预测模型

卢文波　孟　婷　郑嘉惟　陈　明　严　鹏

（武汉大学水资源工程与调度全国重点实验室，武汉　430072）

摘　要：爆破块度的预报与控制一直是岩石爆破破碎领域的重要课题。岩石爆破涉及爆炸冲击波和爆生气体的联合作用以及岩石破碎、抛掷和堆积过程复杂，至今仍未实现爆破块度的定量计算。本文基于岩体局部动能与应变能联合作用的岩石破碎理论，通过台阶爆破损伤的三维动力有限元模拟，依据能量平衡原理，得到台阶爆破的岩石爆破块度分布。经长九神山灰岩矿实测台阶爆破块度数据初步验证了所建议方法的可行性。

关键词：爆破块度；台阶爆破；预测模型；破碎理论

Prediction Model of Bench Blasting Fragments Based on the Theory of Joint Effects of Strain-energy and Kinetic Energy

Lu Wenbo　Meng Ting　Zheng Jiawei　Chen Ming　Yan Peng

（State Key Laboratory of Water Resources Engineering and Management，Wuhan 430072）

Abstract：The prediction and control of blasting fragments has always been a significant topic in the field of rock blasting. Rock blasting involves the combined action of explosive shock wave and explosive gas，as well as the complex process of rock fragmentation，throwing，and piling. Therefore quantitative calculation of blasting fragments has not been achieved till today. Based on the rock fragmentation theory of the joint contribution of strain-energy and kinetic energy of rock mass，rock fragments distribution for bench blasting can be obtained through the three-dimensional dynamic finite element simulation in according to energy balance principle. The feasibility of the proposed method has been preliminarily verified by the measured fragments data in Changjiu Shenshan limestone mine.

Keywords：blasting fragmentation；bench blasting；prediction model；fragmentation theory

1　引言

爆破块度的预报与控制一直是岩石爆破破碎领域的重要课题。在采矿工程，爆破块度分布是反映矿山开采效果的关键指标，直接影响后续工序的生产效率及作业成本；在水利水电工程建设中筑坝级配料开采，不仅需对爆破块度进行严格控制，而且需要满足爆破块度的级配要求。

———————————

基金项目：国家自然科学基金重点项目（51939008）。

作者信息：卢文波，博士，教授，wblu@ whu. edu. cn。

　　在工程爆破领域，国内外针对爆破块度预测模型展开了大量研究。20 世纪 70 年代初，G. Harries 提出了基于应力波和爆生气体的 HARRIES 模型[1]；Da Game 在试验的基础上，按照 Bond 功理论总结出一个经验公式[2]。80 年代中后期，南非的 Cunninghan 将 Kuznetsov 方程与 R-R 分布函数相结合，构建了 Kuz-Ram 爆破块度预测模型[3]；我国的邹定祥基于应力波理论计算出应力波能量的三维分布，提出了计算台阶爆破块度分布的三维数学模型，并编制了 "BMMC" 电算程序[4]。进入 21 世纪后，Ouchterlony 在爆破试验碎块分析的过程中，发现了对爆破块度分布拟合效果更好的 Swebrec 函数，并替换了 Kuz-Ram 模型中的 R-R 分布函数，提出 KCO 模型，有效地提高了预测值在细粒和粗粒区域的拟合精度[5]；Sanchidrián 与 Ouchterlony 从星状碰撞理论的量纲分析出发，建立了基于三维分析的自由分布型台阶爆破块度模型[6]。

　　由于岩石爆破涉及爆炸冲击波和爆生气体的联合作用及岩石破碎、抛掷和堆积复杂过程，目前国内外针对爆破块度的预报，仍广泛采用以 Kuz-Ram 为代表的半经验半理论模型和以 Swebrec 函数和破碎能量扇等为代表的统计模型，从理论上定量计算爆破块度的预测模型尚未有建立。

　　本文基于 Glenn 与 Chudnovsky 所建议的岩体局部动能与应变能联合破碎理论[7]，提出了一种借助三维动力有限元模拟方法实现定量计算的台阶爆破块度预测模型。采用该方法对长九神山灰岩矿台阶爆破试验的块度分布进行预测，并与实际筛分结果进行对比。

2　现有岩石爆破块度预报模型评述

　　已有的爆破块度预测模型，根据其应用的理论和方法可分为三类，即应力波模型、分布函数模型和能量模型。应力波模型包括 HARRIES 模型、BCM 模型、BMMC 模型、能流分布模型等，能反映一定的爆破机理但十分有限。分布模型包括早期由试验数据的统计规律总结出的 R-R 分布，在此基础上建立的 Kuz-Ram 模型、Bond-Ram 模型等；进入 21 世纪，基于拟合效果更好的 Swebrec 分布又出现了 KCO、x_P – Frag 等预测模型。能量模型包括 JUST 模型、GAMA 模型等。由于爆破块度影响因素众多且形成过程复杂，模型均进行一定的简化假设，各有优势及其局限性，目前广泛应用的仍是 Kuz-Ram 模型、Swebrec 函数等分布函数模型。

　　Kuz-Ram 经典预测模型由 C. Cunningham 建立，假定岩体爆破破碎后的块度满足 R-R 分布函数[3]。其基本表达式由 Kuznetsov 方程、R-R 分布函数和不均匀指数三部分组成，具体的计算公式如下：

$$\bar{x} = Aq^{-0.8} Q^{\frac{1}{6}} \left(\frac{115}{E} \right)^{\frac{19}{30}} \tag{1}$$

$$R = 1 - e^{-\left(\frac{x}{x_0} \right)^n} \tag{2}$$

$$n = \left(2.2 - \frac{1.4W}{d} \right) \left(1 - \frac{e}{W} \right) \left(1 + \frac{m-1}{2} \right) \frac{L_c}{H} \tag{3}$$

式中，$\bar{x}$ 为平均粒径，即筛下累计率为 50% 时的块度尺寸，cm；A 为岩石系数，其取值大小与岩石节理，裂隙发育程度有关；q 为炸药单耗，kg/m³；Q 为单孔装药量，kg；E 为炸药相对重量威力；R 为小于某粒径的岩块累计质量分数，%；x 为岩石碎块的粒径，cm；x_0 为特征粒径，即筛余累计质量分数为 63.21% 时的颗粒尺寸，cm；n 为不均匀指数；W 为底盘抵抗线，m；d 为钻孔直径，mm；m 为炮孔密集系数；e 为钻孔精度差，m；L_c 为不计超钻部分的装药长度，m。

Kuz-Ram 模型将爆破参数融入块度计算公式中，体现了各爆破参数对块度尺寸的影响，由于模型参数易于获取、计算简便，对工程爆破块度的预报和控制有重要的实践意义。Kuz-Ram 模型对于预报块度分布曲线的粗粒径部分有着较好的准确性，但用于预报细粒径部分尚有一定的差距，针对此也进行了一系列修正工作，使得模型不断完善。

针对 Kuz-Ram 模型在细粒径碎块预测中的局限性，提出拟合效果更好的分布函数是爆破块度预测模型的改进方向之一。Ouchterlony 在爆破试验碎块的分析过程中发现了 Swebrec 分布函数[5]，其基本方程为

$$P_{Swe}(x) = 1 \left/ \left\{ 1 + \left[\frac{\ln(x_{max}/x)}{\ln(x_{max}/x_{50})} \right]^b \right\} \right. \tag{4}$$

式中，x_{50}、x_{max} 分别为中值粒径和最大粒径；b 为波动指数。

经过大量试验数据的验证和与其他分布函数的预测结果对比，发现 Swebrec 分布函数的整体拟合效果最佳，用其代替 R-R 分布可将有效地拟合范围扩大至粗粒区和细粒区，即从 $20\% < P < 80\%$ 增加到 $2\% < P < 100\%$[8]。后续由此分布函数建立的爆破块度分布预测模型，如 KCO 模型、x_p–Frag 模型等，均具有更大的准确预测范围。

近年来还涌现出众多应用计算机技术实现爆破块度预测的模型和方法，但仍需大量试验数据的支撑。纵观爆破块度预测模型的发展历程，已有的研究成果大多为统计模型和半经验半理论模型，需要借助现场资料或数据辅助确定模型参数值，且没有很好地反映出爆破机制和岩石破碎原理。因此本文基于动能和应变能联合破碎的岩石破碎理论，以能量平衡原理为纽带，借助三维动力有限元模拟，提出了一种台阶爆破块度预测的新模型。

3 基于能量原理的岩石爆破块度计算模型

3.1 岩石断裂破碎的能量理论

Grady 的动能破碎理论指出动能是导致材料破碎的原因，其认为在材料的动态断裂破碎过程中，被研究体质心处的动能将保持不变，相对于质心处的碎块局部动能为材料破碎提供能量[9]。在产生均匀弹性膨胀的球形体区域中，选取一用直径为 s 的球形区域表示的质量单元体，假设单元局部动能完全消耗，用于产生新增表面积，碎块尺寸大小可由式（5）计算。

$$s = 2 \left(\frac{90\Gamma}{\rho \dot{\varepsilon}^2} \right)^{\frac{1}{3}} \tag{5}$$

式中，Γ 为产生单位新表面积所需消耗的能量；ρ 为材料单元体密度；$\dot{\varepsilon}$ 为等效应变率，$\dot{\varepsilon} = \sqrt{\dot{\varepsilon}(t)_x^2 + \dot{\varepsilon}(t)_y^2 + \dot{\varepsilon}(t)_z^2}$。

计算局部动能，并假设其全部转化为产生新的碎块表面积所消耗的表面能，建立局部动能与碎片表面能的能量平衡方程，由此可以计算得到碎块的平均块度尺寸。

Glenn-Chudnovsky 能量理论认为，在形成球形质量单元体的破碎过程中，弹性应变能与局部动能将共同产生作用[7]，其能量平衡方程如下：

$$\frac{\pi}{720} \rho \dot{\varepsilon}^2 s^5 + \frac{\pi P_s^2}{12\rho c^2} s^3 = \pi s^2 \Gamma \tag{6}$$

式中，P_s 为材料的膨胀拉伸断裂强度；Γ 为产生单位新表面积所需消耗的能量。

碎块的块度尺寸可以由此计算得到。在高加载速率下，由式（6）计算出的碎块块度尺寸趋近于基于动能破碎理论的计算结果；在低加载速率下，式（6）预测的碎块块度尺寸接近由拉伸断裂强度 P_s 控制的常数。

通过对特征尺寸与应变率尺度进行归一化，比较以上两种能量理论预测的碎块尺寸大小与拉伸荷载率的关系，如图 1 所示。

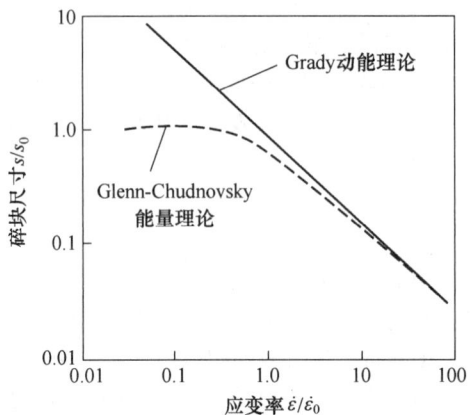

图 1　不同基于能量的动态破碎理论预测碎片尺寸对比图

Fig. 1　Comparison of fragment size prediction from several energy based theories of dynamic fragmentation

图 1 表明，Grady 动能理论预测的碎块尺寸 s 与 $\dot{\varepsilon}^{-2/3}$ 存在线性关系，Glenn-Chudnovsky 能量理论预测的碎块尺寸 s 则受应变率影响较大。在低应变率条件下，Glenn-Chudnovsky 能量理论预测的碎块尺寸 s 接近由拉伸断裂强度 P_s 控制的常数；在较高应变率的条件下，弹性应变能对于破碎作用的影响变小，Glenn-Chudnovsky 能量理论和 Grady 动能理论预测的碎块尺寸结果趋近相同。

Ivanov 等人进一步开展了不同材料的高速破碎过程研究[10]，推导出对当材料破碎主要消耗动能时，碎块尺寸大小可表示为：

$$a = \sqrt[3]{5\left(\frac{K_{\mathrm{IC}}}{\rho c \dot{\varepsilon}}\right)^2} \qquad (7)$$

当应变能为破碎主要能量来源时，碎块尺寸大小可表示为：

$$a = 3\left(\frac{K_{\mathrm{IC}}}{\sigma_*}\right)^2 \qquad (8)$$

在以均匀膨胀的金属环的分析过程中，发现在目前可行的应变率 $\dot{\varepsilon} = 10^4 \sim 10^5 \mathrm{s}^{-1}$ 下，弹性能为主要的破碎能量来源，式（8）计算所得碎块尺寸与试验数据符合得较好。在高应变率下，动能才参与到破碎过程中。

通过以上两种能量理论的对比，结合 Ivanov 等人的讨论可知，Glenn-Chudnovsky 建议的弹性应变能与局部动能共同贡献下的破碎模型更为合理。

3.2　台阶爆破岩石破碎能量计算

如图 2 所示，以台阶爆破的炮孔孔底起爆点为原点建立柱坐标系，取炮孔围岩中一个单元体作为研究对象，将其近似看作半径为 a、体积为 V 的球形单元体。在爆破荷载作用下，某时刻单元体的动能可表示为

$$T = T_c + T_r + T_d \qquad (9)$$

式中，T_c、T_r、T_d 分别为单元体的质心动能、绕质心的转动，以及扭曲动能。

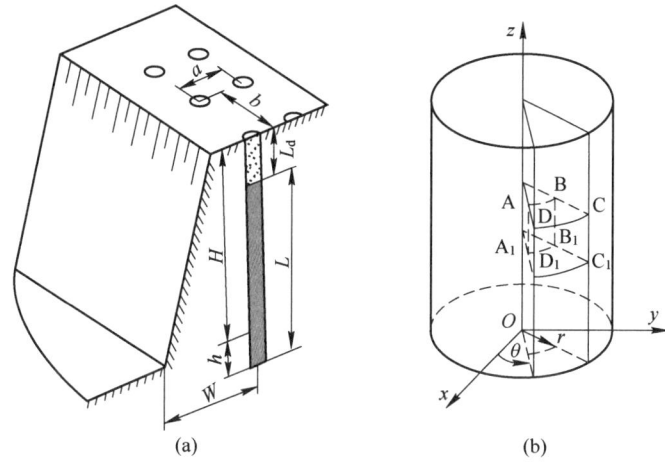

图 2 台阶爆破岩石单元体示意图

（a）台阶爆破三维示意图；（b）炮孔围岩单元体示意图

Fig. 2 Rock units around the borehole of bench blasting

根据早期动能破碎的研究结论，假设一点的质心和转动动能在破碎过程中保持不变，只有扭曲动能才能推动失效和破碎过程。假设岩体局部动能与应变能联合作用并完全消耗于破碎过程、产生新的碎块表面积，可列出以下方程

$$\frac{2\pi}{15}\rho a^5 \dot{\varepsilon}(t)^2 + \frac{1}{2}EV\varepsilon(t)^2 = A\Gamma \tag{10}$$

式中，E 为岩体弹性模量；$\varepsilon(t)$、$\dot{\varepsilon}(t)$ 分别为单元体在 t 时刻的应变和应变率；A 为该球形区域岩体破碎后新产生的碎块表面积。

3.3 能量破碎准则

实际的岩石爆破动态破碎过程中，岩体中某个单元的局部动能和应变能均为时间的参数。假定该单元中局部动能与应变能之和达到最大时，岩体单元产生充分破碎，根据式（10），可计算得出岩体单元破碎所形成的碎石尺寸大小。上述过程可利用数值模拟的方法实现，得到岩体单元的应力应变数据，从而确定爆破块度分布曲线。

4 基于台阶爆破三维有限元模拟的爆破块度计算方法

岩石爆破涉及岩石介质从连续到不连续的转化过程，其数值模拟方法可根据连续性假设和非连续性假设，分为连续介质方法、非连续模拟方法和连续-非连续耦合方法[11]。非连续模拟方法和连续-非连续耦合方法虽然考虑到爆炸过程中岩石材料的不连续性，从理论层面看具有优势，但由于计算模型参数选取复杂等问题，应用中存在一定局限性[12]。基于连续介质的有限元方法，可较好地模拟爆破荷载作用下周围岩体中应力的传播，并考察岩体结构在爆破荷载作用下的动态损伤和破坏情况。随着 TCK 模型、RHT 模型等众多动力损伤材料模型的应用与完善，天然岩体节理裂隙、前次爆破损伤对后续爆破的影响在数值模拟中得以实现，大大提高了爆破模拟精度和可靠性。因此，基于前文所述的岩石爆破块度计算模型，提出了基于台阶爆破三维有限元模拟的爆破块度计算方法。

实际的岩石爆破动态破碎过程中，岩体中某个单元的局部动能和应变能均为时间的参数。通过台阶爆破损伤的三维动力有限元模拟，得到岩体单元的应力应变数据，进而计算出任意时刻内岩体某单元的局部动能和应变能。基于局部动能与应变能联合破碎理论和能量破碎准则，根据式（10），计算出台阶爆破任意部位的岩石爆破块度分布。在此基础上，进行不同台阶高度和爆心距处爆破块度的三维统计分析，即可确定台阶爆破的整体块度分布曲线。

5 工程实例

针对长九神山灰岩矿料场的 3 次台阶爆破试验，采用基于动能和应变能联合破碎理论的台阶爆破块度模型，得出预测的爆破块度分布曲线，并与现场人工筛分试验结果进行对比。

5.1 工程概况

长九神山灰岩矿是国内规模最大的灰岩矿，采用露天爆破开采。根据采区岩体临空面的岩石出露情况，选择的试验区域无明显薄弱夹层、破碎带和溶洞，岩体结构较为完整，岩性相对较好。现场共开展三组爆破试验，详细爆破参数见表1，通过现场筛分技术获取爆破试验所得到的矿料粒径及分布曲线。

表 1 爆破试验参数表

Tab. 1 Blasting parameters of the tests

组数	台阶高度 /m	孔径/mm	炮孔密集系数	孔距/m	排距/m	超深/m	炮孔深度 /m	堵塞长度 /m	单耗 /kg·m⁻³	单孔药量 /kg
1	13	160	2	8.3	4.2	1.5	14.5	3.5	0.39	176
2	15	160	1.5	7.3	4.9	1.5	16.5	3.5	0.39	209

5.2 分析与讨论

按照上述计算方法，建立台阶爆破三维有限元模型，岩石材料选用 RHT 模型，材料模型的主要参数见表2。采用流固耦合算法进行爆破模拟，以便于考察炮孔近区岩体的损伤开裂和应力情况。模拟过程对节理裂隙发育区域的岩体采用等效化处理，即通过改变岩体模型参数考虑其节理裂隙的影响。

表 2 岩石材料参数

Tab. 2 Rock material Parameters

密度 /kg·m⁻³	泊松比	纵波速度 /m·s⁻¹	体积模量 A_1/GPa	剪切模量 G/GPa	抗压强度 σ_c/MPa	归一化抗拉强度 σ_t/σ_c	归一化剪切强度 σ_s/σ_c
2680	0.24	3446	17.3	10.8	100	0.080	0.20

完整失效面常数 A	完整失效面指数 N	拉、压子午线处偏应力比 Q_0	罗德角相关系数 B	压缩应变率指数 β_c	拉伸应变率指数 β_t	损伤常数 D_1	损伤常数 D_2
1.600	0.610	0.6805	0.0105	0.020	0.05	0.02	1.000

假定岩体破碎产生的碎块均为球形体，查阅不同岩石表面能的参考值，取岩石破碎产生单位新表面积所需的能量为 $\Gamma = 350 \mathrm{J/m^2}$，采用动能与应变能联合破碎的模型计算 3 组试验对应的爆破块度分布曲线。同时采用传统的 Kuz-Ram 模型，对上述爆破试验的块度分布结果进行预测。最终将两个预测模型所得的结果与现场爆破试验经人工筛分所得的块度分布结果进行对比，如图 3 所示，特征尺寸的结果对比列于表 3 中。

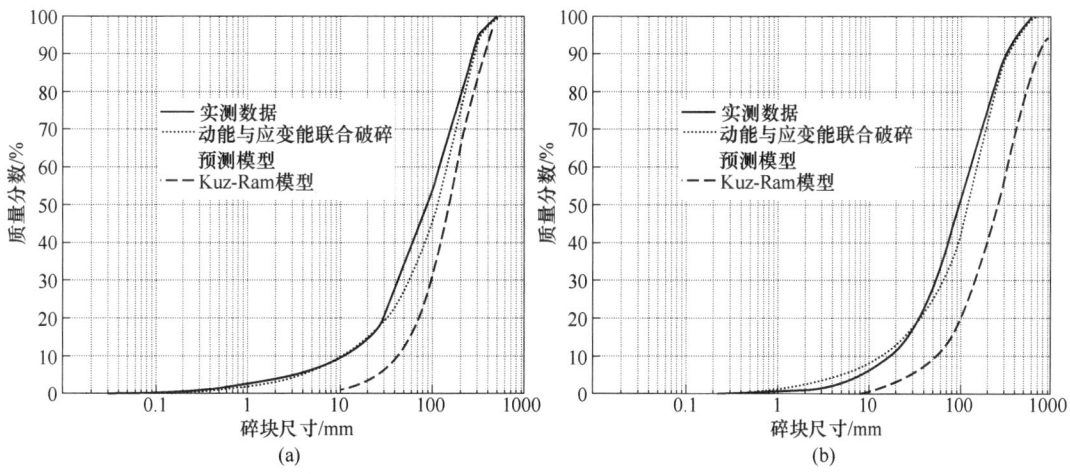

图 3　台阶爆破试验块度曲线结果对比

（a）第 1 组试验；（b）第 2 组试验

Fig. 3　Comparison of measured and predicted fragmentation distribution curve

表 3　试验实测与模型预测块度曲线结果特征尺寸

Tab. 3　Feature size of fragmentation distribution curve from tests and predictions based on the models

试验分组	块度分布	X_{10}/mm	X_{50}/mm	X_{60}/mm	X_{50} 相对误差/%
1	实测数据	10.06	89.15	120.88	—
	Kuz-Ram	43.13	153.82	185.70	72.5
	动能与应变能联合破碎模型	11.06	112.00	143.06	25.6
2	实测数据	16.62	93.22	124.41	—
	Kuz-Ram	53.00	260.04	329.14	179
	动能与应变能联合破碎模型	13.23	121.42	155.50	30.2

由图 3 可知，Kuz-Ram 模型预测的爆堆块度分布曲线与实测块度曲线相差较大，中值粒径的最大相对误差达到了 179%，这可能归因于 Kuz-Ram 模型中岩石系数 A 对现场工程地质数据的依赖性强，取值相对困难；同时模型在工程应用中往往需针对不同的爆破条件进行修正，否则预测结果容易失真。基于动能和应变能联合破碎的岩石爆破块度模型预测的数值结果显示，3 组试验的块度分布曲线整体拟合效果良好，优于 Kuz-Ram 模型，中值粒径预测值与实测中值粒径均相差不大，最大的相对误差仅为 30%，表明该模型预测爆堆块度分布情况的准确率较高。

6　结论

通过以上分析与计算，可得以下结论：

　　（1）岩石爆破破碎过程中的应变率范围较低，岩石爆破破碎计算宜采用动能和应变能联合作用的能量破碎判据。

　　（2）通过台阶爆破的三维动力有限元模拟，基于台阶爆破过程岩体局部动能与应变能的时空演化过程计算，进而确定台阶爆破任意部位的岩石爆破块度分布是可行的。

　　（3）与现场实测数据的对比表明，基于局部动能与应变能联合破碎理论的台阶爆破块度预测模型相较于传统的 Kuz-Ram 模型对于中值粒径的预测相对误差较小，对爆破块度分布有更好的拟合效果。

　　需要指出的是，本文所建议的爆破块度预测方法中，碎块尺寸与岩石的单位表面能密切相关。在实际应用中，岩石的单位表面能需根据实测的块度曲线对岩石单位表面能进行连续反演，并用在后续的块度预测中，以提高预测进度。

参 考 文 献

［1］ Harries G. A mathematical model of cratering and blasting［J］. 1973.

［2］ Da Gama C D. Size distribution general law of fragments resulting from rock blasting［J］. Trans. AIME, 1971, 250：314-316.

［3］ Cunningham C V B. Fragmentation estimations and the Kuz-Ram model-four years on［C］//Proc. 2nd Int. Symp. on Rock Fragmentation by Blasting. 1987：475-487.

［4］ 邹定祥. 计算露天矿台阶爆破块度分布的三维数学模型［J］. 爆炸与冲击, 1984, 3：48-59.

［5］ Ouchterlony F. The Swebrec function：linking fragmentation by blasting and crushing［J］. Mining Technology, 2005, 114（1）：29-44.

［6］ Ouchterlony F, Sanchidrián J A, Moser P. Percentile fragment size predictions for blasted rock and the fragmentation-energy fan［J］. Rock Mechanics and Rock Engineering, 2017, 50：751-779.

［7］ Glenn L A, Chudnovsky A. Strain-energy effects on dynamic fragmentation［J］. Journal of Applied Physics, 1986, 59（4）：1379-1380.

［8］ Ouchterlony F, Sanchidrián J A. A review of development of better prediction equations for blast fragmentation［J］. Rock Mechanics and Rock Engineering, 2019, 11（5）：1094-1109.

［9］ Grady D E. Local inertial effects in dynamic fragmentation［J］. Journal of Applied Physics, 1982, 53（1）：322-325.

［10］ Grady D E. Fragmentation of solids under impulsive stress loading［J］. Journal of Geophysical Research：Solid Earth, 1981, 86（B2）：1047-1054.

［11］ 严成增, 孙冠华, 郑宏, 等. 爆炸气体驱动下岩体破裂的有限元-离散元模拟［J］. 岩土力学, 2015, 36（8）：2419-2425.

［12］ 胡英国, 卢文波, 陈明, 等. SPH-FEM 耦合爆破损伤分析方法的实现与验证［J］. 岩石力学与工程学报, 2015, 34（S1）：2740-2748.

绿色爆破及其技术体系

周桂松[1,2]　钟东望[1]　冷振东[2]　郝亚飞[2]　张程娇[2]　朱　宽[2]

（1. 武汉科技大学理学院，武汉　430081；
2. 中国葛洲坝集团易普力股份有限公司，重庆　401121）

摘　要：本文首先研判了当前破岩技术发展的方向，基于绿色发展理念提出绿色爆破新概念，其本质上是通过对炸药能量的科学控制，实现爆破有害效应最小化与炸药能量利用最大化。在总结国内外破岩理论进展的基础上，提出了三次爆炸能量转化新理论，建立了基于热力学的爆炸能量转化新模型；进而在分析爆炸力学基本方程适用范围的基础上，重构了在非等熵绝热条件下的能量方程和不同爆炸阶段的力学方程。针对钻爆法提出绿色爆破的四大技术实现路径：参数匹配合理化、能量分布均衡化、储能利用综合化、泄余能量封闭化；进而通过绿色装药、绿色堵塞、绿色起爆三大技术，形成绿色爆破的技术体系。最后，对绿色爆破未来发展提出建议。

关键词：绿色爆破；钻爆法；爆炸能量转化；科技创新

Green Blasting and Its Technological System

Zhou Guisong[1,2]　Zhong Dongwang[1]　Leng Zhendong[2]　Hao Yafei[2]
Zhang Chengjiao[2]　Zhu Kuan[2]

（1. Wuhan University of Science and Technology, College of Science, Wuhan 430081；
2. China Gezhouba Group Explosive Co., Ltd., Chongqing 401121）

Abstract：This paper firstly analyzes the direction of the current development of rock breaking technology, and based on the idea of green development, a new concept of green blasting is proposed. The essence of green blasting is to minimize the harmful effects of blasting and maximize the utilization of explosive energy through scientific control of explosive energy, so it is a complex system engineering with an apparent characteristic of the era. Based on a review of rock breaking theories both domestically and internationally, the new theory of three-times explosion energy conversion is proposed, and a new model of explosive energy conversion based on thermodynamics is established. Furthermore, Based on the analysis of reasonable range of the basic equations of explosion mechanics, the energy equation under non-isentropic adiabatic condition and the mechanical equation in different stage of explosion are reconstructed. Next, four technological realization paths of green blasting, based on borehole-blasting method, are proposed：Rationalization of parameter matching, balanced energy distribution, integrated utilization of energy storage, and containment of residual energy. Then, the technological framework of

作者信息：周桂松，正高级工程师，享受国务院特殊津贴专家，zhougs@ expl. cn。

green blasting is proposed on the three technological development direction of green charging, green stemming, and green initiation. Finally, the prospect of future development is prospected.

Keywords: green blasting; borehole–blasting method; explosion energy conversion; scientific and technological innovation

　　破岩技术是人类改造自然的有力工具，既源远流长，又与时俱进。早在几千年以前，我国古人就利用热胀冷缩原理，采用"火烧水浇"的方法开凿河工等坚硬岩石；10 世纪初我国最早发明了黑火药，并被用于军事领域，在 13 世纪黑火药传入欧洲，1627 年匈牙利人将黑火药用于开采矿石；1867 年，瑞典人诺贝尔发明了雷管与硝化甘油炸药，揭开了火工技术民用化的新篇章。改革开放之后，我国爆破事业走上了快车道，尤其是随着机械凿岩技术、现场混装炸药技术、微差爆破技术的进步，钻爆法因其在安全性、高效性、经济性等方面的显著优势，取得了突飞猛进的发展，成为我国当前占主导地位的破岩方式。

　　衡量破岩能力可以通过 3 个指标：一是功源威力或总能，反映了能量转化的潜力，对于炸药这种功源主要指单位质量威力和单位体积威力两个指标；二是破岩功率，反映了能量转化的速度，对于炸药破岩来讲主要指爆速与应变率两个指标；三是能量利用率，反映了破岩过程中能量转化的有效利用水平。炸药爆炸是一种高速进行的、且能自动传播的化学反应过程，同时释放出大量的热并能生成大量的气体产物[1]，因此，炸药破岩属于化学爆炸方式，本质上是由化学能快速释放为热力学能，再与岩体相互作用转化为冲击能和气体能的做功过程。与化学爆炸方式相对应，CO_2 等惰性气体的相变膨胀破岩方式属于物理爆炸方式，因其无火花、振动小等优点，被用于煤矿瓦斯抽采致裂等领域，但是不论其功源威力还是破岩功率，与炸药破岩方式相比都相去甚远，因此只能作为炸药破岩在特殊领域的有益补充。

　　近年来，随着地下资源开采及地下空间开发利用规模不断加大，促使非炸药破岩技术得到长足发展，衍生出机械刀具破岩、水力破岩、微波破岩、热冲击破岩、膨胀破岩、联合破岩等技术[2]。尤其是用于岩石地质的全断面隧道掘进机（TBM）技术，这种机械化破岩技术集掘进、出碴、支护于一体，相对钻爆法的优势愈发明显，不仅更安全、更优质，而且正常工况下施工速度是传统钻爆法的 3~10 倍，但其地质适应性差一直是其无法有效解决的问题[3]，而这种灵活适应性又恰是钻爆法的优势。总体来看，TBM 连续化施工特点使其功源做功具有天然的可持续性，而钻爆法破岩则具有集中化、间断化、周期化的特征，适用工况不同；TBM 在狭窄段面破岩与炸药破岩功率基本相当，但在大规模破岩场景中远不如钻爆法；TBM 的能量利用率则高于钻爆法，当前钻爆法能量利用率水平还较低。因此，机械化破岩未来可能会成为钻爆法的替代方式，这也倒逼着炸药破岩方式和技术要主动地转型升级，与时俱进地走创新发展之路。

　　本文基于绿色发展理念提出了绿色爆破新概念、炸药能量转化新理论，建立基于热力学的爆炸能量转化新模型，初步构建绿色爆破的科学理论体系，针对钻爆法明确绿色爆破的技术实现路径，形成绿色爆破技术创新的体系框架，并对绿色爆破未来发展提出建议。

1　绿色爆破提出的时代背景

　　随着我国环保意识增强与"30·60"清洁能源发展战略的加快实施，必然会对炸药破岩技术发展提出更高要求。实现破岩全过程的清洁高效，是贯彻绿色低碳发展新理念，实现经济高质量发展和建设"美丽中国"的时代需要，因此，绿色爆破技术也将会成为今后炸药破岩技术研究的新兴领域。在此时代背景下，以环保和节能为核心的"绿色爆破"新概念应时而生：

"环保"即爆破有害效应最小化，具体体现在减少炸药爆炸后有毒有害气体产生、降低爆破震动对附近建构筑物的影响、控制空气冲击波和爆破飞石等安全危害、减少爆破粉尘对周边环境的污染、减轻施工作业和爆破噪音对居民干扰等诸多方面；"节能"即爆炸能量利用最大化，具体体现在要尽量将炸药的爆炸能量转化为有用的破岩能量，实现最佳破岩效果，同时通过节约爆炸能源，促进企业经济效益的提升和行业高质量发展。可以看出，绿色爆破具有清洁、节能、无尘、安全等多重内涵，因此绿色爆破也是一项具有很强时代感的复杂系统工程。

汪旭光院士在中国第十届工程爆破学术报告《中国爆破技术现状与发展》中指出，研究炸药能量转化过程中的精密控制技术，提高炸药能量利用率，降低爆破有害效应是新世纪工程爆破的发展方向[4]。谢先启院士提出精细爆破理念，即"精细爆破是指通过定量化的爆破设计、精细化的爆破施工和精细化的管理，进行炸药爆炸能量释放与介质破碎、抛掷等过程的精密控制，既达到预期的爆破效果，又实现爆破有害效应的有效控制，最终实现安全可靠、技术先进、绿色环保及经济合理的爆破作业"[5]。可以看出，绿色爆破和精细爆破在本质上都强调提高爆炸能量利用率，也都强调对爆炸能量的精密控制，只是绿色爆破更强调时代需求，而精细爆破更强调实现路径，因此绿色爆破是精细爆破理念在新时代的集中体现，绿色爆破也必将会成为未来炸药破岩技术重要的新兴研究领域。

绿色爆破是时代发展呼唤的创新，这既需要理念与理论层面的创新，也需要实践与应用层面的创新：（1）从科学理论层面讲，实现绿色爆破就必须进行爆炸能量精密控制以提高爆炸能量利用水平，而要实现对爆炸能量的精密控制，就必须首先构建绿色爆破的科学理论体系；（2）从技术应用层面讲，在弄清爆炸能量转化理论机理基础上，必须首先弄清绿色爆破的技术实现路径，进而科学布局支撑绿色爆破发展的技术创新体系。

2 绿色爆破理论与技术体系

2.1 国内外破岩理论进展

在破岩机理方面，国外学者自 20 世纪 50 年代起就展开了系列研究，相继提出了爆破漏斗理论、冲击波破坏理论、拉伸主应力破碎理论、气体膨胀与应力波反射的综合理论[6-11]。1983年，J. R. 布里克曼利用套管分离爆炸冲击波和爆炸气体来分析研究爆炸能量的分配情况，得出的结论为：冲击波能量占爆炸总能量的 10% ~ 20%，爆炸气体膨胀能量占爆炸总能量的50% ~ 60%，而其余 20% ~ 30% 的爆炸能量损失掉而变成无用能量，明确了爆炸能量分配的总体结构。自 20 世纪 80 年代来，我国学者们对冲击波与爆炸气体共同作用理论形成了广泛共识，认为岩体初始破碎主要是爆炸冲击波压缩、剪切和拉伸破坏作用的结果，后续破岩则是爆炸气体准静态劈裂、鼓胀、抛抬等作用的结果，两种作用在破岩过程不同阶段扮演不同角色，并且认为研究炸药破岩机理之关键是要建立炸药–岩石匹配理论，建立完善了波阻抗匹配理论、能量匹配理论和全过程匹配理论[12-16]。

在力学建模方面，国外学者相继提出弹性力学模型（主要以 Harries 模型和 Favreau 模型为代表）、断裂力学模型（主要以 BCM 模型和 NAG-FRAG 模型为代表）、损伤力学模型（主要以KUS 损伤力学模型为代表）等三类有代表性的力学模型。谢和平、杨军、杨仁树等人[17-20]以岩石分形理论为基础，以分形维数作为岩石损伤主要参量，将其与 KUS 模型结合，成功用于岩石动态断裂研究，为定量化预报破岩效果创造了条件。冷振东、卢文波、陈明、李桐等人[21-26]系统研究了台阶爆破的爆炸能量释放与传输机制，在传统爆轰理论基础上改进了非理想爆轰模型，在传统爆破破坏分区基础上提出改进的破坏分区模型，将爆生气体波阻抗代替炸药波阻抗，将岩石塑性波阻抗代替岩石弹性波阻抗，提出基于粉碎区控制的炸药–岩石匹配方法，为研究钻爆法爆炸能量控制奠定了动力学基础。

综上所述，国内外学者在破岩机理与力学建模方面开展了大量研究，但研究还主要侧重在应力波作用方面，主要运用岩石动力学来研究破岩问题，对研究先期破岩问题很有效，但难以弄清后续破岩的能量转化规律。爆生气体携带的气体能占比较高，是提高能量利用率的主攻方向，因此构建绿色爆破的科学理论体系，需要更加重视爆生气体作用，运用工程热力学来研究爆炸能量转化问题。

2.2 爆炸能量转化理论与模型

炸药破岩从炸药爆轰开始能量释放，到冲击波作用下岩体粉碎与破裂，再到爆生气体作用下岩体破碎、抛掷与堆积，最后到地震波与空气冲击波等传播，是一个非常复杂的化学–热–力耦合过程（见图1）。理论上台阶爆破中有40%~50%的爆炸能量是可以利用的，但炸药破岩实际的有效能量利用率通常仅占20%~30%，其余大部分作为无用甚至有害的能量耗散掉了，如爆破地震、冲击波、噪声、飞石、过粉碎、余热等，表明炸药爆炸能量利用率还有很大提升空间。

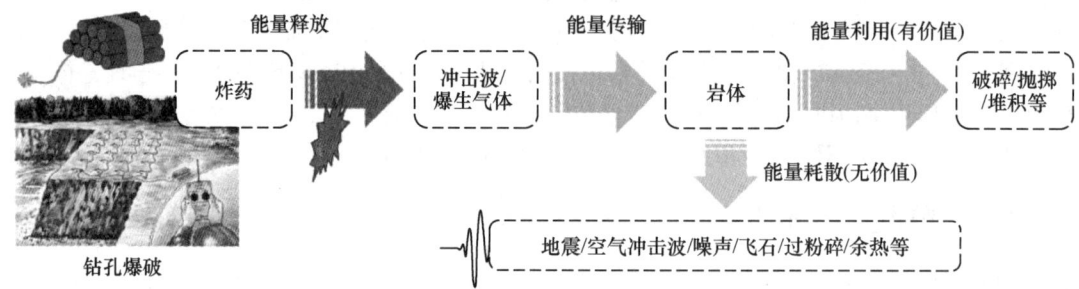

图 1 爆炸能量释放传输与转化示意图

Fig. 1 Schematic diagram of explosion energy release, transformation and conversion

炸药爆炸破岩过程可分为两个大的阶段：先期阶段属于典型的动力过程，岩体在冲击波作用下形成初始裂纹，并以应力波方式在岩体中传播，最后以弹性波方式传播到环境中去，一般认为这个阶段冲击能的消耗通常占爆炸能量的5%~15%[27]；后续爆生气体作用阶段属于准静态力学过程，在这个阶段完成绝大部分能量转化，剩余爆炸能量则通过空气冲击波等方式散失掉了。这两类破岩过程构成爆炸能量的第一次分配。

爆生气体作用过程可以视为热力学的封闭系统来研究，其能量转化有两种驱动形式：一是温差驱动的传热，主要体现为"气–岩"界面的热传导及孔壁热熔岩层内的强制热对流两种方式，形成部分爆生气体内热能损失，这对破岩过程没有任何贡献，相反带来不利的影响，通常这部分能量损失要占到10%~20%；二是压差驱动的做功，这是所希望的能量转化方向，但是热能转化为机械能是有代价的，根据热力学第二定律，热不可能100%无条件地转化为功，爆生气体内热能所能转化的最大可用功（也称㶲、做功能力）永远不可能大于100%，还有一部分以伴生热量的方式耗散掉了，这部分功的耗散（也称㶲、做功能力损失）是做功必须要付出的代价。这两种能量驱动形式，既相对独立，又互相联系，进一步构成爆炸能量的第二次分配。

爆生气体最大可用功只是理论可用于破岩的最大能量，实际上还需要经过以下过程实现最终破岩：首先在爆生气体对岩体的压塑破坏作用下，形成岩体粉碎圈（爆炸近区）；其次在爆生气体的张拉作用下形成"气楔作用"将岩体分割贯通，胀裂岩体形成破碎圈（爆炸中区）；最后爆生气体将剩余能量转化为岩体的宏观动能与位能，通过鼓胀、抬拉、抛掷、摩擦、弯剪、压挤等复杂撞击作用与二次堆积作用，形成岩体抛掷圈（爆炸远区）。这三次做功破岩在时间上密切联系、在空间上相互衔接，每次做功破岩的作用不同、价值不同、影响因素不同，但都对破岩效果起着直接影响。需要说明的是，除了这三次与破岩相关的做功，整个过程中爆生气体还要克服环境压力而被动做功，这种相伴生的做功对破岩没有实用价值，但在爆炸能量转化中须予以同步考虑。上述这四种做功过程最终构成爆炸能量的第三次分配[27]。

爆炸能量三次转化的理论模型详见图2。

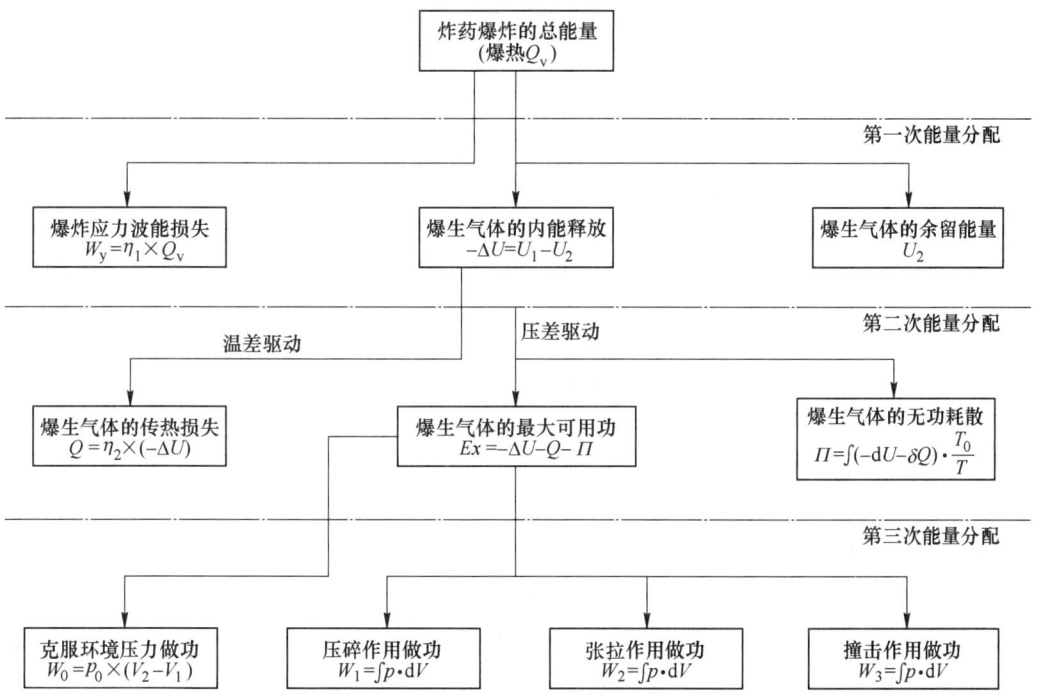

Q—热交换损失；W_1—粉碎圈做功；W_2—破碎圈做功；W_3—抛掷圈做功；W_0—克服环境压力做功；Π—�ç；
P_m—压力最大爆炸；P_b—初始炮孔压强；P_c—岩体抗压强；P_t—岩体抗拉强度；P_0—环境压强；
V_b—炮孔容积；V_c—粉碎圈容积；V_d—破碎圈容积；V_e—膨胀最终容积

图2 爆炸能量三次转化的理论模型

Fig. 2 Schematic diagram of three-times explosion energy conversion

2.3 不同阶段爆炸能量转化的力学模型

传统的质量守恒方程（连续方程）、动量守恒方程（运动方程）、能量守恒方程（Hugoiot方程）等三大方程适合炸药的爆轰阶段，这个阶段完成化学能向热力学能的转化，时间短来不及与外界进行能量交换，因此其力学模型是按等熵绝热条件构建的。但是进入后续的破岩阶段，主要是完成热力学能向动力学能的转化，这个阶段不仅热力学能会转化为做功的能量，如上所述还会产生爆生气体的 Q_1 传热损失、Q_2 无功耗散、Q_3 泄余损失等三部分热损失，因此在破岩阶段需要对爆炸力学的能量守恒方程进行修正（见图3）。

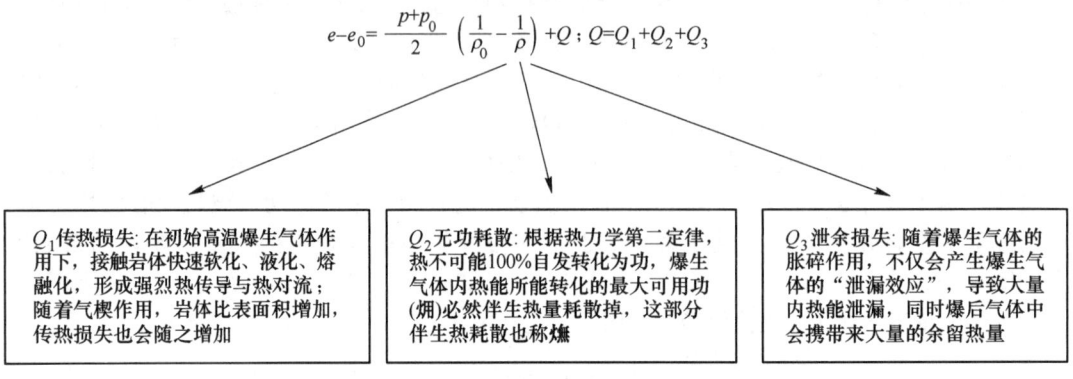

$$e-e_0=\frac{p+p_0}{2}\left(\frac{1}{\rho_0}-\frac{1}{\rho}\right)+Q\ ;\ Q=Q_1+Q_2+Q_3$$

| Q_1 传热损失：在初始高温爆生气体作用下，接触岩体快速软化、液化、熔融化，形成强烈热传导与热对流；随着气楔作用，岩体比表面积增加，传热损失也会随之增加 | Q_2 无功耗散：根据热力学第二定律，热不可能100%自发转化为功，爆生气体内热能所能转化的最大可用功（㶲）必然伴生热量耗散掉，这部分伴生热耗散也称㶲 | Q_3 泄余损失：随着爆生气体的胀碎作用，不仅会产生爆生气体的"泄漏效应"，导致大量内热能泄漏，同时爆后气体中会携带来大量的余留热量 |

图 3　破岩阶段能量守恒方程的修正

Fig. 3　Correction of energy conservation equation in rock breaking stage

同样在破岩阶段，先期岩体在冲击波作用过程属于动力学过程，后期爆生气体膨胀破岩过程属于准静力学过程，动力学过程的力学方程（$p=\rho\cdot v\cdot D$）中的压力主要与质点运动速度（v）和冲击波速度（D）有关，而准静态过程的力学方程（$p=\rho\cdot R_g\cdot T$）中的压力主要与爆生气体的气体常数（R_g）和温度（T）有关，因此，不同条件下应采取合理的力学方程。

从图4可以看出，在单纯的岩体动力学条件下的 p-V 图与考虑爆生气体作用的热力学条件下的 p-V 图是不同的：前者没有考虑到热损失问题，后者则充分考虑了热力学损失问题（增加了 Π 和 Q），气体总能曲线下包围面积表示除去应力波能之外最大可转化的能量；传热损失曲线下包围面积表示除去热交换损失（Q）之后最大可转化的能量；最大做功曲线下包围面积表示除去热交换损失（Q）与无功耗散（Π）之后用于有效做功破岩和克服环境做功的最大能量；在后者的压强曲线中，W_1（即爆炸近区，等同于前者的②+③）遵循动力学过程的力学方程，而 W_2（爆炸中区）、W_3（爆炸远区）则遵循准静态过程的力学方程；利用工程热力学可计算出爆炸近区、中区与远区的能量分布，从而理论计算出炸药破岩的爆炸能量利用率，以指导绿色爆破的研究与实践。

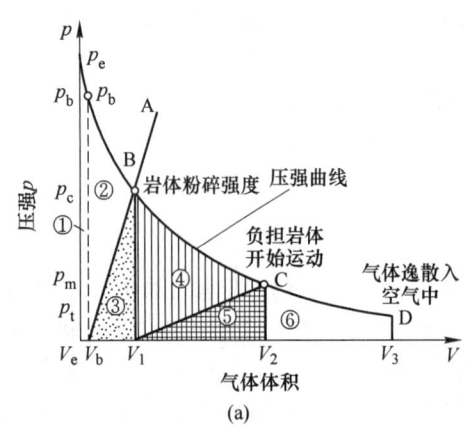

(a)

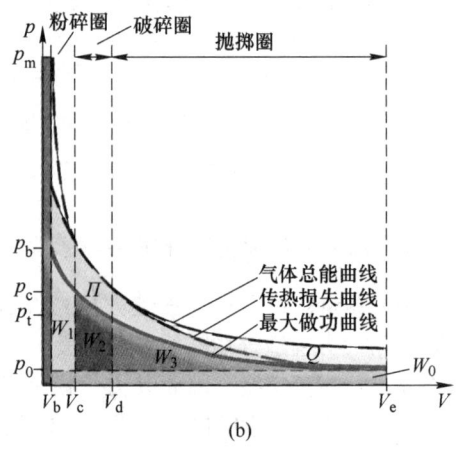

(b)

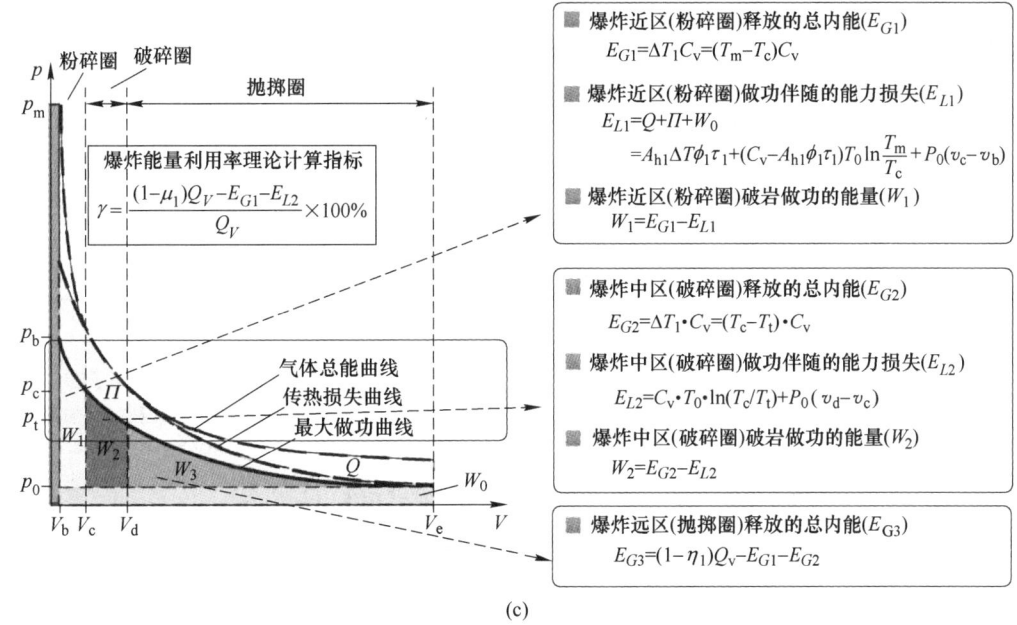

(c)

图 4 不同力学条件下的 p-V 图及能量计算

（a）参考文献［21］；（b）参考文献［27］；（c）本文计算结果

Fig. 4 p-V diagram under different mechanical conditions and energy calculation

3 绿色爆破的技术实现路径

国内学者对爆炸能量分布进行了大量计算研究，根据作用机理不同将爆炸能量分为冲击能与气体能，每种能量根据价值不同又细分为可利用能量和被浪费能量，很大部分能量作为无用能浪费掉了，因此实现绿色爆破的总体路径就是"区分利害、趋利避害"。在上述爆炸能量转化理论的指导下，基于爆炸能量利用最大化与爆炸有害效应最小化的两大控制目标，以优化冲击能与气体能分布为方向，可以构建出绿色爆破的四大技术实现路径，即参数匹配合理化、能量分布均衡化、储能利用综合化、泄余能量封闭化，具体如图 5 所示。

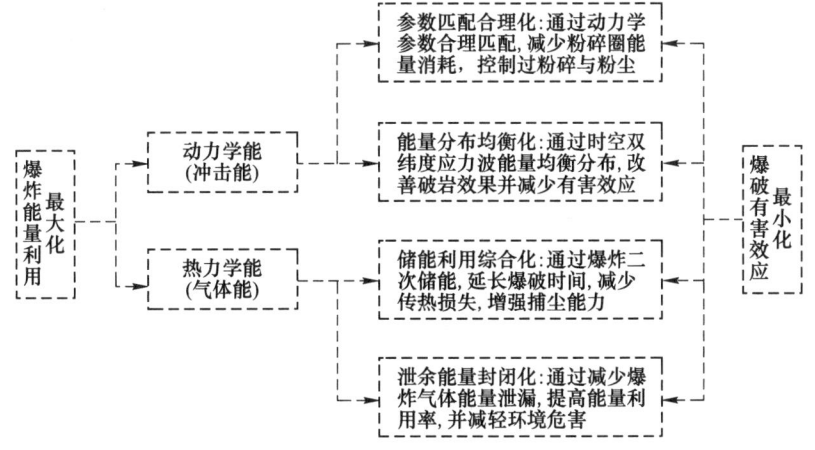

图 5 绿色爆破的技术实现路径图

Fig. 5 Diagram of green blasting technology realization path

4　绿色爆破的技术体系

按照上述技术路径，结合我国当前科技创新实际，构建了涵盖绿色装药技术、绿色堵塞技术、绿色起爆技术三大方向的绿色爆破技术体系，当前亟待开展爆炸能量精密调节与绿色利用装药技术、爆破堵塞封闭化与环保化技术、电子雷管等延时短间隔起爆技术等创新工作，具体见表1。

表 1　绿色爆破技术创新体系一览表

Tab. 1　List of technical innovation system of green blasting

创新课题名称	主要创新课题的子目录	拟实现的目标
爆炸能量精密调节与绿色利用装药技术研究	1. 研究现场混装炸药的内耦合储能新型装药方式； 2. 研究爆炸能量储能调节介质（辅相）配方技术； 3. 开发炸药主相与储能调节介质耦合的新型工艺及装备； 4. 开展炸药主相与储能调节介质的配比性能试验研究	1. 节能目标：控制粉碎圈传热能量损失与过粉碎能量损耗，增加爆生气体的持续做功时间； 2. 环保目标：减少有毒有害气体和粉尘，做到清洁爆破与无尘爆破
爆破堵塞封闭化与环保化技术研究	1. 研究爆炸能量在复合环保介质中衰减规律与自抑尘机理； 2. 开展不同堵塞结构可靠性、安全性与环保性对比试验； 3. 基于新型堵塞结构，开发新型堵塞材料与工艺技术	1. 环保目标：减少堵塞物对环境的污染； 2. 节能目标：增加爆生气体的持续做功时间； 3. 效率目标：提高堵塞施工的效率
电子雷管等延时短间隔起爆技术研究	1. 基于电子雷管等间隔短延时爆炸能量均衡分布理论研究； 2. 基于多目标控制的精确延时控制爆破延时参数设计方法； 3. 不同布孔与不同延时间隔数值模拟研究与对比试验研究	1. 环保目标：减少对周边建筑设施的爆破振动危害效应； 2. 质效目标：改善爆破块度，降低综合消耗

5　绿色爆破的未来发展建议

一是强化规划统筹。将同步实现炸药爆破节能和环保双重目标的问题列为我国前沿科学问题与工程技术难题，将绿色爆破科技创新上升为具有战略性、全局性、前瞻性的国家重大科技项目，将绿色爆破相关科学研究与技术创新课题纳入未来爆破行业科技发展规划的重大专项统筹推进。

二是强化基础攻关。围绕绿色爆破"卡脖子"难题，集中科研机构、大学和行业领军企业的研究力量，打造绿色爆破原创技术策源地，系统开展原创性、引领性科技攻关，增强我国在绿色爆破方面的科技自立自强能力。

三是强化标准提升。鼓励在重大基础建设工程和大型矿山采掘工程中提升工程爆破的环保和节能标准，鼓励行业领军企业制定绿色爆破相关企业技术标准，鼓励制定绿色爆破相关团体标准并将其上升为行业和国家标准。

四是强化集成创新。以安全、精细、绿色、智能为方向，充分发挥科技型爆破骨干企业的引领支撑作用，促进安全爆破、精细爆破、绿色爆破、智能爆破融合发展，推进爆破产业基础再造工程，打造具有全球竞争力的开放创新生态。

参 考 文 献

[1] 周听清. 爆炸动力学及其应用 [M]. 北京：冶金工业出版社，2001.

[2] 王少峰, 孙立成, 周子龙, 等. 非爆破岩理论和技术发展与展望 [J]. 中国有色金属学报, 2022, 32 (12)：3883-3912.

[3] 景耀斌. 基于 BP 神经网络的 TBM 掘进效率预测 [D]. 兰州：兰州交通大学, 2022.

[4] 汪旭光. 中国工程爆破与爆破器材的现状及展望 [J]. 工程爆破, 2007 (7)：7-18.

[5] 谢先启. 精细爆破发展现状及展望 [J]. 中国工程科学, 2014, 16 (11)：14-19.

[6] Soklov B A. Theoretical principles of blasting energy distribution in a medium and their applications to practical problems [J]. Fiziko-Tekhnicheskie Problemy Razrabotki Iskopaemykh, 1978 (6)：44-51.

[7] Dey P R. Controlled blasting to minimize overbreak with boreholes underground [C] //Proceeding of the 8th conference on explosives and blasting technique. 1985.

[8] Person P A, Holmberg R, Lee J. Rock blasting and explosives engineering [M]. CRC press, 1993.

[9] Saharan M R, Mitri H S, Jethwa J L. Rock fracturing by explosive energy：Review of state-of-the-art [J]. Fragblast, 2006, 10 (1-2)：61-81.

[10] Saharan M R, Mitri H S. Numerical procedure for dynamic simulation of discrete fractures due to blasting [J]. Rock Mechanics and Rock Engineering, 2008, 41 (5)：641-670.

[11] Raina A K, Trivedi R. Exploring rock-explosive interaction through cross blasthole pressure measurements [J]. Geotechnical and Geological Engineering, 2019, 37 (2)：651-658.

[12] 钮强, 熊代余. 炸药岩石波阻抗匹配的试验研究 [J]. 有色金属, 1988 (4)：13-17.

[13] 李夕兵, 古德生, 赖海辉, 等. 岩石与炸药波阻抗匹配的能量研究 [J]. 中南矿冶学院学报, 1992, 23 (1)：18-23.

[14] 郭子庭, 吴从师. 岩石爆破破碎的能量分析 [C] //中国岩石力学与工程学会岩石动力学专业委员会. 第三届全国岩石动力学学术会议论文选集. 1992：8.

[15] 赖应得. 论炸药和岩石的能量匹配 [J]. 工程爆破, 1995 (2)：22-26.

[16] 姚笛. 炸药爆炸性能与破岩能力关系的研究 [D]. 淮南：安徽理工大学, 2012.

[17] 谢和平. 分形岩石力学导论 [M]. 北京：科学出版社, 1997.

[18] 谢和平, 高峰, 周宏伟, 等. 岩石断裂和破碎的分形研究 [J]. 防灾减灾工程学报, 2003, 23 (4)：1-9.

[19] 杨军, 王树仁. 岩石爆破分形损伤模型研究 [J]. 爆炸与冲击, 1996, 16 (1)：5-10.

[20] 杨仁树, 付晓强, 张世平, 等. 基于 EEMD 分形与二次型 SPWV 分布的爆破振动信号分析 [J]. 振动与冲击, 2016, 35 (22)：41-47.

[21] 冷振东. 岩石爆破中爆炸能量的释放与传输机制 [D]. 武汉：武汉大学, 2017.

[22] 冷振东, 卢文波, 严鹏, 等. 基于粉碎区控制的钻孔爆破岩石-炸药匹配方法 [J]. 中国工程科学, 2014, 16 (11)：28-35.

[23] 冷振东, 赵明生, 卢文波, 等. 基于非理想爆轰的炸药-岩石相互作用过程 [J]. 工程爆破, 2018, 24 (6)：28-32.

[24] 冷振东, 卢文波, 陈明, 等. 岩石钻孔爆破粉碎区计算模型的改进 [J]. 爆炸与冲击, 2015, 35 (1)：101-107.

[25] 李桐, 陈明, 叶志伟, 等. 不同耦合介质爆破爆炸能量传递效率研究 [J]. 爆炸与冲击, 2021, 41 (6)：1-11.

[26] Leng Zhendong, Lu Wenbo, Chen Ming, et al. Explosion energy transmission under side initiation and its effect on rock fragmentation [J]. International Journal of Rock Mechanics & Mining Sciences [J], 2016, 86：245-254.

[27] 周桂松, 钟冬望. 绿色爆破的爆炸能量转化机制 [J]. 金属矿山, 2022, 553 (7)：35-41.

埋地管道结构爆破振动安全控制研究进展

蒋　楠[1,2]　　周传波[1]　　姚颖康[2]　　朱　斌[2]

（1. 中国地质大学（武汉）工程学院，武汉　430074；

2. 江汉大学精细爆破国家重点实验室，武汉　430024）

摘　要：城区复杂环境爆破施工过程中，如何控制爆破振动影响下的邻近埋地管道结构安全稳定是工程中重要关注内容，也是城市精细爆破安全控制领域的热点难点问题。通过剖析国内外埋地管道结构爆破振动安全控制相关研究成果，归纳现场测试、室内外实验及数值模拟等主要研究手段及创新方法，从埋地管道结构爆破振动响应特征、管道结构爆破振动失效特征及准则、爆破振动安全控制阈值三个研究维度阐述埋地管道结构爆破振动安全控制领域主要研究现状及存在的问题；在此基础上，阐述了上述三个研究维度上所开展的相关理论分析、模型实验、数值计算等系统创新性研究工作进展及主要研究成果。

关键词：埋地管道；爆破振动；安全控制；振动阈值

Research Progress on Safety Control of Blasting Vibration of Buried Pipeline Structures

Jiang Nan[1,2]　　Zhou Chuanbo[1]　　Yao Yingkang[2]　　Zhu Bin[2]

（1. Faculty of Engineering, China University of Geosciences（Wuhan）, Wuhan 430074;

2. State Key Laboratory of Fine Blasting of Jianghan University, Wuhan 430024）

Abstract: In the process of blasting construction in a complex urban environment, how to control the safety and stability of adjacent buried pipeline structures under the influence of blasting vibration is an important concern in the project, and it is also a hot and difficult issue in the field of urban fine blasting safety control. By analyzing the research results related to the safety control of blasting vibration of buried pipeline structures at home and abroad, and summarizing the main research methods and innovative methods such as field tests, indoor and outdoor experiments, and numerical simulations, the main research status and existing problems in the field of blasting vibration safety control of buried pipeline structures were expounded from three research dimensions: Blasting vibration response characteristics of buried pipeline structures, blasting vibration failure characteristics and criteria of pipeline structures, and blasting vibration safety control threshold. On this basis, the progress and main research results of the relevant theoretical analysis, model experiment, numerical calculation, and other

基金项目：国家自然科学基金资助项目（41972286，42072309，42102329）。

作者信息：蒋楠，博士，副教授，jiangnan@ cug. edu. cn。

systematic innovative research work carried out by our research group in the above three research dimensions are expounded.

Keywords：buried pipelines；blasting vibration；security controls；vibration threshold

1 引言

埋地管道是埋置于一定土层深度、周围由土介质包裹的地下结构形式。其因成本低、建设快、运输量大等特点成为人类生产生活中水、油、气、电力等重要能源资源的主要运输方式，根据材料类型目前主要使用的管道有球墨铸铁管道、铸铁管道、钢质管道、混凝土管道、聚乙烯（PE）管道、PVC 管道和复合材料管道等。随着 21 世纪地下空间建设时代的来临，大量新兴地下空间工程的开发建设不断涌现，如高速铁路隧道、城市地铁、地下深基坑等。钻爆法（矿山法）作为人类地下空间工程坚硬岩体开挖的一种经济、高效的建设方式仍然得到世界各国的广泛应用。当爆破开挖工程在岩层中进行时，由炸药爆炸产生的能量经岩层向远处的土层传播，其产生的振动效应不可避免的会对上覆土层中的管道等结构安全产生影响，对爆破工程的安全高效建设及人民生命财产保障造成严重威胁[1-2]。而近年来，随着城市地下基础设施建设的大力发展与推进，现役埋地管道受城市向地下爆破开挖工程产生影响发生破坏的事件不断发生。如图 1 所示，2010 年深圳福田区地铁二号线隧道爆破施工造成隧道上方燃气管道接口松动泄漏，造成区域范围长时间断气检修；2011 年江西宜春爆破施工致临近输水管道管口断裂造成居民区大范围无法正常供水；2020 年广西南宁地铁 2 号线爆破施工引起主供水管道破裂，造成市场街道迅速被淹没。

地下管网作为城市的生命线，涉及输气、输水等方方面面，一旦受损破坏容易造成漏气、断水等灾害事故发生，严重影响人民生活生产安全，产生重大不良社会效应。基于此，本文通过对近年来埋地管道邻近爆破工程振动效应的发展现状进行总结，通过剖析国内外埋地管道结构爆破振动安全控制相关研究成果，归纳现场测试、室内外实验及数值模拟等主要研究手段及创新方法，从埋地管道结构爆破振动响应特征、管道结构爆破振动失效特征及准则、爆破振动安全控制阈值三个研究维度阐述埋地管道结构爆破振动安全控制领域主要研究现状及存在的问题；在此基础上，阐述上述三个研究维度上所开展的相关理论分析、模型实验、数值计算等系统创新性研究工作进展及主要研究成果。

2 国内外埋地管道爆破振动安全控制研究现状

2.1 现有埋地管道爆破振动安全控制标准（规范）

现有的世界各国的爆破建设安全规范中对于埋地管道邻近爆破工程的安全控制标准涉及不足或标准模糊工程指导性较差，使得在地下空间工程开挖爆破方案制定、爆破安全监理时缺少法律法规层面的指导，造成爆破振动监测控制过于保守，直接影响爆破工程作业安全高效进行。如德国标准（DIN4150-3—1999）中根据地下管线不同的材料制定了埋地管线短期的振动标准，标准中规定爆破冲击作用下钢材质的管线振速不可超过 10cm/s，混凝土、铁铸材质的管线振速不可超过 8cm/s，砖混、塑胶材质的管线振速不可超过 5cm/s[3]。瑞士标准（SN640312.1992）中依据不同建筑的类型，将质点的振动峰值作为控制指标，明确提出非埋设埋地管线的振速在 8~25cm/s 之间[4]。美国土木工程师协会的美国生命线联盟发布了《埋地钢管设计指南》（Guidelines for the Design of Buried Steel Pipe-2001），研究了由于采矿或附近建

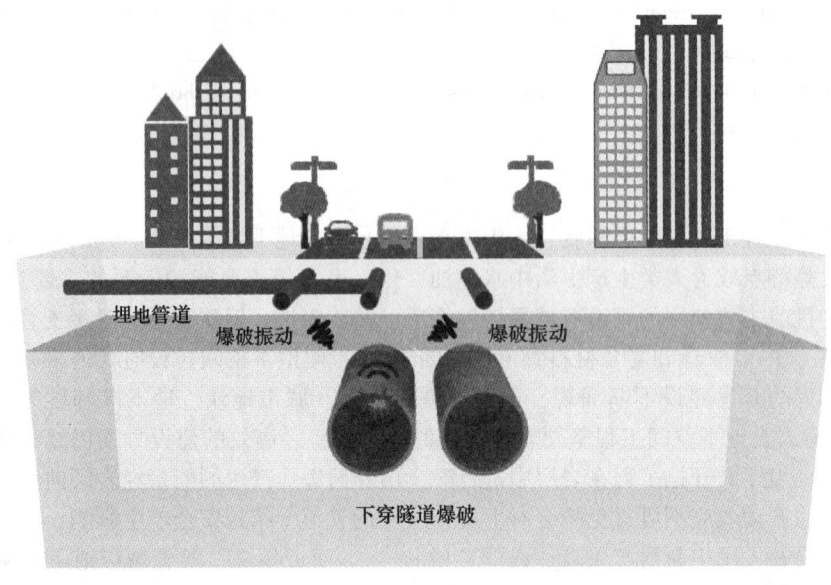

(a)

(b)　　　　　　　　　　　　　　　　(c)

图 1　埋地管道爆破振动破坏失效实例

（a）下穿隧道爆破示意图；（b）深圳地铁爆破邻近燃气管道；（c）南宁地铁爆破邻近输水管道

Fig. 1　Buried pipeline blasting vibration damage failure example

筑活动引起的邻近爆破所产生的管道应力，给出了峰值颗粒速度和峰值管道应力的表达式，其并未提出管道的控制振速[5]。我国《爆破安全规程》（GB 6722—2014）中使用频率、振速双因素作为爆破振动安全判据，但规程中并没有明确规定埋地管道的安全控制值[6]。我国《油气管道地质灾害风险管理技术规范》（SY/T 6828—2011）第 7.1.4.5 条中规定，在管道附近采用控制爆破或机械振动施工时，采取减震沟减震后，形成的振动波到达管道处的最大爆破振动速度不得超过 7cm/s[7]。中国石油天然气集团公司企业标准 Q/SY 1358—2010《油气管道并行敷设技术规范》中也规定爆破形成的振动波到达在役管道处的最大垂直振动速度不应超过 10cm/s[8]。此外，在工程实践中，有部分研究人员采用管道抗震设计规范中的标准进行间接取值。我国《室外给水排水和燃气热力工程抗震设计规范》（GB 50032—2003）中规定抗震设防烈度为 6 度及高于 6 度地区的室外给水、排水和燃气、热力工程设施，必须进行抗震设计[9]。参考《中国地震烈度表》（GB/T 17742—2020），5 度地震烈度的地面峰值速度为 2~4cm/s。可以认为在峰值振速小于 4cm/s 的地震波作用下埋地管道不会受到破坏[10]。

我国城区爆破工程复杂多样，埋地管道结构形式不一，国外的相关规范中虽有关于埋地管道的爆破安全振速控制值，但其于我国工程建设的适用性的得不到验证。此外，采用地震烈度及管道的抗震设计所得的管道安全控制振速具有一定的合理性，但考虑到爆破振动与天然地震在荷载特征、传播特点、作用形式上的不同，其可靠性还有待验证。

2.2　埋地管道爆破振动安全控制研究现状

爆破振动影响下埋地管道应力、应变监测过程相对比较复杂、不易获取和控制，大量学者以实际爆破建设邻近埋地管道的安全控制工程为依托，对埋地管道结构邻近爆破动力响应特征和安全控制标准进行研究。在管道爆破动力响应方面，采用现场测试、数值模拟、模型实验、理论解析等综合方法，测试分析埋地管道的爆破振动和变形特点，总结分析其主要失效破坏特征，指导安全控制。如 D. Siskind 等人[11]对焊接钢管和 PVC 水管进行了现场振动、应变和压强监测，确定了煤矿覆盖层爆破对附近管道的影响，得到的各管道振动和应变数据。唐润婷[12]、姜锐[13]等人基于张石高速公路桥梁桩基爆破工程现场测试分析了爆破振动波的传播规律及其对邻近埋地天然气管线安全的影响。A. Scott 等人[14]通过两次全尺寸控制爆破试验以评价爆破荷载作用对受侧向扩展作用的桩和管道的性能的影响。张黎明[15-16]、张紫剑[17]等人利用爆破振动及静态应变测试系统进行全尺寸现场爆破试验，对不同爆心距、不同最大单段装药量时埋地钢管管道地表振动峰值速度、管道轴向、环向应变等动力响应特性进行分析。钟冬望[18]、Zhong[19]、Qu[20]等通过改变药量、爆心距、管道内压及爆源埋深中某一参数对不同尺寸埋地无缝钢管和 PE 管道进行了 1:1 现场爆破实验，研究了各因素对钢管和 PE 管道的爆破振动响应的影响。郑爽英[21-22]、刘学通[23]、舒懿东[24]等人结合下穿埋地石油管道的隧道爆破工程，利用有限元软件 LS-DYNA 分析不同隧道埋深、管道直径与管道壁厚、不同管道内压、不同管土之间摩擦系数等条件下爆破振动引起的埋地天然气管道的应力分布状态。

上述研究表明，针对埋地管道的爆破振动效应已经开展了广泛的研究，但不同的研究手段或多或少存在不可避免的研究缺陷，现场测试方面对于不同工程类型的管道地表及邻近的地表的振动荷载特征的监测缺少较为科学的监测依据，同时对于无法开挖揭露的管道，根据其内部运行状态进行间接监测的手段也鲜有涉及。在室内外实验方面，对于可以直接监测管道及土层的测试手段虽然较多，但是对于利用模拟实验对管道及管周土动力学模型的相关参数的测试方法及实验手段却几乎没有涉及，这直接导致管–土爆破振动相互作用理论的缺乏。

在管道爆破安全控制方面，采用控制药量和制定安全控制振速等措施得到普遍应用。如 E. Gad[25]在借鉴地震荷载作用下管道变形破坏实例，通过现场测试的方法提出爆破振动作用下输水管道安全振动速度为 20cm/s。R. Francini[26]通过研究临近管道在采矿爆破作用下埋地管道振动速度响应，建立装药量、管壁厚度与管道应力的关系，提出了 12.5~25cm/s 的管道安全振速标准。A. Abedi[27]通过数值解析的方法并考虑管–土相互作用，计算爆炸波作用下埋地管道动力响应的解析解，提出管道最大安全爆破振动速度为 5cm/s。张忠超[28]通过数值计算的方法提出了爆破施工中不同材料的管线的地表临界振速，其中铸铁管线地表临界振速为 19cm/s，混凝土管线地表临界振速为 14cm/s，PVC 管线为 15cm/s。文献中常见管道的安全控制振速统计如图 2 所示。

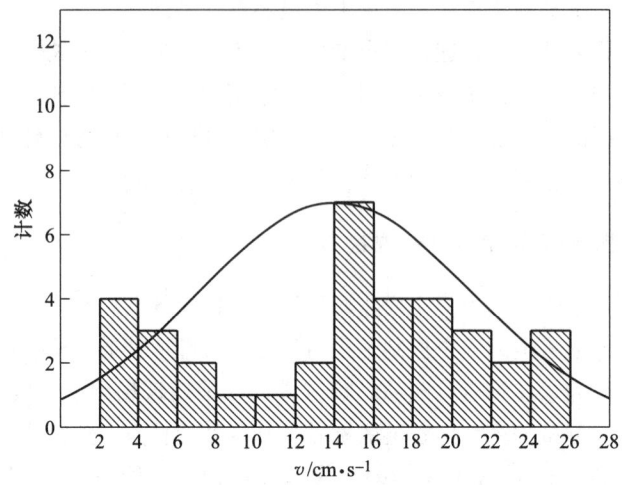

图 2 埋地管道安全振速统计分布图

Fig. 2 Statistical distribution of safe vibration speed of buried pipeline

总结发现，埋地管道安全振动速度离散性较大，范围从 $2 \sim 25 cm/s$ 均有涉及，实际邻近管道爆破工程应用中进行借鉴及类比存在诸多限制。上述标准的研究中缺乏针对多种因素进行综合考虑和系统研究下提出的安全判据，因此普适性较差。此外，工程现场实际应用中，埋地管道因其不便于开挖揭露直接监测，目前研究多针对管道本身结构的失效提出管道振动安全判据，对于建立管道上方地表与埋地管道之间安全控制振速的关系还缺少理论方面的研究。

3 埋地管道结构爆破振动安全控制研究研究进展

爆破振动影响下埋地管道应力、应变监测过程相对比较复杂、不易获取和控制，因此在埋地管道爆破振动效应研究的相关领域中还存在一些不足和值得深入探究的问题，尤其是针对目前具有较大技术应用需求的城区复杂环境条件埋地管道的爆破振动安全控制问题。埋地管道爆破振动安全控制标准受覆土条件、管道接口形式、运营状态等诸多因素影响，会存在较大差异性。基于上述研究，笔者所在团队借鉴相关研究思路，总结相关研究存在的不足，以现场实验、数值模拟、理论解析等综合研究手段，对埋地管道结构爆破振动安全控制进行系统研究。

3.1 埋地管道结构爆破振动响应特征

埋地管道作为置于一定土层深度、周围由土介质包裹的地下结构形式，爆破施工过程产生的爆破振动荷载扰动效应作用下其结构动力响应往往受覆土条件（土介质）的影响，为揭示埋地管道爆破振动影响机制，其前提须在考虑埋地管道覆土条件的基础上明晰爆破振动作用下埋地管道动力响应特性，分析爆破振动扰动作用下管道结构应力、变形、振动参量特征及其变化规律。笔者所在团队设计进行了黏性土中埋地铸铁燃气管道[29]、承插式混凝土管道[30]、HDPE 管道[31]的现场单孔爆破试验，测试分析其地表和管道本身的振动速度、应变特征，并基于现场试验建立 LS-DYNA 动力有限元精细化数值模型，对比分析了不同爆破试验工况下三种埋地管道的振动速度和应力应变变化特征[32]，验证数值模型和参数的正确性。基于可靠的数值模拟方法，考虑不同管道尺寸和径厚比的响应特征[33]，考虑不同管道腐蚀程度，如铸铁管道的外腐蚀[34]，混凝土管道的内壁老化腐蚀的影响[35]；考虑管道接口形式如混凝土承插接口，铸铁管道法兰接口的响应特征[36]，考虑运行条件，如充水程度[37]、不同运行气压等条件对管道爆破动力响应[38]的影响，如图3所示。通过上述分析，得到埋地管道与地表振速的相关关系，明晰不同工况条件和影响因素下各种管道的动力响应特征和分布规律，为后续的管道振动失效和准则的建立，提出有效的安全控制阈值提供依据。

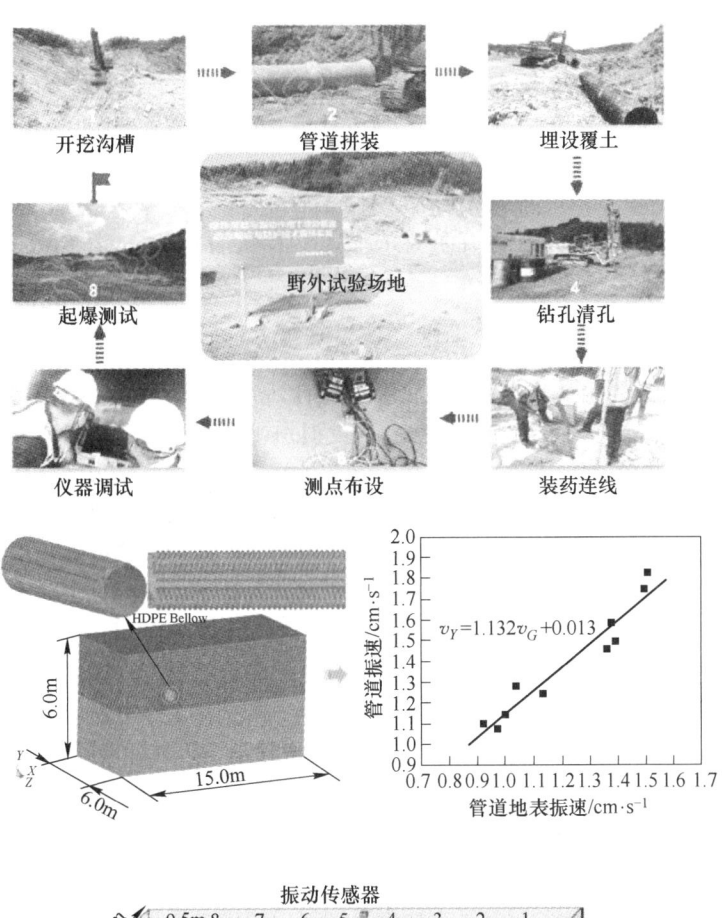

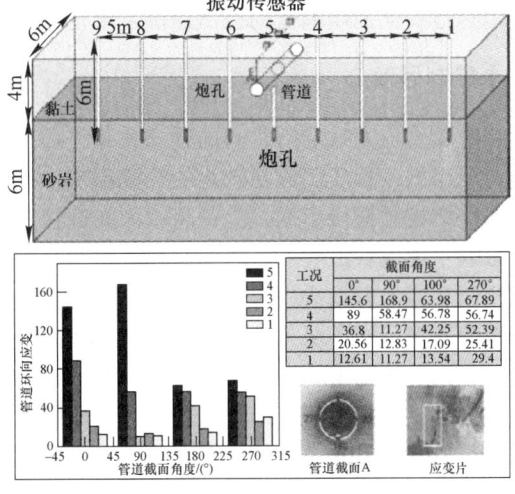

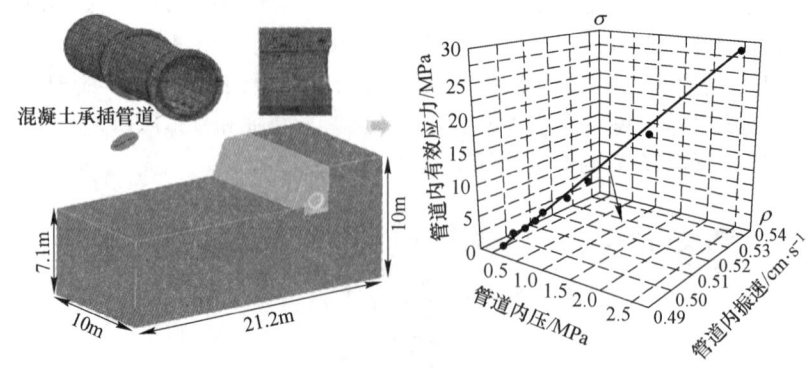

图 3　埋地管道动力响应研究示意图

Fig. 3　Schematic study of dynamic response of buried pipeline

3.2　管道结构爆破振动失效特征及准则

实际工程中，管道结构及其零部件失去原有设计所规定的功能称为管道失效，其中包括：（1）完全丧失原定功能；（2）功能降低和有严重损伤或隐患，继续使用会失去可靠性及安全性。爆破振动扰动影响下埋地管道及周围覆土会产生相应的位移、应力和应变等响应，造成管道结构的拉伸、断裂和弯曲等损伤破坏，进而产生管道失效行为。为研究爆破振动影响下管道结构失效机制，需明晰爆破振动作用下管道动力失效模式，建立爆破振动作用下管道主控失效准则。研究团队基于现场试验测试和数值模拟分析得到黏性土中埋地管道的动力响应规律，考虑埋地管道材料类型、尺寸、腐蚀条件、运行条件、接口形式等，提出反应应变、应力失效、转角失效等失效模式。如针对铸铁管道，以理论计算的管道组合允许应变解析结果作为判别管道失效的依据[29]，考虑其腐蚀产生的应力集中提出极限屈服应力失效依据[39-40]，考虑法兰接口形式提出法兰强度失效依据[41]；针对承插式混凝土管道，以转角位移提出接口处的失效依据[42]，以混凝土材料抗拉强度提出管身强度失效依据[43]；针对柔性的 HDPE 管道，以 Von-mises 屈服强度提出管身失效依据[44]，考虑承插接口提出转角失效依据，如图 4 所示。通过系统分析不同类型管道在不同影响因素下的失效特征，并建立其失效准则，建立失效判据与控制振速之间的相关关系，为埋地管道安全控制阈值的提出提供了量化依据。

3.3　埋地管道爆破振动安全控制阈值

通过建立管道爆破振动响应及管道失效准则之间的联立关系，提出科学合理的埋地管道爆破振动安全阈值，是实现研究成果的工程应用成功转化的关键环节，可为临近管道爆破方案制定、爆破安全监理及爆破振动监测控制提供依据，为提高城区临近管道开挖爆破施工效率提供指导。此外考虑到爆破振动影响下埋地管道应力、应变监测过程相对比较复杂、不易获取和控制等特点，需要提出便于监测的管道上方地表爆破质点峰值振动速度（PPV）安全控制标准。笔者所在研究团队以不同埋地管道在不同工况条件下的动力响应特征为依据，对比分析其主控失效模式，以最不利原则提出管道失效准则，并基于埋地管道振速与失效判据量化关系，和埋地管道与上方地表质点振速相对关系提出适用于不同工程条件的不同管道和接口形式的安全振速阈值。如针对埋地铸铁燃气管道，由组合应变失效准则和频率分形特征，计算得到安全振速阈值为 8.5cm/s[45]，由不同腐蚀程度管道的应力失效准则，提出不同运行年限（0~50 年）管

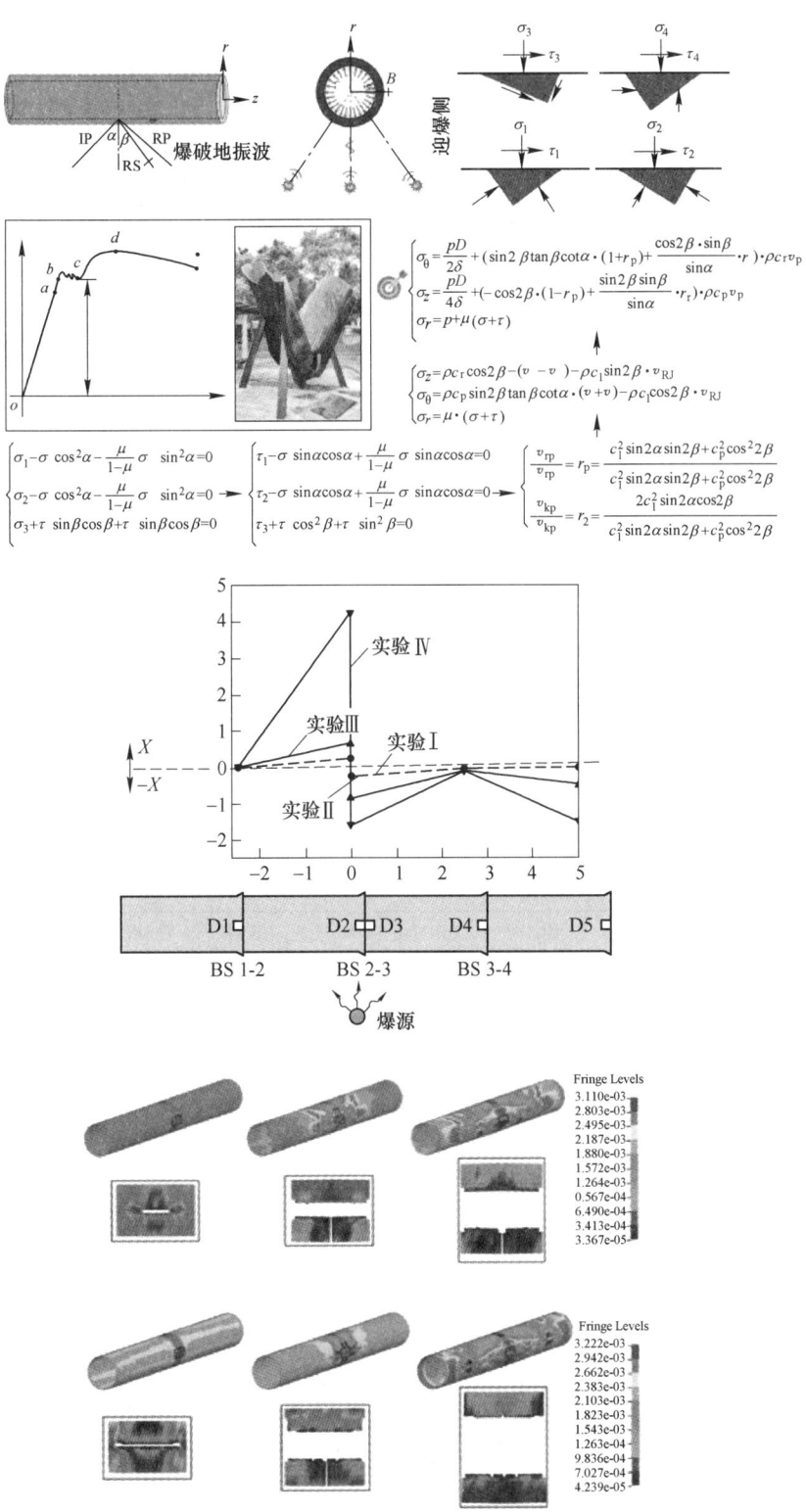

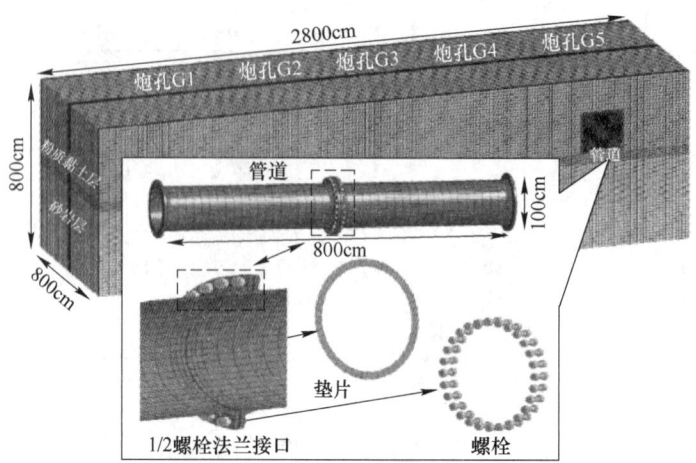

图 4 埋地管道安全判据研究示意图

Fig. 4 Schematic of safety criterion study for buried pipelines

道的安全振速为 5.33~2.16cm/s[46]，根据法兰接口管道与管身的失效准则的不同，提出最安全失效振速为 13.82cm/s。针对混凝土管道，由承插接口转角位移失效准则，计算得到转角失效安全振速为 14.7cm/s[47]。针对 HDPE 管道，由管道有效应力失效准则，计算得到管身失效安全振速为 24.77cm/s[48-49]，由管道承插接口的失效转角与振速相关关系，计算得到管道接口失效安全振速为 20cm/s[46,50]。根据上述研究，研究中各管道失效形式及其地表安全控制振速统计见表 1。

表 1 不同管道失效准则及安全控制振速统计

Tab. 1 Failure criteria and safety control vibration velocity statistics for different pipelines

管道类型	用 途	失效准则	管道安全振速/cm·s⁻¹
球墨铸铁	输气	管身应变	8.5
	输气	管身腐蚀	5.3~2.16
	输水	承插接头	13.82
混凝土管道	排水	管身应力	14.7
	排水	接口转角	3.32
HDPE 波纹管	输水	管身应变	24.77
	输水	接口转角	20.00

4 讨论与展望

（1）笔者所在团队针对相关研究工作进行了系统的研究，通过现场试验设计，结合数值模拟和理论分析，考虑管道材料、管道尺寸、埋置深度、运行条件、接口形式、运行年限等影响因素，分析研究了各因素影响下不同管道的动力响应特征，根据结构特征和材料性质分析其失效破坏模式，提出管道爆破振动破坏判据，建立多因素影响下管道安全振速与失效判据之间的量化关系，根据工程实际计算符合现场施工应用不同管道地表安全控制振速。实现了埋地管道爆破振动安全控制研究的系统性和普适性，对相关工程控制标准的制定提供了试验、理论、数值和实践依据。

（2）由于埋地管道结构的复杂多样，城区爆破工程建设环境的日益变化，前文论述的本团队的工作仅针对城区典型黏性土埋地管道结构，对于其他埋置土层条件的研究还需要进一步类比分析，对于特殊地质条件和特殊材料和结构的埋地管道结构响应特征和失效模式研究还不多，对于一些特殊管道如热力管道、高压管道及特殊温度环境造成的耦合条件产生的附加荷载、悬空变形、热力条件等对于管道动力响应的影响研究还未涉及。

（3）此外，对于管道与埋置介质之间的相互作用关系及其对管道动力响应和失效模式的影响研究还不足，爆破动力作用下管道-土相互作用模型研究还不清晰，因此需要充分明确埋地管道管-土结构组合体系特征在管道动力响应中的地位，建立适用于爆破动力作用下埋地管道管-土组合结构力学模型。

综上所述，埋地管道的爆破振动安全控制相关研究还需要在日新月异的工程实践的发展中不断探索和完善，需要考虑埋设土层性质、管道接口形式、运营状态、外界荷载条件等多种因素，利用学科交叉耦合的手段对埋地管道的爆破振动安全控制进行分类、分点的研究。

5 结论

本文通过剖析国内外埋地管道结构爆破振动安全控制相关研究成果，归纳现场测试、室内外实验及数值模拟等主要研究手段及创新方法，从埋地管道结构爆破振动响应特征、管道结构爆破振动失效特征及准则、爆破振动安全控制阈值三个研究维度阐述埋地管道结构爆破振动安全控制领域主要研究现状及存在的问题；在此基础上，阐述本课题组在上述三个研究维度上所开展的相关理论分析、模型实验、数值计算等系统创新性研究工作进展及主要研究成果。并根据研究总结埋地管道爆破振动安全控制研究存在的不足和后续研究重点工作。

参 考 文 献

[1] Mishra K B, Wehrstedt K D. Underground gas pipeline explosion and fire: CFD based assessment of foreseeability [J]. J. Nat. Gas Sci. and Eng., 2015, 24: 526-542.

[2] Sun L, Jiang B, Gu F. Effects of changes in pipe cross-section on the explosion-proof distance and the propagation characteristics of gas explosions [J]. J. Nat. Gas Sci. Eng., 2015, 25: 236-241.

[3] DIN. Structural Vibration—Part 3: Effects of Vibration on Structures DIN 4150-3—1999 [S]. Germany.

[4] SNV (Swiss Association for Standardization). Vibrations—Vibration effects in buildings [S]. SN640312. 1992.

[5] American Lifelines Alliance. Guidelines for the Design of Buried Steel Pipe [S]. American Society of Civil Engineers, 2001.

[6] GB 6722—2014 爆破安全规程 [S].

[7] SY/T 6828—2011 油气管道地质灾害风险管理技术规范 [S].

[8] Q/SY 1358—2010 油气管道并行敷设技术规范 [S].

[9] 中华人民共和国建设部, 国家质量监督检验检疫总局. GB 50032—2003 室外给水排水和燃气热力工程抗震设计规范 [S].

[10] 中华人民共和国质量技术监督局. 中国地震烈度表 GB/T 17742—2008 [S]. 北京: 中国标准出版社, 2004.

[11] Siskind D E. Surface mine blasting near pressurized transmission pipelines [J]. Mining Engineering, 1994, 46 (12): 1357-1360.

[12] 唐润婷, 李鹏飞, 苏华友. 桥梁桩基爆破施工对邻近埋地天然气管线的影响 [J]. 工程爆破, 2011,

17（1）：78-81.

［13］姜锐 . 爆破振动对邻近埋地管道安全影响的测试与分析［D］. 绵阳：西南科技大学，2017.

［14］Scott A A, Teerawut J. Response of single piles and pipelines in liquefaction-induced lateral spreads using controlled blasting［J］. Earthquake Engineering and Engineering Vibration, 2002, 1（2）：181-193.

［15］张黎明，赵明生，池恩安，等 . 爆破振动对地下管道影响试验及风险预测［J］. 振动与冲击，2017，36（16）：241-247.

［16］张黎明 . 中深孔台阶爆破振动对地下管道的影响研究［D］. 贵阳：贵州大学，2015.

［17］张紫剑，赵昌龙，张黎明，等 . 埋地管道爆破振动安全允许判据试验探究［J］. 爆破，2016，33（2）：12-16.

［18］钟冬望，黄雄，司剑峰，等 . 爆破荷载作用下埋地钢管的动态响应实验研究［J］. 爆破，2018，35（2）：19-25.

［19］Zhong D, Gong X, Han F, et al. Monitoring the dynamic response of a buried polyethylene pipe to a blast wave：An experimental study［J］. Applied Sciences, 2019, 9（8）：1663.

［20］Qu Y, Li Z, Zhang R, et al. Dynamic performance prediction and influencing factors analysis of buried polyethylene pipelines under subsurface localized explosion［J］. International Journal of Pressure Vessels and Piping, 2021, 189：104252.

［21］郑爽英，杨立中 . 下穿隧道爆破地震作用下埋地输气管道的动力响应规律研究［J］. 爆破，2015，32（4）：69-76, 109.

［22］郑爽英，邹新宽 . 下穿隧道爆破振动作用下石油管道的安全性评价［J］. 爆破，2015，32（2）：131-137.

［23］刘学通 . 爆破振动下埋地天然气管道的动力响应研究［D］. 成都：西南交通大学，2015.

［24］舒懿东 . 爆破振动下埋地天然气管道工况参数对管-土振动特征的影响分析［D］. 成都：西南交通大学，2017.

［25］Gad E F, Wilson J L, Balendra T, et al. Response of pipelines to blast loading［J］. Australian Journal of Structural Engineering, 2007, 7（3）：197-207.

［26］Francini R B, Baltz W N. Blasting and construction vibrations near existing pipelines：what are the appropriate levels？［J］. Journal of Pipeline Engineering, 2009, 8（4）：253-262.

［27］Abedi A S, Hataf N, Ghahramani A. Analytical solution of the dynamic response of buried pipelines under blast wave［J］. International Journal of Rock Mechanics and Mining Sciences, 2016, 88：301-306.

［28］张忠超 . 爆破作用下埋地管线安全允许振速研究［D］. 福州：福州大学，2017.

［29］朱斌，蒋楠，贾永胜，等 . 下穿燃气管道爆破振动效应现场试验研究［J］. 岩石力学与工程学报，2019，38（12）：2582-2592.

［30］夏宇磬，蒋楠，姚颖康，等 . 粉质黏土层预埋承插式混凝土管道对爆破振动的动力响应［J］. 爆炸与冲击，2020，40（4）：73-83.

［31］张玉琦，蒋楠，贾永胜，等 . 爆破地震荷载作用下高密度聚乙烯波纹管动力响应试验研究［J］. 爆炸与冲击，2020，40（9）：122-132.

［32］朱斌，蒋楠，周传波，等 . 粉质黏土层直埋铸铁管道爆破地震效应［J］. 浙江大学学报（工学版），2021，55（3）：500-510.

［33］黄一文，蒋楠，周传波，等 . 承插式混凝土管道爆破振动动力响应尺寸效应研究［J］. 振动工程学报，2021，34（5）：969-978.

［34］Zhu Bin, Jiang Nan, Zhou Chuanbo, et al. Dynamic failure behavior of buried cast iron gas pipeline with local external corrosion subjected to blasting vibration［J］. Journal of Natural Gas Science and Engineering, 2021, 88：103803.

［35］黄一文，蒋楠，周传波，等 . 内壁腐蚀混凝土管道爆破动力失效机制［J］. 浙江大学学报（工学

版），2022，56（7）：1342-1352.

[36] 赵珂，蒋楠，贾永胜，等. 爆破地震波作用下法兰接口燃气管道动力失效机制 [J]. 爆炸与冲击，2021，41（9）：100-115.

[37] 张玉琦，蒋楠，贾永胜，等. 运营充水状态高密度聚乙烯管的爆破振动响应特性 [J]. 浙江大学学报（工学版），2020，54（11）：2120-2127，2137.

[38] 赵珂，蒋楠，周传波，等. 爆破地震荷载作用下埋地燃气管道动力响应尺寸效应研究 [J]. 振动与冲击，2022，41（2）：64-73.

[39] 朱斌，蒋楠，周传波，等. 基坑开挖爆破作用邻近压力燃气管道动力响应特性研究 [J]. 振动与冲击，2020，39（11）：201-208.

[40] Tang Q, Jiang N, Yao Y, et al. Experimental investigation on response characteristics of buried pipelines under surface explosion load [J]. International Journal of Pressure Vessels and Piping, 2020, 183: 1-10.

[41] Zhao Ke, Jiang Nan, Zhou Chuanbo, et al. Dynamic behavior and failure of buried gas pipeline considering the pipe connection form subjected to blasting seismic waves [J]. Thin-Walled Structures, 2022, 170: 108495.

[42] 张玉琦，蒋楠，周传波，等. 爆破地震荷载作用下承插式 HDPE 管道动力失效机制 [J]. 爆炸与冲击，2022，42（12）：133-144.

[43] Xia Yuqing, Jiang Nan, Zhou Chuanbo, et al. Theoretical solution of the vibration response of the buried flexible HDPE pipe under impact load induced by rock blasting [J]. Soil Dynamics and Earthquake Engineering, 2021, 146: 106743.

[44] 胡宗耀，蒋楠，周传波，等. 高密度聚乙烯波纹管爆破振动动力响应尺寸效应 [J]. 振动工程学报，2022，35（3）：606-615.

[45] Jiang Nan, Jia Yongsheng, Yao Yingkang, et al. Experimental investigation on the influence of tunnel crossing blast vibration on upper gas pipeline [J]. Engineering Failure Analysis, 2021, 127: 105490.

[46] Xia Yuqing, Jiang Nan, Zhou Chuanbo, et al. Dynamic behaviors of buried reinforced concrete pipelines with gasketed bell-and-spigot joints subjected to tunnel blasting vibration [J]. Tunnelling and Underground Space Technology Incorporating Trenchless Technology Research, 2021, 118（12）: 104172.

[47] 夏宇磬，蒋楠，周传波，等. 爆破荷载作用大直径埋地管道振动响应解析 [J]. 振动. 测试与诊断，2022，42（1）：35-42，192-193.

[48] Zhu Bin, Jiang Nan, Zhou Chuanbo, et al. Dynamic interaction of the pipe-soil subject to underground blasting excavation vibration in an urban soil-rock stratum [J]. Tunnelling and Underground Space Technology Incorporating Trenchless Technology Research, 2022, 129（11）: 1-22.

[49] 朱斌，蒋楠，周传波，等. 爆破 P 波作用下直埋压力管道安全振速研究 [J]. 工程科学学报，2022，44（8）：1444-1452.

[50] Jiang Nan, Zhu Bin, Zhou Chuanbo, et al. Blasting vibration effect on the buried pipeline: A brief overview [J]. Engineering Failure Analysis, 2021, 129: 105709.

基于爆炸能量的炸药岩石匹配试验研究

陶 明　朱兆祯　洪志先　赵 瑞　徐源泉　向恭梁

（中南大学资源与安全工程学院，长沙　410083）

摘　要：炸药与岩石的合理匹配可以提高炸药能量利用率和改善爆破效果。基于岩体爆破过程中的能量定律，通过试验与理论结合的方法研究炸药与岩石的匹配关系。首先推导求解粉碎区、破裂区和碎块抛掷能量的函数表达式。其次以 4 种灰砂比制备混凝土试块并使用 4 种乳化炸药开展单孔爆破试验，利用高速相机捕捉碎块抛掷轨迹并收集爆破碎块。最后根据试验结果和炸药混凝土基本参数计算粉碎能、断裂能和抛掷能。结果表明：爆破块度尺寸及分布形态受混凝土和炸药特性的显著影响，破裂区能耗越高，碎块尺寸越小且分布更加均匀；乳化炸药对岩石做功能量有效利用率约为 26.4%，粉碎区能耗约为 8.4%，破裂区能耗约为 10.9%，碎块抛掷能耗约占 7.1%。基于传统波阻抗匹配理论无法获得最佳的炸药能量利用，在混凝土与炸药阻抗比为 1.479 时混凝土试块具有最佳破碎效果和最高能量利用率，$\eta = 30.77\%$。

关键词：炸药；能量匹配；块度；破裂区；粉碎区

Experimental Study for the Matching of Explosives and Rocks Based on Blasting Energy

Tao Ming　Zhu Zhaozhen　Hong Zhixian　Zhao Rui　Xu Yuanquan　Xiang Gongliang

（School of Resources and Safety Engineering, Central South University, Changsha 410083）

Abstract：Reasonable matching between explosives and rocks increases the utilization of explosive energy and improves the blasting performances. Based on the law of energy conservation in rock blasting, the matching relationship between explosives and rocks is investigated through a combination of experimental and theoretical methods. Firstly, the theoretical solutions for crushing zone energy, fragmentation energy and fragment-throwing energy are derived. Subsequently, concrete blocks are prepared with four types of cement-sand ratios and four types of emulsion explosives are used to carry out single-hole blasting tests, in which a high-speed camera is used to capture the trajectory of the blasting fragments that are later collected. Finally, the crushing energy, fracturing energy and fragment-throwing energy are calculated according to the test results and the basic parameters of the used explosives and concrete models. The results show that the fragment size and distribution pattern are significantly affected by the properties of concrete and explosives, the higher the energy consumption in the fracturing zone, the smaller the size of the fragments and the more uniform distribution. Moreover, the median

基金项目：国家自然科学基金项目（12072376）。

作者信息：陶明，博士，教授，mingtao@ csu. edu. cn。

utilization efficiency of explosive energy on rock breaking is 26.4%, the energy consumption in the crushing zone is about 8.4%, that in the rupture zone is about 10.9%, and that in the throwing energy of fragments accounts for about 7.1%. It is also found that the traditional wave impedance matching theory fails to obtain the best explosive energy utilization. On the contrary, the concrete specimen had the best fracturing effect and the highest energy utilization of 30.77% when the impedance ratio of concrete to explosives is 1.479.

Keywords: explosive; energy match; fragmentation; fracturing zone; crushing zone

1 引言

炸药与岩石匹配是爆破工程领域中的热点研究课题之一。合理的匹配关系能有效提升炸药能量利用率，改善在块度分布、围岩损伤控制和振动控制等方面的爆破效果，降低爆破成本。然而，由于岩体赋存情况复杂多变，且岩石在爆破作用下的动态力学响应充满复杂性和不确定性，传统的匹配理论如波阻抗匹配和全过程匹配在此类复杂多变的工程实践中的应用显得相对有限[1-2]。当采用钻爆法开挖岩体时，炸药爆轰产生的能量一部分用于形成粉碎区、断裂区、碎块抛掷和引起弹性区的质点振动，另一部分以噪声、飞石等形式耗散。因此，探索从能量角度出发构建炸药与岩石匹配关系具有重要意义。

当前国内外学者就炸药与岩石匹配问题采用理论、试验和数值模拟方法开展了系列研究[3-9]。李夕兵等人[10-11]利用等效波阻法理论探究了炸药与岩石的匹配关系，提出可通过在炸药与岩石之间嵌入不同阻抗介质提高能量的传递效果。基于阻抗匹配理论，杨年华等人[12]在硬岩隧道钻爆法掘进中选择高爆速、高密度、高威力炸药进行破岩，结果表明炸药单耗和爆破成本均降低20%以上。德国学者 Ajay Kumar Jha[13]根据岩石阻抗的大小选择合理的炸药类型用于露天石灰岩开采，取得了更好的爆破效果和生产效率。无论采用何种匹配理论来对不同特性岩体匹配炸药其最终目的和导向都是为了提高炸药能量在岩体破碎中的利用率。在此认识上，张奇等人[14]通过破岩体积反映爆炸能量利用率，从而分析炸药与岩石的冲击波阻抗匹配的关系。Sanchidrián 等人[15]通过收集台阶爆破开挖试验中的爆堆、碎块抛掷初始速度和质点振动数据计算了炸药用于产生碎块、抛掷和引起质点振动的能量占比，结果表明破碎能、振动能和抛掷动能分别占总能量的2%~6%、1%~3%和3%~21%。此外，人工智能技术的发展给炸药与岩石匹配研究提供了更多可能性。赵明生和叶海旺等人[16-18]基于神经网络算法构建炸药与岩石匹配模型，预测模型在爆破工程中得到成功应用。

综上所述，波阻抗匹配是目前主流匹配理论，但随着工程技术的不断发展，越来越多的实际工程需要在复杂多样的地质条件下进行爆破作业，现场条件难以支持频繁调整炸药种类，因此在这些复杂背景下传统匹配理论的局限性逐渐显现出来，很难满足工程实践对于高效、安全、环保的爆破需求。本文旨在从能量理论的角度出发，开展系列单孔爆破混凝土模型试验，计算消耗于粉碎区、裂隙区、弹性振动区和碎石抛掷的能量，获取炸药能量有效利用率，深入探讨不同炸药类型、参数与岩石特性之间的相互影响，构建可靠的炸药与岩石匹配关系。

2 爆破能量平衡理论

根据热力学第一原理，炸药爆轰释放的能量在化学反应完成后由爆炸产物携带，并转化为热量和对周围介质所做的功。一般认为爆破过程中产生的热量、噪声没有参与岩石的动态响应，视为无用功，而参与岩体破坏的能量则视为有用功。有用功的形式主要包括三部分：（1）粉碎能，炸药起爆后孔壁周边的爆压远高于岩石动态压缩强度，岩石被压碎形成半径约为 5 倍炮孔半径的粉碎区（见图 1）；（2）断裂能，粉碎区外的岩石受动态拉伸和剪切作用发生径向和环向断裂，最终表现为岩石碎块的新表面；（3）岩石断裂后形成许多尺寸和形状不同的碎块，在爆轰产物作用下发生偏离爆源中心的抛掷运动，表现为传给岩石的抛掷动能。

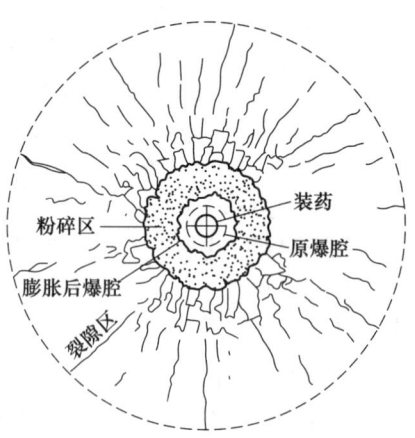

图 1 不耦合装药爆破后
粉碎区和裂隙区示意图

Fig. 1 Diagram of the crushed
and cracked zones induced by
decoupled charge blasting

2.1 粉碎区能量

柱状不耦合装药结构条件下，炸药爆炸后将在炮孔周边形成半径为 R_c 的粉碎区，粉碎区半径表达式如下[19]：

$$R_c = r_b \left(\frac{A p_d}{\sqrt{2} \sigma_{cd}} \right)^{\frac{1}{\kappa}} \tag{1}$$

$$p_d = \frac{\rho_0 D^2}{8} \left(\frac{r_c}{r_b} \right)^6 n \tag{2}$$

式中，p_d 为孔壁峰值压强；r_b、r_c 分为炮孔半径和装药半径；$A = [(1+\lambda)^2 + (1+\lambda^2) - 2\mu(1-\mu)(1-\lambda)^2]^{0.5}$，$\mu$ 为高应变加载条件下的泊松比，$\mu = 0.8\mu_0$，$\lambda = \mu/(1-\mu)$；σ_{cd} 为介质动态压缩强度；κ 为粉碎区冲击波衰减系数，$\kappa = 2 - \mu/(1-\mu)$；ρ_0 为岩石密度；D 为炸药爆轰速度；n 为压强增大系数，一般取 $n = 8 \sim 10$。

粉碎区内岩石介质在冲击波作用下发生位移，炮孔直径增大，爆腔膨胀。冲击波粉碎岩体后强度迅速衰减，当传播至粉碎区边界时整个冲击压缩过程完成。在此过程中岩石遵守质量守恒准则，如下所示：

$$(r - r_b^2)\rho_0 = \int_{r_1}^{r} 2\rho r \mathrm{d}r \tag{3}$$

式中，r 为冲击波作用半径；r_1 为与 r 对应的爆腔半径；ρ 为冲击波波阵面上的岩石密度。

由于冲击波波阵面后岩石密度变化可以忽略不计，因此以空气压缩后孔壁处的岩石密度 ρ_r 代替 ρ，由此得到爆腔扩展规律，如下：

$$r_1 = [r^2 - (r^2 - r_b^2)\rho_0/\rho_r]^{0.5} \tag{4}$$

式中，$\rho_r = (a + bu)/[a + (b-1)u]\rho_0$，其中 a，b 为岩石试验常数。

当 $r = R_c$ 即处于粉碎区边界时爆轰膨胀过程全部结束，最终的爆腔半径为：

$$R_1 = [R_c^2 - (R_c^2 - r_b^2)\rho_0/\rho_r]^{0.5} \tag{5}$$

在冲击波作用于粉碎区产生爆腔的过程中所做的功可以表达为：

$$E_c = \int_{r_b}^{R_1} 2\pi r \sigma_r \mathrm{d}r \tag{6}$$

式中，σ_r 为冲击波峰值压力的衰减函数，$\sigma_r = p_d r^{-a}$，联合式（6）求解积分函数可得粉碎区能量表达式，如下：

$$E_c = 2\pi p_d r_b^2 \left(1 - \frac{r_b}{R_1} \right) \tag{7}$$

2.2 破裂区能量

在粉碎区外冲击波衰减成应力波并在岩体中继续向前传播，由于岩石介质动态拉伸强度远小于动态压缩强度，因此应力波诱发新的径向裂隙产生，同时促进由冲击波产生的裂隙扩展。已有研究表明爆生气体的传播速度小于应力波传播速度，因此裂纹将在后继爆生气体的"气楔"作用下发生贯通形成大量碎块。

假设单位断裂面的能耗为 G_f，破碎总能 E_f 可按下式计算：

$$E_f = A_f G_f \tag{8}$$

式中，A_f 为爆破产生的碎块的表面积；G_f 断裂比能有两种计算方式，一种是通过实验方法计算 Rittinger 系数，另一种是根据被爆材料的断裂韧度和弹性模型理论推导获得。在单孔爆破实验中通常有成百上千的裂纹，因此使用 Rittinger 系数倒数表征断裂比能更加符合实际情况。

碎块的表面积 A_f 可根据爆堆尺寸分布进行估算。假定碎块为直径 x 的球形，

$$A_f = 6V \int_0^\infty \frac{f(x)}{x} \mathrm{d}x \tag{9}$$

式中，V 为碎块的体积；$f(x)$ 为碎块体积大小分布的密度函数。

爆破实验结束后收集碎块并进行块度分析可得到粒度分布曲线，按照碎块的体积大小进行分组，引入体积分数 p_k：

$$p_k = \int_{x_k^l}^{x_k^s} f(x) \mathrm{d}x = P(x_k^s) - P(x_k^l) \tag{10}$$

式中，x_k^l 和 x_k^s 为 k 类碎块的尺寸阈值；$P(x)$ 为碎块的累积大小分布。

将式（10）代入式（9）中，碎块表面积函数可表示为：

$$A_f = 6V \sum_{k=1}^{C} \int_{x_k^l}^{x_k^s} \frac{f(x)}{x} \mathrm{d}x \tag{11}$$

式中，C 为碎块尺寸分类数量；$P(x)$ 为碎块的累积大小分布。

引入 k 类的碎块尺寸极限的对数平均值 x_k，$x_k = (x_k^s - x_k^l)/\ln(x_k^s/x_k^l)$，碎块表面积函数的变换形式如下：

$$A_f = 6V \sum_{k=1}^{C} \frac{p_k}{x_k} \tag{12}$$

2.3　碎块抛掷动能

如图 2 所示，爆破碎块受应力波和爆生气体耦合作用以初速度 v_0 作斜抛运动，飞行过程中消耗的动能与初始速度、末速度、抛掷距离及碎块的质量有关。碎块水平方向的动能 ΔKE 有：

$$v_1^2 = v_0^2 + 2gL \tag{13}$$

$$\Delta KE = \frac{1}{2}mV_1^2 - \frac{1}{2}mV_0^2 \tag{14}$$

式中，v_0 为碎块的初速度；v_1 为碎块的末速度；m 为碎块质量；g 为重力加速度；L 为碎块水平抛掷距离。

碎块克服重力作用在垂直方向上上升高度为 h，因此势能可由式（15）求得：

$$\Delta PE = mgh \tag{15}$$

碎块的抛掷总能为：

$$E_t = \Delta KE + \Delta PE \tag{16}$$

2.4　炸药爆炸总能量

炸药爆炸产生的总能量与装药质量、炸药密度和爆热有关，计算公式如下：

$$E_0 = \pi r_c^2 \rho_e l_c Q_j \tag{17}$$

式中，ρ_e 为炸药密度；l_c 为柱状药柱长度；Q_j 为炸药爆热。

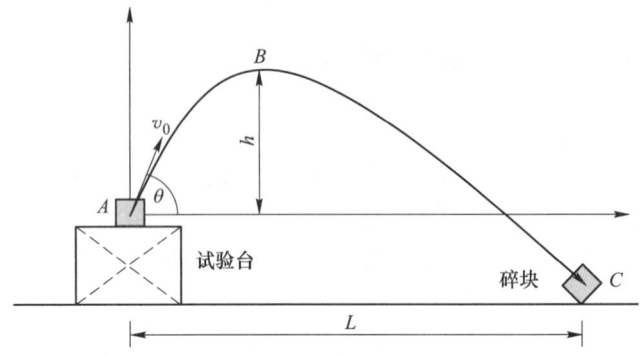

图 2　碎块抛物线轨迹示意图

Fig. 2　Diagram of the parabola trajectory of fragments

3　单孔爆破模型试验

3.1　试验方案

为研究炸药与岩石匹配关系，使用水泥砂浆制备单孔爆破模型。砂浆由标号为 325 号普通硅酸盐水泥、粒径为 0.4~1mm 河沙和水混合制备而成，制备过程如图 3（a）所示。通过改变砂浆的灰砂比，制备 4 种混凝土以模拟 4 种具有不同力学特性的岩石，灰砂比设置为 3∶1、3∶1.25、2∶1 和 3∶2，水泥与水的比例保持不变，设为 2∶1，以此研究不同介质的物理力学特性对粉碎区、裂隙区和抛掷能量利用率的影响。

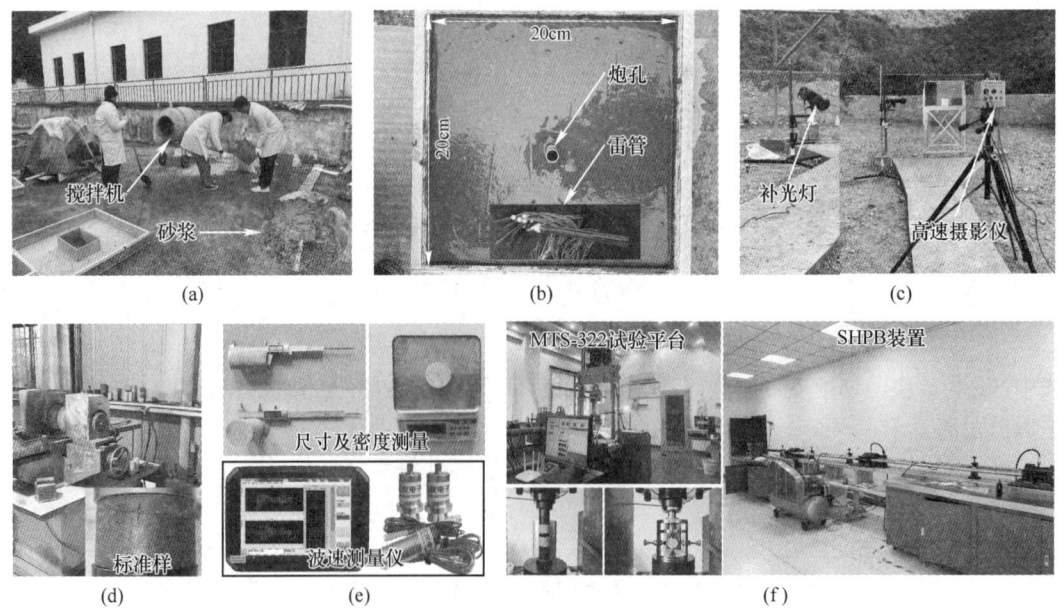

图 3　爆破模型制备

（a）混凝土搅拌；（b）模型浇筑；（c）爆破现场；（d）标准样加工；（e）物理参数测试；（f）力学试验

Fig. 3　Preparation of blasting models

浆体在搅拌机中充分搅拌后倒入预制立方体木质模型中（见图3（b）），使用高频震动棒对模具中的浆体进行震动以充分捣实防止混凝土试块中出现空腔。爆破试验过程如图3（c）所示，为使雷管与高速相机数据同步触发，在雷管和电荷之间放置了一根搪瓷绝缘线。每次爆炸试验后，收集每个模型的碎片，称重和筛分。除制备爆破试验用立方体试块外，制备了一批圆柱形试样并对其进行打磨，在贵州保利新联爆破民爆工程试验室的 MTS 和 SHPB 试验平台上开展静力学和动力学试验，如图3（d）~（f）所示。

本次试验制备 20cm × 20cm × 20cm 立方体模型8个，其中每种灰砂比2个，同样制备 30cm × 30cm × 30cm 立方体模型8个，其中每种灰砂比2个。如图3（b）所示，在制备边长 20cm 的混凝土模型时使用 PVC 管预留直径和长度分别为 15mm 和 20cm 的炮孔。炮孔内装填膨化硝铵炸药，装药直径和长度分别为 12mm 和 12cm，炸药使用瞬发电子雷管引爆（见图4）。为防止爆生气体逸散造成能量损失，炮孔两端使用黏土进行堵塞并且捣实，堵塞长度4cm。

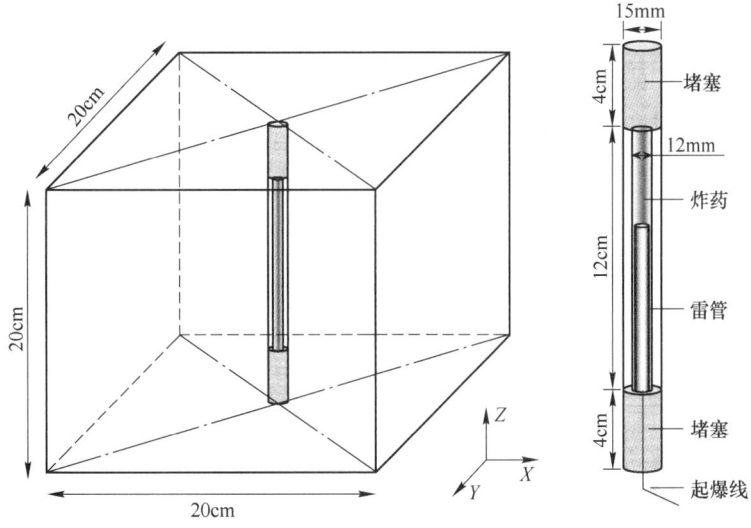

图4　爆破模型示意图及装药结构

Fig. 4　Schematic of blasting model and charge structure

为排出炸药单耗对试验结果的影响，对两种尺寸的模型采用相同的装药密度。同时为了获得炸药与岩石匹配关系，本次试验通过改变炸药的乳化剂类型和占比获得4种不同特性的乳化炸药，乳化炸药的配比及物理参数见表1。在4种不同灰砂比的模型中分别使用4种乳化炸药，共开展单孔爆破模型实验16次，试验方案见表2。

表1　乳化炸药配比及参数

Tab. 1　Components and properties of the used emulsion explosive

炸药类型	AN/%	硫脲/%	乳化剂/%	油相/%	ρ_e /kg·m^{-3}	v_{OD} /m·s^{-1}	Q_h /MJ·kg^{-1}	Z/kg· (s·m^2)$^{-1}$
E1	78.6	0.2	Span80（1.8）	柴油2.4，机油1.8	1140	3517	3760	4009380
E2	78.6	0.2	9126（1.8）	柴油2.4，机油1.8	1170	3643	3870	4262310
E3	78.6	0.2	FH17（1.8）	柴油2.4，机油1.8	1160	3936	4060	4565760
E4	78.6	0.2	H036（1.8）	柴油2.4，机油1.8	1180	4231	4300	4992580

注：ρ_e 为炸药密度；v_{OD} 为爆轰速度；Q_h 为爆热；Z 为波阻抗。

表 2　爆破模型基本参数及实验方案

Tab. 2　Basic parameters of blasting models and experiment schedule

模型序号	$V/10^{-3}$ m³	ρ_0/kg · m⁻³	C_p/m · s⁻¹	E/GPa	PF/kg · m⁻³	L_c/cm
R1-E1	7.965	1850.16	3067.65	13.7	1.891	12.0
R1-E2	7.965	1850.16	3067.65	13.7	1.891	12.0
R1-E3	7.965	1850.16	3067.65	13.7	1.891	12.0
R1-E4	7.965	1850.16	3067.65	13.7	1.891	12.0
R2-E1	7.965	1919.27	3284.07	14.4	1.891	12.0
R2-E2	7.965	1919.27	3284.07	14.4	1.891	12.0
R2-E3	7.965	1919.27	3284.07	14.4	1.891	12.0
R2-E4	7.965	1919.27	3284.07	14.4	1.891	12.0
R3-E1	26.947	2086.51	3398.59	16.8	1.891	22.0
R3-E2	26.947	2086.51	3398.59	16.8	1.891	22.0
R3-E3	26.947	2086.51	3398.59	16.8	1.891	22.0
R3-E4	26.947	2086.51	3398.59	16.8	1.891	22.0
R4-E1	26.947	2206.66	3445.74	18.1	1.891	22.0
R4-E2	26.947	2206.66	3445.74	18.1	1.891	22.0
R4-E3	26.947	2206.66	3445.74	18.1	1.891	22.0
R4-E4	26.947	2206.66	3445.74	18.1	1.891	22.0

注：试样编号中的 E1、E2、E3 和 E4 表示四种不同配比的乳化炸药；R1、R2、R3 和 R4 代表 4 种不同灰砂比制成的砂浆；V 代表模型体积；ρ_0 代表混凝土养护后的密度；E 代表混凝土弹性模量；PF 代表装药密度；L_c 代表装药长度。

3.2　试验结果及分析

由式（9）~式（12）可知碎块尺寸和分布是求解破碎能的重要参数，因此每次爆破试验结束收集碎块，16 个模型的碎块分布如图 5 所示。从图中可以看出，R2-E4、R3-E1 和 R1-E2 模型爆破后的碎块尺寸相对较小，其中 R2-E4 的爆堆碎块分布均匀。而 R4-E2 和 R4-E4 模型爆破后只分裂成几个大块并伴随质量占比很少的小块。

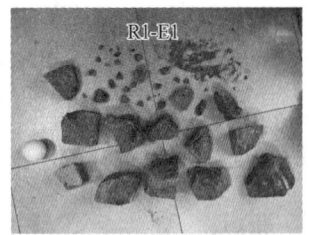

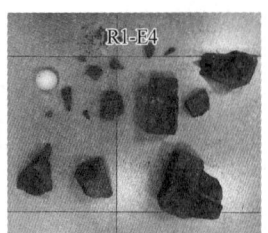
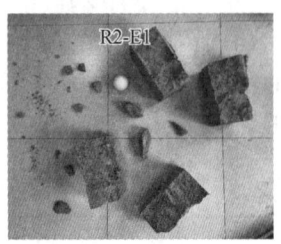
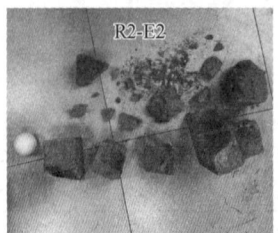

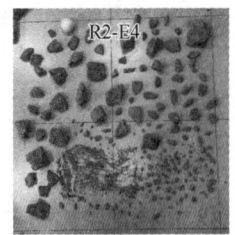

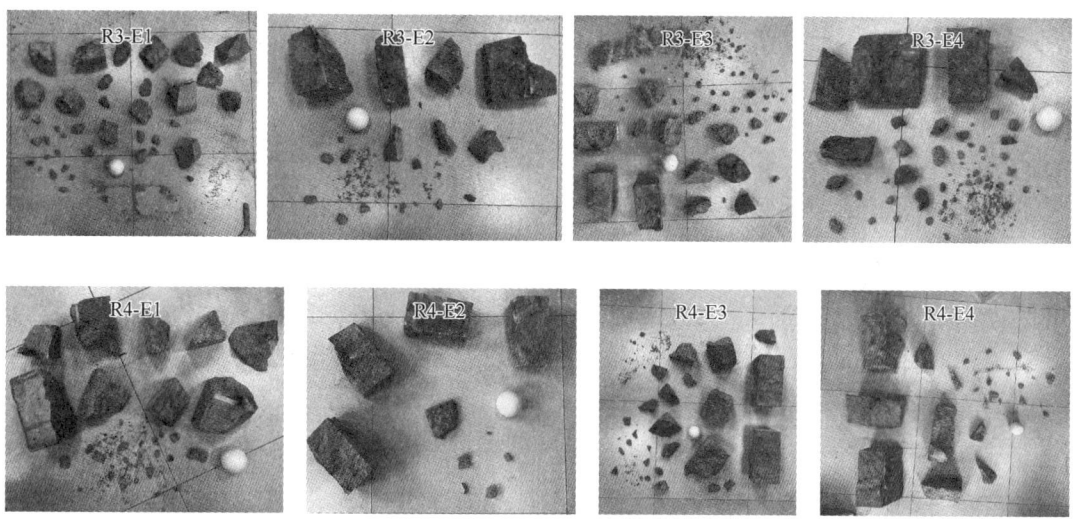

图 5 爆破碎块

Fig. 5 Fragments induced by single-hole blasting

为对不同模型的爆破块度进行定量分析，使用一套孔径按等比排列的金属筛网对尺寸相对较小的碎块进行筛分，对大块则使用卡尺。需要注意的是，每一组/块碎石均放在电子秤上进行称量，由此获得不同模型爆破后碎块的粒径尺寸及分布。使用由 Ouchterlony 修正的 Swebrec 函数对碎片尺寸分布进行拟合[20]，函数表达式如下：

$$P(x) = 1 + A\left[\ln(x_{max}/x)/\ln(x_{max}/x_{50})\right]B + (1-a)\left[\left(\frac{x_{max}}{x}-1\right)\Big/\left(\frac{x_{max}}{x_{50}}-1\right)\right]^{C} \quad (18)$$

式中，x_{max} 为 $P(x_{max})=100\%$ 时的最大尺寸，可通过直接测量最大片段的尺寸获得；x_{50} 为 $P(x_{50})=50\%$ 时的中位尺寸；A 为级配系数，取值范围 0~1；B 和 C 为拟合参数。

使用 MATLAB 对爆破块度数据进行拟合，R1 和 R2 模型爆破后的碎块尺寸与累计率的关系曲线如图 6 所示。横纵坐标分别代表碎块尺寸及其在整个爆堆中的累计质量占比。可以看出，在 R1 型混凝土模型中，当使用 E2 型乳化炸药时块度尺寸最小，相比之下 E4 型炸药在该

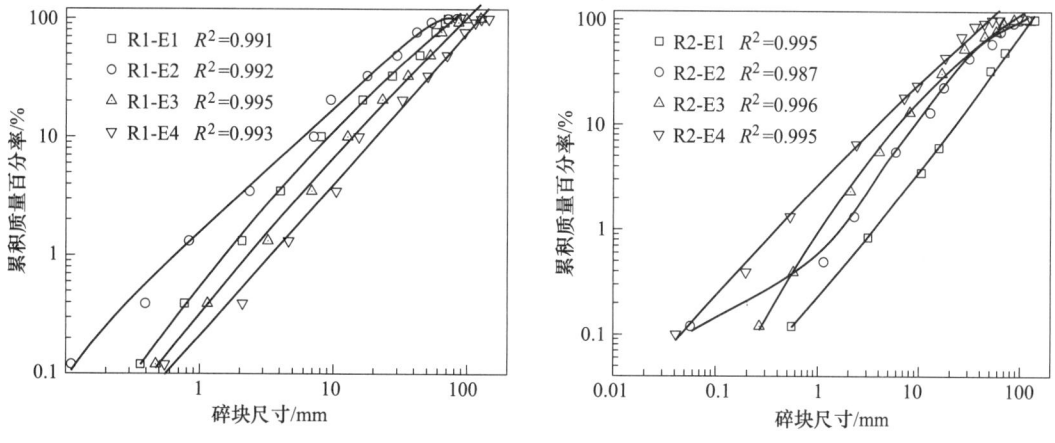

图 6 碎块尺寸与累计率曲线

Fig. 6 Curves of accumulated mass passing vs. fragment size

混凝土模型中爆破时产生的块度更大，不利于后续的铲装运输，也有可能要求进行二次破碎。在 R2 型混凝土模型中当匹配 E4 乳化炸药时最小块度的尺寸为 0.041mm，最大块度尺寸为 62.1mm，由图 5 也可看出 R2-E4 炸药岩石匹配条件下块度分布最为均匀。

对不同模型在占比为 1%、10% 和 50% 时对应的块度尺寸进行统计，见表 3。

表 3　爆后块度统计结果
Tab. 3　Results of post−blast fragmentation

试样编号	x_1/mm	x_{10}/mm	x_{50}/mm	试样编号	x_1/mm	x_{10}/mm	x_{50}/mm
R1-E1	1.42	7.89	45.64	R3-E1	1.62	7.54	35.64
R1-E2	0.67	7.01	29.20	R3-E2	4.67	12.01	46.20
R1-E3	2.74	12.53	53.41	R3-E3	2.34	10.53	43.14
R1-E4	3.87	15.02	72.32	R3-E4	5.87	12.66	52.32
R2-E1	3.34	18.42	75.47	R4-E1	3.34	8.96	35.47
R2-E2	0.65	7.77	34.56	R4-E2	5.45	9.77	54.56
R2-E3	3.02	6.98	27.12	R4-E3	1.22	6.48	22.18
R2-E4	0.43	5.61	19.43	R4-E4	4.43	18.61	79.65

注：x_1、x_{10}、x_{50} 分别表示累计占比为 1%、10% 和 50% 的粒径尺寸。

由式（13）~式（16）可知，为求解爆破抛掷能，必须获取被抛掷碎块的质量、粒径、水平和垂直抛掷距离，以及飞行初始速度。传统人工统计方法无法捕捉碎块的飞行速度和垂直抛掷高度，因此在爆破过程中使用高速相机录制碎块的飞行视频，然后使用 Tracker 视频分析软件识别碎块并追踪其运动轨迹从而获取碎块在抛掷过程中的初始速度，垂直和水平抛掷距离参数。

将表 1 中的炸药参数代入式（17）中，结合单孔模型的装药结构可求得各模型的炸药总能量 E_0，列于表 4 中。与此同时，联立粉碎区、裂隙区的能量求解函数可得各模型爆破后的粉碎能 E_c、破裂能 E_f、抛掷能 E_t 及其各部分在爆炸总能量中的比例，见表 4。

表 4　各部分能量消耗及利用率
Tab. 4　Energy consumption of each component and efficiencies

试验编号	E_0/kJ	E_c/kJ	η_c/%	E_f/kJ	η_f/%	E_t/kJ	η_t/%	η/%
R1-E1	56.64	4.39	7.75	6.55	11.6	4.045	7.1	26.46
R1-E2	58.30	5.12	8.78	7.33	12.6	4.665	8.0	29.36
R1-E3	61.16	4.07	6.65	6.82	11.2	4.021	6.6	24.38
R1-E4	64.78	4.13	6.38	6.55	10.1	3.875	6.0	22.47
R2-E1	56.64	4.08	7.20	5.25	9.3	3.335	5.9	22.36
R2-E2	58.30	4.66	7.99	6.06	10.4	3.745	6.4	24.81
R2-E3	61.16	5.72	9.35	6.85	11.2	4.425	7.2	27.79
R2-E4	64.78	6.27	9.68	8.90	13.7	4.765	7.4	30.77
R3-E1	191.64	18.61	9.71	24.08	12.6	14.76	7.7	29.98
R3-E2	197.25	15.91	8.07	19.38	9.8	13.53	6.9	24.75
R3-E3	206.93	21.58	10.43	24.32	11.8	15.55	7.5	29.70

续表4

试验编号	E_0/kJ	E_c/kJ	η_c/%	E_f/kJ	η_f/%	E_t/kJ	η_t/%	η/%
R3-E4	219.16	18.81	8.58	20.52	9.4	13.46	6.1	24.09
R4-E1	191.64	17.57	9.17	19.84	10.4	15.85	8.3	27.79
R4-E2	197.25	16.28	8.25	18.41	9.3	15.19	7.7	25.29
R4-E3	206.93	19.79	9.56	23.22	11.2	16.47	8.0	28.74
R4-E4	219.16	16.12	7.36	22.2	10.1	14.01	6.4	23.88

注：E_c 代表炸药化学能；η_c 代表粉碎能占比；η_f 代表致裂能占比；η_t 代表抛掷能占比；η 代表爆破破岩能量有效利用率。

由表4可知，边长为20cm的立方体模型炸药产生的总能量平均值为60.2kJ，对于在该类模型中制定的装药量而言，E4型炸药爆炸总能量相比E1型炸药多8.2kJ。边长为30cm立方体模型炸药爆炸总能量平均值为203.75kJ，特定装药条件下E4型炸药产生的总能量比E1型炸药多27.5kJ。此外，数据统计结果表明，在不耦合系数 $k=1.25$ 的单孔爆破条件下用以粉碎炮孔周边介质的能量利用率平均值为8.43%，用以裂纹断裂并产生不同尺寸块度的破裂能能量利用率平均值为10.9%，碎块抛掷过程中水平动能和克服重力做功的势能总占比平均值为7.1%。炸药特性和被爆介质的特性对各部分的能量利用率具有明显影响。

从图7中可获悉不同炸药在同种混凝土中用以粉碎、破裂和碎块抛掷各部分能量占比的变

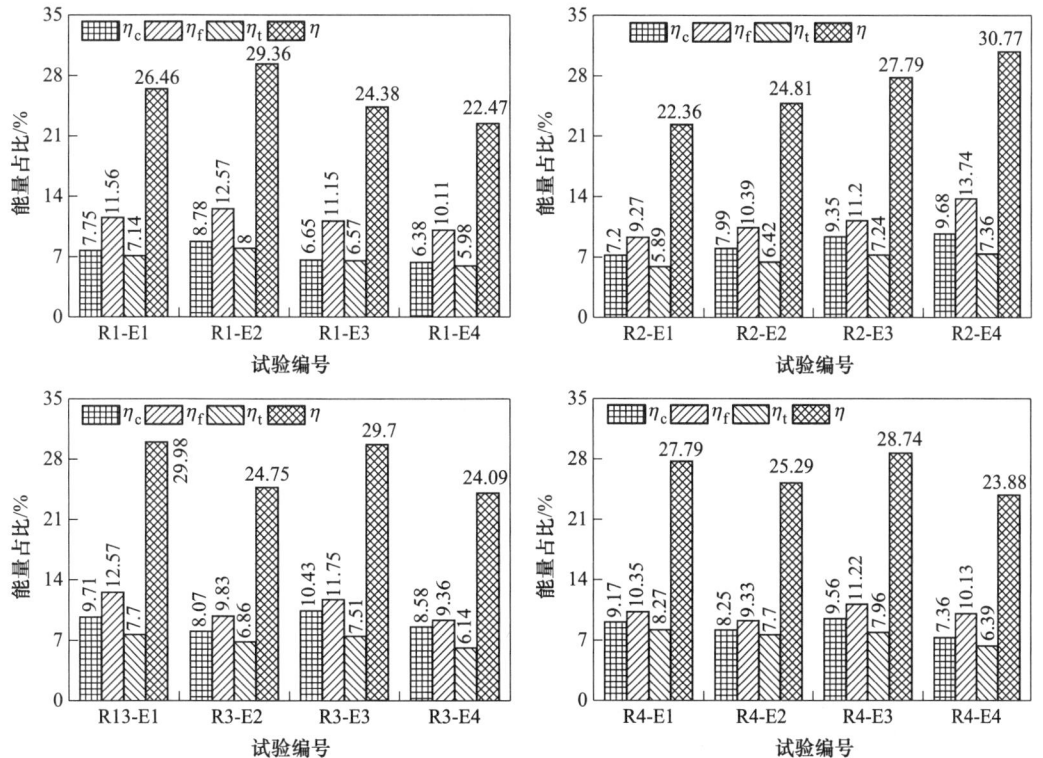

图7　爆破能量分布

Fig. 7　Distributions of blasting energy

化规律。对于 R1 型混凝土（力学强度最低），炸药能量有效利用率 η 随炸药特性增强（密度和波速均增大）呈现先增大后减小的趋势，各分量能量利用率的变化规律基本相同。可以看出 R1 型混凝土与 E2 型炸药相匹配时能量利用率最高为 29.36%，破裂能占比为 12.57%，此时混凝土与炸药的波阻抗比值为 1.243。对于 R2 型混凝土炸药能量利用率随炸药特性增强逐渐增大，炸药有效利用率最大值发生在与 E4 型炸药相匹配的情况下，此时 $\eta = 30.77\%$，混凝土与炸药的波阻抗比值为 1.479。采用 E1 炸药对 R2 混凝土进行爆破开挖时粉碎区能量利用率 $\eta_c = 7.2\%$，总能量利用率 $\eta = 27.79\%$。

对于 R3 型混凝土，使用 E1 和 E3 型炸药进行爆破开挖时炸药有效能量利用率基本相同，约为 30%。在 R3-E1 匹配的爆炸模型中致裂能 E_c 占有效利用能量的 32.4%，此时波阻抗比值为 1.523。对于 R4 型混凝土，使用 E3 型炸药时能取得最大的能量有效利用率，为 28.74%，此时粉碎能、破裂能和抛掷能的占比分别为 9.56%、11.22% 和 7.96%，波阻抗比值为 1.784。以上结论表明，炸药和被爆介质对爆炸能量利用率都有很明显的影响，在本研究试验中，R2 型混凝土和 E4 型炸药相匹配时获得最高的炸药能量利用率，为 30.77%。此外，裂纹扩展产生碎块的过程所消耗的总能量始终大于粉碎区消耗的能量，这与 Sanchidrián 等人[15] 的研究结论基本一致。

4　结论

（1）假定粉碎区、破裂区和碎块抛掷消耗的能量为炸药爆破对岩石做功的有效能量。基于粉碎区岩体质量守恒准则、采用表面断裂能与断裂表面积乘积定义破裂总能量，碎块抛掷过程消耗动能并克服重力势能做功，理论推导了求解各部分能量的函数表达式。

（2）不同炸药与混凝土匹配下爆后碎块尺寸及分布不同。单孔爆破模型产生的 x_1、x_{10} 和 x_{50} 的平均值为 2.81mm、10.49mm 和 45.39mm，当 R2 混凝土和 E4 乳化炸药匹配使用时获得最佳爆破破碎效果，块度最小尺寸为 0.041mm，最大尺寸为 62.1mm。

（3）不耦合系数 $k = 1.25$ 工况下炸药对岩石做功能量有效利用率约为 26.4%，粉碎区能量消耗约为 8.4%，破裂区能量消耗约为 10.9%，碎块抛掷消耗能量约占 7.1%。被爆介质特性和炸药特性显著影响爆炸总能量利用率，在混凝土与炸药阻抗比为 1.479 时获得最佳破碎效果和最高能量利用率，$\eta = 30.77\%$。

参 考 文 献

[1] Hong Z X, Tao M, Cui X J, et al. Experimental and numerical studies of the blast-induced overbreak and underbreak in underground roadways [J]. Underground Space, 2023, 8: 61-79.

[2] Hu Y, Lu W, Chen M, et al. Comparison of blast-induced damage between presplit and smooth blasting of high rock slope [J]. Rock Mechanics and Rock Engineering, 2014, 47 (4): 1307-1320.

[3] Zhang Z X, Ouchterlony F, Engineering R. Energy requirement for rock breakage in laboratory experiments and engineering operations: A review [J]. Rock Mechanics and Rock Engineering, 2022, 55 (2): 629-667.

[4] 郭子庭, 吴从师. 炸药与岩石的全过程匹配 [J]. 矿冶工程, 1993, 13 (3): 11-15.

[5] Zhang Z. Kinetic energy and its applications in mining engineering [J]. International Journal of Mining Science and Technology, 2017, 27 (2): 237-244.

[6] 赖应得. 论炸药和岩石的能量匹配 [J]. 工程爆破, 1995, 1 (2): 22-26.

[7] 刘茂新, 张义平, 聂祥进, 等. 炸药性能与岩石匹配的试验研究 [J]. 工程爆破, 2016, 22 (1): 24-29.

［8］ 杨小林. 炸药岩石阻抗匹配与爆炸应力、块度的试验研究［J］. 煤炭学报, 1991, 16（1）: 89-96.

［9］ Li T, Niu X, Fei A, et al. Numerical simulation for the matching effect of rock parameters on explosives and rocks［C］//proceedings of the IOP Conference Series: Earth and Environmental Science, F, 2019. IOP Publishing, 2019.

［10］ 李夕兵, 古德生, 赖海辉. 常规炸药与不同岩体匹配的可能途径［J］. 矿冶工程, 1994, 14（1）: 17-20.

［11］ 李夕兵, 古德生, 赖海辉, 等. 岩石与炸药波阻抗匹配的能量研究［J］. 中南矿冶学院学报, 1992, 23（1）: 18-23.

［12］ 杨年华, 张志毅, 邓志勇, 等. 硬岩隧道快速掘进的钻爆技术［J］. 工程爆破, 2003, 9（1）: 16-21.

［13］ Jha A K. Impedance matching algorithm for selection of suitable explosives for any rock mass—A case study［J］. Journal of Geological Resource, 2020, 8: 55-65.

［14］ 张奇, 王廷武. 岩石与炸药匹配关系的能量分析［J］. 矿冶工程, 1989, 9（4）: 15-19.

［15］ Sanchidrián J A, Segarra P, lópez L M. Energy components in rock blasting［J］. International Journal of Rock Mechanics and Mining Sciences, 2007, 44（1）: 130-147.

［16］ 王基禹, 赵明生. 混装炸药的能量与岩石性质匹配研究［J］. 爆破, 2022, 39（4）: 138-143, 200.

［17］ 叶海旺. 基于模糊神经网络的炸药与岩石匹配优化系统研究［J］. 爆破器材, 2005（3）: 5-7.

［18］ 赵明生, 徐海波, 张敢生. 基于神经网络的炸药与岩石匹配的研究［J］. 辽宁科技学院学报, 2009, 11（1）: 1-3.

［19］ 徐颖, 丁光亚, 宗琦, 等. 爆炸应力波的破岩特征及其能量分布研究［J］. 金属矿山, 2002（2）: 13-16.

［20］ Ouchterlony F. The Swebrec© function: Linking fragmentation by blasting and crushing［J］. Mining Technology, 2005, 114（1）: 29-44.

拟柱体破坏理论及其在台阶爆破智能设计中的应用

杨　军[1,2]　徐　轩[1,3]　李立杰[4]

（1. 北京理工大学爆炸科学与技术国家重点实验室，北京　100081；

2. 江汉大学省部共建精细爆破国家重点实验室，武汉　430056；

3. 京工博创（北京）科技有限公司，北京　100091；

4. 北京理工大学计算机学院，北京　100081）

摘　要：为满足露天台阶爆破精确控制和智能设计需要，针对逐孔起爆柱状装药单孔破碎负担区形态特征提出拟柱体破坏理论。通过台阶爆破室内模型试验，分析研究了单孔爆破台阶表面应变场分布及爆生裂隙发展规律，利用 IUD 本构模型和流固耦合技术建立露天台阶单孔爆破模型，开展岩体损伤区分布数值模拟研究；室内模型试验的单孔破碎范围和数值模拟损伤分布形态均验证了拟柱体破坏理论。将研究结果应用于爆破智能设计系统，以实现和提高逐孔药量计算校核、孔网优化设计及破碎效果预测等功能。

关键词：台阶爆破；智能设计；炮孔负担区；拟柱体

Prismatoid Failure Theory and Its Application in Intelligent Design of Bench Blasting

Yang Jun[1,2]　Xu Xuan[1,3]　Li Lijie[4]

（1. State Key Laboratory of Explosion Science and Technology, Beijing Institute of Technology, Beijing 100081；2. State Key Laboratory of Precision Blasting, Jianghan University, Wuhan 430056；3. Jinggong Bochuang Science and Technology Limited Corporation (Beijing), Beijing 100091；4. School of Computer Science & Technology, Beijing Institute of Technology, Beijing 100081）

Abstract：In order to meet the needs of accurate control and intelligent design of bench blasting, a prismatoid failure theory is proposed for the morphological characteristics of the crushing burden zone of the hole-by-hole initiation cylindrical charge. The strain field distribution and the development law of the explosion crack on the model surface of the single hole blasting are analyzed and studied through the model test of the bench blasting. The IUD constitutive model and fluid-structure interaction technology were used to establish a typical single-hole blasting model of open-pit, and the numerical simulation of the damage zone distribution of the rock mass is carried out. Both the single-hole fracture range and the numerical simulation damage distribution patterns of the laboratory model test verify the prismatoid

基金项目：精细爆破国家重点实验室、爆破工程湖北省重点实验室联合开放基金（PBSKL2022A01）。

作者信息：杨军，博士，教授，yangj@ bit. edu. cn。

failure theory. The research results are applied to the blasting intelligent design system to realize and improve the functions of hole-by-hole charge calculation and verification, network parameter optimization design and prediction of fragmentation effect.

Keywords: bench blasting; intelligent design; borehole burden zone; prismatoid

1 引言

工程爆破领域长期存在的理论研究落后于技术进步的局面，严重制约了爆破技术进一步发展。提高爆破设计的合理性和精确性，需要突破传统爆破设计过多依靠工程经验[1]和有关爆破理论发展的瓶颈，需要从基础理论层面上深入研究爆破作用时炮孔周围岩石破碎问题。高精度延时、逐孔起爆等技术的广泛应用极大促进了爆破理论和设计理念的发展，先进的数值模拟技术与爆破模型试验结合为爆破理论创新奠定了有力基础。

随着爆破技术进步和新设计理念发展，基于 JKMRC 岩石破碎立方体模型单孔药量计算已不能满足逐孔起爆条件下多自由面影响的炮孔不均匀分担情况，尤其是精确延时起爆相邻孔波纹耦合的破碎加剧效果。本文针对单孔柱状装药破碎负担区形态特征，提出适用高精度延时逐孔起爆条件的炮孔拟柱体（炮孔分担区域）破碎模型[2]，可为逐孔精确计算校核装药量、爆破智能设计及破碎效果预测提供了科学依据。拟柱体理论基于逐孔校核药量需要，充分考虑各孔自由面实时变化及其对破碎的影响，精确获得破碎分担范围有利于实现最佳破碎效果的装药量计算和智能调整。单孔拟柱体破碎模型是爆破智能设计软件的硬核，不仅有利于爆破参数合理优化和智能设计，而且为爆破效果预测提供了有利条件。炮孔拟柱体破坏范围的确定不仅有利于提高块度分布预测精度，还可以给出爆区产生大块的可能位置。

为了研究分析单孔柱状装药拟柱体破碎形态和体积及其变化规律，建立露天台阶爆破典型模型，开展了系统室内模拟试验和岩体损伤破坏数值计算研究。在此基础上，开发相应的露天台阶爆破智能设计功能，有力地提升了该设计系统设计智能化及破碎效果预测等功能。

2 拟柱体破坏理论

2.1 爆破药量计算存在问题

利用单位炸药消耗量计算各孔平均装药量的方法，在高精度延时逐孔起爆条件下已经不再适用。原因是由于逐孔起爆条件下各排第一个起爆孔与其他孔自由面条件不同；各孔分担范围除自由面外，还受前排相邻孔和同排前段炮孔爆破效果影响，很难达到一致。如果延用逐排起爆平均分布药量办法，是无法保证各孔分担范围的爆破质量。而要准确得出各孔合适的装药量，就必须先搞清楚各孔的确切破碎分担范围。

根据爆破漏斗理论柱状装药的破碎范围存在如图 1 所示的两种情况。其中柱状装药垂直于自由面的形式（见图 1（a）），不适应台阶爆破多自由面作用的柱状装药破坏情况；而柱状装药平行于自由面（图 1（b）），爆破后形成的爆破漏斗呈 V 形横截面沟槽，接近于台阶爆破个别炮孔的破碎情况。

对于台阶爆破的主体炮孔装药，一般认为其破碎范围是如图 2 所示的 JKMRC 立方体，利用该立方体体积乘单位炸药消耗量，计算各孔装药量。

JKMRC 岩石破碎模型[3]为炮孔周围的垂直方向破碎区相同，水平方向的压缩破碎区为圆环，拉伸破碎区为矩形。在台阶爆破条件下，这个矩形的边长就是孔距 a 和排距 b 或最小抵抗线 W。显然，这种规整立方体的爆破范围没有考虑自由面效应，也忽略了台阶坡面倾角的影响。

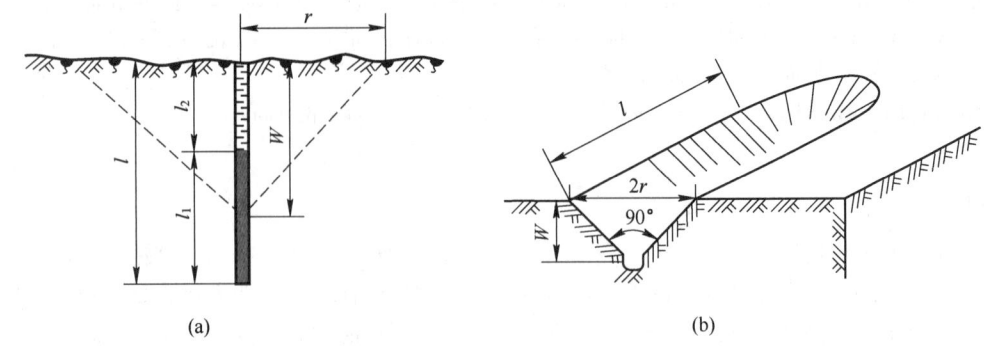

(a)　　　　　　　　　　　　　　　　(b)

图 1　柱状装药爆破漏斗

（a）柱状装药垂直自由面；（b）柱状装药平行于自由面

Fig. 1　Crater of column charge

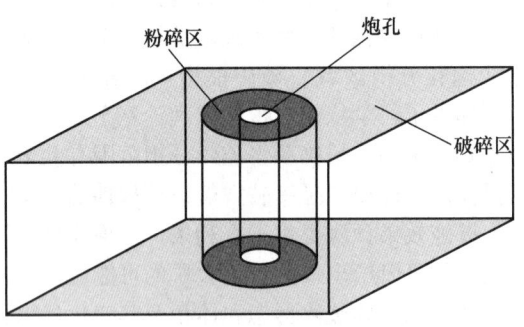

图 2　JKMRC 破碎模型

Fig. 2　JKMRC fragmentation model

　　如上所述，台阶爆破各孔的药量计算破碎区是不一致的，除单自由面每排第一个孔和爆区拐角孔相当于柱状装药平行于自由面情况，可能炸出个沟槽外，其余孔平均分担范围接近 abH 立方体，但是同排不同位置炮孔分担范围各不相同。同时，由于台阶坡面角的存在及影响，该立方体的侧面也不是矩形。因此，只有彻底弄清不同位置各孔破碎区域及影响因素，才能实现装药量设计的精细化进而达到智能设计目的。

2.2　拟柱体模型

　　在具有自由面的条件下，由于应力波反射各点应力状态受到极大影响。试验证明自由面影响岩石内部的应力波传播，是岩体内应力分布特征的主控因素[4-5]，同样也是产生裂纹和实现破碎的主要因素。

　　当具有两个自由面时，反射波到达自由面夹角顶点时，两个面上的反射波互相接触，应力增加近似一倍形成一个特殊的区域，在该区域反射波相互叠加，容易引起夹角附近的部分岩石断裂破碎。图 3（a）所示为上台阶面与坡面的自由面反射及夹角效应的应力波分布特征，柱状装药上部爆炸的纵波及其在坡面产生反射波恰巧达到装药上部位置，图中夹角附近形成反射拉伸波的叠加区域。这不仅解释了台阶眉线两侧上台阶面与坡面夹角周围易于破碎的原因，也是多自由面逐孔起爆条件下炮孔前端自由面与侧端自由面夹角周围易于破碎的原因。尽管两者离药包中心较远，后者在水平方向还偏离最小抵抗线方向。同理可证台阶坡底和前段孔破裂角等自由面夹角部位也是容易产生裂纹聚集的部位，因此可作为单孔破裂边界的划定依据。

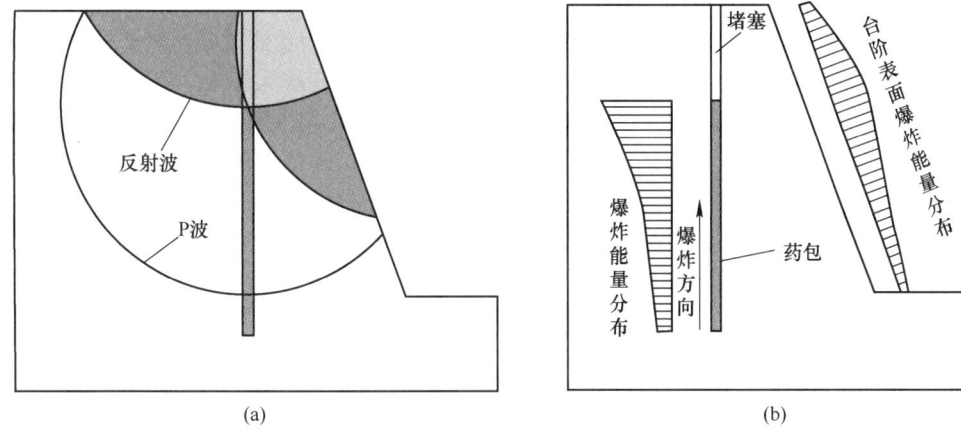

(a)　　　　　　　　　　　　　　　　(b)

图 3　台阶爆破的应力波及能量分布特征

（a）应力波分布特征；（b）台阶爆破的能量分布

Fig. 3　Distribution of stress wave and energy by bench blasting

　　根据爆炸能量在岩体中的分布可以证明台阶爆破上部炮孔周围及坡面附近易于形成破碎区。露天台阶爆破垂直炮孔孔底起爆的能量分布特征剖面图如图 3（b）所示，爆炸能量在炮孔周围分布在爆轰波的传播方向呈增强趋势[6]，从而有利于顶部岩体的破碎和形成近乎爆破漏斗的破碎区。同样，爆炸能量在台阶坡面上分布也是不均匀的，这有利于在坡面中上部分形成易于破碎的区域。

　　研究表明，单孔柱状装药周围岩石的破坏范围并非一个简单的 JKMRC 立方体，考虑到我国露天台阶的坡面角和爆破技术现状及自由面利用情况，结合多年台阶爆破实践和室内模型试验及数值模拟结果，本研究逐步形成了如下台阶爆破岩石破碎拟柱体理论。

　　露天台阶爆破岩石破碎拟柱体理论认为：在逐孔起爆条件下各孔所分担的岩石破碎范围不仅与孔距、排距和台阶高度有关，还受到该孔所处位置自由面条件的影响，尤其是同排前一延时间隔起爆相邻孔裂纹发展和破碎质量的影响。因为每孔起爆时不仅可以利用前排炮孔提供的自由面，还可利用同排前一延时间隔起爆相邻孔提供的自由面，所以在水平方向上，岩石的破碎范围呈现四边形；加之台阶坡面角存在，单孔岩石破碎体不是立方块，而是随台阶坡度变化的斜立方体，即拟柱体。其特征在于破碎体在台阶表面呈梯形或平行四边形，炮孔偏离四边形质心；破碎体在台阶地盘表面也呈梯形或平行四边形，炮孔位于远离坡面和侧边自由面的四边形一角，甚至落在四边形之外。总之，逐孔起爆条件下台阶爆破单孔破碎岩石范围呈现拟柱体形态，如图 4 所示。

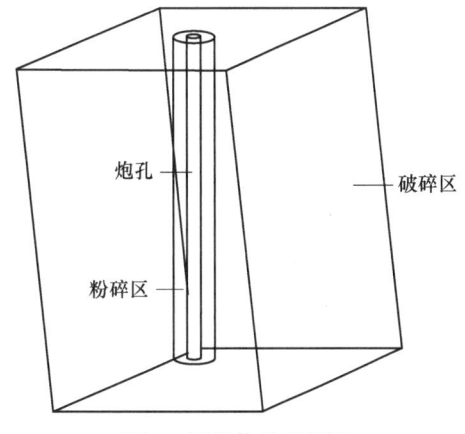

图 4　拟柱体破碎范围

Fig. 4　Fragmentation zone of prismatoid

　　在逐孔起爆条件下，先爆孔会在岩体内造成某种程度的破坏，这种破坏形式表现为一定宽度的裂隙或新生自由面，可为后爆孔的破碎创造有利条件，炮孔周围的岩体距自由面越近，岩体内的拉伸主应力增长得越显著，在拉伸主应力状态下，自由面附近的岩体易于破坏。由于先爆孔为后爆孔提供了新生自由面，改变了后起爆孔的最小抵抗线并增加了自由面数目，不仅改变了该炮孔的爆破作用方向，还有利于扩大该孔破碎范围。更为重要的是，毗邻孔间的延时间隔和先爆孔的破碎质量，对后爆孔的破碎质量和负担体积均有较大影响。在高精度延时条件下，孔间延时采用短毫秒延时技术，可以充分利用毗邻先爆孔产生的裂纹与后爆孔应力波作用实现提高爆破质量和扩大分担范围的目标[7-8]。因此，炮孔破碎范围的影响因素不仅与炸药和岩性有关，还与各孔所处位置的自由面条件和起爆延时间隔有关。

拟柱体理论的提出，不仅解决了高精度精确延时条件逐孔起爆炮孔药量计算和精确校核问题，还可为爆破智能设计及效果预测提供理论支撑。

3　单孔拟柱体模型爆破试验与数值模拟研究

3.1　室内试验

根据露天台阶开采工况，加工制作室内爆破模型并在模型非自由面边界设置约束装置。利用高速相机和DH5960动态采集仪对岩石试件破坏过程进行监测。整体测试系统包括：2台Godox sl 200 W高速相机补光灯、1个同步触发装置、1~2台IX Cameras i-SPEED 716高速相机、Match ID分析软件、1台DH5960动态采集仪和2台笔记本电脑。爆破模型和双相机测试系统如图5所示。

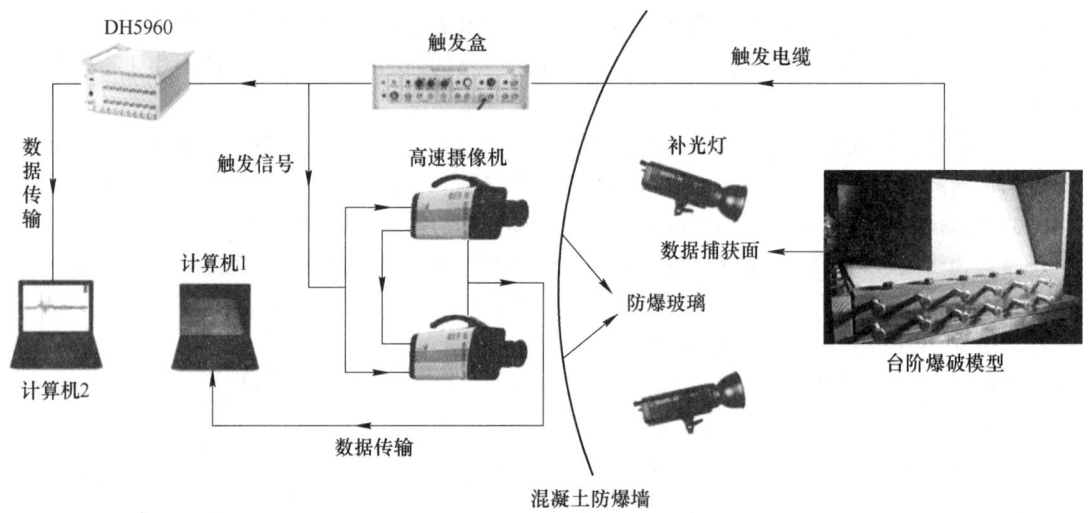

图5　爆破模型和超动态应变测试与光学测试系统

Fig. 5　The bench model and the system of high dynamic strain and optic test

台阶试件孔径为10mm，试验中的炸药选用PETN，利用长度240mm，直径为5.5mm的透明塑料管进行炸药装填制成药柱，单孔装药量为4.9g。制备完成的药柱平均装药密度约为0.85g/cm³，爆速为4966m/s。利用低能导爆索连接雷管和药柱以起爆炮孔内的炸药装药，导爆索线密度为4.25g/m，爆速为6850m/s。导爆索与药柱间使用透明胶带固定连接后，在塑料管两端缠绕黑色胶带，以对炮孔中的药柱起到定心和固定作用。

图6（a）所示为起爆后200μs时刻，此时台阶坡面两侧上部均出现了小块区域的较强应变区。在300μs时刻，台阶坡面两侧的较强应变区域呈现"X"状扩展分布，且此刻应变超过

了 0.02，左右两侧应变带在坡面棱线中部上方形成连通。在 400μs 时刻，台阶坡面左右两侧较强应变区域继续增强，上部区域应变强于下部应变。在炮孔周围出现部分裂纹，逸出了少量爆生气体。在 500μs 时刻，台阶坡面左右两侧较强应变区域贯通更为强烈，台阶上部区域强应变区域不断向台阶两侧坡面延伸。在 600μs 以后，台阶坡面强应变区域扩展到下部，下部强应变区域发展至底盘，台阶坡顶裂纹发育更为明显。由此可见，台阶中上部较强应变区较下部较为集中，且中上部左右两侧的应变带较早贯通，下部左右两侧的应变带发展较慢。模型试验结果可见，单孔爆破产生的爆生裂隙面自中上布逐步向下发展，破碎区整体呈现拟柱体特征。

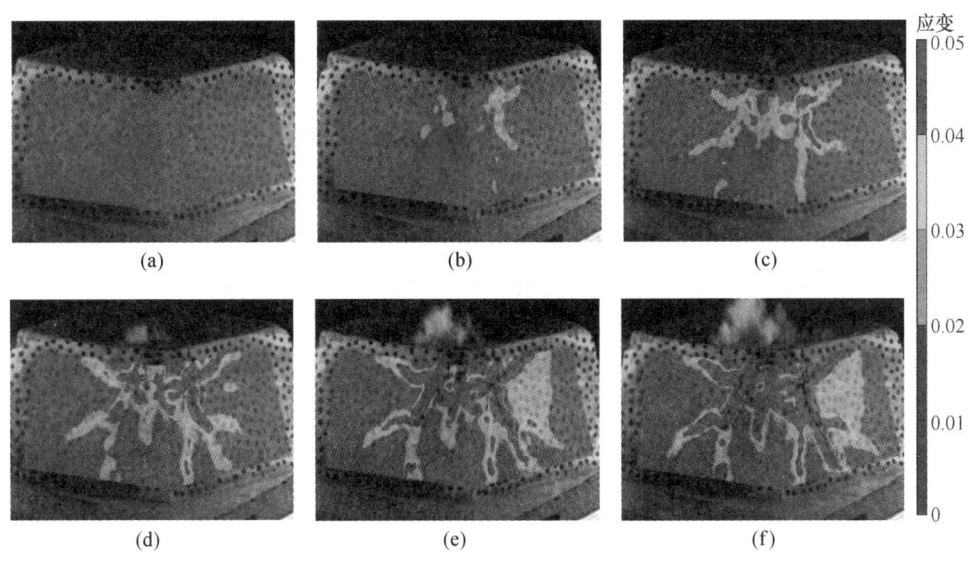

图 6　单孔爆破台阶坡面应变场演化过程

（a）200μs；（b）300μs；（c）400μs；（d）500μs；（e）600μs；（f）700μs

Fig. 6　Strain field in blasting process of single borehole bench

3.2　数值模拟

利用 ABAQUS/Explict 仿真软件，根据上述试件尺寸建立台阶爆破数值计算模型，并采用笔者所在团队提出的新型弹塑性损伤本构（IUD）开展数值模拟研究。

利用 ABAQUS/Explict 仿真软件，根据上述试件尺寸建立台阶爆破数值计算模型，并采用新型弹塑性损伤本构模型（IUD）[9]开展数值模拟研究。采用 IUD 和流固耦合技术建立露天台阶单孔典型爆破模型，分析单孔爆破作用下岩石的损伤过程。图 7 所示为单孔作用下岩石切面与坡面损伤破坏过程，从切面图中可以看出，炮孔附近的损伤区逐步向自由面方向发育，在 4.0ms 时炮孔背部形成与自由面平行的损伤带，坡面出现以竖向由外向内扩展的张拉裂纹为主，形成破碎区。随着损伤带进一步发育，与坡面近乎平行的背部损伤带逐渐显著，同时坡面岩体向外部鼓胀，在最小抵抗线附近产生大量横向裂纹引起破碎，形成大范围开挖区，其几何形态契合本文拟柱体负担区理论。

4　柱状体理论在智能爆破设计中的应用

露天爆破智能设计系统是通过将人工智能理论和台阶爆破设计原理相结合，融合爆破专家的知识经验与 CAD 等软件工程技术，在三维建模基础上实现爆破参数选取智能化、布孔精确

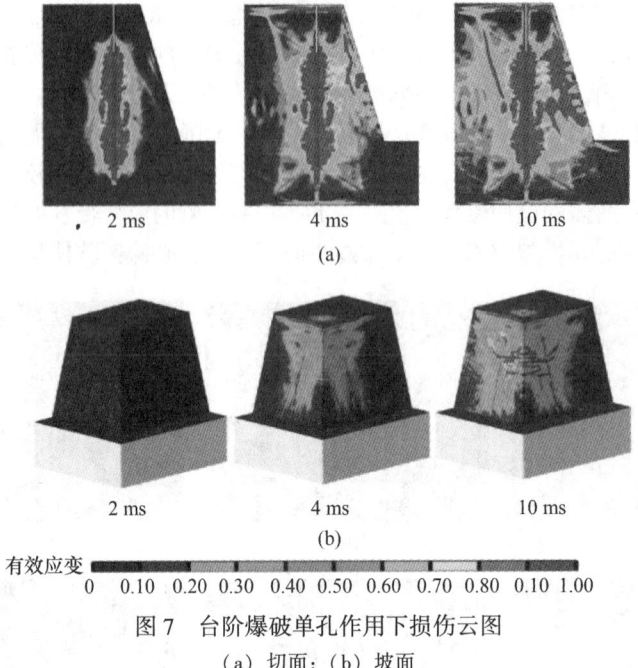

(a)

有效应变
0 0.10 0.20 0.30 0.40 0.50 0.60 0.70 0.80 0.10 1.00

图 7 台阶爆破单孔作用下损伤云图
（a）切面；（b）坡面
Fig. 7 The damage division of single borehole bench blasting

化和设计图表规范化的数字矿山爆破设计系统。该系统采用逐孔计算炮孔药量模式和爆破效果预测技术，解决了精确爆破设计核心问题，不仅有利于提高爆破设计水平、改善爆破效果，还为实现智能矿山全工序生产信息化管理和矿岩爆破精确控制提供了有利条件。

4.1 自动布孔

系统采取自动布孔设计，按照均匀分布，尽量减孔，首排与眉线平行且加密布孔等原则，逐孔划定分担范围，以适应精确延时逐孔起爆技术要求。图 8 给出自动布孔及逐孔起爆网路的设计形成过程。

首先从后排往前开始按照设计孔网均匀方式布孔，第一排采用沿着平行于眉线的钻孔安全线布孔，如图 8（a）所示。然后对于调整排的孔采用药量分担的方法进行处理，根据每个孔后方两个相邻孔的药量决定分担比率，如图 8（b）所示。把药量分担出去后可以减少装药同时把调整孔朝第一排移动，直到移动到其布孔线外删除，如图 8（c）所示。最后，确定图 8（d）所示的逐孔起爆网路。

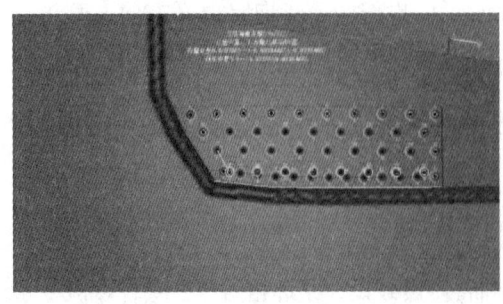

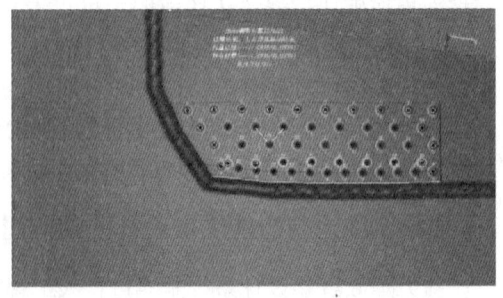

(a)　　　　　　　　　　　　　　　　(b)

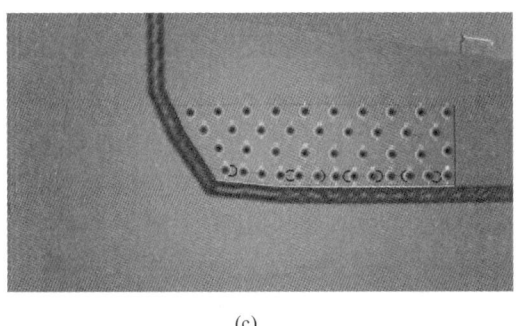
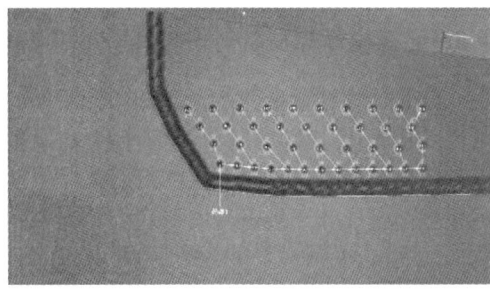

(c)　　　　　　　　　　　　　　(d)

图 8　自动布孔设计过程

（a）第一排沿着平行于眉线的钻孔安全线布孔；（b）把调整排孔的药量分担给后排相邻孔；

（c）减负后的调整排向前移动直至消除；（d）逐孔起爆网路

Fig. 8　The design process of automatic perforation

4.2　拟柱体分担范围

　　自动布孔及起爆网路确定以后，系统将给出爆区各孔拟柱体分担范围。图 9 所示为双自由面爆区各孔拟柱体分担范围划分情况。图 10 所示为单自由面爆区各孔拟柱体分担范围划分情况。

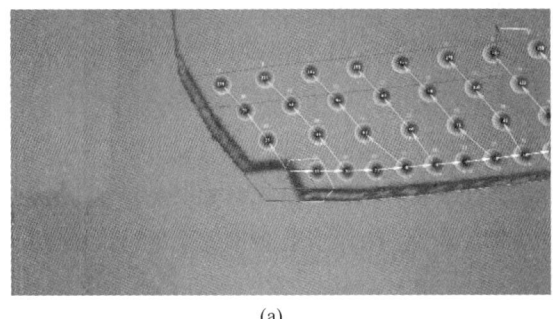
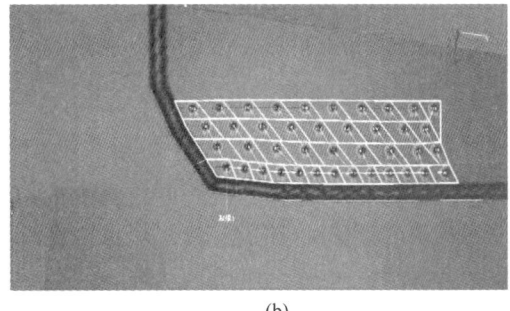

(a)　　　　　　　　　　　　　　(b)

图 9　双自由面爆区各孔拟柱体分担范围

（a）从起爆孔开始划分分担范围；（b）爆区全部孔的负担划分结果

Fig. 9　The scope of quasi-column contribution in double free surfaces blasting zone

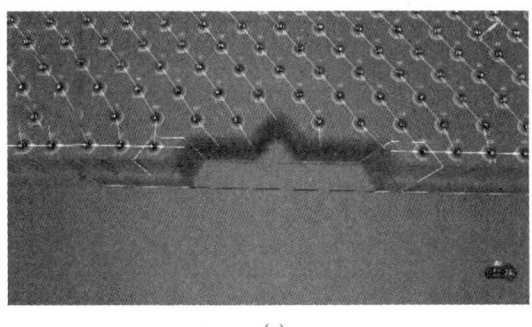
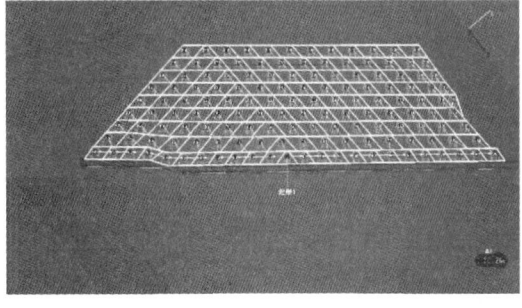

(a)　　　　　　　　　　　　　　(b)

图 10　单自由面爆区各孔拟柱体分担范围

（a）从起爆孔开始划分分担范围；（b）爆区全部孔的负担划分结果

Fig. 10　The scope of quasi-column contribution in single free surface blasting zone

4.3　装药量计算及装药均衡

药量计算结果如图 11 所示，其中图 11 （a） 为双自由面药量计算结果，图 11 （b） 为单自由面药量计算结果。装药不均衡部分均发生在第二、三排孔及拐角位置，其中双自由面爆区发生在爆区边界附近，而单自由面爆区发生在每排起爆点周围，个别孔已达到装药极限量。系统可根据药量计算结果进行均衡调整，为装药超标炮孔减负，以实现装药均衡的目的。

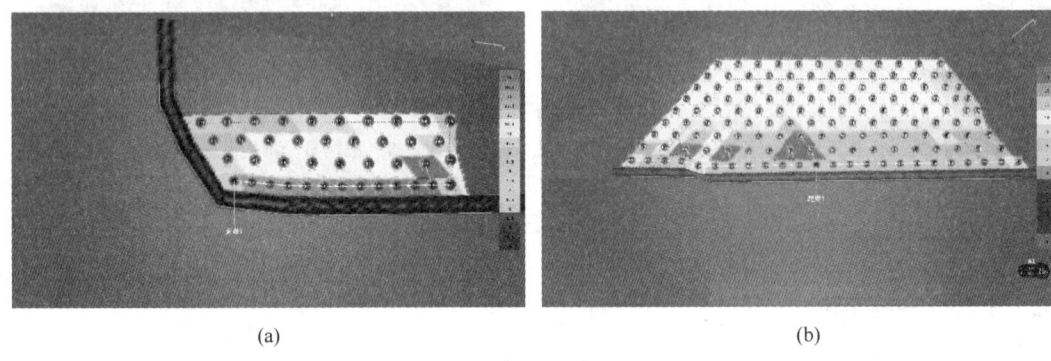

(a)　　　　　　　　　　　　　　　　(b)

图 11　药量计算结果

（a）双自由面爆区；（b）单自由面爆区

Fig. 11　The calculation result of charge quantity

4.4　爆破效果预测

爆破效果预测结果如图 12 所示，其中图 12 （a） 给出爆堆形态可预测前冲、后翻、拉沟及块度松散系数，图 12 （b） 则给出破碎块度分布曲线。炮孔拟柱体破坏范围的确定不仅有利于提高块度分布预测精度，还可以根据装药不均衡情况和炮孔在所分担范围的位置给出爆区块度分布较差和大块产出的位置。

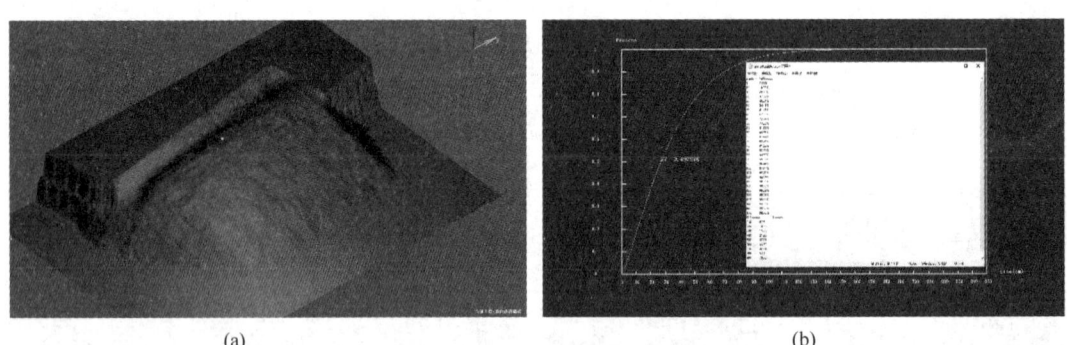

(a)　　　　　　　　　　　　　　　　(b)

图 12　爆破效果预测结果

（a）爆堆形态；（b）破碎块度分布

Fig. 12　The predicted result of blasting effect

5　结论

拟柱体破坏理论的提出，解决了高精度精确延时逐孔起爆条件下炮孔分担问题，为台阶爆破逐孔药量计算和精确校核奠定了基础。室内模型试验的破碎和数值模拟损伤分布形态验证了拟柱体破坏理论。应用于台阶爆破智能设计有力提升了该系统在爆破参数优化、药量精确设计及破碎效果预测方面的功能。

参 考 文 献

［1］ 杨军，陈鹏万，戴开达，等．现代爆破技术［M］. 2版．北京：北京理工大学出版社，2020.

［2］ Yang Jun, Chen Zhanyang, et al. The wedge theory of borehole charge design for bench blasting and its numerical simulation［C］//Fragblast11 International Symposium, Sydney, Australia, 2015：169-175.

［3］ Kanchibotla S S, Valery W, Morrell S. Modelling fines in blast fragmentation and its impact on crushing and grinding［C］//A conference on rock breaking, The Australasian Institute of Mining and Metallurgy, Kalgoorlie, Australia, 1999：137-144.

［4］ Chen Zhanyang, Yang Jun, Xu Xuan, et al. Research on crack propagation rule in single hole bench blasting based on rock mesostructured［C］//Fragblast12 International Symposium, Lulea, Sweden, 2022：59-74.

［5］ 陈占扬．露天台阶爆破岩石楔形破碎机理及试验研究［D].北京：北京理工大学，2021.

［6］ Gao Qidong, Lu Wenbo, Yan Peng, et al. Effect of initiation location on distribution and utilization of explosion energy during rock blasting［J］. Bulletin of Engineering Geology & the Environment, 2019, 78 (5)：3433-3447.

［7］ 徐轩．考虑应力历程的动态损伤本构及其在爆破工程中的应用［D].北京：北京理工大学，2021.

［8］ Xu Xuan, Yang Jun, Rong Kai, et al. The influence of complex stress history on rock blasting fragmentation caused by short delay time［C］//Fragblast13 International Symposium, Hangzhou, China, 2018：307-314.

［9］ Xu Xuan, Chi Liyuan, Yang Jun, et al. A modified incubation time criterion for dynamic fracture of rock considering whole stress history［J］. International Journal of Rock Mechanics and Mining Sciences, 2023, 164：105361.

富水裂隙殉爆检测与防止方法研究

费鸿禄　包士杰　李文焱

（辽宁工程技术大学爆破技术研究院，辽宁　阜新　123000）

摘　要：2020 年至今，元宝山露天矿台阶爆破施工时，经常发生 10~20t 炸药的殉爆，严重影响安全生产，同时殉爆导致的爆破振动影响增大，也对临近爆区的民宅安全使用有严重影响，有时会因此导致矿山爆破施工停止。本文以元宝山露天矿爆破工程殉爆实例为研究背景，在分析露天矿水文地质资料、地下盗采的瓦斯爆炸区域及采空区资料基础上，从爆破参数、装药结构、炮孔内含水、岩体裂隙特征等因素对易发生殉爆区域内与正常爆破区域进行对比分析，基于炸药殉爆理论，通过现场调查分析提出殉爆的原因，并进行现场试验监测验证，利用理论、试验、数值模拟方法揭示了爆破施工发生炮孔内装药殉爆的机理；研发了殉爆的检测方法，并进行现场试验验证，设计殉爆试验确定易殉爆区的殉爆距离；同时结合 ANSYS/LS–DYNA 有限元模拟软件分析殉爆机理及防止殉爆方法的可行性。

关键词：殉爆；富水裂隙；爆炸能量；数值模拟

Research on Detection and Prevention Methods for Sympathetic Detonation in Water-rich Fissure

Fei Honglu　Bao Shijie　Li Wenyan

（Blasting Technology Research Institute of Liaoning Technical University，
Fuxin 123000，Liaoning）

Abstract：Since 2020, incidents of sympathetic detonation involving over ten to twenty tons of explosives have occurred frequently during the bench blasting construction at Yuanbaoshan Open-Pit Mine, resulting in serious safety concerns. The sympathetic detonation vibrations have also had a significant impact on the safety of nearby residential buildings, sometimes leading to the suspension of blasting operations. In light of the research background of explosives engineering at Yuanbaoshan Open-Pit Mine, this study examines hydrogeological data, data from underground gas explosion areas and mined out areas, as well as various blasting parameters, charging structures, water content in blast holes, and rock fissure characteristics. A comparison was made between areas prone to martyrdom explosions and normal blasting areas. Building upon the theory of martyrdom explosions, the reasons behind these explosions are proposed through on-site investigation and analysis. The mechanism of sympathetic detonation in boreholes during blasting construction was revealed through on-site experimental monitoring and verification, using theoretical, experimental, and numerical simulation

作者信息：费鸿禄，博士，教授，feihonglu@163.com。

methods. A detection method for sympathetic detonation was developed, and on-site experimental verification was conducted to design explosive detonation tests, aiming to determine the explosive detonation distance in areas prone to such detonation. Additionally, the feasibility of methods to prevent sympathetic detonation was analyzed using ANSYS/LS-DYNA finite element simulation software.

Keywords: sympathetic detonation; water-rich fissure; explosion energy; numerical simulation

1 引言

逐孔起爆技术是露天爆破中控制爆破振动常用的爆破形式。殉爆的发生严重增加了爆破振动的不确定性。2020 年以来内蒙古平庄煤业元宝山露天矿连续出现多次殉爆情况，殉爆引起的振动过大现象给矿区周围群众生活带来严重干扰，并且殉爆的发生对矿山生产也存在极大的安全隐患。殉爆有可能导致人员伤亡、机械设备受损、边坡失稳、爆堆分散、大块率增大和均匀度指标下降等多种不可控影响。

关于炸药殉爆问题，国内外许多学者研究了不同炸药的殉爆原因，一些学者通过实验的方法，得出不同条件下的炸药安全距离，同时利用数值模拟软件对殉爆相关问题进行研究，通过实验结果及模拟分析，可以合理利用殉爆机理对炸药起爆、储存炸药及其他情况避免殉爆的发生。国顺[1]提出炸药发生殉爆时，在高温和冲击波作用下，都能使炸药发生剧烈的化学反应形成加速燃烧，两种情况均可以导致整个炸药发生爆炸。余德运等人[2]为了检验空气间隔中，混装铵油炸药（ANFO）主发药包殉爆被发药包的可能性，设计殉爆试验得出大孔径炮孔比小孔径炮孔殉爆距离更大。Zhang 等人[3]进行了水下殉爆实验对爆炸产生的能量、压力和气泡脉动周期进行了分析，得出水下殉爆最佳距离和殉爆安全距离。姜颖资等人[4]采用数值模拟法对三种不同运动速度的两种主发炸药进行分析，得出主发炸药的运动速度越大，被发炸药的临界殉爆距离越大。H. Shin[5]研究了不同约束材料对冲击波诱发炸药爆炸，研究发现约束材料弹性阻抗的增大会降低由于冲击波产生共感爆炸的机率。刘晓文[6]通过查阅相关资料得出炸药量相同的条件下，药包距离相同时水中爆炸时产生的冲击波压力峰值更大。肖向东[7]为研究弹药储备过程中的殉爆问题，进行了殉爆的数值模拟研究，获得了弹药爆轰波的传播过程及规律，以及弹药的临界殉爆距离，建立了冲击能量使弹药殉爆的判断依据。A. M. Doerfler[8]研究了炸药殉爆时，炮孔注水对殉爆距离的影响。研究发现当炮孔充满水时，殉爆距离几乎是干燥炮孔的 2 倍。John Starkenberg 等人[9]对不同直径的弹丸冲击裸露药包进行了模拟研究，研究发现对于足够大直径的弹丸的冲击，当冲击引起的冲击波由冲击后面的燃烧增强时，就会发生殉爆。对于直径较小、速度较高的弹丸，爆炸或接近爆炸的弹丸在撞击时立即爆炸，但可能由于随后发生的罕见情况而被熄灭。S. Kubota[10]通过研究不同有机玻璃隔板厚度下被发炸药（RDX 基炸药）殉爆情况，获得了炸药殉爆的临界厚度。田斌等人[11]研究了主发药包与被发药包之间的介质对于炸药殉爆的影响，利用理论分析及数值模拟的方法，分析得出钢板-泡沫铝-钢板复合结构隔板可有效避免发生殉爆。张所硕等人[12]通过殉爆试验及数值模拟的方法，得出作战弹药殉爆原因主要为爆炸产生的高速碎片的撞击，同时研究了炸药在包装内的防止方法，有效降低了殉爆反应等级。

目前，查阅国内外解决殉爆的相关文献，研究重心普遍侧重于军事方面，而矿山开采中殉爆及其危害处理的研究未见报道，也没有对采矿工程殉爆现象提出具体科学、合理、系统的分析和研究方法以及用于防止殉爆的具体措施。爆破开采时的殉爆问题直接威胁矿山安全生产和工程质量，进一步研究该问题具有重要的现实意义。本文依托工程现场的殉爆问题，探究钻孔爆破殉爆产生机理与殉爆检测分析方法，提出现场易殉爆区域降低（防止）殉爆的具体技术与施工措施。

2 工程概况

元宝山露天矿殉爆次数较多，自2020年至今共发生殉爆10余次，殉爆出现的位置集中在采场作业区间2200线以西、344～404平盘，平面位置如图1所示。殉爆位置周围坡面均有出水点，此区域岩性为细砂岩、粉砂岩，岩层裂隙较发育，由于位于老哈河与英金河交汇处，岩层内含水量大。殉爆情况一般发生在岩体爆破剥离时，岩体中节理裂隙发育复杂，可能存在大范围贯通裂隙。

对易殉爆区现场进行实地考察，殉爆区岩体完整性较低，裂隙发育，为冲击波传递至相邻炮孔提供了空间。元宝山露天矿位于老哈河与英金河的交汇处，地层裂隙水丰富，雨季炮孔内水位接近孔口。当炸药的冲击波作用于裂隙水时，冲击波在水中传播时能量损耗低，在爆炸水冲击波的作用下使其相邻的炮孔内炸药达到起爆能量，自身稳定状态被打破，可能发生殉爆现象。

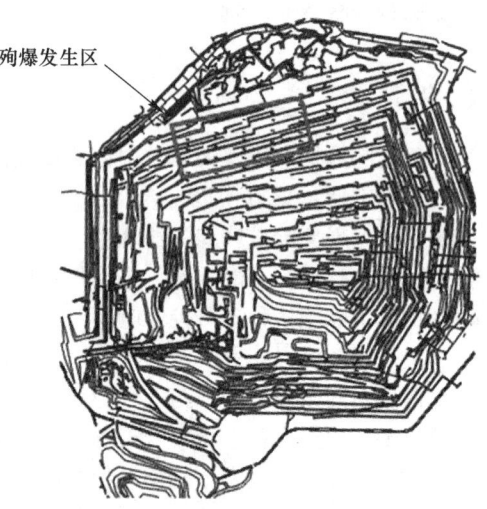

图 1　现场殉爆位置图

Fig. 1　Location map of site sympathetic detonation

殉爆的发生带来的直接影响是爆破振速明显增大，为初步了解殉爆的振动表现，现场布置振动监测仪进行多次监测。获取1次殉爆振动数据与正常爆破质点平均振速峰值数据，绘制出振速峰值对比如图2所示。

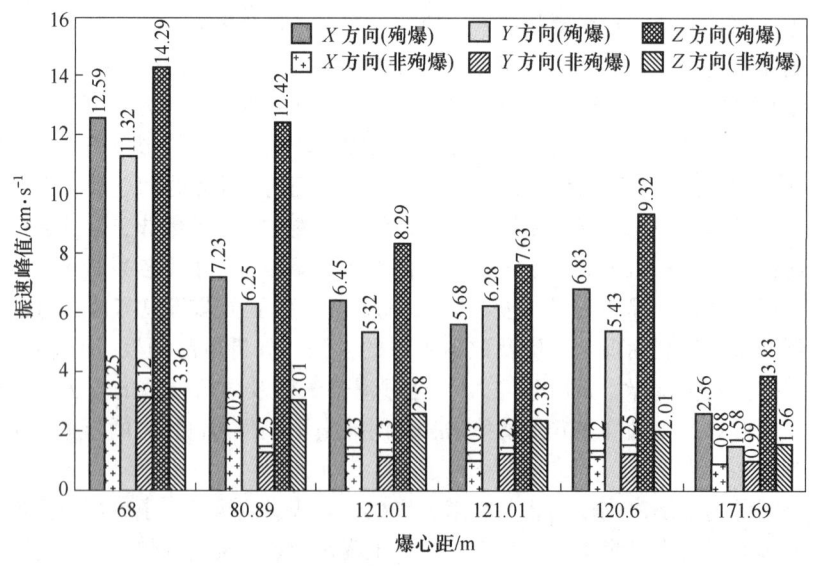

图 2　殉爆与非殉爆爆破振动峰值对比

Fig. 2　Comparison of peak particle velocity between sympathetic detonation and non sympathetic detonation

由图 2 中的数据对比可见，殉爆发生时质点振速峰值比正常爆破时大，这一点在三个方向上均有明显体现。爆心距不同的多个测点位置上，质点振速峰值的差距在 2~5 倍，殉爆时产生的爆破振动增大带来的破坏效应不能忽视。

3 现场测试

3.1 超声波测试

3.1.1 超声波测试方案

超声波测试可反映岩体裂隙的发育程度，同一种岩体内裂隙越多声速一般越小，所以采用超声波测试对易殉爆区的裂隙发育情况进行初步判断。超声波测试过程：

（1）测试前，通过注水车将孔内水注满，在注水的过程中，将对声波测试系统进行安装，以及测试剖面编号、延迟时间、孔口位置和孔距等参数的设置。

（2）测试开始后，观察显示器，当声波波形趋于稳定后，进行记录保存，此时完成一次测试，随即从测试孔底开始，将两个声波换能器同步且逐次地向孔口移动 0.5m，如图 3 所示，当发现波速骤减时适当减小步长，从而可以更加精确确定裂隙在炮孔中的具体位置。

（3）测试（见图 4）完成后，将测试数据存储。

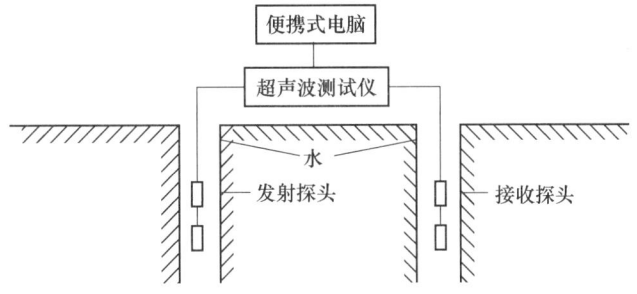

图 3　超声波测试原理

Fig. 3　Ultrasonic testing principle

图 4　现场测试

Fig. 4　Field testing

3.1.2 声波测试结果

经过在易殉爆区内外随机选定多组测试孔，完成现场测试后将波速数据按孔深绘制图像，如图5和图6所示。

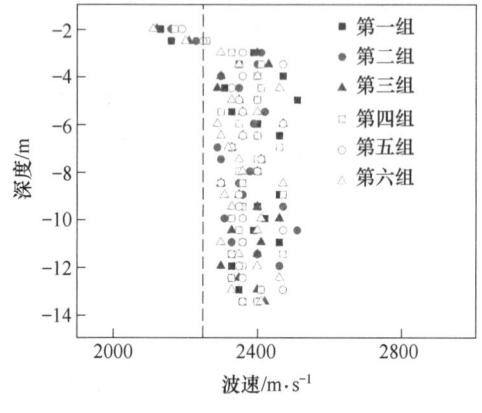

图 5 非殉爆区波速图

Fig. 5 Wave velocity diagram in common area

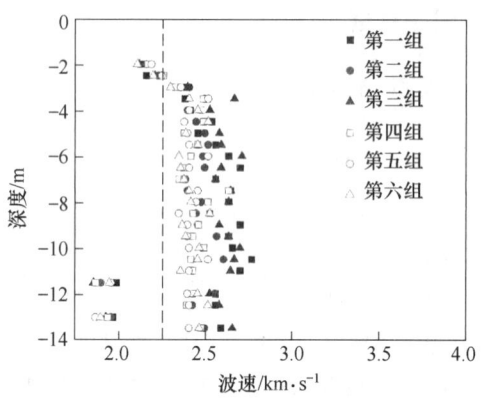

图 6 易殉爆区波速图

Fig. 6 Wave velocity diagram in the sympathetic detonation zone

由图可知，孔口处一定深度内岩体受到破坏较严重，声速相对较小。非殉爆区域内原位测试岩体的声速在2400m/s左右，殉爆区域内原位测试岩体的平均声速偏低。孔深11~12m之间出现了声速骤降情况，说明该位置的岩性整体性更差，可能存在贯通裂隙，该位置可能发生殉爆。

3.2 殉爆振动检测方法

3.2.1 检测方案设计

现场以主发炮孔为中心，主发炮孔深度与被发炮孔钻孔深度均为13.5m，设置1号被发炮孔与其距离为2m，2~6号被发炮孔与主发炮孔的距离依次递增1m，并且随着距离的增大被发炮孔与主发炮孔的连线逆时针旋转依次增加60°，被发药包测点距离分别为2m、3m、4m、5m、6m、7m，具体现场布置如图7所示（中心圆点代表的炮孔设置主发药包，周围圆点代表的炮孔设置被发药包），主发药包质量为96kg，被发药包设置为24kg，根据现场内窥镜实际观察裂隙位置确定被发药包位置。在距离主发炮孔30m、35m、40m处分别设置3台TC-4850测振仪对炸药爆炸产生的振动进行监测，由于现场数码电子雷管单次起爆延期时间最长为8s，为监测振动信号间不产生混叠，设置每个炮孔间延期时间为1000ms，设置中心炮孔为瞬发，按照逆时针对被发药包依次起爆，每次起爆产生的振动由振动监测仪TC-4850进行采集并记录，当被发炮孔内炸药未按照既定时间爆炸时，则判定该孔内的炸药发生了殉爆。同时，现场使用无人机进行拍摄，当试验结束后利用无人机拍摄的影像及TC-4850测振仪监测数据进行对比观察，最终得出产生殉爆的被发炮孔。

3.2.2 检测结果分析

经过6次现场测试，监测到质点振速波形，以竖直方向振动信号为例展示，见表1。

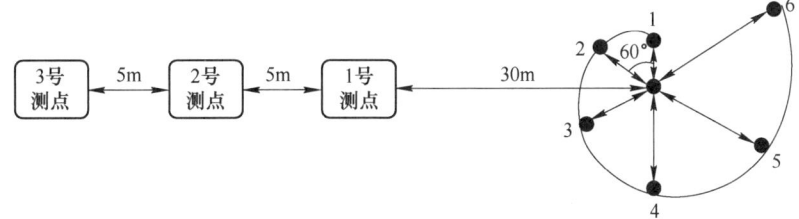

图 7 殉爆试验平面示意图

Fig. 7 Schematic diagram of sympathetic detonation test plan

表 1 振速波形的殉爆识别

Tab. 1 Identification of vibration velocity waveforms for sympathetic detonation

试验次序	振速波形（1 号测点 Z 方向）	缺失波形炮孔编号	殉爆炮孔与主炮孔间距/m
第一次		4	5
第二次		1、4	2、5
第三次		1、2、3	2、3、4
第四次		1、2、4	2、3、5

试验次序	振速波形（1 号测点 Z 方向）	缺失波形炮孔编号	殉爆炮孔与主炮孔间距/m
第五次		5	6
第六次		1、2、3	2、3、4

从表 1 中波形即可直观看出某炮孔未按设计的起爆顺序起爆，在信号缺失位置表示该时刻对应的炮孔产生了殉爆。6 次试验过程中，每次都有炮孔发生殉爆，且每次殉爆的炮孔数不确定。对殉爆试验振动波形幅值分析，殉爆发生时质点振速幅值由于殉爆叠加急剧增大，且高于单孔爆破振动幅值，观察爆破区形态以及挖掘检查试验炮孔药包均已爆炸。

距离较远的炮孔也可能发生殉爆，但这种可能性较低。6 次试验和实际生产中的殉爆现象表明殉爆的发生也是概率事件，炮孔间距较小时发生的概率较大，将炮孔间距增加到一定距离后可降低殉爆发生的可能性。但是生产时兼顾爆破效果，这种方式只能在一定程度内实施，而殉爆仍可能发生。

4 富水裂隙殉爆模拟

4.1 富水裂隙模型建立

结合现场实际情况，建立贯穿富水裂隙的准三维有限元模型，模型具体参数为：岩体尺寸 18m×30m，由现场内窥镜试验可知现场裂隙宽度为 0.8~1.2cm，选取现场裂隙平均宽度 1cm，炮孔直径 200mm，孔深为 13.5m，孔间距 6m，底部装药 96kg，装填长度为 4.5m，岩石碎屑填充 4m。

4.1.1 炸药的状态方程及材料参数

炸药使用与现场相符合的 2 号乳化炸药，采用 *MAT_ HIGH_ EXPLOSIVE_ BURN 作为 2 号乳化炸药材料模型，*EOS_ JWL 为炸药的状态方程，2 号乳化炸药的状态方程为：

$$p = A\left(1 - \frac{\omega}{R_1 V}\right) e^{-R_1 V} + B\left(1 - \frac{\omega}{R_2 V}\right) e^{-R_2 V} + \frac{\omega E_0}{V_0} \tag{1}$$

式中，p 为爆压，Pa；V_0 为相对体积；E_0 为单位体积的爆轰能量和初始内能。

在后处理软件 LS-PrePost 中设置炸药材料及状态方程的参数，见表 2。

表 2 炸药状态方程参数设定

Tab. 2 Setting explosive equation parameters

炸药名称	密度 ρ/g·cm^{-3}	爆速 D/cm·μs^{-1}	爆压 p/GPa	A/GPa	B/GPa	R_1	R_2	ω	E_0/J·m^{-3}	V_0
2 号岩石乳化炸药	1.18	0.50	21	494.6	1.89	3.91	1.12	0.333	3.87×10^9	1

4.1.2 岩石材料模型

岩石材料模型选用 RHT 模型，岩石力学参数取角岩和板岩参数的平均值，见表 3。

表 3 RHT 材料岩石参数

Tab. 3 Rock parameters of RHT material

参数名称	参数值	参数名称	参数值
初始密度 ρ_0/g·cm^{-3}	2.23	参考压缩应变率 E_{0C}	2.9×10^{-11}
相对抗剪强度 σ_s/σ_c	0.25	参考压缩应变率 E_{0T}	2.9×10^{-12}
相对抗拉强度 σ_t/σ_c	0.23	失效压缩应变率 E_C	1.5×10^{19}
剪切模量/GPa	0.22	失效拉伸应变率 E_T	1.5×10^{19}
单轴抗压强度 σ_c/MPa	120.22	压缩应变率指数 BETAC	0.0076
损伤系数 D_1	0.10	拉伸应变率指数 BETAT	0.0094
损伤系数 D_2	1.00	失效面参数 A	1.40
拉压-子午比参数 Q_0	0.58	失效面参数 N	0.40
初始空隙率 α	1.10	压碎压力 PEL/MPa	82.12
状态方程参数 B_0	1.51	残余强度面参数 A_F	0.85
状态方程参数 B_1	1.51	残余强度面参数 N_F	0.42

4.1.3 堵塞材料

模拟中堵塞材料为钻孔岩屑，选用 *MAT_SOIL_AND_FOAM 材料，具体参数见表 4。

表 4 堵塞材料

Tab. 4 Blocking material

密度 ρ/g·cm^{-3}	剪切模量 G/MPa	卸载体积模量 BULK	A_0	A_1	A_2
0.53	5.21×10^{-4}	0.3	4.4×10^{-13}	6.8×10^{-7}	−5.8×10^{-8}

4.1.4 水介质状态方程及材料参数

水介质的材料选用 *MAT_NULL，状态方程采用 *EOS_GRUNEISEN 进行定义，表达式为：

$$p = \frac{\rho_0 C^2 u\left[1 + \left(1 - \frac{\gamma_0}{2}\right)u - \frac{a}{2}u^2\right]}{\left[1 - (S_1 - 1)u - S_2\frac{u^2}{u+1} - S_3\frac{u^3}{(u+1)^2}\right]^2} + (\gamma_0 + au)E \tag{2}$$

对于膨胀材料的压强值为：

$$p = \rho_0 C^2 \mu + (\gamma_0 + au)E \qquad (3)$$

式中，C 为 $u_s(u_p)$ 曲线的截距；S_1、S_2、S_3 为 $u_s(u_p)$ 曲线斜率系数；γ_0 为 GRUNEISEN 系数；a 为 γ_0 的一阶修正系数；$u = \rho/\rho_0 - 1$。C、S_1、S_2、S_3 参数的取值可以通过纵波波速与速度的关系曲线得到，具体参数见表 5。

表 5　水介质材料及状态方程参数
Tab. 5　Water medium material and state equation parameters

密度 ρ/g·cm^{-3}	C	S_1	S_2	S_3	γ_0	E_0	V_0
1.0	0.148	2.56	−1.986	1.2268	0.35	0	1

4.1.5　空气状态方程及材料参数

空气的材料与水介质一样，选用 *MAT_MULL，但状态方程选择与表达式与水介质不相同，采用 *EOS_LINEAR_POLY 进行定义，该状态方程多项式关于初始体积内能是线性关系，表达式为：

$$p = C_0 + C_1\mu + C_2\mu^2 + C_3\mu^3 + (C_4 + C_5\mu + C_6\mu^2)E \qquad (4)$$

式中，C_i 为状态方程常数；E 为单位体积内能；$\mu = \dfrac{1}{V} - 1$，V 为相对体积。

空气材料及状态方程参数见表 6。

表 6　空气材料及状态方程参数
Tab. 6　Air material and state equation parameters

密度 ρ/g·cm^{-3}	C_0	C_1	C_2	C_3	C_4	C_5	C_6	V_0
0.0012	0	0	0	0	0.4	0.4	0	1

4.2　数值模拟结果分析

参数设置完成后进行计算，总计算时间 20ms，分别截取 0.4ms、0.8ms、1ms、2ms 时间点的应力云图进行分析，富水贯穿裂隙中应力云图如图 8 所示。

目前冲击起爆临界判断依据主要有起爆压强和临界起爆能量。花宝玲[13]在试验中得出乳化炸药的起爆压强为 2GPa，李建军等人[14]通过乳化炸药的冲击起爆试验得出乳化炸药的冲击起爆临界能量值在 (13 ~ 35) × 10^{12} Pa^2·s 之间。下面将基于 ANSYS/LS-DYNA 有限元模拟软件建立典型模型，从殉爆压强及殉爆能量阈值的角度判断被发药包是否发生殉爆。

由贯穿富水裂隙条件下应力云图可见：在 $t = 0.4$ms 时炸药起爆后产生的冲击波阵面呈椭圆形迅速向外扩散，这说明爆炸产生的应力波在岩体中的衰减与传播是均匀的。在 0.8ms 和 1ms，裂隙处的爆炸压强值明显高于裂隙周围岩体爆炸压强值。究其原因，这是因为水介质具有不可压缩性，当炸药起爆后，爆炸应力波用于压缩水介质所消耗的能量将会更少，能量利用率大，冲击波传播至相邻炮孔被发药受到短时大能量作用，进而可能使邻近炮孔内炸药发生殉爆现象。

根据冲击波传播特性，降低初始压强可减弱冲击波向外传播强度，在炸药外采用阻波管削弱炸药爆炸的初始压强。试验模拟 2.0mm、2.6mm、3.2mm 三种不同厚度阻波管对殉爆的影响效果，截取主发药包起爆后 0.6ms、1.2ms、1.4ms 时爆炸压强云图，并对最易殉爆单元的时程曲线进行分析，爆炸应力云图如图 9 所示。

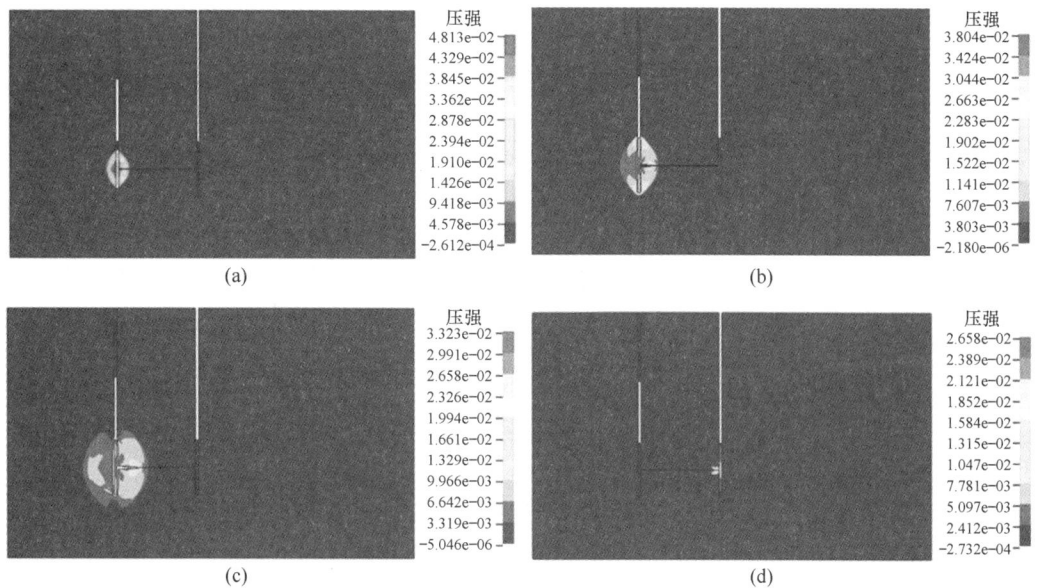

图 8　贯穿裂隙中水耦合条件下应力云图

（a）$t=0.4$ms；（b）$t=0.8$ms；（c）$t=1$ms；（d）$t=2$ms

Fig. 8　Stress nephogram under water coupling conditions in penetrating fractures

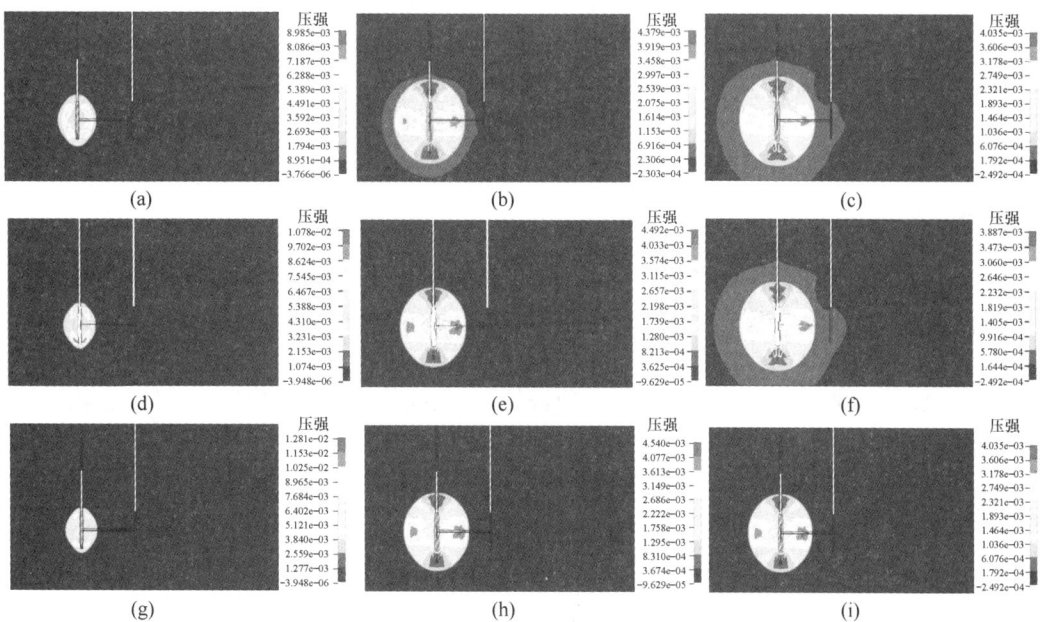

图 9　2.0mm、2.6mm、3.2mm 厚度阻波管条件下爆炸应力图

（a）$t=0.6$ms，2.0mm；（b）$t=1.2$ms，2.0mm；（c）$t=1.4$ms，2.0mm；（d）$t=0.6$ms，2.6mm；（e）$t=1.2$ms，2.6mm；
（f）$t=1.4$ms，2.6mm；（g）$t=0.6$ms，3.2mm；（h）$t=1.2$ms，3.2mm；（i）$t=1.4$ms，3.2mm

Fig. 9　Explosion stress diagram under conditions of 2.0mm、2.6mm、3.2mm thicknesses of choke tubes

选择被发炮孔与裂隙交汇处的单元为最易殉爆单元，绘制该位置的压力时程曲线如图 10 所示。

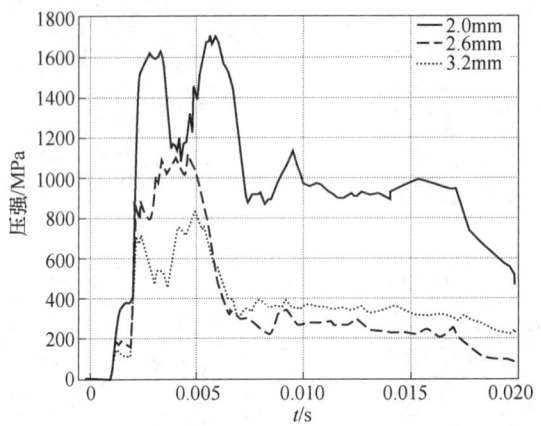

图 10　最易殉爆单元爆炸压强时程曲线

Fig. 10　Time history curve of explosion pressure for the most susceptible explosive unit

由阻波管防止殉爆模型压强云图及被发药包压强时程曲线可见，阻波管对炸药爆炸压强的传播有夹制作用，可以改变炸药爆炸压强的传递方向。特别是在 0.6ms 时，炮孔底部岩石的爆炸压强明显高于周围岩体压强值，随着阻波管厚度的增大其夹制作用也越来越显著，图中表现为随着阻波管厚度的增大相同时刻压强分布面积逐渐降低，并且底部炸药两端压强明显增大，这样就会在一定程度上减少被发药包吸收的能量，降低殉爆发生的概率。

通过对比不同厚度最易殉爆单元爆炸压强时程曲线发现，随着厚度的不断增大被发药包压力峰值不断降低，最终，当最易殉爆单元的峰值压强为 278.0MPa，相比于未加套管被发药包峰值压力值降低了 87.91%，理论公式计算得被发药包临界能量判据 $p^2t = 19.32 \times 10^{10} \mathrm{Pa}^2 \cdot \mathrm{s}$，远低于殉爆能量判据 $p^2t = 13 \times 10^{12} \mathrm{Pa}^2 \cdot \mathrm{s}$，不会产生殉爆。

5　结论

（1）炸药爆炸产生的压力通过贯通富水裂隙传递至相邻炮孔，作用于炸药后三维能量达到起爆能量即可能引发殉爆。通过设计不同距离炮孔的殉爆试验，分析振动监测波形确定元宝山露天矿易殉爆区殉爆距离最远可达 6m。

（2）提出殉爆控制方法裂隙处炸药套阻波管，数值模拟分析结果显示，阻波管对炸药起爆能量起到夹制作用，能够降低经过裂隙传递至邻近炮孔的压力峰值，使药包无法达到起爆所需的能量。同时，阻波管的厚度对能量的夹制作用不同，达到防止殉爆发生的目的需要足够厚度的阻波管。

参 考 文 献

[1] 国顺. 炸药的殉爆与殉爆安全距离 [J]. 劳动保护，1983（2）：15-16.

[2] 余德运，谢烽，王旭耀. ANFO 在炮孔中的殉爆起爆试验研究 [J]. 爆破器材，2020，49（5）：59-64.

[3] Zhang Z, Wang C, Hu H, et al. Investigation of underwater sympathetic detonation [J]. Propellants, Explosives, Pyrotechnics, 2020, 45（11）：1736-1744.

[4] 姜颖资，王伟力，黄雪峰，等. 带壳炸药在高速运动炸药作用下殉爆效应研究 [J]. 工程爆破，2014，

20（3）：1-4.

[5] Shin H，Lee W. Material design guidelines for explosive confinements to control impact shock-induced detonations based on shock transmission／reflection analysis［J］. International Journal of Impact Engineering，2003，28（5）：465-478.

[6] 刘晓文，高玉刚. 炸药在水介质中殉爆特性分析［J］. 工程爆破，2022，28（4）：102-107.

[7] 肖向东，肖有才，蒋海燕，等. 冲击波作用下引信传爆序列殉爆的数值模拟［J］. 高压物理学报，2021，35（5）：74-82.

[8] Doerfler A M. The Effects of Water on Sympathetic Detonation and Dead Pressing of Dynamite and Emulsions［D］. Missouri University of Science and Technology，2012.

[9] Starkenberg J，Huang Y，Arbuckle A. Numerical modeling of projectile impact shock initiation of bare and covered composition-B［J］. Journal of Energetic Materials，2012，2（1/2）：1-41.

[10] Kubota S. Observation of shock-induced partial reactions in high explosive［J］. Shock Compression of Condensed Matter，2007：955-958.

[11] 田斌，李如江，赵家骏，等. 钢板与泡沫铝复合板弹药包装箱的对比研究［J］. 兵器装备工程学报，2019，40（10）：190-194.

[12] 张所硕，聂建新，张剑，等. 约束空间内壳装炸药殉爆及防护［J］. 爆炸与冲击，2023：1-17.

[13] 花宝玲，丁淳彤. 乳化炸药在冲击波作用下化学反应过程的研究［J］. 矿冶，1997（3）：17-20.

[14] 李建军，汪旭光，欧育湘，等. 乳化炸药冲击起爆的实验研究［J］. 工程爆破，1995（1）：14-19.

岩石节理对光面爆破成型的影响机制研究

胡英国[1] 马晨阳[1] 丁照祥[2] 李庚泉[1] 刘美山[1]

（1. 长江水利委员会长江科学院，武汉 430000；

2. 新疆额尔齐斯河流域开发工程建设管理局，乌鲁木齐 830000）

摘 要：隧洞开挖轮廓面平整状态与损伤范围对工程的安全性与经济性至关重要。针对节理发育岩体隧洞爆破开挖超欠挖严重及轮廓成形困难问题，首先采用岩石 HJC 模型压剪与拉剪失效准则建立轮廓爆破损伤数值仿真方法，其次开展不同节理特征条件下炮孔近区应力场分布及裂纹演化路径分析，研究结果表明：节理的倾角、厚度及强度影响炮孔间裂缝扩展，节理与炮孔连线夹角呈 45°时超欠挖最严重，形成较为明显的"Z"字形轮廓，当夹角为 0°或 90°时影响较小；节理强度越弱、宽度越大时，对爆炸应力波的阻隔作用和拉伸破坏作用越强；最后结合重大工程实例对节理岩体隧洞光面爆破方案进行优化和验证，基于节理特征影响机理提出了轮廓爆破参数优化方案，采用周边导向空孔及掏槽大跳段起爆技术，显著提高了爆破后轮廓面的平顺光滑效果，丰富了对光面爆破定向断裂及轮廓成型的工程认识。

关键词：节理；裂纹；光面爆破；轮廓成型；超欠挖

Research on the Influence Mechanism of Smooth Blasting Forming of Jointed Rock Mass Tunnel

Hu Yingguo[1] Ma Chenyang[1] Ding Zhaoxiang[2] Li Gengquan[1] Liu Meishan[1]

（1. Changjiang River Scientific Research Institute，Wuhan 430000；

2. Xinjiang Erqi River Basin Development and Construction Management Bureau，Urumqi 830000）

Abstract：The flatness and damage range of the tunnel excavation contour are crucial for the safety and economy of the project. In view of the serious difficulty of excessive overbreak and underbreak of joint-developing rock mass tunnels, a simulation calculation model was established by combining the rock HJC constitutive model and compression-shear and tensile-shear failure criterion. The analysis of the near-zone stress field distribution and crack evolution path of the blast hole under different joint characteristics were carried out, and the smooth blasting scheme of the joint rock mass tunnel was optimized based on engineering examples. Results reveal that the inclination, thickness and strength of the joints affect the development of cracks between the blast hole. The overbreak excavation is the most serious when the angle between the joint and the blast hole is 45°, while the effect is little when the

基金项目：国家自然科学基金（52279093）；国家自然科学基金（52079009）；中央级公益性科研院所基本科研业务专项（CKSF2023322/YT）。

作者信息：胡英国，博士，教授级高工，whhuyguo@163.com。

angle is 0° or 90°. The weaker the joint strength and the greater the width, the stronger the blocking effect and tensile failure effect on the blasting stress wave. Combined with major engineering examples, the smooth blasting scheme of jointed rock tunnel is optimized and verified. The technology of peripheral guiding empty hole and large jump delayed initiation of cutting section is adopted. Based on the influence mechanism of joint characteristics, an optimization scheme of contour blasting parameters is proposed, which significantly improved the smooth effect of the contour surface after blasting, and enriched the theory of directional fracture and contour forming in smooth blasting.

Keywords: joint; crack; smooth blasting; contour forming; overbreak

目前，西部地区水电开发强度前所未有，水电工程建设过程中面临着复杂地质结构岩体的开挖爆破控制这一重要难题[1-3]。岩体作为一种含有不同结构面的组合地质体，其力学性质和碎岩机理深受破碎带、节理等结构面的影响，存在节理的围岩经高强度、大范围、深层次的开挖爆破等工程改造，才能由初始的自然地质体转变为承载复杂荷载的水工地下洞室群[4]，忽略节理特征引起的超欠挖问题不仅造成支护成本增加和浪费，还会给施工期与运维期带来安全隐患，因此如何实现精细爆破控制并形成光滑平整的设计开挖轮廓面是隧洞工程建设的重要前提。

众多研究人员已从理论计算、数值仿真、模型试验的角度对开挖爆破轮廓效果进行了深入的研究和分析。卢文波[5-6]基于波动理论提出了准确反映爆源近区质点峰值振动速度的衰减公式，完善了岩石边坡开挖轮廓面的爆破设计方法，在深埋地下厂房施工中提出了高地应力区强约束条件下轮廓爆破的合理开挖方式。张运良[7]通过对软弱夹层的孔间分布特征进行概化和建模分析，推演了不同软弱夹层赋存状态下隧道轮廓分布图式；陈明[8]理论推导了空气冲击波与弹性壁碰撞后压力增大倍数的理论解，为轮廓爆破孔壁压力峰值计算提供了新的方法，胡英国[9-10]采用数值仿真技术定量分析了不同轮廓爆破方式下保留岩体的开挖损伤区演化规律，赵安平[11]采用连续–非连续单元法（CDEM）计算得出节理特性与爆区破碎效果之间存在负相关关系。张万志、徐帮树[12-13]通过分析穿越特殊岩层隧道拱顶的破坏特征，从装药参数和布孔形式上提出了减少超欠挖的施工控制措施。

目前对轮廓控制的分析主要集中在室内试验[14-16]、破坏机理[17-18]、施工工艺优化[19-21]等方面，然而节理对实际轮廓爆破的效果影响有时比岩石本身物理力学性质的影响更为显著，成为制约轮廓成型效果的重要因素之一。尤其在深长引水隧洞开挖过程中，围岩不可避免地会受各种倾角的发育裂隙切割而形成易碎脱落的楔形体，此外因水的侵蚀和岩体风化变质，裂隙中的泥质夹层还会泄露爆炸能量从而引起欠挖现象，因此在提高光面爆破轮廓成型质量时，需要综合考虑不同节理特征对隧洞光面爆破的影响。为了创造良好的支护环境和降低围岩超欠挖及施工风险，本文通过建立不同节理特征下岩体裂纹演化分析模型，分析了节理倾角、厚度及强度等对爆破应力波传播、裂纹扩展及轮廓成型机理的影响，并结合工程实例提出具体改进措施，为优化节理岩体光面爆破设计参数与成型质量提供理论依据。

1 节理岩体爆破定向断裂原理

1.1 双孔爆破定向断裂原理

关于岩石破碎理论一直以来有三种观点，即应力波叠加破坏理论、爆生气体膨胀破坏理论和二者综合作用理论。第一种观点认为两炮孔同时起爆时，应力波在相邻两炮孔连心线中点附近相遇叠加后的切向拉应力峰值大于岩石的动态抗压强度临界值，岩石受拉破坏形成断裂面，并向两侧炮孔方向扩展连通。第二种观点认为爆生气体的膨胀推力使炮孔周围介质质点发生径向位移，相邻空孔的存在使两炮孔连线方向受阻最小、应力集中最大，产生的切向拉应力在炮孔壁连心线处达到最大、形成裂缝并由孔口开始向邻孔发展。然而岩石破碎的实质应该是应力波和爆生气体在不同阶段主导形成的，因此按照图 1 来解释岩石爆破缝原理更为适宜，即应力波首先在炮孔壁产生放射状随机径向裂缝，随后爆生气体渗入裂隙并在准静态压力作用下促进裂隙扩展及贯通，二者在介质破坏过程的不同阶段共同起作用。

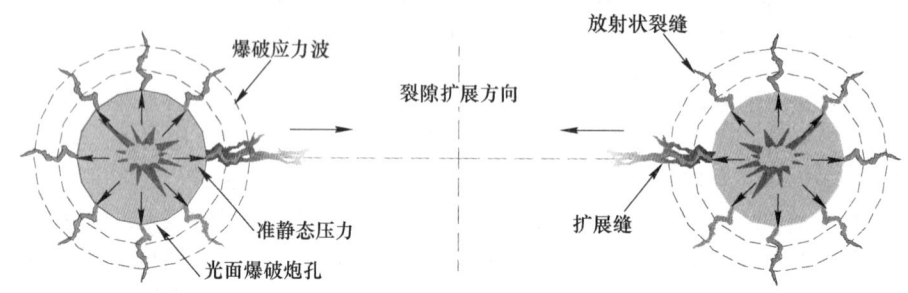

图 1　双孔爆破定向断裂原理

Fig. 1　Principle of directional crack formation in doble hoe basting

1.2　节理岩体光面爆破定向断裂原理

以图 2 为例，微元体单元可能破坏的情况主要为沿径向拉伸断裂或沿结构面剪切破坏或同时发生，前者是光面爆破预期的效果，后两者的出现对工程和基岩完整性较为不利。根据力学分析，结构面上的正应力与剪应力计算公式如下：

$$\sigma_\alpha = \frac{\sigma_r + \sigma_\theta}{2} + \frac{\sigma_r - \sigma_\theta}{2}\cos 2\alpha \tag{1}$$

$$T_\alpha = \frac{\sigma_r - \sigma_\theta}{2}\sin 2\alpha \tag{2}$$

式中，结构面与光爆轮廓面夹角为 θ，$\theta + \alpha = 90°$；σ_α、T_α 分别为结构面上的正应力和剪应力；σ_r、σ_θ 分别为单元体上的径向正应力和环向正应力，由于炮孔只受径向压力，单元体上无剪应力 τ_r，$\sigma_\theta < 0$ 受拉，$\sigma_r > 0$ 受压。

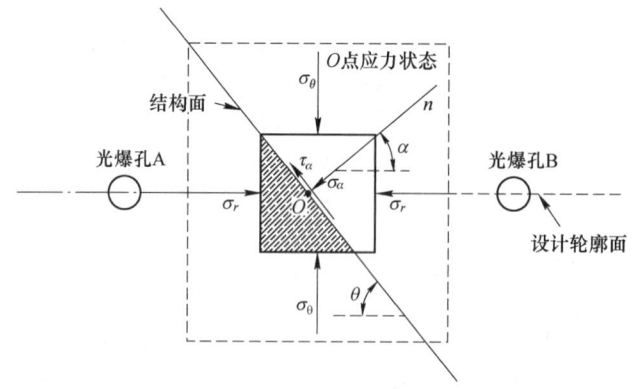

图 2　岩体结构面应力

Fig. 2　Stress of rock mass structural plane

为了达到预期光爆效果，即应在环向应力 σ_θ 的拉伸作用下沿径向发生断裂且结构面上不产生破坏，根据岩石最大拉应力破坏准则和莫尔库仑破坏准则，满足以下关系：

$$-\sigma_\theta \geqslant [-\sigma_t] \tag{3}$$

$$|T_\alpha| \leqslant \sigma_\alpha \tan\varphi + c \tag{4}$$

式中，$[\sigma_t]$ 为岩石动抗拉强度；c、φ 为结构面的黏聚力和内摩擦角。

由文献［22-23］结论爆破应力波产生的环向应力与径向应力之间有以下关系：

$$\sigma_\theta = -\sigma_r/2 \tag{5}$$

将式（1）、式（2）、式（5）代入式（4）中可得不沿结构面破坏的条件表达式为：

$$-\sigma_\theta[3\sin2\alpha - (1 + 3\cos2\alpha)\tan\varphi] \leqslant 2c \tag{6}$$

式中，$3\sin2\alpha - (1+3\cos2\alpha)\tan\varphi < 0$ 时，式（6）自然成立，结构面不影响光面爆破效果。

因此，当 $3\sin2\alpha - (1+3\cos2\alpha)\tan\varphi > 0$ 时，联立式（3）和式（6）可得，节理岩体光面爆破沿设计轮廓面定向断裂需满足公式：

$$[\sigma_t] \leqslant -\sigma_\theta \leqslant 2c/[3\sin2\alpha - (1 + 3\cos2\alpha)\tan\varphi] \tag{7}$$

2 节理岩体爆破过程模拟

2.1 计算模型

为了研究节理对岩体爆破效果和应力波传播的影响，采用 ANSYS/LS-DYNA 有限元数值模拟和观察单个炮孔岩体爆破裂纹演化过程。模型尺寸为 200cm×200cm，四周设置无反射边界条件，炮孔直径为 4.2cm，装药直径 3.2cm，通过 ALE 算法实现岩石与空气流固耦合。

2.2 模型材料

2 号岩石乳化炸药采用高能炸药模型 MAT_HIGH_EXPLOSIVE_ BURN，选用 JWL 状态方程来模拟炸药爆炸过程中爆轰产物压强、能量和体积间的关系：

$$p(V, E) = A\left(1 - \frac{\omega}{R_1 V}\right)e^{-R_1 V} + B\left(1 - \frac{\omega}{R_2 V}\right)e^{-R_2 V} + \frac{\omega E}{V} \tag{8}$$

式中，p 为爆轰产物的压强；V 为相对体积；E 为初始比内能；A、B、R_1、R_2 和 ω 均为 JWL 方程的独立常数。计算采用装药密度 $\rho_0 = 1.3\text{g/cm}^3$，爆速 $D = 4000\text{m/s}$，JWL 状态参数取值如下[24]，$A = 214\text{GPa}$，$B = 0.18\text{GPa}$，$R_1 = 4.2$，$R_2 = 0.9$，$w = 0.15$，$E = 4.19\text{GPa}$。

MAT_NULL 本构模型通用来模拟空气材料模型，并结合 * EOS_ Linear_ Polynomial 状态方程进行定义：

$$p = C_0 + C_1\mu^2 + C_3\mu^3 + (C_4 + C_5\mu + C_6\mu^2)E \tag{9}$$

式中，$C_0 \sim C_6$ 均为输入参数；E 为相对体积的单位爆轰产物的压力。状态参数取值如下：$C_0 \sim C_4$ 均为 0，C_5 和 C_6 为 0.4，$E = 0.25\text{J/cm}^3$。

为了消除模拟过程的不确定因素，假定节理为弹塑性体并简化节理材料模型，节理充填介质采用 MAT_PLASTIC_ KINEMATIC 材料模型，密度 1.16g/cm^3，弹模 $E = 20\text{GPa}$，泊松比 $\nu = 0.3$，屈服应力 30MPa，切向模量 7.7GPa。

岩石材料采用 HJC 本构模型，该模型考虑了由等效塑性应变和塑性体积应变引起的损伤累积，常被用来描述岩石变形、破坏及损伤特性[25]，计算中具体参数见表 1。

表 1　HJC 模型主要参数

Tab. 1　Main parameters of HJC model

密度 $\rho_0/\mathrm{g \cdot cm^{-3}}$	剪切模量 G/GPa	黏性常数 A	压力强化系数 B	应变率系数 C	硬化指数 N	静态单轴抗压强度 σ_c/MPa	最大拉应力 T/MPa	归一化最强值 S_{fmax}	$\mathrm{EF_{min}}$
2.6	28.7	0.3	2.5	0.0097	0.7	102.8	12.2	15	0.01

损伤常数 D_1	损伤常数 D_2	压力常数 K_1	压力常数 K_2	压力常数 K_3	压实应变 μ_{lock}	压碎体压强 p_{crush} /MPa	压实应力 $p_{\mathrm{lock}}/\mathrm{GPa}$	破碎体积应变 μ_{crush}	FS
0.04	1	12	25	42	0.012	50	1.2	0.012	0

为了实现爆破裂纹的动态扩展过程，根据岩石破碎成缝原理和 MAD_ADD_EROSION 失效关键字设置拉剪联合失效准则，在模型中具体分别表现为远端径向拉伸裂纹和近区周围压剪破坏粉碎区。

2.3　模拟结果

为了更全面地分析节理对岩体爆破破碎过程的影响规律，对比分析完整岩体和节理岩体爆破破碎过程，如图 3 所示，从不同时刻岩体有效应力云图可知，炸药爆炸后形成强大爆轰冲击波，将炮孔壁附近岩石压碎并引起岩石单元失效，形成压缩粉碎区，$t=40\mu\mathrm{s}$ 时刻波阵面不断扩大、能量不断减少、应力波逐渐向四周扩散和衰减，但孔壁岩体仍以受压破坏为主，爆腔继续扩大；$t=80\mu\mathrm{s}$ 时刻应力波衰减至不足以压碎岩石，但在高温高压环境下，爆生气体不断膨

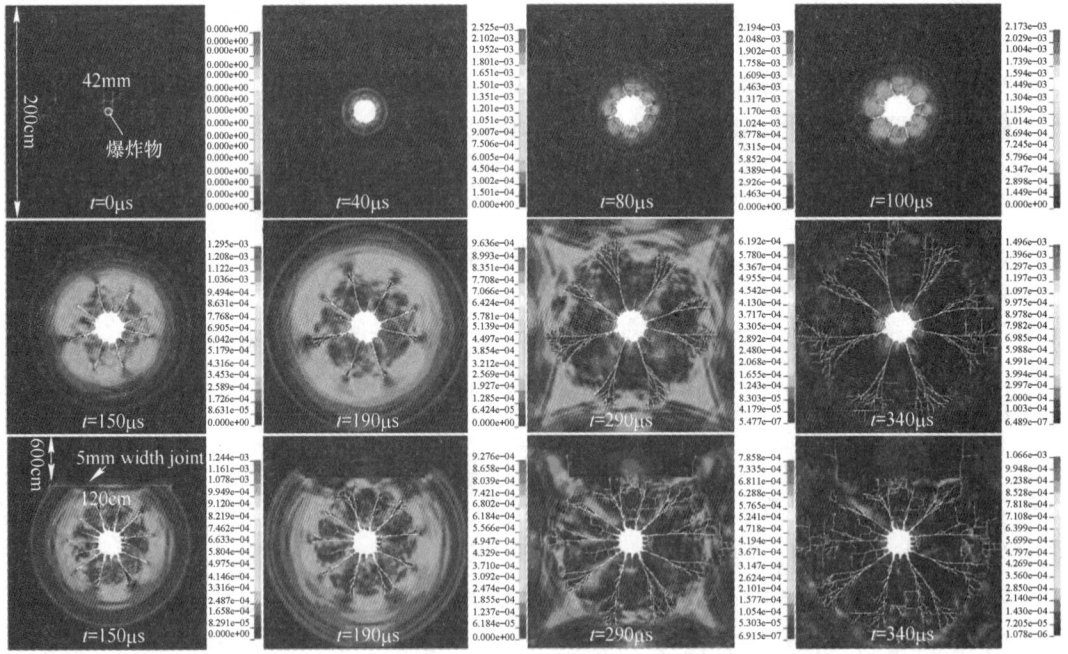

图 3　完整与节理岩体不同时刻有效应力云图

Fig. 3　Effective stress cloud at different times of complete and jointed rock mass

胀、楔入开裂缝隙中造成裂隙的进一步扩展，$t = 100 \sim 150\mu s$ 孔壁附近岩体产生径向压应力的同时产生切向拉应力，当剪切应力超过岩石动态抗拉强度时，岩石单元发生张拉破坏沿径向形成裂缝，$t = 190 \sim 290\mu s$ 可知，爆炸应力波沿四周不断均匀传播，爆生裂纹也在后续应力波和爆生气体共同作用下不断延伸，直至 $t = 340\mu s$ 时刻，裂纹停止扩展，应力波基本消散，衰减至不能对岩石产生破坏效果。

除了在距离炮孔中心 60cm 处建立一条长 120cm、宽 0.5cm 的水平节理外，其余条件均与完整岩体碎岩模型一致，对比节理岩体与完整岩体 $t = 150 \sim 340\mu s$ 的有效应力云图，能够直观地反映出应力波抵达节理面后波阵面和爆生裂纹的不同传播方式。节理岩体 $t = 150 \sim 190\mu s$ 应力波部分透射通过节理面、部分反射回来形成拉伸波，节理面对应力波在竖直方向上的阻隔和衰减作用显而易见。$t = 290 \sim 340\mu s$ 水平节理两端开始出现尖端裂纹并沿垂直节理面方向不断延伸，节理面迎爆侧岩体受反向拉伸波影响，从距离炮孔最近处开始产生拉伸裂纹并沿着节理面方向两端扩展，被爆侧岩体则无任何裂纹扩展，最终在炮孔与节理两端组成的三角形区域内形成裂纹密集区。因此节理面的存在，不但会对应力波产生阻隔作用，还会改变裂纹扩展的形态和发展过程，从而影响破岩效果。

3 节理特征对成型效果的影响机制

3.1 不同节理特征条件下成型效果分析

为了模拟不同节理特征对相邻光爆孔之间岩体定向开裂及贯穿成缝的影响规律，假定如下：不考虑崩落孔对光爆层岩体的损伤，不针对高地应力区域，简化隧洞模型为平面应变模型。建立 150cm×250cm 模型，炮孔间距 50cm，光爆层一侧采用自由边界且厚 60cm，其他方向为无反射边界。分析不同节理倾角、厚度、强度等工况下爆炸应力波的衰减规律及裂纹分布特征，具体计算工况和节理填充介质分别见表 2 和表 3。

表 2 工况表
Tab. 2 Calculate working condition

节理特征	节理倾角/(°)					节理厚度/cm			节理强度		
工况序号	1-1	1-2	1-3	1-4	1-5	2-1	2-2	2-3	3-1	3-2	3-3
具体内容	0	30	45	60	90	1	5	10	碎屑	胶结	泥质

表 3 节理填充物材料参数
Tab. 3 Material parameters of joint fillers

材　料	弹性模量/MPa	密度/kg·m⁻³	泊松比	切线模量/MPa	屈服强度/MPa
碎屑充填	200	1.6	0.1	91	1
胶结充填	800	1.8	0.15	348	4
泥质充填	30	1.3	0.35	11	0.04

3.1.1 节理倾角对裂纹扩展的影响

以 45°倾角为例，光爆孔同时起爆后两孔应力波的形成、叠加、扩散、消散过程如图 4 所示，爆腔四周出现细小裂纹，在应力波和爆生气体的共同作用下，裂缝在炮孔距离节理最近的方向上集聚并扩展至节理表面，节理的存在改变了附近裂纹扩展的方向，使裂纹沿着节理面扩展且节理迎爆侧裂纹增多，最终形成"Z"字状断面轮廓。

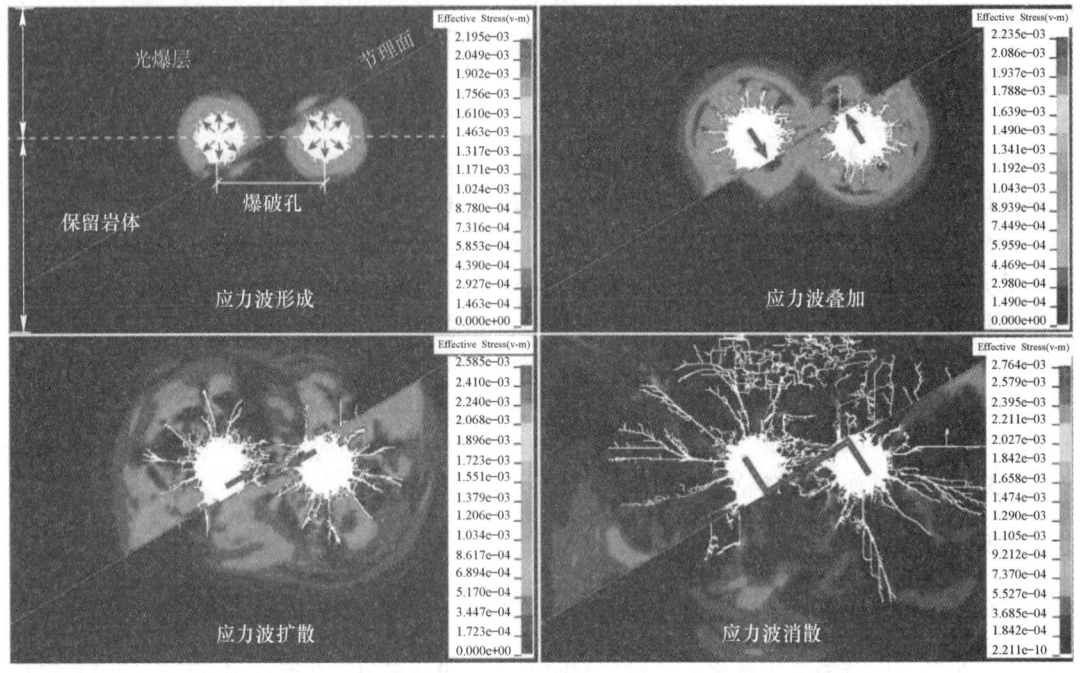

图 4　节理倾角 30°双孔爆破应力波传播过程

Fig. 4　Blasting stress wave propagation process of 30° joint

如图 5 所示，通过后处理得到不同节理倾角情况下相邻炮孔间爆生裂纹扩展图，在光爆层临空面方向上，处于节理上方炮孔的反射拉伸裂纹较为密集，处于节理下方炮孔的裂纹稀疏，节理倾角越倾缓，临空面裂纹分布越密集、宽广。节理倾角为 30°、45°、60°时都形成了"Z"字形裂缝，当夹角在 0°~45°时，爆破断裂凹凸度随倾角增大而增大，当在 45°~90°时，爆破断面凹凸程度随着倾角增大而减小；倾角为 0°时，沿炮孔连心线上的径向裂隙更易优先发育，形成水平贯通裂缝；倾角 90°情况下，应力波垂直入反射节理面，导致节理面迎爆侧产生更多裂纹，两炮孔间易断裂成缝。

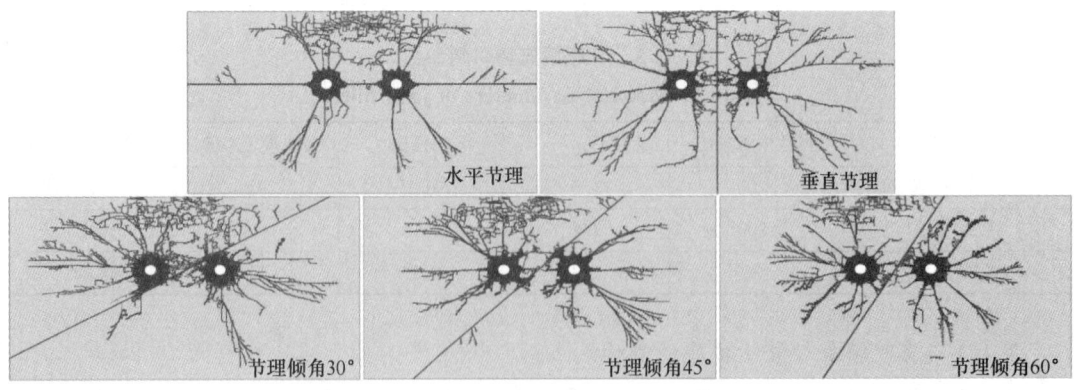

图 5　不同倾角节理岩体裂纹扩展图

Fig. 5　Crack propagation diagram of jointed rock masses with different dip angles

3.1.2 节理宽度对裂纹扩展影响

为研究不同节理宽度对裂纹扩展的影响，建立90°垂直节理模型，节理宽度分别为1cm、5cm、10cm，从图6中可以看出，应力波透射过节理内部时发生多次发射，使节理内部出现细小裂纹，在同一时刻下炮孔周围主裂纹条数随节理宽度增大而减少，10cm节理模型中炮孔连心线方向上外侧水平裂纹消失，更多向节理内部集聚；而垂直于炮孔连心线方向上，裂纹密集程度与节理宽度成正比。

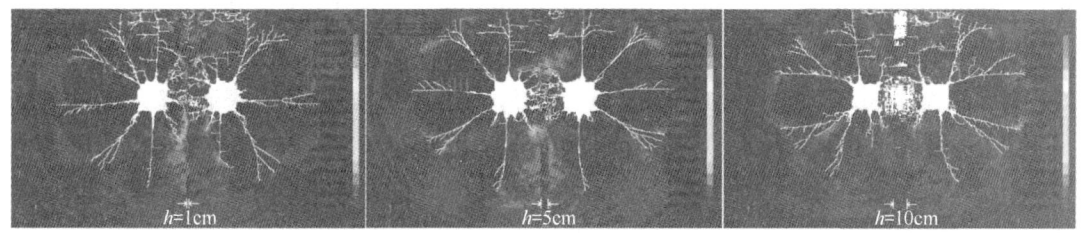

图6　同一时刻不同节理宽度裂纹扩展图

Fig. 6　Crack propagation diagram of different joint widths at the same moment

3.1.3 节理强度对裂纹扩展影响

节理岩体中常含充填物质，为研究不同充填强度对孔间岩体裂纹扩展影响，在距离炮孔20cm的保留岩体中设置一条长1m、厚5cm的水平节理，其他建模参数均保持不变，定义一个无量纲参数 η（η 为节理与岩体材料弹性模量的比值），通过改变弹性模量值进而调整节理介质的充填强度大小。在炮孔连心中垂线方向，分别选取引爆侧和被爆侧两个靠近节理面单元的测点。以图7为例，$\eta = 0.1$ 时，应力波穿越节理面后有效应力峰值被极大地削减，节理面两侧单元测点峰值应力变化曲线明显反映了充填节理对应力波的阻碍作用。由图8可知，η 值由1减小到0.1，节理强度越来越小，应力峰值变化幅度近似线性递减，表明节理材料与岩体的波阻抗值相差愈大，应力波传播衰减越多，节理强度与岩石强度的比值大小与对爆炸应力波的阻隔作用成反比，使得裂纹不再沿着初始方向扩展。

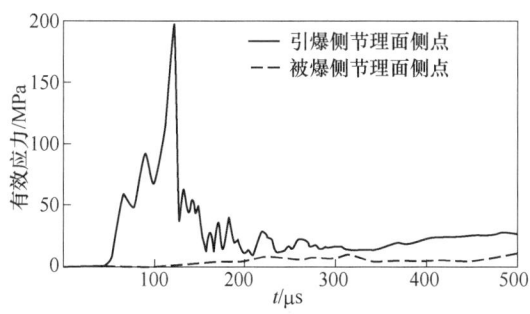

图7　节理面两侧峰值应力变化曲线（$\eta = 0.1$ 为例）

Fig. 7　Peak stress variation curve on both sides of the joint surface（$\eta = 0.1$）

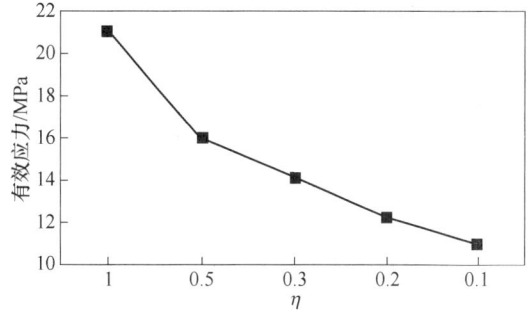

图8　不同节理强度下应力峰值变化曲线

Fig. 8　Stress peak variation curve under different joint strengths

3.2 节理特征对轮廓成型的影响机理

通常节理裂隙间介质的波阻抗小于两侧岩体，应力波由岩体透射到节理内部，再透射至另一侧岩体时，多次透反射作用导致对节理面另一侧岩体影响较小。如图 9 所示，B 孔爆破应力波因为节理的阻隔作用，减弱了 AO 段的切向拉应力作用，同理来自 A 孔的爆破应力波对 OB段的切向拉应力同样降低，故炮孔连心线上爆破应力波的叠加作用会减弱。此外孔间裂隙的存在削弱了 AB 方向上的爆生气体准静态应力叠加作用，裂纹的扩展方向更易沿 AC、BD 方向，一方面由于炮孔压缩应力波以柱面波的形式向四周扩散，节理面上距离炮孔最近点（C、D）处最先发生反射形成拉伸波，在应力波反射叠加作用下，最初径向裂纹在 AC、BD 方向上得到优势发展，由于应力集中影响，爆生气体的准静态压力作用促使优势裂纹的进一步扩展并抑制临近裂纹的生长，孔壁至节理面方向首先开裂。另一方面，假设节理面为自由面，则最小抵抗线方向上的 AC、BD 向切向拉应力最大，且也最易开裂，爆生气体沿着开裂通道汇入节理裂隙中，使节理面进一步剪切破坏，从而形成"Z"字形断裂轮廓，在 AOC 区域内欠挖，在 BOD区域内超挖。

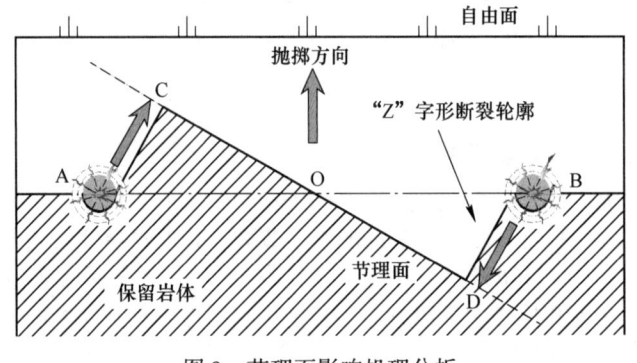

图 9　节理面影响机理分析

Fig. 9　Analysis of the influence mechanism of joint surface

结合裂纹扩展的数值影响规律，分析节理倾角对实际隧洞光面效果可能产生的影响。拱顶位置处常出现相邻炮孔与节理夹角为 0°的情况，节理面对裂纹发展起控制作用，裂纹由炮孔向节理面发展，当炮孔在节理面下方且炮孔至节理面距离小于最小抵抗线时，易形成超挖；拱肩位置处炮孔易与节理夹角呈 45°情况，裂纹从炮孔开始向着节理面生成，爆破后轮廓线呈"Z"字形，节理面上方形成欠挖，节理面下方形成超挖，近而易出现锯齿状断面分布；当节理面垂直存在于两炮孔之间时，则最小抵抗线方向与该对炮孔连心线方向重合，易沿两孔间连心线方向断裂成缝，但不利于其他邻近孔间成缝；当节理面与两炮孔连心线重合时，则易知节理面有利于光滑壁面的形成。

节理宽度和节理强度的数值结果则表明了节理面接触越紧密或节理填充介质与岩体强度越接近时，应力波透射节理面发生的能量耗损越小，节理对光爆效应的影响作用越小。当节理面紧密闭合且两侧岩体波阻抗相同时，两侧炮孔连心线上的光爆成型影响甚至可以忽略。

4　工程实例

4.1　工程概况

某水利枢纽工程引水隧洞长 2547m，断面形式为圆型，平均埋深 200m，隧洞沿线主要构造形迹为挤压破碎带和节理，以黑云母石英片岩为主，具鳞片状变（细）晶结构，片状构造。试验段里程为 2+285~2+329，Ⅲ类围岩为主，埋深 210~215m，岩体属于中硬-坚硬岩，呈次块状-块状结构，微风化无卸荷，节理裂隙发育，受倾缓裂隙切割影响显著，裂隙面普遍附泥膜、夹泥。该段隧洞采用上、下台阶法施工，根据爆破开挖工程经验和现场调研，局部掉块现象严重，采取加强支护措施，上台阶对隧洞超欠挖影响较大，如图 10 所示，开挖宽度为 11.9m，高度为 6.75m，开挖面积为 67.45m²。

图 10　隧洞上台阶开挖现场

Fig. 10　Excavation site of upper bench of tunnel

4.2　超欠挖现状

隧洞钻孔直径为 42mm，炸药使用 2 号岩石乳化炸药，药卷规格（直径×长度×质量）为 ϕ32mm×300mm×300g，光爆层厚度为 50cm，周边孔间距为 50cm、线装药密度为 0.2~0.3kg/m³，起爆网络采用 1~15 段非电毫秒延期雷管，按照掏槽孔、辅助孔、周边孔和底板孔的顺序，由内向外逐排进行起爆，炮孔平面布置图如图 11 所示，炮孔参数见表 4。

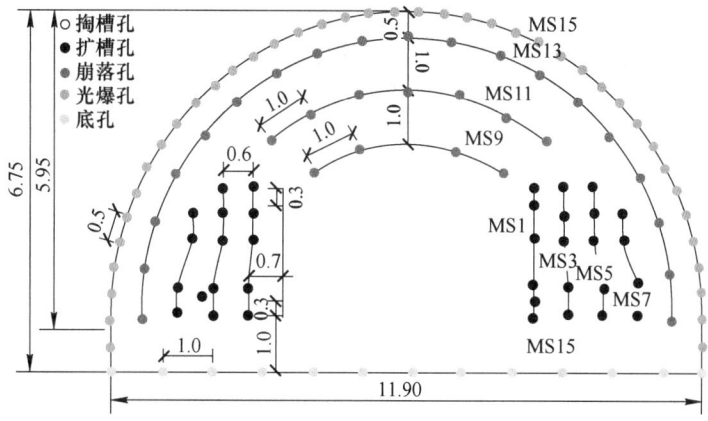

图 11　上台阶钻孔平面图

Fig. 11　Plan of upper step drilling

表 4　炮孔参数表

Tab. 4　Blast hole parameters

炮孔类型	孔深/m	孔长/m	孔数	倾角/(°)	单孔药量/kg	总药量/kg
掏槽孔	3.2	4.0	14	55	2.4	33.6
	3	3.5	10	60	2.1	21
扩槽孔	3	3.2	10	70	2.1	21
	3	3	8	80	2.1	16.8
崩落孔	3	3	32	90	1.5	48
周边孔	3	3	40	92	0.9	36
底孔	3	3	13	90	1.2	15.6
合计			127			343.2

　　采用原爆破参数进行了 6 次爆破开挖后，断面难以形成规整轮廓，从设计参数上分析，周边孔径向不耦合系数偏大而轴向装药较为集中，掏槽孔与扩槽孔的起爆间隔偏短，槽腔岩体尚未抛出后续炮孔就立刻起爆，未能充分利用前排炮孔形成的临空面，由此造成围岩松动圈增大，断面轮廓参差不齐。

　　现场作业人员普遍认为加大装药量能够提高爆破效果，但受节理构造影响，岩体被发育裂隙切割形成易于塌落的楔形块体，尤其当裂隙间充填着抗剪强度较小的软弱泥质，在自重作用及爆破扰动下，极易沿软弱节理面滑落、掉块，隧洞拱顶更易出现平面、拱肩岩体出现错台现象，如图 12 所示，因此未能充分考虑节理面及其与炮孔连心线间的关系是造成周边轮廓错台式分布的主要原因。

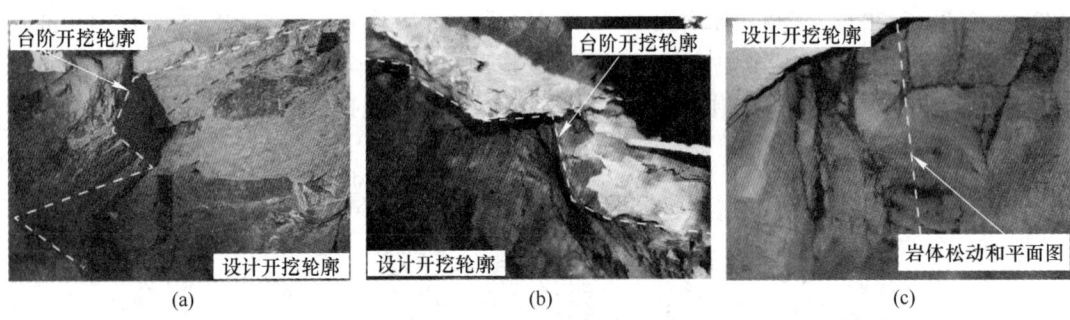

(a)　　　　　　　　　　　　　(b)　　　　　　　　　　　　　(c)

图 12　原始方案隧洞爆破后围岩特征分布

(a) 左拱肩；(b) 右拱肩；(c) 拱顶

Fig. 12　Distribution of surrounding rock characteristics after tunnel blasting under the original scheme

4.3　轮廓成型的控制方法

4.3.1　参数优化

　　结合现场缓倾节理的分布情况如图 13 所示，根据节理特征对轮廓成型的影响机理，需要对隧洞断面不同部位单独进行设计，如图 14 所示，将周边孔内移 10cm，防止周边孔外插角过大出现的超挖，适当增加光爆层厚度，减小对围岩的损伤破坏；为使拱肩部位沿设计轮廓线产生贯穿爆破裂纹，在相邻炮孔间增加空孔，充分发挥空孔的导向、应力集中及隔振作用；拱脚部位节理面与炮孔连心线近似垂直，可适当增加孔间距至 60cm；调整周边孔孔内轴向间隔装药结构，使爆破能量沿轴向分布更加均匀，提高空气间隔段克服结构弱面的能力和减弱装药段对节理弱面的影响；跳段设置掏槽孔与扩槽孔间的段间时差，从掏槽成腔阻力和段间信号叠加两方面减少振动效应。

图 13　拱顶倾缓结构面

Fig. 13　Sloping structural plane of vault

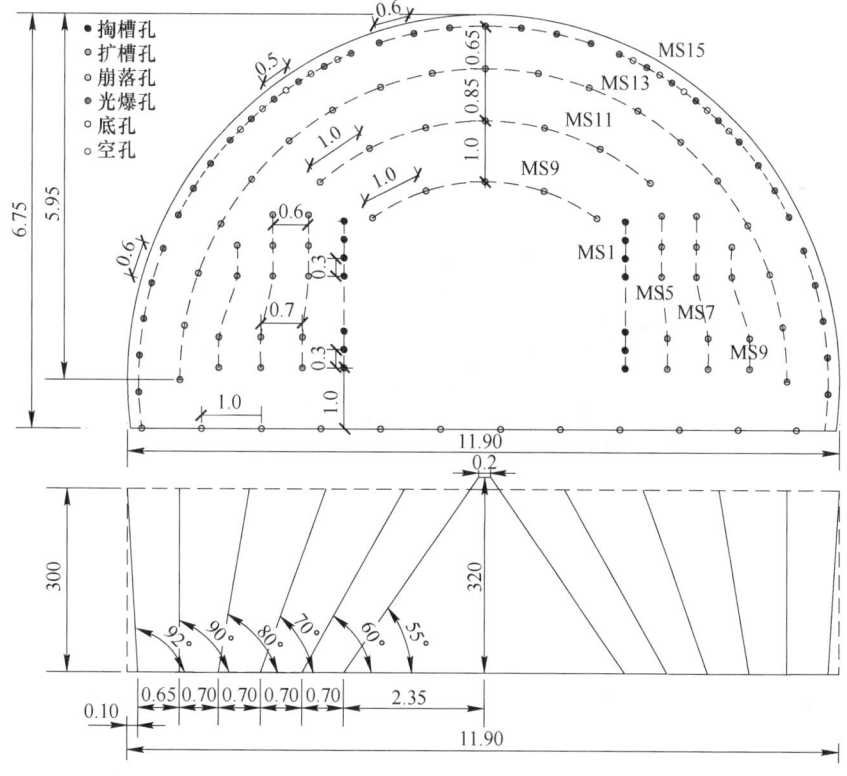

图 14　轮廓优化方案

Fig. 14　Outline optimization plan

调整爆破方案后，在施工地质条件及钻孔深度相差很小的情况下，隧洞掘进平均每循环进尺增加 0.21m，炮孔利用率平均提高了 7.2%。在距离掌子面 25m 的地方测得爆破地震波时程曲线图如图 15 所示，各段别之间的振动波形也实现了较好的分离，降低了掏槽区因段间延期时差小而出现的振动叠加影响，光面爆破效果如图 16 所示，隧洞轮廓成形质量明显提高。

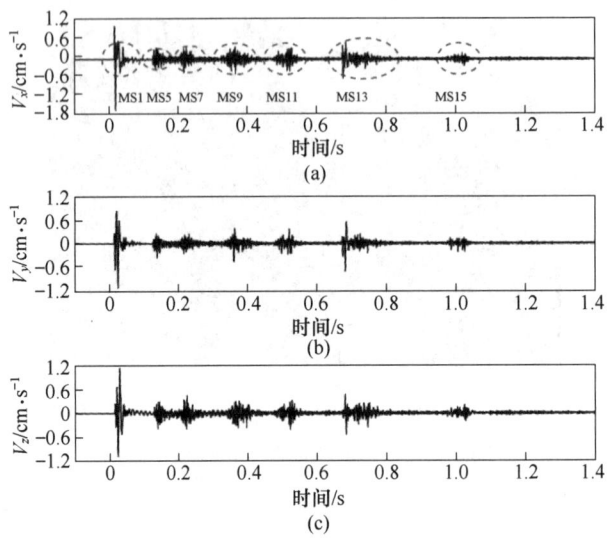

图 15　实测爆破地震波曲线

Fig. 15　Measured seismic wave curve of blasting

图 16　优化方案围岩爆后特征分布

Fig. 16　Distribution of characteristics of surrounding rock explosion after optimization plan

4.3.2　"导向空孔"模拟效果

基于前述模拟计算方法与结果，研究在节理中布设"空孔"对光面爆破效果的影响，节理宽度按现场试验段中统计的平均宽度 15cm 取值，节理与炮孔间的夹角取最不利形成光爆轮廓面的 45° 的拱肩位置。相邻光爆孔爆破后，在"空孔"处出现应力集中现象，空孔壁在叠加应力波的作用下优先沿炮孔连线方向产生裂缝并与光爆孔间裂缝贯通，如图 17 所示，有效地控制和引导了孔间裂缝的发展，减缓轮廓面的超欠挖现象。

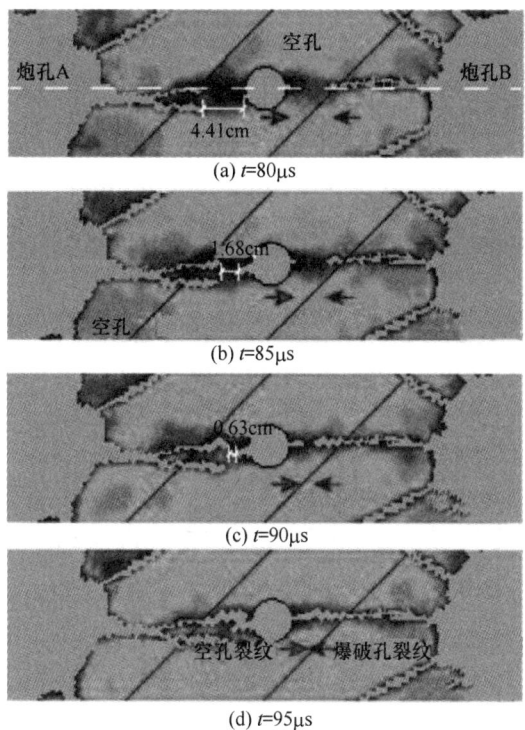

(a) $t=80\mu s$

(b) $t=85\mu s$

(c) $t=90\mu s$

空孔裂纹 —— 爆破孔裂纹

(d) $t=95\mu s$

图 17 "空孔导向"模拟效果

Fig. 17 Simulation effect of "Hollow Bole Guidance"

5 结论

本文基于相邻炮孔间定向成缝原理和损伤计算模型，分析了节理倾角、节理宽度及强度因素对孔间裂纹扩展及断裂成缝的影响规律，结合节理特征对轮廓成形的影响机理与现场调研结果，从增强轮廓孔间贯通裂隙和减缓对围岩振动损伤两方面优化了节理岩体隧洞光面爆破参数，并取得较好的轮廓成型效果，主要结论如下：

（1）模拟分析了爆破荷载作用下节理岩体的破碎特性，节理的存在一方面使爆炸应力波在节理中的传播变得复杂，阻碍应力波的传播，另一方面，改变了孔周裂纹扩展的路径。

（2）以相邻孔间爆破裂纹扩展过程及贯通演化路径为主线，分析了不同节理倾角、节理宽度及填充介质条件下孔间岩体断裂轮廓的形状和炮孔连心线方向主裂纹的条数，比较得出不同特征条件下的最不利工况，揭示了不同节理特征对隧洞光面爆破轮廓成型效果的影响机制。

（3）根据现场隧洞实际爆破效果和节理分布情况，提出不同断面部位的优化设计方案，调整了周边孔间距、光爆层厚度及间隔装药结构，并增设周边导向空孔及跳段设置掏槽孔与扩槽孔间的延期时间，最终洞壁成型规整效果得到明显提升。

需要说明的是，本文分析过程中，节理模型有一定简化，影响机制未能考虑节理组数、间距等其他几何特征，这方面的内容有待室内实验进一步研究。

参 考 文 献

[1] 吴新霞，胡英国，刘美山，等．水利水电工程爆破技术研究进展 [J]．长江科学院院报，2021，38

    （10）：112-120.

[2] 谢先启. 精细爆破发展现状及展望 [J]. 中国工程科学，2014，16（11）：14-19.

[3] 吴立，陶鲜. 岩体结构面影响爆破效果的理论分析与试验研究 [J]. 矿业研究与开发，1999，19（1）：40-43.

[4] 樊启祥，林鹏，蒋树，等. 金沙江下游大型水电站岩石力学与工程综述 [J]. 2020，60（7）：537-556.

[5] 卢文波，Hustrulid W. 临近岩石边坡开挖轮廓面的爆破设计方法 [J]. 岩石力学与工程学报，2003（12）：2052-2056.

[6] 卢文波，耿祥，陈明，等. 深埋地下厂房开挖程序及轮廓爆破方式比选研究 [J]. 岩石力学与工程学报，2011，30（8）：1531-1549.

[7] 张运良，孙宁新，毛雨，等. 软弱夹层对隧道光面爆破效果影响机理研究 [J]. 铁道科学与工程学报，2020，17（1）：148-158.

[8] 陈明，刘涛，叶志伟，等. 轮廓爆破孔壁压力峰值计算方法 [J]. 爆炸与冲击，2019，39（6）：1-11.

[9] 胡英国，卢文波，陈明，等. 不同开挖方式下岩石高边坡损伤演化过程比较 [J]. 岩石力学与工程学报，2013，32（6）：1176-1184.

[10] Hu Y G, Lu W B, Wu X X, et al. Numerical and experimental investigation of blasting damage control of a high rock slope in a deep valley [J]. Engineering Geology, 2018, 237 (10)：12-20.

[11] 赵安平，冯春，郭汝坤，等. 节理特性对应力波传播及爆破效果的影响规律研究 [J]. 岩石力学与工程学报，2018，37（9）：2027-2036.

[12] 徐帮树，张万志，石伟航，等. 节理裂隙层状岩体隧道掘进爆破参数试验研究 [J]. 中国矿业大学学报，2019，48（6）：1248-1255.

[13] 张万志，徐帮树，葛颜慧，等. 隧道拱部穿越页岩爆破开挖方法及参数试验研究 [J]. 振动与冲击，2022，41（5）：90-98.

[14] 杨仁树，岳中文，肖同社，等. 节理介质断裂控制爆破裂纹扩展的动焦散试验研究 [J]. 岩石力学与工程学报，2008，27（2）：244-250.

[15] 肖正学，张志呈，郭学彬. 断裂控制爆破裂纹发展规律的研究 [J]. 岩石力学与工程学报，2002，21（4）：546-549.

[16] Yang L Y, Yang R S, Qu G L, et al. Caustic study on blast-induced wing crack behaviors in dynamic-static superimposed stress field [J]. International Journal of Mining Science and Technology, 2014, 24 (4)：417-423.

[17] 张力民，吕淑然，刘红岩. 节理岩体爆破破坏模式的机理分析及数值模拟 [J]. 金属矿山，2009（7）：16-19.

[18] 范勇，孙金山，贾永胜，等. 高地应力硐室光面爆破孔间应力相互作用与成缝机制 [J]. 岩石力学与工程学报，2023（42）：1-14.

[19] 尹文纲，王海亮，胡红星，等. 隧道成型控制爆破技术及围岩损伤范围研究 [J]. 隧道建设，2018，38（5）：851-856.

[20] 朱亮，陈明，卢文波，等. 轮廓爆破下柱状节理岩体开裂过程的数值模拟 [J]. 爆炸与冲击，2015，35（4）：555-560.

[21] 李启月，赵新浩，魏新傲，等. 大断面隧道轮廓控制爆破技术研究与应用 [J]. 黄金科学技术，2019，27（3）：350-357.

[22] 哈努卡耶夫 H. 矿岩爆破物理过程 [M]. 刘殿中，译. 北京：冶金工业出版社，1980.

［23］陈明，卢文波，周创兵，等. 初始地应力对隧洞开挖爆生裂隙区的影响研究［J］. 岩土力学，2009，8（30）：2254-2258.

［24］Hu Y G, Yang Z W, Huang S L, et al. A new safety control method of blasting excavation in high rock slope with joints［J］. Rock Mechanics and Rock Engineering, 2020, 53（2）：3015-3029.

［25］Wang Z L, Wang H C, Wang J G, et al. Finite element analyses of constitutive models performance in the simulation of blast-induced rock cracks［J］. Computers and Geotechnics, 2021, 135（2021）：104172.

基于正交经验模态分解的爆破延时识别与应用

刘连生[1,2]　易文华[3]　刘昇[1]

(1. 江西理工大学资源与环境工程学院，江西　赣州　341000；
2. 江西理工大学江西省矿业工程重点实验室，江西　赣州　341000；
3. 东北大学资源与土木工程学院，沈阳　110819)

摘　要： 爆破振动信号延时识别对工程爆破参数优化具有重要意义，针对爆破振动信号在PEMD延时识别过程中主分量的选择问题，利用互相关函数对主分量进行了筛选，提出了一种互相关正交经验模态分解方法（Principal Correlation Empirical Mode Decomposition，PCEMD）。为了验证该方法的有效性，开展了露天台阶爆破延时识别实验，实验结果表明：PCEMD识别出了爆破网路中所有的炮孔，延时识别误差在0~0.5ms以内，且识别效果不受断层因素的影响。并将其与小波变换模极大值法、小波时-能密度法以及PEMD方法进行对比，得到小波类方法的精度由于受到小波函数的影响，误差范围分别在0.7~1.2ms和0.8~2ms，而PEMD方法由于选择主分量时损失了部分原始信息，识别误差在0~0.6ms内波动。最后将PCEMD方法应用于爆破盲炮检测，得到隧道掘进面出现了10个盲炮，与爆后现场盲炮的实际分布情况相符。

关键词： 爆破；经验模态分解；互相关函数；小波变换；延时识别

Blasting Delay Identification Based on Orthogonal Empirical Mode Decomposition and Its Application

Liu Liansheng[1,2]　Yi Wenhua[3]　Liu Sheng[1]

(1. School of Resources and Environmental Engineering, Jiangxi University of Science and Technology, Ganzhou 341000, Jiangxi; 2. Jiangxi Province Key Laboratory of Mining Engineering, Jiangxi University of Science and Technology, Ganzhou 341000, Jiangxi; 3. School of Resources and Civil Engineering, Northeastern University, Shenyang 110819)

Abstract: Delay identification of blasting vibration signals is of great significance to optimization of engineering blasting parameters. Aiming at the problem of selecting the principal components of blasting vibration signals in the process of Principal Correlation Empirical Mode (PEMD) delay identification, the cross-correlation function was used to screen the principal components, a Principal Correlation Empirical Mode Decomposition (PCEMD) method is proposed. In order to verify the effectiveness of this method, the delay identification experiment of surface bench blasting was carried out. The experimental

基金项目：国家自然科学基金项目（52064015）。

作者信息：刘连生，教授，lianshengliu@ jxust. edu. cn。

results show that the PCEMD can identify all the holes in the blasting network, and the delay identification error is within 0 ~ 0. 5ms, and the identification effect is not affected by fault factors. Compared with wavelet transform modulus maximum method, wavelet time-energy density method and PEMD method, it is found that the accuracy of wavelet class method is in the range of 0. 7 ~ 1. 2ms and 0. 8 ~ 2ms, respectively, because of the influence of wavelet function. However, PEMD method loses part of original information when choosing principal component. The identification error fluctuated within 0 ~ 0. 6ms. Finally, the PCEMD method was applied to the detection of blasting misfires, and the results showed that there were 10 blasting misfires in the tunnelheading face, which was consistent with the actual distribution of blasting misfires in the field after blasting.

Keywords：blasting; empirical mode decomposition; cross-correlation function; wavelet transform; delay identification

1 引言

爆破延时识别是爆破参数优化的基础与前提[1]，合理的延时时间能够有效地降低爆破振动危害。然而使用不同的延时识别方法得到的结果也不尽相同，且岩体中若存在断层等不良结构面，同样会影响爆破振动信号的延时识别效果[2]。

目前延时识别方法主要有小波变换极极大值法[3-4]、小波时–能密度法[5-6]、经验模态分解（Empirical Mode Decomposition，EMD）[7-8] 及正交经验模态分解（Principal Empirical Mode Decomposition，PEMD）方法[9]。其中凌同华等人[3,5]基于小波变换对爆破振动信号的突变进行了识别，取得了一定的成果，但小波变换的精度依赖小波函数[10-11]的选择，对识别结果会产生误差。张义平等人[7]利用 EMD 识别法提取了爆破地震波主分量包络线峰值点对爆破延期时间进行识别，与小波方法相比不需要选择小波函数，且具有自适应性[12]，识别精度大大提高，但 EMD 在识别过程中由于分解出的（Intrinsic Mode Function，IMF）分量不正交，导致出现模态混叠现象，从而影响信号的分析效果。易文华等人[9]则利用主成分分析（Principal Component Analysis，PCA）能够将混叠的分量正交化，从而消除了各分量之间的模态混叠现象[13]。但 PEMD 法是根据分解出的本征模态函数（Intrinsic Mode Function，IMF）分量幅值大小和波形衰减特征对主分量进行主观性选择，会损失爆破地震波的部分原始信息，因此该方法在对爆破振动信号进行精准识别时存在一定的误差。

为了实现爆破精准延时识别，本文基于 PEMD 延时识别方法，利用互相关函数[14-15]能够表征任意两组信号相似程度的特性，将互相关函数（Cross-Correlation Function，CCF）引入到爆破振动信号主分量的选择中，提出了一种互相关正交经验模态分解方法（Principal Correlation Empirical Mode Decomposition，PCEMD），进一步提高了爆破振动信号延时识别精度，有利于后续工程爆破参数的优化设计。

2 基本原理

2.2 正交经验模态分解

经验模态分解是由 Huang 等人[16]提出的一种信号时频分析方法，该方法能够自适应地将原始信号 $y(t)$ 分解成一系列 IMF 分量和一个残余量[17-18]。其分解步骤如下：

（1）利用三次样条函数曲线对原始信号 $y(t)$ 上所有的极值点进行插值，拟合出 $y(t)$ 的均值包络线 $m_1(t)$：

$$m_1(t) = \frac{y_{max}(t) + y_{min}(t)}{2} \tag{1}$$

（2）将 $y(t)$ 减去 $m_1(t)$ ，得到 IMF 分量 $h_1(t)$ ：

$$h_1(t) = y(t) - m_1(t) \tag{2}$$

（3）判断 $h_1(t)$ 是否满足 IMF 的两个条件，若不是则将其当作原始信号，重复步骤（1）和（2）；若是则定义其为第一阶 IMF，记为 $c_1(t)$ 。

（4）将原始信号 $y(t)$ 减去 $c_1(t)$ ，得到残差 $r_1(t)$ ：

$$r_1(t) = y(t) - c_1(t) \tag{3}$$

（5）将 $r_1(t)$ 当作一组新信号，重复以上分解步骤，直至再也不能提取出 IMF 分量为止。至此，原始信号 EMD 分解出的所有 IMF 分量可表达为：

$$y(t) = \sum_{i=1}^{n} c_i(t) - r_n(t) \tag{4}$$

式中，$c_i(t)$ 为第 i 个 IMF 分量；$r_n(t)$ 为残差，也称信号的趋势项。

继而利用主成分分析法通过正交变换将混叠的 IMF 分量矩阵 $\boldsymbol{X}$ 转换为完全正交的分量矩阵 $\boldsymbol{V}$ ，达到去除模态混叠的目的。即：

$$\frac{1}{n}\boldsymbol{X}^T\boldsymbol{X} = \boldsymbol{V}\boldsymbol{\varLambda}\boldsymbol{V}^T \tag{5}$$

式中，$\boldsymbol{\varLambda}$ 为非零对角元素组成的特征值矩阵；$\boldsymbol{V}$ 为特征向量组成的完全正交分量矩阵；n 为采样点的个数。

2.2　互相关函数

互相关函数是分析两种信号是否相关的一个判断指标[14]，可用来确定原始信号通过 EMD 分解的 IMF 分量信号有多大程度来自于原始信号，其中信号 $x(t)$ 和 $y(t)$ 的互相关函数定义[11]为：

$$r_{xy}(\tau) = \lim_{T \to \infty} \frac{1}{2T}\int_{-T}^{T} x(t)y(t + \tau)\mathrm{d}t \tag{6}$$

式中，τ 为时间延迟；$r_{xy}(\tau)$ 表示信号 $x(t)$ 和 $y(t)$ 的互相关函数值。

3　主分量筛选模型的构建

爆破振动信号经过 PEMD 分解后，得到一系列完全正交的 IMF 分量，若通过对 IMF 分量幅值的大小和波形衰减特征选择主分量进行识别分析，会对延时识别结果带来误差。而互相关函数能够表征任意两组信号相似程度特性，可以将爆破振动信号与 IMF 分量的互相关系数作为衡量两者的相关程度指标，以构建主 IMF 分量筛选模型，实现流程如图 1 所示。

具体步骤如下：

步骤 1　将原始信号 $y(t)$ 通过 PEMD 分解成一系列 IMF 分量 $x_i(t)$ 。

步骤 2　计算原始信号 $y(t)$ 与各分量 $x_i(t)$ 的互相关函数，作归一化处理得到互相关系数 $r_{xy}(\tau)$ 为：

$$r_{xy}(\tau) = \lim_{T \to \infty} \frac{1}{2T}\int_{-T}^{T} x(t)y(t + \tau)\mathrm{d}t \tag{7}$$

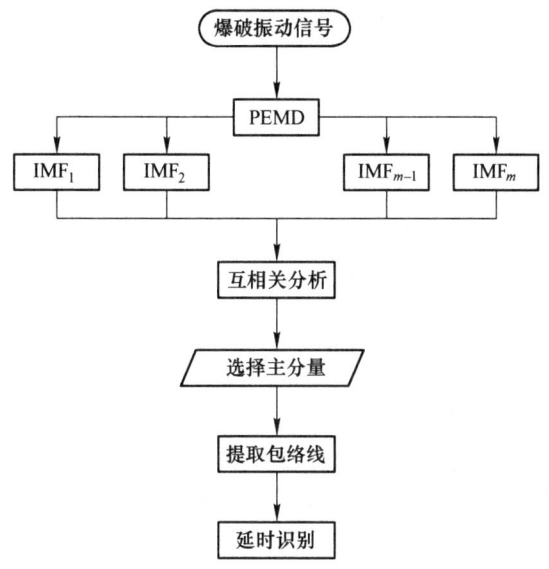

图 1 PEMD 方法流程

Fig. 1 Process for the PEMD

步骤 3 取互相关系数 $r_{xy}(\tau)$ 的峰值点定义各分量反映爆破信号特征的敏感度 a_i：

$$a_i = \max[r_{xy}(\tau)] \qquad (8)$$

步骤 4 将敏感度 a_i 从大到小进行排序，计算相邻敏感度的衰减率 k_j 为：

$$k_j = (a_{j+1} - a_j)/a_j \qquad (9)$$

设衰减率的第一个极大值为 k_m，则取排序后的前 m 个敏感度所对应的 IMF 分量作为主分量组合。

步骤 5 对所选取的主分量组合进行希尔伯特变换[19-20]，提取包络线 $a(t)$ 为：

$$H[c(t)] = \frac{1}{\pi} pv \int_{-\infty}^{\infty} \frac{c(t')}{t - t'} dt' \qquad (10)$$

$$z(t) = c(t) + jH[c(t)] = a(t)e^{j\phi(t)} \qquad (11)$$

式中，pv 代表柯西主值（Cauchy Principal Value）；$a(t)$ 为解析信号 $z(t)$ 的包络；j 为希尔伯特变换中的虚数单位。

步骤 6 提取各主分量包络线峰值点进行汇总，由于炮孔实际起爆时间可由爆破振动信号包络线峰值点确定[21]，因此提取各主分量包络线峰值点，即可对各炮孔的延时进行识别。

为了验证 PCEMD 方法的延时识别效果，开展了露天边坡爆破延时识别实验，并与小波变换模极大值法、小波时-能密度法、PEMD 方法进行了对比，检验和评价 PCEMD 方法的爆破延时识别效果。

4 爆破延时识别

4.1 工程概况

永平铜矿是一个以铜为主的矿床，矿区处于武夷山窿起北缘，矿区圈定的最终境界尺寸为南北长 1700mm，东西宽 600~900m，由于边坡节理裂隙发育，含有较大的断层，且断层会对信号的信息识别产生一定的干扰。为了研究断层对 PEMD 延时识别的影响，在跨断层的+34m 和 +130m 标高处各布置一个测点，其露天边坡地形与测点布置如图 2 所示。

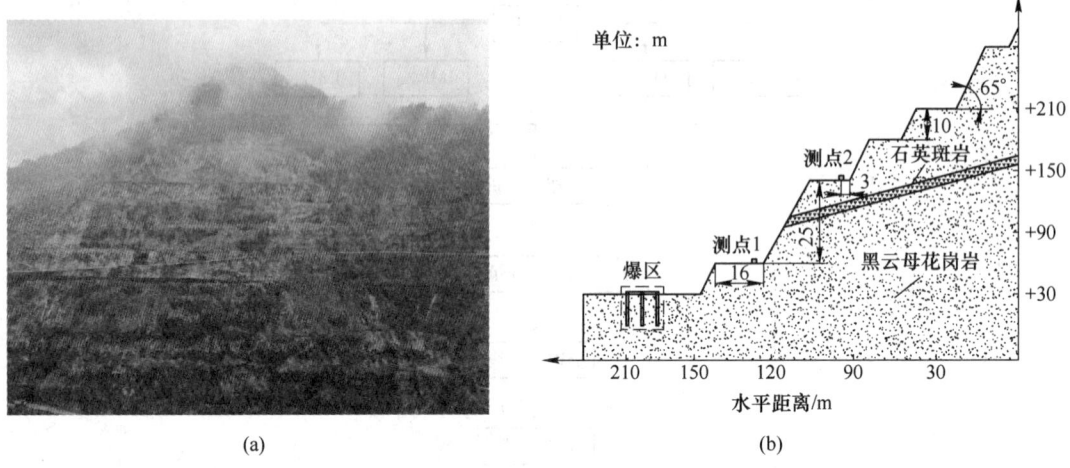

(a)　　　　　　　　　　　　　　(b)

图 2　边坡地形与测点布置

（a）边坡地形；（b）测点布置

Fig. 2　The geological of the slope and arrangement of measuring points

边坡岩性主要为黑云母花岗岩与石英斑岩，岩土层结构较为松散，节理裂隙发育。爆破过程中采用逐孔起爆方式，炮孔装药密度 1.1 g/cm³，孔深 11.0 m，孔径 200mm，孔间距 6.0 m，排距 5.0 m，堵塞长度为 5.0 m，其爆破网路如图 3 所示。

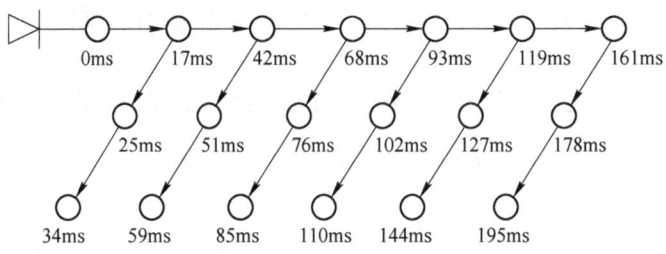

图 3　爆破网路图

Fig. 3　Network connection diagram

4.2　延时识别

为了采集爆破振动信号，使用了 Blastmate Ⅲ型号爆破振动监测仪，对测点 1 和测点 2 处的爆破振动信号进行采集，其速度时程曲线如图 4 所示。

首先对测点 1 处的信号进行 PEMD 分解，得到 12 个 IMF 分量，如图 5 所示。

计算 PEMD 分解出的各 IMF 分量 $x_i(t)$ 与爆破振动信号 $y(t)$ 的互相关函数 r_{xy}，如图 6 所示。

由于互相关系数的数值越大，表示 IMF 分量与爆破振动信号的相关性越强[14]，因此取图 6 中互相关函数的峰值点作为各分量对振动信号的敏感度 a_i，将其从大到小排序后计算相邻敏感度的衰减率 k_i，见表 1。

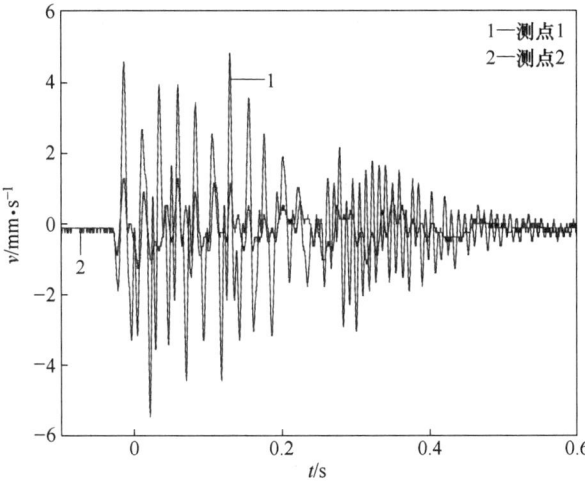

图 4   速度时程曲线

Fig. 4   Velocity time history curve

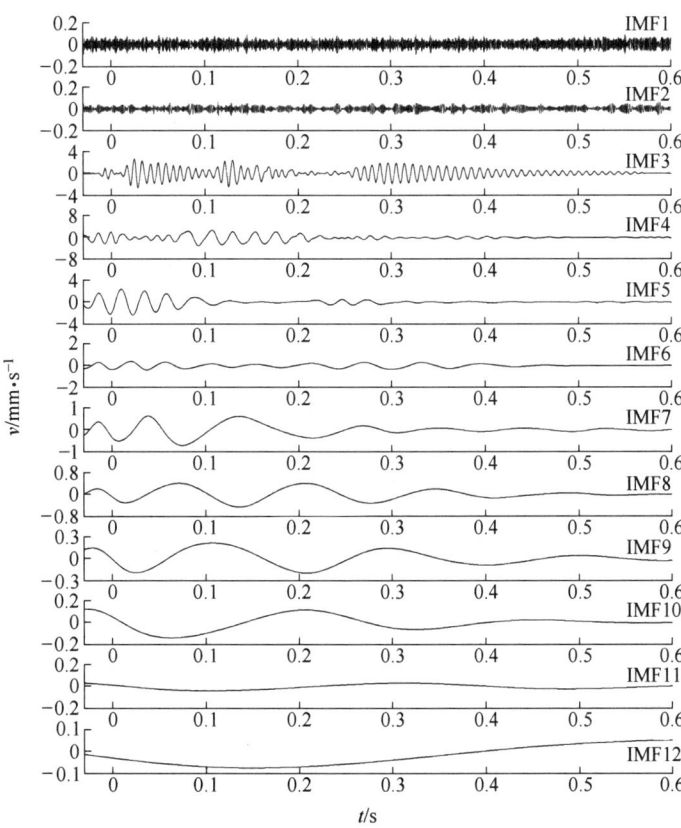

图 5   IMF 分量

Fig. 5   Intrinsic Mode Function

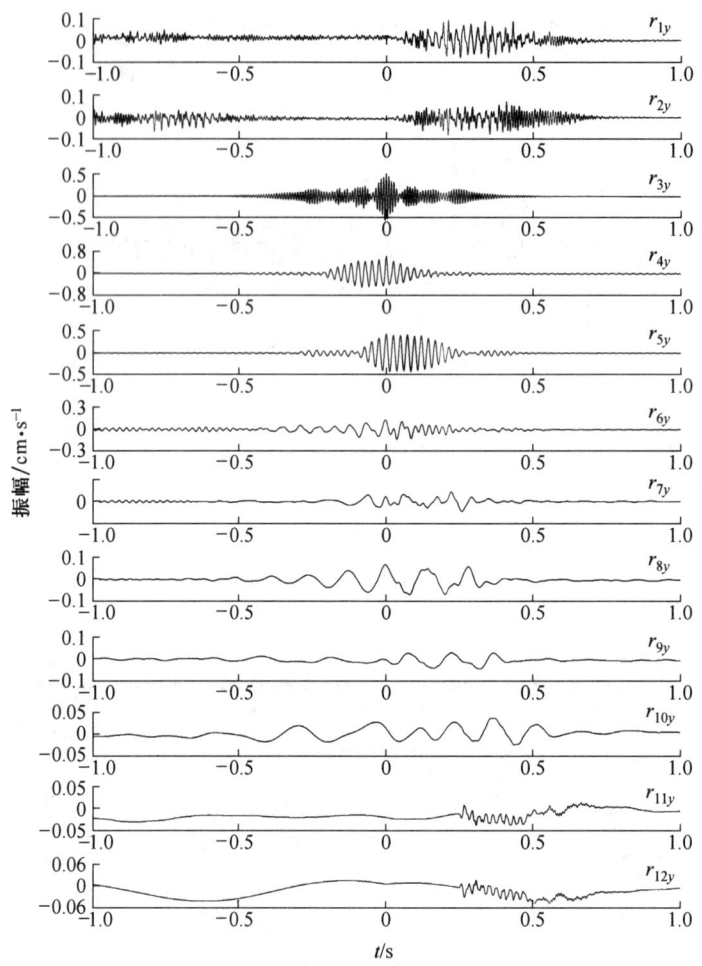

图 6　各分量与振动信号的互相关函数

Fig. 6　Cross-correlation function between the components and the vibration signal

表 1　IMF 分量的敏感度及衰减率

Tab. 1　Sensitivity and rate of change of IMF

IMF 分量	敏感度 a_i	衰减率 k_j
x_4	0.838	
x_3	0.572	−0.101
x_5	0.401	−0.240
x_1	0.217	−0.675
x_6	0.139	−0.036
x_7	0.086	−0.359
x_2	0.059	−0.182
x_8	0.057	−0.048

IMF 分量	敏感度 a_i	衰减率 k_j
x_{10}	0.029	-0.446
x_9	0.022	-0.214
x_{12}	0.018	-0.223
x_{11}	0.008	-0.194

由表1可知，x_4 对爆破振动信号的敏感度最高，x_{11} 最低。且从 x_5 开始，敏感度衰减的幅度增大，故选取对爆破振动信号敏感度较高的 x_4 和 x_3 作为主分量，通过希尔伯特变换主分量提取包络线，如图7所示。

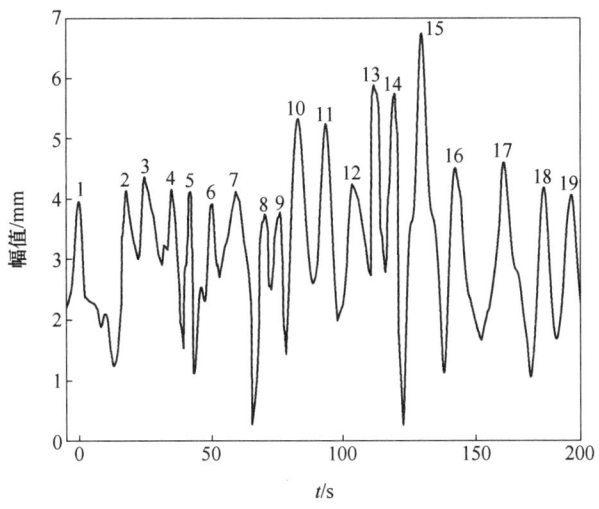

图 7　主分量包络线

Fig. 7　Envelope of the principal component

由于炮孔实际起爆时间可由爆破振动波包络线峰值点确定，因此从图7中提取了19个峰值点，与各炮孔的设计延时进行对比，见表2。

表 2　延时识别值与设计值对比

Tab. 2　Comparison of delay identification value and design value

炮孔编号	设计时间/ms	识别时间/ms	误差/ms
1	0	0	0
2	17	17.36	0.36
3	25	24.75	0.25
4	34	34.07	0.07
5	42	42.42	0.42
6	51	50.84	0.16

续表2

炮孔编号	设计时间/ms	识别时间/ms	误差/ms
7	59	58.53	0.47
8	68	68.41	0.41
9	76	75.83	0.17
10	85	84.86	0.14
11	93	93.36	0.36
12	102	102.32	0.32
13	110	110.41	0.41
14	119	119.43	0.43
15	127	127.36	0.36
16	144	144.43	0.43
17	161	160.51	0.49
18	178	177.64	0.36
19	195	195.38	0.38

由表 2 可知，PCEMD 方法有效地识别出了 19 个峰值点，与爆破网路中的炮孔个数相等，故 PCEMD 法识别出了露天台阶爆破中所有的炮孔个数，且延时识别误差在 0~0.5ms 以内。由于岩体中存在的断层现象可能会对信号识别效果产生影响[2]，在此对测点 2 处的爆破振动信号进行 PCEMD 识别，并将其识别结果与测点 1 进行对比，如图 8 所示。

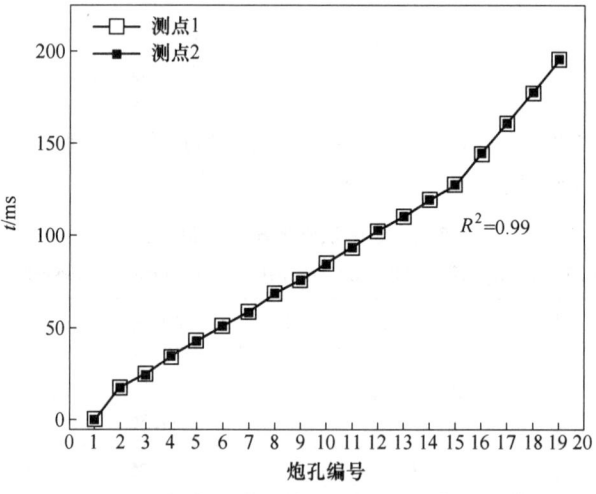

图 8　跨断层测点延时识别

Fig. 8　Delay identification of measuring points across faults

由图 8 可知，测点 1 和测点 2 的识别结果基本重合，且相关系数达到 0.99，故 PCEMD 方法对经过断层前后爆破振动信号的识别效果没有影响，适用于跨断层信号的延时识别。

4.3　延时识别方法对比

由于目前的延时识别方法主要有小波变换模极大值法、小波时–能密度法、EMD 方法及 PEMD 方法等，为了验证 PCEMD 方法的优越性，对图 5 中的爆破振动信号分别进行小波变换模极大值、小波时–能密度以及 PEMD 识别，识别结果如图 9 和图 10 所示。

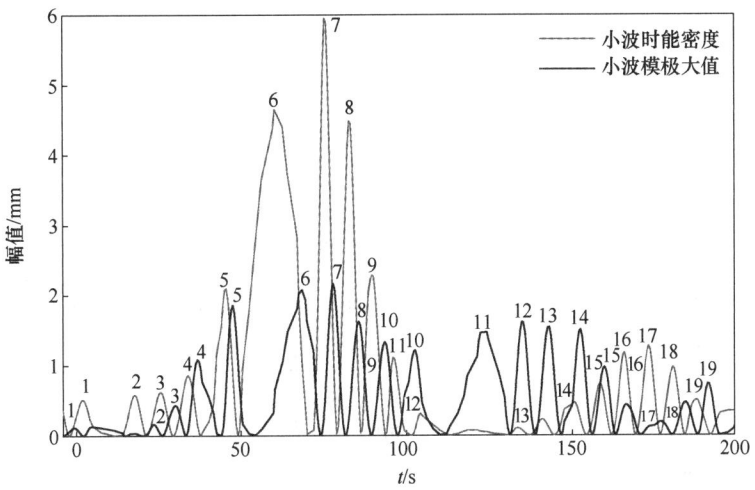

图 9　小波变换曲线

Fig. 9　Envelope of the principal component

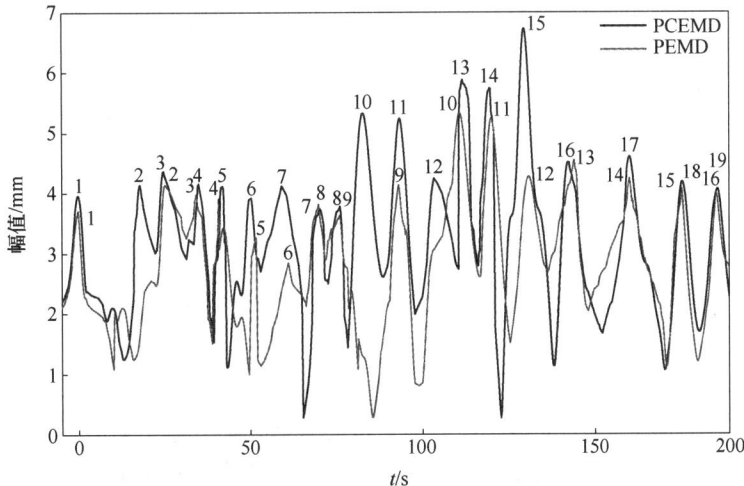

图 10　PEMD 与 PEMD 延时识别对比

Fig. 10　Comparison of PEMD and PEMD delay recognition

由图 9 和图 10 可知，小波时能密度和小波模极大值分别识别出了 19 个峰值点，PEMD 方法由于主分量选择的主观性，损失了部分原始信息，因此只识别出了 16 个峰值点。将各峰值点所对应的延时时间与各炮孔的设计延时进行对比，得到各炮孔的识别误差，其中"—"代表未能识别的炮孔延时时间，见表 3。

表3　识别时间与误差

Tab. 3　Identifytime and error

炮孔编号	小波时能密度		小波模极大值		PEMD	
	时间/ms	误差/ms	时间/ms	误差/ms	时间/ms	误差/ms
1	0	0	0	0	0	0
2	16.60	0.76	15.14	1.46	—	—
3	24.41	0.64	22.71	1.70	25.31	0.31
4	34.91	0.84	35.89	0.97	33.56	0.44
5	41.01	1.80	42.96	1.95	42.39	0.39
6	49.07	1.77	48.58	0.98	51.64	0.64
7	58.83	0.91	56.88	1.95	59.41	0.41
8	67.38	1.03	68.11	0.73	68.51	0.51
9	74.21	1.61	75.68	1.46	76.31	0.31
10	84.71	0.74	83.98	0.73	—	—
11	94.23	0.88	92.28	1.95	93.41	0.41
12	102.53	0.82	101.07	1.46	—	—
13	108.64	1.86	107.42	1.22	109.51	0.49
14	119.38	0.94	118.89	0.78	119.61	0.61
15	126.70	1.01	125.97	0.73	127.56	0.56
16	143.31	1.11	143.19	0.98	144.62	0.62
17	161.37	0.86	161.86	0.88	160.48	0.52
18	176.75	0.58	175.53	1.22	177.53	0.47
19	196.04	0.36	195.31	0.73	195.41	0.41

　　将小波变换模极大值法、小波时-能密度及 PEMD 的识别误差与 PCEMD 进行对比，如图 11 所示。

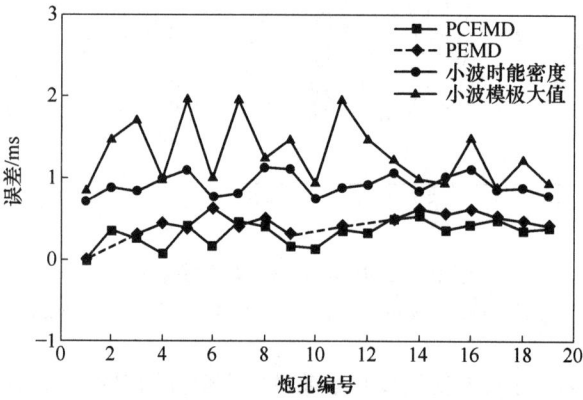

图 11　识别误差对比

Fig. 11　Identification error comparison

由图 11 可知，小波类方法的精度由于受到小波函数的影响，与 EMD 类方法相比误差较大，其中小波时能密度法的误差范围在 0.7~1.2ms 内波动，小波模极大值的误差范围在 0.8~2ms 内波动。PEMD 方法由于主分量选择的主观性，识别过程中损失了部分原始信息，因此在 4 号、6 号、15 号和 16 号炮孔处的识别误差明显大于 PCEMD，误差范围在 0~0.6ms 内波动，但识别误差仍低于小波类方法。而 PCEMD 通过构建主分量选择模型对主分量进行了筛选，既不会损失原始信息，又具有自适应性，因此 PCEMD 与前三者相比，识别精度最高。

由于通过对比各炮孔的设计延时和实际延时，可判断是否发生盲炮现象[22-24]，因此可使用 PCEMD 识别法对应用于工程爆破中的盲炮检测。

5 工程应用

5.1 工程概况

下营隧道位于南阳市西峡县，隧址区围岩节理发育，岩性主要为大理岩，属于深切尖削中山陡坡地貌，地势起伏较大，周边植被茂盛。隧道设计为分离式隧道，掘进开挖主要采用钻爆法施工，起爆网路采用数码电子雷管孔内延期起爆，炮孔数为 164 个，其中爆破网路设计和爆破参数如图 12 和表 4 所示。

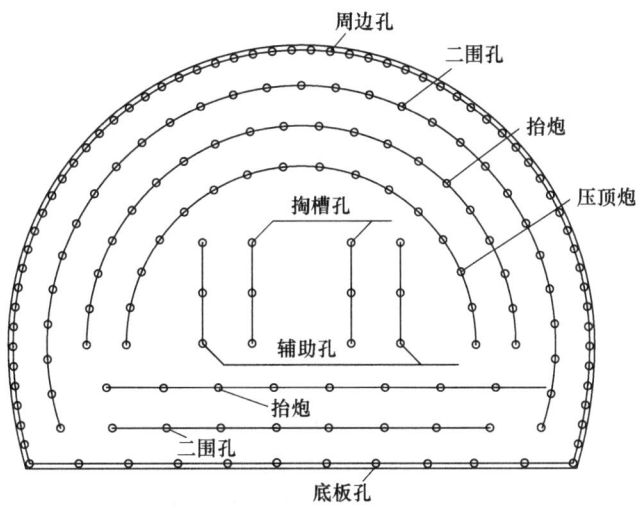

图 12 爆破网路图

Fig. 12 Network connection diagram

表 4 炮孔爆破参数

Tab. 4 Blasting parameters of the hole

炮 孔	个数	延时/ms		单孔药量/kg
		延时间隔	延时范围	
掏槽孔	6	2	0~10	2.6
辅助孔	6	2	70~80	2
压顶炮	16	2	140~170	2

续表 4

炮 孔	个数	延时/ms		单孔药量/kg
		延时间隔	延时范围	
抬炮	28	2	230~284	2
二围孔	38	2	344~418	0.6
周边孔	58	2	478~590	2.2
底板孔	12	2	650~672	2

取一组典型的隧道延期爆破信号进行分析, 如图 13 所示。

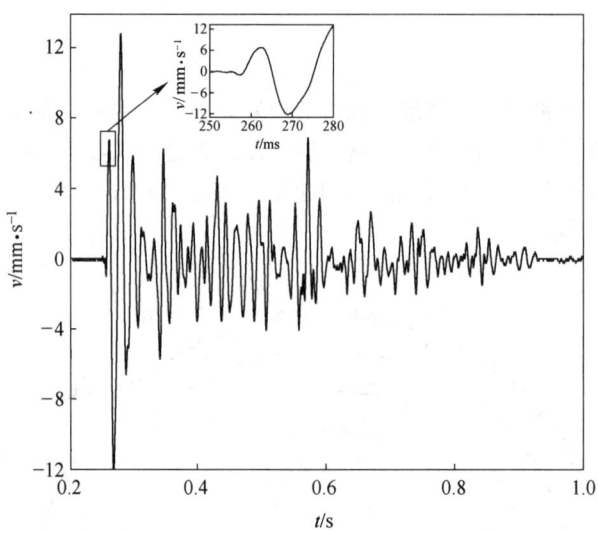

图 13　速度时程曲线

Fig. 13　Velocity time history curve

对其进行 PCEMD 识别, 得到各类炮孔中盲炮所对应的具体延时, 见表 5。

表 5　盲炮延时时间

Tab. 5　Delay time of misfire holes

炮孔类别	时间/ms
抬炮	230
二围孔	368
	384
	388
周边孔	526
	530
	534
	536
	546
底板孔	652

结合爆破网路图可得盲炮的具体分布位置，如图14所示。

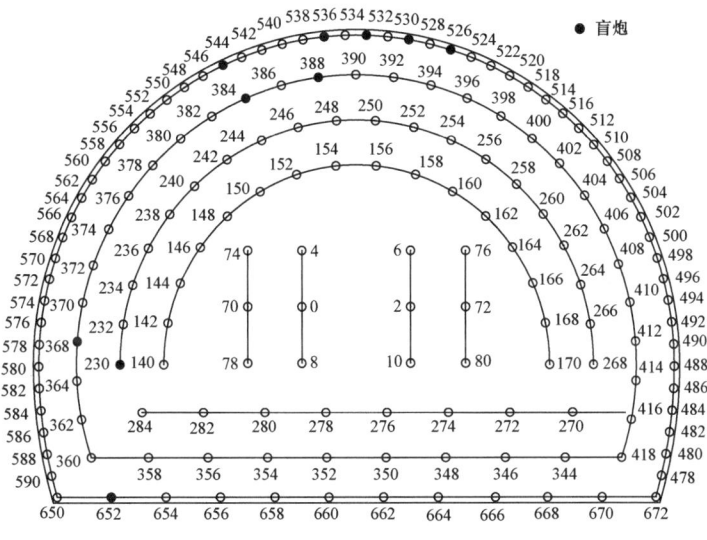

图 14　盲炮分布（单位：ms）

Fig. 14　Distribution of blasting misfire（units：ms）

由图14可知，PCEMD识别出隧道掘进面在抬炮孔、二围孔、周边孔和底板孔处出现了盲炮现象，总计出现了10盲炮孔，与隧道掘进面现场盲炮实际分布情况相符。

6　结论

（1）针对PEMD方法在爆破延时识别过程中主IMF分量的选择问题，利用互相关函数构建了主分量的筛选模型，提出了一种PCEMD延时识别方法。

（2）在露天台阶延期爆破振动实验中，PCEMD方法有效地识别出了所有的炮孔，延时识别误差在0~0.5ms以内，且对经过断层前后测点的延时识别结果相同，适用于跨断层爆破振动信号的延时识别，具体较好的稳定性。

（3）利用PCEMD方法与其他延时识别方法进行对比，得到小波时能密度法、小波模极大值和PEMD方法的误差范围在0.7~1.2ms、0.8~2ms和0~0.6ms内波动，因此PCEMD方法的识别误差最低。

（4）将PCEMD法应用于爆破盲炮检测，检测结果显示隧道掘进面出现了10个盲炮孔，与隧道掘进面爆后现场盲炮的实际分布情况相符。

参 考 文 献

［1］Song G M, Zeng X Y, Chen S R, et al. The selection of millisecond delay interval of blasting for decreasing ground vibration based on the wavelet packets prediction model of waveforms ［J］. Explosion and Shock Waves, 2003, 23（2）：163-168.

［2］Zheng H G, Tian X, Li L Y. Analysis of Shanxi fault zone cross-fault deformation observation data based on empirical mode decomposition ［J］. Journal of Geodesy and Geodynamics, 2020, 40（10）：1068-1073.

［3］Ling T H, Li X B. Using wavelet transform to identify practical time of delay in millisecond blasting ［J］. Journal of Hunan University of Science & Technology, 2004, 19（2）：21-23.

［4］ Huai Q, Liu K P, Ding H, et al. Protection scheme for multiterminal HVDC system based on wavelet transform modulus maxima ［J］. IEEJ Transactions on Electrical and Electronic Engineering, 2020, 15 （8）: 1147-1159.

［5］ Ling T H, Li X B. Time-enegry analysis based on wavelet transform for identifying real delay time in milliseoondblasting ［J］. Chinese Journal of Rock Mechanics and Engineering, 2004, 23 （13）2266-2270.

［6］ Lu W B, Li P, Chen M, et al. Comparison of vibrations induced by excavation of deep-buried cavern and open pit with method of bench blasting ［J］. Journal of Central South University of Technology, 2011, 18 （5）: 1709-1718.

［7］ Zhang Y P, Li X B, Zhao G Y. The method of u-sing EMD to identify time of delay in millisecond blasting ［J］. Chinese Journal of Underground Space and Engineering, 2006, 2 （3）: 488-490.

［8］ Shi X Z, Qiu X Y, Zhou J, et al. Application of Hilbert-Huang transform based delay time identification in optimization of short millisecond blasting ［J］. Transactions of Nonferrous Metals Society of China, 2016, 26 （7）: 1965-1974.

［9］ Yi W H, Liu L S, Yan L, et al. Study on vibration signal de-noising based on EMD improved algorithm ［J］. Explosion and Shock Waves, 2020, 40 （9）: 77-87.

［10］ Cui H Y, Qiao Y Y, Yin Y M, et al. An investigation of rolling bearing early diagnosis based on high-frequency characteristics and self-adaptive wavelet de-noising ［J］. Neurocomputing, 2016, 216: 649-656.

［11］ Bayer F M, Kozakevicius A J, Cintra R J. An iterative wavelet threshold for signal denoising ［J］. Signal Processing, 2019, 162: 10-20.

［12］ Shi P M, An S J, Li P, et al. Signal feature extraction based on cascaded multi-stable stochastic resonance denoising and EMD method ［J］. Measurement, 2016, 90: 318-328.

［13］ Wu Z H, Huang N E. Ensemble empirical mode decomposition: A noise-assisted data analysis method ［J］. Advances in Adaptive Data Analysis, 2009, 1 （1）: 1-41.

［14］ Jin Z D, Nai C X, Liu Y Q, et al. Application of correlation function-wavelet analysis in stratum identification based on drilling ［J］. Coal geology & Exploration, 2011, 39 （6）: 76-80.

［15］ Habermehl S, Schlesinger C, Prill D. Comparison and evaluation of pair distribution functions, using a similarity measure based on cross-correlation functions ［J］. Journal of Applied Crystallography, 2021, 54: 612-623.

［16］ Huang N E, Shen Z, Long S R, et al. The empirical mode decomposition and the Hilbert spectrum for nonlinear and non-stationary time series analysis ［J］. Proceedings A, 1998, 454 （1971）: 903-995.

［17］ Tian P F, Zhang L, Cao X J, et al. The application of EMD-CIIT lidar signal denoising method in aerosol detection ［J］. Procedia Engineering, 2015, 102: 1233-1237.

［18］ Zhang J W, Zhu N H, Yang L, et al. A fault diagnosis approach for broken rotor bars based on EMD and envelope analysis ［J］. Journal of China University of Mining & Technology, 2007 （2）: 205-209.

［19］ Battista B M, Knapp C, McGee T, et al. Application of the empirical mode decomposition and Hilbert-Huang transform to seismic reflection data ［J］. Geophysics, 2007, 72 （2）: 29-37.

［20］ Peng J G, Wang W L, Min F. Hilbert-Huang transform （HHT） based analysis of signal characteristics of vortex flowmeter in oscillatory flow ［J］. Flow Measurement and Instrumentation, 2012, 26: 37-45.

［21］ Wang Z Y, Fang C, Chen Y L, et al. A comparative study of delay time identification by vibration energy analysis in millisecond blasting ［J］. International Journal of Rock Mechanics & Mining Sciences, 2013, 60: 389-400.

［22］ Yan J L, Zhang Y. Method of misfire identification by monitoring vibration of the blasting with digital electronic detonator ［J］. Engineering blasting, 2011, 17 （1）: 74-78.

［23］ Liu L S, Liang L H, Wu J Y, et al. Feasibility study of the transient electromagnetic method for chamber blasting misfire detection and recognition ［J］. Engineering Sciences, 2014, 12 （6）: 111-116.

［24］ Liu L S, Yan L, Dong B B, et al. Detection and recognition method of misfire for chamber （deep-hole） blasting based on RFID ［J］. IEEE Access, 2019 （99）: 1.

基于现场混装炸药作业的高原隧道爆破
优化设计方法研究

周桂松　冷振东　刘　令　曹进军　侯国荣　安振伟

（中国葛洲坝集团易普力股份有限公司，重庆　401121）

摘　要：目前我国隧道装药爆破工序主要仍采用人工作业，是制约铁路隧道钻爆法施工大型机械化配套的关键难题。依托某高原大断面铁路隧道重点项目，开展了炸药研发、装备研制、软件开发和爆破试验，形成了集乳化基质集中生产、远程配送、现场储存、机械化装药、智能化爆破于一体的系统解决方案。开发了基于开挖面轮廓自动扫描的快速建模的智能化爆破设计软件，提出了一种基于最佳炮孔负担体积和自适应拓扑算法的炮孔布置和装药量智能设计方法，实现了基于掌子面钻孔信息岩性分区的精细化爆破设计。结合现场爆破试验成果，提出了基于现场混装炸药爆破作业的隧道长进尺、大孔网、周边孔连续装药的高原大断面隧道爆破关键技术。结果表明，优化参数后，周边孔采用低密度现场混装炸药连续装药可以取得与包装炸药不耦合装药相近的轮廓成型效果。相对于传统的包装炸药爆破作业模式，现场混装炸药具有装药连续性与耦合性好的优点，可改善爆破块度，提高循环进尺利用率5%~10%，节省钻孔数量和起爆器材使用量15%以上，降低劳动强度约90%，显著减少危险作业人员，加快施工进度。

关键词：隧道掘进；钻孔爆破；现场混装炸药；周边孔爆破；爆破设计

Optimization Design Method of High Altitude Tunnel Blasting
Based on Onsite Mixing Explosive Operations

Zhou Guisong　Leng Zhendong　Liu Ling　Cao Jinjun
Hou Guorong　An Zhenwei

（China Gezhouba Group Explosive Co., Ltd., Chongqing 401121）

Abstract：The charging and blasting process currently restricts the large-scale mechanization of railway tunnel drilling and blasting construction. Based on a project of a large cross-section railway tunnel on plateau, explosive research equipment development, software development, and blasting tests are conducted. A systematic solution has been formed to integrate centralized production of emulsified matrix, remote distribution, on-site storage, mechanized charging, and intelligent blasting. An intelligent blasting design software for rapid modeling has been developed based on automatic scanning of excavation surface contours. In conjunction with the intelligent design method for blast hole layout and

基金项目：重庆市青年拔尖人才支持计划（cstc2022ycjh-bgzxm0079）；国家自然科学基金（51809016）；重庆市自然科学基金面上项目（cstc2019jcyj-msxmX0645）。

作者信息：冷振东，博士，正高级工程师，zdleng@whu.edu.cn。

charge quantity based on the optimal blast hole burden volume and adaptive topology algorithm, a refined blasting design has been achieved based on lithology zoning of borehole information on the tunnel face. Based on on-site blasting experiments, the key technologies, including long footage, large hole network, and continuous charging of surrounding holes has been developed for on-site mixed explosive blasting operations in high-altitude large-section tunnel blasting. After optimizing the blasting parameters, the contour holes are continuously charged with low-density on-site mixed explosives, which can achieve a contour forming effect similar to the uncoupled charging of packaged explosives. The research shows that compared with traditional blasting operation mode of packed explosives, on-site mixed explosives have advantages of good charging continuity and coupling, and can improve the blasting fragmentation. The key techniques of mixed loading blasting in large cross section tunnels on plateau improve 5%~10% of the utilization of circular footage save more than 15% of drilling quantity and explosive equipment, and reduce 90% of labor intensity. The new technology significantly reduces the number of operators in hazardous workplace and accelerates construction progress.

Keywords: tunnel excavation; drilling and blasting; mixing explosives on site; contour holes blasting; blasting design

1 引言

由于钻爆法对地质条件适应性强, 目前仍是隧道掘进的主要手段。大型机械化配套施工以"快速施工、以机代人"为目标, 有望取代传统的隧道施工配置, 克服人工钻爆法施工速度较慢、危险系数较大和超欠挖控制难等缺点[1-2]。目前铁路隧道已基本实现了高度或大型机械化配套设备施工, 仅隧道装药爆破工序仍采用传统包装炸药的人工装药模式[3-4], 迫切需要开展隧道现场混装爆破新技术的研究以提高隧道掘进施工的机械化程度, 加快施工进度、降低劳动强度等。高原铁路隧道项目由于工程规模大、工期紧、地质复杂、环境恶劣、安全环保要求高, 采用传统的包装炸药进行人工装药爆破, 将导致作业强度高、施工效率低、本质安全性差等问题。与露天爆破施工相比, 隧道爆破施工的机械化、信息化和智能化水平相对较低, 施工效率低、安全问题突出、质量控制措施滞后, 已成为制约隧道掘进大型机械化的核心难题。

现场混装炸药技术是在爆破现场完成混药与装药的新型机械化作业方式, 这种新型生产作业方式相对于包装炸药, 有利于避免因炸药流失造成的公共安全隐患[5-7], 通过机械化装药提高效率、降低劳动强度、减少危险作业面人数、提高现场文明环保水平, 有利于发挥现场装药的连续性、耦合性好的优点来改善爆破效果与降低爆破成本[8]。应用现场混装炸药进行机械化装药, 在安全性、高效性、可靠性、经济性等方面, 相对传统包装炸药人工装药方式具有显著优势, 已成为发达国家主要的生产作业方式, 也是我国民爆行业积极鼓励的发展方向。

2022年, 工业和信息化部发布《"十四五"民用爆炸物品行业安全发展规划》明确指出, 要加强重点技术攻关, 支持隧道井下小型现场混装工艺装备研发, 将现场混装生产方式集中制备、远程配送等技术装备列入重点产品和关键装备提升行动。目前我国隧道掘进中装药工序主要仍然是人工操作, 近年来, 为提高隧道掘进效率, 改善隧道爆破施工环境和开挖质量, 各大企业积极探索地下现场混装机械化装药技术[9-14], 见表1。这些机械化装药设备或用于装填散装成品炸药, 或者应用于对轮廓控制不严格的地下金属矿山巷道, 或仅仅开展小规模试验, 尚未有低密度现场混装炸药在隧道轮廓爆破中的应用, 在高寒高海拔铁路隧道中现场混装炸药的应用尚处于空白。

表 1　我国地下现场混装机械化装药爆破施工案例

Tab. 1　Construction cases of mechanized charge blasting with mixed loading in underground sites in China

编号	工程项目名称	单 位	时间	装药设备信息	备 注
1	广西龙滩水电站导流洞[9]	易普力股份有限公司	2002 年 1 月	加拿大 BTI 公司地下装药车	导洞断面：64m² 仅应用于掏槽孔、辅助孔
2	甘肃镜铁山矿平巷掘进[10]	矿冶科技集团、山西惠丰特种汽车有限公司	2012 年 5 月	BCJ-2000（A）型井下现场混装炸药车	巷道断面：16m² 炮孔数量：38 个 单次装药量：223.4kg
3	河北石人沟铁矿平巷掘进[11]	河北钢铁集团、山西惠丰特种汽车有限公司	2014 年 2 月	BCJ-4 型、BCJ-5 型地下炸药现场混装车	巷道断面：15.96m² 炮孔数量：45~51 个 单次装药量：210~240kg
4	贵州绥阳永山坎隧道工程[12]	贵州盘江民爆有限公司、山西惠丰特种汽车有限公司	2014 年 10 月	BCJ-2000（A）型井下现场混装炸药车	隧道断面：113m² 炮孔数量：196 个 单次装药量：200~223kg
5	河北首钢杏山铁矿[10]	矿冶科技集团、山西惠丰特种汽车有限公司	2014 年 11 月	BCJ-4I 型智能地下乳化炸药混装车	巷道断面：17.43m² 炮孔数量：54 个 单次装药量：126kg
6	山西长治东阳关隧道[12]	中铁十四局、山西惠丰特种汽车有限公司	2015 年 9 月	BCJ-2000（A）型井下现场混装炸药车	炮孔数量：136 个 单次装药量 245.6kg
7	四川雅康高速小马场隧道[12]	雅化集团、四川交投建设股份有限公司、山西惠丰特种汽车有限公司	2016 年 4 月	地下混装乳化炸药车	隧道断面：85m² 炮孔数量：140 个 散装炸药，装药量：265kg 仅应用于掏槽孔、辅助孔
8	西藏甲玛铜矿巷道[12]	湖南金聚能公司、保利久联控股集团	2020 年 8 月	BCJRJ-1.5 型中深孔采矿地下混装车	散装炸药，信息不详
9	四川会理拉拉地下铜矿巷道[13]	易普力股份有限公司	2021 年 6 月	地下混装炸药车	巷道断面：14m² 炮孔数量：48 个 单次装药总量：136kg 周边孔低密度混装炸药
10	某高原铁路隧道重点项目（本项目）	易普力股份有限公司	2022 年 6 月	隧道混装炸药车	海拔：4300m 隧道断面：58~128m² 炮孔数量：124~218 个 周边孔低密度混装炸药，其他孔正常密度混装炸药

　　依托某高原大断面铁路隧道项目，围绕高原大断面隧道掘进中的现场混装炸药的生产、运输、存储、装药、爆破及信息化等环节开展技术攻关，突破现场混装炸药应用技术瓶颈。开发基于开挖面轮廓自动扫描的快速建模的智能化爆破设计软件，建立高原复杂环境隧道轮廓控制爆破技术工法体系与数字化钻孔、装药、爆破设计施工集成技术体系，实现高原大断面隧道掘进的安全环保。

2 隧道掘进现场混装炸药工艺和装备技术

与传统的将包装炸药直接装入炮孔相比，现场混装炸药具有安全性高、耐长途运输颠簸、输送流动性好、储存保质期长等优点。其核心组分乳化基质属于非爆炸类的 5.1 类氧化剂，在运输、储存、装卸、使用等环节的安全风险远远低于包装或散装乳化炸药。隧道混装炸药车输送出为高黏性乳化炸药，不具有自流性，很难渗透到岩石裂隙中，具有炸药密度现场可调、爆轰性能好等优点，密度在 $0.35\sim1.25\mathrm{g/cm^3}$ 的范围内动态可调，可实现炸药与岩体的最佳匹配。图 1 是包装炸药及周边孔人工装药模式，图 2 是现场混装炸药及周边孔机械化装药作业模式。

图 1 包装炸药及周边孔人工装药

Fig. 1 Packaging explosives and manual loading of contour holes

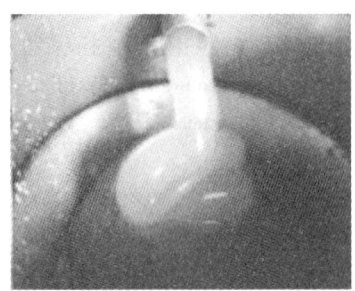

图 2 现场混装炸药及周边孔机械化装药

Fig. 2 On-site mixed loading explosives and mechanized loading of coulour holes

根据高原铁路隧道多种应用工况，开发适合多断面精确装药的便捷式装药设备[14]，机械化装药设备也可与前后工序大型机械进行协同作业，以更好实现节能减排，充分保障线性工程分散作业的机动性与高效性。相较于传统爆破工艺，机械化装药可以保证凿岩台车不退出掌子面，钻孔后直接进行炮孔耦合装药，缩短工艺流程，单孔装药时间小于 20s，可同时实现不同密度炸药装药，提高施工效率，改善爆破效果，降低了劳动强度，减少了爆破危险作业环节的人员数量。采用机械化装药技术与信息化布孔、钻机自动定位、三维爆破设计软件等技术相结合，开发基于开挖面轮廓自动扫描的快速建模的智能化爆破设计软件，可实现设计软件与钻机控制系统、地下装药车控制系统和电子雷管起爆系统的无缝衔接、一体化协同，如图 3 所示。

3 隧道掘进现场混装爆破智能化设计方法

由于现场混装炸药和传统包装炸药的炸药性能参数和施工工艺存在显著差异，因此传统的

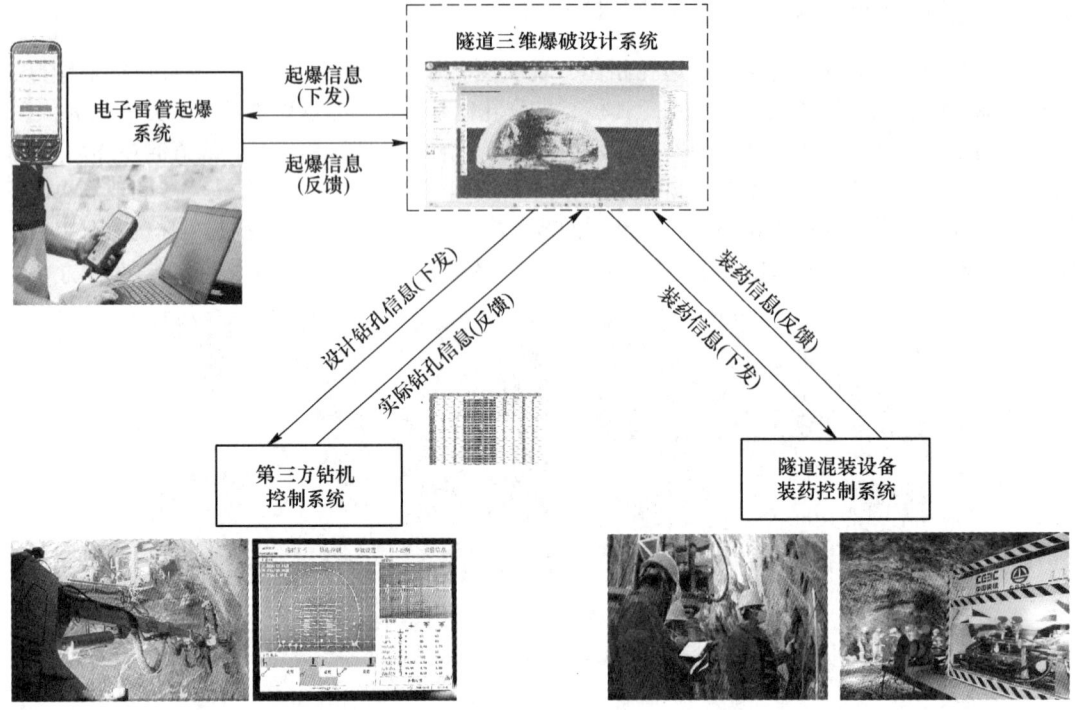

图 3　设计软件与钻机系统、装药车系统、起爆系统的一体化协同示意图

Fig. 3　Schematic diagram of integrated collaboration between design software and drilling rig system,
charging vehicle system, and detonation system.

基于包装炸药的隧道爆破参数设计方法已经无法适应现场混装炸药的施工作业模式。炮孔布置设计是隧道钻爆设计最核心的内容之一，传统的爆破布置设计主要是人工布孔，按照弧线分区布置，保证炮孔布置视觉上的均匀性，并不符合最优的爆破能量分布。有学者[15-16]提出了基于 Voronoi 多边形的炮孔布置方法，传统的采用中垂线法来构造泰森多边形的方法是假设平面上有 n 个互不重叠的离散数据点，则其中的任意离散数据点 p_i 都有一个邻近范围 $B_i(a'b'c'd'e'f')$，在 B_i 中的任意一个点同 P_i 点之间的距离小于它同其他离散数据点之间距离，$a'b'c'd'e'f'$ 域是一个不规则多边形，该多边形称为泰森多边形，如图 4 所示。这种传统的泰森多边形是一组由连接两邻点线段的垂直平分线组成的连续多边形。但是，爆破破岩过程中的爆破能量并不为均匀分布，自由面方向破坏范围大，非自由面区域的破坏范围小，传统的采用中垂线法来构造泰森多边形并不能反映炮孔的最佳炮孔负担体积。

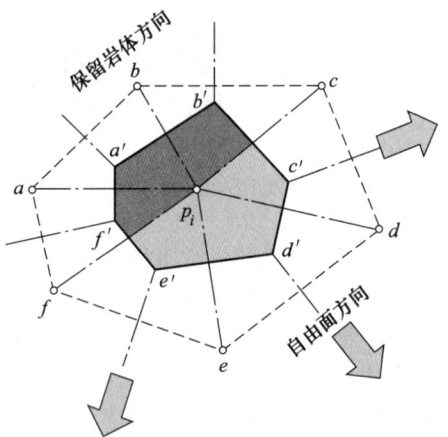

图 4　传统的基于 Voronoi 多边形的
炮孔布置方法

Fig. 4　Traditional method of arranging blast
holes based on Voronoi polygons

针对现有中垂线法来构造泰森多边形来布孔存在的不足，综合考虑自由面对炮孔不同方位

的作用范围的影响，提出了一种基于最佳炮孔负担体积和自适应拓扑算法的炮孔布置和装药量设计方法。通过在原始泰森多边形对应炮孔与周围炮孔的多条连线上对应做出多条垂直辅助线，将连接两相邻炮孔的线段分成 1∶（λ−1）两段，这些垂直线相交组成的多边形即为改进的基于自由面理论构造泰森多边形，如图 5 所示。λ 的取值和炮孔所在区域的岩体的岩石普氏系数 f 有关，在自由面一侧 λ = 2 − f/30，在背向自由面的一侧 λ = 2 + f/30，在临界区域 λ = 2。

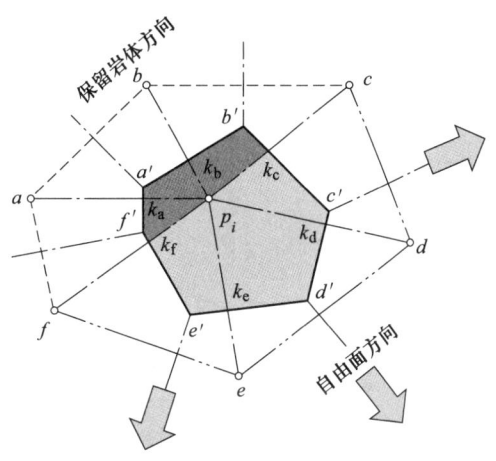

图 5　改进的炮孔布置方法

Fig. 5　Improved method for arranging blastholes

基于拓扑自适应的粒子群优化算法，删除冗余点，优化调整炮孔位置，消除畸形区域。在此基础上，确定各个炮孔的最佳炮孔负担体积并计算装药量：

$$Q_i = \frac{V_i \cdot f_i}{\sum\limits_1^N V_j \cdot f_j} \cdot Q_t \tag{1}$$

式中，Q_t 为隧道该次开挖循环的总设计药量；V_i 和 V_j 分别为第 i 和第 j 个崩落孔的实际负担体积；f_i 和 f_j 分别为第 i 和第 j 个崩落孔所在区域的岩体的岩石普氏系数；N 为炮孔总数。

在隧道钻爆施工的设计中，尤其是大断面隧道的爆破设计，往往掌子面不同区域的岩体条件差异显著，而传统的地质勘测资料往往无法覆盖到具体某个钻爆循环进尺[17-18]，因此，广域的地质勘测资料往往难以支撑隧道钻爆精细化设计施工的要求。不获取掌子面岩体的精细岩体可爆破性指标，便无法发挥现场混装设备个性化装药和炸药密度实时可调的优势。岩石的可钻性与钻杆压力、钻杆转速及钻进速度等有直接的关系，建立某个区域的岩体的岩石普氏系数 f_i 和钻进速度 v 的关系：

$$f_i = k_1 e^{-k_2 v_i} + \chi \tag{2}$$

式中，v_i 为炮孔 i 的平均钻进速度；k_1、k_2、χ 均为系数。

把式（2）代入式（1），得到炮孔 i 的设计装药量为：

$$Q_i = \frac{V_i \cdot (k_1 e^{-k_2 v_i} + \chi)}{\sum\limits_1^N V_j \cdot f_j} \cdot Q_t \tag{3}$$

结合上述算法开发了具有爆破参数智能设计、爆前效果智能预测和爆后效果定量评价与优化反馈等功能的隧道三维智能爆破设计软件，软件界面如图 6 所示，基于人机交互方式进行爆破参数智能化设计，实现远程爆破设计，提高隧道轮廓开挖质量。结合现场混装机械化装药设备的装药控制系统，通过式（3）即可在隧道三维智能化爆破设计软件上实现了基于掌子面钻孔信息岩性分区的精细化爆破设计，如图 7 所示。

4　隧道现场混装炸药爆破参数优化

4.1　试验工况

在某高原铁路隧道开展了基于现场混装炸药作业的爆破参数优化试验，以确定合理的隧道

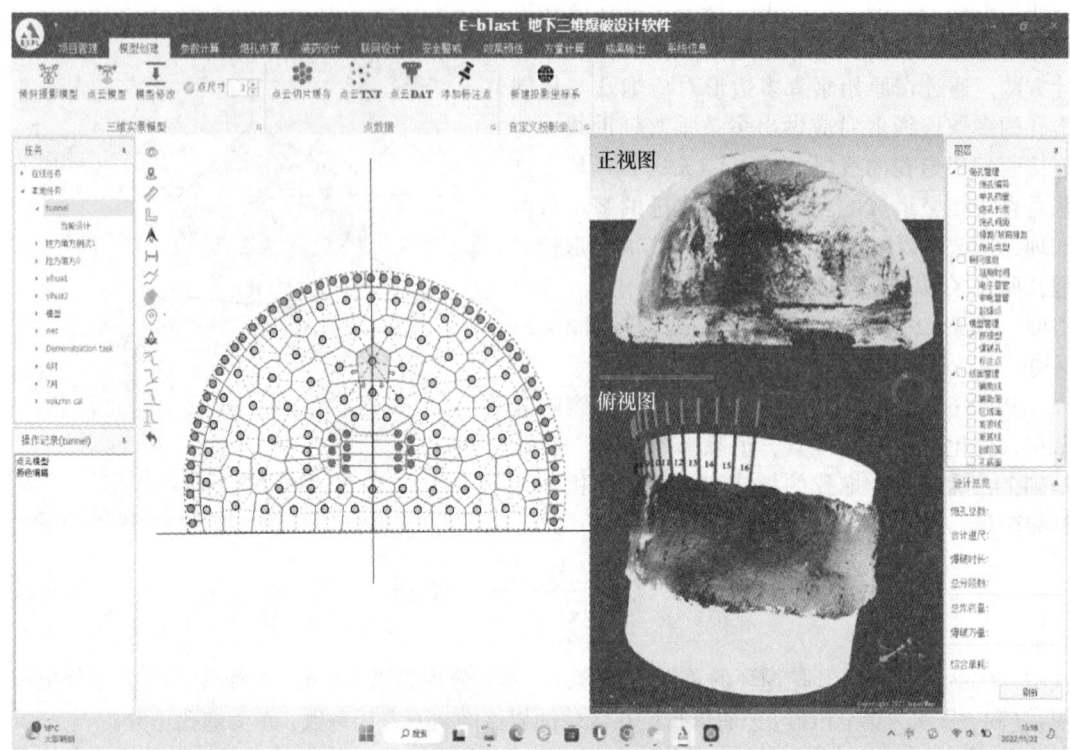

图 6　基于三维实景的智能爆破设计软件

Fig. 6　Intelligent blasting design software based on 3D reality

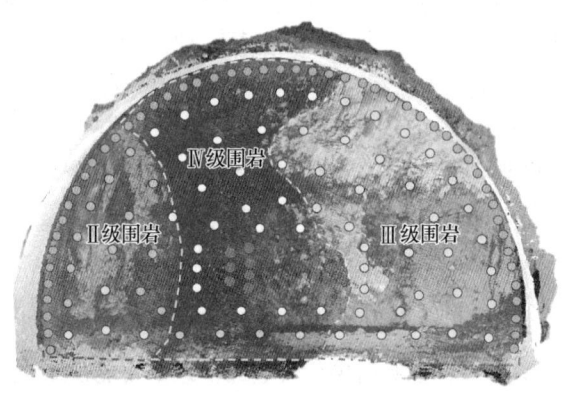

图 7　基于掌子面钻孔信息岩性分区的精细化爆破设计

Fig. 7　Refined blasting design based on lithology zoning of drilling information in the palm face

现场混装爆破参数。试验隧道地处川西高原腹地，隧道海拔 4300m，断面尺寸为 9.0m×8.0m，试验区域主要为Ⅳ级围岩，弱风化二长花岗岩，采用全断面法开挖。对照组试验断面全部采用二号岩石包装炸药人工装药，炸药密度 1.15g/cm³；实验组采用现场混装乳化炸药进行机械化装药，炸药密度可调，周边孔采用混装炸药密度为 0.55g/cm³，辅助孔和掏槽孔采用混装炸药密度为 0.80g/cm³，具体参数见表 2，炮孔布置如图 8 所示。

表2 试验工况
Tab. 2 Test conditions

试验	装药类型	孔数	周边孔距/cm	周边孔装药量/kg	循环进尺/m	炸药密度/g·cm⁻³ 周边孔	其他孔
对照组	包装炸药	151	45	1.0	3.00	1.15	1.15
试验1	混装炸药	140	50	2.0	3.65	0.55	0.80
试验2	混装炸药	132	55	2.0	3.65	0.55	0.80
试验3	混装炸药	124	60	2.0	3.60	0.55	0.80

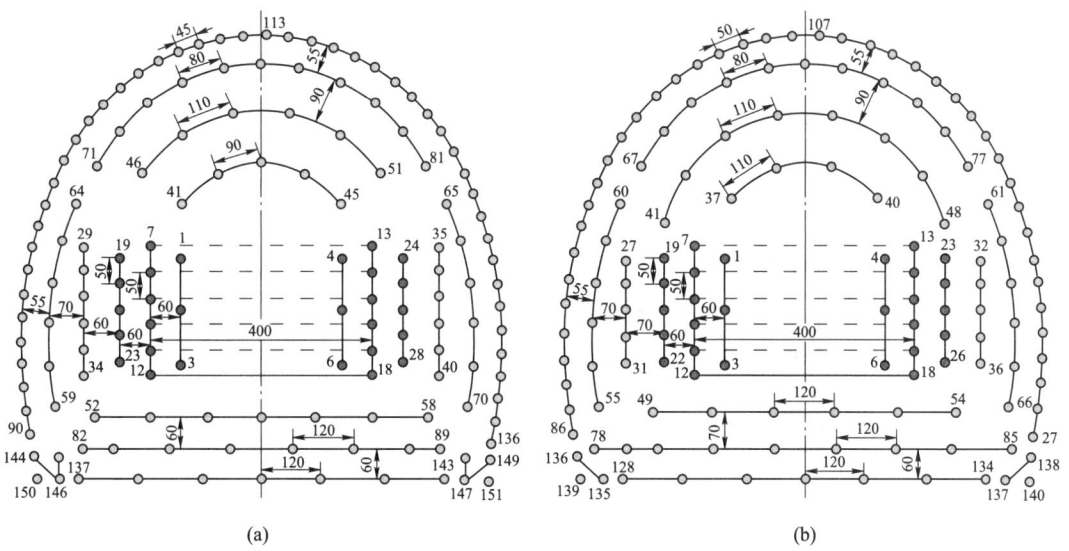

(a) (b)

图8 爆破试验炮孔布置图
(a) 对照组（包装炸药）；(b) 试验组1（混装炸药）
Fig. 8 Blastholes layout of blasting test

4.2 基于长进尺、大孔网的现场混装爆破技术

相比包装炸药爆破，由于采用现场混装机械化装药时，炮孔内为耦合装药结构，掏槽充分，单个崩落孔的爆破作用范围更大，炮孔利用率明显增大，炮孔间距可适当加大，同时可有效扩大单次循环进尺，改进爆破破碎效果。单个断面炮孔个数可减少15%以上，循环进尺最大可从原来的3.0m提升至3.65m，可大幅度降低钻孔成本。通过爆破块度图像分析系统对每次爆破试验后的爆堆进行块度分析，如图9所示。块度分析结果表明，采用现场混装炸药的试验组的爆破块度均明显改善，有利于加快出碴速度，加快作业循环，提升施工效率，同时降低大块二次解小的费用。

针对隧道现场混装机械化装药施工作业时，孔底起爆操作复杂、电子雷管脚线在炮孔内影响施工效率等问题，在兼顾爆破效果和施工效率的情况下，掏槽孔采用孔底起爆，以保证充分的掏槽效果；崩落孔和周边孔采用孔口起爆，既保证轮廓成型质量，又提高装药效率、降低劳动强度。

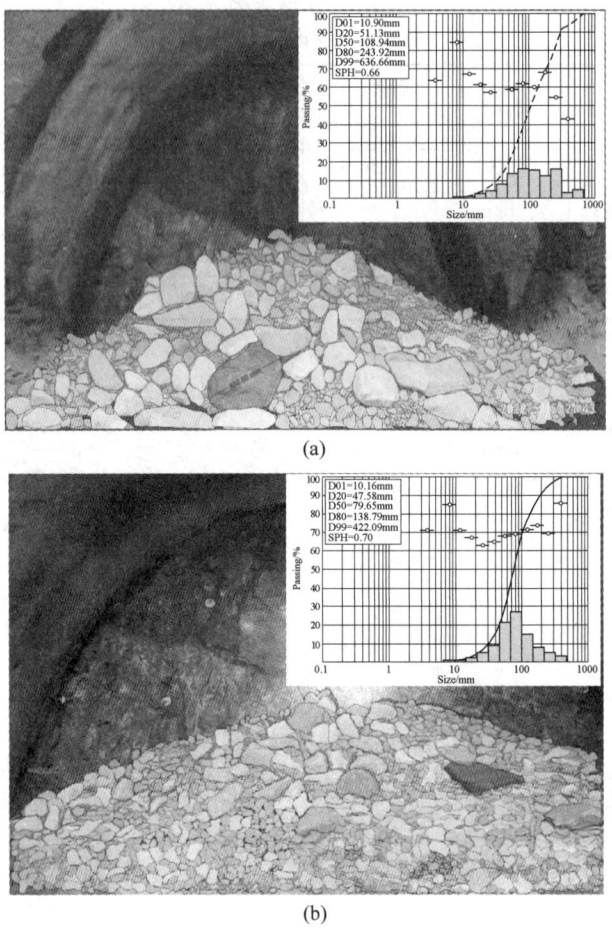

图 9　爆破块度分析

(a) 对照组（包装炸药）；(b) 试验组 1（混装炸药）

Fig. 9　Analysis of blasting fragment size

4.3　基于低密度现场混装炸药的隧道轮廓控制技术

周边孔爆破既是最影响隧道轮廓成型质量的关键环节，也是最影响施工效率和劳动强度的核心工序。传统的隧道周边孔是把导爆索敷设在竹片上，将常规药卷按照设计间距采用胶布绑扎在竹片上制成光爆药串[19]，如图 10（a）所示，药卷直径 32mm，药卷和炮孔壁之间是径向和轴向不耦合，操作繁琐。

采用隧道现场混装机械化装药时，可实现在周边孔中连续装药，通过动态调整配方可使周边孔中的炸药密度低至 $0.4 \sim 0.65 \mathrm{g/cm^3}$，炸药爆速低至 $1500 \sim 2800 \mathrm{m/s}$，如图 10（b）所示，保障周边孔的施工效率和成型质量。

参考包装炸药孔网参数及周边孔爆破效果，采用低密度现场混装炸药连续装药时，将周边孔间距从原来的 45cm 逐步扩大至 50cm、55cm、60cm，开展了系列现场试验，参数见表 2。不同爆破参数下的周边孔爆破效果如图 11 所示。

当采用包装炸药进行轮廓爆破时，周边孔孔痕达到 93% 以上，但是在局部孔口段存在少量

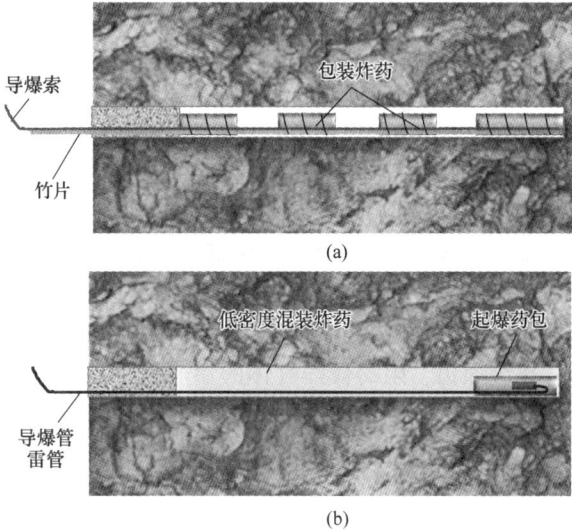

图 10　周边孔装药结构

（a）传统的包装炸药周边孔间隔装药结构；（b）低密度现场混装炸药周边孔连续装药结构

Fig. 10　Charging Structure of contour hole

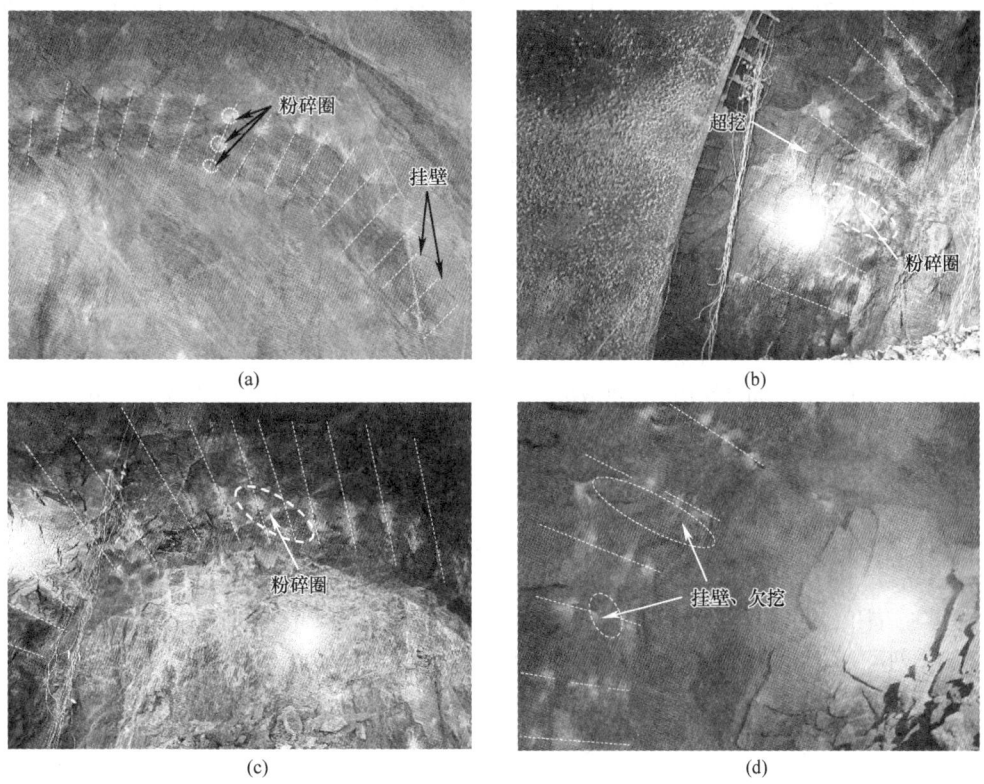

图 11　周边孔现场混装低密度炸药试验

（a）对照组（全部包装炸药，孔距 45cm）；（b）试验组 1（周边孔低密度混装炸药，孔距 50cm）；

（c）试验组 2（周边孔低密度混装炸药，孔距 55cm）；（d）试验组 3（周边孔低密度混装炸药，孔距 60cm）

Fig. 11　Contour blasting with on-site mixed loading explosives of low-density

挂壁现象；采用密度 0.55g/cm³ 的低密度现场混装炸药后，将周边孔间距从原来的 45cm 逐步扩大至 50cm 后，孔痕率较好可达 90%，但是在相邻炮孔直接存在一定程度的超挖；进一步把周边孔间距扩大至 55cm 后，超挖现象得到较好的改善，未出现欠挖，孔痕率可达 91%；但是当周边孔间距扩大至 60cm 时，出现了一定程度的挂壁和欠挖现象，孔痕率约 82%。综合比选，采用低密度现场混装炸药对周边孔进行连续耦合装药爆破后，最优的周边孔孔距为 55cm，周边孔数量从原来的 51 个减少至 42 个，且无需再使用导爆索。

无论是包装炸药还是现场混装炸药，在装药段附近均会形成明显的白色粉末化区域，白色粉碎圈区域的分布和炸药在炮孔内的分布一致，这是由于装药段附近的孔壁爆破荷载超过了岩体的动态三轴抗压强度导致岩体的过粉碎，炮孔近区的岩体过粉碎会浪费大量的爆破能量，且粉末化的岩石颗粒会堵塞裂纹通道，阻碍爆炸气体的"气楔"作用，影响光面爆破的成缝效果[22-24]。采用包装炸药对周边孔间隔装药时，白色粉碎圈区域是呈点状间隔分布的，而采用现场混装炸药连续装药爆破时，白色粉碎圈区域覆盖整个炮孔的装药段，呈条状分布，说明周边孔内的炸药密度还有待进一步降低。

5 结论

本文通过工艺和装备研发、现场试验和理论分析，对高原大断面现场混装机械化装药爆破与传统包装炸药人工装药爆破进行对比分析，主要得到以下结论：

开发了基于开挖面轮廓自动扫描的快速建模的智能化爆破设计软件，提出了基于轮廓面超欠挖控制和爆破块度控制的布孔、装药、起爆整体爆破解决方案。优化参数后，周边孔采用低密度现场混装炸药连续装药，可以取得与包装炸药不耦合装药相近的轮廓成型效果。

相对于传统的包装炸药爆破作业模式，现场混装炸药具有装药连续性与耦合性好的优点，可改善爆破块度，提高循环进尺利用率 5%~10%，节省钻孔数量和起爆器材使用量 15% 以上，降低劳动强度，显著减少危险作业人员，加快施工进度。

参 考 文 献

[1] 刘飞香，姬海东，肖正航．川藏铁路隧道钻爆法施工成套装备技术体系研究 [J]．隧道建设（中英文），2021，41（8）：1281-1289.

[2] 张旭东．川藏铁路隧道钻爆法施工机械化设备选型初探 [J]．隧道建设（中英文），2019，39（S1）：420-432.

[3] 李志军，石小军，张成勇．混装炸药在川藏铁路隧道爆破施工的应用探讨 [J]．隧道建设（中英文），2021，41（z2）：479-484.

[4] 陶伟明，曹彧，匡亮，等．川藏铁路隧道钻爆法机械化配套探究 [J]．铁道标准设计，2021，65（7）：125-130.

[5] 郝亚飞，黄雄，冷振东，等．高寒高海拔地区爆破技术综述及展望 [J]．爆破，2022，39（2）：1-8.

[6] 何祥，刘锋，陈皓楠，等．不同油相材料对现场混装乳化炸药抗挤压能力的影响 [J]．火炸药学报，2022，45（3）：425-431.

[7] 齐红雪，刘大维，代泽军，等．混装乳化炸药在高寒高海拔地区的应用研究 [J]．爆破，2022，39（4）：144-147.

[8] 薛里，郝亚飞，孟海利，等．基于现场混装炸药的巷道爆破参数优化 [J]．工程爆破，2022，28（6）：92-96.

[9] 彭送斌，王清华．龙滩电站左岸导流洞爆破施工新技术 [J]．水力发电，2017（8）：166-168.

[10] 田丰，黄麟，田惺哲，等．地下现场混装乳化炸药技术装备在西藏的应用 [J]．有色金属（矿山部

分），2021，73（3）：129-132.

[11] 王胜利，刘犀斌，任海燕. 现场混装乳化炸药在地下铁矿爆破中的应用 [J]. 爆破器材，2018，47（6）：49-52，58.

[12] 冯有景，吉学军，梁锋，等. 隧道工程中 BCJ-2000(A)型现场混装乳化炸药车的应用实践 [J]. 现代矿业，2017（8）：166-168.

[13] 郝亚飞，薛里，张小勇，等. 现场混装乳化炸药在巷道掘进爆破中的试验研究 [J]. 金属矿山，2022，51（7）：58-63.

[14] 张小勇，薛里. 现场混装乳化炸药静态敏化器混合特性研究 [J]. 工程爆破，2021，27（6）：104-109.

[15] Liu J，Sun P Y，Liu F X，et al. Design and optimization for bench blast based on Voronoi diagram [J]. International Journal of Rock Mechanics and Mining Sciences，2014（66）：30-40.

[16] Minh N N，Cao P，Liu Z Z. Contour blasting parameters by using a tunnel blast design mode [J]. Journal of Central South University，2021，28（1）：100-111.

[17] Wang Q，Gao H，Yu H，et al. Method for measuring rock mass characteristics and evaluating the grouting-reinforced effect based on digital drilling [J]. Rock Mechanics and Rock Engineering，2019，52：841-851.

[18] 王琦，秦乾，高松，等. 数字钻探随钻参数与岩石单轴抗压强度关系 [J]. 煤炭学报，2018，43：1289-1295.

[19] 张小勇，薛里. 现场混装乳化炸药静态敏化器混合特性研究 [J]. 工程爆破，2021，27（6）：104-109.

[20] 冷振东，卢文波，严鹏，等. 基于粉碎区控制的钻孔爆破岩石-炸药匹配方法 [J]. 中国工程科学，2014，16（11）：28-35.

[21] Atlas powder. Explosive，rock blasting [M]. Dallas，TX，USA，1987.

[22] Esen S，Onederraa I，Bilgin H A. Modelling the size of the crushed zone around a blast hole [J]. Int. J. Rock Mech. Min. Sci. 2009，40（4）：485-495.

[23] 冷振东，卢文波，陈明，等. 岩石钻孔爆破粉碎区计算模型的改进 [J]. 爆炸与冲击，2015，35（1）：101-107.

[24] Leng Z D，Lu W B，Chen M，et al. Explosion energy transmission under side initiation and its effect on rock fragmentation [J]. International Journal of Rock Mechanics & Mining Sciences，2016，86：245-254.

[25] 冷振东，卢文波，胡浩然，等. 爆生自由面对边坡微差爆破诱发振动峰值的影响 [J]. 岩石力学与工程学报，2016，35（9）：1815-1822.

[26] 王高辉，张社荣，卢文波，等. 水下爆炸冲击荷载下混凝土重力坝的破坏效应 [J]. 水利学报，2015，46（2）：723-731.

[27] Leng Z D，Sun J S，Lu W B，et al. Mechanism of the in-hole detonation wave interactions in dual initiation with electronic detonators in bench blasting operation [J]. Computers and Geotechnics，2021，129：103873.

不同耦合介质爆破裂纹动态扩展特性研究

王雁冰[1,2]　付代睿[1]　李杨[1]　宋佳辉[1]

（1. 中国矿业大学（北京）力学与建筑工程学院，北京　100083；
2. 深部岩土力学与地下工程国家重点实验室，北京　100083）

摘　要：不耦合装药结构能有效改善爆破效果，为探究不同耦合介质对爆破效果的影响，利用透射式数字激光焦散线实验系统，对 PMMA 试件开展水、空气、沙土三种耦合介质的不耦合爆破试验，研究不同耦合介质爆后裂纹形貌，计算裂纹分形维数，定量评价岩石破坏程度。分析裂纹扩展速度与动态应力强度因子变化规律，对比不同耦合介质下爆生裂纹的动态力学行为。结合数值模拟进行辅助分析，解释不同耦合介质对数值模拟中爆破损伤范围、孔壁压强时间曲线和岩石模型的总能量曲线的影响规律。结果表明：水耦合爆后裂纹分析维数最大，炮孔周围裂纹数量众多，主裂纹扩展长度最大，爆破效果最佳。沙土耦合爆破需要更多的能量使裂尖起裂，其动态应力强度因子最大。模拟得到的损伤云图与实验一致，水耦合损伤范围最大，空气耦合次之，沙土耦合损伤范围集中在炮孔周围。而孔壁压力时程曲线、能量时程曲线则验证爆破实验结果，表明水耦合爆破能更好地利用爆炸能量，提高试件的破坏效果。

关键词：不耦合装药；动态焦散线；裂纹扩展；应力强度因子；数值模拟

Study on Dynamic Propagation Characteristics of Blasting Cracks in Different Coupling Media

Wang Yanbing[1,2]　Fu Dairui[1]　Li Yang[1]　Song Jiahui[1]

（1. School of Mechanics and Civil Engineering, China University of Mining and Technology（Beijing），Beijing 100083；2. State Key Laboratory of Geomechanics and Deep Underground Engineering，Beijing 100083）

Abstract：The uncoupled charging structure can effectively improve the blasting effect. In order to explore the impact of different coupling media on the blasting effect, the transmission digital laser caustics experimental system is used to carry out the uncoupled blasting test of PMMA specimens in three coupling media, water, air and sand, to study the crack morphology after blasting in different coupling media, calculate the Fractal dimension of the crack, and quantitatively evaluate the degree of rock damage. The dynamic mechanical behavior of crack initiation under different coupling media is compared by analyzing the change law of crack growth speed and dynamic Stress intensity factor. Combining numerical simulation for auxiliary analysis, explain the influence of different coupling media

作者信息：王雁冰，副教授，博士生导师，wangyanbing@ cumtb. edu. cn。

on the range of blasting damage, the time curve of hole wall pressure, and the total energy curve of the rock model in numerical simulation. Result surface: After water coupling explosion, the crack analysis dimension is the largest, there are many cracks around the blast hole, the main crack propagation length is the largest, and the blasting effect is the best. Sand soil coupling blasting requires more energy to make the crack tip crack, and its dynamic Stress intensity factor is the largest. The simulated damage cloud map is consistent with the experimental results. The water coupling damage range is the largest, followed by air coupling, and the sand soil coupling damage range is concentrated around the borehole. The time history curves of hole wall pressure and energy validate the results of blasting experiments, indicating that water coupled blasting can better utilize blasting energy and improve the failure effect of the specimen.

Keywords: decoupling charge; dynamic caustics; crack propagation; stress intensity factor; numerical simulation

在爆破工程中，如何在降低爆破成本的前提下，提高爆炸能量利用率和爆破效果，一直是亟待解决的问题。随着爆破技术理论研究及其在实际工程应用中的日益完善，目前广泛采用不耦合装药结构方法来避免岩体的过度破坏和炸药能量的浪费，国内外学者对此做了大量研究。

在理论研究方面，杜俊林等人[1]就耦合装药、空气不耦合装药、水不耦合装药三种情况，分析了孔壁压力的变化情况，结果表明当岩石条件一定时，耦合装药爆破产生的孔壁压力最大，水不耦合装药爆破时次之，空气不耦合装药爆破时最小。王伟等人[2]基于波的连续性条件分析了爆炸冲击波的初始参数，并通过相应介质中的衰减规律，计算耦合与不耦合装药爆破时岩石中冲击波参数，探讨了不耦合装药对爆破效果的影响。叶志伟等人[3-4]对不耦合装药爆破孔壁压强峰值的计算方法进行了理论推导，并结合数值模拟计算结果分别提出了种小不耦合系数装药爆破孔壁压强峰值计算方法和水耦合轮廓爆破孔壁压强峰值的简化计算方法。在实验研究方面，岳中文等人[5]通对不同空气耦合系数下模型实验产生的爆炸漏斗进行对比分析，从爆破漏斗体积、爆破振动大小，以及粉碎区大小三个指标衡量了不耦合装药对提高炸药能量利用率的效果。龚玖等人[6]以理论结合室内爆破模型试验研究，探究了以空气和水为不同耦合介质时对爆破块度的影响，结果表明水不耦合爆破爆炸能量利用率高，爆破破碎块度更小。宗琦等人[7]以水泥砂浆试块为试验模型，采用超动态应变测试系统对空气不耦合装药和水耦合装药的几种不耦合系数下炮孔周围介质中爆炸应力的分布特性进行了研究。张大宁等人[8]研究了不同水量条件下预裂爆破破坏机理，设置不同的水耦合系数并比较孔壁峰值压强大小来确定最佳系数。Lou等人[9]研究了径向不耦合装药结构对爆破过程中冲击波的形成和传播规律的影响。数值模拟方法因能再现爆破冲击全过程而得到广泛应用，王志亮等人[10]采用数值模拟方法，损伤破坏区分布和孔壁压强、加速度，以及速度等与径向不耦合系数间的关系。杨跃宗等人[11]利用显式动力学有限元软件 LS-DYNA 建立二维数值计算模型，以岩石损伤分布、孔壁压强分布、爆破效率为评判依据，对径向不耦合系数、轴向不耦合装药位置、轴向不耦合系数等因素的影响进行了对比分析。

现有研究少有对不耦合装药爆破裂纹扩展行为的定性分析和其对爆破效果的影响效应解释。本文利用数字激光动态焦散线实验系统结合 LS-DYNA，研究了不同耦合介质情况下脆性材料有机玻璃（PMMA）试件的动态断裂特征，分析了裂纹扩展过程中尖端的动力学和运动学参数的变化规律，数值模拟结果补充分析岩石介质在不同耦合介质爆破作用下的断裂行为，实验数据与数值计算相互补充，相互验证，揭示不同耦合介质爆破作用下材料的动态断裂行为。

1　数字激光动态焦散线实验

1.1　焦散线方法原理

　　焦散线方法是利用几何光学的映射关系，将物体应力集中区域的复杂关系转换成简单、清晰的光学图像[12]。图 1 所示为焦散线方法的原理示意图，有机玻璃板试件在受到爆炸荷载后，形成爆生裂纹，裂纹尖端局部区域在应力的作用下厚度及折射率发生改变，透射光线发生偏转，在距离试件 Z_0 处的参考平面处形成焦散斑，通过对焦散斑的几何特征进行分析来反映裂纹尖端处的应力状态。

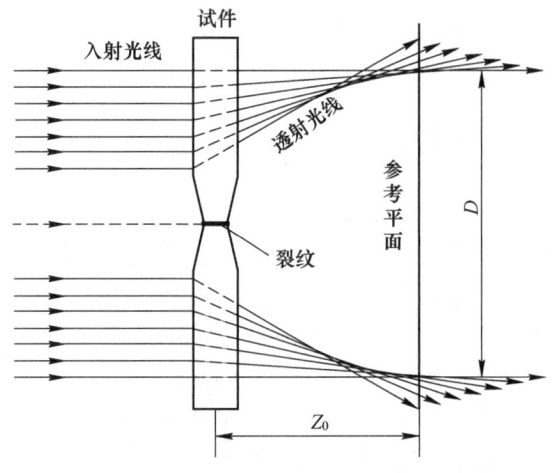

图 1　焦散线方法原理示意图

Fig. 1　Schematic diagram of the principle of caustics method

　　动态荷载下 I 型裂纹尖端动态应力强度因子可表示为[13]：

$$K_I = \frac{2\sqrt{2\pi}\,F(v)}{3g^{5/2}Z_0 C d_{eff}} D_{max^{5/2}} \tag{1}$$

式中，D_{max} 为沿裂纹方向的焦散斑最大直径，mm；Z_0 为参考平面到物体平面的距离，mm；C 为材料的应力光学常数，m²/N；d_{eff} 为试件的有效厚度，mm；g 为应力强度数值因子，对于 I 型裂纹，g 取 3.17；K_I 为动态荷载作用下，复合型扩展裂纹尖端的 I 型动态应力强度因子；$F(v)$ 为由裂纹扩展速度引起的修正因子。

1.2　透射式数字激光焦散线实验系统

　　实验采用透射式数字激光焦散线实验系统，系统由激光器、扩束镜、场镜、高速摄像机、爆炸加载装置、起爆器及计算机组成，图 2 为实验系统示意图。扩束镜将激光器产生的绿色点光源发散成面光源，场镜 1 则将面光源形成平行光束入射试件，场镜 2 将光线汇入高速相机，高速相机拍摄并记录试件起爆全过程，计算机连接高速相机保存采集到的图像。本实验中场镜直径均为 300mm，焦距均为 1200mm；绿色激光光源的波长为 532nm，输出功率 60mW；高速相机的拍摄速率为 100000fps，即每秒拍摄 100000 幅照片，相邻照片间的拍摄间隔为 10μs，拍摄分辨率为 320pixel×232pixel。

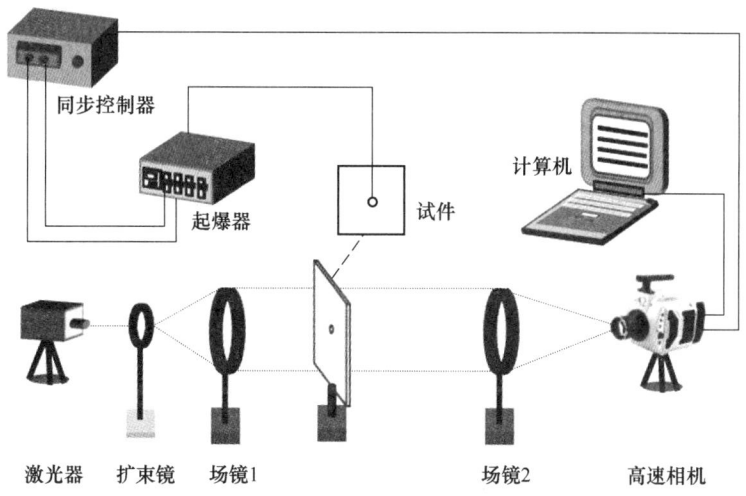

图 2　透射式数字激光焦散线实验系统示意图

Fig. 2　Schematic diagram of the transmission type digital laser caustics experimental system

1.3　实验方案

　　实验选用与岩石性质接近的 PMMA 作为材料模型，已有研究证明 PMMA 适合作为研究动态断裂行为的实验材料，同时由于其良好的透光性，可通过动焦散方法直观展现爆炸荷载作用下裂纹的动态扩展行为。PMMA 材料的动态力学参数见表 1。试件尺寸规格为 300mm×300mm×5mm，在试件中心位置设置直径为 10mm 的炮孔，如图 3 所示。炸药选择敏感度较高的叠氮化铅起爆药，将其装入直径 6mm 的吸管，单孔装药量 50mg，装药时将铜丝导线尖端埋入药包，另一端与多通道脉冲点火器连接，利用点火器放电的电火花起爆炸药。实验共设置水、空气、沙土三组不同耦合介质的装药方式（不耦合系数为 1.67），分别记为 S1、S2 和 S3。将制作好的试件炮孔两侧利用夹具夹紧，避免爆生气体逸出影响爆破效果。实验结果进行纵向对比，研究不同耦合介质对于爆破效果的影响。

表 1　PMMA 的动态力学参数
Tab. 1　Dynamic mechanical parameters of PMMA

纵波波速 $c_p/\mathrm{m \cdot s^{-1}}$	横波波速 $c_s/\mathrm{m \cdot s^{-1}}$	弹性模量 E_d/GPa	泊松比 ν	应力光学常数 $C/\mathrm{m^2 \cdot N^{-1}}$
2320	1260	6.1	0.31	0.85×10^{-10}

2　实验结果

2.1　试件破坏形态与裂纹分布

　　图 4 展示了不同耦合介质试件 S1、S2 和 S3 的爆后裂纹形态。受到耦合介质对爆炸冲击波传播的影响，爆后裂纹形态存在显著差异，炮孔周围次生裂纹分布密度明显不同，但三组试件均产生了四条扩展方向随机的主裂纹。图 4（a）所示为水耦合爆破后试件的裂纹形态，主裂纹 A、B、C、D 的扩展长度分别为 57mm、90mm、60mm、105mm，炮孔周围分布着 11 道长短不一的次生裂纹；图 4（b）所示为空气耦合爆破后试件的裂纹形态，主裂纹 A、B、C、D 的

扩展长度分别为 53mm、69mm、49mm、37mm，炮孔周围次
生裂纹数量相对试件 S1 减少到 7 道；图 4（c）所示为空气
耦合爆破后试件的裂纹形态，主裂纹 A、B、C、D 的扩展长
度分别为 29mm、32mm、39mm、25mm，炮孔周围仅剩下一
道次生裂纹。图 4 的结果对比显示，水耦合装药爆破，裂纹
扩展长度长，炮孔周围次生裂纹密集，空气耦合次之，沙土
耦合爆破效果相对较差。究其原因，起爆药爆炸后产生的爆
炸冲击波需经过耦合介质才能作用在 PMMA 试件上，耦合介
质间性质差异较大，试件 S1 与 S2 相比，水介质与空气介质
相比，密度、流动黏度较大，水中爆轰产物膨胀速度慢，在
耦合水中激起的爆炸冲击波作用强度高、作用时间长，爆炸
能量得以高效传递给被爆介质，炮孔周围处产生的爆炸应力
波强度高、衰减慢、作用时间长，即有较高的爆炸压力峰

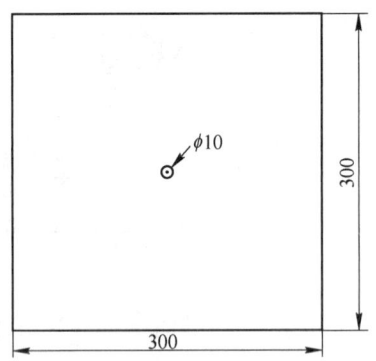

图 3　试件几何尺寸示意图
Fig. 3　Schematic diagram of geometric
dimensions of the specimen

值。故水耦合爆破对 PMMA 试件造成的破坏作用强，相较空气耦合爆破，其主裂纹扩展长度
更长、次生裂纹数量更多。试件 S3 与试件 S2 相比，沙土介质对爆炸冲击波具有一定的缓冲作
用。当冲击波经过沙土耦合介质时，沙土会发生剧烈的振动，将其转化为热能和弹性变形能，
这种能量的转化会减轻冲击波对被爆介质的影响。此外沙土本身的颗粒有多种尺寸和形状，波
在经过时会发生发射、透射，同时沙土间的相互作用和颗粒间的空隙可以有效地吸收冲击波能
量，导致炮孔壁处的爆炸压力峰值低，沙土耦合爆破后裂纹扩展长度短，次生裂纹数量少。

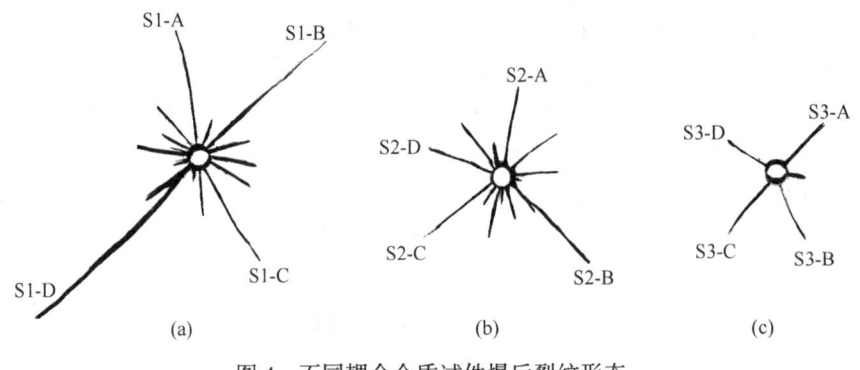

图 4　不同耦合介质试件爆后裂纹形态
（a）试件 S1；（b）试件 S2；（c）试件 S3
Fig. 4　Crack morphology of specimens with different coupling media after explosion

2.2　爆生裂纹分形维数变化规律

爆炸荷载作用下的裂纹发育、扩展、贯通和分布具有良好的统计自相似性质，爆破后试件
表面的裂纹分布能从侧面反映试件的破坏程度，因此，可利用分形维数的方法定量描述试件在
不同耦合介质爆破作用下的爆破效果[14]。计盒维数是应用较广泛的维数之一，能够直观反映
裂纹在平面上的占有程度。其计算过程如下：首先利用边长为 ε 的正方形格子覆盖目标集合
F，计算包含有点集 F 的正方形格子数量 $N(\varepsilon)$。改变边长 ε 的大小，重复上述过程，得到一系
列 $\varepsilon-N(\varepsilon)$ 数据，绘制两者的双对数散点图，利用最小二乘法进行回归计算，回归曲线的斜
率即为分形维数 D。

$$D = -\lim_{\varepsilon \to 0} \frac{\lg N(\varepsilon)}{\lg \varepsilon} = \lim_{\varepsilon \to 0} \frac{\lg N(\varepsilon)}{\lg(1/\varepsilon)} \qquad (2)$$

首先对爆后破坏图像进行二值化处理，处理结果如图 4 所示。基于自主编程的 Matlab 图像盒维数计算程序，实现二值图像的网格划分与爆后裂纹盒分形维数计算。如图 5 所示为不同耦合介质爆生裂纹分形维数拟合曲线，拟合曲线的相关系数 R^2 均大于 0.99，即爆后裂纹具有明显的分形特征。

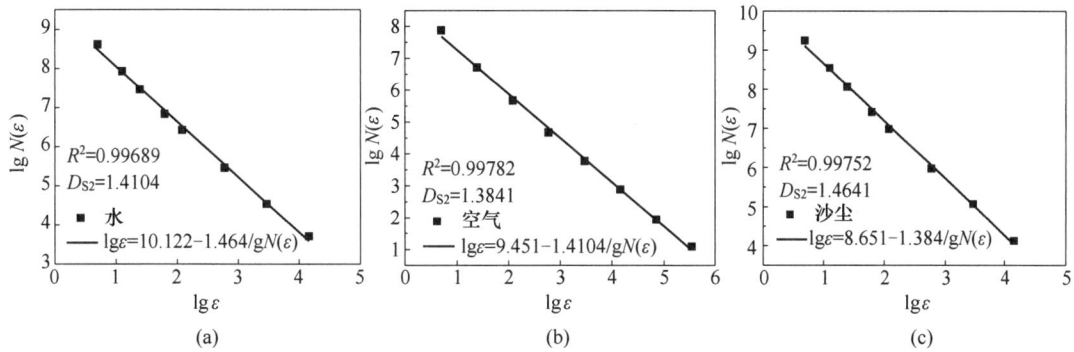

图 5　不同耦合介质爆生裂纹分形维数拟合曲线

（a）试件 S1；（b）试件 S2；（c）试件 S3

Fig. 5　Fitting curve of Fractal dimension of detonation cracks in different coupling media

如图 5（a）所示，水耦合爆破爆生裂纹分形维数 $D_{S1} = 1.4641$，利用水介质作为传能介质，其于空气耦合装药相比可以有效增加炮孔压力峰值，且其衰减速度慢，作用时间长，加剧了炮孔周围区域的破坏程度，进一步促进了次生裂纹发育。此外水介质会随着爆轰产物膨胀以高压力的状态进入裂隙，起到"水楔作用"。水介质越多，裂隙尖端产生的应力集中现象越明显，切向拉应力大于岩石抗拉强度，该处岩石被拉断，形成贯通的径向裂纹，试件 S1 的破坏程度进一步增加，分形维数增大；如图 5（b）所示，空气耦合爆破爆生裂纹分形维数 $D_{S2} = 1.4104$，炸药爆炸后产生的高温、高压爆轰产物首先压缩空气耦合介质，由于耦合介质波阻抗小于被爆介质，爆炸冲击波在空气中得到了明显的缓冲，压力峰值降低，减缓了炮孔周围区域的粉碎性破坏，此外作用时间延长，为被爆介质中的裂纹充分扩展贯通提供了良好的条件，分形维数较大；如图 5（c）所示，沙土耦合爆破爆生裂纹分形维数 $D_{S3} = 1.3841$，由于沙土耦合介质本身呈现颗粒状特点，其会在爆炸冲击波作用下产生剧烈的扰动，部分爆炸能量得以转化耗散，被爆介质受到的爆炸荷载强度降低，裂纹扩展长度缩短，爆生裂纹复杂程度降低，分形维数较小。不同耦合介质爆生裂纹分形维数 $D_{S1} > D_{S2} > D_{S3}$，分形维数的大小在一定程度上反映了爆生裂纹的复杂程度，分形维数越大，裂纹形态复杂，试件的破坏程度越大。整体来看水耦合爆破破坏程度最大，空气耦合次之，沙土耦合爆破效果最差，这也与水耦合爆破裂纹扩展长度最长，炮孔周围次生裂纹密集结论符合。

2.3　动态焦散斑系列图

图 6 所示为不同耦合介质爆破裂纹尖端动态焦散斑的系列变化图像。图 6（a）展示的是水耦合爆破时裂纹尖端的动态焦散图像，当 $t = 40\mu s$ 时，应力波开始沿炮孔径向向外传播，此时由于夹具对视场的阻碍，无法清晰观察裂纹扩展情况；当 $t = 70\mu s$ 时，应力波传播到视场边界，可清楚观察到裂纹尖端的焦散斑，同时炮孔周围较密集的次生裂纹停止扩展，而主裂纹继

续向四周发育；当 $t=140\mu s$ 时，主裂纹 S1-C 与 S1-D 到达视场下边界，由于受到视场限制，无法进一步观察获取数据；当 $t=210\mu s$ 时，主裂纹 S1-A 与 S1-B 停止发育，炮烟从炮孔位置处逸出；当 $t=240\mu s$ 时，裂纹止裂。图 6（b）展示的是空气耦合爆破时裂纹尖端的动态焦散图像，当 $t=10\mu s$ 时，应力波开始沿炮孔径向向外传播；当 $t=30\mu s$ 时，主裂纹扩展距离较短，仅能观察到裂纹尖端的焦散斑；当 $t=90\mu s$ 时，炮孔周围的次生裂纹停止发育，主裂纹继续向

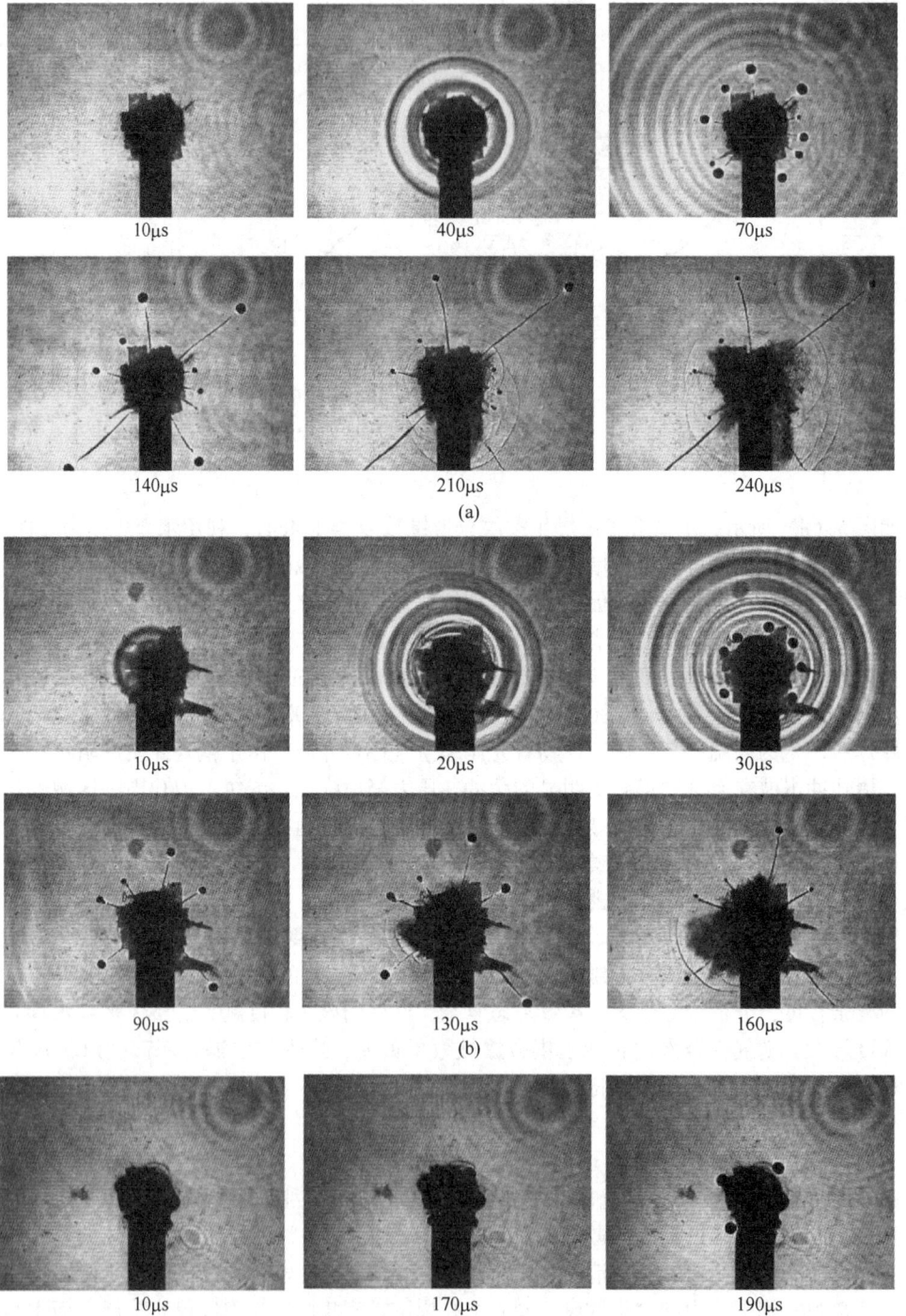

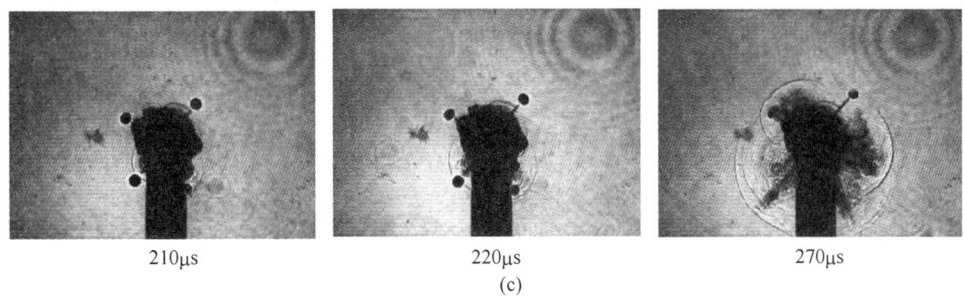

210μs　　　　　　　　220μs　　　　　　　　270μs
(c)

图 6　不同耦合介质爆破焦散斑的系列变化图像
（a）试件 S1；（b）试件 S2；（c）试件 S3
Fig. 6　A series of variation images of explosive caustics in different coupling media

四周扩展；当 $t=130\mu s$ 时，主裂纹 S2-B 扩展到视场边界，无法进一步观察其扩展情况；当 $t=160\mu s$ 时，所以裂纹停止扩展。图 6（c）展示的是沙土耦合爆破时裂纹尖端的动态焦散图像，当 $t=170\mu s$ 时，能在夹具附近看见被遮挡的焦散斑；当 $t=220\mu s$ 时，能观察到炮烟从炮孔位置向外逸出；当 $t=270\mu s$ 时，裂纹停止了发育。三组试件进行纵向对比，试件 S1 的裂纹扩展阶段持续时间最长。炸药起爆后，由于水介质的黏滞作用，爆轰产物膨胀速度慢，爆炸压力作用时间长，被爆介质中的裂纹得以充分扩展贯通，因此试件 S1 裂纹扩展阶段持续时间最长；试件 S2 的裂纹起裂时间最早，空气耦合介质与水耦合介质对爆炸冲击波传播的影响效应类似，但其爆轰产物膨胀速度快于水耦合爆破，同时爆炸压力峰值小于水耦合爆破，这就使得空气耦合爆破的裂纹形态与水耦合爆破类似，但其裂纹的扩展长度与扩展持续时间均小于水耦合爆破；试件 S3 的裂纹起裂时间最迟，沙土颗粒使爆炸冲击波在炮孔中的传播过程更加复杂，波在遇到沙土颗粒时发生反射、透射，同时沙土颗粒的振动等都会消耗爆炸能量，致使裂纹尖端蕴含的能量不足以使得裂纹开裂，需要经过一段长时间的能量积聚过程，当裂纹尖端的应力强度因子大于 PMMA 试件的动态断裂韧度时，裂纹得以正常起裂扩展。

2.4　爆生裂纹速度变化规律

图 7 所示为爆生裂纹扩展速度时程曲线，受到动焦散系统视场限制，选取了试件 S1 的主裂纹 A、B、C、D，试件 S2 的主裂纹 A、B、C，试件 S3 的主裂纹 A、C、D，对裂纹扩展速率的变化规律进行分析。图 7（a）所示为水耦合爆破的裂纹扩展速度时程曲线，主裂纹 D 扩展长度最长，但却受到视场限制，无法准确观察其扩展后期情况，故选取主裂纹 B 进行分析。当 $t=0\sim70\mu s$ 为裂纹的起裂阶段，裂纹尖端在这一阶段积聚爆炸能量，当其达到裂纹起裂所需的最小能量时，裂纹迅速扩展发育并达到速度其最大值 989.43m/s；当 $t=70\sim180\mu s$ 为裂纹扩展阶段，主裂纹扩展速度 142.94~1012.637m/s 范围内剧烈波动，爆炸能量在这一阶段中，一部分用于克服裂纹扩展阻力做功，多余的能量则转化为动能。应力波的波动性变换会改变多余能量的释放速率，导致裂纹扩展过程中，速度出现振动变化的现象；当 $t=180\sim240\mu s$ 为裂纹的扩展后期及止裂阶段，此时裂纹扩展速度几乎按线性规律降低到零，裂纹停止扩展。图 7（b）所示为空气耦合爆破的裂纹扩展速度时程曲线，与试件 S1 表现出的变化规律类似，取主裂纹 B 进行分析，当 $t=0\sim50\mu s$ 时，裂纹处于起裂阶段，在尖端积聚足够能量后迅速起裂并达到裂纹扩展速度峰值 596.28m/s；当 $t=50\sim140\mu s$ 时，裂纹处于扩展阶段，裂纹扩展速度在 190.49~591.70m/s 范围内震荡；当 $t=140\sim160\mu s$ 时，裂纹处于扩展后期及止裂阶段，裂纹扩展速度逐

渐趋于零。图 7（c）所示为沙土耦合爆破的裂纹扩展速度曲线，其与试件 S1、S2 的差异表现在裂纹扩展中期，速度没有明显的震荡波动现象。当 $t=0\sim200\mu s$ 时，裂纹处于起裂阶段，裂尖花费了较长时间积聚能量，克服裂纹扩展阻力，促使裂纹起裂，裂纹扩展速度达到峰值 334.52m/s，当 $t=200\sim260\mu s$ 时，裂纹扩展速度开始缓慢降低，裂纹扩展过程持续时间不长。三组不同耦合介质的爆破试件中，裂纹能达到的扩展速度峰值，试件 S1>S2>S3。由于水和空气介质两者相对沙土介质具有流动性，炸药爆炸后，这两种耦合介质会伴随着高温高压的爆轰产物楔入裂缝尖端，在裂缝尖端产生较大的张拉应力，促进裂纹发育，增大了裂纹扩展速度。

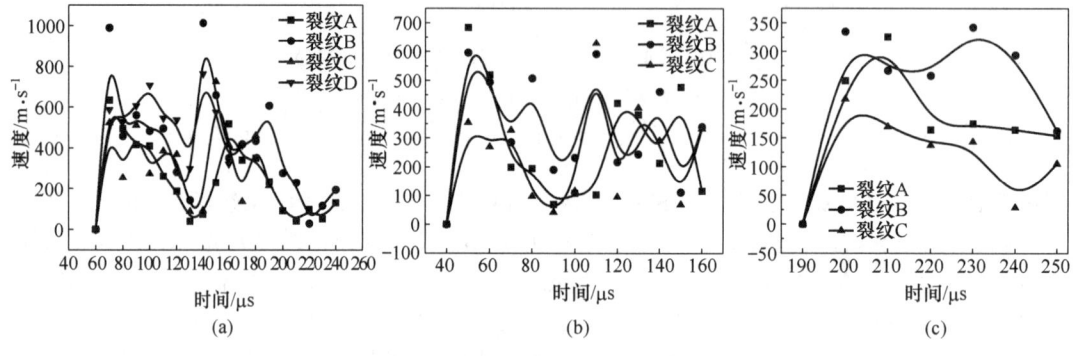

图 7　不同耦合介质爆破爆生裂纹扩展速度时程曲线

（a）试件 S1；（b）试件 S2；（c）试件 S3

Fig. 7　Time history curve of crack propagation rate caused by blasting with different coupling media

2.5　爆生裂纹应力强度因子变化规律

图 8 所示为爆生裂纹尖端的动态应力强度因子时程曲线，受到动焦散系统视场限制或夹具影响，无法完整观察到试件 S1 裂纹 D、试件 S2 裂纹 D、试件 S3 裂纹 B 的发育扩展全过程，主要记录了其余裂纹的扩展情况。图 8（a）所是为水耦合爆破裂纹尖端的应力强度因子时程曲线。水耦合爆破时，$t=0\sim100\mu s$ 为主裂纹 A、B、C、D 的起裂阶段，裂纹 A、B 分别在 $60\mu s$ 和 $70\mu s$ 左右达到了应力强度因子的最大值 1.13MN/m$^{3/2}$、1.16MN/m$^{3/2}$，裂纹 C、D 分别在 $90\mu s$ 和 $100\mu s$ 左右达到了应力强度因子峰值 0.83MN/m$^{3/2}$、0.98MN/m$^{3/2}$。对各条主裂纹，$t=100\sim180\mu s$ 为扩展阶段，应力强度因子在 $0.53\sim1.11$MN/m$^{3/2}$ 范围内波动，$t=180\mu s$ 后，裂纹逐渐止裂，应力强度因子呈线性减小。图 8（b）所示为空气耦合爆破裂纹尖端的应力强度因子时程曲线。空气耦合爆破时，$t=0\sim60\mu s$ 为主裂纹 A、B、C 的起裂阶段，裂纹 A 在 $t=20\mu s$ 时达到了应力强度因子的最大值 1.27MN/m$^{3/2}$，裂纹 B、C 分别在 $40\mu s$ 和 $60\mu s$ 左右达到了应力强度因子峰值 0.82MN/m$^{3/2}$、0.75MN/m$^{3/2}$。对各条主裂纹，$t=60\sim130\mu s$ 为扩展阶段，应力强度因子在 $0.34\sim1.02$MN/m$^{3/2}$ 范围内波动，$t=130\mu s$ 后，裂纹逐渐止裂，应力强度因子呈线性减小。图 8（c）所示为沙土耦合爆破裂纹尖端的应力强度因子时程曲线。沙土耦合爆破时，$t=0\sim190\mu s$ 为主裂纹 A、B、C 的起裂阶段，裂纹 A 在 $t=170\mu s$ 时达到了应力强度因子峰值 1.53MN/m$^{3/2}$，裂纹 C、D 分别在 $180\mu s$ 和 $190\mu s$ 左右达到了应力强度因子峰值 1.17MN/m$^{3/2}$、1.02MN/m$^{3/2}$。对各条主裂纹，$t=190\sim240\mu s$ 为扩展阶段，应力强度因子在 $0.69\sim1.22$MN/m$^{3/2}$ 范围内波动，$t=240\mu s$ 后，裂纹逐渐止裂，应力强度因子呈线性减小。

纵向对比三组试件，沙土耦合爆破能达到的应力强度因子峰值最高，空气耦合次之，水耦合爆破最小，造成这种现象的主要原因是沙土介质的颗粒性使得爆炸能量耗散过多，裂纹的起

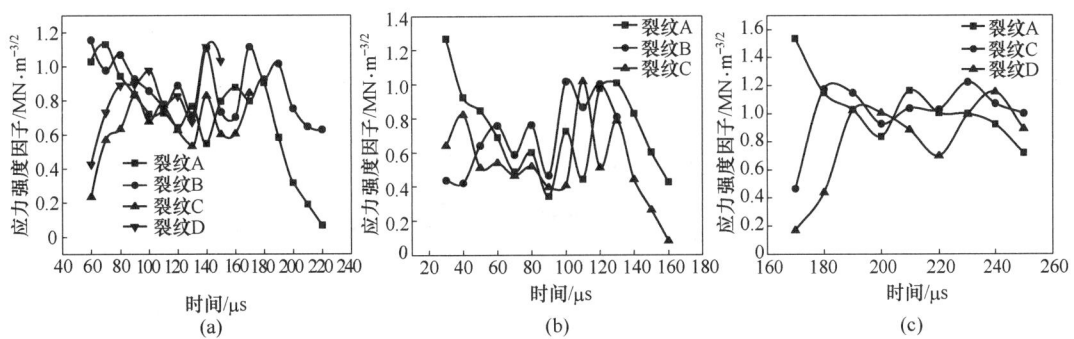

图 8　不同耦合介质爆破爆生裂纹动态应力强度因子时程曲线
（a）试件 S1；（b）试件 S2；（c）试件 S3

Fig. 8　Time history curve of dynamic stress intensity factor of blasting induced crack in different coupling media

裂需要尖端积蓄更多能量。此外，裂纹尖端动态应力强度因子由两种变化趋势：其一，应力强度因子在初始时刻达到最大值，此时，裂纹尖端积聚的能量足够用于裂纹起裂发育。而后裂纹进一步扩展，应力波能量逐渐衰减，裂纹尖端应力集中程度不断降低，应力强度因子时程曲线呈现明显的震荡减小趋势，当其衰减到裂纹止裂前的最小值，随后又迅速增加达到第二次峰值，此后伴随着主裂纹能量的降低，应力强度因子震荡减小到止裂；其二，应力强度因子在初始时刻数值较小，裂纹尖端需要不断积蓄能量，当这一能量足够大，即应力强度因子大于材料的断裂韧度时，裂纹得以起裂。此后，应力强度因子开始震荡减小，并最终随着裂纹止裂停止变化。

3　不同耦合介质爆破效果数值模拟

3.1　计算模型与工况

　　为进一步分析不同耦合介质装药爆破效果，采用具有复杂、准确材料模型的多核有限元软件 LS-DYNA 来进行数值模拟分析，考虑数值计算过程中涉及 PMMA、炸药、水、空气和沙土等多种材料的相互作用，为了避免网格畸变导致计算困难的问题，采用流固耦合算法，即岩石材料采用 Lagrange 算法，炸药和空气等采用 ALE 算法，实现流体与固体单元的能量交换。因为模型具有轴对称性，为减少计算量，建立 1/4 模型，尺寸为 150mm×150mm×5mm。其中炮孔半径为 3mm，炮孔中间位置设置炸药，炮孔与药卷间隙设置不同耦合介质。为防止边界对实验产生影响，对模型上侧、右侧和后侧设置无反射边界条件，通过有限元软件 LS-DYNA 建立数值计算模型，如图 9 所示。

3.2　材料模型及参数的确定

3.2.1　炸药材料

　　在 LS-DYNA 中一般使用 High_Explosive_Burn 材料模型和 JWL 状态方程描述模拟炸药快速燃烧起爆生成冲击波的过程，JWL 方程反映了炸药爆炸时化学能的变化情况，方程表达式如下[15]：

$$p = A\left(1 - \frac{\omega}{R_1 V}\right) e^{-R_1 V} + B\left(1 - \frac{\omega}{R_2 V}\right) e^{-R_2 V} + \frac{\omega E}{V} \tag{3}$$

式中，A、B、R_1、R_2 和 ω 均为炸药材料常数；p 为爆轰压强；V 为爆轰产物的相对体积；E 为炸药单位体积的内能，本文炸药参数选择见表2。

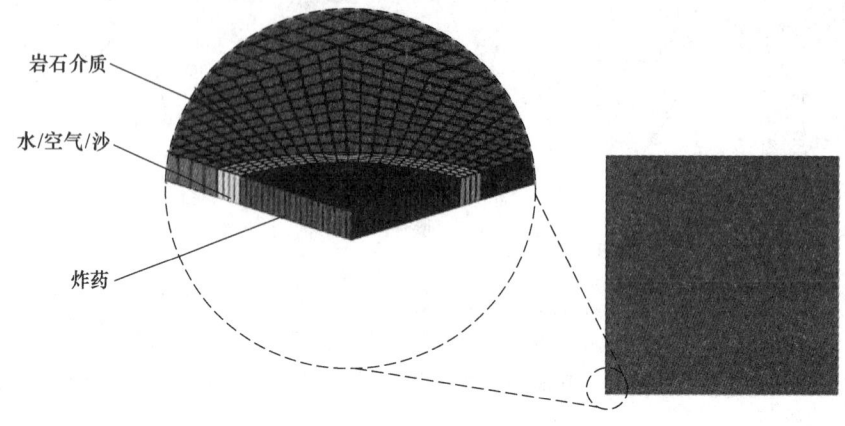

图9　数值计算模型

Fig. 9　Numerical model

表 2　炸药及其状态方程参数

Tab. 2　Explosives and their equation of state parameters

密度 /g · mm⁻³	爆速 /m · s⁻¹	爆压 /MPa	JWL 状态方程						
			A	B	R_1	R_2	ω	E_0	V_0
0.001	4500	5060	524200	769	4.2	1.0	0.3	8500	1.0

3.2.2　耦合介质材料

为了模拟不同耦合介质在爆炸荷载下的力学行为，使用 NULL 材料模型以及 Gruneisen 状态方程来描述爆破中炸药通过水介质将爆破能量传递至岩体的动态力学过程。使用 NULL 材料模型以及 LINEAR_POLYNOMIAL 状态方程来模拟空气材料受到爆破冲击及其传递过程。使用 SOIL_AND_FOAM 材料模型来模拟沙土材料。

Gruneisen 状态方程定义了水压强、密度与初始内能之间的关系，表示为[15]：

$$P = \frac{\rho_0 C^2 \mu \left[1 + \left(1 - \frac{\gamma_0}{2} \right) \mu - \frac{\alpha}{2} \mu^2 \right]}{1 - (S_1 - 1)\mu - S_2 \frac{\mu^2}{\mu + 1} - S_3 \frac{\mu^2}{\mu + 1}} + (\gamma_0 + a\mu) E_\omega \tag{4}$$

式中，E_ω 为水材料单位体积赋存的内能，初始值为 $E_{\omega 0}$；C 为 V_s-V_p 曲线的截距；γ_0 为 Gruneisen 伽马常数；α 为对 γ_0 的一阶体积校正系数；μ 为水材料的压缩，$\mu = \rho/\rho_0 - 1$，其中 ρ 和 ρ_0 分别为材料的当前密度和初始密度；S_1、S_2 和 S_3 分别为 V_s-V_p 曲线的斜率系数，本文水介质参数选择见表3。

表 3　水及其状态方程参数

Tab. 3　Water and its equation of state parameters

密度 /kg · m⁻³	Gruneisen 状态方程							
	C	S_1	S_2	S_3	γ_0	A	E_0	α
1000	1480	2.56	−1.98	1.22	0.35	0	0	0

LINEAR_POLYNOMIAL 状态方程为[15]：

$$p = (C_0 + C_1 v + C_2 v C_3 v^3) + (C_4 + C_5 v + C_6 v^2) E \qquad (5)$$

式中，$\rho_0 = 0.00129 \mathrm{g/cm^3}$；$C_1 = 0$；$C_2 = 0$；$C_3 = 0$；$C_4 = 0.4$；$C_5 = 0.4$；$C_6 = 0$；$E = 0.25 \mathrm{J/cm^3}$；$v = 1.0$。

3.2.3 岩石材料

为了进一步分析不同耦合介质爆破作用对真实岩石材料的影响，选用能够体现压缩损伤和拉伸损伤等对岩体力学性能影响的 RHT 材料模型，反映岩石在受到爆炸冲击荷载后的动态力学响应。本文 RHT 岩石参数选择见表 4[16]。

表 4　RHT 材料物理力学参数

Tab. 4　Physical and mechanical parameters of RHT materials

参　数	数值	参　数	数值
密度/kg·m⁻³	2500	参考压缩应变率 E0C	3.0×10^{-5}
剪切模量/GPa	21.9	参考拉伸应变率 E0T	3.0×10^{-6}
侵蚀塑性应变 EPSF	2.0	破坏压缩应变率 EC	3.0×10^{-25}
EOS 多项式参数 B0	1.22	破坏拉伸应变率 ET	3.0×10^{25}
EOS 多项式参数 B1	1.22	压缩应变率相关指数	0.032
EOS 多项式参数 T1/GPa	43.87	拉伸应变率相关指数	0.036
EOS 多项式参数 T2/GPa	0	压缩屈服面参数 GC*	0.85
Hugoniot 多项式系数 A1/GPa	43.87	拉伸屈服面 GT*	0.4
Hugoniot 多项式系数 A2/GPa	49.40	剪切模量减小因子	0.5
Hugoniot 多项式系数 A3/GPa	11.62	破坏参数 D1	0.025
破坏面参数 A	2.5	破坏参数 D2	1.0
破坏面参数 N	0.85	最小残余应变 EPM	0.01
抗压强度/MPa	76.3	残余面参数 AF	2.5
相对抗剪强度	0.18	残余面参数 AN	0.85
相对抗拉强度	0.10	孔隙度指数 NP	3.0
洛德角相关参数 Q_0	0.72	洛德角相关参数 B	0.01

3.3　计算结果

3.3.1　损伤范围模拟结果

图 10 所示为不同耦合介质爆破后试件的损伤云图，当损伤值为 1 时即可将损伤视为爆后产生的裂纹。图 10 （a） 所示为水耦合爆破后试件损伤范围，0.05ms 时炮孔周围区域出现损伤，其整体形状呈圆环状，该范围为爆后试件的裂隙区。0.25ms 时，炮孔周围出现三道密集裂纹，但三道密集裂纹很快便停止了发育，整体形状呈现箭头状。0.45ms 时，试件的主裂纹迅速斜向上发育，此时试件裂纹形态整体呈树杈状。0.7ms 裂纹扩展完成，主裂纹扩展长度达到 120mm。图 10 （b） 所示为空气耦合爆破后试件损伤范围，整体变化规律与水耦合爆破变化规律相同，但最终主裂纹的扩展长度仅为 81mm。图 10 （c） 所示为沙土耦合爆破后试件损伤

范围，0.05ms 时炮孔周围出现圆环状损伤区域，且其损伤破坏程度高，接近完全损伤。0.25ms 时损伤区域在原有环状区域基础上继续向外扩展，出现了一道裂纹。0.45ms 时主裂纹接近停止发育扩展，往后随时间推移损伤破坏区域几乎没有扩展。

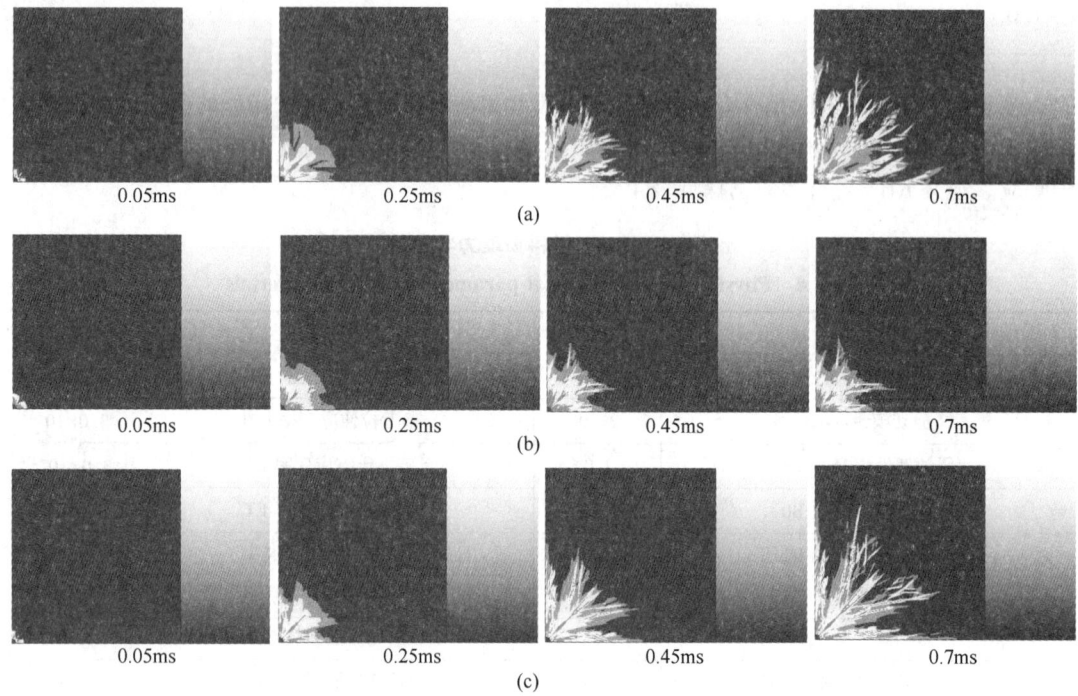

图 10 不同耦合介质试件损伤破坏范围

（a）试件 S1；（b）试件 S2；（c）试件 S3

Fig. 10 Damage and failure range of specimens with different coupling media

对比三组不同耦合介质的模型，耦合介质的性质对爆后损伤破坏区域产生了很大的影响。根据炸药爆破后岩体的受力分布情况及岩石的动态抗压强度可把损伤因子大于 0.9 的区域视为爆后试件破坏的区域。当利用水或空气作为耦合介质时，爆轰波与爆生气体要经过耦合介质间接地作用于炮孔壁，使得孔壁压力降低，爆炸近区损伤范围减小，更多的爆炸能量用于裂纹扩展，使试件被进一步破坏。同时水耦合与空气耦合相比，水中爆轰产物膨胀速度慢，冲击波作用强度高、作用时间长、衰减慢，爆炸能量传递效率高，裂纹扩展长度较长。模拟结果显示沙土介质耦合爆破，粉碎区破坏面积最大，爆炸能量耗散多，因此最终裂隙扩展长度较短。

3.3.2 孔壁压强时程曲线

通过数值模拟可以得到不同耦合介质对爆破岩体内部爆炸应力波传播的影响及岩体内部应力单元的动态力学响应，选取炮孔壁处的网格单元作为观测点，分析不同耦合介质下孔壁压强变化规律，如图 11 所示。

由图 11 可知，不同耦合介质爆破，曲线变化规律和孔壁压强峰值存在显著差异。水耦合爆破时，爆轰波压缩炸药周围水介质向外传播，由于水介质具有较高的密度、较大的流动黏度和不可压缩性，水中爆轰产物的膨胀速度慢，减缓了冲击波的传播速度，故在耦合水中激起的爆炸冲击波作用强度高、作用时间长，爆炸能量得以高效传递给被爆介质，炮孔周围处产生的爆炸应力波强度高、衰减慢、作用时间长，即有较高的爆炸压强峰值。水耦合爆破时间，孔壁

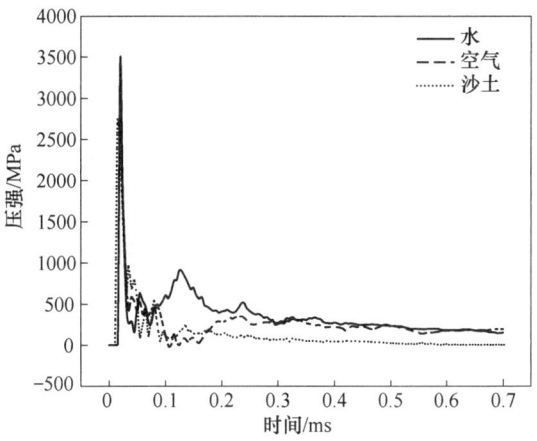

图 11　不同耦合介质试件孔壁压强时程曲线

Fig. 11　Time history curves of pore wall pressure for specimens with different coupling media

压强峰值为 3509MPa；空气耦合爆破孔壁压强峰值稍小于水耦合，其峰值为 2921MPa，降低了 25.2%。沙土耦合爆破，孔壁压强峰值最小仅为 2744MPa，与水耦合爆破相比降低了 30%。同时，三组试件的孔壁压强曲线均在爆炸初期 0.015ms 拐点处开始迅速上升，这一拐点对应着爆轰产物经过不同耦合介质后形成的冲击波作用在炮孔壁上的初始时刻，在冲击波作用下，孔壁处压强在短时间内达到峰值，导致炮孔周围岩体受到粉碎性破坏，形成粉碎区，而后孔壁压强时程曲线进入衰减阶段，沙土耦合爆破衰减速度最快，这也与实验中沙土耦合爆破裂纹长度最短这一实验现象吻合。水耦合与空气耦合均能在后期保持一定的压强，同时水耦合模型大于沙土耦合模型的压强，因此破坏程度远大于沙土耦合试件。

3.3.3　爆炸能量时程曲线

图 12 所示为不同耦合介质试件爆炸能量时程度曲线。由图像可知，随着时间的推移爆炸传至岩体内的能量趋于稳定并达到峰值，认为这一峰值即是水中冲击波与爆生气体带给岩体用于裂纹扩展发育的总能量。水耦合爆破时，模型试件能达到的爆炸能量峰值最大，约为 19.4MJ。空气耦合爆破时，模型试件能达到的爆炸能量峰值次之，约为 15.7MJ，相较水耦合

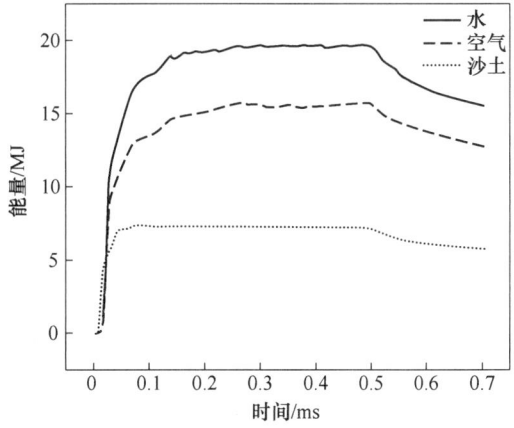

图 12　不同耦合介质试件爆炸能量时程曲线

Fig. 12　Explosion energy time history curves of specimens with different coupling media

爆破减少了 19%。沙土耦合爆破时，模型试件能达到的爆炸能量峰值最小，约为 7.18MJ，相较于水耦合爆破减少了 62.9%。

对比分析三种不同耦合介质，利用水作为传能介质，可使爆炸能量高效传递给被爆介质，减少其在传播过程中的耗散，岩体获得能量峰值最大，爆后试件裂纹扩展长度最长。空气耦合爆破，因空气与水相比在物理性质上存在一定的差异，故无法像水介质高效传递爆炸能量，峰值稍小于水耦合爆破能量峰值。沙土耦合爆破时，爆炸能量会因耦合介质运动和形成爆后试件粉碎区而耗散，故模型试件获得的能量最小，裂纹扩展长度最短。

4 结论

本文利用透射式数字激光焦散线实验系统结合 LS-DYNA 数值模拟软件，分析了不同耦合介质下 PMMA 试件的爆破断裂特征，主要得到以下结论：

(1) 耦合介质对实验的爆后裂纹形态有着显著的影响。水耦合爆破时，爆后裂纹分析维数最大，试件炮孔周围细小裂纹数量众多。空气耦合爆破时，炮孔周围细小裂纹数稍少于水耦合，沙土耦合爆破时，爆后裂纹分析维数最小，炮孔周围无细小裂纹。

(2) 三种装药结构爆后试件主裂纹均呈"X"交叉形，水耦合爆破裂纹的扩展距离最长，裂纹扩展速度最大。空气耦合次之，沙土耦合最小。

(3) 沙土耦合爆破因裂纹扩展在尖端积蓄的能量最多，其动态应力强度因子达到的峰值最大。而水耦合和空气耦合在爆炸过程中，耦合介质均可随爆轰产物楔入裂纹，起到促进裂纹发育的作用，故其动态应力强度因子峰值小于沙土耦合爆破。

(4) 数值模拟结果显示，水耦合爆破相较于其他两种耦合介质，能提高模型试件的孔壁压力峰值和爆炸能量峰值，加剧试件的破坏效果，爆后模型试件损伤破坏范围最大。

参 考 文 献

[1] 杜俊林，周胜兵，宗琦. 不耦合装药时孔壁压力的理论分析和求算 [J]. 西安科技大学学报，2007 (3)：347-351.

[2] 王伟，李小春，石露，等. 深层岩体松动爆破中不耦合装药效应的探讨 [J]. 岩土力学，2008 (10)：2837-2842.

[3] 叶志伟，陈明，李桐，等. 小不耦合系数装药爆破孔壁压力峰值计算方法 [J]. 爆炸与冲击，2021，41 (6)：119-129.

[4] 叶志伟，陈明，李桐，等. 一种水耦合轮廓爆破孔壁压力峰值的简化计算方法 [J]. 岩土力学，2021，42 (10)：2808-2818.

[5] 岳中文，胡晓冰，陈志远，等. 不耦合装药对炸药能量利用率影响的实验研究 [J]. 爆破，2020，37 (3)：34-39.

[6] 龚玖，汪海波，王梦想，等. 空气和水不耦合装药对爆破块度影响分析 [J]. 中国安全生产科学技术，2018，14 (9)：105-110.

[7] 宗琦，罗强. 炮孔水耦合装药爆破应力分布特性试验研究 [J]. 实验力学，2006 (3)：393-395，397-398.

[8] 张大宁，胡银林，郭连军，等. 不同水量下不耦合装药混凝土试件爆破对比分析 [J]. 金属矿山，2018 (1)：21-26.

[9] Lou X M, Zhou P, Yu J, et al. Analysis on the impact pressure on blast hole wall with radial air-decked charge based on shock tube theory-Science Direct [J]. Soil Dynamics and Earthquake Engineering, 2020, 128 (10)：1-9.

［10］王志亮，李永池．工程爆破中径向水不耦合系数效应数值仿真［J］．岩土力学，2005（12）：1926-1930.

［11］杨跃宗，邵珠山，熊小锋，等．岩石爆破中径向和轴向不耦合装药的对比分析［J］．爆破，2018，35（4）：26-33，146.

［12］杨立云，杨仁树，许鹏．新型数字激光动态焦散线实验系统及其应用［J］．中国矿业大学学报，2013，42（2）：188-194.

［13］Yang R S, Ding C X, Li Y L, et al. Crack propagation behavior in slit charge blasting under high static stress conditions［J］. International Journal of Rock Mechanics and Mining Sciences, 2019, 119: 117-123.

［14］杨仁树，李炜煜，杨国梁，等．炸药类型对富铁矿爆破效果影响的试验研究［J］．爆炸与冲击，2020，40（6）：96-107.

［15］Hallquist J. Keyword users manual［M］. California: Livermore Software Technology, 2012.

［16］Xie L X, Lu W B, Zhang Q B, et al. Analysis of damage mechanisms and optimization of cut blasting design under high in-situ stresses［J］. Tunnelling and Underground Space Technology, 2017, 66: 19-33.

岩石边坡坡面爆破振动放大效应的产生机制

赵逢泽[1]　刘君雄[2]　陈　明[1]　卢文波[1]　刘东强[1]

（1. 武汉大学水资源工程与调度全国重点实验室，武汉　430072；

2. 湖北能源集团罗田平坦原抽水蓄能有限公司，湖北　黄冈　438616）

摘　要：基于结构动力学原理建立了边坡坡面振动放大效应的三自由度模型，分析了边坡坡面振动放大效应，采用有限元方法研究了台阶突出物的几何特征对模型参数的影响，揭示了坡面爆破振动速度放大的产生机制。结果表明，靠近台阶边缘的节点相对于坡脚的节点存在显著的振动放大效应，且随着节点到台阶边缘的距离越近，放大效应受到台阶几何特征的影响越强；边坡突出物的几何特征对模型中的质量及刚度特性具有较大的影响，且节点越靠近台阶边缘，模型的质量及刚度特性受到的影响越显著，振动放大效应受到的影响也越显著。由此可见，由于台阶几何特征、岩体属性及节点位置边坡坡面不同，导致节点的质量与刚度特性的不同，靠近台阶边缘节点质量与刚度相对较低，从而引起不同的振动响应，产生振动放大现象。

关键词：边坡；爆破振动；放大效应；等效刚度；等效质量

Mechanisms of Vibration Amplification by Slope Blasting on Rocky Slopes

Zhao Fengze[1]　Liu Junxiong[2]　Chen Ming[1]　Lu Wenbo[1]　Liu Dongqiang[1]

（1. Wuhan University, State Key Laboratory of Water Resources Engineering and Management, Wuhan 430072; 2. Hubei Energy Group Loutian Pingtanyuan Pumped Storage Co., Ltd., Huanggang 438616, Hubei）

Abstract：Based on the principle of structural dynamics, a three-degree-of-freedom model of the vibration amplification effect of the slope surface was established, the vibration amplification effect of the slope surface was analyzed, and the effect of the geometrical features of the step protrusions on the model parameters was investigated by the finite element method, which revealed the mechanism of the amplification of the vibration velocity of the slope blasting. The results show that the nodes near the edge of the step have a significant vibration amplification effect relative to the nodes at the foot of the slope, and as the nodes to the edge of the step closer to the amplification effect by the step geometry, the stronger the effect of the step; slope protrude geometry has a greater impact on the model of the mass and stiffness characteristics, and the closer the nodes are to the edge of the step, the more significant the impact of the model's mass and stiffness characteristics, the more significant impact of the

基金项目：国家自然科学基金（51979205）。

作者信息：陈明，博士，教授，whuchm@ whu. edu. cn。

amplification effect is also the more significant impact of vibration. The closer the node is to the edge of the step, the more significant the influence on the mass and stiffness characteristics of the model and the more significant the influence on the amplification effect. It can be seen that due to the step geometry, rock properties and node location slope surface different, resulting in different node mass and stiffness characteristics, close to the edge of the step node mass and stiffness is relatively low, which causes different vibration response, resulting in vibration amplification phenomenon.

Keywords：slope；blast vibration；amplification effect；equivalent stiffness；equivalent mass

1 引言

大型水利工程、交通工程、露天矿山等的施工往往涉及岩石高边坡爆破开挖，而炸药爆炸诱发的爆破振动对岩石边坡的安全稳定存在较大的影响，是高边坡开挖的重点关注对象[1]，特别是高边坡坡面的振动放大效应，更易造成高边坡岩体的损伤，因此，研究高边坡坡面的振动放大效应的产生机制具有重要的工程意义。

李海波等人[2]发现凸形地貌对表面的爆破振动速度存在显著放大效应，最大可达9倍左右；唐海等人[3]在此基础上通过现场试验验证了凸型地貌的振动放大效应，并采用量纲分析法推导了振动峰值速度衰减规律公式。同时，研究人员[4-6]在爆破振动监测过程中还发现，爆破振动在高边坡的坡面、大型洞室边墙等结构中传播时振动速度也会出现显著的高程放大效应。因此，许多研究者尝试对这一现象的产生机制进行解释，其中大部分研究都是基于弹性波的透反射理论。石崇等人[7]根据单面边坡反射能量分配原理计算了边坡的速度场分布，结果表明岩体参数及边坡坡脚是影响高程放大效应的主要因素；韩宜康等人[8]基于模型试验及波的透反射理论研究了坡面角度对岩质边坡加速度高程放大效应的影响结果表明放大效应会随边坡坡脚的变化发生改变；张小军[9]采用弹性波的透反射理论推导了台阶爆破时正负高程放大效应系数的理论解，并基于此对萨道夫斯基公式进行修成，在施工现场取得了良好的应用。除此之外，陈明等人[10]采用二自由度模型研究了边坡坡面的振动放大效应，揭示了高程放大效应；Li等人[11]采用简支梁模型，基于动力有限元方法，研究了隧洞边墙的高程放大效应，结果表明这种放大效应在边墙中部最为明显。然而付波等人[4]的爆破振动监测数据表明高程放大效应并非在整个高程上均会产生，且在边坡同一高程平台边缘处的振动放大效应是大于坡脚处的，这表明边坡坡面放大效应并非仅由高程决定，简单地将这种效应归结为高程的影响似乎无法表征这一现象的本质。

本文采用三自由度模型研究了边坡坡面振动放大效应，并结合有限元原理分析了边坡形状、岩体物理力学性质对模型中质量及刚度参数的影响，揭示了边坡坡面放大效应的产生机制。

2 岩石边坡坡面爆破振动分析模型

2.1 计算模型

文献［10］将边坡简化为由台阶突出物及边坡主体构成的二节点模型，采用结构动力学方法定性分析了边坡爆破振动的高程响应机制，但仅采用二节点模型无法反映边坡台阶平台上振动放大效应的差异，因此需要将台阶突出物进一步划分，采用更高自由度模型分析岩质边坡坡面爆破振动响应机制。

考虑到若选择较大自由度进行分析时变量较多，分析过程较为复杂，因此选择三节点模型进行分析，并作适当简化，假设边坡岩体为均质各相同性材料，不考虑应力波的在边坡的透反射作用，忽略岩体阻尼。简化分析模型如图 1 所示，模型边坡高度为 H、宽度 L，共包含三层台阶，各层台阶高度为 H_b、平台宽度为 L_b、坡脚为 α；模型划分过程中，节点 1 与节点 2 的划分边界为 L_u，节点 2 与节点 3 的划分边界为 L_d。

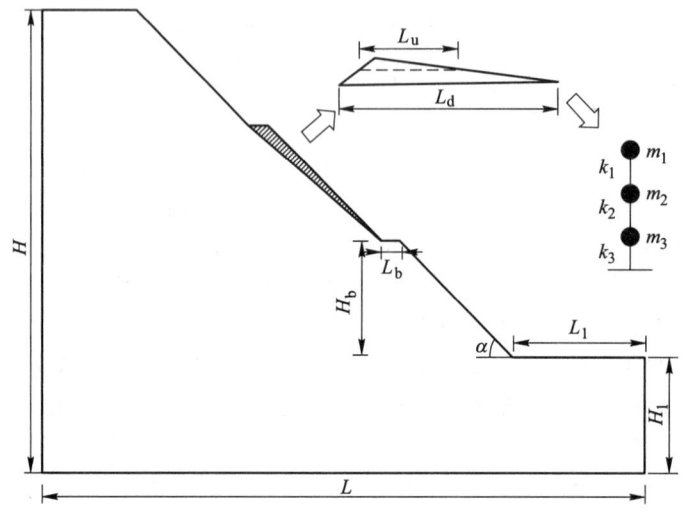

图 1　边坡台阶突出物简化模型

Fig. 1　Simplified model of side slope step protrusion

由此，根据结构动力学原理，水平或者垂直方向上的荷载在模型上引起的振动响应是相似的，因此，本文仅研究水平向荷载的影响。采用刚度法可得，结构受到外部水平荷载时的位移满足式（1）所示的关系。

$$\begin{bmatrix} m_1 & & \\ & m_2 & \\ & & m_3 \end{bmatrix} \begin{bmatrix} \ddot{x}_1 \\ \ddot{x}_2 \\ \ddot{x}_3 \end{bmatrix} + \begin{bmatrix} k_1 & -k_1 & 0 \\ -k_1 & k_1+k_2 & -k_2 \\ 0 & -k_2 & k_2+k_3 \end{bmatrix} \begin{bmatrix} x_1 \\ x_2 \\ x_3 \end{bmatrix} = \begin{bmatrix} F_1(t) \\ F_2(t) \\ F_3(t) \end{bmatrix} \tag{1}$$

式中，k_i 为节点之间的切向刚度；m_i 为节点质量；$F(i)$ 表示受到的节点荷载；x_i 表示节点位移。

又由于 m_3、k_3 远远大于 m_1、k_1 及 m_2、k_2，故在模型中将节点 1 视为固定端，因此方程（1）可退化为：

$$\begin{bmatrix} m_1 & \\ & m_2 \end{bmatrix} \begin{bmatrix} \ddot{x}_1 \\ \ddot{x}_2 \end{bmatrix} + \begin{bmatrix} k_1 & -k_1 \\ -k_1 & k_1+k_2 \end{bmatrix} \begin{bmatrix} x_1 \\ x_2 \end{bmatrix} = \begin{bmatrix} F_1(t) \\ F_2(t) \end{bmatrix} \tag{2}$$

此时定义节点 2 与节点 1 的质量比为 s，刚度比为 n，则有 $m_2=sm_1$，$k_2=nk_1$，于是可得：

$$m_1 \begin{bmatrix} 1 & \\ & s \end{bmatrix} \begin{bmatrix} \ddot{x}_1 \\ \ddot{x}_2 \end{bmatrix} + k_1 \begin{bmatrix} 1 & -1 \\ -1 & 1+n \end{bmatrix} \begin{bmatrix} x_1 \\ x_2 \end{bmatrix} = \begin{bmatrix} F_1(t) \\ F_2(t) \end{bmatrix} \tag{3}$$

考虑式（4）所示的爆炸荷载形式。

$$F_i(t) = P_i e^{-\beta t} \sin(2\pi f t) \tag{4}$$

式中，P_i 为节点 i 受到的荷载的幅值；β 为荷载的衰减系数；f 为荷载的振动频率。

定义节点 1 与节点 2 的振动相对放大系数为：

$$\eta_{12} = \frac{\max \dot{x}_1}{\max \dot{x}_2} \tag{5}$$

由此，根据式（3）和式（4）即可计算出边坡坡面不同位置的振动速度。同时可以发现，边坡坡面的振动速度除了与爆炸荷载相关以外，主要受节点1刚度 k_1、节点1质量 m_1、节点2与节点1刚度比 n 以及质量比 s 四个参数影响，在该模型中，这四个参数主要取决于边坡岩体的物理力学性质及其台阶突出物的几何特性。

2.2 模型参数计算

前述分析表明岩石边坡坡面振动受模型中各节点的刚度与质量参数及爆炸荷载参数影响，其中爆炸荷载参数主要取决于炸药性能、装药结构等相关，不是本文讨论重点，因此重点分析刚度及质量参数计算方法。

假设模型划分过程中划分边界均平行于图1中 L_d，因此，各自由度等效质量可直接采用式（6）表示。

$$m_i = \rho A_i t \tag{6}$$

式中，ρ 为岩体密度；A_i 为各部分节点在边坡突出物划分过程中的面积；t 为厚度，本文考虑单位厚度边坡进行分析，因此取1。

定义模型划分位置系数 $\xi = L_u / L_d$（L_u 及 L_d 表示台阶突出物的划分边界，具体含义见图2），则 ξ 表示计算模型中节点1对应于台阶突出物的位置，ξ 越小意味着节点1越接近平台边缘。于是 A_1、A_2 可按式（7）计算。

$$A_1 = \frac{1}{2} H_b L_b \xi^2 \quad A_2 = \frac{1}{2} H_b L_b (1 - \xi^2) \tag{7}$$

自然有

$$s = \left(\frac{1}{\xi}\right)^2 - 1 \tag{8}$$

假设各节点对应的边坡块体为刚体，因此模型中各节点受到的荷载均仅在划分边界 L 上产生反力，则有：

$$F = \int_L \sigma(L)\,\mathrm{d}L \tag{9}$$

式中，F 为边界 L 上的反力；L 为图1模型中各自由度块体的边界；$\sigma(L)$ 为边界 L 上的应力分布。

为了计算模型中节点间的等效刚度，建立坐标系，并使 X 轴平行于边界 L，然后在各划分后的块体间取出一段岩体，对该部分岩体进行有限单元划分，如图2所示的有限单元划分结果。

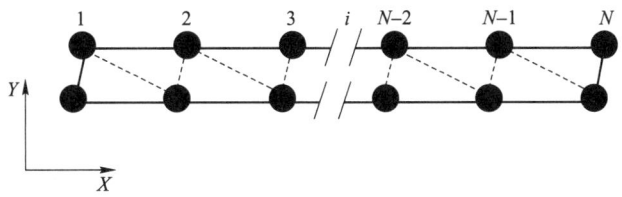

图2　边界各块体间条带单元划分简图

Fig. 2　Sketch of the division of strip units between the blocks of the boundary

由于节点对应的块体被认为是刚体，因此，计算等效刚度时，节点 $1 \sim N$ 在荷载作用下产生的位移相同，于是根据有限原理[12]可将式（10）表示为：

$$F = \sum_{i=1}^{N-1} \frac{Et}{8(1+\mu)} \left(\frac{c_i}{A_i} + \frac{c_{i+1}}{A_{i+1}} \right) l_i \delta \tag{10}$$

式中，F 为分界面上的反力；E 为弹性模量；N 为单元划分数目；μ 为泊松比；c_i 为所选取单元中除节点 i 外其余两个节点的横坐标之差；A_i 为所选取单元的面积；l_i 为单元大小 δ 为位移；t 为厚度，此处考虑单元厚度边坡取 1。

则 k_1 及 n 可表示为：

$$k_1 = \sum_{i=1}^{N_u-1} \frac{Et}{8(1+\mu)} \left(\frac{c_i}{A_i} + \frac{c_{i+1}}{A_{i+1}} \right) l_i \tag{11}$$

$$n = \frac{\sum_{i=1}^{N_d-1} \left(\frac{c_i}{A_i} + \frac{c_{i+1}}{A_{i+1}} \right) l_i}{\sum_{i=1}^{N_u-1} \left(\frac{c_i}{A_i} + \frac{c_{i+1}}{A_{i+1}} \right) l_i} \tag{12}$$

式中，N_u、N_d 分别为边界 L_u、L_d 有限元划分后的节点数目。

3　岩石边坡坡面振动放大效应机制分析

3.1　岩石边坡坡面振动速度放大效应

为了研究边坡坡面振动放大效应特性，所取的边坡物理力学参数及几何参数见表 1。如前所述，本文不考虑爆炸荷载的影响，因此，考虑节点 1 及节点 2 受到的荷载相同，爆炸荷载按表 2 选取。分别计算 $\xi = 0.3 \sim 0.7$ 情况下节点 1 及节点 2 的相对振动放大系数 η_{12}。计算结果如图 3 所示。

表 1　台阶几何参数及岩体物理力学参数取值范围

Tab. 1　Range of values for step geometry and rock body physico-mechanical parameters

参数名称	参数取值范围
E/GPa	20
$\rho/\mathrm{kg \cdot m^{-3}}$	2700
μ	0.27
η	1：1
H_b/m	12、24
L_b/m	2、4
H_1/m	12
L_1/m	12
L/m	105

表 2　爆炸荷载参数取值

Tab. 2　Table of values for explosive load parameters

参数名称	$P/10^6 \mathrm{N}$	β	f/Hz
取值	3	1	30

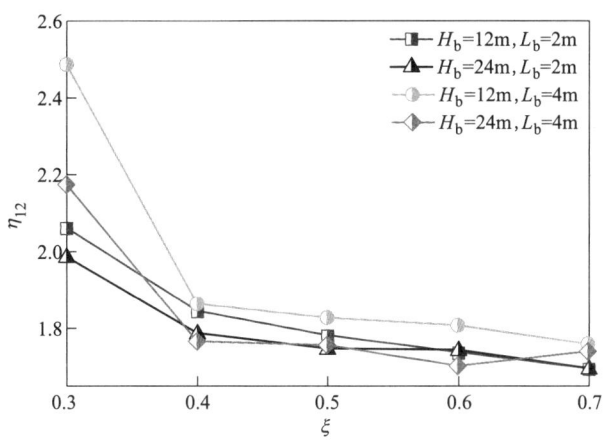

图 3　放大系数随 ξ 变化曲线

Fig. 3　Curve of amplification factor with ξ

图 3 的计算结果表明节点 1 与节点 2 的振动放大效应系数均大于 1，也表明越靠近边坡平台边缘的点相对于靠近边坡坡脚的节点存在放大效应，这一结果与付波等人[4]现场试验的结果是一致的。同时，随着结点 1 靠近边坡坡脚，放大效应受到边坡台阶几何特征的影响越小。另外图 3 结果还表明相对放大系数的大小与台阶几何特征没有特定的单调关系，而是受到台阶高度、平台宽度综合影响，且对不同位置处的节点的影响不相同。

需要注意的是，边坡坡脚同样会影响到振动放大效应，但经计算不同坡脚对振动放大效应的影响规律类似，因此本节仅以 1∶1 坡比的边坡作为对象进行研究。下节将针对边坡台阶的几何特征进行进一步研究从而揭示边坡坡面振动放大效应的产生机制。

3.2　岩石坡面振动放大效应机制

3.1 节的分析表明靠经台阶平台边缘的节点与靠近边坡坡脚处的节点存在振动放大效应，且受到边坡台阶几何特征的影响，而根据第 2 节的分析可知 k_1、n、m、s 是影响振动放大效应的主要参数，因此本节研究了边坡的几何特征对这四个参数的影响。值得说明的是，地质条件对这四个参数同样存在较大的影响，但从式（11）能明显看出 k_1 与 $E/(1+\mu)$ 呈线性递增关系，而其他参数与岩体物理力学参数无关，因此本文不进一步讨论岩体物理力学属性的影响。

式（7）和式（8）表明 m_1 与 H_b、L_b 呈线性关系，与 ξ 的平方呈线性关系，s 与 ξ 的平方呈线性关系，而 k_1 与 n 需要式（11）和式（12）进行计算。因此，基于有限元原理，根据式（11）和式（12）计算了边坡坡脚对 k_1、n 的影响，以及 45° 坡脚情况下 H_b、L_b 的影响结果分别如图 4~图 6 所示。

根据上述计算结果可知，边坡坡度越大 k_1 越小，且位置系数越小则边坡坡度对 n 的影响越大；台阶高度与 k_1 几乎呈线性正关系，且随着位置系数的减小对 n 的影响逐渐增大；平台宽度对 k_1 及 n 的影响均较小，但随着位置系数的减小对 n 的影响逐渐增大。由此可见，节点 1 与节点 2 的振动速度放大效应产生的原因在于，受到台阶几何特征的影响，s 与 n 均大于 1，也即 m_1、k_1 均小于 m_2、k_2，因此节点 1 受到的约束作用小于节点 2，同时，由于随着 ξ 的减小台阶几何特征参数对 k_1 与 n 的影响也越显著，但对 m_1 及 s 的影响变化不大（由式（7）和式（8）可知），这就导致台阶几何特征参数对节点 1 及节点 2 的振动速度放大效应影响更加明显。

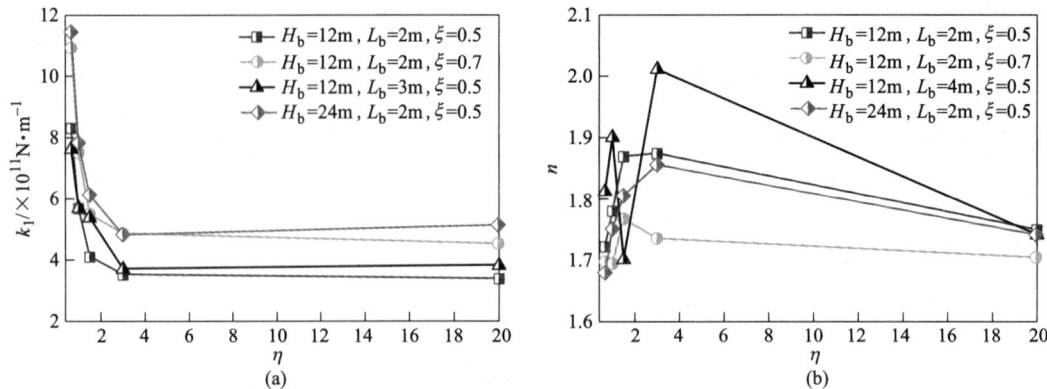

图 4　边坡坡比对 k_1 及 n 的影响

（a）边坡坡比对 k_1 的影响；（b）边坡坡比对 n 的影响

Fig. 4　Influence of slope ratio on k_1 and n

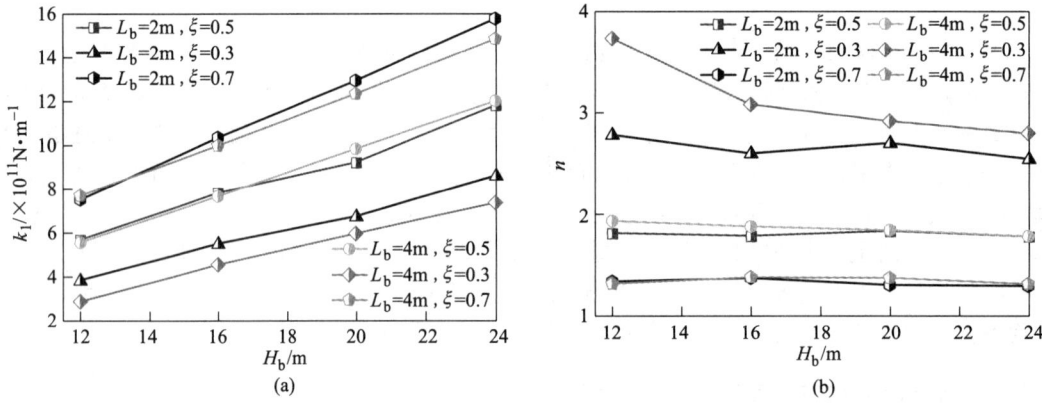

图 5　45°边坡坡脚情况下台阶高度对 k_1 及 n 的影响

（a）台阶高度对 k_1 的影响；（b）台阶高度对 n 的影响

Fig. 5　Influence of step height on k_1 and n at the foot of 45° slope

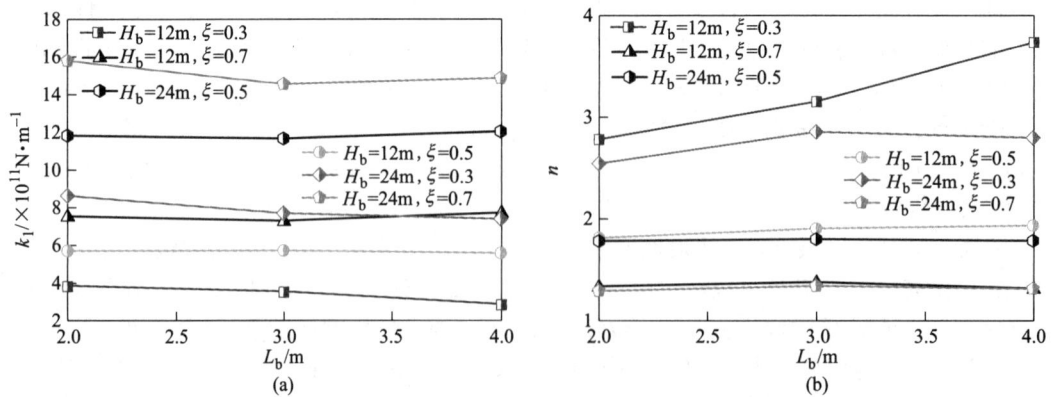

图 6　45°边坡坡脚情况下平台宽度对 k_1 及 n 的影响

（a）平台宽度对 k_1 的影响曲线；（b）平台宽度对 n 的影响曲线

Fig. 6　Influence of width on k_1 and n at the foot of 45° slope

综上所述，边坡坡面的放大效应主要是由于边坡几何特征及节点所处位置的不同导致质量及刚度特性的不同而造成的，且这种效应的强弱也会随着几何特征及位置的变化而变化。

4　结论与展望

本文采用结构动力学方法建立了边坡坡面爆破振动放大效应分析的三自由度模型，结合有限元原理分析了边坡台阶突出物的几何特征对模型中的质量及刚度参数的影响，揭示了边坡坡面振动放大效应的产生机制，得到如下结论：

（1）建立了边坡坡面振动放大效应分析的三自由模型，结果表明边坡坡面的振动放大效应主要由节点1刚度及质量、节点2与节点1的刚度比及其质量比相关。

（2）越靠近平台边缘的节点的振动放大效应越明显，且振动放大效应受到的几何特征的影响越大。

（3）边坡坡面的节点的质量及刚度特性由边坡坡比、台阶高度及平台宽度三个参数决定。其中节点等效质量与平台宽度及台阶高度呈线性正相关；节点等效刚度与边坡坡比呈负相关，与台阶高度呈正相关，受平台宽度的影响较小；且越靠近平台边缘位置处的节点的刚度受三个几何参数越明显。

（4）边坡坡面振动放大效应是由边坡台阶突出物几何特征及节点位置的不同导致刚度及质量特性的区别造成的，且台阶几何特征对质量及刚度的影响受到节点位置的影响，这导致不同节点位置处的振动放大效应会受节点位置的影响。

参 考 文 献

［1］Wu X, Gong M, Wu H, et al. Parameter calculation of the initiating circuit with mixed use of nonel detonators and electronic detonators in tunnel controlled-blasting ［J］. Tunnelling and Underground Space Technology, 2021, 113（3）：103975.

［2］李海波，李廷芥. 地质地貌构造对爆破振动波的影响分析 ［C］//中国土木工程学会防护工程学会学术年会，1998.

［3］唐海，李海波，蒋鹏灿，等. 地形地貌对爆破振动波传播的影响实验研究 ［J］. 岩石力学与工程学报，2007（9）：1817-1823.

［4］付波，胡英国，卢文波，等. 岩石高边坡爆破振动局部放大效应分析 ［J］. 爆破，2014，31（2）：1-7，46.

［5］刘光汉，周建敏，余红兵. 爆破振动高程放大效应研究 ［J］. 矿业研究与开发，2015，35（12）：84-87.

［6］边兴. 深埋洞室高边墙爆破振动规律及放大效应研究 ［D］. 武汉：武汉理工大学，2023.

［7］石崇，周家文，任强，等. 单面边坡高程放大效应的射线理论解 ［J］. 河海大学学报（自然科学版），2008，36（2）：238-241.

［8］韩宜康，杨长卫，张建经，等. 坡面角度对岩质边坡加速度高程放大效应的影响 ［J］. 地震工程学报，2014（4）：874-880.

［9］张小军. 台阶爆破振动高程效应理论研究及应用 ［D］. 北京：北京科技大学，2021.

［10］陈明，卢文波，李鹏，等. 岩质边坡爆破振动速度的高程放大效应研究 ［J］. 岩石力学与工程学报，2011，30（11）：2189-2195.

［11］Li X, Lu J, Luo Y, et al. Mechanism study on elevation effect of blast wave propagation in high side wall of deep underground powerhouse ［J］. Shock and Vibration, 2018, 2018（11）：1-15.

［12］朱伯芳. 有限单元法原理与应用 ［M］. 北京：中国水利水电出版社，1998.

隧道爆破应力波理论分析模型及验证

吉 凌[1]　周传波[2]　蒙贤忠[2]

（1. 安徽理工大学，安徽　淮南　232001；2. 中国地质大学（武汉），武汉　430074）

摘　要：明确隧道爆破应力波产生机制，是实现隧道结构爆破动力灾害有效控制的前提。本文针对隧道开挖爆破特点及隧道围岩空间形态特点，基于应力波理论与柱状装药爆破作用原理，建立了隧道爆破应力波理论分析模型，求解了隧道爆破应力波的产生机制。本文结合我国典型的隧道工程全断面开挖爆破特点，采用建立的隧道爆破应力波理论分析模型，结合极化偏振原理，计算不同类型应力波作用下围岩质点振动速度，通过现场爆破振动监测数据与理论计算结果对比分析，验证了隧道爆破应力波理论分析模型的可靠性。

关键词：隧道；爆破；应力波；围岩；振动

Theoretical Analysis Model of Stress Wave Generated by Tunnel Blasting and Its Verification

Ji Ling[1]　Zhou Chuanbo[2]　Meng Xianzhong[2]

（1. Anhui University of Science and Technology, Huainan 232001, Anhui;
2. China University of Geosciences (Wuhan), Wuhan 430074）

Abstract：In order to achieve an effective control of structures dynamic disasters during tunnel blasting, it is an essential precondition to know the generation mechanism of blast stress wave. According to the characteristics of tunnel blasting and the spatial morphology of surrounding rock, this paper establishes a theoretical analysis model for tunnel blast stress wave and solves the generation mechanism of blast stress wave combining stress wave theory and cylindrical charge blasting characteristics. Based on the blasting characteristics of surrounding rock with different physical and mechanism properties in a typical tunnel project, the particle vibration characteristics of tunnel surrounding rock are calculated separately based on the equivalent numerical model and the proposed theoretical analysis model. The calculated results verify the rationality of the proposed theoretical analysis model.

Keywords：tunnel；blasting；stress wave；surrounding rock；vibration

1　引言

随着我国"十四五"发展规划的提出，大量隧道工程不断涌现。钻爆法因其快速、适应能力强和成本低等优点，在我国地下工程尤其是隧道建设中得到了广泛应用[1-3]。钻爆法在实现隧道高效开挖目的的同时，爆破应力波会在已开挖的隧道表面中传播，势必会造成结构产生动力灾

作者信息：吉凌，博士，讲师，1342197246@qq.com。

害[4-6]。明确隧道爆破应力波产生机制，是实现隧道结构爆破动力灾害有效控制的前提和关键。

关于岩体介质中爆破应力波产生机制，国内外学者开展了大量研究工作。如 Heelan[7] 采用双重傅里叶变换得到了远场短柱状药包在无限弹性介质中爆破引发的振动场解析解，研究结果表明，短柱状药包爆破会产生 P 波和 S 波。Abo-zena[8] 采用联合傅里叶变换与拉普拉斯变换方法，同样得到相似的远场解析解。但两者的解析结果都基于"远场假设"与"小井孔假设"得到，无法得到全场解，具有较大的局限性。Xu 等人[9] 引入最速下降法解析了弹性岩体爆破振动场全场解，其远场解与 Heelan 解一致。Blair[10-11] 通过计算分析不连续装药爆破振动场表明，多个药包爆破产生的应力波会相互叠加形成 P-March 波和 S-March 波，基于此结果，进一步分析了装药长度、炸药爆速与分层介质对应力波产生机制的影响。Liu 等人[12] 采用多个球状药包叠加等效原理，解析得到了柱状药包爆破的应变波。高启栋等人[13] 用极化偏振波场分离方法，研究了岩石典型炮孔爆源诱发的爆破地震波特征，明确了不同爆心距下的主导波型。

由于隧道爆破应力波包含在隧道围岩内部及开挖自由表面传播的面波，受隧道开挖爆破方式、爆破参数、传播路径及围岩地质条件等多因素影响，隧道爆破应力波的产生、演化特征及其作用特征十分复杂。目前，研究者们主要通过现场爆破振动监测与数值模拟的方法，对隧道爆破应力波在围岩内部或开挖自由面的传播规律进行分析，而考虑隧道开挖爆破荷载特征，从理论上推求隧道爆破应力波产生机制的研究相对较少。

综上所述，本文针对隧道开挖爆破特点及隧道围岩空间形态特点，基于应力波理论与柱状装药爆破作用原理，建立隧道爆破应力波理论分析模型，求解隧道爆破应力波的产生机制。进一步结合我国典型的隧道工程——龙南隧道全断面开挖爆破特点，基于建立的应力波理论分析模型与极化偏振原理，计算不同类型应力波作用下围岩质点振动速度，并通过实测数据对建立的隧道爆破应力波理论分析模型进行验证。

2 计算模型

隧道钻爆法施工通常采用柱状药包分段起爆的方式，不同炮孔内炸药爆炸激发的应力波在产生叠加作用增强爆破破岩能力的同时，也使得爆源附近的爆炸应力波形变得十分复杂。此外，在隧道爆破应力波传播过程中，会受到节理裂隙、结构面及隧道内部已开挖自由面、地表等因素影响，导致隧道爆破应力波产生与衰减机制更为复杂。因此，在进行隧道内部爆破应力波理论解析时，需要对此类问题进行简化。

基于弹性动力学理论，假定圆柱形隧道处于无限弹性空间中，半径为 R，受到爆破荷载 $P(z, t)$ 作用于隧道开挖面，爆破荷载加载长度为 l，周边岩石视作完全弹性体，介质参数为 ρ、μ、E，理论模型如图 1 所示。

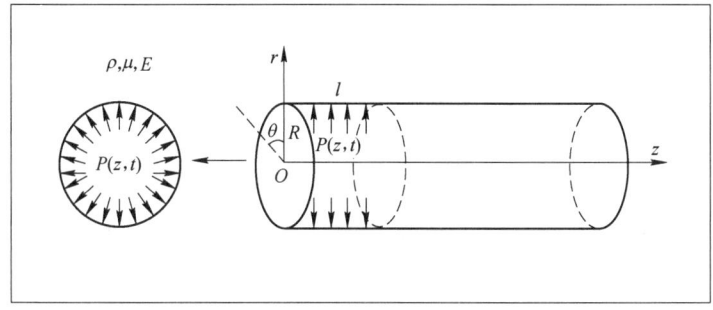

图 1 隧道爆破应力波作用理论模型

Fig. 1 Theoretical model of blast-induced vibration in tunnel surrounding rock

考虑外力作用，柱坐标下 Navier 平衡微分方程为：

$$
\left.
\begin{array}{l}
\dfrac{\partial \sigma_{rr}}{\partial r} + \dfrac{1}{r}\dfrac{\partial \sigma_{r\theta}}{\partial \theta} + \dfrac{\partial \sigma_{rz}}{\partial z} + \dfrac{\sigma_{rr} - \sigma_{\theta\theta}}{r} = \rho\dfrac{\partial^2 u_r}{\partial t^2} \\[3mm]
\dfrac{\partial \sigma_{r\theta}}{\partial r} + \dfrac{1}{r}\dfrac{\partial \sigma_{\theta\theta}}{\partial \theta} + \dfrac{\partial \sigma_{\theta z}}{\partial z} + \dfrac{2\sigma_{r\theta}}{r} = \rho\dfrac{\partial^2 u_\theta}{\partial t^2} \\[3mm]
\dfrac{\partial \sigma_{rz}}{\partial r} + \dfrac{1}{r}\dfrac{\partial \sigma_{\theta z}}{\partial \theta} + \dfrac{\partial \sigma_{zz}}{\partial z} + \dfrac{\sigma_{rz}}{r} = \rho\dfrac{\partial^2 u_z}{\partial t^2}
\end{array}
\right\}
\tag{1}
$$

式（1）不考虑体力作用。其中，σ_{ij} 为应力分量（下标表示应力所在平面及方向）；u_i 为各方向对应位移。

将岩体看做完全弹性体，其应力应变关系符合 Hook 定律，矩阵形式为：

$$
\begin{bmatrix}
\sigma_{rr} \\
\sigma_{\theta\theta} \\
\sigma_{zz} \\
\sigma_{\theta z} \\
\sigma_{rz} \\
\sigma_{r\theta}
\end{bmatrix}
=
\begin{bmatrix}
\lambda + 2\mu & \lambda & \lambda & 0 & 0 & 0 \\
\lambda & \lambda + 2\mu & \lambda & 0 & 0 & 0 \\
\lambda & \lambda & \lambda + 2\mu & 0 & 0 & 0 \\
0 & 0 & 0 & \mu & 0 & 0 \\
0 & 0 & 0 & 0 & \mu & 0 \\
0 & 0 & 0 & 0 & 0 & \mu
\end{bmatrix}
\begin{bmatrix}
\varepsilon_{rr} \\
\varepsilon_{\theta\theta} \\
\varepsilon_{zz} \\
\gamma_{\theta z} \\
\gamma_{rz} \\
\gamma_{r\theta}
\end{bmatrix}
\tag{2}
$$

柱坐标下弹性体几何方程为：

$$
\varepsilon_{rr} = \dfrac{\partial u_r}{\partial r}, \ \ \varepsilon_{\theta\theta} = \dfrac{1}{r}\dfrac{\partial u_\theta}{\partial \theta} + \dfrac{u_r}{r}, \ \ \varepsilon_{zz} = \dfrac{\partial u_z}{\partial z}, \ \ \gamma_{\theta z} = \dfrac{1}{r}\dfrac{\partial u_z}{\partial \theta} + \dfrac{\partial u_\theta}{\partial z}
$$
$$
\gamma_{rz} = \dfrac{\partial u_r}{\partial z} + \dfrac{\partial u_z}{\partial r}, \ \ \gamma_{r\theta} = \dfrac{\partial u_\theta}{\partial r} + \dfrac{1}{r}\dfrac{\partial u_r}{\partial \theta} - \dfrac{u_\theta}{r}
\tag{3}
$$

将式（2）与式（3）代入式（1）中，得到位移表示的平衡方程为：

$$
(\lambda + 2\mu)\left(\dfrac{\partial^2 u_r}{\partial r^2} + \dfrac{1}{r}\dfrac{\partial u_r}{\partial r}\right) + \dfrac{\mu}{r^2}\dfrac{\partial^2 u_r}{\partial \varphi^2} + \mu\dfrac{\partial^2 u_r}{\partial z^2} - \dfrac{\lambda + 2\mu}{r^2}u_r +
$$
$$
\dfrac{1}{r}(\lambda + \mu)\dfrac{\partial^2 u_\theta}{\partial r\partial \theta} - \dfrac{1}{r^2}(\lambda + 3\mu)\dfrac{\partial u_\theta}{\partial \theta} + (\lambda + \mu)\dfrac{\partial^2 u_z}{\partial r\partial z} = \rho\dfrac{\partial^2 u_r}{\partial t^2}
$$

$$
\dfrac{1}{r}(\lambda + \mu)\dfrac{\partial^2 u_r}{\partial r\partial \theta} + \dfrac{1}{r^2}(\lambda + 3\mu)\dfrac{\partial u_r}{\partial \varphi} + \mu\left(\dfrac{\partial^2 u_\theta}{\partial r^2} + \dfrac{1}{r}\dfrac{\partial u_\theta}{\partial r}\right) + \dfrac{\lambda + 2\mu}{r^2}\dfrac{\partial^2 u_\theta}{\partial \theta^2} +
$$
$$
\mu\dfrac{\partial^2 u_\theta}{\partial \theta^2} - \dfrac{\mu}{r^2}u_\theta + \dfrac{1}{r}(\lambda + \mu)\dfrac{\partial^2 u_z}{\partial \theta\partial z} = \rho\dfrac{\partial^2 u_\theta}{\partial t^2}
$$

$$
(\lambda + \mu)\left(\dfrac{\partial^2 u_r}{\partial r\partial z} + \dfrac{1}{r}\dfrac{\partial u_r}{\partial z}\right) + \dfrac{1}{r}(\lambda + \mu)\dfrac{\partial^2 u_\theta}{\partial \theta\partial z} +
$$
$$
\mu\left(\dfrac{\partial^2 u_z}{\partial r^2} + \dfrac{1}{r}\dfrac{\partial u_z}{\partial r} + \dfrac{1}{r^2}\dfrac{\partial^2 u_z}{\partial \varphi^2}\right) + \lambda\dfrac{\partial^2 u_z}{\partial z^2} = \rho\dfrac{\partial^2 u_z}{\partial t^2}
$$

$$
\tag{4}
$$

引入 Helmholtz 分解，将位移场分解为 $\boldsymbol{u}$ $(u_x,\ u_y,\ u_z)$ 标量场 φ 与矢量场 ψ：

$$
\boldsymbol{u} = \nabla\varphi + \nabla \times \psi
\tag{5}
$$

将式（5）代入式（4）中，同时考虑对称情况下位移与角度的不相关性，得到柱坐标系内波动方程为

$$\left.\begin{array}{l}\dfrac{\partial^2 \varphi}{\partial r^2} + \dfrac{1}{r}\dfrac{\partial \varphi}{\partial r} + \dfrac{\partial^2 \varphi}{\partial z^2} = \dfrac{1}{c_p^2}\dfrac{\partial^2 \varphi}{\partial t^2} \\[3mm] \dfrac{\partial^2 \psi}{\partial r^2} + \dfrac{1}{r}\dfrac{\partial \psi}{\partial r} + \dfrac{\partial^2 \psi}{\partial z^2} - \dfrac{\psi}{r^2} = \dfrac{1}{c_s^2}\dfrac{\partial^2 \psi}{\partial t^2}\end{array}\right\} \quad (6)$$

式中，c_p 为纵波波速；c_s 为横波波速；φ 为位移标量势；ψ 为位移矢量势。

对于隧道爆破，炸药在水平孔内爆炸后应力波直接作用于隧道壁上，爆源可看作径向应力源，因此在 Heelan 的求解方法中需要忽略其他应力源的作用，此时初值条件与边界条件为：

$$\left.\begin{array}{l}\dot{\varphi}\big|_{t=0} = \dfrac{\partial \varphi}{\partial t} = 0 \\[3mm] \dot{\psi}\big|_{t=0} = \dfrac{\partial \psi}{\partial t} = 0\end{array}\right\} \quad (7)$$

$$\left.\begin{array}{l}\tau_{rz}\big|_{r=R} = 0 \\[2mm] \sigma_{rr}\big|_{r=R} = P(r,\,z,\,t) = p(t)H(l-z)\end{array}\right\} \quad (8)$$

式中，R 为隧道半径；l 为装药长度的 $1/2$；$H(z-l)$ 为海维赛德函数；$p(t)$ 为爆破荷载函数。

柱坐标下波动方程在波数域与频域内存在以下形式解：

$$\left.\begin{array}{l}\varphi(r,\,z,\,t) = \left(\dfrac{1}{2\pi}\right)^2 \displaystyle\int_{-\infty}^{+\infty}\int_{-\infty}^{+\infty} f_1 H_n^{(1)}(k_r r)\exp\big[i(k_z z - \omega t)\big]\mathrm{d}k_z \mathrm{d}\omega \\[4mm] \psi(r,\,z,\,t) = \left(\dfrac{1}{2\pi}\right)^2 \displaystyle\int_{-\infty}^{+\infty}\int_{-\infty}^{+\infty} f_2 H_n^{(1)}(k_r r)\exp\big[i(k_z z - \omega t)\big]\mathrm{d}k_z \mathrm{d}\omega\end{array}\right\} \quad (9)$$

式中，f_1、f_2 分别为待定系数；$H_n^{(1)}$ 为 n 阶第一种 Hankel 函数，对于轴对称问题 $n=0$；ω 为圆频率；k_r 与 k_z 分别为 r 与 z 方向波数；与纵波 c_p 和横波 c_s 存在以下关系：

$$k_r^2 + k_z^2 = \dfrac{\omega^2}{c_{p/s}^2} \quad (10)$$

将式（9）和式（10）代入式（6）中，得到方程：

$$\left.\begin{array}{l}k_r^2\big\{\big[(\lambda + 2\mu)(k_r^2 + k_z^2) - \rho\omega^2\big]f_1 + ik_z\big[\mu(k_r^2 + k_z^2) - \rho\omega^2\big]f_2\big\}H_0^{(1)}(k_r r) = 0 \\[3mm] \big\{ik_z\big[-(\lambda + 2\mu)(k_r^2 + k_z^2) + \rho\omega^2\big]f_1 - k_r^2\big[\mu(k_r^2 + k_z^2) - \rho\omega^2\big]f_2\big\}H_0^{(1)}(k_r r) = 0\end{array}\right\} \quad (11)$$

对于式（11），要使得 f_1、f_2 有非零解，需要系数矩阵满秩，即：

$$\big[(\lambda + 2\mu)(k_r^2 + k_z^2) - \rho\omega^2\big]\big[\mu(k_r^2 + k_z^2) - \rho\omega^2\big] = 0 \quad (12)$$

从上式可以看出，在各向同性体中 P 波和 SV 波是解耦的，通过上式可以得到径向波数 k_r 的两对共轭解，两对共轭解分别为 P 波和 SV 波径向波数 k_{rp} 和 k_{rs}：

$$\left.\begin{array}{l}k_{rp} = \sqrt{\dfrac{\rho\omega^2}{\lambda + 2\mu} - k_z^2} \\[4mm] k_{rs} = \sqrt{\dfrac{\rho\omega^2}{\mu} - k_z^2}\end{array}\right\} \quad (13)$$

结合上述波数关系，得到式（9）中势函数的 Hankel 变换式为：

$$\left.\begin{array}{l}\tilde{\varphi} = f_1 H_0^{(1)}(k_{rp} r) \\[2mm] \tilde{\psi} = f_2 H_0^{(1)}(k_{rs} r)\end{array}\right\} \quad (14)$$

式中，$\tilde{\varphi}$、$\tilde{\psi}$ 为势函数 Hankel 变换式；f_1 和 f_2 分别为待定系数，通过边界条件确定。

将边界条件（8）进行 Hankel 变换转换到频域波数域，得到：

$$\left.\begin{array}{l} \tilde{\tau}_{rz}\big|_{r=R}=0 \\ \tilde{\sigma}_{rr}\big|_{r=R}=\tilde{P}(k_z,\ \omega) \end{array}\right\} \tag{15}$$

根据位移与势函数关系：

$$\left.\begin{array}{l} u_r=\dfrac{\partial\varphi}{\partial r}-\dfrac{\partial\psi}{\partial z} \\[3mm] u_z=\dfrac{\partial\varphi}{\partial z}+\dfrac{1}{r}\dfrac{\partial(r\psi)}{\partial r} \end{array}\right\} \tag{16}$$

联立式（2）和式（3）得到轴对称问题下应力与位移关系，各应力分量为：

$$\left.\begin{array}{l} \sigma_{rr}=\lambda\left(\dfrac{\partial u_r}{\partial r}+\dfrac{u_r}{r}+\dfrac{\partial u_z}{\partial z}\right)+2\mu\dfrac{\partial u_r}{\partial r} \\[3mm] \sigma_{\theta}=\lambda\left(\dfrac{\partial u_r}{\partial r}+\dfrac{u_r}{r}+\dfrac{\partial u_z}{\partial z}\right)+2\mu\dfrac{u_r}{r} \\[3mm] \sigma_{z}=\lambda\left(\dfrac{\partial u_r}{\partial r}+\dfrac{u_r}{r}+\dfrac{\partial u_z}{\partial z}\right)+2\mu\dfrac{\partial u_z}{\partial z} \\[3mm] \tau_{zr}=\mu\left(\dfrac{\partial u_r}{\partial z}+\dfrac{\partial u_z}{\partial r}\right) \\[3mm] \tau_{z\theta}=\tau_{r\theta}=0 \end{array}\right\} \tag{17}$$

结合边界条件（见式（8））与应力与位移势函数关系（见式（15）和式（17）），得到方程组：

$$\left\{-\left[(\lambda+2\mu)k_{rp}^2+\lambda k_z^2\right]H_0^{(1)}(k_{rp}R)+2\mu\dfrac{k_{rp}}{R}H_1^{(1)}(k_{rp}R)\right\}f_1+$$
$$2\mu ik_{rp}k_z H_1^{(1)}(k_{rs}R)f_2=\tilde{P}(R,\ k_z,\ \omega)-2ik_{rp}k_z H_1^{(1)}(k_{rp}R)f_1+ \tag{18}$$
$$\left[\left(k_z^2-k_{rs}^2-\dfrac{1}{R^2}\right)H_0^{(1)}(k_{rs}R)+\left(\dfrac{1}{R}-1\right)k_{rs}H_1^{(1)}(k_{rs}R)\right]f_2=0$$

式中，频域波数域荷载 $\tilde{P}(R,\ k_z,\ \omega)=\displaystyle\int_{-\infty}^{+\infty}\int_{-\infty}^{+\infty}P(r,\ z,\ t)\exp[i(-k_z z+\omega t)]\mathrm{d}z\mathrm{d}t$。

求解方程式（18）得到 f_1、f_2：

$$\left.\begin{array}{l} f_1=-\dfrac{\tilde{P}R^3\left[\left(-k_{rs}^2+k_z^2-\dfrac{1}{R^2}\right)H_0^{(1)}(k_{rs}R)+k_{rs}\left(\dfrac{1}{R}-1\right)H_1^{(1)}(k_{rs}R)\right]}{K} \\[5mm] f_2=-\dfrac{2ik_{rp}k_z\tilde{P}R^3 H_1^{(1)}(k_{rp}R)}{K} \end{array}\right\} \tag{19}$$

式中，$K=4R^3 k_{rp}^2 k_z^2\mu H_1^{(1)}(k_{rp}R)H_1^{(1)}(k_{rs}R)-\{[R^2(k_{rs}^2-k_z^2)+1]H_0^{(1)}(k_{rs}R)+k_{rs}(R-1)RH_1^{(1)}(k_{rs}R)\}\{RH_0^{(1)}(k_{rp}R)[k_{rp}^2(\lambda+2\mu)+\lambda k_z^2]-2k_{rp}\mu H_1^{(1)}(k_{rp}R)\}$

将式（14）代入式（16）中，得到频域波数域中位移场：

$$\left.\begin{array}{l} \tilde{u}_r(r,\ k_z,\ \omega)=-f_1 k_{rp}H_1^{(1)}(k_{rp}r)-if_2 k_z H_0^{(1)}(k_{rs}r) \\[3mm] \tilde{u}_z(r,\ k_z,\ \omega)=if_1 k_z H_0^{(1)}(k_{rp}r)+f_2\left[\dfrac{H_0^{(1)}(k_{rs}r)}{r}-k_{rs}H_1^{(1)}(k_{rs}r)\right] \end{array}\right\} \tag{20}$$

对式（20）进行式（9）所示的反变换，得到径向与轴向位移：

$$
\left.
\begin{aligned}
u_r(r,\ z,\ t) &= \left(\frac{1}{2\pi}\right)^2 \int_{-\infty}^{+\infty}\int_{-\infty}^{+\infty} \tilde{u}_r(r,\ k_z,\ \omega)\exp[\,i(k_z z - \omega t)\,]\mathrm{d}k_z\mathrm{d}\omega \\
u_z(r,\ z,\ t) &= \left(\frac{1}{2\pi}\right)^2 \int_{-\infty}^{+\infty}\int_{-\infty}^{+\infty} \tilde{u}_z(r,\ k_z,\ \omega)\exp[\,i(k_z z - \omega t)\,]\mathrm{d}k_z\mathrm{d}\omega
\end{aligned}
\right\}
\tag{21}
$$

式 (21) 中包含两部分反积分变换：波数域积分反变换与傅里叶反变换。其中傅里叶反变换方法较为成熟，重点考虑波数域积分反变换的计算，即：

$$
\left.
\begin{aligned}
u_r(r,\ z,\ \omega) &= \frac{1}{2\pi}\int_{-\infty}^{+\infty} \tilde{u}_r(r,\ k_z,\ \omega)\exp(ik_z z)\mathrm{d}k_z \\
u_z(r,\ z,\ \omega) &= \frac{1}{2\pi}\int_{-\infty}^{+\infty} \tilde{u}_z(r,\ k_z,\ \omega)\exp(ik_z z)\mathrm{d}k_z
\end{aligned}
\right\}
\tag{22}
$$

徐逸鹤等人[14]提出采用最速下降法用于计算波数域积分反变换，该方法能有效计算全场振动问题并消除积分振荡。此方法首先需明确被积函数振荡原因，并寻找最速下降路径。在 $\tilde{u}_{r,z}(r,\ k_z,\ \omega)$ 中 $H_n^{(m)}(k_{rp}r)$ 与 $H_n^{(m)}(k_{rs}r)$ 的振荡特性分别由 $\exp(ik_{rp}(r-R))$ 和 $\exp(ik_{rs}(r-R))$ 控制，则被积函数的振荡性取决于 $\exp[\,i(k_{rp}(r-R)+k_z z)\,]$ 和 $\exp[\,i(k_{rs}(r-R)+k_z z)\,]$。基于此特征，为了去除式 (17) 中被积函数振荡特性，寻找最速下降路径，将 $\tilde{u}_{r,z}(r,\ k_z,\ \omega)\exp(ik_z z)$ 分成振荡部分与平滑部分，以平滑部分最速下降路径近似替代 $\tilde{u}_{r,z}(r,\ k_z,\ \omega)\exp(ik_z z)$ 的最速下降路径，计算结果依旧能保证较高精度。因此，将 $\tilde{u}_{r,z}(r,\ k_z,\ \omega)\exp(ik_z z)$ 表示为：

$$
\tilde{u}_{r,z}(r,\ k_z,\ \omega)\exp(ik_z z) = G_p(k_z)\exp[g_p(k_z)] + G_s(k_z)\exp[g_s(k_z)]
\tag{23}
$$

式中，$G_p(k_z)$ 与 $G_s(k_z)$ 为相对平滑函数；$g_p(k_z)$ 与 $g_s(k_z)$ 为振荡函数，可表示为 $g_p(k_z) = i[k_{rp}(r-R)+k_z z]$，$g_s(k_z) = i[k_{rs}(r-R)+k_z z]$。

根据最速下降法原理，寻找鞍点构建最速下降路径。设鞍点为 $k_z = k_{zs}$，则在最速下降路径中任意一点都满足：

$$
g_{p,s}(k_z) = g_{p,s}(k_{zs}) - X^2
\tag{24}
$$

式中，X 为任意常数，鞍点 k_{zs} 满足条件：

$$
\left.\frac{\mathrm{d}g_{p,s}(k_z)}{\mathrm{d}k_z}\right|_{k_z=k_{zs}} = 0,\quad \left.\frac{d^2 g_{p,s}(k_z)}{dk_z^2}\right|_{k_z=k_{zs}} \neq 0
\tag{25}
$$

联立式 (14)、式 (24)、式 (25)，得到 k_{zs} 与 $g_{p,s}(k_{zs})$ 为：

$$
k_{zs} = \frac{\omega z}{c_{p,s}L},\quad g_{p,s}(k_{zs}) = i\frac{\omega L}{c_{p,s}}
\tag{26}
$$

式中，$L = \sqrt{(r-R)^2 + z^2}$，为爆源壁面一点到任意一点的直线距离。

将式 (26) 与式 (14) 代入式 (24) 中，得到最速下降路径方程式：

$$
L^2 k_z^2 + 2i[g_{p,s}(k_{zs}) - X^2]zk_z - \{[g_{p,s}(k_{zs}) - X^2]^2 + \omega^2 (r-R)^2/c_{p,s}^2\} = 0
\tag{27}
$$

求解式 (27) 方程，得到：

$$
k_{z1,2} = \frac{-2iz[g_{p,s}(k_{zs}) - X^2] \pm \sqrt{4(r-R)^2[(g_{p,s}(k_{zs}) - X^2)^2 + L^2\omega^2/c_{p,s}^2]}}{2L^2}
\tag{28}
$$

当 $X = 0$ 时，代入式 (28) 得到 $k_{z1,2} = k_{zs}$。当 X 从 0 增加到 $+\infty$ 时，便形成两条从 k_{zs} 发出的积分路径，这两条积分路径合并一起为最速下降路径。

将式 (23)、式 (24) 代入式 (22) 中得到积分表达式：

$$u_{r,z}(r, z, \omega) = \frac{1}{2\pi}\int_{-\infty}^{+\infty} G_p(k_z)\exp(g_{pr}(k_z)) + G_s(k_z)\exp(g_s(k_z))\mathrm{d}k_z$$

$$= \frac{1}{2\pi}\Big\{\int_0^{+\infty}[G_p(k_{z1})\exp(g_{pr}(k_{z1}))k'_{z1}(X) - G_p(k_{z2})\exp(g_{pr}(k_{z2}))k'_{z2}(X)]\mathrm{e}^{-X^2}\mathrm{d}X\Big\} +$$

$$\frac{1}{2\pi}\Big\{\int_0^{+\infty}[G_s(k_{z1})\exp(g_{sr}(k_{z1}))k'_{z1}(X) - G_s(k_{z2})\exp(g_{sr}(k_{z2}))k'_{z2}(X)]\mathrm{e}^{-X^2}\mathrm{d}X\Big\} \quad (29)$$

式（29）中包含两部分积分，分别与 P 波和 S 波相关。由于积分过程复杂，采用高斯-克朗罗德自适应数值积分方法，考虑积分路径中的支点，得到频域内数值解，并进行离散傅里叶反变换，得到时空域内数值解。

根据式（21）位移场结果，对 t 进行求导，得到速度场表达式：

$$\left.\begin{aligned} v_r(r, z, t) &= \frac{\partial u_r(r, z, t)}{\partial t}\\ v_z(r, z, t) &= \frac{\partial u_z(r, z, t)}{\partial t} \end{aligned}\right\} \quad (30)$$

3　算例验证

3.1　围岩爆破振动现场测试

为验证上述理论计算结果的合理性，结合龙南隧道Ⅱ级围岩全断面开挖爆破工程背景，开展现场爆破振动监测试验，如图 2 所示。现场爆破振动监测采用成都中科测控有限公司研制的 TC-4850 爆破测振仪，考虑到隧道全断面开挖爆破炸药用量较大，围岩在爆破作用下动力响应特征明显，若测振仪距掌子面过近，极容易受到损坏，因此在距掌子面20m 拱脚附近处开始沿隧道开挖轴向间隔5m 布置5 台测振仪，爆破振动监测历时设置为2s，总共开展了六组爆破振动监测试验。图 2 所示为现场爆破振动监测点具体布置示意图。

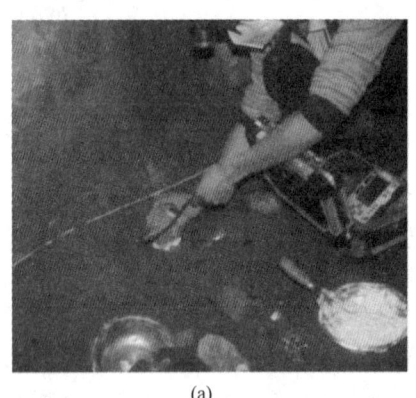
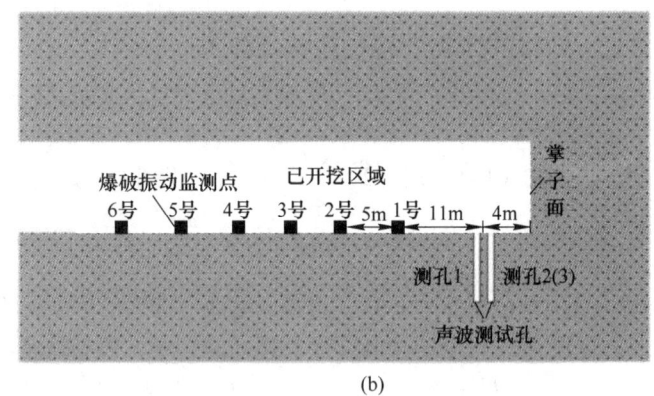

(a)　　　　　　　　　　　　(b)

图 2　现场爆破振动监测

（a）现场爆破振动监测；（b）监测点布置示意图

Fig. 2　In-situ blasting vibration monitoring

现场爆破振动监测数据列于表 1，可以发现，各监测点 X 方向（开挖轴向）与 Y 方向（开挖径向）振速较大，Z 方向（开挖高度方向）振速较小。图 3 所示为第一次爆破监测 1 号测点各方向振速时程曲线，可以看出 MS1 段炮孔爆破引起的围岩质点峰值振动速度最大。

表 1　现场爆破振动监测数据
Tab. 1　Results of in-situ blasting vibration monitoring

爆破次数	测点	各方向 PPV/cm·s⁻¹			爆破次数	测点	各方向 PPV/cm·s⁻¹		
		X	Y	Z			X	Y	Z
1	1 号	21.4	27.5	7.5	4	1 号	20.5	26.2	6.5
	2 号	9.1	9.7	4.5		2 号	8.5	9.6	4.1
	3 号	6.7	7.65	3.2		3 号	6.1	7.8	2.9
	4 号	5.7	5.2	2.4		4 号	4.9	6.8	3.1
	5 号	4.5	5.5	2.2		5 号	3.5	4	2.3
2	1 号	19.1	26.3	6.9	5	1 号	22.3	27.7	7.1
	2 号	7.9	9.2	4.9		2 号	9.5	10.1	4.9
	3 号	7	7.35	2.8		3 号	7.5	8.85	3.1
	4 号	6	5.8	3		4 号	5.8	5.4	2.3
	5 号	4.1	5.3	1.9		5 号	3.8	4.7	2.1
3	1 号	23.1	28.3	7.2	6	1 号	23.5	27.1	6.8
	2 号	8.2	8.8	4.3		2 号	9.2	9.8	4.7
	3 号	7.2	7.05	3.8		3 号	7.3	8.25	3.6
	4 号	5.3	6.4	2.5		4 号	5.2	6.6	3
	5 号	3.7	5.2	1.8		5 号	3.6	4.3	1.7

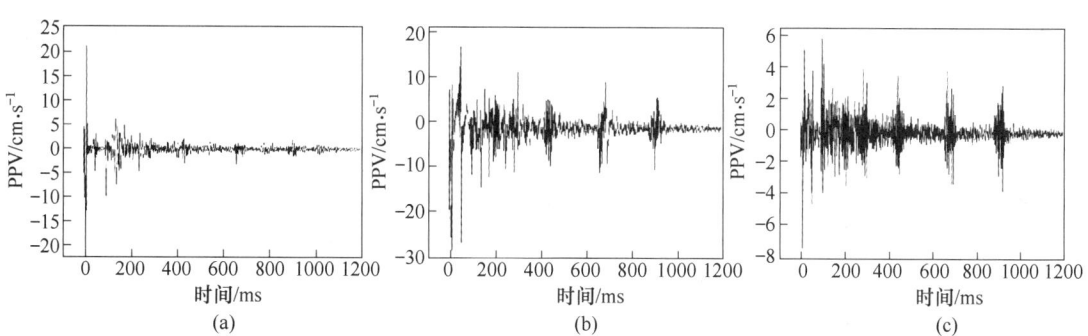

图 3　第一次爆破振动监测 1 号测点波形

（a）X 方向；（b）Y 方向；（c）Z 方向

Fig. 3　Waveform of monitoring point No. 1 in the first monitoring

3.2　围岩爆破振动理论分析

由于理论模型中假设隧道开挖断面为圆形，并且对隧道爆破荷载进行了等效处理，因此，在对隧道爆破应力波理论解析方法验证前，应首先结合隧道开挖爆破特点，确定隧道开挖断面等效半径及等效爆破荷载参数。

3.2.1　隧道等效半径确定

由于理论模型中隧道开挖断面为圆形，而实际隧道开挖断面形状为马蹄形，因此首先将隧道开挖断面进行等效处理。利用等效面积法，将马蹄形断面尺寸转化为圆形断面尺寸的等效尺寸计算公式为[15]：

$$r_e = \sqrt{\frac{A}{\pi}} \tag{31}$$

式中，r_e 为等效圆半径；A 为实际隧道开挖断面面积。

根据式（31）计算得到，龙南隧道全断面开挖爆破时，开挖断面等效半径为 6.7m。

3.2.2 隧道等效爆破荷载参数确定

根据相关研究及现场爆破振动监测发现，隧道开挖爆破时围岩最大振动响应一般由掏槽孔爆破引起，且可不计各段炮孔爆炸荷载的叠加[16]。考虑隧道开挖过程中掏槽孔爆破引起的围岩质点振动速度最大，本节将掏槽孔爆破荷载等效施加在隧道开挖轮廓面上，进行隧道爆破应力波作用特征分析。根据卢文波等人[17]的研究，将多个掏槽孔爆破荷载等效到弹性边界上，等效爆破荷载计算公式为：

$$P_{be}(t) = mP_0(t)\left(\frac{r_b}{r_s}\right)^{2+\frac{\mu}{1-\mu}}\left(\frac{r_s}{r_f}\right)^{2-\frac{\mu}{1-\mu}} \tag{32}$$

式中，$P_{be}(t)$ 为等效爆破荷载；$P_0(t)$ 为作用在炮孔壁上的爆炸荷载压力；m 为群孔爆破影响系数；r_b、r_s、r_f 分别为炮孔半径、粉碎区半径与裂隙区半径；μ 为围岩泊松比。

由于实际工程中掏槽孔一般分布在隧道掌子面中下部，距离隧道底板较近，考虑最不利影响，将掏槽孔等效边界上的爆破荷载首先施加在隧道底板上，然后在隧道开挖轮廓面施加与底板相同的爆破荷载。根据应力波衰减公式，施加在隧道底板上的爆破荷载可根据式（33）计算：

$$P_R = P_0\left(\frac{r_b}{R}\right)^{\alpha} \tag{33}$$

式中，R 为围岩距炸药中心距离；α 为冲击波压力衰减系数，在粉碎区 $\alpha = 2+\mu/(1+\mu)$，在裂隙区 $\alpha = 2-\mu/(1+\mu)$。

根据龙南隧道全断面开挖爆破特点，计算得到施加在开挖轮廓面上的等效爆破荷载参数，见表 2。

表 2　隧道等效爆破荷载参数
Tab. 2　Equivalent parameters of blasting load

围岩级别	爆破荷载加载长度 l/m	峰值荷载 P_0/MPa	上升历时 t_r/ms	总历时 t_d/ms
II	1.5	67	0.75	5

3.2.3 围岩材料参数

根据现场地质勘查资料，龙南隧道全断面开挖段围岩物理力学参数列于表 3。

表 3　龙南隧道围岩物理力学参数
Tab. 3　Physical and mechanical parameters of surrounding rock

围岩级别	密度 ρ/kg·m^{-3}	弹性模量 E/GPa	泊松比 μ	抗压强度 σ_c/MPa
II	2700	45	0.22	160

3.3　对比验证分析

基于极化偏振原理[14]，识别波形中不同类型应力波成分。图 4 为基于理论分析模型求解得到的距掌子面 15m 处围岩质点应力波成分判别结果。表 4 列出了距掌子面 15~35m 范围内围岩质点数值模拟与理论分析结果。可以看出，与理论计算结果相比，数值模拟围岩质点振速峰值偏大，一方面是由于理论分析中对隧道开挖断面尺寸以及爆破荷载进行了等效所导致，另一方面是由于理论计算中将围岩视为均质各向同性弹性体，而实际围岩内部存在大量节理裂隙，导致应力波幅值衰减更快。总的来看，两者误差基本在20%以内，验证了理论分析模型的合理性。

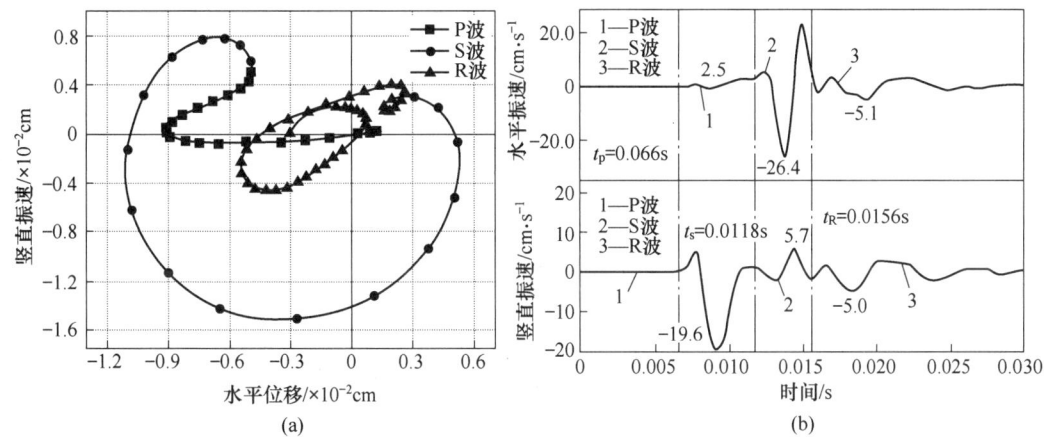

图 4　波成分判别示意图

（a）位移偏振；（b）速度偏振

Fig. 4　Schematic diagram of wave types

表 4　数值模拟与理论分析围岩质点振动速度

Tab. 4　PPV obtained from numerical simulation and theoretical analysis

应力波	监测点	模拟 /cm·s⁻¹	理论 /cm·s⁻¹	误差 /%	应力波	监测点	模拟 /cm·s⁻¹	理论 /cm·s⁻¹	误差 /%
径向 P 波	1 号	2.50	2.08	16.9	轴向 S 波	1 号	5.70	4.6	19.3
	2 号	1.56	1.39	10.6		2 号	2.80	2.3	17.9
	3 号	0.72	0.61	15.3		3 号	1.20	0.92	23.3
	4 号	0.21	0.17	19.0		4 号	0.57	0.47	17.5
	5 号	0.067	0.056	16.4		5 号	0.062	0.05	19.4
轴向 P 波	1 号	19.60	17.8	9.2	径向 R 波	1 号	5.01	4.21	16.0
	2 号	10.50	9.10	13.3		2 号	3.87	3.55	8.3
	3 号	7.30	6.00	17.8		3 号	3.21	2.98	7.2
	4 号	4.20	3.40	19.0		4 号	2.47	2.12	14.2
	5 号	3.09	2.78	10.0		5 号	1.82	1.53	15.9
径向 S 波	1 号	22.40	26.4	15.2	轴向 R 波	1 号	5.00	4.34	13.2
	2 号	8.00	9.10	12.1		2 号	4.20	3.67	12.6
	3 号	3.50	4.30	18.6		3 号	3.45	3.02	12.5
	4 号	1.70	2.10	19.0		4 号	2.76	2.43	12.0
	5 号	0.75	0.98	23.5		5 号	2.02	1.59	21.3

4　结论

（1）隧道爆破应力波作用过程可等效为炮孔柱状装药爆破加载过程，通过构建柱坐标平衡微分方程与应力应变本构方程，建立了一定程度上简化的隧道爆破应力波理论分析模型。

（2）采用最速下降法构建最速下降路径方程式，能有效计算隧道爆破应力波作用下全场振动问题并消除积分振荡，可求解隧道爆破围岩位移场与速度场。

（3）数值模拟与理论求解计算得到的围岩质点振速峰值较为一致，建立的隧道爆破应力波理论分析模型较为可靠。

参 考 文 献

［1］ Tian X X, Song Z P, Wang J B. Study on the propagation law of tunnel blasting vibration in stratum and blasting vibration reduction technology ［J］. Soil Dynamics and Earthquake Engineering, 2019, 126：105813.

［2］ 吉凌, 周传波, 张波, 等. 大断面隧道爆破作用下围岩动力响应特性与损伤效应研究 ［J］. 铁道学报, 2021, 43（7）：161-168.

［3］ Luo Y, Gong H L, Qu D X, et al. Vibration velocity and frequency characteristics of surrounding rock of adjacent tunnel under blasting excavation ［J］. Scientific Reports, 2022, 12：8453.

［4］ Xie H P, Zhang K, Zhou C T, et al. Dynamic response of rock mass subjected to blasting disturbance during tunnel shaft excavation：A field study ［J］. Geomechanics and Geophysics for Geo-Energy and Geo-Resources, 2022, 8（2）：52-72.

［5］ Kaveh A D, Ahangari K, Eftekhari M. Numerical analysis of blast-induced damage in rock slopes ［J］. Innovative Infrastructure Solutions, 2022, 7（1）：83.

［6］ 汪平, 吉凌. 浅埋地铁隧道爆破振动速度传播规律及预测 ［J］. 工程爆破, 2021, 27（2）：108-113, 134.

［7］ Heelan P A. Radiation from a cylindrical source of finite length ［J］. Geophysics, 1953, 18（3）：685-696.

［8］ Abo-zena, Anas M. Radiation from a finite cylindrical explosive source ［J］. Geophysics, 1977, 42（7）：1384-1393.

［9］ Xu, Y H, Wang B S, Xu T, et al. Steepest descent integration：A novel method for computing wavefields radiated from borehole sources ［J］. Geophysics：Journal of the Society of Exploration Geophysicists, 2018, 83（4）：151-164.

［10］ Blair D P. Seismic radiation from an explosive column ［J］. Geophysics, 2010, 75（1）：55-65.

［11］ Blair D P. Blast vibration dependence on charge length, velocity of detonation and layered media ［J］. International Journal of Rock Mechanics and Mining Sciences, 2014, 65：29-39.

［12］ Liu K W, Li X H, Li X B, et al. Characteristics and mechanisms of strain waves generated in rock by cylindrical explosive charges ［J］. 中南大学学报（英文版）, 2016, 23（11）：2951-2957.

［13］ 高启栋, 卢文波, 冷振东, 等. 考虑爆源特征的岩石爆破诱发地震波的波型与组分分析 ［J］. 岩土力学, 2021, 42（10）：2830-2844.

［14］ 徐逸鹤, 徐涛, 王敏玲, 等. 井中震源的远场波场特征研究 ［J］. 地球物理学报, 2015, 58（8）：2912-2926.

［15］ 罗其奇, 李萍, 周斌, 等. 基于等效面积法的隧道渗流场解析解应用 ［J］. 科学技术与工程, 2017, 17（32）：174-180.

［16］ 陈贵, 高文学, 刘冬, 等. 浅埋隧道开挖爆破震动监测与控制技术 ［J］. 现代隧道技术, 2014, 51（5）：193-198.

［17］ 卢文波, 杨建华, 陈明, 等. 深埋隧洞岩体开挖瞬态卸荷机制及等效数值模拟 ［J］. 岩石力学与工程学报, 2011, 30（6）：1090-1096.

［18］ LSTC. Keyword user's manual（Version 971）［M］. California：Livermore Software Technology Corporation, 2009：39-41.

爆炸冲击下钻杆螺纹动态响应数值仿真

唐 凯[1] 陈建波[1] 马 峰[2] 贾曦雨[2] 任国辉[1] 苏 晨[1]

（1. 中国石油集团测井有限公司西南分公司，重庆 400021；
2. 北京理工大学爆炸科学与技术国防重点实验室，北京 100081）

摘 要：针对油气井钻杆卡钻后采用爆炸源振动松扣作用机制不清晰、超深流固耦合井筒环境下作业效果与理论情况差距大等问题，采用动力有限元方法，实现了带有预应力的钻杆螺纹爆炸作用响应仿真。该方法通过综合分析不同药量、典型扣型、不同位置的爆炸载荷下钻杆螺纹的非线性动态力学行为，考虑管柱结构、流体性质、预应力等因素，获得了钻杆螺纹在爆炸载荷作用下的响应规律及松扣临界判据。仿真结果表明，钻杆螺纹单侧多段装药能够较好地利用爆炸冲击叠加效应，避免螺纹中部爆炸冲击叠加抵消，达到更好的振动松扣效果，对超深井钻杆卡钻工程复杂处置具有一定的参考价值。

关键词：油气井；钻杆；螺纹；数值仿真；爆炸松扣

Dynamic Response Numerical Simulation of Drill Pipe Thread under Explosive Impact

Tang Kai[1] Chen Jianbo[1] Ma Feng[2] Jia Xiyu[2] Ren Guohui[1] Su Chen[1]

（1. Southwest Branch，China Petroleum Loggjing Co.，Ltd.，Chongqing 400021；
2. State Key Lab of Explosion Science and Technology，
Beijing Institute of Technology，Beijing 100081）

Abstract：In order to solve the problems such as unclear mechanism of vibration back off of explosion source after drill pipe sticking in oil and gas wells，and large gap between the operation effect and theoretical situation such as ultra deep fluid-structure interaction，finite element theory techniques，and the response simulation of drill pipe thread explosion with prestress was realized. This method comprehensively analyzes the nonlinear dynamic mechanical behavior of drill pipe threads under explosive loads of different explosive quantities，typical thread types，and different depths，taking into account factors such as BHA，fluid properties，and prestress，and obtains the response law and critical back off criterion of drill pipe threads under explosive loads. The simulation results show that the single side multi segment charging of drill pipe threads can effectively utilize the superposition effect of

---

基金项目：中国石油"十四五"基础性前瞻性重大科技项目"测井采集处理解释关键技术研究–深层、超深层高效射孔技术研究"（2021DJ4005）。

作者信息：唐凯，大学本科，教授级高级工程师，tangkai_sc@cnpc.com.cn。

explosion shock, avoid the superposition cancellation of explosion shock in the middle of the thread, and achieve better vibration back off effect. It has certain reference value for the engineering complex disposal of stuck drill pipe in ultra deep wells.

Keywords：oil and gas well; drill pipe; thread; numerical simulation; explosion back off

1　引言

随着油气井勘探开发的不断深入，深井超深井井身结构更加复杂，部分层段易发生漏失和垮塌，钻井过程中卡钻风险增加。处理卡钻一般采用爆炸松扣、循环、转动上下活动钻具、浸泡盐水、浴酸等方式。爆炸松扣是将炸药下至卡点位置以上钻具第一个接箍螺纹处，通过炸药爆炸一瞬间产生的猛烈冲击使螺纹牙间的摩擦和自锁性瞬间消失或大大减少，使接头螺纹在预先施加的反扭矩作用下松开，达到使扣松开倒扣目的的一种技术。因此，对于爆炸载荷下钻杆螺纹振动模态及响应机理的研究有助于理解射孔完井或者爆炸松扣过程中结构的振动与损伤规律，指导工程实践。

刘青运等人[1]介绍了射孔工艺技术在钻修解卡中的应用阐述了如何利用计算法和测卡仪准确地测出钻杆、钻铤、油管等被卡管柱中的卡点位置，然后使用爆炸松扣技术解除并起出卡点以上管柱。雍富国[2]介绍了涩3-44井卡钻原因分析及处理，经过堵漏、爆炸松扣、倒扣、套铣、打捞等过程，成功处理了这次卡钻事故。姜亮等人[3]介绍了渤海油田钻柱松扣关键技术，基于卡钻事故发生诱因及其相应的解卡机理，研究反扣钻具倒扣、正扣钻具倒扣及爆炸松扣相关技术。刘玉团等人[4]介绍了渤海 X 井沉砂卡钻处理过程及分析，在爆炸松扣、套铣、打捞等处理过程中总结了一些成功经验。李永兵[5]介绍了 HF 油田 WS-1 井卡钻事故及处理过程案例分享，经过多次的爆炸松扣、套铣、打捞等作业，不断优化作业参数最终成功处理复杂事故。国内对于爆炸松扣的研究主要集中在工程案例分享和工程经验总结，未涉及爆炸松扣振动机理研究。国外 Guillaume Plessis 等人[6]介绍了钻具连接松扣的现象、原因和机制，4 英寸钻杆的脱落占比最大。Junker 等人[7]提出螺纹连接结构的受力可以展开为斜面滑块模型进行分析，核心思想是摩擦力需要用以抵抗一些其他方向上的相对运动，使期望方向上的摩擦力分量减小，这是分析螺栓松动问题的关键。Zadoks、Nassar 等人[8-9]均对横向振动下螺母与被连接件发生宏观相对运动的情况进行了受力分析。在经典的紧固件松动机理研究中，Daabin 和 Chow[10]建立了质量-弹簧阻尼模型来模拟螺栓连接结构。在针对不同参数对松动率影响的研究中发现，如果冲击载荷引起的弹簧回弹距离大到足以超过由预载荷引起的压缩，则质量块将经历自由飞行路径，直到其再次落在倾斜面上，并由此带来微小位移。国外有对于普通螺纹连接松扣的基础分析，但主要集中在静力学松扣理论及钻杆松扣工程数据统计分析，也没有针对爆炸载荷作用下的钻杆螺纹力学响应分析和松扣机制研究。

2　钻杆螺纹爆炸加载下动态数值仿真

2.1　NC40 螺纹有限元模型建模

采用 NC40 钻杆螺纹，螺纹尺寸见表 1，建立螺纹连接结构在宏观滑移下的松动有限元模型，研究横向载荷是如何转化为松动行为，并得到夹紧力、旋转角度、力矩等关键参数在做横向振动过程中的变化曲线。本研究采用平角螺纹建模，并通过等效方法施加预紧力，模拟螺纹锁紧状态。对于 NC40 钻杆螺纹赋予特种钢材料，接头材料的弹性模量为 206GPa，泊松比 $\mu =$ 0.29，材料的屈服极限 931MPa，强度极限 1080MPa，材料模型采用理想弹塑性模型。

表 1　NC40 钻杆螺纹尺寸

Tab. 1　NC40 drill pipe thread dimensions

规格	螺纹牙型	锥度	每英寸牙数	外螺纹大端大径/mm	外螺纹小端大径/mm	外螺纹锥部长度 L_{PC} /mm	内螺纹锥部长度 L_{BC} /mm	内螺纹有效螺纹长度 L_{BT} /mm
NC40	V-0.038R	1:6	4	108.712	89.662	114.30	130.18	117.48

为模拟实际工况，定义台肩面和螺纹牙侧面为接触面，摩擦系数根据工程经验取值 0.17，按照锁紧状态特征值设置。在对载荷进行试算后，选取预紧力施加载荷 350kN 工况作为输入载荷，同时考虑不同井深条件下静液柱压强的影响（见图 1 和图 2）。

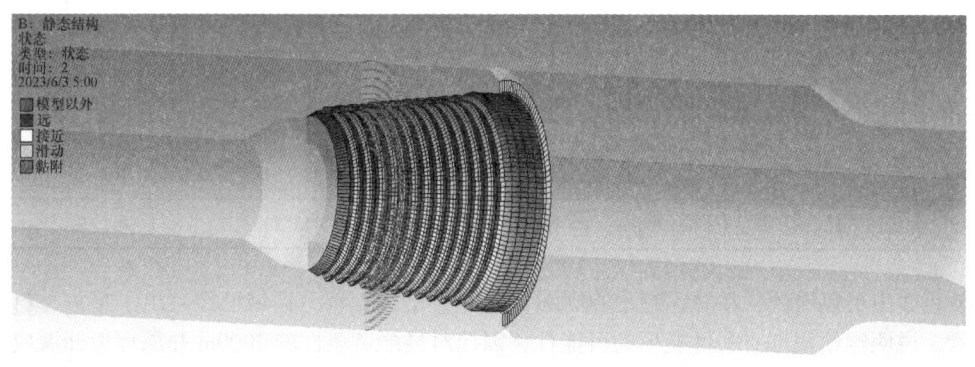

图 1　350kN 预紧条件下螺纹接触面的接触状态

Fig. 1　Contact state of thread contact surface under 350kN preload

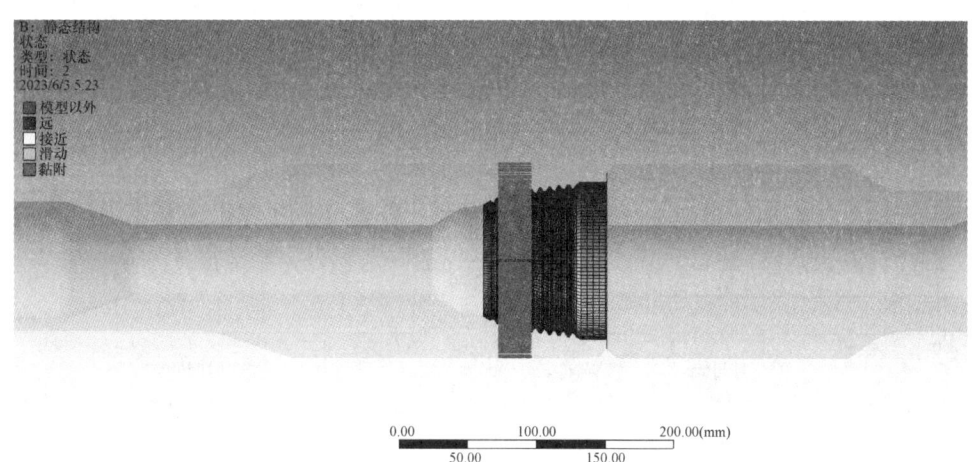

图 2　350kN 预紧和静液柱压强下螺纹接触面的接触状态

Fig. 2　Contact state of thread contact surface under 350kN preload and hydrostatic pressure

2.2　NC40 螺纹静力复合加载有限元分析

开展了 5000~7000m 水深工况条件下的上扣扭矩加静水力压力复合加载情况下的有限元分析，分析结果见表 2。

表 2　静水压力条件下螺纹受力情况

Tab. 2　Thread force condition under hydrostatic pressure

序号	5000m		5500m		6000m		6500m		7000m	
	齿顶	齿根	齿顶	齿根	齿顶	齿根	齿顶	齿根	齿顶	齿根
1	594. 89	890. 91	647. 76	970. 64	705. 32	1057. 50	768. 08	1152. 14	820. 7	1209. 8
2	410. 31	466. 2	448. 42	508. 95	490. 07	555. 62	535. 58	606. 56	574. 32	649. 99
3	369. 4	490. 28	403. 88	536. 32	441. 59	586. 68	482. 79	641. 72	519. 66	696. 08
4	313. 14	488. 7	342. 7	534. 05	375. 05	583. 60	410. 45	637. 76	438. 85	683. 92
5	305. 59	526. 1	334. 44	574. 37	366. 01	627. 06	400. 56	684. 60	426. 85	726. 26
6	396. 63	581. 16	432. 3	634. 23	471. 18	692. 14	513. 55	755. 35	549. 09	797. 82
7	374	491. 71	408. 77	536. 85	446. 77	586. 13	488. 31	639. 94	519. 11	677. 81
8	316. 92		346. 23		378. 25		413. 23		441. 28	

从表 2 中可以看到，在井深超出 6000m 时，螺纹的齿根部分区域已经超出了接头材料的屈服强度。说明螺纹根部有塑性变形的可能性，因此对最严苛条件的 7000m 井深环境开展应变分析，查看此时螺纹的应变情况，以判断其是否产生了失效。经过查看应变，发现在最高强度的应力条件下，螺纹处材料的应变水平约为 0.02，这一水平在深井条件下距离钢材料的失效应变仍有一定距离。

2.3　不同装药位置下钻杆螺纹爆炸受力分析

开展了单侧 3 段装药爆炸时间间隔 50μs、单侧 3 段装药爆炸时间间隔 10μs、单侧单段装药、双侧单段装药、偏心装药、居中装药条件下对 NC40 钻杆螺纹的爆炸载荷动力学分析，如图 3 和图 4 所示。

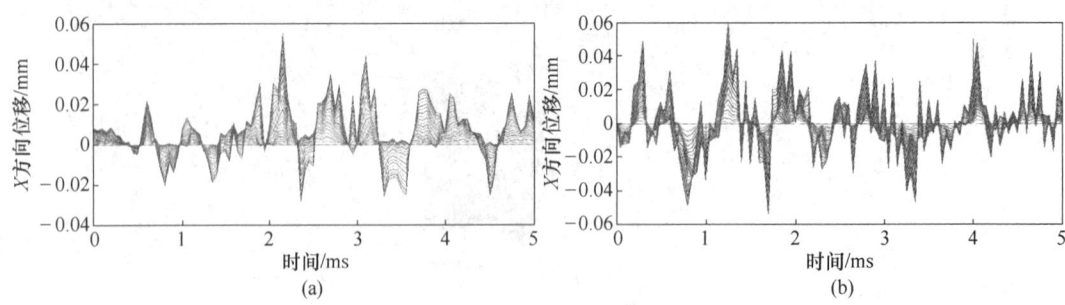

图 3　螺纹节点 X 方向位移曲线

（a）单侧 3 段装药爆炸时间间隔 50μs；（b）单侧 3 段装药爆炸时间间隔 10μs

Fig. 3　X-direction displacement curve of thread point

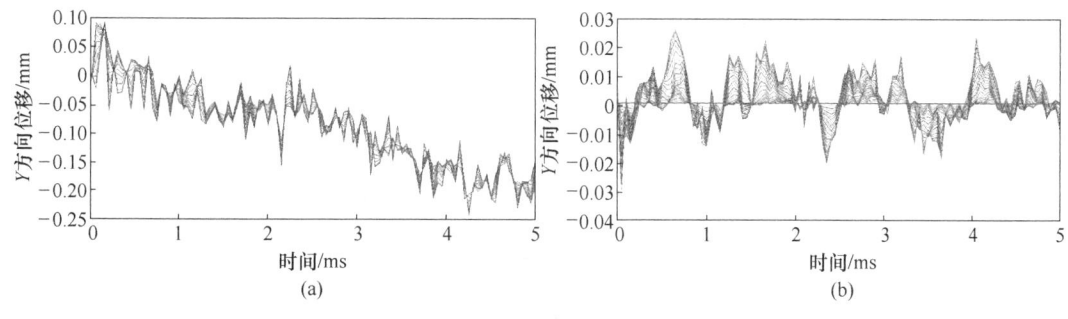

图 4　螺纹节点 Y 方向位移曲线

（a）偏心装药；（b）居中装药

Fig. 4　Y-direction displacement curve of thread point

分析结果发现，同侧多段装药的爆炸时间间隔对螺纹的振动松扣有相关性，时间间隔越大，振动响应越明显。单侧有爆炸作用相较双侧装药爆炸作用条件下震荡的振幅较小，但震荡基线有上浮趋势；双侧装药顺序起爆虽然振幅较大，但整个振动的基线较为平稳，应为双侧装药爆炸的效果抵消了微观的实际位移。松扣作业想要达到最佳作业效果，可以采用多段装药的形式、控制爆炸时间间隔，利用钻杆螺纹单侧多次爆炸的振动叠加效果达成更好的松扣效果。

2.4　NC40 螺纹爆炸载荷加载下受力分析

前文完成了静态、准静态条件下爆炸作用发生前的力学状态预载；而后通过动态松弛，将准静态条件延续至显式动力学计算。为了更为真实地还原爆炸筒在井下松扣作业的整个物理过程，采用了流固耦合的形式处理爆炸载荷加载的真实过程。通过静力学分析及动态松弛输出的方法，获得了带有预应力的拉格朗日单元模型。同时对仿真所需的流体域进行模型建立，获得了带有装药模型的流体域模型。按照工况设置对模型展开计算工作，装药的起爆点设置在爆炸药靠近井口端部，简化为瞬时顶部起爆。

2.4.1　爆炸冲击下接头应力动态响应

以 5000m 井深，230g HMX 装药为例展开接头爆炸冲击下的响应过程分析（见图 5）。

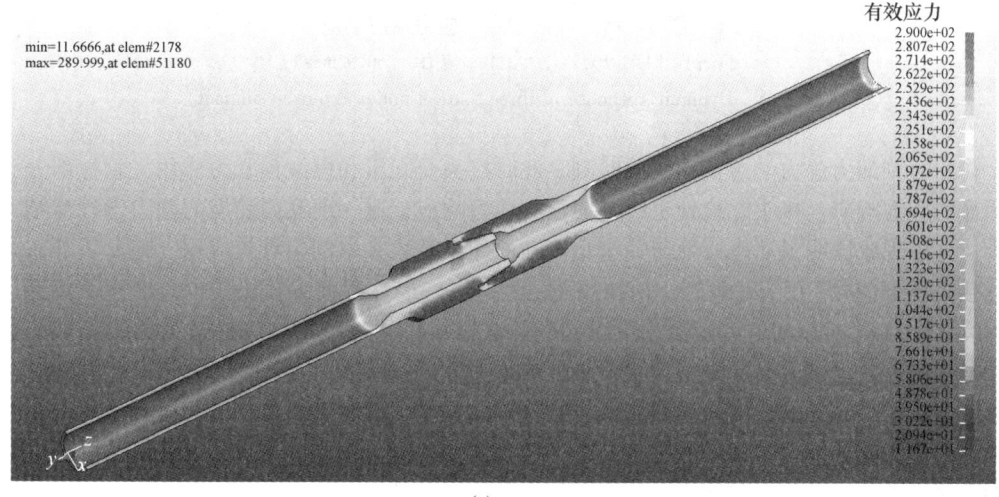

（a）

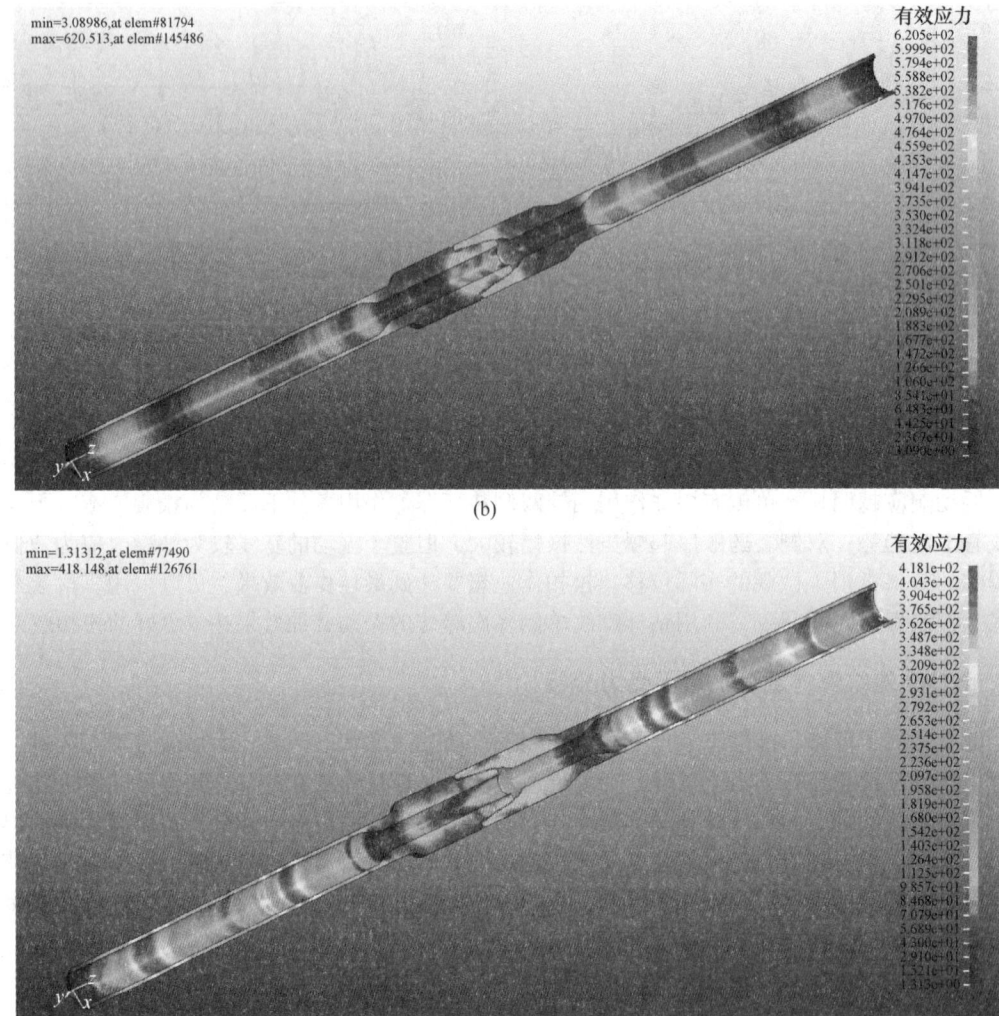

图 5　爆炸冲击下螺纹应力动态响应

（a）初始时刻应力；（b）0.1ms 应力；（c）0.6ms 应力

Fig. 5　Dynamic response of thread stress under explosive impact

　　初始时刻即为静力学仿真结束的时刻，此时接头受围压和螺纹预紧力作用，管柱部分有较为明显的应力响应；接头螺纹处也存在明显的应力响应，这一现象同前期的静力学计算结果相吻合，这一现象证明了动态松弛与完全重启动的加载算法在本例中有效应用，还原了静态力学下的接头受力情况。0.1ms 时刻，松扣炸药已经起爆，爆炸载荷在接头结构处产生了传递，结合后续 0.2~1ms 时刻的应力云图，可以判断，在爆炸松扣过程中，爆炸载荷由接头处向上下两端分别传递。为了验证这一假设，截取某两相邻时刻的接头节点速度矢量图（见图 6），加以参考。从两个时刻的速度矢量图可以看到，单元节点的速度矢量在相近的时刻呈现由爆炸点向两端推进的趋势。速度矢量的基点是每个单元运动的瞬时趋势，这一情况可以认为爆炸产生的冲击接头的微元在震荡驱动，整体趋势对接头呈"拉伸"态。

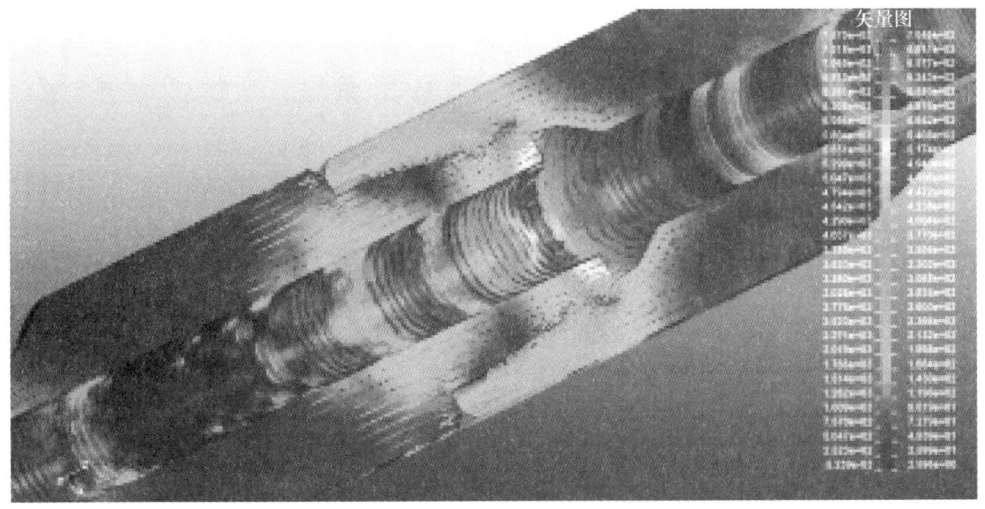

(a)

(b)

图 6 爆炸冲击下螺纹节点速度矢量图

(a) 0.1ms 速度矢量图；(b) 0.15ms 速度矢量图

Fig. 6 Velocity vector of thread node under explosive impact

2.4.2 爆炸冲击下接头应变变化趋势

理论上，爆炸冲击载荷解锁预紧力时，应当对相邻节点产生驱动力，使其分离实现松扣。

从应变云图（见图 7）上可以看出，在爆炸初始时刻，单元的应变在螺纹接触处较为集中，这是预紧作用的结果。随着爆炸作用开始，应变的情况发生变化，但因为爆炸的非线性程度较高，我们很难在这组云图上识别应变的实时变化规律。但比较明显的位置是主肩台位置的应变变化，在爆炸振动的驱动下，主肩台的应变在发生变化，且在波动中呈下降趋势。为了验证这一观点，取肩台面环向多点，生成应变历史曲线如图 8 所示。

从单元的应变变化曲线不难看出，肩台的应变由最初的锁紧水平，伴随爆炸的震荡波动逐步基线趋近于 0 线。这一现象说明了接触面的受力情况在跟随接头结构内应力的传播发生了震

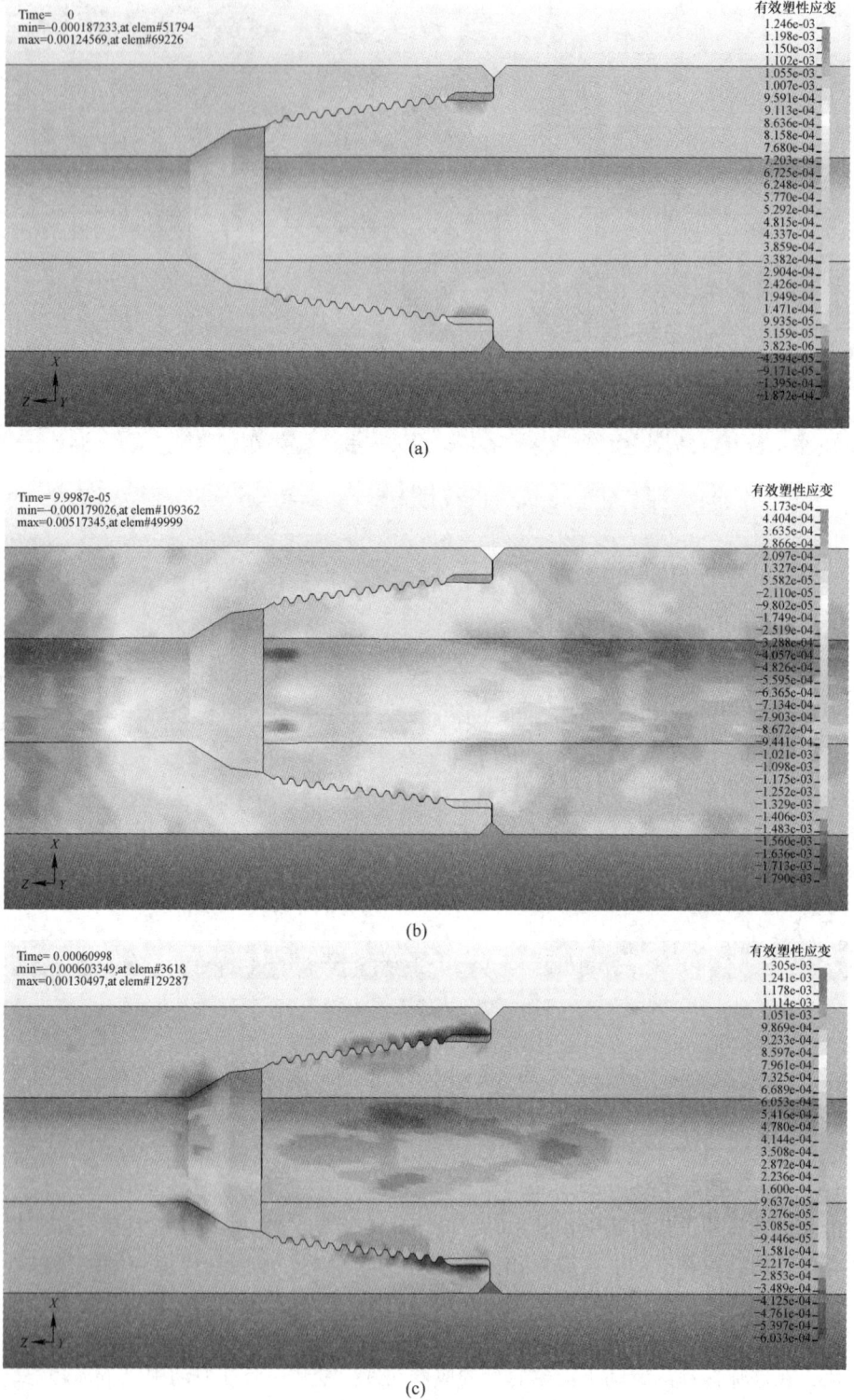

图 7 爆炸冲击下接头应变动态响应

（a）初始时刻应变；（b）0.1ms 应变；（c）0.6ms 应变

Fig. 7 Dynamic response of thread strain under explosive impact

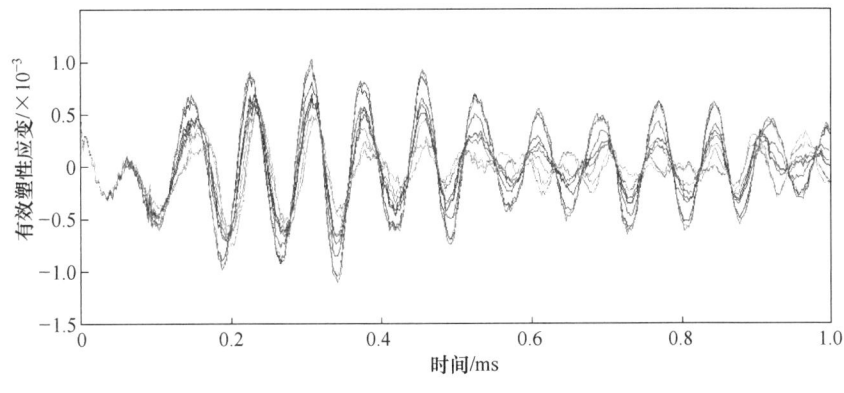

图 8　应变曲线

Fig. 8　Strain curve

荡响应，起初环向各点的震荡规律较为一致，波峰波谷位置、振幅均比较统一，但震荡进行0.5ms后，可以明显发现曲线的离散。振幅的减小与下降与"质点-弹簧理论"相吻合。

2.4.3　深井条件下爆炸松扣推荐药量

按照前述方法以500m为一分段进行了5000~7000m水深工况条件下爆炸松扣螺纹动力学响应分析。分析结果显示，290~300g装药由于药量较大，且作用距离较近，螺纹的应变接近失效值，且有造成螺纹塑性变形的风险，这一情况可能反而使得松扣工作更难开展。井深越大，螺纹的应变残留情况越大，失效风险越高。这一现象首先考虑是由深井处的静压响应情况叠加造成的。应变反映出的震荡情况虽然与松扣环境下一致，但可以观测到应变震荡曲线并没有随着时间推进发生耗散，同时震荡中线仍围绕着初始的应变，只有小幅下降；这种情况发生在井深超过6000m后，松扣药量在230g时；井深超过6500m后药量不大于250g。基于以上计算结果，以应变曲线耗散及归零作为松扣依据的判断条件下，5000~7000m工况下NC40钻杆螺纹爆炸松扣推荐药量见表3。

表3　NC40钻杆螺纹爆炸松扣推荐药量

Tab. 3　The recommended explosive dosage of NC40 drill pipe thread explosion back off

井深/m	5000	5500	6000	6500	7000
药量/g	230	230	—	—	—
	250	250	250	—	—
	270	270	270	270	270

以计算结果结合已有的工程经验，可得出如下关系。当爆炸能量不足以克服两种能量的总和时，松扣作业无法完成，此时图中（见图9）爆炸能量线应在井深影响接头锁紧能力线下方区域，反之爆炸能量高于锁紧范围后，爆炸松扣作业理论上可以完成。当爆炸能量产生的破坏强度低于接头材料强度时，接头在松扣作业环境中发生弹性变形松动，此时松扣作业安全完成；反之爆炸破坏能量超出材料强度后，首先考虑接头材料受爆炸影响损毁，松扣完成，但接头损毁。当环境围压与预紧力结合造成的破坏强度高于材料强度后，接头有粘扣风险，此时松扣作业的理论特征不再符合质量、弹簧规律。

3　结论

以NC40钻杆螺纹为例，开展了爆炸松扣的仿真研究及爆炸松扣条件下接头结构的响应特

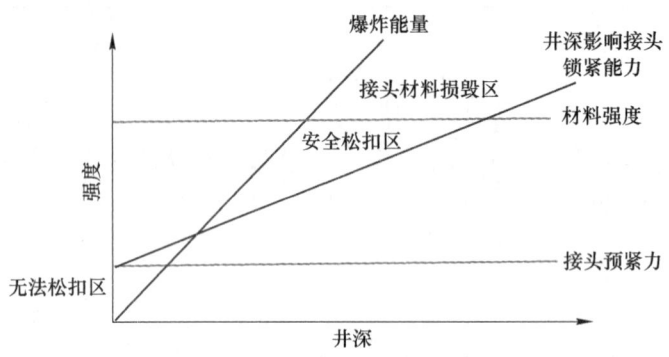

图 9　爆炸松扣的原理及推荐药量

Fig. 9　The principle and recommended explosive dosage of explosion back off

性分析，并得到如下结论：

（1）从仿真获取的爆炸松扣作用机理来看，爆炸松扣在原理上是应用小当量炸药，在井下结构中产生振动力，破除螺纹间固有的摩擦力矩，从而达到松扣效果。

（2）从计算结果来看，松扣爆炸释放的能量有时虽不足以松扣，但足以使螺纹联接面产生相对振动，结合质量–弹簧理论。如果爆炸本身设置多个施加点位，适当减小药量，增加爆炸物间的距离和起爆时间间隔，使爆炸冲击产生的应力波沿钻杆结构传递至接头界面。那么对于螺纹接触面的应变曲线本身就有了多重叠加的爆炸振动激励，这种激励会加速应变曲线的耗散，也就是增加了接触面本身的振动不规律性，从而提高爆炸松扣的成功率。

（3）虽然平角螺纹等效模拟方法，是螺纹锁紧、松动、失效等仿真分析中普遍采用的方法。但考虑螺纹升角的仿真模型，能够直接通过施加扭矩使螺纹自然锁紧，无需通过各种复杂的等效方法来表征螺纹的锁紧状态。

参 考 文 献

［1］刘青运，徐强 . 射孔工艺技术在钻修解卡中的应用 ［C］//The International Petroleum and Petrochemical Technology Conference, 2022 .

［2］雍富国. 涩 3-44 井卡钻原因分析及处理 ［J］. 钻采工艺, 2017, 40 （2）：93-95, 98.

［3］姜亮，胡晋阳，陈永锋，等 . 渤海油田钻柱松扣关键技术 ［J］. 石油地质工程, 2021, 35 （5）：76-79.

［4］刘玉团，陈彬，张启龙，等 . 渤海 X 井沉砂卡钻处理过程及分析 ［J］. 综述专论, 2019, 22：111-112.

［5］李永兵 . HF 油田 WS-1 井卡钻事故及处理过程案例分享 ［J］. 西部探矿工程, 2018, 5：125-127.

［6］Guillaume Plessis, Dan Morgan, Raza Hussain, et al. Drill string connection backoff: Phenomenon, fact or Fiction? ［C］//Offshore Technology Conference, 2020.

［7］Junker G H. New criteria for self-loosening of fasteners under vibration ［J］. Society Automotive Engineering, 1969, 78：314-335.

［8］Zadoks R I, Yu X. An Investigation of the self-loosening behavior of bolts under transverse vibration ［J］. Journal of Sound and Vibration, 1997, 208 （2）：189-209.

［9］Nassar S A, Yang X J. A mathematical model for vibration-induced loosening of preloaded threaded fasteners ［J］. Journal of Vibration and Acoustics, 2009, 131 （2）：021009.

［10］Daabin A, Chow Y M. A theoretical model to study thread loosening mechanism and machine theory ［J］. Mechanics and Machine Theory, 1992, 27：69-74.

塌落冲击作用下土体动力响应模型试验与数值模拟研究

姚颖康[1a,1b]　纪红皇[1a,1b]　贾永胜[1a,1b]　孙金山[1a,1b]　黄小武[2]

（1. 江汉大学　a. 省部共建精细爆破国家重点实验室；b. 爆破工程湖北省重点实验室，
武汉　430056；2. 武汉爆破有限公司，武汉　430056）

摘　要：建（构）筑物拆除过程中，塌落体触地冲击产生的巨大荷载会造成地面土体变形，对周边地上、地下基础设施造成一定影响，是高大建（构）筑物拆除最主要的有害效应。本文针对"均质土体"和"上硬下软"两种典型地层受塌落体触地冲击造成土体变形问题，首先开展了模型试验：在不同地层试验区域中心钻设 4.0m 深测试孔，孔内自下而上均匀布设加速度计、土压力计和多点位移计，将 50kg 钢筋混凝土球吊至 30.0m 高空自由落下，触地点依次距测试孔 3.0m、2.0m、1.0m 和 0.0m；其次，采用 LS-DYNA 动力学有限元分析软件对不同地层模型试验的最不利工况进行了数值模拟，数值模拟与模型试验结果基本一致。结果表明：在匀质地层中，当触地点距离一定时，冲击作用下的土体动力响应随孔深增大而快速衰减，测孔中相同深度测点的冲击荷载动力响应随塌落点距离增大而线性降低；在上硬下软地层中，上覆混凝土板分担了塌落体触地冲击瞬间产生的冲剪荷载，传向混凝土板体下方的土体动力响应较匀质地层有所减小。

关键词：建（构）筑物拆除；塌落体；触地冲击；冲击荷载；土体动力响应

Model Test and Numerical Simulation Study of Soil Dynamic Response under the Action of Collapse Impact

Yao Yingkang[1a,1b]　Ji Honghuang[1a,1b]　Jia Yongsheng[1a,1b]　Sun Jinshan[1a,1b]
Huang Xiaowu[2]

（1. Jianghan University　a. State Key Laboratory of Precision Blasting；b. Hubei Key Laboratory
of Blasting Engineering，Wuhan 430056；2. Wuhan Explosions and Blasting
Corporation Limited，Wuhan 430056）

Abstract：In the process of building（structure）demolition，the huge load generated by the impact of the collapsed body touching the ground will cause the deformation of the ground and soil，which will have a certain impact on the surrounding above-ground and underground infrastructure，which is the most important harmful effect of the demolition of tall buildings（structures）. In this paper，aiming at

基金项目：湖北省自然科学基金面上项目（2021CFB541），江汉大学湖北（武汉）爆炸与爆破技术研究院博士科研启动项目（PBSKL-2022-QD-02）。

作者信息：姚颖康，博士，高级工程师，shanxiyao@jhun.edu.cn。

the two typical formations of "homogeneous soil" and "hard upper and soft bottom", the collapse body ground impact model test is first carried out: 4. 0m deep test holes are drilled in the center of the test area of different formations, accelerometers, earth pressure gauges and multi-point displacement meters are uniformly distributed from bottom to top in the holes, and the 50kg reinforced concrete sphere is lifted to an altitude of 30. 0m and falls freely, and the test holes are 3. 0m, 2. 0m, 1. 0m and 0. 0m away; Secondly, LS-DYNA kinetic finite element analysis software was used to simulate the most unfavorable working conditions of different formation model tests, and the numerical simulation was basically consistent with the model test results. The results show that in the homogeneous formation, when the contact point distance is fixed, the dynamic response of the soil under the impact decays rapidly with the increase of the hole depth, and the impact load dynamic response of the same depth measurement point in the hole decreases linearly with the increase of the distance of the collapse point. In the upper hard and lower soft strata, the overlying concrete slab shares the punching and shear load generated by the impact of the collapse body, and the dynamic response of the soil transmitted to the bottom of the concrete slab is reduced compared with that of the homogeneous strata.

Keywords: demolition of buildings; collapse; touchdown impact; impact load; soil dynamic response

　　爆破拆除技术在为城市更新和地方经济社会发展提供重要支撑作用的同时，其安全性和环保性也越来越受到关注。在高层楼房爆破拆除过程中，不可避免地会产生个别飞散物、爆破振动、触地冲击、噪声和粉尘等各类有害效应，其中触地冲击可能导致周边基础设施开裂或损害，是最为突出的有害效应。高层建筑物爆破拆除塌落体的触地冲击过程非常复杂，触地冲击荷载不仅与塌落体触地时的形态、质量、速度有关，还与地面土体的物理力学特性以及二者碰撞过程中的能量耗散转化密切相关。

　　近年来，国内外相关学者围绕塌落体触地冲击及其土体变形与动力响应开展了相关研究工作。理论研究方面，罗艾民[1]结合高耸烟囱拆除工程实例，对比分析了不同塌落冲击荷载计算模型的计算结果与影响因素；孙金山等人[2]结合高架桥爆破拆除塌落模型试验，应用不同计算模型计算了桥体塌落冲击荷载，并结合模型试验结果对模型进行了简化；龙源等人[3]从物体运动能量守恒原理的规律研究，假定烟囱倾倒触地时动能全部转变为地面的弹性变形能，推导出了高耸烟囱倒塌触地冲击对地下管道的动力响应关系式；王瑞贵[4]分析了关于塌落体触地冲击荷载的力学模型，然后针对建（构）筑物爆破拆除后塌落体空中解体触地冲击产生的振动机理及触地振动效应衰减的规律进行了理论分析研究；谭雪刚等人[5]结合桥梁拆除工程实例，运用 Hertz 碰撞理论计算了桥体塌落触地冲击荷载，并结合土动力学原理计算了冲击荷载作用下埋地管道的附加应力。数值模拟方面，纪冲[6]通过对南京汉中门的高架桥爆破拆除的工程，对地下隧道结构在桥梁爆破拆除时塌落体触地冲击作用下的动力响应进行了有限元软件的数值模拟分析；钟明寿等人[7]利用 ANSYS/LS-DYNA 有限元软件对城市地铁隧道结构在桥体塌落触地冲击作用下的动力响应进行数值模拟研究；杨宾等人[8]将塌落体触地冲击地面土体的作用过程划归为强夯，并采用 PLAXIS 和 ANSYS/LS-DYNA 软件对塌落冲击对土体的触地振动影响深度以及土体位移沉降值进行了数值模拟计算；李慧鑫等人[9]依托南京某高架桥爆破拆除项目，对塌落体下方 14~20m 范围内的土体的竖向加速度、竖向总应力增量和超孔隙水压力进行了实测与分析。

　　目前，相关学者或是基于 Hertz 碰撞理论、能量原理等理论研究塌落触地冲击荷载计算模型，或是依托具体工程实例，采用数值模拟和现场测试等方法研究塌落冲击作用下深部土体或地下构筑物的位移、动土压力和加速度等动力响应特性。本文为揭示塌落体触地冲击作用下

"匀质土体"和"上硬下软"两种典型土体的动力响应特性,综合采用模型试验和数值模拟等手段开展相关研究。

1　模型试验概况

1.1　塌落体模型

考虑到塌落体自由落体过程中的运动形态和触地时的姿态,为保证多次触地冲击试验荷载的一致性,本次塌落体试验模型为直径34cm的C30混凝土球体(见图1),模型脱模后的质量为50.0kg。

图1　球形塌落体

Fig. 1　Spherical collapse

1.2　场地地层条件

试验开始前,对场地土体进行钻孔取样,钻孔深度4.0m,并对钻孔取芯的土体开展室内物理力学实验分析,以确定土体成分和物理力学参数(见图2),由钻孔样芯可知,试验场地内0~0.5m为杂填土,0.5~3.5m为粉质黏土,3.5~4m为粉砂。土体的物理力学参数见表1。

图2　试验场地土体钻芯

Fig. 2　Soil drilling core at the test site

表 1   试验区域土体物理力学参数

Tab. 1   Physical and mechanical parameters of soil

层号	地层名称	土工试验实测值			
		泊松比	密度 $\rho/g \cdot cm^{-3}$	初始凝聚力/kPa	初始内摩擦角/(°)
1	杂填土	—	1.80	4	18
2	粉质黏土	0.3	1.90	34	13.8
3	粉砂	0.25	1.91	0	28

2   均质土体动力响应特性

2.1   模型试验

2.1.1   试验方案

为研究塌落体触地冲击作用下均质土体的动力响应特性,在试验区域落点中心处钻一个直径 10cm、深度 4.0m 的测试孔,孔内布设有土压力计、加速度计和多点位移计等传感器(见图3)。其中,土压力计布设在地表 0.0m,孔内 1.5m、2.5m 和 3.5m 处;加速度计传感器布设在孔内 1.5m、2.5m 和 3.5m 处;多点位移计为三点位移计,位移计点位于孔内 1.5m、2.5m 和 3.5m 处。

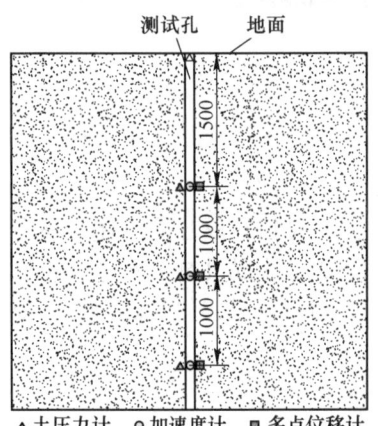

▲ 土压力计   ○ 加速度计   ▣ 多点位移计

图 3   测试孔内传感器布设示意与现场安装

Fig. 3   Sensor placement in the test hole

试验设计触地冲击点由远及近共 4 处,分别位于距离测试孔 3.0m、2.0m、1.0m 和 0.0m 处(测试孔正上方),以最大程度降低前次触地冲击对天然土体物理力学性能的影响(见图4)。试验过程中各类数据采集和处理采用东华动态信号测试分析系统,采样率为每个通道 2000Hz。

2.1.2   试验过程与结果分析

塌落冲击试验过程如图5所示。

2.1.2.1   动土压力测试结果分析

受塌落触地冲击作用,地面一定深度范围内土体产生动土压力(见表2),图6为不同触地点冲击作用下不同埋深土体的动土压力测试曲线。

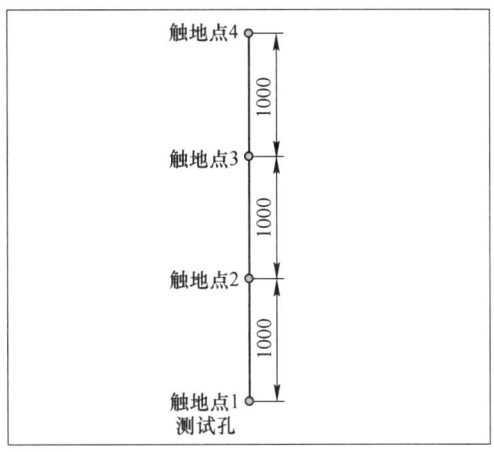

图 4　球体触地冲击点示意图

Fig. 4　Diagram of the sphere touching point

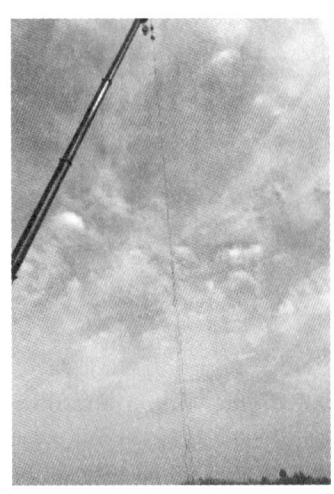

图 5　塌落触地冲击试验过程

Fig. 5　Experimental process of collapse impact

表 2　动土压力测量值

Tab. 2　Dynamic soil pressure measurement　　　　　　　（kPa）

测点压力值	触地点			
	测点正上方（0.0m）	距测点 1.0m	距测点 2.0m	距测点 3.0m
地表	45	5.0	6.0	2.8
地下 1.5m	7.5	3.2	2.2	1.7
地下 2.5m	3.0	2.3	1.0	0.3
地下 3.5m	0.4	0.4	0	0

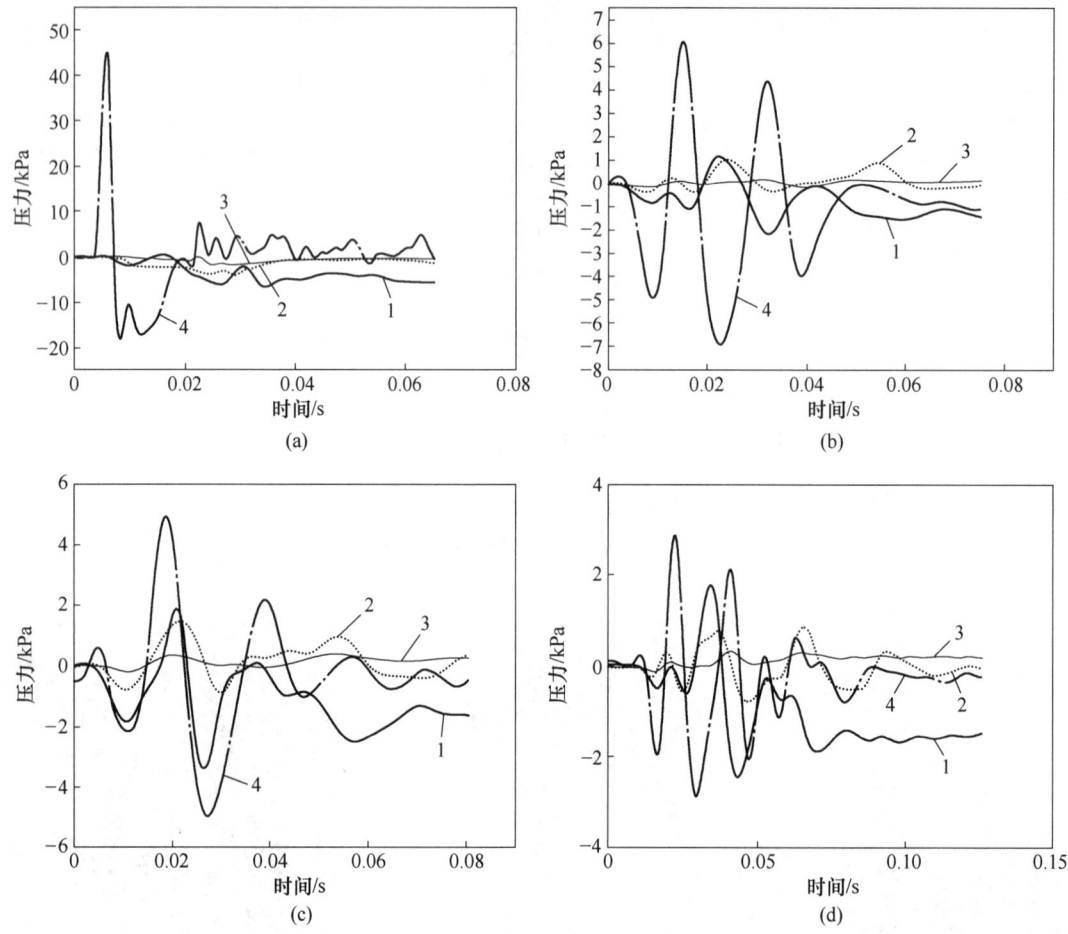

图 6　动土压力测试曲线

（a）触地点位于测点正上方；（b）触地点距测试孔 1.0m；（c）触地点距测试孔 2.0m；（d）触地点距测试孔 3.0m

1—地下 1.5m；2—地下 2.5m；3—地下 3.5m；4—地表

Fig. 6　Dynamic soil pressure test curve

由表 2 和图 6 可知，塌落点位于测试孔正上方时，地表的动土压力值为 45kPa，地下 1.5m 处土压力值为 7.5kPa，地下 2.5m 处的土压力值为 3kPa，地下 3.5m 处的土压力值为 0.4kPa；触地点距测试孔 1.0m 时，地表的动土压力值为 5kPa，地下 1.5m 处土压力值为 3.2kPa，地下 2.5m 处的土压力值为 2.3kPa，地下 3.5m 处的土压力值几乎为 0.4kPa；触地点距测试孔 2.0m 时，地表的动土压力值为 6kPa，地下 1.5m 处土压力值为 2.2kPa，地下 2.5m 处的土压力值为 1kPa，地下 3.5m 处的土压力值几乎为 0；触地点距测试孔 3.0m 时，地表土的土压力值为 2.8kPa，地下 1.5m 处土压力值为 1.7kPa，地下 2.5m 处的土压力值为 0.3kPa，地下 3.5m 处的土压力值几乎为 0。

分析数据变化规律，塌落体触地冲击时，动土压力随土体深度增加而快速衰减，触地点越接近测试点其衰减速度越快，当土体深度达 10 倍球体直径时，其动土压力可忽略不计；测试点动土压力随触地点水平距离增加而减小，当水平距离增大至 3 倍球体直径时，其地表的触地冲击压力约为其正上方的 10%，当水平距离增大至 10 倍球体直径时，其地表处的动土压力可忽略不计。

2.1.2.2 土体内部加速度分析

本次试验加速度计安放于测试孔内 1.5m、2.5m、3.5m 处，模型触地点由远及近分别距离测试孔 3.0m、2.0m、1.0m 和 0.0m（测试孔正上方）处。表 3 为不同触地点测试孔内不同埋深的加速度值，图 7 为各测点加速度测试曲线。

表 3 加速度测量值

Tab. 3 Acceleration magnitude measurement

测点加速度	触地点			
	测点正上方（0.0m）	距测点 1.0m	距测点 2.0m	距测点 3.0m
地下 1.5m	1.30g	0.96g	0.82g	0.68g
地下 2.5m	0.52g	0.80g	0.63g	0.58g
地下 3.5m	0.38g	0.27g	0.30g	0.24g

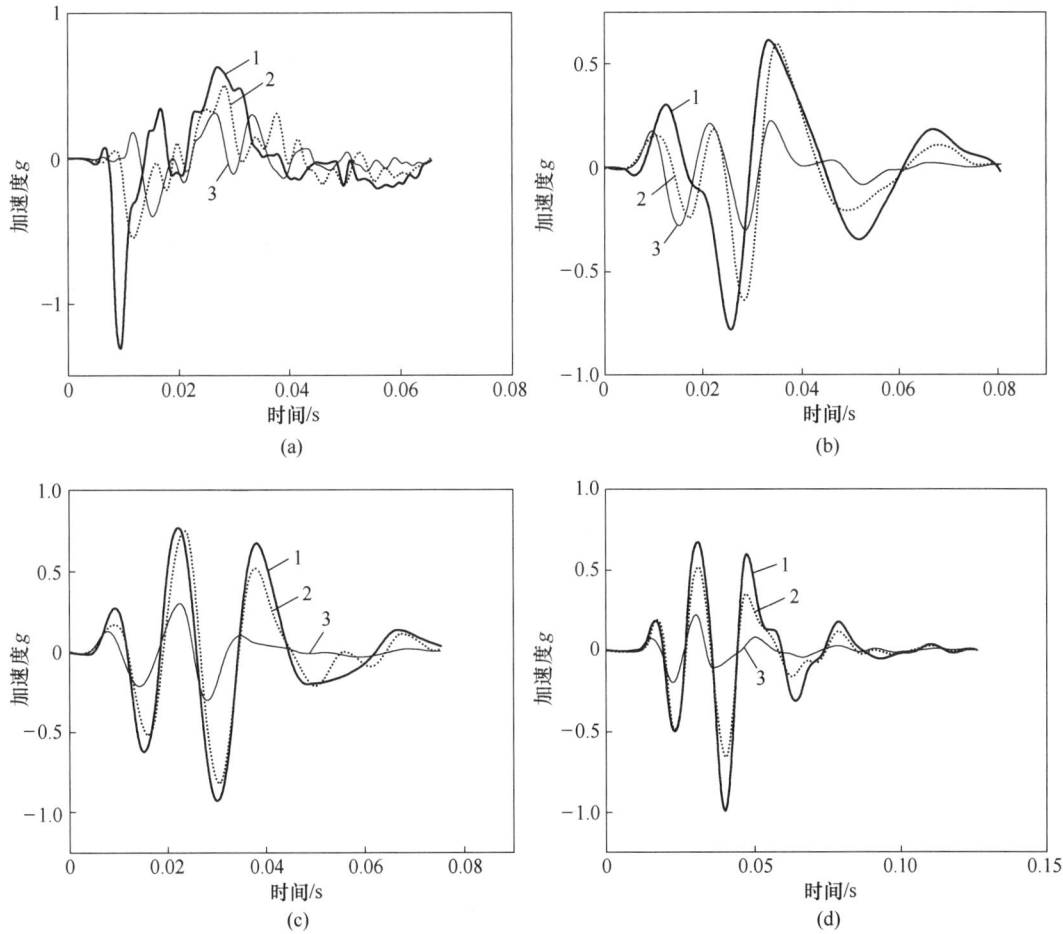

(a)   (b)   (c)   (d)

图 7 土体加速度测试曲线

（a）触地点位于测试孔正上方；（b）触地点距测试孔 1.0m；（c）触地点距测试孔 2.0m；（d）触地点距测试孔 3.0m

1—地下 1.5m；2—地下 2.5m；3—地下 3.5m

Fig. 7 Soil acceleration magnitude test curve

由表 3 和图 7 可知，触地点位于测试孔正上方时，地下 1.5m 处土体的加速度值为 1.3g，地下 2.5m 处的加速度值为 0.52g，地下 3.5m 处的加速度值为 0.38g；触地点距测试孔 1.0m 时，地下 1.5m 处加速度值为 0.96g，地下 2.5m 处的加速度值为 0.80g，地下 3.5m 处的加速度值几乎为 0.27g；触地点距测试孔 2.0m 时，地下 1.5m 处加速度值为 0.82g，地下 2.5m 处的加速度值为 0.63g，地下 3.5m 处的加速度值几乎为 0.30g；触地点距测试孔 3.0m 时，地下 1.5m 处加速度值为 0.68g，地下 2.5m 处的加速度值为 0.58g，地下 3.5m 处的加速度值几乎为 0.24g。

分析数据变化规律，塌落体触地冲击时，土体加速度随深度增加而快速衰减，当塌落体位于测试孔正上方时，加速度幅值最大可达 1.3g，当土体深度达 10 倍球体直径时，加速度幅值衰减至 0.3g 左右；测试点加速度随触地点水平距离增加而基本呈线性衰减趋势，但 10 倍球体直径深度范围内土体的加速度值基本一致，约为 0.3g。

2.2 数值模拟

采用 ANSYS/LS-DYNA 显示动力分析软件对模型试验进行数值模拟，模拟主要针对混凝土小球塌落于测试孔正上方工况展开。

2.2.1 有限元模型

对模型试验所用混凝土球进行 1∶1 建模（见图 8），数值模型球体半径为 0.17m，混凝土球的网格划分采用多区域的六面体网格，网格大小为 0.02m×0.02m；地面土体模型尺寸大小为 6m×6m×60m，土体的网格划分采用六面体网格，网格大小为 0.04m×0.04m。将小球的坠落过程视为自由落体运动，模拟时直接将小球与土体接触，小球触地速度为 24.5m/s。

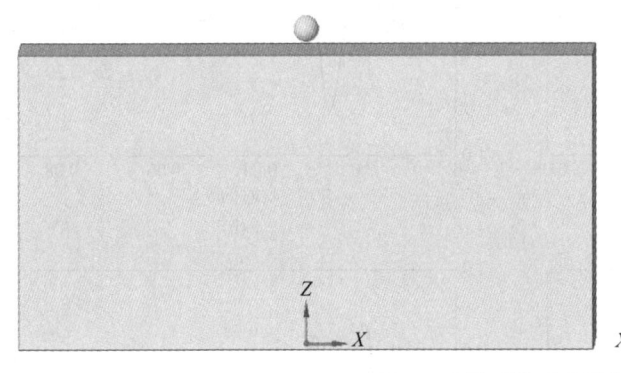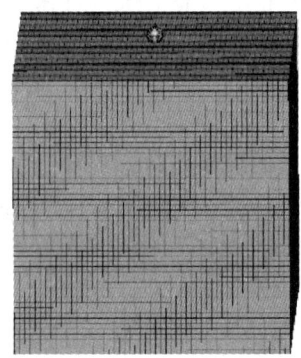

图 8　有限元模型及网格划分

Fig. 8　Finite element model and mesh division

2.2.2 材料物理力学参数

本次数值模拟混凝土小球模型选用 MAT-JOHNSON-HOLMQUIST-CONCRETE，地面土体选用 MAT-DPUCKER-PRAGER 模型，相关物理力学参数见表 4 和表 5。

表 4　混凝土物理力学参数

Tab. 4　Physical and mechanical parameters of concrete

参数	RO	G	A	B	C	N	FC
取值	2500	$3×10^9$	0.79	1.6	0.007	0.61	$4.8×10^7$
参数	T	EPSO	EFMIN	SFMAX	PC	UC	PL
取值	$4×10^6$	$1×10^{-6}$	0.01	7	$1.6×10^7$	0.1	$8×10^9$

参数	UL	D_1	D_2	K_1	K_2	K_3	FS
取值	0.1	0.04	1	$8.5×10^8$	$-1.71×10^9$	$2.08×10^9$	0.38

表4中密度 RO（kg/m^3），剪切模量 G（Pa），无量纲黏度常数 A，无量纲压力强化系数 B，应变速率系数 C，无量纲压力硬化指数 N，准静态单轴抗压强度 FC（Pa），最大拉伸静水压力 T（Pa），准静态应变速率临界值 EPSO，破裂前的累积塑性应变 EFMIN，无量纲最大强度 SFMAX，压碎（溃）压力 PC（Pa），压碎体积应变 UC，压实点压力 PL（Pa），压实点体积应变 UL，损伤参数 D_1、D_2，压力参数 K_1（Pa）、K_2（Pa）、K_3（Pa），FS 代表失效类型。

表5　土体物理力学参数

Tab. 5　Physical and mechanical parameters of soil

密度 $\rho/kg·m^{-3}$	弹性模量 E/GPa	泊松比 μ	凝聚力 c/MPa	摩擦角 $\phi/(°)$	压缩模量 σ_t/MPa
1.90	0.039	0.3	0.034	13.8	0.02

2.2.3　模拟结果与对比分析

2.2.3.1　动土压力模拟

混凝土小球以 24.5m/s 初速度冲击地面土体的动压力云图如图9所示。

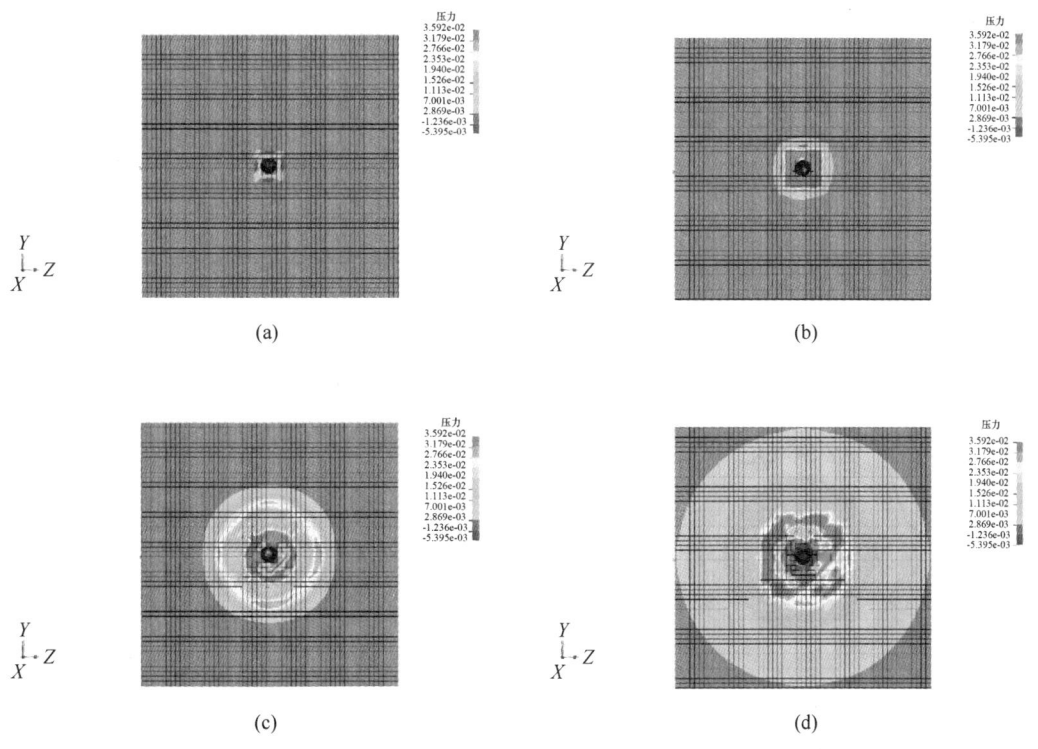

(a)　　　　　　　　　　　　　　　　(b)

(c)　　　　　　　　　　　　　　　　(d)

图9　土动压力模拟云图

（a）$t=2.9×10^{-3}$；（b）$t=3.9×10^{-3}$；（c）$t=6.9×10^{-3}$；（d）$t=1.1×10^{-2}$

Fig. 9　Soil dynamic pressure simulation

由图 9 可知，混凝土球体在 $t=0.0029\mathrm{s}$ 时刻触地，此时触地点附近有微小土压力，在球体的持续冲击作用下，触地点附近土体位移逐渐增大，土压力亦随之增大，且压力传递范围不断扩大；当触地冲击时间 $t=0.0039$ 时，土压力达到最大值 57kPa，随后土体影响范围不断扩大，而压力逐渐降低。

2.2.3.2　模拟结果与试验结果对比

对比混凝土球塌落于测试孔正上方的现场测试与数值模拟结果（见图 10），可发现模型试验与数值模拟所获取的动土压力曲线较为接近，但数值模拟曲线的上下波动更具规律性。与此同时，数值模拟计算所得的最大动土压力 58kPa 较模型试验测试的动土压力 45kPa 在数值上较大一些。分析其原因，可能是模型试验注浆封孔注浆材料与原状土不完全一致、浆液凝固不够密实所致，但二者在数量级和规律性等方面相对接近，可以互为验证，说明塌落冲击作用下土体的动力响应特性。

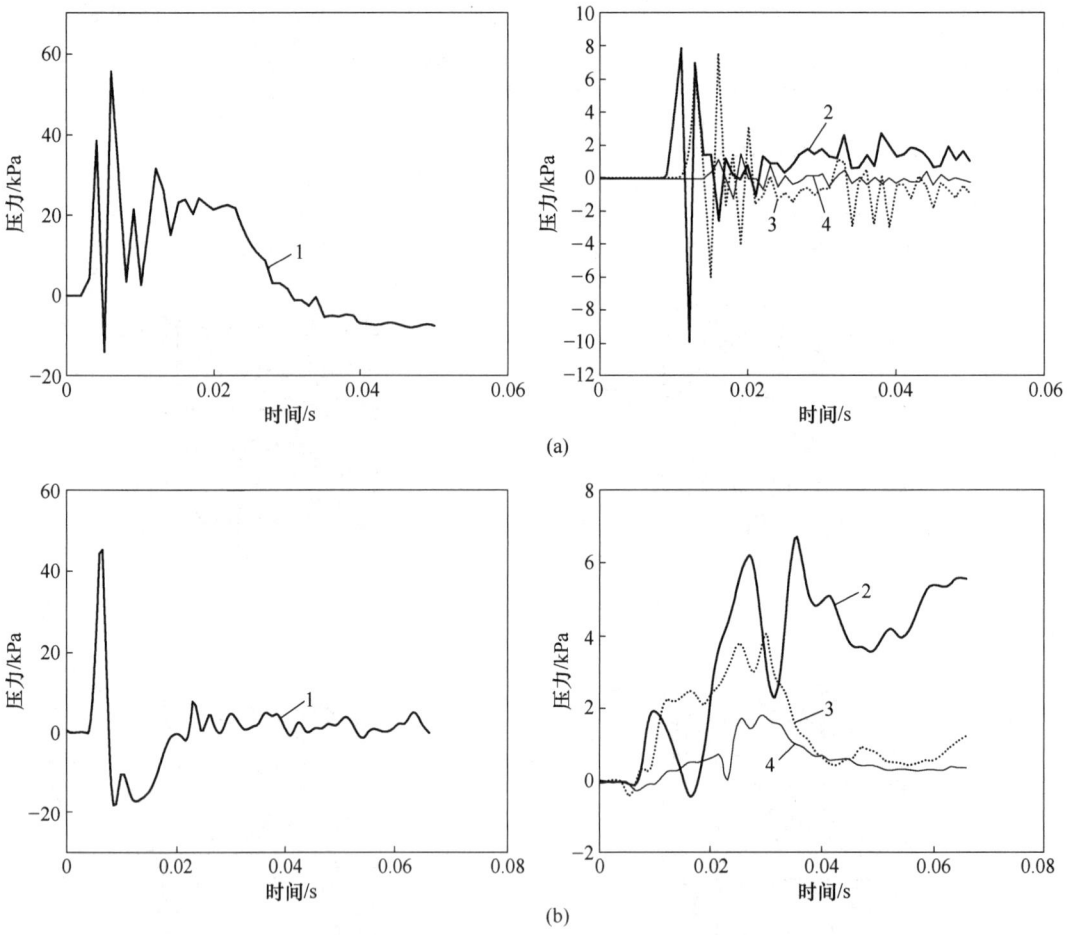

(a)

(b)

图 10　动土压力模拟与试验结果对比

（a）数值模拟地表与深部土压力；（b）模型试验地表与深部土压力

1—地表；2—地下 1.5m；3—地下 2.5m；4—地下 3.5m

Fig. 10　Comparison of simulation and test results of soil dynamic pressure

3 "上硬下软"地层土体动力响应

拆除爆破对象大多位于城市中心区或工业园区，其倒塌场地可能为人工修筑的道路、广场，自然土体上覆盖有混凝土面板、沥青路面等，为典型的"上硬下软"地层。

3.1 模型试验

3.1.1 试验方案

为研究塌落体触地冲击作用下"上硬下软"地层土体的动力响应特性，在均质地层相近区域，划定一块 2m×2m 区域，并铺设 10cm 厚 C15 素混凝土（见图 11），混凝土区域中心钻设测试孔，孔内传感器布置及数据采集同均质地层。试验用混凝土球质量仍为 50.0kg，其触地点由远及近依次为距离测试孔 1.0m、0.1m 和 0.0m 共 3 处（见图 12）。

图 11 上硬下软地层试验场地
Fig. 11 Hard and soft ground test site

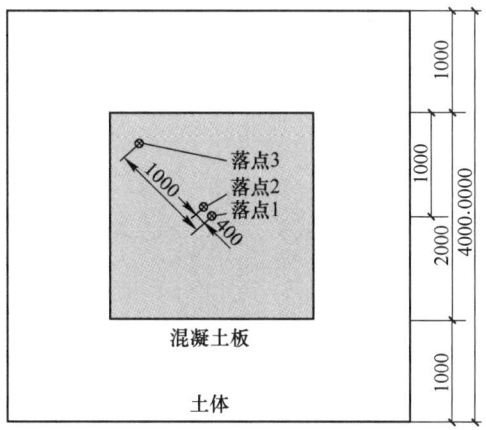

图 12 上硬下软地层塌落触地点
Fig. 12 Touchdown point of hard and soft ground

3.1.2 试验结果分析

3.1.2.1 动土压力值

受塌落触地冲击作用，上硬下软地层一定深度范围内土体产生动土压力（见表6），图13为不同触地点冲击作用下不同埋深土体的动土压力测试曲线（3.5m孔深处测点损坏，未采集到数据）。

表6 动土压力测量值

Tab. 6 Dynamic soil pressure measurement （kPa）

测点土压力值	落点		
	测点正上方	距测点 0.1m	距测点 1m
地下 1.5m	5.1	3.7	1.4
地下 2.5m	4.8	3.6	0.4

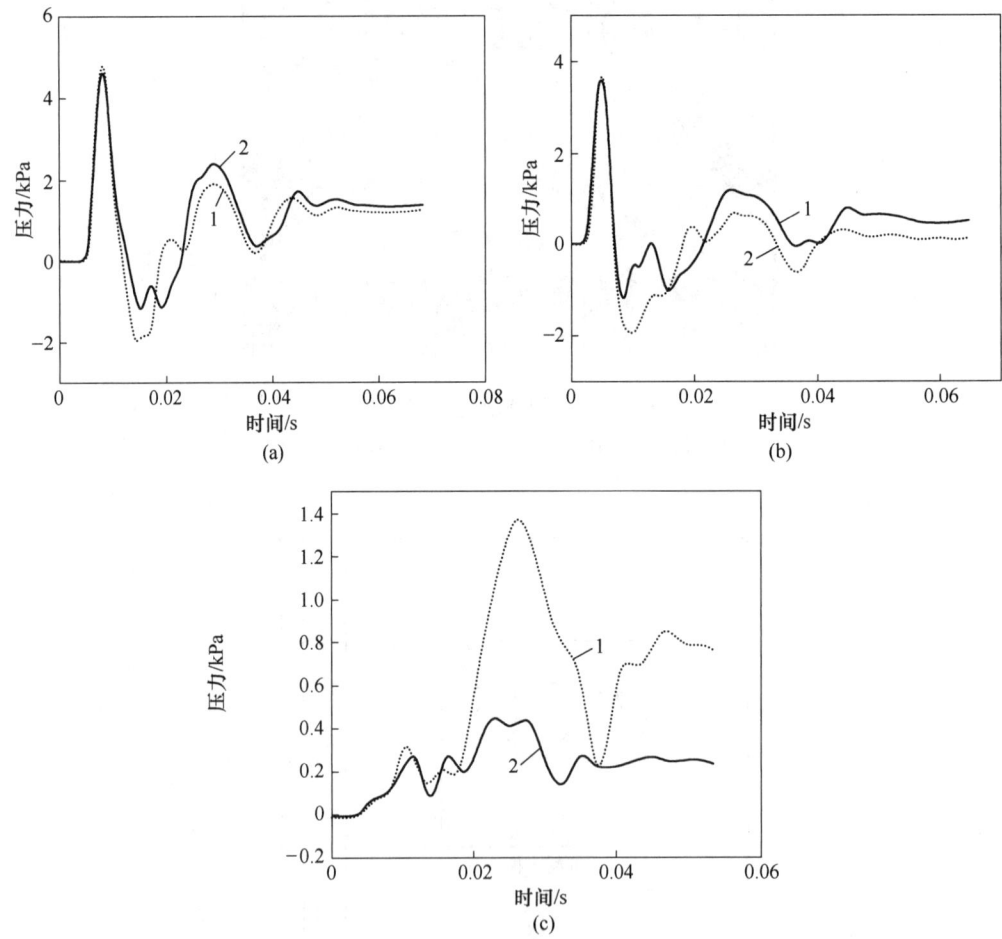

图13 上硬下软地层动土压力测试曲线

（a）测试孔正上方；（b）距离测试孔 0.1m；（c）距离测试孔 1.0m

1—地下 1.5m；2—地下 2.5m

Fig. 13 Test curve of dynamic soil pressure of hard and soft ground

由表 6 和图 13 可知，因混凝土板的"封闭作用"和"壳体效应"，同等能量冲击荷载作用下，上硬下软地层的动土压力小于均质地层：塌落点位于测试孔正上方时，地下 1.5m 处土压力值为 5.1kPa（均质地层为 7.5 kPa），地下 2.5m 处的土压力值为 4.8kPa；触地点距测试孔 0.1m 时，地下 1.5m 处土压力值为 3.7kPa，地下 2.5m 处的土压力值为 3.6kPa；触地点距测试孔 1.0m 时，地下 1.5m 处土压力值为 1.4kPa（均质地层为 3.2 kPa），地下 2.5m 处的土压力值为 0.4kPa。

3.1.2.2　土体加速度分析

图 14 为触地冲击作用下混凝土面板下方不同埋深土体的加速度测试曲线。其中，测试孔正上方、距离测试孔 0.1m 处的加速度因超出传感器量程，而未采集到完整数据。

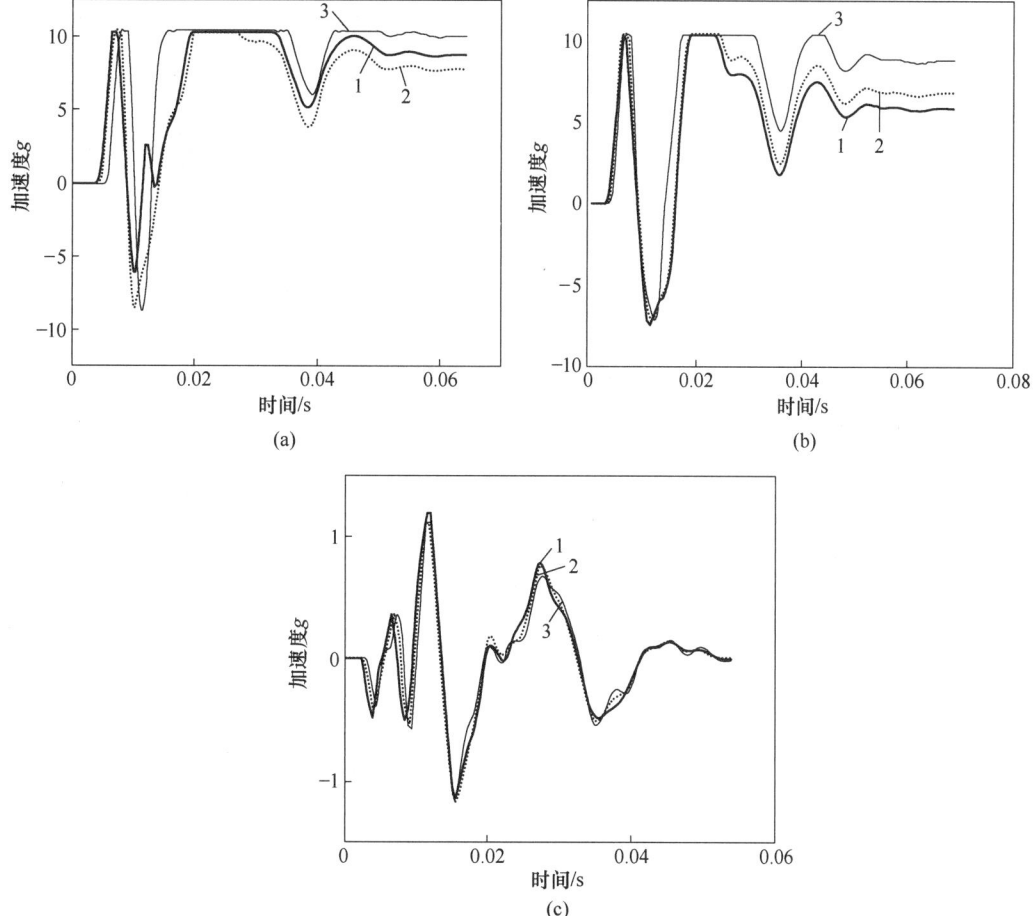

图 14　上硬下软地层土体加速度测试曲线

（a）测试孔正上方；（b）距离测试孔 0.1m；（c）距离测试孔 1.0m

1—地下 1.5m；2—地下 2.5m；3—地下 3.5m

Fig. 14　Test curve of dynamic soil acceleration magnitude of hard and soft ground

由图 14 可知，受混凝土板作用，土体加速度在深度方向上几乎无衰减，10 倍球体直径处的土体加速度与上部土体基本一致；测试点加速度随触地点水平距离增加而快速衰减，距离测试孔 3 倍球体直径处的触地加速度大约为触地点正上方的 5% 左右。

3.2 数值模拟

3.2.1 有限元模型

混凝土小球尺寸 $r=0.17m$，混凝土板的尺寸为 2m×2m，有限元模型按照小球和钢筋混凝土小球的实际尺寸大小 1：1 建模。小球的网格划分采用多区域的六面体网格，网格尺寸大小为 0.02m×0.02m；混凝土板的网格划分采用六面体网格，网格大小为 0.2m×0.2m；地面土体模型尺寸大小为 4m×4m×40m，土体的网格划分采用六面体网格，网格大小为 0.04m×0.04m；有限元模型如图 15 所示。把小球的下落过程视为自由落体，建模时将小球直接与混凝土板接触，小球与混凝土板的接触速度为 24.5m/s。

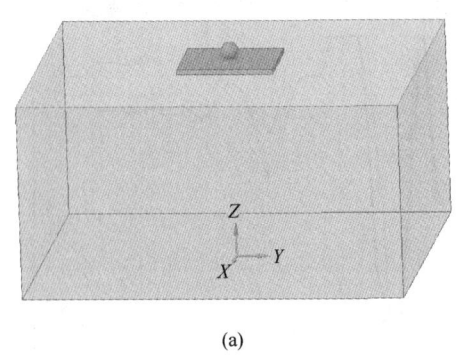 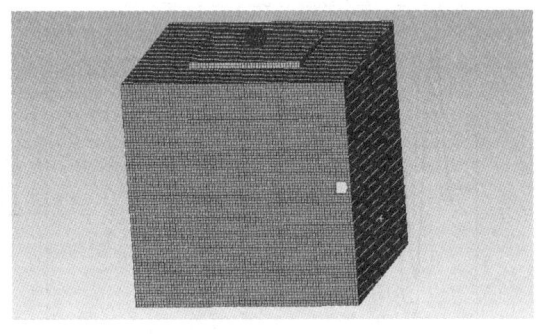

(a)   (b)

图 15 有限元模型及网格划分

（a）有限元模型；（b）网格划分

Fig. 15 Finite element model and mesh division

3.2.2 材料物理力学参数

本次数值模拟混凝土小球模型选用 MAT-JOHNSON-HOLMQUIST-CONCRETE，地面土体选用 MAT-DPUCKER-PRAGER 模型，相关物理力学参数见表 4 和表 5。

3.2.3 模拟结果与对比分析

3.2.3.1 动土压力模拟

混凝土小球以 24.5m/s 初速度冲击混凝土板的动压力云图如图 16 所示。

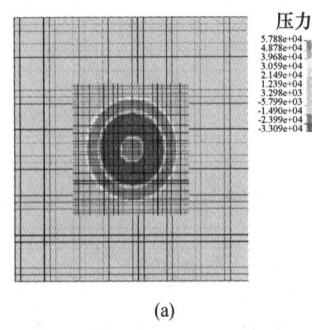 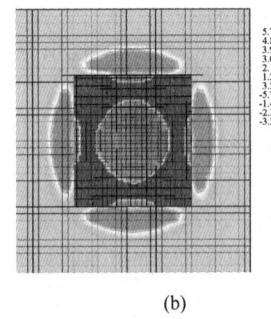 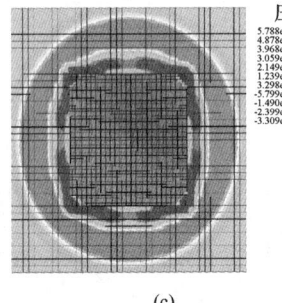

(a)   (b)   (c)

图 16 土动压力模拟云图

（a）$t=0.002$；（b）$t=0.006$；（c）$t=0.008$

Fig. 16 Soil dynamic pressure simulation

由图 16 可知，混凝土小球在 $t = 0.002s$ 时刻触地，触地点混凝土板中心位置出现较小土压力，在小球的持续冲击作用下，触地点附近的混凝土板和土体塑形变逐渐增大，土压力大小随之增大，压力传递范围不断扩大；$t = 0.006s$ 时刻，压力达到最大值 60kPa，随后压力不断扩散慢慢消失；$t = 0.008s$ 时刻，混凝土板整体区域承受较大，表明混凝土板有效承担了部分塌落体的冲击荷载。

3.2.3.2　模拟结果与试验结果对比

对比图 17 数值模拟与现场测试结果，在地下 1.5m 处，数值模拟动土压力比试验实测值大 2.9kPa；在地下 2.5m 处，数值模拟的压力值比试验测试的大 1.2kPa；虽然二者在绝对值上有一定偏差，但在曲线特征、数据量级等方面仍有很好的一致性。

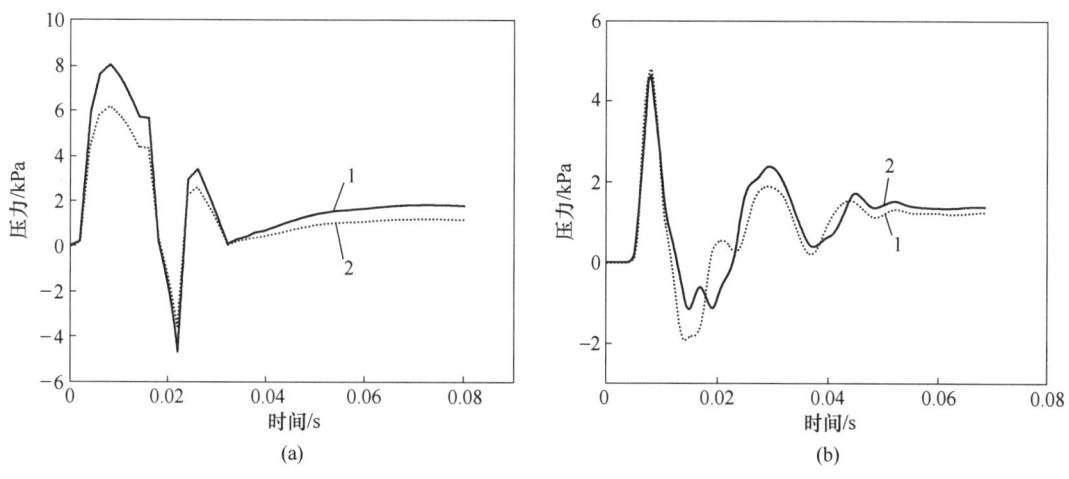

图 17　动土压力模拟与试验结果对比

（a）数值模拟动土压力；（b）现场实测动土压力

1—地下 1.5m；2—地下 2.5m

Fig. 17　Comparison of simulation and test results of soil dynamic pressure

4　结论

本文针对"均质土体"和"上硬下软"两种典型地层塌落体触地土体动力响应特性，开展了模型试验和数值模拟研究，主要结论如下：

（1）塌落体冲击均质土体地层时，动土压力随土体深度增加而快速衰减，触地点越接近测试点其衰减速度越快，当土体深度达 10 倍球体直径时，其动土压力可忽略不计；动土压力随触地点水平距离增加而减小，当水平距离增大至 3 倍球体直径时，其地表的触地冲击压力约为其正上方的 10%，当水平距离增大至 10 倍球体直径时，其地表处的动土压力可忽略不计。

（2）塌落体冲击均质土体地层时，土体加速度随深度增加而快速衰减，当塌落体位于测试孔正上方时，加速度幅值最大可达 $1.3g$，当土体深度达 10 倍球体直径时，加速度幅值衰减至 $0.3g$ 左右；测试点加速度随触地点水平距离增加而基本呈线性衰减趋势，但 10 倍球体直径深度范围内土体的加速度值基本一致，约为 $0.3g$。

（3）塌落体冲击上硬下软地层时，因混凝土板的"封闭作用"和"壳体效应"，同等能量冲击荷载作用下，上硬下软地层的动土压力小于均质地层；受混凝土板作用，土体加速度在深度方向上几乎无衰减，10 倍球体直径处的土体加速度与上部土体基本一致；测试点加速度随触地点水平距离增加而快速衰减，距离测试孔 3 倍球体直径处的触地加速度大约为触地点正上方的 5%左右。

（4）本文开展的混凝土球体触地冲击试验与数值模拟，虽未充分反映建（构）筑物爆破拆除塌落体触地时结构的解体破碎特性，但试验所揭示的规律对工程实践具有很强指导意义。工程实践中，为有效控制塌落体触地冲击产生的巨大荷载会造成地面土体变形，可采用"钢板（或混凝土板）+轮胎（或砂袋）"刚柔结合的防护方式降低影响。

参 考 文 献

[1] 罗艾民. 建筑物塌落体触地冲击力计算方法研究 [J]. 西安：西安科技学院学报，2002，22（3）：268-271.

[2] 孙金山，谢先启，贾永胜，等. 建（构）筑物拆除爆破塌落触地冲击载荷预测模型研究 [J]. 爆破，2014，31（2）：14-17.

[3] 龙源，娄建武，徐全军. 爆破拆除烟囱时地下管道对烟囱触地冲击振动的动力响应 [J]. 解放军理工大学学报，2000，1（2）：38-42.

[4] 王瑞贵. 建筑物爆破拆除塌落触地震动效应研究 [D]. 武汉：武汉大学，2005.

[5] 谭雪刚，贺五一，田永良，等. 爆破塌落体对地下管道的冲击作用探讨 [J]. 爆破，2012，29（1）：23-27.

[6] 纪冲，龙源，金光谦，等. 隧道结构在桥梁爆破拆除塌落冲击作用下动力响应的数值模拟分析 [C] //中国爆破新技术Ⅲ. 北京：冶金工业出版社，2012.

[7] 钟明寿，龙源，刘影，等. 城市高架桥塌落冲击地铁隧道结构的动态响应及防护技术 [J]. 振动与冲击，2017，36（16）：11-17.

[8] 杨宾，林从谋，殷榕鹏，等. 桥体爆破拆除塌落冲击对土体影响深度的计算方法 [J]. 工程爆破，2016，22（6）：18-22.

[9] 李慧鑫，张巍，丁龙琦，等. 跨线桥爆破塌落体触地震动土层动力响应实测与分析 [J]. 南京工程学院学报（自然科学版），2014，12（1）：14-18.

基于 Hough 变换的爆破裂纹定量统计研究

张久洋[1] 徐振洋[1,3] 王雪松[1,2] 刘万通[1] 崔哲森[1]

（1. 辽宁科技大学矿业工程学院，辽宁 鞍山 114051；

2. 沈阳工业大学建筑与土木学院，沈阳 110870）

摘 要：爆破破岩过程中，岩体中节理、裂隙的存在影响了爆破破碎效果，部分有限元数值模拟软件能够实现节理岩体的爆破破岩模拟，但难以实现裂纹的定量描述。基于此，采用 LS-DYNA 软件，建立含节理条件的岩体数值模型，分析了节理面对爆炸应力波的阻碍、反射作用，将爆生裂纹图像二值化处理，采用 Hough 变换方法实现了二值化图像中的裂纹提取，并采用极大似然估计法分析了裂纹图像统计结果。研究结果表明：爆炸的初始阶段小裂纹出现概率较大，结束时则以长裂纹为主，此过程中许多短裂纹扩展为长裂纹，裂纹角度的分布较为平均，Hough 变换方法实现了数值模拟结果中裂纹图像的定量统计。

关键词：岩体爆破；数值模拟；Hough 变换；裂纹；极大似然估计

Quantitative Statistical Study of Blasting Cracks Based on Hough Transform

Zhang Jiuyang[1] Xu Zhenyang[1,3] Wang Xuesong[1,2] Liu Wantong[1] Cui Zhesen[1]

（1. Engineering Research Center of Green Mining of Metal Mineral Resources，

Anshan 114051，Liaoning；2. School of Architecture and Civil Engineering，

Shenyang University of Technoligy，Shenyang 110870）

Abstract：In the process of rock breaking by blasting, the existence of joints and fissures in rock mass affects the effect of blasting crushing. Some finite element numerical simulation software can realize the simulation of blasting rock breaking in jointed rock mass, but it is difficult to realize the quantitative description of cracks. Based on this, the numerical model of rock mass with joint conditions is established by using LS-DYNA software. The obstruction and reflection of the joint surface to the explosion stress wave are analyzed. The blast-induced crack image is binarized. The Hough transform method is used to realize the crack extraction in the binarized image, and the maximum likelihood estimation method is used to analyze the statistical results of the crack image. The results show that the probability of small cracks in the initial stage of the explosion is large, and the long cracks are the main ones at the end of the explosion. In this process, many short cracks expand into long cracks, and the

基金项目：国家自然科学基金资助项目（51974187）；辽宁省教育厅重点项目（LJKZ0282）；辽宁省中央引导地方科技发展资金计划（项目编号：2023JH6/100400022）。

作者信息：张久洋，硕士研究生，zhangjiuyang99@ foxmail.com。

distribution of crack angles is relatively average. The Hough transform method realizes the quantitative statistics of crack images in numerical simulation results.

Keywords: rock blasting; numerical simulation; Hough transform; cracks; maximum likelihood estimation

1　引言

岩体中存在许多成岩时或岩体失稳时产生的节理裂隙，节理的存在阻碍了应力波的传播，改变了裂纹的扩展方向，使得爆破效果与预期具有一定差距。

杨建华等人[1]指出了节理岩质边坡的位移突变现象，并采用有限差分方法研究了预应力锚索对于爆破开挖扰动导致的位移突变的控制机理。徐帮树等人[2]说明常规的爆破参数在节理岩体的应用中会出现超挖、欠挖等爆破质量问题。夏文俊等人[3]研究认为，节理岩体的爆破开挖扰动将导致脱落现象，使损伤控制较为困难。解决节理岩体对于爆破作用的影响问题，需要对其裂纹的扩展规律进行研究，数值模拟方法为该领域提供了帮助并得到了广泛的应用。针对该问题，国内外专家学者已经展开了深入的研究，LS-DYNA 软件可以通过定义*MAT-ADD-EROSION 关键字的方式实现岩石、混凝土材料的破裂模拟。李小帅等人[4]也在预制节理的类岩石试件的 SHPB 模拟中应用了该方法。值得注意的是，其研究中仅对截取的裂纹图像进行了分析，但这些描述更接近定性分析，其中的统计定量分析相对较少，对于裂纹的长度、角度等统计结果仅通过 LS-DYNA 软件很难完成。因此，可以基于图像处理的角度深入讨论弥补 LS-DYNA 方法对于裂纹定量分析不足的问题。

其中，Hough 变换方法能够实现图像中裂纹的提取，Hough 检测方法由 Paul Hough 提出[5]，其基本原理是利用图像空间和 Hough 参数空间线-点的对偶性，在参数空间中完成图像空间的检测问题，可用于检测图像中的直线、圆形及椭圆等形状信息。Hough 方法在岩体裂纹的检测中也具有广泛的应用，如基于 Hough 方法所开发的 Fracpaq 工具箱，D. Healy 等人[6]基于 Matlab 软件完成 FracPaq 工具箱的开发并将其应用于地质学领域，Rizzo 采用该工具箱进行了砂岩试件 SEM 裂纹的图像处理，并基于二维连续小波变换方法研究了裂纹在不同尺度下的方向变化[6-7]。基于图像处理方法的裂纹定量分析可以进行统计学的分析，其中，极大似然估计方法作为一种统计学参数估计方法，已在机械故障诊断[8]、管道泄漏[9]、工业机器人[10]等领域得到应用，可为裂纹的统计学描述提供支持，如 Rizzo[11]采用该方法对于裂隙岩体的研究。陈占扬[12]采用极大似然估计方法对台阶爆破模型试验裂纹进行了定量化分析，采用指数分布描述了裂纹长度的统计结果。

鉴于此，基于前人研究的基础上，本文建立含节理条件的岩体数值模型，考虑节理对应力波阻碍、反射作用，研究不同条件下岩体的响应特征及裂纹扩展规律，采用 Hough 变换方法，统计不同节理数目及不同节理角度下爆生裂纹的长度数量及角度分布情况，并采用极大似然估计方法分析了裂纹长度在指数分布模型下的统计结果，弥补 LS-DYNA 数值模拟方法难以进行裂纹的定量分析的不足。

2　参数选择及计算方案

2.1　模拟软件

在本研究中，选用 ProE（Pro/Engineer）、Altair HyperMesh 作为前处理软件，完成 k 文件的建模、网格划分及关键字定义操作，采用 ANSYS19.0 中的 LS-DYNA 模块进行求解。LS-

PrePost 用于获取 d3plot 文件中应力云图、节点振速、裂纹扩展等结果信息。由于数值模拟软件自身的不足，反映出爆生气体准静态压力作用破碎岩石的过程较为困难[13]，因此不考虑爆生气体对岩体的荷载作用。

2.2 材料的选择

裂隙中的填充材料选取拉格朗日算法进行模拟，材料关键字为 *MAT-PLASTIC-KINEMATIC[14]。设置 *MAT-PLASTIC-KINEMATIC 关键字定义节理填充物材料参数，各向参数节理材料模型参数见表1。

表1 节理材料模型参数

Tab. 1 Joint material model parameters

密度/g·cm⁻³	弹性模量/GPa	泊松比	屈服强度/MPa	切线模量/MPa	硬化参数	应变率参数	失效应变
1.0	10	0.32	10	6	0.0	0.0	0.0

由于爆破荷载下的岩石网格具有高应变、大变形的特点[15]，采用适用于高应变率的混凝土本构模型 HJC 模型，关键字为 *MAT_JOHNSON_HOLMQUIST_CONCRETE[16-17]，采用拉格朗日（Lagrange）算法描述岩石材料在试验中的变化，岩石基本参数见表2。

表2 岩石基本参数

Tab. 2 Basic rock parameters

岩石名称	密度/g·cm⁻³	弹性模量/GPa	泊松比	内聚力/MPa	抗压强度/MPa	抗拉强度/MPa	纵波速度/m·s⁻¹
千枚岩	2.74	13.3	0.3	7.4	63	5	1840

炸药材料关键字为 *MAT_HIGH_EXPLOSIVE_BURN，状态方程为 JWL 方程，关键字为 *EOS_JW能够计算炸药化学能转化的压力。依据乳化炸药进行参数设置，炸药密度为1150kg/m³，爆速为4500m/s，波阻抗为 4.5×10⁶kg/(m²·s)，炸药基本参数见表3。

表3 炸药基本性能参数

Tab. 3 Basic performance parameters of adjustable explosives

炸药类型	密度/kg·m⁻³	爆速/m·s⁻¹	波阻抗/×10⁶kg·(m²·s)⁻¹
乳化炸药	1150	4500	3.6~8.5932

2.3 试验方案

试验方案见表4，共设计6组试验，建立了炮孔数量分别为工况1、2条件下，不同节理条数的模型试验，节理宽度为 0.001m，为减少计算时间，采用1/2建模方法，对称面边界沿炮孔直径方向将模型剖为两半，模型其余5个面采用无反射边界约束。节理位置位于两炮孔连线的中点位置，模型尺寸及节理、炮孔位置、约束情况等参数信息，如图1和图2所示。

表4 试验方案

Tab. 4 Table of numerical simulation test scheme

工况序号	炮孔数量	孔距/m	模型尺寸/m×m×m	节理长度/m	节理条数
1号	2	15	50×25×5	0.001	1

续表 4

工况序号	炮孔数量	孔距/m	模型尺寸/m×m×m	节理长度/m	节理条数
2 号	2	15	50×25×5	0.001	2
3 号	2	15	50×25×5	0.001	3

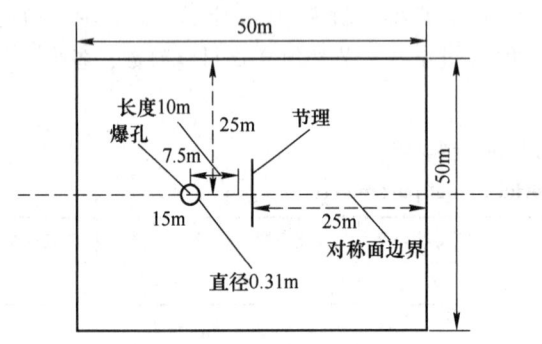

图 1　模型尺寸

Fig. 1　Dimension of model

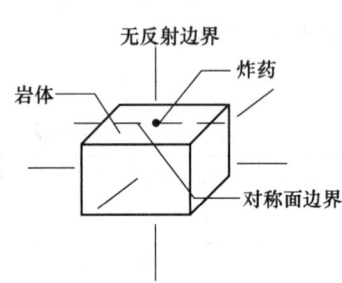

图 2　约束条件示意图

Fig. 2　Schematic diagram of constraint conditions

3　基于 Hough 检测的图像处理方法

3.1　Hough 检测方法

图 3 展示了 Hough 检测方法的基本原理，直角坐标系中直线 L 可以用方程 $\rho = x\cos\theta + y\sin\theta$ 表示，通过 L 上的 P_1 点所有直线对应至参数坐标时，可由 (θ_1, r_1)，(θ_2, r_2)，$(\theta_3, r_3)\cdots$ 构成的正弦曲线表示，当多条正弦曲线相交于参数坐标中的一点时，则说明这些点在直角坐标系中共处于一条直线上，如图 3 (b) 中 P_1、P_2、P_3 三点。

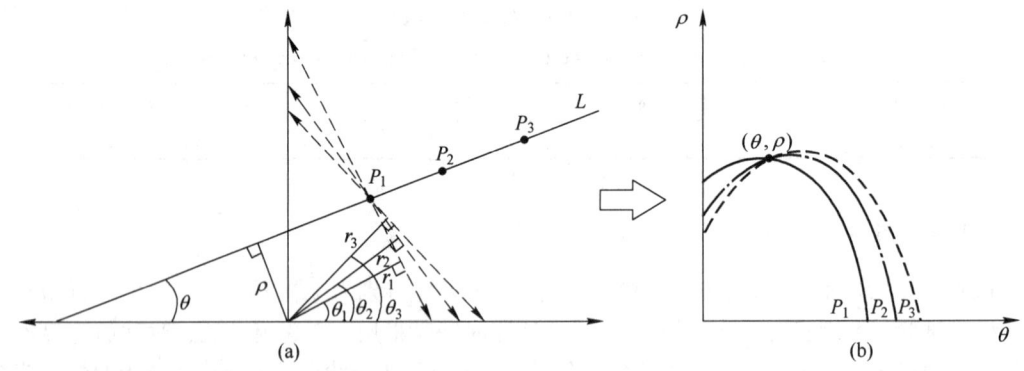

图 3　Hough 变换基本原理

Fig. 3　Basic principle of Hough transform

3.2　阈值选择

完成 Hough 变换后，采用从变换矩阵中找寻极值点的方法提取线段，进而查找极坐标系中累加的峰值检测直线特征。因此，需要根据研究目标选取合适的阈值进行裂纹数据的提取，选取了极大值点的 0~1 倍区间作为阈值取值范围。如图 4（a）中所示，随着阈值取值的增大提取到的线段数目呈现降低的趋势，拟合后的数据符合二次函数关系，函数关系式为 $y = 954.55x^2 - 1627.55x + 703.17$，$R^2$ 值为 0.99，说明了在 0~0.5 区间内裂纹数受到阈值影响较大，但此区间内构成线段的点普遍在 70 个以下，此部分线段较短与原图所示裂纹差异性较大，由于爆炸中心岩石均处于粉碎状态，短线段过多影响了裂纹统计结果。分别选择了 0.25、0.5、0.58、0.75 作为阈值进行了结果输出，图 4（b）中的 4 条平行于 x 轴的直线代表了阈值所截取的位置，图 4（c）中的四张图代表了裂纹提取结果。不难看出当阈值为 0.25 时，裂纹区域基本被短线段占满，裂纹的分解效果较差，而阈值为 0.75 时，裂纹剩余较少，大量微裂纹被剔除，显然也不满足要求。当阈值选择在所有峰值中最小值时，能够捕捉到所有显著的峰值，在裂纹的提取结果中也更接近原始图像，在之后的研究中每张图片的阈值选择，均采用此方法进行。

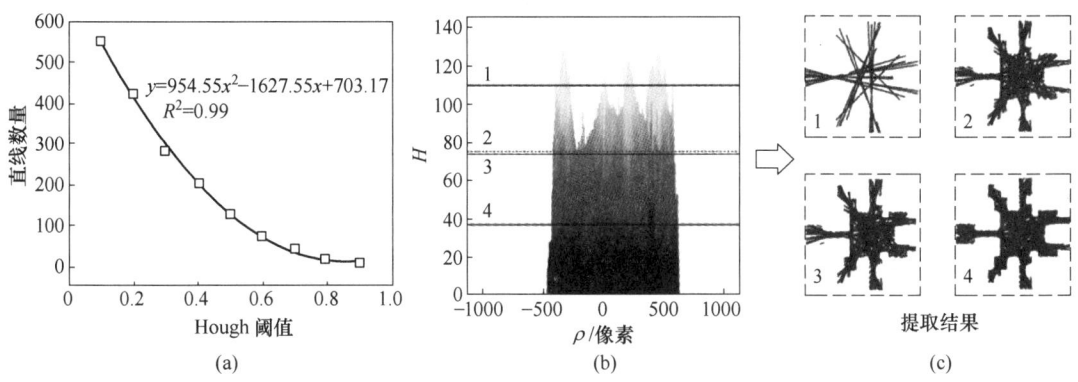

图 4　阈值确定流程
（a）阈值与裂纹条数间的关系；（b）峰值流程；（c）处理结果
Fig. 4　Threshold determination process

4　结果分析

4.1　节理条数对裂纹扩展的影响

截取各工况下 2.5ms、5ms、9ms、12.5ms 时刻的结果图像，并将其"二值化"处理，如图 5 所示，在爆炸初期，炮孔周围产生破碎，各组初始阶段 2.5ms 时的裂纹扩展情况相似，产生的裂纹有向四周扩张的趋势，随后径向裂纹产生，在 5ms 时，各组的径向裂纹均到达了预制裂纹处，此阶段前，裂纹沿初始阶段产生的方向延长，随后，预制节理的存在改变了径向裂纹的扩展方向，节理的两端产生了应力集中现象。

从 3 组工况最终的裂纹扩展结果来看，如图 5 所示，裂纹在 12.5ms 的扩展情况相似，当节理数从 1 到 3 时，节理间岩石因裂纹的扩展产生贯通，在此区域的岩石被破碎成小块，节理条数为 1 时，岩石粉碎区域较小，节理条数的增加导致了节理面与炮孔的距离更近，使得应力波发生反射的时间早于节理数量少的试验情况，使得岩石的破碎区域更为明显。爆炸初始阶段 3 组试验的试验结果基本相同，试验结果的不同发生裂纹与节理相遇时，在节理数从 1 到 3 的变化过程中，节理组数为 1 的试验结果粉碎区域相对较小，破碎区域较为明显。

根据前文所述的数据处理方法，将图 5 中的图像进行了 Hough 变换，将裂纹图像构建为由直

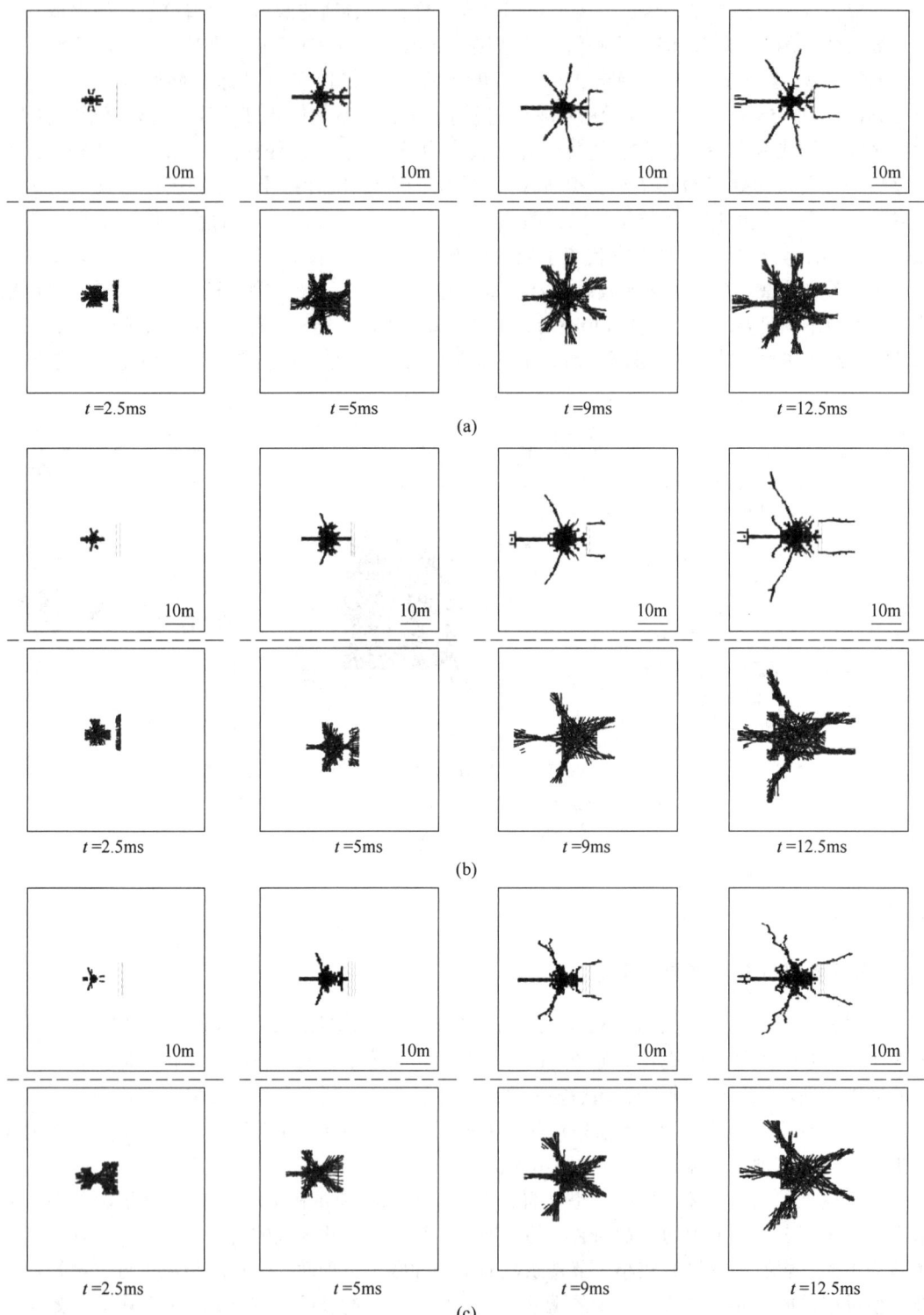

图5　节理条件下裂纹扩展情况

（a）节理条数1；（b）节理条数2；（c）节理条数3

Fig. 5　Crack growth under joint condition

线线段构成的合集，采用陈占扬[12]研究中所使用的指数分布模型，将 3 组结果中的裂纹长度进行了极大似然估计的统计。统计结果如图 6 所示。所获取到的指数分布模型见式（1）~式（3）：

$$\left.\begin{aligned}
y &= \lambda_{1-1}e^{-\lambda_{1-1}} & \lambda_{1-1} &= 0.0494 \\
y &= \lambda_{1-2}e^{-\lambda_{1-2}} & \lambda_{1-2} &= 0.0191 \\
y &= \lambda_{1-3}e^{-\lambda_{1-3}} & \lambda_{1-3} &= 0.0164 \\
y &= \lambda_{1-4}e^{-\lambda_{1-4}} & \lambda_{1-4} &= 0.0151
\end{aligned}\right\} \quad (1)$$

$$\left.\begin{aligned}
y &= \lambda_{2-1}e^{-\lambda_{2-1}} & \lambda_{2-1} &= 0.0464 \\
y &= \lambda_{2-2}e^{-\lambda_{2-2}} & \lambda_{2-2} &= 0.0249 \\
y &= \lambda_{2-3}e^{-\lambda_{2-3}} & \lambda_{2-3} &= 0.0156 \\
y &= \lambda_{2-4}e^{-\lambda_{2-4}} & \lambda_{2-4} &= 0.0152
\end{aligned}\right\} \quad (2)$$

$$\left.\begin{aligned}
y &= \lambda_{3-1}e^{-\lambda_{3-1}} & \lambda_{3-1} &= 0.0272 \\
y &= \lambda_{3-2}e^{-\lambda_{3-2}} & \lambda_{3-2} &= 0.0184 \\
y &= \lambda_{3-3}e^{-\lambda_{3-3}} & \lambda_{3-3} &= 0.0174 \\
y &= \lambda_{3-4}e^{-\lambda_{3-4}} & \lambda_{3-4} &= 0.0143
\end{aligned}\right\} \quad (3)$$

式中，λ 为率参数。

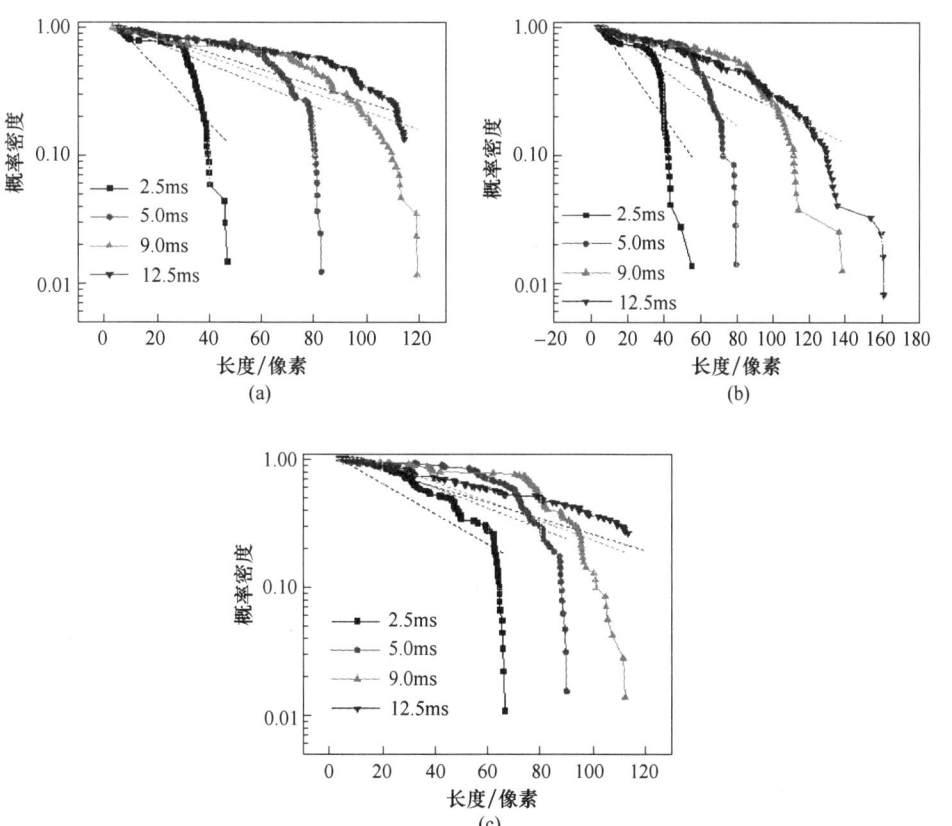

图 6　指数分布统计结果

（a）1 条节理；（b）2 条节理；（c）3 条节理

Fig. 6　Results of exponential distribution

　　在图 6 中可以看出，各组曲线的分布规律是相似的，裂纹长度的概率密度在短裂纹处较大，对应了由短裂纹构成的破碎区，而随着裂纹长度的增大，概率密度呈现指数下降的趋势，在每组的曲线中，长裂纹的概率密度总是最小的，说明了长裂纹在整个过程中的占比始终较少。在爆炸的进行过程中，生成长裂纹的概率是逐渐增大的。在式（1）~式（3）中，率参数 λ 值是随着爆炸时间的增加而逐渐减小的，在指数分布函数中，率参数 λ 值控制着事件发生的概率，在相同的 x 坐标范围内，率参数与裂纹数量呈现着负相关关系。可见，随着爆破时间的进行裂纹的数量是逐渐增加的。当爆炸进行至 2.5ms 时，3 组的 λ 值分别为 0.0494、0.0464、0.0272，前两组爆炸初期的值相差较少，3 条节理的情况下，λ 值小于其余两组，是由于预制节理组数最多，因此识别的裂纹量增多。在 12.5ms 的爆炸后期，λ 值分别为 0.0151、0.0152、0.0143，相差更小，说明了预制节理主要对初始阶段的爆炸影响较大，在爆炸的后期，裂纹数量受预制节理的影响较小。

　　裂纹角度分布统计结果如图 7 所示，玫瑰图中 0°方向对应裂纹图中的竖直方向，90°方向对应水平方向。可以看出，裂纹的角度分布具有中心对称性，各组裂纹频率分别为 9.34%、10.42%、8.95%，均在 10%左右，说明总体上裂纹角度分布是平均，虽然存在某个方向上的裂纹扩展略大，但不会过于突出。可以看出，在节理条数为 2 和 3 的条件下，初始阶段的竖直裂纹占比较多，峰值均发生在裂纹角度为 108°；产生此现象的原因是预制裂纹均为竖直方向，Hough 变换方法将该部分裂纹识别，导致了裂纹占比的增多。

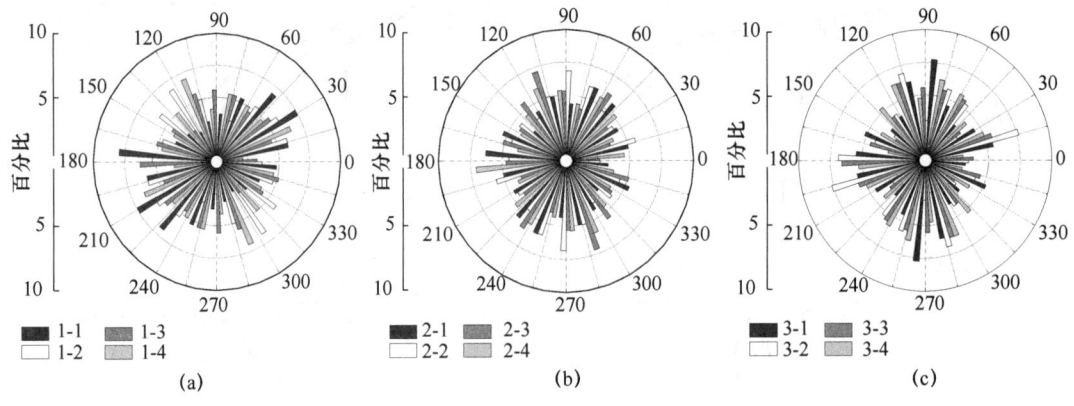

图 7　裂纹角度统计结果

(a) 1 条节理；(b) 2 条节理；(c) 3 条节理

Fig. 7　Statistical results of crack angle

　　在图 7（a）中，初始阶段的水平方向的裂纹扩展相对明显，峰值出现在裂纹角度为 180°时，在图 7（b）和（c）中的竖直方向的裂纹扩展相对明显，裂纹的长度相对较小，还未形成较为完整的裂纹，因此角度的规律性并不明显。在爆炸进行至 2.5ms 时，图 5 中展示了各组水平裂纹发育较为明显，并已到达节理处，因此在角度分布图中此时刻的裂纹水平方向的占比较多。在 9ms 时可以明显看出裂纹角度分布的变化，三组试验结果的频数峰值所在的角度分别从 36°、180°、18°向 162°、72°、126°转变，说明了在 5~9ms 这个过程中，裂纹的扩展方向发生了改变，并且峰值从 7.29%、7.34%、8.95%变为 7.14%、7.14%、6.52%，是逐渐降低的，此阶段的裂纹角度分布更为平均，再次说明了节理对裂纹扩展方向的影响。在 9~12ms 的过程中，峰值变为 7.2%、7.23%、7.5%，说明在此阶段的裂纹主要沿各自裂纹发展方向扩展。

5 结论

本文采用 LS-DYNA 有限元数值模拟方法，分析了节理对的爆炸应力波的阻碍、反射作用，采用 Hough 变换方法获取了二值化后的数值模拟裂纹图像，进行了不同节理条数、不同节理角度条件下裂纹数量、长度、角度分布的定量分析。得到了以下结论：Hough 变换实现了裂纹信息的定量统计，3 组节理条数条件下，爆炸初始阶段产生的裂纹以小裂纹为主。随着爆炸的进行裂纹长度也随之增大，并伴随着短裂纹向长裂纹扩展的现象发生。裂纹角度在频率上占比均小于 10%，9ms 出现了裂纹角度的明显变化，验证了节理的存在改变了裂纹的发展方向。

参 考 文 献

[1] 杨建华, 代金豪, 姚池, 等. 爆破开挖扰动下锚固节理岩质边坡位移突变特征与能量机理 [J]. 爆炸与冲击, 2022, 42 (3): 138-149.

[2] 徐帮树, 张万志, 石伟航, 等. 节理裂隙层状岩体隧道掘进爆破参数试验研究 [J]. 中国矿业大学学报, 2019, 48 (6): 1248-1255.

[3] 夏文俊, 卢文波, 陈明, 等. 白鹤滩坝址柱状节理玄武岩爆破损伤质点峰值振速安全阈值研究 [J]. 岩石力学与工程学报, 2019, 38 (S1): 2997-3007.

[4] Li X, Gao W, Guo L, et al. Influences of the number of non-consecutive joints on the dynamic mechanical properties and failure characteristics of a rock-like material [J]. Engineering Failure Analysis, 2023: 107101.

[5] Hough P V C. Method and means for recognizing complex patterns: U. S. Patent 3069654 [J]. 1962-12-18.

[6] Rizzo R E, Healy D, Heap M J, et al. Detecting the onset of strain localization using two-dimensional wavelet analysis on sandstone deformed at different effective pressures [J]. Journal of Geophysical Research: Solid Earth, 2018, 123 (12): 10, 410-460, 478.

[7] Rizzo R E, Healy D, Farrell N J, et al. Riding the right wavelet: Quantifying scale transitions in fractured rocks [J]. Geophysical Research Letters, 2017, 44 (23): 11, 808-811, 815.

[8] 周智, 朱永生, 张优云, 等. 基于 EMD 间隔阈值消噪与极大似然估计的滚动轴承故障诊断方法 [J]. 振动与冲击, 2013, 32 (9): 155-159.

[9] 池招招, 蒋军成, 刁旭, 等. 基于声波衰减模型对液体管道泄漏位置的极大似然估计 [J]. 振动与冲击, 2021, 40 (15): 238-245.

[10] 刘运毅, 黎相成, 黄约, 等. 基于极大似然估计的工业机器人腕部 6 维力传感器在线标定 [J]. 机器人, 2019, 41 (2): 216-221.

[11] Rizzo R E, Healy D, De Siena L. Benefits of maximum likelihood estimators for fracture attribute analysis: Implications for permeability and up-scaling [J]. Journal of Structural Geology, 2017, 95: 17-31.

[12] 陈占扬. 露天台阶爆破岩石破碎形态试验研究 [D]. 北京: 北京理工大学, 2021.

[13] 李秀虎. 炸药与岩石合理匹配关系的模拟研究 [D]. 鞍山: 辽宁科技大学, 2018.

[14] Halquist J. LS-DYNA keyword user's manual version 971 [J]. Livermore Software Technology Corporation, Livermore, 2007.

[15] 杨家彩, 刘科伟, 李旭东, 等. 高地应力岩体动态数值模拟中的应力初始化方法研究 (英文) [J]. 中南大学学报 (英文版), 2020, 27 (10): 3149-3162.

[16] Wan W, Yang J, Xu G, et al. Determination and evaluation of Holmquist-Johnson-Cook constitutive model parameters for ultra-high-performance concrete with steel fibers [J]. International Journal of Impact Engineering, 2021, 156: 103966.

[17] Yang L, Yang S, Zhang Z, et al. Dynamic response of gradient double-corrugated sandwich plate subjected to underwater blast loads [J]. Mechanics of Advanced Materials and Structures, 2021: 1-12.

爆炸荷载作用下冰岩耦合体损伤规律数值模拟研究

徐振洋[1,2]　刘万通[1,2]　刘　鑫[1,2]　王雪松[3]　崔哲森[1,2]

(1. 辽宁科技大学矿业工程学院，辽宁　鞍山　114051；
2. 辽宁省金属矿产资源绿色开采工程研究中心，辽宁　鞍山　114051；
3. 沈阳工业大学建筑与土木工程学院，沈阳　110870)

摘　要：在高寒区矿产资源开采中，开采中存在冰岩耦合体是一种常见的难题。为研究冰岩耦合体在爆炸荷载作用下的损伤规律，基于 JH-2 本构建立组合岩体力学模型，利用数值模拟方法，揭示了冰岩耦合体在爆炸荷载作用下，裂隙冰层的损伤、岩体内裂纹扩展和应力变化的规律，进一步分析冰层厚度 D 和冰层距离爆源距离 L 对其损伤的影响。研究结果表明：在爆炸荷载作用下，裂隙冰的存在会改变爆生裂纹的扩展方向与距离，增加径向位移，削弱岩体的损伤；随着爆源距离 L 与冰层厚度 D 的增加，裂纹偏移条数与扩展距离均减少；裂隙冰层的存在会降低有效应力峰值，距离 L 与冰层厚度 D 均会引起有效应力峰值的滞后与衰减，并且与应力峰值衰减程度之间存在一定的线性关系；爆源距离 L 较厚度 D 而言，对应力峰值衰减程度变化率影响较大。对爆炸荷载作用下冰岩耦合体损伤规律的研究，可为寒区露天开采中爆破参数优化提供理论基础。

关键词：冰岩耦合体；数值模拟；爆炸荷载；岩体损伤

The Damage Law of Ice-rock Coupling by Explosion Load

Xu Zhenyang[1,2]　Liu Wantong[1,2]　Liu Xin[1,2]　Wang Xuesong[3]　Cui Zhesen[1,2]

(1. College of Mining Engineering, Liaoning University of Science and Technology, Anshan 114051, Liaoning; 2. Liaoning Province Metal Mineral Resources Green Mining Engineering Research Center, Anshan 114051, Liaoning; 3. College of Architecture and Civil Engineering, Shenyang University of Technology, Shenyang 110870)

Abstract: In the mining of mineral resources in alpine regions, the existence of ice-rock coupling in mining is a common problem, in order to study the damage law of ice-rock coupling under explosion load. Based on JH-2, the mechanical model of vertical composite rock mass was constructed, and the numerical simulation method was used to reveal the damage of fractured ice layer, crack propagation and stress change in rock body under the explosion load of ice-rock coupling, and the influence of ice thickness D and ice layer distance L from the source of explosion was further analyzed. The results show

基金项目：国家自然科学基金资助项目（51974187）；2023 年辽宁省中央引导地方科技发展资金第一批计划（项目编号：2023JH6/100400022）。

作者信息：徐振洋，博士，教授，xuzhenyang10@foxmail.com。

that under the explosive load, the presence of fractured ice will change the propagation direction and distance of the blasted crack, increase the radial displacement, and weaken the damage of the rock mass. With the increase of the burst source distance L and the ice thickness D, the number of crack offset strips and the propagation distance decreased. The existence of fractured ice will reduce the effective stress peak, and the distance L and ice thickness D will cause the lag and attenuation of the effective stress peak, and there is a certain linear relationship with the stress peak attenuation degree. Compared with the thickness D, the distance from the burst source L has a greater influence on the change rate of stress peak attenuation degree. The study of the damage law of ice-rock coupling under explosion load can provide a theoretical basis for the optimization of blasting parameters in open-pit mining in cold areas.

Keywords: ice-rock coupling; numerical simulation; explosion load; rock mass damage

1 引言

岩体中含有大量节理、裂隙、缺陷等，且这些裂隙充当着天然的导水通道与储水空间，受低温环境影响，当冻结时，裂隙被冰充填，形成典型冻结岩体（裂隙夹冰岩体）[1]。为响应国家"一带一路"号召，西部寒区基建与资源开采已经成为发展趋势。寒区常年处于低温环境，当地冻结岩体广布[2]，由于工程爆破仍然是西部资源开采的有效手段，而冻结岩体在动载荷作用下，岩体的损伤与破坏会影响资源开采的安全性，因此研究在爆炸荷载作用下冰岩耦合体损伤规律，对提高爆破能量利用率、改善爆破效果、提高爆破安全性有重要的意义。

节理裂隙的存在会破坏岩体的完整性，并使得岩体的物理性能和力学性能变差。当在爆炸荷载作用下时，应力波在含节理、裂隙岩体中作用关系复杂，节理存在会极大削弱应力波在岩体中的作用效果[3-5]，为此国内外学者做了许多研究工作。钱七虎和王明洋[6]根据断层与节理裂隙带的几何关系，运用应力波传播理论，分析了应力波通过节理裂隙带的衰减规律；杨立云等人[7]利用数字图像实验系统，探究爆炸后应力波在含层理类岩石试件（PMMA）中的传播；赵安平等人[8]通过建立一维分析模型且进行量纲分析，研究节理特征对应力波传播的影响，并利用CDEM方法分析节理特征参数对爆破效果影响的规律；谢冰等人[9]通过数值模拟软件AUTODYN 2D计算爆炸荷载，并借助离散元软件UDEC研究节理几何特征对预裂爆破效果影响；李鹏等人[10]通过相似理论建立两种巷道模型并结合FLAC³ᴰ数值模拟软件，探究爆炸应力波在节理裂隙岩体中传播与能量变化规律；陈雪峰等人[11]以红黏土为充填介质制作含节理爆破模型，研究节理厚度对爆炸应力波传播影响规律。

上述研究主要针对爆炸应力波在含节理裂隙的岩体中传播特性进行分析，而对于在爆炸荷载作用下含冰裂隙岩体损伤规律研究较少。本文通过建立数值模型，研究在爆炸荷载作用下，冰岩耦合体几何特征对冰层损伤、岩体裂纹扩展、应力变化的影响。

2 冰岩耦合体应力波传播理论

冰岩耦合体意指天然存在或人工形成的岩体、未冻水和裂隙冰的共存体[12]，如图1所示。当爆炸应力波穿透在岩体中耦合的冰层时，会在冰层面发生复杂的透射与反射。以应力波P为例，以任意角度斜入射至充填节理，其传播情况如图2所示。

RPP波和RPS波分别是P波入射时，第一次在交界面反射的纵波与横波；TPP与TPS波为P波穿透背爆面形成的透射纵波与透射横波。当应力波P垂直射入节理时，无横波产生，发生垂直反射与透射。假设P波入射强度为σ_{11}，波通过充填节理介质时，假设无介质黏性阻尼

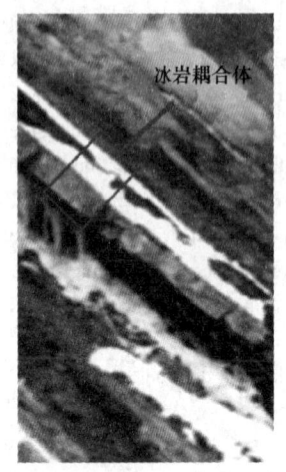

图 1　现场表层冻结岩体[13]

Fig. 1　Surface frozen rock mass

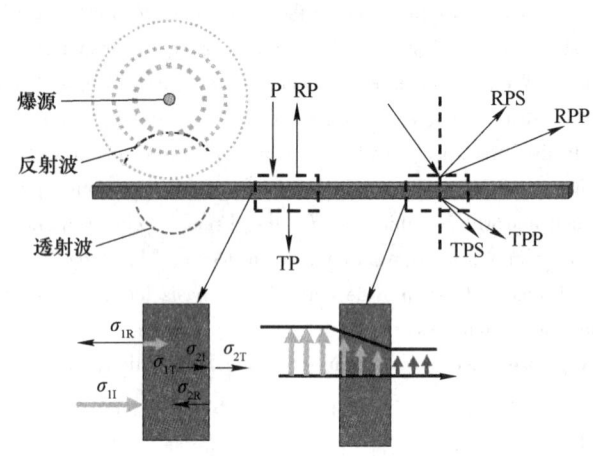

图 2　应力波在充填节理中的传播

Fig. 2　Propagation of stress waves in filling joints

作用，应力波通过充填节理时的应力变化为：

$$\sigma_{2\mathrm{I}} = m\sigma_{1\mathrm{T}} = n_1\sigma_\mathrm{I} \tag{1}$$

$$\sigma_{2\mathrm{T}} = n_2\sigma_{2\mathrm{I}} \tag{2}$$

$$n_1 = \frac{\rho_1 c_1}{\rho_2 c_2} \tag{3}$$

$$n_2 = \frac{1}{n_1} \tag{4}$$

$$\sigma_{2\mathrm{T}} = \frac{4\sigma_{1\mathrm{I}}}{2 + n_1 + 1/n_1} \tag{5}$$

式中，$\rho_1 c_1$ 为入射介质波阻抗；$\rho_2 c_2$ 为充填节理介质波阻抗。

由式（5）可知当两者阻抗一致时，应力波不会发生衰减；当两者阻抗相差较大时，应力波会发生明显的衰减。对于冰岩耦合体两者阻抗相差较大，应力波经过冰层会有明显的衰减，进而影响岩体在应力波作用下引起的损伤演化。

3　冰岩耦合体数值模型建立

3.1　模型建立

为探究在爆炸荷载作用下，冰岩耦合体中冰层几何特征对岩体损伤的影响，根据文献 [12，14] 进行模型建立，选取 XOZ 剖面进行二维数值计算，模型长 10.1m，高 5m，四周边界均为无反射自由边界，冰层垂直于中心轴向，厚为 D，距离爆源距离为 L。本文主要研究冰层厚度 D（$D = 0.05$m、0.1m、0.15m）与距离爆源距离 L（$L = 0.2$m、0.5m、1m）对岩体裂纹扩展、应力变化的影响。观测点 N_1、N_2 设置位置为冰层前后间隔 0.1m 处，M_1、M_2 为冰层与中轴线的交点，M_1 为近爆面，M_2 为背爆面，如图 3 所示。

3.2　材料参数选取

3.2.1　JH-2 模型本构与材料参数

JH-2（Johnson-Homquist）模型[15-16]由多项式状态方程、强度模型和破坏模型组成，该模

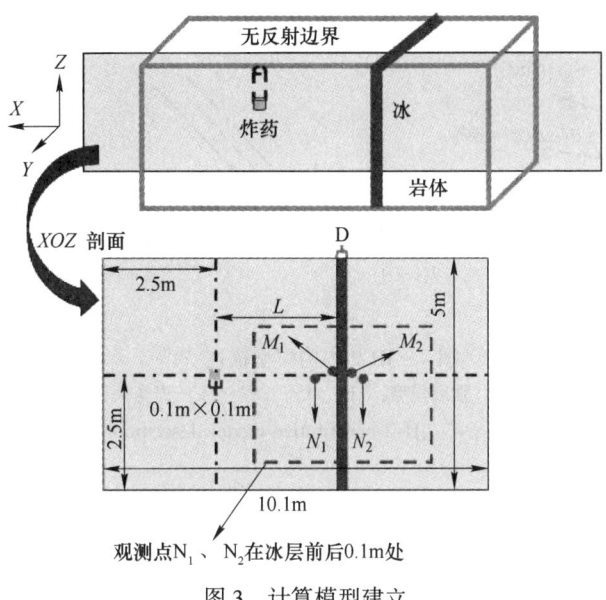

图 3　计算模型建立

Fig. 3　Computational model building

型考虑了压强、体积和应变率等因素，并进行软化处理，广泛应用于爆炸和冲击现象的非线性动力学仿真研究。图 4（a）所示为 JH-2 材料强度模型，强度模型把材料分为完整未破坏、材料开始破坏、材料完全破坏三种状态。其强度归一化等效应力表达式如下：

材料完整时　　　　　　　　$\sigma_{\mathrm{I}}^{*} = A(p^{*} + T^{*})^{N}(1 + C\mathrm{ln}\dot{\varepsilon}^{*})$　　　　　　　　（6）

材料受损时　　　　　　　　$\bar{\sigma}_{D}^{*} = \bar{\sigma}_{\mathrm{I}}^{*} - D(\bar{\sigma}_{\mathrm{I}}^{*} - \bar{\sigma}_{\mathrm{F}}^{*})$　　　　　　　　（7）

材料断裂时　　　　　　　　$\sigma_{\mathrm{F}}^{*} = B(p^{*})^{M}(1 + C\mathrm{ln}\dot{\varepsilon}^{*})$　　　　　　　　（8）

式中，p^{*} 是归一化静水压强，$p^{*} = p/p_{\mathrm{HEL}}$，$p_{\mathrm{HEL}}$ 是在 HEL 处的压力；$T^{*} = -T/p_{\mathrm{HEL}}$，$T^{*}$ 是归一化最大拉伸静水压强；C 是应变率系数；$\dot{\varepsilon}^{*} = \dot{\varepsilon}/\dot{\varepsilon}_{0}$，$\dot{\varepsilon}^{*}$ 是无量纲应变率，$\dot{\varepsilon}$ 为当前等效应变率，$\dot{\varepsilon}_{0} = 10^{-1}$；$\sigma_{\mathrm{I}}^{*} = \sigma_{\mathrm{I}}/\sigma_{\mathrm{HEL}}$，$\sigma_{\mathrm{I}}^{*}$ 是完整材料归一化等效应力，σ_{I} 是当前归一等效应力，σ_{HEL} 是 Hugoniot 弹性极限（HEL）处的等效应力；D 为损伤系数；$\bar{\sigma}_{\mathrm{F}}^{*}$ 为材料完全破坏时的归一化等效应力（$D=1$）；B，M 为材料断裂参数。

当等效应力值大于 σ_{I}^{*} 时，材料发生塑性变形（见式（6）），当材料继续发生损伤累积时，强度逐渐下降，直至达到损伤面 σ_{D}^{*}（$0<D<1$），当材料持续到完全损伤时（$D=1$），材料以断裂面特征方程式（8）表示。

图 4（b）所示为该本构状态方程，用多项式状态方程表示脆性材料静水压强与体应变关系，主要分为弹性与塑性两个阶段，关系式见式（7）。当 $D=0$ 时，岩石中没有出现损伤，如图 4（b）所示；当损伤发生并累积时（$0<D<1$），体积压强见式（4）；其中 Δp 是体积压强增量，在 $D=1.0$ 时从 $\Delta p = 0$ 变化到 Δp_{max}。增量压强 Δp 由能量因素决定。随着 Δp 的增加，增量内弹性能减小，损伤被转换为势能。

图 4（c）所示为该本构损伤模型，显示了等效断裂时的塑性应变 $\Delta \varepsilon_{p}$ 与归一化压强 p^{*} 之间的关系。当材料处于弹性时，不发生塑性应变，这意味着材料在 $D=0$ 时保持完整。材料一旦发生塑性变形，断裂损伤 D 就会累积，从而引起材料的塑性变形，材料强度下降，当达到等效断裂塑性应变时，材料将完全损伤（$D=1$）。

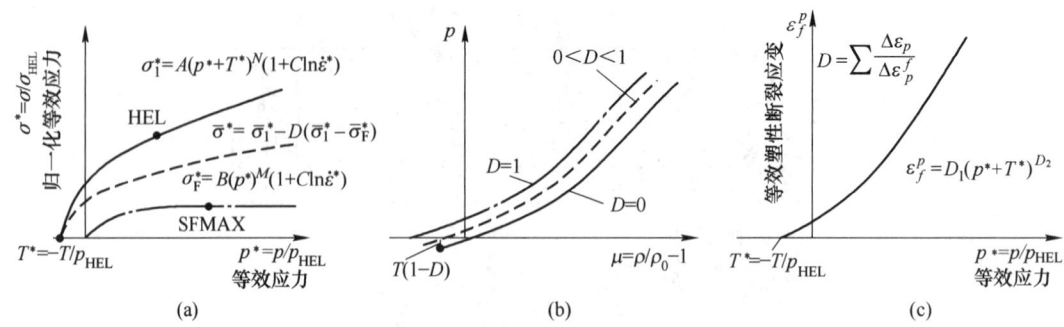

图 4　JH-2 本构模型描述[15-16]

（a）强度模型；（b）状态方程；（c）损伤模型

Fig. 4　JH-2 constitutive model description

岩石与冰材料具体材料参数可见表 1。

$$p = K_1\mu + K_2\mu^2 + K_3\mu^3 \qquad D = 0$$
$$p = K_1\mu + K_2\mu^2 + K_3\mu^3 + \Delta p \quad 0 < D \leqslant 1 \tag{9}$$

表 1　岩石与冰材料参数[15, 17-18]

Tab. 1　Rock material ginseng

材料类型	ρ_0 /g·cm^{-3}	K_1/GPa	K_2/GPa	K_3/GPa	G/GPa	HEL/GPa	A	N
冰	0.897	8.824	-1.625×10^3	1.884×10^5	3.383	0.1613	0.71	0.26
岩石	2.66	25.7	-4500	300000	21.9	4.5	0.76	0.62

材料类型	C	B	M	σ_{FMax}^*	H_{TL}/MPa	D_1	D_2	β
冰	0.041	0.26	0.34	0.13	0.6	0.013	0.378	1
岩石	0.005	0.25	0.62	0.25	-54	0.005	0.7	0.5

3.2.2　炸药及其他材料参数

在数值模拟计算中，炸药爆轰压强与体积关系可由 JWL 状态方程描述：

$$p = A\left(1 - \frac{\omega}{R_1 V}\right)e^{-R_1 V} + B\left(1 - \frac{\omega}{R_2 V}\right)e^{-R_2 V} + \frac{\omega E}{V} \tag{10}$$

式中，V 为相对体积；E 为炸药单位体积初始内能；A、B、R_1、R_2、ω 为 JWL 状态方程常数，本文炸药与空气参数取自 Autodyn 材料库中，见表 2。

表 2　炸药 ANFO 参数

Tab. 2　Explosive ANFO parameters

炸药类型	ρ_0 /g·cm^{-3}	D/m·s^{-1}	A/GPa	B/GPa	R_1	R_2	ω
ANFO	0.931	4160	494.6	18.91	3.907	1.118	0.33

4 数值结果分析

4.1 爆炸荷载对含冰岩耦合岩体裂纹扩展研究

选取完整岩体与冰岩耦合体（冰层厚度 $D=0.05\mathrm{m}$，距离爆源距离为 $0.5\mathrm{m}$）进行对比，图 5 所示为这两种情况在爆炸荷载作用下，岩体中爆生裂纹扩展与应力云图变化（同一张图中分

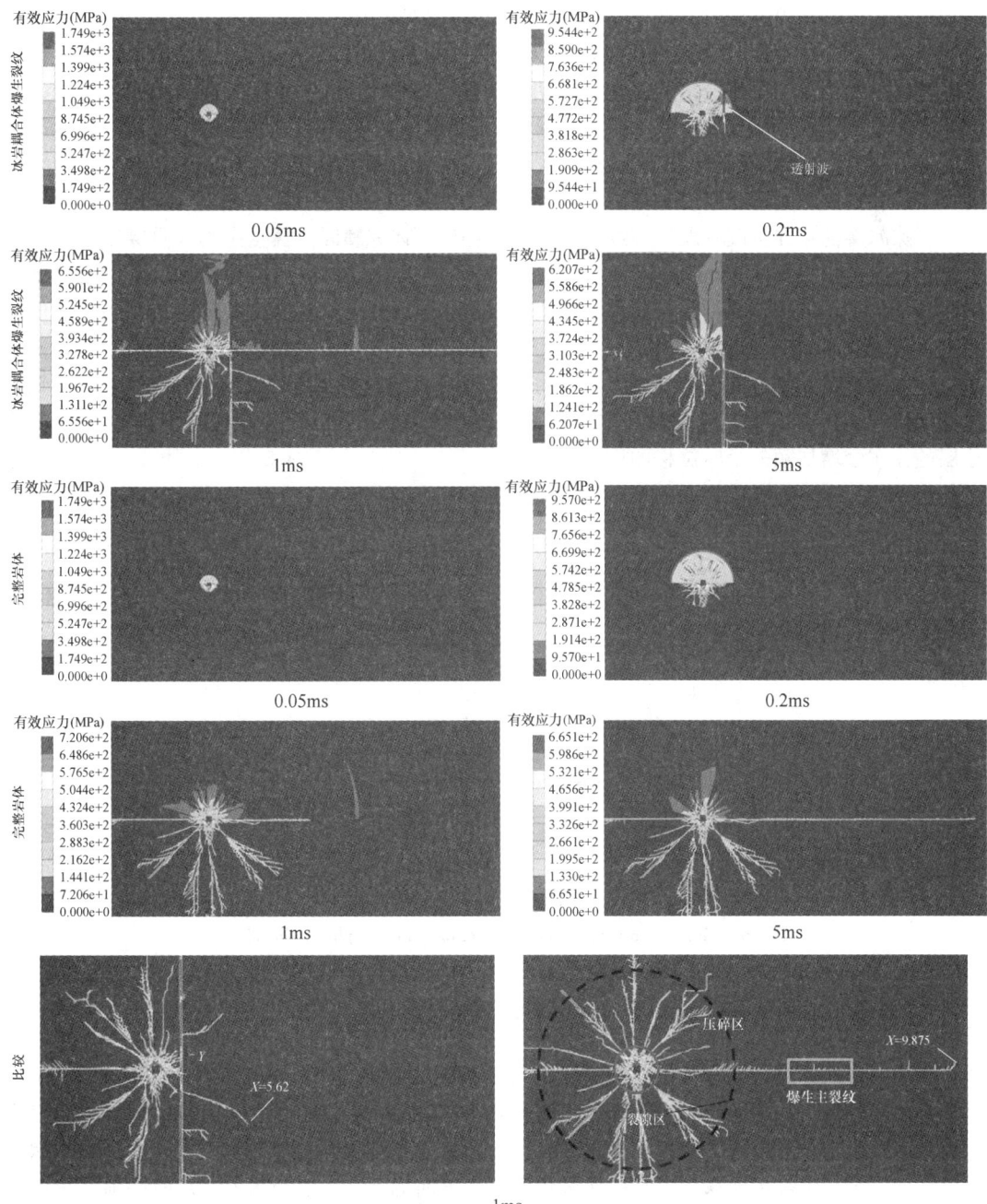

图 5 爆生裂纹扩展与应力云图

Fig. 5 Explosive column expansion and stress cloud plot

为上、下两部分，上部为应力变化，下部为同时刻下损伤变化）。当岩体完整时，$t=0.2\text{ms}$，炮孔壁在爆炸冲击波的作用下形成压碎区，该过程消耗巨大能量，冲击波迅速衰减为应力波。随着爆炸空腔的扩张与应力的作用，周围岩体受到强烈的径向压缩使其产生径向位移，伴随产生切向拉伸应变，当该应变下产生的应力大于岩石动态抗拉强度，周围岩体中产生径向裂隙。随着爆生气体进入径向裂隙，裂纹端部形成应力集中，致使裂纹进一步延伸，如 0.2ms 到 1ms。当 $t=5\text{ms}$ 时，随着爆区中心压强下降，岩体回弹，形成卸载波，环向裂隙随之产生。当应力小于岩体的抗拉强度时，就不再产生新的径向裂隙与环向裂纹。

当冰岩耦合体存在时，从 $t=0.2\text{ms}$ 可以看出应力传播到冰层时，开始发生应力波的反射与透射，由于数值模拟中冰层结构完整（无明显缺陷与裂隙），冰层处没有明显的应力集中，应力波作用未能导致冰层起裂。从 1ms 到 5ms 可以发现，当爆生裂纹扩展至冰层，波阻抗和裂纹扩展阻力突变，岩体中裂纹的扩展状态受到影响，冰层在爆生裂纹的作用下开始起裂，最终在应力与裂纹扩展影响下冰层被破坏，上述现象与文献［19］所述现象一致。

裂隙冰层的存在会改变爆生裂纹的传播方向：当岩体完整时，爆生主裂纹贯穿中轴线，裂纹端距离冰层扩展长度 $X=6.025\text{m}$（主裂纹横坐标 $x=9.875$）；当冰层存在时，爆生裂纹条数增多，发生 Y 轴方向偏移，最长偏移裂纹扩展长度 $X=1.77\text{m}$（主裂纹横坐标 $x=5.62$），偏移距离 $Y=0.65\text{m}$。图 6 所示为各观测点 N_1、N_2、M_1、M_2（ICE 表示存在冰岩耦合体，ROCK 表示完整岩体）的 x 轴方向位移变化，通过对比发现含有冰岩耦合体时观测点 N_1 与 M_1 的 x 轴向位移变化明显，N_1 观测点较完整岩体时位移多增加 0.027m，M_1 观测点位移多增加 0.0295m，冰层的存在会增加额外径向位移的产生。

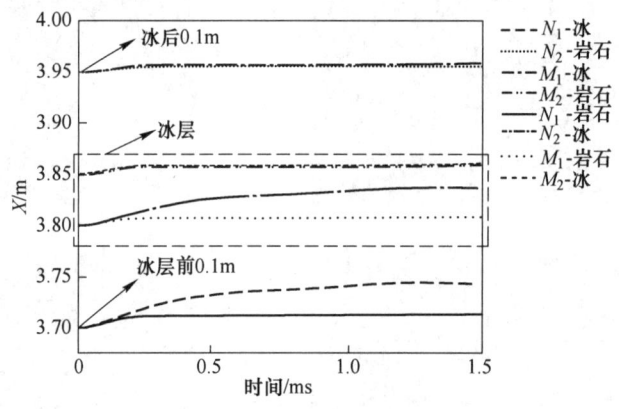

图 6　观测点位移变化时程曲线

Fig. 6　Time history curve of observation point displacement change

4.2　冰层厚度与爆源距离对岩体裂纹扩展与损伤影响

为进一步研究冰岩耦合体中冰层厚度 D 与爆源距离 L 对岩体损伤的影响，分别选取 9 组冰岩耦合体损伤图，如图 7 所示。当爆源距离 $L=0.2\text{m}$，此时冰层处于压碎区范围内，冰层损伤主要集中在中部，冰层上下两端损伤较小；增加冰层厚度，两端受损减小；随着距离与冰层厚度增加，冰层中部损伤越小，且损伤多集中于上下两端，当爆源距离 $L=1\text{m}$ 时，损伤集中于上端。

由图 7 可以发现，当岩体中存在冰层时，冰层背爆侧裂纹会出现偏移，且裂纹扩展长度较

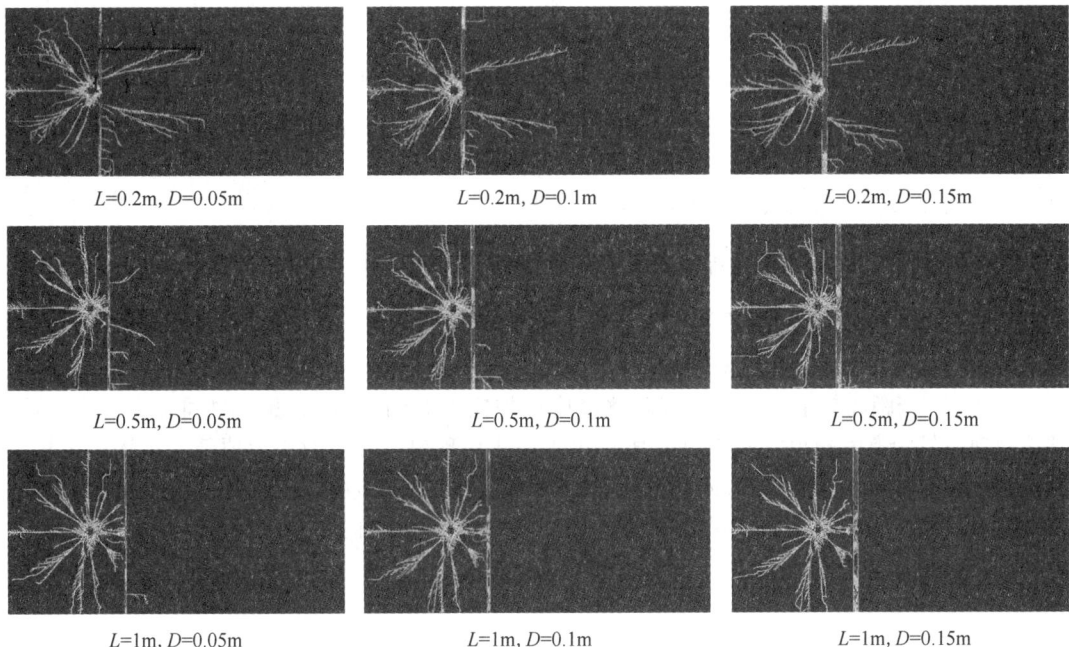

图 7　不同几何参数下冰岩耦合体的损伤云图

Fig. 7　Damage cloud diagram of ice-rock coupling under different geometric parameters

完整岩体有缩短。表 3 是冰层背爆侧岩体中裂纹扩展变化统计，对比可以发现，爆源距离 L 与冰层厚度 D 变化时均会影响裂纹偏移情况与扩展长度；背爆侧裂纹偏移条数会随着爆源距离 L 增大与冰层厚度 D 增加而条数变少；当冰层爆源距离 $L=1m$ 时，随着冰层厚度增加，背爆侧没有裂纹产生。当冰层处于 $0.2m \leqslant L \leqslant 0.5m$ 时，背爆侧最长裂纹偏移距离会随着冰层厚度增加而增大，冰层中部扩展长度随着冰层厚度增加而缩短。

表 3　冰层背爆侧裂纹扩展变化统计

Tab. 3　Statistics of crack propagation changes on the back burst side of the ice layer

距爆源距离 L/m	冰层厚度 D/m	裂纹偏移条数	最长裂纹偏移距离 Y/m	最长裂纹扩展长度 X/m
0	0	0	0	6.025
0.2	0.05	12	0.4	3.094
	0.1	9	0.55	3.014
	0.15	7	0.88	2.704
0.5	0.05	5	0.49	1.4
	0.1	2	1.96	0.82
	0.15	1	2.5	0.5
1	0.05	2	1.88	0.65
	0.1	0	0	0
	0.15	0	0	0

当冰层处于压碎区时（L＝0.2m），冰层不仅受压应力破坏，还受剪切应力作用，最终导致冰层损伤多集中于中部，同时产生的爆生主裂纹贯穿冰层后开始出现偏移裂纹。此区域应力波与爆生主裂纹所含能量较高，导致偏移裂纹条数与扩展距离均高于其他位置，但是随着冰层厚度的增加，会削弱应力波与裂纹尖端携带能量，降低裂纹扩展距离并减少偏移裂纹条数增加；随着距离与冰层厚度增加，裂纹扩展沿途克服阻力所做功增大，应力波能量衰减越多，最终引起上述冰层损伤变化与岩体内裂纹扩展改变[20-21]。

4.3　冰层厚度与爆源距离对岩体内应力变化影响

选取裂隙冰前后0.1m处观测点N_1、N_2，分析应力变化情况。图8所示为N_2观测点应力变化的时程曲线，随着爆源距离增加，应力波到达裂隙冰厚度D＝0.05m时，时间从0.06ms延迟至0.2ms；当距离一定时，随着裂隙冰厚度增加应力波到达N_2观测点时间也会发生滞后，但滞后现象较距离影响少。N_2观测点不仅仅出现滞后现象，且应力波幅值随着传播距离增加而降低，如裂隙冰厚度为0.05m时，随着距离增加，峰值应力从416.5MPa降低为180MPa；以距离L＝0.2m为例，随着厚度增加，峰值应力从416.5MPa降低为306.5MPa。

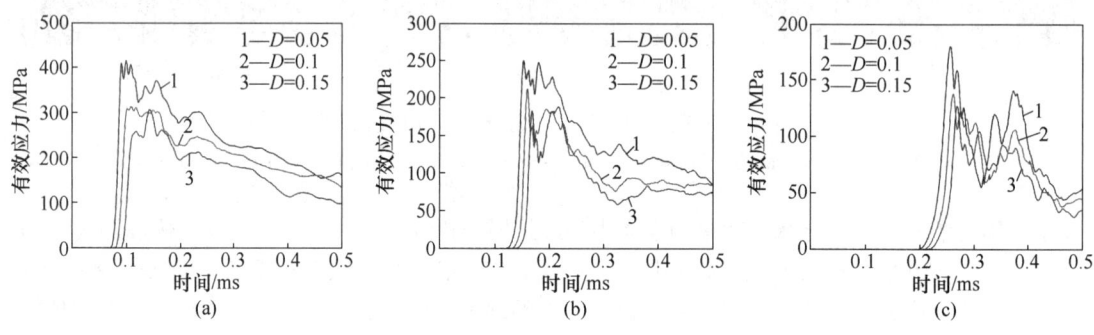

图 8　不同几何参数下冰岩耦合体中N_2观测点有效应力变化

（a）爆源距离为0.2m；（b）爆破距离为0.5m；（c）爆源距离为1m

Fig. 8　Variation of effective stress of N_2 observation points in ice-rock coupling under different geometric parameters

从图8可以发现观测点N_2的应力幅值受冰层厚度与距离影响，出现不同程度的应力幅值变化。根据下式计算不同情况下的应力峰值衰减程度与透射系数（具体结果见表4），

应力波衰减程度（衰减率）＝（入射波幅值 － 透射波幅值）/入射波幅值 × 100%

透射系数＝透射波幅值/入射波幅值

表 4　观测点N_2应力峰值变化与峰值衰减程度（衰减率）

Tab. 4　Observation point N_2 stress peak change and peak attenuation degree (attenuation rate)

距爆源距离 L/m	冰层厚度 D/m	N_1 有效应力峰值 σ_{N_1}/MPa	N_2 有效应力峰值 σ_{N_2}/MPa	衰减率/%	透射系数
0.2	0.05	1068.8	415.6	61.1	0.39
	0.1		313.3	70.7	0.293
	0.15		306.5	71.3	0.287

续表4

距爆源距离 L/m	冰层厚度 D/m	N_1 有效应力峰值 σ_{N_1} /MPa	N_2 有效应力峰值 σ_{N_2} /MPa	衰减率/%	透射系数
0.5	0.05	588.2	249.9	57.5	0.425
	0.1		212.4	63.9	0.361
	0.15		188.2	68	0.32
1	0.05	213.4	180	15.7	0.843
	0.1		137.9	35.4	0.646
	0.15		126.7	40.6	0.594

为探究裂隙冰厚度与距离对 N_2 观测点有效应力峰值衰减率的影响程度，将不同情况下衰减率进行线性拟合，具体如图9所示。当距离一定时，随着厚度的增加，衰减率依次增加，将图中各点分别进行线性拟合，最终得出不同距离下厚度对应力峰值衰减程度（衰减率）变化的影响关系：当 $L=0.2$m 时，线性关系为 $y=1.01x+0.575$；当 $L=1$m 时，线性关系为 $y=1.01x+0.575$；当 $L=1.5$m 时，线性关系为 $y=2.49x+0.057$。当厚度一定时，随着距离增加，衰减率随之降低，最终得出不同厚度下距离对应力峰值衰减程度（衰减率）变化的影响关系：当 $D=0.05$m 时，线性关系为 $y=-0.5949x+0.7848$；当 $D=0.1$m 时，线性关系为 $y=-0.4544x+0.8242$；当 $D=0.15$m 时，线性关系为 $y=-0.4005x+0.8266$。

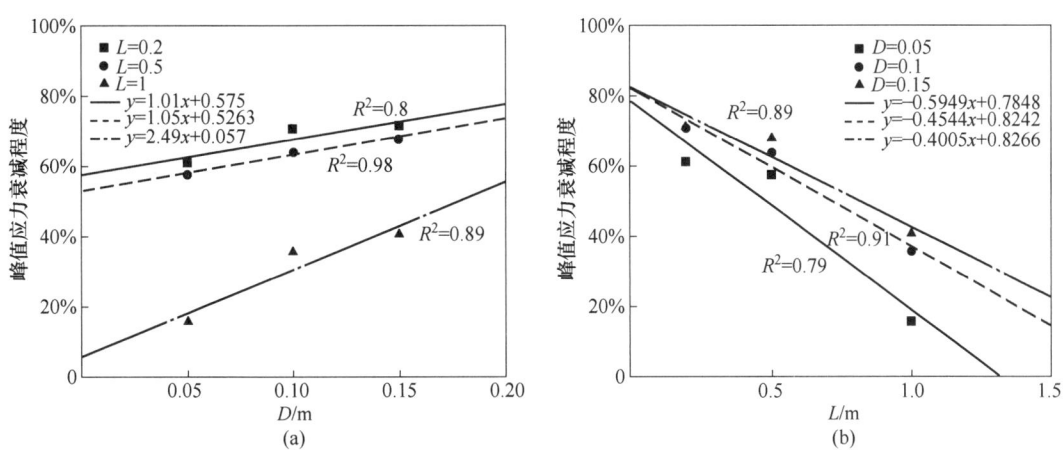

图9　不同几何参数对应力峰值衰减程度影响的线性拟合

（a）裂隙冰厚度对应力峰值衰减程度影响；（b）爆源距离对应力峰值衰减程度影响

Fig. 9　Linear fitting of the influence of different geometric parameters on the degree of stress peak attenuation

通过对比可以发现，增加距离可以降低衰减率，增加裂隙冰厚度会增加衰减率。对比不同情况下线性关系的斜率（斜率可以反映衰减程度变化率的增加、降低），不同厚度下，距离越远衰减率增加程度越快（2.49>1.05>1.01）；不同距离下，厚度越厚衰减率降低程度越快（0.5949>0.4544>0.4005）；爆源距离 L 较厚度 D 而言，对衰减程度变化率影响较大。

5　结论

基于数值模型，研究了爆源距离 L 与厚度 D，对冰岩耦合体的裂纹扩展、岩体损伤及岩体内应力变化情况的影响，得出以下结论：

（1）裂隙冰层存在会增加爆生裂纹的条数，改变裂纹的扩展方向，增加冰层附近区域的径向位移。

（2）相同距离，增加冰层厚度，冰层损伤多集中于中部；相同厚度，增加距离，冰层损伤多集中于两端。

（3）裂隙冰层背爆侧裂纹偏移条数会随着距离爆源距离 L 与冰层厚度 D 增大而变少；当冰层距离爆源 1m 时，随着冰层厚度增加，背爆侧没有裂纹产生。当冰层距离处于 $0.2m \leq L \leq 0.5m$ 时，背爆侧最长裂纹偏移距离会随着冰层厚度增加而增大，冰层中部扩展长度随着冰层厚度增加而缩短。

（4）冰层存在会降低有效应力峰值，距离 L 与冰层厚度 D 均会引起有效应力峰值的滞后与衰减，并且与应力峰值衰减程度之间存在一定的线性关系。增加距离 L 可以降低应力峰值衰减率值，增加应力波在岩体中的作用时间；增加裂隙冰厚度会增加应力峰值衰减率值，加速应力衰减，不利于岩体损伤。

参 考 文 献

[1] 徐文龙. 含缺陷类岩石材料爆炸动力学特性与裂纹扩展试验研究 [D]. 中国矿业大学（北京），2021.

[2] 徐拴海，李宁，王晓东，等. 露天煤矿冻岩边坡饱和砂岩冻融损伤试验与劣化模型研究 [J]. 岩石力学与工程学报，2016，35（12）：2561-2571.

[3] 夏文俊，卢文波，陈明，等. 白鹤滩坝址柱状节理玄武岩爆破损伤质点峰值振速安全阈值研究 [J]. 岩石力学与工程学报，2019（s1）：2997-3007.

[4] Zeng S, Wang S, Sun B, et al. Propagation characteristics of blasting stress waves in layered and jointed rock caverns [J]. Geotechnical and Geological Engineering, 2018, 36（3）：1559-1573.

[5] Wang Z L, Konietzky H. Modelling of blast-induced fractures in jointed rock masses [J]. Engineering Fracture Mechanics, 2009, 76（12）：1945-1955.

[6] 王明洋，钱七虎. 爆炸应力波通过节理裂隙带的衰减规律 [C] //钱七虎院士论文选集. 科学出版社，2007：351-356.

[7] 杨立云，刘振坤，周莹莹，等. 爆炸应力波在含层理介质中传播规律的实验研究 [J]. 爆破，2018，35（2）：1-5，11.

[8] 赵安平，冯春，郭汝坤，等. 节理特性对应力波传播及爆破效果的影响规律研究 [J]. 岩石力学与工程学报，2018，37（9）：2027-2036.

[9] 谢冰，李海波，王长柏，等. 节理几何特征对预裂爆破效果影响的数值模拟 [J]. 岩土力学，2011，32（12）：3812-3820.

[10] 李鹏，周佳，李振. 爆炸应力波在层状节理岩体中传播规律及数值模拟 [J]. 长江科学院院报，2018，35（5）：97-102.

[11] 陈雪峰，赵孝学，汪海波，等. 节理充填岩体爆炸应力波传播规律模型试验与应用研究 [J]. 中国安全生产科学技术，2018，14（12）：130-134.

[12] 李萍丰，王婷婷，唐春安，等. 冰岩耦合体爆炸应力波传播特性分析 [J]. 爆破，2022，39（4）：44-52.

[13] 赵涛. 冻结裂隙岩体力学特性及冲击动力学响应研究 [D]. 西安：西安科技大学，2021.

[14] Feng X, Zhang Q, Ali M, et al. Explosion-induced stress wave propagation in interacting fault system：Numerical modeling and implications for Chaoyang coal mine [J]. Shock and Vibration, 2019, 2019：1-12.

[15] Dehghan Banadaki M M, Mohanty B. Numerical simulation of stress wave induced fractures in rock [J]. International Journal of Impact Engineering, 2012, 40/41: 16-25.

[16] Pu C, Yang X, Zhao H, et al. Numerical investigation on crack propagation and coalescence induced by dual-borehole blasting [J]. International Journal of Impact Engineering, 2021, 157: 103983.

[17] 冯百强. 近场水下爆炸下冰层损伤破坏机理及碎冰散射特性分析 [D]. 哈尔滨: 哈尔滨工程大学, 2021.

[18] 曹锐, 童宗鹏, 叶林昌, 等. 基于海冰 JH2 模型的极地邮轮冰船碰撞性能模拟分析 [J]. 中国舰船研究, 2021, 16 (5): 87-94.

[19] 杨仁树, 丁晨曦, 杨立云, 等. 节理对爆生裂纹扩展影响的试验研究 [J]. 振动与冲击, 2017, 36 (10): 26-30, 44.

[20] 贾帅龙, 王志亮, 熊峰, 等. 充填节理岩体中应力波传播特性研究 [J]. 合肥工业大学学报 (自然科学版), 2021, 44 (8): 1073-1081.

[21] 刘博, 李克钢, 李旺, 等. 节理岩巷应力分布规律与失稳机制研究 [J]. 有色金属工程, 2022, 12 (2): 106-113.

铁路隧道空孔直孔掏槽数值模拟及其应用研究

李曙光

（中铁二十局集团有限公司博士后科研工作站，西安 710016）

摘 要：在空孔直孔掏槽爆破中，空孔常用作辅助自由面和爆破岩石的补偿空间，其对爆破效果有着重要的影响。本文以某铁路隧道工程为背景，通过理论分析与计算、数值模拟及现场应用三个重要手段对空孔直孔掏槽爆破进行研究，借助 ANSYS/LS-DYNA 有限元软件分析了多炮孔爆破作用下不同直径空孔及炮孔与空孔间距两个关键技术参数对爆破效果的影响。结果表明：空孔直孔掏槽爆破槽腔最终的成型效果与空孔直径大小、装药孔至空孔的距离有关，当空孔直径为 2 倍装药炮孔直径且二者间距为 2.5 倍空孔直径时，掏槽爆破效果最好。基于理论分析及数值模拟结果对现场进行空孔直孔掏槽爆破设计及应用，爆后掌子面平整光滑，验证了数值模拟及爆破方案的合理性。研究成果可为类似隧道断面爆破设计提供参考。

关键词：隧道；空孔效应；直孔掏槽；爆破参数；数值模拟

Numerical Simulation and Application Research on Straight Cutting of Empty Hole in Railway Tunnel

Li Shuguang

（Post-doctoral Research Workstation，China Railway 20th Bureau Group Co.，Ltd.，
Xi'an 710016）

Abstract：In the straight cut blasting, the empty hole is often used as the auxiliary free surface and the compensation space of the blasting rock, which has an important influence on the blasting effect. Based on the background of a railway tunnel project, this paper studies the empty hole linear cutting blasting through three important means of theoretical analysis and calculation, numerical simulation and field application. With the help of ANSYS/LS-DYNA finite element software, the influence of two key technical parameters of empty holes with different diameters and the spacing between holes on the blasting effect under the action of multi-hole blasting is analyzed. The results show that the final forming effect of the empty hole linear cutting blasting cavity is related to the diameter of the empty hole and the distance between the charging hole and the empty hole. When the diameter of the empty hole is 2 times the diameter of the charging hole and the distance between the two is 2.5 times the diameter of the empty hole, the cutting blasting effect is the best. Based on the theoretical analysis and numerical

基金项目：国家重点研发计划（2022YFB2302306）；陕西省自然科学基础研究计划（2022JQ-563）；中铁二十局集团有限公司 2022 科技研发重大专项（YF2022SD01A）。

作者信息：李曙光，工学博士，高级工程师，lssgg2015@163.com。

simulation results, the design and application of empty hole linear cutting blasting are carried out on the site. The tunnel face is smooth, which verifies the rationality of numerical simulation and blasting scheme. The research results can provide reference for similar tunnel section blasting design.

Keywords: tunnel; empty hole effect; straight cutting; blasting parameters; numerical simulation

1 引言

由于钻爆法具有成本低、适应性强及施工效率高等特点，因此其仍是当前巷道掘进、山岭隧道开挖等领域最为常用的施工方法[1]。掏槽爆破技术是钻爆法中的重要组成部分，现有的掏槽方式主要包括直孔掏槽和斜孔掏槽[2]，而斜孔掏槽往往需要钻凿多排掏槽孔，且其炮孔与自由面存在一定的角度，在小断面隧道施工中往往受到空间和机械设备的限制，采用斜孔掏槽爆破存在一定困难，将使整个钻爆施工复杂化且炮孔利用率不高。基于上述问题，空孔直孔掏槽技术提供了另一种选择，相较斜孔掏槽其循环进尺仅与钻杆长度和空孔所创造的补偿空间有关。

在隧道、巷道空孔直孔掏槽爆破中，装药孔间布置空孔可利用其空孔效应辅助破碎岩石，许多学者进行了相关的数值模拟及试验研究工作。在数值模拟方面，部分学者通过利用多种数值方法分析不同的参数（空孔直径[3]、空孔数量[4]、炮孔与空孔间距[5]、爆轰延期时间[6]等）对爆破效果的影响，研究了爆破对岩石破碎效应、相邻炮孔间裂纹的扩展及空孔附近单元的受力状态，发现空孔对爆后裂纹的产生和扩展具有重要的作用。此外，在深埋或软弱围岩隧道采用掏槽爆破开挖时，由于地应力的存在会导致开挖难度较大[7]。Xie 等人[8]、Wu 等人[9]利用三维有限元分析软件 ANSYS/LS-DYNA，模拟研究了不同地应力条件下掏槽爆破空孔周围的应力分布及岩体损伤演化和裂纹扩展规律，发现地应力对岩体裂纹的扩展在其方向上具有抑制作用。根据上述研究成果可以发现，学者认为空孔的存在打破围岩应力平衡状态，有效弱化局部岩体强度，同时能够在一定范围内对主体裂纹的扩展具有导向作用[10]，合理利用空孔可以有效提高爆破效果[11]。因此，空孔在掏槽爆破和定向控制爆破中得到了广泛应用。然而由于空孔直径大小、空孔与装药炮孔的距离等参数对周边岩体应力变化与爆破效果有着显著影响，其研究内容及应用较为广泛，针对隧道爆破参数的选取及应用研究仍需开展。

本文针对空孔直孔掏槽爆破问题，利用数值模拟方法，研究多炮孔爆破荷载作用下岩体的应力分布规律与损伤变化过程，分析不同直径空孔及空孔与炮孔间距对掏槽区域岩体爆破效果的影响规律；随后结合实际隧道工程，通过合理设置爆破参数形成爆破设计方案，指导隧道爆破施工，提高复杂地质条件下的爆破效果。

2 大直径空孔掏槽爆破破岩机理

在实际隧道爆破施工中，炮孔往往围绕空孔对称布置，且炮孔与空孔的距离相对较近。炸药起爆后应力波首先产生爆生裂纹，在装药炮孔周围形成初始裂隙区，而后爆生气体推动裂隙持续发展，形成爆生裂纹区；当炮孔附近有空孔存在时，由于空孔的应力集中效应导致空孔附近形成径向裂隙区，以及空孔对应力波的反射，在空孔附近形成拉伸破坏区，因此裂纹最终与空孔贯穿。可以看出，空孔掏槽区岩石的破坏为"三区耦合破坏"。同时由于空孔提供的碎胀空间有利于破碎岩体在爆生气体的推动作用下抛出进而形成槽腔，可为外圈炮孔爆破提供更好的自由面。

3　数值模拟分析

在确定利用空孔直孔掏槽技术的前提下,如何建立掏槽孔与空孔之间的匹配关系,是掏槽爆破的关键问题,既要避免空孔直径过小或炮孔与空孔间距过大达不到掏槽效果,也要避免凿钻过大直径的空孔给隧道施工带来较大的工作难度。由于爆破问题是一种极为复杂的过程,在室内或者工程现场进行试验难度大,且很难直观反映出岩体破坏的过程。相比之下,借助数值模拟软件开展相关研究成为了一种更好的选择。为探明掏槽孔与空孔两者之间的关系,采用 ANSYS/LS-DYNA 对不同直径空孔、装药炮孔与空孔间距两个重要技术参数进行模拟分析,研究结果可为工程应用提供参考。

3.1　数值模型

在隧道爆破开挖过程中,装药炮孔起爆一般是底部起爆,且装药直径远小于装药长度,因此可以将三维问题简化为平面应变问题。数值模型主要由炸药、岩石及空气域三部分组成,均采用实体单元(3D Solid 164)。考虑到 3 种材料的相互作用,避免网格畸变导致计算困难的问题,选用流固耦合算法。采用 cm-g-μs 单位制建立数值计算模型,其中岩石尺寸为 200cm×200cm×1cm,炮孔直径为 42mm,空孔与周围四个装药炮孔之间距离设置为 20cm。计算模型边界设置无反射边界条件模拟无限域岩石介质,也可减小反射作用对结果造成影响,同时在前后面施加法向位移约束。为研究空孔在多个装药炮孔作用下岩石的动态损伤过程及空孔附近的应力变化情况,建立空孔直径分别为 40mm、60mm、80mm 及 100mm 四组数值模型(见图 1)。

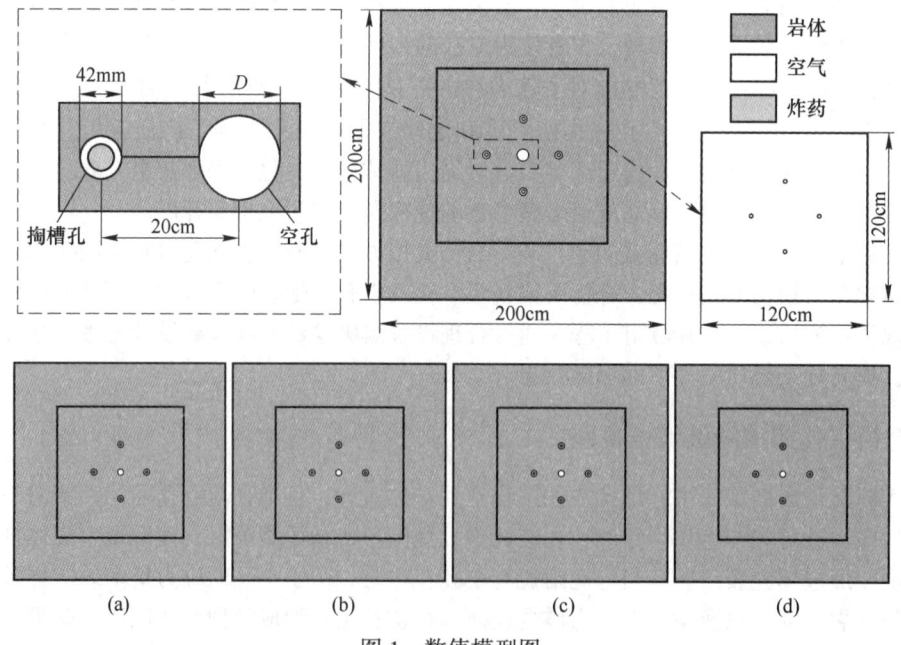

图 1　数值模型图

(a) D=40mm;(b) D=60mm;(c) D=80mm;(d) D=100mm

Fig. 1　Numerical model diagram

3.2 本构模型及材料参数

3.2.1 岩石材料

爆破过程中炮孔附近岩石处于大应变、高应变率和高压力的状态，根据此特点与隧道围岩的物理力学特性，岩石材料采用 *MAT_JOHNSON_HOLMQUIST_CONCRETE，即 HJC 本构模型。该模型能够较为准确地描述岩石材料在动荷载作用下的损伤失效动态响应，同时考虑到岩石的应变率效应，计算结果能更好地吻合实际爆破效果。HJC 模型强度以标准化等效应力表述，计算方程为[12]：

$$\sigma^* = [A(1 - D^*) + Bp^{*N}](1 + Cln\dot{\varepsilon}^*) \tag{1}$$

式中，σ^* 为归一化等效应力；D^* 为损伤因子；p^* 为归一化静水压强；$\dot{\varepsilon}^*$ 为无量纲应变率；A、B、C、N 分别为规范化内聚力强度、规范化压力硬化系数、应变率敏感系数、压力硬化指数。该模型损伤由塑性应变累积而成，其损伤演化方程见式（9）[13]：

$$\begin{cases} D^* = \sum \dfrac{\Delta\varepsilon_p + \Delta\mu_p}{\varepsilon_p^f + \mu_p^f} \\ \varepsilon_p^f + \mu_p^f = D_1(p^* + T^*)^{D_2} \geq EF_{min} \end{cases} \tag{2}$$

式中，$\Delta\varepsilon_p$ 和 $\Delta\mu_p$ 分别为等效塑性应变增量及塑性体积应变；$\varepsilon_p^f + \mu_p^f$ 为常压下发生破坏时的塑性应变值；T^* 为材料所能承受的最大标准化抗拉强度；D_1、D_2 为材料损伤因子；EF_{min} 为材料发生断裂时的最小塑性应变。HJC 本构模型参数结合工程地质勘查报告与经验选取，见表1。

表 1 HJC 模型材料参数表

Tab. 1 HJC model material parameter table

ρ_1/kg·m^{-3}	G/MPa	A	B	C	N	σ_c/MPa	T/MPa	ε_0/s^{-1}	$\varepsilon_{f,min}$
2300	10093	0.55	1.23	0.0097	0.89	60	4	1×10^{-6}	0.01

p_c/MPa	μ_c	p_1/MPa	μ_1	D_1	D_2	K_1/GPa	K_2/GPa	K_3/GPa	S_{max}
20	0.00125	2000	0.174	0.04	1.0	39	−223	550	20

3.2.2 炸药材料

炸药采用程序中内置的 *MAT_HIGH_EXPLOSIVE_BURN 高性能炸药材料模型，JWL 状态方程用以描述爆炸过程中爆轰产物的体积、压强，以及能量特性，其表达式为[14]：

$$p = A\left(1 - \dfrac{\omega}{R_1 V}\right)e^{-R_1 V} + B\left(1 - \dfrac{\omega}{R_2 V}\right)e^{-R_2 V} + \dfrac{\omega E_0}{V} \tag{3}$$

式中，p 为爆轰压强；V 为相对体积；E_0 为单位体积内能；A、B、R_1、R_2、ω 为材料参数。对于2号岩石乳化炸药，各参数取值见表2[15]。

表 2 炸药材料参数表

Tab. 2 Explosive material parameter table

ρ_2 /kg·m^{-3}	D/m·s^{-1}	P_{CJ}/GPa	状态方程参数						
			A/GPa	B/GPa	R_1	R_2	ω	E_0/GPa	V
1100	4000	3.24	214.4	0.182	4.2	0.9	0.15	4.192	1.0

3.2.3　空气材料

空气采用流体力学空物质材料模型 * MAT_NULL，并用线性多项式 * EOS_LINER_POLYNOMIAL 状态方程加以描述，线性多项式状态方程为[16]：

$$\begin{cases} p = C_0 + C_1\mu + C_2\mu^2 + C_3\mu^3 + (C_4 + C_5V + C_6\mu^2)E_0 \\ \mu = \dfrac{1}{V} - 1 \end{cases} \qquad (4)$$

式中，p 为爆轰压强；V 为相对体积；$C_0 \sim C_6$ 为材料的多项式方程常数；E_0 为单位体积内能。空气的参数见表3[17]。

表3　空气材料参数表

Tab. 3　Air material parameters

$\rho_3/\mathrm{kg \cdot m^{-3}}$	状态方程参数								
	C_0	C_1	C_2	C_3	C_4	C_5	C_6	E_0/GPa	V_0
1.25	0	0	0	0	0.4	0.4	0	0.025	1.0

3.3　不同空孔直径对爆破效果的影响分析

3.3.1　岩体最大主应力分析

根据应力波在岩体中传播的全过程，在炸药起爆 $0 \sim 40\mu s$ 内，各个装药炮孔内炸药起爆后激发形成的应力波以圆周形状向外传播；在 $40\mu s$ 时，应力波在相邻装药炮孔的中垂线上相遇并开始叠加；在 $50\mu s$ 时，应力波传播至空孔，经空孔反射形成反射拉伸波；$60\mu s$ 时，应力波经空孔反射后，在空孔周围岩体中出现应力重分布现象。因此，选取 $50\mu s$ 与 $60\mu s$ 两个时刻下的最大主应力云图进行分析。

在 $50\mu s$ 时，空孔周围斜 $45°$ 方向形成四个应力波叠加区，最大主应力值明显大于其他区域（见图2）。当应力波传播到空孔时，空孔附近的最大主应力值明显低于空孔周围其他部位，这是由于应力波经空孔反射产生反向的拉应力，造成空孔附近的最大主应力值降低。并且随着空孔直径的增大，产生的拉应力作用范围越大，空孔附近的最大主应力衰减也就越明显。

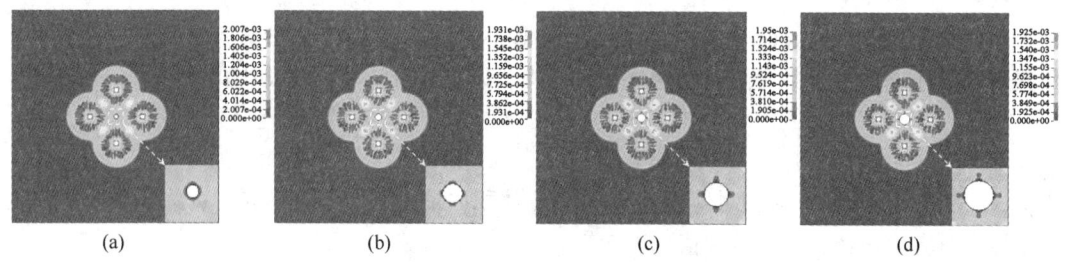

（a）　　　　　　　　　（b）　　　　　　　　　（c）　　　　　　　　　（d）

图2　$50\mu s$ 时刻不同空孔直径模型最大主应力云图（单位：$\times 10^5\mathrm{MPa}$）

（a）$D = 40\mathrm{mm}$；（b）$D = 60\mathrm{mm}$；（c）$D = 80\mathrm{mm}$；（d）$D = 100\mathrm{mm}$

Fig. 2　The maximum principal stress nephogram of different empty hole diameter models at $50\mu s$（unit：$\times 10^5\mathrm{MPa}$）

在 $60\mu s$ 时，应力波经空孔反射后，先前产生的反射应力波与源自装药炮孔的入射应力波在空孔附近产生叠加，且在空孔周围应力产生重分布，出现应力集中现象，其应力值明显高于周围其他区域的应力值（见图3）。随着空孔直径的增大，应力集中的区域逐渐变大。当空孔直径由 80mm 增加到 100mm 时，其应力集中区域变化并不明显。因此，空孔直径增大到 2 倍装药炮孔直径以上时，由空孔效应所产生的应力集中区域范围增长速率减慢。

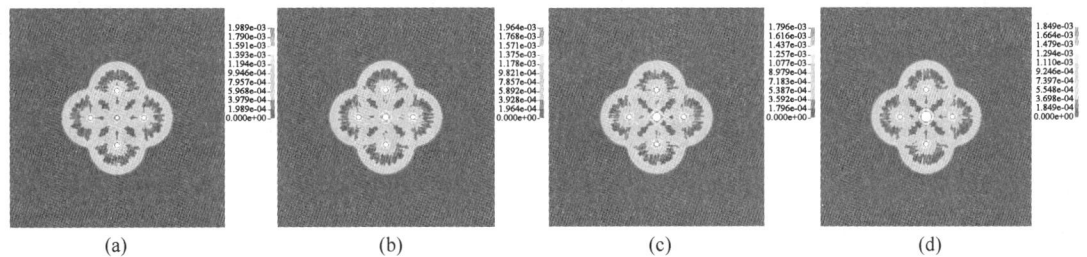

图 3 60μs 时刻不同空孔直径模型最大主应力云图（单位：×10⁵ MPa）

（a）$D=40$mm；（b）$D=60$mm；（c）$D=80$mm；（d）$D=100$mm

Fig. 3 The maximum principal stress nephogram of different empty hole diameter models at 60μs（unit：× 10⁵ MPa）

为进一步定量分析装药炮孔与空孔之间岩体应力的分布规律，在空孔与装药炮孔的连心线上距离爆源 5cm、10cm、15cm 及 20cm 处分别取四个测点，提取出 50μs 时刻前各个测点的最大主应力峰值。将不同空孔直径下的各个测点处最大主应力衰减规律进行拟合，拟合曲线如图 4 所示。

随着爆源距的增加，岩体中最大主应力值逐渐递减，符合指数衰减规律（见图 4）。在距离炮孔 5～10cm 范围内，由于测点距离爆源较近，空孔直径的变化对测点处岩体最大主应力值的衰减情况影响不大，不同空孔直径下观测点的最大主应力衰减趋势几乎相同。在距离炮孔 10～20cm 范围内，随着空孔直径的增大，岩体最大主应力的衰减趋势较为明显。这也说明当应力波传到空孔附近时，经空孔反射产生拉应力波，拉应力随着反射拉应力波的增多而增大。空孔直径越大，反射拉伸波作用的范围越大，所产生的反方向拉应力值越大，测点处岩体最大主应力衰减越迅速。当空孔直径增大至 2 倍装药炮孔直径以上时，由空孔效应所产生的拉应力增长速率减慢。

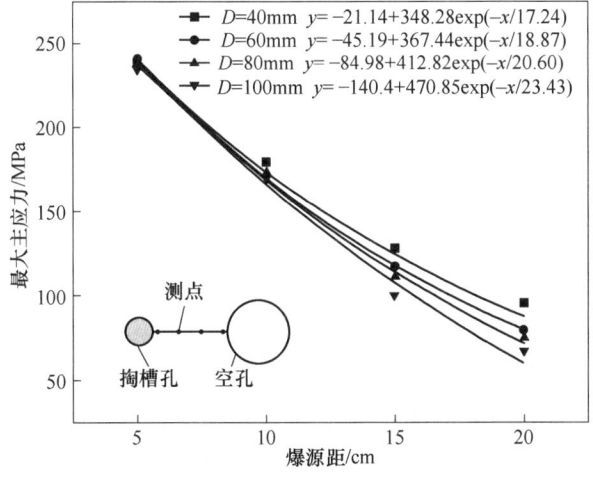

图 4 最大主应力峰值拟合曲线图

Fig. 4 Maximum principal stress peak fitting curve

3.3.2 岩体损伤演化分析

根据岩体损伤变化的全过程，由于 50μs 时应力波经空孔反射形成反射拉伸波，在 60μs

时，空孔周围的岩体开始出现拉伸损伤；60~200μs内，在应力波与反射拉伸波的相互作用下，装药炮孔及空孔周围岩体的损伤不断向外扩展延伸；在200μs时，炸药爆炸所产生的爆炸荷载作用已基本结束，整个区域内的岩体不再产生损伤。因此，选取60μs与200μs两个时刻下的岩体损伤云图进行分析。

在四个装药炮孔同时起爆完成60μs内，爆炸冲击波压缩炮孔周围岩石（见图5）。由于冲击波强度达到岩石动态抗压强度极限，在距装药炮孔壁约4倍孔径范围内的岩体发生不同程度的损伤，紧邻装药炮孔壁约2倍孔径范围内的岩体损伤因子几乎均为1.0，形成岩体粉碎区，径向裂纹损伤从粉碎区边缘向四周扩展，且相邻装药炮孔连线中点处的岩体损伤由于应力波的叠加得到加强。当空孔直径为40mm与60mm时，装药炮孔与空孔之间的仅有部分岩体存在损伤。当空孔直径为80mm和100mm时，空孔周围岩体形成的损伤范围扩大，且主要分布在装药炮孔应力波叠加区域的四个方向上，随着空孔周围岩体裂纹损伤逐渐向外延伸扩展，与装药炮孔周围形成的径向裂隙相互贯通，形成中心区域裂隙网。因此随着空孔直径的增加，在空孔附近岩体所形成的裂纹损伤范围也逐渐增大。

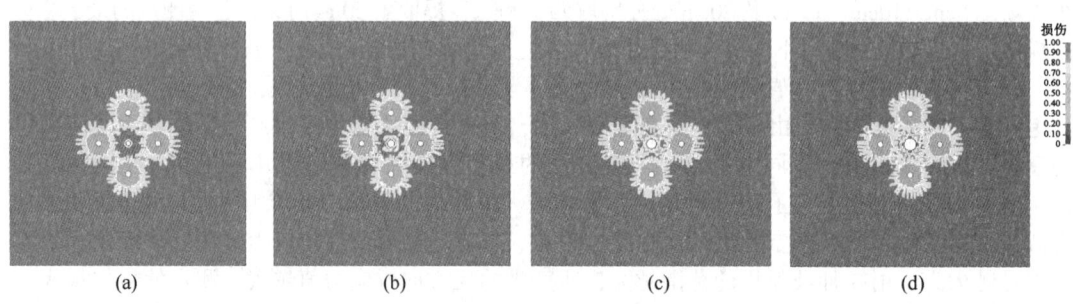

(a)　　　　　　　(b)　　　　　　　(c)　　　　　　　(d)

图5　60μs时刻不同空孔直径模型岩体损伤云图

（a）D=40mm；（b）D=60mm；（c）D=80mm；（d）D=100mm

Fig. 5　Rock mass damage nephogram of different hole diameter model at 60μs

随着应力波自炮孔周围向外传播，远离爆源一侧的径向裂纹损伤逐渐延伸扩展，并在爆炸裂隙区内形成3~4条径向主裂纹损伤（见图6）。爆后岩体产生的损伤范围随着空孔直径的增加而逐渐增大，空孔直径为80mm和100mm时，相邻装药炮孔和空孔形成的三角区域内岩体均有较高程度的损伤，与图4中主要的应力波叠加区域相对应。

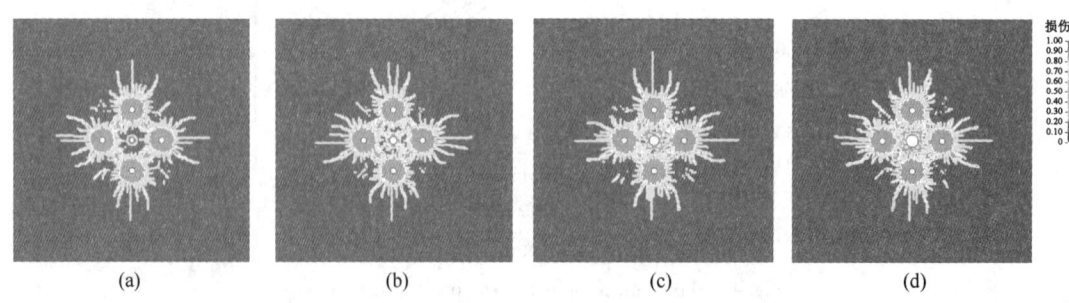

(a)　　　　　　　(b)　　　　　　　(c)　　　　　　　(d)

图6　200μs时刻不同空孔直径模型岩体损伤云图

（a）D=40mm；（b）D=60mm；（c）D=80mm；（d）D=100mm

Fig. 6　Rock mass damage nephogram of different hole diameter models at 200μs

3.4　不同炮孔与空孔间距对爆破效果的影响分析

　　为进一步探究装药炮孔与空孔间距对岩体破碎效果的影响，建立三种计算模型进行模拟分析，其中空孔直径均为80mm，装药炮孔与空孔之间间距分别为12cm（1.5D）、20cm（2.5D）、28cm（3.5D）（见图7）。模型尺寸、算法、边界条件及材料参数与前文相同。

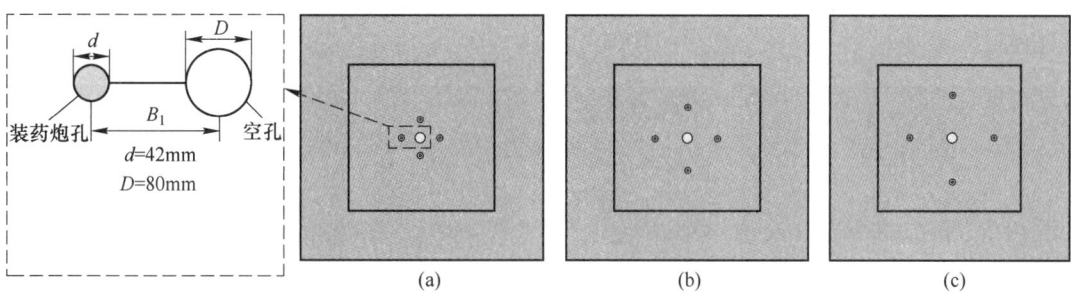

图7　数值模型图
（a）B_1=1.5D=12cm；（b）B_1=2.5D=20cm；（c）B_1=3.5D=28cm

Fig.7　Numerical model diagram

　　随着装药炮孔与空孔间距的增加，由于爆炸应力波与反射的作用爆后岩体形成的损伤范围逐渐增大（见图8）。当装药炮孔与空孔间距为12cm时，掏槽区域内的岩体在爆炸应力波的作用下全部发生粉碎破坏，但所形成的损伤破坏范围较小，且对炸药能量利用率大大降低，更多的能量则以噪声与振动的形式消散。当装药炮孔与空孔间距为20cm时，在爆炸应力波和反射拉伸波的作用下发生压缩破坏和拉伸破坏，装药炮孔与空孔形成的区域内岩体均有较高程度的损伤，且损伤裂隙相互贯通，形成了较好的掏槽爆破效果，此时炸药能量的利用率较高。当装药炮孔与空孔间距为28cm时，由于爆炸应力波传播距离较远，在空孔与装药炮孔之间的岩体未与装药炮孔周围产生的损伤裂隙贯通，空孔周围仅有局部岩体在反射拉伸波的作用下出现拉伸破坏。

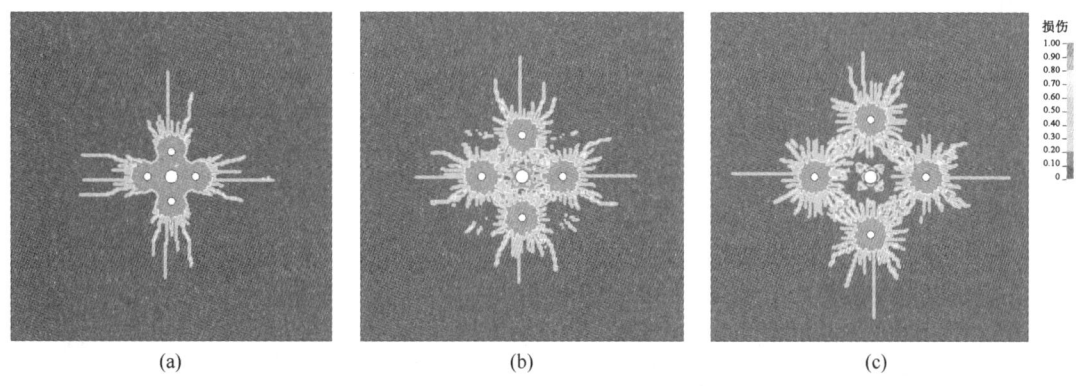

图8　200μs时刻不同装药炮孔与空孔间距模型岩体损伤云图
（a）B_1=12cm；（b）B_1=20cm；（c）B_1=28cm

Fig.8　Rock mass damage nephogram of different charge hole and empty hole spacing model at 200μs

　　选取200μs时刻下的损伤云图，通过LS-ProPrest后处理保留损伤因子在0~0.1之间的岩体，可进一步直观看出爆后最终掏槽空腔的成型效果（见图9）。随着炮孔与空孔间距的增加，爆后形成的槽腔体积逐渐增大。虽然三种空孔直径在爆后均形成了基本的槽腔，但装药炮孔与空孔间距为12cm时，爆后所形成的腔体较小且形状不规则，不利于岩体的抛离。装药炮孔与空孔间距为28cm时，空孔周围有大块岩体未被破坏，在实际工程中极易导致掏槽失败或需要进行二次破碎，对工作效率与工程进度产生一定的影响。装药炮孔与空孔间距为20cm时掏槽区域的岩体全部被破碎完成，形成了较好的掏槽空腔且体积较大，为外层炮孔爆破提供更好的自由面。

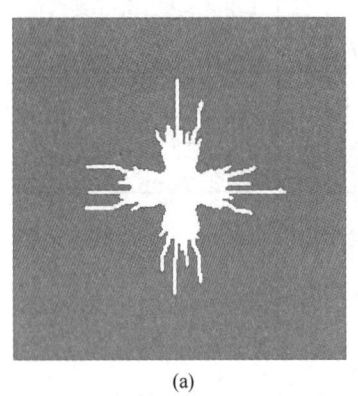 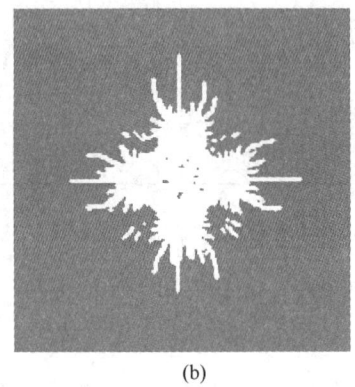 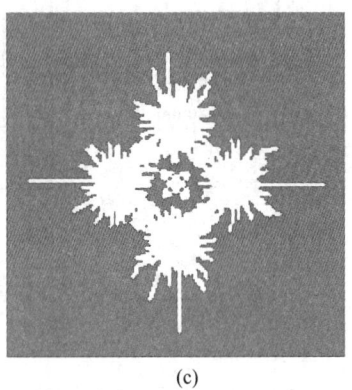

（a）　　　　　　　　　　　　（b）　　　　　　　　　　　　（c）

图9　不同装药炮孔与空孔间距掏槽爆破成型轮廓效果图

（a）$B_1 = 12cm$；（b）$B_1 = 20cm$；（c）$B_1 = 28cm$

Fig. 9　Different charge hole and empty hole spacing cut blasting forming contour effect diagram

　　综上所述，空孔直孔掏槽爆破最终成型的效果与空孔直径大小、装药炮孔至空孔的距离有关。随着空孔直径、装药炮孔与空孔距离的增大，会影响到整个槽腔成型的最终效果。在此岩体特性的条件下，当空孔直径为2倍装药炮孔直径且二者间距为2.5倍空孔直径时，所达到的掏槽爆破效果最好。

4　爆破参数设计计算

4.1　工程背景

　　某铁路隧道进口平行导坑 PDK773 + 255 ~ 320 段，设计围岩等级为Ⅳ级。支护类型为喷锚衬砌，开挖断面尺寸为6.5m（宽）×6.5m（高），断面面积44.5m²（见图10）。区域地质报告及现场调查显示该工程基岩地层主要为石灰岩、白云岩、砂岩、砾岩夹泥岩、白云岩夹泥岩、砂岩夹砾岩。同时在区域构造的影响下，测区分支构造极其发育。地下水较发育，并且补径排条件受地下含水系统物质结构、地形地貌及自然气候条件影响，控制隧址区各含水岩组内地下水形成、富集及循环特征。受三臂凿岩机推进梁长度的影响，采用斜孔掏槽未能达到理想的爆破进尺，因此基于前述理论及数值模拟研

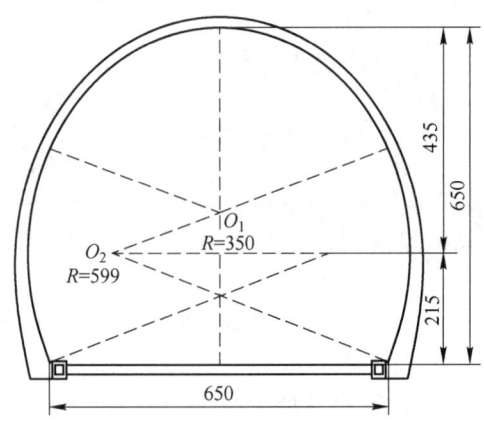

图10　隧道断面示意图（单位：cm）

Fig. 10　Tunnel section diagram（unit：cm）

究，对该断面进行直孔掏槽爆破设计与现场应用。

4.2 掏槽孔参数与布置

在空孔与掏槽孔布置中，以空孔为中心，在其四周对称布置掏槽孔。为获得更好的掏槽效果及扩大槽腔体积，在主掏槽孔周围再对称布置二阶掏槽孔。基于前述数值模拟分析结果，结合现场具备的凿岩机械和钻头直径情况，对掏槽孔进行计算与布置。装药炮孔直径选用 42mm，空孔直径选用 2 倍炮孔直径 80mm，按式（5）计算空孔的数量 N[18]：

$$N = \frac{(3.2K)^4}{D^2} \tag{5}$$

式中，K 为循环进尺，m；D 为空孔直径，mm。

经计算，1.5 个空孔方能满足 3m 循环进尺的需求。结合施工经验与开挖掌子面面积，在掌子面中部设两组掏槽孔，每组设一个空孔。当隧道断面宽度较小时，最优抵抗线 B 按经验公式（6）确定[19]：

$$B = \left(d_z \frac{1.95e}{\sqrt{\rho_s}} + 2.3 - 0.027w \right)(0.1w + 2.16) \tag{6}$$

式中，d_z 为装药直径，cm；w 为自由面宽度，cm；ρ_s 为岩石容重，g/cm³；e 为炸药爆力校正系数。

根据式（4）计算得到一阶掏槽孔与空孔间的距离 B_1 = 21.2cm，取 B_1 = 20cm。可以看出，此计算结果与数值模拟结果基本一致。在一阶掏槽孔爆后形成的槽腔宽度 B' = 2×20+4.2 = 44.2cm，将其作为二阶掏槽孔的自由面，同理代入式（6）计算，B_2 = 36.2cm，取 B_2 = 36cm。综合上述计算后掏槽孔现场作业如图 11 所示。

图 11　掏槽孔现场作业图

Fig. 11　Cutting hole site operation diagram

4.3 辅助孔参数

辅助孔位于掏槽孔外围，周围岩体破坏是应力波和爆生气体共同作用的结果，其孔距 L_{bk} 及排距 L_{bp} 可取裂隙区半径。裂隙区半径 R 用经验公式计算[20]：

$$R = 0.2102 d \rho_0^{0.75} D'^{1.5} \sigma_c^{-0.25} \tau_c^{-0.5} \tag{7}$$

式中，d 为炮孔直径，m；ρ_0 为炸药密度，kg/m³；D' 为炸药爆速，m/s；σ_c、τ_c 分别为岩石的极限抗压强度和抗剪强度，Pa。计算得到 $R = 71.7$cm，为方便施工，取 $R = 70$cm。因此，崩落孔孔距及排距为 70cm。

4.4 周边孔与底板孔参数

周边孔的线装药密度一般较低，布置在开挖边界上，其孔距 L_{zk} 可按式（8）确定：

$$L_{zk} = (8 \sim 18)d \tag{8}$$

经计算，L_{zk} = 50.4cm，取 L_{zk} = 50cm。同时周边孔还应按照 3.3% 的外插角向外进行设置，以期达到较好的超欠挖控制效果。

底板孔位于开挖断面的底部，在爆破时有大量岩石覆盖，所受到的移动阻力较大，因此应较周边孔适当加大其装药量。结合岩石爆破过程中形成的裂隙区半径 R，将底板孔孔距取 70cm。

5 工程应用

5.1 隧道爆破方案

基于上述分析计算，结合工程地质条件与施工经验对爆破参数进行微调后，形成炮孔布置图与爆破参数表，分别如图 12 及表 4 所示。施工工法为全断面法，爆破采用不连续装药结构，间隔程度的控制与炮孔的种类有关，同时也需根据围岩变化进行调节。选择 1~11 段非电毫秒雷管作为起爆材料，延时爆破法起爆。

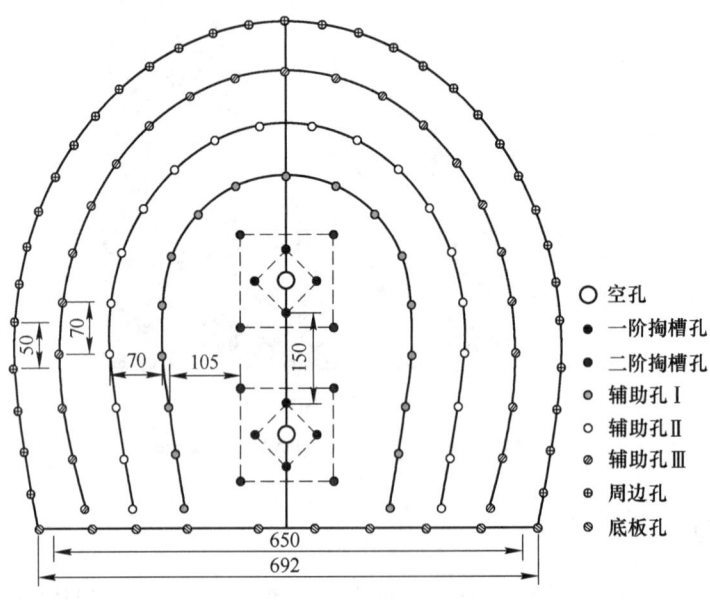

图 12　炮孔布置图（单位：cm）

Fig. 12　Borehole layout（unit：cm）

表4 爆破参数表

Tab. 4 Table of blasting parameters

序号	炮孔名称	孔深/m	数量/个	单孔药卷数量/条	单孔药量/kg	单段药量/kg	装药长度/m	装药系数/%	雷管段号
1	空孔	3.20	2	—	—	—	—	—	—
2	掏槽孔	3.20	16	10	3.0	48.0	3.0	94	1
3	崩落孔Ⅰ	3.05	17	5	1.5	25.5	1.5	49	3
4	崩落孔Ⅱ	3.02	20	4	1.2	24.0	1.2	40	5
5	崩落孔Ⅲ	3.00	23	4	1.2	27.6	1.2	40	7
6	周边孔	3.00	33	3	0.9	29.7	0.9	30	9
7	底板孔	3.20	10	4	1.2	12.0	1.2	37	11
合计		—	121	—	—	159.6	—	—	—

注：设计循环进尺3.0m，断面面积44.5m²，炮孔密度2.7个/m²，炸药单耗1.2kg/m³，钻孔总延米375.8m。

5.2 应用效果分析

采用上述爆破方案在PDK773+285～300段连续进行5个循环爆破试验，由统计数据可知：循环进尺可达2.8～2.9m，以PDK773+291处三维激光扫描为例（见图13（a）），开挖轮廓线大多位于设计轮廓线外10～15cm，平均线性超挖均值为14.8cm。爆后掌子面平整光滑，未出现"鼓肚"现象，且爆破循环之间未出现明显"错台"现象，减少了清理掌子面的时间，为下一循环的爆破工作创造了较好的工作条件（见图13（b））。说明中心空孔能有效增强开挖断面中心岩石的破碎，从而达到提高爆破效率、改善爆破效果的目的。同时掏槽区域槽腔的形成为外围岩石提供了较好的崩落空间，且爆后爆堆较为集中，岩石破碎较为均匀，有利于装碴运输，也为隧道施工创造了良好的经济效益。该方法表现出了良好的爆破效果，同时降低了对围岩的扰动，更能充分发挥围岩的强度和自承能力，确保施工安全。

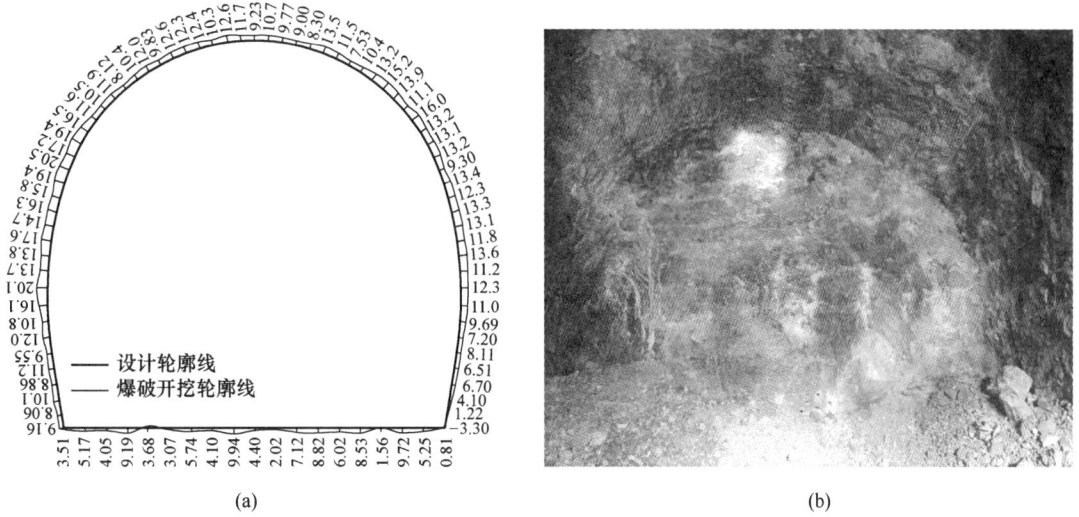

（a）　　　　　　　　　　（b）

图13 爆破效果图

（a）激光扫描轮廓图（单位：cm）；（b）出碴后整体效果图

Fig. 13 Blasting effect diagram

6　结论

（1）在空孔直孔掏槽爆破过程中，由于应力波经空孔反射产生反向的拉应力，造成空孔周围的最大主应力值明显降低。随后在其周围的岩体中应力重新分布，出现应力集中的现象，且在一定范围内空孔直径越大，在其周围产生的应力衰减与应力集中现象越明显。

（2）在入射应力波与反射拉伸波的相互作用下，装药炮孔及空孔周围岩体的损伤不断向外扩展，其中岩体损伤程度较高的区域主要为装药炮孔与空孔周围以及相邻装药炮孔与空孔形成的三角区域，装药炮孔以外的岩体损伤区域与应力波的叠加区域基本对应。

（3）空孔直孔掏槽爆破槽腔的最终成型效果与空孔直径大小、装药炮孔至空孔的距离有关。在Ⅳ级围岩条件下，当空孔直径为2倍装药炮孔直径且两者间距为2.5倍空孔直径时，掏槽爆破的效果最好。

（4）本文所述空孔直孔掏槽爆破在单循环进尺、炮孔利用率等方面优势较为明显，验证了该技术在小断面铁路隧道爆破中的可行性及优越性。

总体上，本文对某铁路隧道爆破施工参数进行了设计计算，采用的计算方法及数值模拟爆破损伤模型可为类似工程提供一定的参考，但隧道爆破效果与诸多参数（炮孔数量、布置形式、装药量及起爆时差等）有关，各参数对于隧道爆破的影响还有待进一步的研究。另外，在现场施工过程中应加强对爆破成型质量与围岩振动的监测，对现有的爆破参数进行优化，形成更为经济合理的爆破施工方案，以满足复杂地质环境下隧道爆破施工的需要。

参 考 文 献

[1] 方俊波，刘洪震，翟进营. 山岭隧道爆破施工技术的发展与展望 [J]. 隧道建设（中英文），2021，41（11）：1980-1991.

[2] 倪昊. 煤矿竖井二氧化碳"二阶二段"筒形掏槽爆破技术及应用研究 [J]. 煤炭科学技术，2023：1-8.

[3] 张宪堂，董国庆，余辉，等. 围压下空孔直径对直眼掏槽爆破振动的影响 [J]. 山东科技大学学报（自然科学版），2023，42（3）：44-52.

[4] Zhang X, Li J, Li D, et al. Numerical Simulation of Parallel Cutting with Different Number of Empty Holes [J]. Tehnički vjesnik, 2021, 28（5）: 1742-1748.

[5] 李祥龙，张志平，王建国，等. 双空孔间距对爆破槽腔断面大小的影响 [J]. 爆炸与冲击，2022，42（11）：133-144.

[6] Zhao J J, Zhang Y, Ranjith P G. Numerical simulation of blasting-induced fracture expansion in coal masses [J]. International Journal of Rock Mechanics and Mining Sciences, 2017, 100: 28-39.

[7] 陈璐，周子龙，高山，等. 高应力隧道爆破研究现状与展望 [J]. 中南大学学报（自然科学版），2023，54（3）：849-865.

[8] Xie L, Lu W, Zhang Q, et al. Analysis of damage mechanisms and optimization of cut blasting design under high in-situ stresses [J]. Tunnelling and Underground Space Technology, 2017, 66: 19-33.

[9] Wu Z, Luo D, Chen F, et al. Numerical simulation of empty-hole effect during parallel-hole cutting under different in situ stress conditions [J]. Advances in Civil Engineering, 2021, 2021: 1-11.

[10] 蒋克文，王海亮，郭建，等. 大空孔直眼掏槽有效应力分布规律模拟研究 [J]. 煤炭技术，2023，42（7）：30-34.

[11] 张伟，褚夫蛟，王银刚，等. 空孔在硬岩光面爆破作用中的试验与应用 [J]. 爆破，2023，40（2）：48-52，137.

[12] 刘国强, 刘彬, 张庆明, 等. 岩溶隧道光面爆破参数优化及其应用研究 [J]. 隧道建设 (中英文), 2021, 41 (S2): 50-57.

[13] Zhang P, Cai J, Zong F, et al. Dynamic response analysis of underground double-line tunnel under surface blasting [J]. Shock and Vibration, 2021, 2021: 1-13.

[14] 陈玉, 黄国栋, 马龙浩, 等. 砂岩隧道全断面光面爆破一次成形技术研究 [J]. 地下空间与工程学报, 2021, 17 (S1): 283-290.

[15] Jiang N, Zhu B, He X, et al. Safety assessment of buried pressurized gas pipelines subject to blasting vibrations induced by metro foundation pit excavation [J]. Tunnelling and Underground Space Technology, 2020, 102: 103448.

[16] 黄佑鹏, 王志亮, 毕程程. 岩石爆破损伤范围及损伤分布特征模拟分析 [J]. 水利水运工程学报, 2018 (5): 95-102.

[17] Xu X, He M, Zhu C, et al. A new calculation model of blasting damage degree—Based on fractal and tie rod damage theory [J]. Engineering Fracture Mechanics, 2019, 220: 106619.

[18] Allen M. An analysis of burn cut pull optimization through varying relief hole depths [D]. Rolla: Missouri University of Science and Technology, 2014.

[19] 王文龙. 钻眼爆破 [M]. 北京: 中国煤炭工业出版社, 1984.

[20] Zou D. Theory and Technology of Rock Excavation for Civil Engineering [M]. Singapore: Springer Singapore, 2017.

基于应力平衡效果指标的霍普金森试验数据处理方法

王雪松[1,2]　徐振洋[2,3]　邓　丁[1]　张久洋[1]　崔哲森[1]　郭连军[1]

(1. 沈阳工业大学材料科学与工程学院，沈阳　110870；

2. 辽宁科技大学矿业工程学院，辽宁　鞍山　114051；

3. 辽宁省金属矿产资源绿色开采工程研究中心，辽宁　鞍山　114051)

摘　要：采用"三波法"进行霍普金森试验数据的处理时，需要确定每个应力波信号的起跳时刻，为排除信号起跳点选择中的人为因素，引入了时间窗能量比方法，以整个冲击过程的应力平衡因子和最小为目标函数建立了数学模型，利用粒子群算法进行求解，进而提出了粒子群–时间窗能量比（PSO-TWER）方法，讨论了惯性权重取值及计算方法对寻优结果的影响，基于接近应力平衡状态点的占比定义了应力平衡评价指标。结果表明：时间窗长度的取值影响了起跳点位置的输出结果，数学模型中，入射波与透射波的时间窗长度为输入粒子，能够满足应力平衡因子和最小的寻优目标，动态惯性权重因子在最优适应度及平均适应度的收敛中均取得了良好效果，两组信号的起跳点输出能够满足精度要求，应力平衡评价指标在试验数据的筛选中取得了较好的适用效果。

关键词：霍普金森；时间窗能量比法；粒子群算法；惯性权重因子；PSO-TWER

The Data Processing of the SHPB Test Based on the PSO-TWER

Wang Xuesong[1,2]　Xu Zhenyang[2,3]　Deng Ding[1]　Zhang Jiuyang[1]

Cui Zhesen[1]　Guo Lianjun[1]

(1. School of Materials Science and Engineering, Shenyang University of Technology, Shenyang 110870; 2. College of Mining Engineering, University of Science and Technology, Anshan 114051, Liaoning; 3. Engineering Research Center of Green Mining of Metal Mineral Resources Liaoning Province, Anshan 114051, Liaoning)

Abstract: When the "three wave method" is used to process the Hopkinson test data, it is necessary to determine the takeoff time of each stress wave signal. In order to eliminate the artificial factors in the selection of the signal takeoff point, the time window energy ratio method is introduced. The mathematical model is established with the minimum stress balance factor and the minimum of the whole impact process as the objective function, and the particle swarm optimization algorithm is used to solve the problem, and then the particle swarm optimization time-window energy ratio (PSO-TWER) method is proposed. The influence of inertia weight value and calculation method on the optimization results is discussed, and the stress balance evaluation index is defined based on the proportion of the near stress balance state point. The results show that the value of the time window length affects the output result of

作者信息：王雪松，博士研究生，wangxs@ smail. sut. edu. cn。

the takeoff point position. In the mathematical model, the time window length of the incident wave and the transmitted wave is the input particle, which can meet the stress balance factor and the minimum optimization goal. The dynamic inertia weight factor has achieved good results in the convergence of the optimal fitness and the average fitness. The output of the takeoff point of the two groups of signals can meet the accuracy requirements. The stress balance evaluation index has achieved good application effect in the screening of test data.

Keywords：SHPB; time window energy ratio; particle swarm optimization algorithm; inertia weight; PSO-TWER

1 引言

在霍普金森数据处理方法中，传统三波法仍具有一定的不可替代性。在中国爆破行业协会起草的团体标准《岩石材料动态单轴压缩强度测试方法》（以下称《测试方法》）中指出，三波法仍作为主流的霍普金森试验数据处理方法，在近些年的岩石动态冲击研究[1-3]中也佐证了这一点。标准中推荐信号起点的确定，可通过应变片与试样的距离、杆件的波速、数据采样率等数据计算而得。但由于试验条件的不同，计算的起跳点位置与信号起跳点常存在差异，易导致数据处理结果的离散。

霍普金森试验中，应变片获取的电信号频率远远低于地震波及振动信号，一个有效的时域内，除杂波外，入射波、透射波及反射波信号仅存在一至两次明显峰值（岩石材料通常仅存在一次）。因此，因复杂噪声相互叠加造成的强能量干扰较小，采用固定时间窗的方式便能解决入射波、透射波信号的起跳点选择问题。霍普金森试验标准要求了试验数据处理前必须进行应力平衡校验，列举了典型的应力平衡试验信号图示例，但并未明确定义应力平衡状态的相关标准，相关研究结果说明了应力平衡过程与入射杆、投射杆断面加载力的相关性，洪亮[4]曾在研究中定义了一个界限值，近似的认为试样两端的相对应力差小于5%时试样的内部应力达到均匀状态。李夕兵[5]的研究中也定义了应力平衡因子，认为该值接近0时，说明试样的应力平衡状态越好。上述两种方法也得到了广泛的认可与应用，由于应力平衡状态的判定受限于三波法取段质量，则可根据时间窗长度作为自变量，构建与应力平衡因子相关的数学模型，借助粒子群算法的强大的搜索能力求解，实现霍普金森试验数据的处理及应力平衡状态的判定。

本文针对霍普金森试验数据处理"三波法"中波形起跳点的选择问题，引入了时间窗能量比方法，建立了考虑试件应力平衡状态的波信号取段数学模型，并采用PSO算法进行求解，讨论了5种可变惯性权重因子对寻优结果的影响，提出了基于应力平衡因子的试验结果评价指标，为霍普金森试验数据处理及结果评价提供了参考。

2 时间窗能量比法-应力平衡因子数学模型

2.1 时间窗能量比法

对于波形信号，入射波起跳时刻后时间窗内的能量和到达前时间窗内的能量之间差异比较大，因此，可通过检测能量比值的大小判断波形信号的起跳时刻。假设波形电信号记录道为 $[x_n]$，在整个记录道上第 i 个点位置前后取一长度为 M 的时间窗，i 时刻为时间窗中心点，则前后时窗之间的能量比值可由式（1）计算。

$$R(i) = \left(\frac{\sum_{i+M-1}^{k=i} x_k^2}{\sum_{k=i-M}^{i-1} x_k^2} \right)^{\frac{1}{2}} \tag{1}$$

式中，x_k 表示 k 点的幅值；$R(i)$ 表示前时窗和后时窗的能量比。

M 值表示时间窗的大小。在研究中发现不同的 M 取值影响了信号起始点的选择[6-7]，如图 1（a）和（b）所示，在霍普金森试验设备的电压信号的获取过程中，由于受外界的干扰而有所波动记录到的存在着噪声信号且这些噪声信号在入射波传至应变片位置前及传至应变片后均能够观测到[8]，在小尺度范围内噪声信号也可视为一个微型的起跳点且具有频率大振幅小的特点。因此，在时间窗长度 M 过小时，如图 1（d）所示，初值点的选择易受到噪声信号的影响，图 1（e）展示了 M 值与起跳点选择位置的影响，在 M 值为 500 时具有明显的突变。

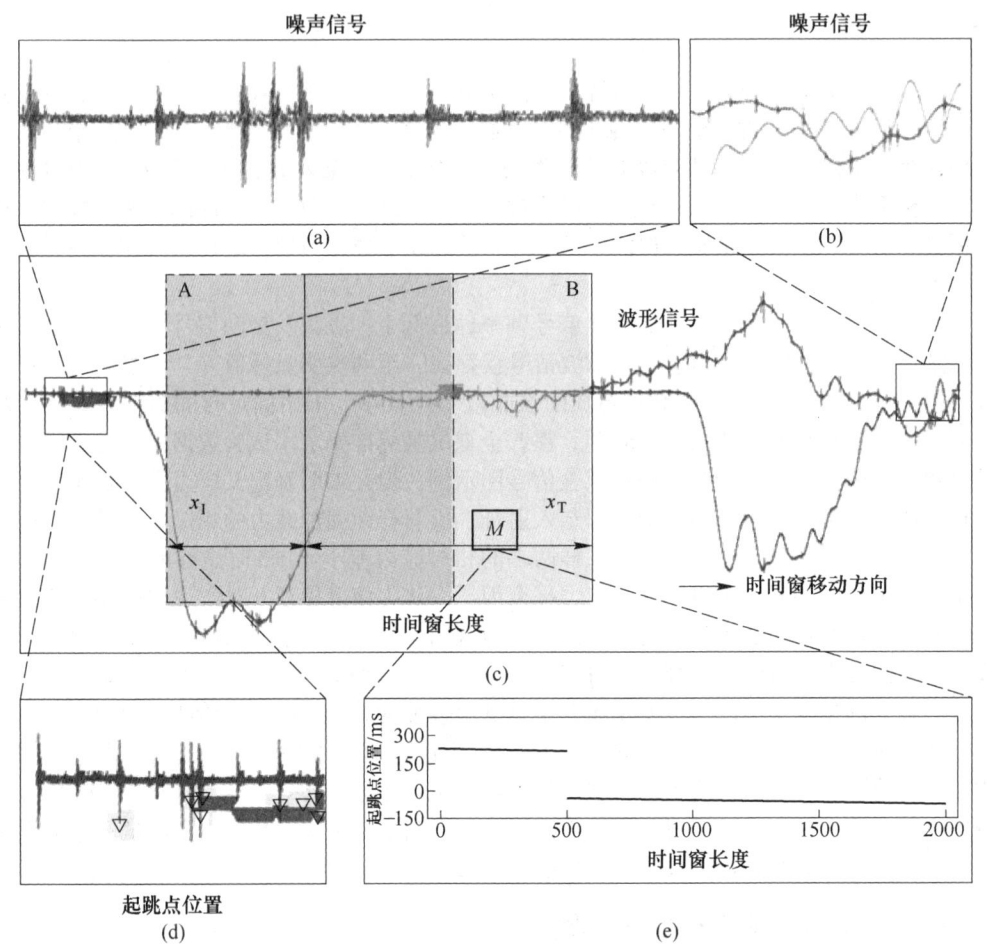

图 1　霍普金森试验数据及时间窗能力比法原理

（a）初始位置的噪声信号；（b）交互处的噪声信号；（c）时间窗法示意图；
（d）起跳点识别结果；（e）起跳点位置和时间窗长度的关系

Fig. 1　The representative voltage curves and time windows energy ratio

2.2　应力平衡因子

SHPB 试验中有效的试验数据需要满足应力均匀化假设[8]，但由于弹性杆和岩石试样之间具有一定的波阻抗差，试样中应力波的透射和反射情况较为复杂，岩石试样达到应力平衡状态需要一定的时间。时间消耗可通过试样长度和 P 波速度计算，见式（2）：

$$\tau_{\mathrm{s}} = \frac{L_{\mathrm{s}}}{C_{\mathrm{s}}} \tag{2}$$

这种动态加载时两端应力不同的现象决定了岩石试样的应力变化和平衡效应。第一种方法是试样两端的相对应力差 α_k[4]，其值越小代表试样内部的应力平衡状态越高，α_k 的计算方法见式（3）：

$$\alpha_k = \frac{\Delta\sigma_k}{\bar{\sigma}_k} \times 100\% = \frac{T_{\mathrm{BS}}[\sigma_i(t_k) - \sigma_i(t_{k-1})] - F_{\mathrm{SB}}\Delta\sigma_{k-1}}{T_{\mathrm{BS}}\dfrac{\sigma_i(t_k) + \sigma_i(t_{k-1})}{2} + F_{\mathrm{SB}}\bar{\sigma}_{k-1}} \times 100\% \tag{3}$$

式中，$\Delta\sigma_k$ 和 $\bar{\sigma}_k$ 分别为岩石试样两端的应力差和应力平均值；T_{BS} 和 F_{SB} 分别为透射系数和反射系数；t_k 和 $\sigma_i(t_k)$ 分别为应力波在花岗岩试样中传播的第 k 次的时刻和对应的应力。

另一种判断试件应力平衡状态的计算指标是应力平衡因子[5]，应力平衡因子 R_{eq} 接近 1 时，说明岩石试样达到了应力平衡因子，可通过式（4）计算：

$$R_{\mathrm{eq}}(t) = \frac{\sigma_{\mathrm{T}}(t)}{\sigma_{\mathrm{I}}(t) + \sigma_{\mathrm{R}}(t)} \tag{4}$$

式中，$R_{\mathrm{eq}}(t)$ 表示 t 时刻试样的应力平衡因子；$\sigma_{\mathrm{I}}(t)$、$\sigma_{\mathrm{R}}(t)$ 和 $\sigma_{\mathrm{T}}(t)$ 分别表示 t 时刻的入射波、反射波和透射波的应力值。

2.3 目标函数

首先，每给定一组 x_{I} 和 x_{T}，计算该条件下 σ_{T}、σ_{I} 与 σ_{R} 的值，其中，σ_{T}、σ_{I} 与 σ_{R} 表示与 x_{I}、x_{T} 有关的函数，见式（5）：

$$F(\sigma_{\mathrm{T}}, \sigma_{\mathrm{I}}, \sigma_{\mathrm{R}}) = (x_{\mathrm{I}}, x_{\mathrm{T}}) \tag{5}$$

式中，x_{I} 表示计算入射波时的时间窗大小；x_{T} 表示计算透射波时的时间窗大小。

根据上文所述，应力平衡因子通过描述每个瞬间入射波、反射波及透射波的差异性评价试件的应力平衡状态，因此，适宜的取段位置在理论上能够满足整个加载过程应力平衡因子的和最小。因此，目标函数的计算公式见式（6）：

$$\min\left\{ F = \mathrm{sum}[R_{\mathrm{eq}}^i(t)] = \sum R_{\mathrm{eq}}^i(t) = \sum_t \frac{\sigma_{\mathrm{T}}^i(t)}{\sigma_{\mathrm{I}}^i(t) + \sigma_{\mathrm{R}}^i(t)} \right\} \tag{6}$$

式中，$R_{\mathrm{eq}}^i(t)$ 为 t 时刻第 i 组粒子对应的应力平衡因子；$\sigma_{\mathrm{I}}^i(t)$、$\sigma_{\mathrm{R}}^i(t)$ 和 $\sigma_{\mathrm{T}}^i(t)$ 分别表示 t 时刻的第 i 组粒子对应的入射波、反射波和透射波的应力值。

3 PSO-TWER 方法

3.1 PSO 算法基本原理

PSO 算法由 Kennedy 与 Eberhart 提出，算法要求首先初始化一群随机粒子（随机解），然后通过迭代找到最优解，通过多组粒子模拟鸟群中的鸟，在 n 维空间中进行搜索，在 n 维搜索空间中，粒子 i（$i \in 1$，M 表示解的种群个数）的当前位置 $X^i = (X_1^i, X_2^i, \cdots, X_n^i)$、当前飞行速度为 $\boldsymbol{V}^i = (V_1^i, V_2^i, \cdots, V_n^i)$，粒子经历过的最好位置 $\boldsymbol{P}^i = (P_1^i, P_2^i, \cdots, P_n^i)$。

通过以下算法更新自己的速度和位置：速度的更新方法见式（7）：

$$v_i = v_i + c_1 \times rand() \times (\mathrm{pbest}_i - x_i) + c_2 \times rand() \times (\mathrm{gbest}_i - x_i) \tag{7}$$

式中，v_i 为粒子的速度；$rand(\ )$ 为介于 0 与 1 之间的随机数；x_i 为粒子的当前位置；c_1 与 c_2 为学习因子。

$$x_i = x_i + v_i \tag{8}$$

在 PSO 算法的迭代后期将存在粒子多样性降低，存在着局部最优现象，为解决这一问题，专家学者引入了惯性权重指标对算法进行改进。

$$v_i = \omega \times v_i + c_1 \times rand(\ ) \times (pbest_i - x_i) + c_2 \times rand(\ ) \times (gbest_i - x_i) \tag{9}$$

式中，ω 为惯性因子，取值越大，全局寻优能力越强，反之则越弱。

3.2　求解过程

处理步骤如图 2 所示，具体如下：

（1）初始化粒子群，随机初始化粒子群中粒子的初始状态，输入惯性因子及学习因子，设定迭代次数 k；

（2）输入入射波及透射波的应力波数据；

（3）根据式（1）计算粒子的能量比值；

（4）判断能量比值最大位置的入射波起跳点及透射波起跳点；

（5）基于步骤（4）中所得的起跳点对入射波、反射波、透射波进行取段；

（6）根据式（4），计算本次粒子所在位置的应力强度因子；

（7）根据式（7）～式（9），更新粒子群的个体最优值及全局最优值；

（8）判断迭代次数是否达到终止次数 k，如达到则进行步骤（9），否则返回步骤（3）重新评价粒子；

（9）结束计算。

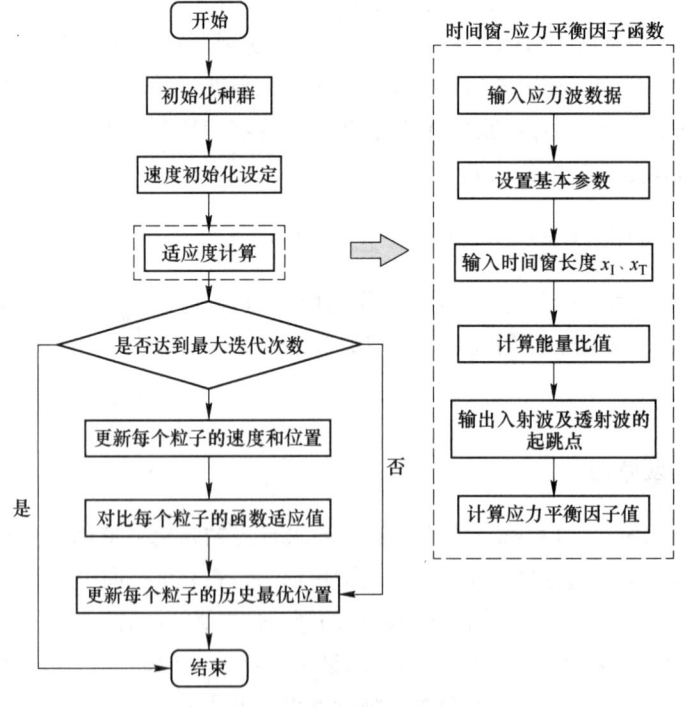

图 2　PSO 算法流程

Fig. 2　Flowchart of PSO algorithm

4 实例验证

4.1 试验装置

本文中的所有实验室测试均在辽宁科技大学的 SHPB 加载系统中进行，如图 3 所示。入射杆为 2100mm，透射杆为 1800mm，吸收杆为 800mm，杆也是由直径 50mm 的高强度钢制成，弹性模量为 210GPa。试验所用试样取自中国河南省信阳市某矿山，试样端部的均匀度和不平行度公差小于 0.02mm。将试样制成直径为 50mm 的圆柱体，反射系数为 -0.55~0.52，其力学参数见表 1。

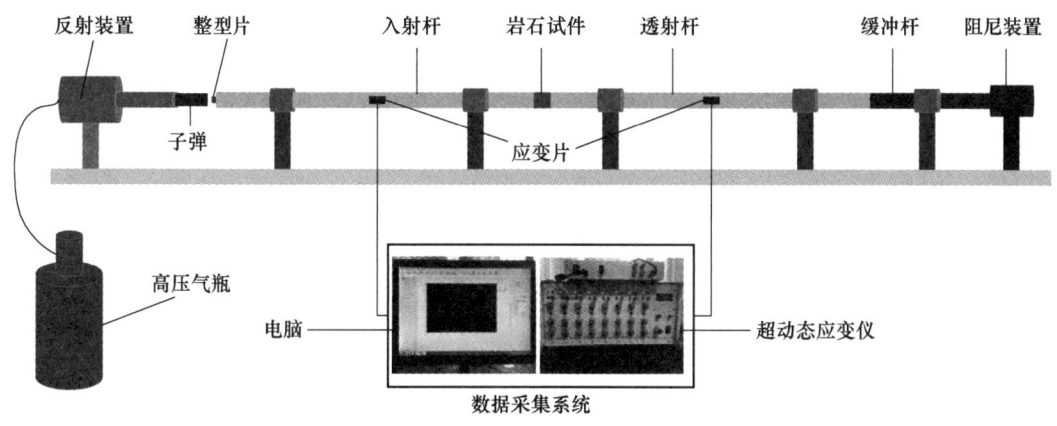

图 3 霍普金森试验装置

Fig. 3 Diagram of the SHPB experiment system

表 1 花岗岩的力学参数

Tab. 1 Mechanical parameters of granite under static load

密度/kg·m⁻³	纵波波速/m·s⁻¹	弹性模量/GPa
2723	4888	36.68

4.2 结果分析

4.2.1 实验情况

根据上述数学模型，选取试验结果入射波及透射波两组信号共 28000 个点，本次运算中，设置初始种群数为 500，种群维度为 2，最大循环次数为 50，参数范围的限制为 2~10000，速度限制为 -200~200。

4.2.2 粒子上下限的取值

本文所取的完整应力波信号共 28000 个点，由于文献中对时间窗长度的取值尚未有明确的要求，图 4 为时间窗大小与入射波、反射波和透射波起跳点检测结果关系曲线，图 4 (a) 和 (b) 中的区域 A 与区域 B 表示较为合适的入射波初至点范围，在试验系统中，入射杆的应变片记录着入射波与反射波，在完整的时域中存在着入射波、反射波两个峰值，在图 4 (a) 中能够看出入射波的曲线在时间窗长度为 5000 左右时产生了明显的变化，表明了反射波对于起跳点的选取结果也产生了一定影响，且在 5000 后结果基本在区域 B 的范围内。在反射波的起跳点拾取过程中，起跳点的位置与时间窗长度呈现线性递减的趋势，说明了时间窗长度显著影响了起跳点的输出结果。能够观测到适宜的起跳点分布的时间窗取值介于 2000~6000 之间，说明在霍普金森入射波起跳点的选择中，适宜的时间窗长度约为信号总数的 7%~21.5%。

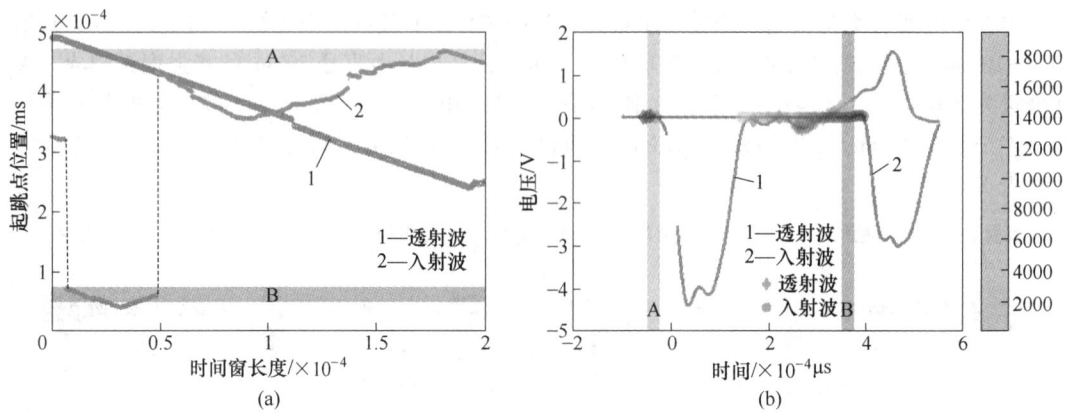

图 4 时间窗长度与初至点的关系

Fig. 4 Relationship between peak stress and temperature and strain rate

4.2.3 权重系数对寻优结果的影响

在粒子群算法的应用中，惯性权重因子主要影响了粒子群算法的全局及局部搜索能力，可根据求解问题选用合适的惯性权重因子及学习因子[9]，但参数的取值仍未有确切的计算方法。以学习因子 c_1 和 c_2 为 0.5，惯性权重为 0.1~2.0 进行了 20 次寻优计算，每次计算的迭代次数为 50 次，计算结果见表 2，收敛曲线图如图 5 所示。

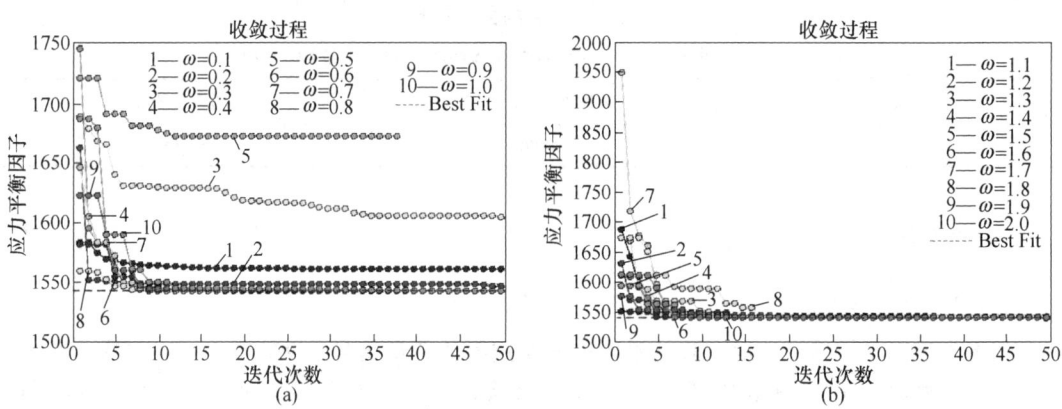

图 5 时间窗长度与初至点的关系

Fig. 5 Relationship between peak stress and temperature and strain rate

表 2 PSO 算法的参数设置及结果

Tab. 2 Parameters setting and results of PSO

循环次数	惯性权重因子 ω 取值	学习因子 c_1	学习因子 c_2	首次到达最优适应度时的循环次数
50	0.1	0.5	0.2	0

循环次数	惯性权重因子 ω 取值	学习因子 c_1	学习因子 c_2	首次到达最优适应度时的循环次数
50	0.2	0.5	0.2	0
50	0.3	0.5	0.2	0
50	0.4	0.5	0.2	12
50	0.5	0.5	0.2	0
50	0.6	0.5	0.2	18
50	0.7	0.5	0.2	22
50	0.8	0.5	0.2	27
50	0.9	0.5	0.2	43
50	1	0.5	0.2	44
50	1.1	0.5	0.2	43
50	1.2	0.5	0.2	42
50	1.3	0.5	0.2	0
50	1.4	0.5	0.2	43
50	1.5	0.5	0.2	50
50	1.6	0.5	0.2	44
50	1.7	0.5	0.2	0
50	1.8	0.5	0.2	0
50	1.9	0.5	0.2	0
50	2	0.5	0.2	0

图5（a）中表示的是 ω 值为0.1~1.0时，适应度值的收敛情况，结合表2可以看出，10组寻优中仅有6组结果在50次循环中达到了最优适应度值，当 ω 值为0.4、0.6时，寻优结果较好，算法能够在20次以内完成收敛；而 ω 在0.7~1.0的区间内时，收敛次数均大于20；ω 值为0.9、1.0时，甚至近50次循环才完成收敛。由此可见，ω 值虽然显著影响了寻优的效果，但随着 ω 值的增大，并不存在明显的函数关系。此外，图5（a）中未达到最优结果的试验中，在30次循环后适应度值曲线趋近于水平的直线，此阶段的适应度值基本不再变化，说明粒子陷入了局部最优。在图5（b）中也存在类似的情况，粒子的寻优效果相对较好，但局部最优状态也同样存在，完成最优收敛的试验组的速度也相对较慢，接近50次。

4.2.4 权重系数的优化

选择了5种不同文献中惯性权重的更新方法（见表3），其中，方法1、2、5的原理是限定一个惯性权重因子的取值范围，根据其边界大小及循环的进程，计算每一次迭代的惯性权重因子，种群中的所有粒子均基于该 ω 值更新位置，方法3、4则是基于每个粒子的适应度与当前最优适应度的关系，为所有的粒子分配一个单独的惯性因子。

表3 惯性权重参数设置

Tab. 3 The setting of inertia weight

方法	惯性权重值	参考文献	c_1	c_2
1	$\omega(t) = \omega_{\min} + \dfrac{1}{2}(\omega_{\max} - \omega_{\min})\left[1 + \cos\left(\dfrac{\pi(t-1)}{T}\right)\right]$	[10]	0.5	0.2
2	$\omega(t) = \omega_{\max} - \dfrac{\omega_{\max} - \omega_{\min}}{T}t$	[11]	0.5	0.2
3	$\omega_i(t) = \omega_{\max} - (\omega_{\max} - \omega_{\min})\cdot\dfrac{f_i(t) - f_w}{f_b - f_w}$	[11]	0.5	0.2
4	$\omega(t) = \begin{cases}\omega_{\min} - \dfrac{(\omega_{\max} - \omega_{\min})(f_i(t) - f_{\min})}{f_{avg} - f_{\min}}, & f_i(t) \leqslant f_{avg} \\ \omega_{\max}, & f_i(t) > f_{avg}\end{cases}$	[12]	0.5	0.2
5	$\omega(t) = \omega_{\max} + \dfrac{\omega_{\min} - \omega_{\max}}{\sqrt{1 + \left(\dfrac{t}{T}\right)^{10}}}$	[10]	0.5	0.2

5种惯性权重因子的最佳适应度及平均适应度变化情况如图6所示，其中，在图6（a）中，方法1与方法2能够在10次迭代达到了接近最优适应度，在短暂的搜索后均在循环20次左右达到了最优适应度值，在图6（b）中，这两种方法的前期搜索能力相似，迭代后期的平均适应度差也较为相似。而方法3、4和5均未达到最优适应度，方法5在图6（a）与（b）中都展现了较差的搜索能力，值得注意的是，方法5虽然并未收敛至最佳适应度，但结果也较为接近，误差仅为0.058%，且在迭代的前期收敛及平均适应度收敛能力上具有突出的表现，其原因是原始文献中的惯性因子在分子项中引入了权重控制因子K，遗憾的是并未提供该因子的取值规则，本文设置$K=1$，也说明了该方法具有较强的搜索潜力。

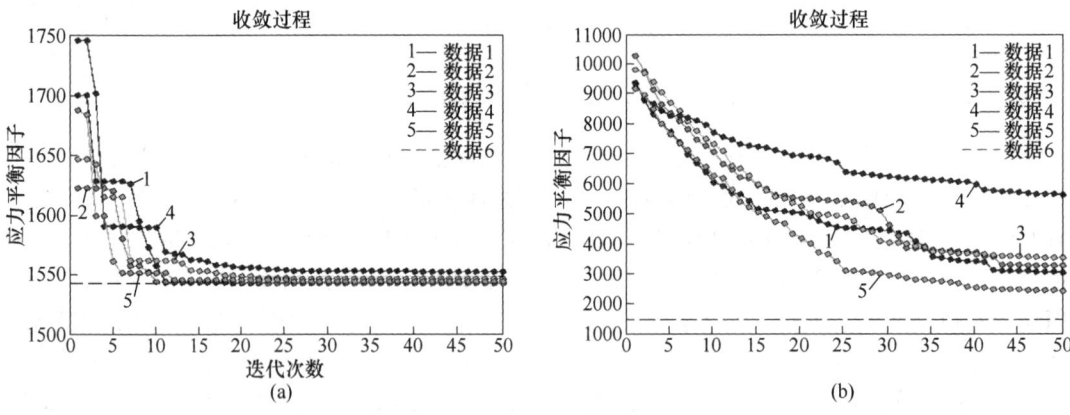

图6 最佳适应度随惯性权重的变化

Fig. 6 The fitness along with inertia weight

图7表示了应用PSO-TWER方法的寻优结果，图7（a）表示500个初始种群粒子的分布情况，结果表明粒子能够在整个取值区域内分布，图7（b）表示50次迭代后最终的粒子分布情况，粒子的分布明显变得更为集中，说明了算法具有良好的全局搜索能力，但仍存在部分粒子陷入了局部最优值。在图7（c）中，绘制了迭代的最佳适应度与全局平均适应度的收敛曲

线，可以看出选用的惯性权重更新方法能够取得较好的收敛效果，全局最佳适应度能够在 5 次内有较明显的收敛，并在陷入短暂的局部最优后在 15 次迭代内达到目标函数的最小值，平均适应度也在 25 次前下降的趋势也较为明显，在 30 次后稳定保持在一个较低的水准。图 7（d）表示最终入射波、透射波起跳点选取的位置，寻优结果满足《测试方法》中的要求。

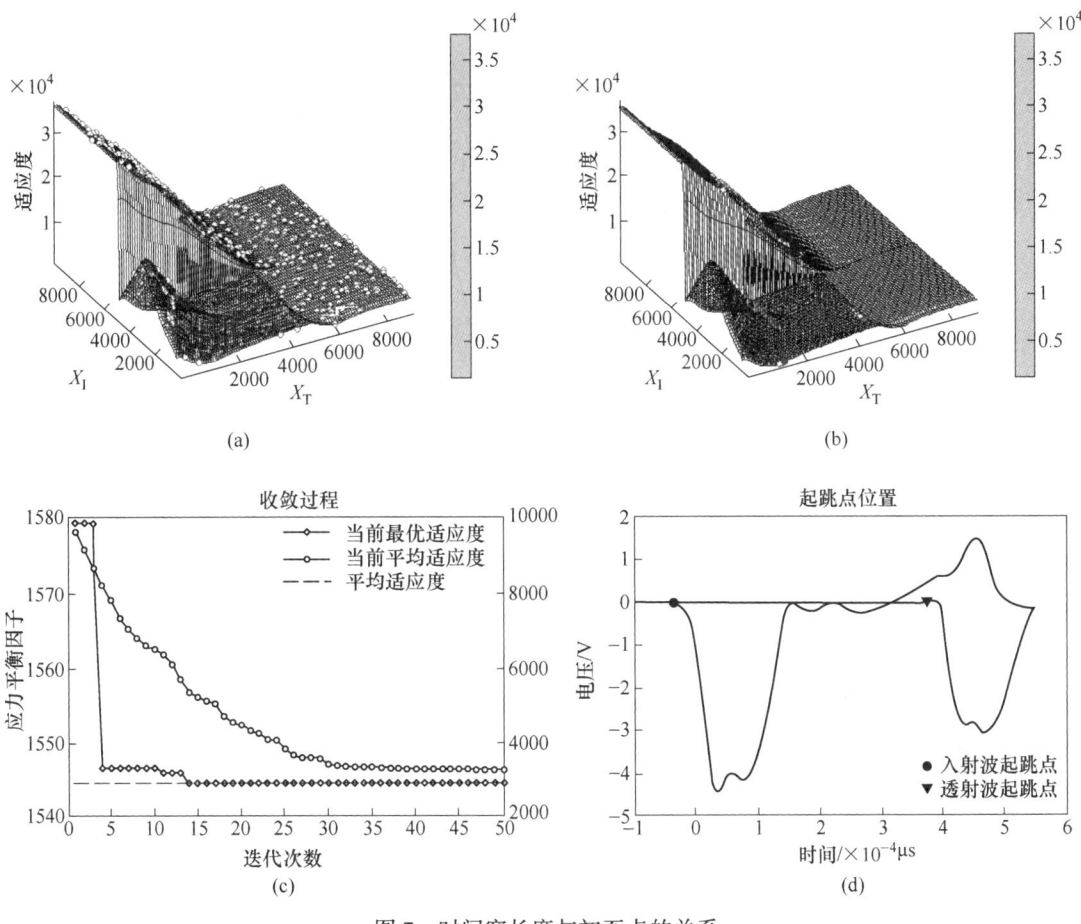

图 7　时间窗长度与初至点的关系

Fig. 7　Relationship between peak stress and temperature and strain rate

5　霍普金森应力平衡效果指标

5.1　取段间隔问题的修正

入射波、反射波及透射波均为与加载时间 t 有关的函数，在《测试方法》中也并未给定每个波长取值长度选择的具体方法，在前文中，数学模型寻优时需要设定一个固定的取段范围值，在本节中提供了一个取段间隔的修正方法，如图 8 所示，采用 PSO-TWER 方法进行首次运算时，可预先设定取段间隔，取段间隔小于 Δt_{ri} 便可，Δt_{ri} 表示入射波起跳点与反射波起跳点的距离，寻优结果计算完成后，输出入射波起始点位置 t_{fi} 与 x_I，随后将入射波信号翻转，以 x_I 作为时间窗长度，采用式（1）再次进行运算选择能量比最大处为 t_{if}，则取样间隔可通过式（10）计算：

$$\Delta x = t_{fi} - t_{if} \tag{10}$$

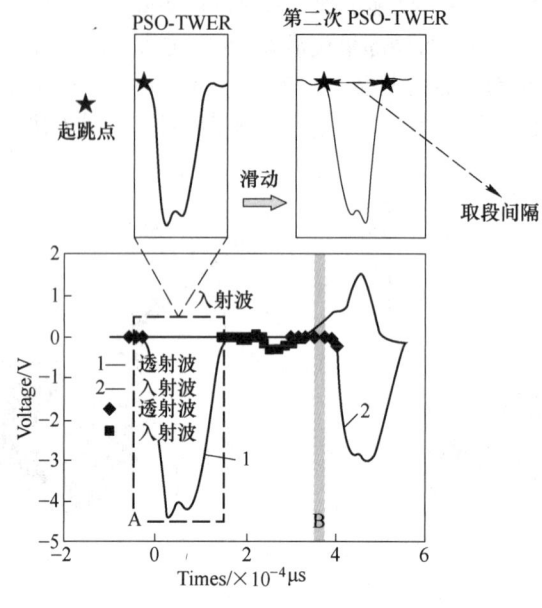

图 8   取段间隔的修正

Fig. 8   The correction of sampling interval

5.2   霍普金森试验应力平衡评价指标

在胡智航[13]与 Wang[14]描述的应力平衡状态中，岩石的受载过程分为三个阶段：应力叠加阶段、应力平衡阶段、应力劣化阶段，随着加载，试样两端的应力差值会在一个范围内波动，试样难以达到绝对的应力平衡，正是由于试样经历了短暂的应力不平衡状态—应力平衡状态—应力不平衡状态，可采用计算应力平衡因子接近 1 点的个数来评价试验结果的应力平衡效果，新建立的评价指标可通过式（11）计算：

$$R_f = \frac{n_c}{n_s} \tag{11}$$

式中，R_f 为试验结果评价指标；n_s 为整个取段点的个数；n_c 为接近应力平衡位置点的个数。

判断 n_c 的方法见式（12）：

$$c(t) = \sigma_{eq}(t) - a \tag{12}$$

式中，$c(t)$ 表示与加载时间 t 有关的函数；a 为修正系数，其物理意义为允许误差，本文中 a 值取 1.5。

5.3   适用性分析

表 4 所列表示花岗岩试件的应力平衡效果，其中应力平衡评价指标 R_f 的范围的区间为 0.4884~0.6939，设置 R_f = 0.5 时为应力平衡条件合格的阈值，如图 9 所示，本次试验结果中的绝大部分数据满足应力平衡条件。值得关注的是，R_f 的值难以达到 0.7 以上，其原因是试件难以在整个阶段均能保持应力平衡状态，且由于岩石内部中具有微裂隙及微孔洞存在着孔洞的闭合、微裂纹的扩展现象，导致了试件产生了塑性变形及不可逆的破坏，此阶段的应力平衡状态较差。

表 4 花岗岩试件的应力平衡效果
Tab. 4 The stress equilibrium effect of granite specimen

试件编号	长径比	冲击气压/MPa	应变率/s^{-1}	应力平衡评价指标
1	0.6	0.12	37.91	0.5078
2	0.6	0.15	65.13	0.6190
3	0.6	0.18	92.74	0.6939
4	0.6	0.24	145.62	0.5821
5	0.8	0.13	67.50	0.5665
6	0.8	0.17	97.18	0.5253
7	0.8	0.23	97.18	0.5253
8	0.8	0.24	114.26	0.6346
9	1	0.12	33.47	0.6627
10	1	0.14	91.83	0.5659
11	1	0.18	109.50	0.6496
12	1	0.23	106.79	0.4972
13	1.2	0.12	31.38	0.6352
14	1.2	0.15	55.94	0.6321
15	1.2	0.18	107.25	0.6390
16	1.2	0.24	112.48	0.5340
17	1.4	0.12	35.84	0.4884
18	1.4	0.14	40.97	0.5447
19	1.4	0.15	40.88	0.5453
20	1.4	0.18	125.27	0.6640
21	1.4	0.22	101.21	0.5896
22	1.4	0.24	111.13	0.6352

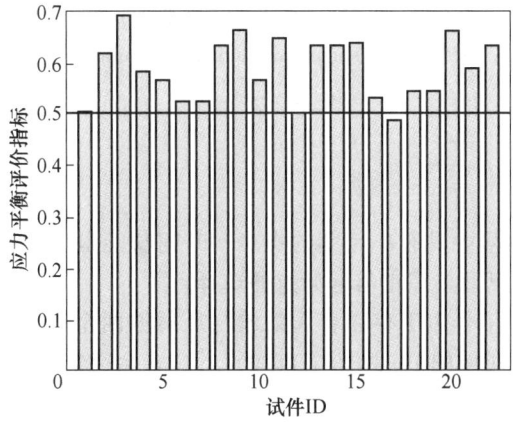

图 9 应力平衡评价指标的统计结果
Fig. 9 The statistics result of stress equilibrium index

在图 9 所示的结果中，选择了 R_f 最高与最低的两组试验结果，绘制了应力平衡曲线如图 10 所示，在图 10（a）和（b）中，应力平衡指标在设定的阈值 0.5 附近，透射波曲线与入射+反射波曲线在整个加载过程几乎没有重合，说明了试件的应力平衡状态较差，而在图 10（c）和（d）中，应力平衡指标均大于 0.65，透射波曲线与入射+反射波曲线的差别较小，存在着重合部分，试件的应力平衡状态满足试验要求。

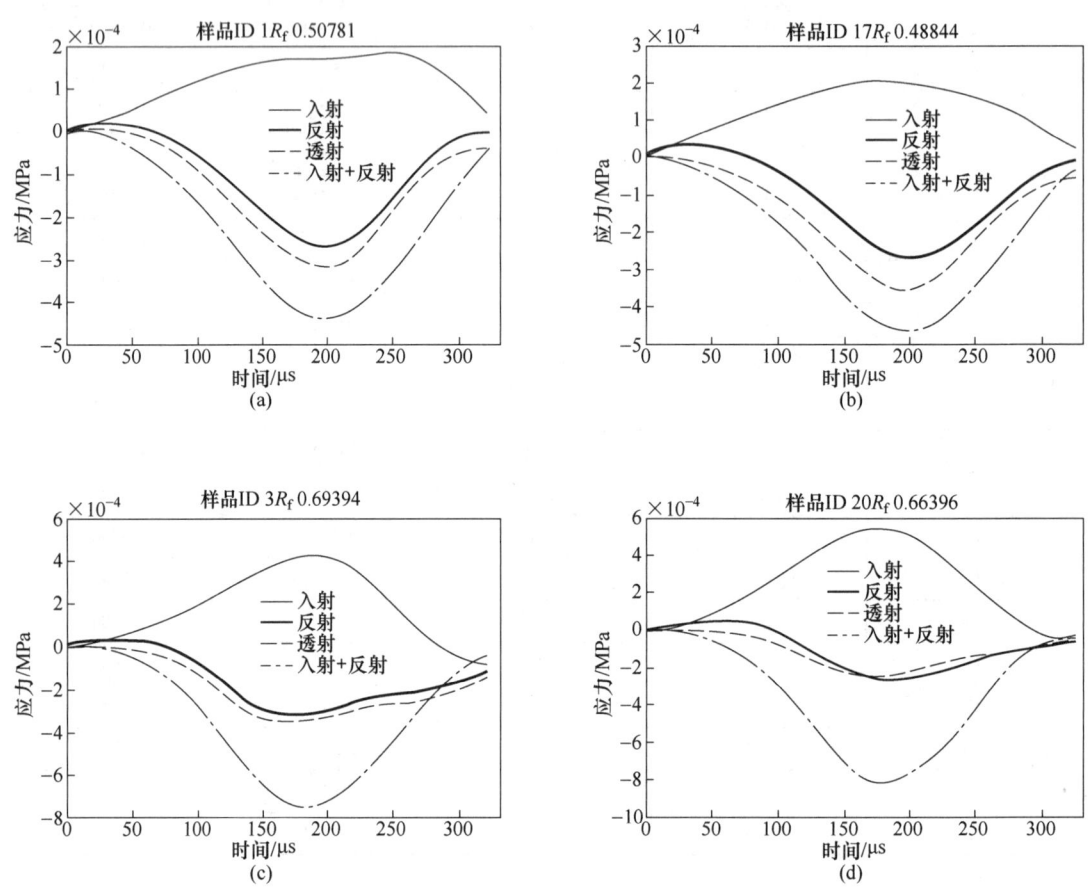

图 10　应力平衡曲线及评价效果

Fig. 10　The statistics result and stress equilibrium curve

6　结论

本文主要结论如下：

（1）霍普金森波形信号中具有小尺度的噪声，时间窗能量比法的识别效果易受到噪声信号的影响，时间窗长度显著影响了信号起始点的选择。

（2）入射杆处的应变信号由于存在着入射波与反射波两个波形，时间窗长度的影响规律性较差，在长度为信号总时域的 17.8% 左右起始点的位置会产生突变，适宜的时间窗长度信号介于信号总数的 7%~21.5% 之间。

（3）PSO-TWER 方法的寻优效果在 50 次迭代内能够达到最优值，其中动态惯性权重更新方法具有较好的寻优效果，起跳点的输出能够满足试验精度的要求。

（4）提出的应力平衡评价指标，能够判断全冲击过程中试件的应力平衡效果，具有较好的适用性。

参 考 文 献

[1] Li X, Gao W, Guo L, et al. Influences of the number of non-consecutive joints on the dynamic mechanical properties and failure characteristics of a rock-like material [J]. Engineering Failure Analysis, 2023: 107101.

[2] Yan Z, Dai F, Liu Y. Experimental and numerical investigation on the dynamic shear failure mechanism of sandstone using short beam compression specimen [J]. Journal of Rock Mechanics and Geotechnical Engineering, 2023, 15 (8): 1911-1923.

[3] Wu D, Li H, Fukuda D, et al. Development of a finite-discrete element method with finite-strain elasto-plasticity and cohesive zone models for simulating the dynamic fracture of rocks [J]. Computers and Geotechnics, 2023: 156: 105271.

[4] 洪亮. 冲击荷载下岩石强度及破碎能耗特征的尺寸效应研究 [D]. 长沙：中南大学, 2008.

[5] Li X, Zou Y, Zhou Z. Numerical simulation of the rock SHPB test with a special shape striker based on the discrete element method [J]. Rock Mechanics and Rock Engineering, 2014, 47 (5): 1693-1709.

[6] 刘翰林, 吴庆举. 地震自动识别及震相自动拾取方法研究进展 [J]. 地球物理学进展, 2017, 32 (3): 1000-1007.

[7] Li X, Shang X, Morales-Esteban A, et al. Identifying P phase arrival of weak events: The Akaike Information Criterion picking application based on the Empirical Mode Decomposition [J]. Computers & Geosciences, 2017, 100: 57-66.

[8] 李夕兵. 岩石动力学基础与应用 [M]. 北京：科学出版社, 2014.

[9] 柴宝仁, 谷文成, 韩金库. 基于混沌粒子群算法的 Ad Hoc 网络优化研究 [J]. 北京理工大学学报, 2017, 37 (4): 381-385.

[10] 王华超, 李伟, 赵克军. 基于改进 PSO 算法的机载光电平台分数阶控制 [J]. 电光与控制, 2023: 1-7.

[11] Song Q, Yu L, Li S, et al. Energy dispatching based on an improved PSO-ACO algorithm [J]. International Journal of Intelligent Systems, 2023.

[12] Geng X, Li Y, Sun Q. A novel short-term ship motion prediction algorithm based on EMD and adaptive PSO-LSTM with the sliding window approach [J]. Journal of Marine Science and Engineering, 2023, 11 (3): 466.

[13] 胡智航. 动荷载作用下花岗岩应力状态与破碎响应特征研究 [D]. 鞍山：辽宁科技大学, 2021.

[14] Wang X, Guo L, Xu Z, et al. A new index of energy dissipation considering time factor under the impact loads [J]. Materials, 2022, 15 (4): 1443.

基于 SHPB 试验探索与元胞模型构建的
粉砂岩损伤阈值研究

张青成[1,2]　　刘殿书[1]

（1. 中国矿业大学（北京），北京　100083；

2. 金诚信矿业管理股份有限公司，北京　100070）

摘　要：为探索粉砂岩的损伤阈值，进行了大直径的 SHPB 系列循环冲击试验，发现当粉砂岩损伤值在 0.16~0.4 时，损伤值随应力波幅值的增大以指数函数形式增加，表明粉砂岩损伤演化服从幂律分布，这一特征符合分形力学中的自相似理论，即可采用自组织临界性理论研究岩石损伤阈值。结合粉砂岩微观的片层构造特征，以重整化群法建立了 2×3 的元胞模型，结合元胞单元之间的传力系数，构建了 7 种 2×3 的元胞模型失效概率的计算模型，求解出粉砂岩无损伤累积的阈值为 0.119，破坏时的损伤阈值为 0.4，该值与 SHPB 试验结果较一致，表明采用重整化群法建立的元胞模型可以较好地研究粉砂岩损伤演化。

关键词：粉砂岩；损伤演化；元胞模型；重整化群法；损伤阈值

SHPB Experimental Study and Fractal Analysis of Damage
Threshold of Siltstone

Zhang Qingcheng[1,2]　　Liu Dianshu[1]

（1. China University of Mining and Technology（Beijing），Beijing 100083；

2. JCHX Mining Management Co., Ltd., Fengtai Distrct, Beijing 100070）

Abstract：In engineering practice, apparent intact rock slightly by the external load disturbance is damaged, so there is a threshold here when the rock breaks, the damage value is greater than the threshold that the rock is the stage of broken. And at present, the test method is generally adopted to explore the value, this article is from the theoretical perspective to solve it. In SHPB series of siltstone cyclic impact test, when the rock damage value is in 0.16 ~ 0.4, the damage and stress amplitude value has good correlation index, the increase of damage value is in the form of power function, and the evolution of rock damage obeys the power law distribution, which conforms to the self-similar theory. Therefore, self-organized criticality theory study of rock damage threshold is appropriate, combined with the laminar structure of siltstone, A 2×3 Cellular automata model and a probabilistic calculation method were established by the recombinant group method, and the threshold value of the non-damage accumulation of siltstone was 0.119, and the damage threshold was 0.4, the value is consistent with

作者信息：张青成，工学博士，高级工程师，familyzqcking@ 126. com。

SHPB experiment results. It is shown that the cellular model established by the recombinant group method can study the evolution of siltstone damage, and this theoretical method is of guiding significance to the experimental study of rock damage.

Keywords：siltstone；damage evolution；cellular model；renormalization group method；damage threshold

1 引言

当前，针对硬质脆性岩石材料建立了许多损伤模型，如 LoLand 模型[1]、元件模型、KUS 模型[2]及分段曲线模型[3]等，这些模型均假设岩石在峰值后有损伤，即岩石损伤阈值上限为 1。但对于初始状态就存在大量孔隙和裂纹的岩石，这些模型与实践中岩石受力破损规律及现象严重不符，因为该类岩石在受荷载作用时有压密现象，出现了负损伤，说明该类模型有一定的适用性。同时花岗岩和石灰岩[4]并不是在损伤为 1 时才开始破裂，相关理论研究也给出了一些岩石损伤临界值的范围，如 0.2<D<0.8、0.4<D<0.8[5]等，表明岩石破坏时损伤值小于 1。将统计损伤理论引入到岩石破坏的力学特性及破坏机制后，学者们相继建立起一系列的岩石统计损伤本构模型，该类模型均假设岩石损伤服从正态分布等形式。同时最关注岩石损伤阈值的问题，当前只能通过大量试验来测定该损伤阈值，从理解角度分析甚少。本文选取各向近同性的粉砂岩进行研究，试图从理论和试验两个维度，探索该类岩石的损伤阈值。

2 SHPB 下粉砂岩损伤演化研究

岩土工程实践中，岩石损伤变化多由爆破作业等外因扰动造成，本文采用 SHPB 装置对粉砂岩进行恒应变率的循环冲击试验研究，取试件直径为 50mm、长度 40mm。采用了"以静测动"的实验方案，其中岩石节理、裂隙及孔洞对波速的反应非常敏感，因此采用多次冲击后粉砂岩的波速变化来表征损伤[8]，故岩石损伤采用纵波波速变化来衡量，见式（1）：

$$D = 1 - \left(\frac{C_{p2}}{C_{p1}}\right)^2 \tag{1}$$

式中，D 为损伤量；C_{p1} 和 C_{p2} 为岩石材料在冲击前后状态下的纵波波速。

试验得到了不同子弹速度和冲击速度作用下粉砂岩试件的损伤情况，部分数据见表 1。

表 1 波长为 1.2m 的应力波作用下粉砂岩的损伤演化试验

Tab. 1 Damage evolution of siltstone under stress wave with wavelength of 1.2m

编号	循环次数	子弹速度 /m·s⁻¹	波幅/MPa	冲击前纵波 速度/m·s⁻¹	冲击后纵波 速度/m·s⁻¹	损伤	累积损伤	岩石状态
1	1	1.46	28.81	2200	2196	0.0036	0.0036	完好
	2	1.57	30.98	2196	2190	0.0055	0.0091	完好
	3	1.52	29.99	2190	2200	无效	无效	完好
2	1	2.06	40.65	2200	2133	0.06	0.06	完好
	2	1.76	34.73	2133	2075	0.05	0.11	完好
	3	2.14	42.23	2075	1968	0.10	0.2	侧向裂纹

编号	循环次数	子弹速度 /m·s⁻¹	波幅/MPa	冲击前纵波 速度/m·s⁻¹	冲击后纵波 速度/m·s⁻¹	损伤	累积损伤	岩石状态
	1	2.37	46.77	2200	2079	0.11	0.10	完好
3	2	2.68	52.87	2079	1933	0.14	0.22	侧向裂纹
	3	2.54	50.12	1933	1722	0.10	0.29	端面脱落
	1	3.37	66.50	2200	1849	0.16	0.16	侧向裂纹
4	2	3.45	68.08	1849	1732	0.24	0.32	端面脱落
	3	3.2	62.60	1732	0	1.00	1.00	破碎

在砂岩 SHPB 下的循环冲击试验中，发现粉砂岩损伤的大小与岩石破碎状态相关，如图 1 所示。并且岩石损伤有累积性质，两次较低的冲击造成的损伤也能达到一次较高冲击造成的损伤。当损伤低于 0.16，粉砂岩外观无破损；当损伤值为 0.4 时，砂岩进入破坏状态。对损伤和波幅进行拟合，如图 2 所示，发现损伤值在 0.16~0.4 之间时，砂岩试件的损伤与应力波幅值具有较好的指数相关性，大量试验数据显示，砂岩损伤演化服从幂律分布。

(a)　　　　　　　　　　(b)

图 1　应力波作用下粉砂岩的破损状态

（a）端面脱落；（b）劈裂破坏

Fig. 1　Damage state of siltstone under the action of stress wave

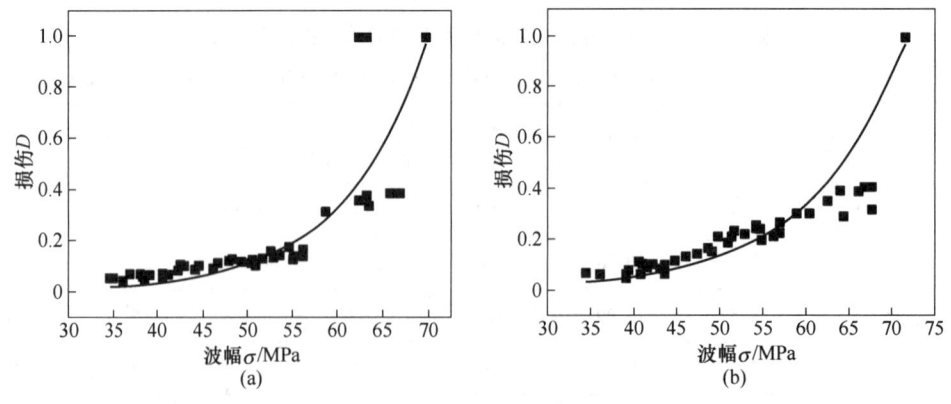

(a)　　　　　　　　　　(b)

图 2　损伤与波幅的拟合关系

（a）波长 1.2m 时的拟合关系；（b）波长 2m 时的拟合关系

Fig. 2　Damage-amplitude relation fitting cure

3　粉砂岩的元胞损伤阈值模型

3.1　岩石破损的自组织现象

岩石破损过程中声发射的研究结果显示[7,13-14]，各种频率尺度的信号强度与频率成正比，表现在时间领域为典型的 $1/f$ 噪声特征，即信号衰减服从幂律分布。分形岩石力学着重讲述了岩石的自相似性和对称性[8]，这种自相似性不仅表现在岩石的边界上，也体现在岩石的内部结构中，即岩石损伤演化在空间结构上是标度不变的自相似的，而自相似的典型特点是其服从幂律分布[9]，大量试验表明岩石强度演化特征也服从正态分布或者 Weibull 分布[10]，而它们本质都是特殊的幂律分布。结合上述 SHPB 试验的研究结果可知，岩石损伤演化规律也是服从幂函数分布的，这与分形力学中自相似理论得到了相互印证，表明岩石损伤阈值的理论研究可采用自组织临界性理论。其中，自组织临界性理论是一种统计理论，不依赖于任何细节的变化，不依赖于受力路径及受载条件，因此不描述细致的图形变化。

SHPB 试验中发现，当粉砂岩损伤较小时，岩石只是局部有缺陷，这种缺陷可以理解为随机发生的，也可以理解为强度最低的部分最先发生破坏，破坏的结果是使原来的应力重新分布，然后又致使强度较低的部分发生破坏，又开始应力重新分布，这种连锁反应情况在进行有限次循环后，最终导致岩石损坏。在数学上表现为一种丛集行为，重整化群方法可以很好地描述丛集行为，即先在小尺度上研究单元之间的劣化行为，再将其结果体现在更大尺度上，此法同样适用于研究岩石的自组织临界现象，即损伤阈值的研究。

3.2　粉砂岩的重整化群法的二维元胞模型

岩石损伤演化是一种自组织现象，那么损伤本身也满足自相似的性质。则对粉砂岩的元胞模型有如下几点要求：（1）模型中的各单元均受到相同的力 F 作用，该值大于单轴抗压强度时，单元进入破坏阶段。同时每一个破坏单元向邻近单元传递作用力时，仅在本单元级元胞内进行，其他单元的受力变化不受影响；（2）每一个单元破坏概率均服从 Weibull 分布；（3）每一个单元与其他五个单元可视为一个元胞，六个一级元胞可被看成一个二级元胞，直至 n 级元胞也可以被看成 $n+1$ 个元胞；（4）岩石损伤为失效概率 $p(F)$。

粉砂岩为沉积岩，微观状态下具有层理构造，尝试建立了 2×3 二维重整化群元胞模型，6 个单元组成一个一级元胞，6 个一级可组成一个二级元胞，……，即先在最小的标度上研究一个比较简单的系统，然后将问题重整化（重新标度），以在进一步大的标度下利用这个同样的系统，整个过程就是在越来越大的标度下不断重复。岩石可由 $2n×3n$ 个单元组成的网格表征，图 3 中黑色单元代表该单元已经破坏。

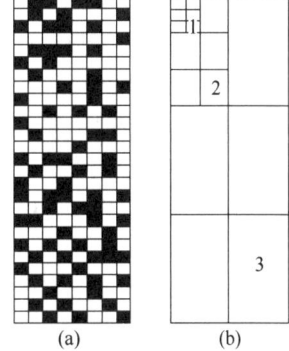

图 3　单元重组划分示意图
（a）重整化群单元划分示意图；
（b）单元重整化示意图
Fig. 3　Unit restructuring sketch

由 6 个单元组成的一级元胞破坏的概率计算方法，如图 4 所示。

设单元的失效概率为 p，完好单元的概率为 $1-p$，并假定有两个相邻单元失效时，下一层次的元胞就可能发生破坏，结合一个单元失效后对邻近单元应力传递的情况，失效概率计算时将 2×3 单元元胞模型转化为 2 个 2×2 单元元胞模型的线性叠加，则各种失效模型的概率为：

（1）6 个单元均无损，则 p 为 0；

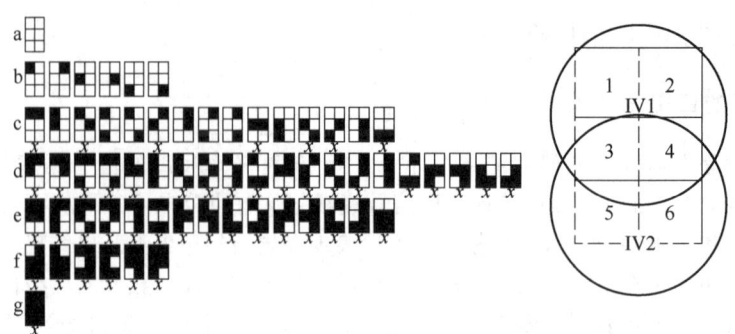

图 4　元胞破坏计算模型

Fig. 4　Cell damage calculation model

（2）有一个单元失效，则 b 构型中元胞的破坏概率为

$$8p(1-p)^5[2p_{3,1}(1-p_{3,4})+p_{3,1}p_{3,4}]-\{2p(1-p)^5[2p_{3,1}(1-p_{3,4})+p_{3,1}p_{3,4}]\}^2 \quad (2)$$

（3）构形 c 中有 7 个类型中有两个单元相邻，则此类型下的元胞失效概率为 $7p^2(1-p)^4$；两个对角单元失效时，以 c3 为例，首先在 IV1 中进行计算，单元 1 和 4 同时失效，其上的力 F 向单元 2 或单元 3 传递了 $2\Delta F$，或者同时向单元 2 或单元 3 传递了 $2\Delta F$，此类情况下元胞可能失效的概率为 $4p^2(1-p)^4[2p_{14,2}(1-p_{14,3})+p_{14,2}p_{14,3}]$；在 IV2 中有，此模型类似于（2）中相关的分析，则有：$4p^2(1-p)^4[2p_{4,3}(1-p_{4,6})+p_{4,3}p_{4,6}]$，此类型下元胞失效的概率为：

$$4p^2(1-p)^4[2p_{14,2}(1-p_{14,3})+p_{14,2}p_{14,3}+2p_{4,3}(1-p_{4,6})+p_{4,3}p_{4,6}]-$$
$$16p^4(1-p)^8[2p_{14,2}(1-p_{14,3})+p_{14,2}p_{14,3}][2p_{4,3}(1-p_{4,6})+p_{4,3}p_{4,6}] \quad (3)$$

对于 c3、c6、c12、c13 类型，模型 IV1 和 IV2 相同，则有：

$$4\times2p^2(1-p)^4[2p_{1,2}(1-p_{1,3})+p_{1,2}p_{1,3}]-16p^4(1-p)^8\{[2p_{1,2}(1-p_{1,3})+p_{1,2}p_{1,3}]\}^2 \quad (4)$$

则 c 构型中元胞的破坏概率为上述三个类型之和。

（4）构形 d 中有 18 个类型中有两个单元相邻，则此类型下的元胞失效概率为 $18p^3(1-p)^3$；d8、d13 为 D2 型，将此划分为 2 上四单元元胞时与（3）中分析类似，那么在 IV1 和 IV2 型中，都有：$p^3(1-p)^3[2p_{14,2}(1-p_{14,3})+p_{14,2}p_{14,3}]$，则 D2 型元胞的失效概率为：

$$2p^3(1-p)^3[4p_{14,2}(1-p_{14,3})+2p_{14,2}p_{14,3}]-2\{p^3(1-p)^3[2p_{14,2}(1-p_{14,3})+p_{14,2}p_{14,3}]\}^2 \quad (5)$$

d 构型中元胞的破坏概率为上述两个类型之和。

（5）构形 e 中，仅一种失效方式，则此类型下的元胞失效概率为 $15p^4(1-p)^2$。

（6）构形 f 中，仅一种失效方式，则此类型下的元胞失效概率为 $6p^5(1-p)^1$。

（7）构形 g 中，仅一种失效方式，则此类型下的元胞失效概率为 p^6。

则一级元胞模型失效概率为上述 7 种构形失效概率之和。其中，$p_{3,1}$ 和 $p_{14,2}$ 等条件概率，假设力传递后各单元承受的合力均为 F'，则 $p_{3,1}$ 和 $p_{14,2}$ 等用 p' 表示，有

$$p'=\frac{p_1(F')-p_1(F)}{1-p_1(F)} \quad (6)$$

这里需要量化描述 ΔF 以求解 F'。

3.3　粉砂岩损伤阈值研究

参数 α 用来描述自组织临界性 OFC 模型单元之间的相互作用，当 α 为 0 时，相邻单元之

间无相互作用；当 α 为 0.25 时，相邻单元之间相互作用达到最大。α 实际为一权重，即向某个方向分配应力情况。由于岩石损伤即为新裂纹的形成与原有裂纹发育的判定，因此 α 值与岩石的性质和裂纹发展的趋势有着密切相关关系。裂纹发展量化理论较小[11,12]，大多采用平均化概念，本试验研究应力传递也采用平均化传递将此原理引入单元破坏过程中应力的传递效应，对于无限小的元胞模型此假设是成立的。被邻近单元吸收的系数为 α，那么，邻近未破坏单元承受的附加力会增大 ΔF 或 $2\Delta F$，则 F' 为：

$$F' = F + \Delta F = F + \alpha F = (1 + \alpha)F$$
$$F' = (1 + 2\alpha)F \tag{7}$$

岩石服从如下 Weibull 分布形式，有：

$$p(F) = 1 - \exp\left[-\left(\frac{F}{F_0}\right)^m\right] \tag{8}$$

式中，m 和 F_0 均为 Weibull 分布参数，它们反映了岩石材料的力学性质。结合上式及岩石损伤服从的 Weibull 分布律，上述条件概率，有：

$$p_{3,1} = 1 - \left[1 - p(F)\right]^{2\alpha + \alpha^2}$$
$$p_{14,2} = 1 - \left[1 - p(F)\right]^{4\alpha + 4\alpha^2} \tag{9}$$

由岩石的自相似性和自组织性可知，一级元胞的失效表达与 n 级元胞的相同，当 n 足够大时，由重整化原理有 $p_n = p_{n+1}$，则有：$p_n = f(p_n)$ 即 $f(p_n) - p_n = 0$，这是一个典型的不动点定理。以 p 代替 p_n，则有：

$$8p(1 - p)^5 \left[2(1 - (1 - p)^{2\alpha + \alpha^2})(1 - p)^{2\alpha + \alpha^2}\right] + 7p^2(1 - p)^4 + 4 \times 2p^2(1 - p)^4 \left[2(1 - (1 - p)^{4\alpha + 4\alpha^2})(1 - p)^{4\alpha + 4\alpha^2}\right] + 18p^3(1 - p)^3 + 2p^3(1 - p)^3 \left[4(1 - (1 - p)^{4\alpha + 4\alpha^2})(1 - p)^{4\alpha + 4\alpha^2}\right] + 15p^4(1 - p)^2 + 6p^5(1 - p)^1 + p^6 - p = 0$$

当 α 取 0 时，p 的解为 0，1，0.4；当 α 取 0.25 时，p 的解为 0，1，0.119。

α 在不同的取值条件时，失效概率均有 0 和 1 这两个值，表明 0 和 1 为两个稳定的不动点，表征了岩石的完整和破坏两个状态，也说明失效概率方程式表达岩石的受损程度是准确的。当 α 取 0 时，表明元胞单元已不能向周边传递应力，也说明岩石已经受损，强度几乎为 0，这与 SHPB 试验中探索到的粉砂岩在损伤为 0.4 时岩石破损结论一致；当 α 取 0.25 时，损伤为 0.119，该值与 SHPB 试验中损伤为 0.16 时粉砂岩有初始裂纹有一定差异，分析认为，可能是 SHPB 试验精度造成的异同，或是当粉砂岩内部有裂纹产生时 α 要取小于 0.25 的某一个值。通过改变元胞模型中单元之间力传递系数 α 的取值，可探索岩石的损伤演化，可以寻找到岩石强度减弱和失效的两个阈值，表明采用重整化群法研究岩石损伤演化是可行的，与粉砂岩 SHPB 系列冲击试验相互验证，说明该法也是可靠的。

4　结论

（1）粉砂岩在 SHPB 的循环冲击试验中，粉砂岩损伤值大于 0.16 时，岩石损伤有累积效应，损伤值在 0.16~0.4 之间时，岩石损伤与应力波幅值具有较好的指数相关性，损伤值为 0.4 时，砂岩随即进入破坏状态。

（2）由砂岩损伤的幂律分布特征和微观层状结构，构建的 2×3 二维重整化群元胞模型，当模型选择不同的传力系数时，求解出岩石破坏时的损伤阈值为 0.4，岩石无损伤累积的阈值为 0.119，从理论和试验证明了砂岩损伤上限小于 1。

（3）岩石破损时的自组织现象，采用重整化群法构造出适合岩石结构的元胞模型和概率计算方程，该方法对于建立具有普适性的岩石损伤阈值或临界值理论，以及对岩石类工程的破坏预报都具备一些参考意义。

参 考 文 献

[1] Loland K E. Continuum damage model for load response estimation of concrete [J]. Cement and Concrete Research, 1980, 10: 395-402.

[2] Mazars J. A description micro and macro-scale damage of Concrete Structures [J]. Engng Fracture Meeh, 1986, 25: 729-737.

[3] 冯西桥. 脆性材料的细观损伤理论和损伤结构的安定分析 [D]. 北京: 清华大学, 1995.

[4] 张青成. 应力波作用下花岗岩损伤演化的试验研究 [D]. 北京: 中国矿业大学 (北京), 2014.

[5] 余寿文, 冯西桥. 损伤力学 [M]. 北京: 清华大学出版社, 1997.

[6] 张全胜, 杨更社, 任建喜. 岩石损伤变量及本构方程的新探讨 [J]. 岩石力学与工程学报, 2003, 22 (1): 30-34.

[7] 杨圣奇, 徐卫亚, 韦立德, 等. 单轴压缩下岩石损伤统计本构模型与试验研究 [J]. 河海大学学报 (自然科学版), 2004, 32 (2): 200-203.

[8] 谢和平. 分形–岩石力学导论 [M]. 北京: 科学出版社, 1996.

[9] 曹文贵, 赵衡, 张玲, 等. 考虑损伤阈值影响的岩石损伤统计软化本构模型及其参数确定方法 [J]. 岩石力学与工程学报, 2008, 27 (6): 1148-1153.

[10] 曹文贵, 赵明华, 刘成学. 基于 Weibull 分布的岩石损伤软化模型及其修正方法研究 [J]. 岩石力学与工程学报, 2004, 23 (19): 3223-3231.

[11] Per B, Chao T, Kurt W. Self-organized Criticality [J]. Physical Review A, 1988, 1 (1): 1364-1374.

[12] Per B, Kan C, Creutz M. Self-organized criticality in the 'Game of Life' [J]. Nature, 1989, 342: 780-782.

[13] 刘冬桥. 岩石损伤本构模型及变形破坏过程的混沌特征研究 [D]. 北京: 中国矿业大学 (北京), 2014.

[14] 董春亮, 赵光明. 基于能量耗散和声发射的岩石损伤本构模型 [J]. 地下空间与工程学报, 2015, 11 (5): 1116-1128.

[15] 袁小平, 刘红岩, 王志乔. 基于 Drucker-Prager 准则的岩石弹塑性损伤本构模型研究 [J]. 岩土力学, 2012, 33 (4): 148-153.

预应力条件下不耦合装药系数对爆轰聚能效果的数值研究

孙博闻[1]　郭　建[2]　李　斌[3]　缪玉松[1]　谭永明[3]　李昱锦[1]

（1. 青岛理工大学理学院，山东　青岛　266525；2. 辽宁工程技术大学土木工程学院，
辽宁　阜新　123000；3. 中铁二十二局集团有限公司，北京　100043）

摘　要：为探究不耦合装药系数在预应力条件下对爆轰聚能药包破岩效果的影响，基于 ANSYS/LS-DYNA 有限元软件，开展了预应力、不耦合装药系数以及起爆方式耦合作用下爆破效果的数值研究，并通过炮孔内壁峰值压力的监测分析了药包的破岩能力。计算结果表明：预应力对爆炸产生的破碎区影响较小，而对裂隙区的主裂纹长度有明显的抑制作用。预应力（$\sigma_x = \sigma_z = 14\text{MPa}$、$\sigma_y = 7\text{MPa}$）条件下，随着不耦合装药系数的增加孔壁峰值压强呈现逐渐降低趋势，爆轰聚能药包聚能侧（即与起爆点连线相垂直的药卷两端）爆压提升能力呈现先降低后升高的趋势，耦合装药时爆轰聚能药包聚能侧爆压提升 26.3%，不耦合装药系数 $K = 1.6$ 时聚能侧爆压提升 22.1%；爆轰聚能药包与中心点起爆药包相比，孔壁聚能侧峰值压强提升 11.9%，损伤面积提升 15.1%，有明显的定向作用。研究结果对爆轰聚能爆破技术在深部高地应力的应用具有一定的指导意义。

关键词：预应力；不耦合系数；爆轰聚能；深部岩体；数值模拟

Numerical Study of the Effect of Decoupling Coefficient on Detonation Energy under Prestressed Conditions

Sun Bowen[1]　Guo Jian[2]　Li Bin[3]　Miao Yusong[1]　Tan Yongming[3]　Li Yujin[1]

（1.　School of Science, Qingdao University of Technology, Qingdao 266525, Shandong; 2. College of Civil Engineering, Liaoning University of Engineering and Technology, Fuxin 123000, Liaoning; 3.　China Railway 22nd Bureau Group Corporation Limited, Beijing 100043）

Abstract：In order to explore the influence of uncoupled charge coefficient on the rock breaking effect of detonation shaped charge under the condition of prestress, based on the finite element software ANSYS/LS-DYNA, the numerical study of blasting effect under the coupling action of prestress, uncoupled charge coefficient and initiation mode is carried out, the rock-breaking ability of the charge is analyzed by monitoring the peak pressure on the inner wall of the blasthole. The calculation results show that: the

基金项目：国家自然科学基金资助项目（51879135，52604004）；山东省自然科学基金资助项目（ZR2019BA023）；爆破工程湖北省重点实验室开放基金资助项目（BL2021-06）。

作者信息：孙博闻，硕士研究生，1005440666@qq.com。

prestress has little effect on the fracture zone caused by explosion, but has an obvious inhibitory effect on the length of the main crack in the crack zone. Under the condition of $\sigma_x = \sigma_z = 14\text{MPa}$、$\sigma_y = 7\text{MPa}$, the peak pressure on the inner wall of the blasthole decreases gradually with the increase of the decoupling charge coefficient, the increasing ability of detonation pressure on the energy side of detonation shaped charge decreases at first and then increases. When coupling charge, the detonation pressure on the energy side of the detonation shaped charge increases by 26.3%, the detonation pressure on the concentrated side increases by 22.1% when the decoupling charge coefficient $K = 1.6$. Compared with the central point priming charge, the peak pressure of the shaped charge on the inner wall of the blasthole increases by 11.9%, and the damage area increases by 15.1%. It has obvious directional effect. The research results have a certain guiding significance for the application of detonation concentrated blasting technology in deep high ground stress.

Keywords：prestress; decoupling coefficient; detonation energy accumulation; deep rock mass; numerical simulation

随着我国经济建设的持续发展，能源需求增大，能源勘探、开采及地下建设项目也不断向深部岩体领域迈进。随着岩体埋深不断增加，岩体的初始地应力也逐渐递增，对爆破效果的抑制作用也逐渐增强，而初始地应力场的存在可以改变爆轰波的传播规律，同时对裂纹的形成及扩展起到导向作用[1]。传统药包在深部岩体爆破时无法达到浅部开挖时所获得的理想效果，能源开采和地下建设项目面临严峻的挑战。深部开采的难度很大程度上取决于深部岩体所处的"三高"环境，即高地压力、高地温和高孔隙水压[2]。目前，国内外科研人员针对深部岩体的高地应力对爆破效果影响的研究主要从试验分析[3]和数值模拟[4-5]两方面进行。梅勇等人[6]利用颗粒流程序（PFC2D）开展数值模拟试验，研究了岩体的抗拉强度和地应力对爆破效果的影响；葛进进等人[7]通过开展双向荷载作用下透明岩石相似材料爆破试验，发现爆破主裂纹会由无初始应力时的放射状转变成沿着主应力方向扩展；徐颖等人[8]在动-静组合荷载的作用下起爆自制模型试件，分析了不耦合系数对初始应力状态下岩石爆破裂纹扩展的影响；严鹏等人[9]通过对锦屏二级引水隧洞爆破开挖损伤区的监测和分析，得出深部岩体爆破损伤区深度随着地应力量级的增加而增大的结论，并提出通过优化爆破设计达到改善爆破效果、减小开挖损伤的建议；李新平等人[10]对不同地应力下的掏槽爆破开挖进行数值模拟，得出爆破损伤易沿着垂直于炮孔较大初始地应力方向扩展的结论；李莹等人[11]通过有限元软件 ANSYS/LS-DYNA 对考虑初始地应力条件下的球状药包爆破数值模拟，探讨了初始地应力对爆炸后炮孔周围岩体裂缝发展方向、发展长度、数量以及爆破漏斗和围岩应力场的影响；赵建平等人[12]选用 HJC 模型对高地应力条件下的双孔爆破进行数值模拟，分析了炮孔间距、埋深以及侧压力系数对爆破效果的影响；江成等人[13]采用 DAA 方法模拟了初始应力条件下单孔和多孔凿岩爆破破岩过程。罗勇等人[14]研究表明聚能爆破技术可提高局部爆炸破碎效果，控制效果理想，经济和社会效益明显。爆轰波碰撞聚能爆破技术[15]是一种通过改变药卷内部爆轰波碰撞实现聚能的爆破技术（以下简称爆轰聚能技术），该方法具有操作便捷、炮孔利用率高和不受炮孔内水的影响等优点。

地应力作用下爆破裂纹扩展状态已经有了充分的研究和应用，但在地应力下对爆轰波碰撞聚能效果却研究甚少。因此，本文针对高地应力对爆炸应力波的抑制或促进作用，通过数值模拟软件，对岩体径向及轴向施加初始预应力，研究不同不耦合装药条件下爆轰聚能药包的爆炸应力传播规律，以及预应力对爆炸应力波传播影响机制，为爆轰聚能爆破技术在深部岩体中的应用提供参考。

1 理论分析

目前计算耦合装药爆破时炮孔内壁压强方法，普遍采用弹性波理论，即一种接近声学理论的计算公式[16]：

$$p_{\mathrm{r}} = \frac{\rho_{\mathrm{e}} D_{\mathrm{e}}^2}{k+1} \times \frac{2\rho_{\mathrm{m}} C_{\mathrm{p}}}{\rho_{\mathrm{m}} C_{\mathrm{p}} + \rho_{\mathrm{e}} D_{\mathrm{e}}} \tag{1}$$

式中，p_{r} 为耦合装药时的炮孔内壁压强，Pa；ρ_{e} 为炸药密度，kg/m³；D_{e} 为炸药爆速，m/s；k 为炸药绝热指数，一般近似取 $k=3$；ρ_{m} 为岩石密度，kg/m³；C_{p} 为岩石内纵波波速，m/s。

目前常用的不耦合装药爆破的计算方法为先计算爆轰产物等熵膨胀后的孔壁准静压强，然后以增大倍数 n 进行计算，得到孔壁岩石所受初始压强，n 一般取值为 8~11。爆轰产物的膨胀可以按照一个阶段和两个阶段等熵膨胀计算。当小不耦合系数爆破时，通常采用一阶段等熵膨胀计算：

$$p_{\mathrm{t}} = n\frac{1}{8}\rho_{\mathrm{w}} D^2 \times \left(\frac{r}{R}\right)^2 \tag{2}$$

当不耦合系数较大时，按照两阶段等熵膨胀计算：

$$p_{\mathrm{t}} = n\frac{1}{8}p_{\mathrm{k}} \left(\frac{\rho}{8p_{\mathrm{k}}}\right)^{\frac{1.3}{3}} \times \left(\frac{r}{R}\right)^{2.6} \tag{3}$$

式中，p_{t} 为入射孔壁的初始压强，Pa；ρ_{w} 为炸药的密度，kg/m³；D 为爆轰波波阵面速度，m/s；r 为药卷半径，m；R 为炮孔半径，m；p_{k} 为两个阶段交接点处临界压强，Pa；中等威力炸药 p_{k} 一般取值 2.0×10^8 Pa。

2 模型参数选取与验证

2.1 模型参数选取

爆轰聚能药包由高爆速起爆药包导爆索与低爆速主装药乳化炸药组成，两者均采用高能炸药材料模型 *MAT_HIGH_EXPLOSIVE_BURN，并采用 JWL 状态方程描述爆轰过程（*EOS_JWL），其参数通常由圆筒实验获得[17]，公式为：

$$p = A\left(1 - \frac{\omega}{R_1 V}\right)e^{-R_1 V} + B\left(1 - \frac{\omega}{R_2 V}\right)e^{-R_2 V} + \frac{\omega E}{V} \tag{4}$$

式中，A、B、R_1、R_2、ω 为材料参数[18]，具体取值见表 1；V 为炸药相对体积，cm³；E 为炸药内能，J。

表 1 炸药材料参数
Tab. 1 Explosive parameter

炸药类型	密度 ρ/g·cm⁻³	P_{CJ}/×10¹¹Pa	爆速 D/cm·μs⁻¹	A/×10¹¹Pa	B/×10¹¹Pa	R_1	R_2	ω
导爆索	1.26	0.134	0.654	5.731	0.202	6	1.8	0.28
乳化炸药	1.14	0.065	0.478	3.264	0.058	5.8	1.56	0.57

为探究岩石在不同地应力条件下的力学行为及爆破动荷载作用下岩石材料的破坏强度对冲击压强、应变速率、应变硬化和损伤软化的影响[19]，选用 RHT 模型分析高地应力条件下岩石的破坏特征，材料参数[20]见表 2。

表 2 RHT 模型材料参数[20]

Tab. 2 Material parameters of RHT model

参数符号	参数名称	取值	参数符号	参数名称	取值
ρ_0	密度/g·cm^{-3}	2.66	NP	孔隙度指数	3.0
α	初始孔隙度	1.006	EOC	参考压缩应变率	3×10^{-8}
p_{EL}	孔隙坍塌压力/MPa	172.7	EOT	参考拉伸应变率	3×10^{-8}
p_{CO}	孔隙压实实时压力/GPa	6.0	EC	破坏压缩应变率	3×10^{22}
A_1	状态方程参数/GPa	35.27	ET	破坏拉伸应变率	3×10^{22}
A_2	状态方程参数/GPa	39.58	BETAC	压缩应变率相关指数	0.032
A_3	状态方程参数/GPa	9.04	BETAT	拉伸应变率相关指数	0.036
B_0	状态方程参数	1.22	PTF	拉伸体积塑形应变分数	0.001
B_1	状态方程参数	1.22	GC*	压缩屈服面参数	0.53
T_1	EOS 多项式参数/GPa	25.7	GT*	拉伸屈服面参数	0.7
T_2	EOS 多项式参数/GPa	0.0	XI	剪切模量减小因子	0.5
SHEAR	弹性剪切模量/GPa	21.9	D_1	破坏参数	0.04
FC	单轴抗压强度/MPa	259	D_2	破坏参数	1.0
FS*	相对抗剪强度/MPa	0.18	EPM	最小损伤参与应变	0.01
FT*	相对抗拉强度/MPa	0.10	AF	残余面参数	1.60
A	破坏面参数	1.60	AN	残余面参数	0.61
N	破坏面参数	0.61	GAMMA	状态方程参数	0.0
Q_0	洛德角相关参数	0.68	EPSF	侵蚀塑形应变	2.0
B	洛德角相关参数	0.01			

炮孔填塞材料采用 *MAT_SOIL_AND_FOAM 状态方程进行计算，具体参数[21]见表 3。

表 3 填塞材料参数

Tab. 3 Packing material parameters

参数	密度 ρ/g·cm^{-3}	E_e/GPa	K/GPa	μ
取值	1.8	0.016	1.3×10^{-4}	0.2

空气材料采用空物质材料模型（*MAT_NULL），并使用 EOS_LINEAR_POLY_NOMIAL 状态方程描述材料的热动力学性质[22]：

$$p = (C_0 + C_1\mu + C_2\mu^2 + C_3\mu^3) + (C_4 + C_5\mu + C_6\mu^2)E_0 \tag{5}$$

式中，$C_0 \sim C_6$ 为空气材料参数；μ 为比体积。空气材料参数取值见表 4。

表4　空气材料参数[22]
Tab. 4　Air packing material parameters

参数	$\rho/\mathrm{kg \cdot m^{-3}}$	C_0	C_1	C_2	C_3	C_4	C_5	C_6	E_0/kPa
取值	1.29	0	0	0	0	0.4	0.4	0	2.5

2.2　数值验证

　　为验证模型可靠性，采用 ANSYS/LS-DYNA 软件开展双线性起爆与中心点起爆两种方式下爆轰波传播规律的数值模拟，计算结果如图1所示。中心点起爆方式下，爆轰波由药卷中心向药卷边缘扩散，药卷内部爆轰压强峰值达到 6.22GPa。双线性起爆方式下，爆轰波由两侧起爆点向药卷中心传播，并在药卷中部发生碰撞，爆轰压强最大处靠近药卷边缘，聚能边缘处爆轰压强峰值为 20.4GPa，为中心点起爆方式下稳定爆轰压强的 3.28 倍，显著提升药卷爆轰压力，符合已有研究规律[24]。

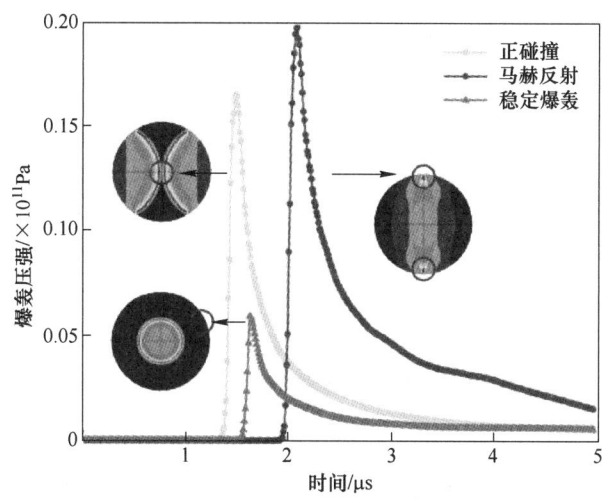

图1　爆轰压强–时间历程曲线
Fig. 1　Detonation pressure-time history curve

3　建立模型

　　由于本模型涉及岩体、炸药、填塞和空气域之间的耦合，因此采用 ALE 算法[23]。为节约求解时间，建立尺寸为 0.5m×0.5m×1m 的 1/4 模型，装药高度设为 30cm。导爆索对称布置在药卷两侧，药卷上方用炮泥填塞，空气域的尺寸设置为药卷直径的 10 倍[24]。数值模型网格划分从药卷中心到岩体周围等比例划分，共划分网格数量 70 万个。在 1/4 模型的两个外侧面施加无反射边界，在模型中间的两个对称面施加对称边界。据世界 30 多个国家的地应力分布统计[25]，当埋深在 1500m 以内，多数最大水平应力和最大垂直应力的比值大于 2.0，构造应力占主导地位。因此，为探究预应力对爆破效果的影响，设计 5 组不同工况下（$\sigma_x = \sigma_z = 14\mathrm{MPa}$、12MPa、10MPa、5MPa、0MPa；$\sigma_y = 7\mathrm{MPa}$、5MPa、3MPa、2MPa、0MPa）爆轰聚能和中心点起爆方式爆破效果的数值模拟。模型示意图如图2所示。

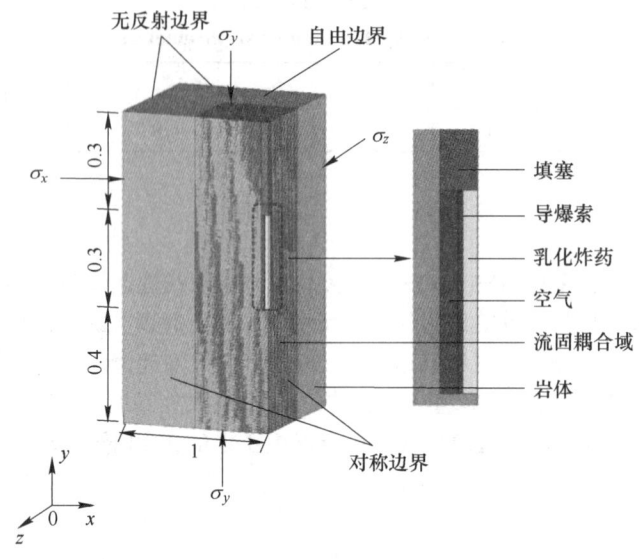

图 2　模型示意图（单位：m）

Fig. 2　Schematic diagram of the model（unit：m）

4　结果分析

分别截取 10 组模型装药高度 15cm 处的岩石损伤状态，如图 3 所示。由图 3 可以看出，随着初始地应力的增加爆破产生的破碎区范围变化较小，由于破碎区的产生主要来自爆破冲击波所造成的压缩破坏[11]，而初始地应力和冲击应力相比相差悬殊，因此初始应力对爆破破碎区的影响较小。而初始地应力对爆破裂隙区的影响较为明显，分别测量 10 组损伤图中爆破产生的主裂纹长度绘制成曲线，如图 4 所示。由图 4 可知，随着初始应力的增加主裂纹的长度逐渐

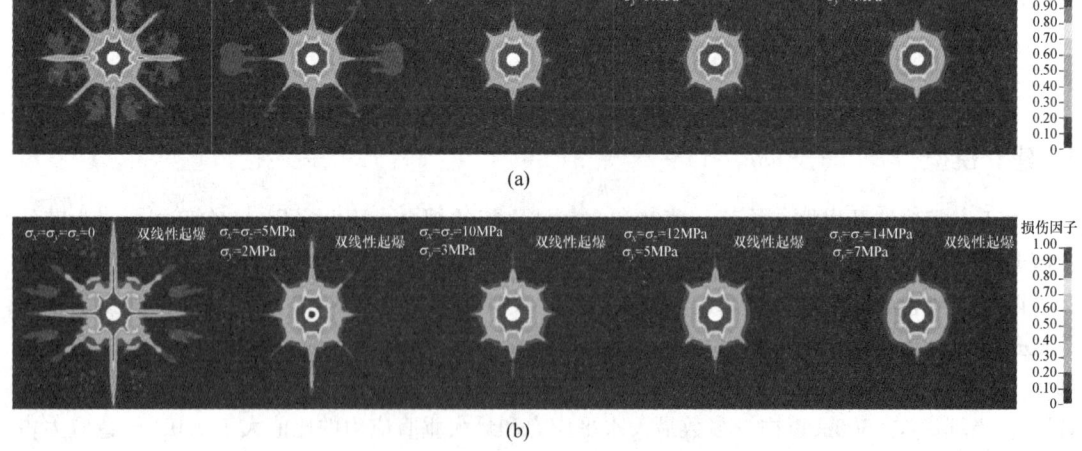

图 3　不同初始地应力条件下岩体损伤模型

（a）中心点起爆方式；（b）双线性起爆方式

Fig. 3　Damage model of rock mass under different initial geostress conditions

减小，初始地应力对爆破裂纹的扩展具有显著抑制作用，从无初始地应力增加到 $\sigma_x = \sigma_z = $ 14MPa、$\sigma_y = 7$MPa 工况，双线性对称起爆方式下的主裂纹长度缩短了 51.6%，中心点起爆方式下的主裂纹缩短 40.4%，随着地应力的增加爆轰聚能爆破产生的聚能破岩效果逐渐缩小。

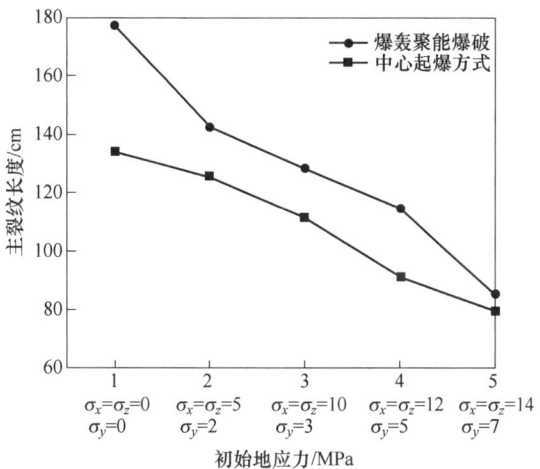

图 4　不同初始应力条件下主裂纹长度曲线图

Fig. 4　Damage model of rock mass under different initial geostress conditions

4.1　炮孔内壁峰值压强随不耦合系数变化规律

为分析预应力条件下不耦合系数对爆轰波碰撞聚能效应的影响，分别建立不耦合系数为 1.0、1.2、1.4、1.6 的数值模型，由于地应力增加到 $\sigma_x = \sigma_z = 14$MPa、$\sigma_y = 7$MPa 时爆破产生的裂隙区范围不再产生明显变化，故将模型的初始应力条件设置为 $\sigma_x = \sigma_z = 14$MPa、$\sigma_y = 7$MPa。药卷起爆后，应力波会在钻孔周围传播，这种高冲击作用从孔壁开始，在岩石附近形成微裂缝，并使其膨胀。因此在相同预应力条件下，对孔壁压强监测可等效预测炸药的破岩能力。而采用双线性对称起爆时，过药卷中心与起爆点连线垂直的药卷边缘爆轰压强可达到稳定爆轰的 4.09 倍以上[26]。为此选取每组模型炮孔内壁起爆侧和聚能侧不同装药高度的监测点，对炮孔内壁压强监测分析，监测点选取位置如图 5 所示。

计算完成后，通过后处理软件 LS-PREPOST 提取 5 组模型炮孔内壁监测点起爆 200μs 内的压强，由于装药高度 12~24cm 之间炮孔内壁峰值压强趋于稳定，选取各组模型装药高度 0cm 和 12cm 监测点（A_1B_1、A_3B_3）的峰值压强绘制成曲线，如图 6 所示，分析在初始地应力（$\sigma_x = \sigma_z = 14$MPa、$\sigma_y = 7$MPa）条件下药卷起爆后炮孔内壁峰值压强随不耦合装药系数的变化规律。由图 6 可知，爆轰聚能药包起爆侧受高爆速导爆索影响，在起爆初期炮孔内壁压强略高于中心点起爆模型，随后起爆侧压强接近稳定爆轰压强。随着不耦合装药系数的增加，炮孔内壁峰值压强均呈逐渐降低的趋势，与理论结果相吻合，再一次验证了数值模型的准确性。随着不耦合装药系数的变化，爆轰聚能药包聚能侧的峰值压强相比起爆侧仍有显著提升，分别计算不同不耦合装药系数下聚能侧的压强提升及压强增长比，并绘制成图 7。如图 7 所示，随着不耦合系数的增加，爆轰聚能药包聚能侧爆压的提升能力呈现先降低后升高的趋势，在 $K = 1.6$ 时提升 22.1%，耦合装药时为最大达到 26.3%。因此，在高地应力下采用双线性起爆方式时，不耦合装药系数是影响爆轰聚能药包爆破效果的重要因素之一。

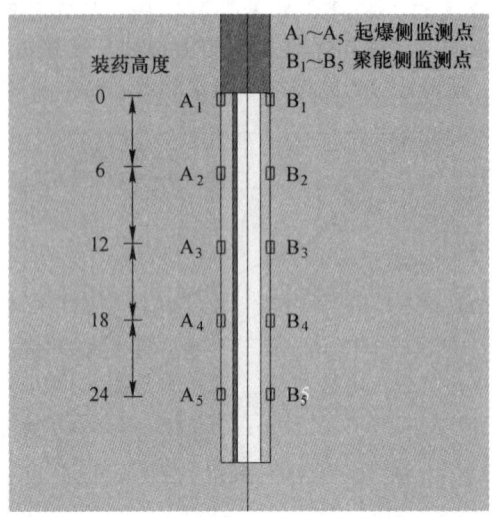

图 5　监测点选取位置示意图（单位：cm）

Fig. 5　Schematic diagram of the location of monitoring points（unit：cm）

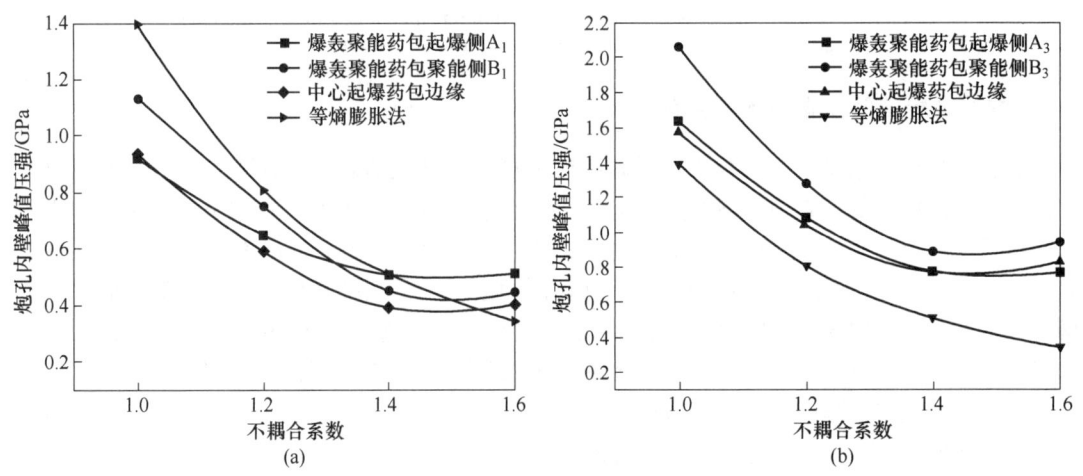

图 6　孔壁峰值压强曲线图

（a）0cm 装药高度；（b）12cm 装药高度

Fig. 6　Peak pressure curve of hole wall

4.2　高初始地应力下不同起爆方式破岩能力对比分析

　　为探究高地应力下爆轰聚能药包的聚能效果，在初始地应力 $\sigma_x = \sigma_z = 14\mathrm{MPa}$、$\sigma_y = 7\mathrm{MPa}$ 条件下选取不耦合装药系数 1.6，建立高地应力条件下双线性对称起爆和中心点起爆对照组模型。仍按照图 5 方式选取监测点，监测双线性起爆模型起爆侧和聚能侧炮孔内壁压强及中心起爆模型炮孔内壁压强，并绘制成压强曲线图 8。从图 8 可以看出，双线性起爆药包的聚能侧在设置高初始预应力的岩石炮孔内有明显聚能表现，炮孔内壁起爆侧峰值压强为 0.94GPa，与中心点起爆模型炮孔内壁峰值压强相比提升 11.9%。因此在高地应力下采用双线性起爆方式，仍

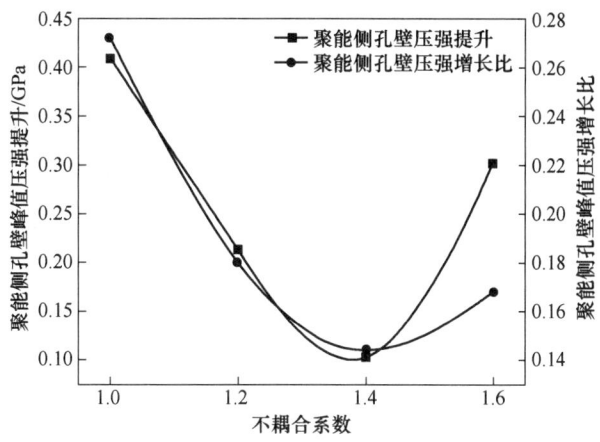

图 7　爆轰聚能药包聚能侧压强提升曲线

Fig. 7　Pressure rise curve on the side of detonation shaped charge

具有提升炸药爆轰压强的效果。截取两组数值模型损伤结果 YOZ 截面，如图9所示。由图9可知，在预应力条件下，经测量爆轰聚能药包相比中心点起爆药包在 YOZ 截面产生的损伤面积提升15.1%，有明显的定向作用，同时减小了其他方向振动破坏区，避免了对岩体造成过大振动。

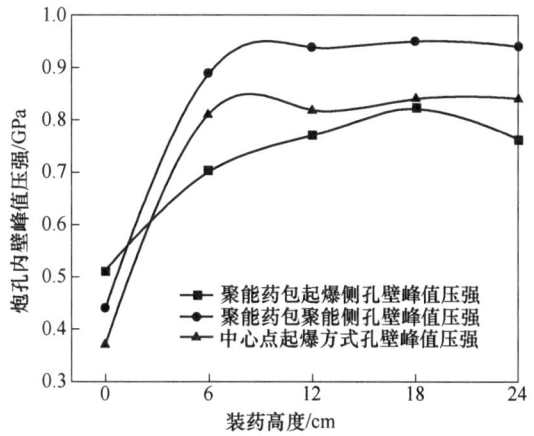

图 8　不同起爆方式下孔壁峰值压强曲线图

Fig. 8　Peak pressure curve of hole wall under different initiation mode

5　结论

为探究装药不耦合系数在预应力条件下对爆轰聚能药包破岩效果的影响，本文分别开展了预应力、不耦合装药系数及起爆方式耦合作用下的数值模拟研究，得到以下结论：

（1）初始地应力对爆轰聚能药包爆破产生的破碎区影响较小，对爆破裂隙区的影响显著，对主裂纹的扩展具有显著的抑制作用。从无初始地应力增加到 $\sigma_x = \sigma_z = 14\text{MPa}$、$\sigma_y = 7\text{MPa}$ 工况，双线性对称起爆方式下的主裂纹长度缩短了51.6%，中心点起爆方式下的主裂纹缩短40.4%。

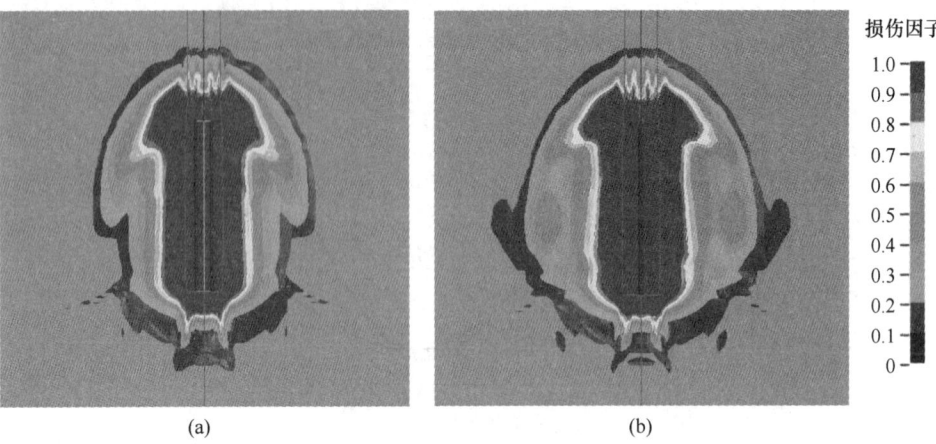

图 9　不同起爆方式下岩体 YOZ 截面损伤
（a）中心点起爆；（b）双线性起爆
Fig. 9　Peak pressure curve of hole wall under different initiation modes

（2）初始地应力为 $\sigma_x = \sigma_z = 14\mathrm{MPa}$、$\sigma_y = 7\mathrm{MPa}$ 条件下，不耦合装药系数对爆轰聚能药包的爆破效果产生很大影响，随着不耦合系数的增加，炮孔内壁峰值压强呈现逐渐降低趋势，爆轰聚能药包聚能侧爆压的提升能力呈现先降低后升高的趋势，耦合装药时提升26.3%，在 $K=1.6$ 时提升22.1%。

通过对比预应力条件下双线性起爆模型与中心起爆模型得出，当 $K=1.6$ 时，在预应力条件下爆轰聚能药包仍有明显的聚能效果，相比中心点起爆方式，炮孔内壁聚能侧峰值压强提升11.9%，损伤区域面积提升15.1%，有明显的定向作用。

参 考 文 献

[1] 肖正学，张志呈，李端明. 初始应力场对爆破效果的影响 [J]. 煤炭学报，1996（5）：51-55.

[2] 周宏伟，谢和平，左建平. 深部高地应力下岩石力学行为研究进展 [J]. 力学进展，2005（1）：91-99.

[3] Kutter H K, Fairhurst C. On the fracture process in blasting [J]. International Journal of Rock Mechanics and Mining Sciences & Geomechanics Abstracts，1971，8（3）：181-202.

[4] Wang Z L, Konietzky H. Modelling of blast-induced fractures in jointed rock masses [J]. Engineering Fracture Mechanics，2009，76（12）：1945-1955.

[5] 白羽. 地应力影响下岩石爆破损伤模型及其数值试验 [D]. 沈阳：东北大学，2014.

[6] 梅勇，吕玉正，孙淼军. 地应力及岩石抗拉强度对双孔爆破的影响 [J]. 科学技术与工程，2022，22（19）：8509-8514.

[7] 葛进进. 初始应力状态下岩石爆破裂纹扩展的模型试验研究 [D]. 淮南：安徽理工大学，2020.

[8] 徐颖，顾柯柯，葛进进，等. 装药不耦合系数对初始地应力下岩石爆破裂纹扩展影响的试验研究 [J]. 爆破，2022，39（4）：1-9.

[9] 严鹏，单治钢，陈祥荣，等. 深部岩体爆破损伤及控制研究 [C]//第三届全国岩土与工程学术大会，成都，2009.

[10] 李新平，宋凯文，罗忆，等. 高地应力对掏槽爆破及爆破应力波影响规律的研究 [J]. 爆破，2019，36（2）：13-18.

[11] 李莹. 高应力岩体爆破作用效果的数值模拟 [D]. 沈阳：东北大学，2013.

[12] 赵建平,程贝贝,卢伟,等.深部高地应力下岩石双孔爆破的损伤规律 [J].工程爆破,2020,26 (5):14-20.

[13] 江成,甯尤军,武鑫.地应力条件下的凿岩爆破数值模拟 [J].工程爆破,2017,23 (1):16-20.

[14] 罗勇,崔晓荣,沈兆武.聚能爆破在岩石控制爆破技术中的应用研究 [J].力学季刊,2007 (2):234-239.

[15] 缪玉松.爆轰波碰撞聚能的爆破技术研究 [D].大连:大连理工大学,2018.

[16] 王志亮,李永池.工程爆破中径向水不耦合系数效应数值仿真 [J].岩土力学,2005 (12):1926-1930.

[17] 崔浩,郭锐,顾晓辉,等.BP 神经网络和圆筒能量模型标定炸药的 JWL 参数 [J].火炸药学报,2021,44 (5):665-673.

[18] Miao Y, Li X, Kong L, et al. Study on the symmetric bilinear initiating technique of deep-hole boulder blasting in the TBM tunnel excavation [J]. Tunnelling and Underground Space Technology, 2021, 111: 103871.

[19] 王卫华,刘洋,张理维,等.基于 RHT 模型双孔同时爆破均质岩体损伤的数值模拟 [J].黄金科学技术,2022,30 (3):414-426.

[20] 金鹏,刘科伟,李旭东,等.深部岩体水耦合爆破裂纹扩展数值模拟研究 [J].黄金科学技术,2021,29 (1):108-119.

[21] 种玉配,熊炎林,齐燕军.轴向不耦合装药结构形式优化仿真研究 [J].工程爆破,2018,24 (2):1-7.

[22] Jayasinghe L B, Shang J, Zhao Z, et al. Numerical investigation into the blasting-induced damage characteristics of rocks considering the role of in-situ stresses and discontinuity persistence [J]. Computers and Geotechnics, 2019, 116: 103207.

[23] 郑祥滨,璩世杰,范利华,等.单螺旋空孔直眼掏槽成腔过程数值模拟研究 [J].岩土力学,2008 (9):2589-2594.

[24] 姜涛,张可玉,詹发民,等.硬岩中爆炸冲击波衰减规律的数值模拟 [J].工程爆破,2005 (4):15-17.

[25] 谢和平,高峰,鞠杨.深部岩体力学研究与探索 [J].岩石力学与工程学报,2015,34 (11):2161-2178.

[26] 缪玉松,郭建,陈翔,等.矿用条形药包轴向爆轰波碰撞聚能特性研究 [J].金属矿山,2022 (7):113-119.

条形药包爆轰波碰撞聚能传播特性的数值研究

李昱锦[1] 陈翔[2] 缪玉松[1,2] 谭永明[3] 黄飞飞[1] 张颖[1]

(1. 青岛理工大学理学院，山东 青岛 266525；

(2. 江汉大学爆破工程湖北省重点实验室，武汉 430056；

3. 中铁二十二局集团轨道工程有限公司，北京 100040)

摘 要：炸药能量利用率是影响工程爆破效果的主要因素之一，本文基于爆轰波碰撞聚能理论，构建三维精细化药柱模型，开展多线性起爆下条形药包爆轰波碰撞聚能传播特性研究，重点分析了双、四、六和八线性对称布置线性起爆药条作用下的二维平面和三维轴向爆轰波的传播规律。结果表明：随着导爆索数量的增多，爆轰波发生首次碰撞时产生的爆轰压力趋于某个固定值；双线性起爆下的爆轰波能量主要聚集在药包边缘，而四、六及八线性起爆下的爆轰波能量主要聚集在药包中心轴线；爆轰波的轴向传播分为不稳定爆轰区及稳定爆轰区，增加导爆索数量会提高不稳定爆轰区爆轰波的演化速度，导爆索数量的增加不会影响轴向爆轰压强。

关键词：多线性起爆；碰撞聚能；爆轰压强

Numerical Study on the Propagation Characteristics of the Detonation Wave Collision Fusion in Strip Packs

Li Yujin[1] Chen Xiang[2] Miao Yusong[1,2] Tan Yongming[3] Huang Feifei[1] Zhang Ying[1]

(1. School of Science, Qingdao University of Technology, Qingdao 266525, Shandong；

2. Hubei Key Laboratory of Blasting Engineering of Jianghan University, Wuhan 430056；

3. China Railway 22nd Bureau Group Rail Engineering Co., Ltd., Beijing 100040)

Abstract：Explosives energy utilization is one of the main factors affecting the effect of engineering blasting, this paper is based on the theory of collision fusion of detonation wave, the construction of three-dimensional refinement of the drug column model, to carry out the study of collision fusion propagation characteristics of the detonation wave in the strip packet under the multi-linear initiation of detonation, focusing on the analysis of the two, four, six and eight linear symmetric arrangement of linear initiation of detonation under the action of the strip of the propagation of two-dimensional planar and three-dimensional axial detonation wave law. The results show that: with the increase in the number of detonating cord, the detonation pressure generated at the time of the first collision of the detonation wave tends to a fixed value; double linear detonation under the detonation wave energy is mainly gathered at the edge of the packet, while four, six and eight linear detonation under the detonation wave

作者信息：李昱锦，硕士，15340697963@163.com。

energy is mainly gathered in the center of the packet axis; the axial propagation of detonation wave is divided into the unstable detonation region and the stable detonation region, increasing the number of detonating cord, and the detonation wave propagation law is similar. Stable detonation zone, increase the number of detonating cord will increase the evolution of unstable detonation zone detonation wave speed, the increase in the number of detonating cord will not affect the axial detonation pressure.

Keywords：multi-linear detonation；collision fusion；detonation pressure

1 引言

为解决工程爆破中大块率高、爆破根底等问题，对称双线性起爆技术被提出来[1]。宗琦等人[2]证明了孔内微差起爆能够提高深孔柱状装药的破岩深度。占时春等人[3]通过孔内孔间微差爆破的试验分析，证实了孔内孔间微差爆破能够提高爆破质量，保护采场高陡边坡的稳定。冷振东等人[4]通过对孔内双点起爆的数值研究提出了双点起爆时最优的起爆点布置。缪玉松等人[5]在爆轰波碰撞和炸药与岩石匹配准则的基础上，提出对称双线性起爆技术，以提高炸药的能量利用率，降低岩石大块率。向文飞等人[6]采用动力有限元方法分析条形药包爆炸在介质中激发的应力场，并提出合理安排起爆点的数量及位置、缩小条形药包完成爆轰的时间有利于改善爆破效果。Leng 等人[7]通过比较现场试验，研究了电子雷管在不同起爆模式下的碎片尺寸分布和爆破振动情况。Liu 等人[8]基于爆轰波传播理论，计算了不同位置的爆轰波碰撞入射角的变化及超压在衬板表面的分布区域。利用 LS-DYNA 软件对带有尾翼的 EFP 的形成过程及穿透 45 号钢的能力进行了三维数值模拟，并通过实验和 X 射线照片评估了 EFP 的速度、穿透能力和成形情况。罗勇等人[9]设计了聚能切割器的爆破参数，采用聚能爆破技术在工程实践中取得了理想的爆破效果。Zhang 等人[10]讨论了爆震波传播过程中的规则反射和三冲击马赫反射。给出了压强、流速和比体积的计算结果，并根据质量守恒法确定了马赫杆高度。Miao 等人[11]提出对称双线性起爆相对于中心点起爆对爆轰压强分布和裂纹状态有明显的影响。王宇新人[12]等利用物质点法对炸药两点起爆和按时间序列的多点起爆的爆轰过程进行数值模拟，有效避免了网格畸变问题。Cardoso 等人[13]利用数值仿真的方法分析了不同 EFP 构型、材料及起爆条件对 EFP 性能的影响。F. Müller 等人[14]通过 X 射线研究了不同爆速的凝聚相炸药中爆轰波的马赫反射现象，讨论了马赫盘的特点和应用。赵长啸等人[15]利用 LS-DYNA 3D 有限元软件研究了多点起爆下药型罩表面压强的分布规律及起爆点个数对压强分布的影响。罗健等人[16]运用数值模拟与实验研究了多点起爆对 EFP 尾翼形状的影响，得到起爆点多形成的 EFP 飞行稳定性较好，保速能力强，对提高穿甲威力有利。刘洪榕等人[17]运用炸药冲击起爆理论和聚能效应，设计了环形传爆药柱，模拟研究了四点和八点同步网路起爆下的环形传爆药柱的起爆能力。曹雄等人[18]分析了起爆点个数对环形传爆药柱输出威力的影响，得到在较小同步时间偏差的情况下，增加起爆点个数有利于提高环形传爆药柱的输出。张金勇等人[19]根据冲击波汇聚技术原理及有效装药理论，设计出环锥形传爆药装药结构。沈晓斌等人[20]研究了中心点起爆、环形起爆方式对聚能射流性能的影响。Li 等人[21]通过对环形多点起爆方式下起爆点的数量、起爆位置和同步起始偏差的研究，得到了不同环形多点起爆对侵彻体成型参数的影响。Wang 等人[22]研究了起爆点数和起爆半径对射流参数的影响规律，多点起爆系统能有效提高射流速度和射流长度。李瑞等人[23]研究了多点起爆参数对杆式 EFP 成型参数的影响规律，并利用 X 光试验验证了数值模拟方法的有效性。

近年来，虽然众多专家对提高炸药能量利用率，爆轰聚能方面进行了大量研究，尤其在矿山开采及军工等领域。但对于多线性起爆下条形药包中爆轰波的传播规律的研究有待深入。本文在爆轰波碰撞聚能的基础上，研究了多线性起爆下爆轰波在条形药包中的传播规律。

2 模型建立与可行性分析

2.1 建立模型

ANSYS/LS-DYNA 有限元仿真软件可以对爆炸冲击，流固耦合等问题进行高效的仿真分析[24]。为了直观地表现条形药包在多线性起爆下爆轰波的传播特性，建立了中等尺寸炸药起爆模型。利用条形药包的中心起爆模型进行可行性分析。药包采用乳化炸药，直径为 90mm，高度为 500mm。模型顶部及底部施加轴向固定约束，模型侧面施加无反射边界，采用 ALE 单元进行分析。为节省计算时间，建立 1/4 模型，对称面施加对称约束。在药包中心按照 100mm 的间距选取 6 个监测点，其中监测点 A 位于药包顶部几何中心处，如图 1 所示。图中线段 k—k 为条形药包中心线，线段 m—m 为双线性起爆下药包能量聚集边缘。药包 A_i（i = 1、2、3、4）分别为双、四、六及八线性起爆下药包中心爆压峰值最大的点，AA_i 分别为 2.2cm、0.3cm、0.1cm、0.5cm，最大爆压峰值分别为 19.9GPa、34.9GPa、42.4GPa、45.9GPa。导爆索和乳化炸药采用* High_Explosive_Burn 高能炸药材料模型和 JWL 状态方程[1]：

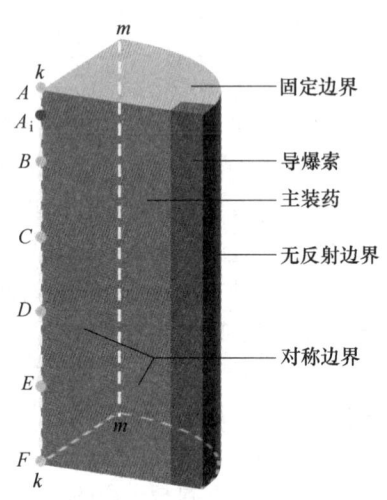

图 1　药包模型及监测点选取

Fig. 1　Model of drug package and selection of monitoring points

$$p = A\left(1 - \frac{\omega}{R_1 V}\right)e^{-R_1 V} + B\left(1 - \frac{\omega}{R_2 V}\right)e^{-R_2 V} + \frac{\omega e_0}{V} \tag{1}$$

式中，e_0 为单位质量内能；V 为相对体积；p 为爆轰压强；其他参数与炸药材料相关，导爆索和乳化炸药的材料参数见表 1[1]。

表 1　炸药参数

Tab. 1　Explosives parameters

项目	密度 ρ /g·cm^{-3}	爆速 D /cm·μs^{-1}	稳定爆压 p_{CJ} /×10^{2}GPa	A /GPa	B /GPa	R_1	R_2	ω	e_0 /J·m^{-3}	v_0
导爆索	1.26	0.654	0.134	5.731	0.202	6.0	1.8	0.28	0.09	1.0
主装药	1.14	0.478	0.065	3.264	0.058	5.8	1.56	0.57	0.027	1.0

2.2 可行性分析

中心点起爆的爆压随时间的变化规律如图 2 所示。起爆时，爆压迅速增加到 4.31GPa，而后爆压增长速度逐渐变缓，t = 27.3μs 时爆压达到 7.05GPa，后爆压保持在 7GPa 左右，达到稳定爆轰，与设定值 6.5GPa 的误差为 7.69%。t = 102μs 时爆轰波到达药柱底端，与反射波发生碰撞，爆压突跃至 15.2GPa，为稳定爆轰压强的 2.17 倍。最后爆压急剧下降，至 t = 112μs 时爆压降至 2.97GPa。整个爆轰过程反映了爆轰波初期爆压增长规律及稳定爆轰时爆压大小，包括爆轰后期爆轰波碰撞及其衰减的爆压变化规律。

爆轰波传播的位移时间曲线如图 3 所示。位移随时间基本为线性增长，拟合后得到的曲线斜率为 0.481。这表明仿真计算得到的爆速为 0.481cm/μs，与设定值 0.478cm/μs 仅相差 0.628%。

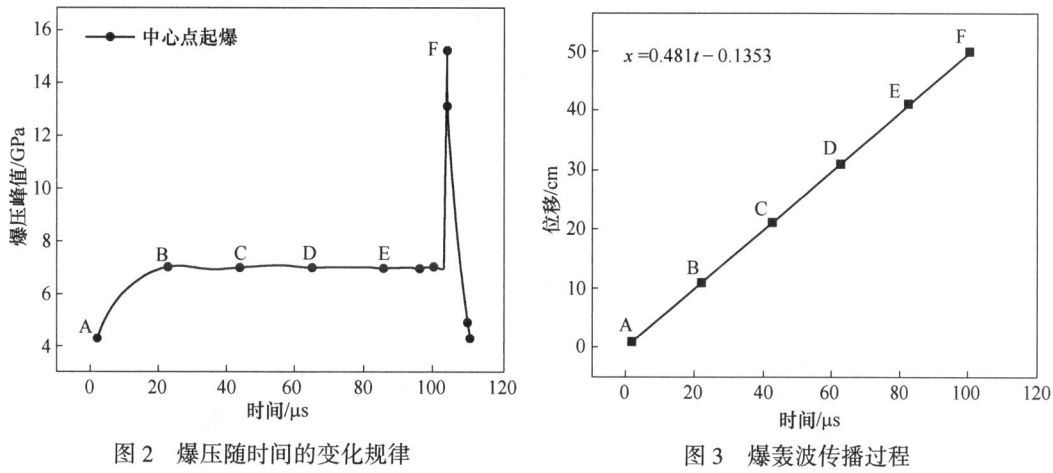

图 2　爆压随时间的变化规律

Fig. 2　The variation law of burst pressure with time

图 3　爆轰波传播过程

Fig. 3　Burst wave propagation process

无论从爆轰压强的角度，还是从爆速的角度，该模型与选用炸药的设定值相吻合，并且能够比较准确地反映爆轰波在药柱中的传播规律，为后文介绍多线性起爆下的爆轰波传播规律提供有效参考。

3　结果分析

多线性起爆的导爆索对称设置在药包内部，其导爆索数量及分布如图 4 所示。

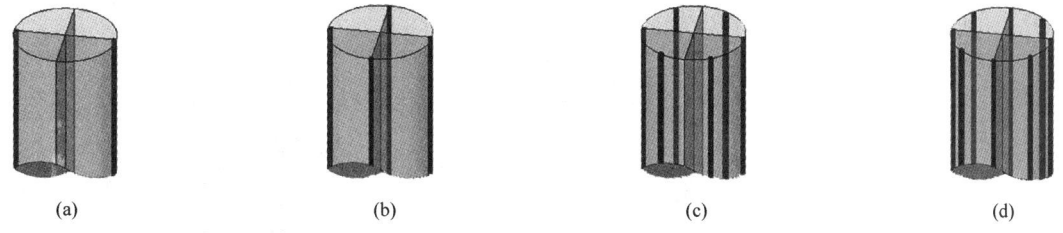

(a)　　　　　　　　(b)　　　　　　　　(c)　　　　　　　　(d)

图 4　导爆索数量及分布

（a）双线性起爆；（b）四线性起爆；（c）六线性起爆；（d）八线性起爆

Fig. 4　The number and distribution of detonating cord

3.1　平面爆轰波传播特性

多线性起爆下平面爆轰波传播规律如图 5 所示。其中，图 5（a）展示了双线性起爆的情况。药包左右两侧起爆后产生两列球面爆轰波向药包中心汇聚，爆轰波爆轰压强峰值逐渐增大。爆轰波在药包中心发生正碰撞导致压强突跃，产生的反射波向两边爆轰产物中扩散。随后两列爆轰波持续发生斜碰撞，爆压进一步增大，高压区向药包的上下侧扩展，扩展到接近药包边缘时爆轰压强峰值达到最高。

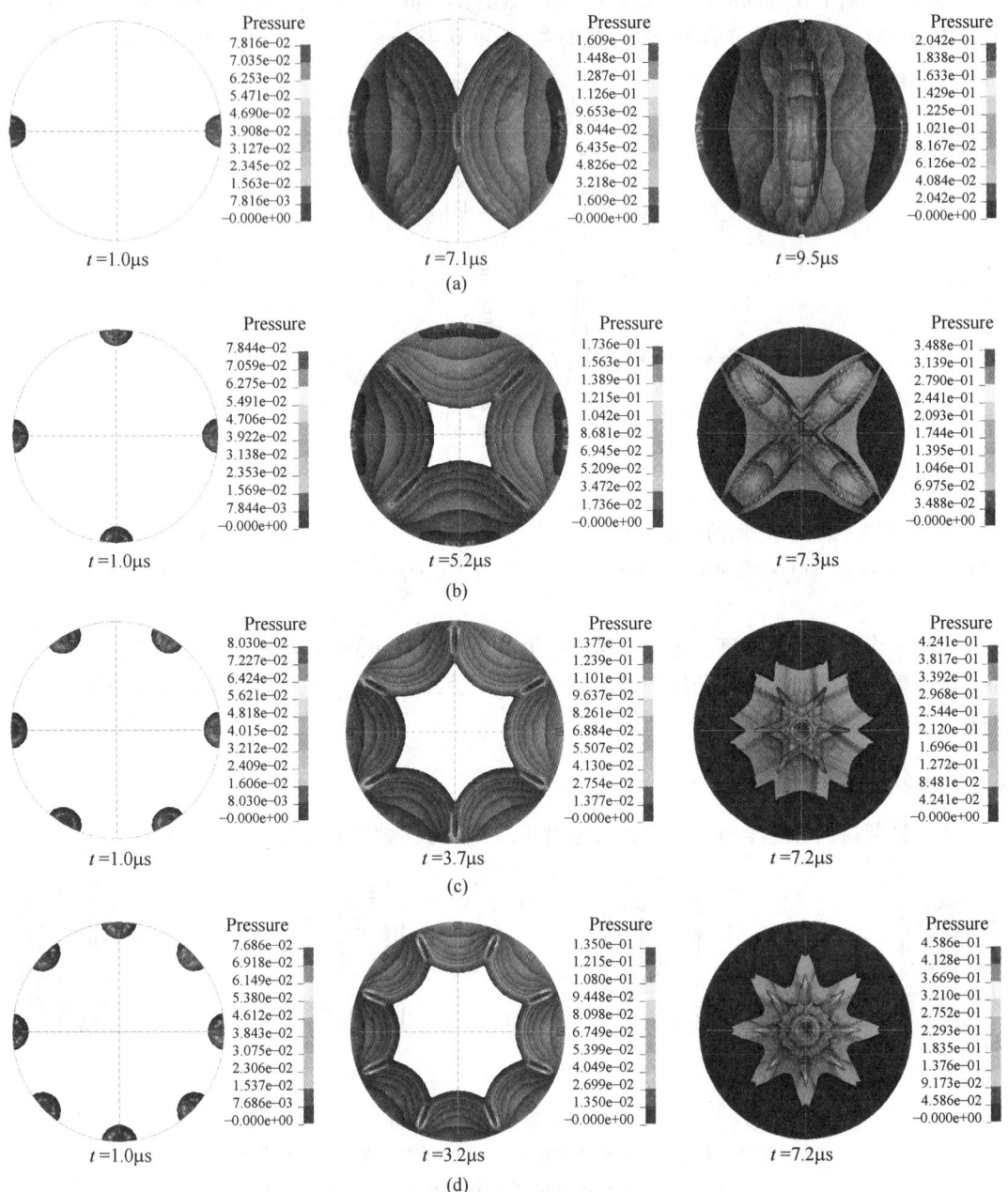

图 5　多线性起爆下平面爆轰波传播特性

（a）双线性起爆；（b）四线性起爆；（c）六线性起爆；（d）八线性起爆

Fig. 5　Multi-linear detonation under the plane detonation wave propagation characteristics

　　图 5（b）~（d）分别展示了四线性起爆、六线性起爆及八线性起爆的情况，这 3 种起爆方式下爆轰波传播规律相近。每相邻起爆点产生的爆轰波首次碰撞后形成高压区。随后，高压区向药包中心汇聚，相邻爆轰波的碰撞转为斜碰撞，爆轰压强逐渐升高。爆轰波在药包中心汇聚时爆轰压强峰值达到最高。双线性起爆与四线性、六线性和八线性起爆下爆轰波传播规律的区

别在于：双线性起爆下，爆轰波发生首次碰撞后高压区向药包边缘移动，而其他情况下高压区向药包中心移动并发生二次碰撞。

对不同起爆方式选取药包顶部的 A、B、C 三点作为监测点绘制爆轰压强–时间历程曲线，监测点分布如图 6 所示。其中，A 点表示爆轰波达到稳定爆轰的位置，B 点表示两列或多列爆轰波发生首次碰撞的位置。对于双线性起爆，C 点取药包顶部靠近药包边缘的位置，对于四线性、六线性及八线性起爆，C 点取爆轰波在药包中心发生汇聚时药包顶部中心的位置。

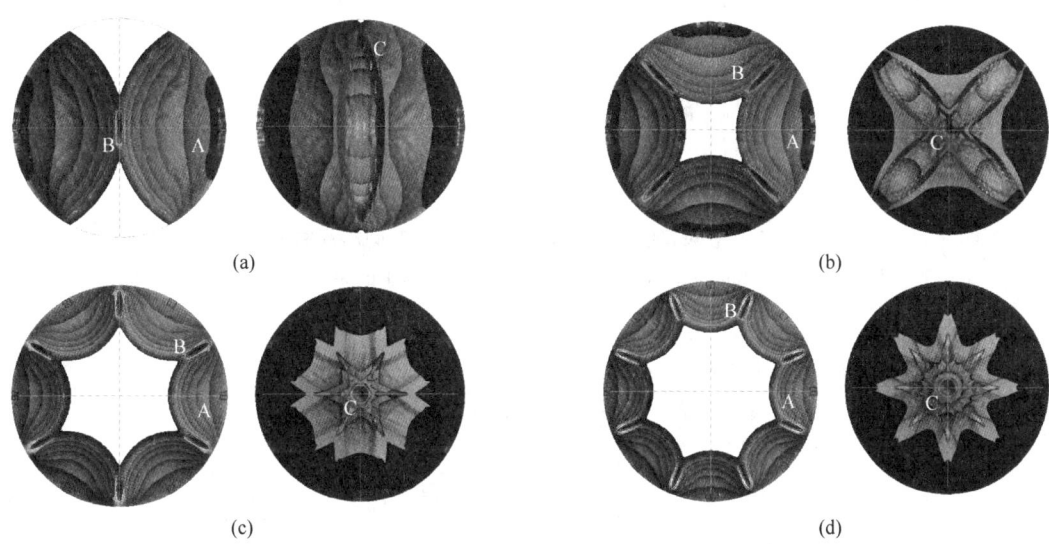

图 6　不同起爆方式下药包顶部监测点选取示意图

（a）双线性起爆；（b）四线性起爆；（c）六线性起爆；（d）八线性起爆

Fig. 6　Different ways to detonate the top of the package monitoring point selection diagram

不同起爆方式下平面爆轰压强–时间历程曲线如图 7 所示。4 种起爆方式下的稳定爆轰压强相近，约为 9.01GPa，爆轰压强随时间的增加而增加。其中，双线性起爆下爆轰波在第一次发生碰撞后爆轰压强增长缓慢，而其余 3 种起爆方式在爆轰波发生第一次碰撞后爆轰压强增长速度持续增加。双线性、四线性、六线性及八线性起爆下爆轰波第一次碰撞的爆轰压强分别为 16.1GPa、17.4GPa、13.8GPa、13.5GPa，分别是稳定爆轰压强的 1.79 倍、1.93 倍、1.53 倍、1.50 倍。双线性、四线性、六线性及八线性起爆下爆轰波在中心汇聚时（对于双线性起爆为非正规斜反射）分别为 20.4GPa、34.8GPa、42.4GPa、45.9GPa，分别是稳定爆轰压强的 2.26 倍、3.86 倍、4.71 倍、5.09 倍。

3.2　轴向爆轰波传播特性

图 8 展示了采用双线性起爆方式时，炸药内部爆轰波的传播过程。$t = 7.3\mu s$ 时，两列爆轰波以球面波的形式在监测点 A 处发生正碰撞并形成高压区。锥顶角随着爆轰波的传播逐渐变大，高压区域紧随其后并逐步沿径向扩展。$t = 61.3\mu s$ 时，爆轰波波头初步形成弧形，高压区域已覆盖整个药包直径，爆轰波传播趋于稳定。$t = 76.6\mu s$ 时，爆轰波到达药包底部并与反射波发生碰撞，使药包底部爆轰压强急剧升高到 30.6GPa。在整个爆轰过程中，爆轰波在药包中的轴向传播经历了不稳定爆轰与稳定爆轰两个阶段。

图 9 展示了不稳定爆轰时爆轰波轴向传播规律。选取 $t = 17\mu s$，爆轰波传播至 B 点作为对

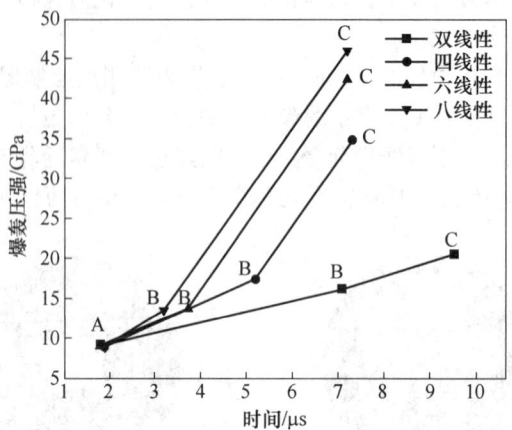

图 7　不同起爆方式下平面爆轰压强–时间历程曲线

Fig. 7　Different detonation methods under the plane burst pressure-time course curve

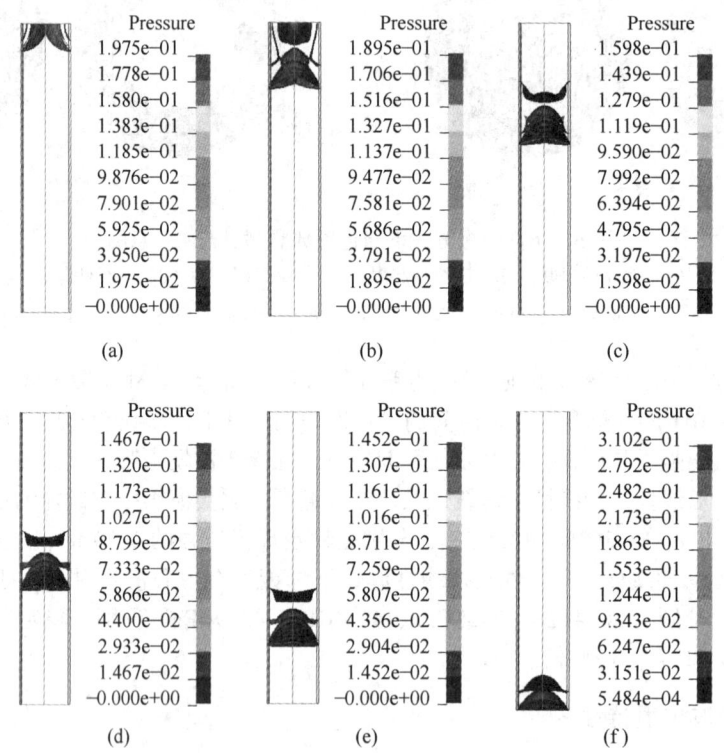

图 8　双线性起爆下爆轰波轴向传播规律

（a）A 点 $t=7.3\mu s$；（b）B 点 $t=17.2\mu s$；（c）C 点 $t=31.7\mu s$；

（d）D 点 $t=46.5\mu s$；（e）E 点 $t=61.3\mu s$；（f）F 点 $t=76.6\mu s$

Fig. 8　Bilinear detonation under the detonation wave axial propagation law

比。随着导爆索数量的增加，爆轰波高压区演化速度逐渐增加，锥顶角逐步增大，爆轰压强峰值逐步增加，爆轰波阵面后稀疏波形状逐渐趋于一致。图 10 展示了稳定爆轰时爆轰波轴向传播规律。选取 $t = 61\mu s$ ，爆轰波传播至 E 点作为对比。可以看出，稳定爆轰时 4 种起爆方式的爆轰波、稀疏波形状基本一致，爆轰压强峰值基本相同。

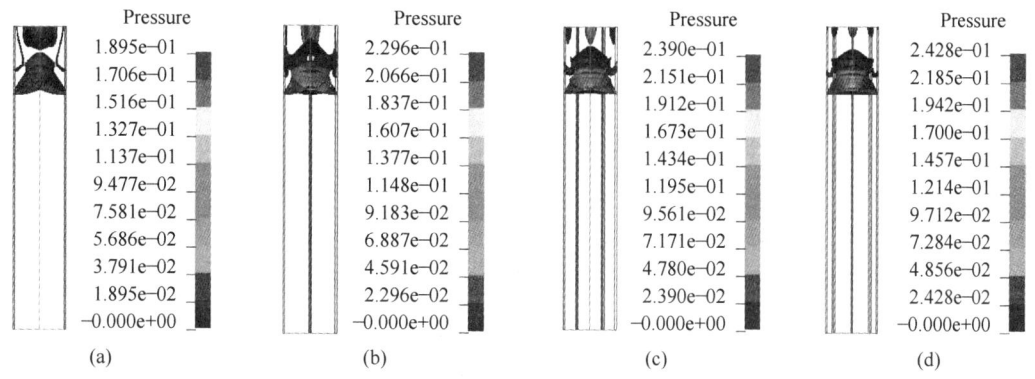

(a)　　　　　　　　(b)　　　　　　　　(c)　　　　　　　　(d)

图 9　不稳定爆轰时爆轰波轴向传播规律

（a）双线性起爆；（b）四线性起爆；（c）六线性起爆；（d）八线性起爆

Fig. 9　Axial propagation law of detonation wave during unsteady blast

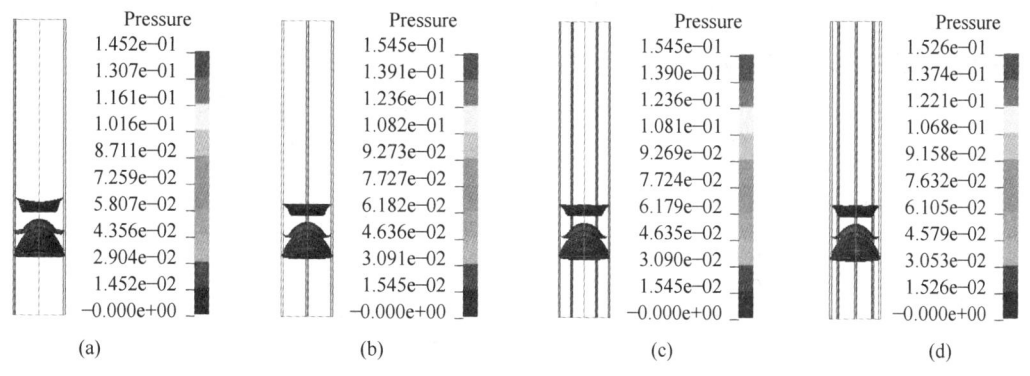

(a)　　　　　　　　(b)　　　　　　　　(c)　　　　　　　　(d)

图 10　稳定爆轰时爆轰波轴向传播规律

（a）双线性起爆；（b）四线性起爆；（c）六线性起爆；（d）八线性起爆

Fig. 10　Stable blast when the detonation wave axial propagation law

　　4 种起爆方式下药包中心爆压峰值与稳定爆压之比随装药高度的变化规律如图 11 所示。爆压峰值与稳定爆压之比随着装药高度的增加而下降，下降速度逐渐减缓。装药高度为 30cm 时，4 种起爆方式的爆压峰值与稳定爆压之比约为 2.1 并保持稳定。爆轰波到达药柱底端时与反射波发生碰撞，爆压峰值与稳定爆压之比突跃至约 4.4。A 点处的爆压峰值与稳定爆压之比随导爆索数量的增加而增加，增幅逐渐减小。以上结果表明，装药高度 30cm 内，增加导爆索数量能够促进碰撞聚能效应，爆轰达到稳定之后爆轰压强变化规律与双线性起爆方式基本一致。

　　4 种起爆方式下聚能边缘爆压峰值与稳定爆压之比随装药高度的变化规律如图 12 所示。对于双线性起爆，爆压峰值与稳定爆压之比随装药高度的增加而下降，下降速度逐渐变缓，装药高度约 20cm 时爆压峰值与稳定爆压之比维持在 1.63 左右，最后爆轰波与药包底部反射波发生碰撞使得聚能边缘的爆压峰值与稳定爆压之比突增至 2.37。对于四线性、六线性及八线性起爆，爆轰压强随装药高度的增加而上升，上升速度逐渐减缓，装药高度为 20cm 时爆轰压强维持在 1.3 左右，最后爆轰波与药包底部反射波发生碰撞使得聚能边缘的爆压峰值与稳定爆压之

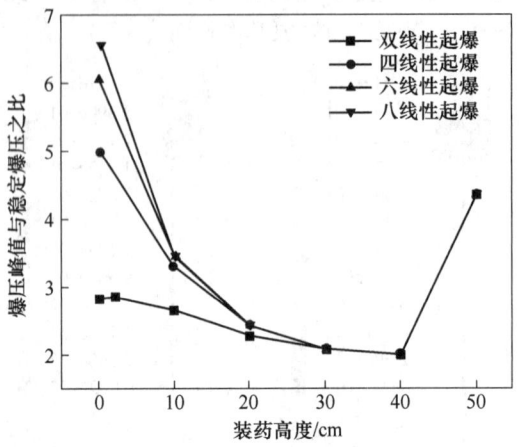

图 11　药包中心爆压峰值与稳定爆压之比随装药高度的变化规律

Fig. 11　Ratio of peak burst pressure and stable burst pressure of the center of the packet
with the change rule of loading heights

比突增至约 2.2。装药高度为 0 时，爆轰压强随着导爆索数量的增加而下降，下降幅度逐渐减小。以上结果表明，导爆索数量增加会使得聚能边缘的爆轰压强减小。

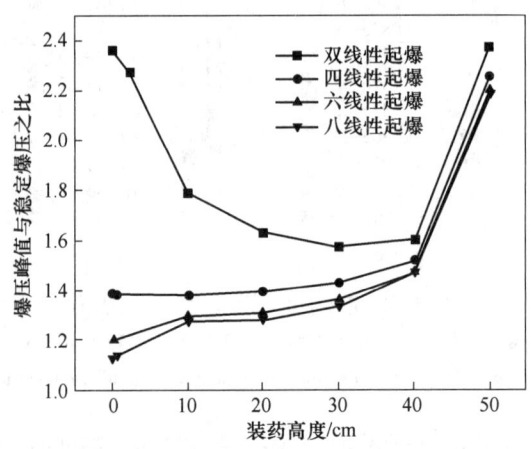

图 12　聚能边缘爆压峰值与稳定爆压之比随装药高度的变化规律

Fig. 12　Ratio of peak and stabilized burst pressure of the edge of the polymerization change rule
with the height of the charge

4　结论

本文通过研究多线性起爆下爆轰波在药包中的传播规律，得到如下结论：

（1）对于多线性起爆，平面内爆轰波爆轰压强峰值随时间及导爆索数目的增加而增加，双线性起爆爆轰波能量主要聚集在药包边缘，四、六、八线性起爆爆轰波能量主要聚集在药包中心轴线。

（2）爆轰波轴向传播过程中，药包高度在 30cm 内爆轰波不稳定传播，30cm 以上时稳定传播，分别称作爆轰波轴向传播的不稳定传播区及稳定传播区。

（3）聚能边缘处，双线性起爆与其他起爆方式的爆轰压强变化规律不同。双线性起爆的爆轰压强先下降后基本维持不变，最后爆轰波到达药包底部压强发生突跃。而四、六、八线性起爆爆轰压强略有提升后基本维持不变，最后爆轰波到达药包底部压强发生突跃。

（4）对于多线性起爆，在不稳定爆轰区，增加导爆索数量对爆轰波碰撞聚能效应有促进作用。在稳定爆轰区，爆压不再随导爆索数量增加而增加；增加导爆索数量会使爆轰波发生首次碰撞时产生的爆轰压强趋于某个固定值。

参 考 文 献

［1］缪玉松．爆轰波碰撞聚能的爆破技术研究［D］．大连：大连理工大学，2018.

［2］宗琦．深孔装药微差爆破作用的探讨［J］．淮南矿业学院学报，1992，12（2）：18-22.

［3］占时春，李山存．孔内孔间微差爆破试验研究［J］．工程爆破，2006，12（2）：45-48.

［4］冷振东，范勇，卢文波，等．孔内双点起爆条件下的爆炸能量传输与破岩效果分析［J］．岩石力学与工程学报，2019，38：2451-2462.

［5］缪玉松，李晓杰，闫鸿浩，等．对称双线性起爆技术在工程爆破中的应用［J］．工程爆破，2017，23：6-11.

［6］向文飞，舒大强，朱传云．起爆方式对条形药包爆炸应力场的影响分析［J］．岩石力学与工程学报，2005，24（9）：1624-1628.

［7］Leng Z, Sun J, Lu W, et al. Mechanism of the in-hole detonation wave interactions in dual initiation with electronic detonators in bench blasting operation［J］. Computers and Geotechnics, 2021, 129：103873.

［8］Liu J, Chen X, Du Z. A study on the surface overpressure distribution and formation of a double curvature liner under a two-point initiation［J］. Defence Technology, 2022, 18：148-157.

［9］罗勇，沈兆武．聚能爆破在岩石控制爆破中的研究［J］．工程爆破，2005，11（3）：13-17.

［10］Zhang X, Huang Z, Qiao L. Detonation wave propagation in double-layer cylindrical high explosive charges［J］. Propellants, Explosives, Pyrotechnics, 2011, 36：210-218.

［11］Miao Y, Li X, Kong L, et al. Study on the symmetric bilinear initiating technique of deep-hole boulder blasting in the TBM tunnel excavation［J］. Tunnelling and Underground Space Technology, 2021, 111：103871.

［12］王宇新，李晓杰，王小红，等．炸药爆轰物质点法三维数值模拟［J］．应用数学和力学，2015，36：198-206.

［13］Cardoso D, Teixeira-Dias F. Modelling the formation of explosively formed projectiles（EFP）［J］. International Journal of Impact Engineering, 2016, 93：116-127.

［14］Müller F. Mach-reflection of detonation waves in condensed high explosives［J］. Propellants, Explosives, Pyrotechnics, 1978, 3：115-118.

［15］赵长啸，龙源，纪冲，等．多点起爆下药型罩表面压强分布规律研究［J］．高压物理学报，2013，27：83-89.

［16］罗健，蒋建伟，朱宝祥．多点起爆对EFP形成的影响研究［J］．弹箭与制导学报，2004，24（2）：27-29.

［17］刘洪榕，胡立双，胡双启，等．多点同步起爆环形传爆药柱数值模拟研究［J］．爆破，2013，30：129-132.

［18］曹雄，刘瑛，胡双启，等．环形传爆药柱多点起爆数值模拟及威力测试［J］．火工品，2005（5）：16-18，38.

［19］张金勇，胡双启，曹雄．新结构传爆药柱多点起爆数值模拟及实验研究［J］．工业安全与环保，

2006：37-38.

［20］沈晓斌. 起爆方式对聚能射流特性影响数值模拟研究［J］. 火炮发射与控制学报，2022，43：13-20.

［21］Li W，Wang X，Li W. The effect of annular multi-point initiation on the formation and penetration of an explosively formed penetrator［J］. International Journal of Impact Engineering，2010，37：414-424.

［22］Wang X，Zhao C，Ji C，et al. Numerical simulation of jet formation and penetration characteristics in multi-point initiation mode［J］. Vib Proced，2021，37：86-92.

［23］李瑞，汪泉，洪晓文，等. 多点起爆对杆式爆炸成型弹丸成型的影响［J］. 火工品，2022（1）：38-42.

［24］孙西濛，叶春琳，胡燕川，等. 基于 ANSYS/LS-DYNA 的岩石爆破结构数值模拟分析［J］. 探矿工程（岩土钻掘工程），2019，46：87-93.

循环冲击荷载作用下花岗岩损伤劣化试验研究

司剑峰　吴剑锋

（中铁四院集团工程建设有限责任公司，武汉　430061）

摘　要：循环爆破冲击荷载下岩石材料的力学性能退化机理及损伤劣化规律一直是爆破工程中关注的热点问题，爆破冲击荷载下岩石材料的剩余承载力对工程安全的评价和防控尤为重要。本文首先采用多功能压电测试系统和自制落锤冲击仪对 1 组标准单轴压缩花岗岩试样进行不同次数的冲击加载和导波测试；然后对不同冲击次数作用后的花岗岩试样进行单轴压缩破坏性试验，测得不同冲击次数后花岗岩试样的剩余承载力。在此基础上，分析了基于压电无损测试多参数下的岩石损伤劣化特性和规律；对比单轴抗压强度测试结果，建立了无损检测和破坏性测试结果之间的关联模型。研究成果可为岩石材料循环冲击下的劣化机理研究和岩土爆破工程安全评价及防控监测提供参考。

关键词：冲击荷载；岩石损伤；无损检测；岩土爆破

Experimental Study on Damage and Deterioration of Granite under Cyclic Impact Load

Si Jianfeng[1]　Wu Jianfeng[1]

（China Railway Siyuan Group Engineering Construction Co., Ltd., Wuhan 430061）

Abstract：The degradation mechanism of mechanical properties and damage degradation law of rock materials under cyclic blasting impact loads have always been a hot topic of concern in blasting engineering. The residual bearing capacity of rock materials under blasting impact loads is particularly important for the evaluation and prevention of engineering safety. Firstly, the paper uses a multifunctional piezoelectric testing system and a self-made drop hammer impact tester to conduct different times of impact loading and guided wave testing on a group of standard uniaxial compressed granite samples；Then, uniaxial compressive destructive tests were conducted on granite samples subjected to different impact cycles to determine the remaining bearing capacity of the granite samples after different impact cycles. On this basis, the characteristics and laws of rock damage and deterioration under multi parameter piezoelectric non-destructive testing were analyzed；A correlation model between non-destructive testing and destructive testing results was established by comparing the results of uniaxial compressive strength testing. The research results can provide reference for the study of the degradation mechanism of rock materials under cyclic impact, as well as for the safety evaluation

基金项目：湖北省自然科学基金项目（2022CFB594）。

作者信息：司剑峰，博士，高级工程师，sijian.feng@163.com。

and prevention and control monitoring of geotechnical blasting engineering.

Keywords：impact-load；rock-damage；non-destructive testing；geotechnical blasting

1　绪论

冲击荷载是工程建设中常见荷载形式，具有较强的瞬时作用特性，常见的冲击荷载加载形式有爆破、撞击等[1]。施工作业中，冲击荷载多表现为连续多次或者间隔多次。因此，对于工程材料而言，其在考虑静载强度和动载强度基础上，还应考虑其在循环动载下的疲劳损伤问题[2]。

岩石或类岩石材料的损伤主要体现在三个方面，即荷载作用下的新的微裂隙的产生、原生微裂隙的进一步扩张和延伸、材料的不可逆屈服弱化[3-4]。损伤因子是衡量岩石损伤劣化的通用指标，常通过岩石的材料属性进行表征，如弹性模量 E、纵波波速 v 等。而这些表征量可以通过单轴压缩试验、声波测试等试验方式进行测量，进而对岩石的损伤进行衡量[5]。

本文采用落锤法对花岗岩标准试样进行多次循环冲击从而产生不同程度的冲击损伤。为衡量损伤程度，首先采用压电法对损伤后的试样进行导波测试，并通过对导波信号的峰值、能量、频率及熵值进行多指标的统计分析，进而对花岗岩试样进行损伤规律的研究；然后对标准试样进行单轴压缩实验，测得不同损伤程度试样的剩余承载力，通过抗压强度和弹性模量对花岗岩在冲击荷载下的损伤劣化规律进行分析；最后对无损测试方法和破坏性测试两种方法评价结果进行了对比分析。

2　基于信号能量检测的岩石损伤评价方法

压电陶瓷是一种能够实现机械能和电能之间相互转化的信息功能材料。外载荷作用下，该材料两端出现不同极性的电荷形成电压差；而在外接电压激励下，该材料能够产生振动响应。近年来，该材料被广泛应用于工程材料及结构的损伤监测，实现了材料及结构的无损检测新方法。Liu Yang 等人[6]通过实验验证了压电主动传感技术在符合岩石剪切破坏监测中的可行性和可靠性；Prateek Negi 等人[7]用压电阻抗（EMI）技术对岩石在循环载荷作用下的损伤进行了分析，发现了电信号峰值与岩石刚度的变化存在关系；Si Jianfeng 等人[8-9]利用压电陶瓷主动传感技术对岩石爆破开挖过程中的损伤程度进行了定义，并发现压电主动传感技术对岩石爆破损伤的监测十分敏感。

为了衡量每次冲击荷载下的损伤程度，对相同试样损伤前后的接收信号进行对比分析。根据量纲分析原理及前期学者对压电陶瓷信号表征损伤的方法，可采用以下两种方式对其进行分析：一种是通过峰值衰减率；另一种是采用小波包和离散小波变换对采集到的信号进行处理，通过前后两次信号的均方根偏差对其损伤变化进行表征。

基于信号能量的损伤评价方法，设定 $f(t)$ 为测试信号，对其进行 n 级小波包变换可得到个数为 2^n 的信号集合 $\{f_1(t), f_2(t), \cdots, f_j(t), f_{2^n}(t)\}$，$f_j(t)$ 为分解后的信号，可表示为：

$$f_j(t) = [f_j^1(t), f_j^2(t), \cdots, f_j^m(t)] \tag{1}$$

式中，m 为采样数据的数据个数；j 为频带数（ $j = 1, 2, \cdots, 2^n$ ）。

定义每个分解信号 $f_j(t)$ 的能量 E_j 为：

$$E_j = f_j^1(t)^2 + f_j^2(t)^2 + \cdots + f_j^m(t)^2 \tag{2}$$

采用均方根偏差（RMSD）来表示岩石材料的损伤指标，即通过计算每次冲击荷载损伤前后压电信号能量的 RMSD 来建立损伤指标。因此，第 i 个损伤指数可以定义为：

$$\eta = \sqrt{\dfrac{\sum\limits_{j=1}^{2^n}(E_{i,j}-E_{0,j})^2}{\sum\limits_{j=1}^{2^n}(E_{0,j})^2}} \tag{3}$$

式中，$E_{0,j}$ 表示岩石原始健康状态下测得信号分解后第 j 个频带的能量；$E_{i,j}$ 表示岩石受第 i 次冲击荷载后测得信号分解得到的第 j 个频带的能量。

同理，在计算中也可计算任意两次状态变化的损伤指数：

$$\eta = \sqrt{\dfrac{\sum\limits_{j=1}^{2^n}(E_{i+x,j}-E_{i,j})^2}{\sum\limits_{j=1}^{2^n}(E_{i,j})^2}} \tag{4}$$

式中，$E_{i+x,j}$ 表示岩石受第 $i+x$ 次冲击荷载后测得信号分解得到的第 j 个频带的能量；$\eta=0$ 时表示岩石处于原始状态，未产生损伤，η 值越大代表岩石内部的损伤越严重。

3 损伤测试试验及分析

3.1 试验方案

为保证初始花岗岩试样的一致性，在同一基岩上取芯加工成 10 个标准圆柱体试样，试样尺寸为 100mm×50mm。将 10 个试样分成两组形成平行组，每组中的 5 个试样分别采用固定冲击能量（落锤式冲击仪落锤质量恒定为 10.0kg，下落高度恒定为 0.5m，冲击能量约 48.95J）对其进行 1~5 次不同次数的冲击作用。试样在每次冲击加载前后均进行一次压电信号的采集，发射信号固定为幅值 100V，正/负压时间 15μs，周期 30μs，采样率固定为 50kHz。待冲击及压电信号测试结束后，对 10 个试样进行单轴压缩实验，测试其单轴抗压能力。具体流程如图 1 所示。

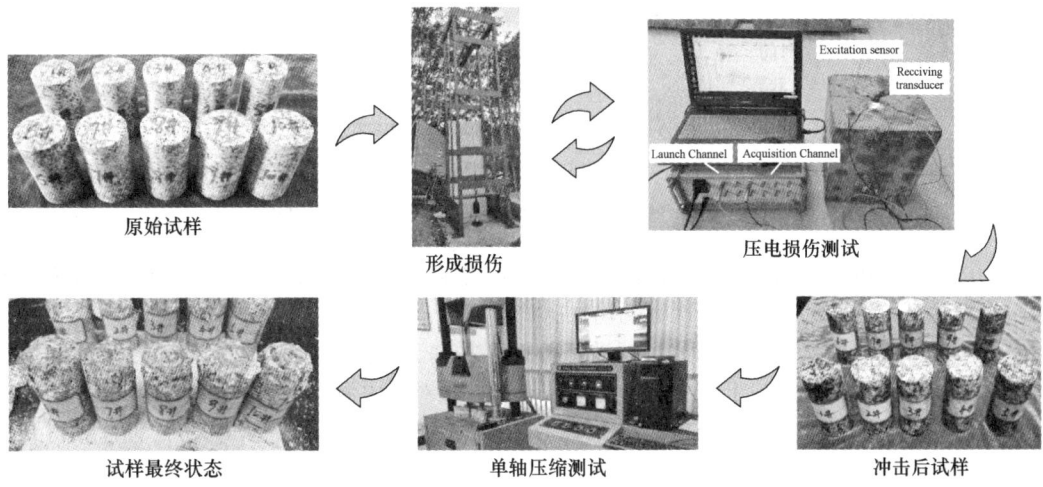

原始试样　　　形成损伤　　　压电损伤测试

试样最终状态　　　单轴压缩测试　　　冲击后试样

图 1　试验方案示意图

Fig. 1　Schematic diagram of the test plan

3.2 基于压电的损伤测试及规律分析

采用多功能压电测试系统，对 1~10 号试样进行每次冲击加载前后的健康状况进行测试，得到共 40 个压电信号。其中 5 号试样在 5 次冲击荷载下测得 6 次压电波形如图 2 所示。

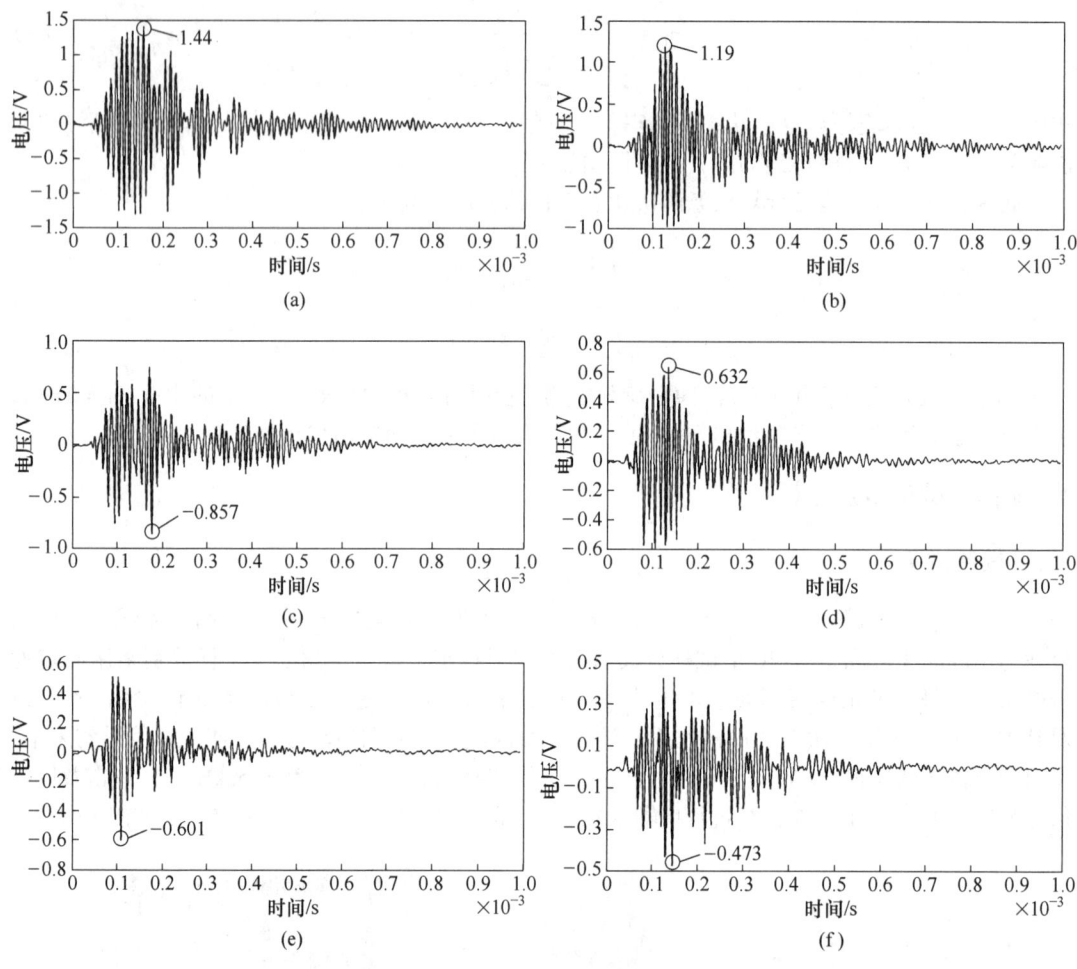

图 2　不同冲击次数下采集波形图

（a）初始状态；（b）1 次冲击后；（c）2 次冲击后；（d）3 次冲击后；（e）4 次冲击后；（f）5 次冲击后

Fig. 2　Acquisition waveform under different impact times

　　从以上波形可以看出，不同冲击次数下采集到的压电信号波形形状大体相似，表现为标准的阻尼振动衰减规律。随着冲击次数的增加，峰值有明显的衰减。

　　针对信号峰值信息对压电测试数据进行分析，并基于峰值衰减率计算 1~5 号试样的损伤因子，如图 3 所示。采用基于信号能量的损伤评价方法对压电测试数据进行分析，根据式（2）可计算得到原始试样及经过冲击损伤后 1~5 号试样采集信号能量，根据式（3）可计算得到冲击次数与损伤因子之间的关系，如图 4 所示。

　　从以上统计结果中可看出，压电信号峰值和能量均随着加载次数的增加而稳步衰减，相同入射波情况下，随着加载次数的增多，试样内部微裂隙逐步增多，损伤逐步严重，入射波传播过程中的能量损失逐渐增多，因此在接收波上体现出来的就是波形峰值及整体能量的衰减；根据峰值衰减率和能量衰减率定义下的损伤因子可以看出，随着加载次数的增多，损伤因子的规律性体现不明显，不具备单调增加或衰减的特点，这里体现出了岩石材料微观结构的复杂性及岩石材料在外载荷作用下力学性能变化的复杂性。

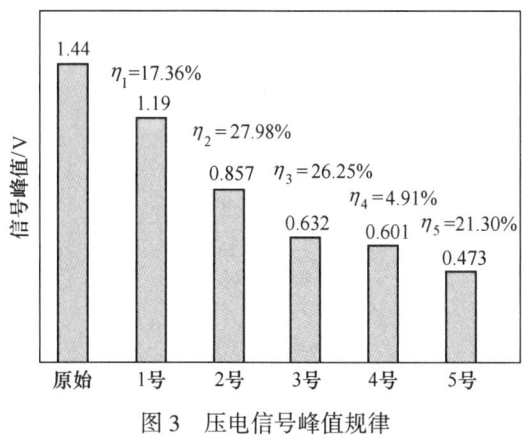

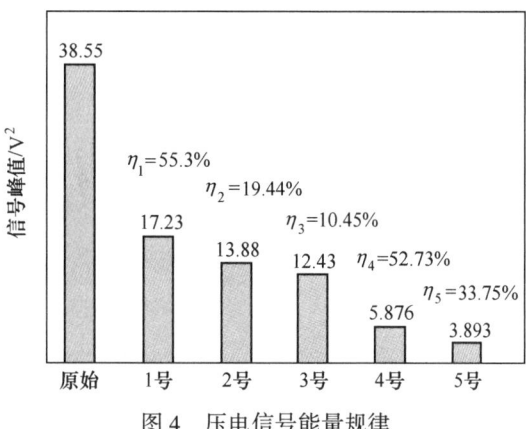

图 3 压电信号峰值规律

Fig. 3 Piezoelectric signal peak pattern

图 4 压电信号能量规律

Fig. 4 Piezoelectric signal energy pattern

熵是一种用于衡量信号或数据的不确定性、随机性或复杂性的量度，可以作为一种特征来监测结构损伤的存在和程度[10]。为进一步分析损伤特性的变化规律，采用信号熵值对其表征分析，如图 5 所示。熵可以通过测量信号中信息的丢失程度来指示结构的状态，当结构受损时，信号的复杂度和不确定性可能会减少，导致熵值的降低[11-12]。根据图 5 可以看出，信号熵值整体也随着加载次数的增加具有明显衰减趋势；并且在第二次冲击荷载后，信号熵值变化最大，表明试样在第二次荷载下损伤最为严重。

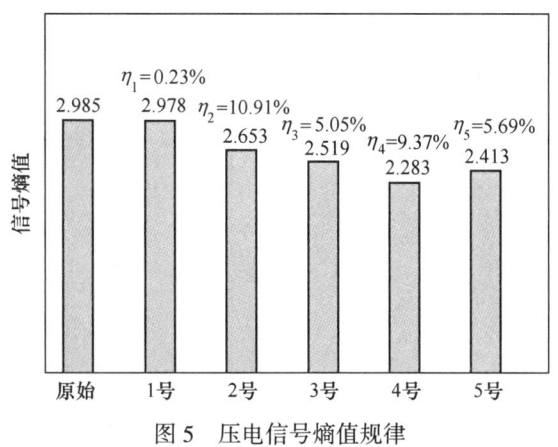

图 5 压电信号熵值规律

Fig. 5 Law of entropy value of piezoelectric signal

3.3 单轴压缩实验及损伤分析

为进一步分析冲击次数对花岗岩试样的损伤程度，通过单轴压缩试验测试 1~10 号试样的剩余承载能力。按照规范要求，采用定加载速率的方式进行加载，加载速率设置为 0.02mm/min。得到冲击加载后 1~5 号试样及原始试样应力应变曲线如图 6 所示。

基于单轴压缩试验，对 1~5 号试样抗压结果进行统计分析，得到其抗压强度及弹性模量随加载次数的变化规律，如图 7 和图 8 所示。

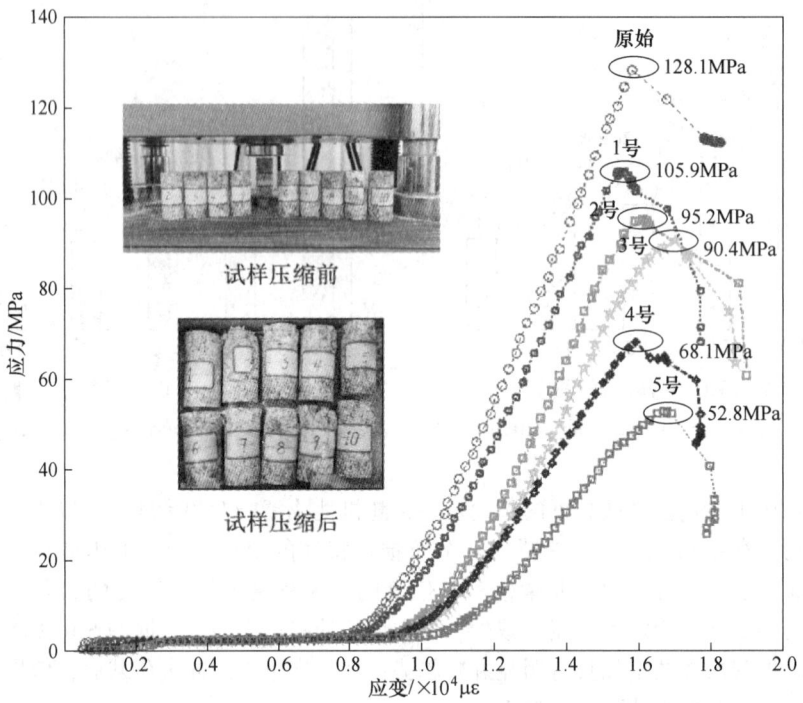

图 6 冲击加载后 1~5 号试样及原始试样应力应变曲线

Fig. 6 Stress-strain curves of 1-5# specimens and original specimens after impact loading

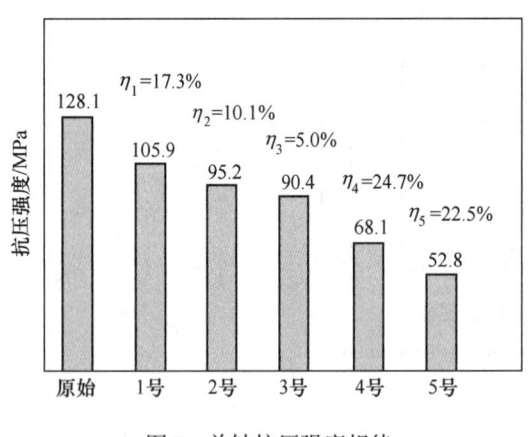

图 7 单轴抗压强度规律

Fig. 7 Uniaxial compressive strength pattern

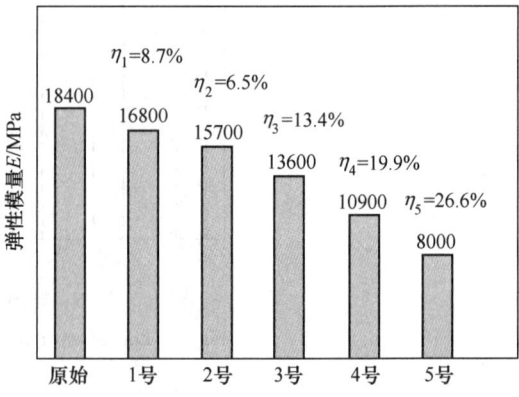

图 8 岩石试样弹性模量规律

Fig. 8 Elastic modulus pattern of rock samples

4 损伤评价及关联性分析

为表征以上损伤评价指标之间关联性及可靠性，采用 Pearson 相关系数对其关系进行两两分析，得到如表 1 所示的相关系数表。

表 1 相关性系数表

Tab. 1 Correlation coefficient table

评价指标	信号峰值	信号能量	信号熵值	抗压强度	弹性模量	冲击次数
信号峰值	1	0.9207	0.9409	0.9337	0.9094	−0.9657
信号能量		1	0.8229	0.9227	0.8429	−0.8973
信号熵值			1	0.8882	0.8793	−0.929
抗压强度				1	0.9808	−0.9861
弹性模量					1	−0.9857
冲击次数						1

根据以上统计数据可看出，信号峰值、信号能量、信号熵值、抗压强度、弹性模量与冲击次数之间体现出较好的负相关性，随着次数增多，5 个评价指标均呈现下降趋势，即岩石损伤程度的增强和剩余承载力的减弱；5 个评价指标中抗压强度和弹性模量与冲击次数相关性最好，均达到了 0.98 以上，而非破坏性试验指标中与冲击次数间的相关性表现为：信号峰值>信号熵值>信号能量。

5 结论

采用实验分析方法，对花岗岩材料试样进行了循环冲击荷载下的损伤劣化特性分析，研究发现：

（1）花岗岩材料在循环冲击荷载下随着加载次数的增加其损伤逐渐增强，体现为导波信号的峰值、能量、熵值及抗压强度、弹性模量的衰减。

（2）基于关联性分析，在基于压电信号的无损健康测试参数中，信号峰值与信号熵值与冲击次数关联性较好，可采用信号峰值和熵值对材料损伤结果进行表征。

（3）在分析中发现，基于少样本的损伤规律分析，其整体趋势较为明显，但单次荷载作用特性对整体岩石劣化的影响规律并不突出，基于峰值、能量、熵值及抗压强度、弹性模量的损伤因子变化规律并不具备单调增加特性，需要进一步从分析方法深入研究。

参 考 文 献

[1] 丁小彬，赵君行，董耀俊．循环荷载下花岗岩动力响应及本构模型 [J]．郑州大学学报（工学版），2023：1-8.

[2] 唐建辉，陈徐东，白银．峰前和峰后循环荷载下岩石断裂损伤特征 [J]．上海交通大学学报，2022，56（12）：1700-1709.

[3] 刘冬桥，郭允朋，李杰宇，等．单轴压缩下脆性岩石损伤破坏能量演化规律试验研究 [J]．工程地质学报，2023，31（3）：843-853.

[4] 刘冬桥，郭允朋，李杰宇，等．基于声发射的脆性岩石单轴压缩损伤演化与本构模型 [J]．中国矿业大学学报，2023，52（4）：687-700.

[5] 彭志雄，曾亚武．基于裂纹扩展作用下的岩石损伤力学模型 [J]．东北大学学报（自然科学版），2022，43（12）：1784-1791.

[6] Liu Y，Ye Y，Wang Q，et al. Experimental research on shear failure monitoring of composite rocks using piezoelectric active sensing approach [J]. Sensors, 2020, 20（5）：1376.

[7] Negi P，Chakraborty T，Bhalla S. Viability of electro-mechanical impedance technique for monitoring damage

in rocks under cyclic loading [J]. Acta Geotech, 2022, 17 (2): 483-495.

[8] Si J, Zhong D, Xiong W. Piezoceramic-based damage monitoring of concrete structure for underwater blasting [J]. Sensors, 2020, 20 (6): 1672-1683.

[9] Si J, Xiong W, Zhong D, et al. Piezoelectric-based damage-depth monitoring method for underwater energy-relief blasting technique [J]. J Civil Struct Health Monit, 2021, 11 (2): 251-264.

[10] 张美林, 李俊萩, 张晴晖, 等. 基于熵和波形特征的木材损伤断裂过程声发射信号处理 [J]. 林业工程学报, 2022, 7 (2): 159-166.

[11] 文袁. 基于模态信息熵与两阶段信息融合的梁结构损伤诊断研究 [D]. 兰州: 兰州理工大学, 2021.

[12] 谷文婷. 基于熵的结构健康状态监测技术研究 [D]. 西安: 长安大学, 2014.

钢结构构件聚能爆破侵彻规律及机理研究

周晓光[1,2] 贾金龙[3] 刘康[4] 张伟[1] 刘翼飞[1]

（1. 中国矿业大学（北京）力学与建筑工程学院，北京 100083；

2. 湖南铁军工程建设有限公司，长沙 410000；

3. 湖南省创意爆破工程有限公司，长沙 410000；

4. 北方工业大学，北京 100144）

摘　要：聚能切割爆破是钢结构拆除的主要手段之一，为了实现钢结构构件的有效爆破拆除，本文采用实验室试验和数值分析方法，以侵彻深度和侵彻宽度为分析指标，开展了不同因素影响下钢结构构件聚能爆破侵彻规律研究。聚能爆破下，钢结构构件的破坏主要表现为三高作用下的脆性侵彻，铅锑合金材料药型罩爆破侵彻效果优于紫铜材料，随着装药量的增加，侵彻宽度呈线性增加，而侵彻深度呈现抛物线型增加，当药量增加达到 200mg/m，逐渐表现为切割型侵彻；随着炸高的增加，侵彻宽度增加明显，但侵彻深度变化不大，且当炸高超过 17mm 后，侵彻深度快速减小。相同条件下，当切割板厚度由 40mm 减为 20mm 时，切割深度明显增加，且表现为切割和弯曲复合型破坏。为了深入了解侵彻机理，采用 LS-DYNA 数值分析软件模拟了聚能爆破侵彻过程，研究表明，切割器药型罩形成的高温高压射流是聚能爆破侵彻的主要原因，当射流头部压强降低至 0.5~0.8 GPa，侵彻过程基本结束。上述研究进一步完善了聚能切割机理，为聚能切割爆破参数的选择提供依据。

关键词：钢结构；聚能切割；侵彻机理；数值分析；侵彻实验

Research on the Penetration Law and Mechanism of Steel Structure Components Through Shaped Charge Blasting

Zhou Xiaoguang[1,2]　Jia Jinlong[3]　Liu Kang[4]　Zhang Wei[1]　Liu Yifei[1]

（1. School of Mechanic & Civil Engineering China University of Mining & Technology, Beijing 100083; 2. Hunan Tiejun Engineering Construction Co., Ltd., Changsha 410000;

3. Hunan Creative Blasting Engineering Co., Ltd., Changsha 410000;

4. North China University of Technology, Beijing 100144）

Abstract: Shaped energy cutting blasting is one of the main methods for steel structure demolition. In order to achieve effective blasting demolition of steel structure components, this article uses laboratory experiments and numerical analysis methods, with penetration depth and penetration width as analysis indicators, to study the penetration law of steel structure components under different factors. Under

作者信息：周晓光，博士研究生，高级工程师，10276272@qq.com。

shaped charge blasting, the damage of steel structural components mainly manifests as brittle penetration under the action of three high forces. The penetration effect of lead antimony alloy shaped charge liner blasting is better than that of copper material. With the increase of charge amount, the penetration width increases linearly, while the penetration depth increases in a parabolic shape. When the charge amount increases to 200mg/m, it gradually shows cutting penetration; As the explosion height increases, the penetration width increases significantly, but the penetration depth does not change much. Moreover, when the explosion height exceeds 17mm, the penetration depth rapidly decreases. Under the same conditions, when the thickness of the cutting plate is reduced from 40mm to 20mm, the cutting depth significantly increases and exhibits a composite failure of cutting and bending. In order to deeply understand the penetration mechanism, LS-DYNA numerical-analysis software was used to simulate the penetration process of shaped charge blasting. The research shows that the high-temperature and high-pressure jet formed by the cutter liner is the main reason for the penetration of shaped charge blasting. When the jet head pressure drops to 0.5~0.8GPa, the penetration process is basically completed. The above research further improves the mechanism of shaped charge cutting and provides a basis for the selection of blasting parameters for shaped charge cutting.

Keywords: steel structure; shaped energy cutting; penetration mechanism; numerical analysis; penetration experiment

1 引言

钢结构拆除方法主要包括机械拆除、爆破拆除及逐渐发展起来的绿色拆除技术。其中，爆破拆除一般通过定向爆破，使整个建筑结构在重力产生的力矩作用下失稳破坏[1]。钢结构拆除定向爆破主要通过聚能切割器聚能爆破产生的高温高压射流侵彻切割钢材实现。

对于聚能切割器药型罩，其结构及材料是决定聚能切割效果的关键因素。在药型罩结构研究方面，周方毅[2]设计了一种双球缺组合药型罩，增强了对目标的破坏效应，能有效破坏带含水夹层圆柱壳结构的目标。陈兴等人[3]在半球形主药型罩基础上增加了锥形前驱罩结构，设计出一种球锥结合药型罩，研究表明前驱射流头部速度会随锥角的增大而降低，并确定了最佳锥角范围为 40°~50°。王庆华等人[4]为了提高半球形药型罩的侵彻能力并且保证半球形药型罩开孔均匀和开孔大的优点不变，设计出一种新型圆柱-半球结合药型罩。陈闯等人[5]为了提高射流在侵彻全过程的破甲效率，设计了一种顶部小锥角、口部大锥角的双锥药型罩。为了提高聚能射流的侵彻能力，通过改进药型罩顶部结构，陆续出现了 M 形顶部结构药型罩[6]、V 形顶部结构药型罩[7]和截顶 M 形药型罩[8]等。龚文涛等人[9]以线型聚能装药为研究对象，采用正交优化设计方法，对线型聚能切割器的药型罩壁厚、顶角、口径、炸高等主要结构参数进行优化设计，并确定了最优线型聚能装药结构。材料的声速、密度和塑性可作为重要的参考指标[10]，在选择药型罩材料研究方面，常用的药型罩材料主要包括单金属类、合金类和活性材料类。一般来说，合金类形成的射流与单金属类相比，侵彻深度相差不大，开孔孔径提高较大[11]。

聚能切割器切割钢板的过程可以成为破甲过程，切割过程中形成高压、高速的聚能流冲击钢板，在钢板上形成高温、高压、高应变率的三高区域，后续的金属射流不断冲击、侵彻和切割钢板[12]。鉴于聚能切割器的上述优势，本文将聚能切割定向爆破应用于某钢结构造粒塔和锅炉房爆破拆除，为了选择合理的药型罩材质及结构参数，起到更为理想的爆破效果，本文对聚能切割器切割机理、结构及材料选型进行了深入研究。

2 钢结构构件聚能爆破侵彻机理实验研究

2.1 不同材质切割器爆破效果对比分析

聚能切割器的侵彻切割能力与其材质息息相关，从根本上来说，主要取决于材料的声速、密度和塑性，基于此，聚能切割器药型罩从材料大类上分为单金属药型罩、合金药型罩和活性材料药型罩。其中，考虑到现有条件，本文主要尝试采用紫铜药型罩和铅锑合金药型罩两种切割器，线性聚能切割器的横截面示意图如图1所示，顶角 α，壁厚 t，装药高度 H，药型罩口径 R，后续实验采用相同结构聚能切割器。聚能切割器在切割靶板过程中，射流能量主要用于靶板侵彻宽度和侵彻深度的增加，因此本文实验主要分析指标为爆破裂缝的侵彻宽度和侵彻深度。不同材质切割器切割结果图如图2所示。不同材质切割器靶板侵彻宽度和侵彻深度统计表见表1。

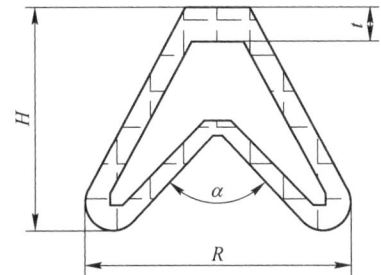

图1 线性聚能切割器横截面示意图

Fig. 1 Cross section schematic diagram of linear shaped charge cutter

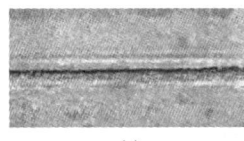 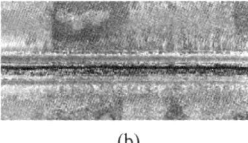

(a)　　　　　　　　(b)

图2 不同材质切割器切割结果图

（a）紫铜合金；（b）铅锑合金

Fig. 2 Cutting results of different material cutters

表1 不同材质切割器靶板侵彻宽度和侵彻深度统计表

Tab. 1 Statistical table for penetration width and depth of target plates of different material cutters

序号	药量/g·m⁻¹	材质	侵彻宽度/mm	平均宽度/mm	侵彻深度/mm	平均深度/mm
1	60	紫铜	3.00	4.43	3.50	3.80
			4.30		3.90	
			6.00		4.00	
2	60	铅锑	4.20	4.93	4.50	5.03
			5.00		5.20	
			5.60		5.40	

根据经典聚能装药理论，侵彻深度与药型罩材料密度可以用下式表示[13]：

$$P = kL\sqrt{\frac{\rho_j}{\rho_t}} \qquad (1)$$

式中，P 为侵彻深度；L 为射流长度；k 为有效性参数；ρ_j、ρ_t 分别为射流和靶板密度。

式（1）在射流速度大于4km/s时有较好的吻合性，低速射流用此公式表述并不准确。

铅锑合金密度大，熔点低，根据式（1）可以得出侵彻深度要优于紫铜药型罩；从表中也可以看出，在相同条件下，紫铜的平均侵彻深度为3.8mm，而铅锑合金的达到5.03mm，可以很好地验证上述结论。

2.2　不同装药量爆破效果对比分析

2.2.1　切割器及靶板规格尺寸

基于上述试验，后续药型罩材料选用铅锑合金，为了研究不同装药量下爆破效果，以药量为变量，三组药量分别为200g/m、13g/m、8g/m，每组取3个试样进行爆破切割实验，靶板尺寸为300mm×300mm×40mm，药罩长度为300mm。

2.2.2　实验结果分析

图3所示为不同装药量下靶板切割效果，为了便于分析，将三组试件侵彻深度和侵彻宽度进行了统计，实验中发现，沿聚能切割器长度方向同一靶板侵彻宽度和侵彻深度均有所差异，且部分差异较大，考虑到切割器装药量相同时，总的射流能量一致，只是沿靶板切割器长度方向释放不均，导致了不同位置不同的侵彻数据，因此为了简化分析，分别测量了裂缝两端和中间的侵彻数据，取平均值，统计结果见表2。从表2数据可以看出，随着装药量的增加，侵彻宽度和侵彻深度平均值均逐渐增加。为了便于了解随炸药量增加，侵彻宽度和侵彻深度的变化趋势，绘制了随装药量增加，侵彻宽度和侵彻深度的曲线图，如图4所示。

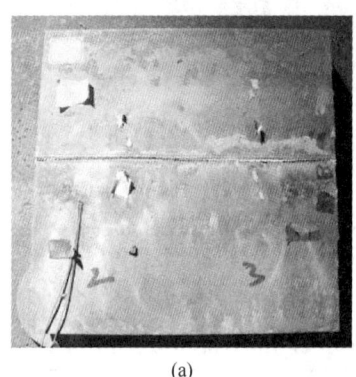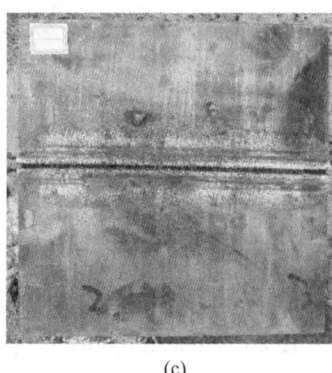

(a)　　　　　　　　　　　　　　(b)　　　　　　　　　　　　　　(c)

图3　不同装药量下靶板切割结果图

(a) 8g/m；(b) 13g/m；(c) 200g/m

Fig. 3　Target plate cutting results under different charge levels

表2　不同装药量靶板侵彻宽度和侵彻深度结果图

Tab. 2　Results of penetration width and depth of target plates with different charge amounts

序号	编号	药量 /g · m⁻¹	侵彻宽度 /mm	平均宽度 /mm	均值	侵彻深度 /mm	平均深度 /mm	均值
1	Y-8-40-1	8	2.30	2.43		1.00	1.20	
			2.50			1.20		
			2.50		1.70	1.40		1.36
2	Y-8-40-2	8	0.80	1.30		1.00	1.27	
			1.50			1.20		
			1.60			1.60		

续表2

序号	编号	药量 /g·m⁻¹	侵彻宽度 /mm	平均宽度 /mm	均值	侵彻深度 /mm	平均深度 /mm	均值
3	Y-8-40-3	8	1.20 1.30 1.60	1.37	1.70	1.50 1.60 1.70	1.60	1.36
4	Y-13-40-1	13	1.40 1.70 2.80	1.97		1.00 1.80 2.00	1.60	
5	Y-13-40-2	13	1.40 1.80 2.00	1.73	1.85	1.20 2.40 2.50	2.03	1.82
6	Y-13-40-3	13	2.20 3.20 3.20	2.87		3.10 3.50 3.80	3.47	
7	Y-200-40-1	200	3.00 4.10 4.80	3.97		7.00 8.10 8.20	7.77	
8	Y-200-40-2	200	4.00 4.70 4.80	4.50	4.24	6.20 6.30 6.50	6.33	7.05
9	Y-200-40-3	200	5.70 5.90 6.70	6.10		8.10 8.20 9.70	8.67	

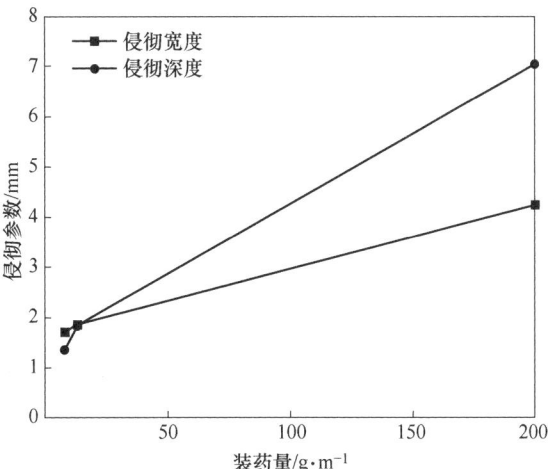

图 4　随装药量增加靶板侵彻深度和侵彻宽度曲线图

Fig. 4　Curve of penetration depth and penetration width of target plate as the charge quantity increases

从图 4 可以看出，随炸药量增加，侵彻宽度近似线性增加，而侵彻深度呈现抛物线型增加，当药量增加达到 200mg/m，侵彻深度为 7.05mm，侵彻宽度为 4.24mm，射流能量更多用于靶板切割，逐渐表现为切割型侵彻。从工程角度，应该尽可能设计合理的药型罩结构，以减少侵彻宽度的耗能量，增加侵彻深度。

2.3　不同炸高切割器侵彻能力分析

炸高是影响切割效果的重要因素之一，为了合理地选择炸高，本文进行了不同炸高条件下的爆破切割实验。药量 200g/m，材质为铅锑合金，靶板尺寸 300mm×300mm×20mm，索长 500mm，炸高为变量，分别取 0mm、7mm、17mm 和 20mm。表 3 所列为不同炸高条件下侵彻深度和侵彻宽度的统计数据，并绘制了随炸高增加，侵彻宽度和侵彻深度的曲线图，如图 5 所示。

表 3　不同炸高条件下侵彻深度和侵彻宽度的统计数据

Tab. 3　The statistical data of penetration depth and penetration width under different explosion height conditions

序号	炸高/mm	侵彻宽度/mm	平均	侵彻深度/mm	平均
1	0	4.5	4.97	9.4	9.53
		5.1		9.5	
		5.3		9.7	
2	7	7.2	7.73	7.8	8.3
		7.2		8.2	
		8.8		8.9	
3	17	6.7	9.16	6	10.07
		8.8		12	
		12		12.2	
4	20	10	10.76	2.3	3.63
		10.3		4.2	
		12		4.4	

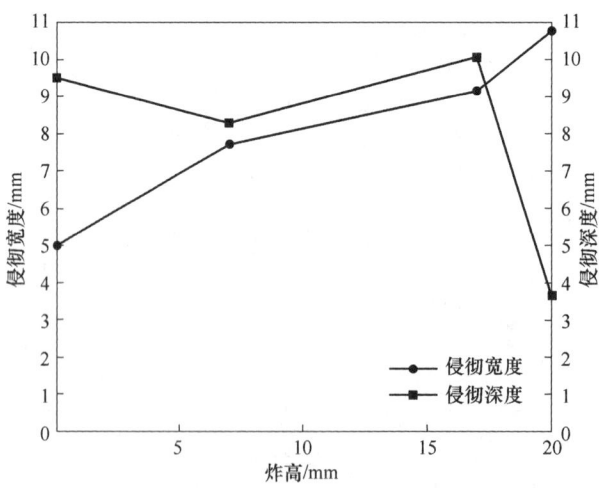

图 5　不同炸高下侵彻宽度和侵彻深度曲线图

Fig. 5　Curve of penetration width and depth under different explosion heights

从图 5 可以看出，随着炸高的增加，侵彻宽度增加明显，但侵彻深度变化不大，且当炸高超过 17mm 后，侵彻深度快速减小，这意味着随炸高增加，消耗在侵彻宽度上的能量占比越来越大，超过了侵彻深度耗能量，从工程角度来说，造成了较大的能量浪费，因此，工程中应该选择合理的炸高，将更多的射流能量用于切割靶板。

另外，从表 2 和表 3 中数据对比可以看出，当变量为靶板厚度时，20mm 靶板侵彻深度为 7.05mm，而 40mm 靶板侵彻深度达到了 9.53mm，由此可以看出，当靶板厚度减小时，还存在其他因素提高侵彻深度，结合爆破结果可看出，20mm 后在射流冲击下，发生了较大的弯曲，其中，裂缝位置，挠度值最大，表现为切割和弯曲复合型破坏。

3 钢结构构件聚能爆破侵彻机理数值分析

3.1 物理计算模型

为了更深入剖析聚能切割器射流侵彻机理，本文采用数值分析方法进行了详细研究。图 6 所示为线性聚能切割器射流侵彻钢部件计算模型示意图。为了方便计算，钢部件结构简化成二维平面计算模型。计算模型中，计算区域分为炸药装药区域、药型罩区域、空气区域及钢部件区域四个部分组成。其中，钢部件区域为矩形，长度为 20cm，宽度为 3cm。为了研究射流形成过程，建立了铅锑合金材料的药型罩，单索炸高 7mm 线性切割器模型。

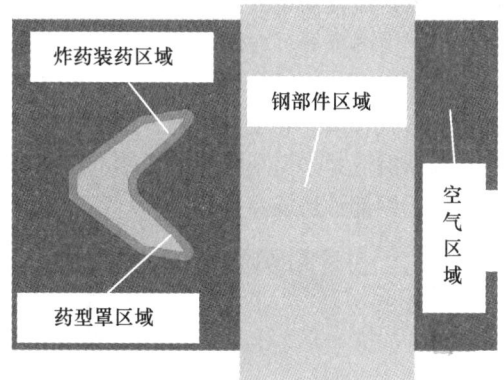

图 6 单索炸高 7mm

Fig. 6 Single cable explosion height 7mm

3.2 钢部件材料模型

本文采用 Johnson-cook 强度模型描述钢部件本构关系，其表达式为：

$$\sigma_e = [A + B(\varepsilon_e^p)^n][1 + C\ln(\dot{\varepsilon}^*)](1 - T^{*m}) \qquad (2)$$

式中，σ_e 为 Von-Mises 流动应力；ε_e^p 为等效塑性应变；$\dot{\varepsilon}^* = \dot{\varepsilon}/\dot{\varepsilon}_0$ 为无量纲的等效塑性应变率；$\dot{\varepsilon}$ 为等效塑性应变率；$\dot{\varepsilon}_0$ 为 Johnson-cook 模型的参考应变率，一般取准静态应变率；$T^{*m} = (T - T_r)/(T_m - T_r)$ 为无量纲化的温度项，T_r 为参考温度，T_m 为材料熔点；A 为常数，为低应变率条件下材料的初始屈服强度；B 和 n 为材料应变强化系数；C 为应变率敏感系数；m 为温度指数。

钢部件材料的 Johnson-cook 本构参数见表 4。

表4　钢部件材料的 Johnson-cook 本构参数

Tab. 4　Johnson book constitutive parameters of steel component materials

参数名称	取　值
剪切模量/GPa	81.8
屈服应力/MPa	29.2
硬化常数/MPa	510
硬化指数	0.26
应变率常数	0.014
热软化指数	1.03
熔点/K	1793
参考应变率	1.0

钢材料状态方程设置为线性形式，表达式为：

$$P = K(\rho/\rho_0 - 1) \tag{3}$$

式中，ρ 为材料变形后密度；ρ_0 为变形前密度；K 为材料的体积模量，大小为 159MPa。

3.3　计算结果与讨论

图7所示为线性切割器药型罩射流侵彻过程，图中蓝色、绿色、浅蓝和红色区域分别为空气、炸药、钢部件和药型罩区域。由图可知，在 $t=9.5\mu s$ 之后，金属射流接触钢部件，金属射流侵彻深度逐渐增加，在 $t=80.5\sim120.0\mu s$ 时，射流侵彻深度由 55.8mm 增加至 58.0mm，侵彻深度仅增加了 2.2mm，表面射流侵彻深度不再明显增加，线性切割器对钢部件的侵彻过程基本结束。从射流侵彻结果来看，金属射流并未完全贯穿钢部件，但在金属射流的冲击作用下，钢部件发生了断裂变形，直接导致了钢部件形成穿孔。

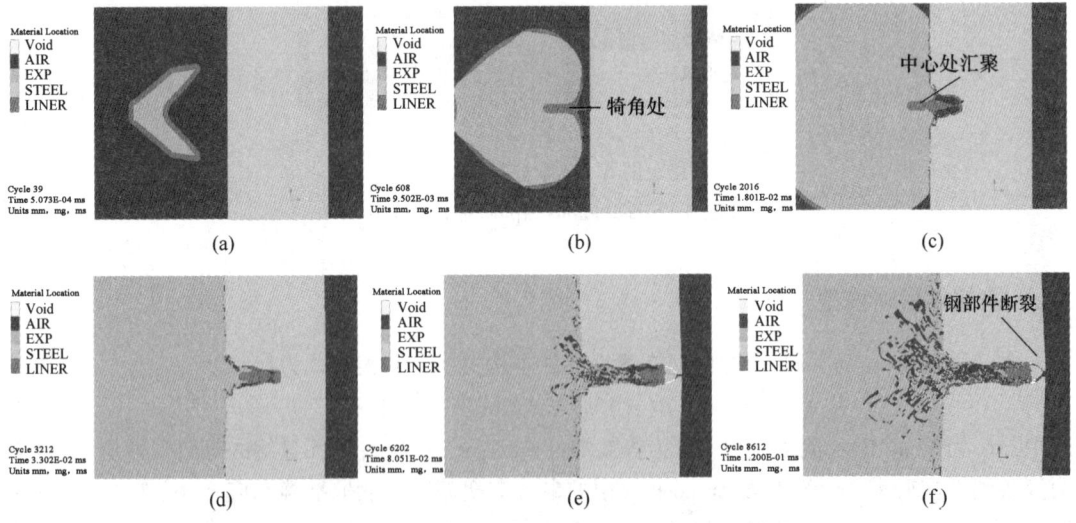

图7　线性切割器药型罩射流侵彻过程

（a）$t=0.5\mu s$；（b）$t=9.5\mu s$；（c）$t=18.0\mu s$；（d）$t=33.0\mu s$；（e）$t=80.5\mu s$；（f）$t=120.0\mu s$

Fig. 7　Jet penetration process of linear cutter liner liner

图 8 所示为线性切割器药型罩形成射流过程压强分布云图，其中标尺单位为 kPa。由图可知，在 $t = 9.5\mu s$ 之后，钢部件被头部射流碰撞侵彻，形成高压区，最大压力达到 11.9GPa。由于射流侵彻深度不断加深，射流头部压力逐渐减小，直至 $t = 80.5 \sim 120\mu s$ 时，射流头部压力降低至 $0.5 \sim 0.8$GPa。

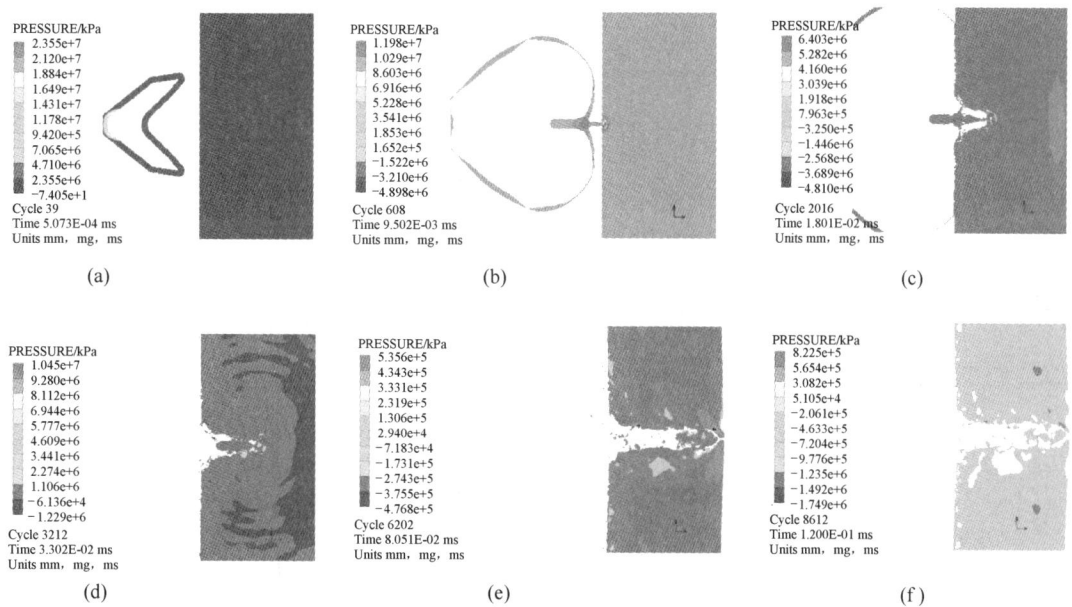

图 8　线性切割器药型罩射流侵彻过程压强分布云图

（a）$t = 0.5\mu s$；（b）$t = 9.5\mu s$；（c）$t = 18.0\mu s$；（d）$t = 33.0\mu s$；（e）$t = 80.5\mu s$；（f）$t = 120.0\mu s$

Fig. 8　Pressure distribution cloud diagram of penetration process

图 9 所示为线性切割器药型罩射流侵彻过程温度分布云图，温度云图中的单位为 K。由图可知，高温区主要集中在射流头部，金属射流头部最高温度达到了 2467 K，随着侵彻深度的增加，温度逐渐降低。

图 10 所示为侵彻过程中射流头部位置和随时间的变化曲线，表 5 列出了侵彻过程中不同时刻射流头部位移和速度，数据点时间与图 10 一致。由图可知，随着时间的增加，射流头部的位移持续增加，射流头部速度随着时间的增加而减少，在 $t = 9.0\mu s$ 时刻，射流头部速度为 2556m/s，侵彻过程中射流头部速度逐渐降低。在 $t = 120.0\mu s$ 之后，射流头部速度迅速降低至 43m/s，表明射流侵彻过程基本结束。

表 5　侵彻过程中不同时刻射流头部位移和速度

Tab. 5　Displacement and velocity of jet head at different times during penetration process

时间/μs	9.0	9.5	10.0	10.5	12.0	14.5	18.0
位移/mm	29.0	29.8	30.4	31.2	33.4	36.2	39.0
速度/m·s^{-1}	2556	1656	1422	1477	1025	727	666
时间/μs	23.0	32.0	45.0	61.0	80.5	94.0	120.0
位移/mm	41.8	46.4	50.4	54.4	55.8	56.8	58.0
速度/m·s^{-1}	387	343	232	152.7	44.4	47.4	43.2

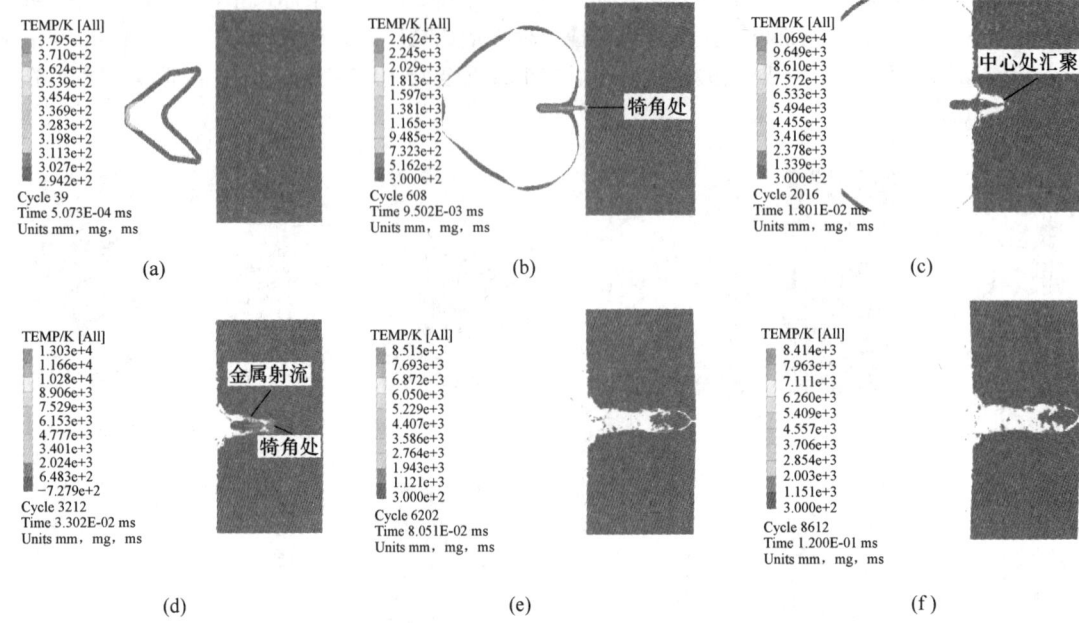

图 9　线性切割器药型罩射流侵彻过程温度分布云图

（a）$t=0.5\mu s$；（b）$t=9.5\mu s$（c）；（c）$t=18.0\mu s$（c）；（d）$t=33.0\mu s$；（e）$t=80.5\mu s$；（f）$t=120.0\mu s$

Fig. 9　Cloud chart of temperature distribution during jet penetration of liner cutter liner

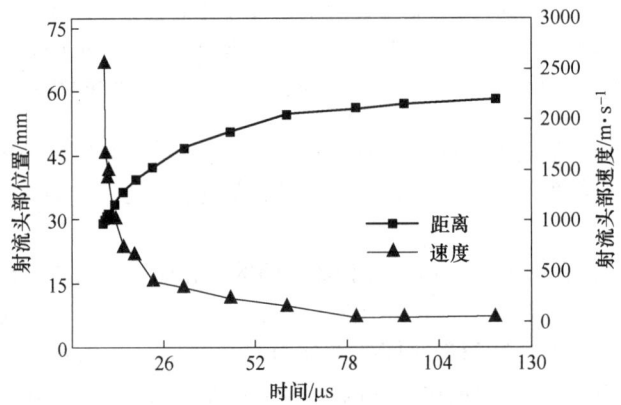

图 10　侵彻过程中射流头部位置和速度随时间的变化曲线

Fig. 10　Time dependent curve of jet head position and velocity during penetration process

4　结论

聚能切割爆破是钢结构拆除的主要手段之一，为了实现钢结构构件的有效爆破拆除，本文开展了不同因素影响下钢结构构件聚能爆破侵彻规律研究，具体结论如下：

（1）聚能切割爆破下，钢结构构件的破坏主要表现为脆性侵彻，铅锑合金材料药型罩爆破侵彻效果优于紫铜材料，随着装药量的增加，侵彻宽度呈现近似线性增加，而侵彻深度呈现抛物线型增加，当药量增加达到 200mg/m，逐渐表现为切割型侵彻。

（2）随着炸高的增加，侵彻宽度增加明显，但侵彻深度变化不大，且当炸高超过 17mm 后，侵彻深度快速减小；相同条件下，当切割板厚度由 40mm 减为 20mm 时，切割深度明显增加，且表现为切割和弯曲复合型破坏。

（3）采用 LS-DYNA 数值分析软件进行聚能爆破侵彻靶板过程模拟，研究表明，切割器药型罩形成的高温高压射流是聚能爆破侵彻的主要原因，当射流头部压力降低至 0.5~0.8GPa，侵彻过程基本结束。

参 考 文 献

[1] 符宇欣，曾亮，丁陶，等. 钢结构绿色拆除技术研究 [J]. 建筑结构，2022，52（S1）：3040-3045.

[2] 周方毅，黄雪峰，詹发民，等. 一种双球缺组合药型罩聚能鱼雷战斗部研究 [J]. 水下无人系统学报，2017，25（4）：278-281，287.

[3] 陈兴，李如江，弯天琪，等. 一种球锥结合药型罩石油射孔弹研究 [J]. 爆破器材，2015，44（2）：58-64.

[4] 王庆华，刘宁，张建仁，等. 一种新型圆柱-半球结合药型罩形成射流以及侵彻性能的数值模拟及试验验证 [J]. 火炸药学报，2018，41（2）：208-212.

[5] 陈闯，唐恩凌. 双锥药型罩射流成型的理论建模与分析 [J]. 火炸药学报，2019，42（6）：637-643.

[6] 王凤英，阮光光，刘天生，等. 一种新型 M 形顶部结构药型罩的设计及形成射流的侵彻能力分析 [J]. 火炸药学报，2017，40（4）：76-80.

[7] 安文同，高永宏，周杰，等. V 形顶部结构药型罩射流成型及侵彻模拟 [J]. 弹箭与制导学报，2020，40（1）：24-26，34.

[8] 安文同，高永宏，陈熙，等. 截顶 M 形顶部结构药型罩形成射流的数值模拟 [J]. 兵器装备工程学报，2020，41（2）：40-43.

[9] 龚文涛，刘健峰，龚先乐，等. 线型聚能切割器结构参数优化设计及应用 [J]. 爆破器材，2017，46（6）：37-42.

[10] 贾梦晔，高永宏，周鹏飞，等. 药型罩材料与结构的研究进展 [J]. 兵器装备工程学报，2022，43（1）：10-18.

[11] 张晓伟，段卓平，张庆明. 钛合金药型罩聚能装药射流成型与侵彻实验研究 [J]. 北京理工大学学报，2014，34（12）：1229-1233.

[12] 惠鸿斌，薛延河，肖均. 线型聚能切割索在拆除爆破中的应用 [J]. 爆破器材，1997（5）：25-29.

[13] 赵丽俊，朱小平，尹龙，等. 不同材料药型罩破甲威力的数值模拟及试验研究 [J]. 兵器材料科学与工程，2018，41（1）：89-92.

炮孔壁峰值压强的理论计算方法探讨

张 贺[2]　谢守冬[1,3]　郭子如[1,2]　汪 泉[2]　李萍丰[1]　何志伟[2]　尹 涛[3]

刘 伟[2]　李洪伟[2]　苗飞超[2]　苏 洪[2]　刘 锋[2]

（1. 宏大爆破工程集团有限责任公司，广州　510623；

2. 安徽理工大学化学工程学院，安徽　淮南　232001；

3. 安徽理工大学土木与建筑工程学院，安徽　淮南　232001）

摘　要：炮孔壁峰值压强计算一直是爆破科技工作者关心的课题，本文在讨论孔壁压强产生的物理机制基础上，提出了相应的计算方法，同时比较和分析了本文计算方法与已有文献方法计算结果。计算结果表明，耦合装药条件下，引入倾斜入射系数可计算爆轰波倾斜入射时孔壁压强，不同入射角度下对炮孔壁压强不同。不耦合装药条件下，不耦合系数较小时，可采用炮孔中炸药的初始空气冲击波超压作为入射压强来计算反射压强；不耦合系数较大时，可采用空气冲击波超压经验计算式得到入射超压来计算反射超压，在适用范围内，计算结果与实测值和数值仿真结果相对误差较小，使用该方法计算较为便捷和合理。

关键词：爆破；孔壁压强；耦合装药；不耦合装药；空气冲击波

Discussion on the Theoretical Calculation Method of Peak Pressure on Blasting Hole Wall

Zhang He[2]　Xie Shoudong[1,3]　Guo Ziru[1,2]　Wang Quan[2]　Li Pingfeng[1]　He Zhiwei[2]

Yin Tao[3]　Liu Wei[2]　Li Hongwei[2]　Miao Feichao[2]　Su Hong[2]　Liu Feng[2]

（1. Hongda Blasting Engineering Group Co., Ltd., Guangzhou 510623；

2. School of Chemical Engineering, Anhui University of Science and Technology,

Huainan 232001, Anhui；3. School of Civil Engineering and Architecture,

Anhui University of Science and Technology, Huainan 232001, Anhui）

Abstract：The peak explosion pressure acting on the borehole wall has always been a concern for blasting technicians. The existing methods for determining the borehole pressures of coupled charges and uncoupled charges are reviewed, and the relevant methods for calculating the peak pressure on the borehole wall are proposed in this paper. The calculation results indicate that under the coupled charges condition, when the detonation wave is obliquely incident on the borehole wall, the peak pressure can be calculated by introducing the obliquely incidence coefficient. Under the uncoupled charges condition, when the uncoupled coefficient is small, the primary air shock wave over pressure generated from the explosive detonation in the borehole can be taken as incidence pressure to calculate the collision pressure；when the uncoupled coefficient is large, the over pressure derived from the empirical

基金项目：国家自然科学基金面上项目（11872002）；国家自然科学基金项目（52104074）。

作者信息：张贺，在读硕士，1431925902@qq.com。

calculation formula for air shock wave is taken as incidence pressure to calculate the collision pressure. Within the applicable range, using the peak overpressure of air shock waves as the incident pressure at the borehole wall interface has relatively small errors compared to the measured values and some numerical simulation results, using this method to the relevant calculation is more convenient and reasonable.

Keywords: blasting; hole wall pressure; couple charge; uncouple charge; air shock wave

1 引言

炮孔壁峰值压强计算是爆破技术基础研究的一个重要课题，孔壁峰值压强是造成孔壁附近岩石破坏的强动载荷，是爆破数值仿真的一个重要参考，也是预裂与光面爆破参数确定的一个重要依据[1]。炮孔中炸药装药有两种状态，一是耦合装药，另一种是不耦合装药。在当前的爆破实践中，主体爆破区域，一般是耦合装药。在接近保护层部位、需要降低爆破振动的部位，一般采用不耦合装药[2]，以便获得良好的开挖形状，保证边坡及保护的建构筑物的安全和稳定[3]。

郭子如等人[4]总结分析了几种炸药爆轰波垂直碰撞固体介质分界面上的爆炸压强的计算方法，该方法可为耦合装药时孔壁压强确定提供更为合理的结果。杜俊林等人[5]利用冲击波传播理论、应力波理论分情况近似计算得出孔壁压强。刘尔岩等人[6]应用 PBX-9501 和 T_2 炸药计算了爆轰波在不同入射角下与金属平板的斜相互作用。张恒根等人[7]通过分析空气不耦合装药炮孔中的物理过程，推导出空气冲击波衰减规律，得到孔壁初始参数计算方程组。陈明等人[8]分析了爆炸冲击波与弹性壁面的相互作用，推导了空气冲击波与弹性壁碰撞后压强增大倍数的理论解。除了上述理论方法确定炮孔壁压强外，还有少数学者对孔壁压强测试进行了尝试。凌伟明[9]用混凝土和有机玻璃管模拟炮孔，验证了锰铜压阻传感器测得孔壁压强的可行性。汪泉等人[10]利用锰铜压阻法的测试理论，设计并应用一种界面爆压的测试系统，测试了乳化炸药与钢靶板界面接触爆炸时的靶板表面压强。本文在讨论孔壁压强产生的物理机制基础上，提出了相应的计算方法，同时比较和分析了相同条件下本文方法和文献方法计算结果。

2 耦合装药孔壁压强计算方法

对于耦合装药，孔壁峰值压强是由爆轰波碰撞孔壁而生产的，通常这种碰撞是斜碰撞，并不是正碰撞，如图 1 所示。

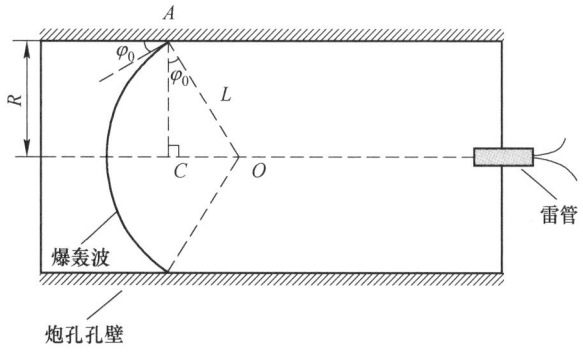

图 1　耦合装药曲面爆轰波作用于孔壁的物理图像

Fig. 1　Physical image of the coupled charge curved surface blast wave acting on the hole wall

炸药和孔壁分界面处的压强除了与炸药和孔壁介质特性有关，还与爆轰波到达孔壁分界面时入射角度 φ_0 有关。参考炸药斜入射钢时[11]，炸药与钢分界面上峰值压强和爆轰压强比值与入射角度 φ_0 的关系。当入射角度为 φ_0，将炸药与钢分界面上峰值压强和爆轰压强比值记为 $K(\varphi_0)$，将 $K(\varphi_0)$ 作为爆轰波倾斜入射孔壁的压强反射系数。可以得到：

$$p_x = K(\varphi_0) \cdot p_{CJ} \tag{1}$$

文献 [11] 中给出的 $K(\varphi_0)$ 见表 1。

表 1　分界面上最大压强 p_m 与入射角 φ_0 的关系

Tab. 1　Relationship between the maximum pressure p_m on the demarcation plane and the angle of incidence φ_0

φ_0	p_m/GPa	p_m/p_{CJ}	φ_0	p_m/GPa	p_m/p_{CJ}
0	39.6	1.616	63.4	37.0	1.510
5	39.2	1.600	63.4	45.2	1.845（马赫反射）
15	39.1	1.596	71.3	35.0	1.429（马赫反射）
25	38.7	1.579	74.1	31.6	1.290（马赫反射）
35	37.9	1.547	74.1	28.7	1.171
45	37.0	1.510	80.0	22.3	0.910
55	35.9	1.465	90.0	16.8	0.686

根据近代爆轰理论，柱状装药在炮孔内的爆轰波的波阵面一般为曲面，假设该曲面为球面波，则可能存在曲率半径小于、等于或大于炮孔半径三种情况。第一种情况一般为点起爆且位于起爆阶段，不代表炮孔中主体状况，本文不予讨论。第二种情况，当曲率半径等于炮孔半径时，对于孔壁上 A 点，入射角 $\varphi_0 = 0°$，即爆轰波垂直入射，可按文献 [4] 中爆轰波垂直入射固体分界面方法计算。第三种情况，当爆轰波曲率半径大于炮孔半径，爆轰波作用于孔壁上 A 点时，如图 1 所示，由几何关系可以得到：

$$\varphi_0 = \arccos \frac{R}{L} \tag{2}$$

式中，φ_0 为入射角度；R 为炮孔半径；L 为爆轰波曲率半径。

给定不同的 φ_0，即可根据表 1 中查出对应的 $K(\varphi_0)$，求得孔壁压强 p_x。

3　不耦合装药孔壁压强计算方法

3.1　本文建议的计算方法

如果是中心不耦合装药，如图 2 所示，炮孔内柱状药卷由雷管起爆后，爆轰波沿药卷轴向传播，在与空气的分界面处产生初始空气冲击波并向空气间隙中传播，其波阵面参数由于能量的散失而迅速衰减为比爆轰压强小得多的空气冲击波压强，该冲击波到达孔壁界面处产生透射波和反射波。

当空气间隙较小（一般认为 3mm 以内[12]），即不耦合系数较小时，爆轰产物和空气冲击波尚未分离，可将初始空气冲击波参数作为孔壁分界面入射参数。爆轰产物膨胀过程按二阶段考虑。

空气冲击波波阵面质点速度 u_2 为[12]

$$u_2 = \frac{D}{\gamma + 1}\left\{1 + \frac{2\gamma}{\gamma - 1}\left[1 - \left(\frac{p_K}{p_1}\right)^{\frac{\gamma - 1}{2\gamma}}\right]\right\} + \frac{2C_K}{k - 1}\left[1 - \left(\frac{p_2}{p_K}\right)^{\frac{k-1}{2k}}\right] \tag{3}$$

式中，D 为炸药爆速；γ、k 为绝热指数，通常取 $\gamma = 3$，$k = 1.3$；p_K 为炸药爆炸产物的临界压强；C_K 为爆炸产物膨胀时的声速。

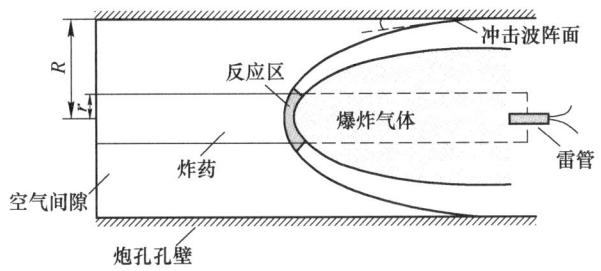

图 2　不耦合装药炮孔内物理过程

Fig. 2　Physical processes in uncoupled loading gun holes

由于初始空气冲击波一定是强冲击波，利用强冲击波关系可求得

$$u_2 = \sqrt{\frac{2}{k + 1}\frac{p_2}{\rho_a}} \tag{4}$$

由式（3）和式（4）联立即可计算出入射空气冲击波压强 p_2。根据正反射冲击波基本关系式，可得

$$\Delta p_x = 2\Delta p_2 + \frac{(\gamma + 1)\Delta p_2^2}{(\gamma - 1)\Delta p_2 + 2\gamma p_a} \tag{5}$$

式中，$\Delta p_x = p_x - p_a$，p_x 为反射后孔壁压强，p_a 为未扰动空气初始压强；Δp_2 为入射空气冲击波超压，$\Delta p_2 = p_2 - p_a$。

当空气冲击波传播到孔壁时仍为强冲击波，则有 $p_2 \gg p_a$，则 $\Delta p_x / \Delta p_2 \approx 8$。必须指出，对于强冲击波，空气已不能看作是完全气体，存在着离解和电离，γ 会变小，此时反射压强更大。令压强增大系数 $n = \Delta p_x / \Delta p_2$，根据式（6）可求出孔壁压强 p_x。此法定义为本文方法一。

$$p_x = n \times p_2 \tag{6}$$

式中，p_2 为孔壁入射空气冲击波压强。

若不耦合系数较大，入射空气冲击波压强还可以用峰值超压近似得到，此法本文定义为本文方法二。

J. Henrych 在大量实验的基础上提出了以下公式[13]

$$\Delta p = 14.0717\frac{\sqrt[3]{W}}{R} + 5.5397\left(\frac{\sqrt[3]{W}}{R}\right)^2 - 0.3572\left(\frac{\sqrt[3]{W}}{R}\right)^3 + 0.0062\left(\frac{\sqrt[3]{W}}{R}\right)^4 \tag{7}$$

适用范围 $0.05 \leqslant \dfrac{R}{\sqrt[3]{W}} \leqslant 0.3$

式中，Δp 为空气冲击波峰值超压；R 为爆心距，W 为装药 TNT 当量。

如图 2 所示，空气冲击波为曲面波，假设其为球面，当球面半径与炮孔半径相等，即空气冲击波掠射孔壁表面，则空气冲击波正入射孔壁，可按本文方法二计算；当空气冲击波球面半径大于炮孔半径时，孔壁与球面相割，形成入射角 φ_0，此时计算孔壁压强需要考虑入射角。对于气体物质存在一个临界角（空气临界角约为 40°），当入射角小于临界角发生规则反射，反之则发生马赫反射，分别按以下三种情况计算[13]，此方法定义为本文方法三。

（1）正反射：

$$\Delta p_{\mathrm{x}} = 2\Delta p_2 + \frac{6\Delta p_2^2}{\Delta p_2 + 7p_a} \tag{8}$$

（2）斜反射：

$$\Delta p_{\mathrm{x}} = (1 + \cos\varphi_0)\Delta p_2 + \frac{6\Delta p_2^2}{\Delta p_2 + 7p_a}\cos^2\varphi_0 \tag{9}$$

（3）马赫反射

$$\Delta p_{\mathrm{m}} = \Delta p_{\mathrm{fG}}(1 + \cos\varphi_0) \tag{10}$$

式中，Δp_{x}、Δp_{m} 分别为规则反射和马赫反射的超压；Δp_{fG} 为相应的地爆超压。

3.2　已有文献中的计算方法

文献方法一：文献［5］中采用爆轰产物等熵绝热膨胀充满炮孔时的准静压强，乘以压强增大系数 n，近似得到孔壁压强。其中，根据空气冲击波入射压强 p_1 和临界压强 p_K 大小关系不同，按照一阶段或两阶段等熵膨胀计算准静压强。

文献方法二：文献［7］中假设爆轰扰动形成的空气冲击波以柱面波的形式在空气间隙中传播，由于能量散失，其峰值压强和波阵面速度迅速衰减，由强冲击波关系，爆生气体两阶段等熵方程，孔壁界面处质点速度的连续性方程和岩石状态方程联立求得孔壁压强。

文献方法三：文献［14］推荐采用经验公式计算空气不耦合装药孔壁压强。

$$p_{\mathrm{x}} = p_{\mathrm{b}}\left(\sqrt{C}\,\frac{r}{R}\right)^a = \frac{\rho_0 D^2}{2(\gamma + 1)}K^{-2\gamma-a}C^{\frac{a}{2}} \tag{11}$$

式中，p_{b} 为爆生气体绝热膨胀到充满炮孔时的静态压强；R 为炮孔半径；r 为装药半径；K 为不耦合系数，$K=R/r$；C 为沿炮孔轴向装药的比例系数。

文献方法四：文献［15］利用炸药爆炸功求出爆轰产物最大扩散速度，再求出孔壁处某点空气冲击波的传播速度，进而根据空气冲击波入射压强与压强增大曲线确定孔壁压强。

4　计算与分析

为了便于与文献中结果进行对比，采用文献［9］中的条件。

文献［9］中利用水泥砂浆模拟炮孔，炮孔直径为 40mm，孔壁介质密度为 2.2g/cm³，弹性纵波速度为 3200m/s。选用 2 号岩石炸药，爆速为 3200m/s，密度 1.0g/cm³，绝热指数取 $\gamma = 3$，$k = 1.3$，装药直径分别为 40mm、35mm、25mm，压强增大系数取 $n = 8$。文献［9］利用锰铜压阻传感器测得耦合装药和不耦合装药条件下孔壁压强值，文献［16］利用 ANSYS/LS-DYNA 对相同条件下进行了数值模拟，可靠度约为 80%，实验结果和模拟结果分别记为 P_{e} 和 P_{n}。

4.1　耦合装药

依据经典爆轰理论计算方法，炸药的爆轰压强 p_{CJ} 为 2.56GPa。爆轰波阵面的曲率半径 R 最初随着药柱长度 l 的增大而线性增大，当药柱长度大于某一极限长度 l_{m} 时，波阵面的曲率半径趋近于一个恒定值，大多数凝聚态炸药，爆轰波最大曲率半径一般约为装药直径的 2～3.5 倍，民用炸药的曲率半径略小。不妨取爆轰曲率半径最大为装药直径的 2.5 倍时进行计算，代入式（2）计算可得入射角最大约为 80°，代入式（1）并查出相关参数 $K(\varphi_0)$，选取不同的入射角计算结果见表 2。

表2　耦合装药条件不同入射角孔壁压强

Tab. 2　Coupled loading conditions of different incidence angle hole wall pressure

入射角	0°	20°	40°	60°	80°
孔壁压强/GPa	4. 14	4. 06	3. 91	3. 82	2. 33

由以上计算结果可知，耦合装药条件下，爆轰波在炸药与炮孔分界面上发生反射，不同入射角度下对炮孔的压强不同。对于相同直径的炮孔，曲率半径越大，爆轰波到达炮孔壁入射角越大，炮孔壁压强越小。

4.2　不耦合装药

将炸药及相关参数按照四种文献方法和本文方法一和本文方法二计算，孔壁峰值压强计算结果见表3。

表3　不耦合装药条件孔壁压强

Tab. 3　Borehole wall pressure for uncoupled loading conditions　　　　　　（GPa）

K	p_e	p_n	文献方法一	文献方法二	文献方法三	文献方法四	本文方法一	本文方法二
1. 14	5. 35	4. 64	4. 67	5. 76	0. 44	0. 81	5. 52	4. 49
1. 60	3. 09	2. 31	1. 05	2. 43	0. 30	0. 51	—	3. 39

注：K 为不耦合系数，$K = R/r$，R 为炮孔半径，r 为装药半径。P_e 为实测值，P_n 为数值仿真模拟结果。

通过以上计算结果可以看出，不同方法计算结果差距较大，但均与实测值随不耦合系数变化趋势相同。文献方法一中引入的压强增大系数，放大的应是空气冲击波的压强，而不应是爆生气体的"准静态"压强，文献方法二计算结果与实测值误差为 7%~25%，相对误差稳定性不高。方法三中轴向装药系数无法准确确定，计算时取 $C=1$，与实测值相差较大。在不耦合条件下，空气冲击波作用于孔壁快于爆轰产物的作用，文献方法四中计算中用爆轰产物最大扩散速度作为空气冲击波传播速度是不够严密的。

本文方法一与实测值相对误差最小，因此，不耦合系数较小时（间隙 3mm 以内）可以采用本文方法一计算。

本文方法二中引入距离较近的空气冲击波峰值超压计算公式，计算结果与实测值、模拟值相对误差较小。

本文方法三中超压公式是利用集中药包经过大量实验归纳总结得出的，因此在计算中取长径比相同的柱状药卷计算，即在两种不耦合系数情况下，药卷长度分别为 35mm 和 25mm。代入式（8）~式（10），计算可得不耦合装药条件下不同入射角孔壁压强，计算结果如图3所示。

由以上计算结果分析可得：

不耦合装药条件下，当不耦合系数一定时，孔壁压强随入射角增大而减小，当入射角接近空气临界角时，孔壁压强下降速率较快。两种不耦合系数条件下正反射时计算结果与实验结果、模拟结果均最接近，这是因为该条件下不耦合系数较小，空气间隙较窄，爆生气体扰动空气形成的球面空气冲击波球面半径较大，当孔壁与球面相割时，入射角较小，接近于垂直入射，且难以发生马赫反射。

5　结论

（1）耦合装药炮孔壁峰值压强是由炮孔中炸药爆轰波对孔壁碰撞而产生的，通常这种碰

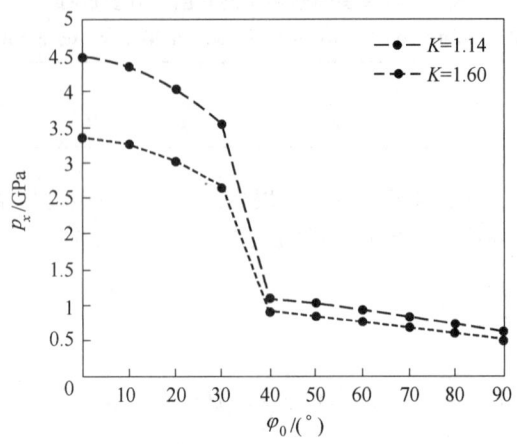

图 3　不耦合装药孔壁压强随入射角变化

Fig. 3　Variation of wall pressure with angle of incidence for uncoupled charge holes

撞是斜碰撞，并不是正碰撞。不耦合装药炮孔壁峰值压强是由炮孔中产生的空气冲击波碰撞孔壁而产生的，这种碰撞也是斜碰撞。

（2）耦合装药条件下，相同炮孔直径时，爆轰波曲率半径增大，爆轰波入射角增大，孔壁压强减小。

（3）不耦合装药条件下，本文方法一与实测值相对误差最小，即利用初始空气冲击波参数求解入射压强得到的孔壁初始压强最准确，适用不耦合系数较小的条件；本文方法二利用空气冲击波峰值超压作为孔壁入射压强，计算结果与实测值和模拟值相对误差较小，使用该方法计算较为合适。

（4）不耦合装药条件下，当不耦合系数一定时，孔壁压强随冲击波入射角增大而减小；当不耦合系数较大时，空气冲击波到达孔壁时入射角较小，可采用正入射计算孔壁压强，否则应按照斜入射考虑。

参 考 文 献

[1] 陈宝心，杨勤容. 爆破动力学基础 [M]. 武汉：湖北科学技术出版社，2005：132-134.

[2] 汪旭光，于亚伦. 台阶爆破 [M]. 北京：冶金工业出版社，2017：300-317.

[3] 杨善元. 岩石爆破动力学基础 [M]. 北京：煤炭工业出版社，1993：136-139.

[4] 郭子如，刘伟，刘锋，等. 爆轰波垂直碰撞固体介质分界面爆炸压强计算 [J]. 爆破，2021，38 （4）：39-43.

[5] 杜俊林，周胜兵，宗琦. 不耦合装药时孔壁压强的理论分析和求算 [J]. 西安科技大学学报，2007 （3）：347-351.

[6] 刘尔岩，王元书，刘邦第. 爆轰波与金属的斜相互作用 [J]. 爆炸与冲击，2002 （3）：203-209.

[7] 张恒根，王卫华，王永强. 空气不耦合装药孔壁初始冲击压力的计算 [J]. 工程爆破，2020，26 （3）：8-15，22.

[8] 陈明，刘涛，叶志伟，等. 轮廓爆破孔壁压力峰值计算方法 [J]. 爆炸与冲击，2019，39 （6）：103-112.

[9] 凌伟明. 岩石爆破炮孔孔壁压强的试验研究 [J]. 矿冶，2004 （4）：13-16.

[10] 汪泉，张金元，郭子如，等. 乳化炸药钢靶板界面爆炸压力测试研究 [J]. 安徽理工大学学报 （自

然科学版），2022，42（6）：66-70.

[11] Sternberg H M. Interaction of oblique detonation waves with iron ［J］. Physics Fluids，1966（9）：1307-1315.

[12] 炸药理论编写组．炸药理论 ［M］. 北京：国防工业出版社，1982：284-290.

[13] 李翼祺，马素贞．爆炸力学 ［M］. 北京：科学出版社，1992：258-284.

[14] J·亨里奇，熊建国．爆炸动力学及其应用 ［M］. 北京：科学出版社，1987：123-138.

[15] 钮强．岩石爆破机理 ［M］. 沈阳：东北工学院出版社，1990：18-19.

[16] 余德运，刘殿书，李洪超，等．柱状装药炮孔壁初始压强数值模拟及误差分析 ［J］. 爆破，2015，32（4）：26-32.

含裂隙岩体单孔爆破应力波传播及裂缝扩展的数值模拟研究

黄铭皓[1,2] 范 勇[1,2] 杨广栋[1,2] 冷振东[1,2] 赵毅波[1,2]

（1. 三峡大学湖北省水电工程施工与管理重点实验室，湖北 宜昌 443002；
2. 三峡大学水利与环境学院，湖北 宜昌 443002）

摘 要：岩体中裂隙的存在必然会影响爆破应力波的传播及裂缝的扩展。借助 ANSYS/LS-DYNA 有限元软件，采用 RHT 材料模型，模拟了含裂隙岩体单孔爆破裂隙两侧岩体单元振动速度，利用波动理论计算了应力波通过不同裂隙几何参数（爆源到裂隙距离 L、爆源到裂隙竖向距离 H、裂隙宽度 D）的透反射系数，并分析了不同裂隙几何参数下单孔爆破应力波传播和裂缝扩展规律。研究结果表明：随爆源到裂隙距离 L 增大，透射系数 T 逐渐减小，反射系数 R 逐渐增大，裂隙迎爆侧破坏模式由压破坏为主向拉破坏为主转变；随爆源到裂隙竖向距离 H 增大，透射系数 T 先缓慢增大再减小，反射系数 R 先缓慢减小再增大；随裂隙宽度 D 增大，透射系数 T 逐渐减小，反射系数 R 逐渐增大，裂隙背爆侧破坏范围明显减小；裂隙长度越大，裂隙背爆侧破坏范围越小。

关键词：爆破；裂隙；应力波；裂缝扩展；透反射系数

Numerical Study on Stress Wave Propagation and Crack Propagation in Single-hole Blasting of Fractured Rock Masses

Huang Minghao[1,2] Fan Yong[1,2] Yang Guangdong[1,2]
Leng Zhendong[1,2] Zhao Yibo[1,2]

（1. Hubei Key Laboratory of Construction and Management in Hydropower Engineering,
China Three Gorges University, Yichang 443002, Hubei; 2. College of Hydraulic and
Environmental Engineering, China Three Gorges University, Yichang 443002, Hubei）

Abstract: The existence of fracture in rock masses inevitably affects the propagation of blasting stress waves and the crack propagation. ANSYS/LS-DYNA finite element software and the RHT material model are employed to simulate the vibration velocity of rock on the both sides of the single-hole blast fracture, the transmission and reflection coefficient of stress waves through different fracture geometrical parameters (horizontal distance L from blast source to fracture, Vertical distance H from blast source to

基金项目：国家自然科学基金项目（51979152）；湖北省高等学校优秀中青年科技创新团队计划（T2020005）；湖北省青年拔尖人才培养计划。

作者信息：黄铭皓，硕士研究生，1010184670@ qq. com。

fracture, fracture thickness D) is calculated based on the theory of stress waves. The laws of stress wave propagation and crack propagation in the rock masses with different fracture geometric parameters are discussed. The results show that the transmission coefficient T gradually decreases and the reflection coefficient R gradually increases with the increasing horizontal distance L from the source to the fracture, and change of damage mode from compression damage dominated to tensile damage dominated on the facing the blasting side of the fracture. With the increase of the vertical distance H from the blast source to the fracture, the transmission coefficient T first slowly increases and then decreases, and the reflection coefficient R first slowly decreases and then increases. With the increase of the fracture thickness D, the transmission coefficient T gradually decreases and the reflection coefficient R gradually increases, and the damage range of the rock on the back-blasting side decreases significantly. The larger the fracture length, the smaller the damage range of the rock on the back-blasting side.

Keywords：blasting; fracture; stress wave; crack propagation; transmission and reflection coefficient

1　前言

天然岩体中存在大量的裂隙、节理、软弱夹层，爆破应力波传播至裂隙会发生复杂的反射与透射，导致爆破应力波传播受阻，从而严重影响爆炸能量的传递[1-4]。针对含裂隙岩体爆破国内外学者开展了大量研究。理论研究方面，Li 等人[5]依据应力波动理论与线弹性位移不连续模型给出了平面 P 波与 S 波任意入射角在线性节理处的传播方程；柴少波等人[6]在考虑了柱面波衰减的基础上，提出了柱面 P 波在线性节理中传播的波动方程；王卫华等人[7]对正弦波、矩形波与三角形波在张开节理处的能量传播机制进行了研究。

鞠杨等人[8]通过 SHPB 冲击试验研究了大理石和花岗岩节理面不规则结构对应力波传播与能量传递的影响；潘长春等人[9]基于模型试验研究了爆炸应力波遇到节理时波速与主频率变化规律；宋全杰等人[10]基于现场试验，研究了层理走向不同夹角方向的爆破振动衰减规律。

在数值模拟方面，Li 等人[11]采用 UDEC 离散元软件研究了不同裂隙几何参数、爆破参数对深部裂隙岩体爆破裂缝扩展的影响；周文海等人[12]研究了爆炸应力波在含充填节理岩体中的传播规律；孙宁新等人[13]采用 ANSYS/LS-DYNA 模拟了含软弱夹层岩体爆破动态过程，分析了不同软弱夹层参数下岩体的力学响应与爆破效果；白羽等人[14]基于 RFPA 软件模拟了不同地应力条件下岩石双孔爆破裂纹的演变规律；魏晨慧等人[15]采用数值模拟的方法，研究了不同节理角度和地应力条件下岩体双孔爆破裂纹的扩展特征。

基于前人的研究，本文继续研究岩体中裂隙对应力波传播的影响及爆生裂缝的扩展。借助 ANSYS/LS-DYNA 有限元软件，采用 RHT 材料模型，模拟了含裂隙岩体单孔爆破裂隙两侧岩体单元振动速度，利用波动理论计算了应力波通过不同裂隙几何参数的透反射系数，并分析了不同裂隙几何参数下单孔爆破应力波传播和裂缝扩展规律。

2　爆炸应力波在裂隙处的透反射机理

以两个半空间无限岩体为例，裂隙内充满空气，应力波与裂隙的相互作用分为两个阶段，分别为反射阶段与透射阶段。在裂隙闭合之前为反射阶段，入射 P 波冲击裂隙面 AB 并发生反射生成反射 P 波与反射 S 波，同时使裂隙面 AB 向裂隙面 CD 运动；当裂隙闭合之后，应力波在闭合裂隙面 CD 上发生透射生成透射 P 波与透射 S 波，如图 1 所示。

根据入射波、反射波与透射波的几何关系可得到以下计算关系[16]：

$$\frac{\sin\alpha_1}{c_P} = \frac{\sin\alpha_2}{c_P} = \frac{\sin\beta_1}{c_S} = \frac{\sin\alpha_3}{c_P} = \frac{\sin\beta_2}{c_S} \tag{1}$$

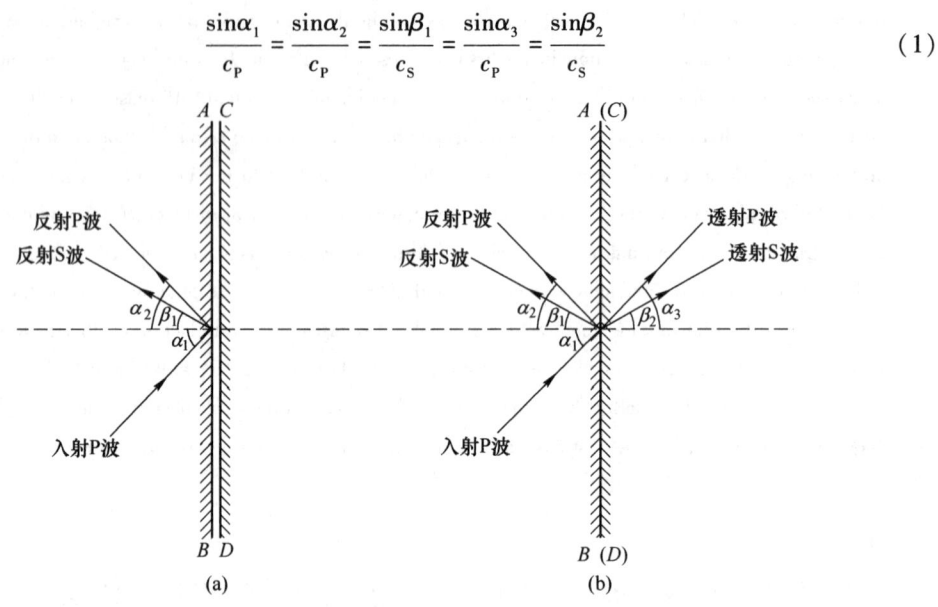

图 1　爆炸应力波与裂隙的相互作用

（a）应力波反射阶段；（b）应力波透射阶段

Fig. 1　Interaction between explosion stress wave and fracture

由式（1）可知 $\alpha = \alpha_1 = \alpha_2 = \alpha_3$，$\beta = \beta_1 = \beta_2$，$\alpha$ 为入射 P 波、反射 P 波与透射 P 波夹角，β 为反射 S 波、透射 S 波夹角，c_P 为 P 波波速，c_S 为 S 波波速，可以得到如下关系：

$$\frac{\sin\alpha}{c_P} = \frac{\sin\beta}{c_S} \tag{2}$$

由应力波在自由边界处的反射理论[8]，可知：

$$\begin{aligned} v_R = Rv_I \\ v_T = Tv_I \end{aligned} \tag{3}$$

$$\begin{aligned} R = \frac{\tan\beta \tan^2 2\beta - \tan\alpha}{\tan\beta \tan^2 2\beta + \tan\alpha} \\ T = \frac{2\tan\alpha}{\tan\beta \tan^2 2\beta + \tan\alpha} \end{aligned} \tag{4}$$

式中，v_I 为入射波波速；v_R 为反射波波速；v_T 为透射波波速；R 为反射系数；T 为透射系数。

3　数值模型与材料参数

3.1　分析模型

本文以爆源到裂隙距离 L、爆源到裂隙竖向距离 H、裂隙宽度 D 为研究对象分别建立数值模型 1 与数值模型 2。模型 1 与模型 2 总体尺寸均为 4m×4m，炮孔半径 $r = 40$mm，药卷半径 40mm。模型 1 以不同爆源到裂隙距离 L 和不同爆源到裂隙竖向距离 H 为研究对象，裂隙宽度 D 为 0.02m，炮孔中心到裂隙面的距离 L 分别取为 0.25m、0.3m、0.4m、0.5m、0.6m、0.7m、0.8m、0.9m、1m；裂隙宽度 D 为 0.01m，沿着裂隙竖向每隔 0.05m 取 20 个监测点。模型 2 以不同裂隙宽度 D 为研究对象，裂隙宽度 D 取为 1.5cm、2cm、2.5cm、3cm、3.5cm、4cm。

　　模型四周为无反射边界，为提高计算效率，同时不影响数值模拟结果，均采用准三维模型，即模型厚度方向为一个单元宽度。模型具体参数见表1和表2。

表 1　模型 1 信息表

Tab. 1　Model 1 information sheet

参数		模　型	L
D	0.01m	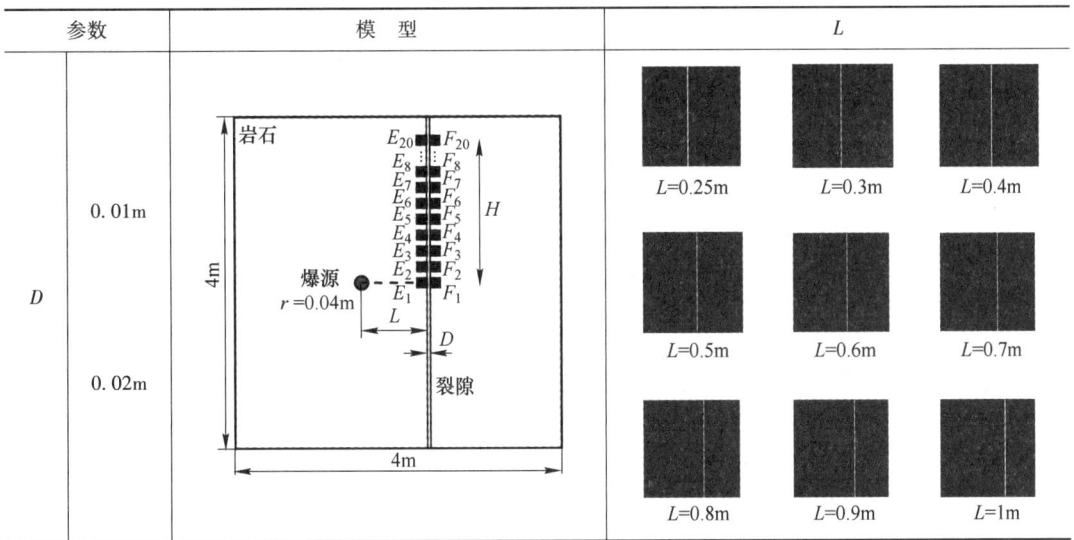	
	0.02m		

表 2　模型 2 信息表

Tab. 2　Model 2 information sheet

参数		模　型	D
L	0.25m	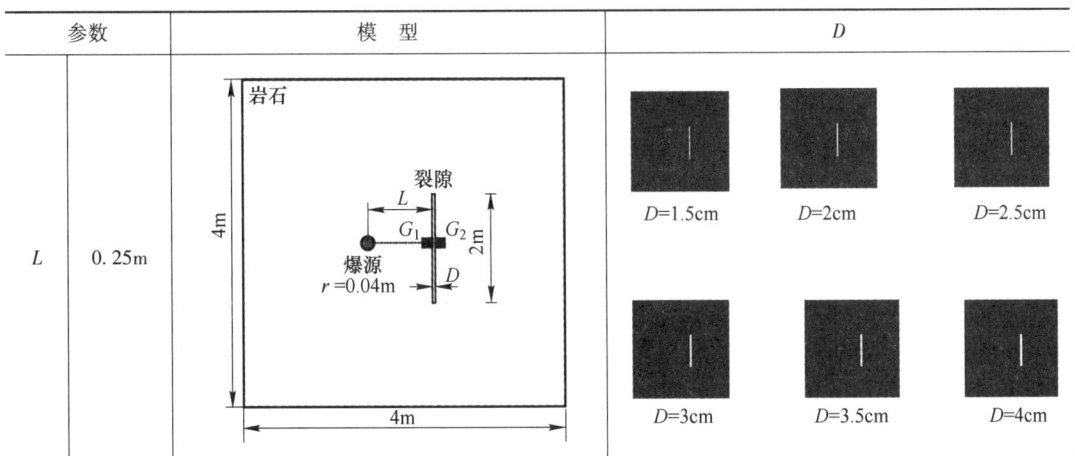	

3.2　材料参数

　　炸药在 LS-DYNA 中采用关键字 *MAT_HIGH_EXPLOSIVE_BURN 定义，任意时刻炸药内压强采用 JWL 状态方程[17]定义：

$$p = A\left(1 - \frac{\omega}{R_1 V}\right)e^{-R_1 V} + B\left(1 - \frac{\omega}{R_2 V}\right)e^{-R_2 V} + \frac{\omega E}{V} \tag{5}$$

式中，p 为爆轰压强；E 为炸药内能；V 为爆轰产物的相对体积；A、B、R_1、R_2 和 ω 为 JWL 状态方程参数。炸药参数见表3。

表 3　炸药参数

Tab. 3　Parameters of explosive

密度/kg·m⁻³	爆速/m·s⁻¹	A/GPa	B/GPa	R_1	R_2	ω
931	4160	49.46	1.891	3.907	1.118	0.333

空气采用关键字 *MAT_NULL 定义，密度为 1.2kg/m³，岩石采用 RHT 模型，参数见表 4。

表 4　RHT 模型主要参数

Tab. 4　Main parameters of RHT model

符号	参数含义	取值	符号	参数含义	取值
ρ_r	物质密度/kg·m⁻³	2670	EPM	最小损伤残余应变	0.012
P_{el}	孔隙压缩时压力/MPa	50	N	失效面指数	0.56
P_{co}	孔隙压实时压力/GPa	6.00	Q_0	拉压子午比	0.64
NP	孔隙度指数	4.0	B	洛德角相关指数	0.05
α	初始孔隙度	1.01	BETAC	压缩应变率相关指数	0.85×10^{-2}
f_c	抗压强度/MPa	130	BETAT	拉伸应变率相关指数	1.2×10^{-2}
f_t^*	相对抗拉强度	0.05	E_{0C}	参考压缩应变率	3×10^{-11}
f_s^*	相对抗剪强度	0.38	E_{0T}	参考拉伸应变率	3×10^{-12}
G	剪切模量/GPa	21.0	EC	破坏压缩应变率	3×10^{19}
GC*	压缩屈服面参数	0.4	ET	破坏拉伸应变率	3×10^{19}
GT*	拉伸屈服面参数	0.70	AF	残余应力强度参数	1.60
A	失效面参数	1.6	NF	残余应力强度指数	0.6

4　数值计算结果

4.1　不同裂隙参数对爆生裂缝扩展的影响

图2与图3给出模型1中距离 $L=0.9$m 下的压强云图与损伤云图。如图2所示，炸药起爆后，爆破应力波以球面波的形式向岩石各个方向传播，应力波传播到裂隙面时发生反射，压应力波转变为拉应力波。如图3（f）所示，反射产生拉应力波在裂隙近爆侧产生层状环向裂缝，与炮孔周围径向裂缝相互贯通，形成大面积破坏。

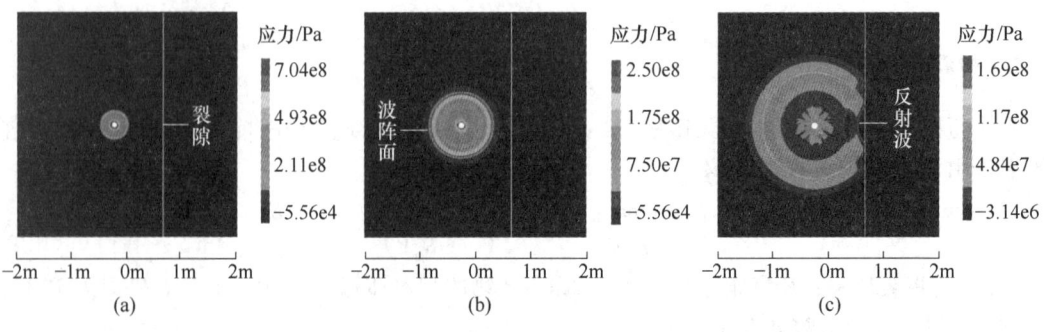

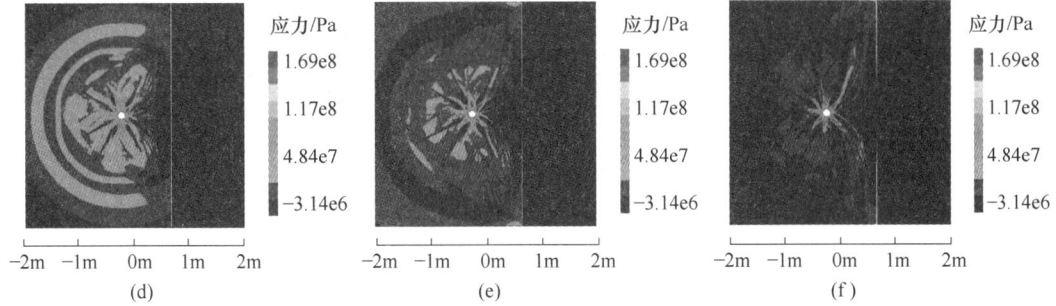

图 2　爆炸应力波的传播

（a）$t=60\mu s$；（b）$t=140\mu s$；（c）$t=240\mu s$；（d）$t=380\mu s$；（e）$t=500\mu s$（f）$t=800\mu s$

Fig. 2　Propagation of explosive stress waves

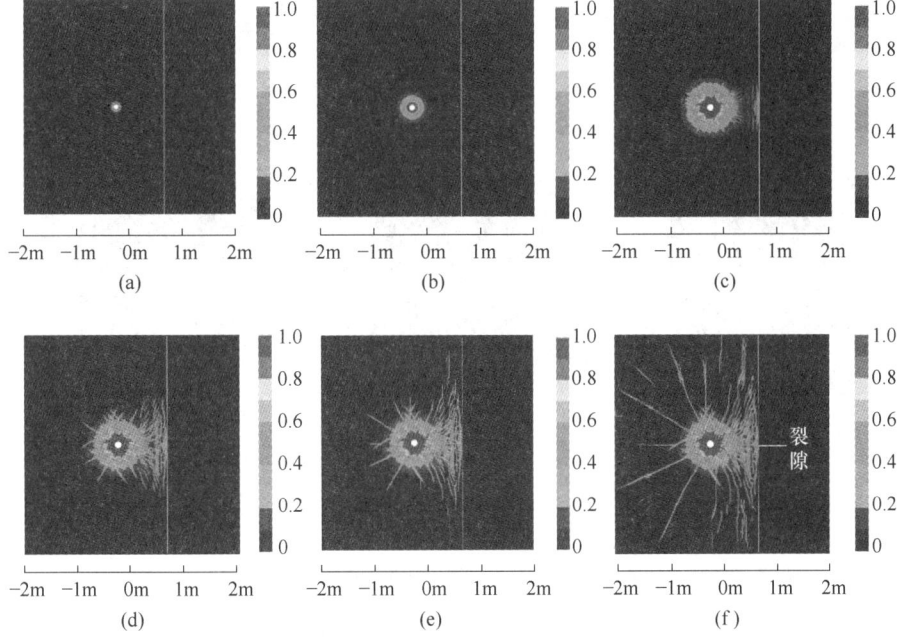

图 3　爆生裂缝的扩展

（a）$t=60\mu s$；（b）$t=140\mu s$；（c）$t=240\mu s$；（d）$t=340\mu s$；（e）$t=500\mu s$；（f）$t=800\mu s$

Fig. 3　Propagation of explosive cracks

　　分别从结果文件中提取出模型 1、模型 2 共 15 组爆生裂缝扩展损伤云图，如图 4 和图 5 所示，并分析了爆源到裂隙距离 L、裂隙宽度 D 对裂隙两侧岩体爆生裂缝扩展的影响。

　　如图 4 所示，随着距离 L 增大，裂隙背爆侧破坏范围逐渐减小；迎爆侧的破碎范围逐渐增大，迎爆侧破坏模式由压应力为主转变为拉应力为主。当 L 在 $0.25\sim0.4m$ 范围内，裂隙近爆侧主要受到压应力的破坏，裂隙与爆源之间距离较近，爆炸能量较容易传递至背爆侧岩体，因此裂隙靠近爆源工况背爆侧的破碎范围相比裂隙远离爆源工况较大；当 L 在 $0.5\sim1m$ 范围内，压应力波在传播过程中发生衰减，拉应力波趋于主导作用，裂隙迎爆侧岩体不仅受压应力作用，同时受反射生成的拉应力作用产生环向裂缝，当 $L=1m$ 时裂隙迎爆面形成明显的扇形拉应

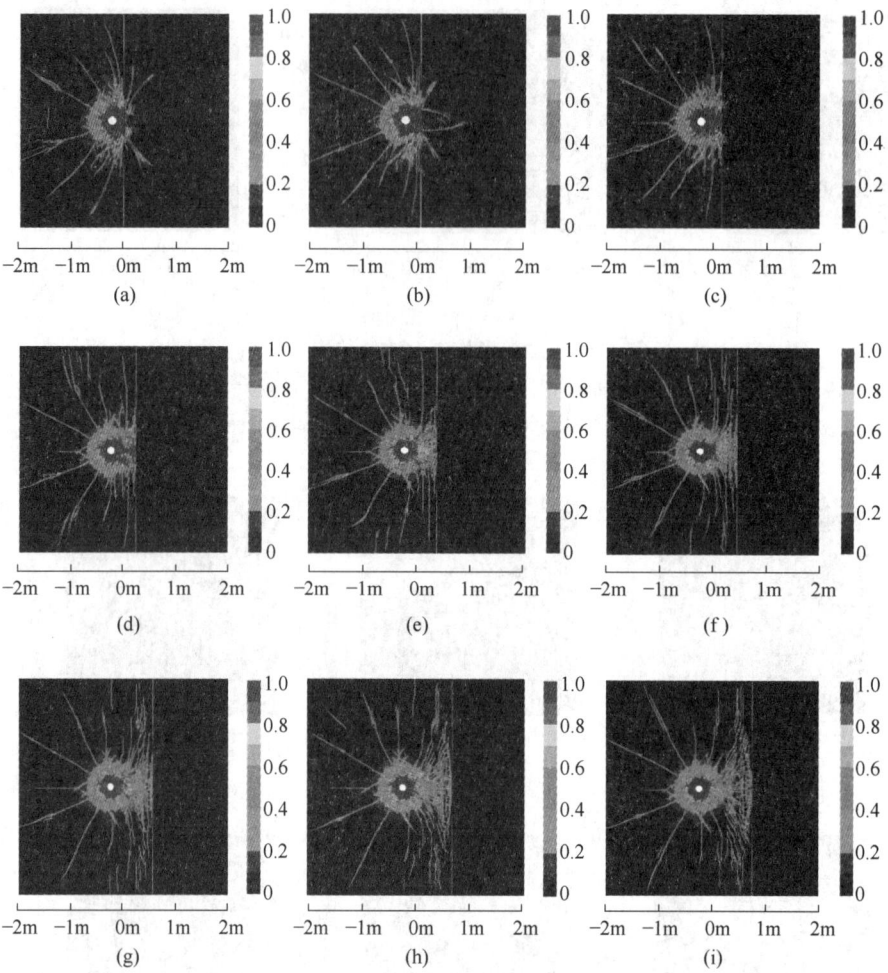

图 4 不同爆源到裂隙距离 L 下岩体裂隙扩展图

（a）$D=0.02m$，$L=0.25m$；（b）$D=0.02m$，$L=0.3m$；（c）$D=0.02m$，$L=0.4m$；（d）$D=0.02m$，$L=0.5m$；
（e）$D=0.02m$，$L=0.6m$；（f）$D=0.02m$，$L=0.7m$；（g）$D=0.02m$，$L=0.8m$；
（h）$D=0.02m$，$L=0.9m$；（i）$D=0.02m$，$L=1m$

Fig. 4　Crack propagation map of rock mass under different normal distance L from burst source to fracture

力破坏区，此时迎爆侧破坏效果最佳。

　　如图 5 所示，随裂隙宽度 D 增大，裂隙背爆侧破坏范围明显减小，裂隙对爆炸能量传递的阻碍作用增大，裂隙宽度 D 越小，背爆侧岩体破碎效果越好。如图 4（a）与图 5（b）所示，图 5（b）工况在裂隙尖端发生应力集中导致靠近裂隙尖端区域破坏范围相比图 4（a）明显增大，说明裂隙长度越大背爆侧破碎范围越小。破碎范围随裂隙宽度 D 变化规律与周文海等人[12]研究的径向裂纹数量随节理填充物厚度变化规律一致。

4.2　不同裂隙参数对爆破应力波传播的影响

　　为进一步研究不同裂隙参数对爆破应力波传播的影响，从结果文件中提取出裂隙两侧测点入射波与透射波振动速度幅值，根据文献［5］的波动理论，已知入射波、透射波的关系见式

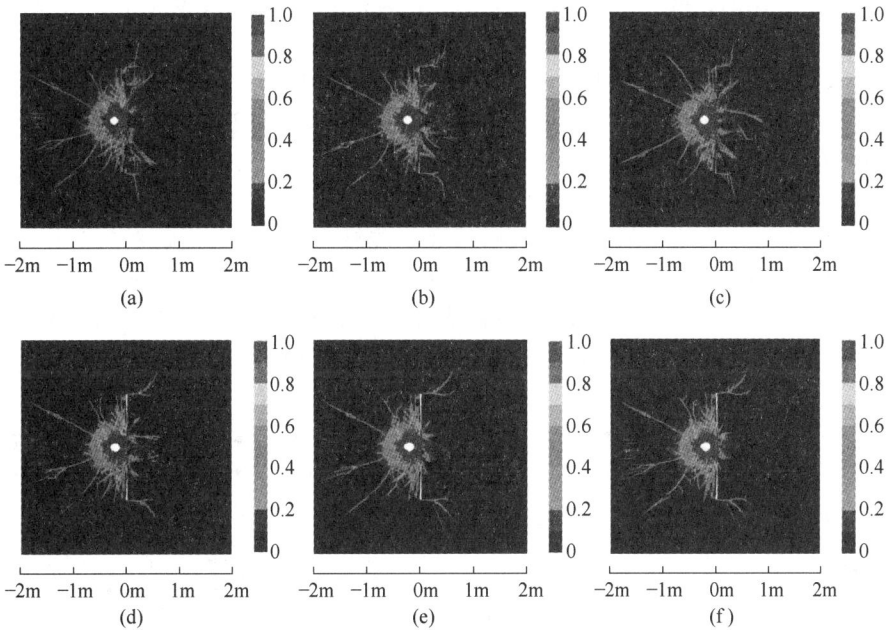

图 5   不同裂隙宽度 D 下岩体裂隙扩展图

（a）$D=0.15$m，$L=0.25$m；（b）$D=0.2$m，$L=0.25$m；（c）$D=0.25$m，$L=0.25$m；

（d）$D=0.3$m，$L=0.25$m；（e）$D=0.35$m，$L=0.25$m；（f）$D=0.4$m，$L=0.25$m

Fig. 5   Crack propagation map of rock mass with different fracture widths D

（6），从而计算得到反射 P 波的振动速度幅值。

$$\begin{bmatrix} v_{RP} \\ v_{RS} \end{bmatrix} = -B^{-1}Av_{IP} + B^{-1}C\begin{bmatrix} v_{TP} \\ v_{TS} \end{bmatrix} \tag{6}$$

$$A = \begin{bmatrix} z_P\cos2\beta \\ z_P\sin2\beta\tan\beta\cot\alpha \end{bmatrix} \tag{7}$$

$$B = \begin{bmatrix} z_P\cos2\beta & -z_S\sin2\beta \\ -z_P\sin2\beta\tan\beta\cot\alpha & -z_S\cos2\beta \end{bmatrix} \tag{8}$$

$$C = \begin{bmatrix} z_P\cos2\beta & z_S\sin2\beta \\ z_P\sin2\beta\tan\beta\cot\alpha & -z_S\cos2\beta \end{bmatrix} \tag{9}$$

式中，z_P 为 P 波波阻抗；z_S 为 S 波波阻抗；v_{IP} 为 P 波入射引起裂隙面质点振动速度幅值；v_{RP} 为 P 波反射引起裂隙面质点振动速度幅值；v_{TP} 为 P 波透射引起裂隙面质点振动速度幅值；v_{RS} 为 S 波反射引起裂隙面质点振动速度幅值；v_{TS} 为 S 波透射引起裂隙面质点振动速度幅值。

透射系数 T 与反射系数 R 由式（10）计算得：

$$T = \frac{v_{TP}}{v_{IP}},\ R = \frac{v_{RP}}{v_{IP}} \tag{10}$$

以监测点 E_1 和 F_1 作为研究对象，见表 1，分别从模型 1 数值文件中提取 $D=0.02$m 时测点 E_1 与 F_1 的振动速度幅值 v_{IP}、v_{TP} 和 v_{TS} 代入式（6）~式（10），计算得透射系数 T 与反射系数 R。如图 6 所示，随距离 L 增大，透射系数 T 逐渐减小，反射系数 R 逐渐增大；爆炸近区透反射的变化速率相对爆炸远区较快，曲线的变化速率在靠近爆源近区较快而在远区减缓。当距离

L 在 0.25~0.5m 范围内，透射系数 T 降低了 0.19，反射系数 R 增大了 0.22；在 L 为 0.5~0.8m 范围内，透射系数 T 仅降低了 0.04，反射系数 R 仅增大了 0.05。透射系数随距离 L 变化规律与周文海等人[12]研究的曲线变化走向一致，因所研究裂隙填充物不相同故曲线曲率有差异。

考虑到模型具有对称性，沿着裂隙上半区域间隔 0.05m 选取 20 个测点（见表 2），从模型 1 中分别提取出 $D=0.01$m 时各监测点的振动速度幅值 v_{IP}、v_{TP} 和 v_{TS} 代入式（6）~式（10）计算得透射系数 T 与反射系数 R。如图 7 所示，当 $L=0.25$m 时，随竖向距离 H 增大，入射角度也随之增大，透射系数 T 先增大后减小，反射系数 R 先减小后增大。透射系数 T 在 H 为 0.3~0.6m 范围内处于峰值区域，而透射应力波直接决定由透射波引起的质点速度，因此裂隙在此范围内能量传输效果最优。反射系数随竖向距离 H 变化规律与柴少波等人[6]研究的变化趋势基本一致，但变化曲率有差异是由于岩石与裂隙属性不同所导致。

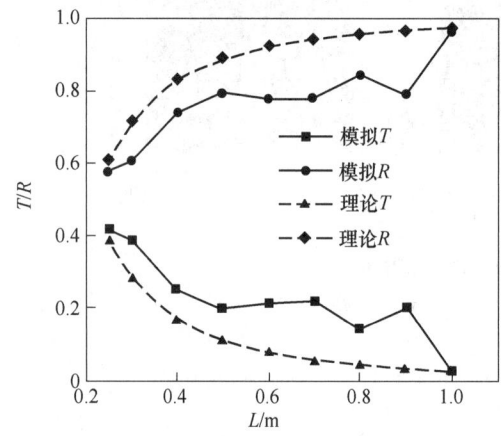

图 6　不同距离 L 的透反射系数

Fig. 6　Transmission and reflection coefficients at different distances L

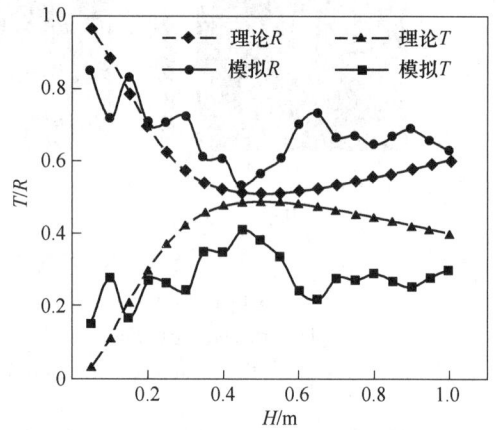

图 7　不同竖向距离 H 的透反射系数

Fig. 7　Transmission and reflection coefficients at different vertical distances H

由表 2 可知，从模型 2 提取出测点 G_1 与 G_2 的振动速度幅值 v_{IP}、v_{TP} 和 v_{TS} 代入式（6）~（10）计算得透射系数 T 与反射系数 R。如图 8 所示，裂隙宽度 D 越大，在裂隙面发生反射所聚集的能量越大，裂隙对应力波传播的阻碍效果与裂隙宽度成正比。随裂隙宽度 D 增大，透射系数 T 逐渐减小，反射系数 R 逐渐增大。

图 6~图 8 数值模拟结果与理论结果存在一定差异是由于数值模拟中考虑到了裂隙面的粗糙度，因此能量传输效率受到影响。

5　结论

本文针对含裂隙岩体单孔爆破，采用数值计算的方法研究了爆破应力波传播规律与裂缝扩展特征，结论如下：

（1）随爆源到裂隙距离 L 增大，裂隙背爆侧破坏范围逐渐减小；迎爆侧的破碎范围逐渐增大，迎爆侧的破坏模式由压应力为主转变为拉应力为主。随裂隙宽度 D 增大，裂隙背爆侧破坏范围明显缩小，裂隙对爆炸能量传递的阻碍作用增大，裂隙宽度 D 越小背爆侧岩体破碎效果越好；裂隙的尖端处发生应力集中导致裂隙靠近尖端区域破坏范围增大，裂隙长度越大背爆侧破碎范围越小。

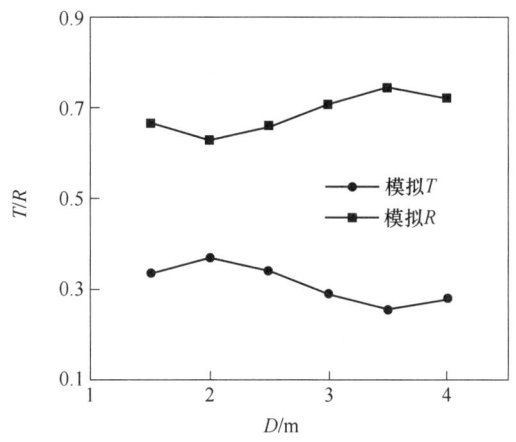

图 8　不同裂隙宽度 D 的透反射系数

Fig. 8　Transmission and reflection coefficients of different fracture widths D

（2）随爆源到裂隙距离 L 增大，透射系数 T 逐渐减小，反射系数 R 逐渐增大，爆炸近区透反射的变化速率相对爆炸远区较快。随爆源到裂隙竖向距离 H 增大，透射系数 T 先缓慢增大再减小，反射系数 R 先缓慢减小再增大，裂隙靠近爆源区域处能量传输效果明显优于远离爆源区域。裂隙宽度 D 越大，在裂隙面发生反射所聚集的能量越大，裂隙对应力波传播的阻碍效果与裂隙宽度成正比。

<h2 align="center">参 考 文 献</h2>

［1］夏文俊，卢文波，陈明，等. 白鹤滩坝址柱状节理玄武岩爆破损伤质点峰值振速安全阈值研究 ［J］. 岩石力学与工程学报，2019，38（s1）：2997-3007.

［2］丰光亮，冯夏庭，陈炳瑞，等. 白鹤滩柱状节理玄武岩隧洞开挖微震活动时空演化特征 ［J］. 岩石力学与工程学报，2015，34（10）：1967-1975.

［3］石安池，唐鸣发，周其健. 金沙江白鹤滩水电站柱状节理玄武岩岩体变形特性研究 ［J］. 岩石力学与工程学报，2008，27（10）：2079-2086.

［4］朱焕春. 某高边坡岩体声波测试与分析 ［J］. 岩石力学与工程学报，1999，18（4）：378-381.

［5］Li J，Ma G，Barla G，et al. Analysis of blast wave interaction with a rock joint ［J］. Rock Mechanics and Rock Engineering，2010，43（6）：777-787.

［6］柴少波，李建春，李海波，等. 柱面波在节理岩体中的传播特性 ［J］. 岩石力学与工程学报，2014，33（3）：523-530.

［7］王卫华，李夕兵，周子龙，等. 不同应力波在张开节理处的能量传递规律 ［J］. 中南大学学报（自然科学版），2006，37（2）：376-380.

［8］鞠杨，李业学，谢和平，等. 节理岩石的应力波动与能量耗散 ［J］. 岩石力学与工程学报，2006，25（12）：2426-2434.

［9］潘长春，徐颖，宗琦，等. 基于单孔爆破的节理裂隙减振模型试验研究 ［J］. 振动与冲击，2017，36（7）：255-261.

［10］宋全杰，李海波，李俊如，等. 层理对爆破振动传播规律的影响 ［J］. 岩石力学与工程学报，2012，31（10）：2103-2108.

［11］Li X，Pan C，Li X，et al. Application of a synthetic rock mass approach to the simulation of blasting-induced crack propagation and coalescence in deep fractured rock ［J］. Geomechanics and Geophysics for

Geo-Energy and Geo-Resources, 2022, 8 (2): 1-17.

[12] 周文海, 胡才智, 包娟, 等. 含节理岩体爆破过程中应力波传播与裂纹扩展的数值研究 [J]. 力学学报, 2022, 54 (9): 2501-2512.

[13] 孙宁新, 雷明锋, 张运良, 等. 软弱夹层对爆炸应力波传播过程的影响研究 [J]. 振动与冲击, 2020, 39 (16): 112-119.

[14] 白羽, 朱万成, 魏晨慧, 等. 不同地应力条件下双孔爆破的数值模拟 [J]. 岩土力学, 2013, 34 (s1): 466-471.

[15] 魏晨慧, 朱万成, 白羽, 等. 不同节理角度和地应力条件下岩石双孔爆破的数值模拟 [J]. 力学学报, 2016, 48 (4): 926-935.

[16] 戴俊. 岩石动力学与爆破理论 [M]. 北京: 冶金工业出版社, 2002.

[17] Ma G W, Hao H, Zhou Y X. Modeling of wave propagation induced by underground explosion [J]. Computers and Geotechnics, 1998, 22 (3): 283-303.

爆炸荷载下不对称 Y 型裂纹扩展规律的试验研究

苏 洪　龚 悦　王 猛　岳文豪　严正团　纪 哲

（安徽理工大学化学与工程学院，安徽　淮南　232001）

摘　要：采用爆炸加载透射式动焦散测试系统，研究了爆炸荷载下不对称 Y 型裂纹扩展的动态行为。试验结果表明，爆炸荷载下两相向运动裂纹在相遇前裂纹尖端奇异场相互影响，焦散斑扭曲，裂纹尖端应力场改变，相遇前沿偏离水平方向相向扩展，偏离角度逐渐增大，相遇后偏离角度逐渐减小并朝对方已有裂纹方向扩展；两分支裂纹相交于主裂纹，翼裂纹主要从与入射应力波夹角较小和长度较长的分支裂纹起裂扩展，起裂扩展方向沿最大主应力方向；入射应力波夹角较小和长度较长的分支裂纹对入射角较大和长度较短的分支裂纹扩展及其尖端应力强度因子有抑制作用；分支裂纹尖端动态应力强度因子均值随应力波入射角增大而减小，分支翼裂纹扩展速度呈现振荡式变化规律。

关键词：Y 型裂纹；爆炸荷载；动焦散；裂纹扩展；动态应力强度因子

Study of Regularity of Asymmetric Y-shaped Cracks Propagation under Blast Loading

Su Hong　Gong Yue　Wang Meng　Yue Wenhao　Yan Zhengtuan　Ji Zhe

（School of Chemical Engineering，Anhui University of Science and Technology，Huainan 232001，Anhui）

Abstract：Using dynamic caustics blast loading system，the paper studied the dynamic behavior of asymmetric Y-shaped cracks propagation under blasting load. The experimental results show that tip singular fields of two opposite moving cracks under blast loading affect each other，caustics spots shape distort，crack tip stress fields change. The opposite moving crack tips not directly encounter，but extend along the deviating from the horizontal，then get closer to the direction of the anisotropic existing crack. Two branched cracks intersect at the main crack，the wing crack easily initiates and propagates from the branched crack of the smaller stress wave incident angle and longer length，and its initiation and propagation follow the direction of maximum principal stress. The branched crack of smaller stress wave incident angle and longer length may inhibit the branched crack of bigger stress wave incident angle and smaller length. The mean of dynamic stress intensity factor decreases with the increasing of stress wave incident angle. The velocity of branched wing crack propagation presents oscillating change law.

基金项目：国家自然科学基金面上项目（52104074）。

作者信息：苏洪，博士，副教授，suhonggy2016@163.com。

Keywords：Y-shaped cracks；blasting load；dynamic caustics；crack propagation；dynamic stress intensity factor

1 引言

　　爆破工程中，被爆介质含有大量节理、裂隙、层理等缺陷，这些缺陷会分叉和贯通，表现出显著的非连续性、各向异性和不均匀性。爆破时缺陷介质对应力波传播和爆生裂纹扩展有显著影响，严重影响爆破效果。因此研究爆炸荷载下岩体节理裂隙动态力学性质和应力波传播规律一直是国内外学者关注的热点问题[1-5]。Yi-shyong Ing 和 Ma[6]利用焦散线测试方法，研究了在应力波载荷下扩展裂纹的相关解。Dally[7]、岳中文[8]和姚学锋[9]分别利用动光弹实验和动焦散实验，研究了爆炸应力波与单一缺陷介质的相互作用。H. P. Rossmanith[10]和胡荣等人[11]研究了不同入射角度爆炸应力波和爆生裂纹的作用机理。杨仁树等人[12]利用动焦散实验得到了爆炸荷载作用下含层理介质裂纹扩展的全过程。朱哲明等人[13]应用数值模拟方法，研究了爆炸荷载下含水和微小孔洞岩体的动态破坏过程。肖同社等人[14]研究了含不同夹角节理面的缺陷介质在爆炸荷载下的动态响应问题。上述研究主要分析了爆炸荷载对单一缺陷（如单支裂纹）的影响，实际工程中节理裂隙往往相互贯通形成裂隙群，而从实验研究方面入手，考虑爆炸荷载对相互贯通裂纹扩展规律影响的研究较少。

　　基于此，本文将透射式动焦散实验系统应用到爆炸荷载对相互贯通裂纹（不对称 Y 型裂纹）扩展影响的研究中，探讨其影响机理，以期为工程实践提供一定帮助。

2　实验原理及其数据处理

2.1　实验原理和实验系统

　　实验原理[15]如图 1 所示，试件受到拉应力 σ_0 作用，试件厚度减小，其折射率也随之改变。一束平行光线射入试样，平行光发生偏转，在与试件表面相距 Z_0 处的参考平面上会观察到光强分布不均的图像，称为焦散斑。

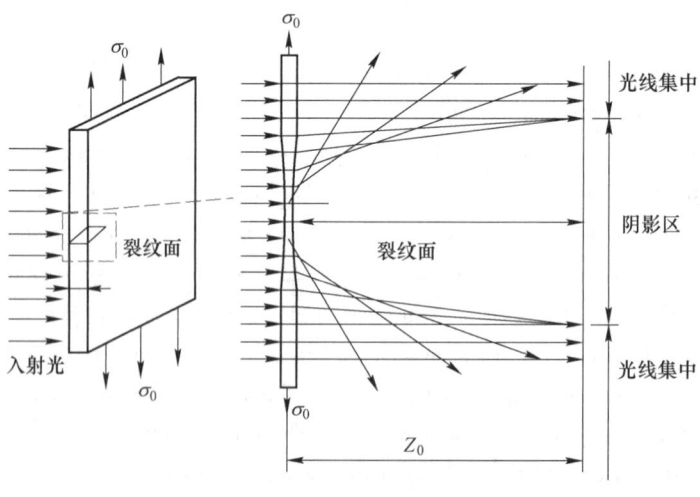

图 1　实验原理图

Fig. 1　Diagram of experimental principle

　　实验系统采用中国矿业大学（北京）光测力学实验室新型数字激光动态焦散系统，如图 2 所示，当激光光源产生一束稳定的光源，通过扩束镜和透镜 1 后变成的平行光入射到受载试样后，将发生偏转，发生折射偏转的光束再由透镜 2 汇交成点光源进入高速相机镜头由相机进行成像。

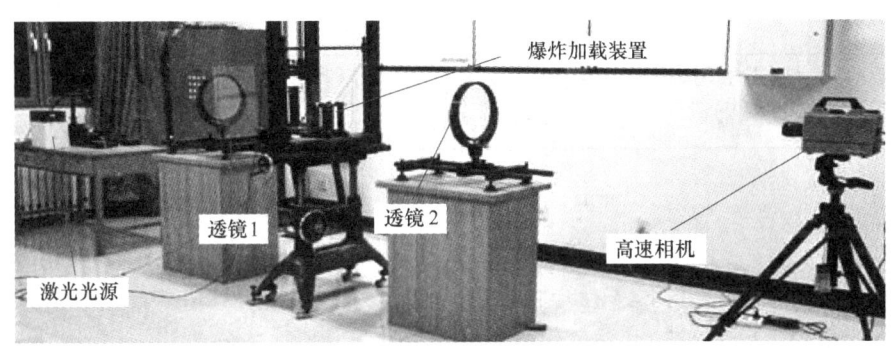

图 2　数字激光动态焦散系统

Fig. 2　Experimental system of digital laser dynamic caustics

2.2　实验数据处理

2.2.1　裂纹长度、速度

由高速相机所拍摄的图片可得到裂纹尖端位移，即裂纹长度 l。为了减少数据误差，采用 7 次多项式近似拟合裂纹扩展长度 l 与时间 t 的变化关系[16]。

$$l(t) = \sum_{i=0}^{7} l_i t^i \tag{1}$$

因此，裂纹的扩展速度可由拟合曲线 $l(t)$ 的时间导数得到。

2.2.2　动态应力强度因子

对于动焦散实验系统，爆炸荷载下的裂纹尖端复合应力强度因子可表示为：

$$K_{\text{I}}^d = \frac{2\sqrt{2\pi}}{3g^{5/2}z_0 c_t d} D_{\max}^{5/2} \tag{2}$$

$$K_{\text{II}}^d = \mu K_{\text{I}} \tag{3}$$

式中，$D_{\max}$ 为焦散斑最大直径；d 为试件的有效厚度；c_t 为应力光学常数，$c_t = 0.88 \times 10^{-10} \text{m}^2/\text{N}$；$z_0$ 为参考平面到试件的距离，$z_0 = 1000\text{mm}$；g 为焦散线的数值因子，其值可根据 μ 来查表确定；μ 为应力强度因子比例系数，其值可根据 $(D_{\max} - D_{\min})/D_{\max}$ 查表确定；$D_{\min}$ 为焦散斑最小直径；K_{I}^d、K_{II}^d 分别为动荷载作用下，复合型扩展裂纹尖端的 I 型、II 型应力强度因子。

3　实验描述

　　PMMA 有很好的透光性，被广泛地应用到光测力学试验中来研究材料断裂行为，因此本试验采用 PMMA，规格为 400mm×300mm×5mm，其动态力学参数见表 1。炮孔直径 6mm，单边切槽，切槽角度 60°，切槽深度 1mm。试验爆炸加载的炸药为 $\text{Pb}(\text{N}_3)_2$，药量为 190mg。考虑分支裂纹入射角和裂纹长度对裂纹动态断裂行为影响，设计了两类试验：（1）在离炮孔 40mm 处预制三条长 20mm 相交裂纹，主裂纹 B 水平，并和切槽轴线处于同一水平线，分支裂纹 D 与入射应力波径向夹角为 45°，分支裂纹 C 与入射应力波径向夹角 θ 分别为 15°、30°、60°、75°、90°，如图 3（a）所示。（2）分支裂纹 C、D 入射角均为 45°，B、D 长为 20mm，只改变分支裂纹 C 长度为 10mm，如图 3（b）所示。裂纹宽度控制在 0.3mm 以内。

表 1　PMMA 动态力学参数
Tab. 1　Dynamic mechanical parameters of PMMA

参数	E_d/GN·m^{-2}	C_p/km·s^{-1}	c_s/km·s^{-1}	V_d	c_t/m^2·N^{-1}
数值	4.5	2.32	1.26	0.31	0.88×10^{-10}

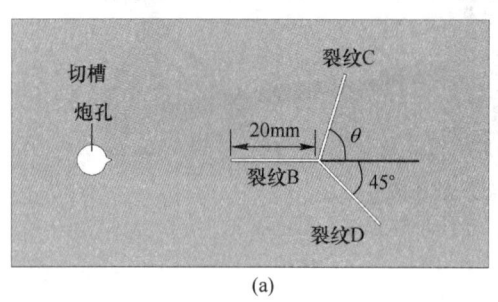 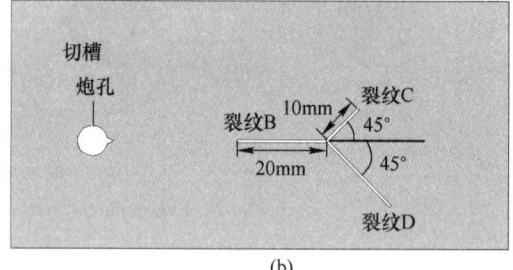

图 3　试验模型示意图
Fig. 3　Diagrams of experimental specimens

4　实验结果

图 4 所示为爆炸后模型裂纹扩展图，图 5 所示为不同模型部分动焦散图片。从图 4 可以看出，炸药爆炸后，在切槽处形成主裂纹 A，在 B 裂纹端部形成翼裂纹 B，主裂纹 A 和翼裂纹 B 相向运动，但其尖端之间没有直接贯通，而是相遇前沿偏离水平方向相互避开，然后朝对方裂纹方向扩展，最终接近或贯通形成类似圆饼状区域。当预制分支裂纹 C 入射角 θ 为 15° 和 30° 时，分支裂纹 C、D 端翼裂纹主要从 C 端起裂扩展。当预制分支裂纹 C 入射角 θ 为 60°、75°、90° 和预制分支裂纹 C 长度为 10mm 时，C、D 端翼裂纹主要从 D 端起裂扩展。C、D 端翼裂纹起裂扩展方向并不沿预制裂纹方向，而是沿最大主应力方向。

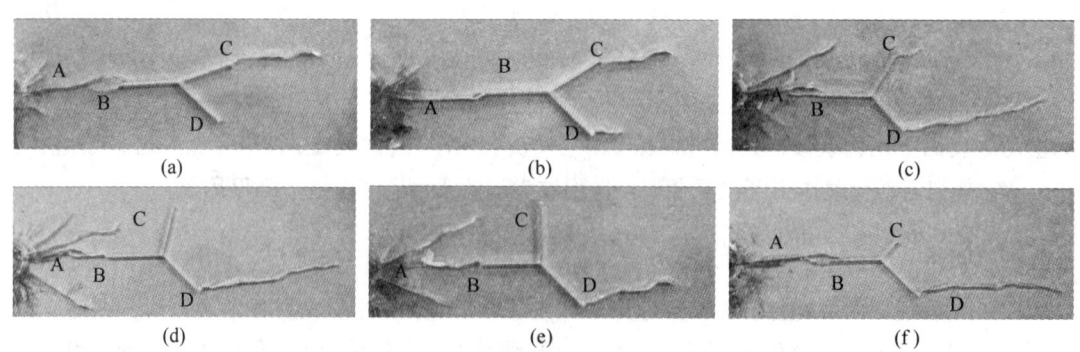

图 4　不同模型预制裂纹扩展图
（a）θ=15°；（b）θ=30°；（c）θ=60°；（d）θ=75°；（e）θ=90°；（f）c=10mm
Fig. 4　Propagation patterns of cracks with various models

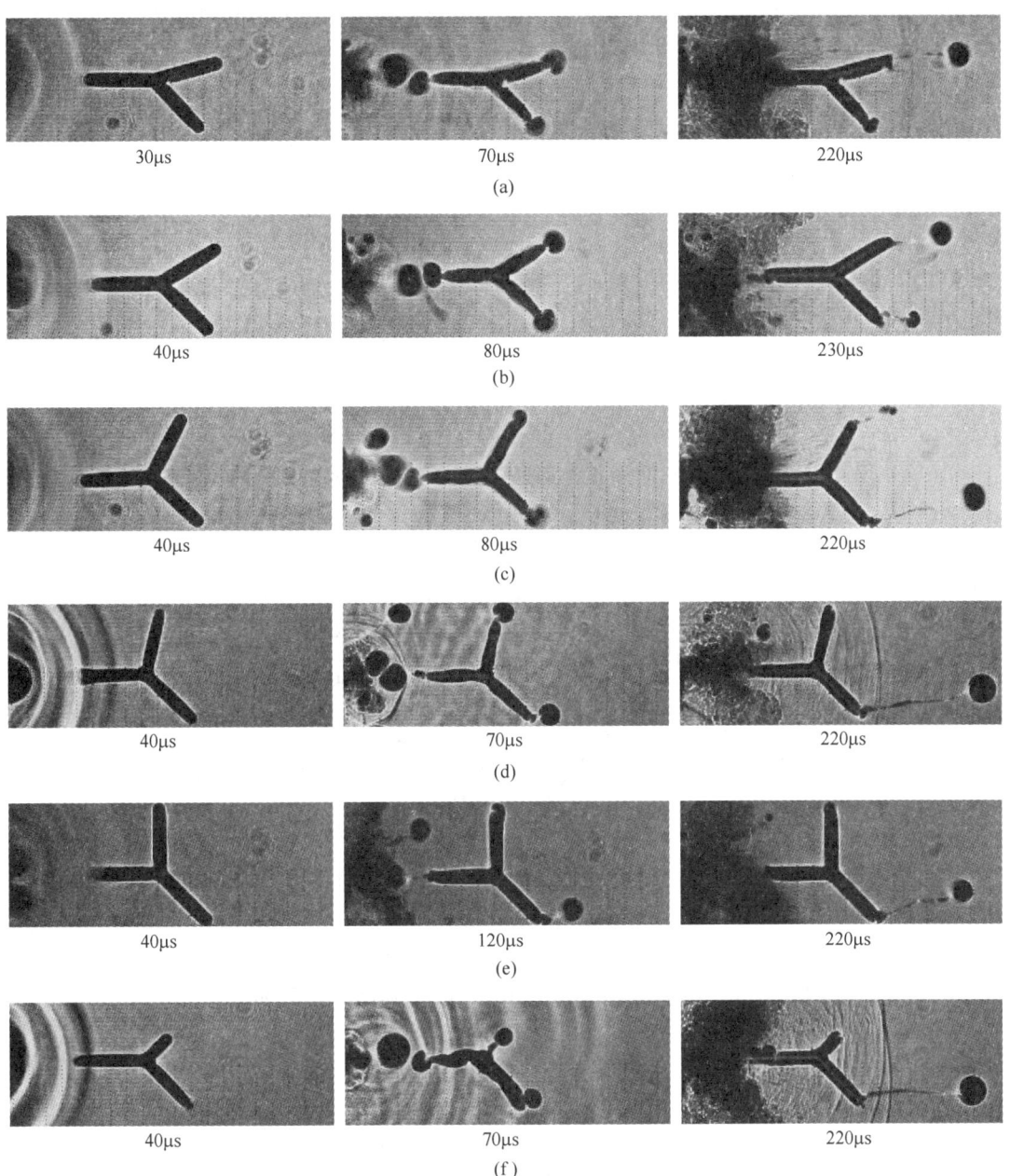

图 5　裂纹扩展动焦散图片

（a）$\theta = 15°$；（b）$\theta = 30°$；（c）$\theta = 60°$；（d）$\theta = 75°$；（e）$\theta = 90°$；（f）$c = 10mm$

Fig. 5　Series of photographs showing cracks propagation

5　裂纹扩展动态断裂行为分析

5.1　A、B 裂纹动态断裂行为分析

由于所有模型 A、B 裂纹动态断裂行为类似，因此只选取 $\theta = 15°$ 模型分析。图 6 和图 7 为

$\theta = 15°$ 模型在爆炸荷载下 A、B 裂纹动态应力强度因子 K^d 和裂纹相遇前偏离角度 ω 随时间变化关系，偏离角 ω 为 A、B 裂纹在扩展中偏离水平方向的角度。

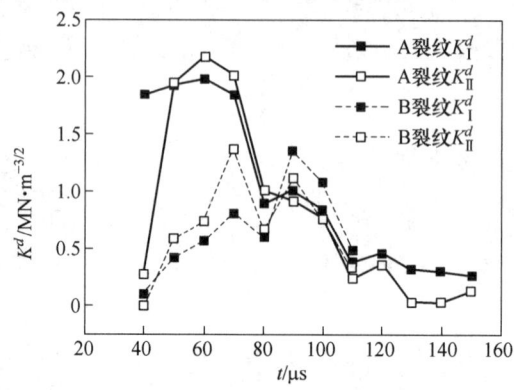

图 6　裂纹 A、B 尖端动态应力强度因子与时间关系

Fig. 6　Relationship between A、B dynamic stress intensity factor and time

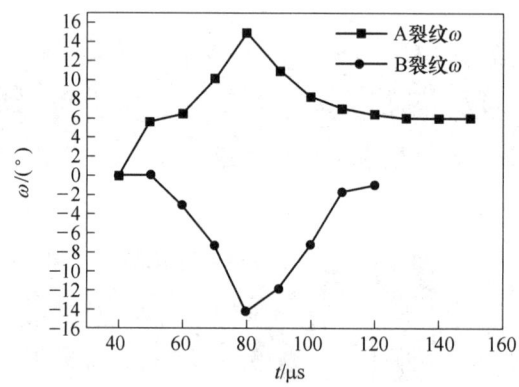

图 7　裂纹 A、B 偏离角度与时间关系

Fig. 7　Relationship between A、B cracks propagation angle and time

5.1.1　A、B 裂纹动态应力强度因子变化规律

由图 6 可知，A、B 裂纹动态应力强度因子先上升达到极值后再降低。40μs 时，应力波传到 B 裂纹尖端，产生应力集中，70μs 时，焦散斑第一次达到最大，动态应力强度因子 K_{I}^d 出现第一次峰值 0.809MN/m$^{3/2}$。接着，随着应变能耗散，K_{I}^d 减小。裂纹继续扩展，由于自由面反射的应力波作用于裂纹尖端，应变能累积，90μs 时 K_{I}^d 出现第二次峰值，之后开始减小。K_{II}^d 变化规律和 K_{I}^d 类似，裂纹扩展过程大部分时间内 K_{I}^d 大于 K_{II}^d，说明应力波与裂纹尖端作用过程中 P 波起主要作用。但是 A、B 两裂纹尖端相遇之前 50～80μs 内 K_{II}^d 大于 K_{I}^d，通过焦散斑图片可以看出 A、B 两裂纹相遇前尖端焦散斑形状扭曲，裂纹尖端应力场已经发生改变，剪切波起主要作用，所以 K_{II}^d 大于 K_{I}^d，这说明了当 A、B 裂纹尖端靠近时，裂纹尖端应力奇异场互相影响，从而改变对方裂纹尖端应力场。A 裂纹 K^d 变化规律与 B 裂纹类似。

5.1.2　A、B 裂纹偏离角度分析

由图 7 可知爆炸荷载作用下产生的 A、B 裂纹相遇前沿偏离水平方向相向扩展，并且随着

时间增加偏离角度越来越大，直至 80μs 时，A、B 裂纹尖端相遇且偏离角度达到最大，A 裂纹最大偏离角度为 14.9°，B 裂纹最大偏离角度为 14.2°，然后偏离角度逐渐减小并朝对方裂纹面方向继续扩展。A、B 裂纹相遇前沿偏离水平方向相向扩展主要是因为两裂纹尖端靠近时应力奇异场会互相影响，改变对方裂纹尖端应力场分布，而裂纹尖端产生反射应力波也会改变对方裂纹尖端应力场，继而改变最大主应力方向，使裂纹相遇前的扩展方向发生改变。A、B 裂纹相遇后偏离角度逐渐减小是因为裂纹一般向含有自由面方向扩展，达到快速、较易释放能量的目的，而对方裂纹面则为己方裂纹扩展提供了自由面，所以裂纹尖端相遇后，朝对方裂纹面方向扩展，偏离角度逐渐减小。Melissa L. Fender 等人[17]在研究金属材料断裂问题时也发现了类似现象。

5.2　C、D 裂纹动态断裂行为分析

图 8 所示为 C、D 裂纹 K_I^d 随时间变化关系，图 8（a）$\theta = 15°$ 与 $\theta = 30°$ 规律类似，图 8（b）$\theta = 90°$ 与 $\theta = 60°$、75° 规律类似。

5.2.1　动态应力强度因子变化规律

由图 8 可以看出 C、D 裂纹 K_I^d 变化规律为先振荡上升，达到极值后再振荡减小。对于 $\theta = 15°$ 的模型来说，由图 8（a）结合焦散斑图片可以看出 50μs 时，应力波传到分支裂纹 C、D 尖端，在裂纹尖端发生反射、衍射现象，后续波形发生紊乱。130μs 时，C 裂纹尖端 K_I^d 第一次达

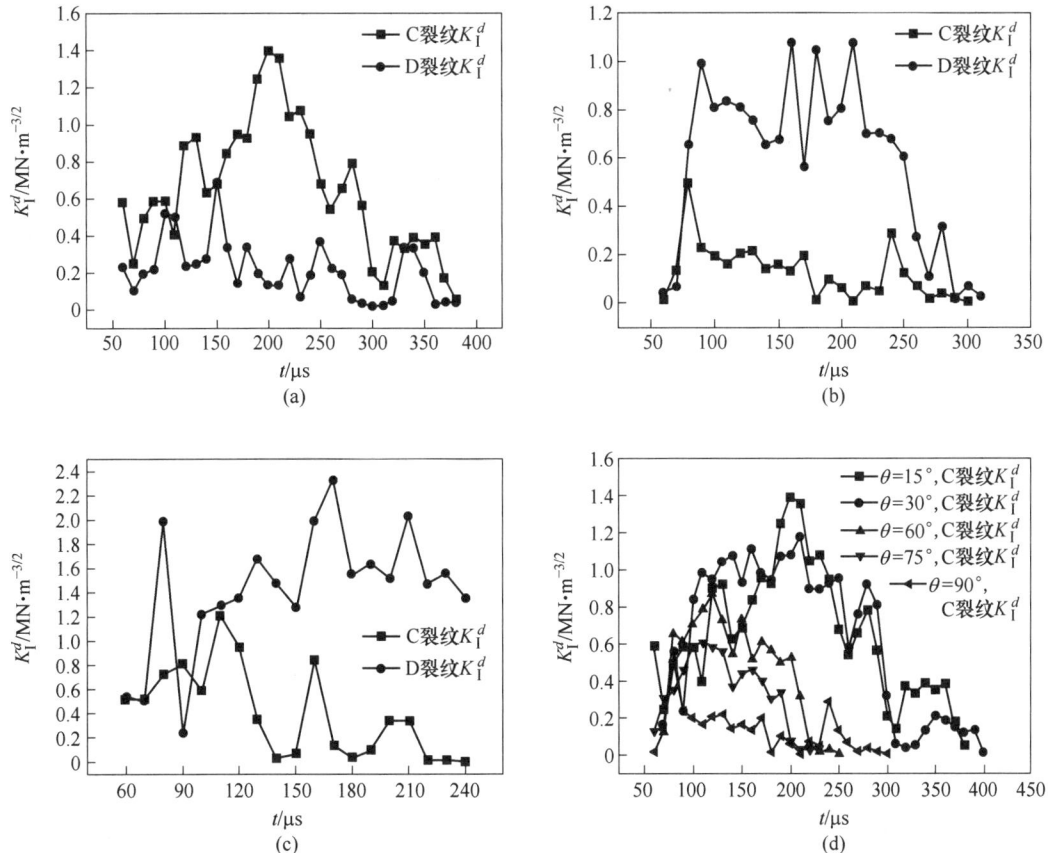

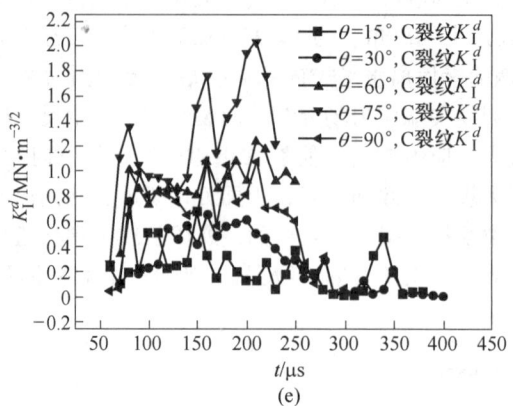

图 8　裂纹 C、D 动态应力强度因随时间变化关系

(a) $\theta = 15°$；(b) $\theta = 90°$；(c) $c = 10\text{mm}$；(d) C 裂纹；(e) D 裂纹

Fig. 8　Relationship between C、D dynamic stress intensity factor and time

到峰值 $0.922\text{MN/m}^{3/2}$，并超过材料的动态断裂韧性，裂纹开始起裂扩展，裂纹尖端所累积的应变能转化为裂纹扩展所形成新裂纹表面自由能和动能，所以起裂扩展的过程也就是能量释放的过程，K_{I}^d 随之下降，140μs 时下降到 $0.631\text{MN/m}^{3/2}$。随着反射和后续应力波不断作用，裂纹能量又不断累积，K_{I}^d 增加，200μs 时达到极值 $1.394\text{MN/m}^{3/2}$。此后，随着应力波作用减弱，裂纹驱动力降低，裂纹扩展又继续释放能量，所以裂纹尖端 K_{I}^d 振荡减小。在整个裂纹扩展过程中分支翼裂纹 C 长度达到 31mm，D 端没有产生翼裂纹。

模型 $\theta = 90°$ 和 $c = 10\text{mm}$，C、D 裂纹 K_{I}^d 变化规律和模型 $\theta = 15°$ 类似，区别在于模型 $\theta = 90°$ 和 $c = 10\text{mm}$ 时，D 裂纹 K_{I}^d 超过材料断裂韧性，翼裂纹从 D 端起裂，扩展长度达到 35mm 和 55mm，而 C 裂纹并没有扩展。由于高速相机视场有限，模型 $c = 10\text{mm}$ 只观察到 240μs 以前动态应力强度因子变化情况，并没有观察到止裂时情况。

5.2.2　C 裂纹入射角度改变对 C 裂纹尖端应力强度因子影响

由图 8 (d) 和图 9 可知，C 裂纹入射角的改变对 C 裂纹 K_{I}^d 产生较大影响。图 9 可以更明

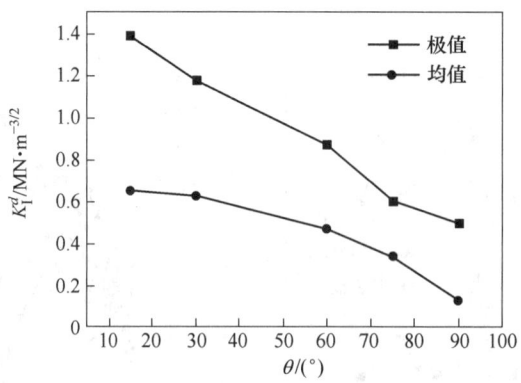

图 9　C 裂纹应力强度因子极值和均值随入射角变化关系

Fig. 9　Relationship between the C crack extreme and mean of dynamic stress intensity factor and incident angle of stress waves

显看出，C 裂纹入射角 θ 从 15°到 90°时，K_I^d 极值和均值随应力波入射角度增大而逐渐减小。按照惠更斯理论[18]，当应力波传播路径上含有缺陷介质，应力波会与缺陷介质作用产生衍射、反射现象，应力波能量发生衰减。应力波入射增大，裂纹对应力波的衍射、反射现象更明显，应力波能量衰减增大，裂纹尖端应力集中效应减弱，所以应力波入射增大，裂纹尖端 K_I^d 极值和均值减小。

5.2.3 C 裂纹入射角改变对 D 裂纹尖端应力强度因子影响

由图 8 (a)、(b)、(e) 和图 4 可知，C 裂纹入射角度改变对 D 裂纹 K_I^d 和翼裂纹起裂扩展具有很大影响。当 C 裂纹入射角度 $\theta = 15°$ 时，D 裂纹 K_I^d 均值和极值小于 C 裂纹 K_I^d 均值和极值；当 C 裂纹入射角度 $\theta = 90°$ 时，D 裂纹 K_I^d 均值和极值大于 C 裂纹 K_I^d 均值和极值。上述规律扩展到所有模型：当 C 裂纹入射角度小于 D 裂纹入射角度时，D 裂纹 K_I^d 主要在 0.007 ~ 0.655MN/m$^{3/2}$ 之间振荡变化，K_I^d 极值和均值都小于 C 裂纹 K_I^d，翼裂纹主要从 C 裂纹尖端起裂扩展，分支 C 裂纹抑制了分支 D 裂纹 K_I^d 及其翼裂纹扩展；当 C 裂纹入射角度大于 D 裂纹入射角度时，D 裂纹 K_I^d 主要在 0.028 ~ 2.337MN/m$^{3/2}$ 之间振荡变化，K_I^d 极值和均值均大于 C 裂纹 K_I^d，翼裂纹主要从 D 裂纹尖端起裂扩展，产生翼裂纹长度最长达到 63mm，分支 D 裂纹抑制了分支 C 裂纹 K_I^d 及其翼裂纹扩展。

上述现象原因主要是当 C 裂纹入射角度 θ 小于 D 裂纹入射角度时，对应力波的阻碍宽度较小，C 裂纹尖端应力集中效应更加明显，翼裂纹较易从应力更集中的裂纹尖端起裂。当 C 裂纹起裂以后，D 裂纹尖端积累的能量有可能转移到 C 裂纹尖端从而促进 C 裂纹扩展，抑制 D 裂纹扩展。当 C 裂纹入射角度 θ 大于 D 裂纹入射角度时，C 裂纹对应力波的阻碍宽度较大，D 端的应力集中效应更加显著，裂纹更易从 D 端起裂扩展。在 D 裂纹扩展过程中 C 裂纹积累的能量可能转移到 D 裂纹尖端促进 D 裂纹扩展，抑制 C 裂纹扩展。这更进一步解释了 D 裂纹不做任何改变而其翼裂纹扩展和 K_I^d 变化很大的原因。

5.2.4 C 裂纹长度改变对 C、D 裂纹尖端应力强度因子影响

当 C、D 裂纹入射角都为 45°，只改变 C 裂纹长度为 10mm 时，按理论分析，由于 C 裂纹长度比 D 裂纹小，C 裂纹尖端离炮孔距离近，应力波传到 C 裂纹尖端距离短，应力波衰减小，C 裂纹尖端应力更为集中，所以 C 裂纹 K_I^d 应该更大。但是由图 8 (c) 和图 4 可以看出，当 C 裂纹长度为 10mm 时，C 裂纹 K_I^d 均值和极值却小于 D 裂纹 K_I^d 均值和极值，翼裂纹从长度更长的 D 端起裂扩展，D 裂纹抑制了 C 裂纹扩展和 K_I^d。上述现象主要是因为[19]在一定裂纹长度内，裂纹起裂扩展之前，裂纹驱动力随着裂纹长度增加而增加，所以当 D 裂纹长度大于 C 裂纹长度时，D 裂纹尖端 K_I^d 大于 C 裂纹 K_I^d，翼裂纹从 D 端起裂扩展。

5.2.5 裂纹扩展速度

图 10 所示为 C、D 翼裂纹扩展速度随时间变化曲线图。由图可以看出 C、D 翼裂纹速度均呈现振荡式变化规律。C 裂纹入射角度为 15°时，翼裂纹从 C 裂纹起裂扩展，130μs 时，速度迅速达到 236.36m/s，140μs 时达到第一个峰值 245.45m/s，此后速度振荡变化，在 210μs 时出现速度极值为 318.18m/s，然后速度振荡下降，直至止裂。上述现象主要是因为应力波作用于裂纹，能量累积，在裂纹尖端产生强弱变化的应力场，裂纹扩展又是能量释放过程，裂纹能量不断累积和释放，裂纹扩展的驱动力不断变化。范天佑[19]曾提出，裂纹的扩展速度不同，材料对裂纹扩展的阻力也不同。驱动力和阻力都在动态变化，所以裂纹的扩展速度呈现振荡变化规律。

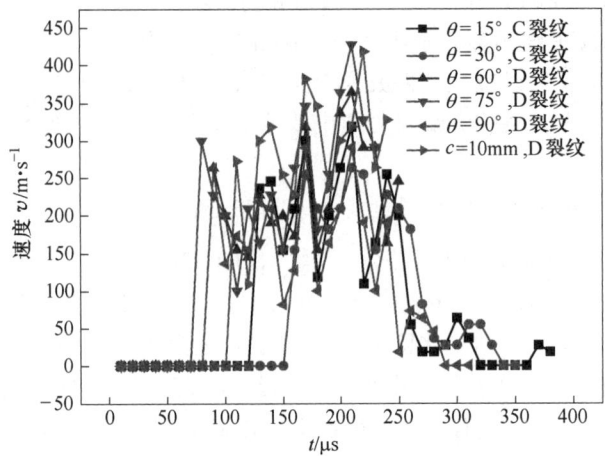

图 10　C、D 裂纹扩展速度随时间变化关系
Fig. 10　Relationship between C、D cracks propagation velocity and time

6　结论

（1）在爆炸荷载下，两相向运动裂纹在相遇前，裂纹尖端奇异场互相影响，焦散斑形状扭曲，K_{II}^d 大于 K_I^d，裂纹尖端之间没有互相贯通，而是相遇前沿偏离水平方向相互避开，然后朝对方裂纹方向扩展。

（2）两分支裂纹相交，翼裂纹主要从应力波入射角度较小和长度较长的分支裂纹端部起裂扩展，起裂扩展方向沿最大主应力方向。

（3）入射角较小和长度较长的分支裂纹对入射角较大和长度较短的分支裂纹动态应力强度因子及其扩展有抑制作用。

（4）爆炸荷载作用下，分支翼裂纹尖端动态应力强度因子随应力波入射角增大而减小，其扩展速度呈现振荡式变化规律。

参 考 文 献

［1］Zhao Y X, Zhao G F, Jiang Y D, et al. Effects of bedding on the dynamic indirect tensile strength of coal: Laboratory experiments and numerical simulation ［J］. International Journal of Coal Geology, 2014, 132: 81-93.

［2］Choa S H, Nakamura Y, Mohanty B, et al. Numerical study of fracture plane control in laboratory-scale blasting ［J］. Engineering Fracture Mechanics, 2008, 75（13）: 3966-3984.

［3］Cho S H, Kaneko K. Rock fragmentation control in blasting ［J］. Materials Transactions, 2004, 45（5）: 1722-1730.

［4］Li J C, Ma G W. Experimental study of stress wave propagation across a filled rock joint ［J］. International Journal of Rock Mechanics & Mining Sciences, 2009, 46: 471-478.

［5］Li Yexue, Zhu Zheming, Li Bixiong, et al. Study on the transmission and reflection of stress wave across joints ［J］. International Journal of Rock Mechanics & Mining Sciences, 2011, 48: 364-371.

［6］Ing Y S, Ma C C. Theoretical simulations of a propagating crack subjected to in-plane stress wave loading by caustic method ［J］. International Journal of Fracture, 1997, 85（4）: 313-331.

[7] Dally J W. An Introduction to dynamic photoelasticity [J]. Exp Mech, 1980, 20 (12): 409-416.

[8] 岳中文, 杨仁树, 郭东明, 等. 爆炸应力波作用下缺陷介质裂纹扩展的动态分析 [J]. 岩土力学, 2009, 30 (4): 949-954.

[9] 姚学锋, 方竞, 熊春阳, 等. 爆炸应力波作用下裂纹与孔洞的动态焦散线分析 [J]. 爆炸与冲击, 1998, 18 (3): 231-236.

[10] Rossmanith H P, Shukla A. Dynamic photoelastic investigation of interaction of stress waves with running cracks [J]. Experimental Mechanics, 1981, 21 (11): 415-422.

[11] 胡荣, 朱哲明, 胡哲源, 等. 爆炸动荷载下裂纹扩展规律的实验研究 [J]. 岩石力学与工程学报, 2013, 32 (7): 1476-1480.

[12] 杨仁树, 牛学超, 商厚胜, 等. 爆炸应力波作用下层理介质断裂的动焦散实验分析 [J]. 煤炭学报, 2005, 30 (1): 36-39.

[13] 朱哲明, 李元鑫, 周志荣, 等. 爆炸荷载下缺陷岩体的动态响应 [J]. 岩石力学与工程学报, 2011, 30 (6): 1157-1167.

[14] 肖同社, 杨仁树, 边亚东, 等. 含节理岩体爆生裂纹扩展的动焦散模型实验研究 [J]. 实验力学, 2006, 21 (4): 539-545.

[15] 杨仁树, 岳中文, 肖同社, 等. 节理介质断裂控制爆破裂纹扩展的动焦散试验研究 [J]. 岩石力学与工程学报, 2008, 27 (2): 244-250.

[16] Yao X F, Xu W, Arakawa K, et al. Dynamic optical visualization on the interaction between propagating crack and stationary crack [J]. Optics and Lasers in Engineering, 2005, 43 (2): 195-207.

[17] Fender M L, Lechenault F, Daniels K E, et al. Universal shapes formed by two interacting cracks [J]. Physical Review Letters, 2010, 105 (12): 1-4.

[18] 李清, 张茜, 李晟源, 等. 爆炸应力波作用下分支裂纹动态力学特性试验 [J]. 岩土力学, 2011, 32 (10): 3026-3032.

[19] 范天佑. 断裂动力学原理与应用 [M]. 北京: 北京理工大学出版社, 1993: 127-149.

软岩隧洞轮廓开挖聚能爆破数值模拟与工程应用研究

蒲文龙　许路遥　刘洋　申罗飞

（黑龙江科技大学安全工程学院，哈尔滨　150022）

摘　要：本文针对普通爆破导致某引水洞软弱围岩损伤影响其稳定性控制问题，基于 ANSYS/LS-DYNA 数值模拟，研究了普通与聚能爆炸载荷作用下岩体损伤规律，分析了不同爆破形式下的岩体动力响应特征。结果表明：较普通爆破，聚能爆破压力提升了 32% 以上，爆破振动速度降低了 30% 以上，岩石最大断裂长度提升了 76% 以上。聚能爆破能有效提高能量的汇聚作用，减小对非聚能方向岩体的损伤，保证围岩完整性和开挖平整度，并通过现场实践证实了聚能定向断裂控爆技术的优越性。

关键词：软弱围岩；聚能爆破；数值模拟

Bidirectional Shaped Energy Blasting Numerical Simulation Study Based on ANSYS/LS-DYNA

Pu Wenlong　Xu Luyao　Liu Yang　Shen Luofei

（School of Safety Engineering, Heilongjiang University of Science and Technology, Harbin 150022）

Abstract：In this paper, aiming at the key problem of the stability of soft surrounding rock damage caused by ordinary blasting caused by ordinary blasting caused by its waterhole, this paper explores the damage law of rock mass under ordinary and shaped explosion load based on ANSYS/LS-DYNA numerical simulation, and analyzes the dynamic response characteristics of rock mass under different blasting forms. The results show that compared with ordinary blasting, the shaped energy bursting pressure is increased by more than 32%, the blasting vibration speed is reduced by more than 30%, and the maximum fracture length of rock is increased by more than 76%. Concentrated energy blasting can effectively improve the convergence of energy, reduce the damage to the non-concentrated direction rock mass, ensure the integrity of the surrounding rock, and confirm the superiority of concentrated energy directional fracture and explosion control technology through field practice.

Keywords：weak surrounding rock; shaped blasting; numerical simulation

1　引言

目前，钻爆法仍是大型水利水电枢纽岩石工程开挖的常用手段，随着隧洞爆破施工的发

作者信息：许路遥，硕士，13258013126@163.com。

展，经常会遇到各种极端地质条件的情况，软弱围岩是其中一种。软弱围岩强度低、孔隙度大、胶结程度差、受构造面切割及风化影响显著[1]。Ⅳ级围岩在爆破开挖过程中极不稳定且变形破坏严重。普通爆破的爆轰产物向炮孔的四周无规则飞散，产生的裂纹也随之无规则扩展[2]。如果采用普通钻爆法对软弱围岩体进行施工，围岩体将会出现变形破坏严重的情况。不但增加初支支护的数量延误工期，还会增加工程投资[3]。因此针对软弱岩体的控制爆破技术进行研究，对于提高围岩稳定性和施工效率[4]、改善爆破效果、减少超欠挖、减少工程投资具有重要意义。

聚能爆破作为一种控制爆破技术，从聚能效应一经发现就有众多专家、学者对其进行过研究。1935 年 Mohaupt 博士首次观察到聚能效应并于 1966 年发表了相关专著[5]。Birkhoff 等人[6]在 1948 年首先提出了聚能射流发展的定常理论。在国内，陈正林等人[7]以重庆江习张家岩Ⅳ级泥岩段隧道为爆破研究对象，通过数值模拟软件 ANSYS/LS-DYNA 对聚能爆破方案进行了优化，证实聚能爆破有助于解决软弱围岩隧道爆破超欠挖及围岩变形问题。许守信等[4]以西沟石灰石矿为例，通过模拟分析了聚能爆破作用沿聚能槽方向、垂直方向的应力特征。结果表明：聚能爆破能改变炸药能量的分布，爆炸能量充分作用于切缝方向，非聚能方向能量明显减弱，有效提高了聚能成缝效果。吴波等人[8]以金台铁路林家岙隧道工程为依托，采用数值模拟的方式对聚能方案进行了分析。结果表明：聚能爆破与普通爆破相比能明显提高开挖进尺、降低岩石单元的爆破振速，有效提高施工效率。熊炎林等人[3]通过数值模拟与爆破试验的方式对隧道聚能爆破开挖过程进行了研究，采用凹槽型的聚能装药结构后，最大超挖量减少了 78.9%。

双向聚能爆破在铁道、水利等工程施工中得到成功运用并推广[9-13]，但是在软弱围岩条件下进行聚能爆破的研究和应用较少。本文以关门嘴子水库引水洞软弱部分为例，运用数值模拟软件 ANSYS/LS-DYNA 对关门嘴子水库引水洞Ⅳ级围岩部分的聚能爆破过程进行了模拟，并与普通爆破方式的爆破过程进行了对比，体现了聚能爆破方式在软弱围岩爆破过程中的一系列优势。

2 模型建立与材料参数选取

2.1 模型建立

本次模拟运用数值模拟软件 ANSYS/LS-DYNA 建立聚能装药结构与普通装药结构模型，单位制采用 cm-g-μs，模型由空气、岩石、炸药、聚能管四部分组成，双向聚能结构如图 1 所示。计算过程利用了流固耦合的方式，应用 ALE 算法将空气、炸药定义为流体，防止网格过度变形影响计算精度[14]，应用 Lagrange 算法将岩石、聚能管定义为固体。在网格划分过程中将每个单元长度定义为 1cm，并对炮孔附近单元进行了细化。整个模型包括 4 个炮孔，孔距 60cm。聚能爆破模型尺寸为 2.6m×0.8m×1cm（长×高×宽），炮孔直径 42mm，药包直径 29mm，聚能管内径 29mm，厚度 1.5mm，切缝宽度 4mm。普通爆破模型尺寸为 2.6m×0.8m×1cm（长×高×宽），炮孔直径 42mm，药包直径 29mm。在后处理时，在岩石模型周围设置了无反射边界，消除人为边界处的反射波对结构动力响应的影

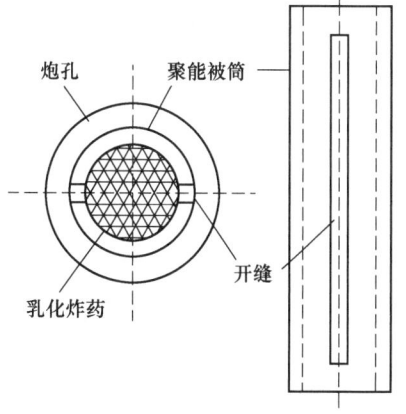

图 1　双向聚能管结构示意图

Fig. 1　Schematic diagram of double cavity pipe

响[15]，在其余面上设置了法向约束，模拟平面应变问题。另外，在模拟的过程中还用到了小型重启动的方法。切缝管在爆炸作用下会有大变形，往往会出现管和岩石的接触及负体积的问题。利用小型重启动的方法，在求解比较短的一个时间之后，因为爆炸波已经传到岩石里，切缝管的作用已经体现过，利用小型重启动把切缝管删掉继续求解，能更好地模拟现实中聚能爆破的过程。

2.2　材料参数选取

（1）岩石参数。模型中的岩石材料的关键字为 *Johnson-Hol-mquist，岩石参数选用安山岩的相关参数，具体参数见表 1。

表 1　岩石参数
Tab. 1　Rock parameters

材料	密度/g·cm⁻³	弹性模量/GPa	泊松比	屈服应力/MPa	剪切模量/GPa
安山岩	2.5	20	0.25	4	12

（2）空气参数。模型中空气部分的关键字为 *MAT_NULL，状态方程 *EOS_LINEAR_POLYNOMIAL 用来模拟爆破的过程[16]。

（3）炸药参数。模型中炸药部分的关键字为 *MAT_HIGH_EXPLOSIVE_BURN[17]，状态方程为：

$$P = A\left(1 - \frac{\omega}{R_1 V}\right)e^{-R_1 V} + B\left(1 - \frac{\omega}{R_2 V}\right)e^{-R_2 V} + \frac{\omega E}{V} \tag{1}$$

式中，P 为爆轰压强，Pa；V 为相对体积，m³；E 为初始内能密度，J/m³；A、B、R_1、R_2、ω 为试验确定的常数。

炸药具体参数见表 2。

表 2　炸药参数
Tab. 2　Explosive parameters

材料	密度/g·cm⁻³	爆速/cm·μs⁻¹	爆压/GPa
炸药	1.18	0.418	0.32

（4）聚能管参数。模型中聚能管的关键字为 *MAT_PLASTIC_KINEMATIC，具体参数见表 3。

表 3　聚能管参数
Tab. 3　Concentrator parameters

材料	密度/g·cm⁻³	弹性模量/GPa	泊松比
PVC 管	1.43	1.3	0.36

3　模拟结果分析

3.1　聚能爆破与普通爆破过程分析

普通爆破爆炸过程分析：如图 2 所示，在炸药爆炸 8μs 时，爆炸产物到达炮孔壁附近，此后，炸药能量开始作用在炮孔上，炮孔壁周围形成分布较均匀的粉碎区。如图3所示，76μs时两相邻炮孔间的压缩应力波开始慢慢汇合、相互叠加，两压缩应力波汇合叠加后继续向前传播并使岩石中产生的裂隙进一步拉伸扩展。因为压缩应力波在向炮孔四周传播过程中，岩石裂隙的产生消耗了很多能量，爆炸产物的强度开始小于岩石的动抗压强度，所以在之后的时间里岩石受到的压力开始慢慢变小，岩石中逐渐产生径向及切向裂纹，形成裂隙区。如图4所示，340μs时裂隙停止扩张，并在水平竖直方向产生了长度大致相等的裂隙。

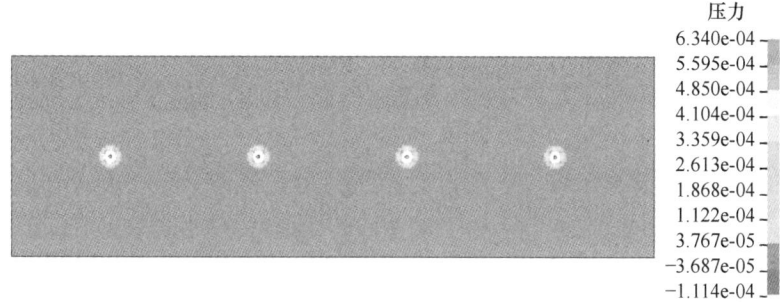

图2 8μs普通爆破压力云图

Fig. 2　8μs ordinary burst pressure cloud map

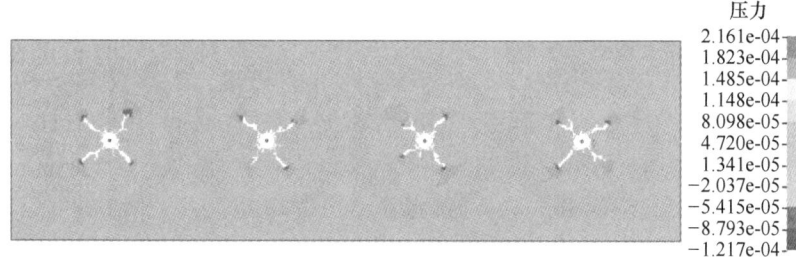

图3 76μs普通爆破压力云图

Fig. 3　76μs ordinary burst pressure cloud map

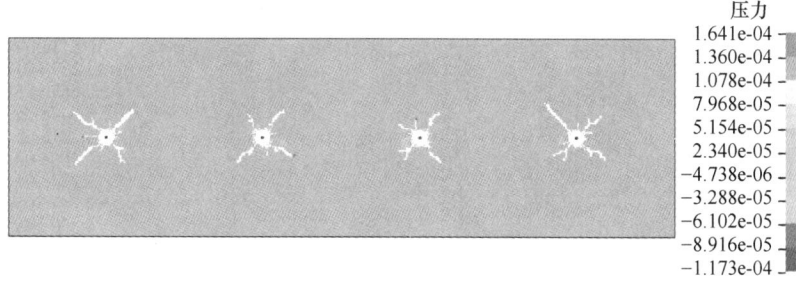

图4 340μs普通爆破压力云图

Fig. 4　340μs ordinary burst pressure cloud map

聚能爆破爆炸过程分析：如图5所示，在炸药爆炸8μs时，在聚能管切缝缺口的引导作用下，爆轰产物优于非切缝处的爆炸能量，先从聚能管切缝处释放，产生应力集中，为初始裂缝的产生提供了必要条件。8μs到76μs期间，在聚能管水平切缝方向，爆炸产物持续聚集，并向外扩散。在此时间段内，爆炸产物的张拉应力超过其岩石的拉应力强度，形成张拉裂纹。如图 6 所示，76μs 时，两相邻炮孔间的压缩应力波开始慢慢汇合、相互叠加，两应力波汇合叠加后使得此前产生的裂隙进一步扩展。如图 7 所示，340μs 时裂隙基本停止扩展，两孔间裂隙基本贯通。两种爆破方式的压力云图可以表明：在同一时刻，聚能爆破水平方向的冲击波强度要大于普通爆破水平方向的冲击波强度，使得两相邻炮孔裂隙基本贯穿，同时减少了非聚能方向的很多裂隙，减少了对被保护岩体的损伤，有利于防止软弱围岩的变形。

图 5　8μs 聚能爆破压力云图

Fig. 5　8μs concentrated energy blasting pressure cloud map

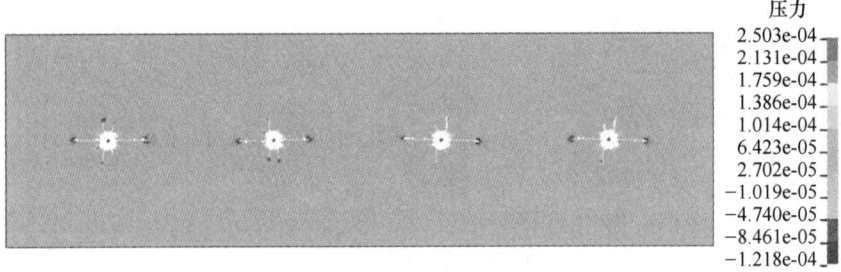

图 6　76μs 聚能爆破压力云图

Fig. 6　76μs concentrated energy blasting pressure cloud map

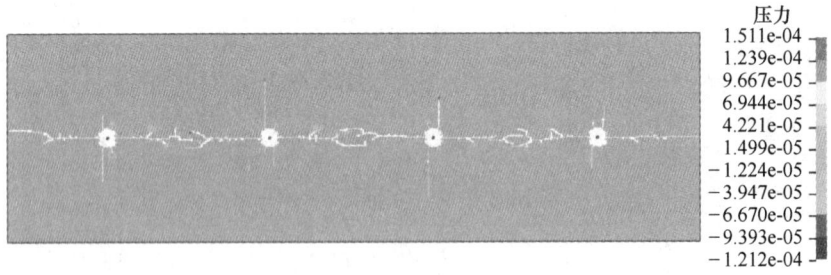

图 7　340μs 聚能爆破压力云图

Fig. 7　340μs concentrated blasting pressure cloud map

图 8 和图 9 为聚能爆破、普通爆破模拟结果图，从图 8 可以看出采用聚能爆破方式时，两炮孔间裂隙基本贯穿，裂隙较规则、平滑，聚能方向裂隙长度远大于非聚能方向裂隙长度。普通爆破的裂隙则向炮孔四周无规则扩展，各裂隙长度相差不大。

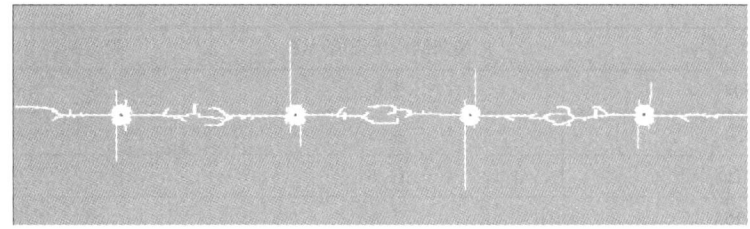

图 8 聚能爆破结果图

Fig. 8 Convergence blasting result plot

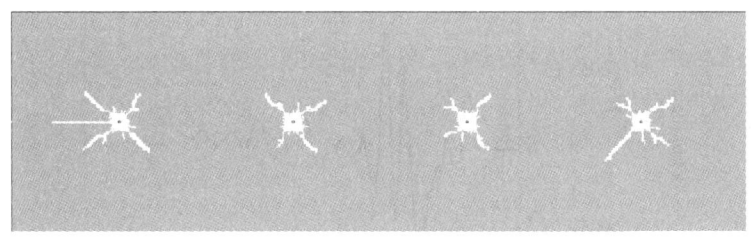

图 9 普通爆破结果图

Fig. 9 Plain blasting result plot

3.2 两种爆破方式压力对比

分别在 2 个模型距装药中心水平方向 10cm、20cm、30cm 处选择 3 个单元（604、594、584），在距装药中心垂直方向 10cm、20cm、30cm 处选择 3 个单元（11165、11155、11145），各点位置如图 10 所示。

从表 4 可以看出，聚能爆破水平方向单元的峰值压力比普通爆破方式水平方向单元的压力高出约 32%~56%，聚能爆破竖直方向单元的压力相较于普通爆破竖直方向单元的压力减小了约 19%~36%。普通爆破水平、竖直方向单元的压力大致相等，爆破能量呈均匀分布式传递。这说明聚能爆破能使炸药爆破的能量向聚能管切缝方向聚集，提高了炸药能量的利用效率，减少了对竖直方向围岩的冲击，有效提高聚能成缝效果。且减少对非聚能方向围岩的扰动，有利于保持围岩的完整程度，对于控制软弱围岩的变形十分重要。由图 11 可知，在炸药起爆后，594 单元压力不断增大，到 100μs 左右时应力达到峰值，此后压力开始下降。

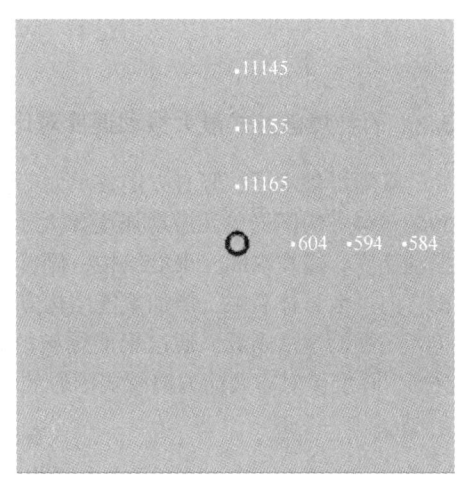

图 10 测点位置图

Fig. 10 Measurement point location map

表 4 各单元压强数据表

Tab. 4 Pressure data sheets for each unit

模型单元号	原装药结构压强值/MPa	聚能结构压力值/MPa
604	10.4	16.3

模型单元号	原装药结构压强值/MPa	聚能结构压力值/MPa
594	5.8	7.7
584	4.2	5.8
11165	11.8	7.6
11155	7.4	5.2
11145	5.4	4.4

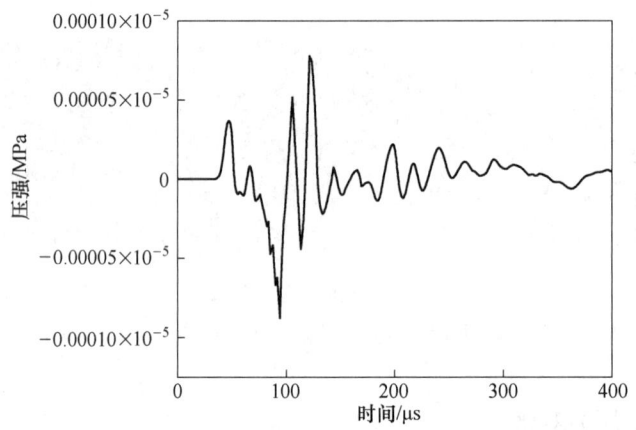

图 11　594 单元压强时程曲线

Fig. 11　594 unit pressure time range curve

3.3　两种爆破方式最大振动速度对比

聚能爆破水平、竖直方向各单元的振动速度见表 5。可以发现，靠近聚能结构一侧（604、594、584）的围岩单元振动速度要大于非聚能结构一侧（11165、11155、11145）围岩单元的振动速度。爆炸瞬间，聚能结构一侧首先出现爆破破碎区和裂隙区，爆生气体能够沿着聚能结构方向扩大岩体裂隙，增加聚能结构方向的岩体破碎效果。从聚能爆破聚能、非聚能方向围岩单元的振动速度来看，通过聚能爆破的方式使得非聚能方向围岩的震动速度降低了约 30% ~ 56%，降低了对非聚能方向软弱围岩的扰动，能更好地保持围岩的完整程度。

表 5　各单元振动速度表
Tab. 5　Vibration speedometer for each unit

水平方向单元号	604	594	584
最大震动速度/cm·s⁻¹	250	173	170
竖直方向单元号	11165	11155	11145
最大震动速度/cm·s⁻¹	176	111	76

3.4　两种爆破方式最大断裂长度对比

由表 6 可知，聚能爆破在 100μs、200μs、300μs 时岩石最大断裂长度分别为 20cm、

31.2cm、35.6cm，普通爆破在 100μs、200μs、300μs 时岩石最大断裂长度分别为 11.4cm、16.1cm、16.2cm，岩石最大断裂长度提升了 76%~111.9%。说明普通爆破炸药能量分布较均匀，各方向岩石断裂长度相差不大，不能较好地保护非施工方向的软弱围岩体。聚能爆破则能较好实现爆炸能量的集中释放，提升聚能方向岩体的断裂长度，增大开挖进尺，降低非聚能方向岩体的断裂长度，减少了对被保护岩体损伤。

表6　两种爆破方式不同时刻最大断裂长度表

Tab. 6　The maximum fracture length table of the two blasting methods at different times at different times

$t/\mu s$	普通爆破	聚能爆破	提升率/%
100	11.4	20	76
200	16.1	31.2	93.8
300	16.2	35.6	111.9

4　双向聚能爆破工程应用

4.1　工程概述

关门嘴子水库位于鹤岗市的东北部，水库坝址在梧桐河上游，距鹤岗市区北 30km 处。导流洞位于河流左岸，长 438m，设计断面为 5m×6.44m（宽×高），断面形式为圆拱直墙城门洞型。其中，引水洞宽 5m，直墙部分高 5m，圆拱部分为半径 2.88m，角度 120° 的圆弧。沿洞线基岩岩性为白垩系上统松木河组安山岩，岩体弱-微风化，强度较高，属硬质岩；岩体较完整；沿洞线物探解译两处破碎带；综合以上因素初步进行洞室围岩分类，进出口上覆围岩小于 20m，卸荷裂隙发育，属Ⅳ类围岩，破碎带处属Ⅴ类围岩，其他洞身段属Ⅲ类围岩。洞身段长 438.3m，进口与破碎带 Bf1 较近，受破碎带影响，进口至破碎带处围岩为Ⅳ类，破碎带 Bf1 处围岩为Ⅴ类，受破碎带影响围岩为Ⅳ类，中部洞体围岩为Ⅲ类，出口围岩为Ⅳ类。各段围岩工程地质条件见表7。

表7　围岩工程地质分类表

Tab. 7　Geogeological classification table of surrounding rock engineering

分段桩号	长度/m	岩石强度评分	岩体完整程度评分	结构面状态评分	地下水评分	主要结构面产状评分	总评分 T	围岩分类	围岩稳定性评价
0+116.2~0+172.2	56	15	5	17	−5	−10	22	Ⅴ	极不稳定，围岩不能自稳，变形破坏严重
0+407.5~0+437.5	30	15	5	17	−5	−10	22	Ⅴ	
0+24.2~0+116.2	92	15	15	17	−5		42	Ⅳ	不稳定，围岩自稳时间很短，规模较大的各种变形和破坏都可能发生
0+172.2~0+212.2	40	15	15	17	−5		42	Ⅳ	
0+353.5~0+407.5	54	15	15	17	−5		42	Ⅳ	

续表7

分段桩号	长度/m	岩石强度评分	岩体完整程度评分	结构面状态评分	地下水评分	主要结构面产状评分	总评分 T	围岩分类	围岩稳定性评价
0+437.5~0+462.5	25	15	15	17	−5		42	Ⅳ	
0+212.2~0+353.5	141.3	15	22	17	−3		51	Ⅲ	局部稳定性差，围岩强度不足，局部会产生塑性变形，不支护可能产生塌方或变形破坏

4.2　双向聚能管装置及工艺参数

在现场应用中主要采用切缝药包来实现聚能定向控制爆破，即将炸药装在特制的外壳中，通过切缝缺口的引导作用使得爆轰产物先从聚能管切缝处释放，进而控制岩石裂缝的扩展。

根据现场实际选用 PVC 工程塑料管作为聚能管，根据炮孔直径、药卷直径、装药量、炮孔长度及关门嘴子水库引水洞地质条件确定聚能管长 400mm，切缝宽度 4mm，中间间隔10mm，两侧各切缝 180mm，管体两端预留 15mm。聚能管内径为 ϕ30mm，聚能管外径为ϕ33mm，壁厚 1.5mm，炸药包直径 29mm，炮孔直径 ϕ35mm。

4.3　双向聚能管在现场的应用

现场采用聚能管定向断裂爆破，并重新调整了技术参数。周边眼直墙眼距由原来 200~300mm 变为 500~600mm，拱顶眼距由原来的 200mm 变为 450mm，最小抵抗线由原来的 300mm变为 500mm。

通过现场试验取得良好的技术经济效果。全断面炮眼由原来的 90 个减为 55 个，循环炮眼数减少 39%，炸药消耗降低 30%。周边眼痕率由 40% 增为 85%，混凝土喷厚由 150mm 减为100mm。装药量相同的情况下，孔距可以比普通光爆增大 100% 以上。由于打眼时间的缩短及排矸量和喷浆量的减少，单进比原月进 55m 提高了 24%。关门嘴子水库引水洞全长为 438m，以平均每米节约 226.2 元计算，直接经济效益共节余资金 9.9 万余元。另外聚能爆破技术还提高了施工效率，减少了爆破过程中的超欠挖现象。

5　结论

利用数值模拟软件 ANSYS/LS-DYNA 对聚能爆破、普通爆破过程进行了数值模拟，通过对比两种爆破水平、竖直方向的压力、围岩振动速度、裂纹长度得到了以下结论：

（1）聚能爆破能够实现爆炸能量的集中释放，能量利用率高，且能够较好控制裂纹扩展方向。与普通爆破相比，压力提高了约 25%~45%。非聚能方向围岩受到较小的爆炸荷载作用，压力相较于聚能方向减小了约 25%~38%，减小了对保护岩体的损伤，有利于保持软弱围岩的完整程度。

（2）在聚能爆破过程中，非聚能方向围岩的震动速度降低了约 28%~35%，可有效降低非聚能方向的爆破振速，减少超欠挖及二衬混凝土的工程量，降低工程投资。

（3）与普通爆破相比，聚能爆破岩石的最大断裂长度提高了 75% 以上，有利于增大开挖进尺、提高施工效率。

（4）现场试验表明，PVC 聚能被筒药卷定向爆破提高了岩石巷道成型质量，增加了岩石巷道掘进速度，降低了材料消耗和支护成本，提高了经济效益。

参 考 文 献

[1] 董志明，袁茜，金建伟，等. 软弱围岩结构面产状对隧道施工的影响分析及处理措施 [J]. 公路，2018，63（9）：296-300.

[2] 逢锦伦. 煤矿爆破技术应用现状梳理及展望 [J]. 煤矿爆破，2020，38（2）：9-11，14.

[3] 熊炎林，种玉配，齐燕军，等. 聚能爆破在隧道开挖成型控制中的仿真试验研究 [J]. 爆破器材，2019，48（4）：54-59.

[4] 许守信，黄绍威，李二宝，等. 复杂破碎岩体矩形聚能药包预裂爆破试验研究 [J]. 金属矿山，2021（11）：55-63.

[5] H M. Chapter 11：Shaped charges and warheads [M]. Aerospace Ordance Handbook. Englewood Cliffs，NewJersey：Prentice-Hall，1966.

[6] Birkhoff G，MacDougall D P，Pugh E M，et al. Explosives with lined cavities [J]. Journal of Applied Physics，1948，19（6）：563-582.

[7] 陈正林，蒲文明，陈钒，等. 张家岩隧道水平层状泥岩段爆破优化研究 [J]. 西安建筑科技大学学报（自然科学版），2019，51（6）：865-872.

[8] 吴波，王汪洋，徐世祥，等. 聚能预裂爆破技术在林家岙隧道中的应用 [J]. 工程爆破，2020，26（3）：55-62.

[9] 王军. 聚能水压光面爆破技术在崤山隧道施工中的应用研究 [J]. 铁道建筑技术，2017（5）：81-84.

[10] 周阳，方俊波，赵丽. 聚能切割爆破在张吉怀铁路吉首隧道的应用 [J]. 工程爆破，2019，25（1）：56-59.

[11] 高朋飞，刘阳春，傅菊根. 琅琊山隧道软弱围岩爆破施工技术 [J]. 现代矿业，2016，32（11）：42-43.

[12] 何满潮，曹伍富，王树理. 双向聚能拉伸爆破及其在硐室成型爆破中的应用 [J]. 安全与环境学报，2004（1）：8-11.

[13] 刘祥恒，朱多一. 河南宝泉电站引水洞Ⅳ~Ⅴ类围岩开挖 [J]. 人民长江，2004（6）：21-22.

[14] 张旭进，张昌锁，宋水舟. 基于 LS-DYNA 的聚能装药结构优势数值模拟 [J]. 矿业研究与开发，2019，39（6）：136-140.

[15] 孙西濛，叶春琳，胡燕川，等. 基于 ANSYS/LS-DYNA 的岩石爆破结构数值模拟分析 [J]. 探矿工程（岩土钻掘工程），2019，46（10）：87-93.

[16] 李志鹏，韩龙强，崔柔杰，等. 瓦斯爆炸隧道内冲击波特征及衬砌损伤机制数值研究 [J]. 隧道建设（中英文），2018，38（12）：1948-1956.

[17] 刘坚，王银涛，武飞岐，等. 粒状铵油炸药轴向连续装药预裂爆破数值模拟及应用研究 [J]. 爆破，2021，38（1）：109-115.

高地应力隧道大直径空孔直孔掏槽爆破围压效应研究

周子龙[1] 王培宇[1] 蔡 鑫[1] 程瑞山[2] 陈 璐[3]

（1. 中南大学资源与安全工程学院，长沙 410010；
2. 科廷大学土木与机械工程学院基础设施监测与保护中心，澳大利亚 珀斯市 6102；
3. 长沙理工大学土木工程学院，长沙 410015）

摘 要：高地应力对掏槽爆破具有显著影响，高夹制作用导致炮孔利用率低、岩石破碎不充分等问题突出，进而严重抑制高应力隧道的开挖效率。掏槽爆破围压效应的定量研究，对指导实践中的精细爆破设计具有重要意义。为了给不同地应力条件下掏槽爆破设计提供参考，采用数值模拟定量研究了地应力条件对大直径空孔掏槽爆破动力响应及槽腔形成的影响规律。数值计算结果表明，与低地应力下掏槽爆破相比，高地应力将阻碍掏槽爆破槽腔向炮孔底部方向形成，造成槽腔深度和体积明显减小。非静水地应力将造成掏槽炮孔爆生裂纹的各向异性扩展，进而形成椭圆形状的掏槽爆破槽腔口。研究结果可为类似工况高地应力隧道掏槽爆破设计提供参考。

关键词：地应力；大直径空孔；掏槽爆破；槽腔；数值模拟

Study on Confining Stress Effect of Cutting Blasting with Large Diameter Empty Hole in High In-situ Stress Tunnel

Zhou Zilong[1] Wang Peiyu[1] Cai Xin[1] Cheng Ruishan[2] Chen Lu[3]

（1. School of Resources and Safety Engineering, Central South University, Changsha 410010; 2. Center for Infrastructural Monitoring and Protection, School of Civil and Mechanical Engineering, Curtin University, Perth 6102, Australia; 3. School of Civil Engineering, Changsha University of Science and Technology, Changsha 410015）

Abstract: High in-situ stress has a significant effect on cutting blasting, and the problems caused by large freezing effect are prominent such as low utilization of blasting holes and insufficient rock crush, which severely limits the excavation efficiency of high-stress tunnel. The quantitative study of confining stress effect of cutting blasting is of great significance to guide fine blasting design in practice. In order to provide reference for the design of cutting blasting under different in-situ stress, the influence of in-situ stress on dynamic response and cutting-cavity formation of cutting blasting with large diameter empty hole is quantitatively studied by numerical simulation. The numerical results show that compared with

基金项目：国家重点研发计划项目（2022YFC2903901）；广西交通运输行业重点科技项目（2020-24）；中南大学中央高校基本科研业务费专项资金资助（2023ZZTS0516）。

作者信息：周子龙，博士，教授，zlzhou@ csu. edu. cn。

the cutting blasting under low in-situ stress, the high in-situ stress will hinder the formation of the cutting-cavity towards the bottom of the borehole, and the depth and volume of the cutting-cavity will be significantly reduced. The non-hydrostatic in-situ stress will cause the anisotropic propagation of the cracks induced by cutting blasting, and then the cutting-cavity with elliptical shape is obtained. The research results can provide reference for similar cutting blasting design in high in-situ stress tunnel.

Keywords：in-situ stress；large diameter empty hole；cutting blasting；cutting-cavity；numerical simulation

1 前言

钻爆法因其成本低、易于掌握、地质条件依赖性小等优势在岩石工程中被大量使用[1]。掏槽爆破是钻爆施工的重要环节，掏槽槽腔的形成效果直接影响到后续爆破，进而控制着隧道或巷道的掘进速度。虽然掏槽爆破已经在浅孔爆破中成熟使用，但低开挖进尺严重限制着我国岩石工程建设和矿产资源开采的发展。大直径空孔直孔掏槽爆破技术对加快爆破施工进度和减少爆破次数具有促进作用。

国内外学者对直孔掏槽爆破孔网参数设计等进行了大量研究。在 1978 年，Langefors 和 Kihlström[2]提出了瑞典爆破设计模型，该掏槽方式及其改进方式到目前为止仍然被广泛使用在隧道掘进中。Zare 和 Bruland[3]比较了瑞典爆破设计模型和 NTNU 爆破设计模型，指出这两种模型的掏槽爆破设计都依赖于炮孔深度与空孔直径。张召冉等人[4]建立了含空孔直孔掏槽参数设计力学模型，结果表明空孔将提高直孔掏槽破岩效率。岳中文等人[5]采用数字激光动态焦散线实验系统研究了空孔形状对岩石定向断裂爆破影响规律。但是，随着岩石和采矿工程施工深度逐渐增加，高地应力对掏槽爆破的影响愈发显著。地应力将抑制爆生裂纹的产生和扩展，导致岩石破碎效果不佳，进而劣化了掏槽爆破效果[6]。谢理想等人[7]对不同地应力下掏槽爆破进行了二维数值研究，模拟结果表明地应力会显著影响掏槽爆破效果。张宇菲[8]通过相似模型实验研究了高地应力下含空孔直孔掏槽爆破的动力响应特性，结果表明最大主应力方向对掏槽爆破槽腔形成与岩石破碎具有显著影响。然而，上述研究缺乏对高应力岩体大直径空孔直孔掏槽爆破动力响应和槽腔形态特征更加定量的研究。

在本文中，采用 LS-DYNA 有限元软件对高地应力下大直径空孔直孔掏槽爆破围压效应进行了数值研究。对不同静水应力、侧应力系数下的大直径空孔直孔掏槽爆破进行了数值模拟。定量地分析了地应力条件对大直径空孔直孔掏槽爆破岩石动力响应与槽腔形成过程的影响。本研究旨在为深部工程大直径空孔直孔掏槽精细爆破提供指导。

2 数值模型及材料本构模型

2.1 数值计算模型

本文选用经典的四部掏槽布孔方式，4 个掏槽孔对称地布置在中心空孔周围，如图 1（a）所示。根据工程经验，掏槽孔直径为 42mm，乳化炸药药卷直径为 32mm，采用径向不耦合装药结构，中心空孔直径被确定为 100mm。掏槽孔与中心空孔的间距由经验公式获得[9]，通过计算被确定为 20cm。掏槽孔深度为 2.2m，炮泥堵塞长度为 0.2m，装药长度为 2m。

由于掏槽爆破模型关于 xz 和 yz 平面对称，数值模型仅建立四分之一模型，如图 1（b）所示，模型大小设置为 1.25m×1.25m×3m。在对称面上施加对称边界条件，在模型外侧添加无反射边界条件。在本研究中炸药与掏槽孔周围岩体采用 10mm 的网格尺寸进行划分，模型共有节点 694034 个，网格 663088 个。为了避免网格畸变，采用流固耦合算法控制炸药、空气、岩石和炮泥的相互作用，空气域尺寸为 0.5m×0.5m。在本文中，通过准静态方法[10]采用关键字 *DEFINE_CURVE对数值模型施加地应力。

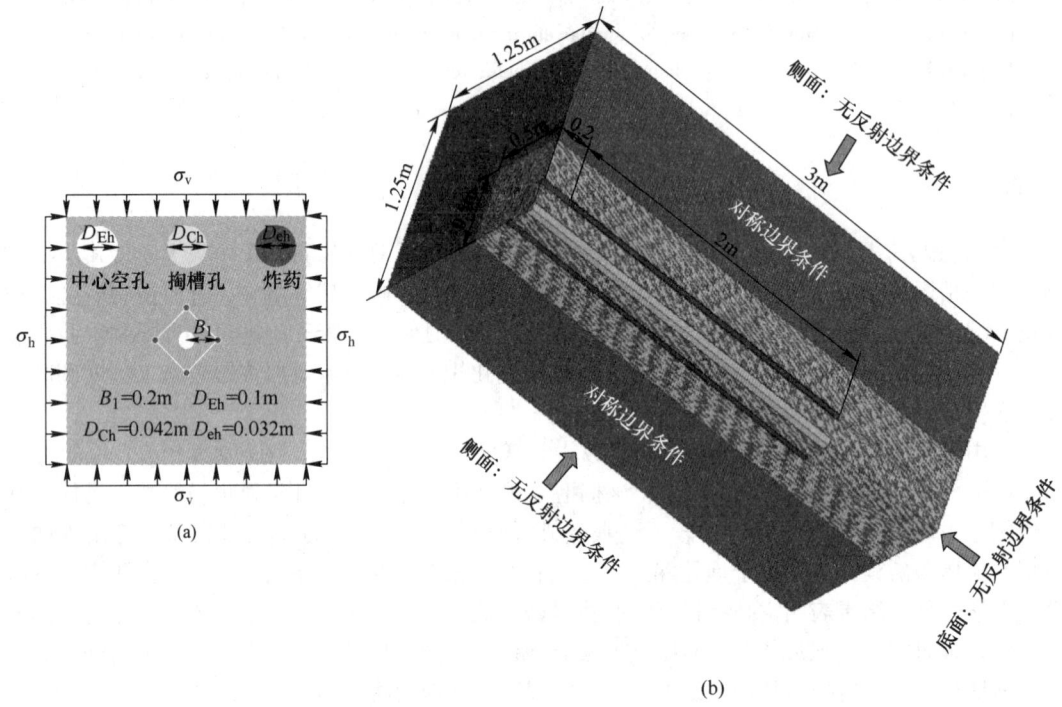

图 1　计算模型

（a）掏槽孔参数设计；（b）四部掏槽数值模型

Fig. 1　Calculation model

2.2　材料本构模型及参数确定

2.2.1　岩石 RHT 本构模型

LS-DYNA 中提供了丰富的材料本构模型，例如 Cowper-Symonds 模型[11]、Holmquist-Johnson-Cook（HJC）模型[12]、Riedel-Hiermaier-Thoma（RHT）模型[7]等。其中 RHT 模型已经被证实可以很好地用于模拟高应力岩体在爆破荷载作用下的动态响应和岩石破碎。因此，在本文研究中 RHT 模型被采用模拟岩体破坏。RHT 模型的详细内容可参考 Borrvall 和 Riedel 的研究[13]。RHT 模型中共存在 38 个参数，其中部分参数可由岩石基本力学参数和经验公式[7]确定，其余参数可引用现有文献[14]。本文采用的岩体基本力学参数见表 1。

表 1　花岗岩的基本力学参数

Tab. 1　Basic mechanical parameters of granite

参数名称	密度/kg·m^{-3}	剪切模量/GPa	弹性模量/GPa	抗压强度/MPa
数值	2600	10.39	27	150

2.2.2　炸药、空气和炮泥

采用 MAT_HIGH_EXPLOSIVE_BURN 模型和 Jones-Wilkens-Lee（JWL）状态方程对炸药进

行建模。Jones-Wilkens-Lee（JWL）状态方程被广泛用于计算炸药的爆轰压力。

$$P = A\left(1 - \frac{\omega}{R_1 V}\right)e^{-R_1 V} + B\left(1 - \frac{\omega}{R_2 V}\right)e^{-R_2 V} + \frac{\omega E_0}{V}$$

式中，P 为爆轰压力；V 为相对体积；E_0 为炸药的单位体积能；A、B、R_1、R_2、ω 为材料参数。本研究使用的乳化炸药的密度为 1120kg/m³，爆速为 4200m/s，爆压为 9.7GPa[15]。乳化炸药状态方程参数引用文献［11］。使用 MAT_NULL 和 EOS_LINEAR_POLYNOMIAL 对空气进行建模，空气的参数来源于文献［14］。选择 MAT_SOIL_AND_FOAM 作为炮泥的本构模型，参数来源于文献［16］。

3　数值结果与讨论

3.1　高地应力下大直径空孔掏槽爆破岩石动力响应与槽腔形成过程

首先研究了 60MPa 静水应力下大直径空孔掏槽爆破的岩石动力响应和爆破槽腔形成过程。图 2 展示了 60MPa 预应力的施加过程，以 28ms、60ms 和 90ms 时的应力云图为例。从图 2 可以看出，在 X 方向和 Y 方向预应力施加过程中，中心空孔周围形成了压应力集中区。为了定量分析岩石内部应力分布，分别在中心空孔、炮孔和模型边界处设置了距离掌子面深度分别为 0.5m、1.0m、1.5m、2.0m 和 2.5m 共 15 个监测点。并由获得的 X 方向应力和 Y 方向应力计算得到了不同位置的合成应力，如图 3 所示。可以发现，当距离自由面距离小于等于 2m 时，随着远离中心空孔，合成应力的数值逐渐减小，在空孔附近合成应力约为 107MPa，在模型边界

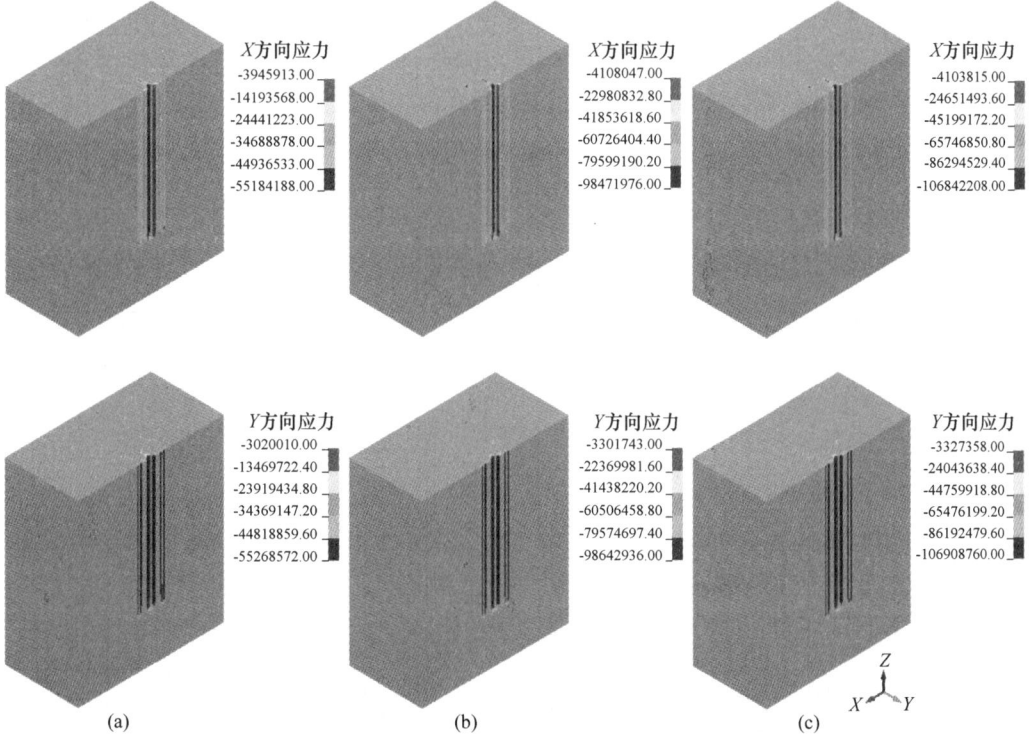

图 2　60MPa 静水应力下数值模型 X 方向和 Y 方向预应力施加过程

（a）28ms；（b）60ms；（c）90ms（负值表示压应力，Pa）

Fig. 2　X direction and Y direction prestressing process of the numerical model under 60MPa hydrostatic stress

处合成应力约为85MPa（即 X 方向应力 = Y 方向应力 = 60MPa）。而当深度为2.5m时，由于远离中心空孔，中心空孔下方合成应力值与边界处应力大致相同。

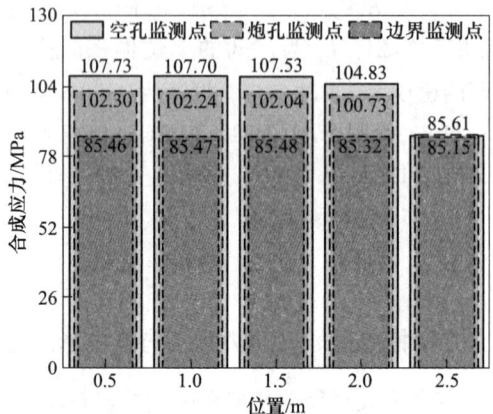

图 3　60MPa静水应力下岩石内不同位置处合成应力

Fig. 3　Synthetic stress in rock mass at different positions under 60MPa hydrostatic stress

预应力稳定施加后，通过关键字 * INITIAL_DETONATION 控制掏槽孔炸药起爆，边界处监测点应力时程曲线如图4所示。可以看出，炸药在岩体中激发了应力波，改变了岩体内部稳定

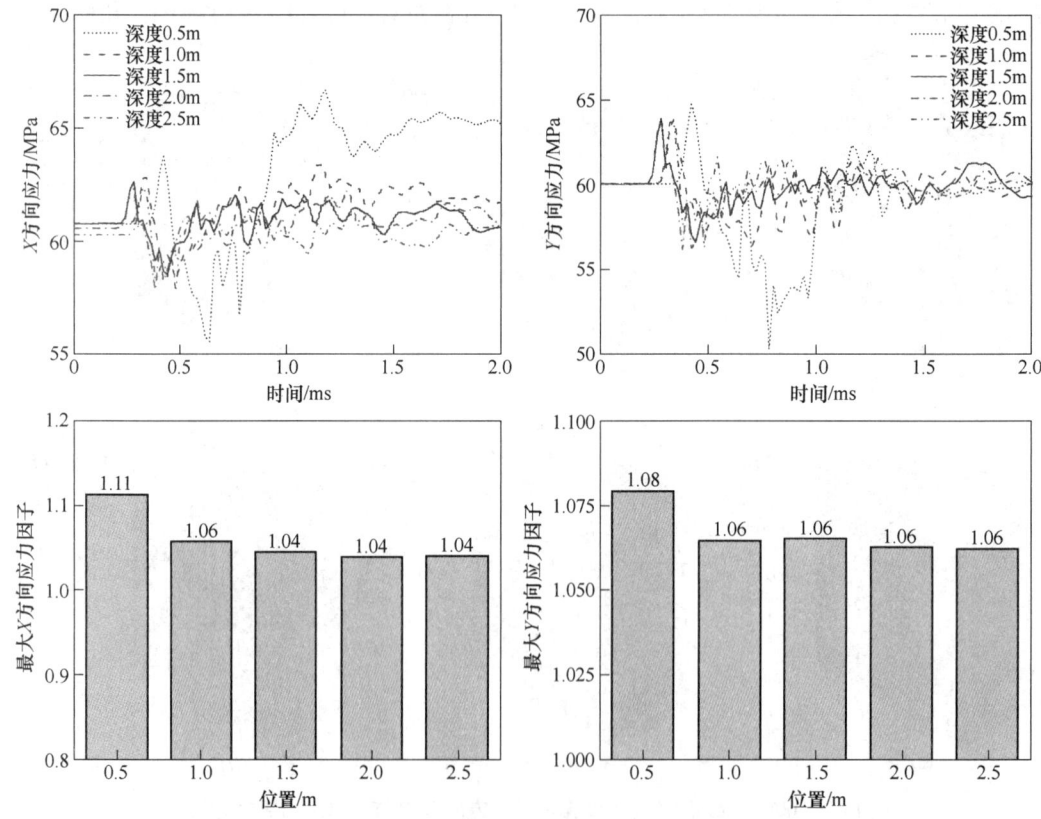

图 4　60MPa静水应力下应力时程曲线及最大应力因子

Fig. 4　Stress time history curve and maximum stress factor under 60MPa hydrostatic stress

的应力分布。定义最大应力因子为应力时程曲线最大应力与对应方向上预设地应力的比值。从图 4 中可知，X 方向的最大应力因子在 1.11 到 1.04 变化，Y 方向的最大应力因子在 1.08 到 1.06 变化，并随着深度增加，最大应力因子逐渐减小。

图 5 提供了 60MPa 静水应力下不同时刻掏槽爆破的岩石损伤云图与对应的掏槽爆破槽腔形态。从图 5 中可以看出，当地应力为 60MPa 时，槽腔形成深度较浅，槽腔口形状为圆形，掏槽孔底部仅在钻孔附近形成了压碎区，钻孔间并未形成贯通裂缝。

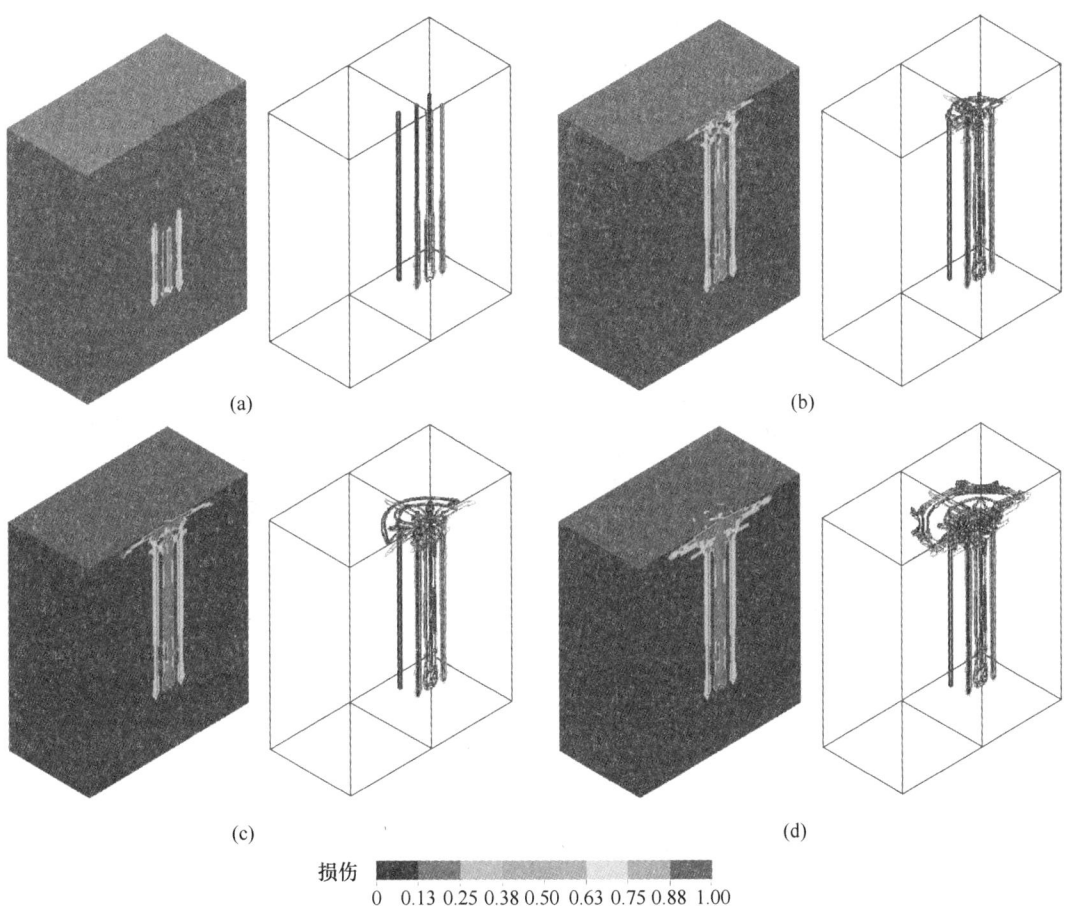

损伤
0 0.13 0.25 0.38 0.50 0.63 0.75 0.88 1.00

图 5   60MPa 静水应力下不同时刻岩石损伤云图及槽腔形态

（a）179μs；（b）479μs；（c）579μs；（d）200μs

Fig. 5   Rock damage cloud and cavity morphology at different time under 60MPa hydrostatic stress

3. 2   静水应力对大直径空孔掏槽爆破动力响应及槽腔形成的影响

为了研究静水应力对大直径空孔掏槽爆破动力响应及槽腔形成的影响，设置了 20MPa 和 60MPa 两个静水应力工况。图 6 对比了 20MPa 和 60MPa 静水应力稳定施加后空孔附近的静态应力分布。可知 20MPa 静水应力下空孔附近的应力集中程度小于 60MPa 静水应力下的应力集中程度。

图 7 显示了 20MPa 和 60MPa 静水应力下岩石的最大应力因子分布情况。从图 7 可以看出，在 X 方向和 Y 方向上，20MPa 静水应力下模型边界处最大应力因子均大于 60MPa 静水应力下的最大应力因子。

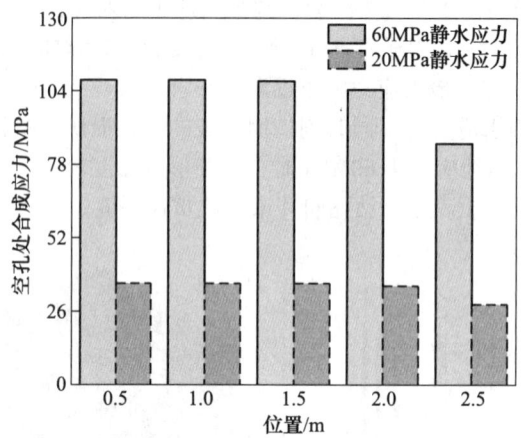

图 6　20MPa 和 60MPa 静水应力下中心空孔附近的合成应力

Fig. 6　Resultant stress near the central empty hole under 20MPa and 60MPa hydrostatic stress

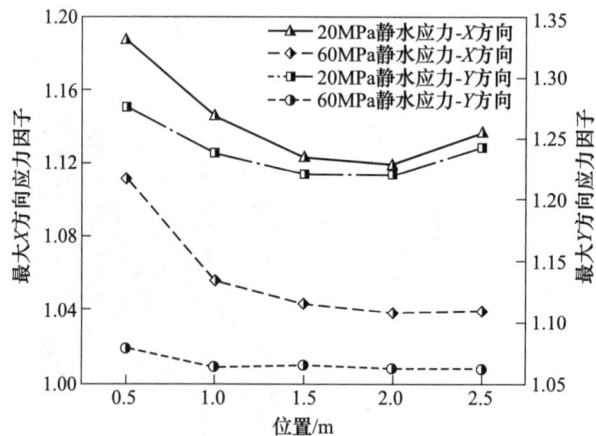

图 7　20MPa 和 60MPa 静水应力下模型边界处岩石的最大应力因子

Fig. 7　Maximum stress factor of rock at model boundary under 20MPa and 60MPa hydrostatic stress

图 8 显示了 20MPa 和 60MPa 静水应力下掏槽爆破槽腔的形成过程。从图 8 中可以看出静水应力对岩石爆破破碎效果具有明显的影响。在相同时刻下，20MPa 静水应力下岩石破碎程度和范围均优于 60MPa 静水应力。从槽腔形态看，静水应力下掏槽爆破槽腔口形状均呈现为圆形。20MPa 静水应力下槽腔形状沿深度方向呈现为"漏斗"形。而 60MPa 静水应力下仅在靠近掌子面附近形成了大约 0.42m 深的锥形槽腔。

3.3　非静水应力对大直径空孔掏槽爆破动力响应及槽腔形成的影响

随后研究了非静水应力对大直径空孔掏槽爆破动力响应及槽腔形成的影响。非静水应力场中竖向地应力为 20MPa，水平地应力为 60MPa。由于非均匀地应力将导致中心空孔附近应力分布呈各向异性，因此从最大主应力和最小主应力两个方向分析了空孔附近的静态应力分布，如图 9 所示。在最小主应力方向空孔附近存在约 127MPa 的合成应力，而在最大主应力方向空孔附近存在约 15MPa 的合成应力。

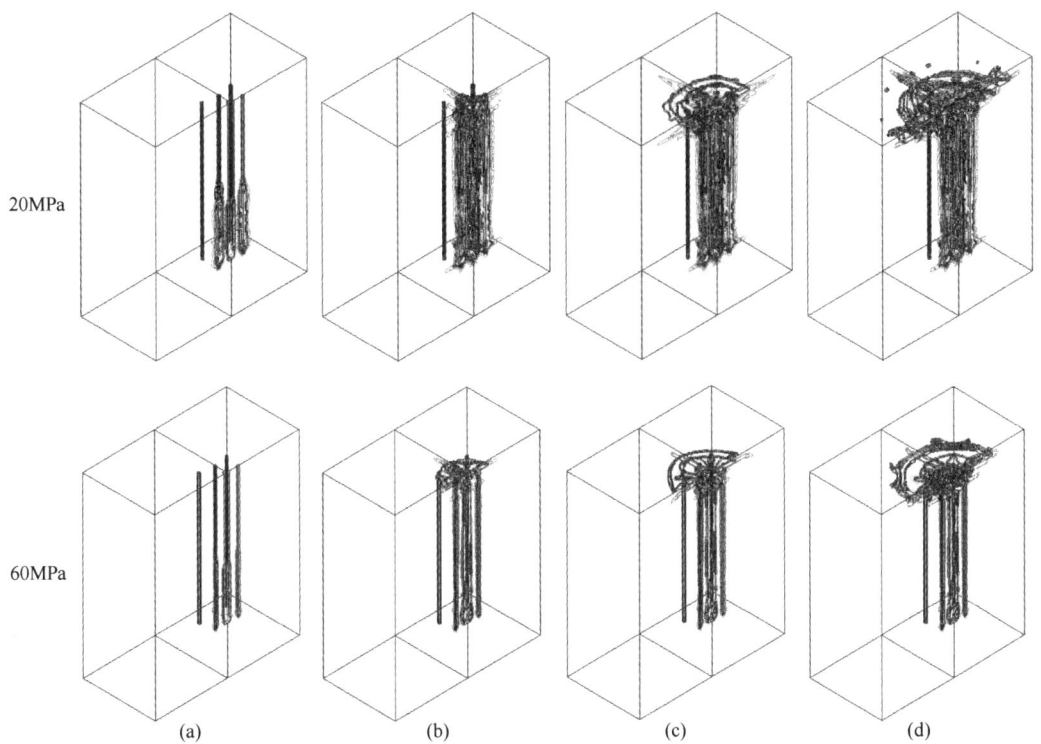

图 8　20MPa 和 60MPa 静水应力下掏槽爆破槽腔形成过程

（a）179μs；（b）479μs；（c）579μs；（d）2000μs

Fig. 8　Formation process of cutting blasting cavity under 20MPa and 60MPa hydrostatic stress

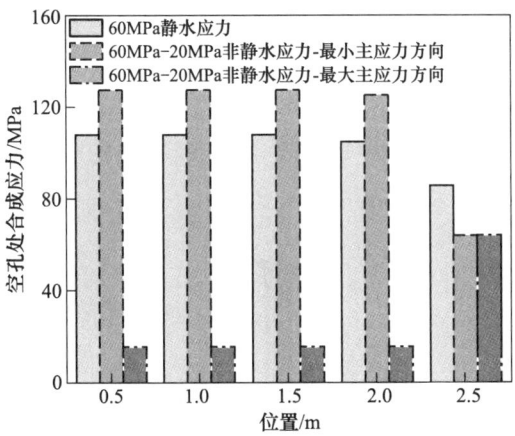

图 9　60MPa-20MPa 非静水应力和 60MPa 静水应力下中心空孔附近的合成应力

Fig. 9　Resultant stress near the central empty hole under 60MPa-20MPa non-hydrostatic stress
and 60MPa hydrostatic stress

　　图 10 显示了非静水应力和静水应力下模型边界处岩石的最大应力因子分布情况。静水应力场和非静水应力场中的最大 X 方向应力因子相差不大，但是非静水应力下最大 Y 方向应力因子更大。

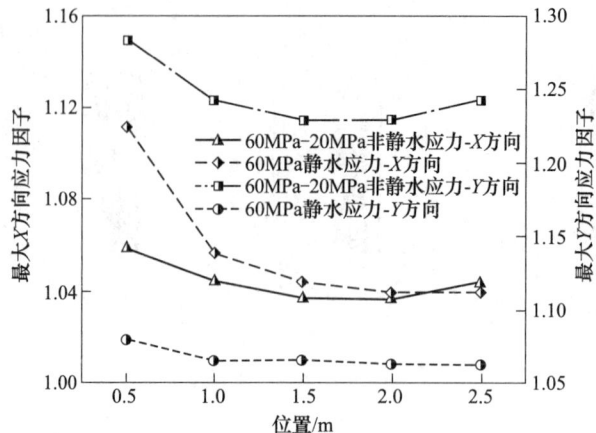

图 10　60MPa-20MPa 非静水应力和 60MPa 静水应力下模型边界处岩石的最大应力因子

Fig. 10　Maximum stress factor of rock at model boundary under 60MPa-20MPa non-hydrostatic stress and 60MPa hydrostatic stress

　　此外，比较了 60MPa-20MPa 非静水应力和 60MPa 静水应力下大直径空孔掏槽爆破的槽腔形态。从图 11 中可知非静水应力将导致更加复杂的槽腔形态。在非静水应力条件下，槽腔口形状呈现出椭圆形，椭圆长轴与最大主应力方向平行，短轴与最小主应力方向平行。

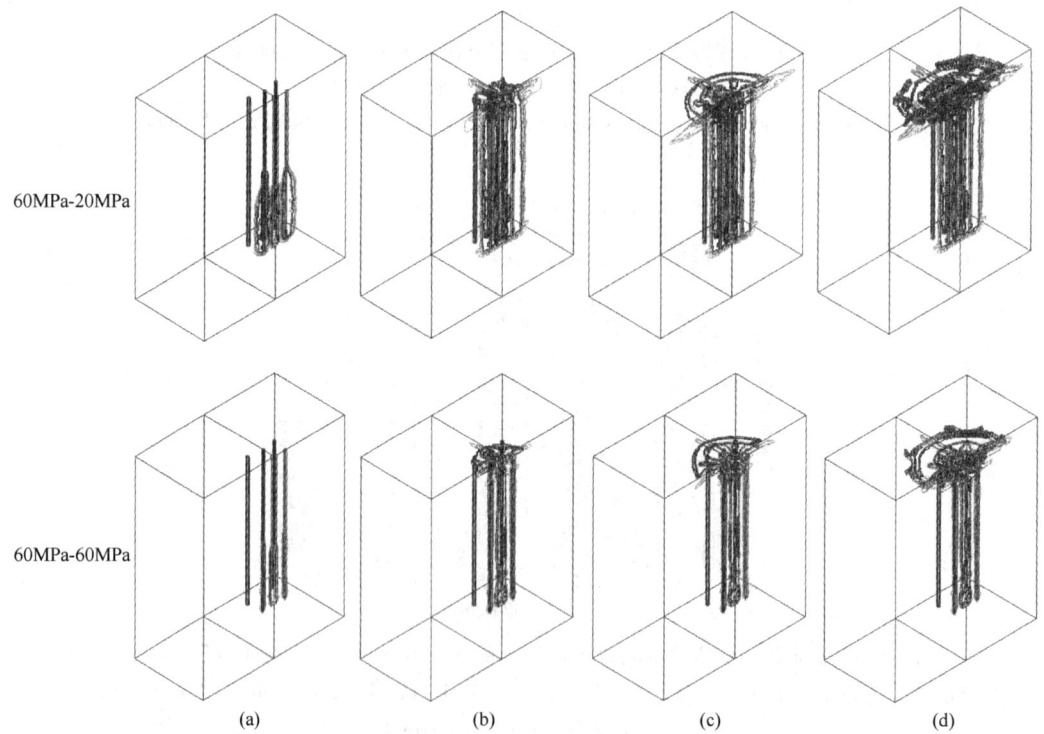

图 11　60MPa-20MPa 非静水应力和 60MPa 静水应力下掏槽爆破槽腔形成过程

(a) 179μs；(b) 479μs；(c) 579μs；(d) 2000μs

Fig. 11　Formation process of cutting blasting cavity under 60MPa-20MPa non-hydrostatic stress and 60MPa hydrostatic stress

4　结论

本文建立了大直径空孔掏槽爆破三维数值模型，研究了地应力对大直径空孔掏槽爆破岩石动力响应和掏槽槽腔形态的影响。

（1）高地应力条件下，在空孔周围将形成应力集中区，空孔附近应力分布取决于地应力大小和方向。随着静水应力增加，空孔附近应力集中程度上升。静水应力将在空孔附近形成各向同性的应力分布，非静水应力将在空孔附近形成各向异性的应力分布。

（2）静水应力大小将影响掏槽爆破槽腔的形态特征。静水应力条件下掏槽爆破会产生圆形槽腔口，同时高静水应力会限制大直径空孔掏槽爆破槽腔深度。

（3）非静水应力将导致更加复杂的掏槽爆破槽腔形态特征。非静水应力条件下会产生椭圆形槽腔口，椭圆形槽腔长轴将出现在最大主应力方向上，在垂直最大主应力方向上槽腔形成将受到限制。

参 考 文 献

[1] Mandal S K, Singh M M. Evaluating extent and causes of overbreak in tunnels [J]. Tunnelling and Underground Space Technology, 2009, 24（1）：22-36.

[2] Langefors U, Kihlström B. The modern technique of rock blasting [M]. John Wiley & Sons, 1978.

[3] Zare S, Bruland A. Comparison of tunnel blast design models [J]. Tunnelling and Underground Space Technology, 2006, 21（5）：533-541.

[4] 张召冉, 王岩, 刘国庆. 空孔对直眼掏槽参数及爆破效果的影响研究 [J]. 爆炸与冲击, 2023, 43（1）：141-156.

[5] 岳中文, 郭洋, 王煦, 等. 空孔形状对岩石定向断裂爆破影响规律的研究 [J]. 岩土力学, 2016, 37（2）：376-382.

[6] Li X, Liu K, Yang J, et al. Numerical study on blast-induced fragmentation in deep rock mass [J]. International Journal of Impact Engineering, 2022, 170：104367.

[7] Xie L, Lu W, Zhang Q, et al. Analysis of damage mechanisms and optimization of cut blasting design under high in-situ stresses [J]. Tunnelling and Underground Space Technology, 2017, 66：19-33.

[8] 张宇菲. 高地应力岩巷掏槽爆破围压效应模型试验研究 [D]. 北京：中国矿业大学（北京）, 2018.

[9] 汪旭光. 爆破手册 [M]. 北京：冶金工业出版社, 2010.

[10] Yang J, Liu K, Li X, et al. Stress initialization methods for dynamic numerical simulation of rock mass with high in-situ stress [J]. Journal of Central South University, 2020, 27（10）：3149-3162.

[11] Cheng R, Zhou Z, Chen W, et al. Effects of axial air deck on blast-induced ground vibration [J]. Rock Mechanics and Rock Engineering, 2022, 55（2）：1037-1053.

[12] Wang Z, Wang H, Wang J, et al. Finite element analyses of constitutive models performance in the simulation of blast-induced rock cracks [J]. Computers and Geotechnics, 2021, 135：104172.

[13] Borrvall T, Riedel W. The RHT concrete model in LS-DYNA [C] //Proc. 8th European LS-DYNA Users Conference, 2011.

[14] Li X, Zhu Z, Wang M, et al. Numerical study on the behavior of blasting in deep rock masses [J]. Tunnelling and Underground Space Technology, 2021, 113：103968.

[15] Hong Z, Tao M, Cui X, et al. Experimental and numerical studies of the blast-induced overbreak and underbreak in underground roadways [J]. Underground Space, 2023, 8：61-79.

[16] Zhang H, Li T, Du Y, et al. Theoretical and numerical investigation of deep-hole cut blasting based on cavity cutting and fragment throwing [J]. Tunnelling and Underground Space Technology, 2021, 111：103854.

爆破荷载作用下注浆结石体动态力学性能研究

何如 李栋伟 代四龙

（东华理工大学土木与建筑工程学院，南昌 330013）

摘 要：注浆结石体的力学特性对岩土工程稳定性有着重要的影响。考虑隧道爆破开挖动力导致的初始损伤的影响，以现场取样的注浆结石体为对象，开展 SHPB 动态抗冲击试验，研究爆破振动和岩浆比例对注浆结石体的动态力学性能的影响规律。试验结果表明：（1）隧道爆破开挖作用下，注浆结石体整体强度下降幅度在 40% 左右，且随着浆液成分减小，注浆结石体峰值应力下降幅度呈现减缓趋势；（2）基于 SHPB 冲击试验，爆破振动影响下，注浆结石体在相同岩浆比例下整体强度明显降低，下降幅值在 48MPa 左右，下降幅度均在 40% 左右；（3）注浆结石体在破坏时裂纹大部分由胶结面产生并扩展，直至破坏，细观上表现出一定的脆性破坏特征，宏观上应力-应变在初始阶段未出现明显的裂隙压密阶段，待达到峰值应力后呈现出典型的应变软化特征。

关键词：注浆体；爆破振动；动力特性；SHPB

Dynamic Mechanical Properties of Grouting Stones under Blasting Load

He Ru Li Dongwei Dai Silong

（School of Civil and Architectural Engineering, East China University of Technology, Nanchang 330013）

Abstract：The mechanical properties of grouting stones have an important effect on the stability of geotechnical engineering. Considering the influence of initial damage caused by blasting excavation, SHPB dynamic shock resistance test was carried out on the injected stone body sampled on site, and the law of the influence of blasting vibration and magma proportion on the dynamic mechanical properties of the injected stone body was studied. The test results show that：（1）Under the action of tunnel blasting, the overall strength of grouting stone body decreases by about 40%, and with the decrease of grout composition, the peak stress of grouting stone body decreases；（2）Based on the SHPB impact test, under the influence of blasting vibration, the overall strength of grouting stones under the same proportion of magma decreases significantly, with a decreasing amplitude of about 48MPa and a decreasing amplitude of about 40%；（3）During the failure of the grouting stone, most of the cracks are

基金项目：江西省地质环境与地下空间工程研究中心开放基金项目（JXDHJJ2022-005）；岩土钻掘与防护教育部工程研究中心开放基金项目（202004）；东华理工大学博士科研启动基金项目（DHBK2019236）。

作者信息：何如，博士，讲师，heru@ecut.edu.cn。

generated by the cementation surface and expand until the failure, showing a certain brittle failure characteristics in the microscopically, and no obvious crack compaction stage in the macro-stress-strain stage at the initial stage, and a typical strain softening feature after reaching the peak stress.

Keywords: grouting body; blasting vibration; dynamic characteristics; SHPB

1 引言

在交通工程和地下工程快速发展的同时，各种工程地质条件下的岩石工程事故频发（如隧道坍塌、围岩失稳和泥水涌流等）。注浆加固技术作为处理和预防此类事故的有效手段，被广泛地应用于隧道、矿山、交通、能源等工程领域之中[1]。由于各地区地质条件差异，岩性不一致，浆液材质的不同，注浆效果往往千差万别。因此，注浆结石体也成为查验注浆加固效果的一个重要研究对象，其力学性质研究对现场工程建设具有重要的指导意义[2]。

近年来，国内外学者针对注浆结石体的力学性能、界面特性及变形破坏规律进行了一系列有益探索。董红娟[3]、潘锐[4]开展单轴压缩力学试验和试件图像分析，研究了不同破碎岩块粒径、注浆液水灰质量比、注浆压力等条件下注浆体的力学特性及变形特征；刘泉声等人[5-6]基于人工制作岩体裂隙试件进行注浆结石体的力学加载试验，发现注浆加固使得峰值剪切强度增加 108%~170%，残余强度增加 54%~72%；杨仁树等人[7]制作了高应力深井破坏软岩等效试件，利用 CT 扫描技术观测研究了单轴压缩下注浆试件裂隙发展情况，发现浆液填充后试样裂隙分形维数减小了约 20%；隋旺华[8]基于室内试验和数值模拟，发现注浆后裂隙岩体的表征单元体（REV）相对变小，且 REV 的等效抗压强度及弹性模量均有一定程度的提高；许宏发等人[9]针对破碎岩体注浆后强度估计，进行了无量纲分析，推导了强度增长率的计算公式。裂隙岩体注浆加固的直接作用效果是改变裂隙面的力学特性。赵军等人[10]依据人工锯齿结构面，开展未注浆与不同水灰比铝酸盐水泥注浆加固的室内直剪试验；刘保国等人[11]切割辉绿岩预制不同的裂隙倾角，分析了不同裂隙倾角、裂隙贯通程度和裂隙条数下辉绿岩裂隙注浆体的应力-应变关系及力学特性；Cui 等人[12]对充填缺陷的岩石分别在常规压缩应力路径和开挖应力路径下进行加载和同步监测，发现，水泥充填试件的变形由突然向渐进转变，而树脂充填试件的变形则相反。注浆材料和注浆方式也对注浆结石体力学性质产生重要影响。乐慧琳和孙少锐[13]选用环氧树脂和纯水泥浆作为注浆材料，对含不同角度和不同注浆材料裂隙试样进行单轴压缩试验；彭赛宇等人[14]在传统水玻璃浆材中引入发泡剂与稳泡剂，对其固结体进行渗透率、核磁成像、单轴/三轴抗压等性能测试；陆银龙[15]基于微观浆-岩黏结界面 SEM 扫描试验及纳米压痕试验，研究了超细水泥与纳米 SiO_2 等新型注浆材料的浆-岩黏结界面结构改性与优化机制。

工程建设中，注浆结石体不只是受到静态荷载作用，还可能受到爆破冲击、钻锚振动等动力作用。以隧道爆破开挖动力扰动为例，爆炸产生的爆生气体会使得岩体内部裂纹的萌生、扩展和合并[16]，同时，爆破应力波会不断对结石体进行循环拉-压作用，导致岩体的力学性质降低，承载能力弱化，直接影响隧道施工安全和围岩稳定性。因此，注浆结石体的动态力学性能对于岩体工程安全评估具有重要的理论意义和工程应用价值。王海龙等人[17]对红砂岩裂隙注浆体进行变应变速率（$1 \times 10^{-5} \sim 5 \times 10^{-3} \mathrm{s}^{-1}$）单轴压缩试验，研究微震荷载作用下注浆加固体的能量耗散、裂纹扩展及破坏形态；王志等人[18]对预制单斜裂隙红砂岩试样进行水泥和环氧树脂注浆加固，通过落锤循环冲击荷载试验研究了冲击峰值应变与累积残余应变的关系；詹金武和李涛[19]对不同注浆含量比及含水状态条件下的破碎泥岩注浆结石体进行 SHPB 试验和数值模拟。Kumar 等人[20]对完整、不灌浆、水泥灌浆、环氧灌浆 4 种注浆体样进行了 SHPB 试验和静态单轴压缩试验，研究了非持久节理的存在对注浆体力学响应速率的影响。

以上研究表明，相比较成熟的完整岩石冲击力学响应研究，关于结石体的动态力学性能的相关研究成果仍然较少，同时，有关研究很少考虑隧道爆破振动带来的初始损伤对注浆结石体力学性能的影响。此外，目前国内外学者在进行注浆岩体裂隙力学特性试验研究时多采用人工制取的裂隙试件[21]，虽从各个角度分析注浆对岩石力学性质的影响，但受限于加工技术、条件限制及人为主观因素，其力学性质与现场真实裂隙岩体及注浆结石体存在有一定差异。

相比室内配比制样，现场取样不仅更能反映出实际工程中注浆结石体的复杂应力环境；还可以充分考虑实际隧道爆破开挖振动对注浆结石体的振动冲击影响，更能真实、有效地反映实际工程注浆结石体的力学特征。因此，本文基于现场直接取样，借助 SHPB 动力加载试验装置，对不同岩浆实际占比、不同爆破扰动状况下的注浆结石体的变形及破坏机制进行分析，研究注浆结石体的应力-应变特征、动载强度特征及变形破坏特征，讨论工程实际爆破施工影响情况下注浆结石体的动力力学行为及特性，为注浆加固后的岩体稳定性评价提供理论依据和数据支撑。

2 试验步骤

2.1 工程概况

林场隧道位于湖南省安化县，为马蹄形隧道，断面尺寸 12.0m×10.0m（见图 1）。地貌属于低山丘陵区。隧道下穿山体，地表地形起伏较大，总体趋势左侧低、右侧高。隧道轴线通过路段地面标高 231.30~334.80m，相对高差约 103.50m，隧道顶板最大埋深约 98.0m。

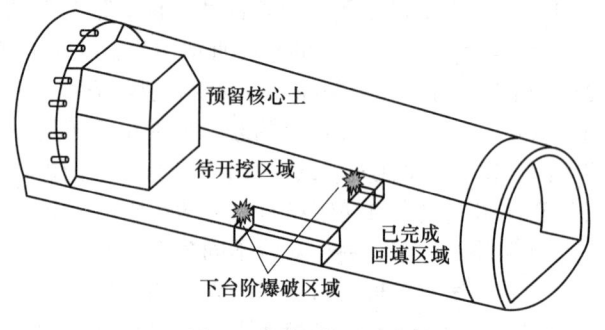

图 1 隧道开挖示意图
Fig. 1 Stereoscopic diagram of the tunnel

其Ⅳ-Ⅴ级围岩段多为微风化、中风化及强风化板岩，岩体节理裂隙发育，且较为破碎，土质多为粉质黏土。隧道整体稳定性较差，在无支护情况下拱顶部位容易产生坍塌现象。隧道集中降雨状态下洞室内呈潮湿状、点滴状或线状出水，极易出现涌水灾害。

Ⅴ级围岩段采用超前小导管注浆加固，采用水灰比为 1∶1 的水泥净浆液为注浆材料（P.032.5 普通硅酸盐水泥）。隧道注浆压强：0.5~1.0MPa。采用预留核心土钻爆法开挖，分上、中、下台阶交叉作业，台阶长度 18.0m，多段微差爆破，循环进尺 2.0~3.0m，炸药采用 2 号岩石乳化炸药，药卷直径 φ32mm，爆破参数见表 1。爆破位置为左下台阶和右下台阶，炮孔直径为 2cm，每个下台阶共布置 6 个掏槽孔，炮孔深度 1.5m，每个炮孔装药量为 1.8kg，具体炮孔布置如图 2 所示。

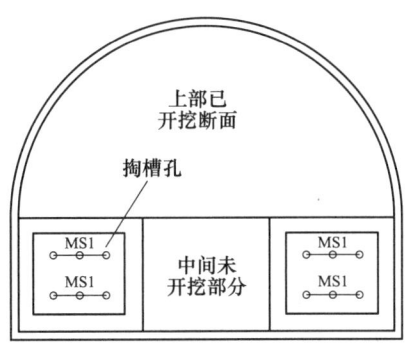

图 2 炮孔布置示意图

Fig. 2 Layout of measuring lines at critical positions

表 1 下台阶松动爆破设计参数

Tab. 1 Design of blasting parameters of lower bench excavation

部位	炮眼类别	炮眼深度/m	角度/(°)	数量/个	单孔装药量/kg	总药量/kg	装药方式
下台阶	抬炮眼 1	2.0	90	2	1.8	3.6	连续
	抬炮眼 2	2.0	90	2	1.8	3.6	连续
	抬炮眼 2	2.0	90	2	1.8	3.6	连续

2.2 试样制备

试验所用注浆结石体取自湖南省安化县林场隧道，考虑不同的岩-浆比例、爆破受振情况，分别对爆破振动前后的注浆结石体进行取样。

为尽量避免岩样出现较大的离散性，选择合适区域进行随机钻芯取样，分析对比岩样的岩性特征，确认属于同一类岩石；其次，在选定区域的掌子面附近 5m 范围的拱腰处进行单独注浆，岩石为微风化板岩，取出岩样完整性较好，按照规范要求，加工成 R50mm×L100mm 的标准圆柱体试件（见图 3）；最后，对打磨完的岩样进行波速测试，所测岩样的波速范围为 3824~4020m/s，岩样密度范围为 2.45~2.67g/cm³，波速和密度都较为集中。说明岩样的离散性可控，同时满足注浆取样需求。

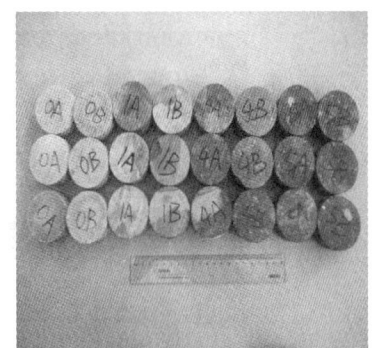

图 3 注浆体取样及标准试块

Fig. 3 Field sample and test specimens of grouting body

2.3　试验过程

根据岩–浆比例不同及爆破受振情况不同，本文分别针对爆破振动前注浆结石体（JSB）、爆破振动后注浆结石体（JSA），采用 75mm 的 SHPB 实验装置进行动态冲击压缩实验，如图 4 所示。

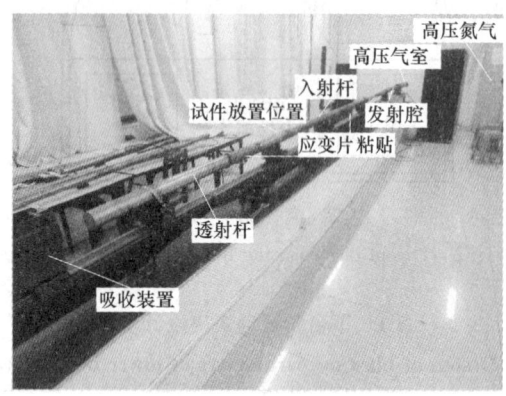

图 4　SHPB 试验装置

Fig. 4　SHPB test device

在对试样进行冲击加载前，首先检查压杆、应变片、相关仪器、电路接线、气压表、充气阀等，并进行空杆试验，观察冲击波形是否正常。如果波形正常，则放入试样，开始进行冲击试验。具体步骤如图 5 所示。

图 5　冲击试验操作步骤

（a）试件安装；（b）充气发射；（c）数据记录；（d）碎块收集

Fig. 5　Impact test operation steps

试验采用脉冲整形技术，解决波形分散效应、应力不均匀等问题；试样表面涂有凡士林，消除端面摩擦；通过 DHHP 软件获取实验原始波形图，其透射波与理论上得到的透射波在误差允许范围内，试验波形传导满足应力均匀性假设。

对两组不同工况试件进行相同冲击气压 0.4MPa（14m/s）的动态冲击试验。试件在较大的冲击动能的作用下，沿着轴向产生裂纹，最终相互贯通，形成破碎状碎块。待冲击完成后将碎块进行收集并分类称重，得到对应的岩浆质量比例。

试验方案见表 2，其中，A 表示爆破振动作用结束后；B 表示爆破振动作用开始前；表中岩浆比例指：注浆结石体中岩块质量与浆块质量的比值，待试验完成后进行称重获取。

表 2　试件参数信息记录
Tab. 2　Record of specimen parameter information

研究对象	试块编号	直径/mm	高度/mm	总质量/g	密度 /g·cm^{-3}	岩石质量 /g	注浆体质量 /g	岩浆质量比
纯浆体	CTB-1	51.50	99.80	97.8	2.42	—	97.8	—
	CTB-2	51.20	100.10	96.8	2.40	—	96.8	—
	CTB-3	51.00	99.50	97.2	2.44	—	97.2	—
	CTA-1	50.80	100.20	97.4	2.44	—	97.4	—
	CTA-2	50.60	99.50	98.2	2.48	—	98.2	—
	CTA-3	50.50	100.20	96.6	2.43	—	96.6	—
振动前注浆结石体	JSB-1	49.00	25.60	130.80	2.71	35.90	94.90	1 : 2.64
	JSB-2	50.00	24.80	128.90	2.65	61.30	67.60	1 : 1.10
	JSB-3	49.40	25.10	104.10	2.16	26.50	77.60	1 : 2.93
	JSB-4	50.20	26.20	137.70	2.60	62.40	75.30	1 : 1.21
	JSB-5	49.60	25.40	134.20	2.73	71.80	62.40	1 : 0.87
	JSB-6	50.80	24.90	133.00	2.64	47.10	85.90	1 : 1.82
	JSB-7	49.80	24.60	140.00	2.92	97.20	42.80	1 : 0.44
	JSB-8	49.20	25.40	130.00	2.69	51.00	79.00	1 : 1.55
	JSB-9	50.80	24.70	143.50	2.87	96.90	46.60	1 : 0.48
	JSB-10	49.40	24.90	118.00	2.47	27.80	90.20	1 : 3.24
振动后注浆结石体	JSA-1	49.80	24.60	156.40	3.26	132.90	23.50	1 : 0.18
	JSA-2	49.20	25.40	141.70	2.93	98.10	43.60	1 : 0.44
	JSA-3	50.80	24.70	134.80	2.69	76.60	58.20	1 : 0.76
	JSA-4	49.40	24.50	160.90	3.43	147.40	13.50	1 : 0.09
	JSA-5	49.00	24.50	153.20	3.32	129.00	24.20	1 : 0.19
	JSA-6	49.00	25.00	152.30	3.23	109.10	43.20	1 : 0.40
	JSA-7	50.00	24.20	134.10	2.82	76.50	57.60	1 : 0.75
	JSA-8	48.40	25.10	140.00	3.03	89.30	50.70	1 : 0.57
	JSA-9	50.20	24.80	122.70	2.50	52.50	70.20	1 : 1.34
	JSA-10	49.60	25.30	126.30	2.58	44.30	82.00	1 : 1.85

3 试验结果分析

3.1 爆破荷载作用下岩-浆比例对注浆结石体动力特性的影响

注浆结石体振动前后应力-应变曲线如图 6 和图 7 所示，爆破振动前，随着岩-浆成分占比的提升，注浆结石体峰值应力逐渐下降；爆破振动后，随着岩浆比例的提升，注浆结石体峰值应力有降低趋势，但由于爆破振动影响，注浆结石体黏结面胶结能力下降，导致爆破振动后注浆结石体试件，相较于爆破振动前，峰值应力显著下降。

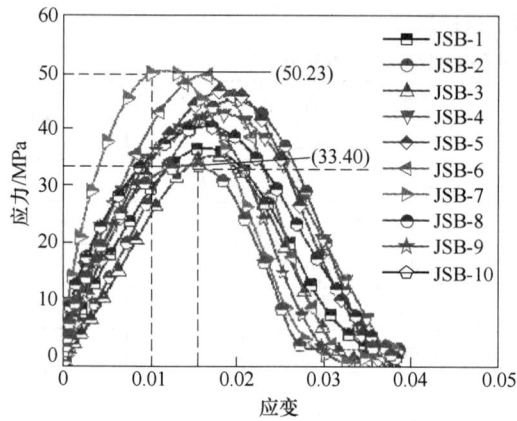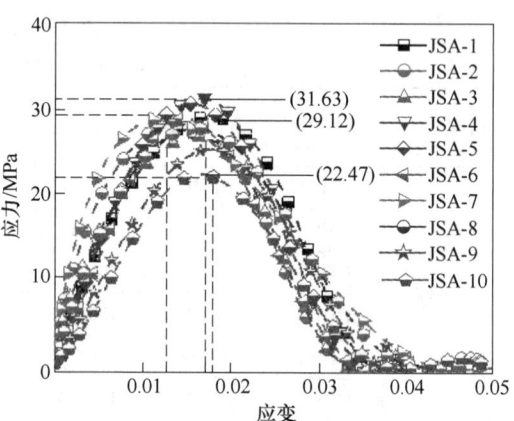

图 6 未受振注浆结石体应力-应变曲线

Fig. 6 Stress-strain curve of grouting stone before vibration

图 7 受振后注浆结石体应力-应变曲线

Fig. 7 Stress-strain curve of grouting stone after vibration

3.2 爆破振动对注浆结石体动力特性的影响

注浆结石体爆破振动前后应力-应变曲线如图 8 所示，可知：

爆破振动影响下，注浆结石体峰值应力有显著下降趋势。在承受爆破冲击荷载作用后，结石体自身岩-浆胶结面胶结效果降低，使得结石体强度整体性下降，部分岩块在振动作用下脱离胶结面，使得峰值应力及峰值应力所对应的应变一定程度的降低。

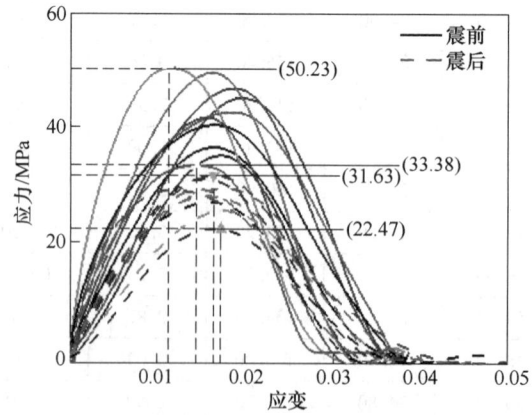

图 8 振动前后注浆结石体应力-应变曲线

Fig. 8 Stress-strain curve of grouting stone body before and after blasting vibration

爆破振动影响下，注浆结石体试件抵抗变形能力有明显变化。受爆破冲击荷载作用前，试件 JSB-7 尽管自身强度很高，却在较小应变下便发生破坏，其余试件破坏主要集中在岩-浆胶结面上，破坏时的应变范围位于 0.0143~0.0201；爆破振动扰动后，试件 JSA-7 在较小的应变下达到峰值强度后发生破坏，大部分试件发生破坏时，破坏主要集中于岩-浆胶结面上，破坏时应变范围位于 0.0137~0.0185。表明爆破振动后注浆结石体试件抵抗变形能力略有提升，提升幅度约为 10%。

无论承受爆破冲击荷载作用与否，试件的应力-应变曲线均没有明显的屈服阶段，破坏后阶段的应变软化现象均较为显著，由此可见，大部分试件岩浆胶结面存在微观脆性破坏过程，但从宏观上仍然表现出一定的塑性变形特征。

由振动前后浆体占比与峰值应力关系曲线（见图 9）可知，相近岩浆比例下爆破振动前后注浆体峰值应力下降幅值及幅度大致相近。在爆破振动影响下，相近岩-浆成分占比注浆结石体整体强度有明显降低，注浆结石体试件峰值应力下降幅值在 48MPa 左右，下降幅度均在 40%左右。

对不同岩浆质量比下的峰值强度数据进行拟合，得到峰值应力 σ 与浆体占比 M 之间的函数关系式：

爆破振动前：

$$\sigma = 51.34 - 5.85M \qquad (1)$$

爆破振动后：

$$\sigma = 25.48M^{-0.14} \qquad (2)$$

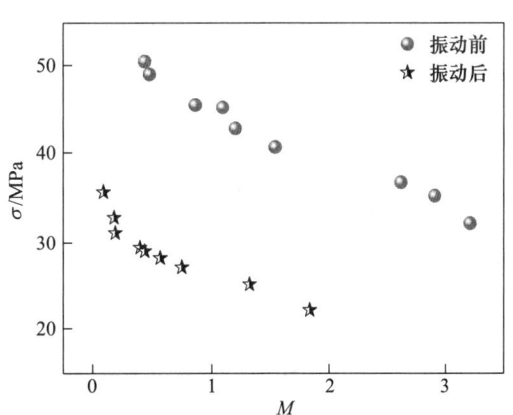

图 9　振动前后不同岩浆比例-峰值应力曲线

Fig. 9　The relationship curve between slurry proportion and peak stress before and after vibration

随着浆体成分占比的增加，注浆结石体的峰值应力呈规律性下降；爆破冲击作用前，注浆结石体试件岩-浆成分占比与试件峰值应力呈线性关系；爆破冲击作用后，注浆结石体试件岩-浆成分占比与试件峰值应力呈非线性关系。可见，在现场爆破开挖振动影响作用下，注浆结石体的动态力学特征发生了明显改变。

3.3　爆破振动对注浆结石体平均破碎粒径的影响

为了进一步分析冲击试验后注浆结石体的破坏损伤程度，以平均粒径 d_s 为探讨对象，分析注浆结石体试件破坏后的粒径分布情况，计算公式如下：

$$d_s = \frac{\sum r_i d_i}{\sum r_i} \qquad (3)$$

式中，d_s 为注浆结石体平均粒径；d_i 为不同孔径下注浆结石体粒径尺寸；r_i 为粒径尺寸为 d_i 时，对应的粒径分数。

对破坏后的结石体试件碎块进行筛选分类，可得不同岩浆比例下碎块筛分质量分数和平均粒径。

图 10 为注浆结石体平均破碎粒径 T 与浆体占比（M）占比关系图。可知，随着浆体成分占比增加，平均粒径逐渐减小；爆破振动前，在浆液胶结作用下，裂隙岩体整体性得以提升，在单次动态冲击试验后，注浆结石体平均破碎粒径随着岩块成分占比的减小而逐渐降低，呈线

性关系；爆破振动后，各组件注浆结石体平均破碎粒径较为离散，破碎后平均粒径要小于爆破振动影响前试件。表明在现场爆破开挖振动影响作用下，注浆结石体岩–浆黏结面胶结能力减弱，注浆结石体内部空隙变多。

4 结论

在充分考虑到林场隧道真实爆破冲击荷载的情况下，借助 SHPB 动力加载装置，对不同岩浆实际占比、爆破扰动状况的注浆结石体变形及破坏机制进行分析，得到以下结论：

（1）无论承受爆破冲击荷载作用与否，大部分试件岩浆胶结面存在微观脆性破坏过程，但从宏观上仍然表现出一定的塑性变形特征。

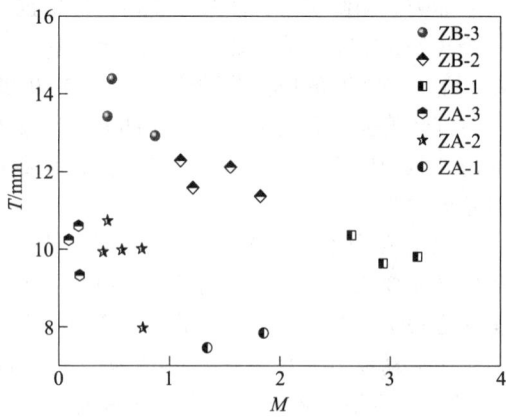

图 10 平均破碎粒径与浆体占比关系
Fig. 10 The relationship between T and M

浆液体积占比越小，其注浆结石体峰值强度越高，表明试件母岩在注浆前整体性相对较好，存在一定数量的微裂缝，注浆起到强度补充作用，加强了围岩整体稳定性。

（2）爆破振动作用前，注浆结石体试件岩–浆成分占比与试件峰值应力呈线性关系，爆破振动作用后，注浆结石体试件岩–浆成分占比与试件峰值应力呈非线性关系。可见，在现场爆破开挖振动影响作用下，注浆结石体的动态力学特征发生改变。

（3）实际爆破冲击作用对注浆结石体产生一定程度的损伤影响。在承受爆破振动作用后，相近岩–浆成分占比注浆结石体整体强度有明显降低，峰值应力下降幅值在 48MPa 左右，下降幅度均在 40% 左右。可见，爆破振动作用使得注浆结石体试件岩–浆黏结面胶结能力减弱，导致注浆结石体整体强度下降。

参 考 文 献

[1] 李术才，张霄，张庆松，等. 地下工程涌突水注浆止水浆液扩散机制和封堵方法研究 [J]. 岩石力学与工程学报，2011，30（12）：2377-2396.

[2] 卓越，李治国，高广义. 隧道注浆技术的发展现状与展望 [J]. 隧道建设（中英文）. 2021，41（11）：1953-1963.

[3] 董红娟，张金山，姚贺瑜，等. 不同参数大尺度注浆体试件力学特性与失稳机制 [J]. 中国矿业大学学报，2021，50（1）：79-89.

[4] 潘锐，杨本水，王雷，等. 破碎煤样注浆体力学特性及主要参数试验研究 [J]. 采矿与安全工程学报，2022，39（3）：441-448.

[5] 刘泉声，雷广峰，卢超波，等. 注浆加固对岩体裂隙力学性质影响的试验研究 [J]. 岩石力学与工程学报，2017（s1）：3140-3147.

[6] 刘泉声，周越识，卢超波，等. 含裂隙泥岩注浆前后力学特性试验研究 [J]. 采矿与安全工程学报，2016，33（3）：509-514.

[7] 杨仁树，薛华俊，郭东明，等. 基于注浆试验的深井软岩 CT 分析 [J]. 煤炭学报，2016，41（2）：345-351.

[8] 胡巍，隋旺华，王档良，等. 裂隙岩体化学注浆加固后力学性质及表征单元体的试验研究 [J]. 中国科技论文，2013，8（5）：408-412.

[9] 许宏发，耿汉生，李朝甫，等. 破碎岩体注浆加固体强度估计 [J]. 岩土工程学报，2013，35

（11）：2018-2022.

[10] 赵军，方越，闫思泉，等．不同水灰比注浆锯齿结构面剪切力学特性试验研究 [J]．岩石力学与工程学报，2021，40（S1）：2673-2680.

[11] 沈君，刘保国，陈景，等．辉绿岩裂隙注浆体力学特性试验研究 [J]．岩石力学与工程学报，2020，39（S1）：2804-2817.

[12] Cui J, Feng G, Li Z, et al. Failure analysis of rock with filled and unfilled flaws under excavation stress path [J]. Journal of Central South University, 2023, 30（1）：175-188.

[13] 乐慧琳，孙少锐．注浆材料和预制裂纹缺陷角度对类岩石试件单轴抗压强度及破坏模式的影响 [J]．岩土力学，2018，39（S1）：211-219.

[14] 彭赛宇，马纪英，孙友宏，等．天然气水合物储层改造泡沫水玻璃浆液及其固结体性能研究 [J]．中南大学学报（自然科学版），2022，53（3）：1001-1011.

[15] 陆银龙，贺梦奇，李文帅，等．岩石结构面注浆加固微观力学机制与浆–岩黏结界面结构优化 [J]．岩石力学与工程学报．2020，39（9）：1808-1818.

[16] 高维廷，朱哲明，朱伟，等．动荷载下岩石裂纹动态扩展行为实验研究综述 [J/OL]．爆炸击：1-30 [2023-08-01].

[17] 王海龙，戎密仁，戎虎仁，等．应变速率对注浆体力学特性影响规律 [J]．哈尔滨工业大学学报，2020，52（9）：176-184，192.

[18] 王志，秦文静，张丽娟．含裂隙岩石注浆加固后静动态力学性能试验研究 [J]．岩石力学与工程学报．2020，39（12）：2451-2459.

[19] 詹金武，李涛．破碎泥岩注浆结石体动力特性的 SHPB 试验及其数值模拟研究 [J]．岩土力学，2017，38（7）：2096-2102.

[20] Kumar S, Tiwari G, Parameswaran V, et al. Rate-dependent mechanical behavior of jointed rock with an impersistent joint under different infill conditions [J]. Journal of Rock Mechanics and Geotechnical Engineering, 2022, 14（5）：1380-1393.

[21] 吴犇牛，刘钦节，付强，等．含裂纹岩石试件注浆模拟测试系统研制及试验研究 [J]．科学技术与工程，2022，22（33）：14659-14665.

地下洞室开挖爆破对初期支护安全影响的综述

张振康　赵　根　胡英国　刘美山

（长江科学院水利部岩土力学与工程重点实验室，武汉　430010）

摘　要：通过查阅国内外大量文献，本文综述了爆破对初期支护的影响机理研究现状与进展，分析了包括初期建设最常见的锚喷支护中喷射混凝土和砂浆锚杆的破坏机理；介绍了爆破作用下围岩初期支护结构响应的预测模型和方法，并对比分析了相关方法的适用性、精度和优化的算法；介绍了考虑初期支护龄期和入射波频率的几种安全标准；最后是现有研究中存在的问题，如爆破对初期支护影响机理研究仍滞后，计算方法和预测模型仍有局限性，现场检测手段亟待发展等。

关键词：地下洞室；喷射混凝土；砂浆锚杆；爆破振动；安全标准

View of Blasting Effect Mechanism, Prediction and Safety Standard on Primary Support of Underground Caverns

Zhang Zhenkang　Zhao Gen　Hu Yingguo　Liu Meishan

（Changjiang River Scientific Research Institute，Wuhan 430010）

Abstract：This article reviews a large number of domestic and foreign literature. This paper comprehensively introduces the research status and progress of the impact mechanism of blasting on primary support, and analyzes the failure mechanism of shotcrete and mortar bolts in the most common bolt-shotcrete support including initial construction; The prediction model and method of the response of the support structure, and comparative analysis of the applicability and accuracy of several methods, and how to further optimize; Introduces several safety standards considering the initial support age and incident wave frequency; Finally analyzes the problems of current stage in the development, such as the impact mechanism of blasting on primary support is still lagging behind, calculation methods and prediction models still have limitations, and on-site detection methods need to be developed urgently.

Keywords：underground cavern；shotcrete；mortar bolt；blast vibration；safety standard

1　引言

钻孔爆破法是地下工程的常用开挖手段，相比于机械开挖，具有效率高、操作灵活等特

基金项目：国家自然科学基金（52279093）；国家自然科学基金（52079009）；中央级公益性科研院所基本科研业务专项（CKSF2023187/YT）。

作者信息：张振康，硕士，cky_zkzhang@163.com。

点，被广泛应用于水利水电、公路交通、矿产开采等工程领域[1]。与此同时，其有害效应同样不能忽视，炸药能量瞬间释放产生的高强度荷载不仅能作用在待开挖岩体上，还给周围保留岩体及邻近结构物带来了一定的扰动，从而导致损伤产生，如围岩片帮、初喷开裂、锚杆失效等。地下洞室中，由于工程地质结构的复杂性[2]，开挖过程中会不可避免地遇到节理、断层带等比较破碎的区域，导致洞室掉块塌方的风险增加，相关工程中大多采取喷射混凝土法和锚杆联合支护的形式来稳定围岩。在支护结构稳定的前提下，地下工程的安全性得到大大提高[3]，但是随着隧洞不断进尺开挖，支护的不断跟进，始终不能保证支护不受爆破影响，因此研究支护结构在爆破荷载条件下的响应和频繁多次的爆破中支护结构的支护力变化[4]，成为了国内外相关工程师及学者的重点关注课题[5-6]。

2　爆破对初期支护的影响机理

初期支护作为一种开挖期维持围岩稳定的工程办法，主要包含喷射混凝土及锚杆。喷射混凝土在初期支护中主要起到抵抗围岩压力、填充岩石裂隙的作用，将松散的围岩嵌合为一个整体，能快速提高岩石的自稳能力，而爆破荷载作用下初支混凝土的破坏主要包括混凝土自身拉裂及混凝土与岩石的黏结力失效从而脱空[7]。爆破荷载对初期支护的影响主要是由爆破应力波引起的，应力波的峰值超过混凝土抗拉强度时，混凝土支护失效[8]。通过研究喷射混凝土的凝结硬化原理分析得出喷射混凝土在初凝期易受爆破应力波影响，其内部胶凝材料与骨料之间的开裂形成初始缺陷，从而影响初支结构的后期强度增长[9]，但文中没有量化初支结构的强度受爆破影响的程度。

有限元软件的应用为工程设计和分析提供了便利，万春浪等依托某隧道工程[10]，利用有限元软件 Midas GTS NX 计算并分析了全断面法、上下台阶法和三台阶法爆破荷载作用下，初支混凝土受影响程度的空间分布规律。胡振锋等人[11]利用 APDL 语言编程对 ANSYS 进行二次开发进行喷射混凝土衬砌的有限元分析，期间主要应用了混凝土损伤的基本理论和混凝土分段曲线损伤模型，得出了对喷射混凝土衬砌的损伤受爆破冲击波影响的数值解。并按照 5% 的允许损伤准则计算得出了不同条件下的最大装药量。范凯亮和斯郎拥宗等人[12-13]通过现场监测分析和数值模拟法分析了不同围岩等级下、不同开挖方式下、不同开挖进尺下爆破对初支喷层的影响，得出了混凝土在不同龄期及爆心距条件下，损伤程度的变化规律。Chu 等人[14]基于损伤累积试验，通过研究混凝土在不同振速下的抗压强度变化，建议混凝土的爆破振动安全标准为 1.5cm/s。单仁亮等人[15]利用模型试验模拟了巷道的爆破掘进，研究了初喷混凝土在循环爆破作业下的累积损伤效应，爆心距与爆破损伤之间存在非线性关系，并以用二次多项式进行较好的拟合，爆破近区的初喷混凝土的损伤是需要关注的重点，模型试验、数值模拟作为研究的重要手段，与现场实际的拟合度方面仍存在不可忽略的偏差，应用于现场时常常要将偏差考虑在内。

此外，锚杆也是稳定围岩的重要结构，大量学者研究了锚杆在循环爆破荷载作用下的动态响应，并取得了许多成果，为工程建设提供了理论基础。刘少虹等人[16]采用锚杆无损检测系统对煤矿巷道进行现场原位试验，发现爆破药量和煤体性质是导致锚杆轴力损失的核心因素，同时锚杆轴力损失与锚杆方位相关。易长平和卢文波[17]根据动力波理论，采用波函数展开法研究了爆炸应力波与锚杆的相互作用过程，比较了不同频率应力波对锚杆的影响，提出入射波频率越高，砂浆锚杆所允许的安全质点峰值振速越大。

根据地震波原理，结构物在爆破动载下振动的峰值速度、频率和持续时间是三个重要因素，单仁亮等人[18]通过模型试验，研究了集中装药爆破荷载作用下临近爆源端锚锚杆的动态响应；采用小波包理论分析爆破引起锚杆振动的频率分布，进一步证明弯曲应变波的频率与锚杆至爆源距离的增加而衰减的规律。

薛亚东等人[19]利用有限差分程序 FLAC 对回采巷道锚杆支护（端锚和全锚）进行地震动载模拟分析，提出端锚支护巷道受动载的破坏较全锚小，建议动载巷道锚杆支护采用端锚（或加长端锚）方式。杨自友等人[20]通过模型试验，比较了爆破作用下不同锚杆间距对洞室围岩的加固效果，提出了较小间距的锚杆加固效果较好。周纪军等人[21]通过模型试验，研究了端锚固结构不同部位（如锚固段，自由段和锚尾）在掏槽爆破作用下的振动规律和损伤。基于对振动幅值、主频、持续时间等几个方面的控制和提高结构抗动载性能，可以预防锚固结构损伤，如控制爆破规模、调整锚固结构组件和优化注浆材料等。王光勇等人[22]利用有限元软件LS-DYNA 研究了集中装药应力波作用下，锚杆的动载响应和应力分布规律，分析得出拱脚和侧墙锚杆可能会由于拱部和边墙位移的不协调导致锚杆剪切破坏。

在顶爆条件下，拱顶部位是加固重点，锚杆端部锚杆受力以受拉为主，在根部以受压为主，在拱顶爆炸荷载作用下，拱部锚杆的受力要大于侧墙部位锚杆的受力是围岩变形特性决定的，并且这两个部位的锚杆压应变峰值和拉应变峰值均产生在杆体中间部位。张向阳等人[23]应用模型试验与数值计算相结合的方法，对爆炸荷载作用下锚杆受力性能进行了研究。胡帅伟等人[24]采用结构动力学理论，计算了爆破振动下锚杆动力响应解析解，推导了黏结式锚杆在爆破振动作用下的振动规律，认为锚固长度对锚杆振动效应影响较大，适当降低锚固长度能够减小锚杆振动。

3　爆破作用下初期支护结构动态响应预测模型和方法

关于初期支护与围岩形成的整体结构的稳定性研究，国内外学者做了大量工作，徐刚等人[25]在大规模地下开挖中采用了相似材料预测模型，分析了地下结构的稳定性。谢楠等人[26]为研究新喷混凝土的徐变特性并预测，模拟爆破等施工环境下，测试不同龄期混凝土的强度等特点，并用以修正预测模型。除实物模型外，多数学者以计算机编程等计算分析法配合提高预测模型的计算效率。软岩等不稳定围岩支护结构常用的变形预测方法有拉格朗日插值法、指数平滑、样条插值法、回归模型法[27-28]、时间序列分析法[29-31]、灰色系统预测[32-35]和人工神经网络预测[36-40]等。对比后三种方法，三种方法从精度上排序为：神经网络、时序分析、灰色系统；从模型适应性排序为：时序分析、灰色系统、神经网络；并从建模难易排序，从难到易为神经网络、时间序列、灰色系统；最后得出方法论，预测的局限性较强，这三种方法仅适用于一定条件下和一定程度下的预测[41]。

大型地下洞室的稳定性分析是工程中一大难题[42-43]，聂卫平等人[44]为预测糯扎渡水电站调压井围岩支护结构的极限位移，建立了随机权重粒子群算法－最小二乘支持向量机（RandWPSO-LSSVM）预测模型，并应用于工程实际对比，最大误差仅为 6.72%。刘唐圣[45]将Fisher 判别分析模型运用于支护效果分析，结果证明预测结果良好。邓广哲等人[46]基于高应力软岩巷道支护抗爆分析，采用机器学习将支护结构简化为葫芦结构模型，分析了不同破坏强度下的模型预测精度，精度均在90%以上。在预测模型的自变量选取上，工程师常常将爆破参数和支护参数同时间变量一起加入预测模型，同时将现场观测量作为已知量，并用各种算法（如递推平差方法和卡尔曼滤波算法等[47]）估计模型中需要的工程系数，得到的预测结果在精度和计算效率方面具有优势[48]。

4　初支混凝土和锚杆爆破安全标准

爆破振速从 20 世纪开始就作为安全判据被广泛应用于工程领域[49]，初期支护中最易受影响的是初喷后龄期较短的新浇混凝土，基于爆破振动对新浇混凝土影响问题自身的复杂性，新浇混凝土的安全控制标准主要通过相关工程经验总结加以一定的安全系数得到的。国内外大量研究针对爆破振动对新浇大体积混凝土的影响开展了一系列试验，Hulshizer 等人[50]通过试验提出新浇混凝土在振速达到 5cm/s 时不产生损伤，朱传统等人[51]针对现场实测资料并参考类似工程经验，提出了新浇大体积混凝土爆破振动控制标准。依据这些研究成果，工程标准和规范提出了新浇大体积混凝土的安全标准。

本质上，喷射混凝土区别于大体积混凝土，喷射混凝土受爆破振动影响研究可以参考以上路线，在此基础上，黄琦等人[52]基于理论推导和现场试验，表明爆破振动对混凝土并非都是降低强度的，在初凝至中凝期间（7~20h）爆破振动会强化混凝土，但中凝以后（20h 以后）爆破振动有可能使混凝土产生内部裂缝，从而劣化混凝土。在此基础上，随着支护混凝土龄期增长，其受爆破影响受损的安全振速阈值快速增长。唐先习等人[53]依托某隧道工程现场实测数据及萨氏经验公式回归分析，得出结论见表 1。

表 1 不同龄期喷射混凝土的安全振速阈值
Tab. 1 Safe vibration velocity thresholds of shotcrete of different ages

龄期/h	安全振速阈值/cm · s^{-1}
6	16.1
12	20.7
24	26.4
48	32.6
72	50.4

舒大强和谢江峰等人[54-55]通过现场振动测试和信号分析，运用爆破动力学理论，指出单次爆破的损伤增量超过增量阈值并不一定造成材料的破坏以及在混凝土中掺入早强剂有显著减震效果。又参考三峡工程中新浇混凝土安全控制标准见表 2，通过萨氏公式回归，提出了相应的安全控制标准，为类似工程提供了参考。通过一系列学者们现场试验和计算，初支工程中锚杆的安全振速标准也被提出，不同围岩级别、不同注浆龄期砂浆锚杆的安全标准也被相应计算。朱斌等人[56]采用有限元软件 ANSYS/LS-DYNA，分别建立了计算模型，根据锚杆安全轴力计算得到了不同围岩级别、不同龄期隧道爆破开挖砂浆锚杆的安全控制振速见表 3。易长平和卢文波[17]将入射频率考虑在内，提出砂浆锚杆所允许的安全振速范围见表 4。充分考虑了爆破振动对锚杆的影响，我国《水利水电地下工程锚喷支护施工技术规范》（SDJ 57—1985）[57]中规定砂浆锚杆安装后 8h 内，不得在作业区附近进行爆破作业，实际爆破作业中锚杆的振速也有严格的安全标准见表 5。

表 2 新浇混凝土安全振速标准
Tab. 2 Safety vibration velocity standards for early-aged concrete

龄期/d	<3	4	5	6	>7
警告值/cm · s^{-1}	1.5	2.0	3.0	4.0	4.5
安全阈值/cm · s^{-1}	2.0	2.8	3.5	4.3	5.0

表 3　不同围岩不同龄期砂浆锚杆安全振速

Tab. 3　The safe vibration velocity of mortar bolts of different ages in different surrounding rock levels

（cm/s）

围岩级别	0~3d	3~7d	7~28d
Ⅱ	18.36	25.36	32.25
Ⅲ	16.35	20.65	25.65
Ⅳ	5.23	8.32	21.51
Ⅴ	3.25	5.62	10.25

表 4　不同频率入射波作用下锚杆的安全振速范围

Tab. 4　The safe vibration velocity range of bolts under the action of incident waves of different frequencies

频率/Hz	30	60	100	150
安全阈值/cm·s^{-1}	7.0~21.0	7.3~21.9	7.5~22.5	7.6~22.8

表 5　实际工程中锚杆的爆破安全振速标准

Tab. 5　The blasting safety vibration velocity standard of anchor bolts in actual engineering

龄　期	0~7d	7~28d
瀑布沟水电站/cm·s^{-1}	0~3.0	3.0~5.0
天台抽蓄电站/cm·s^{-1}	1~1.5	5.0~7.0

5　结语

国内外大量工程利用爆破破岩，尤其隧道、矿井等地下工程，初期支护在施工期发挥着巨大的作用，严格地控制标准一定程度上保证了工程的安全，但也限制了工程进度。笔者认为之后爆破对初期支护的相关研究应包括以下几点：

（1）由于爆破地震波传播、地质条件和工程材料的复杂性，相比于我国的工程实践，爆破对初期支护的影响机理研究处于滞后状态，亟待进一步的研究。

（2）更快速、更精确、全方位、全生命周期的围岩支护结构检测技术、监测技术和反馈机制，包括预测模型和计算方法在内越来越被工程需要。

（3）保守的安全标准最大程度度确保了工程安全，这一点是不可否认的，但通过考虑多尺度的控制方案，将围岩优劣、爆破方案等因素考虑在内的同时进一步精细划分安全标准有助于进度与安全的双重控制。

参 考 文 献

[1]　吴新霞，胡英国，刘美山，等．水利水电工程爆破技术研究进展 [J]．长江科学院院报，2021，38（10）：112-120，147.

[2]　李志强，薛翊国，曲立清，等．青岛胶州湾第二海底隧道主要不良地质与施工风险分析 [J]．工程地质学报，2023（4）：1-12.

[3]　马伟斌．铁路山岭隧道钻爆法关键技术发展及展望 [J]．铁道学报，2022，44（3）：64-85.

[4]　徐剑波，姜平，朱颂阳，等．基于现场监测和数值模拟的隧道初期支护效果分析 [J]．科学技术与工程，2020，20（5）：2061-2069.

[5] 朱振海. 爆炸波与地下结构物相互作用的动光弹性探讨 [J]. 爆炸与冲击, 1989 (3): 276-280.

[6] Xue F, Xia C, Li G, et al. Safety threshold determination for blasting vibration of the lining in existing tunnels under adjacent tunnel blasting [J]. Advances in Civil Engineering, 2019, 2019: 1-10.

[7] 王要武. 爆破振动作用对隧道初支混凝土喷层的影响研究 [D]. 兰州: 兰州理工大学, 2021.

[8] 吕云龙. 隧道钻爆施工围岩及支护结构稳定性研究 [D]. 青岛: 山东科技大学, 2020.

[9] 唐先习, 张春洋, 王要武, 等. 爆破振动下隧道初支混凝土振速衰减规律 [J]. 工程爆破, 2022, 28 (6): 42-50.

[10] 万春浪, 黄文宁. 山岭隧道爆破条件下初支混凝土振动影响研究 [J]. 西部交通科技, 2022 (3): 75-79.

[11] 胡振锋, 吴子燕, 李政. 喷射混凝土衬砌爆破损伤的数值分析 [J]. 矿业研究与开发, 2005 (5): 75-79.

[12] 范凯亮. 万兴路隧道爆破施工对初支混凝土喷层的影响研究 [D]. 重庆: 重庆交通大学, 2018.

[13] 斯郎拥宗, 吕光东, 范凯亮. 隧道爆破施工对混凝土初支喷层的影响研究 [J]. 地下空间与工程学报, 2019, 15 (S1): 327-332.

[14] Chu H, Yang X, Li S, et al. Experimental study on the blasting-vibration safety standard for young concrete based on the damage accumulation effect [J]. Construction and Building Materials, 2019, 217: 20-27.

[15] 单仁亮, 黄博, 耿慧辉, 等. 爆破动载作用下新喷射混凝土累积损伤效应的模型实验 [J]. 爆炸与冲击, 2016, 36 (3): 289-296.

[16] 刘少虹, 潘俊锋, 毛德兵, 等. 爆破动载下强冲击危险巷道锚杆轴力定量损失规律的试验研究 [J]. 煤炭学报, 2016, 41 (5): 1120-1128.

[17] 易长平, 卢文波. 爆破振动对砂浆锚杆的影响研究 [J]. 岩土力学, 2006 (8): 1312-1316.

[18] 单仁亮, 周纪军, 夏宇, 等. 爆炸荷载下锚杆动态响应试验研究 [J]. 岩石力学与工程学报, 2011, 30 (8): 1540-1546.

[19] 薛亚东, 张世平, 康天合. 回采巷道锚杆动载响应的数值分析 [J]. 岩石力学与工程学报, 2003 (11): 1903-1906.

[20] 杨自友, 顾金才, 陈安敏, 等. 爆炸波作用下锚杆间距对围岩加固效果影响的模型试验研究 [J]. 岩石力学与工程学报, 2008 (4): 757-764.

[21] 周纪军, 汪小刚, 贾志欣, 等. 锚固结构爆破振动规律与损伤的模型试验 [J]. 岩石力学与工程学报, 2013, 32 (6): 1257-1263.

[22] 王光勇, 张素华, 谢文强, 等. 锚杆动载响应和轴向应力分布规律数值分析 [J]. 采矿与安全工程学报, 2009, 26 (1): 114-117.

[23] 张向阳, 顾金才, 沈俊, 等. 爆炸荷载作用下洞室变形与锚杆受力分析 [J]. 地下空间与工程学报, 2012, 8 (4): 678-684.

[24] 胡帅伟, 陈士海. 爆破振动下围岩支护锚杆动力响应解析解 [J]. 岩土力学, 2019, 40 (1): 281-287.

[25] 徐刚, 张春会, 于永江. 综放工作面覆岩破断和压架的试验研究及预测模型 [J]. 岩土力学, 2020, 41 (S1): 106-114.

[26] 谢楠, 杨成永, 欧阳杰, 等. 喷射混凝土早龄期徐变的试验研究及预测 [J]. 工程力学, 2013, 30 (3): 365-370.

[27] 赵国彦, 吴浩. 松动圈厚度预测的支持向量机模型 [J]. 广西大学学报 (自然科学版), 2013, 38 (2): 444-450.

[28] Nateghi R. Prediction of ground vibration level induced by blasting at different rock units [J]. International Journal of Rock Mechanics and Mining Sciences, 2011, 48 (6): 899-908.

[29] 王鲁瑀, 谭旭燕, 臧传伟, 等. 巷道顶板离层力学模型与围岩失稳判断研究 [J]. 煤炭工程, 2015,

47（6）：95-98.

[30] 刘怀恒，熊顺成. 隧洞衬砌变形监控及安全预测 [J]. 岩石力学与工程学报，1990（2）：91-99.

[31] 李启月，陈亮，范作鹏，等. 地下工程支护效果的 ARMA 预测模型及应用 [J]. 矿冶工程，2013，33（3）：8-12.

[32] 曾庆响，肖芝兰. 灰色系统理论在土钉支护变形预测中的应用 [J]. 建筑科学，2001（5）：37-40.

[33] 陈云浩. 灰色模型在预测巷道围岩变形中的应用 [J]. 矿山压力与顶板管理，1996（4）：52，59-61，72.

[34] 魏伟琼，李映，叶明亮. 公路隧道围岩变形监测及灰色预测 [J]. 水利与建筑工程学报，2014，12（2）：84-87，94.

[35] 陶永虎，饶军应，熊鹏，等. 软岩隧道大变形预测模型及支护措施 [J]. 矿业研究与开发，2021，41（5）：59-66.

[36] 鲁方，叶义成，张萌萌，等. 基于灰色神经网络模型玻璃钢锚杆支护巷道变形预测研究 [J]. 化工矿物与加工，2016，45（2）：41-47.

[37] 刘鑫菊，郑刚，周海祚，等. 临近基坑开挖引起的隧道变形预测分析 [J]. 重庆大学学报，2022，45（7）：37-44.

[38] 王宏伟，武旭，陈瀚，等. 神经网络在支护优选及变形预测中的应用 [J]. 矿业研究与开发，2016，36（6）：25-29.

[39] 易长平，冯林，王刚，等. 爆破振动预测研究综述 [J]. 现代矿业，2011，27（5）：1-5.

[40] Zhang X, Nguyen H, Bui X N, et al. Evaluating and predicting the stability of roadways in tunnelling and underground space using artificial neural network-based particle swarm optimization [J]. Tunnelling and Underground Space Technology, 2020, 103: 103517.

[41] 王永岩. 软岩巷道变形与压力分析控制及预测 [D]. 阜新：辽宁工程技术大学，2001.

[42] Adhikari G R, Babu A R, Balachander R, et al. On the application of rock mass quality for blasting in large underground chambers [J]. Tunnelling and Underground Space Technology, 1999, 14 (3): 367-375.

[43] Yin H, Zhang D, Zhang J, et al. Reliability analysis on multiple failure modes of underground chambers based on the narrow boundary method [J]. Sustainability, 2022, 14 (19): 12045.

[44] 聂卫平，徐卫亚，王伟，等. 大型地下洞室极限位移预测与稳定性分析 [J]. 岩石力学与工程学报，2012，31（9）：1901-1907.

[45] 刘唐圣，王成帅，王飞. 回采巷道锚杆支护效果分类预测的 Fisher 判别分析模型及应用 [J]. 煤矿安全，2013，44（10）：205-208.

[46] 邓广哲，付英凯. 基于机器学习的高应力软岩巷道支护抗毁能力预测 [J]. 煤矿安全，2021，52（8）：201-207.

[47] Ding X, Hasanipanah M, Nikafshan rad H, et al. Predicting the blast-induced vibration velocity using a bagged support vector regression optimized with firefly algorithm [J]. Engineering with Computers, 2021, 37 (3): 2273-2284.

[48] 宁伟，周立，宁亚飞，等. 隧道变形监测预测模型的建立与改正 [J]. 东南大学学报（自然科学版），2013，43（S2）：279-282.

[49] GB 6722—2014 爆破安全规程 [S].

[50] Hulshizer A J. Acceptable shock and vibration limits for freshly placed and maturing concrete [J]. Materials Journal, 1996, 93 (6): 524-533.

[51] 朱传统，张正宇，佟锦岳，等. 爆破对新浇混凝土的影响和控制标准的研究 [J]. 爆破，1990，7（3）：28-32.

[52] 黄琦，胡峰. 爆炸荷载下混凝土的力学特性测试研究 [J]. 煤炭学报，1996（5）：56-59.

[53] 唐先习, 夏顶顶, 李旦合, 等. 隧道爆破施工对初支混凝土的影响研究 [J]. 铁道工程学报, 2022, 39 (1): 73-78, 113.

[54] 舒大强. 爆破震动对新浇混凝土质量的影响及控制 [J]. 武汉水利电力大学学报, 1999 (4): 5-9.

[55] 谢江峰, 李夕兵, 宫凤强, 等. 隧道爆破震动对新喷混凝土的累积损伤计算 [J]. 中国安全科学学报, 2012, 22 (6): 118-123.

[56] 朱斌, 周传波, 蒋楠. 隧道爆破开挖作用下砂浆锚杆动力响应特征及安全控制研究 [J]. 振动工程学报, 2023, 36 (1): 235-246.

[57] SDJ 57—1985 水利水电地下工程锚喷支护施工技术规范 [S].

关于营业性爆破作业单位高质量发展的思考

郑德明　　夏曼曼

（安徽天明爆破工程有限公司，安徽　滁州　239000）

摘　要：为了更好地发挥爆破工作在国民经济发展中的重要作用，推动我国爆破行业健康、绿色、高质量和可持续发展，为中国式现代化建设贡献爆破行业的力量是当前和今后一个时期的重要任务。本文从依法依规经营、民爆产业一体化管理、全国范围内爆破行业一盘棋和发挥协会引领作用四个方面阐述，以建立行业诚信体系为目标，提出了解决我国爆破行业当前面临的市场体制不健全和爆破企业"小、散、低、乱"这些问题的建议。期待这些建议为实现营业性爆破作业单位的高质量发展提供参考。

关键词：营业性爆破作业单位；高质量发展；依法依规；民爆产业一体化管理；行业诚信体系

Reflections on the Quality Development of Business Blasting Operations Units

Zheng Deming, Xia Manman

（Anhui Tianming Blasting Engineering Co., Ltd., Chuzhou 239000, Anhui）

Abstract：In order to better play the important role of blasting work in the development of the national economy, promote the healthy, green, high-quality and sustainable development of my country's blasting industry, and contribute to the Chinese-style modernization of the blasting industry is an important task at present and in the future. The article expounds from four aspects：operation in accordance with laws and regulations, integrated management of civil blasting industry, a game of chess in the blasting industry across the country, and the leading role of the association. With the goal of establishing an industry credit system, it proposes solutions to the current market system gaps faced by my country's blasting industry. Suggestions for improving and blasting the problems of "small, scattered, low, and disordered" enterprises. These suggestions provide a reference for realizing the high-quality development of commercial blasting operation units.

Keywords：unit of business blasting operation；high-quality development；in accordance with the law and regulations；integrated management of the civil explosion industry；industry integrity system

1　引言

爆破工程因其成本低、效率高而被广泛运用于交通、能源、水利等基础设施建设领域，工

作者信息：郑德明，高级工程师，学士，zhengdeming@ 163. com。

程爆破已成为当前国民经济中不可缺少的特种行业[1]。习近平总书记在《当前经济工作的几个重大问题》中指出[2]，要着力扩大国内需求，加快实施"十四五"重大工程，加强交通、能源、水利、农业、信息等基础设施建设，这就为爆破行业发展带来了新的契机。谢先启院士在中国爆破行业协会七届一次常务理事会暨专委会、标委会换届会议上的讲话指出[3]，我们要积极响应习近平总书记号召，牢牢抓住新的发展机遇，凝心聚力、踔厉奋发，推动我国爆破行业健康绿色高质量可持续发展，更好地发挥爆破工作在国民经济发展中的重要作用，为推进中国式现代化建设贡献爆破行业力量。然而我国爆破行业目前面临着爆破作业单位市场体制不健全、爆破企业"小、散、低、乱"的问题，营业性爆破作业单位如何实现高质量发展成为一个急需解决的问题。

2 爆破作业单位发展面临的问题

2.1 爆破行业市场体制不够健全

目前，我国的爆破行业的市场体制还存在许多不完善和不健全的地方[4]，存在与行业优化趋势相矛盾的一面。其中之一是法律法规的执行度不高，一些地区甚至出现了区域封锁的情况。近年来成立的资质不同、规模各异的爆破公司涌向市场，这些爆破公司大多存在着管理松散、规章制度不完善、工作缺乏监督与执行标准，这就容易造成爆破生产安全事故隐患，直接影响爆破安全性及整个行业的发展，更加剧了市场的乱象。

2.2 爆破企业"小、散、低、乱"的现象

由于历史原因，我国爆破作业单位呈现出数量多（据不完全统计，现有爆破企业6000多家）、规模小（5亿元以下规模的占比较高）、布局分散、技术水平普遍较低的特点。许多规模较小的爆破公司特别是原从事爆破器材销售的改转公司存在着技术力量薄弱、管理不到位、制度不健全的现象，还有一些地方恶性低价竞标现象时有发生。恶性低价竞标的结果往往导致爆破企业缩减安全投入，降低技术成本和人员工资，从而极易引发生产安全事故隐患。

3 营业性爆破作业单位高质量发展的思考

3.1 依法依规经营

党的十八大以来，习近平总书记多次作出重要指示批示，强调各级党委、政府务必把安全生产摆到重要位置，统筹发展和安全，坚持人民至上、生命至上，树牢安全发展理念，严格落实安全生产责任制，强化风险防控，从根本上消除事故隐患，切实把确保人民生命安全放在第一位落到实处。2020年12月26日十三届全国人大常委会第二十四次会议表决通过《中华人民共和国刑法修正案(十一)》[5]，此次修改加大对安全生产犯罪的预防惩治，提高重大责任事故类犯罪的刑罚，对明知存在重大事故隐患而拒不排除，仍冒险组织作业，造成严重后果的事故类犯罪加大刑罚力度；2021年6月10日十三届全国人大常委会第二十九次会议审议通过《中华人民共和国安全生产法(修正草案)》[6]，增加规定了重大事故隐患排查治理情况的报告、高危行业领域强制实施安全生产责任保险、安全生产公益诉讼等重要制度。

在这种形势下，2006年实施的《民用爆炸物品安全管理条例》[7]、2009年实施的《民用爆炸物品储存库治安防范要求》（GA 837—2009）[8]和《小型民用爆炸物品储存库安全规范》（GA 838—2009）[9]，2012年实施的《爆破作业单位资质条件和管理要求》（GA 990—2012）[10]

和《爆破作业项目管理要求》（GA 991—2012）[11]及 2015 年实施的《爆破安全规程》（GB 6722—2014）[12]和《民用爆炸物品从严管控十条规定》[13]等法律法规已经难以适应当前器材及环境形势，制约了行业的发展，急需修订。

爆破行业作为高危特种行业，一旦出事将会严重危害社会公共安全、人民群众生命健康和财产安全。法律法规和行业规范的存在是让爆破行业的发展遵循规则，做到有规可依，是行业发展秩序的保证，它们提供了规范行业发展的有效手段，使行业发展正规化，引导爆破行业的健康良性发展。

3.2　民爆一体化管理

《民用爆炸物品安全管理条例》规定，国家鼓励民用爆炸物品从业单位采用提高民用爆炸物品安全性能的新技术，鼓励发展民用爆炸物品生产、配送、爆破作业一体化的经营模式。民爆一体化是将民爆物品生产、配送、爆破作业于一体的经营模式，即形成集民爆物品生产、储存、运输、使用和回收等全环节、全链条的专业化、闭环式运营方式，这既有利于民爆物品生产技术与爆破技术的相互衔接、相互促进与共同提升，又有利于提高民爆物品全过程安全管控水平，还能够有效地降低矿山开发、民爆生产和爆破作业等全链条综合成本[14]。

而现场混装炸药生产系统是集原料运输、炸药混制、炮孔装填于一体的机电一体化高科技流程，现场混装炸药车装药机械化、自动化水平高，省掉了成品炸药储存和运输等危险环节，不仅极大地提升爆破行业的安全水平，还对公共安全十分有利[15]。大力推行现场混装炸药新技术，是矿山开采和工程爆破行业发展的方向，是民爆生产朝着本质安全、高效发展的必然要求，是我国优化民爆产品结构、改善装药环境、减轻装药工人劳动强度，实现民爆行业"节能减排""减少碳排放"目标的根本技术途径。"十四五"期间，现场混装炸药新技术和设备的应用将有助于推进采矿作业实现机械化和自动化、矿山装备无轨化，并朝大型化发展，真正发展高效、智能和绿色矿山。

目前，我国对民爆物品实施全生命周期内（从生产、销售、购买、运输、使用等多环节）的许可管理，且分属于不同管理部门（如工信部负责生产与销售许可；交通运输部负责民爆运输、公安部负责民爆物品使用和爆破服务许可等），由于职能和角度不同，在顶层设计上缺乏对民爆物品全过程的系统监管，同时因监管职责及定位不同而导致监管重点、监管要求和监管措施缺乏统一性和协调性，实际上形成跨部门分割式管理和条块化区域式监管的局面，较大程度上影响了一体化发展[16]。

结合当前管理要求和发展实际，为了更好地实现民爆一体化发展，可以制定以下管理方案：一是爆破作业单位与矿山开发、民爆企业签订长期合作协议或合同，以建立实施一体化的前提基础（如市场资源、爆破作业资质与技术能力、民爆生产资质及配套技术条件）；二是一体化的爆破作业许可应为一级条件，并具有混装作业经验，以体现实施一体化的基础条件和技术能力；三是爆破作业单位应与矿山或建设工程、民爆企业建立健全有效的安全管控体系和专项管理制度；四是爆破作业单位应与民爆企业针对一体化工艺技术形成专业化的技术团队，并完善民爆产品开发和生产过程的安全管理的相关措施。

3.3　全国范围内爆破行业一盘棋管控

调整爆破行业结构，推进企业整合与重组。我国爆破企业和从业人员众多，良莠不齐，面对这种情况，应以压缩技术水平低、安全保障弱、生产规模小的企业数量来对我国爆破行业结构进行调整，有实力的企业应充分利用自己的技术、资金和营销优势，通过外部整合与内部整改相结合，运用市场手段，推进行业内企业整合与重组。并在整合与重组中触发新的增长动力，推行现代企业制度，建立规模化、专业化爆破队伍，达到提质增效的目的。

3.4 发挥行业协会引领作用，建立行业诚信体系

不良竞争对行业的危害是扰乱市场的正常价格秩序，不利于社会资源的优化配置。恶性竞争没有赢家，受损的只能是自身及其行业。目前爆破服务行业"僧多粥少"，市场自然难以规范。不良竞争必然导致市场价格过低，具体表现在招标投标时，谁的报价最低，就由谁中标的评标方法。曾经被认为能够充分体现公开、公平、公正的低价中标却逐渐腐蚀了爆破行业追求品质、勇于创新行业的土壤，带来的是良者退出和劣者胡来的困局。中标价格太低，企业无法盈利，必然会想方设法地控制成本，一方面在爆破器材和人员投资上做文章，另一方面使企业在新技术、新工艺的投入力不从心，使工程的质量无法得到保障，在爆破施工中留下重大安全隐患，与新《安全生产法》的精神背道而驰。

中国爆破行业协会应发挥协会引领作用，建设行业诚信体系，对于行业内无序竞争、恶性竞争者，拉入"黑名单"，加强行业自律，规范行业行为，是促进爆破行业高质量健康发展的必然之路。

4 结束语

营业性爆破作业单位在当前形势下，要想实现高质量发展，需要依法依规经营，严格遵守法律法规和行业规范；实行民爆一体化管理，以混装炸药车为媒介，形成集民爆物品生产、储存、运输、使用和回收等全环节、全链条的专业化、闭环式运营管理方式；在全国范围内一盘棋管控，调整爆破行业结构，推进企业整合与重组，增强企业实力和装备等级；发挥协会引领作用，建立行业诚信体系，将爆破行业打造成安全、和谐、幸福的行业。

参 考 文 献

[1] 叶春雷，郑德明，戴春阳，等. 复杂环境下数码电子雷管在土石方爆破工程中的应用 [J]. 爆破，2019，36（4）：76-79，95.

[2] 习近平. 当前经济工作的几个重大问题 [J]. 求知，2023（3）：4-6.

[3] 谢先启. 凝心聚力谋发展 踔厉奋发向未来不断推动我国爆破行业健康高质量发展 [N]. http：//www. cseb. org. cn/news_detail/429. html，2023.

[4] 宋锦泉，郑炳旭. 我国爆破行业发展面临的问题与思考 [J]. 工程爆破，2017，23（5）：91-94.

[5] 中华人民共和国刑法修正案（十一）[M]. 北京：中国法制出版社，2021.

[6] 中华人民共和国安全生产法 [M]. 北京：中国法制出版社，2021.

[7] 民用爆炸物品安全管理条例 [Z]. 北京：中国法制出版社，2006.

[8] 公安部治安管理局. 民用爆炸物品储存库治安防范要求：GA 837—2009 [S]. 北京：中国标准出版社，2009.

[9] 公安部治安管理局. 小型民用爆炸物品储存库安全规范：GA 838—2009 [S]. 北京：中国标准出版社，2009.

[10] 公安部治安管理局. 爆破作业单位资质条件和管理要求：GA 990—2012 [S]. 北京：中国标准出版

社，2012.

[11] 公安部治安管理局. 爆破作业项目管理要求：GA 991—2012 ［S］. 北京：中国标准出版社，2012.

[12] 中华人民共和国国家标准. 爆破安全规程：GB 6722—2014 ［S］. 北京：中国标准出版社，2014.

[13] 公安部. 《从严管控民用爆炸物品十条规定》［EB］. 2015.

[14] 王艳平，陈锐. 推进我国民爆生产与爆破服务一体化实质性发展的对策研究与实践探讨 ［J］. 煤矿爆破，2015（3）：1-7.

[15] 张正强，刘汉昆，郑德明，等. 浅析现场混装新技术在露天爆破的应用 ［J］. 爆破，2021，38（4）：133-135，142.

[16] 杨茂森. 关于推广现场混装炸药车技术的一些思考 ［J］. 爆破，2017，34（1）：160-165.

岩土爆破与水下爆破

基于骨料块度控制的同一条件下矿山 台阶爆破炮孔直径优化

叶海旺[1a,1b,1c] 余梦豪[1a] 韦文蓬[2] 雷 涛[1a,1b,1c] 黄林超[3] 武桂华[3] 李 睿[1a]

（1. 武汉理工大学 a. 资源与环境工程学院，b. 关键非金属矿产资源绿色利用教育部
重点实验室，c. 矿物资源加工与环境湖北省重点实验室，武汉 430070；
2. 中国–东盟地学合作中心（南宁），南宁 530023；
3. 天津矿山工程有限公司，天津 300073）

摘 要：控制骨料块度合理分布是建筑石料矿山爆破的主要目标之一。以某灰岩建筑石料矿山
为对象，基于现场实测数据和数值模拟结果，建立爆破块度与岩体动力损伤关联模型；选用不
同炮孔直径（90mm、110mm、140mm 和 165mm）开展裂隙岩体台阶爆破数值模拟，以提高
20~40mm 粒径产率为目的，同时减少粉矿和大块产率，获取最佳的炮孔直径；开展现场爆破
试验，验证数值模拟与实践效果。研究结果表明：爆破块度尺寸与数值模型损伤值之间存在指
数函数关系；在同一矿山地质、单耗条件下，随着炮孔直径增大，粉矿率和 20~40mm 粒径占
比先增大后减小，大块率变化趋势相反，当炮孔直径为 110mm 时，爆破效果最佳。

关键词：爆破块度；岩体损伤；炮孔直径；裂隙岩体；骨料矿山

Mine Bench Blasting Aggregate Fragmentation Control by Borehole Diameter Optimization under the Same Condition

Ye Haiwang[1a,1b,1c] Yu Menghao[1a] Wei Wenpeng[1a] Lei Tao[1a,1b,1c]
Huang Linchao[2] Wu Guihua[2] Li Rui[1a]

（1. a. School of Resources and Environment Engineering, b. Ministry of Education Key Laboratory
of Key Non-metallic Mineral Resources Green Utilization, c. Hubei Key Laboratory of Mineral
Resources Processing and Environment, Wuhan University of Technology, Wuhan 430070；
2. China-Asean Geoscience Cooperation Center（Nanning）, Nanning 530023；
3. Tianjin Mining Engineering Co., Ltd., Tianjin 300073）

Abstract：Controlling the reasonable distribution of aggregate fragmentation is one of the main objectives
of blasting in building stone mines. Taking a limestone building stone mine as the object, based on the
field measured data and numerical simulation results, the correlation model between blasting
fragmentation and rock dynamic damage is established. The numerical simulation of bench blasting in

基金项目：国家重点研发计划课题（2020YFC1909602，2021YFC2902901）；湖北省重点研发计划项目
（2021BCA152）。

作者信息：叶海旺，博士，教授，yehaiwang369@ hotmail. com。

fractured rock mass with different borehole diameters（90mm，110mm，140mm and 165mm）was carried out，aiming at improving the yield of 20-40mm particle size and decreasing the yield of large lump and power ore，and the best borehole diameter was got. The field blasting test was carried out to the numerical simulation and practical effect. The results show that there is an exponential function relationship between the blasting fragmentation size and the dynamic damage value of the numerical model. Under the condition of the same mine geology and explosive consumption，with the increase of borehole diameter，the rate of power ore and the particle size of 20-40mm increase first and then decrease，and the change trend of large lump rate is opposite. When the borehole diameter is 110mm，the blasting effect is the best.

Keywords：blasting fragments；rock damage；borehole diameter；fractured rock mass；aggregate mine

1　引言

台阶爆破是目前露天建材石料矿山破碎岩石最经济有效的手段，爆破效果的好坏直接影响矿山后续生产效率和经济效益[1]。爆堆块度分布是评价爆破效果的重要指标，骨料用矿石要求既要控制爆破后矿石的大块率，同时又要控制粉矿率。因此，如何保证爆破后矿石块度的合理分布是骨料矿山亟需解决的关键问题之一。

矿岩爆破块度分布受诸多因素影响，可概括为岩体特性、炸药性能和爆破工艺与参数3个方面。一些学者分别从炸药性能[2-3]和矿岩本身特性[4-6]角度对爆破块度的影响进行了探索并取得一定成果。但矿岩本身的力学特性和地质条件很难人为改变，从该角度出发，对前期的地质工程提出了很大的挑战，同时需要实时调整爆区的开采顺序和方向，难以实际应用。改变炸药爆炸特性又不利于控制矿山企业生产成本。因此一些学者通过理论研究、数值模拟和工业试验等手段分别从起爆方式[7]、堵塞长度[8]、延期时间[9-10]、炮孔密集系数[11]、不耦合装药系数和介质[12-13]等方面对矿岩爆破块度的影响进行了分析，通过优化爆破参数与工艺达到控制大块率和粉矿率的目的。但鲜有涉及炮孔直径这一因素，同时研究结果仅仅定性描述大块率和粉矿率变化规律，对于中间粒径的变化情况尚不清楚。因此，以钻孔直径为变量，研究不同岩块粒径占比变化规律对指导矿山生产具有重要意义。

以某石灰石矿山为对象，要求提高20~40mm粒径的分布占比，首先基于现场实测数据和数值模拟构建块度分布与岩体动力损伤关联数值模型，在此基础上研究不同炮孔直径下各粒径占比变化规律，以获取最佳炮孔直径来提高20~40mm粒径占比，同时减少粉矿率和大块率。

2　爆破块度与岩体损伤关联模型

2.1　工程概况

2.1.1　爆破参数

该矿山为云南省某露天石灰石矿，年产量300万吨，深加工所需矿石粒径主要为20~40mm。矿石坚硬致密，普氏系数为10~20，通过室内力学试验获取其基本参数，见表1。采用露天台阶爆破开采工艺，所用炸药为膨化硝铵粉状炸药。露天台阶爆破基本参数见表2。

表1　矿石基本力学参数

Tab. 1　Basic mechanical parameters of ore

密度/kg·m⁻³	泊松比	单轴抗压强度/MPa	抗拉强度/MPa	弹性模量/GPa	内摩擦角/(°)	黏聚力/MPa
2730	0.29	88.86	4.57	70.2	43	12

表2　露天台阶爆破参数

Tab. 2　Open-pit bench blasting parameters

钻孔参数					
钻孔形式	炮孔直径 d/mm	炮孔长度 l/m	超深 l_c/m	堵塞长度 l_d/m	孔距 a/m	排距 b/m
垂直炮孔	140	13.5	1.5	3.5	4.6	4.0

台阶参数		装药参数		起爆参数		
台阶高度 H/m	台阶坡面角 α/(°)	装药形式	单孔装药量 Q/kg	炸药单耗 q/kg·t⁻¹	孔间延时/ms	排间延时/ms
12.0	75	连续耦合装药	120	0.2	25	50

2.1.2　矿山爆破块度分布

该矿山具有代表性的爆堆如图1所示，采用Split-Desktop 4.0块度分析软件对生产爆破的爆堆块度分布进行统计，结果见表3。

图1　矿山生产爆破破岩效果

Fig. 1　Blasting effects of mine production blasting

表3　矿山生产爆破爆堆块度分布统计

Tab. 3　Statistics of blasting fragmentation distribution in mine production blasting

爆堆岩石块度尺寸/mm	0~5	5~10	10~20	20~40	40~80	80~100
占比/%	7.62	3.00	4.15	5.73	7.92	3.15
爆堆岩石块度尺寸/mm	100~200	200~300	300~400	400~500	500~1000	1000~1200
占比/%	11.83	9.89	9.58	9.50	25.26	2.37

2.2　构建数值模型

根据现场实际台阶要素和爆破参数，采用有限元数值模拟软件 ANSYS/LS-DYNA 建立 6 孔三维均质岩体台阶爆破模型，孔网参数与生产爆破一致，见表 2。同时为了模拟台阶爆破自由面条件，降低边界反射对数值模拟计算结果的影响，在模型周边增加 20m 厚的岩体，模型尺寸如图 2 所示。

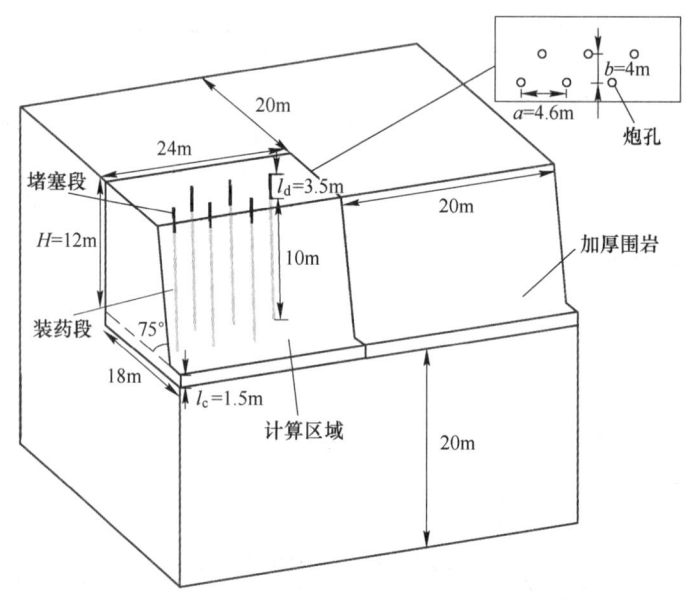

图 2　数值模型尺寸图

Fig. 2　The size of numerical model

节理裂隙的存在使岩体力学性质表现出各向异性和不连续性，对爆破效果有显著影响[14]，因此需要在岩体爆破数值模型中构建符合实际分布规律的节理裂隙。该矿区主要发育两组节理裂隙：$162°\angle55°$ 和 $181°\angle82°$，平均间距 0.9m，平均迹长 4.81m，如图 3 所示。通过 MATLAB 编写程序，结合实际节理裂隙分布参数对模型单元数据库进行解析、筛分、重组，得到符合实际节理裂隙分布规律的三维岩体台阶爆破数值模型，如图 4 所示。可以发现模型中存在两组主要节理裂隙，其优势倾角和倾向与地质调查结果一致。

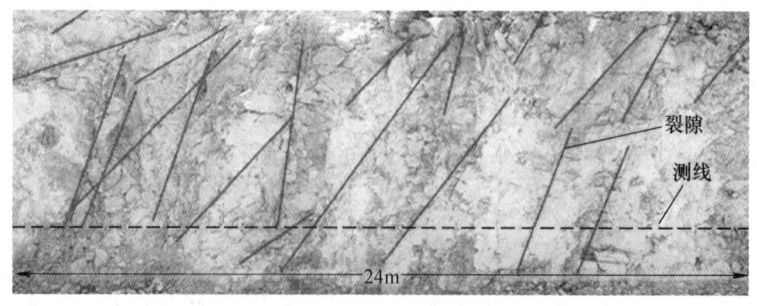

图 3　矿山节理裂隙分布

Fig. 3　Distribution of joint fissure in mines

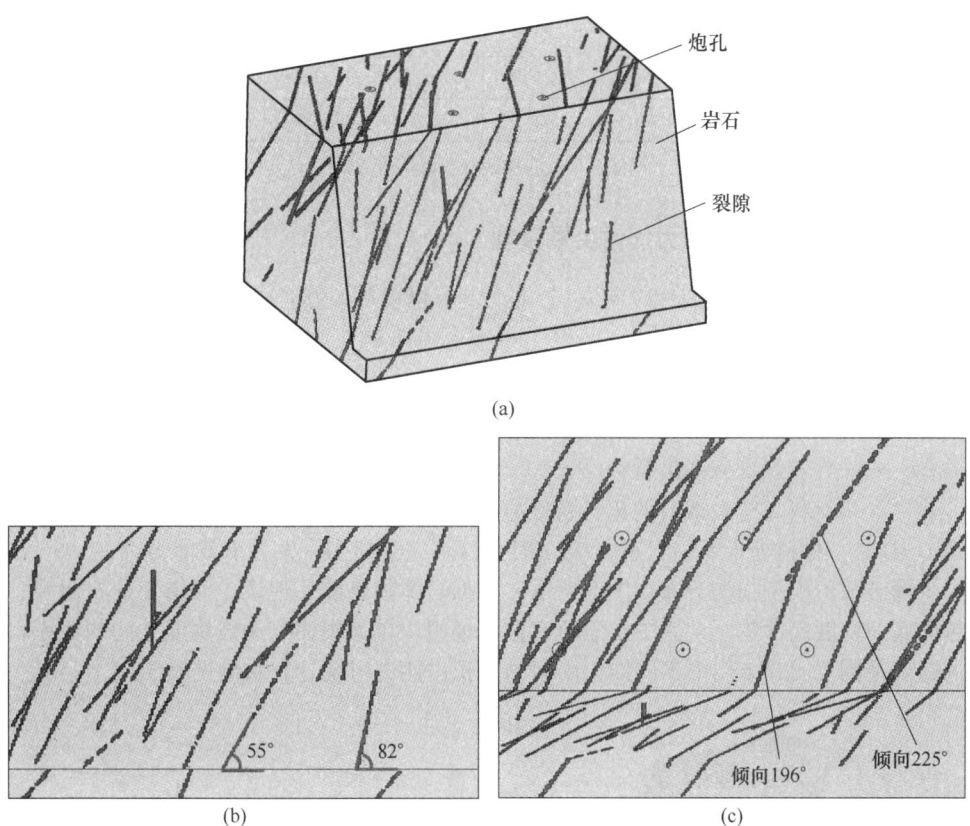

图 4　含节理裂隙台阶爆破数值模型三维视图

（a）含节理裂隙台阶爆破数值模型；（b）模型台阶坡面；（c）模型台阶顶部

Fig. 4　Three views of numerical model of bench blasting with joint fissure

岩体模型均采用 Lagrange 网格划分，计算区域单元尺寸为 10cm，外围加厚围岩区域单元尺寸由 10cm 渐变至 1m。炸药、堵塞和 ALE 空间均采用 Eulerian 网格划分。同时将加厚围岩区域包裹的面设置为无反射边界，以降低应力波在计算区域边界处的反射效应。岩石和节理裂隙采用 1 号材料算法，其余材料均采用 11 号材料算法。岩石、炸药、堵塞和节理 4 种材料模型及状态方程参数见表 4。材料参数设置完毕之后，设置求解参数，进行计算。

表 4　材料本构模型及状态方程参数

Tab. 4　Material constitutive model and state equation parameters

材料	本构模型	参　数　取　值						
岩石	RHT	$\rho_0/\mathrm{kg \cdot m^{-3}}$	f_c/MPa	G/GPa	f_T^*	f_s^*	β_c	β_t
		2730	88.86	27.77	0.051	0.083	0.032	0.036
膨化硝铵炸药	MAT_HIGH_EXPLOSIVE_BURN	$\rho_z/\mathrm{kg \cdot m^{-3}}$	$D/\mathrm{m \cdot s^{-1}}$	PCJ/GPa	A	B	$R1$	$R2$
		931	3200	5.9	49.4	1.89	3.9	1.11
堵塞材料	MAT_SOIL_AND_FOAM	$\rho_d/\mathrm{kg \cdot m^{-3}}$	G/MPa	A_0	A_1	A_2	E_1	E_2
		1800	16	3.3E8	1.31E4	1.23E10	0	0.05

续表 4

材料	本构模型	参 数 取 值					
节理裂隙	MAT_PLASTIC_KINEMATIC	ρ_j/kg·m^{-3}	E_0/GPa	μ	σ/GPa	β	$E_{\tan}$/MPa
		1800	28	0.241	0.25	0.5	0.025

注: RHT 材料模型的其他参数设置参考了相关成果中的试验修正值[15-17]。

2.3　构建爆破块度与岩体动力损伤关联模型

RHT 模型的损伤变量由塑性应变 ε_p 定义，表示累积等效塑性应变增量与最终失效等效塑性应变的比值[18]，如式（1）所示：

$$0 \leqslant D = \sum \frac{\Delta\varepsilon_p}{\varepsilon_p^{falure}} \leqslant 1 \qquad (1)$$

式中　$\Delta\varepsilon_p$——等效塑性应变增量；

　　　　ε_p^{falure}——材料完全失效时的累计塑性应变。

当 $D = 0$ 时，材料处于无损状态；$D = 1$ 时，材料完全损伤，失去承载能力。

台阶爆破数值模型损伤分布如图 5 所示。根据岩体损伤破坏理论，损伤变量 D 越大，岩石破碎越彻底，块度尺寸越小。为了定量研究数值模拟中单元损伤与爆破块度之间的关系，对所圈定的爆破范围（见图 6）中不同损伤区间的体积占比进行统计，结果见表 5。

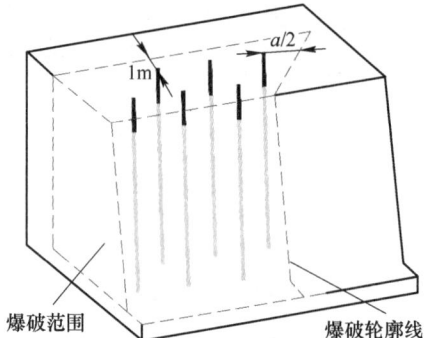

损伤值D

1.000e+00
9.000e-01
8.000e-01
7.000e-01
6.000e-01
5.000e-01
4.000e-01
3.000e-01
2.000e-01
1.000e-01
0.000e+00

图 5　台阶爆破损伤云图

Fig. 5　Damage cloud map of bench blasting

图 6　损伤统计范围

Fig. 6　Statistical range of damage

表 5　爆破区域不同损伤区间体积占比

Tab. 5　The volume proportion of different damage interval in blasting area

损伤区间	0~0.05	0.05~1	0.1~0.15	0.15~0.2	0.2~0.25
体积占比/%	1.11	0.96	0.95	1.23	1.80
损伤区间	0.25~0.3	0.3~0.35	0.35~0.4	0.4~0.45	0.45~0.5
体积占比/%	2.11	2.32	3.33	4.24	5.09
损伤区间	0.5~0.55	0.55~0.6	0.6~0.65	0.65~0.7	0.7~0.75
体积占比/%	4.13	4.01	5.26	5.25	5.97
损伤区间	0.75~0.8	0.8~0.85	0.85~0.9	0.9~0.95	0.95~1
体积占比/%	7.07	8.14	8.90	11.92	19.37

绘制单元损伤体积占比累计变化曲线和现场爆破块度分布累计曲线，如图7所示。可以发现，二者整体变化趋势基本一致，当块度尺寸较小（0~0.2m）时，二者误差相对较大，这主要是由于现场统计方法基于图像识别技术，当岩块尺寸较小时，受识别精度影响较大。

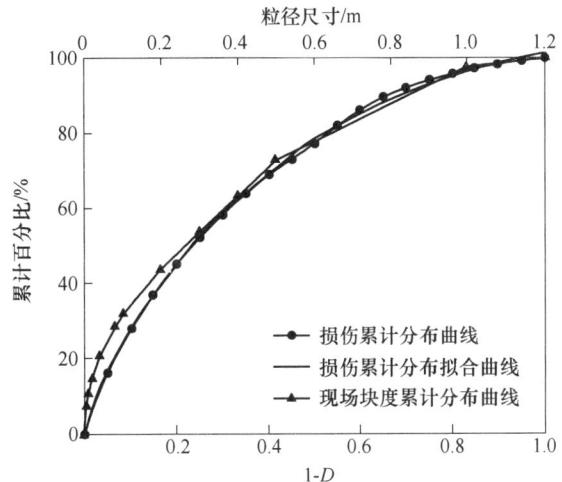

图7　现场块度分布与数值模拟损伤体积累计曲线对比

Fig. 7　Cumulative curves comparison of on-site fragment distribution and numerical simulation damage volume

对损伤体积累计分布曲线进行拟合，表示如下：

$$F(D) = -6.36e^{\frac{(D-1)}{0.03}} - 105.96e^{\frac{(D-1)}{0.44}} + 112.30 \tag{2}$$

拟合精度 R^2 为0.99。式（2）即为基于现场实测和数值模拟的爆破块度与岩体损伤关联模型。将生产爆破块度 0~0.005m、0~0.02m、0~0.04m 和 0~1m 的占比 7.62%、14.77%、20.50% 和 97.63% 代入式（2），得到对应的损伤变量 D 分别为 0.98、0.957、0.934 和 0.13。因此在 ANSYS 数值模拟试验中，可分别采用损伤值 0.98~1、0.934~0.957 和 0~0.13 的单元损伤体积占比表示粒径为 0~0.005m、0.02~0.04m 和 1m 以上的块度分布情况。

3　台阶爆破数值模拟

3.1　建立不同炮孔直径的数值模型

为研究不同炮孔直径对台阶爆破块度分布规律的影响，按照2.2节所述步骤分别建立炮孔直径 90mm、110mm、140mm 和 165mm 的6孔三维裂隙岩体台阶爆破数值模型。为实现不同孔径的单因素试验，需保证炸药单耗一致，因此固定炮孔密集系数不变，对孔排距进行调整，各方案爆破参数见表6。

表6　不同炮孔直径台阶爆破数值模型爆破参数

Tab. 6　Blasting parameters of numerical model of bench blasting with different borehole diameter

方案编号	炸药单耗/kg·t⁻¹	孔网密集系数	炮孔直径/mm	孔距/m	排距/m	延期时间
1号			90	3.1	2.8	
2号	0.18	1.15	110	3.8	3.3	孔间 25ms
3号			140	4.6	4.1	排间 50ms
4号			165	5.3	4.7	

注：其余爆破参数与现场一致，见表2。

3.2　计算结果分析

不同炮孔直径台阶爆破数值模型损伤分布如图 8 所示。在 LS-PrePost 后处理中分别对爆破区域损伤区间 0.98~1、0.934~0.957 和 0~0.13 的单元体积进行统计，结果见表 7，并绘制不同炮孔直径下爆后各粒径体积占比折线图，如图 9 所示。

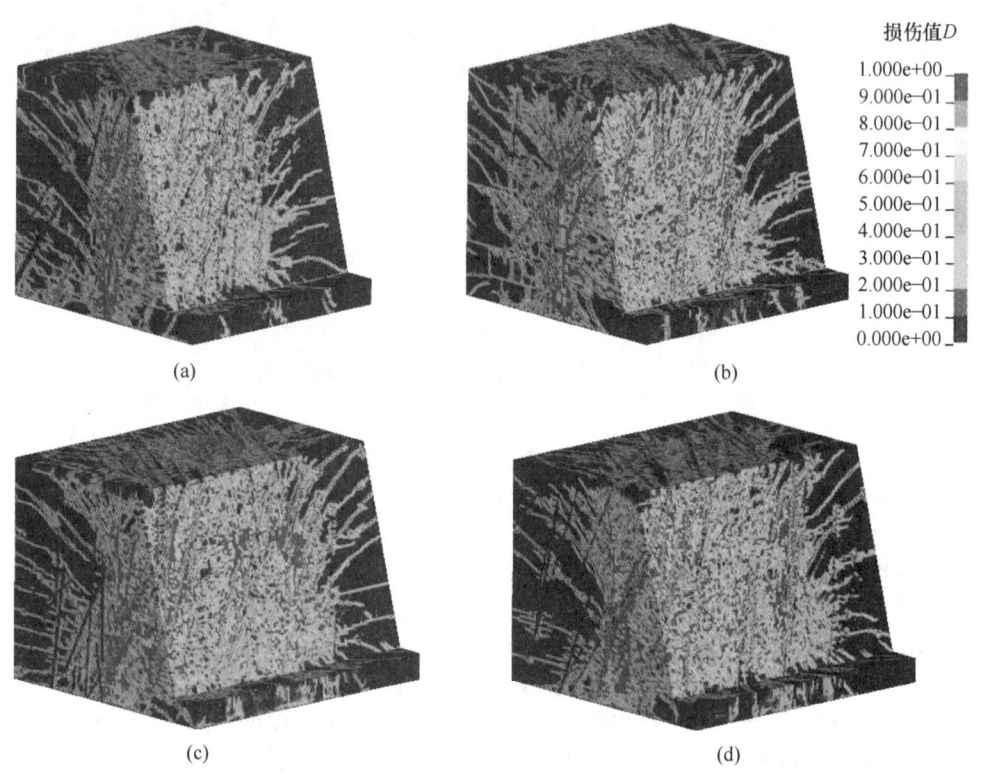

图 8　不同炮孔直径台阶爆破损伤云图

（a）炮孔直径 90mm；（b）炮孔直径 110mm；（c）炮孔直径 140mm；（d）炮孔直径 165mm

Fig. 8　Bench blasting damage cloud map with different borehole diameter

表 7　不同炮孔直径台阶爆破损伤体积统计表

Tab. 7　Damage volume statistics of bench blasting with different hole diameter

炮孔直径 /mm	块度尺寸/m	0~0.005		0.02~0.04		>1	
	损伤区间	0.98<D<1		0.934<D<0.957		0<D<0.13	
	爆破总体积/m³	体积/m³	占比/%	体积/m³	占比/%	体积/m³	占比/%
90	968	61.3	6.33	43.8	4.52	46.4	4.79
110	1272	128.1	10.06	77.2	6.07	50.2	3.95
140	1420	200.0	14.08	113.0	7.96	30.6	2.15
165	1688	133.2	7.89	83	4.92	51.8	3.07

结合表 7 和图 9 可以发现，随着炮孔直径增大，粒径 0~5mm 和 20~40mm 的体积占比先增大后减小，1m 以上的大块占比先减小后增大。炮孔直径由 90mm 增加至 140mm 时，粒径 0~5mm 和 20~40mm 的体积占比分别提高了 7.75% 和 1.89%，1m 以上的大块体积占比降低了

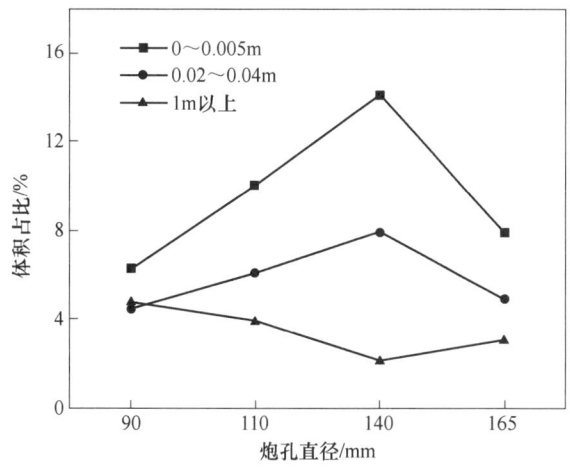

图 9　不同炮孔直径下爆破后各粒径体积占比

Fig. 9　The volume proportion of each particle size after blasting under different blasthole diameters

2. 64% ；当炮孔直径由 140mm 增加至 165mm 时，0 ~ 5mm 和 20 ~ 40mm 的体积占比分别降低 6. 19% 和 3. 04% ，1m 以上的大块体积占比增加了 0. 92% 。

　　由球形药包叠加理论[19]可知，对于耦合连续装药，随着炮孔直径增大，孔壁所受压力峰值及作用时间提高，有利于炮孔周边的岩体破碎。因此当炮孔直径由 90mm 提高至 140mm 时，小粒径岩块占比增多。当炮孔直径继续增大至 165mm 后，此时由炮孔直径增大产生的应力增幅小于孔排距增大产生的衰减幅值，即出现炮孔近区过度粉碎、远区大块较多的现象。

　　当炮孔直径为 140mm 时，20 ~ 40mm 粒径占比最大，但此时粉矿率过高；当炮孔直径为 90mm 和 165mm 时，可以有效降低粉矿率，但大块率相对较高，20 ~ 40mm 粒径占比较低。综上所述，以提高 20 ~ 40mm 粒径占比为目的，同时兼顾减少大块率和粉矿率，结合数值模拟分析结果可得：90mm、110mm、140mm 和 165mm 4 种炮孔直径中，达到提高 20 ~ 40mm 粒径占比和减少大块率、粉矿率，取得较好爆破效果的目标时，选取炮孔直径 110mm 为最佳。

4　矿山现场爆破试验

　　该矿山原有爆破方案炮孔直径为 140mm，岩体爆破后存在粉矿率过高，矿石级配与后续生产需求匹配度低等问题。基于数值模拟结果，将优化后的炮孔直径 110mm 应用于矿山生产爆破。本次试验在同一台阶开展，分为 1 号试验组和 2 号对照组，如图 10 所示，爆破参数见表 8。

图 10　现场试验台阶边坡

Fig. 10　Bench slope of field test

表 8　现场试验方案爆破参数

Tab. 8　Blasting parameters of field test program

试验编号	炸药单耗/kg·t⁻¹	炮孔直径/mm	孔距/m	排距/m	钻孔形式
1号试验组	0.14	110	4.5	4	倾斜孔
2号对照组		140	5.6	4.8	

注：试验组与对照组其余爆破参数均一致。

　　试验组与对照组典型的爆堆块度分布如图11所示。为了避免块度分析软件对小粒径岩块的识别误差，采取Split-Desktop块度分析统计法和现场重型移动筛分机筛分法（见图12）相结合的手段对各爆堆进行块度分布统计，结果见表9。

(a)　　　　　　　　　　　　　　　　　　(b)

图 11　炮孔直径优化前后爆破效果对比

（a）优化前140mm；（b）优化后110mm

Fig. 11　Blasting effect comparison before and after borehole diameter optimization

图 12　现场爆堆筛分过程

Fig. 12　Sieving process of blasting lump in situ

表 9　现场爆破试验爆堆块度统计

Tab. 9　Fragmentation statistics of on-site blasting test

试验编号	各粒径占比/%			
	$d>1$m	$d>40$mm	20mm$<d<$40mm	$d<20$mm
1号试验组	11.35	80.79	7.42	12.17
2号对照组	15.21	77.27	5.19	17.54

结合图 11 和表 9 可以发现，1m 以上大块率和 0～20mm 的块度占比分别降低了 3.86% 和 5.37%，20～40mm 的粒径占比提高了 2.23%，炮孔直径优化后大块率和粉矿率明显降低，爆堆整体块度分布更均匀，矿石级配更合理，有利于提高矿山爆后铲装效率和生产效率。

5　结论

（1）基于现场实测数据和 ANSYS/LS-DYNA 数值模拟构建了岩体爆破块度与动力损伤关联模型，爆破块度尺寸与 ANSYS 数值模型损伤值之间存在指数函数关系。

（2）数值模拟结果表明，当炮孔直径分别为 90mm、110mm、140mm、165mm 时，随着炮孔直径增大，爆堆粉矿率和 20～40mm 粒径占比先增大后减小，大块率先减小后增大，炮孔直径 140mm 时取得最值。

（3）将矿山爆破炮孔直径由 140mm 调整为 110mm 后，20～40mm 粒径占比提高了 2.23%，0～20mm 粒径占比和大块率分别降低了 5.37% 和 3.86%。

参 考 文 献

[1] Zhang Z X. Chapter 22-effect of blasting on engineering economy [M]. Elsevier Inc, 2016.

[2] 王永青, 汪旭光. 乳化炸药能量密度与爆破效果的关系 [J]. 有色金属, 2003 (1): 102-104.

[3] 姚笛. 炸药爆炸性能与破岩能力关系的研究 [D]. 淮南: 安徽理工大学, 2012.

[4] 何思为. 裂隙岩体爆破破碎的理论与应用研究 [D]. 北京: 中国地质大学 (北京), 1992.

[5] 傅鹏. 岩体结构面对台阶爆破效果影响研究 [J]. 爆破, 2023, 40 (1): 77-84.

[6] 刘迪, 徐全军, 温尊礼, 等. 岩体的节理裂隙对爆破块度分布的影响分析 [J]. 西部探矿工程, 2016, 28 (3): 188-191.

[7] 李洪伟, 雷战, 刘伟, 等. 起爆方式对岩石柱状装药爆破作用的影响 [J]. 工程爆破, 2019, 25 (5): 28-34.

[8] 戴兴国, 王昌. 基于响应面法的矿岩爆破效果影响因素分析 [J]. 铁道科学与工程学报, 2018, 15 (4): 995-1001.

[9] 叶海旺, 李兴旺, 袁尔君, 等. 骨料矿山爆破粉矿率控制技术研究 [J]. 金属矿山, 2022, 553 (7): 80-88.

[10] 叶海旺, 王皓永, 雷涛, 等. 基于孔间延时优化的骨料用石灰岩爆破粉矿率控制 [J]. 爆破, 2019, 36 (4): 43-48, 68.

[11] 张耿城, 贾建军, 乔继延, 等. 炮孔密集系数对破碎效果的影响 [J]. 金属矿山, 2018, 509 (11): 63-66.

[12] 孔坤, 李小元, 史秀志, 等. 装药结构对深孔爆破粉矿产出率的影响研究 [J]. 矿冶工程, 2021, 41 (2): 28-32.

[13] 赵颜辉. 装药结构对爆炸能量传递影响的试验研究 [D]. 淮南: 安徽理工大学, 2005.

[14] 李建军, 段祝平. 节理裂隙岩体爆破试验研究 [J]. 爆破, 2005 (3): 12-16.

[15] 王宇涛. 基于 RHT 本构的岩体爆破破碎模型研究 [D]. 北京: 中国矿业大学 (北京), 2015.

[16] 李洪超. 岩石 RHT 模型理论及主要参数确定方法研究 [D]. 北京: 中国矿业大学 (北京), 2016.

[17] 凌天龙, 王宇涛, 刘殿书, 等. 修正 RHT 模型在岩体爆破响应数值模拟中的应用 [J]. 煤炭学报, 2018, 43 (S2): 434-442.

[18] Wang H C, Wang Z L, Wang J G, et al. Effect of confining pressure on damage accumulation of rock under repeated blast loading [J]. International Journal of Impact Engineering, 2021, 156: 103961.

[19] 吴亮, 卢文波, 宗琦. 岩石中柱状装药爆炸能量分布 [J]. 岩土力学, 2006 (5): 735-739.

大直径空孔掏槽爆破数值模拟研究及现场试验

刘智兵[1,2]　霍晓锋[3]　施　鹏[4]

（1. 马鞍山矿山研究院爆破工程有限责任公司，安徽　马鞍山　243000；

2. 金属矿山安全与健康国家重点实验室，安徽　马鞍山　243000；

3. 中南大学，长沙　410083；4. 西钢集团灯塔矿业有限公司，沈阳　111315）

摘　要：为研究难爆硬岩台车掘进爆破掏槽孔参数对爆破效果的影响，采用单元法对不同掏槽孔布孔方式、直径、掏槽区域半径工况下掏槽效果进行研究，通过分析不同工况下应力云图、槽腔尺寸以及有效应力分布特征得到合理的掏槽爆破参数。基于数值模拟结果，在小汪沟铁矿开展台车掘进爆破现场试验，通过残孔长度分析，进一步验证了数值模拟结果的正确性。研究表明：掏槽孔直径和布孔方式直接决定掏槽效果，掏槽孔面积应占掏槽区面积约36%以上，相比三角形多孔掏槽，中间单孔掏槽能够形成更大的掏槽断面；ϕ76mm 掏槽孔相比 ϕ42mm 掏槽孔能够显著增加有效应力峰值，提升掏槽效果；相比矿山原有掏槽爆破方式，优化后掏槽爆破炮孔利用率和效果显著提升。

关键词：掏槽爆破；大直径空孔掏槽；数值模拟

Numerical Simulation and Field Application of Large Diameter Empty Hole Cut Blasting

Liu Zhibing[1,2]　Huo Xiaofeng[3]　Shi Peng[4]

（1. Ma'anshan Institute of Mining Research Blasting Engineering, Ma'anshan, 243000, Anhui;

2. State Key Laboratory of Safety and Health in Metal Mines, Ma'anshan 243000, Anhui;

3. Central South University, Changsha 410083; 4. Xigang Group Lighthouse Mining Co., Ltd., Shenyang 111315）

Abstract: In order to study the influence of cutting parameters on blasting effect of hard rock excavation blasting by truck, finite element methond was used to study the cutting effect under different conditions of hole layout, diameter and radius of cutting holes, and reasonable cutting blasting parameters were obtained by analyzing stress nephogram, groove size and effective stress distribution characteristics under different working conditions. Based on the numerical simulation results, the field test of truck driving and blasting is carried out, and the correctness of the numerical simulation results is further verified through the analysis of residual hole length. The results show that the cutting effect is directly determined by the diameter and layout of the cut hole, and the cut hole volume should account for more

作者信息：刘智兵，硕士，助理工程师，2460440941@qq.com。

than 36% of the initial cavity volume. Compared with ϕ42mm cut hole, ϕ76mm cut hole can significantly increase the effective stress and improve the cutting effect. A cut radius of 180mm can increase the hole cavity size by about time compared with 250mm.

Keywords：cut blasting；large diameter empty hole cutting；numerical simulation

1　引言

掏槽孔是井巷掘进爆破成功的关键，它的作用是在工作面上先掏出一个槽腔，形成新的自由面，为其余炮孔爆破创造有利条件，掏槽孔参数的确定决定了爆破效果的好坏。但是在硬岩巷道，由于岩石硬度较高，夹制作用大，掏槽参数不合理会造成掏槽效果差，使得掘进爆破效率低，进尺小，残孔率高，从而影响矿山的生产效率[1]。所以需要对掏槽孔的爆破参数进行优化，使其能够创造出更大的自由面，加快掘进效率。

目前，国内专家学者对于掏槽爆破进行了大量的研究。范兴俊[2]通过对岩石爆破理论和直眼掏槽爆破机理进行研究，设计了九孔菱形中部间隔装药直眼掏槽爆破，并通过数值模拟和现场试验，对原方案进行优化，实现了硬岩坑道快速掘进。蒋克文等人[3]探究了对不同孔距系数（掏槽孔中心距空孔壁的最短距离 L 与空孔直径 D 的比值称为孔距系数 K，$K = L/D$）下空孔附近有效应力分布规律及掏槽效果的影响。研究表明，空孔对应力波的传播具有导向作用，爆破时掏槽孔与空孔壁之间的切线方向会形成应力集中。李洪伟等人[4]研究了直眼掏槽爆破掏槽孔与辅助孔延期时间对掏槽爆破效果的影响，利用有限元分析软件对槽腔裂纹扩展进行了数值模拟分析，研究表明，掏槽孔与辅助孔间的延期时间为 $1 \sim 3$ms 时，掏槽孔与辅助孔间的爆炸能量相互作用最为紧密，并为辅助孔起爆提供了新的自由面，降低了辅助孔起爆受到的夹制作用，爆破效果最佳。丁晨曦等人[5]研究了高地应力环境下，巷道掏槽爆破的应力演化与损伤破裂，研究表明，大空孔直眼掏槽爆破在高地应力环境下可以显著增加岩石破碎程度和破坏范围，提高爆破效率和破碎效率。

本文采用有限元分析法分析了不同布孔方式、不同掏槽孔直径和不同掏槽区域半径工况下，爆炸应力波传播规律、槽腔尺寸和有效应力分布特征，最终确定了最优掏槽参数。并将研究结果应用于现场实践，显著提高了炮孔利用率和掏槽效果，研究成果对于解决相似矿山掏槽困难的问题有重要意义。

2　数值模型建立

2.1　模型尺寸

为研究掏槽布孔方式、掏槽孔直径和掏槽区域半径对掏槽效果的影响，采用有限元分析法建立了五种不同数值模型，分别记为Ⅰ、Ⅱ、Ⅲ、Ⅳ和Ⅴ，模型尺寸都为 4.2m×1.2m×1.2m，炮孔深度均为 3.5m。表1 为不同模型的具体参数，图1 为 5 个模型的炮孔布置断面图。

表1　不同模型参数
Tab. 1　Parameters of different models

模型	掏槽孔数目/个	空孔数目/个	掏槽孔直径/mm	空孔直径/mm	掏槽区域半径/mm
Ⅰ	4	3	42	89	180
Ⅱ	1	6	42	89	180
Ⅲ	4	3	76	89	180
Ⅳ	1	6	76	89	180
Ⅴ	1	6	76	89	250

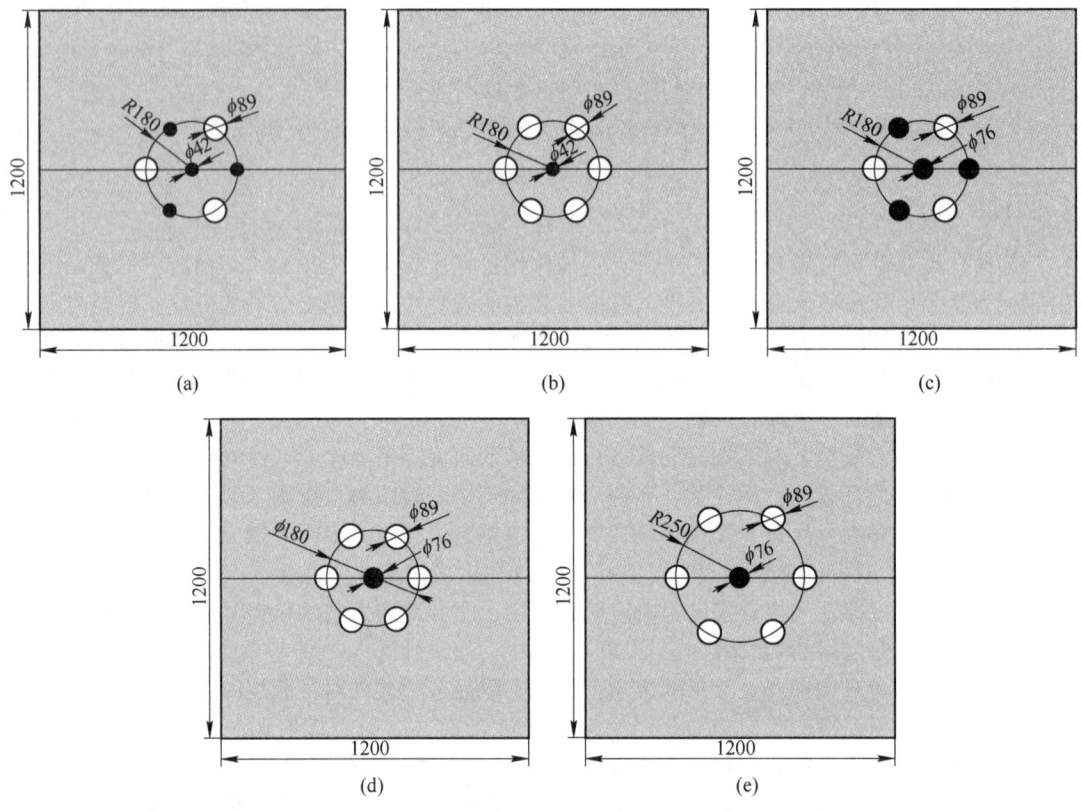

图 1　不同模型炮孔布置断面图

（a）模型 I；（b）模型 II；（c）模型 III；（d）模型 IV；（e）模型 V

Fig. 1　Profile of gun hole layout of different models

2.2　材料参数

2.2.1　岩石参数

岩石材料采用 RHT 材料模型来描述瞬态冲击荷载作用下岩石介质的动力响应过程。爆破作用下，岩石所受有效应力超过 RHT 本构方程定义的抗拉屈服和抗压屈服应力时，岩石介质中就出现相应损伤区，损伤区的扩展演化进程表征岩石在爆炸应力波作用下的受压破坏和拉伸断裂过程。表 2 为岩石模型部分力学参数。

表 2　岩石模型部分力学参数

Tab. 2　Partial mechanical parameters of rock model

密度/kg·m^{-3}	弹性模量/GPa	抗压强度/MPa	抗拉强度/MPa	泊松比
2.65	38.50	96.80	10.52	0.27

2.2.2　炸药参数

用以下状态方程描述炸药爆炸后能量转换情况，炸药上任一点的爆轰压力可以由以下公式进行计算：

$$p = A\left(1 - \frac{\omega}{R_1 V}\right)e^{-R_1 V} + B\left(1 - \frac{\omega}{R_2 V}\right)e^{-R_2 V} + \frac{\omega E}{V}$$

式中，V 为相对体积，无量纲；E 为单位体积内能，Pa；A、B、R_1、R_2、ω 为炸药材料常数。

炸药为 2 号岩石乳化炸药，其材料模型参数如表 3 所示。

表 3　炸药参数
Tab. 3　Explosive parameters

密度/kg・m⁻³	爆速/m・s⁻¹	爆压/GPa	A/GPa	B/GPa	R_1/GPa	R_2/GPa	ω/GPa
1100	3200	3.2	219.8	14.9	7.44	2.53	0.3

3　数值模拟结果分析

3.1　应力云图分析

图 2~图 6 为 5 个模型不同时刻应力云图。可以发现，炸药在孔底起爆后，应力波分别向孔口和岩石外围传播。当 $t=40\mu s$ 时，炮孔产生的爆炸应力波传播至邻近空孔或装药孔附近；当 $t=80\mu s$ 时，由于爆炸应力波在孔壁自由面处产生反射叠加作用，因而在孔壁附近形成了应

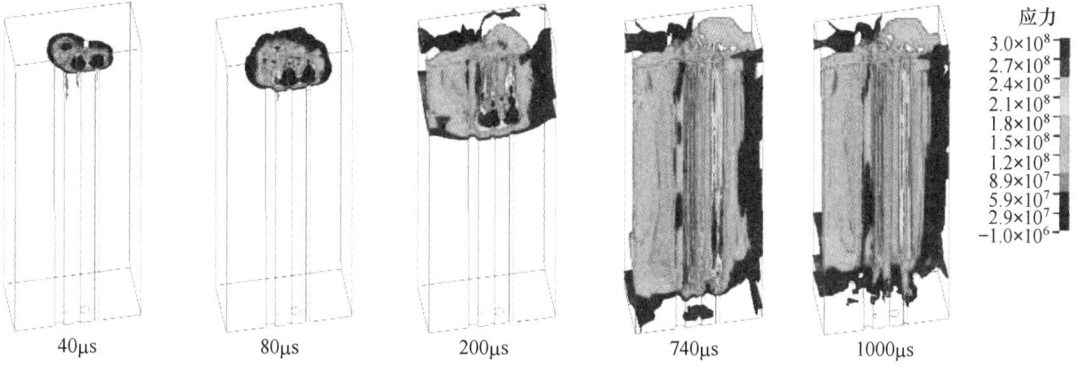

图 2　模型 I 应力不同时刻应力云图
Fig. 2　Stress nephogram of model I stress at different time

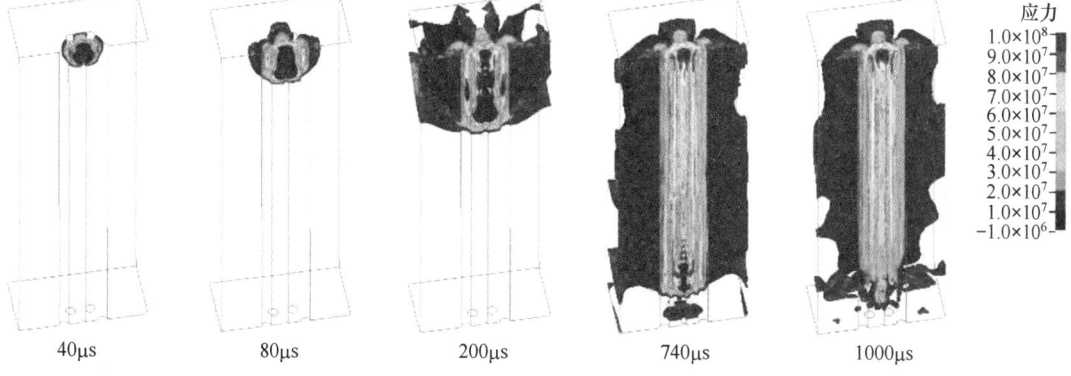

图 3　模型 II 应力不同时刻应力云图
Fig. 3　Stress nephogram of model II stress at different time

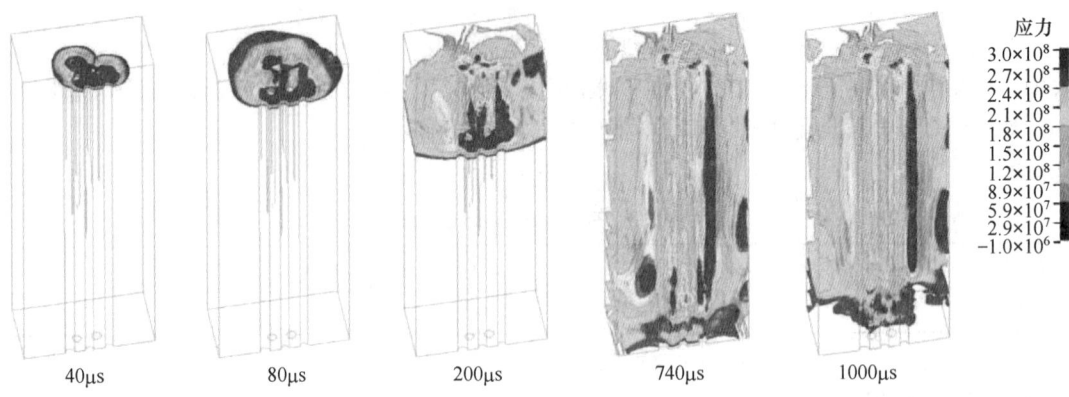

图 4　模型Ⅲ应力不同时刻应力云图

Fig. 4　Stress nephogram of model Ⅲ stress at different time

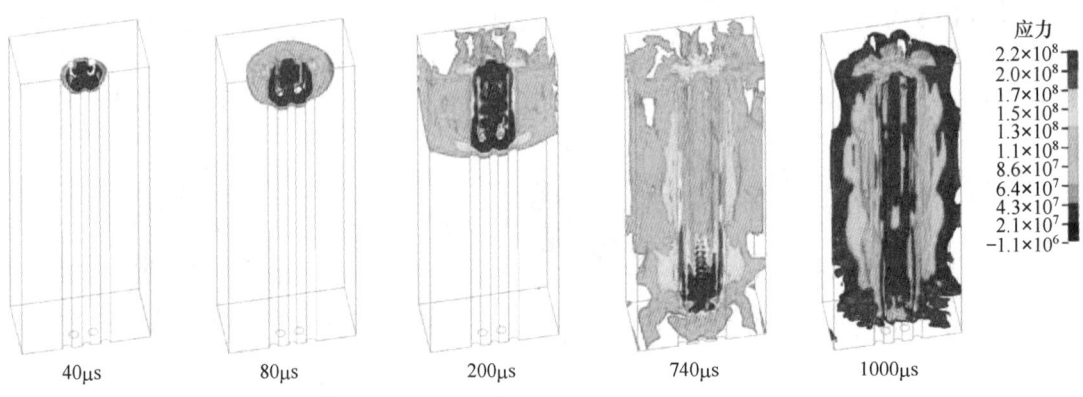

图 5　模型Ⅳ应力不同时刻应力云图

Fig. 5　Stress nephogram of model Ⅳ stress at different times

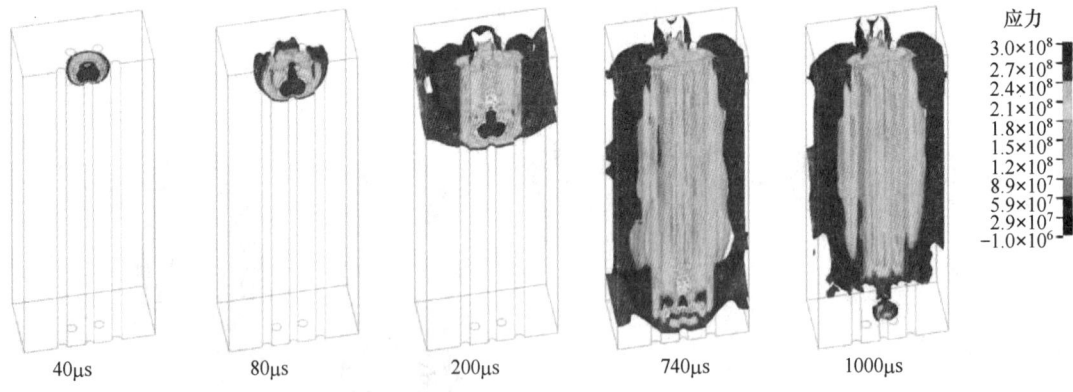

图 6　模型Ⅴ应力不同时刻应力云图

Fig. 6　Stress nephogram of model Ⅴ stress at different time

力加强区，掏槽区域内产生较强的爆炸应力；当 $t=200\mu s$ 时，爆炸应力波由孔底传播至炮孔中间附近；当 $t=740\mu s$ 时，所有模型应力波基本传播至孔口位置，槽腔逐步形成，随后（ $t=$

1000μs）应力波开始发生衰减。

3.2 槽腔尺寸分析

仅仅对应力云图分析无法准确比较不同方案掏槽效果优劣，为了对不同模型掏槽效果进行科学全面的分析评价，利用后处理软件对不同模型掏槽爆破形成的槽腔面积进行分析。剔除材料损伤值在 0.6~1.0 之间的岩石单元可以获得各模型方案在不同位置处的槽腔截面，如图 7~图 11 所示。

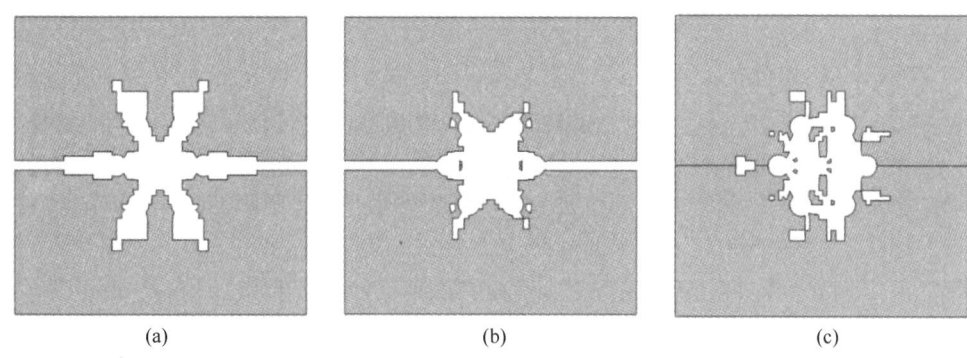

(a)   (b)   (c)

图 7 模型 I 在不同位置槽腔截面

（a）孔底剖面；（b）炮孔中部剖面；（c）孔口剖面

Fig. 7 Cross-section of the cavity of model I at different positions

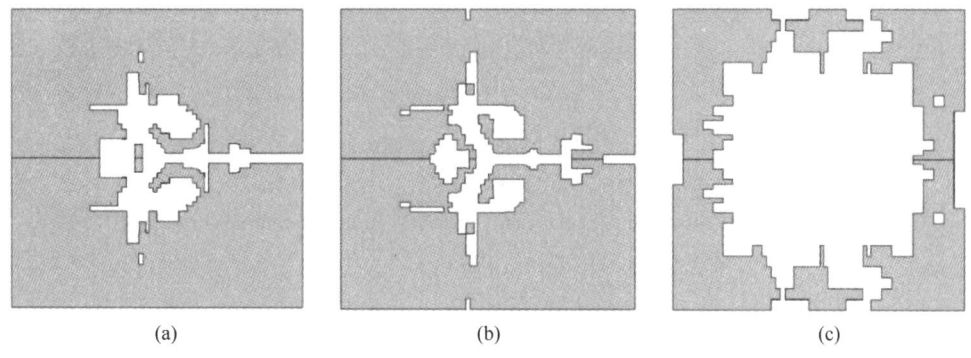

(a)   (b)   (c)

图 8 模型 II 在不同位置槽腔截面

（a）孔底剖面；（b）炮孔中部剖面；（c）孔口剖面

Fig. 8 Section of the cavity of model II at different positions

根据槽腔截面测量其槽腔面积，表 4 为不同模型在不同位置槽腔面积大小。对比 5 个模型在不同位置槽腔面积可以发现，在孔底位置，模型 IV 槽腔面积最大，为 2022.1cm²；在炮孔中部位置，模型 V 槽腔面积最大，为 1712.8cm²；在孔口位置，模型 IV 面积最大，为 10226.3cm²；模型 IV 在三个位置平均槽腔面积依然是最大，为 4603.9cm²。根据槽腔面积结果，可以说明较大直径掏槽孔相比小直径掏槽孔能够获得更好的掏槽效果；增加空孔数量，即增加原始空孔面积能显著提高孔口位置槽腔尺寸；增加掏槽区域半径会导致槽腔尺寸变小，影响掏槽效果。

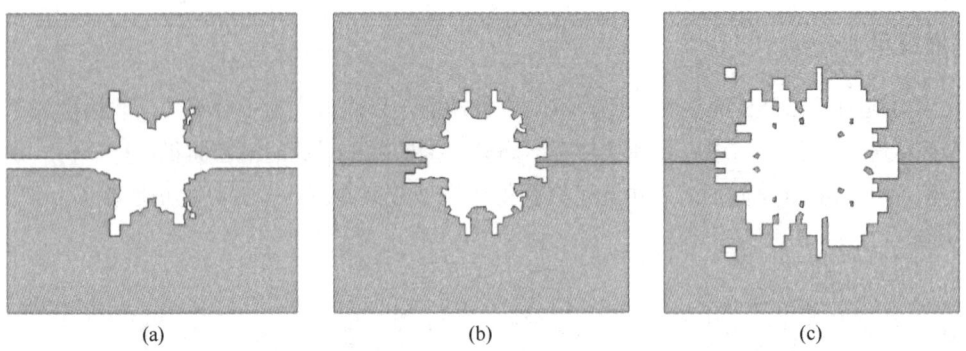

图 9　模型Ⅲ在不同位置槽腔截面

（a）孔底剖面；（b）炮孔中部剖面；（c）孔口剖面

Fig. 9　Cross-section of the cavity of model Ⅲ at different positions

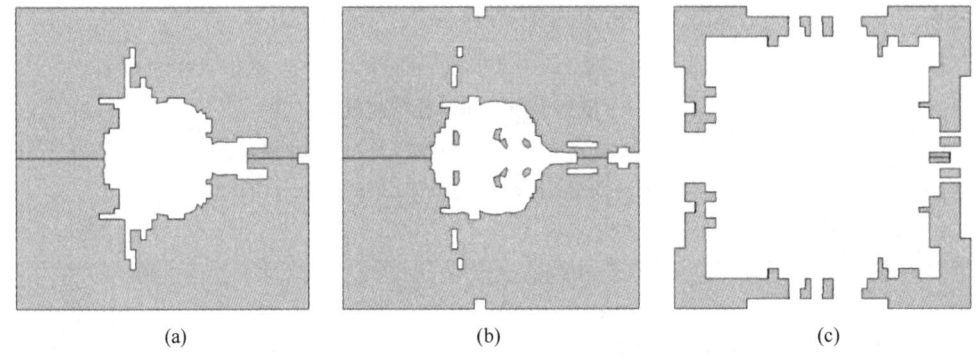

图 10　模型Ⅳ在不同位置槽腔截面

（a）孔底剖面；（b）炮孔中部剖面；（c）孔口剖面

Fig. 10　Cross-section of the cavity of model Ⅳ at different positions

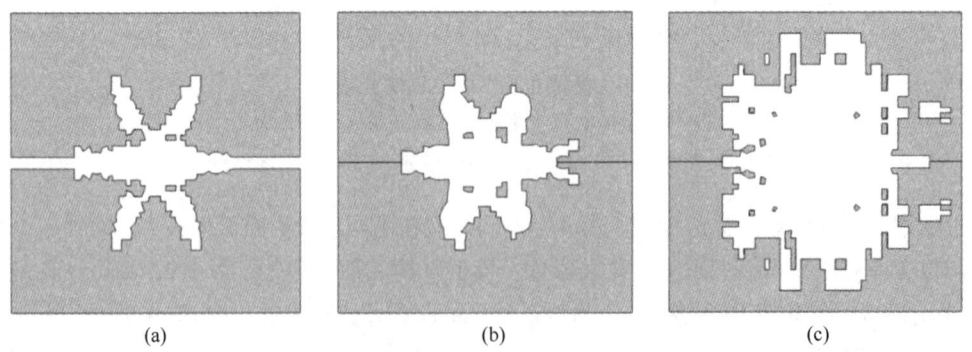

图 11　模型Ⅴ在不同位置槽腔截面

（a）孔底剖面；（b）炮孔中部剖面；（c）孔口剖面

Fig. 11　Cross-section of the cavity of model Ⅴ at different positions

表4　槽腔面积
Tab. 4　Cavity area　　　　　　　　　　　（cm²）

位　置	模　型				
	I	II	III	IV	V
初始空孔面积	186.6	373.3	186.6	373.3	373.3
孔底	835.4	1403.5	1170.9	2033.1	1449.5
炮孔中部	961.0	1153.8	1202.8	1552.3	1712.8
孔口	1133.5	7594.1	3093.2	10226.3	5539.2
平均值	976.6	3383.8	1822.3	4603.9	2900.5

3.3　有效应力分布分析

为了更直观地分析炮孔周围岩体有效应力分布变化情况，在中心掏槽孔与左侧空孔之间选取6个不同位置具有代表性的测点提取其有效应力，这6个测点按照距离中心孔由近至远分别命名为A、B、C、D、E、F，单元编号分别为H 58525、H 61494、H 61020、H 61488、H 60087、H 50081，图12为6个测点的位置图。

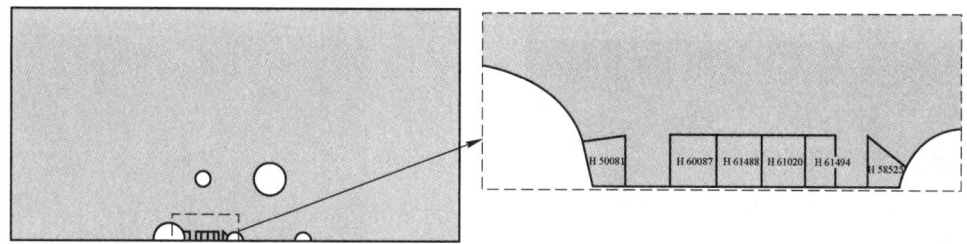

图12　测点位置
Fig. 12　Location of measuring points

记录不同模型6个位置有效应力Von-Mises变化曲线，提取出每条曲线的峰值，获得不同模型在6个测点位置的峰值曲线，如图13所示。从图中可以看出，5个模型的有效应力峰值曲线整体随距离的增加而降低，但模型IV在距离中心孔最远处的F点出现了有效应力上升，这是由于大直径空孔对应力波具有更强的反射叠加增强效果造成的；模型III和模型IV在不同测点的有效应力显著高于模型I和模型II，说明采用76mm掏槽孔相比42mm掏槽孔能够产生更大爆

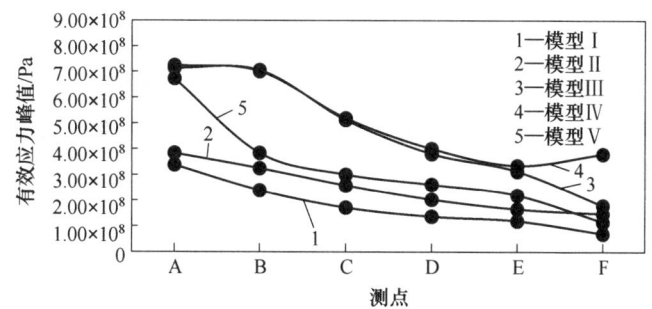

图13　不同模型测点位置有限应力峰值曲线
Fig. 13　Peak curves of finite stress at measuring points of different models

炸冲击波；模型Ⅲ和模型Ⅳ在 A 到 E 测点的有效应力峰值基本重合，但在距离中心孔最远的 F 测点处模型Ⅳ的有效应力明显高于模型Ⅲ，说明中心单孔掏槽相比三角形多孔掏槽在掏槽区域边缘处具有更高的破岩能力。

综合 5 种模型的应力云图分析、槽腔尺寸分析和有效应力分布分析，可知模型Ⅳ形成的平均槽腔面积最大，其至在孔口位置超过 10000cm² ；虽然模型Ⅳ在近处有效应力峰值与模型Ⅲ基本相同，但是在距离中心最远处模型Ⅳ的有效应力峰值明显高于模型Ⅲ。因此，模型Ⅳ为最优掏槽爆破方案。

4　现场试验

根据数值模拟得到最优掏槽爆破参数，即采用单孔掏槽，掏槽孔直径为 76mm ，空孔直径为 89mm 且呈圆形分布在中间掏槽孔四周，掏槽区域半径为 180mm ，在小汪沟铁矿 -142m 水平 1 号主巷开展多次现场试验，该主巷岩石硬度系数 $f = 9$ ，属于坚固岩石。图 14 为炮孔布置断面图。

图 15 为现场试验掏槽效果，经现场测量掏槽孔残孔长度不足 10cm ，炮孔利用率高达 97% 以上，相比原掘进爆破方案的 70% 炮孔利用率，炮孔利用率提高了 27% ，掏槽效果提升显著。相比于矿山原来使用的矩形九孔掏槽方式，不仅提高了掏槽效果和炮孔利用率，还减少穿孔数目，有效降低了掘进爆破成本。

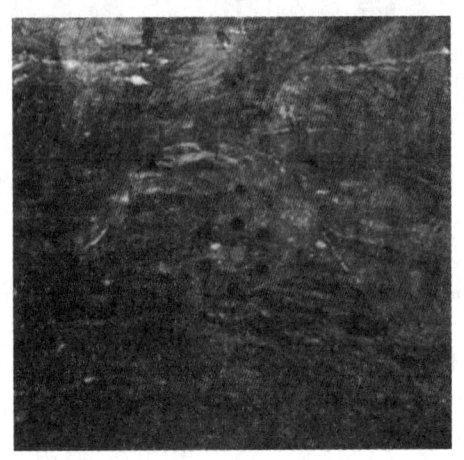

图 14　现场试验掏槽孔布置断面图
Fig. 14　Sectional view of cut hole layout in field test

图 15　掏槽效果
Fig. 15　Cutting effect

5　结论

采用数值模拟方法，对掏槽爆破布孔方式、掏槽孔直径以及掏槽孔与空孔的间距进行了研究，得到了小汪沟铁矿掏槽爆破的最优参数，并开展现场试验验证了数值模拟结果的正确性。主要结论如下：

（1）爆炸应力波在孔壁自由面处产生的反射叠加作用会在孔壁附近形成应力加强区，进而提高掏槽区域内的爆炸应力幅值。

（2）中间单孔掏槽相比三角形多孔掏槽，能够形成更大的掏槽断面，特别是在孔口位置中间单孔掏槽形成的槽腔面积是三角形多孔掏槽的 3~5 倍；当大直径中间单孔掏槽的掏槽孔与空孔的间距从 180mm 增加至 250mm 时，孔口的掏槽面积减少了一半；说明初始掏槽孔面积至少需占掏槽区域面积的 36% 才能获得最大的槽腔面积。

（3）在其他参数相同的情况下，增加掏槽孔直径能够显著提高炮孔周围有效应力峰值；在采用 76mm 直径掏槽孔条件下，中间单孔掏槽相比三角形多孔掏槽在距离中间孔近处有效应力基本相差不大，但在距离较远处中间单孔掏槽更有优势。

（4）在小汪沟铁矿 −142m 水平 1 号主巷进行试验，相比原来掏槽爆破方式，优化后的掏槽方案将炮孔利用率提升了 27%，不仅提高了巷道掘进速度，还减少了炮孔数量，节省了矿山生产成本。

参 考 文 献

[1] 公安部治安管理局. 爆破作业技能与安全 [M]. 北京：冶金工业出版社，2014.
[2] 范兴俊. 硬岩坑道直眼掏槽爆破技术研究 [D]. 长沙：国防科学技术大学，2016.
[3] 蒋克文，王海亮，郭建，等. 大空孔直眼掏槽有效应力分布规律模拟研究 [J]. 煤炭技术，2023，42（7）：30-34.
[4] 李洪伟，黄昕旭，吴立辉，等. 电子雷管在岩巷爆破中掏槽孔微差时间试验研究及数值模拟 [J]. 金属矿山，2022，（7）：64-72.
[5] 丁晨曦，梁欣桐，杨仁树，等. 高地应力巷道掏槽爆破的应力演化与损伤破裂研究 [J]. 煤炭科学技术：2022，8：1-10.

基于地质体智能感知的隧道爆破设计方法及其应用

王军祥[1]　吴佳鑫[1]　郭连军[1]　管振祥[2]　张业权[3]

（1. 沈阳工业大学建筑与土木工程学院，沈阳　110870；

2. 中铁十九局集团有限公司，北京　100076；

3. 中铁十九局集团第三工程有限公司，沈阳　110136）

摘　要：针对目前隧道爆破设计大多以工程经验为主，精细化程度不高的问题，提出了基于地质体智能感知的隧道爆破设计方法，并在西康高速华家山隧道进行现场应用。采用地质体感知设备获取掌子面信息，进行实体建模与节理识别。基于近场动力学理论，采用 Fortran 语言编写数值计算程序，研究岩石双孔爆破炮孔连线与节理夹角的最优角度。以地质体感知信息和数值模拟结果为基础开展隧道爆破设计，并对节理附近炮孔进行优化布置。结果表明：炮孔连线与节理夹角为 15° 时对破碎区发展有抑制作用，夹角为 60° 时岩石破碎效果最好。现场岩渣直径在 40cm 左右，破岩效果较好。该方法针对含有节理的掌子面定制爆破设计方案且爆破效果较好，对隧道精细化爆破设计具有一定的借鉴意义。

关键词：隧道工程；爆破设计；地质体智能感知；节理裂隙；近场动力学理论

Tunnel Blasting Design Method Based on Geological Body Intelligent Sensing and Its Application

Wang Junxiang[1]　　Wu Jiaxin[1]　　Guo Lianjun[1]　　Guan Zhenxiang[2]　　Zhang Yequan[3]

（1. School of Architecture and Civil Engineering, Shenyang University of Technology, Shenyang 110870; 2. China Railway 19th Bureau Group Co., Ltd., Beijing 100076; 3. China Railway 19th Bureau Group Third Engineering Co., Ltd., Shenyang, 110136）

Abstract：Aiming at the problem that most tunnel blasting designs are based on engineering experience and the degree of precision is not high, a tunnel blasting design method based on geological body intelligent sensing is proposed and applied in Huajiashan Tunnel of Xikang High-speed. The geological body sensing device is used to obtain the information of the palm surface, and the solid modeling and joint identification are carried out. Based on the theory of near-field dynamics, a numerical calculation program is written in Fortran language to study the optimal Angle of the connection between the hole and the joint in rock two-hole blasting. Based on the geological body perception information and numerical

基金项目：国家自然科学基金资助项目（51974187）；辽宁省自然科学基金资助项目（2019-MS-242）；辽宁省教育厅重点攻关资助项目（LZGD2020004）；辽宁省桥梁安全工程专业技术创新中心 2021 年度开放基金资助项目（2021-13）。

作者信息：王军祥，博士，副教授，博士生导师，w. j. xgood@ 163. com。

simulation results, the tunnel blasting design is carried out, and the hole layout near the joint is optimized. The results show that when the Angle between the hole connection and the joint is 15°, the development of the crushing zone is inhibited. When the Angle is 60°, the rock breaking effect is the best. The rock breaking effect is better when the diameter of the rock slag is about 40cm. The method is designed for the face with joint and has a good blasting effect. It can be used as a reference for the fine blasting design of tunnel.

Keywords: tunnel engineering; blasting design; geological body intelligent perception; joint fissures; peridynamics

1 引言

钻爆法施工在隧道工程中应用越来越广泛，但在实际施工过程中，爆破设计往往影响着它的施工效果。尤其是在地质条件多变地区，天然岩体内部赋存大量节理裂隙，会对爆破效果造成重要影响，爆破设计需要动态调整，过去的爆破方法已经无法满足现代精细化爆破施工的要求。为了解决这个问题，利用地质体智能感知技术对隧道掌子面进行三维地质重构，进行合理的爆破设计，包括炮孔布置、装药量等因素，并且根据感知信息动态调整炮孔布置、优化爆破参数，并开展含节理岩体破碎区发展规律研究。可以为爆破施工提供更准确、高效的指导，对保障隧道长期安全和稳定性具有重要的工程意义。

节理裂隙作为天然形成的软弱结构面，会对爆破开挖产生一定程度的影响，因此众多学者对天然节理中的节理裂隙进行研究。罗虎等人[1]通过使用 DeepCrack 网络模型迁移学习识别岩体裂隙，其平均交并比和平均相似度为 61% 和 75%。周文海等人[2]通过数值模拟方法，开展了对含节理裂隙岩体爆生裂纹扩展及爆炸应力波传播规律的研究，得出了对岩体破碎效果影响最大的是节理裂隙处于裂纹区。

在隧道爆破设计中，为取得更优的爆破效果，众多专家学者对爆破设计进行大量的相关研究。Monjezi 等人[3]和 Sodallah 等人[4]均采用群体神经网络的方法，综合分析了爆破设计参数和围岩条件对爆破效果的影响，得到了优化后的爆破参数及较好地预测了爆破效果。Zhao 等人[5]基于非连续变形分析（DDA）和有限元分析软件 LS-DYNA，对平行掏槽爆破进行了模拟，分析了不同微差起爆时间对岩石破碎的影响，对掏槽孔爆破设计参数进行了优化。

本文以西康高铁华家山隧道进口钻爆法开挖为工程背景，结合三维激光扫描、拍照摄像和图像识别等手段建立了地质体智能感知方法，提取结构面特征信息。基于近场动力学理论，采用 Forturn 语言编写不同炮孔连心线与节理夹角的岩石双孔爆破数值求解程序，对不同节理倾角下灰岩爆破开挖产生破碎区的发展规律进行了研究，针对掌子面节理裂隙位置进行隧道光面爆破炮孔优化布置，实现隧道开挖掌子面精细化、动态爆破设计，以此达到控制超欠挖、改善爆破效果的目的。

2 地质体智能感知方法

2.1 隧道地质体智能感知方法建立

隧道地质体智能感知方法是通过结合三维激光扫描、实体建模及图像识别技术对隧道掌子面进行点云数据获取、点云数据处理、点云建模及节理识别，得到掌子面围岩体的三维模型及围岩体信息。地质体智能感知方法如图 1 所示。

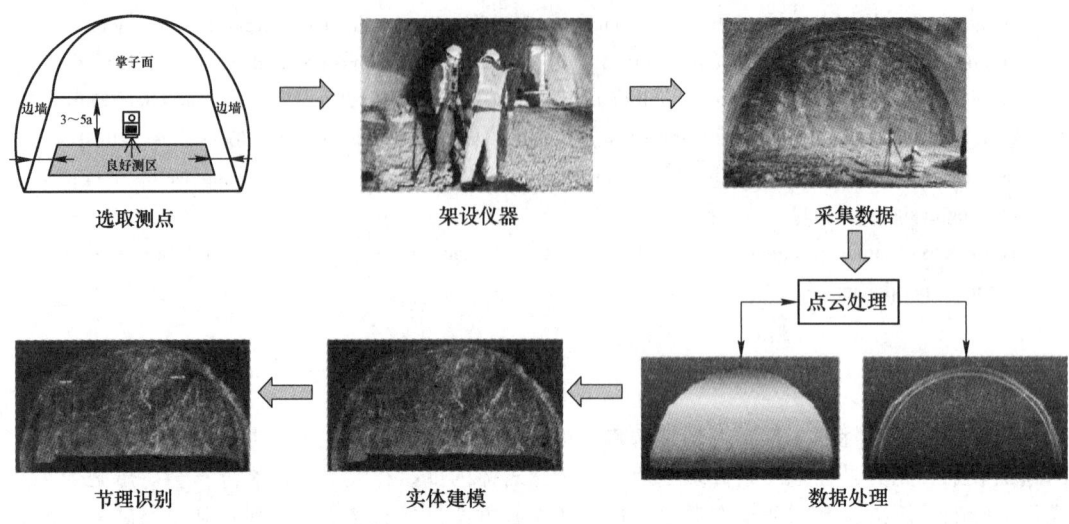

图 1 地质体智能感知方法

Fig. 1 Intelligent perception methods for geological bodies

2.2 点云数据处理与实体建模

点云数据处理包括点云配准、数据降噪、数据精简三个部分，其目的是为了更加精准且高效地进行点云实体建模。针对隧道点云数据几何特征明显的特点，使用一种基于 k-means 聚类算法的点云精简方法[6]。该方法通过对点云数据进行聚类拟合，获取几何特征信息，判断其几何类型，根据几何类型进行不同程度的数据精简，具体步骤如图 2 所示。

聚类拟合是将点云数据划分为有限个邻域区间，并对每个邻域进行拟合，将结果分为平坦区和变化区，将平坦区的面密度及变化区的体密度与阈值进行比较来判断是否需要精简。平坦区精简方式为均匀删减，变化区则进行保留曲率特征的点云删减策略，直到面密度或体密度小于阈值。面密度与体密度公式见式（1）。

$$\begin{cases} \rho_s = \dfrac{N}{S} \\ \rho_v = \dfrac{N}{V} \end{cases} \tag{1}$$

式中，ρ_s 为面密度；ρ_v 为体密度；N 为邻域近点数；S 为邻域面积；V 为邻域体积。

针对处理好的点云数据使用 ContextCapture 建模软件进行点云建模。该软件可自动识别原始点云的类别并将原始点云进行分块建模，能大幅提高建模速度。

2.3 节理识别

节理识别包含掌子面提取和节理识别两个步骤，采用 Unet 神经网络[7]模型对掌子面进行识别并提取，模型结构如图 3 所示。Unet 网络结构简单，运行效率高，搭建方便，适用于掌子面识别这种小规模数据集的语义分割任务。

采用 DeepCrack 网络结构[8]对掌子面节理进行识别，模型结构如图 4 所示，由全卷积网络（FCN）和域分离网络（DSN）组成，其中 FCN 以 VGG-16 模型的前 13 层为基础，通过在卷积层和激活函数 ReLU 之间加入 BN 层提高模型泛化能力，通过聚合多尺度和多层次的特征形成特征预测结果。

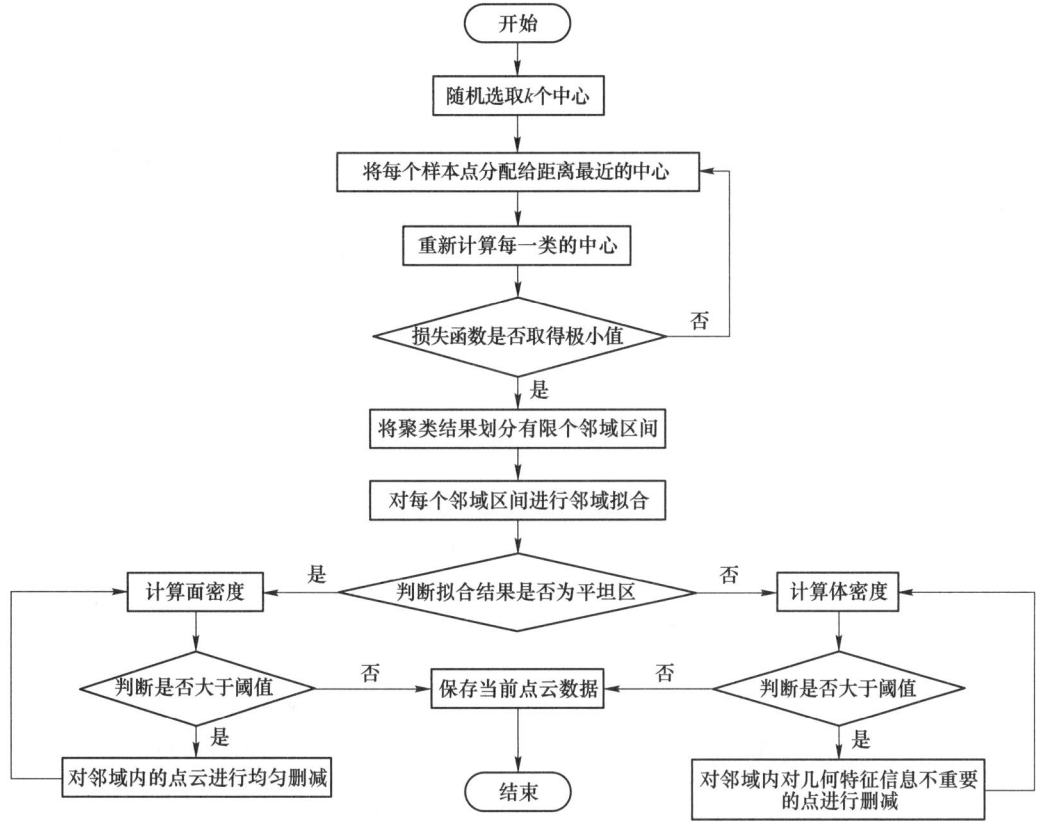

图 2 基于 k-means 聚类算法的点云精简流程

Fig. 2 Point cloud simplification process based on k-means clustering algorithm

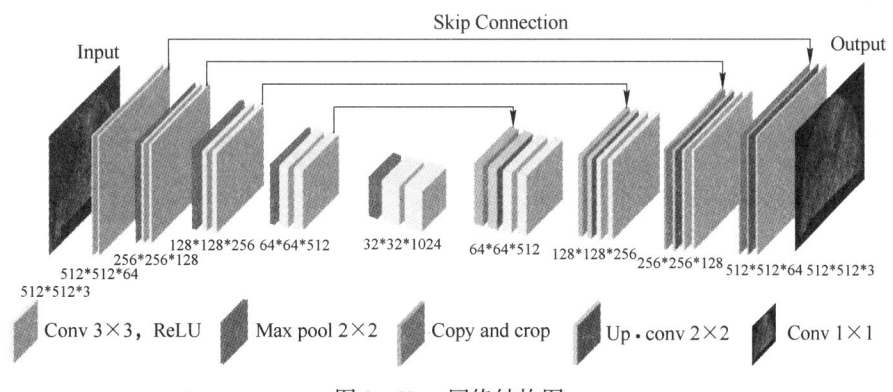

图 3 Unet 网络结构图

Fig. 3 Unet network structure diagram

3 节理裂隙角度对岩体破碎区影响规律数值模拟

3.1 近场动力学理论

近场动力学融合了连续介质力学和分子动力学，将宏观连续体在空间域内离散成具有体积

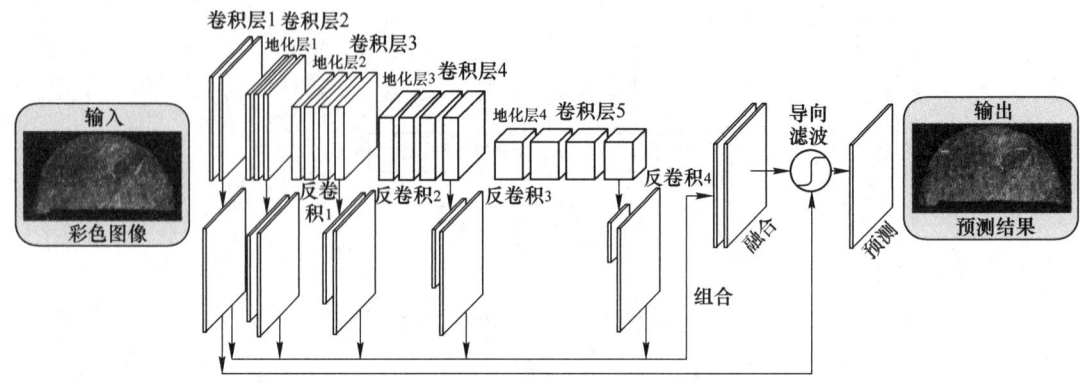

图 4　DeepCrack 网络结构图

Fig. 4　DeepCrack network structure diagram

和密度的物质点，且物质点仅与其邻域场内的其他物质点存在相互作用，他们之间的相互作用力可通过本构力函数 f 来表示，本构力函数与物质点 x' 和 x 之间的相对位置及相对位移相关。S. A. Silling 等人[9] 提出了一种微观弹脆性模型，这种模型适合各向同性材料，其本构力函数为：

$$f(\eta,\ \xi) = \frac{\partial \omega(\eta,\ \xi)}{\partial \eta} = cs\mu(x,\ t,\ \xi)\ \frac{\xi + \eta}{|\xi + \eta|} \tag{2}$$

式中，$\omega(\eta,\ \xi)$ 表示微势能函数，是一个标量函数，J/m^6；$\eta = u' - u$ 为相对位移，m；$\xi = x' - x$ 表示相对位置，m；c 为微模量，N/m^6；$s = (|\xi + \eta| - |\xi|)/|\xi|$ 表示物质点对的伸长率，如图 5 所示；$\mu(x,\ t,\ \xi)$ 是和时间相关的标量函数，决定物质点之间是否存在相互作用力，当物质点对的伸长率超过临界伸长率，物质点间的键断裂，此时物质点间没有本构力。

　　由于岩石的破坏形式主要是压缩破坏和拉伸破坏。岩石的本构力和键的伸长率的关系如图 6 所示。标量函数 $\mu(x,\ t,\ \xi)$ 定义为：

$$\mu(x,\ t,\ \xi) = \begin{cases} 1, & s_c \leqslant s \leqslant s_t \\ 0, & 其他 \end{cases} \tag{3}$$

式中，s_c 和 s_t 分别为拉伸临界伸长率和压缩临界伸长率，$s_c = \dfrac{f_c}{E}$，$s_t = \dfrac{f_t}{E}$，其中，f_c 表示岩石动态抗压强度，MPa；f_t 为岩石动态抗拉强度，MPa[10]。

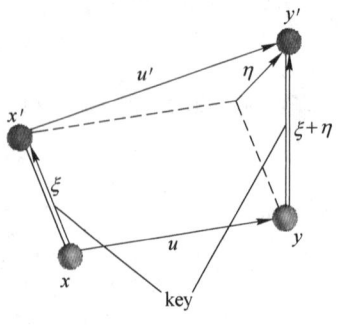

图 5　键的变形

Fig. 5　Deformation of the bond

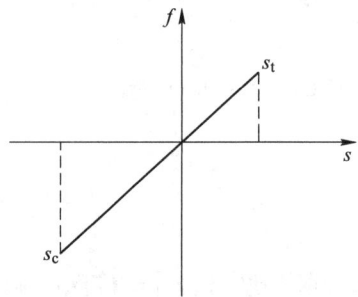

图 6　本构力函数

Fig. 6　Constitutive force function

传统的 PMB 模型中微模量 c 为常数，并未考虑长程力随物质点间距的分布规律。考虑长程力作用强度随物质点间距分布规律的核函数，则式（2）中的本构力函数为：

$$f(\eta,\ \xi)=\frac{\partial\omega(\eta,\ \xi)}{\partial\eta}=c(0,\ \delta)g(\xi,\ \delta)s\mu(x,\ t,\ \xi)\frac{\xi+\eta}{|\xi+\eta|} \tag{4}$$

式中，$g(\xi,\ \delta)$ 为长程力随物质点间距变化的核函数项。

3.2 边界条件

拟建的模型需要考虑外力边界条件，外力首先被转化为体积力密度 $b(x)$，然后沿着边界以深度 D 施加在真实材料层 L_r 上，如图 7 所示，施加在 L_r 上的外部压力 $P(x)$ 的体积力密度 $b(x)$ 可表示为：

$$b(x)=-P(x)D^{-1} \tag{5}$$

E. Madenci 等人[11]提出了一种基于能量密度修正的方法用于解决模型的表面效应。根据物质点邻域的完整性将物质点分为具有完整邻域的物质点 x_i 和具有局部邻域的物质点 x_j，如图 8 所示。物质点 x_i 的体积应变修正系数 $g_{(i)}$ 可定义为：

$$g_{(i)}=\frac{W_{CM}(x_i)}{W_{PD}(x_i)} \tag{6}$$

式中，$W_{CM}(x_i)$ 表示由经典连续介质力学求出的体积应变能密度；$W_{PD}(x_i)$ 表示由近场动力学求出的体积应变能密度。

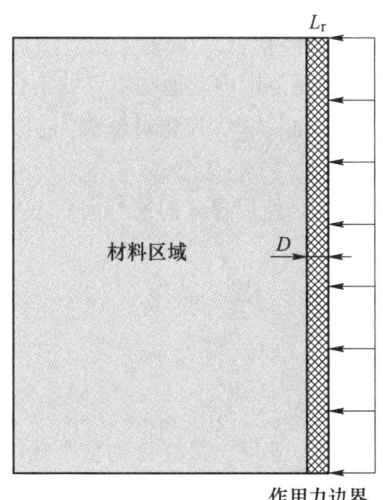

图 7　所提出模型中的力边界条件

Fig. 7　Force boundary conditions
in the proposed model

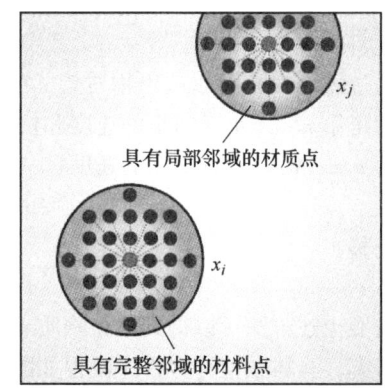

图 8　邻域边界附近材料点的局部邻域

Fig. 8　Partial neighborhood of material points
near the domain boundary

通过恒定的位移梯度实现在模型 x 轴和 y 轴上施加单轴拉伸荷载，可以得到物质点 x_i 处的位移场为：

$$u_1^{\mathrm{T}}(x_i)=\left\{\frac{\partial u_x}{\partial x}x,\ 0\right\}\quad u_2^{\mathrm{T}}(x_i)=\left\{0,\ \frac{\partial u_y}{\partial y}y\right\} \tag{7}$$

由于物质点 x_i 的位移梯度恒定，假定为一个常数，我们可以分别得到 x 轴和 y 轴的修正系

数 $g_{x(i)}$ 和 $g_{y(i)}$ ，同理也可以得到物质点 x_j 的修正系数 $g_{x(i)}$ 和 $g_{y(i)}$ 。物质点 x_i 和物质点 x_j 之间键的修正系数可通过两者的平均值获得。

$$\bar{g}_{x(i)(j)} = \frac{g_{x(i)} + g_{x(j)}}{2}, \quad \bar{g}_{y(i)(j)} = \frac{g_{y(i)} + g_{y(j)}}{2} \tag{8}$$

对于任意方向上的修正系数可用椭圆的主半轴表示，如图 9 所示，则键的广义修正系数 $G_{(i)(j)}$ 可由物质点的相对位置向量 n_x , n_y 求出。

$$G_{(i)(j)} = \left[\left(\frac{n_x}{\bar{g}_{x(i)(j)}} \right)^2 + \left(\frac{n_y}{\bar{g}_{y(i)(j)}} \right)^2 \right]^{-1/2} \tag{9}$$

由此可以根据键的修正系数 $G_{(i)(j)}$ 消除模型的表面效应。

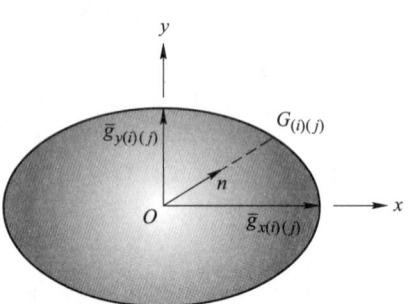

图 9 曲面修正系数的椭圆构造
Fig. 9 Construction of an ellipse for surface correction factors

3.3 动态问题数值计算方法及程序开发

为了实现近场动力学运动方程的数值求解，将宏观连续体均匀离散成有限个大小为 Δx 的物质点，将空间积分方程转化为有限和的求解。离散后的运动方程表示为：

$$\rho(x) \ddot{u}_x^{(n)} = \sum_{H}^{k} f(\eta^{(n)}, \xi) V_{x'} + b_x^{(n)} \tag{10}$$

式中，$\rho(x)$ 为质量密度，kg/m^3；n 为时间步；$\ddot{u}_x^{(n)}$ 为物质点 x 在第 n 个时间步的位移，m；k 为物质点 x 在其近场范围内物质点 x' 的总个数；$V_{x'}$ 为物质点 x' 的体积，三维物质点的体积 $V_{x'} = |\Delta x|^3$，二维物质点的体积 $V_{x'} = h |\Delta x|^2$，m^3；H 为物质点 x 近场范围内其他物质点的集合；f 为与材料本身属性相关的本构力函数，N/m^6；$b_x^{(n)}$ 为体力密度，N/m^6；$\eta^{(n)}$ 为相对位移，m；ξ 为相对位置，m。

通过式（11）可以求出物质点 x 在第 n 个时间步的加速度。使用显式向前和向后差分公式即可求得第 $n+1$ 个时间步的速度和位移。

第 $n+1$ 时间步物质点的速度：

$$\dot{u}_x^{(n+1)} = \ddot{u}_x^{(n)} \Delta t + \dot{u}_x^{(n)} \tag{11}$$

位移：

$$u_x^{(n+1)} = \dot{u}_x^{(n+1)} \Delta t + u_x^{(n)} \tag{12}$$

按照上述方法可以得到其他物质点在不同时间步下的位移、速度，最终得到整个计算域的变形状态，具体数值计算程序流程如图 10 所示。

3.4 数值模拟计算

3.4.1 模型及参数

数值模型尺寸设置为 200cm×200cm，两炮孔间距为 80cm，炮孔直径为 40mm，裂隙长度为 90cm，将节理裂隙与炮孔中心连线的夹角定义为 θ。具体模型如图 11 所示。

材料参数：弹性模量 65GPa，密度 $2600kg/m^3$，泊松比 $\mu = 0.33$，物质点间距 $\Delta x = 4mm$，邻域半径 $\delta = 3\Delta x$，拉伸临界伸长率 $s_t = 0.0008$，压缩临界伸长率 $s_t = -0.05$。

为了研究裂隙角度对岩石双孔爆破效果的影响，将角度 θ 分别设置为 15°、30°、45°、60°、75° 和 90°，这里的 θ 为裂隙于炮孔之间连线的夹角并添加一组无裂隙的对照组。

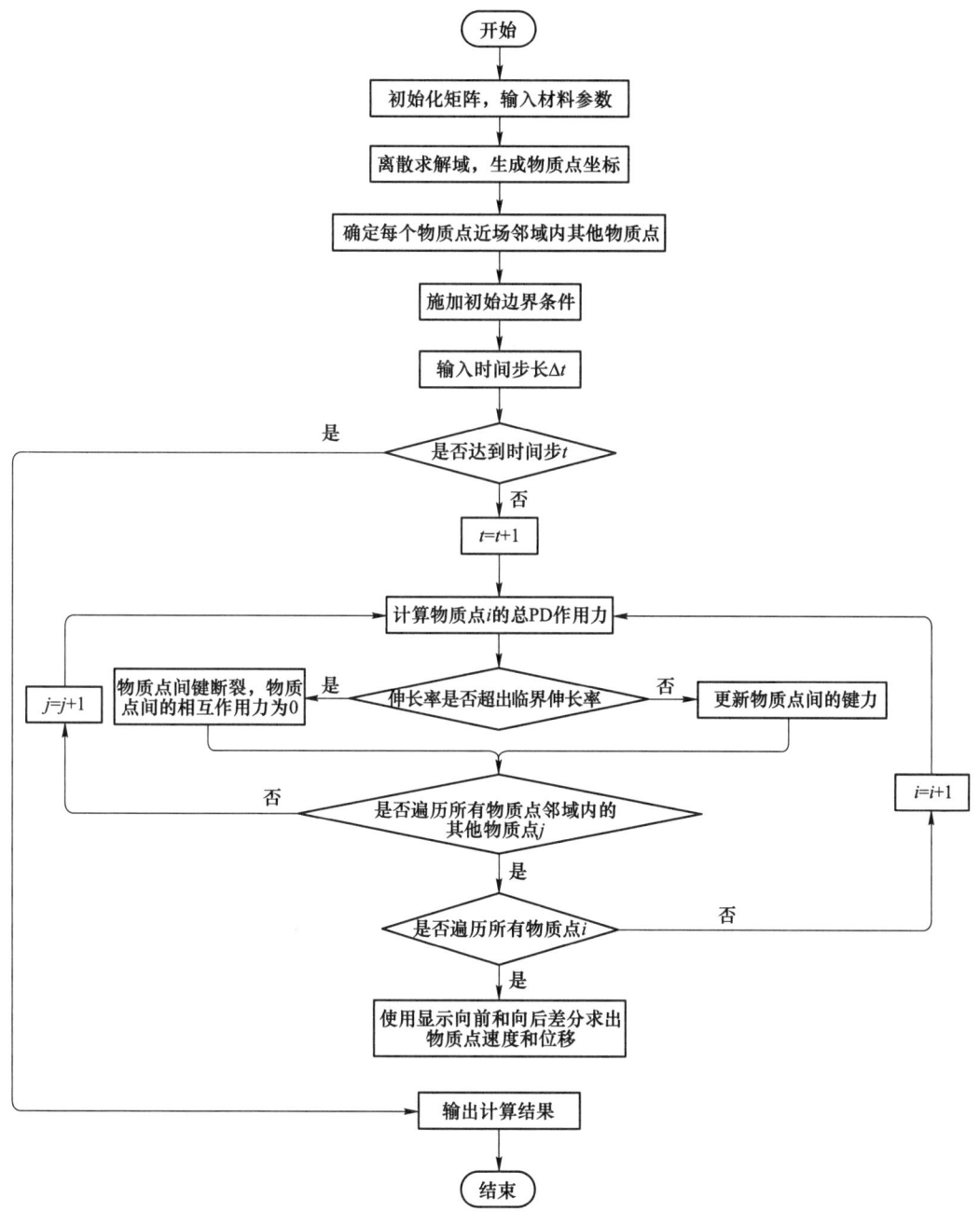

图 10　PD 数值计算程序流程图

Fig. 10　The flow chart for the bond-based PD program

为模拟含裂隙岩石在爆炸荷载作用下的破裂过程，对爆炸破坏的过程进行简化，仅考虑应力波对岩石爆破过程中裂纹扩展的影响。将爆炸应力波施加在炮孔周边来模拟爆炸作用，如图 12 所示。应力波表达式[12]为：

$$p_b(t) = p_0 \frac{\exp(-\alpha t) - \exp(-\beta t)}{\exp(-\alpha t_0) - \exp(-\beta t_0)} \tag{13}$$

式中，p_0 为应力波峰值，$p_0 = 100\mathrm{MPa}$；t_0 为应力波峰值所对应的时间，$t_0 = \dfrac{\ln(\beta/\alpha)}{\beta - \alpha} = 10\mu\mathrm{s}$；$\alpha$、$\beta$ 为常数，$\beta/\alpha = 1.5$。

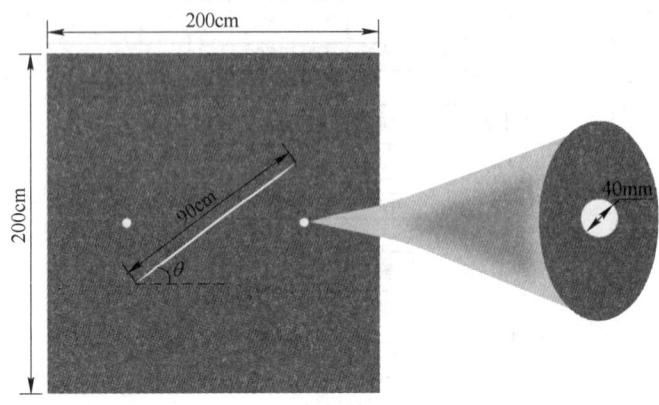

图 11　数值计算模型图

Fig. 11　Numerical calculation model diagram

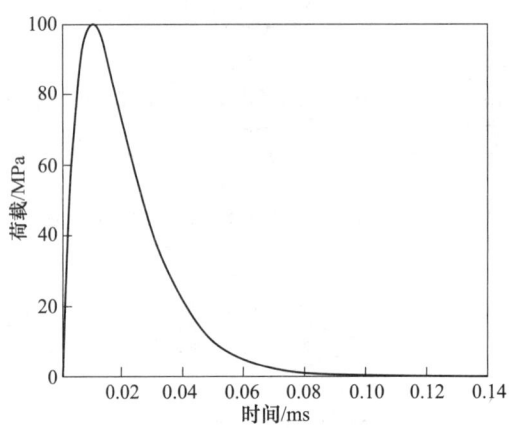

图 12　爆炸荷载随时间变化的关系图

Fig. 12　The relation diagram of blasting load changing with time

3.4.2　数值模拟结果及分析

由于评价爆破效果的指标很多，本文仅考虑破碎区面积，破碎区面积可通过物质点损伤的个数和每个物质点的面积求得，定义物质点损伤数量为 N，物质点的面积为 $(\Delta x)^2$，破碎区面积可表示为 $A_d = N(\Delta x)^2$。由于篇幅限制，仅对最终状态进行分析。

图 13 所示为第 5000 步即 5ms 时的状态，该状态后破碎区已经不再发展，即可看作本研究的最终状态。从图 14 中可以看出无节理时其破碎区面积为 0.4004m²；裂隙角度为 15°时，裂隙对破碎区发展起到了抑制作用，其破碎区面积小于无裂隙的破碎区面积，仅为 0.3351m²；当裂隙角度为 30°时其破碎区与无裂隙时相差不大，为 0.4077m²；当裂隙角度大于 30°时，裂隙均对破碎区的发展具有促进作用，且当裂隙角度为 60°及 75°时效果更为明显，在裂隙角度为 60°时取得最大值 0.5709m²。

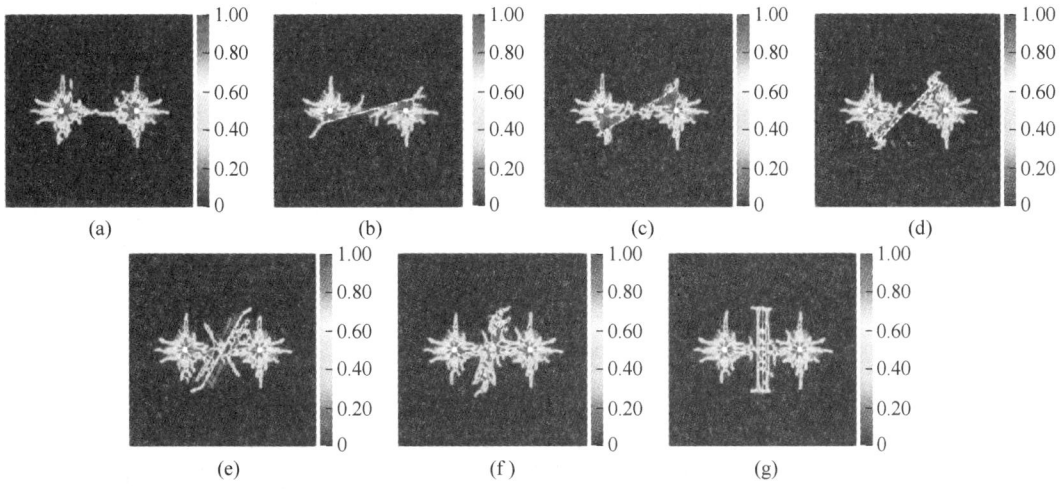

图 13　不同裂隙角度双孔爆破损伤图

（a）无裂隙；（b）15°；（c）30°；（d）45°（e）60°；（f）75°；（g）90°

Fig. 13　Damage map of double hole blasting with different crack angles

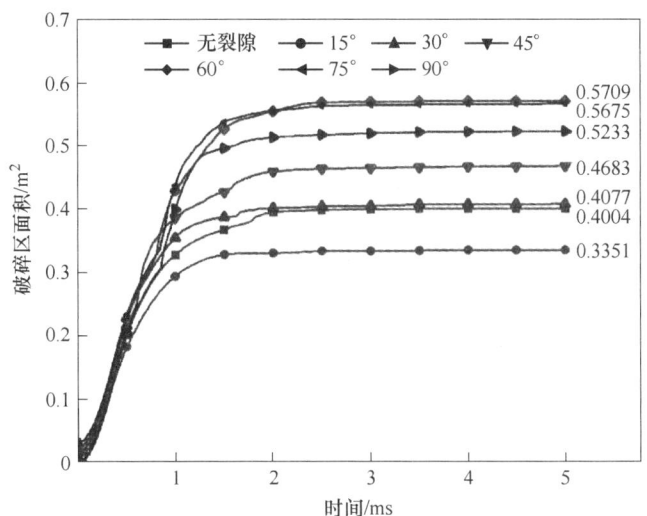

图 14　不同裂隙角度岩石破碎区面积随时间的变化

Fig. 14　Changes in the area of rock fragmentation zones with different fracture angles over time

4　基于地质体智能感知的隧道爆破设计方法

4.1　隧道爆破设计

4.1.1　炮孔参数设计

4.1.1.1　炮孔直径 D

使用三臂凿岩台车钻孔时，一般选取直径为 40~45mm 的钻头，炮孔直径一般为 48~

55mm，药卷直径通常为 32mm。使用气腿式风动凿岩机钻孔时，一般选取直径为 35~50mm 的钻头，炮孔直径约为 38~52mm。

4.1.1.2　炮孔深度 L

通常根据循环进尺来确定各炮孔的深度，计算公式如下：

$$\begin{cases} L_{掏} = \dfrac{L_0/\eta + 0.2}{\sin\theta} \\[2mm] L_{周} = \dfrac{L_0}{\eta \times \cos\alpha} \\[2mm] L_{辅} = \dfrac{L_0}{\eta} \\[2mm] L_{底} = L_{周} + 0.1 \end{cases} \tag{14}$$

式中，L_0 为循环进尺，m；$L_{掏}$ 为掏槽孔深度，m；θ 为掏槽孔与开挖面夹角，(°)；$L_{周}$ 为周边孔炮孔深度，m；α 为周边孔外插角，(°)，一般取 3°~5°；$L_{辅}$ 为辅助孔炮孔深度，m；$L_{底}$ 为底板孔炮孔深度，m。

4.1.1.3　炮孔数目 N

根据工程经验总结，炮孔数目计算公式如下：

$$N = 3.3\sqrt[3]{fS^2} \tag{15}$$

式中，f 为岩石坚固系数，$f = R/10$；S 为隧道断面面积，m^2。

4.1.2　装药量设计

4.1.2.1　装药量 Q

掏槽孔、辅助孔和周边孔的总装药量可以通过以下公式来计算：

$$Q_i = q_l L_i \psi N_i \tag{16}$$

式中，Q_i 为第 i 种类型炮孔的总装药量，kg；q_l 为每米炮孔的线装药密度，$q_l = \dfrac{1}{4}\pi d_e^2 \rho_e$，kg/m；$L_i$ 为第 i 种炮孔的炮孔深度，m；ψ 为装药系数；N_i 为第 i 种炮孔的总数。

4.1.2.2　炸药单耗 k

基于多年的工程实际，专家学者总结出计算炸药单耗的经验公式：

$$k = 1.1k_0\sqrt{\dfrac{f}{S}} \tag{17}$$

式中，k_0 为炸药爆力修正系数，$k_0 = 525/P$，P 为所选用的炸药爆力。

4.2　炮孔布置

4.2.1　炮孔间距

排距的确定可根据炮孔间距按公式计算，孔距和排距可按下式计算：

$$a = mW \tag{18}$$

$$b = (0.9 \sim 0.95)W \tag{19}$$

$$W = \dfrac{E}{m} = (10 \sim 20)d \tag{20}$$

式中，a 为孔距，m；m 为钻孔密集系数；W 为最小抵抗线，m；b 为排距，m；E 为周边孔间距；m

为炮孔密集系数，炮孔密集系数的取值范围为 0.8~1，一般取 0.8；d 为炮孔直径，m。

掏槽孔竖向孔距一般为 0.6~1.0m，排距一般为 0.6~0.8m，最中间左右侧掏槽孔孔口排距为 1.2~3.0m；辅助孔孔距一般为 0.6~1.0m，排距一般为 0.6~0.9m；周边孔一般按 0.3~0.6m 布置。

4.2.2 节理处炮孔布置优化

根据 3.4 节中的数值计算结果，根据不同的需求在有裂隙处进行炮孔优化布置，根据不同的炮孔可以选择不同的炮孔连心线与节理的夹角度数。主要策略为对于以破岩为主的辅助孔、掏槽孔，可采用 60°~75° 夹角进行布置，以减少大直径岩块出现；而对于以控制形状和规格为主的周边孔可采用 15°~30° 夹角进行布置，以减小超挖，也可根据现场需求自行调整。

5 现场实施

5.1 工程概况

华家山隧道位于陕西省安康市汉滨区境内，为南秦岭中山区，华家山隧道进口如图 15 所示，隧道全长 13155m，其中Ⅲ级围岩 3490m，Ⅳ级围岩 8945m，Ⅴ级围岩 720m，隧道最大埋深约 532m，最小埋深约 11m，设计时速 350km，沿线地形地貌多变，工程地质条件复杂。隧道进口~DK143+660 段地层主要为灰岩夹板岩，采用钻爆法进行施工。

选取掌子面 DK142+201.3 为试验断面，该试验断面围岩等级为Ⅲ级，根据施工设计采用台阶法进行开挖，开挖施工方案如图 16 所示。

图 15　华家山隧道进口图

Fig. 15　Entrance of Huajiashan tunnel

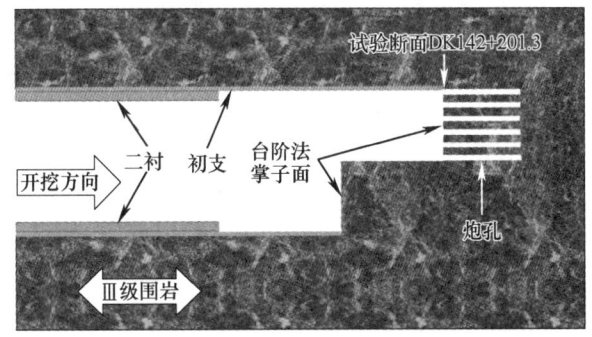

图 16　华家山隧道 DK142+201.3 断面施工示意图

Fig. 16　Construction diagram of section DK142+201.3 of Huajiashan tunnel

5.2 地质体智能感知

首先将扫描装备架设至采集区域，隧道掌子面处较为黑暗，故在两侧布置两个补光灯改善光照环境。待采集完成后会得到一组点云数据和一张掌子面照片，然后通过建模软件生成掌子面地质体模型并进行节理裂隙识别，过程如图 17 所示。

5.3 爆破设计

华家山隧道采用气腿式风动凿岩机和三臂凿岩台车相结合的方式进行开挖掘进，主要采用气腿式风动凿岩机，其钻头直径为 38mm，炮孔直径约为 40mm，药卷直径为 32mm。选取掌子面 DK142+201.3 上台阶为试验断面，根据西康高铁项目部确定的多循环短进尺方针，上台阶

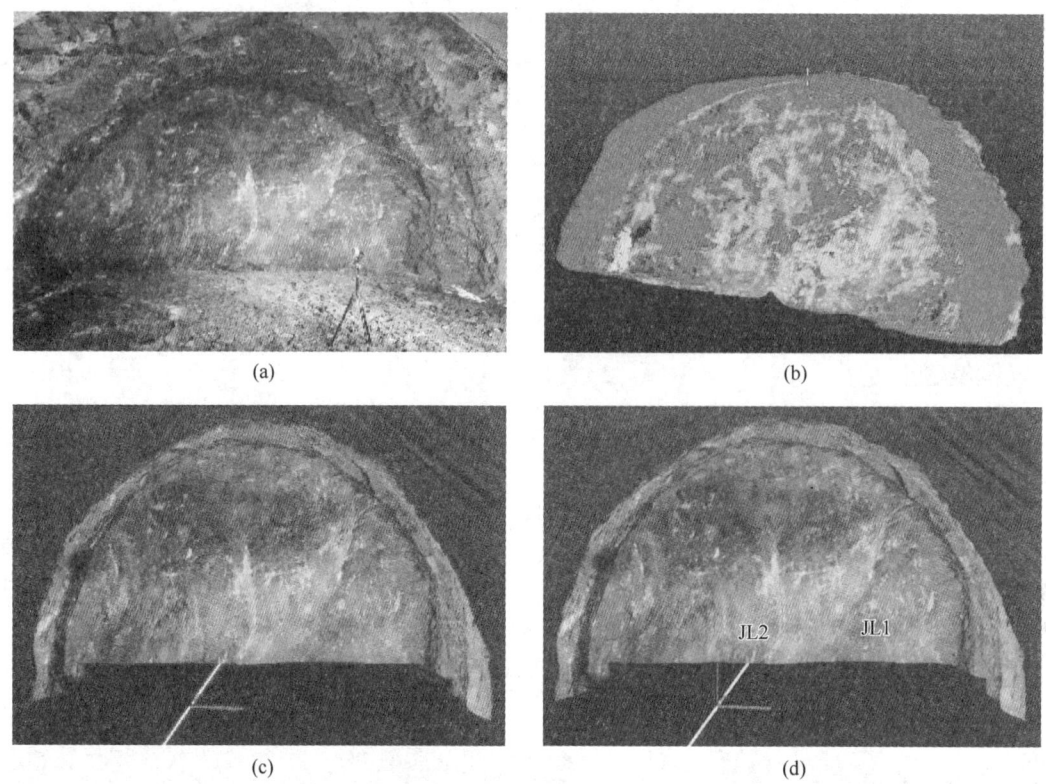

图 17　地质体识别过程图

（a）地质体扫描设备工作图；（b）点云图像；（c）掌子面模型图；（d）掌子面节理识别图

Fig. 17　Geological body identification process diagram

循环进尺取 3m，断面面积为 102m²，炮孔利用率为 0.85，根据现场统计，炸药单耗取 0.9kg/m³，炸药的线装药密度取 1kg/m，周边孔线装药密度为 $\gamma = 0.2$kg/m，炮孔总数量取 173 个，掏槽孔长度取 4.3m，同对孔口距离 3m，孔底距离 0.3m，对间距离 0.6m，钻孔与自由面夹角 60°；扩槽孔长度取 4m，钻孔与自由面夹角 70°；辅助孔取 3.5m，孔距 0.8m，排距 0.8m；周边孔长度取 3.5m，孔距 0.5m；底板孔长度取 3.6m，孔距 0.6m。周边孔采用间隔装药，其他炮孔均采用连续装药结构，反向起爆。各炮孔个数、装药系数、单孔装药量、总装药量等爆破参数见表 1。炮孔布置图如图 18 所示。

表 1　上台阶爆破参数

Tab. 1　Upper step blasting parameters

部位	名称	孔数/个	钻孔参数/m		单孔装药量/kg	总装药量/kg
			孔深	间距		
上台阶	掏槽孔	12	4.3	3.0	3.00	36.0
	扩槽孔	14	4.0	0.9	2.00	28.0
	辅助孔	71	3.5	0.8	1.8	127.8
	周边孔	51	3.5	0.5	0.70	30.6
	底板孔	25	3.6	0.6	2.2	55.0
合计		173				277.4

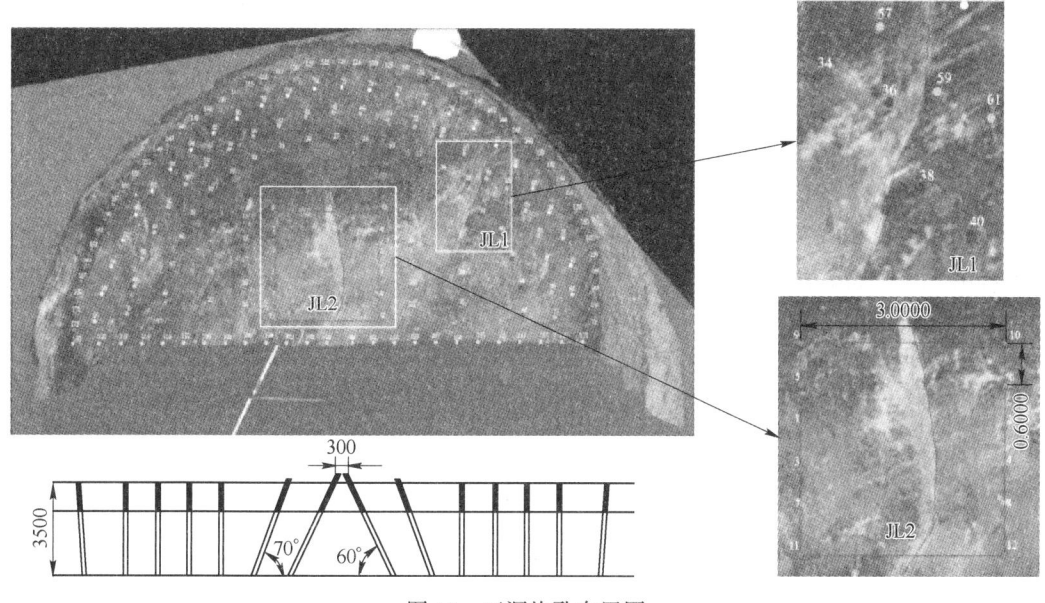

图 18 正洞炮孔布置图

Fig. 18 Layout plan of main hole blast hole

5.4 爆破质量评价

采用炮孔残痕率、超欠挖、碎石块度三个指标进行隧道爆破质量评价。由爆破后的掌子面照片及爆后的三维地质重构图可以看出,炮痕明显、轮廓面较为平整,超挖体现在局部小范围拱部位置,通过对爆破开挖的碎石块度进行测量,碎石块度在 40cm 左右,满足大块率要求,综上可知本次爆破效果较好。隧道爆破指标评价如图 19 所示。

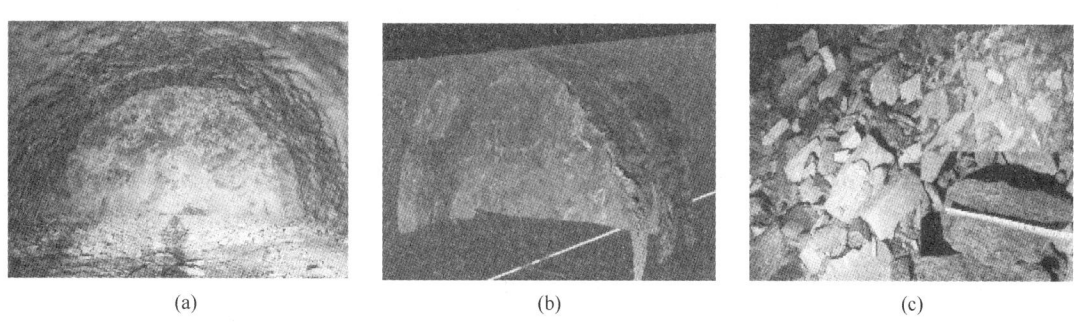

(a)　　　　　　　　　　(b)　　　　　　　　　　(c)

图 19 隧道爆破指标评价图

(a) 排险后掌子面; (b) 排险后掌子面三维地质重构; (c) 碎石块度

Fig. 19 Evaluation diagram of tunnel blasting indicators

6 结论

本文以西安至安康高速 XKZQ-6 标段华家山隧道为工程依托,结合三维激光扫描和图像识别提出了一种地质体智能感知方法,采用数值模拟方法对不同炮孔连心线与节理夹角对破碎区发展影响进行模拟,提出了基于地质体智能感知的隧道爆破设计方法,对隧道爆破开挖进行精

细化设计,并对爆破效果进行评价,最终实现提升爆破效果的目的。主要研究结论如下:

(1) 通过建立的基于三维激光扫描和图像识别的隧道地质体智能感知方法,采用三维激光扫描和图像处理技术可快速精准地获取掌子面三维地质信息并进行分析,并对掌子面节理进行识别,助力地质工作数字化和智能化。

(2) 设计了基于近场动力学的含节理岩石双孔爆破数值计算模型,对不同炮孔连心线与节理夹角下破碎区发展进行数值模拟计算,根据计算结果可知,破碎区面积随着夹角角度的增大呈现先增大再减小的趋势,当夹角为15°时,节理对破碎区发展起到抑制作用,破碎区面积小于无节理;当夹角为30°时,破碎区面积与无节理相近;当夹角为60°时,破碎区面积最大。故可按此规律对节理处的炮孔进行优化布置。

(3) 基于地质体智能感知方法和数值模拟计算结果,提出了一种基于地质体智能感知的隧道爆破设计方法,该方法能够针对隧道爆破开挖含节理掌子面进行精细化爆破设计,并进行现场实施,取得了较好的爆破效果。

参 考 文 献

[1] 罗虎,Miller Mark,张睿,等. 基于计算机视觉技术和深度学习的隧道掌子面岩体裂隙自动识别方法研究 [J]. 现代隧道技术,2023,60 (1):56-65.

[2] 周文海,胡才智,包娟,等. 含节理岩体爆破过程中应力波传播与裂纹扩展的数值研究 [J]. 力学学报,2022,54 (9):2501-2512.

[3] Monjezi M, Khoshalan H A, Varjani A Y. Optimization of open pit blast parameters using genetic algorithm [J]. International Journal of Rock Mechanics and Mining Sciences, 2011, 48 (5):864-869.

[4] Sadollah A, Bahreininejad A, Eskandar H, et al. Mine blast algorithm:A new population based algorithm for solving constrained engineering optimization problems [J]. Applied Soft Computing, 2013, 13 (5):2592-2612.

[5] Zhao Z, Zhang Y, Bao H. Tunnel blasting simulations by the discontinuous deformation analysis [J]. International Journal of Computational Methods, 2011, 8 (2):277-292.

[6] 王建强,樊彦国,李国胜,等. 基于多参数 k-means 聚类的自适应点云精简 [J]. 激光与光电子学进展,2021,58 (6):175-183.

[7] Ronneberger O, Fischer P, Brox T. U-Net:Convolutional Networks for biomedical image segmentation [EB/OL]. (2015-05-18). https://arxiv.org/abs/1505.04597.

[8] Liu Y H, Yao J, Lu X H, et al. DeepCrack:A deep hierarchical feature learning architecture for crack segmentation [J]. Neurocomputing, 2019, 338:139-153.

[9] Silling S A, Askari E. A meshfree method based on the peridynamic model of solid mechanics [J]. Computers and Structures, 2005, 83 (17/18):1526-1535.

[10] Gerstle W, Sau N, Silling S. Peridynamic modeling of concrete structures [J]. Nuclear Engineering and Design, 2007, 237 (12/13):1250-1258.

[11] Madenci E, Oterkus E. Peridynamic Theory and Its Applications [M]. New York:Springer, 2014.

[12] Zhang Y N, Deng J R, Deng H W, et al. Peridynamics simulation of rock fracturing under liquid carbon dioxide blasting [J]. International Journal of Damage Mechanics, 2018, 28 (7):1038-1052.

隧道掘进楔形掏槽精确延时爆破技术研究

胡 宇[1]　李 峰[2]　汪艮忠[2]　周 珉[2]　胡汪靖[2]　张小军[1]　高文学[1]

（1. 北京工业大学，北京　100124；2. 浙江利化爆破工程有限公司，浙江　丽水　323300）

摘　要：为降低隧道楔形掏槽爆破振动强度，以国道109齐家庄隧道为背景，基于岩石爆破理论与Anderson叠加原理，提出隧道楔形掏槽分段爆破精确延时技术：通过建立楔形掏槽分段爆破成腔判据，优化掏槽孔起爆顺序；引入Gauss函数，对爆破振动波型进行拟合分析；结合Matlab软件进行不同延期时间的叠加计算，得到降低爆破振动的精确延期时间。研究结果表明：楔形掏槽分段爆破降低了单段起爆药量、改善了爆破破岩条件、减弱了爆破振动传播能量；当延期时间为13ms时，与常规掏槽爆破相比，振动强度降低约60%。工程实践表明，理论分析与现场监测数据相对误差仅为13.9%，验证了该技术的有效性和合理性。

关键词：隧道掘进；楔形掏槽；爆破振动；叠加原理

Study on Accurate Delay Time Theory and Application of V-cut Blasting in Tunnel

Hu Yu[1]　Li Feng[2]　Wang Genzhong[2]　Zhou Min[2]　Hu Wangjing[2]
Zhang Xiaojun[1]　Gao Wenxue[1]

（1. Beijing University of Technology, Beijing 100124;
2. Zhejiang Lihua Blasting Engineering Co., Ltd., Lishui 323300, Zhejiang）

Abstract: To reduce the vibration intensity of tunnel v-cut blasting, based on the theory of rock blasting and Anderson superposition principle, the precise time-delay theory of tunnel v-cut segmenting blasting is proposed based on the background of Qijiazhuang tunnel of National Highway 109. The Gauss function is introduced to fit the blasting vibration wave, and the superposition calculation of different delay times is combined with Matlab software to get the exact delay time of reducing the blasting vibration. The results show that the v-cut blasting reduces the amount of blasting charge in single stage, improves the free surface conditions of blasting, and weakens the vibration propagation energy of explosive. When the delay time is 13ms, the vibration strength of cut blasting is reduced by 60%. The engineering practice shows that the relative error between the theory and the field monitoring data is only 13.9%, which verifies the correctness of the theory.

Keywords: tunnel engineering; v-cutting blasting; blasting vibration; superposition principle

基金项目：爆破工程湖北省重点实验室开放基金（BL2021-23）。

作者信息：胡宇，博士，HUyu0420@emails.bjut.edu.cn。

1 引言

随着交通基础设施建设的迅猛发展，公路建设重点逐步向山岭重丘区转移，隧道施工技术得到长足发展。其中钻爆法以其易操作、效率高、成本低等优点[1]，广泛应用于国内外山岭隧道工程建设中，但隧道爆破所产生的振动对临近建（构）筑物易造成不同程度的危害。隧道掏槽孔爆破由于围岩夹制作用，其爆破振动强度最大[2,3]。因此，如何降低隧道掘进掏槽爆破振动，对确保临近建（构）筑物的安全具有重要意义。

目前，对于降低掏槽爆破振动强度的方法主要有两种。第一是优化掏槽爆破参数。杨年华[4]、陈义东等[5]通过设计多级复式楔形掏槽，有效降低了爆破振动强度，同时改善了掏槽爆破效果；邹新宽等[6]基于毫秒延期爆破破岩理论，提出了楔形掏槽孔内分段爆破技术，振动强度降低了30%；李清[7]、Huang[8]、傅洪贤[9]、龚敏[10]等通过对工业电子雷管爆破降振机制的研究，提出了掏槽逐孔起爆技术；杨仁树等[11]通过在掏槽孔上方布置预裂孔，使掏槽爆破强度降低20%。第二是改善掏槽爆破条件，刘京增[12]通过在掏槽孔外布置环形减振孔，使其振动强度降低30%；王海亮等[13]通过设置大直径空孔，使掏槽爆破振动强度降低30%。

一般情况下，改善掏槽爆破条件的成本比优化掏槽爆破参数要高。因此，本文通过优化掏槽起爆方式，并结合工业电子雷管精确延时特性，提出隧道楔形掏槽分段起爆精确延时技术，以期为现场爆破降振施工提供指导。

2 隧道楔形掏槽分段爆破精确延时技术

以某隧道炮孔布置为例（见图1），对楔形掏槽分段爆破精确延时技术进行分析。常规爆破方案为该隧道上台阶4对（8个）掏槽孔一般同时起爆，由于掏槽孔药量大，爆破所产生的振动强度也大，对周围建（构）筑物易产生不利影响。而楔形掏槽分段爆破精确延时技术是将掏槽孔起爆顺序进行分类、优化，如图2所示。1类炮孔先起爆，2类炮孔后起爆；1类炮孔爆破后为2类炮孔提供新的临空面；同时基于Anderson叠加原理[14]，对实测的不同类型炮孔爆破振动波型进行拟合分析，并对不同延期时间进行叠加计算，进而得到降低爆破振动的最佳延期时间。

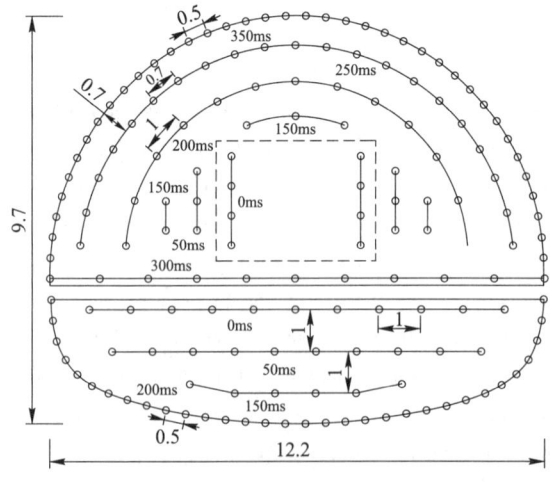

图 1　隧道炮孔布置及起爆网络图（单位：m）

Fig. 1　Hole arrangement of tunnel（unit：m）

图 2　楔形掏槽分类图

Fig. 2　Classification diagram of tunnel v-cut

3 楔形掏槽分段爆破成腔判据

从前述分析可知,该爆破技术需满足 1 类炮孔爆破后形成比较完整的槽腔。因此,对掏槽腔体破岩过程进行力学分析,建立楔形掏槽分段爆破成腔判据。

1 类掏槽炮孔爆后腔体如图 3 所示,受力平面图如图 4 所示。其中,$A_1A_2A_3A_4$ 为临空面,$B_1B_2B_3B_4$ 为腔体底面,腔口宽度为 d_1,腔底宽度为 d_2,腔体高度为 $2a$,深度为 L,炮孔堵塞深度为 L_s,药柱长度为 L_c,炮孔与临空面夹角为 θ。

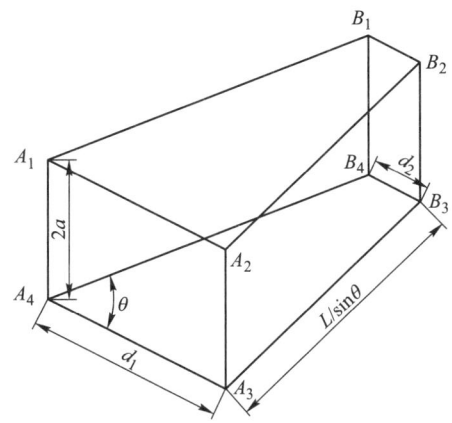

图 3 隧道楔形掏槽腔体模型

Fig. 3 Cavity model of tunnel v-cut

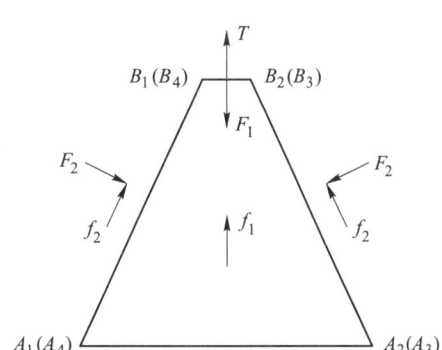

图 4 掏槽腔体受力平面图

Fig. 4 Top view of the force on the cavity

当炮孔 A_1B_1、A_2B_2、A_3B_3、A_4B_4 同时起爆时,由于爆炸冲击波的作用,炮孔周围形成半径为 R_c 的粉碎区,然后在应力波和爆生气体的共同作用下,炮孔之间形成贯通破裂面,进而形成破裂腔体,随后在爆生气体的准静态应力作用下,破碎岩体抛掷并形成槽腔,进而为后续炮孔的爆破形成新的临空面。由于掏槽孔与临空面存在一定角度,在爆破荷载作用下,腔体产生沿临空面法向方向的运动,并与周围岩体之间产生剪切破坏面,而平行于临空面的腔底则受拉破坏,即 $A_1A_2B_2B_1$、$A_2A_3B_3B_2$、$A_3A_4B_4B_3$、$A_4A_1B_1B_4$ 面发生剪切破坏,基于 Mohr-Coulomb 强度准则进行分析;槽腔底部 $B_1B_2B_3B_4$ 发生拉伸破坏,按最大拉应力强度进行验算。

槽腔顶部 $A_1A_2B_2B_1$ 面上的剪切阻力为:

$$Q_{A_1A_2B_2B_1} = f_1 = (c + \sigma_1 \tan\varphi)\frac{(d_1 + d_2)L}{2} \tag{1}$$

式中,c、φ 分别为岩体的黏聚力、内摩擦角;σ_1 为该面的法向应力,$\sigma_1 = \gamma z$(γ 为岩体容重,z 为该处埋深)。

忽略腔体高度,则槽腔下底面 $A_3A_4B_4B_3$ 所受剪切阻力与上顶面 $A_1A_2B_2B_1$ 相同。

槽腔左侧面 $A_4A_1B_1B_4$ 所受剪切阻力为:

$$Q_{A_4A_1B_1B_4} = f_2 = 2(c + \sigma_2 \tan\varphi)aL\sin\theta \tag{2}$$

式中,σ_2 为该处水平构造应力。

槽腔右侧面 $A_2A_3B_3B_2$ 所受剪切阻力与左侧面 $A_4A_1B_1B_4$ 相同。因此,隧道楔形掏槽在最小抵抗线方向上所承受的总剪应力可表示为:

$$Q = 2f_1 + 2f_2\sin\theta = (c + \sigma_1\tan\varphi)(d_1 + d_2)L + 4(c + \sigma_2\tan\varphi)aL\sin^2\theta \tag{3}$$

槽腔底部 $B_1B_2B_3B_4$ 的抗拉阻力为：

$$T = 2ad_2\sigma_t \tag{4}$$

而掏槽孔炸药起爆后，其作用于孔壁上的爆破荷载 P 可表示为：

$$P = \frac{1}{2}p_0K^{-2\gamma}\eta n \tag{5}$$

式中，p_0 为炸药炮轰压力，MPa；K 为轴向不耦合系数；η 为装药系数；n 为炸药爆炸产物的压力增强系数，一般 $n = 8\sim10$。

则单炮孔爆炸瞬间作用于腔体上的荷载为：

$$P_1 = 2r_bPL_c \tag{6}$$

则 4 个炮孔对槽腔在最小抵抗线上的合力为：

$$P_2 = 4P_1 \times \cos\theta = 8r_bPL_c\cos\theta \tag{7}$$

因此，楔形掏槽分段爆破成腔判据为：

$$P_2 \geqslant Q + T \tag{8}$$

4 爆破振动波拟合方法研究

由于 1 类炮孔与 2 类炮孔临空面条件不一样，其爆破振动波形亦有差异[15]。通过拟合实测的不同类型炮孔爆破振动波形，利用 Matlab，在振动波形主频范围内进行不同延期时间的叠加计算[16]，获取振动峰值与延期时间的变化规律，从而得到最佳的延期时间。

隧道不同类型炮孔精确延时爆破振动波形可表示为：

$$V(t) = \sum_{i=1}^{n} V_i(t + \Delta t_{i-1}) \tag{9}$$

式中，V_i 为第 i 个类型炮孔爆破产生的振动波形；Δt_{i-1} 为第 i 个类型炮孔与相邻类型炮孔的起爆延期时间，ms，当 $i = 1$ 时，$\Delta t_0 = 0$；n 为炮孔类型数。

获取不同类型炮孔爆破振动波形后（此时爆破振动波形为离散的数据点），无法直接利用计算机进行不同延期时间的叠加计算，因此引入 Gauss 函数，对爆破振动波形进行拟合。Gauss 函数拟合表达式如下：

$$v_i(t) = \sum_{j=1}^{m} a_j e^{-\frac{(t_i-b_j)^2}{c_j}} \quad (1 \leqslant i \leqslant k, \ e \leqslant t_i \leqslant h) \tag{10}$$

式中，a_j、b_j、c_j 为拟合系数，分别代表高斯曲线的峰高、半宽度信息、峰位置；m 为拟合阶数；k 为采样点数目；$[e, h]$ 为波形截断区间。

将拟合函数扩展至时间全域，则爆破振动波形函数 $V_i(t)$ 表达式如下：

$$V_i(t) = \begin{cases} 0 & t < e \\ v_i(t) & e \leqslant t \leqslant h \\ 0 & h < t \end{cases} \tag{11}$$

将式（10）两边取自然对数：

$$\ln v_i(t) = \sum_{j=1}^{m} \left[\ln a_j - \frac{(t_i - b_j)^2}{c_j} \right] \tag{12}$$

对式（12）进行变形整理得：

$$z = e_2t^2 + e_1t + e_0 \tag{13}$$

式中：

$$\begin{cases} z = -\ln v_i(t) \\ e_0 = \sum_{j=1}^{m} \left[\ln(a_j) - \dfrac{b_j^2}{c_j} \right] \\ e_1 = \sum_{j=1}^{m} \dfrac{2b_j}{c_j} \\ e_2 = \sum_{j=1}^{m} -\dfrac{1}{c_j} \end{cases} \tag{14}$$

将式（13）用矩阵形式进行表示：

$$\begin{bmatrix} z_1 \\ z_2 \\ \vdots \\ z_k \end{bmatrix} = \begin{bmatrix} 1 & t_1 & t_1^2 \\ 1 & t_2 & t_2^2 \\ \vdots & \vdots & \vdots \\ 1 & t_k & t_k^2 \end{bmatrix} \begin{bmatrix} e_0 \\ e_1 \\ e_2 \end{bmatrix} \tag{15}$$

简记为：

$$\boldsymbol{Z}_{k\times 1} = \boldsymbol{T}_{k\times 3}\boldsymbol{E}_{3\times 1} \tag{16}$$

根据最小二乘原理[17]，可求得拟合常数 e_0、e_1、e_2 构成的矩阵 $\boldsymbol{E}$ 的广义最小二乘解为：

$$\boldsymbol{E} = (\boldsymbol{T}^{\mathrm{T}}\boldsymbol{T})^{-1}\boldsymbol{T}^{\mathrm{T}}\boldsymbol{Z} \tag{17}$$

进而根据式（15），可以求出参数 a_j、b_j、c_j。将式（10）代入式（9），得到不同类型炮孔爆破精确延时爆破振动波形表达式：

$$V(t) = \sum_{i=1}^{n} \left(\sum_{j=1}^{m} a_j \mathrm{e}^{-\frac{((t_i+\Delta t_{j-1})-b_j)^2}{c_j}} \right) \tag{18}$$

5 工程应用研究

5.1 隧道掏槽爆破试验分析

国道 109 新线高速齐家庄隧道全长 300m，隧址区地层为中风化安山岩，根据《公路隧道设计规范》（JTG D70—2018），围岩等级为Ⅳ级。现场采用台阶法钻爆施工，2 号岩石乳化炸药爆破，工业电子雷管起爆，循环进尺为 2.2m。图 5 为齐家庄隧道现场及测点布置图，图 6 为隧道上台阶炮孔布置图，表 1 为上台阶爆破参数。

图 5 齐家庄隧道现场图

Fig. 5 Site of Qijiazhuang tunnel

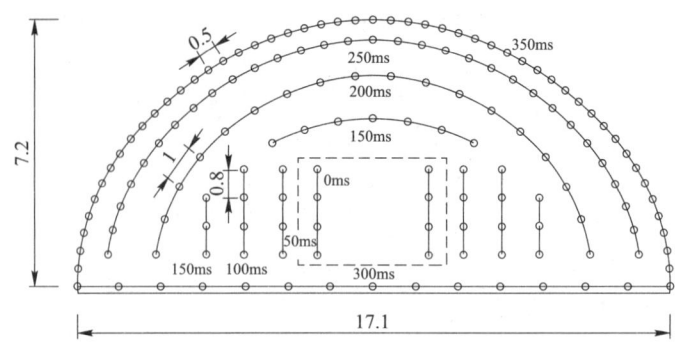

图 6　隧道上台阶炮孔布置图（单位：m）

Fig. 6　Hole arrangement of upper bench（unit：m）

表 1　上台阶炮孔爆破参数

Tab. 1　Blasting parameters of holes in the upper bench

台阶	炮孔类别	延期时间/ms	孔深/m	单孔装药量/kg	炮孔数量/个	总装药量/kg
上台阶	掏槽孔	0	2.7	1.5	8	12
	辅助孔	50	2.6	1.2	8	9.6
	辅助孔	100	2.4	0.9	8	7.2
	辅助孔	150	2.4	0.9	13	12.7
	辅助孔	200	2.4	0.9	18	16.2
	辅助孔	250	2.4	0.9	30	27
	底板孔	300	2.6	1.2	13	15.6
	周边孔	350	2.4	0.6	51	30.6
合　计					149	130.9

　　齐家庄隧道布置四对楔形掏槽（图 6 虚线框区域），深度 $L = 2.4$m，倾角 $\theta = 60°$，单孔装药量 $q = 1.5$kg，炮孔直径 $d_c = 42$mm，炸药直径 $d_s = 30$mm，装药长度 $L_c = 1.5$m，围岩黏聚力 $c = 120$MPa，内摩擦角 $\varphi = 42°$，容重 $\gamma = 23$kN/m³，埋深 $z = 17$m，腔口宽度 $d_1 = 3.2$m，腔底宽度 $d_2 = 0.2$m。将前述参数分别代入式（3）~式（8），计算结果表明，齐家庄隧道掏槽参数满足分段爆破成腔判据，可利用楔形掏槽分段爆破精确延时技术进行降振计算。

　　为得到不同类型掏槽孔爆破振动波形，方便后续进行波形拟合与叠加计算，遂利用电子雷管设置大间隔延期时间：1 类炮孔起爆时间设置为 100ms，2 类炮孔起爆时间设置为 400ms，其余炮孔延期时间为 700ms。结合 TC-6850 网络测振仪，得到典型振速时程曲线如图 7 所示，其中垂向方向振速最大，所以仅对垂向的爆破振速进行分析。

　　由图 7 可知，1 类炮孔和 2 类炮孔爆破产生的振动波在 100ms 以后基本衰减完毕，但为确保波形叠加，将其截断区间长度设定为 120ms。提取各类炮孔振速时程曲线并结合 Gauss 函数，利用 Matlab 编程得到各类炮孔拟合曲线，如图 8 所示。

　　由图 8 可知，1 类、2 类炮孔的峰值振速 $v_{1max} > v_{2max}$，这是因为 1 类炮孔起爆时，只有掌子面作为临空面，而当 2 类炮孔起爆时，由于 1 类炮孔爆破产生了新临空面，使其具备了多个

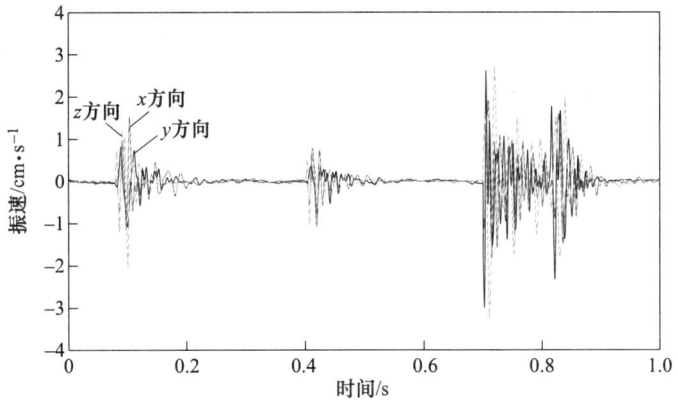

图7　隧道掏槽爆破振速时程曲线

Fig. 7　Time−history curve of blasting vibration velocity of tunnel v-cut

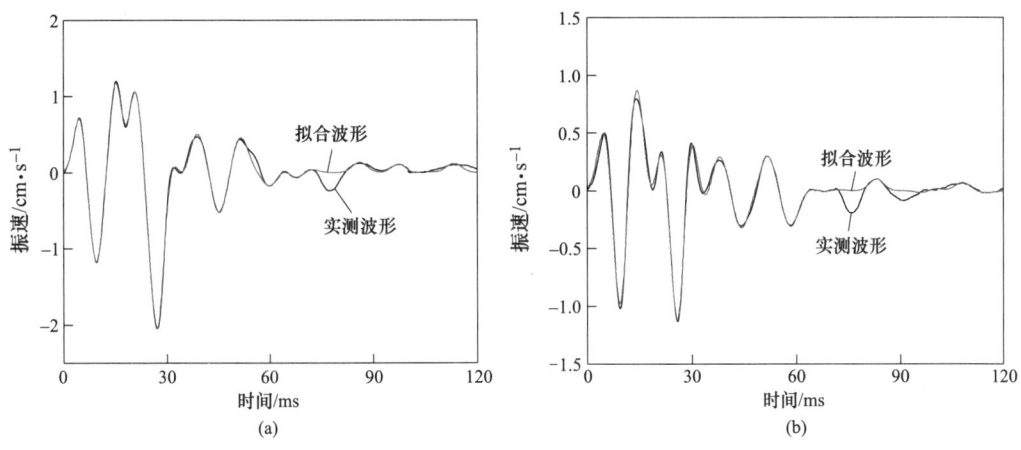

图8　各类炮孔爆破振速时程曲线

（a）1类炮孔；（b）2类炮孔

Fig. 8　Time-history curve of blasting vibration velocity of different tunnel v-cut

临空面。表明当药量相同时，临空面数量越多，炸药爆炸向临空面逸散的能量越多，爆破振动强度越低。

　　基于 Anderson 叠加原理，以 $\Delta t = 1\text{ms}$ 为迭代增量，结合 Matlab 对1类、2类炮孔爆破振速拟合曲线进行不同延期时间的叠加计算，得到不同延期时间下叠加振速时程曲线的峰值振速，并与常规爆破峰值振速进行对比，如图9所示。

　　图9为延期时间 $\Delta t = 0 \sim 35\text{ms}$ 的峰值振速叠加结果，从该图可以看出，当1类、2类炮孔延期时间 $\Delta t = 0\text{ms}$ 时，其叠加后的峰值振速与常规爆破相等；此外，在任何延期时间下，其峰值振速均小于常规爆破，表明采用分段爆破能有效降低爆破振动强度；其次，当延期时间 $\Delta t > 28\text{ms}$ 后，叠加后的峰值振速几乎不变，表明两种类型的波形主振动区间已分开，此时增加延期时间对峰值振速值影响较小。

　　定义爆破降振率 η：

$$\eta = \frac{v - v_i}{v} \times 100\%　　　　　（19）$$

式中，v 为常规爆破时峰值振速强度；v_i 为延期时间 Δt_i 下 1 类、2 类炮孔叠加得到的峰值振速，计算 1 类、2 类炮孔不同延期时间 Δt_i 下的降振率，整理绘制成图 10。从图 10 可以看出，当延期时间 $\Delta t = 13\text{ms}$ 时，降振率达到最大，$\eta = 70\%$，表明此时拟合叠加的峰值振速最小，其值 $v_{13} = 1.42\text{cm/s}$。

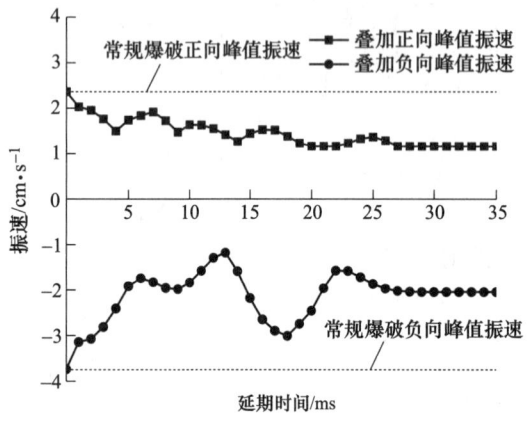

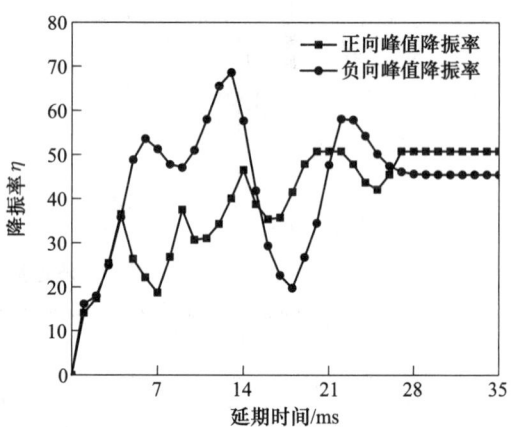

图 9　不同延期时间下的峰值振速

Fig. 9　Peak vibration velocity under different delay time

图 10　不同延期时间下的降振率

Fig. 10　Vibration reduction rate under different delay time

5.2　分段掏槽爆破技术应用

为验证该技术的应用效果，在齐家庄隧道现场进行上台阶常规、分段掏槽爆破试验。测点距离隧道掌子面 20m。分段掏槽爆破时 1 类、2 类炮孔延期时间 $\Delta t = 13\text{ms}$，图 11 为测点的振速时程曲线。从该图可以看出，常规爆破时，峰值振速 $v_{常规} = 2.97\text{cm/s}$；分段爆破时，峰值振速 $v_{分段} = 1.18\text{cm/s}$，降振率为 60.3%，相对误差仅为 13.9%，验证了该技术的有效性和合理性。

6　结论

本文针对楔形掏槽常规爆破振速强度大的问题，提出掏槽分段爆破精确延时技术，并在齐家庄隧道进行现场试验。研究结果如下：

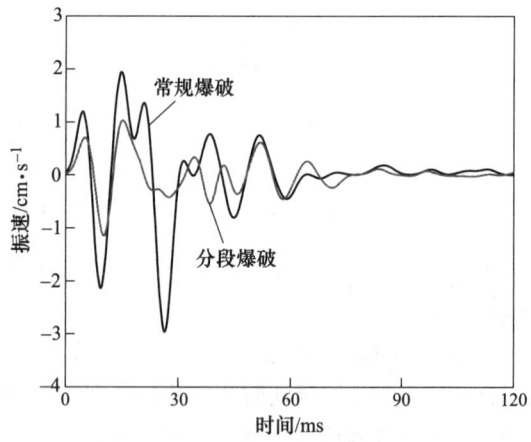

图 11　测点振速时程曲线

Fig. 11　Time-history curve of blasting vibration velocity of measure point

（1）与常规楔形掏槽爆破相比，掏槽分段爆破技术优化了炮孔起爆顺序，降低了单段起爆药量，同时改善了爆破临空面条件，减弱了围岩夹制作用，降低了爆破振动传播能量。

（2）从理论上分析了掏槽分段爆破成腔机制，建立了掏槽分段爆破成腔判据，明确了掏槽分段爆破技术应用条件。

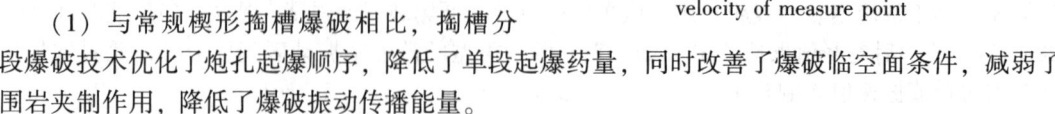

（3）基于 Anderson 叠加原理，利用 Gauss 函数对爆破振动波进行拟合，并结合 Matlab 进行不同延期时间的叠加计算，该方法对还原现场爆破振动具有良好的适用性；结合现场实验，验证了该方法的有效性和合理性。

参 考 文 献

[1] 马伟斌. 铁路山岭隧道钻爆法关键技术发展及展望 [J]. 铁道学报，2022，44（3）：64-85.

[2] 张继春，曹孝君，郑爽英，等. 浅埋隧道掘进爆破的地表震动效应试验研究 [J]. 岩石力学与工程学报，2005（22）：4158-4163.

[3] Berta G. Blasting-induced vibration in tunneling [J]. Tunneling and Underground Space Technology, 1994, 9 (2): 175-187.

[4] 杨年华，张志毅. 隧道爆破振动控制技术研究 [J]. 铁道工程学报，2010，27（1）：82-86.

[5] 陈义东，王金国，陈度军，等. 地铁隧道电子雷管爆破降振技术及爆破参数优化 [J]. 科学技术与工程，2017，17（27）：298-302.

[6] 邹新宽，张继春，潘强，等. 楔形分段掏槽爆破减振效应研究 [J]. 西南交通大学学报，2018，53（3）：450-458.

[7] 李清，于强，张迪，等. 地铁隧道精确控制爆破延期时间优选及应用 [J]. 振动与冲击，2018，37（13）：135-140，170.

[8] Huang D, Qiu X Y, Shi X Z, et al. Experimental and numerical investigation of blast-induced vibration for short-delay cut blasting in underground mining [J]. Shock and Vibration, 2019 (2): 5843516.

[9] 傅洪贤，沈周，赵勇，等. 隧道电子雷管爆破降振技术试验研究 [J]. 岩石力学与工程学报，2012，31（3）：597-603.

[10] 龚敏，吴昊骏，孟祥栋，等. 密集建筑物下隧道开挖微振控制爆破方法与振动分析 [J]. 爆炸与冲击，2015，35（3）：350-358.

[11] 杨仁树，车玉龙，冯栋凯，等. 切缝药包预裂爆破减振技术试验研究 [J]. 振动与冲击，2014，33（12）：7-14.

[12] 刘京增. 复杂地质环境下大断面隧道控制爆破技术 [J]. 公路，2019，64（3）：337-341.

[13] 王海亮. 大直径中空孔直眼掏槽微振动爆破参数研究 [J]. 隧道建设，2015，35（2）：174-179.

[14] 吴昊骏，龚敏. 基于雷管实际延时范围的逐孔爆破振动合成计算与应用 [J]. 爆炸与冲击，2019，39（2）：151-161.

[15] 马晨阳，吴立，孙苗. 自由面数量对水下钻孔爆破振动信号能量分布及衰减规律的影响 [J]. 爆炸与冲击，2022，42（1）：145-156.

[16] 龚敏，石发才，吴晓东. 基于叠加和频谱分析的电子雷管延期时间研究 [J]. 振动与冲击，2019，38（15）：134-141.

[17] 唐冲，惠辉辉. 基于 Matlab 的高斯曲线拟合求解 [J]. 计算机与数字工程，2013，41（8）：1262-1263，1297.

多面临空条件下炮孔爆破设计与施工

丁汉堃　　石磊　　王峰　　张阳

（北京中科力爆炸技术工程有限公司，北京　100012）

摘　要：采用能量分析方法，研究了当爆破炮孔双侧存在临空面和抵抗线时，药包两侧炸药能量分布与相应抵抗线的相关性。以条形药包线装药密度为基础，利用能量守恒、动量守恒和利文斯顿理论进行条形药包与集中药包抛掷速度转化，得出炮孔两侧等效子药包线装药密度与同侧抵抗线大小成反比的结论。认为抵抗线大，等效子药包线装药密度较小时，爆破抛速小，爆堆前沿短。且认为炮孔爆破实质上是条形药包爆破。在预裂爆破确定主炮孔与预裂线距离等方面，条形药包多面临空爆破理念与公式得到了很好的应用。这些应用可供类似工程参考。

关键词：多面临空；条形药包；能量分配公式；各侧抵抗线

Design and Construction of Hole Blasting under Multiple Free Surfaces

Ding Hankun　Shi Lei　Wang Feng　Zhang Yang

（Beijing CAS-Mechanics Blasting Co., Ltd., Beijing 100012）

Abstract：When both sides of the hole blasting are free and resistance lines, the correlation between the energy distribution of explosive on both sides of the hole blasting and the corresponding resistance lines is studied by energy analysis method. Based on the linear charge density of strip charge、conservation of energy and the Livingston theory, the transformation of strip charge and concentrated charge was carried out. By solving these equations, the empty energy distribution formula is obtained, The unit volume consumption of explosive is derived. Three free surface energy distribution formula, The unit volume consumption of explosive is derived. The results show that the linear charge density of the equivalent charge on both sides of the hole is inversely proportional to the size of the resistance line on the same side, that is, the larger the resistance line, the smaller the linear charge density of the equivalent charge, the smaller the blasting speed, the shorter the explosive front. Hole blasting is essentially a bar-type charge blasting, and the above formula is completely suitable in the design of bar-type chamber blasting. The concept and formula of strip charge blasting have been well applied in protecting blasting, i. e. retaining wall blasting, and determining the distance between the main hole and the pre-cracking line in pre-cracking blasting. The above contents can be used as reference for similar projects.

Keywords：multiple free surfaces; strip charge; energy distribution formula; resistance lines on all sides

作者信息：丁汉堃，学士，高级工程师，1915311258@qq.com。

1 引言

露天爆破爆区一般为单向临空面,由于地形爆破技术需要,爆区也时常面临两个或多个自由面。例如,台阶爆破前爆区爆破为后爆区创造了二面临空条件;为保护物的安全进行的留墙爆破技术,邻近墙体附近的炮孔处在二面或三面临空状态;预裂爆破靠近预裂线的炮孔也处在二面临空状态中。处在临空面条件的炮孔,爆破时因爆破能量分散,破碎能力下降进而产生岩石块度加大、根底增加等不良现象,为解决上述问题,过去大家多凭经验调整孔网参数以求良好爆破效果。

当下有关临空面爆破理论的研究,对集中药包的研究较多,而对条形药包的研究较少。本文以炮孔线装药密度理论为基础,通过等效子药包能量守恒、动量守恒及利文斯顿理论,推导出等效子药包线装药密度分配公式与药包单耗公式。以此预判炮孔各向爆破效果,进行孔网参数优化,为多临空面爆破设计与施工提供理论支持和技术根据。

2 等效子药包爆破能量分配的力学模型

根据多临空面药包爆破对周围介质作用的物理过程,设想将一个多向药包的炸药量,按其各个临空面空间抵抗线比的一定比例,分解为其相应的等效子药包炸药量,去分别担负相应的单元抛体的爆破,使其爆破参数、爆破作用与单向药包等效,多向药包就被分解(转化)为其各个临空面指向的等效单向药包即等效子药包。因此,建立等效子药包炸药量计算式,是解决多向群药包爆破的关键问题。

假定在一个均质的、无限长的、不等半径的厚壁圆标柱的轴线上,设置一个等直径的柱状小药包,其体积与圆标柱相比可忽视。当药包爆破时,从中截取一段单位长度,研究抛体质心速度问题。

由于单位长度厚壁圆标柱药包是无限延长药包中截取的一段单位长度,故其轴线方向不存在能量逸散问题,爆源能只能均匀地沿圆标柱内壁径向传递。当圆标柱药包爆破时,首先形成同心轴柱状压缩圈,冲击波使其破裂,爆轰余压气体对抛体做功,形成鼓包运动。在加速段时间内,抛体进一步被破碎并获得速度能。鼓包破裂后,抛体沿圆标柱径向飞散。

单位长度厚壁圆标柱药包爆破使其破碎成若干飞块。需考察不等半径、不等径向圆柱角的飞块质心速度与其半径的定量关系问题,如取三块破碎飞块,如图1所示。

设各破碎飞块的质量为

$$m_i = \frac{\alpha_i}{2} r_i^2 \rho_0 \quad (i = 1,\ 2,\ 3) \tag{1}$$

式中,m_i 为飞块质量;α_i 为飞块的径向圆柱角;r_i 为飞块的半径;ρ_0 为圆标柱的密度;$\frac{\alpha_i}{2} r_i^2$ 为飞块的体积。

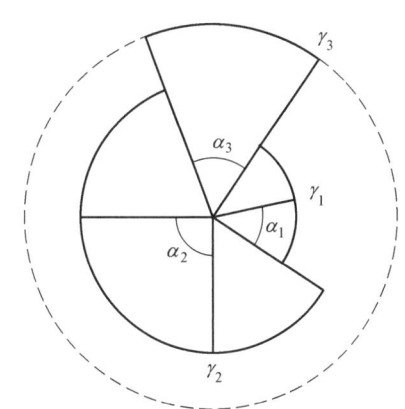

图 1 圆标柱药包破碎分散示意图

Fig. 1 Schematic diagram of round column charge breaking and dispersing

在鼓包运动发展的整个过程中,药室气腔内的爆轰余压因余压气体膨胀对抛体做功与渗流效应而不断降低,直至鼓包破裂为止。鼓包运动一经破裂,余压气体即逸散于大气中。在鼓包破裂前,根据动量守恒定理,余压气体作用于药室气腔内壁的冲量应等于抛体获得的动量。

$$m_i v_{ci} = \int_0^{tp} P_{at} a \alpha_i \mathrm{d}t \qquad (2)$$

式中，$v_{ci}(i=1, 2, 3)$ 为飞块质心速度，m/s；a 为药室壁面的瞬时半径，m；P_{at} 为时间 t、药室壁面半径为 a 时的爆轰余压，kg/m²。

将式（1）代入式（2）得

$$\frac{1}{2} r_1^2 \rho_0 v_{c1} = \int_0^{tp} P_{at} a \mathrm{d}t \qquad (3)$$

$$\frac{1}{2} r_2^2 \rho_0 v_{c2} = \int_0^{tp} P_{at} a \mathrm{d}t \qquad (4)$$

$$\frac{1}{2} r_3^2 \rho_0 v_{c3} = \int_0^{tp} P_{at} a \mathrm{d}t \qquad (5)$$

根据爆源能量向圆标柱内壁均匀传递，由式（3）~式（5）得

$$r_1^2 v_{c1} = r_2^2 v_{c2} = r_3^2 v_{c3} \qquad (6)$$

飞块质心速度与其半径平方的乘积为一定，即飞块质心速度与其半径的平方成反比。

3 条形子药包炸药量计算式建立

上述单位长度厚壁圆标柱药包爆破，不等半径、不等径向圆柱角的每一飞块均相当于一个等效子药包的抛体。根据能量守恒定理、等效子药包的爆破抵抗线与其质心速度的定量关系式和抛体质心速度与其药量系数的定量关系式，就可以建立起多向药包爆破等效子药包炸药量计算式。

条形药包爆破特点是线装药密度 L_p 是固定的不变的，决定爆破效果的抵抗线大小、单耗高低是线装药密度决定的，因此抓住 L_p 也就抓住条形药包爆破根本。对于临空面爆破条形药包以 L_p 为基础分解成条形子药包 L_{p_1} 和 L_{p_2}，顺利解决了条形药包临空面爆破难题（见图2）。

根据能量守恒定理

$$L_p = L_{p_1} + L_{p_2} \qquad (7)$$

式中，L_p 为炮孔线装药密度，kg/m；L_{p_1}、L_{p_2} 为炮孔内条形子药包线装药密度，kg/m。

由式（6）得

$$\frac{v_1}{v_2} = \left(\frac{W_2}{W_1}\right)^2 \qquad (8)$$

式中，v_1、v_2 分别为炮孔两侧飞块速度；W_1、W_2 分别为炮孔两侧抵抗线。

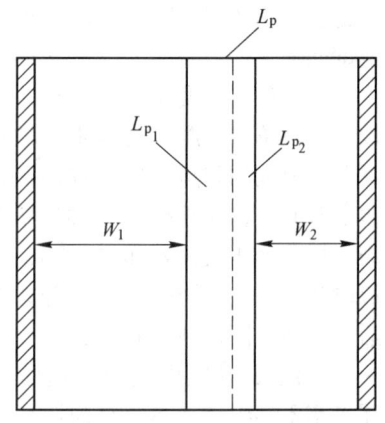

图 2 等效子药包示意图

Fig. 2 Schematic diagram of equivalent sub-charge

美国雷德帕思通过对利文斯顿爆破理论研究，从几何相似和量纲分析出发，建立了点、线、面药包之间的相关关系[3-4]。本文利用其点、线、面药包之间的相关关系公式推导出条形药包炮孔两侧岩石质心速度关系公式。

点、线、面药包之间的相关关系公式为

$$K_a^3 = K_x^2 = K_m \qquad (9)$$

式中，K_a 为点药包的比值深度；K_x 为线药包的比值深度；K_m 为面药包的比值深度。

则有：

$$W_a = K_a Q^{1/3} \tag{10}$$

$$W_x = K_x L_p^{1/2} \tag{11}$$

式中，W_a 为集中药包抵抗线，m；Q 为集中药包装药量，kg；W_x 为条形药包抵抗线，m；L_p 为条形药包线装药密度，kg/m。

将式（10）、式（11）代入式（9）得

$$\left(\frac{Q^{1/3}}{W_a}\right)^2 = \left(\frac{L_p}{W_x^2}\right)^{2/3} \tag{12}$$

集中药包质心速度公式[2]：

$$v_a = k_a \left(\frac{Q^{1/3}}{W_a}\right)^2 \tag{13}$$

依据式（12），$\dfrac{L_p}{W_x^2}$ 即为条形药包抛速公式中的 $\overline{R}$ 的函数[5]。

因此条形药包的速度公式为：

$$v_x = k_x \left(\frac{L_p}{W_x^2}\right)^{2/3} \tag{14}$$

所以有：

$$\frac{v_1}{v_2} = \left(\frac{L_{p_1}}{L_{p_2}}\right)^{2/3} \left(\frac{W_2}{W_1}\right)^{4/3} \tag{15}$$

解式（7）、式（8）和式（15）方程组得双向条形子药包的线药量密度分配公式为：

$$L_{p_1} = \frac{L_p}{1 + \dfrac{W_1}{W_2}} \tag{16}$$

$$L_{p_2} = \frac{L_p}{1 + \dfrac{W_2}{W_1}} \tag{17}$$

由式（16）和式（17）得

$$\frac{L_{p_1}}{L_{p_2}} = \frac{W_2}{W_1} \tag{18}$$

由式（18）可知，$\dfrac{W_1}{W_2}$ 与 $\dfrac{L_{p_1}}{L_{p_2}}$ 成反比（见图3），随着 $\dfrac{W_1}{W_2}$ 增大，$\dfrac{L_{p_1}}{L_{p_2}}$ 减小，正符合药包爆破的最小抵抗线原理。抵抗线越小，岩石获得的能量越多、破碎程度越高、抛掷速度越大；相反抵抗线越大，岩石获得的能量越少，破碎程度越低、抛掷速度越小，以至于仅破碎裂隙没有抛掷。

则作用于炮孔两侧的等效单耗计算式为：

$$q_1 = \frac{L_p}{1 + \dfrac{W_1}{W_2}} \frac{1}{W_1^2} \tag{19}$$

$$q_2 = \frac{L_p}{1 + \dfrac{W_2}{W_1}} \frac{1}{W_2^2} \tag{20}$$

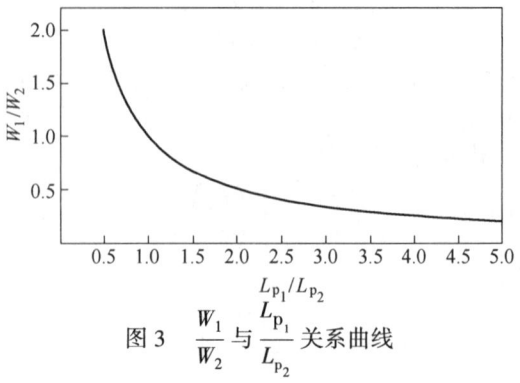

$$\text{图 3 } \frac{W_1}{W_2} \text{ 与 } \frac{L_{p_1}}{L_{p_2}} \text{ 关系曲线}$$

$$\text{Fig. 3 \quad Relation curve of } \frac{W_1}{W_2} \text{ and } \frac{L_{p_1}}{L_{p_2}}$$

通过计算作用于炮孔两侧的等效单耗值,能够形象说明作用于炮孔两侧的能量分配大小,在工程具体应用中具有重要指导意义。

4　三面临空条件下炮孔计算式

依据等效子药包爆破能量分配力学模型和二面临空条件下炮孔计算式推导,三面临空炮孔得到下列抵抗线与线装药密度关系式。

$$L_p = L_{p_1} + L_{p_2} + L_{p_3} \tag{21}$$

$$L_{p_1} W_1 = L_{p_2} W_2 = L_{p_3} W_3 \tag{22}$$

推导出:

$$L_{p_1} = \frac{L_p}{1 + \dfrac{W_1}{W_2} + \dfrac{W_1}{W_3}}, \quad q_1 = \frac{L_{p_1}}{W_1^2} \tag{23}$$

$$L_{p_2} = \frac{L_p}{1 + \dfrac{W_2}{W_1} + \dfrac{W_2}{W_3}}, \quad q_2 = \frac{L_{p_2}}{W_2^2} \tag{24}$$

$$L_{p_3} = \frac{L_p}{1 + \dfrac{W_3}{W_2} + \dfrac{W_3}{W_1}}, \quad q_3 = \frac{L_{p_3}}{W_3^2} \tag{25}$$

5　多临空面条件下集中药包计算公式

力学模型分析选取一个均质的球体,在其球心设置一个同心球状小药包爆破。考察不等半径、不等径向立体角的三个飞块质心速度 v_{cij} 与其半径 W_{ij} 的定量关系问题,同理可得出式(26)。

$$W_{ij}^3 v_{cii} = W_{ix}^3 v_{cix} = W_{iy}^3 v_{ciy} \tag{26}$$

飞块质心速度与其半径立方的乘积为一定,即飞块质心速度与其半径的立方成反比。

集中药包计算公式为:

二面临空：
$$Q_1 = \frac{Q}{1 + \left(\dfrac{W_1}{W_2}\right)^{3/2}} \tag{27}$$

$$Q_2 = \frac{Q}{1 + \left(\dfrac{W_2}{W_1}\right)^{3/2}} \tag{28}$$

三面临空：
$$Q_1 = \frac{Q}{1 + \left(\dfrac{W_1}{W_2}\right)^{3/2} + \left(\dfrac{W_1}{W_3}\right)^{3/2}} \tag{29}$$

$$Q_2 = \frac{Q}{1 + \left(\dfrac{W_2}{W_1}\right)^{3/2} + \left(\dfrac{W_2}{W_3}\right)^{3/2}} \tag{30}$$

$$Q_3 = \frac{Q}{1 + \left(\dfrac{W_3}{W_1}\right)^{3/2} + \left(\dfrac{W_3}{W_2}\right)^{3/2}} \tag{31}$$

式中，Q 为总药量，kg；Q_1、Q_2、Q_3 为子药包药量，kg；W_1、W_2、W_3 为子药包抵抗线，m。

6 工程应用及效果

6.1 澳门石排湾石场爆破工程

在露天岩石中进行预裂爆破时，可以运用上述条形子药包理论调整炮孔最佳位置及孔网参数，使其充分发挥作用，既能使远离预裂缝方向的岩石充分破碎，利于清渣，又可使炮孔两侧岩石破碎程度悬殊，保护好预裂边坡。

工程实施预裂爆破，岩石性质为未风化花岗岩，石质坚硬，采用 80mm 孔径炮孔，线装药量 4.5kg/m。爆破时常出现爆堆前沿抛距缩短，大块石多，台面留有根底，预裂面受到一定程度的破坏。

据上述理论分析其原因是预裂孔前排主炮孔在爆炸时双侧均临空，5 号炮孔右侧与一般台阶爆破相比，炸药能量相对分散，爆破能力降低，而 5 号炮孔左侧因存在自由面，引导炸药爆炸后的能量向预裂缝方向分布，造成靠近预裂缝方向爆炸能量与一般台阶爆破相比趋于集中，对预裂面造成了一定的冲击，从而使预裂面受到破坏。

如图 4 所示，以预裂缝前排炮孔 5 号孔为例，当两侧排距 W_1 与 W_2 均为 2.5m 时，作用于两侧单耗 q_1 与 q_2 均为 0.36kg/m³。调整后取 W_1 为 1.5m，W_2 为 2.2m，则作用于两侧单耗 q_1 为 1.2kg/m³，q_2 为 0.37kg/m³，5 号炮孔右侧炸药单耗变大，破碎、抛掷能力均变强，有利于矿岩破碎抛掷，左侧炸药单耗降低，能够很好地保护预裂缝不受破坏，爆破效果大为改善（见表 1）。

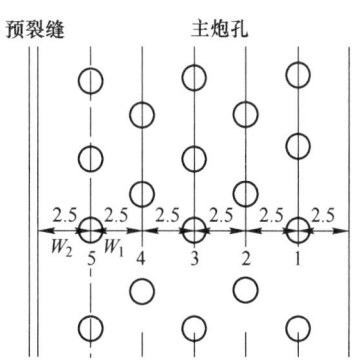

图 4　预裂爆破布孔示意图

Fig. 4　Pre-splitting blasting hole schematic

表1　5号炮孔等效子药包不同抵抗线与单耗变化

Tab. 1　No. 5 blasthole equivalent sub-charge different resistance line and the consumption change

序号	W_1 /m	W_2 /m	L_{p_1} /kg · m^{-1}	L_{p_2} /kg · m^{-1}	q_1 /kg · m^{-3}	q_2 /kg · m^{-3}
1	2.5	2.5	2.25	2.25	0.36	0.36
2	1.5	2.2	2.7	1.8	1.2	0.37

　　两面临空爆破工程中若按常规布孔装药，等排距布孔（见图4），从一侧逐排顺序起爆，则后排单耗逐减，会经常出现"墙"、大块石、根底等情况，分析其炮孔等效子药包抵抗线与线装药密度见表2。

表2　常见装药布孔等效子药包抵抗线与单耗

Tab. 2　Frequently counteraction line and unit-consumption on equivalent sub-charge of arrangements for charge hole

起爆顺序	排号	W_1 /m	W_2 /m	L_{p_1} /kg · m^{-1}	L_{p_2} /kg · m^{-1}	q_1 /kg · m^{-3}	q_2 /kg · m^{-3}
1	1	2.5	12.5	3.75	0.75	0.60	0.005
2	2	2.5	10	3.6	0.9	0.58	0.009
3	3	2.5	7.5	3.4	1.10	0.54	0.02
4	4	2.5	5	3	1.5	0.48	0.06
5	5	2.5	2.5	2.25	2.25	0.36	0.36

　　针对上述情况，以本文"双侧抵抗线"理念对爆破设计进行改进，采用"外疏里密"的布孔方式，"先外围后中心"的起爆顺序，可有效解决上述"墙"、大块石、根底等现象，炮孔布置如图5所示。

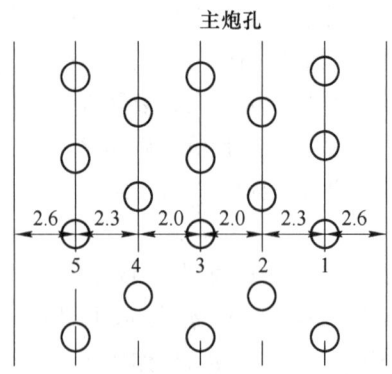

图5　调整后布孔方式

Fig. 5　Adjusted arrangements for boreholes mode

等效子药包抵抗线与线装药密度见表3。

表3　调整后等效子药包抵抗线与单耗

Tab. 3　Adjusted counteraction line and unit−consumption on equivalent sub-charge

起爆顺序	排号	W_1 /m	W_2 /m	L_{p_1} /kg·m^{-1}	L_{p_2} /kg·m^{-1}	q_1 /kg·m^{-3}	q_2 /kg·m^{-3}
1	1、5	2.6	8.6	3.5	1.0	0.52	0.001
2	2、4	2.3	4	2.8	1.7	0.53	0.11
3	3	2	2	2.25	2.25	0.56	0.56

　　以上实践及数值分析表明，表2的单耗值越来越小，q_1 由 0.6kg/m³ 降至 0.36kg/m³，易形成 "墙"；表3的单耗 q_1 基本无变化，在 0.53kg/m³ 左右，有利于岩石破碎抛掷及对欲裂边坡的保护，实际效果也是如此。

6.2　新建铁路复杂环境下石方爆破开挖

　　岩墙爆破基本参数如图6所示，墙体厚度为 6~8m，钻孔直径为76mm，台阶高度为 6.5m，孔深 $L=7$m，底盘抵抗线 $W_p=2.3~2.5$m，排距 $b=2.3~2.5$m，边坡侧炮孔底至边坡水平距离为排距的2倍，装药顶点至边坡距离为 $1.5W_p$，据上述公式，可得二面临空处能量分布，见表4和表5。

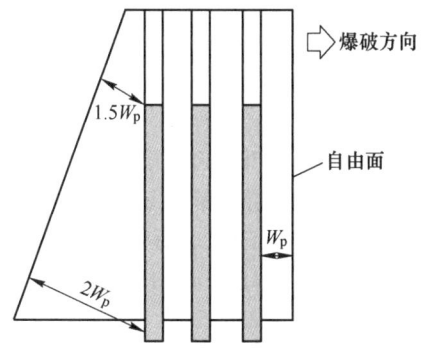

图6　岩墙爆破设计

Fig. 6　Blasting design of rock wall

表4　装药底部能量分布情况

Tab. 4　Energy distribution at the bottom of charge

序号	W_i	L_p	L_{pi}	q_i
1	5	4.5	1.5	0.06
2	2.5	4.5	3.0	0.48

表5　装药顶部能量分布情况

Tab. 5　Energy distribution at the top of charge

序号	W_i	L_p	L_{pi}	q_i
1	3.8	4.5	1.8	0.12
2	2.5	4.5	2.7	0.43

表4、表5中的数据和实际爆破结果表明，炮孔两侧单耗相差悬殊，爆破效果为：前排空少量抛掷，岩石块度均匀，后排岩墙自稳性好，一次开挖达到设计要求，同时爆区周围及设施均未受到损坏。

6.3　廉江服务区爆破工程

如图7所示，爆区爆破方向与岩体墙走向平行，此时爆区的炮孔处在三面临空状态，W_1 为墙体厚度，W_2 为炮孔抵抗线，W_3 为孔间距。

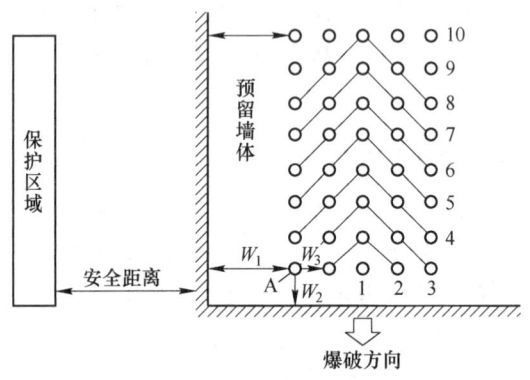

图7　爆区炮孔布置

Fig. 7　Layout of holes in the blasting area

在广东湛江至玉林高速公路廉江服务区建设过程进行山体爆破时，爆破区域一侧离碎石生产线仅有40m，极易受到爆破抛石损坏。为了避免爆破飞石危害的产生，应用条形药包三面临空能量分配理论，采用留墙的方法，使得爆破施工得以顺利进行，同时保证了碎石生产线的安全。

其中留墙爆破的基本参数如下：炮孔直径 $\phi = 115$mm，炮孔间距 $a = 3$m，炮孔排距 $b = 2.5$m，孔深 $L = 15$m，留墙厚度（侧向抵抗线）$W_1 = 5$m。起爆网路采用V形网路，布孔方式为方形，总孔数84个，总药量 $Q = 8.8$t。具体如图7所示。

V形网路中A点纵排的炮孔从前到后逐孔爆炸时已处在三面临空状态中，如图8所示，炮孔内的炸药爆破产生的能量因抵抗线不同而产生的分配作用使得三面的岩石产生不同的爆破效果。

根据公式计算可得三个方向等效炸药单耗（见表6）。

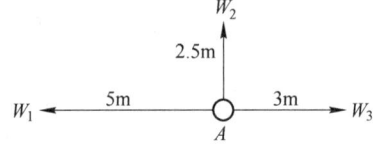

图8　廉江服务区爆破设计中A孔三面临空参数

Fig. 8　Cavitation parameters of hole A in the blasting design of Lianjiang service area

表6　廉江服务区留墙爆破装药能量分布情况

Tab. 6　Distribution of blasting charge energy of the retaining wall in Lianjiang service area

序号	抵抗线距离 W_n/m	等效子药包线装药密度 L_{p_n}/kg·m^{-1}	能量占比/%	等效单耗 q_i/kg·m^{-3}
1	5	2.2	21.2	0.09
2	3	3.7	35.6	0.41
3	2.5	4.5	43.2	0.72

注：$\phi = 115$mm，炮孔内 $L_p = 10.4$kg/m，q_i 为条形药包等效单耗。

表6的数据说明，炮孔的主要能量作用于最小抵抗线上，当留墙厚度（侧向抵抗线）为5m时，单耗仅为0.09kg/m，通过设计可预判，爆破时由于所留墙体的作用仅会使岩体裂缝加大，而不会产生飞石。

实际爆破作业中，起爆后的墙体外侧没有产生飞石，从而起到了"挡"的作用，进而墙体碎裂缝加大，其本身从前向后逐渐地被"推倒"，松散解体，倒塌距离为15m，生产线安然无恙。爆破效果达到了设计目的及业主要求，从而验证了条形药包在多临空面时，炮孔能量分配公式对于保护性爆破施工具有指导作用。

7 结论

（1）本文立足于爆破施工实际问题，分析了炮孔处在多面临空条件下的爆破过程，建立爆破能量分散理念，并以力学模型为基础，利用能量守恒、动量守恒以及抛体速度等原理推出炮孔条形子药量的线装药密度计算公式和单耗公式。

（2）澳门石排湾石场爆破工程、某新建铁路复杂环境下石方爆破开挖、廉江服务区爆破工程的应用过程说明，上述计算公式可以实现将以往类似工程的经验操作变为精细爆破操作。

（3）利用多向炮孔爆破能量分散理念可以解释临空面爆破不良现象发生的原因，通过公式计算数据可以预判爆破结果，可以优化调整孔网参数，并可提高爆破质量。

（4）文中的条形子药包线装药密度分配公式，不但适用于露天炮孔爆破，也适用条形硐室爆破设计。文中提出的集中药包子药包药量分配公式，进一步完善了临空面爆破理论。

参 考 文 献

[1] 李温平，杨人光. 爆破工程学论文选集［C］//中国科技咨询服务中心爆破新技术开发公司，1985.
[2] 林睦盘. 爆破工程学论文：多面临空地形爆破理论与设计［C］//中国科技咨询服务中心爆破新技术开发公司，1984.
[3] 周浩仓. 硐室爆破药包间距的确定［J］. 长沙矿山研究院季刊，1991（2）：47-50.
[4] 张志呈. 爆破中量纲分析及相似原理［J］. 四川建材学院学报，1992（2）：63-69.
[5] 汪旭光. 爆破设计与施工［M］. 北京：冶金工业出版社，2011.
[6] 邱新宁，袁野. 论多面临空定向抛掷爆破［J］. 铜业工程，2001（4）：14-16，46.
[7] 汪竹平，宋志伟，那树刚，等. 爆破技术在复杂条件下高边坡岩墙开挖中的实践［J］. 工程爆破，2010，16（2）：31-34.
[8] 林睦盘. 多面临空爆破理论与硐室控制爆破设计［J］. 新疆矿冶，1981（2）：2-20.
[9] 林睦盘，邱新宁，范学仁. 论多面临空定向爆破筑坝［J］. 西部探矿工程，1993（6）：1-12.

深孔集束药包爆破施工技术及应用

卜绍平[1]　　谭云飞[1]　　张智宇[2]

（1. 云南皓盛民爆集团有限责任公司，云南　曲靖　650000；

2. 昆明理工大学国土资源工程学院，昆明　650093）

摘　要：针对高陡山体无法采用普通的深孔台阶爆破的情况，提出了深孔集束药包爆破技术，即先采用硐室爆破思路布置药包，然后用等效原理将药量分散在多个彼此平行、距离很近的水平深孔中并设置合理顺序起爆。深孔集束药包爆破通过合理的爆破参数设计，可以有效控制爆破振动和飞石等危害效应，作业条件好、施工速度快、爆破效率高，并通过四次实际工程爆破进行了验证。现场应用结果表明，深孔集束药包爆破既可以代替硐室爆破取得满意的效果，又可以克服硐室爆破的施工速度慢及作业条件差、装药量过于集中导致爆破振动和飞石难以控制等缺陷。

关键词：硐室爆破；等效原理；集束药包；数码电子雷管；孔内延期

Deep Hole Cluster Blasting Construction Technology and Application

Bu Shaoping[1]　　Tan Yunfei[1]　　Zhang Zhiyu[2]

（1. Yunnan Haosheng Civil Explosives Group Limited Liability Company, Qujng 650000, Yunnan;

2. Faculty of Land Resources Engineering, Kunming University of Science and Technology, Kunming 650093）

Abstract：In view of the situation that ordinary deep hole bench blasting cannot be used in high and steep mountains, a deep hole cluster blasting method is proposed, first the pack is arranged by the coyote blasting idea, and then the equivalent principle is distributed in multiple horizontal deep holes parallel to each other and a reasonable order is set. The blasting of reasonable blasting parameters can effectively control the blasting vibration and flying rock, with good working conditions, fast construction speed and high blasting efficiency, and is verified by four practical engineering blasting. The field application results show that the deep hole cluster blasting can not only replace the coyote blasting, but also overcome the defects of the excavation speed, the poor working conditions and the blasting vibration and flying control.

Keywords：coyote blasting; equivalence principle; cluster charge; digital electronic detonator; delay in the hole

基金项目：云南省重大科技项目（202202AG050014）。

作者信息：卜绍平，硕士，高级工程师，924221851@qq.com。

1 深孔集束药包爆破及适用条件

1.1 深孔集束药包爆破

深孔集束爆破是以数个密集平行深孔形成共同应力场的作用机理为基础的深孔爆破技术[1]，是一种用数码电子雷管毫秒延期严格控制起爆顺序，且药量相对集中的深孔爆破施工方法。束状孔爆破的增强破岩作用机理包括产生炮孔的破碎联通、扩大爆腔、应力波叠加、增强诱导裂隙扩展、增强临空面剥离、增强对爆生气体的约束等作用[2]。

在普通的深孔台阶爆破无法使用的特殊地形环境情况下，先用硐室爆破思路布置药包，然后用等效原理将药量分散在多个彼此平行、距离很近的水平深孔中，用数码电子雷管引爆，设置合理的起爆顺序、孔内延期时间和孔间延期时间，既避免了硐室爆破的不利因素出现，又达到硐室爆破效果的目的。

1.2 深孔集束药包爆破的适用条件

深孔集束药包爆破适用于山体较高，地形较陡，大型钻孔机械和挖掘机等清挖机械设备难以到达山顶，垂直深孔台阶爆破施工方法无法使用的爆破施工工地。

在广西、贵州、云南，有很多四周陡峭、岩石坚硬、高度较高（相对高度可以达到几十米甚至上百米）的独立山体，大型钻机和挖掘机等清挖机械难以到达山顶，根本无法采用常规的深孔台阶爆破施工方法施工，按照传统的施工方法，比较适合采用硐室爆破施工，但如果采用硐室爆破，有时周边环境复杂，需要保护对象较多，存在爆破振动有害效应难以控制，办理爆破审批手续困难，不符合现在对环境保护的高要求[3]。在这样的施工条件下，采用深孔集束药包爆破，可以避免产生硐室爆破的危害，又能达到硐室爆破的效果，保证施工的顺利进行。

此外，在云南西部山区一些原有低等级公路改造中，采用深孔集束药包爆破施工方法，可以达到降低成本、加快爆破施工速度的效果。束状孔当量球形药包爆破技术是大直径深孔采矿法的一个发展和延伸，与传统的单孔爆破技术相比，能提高炸药能量利用率，改善爆破效果[4]。在一些露天矿山、采石场初期施工道路开挖及地形改造中采用深孔集束药包爆破，也可以收到事半功倍的效果。

1.3 硐室爆破与深孔集束药包爆破比较

从新中国成立至2005年左右，我国基础设施落后，国民经济处于在较低水平基础上的快速发展时期，环境保护意识不强，石方开挖钻孔设备和清挖运输施工机械落后，因此硐室爆破成为了公路、铁路、水利、露天矿山剥离、采石场等行业的主要爆破施工方法，为我国的经济建设作出了重要贡献。2006年以后，尽管国家《爆破安全规程》没有规定不准使用硐室爆破，但随着大型钻孔机械和清挖运输施工机械的发展和普及，国家对环境保护意识的提高，硐室爆破逐渐被深孔爆破取代，到目前为止，硐室爆破已经很少使用[5]。

硐室爆破的特点有以下几方面：（1）可以在一些深孔爆破无法使用的地形条件下使用，并且达到较好的爆破效果；（2）可以一次起爆几百千克、几吨、几十吨直至上万吨的炸药，爆破方量较大，爆破效率较高，爆破成本低；（3）无需大型钻孔设备；（4）对环境的影响较大，爆破振动有害效应控制较难；（5）对设计技术要求较高，难度较大，受特殊地质等不确定因素影响较大，有时难以达到满意的爆破效果，且易产生意外爆破事故；（6）装药施工组织需要较多的人力和物力；（7）硐室开挖时间较长，工作条件差，危险性大。

和硐室爆破相比，水平深孔集束药包爆破有以下特点：（1）可用于垂直深孔台阶爆破无法或难以适用的施工环境；（2）基本可以达到硐室爆破的效果（远距离抛掷爆破除外）；（3）使用数码电子雷管毫秒微差延期起爆技术，能够有效控制爆破振动、飞石等有害效应，对环境影响较小；（4）采用一般爆破施工用的潜孔钻机钻孔，作业环境条件好（和硐室开挖相比），钻孔速度快，成本低，同样的装药量，钻凿集束孔只要硐室开挖 5% ~ 10% 的时间；（5）采用束状孔爆破布孔及合理的装药结构，可使爆破大块率较低，矿石块度均匀[6]。

从以上比较可以看出，深孔集束药包爆破可以克服硐室爆破的缺点，达到硐室爆破的效果，适用于一些特殊的施工环境条件，取得其他爆破施工方法无法达到的效果。

2　深孔集束药包爆破参数设计

2.1　炮孔直径 d

为了提高每米炮孔装药量最好选用 120 ~ 150mm 直径的炮孔。

2.2　炮孔深度 L

根据需要爆破的山体水平深度确定，根据岩体的爆破破碎难度，再加上 1.0 ~ 2.0m 的超深，一般要求大于 8m。

2.3　炮孔布置

根据炮孔深度和爆破山体高度综合分析确定炮孔布置方式，炮孔布置方式包括束状布置、连续布置、有上部炮孔布置和无上部炮孔布置，根据地形条件对钻孔设备安放的影响和爆破范围的规划，将束状布置形态又分为束间炮孔平行布置和束间炮孔扇形布置，其中扇形布置具有凿岩工程量小、炮孔布置较灵活且凿岩设备移动次数少等优点。但是由于扇形炮孔呈放射状布置、孔口间距小而孔底间距大，崩落岩体块度没有平行炮孔爆破均匀，炮孔利用率也较低，因此在岩体形状规则和对岩石破碎程度有要求的情况可采用平行布置。同一束内炮孔至少 2 个，相邻炮孔要严格平行，深度尽量一样，孔间距 a_2 在 0.8 ~ 1.5m 之间。一束炮孔药包中心到相邻一束炮孔药包中心的距离 a_1 取 3.0 ~ 6.0m，根据炮孔深度，爆破山体高度综合分析确定。炮孔布置具体有以下几种方式，如图 1 ~ 图 6 所示。

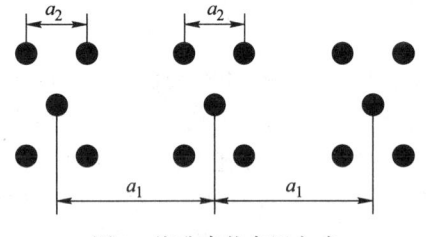

图 1　炮孔束状布置方式

Fig. 1　Cluster boreholes pattern

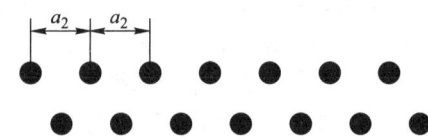

图 2　炮孔连续布置方式

Fig. 2　Continuous boreholes pattern

如果条件允许并且有必要，在山体上部布置一排向下倾斜或垂直炮孔，可以起到准确控制上部爆破范围的作用。

2.4　装药结构

根据陈何等人[7]束状孔当量球形药包爆破漏斗试验及漏斗爆破高斯函数模型，确定了束状

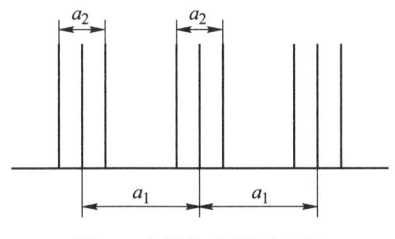

图 3 束间炮孔平行布置

Fig. 3 Parallel cluster boreholes

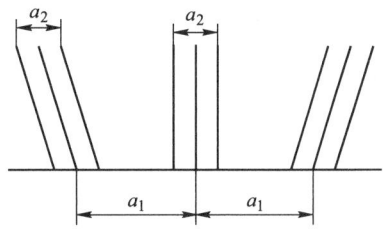

图 4 束间炮孔扇形布置

Fig. 4 Fan-patterned cluster boreholes

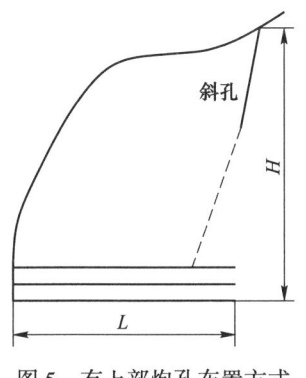

图 5 有上部炮孔布置方式

Fig. 5 Borehole pattern with up-holes

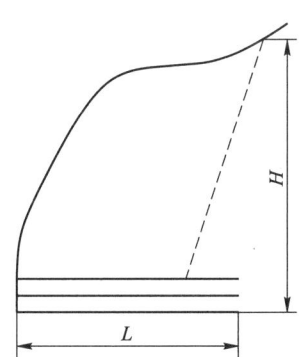

图 6 无上部炮孔布置方式

Fig. 6 Borehole pattern without up-holes

孔爆破时药包最佳埋深，为束状孔爆破设计提供了技术参考，将装药结构设计如图 7 所示，上部填塞长度 L_{t1} 取 3.5~4.5m，孔径大、同束内炮孔多取大值，反之取小值。

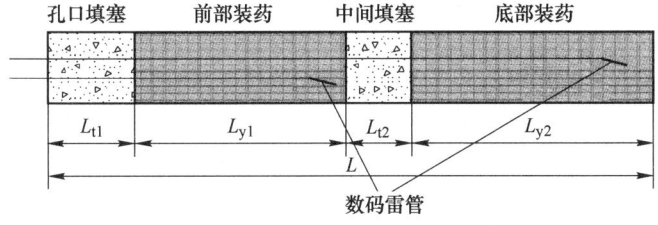

图 7 炮孔装药结构示意图

Fig. 7 Charge structure

中间填塞长度 L_{t2} 取 1.5~2.5m，孔深大，孔数多取大值，反之取小值。

前部装药长度 L_{y1} 最好不超 10m。

底部装药长度 L_{y2} 最好不超 10m。如果炮孔太深，可以考虑一个炮孔内装 3 段药包（更多层装药有待进一步探讨）。

同一束内不同炮孔的中间填塞最好不要错开太多，也就是中间填塞要尽量集中在同一位置范围内。

2.5 药量计算

先用集中药包原理分别计算每一束所有炮孔中前后层（段）装药的总药量 Q_1 和 Q_2，再根据总药量和等效分散原理来计算每一束炮孔的个数。

$$Q_1 = (0.4 + 0.6n^3)E_1KW_1^3 \tag{1}$$

$$W_1 = L_{t1} + L_{y1}/2 \tag{2}$$

$$E_1 = (a_1/W_1 - 0.1) \sim (a_1/W_1 + 0.05) \tag{3}$$

$$Q_2 = (0.4 + 0.6n^3)E_2KW_2^3 \tag{4}$$

$$W_2 = L_{t2} + L_{y2}/2 + (1 \sim 2) \tag{5}$$

$$E_2 = (a_1/W_2 - 0.1) \sim (a_1/W_2 + 0.05) \tag{6}$$

式中，Q_1、Q_2 分别为每一束所有炮孔中前后层（段）装药的总药量，kg；K 为岩体标准抛掷爆破的单位炸药消耗量，kg/m^3；n 为爆破作用指数，取 0.75~1.1，后层药包可比前层取值大一点；W_1、W_2 分别为前后层装药的等效最小抵抗线，m；E_1、E_2 分别为根据束间药包间距变化的能量调整系数（最先响的一束取 1）。如果相邻两束间炮孔扇形布置，前后层装药的 a_1 不同。

2.6　炮孔个数的计算

根据前层药包药量计算每束炮孔的个数 N_1：

$$N_1 = Q_1/q_x L_{y1} \tag{7}$$

根据后层药包药量计算每束炮孔的个数 N_2：

$$N_2 = Q_2/q_x L_{y2} \tag{8}$$

式中，q_x 为每米炮孔装药量，kg/m；N_1、N_2 分别为每束炮孔的实际炮孔数（取整），个。

2.7　起爆方法

必须用数码电子雷管毫秒延期顺序起爆。同一孔内前部药包先响，底部药包后响，根据中间填塞长度和岩石爆破的难易程度，延期时间取 150~250ms。

对于连续布置的炮孔，一般是从需要控制爆破地震波的保护对象方向开始毫秒微差顺序起爆，可以逐孔起爆，也可以几个炮孔一段，根据爆破振动计算确定[8]。段间（孔间）延期时间取 15~60ms，延期时间小爆破威力大，但减振效果差，大则相反。

对于束状布置的炮孔，束间延期时间取 35~60ms；同一束内所有炮孔可以作为同一段起爆，也可以逐孔起爆或分为几段起爆，延期时间取 15~50ms。根据爆破振动安全核算确定，在能满足不会产生爆破振动危害要求的前提下，最好同一束内的炮孔，同一层装药同一段起爆。

当岩体顶部有倾斜或垂直炮孔时，顶部炮孔先响（可以预裂爆破，也可以正常深孔爆破），然后底部水平炮孔顺序起爆。

2.8　钻孔设备

水平炮孔用履带式爆破施工用潜孔钻机钻孔，也可以用边坡支护用潜孔钻机钻孔，钻到 30m 深度比较容易，当需要和有必要在岩体顶部钻凿倾斜或垂直炮孔时，采用简易潜孔钻机钻凿直径 90mm 的炮孔，很容易钻到 30m 深度以上。

3　深孔集束药包爆破运用实例

在云南文山一高速公路立交桥施工工地，有三座大山需要爆破，其中 D 匝道通过的山体高度 90m，底部长宽约 120m，距北面正常通行中的原有高速公路桥梁 50m，上部山体地形坡面角在 60°~90°之间，爆破工程量约 $40×10^4 m^3$；C 匝道通过的山体高度 120m，底部长宽约 90m，距最近的村庄房屋340m，山体地形坡面角在45°~90°之间，爆破工程量约$35\times10^4 m^3$。两座山体都无法用常规爆破将施工便道修到山顶，让履带钻机和挖掘机开到山顶进行正常的深孔爆破开挖施工，施工工期较紧，多组立交桥桩基只有等着两座山体爆破完工后才能开始施工。通过对现场实际情况分析，D匝山体通过3次深孔集束药包爆破后把山体高度降到了50多米，坡面角变缓到了30°~50°，此时即可将挖掘机和履带式潜孔钻机了开到山顶，从上往下进行垂直深孔台阶爆破；基于同样考虑，C匝山体已经实施了1次深孔集束药包爆破。4次爆破都达到了满意的爆破效果，钻孔爆破参数见表1。

表1 4次深孔集束药包爆破实际实施的钻孔爆破参数及结果

Tab. 1 The blasting parameters and its results of deep hole cluster blasting

参　数	第1次爆破	第2次爆破	第3次爆破	第4次爆破
爆破地点	D匝山体	D匝山体	D匝山体	D匝山体
爆破高度 H/m	15~30	25~31	20~35	40~70
炮孔布置方式、形态	束状炮孔，平行布置	束状炮孔，扇形布置	束状炮孔，平行、扇形布置	束状炮孔，平行布置
炮孔直径/mm	120	120	120	下部120，顶部90
炮孔深度/m	20	20	20	24
束间距离 a_1/m	0.8~1.5	3~6	3~6	3.5~5
束内孔间距 a_2/m	0.8~1.5	0.8~1.0	0.8~1.0	0.8~1.0
炮孔束数/组	72	6	4	7
炮孔总数/个	72	29	21	70（外加7个12m）
孔口填塞长度/m	3.5~4.0	3.5~4.0	3.5~4.0	3.5~4.0
前部药包长度/m	6.0~6.5	6.0~6.5	6.0~6.5	8.5
中间填塞长度/m	1.5	1.5	1.5	1.5
底部药包长度/m	8.5	8.5	8.5	10.0
单孔前部装药量/kg	40~56	40~56	40~56	60~84
单孔底部装药量/kg	72~86	72~86	72~86	76~94
最大一段起爆药量/kg	86	388	572	256
总装药量/kg	7440	2568	2334	10130
起爆方法	逐孔起爆	束间分段，束内不分段	束间分段，束内不分段	束间分段，束内分3段，每段2~3孔
孔内延期时间/ms	175	175	175	175
束间延期时间/ms	50	50	50	50
束内延期时间/ms	0	0	0	50
顶部倾斜或垂直孔	无	无	无	49个，深15~30m
雷管品种	数码电子雷管	数码电子雷管	数码电子雷管	数码电子雷管
炸药品种	1号乳化炸药	1号乳化炸药	1号乳化炸药	底部1号乳化炸药，顶部膨化硝铵炸药
爆破效果	较好，破碎范围达到孔底	较好，破碎范围达到孔底	较好，破碎范围达到孔底	较好，破碎范围达到孔底

续表 1

参　数	第 1 次爆破	第 2 次爆破	第 3 次爆破	第 4 次爆破
爆破振动监测结果	在计算范围内	在计算范围内	在计算范围内	在计算范围内
爆后安全情况	保护对象及周围 环境安全	保护对象及周围 环境安全	保护对象及周围 环境安全	保护对象及周围 环境安全

4　结论及需要进一步探讨的问题

（1）在垂直深孔台阶爆破无法正常适用的条件下，可以采用水平深孔集束药包布置，用数码电子雷管孔内毫秒延期和束状（甚至逐孔）毫秒延期起爆方法爆破，不仅可以达到硐室爆破的效果，并且能克服硐室爆破的缺点，有效地控制爆破振动等危害效应，作业条件好、施工速度快、爆破效率高。

（2）现有设备孔深 30m 的集束药包比较容易实现。水平集束药包超过 30m 时，容易出现打孔倾斜，需要认真观察测量。

（3）深孔集束药包爆破施工技术还有很多问题需要进一步研究和探讨，一些参数设计计算方法和取值还需要进一步总结完善，如最大有效孔深可以达到多少，同一孔内药包间延期时间合理的取值是多少，同一束（组）内不同炮孔间延期时间合理取值范围是多少等。

参 考 文 献

[1] 刘建东，陈何，孙忠铭，等. 平行密集束状深孔高效爆破技术研究及应用 [J]. 工程爆破，2011，17（2）：23-25，64.

[2] 陈何，汪旭光. 束状孔爆破增强破岩作用机理研究 [J]. 有色金属工程，2023，13（4）：120-126.

[3] 云南省交通局公路工程局科学技术研究所. 公路工程爆破手册 [M]. 昆明：云南人民出版社，1974.

[4] 崔新男，陈何. 束状孔与等效单孔爆破效果数值模拟对比研究 [J]. 有色金属（矿山部分），2013，65（1）：94-100.

[5] 廖增亮，高旸，卜绍平. 公路路基预拉槽配合硐室一次爆破成形技术 [M]. 北京：冶金工业出版社. 2004.

[6] 吴姗，陈何，孙宏生，等. 大红山铜矿束状孔采矿及爆破振动监测技术 [J]. 有色金属工程，2015，5（S1）：126-129.

[7] 陈何，万串串，王湖鑫. 束状孔当量球形药包爆破漏斗的模型研究 [J]. 金属矿山，2021，No. 539（5）：36-42.

[8] 马乃耀，王中黔，史雅语，等. 爆破施工技术 [M]. 北京：中国铁道出版社，1985.

炸药爆炸作用下几种形态采空区顶板损伤量化分析

潘 博[1] 王雪松[2,3] 李广尚[4] 崔新男[1] 闫大洋[4]

（1. 鞍钢集团北京研究院有限公司，北京 102211；2. 辽宁科技大学矿业工程学院，辽宁 鞍山 114051；3. 沈阳工业大学建筑与土木工程学院，沈阳 110870；4. 鞍钢矿业爆破有限公司，辽宁 鞍山 114046）

摘 要：为优化采空区爆破治理方案，对单、双层分布的长方体、三棱柱体、圆柱体等6种不同形式的采空区模型进行爆破试验，并采集空区模型顶板损伤破坏图像。将图像进行阈值化处理，再将所得结果采用霍夫变换方法进行处理，进而实现对采空区顶板损伤进行量化统计，分析裂纹尺度及密度等信息。结果表明，在相同爆炸荷载作用下，双层采空区的损伤量大于单层采空区；三棱柱体空区损伤量最大，长方体空区次之，圆柱体空区损伤量最小。根据裂纹密度分析结果，顶板在发生损伤失稳时，裂纹的起裂扩展与空区结构中的尖点密切相关。根据相关研究结果，可以对采空区的爆破治理方案进行优化，进而推动采空区治理的精细化作业。

关键词：矿山开采；采空区；爆破治理；霍夫变换；损伤量化

Quantitative Analysis of Roof Damage in Some Types of Goaf under Explosive

Pan Bo[1] Wang Xuesong[2,3] Li Guangshang[4] Cui Xinnan[1] Yan Dayang[4]

（1. Ansteel Beijing Research Institute Co., Ltd., Beijing, 102211；2. School of Mining Engineering, University of Science and Technology, Anshan 114051, Liaoning；3. School of Architecture and Civil Engineering, Shenyang University of Technology, Shenyang 110870；4. Angang Mining Blasting Co., Ltd., Anshan 114046, Liaoning）

Abstract：In order to optimize the goaf blasting treatment scheme. The blasting test is carried out on 6 different types of goaf models, such as cuboid, tri-prism and cylinder with single and double layer distribution. The roof damage and destruction images of cavity model were collected. The image is thresholded. Then the results are processed by Hough transform method. The damage of goaf roof can be quantitatively counted and the crack scale and density can be analyzed. The results show that under the same explosion load, the damage of double-layer goaf is greater than that of single-layer goaf. The damage amount in the void region of the triangular prism is the largest, the cuboid void region is the second, and the cylinder void region is the least. According to the crack density analysis results, the crack initiation and propagation is closely related to the cusps in the cavity structure when the roof is

作者信息：潘博，博士，副研究员，从事矿山开采工艺及爆破工程方面研究工作，bopan07@foxmail.com。

damaged and unstable. According to the relevant research results, the blasting treatment scheme of the goaf can be optimized. To realize the fine operation of goaf management.

Keywords: mining; goaf; blasting treatment; Hough transformation; damage quantification

1 引言

采空区是矿山致灾因素之一，给矿山设备和人员的安全带来严重的威胁。通常采用充填或崩落方法进行治理，对于爆破崩落方法，如何在满足治理效果的同时减少次生损伤影响也是采空区治理面临的问题。众学者针对岩石、类岩石材料体的损伤开展了一系列研究，如根据声波信号特征分析损伤程度[1-2]，基于数字图像技术分析岩石材料的损伤失稳模式[3-4]。对于爆破荷载作用下的岩石损伤变化，数字图像技术同样适用，借助 DIC 对爆炸载荷作用下花岗岩的裂纹的起裂、张开速度、裂缝形态进行分析，一定程度上揭示了爆破破岩的作用机理[5]。叶晨峰[6]通过对岩石材料进行切片显微试验，从微观角度分析了岩石爆破损伤的发展过程。对于爆破损伤的量化分析方面，闫建文等[7]通过分析爆破振动信号，结合计算机深度学习建立了岩体损伤的量化模型；吴乾德[8]结合数字图像与红外热像技术实现了对类岩石材料的损伤定量分析。

上述研究成果运用各个手段及方法揭示了材料损伤并进行量化分析，以支撑工程实际，但由于地质条件的差异性，往往无法简单适配在工程中，尤其是采空区的崩落处理，本文将采用图像分析法，将相同爆破荷载作用下的采空区顶板损伤情况进行量化，进而得出不同形态采空区破坏差异，为实现工程中安全高效治理采空区隐患提供支撑。

2 模型试验设计

根据实测采空区形态、围岩力学性质（见表 1）及相似性原理，预制 6 种不同形态空区边长为 1m 的立方体试件，如图 1 所示，分别为双层（长方体、三棱柱体、圆柱体）空区及单层空区。其中试件顶板厚度相同为 30cm，双层空区试件两空区最近点中间夹层厚度相同，为10cm，三种形态的单一空区体积基本相同，约为 (0.081±0.01) m³。炮孔直径46mm，对照矿山炸药单耗 0.22kg/t 核算，试验采用双发 Orica 8 号系列 400ms 雷管，附总长 100cm 导爆索，合计药量为 11.7g，采用不耦合装药，炮泥填塞。

表 1　采空区围岩力学参数
Tab. 1　Mechanical parameters of surrounding rock of goaf

弹性模量/GPa	泊松比	抗拉强度/MPa	抗压强度/MPa	摩擦角/(°)	黏聚力/MPa	密度/kg·m⁻³	波速/m·s⁻¹
42.5	0.17	10.4	129.7	46.4	31.4	2691	4776

3 空区顶板破坏程度量化分析

在相同爆破荷载作用下，不同形式采空区破坏模式各异，为更好对爆炸作用程度情况进行说明，将顶板区域等效为爆破漏斗试验，对可见爆破损伤裂纹进行图像采集，从裂纹统计信息角度对不同形式的采空区损伤情况进行分析，对损伤情况进行量化进而优化爆破方案。

3.1 裂纹图像量化原理

FracPaQ[9-11]可以将二维图像中的裂缝轨迹分解为不同长度和方向的标记线段，这样任何形式的损伤裂纹统计分析都可以借助这些标记线段来进行研究，即将裂纹分布的量化问题转换为

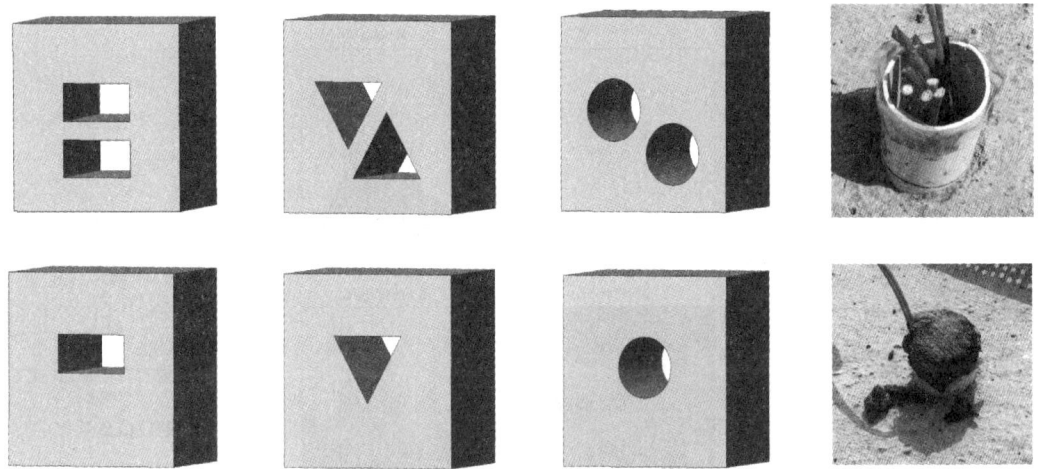

图 1　模型设计与实物装药填塞

Fig. 1　Model design and physical charge packing

二维坐标系中的一个几何问题。对这些标记线段进行规律性总结，即可将目标图像中裂纹所表征的损伤程度、裂纹密度等进行量化估计。该方法虽然有一定偏差，但在相同条件下，采用同样的处理方法这种偏差可以忽略不计，因此该方法可以满足本文的研究需求。

3.2　裂纹图像量化处理

首先将拍摄的图像进行归一化处理，该步骤是为避免因图像拍摄尺寸大小等原因影响统计结果。由于各试件中炮孔的规格是一致的，因此以图像中的炮孔为基准进行处理，即可得到相同尺度下的裂纹图，在归一化后图像中截取相同像素单元（800×800），对图像进行阈值化处理，以便使裂纹信息更为突出。最后将处理后的图像进行霍夫变换处理，提取各图像中裂纹的量化数据。裂纹量化流程及结果图如图 2 所示，可以发现，裂纹信息量化后与所拍摄的裂纹图像变化趋势及轨迹吻合程度较高，个别离散信息点对整体的统计结果影响较小，基于此，将爆炸荷载作用后不同形式采空区的裂纹分布情况进行量化。

3.3　损伤统计及尺度分析

如图 3 所示，将不同形式双层采空区模型损伤裂纹进行追踪量化，追踪的线条角度不同则有对应的颜色与之匹配。可以看出构成裂纹轨迹的线条数量有差异，双层三棱柱体空区最多为 1986，其次为双圆柱体空区模型的 1706，最少的为双层长方体空区的 1514，数值越大说明裂纹量化信息越多。在相同爆炸荷载作用下，双层三棱柱体空区损伤量最大，双层长方体空区的裂纹轨迹线段数量小于双层圆柱体空区。由裂纹轮廓可知，双层圆柱体空区试件产生的可见爆破漏斗更大，所以量化值大于双层长方体空区。其原因是双层圆柱体空区在结构稳定性上，要优于长方体空区，爆炸荷载在试件向下方作用时抵抗较大，能量向试件上方自由面作用并快速释放，因此产生了较大面积的集中损伤，而相应的裂纹扩展信息较小，即炸药爆破产生的能量作用于顶板破裂的部分较少，大部分用于抛掷试件上表面碎块做功消耗。而双层长方体空区形成了多条贯通裂纹，该现象同样可以从双层三棱柱体空区试件中得以佐证，即裂纹贯通程度越大，裂隙宽度越大，则试件上表面可见爆破漏斗越小。若除去集中损伤区即以裂缝边缘向炮孔

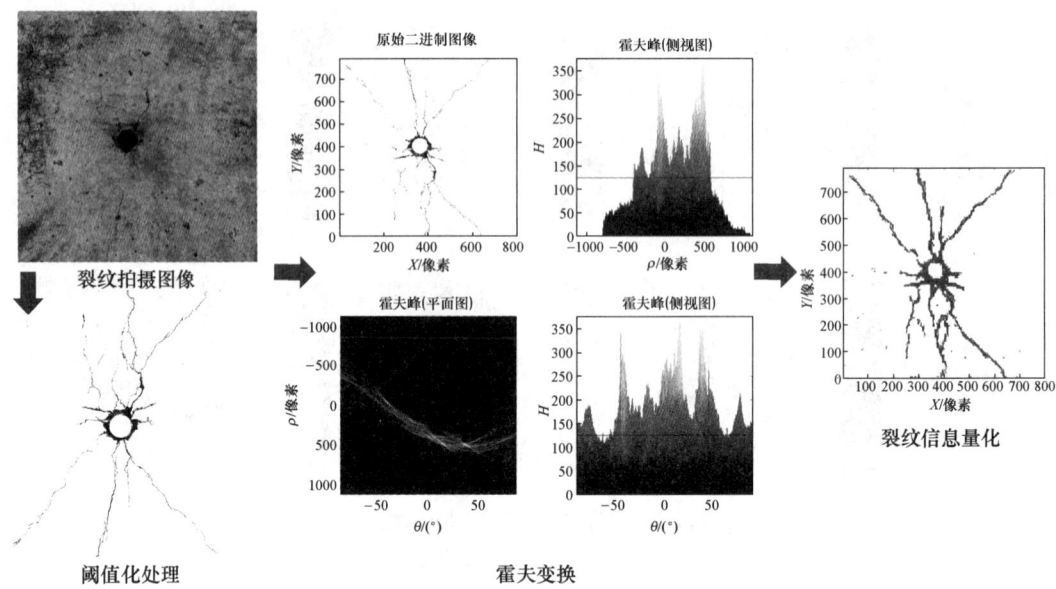

图 2　裂纹损伤量化处理过程示意图

Fig. 2　Schematic diagram of quantization process of crack damage

中延展，再与总的追踪线段进行对比，进一步运算则可得出不含集中损伤区的线条数量，其中双长方体空区为 821，双圆柱体空区为 748，即可根据追踪线段的数量对各试件的损伤进行量化且与试验结果相吻合。

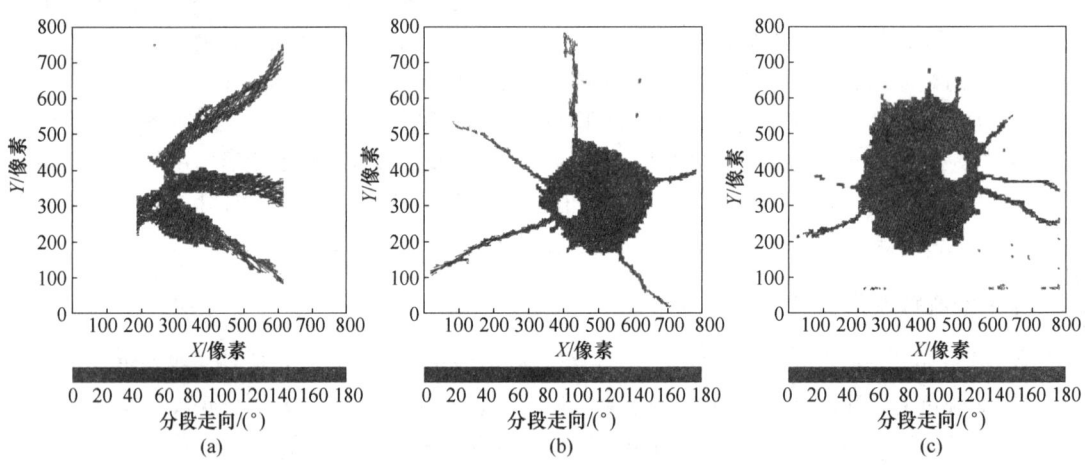

图 3　双层空区模型损伤裂纹追踪量化

（a）双层三棱柱体空区（$n=1986$）；（b）双层长方体空区（$n=1514$）；（c）双层圆柱体空区（$n=1706$）

Fig. 3　Damage crack tracking quantification of double-layer goaf model

　　图 4 为单层空区模型损伤裂纹量化追踪信息，其中三棱柱体空区追踪线段数量为 1153，长方体空区为 779，圆柱体空区为 471。通过量化信息可知，在相同爆炸荷载作用下，三棱柱体空区损伤量最大，长方体空区次之，圆柱体空区损伤量最小。根据裂纹分布情况，三棱柱体空区裂纹几乎为对称式贯通损伤，而长方体及圆柱体则在试件的一侧出现大尺寸的损伤。可以看出

在三种试件中，最大损伤趋势方向均为对角线方向，水平方向（沿空区贯通走向）除圆柱体空区有较为明显的发育外，其余两试件均不明显。相比之下，圆柱体空区结构在受荷载作用时，各方向承载较为平均，而长方体或三棱柱体空区均在垂直方向上有尖点，故裂纹发育倾向该方向。

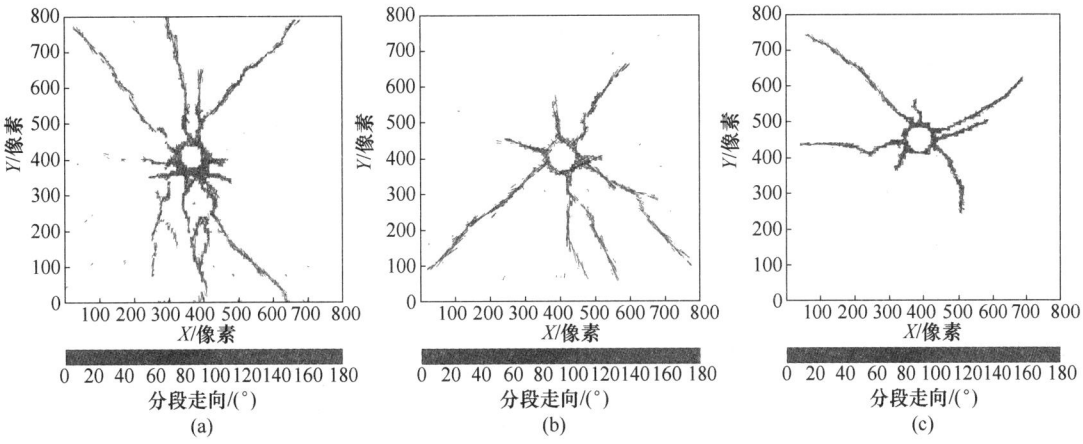

图 4　单层空区模型损伤裂纹追踪量化

（a）三棱柱体空区（$n=1153$）；（b）长方体空区（$n=779$）；（c）圆柱体空区（$n=471$）

Fig. 4　Damage crack tracking quantification of single-layer goaf model

　　整体来看，双层空区损伤量要大于单层空区，其原因是空区分布数量的增加，空区岩体周围的约束力减弱，相同荷载作用下试件的损伤量更多。相应的，空区形态的尖点越突出损伤程度越大，尖点位置对裂缝的发育有直接影响，也是采空区失稳逐渐发展起始的关键点。不同形式的空区，其裂纹发育的数量不同，在裂纹的尺度上也有差异。由图 5 可以看出，双层长方体空区量化后的裂纹尺度主要集中在 0 ~ 50 个像素点，该尺度占比超过了 25%，双层圆柱体空区也处于该范围内，但裂纹尺度分布比长方体空区要小，且分布频次在 450 个单位左右，总占比约为 27.5%。双层三棱柱体空区则集中为 50~100 个像素点区域内，最大尺度频率为 270 ~ 385 个单位，总占比接近 1/3。最大及最小尺度为图表中两侧虚线标注位置，双层三棱柱体空区及双层圆柱体空区最大尺度均为 475 个像素点处，双层长方体空区则为近似 350 个像素点，需要

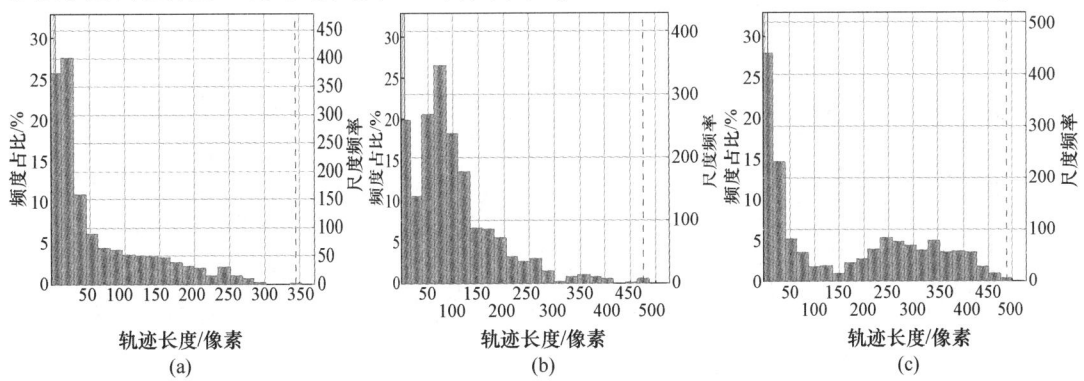

图 5　双层空区模型裂纹尺度分布

（a）双层长方体空区；（b）双层三棱柱体空区；（c）双层圆柱体空区

Fig. 5　Crack scale distribution in double-layer goaf model

说明的是，该统计结果包括可见爆破漏斗的集中损伤区域。

由图 6 分析单层采空区的裂纹尺度分布情况可知，长方体空区在尺度上主要集中在 0 ~ 30 个像素点，尺度频率最大为 80 个单位，占比约为 22%。三棱柱体空区则集中在 0 ~ 20 个像素点范围，尺度频率约为 260 个单位，占比约为 23%。圆柱体空区裂纹尺度主要分布范围在 0 ~ 40 个像素点区域，尺度频率接近 70 个单位，占比在 14% 左右。由上述可知，裂纹分布的密集程度越高，其尺度频率越大，但只以裂纹轨迹最大尺度为指标并不能说明其整体的损伤程度，只能说明在分析的裂纹图像中，宏观裂纹尺度较大。如长方体空区其裂纹最大尺度为 235 个像素点左右，但其整体损伤程度小于三棱柱体空区，需要结合裂纹的尺度分布集中情况及总体占比频率来综合判定。

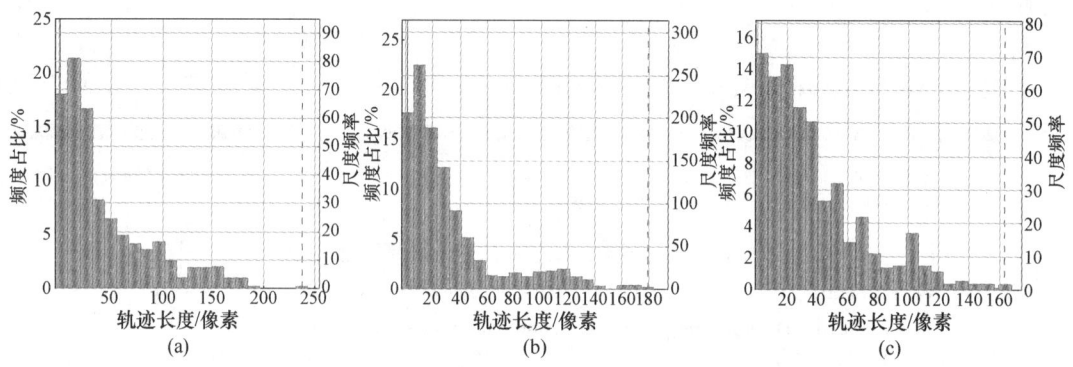

图 6　单层空区模型裂纹尺度分布

（a）长方体空区；（b）三棱柱体空区；（c）圆柱体空区

Fig. 6　Crack scale distribution in single-layer goaf model

3.4　裂纹密度及尺度估计

图 7 为根据双层采空区模型裂纹量化信息做出的断裂密度估计，可以看出断裂发生较为密集的区域集中在炮孔周边及裂纹扩展轨迹区域，其中高密度区多为裂纹与裂纹的交会处，由于实测中双层三棱柱体空区模型损伤程度较大，采样区内仅有二分之一炮孔，故图中左下角出现高密度区却未见裂纹交汇。该处的高密度与试验结果相对应，由此可以推断，当顶板失稳发生时，空区顶板结构中的尖点处将是多条裂纹起裂或裂纹发育扩展终点的趋向位置。

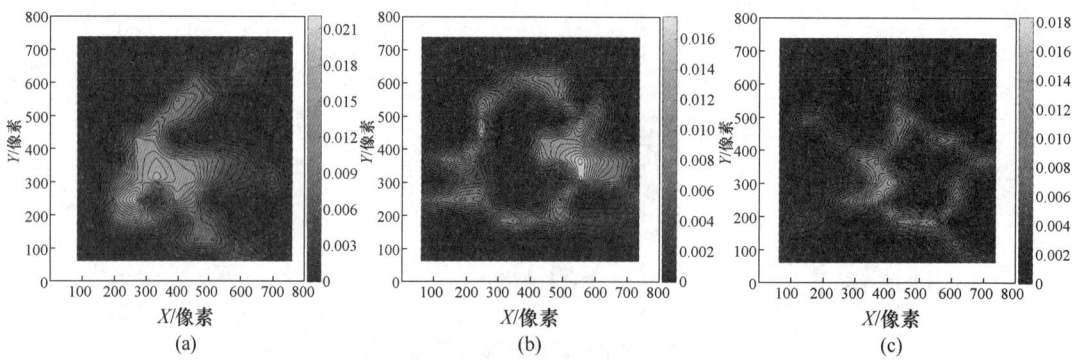

图 7　双层空区模型断裂强度估计

（a）双层三棱柱体空区；（b）双层圆柱体空区；（c）双层长方体空区

Fig. 7　Estimation of fracture strength of double-layer goaf model

通过图8可知断裂密度估计与空区形态之间的关系，损伤程度越高，相应的密度估计越大，三棱柱体空区最大标度为0.02，长方体空区次之为0.018，圆柱体空区则为0.008。高密度区集中在炮孔中心区域，说明爆炸能量在作用的初始阶段在炮孔周边介质产生了均匀的作用，产生了较多裂纹，而后由于空区形式差异，能量作用趋势发生变化，最终呈现出不同的宏观裂纹轨迹。

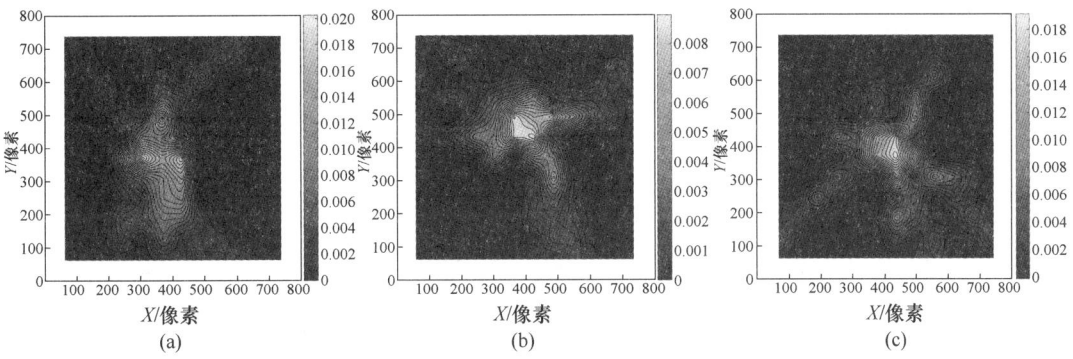

图8　单层空区模型断裂强度估计

（a）三棱柱体空区；（b）圆柱体空区；（c）长方体空区

Fig. 8　Fracture strength estimation of single-layer goaf model

对比上述断裂密度差异，双层采空区高亮区与单层采空区位置不同，空区的分布形式改变了炸药作用体积，同时也影响着裂纹发育的起始位置及发育趋向，进而决定着试件的最终破坏模式。根据已知的断裂信息进行最大似然估计拟合分析，如图9所示，根据估计结果可知单层采空区拟合参数 λ 值要大于双层采空区模型的 λ 值，即单层空区出现大尺度裂纹的概率要小于双层采空区。那么对试验结果进行推广，在相同荷载作用下，平面投影中存在重叠且力学关联较为紧密的采空区分布形式失稳概率要大于独立分布的采空区，图中可以看出双层三棱柱体空区拟合参数 λ 值最小，裂纹轨迹最大长度约为800像素点（图中右侧虚线标记），远大于双层长方体空区450像素点。单层采空区模型的统计结果与之类似，但三棱柱体空区拟合参数 λ 值要大于其他两种空区形式，其原因与小尺度轨迹数量及出现频率相关。

3.5　基于量化统计的单孔药量调整分析

基于上述量化分析结果，当采用爆破法进行采空区崩落治理时，可根据采空区空间形态并结合工程经验，进行炮孔的装药调整。例如，工程实际中空场型采空区为近似长方体结构，平均单孔装药量为 Q，当局部区域顶板结构为拱形时，则根据裂纹理化信息对该范围内炮孔装药量进行调整，调整范围为 $(1 \sim 1.6)Q$；当顶板出现尖点结构时，区域内炮孔装药量调整范围为 $(0.5 \sim 1)Q$。此外，还可根据空区顶板情况适当设计辅助孔，改变顶板应力分布状态，减小炮孔周边围压等，以期使用较小的药量达到顶板崩落效果，最大可能减少碳排放。

4　工程实例

基于前文研究结果，采空区治理方案进行优化调整，由于目标采空区顶板较厚，采用爆破作业时会产生夹制作用，在炮孔周边适当增加辅助孔，以减小岩体围压作用。作为总输入能量的爆破振动波能量虽然不能完全决定结构体的破坏状态，但是这种总输入能量的大小却是引起结构体破坏的根源，因此可采取降低爆破振动波的总输入能量的方法来降低爆破振动危害效应。由于辅助孔的布设可促进爆炸荷载作用下岩体损伤，因此顶板炮孔装药量可不作调整，边

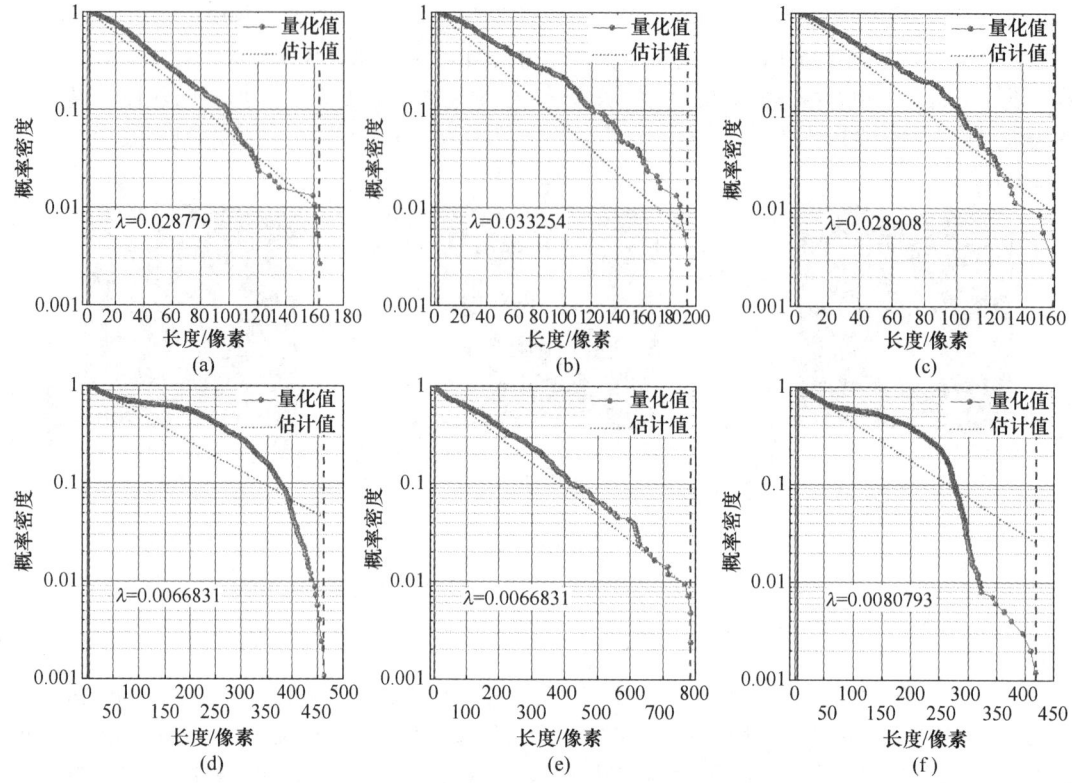

图 9　采空区模型裂纹尺度似然估计

（a）长方体空区；（b）三棱柱体空区；（c）圆柱体空区；

（d）双层长方体空区；（e）双层三棱柱体空区；（f）双层圆柱体空区

Fig. 9　Likelihood estimation of crack scale in goaf model

缘区域因增设辅助孔，药量调减至 0.8 倍，其余炮孔根据实测采空区顶板特点进行药量调整，
总装药量与常规方案相对减少 3.5%。炮孔装药结构采用分段装药如图 10 所示，首先起爆炮孔
下部集中药包，进一步削弱夹制作用，然后起爆炮孔上部炸药，根据文献［12］的研究成果，
设计炮孔延时时间，爆破网路如图 11 所示，最终爆破治理方案参数见表 2。

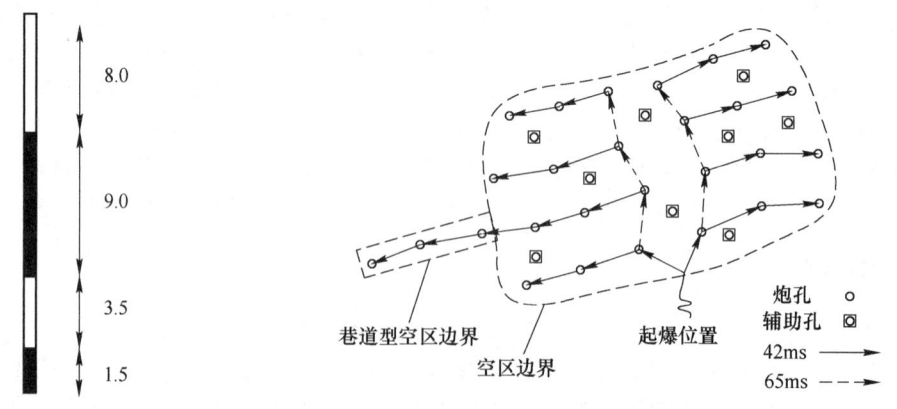

图 10　装药结构图

Fig. 10　Charge structure diagram

图 11　采空区爆破治理方案网路图

Fig. 11　Network diagram of goaf blasting treatment scheme

表 2 治理方案参数表
Tab. 2 Parameters of the governance scheme

炮孔位置	孔径/mm	孔网参数/m²	距孔底/m	孔深/m	填塞/m	单耗/kg·m⁻³
顶板崩落孔	250	6.0×5.5	3	21~22	3.5（中部） 8.0（顶部）	0.50（VCR） 0.80（深孔）

注：孔内上下分段装药，下分层高度为5m，上分层高度为17m。

最终爆破治理效果如图12所示，巷道型空区可见塌陷，采场型空区顶板塌落沉陷，进行回填处理并压实后即可恢复运输车辆在该路段的运行，且监测到的爆破振动强度低于常规爆破崩落治理方案，达到减振、减排的方案优化目的。

图 12　采空区爆破治理效果图
Fig. 12　Effect diagram of goaf blasting treatment

5　结论

（1）基于对爆炸荷载作用后的试件的破坏情况进行量化统计，得出预置双层空区试件损伤量大于单层空区试件，三棱柱体空区裂纹轨迹信息在尺度分面和频率最大，长方体空区次之，圆柱体空区最小，尖点结构越突出，受相同荷载作用后损伤程度越大。

（2）根据量化分析结果，对采空区顶板爆破方案单孔药量优化调整，若平板结构每个炮孔装药量为 Q，当顶板局部区域结构为拱形时，区域内炮孔装药量调整范围为 $(1~1.6)Q$；在顶板尖点结构集中区域，调整范围为 $(0.5~1)Q$。

（3）通过增加辅助孔的方式改变顶板应力分布，降低炮孔周围压力，增加顶板结构中的尖点数量，减少炸药用量，工程应用效果良好，可达到低耗、高效、减排、减碳的优化目的，可为相关采空区治理工程提供参考。

参 考 文 献

[1] 刘军. 用空间分布信号的小波变换识别岩石材料的损伤 [J]. 岩石力学与工程学报，2004（12）：1961-1965.

[2] 张金浩，陈洪凯，王贺. 类岩石材料变形损伤与波速关系试验研究 [J]. 人民黄河，2018，40（7）：104-107.

［3］ 宋海鹏，亢一澜，张皓．基于数字图像相关的岩石单轴压缩损伤破坏实验研究［C]//中国力学学会实验力学专业委员会．第十三届全国实验力学学术会议论文摘要集．第十三届全国实验力学学术会议论文摘要集，2012：33.

［4］ 亓宪寅，王胜伟，杨振等．基于数字图像的复合岩石试验与损伤模型研究［J］．科学技术与工程，2022，22（30）：13450-13459.

［5］ Chi L Y, Zhang Z X, Aalberg A, et al. Fracture Processes in Granite Blocks Under Blast Loading ［J］. Rock Mechanics and Rock Engineering, 2019, 52（3）：853-868.

［6］ 叶晨峰．花岗岩岩石爆破破裂损伤的微观特性试验研究［D］．湘潭：湖南科技大学，2012.

［7］ 闫建文，徐传召．梯段爆破过渡区岩体损伤的量化研究［J］．西安理工大学学报，2014，30（2）：220-224.

［8］ 吴乾德．基于数字图像处理的混凝土桥梁损伤识别方法研究［D］．南京：东南大学，2021.

［9］ Rizzo R E, Healy D, Farrell N J, et al. Riding the right wavelet：Quantifying scale transitions in fractured rocks ［J］. Geophysical Research Letters, 2017, 44（23）：11808-11815.

［10］ Rizzo R E, Healy D, De Siena L. Benefits of maximum likelihood estimators for fracture attribute analysis：Implications for permeability and up-scaling ［J］. Journal of Structural Geology, 2017, 95：17-31.

［11］ Healy D, Rizzo R E, Cornwell D C, et al. FracPaQ：A MATLAB^{TM} toolbox for the quantification of fracture patterns ［J］. Journal of Structural Geology, 2017, 95：1-16.

［12］ 张耿城．矿山爆破环境振动效应评价及控制技术研究［D］．鞍山：辽宁科技大学，2020.

轴向全孔水间隔光面爆破参数优化与应用

王建国[1,2]　张 伟[1]　王 勉[1]　李祥龙[1]

（1. 昆明理工大学国土资源工程学院，昆明　650093；

2. 建筑健康监测与灾害预防国家地方联合工程实验室，合肥　230601）

摘　要：为改善勐省隧道采用常规光面爆破破碎围岩时出现的超欠挖、进尺率低等问题，基于水压爆破破岩机理，利用数值模拟分析了循环爆破对于围岩的损伤累积效应，确定了隧道水压光面爆破孔网参数并在勐省隧道开展对比试验。试验表明，采用轴向全孔水间隔光面爆破技术，勐省隧道全断面爆破的周边孔数由 22 个降为 17 个，缩短钻眼时间约 30min；炮孔利用率由 78.3% 提升至 93.4%；半孔率由 38.3% 提高至 74.5%；平均超挖量由 11.9cm 降至 3.3cm；该技术在软弱围岩隧道实现了安全、高效、环保、节能的施工目标。

关键词：光面爆破；水压爆破；破碎围岩；轴向全孔水间隔；超欠挖控制

Parameter Optimization and Application of Axial Full-hole Water-interval Smooth Blasting

Wang Jianguo[1,2]　Zhang Wei[1]　Wang Mian[1]　Li Xianglong[1]

（1. School of Land and Resources Engineering, Kunming University of Science and Technology, Kunming 650093; 2. National and Local Joint Engineering Laboratory of Building Health Monitoring and Disaster Prevention, Hefei 230601）

Abstract：In order to improve the problems of overbreak and underbreak and low footage rate when the conventional smooth blasting is used to break the surrounding rock in Meng Province Tunnel, based on the rock breaking mechanism of water pressure blasting, the damage accumulation effect of cyclic blasting on the surrounding rock is analyzed by numerical simulation, and the parameters of water pressure smooth blasting hole network in Meng Province Tunnel are determined and compared in Meng Province Tunnel. The test shows that the number of surrounding holes in the full-face blasting of Meng Province Tunnel is reduced from 22 to 17 by using the axial full-hole water-interval smooth blasting technology, and the drilling time is shortened by about 30min. The utilization rate of boreholes increased from 78.3% to 93.4%. The half porosity increased from 38.3% to 74.5%. The average overbreak amount decreased from 11.9cm to 3.3cm. This technology has achieved the construction goals

基金项目：国家自然科学基金面上项目（52274083）；云南省基础研究计划面上项目（202201AT070178）；建筑健康监测与灾害预防国家地方联合工程实验室开放课题资助项目（GG19KF002）。

作者信息：王建国，副教授、博士，wangjg0831@163.com。

of safety, high efficiency, environmental protection and energy saving in soft surrounding rock tunnels.

Keywords: smooth blasting; water pressure blasting; broken surrounding rock; axial full-hole water interval; over-under-excavation control

1 引言

随着我国基建工程大力发展，各类铁路、公路隧道工程持续增多[1]。目前，钻爆法仍是隧道掘进的主要方法[2]，光面爆破作为隧道施工的重要手段得到了普遍应用，但常规光面爆破仍存在超欠挖、爆后粉尘大等问题。近年来，水压光面爆破因其增能降尘、对围岩损伤低等优点逐渐成为隧道光面爆破的主要施工方法[3]。王志亮等人[4]通过 LS-DYNA 数值模拟软件研究了岩石损伤破坏区分布以及炮孔孔壁压力与径向水不耦合系数之间的关系。宋鹏伟等人[5]设置 6 种聚能水压爆破装药结构并利用 LS-DYNA 数值模拟软件确定出一种最优装药结构，经现场验证，孔痕率达到 95%以上。刘江超等人[6]采用 Starfield 迭加法推导了水间隔装药孔壁爆炸应力分布规律。李淮等人[7]针对常规光面爆破存在的问题，提出一种适用于隧道光面爆破的 C 形聚能管并投入现场应用。李广涛等人[8]总结发现，2021 年以后，采用聚能水压爆破时水袋长度已可达 60cm，实践证明相较常规爆破可节省炸药 25%，提高装药作业效率，降尘效果更显著。李立功等人[9]利用信息化监测技术，对不同钻爆参数下采用水压爆破技术时周围环境的爆破振动速度进行了监测对比分析。Adachi 等人[10]对水压爆破中应力场的分布情况进行试验研究，得出岩石裂隙发育规律以及裂隙长度变化与时间的函数关系。

综上，专家学者们已经在水压光面爆破方面做了不少研究工作，本研究基于已有成果提出一种轴向全孔水间隔光面爆破技术，利用有限元分析不同爆破方式对围岩的累积损伤效应，并在勐省隧道进行现场试验验证。

2 水压爆破破岩机理

2.1 "水楔"作用

水压爆破是指水介质作为能量载体进入裂隙，由于水介质自身不易压缩的性质，其在爆炸气体膨胀作用下产生的"水楔"效应有利于裂纹的进一步扩展以及岩石的进一步破碎，帮助破岩[11]。当高压水流楔入裂隙时，由于水的黏滞性大于空气，水射流受到破裂面上的摩擦强[12]，使裂隙内各径向点上压强值不同；考虑到气体的可压缩性和水介质的不可压缩性，认为两者在裂隙中压强分布分别为三角形和梯形分布，如图 1、图 2 所示。

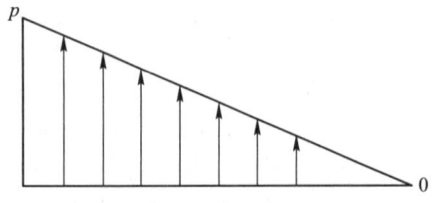

图 1 空气不耦合时裂隙内压强分布

Fig. 1 Pressure distribution in fracture when air is not coupled

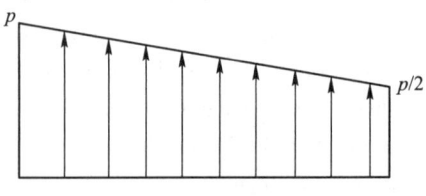

图 2 水不耦合时裂隙内压强分布

Fig. 2 Pressure distribution in fracture when water is not coupled

根据平均近似法[13]，分别取空气不耦合时裂隙壁上所受压强 $p/2$、水不耦合时裂隙壁上压

强 $3p/4$，考虑裂隙扩展时耦合介质泄露，取实用均布压力可得[14-15]：

$$p = p_i \left(\frac{R}{L} + R \right)^{1.85} \tag{1}$$

止裂条件为：

$$f p^n \left[\pi (R + L) \right]^{1/2} \leqslant k_d \tag{2}$$

式中　L——裂隙传播长度；

　　　R——岩体内某点至炮孔的距离；

　　　f——与 T 和 L 有关的修正系数，取1；

　　　k_d——岩石动态断裂韧性。

2.2　缓冲作用

当炸药爆炸利用水来传递爆炸能量和压强时，因为水介质本身密度大和不可压缩性，炸药在水中爆炸后产生的爆生气体膨胀速度要比在空气中慢得多[16]。根据帕斯卡原理[17]，水能够将压强更均匀、缓和地作用在炮孔壁上。水介质对炮孔压强的均匀、缓冲作用，使炸药能量得到更加合理的利用，降低了炮孔周围的过粉碎现象[18]。

北京科技大学的龙维祺[19]用水泥沙浆模型对空气和水两种介质耦合下的爆破机理进行试验研究，发现水压爆破和空气耦合爆破相比较，虽然应变波的强度均随不耦合系数的增加而衰减，但水压爆破的衰减速度比空气耦合要慢，两者相差几乎一倍（见表1），证明了水介质的缓冲作用。

表1　孔内水和空气不耦合条件下应力应变衰减规律

Tab. 1　Stress-strain attenuation law under different uncoupling coefficients when water and air are the medium

不耦合系数 K	耦合介质	平均最大应变值 $\varepsilon_{max}/\times 10^{-6}$	平均最大拉应力 $\varepsilon_{t,max}/\text{MPa}$
1.63	水	405	7.17
	空气	355	6.28
2.67	水	331	5.86
	空气	233	3.96
3.33	水	270	4.78
	空气	154	2.73
4.00	水	229	1.05
	空气	117	2.07

3　轴向全孔水间隔光面爆破参数优化

采用 ANSYS/LS-DYNA 有限元软件模拟常规、轴向全孔水间隔光面爆破，以围岩损伤程度评价两种光面爆破效果，确定勐省隧道轴向全孔水间隔光面爆破最优参数。

3.1　材料模型及参数确定

3.1.1　围岩参数

岩石爆破模拟中，RHT 模型在 HJC 本构模型基础上引入了弹性极限面、失效面和残余强度面（如图3所示），可以很好地模拟岩石在强冲击（如爆炸、侵彻）下的力学特性[20]。

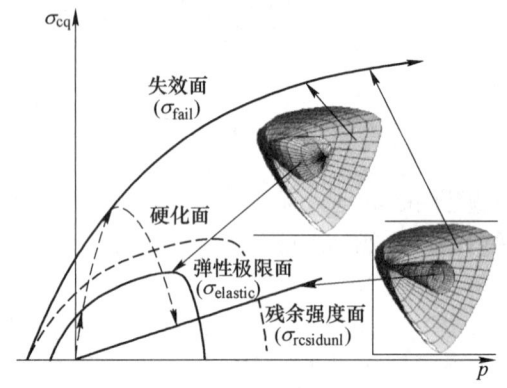

图 3　RHT 参数模型

Fig. 3　RHT parameter model

RHT 本构模型中弹性极限应力、失效应力和残余应力由压强、偏应力和应变率决定，压强 p、罗德角 θ 和应变率 ε 是材料的弹性极限应力 $\sigma_{elastic}$ 的函数[21]，其强度和规范化等效应力表达式为：

$$\sigma_{elastic}(p,\theta,\varepsilon)=f_c \cdot \sigma^*_{TXC}(p_{s,el}) \cdot R_3(\theta) \cdot F_{rate}(\dot\varepsilon) \cdot F_{elastic} \cdot F_{cap} \tag{3}$$

式中　　　f_c——静态抗压强度；

$\sigma^*_{TXC}(p_{s,el})$——等效应力强度；

$R_3(\theta)$——罗德角因子；

$F_{rase}(\dot\varepsilon)$——应变率因子；

F_{cap}——"帽盖"函数；

$F_{elastic}$——弹性缩放因子。

基于单轴试验、文献资料[22]以及理论分析[23]等手段获得了勐省隧道白云质灰岩 RHT 本构模型参数。白云质灰岩 RHT 模型参数统计见表2。

表 2　白云质灰岩 RHT 本构参数

Tab. 2　RHT constitutive parameters of dolomitic limestone

参数名称	数值	参数名称	数值	参数名称	数值	参数名称	数值
$\rho_0/g \cdot cm^{-3}$	2.67	A	2.26	A_2/MPa	29.7	T_1/GPa	16.70
p_{crush}/MPa	18.9	N	0.61	A_3/MPa	15.8	ε_f^m	0.01
p_{comp}/MPa	5.4	Q_0	0.685	B_0	1.60	B	1.60
n_f	3.0	G/GPa	12.75	B_1	1.60	A_f	0.61
f_c/MPa	28.4	f_s^*	0.18	T_1/GPa	18.72	D_1	0.04
A_1/GPa	17.6	γ	1.6	T_2	0	D_2	1.0
f_t^*	0.012	n_p	3.0	p_{comp}/GPa	6.0	f_s^*	0.15
ξ	0.5	α	1.11	g_t^*	0.70	β_t	0.017

3.1.2 炸药本构模型及状态参数

岩石状态方程可用来描述炸药内部单元的压力时程曲线，对于 2 号岩石乳化炸药，材料模型选用 MAT_HIGH_EXPLOSIVE_BURN 结合 JWL 状态方程联用[24]，其对应数值及具体参数见表 3。

表 3　炸药相关参数

Tab. 3　Related parameters of explosives

参数	数值	参数	数值
$\rho/\mathrm{g \cdot cm^{-3}}$	1. 24	B/GPa	0. 182
$D/\mathrm{m \cdot s^{-1}}$	3500	R_1	4. 2
$P/\mathrm{J \cdot GPa^{-1}}$	7. 4	R_2	0. 9
A/GPa	214. 4	ω	0. 15
E_0/GPa	4. 192	V	1. 0

3.1.3 空气、水介质参数

由于水是流体材料，需要通过本构方程联合状态方程来描述其力学行为，即 MAT_NULL 材料和 Gruneisen 状态方程联用，水介质的详细参数及对应数值见表 4。

表 4　水介质计算参数

Tab. 4　Calculation parameters of water medium

参数	数值	参数	数值
$\rho/\mathrm{g \cdot cm^{-3}}$	1. 0	S_1	1. 92
C	1. 642	S_2	−0. 096
μ	$8. 9 \times 10^{-4}$	S_3	0. 0
γ_0	0. 35	E_0	0. 0

空气模型与水相似，需要采用空气材料即 *MAT_NULL 材料模型和 *EOS_LINEAR_POLYNOMIAL 线性多项式状态方程联合描述其行为，其相关参数及对应数值如表 5 所示。

表 5　空气材料参数

Tab. 5　Air material parameters

参数	数值	参数	数值
$\rho/\mathrm{kg \cdot m^{-3}}$	1. 252	C_1	0
C_0	0	C_2	0
E/Pa	0. 25	C_3	0
C_4	0. 4	C_5	0. 4
V	1. 0	C_6	0

3.2　数值模拟结果分析

基于 RHT 模型对轴向全孔水间隔光面爆破参数进行优化，以光爆层厚度为例展开研究。

光爆层厚度是影响周边孔爆破效果的关键，根据地质资料，勐省隧道围岩大多为Ⅳ级围岩，查阅文献 [25] 可知，Ⅳ级围岩的光爆破层厚度为 60cm，考虑到水介质增能作用，故选择光爆层厚度 60cm、70cm、80cm。以光爆层厚度 $W=70cm$ 为例，其数值计算模型如图 4 所示，模型中炮孔直径为 0.4cm，长度为 400cm，炮孔间距为 60cm，围岩轴向深度为 450cm，数值模型 X、Y、Z 方向的尺寸为 300cm×200cm×450cm（长×宽×高）。采用六面体映射网格对整体模型进行划分，网格尺寸为 5mm，单元数量 104200 个，节点数量 118063 个，如图 5 所示。模型底部以及孔口边界定义为自由边界，其余面均设为无反射边界，设置计算时间为 2000μs，采用的单位制为 g-cm-μs。

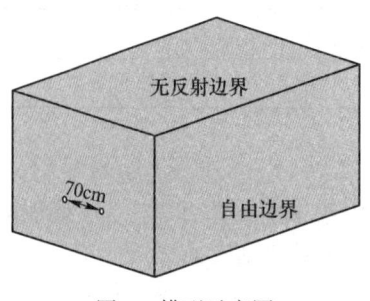

图 4　模型示意图

Fig. 4　Schematic diagram of the model

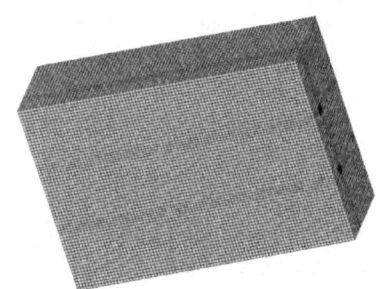

图 5　网格划分

Fig. 5　Grid division

研究了光爆层厚度 W 为 60cm、70cm、80cm 的数值模型，模型在 1000μs 时的损伤云图如图 6 所示。由损伤演化云图可以看出：光爆层厚度为 60cm 与 70cm 时，被爆侧岩体产生大量裂隙，裂隙与自由面贯通，岩体破碎成诸多块。从纵 Z 方向可以看出，与 $W=70cm$ 相比，$W=60cm$ 时围岩的粉碎区半径更大，被爆侧岩体的裂纹数量更多。当光爆层厚度为 80cm 时，被爆侧围岩未发生大面积损伤，说明当光爆层厚度为 80cm 时，被爆侧围岩不会发生崩落。因此基于数值模拟选择光爆层厚度为 70cm。

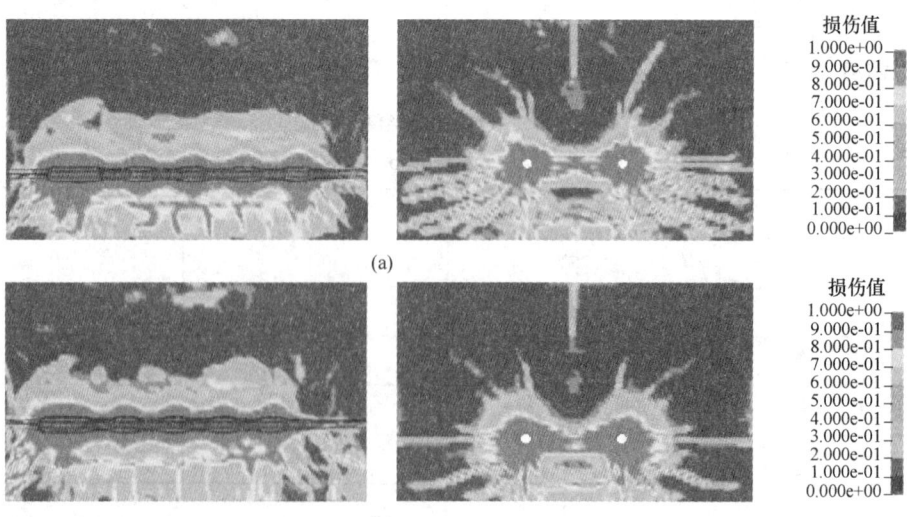

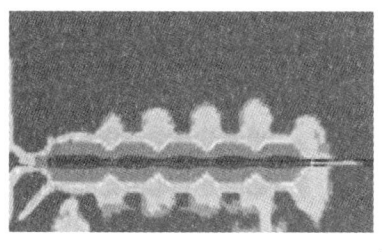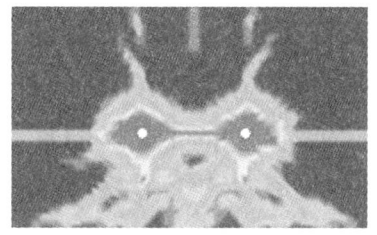

(c)

图 6　损伤云图

（a）$W=60$cm；（b）$W=70$cm；（c）$W=80$cm

Fig. 6　Damage cloud image

　　此处以光爆层厚度 70cm 为例，研究损伤随时间的演化过程，对模型截面 $Y=100$cm 以及 $Z=360$cm 进行分析，如图 7 所示。在 50μs 时，炮孔周围出现应力，但是并未发生损伤；在 200μs 时，炮孔附近的岩石开始被压碎，损伤以炮孔为中心呈椭圆形向四周扩散；在 400μs 时，炮孔内轴向损伤相互贯通；在 600μs 时，损伤向着自由面方向扩展；在 800μs 时，损伤与自由面相互贯通，由于炮孔底部加强装药，因此炮孔底部的裂隙密度大于其余装药段。在 800μs 后，损伤继续发育，裂纹的数量逐渐增大，在 1000μs 时，损伤停止扩展，损伤范围不再变化。同时，从图 7 中可以发现，轴向水压光面爆破中处于被爆侧的岩体损伤裂隙较多，说明被爆侧岩体发生破碎；而被保护侧的围岩几乎无裂隙扩展，保护效果明显，进一步验证了轴向水间隔装药结构在光面爆破中的优势。

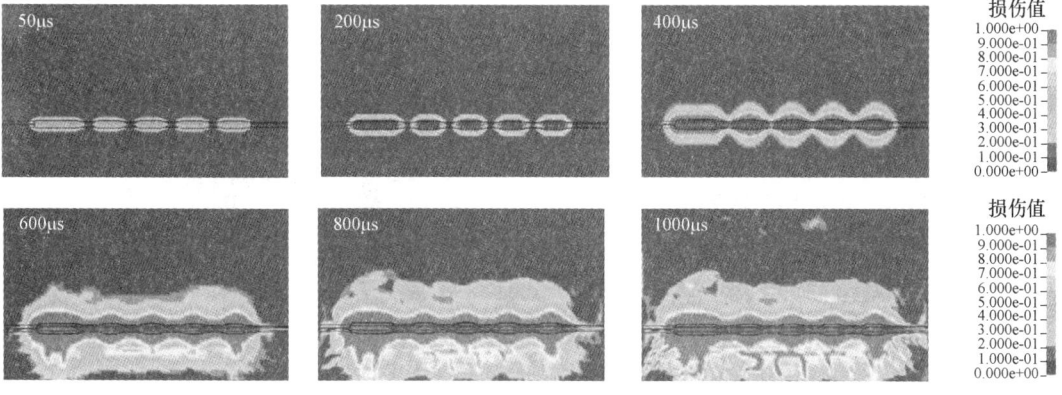

图 7　损伤随时间演化过程

Fig. 7　Damage evolution over time

　　同理，通过分析围岩损伤演化规律，对比围岩损伤情况，最终确定出轴向全孔水间隔光面爆破参数（见表 6）。

表 6　轴向水间隔光面爆破参数

Tab. 6　Axial water interval smooth blasting parameters

爆破参数	线装药密度/g·m^{-1}	炮孔间距/cm	光爆层厚度/cm
数值	300	60	70

4 循环爆破累积损伤效应

4.1 岩体爆破的累积损伤度

岩体的损伤是一个不断变化、相互联系的过程。隧道围岩的累积，损伤是循环爆破荷载不断重复、持续作用的结果。为了量化岩体在循环爆破荷载作用下的累积损伤值，可通过声波波速变化对损伤增量进行定义。假定加载次数为 n 次，则 n 次爆破加载后的损伤[26] 为：

$$D_n = \frac{D_0}{a}\left(a + \sum_{i=1}^{n} r_{imax}\right) \tag{4}$$

式中　　D_n——第 n 次爆破振动作用后岩石的累积损伤度；

　　　　r_{imax}——第 i 次爆破损伤振动作用裂纹扩展长度值。

前文已经对轴向全孔水间隔光面爆破参数进行了优化，基于上述参数开展优化前后两种光爆方案对于围岩的累积损伤研究，以检验轴向全孔水间隔光面爆破对于围岩维持长期稳定性的效果。

4.2 损伤效应数值分析方法

利用有限元软件 LS-DYNA，建立了二分之一对称三维隧道数值模型，以减少计算时长，如图 8 所示。数值模型的尺寸为 40m×20m×30m（长×宽×高），采用六面体单元对隧道模型进行网格划分，网格划分尺寸为 0.2m，总体共划分 402517 个单元，节点数量为 452718 个，网格划分如图 9 所示。对于隧道掌子面前方设置为自由边界，其余方向设置为无反射边界，设计了三次循环爆破，与现场循环进尺一致，每次循环进尺为 4m。模型的损伤采用 RHT 本构模型，利用软件自带的重启动算法来研究累积爆破对于围岩的损伤效应。

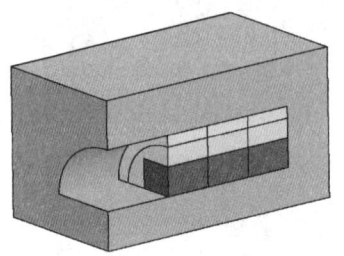
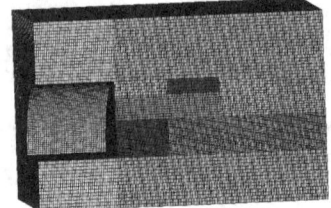

图 8　对称半模型　　　　　　　　　　　　图 9　有限元网格划分

Fig. 8　Symmetrical half model　　　　　　Fig. 9　Finite element mesh division

4.3 数值计算结果分析

未施加荷载时，假定隧道岩体的初始损伤值 D 为 0。隧道现场的炮孔直径为 40mm，炸药直径为 32mm。基于有限元软件 ANSYS/LS-DYNA 及其重启动功能，在数值模拟过程中将每一次循环爆破简化为爆炸荷载施加在相应的开挖边界上，将上一次爆破产生的应力、应变和损伤值等作为后一次爆破的初始条件，分别计算各次爆炸荷载作用下隧道围岩的累积损伤效应。周边孔循环爆破荷载作用下岩体累积损伤演化过程如图 10 所示。

如图 10 所示，在第一次循环爆破时，由于等效荷载的峰值较大，施加等效荷载后崩落孔的围岩会产生较大的损伤，在损伤云图上表现为单元发生较大的畸变，隧道孔壁周边约 3.7m

图 10　周边孔循环掘进损伤云图

Fig. 10　Damage cloud image of circular excavation of peripheral holes

范围内围岩均受到不同程度爆破扰动，损伤的主要位置在隧道的拱肩与拱底处。随循环爆破推进，发现下一循环的掌子面损伤加重，拱顶处围岩变形已超阈值，周边 4.1m 范围内围岩受不同程度扰动，扰动范围较之上一循环增大，说明下一循环的开挖受到上一循环的影响，使得下一循环处围岩的力学性质发生弱化，在第三次循环爆破，围岩受第一次与第二次循环爆破的影响，扰动范围再次加大，孔壁周边 4.7m 范围内围岩均发生不同程度变形。

　　为研究循环爆破荷载作用下隧道围岩累积损伤的演化过程，在 $Z=200$cm 截面处（见图 11）选择四个参考点 A、B、C、D，绘制了循环爆破下围岩累积损伤值随时间的变化曲线，如图 12 所示。

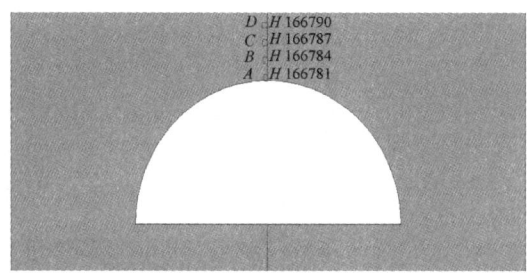

图 11　$Z=200$cm 处截面

Fig. 11　Cross-section at $Z=200$cm

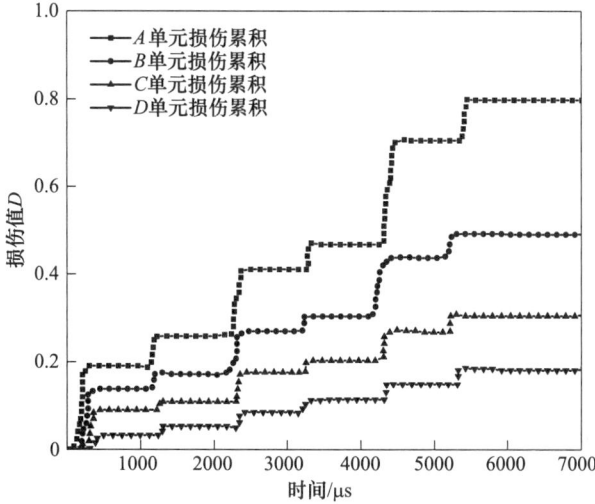

图 12　累积损伤随时间变化情况

Fig. 12　Cumulative damage changes over time

如图 12 所示，在第一阶段，即 0～2400μs，第一次爆破完成后，A 点的损伤值由 0 增大到 0.26，B 点的损伤值由 0 增大到 0.19；随着循环爆破推进，在第二阶段，即 2400～4400μs，第二次爆破完成，A 点的损伤值由 0.26 增大到 0.49，B 点的损伤值由 0.19 增大到 0.28；在第三阶段，即 4400～7000μs，第三次爆破完成后，A 点的损伤值由 0.49 增大到 0.81，B 点的损伤值由 0.28 增大到 0.44；随着循环爆破推进，围岩累积损伤发生"阶跃"现象，后一次损伤程度较前次明显增大，距离爆源更远处的 C、D 单元累积损伤也具有相同规律。综上可知围岩损伤具有累积效应，随着循环爆破次数增加，围岩的损伤值逐渐增大，围岩的损伤程度逐渐增大。

常规光面爆破和轴向全孔水间隔光面爆破在截面 $Z=450$cm 处的最终损伤云图如图 13 所示。对比发现，采用常规光面爆破时，围岩受扰动范围仍较大，隧道孔壁周边 3m 内围岩均受到不同程度扰动，尤其在隧道拱顶处受扰动最大，扰动范围达 6m；而采用轴向全孔水间隔光面爆破时，对于隧道周边围岩的扰动明显减小，隧道周边围岩扰动范围约为 1m，仅为常规光面爆破扰动范围的 1/3，围岩损伤程度也小于常规爆破，数值模拟结果满足预想的优化效果。

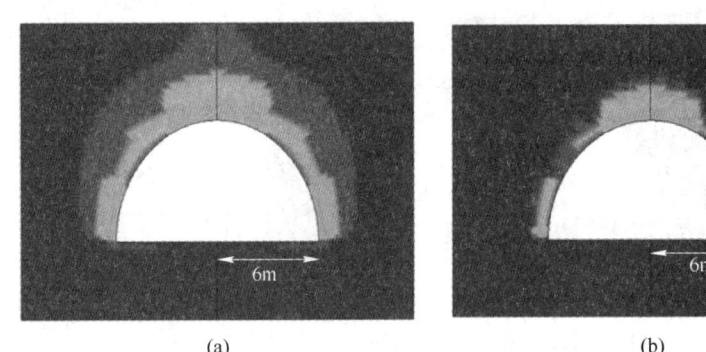 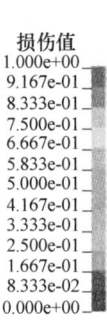

损伤值
1.000e+00
9.167e-01
8.333e-01
7.500e-01
6.667e-01
5.833e-01
5.000e-01
4.167e-01
3.333e-01
2.500e-01
1.667e-01
8.333e-02
0.000e+00

(a)   (b)

图 13 两种爆破方案在 $Z=450$cm 截面处损伤云图对比

（a）常规光面爆破；（b）轴向全孔水间隔光面爆破

Fig. 13 Comparison of damage cloud images of the two blasting schemes at the $Z=450$cm section

5 工程验证

云南省瑞孟高速勐省隧道底宽 12.43m、顶高 7.41m，断面周长 46.56m，断面面积 76.35m²，隧道岩体裂隙发育，围岩等级以 Ⅳ 级围岩为主，试验在隧道中段白云质灰岩为主的较破碎围岩段进行。

5.1 轴向水间隔光面爆破方案

轴向水间隔光面爆破与常规光面爆破均采用 2 号岩石乳化炸药，掏槽孔、辅助孔、底板孔的炮孔个数及爆破参数相同，两种爆破方式的区别在于周边眼的爆破参数及装药结构，具体数据对比见表 7；具体装药结构如图 14 所示；具体炮孔平面布置如图 15 所示。

表 7　两种爆破方式周边孔爆破参数对比

Tab. 7　Comparison of peripheral hole blasting parameters of the two blasting methods

爆破方式	炮孔类型		炮孔深度/mm	炮孔间距/cm	线装药密度 /g·m⁻¹	孔径/mm
常规光面爆破	周边孔	拱顶	3500	50	350	40
		左帮				
		右帮				
轴向全孔水间隔光面爆破	周边孔	拱顶	4000	60	300	
		左帮				
		右帮				

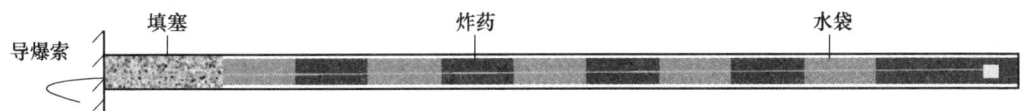

图 14　装药结构示意图

Fig. 14　Schematic diagram of charging structure

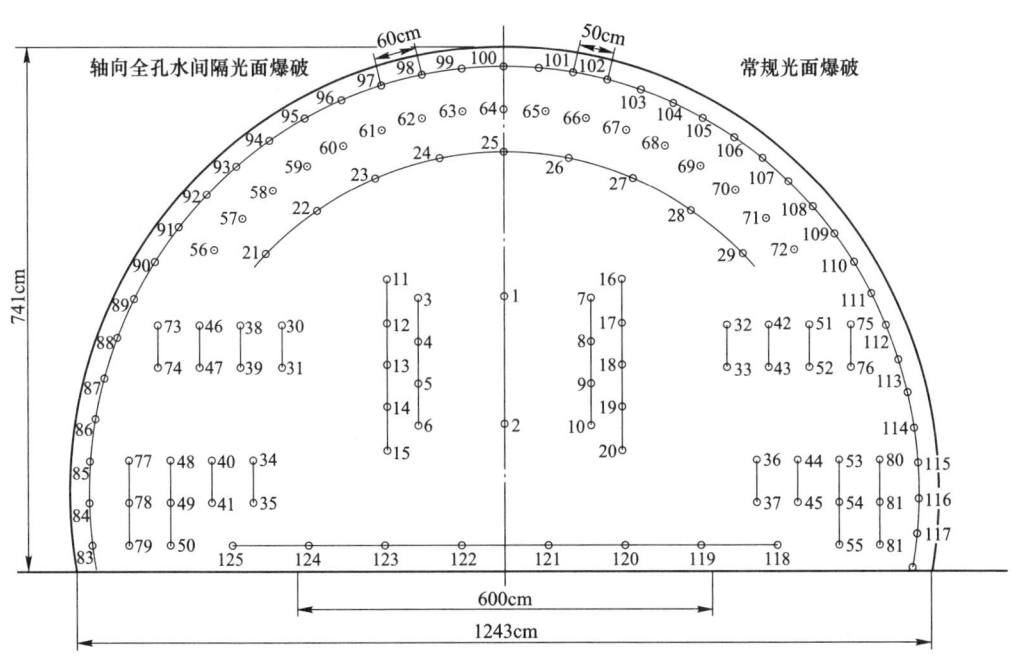

图 15　炮孔布置平面图

Fig. 15　Layout plan of gun holes

5.2　爆破效果对比分析

为了尽可能地排除其他因素（地质条件、围岩性质）的干扰，在同一断面做了常规光面爆破与轴向全孔水间隔光面爆破对比试验（同断面掘进时布置的 3 组对比试验，挑选其中一组进行现场爆破效果对比），发现轴向全孔水间隔光面爆破半孔保留率显著提升，如图16所示；根据断面扫描结果所显示，隧道断面平整度得到很好的改观，几乎没有超、欠挖，节约了二次衬砌混凝土费用，具体试验数据见表8。

(a)　　　　　　　　　　　　　　　　(b)

图16　爆破效果对比

（a）轴向全孔水间隔光面爆破；（b）常规光面爆破

Fig. 16　Comparison of blasting effect

表8　爆破效果对比

Tab. 8　Comparison of blasting effect

爆破方式	编号	周边孔个数	炮孔利用率/%	均值/%	半孔率/%	均值/%	超欠挖(±)/cm	均值/cm
常规光面爆破	1右	22	78.3	78.3	37.2	38.3	16	11.9
	2右	22	80.3		39.4		9.5	
	3右	22	76.3		38.4		10.2	
轴向全孔水间隔光面爆破	4左	17	91.2	93.4	72.4	74.5	2.2	3.3
	5左	17	93.6		77.6		3.4	
	6左	17	95.4		73.4		4.3	

　　如表8所示，综合三组现场试验数据发现，轴向全孔水间隔光面爆破周边炮孔数目由常规光面爆破的22个降为17个，缩短钻孔时间约30min；轴向全孔水间隔光面爆破炮孔利用率达93.4%，较常规光面爆破78.3%的炮孔利用率提升了15.1%；半孔率由常规光面爆破的38.3%提升至74.5%；平均超挖由常规光面爆破的11.9cm降至3.3cm。爆破效果提升显著，实现了安全、高效、环保、节能的施工目的。

6　结论

　　采用理论分析、数值模拟和现场试验相结合的方法，对轴向全孔水间隔光面爆破的参数进行优化研究，得出主要结论如下：

　　（1）ANSYS/LS-DYNA模拟分析确定了最佳的水压光面爆破参数，即最优线装药密度为300g/m，最佳炮孔间距为60cm，最佳光爆层厚度为70cm。

　　（2）全断面循环开挖爆破下常规光面爆破平均扰动深度约3m，采用轴向全孔水间隔光面爆破的平均扰动深度约1.0m，有效降低了对保留围岩的损伤。

（3）轴向全孔水间隔光面爆破方案周边炮孔数目减少约23%，炮孔利用率平均提升了15.1%，半孔率提升至74.5%，平均超欠挖控制在±5cm。

参 考 文 献

[1] 田四明，王伟，杨昌宇，等. 中国铁路隧道40年发展与展望 [J]. 隧道建设（中英文），2021，41 （11）：1903-1930.

[2] 龚敏，邱燚可可，李永强，等. 定制雷管微差时间实测与识别法在城市隧道爆破设计中的应用 [J]. 岩石力学与工程学报，2015，34（6）：1179-1187.

[3] Jeong D, Moon S, An D, et al. A study on tunnel excavation method using notch hole for vibration and overbreak control in rockmass [C] //Proceedings of the European Federation of Explosives Engineers. Vienna, 2007.

[4] 王志亮，李永池. 工程爆破中径向水不耦合系数效应数值仿真 [J]. 岩土力学，2005，26（12）：1926-1930.

[5] 宋鹏伟，杨新安，李淮，等. 基于聚能水压光爆技术的周边眼装药结构优化研究 [J]. 隧道建设（中英文），2022，42（1）：103-112.

[6] 刘江超，高文学，张声辉，等. 水间隔装药孔壁爆炸应力分布规律 [J]. 兵工学报，2021，42 （12）：2646-2654.

[7] 李淮，孙卫星，宋鹏伟，等. 基于C型聚能管的聚能水压光面爆破技术原理及应用 [J]. 爆破器材，2023，52（1）：50-57.

[8] 李广涛，李大春. 隧道掘进水压爆破技术发展新阶段 [J]. 爆破，2022，39（3）：82-87.

[9] 李立功，张亮亮，刘星. 小净距双洞隧道下穿建筑物爆破振速控制技术研究 [J]. 隧道建设（中英文），2016，36（5）：592.

[10] Adachi J, Sieb Rits E, Peirce A, et al. Computer simulation of hydraulic fractures [J]. International Journal of Rock Mechanics and Mining Sciences, 2007, 44 (5): 739-757.

[11] 蔡永乐，付宏伟. 水压爆破应力波传播及破煤岩机理实验研究 [J]. 煤炭学报，2017，42（4）：902-907.

[12] Huang Bingxiang, Liu Changyou, Fu Junhui, et al. Hydraulic fracture-ring after water pressure control blasting for increased fracturing [J]. International Journal of Rock Mechanics & Mining Sciences, 2011, 48: 976-983.

[13] 陈士海，林从谋. 水压爆破岩石的破坏特征 [J]. 煤炭学报，1996（1）：24-29.

[14] Fan T Y, Fan L. Diffusive Wave Model and Its Applications to Biology and Physics [J]. Journal of Beijing Institute of Technology, 2010, 19 (4): 379-381.

[15] 张恒根，王卫华，王永强. 空气不耦合装药孔壁初始冲击压力的计算 [J]. 工程爆破，2020，26 （3）：8-15，22.

[16] 王立安. 水介质缓冲爆破在煤矿炮采工作面中的应用 [J]. 爆破，2003（S1）：27-29.

[17] 曹连民，王忠涛，黄利民等. 基于帕斯卡原理的支架初撑力增压装置 [J]. 煤矿安全，2017，48 （1）：109-112.

[18] 宗琦，罗强. 炮孔水耦合装药爆破应力分布特性试验研究 [J]. 实验力学，2006（3）：393-395，397-398.

[19] 龙维祺. 水压爆破在露天矿的试验研究 [J]. 工程爆破，1995（2）：41-48.

[20] 程俊飞，张长亮，罗志光. 水不耦合装药爆破模型推导及爆破效果分析 [J]. 地下空间与工程学报，2017，13（6）：1616-1623.

［21］李洪超，刘殿书，赵磊，等．大理岩 RHT 模型参数确定研究［J］．北京理工大学学报，2017，37（8）：801-806.

［22］Jayasinghe L B, Shang J, Zhao Z, et al. Numerical investigation into the blasting-induced damage characteristics of rocks considering the role of in-situ stress and is discontinuity persistence［J］. Computers and Geotechnics, 2019, 116：103207. 1-103207. 12.

［23］刘歧共，王浩，林大能，等．轴向不耦合装药结构水介质不耦合系数及位置效应分析［J］．工程爆破，2023，29（1）：93-101，129.

［24］LS-DYNA key-word user's manual［M］. Livermore, CA：Liver More Software Technology Corporation, 2003.

［25］刘国强，刘彬，张庆明，等．岩溶隧道光面爆破参数优化及其应用研究［J］．隧道建设（中英文），2021，41（S2）：50-57.

［26］姜立春，沈彬彬，陈敏．循环爆破累积损伤诱发似层状铝土矿采空区群失稳机制［J］．中南大学学报（自然科学版），2022，53（4）：1429-1438.

临近重要建构筑物控制爆破新技术与应用

高毓山　鹿文娇　刘新宇

（本溪钢铁（集团）矿业有限责任公司，辽宁　本溪　117000）

摘　要：清渣台阶爆破对临近重要建构筑物会产生较大的安全隐患，对比分析覆盖法、预留岩墙法和降低装药法3种常用的控制爆破方法，发现它们在爆破安全、质量、效率方面都有着各自的局限性。为此，研发了一种控制爆破新技术，通过在朝向临近重要建构筑物方向的清渣炮孔前方覆盖合理厚度的碎石，再经过精细化的穿孔、装药设计，能够有效地控制爆破有害效应，使临近的重要建构筑物不受破坏，同时还能够改善爆破质量，解决了大抵抗线易产生根底的难题，为国内外类似工程提供了借鉴和参考。

关键词：台阶爆破；控制爆破；大孔径；清渣爆破；爆破安全

Research and Application of New Controlled Blasting Technology for Adjacent Important Structures

Gao Yushan　Lu Wenjiao　Liu Xinyu

（Benxi Iron & Steel（Group）Mining Co., Ltd., Benxi 117000, Liaoning）

Abstract: In this paper, three commonly used control blasting methods, covering method, retaining rock wall method and lowering charge method, are compared and analyzed, it is found that there are limitations in blasting safety, quality and efficiency. To this end, a new technique of controlled blasting was developed by covering a reasonable thickness of crushed stone in front of a slag-cleaning hole facing the direction of an adjacent important structure, and then by fine-grained perforation and charge design, it can effectively control the harmful effect of blasting, make the nearby important buildings undamaged, and improve the quality of blasting, and solve the problem that the large resistance line is easy to produce the foundation, it provides reference for similar projects at home and abroad.

Keywords: step blasting; controlled blasting; large aperture; slag blasting; blasting safety

1　工程背景

在露天台阶爆破中，台阶清渣爆破是常见的一种爆破方式，它是把自由面上以前爆破的爆堆清理干净，形成整洁的自由面再进行爆破。该种爆破方式能够准确地确定最小抵抗线的大小，但是由于前方缺少遮挡物，清渣前排会产生较多的爆破飞散物，其对（构）筑物会产生较大的安全隐患，对矿山生产的安全性、高效性、经济性均会产生不利影响[1]。

作者信息：高毓山，教授级高级工程师，13942466797。

2 常用台阶飞散物控制爆破方法对比分析

目前，对临近重要建筑物的保护常用以下 3 种控制爆破方法：第 1 种方法为覆盖法，是对建筑物进行覆盖，降低爆破抛掷物对建构筑物的破坏[2]；第 2 种方法为预留岩墙法，是扩大前排的沿边距、留岩墙，爆后再对岩墙进行二次爆破；第 3 种方法为降低装药法，就是降低清渣头排炮孔正常的装药量，降低飞散物的初始能量，控制飞散距离。分析以上 3 种方法，第 1 种方法属于被动防护，对建构筑物覆盖一定厚度的防护物，在被爆破飞散物击中时起到缓冲的作用，降低对建构筑物的破坏，该种方法是最简单的防护方法，但是对建构筑物的保护能力一般，尤其对临近的建构筑物保护能力较差；第 2 种方法是预留岩墙，控制爆区头排爆破飞散物飞行距离，之后再对岩墙进行二次拉低爆破，该种方法是以牺牲整体爆破质量为代价，而且后期岩墙拉低爆破时难度较大，面临的不安全因素较多，整个工期耗时较长[3]；第 3 种方法类似于第 2 种方法，都是以牺牲爆破质量为代价，并且建构筑物距离越近，影响越大。以上 3 种控制爆破方法对保护临近的重要建构筑物而言都是可行的方案，但各自的局限性也比较突出。为此，研发了一种有效解决台阶清渣爆破对临近重要建构筑物影响的控制爆破新技术。

3 技术方案

3.1 布孔方法

首先在清渣台阶前方覆盖一层碎石，碎石直径为 1~2cm，碎石层厚度根据与被保护重要建构筑物的距离和头排炮孔的实际抵抗线而定，一般碎石层厚度不小于 3m。碎石层顶部与清渣台阶坡顶线处于同一水平，坡面为自然安息状态。设置碎石层的目的有两个：一是抑制爆破飞散物，减少岩石朝向重要建构筑物的运动速度，控制其运动位移[4]；二是能够将清渣头排炮孔前移，有利于克服底盘抵抗线，改善爆破质量。具体如图 1 所示。

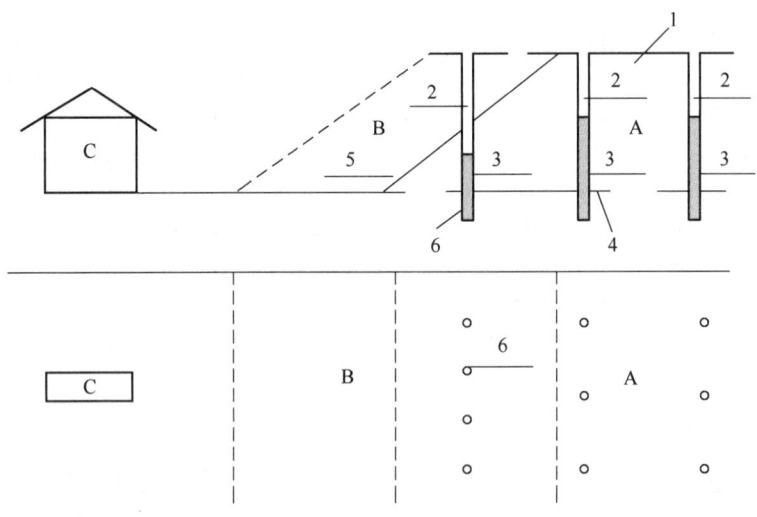

图 1 临近重要建构筑物控制爆破新技术示意图

A—清渣台阶；B—碎石层；C—被保护建构筑物；1—清渣台阶坡顶线；2—填塞高度；3—装药长度；
4—清渣台阶坡底线；5—清渣台阶坡面；6—头排炮孔

Fig. 1 Schematic diagram of new technology of controlled blasting near important structures

3.2 装药量计算公式

头排装药设计可参考公式：

$$Q = qaWH$$

式中 Q ——单孔装药量，kg；

     q ——单位体积炸药消耗量，kg/m³；

     a ——孔距，m；

     W ——底盘抵抗线，m；

     H ——台阶高度，m。

内部炮孔装药可参考公式：

$$Q = kqabH$$

式中 Q ——单孔装药量，kg；

     k ——矿石阻力作用的增加系数，一般取 1.1~1.2；

     q ——单位体积炸药消耗量，kg/m³；

     a ——孔距，m；

     b ——排距，m；

     H ——台阶高度，m。

4 实例分析

爆区位于南芬露天矿上盘 394-382 台阶最北侧，爆区北侧为清渣，距离 382 水平的 1 号排岩系统风机室 25m，钢结构厂房 35m，岩石破碎站控制室 30m，岩性为混合花岗岩，节理裂隙不发育，普氏硬度系数为 12。要求控制爆破有害效应，保护 1 号排岩系统设备、地下硐室及其建构筑物不受破坏，控制系统能够正常运转，同时要保证爆破质量，爆后爆堆要求快速采出，便于布置新的汽车运输通路，爆区及周边环境如图 2 所示。

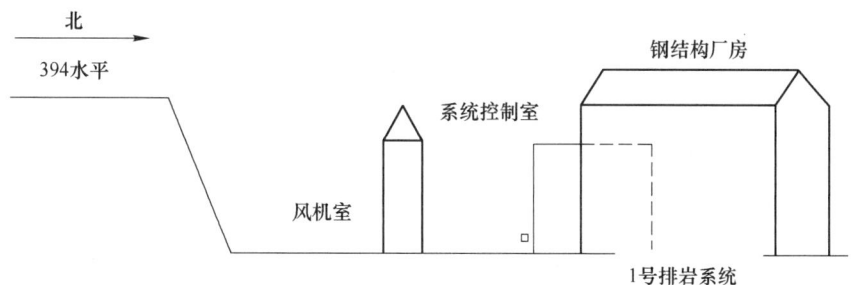

图2 爆区与临近 1 号排岩系统建构筑物示意图

Fig. 2   Schematic diagram of blasting area and adjacent No. 1 drainage system

4.1 爆破方案

在坡面面向岩石破碎站方向覆盖一层碎石，人为增大头排炮孔的最小抵抗线，碎石直径为 1~2cm，厚度 5m，碎石层顶部与清渣台阶坡顶线处于同一水平，坡面为自然安息状态。考虑到冲击波影响，爆破前将系统控制室门窗全部打开。

4.2　爆破参数设计

爆破参数设计如下：

(1) 孔径：采用现场作业设备 YZ-35 型牙轮钻机穿凿，直径 $D=250$mm。

(2) 钻孔方式：垂直孔。

(3) 台阶高度：$H=12$m。

(4) 布孔方式：方形布孔。

$$m = \frac{b}{a} = 1$$

式中，m 为炮孔密集系数。

(5) 头排孔填塞长度：爆区位于台阶北侧边缘，各炮孔最小抵抗线不同，所以填塞长度也不相同，根据现场实际情况填塞长度为：$l_2' = 7 \sim 10$m。

(6) 其他炮孔填塞长度，内部孔：$l_2 = (20 \sim 30)D = 22 \times 0.25 = 5.5$m，边排孔取 7m。

(7) 内部抵抗线：$w = (1.3 \sim 1.5)l_2 = 1.3 \times 5.5 = 7.15$m。

(8) 孔距：$a = mw = 1 \times 7.15 = 7.15$m，$a$ 取整数，$a = 7$m。

(9) 超深：$h = (0 \sim 10)D = 8 \times 0.25 = 2$m，头排较内部孔多超深 0.5m，即 3m。

(10) 孔深：$l = H + h = 12 + 2 = 14$m。

(11) 头排单孔装药量：$Q' = 170 \sim 300$kg。

(12) 内部单孔装药量：

$$Q = kqabH = 1.1 \times 0.6 \times 7 \times 7 \times 12 = 388\text{kg}$$

式中　k——矿石阻力作用的增加系数，取 1.1；

　　　q——炸药单耗，本次爆破全部使用粒装铵油炸药，根据类似工程经验 q 取 0.6kg/m³；

其余符号意义同前。

(13) 总炸药量：爆区共计 102 孔，需粒装铵油炸药 14.5t。

4.3　爆破网路设计

采用地表延期逐孔起爆技术进行起爆[5]。雷管使用澳瑞凯高精度导爆管雷管，其中地表雷管延期时间为 9ms、17ms、25ms、42ms、65ms、100ms，孔内雷管延期时间为 400ms。爆区联线和等值线如图 3 和图 4 所示。

4.4　爆破振动监测

确保 1 号排岩系统设备和地下硐室安全的关键是控制爆破振动，《爆破安全规程》（GB 6722—2014）中对矿山巷道和永久高边坡的振动安全标准最小值分别为 15cm/s、5cm/s，经过查阅国内外相关技术资料，结合 1 号排岩系统的实际情况，分别将 1 号排岩系统设备、排岩硐室的安全标准值确定为 2cm/s、15cm/s。在爆破施工过程中，对爆破振动进行实时监测，在 1 号排岩系统设备处和排岩硐室分别设置监测点。依据振动监测数据优化爆破方案，通过优化爆破方案控制爆破振动，最终确保 1 号排岩系统设备、排岩硐室的安全稳定。1 号排岩系统设备和排岩硐室的监测数据见表 1，1 号排岩系统设备点监测的三向分量与合成振动数据及波形如图 5 和图 6 所示，排岩硐室点监测的三向分量与合成振动数据及波形图如图 7 所示，排岩硐室监测的合成振动波形图如图 8 所示。

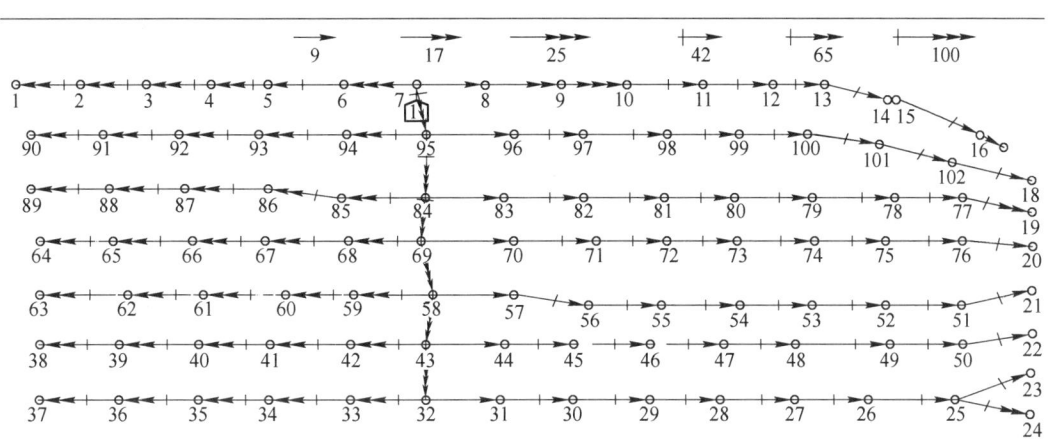

图 3　炮孔联线图

Fig. 3　Line diagram of borehole

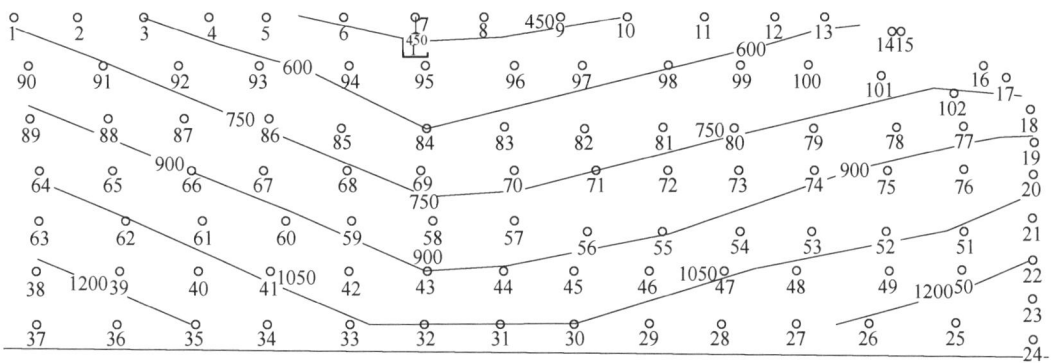

图 4　等值线图

Fig. 4　Contour map

表 1　1 号排岩系统设备和排岩硐室的振动监测数据

Tab. 1　No. 1 monitoring data of rock drainage system equipment and chamber

序号	台阶编号	监测部位	单孔装药量/kg	总药量/kg	峰值振速/cm·s^{-1}	主频/Hz	合成振速/cm·s^{-1}	主频/Hz
1	上扩 394-382	1 号排岩系统设备	170-388	14500	0.645	16.327	0.672	133.33
2	上扩 394-382	排岩硐室	170-388	14500	4.849	44.944	5.29	61.538

4.5　爆破效果

（1）将爆破飞石控制值控制在安全范围内，1 号排岩系统设备无损，能够正常运行。

（2）1 号排岩系统设备爆破振动速度阈值为 2cm/s，排岩硐室为 15cm/s，均控制在安全阈值范围内，所有设备均能正常运行，排岩硐室壁无明显裂隙及新增裂隙产生，混凝土完好无脱落。

（3）爆破大块率为每千吨 0.2 个，平盘平整、无根底，铲装运输效率提高 2% 以上。

通道号	通道名称	最大值	主频	时刻	单位	量程	灵敏度
1	通道X	-0.645cm/s	16.327Hz	0.21737s	m/s	34.722cm/s	28.800
2	通道Y	0.234cm/s	17.316Hz	0.28400s	m/s	34.483cm/s	29.000
3	通道Z	0.548cm/s	35.714Hz	0.33687s	m/s	34.843cm/s	28.700

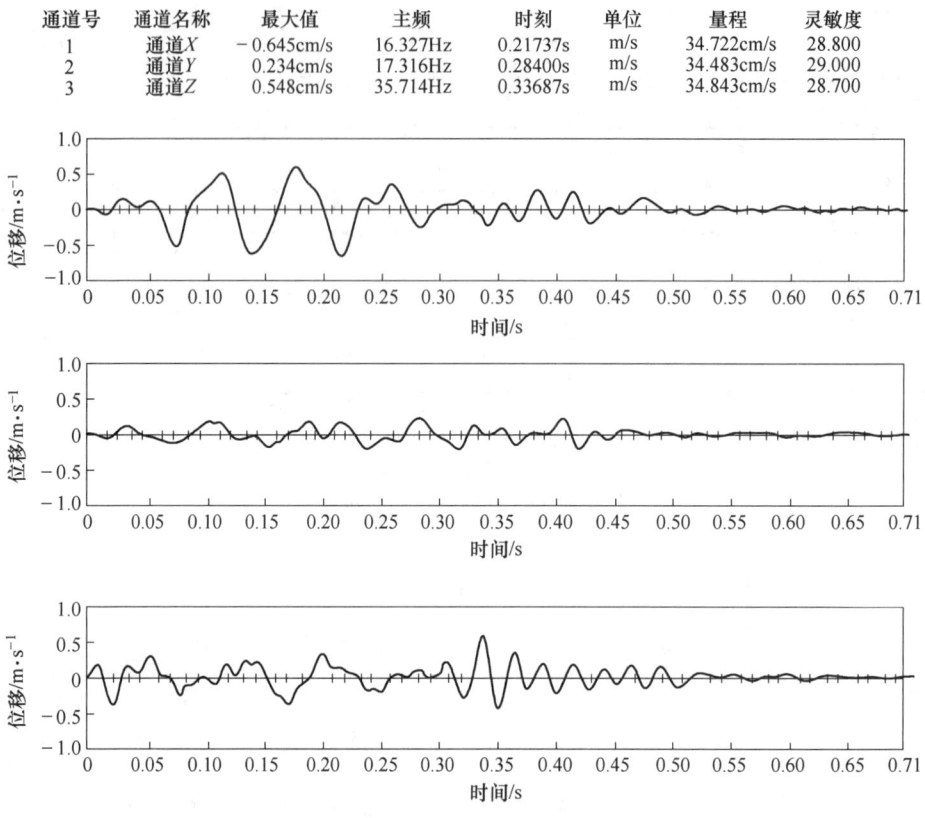

图 5　1 号排岩系统设备点监测的三向分量波形图

Fig. 5　Waveform diagram of the three-way component monitored at the equipment point of the No. 1 rock drainage system

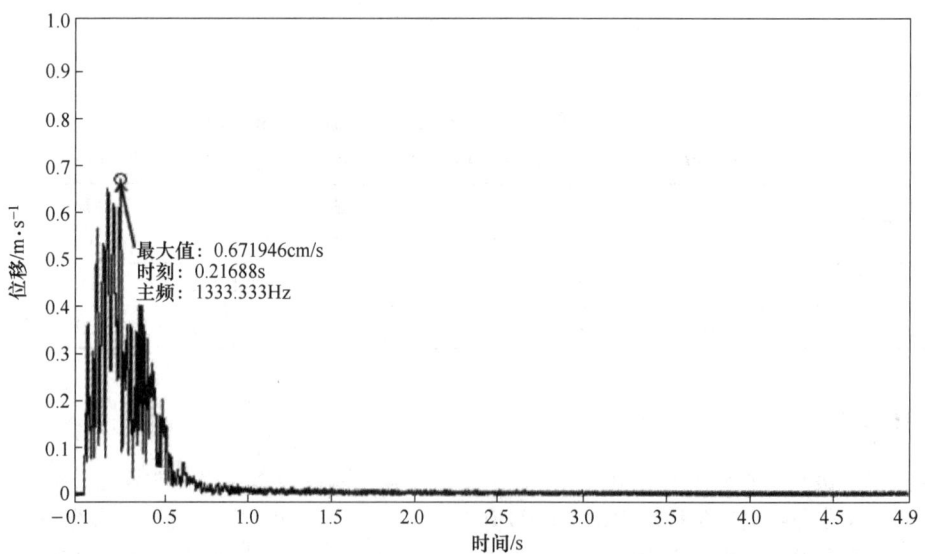

图 6　1 号排岩系统设备点监测的合成振动波形图

Fig. 6　Synthetic vibration waveform of equipment point monitoring of No. 1 rock drainage system

通道号	通道名称	最大值	主频	时刻	单位	量程	灵敏度
1	通道X	−2.346cm/s	20.725Hz	0.17363s	m/s	34.722cm/s	28.800
2	通道Y	3.547cm/s	24.096Hz	0.18387s	m/s	34.722cm/s	28.800
3	通道Z	4.849cm/s	44.944Hz	0.10362s	m/s	34.965cm/s	28.600

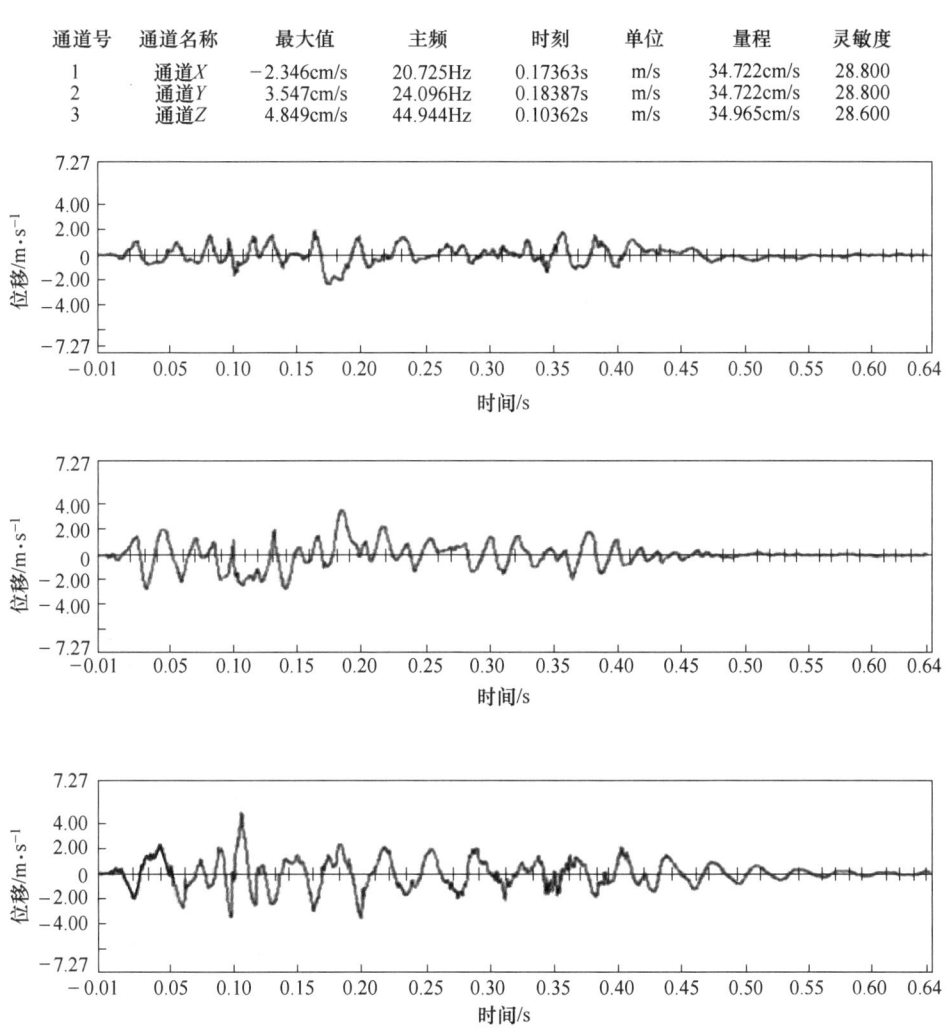

图 7 排岩硐室点监测的三向分量波形图

Fig. 7 Waveform diagram of the three-way component of rock chamber point monitoring

5 结语

（1）采用临近重要建构筑物控制爆破新技术，人为增大前排炮孔的最小抵抗线，能够有效抑制飞石，减小飞石朝向临近建构筑物的运动速度，控制其运动位移。

（2）能够有效控制爆破振动及冲击波对临近设备、地下硐室及建构筑物的破坏。

（3）能够有效改善爆破质量，解决底盘抵抗线处易出现根底的难题，能够将大块率控制在每千吨0.2个以下，铲装运输效率提高2%以上。

（4）该项控制爆破新技术在本钢南芬露天铁矿、沈阳消应爆破工程有限公司、本钢贾家堡子铁矿得到了推广应用，在解决爆破安全问题、生产效率问题和控制综合成本方面均取得了较好的效果，被中国爆破行业协会组织的专家鉴定为国际先进水平，同时也为国内外其他临近重要建构筑物的安全控制提供了借鉴和参考。

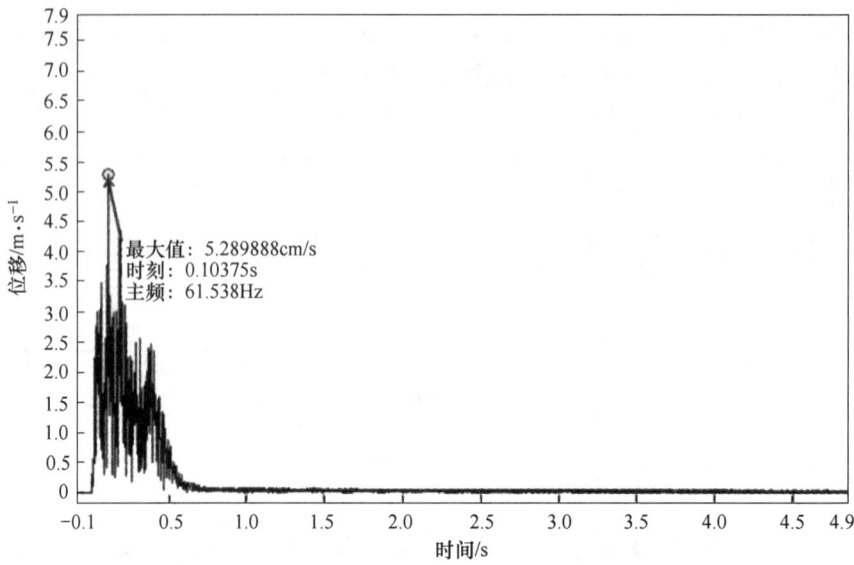

图 8　排岩硐室点监测的合成振动波形图

Fig. 8　Synthetic vibration waveform diagram of rock chamber point monitoring

参 考 文 献

[1] 王丹丹，池恩安. 爆破飞石产生事故树分析 [J]. 爆破，2012，29（2）：119-122.

[2] 李有志，郭学斌. 拆除爆破中覆盖材料及覆盖防护方法 [J]. 爆破，2001，18（4）：72-74.

[3] 杨琳，史雅语. 预留岩墙的深孔控制爆破开挖技术 [J]. 工程爆破，2010，16（4）：30-32，12.

[4] 高毓山，张敢生. 露天矿山爆破飞石的控制方法 [J]. 现代矿业，2014（2）：102-104.

[5] 张兆元，于宝新. 齐大山铁矿精确微差逐孔起爆技术试验研究 [J]. 金属矿山，2004（5）：4-6，21.

复杂环境下隧道开挖爆破振动控制方法及应用

胡柏阳

（深圳市永恒爆破工程有限公司，广东　深圳　518053）

摘　要： 在城市复杂环境下进行隧道爆破开挖，由于开挖环境中邻近各种建（构）筑物、管线、箱涵等重要保护设施，不得不采用非爆破的方式进行隧道断面内的岩石破碎，但因其工效低、工作面狭窄等原因常常致使工期大大延后。采用水磨钻法在隧道开挖断面轮廓线上（部分或全部）钻出一条宽15cm、深100~120cm的隔离带，使隧道断面内被爆岩石与围岩分离开来，再采用"小进尺、大孔距、小抵抗线"的浅孔控制爆破法，以隔离带为临空面，进行一次或几次点火爆破作业，以降低对周边保护物的爆破振动。同时，为进一步减小爆破振动的影响，装药结构采用"底部空气中硬垫层、孔口段部分柔性填塞"的装药段"悬空"的形式。此外，采用数码电子雷管起爆系统，实现精准控制的"单孔单响"，将同段起爆最大药量降至较低水平。经爆破实践的检验，达到了确保周围保护对象的安全和在规定的工期内完成隧道开挖任务的要求。

关键词： 水磨钻法；隧道控制爆破法；装药结构；爆破安全

Vibration Control Method and Application of Blasting in Tunnel Developmeng under Complex Environments

Hu Baiyang

（Shenzhen Municipal Yongheng Blasting Engineering Co., Ltd.,
Shenzhen 518053, Guangdong）

Abstract： In the complex urban environment of tunnel developmnt blasting, due to the proximity of various important protection facilities such as buildings (structures), pipelines, boxes and culverts in the excavation environment, non-blasting methods have to be used to break the rock in the tunnel section, but the construction period is often greatly delayed due to the low efficiency and narrow working face. An isolation trench with a width of 15cm and a depth of 100-120cm is drilled (in part or in whole) on the contour line of the tunnel development section to separate the exploded rock from the surrounding rock in the tunnel section. Then the shallow hole control blasting method of "small penetration, large hole distance and small resistance line" is adopted to carry out one or several ignition blasting operations with the isolation trench as the free surface. To reduce the blasting vibration of the surrounding protective material. At the same time, in order to further reduce the impact of blasting vibration, the charging structure adopts the form of "hanging" of the charging section with "hard

作者信息：胡柏阳，双学士，爆破高级工程师，总工程师，1554863704@qq.com。

cushion in the bottom air and partial flexible stuffing near the orifice section". In addition, the use of digital electronic detonator initiation system, to achieve accurate control of the "single hole single sound", the same section of the initiation of the maximum charge to a low level. The test of blasting practice has achieved the requirement of ensuring the safety of the surrounding protected objects and completing the tunnel excavation task within the specified time limit.

Keywords: water-grinding drilling method; tunnel development controlled blasting method; hanging charge structure; blasting safety

1　工程背景

1.1　工程概况

布吉河流域综合治理工程位于深圳市龙岗区，治理范围为布吉河（龙岗段）和水径水、塘径水、大芬水等三条支流，整治河道总长约12.49km。主要建设内容包括：布吉河流域综合治理工程、水径水、塘径水、大芬水等三条支流综合整治工程。本标段为大芬水支流入地隧洞工程，起于大芬油画村，沿龙岗大道南侧人行道及辅道布置，止于大芬水和龙岗大道交汇处，隧洞全长约644m，为无压排水通道，双向开挖。拱顶洞径5m，城门型开挖断面，开挖宽度为4~6m，高度为6~6.6m。结构最低覆土深度为15m，属于浅埋暗挖隧道。需要爆破开挖的隧洞段为：FH0+347~FH0+660，共计313m。工期定为240天，爆破施工方量11737.5m³。

1.2　爆区周围环境

1.2.1　爆区周围地面环境

该段隧道爆区整体处于龙岗大道南侧人行道下部，爆破起始点距离竖井位置42m，具体如下：

（1）南侧：距布吉海关大厦直线距离43m；距蔡兴大厦（12层）10.6~16.6m；距联美新天地大厦（24层）34.9m；距佳兆业大厦前厅（3层）37.9m，佳兆业大厦（28层）59.6m。

（2）北侧：地下穿越大芬立交1号人行天桥，距桥墩13.0~13.9m；距龙岗大道13m；木棉湾地铁站（高架桥）30.6m；地下穿越木棉湾地铁站人行天桥，距桩基的水平距离：北侧5.8m，南侧2.6m。

（3）西侧：距离竖井位置42m。

（4）东侧：距一般民用建筑物30m，爆破起始点距隧道的东端出口280m，如图1所示。

1.2.2　爆区顶部至地面环境

（1）沿隧道开挖方向，其正上方有一管廊（直线距离10.6m），内有电信线路若干；沿隧道方向有15kVA电力管线，距离爆区12m。

（2）沿隧道方向有一根DN150中低压燃气管道，距离爆区直线距离11m。

（3）沿隧道方向有一条DN600给水管，距离爆区直线距离12.3m。

1.2.3　爆区标高水平方向周围环境

地下穿越木棉湾地铁站人行天桥，距桩基的水平距离：北侧5.8m，南侧2.6m。

综合以上环境可知，根据爆区至被保护对象的距离将隧道开挖长度划分如下：（1）0~10m，隧道段长约40m；（2）10~20m，隧道段长约110m；（3）20~30m，隧道段长约120m；（4）30m以外，隧道段长约43m。因此，由于环境极为复杂，在不同施工段内必须有针对性的施工方案和措施，才能在确保被保护对象的安全下，使爆破开挖施工在要求工期内安全地完成开挖任务，如图2所示。

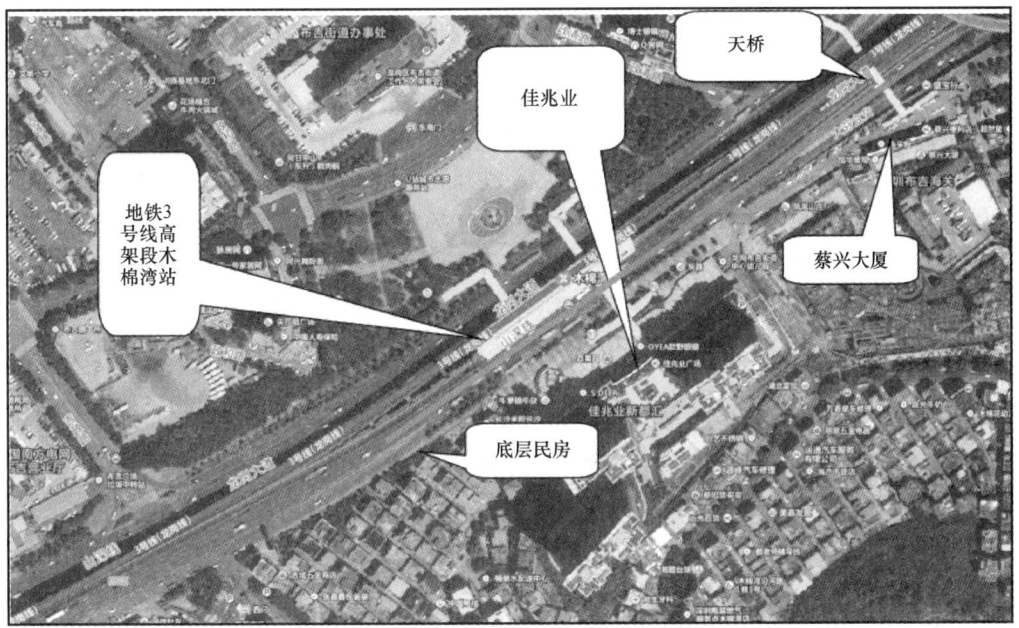

图1 爆区周围地面环境情况（卫星图）

Fig. 1 Environment near the blasting area（satellite imagery）

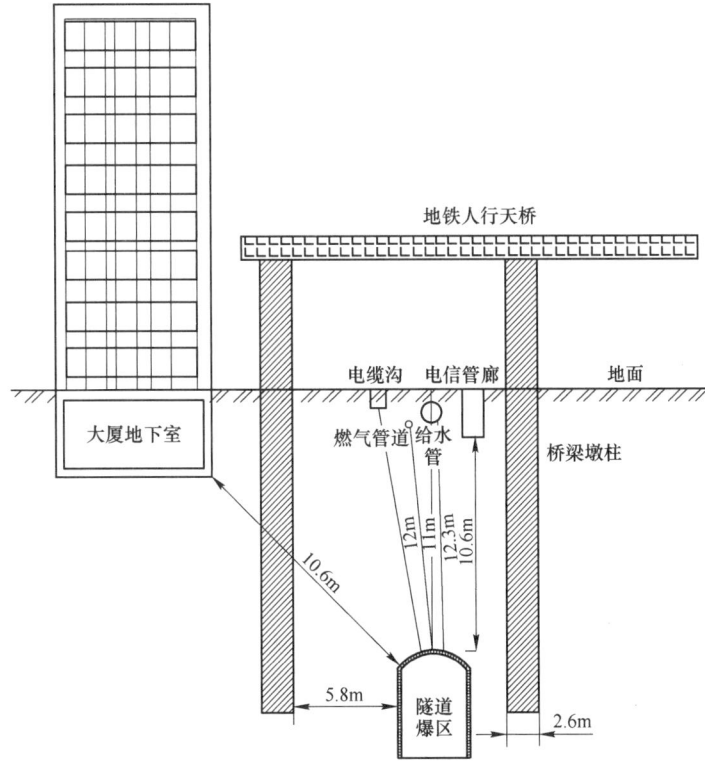

图2 爆区与被保护对象的相对空间位置（立面示意）

Fig. 2 Relative positions 3-dimension among protected objects and the blasting area（elevation schematic diagram）

1.3 爆区地质情况

所爆岩石为燕山四期花岗岩（ηγ5K1），肉红、灰白色，风化后呈褐红、灰黄等色，主要由长石、石英及云母等矿物组成，含少量其他暗色蚀变矿物。粗粒结构，致密块状构造。受构造影响，偶见绿泥石化、绿帘石化等蚀变矿物。按风化程度可划分为全风化、强风化、中风化及微风化四带，本次勘察揭露其全风化、强风化、中风化及微风化四带，其中强风化带可根据风化程度细分为土状强风化和块状强风化2个亚带。现将其岩性特征简述如下：

（1）全风化花岗岩：褐红、褐黄色，绝大部分矿物已风化变质，其中钾长石风化成粉末状及砂状，手捻有砂感，无塑性，双管合金钻具易钻进，岩芯呈土状。属极软岩，岩体极破碎，岩体基本质量等级为Ⅴ类。层厚介于1.20~25.40m。

（2）土状强风化花岗岩：褐黄色，大部分矿物已风化变质，风化裂隙极发育，岩块用手易折断，偶夹中风化块，双管合金钻具可钻进，岩芯呈土状。属极软岩，岩体极破碎，岩体基本质量等级属Ⅴ级。层厚介于0.80~27.30m。

（3）块状强风化花岗岩：褐黄色，大部分矿物已风化变质，风化裂隙极发育，岩块用手易折断，多夹杂中风化岩块，双管合金钻具可钻进，岩芯呈碎块状、土夹碎块状。属极软岩—软岩，岩体极破碎，岩体基本质量等级属Ⅴ级。层厚介于0.70~19.30m。

（4）中风化花岗岩：褐黄、肉红色，部分矿物已风化变质，风化裂隙发育，沿节理面有铁锰质侵染，双管合金钻具钻进困难，岩芯呈块状、碎块状，岩芯锤击易碎。属较软岩，岩体较破碎，岩体基本质量等级属Ⅳ级。揭露厚度介于0.20~7.90m，层厚不详。

（5）微风化花岗岩：肉红色、肉红、灰白色，节理裂隙一般不发育，除沿节理面偶见铁质氧化物浸染外，无其他明显的风化迹象，质坚硬，合金钻具难钻进，金刚石钻具可钻进，岩芯呈柱状、短柱状，属较硬岩~坚硬岩，岩体较破碎~较完整，岩体基本质量等级属Ⅲ~Ⅳ级。一般场地埋藏较深，仅局部揭露。青灰、灰绿色，岩芯成柱状，节理裂隙稍发育，裂隙面新鲜。该层揭露层顶高程为6.43~35.72m，层厚1.00~30.10m，平均层厚7.39m。

1.4 隧道爆破难点分析

1.4.1 环境安全方面

（1）在隧道断面水平方向附近有地铁人行天桥桥桩（钢筋混凝土结构），直线距离为2.6~5.8m。几乎贴着爆区，若不采取措施，爆破作业会产生爆破振动效应、甚至造成挤压破坏。

（2）在隧道顶部与地面之间有电信管廊、高压电力管线、中低压燃气管道和给水管，直线距离为10.6~12.3m。在爆破开挖断面上方，开挖引起的地面沉降和爆破振动是影响保护对象安全的主要原因。

1.4.2 施工条件方面

（1）开挖段的大部分为微风化花岗岩，密度高、硬度大，采用机械法或水磨钻+人工锤击劈裂法施工，进度缓慢、成本较高，不能满足工期要求。

（2）由于隧道断面为城门拱形，宽度4~6m，高度6~6.6m，设计要求分为上、下两个台阶施工，作业空间非常狭小，大中型机械破岩作业极为受限，难以采用此方法施工。

（3）隧道开挖工作面的临空面仅有隧道轴向一个，无论是采用机械法、水磨钻法，还是爆破法，均需要在中心部位或轮廓线侧向开创出另外一个新的临空面，在两个临空面下才能持续破岩。因此，开创新的临空面是关键。

（4）由于为浅埋、小断面（小于40m²）型隧道开挖，且设计要求分上、下两个台阶施工，在上台阶进行掏槽型爆破开挖时，因孔网密、掏槽单耗高，对围岩和被保护对象破坏大、影响大，难以确保被保护对象的安全[1]。因此，必须改变爆破方法或提高掏槽效率或将爆区与被保护对象之间的岩石联系隔断，控制爆破振速在安全允许范围内，才能确保被保护对象的安全。

（5）根据《爆破安全规程》（GB 6722—2014）的有关规定和本地公安管理部门要求，确定被保护对象的安全振速标准不超过$1cm/s$[2]。根据以往类似工程的爆破施工经验，在距离被保护对象30m范围内进行爆破作业，若不采取任何措施、达到此要求几乎不可能。尤其是在小断面隧道爆破的掏槽过程中，爆破的有害效应对周围的被保护对象和邻近爆区一定范围内围岩均有一定的破坏和影响。

2　隧道开挖控制爆破技术

2.1　水磨钻+浅孔控制爆破法破岩

（1）采用水磨钻在上台阶周边孔处先行钻出一排直径150mm、深度120cm的空孔（此深度的钻进效率相比于50~60cm低得多），并使之连通成隔离带，剩余岩石部分以此隔离带为临空面，采用浅孔控制爆破的孔径42mm手风钻钻孔距50~60cm、排距25~350cm、深度120cm的水平浅孔，梅花型布置，环形布孔，控制进尺约1m左右，首排孔抵抗线均指向周边隔离带（见图3）。

图3　水磨钻法隔离带施工中

Fig. 3　Operation for isolation groove by water-grinding drilling

（2）采用水磨钻在下台阶两侧周边孔处钻出一排孔径150mm、深度120cm的空孔，并使之连通成隔离带，剩余岩石部分以此隔离带为临空面和上台阶提供的临空面，采用孔径42mm手风钻钻孔距80~100cm、排距30~50cm、深度120cm的水平浅孔，梅花型布置，首排抵抗线均指向竖向临空面或侧向隔离带[3]。

（3）采用此方法时，根据爆区与周围被保护对象的距离，控制浅孔控制爆破的单孔装药量为每孔 0.2~0.8kg，并在装药结构上采取措施，即采用"悬空"装药结构，可确保周围被保护对象的安全，并在较大程度上保护了围岩的完整性。

（4）进一步修改后方案再经安全评估论证后，为确保被保护对象的绝对安全，仍决定对距离被保护对象 10m 范围内隧道岩石的清除不采用爆破法施工；10~30m 范围内的则采用该方法进行爆破开挖，并采用数码电子雷管起爆系统，单孔单响，保证爆破振速不超标，确保周围被保护对象安全和围岩的完整性。

（5）采用此方法后，施工进度大大加快，平均下来可以达到每 3~5 个工作日 2m 的进尺，且附近居民的投诉也相对减少。

2.2　装药结构

2.2.1　掏槽孔

（1）由于采用了此方法，将隧道开挖方式由掏槽爆破的方式变成一般浅孔控制爆破方式，即将掏槽爆破对所围岩石强烈地挤压、破碎、抛出的聚能且剧烈释放的做功过程（对围岩完整性影响较大），改变为借助隔离带为临空面的逐孔爆破、逐步释放爆破能量的岩石破碎的非剧烈泄能过程（对围岩完整性影响较小）。

（2）取消了掏槽孔，降低了掏槽爆破的炸药高单耗量、延长了同等爆破能量的释放过程和减小形成爆破振动部分的能量，大大降低了对围岩的影响程度[4]。

2.2.2　周边孔

（1）周边孔被水磨钻的隔离孔所替代，省去了周边孔的布孔、钻外插式倾斜孔、孔内"轴向非连续装药、导爆索传爆、径向非耦合的装药结构"的装药过程和爆后可能的补炮等工序；但水磨钻的钻孔时间（钻 150cm 孔深的孔工效低）仍多过周边孔的整体钻孔时间。

（2）周边孔位置的隔离带成为浅孔控制爆破的临空面，也成为保护围岩少受爆破作用挤压破坏或爆破振动影响的保护带，爆破能量在破岩的同时在此空间释放、泄能，使爆破对周边围岩的影响程度大大降低。但要计算好一次爆破规模和隔离带所提供临空面体积之间的关系，避免因一次爆破规模过大而造成对围岩的过度挤压破坏。

2.2.3　辅助孔

辅助孔全部变为浅孔控制爆破的炮孔，借助轮廓线处的隔离带，采用数码电子雷管起爆系统，单孔单响，依次起爆，对所围岩石进行破碎清除。

2.2.4　浅孔控制爆破孔

（1）全孔装药结构（由里至外）为：20cm 竹筒或 PVC 管+装药段（含反向雷管[5]）+20cm 柔性填塞段+20cm 砂质黏土填塞段[6]，使装药段"悬空"在孔底中硬空气垫层段和孔口附近柔性填塞段之间，如图 4 所示。

（2）在反向雷管起爆后，炸药能量在向孔底、孔口、径向岩石释放、最终冲开孔口填塞段的过程中，分别在孔底中硬空气垫层段和孔口附近柔性填塞段有隔离、泄能、分配能量等往复作用过程中，使爆破能量的大部分（主要是爆生气体）作用在径向围岩破碎、位移上，小部分通过孔底岩石传播给周围的岩石和被保护对象上。

（3）此"悬空"装药结构的目的是使爆破能量主要释放在孔口至孔底约 100cm 范围内的

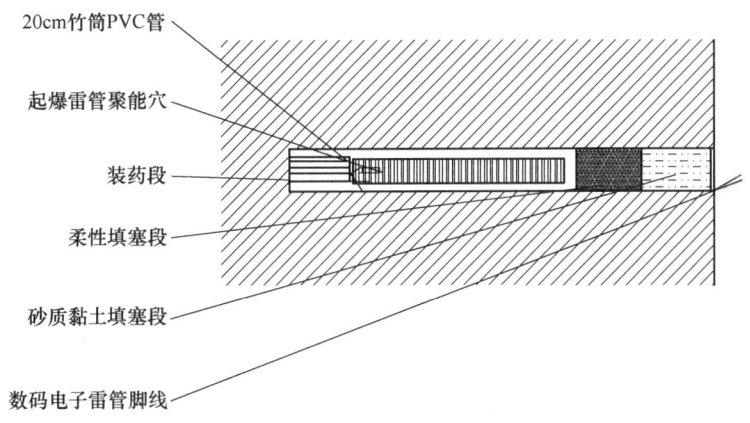

图 4　水磨钻+浅孔控制爆破装药结构（示意）

Fig. 4　Charging structure by water-grinding drilling combined with short-hole controlled blasting（schematic diagram）

岩石破碎上[7]，最大限度地减少爆破能量通过孔底岩石传到围岩和周围被保护对象而形成爆破振动的部分，确保被保护对象的安全。

（4）采用此方法后，钻孔只有水磨钻隔离孔和浅孔两种类型，省去了掏槽孔、辅助孔、周边孔的布孔、钻孔、装药和爆后可能补炮等工序，节省了施工时间但相对提高了破岩成本。

2.3　起爆方式及顺序

2.3.1　起爆方式

（1）为减小同段最大起爆药量，采用数码电子雷管起爆系统实现精准毫秒微差爆破，单孔单响，精准依次起爆，避免错、跳段现象。

（2）采用 V 形起爆法，同圈（排）内孔间时差控制在 10~15ms，圈（排）间时差控制在 40~50ms，确保每个炮孔起爆时均能有 2 个临空面，且不能破坏相邻后起爆孔的抵抗线。

（3）在对距离被保护对象 10~20m 范围的岩石爆破开挖时，为最大限度地确保被保护对象的安全，在上台阶采用分次爆破法[8]，即由上至下分 3 次点火起爆，首次起爆不超过 3 圈（排）孔，减小单次起爆总装药量的规模，从根本上降低爆破振动能量的来源，进一步降低爆破振速（见图 5）。

2.3.2　起爆顺序

（1）从临空面开始，上台阶分左、右、上 3 个区域，依次交叉起爆，最后起爆底板孔；下台阶自上台阶的临空面开始[8]，由上至下、由中心至两侧依次起爆，最后起爆底板孔（见图 6、图 7）。

（2）起爆顺序的总体构想为左、右区域对称起爆，上区域与地板孔先后起爆，均起到相互对冲、消耗爆破能量和仅有较小部分爆破能量通过底部岩石传播的作用。

2.4　爆破振动

（1）由业主方或总包方出资聘请第三方具有爆破振动检测资质的专业公司，每次爆破起爆作业时，在距离爆区最近处的被保护对象基础（或地下室）进行实时爆破振动监测，并根据监测数据及时优化调整爆破参数，确保被保护对象爆破安全[10]。

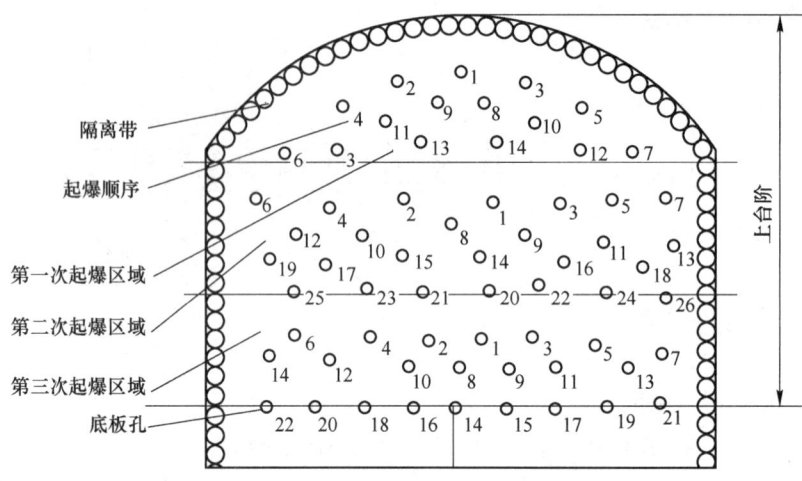

图 5　水磨钻+浅孔控制爆破起爆顺序图（上台阶）（距离被保护对象 10~20m 范围内）

Fig. 5　Firing order of upper bench by water-grinding drilling combined with short-hole controlled blasting within 10~20m apart off protected objects

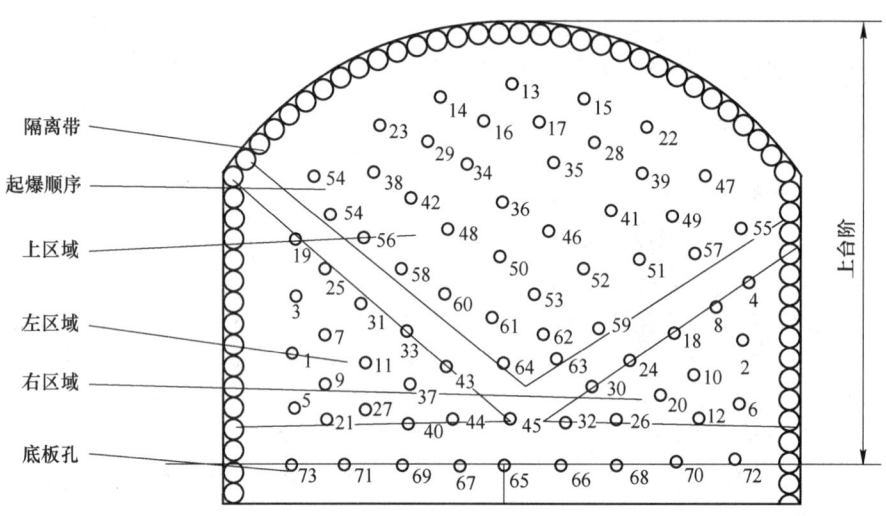

图 6　水磨钻+浅孔控制爆破起爆顺序图（上台阶）

Fig. 6　Firing order of upper bench by water-grinding drilling combined with short-hole controlled blasting

（2）在该段约 300m 的隧道开挖中，在被保护对象处测得的监测数据均未超过 1cm/s；与测算数据对比发现，产生同等振速的实际装药量均大于测算结果。

（3）根据监测数据发现，距离被保护对象 10~20m 处的爆破振速虽不超标，但人在地面处的动感较大，噪声也大，反应比较明显。因此，修正爆破方案、将此距离内的上台阶爆破分为 2 次或 3 次点火起爆，减少每次爆破使用炸药量的规模[11]，确保爆破安全和尽量少扰民。

3　结论

（1）在环境复杂的小断面隧道开挖爆破施工中，采用水磨钻+浅孔控制爆破法，首先在隧

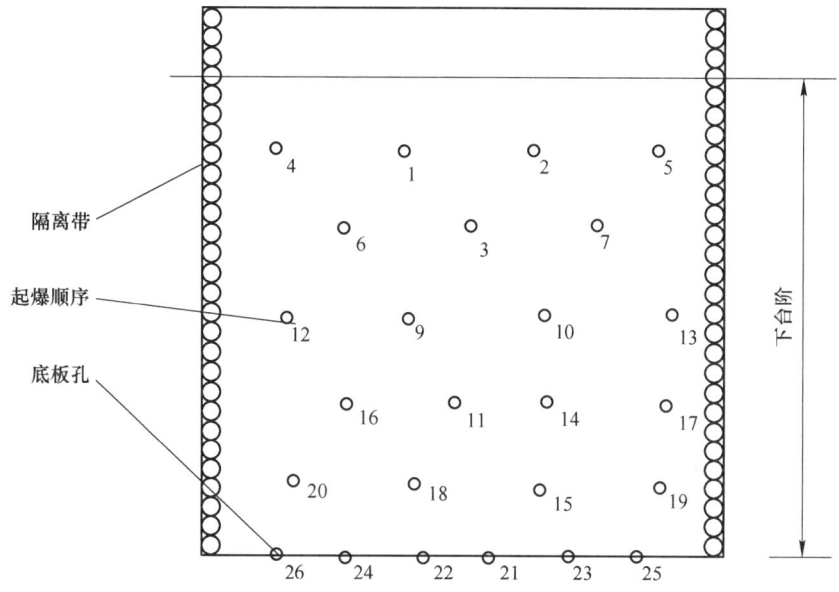

图 7　水磨钻+浅孔控制爆破法起爆顺序（下台阶）

Fig. 7　Firing order of down bench by water-grinding drilling combined with short-hole controlled blasting

道开挖轮廓线处钻出一条隔离带，为浅孔控制爆破提供侧向临空面[12]，可有效地控制爆破振动强度，使围岩的完整性受到较好的保护，确保了被保护对象的安全，并在要求的工期内完成了任务。

（2）采用"悬空"式反向起爆装药结构，不但使孔内爆炸作用时间相对延长，还使大部分爆破能量充分作用在近孔口范围的岩石破碎上，从而使形成爆破振动波的部分能量相对减少，一定程度上隔断了爆破振动波的传播路径，起到明显的减振作用。

（3）水磨钻法所提供的隔离带不但大幅度地降低了爆破振动强度，还为隧道开挖爆破提供了良好的临空面，避免了掏槽爆破的高单耗、振动大和对围岩完整性有一定破坏作用的能量急剧释放的爆破作业过程，使采用浅孔控制爆破在爆区周围复杂环境下进行隧道爆破开挖成为可能。

参 考 文 献

[1] 柴修伟，李建国，习本军，等．等体积空孔直眼掏槽槽腔形成过程及其分析 [J]．爆破，2020，37（4）：48-52.

[2] 国家安全生产监督管理总局，GB 6722—2014 爆破安全规程 [S]．北京：中国标准出版社，2015.

[3] 胡柏阳．用静态胀裂–爆破推移法处理高危边坡的实践 [J]．爆破，2011，28（1）：61-63.

[4] 陈奕阳，杨建华，蔡济勇，等．深埋隧道开挖围岩爆破损伤的 PPV 阈值研究 [J]．爆破，2018，35（4）：34-39.

[5] 吴超，周传波，路世伟，等．柱状装药不同起爆方式的数值模拟研究 [J]．爆破，2016，33（2）：74-77，91.

[6] 杨跃宗，邵珠山，熊小锋，等．岩石爆破中径向和轴向不耦合装药的对比分析 [J]．爆破，2018，35（4）：26-33，146.

[7] 周后友，池恩安，张修玉，等．φ42mm 炮孔空气间隔装药爆破对岩体破碎效果的影响研究 [J]．爆

破，2018, 35 (4)：63-68.

[8] 肖铸, 张鹏翔, 李青松, 等. 煤矿井下爆破作业频带能量分布规律 [J]. 爆破, 2016, 33 (2)：78-82.

[9] 邵奕芳. 预裂缝和减震槽减震效果的爆破实验研究 [J]. 爆破, 2005, 22 (2)：96-98.

[10] 顾毅成. 对应用爆破振动计算公式的几点讨论 [J]. 爆破, 2009, 26 (4)：78-80.

[11] 范孝锋, 周传波, 陈国平. 爆破振动影响因素的灰关联分析 [J]. 爆破, 2005, 22 (2)：100-102, 105.

[12] 陈星道, 肖正学, 蒲传金. 自由面对爆破地震强度影响的试验研究 [J]. 爆破, 2009, 26 (4)：38-40, 56.

VCR 爆破法在水利工程出渣通道掘进中的应用

汤波　寒彬　李克勇　唐兴波　贾勇

（四川雅化实业集团工程爆破有限公司，四川　绵阳　621000）

摘　要：对于地质结构复杂、断面小的出渣通道，采用 VCR 爆破法：自下而上、全断面分梯段毫秒延时控制爆破。通过爆破试验、合理选择爆破参数，取得了安全、优质、快速的良好效果，加快了施工进度，提高了施工效率。

关键词：VCR 爆破法；水利工程；出渣通道；竖井掘进

Application of VCR Blasting Method in Excavation of Slag Discharge Channel of Hydraulic Engineering

Tang Bo　Jian Bin　Li Keyong　Tang Xingbo　Jia Yong

（Sichuan Yahua Industrial Group Engineering Blasting Co., Ltd., Mianyang 621000, Sichuan）

Abstract：For slag discharge channels with complex geological structures and small cross-sections, the VCR blasting method is adopted：bottom-up, full section, millisecond delay controlled blasting in stages. Through blasting tests and reasonable selection of blasting parameters, safe, high-quality, and fast results have been achieved, accelerating construction progress and improving construction efficiency.

Keywords：VCR blasting method；water conservancy project；slag discharge channel；shaft excavation

1 项目概况

1.1 工程情况

四川省绵阳市引通济安工程位于绵阳市北川羌族自治县境内，距绵阳市区 42km，距成都市 160km。本工程利用隧洞由通口河唐家山堰塞湖取水向安昌河流域补水，最大引水流量为 8.0m³/s，以解决安昌河流域资源性缺水问题。开挖形成的引水隧洞主要满足供水、灌溉及生态环境补水等要求。引水隧洞总长 11.318km，共设置 5 个工作面：K1+622 设置 1 号支洞（长 850.0m）入洞后双向掘进，K7+604 设置 2 号支洞（长 696.0m）入洞后双向掘进，出口自南向北单向掘进。该工程水闸竖井（长 20.5m，宽 7.2m，高 26.0m）由交通洞贯通至引水隧洞（K0+080~K0+100.5），为后期安装水闸等设备设施通道；为方便竖井掘进开挖出渣，需先在竖井中心位置爆破形成出渣通道，待出渣通道贯通后再进行竖井扩挖。

作者信息：汤波，本科，高级工程师，43275954@ QQ. com. cn。

本工程爆破有害效应有：爆破振动、爆破飞石、爆破冲击波、有毒有害气体。

安全控制点：爆破振动及爆破飞石不对洞外索桥及乡道产生危害；爆破振动、爆破飞石及爆破冲击波不对交通洞及引水隧洞支护后墙面产生危害；爆破冲击波、有毒有害气体及爆破施工不影响引水隧洞下游工作面工作。

1.2 周围环境

水闸竖井出渣通道工程（以下简称本工程）位于北川羌族自治县曲山镇曹山村唐家山山体内，最大埋深 78m，北向 80m 为交通洞出口及引水隧洞进水口，山体坡脚处为宽约 120m 的通口河（即唐家山堰塞湖），河道北岸 5m 处为乡道，西北 260m 处有索桥一座，如图 1 所示。爆破环境较简单，爆破断面及周边环境示意图如图 2 所示。

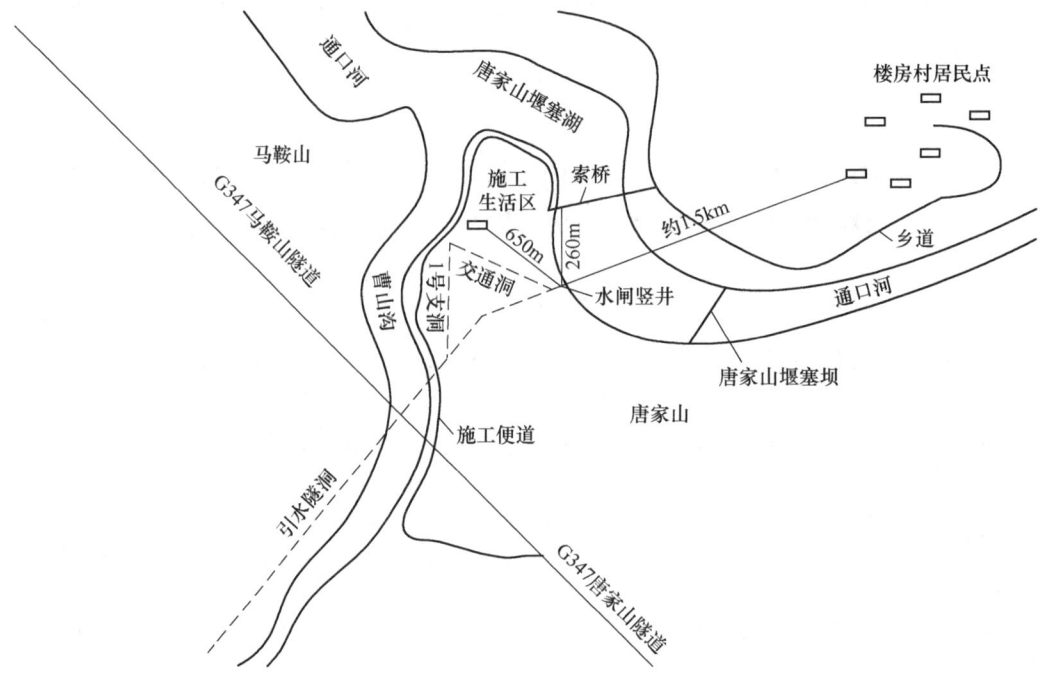

图 1 工程位置及周边环境平面示意图

Fig. 1 Schematic plan of project location and surrounding environment

1.3 工程地质概况

唐家山处于四川盆地边缘，主要为侵蚀、溶蚀构造中低山地貌，中低山地形，山势峥嵘陡峻，局部形成悬崖峭壁，地形剧烈起伏，山体侵蚀切割严重，山体大面积基岩出露，岩体破碎，岩溶裂隙等溶蚀现象十分明显，植被发育（见图 3）。

本工程处于北川羌族自治县曲山镇曹山村唐家山山体内，下伏基岩岩性简单，均为寒武系清平组（∈1e）灰岩、白云岩，节理不发育，岩层产状 310°～330° ∠40°～50°，岩层走向与洞轴线中等角度相交，夹角 35°～55°。受"5·12 汶川地震"影响，岩体较破碎，围岩分类属Ⅳ类，普氏系数 $f=8\sim10$。

本工程位于北川—映秀断裂带及北川冲段层（F2），断裂带在该处产状为 315° ∠70°～80°，断层走向与洞轴线夹角约 81°（见图 4）。

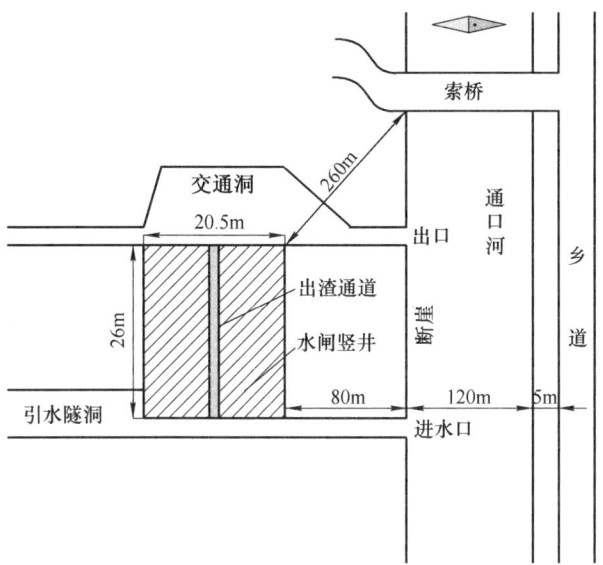

图 2 爆破断面及周边环境示意图

Fig. 2 Schematic diagram of blasting cross-section and surrounding environmen

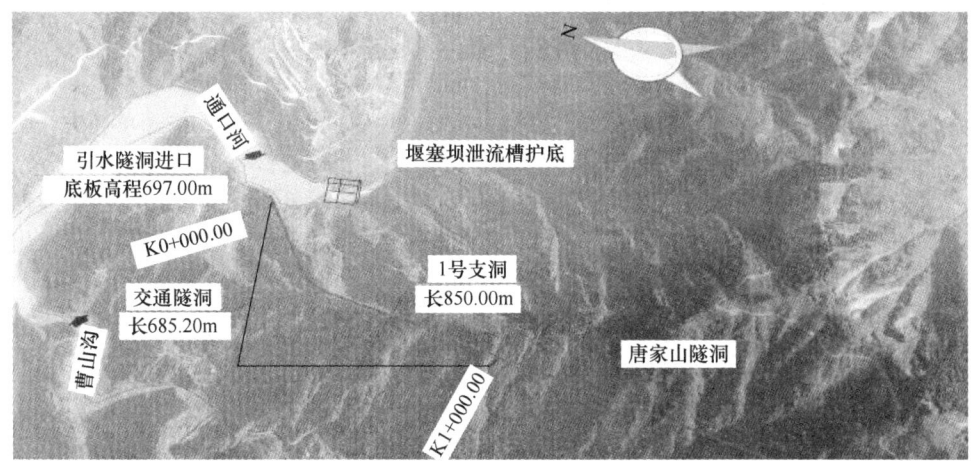

图 3 工程位置及周边地形图

Fig. 3 Project location and surrounding topographic map

本工程无地下水，爆破有毒气体排除问题较为突出，施工过程需加强通风，防止炮烟中毒影响施工。

1.4 气象特点

本工程所处地区属亚热带季风气候，气候温和、四季分明，无霜期长。根据当地气象资料，多年平均气温 16.1℃，最高气温 42.7℃，最低气温 -0.4℃；多年平均降雨量 862.2mm，降水多集中在夏秋季节，冬季雨少雾多。

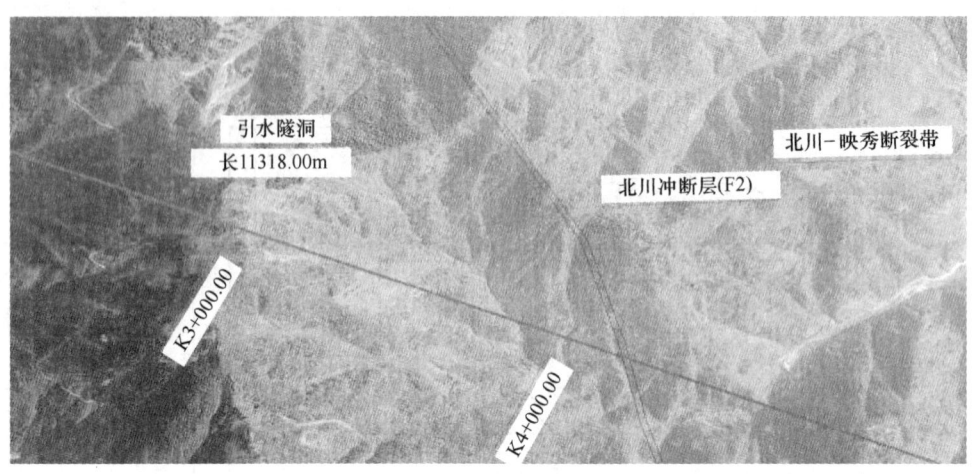

图 4 断层穿越工程图

Fig. 4 Engineering drawing of fault crossing

2 爆破方案设计

VCR 爆破法成井利用利文斯顿爆破漏斗理论，自下而上分段爆破形成所需要断面和高度的天井。20 世纪 80 年代，北京矿冶研究总院与广东凡口铅锌矿合作应用该法在地下矿场，并获得"六五"期间国家科技进步奖二等奖。目前，国内地下矿山在排废溜井、回风天井、放矿天井等掘进工程应用 VCR 爆破法均取得成功经验。

结合本工程"作业空间受限，夹制作用较大，每次爆破循环进尺短，炸药单耗大，施工工序多"，而且，爆破前需做好临近施工协调，控制爆破对相邻施工影响等特点及周围环境状况，确定采用 VCR 爆破法施工方案，即在竖井中心位置自上而下钻孔贯通交通洞至引水隧洞，自下而上分层浅孔梯段爆破、循环掘进、潜孔钻清孔，运渣车清碴运至指定弃碴场。形成出渣通道后再进行竖井掘进扩挖。

3 爆破参数设计

本工程高度 26m，断面小（直径仅 1.5m），且在钻孔过程中发现 15 ~ 20m 位置岩层破碎、炮孔壁不光滑，故使用的起爆器材需具备施工组织简单高效、延期精度高、脚线抗拉强度大等优点。

电子雷管具备每发雷管通信可检测，联网方便易全面检查，雷管脚线抗拉强度大，不容易拉断、折损，延期时间精度高（在 16s 内以毫秒步长任意设置，延期精度 ±1‰），延期时间可任意设置、无限次优化等，爆破时能够使炸药能量充分释放叠加、最大限度降低爆破振动，有效降低爆区周边被保护物受爆破振动危害。故本工程采用电子雷管起爆网路，主要爆破参数设计如下：

（1）孔径：采用 KQ-150 型潜孔钻，中心孔及辅助孔 $d = 110mm$，周边孔 $d = 75mm$。

（2）孔深：由交通洞至引水隧洞自上而下一次钻孔并贯通（$H = 26m$），计划采用自下而上梯段浅孔爆破（孔底堵塞 0.5m）、循环掘进。

（3）炮孔布置及孔数：

1）中心孔：以出渣通道中心为圆心，布一直径为 110mm 的垂直孔（空孔）。

2）辅助孔：以出渣通道中心为圆心、半径为 300mm 的圆上均匀布 3 个直径为 110mm 的垂直孔（装药孔）。

3）周边孔：以出渣通道中心为圆心、半径为 750mm 的圆上均匀布 4 个直径为 75mm 的周边孔（装药孔），炮孔布置如图 5 所示。

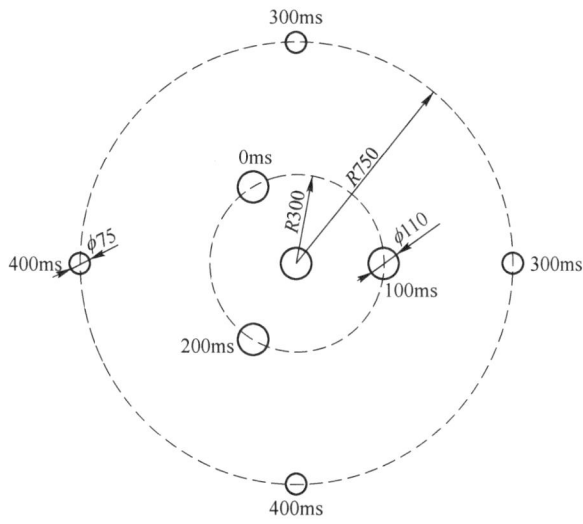

图 5 炮孔布置及延期时间设置图

Fig. 5 Layout of blast holes and delay time settings

单孔药量及堵塞长度：辅助孔及周边孔连续不耦合吊装长 0.45m、φ60mm×1.5kg 2 号岩石乳化药卷。各循环装药参数见表 1。

表 1 各循环装药参数表

Tab. 1 Parameters of each cycle charging

爆破参数	中心孔	辅助孔	周边孔
孔数/个	1	3	4
单孔装药/kg	—	12	9
装药长度/m	—	3.6	2.7
下部填塞长度/m	—	0.5	0.5
上部填塞长度/m	—	2.0	2.0
合计药量/kg	—	36.0	36.0
总计药量/kg	72.0		

注：施工中可据爆破效果适当调整单段药量及延期时间。

装药结构：用测绳测量孔深后，用牢固麻绳捆扎比孔径稍小空矿泉水瓶吊至孔底（瓶底与孔底平齐，警戒人员在出渣通道口侧下方安全位置观察），确定好位置后再倒入粗砂填塞，并测量下部填塞高度至符合设计高度（0.5m），再按设计用麻绳对各装药孔吊装炸药，装药完毕后再倒入粗砂填塞，并测量下部填塞高度至符合设计高度（2m）。装药结构如图 6 所示。

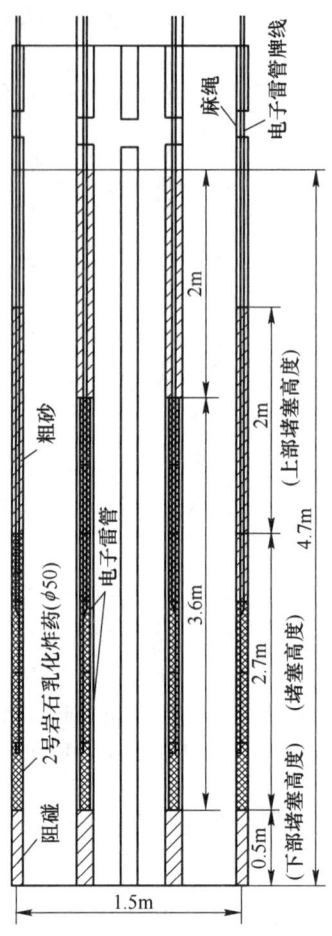

图 6　装药结构示意图

Fig. 6　Schematic diagram of charging structure

每循环总药量：由于岩石夹制作用极大，预计炮孔利用率在 $\eta=0.75$ 左右，预计每循环进尺 2.0m，共 12 个循环。每循环总装药量为 Q，每循环 72kg，总用药量为 $Q_\text{总}=12Q_\text{每循环}=12\times 72=864$kg。

每次爆破规模及一次起爆药量：

（1）每循环总孔数：由表 1 统计得，每循环爆破孔数为 7 个。

（2）每循环总药量：由表 1 统计得，每循环总药量为 72kg。

（3）平均炸药单耗：预计每循环爆破方量 $V=3.14\times 0.75^2\times 2=3.53\text{m}^3$，故平均炸药单耗为 $72/3.53=20.4\text{kg/m}^3$。

本工程采用电子雷管起爆网路，所有雷管脚线上的线卡均卡接于网路连接线上，由辅助孔→周边孔按顺序起爆，如图 5 所示。

4　爆破试验

鉴于本工程爆破次数多，地质结构复杂，且要求爆破有害效应不能危害护壁。为安全起见及观察爆破效果，首次爆破减装药试爆，试爆装药参数见表 2。

表 2　试爆装药参数表
Tab. 2　Parameters of trial explosive charge

爆破参数	中心孔	辅助孔	周边孔
孔数/个	1	3	4
单孔装药/kg	—	7.5	6
装药长度/m	—	2.25	1.8
下部填塞长度/m	—	0.5	0.5
上部填塞长度/m	—	2.0	2.0
合计药量/kg		22.5	24.0
总计药量/kg		46.5	

试验结果：爆后出渣通道较为圆整，测量进尺约 1.2m，爆破振动、空气冲击波、个别爆破飞石未对交通洞护壁及引水隧洞下游产生影响。试验表明，方案所选定的爆破参数是可行的。

5　爆破安全防护措施

为确保爆破施工安全，采取以下安全防护措施：

（1）在临通口河岸交通洞出口及引水隧洞进口处安装防护栅栏，在 1 号支洞与引水隧洞相交处（K1+622 位置）、在交通洞出口设置警戒岗哨，以防人员误入。

（2）炮孔上覆盖砂袋。在炮孔装药完成并将所有网路连接好后，在炮孔上覆盖两层用水淋透的砂袋，以防爆破飞石对交通洞周围护壁产生影响。

（3）爆破作业前，需对出渣通道位置顶部地面周边 200m 范围进行清场，以防产生意外。

6　结论与建议

本工程在爆破施工中，由于选择了较为合理的爆破参数，爆后出渣通道较为圆整，同时结合现场的实际情况采取了多种有效安全措施，爆破振动、空气冲击波、个别爆破飞石都得到了有效控制，保护了交通洞周围护壁。

根据现场对爆破振动及飞石的监测和对交通洞周围护壁的安全观测，在本工程的爆破施工过程中（共进行了 12 次爆破作业），没有发生过由于爆破振动、空气冲击波、个别爆破飞石的原因而导致交通洞护壁出现裂缝、坍塌的安全事故，实现了安全、优质、快速的预期目的。

通过 VCR 爆破法在本工程的成功应用，建议在类似工程施工中应注意事项：

（1）为保证爆破后形成的断面规整，钻孔设备安装平稳，以确保炮孔垂直（偏斜率不得大于 1%）。

（2）为预防产生盲炮，每个装药孔底部第一条炸药及第三条炸药为起爆药包，设置相同起爆时间。

（3）网路连接线为芯线直径（0.60±0.02）mm 的双绞铜芯线，接头应悬空，裸露部分应绝缘包裹。

（4）雷管脚线的线卡应卡接到位，检查无误后方可扣上卡扣。

（5）固定麻绳必须牢固，能承受 15kg 以上质量。

（6）施工时上部填塞长度要符合设计要求，过低起不到堵塞作用，过高则在爆破后易发生堵孔。

（7）每循环爆破厚度宜控制在 2~2.5m 范围内（视岩性变化及爆破效果而定）。

（8）每循环爆破装药前，需对所有炮孔进行检测，掌握上一炮的进尺、各孔的孔深及孔内变化情况，以确定下一循环的施工。

（9）在贯通收尾时，宜采用间隔分两层装药、一次起爆实现贯通。

（10）做好爆破作业时的安全警戒，防止发生意外。

（11）每循环爆破作业后，岩层可能被拉裂造成堵孔，要备一台钻机，以便通孔。

参 考 文 献

［1］孙再东，李寿喜，彭建华．VCR 法爆破参数选择与爆破漏斗试验［J］．长沙矿山研究院季刊，1984（4）：17-26.

［2］张文．小孔径 VCR 法在中深孔采矿的应用［J］．采矿技术，2010（4）：13-14.

［3］邓都．VCR 法在竖井工程掘进应用的探讨［J］．探矿工程，1989（3）：52-54.

［4］吕艳奎，王臣．VCR 法凿岩巷道掘进时存在的问题及措施［J］．矿业快报，2006（9）：58-59.

临近既有高速公路高边坡开挖控制爆破技术

张京亮　　王仕虎

（中国水利水电第十四工程局有限公司，昆明　650041）

摘　要： 新建马场坪枢纽互通与既有瓮马高速T型连接，在既有瓮马高速100m范围内石方开挖数116.9万 m³，开挖区最大边坡高度为68m，距既有高速最小距离为0m。该枢纽互通开挖区附近有高压线塔、居民房屋等保护物，同时该互通为施工关键线路，工期紧。结合马场坪互通爆破工程与周边环境特点，采用"常规控制爆破区""精细控制爆破区"及"限制爆破区"的分区爆破方案，对三个分区的爆破参数和起爆网路进行了优化、精细施工，快速安全地完成了马场坪互通临近既有高速公路高边坡大方量石方开挖施工。

关键词： 高边坡；控制爆破；数码电子雷管

Controlled Blasting Technology for Excavation of High Slopes Near Existing Highways

Zhangjingliang　　Wangshihu

（Sinohydro Bureau 14th Co., Ltd., Kunming 650041）

Abstract： The newly built Machangping Hub Interchange is connected to the existing Wengma Expressway in a T-shaped manner, with a total of 1.169 million cubic meters of rock excavation within a 100m range of the existing Wengma Expressway, The maximum slope height in the excavation area is 68m, and the minimum distance from the existing highway is 0m. There are high-voltage transmission towers, residential buildings, and other protective structures near the excavation area of the hub interchange. At the same time, the interchange is a key construction line and the construction period is tight. Based on the characteristics of the Machangping Interchange blasting project and the surrounding environment, a zoning blasting plan of "conventional controlled blasting area", "fine controlled blasting area", and "restricted blasting area" was adopted. The blasting parameters and initiation network of the three zones were optimized and finely constructed, quickly and safely completing the excavation of large quantities of rock on the high slope of the existing expressway near Machangping Interchange.

Keywords： high slope; controlled blasting; digital electronic detonator

1　前言

近年来随着我国基础建设的蓬勃发展，山区高速公路的开发和建设不断增多，在高速公路

作者信息：张京亮，学士，高级工程师，648415595@qq.com。

建设时新建高速公路搭接既有高速公路是不可避免的，在建设时既有高速交通不能中断，这就要求在临近既有高速开挖施工时必须做好相关爆破设计和安全防护措施，以确保既有高速运营安全。云贵川等山区的高速公路工程，存在山高地陡、工程量大、工期紧、岩石坚硬等特点，临近既有高速施工干扰多、条件差、安全风险高，根据相关规定，"禁止在高速公路用地外缘起向外100m、中型以上桥梁周围200m、隧道上方和洞口外100m范围内进行爆破作业"，若按规定临近高速范围仅采用机械开挖方式施工，无法满足工期要求，同时也会使施工成本成倍增加。因此，为确保工期，在高速运营正常的条件下采用控制爆破技术开挖既有高速近距离路基成为施工单位必然的选择，前提是所采用技术方案必须得到属地通管理部门的审批，施工必须保证绝对安全。

2　工程与地质概况

2.1　工程概况

马场坪交通枢纽互通位于贵州省福泉市境内，是新建凯里环城高速公路北段工程与既有瓮马高速公路的连接互通。马场坪互通共有8个匝道，总长4581m。其中匝道F、匝道H上跨瓮马高速，匝道H拼宽桥与瓮马高速既有桥拼宽，匝道A下穿瓮马高速，匝道B、匝道C、匝道D、匝道E、匝道G、匝道J分别与瓮马高速平交，匝道E完全利用既有高速的匝道，匝道A、B部分利用既有匝道。马场坪互通挖方总量157.5万 m^3（石方139.7万 m^3），填方总量108.2万 m^3。

新建互通挖方主要集中于瓮马高速公路左侧的D、H、F三条匝道上，共有挖方124万 m^3，土石比1:9，部分岩石裸露，主要为质地坚硬灰岩，开挖区域最大高度达68m（7级边坡），大部分挖方集中在距离既有高速公路100m范围内。在开挖区内有未能及时拆迁的电塔，在距离开挖红线附近50m范围内有居民民房等建筑物，主开挖区域交通不便。马场坪互通处于本项目关键线路上，计划工期为480天，时间紧、任务重。马场坪互通开挖区平面位置示意图和马场坪互通开挖典型断面图分别如图1、图2所示。

2.2　地质概况

本互通位于复杂构造变形区，区域属中度切割区，地貌类型为浸蚀构造低山峡谷地貌，海拔在886.7~999.3m之间。项目区根据无断裂构造，主要节理产状为285°∠76°和32°∠71°两组，多为密闭型节理，节理密度200~300mm。开挖场区位置覆盖层主要为灰岩、白云岩、砂岩夹泥岩、泥质灰岩。马场坪D、H、F匝道的主要开挖区内的土石比为1:9，现场裸露的岩石主要为灰岩、白云岩，岩体较为坚硬，下伏基岩为三叠系中统青岩组（T_2q）泥岩及泥质灰岩。

3　爆破技术方案

3.1　开挖分区

结合施工现场的实际情况，经勘察论证后将马场坪枢纽互通岩石开挖分为"常规控制爆破区""精细控制爆破区""限制爆破区""机械开挖区"4个区。

（1）常规控制爆破区：距既有瓮马高速公路距离不小于200m为常规控制爆破区，该区域采用90mm孔径，孔深8~10m，使用电子雷管起爆的深孔台阶松动爆破技术。

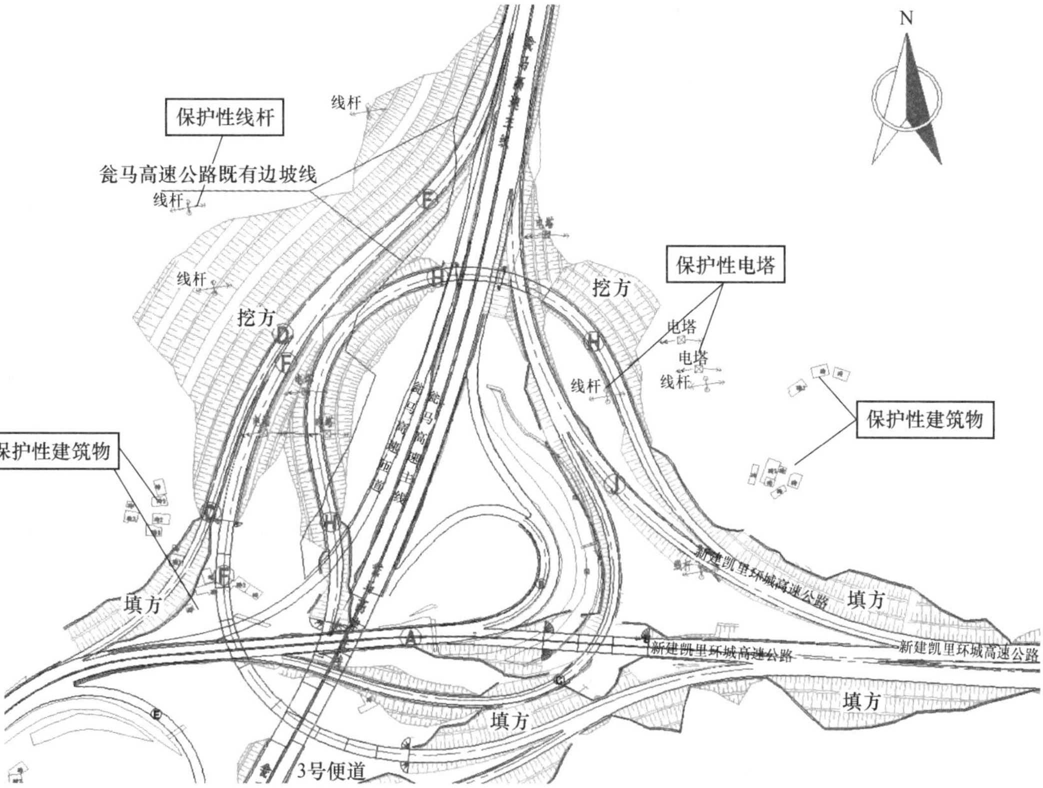

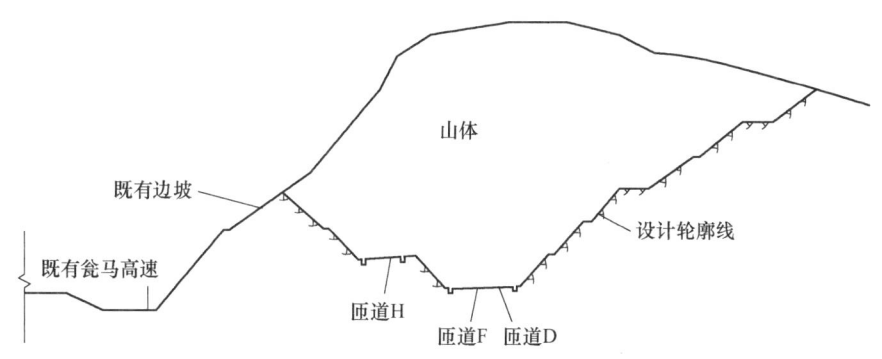

图 1　马场坪互通开挖区平面位置示意图

Fig. 1　Location of Machangping Interchange excavation area

图 2　马场坪互通开挖区典型断面图

Fig. 2　Section of typical Machangping Interchange excavation area

（2）精细控制爆破区：距既有瓮马高速公路距离 100~200m（含 100m）为精细控制爆破区，该区域采用 90mm 孔径，孔深 5~8m，使用电子雷管起爆的深孔台阶弱松动爆破。

（3）限制爆破区：距既有瓮马高速公路距离 30~100m（含 100m）为限制爆破区，该区域采用 90mm 孔径，孔深 3~5m，使用电子雷管起爆的浅孔台阶弱松动爆破。

（4）机械爆破区：距既有瓮马高速公路水平距离小于 30m 范围内全部采用机械挖方法施工，严禁爆破作业。

3.2 开挖程序

（1）先用挖机将山体表面的表土、碎石土和松散的岩层进行挖除，之后再对距离高速公路边线 30m 外的范围的石方采取分层分段的控制爆破开挖，对临近既有高速部分采用机械开挖方式施工。结合现场实际施工情况，可进行多点组织爆破施工作业，形成多个开挖作业面，采用自上而下台阶分层开挖方式，每层开挖高度控制在 6m，施工时需要注意侧向的滚石，采用设置多被动防护网和防护栏的方式控制滚石危害。马场坪互通匝道 F、D、H 及上部边坡分层开挖图如图 3 所示。

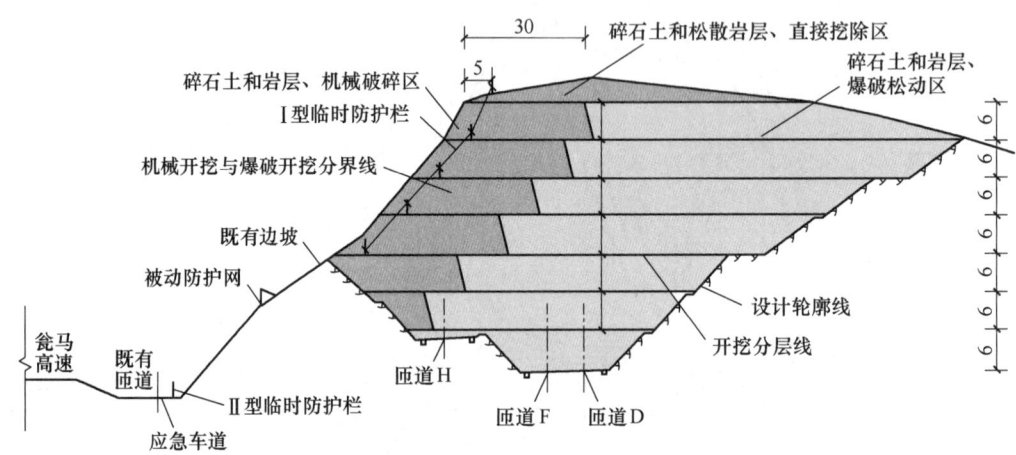

图 3　临近既有高速公路边坡分层开挖示意图

Fig. 3　Schematic diagram of layered excavation of slope adjacent to existing expressway

（2）在实施分段分层控制爆破作业中，每一层首先拉槽施工，以做到对临近高速公路段的减震和防护作用。拉槽位置根据现场实际情况确定，拉槽起爆方向与既有高速保持基本平行，拉出临空面后，靠瓮马高速一侧，其抛掷及落石方向背向瓮马高速，靠保留山体一侧，其抛掷方向与既有高速成基本平行角度背向开挖推进方向。起爆自由面方向的原则是严禁正对瓮马高速公路。拉槽区爆破时起爆自由面方向也需与瓮马高速方向形成一定的夹角，避免爆区的正后冲方向产生大的振动和滚石，起爆自由面方向如图 4 所示。

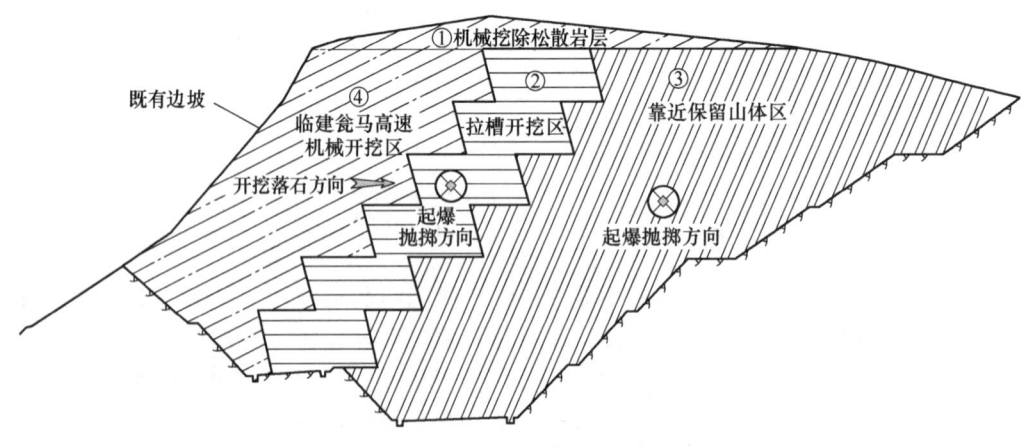

图 4　边坡开挖起爆方向示意图

Fig. 4　Schematic diagram of blasting direction for slope excavation

3.3 爆破技术设计

根据工程的进度计划安排以及对爆破质量的要求，结合施工现场条件和经验，对山体均采用90mm孔径的机械钻孔，通过不同的钻深、孔距、排距、装药量、起爆方式等变化，实现常规爆破、精细爆破、限制爆破的控制爆破技术。

3.3.1 爆破参数选择

爆破参数选择计算如下：

(1) 炮孔直径 D：取90mm。

(2) 炮孔深度和超深 L：

$$L = H + h \tag{1}$$

超深（h）取台阶高度的10%~15%。

本工程台阶高度最高67m，结合开挖高度和爆破区距离高速公路或电塔垂距分7~30层，每层3~10m。

常规控制爆破区台阶高度（H）控制在8~10m，超深 $h = 0.8~1.5$m；精细控制爆破区台阶高度（H）控制在5~8m，超深 $h = 0.5~1.2$m；限制爆破区台阶高度（H）控制在3~5m，超深 $h = 0.3~0.75$m。

(3) 底盘抵抗线为 W_1：

$$W_1 = H\cot\alpha + B \tag{2}$$

式中，α 为台阶坡面角，取85°；B 为对大中型钻机，$1.5 \leq B < 3.0$。

经计算：常规控制爆破区 $W_1 = 2.2~3.9$m；精细控制爆破区 $W_1 = 1.9~3.7$m；限制爆破区 $W_1 = 1.8~3.4$m。

(4) 炮孔间距 a：

$$a = mW_1 \tag{3}$$

式中，m 为炮孔密集系数，通常大于1，根据以往工程经验及现场岩石情况，m 取1。

常规控制爆破区 $a = 2.2~3.9$m；精细控制爆破区 $a = 1.9~3.7$m；限制爆破区 $a = 1.8~3.4$m。

(5) 排距 b：

$$b = a \times \sin60° \tag{4}$$

常规控制爆破区 $b = 1.9~3.4$m；精细控制爆破区 $b = 1.6~3.2$m；限制爆破区 $b = 1.5~2.9$m。

(6) 填塞长度 L_1：

$$L_1 = (20~60)D = 1.8~3.5m \tag{5}$$

常规控制爆破区 $L_1 = 4.0~5.4$m；精细控制爆破区 $L_1 = 3.0~4.5$m；限制爆破区 $L_1 = 2.0~3.5$m。

(7) 炸药单耗 q：根据施工经验取控制爆破单耗0.30~0.40kg/m³；根据试爆情况进行调整。

常规控制爆破区 $q = 0.35~0.40$kg/m³；精细控制爆破区 $q = 0.30~0.35$kg/m³；限制爆破区 $q = 0.30$kg/m³。

(8) 单孔装药量 Q：

$$Q = qabH \tag{6}$$

常规控制爆破区 $Q = 12 \sim 52\text{kg}$；精细控制爆破区 $Q = 5 \sim 33\text{kg}$；限制爆破区 $Q = 3 \sim 15\text{kg}$。

（9）爆破规模：根据爆破位置和保护物距离要求结合现场条件控制一次爆破总药量。常规控制爆破区一次爆破总药量小于 300kg；精细控制爆破区一次爆破总药量小于 1000kg；限制爆破区一次爆破总药量小于 1800kg。

上述参数在确保安全的前提下应根据施工现场实际情况进行合理调整，以达到最佳爆破效果。考虑到爆破区域地层岩性及爆破振动控制要求，孔网参数与装药量见表 1。

表 1 爆破参数表
Tab. 1 Blasting parameters

爆破分区	垂高/m	超深/m	最小抵抗线/m	孔距/m	排距/m	单耗/kg·m^{-3}	单孔装药量/kg	填塞长度/m
限制爆破	3	0.3	2	2	2	0.3	3.60	2.70
	4	0.5	2.5	2.5	2	0.3	6.00	3.50
精细爆破	5	0.8	2.5	2.5	2	0.35	8.80	4.50
	6	1	3	3	2	0.35	12.60	4.80
	7	1.1	3	3	2.5	0.35	18.40	5.00
常规爆破	8	1.2	3.5	3	2.5	0.35	21.00	5.20
	9	1.5	3.5	3.5	2.8	0.4	35.30	5.40
	10	1.5	3.5	3.5	3	0.4	42.00	5.50

3.3.2 布孔设计

3.3.2.1 炮孔布置

因爆破区周边环境复杂，为避免爆破振动对周围保护物的影响，布孔方式选择梅花形垂直布孔，严格按设计进行钻孔施工。因为爆区石质为弱风化及次坚石石质，所以采用无飞石的松动爆破技术施工，挖掘机能够挖动即可。平整岩基表面以利于钻孔机械定位及防止钻孔时堵塞炮孔，提高成孔率，炮孔布置图如图 5 所示。

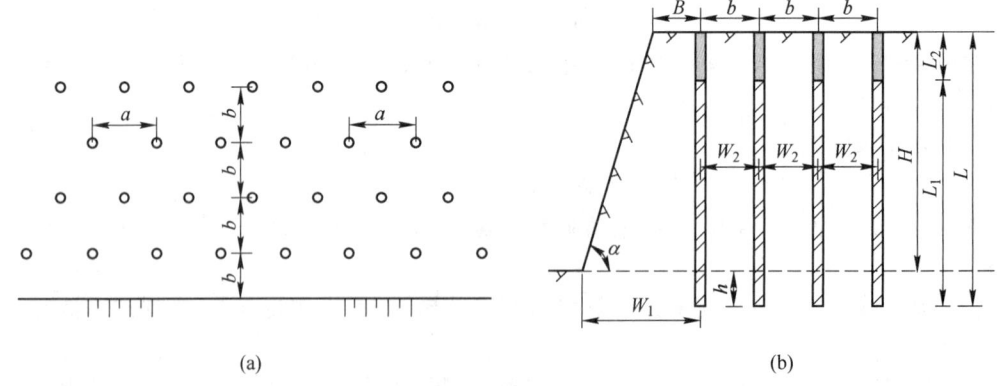

(a)　　　　　　　　　　　　(b)

图 5 炮孔布置图

（a）平面布置；（b）断面布置

Fig. 5 Blast hole layout

3.3.2.2　钻孔深度控制

（1）对永久边坡坡面质量有要求的开挖爆破，坡面采用预裂或光爆措施，距离永久边坡4m范围内，必须实施缓冲爆破，整体应采用微松动爆破技术，以免破坏边坡的稳定性。

（2）在一般情况下，距离高速公路和被保护物50m范围内钻孔深度不得超过3m，50~100m范围内钻孔深度不得超过6m，其余区域不得超过10m。

（3）遵循距离瓮马高速越近钻孔深度递减的原则，并根据试爆所测得的爆破振动衰减规律对爆破参数和爆破方案进行合理优化调整。

3.3.3　装药结构与起爆网路

3.3.3.1　装药结构

炸药选择乳化炸药为主，需根据爆区的地质条件、岩石情况等选择合适的炸药品种，起爆药包选择2号岩石乳化炸药，炸药主要技术性能见表2。

表2　2号岩石乳化炸药的主要性能指标表
Tab. 2　Main performance indexes of rock emulsion explosive

炸药密度/g·cm^{-3}	殉爆距离/cm	猛度/mm	爆速/m·s^{-1}	做功能力	爆炸后有毒气体含量/L·kg^{-1}	有效期/d
1.05~1.2	≥3	≥13	≥3.5×10^3	≥260	≤50	180

炮孔装药采用连续装药结构，在每个炮孔安放同批次电子数码雷管加工的起爆药包一个，放在炮孔的底部。装药前，必须要检查炮孔的深度，有无石块卡孔，炮孔的位置偏差是否符合要求、孔内有无积水等，不合格的炮孔必须处理好方可进行装药；同时特别注意前排的最小抵抗线是否符合设计要求，抵抗线过小，防止石块从最小抵抗线方向飞出。装药时，根据设计计算装药长度。确保按照设计的堵塞长度，当炮孔出现卡孔时，只能用木质或竹子工具进行处理。

炮孔用岩粉或黏土进行堵塞，严禁使用超过2mm直径的碎石堵塞，堵塞长度要按照设计要求，炮孔堵塞时应注意保护好雷管脚线，避免损坏。炮孔装药堵塞图如图6所示。

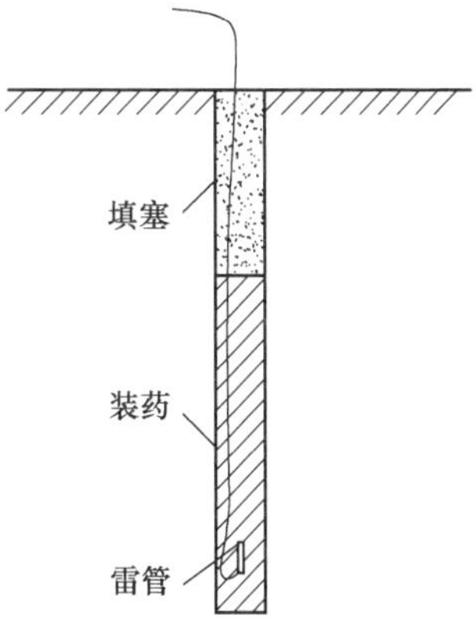

3.3.3.2　起爆网路

为了实现毫秒逐孔起爆，增加单次起爆药量，提高单次起爆规模，本工程全部选择数码电子雷管起爆。本项目采用湖南向红并联型的数码电子雷管和ES700型起爆器起爆。电子雷管控制系统示意图和操作流程分别如图7和图8所示。

图6　炮孔装药堵塞图
Fig. 6　Blast hole charge blocking

本项目采用并联型的孔内毫秒延迟的起爆方式，逐孔起爆孔间延期时间为15~30ms，排间延期起爆时间为30~50ms。根据爆区周边环境、允许振速的要求起爆网路采用排间起爆网、"V"形起爆或对角线起爆方式。炮孔连接示意图如图9所示。

4　爆破安全控制措施

马场坪互通周边环境复杂，为确保爆破作业安全，需结合现场实际情况，根据不同保护对

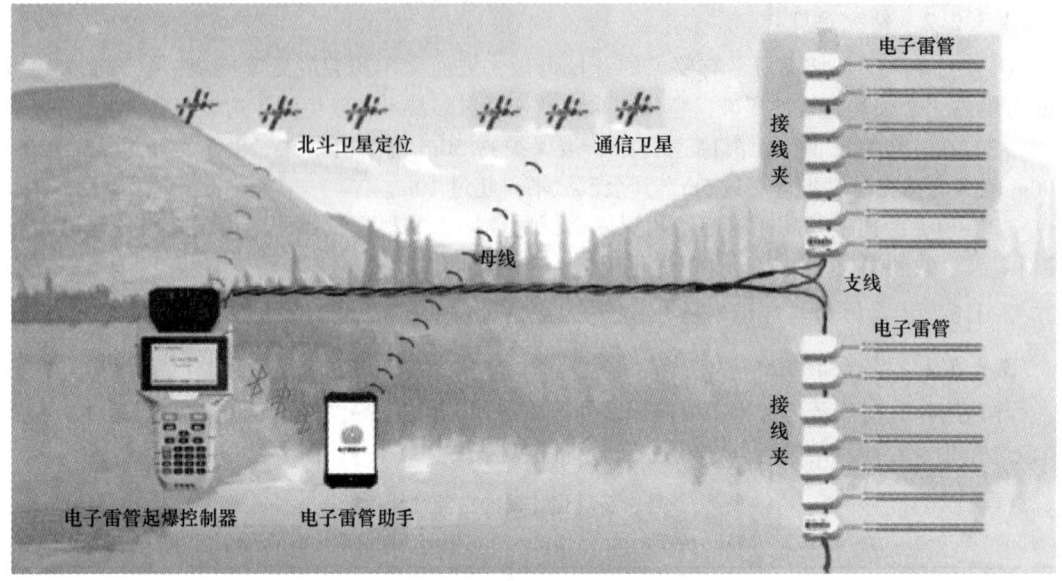

图 7　电子雷管控制系统示意图

Fig. 7　Schematic diagram of electronic detonator control system

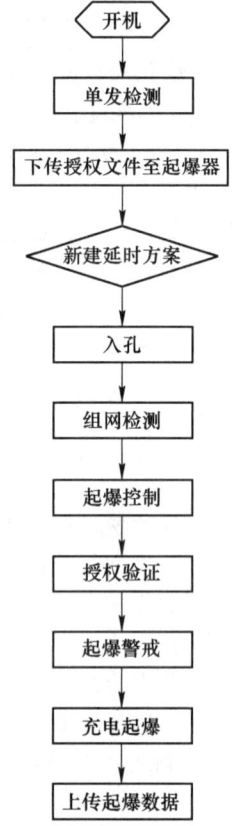

图 8　数码电子雷管操作流程图

Fig. 8　Operation flow chart of digital electronic detonator

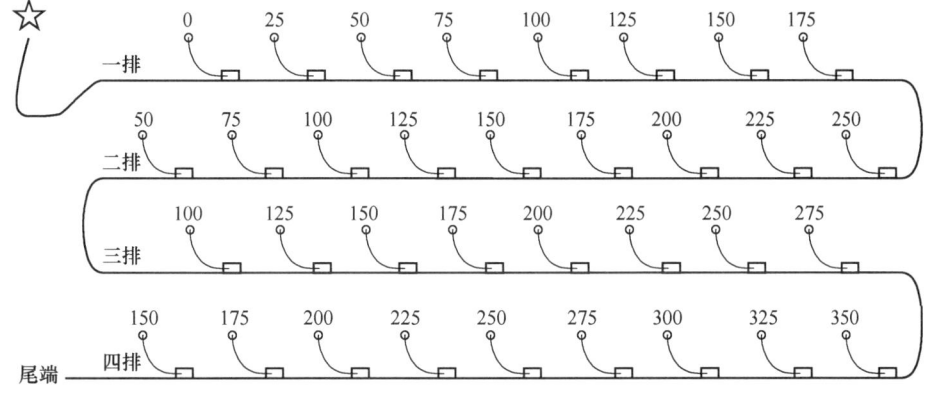

○ 炮孔　　□ 线卡　　☆ 铱体表　　—— 主起爆线　　25 延时时间ms

图 9　炮孔连接示意图

Fig. 9　Schematic diagram of blast hole connection

象，结合爆破距离，采取不同的安全技术措施。

（1）为了确保爆破飞石不至于伤害到人员及保护物，对个别飞石的飞散安全距离进行计算验证；针对不同保护对象的允许振速，控制单响最大段药量，避免爆破振动扰民。根据爆破危害的验算得出，马场坪互通石方开挖爆破规模采取表 3 参数控制。

表 3　马场坪互通石方开挖爆破规模

Tab. 3　Rock excavation blasting scale of Machangping Interchange

区　域	爆破距离/m	每次爆破总炸药量/kg	单孔单响药量/kg
常规爆破区	≥200	1600	50
精细爆破区	100~200	950	30
限制爆破区	30~100	450	12

（2）爆破中在最小抵抗线方向上的振动强度最小，反向最大，侧向居中，应充分利用现场的有利条件，最大限度地降低爆破振动，并根据现场条件，适当减小爆破规模，降低一次爆破炸药量，确保对保护物的影响最小。

（3）控制爆破前分别在边坡位置每 8~10m 设置一道被临时防护栏从山体上部自上而下，搭设一级、开挖一级。边坡防护示意如图 10 所示。

（4）为降低爆破质点振动，减少爆破飞石，在爆破表面设置"双层主动防护网+竹跳板等+砂袋"覆盖。表面覆盖如图 11 所示。

（5）对保护建筑物和构筑物的重要部位进行专门的被动防护，即在重要部位铺设轮胎及竹条板进行安全防护，爆前做好安全警戒，要划定可能产生滚石的范围，人员不得进入到爆破警戒区和滚石危险区域。

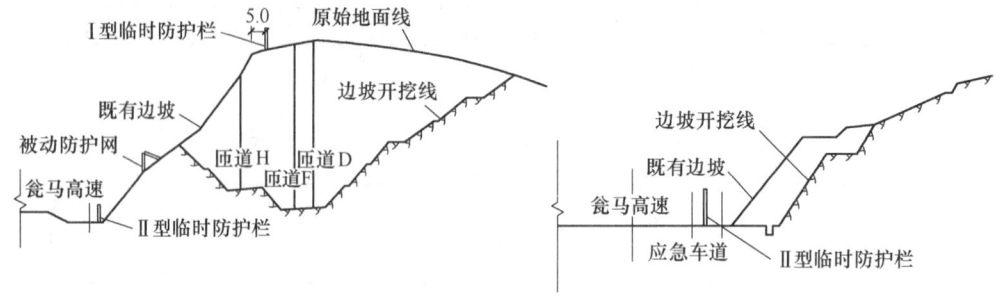

图 10　开挖作业防护图

Fig. 10　Protection diagram of interchange excavation operation

图 11　爆区表面覆盖防护示意图

Fig. 11　Schematic diagram of surface coverage protection in blast zone

5　结语

对临近既有高速公路高边坡和在爆破区内有需要保护性的建筑爆破时，需结合现场实际条件，在充分进行现场踏勘的基础上，通过采用"多循环、小规模、小孔距"的松动和弱松动控制爆破技术，遵循密打眼、少装药、强覆盖、间隔微差、低单耗、低单响的爆破方针，不断调整爆破参数、起爆方向，并做好爆破区域覆盖和周边保护性建筑的防护措施，才能最大程度地减少爆破振动和飞石对临近高速公路的车辆和保护性建筑的破坏。

参 考 文 献

[1] 贵州省人民代表大会常务委员会. 贵州省高速公路管理条例 [Z]. 2012-03-30.

[2] 李海龙. 既有高速公路高边坡路堑扩堑爆破开挖技术研究 [D]. 长春：吉林大学，2012.

[3] 智绪金. 复杂条件下的路堑高边坡石方路基控制爆破施工技术 [J]. 工程技术研究，2020，5（17）：

114-116.

[4] 李志堂，文来胜，孙江涛，等．临近居民区岩质高边坡微差爆破施工技术应用 [J]．土工基础，2018，32（3）：297-300.

[5] 程贵海，张勤彬，唐春海，等．数码电子雷管在高边坡爆破开挖中的应用 [J]．化工矿物与加工，2018（8）：52-55.

[6] 潘建华，贾杰．某公路土石方控制爆破技术的设计与应用 [J]．黑龙江冶金，2021，41（3）：114-115.

[7] 汪旭光．爆破设计与施工 [M]．北京：冶金工业出版社，2011：201-223.

[8] 邢玉科．临近既有建筑高边坡爆破安全控制措施 [J]．建筑技术开发，2021，48（22）：99-101.

南芬露天矿上盘扩帮 18m 台阶提高爆破质量的控制措施

李兰彬　　高毓山

（本溪钢铁（集团）矿业有限责任公司，辽宁　本溪　117000）

摘　要：南芬露天矿为加快上盘扩帮速度，将 12m 台阶开采变更为 18m。在 12m 台阶变为 18m 台阶后，对爆破中出现的地盘抬高、爆破产生的根底和大块较多以及爆区前部的岩石向采场内部前冲较多的问题展开分析，并提出控制措施。结果表明，以上问题主要源于炮孔深部乳化炸药爆速降低、12m 和 18m 台阶整合时出现抵抗线变大、岩性变化较大以及起爆顺序不合理。通过有针对性的优化爆破设计以及现场管理，有效提高了爆破质量，并降低了矿山生产成本。

关键词：18m 台阶；爆破质量；控制措施

The Controlling Measures of 18m Steps for Increasing Blasting Quality in Nanfen Open-pit Mine

Li Lanbin　Gao Yushan

（Benxi Iron & Steel（Group）Mining Co., Ltd., Benxi 117000, Liaoning）

Abstract：Nanfen open-pit coal mine changed 12m stair mining into 18m in order to speed up the slope enlargement. After the 12m step is changed into 18m step, the problems of site elevation, more roots and blocks produced by blasting, and more rocks in front of the blasting area rushing into the stope are analyzed, control measures are proposed. The results show that the above problems are mainly caused by the decrease of detonation velocity of deep emulsion explosive, the increase of resistance line, the change of lithology and the unreasonable detonation sequence when the 12m and 18m steps are integrated. By optimizing blasting design and site management, the blasting quality is effectively improved and the mine production cost is reduced.

Keywords：18m steps；blasting quality；control measures

南芬露天矿是我国大型机械化露天开采矿山，采用分期开采工艺技术，1953 年苏联为南芬露天矿进行第一期露天开采技术设计，2004 年本钢设计研究院完成了南芬露天矿扩产设计，矿山现为三期境界向四期境界扩帮过渡阶段。采区上盘 286m 水平以下采用 12m 台阶生产，286m 水平以上改为采用 18m 台阶生产。自采用 18m 台阶开采以来，出现许多与爆破工艺相关的问题。为此，对南芬露天矿 18m 扩帮台阶的爆破工艺问题进行深入研究，提出了针对性的技术措施，为类似工程提供参考。

作者信息：李兰彬，工程硕士，采矿高级工程师，80863063@qq.com。

1 12m 台阶变为 18m 台阶后出现的问题

在南芬露天矿上盘扩帮区域采用 12m 台阶进行推采，其爆破技术参数见表 1。使用该参数爆破可以满足正常开采的需求，在爆破过程中，抬高、大块、根底以及爆破前冲岩石量的控制都在允许范围内，对矿山生产没有产生不良影响。为此在 12m 台阶变为 18m 台阶的时候，仍然继续使用了该技术参数。

表 1 南芬露天矿 12m 台阶爆破技术参数
Tab. 1 Technical parameters of 12m bench blasting in Nanfen open-pit mine

孔径/mm	台阶高度/m	超深/m	孔网参数/mm	抵抗线/m	装药结构	起爆顺序
250	12	1.5~2	6.5×6.5	6~7	单一炸药连续装药	斜线起爆
310	12	1.5~2	7.5×7.5	7~8		

在经过一轮的穿孔爆破和铲装运输后，经验收发现存在以下问题：

（1）在生产过程中台阶局部高度大于 18m 后，爆破后出现了不同程度的底板抬高现象（见表 2），孔越深抬高越多。

（2）爆区根底明显增多增大，许多根底长 10~100m，高 4~10m。

（3）大块数量较采场内增加，采场内的大块率为 0.5 个/kt，上盘扩帮的大块率为 0.65 个/kt，并且个别大块长轴尺寸达到 5m。

（4）在临近采场的第一循环爆破中，大量岩石抛入采场，平均每台阶为每百米 4.04 万吨。

表 2 不同台阶高度抬高情况
Tab. 2 Elevation of different steps

实际段高/m	310mm 孔径		250mm 孔径	
	有效炮孔长度/m	抬高量/m	有效炮孔长度/m	抬高量/m
18	18	0	18	0
19	18.4	0.6	18.2	0.8
20	18.5	1.5	18.2	1.8
21	18.6	2.4	18.3	2.7
22	19	3	18.7	3.3
23	19.7	3.3	19.5	3.5

这些问题的出现，严重降低了工作效率，台阶下降速度降低，并给电铲作业和采场内的作业带来极大安全隐患，也增加了采矿成本。

2 问题分析

2.1 抬高

（1）夹制作用的影响。310mm 和 250mm 孔径的炮孔孔网参数分别为 7.5m×7.5m 和 6.5m×6.5m，超深均为 2m。由表 2 数据中可知，随着台阶高度增加，抬高在增加，即残孔长度在增加[1]。这说明孔底部分岩体未能被爆破破坏。往往炮孔深度越大，炮孔底部爆破抵抗线越大，夹制现象出现的概率越高。

（2）孔深对炸药孔内爆速的影响。经对抬高部分核对，发现抬高部分 90% 为乳化炸药孔，所以重点分析孔深对炸药孔内爆速的影响。对于乳化炸药，孔深对炸药孔内爆速的影响主要体现在炸药密度上，由于重力作用，在炮孔内不同深度形成了不同密度的现场混装乳化炸药。随着炸药密度增加，现场混装乳化炸药孔内爆速逐渐增加，且在某一密度值爆速将达到峰值，进一步提高密度爆速将不增反减，出现压死现象。研究结果表明，在孔底位置爆速均相对较低，底部位置的炸药爆速呈下降的趋势[2]。

通过以上分析可知，炮孔越深，炮孔的夹制作用越强，同时炸药的爆速下降，这就不难理解炮孔越深抬高越多的现象。

2.2　根底

根据三期扩帮设计，上盘扩帮 574～286m 台阶分成 2 个条带开采，都采用 18m 台阶，阶段坡面角为 65°。第一条带采用 18m 台阶开采时与原 12m 台阶不完全吻合，原上盘安全平台宽 5m，清扫平台宽 l5m，在原来的安全平台、清扫平台处将产生 4 类大抵抗线（见图 1），三期扩帮共产生 I 类 1 个，II 类 2 个，III 类 1 个，IV 类 1 个[3]；其他台阶抵抗线正常。由此可以得出，18m 台阶整合 12m 台阶后各台阶的抵抗线大小不均。抵抗线大于排距的 1.3 倍后出现根底的概率明显增加[4]。

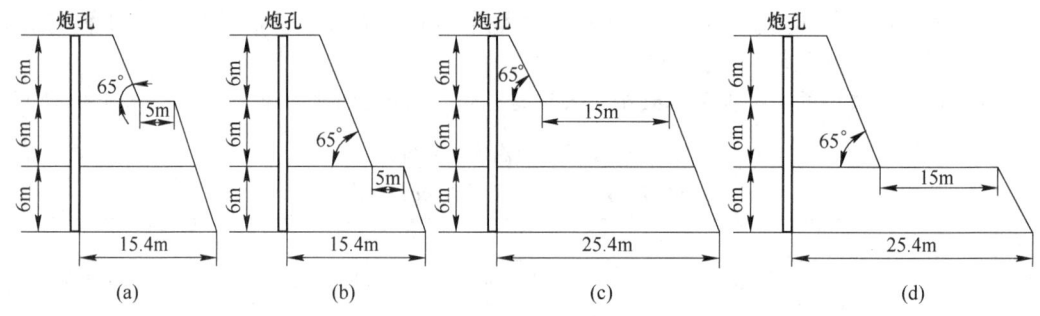

图 1　4 类大抵抗线

（a）I 类；（b）II 类；（c）III 类；（d）IV 类

Fig. 1　4 class of large resistance lines

另外还有 12m 台阶变为 18m 台阶时，底盘抵抗线随台阶变高而增大，即由 12m 台阶时的 7～8m 变为 18m 台阶的 10～13m，对于这种情况，普通的爆破技术无法克服较大的抵抗线会产生根底这一问题。

2.3　大块

上盘围岩有云母石英片岩、黑云绿泥岩，还夹有混合花岗岩，其岩石硬度 f 值为 10～16，硬度变化较大；这些岩石层理不明显，规律性不强，走向近南北，倾向近西北，倾角为 35°～60°。随着台阶高度变高，同一炮孔的岩性变化较大，导致在装药爆破时，爆破能量分布不均匀，对较难爆的岩石作用减弱，大块增多。现场大块统计中，85% 为硬度较大的黑云绿泥岩，也证实了这一观点。

爆破中，台阶高度变为 18m，孔深也达到 20m，随着装药量的增加，填塞高度也在增加，为 7～8m，相对于 12m 台阶时炮孔填塞高度增加了约 2m，所以在没有炸药作用的填塞段也增加了大块的数量。

因此,上盘扩帮区域大块多的主要原因是随着台阶高度变高,同一炮孔的岩性变化大,而且炮孔顶部填塞段增多。

2.4 爆区前冲岩石量较多

爆破时采用斜线起爆,主控排采用 42ms 微差起爆,支线采用 65ms,与台阶边缘的角度为 30°~40°。前排炮孔孔深一般为 20.5m,装药高度为 12.5~13.5m,填塞高度一般为 7~8m。由此分析向爆区前冲岩石量较多的主要原因如下:一是由于爆破时采用斜线起爆,自由面条件有利于矿岩抛掷;二是未控制前排炮孔装药量,爆破能量较大。

3 爆破效果改善措施

3.1 抬高控制

根据分析可知,抬高原因是炮孔的夹制作用和炸药的孔内爆速较低,所以采取的措施如下:

(1) 改善装药结构,乳化炸药炮孔采用顶部间隔。顶部间隔可以有效阻止岩渣压力向下传导,使炮孔内深处的乳化炸药密度较原测试密度低,从而提高爆速,增强爆破威力。

(2) 段高每增加 1m,超深增加 0.2m(最大超深不准大于 3m)。采用这种办法能有效克服炮孔的夹制作用,也提高了炸药的利用率。

(3) 对于难爆的黑云绿泥岩,采取缩小 0.2~0.5m 的基础参数(孔径大的取小值,反之取大值),增加爆破单耗,降低炮孔底部的夹制作用。

通过采取以上综合措施,取得了明显的爆破效果,抬高高度变为 0~2m,较改善前降低了 3m 左右。

3.2 根底消除

根底产生的主要原因是台阶整合时形成天然大抵抗线。采取对应的措施有:针对 Ⅰ、Ⅲ 类大抵抗线,采取垫货的方式降低抵抗线,即把原来已经挖掉的 6m 平台用岩石垫平,将该处由 12m 台阶变为 18m 台阶,牙轮设备可以向前打孔。由此,抵抗线由 15m 降低到 5m,达到正常抵抗线,爆破作用可以克服该抵抗线,爆破后根底彻底消除。针对 Ⅱ、Ⅳ 类大抵抗线,垫货这种方式已经不适合,原因如下:一是垫货量极大,垫货会影响总体生产进度;二是由于垫货后浮货达到 12m 厚,造成打不成孔;另外还由于垫货较厚,沉降时间不足带来牙轮作业安全的问题。所以在图 1 中(b)、(d)两种情况采用两次爆破处理方式消除根底。第一次 18m 台阶正常爆破,铲装中将台阶底部的 6m 台阶展露出来,用需要地盘较小的潜孔钻机钻孔,第二次将这 6m 台阶爆破,从而达到两次爆破时抵抗线符合要求的目标,从而消除了这种原因产生的根底。

对于 12m 台阶变为 18m 台阶,底盘抵抗线随台阶变高而增大,不能采用以上办法的爆区,设计时采用布置对孔,即两个孔孔距为 2~2.5m,每 2 个孔为一组,每组之间为 7~7.5m。爆破时,这组对孔采用 0~9ms 的延时时间,炮孔底部适当使用高威力炸药,采用这种技术有效减少和减小了根底。

对于同一区域有 310mm 和 250mm 钻孔设备同时作业时,用 310mm 钻孔设备打头排,用 250mm 钻孔设备打后排,因为大孔径炮孔可以克服相对较大的抵抗线。

综合以上措施消除了以前长 10~100m 不等、高 4~10m 不等的根底。

3.3 大块控制

对于炮孔底部为黑云绿泥岩、上部为混合岩的情况，采取措施如下：当增加超深 $0.5\sim1m$，在炮孔底部加高威力炸药 $200\sim300kg$，上部做顶部间隔的装药结构；对于炮孔底部为混合岩、上部为黑云绿泥岩的情况，采取不增加额外超深，正常装药，采用中部间隔的办法降低大块数量。对于炮孔顶部填塞段较大、生产大块的情况，采取顶部间隔 $1\sim1.5m$，减小实际填塞段长度或直接减少填塞高度的办法控制大块。

通过采取这些措施使上盘扩帮的大块率由 0.65 个/kt 减少到 0.55 个/kt，个别大块长轴尺寸由 5m 降低到 4m。

3.4 爆区前冲岩石量控制

前冲岩石量较大的原因是起爆顺序不合理和炮孔间延时较小，所以采取的办法为：一是在第一循环爆破时，起爆顺序由斜线起爆改为横向 W 型起爆，头排先响，如图 2 所示。对于该种爆区的掏槽孔，采用增大 0.5m 超深和缩小 0.2m 排距的办法，提高掏槽部分的爆破单耗，为后续炮孔创造良好自由面；二是在炮孔间延时上，控制排由 42ms 改为 100ms，支线 65ms 不变，这样爆区的等时线与台阶边缘的角度由 $30°\sim40°$ 变为 $50°\sim60°$；三是在头排孔的药量设计上，重点控制其填塞高度，使之不小于炮孔深度的 55%，炮孔底部药量采用高威力炸药，上部采用低威力炸药，顶部还可以做间隔装药设计。通过采取这样的措施，前冲岩石量平均每台阶每百米进入采场的岩石由 4.04 万吨降为 1.98 万吨。

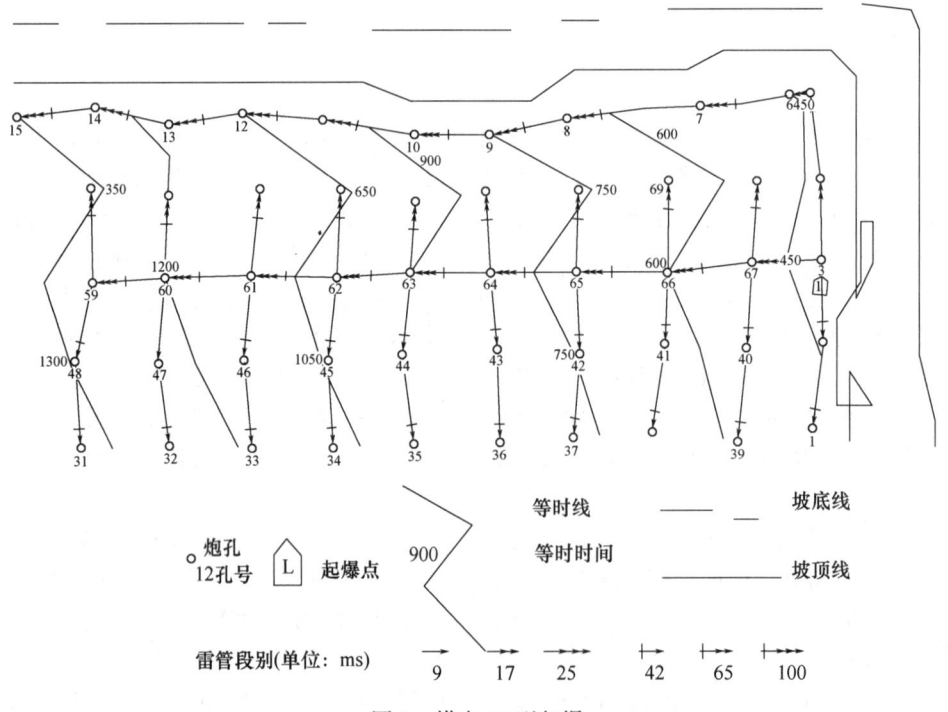

图 2　横向 W 型起爆

Fig. 2　Transverse W-shaped initiation

4　结论

　　针对南芬露天矿的 18m 台阶爆破中，特别是在扩帮的衔接过渡中出现的抬高，根底、大块增多以及向采场前冲较多的问题，采取了以下一系列的措施：

　　（1）通过控制超深和优化孔网参数减弱了炮孔底部的夹制作用，使抬高问题明显改善；

　　（2）通过在台阶垫货或打对孔有效降低了根底的大小和数量；

　　（3）通过优化孔网参数和顶部间隔的办法减少了大块数量；

　　（4）通过改变起爆顺序控制了爆区前冲岩石的数量。

　　这些措施有针对性地解决了高台阶爆破中存在的多种问题，使爆破质量得到了有效提升，保障了扩帮推进速度，为矿山生产顺利进行做出了贡献，也为其他有类似情况的矿山提供了可借鉴的经验。

参 考 文 献

[1] 张天锡 . 炮孔爆破中残孔长度与夹制作用浅析 [J]. 爆破，2000（3）：1-5.

[2] 李晓虎，周桂松，郝亚飞，等 . 孔内爆速测试技术在水泥矿山中的应用 [J] 爆破，2014，31（2）：75-77.

[3] 冯兴荣，张健鹏，孟凡奇，等 . 南芬露天铁矿三期扩帮 12 米台阶转 18 米台阶克服大抵抗线研究 [C] //第十八届川鲁冀晋琼粤辽七省矿业学术交流会论文集，2011.

[4] 李兰彬 . 南芬露天铁矿根底爆破技术应用实践 [J]. 现代矿业，2019，35（8）：206-207.

带金属罩聚能管在高速公路隧道光面爆破中的应用

张俊兵

（中铁三局集团有限公司，太原　030001）

摘　要：为提高隧道光面爆破的效果，对有金属罩的聚能光面爆破技术开展了现场应用。该技术将 PVC 聚能管和锥形金属聚能罩进行了组合，工程应用效果表明，Ⅲ级围岩高速公路中，每延米节约钻孔时间 0.4h，节约喷射混凝土 1.68m³，超耗率降低 45.09%，作业时间减少 0.11h。该技术可提高炸药能量利用率，减少炮孔数量和火工品用量，且能改善爆破效果，减少喷射混凝土用量，缩短作业循环时间。

关键词：隧道；聚能爆破；光面爆破；超欠挖控制

Application of Shaped Charge Tube with Metal Cover in Smooth Blasting of Highway Tunnel

Zhang Junbing

（China Railway No. 3 Engineering Group Co., Ltd., Taiyuan 030001）

Abstract：In order to improve the effect of tunnel smooth blasting, the shaped charge smooth blasting technology with metal cover has been applied in the field. The technology is a combination of PVC shaped pipe and conical metal shaped cap. The engineering application results show that the drilling time is saved by 0.4h and shotcrete is saved by 1.68m³ per square meter, the excess consumption rate is reduced by 45.09%, and the working time is reduced by 0.11h in Class Ⅲ surrounding rock highway. This technology can improve the efficiency of explosive energy, reduce the number of gun holes and the amount of explosive materials, improve the blasting effect, reduce the amount of shotcrete and shorten the working cycle time.

Keywords：tunnel；concentrated energy；smooth blasting；control of over and under excavation

1　引言

在地下工程施工过程中，光面爆破技术已得到普遍应用。爆破安全规程[1]中规定光面爆破是指沿开挖边界布置密集炮孔，采取不耦合装药或装填低威力炸药，在主爆区之后起爆，以形成平整的轮廓面的爆破作业。施工过程中通过控制装药结构、装药量、钻孔质量、起爆网路等方式，可达到控制超欠挖、改善爆破效果的作用。

作者信息：张俊兵，博士，正高级工程师，zjb6211@163.com。

近年来，一些新型爆破器材和技术在隧道光面爆破施工中得到应用，取得了良好效果。王成虎等人[2]对双向聚能拉伸成型爆破技术进行了研究；陈寿峰等人[3]针对不同炸高、不同材质聚能罩的聚能药包开展了试验，对比分析了集中药包、无罩聚能装药和有罩聚能装药的破岩效果；许鹏等人[4]开展了对比试验，证明在中硬岩巷道中采用聚能管装药比普通光面爆破更加有利于轮廓线上岩石的破碎。

本文在公路隧道施工中开展了聚能管和金属罩相结合的聚能爆破技术试验，通过金属罩实现间隔装药的可靠殉爆，通过聚能管提高孔间裂纹的成形质量，改善爆破效果，减少喷射混凝土超耗。

2　依托工程概况

某在建高速公路隧道工程的隧道内轮廓宽度为 11.40m、高度 8.70m（见图 1）。隧道洞身主要穿越绿灰色变安山岩、变质砂岩、中厚层石英砂岩、砂质泥质白云岩。洞身范围内地下水以基岩裂隙水和碳酸盐岩溶水为主，变质岩、火山岩裂隙含水岩段总体上表现为弱富水性。隧道Ⅲ级围岩段占总长度的 40.51%，Ⅳ级围岩段占总长度的 44.63%，Ⅴ级围岩长度占总长度的 14.86%。隧道的开挖方式为钻爆法。

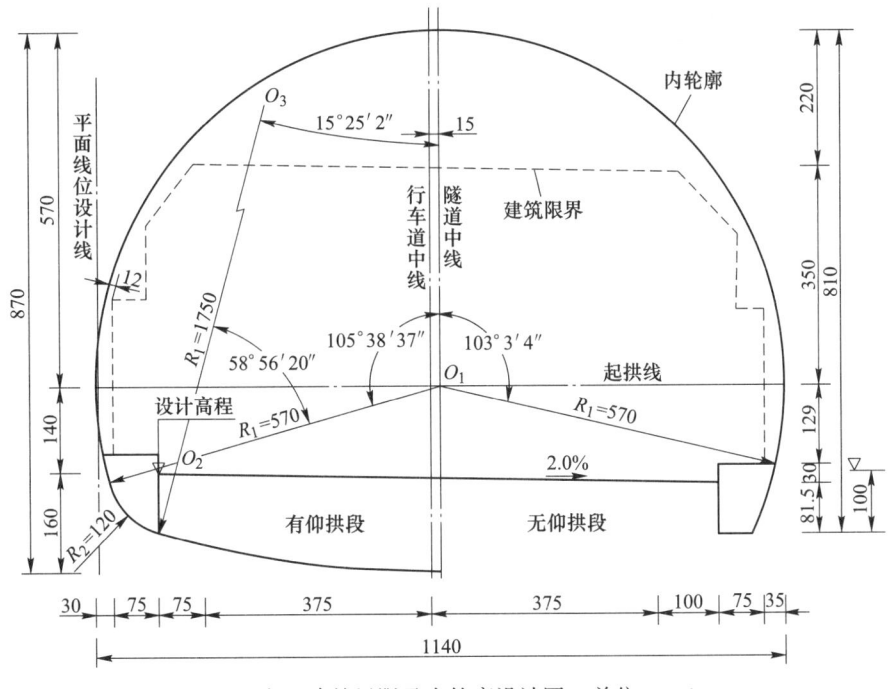

图 1　主洞建筑界限及内轮廓设计图（单位：cm）

Fig. 1　Architectural limits and internal outline design of the main cave（unit：cm）

隧道施工中初期支护喷射混凝土作为一项重要施工工序，喷射混凝土的质量不仅关系到隧道整体结构的安全，同时更是项目成本控制的关键环节，喷射混凝土的超耗控制问题始终是隧道施工中的一个难题。通过对拱架超挖量统计分析、喷射混凝土回弹收集统计、考虑预留沉降变形量导致的喷射混凝土超耗分析、其他方面原因导致的喷混超耗分析四个方面进行统计（见图 2）；结果发现，由于隧道超挖导致的喷射混凝土超耗占所有因素的比例达到 75%，属于影响隧道超耗的最主要原因。因此，开展隧道爆破超挖控制成为首要工序。

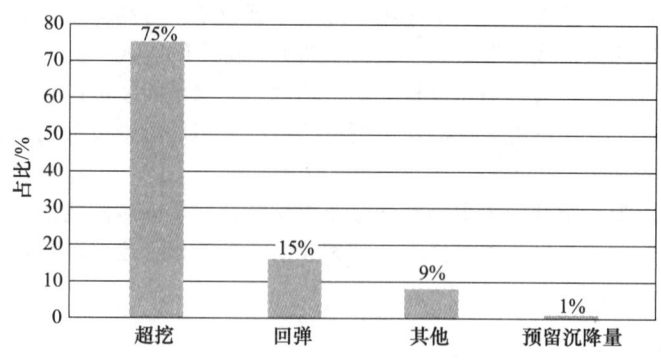

图 2 隧道混凝土超耗各因素分析图

Fig. 2 Analysis diagram of factors of excess consumption of concrete in tunnel

3 聚能装置及装药工艺

3.1 周边孔孔网参数及装药结构

隧道周边孔的参数：孔深 3m，孔径 42mm，炮孔间距 80cm。周边孔的装药结构见图 3 所示。

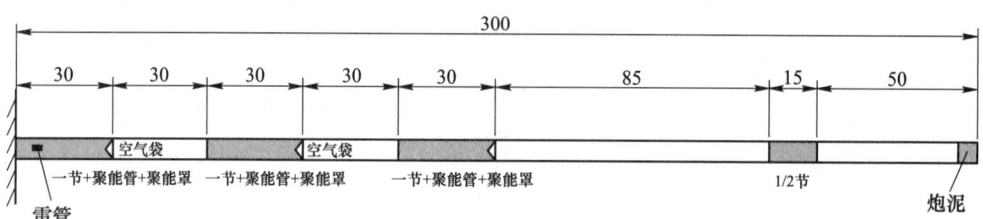

图 3 周边孔聚能药卷装药结构示意图

Fig. 3 Peripheral eye shaped charge structure diagram

3.2 聚能管结构

（1）炸药卷置于聚能管中。聚能管两侧设聚能槽，炸药爆炸产生的爆轰波通过聚能管的聚能槽，将炸药爆炸产生的能量转换成高压、高速、高能的射流。射流在孔壁产生射流压力远大于岩石的抗拉强度，在两炮孔连线上实现岩石结构断裂，形成裂纹，从而达到破岩的目的。

（2）聚能管的材料为 PVC，尺寸为：长 34cm、厚度 1mm、直径 31mm（见图 4～图 7）。

3.3 药卷端部聚能罩结构

（1）装药时需将药卷一端做成空穴，在空穴处安装金属质药型罩（见图 8）。利用药型罩集中爆轰产物方向，在装药轴线上汇集、碰撞，产生高温、高压使金属罩形成沿轴向方向向前射出的一股高速、高密度的细金属

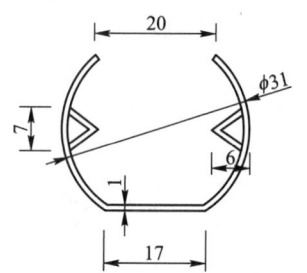

图 4 聚能管横断面图（单位：cm）

Fig. 4 Cross-section diagram of shaped tube（unit：cm）

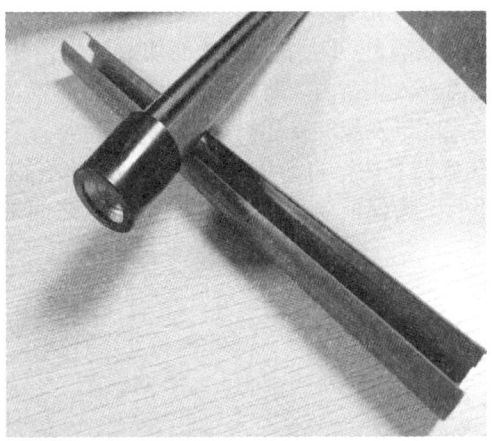

图 5 聚能管

Fig. 5 Concentrated tube

图 6 中间部位的聚能管药卷

Fig. 6 The middle part of the condenser cartridge

图 7 孔底部位的聚能管药卷

Fig. 7 Shaped charge tube cartridge at bottom of hole

射流，进而引爆其前方的药卷，实现不耦合间隔药卷的殉爆。

（2）金属药形罩的尺寸：直径 28mm、厚度 1mm；金属药罩的塑料套筒的参数为长 4cm、厚度 1mm、直径 33mm。

3.4 装药工艺

（1）开挖前测量放样，放出开挖轮廓线。

（2）周边孔、辅助孔及掏槽孔钻孔、清孔。

（3）周边孔聚能药卷加工。将炸药从中间横截面切成两半，把聚能管整体断面缩小后插入药卷内，聚能管的两端均需没入炸药内。药卷的端头安装金属罩及聚能管套筒，确保安装牢固。孔底炸药只安装一端的聚能罩及聚能管套筒。

（4）将起爆雷管插入孔底药卷内，将聚能药包依次装入炮孔内，保证聚能管装置装入炮孔后聚能槽与隧道轮廓面平行。为保证炸药间隔均匀，在炸药之间采用气袋进行隔断，保证爆破效果。

（5）起爆作业。

周边孔聚能管布置如图9所示。

图8　金属药形罩

Fig. 8　Metal medicated cover

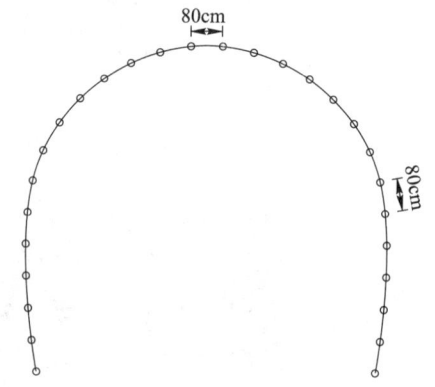

图9　周边孔聚能管布置示意图

Fig. 9　Peripheral eye shaped tube layout diagram

4　应用效果

在该隧道中采用聚能爆破施工技术，取得了良好的应用效果，以本工程的Ⅲ级围岩为例，与常规爆破方案相比，主要包括如下方面：

（1）减少了炮孔数量，采用聚能爆破每循环可减少周边孔27个，炮孔个数减少49%。

（2）节约了火工品，每循环可节约炸药28.35kg、雷管27枚。

（3）节约了喷射混凝土，每延米可节约喷射混凝土1.68m³。

（4）节约了循环作业时间，由于周边孔炮孔个数减少，每循环钻孔可节约0.4h，喷射混凝土平均每延米节省0.11h。

（5）降低了喷射混凝土超耗率，每延米喷射混凝土超耗率降低45.09%。

爆破效果如图10所示，各统计分析表见表1~表5。

表1　聚能爆破与普通光面爆破炮眼统计分析

Tab. 1　Statistical analysis table of hole of shaped charge blasting and plain blasting

序号	项　目	每环长度/ m	炮孔间距/ m	炮孔数量/个	备　注
1	普通光面爆破	22	0.4	55	拱部环向长度
2	聚能管光面爆破	22	0.8	27	拱部环向长度
每环节约炮孔数量				28	

图 10 隧道爆破效果

Fig. 10 Tunnel blasting effect

表 2 聚能爆破与普通光面爆破火工品使用统计
Tab. 2 Statistical table of the use of shaped charge blasting and ordinary smooth blasting explosives

序号	项 目	周边孔孔数/个	每孔炸药量/kg	炸药用量/kg
1	普通光面爆破	55	1.05	57.75
2	聚能管光面爆破	28	1.05	29.4
每环节约炸药				28.35

表 3 Ⅲ级围岩聚能爆破与普通光面爆破喷射混凝土计算
Tab. 3 Calculation table of shotcrete for Class Ⅲ surrounding rock shaped blasting and ordinary smooth blasting

序号	项 目	每环长度/m	喷射厚度/m	每延米喷射混凝土/m³	备注
1	普通光面爆破	24	0.23	5.52	拱部
2	聚能管光面爆破	24	0.16	3.84	拱部
每延米节约喷射混凝土量				1.68	

表 4 聚能爆破与普通光面爆破钻孔节约时间计算
Tab. 4 Calculation table of borehole saving time of shaped charge blasting and ordinary smooth blasting

序号	项 目	钻孔数量/个	每孔时间/h	钻孔时间/h	备注
1	光面爆破（周边孔）	55	0.25	1.375	
2	聚能爆破（周边孔）	28	0.25	0.7	
3	光面爆破（总数）	172	0.25	2.43	
4	聚能爆破（总数）	145	0.25	2.13	
周边孔每循环节约钻孔时间			0.675		
每循环节约钻孔时间			0.4		

表5 Ⅲ级围岩聚能爆破与普通光面爆破超耗率计算表

Tab. 5 Calculation table of excess consumption rate of Class Ⅲ surrounding rock shaped charge blasting and ordinary smooth blasting

序号	项 目	每环长度/m	设计厚度/m	喷射厚度/m	每延米设计喷射混凝土量/m³	每延米喷射混凝土用量/m³	超耗率/%
1	普通光面爆破	24	0.12	0.23	2.88	6.34	120.42
2	聚能爆破	24	0.12	0.16	2.88	5.04	75.33
每延米喷射混凝土超耗率降低量							45.09

5 结论

针对隧道工程光面爆破存在的问题，在公路隧道施工中开展了聚能管和金属罩相结合的聚能爆破技术试验，得到如下结论：

（1）采用了带端部锥形聚能罩的聚能管实现了无导爆索的间隔装药结构，通过金属罩实现间隔装药的可靠殉爆，通过聚能管提高孔间裂纹的成形质量。

（2）在Ⅲ级围岩段，采用该聚能光面爆破技术可减少周边眼 27 个，每循环可节约炸药 28.35kg、雷管 27 枚，节省循环作业时间 0.55h，喷射混凝土超耗率降低 45.09%，经济效益显著。

参 考 文 献

［1］ GB 6722—2014 爆破安全规程 ［S］.
［2］ 王成虎，何满潮，王树理. 双向聚能拉伸爆破新技术在节理岩体中应用 ［J］. 爆破，2004，21（2）：39-42.
［3］ 陈寿峰，薛士文，高伟伟，等. 岩石聚能爆破试验与数值模拟研究 ［J］. 爆破，2012，29（4）：14-18，75.
［4］ 许鹏，杨立云，李建平，等. 中硬岩石巷道聚能管控制爆破与光面爆破的对比试验研究 ［J］. 中国矿业，2012，21（10）：99-101.

地下水封石油储备洞库群大断面隧道光面爆破技术

闫传波[1]　何永春[2]　周光凤[3]　颜世骏[1]　杨凯[1]　蒋桂祥[1]　张亚男[1]　公文新[1]

(1. 哈尔滨恒冠爆破工程有限公司, 哈尔滨　150078;

2. 重庆协和爆破工程有限责任公司, 重庆　409699;

3. 重庆市万州区银峰爆破有限公司, 重庆　404155)

摘　要: 针对地下水封石油储备洞库大规模隧道群掘进爆破时隧道施工相互影响、作业环境复杂、断面变化大、地质条件变化频繁等问题, 依托某地下水封石油储备洞库施工巷道、水幕巷道爆破开挖工程, 采用理论分析、工程类比与现场试验相结合的研究手段, 经过调整隧道掏槽形式, 优化掏槽孔角度, 修正循环进尺深度, 优化爆破参数和装药结构, 精准确定数码电子雷管延期时间等措施, 主施工巷道平均超欠挖由大于 200mm 减小到小于 100mm; 平均循环进尺由初期的 3.5m 提高到 4.05m; 阶段工期节点提前 37 天。实践证明通过精细化爆破, 可以有效改善爆破开挖效果、大大提高掘进效率。

关键词: 光面爆破; 地下水封洞库群; 楔形掏槽; 大断面隧道

The Smooth Blasting Technology for Large Section Tunnels of the Underground Water Sealing Oil Reservoir Group

Yan Chuanbo[1]　He Yongchun[2]　Zhou Guangfeng[3]　Yan Shijun[1]　Yang Kai[1]
Jiang Guixiang[1]　Zhang Yanan[1]　Gong Wenxin[1]

(1. Harbin Hengguang Blasting Engineering Co., Ltd., Harbin 150078;

2. Chongqing Xiehe Blasting Engineering Co., Ltd., Chongqing 409699;

3. Chongqing Wanzhouqu Yinfeng Blasting Co., Ltd., Chongqing 404155)

Abstract: In response to the mutual infuence of tunnel construction, complex working environment, significant changes in eross-section, and frequent changes in geological conditions during the large-scale excavation and blasting of underground water sealed tunnels in petroleum reserves, relying on the excavation engineering of a cetain tunnel construction roadway and water curtain roadway, a combination of theoretical analysis, engineering analogy, and on-site testing research methods is adopted to adjust the tunnel cutting form, optimize the cutting hole angle, and correct the cyclic footage depth, optimize blasting parameters and charging structure, accurately determine the delay time of digital electronic detonators, and other measures, reduce the average overbreak and underexcavation of the main construction roadway from more than 200mm to less than 100mm; The average cyclic footage has

---

作者信息: 闫传波, 高级工程师, 574197095@qq.com。

increased from 3. 5m in the initial stage to 4. 05m; 37 days ahead of schedule for each stage. Practice has proven that through refined blasting, the excavation effect of blasting can be effectively improved and the excavation efficiency can be greatly improved.

Keywords: smooth blasting; underground water sealed cave storage group; wedge cut; large cross-section tunnel

1　引言

　　能源安全是关系国家经济和社会发展的全局性、战略性问题,石油储备是保障能源安全的基础。地下石油储备水封洞库是一种安全、经济、环保的石油储备方法。虽然相较地面储罐其建设成本和后期维护成本低,但施工过程存在开挖断面尺寸大、地质条件变化大、工程量大、工艺要求高等问题。本文依托国家重点工程某在建特大型石油储备地下水封洞库的施工巷道、水封巷道爆破工程,进行了光面爆破技术的实践与研究。

　　针对大断面隧道爆破开挖,国内外学者开展了大量的研究和探索工作。谢超群等人[1]以东天山特长隧道左洞为工程背景,采用了预裂爆破与光面爆破综合布设的方式,通过优化炮孔参数、装药结构、起爆顺序,增强了对隧道轮廓的控制,减少了拱顶和立墙的超欠挖。娄乾星等人[2]提出了掏槽孔适当外推的大断面隧道爆破减孔布设方法,有效提高了爆破效果,减少了炮孔数量、降低了炸药单耗。朱永学等人[3]针对上软下硬岩体隧道,提出了掏槽爆破技术的优化方法。江飘等人[4]通过台阶法爆破开挖大断面隧道,总结出水压爆破条件下岩石破碎和爆破振动传播规律。杨玉银等人[5]针对硬岩隧道提出了2种不同掏槽方式,能够有效提高炮孔利用率。刘赶平[6]针对大断面隧道爆破开挖,提出了上、下部掏槽孔先后爆破的方案,提高了炮孔利用率,实现了较好的光面爆破效果。本文以某地下水封洞库工程的主施工巷道、支施工巷道、水幕巷道、工艺竖井为例,开展了大断面隧道群光面爆破施工的技术实践与应用。

2　工程简介

　　某在建特大型地下水封洞库工程建设规模600万 m^3 ,主要包括:14条主洞室、7条水幕巷道、3条主施工巷道、4条支施工巷道、8个工艺竖井、4个通风竖井。其中主洞室开挖断面为560 m^2 ,主施工巷道、支施工巷道、连接巷道净断面为81.37 m^2 ,水幕巷道净断面36.74 m^2 。

2.1　工程地质条件

　　工程区域地层出露较全面,从元古界到新生界各系地层均有出露,其中以中生界分布最广,其次为下远古界,古生界分布零星。场地广泛分布二长花岗岩,存在闪长玢岩、花岗斑岩以及花岗闪长岩岩脉侵入。微风化二长花岗岩体饱和单轴抗压强度主要在30.19~83.98MPa之间,属于较坚硬—坚硬岩,岩石级别Ⅸ~Ⅹ级,坚固系数8~10级。

2.2　隧道群结构特征

　　该工程中3条主施工巷道、7条水幕巷道成网格状平面相交。主施工巷道全长5147m,埋深为15.0~145m,巷道穿越Ⅱ~Ⅴ级围岩,位于地下水位以下;巷道断面设计为城门洞形,开挖宽度10.7m,开挖高度10.19m,平均设计纵坡度不大于7.00%,最大设计纵坡度不大于11.00%。支施工巷道长度2660m,埋深92m~236m,主要为Ⅲ、Ⅴ级围岩,位于地下水位以下;巷道断面设计为城门洞型,开挖宽度10.5m,开挖高度9.59m。水幕巷道长度5995m,埋深大于90m，位于主洞室洞顶上方27.00m处设水平水幕系统，由水幕巷道和水幕孔组成，穿越Ⅱ~Ⅴ级围岩，位于地下水位以下；巷道断面设计为城门洞型，开挖宽度7.3m，开挖高度6.15m。巷道平面图如图1所示。

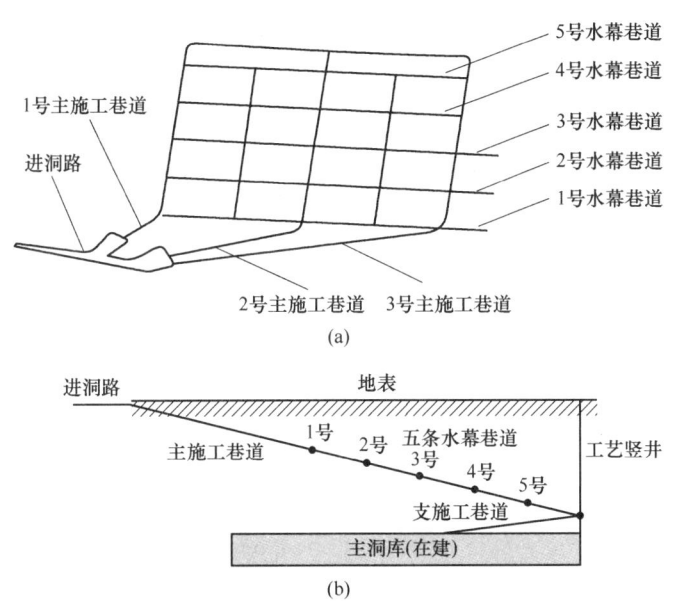

图1 巷道平面图

（a）施工巷道及水幕巷道路网平面示意图；（b）施工巷道、水幕巷道及工艺竖井剖面示意图

Fig. 1 Tunmel road plan

2.3 工程难点

（1）地质条件差。对巷道影响较大的主要为蚀变带、岩脉接触带及节理密集带等。巷道大部分位于地下水位线以下，围岩以点滴状出水或淋雨状为主，富水段会出现线流状出水，局部出现沿张性构造的涌流状出水。

（2）断面大、平面交叉多。由于隧道断面大、交汇点多，交汇点处断面形状复杂、应力变化大，因此施工方法、施工步序的选择及施工过程中的变形控制等难度都非常大。

（3）埋深大、地应力变化大。隧道埋深较大，构造地应力高，隧道底部转角处应力容易过度集中，爆破掘进时应力突然释放，立墙和隧道交汇处应力状态调整显著。

3 "预裂+光面"爆破方案

为提高爆破效果、有效控制爆破振动、合理控制超欠挖，针对Ⅳ、Ⅴ级围岩采用"预裂+光面"综合爆破技术设计。首先进行预裂爆破预留出高标准光爆岩层，有效控制主爆区起爆时对保护岩体的损伤，有效提高预留光爆层的完好率和标准化程度。随后进行掏槽和扩槽爆破，最后对预留光爆层岩体进行高质量的光面爆破。

所有炮孔爆破均采用电子雷管进行起爆，依托于电子雷管高精度、高可靠性、可任意设置延期时间的优点，优化三级掏槽孔间、掏槽孔与辅助孔间的延期时间，从而确保起爆的准确率、降低误差率，克服传统电雷管、塑料导爆管雷管延期段位时间固定、延期精度较差的缺点，更好地提高隧道爆破效果、控制爆破振动、减少超欠挖。

3.1　掏槽孔设计

掏槽爆破是隧道掘进爆破成功的关键，为提高掘进效率、加快施工进度、降低工程成本，本方案施工巷道选取大角度、大高度、大腔体三级垂直楔形掏槽法[2]，精确设定各掏槽孔延期时间，在增大掏槽腔体空间的同时，有效避免同段位起爆药量过大造成爆破振动超标，为后续炮孔起爆创造非常有利的自由面和空间。

经过多次试验并结合钻孔施工台架的尺寸，最终确定施工巷道三级垂直楔形掏槽孔角度分别为 65.2°、73.9°、82.1°，掏槽孔腔宽度 6.6m，台阶法开挖时掏槽高度 1.2m、全断面开挖时掏槽高度为 2.2m，单次掘进钻孔深度为 4.12m，如图 2（a）所示。水幕巷道采用两级垂直楔形掏槽法，掏槽孔角度分别为 67.93°、79.33°，掏槽孔腔宽度 4.4m，单次掘进钻孔深度为 3.5m，如图 2（b）所示。

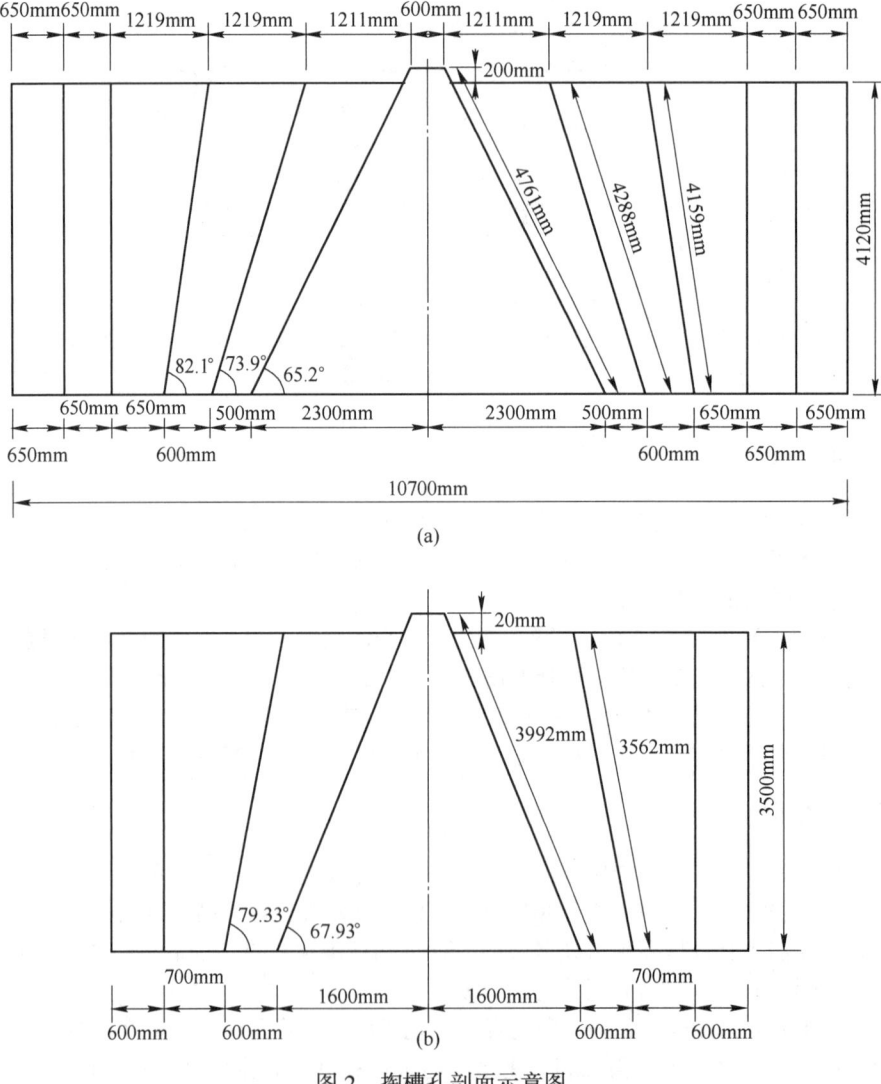

(a)

(b)

图 2　掏槽孔剖面示意图

（a）施工巷道掏槽孔剖面示意图；（b）水幕巷道掏槽孔剖面示意图

Fig. 2　Schematic diagram of cut hole section

3.2 预裂孔设计

预裂爆破可以在主爆区和光爆层之间形成一条具有一定宽度和深度的预裂缝，使主爆区爆破的应力波到达预裂缝表面后产生反射和折射，从而阻断炸药爆炸能量向光面层保留区岩体的传递，极大地削弱了它的应力波强度，降低了爆破振动对保留区岩体的破坏作用，预裂缝可使衬砌各测点应力降低50%以上，振速降低45%以上[10]。特别是Ⅳ、Ⅴ级围岩拱顶由于其自身完整程度及自重的作用，很容易塌陷。通过预裂爆破可以最大程度地提高光爆层岩体的稳定性，使Ⅳ、Ⅴ级围岩可以实现全断面开挖，从而有效地提高开挖进尺和减少对相邻隧道施工的影响，有效提高了施工进度和效率。因此，预裂爆破不仅能够科学合理地预留光爆层，而且还有利于提高保留岩体的安全稳定性、有利于提高施工进度、有利于降低爆破振动，也是隧道精细化光面爆破的必要条件。

预裂爆破炮孔间距 E 取0.4~0.6m，线装药量 q 取0.25~0.4kg/m，采用2号乳化炸药，炮眼直径为40mm，炸药直径32mm，径向不耦合系数为1.25。现场根据围岩等级的实际情况确定炮孔间距 E 为0.55m，线装药量根据各级围岩进行适度调整，见表1~表3。预裂爆破装药结构为轴向不耦合装药，所有装药均匀分布在孔内（施工巷道分成5份、水幕巷道分成4份），孔底增加30%装药量，所有装药全部用导爆索进行串联，孔底反向起爆，提高炸药能量的利用率，装药结构如图3所示。

表1 预裂爆破装药量表
Tab. 1 Table of charge quantity for pre-split blasting

围岩等级	线装药密度/kg·m⁻¹	施工巷道单孔装药量/kg	水幕巷道单孔装药量/kg
Ⅱ级围岩	0.40	1.6	1.4
Ⅲ级围岩	0.35	1.4	1.2
Ⅳ级围岩	0.30	1.2	1

表2 施工巷道预裂爆破单孔装药量分配表
Tab. 2 Distribution table of single hole charge quantity for pre-splitting blasting in construction tunnels

围岩等级	孔底装药量/kg	-3段装药量/kg	-2段装药量/kg	-1段装药量/kg	上层装药量/kg
Ⅱ级围岩	0.40	0.3	0.3	0.3	0.3
Ⅲ级围岩	0.40	0.25	0.25	0.25	0.25
Ⅳ级围岩	0.30	0.25	0.25	0.25	0.15

表3 水幕巷道预裂爆破单孔装药量分配表
Tab. 3 Distribution table of single hole charge quantity for pre-splitting blasting in water curtain tunnels

围岩等级	孔底装药量/kg	-2段装药量/kg	-1段装药量/kg	上层装药量/kg
Ⅱ级围岩	0.40	0.35	0.35	0.3
Ⅲ级围岩	0.40	0.3	0.25	0.25
Ⅳ级围岩	0.30	0.25	0.25	0.2

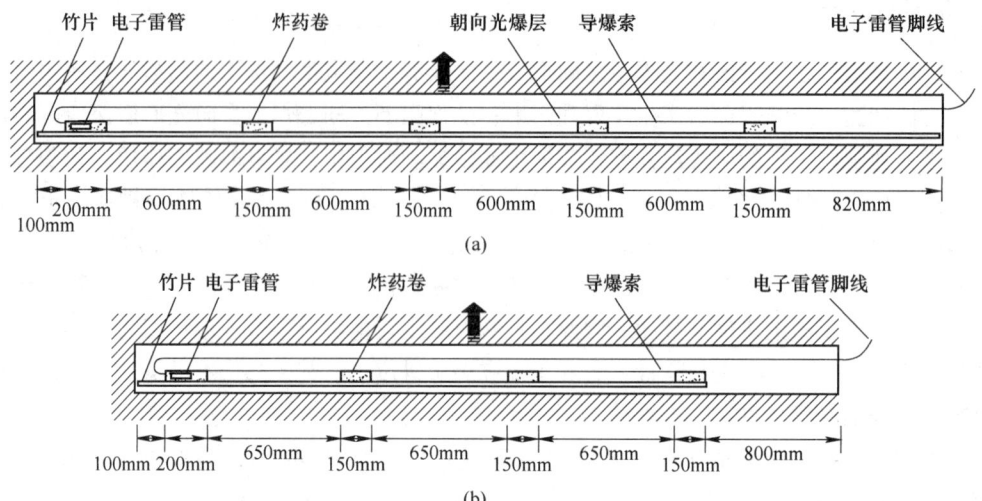

图 3　光面爆破装药结构示意图

（a）施工巷道光面爆破装药结构示意图；（b）水幕巷道光面爆破装药结构示意图

Fig. 3　Schematic diagram of smooth blasting charging structure

3.3　光爆孔设计

根据围岩情况及隧道断面尺寸，光爆孔间距 E 选取 0.55m，最小抵抗线 W 选择 0.60m。施工巷道光爆孔数量取 52 个、水幕巷道光爆孔数量取 32 个。光爆孔单孔装药量：经试验，Ⅱ级围岩光爆孔线装药密度选取 0.25kg/m、Ⅲ级围岩光爆孔线装药密度选取 0.20kg/m、Ⅳ级围岩光爆孔线装药密度选取 0.15kg/m，实际用药量见表 4~表 6，采用 2 号岩石乳化炸药，炮孔直径为 40mm，炸药直径 32mm，径向不耦合系数为 1.25。

表 4　光面爆破装药量表

Tab. 4　Table of charge quantity for smooth blasting

围岩等级	线装药密度/kg·m⁻¹	施工巷道单孔装药量/kg	水幕巷道单孔装药量/kg
Ⅱ级围岩	0.25	1.0	0.9
Ⅲ级围岩	0.20	0.8	0.7
Ⅳ级围岩	0.15	0.6	0.5

表 5　施工巷道光面爆破单孔装药量分配表

Tab. 5　Distribution table of single hole charge quantity for smooth blasting in construction tunnels

围岩等级	孔底装药量/kg	-3 段装药量/kg	-2 段装药量/kg	-1 段装药量/kg	上层装药量/kg
Ⅱ级围岩	0.30	0.20	0.20	0.20	0.10
Ⅲ级围岩	0.20	0.20	0.15	0.15	0.10
Ⅳ级围岩	0.20	0.10	0.10	0.10	0.10

表6 水幕巷道光面爆破单孔装药量分配表
Tab. 6 Distribution table of single hole charge quantity for smooth blasting in water curtain tunnels

围岩等级	孔底装药量/kg	-2 段装药量/kg	-1 段装药量/kg	上层装药量/kg
Ⅱ级围岩	0.30	0.20	0.20	0.20
Ⅲ级围岩	0.20	0.20	0.20	0.10
Ⅳ级围岩	0.20	0.10	0.10	0.10

装药结构是决定光面爆破质量的一个重要因素。为减小光爆孔爆破对围岩的破坏，装药结构为间隔不耦合装药，将炸药分成多个药包，使炸药爆炸能量均匀地作用在炮孔壁上，减小炸药对孔壁的破损程度，爆破后形成较为平整、连续的开挖轮廓面。每隔约0.6m为一个装药点，用竹片和导爆索将药卷串联在一起，反向起爆，提高炸药能量的利用率；竹片面朝向保留岩体一侧，减小炸药对孔壁的直接破坏作用，装药结构如图3所示。

3.4 起爆网路设计

合理、准确的延期时间可有效降低爆破振动，有利于减小爆炸能量的集中释放，显著改善岩石的破碎效果，提高保留围岩的安全程度。根据相关研究结果表明，掏槽孔和辅助孔之间最佳延期时间范围为15～25ms，结合相似理论的模型试验，得到最佳延时范围为8～24ms，与现场试验结果具有较好的一致性，研究结果对隧道爆破掏槽孔与辅助孔之间的延时选取具有指导意义[11]。结合本工程实际情况，三级掏槽孔之间延期时间及掏槽孔与辅助孔之间延期时间为25ms。实践证明此时掏槽爆破炮孔的利用率最高、岩石破碎效果最好。施工巷道和水幕巷道炮孔布置及延期顺序，如图4所示。延期时间见表7和表8。

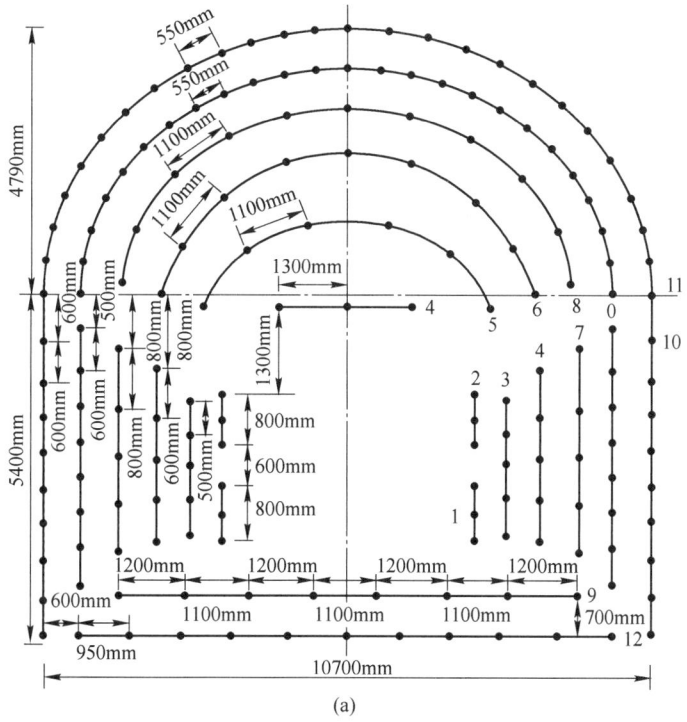

(a)

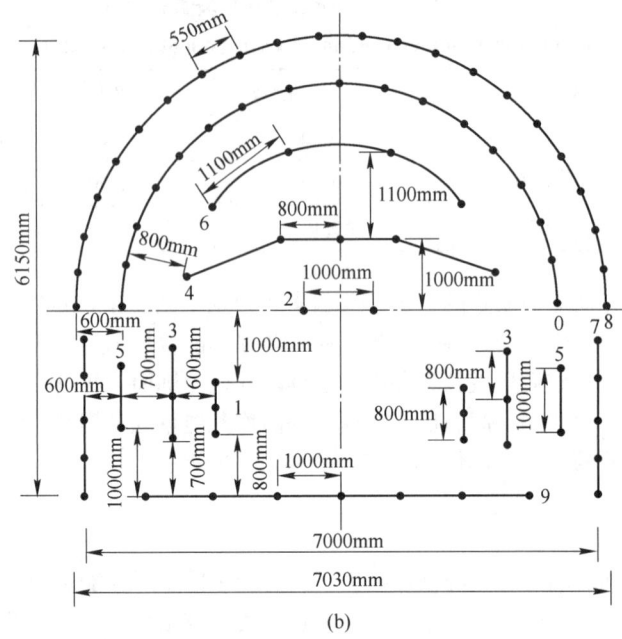

(b)

图 4　全断面开挖炮孔布置及起爆顺序图

（a）施工巷道全断面开挖炮孔布置及起爆顺序图；（b）水幕巷道全断面开挖炮孔布置及起爆顺序图

Fig. 4　Layout and sequence diagram of blasting holes for full section excavation

表 7　施工巷道各段延期时间表

Tab. 7　Delay schedule for each section of the construction tunnels

起爆段数	0	1	2	3	4	5	6	7	8	9	10	11
延期时间/ms	0	25	50	75	100	150	200	250	300	350	400	450

表 8　水幕巷道各段延期时间表

Tab. 8　Delay schedule for each section of the construction tunnels

起爆段数	0	1	2	3	4	5	6	7	8
延期时间/ms	0	25	50	75	100	150	200	250	300

4　爆破效果

经过多次优化和调整方案，最终形成一个比较理想的爆破施工方案，历时 16 个月累计掘进各类施工巷道 8237m、水幕巷道 5995m，提前 37 天进入主洞库施工，有力地保障整体工程的顺利施工。

4.1　超欠挖

本工程中已完工巷道有 75% 以上属于 Ⅳ 级围岩，岩石的整体完好性一般，且主要施工区域均处于地下水位线以下，岩石自然裂隙很多，甚至在地下 70m 深处还有个别夹泥地段，非常不利于施工，超欠挖情况比较普遍。但由于采用了"预裂+光面"爆破技术，各施工巷道及水幕巷道平均超欠挖由大于20cm减小到小于10cm。Ⅳ级围岩光面爆破效果如图5所示。施工质量统计见表9和表10。

图5　Ⅳ级围岩光面爆破效果照片

Fig. 5　Photos of smooth blasting effect of rockmass of Class Ⅳ

表9　施工巷道施工质量统计表

Tab. 9　Statistical table for construction quality of construction tunnels

围岩等级	循环进尺/m	平均超欠挖/cm		半孔率/%	
		优化前	优化后	优化前	优化后
Ⅱ级围岩	4.05	15	5	87	95
Ⅲ级围岩	4	18	5	85	92
Ⅳ级围岩	3.4	20	6	81	89

表10　水幕巷道施工质量统计表

Tab. 10　Statistical table for construction quality of water curtain tunnels

围岩等级	循环进尺/m	平均超欠挖/cm		半孔率/%	
		优化前	优化后	优化前	优化后
Ⅱ级围岩	3.35	17	5	87	95
Ⅲ级围岩	2.6	19	6	86	93
Ⅳ级围岩	2.65	22	6	82	90

4.2　振动监测

利用爆破振动监测设备对隧道爆破振动进行实时监测，监测点直接布置在隧道地表面，通过技术分析监测数据（见表11和图6），及时调整爆破参数，在分析监测数据的基础上不断优化爆破设计方案，获得最佳钻爆参数。通过实时监测，掌握爆破振动对隧道内支护结构、相邻隧道及地表建筑物的影响程度，优化爆破设计，控制超欠挖及维护外部环境稳定，确保爆破开挖安全、高效。采用预裂爆破技术后，可有效降低爆破振动效应，极好地保护、保留岩体的完整。

表 11　爆破振动统计表

Tab. 11　Statistical table of blasting vibration

单段起爆药量/kg	爆心距/m	峰值加速度/cm·s⁻¹				最大主频/Hz		
		x	y	z	合成	x	y	z
42	41	2.0653	6.8424	2.0698	6.861	308.2	167.6	274.9
	56.78	4.2381	2.8098	2.0202	4.554	189.1042	173.2378	179.9666
	58.91	2.5021	2.5103	1.6179	3.53	203.0871	156.2913	223.5601
	63	1.0352	0.8742	0.3173	1.096	121.9972	105.9628	73.678

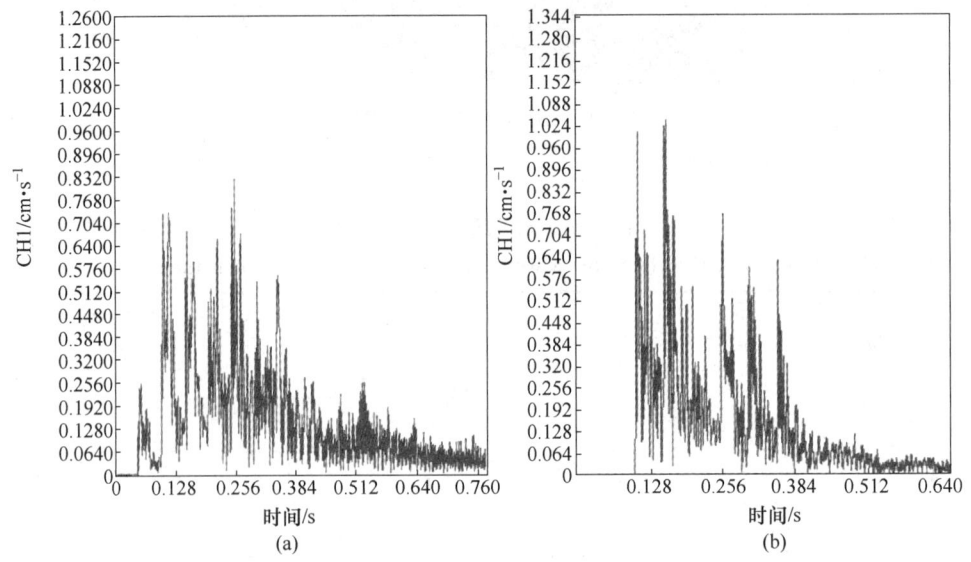

图 6　爆破振动波形图

（a）预裂爆破前爆破振动波形图；（b）预裂爆破后爆破振动波形图

Fig. 6　Waveform of blasting vibration

5　结论

依托某特大型石油储备地下水封洞库工程的主施工巷道、支施工巷道、水幕巷道群为工程背景，针对Ⅳ、Ⅴ级等破碎围岩采用"预裂+光面"综合爆破技术，成功对密集网格状大断面隧道群进行精细化光面爆破，并通过现场试验验证了方案的合理性，成功实现"大进尺、少超挖、不欠挖、弱振动"的理论设计，并总结出以下结论：

（1）"预裂+光面"综合爆破技术能够有效降低主爆孔爆破时对保留岩体的破坏作用，尤其是减小掏槽孔和扩槽孔爆破时对保留岩体的振动损伤。

（2）由于预裂孔受夹制作用较大，起爆时产生的振动也比较大，大断面隧道预裂爆破时可对预裂孔进行分割、分组依次延时起爆。

（3）大断面隧道掘进爆破中掏槽爆破采用大角度、大高度、大腔体的多级楔形掏槽爆破技术，可以有效提高炮孔利用率，实践结果证明炮孔的利用率平均可达95%以上。炸药单耗由试验前的0.98kg/m³降低到0.75kg/m³。

参 考 文 献

[1] 谢超群，李启月，陈元勇，等．软弱围岩大断面隧道掘进爆破方案优化［J］．工程爆破，2022，28（3）：55-63.

[2] 娄乾星，陶铁军，田兴朝，等．大断面隧道爆破减孔布设方法研究［J］．工程爆破，2022，28（2）：54-61.

[3] 朱永学，王丙坤，谢丰泽，等．上软下硬岩体大断面隧道掏槽爆破技术优化［J］．爆破，2020，37（4）：53-58.

[4] 江飘，刘宁．大断面隧道开挖水压微震爆破技术研究［J］．采矿技术，2020，20（6）：111-115.

[5] 杨玉银，张艳如，杨仕杰，等．隧洞开挖典型掏槽设计方法［J］．工程爆破，2021，27（3）：63-69，101.

[6] 刘赶平．大断面隧道光面爆破设计［J］．爆破，2010，16（4）：51-54.

[7] 陈义东，王金国，陈度军，等．复地铁隧道电子雷管爆破降振技术及爆破参数优化［J］．科学技术与工程，2017，27（17）：298-302.

[8] 李清，于强，张迪，等．地铁隧道精确控制爆破延期时间优选及应用［J］．振动与冲击，2018，37（13）：135-140，170.

[9] 李洪伟，吴延梦，吴立辉，等．电子雷管起爆条件下隧道掏槽孔与辅助孔的延时优化试验研究［J］．高压物理学报，2018，37（13）：135-140，170.

[10] 吴波，王汪洋，徐世祥，等．聚能预裂爆破技术在林家岙隧道中的应用［J］．工程爆破，2020，26（3）：59-62.

[11] 汪旭光．爆破设计与施工［M］．北京：冶金工业出版社，2011.

隧洞爆破实践中光爆孔孔底连续装药的原因、危害与对策

吴从清[1]　　张汉斌[2]

（1. 长江科学院，武汉　430012；2. 中国地质大学，武汉　430074）

摘　要：目前，隧洞光面爆破周边孔普遍在孔底用 2~3 节药卷连续装药并采用单发雷管起爆，当容易产生挂口欠挖时在孔口段增加 1~2 段半节装药并采用雷管或导爆索起爆，存在费用高、洞壁损伤、超挖严重等问题。该工程现象严重违背了光面爆破不耦合装药及同时起爆的基本原则，本文通过对现场施工现状的调研，对引起这种现象的原因进行了分析，认为主要是由于带炮、导爆索连接及保护、小直径药卷供应及加工等问题导致了该现象。对此，通过总结工程经验，提出了简便且可靠的施工措施建议。

关键词：光面爆破；装药结构；连续装药；施工措施

Causes, Hazards and Countermeasures of Continuous Load at the Bottom of Light Blast Holes in Tunnel Blasting Practice

Wu Congqing[1]　　Zhang Hanbin[2]

（1. Yangtze River Academy of Sciences, Wuhan 430012;
2. China University of Geosciences, Wuhan 430074）

Abstract: At present, the tunnel surface blasting perimeter holes commonly used in the bottom of the hole with 2 to 3 sections of continuous charging and single detonator detonation, if prone to hanging mouth underdigging in the mouth of the section to increase 1 to 2 sections of the half section of the charge and detonator or detonator detonation, the existence of high cost, wall damage, overdigging and other serious problems. The project phenomenon is a serious violation of the basic principle of surface blasting without coupled charging and simultaneous detonation, this paper analyses the reasons for this phenomenon through research on the current situation of the site construction, and believes that it is mainly due to the gun, detonating cord connection and protection, supply and processing of small-diameter rolls of medicine and other issues that lead to the phenomenon. In this regard, through the summary of engineering experience, put forward a simple and reliable construction measures proposed.

Keywords: smooth blasting; charge structure; continuous charging; construction measures

1　引言

目前，在隧洞光面爆破开挖过程中，一般仅在孔底连续装填 2~3 节药卷并采用雷管直接

作者信息：吴从清，高级工程师，wuwucq@ 126. com。

起爆，便可达到光面爆破效果。未装药段的长度可以达到装药段长度的 2 倍左右。这种简单快捷的装药方式在完整硬岩中的光爆效果尚可以满足要求，但严重违背了光面爆破不耦合装药及同时起爆的基本原则，在节理裂隙较为发育的岩体中容易产生孔口欠挖、孔底掉块等问题，补炮处理费时费力，孔底集中装药对壁面岩体的爆破损伤及振动危害往往被忽视，即使是专业技术人员采用专用仪器进行检测也难以评判。

纵观光面爆破装药方式多年来的演变，采用孔底集中装药进行光面爆破也是一个逐渐发展的结果。光面爆破装药要求不耦合系数 2~4 并多孔同时起爆，首先光面爆破确实需要在孔底集中装药至少有一节药卷以克服孔底夹制作用；其次是正常装药段往往采用切短长度而不是切小直径的药卷进行不耦合装药，也就是在药卷直径及径向不耦合系数不变的前提下的一种轴向不耦合装药，药卷长度切短后确实可以部分降低爆破峰值压力及减轻爆破损伤。

随着普通导爆索销声匿迹而传爆导爆索广泛应用，出现了导爆索起爆小直径药卷时燃烧及爆燃现象较多、光爆专用小直径药卷无法供应、部分地区缺少竹片、φ32mm 黏性乳化药卷较难切、小直径粉状乳化药卷供应较少、光面爆破容易出现带炮等问题。因此，工程实践中往往直接采用孔底集中装药及每孔采用雷管起爆，保证基本光面爆破效果。当挂口问题经常出现时，增加全孔导爆索及孔口段半节药卷以解决挂口问题，孔外导爆索采用连接起爆。因此，必须采用综合的技术措施逐一解决以上问题，达到真正意义上的光面爆破效果。

2　采用孔底集中装药的原因与危害

2.1　传爆导爆索起爆小直径药卷的燃烧及爆燃问题

普通导爆索的质量标准是每米药量不小于 11g，直径 5.3~6.3mm。市场供应的导爆索直径越来越小，每米药量下降到约 5g，隧洞光爆壁面普遍留存乳化炸药燃烧的黑烟印迹，明显是导爆索起爆能力不足且乳化炸药存在燃烧及爆燃现象。当然双倍折叠并紧密绑扎导爆索可以解决这个问题，但施工单位不愿意承受如此高昂费用，因此，孔底集中装药并用雷管起爆的爆破方式是最佳的选择。

2.2　光面爆破拒爆及带炮问题

（1）光面爆破采用不耦合装药，同时堵塞质量较差或基本不堵塞，因此其爆破网路的抗拉能力很差。

（2）导爆索孔口连接存在传爆方向的问题，一般采用小于 90°的顺向搭接绑扎，最好是采用 T 型双向传爆连接方式。实际施工中装药排架不能紧靠掌子面，工作距离较远，导爆索连接完成松手后或者其他孔连接时拉扯可能改变导爆索的角度，导致传爆中断。

（3）导爆索孔口连接保护工艺相对复杂，孔口导爆索及连接导爆索应尽量紧贴孔口，掌子面相对不平整时连接施工难度较大。

（4）起爆导爆索的雷管一般位于掌子面底部两侧及顶部，采用双发双向雷管起爆，仅在孔口进行连接的雷管脚线容易落入掏槽孔及辅助孔爆破范围，或者爆渣冲击雷管脚线很容易产生带炮问题。

（5）掏槽炮孔装药过多及堵塞长度过小、其他辅助孔带炮引起的堵塞长度过小等均可能造成光爆孔孔口导爆索被爆破飞石砸断。

（6）以前采用导爆管雷管爆破网路时，可以采用一种炸断雷管连线的簇连方法（见图 1），但极少有施工单位掌握这个技术，当簇连起爆后的各个炮孔的孔口导爆管脚线仍被胶布紧密绑扎在一起，由于掏槽爆破与辅助孔爆破及光面爆破的时差高达数百毫秒，掏槽爆破及后续辅助孔爆破的爆渣运动可能将光面爆破的孔口及孔内导爆索向外拉扯，导致被爆渣砸断的可能性也增加，因此光面爆破的效果必然很差，甚至远比采用孔底连续装药的光面爆破效果还要差。采用孔底集中装药时的雷管布置在孔底，相对孔口的抗拉能力较强，雷管脚线的外露长度较短，起爆可靠性增加。

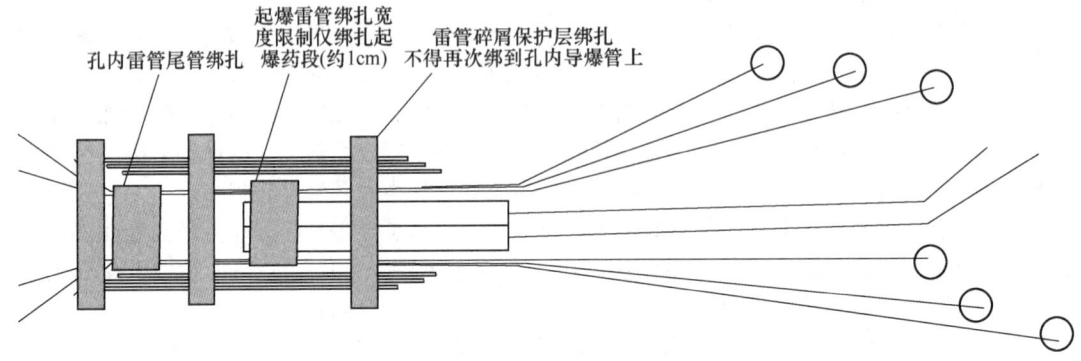

图 1　导爆管雷管簇连的正确方式

Fig. 1　The correct way of connecting the detonator cluster

（7）采用孔底连续装药的光面爆破施工简便快速，在光爆孔深较浅及完整岩体中甚至可以不用导爆索。相反，光面爆破一般需要提前采用竹片绑扎药卷，特别是黏性乳化药卷沿长度切成两半较难成型，当炸药供应单位不能提前达到施工现场时也拖延施工时间。

（8）以前采用导爆管雷管起爆网路时期，光面爆破必须采用高段雷管起爆，高段雷管的时差较大、光面爆破各孔起爆时差较大，由此光面爆破效果较差。现今直接采用电子雷管起爆，孔底集中装药可以实现微秒级别的同时起爆，为这种施工方法提供了新的依据。

由于以上的种种原因，采用孔底集中装药的光面爆破很难禁止，并逐渐在一般隧洞开挖爆破施工中成为常规方式。

2.3　孔底集中装药的危害

孔底集中装药（见图2）的爆破约束较大，同时光面爆破同时起爆的孔数较多，必然引起较大的振动，成为隧洞开挖爆破最大振动峰值的主要成因。孔底集中装药引起的爆破损伤有以下几个方面的宏观现象。

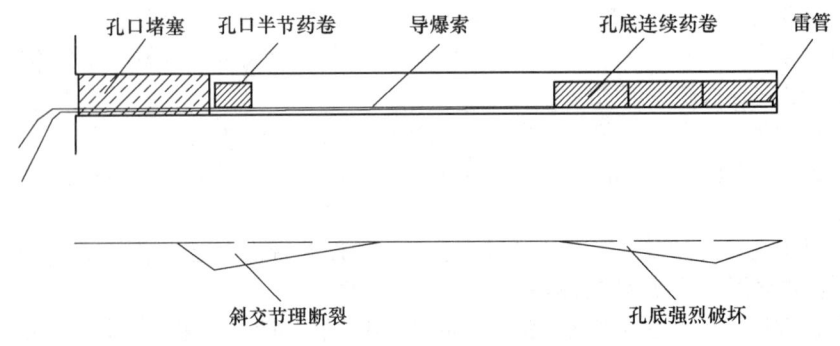

图 2　孔底集中装药的结构示意图

Fig. 2　Structure diagram of hole bottom centralized charge

（1）孔底集中装药部位存在高温熔蚀现象，孔壁颜色发白，并有沿炮孔长度方向的纵向爆破裂隙。若孔底集中装药部位围岩中节理裂隙密集，则存在掉块现象。

（2）孔口段明显存在欠挖挂口现象，若额外布置了采用导爆索起爆的孔口段半节或一节药卷解决挂口问题时，炮孔壁残留明显药卷爆炸痕迹，孔壁附近裂隙密集的围岩出现掉块现象。

因此，孔底集中装药的光面爆破名义上全孔线装药密度较小，但其对围岩的爆破损伤不可忽视。

3   问题解决方案

3.1   药卷型号的控制

光面爆破的两个基本要素就是径向不耦合装药及多孔同时起爆。当线装药密度合适时，单个光爆孔起爆后的炮孔应仍然完好，只有两个以上连续炮孔同时起爆时才能沿炮孔连线裂开成型，即光面爆破应尽量做到裂开而不是炸开。因此，当可以采用最小直径的药卷连续装药时，尽量不采用较大直径药卷的轴线间隔装药。实际施工中采用导爆索起爆线装药密度为 125g/m（ϕ32mm 药卷沿径向对剖 3 次）的小直径药卷可以达到完全爆轰，相当于 ϕ32mm 药卷连续装药线密度的 1/8（直径大约与 ϕ11mm 相当）。在相对完整岩体进行光面爆破时，其与每 80cm 装半节长度的 ϕ32mm 药卷或每 40cm 装 1/4 节长度的 ϕ32mm 药卷的爆破效果可能相差不大，但是在节理裂隙发育岩体中的爆破效果差异明显，对壁面的保护作用最好。

3.2   带炮问题的控制

（1）孔内导爆索与孔外连接导爆索采用 T 型连接，如图 3 所示，绑扎材料弃用塑料胶带而采用尼龙拉扣，采用两个尼龙拉扣十字交叉绑扎，绑扎完成后将连接点梭动到孔口位置，可以有效保证孔外连接导爆索处于最不会被飞石砸断的位置并确保垂直连接。采用塑料胶带也可以达到上述要求，前几层绑扎胶布应采用反面的无胶面绑扎，绑扎牢固后再采用有胶面绑扎几层，绑扎的宽度不能太大，否则无法将绑扎点梭动到孔口位置。

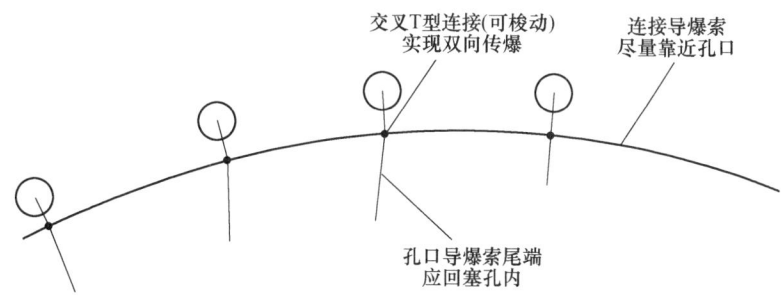

图 3   导爆索 T 型连接示意图

Fig. 3   Schematic diagram of T-type connection of detonating cord

（2）起爆雷管一般应布置在隧洞顶部及左右底角，连接的部位炮孔应加强堵塞，提高抗力，必要时可采用锚杆锚固剂堵塞炮孔。

（3）起爆雷管的脚线应避开内圈炮孔的爆破冲击及崩落范围，可以绕缠成可以松开的线圈。

（4）起爆区域连接线应按掏槽孔、辅助孔、周边孔及底孔的顺序连接并起爆，各个段别间应适当放松连接线。

（5）在孔口导爆索完全采用 T 型连接时，可以在部分光爆孔内采用一发雷管反向连接导爆索进行起爆，其抗拉能力好于孔口雷管，同时外露的雷管脚线较短。

3.3　其他控制措施

（1）尽量采购粉状乳化炸药，便于切成小直径药条，仅有黏性乳化炸药供应时可将大直径药卷用手动灌肠机加工成小直径药卷。

（2）导爆索质量较差并产生爆燃现象时应两根并联紧密绑扎使用，保证小直径药卷能完全爆轰。现场判断导爆索质量可以通过测量导爆索直径，不得小于 5mm。

（3）可以采用对半剖开的 PVC 管代替竹片用于绑扎药卷，比较适用于剖开黏性乳化炸药进行光面爆破的情况。

（4）在富水地层中可用 M5 硅胶圆头密封套（螺栓电镀用）对导爆索进行快速防水处理。

4　结论

隧洞光面爆破仅在孔底连续装 2~3 节药卷并采用雷管直接起爆是爆破施工中长期存在的一个问题，是洞壁损伤破坏的直接原因。在节理裂隙发育的岩体中进行光面爆破更要坚持采用径向不耦合装药及导爆索连接同时起爆的技术措施。根据工程实践经验总结了该问题的解决方案，包括药卷规格、带炮控制和装药工艺等，可以避免盲炮、减少超欠挖、降低对围岩的损伤等。

参 考 文 献

[1] 陈庆，王宏图，胡国忠，等. 隧道开挖施工的爆破振动监测与控制技术 [J]. 岩土力学，2005，26（6）：964-967.
[2] 汪旭光. 爆破设计与施工 [M]. 北京：冶金工业出版社，2011.

矿山边坡无导爆索宽孔距预裂爆破技术试验研究

赵良玉　刘丰博　张迎春

（湖南铁军工程建设有限公司，长沙　410003）

摘　要：露天矿山终了边坡一般采用预裂爆破形成开挖轮廓面。目前，在预裂爆破施工中出现导爆索采购困难、钻孔数量多、施工成本高等问题。为此，在矿山预裂爆破的孔网参数和装药结构上开展了多次试验，总结形成了不使用导爆索的结构，并通过加大缓冲孔以及预裂孔孔排距，减少了预裂孔的钻孔数量，提高了预裂爆破的施工效率，比常规预裂爆破节约了 30% 以上的成本。

关键词：无导爆索；光面爆破；预裂爆破；矿山边坡

Exploration and Application of Pre-splitting Blasting Technology of Mine Slope Without Detonating Cable

Zhao Liangyu　Liu Fengbo　Zhang Yingchun

（Hunan Tiejun Engineering Constrution Co., Ltd., Changsha 410003）

Abstract：Pre-splitting blasting is generally used to form the excavation contour surface at the end of open-pit mine slope. At present, there are some problems in pre-splitting blasting construction, such as difficult procurement of detonating cord, large number of drilling holes and high construction cost. Therefore, many tests have been carried out on the hole network parameters and charge structure of mine pre-splitting blasting, and the structure without detonating cord has been concluded, it reduces the number of pre-split holes, improves the construction efficiency of pre-split blasting, and saves more than 30% cost compared with conventional pre-split blasting.

Keywords：no detonating cord; smooth blasting; pre-split blasting; mine slope

1 引言

2019 年以后，国家对绿色矿山建设的要求越来越严格，矿山边坡爆破中广泛运用预裂、光面爆破[1]。但是很多生产厂家不再生产导爆索，部分地区购买导爆索越来越困难，因此寻找一种替代产品或者不使用导爆索进行预裂、光面爆破就越发的重要。

无导爆索预裂爆破技术在国内近年来逐渐受到关注。研究人员对该技术的可行性、应用范围以及爆破参数进行了研究和试验。综合来看，无导爆索预裂爆破技术在国内尚处于探索阶段，虽然已经有了一些研究和应用，但仍需要进一步的研究和实践，更好地发挥其在边坡工程中的潜力。随着技术的不断进步和完善，这种技术可能会在未来得到更广泛的应用[2]。本研究

作者信息：赵良玉，本科，中级职称，1151022778@qq.com。

经过多次试验总结出一套不使用导爆索进行预裂爆破的施工参数与装药结构，可以为矿山边坡预裂爆破问题提供一个新的施工思路。

2　依托工程

试验选在湖南安仁南方水泥有限公司老虎岩石灰石矿山进行，项目位于安仁县城南南东162°方位约24km处，属牌楼乡与平背乡管辖。老虎岩石灰岩矿层岩性主要为浅、灰至深灰色，厚至巨厚层状灰岩夹厚层泥质灰岩。矿石结构属块状–层状结构，构成矿体的厚层灰岩平行岩心轴面的抗压强度为 57.73～77.89MPa，平行岩心轴面的抗剪断强度为内摩擦角 44°28′～45°38′，凝聚力 6.32～6.59MPa，属坚硬岩石。矿山年生产矿石 150 万吨，设计台阶高度 15m，单次爆破规模一般为 3000～5000m³，有大量边坡需要进行预裂、光面爆破施工。

3　有导爆索预裂爆破参数与效果

矿山进行有导爆索预裂爆破的设计参数为孔径 115mm，预裂孔与缓冲孔间距为 2.5m，预裂孔之间的孔距为 1.2～1.5m，孔深为 16.5m[3]，装药药卷直径 32mm，每支药卷重量为 300g，单支药卷长 32cm，线装药密度为 654g/m。炮孔底部为 2m 的加强装药区，采用双支药连续装药结构；炮孔中部为 7m 的正常装药区，采用装 2 支炸药间隔 1 支炸药长度的间隔装药结构；炮孔顶部为 6m 的减弱装药区，采用装 1 支炸药、间隔 1 支长度的间隔装药结构。爆破效果如图 1 所示，炮孔布置与结构如图 2 和图 3 所示。

图 1　有导爆索预裂爆破效果图（孔距 1.4m）

Fig. 1　The pre-splitting blasting effect diagram of detonating cord（hole distance 1.4m）

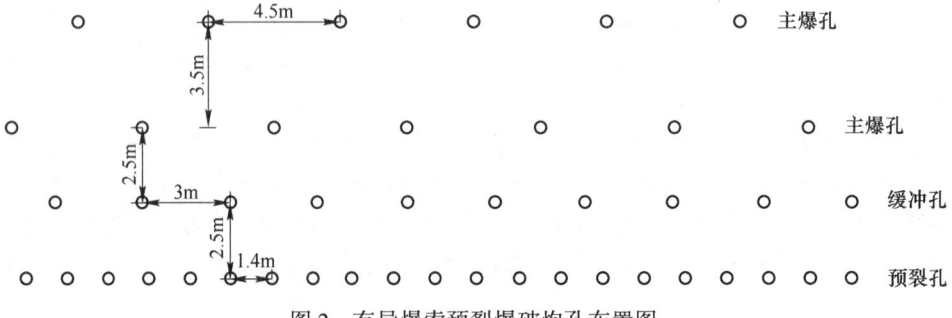

图 2　有导爆索预裂爆破炮孔布置图

Fig. 2　Pre-splitting blasting hole layout with detonating cord

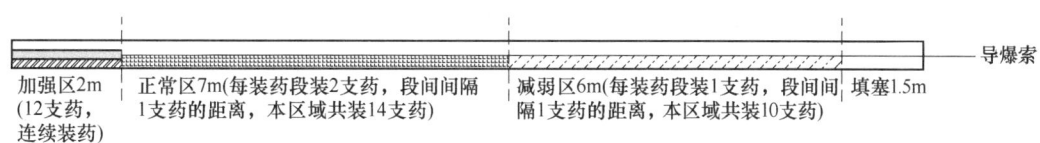

加强区2m   正常区7m(每装药段装2支药,段间隔   减弱区6m(每装药段装1支药,段间间   填塞1.5m
(12支药,   1支药的距离,本区域共装14支药)   隔1支药的距离,本区域共装10支药)
连续装药)   —导爆索

图 3 有导爆索预裂爆破装药结构图

Fig. 3 Structure diagram of presplitting blasting charge with detonating cord

4 无导爆索预裂爆破参数与效果

4.1 爆破参数

4.1.1 方案一

不使用导爆索,每个装药段装一发雷管起爆。有导爆索装药结构16个装药段,使用雷管起爆每个装药段可以保证起爆效果,但是经济上不实用。所以首先减少装药段的数量,底部加强装药区连续装药结构保持不变,中部正常装药区结构改为每装药段连续装4支炸药,段间间隔2支炸药的间距,顶部减弱段装药区改为每装药段连续装2支炸药,段间间隔2支炸药的间距。这样可以减少雷管数量,经计算总共10个装药段,共需10发雷管起爆。按市场价10发电子雷管价格不少于200元,采用有导爆索结构孔内17m导爆索孔加传爆用1发电子雷管,价格约为100元,无索方案成本更高。同时有索预裂爆破装药结构炸药分布更均匀,爆破效果更好。因此方案一既增加了施工成本也不利于改善预裂爆破效果,需要进一步调整。炮孔布置与有索预裂爆破相同,装药结构如图4所示。

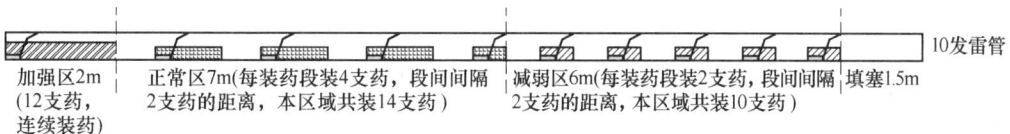

加强区2m   正常区7m(每装药段装4支药,段间间隔   减弱区6m(每装药段装2支药,段间间隔   填塞1.5m
(12支药,   2支药的距离,本区域共装14支药)   2支药的距离,本区域共装10支药)
连续装药)   10发雷管

图 4 无导爆索预裂爆破装药结构图 (方案一)

Fig. 4 Structure diagram of presplitting blasting charge without detonating cord (scheme 1)

4.1.2 方案二

不使用导爆索,在方案一的基础上继续减少装药段数量,减少雷管用量。为了控制成本,底部加强装药区保持连续装药结构不变,中部正常装药区结构改为每装药段连续装7支炸药,段间间隔4支炸药的间距,顶部减弱段装药区改为每装药段连续装5支炸药,段间间隔5支炸药的间距。共有5个装药段,需用5发起爆雷管,成本不少于100元。采用有索预裂起爆方式成本约为100元,无索起爆成本与有索起爆相近。但有导索预裂爆破装药结构爆破效果更好,因此方案二需要进一步调整。炮孔布置与有索预裂爆破相同,装药结构如图5所示。

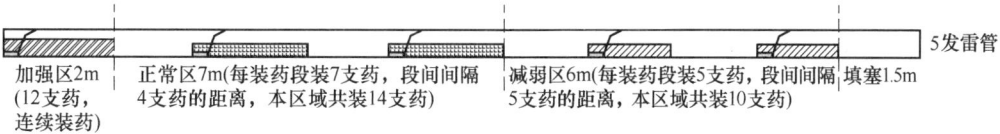

加强区2m   正常区7m(每装药段装7支药,段间间隔   减弱区6m(每装药段装5支药,段间间隔   填塞1.5m
(12支药,   4支药的距离,本区域共装14支药)   5支药的距离,本区域共装10支药)
连续装药)   5发雷管

图 5 无导爆索预裂爆破装药结构图 (方案二)

Fig. 5 Structure diagram of presplitting blasting charge without detonating cord (scheme 2)

4.1.3　方案三

在方案二的基础上进一步减少装药间隔，采用连续装药结构。此装药结构将底部加强装药区的长度改为 1m，中间正常装药区和上部减弱装药区采用单只药卷连续装药结构，孔口填塞段长度 2m，在炮孔上下 1/3 的位置各放置一个起爆雷管。这种装药结构起爆器材的成本约为 50 元，有导爆索预裂爆破起爆器材的成本约 100 元，无索起爆成本低于有索起爆成本。但同时炸药使用量增加了 3.9kg，线装药密度由原来 654g/m 增加到 890g/m，理论上可能会存在沟槽效应，导致传爆中断或局部未传爆。但是通过数次现场试验发现，每个孔的传爆都很彻底，没有传爆中断现象出现。爆破后半孔率减少，局部有较明显的超欠挖痕迹，综合分析是线装药密度过大，爆破单耗偏高导致，因此孔网参数需要进一步调整。炮孔布置与有索预裂爆破相同，装药结构如图 6 所示。

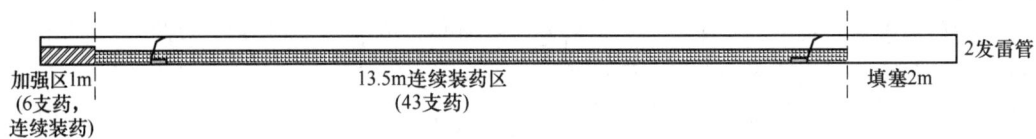

图 6　无导爆索预裂爆破装药结构图（方案三）

Fig. 6　Structure diagram of presplitting blasting charge without detonating cord（scheme 3）

4.1.4　方案四

在方案三的基础上进一步优化调整孔网参数。从方案三的爆破效果来看，连续装药的药量偏大，部分区域出现超挖现象，影响了半孔率，这主要是爆破单耗偏高所导致，可以通过调整爆破参数来达到一个理想的爆破效果。因此将预裂孔的间距由 1.4m 调整为 1.9m，预裂孔与主爆孔之间不再设立缓冲孔，如此在降低爆破单耗的同时减少了钻孔数量，既节约了火工品的使用量又提高了施工效率。经过多次现场试验，爆破效果较好，试验取得成功。炮孔布置与结构如图 7 和图 8 所示。

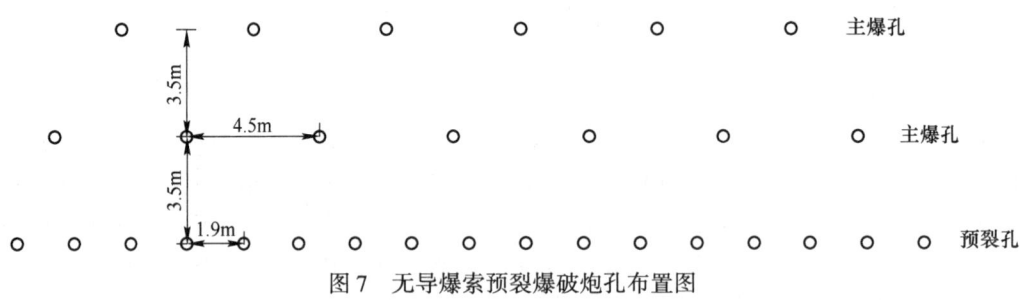

图 7　无导爆索预裂爆破炮孔布置图

Fig. 7　Pre-splitting blasting hole layout without detonating cord

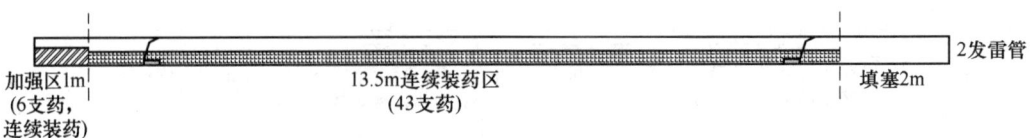

图 8　无导爆索预裂爆破装药结构图（方案四）

Fig. 8　Structure diagram of presplitting blasting charge without detonating cord（scheme 4）

各方案的装药结构参数特点见表1。

表1　各方案预裂爆破参数对比表

Tab. 1　Comparison table of presplitting blasting parameters of each scheme

名　称	炮孔深度 H/m	填塞长度/m	装药长度 /m	加强区长度 /m	装药密度 /g·m^{-1}	单孔药量 /kg	导爆索（雷管） /m（发）
有索预裂爆破	16.5	1.5	9.7	2	654	10.8	18m
无索方案一	16.5	1.5	9.7	2	654	10.8	10发
无索方案二	16.5	1.5	9.7	2	654	10.8	5发
无索方案三	16.5	2.0	14.5	1	890	14.7	2发
无索方案四	16.5	2.0	14.5	1	890	14.7	2发

4.2　施工质量要求

（1）所有预裂孔要布置在一条直线上，要确保炮孔的角度一致。钻孔时要对每一个炮孔的角度进行量测[4]。

（2）药卷之间的搭接必须紧密，并固定牢固。可以根据32mm炸药的尺寸定制专门的U形塑料片，用来固定和放置炸药。最简单的方法就是用透明宽胶带将炸药一节一节搭接紧密地固定在竹片上。

（3）使用上下两发雷管进行传爆，要注意雷管的传爆方向，底部雷管聚能穴朝上传爆，上部的雷管聚能穴朝下传爆。

（4）由于是连续装药，竹片可能在炸药的压力下产生弯曲变形甚至折断，从而影响预裂的效果，因此当孔深超过15m时应在竹片的中上部位系一根绳子，固定在孔口上面，来减少竹片所承受的重力。

（5）装药段完成后，在竹片上绑上一个编织袋，随炸药一起放入孔内，确保填塞时，填料不掉落到装药段，影响预裂效果。

4.3　爆破效果

爆破后效果对比如图9和图10所示。通过试验数据列表对比分析（见表2），采用大孔距无导爆索预裂爆破和常规预裂爆破相比，在施工工艺上减少了对导爆索的使用，减少了25%以上的钻孔量，在预裂效果的平整度和半孔率上虽有所降低，但能够满足矿山边坡控制爆破效果的要求，在成本方面，由于优化了缓冲孔和预裂孔的孔网参数，使得爆破成本节约了30%以上，具有明显的成本优势，可以在露天矿山边坡预裂爆破中推广应用。

表2　各方案预裂爆破效果对比表

Tab. 2　Comparison table of pre-splitting blasting effect of each scheme

序　号	平整度/cm	半孔率/%	成本/元·m^{-2}
有索预裂爆破	10	90	39.2
无索方案一	15	85	44
无索方案二	18	80	40.2
无索方案三	20	75	39
无索方案四	12	88	29.9

图 9　无导爆索预裂爆破效果图 （孔距 1. 4m）
Fig. 9　Pre-splitting blasting effect without detonating cord （hole distance 1. 4m）

图 10　无导爆索预裂爆破效果图 （孔距 1. 9m）
Fig. 10　Pre-splitting blasting effect without detonating cord （hole distance 1. 9m）

5 结论

针对传统预裂爆破装药结构复杂、需要敷设导爆索进行起爆、成本高、效率低等问题，依托矿山边坡工程开展了无导爆索预裂爆破装药结构的试验研究，对比了传统有索预裂爆破和多种无索预裂爆破的效果，得到如下结论：

（1）边坡控制爆破采用有导爆索预裂爆破和无导爆索宽孔距预裂爆破对控制爆破震动、边坡平整度和半孔率都有较好的效果。

（2）预裂爆破效果跟地形地质条件、钻孔质量、不耦合系数、炸药单耗等相关，应根据实质情况进行参数调整，以达到最优的爆破参数和装药结构[5]。

（3）无导爆索宽孔距预裂爆破，将传统的不耦合间隔装药结构变为不耦合连续装药结构，其不耦合系数 3.6 并没有改变；虽然扩大了预裂孔孔距，增加了预裂孔单孔装药量，炸药单耗由 0.187kg/m³（有索预裂爆破）变为 0.178kg/m³（无索宽孔距预裂爆破），炸药单耗略微降低，因此没有改变预裂爆破的核心原理。但无导爆索宽孔距预裂爆破简化了施工工序，减少了钻孔数量。

（4）无导爆索宽孔距预裂爆破优化了孔网参数，预裂孔的孔距由原来 1.2~1.5m 增大到了 1.8~2.0m，预裂孔与主爆孔的排距由原来的 2.5m 增加至 3.5m，简化了布孔难度并减少了钻孔数量，提高了预裂爆破的效率。

（5）无导爆索宽孔距预裂爆破通过改变装药结构和优化预裂孔、缓冲孔的孔网参数，使预裂爆破的成本由 39.2 元/m² 降为 29.9 元/m²，总施工成本下降了 30% 以上。

参 考 文 献

[1] 汪旭光. 爆破设计与施工 [M]. 北京：冶金工业出版社，2011.

[2] 王有安. 预裂爆破技术在矿山开采中的应用 [J]. 冶金管理，2018（12）：18-19.

[3] 薛延河，李创新，蔡国成，等. 大孔径预裂孔爆破在露天矿施工中的应用 [J]. 现代矿业，2013，29（7）：92-93.

[4] 唐毅，孙飞，李广洲，等. 复杂工况下高边坡预裂爆破技术及施工工艺研究 [J]. 爆破，2019，155（1）：91-97.

[5] 孙雪东. 关于露天采矿边坡控制性爆破施工技术的探讨 [J]. 世界有色金属，2018（10）：127-128.

抽水蓄能电站地下厂房岩锚梁爆破施工技术

仇业振　郑　堃　孙　波

（厦门中爆建设有限公司，福建　厦门　361000）

摘　要：本文以厦门抽水蓄能电站地下厂房岩锚梁施工为背景，较为详细地介绍了岩锚梁爆破施工方案，并通过现场试爆，优化了爆破参数和相关施工工艺，对类似工程具有一定的参考价值。

关键词：抽水蓄能电站；地下厂房；岩锚梁开挖；质量控制；钻孔爆破

Blasting Technology of Rock Anchor Beam for Underground Powerhouse of Pumped Storage Power Station

Qiu Yezhen　Zheng Kun　Sun Bo

（Xiamen Zhongbao Construction Co., Ltd., Xiamen 361000, Fujian）

Abstract：Based on the construction of rock anchor beam in the underground powerhouse of Xiamen pumped storage power Station, the blasting construction scheme of rock anchor beam is introduced in detail, and the blasting parameters and related construction technology are optimized through field test explosion, which has certain reference value for similar projects.

Keywords：pumped storage power station; underground plant; rock anchor beam excavation; quality control; drilling and blasting

　　抽水蓄能电站作为物理储能的重要组成部分，近些年正在大力建设中，其中岩锚梁施工是抽水蓄能电站地下厂房建设的关键工序之一，其爆破开挖质量标准要求高，爆破施工难度大[1-2]。

1　工程概况

1.1　项目概况

　　厦门抽水蓄能电站位于福建省厦门市同安区汀溪镇境内，是福建及国家电网"十三五"规划重点建设项目。电站主要由上水库、输水系统、地下厂房系统、地面开关站及下水库等建筑物组成，其中地下厂房系统包括：主副厂房、尾闸洞、主变洞、500kV 出线洞、主变进风洞、主变运输洞、母线洞、尾闸交通洞、尾闸运输洞、排水廊道、排烟竖井平洞。主厂房总长 177m，下部开挖宽度 25m，上部开挖宽度 26.5m，最大开挖高度为 56.5m，自上至下分为 8 层

作者信息：仇业振，本科，高级工程师，ztkjbp@163.com。

进行开挖，岩锚梁层位于第Ⅲ层，岩锚梁层尺寸为 177m×26.5m×8.2m。

1.2 工程地质

厂房围岩主要为微风化—新鲜晶屑熔结凝灰岩，局部为绿帘石化角砾熔结凝灰岩，其物理力学性质与晶屑熔结凝灰岩类似。厂房围岩构造节理总体较不发育，以闭合、陡倾角为主，局部发育有缓倾角节理，完整性差，无大的、确定性不利组合。

1.3 施工顺序

岩锚梁层采用分部开挖施工，高度为 8.2m，分为Ⅲ1、Ⅲ2、Ⅲ3 区顺序开挖。Ⅲ1 区为中部拉槽区，宽度为 18m；Ⅲ2 区为保护层，宽度为 3.5m；Ⅲ3 区为岩台，宽度为 0.75m（见图 1、图 2）。开挖施工顺序如下：中部拉槽开挖→第Ⅲ层上下游保护层开挖错距跟进→第Ⅳ层边墙预裂（预裂深度不小于 6m）→岩锚梁下拐点护角及两排系统锚杆施工→岩锚梁岩台开挖→其余系统锚杆及排水孔→岩锚梁岩台锚杆施工[3]。中部拉槽区向前推进 30m 后，进行岩锚梁爆破施工。

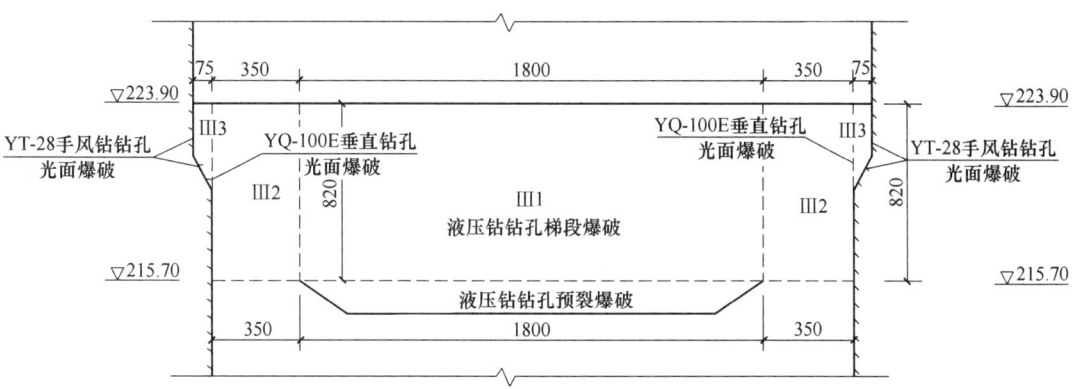

图 1　岩锚梁层开挖程序横断面图

Fig. 1　Cross-sectional diagram of excavation procedure of rock anchor beam layer

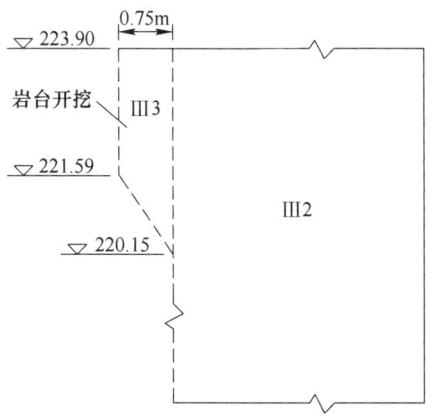

图 2　岩锚梁开挖大样图

Fig. 2　Excavation diagram of rock anchor beam

2　施工质量及控制措施

2.1　质量控制标准

依据岩锚梁施工规范标准及设计文件，施工质量控制标准如下：

（1）残孔率：Ⅰ、Ⅱ类围岩不小于90%；Ⅲ类围岩不小于60%。

（2）超欠挖：梁体岩壁应严格控制超挖，最大超挖值应小于15cm，不允许出现欠挖；在岩锚梁下拐点附近应严格控制超挖，不大于10cm[4]。

（3）岩面不平整度：岩锚梁施工应形成平整的轮廓面，岩面不平整度不大于10cm。

（4）钻孔偏差：钻孔的孔位偏差不超过20mm，角度偏斜不超过1°。

（5）围岩爆破松动范围控制措施：岩锚梁基础开挖时，应预留一定厚度的保护层，然后使用光面（或预裂）爆破，并用人工撬除，以确保围岩爆破松动范围在Ⅱ类以上围岩应小于30cm，Ⅲ类围岩应小于40cm，Ⅳ类围岩应小于60cm[5]。

2.2　施工重难点分析及应对措施

岩锚梁开挖施工难度大、质量要求高，其开挖成型质量是岩壁吊车安全运行的重要保障条件，主要包括以下施工重难点：

（1）岩锚梁开挖涉及钢管搭设、钻孔、爆破、清渣、混凝土施工等多个工种交替施工，组织管理比较复杂。

（2）垂直孔、倾斜孔造孔精度要求高、控制难度大。

（3）根据围岩情况变化，须相应调整选择合理的爆破参数，包括布孔形式、孔间距、平均单耗以及装药结构等。

针对以上施工重难点，分别采取如下措施：

（1）组建岩锚梁岩台开挖领导小组，合理安排工作计划，协调各工序施工，加强各工种间的沟通配合，避免相互干扰，保证施工安全顺利进行。

（2）实行"定人、定位、定机、定质、定量"的五岗位责任制，分区顺序钻孔。

（3）采用红外线激光定位技术放样，钻孔方位角采用地质罗盘控制，仰（倾）角用几何法控制，并用红漆标记。钻孔前对工作台面进行高程复核，根据台阶设计高度和现状高程合理确定钻孔深度，在钻杆上精确标出钻进深度控制线，以保证孔底在一条直线上[6]。

（4）岩台上、下边墙采用竖向钻孔方式，岩台台面采用自下拐点向上拐点的斜向上钻孔方式（见图3）。岩台垂直孔在保护层开挖前成孔并采用PVC管保护，根据以往施工经验，垂直孔和倾斜孔的孔底贯通后，爆后岩面的不平整度效果较好。

（5）岩台垂直孔及倾斜孔的孔设均须搭设钢管样架（见图4和图5），通过导向钢管控制钻孔孔位，保证开孔无偏差，导向管间距与岩台钻孔孔间距一致。倾斜孔样架底部采用混凝土硬化，保证底部平面水平，样架安装完成后组织专项验收，验收合格后方可投入使用。

（6）岩台施工采用光面爆破技术，结合同类型的爆破施工经验合理确定爆破施工参数，正式爆破前组织小规模的试爆工作，通过对比爆破效果，确定最优的爆破参数。

3　爆破试验与施工

3.1　爆破试验

根据岩石性质及现场实际情况，在岩锚梁岩台施工前实施4组爆破试验，通过爆破试验效

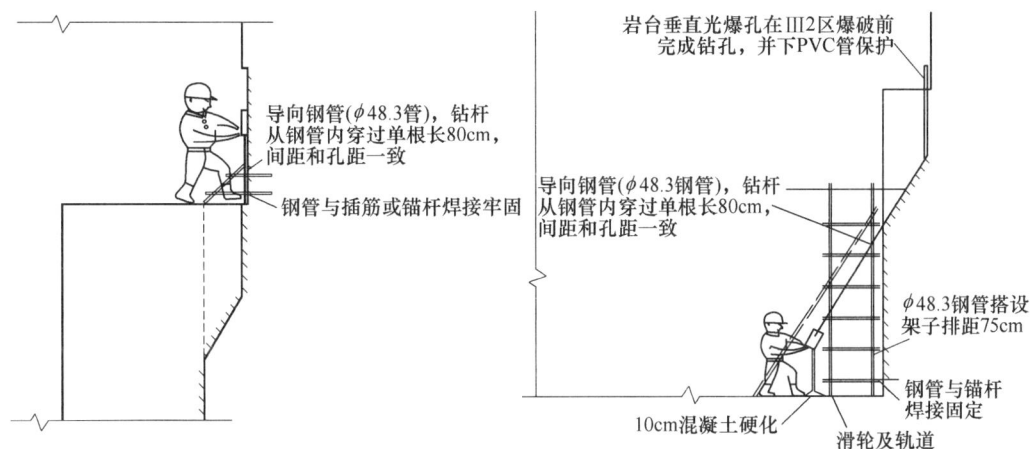

图3　岩台垂直、倾斜钻孔示意图

Fig. 3　Schematic diagram of vertical and inclined drilling of rock platform

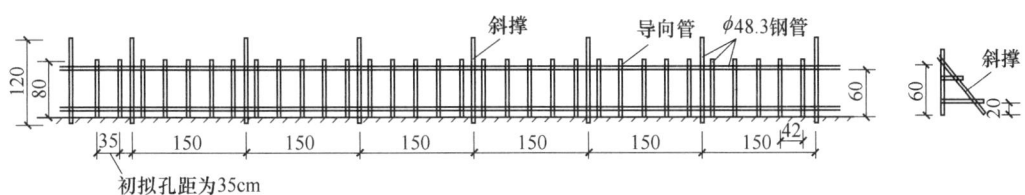

图4　岩台垂直钻孔固定排架大样图

Fig. 4　Rock platform vertical drilling fixed layout diagram

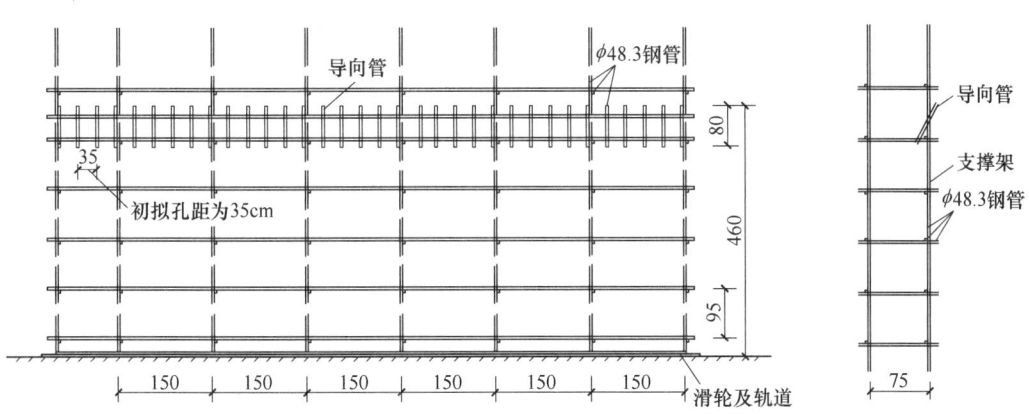

图5　岩台倾斜钻孔固定排架大样图

Fig. 5　Large drawing of rock platform inclined drilling fixed shelving

果对比分析确定各项爆破参数，指导后续的爆破施工。爆破试验长度为30m，分4段进行，孔径32mm，药径27mm，采用间隔装药结构[7]。主要调整岩台垂直孔和倾斜孔的孔距及线装药密度进行试验，根据爆破效果、围岩性质等，确定最终爆破施工参数。爆破试验参数及效果见表1。

表1　岩锚梁工程试爆参数表
Tab. 1　Test explosion parameters of rock anchor beam engineering

试爆编号	岩石等级	长度/m	炮孔名称	钻孔参数			装药参数			单组装药量/g	不平整度/cm	残孔率/%
				孔深/cm	孔距/cm	孔数/个	线装药密度/g·m⁻¹	单孔装药量/g	堵塞长度/cm			
1	III	7	垂直孔	231	35	20	90	170	45	3400	12	89
			倾斜孔	162	35	20	110	130	45	2600	13	88
2	III	8	垂直孔	231	35	23	110	210	45	4830	8	96
			倾斜孔	162	35	23	90	110	45	2530	7	96
3	IV	8	垂直孔	231	45	18	90	170	45	3060	15	86
			倾斜孔	162	45	18	110	130	45	2340	13	89
4	IV	7	垂直孔	231	45	16	110	210	45	3360	10	90
			倾斜孔	162	45	16	90	110	45	1760	9	91

注：线装药密度/g·m⁻¹

为获取较佳的爆破参数，依次进行4组爆破试验（见图6），一次齐爆药量控制在10kg以内，采用工业电子雷管起爆网路，导爆索连接垂直孔和倾斜孔，单组一次起爆。

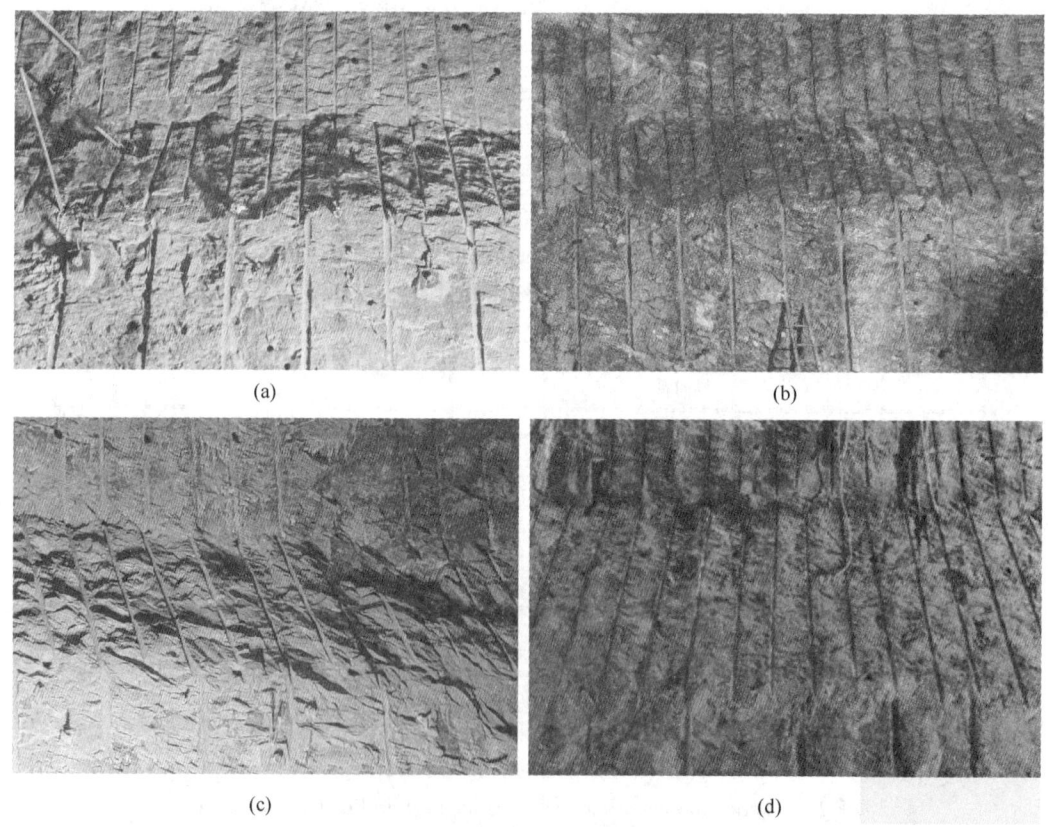

(a)　　　　　　　　　　　　　　　(b)

(c)　　　　　　　　　　　　　　　(d)

图6　试爆效果对比图
（a）试爆1效果图（0~7m，平整度较差）；（b）试爆2效果图（8~15m，残孔率高、平整度较好）；
（c）试爆3效果图（16~23m，岩台面超挖）；（d）试爆4效果图（24~30m，残孔率较高）
Fig. 6　Test explosion effect comparison diagram

通过试爆效果的对比分析可知：

（1）试爆1（见图6（a））岩面不平整度大于10cm，超出设计标准值。部分光爆孔残孔痕迹不明显，竖直孔和倾斜孔孔底孔位未形成良好的贯通，成型较差，整体试爆效果不佳。

（2）试爆2（见图6（b））岩锚梁开挖竖直孔和倾斜孔方位角、钻孔深度基本控制在同一平面，孔底基本对齐。岩面平整，成型较好，残孔率达到96%以上，岩台底孔处超挖均控制在15cm以内，超挖控制在允许范围内，工程质量优良。

（3）试爆3（见图6（c））部分岩壁超挖不小于15cm，不满足设计要求，竖直孔和倾斜孔孔底孔位存在偏差。岩壁倾斜角设计角度62.5°，试验段爆后岩壁角度62°~66°，部分偏差不小于3°，超过设计要求。

（4）试爆4（见图6（d））残留痕迹在开挖轮廓面上分布均匀，残孔率大于90%，满足设计要求。竖直孔和倾斜孔方位角、钻孔深度控制较好，孔底基本对齐，岩面超挖控制较好。

3.2　施工过程质量控制

施工各环节的质量直接关系到爆破效果，乃至影响整个工程质量。因此，施工过程质量控制的重要性显而易见。

（1）测量放样：钻孔前对光爆孔测量放点，确保钻孔位置准确，光爆孔测量误差控制在2.0cm以内[8]。

（2）钻孔：组建专业的钻孔、爆破班组，配备施工经验丰富、责任心强的现场施工人员。采用手持风动凿岩机严格按照炮孔点位依据爆破设计图同时实施钻孔，严格控制光爆孔的钻孔质量。

（3）验孔：成立专门的验收小组按设计图要求逐个检查孔深、孔排距及钻孔角度，并详细记录每个炮孔的钻孔情况，发现垂直孔受压破坏，应及时在原炮孔位置进行洗孔或沿轮廓线临近点补孔。待确认炮孔全部合格并签发验收合格证后方可进行下一道工序的施工[9]。

（4）装药和填塞：采用小直径药卷间隔不耦合装药结构，孔底采用空气间隔（见图7、图8）。严格按照设计要求进行炮孔堵塞，堵塞长度为450mm。

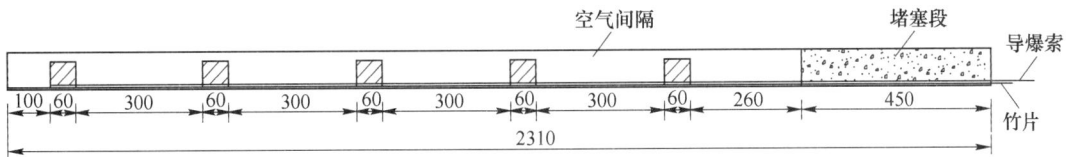

图7　垂直光爆孔间隔装药结构图（单位：mm）

Fig. 7　Structure of vertical optical burst hole spacing charge（unit：mm）

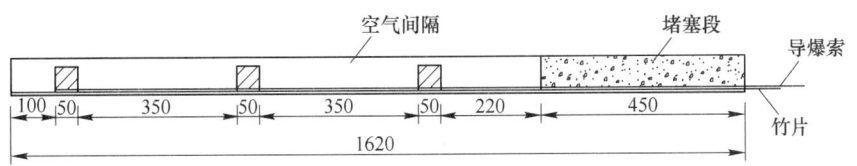

图8　倾斜光爆孔间隔装药结构图（单位：mm）

Fig. 8　Charge structure diagram of inclined optical burst hole interval（unit：mm）

（5）起爆网路：采用导爆索绑扎连接各光爆孔，通过电子雷管起爆网路实现分区起爆，区间间隔不大于75ms。起爆前对起爆网路进行安全检查，合格后方可实施爆破。

4　结论

在地下厂房岩锚梁层开挖施工前，根据现场围岩性质，设计试爆方案，结合试爆效果选择合理的爆破参数及开挖方案，施工过程中采取了各项质量控制措施，取得了良好的开挖效果。爆破后残孔率达95%以上，垂直孔与倾斜孔孔底形成贯通，表面平整度符合设计要求[10-11]。爆破施工效率高，加快了项目实施进度，为地下厂房按期完成施工提供了有力保障，对类似工程具有一定的参考价值。

参 考 文 献

[1] 彭少引. 水电站地下厂房岩锚梁开挖施工技术应用 [J]. 水利技术监督，2016（6）：96-98.

[2] 王斌. 去学水电站地下厂房岩锚梁开挖施工技术 [J]. 四川水力发电，2016（4）：120-122.

[3] 金海斌. 象鼻岭水电站厂房岩锚梁开挖的质量控制方法 [J]. 技术与市场，2014（9）：181-182.

[4] 孙凤利. 地下厂房岩锚梁施工技术探讨 [J]. 中国水能及电气化，2014（9）：6-8.

[5] 张志斌，念卫林. 溪洛渡水电站右岸地下厂房岩壁梁岩台开挖技术 [J]. 云南水力发电，2010（4）：78-79.

[6] 马行东，吴章雷，李鹏等. 超高应力区岩锚梁"扇形板裂抬动型"岩爆破坏特征规律和精细化开挖研究 [J]. 岩石力学与工程学报，2023（42）：3391-3399.

[7] 许正平. 地下厂房岩锚梁的开挖施工技术 [J]. 西北水电，2009（1）：54-55.

[8] 岩锚梁混凝土施工期原型温度试验的反演分析 [J]. 华北水利水电学院学报，2011（2）：60-63.

[9] 蒙世仟，杨世港. 百色水利枢纽地下主厂房岩锚梁设计 [J]. 水利建设与管理，2007（2）：21-23.

[10] 曾辉. 岩滩水电站扩建工程地下厂房岩锚梁开挖技术 [J]. 企业科技与发展，2014（1）：38-40.

[11] 刘松柏，王梓凌. 水电站地下厂房岩锚梁开挖技术 [J]. 土工基础，2010（4）：90-91.

一种高位危岩体的爆破排险方法

陈朝章　吴香善　唐银佩

（广西桂物爆破工程有限公司，南宁　530200）

摘　要：为了解决复杂条件下进行高位危岩体的爆破问题，本文介绍了一个爆破排险的实例。首先采用对危岩体进行加固再施工的方法，并设置两道加固防护措施；其次在施工过程中，采取合理控制单耗和小药量松动爆破的策略。这些方法可有效地避免因施工造成危岩松动滚落和飞石的风险，同时加强了覆盖防护，减弱了爆破振动。最后，本文详细阐述了炮孔布置、单孔装药量等爆破参数的确定，以及安全防护措施，为此类工程积累了重要的经验。

关键词：爆破排险；钢索锚固；控制单耗；危岩体

The Method of Blasting Hazard Removal in High Dangerous Rock Mass

Chen Chaozhang　Wu Xiangshan　Tang Yinpei

（Guangxi Guiwu Explosive Engineering Co., Ltd., Nanning 530200）

Abstract：In order to solve the problem of blasting high dangerous rock mass under complex conditions, this paper introduces an example of blasting danger removal. Firstly, the method of reinforcing and then constructing the dangerous rock body is adopted, and two reinforcing protection measures are set up; secondly, in the construction process, the strategy of reasonable control of unit consumption and small amount of loose blasting is adopted. These methods effectively avoid the risk of loose rolling and flying rocks caused by construction, and at the same time strengthen the covering protection and weaken the blasting vibration. Finally, the determination of blasting parameters, such as blast hole layout, single-hole charge, and safety protection measures are expounded in detail, which has accumulated important experience for such projects.

Keywords：blasting and risk elimination；steel cable anchoring；control unit consumption；dangerous rock mass

危岩崩塌作为公路、露天矿山等行业常见的地质灾害类型之一，具有突发性、致灾严重性等特性。高位危岩体是指位于较高高度、垂直或近垂直于地面的岩体。在施工过程中，这些高位危岩体可能因受到振动、风化或其他外力的影响而发生松动和飞石，给施工人员和周围的环境带来巨大威胁[1]。中国水利水电第七工程局有限公司的帅彬[2]也对高坡边坡危岩体治理提出

作者信息：陈朝章，本科，高级工程师，156344141@qq.com。

了一些治理方法。为了有效应对高位危岩体的风险，爆破排险技术被广泛应用于工程实践中。爆破排险是一种通过控制爆破振动和确保危岩体的稳定性来实现危岩体安全移除的方法。本文将重点研究危岩体的加固再施工方法和加固防护措施的设计原则，同时也将探讨合理控制爆破参数，包括单耗和装药量等对爆破效果和安全性的影响。通过对实际工程案例的研究和分析，总结出一套可行的高位危岩体爆破排险方法，为类似工程提供宝贵的经验。该研究对于提高工程施工效率、保障人员安全及保护环境具有重要意义。

1 工程概况

1.1 危岩体的周围环境

　　该危岩体位于广西德保县巴头乡足申村多扎屯卫生室背面山坡上方垂直高度 120m 处的山体上。危岩周边生长有茂密的灌木，山体边坡陡峭，岩石裂隙发育。受常年雨水冲刷等诸多因素的影响，有一块体积约 29m³ 的岩石已经脱离母岩、后缘裂隙完全贯通，开裂裂缝宽 0.7m。危岩体西南面到距离最近的民房约 150m，距离村公路的直线距离约 100m，距离正下方篮球场约 170m，距离村委会办公楼 200m，其具体情况如图 1 所示。在危岩范围内，岩石切割、分裂十分严重，随时都有可能坍塌，对山脚下民房和村卫生室、过往车辆及行人的生命财产构成威胁，爆破环境较复杂。

1.2 危岩体的基本情况

　　危岩体的长×宽×高约为 3.5m×2.0m×3.5m，危岩体岩性主要为灰岩，危岩体底部破碎明显。山体北坡坡度约 45°，危岩体与坡脚居民区斜距约 150m，垂直高度 120m，属高位危岩，危岩体处于极限平衡状态，有松动和倾覆迹象。若下部加固的片岩发生折断或受雨水冲刷、地震等外力作用，危岩体会沿陡坡向下滚动，将直接伤害到坡脚处的居民和过往行人，危害性极大，需要尽快排除。如图 2 所示为危岩石的实际状况图。1 号危岩体长×宽×高约为 3.5m×2.0m×3.5m，体积 24.5m³；2 号危岩体长×宽×高约为 3.5m×1.2m×1.0m，体积约为 4.2m³；总计约为 29.0m³。

图 1　危岩周边环境

Fig. 1　Surroundings of dangerous rocks

图 2　危岩实况图

Fig. 2　Dangerous rock reality

2 设计原则

1号危岩体较大，再加上环境复杂，飞石、滚石不能落到山脚下，采取松动爆破和人工清除相结合的方法；多打孔，精确装药，使爆破碎石块更小，保障山坡茂密的植被能阻挡爆后岩块滚落到山脚；确保排险过程中危岩体稳定，不发生滚落；破碎过程不产生飞石；清运过程防碎石滚落，保证坡脚居民、过往行人和建筑设施的安全。

3 排险方案

经工程技术人员反复讨论和分析该处危岩体地形及周围环境因素，为确保危岩体爆破对山下民房、农田、道路不受损害，拟采取浅孔控制爆破的方法对危岩进行解体，通过科学布置炮孔，精准把控装药量，逐孔起爆，加强爆体的覆盖措施，综合控制地震波、空气冲击波和爆破飞石等爆破有害效应，保障爆破排险时对山体下建筑物、电线、农田及人畜安全。

3.1 总体思路

考虑到危岩体的不稳定性，为了确保钻孔装药施工的安全，首先要对危岩体进行加固，在危岩体中间用三条钢丝绳捆绑后锚固到稳定的基岩上，并在危岩体下方设置钢网架与竹跳板阻挡系统（见图3）；采取浅孔控制爆破，多钻孔少装药的施工方法对危岩体进行解小；精确地把握药量，使爆破碎石块度均匀，便于人工清运[3]；确保排险过程中危岩体稳定，不发生滚落；破碎过程不产生飞石；清运过程防碎石滚落，保证坡脚居民、过往行人和建筑设施的安全；爆破剥离后，人工及时将碎石运至山脚下堆放；危岩体全部破碎并运走后，清理附近的碎石，确保安全。

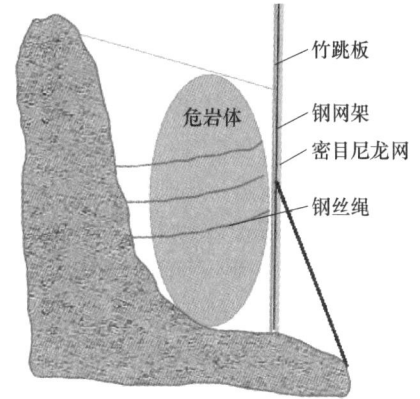

竹跳板
钢网架
密目尼龙网
钢丝绳
危岩体

图3 危岩体加固结构图
Fig. 3 Reinforcement of dangerous rock mass

3.2 排险方式的确立

为确保危岩体爆破对山下民房和道路、农田不受损害，利用爆破等能原理和物质稳定性原理，采用浅孔控制爆破解体危岩，人工搬运清除岩块，通过合理布孔、精准装药、加强爆体的覆盖措施，综合控制地震波、空气冲击波和爆破飞石等防止引发地面灾害和人身伤亡，保障爆破排险时对周围建筑物、道路、树林、农田及人畜安全。

3.3 危岩体加固

用三条钢丝绳捆绑后锚固到稳定的基岩上，并在危岩体下方设置钢网架与竹跳板阻挡措施（见图4）。

3.3.1 测量放样及布孔

对危岩体的形状、大小进行测量，并绘制大样图，为布孔的位置提供依据。根据设计在危岩体上测出钻孔位置，并对每个孔进行编号，将其深度、倾角等用木桩在孔位上标明（见图5）。

图 4　危岩体加固实况图

Fig. 4　Reinforcement of dangerous rock mass
in real condition

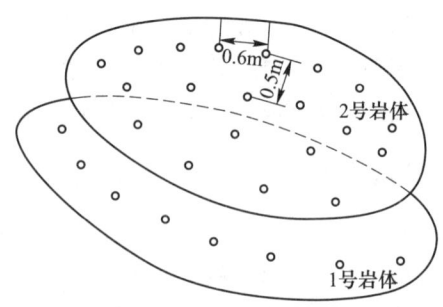

图 5　危岩体炮孔布置图

Fig. 5　Arrangement of gun holes in dangerous
rock body

　　测量贯穿整个爆破施工过程，除了前期的炮孔定位、孔深进行标志，还有后期的钻孔精度测量、炮孔质量检查等。

3.3.2　钻孔及清洗

　　（1）钻孔前必须根据设计方案及危岩体的实际情况，进行施工作业面的清理，并由测量人员根据设计提供的孔网参数进行实地放样；钻孔作业时，钻孔作业人员依照测绘制的大样图结合现场情况进行钻孔作业。

　　（2）爆破工程技术人员必须在施工现场对钻孔位置、深度、角度进行技术交底后，钻机手才能进行钻孔工作，整个钻孔过程必须由专人监控。钻孔尺寸精度误差必须符合设计要求。爆破孔位误差控制在3%以内，角度误差控制在小于5°[5]，孔深误差控制在10cm以内。

　　（3）避免孔口呈喇叭状，从而影响钻屑冲出，同时，在钻孔、装药过程中可防止孔口破碎岩石掉落孔内，造成堵塞。

　　（4）发现卡孔时，炮孔用炮棍疏通，无效时用钻机重新钻孔。超深孔回填到位，浅孔使用风吹到设计孔深，吹不到设计孔深的使用钻机钻到位。排净孔内积水。在终孔前钻杆上下移动，尽可能将钻屑吹出孔外，保证钻孔深度，提高钻孔利用率。

　　（5）每个炮孔钻完后，爆破专职技术人员及时检查炮孔的间距、孔深、倾斜度是否与设计相符，做好检验记录。每孔设置记录标签，并在钻孔记录表上签字。炮孔检验合格后，将孔口岩石清理干净并及时封堵洞口，防止雨水或其他杂物进入炮孔。

　　（6）装药前，爆破作业人员再次检验炮孔，检查炮孔的深度是否与设计相符，炮孔内有无砂石流入导致炮孔深度变化，有无石块凸起、有无泥巴夹层、有无溶洞，若炮孔有异常标记好位置告知爆破员，做好处理措施。

3.3.3　装药及堵塞

　　炸药领用必须符合制度要求，炸药运输必须由专用炸药车运输到作业现场；装药前认真检查爆破器材质量；装药前应根据本次爆破所钻米数进行装药量调整，并在图纸上明确每个炮孔的编号、孔深、延期时间、装药量等，并在装药前对装药炮孔进行检查；装药应使用木质或竹制炮棍，不应投掷起爆药包和敏感度高的炸药，起爆药包装入后应采取有效措施，防止后续药

卷直接冲击起爆药包。装药发生卡塞时，若在雷管和起爆
药包放入之前，可用非金属长杆处理。装入起爆药包后，
不应用任何工具冲击、挤压。在装药过程中，不应拔出或
硬拉起爆药包中的数码电子雷管脚线；填塞材料宜采用黏性
塑性黄土、黏土结合物（砂黏土）或石粉，不得混有石块和
易燃材料。堵塞过程必需保护好起爆线路，防止石块掉入孔
内，堵塞材料应分层填入，并及时用木棍压紧，严禁起爆线
路被打折或损坏。危岩炮孔装药结构图如图6所示。

3.3.4 起爆方式及爆破网路

使用2号岩石乳化炸药，数码电子雷管，逐孔起爆，
毫秒延期，延期时间21ms。联网完毕，要严格认真检查各
爆破回路编码是否正确，以防漏联、错联，影响准确起爆。
起爆网路检查应由有经验的技术员或爆破员组成的检查组
担任，检查组不得少于两人。在雷雨、极端恶劣的气候情
况下，应停止该项爆破作业。

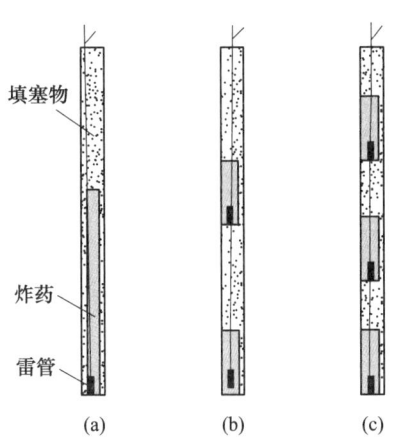

图6　危岩炮孔装药结构图
（a）连续装药；（b）二层装药；
（c）三层装药

Fig. 6　Charging structure of dangerous rock shell hole

4　爆破参数

采用控制爆破对危岩体进行解小，根据浅孔控制爆破计算单孔药量 Q：

$$Q = qabL \tag{1}$$

式中，q 为单孔药量；a 为炮孔间距；b 为炮孔排距；L 为炮孔深度。

本次爆破设计装药28个炮孔：

$$Q' = \sum Q \tag{2}$$

式中，Q' 为总装药量。

炮孔布置原则为：排列规则、整齐，装药均匀分布于爆破体中，保证爆破后破碎的块度大
小均匀、合适人工搬运。危岩体爆破参数见表1，钻孔 $\phi40mm$，使用 $\phi32mm$ 药卷。

表 1　危岩体爆破参数表

Tab. 1　Parameters for shallow blasting

炮孔深度 L/m	炮孔间距 a/m	炮孔排距 b/m	炸药单耗 /kg·m^{-3}	单孔装药量 Q/g	装药层数	装药间隔 /cm	炮孔数量	总装药量 /g
0.5	0.4	0.3	0.35	20	1		1	20
0.6	0.6	0.5	0.35	60	1		14	840
0.7	0.6	0.5	0.35	70	1		3	70
0.8	0.6	0.5	0.35	80	1		1	80
1.6	0.6	0.5	0.35	100+60	2	80	1	160
1.8	0.6	0.5	0.35	150+50+30	3	50	1	180
2.0	0.6	0.5	0.35	100+50+50	3	75	1	200
2.2	0.6	0.5	0.35	100+60+60	3	80	1	220
2.3	0.6	0.5	0.35	100+100+50	3	80	1	250
3.0	0.6	0.5	0.35	150+100+50	3	1.2	4	1200
合计							28	3220

5 爆破安全设计与措施

本次爆破是排险浅孔控制爆破，主要产生的危害效应为爆破飞石和爆破地震波，冲击波和噪声极小，可忽略不计。根据国内外类似爆破工程实测资料及工程实践经验分析，只要控制得当，这些危害效应就不会对山脚下居民、行人、建筑设施造成影响。

5.1 排险方式的确立

对于爆破地震波，重点保护目标是危岩下 150m 处的居民住宅，一段齐爆最大药量按式（3）计算：

$$Q' = [V/(KK')]^{3/\alpha} R^3 \tag{3}$$

式中，根据爆破实际地质条件，参考以往工程实践实测数据，K 取 150、α 取 1.5；K' 按最不理想情况取 0.8；保护对象的安全振动速度按照国家《爆破安全规程》（GB 6722—2014）标准[6]，取 $v = 2.0 \mathrm{cm/s}$；R 取 150m。

经计算一段齐爆最大药量为 937.5kg，而爆破中实际一段齐爆最大药量不会超过 1.5kg，远远低于计算值，故爆破振动对周围保护目标不会造成损坏。

在技术措施上，采用分散装药、孔内装药，并采取一次点火、分段延时起爆方式，变能量同时释放为分散、分次释放；利用各炮孔至被保护目标距离差使地震波相互干扰，降低爆破振动危害效应；采用加强松动爆破方式，使部分爆炸能量逸散于岩石外，减小形成地震波的能量；严格按照以被保护目标的抗振能力、与爆点的相对距离等确定一段最大起爆药量进行装药和分段，确保保护目标安全。

5.2 爆破飞石校核与措施

对于爆破飞石，根据 Lundborg 统计规律，结合试验和大量工程实践，钻孔爆破飞石最大飞散距离按照下式确定[4]：

$$R_f = K_T q D \tag{4}$$

式中，K_T 为与爆破方式、填塞长度、地质和地形条件有关的系数，取 1.5；q 为炸药单耗，取 $q = 0.35 \mathrm{kg/m^3}$；D 为药孔直径，取 $D = 42 \mathrm{mm}$。

计算得 R_f 为 22.05m，而距离保护目标为 150m，所以是安全的。

另外为确保万无一失采取以下措施：布孔前详细勘测危岩体的形态，确保实际最小抵抗线不小于设计值，并使最小抵抗线方向避开重点保护目标，指向山顶一侧；加强填塞，据试验验证，当填塞长度 $L > 1.5W$（最小抵抗线），炮孔极少出现飞石，本次爆破为 $L > 2W$（最小抵抗线），因此可保证不会有个别飞石出现；采用 2 层传输带和 2 层竹笆防护，加强覆盖，做到了完全有把握不会出现飞石。此外爆破时所有人员均撤离至安全距离（200m）以外。

6 爆破效果

通过爆破，消除了危岩体对山下居民、行人及建筑设施的危害。爆破没有产生飞石和有危害的地震波，爆后碎石全部滚落山坡中并被植被阻挡在山坡上，没有落到山脚的公路上，顺利地完成了危岩体的排险工作，排除了危岩对村民的威胁（见图 7）。

7 结论

通过对高位危岩体的爆破排险实例研究和分析，本文可以得出如下结论：采用加固再施工

图 7　危岩爆后实况图

Fig. 7　Realistic map of dangerous rock after bursting

方法、合理控制爆破参数和实施安全防护措施是确保高位危岩体施工安全和顺利完成的有效途径，茂密的植被能起到阻挡墙作用，阻挡爆后细小的岩块滚落过远。

　　这些研究成果为类似工程提供了宝贵的参考和指导，有助于提高工程施工效率和保障人员安全。然而，危岩体的爆破排险仍需要进一步的研究和工程实践来完善和拓展这些方法和措施，以应对更加复杂的高位危岩体爆破排险挑战。

参 考 文 献

[1] 齐世福，田永良，张小强，等 . 复杂环境下危岩体爆破排险 [J]. 工程爆破，2011，17（4）：94-96.

[2] 帅彬 . 高陡边坡危岩体治理技术 [J]. 四川水力发电，2021，40（1）：105-108.

[3] 刘爱明 . 浅谈石方爆破施工 [J]. 山西建筑，2006，32（10）：309-310.

[4] 孙远征，龙源，范磊，等 . 在复杂环境中的砖混烟囱定向爆破拆除 [J]. 爆破，2007（2）：54-57.

[5] 王文龙 . 钻眼爆破 [M]. 北京：煤炭工业出版社，1984.

[6] 中华人民共和国国家质量监督检验检疫总局，中国国家标准化管理委员会 . 爆破安全规程：GB 6722—2014 [S].

复合式间隔装药结构在深孔台阶爆破中的应用

张广贝[1]　　周建华[2]

（1. 宏大爆破工程集团有限责任公司，广州　510623；

2. 鞍钢矿业爆破有限公司，辽宁　鞍山　114000）

摘　要：为降低顺兴石场露天台阶爆破根底率，提高生产效率，对间隔装药结构进行优化。利用 ANSYS/LS-DYNA 数值仿真软件对空气间隔及复合式间隔装药结构建立有限元模型，对比分析炮孔各部位岩体应力变化曲线，复合式间隔装药结构相对空气间隔装药结构中部的炮孔应力分布更为合理，验证了复合式间隔装药结构的合理性。在保证钻孔质量的前提下，将复合式间隔装药结构应用于工程实际中，结果表明倾斜孔相对垂直孔根底率降低 1%，挖装效率提高 14%，油耗降低 12%；复合式间隔装药结构对比倾斜孔间隔装药根底率下降 0.5%，挖装效率提高 10%，油耗降低 26%，全面提高了生产效率及经济效益指标，与数值模拟规律相吻合。研究结果可为露天深孔台阶爆破提供参考。

关键词：根底率；生产效率；装药结构；钻孔质量

Application of Composite Interval Charging Structure in Deep Hole Bench Blasting

Zhang Guangbei[1]　　Zhou Jianhua[2]

（1. Hongda Explosives Engineering Group Co., Ltd., Guangzhou 510623；

2. Ansteel Mining and Blasting Co., Ltd., Anshan 114000, Liaoning）

Abstract：The equivalent stress change curve of the composite interval charging structure unit is optimized to reduce the root rate of open-pit bench blasting in Shunxing Quarry and improve production efficiency. Using ANSYS/LS-DYNA numerical simulation software, a finite element model was established for the air interval and composite interval charging structures. The stress variation curves of the rock mass at various parts of the blast hole were compared and analyzed. The stress distribution of the composite interval charging structure in the blast hole in the middle of the air interval charging structure was more reasonable, verifying the rationality of the composite interval charging structure. On the premise of ensuring drilling quality, the composite interval charging structure was applied to engineering practice. The results showed that the root rate of inclined holes was reduced by 1% compared to vertical holes, the excavation and loading efficiency was increased by 14%, and the fuel consumption was reduced by 12%; Compared with the inclined hole interval charging structure, the composite interval charging structure reduces the root rate by 0.5%, increases the excavation and

作者信息：张广贝，381587500@qq.com。

loading efficiency by 10%, and reduces fuel consumption by 26%, comprehensively improving production efficiency and economic benefits indicators, which is consistent with the numerical simulation law. The research results can provide reference for open-pit deep hole bench blasting.

Keywords：root rate；production efficiency；charging structure；drilling quality

1 引言

钻爆法依然在采矿工程领域应用广泛，爆破作为采矿工艺的第一环节，其效果极大地影响着生产效率。精细化爆破推动着工程爆破质量的发展，核心思想是通过定量化的爆破设计、精心的统筹管理与工艺的控制实现炸药能量最大利用率，实现理想的爆破效果[1-2]。楼晓明等人[3]利用试验得到了空气间隔位置不同，其压力分布规律不同，中部空气间隔段装药结构整体呈两端大、中间小的下凹型分布特征；朱强等人[4]基于数值模拟与现场试验，研究了空气间隔装药预裂爆破的岩体损伤特征，结果表明采用反向起爆及径向不耦合装药能提高预裂爆破效果；康永全等人[5]认为根据炮孔部位爆破阻力不同，部分采用相应不耦合系数的装药结构可实现理想的爆破效果。因此，合理的装药结构不仅改善爆破效果，也可降低经济成本。

2 工程概况

顺兴石场爆破工程是位于广州市从化区飞鹅村南向社的城市、风景名胜区露天开采爆破工程，矿区内褶皱构造不发育，受广从断裂构造带所控制，节理裂隙发育相互交错，厂区内基础设施繁多，周边构（建）筑物分布复杂，为爆破开采带来一定困难，周边环境示意图如图1所示。

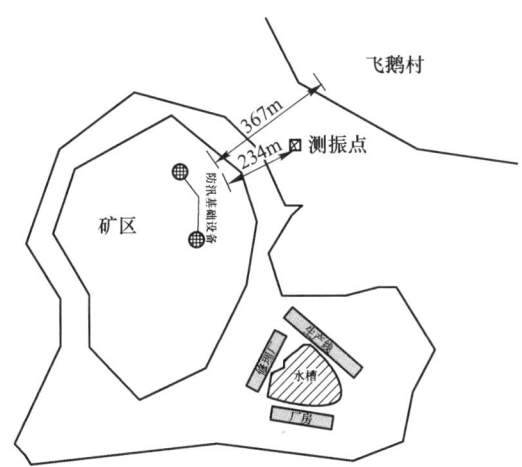

图 1 周边环境示意图

Fig. 1 Schematic diagram of the surrounding environment

3 爆破设计

3.1 爆破基本参数

矿山开采设计台阶高度 H 为15m，钻孔直径 D 选取140mm，不耦合装药可在一定范围内提高炸药能量利用率，为了便于现场施工，选用不耦合系数[6-7]为1.27的直径 D_1 110mm 成品乳化炸药。底盘抵抗线 W 为 4.0m，堵塞长度 $l=(0.9\sim1.0)W$，取 3.8m。

3.2　钻孔

钻孔形式主要分为垂直孔与倾斜孔，针对本工程，在爆破基本参数相同的情况下，通过两种钻孔方式所产生的爆破效果对比发现，倾斜孔爆破的爆堆更为松散，且降低了根底率，易控制台阶平整度。倾斜角度 β 范围建议值为 70°~85°，倾斜角度越小对钻孔作业的要求越高，随之装药难度越高，因此倾斜角度的选取应根据现场实际情况调整，最大程度保证钻孔质量。钻孔质量主要包括方向、角度、深度，为保证钻孔质量采取相应的技术措施及管理措施，如图 2 和图 3 所示。

图 2　控制钻孔方向

Fig. 2　Control drilling direction

图 3　控制钻孔角度

Fig. 3　Control drilling angle

3.3　装药结构

装药结构分为连续装药与间隔装药，研究表明[9]间隔装药可利用空腔特性增加炸药做功能量传递介质，降低孔壁炸药能量所造成的瞬间最大压力值，增加能量作用时间，提高能量利用率，爆破效果优于连续装药。针对本工程采用间隔装药结构，间隔装药结构常采用空气间隔器实现，空气间隔器的优点在于便捷、高效，其次可随意调节空腔高度，适用于节理发育较为复杂的岩层。

一般而言，深孔台阶爆破间隔装药空腔位于炮孔中部，装药结构如图 4 所示。为进一步提高炸药能量利用率，改善能量传播介质顺序，优化炮孔底部与其他位置的能量配比，在空气间隔段增加堵塞材料，称之为复合式间隔装药结构，其装药结构如图 5 所示。其中，底部药柱与顶部药柱比例为 2.5:1，间隔堵塞段长度 l_1 建议为 1~1.5 倍超深 h，但小于顶部堵塞长度 l，材料为 5mm、12mm 粒径的骨料与岩屑的混合物，比例为 1.5:1:1。

3.4　起爆网路

为降低爆破振动对周边构（建）筑物的影响，精准控制延期时间，使用数码电子雷管实现高精度逐孔起爆以减少单次最大起爆药量，孔间延期为 31ms，排间延期为 81ms。

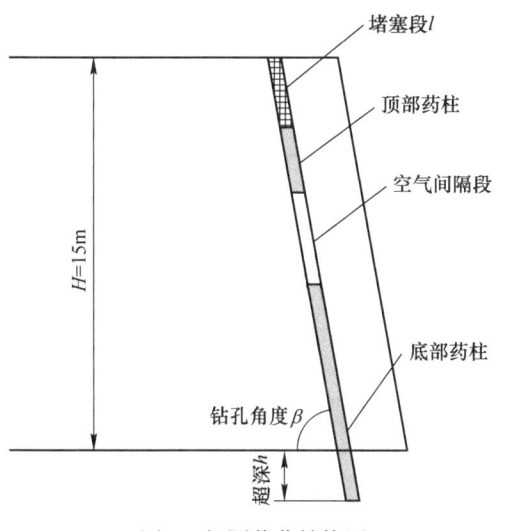

图 4　间隔装药结构图

Fig. 4　Structure diagram of interval charging

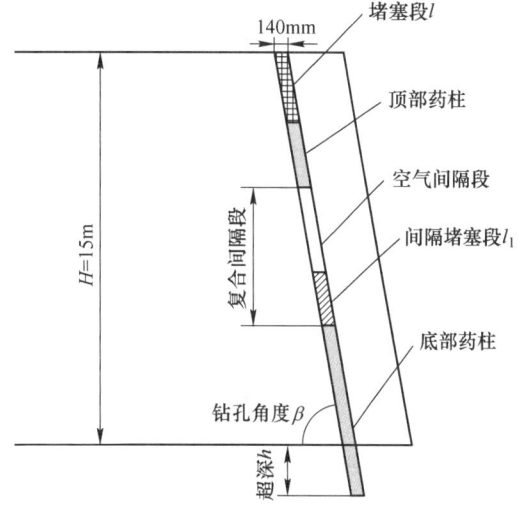

图 5　复合式间隔装药结构图

Fig. 5　Charge structure of weak blocking section

4　数值模拟

4.1　模型建立

结合工程实际情况，利用 ANSYS/LS-DYNA 分别建立台阶深孔爆破两种装药结构的有限元模型，为了提高计算效率，建立了如图 6 所示的二分之一的边坡 85°的倾斜立体模型。其中，模型正表面施加对称边界约束，下表面、右表面、后表面施加无反射边界条件，剩余表面为自由边界。

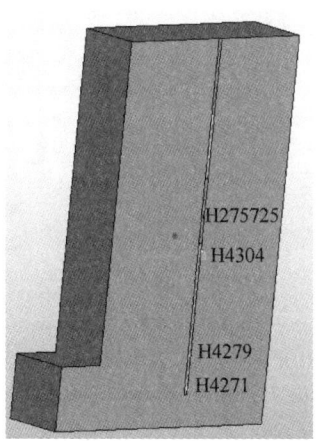

图 6　有限元模型

Fig. 6　Finite element model

炸药选用 *MAT_HIGH_EXPLOSIVE_BURN 和 JWL 状态方程来描述，其具体参数见表 1，采用 *MAT_PLASTIC_KINEMATIC 作为岩石及复合式间隔段的材料模型，具体参数见表 2。

表 1　炸药材料及状态方程参数
Tab. 1　Explosive materials and parameters of state equation

$\rho/\mathrm{kg \cdot m^{-3}}$	$D/\mathrm{m \cdot s^{-1}}$	P/GPa	A/GPa	B/GPa	R_1	R_2	ω	$s/\mathrm{J \cdot m^{-3}}$	V_0
1030	3500	8.45	494	1.89	3.91	1.52	0.33	2.48×10^9	1

表 2　材料模型参数
Tab. 2　Material model parameters

种类	$\rho/\mathrm{kg \cdot m^{-3}}$	E/GPa	μ	σ/MPa
岩石	2590	33.4	0.28	28
间隔段填塞材料	1920	0.08	0.16	2

4.2　有限元分析

选取炸药做功过程中引应力波传播过程的 3 个时间节点。如图 7 所示，$t=0.04$ms 时上下两部分应力波明显开始传播；$t=2$ms 左右顶部与底部的引力波开始汇集；$t=3.2$ms 时两种应力波相互作用对周围岩体进行破坏。选取了 3 个单元，分别为炮孔底部、台阶底板及弱堵塞段部分，对其起爆过程的应力变化过程分析，由图 8 可知，空气段部分（4304 单元）的峰值压力为 0.45GPa，底板（4279 单元）的峰值压力为 0.38GPa，炮孔底部（4271 单元）的峰值压力为 0.3GPa，说明空气段部位所受压力最大。究其原因为炸药点火起爆后，主要的能量释放向自由面方向传递导致空气段的峰值压力大。从各个部位峰值压力所对应的时间可以看出，炸药从底部炮孔起爆，爆炸应力波逐渐沿炮孔轴线向上传递，符合经典爆破理论。

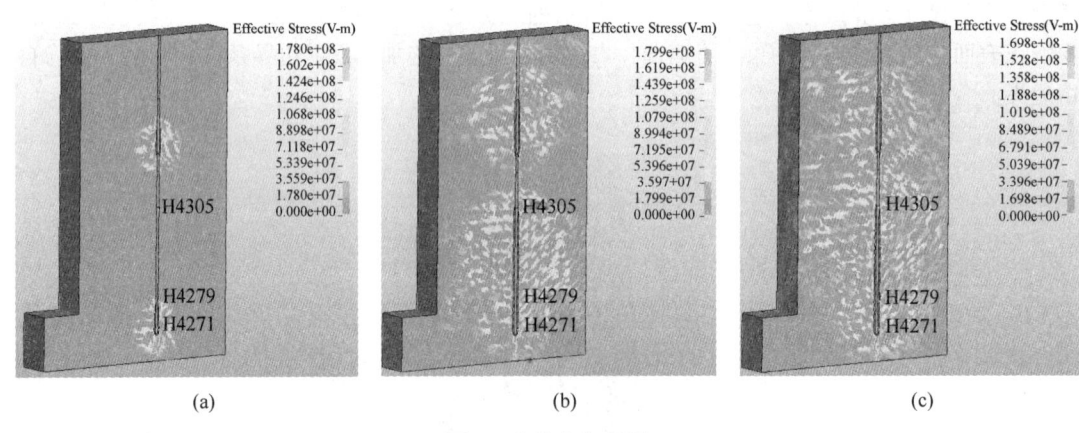

图 7　有效应力云图
(a) $t=0.04$ms；(b) $t=2$ms；(c) $t=3.2$ms
Fig. 7　Effective stress cloud chart

由图 9 可知，相比于图 8，由于复合间隔段的作用，导致各个部位的峰值压力有所改变，间隔堵塞段的峰值压力小于空气段，但在底板处，复合间隔装药结构的峰值压力大于空气段的方案，对根底率有一定影响，较符合工程需求。

提取两种不同装药方式的空气间隔段位置 275725 单元的等效应力，由图 10 与图 11 可知，复合间隔填塞段的峰值等效应力为 167.5MPa，而空气段间隔段相同位置的等效应力为

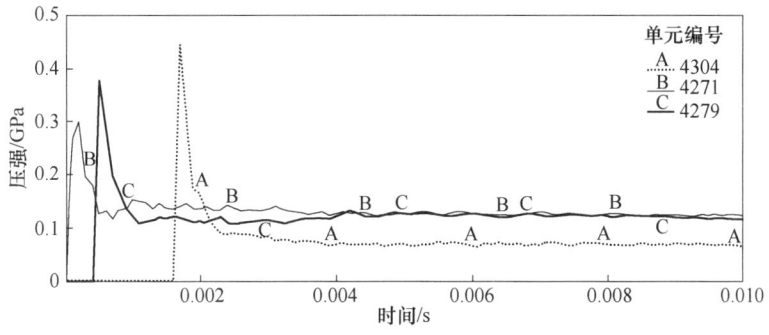

图 8　间隔装药应力变化曲线

Fig. 8　Stress variation curve of interval charge

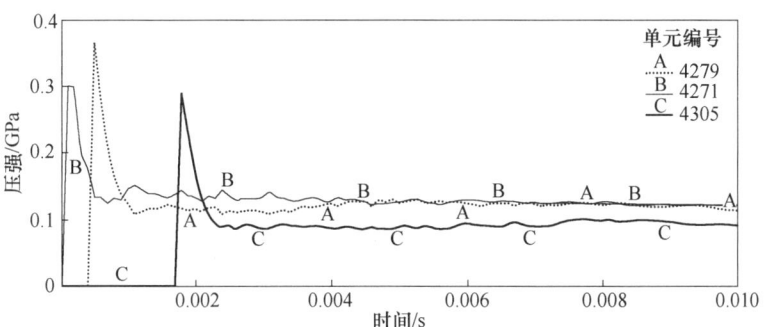

图 9　复合间隔装药结构应力变化曲线

Fig. 9　Stress variation curve of composite interval charge structure

45.7MPa，约为 3.67 倍，而且采用复合间隔装药结构的方式，压力持续时间更长，更利于此部位岩体的破碎，改善了爆破效果。

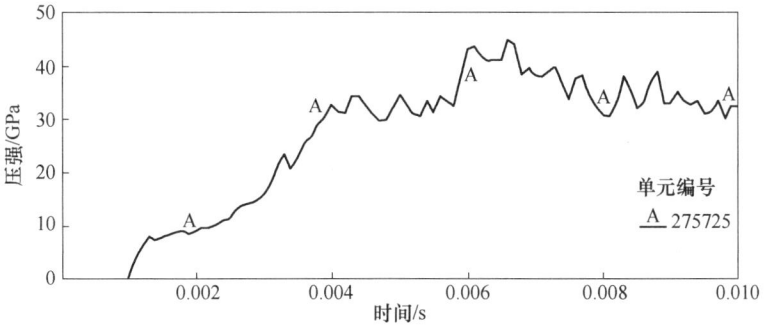

图 10　间隔装药结构单元等效应力变化曲线

Fig. 10　Equivalent stress variation curve of interval charge structural unit

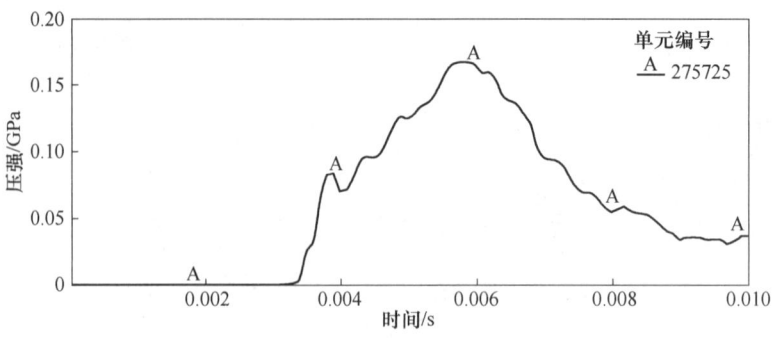

图 11　复合间隔装药结构单元等效应力变化曲线

Fig. 11　Equivalent stress variation curve of composite interval charge structural unit

5　爆破效果分析

5.1　爆破振动

由于采用逐孔起爆的方式控制单次最大起爆药量，对待保护建筑物的爆破振动监测数据进行统计，监测点（直线距离 234m）所得最大质点振动峰值为 0.8cm/s，平均质点振动峰值为 0.2cm/s，小于《爆破安全规程》（GB 6722—2014）民用建筑物的安全允许值。

5.2　根底率

露天矿山主要的开采技术指标为台阶平整度，爆破所产生的根底极大影响了平整度及施工进度。以钻孔形式与装药结构作为变量，对产生的根底情况进行统计分析，以深孔钻孔米数为基数，处理根底钻孔米数为判定数据，得出根底率，结果见表 3。倾斜孔相对于垂直孔的根底率减少 1%，根底率改善较为明显；倾斜孔复合式间隔装药较倾斜孔装药根底率降低了 0.5%，根底率进一步降低。

表 3　各技术措施根底率统计表

Tab. 3　Statistical table of root angle rate of various technical measures

技术措施	根底钻孔总长度/m	深孔钻孔总长度/m	根底率/%
垂直孔间隔装药	811.5	13854.9	5.8
倾斜孔间隔装药	705.7	14734.2	4.8
倾斜孔复合式间隔装药	208.5	4787	4.3

5.3　生产效率

生产效率作为评判爆破效果的一项重要标准，主要受制于大块率以及爆堆松散度。由于大块率无法直接得到精确数据，因此选用二次破碎的油耗间接反应大块的占比；以矿山车限重 70t 为标准，采集实际挖装速率，结果见表 4。倾斜孔复合间隔装药挖装效率最高，二次破碎油耗最低；倾斜孔间隔装药对比垂直孔挖装效率提高 14%，油耗下降 12%；倾斜孔复合间隔装药相对倾斜孔间隔装药挖装效率提高了 10%，油耗下降 26%。

表 4　生产效率统计表

Tab. 4   Production efficiency statistics

技术措施	挖装时间/s	挖装速率/t·s⁻¹	产量/t	油料/L	油耗/L·t⁻¹
垂直孔间隔装药	400	0.175	1089694.75	9744	0.0089
倾斜孔间隔装药	350	0.2	962277.79	7513	0.0078
倾斜孔复合式间隔装药	320	0.219	1230807.17	7187	0.0058

由此可知，改变钻孔形式对优化根底率更为明显；复合间隔装药结构更能有效地减小大块率，且生产效率进一步提高。但倾斜孔对钻孔水平要求较高，针对不同工况需有相应的技术措施，还需较完善的管理制度措施。

综上所述，数值模拟所得数据规律与工程实际效果基本吻合，验证了数值模拟的正确性，也证明了复合式装药结构的合理性，也可为进一步优化爆破参数、细化装药结构提供技术方向指导。

6   结论

（1）倾斜孔相对于垂直孔间隔装药根底率明显降低，且挖运效率提高，二次破碎油耗减小，复合式间隔装药相对于倾斜孔间隔装药有相同的规律，但复合式间隔装药结构经济效益指标改善更为明显，因此对于本工程而言，复合式间隔装药结构最为合理。

（2）倾斜钻孔对降低根底率效果较为明显，但对钻孔质量及管理要求较高；复合式间隔装药结构对二次破碎及生产效率影响较大，可进一步优化经济效益指标。

（3）数值模拟应力分析变化规律与实际爆破效果基本吻合，证明了复合式间隔装药结构的合理性，可为工程应用提供技术措施优化的方向与支持。

参 考 文 献

[1] 赵海涛，罗正. 露天矿山精细化爆破技术探讨 [J]. 工程爆破，2019，25 (4)：45-50.

[2] 施富强. 前瞻精细爆破 [J]. 爆破，2021，38 (2)：1-3, 66.

[3] 楼晓明，王振昌，陈必港，等. 空气间隔装药孔壁初始冲击压力分析 [J]. 煤炭学报，2017，42 (11)：2875-2884.

[4] 朱强，陈明，郑炳旭，等. 空气间隔装药预裂爆破岩体损伤分布特征及控制技术 [J]. 岩石力学与工程学报，2016，35 (S1)：2758-2765.

[5] 康永全，薛里，孙崔源，等. 间隔不耦合装药结构形式及特点分析 [J]. 工程爆破，2020，26 (5)：62-67.

[6] 叶志伟，陈明，李桐，等. 小不耦合系数装药爆破孔壁压力峰值计算方法 [J]. 爆炸与冲击，2021，41 (6)：119-129.

[7] 宗琦，孟德君. 炮孔不同装药结构对爆破能量影响的理论探讨 [J]. 岩石力学与工程学报，2003 (4)：641-645.

[8] 郭可伟，陈继府，史维升. 空气间隔器在深孔台阶爆破中的应用 [J]. 爆破器材，2013，42 (2)：44-47.

[9] 汪旭光. 爆破设计与施工 [M]. 北京：冶金工业出版社，2011.

[10] 任少峰，杨静，张义平，等. 降低深孔台阶爆破大块率的试验研究 [J]. 爆破，2018，35 (4)：58-62.

临近水岸石方水下钻孔爆破设计与施工

管志强[1,2]　　冯新华[1]　　陈鹄[1]

（1. 大昌建设集团有限公司，浙江　舟山　316000；

2. 浙江海洋大学，浙江　舟山　316022）

摘　要：文章总结了近十几年来的临近水岸石方水下钻孔爆破施工经验。将临近水岸水下爆破开挖的方法分成漂浮式钻爆船作业法、自动支腿升降作业平台法、人工支架平台作业法、填渣式平台作业法、围堰式作业法以及开挖或利用陆地沟槽平孔作业法6类。对爆破参数的计算和起爆网路的设计进行了分析，提出了应该注意的问题。

关键词：临近水岸；水下钻孔爆破；爆破设计与施工；爆破负面效应

Design and Construction of Underwater Drilling and Blasting for Rock Near the Water Bank

Guan Zhiqiang[1,2]　　Feng Xinhua[1]　　Chen Hu[1]

（1. Dachang Construction Group Co., Ltd., Zhoushan 316000, Zhejiang；

2. Zhejiang Ocean University, Zhoushan 316022, Zhejiang）

Abstract：In this paper, the experience of underwater drilling and blasting near water bank is summarized. The methods of underwater blasting excavation near water bank can be divided into 6 types：floating drilling and blasting ship method, automatic outrigger lifting platform method, artificial support platform method, slag-filling platform method, cofferdam method, and excavating or utilizing land trench and flat hole method. The calculation of blasting parameters and the design of initiating network are analyzed and compared, and some problems needing attention are put forward.

Keywords：near the shore；underwater drilling blasting；design and construction of blasting；negative effects of blasting

　　临近水岸是指水陆交接地带及港池范围，水下钻孔爆破是指通过钻爆作业船、水上作业平台等手段，利用钻具对水下岩体进行钻孔，从而实现爆破作业。与普通陆地爆破相比，水下爆破有其特殊性，特别是在施工机具设备、爆破器材和爆破方法方面要求更高，在安全上要求也更高。

　　国家海洋经济的发展促进了港口航运业的繁荣，码头港池及航道疏浚作业也日益增多。水下爆破作为重要的施工手段，在水运、水利工程建设方面得到广泛的应用。采用水下钻孔爆破进行水下炸礁等石方开挖是最经济有效的手段，但爆破的负面效应控制也成为日益重要的课

作者信息：管志强，硕士，教授级高级工程师，13505803468@163.com。

题，爆破作业区附近建、构筑物及海洋生物的安全都是需要充分考虑的，确保技术上可行、经济上可行和安全上可靠是爆破工程技术人员必须全面考虑的问题。

爆破工程技术人员如何做好爆破设计和施工方案是圆满完成好一项爆破工程的基础，本文阐述临近水岸石方开挖水下爆破设计和施工技术。

1 临近水岸水下石方钻孔爆破方法

水下岩石爆破包括水面、水下和陆地作业法。水面分为漂浮式炸礁船作业法、自动升降式平台作业法和人工脚手架平台作业法；水下分为操作台高出水面履带式钻机作业法和水下自动钻机组[1]，该法在国内比较少见；陆上作业法主要是采取相应措施，变水下爆破为陆地爆破，减少施工船机用量。陆上作业法包括：（1）修筑人工防渗围堰，抽干堰内积水、干法钻孔爆破作业；（2）在需要炸礁的岩面上抛填石渣，形成高出水面平台，在平台上干法钻孔作业；（3）在岸边陆地上利用原有基坑、船坞设施或采用人工开挖与水面基本平行的沟槽，在沟槽内向水下需要爆破清除的基岩钻凿近似水平的炮孔进行爆破作业。水面钻爆船和平台钻孔一般采用套管法，该法可以起到钻孔导向作用，穿过覆盖层时可以防止孔壁坍塌，同时也便于装药和堵塞孔口段。

1.1 漂浮式钻爆船作业法

国内的漂浮式钻爆作业船一般由平板驳船改装而成，水下钻孔爆破使用最多。本身无自航能力，需拖船或顶推船拖带。其特点为设备简单、吃水浅、可航行于狭窄水道和浅水航道。改装成为钻爆船后，靠近船沿铺设轨道，根据船的大小一般布置6~8台轨道式高风压潜孔钻。同时在船舱或甲板分别设置炸药和起爆器材临时存放点。可用于水深50m以内，流速小于1.5m/s，浪高小于1m区域水上钻孔作业，如图1（a）所示。

1.2 自动支腿升降作业平台法

自动支腿升降作业平台是一种有4根钢管支撑船体，使得船体可以在水面升降的作业船舶。工作时间基本不受海浪、潮汐和海流影响。一般用于水深30m以内，流速小于3.0m/s，浪高小于3m区域水上钻孔作业。显然在恶劣工况下，自动支腿升降作业平台比漂浮式钻爆船作业稳定，如图1（b）所示。

1.3 人工支架平台作业法

人工支架平台是一般用施工脚手架钢管在近岸搭建的一种水上钻机作业平台。该法在近岸潮间带或浅水区，工作量不大，缺乏专用设备的情况下使用。考虑到作业安全问题，大多采用简易钻机，可减轻对平台的压力。工况复杂水域应谨慎使用，确保平台的安全稳定。

1.4 填渣式平台作业法

该法和人工支架平台作业法类似，只不过钻孔作业平台用采石场石渣填筑，高出水面一定距离。因为平台稳定性好，可承载大型钻机钻孔作业。填渣区域钻孔前插入钢套管至基岩面，钻孔在套管内进行。该法可以就近利用资源，不需要专门水下爆破施工船机，节省施工成本，如图1（c）所示。

1.5 围堰式作业法

围堰式作业法应在需要炸礁区域外围修筑土石围堰，同时做好围堰防渗处理，抽干堰内水，将水下爆破变成陆地爆破。在附近石料资源丰富的采石场，或没有水下爆破专用设备时可以采用该法。该法对爆破器材的防水耐压没有常规水下爆破要求高，可靠性较好。一般应将陆地爆破节省的成本和修筑围堰增加的成本进行比较，求得最佳综合经济效益。

1.6 开挖或利用陆地沟槽平孔作业法

条件具备时，可利用该法在临近水下炸礁水域附近岸边开挖沟槽，沟槽深度比炸礁要求的深度低 0.5~1m，底宽应满足钻机作业要求。为确保沟槽内钻机及人员作业安全，沟槽应有适当放坡，岩石节理发育地段应采用锚喷支护等手段。船坞围堰的岩坎可以利用坞室作为钻机作业空间，由坞室内向预留岩坎立面钻凿横向炮孔，炮孔的角度不应大于礁石的自然坡度。该法已有超过 50m 深度炮孔实例，如图 1 (d) 所示。

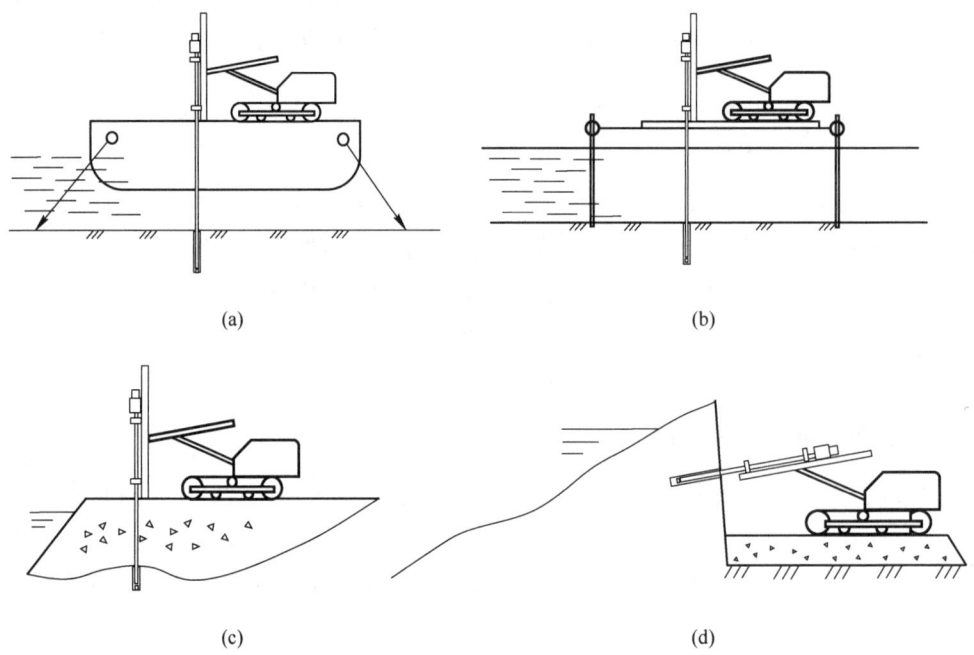

(a)   (b)

(c)   (d)

图 1　临近水岸水下爆破施工作业机具和方法

Fig1. Equipment and methods for underwater blasting construction near the water bank

2　爆破设计与施工方案

相对于陆地爆破，水下爆破涉及面更广、技术复杂化程度高，设计施工经验较少。在爆破设计和施工方案编制之前，应注意收集相关资料，对重要的爆破还应进行现场试验，根据试验效果及时调整相关爆破参数，现场应根据设计文件组织施工，完工后及时进行爆破技术总结。

2.1 爆破设计

收集的设计资料主要包括：（1）水下地质地形图及相关说明书；（2）爆破区域水文气象

资料；（3）施工通航及外部交通运输条件；（4）施工单位已经具备的钻爆设备、水下清渣设备；（5）当地爆破器材品种、数量能否满足项目供应情况；（6）爆区周边重要设施及水产资源的防护要求；（7）质量工期要求；（8）水下爆破相关标准规范和其他相关工程设计文件。

2.1.1 方案的比较与选择

水下钻孔爆破的成孔是方案选择的主要条件，前文介绍过近岸水下石方爆破常见的钻孔方法有 6 种。爆破作业单位可以根据水文气候、自身具备的机具设备条件及施工成本等综合考虑采用其中一种或几种钻孔方法组合。水下地形地质条件及潮流方向决定了爆破开挖区域的推进方向，根据岩体的厚度及环境条件可能还会涉及分区、分层施工问题。对开挖轮廓面有较高要求的还应该设计预裂或光面爆破，这些都是方案设计需要考虑的。

2.1.2 爆破参数和起爆网路

受水的侵蚀和水压影响，水下爆破器材的性能会受影响。在深水区爆破作业，应特别注意爆破器材是否具有足够的防水耐压性能，使用前应在同等施工工况条件下进行抗水耐压试验。试验表明，抗水炸药的爆速和猛度都会随着水压的增加而减小[2]。当水深为 10m 时，爆速减小 11%，猛度平均减少 10%；当水深增加到 30m 时，爆速平均减少 26%，猛度平均减少 33%；当水深条件超过 30m 时，常采用特殊加工的抗水耐压炸药和雷管。爆破施工过程中，应选用抗水耐压性能好的爆破器材，条件不具备时，应采取相应的防水耐压措施，特别注意起爆器材的抗水流、风浪冲击及套管对雷管脚线磨损，确保安全起爆。

2.1.2.1 炸药的选择

工程实践中水下爆破常用的炸药为乳化炸药，包括塑料包装类和震源药柱类。前者可塑性和抗水性能都可以满足一般情况下水下爆破要求。ORICA 系列乳化炸药是一种高能量高威力、具有雷管感度的防水性包装炸药，沿炸药卷纵向划开，炸药在浸入水孔两周后仍可以安全高效起爆。对于水深较大、水下防水要求高的炸礁工程，可选用防水塑料外壳震源药柱。该类炸药具有性能良好的防水外壳，药柱内的 TNT 起爆体提高了炸药起爆的可靠性。另外，带螺纹的塑料外壳，保证了相邻药柱之间的连接可靠，方便了现场施工作业。

2.1.2.2 炸药单耗的选择

《水运工程爆破技术规范》[3]中，在水深 15m 以内，以 2 号硝铵类炸药为例，按照岩石硬度分成三类，分别为软岩及风化岩（1.72kg/m³）、中等硬度岩石（2.09kg/m³）和坚硬岩石（2.47kg/m³）。至于水深超过 15m，只提到适当增加炸药单耗。

相比之下，瑞典有关水下钻孔爆破炸药单耗选取比较详细[4]，其计算公式如下：

$$q = q_1 + q_2 + q_3 + q_4 \tag{1}$$

式中，q_1 为基本炸药单耗，为陆地台阶爆破的 2 倍，对于水下垂直钻孔再增加 10%；q_1 为考虑炮孔上部水压增加的炸药单耗，$q_2 = 0.01h_2$（h_2 为水深，m）；q_3 为考虑炮孔上部覆盖层的厚度增加的炸药单耗，$q_3 = 0.02h_3$（h_3 为覆盖层淤泥或土、沙厚度，m）；q_4 为考虑岩石膨胀增加的单耗，$q_4 = 0.03h$（h 为梯段高度）。

从现场施工实践看瑞典关于水下钻孔爆破炸药单耗选取更符合实际。

2.1.2.3 孔网参数

国内的水下钻孔爆破设计大多类似陆地露天深孔爆破，确定炮孔直径后就进行炮孔间、排距设计，没有考虑堵塞长度，只是水下爆破增加了相应的清渣设备与孔网参数相关联。实际上，大多的水下爆破厚度都小于 5m，而且临空面条件不如露天，还有一定深度的覆盖水，这也是和陆地爆破最大的区别。如果严格按照深孔台阶爆破的定义是不符合要求的，因为水下钻孔爆破大多为孔径大于 50mm，孔深小于 5m 的钻孔爆破。爆破厚度（相当于露天深孔爆破台阶高度）与孔网参数的关系没有考虑，表1是《水运工程爆破技术规范》中推荐的孔网参数。

表 1　水下钻孔爆破孔网参数和清渣设备

Tab. 1　Underwater drilling blasting parameters and slag cleaning equipment

炮孔直径/mm	炮孔间距/m	炮孔排距/m	超钻深度/m	推荐的清渣设备
75~95	1.6~2.0	1.5~1.8	1.0~1.2	1~4m³ 抓斗挖泥船
95~115	2.2~2.4	1.5~2.0	1.0~1.4	4~8m³ 抓斗挖泥船
115~150	2.4~3.5	2.0~3.0	1.4~2.0	4~13m³ 抓斗挖泥船

对于炮孔的布置形式，国内资料及相关规范一般推荐三角形或梅花形，笔者认为正方形更加妥当，所谓三角形或梅花形是相对的，正方形旋转 45° 就是梅花形、三角形。对于水下爆破，正方形更有利于钻机司机操作，特别是对于水下基坑基槽开挖布孔更加整齐，爆破作业人员连线作业更加方便，完全可以通过孔内延时设置实现梅花形、三角形布孔和正方形布孔在爆破实施过程中转换。完全可以通过不同炮孔起爆时差的选择或设置减少炮孔的夹制作用。

国内计算水下钻孔爆破参数时，逻辑关系不够明确，一般采用体积公式 $Q = a \times b \times h$，有的还会出现相关参数之间自相矛盾的情况。瑞典水下钻孔爆破设计程序比较合理，逻辑关系清晰，推荐采用。具体计算见表2。

表 2　水下钻孔爆破参数设计计算程序

Tab. 2　Design and calculation program of underwater drilling blasting parameters

设计流程	计算公式	备　注
炸药单耗 q		根据岩石、水深等条件，参考手册或经验确定
爆破厚度 h		根据现场实际情况确定
最小抵抗线 W	$W = \sqrt{p/q}$	p 为延米装药量，kg
钻孔超深 Δh	$\Delta h = W$	不小于 0.8m
孔深 l	$l = h + \Delta h$	
延米装药量 p	$p = \frac{1}{4}\pi d^2 \rho$	ρ 为炸药密度，一般选用密度大于 1.1g/cm³ 炸药
炮孔负担面积 S	$S = p/q$	单位为 m²
孔排距 b 和间距 a	$a \times b = S$，取 $a = b = W$	单位为 m
炮孔堵塞长度 h_0	$h_0 = W/3$	单位为 m
装药长度为 l_z	$l_z = l - h_0 = h + \Delta h - h_0$	单位为 m
单孔装药量 Q	$Q = (h + \Delta h - h_0) \times p$	单位为 kg

2.1.2.4　起爆网路

2022 年 6 月之前，水下爆破工程使用最广泛的是导爆管雷管起爆网路，水深流急地段一般采用高精高强度导爆管雷管，效果良好并取得了一系列经验。2023 年下半年开始，国家相关部门发出通知禁止生产和销售导爆管雷管，全面推广工业数码电子雷管。工业数码电子雷管是利用电子模块实现延时和安全控制等功能的工业雷管，可以按照毫秒编程自行设置延时时间，露天爆破使用过程中显示起爆系统具有精度高、可靠性好,对静电、杂散电流和射频电流都有很好的安全性,但国产电子雷管用于水下爆破尚不成熟,使用过程中,爆破工程技术人员要根据水深、水流等工况进行现场防水、耐压试验。下面介绍水下钻孔爆破常见的导爆管雷管起爆网路和工业数码电子雷管起爆网路图(见图2)。

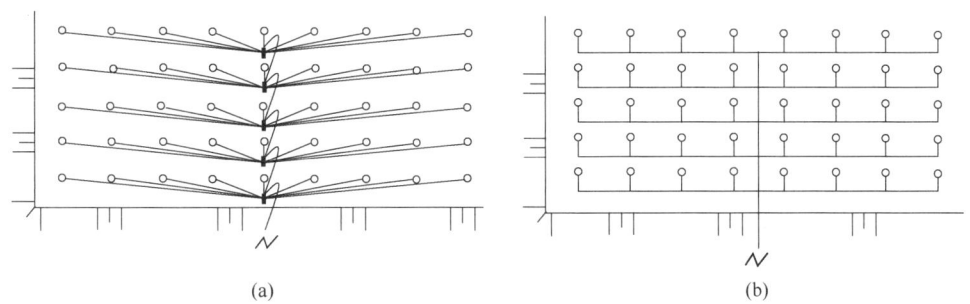

图2　水下钻孔爆破起爆网路

(a)导爆管雷管起爆网路;(b)工业数码电子雷管起爆网路

Fig. 2　Underwater drilling blasting initiation network

根据水深、水流等条件,炮孔不大于4m时采用一个起爆体2发雷管,大于4m时采用两个起爆体4发雷管。特别重要的爆破推荐采用高精度导爆管雷管。需要特别注意的是,《工业数码电子雷管》(WJ 9085—2015)[5]中,脚线绝缘性能为:经受交流1000V、1min的浸水电压试验而不被击穿。脚线耐磨性能:绝缘层应在试验载荷为4.0N的条件下,被磨穿的时间的平均值不小于6.0s,最小值不小于5.1s。特别是电子雷管的抗水性能和抗拉性能很难满足深水和激流条件下的准爆要求。例如,常温下,将电子雷管浸入压力为(0.05±0.002)MPa的水中,保持4h,取出后,电子雷管应能正常起爆。也就是说超过5m水深是不可靠的。抗拉性能也有类似情况,例如,将电子雷管在19.6N的静拉力作用下持续1min,电子雷管密封塞和脚线不应发生目视可见的损坏和移动,电子雷管应能正常起爆。为此,水下钻孔爆破,特别是深水、激流条件下,应和厂家商议定制满足项目工况条件的工业数码电子雷管,确保雷管的可靠起爆。

2.1.3　爆破有害效应预防

水下钻孔爆破的负面效应主要是水中冲击波、爆破振动和爆破飞石,噪声、灰尘和有毒有害气体不是主要控制对象。

2.1.3.1　水下爆破冲击波

水下爆破冲击波或动水压力可能会对爆破点附近建构筑物造成破坏,影响水生生物生存,爆破设计时应该预先考虑该问题。

水下钻孔爆破的水击波主要包括两种:(1)炸药爆炸后高压膨胀气体作用岩石鼓包上升和爆轰产物从孔口冲入水中产生,它的强度随着堵塞长度的增加而降低,称之为直达波(Y波);(2)孔内炸药爆炸产生的应力波在水、岩分界面折射到水中产生的水击波,称之为震源波(C波)。

对于水下岩石钻孔爆破,震源波的水击波计算公式为:

$$P_C = 20(\sqrt[3]{Q}/R)^2 \tag{2}$$

式中,P_C 为 C 波最大水击波压力,MPa;Q 为最大单段药量,kg;R 为测点到爆源的距离,m。

公式适用范围为：$2.5 \leqslant R/\sqrt[3]{Q} \leqslant 30$。

直达波的水击波计算公式为：

$$P_Y = 70 K_Y (\sqrt[3]{Q}/R)^2 \tag{3}$$

式中，P_Y 为直达波的水击波压力，MPa；K_Y 为与堵塞长度有关的压力系数，一般约为 0.5；Q 为炮孔长度 5d（d 为孔径）的药量，kg；R 为测点到爆源的距离，m。

当堵塞长度大于 10 倍孔径时，C 波始终大于 Y 波，在计算时可以不考虑 Y 波的影响。钻孔爆破水击波强度比裸露爆破水击波强度小得多，具有等价效应的裸露药包的质量只有钻孔爆破药包质量的 0.33%~2.5%[1]。

水下钻孔爆破水击波的压力预测不能直接套用库尔公式，库尔公式适用于无限水域集中药包的情形，我国水电水利部门爆破规范[6]采用 Kirkwood 公式预测：

$$p = 52.7 \frac{\sqrt[3]{Q}}{R} \tag{4}$$

式中，p 为冲击波压力，MPa；R 为药包中心到被测点的距离，m；Q 为药包质量，kg。

有效降低水下爆破冲击波的方法：（1）采用毫秒延时爆破把群药包分成若干组，相邻两组时间间隔不小于 10ms[1]起爆；（2）采用气泡帷幕等缓冲屏障，将爆破作业的影响范围限制在一定区域；（3）药包在岩体中埋置的位置合理，可以进一步降低水中冲击波强度。

一般情况下钻爆船冲击波压力限值为 2MPa，航行船舶限值为 1MPa；当在水深大于 30m 的水域内进行水下爆破时，水中冲击波安全允许距离应通过试验确定。水击波对建构筑物和鱼类资源的影响控制标准可参照《爆破安全规程》及相关标准规范。

2.1.3.2　水下爆破的地震波

在陆地上爆破，地震波能量一般不足爆破总能量的 10%，而在水下介质中爆破，地震波能量可达到 20%[2]。水下爆破地震波比较复杂，它和爆破规模、最大单段药量、时差、起爆网路设计及爆破点和被保护对象之间的距离有关，同时还与振动传播介质、结构物本身动力特性有关。爆破工程师不能简单套用《爆破安全规程》中的 K、α 值。爆破设计方案推荐采用苏联水下钻孔爆破预测公式：

$$v = 600 \left(\frac{\sqrt[3]{Q}}{R}\right)^{1.5}$$

式中，v 为岩体最大振动速度，cm/s；Q 为最大单段药包重量，kg；R 为最大单段药包位置到保护对象的距离，m。

经过 5 次以上且每次不少于 3 个点实测，可以回归分析计算更符合实际的 K、α 值。

2.1.3.3　爆破飞石

水下钻孔爆破飞石距离计算可采用下式[4]：

$$L_m = 200 \frac{\sqrt[4]{Q}}{nh-2} \tag{5}$$

式中，L_m 为飞石最远距离，m；Q 为最大单段药包质量，kg；n 为系数，与地形地质有关，取 1.1~1.3；h 为水深，m。

飞石的安全距离取决于水的深浅，一般水深在 2m 以内其安全警戒距离可控制在 300m；水深在 2~4m 可控制在 100~200m；水深超过 4m 时块石极少飞出水面，其安全警戒距离可控制在 100m；水深超过 6m，不考虑飞石的影响。

前面飞石计算公式主要适用于炮孔全部处于水下的情形，如果孔口不在水下，如垫渣法钻孔爆破和陆上沟槽平孔爆破应采用陆地钻孔爆破飞石计算方法。推荐采用汤尼克研究基金会公式：

$$R_f = (15 \sim 16)D \qquad (6)$$

式中，R_f 为飞石距离，m；D 为炮孔直径，mm。

2.1.3.4　水下爆破的涌浪

水下爆破浪高计算公式为：

$$A = \frac{0.26}{R}Q^{2/3} \qquad (7)$$

式中，A 为重力波的最大浪高，m；Q 为一次爆破总药量，kg；R 为爆破点到浪高预测点的距离，m。

浪高取决于爆破时炸药产生的气体体积。因此，重力波的最大浪高只与药量有关，而与药包埋置深度无关。药包爆破的重力浪高同样与药包的入水深度和采用的爆破方法无关。在岸边有构筑物时，浪头在接近浅水区时会增大 1~2 倍。

2.1.3.5　爆破有害效应的安全监测

爆破安全检测是指采用仪器设备等手段对爆破有害效应进行测试和监控，判断爆破是否对爆破对象产生有害影响，用于监督和指导爆破施工。水下钻孔爆破主要检测水击波、动水压力、涌浪和爆破振动。检测前应编制监测方案，长时间施工的应出具周报、月报，项目结束应编写总结报告。监测应满足相关规程规范要求，建议有相应资质监测单位实施监测。

2.2　施工方案

在《建筑施工组织设计规范》（GB/T 50502—2009）中，施工组织设计是以施工项目为对象编制，用以指导施工的技术、经济和管理的综合性文件。施工方案是指以分部（分项）工程或专项工程为对象编制的施工技术与组织方案，用于具体指导其施工过程。为此，笔者认为爆破工程采用施工方案较为妥当。施工方案主要包括：工程概况、施工安排、施工进度计划、施工准备和施工资源配置计划以及施工方法和工艺要求五个部分。另外，还应有事故应急预案。与建筑工程不同的是爆破设计和施工方案一般不分开编写，下面就水下爆破关系密切的内容进行阐述。

2.2.1　资源配置

（1）主要人员配置：项目部负责人、管理机构人员、测量试验人员、钻爆船人员、爆破作业人员、潜水人员、清渣船员、驳船人员及后勤人员等。

（2）主要施工机具设备：钻爆船（升降式作业平台、高风压钻机）、GPS、交通锚艇船、空压机、发电机、液压泵、锚机、拖轮、清渣船、泥驳船以及多束扫测仪等。

（3）主要材料配备：主要包括爆破器材，船机设备备品配件、燃料等。

2.2.2　施工方法和工艺

钻爆船作业法、自动支腿升降作业平台法和人工支架平台作业法施工流程基本相同，即为保证爆破效果尽可能减少超挖及欠挖，爆破临空面朝向水深较深区域。钻爆船钻孔作业时，在孔位上先振压套管，钻具顺套管内向礁岩钻孔，按计算出的孔深达到钻孔深度，每钻完一个孔，随即提出钻具，顺套管装填设计好的炸药卷，装好起爆药，连接好导爆管，堵孔，提出套管，本孔位钻孔装药结束。全船位钻孔装药结束后，将每孔雷管脚线及连接线集结妥当，连接好起爆母线,钻爆船撤离爆区至安全水域,做好附近区域的安全警戒后起爆,爆破后检查,如图3所示。填渣式平台作业法、围堰式作业法、开挖或利用陆地沟槽平孔作业法施工流程和普通露天钻孔爆破流程基本相同。

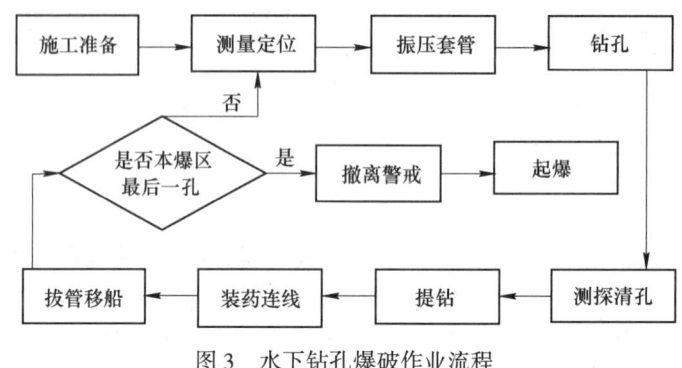

图3　水下钻孔爆破作业流程

Fig. 3　Operation flow of underwater drilling blasting

2.3　工程案例

2.3.1　漂浮式炸礁船作业法

中海石油宁波大榭石化3万吨沥青码头工程,工程量15000m³。工程施工情况如下所述,设计标高-16m;孔径140mm,梅花型布孔,单耗2.09kg/m³。钻孔排距为2m×2.5m,超深2.5m,孔深5~10m。孔深根据钻杆长度结合潮位高确定,按规定药量装填炸药后及时填塞不大于4cm石子,炮孔填塞长度在0.3~0.5m。采用直径110mm乳化药卷。根据周边环境要求,采用逐孔起爆。每孔装3~4发非电毫秒雷管引爆。采用导爆管逐孔起爆网路,同孔雷管采用并联连接,孔与孔连接采用串联连接,然后用100m长的导爆管联接,用击发枪起爆。

2.3.2　自动支腿升降作业平台法

舟山三江码头港池炸礁工程,工程量(10000+4200)m³。该工程用钻爆平台进行水下钻孔爆破,孔径140mm。设计范围-7.80m以上水下岩体爆破清渣、疏浚炸礁。以标高-3.0m等高线为分界线,-3.0m以下区域,孔深小于7m,-3.0m以上区域,孔深小于9.5m,大于7m。-3.0m以下区域水深大于4m,基本无爆破飞石产生,按常规水下钻孔爆破实施。-3.0m以上区域水深较浅,除满足一般水下爆破要求外,按照复杂环境深孔爆破要求实施。最大台阶高度7.5m,孔深9.4m,堵塞长度2.4m,装药长度7m,装药量37.1kg。孔内装2发毫秒延期导爆管雷管,排间采用2发4~6段毫秒延期导爆管雷管。

2.3.3　围堰式作业炸礁法

舟山绿色石化基地拟建滚装码头前沿炸礁工程[7],工程量(4000+33500)m³。工程钻孔直径140mm,炮孔内安装直径110mm的PVC管。为避免细沙、淤泥等进入炮孔而影响钻孔效率及质量,钻孔前,预先埋设直径180mm钢套管。最大开挖标高为-9.7m,填沙后平台标高+2.5m,超深2.5m,孔深14.7m。底盘抵抗线2.5m;炸药单耗1.85kg/m³。装药长度7.7~9.7m,填塞长度5~7m。单孔平均装药量78.3kg。孔距与排距均为2m。为保证爆破良好效果,每间隔2排孔增加1排加密孔,加密孔装药装药量为主炮孔的一半。采用奥瑞凯高精度毫秒延时导爆管雷管和导爆索组成逐孔起爆网路。高威力水胶炸药和普通乳化炸药,药卷直径均为90mm。

2.3.4 陆地沟槽平孔作业法

金海湾50万吨级船坞围堰爆破拆除工程[8]，工程量55000m³。该工程船坞坞口由钻孔嵌岩排桩板式支护体系与天然岩坎围堰构成复合型围堰，拆除围堰全长137m；堰顶至待拆底板高差14.5m，需拆除复合围堰55000m³。岩坎从围堰内侧向外侧打缓倾斜孔；岩坎部分炸除宽度达30~40m。炮孔直径140mm，矩形布孔，围堰中部岩坎布置缓倾斜炮孔，角度与基岩面角度大体一致。钻孔完毕，孔内装110mm直径PVC塑料套管，装直径95mm震源药柱。炸药单耗为1.4~1.8kg/m³，孔距2.5m，排距2m，孔深8~37m，共布置7排炮孔。底部炮孔超深2m，堵塞长度2.5~3m，连续装药结构，单孔药量为60~300kg，采用间隔装药结构、孔内分段起爆。

图4 临近水岸炸礁工程常见的施工场景
（a）自动支腿升降作业平台；（b）漂浮式炸礁船；（c）围堰填渣作业；（d）陆地沟槽平孔作业
Fig.4 Near the shoreline reef blasting project common construction scene

3 结语

（1）本文是笔者在临近水岸水下炸礁工程的施工经验总结，对从事相关工作的工程师有一定的借鉴作用。文章还就水下爆破器材的选择、爆破参数、起爆网路和爆破有害效应的预测作了阐述，工程师可以根据现场条件，综合考虑施工进度和成本，结合企业实际采用不同的炸礁方法。

（2）《工业数码电子雷管》（WJ 9085—2015）相关参数指标尚不能很好地满足水下爆破的需要，呼吁尽快出台工业数码电子雷管的国家标准。

（3）爆破设计、施工方案是《民用爆炸物品安全管理条例》第35条明确的概念，要做好水下爆破设计、施工方案，除《爆破安全规程》外，还应参照多项行业和团体标准，如《水运工程爆破技术规范》（JTS 204—2023）、《水运工程施工安全防护技术规范》（JTS 205—2008）、《水电水利工程爆破施工技术规范》（DL/T 5135—2013）。

参 考 文 献

［1］［苏］B. B. 加尔基，等. 水下爆破工程［M］. 王中黔，等译. 北京：人民交通出版社，1992：60-62，75.

［2］梁向前. 水下爆破技术［M］. 北京：化学工业出版社，2013：32.

［3］水运工程爆破技术规范：JTS 204—2023［S］. 北京：人民交通出版社，2023：15.

［4］汪旭光. 爆破手册［M］. 北京：冶金工业出版社，2010：628.

［5］中华人民共和国工业和信息化部. 工业数码电子雷管：WJ 9085—2015［S］. 2015.

［6］水电水利工程爆破施工技术规范：DL/T 5135—2013［S］. 北京：中国电力出版社，2014：68.

［7］王林桂，丁银贵，张中雷，等. 毗连海岸岩礁深孔爆破设计与施工技术［J］. 工程爆破，2019，25（2）：31-37.

［8］管志强，张中雷，冯新华，等. 50万 t 级船坞复合围堰爆破拆除设计施工技术［C］//中国爆破新技术Ⅱ. 北京：冶金工业出版社，2008：388-393.

桥墩深基坑水下爆破控制成型开挖

周志江 刘 毅 邓智红 张文彬 王 升

（湖南省航务工程有限公司，长沙 410000）

摘 要：湘江兴联路大通道特大桥 50 号~51 号桥墩为桩基础承台采用沉箱围堰施工，桥墩承台基坑开挖深度分别为 7.0m、10m，坡率 1：0.5。施工段湘江水位平均 11m。在水深超过 10m 的不利工况条件下采用水下爆破，要保证深基坑成型良好，爆破设计和爆破施工难度很大。为保证深基坑成型良好，本文介绍深基坑水下爆破开挖方案的选择，爆破参数优化设计，超挖深度控制，炮孔精确定位、精细施工的方法和措施。爆破效果显示，桥墩深基坑开挖成型良好，符合设计要求。

关键词：桥墩深基坑；水下爆破；控制成型开挖

Underwater Blasting Controlled Shaping Excavation for Deep Foundation Pit of Bridge Piers

Zhou Zhijiang   Liu Yi   Deng Zhihong   Zhang Wenbin   Wang Sheng

（Hunan Provincial Navigation Engineering Co., Ltd., Changsha 410000）

Abstract：The 50 #~51 # piers of Xiangjiang Xinglian Road Grand Channel Bridge are Pile foundation caps constructed with caisson cofferdams. The excavation depth of the foundation pit of the pier cap is 7.0m and 10m respectively, and the slope ratio is 1：0.5. The average water level of the Xiangjiang River in the construction section is 11m. Under unfavorable working conditions with a water depth exceeding 10m, using underwater blasting to ensure the good formation of the deep foundation pit requires significant difficulty in blasting design and construction. To ensure the good formation of deep foundation pits, this article introduces the selection of underwater blasting excavation plans for deep foundation pits, optimization design of blasting parameters, control of over excavation depth, precise positioning of blast holes, and methods and measures for fine construction. The blasting effect shows that the deep foundation pit excavation of the bridge pier is well formed and meets the design requirements.

Keywords：bridge pier deep foundation pit；underwater blasting；controlled shaping excavation

1 工程概况及周边环境

1.1 工程概况

长沙兴联路大通道项目向西对接长益高速复线，是高铁西城、月亮岛文旅城、高岭片区等

作者信息：周志江，港航工程师，9453889@qq.com。

连接的重要通道,建成后,是常德、益阳等城市进入省会长沙的重要通道。其中,跨湘江主桥为双塔斜拉桥,主跨380m,51号桥墩主塔高147.365m,是长沙目前跨径最大的过江大桥。

50号、51号桥墩采用桩基础,索塔承台为深埋式,呈哑铃型,横桥向宽62.5m,顺桥向宽22.6m,系梁宽11.4m。主墩基础采用"先堰后桩"施工工艺,采用钢栈桥、钢平台进行水上施工。51号桥墩钢围堰为双壁钢围堰,钢围堰横桥宽66.3m,顺桥向宽26.4m,壁厚1.8m。

地勘资料显示,50号、51号桥墩承台基坑开挖处为强风化、中风化板岩,大部分RQD=20,部分RQD=50~70,有一定的砂卵石覆盖层。51号桥墩位于湘江主航道,湘江常水位29.8m,承台基坑岩面标高18.0m,桥墩处水深11m。承台混凝土C35,厚度7.0m,封底混凝土C20厚度3.0m,基坑开挖深度为10m。50号桥墩承台基坑爆破开挖工程量约16763.4m³。51号桥墩基坑爆破开挖工程量约22844m³,主墩承台基坑爆破开挖方量约40000m³。

1.2 周边环境

50号、51号主桥墩位于湘江主航道,51号桥墩基坑距右岸湘江一号高层住宅355m,距东南侧湘江码头300m,距东侧湘江大道道路240m(见图1)。为加快工程进度,总包单位已先行搭设钢结构栈桥,在基坑爆破开挖施工期间,部分钢结构栈桥及施工平台将同步施工。基坑南侧钢结构栈桥距离基坑开挖边线10m。除已施工完成的钢结构栈桥以外,基坑爆破开挖周边环境较好。

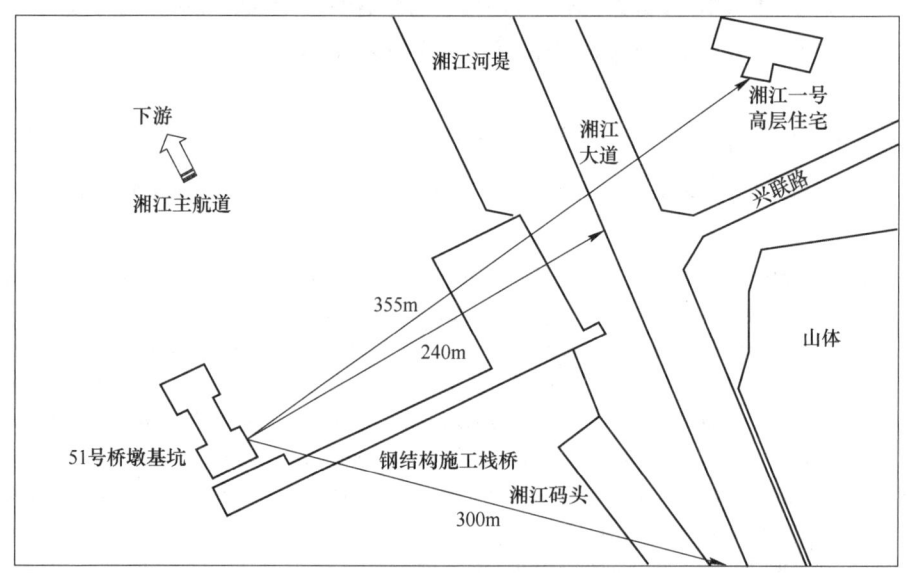

图1 51号桥墩基坑开挖周边环境平面图

Fig. 1 Plan of surrounding environment for excavation of pier 51 foundation pit

2 爆破方案的确定

2.1 基坑开挖尺寸及工程要求

根据双壁钢围堰施工要求,51号桥墩承台基坑底每边增加1.0m,边坡坡率为1:0.5。基坑下底顺桥向宽28.4m,横桥向宽68.3m。基坑上口顺桥向宽38.4m,横桥向宽78.3m。系梁底宽17.2m,系梁顶宽27.2m。51号桥墩承台基坑开挖平面和爆破分区如图2所示。

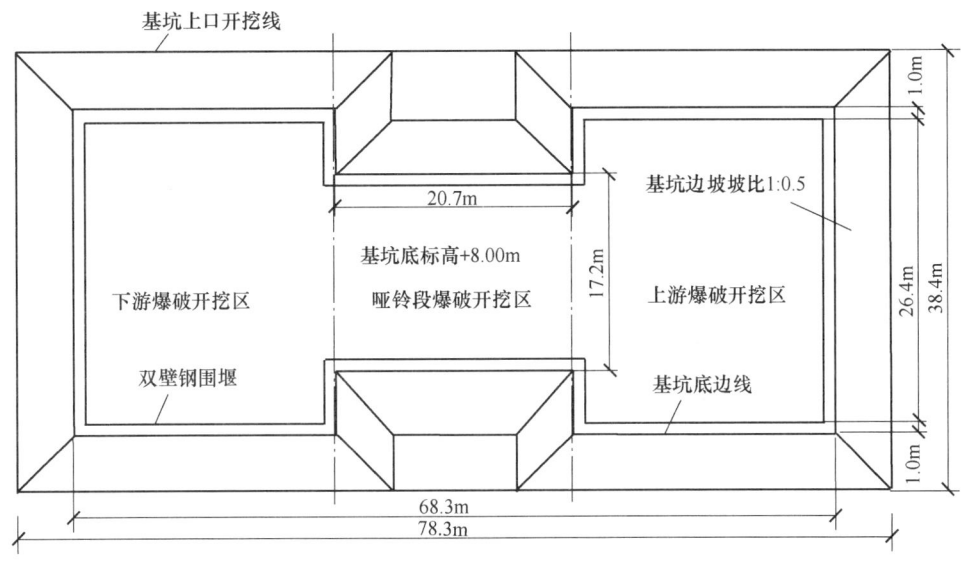

图 2　51 号桥墩承台基坑开挖平面和爆破分区图

Fig. 2　Excavation plan and blasting zoning plan for the foundation pit of pier 51 bearing platform

基坑爆破开挖需保证边坡成型准确，形成设计坡率，防止基坑边坡发生垮塌，保证基坑边坡稳定。基坑底部平整，确保双壁钢围堰顺利着床。爆破开挖施工要确保周边环境安全，确保钢栈桥及施工平台稳定安全。计划为 2022 年 1 月底开工至 5 月结束，确保在湘江汛期前完成钢围堰着床。

2.2　爆破开挖方案的确定

桥墩基坑爆破与内河航道整治炸礁类似，常规的粗放型的水下爆破开挖方法是将基坑底边线两边扩大一定宽度，钻垂直孔进行爆破。基坑边线采用预裂爆破控制边线，由于预裂爆破孔位较密，钻孔工作量大，移船定位程序繁琐，施工困难。水中实施预裂爆破时，由于炮孔中充水，预裂爆破效果会受到较大影响。通过预裂爆破控制基坑开挖边线十分困难，效果不理想。

对岩石条件较好，爆破开挖深度不超过 5m 的水下爆破，采用常规方法基本适用。而对于开挖深度超过 10m 的深大基坑而言，每边增加一定的宽度，进行垂直爆破开挖。由于基坑岩体为强风化板岩和中风化板岩，比较破碎，开挖深度达到 10m 后，直立边坡极易发生垮塌，将导致临近施工栈桥基础变形，影响施工栈桥稳定。同时边坡垮塌将直接导致后续钢结构栈桥和平台施工困难。最终导致在汛期前无法完成钢围堰顺利着床，进而使施工工期滞后，影响大桥施工进度。桥墩承台基坑爆破开挖的施工难点在于控制深基坑爆破开挖成型，防止深基坑边坡发生垮塌。

根据桥墩所处位置、基坑边坡成型控制要求和施工计划要求，考虑保证周边环境安全，确定采用水下钻孔爆破法开挖，按设计坡比进行定量化设计，精细爆破施工，控制基坑边坡成型。10m 深基坑爆破开挖时将分两层进行，每层开挖深度 5.0m；基坑每层开挖按基坑平面形状，分为下游段、哑铃段、上游段三个区进行爆破开挖。各爆破区根据设计坡比再分为放坡区和中间区爆破开挖。

施工顺序：考虑水流对爆堆的冲刷影响，爆破开挖自下游向上游进行。施工流程如图 3 所示。

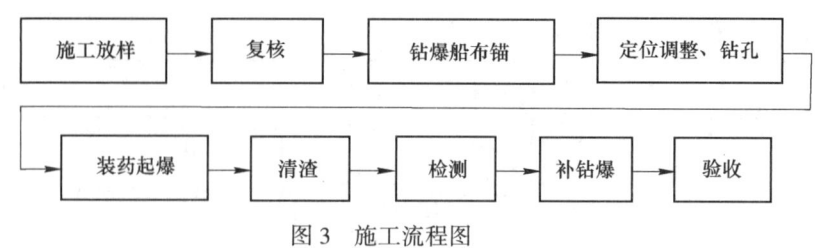

图 3　施工流程图

Fig. 3　Construction process diagram

3　爆破参数及起爆网路设计

3.1　爆破参数设计

3.1.1　放坡区

孔径 $d = 90$mm，孔距 $a = 2.0$m，排距 $b = 1.5$m，炮孔按矩形布置。参考瑞典设计方法，放坡区爆破超深 $\Delta h = 0.5$m，中间区超深 $\Delta h = 1.0$m，第一排孔深 $L_1 = \Delta H + \Delta h = 3 + 0.5 = 3.5$m，第二排孔深 $L_2 = \Delta H + \Delta h = 4.5 + 0.5 = 5.0$m，中间区第三排孔深：$L_3 = \Delta H + \Delta h = 5.0 + 1.0 = 6.0$m。第二层第一排孔深 $L_1 = \Delta H + \Delta h = 3 + 0.5 = 3.5$m，第二层第二排孔深为 6.0m（$\Delta H$ 为岩层厚，Δh 为超深）。

《水运工程爆破技术规范》表 4.3.3-2 规定单位炸药消耗量 $q = 1.72$kg/m³ 取定[1]。

第一排单孔装药量 $Q_1 = qabL = 12.6$kg；第二排单孔装药量 $Q_2 = qabL = 18$kg；第三排单孔装药量 $Q_3 = qabL = 21.6$kg；中间区第四排单孔药量 $Q_4 = 28.8$kg。

第一层，放坡区单次爆破 4 排，每排 4 孔，单次爆破 16 孔，一次爆破总药量 $Q = 324$kg。装药直径 70mm，装药结构为连续装药。深度为 3.5m、5.0m、6.0m 的孔的填塞长度分别为 0.5m、1.4m、1.6m。

3.1.2　中间区

孔径 $d = 90$mm，孔距 $a = 2.0$m，中间区炮孔排距调整为 $b = 2.0$m，炮孔按正方形布置。第一层孔深 $L_1 = \Delta H + \Delta h = 4.5 + 0.5 = 5.0$m，第二层孔超深 1.0m，孔深 6.0m（$\Delta H$ 为岩层厚，Δh 为超深）。中间区单孔药量 $Q_4 = 28.8$kg。装药直径 90mm，填塞长度 1.2m，每次爆破 5 排，单次爆破 25 孔，单次爆破药量 720kg。

3.2　起爆网路设计

起爆网路采用导爆管起爆网路，毫秒延期，逐孔起爆。减少一次齐爆药量，降低爆破振动危害。

放坡区每次爆破 4 排，孔内选用 MS-9、MS-10、MS-11、MS-12 段导爆管雷管，排间选择 MS-4 导爆管雷管过桥，选用 50m 长的 MS-1 段导爆管雷管将网路连接至起爆点，用激发针进行起爆（见图 4）。孔内及各接力节点各装 2 发导爆管雷管。

中间区每次爆破 5 排，孔内选用 MS-11、MS-12、MS-13、MS-14、MS-15 段导爆管雷管，排间选择 MS-4 导爆管雷管过桥，选用 50m 长的 MS-1 段导爆管雷管将网路连接至起爆点，用

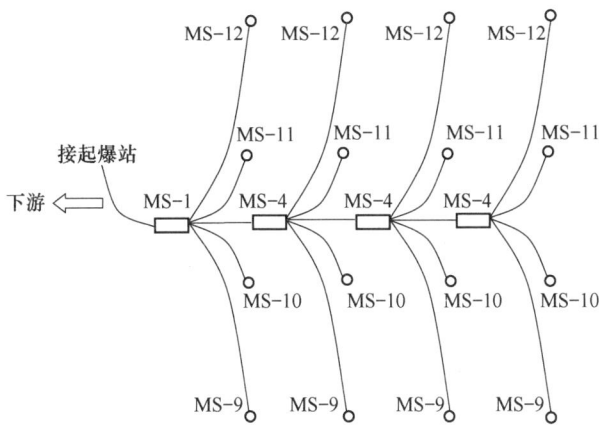

图 4 放坡区起爆网路连接示意图

Fig. 4 Schematic diagram of detonation network connection in sloping area

激发针进行起爆。

4 精细爆破施工措施

4.1 定位、测量技术措施

4.1.1 炮孔钻孔定位控制测量

根据业主提供的坐标控制点，在岸边设置 2 个施工临时控制点，建立基坑爆破开挖施工坐标系，钻爆船定位、炮孔定位采用 GPS-RTK 定位系统定位。根据自建坐标系确定各爆破开挖区炮孔孔位坐标（见表 1），绘制基坑爆破开挖钻孔孔位平面图（见图 5）。

表 1 下游段爆破开挖区第一组炮孔坐标

Tab. 1 Coordinates of the first group of blast holes in the downstream blasting excavation area

钻孔编号	坐标		钻孔编号	坐标		钻孔编号	坐标		钻孔编号	坐标	
	X	Y		X	Y		X	Y		X	Y
1-1	6.5	86.8	1-13	29.5	86.8	2-5	13.5	85.3	2-17	37.5	85.3
1-2	8.0	86.8	1-14	31.5	86.8	2-6	15.5	85.3	2-18	39.5	85.3
1-3	9.5	86.8	1-15	33.5	86.8	2-7	17.5	85.3	2-19	41.0	85.3
1-4	11.5	86.8	1-16	35.5	86.8	2-8	19.5	85.3	2-20	42.5	85.3
1-5	13.5	86.8	1-17	37.5	86.8	2-9	21.5	85.3	3-1	6.5	83.8
1-6	15.5	86.8	1-18	39.5	86.8	2-10	23.5	85.3	3-2	8.0	83.8
1-7	17.5	86.8	1-19	41.0	86.8	2-11	25.5	85.3	3-3	9.5	83.8
1-8	19.5	86.8	1-20	42.5	86.8	2-12	27.5	85.3	3-4	11.5	83.8
1-9	21.5	86.8	2-1	6.5	85.3	2-13	29.5	85.3	3-5	13.5	83.8
1-10	23.5	86.8	2-1	8.0	85.3	2-14	31.5	85.3	3-6	15.5	83.8
1-11	25.5	86.8	2-3	9.5	85.3	2-15	33.5	85.3	3-7	17.5	83.8
1-12	27.5	86.8	2-4	11.5	85.3	2-16	35.5	85.3	3-8	19.5	83.8

续表 1

钻孔编号	坐标		钻孔编号	坐标		钻孔编号	坐标		钻孔编号	坐标	
	X	Y		X	Y		X	Y		X	Y
3-9	21.5	83.8	3-17	37.5	83.8	4-5	13.5	81.8	4-13	29.5	81.8
3-10	23.5	83.8	3-18	39.5	83.8	4-6	15.5	81.8	4-14	31.5	81.8
3-11	25.5	83.8	3-19	41.0	83.8	4-7	17.5	81.8	4-15	33.5	81.8
3-12	27.5	83.8	3-20	42.5	83.8	4-8	19.5	81.8	4-16	35.5	81.8
3-13	29.5	83.8	4-1	6.5	81.8	4-9	21.5	81.8	4-17	37.5	81.8
3-14	31.5	83.8	4-2	8.0	81.8	4-10	23.5	81.8	4-18	39.5	81.8
3-15	33.5	83.8	4-3	9.5	81.8	4-11	25.5	81.8	4-19	41.0	81.8
3-16	35.5	83.8	4-4	11.5	81.8	4-12	27.5	81.8	4-20	42.5	81.8

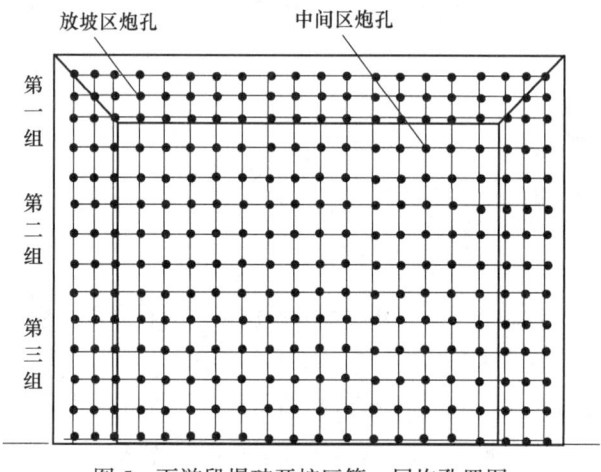

图 5 下游段爆破开挖区第一层炮孔置图

Fig. 5 Layout of the first layer of blast holes in the downstream blasting excavation area

《水运工程爆破技术规范》5.3.1.1 规定，钻孔位置偏差，内河不得大于 200mm[1]，综合类似工程经验确定本工程钻孔质量要求：孔位误差±150mm，孔深误差小于 150mm，孔底沉渣150mm，钻孔垂直度小于 1.5%。

4.1.2 高程控制测量

高程控制采用黄海高程系统，利用 S3 水准仪将甲方提供的水准点高程引入施工区域，设置临时水准点，并加以保护，同时对该水准点高程经常复测校核。

4.1.3 水位控制测量

在施工现场设置两组水尺，以便于进行早、中、晚三次观测记录，并用高频对讲机随时向施工的船舶通报实时水位，误差不得超过 1cm。测量人员同时要经常对水尺零点读数进行复测，以确保水位的准确性。

4.1.4 水深控制测量

采用多波束回声测深仪或测深水砣或测深杆测深。若风浪较大，在测量过程中用波浪补偿器进行波浪改正（若遇风浪较大时，采用回声测深仪进行测量）；若水流流速较大时，吊放钢制护筒入水，在护筒内用测深水砣进行测量。

4.1.5　测量开挖、安装定位标志

根据平面控制测量中两个临时控制点坐标，建立挖槽边线坐标网，然后根据挖槽边线坐标和两个临时控制点坐标，采用全站仪控制测量在该挖槽边线处布设导标。在基槽开挖时加设纵向中线导标，导标采用钢制浮筒。另外在岸边插设导向花杆，控制挖槽边线。

4.2　钻孔、装药、连接起爆网路等措施

4.2.1　钻孔精细施工措施

爆破前由测量人员在岸边适当位置架设基准站。按爆破设计的孔距、排距将每排钻孔预先绘制到 GPS 测量软件中，在施工定位时根据 GPS 测定每排孔的平面位置与设计的平面位置相比较，在电脑上量出其距离，由施工技术员根据偏差的距离和方位指挥钻孔船移动到设计的钻孔位置上。钻孔船采用左右四口八字锚及前后两口主锚共计六口锚控制船位前后和左右移动，利用钻孔船抛设的主缆和横缆移动船位和调整孔位。孔位放样的误差控制在 15cm 以内，根据当天计算该点的水位、孔位和水深确定钻孔深度。

根据设计确定的区段长度、每排炮孔数，调整钻孔船的钻机机距。沿水流方向分排钻孔，一次钻至设计深度。开钻前先下放套管，利用辅助绳固定套管，将绳头拉向上游，专人看护，调整套管垂直度。将钻孔用的带有冲击器和钻头的钻杆插入套管内，在基岩中进行钻孔，钻孔时，按"吹净泥（砂）、慢开机、强吹渣、保孔深"的操作要领钻孔，保证孔深达标。

从待爆破区域下游向上游进行施工。51 号墩基坑需爆破岩层最大厚度约为 10m，按设计分 2 层钻爆，50 号墩基坑一次钻爆，钻孔超深根据分区分别取 0.5m 和 1.0m。钻孔完成后必须将孔内的泥沙石屑清除干净，保证炮孔顺利装药[2]。

4.2.2　装药精细施工措施

为使爆破块度相对均匀，减小爆破地震及水中爆破冲击波效应，采用孔底起爆方式。

（1）装药前应对所用炮孔进行检查。检查炮孔的深度，炮孔的间距、排距、角度是否符合设计要求。

（2）必须依据设计说明书或现场技术员调整的药量进行装药。在现场药包制作点将药包制成圆形的筒节，制作加工时，不要随便改变其装药密度，以免影响炸药的爆破效果，利用薄竹片上的 PVC 管形成整体条形药包，并在药包尾部系一根提绳（避免拉断或从药包中拉出非电导爆管）。药包直径应小于炮孔直径 10~20mm。

药卷制作好后，慢慢沿套管下放药包，并用竹质或木质送药杆配合装药，直到药包下端到达孔底。为减少盲炮，每孔安装两发雷管。装药完毕后，用粗砂或粒径小于 10mm 的砾石充填堵塞，以免药包浮起移位，堵塞长度不得小于 50cm。装药时所有无关人员不能进入装药区域。

4.2.3　爆破网路连接精细施工措施

待堵塞完毕后，慢慢拔出套管，取出浮在水面上的非电导爆管，并用细麻绳绑在作业平台干舷边或固定的浮标上，以便进行爆破网络连接。起爆药包的导爆管绑扎在细尼龙绳上，防止导爆管拉细、变形。孔外接力导爆管也绑扎在细尼龙绳上，提高起爆线路抗拉能力。

爆破网路的连接，必须在该次爆破所有炮孔装药和堵塞完毕后进行。考虑水深、开挖深度、水流等影响，本次爆破定制导爆管长度为 50m，确保导爆管雷管水上水下无接头，避免由于进水导致导爆管雷管产生拒爆。

爆破网路连接后，检验网络敷设和连接的质量，确保连接完好，无漏连、错连后，将钻孔船移至安全距离外，组织实施安全警戒，按计划起爆。为保护湘江鱼类资源，爆破前采取措施提前驱离。

5　爆破效果

自 2022 年 1 月 25 日起至 5 月完成爆破施工，51 号桥墩深基坑共计完成 76 次爆破。爆破开挖后，爆破块度均匀，便于清渣，经水下机器人和潜水员检查，深基坑成型良好，坑底尺寸、标高满足开挖设计要求，基坑边坡稳定，无垮塌。经监测，施工栈桥和平台稳定，变形在允许范围内，后续栈桥平台施工安全，深基坑爆破开挖达到预期效果。

6　总结

水下深大基坑爆破开挖，环境受限，不便观察，有水流、风浪等不利影响，采用分区分层开挖，爆破参数定量化设计，采取精细化施工措施，可以很好地满足设计要求，保证成型良好。

前后组交界处，由于前组爆破影响，导致后组第一排钻孔时出现成孔困难，易卡钻，采取整排炮孔向后调整孔位，减小排距措施，较好地解决了本工程存在的问题。

今后爆破施工中，可以引进钻孔自动布孔导航及深度检测向定位系统，提高炮孔钻凿精度，进一步改善爆破效果。

参 考 文 献

[1] 长江重庆航道工程局. 水运工程爆破技术规范 [M]. 北京：人民交通出版社，2008：15.
[2] 张超，周瑞杰，刘宏刚. 厦门港古雷航道二期工程水下炸礁降低浅点的途径 [C] //中国爆破新技术Ⅲ. 北京：冶金工业出版社，2012：469-474.

贴近建筑物的岩坎基槽一次成型爆破技术

唐小再 刘桐 李荣磊 侯猛 郑调 李锦琛

（浙江省高能爆破工程有限公司，杭州 310030）

摘 要：温州 LNG 接收站取排水口预留岩坎距既有建筑物仅 1m，为推进总体建设，需安全高效拆除岩坎并形成箱涵基槽。围绕工程目标确定了"试验先行、分区设计、一次成型"的总体思路，即通过小规模削坡爆破试验数据利用萨道夫斯基公式进行回归拟合得到 K、α 值，以此指导爆破设计。结合开挖目的、破碎效果与安全要求，将主体部分划分礁石区、堰体破碎主爆区与堰体松动控制区，针对不同分区，采用了"倾斜+垂直深孔""连续+间隔装药结构""加强装药+控制装药"等差异化设计，工业电子雷管 V 形起爆网路，以及"钢管架+毛竹片+轮胎+钢板"刚性格挡与柔性缓冲相结合立体式安全防护措施。最终实现了岩坎与基槽一次爆破成型，底部到位无浅点的同时爆破振动等危害效应未对近距建筑物造成影响，技术应用对后续类似工程实践具有一定的参考价值与借鉴意义。

关键词：LNG 接收站；取排水口；岩坎；基槽；一次成型爆破

One-time Shaping Blasting Technology of Water Intake-outlet's Rock Cill and Foundation Trench Near the Buildings

Tang Xiaozai　Liu Tong　Li Ronglei　Hou Meng　Zheng Diao　Li Jinchen

（Zhejiang Gaoneng Corporation of Blasting Engineering，Hangzhou 310030）

Abstract：The reserved rock cill of the water intake-outlet in Wenzhou LNG receiving station is only 1m away from the existing building. To promote overall construction, it is necessary to safely and efficiently remove rock cills and form foundation trenches. The overall idea of "experiment firstly & zoning design & one-time forming" has been determined around the engineering goals. Using blasting test data of small-scale slope-cutting to regression fit the value of K & α of Sadov's formula, which can be guiding blasting design. Based on the excavation purpose, crushing effect and safety requirements, divide the main part into reef area, main blasting area with fracturing, and control blasting area with loosening. For different zones, differentiated designs such as "inclined & vertical deep holes", "continuous + interval charging structure" and "strengthened charging + controlled charging", industrial electronic detonator V-shaped blasting circuit, and three-dimensional safety protection measures that "steel pipe frame & bamboo sheet & tire & steel plate" combining rigid grid and flexible buffer have been adopted. Finally, the rock cills and foundation trenches were formed by one-time blasting, with no shallow points at the bottom and no harmful effects such as blasting vibration on nearby buildings. The technical

作者信息：唐小再，高级工程师，969601908@qq.com。

application has certain reference value and significance for similar engineering practices in the future.

Keywords：LNG receiving station；water intake-outlet；rock cill；foundation trench；one-time forming blasting

1　引言

在国际社会碳达峰与碳中和背景下，天然气作为最清洁的化石能源，我国坚持"立足国内、多元引进"原则布局天然气储运供给体系，截至 2037 年将新投产 24 座沿海 LNG 接收站[1-5]。取排水口工程是 LNG 接收站建设过程中重要一环，因其设计与功能特点，往往需要在引水泵房、闸门与跌水井等建（构）筑物完成施工后，对预留的岩坎围堰进行爆破拆除并对水下箱涵基槽进行开挖。

李波、李秀龙等人针对复杂环境复杂结构围堰分区分层，水上水下多次设计多次爆破拆除[6-7]；管志强等人针对船坞改扩建围堰，采取了"竖孔结合倾斜孔、坞内充水、低潮位起爆"方案[8]；邵晓宁等人在电厂取水口围堰拆除中，通过"垂直孔为主、倾斜孔为辅、V 形逐孔起爆"取得了较好效果[9]。邱峰、薛轮轮、刘磊、张玥等人介绍了各类基槽水下炸礁研究与施工经验[10-13]。以往学者围绕水工、船坞围堰爆破拆除以及水下基槽爆破开挖研究较多，结合温州 LNG 接收站取排水口工程实例，研究复杂环境下预留岩坎与箱涵基槽一次爆破拆除成型技术，具有一定实践意义。

2　工程简介

2.1　概况

温州 LNG 接收站位于小门岛东端华尾咀矾头西侧水域，取排水口位于东西两侧，直距 439m，两座天然岩坎现状顶标高分别为+12.1m、+16.0m，基槽开挖底标高均为−7.5m。当地潮位最高+6.81m、最低+0.66m。

2.2　周边环境

两座岩坎周边环境复杂，距水泵房、跌水井仅 1m，还存在闸门、变压器、高压线、配电室、钢结构基础、储气罐体等建（构）筑物（见图 1 和图 2）。

图 1　超近距保护对象实景图

Fig. 1　Realistic view of ultra close range protected objects

图 2　周边环境概览图

Fig. 2　Overview of the surrounding environment

3　总体思路

3.1　特点分析

结合潮水情况，通过对开挖区岩体的范围、地形特征进行分析（见表 1、图 3），指导施工总体部署。

表 1　开挖岩体特征

Tab. 1　Characteristics of excavated rock mass

位　置		范围尺寸/m	地　形
取水口	陆域	长 16×宽 29×高 17.5	内陆向海侧呈 20°~35°倾斜走向
	水域	长 18	
排水口	陆域	长 33×宽 24×高 20	内陆侧向海侧呈 0°~10°倾斜走向
	水域	长 29	

注：以平均潮位+3m 标高为海陆分界线。

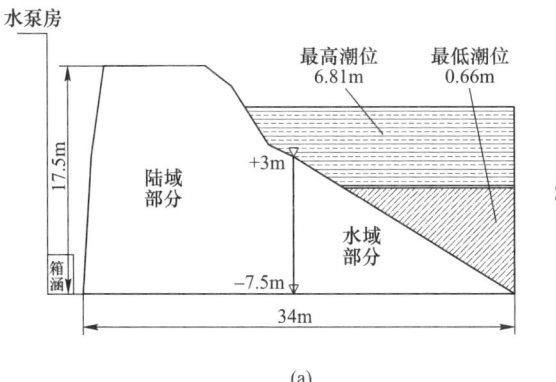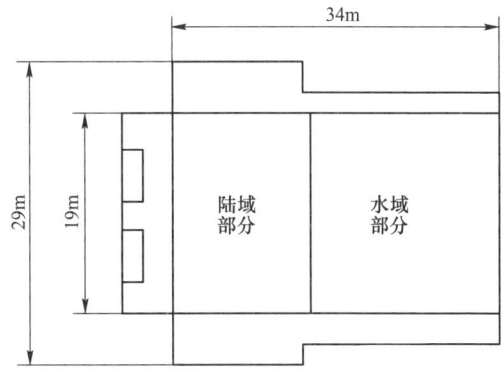

(a)　　　　　　　　　　　　　　　　　　　　(b)

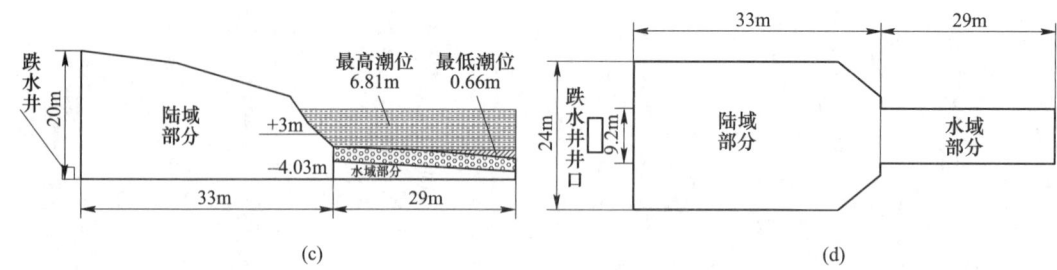

图 3　取排水口示意图

（a）取水口剖面图；（b）取水口俯视图；（c）排水口剖面图；（d）排水口俯视图

Fig. 3　Overview of drain outlet

3.2　爆破思路

（1）结合水下钻孔爆破施工经验以及作业条件，对于海域部分在高潮位通过钻孔船进行爆破开挖；剩余陆域岩坎部分及其下部礁石一次性爆破成型，以最大程度推进取排水口投入使用。

（2）为确保近距保护对象结构安全，在主体爆破实施前，通过小规模爆破试验回归拟合得到爆破振动相关系数 K、α 值。

（3）从设计目的出发，将一次起爆范围划分礁石区、堰体破碎主爆区、堰体松动控制区，采取"礁石与堰体同时破碎，礁石先爆，堰体后爆"的总体方案：在堰体靠近海域位置钻凿斜孔以使其装药担负礁石区域；垂直深孔应用于主爆区，确保无根底残留；松动控制区通过孔深与装药结果的优化，在具备一定破岩效果的同时尽量降低爆破有害效应。

（4）针对不同区域因地制宜优化调整孔深、装药结构等参数，结合"V"形延时起爆网路与全方位立体式安全防护措施，降低爆破振动对近距保护对象的影响。

4　爆破试验

4.1　试验目的

在岩坎内侧进行小规模爆破试验，一方面取得确切实际的 K、α 值，另一方面可以借此削坡，扩大保护对象与主爆区距离。试验设计原则为"密集孔、小药量、碎而不飞"。

4.2　试验参数

试验位置如图 4 所示，具体参数见表 2。

表 2　爆破试验参数表

Tab. 2　Blasting test parameter table

参数	单位	取　值			
		取水口			排水口
孔径	mm	90	90	90	90
孔深	m	7.5	8.5	9.5	12
孔距	m	1.5	1.5	1.5	2

续表2

参数	单位	取 值			
		取水口			排水口
排距	m	—	—	—	1.5
炸药单耗	kg/m³	0.6	0.6	0.53	0.75
单孔装药量	kg	17	19	19	27
上部装药量	kg	—	—	—	15
下部装药量	kg	—	—	—	12
顶部填塞	m	2	2	2	3.5
间隔填塞	m	—	—	—	2
底部填塞	m	—	—	1	—
炸药规格	mm	32			70
装药结构	—	底部加强装药：4支一绑、连续装填 上部减弱装药：药卷沿径向切开裹缠于毛竹条			底部加强装药：连续装填 上部减弱装药：药卷沿径向切开裹缠于毛竹条
起爆网路	—	工业电子雷管孔间延时26ms			工业电子雷管孔间延时50ms，排间延时75ms

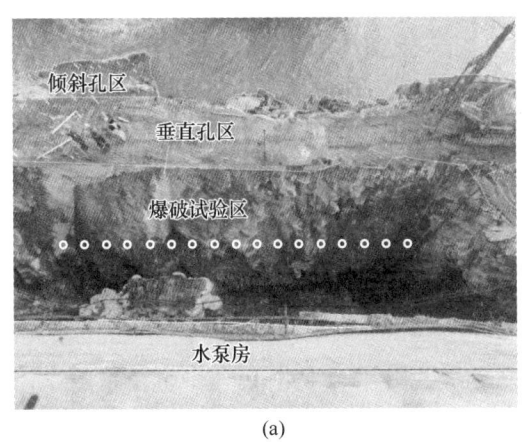

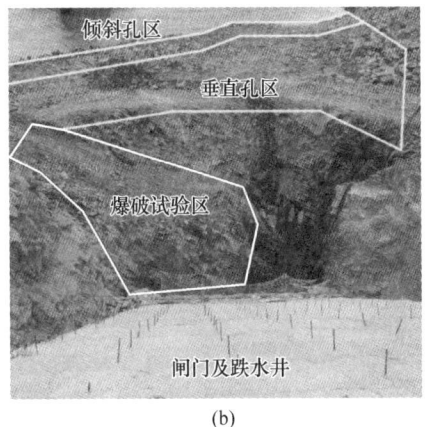

(a)   (b)

图4　取、排水口爆破试验位置示意图

（a）取水口分区与试验位置；（b）排水口分区与试验位置

Fig. 4　Schematic diagram of the blasting test position of the drain outlet

4.3　试验施工与效果

取水口进行两次试爆，第一次为自堰体顶部向内侧延伸3m，第二次为自堰体顶部向内侧延伸1.5m；排水口试爆一次。

试爆效果：岩石破碎度好、无大块，水泵房、跌水井及剩余堰体结构无损坏。取水口试爆后堰体与水泵房距离扩大至 7m；排水口堰体距离跌水井及闸门距离扩大并形成深坑（见图 5 和图 6）。

(a)　　　　　　　　　　　　　　　　　　　(b)

图 5　取水口爆破试验效果图

（a）第一次爆破试验效果图；（b）第二次爆破试验效果图

Fig. 5　Effect of water intake blasting test

图 6　排水口爆破试验效果图

Fig. 6　Drain blasting test

4.4　回归拟合

试爆过程中布置若干振动监测点，点位与数据采集情况见表 3。

表 3　试爆数据监测成果

Tab. 3　Monitoring results of explosion test data

位　置		保护对象	距离/m	最大单段药量/kg	振速峰值/cm·s⁻¹
取水口	第一次	水泵房	1	20	12.46
		道路	60		5.531
		储气罐	245		0.086

续表3

位　置		保护对象	距离/m	最大单段药量/kg	振速峰值/cm·s⁻¹
取水口	第二次	水泵房	5	20	10.991
		道路	60		8.43
		储气罐	245		0.15
排水口		跌水井	35	27	1.291
		变压器	36		5.531
		配电房	51		3.411
		钢结构基础	196		0.445

采用萨道夫斯基回归公式对爆区地质相关系数进行回归拟合，计算得到：取水口区域 $K=13.8263$、$\alpha=0.3476$；排水口区域 $K=48.2778$、$\alpha=1.0998$。

5　一次成型爆破设计

通过试爆验证总体思路可行，在此基础上进行剩余岩坎的主体爆破设计，并以回归拟合数据为准进行安全校核。

5.1　取水口爆破参数设计

取水口箱涵基槽左侧为明礁区、水泵房前侧为暗礁区，具体参数见表4。

表4　取水口爆破参数
Tab. 4　Water intake blasting parameters

参数	单位	取 值			
		明礁区	暗礁区	破碎主爆区	松动控制区
孔径	mm	90	90	90	90
孔深	m	8	16	17	17
孔距	m	1.5	1.5	1.5	1.5
排距/最小抵抗线	m	1	1	1	2
炸药单耗	kg/m³	1.83	2.08	2.03	0.69
间隔填塞	m	—	2	2	2
填塞	m	3	3	3	5
单孔装药量	kg	22	50	52	35
炸药规格	mm	70			
装药结构	—	连续装药	底部连续装药7.2m 上部连续装药3.8m	底部连续装药7.2m 上部连续装药4.8m	底部连续装药6m 上部径向切开连续装药4m

采用V形逐孔起爆网路，首爆孔（0ms）右侧炮孔延时20ms、左侧延时30ms，其他孔间延时17ms，排间延时100ms。起爆顺序为暗礁区→明礁区→破碎区→松动区（见图7）。

5.2　排水口爆破参数设计

排水口靠海域第一排孔中间部位为残留礁石区；破碎主爆区位于跌水井正前方延伸至海

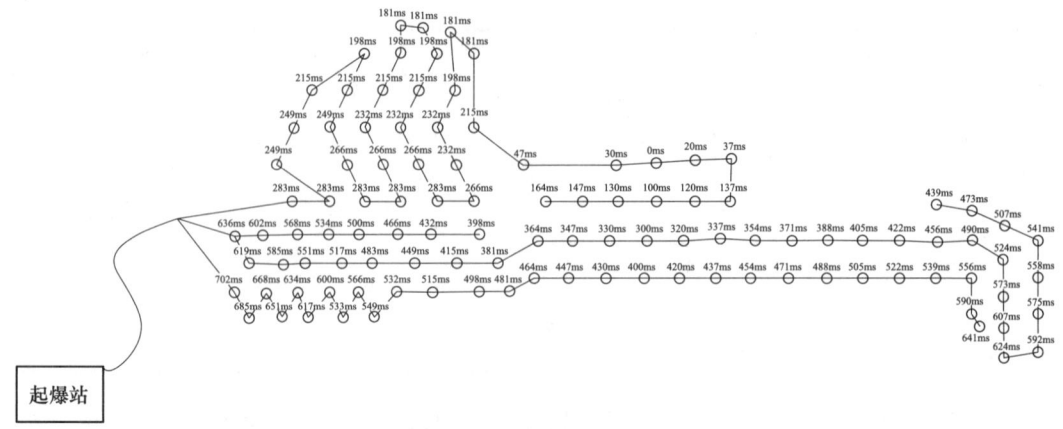

起爆站

图 7　取水口起爆网路示意图

Fig. 7　Schematic diagram of the detonation network of water intake

侧，需加强装药确保无根底，利于箱涵顺利安装；主爆区两侧为松动控制区，通过扩挖周边岩体为后续施工提供空间保障。具体参数见表 5。

表 5　各炮孔爆破参数设计表

Tab. 5　Drain outlet blasting parameters

参数	单位	取值		
		礁石区	松动控制区孔	破碎主爆孔
孔径	mm	90	90	90
孔深	m	11	8	12
超深	m	0.5	0.5	0.5
孔距	m	2	2	2
排距	m	1.5	1.5	1.5
炸药单耗	kg/m³	0.64	0.86	0.85
间隔填塞	m	—	—	2
填塞	m	6	3	3
单孔装药量	kg	22	22	32
炸药规格	—	PVC 管自制药包（18kg）、φ70mm 成品乳化炸药		
装药结构	—	孔底自制药包+2 支成品药		孔底自制药包+碎石间隔+上部连续装药

采用双 V 形逐孔起爆网路，即将爆区分为两部分，靠跌水井侧 5 排为 A 区，靠海侧 6 排为 B 区，区间延时为 23ms。其中，A 区首爆孔（A1-9，23ms）左侧炮孔延时 53ms、右侧 38ms；B 区首爆孔（B1-8，0ms）左侧炮孔延时 30ms、右侧 15ms；其余孔间延时 20ms、排间 100m。起爆顺序为 B1→A1→B2→A2→B3→A3→B4→A4→B5→A5→B6（见图 8）。

5.3　安全校核

安全振速允许标准取值为：跌水井、水泵房、道路、变压器取 15cm/s，钢结构基础、配

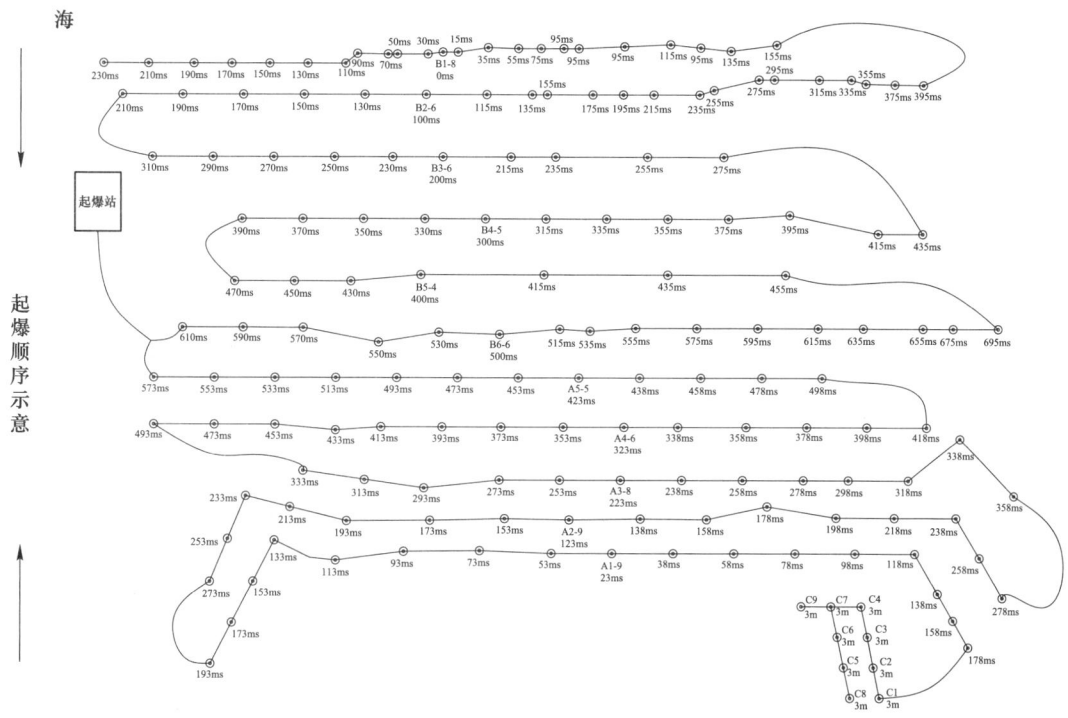

图 8 排水口堰体起爆网路示意图

Fig. 8 Schematic diagram of the detonation network of drain outlet

电房取 5cm/s，储气罐取 1cm/s。结合前述爆破试验所得 K、α 值及参数设计，采用式（1）可对水泵房及跌水井处的爆破振动进行计算：

$$v = K\left(\frac{\sqrt[3]{Q}}{R}\right)^{\alpha} \tag{1}$$

式中，Q 为最大单响药量；v 为爆破振动速度，cm/s；R 为爆心距，取水口爆心距取 13m，排水口爆心距取 37m；K、α 分别为与爆区地形、地质有关的系数和衰减系数。

经计算，取水口水泵房处爆破振动为 9.52cm/s，排水口跌水井处爆破振动为 3.24cm/s，均未超过安全允许最大振速 15cm/s。

5.4 安全防护

5.4.1 近体防护

在取水口水泵房及排水口跌水井表面搭设钢管+毛竹片排架，排架内侧悬挂轮胎作为缓冲垫层；通过"钢板+钢管架+毛竹片+沙包+轮胎"在箱涵位置形成立体防护措施，防止飞石、滚石及爆堆挤压对箱涵造成损伤，如图 9 所示。

5.4.2 电子雷管防护

作业过程难免受潮水影响，为防止海水浸蚀电子雷管卡扣，施工时，首先将雷管卡扣位置采用保鲜膜+防水胶布进行包裹缠绕，成簇放入水桶并将桶口封堵，使其在潮水来临或意外入水后，依靠水桶漂浮形态自然引导卡扣向上，避免卡扣进水，如图 10 所示。

图 9　近体防护措施图

Fig. 9　Diagram of near-body protective measures

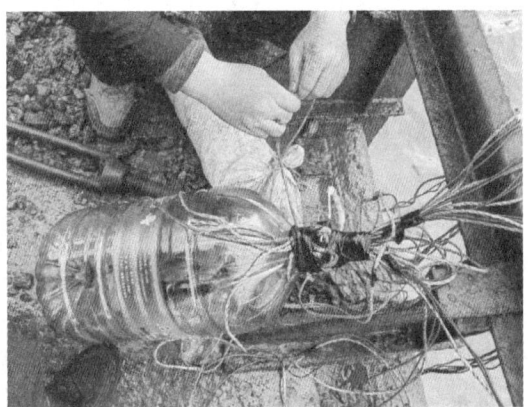

图 10　电子雷管防水措施图

Fig. 10　Waterproof measures for electronic detonators

6　爆破效果

起爆后，取水口及排水口堰体破碎完全，爆堆呈现"中间高，两边低"的谷堆形状，如图 11 所示。

爆破振动数据监测：取水口水泵房处为 12.722cm/s，排水口跌水井处为 11.40cm/s，均未超过安全允许最大值，经结构检测亦无损伤。清渣完成经扫海测量，底部无根底、无浅点，箱涵基槽达到设计要求。

7　结论

在存在超近距保护对象的复杂环境下，LNG 接收站取排水口预留岩坎与基槽一次成型爆破技术成功实施，以下几点可作为类似工程参考依据。

（1）通过小药量爆破试验进行萨道夫斯基公式回归拟合取得 K、α 值是确定总体爆破时的单响药量及爆破规模的有效办法。

（2）采用从陆域向海域礁石钻凿倾斜孔可以克服潮位变化对作业条件的影响，也是堰体与礁石同步破碎的关键手段。

(a)　　　　　　　　　　　　　　　　(b)

图 11　爆破效果

(a) 排水口堰体拆除效果图；(b) 取水口堰体拆除效果图

Fig. 11　Blasting effect

（3）采取"倾斜+垂直深孔""连续+间隔装药结构""加强+控制装药"等差异化设计，V 形逐孔起爆网路，"钢管架+毛竹片+轮胎+钢板"刚柔结合防护体系可以确保爆破效果及爆破有害效应的控制。

（4）临海作业应严格做好装药过程中及网路连接后电子雷管卡扣的防水工作，避免卡扣进水造成网路短路。

参 考 文 献

[1] 周淑慧，王军，梁严. 碳中和背景下中国"十四五"天然气行业发展 [J]. 天然气工业，2021，41（2）：171-182.

[2] 顾安忠. 迎向"十二五"中国 LNG 的新发展 [J]. 天然气工业，2011，31（6）：1-11.

[3] 刘筠竹. LNG 接收站的发展趋势 [J]. 煤气与热力，2021，41（9）：11-15.

[4] 杨莉娜，韩景宽，王念榕，等. 中国 LNG 接收站的发展形势 [J]. 油气储运，2016，35（11）：1148-1153.

[5] 张少增. 中国 LNG 接收站建设情况及国产化进程 [J]. 石油化工建设，2015，37（3）：14-17.

[6] 李波，雷晓军，马元军. 向家坝水电站右岸横向围堰爆破拆除技术 [J]. 工程爆破，2018，24（4）：46-52.

[7] 李秀龙，刘兴勇，杨晓东，等. 近距离围堰爆破拆除设计及施工技术 [J]. 云南水力发电，2014，30（S1）：31-35.

[8] 管志强，张海平. 船坞改扩建工程围堰拆除爆破技术 [J]. 工程爆破，2021，27（2）：91-99.

[9] 邵晓宁，张道振，周恩泉，等. 电厂机组循环水取水口预留岩坎围堰拆除爆破 [J]. 工程爆破，2014，20（3）：25-28.

[10] 邱峰. 沉管隧道施工与管理研究 [D]. 广州：华南理工大学，2009.

[11] 薛轮轮，吴超. 漳州液化天然气（LNG）项目水下基槽炸礁施工技术 [J]. 四川水泥，2021（6）：198-199.

[12] 刘磊，李义彬，刘钊，等. 沉管基槽水下炸礁高精度控制技术 [J]. 中国港湾建设，2022，42（12）：97-101.

[13] 张玥，李东. 考虑潮水影响的海岸基槽爆破技术 [J]. 广州建筑，2012（3）：36-39.

无人机航测技术在露天矿山精准爆破中的研究与应用

黄东兴　许龙星　张兵兵　秦文理　韩振　张璞

（宏大爆破工程集团有限责任公司，广州　510623）

摘　要：结合精准爆破理论研究与露天矿山台阶爆破特点，为促进露天矿山精准爆破的发展，采用了无人机航测技术。以某露天多金属矿山为研究对象，利用无人机航测技术，通过 ContextCapture 软件建立了精准的爆区原始地形及爆破后的爆堆三维可视化模型，借助 IData 软件获取精准的高程点信息等来指导爆破设计，从矿石块度、抛掷距离、爆堆形态等方面对爆破效果进行了精准评价，并不断优化爆破设计参数。利用无人机作为对爆破施工期间（如安全警戒、爆后检查等）现场安全监管的辅助手段，为爆破施工安全增加更多保障。

关键词：精准爆破；无人机航测；精准评价；爆破设计优化；安全监管

Research and Application of UAV Aerial Survey Technology in Accurate Blasting of Open-pit Mines

Huang Dongxing　Xu Longxing　Zhang Bingbing　Qin Wenli　Han Zhen　Zhang Pu

（Hongda Blasting Engineering Group Co., Ltd., Guangzhou 510623）

Abstract：Combining accurate blasting theory research with the characteristics of bench blasting in open-pit mines, in order to promote the development of accurate blasting in open-pit mines, drone aerial survey technology has been adopted. Taking a certain open-pit polymetallic mine as the research object, using drone aerial survey technology and using ContextCapture software, an accurate three-dimensional visualization model of the original terrain of the blasting area and the blasting pile after blasting was established, with the help of IData software to obtain accurate elevation point information to guide blasting design, the blasting effect was digitally and accurately evaluated from aspects such as ore block size, throwing distance, and the muckpile shape, and the blasting design parameters were continuously optimized. Using drones as an auxiliary means for on-site safety supervision during blasting construction (such as safety warning, post blasting inspection, etc.) adds more guarantees to the safety of blasting construction.

Keywords：accurate blasting；UAV aerial survey；accurate evaluation；optimization of blasting design；safety supervision

作者信息：黄东兴，硕士研究生，工程师，Hdx002683@ 163. com。

1 基于无人机航测技术的两期地形精准构建

1.1 工程背景

某露天多金属矿矿脉复杂，主采铜硫矿，副采铅锌矿，为实现资源综合回收利用，开采中产生的规格石进行回收，受限于破碎口、选矿厂条件，爆破要求铜硫矿块度低于 0.8m，铅锌矿块度低于 0.6m，爆破抛掷距离控制在 30m 以内，严禁覆盖下个平台。本次以 49 线东帮 649m 平台爆区为研究背景，通过无人机航测技术构建三维可视化地形。

1.2 无人机航测外业实施

本次研究借助大疆精灵 4RTK 无人机，配合 RTK 测量仪在天气晴朗无强风暴雨等天气客观因素影响飞行的情况下对该爆区进行航测外业实施。

1.2.1 像控点布置

为保证爆破前后两期模型的准确性，控制变量，确保爆破前后两期模型的像控点固定在同一位置，本次在 +649m 平台爆区北侧 40m 布置 1 个像控点，在南侧 8m 布置 1 个像控点，在 +673m 平台布置 1 个像控点，在 +637m 平台离爆区 45m 布置 1 个像控点，共均匀布置 4 个像控点（见图 1），覆盖整个需航测的目标区域，采用手持式 RTK 精准获取 4 个像控点的坐标。

图 1 爆破前原始地形及像控点布设方案

Fig. 1 Original terrain and layout plan of image control points before blasting

1.2.2 航测初步成果

爆破前原始地形和爆破后爆堆形态两次航测采用相同的像控点、航线及航高，局部影像如图 2 所示。

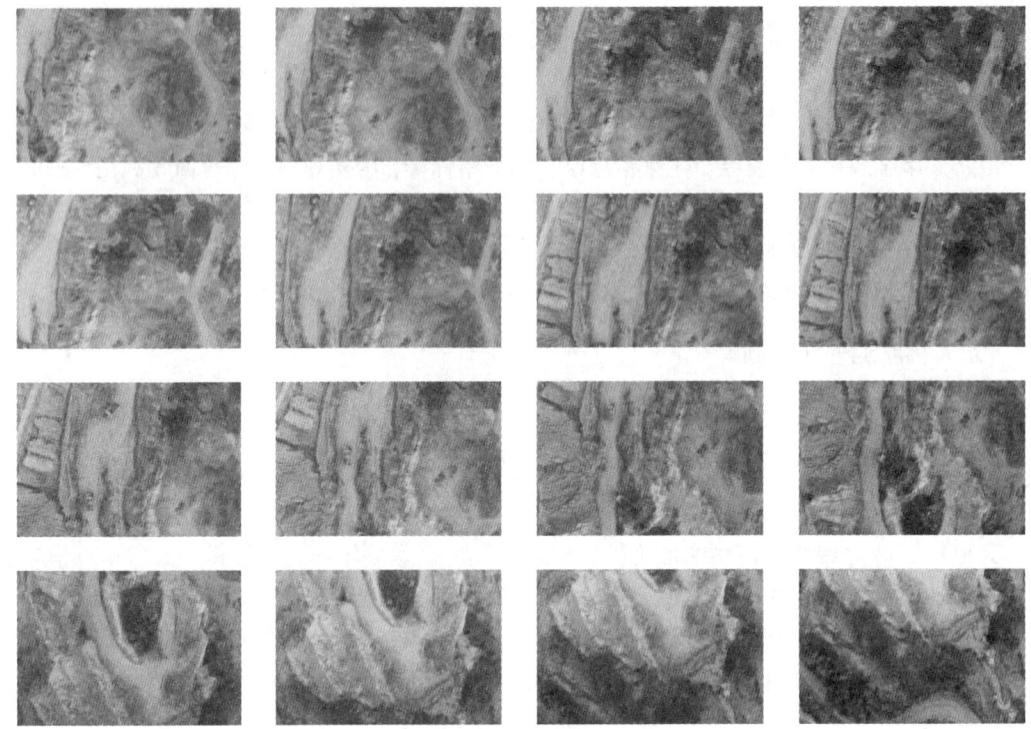

图 2　局部影像图

Fig. 2　Partial image

1.3　两期地形三维精准构建

将外业收集到的影像资料，通过 ContextCapture 软件进行内业处理，为了获取抛掷爆破爆堆精准的三维模型，进行多影像联合平差。基于无人机 POS 系统影像信息，从模型精准度及建模时效性两方面考虑，影像进行自动匹配分析后，以精准的 4 个像控点坐标作为模型基准点，对不同角度不同航向的像控点进行连续多次刺点，保证每个像控点的刺点照片在 10 张以上，前后进行两次空中三角计算，设定规则网格大小为 40m，覆盖到整个研究目标的区域共 28 个瓦片。经过自动运算，得到了平均地面分辨率为 0.025m 的原始地形模型及平均地面分辨率为 0.024m 的爆破后爆堆形态模型，如图 3 所示。

模型中像控点的精度参数见表 1，符合《低空数字航空摄影规范》[1] 的相关要求，模型满足 1∶500 的成图要求。

表 1　像控点精度参数

Tab. 1　Precision parameter table of image control points

点名	刺点照片	重投影误差的均方根值/像素	射线距离的均方根值/m	三维误差/m	水平误差/m	垂直误差/m
xkd-1	16	0.01	0.0027	0.0003	0.0002	−0.0002
xkd-2	23	0.01	0.0044	0.0002	0.0001	−0.0001
xkd-3	19	0.02	0.0071	0.0002	0	0.0002
xkd-4	20	0.02	0.0059	0.0004	0.0003	0.0003

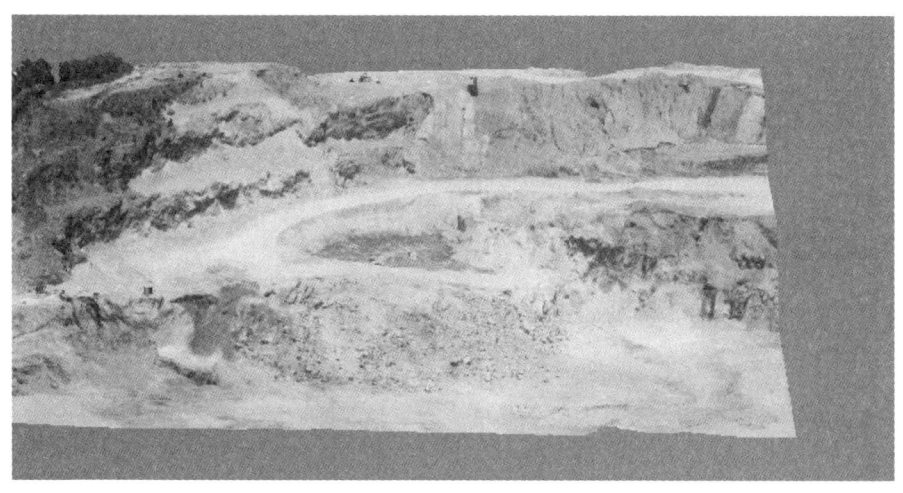

图 3　爆破后爆堆三维模型

Fig. 3　3D model of muckpile shape before blasting

经对比分析，基于无人机航测技术构建的原始地形三维模型比传统测量的原始地形图更为精准，覆盖面更广，可实现获取模型上的任意高程点。

1.4　基于精准原始地形的爆破设计

以无人机航测技术构建的三维精准模型为基础，利用 IData 软件实现高程点信息精准获取，并进行精细化爆破设计。

根据实际情况，台阶高度为 12m，潜孔钻机垂直孔直径为 140mm，选择孔梅花型布孔，网参数为 6m×4m、设计单耗为 0.50kg/m³、底盘抵抗线为 5.73m、上部堵塞长度为 4.5m、超深 1.5m，混装铵油为主装药，采用数码电子雷管，孔间延期 85ms，连续装药逐孔起爆实施中深孔台阶爆破，自由面为南面，爆区北侧 115m 为水泥公路，东侧 152m 有构筑物。爆破参数见表 2。

表 2　+649m 平台爆破设计参数

Tab. 2　+649m platform blasting design parameters

爆区位置	台阶高度/m	钻孔直径/mm	孔距/m	排距/m
+649m 平台	12	140	6	4
超深/m	孔间延期/ms	设计单耗/kg·m⁻³	底盘抵抗线/m	堵塞长度/m
1.5	85	0.50	5.73	4.5

2　爆破安全监管的辅助手段

2.1　辅助警戒

由于现场施工地形复杂，爆区周边有运输行驶道路、厂房及构筑物，传统的警戒形式为爆破班长站在高处统一指挥，特殊区域无法快速高效掌握撤离情况。本次将无人机作为爆破安全警戒的辅助手段，以人员指挥为主无人机为辅的形式实现地面地上联合警戒，人机联动在爆区起爆前确保各个警戒点人员已就位，警戒范围内的人员、设备已经撤离至安全区域。

2.2　爆后检查

爆破时利用无人机进行摄影录像，视频放慢倍数仔细观看后发现本次爆破区域的起爆顺序、起爆方式与设计时一致，前排坡面往前抛掷后，顶上堵塞段才进行松动，表明堵塞质量较好，无冲孔现象，前排贯穿性裂缝区也无明显飞石。在现场人员到达爆后现场进行详细检查前，利用无人机作为爆破后检查的辅助手段，在爆区上方对有无盲炮、爆堆形态、爆破飞石、拉裂情况进行初步检查。

3　基于无人机航测技术的爆破质量精准评价

以爆破理论为基础，结合爆破前后的两个精准模型，借助 IData 软件对三维可视化模型进行数据分析，在三维模型和二维平面图中共享成果，获取模型内任意高程点、以点连成线、以线形成面对爆破质量从矿石块度、抛掷距离、爆堆形态三个方面进行精准评价。

3.1　矿石块度分析

爆破矿石块度是影响开采效率、经济成本的重要因素[2-4]。本次爆破后爆堆表面块度整体较为均匀，经模型上提取的点所知，最大的块度为 2.42m，表面综合平均块度约为 0.75m，基本符合矿石块度要求，达到预期的效果。

3.2　抛掷距离

按该矿的实际情况，爆破抛掷距离控制在 30m 以内对现场生产无影响，外侧仍保留通行车道。

经对比分析两期的模型，本次爆破的平均抛掷距离为 16.7m，最大抛掷距离为 18.37m，两侧抛掷距离为 12.6m，达到预期的效果。

3.3　爆堆形态精准分析

爆堆形态是爆破后在宏观上最直接最能反映爆破质量的指标之一。将 ContextCapture 软件与 IData 软件兼容使用，实现三维模型与二维平面图实时同步（见图 4），用数字化的形式反映爆堆形态。

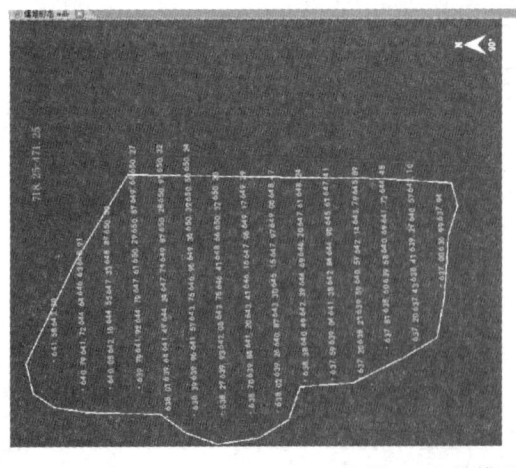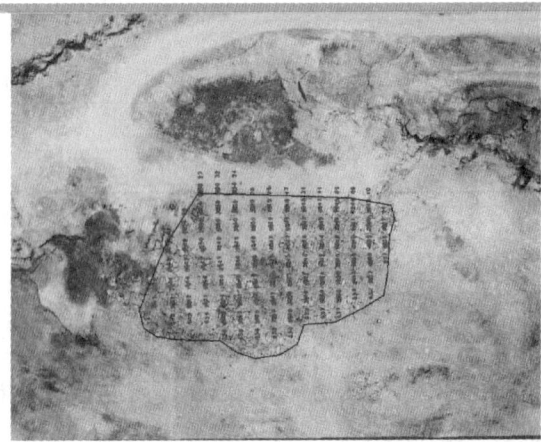

图 4　三维模型与二维平面对比图

Fig. 4　Comparison between 3D model and 2D plane

通过提取高程点信息，爆堆的最高点为+650.34m，抛掷的爆堆底为+637.68m，落差的最低高程坐标为+648.27m，两者的水平投影距离为38.49m，计算得出爆堆高度为12.66m，爆堆坡面角为17°，塌落高差为2.07m，爆堆处于稳定状态，块度按区域分布集中，便于挑选块度进行二次解小及挖装。

4 结论

（1）利用无人机航测技术建立的三维可视化模型精度满足1：500的成图要求，可应用于露天矿山。

（2）通过无人机航测技术构建的两期精准模型，联合IData软件可对爆破质量及爆堆形态实现从矿石块度、抛掷距离、爆堆分布、堆置高度等方面进行数字化精准评价，并指导优化后续的爆破设计，在露天矿山台阶精准爆破应用中取得了较好的效果。

（3）利用无人机航测技术作为对爆破施工期间（如安全警戒、爆后检查等）现场安全监管的辅助手段，为爆破施工安全增加了更多的保障。

参 考 文 献

[1] 自然资源部.低空数字航空摄影规范：CH/T 3005—2021 [S].
[2] 高荫桐，龚敏，谭权，等.定向爆破抛掷距离与最小抵抗线关系研究 [J].爆破，2004，21（3）：1-4，20.
[3] 刘强，施富强，汪旭光，等.基于三维激光点云的爆破块度统计预测方法 [J].煤炭学报，2020，45（S2）：781-790.
[4] 费鸿禄，郭连军.爆破施工的数字化 [J].爆破，2015，32（3）：9-11.

缙云蓄能电站石方爆破技术

李德林　田立中　徐旭东　杨晓曦

（浙江缙云鑫达建设工程有限责任公司，浙江　丽水　321400）

摘　要：本文结合浙江缙云抽水蓄能电站工程爆破实践，介绍了缙云蓄能电站隧道爆破和石方爆破的施工过程和相关情况，提供了隧道爆破、浅孔爆破和深孔爆破的技术参数，介绍了工程爆破安全控制措施和效果，对类似工程应用具有一定的参考价值。

关键词：爆破；爆破参数；爆破安全

Blasting Technology on Stone Engineering of Jinyun Power-storage Station

Li Delin　Tian Lizhong　Xu Xudong　Yang Xiaoxi

（Zhejiang Jinyun Xinda Construct Engineering Co., Ltd., Lishui 321400, Zhejiang）

Abstract：Based on the experiments of engineering blasting. In this paper，The blasting parameter of tunnel blasting，short-hole blasting and medium-length hole blasting are is presented. And blasting safety control measures are discussed about storage power station，which have a certain reference value for guiding engineering practice.

Keywords：blasting；blasting parameter；blasting safety

1　工程概况

缙云抽水蓄能电站位于浙江丽水市缙云县境内，工程区位于瓯江、好溪水系的上游。输水系统位于上水库右岸与下水库右岸库尾山体内，总长 3400m。输水系统主要包括上水库进/出水口、上平洞、上斜井、中平洞、下斜井、下平洞、引水钢岔管、引水支管、尾闸洞、尾水支管、尾水岔管、尾水调压室、尾水隧洞、下水库进/出水口等。

2　爆破总体方案设计

结合本工程特点和难点，考虑到技术、安全可靠性、环保要求等因素，依据本工程地质与环境情况，对不同的地质构造和环境要求采取不同的施工方案以满足经济、工期、环境、安全和质量等不同要求。

作者信息：李德林，硕士，高级工程师，879671331@qq.com。

2.1 隧道爆破总体方案

隧道洞口明挖段采用浅孔爆破法施工，隧道洞身开挖采用光面爆破施工，根据不同的地质结构、岩石性质，隧道洞身Ⅱ级、Ⅲ级围岩采用全断面开挖法，Ⅳ级、Ⅴ级围岩采用上下台阶分部开挖法，施工中应严格遵循"少扰动、快加固、勤量测、早封闭"的基本原则。为减少对围岩扰动及减少超挖，采用光面爆破技术。

2.2 场平工程及公路路基土石方爆破总体方案

场平工程路采用浅孔或深孔爆破，路基采用浅孔爆破，边坡加宽修整工程采用浅孔和根据情况采用预裂爆破。深挖路堑的施工遵循"分级开挖、分级防护、及时防护"的原则，开挖一级防护一级，下一级开挖时，应对上一级防护采取保护措施。

2.3 本项目重点和难点分析

本项目部分隧道爆破岩层复杂，在保证施工进度和质量的前提下，控制爆破飞石和及时排水是本项目的难点。

由于本工程隧道Ⅳ级、Ⅴ级围岩节理发育，岩石较破碎，施工作业时要做好防护工作，防止洞顶有浮石掉落，所以爆破掘进、防护和通风是本工程的重点。

道路及场地平整等爆破在控制爆破振动的基础上，要严格控制飞石，确保周围人员环境安全。

3 隧道掘进爆破施工方案

3.1 炮孔数目及装药量

按下式计算炮孔数目，在施工时根据爆破效果进行适当调整，以达到最佳爆破效果。炮孔数目 N 按下式计算：

$$N = 3.3 \sqrt[3]{fs^2} \tag{1}$$

式中，f 为岩石坚固性系数，平均取 $f=10$；s 为开挖面积。

根据炮孔装药量公式，对各炮孔进行炸药分配，装药量公式为：

$$Q = \eta L r \tag{2}$$

式中，η 为炮孔装药系数；L 为孔深，炮孔掘进深度，m；r 为每米长度炸药量，$r=0.9 \text{kg/m}$。

3.2 隧道典型爆破参数

隧道长度：1435m；最小截面积：66.05m²，断面尺寸：9.508m×7.756m；最大截面积：101.03m²，断面尺寸：13.3m×8.782m。

Ⅱ级、Ⅲ级围岩最小断面和最大断面爆破参数分别见表1和表2。经计算Ⅱ级、Ⅲ级围岩隧洞掘进爆破（2.5m进尺），综合炸药单耗1.5kg/m³。最大单段药量控制在75.6kg以内，单次起爆总药量248kg以内。

表1　Ⅱ级、Ⅲ级围岩最小断面爆破参数表

Tab. 1　Ⅱ、Ⅲ minimum cross-section of surrounding rock blasting parameter

段别	炮孔名称	炮孔数量	炮孔深度/m	每孔药量/kg	药量/kg	备　注
	中空孔	1	3	0	0	1. 每循环进尺按
1段	掏槽孔	4	2.8	2.3	9.2	2.5m，每循环方
3段	辅助孔	20	2.7	2.2	44	量165.12m³；
5段	辅助孔	30	2.6	2.1	63	2. 炸药单耗
7段	辅助孔	36	2.6	2.1	75.6	1.5kg/m³，最大单
9段	周边孔	46	2.6	0.3	14.2	段药量75.6kg；
11段	底孔	20	2.6	2.1	42	3. 光爆炮眼痕迹
合计		157			248	率90%

表2　Ⅱ级、Ⅲ级围岩最大断面爆破参数表

Tab. 2　Ⅱ、Ⅲ maximum cross-section of surrounding rock blasting parameter

段别	炮孔名称	炮孔数量	炮孔深度/m	每孔药量/kg	药量/kg	备　注
	中空孔	1	3	0	0	1. 每循环进尺按
1段	掏槽孔	4	2.8	2.3	9.2	2.5m，每循环方
3段	辅助孔	17	2.7	2.2	37.4	量157m³；
5段	辅助孔	27	2.6	2.1	56.7	2. 炸药单耗
7段	辅助孔	36	2.6	2.1	75.6	1.5kg/m³，最大单
9段	周边孔	47	2.6	0.38	18.3	段药量75.6kg；
11段	底孔	18	2.6	2.1	37.8	3. 光爆炮眼痕迹
合计		150			235	率90%

4　路基石方爆破及场地、桥涵基坑开挖爆破施工方案

路基石方及场地爆破，道路一般宽8m，高度不等，根据情况，采用浅孔爆破或深孔爆破，爆后根据测量基准点，拉线检查平整度。对风化破碎岩体，为保证施工中边坡的稳定和边坡防护的施工，采用阶梯式进行开挖。开挖时，边坡预留2~3m采用光面爆破或预裂爆破，人工刷坡。深挖路堑的施工遵循"分级开挖、分级防护、及时防护"的原则，开挖一级防护一级，下一级开挖时，应对上一级防护采取保护措施。路基石方爆破顺序图如图1所示。

爆破参数的确定采用理论计算法、工程类比法与现场试爆相结合，在保证爆破安全要求的前提下，提高爆破施工质量和施工进度。

4.1　浅孔爆破参数设计

浅孔爆破参数见表3。开挖钻孔采用垂直钻孔形式，炮孔布孔方式为梅花型布孔。

表3　浅孔爆破参数表

Tab. 3　Shallow hole blasting parameter

孔径/mm	台阶高度/m	最小抵抗线/m	孔距/m	排距/m	超深/m	填塞长度/m	炸药单耗/kg·m⁻³	每米药量/kg·m⁻¹
40	<4	1	<1.2	<1	0.2	0.6~1.5	0.25~0.35	0.9

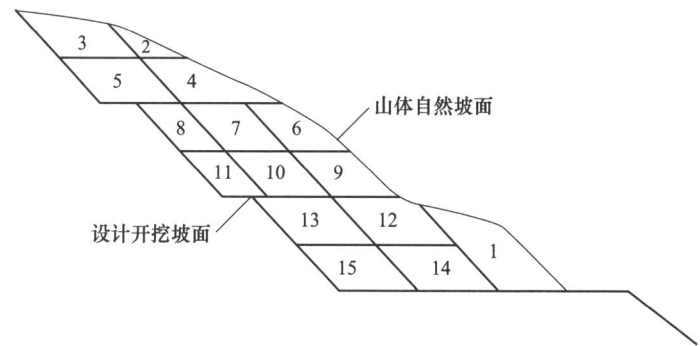

图1　路基石方爆破顺序图

Fig. 1　Blasting order of subgrade rock

4.2　深孔爆破参数设计

深孔爆破参数见表4。深孔爆破最大单段药量为40kg，爆破规模为500kg。

表4　深孔爆破参数

Tab. 4　Medium-length hole blasting parameter

孔径/mm	台阶高度/m	最小抵抗线/m	孔距/m	排距/m	超深/m	填塞长度/m	炸药单耗/kg·m⁻³	单孔药量/kg
90	5~10	3	3	2.5~3.0	0.8~1.0	3.0~3.5	0.35~0.4	5~38.5

5　爆破安全控制

该工程路基爆破需要重点保护建筑物，距路基爆破最近点150m民房（见图2）。需采用浅孔松动爆破并人机配合施工，重点控制爆破振动和飞石。

图2　公路爆破最近居民楼150m

Fig. 2　Road blasting near residential buildings 150m

爆破振动速度用萨道夫斯基经验公式计算：

$$V = K\left(\frac{\sqrt[3]{Q}}{R}\right)^{\alpha}, \quad 即 \quad Q = R^3\left(\frac{V}{K}\right)^{3/\alpha} \tag{3}$$

式中，V 为地面质点峰值振动速度，cm/s；Q 为炸药量（齐发爆破时为总药量，延迟爆破时为最大一段药量），kg；R 为观测（计算）点到爆源的距离，m；K、α 分别为与爆破点至计算点间的地形、地质条件有关的系数和衰减指数，可按表 5 选取，也可通过类似工程选取或现场试验确定。

表 5　爆区不同岩性的 K、α 值与岩性的关系
Tab. 5　Blasting area different rock K、α value and relationship between lithology

岩　性	K	α
坚硬岩石	50~150	1.3~1.5
中硬岩石	150~250	1.5~1.8
软岩石	250~350	1.8~2.0

根据《爆破安全规程》的规定，一般民用建筑允许的振动速度为 2.0~2.5cm/s。本项目结合以往类似工程经验，考虑本工程爆区周边民房结构、质量和标准不同，设计最大允许安全振速按 1.5cm/s 控制。结合本工程实际情况，取 $K=200$，$\alpha=1.5$，并根据上述公式计算最大允许段起爆药量。现场实测波形图如图 3 所示。

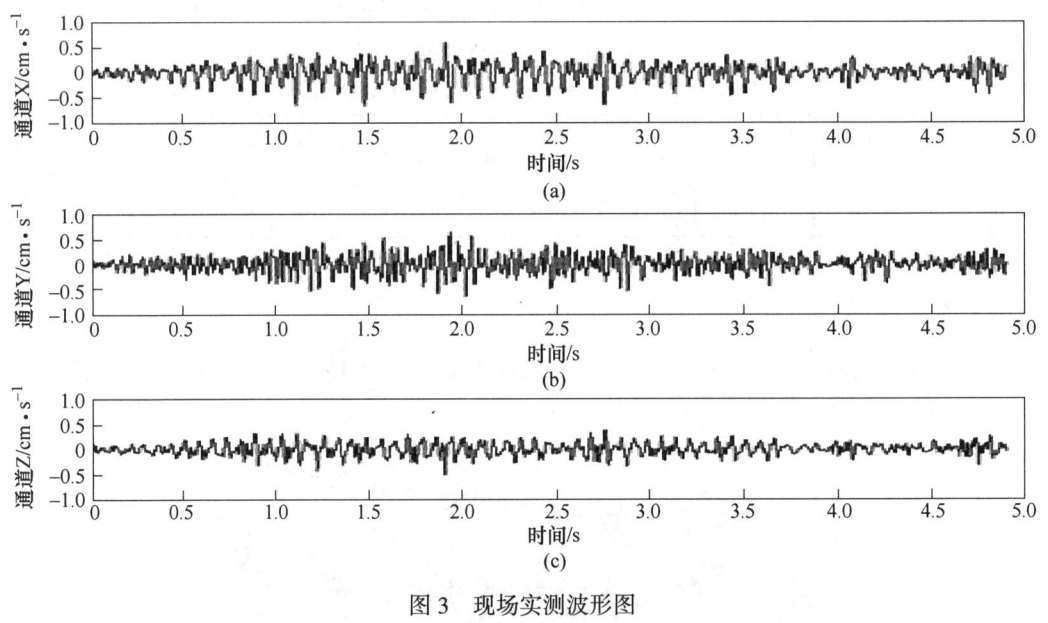

图 3　现场实测波形图
（a）通道 X；（b）通道 Y；（c）通道 Z
Fig. 3　On site seismic waveform

本设计 K 取 200，α 取 1.5，$V_{民}$ 取 1.5cm/s。对居民楼最大一段装药量的核定，即将 $v=1.5\text{cm/s}$、$R=150\text{m}$、$K=200$、$\alpha=1.5$ 代入公式，经计算：

$$Q=(1.5/200)^{3/1.5}\times150^{3}=189.8\text{kg}$$

本次爆破采用逐孔起爆，最大一段药量实际为 40kg（小于 189.8kg），故满足居民楼安全要求。通过现场测试结果看，最大振动速度为 0.66cm/s，满足居民楼安全需要。

6　飞石安全控制

对于露天台阶爆破一般用瑞典德汤尼克研究基金会的经验公式来计算飞石距离，即

$$RF = (15\!\sim\!16)\,d$$

式中，RF 为飞石的飞散距离，m；d 为炮孔直径，cm，浅孔爆破取 $d = 4.0\mathrm{cm}$。

经计算：

$$RF_{\text{浅}} = (15\!\sim\!16) \times 4.0 = 60\!\sim\!64\mathrm{m}$$

因此，对 150m 之外的居民楼是安全的。

为确保安全，施工过程中仍然按照《爆破安全规程》（GB 6722—2014）规定的警戒距离作为依据，安排爆破时的警戒，以确保万无一失。

7 结论

（1）浙江缙云抽水蓄能电站石方爆破工程，爆破对象复杂，爆破地质复杂，既有隧道爆破，又有浅孔和深孔爆破，应根据不同的爆破对象采取不同的爆破方法。

（2）隧道爆破对轮廓的完整性要求较高，采用光面爆破可以有效解决问题。

（3）该工程爆破线长、作业面广，周围环境变化比较大，应严格爆破飞石，在警戒过程中要严格按照相关规程规定进行爆破警戒，以确保安全。

（4）爆破振动的控制可以通过进度控制和分段爆破达到预期目的，现场测试数据可为工程方案优化提供有力支撑。

参 考 文 献

[1] 章有明. 露天爆破设计安全因素探析 [J]. 爆破，2020，309（16）：126-127.
[2] 国家质量监督检验疫总局. 爆破安全规程：GB 6722—2014 [S]. 2014.

复杂环境下临边爆破工程实践

赵 翔　谢钱斌　熊万春　丁小刚

(宏大爆破工程集团有限责任公司, 广州　510623)

摘　要: 小峤山矿西侧临边由于地质条件复杂、裂隙发育等因素, 极易造成高边坡落石伤人现象, 给西侧附近厂房、皮带及石料生产线的造成安全隐患, 面对临边高边坡, 且周边复杂环境, 爆破施工中采用分层多台阶开挖逐孔起爆技术, 合理采取 "先中间, 再里边, 后边缘" 的起爆顺序、边缘孔利用岩粉间隔装药方式减弱装药、临边边缘孔在同排中最后起爆等措施, 并采用炮孔口覆盖、铺设缓冲层、设置防护墙的安全防护措施, 有效地减少了爆破振动、爆破飞石等有害效应, 保证了爆破施工安全和附近保护对象的安全。

关键词: 临边爆破; 逐孔起爆; 有害效应; 安全防护

Engineering Practice of Controlled Blasting at the Edge in Complex Environments

Zhao Xiang　Xie Qianbin　Xiong Wanchun　Ding Xiaogang

(Hongda Demolition Engineering Group Co., Ltd., Guangzhou 510623)

Abstract: In order to improve the west side of the small plain mountain mine adjacent due to the complex geology, fissure development and other factors, is very easy to cause the phenomenon of rainy day high side slope falling rock injury phenomenon, to the west side of the stone production line caused by the safety hazard, in order to solve the problem of the region. To solve the problems in this area, the technology of establishing a safe platform for the possible rockfall area is proposed. According to the complex environment around the area and the specific conditions of the adjacent high slopes, combined with the advantages of the principle of minimum resistance line design and the principle of controlling the role of the blasting funnel, the first step of the construction of the adjacent control blasting with small shallow holes is used to establish an effective lateral free surface, and then deep holes are constructed adjacent to the control blasting. Among them, the shallow hole blasting in three steps sequential mining, to reach the height of a deep hole blasting until the deep hole blasting generally use a larger interval delay hole by hole detonation, while the overall implementation of small explosive single consumption of loose blasting, increasing the length of the filling, from the inside out, and finally to the edge of the hole in the detonation network approach. Edge of the edge of the edge of the hole according to the actual situation of individual design, strictly to achieve the minimum lateral resistance line is less

基金项目: 广东省产学研合作院士工作站资助项目 (2013B090400026)。

作者信息: 赵翔, 助理工程师, 1374883064@ qq. com。

than the minimum resistance line of the slope, and according to the original thickness of the adjacent rock body to adjust the order of detonation and the hole network parameters at the right time. Through this series of measures to greatly reduce the generation of flying rocks, to ensure the safety of the stone production line under the edge of the proximity, while accelerating the progress of the proximity of the elimination of hidden dangers.

Keywords: edge blasting; hole-by-hole blasting; harmful effects; safety protection

1 工程概况

小岙山矿所处位置经 0.8km 的近南北向姚北大道，与北东向 329 国道连接，往南连接 319 省道并通杭甬牟山高速口，可通余姚市区、宁波市区，交通运输方便，小岙山建筑用石料（凝灰岩）矿属绿色矿山治理型开采，现年生产矿石 450 万吨，采场台阶高度 15m，平台边坡角 70°，采用 JK-580 型潜孔钻机钻孔，炮孔直径 D 为 115mm，倾角 70°，采用 3m³ 反铲挖掘机挖装。矿段赋存南华褶皱系（Ⅰ2）浙东南隆起区（Ⅱ4）丽水—宁波隆起带（Ⅲ8）新昌—镇海垄断束（Ⅳ7）东段、浙东沿海中生代火山活动带中段。四明山晚侏罗世火山喷发区北西部，昌化—普陀东西向断裂带中部，上侏罗统大爽组火山碎屑岩分布区内。爆区离周边西破碎生产线最近不足 15m，与生产线 2 号皮带相隔 50m，200m 范围内还有相应的厂房和施工用地民房等相关配套设施，爆破周边环境非常复杂。爆区周边环境及平面图如图 1 和图 2 所示。

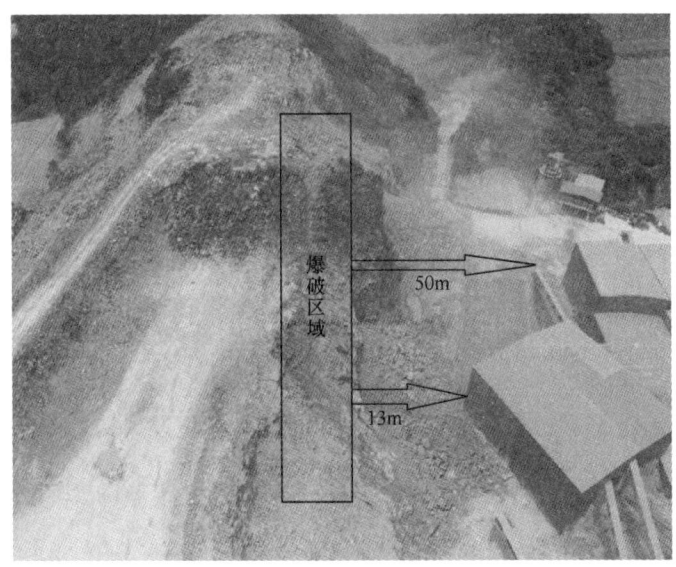

图 1 爆区周边环境示意图

Fig. 1 Schematic diagram of the surrounding environment of the blast zone

该区域地段矿石主要为流纹质晶屑波屑凝灰岩，岩石普氏系数 $f=10\sim12$，该区域临边裂隙比较发育，下雨天经雨水冲刷作用易造成临边落石现象，给西侧破碎站生产线作业人员造成极大安全隐患，起初采用机械削坡的方式进行作业，但由于坡面太陡，机械作业效率太低，机械作业易产生大量落石，落石可能导致厂房受损、作业人员受伤等风险。

在江浙一带雨水比较充沛，经过雨水反复冲刷作用后的裂隙经常发生落石现象，同时机械削坡施工过程中遇到的坚硬岩石就会顺着山体边坡通过岩石摩擦作用和自身重力作用落到较近

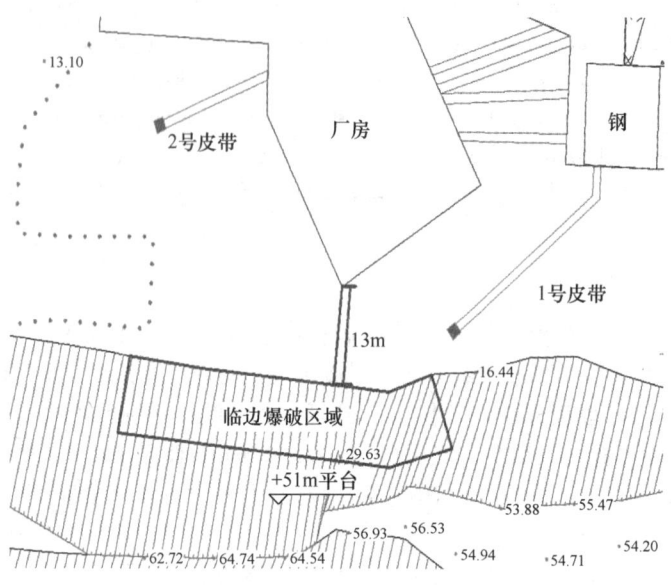

图 2　临边爆破区域平面图

Fig. 2　Plan view of the adjacent blasting area

的厂房围挡上,将给西侧加工生产线造成严重的安全隐患。

　　拟采用减少药量、增大填塞长度、孔内岩粉间隔的逐孔起爆技术,特别是在多排炮孔爆破时,采取先中间、再里边、最后坡面边缘孔的方式起爆,使临边边缘孔承担的破岩体成为其他孔爆破的天然防护墙,并采取有效的安全防护措施,保证爆破施工的安全及减少对保护对象的安全影响。

2　爆破设计

2.1　浅孔控制爆破设计

　　侧向自由面边坡的开挖采用分层爆破形成整齐的自由面边界,深度均分为 4m,山体距厂房较近的区域采用浅孔爆破方法进行开挖。

　　布孔形式采用梅花形布孔,装药结构为连续耦合装药,深度为 4m 区域使用 $D = 90$mm 钻机钻孔,药卷采用 $\phi 90$mm 乳化炸药。

　　爆破参数计算如下:

　　(1) 炮孔深度:

$$L = H + h_1 \tag{1}$$

式中　L——炮孔深度,m;

　　　H——台阶高度,m;

　　　h_1——超深,本工程取 0.8m。

　　经计算得出 $L = 4.8$m。

　　(2) 底盘抵抗线:

$$W_m = kd \tag{2}$$

式中　W_m——底盘抵抗线,m;

　　　k——系数,一般取 30~38;

d——炮孔直径，mm。

经计算得 $W_m = 3.5m$。

（3）孔排距的计算。

孔距是指同一排炮孔中相邻两孔的中心线距离，孔距计算公式如下：

$$a = mW_m \tag{3}$$

式中 a——孔距，m；

m——炮孔密集系数，对于露天浅孔台阶爆破，一般取 $1 \sim 1.25$。

实际孔距取值3.5m，排距2.8m。

（4）单孔装药量。

根据该矿岩性，取炸药单耗 $q = 0.37 \sim 0.40 kg/m^3$ 计算时，炮孔的装药量计算公式如下：

$$Q = qabH \tag{4}$$

式中 Q——单孔装药量，kg；

a——孔距，m；

b——排距，m；

H——台阶高度，m。

经计算得 $Q = 14.4kg$。

（5）炮孔堵塞。

使用 $\phi90mm$ 乳化炸药密度，延米装药量为8kg，并采用连续装药结构，堵塞长度必须保证不小于炮孔最小抵抗线。实际堵塞长度范围控制在3.0m。

（6）炮孔布置。

浅孔台阶松动爆破采用梅花形布置方式，台阶炮孔布置示意图如图3所示。

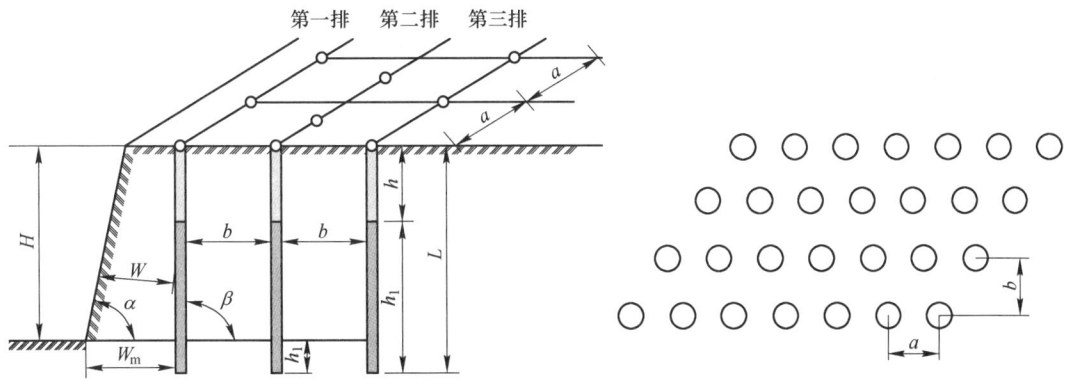

图3 台阶炮孔布置示意图

Fig. 3 Schematic diagram of step drilling arrangement

浅孔爆破的主要参数见表1。

表1 浅孔爆破设计参数

Tab. 1 Parameters related to controlled blasting of shallow holes

台阶高度/m	孔径/mm	孔距/m	排距/m	超深/m	堵塞长度/m	装药长度/m	单孔药量/kg
4	90	3.5	2.8	0.8	3.0	1.8	14.4

2.2 深孔爆破设计

由于下方边坡离厂房最近距离不足15m，且空间极小，可供堆置的石料爆破量不能满足标准15m台阶控制爆破的最大抛掷量，再加上其临边裂隙较发育，因此采用分台阶自上而下逐层爆破，将台阶高度控制在8~10m范围内。孔径 D 为115mm，配 ϕ90mm的乳化炸药卷。炸药单耗0.37~0.39kg/m³。具体的参数设计见表2。

表2 深孔爆破设计参数
Tab. 2 Parameters associated with deep hole blasting

台阶高度/m	孔径/mm	孔距/m	排距/m	超深/m	堵塞长度/m	装药长度/m	单孔药量/kg
8	115	5	3.5	1.5	3	6.5	52
9	115	5.2	3.5	1.5	3	7.5	60
9.5	115	5	3.5	1.5	3.2	7.8	62.4
10	115	4.8	3.5	1.5	3.5	8	64

该区域深孔爆破主要采取宽孔距、小抵抗线[5]（即增大炮孔密集系数）、减弱装药（边缘孔使用间隔装药）等布孔方式。采用"先中间，再里边，后边缘"的起爆顺序，边缘孔利用岩粉间隔装药方式实现减弱装药原则，逐孔逐排起爆技术，利用先爆孔爆破后造成附近岩体破碎和松裂，为后爆孔开创内部自由面来达到控制有害效应的目的。

3 安全防护措施

（1）采用在炮孔口压沙袋和覆盖胶质炮被，减少爆破上部飞石对周边保护对象的影响。

（2）爆破区域下方山体将根脚清空，预留爆料抛掷空间，不得留渣，并在临边根脚处铺设厚20cm的机制砂，起到缓冲作用，避免滚石给厂房、皮带柱等设施造成损坏。

（3）并在根脚1号、2号皮带柱、厂房之间设置连续防护挡墙，起到防护缓冲作用，保证西部加工生产线设备的正常运行及安全。具体详见安全防护示意图（见图4）和安全防护平面布置图（见图5）。

图4 安全防护示意图
Fig. 4 Schematic diagram of security protection

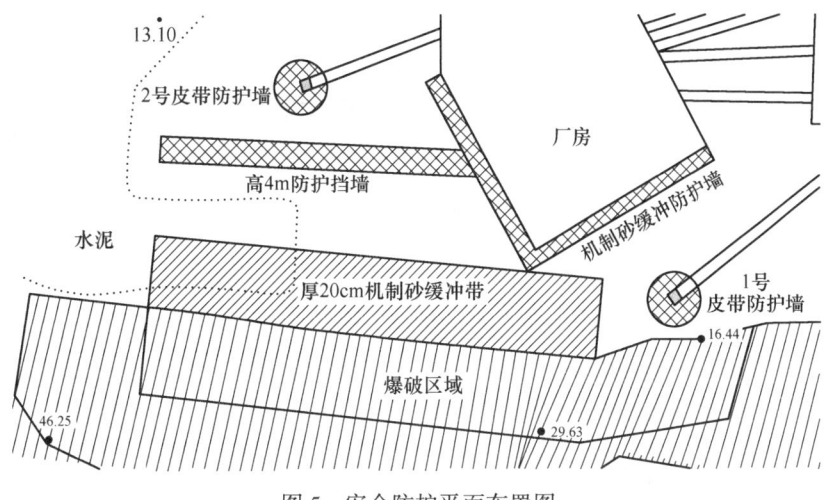

图 5　安全防护平面布置图

Fig. 5　Plan of security protection for protected objects

4　结论

（1）采用逐孔起爆技术、孔内岩粉间隔装药及孔口放置沙袋、铺设炮被等安全措施，有效地减少了爆破振动、爆破飞石等有害效应。

（2）采用"先中间，再里边，后边缘"的起爆顺序，边缘孔利用岩粉间隔装药方式实现减弱装药原则，临边边缘孔在同排中最后起爆，采取在爆区与保护对象之间铺设缓冲层、设置防护墙的防护措施，有效地减少了对周边保护对象安全的影响，保证了爆破施工安全和保护对象的安全。

参 考 文 献

［1］叶春雷，郑德明，戴春阳，等．复杂环境下数码电子雷管在土石方爆破工程中的应用［J］．爆破，2019，36（4）：76-79，95.

［2］汪艮忠，周珉，徐克青，等．遂昌金矿景区复杂环境深孔控制爆破［J］．工程爆破，2018，24（2）：44-48.

［3］樊永强，马俊斌，焦卫宁，等．复杂山体削坡爆破控制飞石方向的工程实践［J］．爆破，2022，39（1）：95-100.

［4］陈星明．逐孔起爆技术在露天矿生产爆破中的应用［J］．有色金属，2006（4）：94-95，99.

［5］孙冰，罗志业，曾晟，等．爆破振动影响因素及控制技术研究现状［J］．矿业安全与环保，2021，48（6）：129-134.

［6］汪高龙，王潇，李跟，等．复杂环境爆破参数优化及控制技术［J］．工程爆破，2020，26（4）：48-52.

［7］熊炎飞，董正才，王辛．爆破飞石飞散距离计算公式浅析［J］．工程爆破，2009，15（3）：31-34.

［8］中国工程爆破协会．GB 6722—2014 爆破安全规程［S］．北京：中国标准出版社，2015.

［9］王志刚，成小东，齐恩会，等．居民密集区超陡高边坡爆破施工技术［C］//2021 年全国土木工程施工技术交流会论文集（中册），2021.

中型断面隧洞开挖爆破的楔形与直缝联合掏槽技术

吴从清[1]　　张汉斌[2]　　汪坤林[3]

（1. 长江科学院，武汉　430019；2. 中国地质大学（武汉），武汉　430074；
3. 中国水利水电第十四工程有限公司，昆明　650041）

摘　要：在中型断面隧洞开挖爆破中受隧洞宽度、最小锥顶角的限制采用楔形掏槽，掏槽效率低、爆破振动大，本文提出了在中型断面隧洞开挖爆破中采用楔形掏槽结合掏槽中部增加直缝掏槽的复合掏槽技术，可以有效克服最小锥顶角对爆破的影响，施工简便，降低爆破振动，有效提高循环进尺和施工效率，取得较好的爆破效果。

关键词：隧洞开挖；楔形掏槽；直缝掏槽

Straight Seam and Wedge-shaped Composite Slotting Technique for Medium-sized Section Tunnel Excavation Blasting

Wu Congqing[1]　　Zhang Hanbin[2]　　Wang Kunlin[3]

（1. Yangtze River Academy of Sciences, Wuhan 430019；2. China University of Geosciences (Wuhan), Wuhan 430074；3. China Water Resources 14th Bureau, Kunming 650041）

Abstract：Due to the limitation of tunnel width and minimum cone top angle, wedge cut has low cutting efficiency and large blasting vibration during excavation blasting of medium section tunnel. In this paper, the combined cutting technology of adding a straight seam in the middle of wedge cut is proposed, which can effectively overcome the influence of minimum cone top angle on blasting, simplify construction, and reduce blasting vibration. The combined cutting technology can effectively improve the cyclic footage and construction efficiency, achieving good blasting effect.

Keywords：tunnel excavation；wedge-shaped cutting；straight seam slotting

1　概述

楔形掏槽广泛应用于中大型断面隧洞开挖爆破，可以充分利用自由面、钻孔数量相对直眼掏槽少的优点，掏槽效果较好，不管是采用施工排架手风钻钻孔或是液压钻孔台车钻孔，楔形掏槽是优先选择的掏槽方式。为便于钻孔及克服岩体自重的不利影响，一般以垂直楔形掏槽为主，孔距较小的左右两排炮孔斜交于孔底，同时起爆后形成向外的合力，爆渣向外抛出楔形体

作者信息：吴从清，高级工程师，wuwucq@ 126. com。

并形成后续自由面。楔形掏槽的关键参数是锥顶角，一般中硬岩体中的锥顶角要求为 50°~70°，既要保证左右两排炮孔相互挤压破碎岩石，又要保证爆渣有力向外抛出。合理的锥顶角也是衡量相同钻孔深度达到最大爆破进尺的重要参数，小的锥顶角可以达到较大的进尺，但是锥顶角小到一定程度必然导致炮孔夹制作用较大、爆渣无法抛出、残眼加深，无法达到理想的爆破效果。

随着施工技术的进步，中大型隧洞开挖逐渐采用液压凿岩台车钻孔代替手风钻钻孔，具有钻孔效率高、钻孔人员的作业环境及安全条件极大改善等优点，由于液压凿岩台车的作业臂长度约 6m，斜向 60°钻孔的横向宽度为 3m，因此液压凿岩台车用于宽度小于 9m 的中型断面隧洞开挖时必然导致楔形掏槽锥顶角小于 60°，研究如何改进楔形掏槽参数及复合掏槽方式十分必要。

2 楔形掏槽的限制条件

2.1 隧洞宽度

（1）以 YT-28 手风钻为例，机长约 0.7m，最小钻杆长度 1m，气腿最小工作长度按 0.3m 计算，则手风钻最小开钻宽度约 1m，其宽度勉强可以布置一排辅助孔及一排光爆孔，若设计开挖进尺约 2m，则采用锥顶角 60°的楔形掏槽的最小隧洞宽度约 4.5m，应避免在较小断面的隧洞开挖爆破中使用楔形掏槽。

（2）以液压凿岩台车作业臂长度 6m 为例，其横向工作宽度约 3m，其宽度布置 2 排辅助孔及一排光爆孔是可行的，若设计开挖进尺约 2.6m，则采用锥顶角 60°的楔形掏槽的最小隧洞宽度约 9m。因此，在宽度小于 9m 的中型断面隧洞开挖爆破中使用楔形掏槽是受限的。

2.2 最小锥顶角

实际施工中的极限锥顶角可以达到 34°，其应用条件是中等硬度的石灰岩、节理裂隙发育。如图 1 所示，采用液压台车钻孔，若循环进尺较大、锥顶角极小的情况下，爆破效果较差。

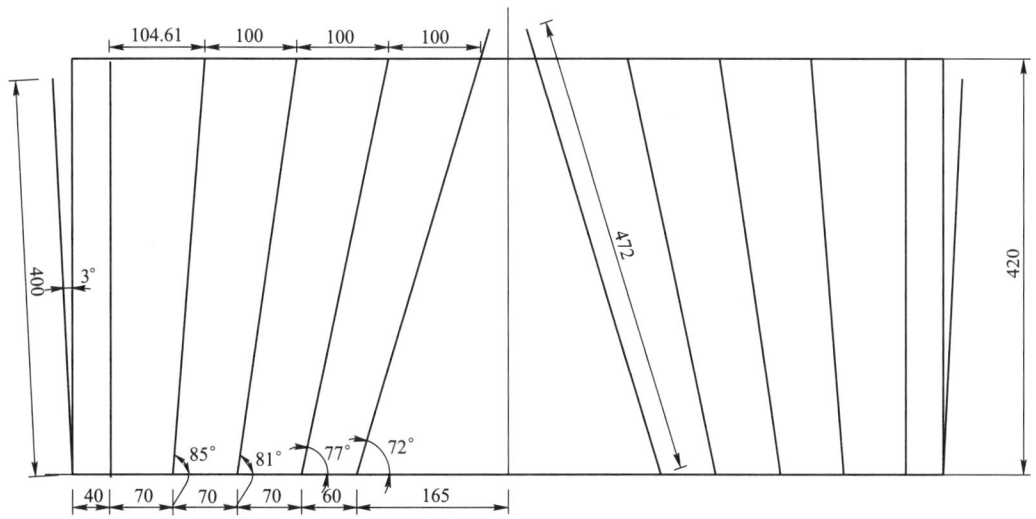

图 1　楔形掏槽最小锥顶角的图例

Fig. 1　Illustration of minimum cone top Angle of wedge cut

最小锥顶角的约束较大，其最大危害就是引起较大振动，如在节理裂隙发育岩体中爆破时，洞壁掉块不一定是周边光爆所致，也有可能是楔形掏槽振动破坏造成的，可以采用声波测试数据验证掏槽爆破对围岩稳定性及松弛层的影响，即对掏槽爆破前后的声波对比测试进行验证。

2.3 双楔形掏槽的优缺点

针对楔形掏槽的限制条件，目前一般采用双楔形掏槽，可以有效改变掏槽效率，并取得较大循环进尺。

采用双楔形掏槽的钻孔精度要求高、斜孔钻孔数量、钻孔时间及雷管使用量倍增，钻孔作业时相互干扰大、循环时间延长等不利因素，由于楔形掏槽的宽度较大，产生较大块石的几率较高，并且抛掷较远，对后续清渣效率影响较大。

3 辅助直缝的作用及参数

3.1 辅助直缝的布置及作用

在楔形掏槽中部布置一排密集钻孔，采用隔孔装药的方式进行爆破，爆破孔以相邻空孔为自由面，爆破后在楔形掏槽中部形成一条贯通的裂缝，以起到减弱楔形掏槽约束的目的。

3.2 辅助直缝的参数

（1）钻孔直径：等同楔形掏槽钻孔直径，一般为 $\phi42\sim45mm$。

（2）钻孔深度：保证与楔形掏槽炮孔底部相隔 50cm 以上，以避免对楔形掏槽造成影响。

（3）钻孔间距及孔数：孔距较小有利于形成裂缝，设计孔距采用 20cm 即可。辅助直缝的总体长度略小于楔形掏槽高度，钻孔总数略为 7~13 个。

（4）延时间隔：爆破成缝与楔形掏槽的时间间隔以 50ms 为宜，形成直缝并不需要抛出岩体以形成补偿空间。

（5）装药结构：采用小直径药卷连续装药及孔内雷管起爆，堵塞长度约 0.5m。

3.3 辅助直缝的优点

辅助直缝钻孔垂直与掌子面，钻孔比较方便，钻孔及装药总数较少，装药结构简单，直缝爆破以相邻空孔为自由面的抵抗线较小，爆破补偿空间较大，产生横向飞石的可能性较小，对后续炮孔及爆破网路的影响较小，降低了较小锥顶角楔形掏槽爆破对围岩的振动影响，实际最小锥顶角可以降低到40°以下，中型断面仍然适用液压台车钻孔，有效提高循环进尺，保证施工安全。

4 结论

隧洞开挖爆破采用楔形及直缝复合掏槽技术可以有效克服最小锥顶角对爆破的影响，施工简便，降低爆破振动，有效提高循环进尺及施工效率，取得了较好的爆破效果。

参 考 文 献

[1] 陈庆，王宏图，胡国忠，等. 隧道开挖施工的爆破振动监测与控制技术 [J]. 岩土力学，2005，26（6）：964~967.

[2] 汪旭光. 爆破设计与施工 [M]. 北京：冶金工业出版社，2011：201-203.

水袋间隔装药爆破技术在隧道爆破中的应用

郭克举

（中国铁建大桥工程局集团有限公司设计研究院分公司，天津　300000）

摘　要：本文以新建盘县至兴义铁路石桥隧道为试验研究对象，分析了水袋间隔装药爆破机理，水袋间隔装药爆破技术在隧道开挖爆破中得到了应用。采用水袋间隔装药爆破技术有效地提高了孔痕保存率，降低了隧道内粉尘含量，减少隧道超、欠挖，减弱了爆破振动及对隧道围岩的扰动，提高了隧道开挖施工的安全性，降低了后续隧道衬砌的回填成本。

关键词：水袋间隔装药；孔痕保存率；爆破振动；扰动；安全性

The Application of Water-bag Interval Charge Blasting Technology in Tunnel Blasting

Guo Keju

（Design and Research Institute Branch of China Railway Construction Corporation Bridge Engineering Bureau Group Co., Ltd., Tianjin 300000）

Abstract：This article takes the Shiqiao Tunnel of the newly built Panxian to Xingyi railway as the experimental research object, analyzes the mechanism of water-bag interval charging blasting, and the water-bag interval charging blasting technology has been applied in tunnel excavation blasting. The use of water-bag interval charging blasting technology effectively improves the preservation rate of hole marks, reduces the dust content in the tunnel, reduces tunnel over excavation and under excavation, weakens blasting vibration and disturbance to tunnel surrounding rock, improves the safety of tunnel excavation construction, and reduces the backfilling cost of subsequent tunnel lining.

Keywords：water-bag interval charge; hole mark preservation rate; blasting vibration; disturbance; security

　　本文以新建盘县至兴义铁路石桥横洞为试验研究对象，采用水袋间隔装药爆破技术，取得了较好的爆破效果。

1　工程概况

　　石桥隧道进口里程 DK35+890，出口里程 DK40+501，全长 4611m，为盘兴高速铁路行车设计速度 250km/h 区段双线隧道，隧道最大埋深约 286m。该隧道分为出口工区、横洞工区，共

作者信息：郭克举，硕士，工程师，1028302189@qq.com。

两个工区，各工区均采用钻爆法施工。出口工区承担正洞 1501m 施工，横洞工区承担正洞 3110m 施工。横洞工区采用中度机械化配置施工。横洞位于隧道 DK39+000 处线路左侧，长 935.1m，综合坡度 20.6‰，采用无轨双车道运输。

隧址区属云贵高原溶蚀、剥蚀构造低中山，地形连绵起伏。隧址区绝对高程 1450~1890m，最大相对高差 440m。地貌受构造及岩性控制，砂、泥岩层薄，岩质较软，多形成小槽沟、缓坡地形，灰岩层厚，岩质硬，多形成溶蚀残丘、洼地等岩溶地貌。隧址范围内覆盖层主要为人工填土、粉质黏土、黏土、角砾土，下伏基岩为玄武岩、凝灰岩、泥岩夹煤线、灰岩夹白云岩等。

隧址位于普克向斜南东翼，隧区主要构造有隧道进口端的归顺逆冲推覆断层、洞身的糯寨断层及出口槽谷内的响水断层。隧区整体岩层呈单斜产出，倾向大里程向，节理产出受区内构造向控制，主要发育节理一组。地震动峰值加速度 0.05g（对应地震基本烈度为Ⅵ度），地震动反应谱特征周期为 0.45s。

2　水袋间隔爆破技术

2.1　水袋间隔爆破机理

水袋间隔爆破利用水作为介质，水具有不可压缩的性质，同时炮孔炮泥填塞与水袋间隔装药使炸药爆炸产生的能量能充分地作用到围岩上，有效地控制了隧道轮廓线，减少隧道超、欠挖。同时，由于炮泥的堵塞和水的雾化作用，起到了降尘的作用，减少了爆破振动强度对周边围岩的扰动。

2.2　施工工艺

石桥隧道爆破在光面爆破基础上采用水袋间隔爆破技术。爆破器材炸药采用二号岩石乳化炸药，雷管为数码电子雷管，另外周边孔采用导爆索引爆。钻眼机具采用三臂凿岩台车或气腿式凿岩机钻孔。炮泥采用炮泥机制作，水袋采用水袋封口机制作。

隧道开挖施工工艺流程：测量布眼→钻孔→水袋、炮泥制作→装药→填塞→连接起爆网路→起爆→爆后检查。

3　爆破设计

3.1　掏槽方式

一般情况下掏槽眼应布置在开挖面的中下部。在岩质软硬不均的岩层中，应布置在岩层较为薄弱的位置，一般布置在软岩层中。掏槽眼比其他眼深 30cm 左右，才能为辅助眼爆破创造出足够深度的临空面，保证循环进尺。

隧道掘进的循环进尺受掏槽的深度直接影响。掏槽形式应根据炮孔深度、地质条件、炸药种类及装药量、起爆顺序等灵活选用。石桥隧道采用垂直楔形掏槽，掏槽形式如图 1 所示。

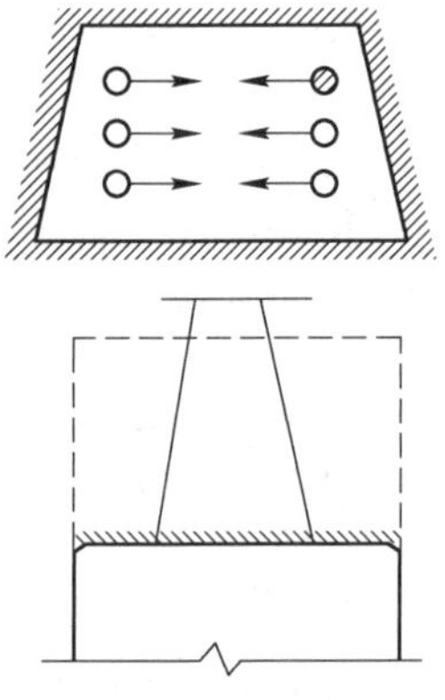

图 1　垂直楔形掏槽
Fig.1　Vertical wedge cut

3.2　水袋制作

水袋采用水袋封口机制作，水袋为聚乙烯材料制成，长 20cm，直径为 4cm，厚 0.08cm。

水袋封口机每小时大概能生产 700 个水袋，水袋不宜装满，90% 即可，水袋也在放炮前 1~2h 制作。

3.3 水袋间隔装药爆破设计

3.3.1 Ⅲ级围岩隧道爆破设计参数

Ⅲ级围岩属于硬岩，采用全断面法开挖。根据施工经验及相关理论确定光爆参数，周边眼间距 $E = 0.5m$，抵抗线取 $W = 0.6m$，选择孔径 $d = 40mm$，炮眼深度 $L = 3.5m$，掏槽眼比正常炮眼多打垂直方向 0.3m 的深度，单耗取 $q = 1.1kg/m^3$，布孔及装药参数见表 1、表 2。

表 1 Ⅲ级围岩全断面光面爆破参数

Tab. 1 Full-face smooth blasting parameters of grade Ⅲ surrounding rock

钻孔类型	数量	每孔药量/kg	总装药量/kg	雷管延期/ms	孔长/m
掏槽孔	12	2.4	28.8	0	3.9
辅助孔 1	18	1.8	32.4	50	3.5
辅助孔 2	19	1.8	34.2	100	3.5
辅助孔 3	23	1.8	41.4	150	3.5
周边孔	41	0.8	32.8	200	3.5
底板孔	11	1.8	19.8	250	3.5
总计	124		189.4		

表 2 Ⅲ级围岩仰拱光面爆破参数

Tab. 2 The smooth blasting parameters of invert surrounding rock of Class Ⅲ

钻孔类型	数量	每孔药量/kg	总装药量/kg	雷管延期/ms	孔长/m
辅助孔	6	1.0	6.0	0	3.5
底板孔	17	0.8	13.6	50	3.5
总计	23		19.6		

说明：

（1）上台阶开挖面积为 62.7m²，炮眼密集系数 1.98 个/m²，掏槽眼角度为 70°，炮孔长度 3.5m，实际循环进尺 3.0m，开挖方量为 188.1m³，炸药单耗为 1.01kg/m³。

（2）仰拱开挖面积为 5.8m²，炮眼密集系数 3.96 个/m²，炮孔长度 3.5m，实际进尺 3.0m，开挖方量为 17.4m³，炸药单耗为 1.13kg/m³。

3.3.2 Ⅲ级围岩隧道开挖采用水袋间隔装药爆破技术

水袋间隔爆破与常规光面爆破不同之处在于装药结构和堵塞材料不同，主要是装药结构不同，水袋间隔爆破在孔底、孔口各增加了一个水袋，周边孔装药采用水袋间隔，即药卷之间用水袋间隔。水袋间隔装药爆破周边孔装药结构如图 2 所示。

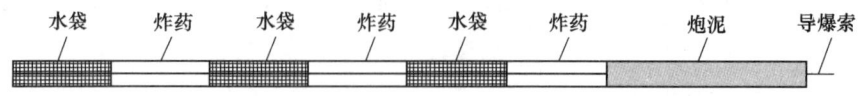

图2　水袋间隔装药爆破周边孔装药结构

Fig. 2　Water-bag interval blasting peripheral hole charge structure

3.4　起爆网络

水袋间隔爆破，起爆顺序为掏槽孔→辅助孔→周边孔→底板孔。掏槽孔延时设置为 0ms，辅助孔由内向外延时分别设置为 50ms、100ms、150ms，周边孔延时设置为 200ms，底板孔延时设置为 250ms。炮孔布置及起爆顺序如图 3 所示。

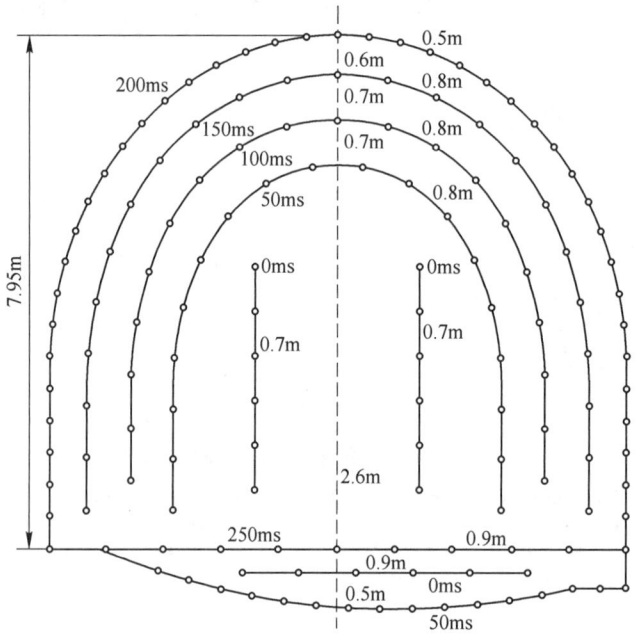

图3　炮孔布置及起爆顺序

Fig. 3　Blast hole layout and firing sequence

3.5　爆破应用效果

水袋间隔爆破与常规光面爆破采用的炮孔深度、数量、布孔方式、地质条件等均相同。采用水袋间隔装药爆破技术，取得了较好的实际爆破效果，结果如图 4 所示。

4　结论

（1）采用水袋间隔装药爆破技术有效地提高了孔痕保存率，减少隧道超、欠挖，降低了后续隧道衬砌的回填成本。

（2）由于水的雾化作用，水袋间隔装药爆破使隧道内粉尘含量降低，减少了隧道内污染。

（3）减弱了爆破振动及对隧道围岩的扰动，提高了隧道开挖施工的安全性。

图 4　爆破效果图

Fig. 4　Effect diagram of water-bag interval blasting

参 考 文 献

[1] 盖梦飞，仇安兵，王思杰，等．不同装药结构水压爆破应变场变化的模型试验研究［J］．工程爆破，2023，29（2）：42-50.

[2] 国家安全生产监督管理总局．爆破安全规程：GB 6722—2014［S］．北京：中国标准出版社，2015.

[3] 沈琦．水压爆破工艺在隧道施工中的应用研究——以高山岗隧道为例［J］．工程技术研究，2023，8（7）：54-56.

[4] 李广涛，李大春．隧道掘进水压爆破技术发展新阶段［J］．爆破，2022，39（3）：82-87.

[5] 何广沂．隧道掘进水压爆破技术发展［J］．工程爆破，2021，27（5）：53-58.

[6] 王树成，何广沂．隧道掘进水压爆破技术发展与创新［J］．铁道建筑技术，2021（7）：1-7，38.

[7] 刘海波，白宗河，刘学攀，等．隧道掘进聚能水压光面爆破新技术与应用［J］．工程爆破，2017，23（1）：81-84.

[8] 王振江，刘其亮，朱俊虎．隧道水压光面爆破施工技术的经济性分析［J］．施工技术，2016，45（S1）：512-514.

[9] 来弘鹏，周冬辉，宋竹兵，等．山岭隧道水压爆破降尘剂试验研究［J］．现代隧道技术，2021，58（2）：188-194.

[10] 夏彬伟，高玉刚，刘承伟，等．缝槽水压爆破破岩载荷实验研究［J］．工程科学学报，2020，42（9）：1130-1138.

拆除爆破

城市复杂环境下高大楼房精细爆破拆除

黄小武[1]　谢先启[1,2]　贾永胜[1,2]　刘昌邦[1]　伍　岳[1]　姚颖康[2]

（1. 武汉爆破有限公司，武汉　430056；

2. 江汉大学精细爆破国家重点实验室，武汉　430056）

摘　要：高大楼房采取传统单切口定向爆破技术进行拆除时存在冲击荷载大、振动效应强和倒塌范围广等弊端，会对邻近敏感保护对象造成严重影响，限制了拆除爆破技术的应用范围。结合某24层框剪结构楼房爆破拆除项目，提出了"先倾后叠、空中解体"爆破拆除创新技术。通过LS-DYNA动力学有限元程序计算分析了楼房的失稳倒塌过程、冲击荷载特征和触地振动效应，并分析评估了邻近地铁隧道结构安全性。实际爆破效果表明，通过在1~5层、8层、11层、14层、17层、20层和23层布置多个爆破切口，并设计合理的起爆时序，实现了大楼定向倒塌和构件空中解体的爆破拆除效果。根据现场监测和踏勘结果，邻近地铁结构的振动控制在安全标准之内，周边保护对象均安全无恙。在城市复杂环境中实施高大楼房拆除爆破时，通过设计合理的爆破切口和起爆网路，实现楼房结构在倒塌过程中空中解体，可有效控制倒塌范围和冲击振动效应，进一步提高了拆除爆破的安全性。

关键词：框剪结构；爆破拆除；数值模拟；空中解体；爆破效果

Precision Blasting Demolition of Tall Buildings in Complex Urban Environment

Huang Xiaowu[1]　Xie Xianqi[1,2]　Jia Yongsheng[1,2]　Liu Changbang[1]

Wu Yue[1]　Yao Yingkang[2]

（1. Wuhan Explosion & Blasting Co., Ltd., Wuhan 430056；

2. State Key Laboratory of Precision Blasting, Jianghan University, Wuhan 430056）

Abstract：Traditional single-incision directional blasting technology for demolition of high-rise buildings has the disadvantages of large impact load, strong vibration effect and wide collapse range, which will have a serious impact on the adjacent sensitive protection objects and limit the application range of demolition blasting technology. Combined with the blasting demolition project of a 24-story frame-shear structure building, the blasting demolition technology of "first tilting and then stacking, air disintegration" was innovatively proposed. The collapse process, impact load characteristics and

基金项目：中国工程院战略研究与咨询项目（2023-XZ-35）；湖北省重点研发计划项目（2020BCA084）；湖北省自然科学基金面上项目（2021CFB541）。

作者信息：黄小武，工程师，博士研究生，840022742@qq.com。

touchdown vibration effect of the building were calculated and analyzed by LS-DYNA, and the safety of the adjacent subway tunnel structure was analyzed and evaluated. Actual blasting effect shows that blasting demolition effect of directional collapse of building and aerial disintegration of components is realized by arranging multiple blasting incisions on the 1-5, 8, 11, 14, 17, 20 and 23 floors, and designing a reasonable initiation sequence. According to the results of on-site monitoring and reconnaissance, the vibration effect of the adjacent subway structure is controlled within the safety standard, and the surrounding protection objects are safe and sound. When the demolition blasting of high-rise buildings is carried out in the complex environment of the city, the reasonable blasting cut and firing circuit are designed to realize the disintegration of building structure in the air during collapse process, which can effectively control the collapse range and impact vibration effect, and further improve the safety of demolition blasting.

Keywords: frame shear structure; blasting demolition; numerical simulation; aerial disintegration; blasting effect

拆除爆破是工程爆破技术的重要分支之一, 在城市更新、工业改造和围堰拆除等工程领域得到广泛应用[1-2]。近年来, 我国城镇化战略快速推进, 城市发展日新月异, 拆除爆破的环境日益复杂。尤其是在城区环境下实施房屋类建筑物爆破拆除时, 一方面, 爆破对象呈现出结构多样化和规模大型化的特点; 尤其针对各种异性结构楼房, 多采用机械、人工方式在爆破前将楼房预先切割分离成多个独栋结构, 这样虽提高了楼房倒塌的可靠性, 但同时显著增加了安全风险和施工进度[3]。另一方面, 爆破对象的周边环境日趋复杂; 经常伴有房屋、架空电线、变电站、天然气调压站、停车棚等地上设施, 以及地铁、电力、自来水、天然气管道等地下设施, 给爆破拆除技术带来了诸多挑战。传统的单切口定向爆破技术进行楼房拆除时存在冲击荷载大、振动效应强和倒塌范围广等弊端, 会对邻近敏感保护对象造成严重影响, 限制了拆除爆破技术的应用范围。

为进一步提高房屋类建筑物爆破拆除技术的安全性和适应性, 工程师们结合建筑结构特征和周边环境情况, 在传统定向爆破拆除技术的基础上创新性地提出了许多有益的技术方案。其中, 贾永胜等人[4]结合多个房屋爆破拆除典型工程案例, 分析了 "纵向逐跨坍塌爆破拆除技术" 的基本原理, 探讨总结了相关爆破参数的设计原则, 解决了城市受限空间内实施高宽比小、长宽比大的楼房爆破拆除难题。刘昌邦等人[5-6]提出了框架结构楼房 "逐跨向内倾倒" 的爆破拆除技术, 分析了框架楼房爆破拆除倒塌运动过程与爆堆形态, 研究了逐跨向内倒塌爆破拆除的技术要点, 并认为该技术在控制倒塌姿态、促进爆堆解体和减弱触地振动等方面更具优越性; 且针对异形砖混结构楼房爆破拆除且定向倒塌空间不足的技术难题, 提出了 "原地坍塌和定向倾倒相结合" 的逐段向内倾倒爆破拆除方法, 通过创新设计爆破切口、孔网参数和爆破网路, 实现了预期的爆破拆除效果。伍岳等人[7]针对某 7 层 "L" 型砖混结构楼房爆破拆除工程, 提出了一种 "异向倾倒一次性整体爆破拆除" 方案, 采用 ANSYS/LS-DYNA 动力学有限元软件对该方案进行了仿真验算, 并结合实际爆破效果验证了该技术方案的可行性。孙金山等人[8]对高层楼房折叠爆破方案的定量化设计方法进行了研究, 建立了楼房折叠爆破的运动学模型, 并基于动力学模型和工程案例分析, 提出了爆破切口位置、起爆顺序、起爆延时等主要参数的设计准则。罗福友等人[9]将数码电子雷管分块斜线起爆网路应用于纵向倒塌的爆破技术, 在空间与时间上将楼体划分成几个区域, 使楼房在爆破过程中受拉应力与剪应力共同作用而完全解体, 有效减小了爆堆的散落面积, 为狭小空间下的爆破拆除提供了可能。侯云锋等人[10]

结合 22 层框剪结构楼房爆破拆除，采用 AutoCAD 软件平台并结合二次开发建立了影像分析框架，提取了特定观测点的时空数据信息，绘制了观测点的位移、速度、加速度、瞬时速度、瞬时加速度时程曲线，揭示了框剪结构楼房爆破拆除定向倾倒过程的运动和解体规律。

本文结合某 24 层框剪结构楼房爆破拆除项目，通过设置多个爆破切口，创新性地提出一种"先倾后叠、空中解体"的爆破拆除技术；并通过 LS-DYNA 动力学有限元程序计算分析楼房的失稳倒塌过程、冲击荷载特征和触地振动效应，评估了邻近地铁隧道结构安全性，为类似爆破拆除工程提供了重要借鉴。

1　工程概况

武汉江天大厦位于武汉市武昌区武珞路与宝通寺路交会处，为一栋 24 层框架–剪力墙结构楼房，整体平面呈"L"形，总建筑面积 36589.4m²，因城市建设规划需要，需将其拆除。大楼分为两部分，一部分为 24 层主楼，长 56.0m，宽 30.1m，高 84.4m；另一部分为 7 层副楼，长 26.1m，宽 11.4m，高 25.6m。主楼东西方向共有 10 排立柱，南北方向共有 6 排立柱，一层至二层有 3 个楼梯间，3 个电梯井，三层以上有 2 个楼梯间，3 个电梯井。副楼东西方向共有 3 排立柱，南北方向共有 4 排立柱，一层至七层有 1 个楼梯间和 1 个电梯井及 1 个设备管道井。填充墙体厚度为 240mm，楼板为现浇板，板厚 120mm。楼房结构示意图如图 1 所示。

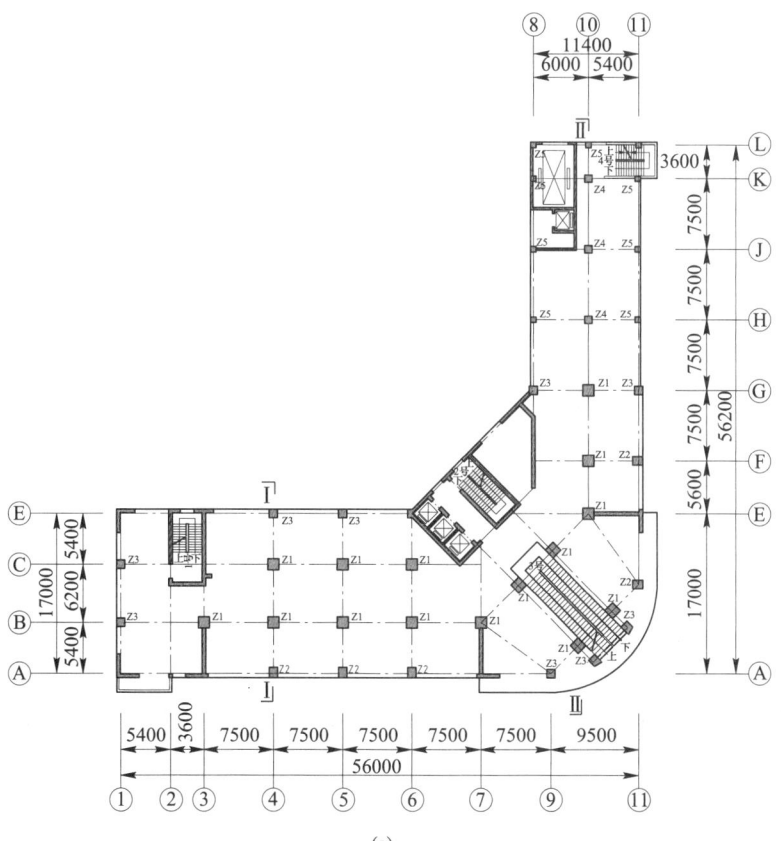

(a)

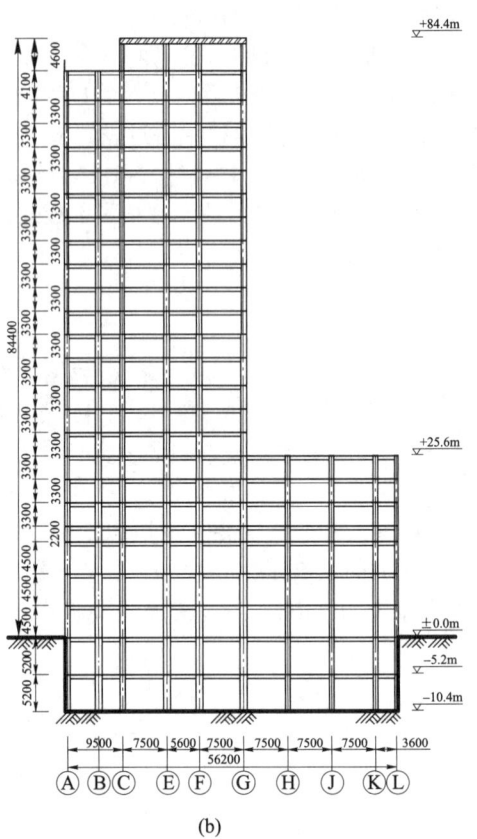

图 1 楼房结构示意图

(a) 平面图；(b) 立面图

Fig. 1 Structure diagram of the building

江天大厦东侧距地铁 2 号线宝通寺站主体结构外边界 10.2m，距风亭 18.5m，距宝通寺站 A 出口 54.0m；南侧 86.0m 范围内为拆迁后待建空地，86.0m 以外为武商梦时代广场在建基坑；西侧距宝通寺路 7.8m，距珞珈山小学值班室 29.0m，距珞珈山小学 4 层教学楼 40.0m，距人行天桥 37.4m；北侧距地铁 2 号线右线隧道边界 6.5m，距左线隧道边界 19.5m，距武珞路路 9.3m，距宝通禅寺围墙 64.0m。同时，楼房周边沿武珞路与宝通寺路地下分布有电力、天然气、供水、排水、通信等市政管线。周边环境示意图如图 2 所示。

2 难点分析

爆破拆除对象为高大框剪结构楼房，项目位于城市核心商圈，周边环境极其复杂，工程具有以下难点：

（1）大楼为 24 层平面呈 "L" 形的框剪结构，高宽比较小，整体失稳难度高；爆破立柱为大体积钢筋混凝土，钢筋含量达 $103kg/m^3$，爆破破碎难度大；楼房结构刚度高，倒塌触地后难以解体，且触地振动和冲击荷载大。

（2）大楼紧邻轨道交通 2 号线，距地铁隧道仅 6.5m，且周边地下有电力、通信、给排水和天然气等多种浅埋市政管网，地下结构与设施对变形和振动敏感，需严格控制爆破时的冲击和振动。

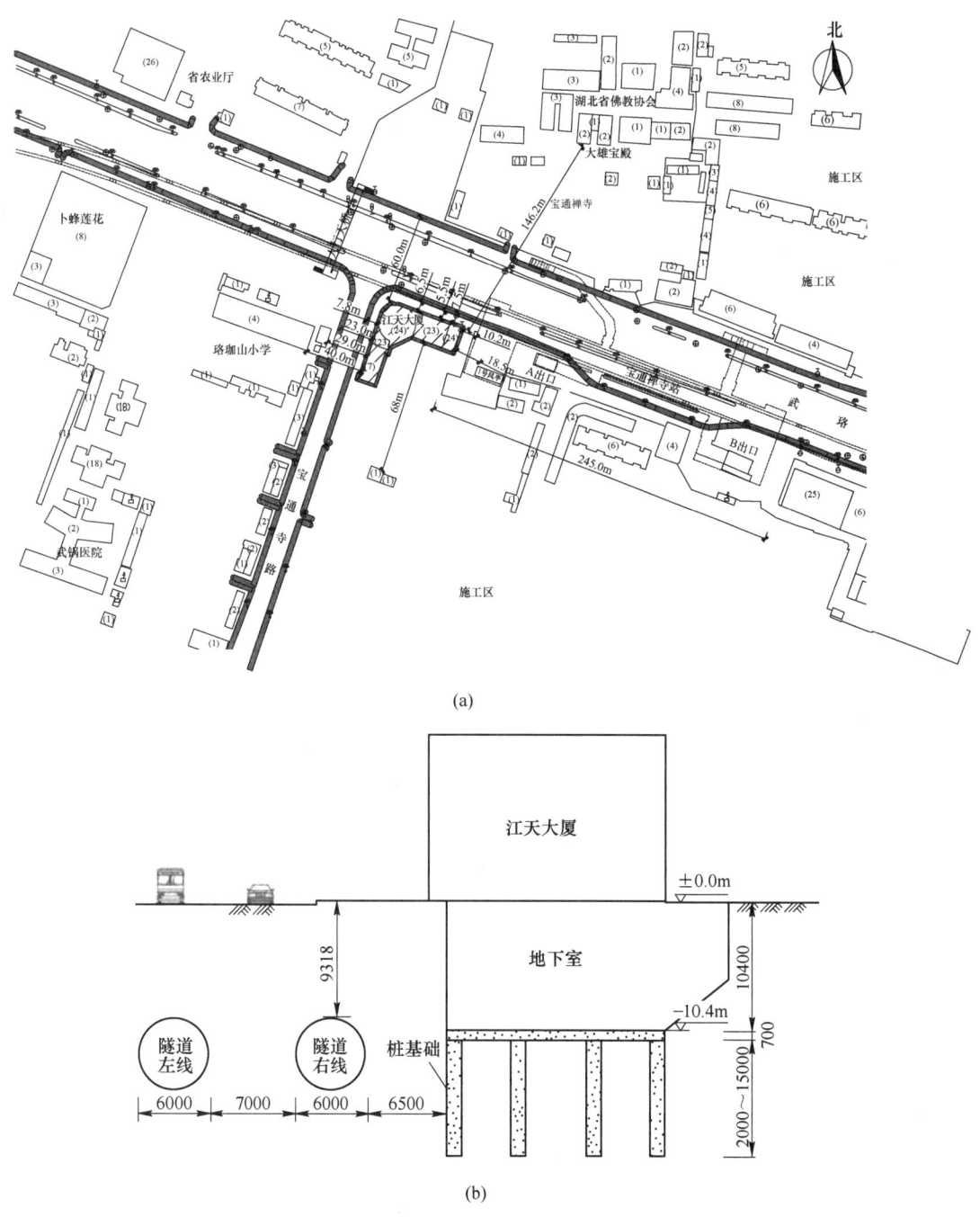

图 2　周边环境示意图

(a) 平面图；(b) 立面图

Fig. 2　Surrounding environment diagram

（3）大楼位于武昌核心商圈地带，紧邻交通主干道、商业中心、学校和旅游景点等，周边行人、车辆密集，安全文明施工及环保要求高，施工组织协调难度大。

3 方案设计

3.1 总体爆破方案

根据楼房周边环境、结构特点等条件和工期要求，采用"楼房预切割分离，副楼向东定向倒塌，主楼向南先倾后叠、空中解体"的总体爆破方案。

3.2 爆破切口

大楼主楼爆破切口布设在 1~5 层、8 层、11 层、14 层、17 层、20 层和 23 层，如图 3 所示；切口区域立柱破坏高度见表 1。

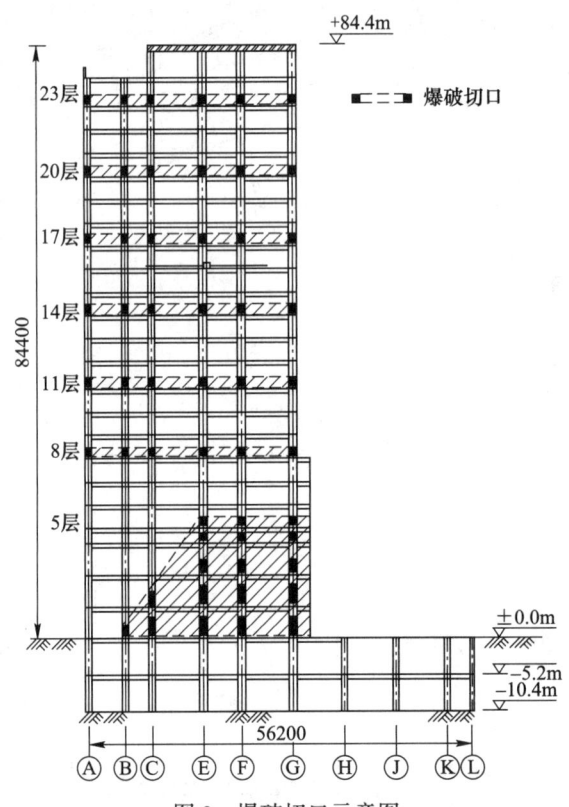

图 3　爆破切口示意图

Fig. 3　Blasting cut diagram

表 1　爆破切口区域立柱破坏高度

Tab. 1　Damage height of columns in blasting cut area　　　　（m）

楼层	轴　号						
	A	B	C	D	E	F	G
23 层	1.2	1.2	1.2	1.2	1.2	1.2	1.2
20 层	1.2	1.2	1.2	1.2	1.2	1.2	1.2
17 层	1.2	1.2	1.2	1.2	1.2	1.2	1.2

续表1

楼层	轴 号						
	A	B	C	D	E	F	G
14 层	1.2	1.2	1.2	1.2	1.2	1.2	1.2
11 层	1.2	1.2	1.2	1.2	1.2	1.2	1.2
8 层	1.2	1.2	1.2	1.2	1.2	1.2	1.2
5 层	—	—	—	—	1.2	1.2	1.2
4 层	—	—	—	—	1.2	1.2	1.2
3 层	—	—	—	1.8	1.8	1.8	1.8
2 层	—	—	1.8	2.7	2.7	2.7	2.7
1 层	—	0.6	1.8	2.7	2.7	2.7	2.7

3.3 预处理

采用人工、机械方式将大楼从 G 轴~H 轴之间切割分离成 2 栋独立的楼房。1~2 层除支撑区外，其余内墙、外墙全部拆除，切口范围内 3 层以上的内墙全部拆除，外墙保留。电梯井、楼梯间等部位的剪力墙采取"化墙为柱"的方式进行处理。将楼房的 1 号和 2 号楼梯 1~2 层全部拆除，上部切口楼层的楼梯弱化处理，3 号楼梯 1~2 层弱化处理。

3.4 孔网参数

尺寸为 900mm×700mm 和 900mm×800mm 的立柱采用单排布孔形式，其他立柱和剪力墙构件均采用梅花形布孔形式，炮孔直径为 ϕ40mm，装填 ϕ32mm×300mm 的 2 号岩石乳化炸药。爆破参数见表 2。

表 2 爆破参数
Tab. 2 Table of blasting parameters

立柱尺寸 /mm×mm	最小抵抗线 w/cm	孔径 /mm	孔距 a /cm	排距 b /cm	孔深 l /cm	单耗 /g·m⁻³	单孔药量 q/g	布孔方式	装药结构
1200×1200	30	40	30	30	92	2778	1200	梅花形布孔	间隔装药
1100×1100	30	40	25	30	85	2617	820	梅花形布孔	间隔装药
1000×1000	30	40	25	30	75	2333	700	梅花形布孔	间隔装药
900×1100	25	40	20	30	85	2525	800	梅花形布孔	间隔装药
900×900	32.5	40	30	30	65	2469	400	梅花形布孔	间隔装药
900×800	27.5	40	30	30	65	1851	400	单排布孔	连续装药
900×700	22.5	40	35	30	65	1814	400	单排布孔	连续装药
400 剪力墙	18.5	40	30	30	24	1500	50	梅花形布孔	连续装药
350 剪力墙	17	40	30	30	20	1270	40	梅花形布孔	连续装药
300 剪力墙	15	40	30	30	18	1500	40	梅花形布孔	连续装药
250 剪力墙	12.5	40	30	30	15	1500	30	梅花形布孔	连续装药

3.5 起爆网路

起爆器材采用澳瑞凯 Exel 长延时导爆管雷管，底部切口（1～5 层）所有立柱和剪力墙均装 15 段（1800ms），8 层以上（含 8 层）切口所有立柱和剪力墙均装 21 段（3800ms）。底部切口 F、G 轴首先同时起爆，E 轴延迟于 G、F 轴 500ms 起爆，C、D 轴延迟于 E 轴 500ms 起爆，A、B 轴延迟于 C、D 轴 500ms 起爆；8 层以上（含 8 层）同一切口内立柱同时起爆。8 层延迟于 1～5 层 1000ms 起爆，11 层延迟于 8 层 100ms 起爆，14 层延迟于 11 层 100ms 起爆，以此类推，23 层延迟于 20 层 100ms 起爆。各楼层雷管起爆时刻表见表 3。

表 3　各楼层雷管起爆时刻表
Tab. 3　Detonation timetable of each floor

楼　层		轴　号					
		A	B	C	D	E	F、G
23 层	孔外	1500	1500	1500	1500	1500	1500
	孔内	5300	5300	5300	5300	5300	5300
20 层	孔外	1400	1400	1400	1400	1400	1400
	孔内	5200	5200	5200	5200	5200	5200
17 层	孔外	1300	1300	1300	1300	1300	1300
	孔内	5100	5100	5100	5100	5100	5100
14 层	孔外	1200	1200	1200	1200	1200	1200
	孔内	5000	5000	5000	5000	5000	5000
11 层	孔外	1100	1100	1100	1100	1100	1100
	孔内	4900	4900	4900	4900	4900	4900
8 层	孔外	1000	1000	1000	1000	1000	1000
	孔内	4800	4800	4800	4800	4800	4800
5 层	孔外		—		—	500	0
	孔内		—		—	2300	1800
4 层	孔外		—		—	500	0
	孔内		—		—	2300	1800
3 层	孔外			—	1000	500	0
	孔内			—	2800	2300	1800
2 层	孔外		—	1000	1000	500	0
	孔内		—	2800	2800	2300	1800
1 层	孔外		1500	1000	1000	500	0
	孔内		3300	2800	2800	2300	1800

3.6 数值仿真验算与分析

依据勘察和设计资料，运用 LS-DYNA 动力学有限元程序[11]，建立江天大厦主楼、地铁 2

号线盾构隧道管片结构和周围围岩三维模型，分析主楼爆破拆除失稳倒塌运动过程，验证切口形式、延期时间等关键爆破设计参数的合理性。根据数值仿真验算结果，评估地铁 2 号线右线盾构隧道管片结构的安全性。地铁盾构隧道管片内径为 5.4m、厚 30cm、混凝土标号为 C30，隧道顶板距离地面取 9.5m。

经过计算，得到大楼爆破拆除失稳倒塌的运动过程，如图 4 所示。从模拟结果可以得出，江天大厦的倒塌时间 7.0s，楼房解体充分，爆堆形态长 70.8m、宽 63.2m、高 18.0m，楼体后坐距离 0.9m。

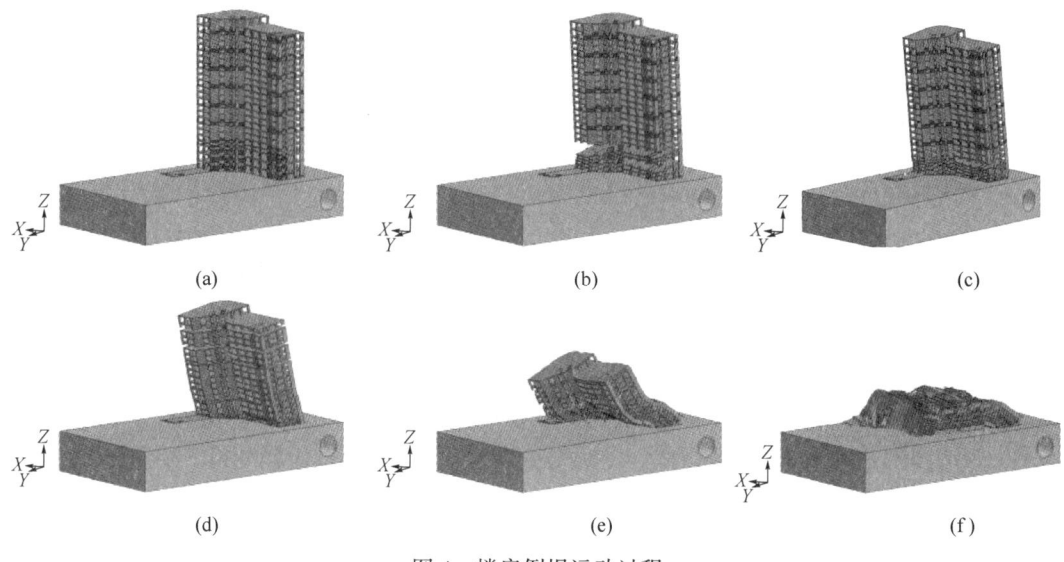

图 4　楼房倒塌运动过程

（a）$t=0$s；（b）$t=2$s；（c）$t=3$s；（d）$t=4$s；（e）$t=6$s；（f）$t=7$s

Fig. 4　Collapse movement process of building

通过后处理程序获得地铁 2 号线右线盾构隧道管片的压强云图，如图 5 所示。可以看出，大楼倒塌触地冲击荷载和触地振动作用下，地铁盾构隧道管片结构上没有明显的应力集中现象。地铁盾构隧道管片结构的压强峰值为 0.95MPa，位于迎爆侧的第 1554551 号单元（压力时程曲线见图 6）；最大拉应力峰值为 0.64MPa，位于背爆侧的第 1552428 号单元（拉应力时程曲线见图 7）。

根据《混凝土结构设计规范》（GB 50010—2010），C30 混凝土的轴心抗压设计值为 14.3MPa，轴心抗拉设计值为 1.43MPa。因此，采取以上爆破拆除设计方案，大楼在倒塌触地过程中对地铁管片结构的作用力远低于管片结构所能承受的设计荷载，不会对地铁管片结构造成破坏。

3.7　振动监测与分析

振动监测设备采用加拿大 Instantel 公司生产的 Mini Mate Plus 振动记录仪。振动监测过程中，测点布置于地铁隧道内部（见图 8），监测内容为水平向和竖直向三个分向的振动速度（见图 9），安装时先对传感器安装部位的介质或基础表面进行清理、清洗，再采用高强速凝石膏使速度传感器与被测目标的表面形成刚性连接，监测结果见表 4。

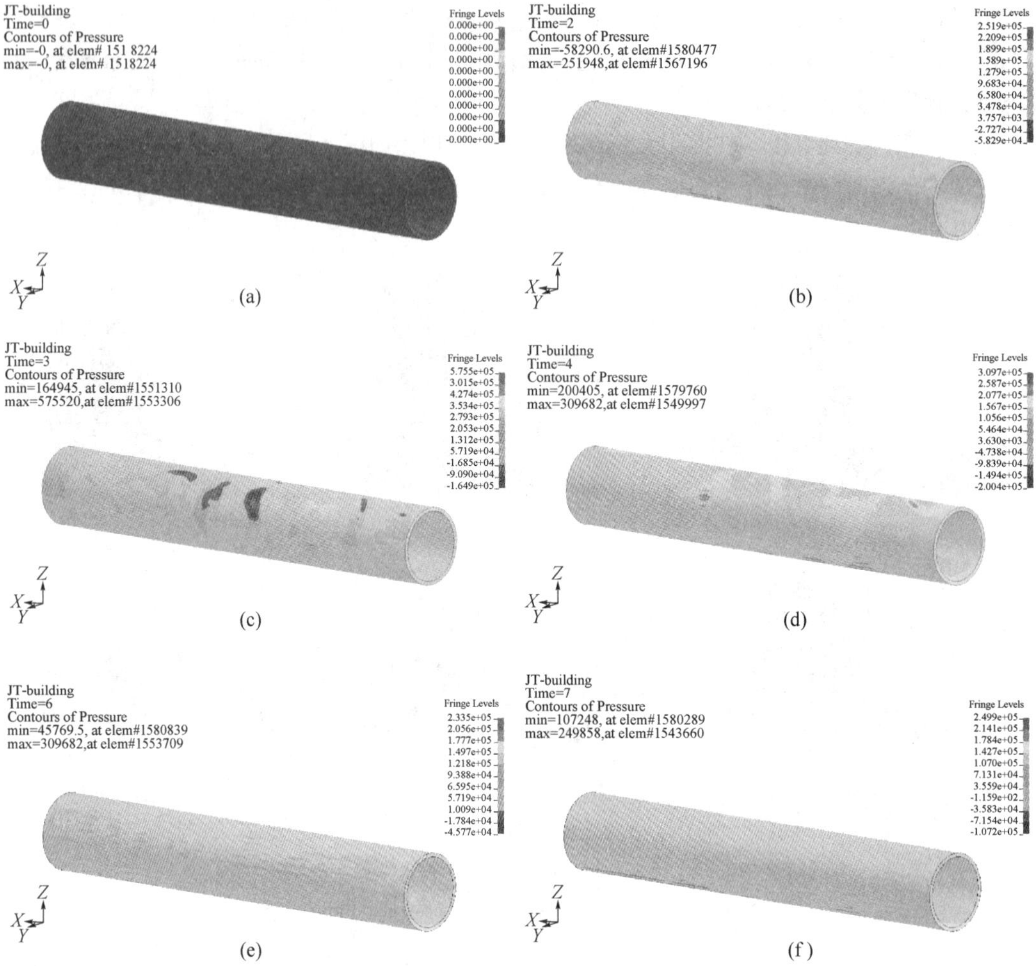

JT-building
Time=0
Contours of Pressure
min=-0, at elem# 151 8224
max=-0, at elem# 1518224

Fringe Levels
0.000e+00
0.000e+00
0.000e+00
0.000e+00
0.000e+00
0.000e+00
0.000e+00
0.000e+00
0.000e+00
-0.000e+00

(a)

JT-building
Time=2
Contours of Pressure
min=-58290.6, at elem#1580477
max=251948,at elem#1567196

Fringe Levels
2.519e+05
2.209e+05
1.899e+05
1.589e+05
1.279e+05
9.683e+04
6.580e+04
3.478e+04
3.757e+03
-2.727e+04
-5.829e+04

(b)

JT-building
Time=3
Contours of Pressure
min=164945, at elem#1551310
max=575520,at elem#1553306

Fringe Levels
5.755e+05
3.015e+05
4.274e+05
3.534e+05
2.793e+05
2.053e+05
1.312e+05
5.719e+04
-1.685e+04
-9.090e+04
-1.649e+05

(c)

JT-building
Time=4
Contours of Pressure
min=200405, at elem#1579760
max=309682, at elem#1549997

Fringe Levels
3.097e+05
2.587e+05
2.077e+05
1.567e+05
1.056e+05
5.464e+04
3.630e+03
-4.738e+04
-9.839e+04
-1.494e+05
-2.004e+05

(d)

JT-building
Time=6
Contours of Pressure
min=45769.5, at elem#1580839
max=309682,at elem#1553709

Fringe Levels
2.335e+05
2.056e+05
1.777e+05
1.497e+05
1.218e+05
9.388e+04
6.595e+04
5.719e+04
1.009e+04
-1.784e+04
-4.577e+04

(e)

JT-building
Time=7
Contours of Pressure
min=107248, at elem#1580289
max=249858,at elem#1543660

Fringe Levels
2.499e+05
2.141e+05
1.784e+05
1.427e+05
1.070e+05
7.131e+04
3.559e+04
-1.159e+02
-3.583e+04
-7.154e+04
-1.072e+05

(f)

图 5　地铁 2 号线右线盾构隧道管片压强云图

（a）$t=0$s；（b）$t=2$s；（c）$t=3$s；（d）$t=4$s；（e）$t=6$s；（f）$t=7$s

Fig. 5　Pressure cloud diagram of shield tunnel segment on the right line of metro Line 2

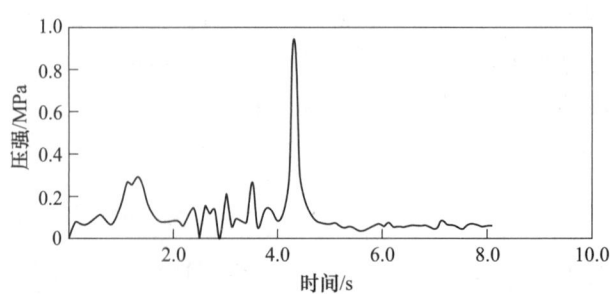

图 6　地铁管片（1554551 号单元）压强时程曲线

Fig. 6　Pressure time history curve of subway segment（Element 1554551）

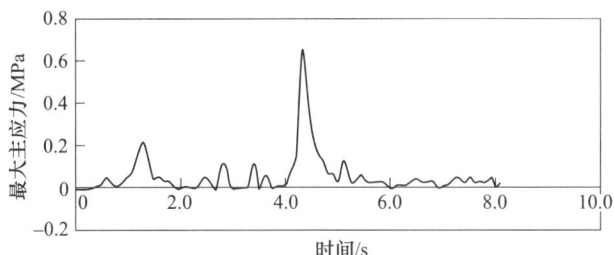

图 7　地铁管片（1552428 号单元）拉应力时程曲线

Fig. 7　Tensile stress time history curve of subway segment（Element 1552428）

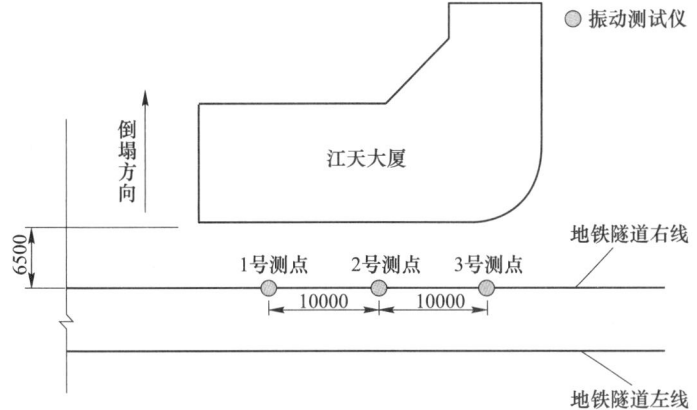

图 8　振动测点布置图

Fig. 8　Layout diagram of vibration measuring points

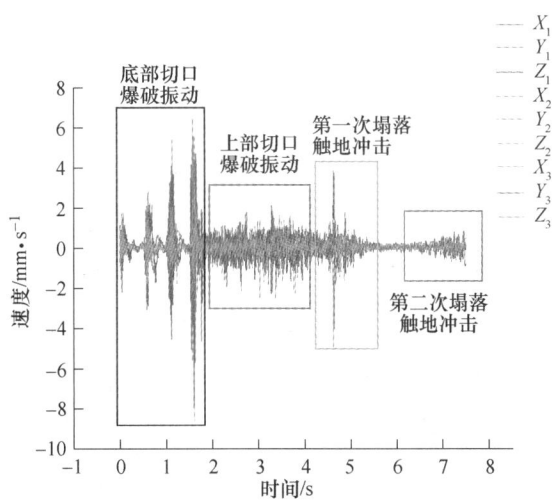

图 9　振动速度结果划分

Fig. 9　Division of vibration velocity results

表 4　2 号测点典型时刻质点振动速度峰值与主频

Tab. 4　PPV and dominant frequency of represent moment of No. 2 measuring point

方位	0s		0.5s		1.0s		1.5s		4.5s		7.5s	
	峰值	主频	峰值	主频	峰值	主频	峰值	主频	峰值	主频	峰值	主频
X 方向	1.4	90.9	2.7	71.4	1.9	142.8	5.1	1.3	3.8	6.9	0.5	125.0
Y 方向	1.0	93.3	1.3	83.3	2.7	111.1	5.6	2.2	1.5	17.8	0.6	74.9
Z 方向	1.1	142.8	2.7	90.9	3.5	100.0	6.4	1.6	5.0	11.1	0.9	40.0

振动监测结果表明，受炸药爆炸荷载和楼房塌落触地振动影响，地铁隧道的振动响应呈现以下特征：

（1）0s、0.5s、1.0s 和 1.5s 等 4 个爆破振动峰值的时刻与楼房底部切口内立柱的逐排起爆延时完全一致，1.5s 为切口最后排立柱的起爆时刻，即邻近地铁隧道最近的爆炸荷载，故其质点振动速度最大，峰值为 8.6mm/s，振动主频为 100Hz。2.0~4.0s 时段为第 8、11、14、17、20 和 23 层楼房辅助切口立柱爆破引起的振动，因楼层较高且装药量较小，振动波形相对杂乱，但其质点振动峰值较小。

（2）4.5s 时刻，地铁隧道内 2 号测点的质点振动速度峰值为 4.95mm/s，其振动主频为 2.1Hz，综合楼房失稳倒塌形态分析，该时刻为楼房定向倾倒过程中底部切口的闭合时刻，即楼房定向倾倒的第一次塌落触地冲击。

（3）7.0~7.5s 时段，地铁隧道内质点振动速度峰值为 0.94mm/s，其振动主频为 17Hz，综合楼房失稳倒塌形态分析，该时间段为楼房定向倾倒整体塌落时刻，即楼房定向倾倒的第二次塌落触地冲击。

4　结果与讨论

大楼起爆后按照设计方案顺利倒塌（见图 10 和图 11），实现了定向倒塌、空中解体的爆破效果。综合采用"爆炸水雾降尘技术""刚柔结合防护技术"等多项防控措施，有效降低了触地冲击振动、个别飞散物和爆破粉尘等有害效应，各爆破振动监测点的振动速度峰值均在安全标准范围内。爆破后，经爆破作业人员和地铁、管线单位运营人员检查，大楼解体充分，周边各类保护对象均安然无恙。

图 10　楼房倒塌瞬间

Fig. 10　Building collapse moment

图 11　爆破效果图

Fig. 11　Blasting effect diagram

5　结语

为进一步提高城市复杂环境下高大楼房爆破拆除技术的安全性和应用范围，在传统单切口定向爆破技术的基础上，创新提出了"先倾后叠、空中解体"爆破拆除技术，结合某 24 层框剪结构楼房爆破拆除项目案例，系统介绍了楼房爆破拆除设计方案、振动监测结果和实际倒塌效果，可以得到如下结论：

（1）通过在不同楼层布置多个爆破切口，并设计合理的起爆时序，可以实现高大楼房"先倾后叠、空中解体"的爆破拆除效果，有效控制了冲击振动效应和倒塌堆积范围。

（2）采用动力学有限元程序模拟分析楼房的失稳倒塌过程、冲击荷载特征和触地振动效应，结果表明大楼倒塌触地不会对邻近地铁隧道结构安全造成影响，验证了爆破技术的科学性和合理性。

（3）相较于大楼塌落触地振动效应，楼房内大型立柱爆破产生的爆炸荷载是造成邻近地铁结构发生强烈振动响应的主要原因，在实际工程中更应受到重视。

参 考 文 献

[1] 谢先启. 精细爆破 [M]. 武汉：华中科技大学出版社，2010.

[2] 汪旭光，于亚伦. 拆除爆破理论与工程实例 [M]. 北京：人民交通出版社，2008.

[3] 刘德禹，李本伟，胡浩川，等. 复杂环境下异型 16 层楼房拆除爆破 [J]. 爆破，2022，39（4）：116-119.

[4] 贾永胜，刘昌邦，伍岳，等. 房屋建筑物纵向逐跨坍塌爆破拆除关键技术探讨 [J]. 爆破，2022，39（4）：10-16.

[5] 刘昌邦，贾永胜，黄小武，等. 框架结构楼房逐跨向内倾倒爆破拆除 [J]. 爆破，2020，37（4）：81-88.

[6] 刘昌邦，贾永胜，黄小武，等. 砖混结构楼房逐段向内倾倒爆破拆除 [J]. 爆破，2021，38（3）：82-87.

[7] 伍岳，贾永胜，黄小武，等. L 型砖混结构楼房异向倾倒爆破拆除 [J]. 爆破，2022，39（4）：108-115.

[8] 孙金山，谢先启，贾永胜，等 . 钢筋混凝土楼房双向折叠爆破设计方法 [J]. 爆破，2022，39（3）：116-123.

[9] 罗福友，颜嘉俊，刘成敏，等 . 楼房拆除爆破降振和解体优化 [J]. 工程爆破，2022，28（4）：56-61.

[10] 侯云锋，郑长青，李庆 . 框剪结构楼房爆破拆除倾倒过程摄影分析 [J]. 爆破，2022，39（4）：100-107.

[11] LS-DYNA Keyword User's Manual [M]. California：LSTC，2007.

超高同轴薄壁钢内筒钢混凝土烟囱爆破拆除的研究

罗 宁[1,2] 柴亚博[1,2] 张浩浩[1,2] 董纪伟[1,2] 段育洁[2]

(1. 中国矿业大学 深部岩土力学与地下工程国家重点实验室，江苏 徐州 221116；
2. 中国矿业大学力学与土木工程学院，江苏 徐州 221116)

摘 要：加快烟囱等高碳高污染薄壁圆筒结构的拆除进程对实现"碳中和"目标具有重要意义。首次成功爆破拆除了一座183m超高同轴薄壁钢内筒钢筋混凝土烟囱（UCTS-RCC）。基于力矩平衡方程，建立切口角度选取的理论模型，利用WORK-BENCH静力学分析，验证钢内筒的稳定性。采用聚能切割器完成对目标钢板的切割实验，采用LS-DYNA模拟了钢板切割过程和UCTS-RCC的整体倒塌过程，并基于定轴转动微分方程，建立UCTS-RCC同步倾倒理论模型。结果表明：预处理后，钢内筒保持结构稳定，钢板的切割效果满足支撑体被瞬时切割分离的设计要求，UCTS-RCC的倾倒运动状态近似为定轴转动，符合建立的同步倾倒理论模型。该爆破方案及合理性验证方法在本工程中得到了成功应用，为此类复杂结构拆除提供了可靠的参考依据。

关键词：控制爆破拆除；超高复杂结构；爆破方案设计；关键力学分析；数值模拟

Study on Blasting Demolition of Ultra-high Coaxial Thin-walled Steel Reinforced Concrete Chimney

Luo Ning[1,2]   Chai Yabo[1,2]   Zhang Haohao[1,2]   Dong Jiwei[1,2]   Duan Yujie[2]

(1. China University of Mining and Technology, State Key Laboratory for Geo-mechanics and Deep Underground Engineering, Xuzhou 221116, Jiangsu; 2. China University of Mining and Technology, School of Mechanics and Civil Engineering, Xuzhou 221116, Jiangsu)

Abstract: To achieve the goal of "carbon neutrality", it is of great significance to accelerate the process of dismantling high-carbon and high-pollution thin-walled cylinder structures such as chimneys and so on. A 183m ultra-high coaxial thin-walled steel-inner-cylinder reinforced concrete chimney (UCTS-RCC) was successfully demolished for the first time. Based on the equilibrium equation of force and bending moment, a theoretical model of incision angle selection was established to determine the incision design of the steel inner cylinder (SIC). The stability of SIC was verified based on statics analysis of WORK-BENCH. The cutting experimental on the target steel plate was completed with a linear shaped cutter to obtain the cutting effect. The cutting process and the overall collapse process of the UCTS-RCC were simulated by LS-DYNA. Based on the fixed axis rotation differential equation, the

---

作者信息：罗宁，教授，博导，nluo@ cumt. edu. cn。

synchronous toppling theoretical model were established to study the motion of the UCTS-RCC. The results showed that the SIC could maintain the stability of remaining structures. The cutting effect of the target steel plate using linear shaped cutter satisfied the design requirements of instantaneous cutting separation of the supports. The collapse motion state of the UCTS-RCC was approximately fixed axis rotation, which was in line with the established synchronous toppling theory model. The SIC and RCC finally successfully collapsed synchronously. The blasting scheme and the rationality verification methods were applied successfully in this project, which was of great significance to provide a reliable reference for such complex structures.

Keywords: controlled blasting demolition; ultra-high complex structures; scheme design; critical mechanical analysis; numerical simulation

在建筑结构的拆除过程中，考虑到经济性、安全性和时间优势，爆破拆除是首选方法[1-2]，另一方面，不合理的拆除方案设计也可能带来巨大的安全隐患[3]，加强超高层建筑控制爆破的安全性具有重要意义。爆破设计主要包括爆破切口角度、切口高度和倒塌模式的设计。爆破切口设计主要由结构特征和材料决定，倒塌模式主要包括定向倒塌和折叠倒塌，这与建筑物周围环境的要求密切相关。

常规高层钢筋混凝土或钢结构爆破拆除的工程实践和技术相对丰富成熟[4-5]，爆破拆除技术在广泛的工程实践中的成功应用得益于理论和仿真技术的指导和辅助。孙金山等[6]设计了高层钢筋混凝土建筑的折叠内爆准则，并用100m高的烟囱和19层高的建筑物进行了验证。龚相超等[7]建立了切口参数设计的理论模型，并定义了切口角度和高度的计算方法。柴亚博等[8]根据余留截面的受力和破坏特征，采取隔离法，建立应力求解和应力及弯矩条件的理论模型，并结合应力求解公式与倾倒条件得出切口角度的选取范围。数值模拟在爆破拆除领域应用广泛，可为工程实践提供可靠的预测和参考。言志信等[9]建立了钢混烟囱爆破拆除倾倒力学模型和切口应力模型，并利用LS-DYNA模拟了烟囱筒体的倒塌过程；袁翊硕等[10]使用LS-DYNA成功实现对四座钢筋混凝土烟囱的倒塌预测，模拟结果与实际倒塌效果高度一致。李祥龙等[11]采用整体式建模方式对一座钢筋混凝土建筑进行了爆破拆除定向倒塌的数值模拟，并对倒塌过程的前冲、后坐等现象进行分析，模拟倒塌过程与实际爆破拆除倒塌具有高度一致性。理论分析和数值模拟方法是有效提高爆破拆除技术的两种重要手段，对于复杂建筑物的爆破拆除，必要的理论分析可以为爆破设计提供可靠的依据，数值模拟可以提供对爆破设计下结构动力学的相应预测，从而减少甚至避免不合理的爆破设计带来的风险和损失。

相关研究主要集中在常规钢筋混凝土烟囱的拆除。然而针对于UCTS-RCC此类复杂结构，还没有相同的工程可供参考拆除。因此，本文将理论分析和数值模拟相结合，对UCTS-RCC进行了控制爆破拆除。建立了钢内筒切口角度选取和同步倾倒的理论模型，通过有限元仿真验证了钢内筒预处理后的稳定性，并研究了采用聚能切割器切割目标钢板的效果和可行性，模拟了UCTS-RCC的同步倒塌过程，并简要分析了UCTS-RCC的运动规律。根据关键的力学分析和仿真结果，设计了详细合理的爆破方案，并通过拆除UCTS-RCC得到成功验证。

1 项目概况

河南南阳蒲山电厂需要拆除一座183m超高同轴薄壁钢内筒钢筋混凝土烟囱（UCTS-RCC），UCTS-RCC处于复杂的周边环境中，如图1所示。钢混烟囱的高度为180m，钢内筒采用等直径布置的自支撑结构，高度为183m，内径为4.90m，材料为Q235B钢，厚度为1.6cm。钢混烟囱与钢内筒之间高度为65m处有一个的维修平台。由于钢内筒的存在，UCTS-RCC的爆破拆除难度远大于常规钢混烟囱，需要进行准确合理的爆破方案设计，确保结构按照预定方案安全倒塌。

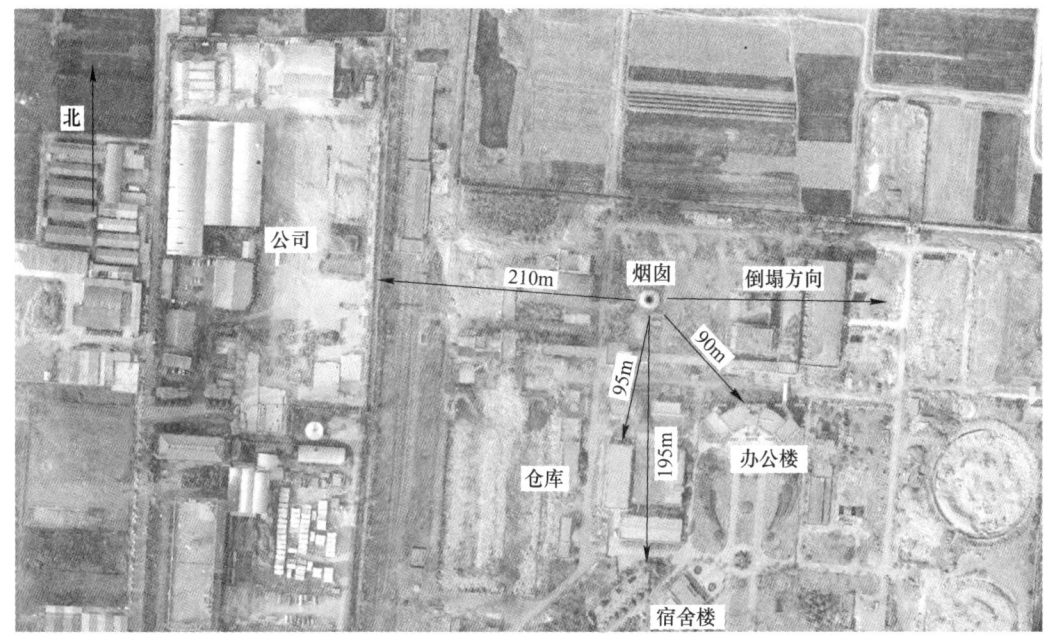

图 1　周围环境俯视图

Fig. 1　Overview of the surrounding environment

2　爆破方案设计

2.1　切口参数设计

钢混烟囱切口参数的选取研究相对成熟可靠[7]，基于结构特点和以往工程案例经验，最终选择梯形切口，切口角度为 220°，切口高度为 3.9m，爆破切口选择标高+0.5m 处。

钢内筒切口参数的选取主要依据理论与工程经验相结合的方法[12]，如图 2 所示，最终确定爆破切口角度为 280°，切口高度为 2.5m，爆破切口底部位置选择在高程+0.2m 处，切口形式为梯形切口。按照切口设计对预处理窗口进行机械切割，6 个余留支撑体后续使用线性聚能切割器进行切割[13]。

2.2　钢内筒稳定性验证

依托 Workbench 仿真软件对预处理窗口拆除后钢内筒的稳定性进行验证，如图 3（a）所示，建立 1:1 钢内筒有限元模型，并按照切口设计删除预处理窗口位置处单元形成梯形切口，切口位置共计余留 6 根支撑体，宽度为 0.3m，切口高度为 2.5m。对模型施加重力载荷和钢内筒与地面接触面施加固定约束，并进行求解。

由应力云图（图 3（b））可知，在设计的切口参数下钢内筒最大应力位于切口定向窗位置，最大为 104.73MPa，而 Q235B 钢的屈服应力为 235MPa，远大于结构最大应力；6 根支撑体应力也相对较大，主要分布在 65~91MPa 之间，且中间两支撑体应力要明显大于其余 4 根，但均远未达到材料屈服极限。根据仿真结果可知钢内筒并未发生塑性屈服，结构不会发生倒塌失稳。

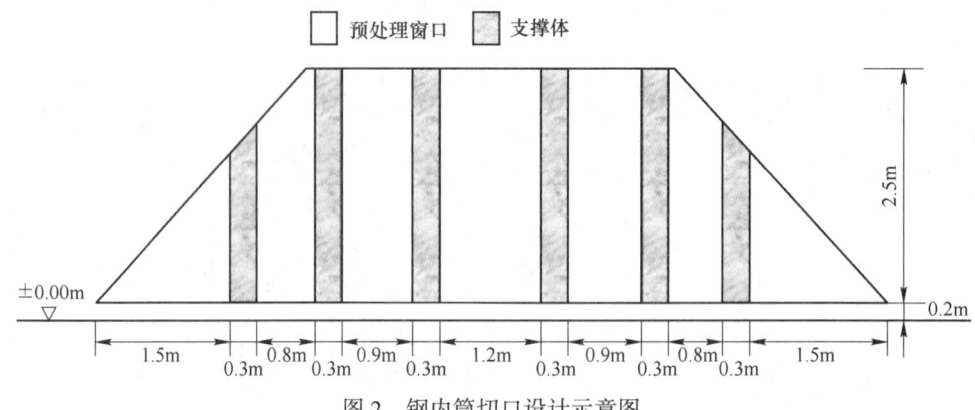

图 2　钢内筒切口设计示意图

Fig. 2　Design diagram of SIC incision

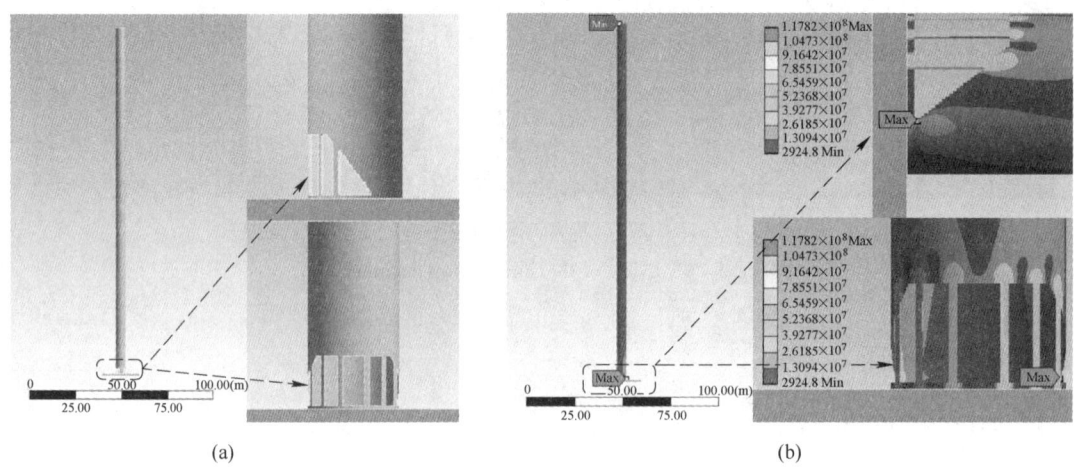

图 3　钢内筒有限元模型图

（a）切口局部示意图；（b）应力云图

Fig. 3　Finite element model of steel inner cylinder

2.3　聚能切割钢内筒支撑体可行性验证

筒状钢质构筑物失稳倒塌过程的运动状态[14]，主要取决于支撑体钢板与构筑物主体迅速完整地分离，且不能卡在切口范围内将切口支撑住进而阻碍筒体的顺利倾倒，因此线性聚能切割器对切口余留支撑体的切割效果对钢内筒的倒塌有着至关重要的影响。在钢内筒预处理窗口上机械切割出一块宽 30cm、长 80cm、厚 1.6cm 的钢板，使用切割器进行切割实验，并采用 LS-DYNA 对切割过程进行模拟，以探究钢板的切割效果。

如图 4 所示，切割器采用铜药型罩，尺寸 30mm×50mm×300mm，装药采用 TNT：HMX ＝ 50：50 铸药，单个切割器药量 740g。

建立有限元模型如图 5 所示，模型包括：炸药、线型聚能罩、空气域、Q235B 钢板。为减少计算成本，对目标钢板整体尺寸建模进行缩减，钢板尺寸为 16mm×30mm×300mm（厚度×宽度×长度），炸高为 20mm；切割器尺寸按照实际尺寸进行建模，具体尺寸分别为：铜制

图 4　切割器及目标钢板实物图

Fig. 4　Cutting device and target steel plate physical diagram

线型聚能罩：角度为 70°，2mm×29mm×300mm；炸药：50mm×30mm×300mm。采用多物质 ALE 流固耦合算法，其中炸药、线型聚能罩、空气域采用多物质 ALE 单元、Q235B 钢采用拉格朗日单元。

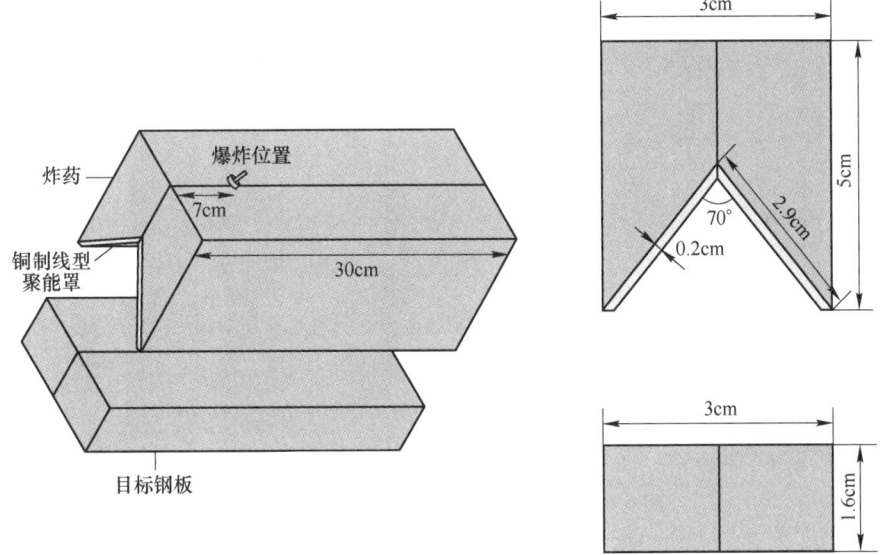

图 5　切割器及目标钢板有限元模型图

Fig. 5　Finite element model of cutter and target steel plate

材料本构模型及状态方程参数见表 1~表 4，表中字母含义取自 LS-DYNA 关键字手册。

表 1　炸药 JWL 状态方程参数

Tab. 1　JWL state equation parameters of explosives

材料	A/GPa	B/GPa	R_1	R_2	ω	D/m·s^{-1}	p_{CJ}/GPa
炸药	748.6	13.38	4.5	1.2	0.38	8480	34.2

表2　铜材料本构模型参数

Tab. 2　Constitutive model parameters of copper material

材料	$\rho_2/\mathrm{kg \cdot m^{-3}}$	A_1/MPa	B_1/MPa	C	n	m	$T_{\mathrm{melt}}/\mathrm{K}$	T_{room}
铜	8960	90	292	0.025	0.31	1.09	1356	293

表3　铜材料状态方程参数

Tab. 3　State equation parameters of copper material

材料	$c/\mathrm{m \cdot s^{-1}}$	S_1	S_2	S_3	γ_0	a	内能E_2/J
铜	3940	1.49	0	0	1.99	0.16	0

表4　钢材料本构模型参数

Tab. 4　Constitutive model parameters of steel material

材料	E/GPa	PR	SIGY/MPa	E_1/MPa	β	C	p	F_s
钢	200	0.3	355	400	0.1	0	0.1	0.35

由图6可知，聚能射流切割钢板实验中，切口长度为30cm，宽度为1.2cm；数值模拟中切口长度与实验结果一致，宽度为1.3cm，略大于实验结果，主要是因为实验中选取的钢板整体尺寸大于模拟中模型尺寸，射流切割过程中切口的横向扩展会被抑制，但整体切割效果良好，满足爆破设计的要求，为烟囱和钢内筒实现同步倒塌提供了必要条件。

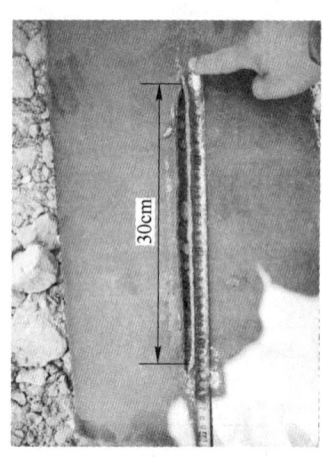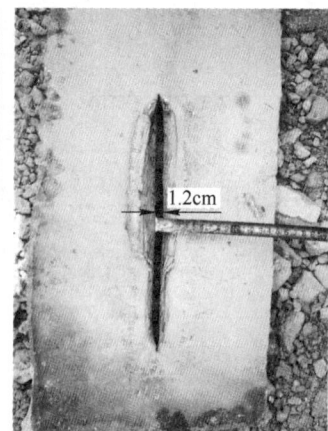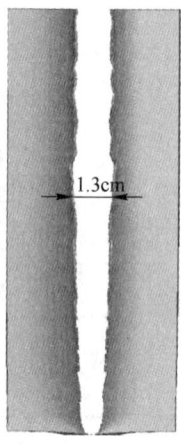

图6　目标钢板切割效果实验与模拟对比图

Fig. 6　Experiment and simulation comparison of cutting effect of target steel plate

2.4　钢内筒切割器安装方案设计

每个余留支撑体使用2或3个切割器，两侧定向窗外侧各使用1个切割器，共计使用18个切割器。切割器具体安装设计如图7所示。

3　UCTS-RCC倒塌过程及数值模拟

数值模拟可以比较准确地再现倒塌过程[15-16]，获取实际倒塌过程中难以获得的相关数据，进而分析研究筒体的运动规律及单元应力变化等关键信息，为理论研究提供必要的支撑。

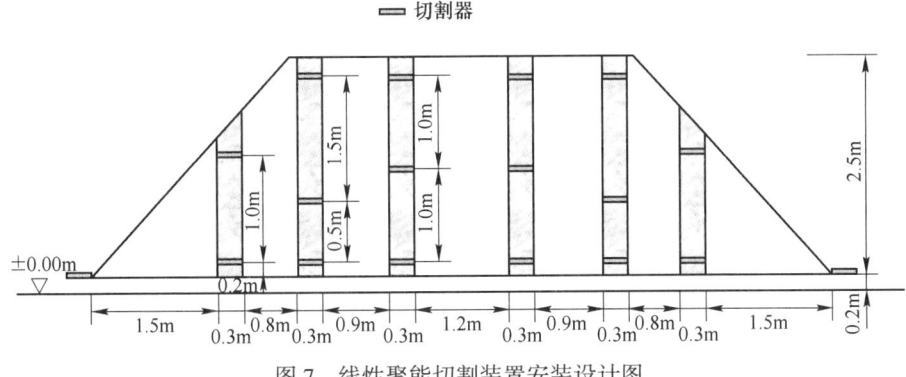

图 7　线性聚能切割装置安装设计图

Fig. 7　Installation design of linear shaped charge cutting device

为确保倒塌过程中烟囱与钢内筒的整体性倒塌，拆除前在标高为+65m 位置将钢内筒和烟囱外筒之间用型钢焊接成凸檐与外壁固定，保证内筒爆炸后不脱落。对待拆结构进行适度简化后，按照模型尺寸与实际尺寸比为 1∶1 建立烟囱、钢内筒以及型钢有限元模型，如图 8 所示。对切口单元分别定义失效准则，按照烟囱与外筒的起爆延期时间设置失效时间分别为 2100ms 和 100ms。

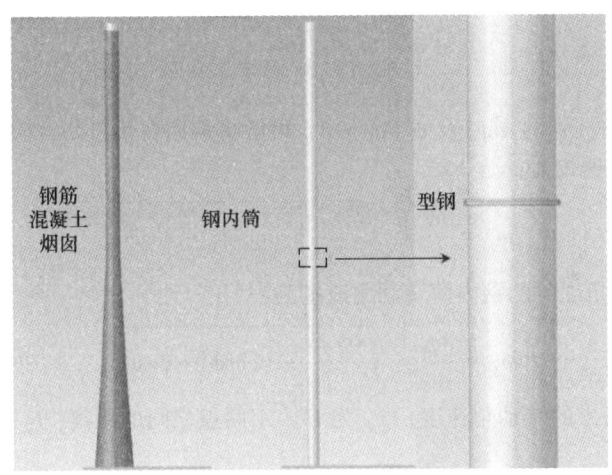

图 8　有限元模型图

Fig. 8　Finite element model diagram

3.1　钢内筒与钢混烟囱同步倾倒理论模型

整个倾倒过程可以看作两个不同阶段的定轴转动运动，第一阶段转动轴为定向窗位置，第二阶段为切口闭合后的支撑位置。第一阶段转动角速度很小，需要保证双筒的同步倒塌，即具有相同角速度。第一阶段定轴转动示意图如图 9 所示。

烟囱筒体在切口闭合阶段瞬时倾角范围为 $\alpha \in [\phi_0,\ \phi_0 + \alpha_0]$。

$$J_A \frac{d^2\phi}{dt^2} = m_c g l_{CA} \sin\phi \tag{1}$$

式中，J_A 为倾倒筒体围绕 A 点的转动惯量；l_{CA} 为 C、A 两点之间的距离。

可求得切口闭合阶段倾倒角加速度表达式为：

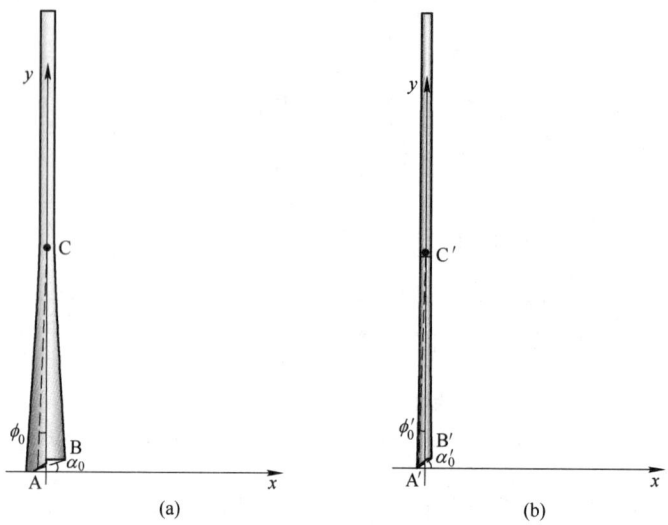

图 9　第一阶段定轴转动示意图

（a）烟囱；（b）钢内筒

Fig. 9　Scheme of fixed axis rotation in the first stage

$$\frac{\mathrm{d}^2\phi}{\mathrm{d}t^2} = \frac{m_c g l_{CA}\sin\phi}{J_A} = A\sin\phi \tag{2}$$

代入转动初始条件 $\phi(0)=\phi_0$ 及 $\phi'(0)=0$，可解得烟囱在切口闭合阶段筒体的转动角速度关于倾斜角度 ϕ 的表达式为：

$$\omega_A = \frac{\mathrm{d}\phi}{\mathrm{d}t} = \sqrt{\frac{2m_c g l_{CA}}{J_A}(\cos\phi_0 - \cos\phi)} \tag{3}$$

同理，相同倾斜角度时的钢内筒转动角速度为：

$$\omega_{A'} = \frac{\mathrm{d}\phi}{\mathrm{d}t} = \sqrt{\frac{2m_s g l_{C'A'}}{J_{A'}}(\cos\phi_0' - \cos\phi)}$$

式中，$\omega_{A'}$ 为钢内筒绕 A' 的转动角速度；$l_{C'A'}$ 为 C'、A' 两点之间的距离；$J_{A'}$ 为钢内筒上部筒体绕 A' 点的转动惯量。

$\omega_A = \omega_{A'}$ 是保证烟囱和钢内筒同步倒塌的一个必要条件。

如图 10 所示，第二阶段烟囱切口先闭合，由于双筒结构特征和焊接的型钢的约束限制，可以近似假设为第二阶段的整体转动轴为烟囱切口闭合位置，倾倒角度范围为：$\phi \in \left[\alpha_0 - \phi_1, \frac{\pi}{2}\right]$。

将初始条件 $\phi(0)=\alpha_0 - \phi_1$ 代入式（5）可求得该阶段初始倾倒角速度为：

$$\omega_B = \phi'(0) = \sqrt{2A}\sqrt{\cos\phi_0 - \cos(\alpha_0 - \phi_1)} \tag{5}$$

建立该阶段定轴转动微分方程为：

$$J_B \frac{\mathrm{d}^2\phi}{\mathrm{d}t^2} = mgl_{CB}\sin\phi,\ m = m_c + m_s \tag{6}$$

式中，J_B 为烟囱和钢内筒切口上部筒体围绕 B 点的转动惯量之和。

假设 $\frac{\mathrm{d}^2\phi}{\mathrm{d}t^2} = B\sin\phi$，其中 $B = \frac{mgl_{CB}}{J_B}$，代入初始条件 $\phi(B)=\alpha_0 - \phi_1$，解得

$$\left(\frac{\mathrm{d}\phi}{\mathrm{d}t}\right)^2 = 2B\left[\cos(\alpha_0 - \phi_1) - \cos\phi\right] + \omega_B^2 \tag{7}$$

进而可得到整体转动阶段运动角速度为:

$$\omega = \frac{\mathrm{d}\phi}{\mathrm{d}t} = \sqrt{2B\left[\cos(\alpha_0 - \phi_1) - \cos\phi\right] + \omega_B^2} \tag{8}$$

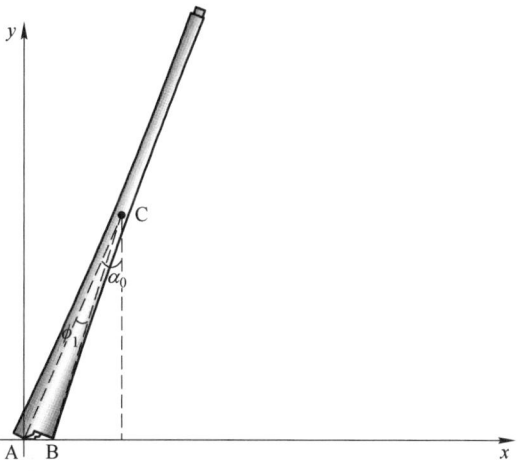

图 10　第二阶段整体定轴转动示意图

Fig. 10　Schematic diagram of the overall fixed axis rotation in the second stage

3.2　烟囱、钢内实际与模拟倒塌过程

烟囱下坐完成后经历大概 14.5s 完成倒塌,由图 11 所示,烟囱和钢内筒按照预定方向顺利同时倒塌,倒塌效果良好,并未发生危险情况,证明爆破方案是合理的、有参考价值的。

3.3　烟囱、钢内筒倾倒运动及余留截面受力规律

为进一步明确倾倒过程中筒体的运动状态,选取模型上关键位置单元进行分析研究,如图 12 所示。

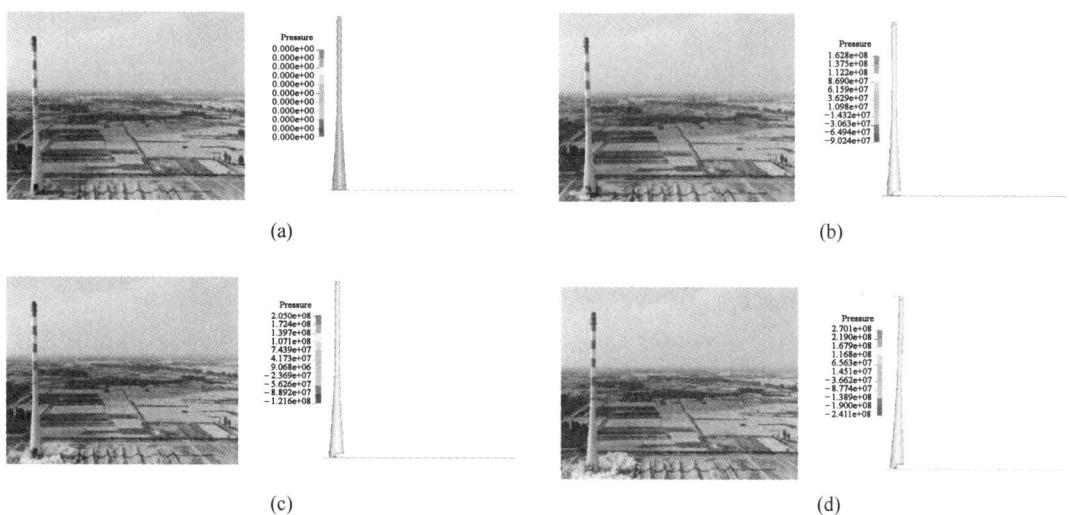

(a)　　　　　　　　　　　　　　　　　(b)

(c)　　　　　　　　　　　　　　　　　(d)

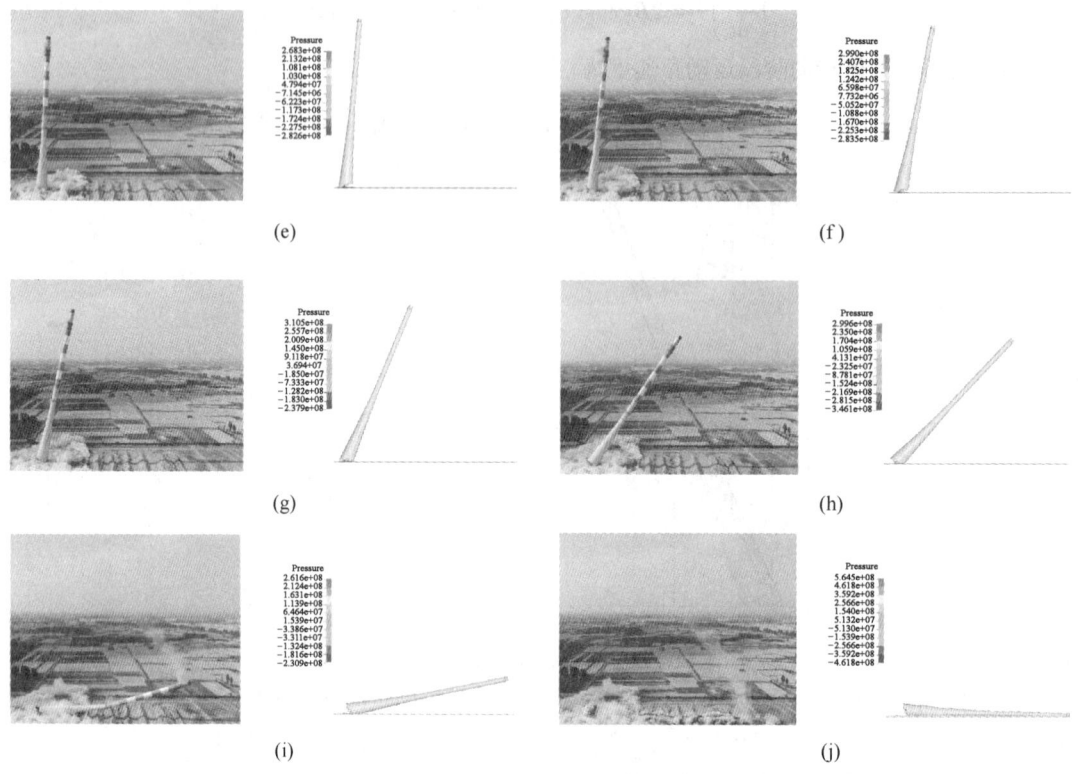

(e)　　　　　　　　　　　　　　　　　　(f)

(g)　　　　　　　　　　　　　　　　　　(h)

(i)　　　　　　　　　　　　　　　　　　(j)

图 11　实际与模拟倒塌对比图

(a) 0s；(b) 0.5s；(c) 2s；(d) 4s；(e) 6s；(f) 8s；(g) 10s；(h) 12s；(i) 14s；(j) 14.5s

Fig. 11　Comparison of actual and simulated collapse

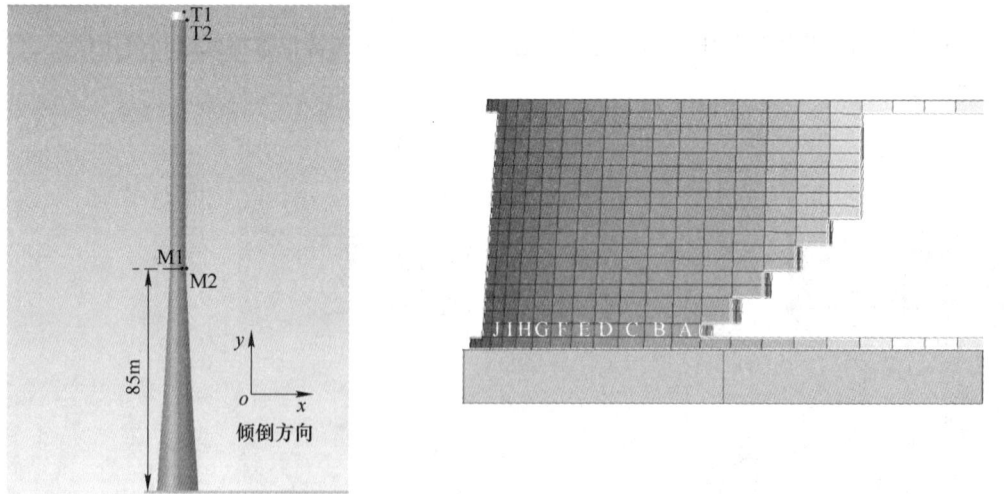

图 12　有限元模型关键位置单元选取分布图

Fig. 12　Distribution of element selection at key positions of finite element model

选择烟囱、钢内筒顶端与高度为 65m 位置倒塌方向最外侧单元 T1、T2 和 M1、M2，提取出单元数据进行分析。

由图 13 可知，烟囱和钢内筒的运动规律基本一致，运动状态近似为刚体的定轴转动。倾

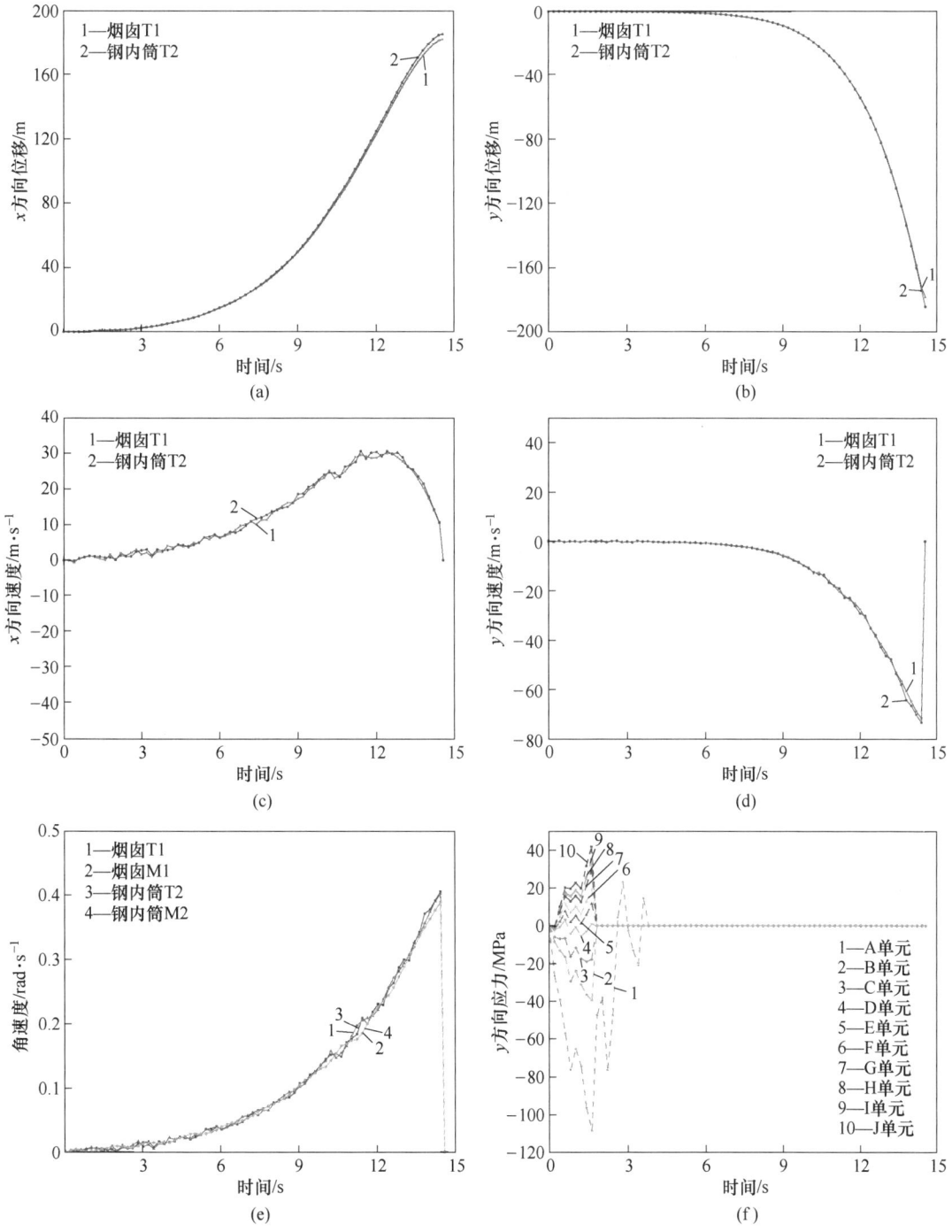

图 13　烟囱及钢内筒运动规律图

Fig. 13　Motion law diagram of chimney and steel inner cylinder

倒完成后，钢内筒 x 和 y 方向的位移略大于烟囱，主要因为钢内筒的高度略高于烟囱。在倾倒方向上，钢内筒和烟囱的顶端单元速度在前 9s 内处于缓慢增长阶段，结合倒塌过程（见图 11）可知，是因为切口处于尚未闭合阶段，该阶段内筒体切口底座位置单元发生复杂的应力变化和应力调整。当切口闭合后，速度明显加快，但在 12s 后 x 方向速度又开始快速减小，这与角速度趋势是不一致的。水平方向上的速度取决于角速度和倾倒角度，当倾倒角较小时，水平位移对角速度的变化更为敏感。随着倾倒角的增大，单位角度下水平位移变化的减小导致水平速度减小。结合图 11 和图 13（e），可以知道角速度呈抛物线增加，切口在 9s 时完全闭合，此时旋转角速度为 0.09rad/s，这是第二阶段旋转的初始条件，坍塌完成后，旋转角速度达到 0.4rad/s。

由单元应力图 13（f）可知，A、B、C 三点单元为压应力，D 单元应力在 0 附近小幅度波动，该位置大致处于拉压平衡，也是中性轴位置所在，E 点至 J 点位置为拉应力。定向窗位置处单元压应力最大，减荷槽位置 J 单元位置拉应力最大，这是符合余留截面应力状态分布的，应力变为 0 意味着倒塌过程中单元发生拉压破坏而被删除。

4　结论

本文通过力学分析指导爆破方案设计，采用数值模拟验证爆破方案关键设计的合理性，研究 UCTS-RCC 坍塌运动规律，依据仿真结果对 UCTS-RCC 进行实际处理，UCTS-RCC 最终被成功拆除，可为类似工程案例提供可靠的参考和经验。主要结论如下：

（1）根据理论与经验相结合，钢内筒切口角度为 280°，大于钢混烟囱的切口角度。数值模拟结果表明，钢内筒在设计的切口参数下，最大应力为 104.73MPa，位于定向窗位置，6 根余留支撑体应力也相对较大，范围在 65～91MPa 之间，但远小于 Q235B 钢的屈服极限。

（2）目标钢板的模拟切割效果与实验基本一致，目标钢板被完全切割分离，切口宽度为 1.2～1.3cm。在余留支撑体上共安装 18 个聚能切割器以确保切口的瞬态形成。

（3）同步倒塌过程经历了大约 14.5s，两筒体的倾倒运动过程近似为定轴转动，运动规律保持高度一致，由两个阶段组成。第一阶段在 9s 结束，旋转角速度为 0.09rad/s，为第二阶段旋转的初始条件，当同步倒塌完成时，旋转角速度在 14.5s 时达到 0.4rad/s。中性轴位置处于拉压平衡状态。

参 考 文 献

[1] 孙金山，谢先启，贾永胜，等. 钢筋混凝土烟囱爆破拆除的下坐及早期断裂预测 [J]. 爆炸与冲击，2022, 42（8）：160-174.

[2] Yan Y, Hou X M, Zheng W Z, et al. The damage response of RC columns with considering different longitudinal and shear reinforcement under demolition blasting [J]. Journal of Building Engineering, 2022, 62：105396.

[3] ÖZmen H, Soyluk K, Anil Ö. Analysis of RC structures with different design mistakes under explosive based demolition [J]. Structural Concrete, 2021, 22（3）：1462-1486.

[4] Song B, Giriunas K, Sezen H. Progressive collapse testing and analysis of a steel frame building [J]. Journal of Constructional Steel Research, 2014, 94：76-83.

[5] 杨辉，袁翊硕，柴亚博，等. 复杂环境下 180m 高烟囱定向拆除爆破 [J]. 工程爆破，2022, 28（2）：84-92.

[6] Sun J S, Jia Y S, Xie X Q. Design criteria for the folding implosion of high-rise RC buildings [J]. Engineering Structures, 2021, 233：111933.

[7] 龚相超, 钟冬望, 芳韩, 等. 爆破拆除钢筋混凝土烟囱切口关键参数的研究 [J]. 爆破, 2013, 30 (4): 32-35.

[8] 柴亚博, 罗宁, 袁翊硕, 等. 超高钢筋混凝土烟囱爆破切口角度选取的研究 [J]. 爆破, 2023: 1-12.

[9] 言志信, 叶振辉, 刘培林, 等. 钢筋混凝土高烟囱定向爆破拆除倒塌过程研究 [J]. 振动与冲击, 2011, 30 (9): 197-201.

[10] 袁翊硕, 罗宁, 杨振, 等. 复杂环境下齐次定向爆破拆除四座烟囱的实践 [J]. 爆破, 2023, 40 (2): 109-116.

[11] 李祥龙, 杨阳, 栾龙发. 基于整体式模型的钢筋混凝土结构爆破拆除定向倒塌数值模拟 [J]. 北京理工大学学报, 2013, 33 (12): 1220-1223.

[12] 贺五一, 龙源, 谭雪刚, 等. 高耸金属筒形构筑物爆破拆除切口研究 [J]. 工程爆破, 2005 (4): 1-4.

[13] Ma H P, Yi K, Zhou M A, et al. Blasting Technology for Demolition of Large-Scale Steel Structure Buildings by Shaped Charge Cutter [J]. Advanced Materials Research, 2012, 594-597: 702-707.

[14] Duan B F, Zhou Y C, Zheng S C, et al. Blasting demolition of steel structure using linear cumulative cutting technology [J]. Advances in Mechanical Engineering, 2017, 9 (11): 2071941996.

[15] 胡彬, 杨赛群, 李洪伟, 等. 超高钢混烟囱爆破切口角度计算及数值模拟 [J]. 工程爆破, 2022, 28 (1): 99-106.

[16] 付苗. 基于 LS-DYNA 对钢筋混凝土烟囱爆破拆除倾覆过程数值模拟研究 [J]. 佳木斯大学学报 (自然科学版), 2016, 34 (2): 168-170.

高密度配筋立柱爆破合理炸药单耗研究

张耀良[1]　夏云鹏[1,2]　吴 庆[2]

(1. 江苏长江爆破工程有限公司, 江苏　镇江　212000;

2. 江苏科技大学, 江苏　镇江　212000)

摘　要: 在拆除爆破中, 对于高密度配筋的立柱, 如果仍然按常规单耗设计计算, 起爆后混凝土立柱将难以突破高密度配筋组成的"钢筋笼", 从而出现"炸而不散""爆而不倒"的现象。本文以实际案例为基础, 分析并介绍了高密度配筋下, 合理炸药单耗的选择与应用, 为类似工程探索了经验。

关键词: 拆除爆破; 高密度配筋立柱; 合理单耗; 案例介绍

Study on Rational Unit Explosive Consumption of High-density Reinforcement Column Blasting

Zhang Yaoliang[1]　Xia Yunpeng[1,2]　Wu Qing[2]

(1. Jiangsu Changjiang Blasting Engineering Co., Ltd., Zhenjiang 212000, Jiangsu;

2. Jiangsu University of Science and Technology, Zhenjiang 212000, Jiangsu)

Abstract: In the demolition of blasting, for the high-density reinforcement column, if it is still calculated according to the conventional single consumption design, after blasting, the concrete block will be difficult to break through the "cage" of the high-density reinforcement reinforcement structure, leading to the phenomenon of "blasting and scattering" and "explosion but not falling". Based on the actual case, it analyzes and introduces the application of high-density reinforcement, and explores the experience for similar projects.

Keywords: demolition blasting; high density reinforcement column; rational unit explosive consumption; case introduction

1　前言

在现代的拆除爆破中, 大多采用微分原理、微量装药、缓冲原理, 在建筑物的底部或中部形成 1~3 个缺口, 对缺口内的立柱和剪力墙进行爆破, 促使其向预定倒塌方向倾倒。

随着工程管理越来越规范, 工程质量也越来越好, 再加上抗击地震、台风等自然灾害的要求越来越高, 以及大楼越盖越高, 底层立柱和剪力墙的配筋越来越密, 如按常规的爆破参数设计, 则必将出现缺口范围内立柱中混凝土被"高密度钢筋笼"死死笼住, 立柱表面出现"斑

作者信息: 张耀良, 研究员级高级工程师, zyl8558@ jscjbp. cn。

驳"而不失稳（见图1），最终导致缺口难以形成，楼房倒塌不彻底，人员或机械不敢靠近处理的可怕后果，因此必须提高单耗，使装药爆炸后产生更多的爆炸气体和爆轰压，促使柱中混凝土的破碎，进而从高密度配筋的缝隙中溢出，才能"抽掉"柱中混凝土的支撑作用，迫使高密度配筋的立柱在上部建筑物重量的压迫下而屈服，最终实现定向倒塌的目的。

2 名词解释

（1）高单耗：即单位体积耗药量高于正常设计的药量。

（2）高密度钢筋：即立柱或剪力墙的配筋较密，而且主筋较粗、间距小、箍筋密且直径相对较大，一根立柱同时可能存在 2~3 层配筋的"钢筋笼"，以往普通建筑含筋量在 30~42kg/m^2，目前高层建筑含筋量达到了 60~75kg/m^2，是以往建筑的 100%~150%，如图2所示。

图1 立柱爆后表面剥落

Fig. 1 The column shows peeling off after the explosion

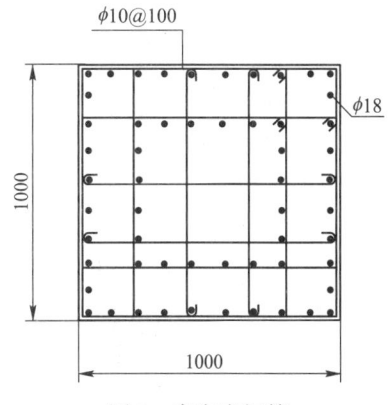

图2 高密度钢筋

Fig. 2 High-density reinforcement

3 与单耗相关的概念

（1）炸药做功能力：炸药的做功能力取决于爆热及气体产物的体积。

（2）猛度：爆轰波和爆炸气体产物直接对与之接触的固体介质局部产生破碎的能力。

（3）爆能：做功破碎能力的大小取决于产生的气体多少以及爆轰波的压力大小，而波阵面的压力及气体多少又与装药量的多少有关。装药量越大，产生的压力越大和气体越多，对破碎混凝土和突破高密度钢筋笼就越有利。

4 炸药爆炸过程中的做功

炸药在立柱中爆炸，介质破碎时，炸药能量主要以爆轰波（冲击波）在爆炸产物中多次往复反射的方式逐步释放。首次爆轰波（冲击波）在极短的时间内对介质造成最大的破坏，同时与爆炸产生的气体推动介质向外运动，使爆腔扩张。炸药做功示意图如图3所示。

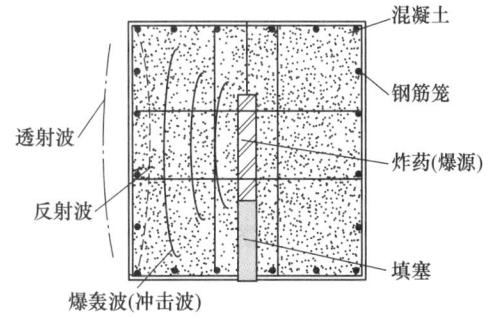

图3 炸药做功（以一侧为例）

Fig. 3 Explosives works（Take one side, for example）

5 高单耗应用的原理

（1）常规控制爆破：采用微分、等量、缓冲原理使爆炸产生的能量正好或者略大于周围的介质被破碎的临界值，而没有多余的能量携带碎块飞散，进而达到既控制爆破危害，又能实施爆破的目的。

（2）高单耗的原理：由于高密度钢筋的存在，若采用常规的单耗设计，炸药爆炸后，产生的能力和气体破碎的混凝土块较大，且周边"钢筋笼"的"箍"作用，将混凝土块紧紧地"抱"在"钢筋笼"里，结果出现立柱表面混凝土面剥落，而立柱依然"挺立"不倒，最终导致爆破失败或效果不佳（见图4）。

为了突破"钢筋笼"的"箍"作用，必须增加单耗，产生较大的爆炸能力和大量的爆炸气体，使混凝土彻底粉碎至粉末状，同时产生较大侧向推力，使"笼"上的主筋向外侧屈服，形成"灯笼状"（见图5），这样既增加了主筋间的缝隙，又促使了混凝土粉末从间隙中突出，使高密度配筋"笼"成为一个"空心笼"，在上部结构的自重作用下，压垮"笼"，进而达到爆破目的。

图4　立柱爆破效果不佳

Fig 4　Steel reinforcement cage reinforcing cage

图5　立柱爆破后形成钢筋笼

Fig. 5　The steel bar cage shall be formed after the column explosion

6　高单耗的实际应用

6.1　应用流程

（1）查阅图纸。查看被爆体的图纸，判别是否存在高密度配筋，了解主筋、箍筋的直径、间距，是否有多层配筋网，以及混凝土的标号。

（2）试爆。若能判断为高密度配筋，则按 $1.5q$（1.5 倍常规单耗）设计，并进行试爆。试爆的目的是：查看其内部的真实配筋情况，观察混凝土的破碎效果，验证试爆单耗是否准确；试验该爆炸物品的可靠性和实际威力（因为各个厂家提供的产品性能都存在差异）。通过试爆可以调整单耗和孔网参数。

6.2　高单耗的布孔方式

按常规双排孔交错布孔、多排孔梅花形、矩形、正方形布孔都是合理的，但对高密度配筋的布孔就需要进行调整。

6.2.1　边孔到边缘的距离小于最小抵抗线（W）

因为周边的配筋粗而密，要想突破"笼"的约束，可将边孔外移，起爆后边孔产生的能量能突破"钢筋笼"的约束,为后续"柱芯"的混凝土"脱笼"打开缺口,如图6所示。

6.2.2 根部增布并行孔

立柱根部是固定支柱,约束较强,因此在立柱根部多排孔的最底部孔的平行位置多布设1个孔,将立柱根部的"笼"和混凝土彻底破坏,便于上部混凝土逸散和"笼"的变形,如图7所示。

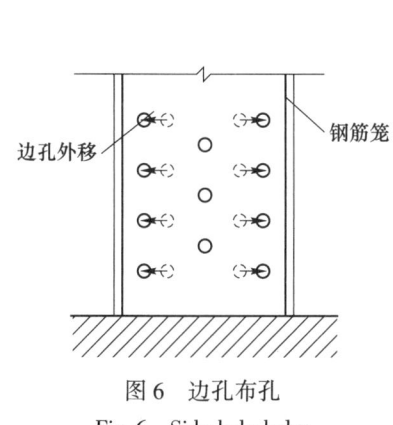

图6 边孔布孔

Fig. 6 Side hole holes

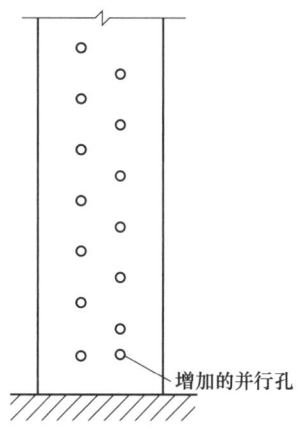

图7 立柱根部布孔

Fig. 7 Root of column holes

6.2.3 布设预备孔

目前全国对爆炸物品的控制既严厉又规范,试爆和正常装药若分开,既增添爆炸物品的审批运输管控的难度,又增加了施工成本。若试爆后需增加单耗,只在单孔增加药量是不够的,还需增加适当的布孔,如果在试爆后再去钻孔就会影响正常装药和施工进度,还必须把爆炸物品退回,手续繁琐,成本增加。因此,为防止试爆单耗偏低,需要增加单耗的现象出现,在布孔、钻孔时就在立柱根部和正常孔间提前布设预备孔(见图8),一旦试爆后需增加单耗,则可立即启用预备孔,这样既快又省事省钱。

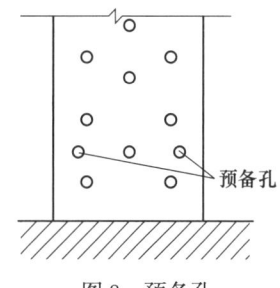

图8 预备孔

Fig. 8 Reserve holes

7 实际应用案例

7.1 案例1

(1)基本情况:山西大同宇鑫大厦高90m,建筑面积42000m²,采用双向折叠三缺口爆破,底层试爆1号立柱截面尺寸为0.6m×0.6m,2号立柱截面尺寸为2.3m×0.9m,采用正方形和梅花形两种布孔方式,单耗为1.21kg/m³。

(2)试爆结果:立柱表面剥落,整体没有任何变形,如图9所示。

(3)第二次试爆:立柱炸药单耗为$q = 1.6$kg/m³,为原炸药单耗的1.3倍,试爆结果为部分混凝土脱落,大部分混凝土与钢筋仍为一整体,如图10所示。

(4)正式装药:立柱炸药单耗为$q = 2.2$kg/m³,最终单耗为原设计单耗的1.7倍,仍有部分柱子没有解体,导致底部局部没有彻底坍塌,如图11所示。

(a)　　　　　　　　　　　　　(b)

图 9　第一次试爆

（a）1 号立柱；（b）2 号立柱

Fig. 9　First time test for explosion

(a)　　　　　　　　　　　　　(b)

图 10　第二次试爆

（a）1 号立柱；（b）2 号立柱

Fig. 10　Second explosion

图 11　底部局部没有彻底坍塌

Fig. 11　The bottom part was not completely collapsed

7.2 案例 2

（1）基本情况：苏州昆山南亚大厦定向爆破，底部立柱内含高密度配筋，原设计单耗 $q = 1.2\text{kg/m}^3$。

（2）试爆结果：周边钢筋"笼"住内部混凝土，只有表面和立柱内部分混凝土脱落，立柱仍有较强的支撑，如图 12 所示。

（3）最终爆效：增加炸药单耗至 $q = 2.56\text{kg/m}^3$，为原设计单耗的 2.13 倍，爆破效果很好，并无混凝土碎块飞出 50m。

7.3 案例 3

山东邹平电厂厂房定向爆破，立柱截面尺寸为 0.7m×1.8m，根据以往经验增加炸药单耗为正常设计的 2 倍，试爆效果良好，如图 13 所示。

图 12　案例 2 试爆图

Fig. 12　Test explosion diagram of case 2

图 13　案例 3 试爆图

Fig. 13　Test explosion diagram of case 3

7.4 案例 4

江苏镇江谏壁电厂厂房定向爆破，立柱截面尺寸为 0.7m×1.8m，正常单耗为 $q = 1.3\text{kg/m}^3$，增加单耗至 $q = 2.6\text{kg/m}^3$，为原设计单耗的 2 倍，爆破效果良好，如图 14 所示。

7.5 案例 5

山东济宁医药大厦定向爆破，立柱截面尺寸为 0.9m×0.9m，正常炸药单耗为 $q = 1.0\text{kg/m}^3$，增加单耗至 $q = 1.9\text{kg/m}^3$，为原设计单耗的 1.9 倍，爆破效果很好，混凝土全部脱笼，飞石不超过 30m，如图 15 所示。

8 结论

（1）对于高密度配筋的钢筋笼，实际使用的炸药单耗应为正常设计的 1.5~3 倍，方能达到破碎混凝土，并使其脱笼的效果。

（2）高单耗能彻底破碎"笼"中混凝土至粉末，粉末状的混凝土颗粒飞散距离反而更近，飞石飞散的可能性较小。

（3）必须提前布设一些预备孔，以备增加单耗时使用。

图 14　案例 4 试爆图　　　　　　　　　　　图 15　案例 5 试爆图

Fig. 14　Test explosion diagram of case 4　　　　F g. 15　Test explosion diagram of case 5

（4）对高密度配筋的立柱，不只是增加单孔装药量，而应在边、根部适当增加布孔，通过增加孔数来增加单耗，这样便于突破"笼"的约束，爆破效果会更好。

参 考 文 献

［1］汪旭光. 爆破设计与施工［M］. 北京：冶金工业出版社，2011.

［2］王猛，马天宝，宁建国. 炸药混凝土中爆炸能量释放规律的研究［J］. 高压物理学报，2012，26（5）：517-521.

［3］于亚伦. 工程爆破理论与技术［M］. 北京：冶金工业出版社，2004.

［4］恽寿榕，涂侯杰，梁德寿，等. 爆炸力学计算方法［M］. 北京：北京理工大学出版社，1995.

［5］宁建国，王成，马天宝. 爆炸与冲击动力学［M］. 北京：国防工业出版社，2010.

［6］时党勇，刘永存，徐建华. 爆炸力学中的数值模拟技术［J］. 工程爆破，2005（2）：10-13，9.

［7］方秦，柳锦春，张亚栋，等. 爆炸载荷作用下钢筋混凝土梁破坏形态有限元分析［J］. 工程力学，2001，18（2）：2-7.

［8］黄荣杰，杜太生，宋天霞. 钢筋混凝土空间单元研究［J］. 华中科技大学学报（自然科学版），2002，30（5）：78-80.

框架剪力墙结构楼房的精准转体控制爆破实践与应用

颜世骏　杨　凯　公文新

（哈尔滨恒冠爆破工程有限公司，哈尔滨　150038）

摘　要：23 层框架剪力墙结构楼房位于复杂闹市区，其倒塌方向和倒塌范围受限。根据楼房结构特点和周边环境条件，提出了"多切口精确转体向北偏东方向倾倒"总体爆破方案。本论文详细介绍了爆破切口的位置、角度和延期时间等因素对控制楼房倒塌过程中精确转体的影响，并总结归纳了控制高大框架-剪力墙结构的塌落震动和实现最佳倒塌方式的实践与应用。经爆破效果检查和监测数据分析，爆破效果完全符合设计要求，可为类似工程提供重要参考。

关键词：复杂环境；高层建筑；精准转体；框架-剪力墙结构；折叠爆破

Frame Shear Wall Structure Building in Complex Environment Practice and Application of Precise Twist Controlled Blasting

Yan Shijun　Yang Kai　Gong Wenxin

（Harbin Hengguan Blasting Engineering Co., Ltd., Harbin 150038）

Abstract：The 23-story frame shear wall structure building is located in the complex downtown area, and its collapse direction and collapse range are limited. According to the structural characteristics of the building and the surrounding environmental conditions, general scheme of directional collapse and precise twist was put forward. The location, angle and delay time of blasting cut was introduced in detail, and practice and application of controlling the collapse vibration and realizing the best collapse mode of tall frame-shear wall structures was summarized in the paper. Through the inspection of blasting effect and the analysis of monitoring data, the blasting effect fully meets the design requirements. This paper can provide important reference for similar projects.

Keywords：complex environment；high rise buildings；precise twist；frame shear wall structure；folding blasting

近年来随着城市建设的高速发展，烂尾楼也逐渐增多。烂尾楼对城市形象造成了严重的破坏，同时对土地资源也造成了极大的浪费。城区内高大的烂尾楼房的拆除也成为了城市建设过程中不可回避的问题。然而，这些烂尾楼的拆除都不同程度地面临着周边环境日益复杂的情况。在爆破拆除中，常规的定向倒塌和折叠倒塌爆破已经无法满足许多复杂环境下烂尾楼爆破拆除对周围环境的基本要求。通过爆破技术在高大楼房折叠倒塌过程中实现精准转体可有效避开倒塌范围内的保护设施，满足复杂环境爆破的安全要求，减小爆破作业带来的有害效应，达到良好的爆破效果。

作者信息：颜世骏，本科，助理工程师，kimi.09@163.com。

1 工程概况

1.1 周围环境

待拆除的楼体位于哈尔滨市道外区北马路 13 号，因城建需要将其拆除。该大楼北侧距离北环辰能五金城 67m；西侧距离民用高压线 6m，距宝宇天邑澜湾小区门市房 40m；南侧距离高压线 10m，距离建筑工地 35m；东侧距离待拆楼房 6m，距离北马路小学校 85m；楼房西侧六层以下附属建筑在爆破前拆除；楼房 50m 范围内无任何地下管网设施（见图 1）。

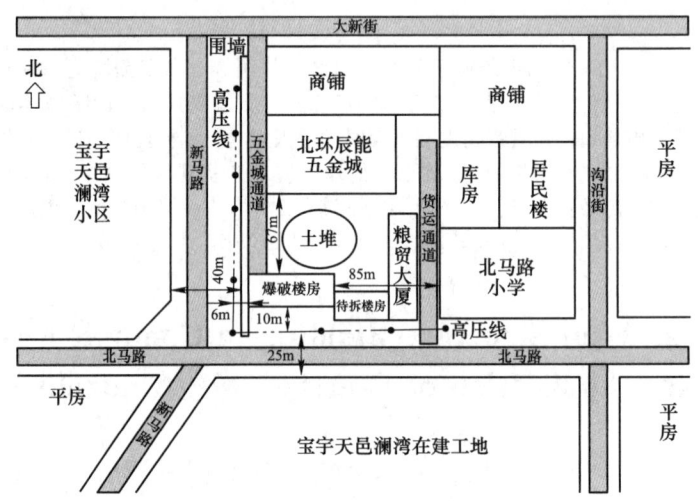

图 1　爆区周围环境示意图

Fig. 1　Schematic diagram of surrounding environment of blasting area

1.2 建筑结构

待拆除的 23 层烂尾楼为框-剪结构的高楼，主楼四周为砖砌裙楼，1 层层高 4.6m，2 层层高 4.0m，3~23 层层高均为 3.5m（21 层层高 5.3m）；6 排承重立柱由北向南分别编号为 A 轴~F 轴，由西至东编为 1~6 轴；1~2 层圆柱直径尺寸为 1.2m，方柱每边长尺寸为 1.0m，3~10 层方柱每边长尺寸为 0.9m，11~23 层方柱每边长为 0.7m，其中，剪力墙结构面积为 9.5m× 6.9m，墙内藏有暗柱，1~4 层剪力墙壁厚 25cm，5~23 层剪力墙壁厚 20cm，砖墙 0.37m，待爆楼体各楼层结构如图 2~图 6 所示。

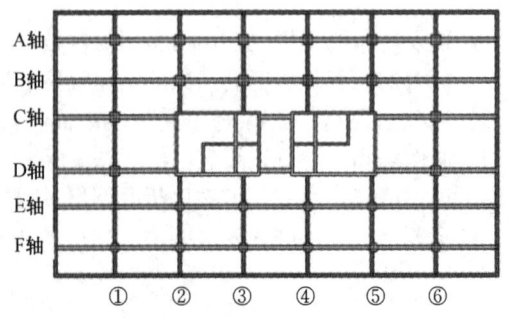

图 2　待爆建筑 1~2 层平面示意图

Fig. 2　Schematic plan of 1~2 floors of buildings to be blasted

图 3　待爆建筑 1~2 层立体模型示意图

Fig. 3　Schematic diagram of 1~2-storey 3D model of building to be blasted

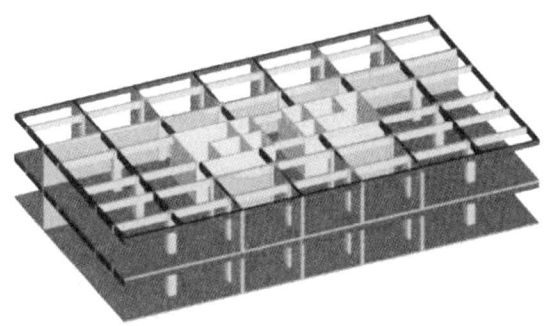

图 4　待爆建筑 3~4 层立体模型示意图

Fig. 4　Schematic diagram of 3~4-storey 3D model of building to be blasted

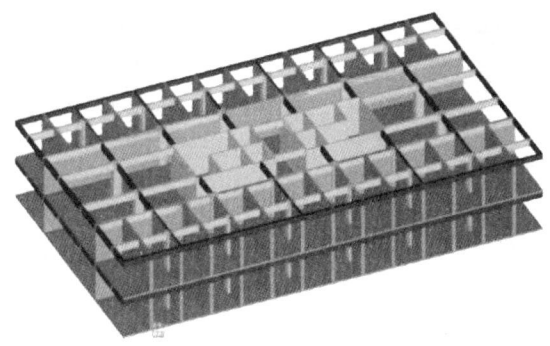

图 5　待爆建筑 5~6 层立体模型示意图

Fig. 5　Schematic diagram of 3D model of 5~6 floors of building to be blasted

2　爆破方案

2.1　爆破总体方案确定

　　根据待拆除的 23 层烂尾楼结构尺寸、平面位置及其分布、周围环境和业主对爆破施工的安全等要求，确定该楼采用控制爆破技术精确转体倾倒的方式，确定向北偏东方向倾倒（见图 7）。

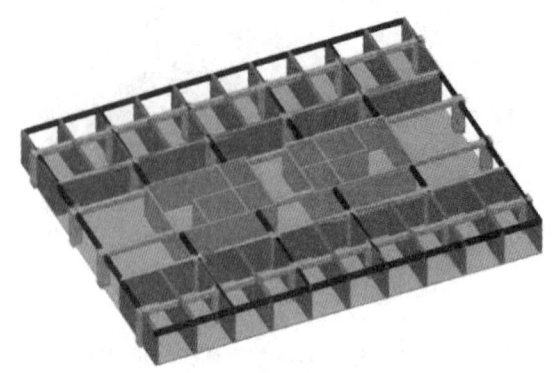

图 6　待爆建筑 6~23 层立体模型示意图

Fig. 6　Schematic diagram of 3D model of 6~23 floors of building to be blasted

　　整个楼房设计三个爆破切口：11~12 层楼为爆破上切口，1~6 层楼为下切口（见图 8）。爆破部位的装药分为五响起爆，使爆破能量逐次释放，且保证楼体上部逐次落地，避免同时落地带来的落地冲击[1-5]。

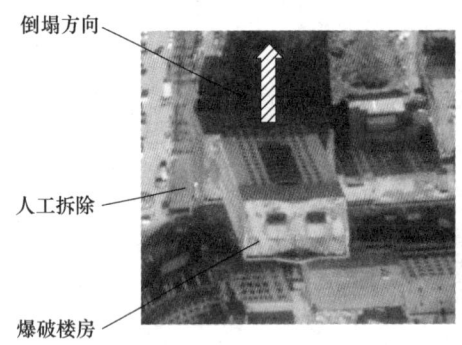

图 7　楼房倒塌示意图

Fig. 7　Schematic diagram of building collapse

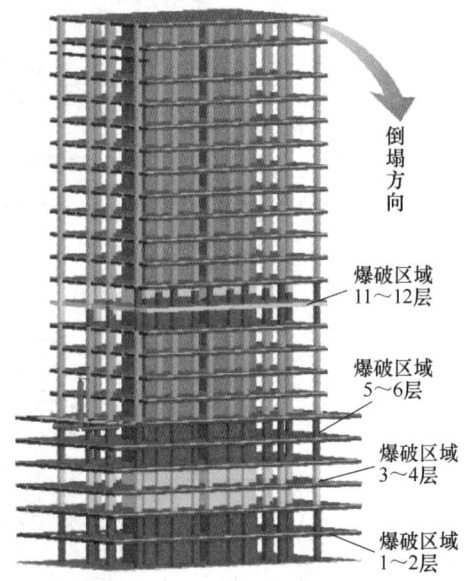

图 8　楼房爆破区域示意图

Fig. 8　Schematic diagram of building blasting area

2.2　预处理

　　为保证楼房顺利倒塌，能够预先拆除的部位实施预处理。其方法是：

（1）在爆破前应将全部门窗及楼外附属物拆除。

（2）预先将西侧 6 楼以下的裙楼拆除，使主楼爆破时成为不受牵连的独立体。

（3）楼梯间、电梯间结构在爆破前进行必要的处理，破坏其强度和刚度。

2.3 爆破部位、破坏高度与破坏程度

欲使楼房爆后解体充分并按事先确定的方向坍塌，必须爆破主要承重立柱，使楼房失稳，靠其本身的重力势能落地坍塌解体，落地的冲击又能增强破碎效果。

2.3.1 爆破部位

预处理后的楼房：1~2层、5~6层仅剩下 24 根立柱；3~4 层仅对梁、柱进行钻孔作业；11~12层仅剩下 24 根立柱及纵墙（砖墙），D轴与②轴交叉部位剩部分剪力墙。

2.3.2 切口高度

倒塌方向的切口高度 H_p 通常不小于墙厚 δ 的 2.5~3 倍，即 $H_p \geqslant (2.5\sim3)\delta$，并充分破碎。在图 9 标注的爆破范围内的立柱充分破碎，即第 1 切口高度（11~12 层）为 4.6m；切口角度为 $\alpha=9.01°$，第 2 切口高度（3~6 层）为 11.2m，第 3 切口高度（1~2 层）3.0m，完全满足要求。

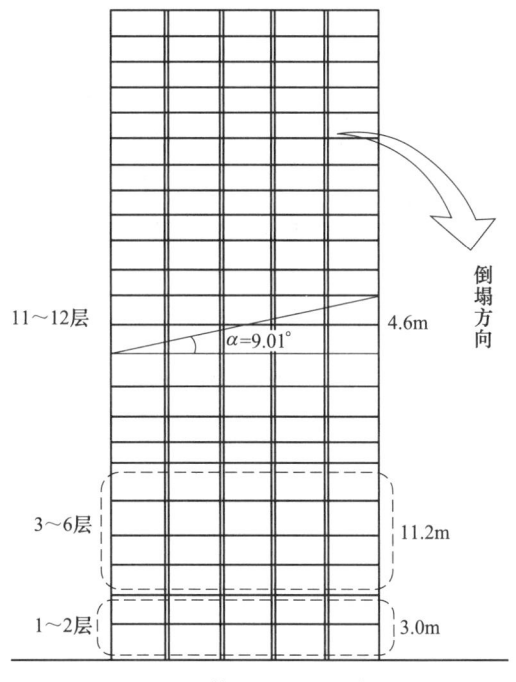

图 9　楼体爆破切口示意图

Fig. 9　Schematic diagram of building blasting cut

2.3.3 破坏程度

布孔范围内的立柱必须充分破碎，并抛离原位，以形成连续的爆裂口。

3 爆破参数设计

3.1 装药参数

单耗的大小决定着构件的破坏程度，在楼房爆破中，根据楼房的结构、高度和破坏程度来确定构件各爆破部位的单耗。选用粉状岩石乳化炸药，经试爆后确定每根立柱最大单耗为 $0.88 \mathrm{kg/m^3}$。

本次爆破共计钻孔 2178 个、钻孔深度 879.2m、炸药 300.6kg、HS-1 雷管 168 枚、HS-2 雷管 120 枚、HS-3 雷管 108 枚、HS-4 雷管 3264 枚、HS-5 雷管 696 枚，共计 4356 枚雷管[1,6]。

3.2 药孔布置、装药结构与布孔形式

本次爆破主要采用水平孔，根据该楼立柱截面积尺寸布孔方式为每排 1~2 个孔。该楼采用在梁柱的夹角处向下倾斜 45°角进行钻孔。

4 起爆网路设计

4.1 起爆网路连接方式

本次爆破采用非电导爆管雷管孔内延期的簇联复式立体交叉起爆网路。每个药孔内装填 2 发导爆管雷管，每楼层的接力点用四通联接为两条独立的导爆管网路，上下楼层之间的网路用 6 根导爆管贯通（见图 10）。

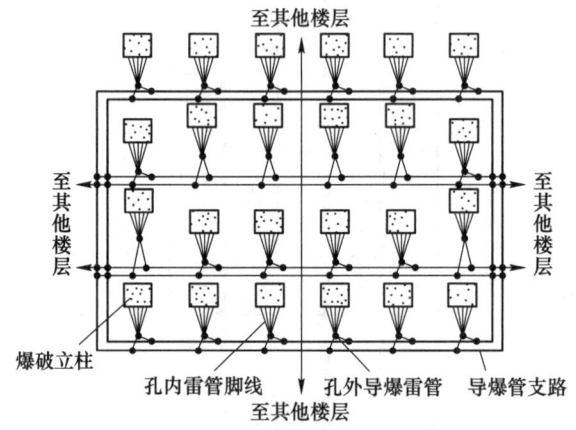

图 10　起爆网路示意图

Fig. 10　Schematic diagram of initiation network

4.2 起爆顺序与延期时间

为实现楼房在倒塌过程中的精准转体，在楼房的 11 层、12 层采用半秒延期起爆的方式使楼房倾倒的方向逐渐转向。

起爆顺序：第 1 响起爆 11~12 层楼内 A2~A6 柱及 B5 柱，共计 12 根立柱，起爆雷管采用半秒导爆管雷管 1 段，此时楼房倒塌的力矩方向为北偏东 13.13°；第 2 响起爆 11~12 层楼内 A1 柱、B2~B4 柱、C6 柱及 D6 柱，共计 12 根立柱，起爆雷管采用半秒导爆管雷管 2 段，时间间隔为 0.5s，此时楼房倒塌的力矩方向为北偏东 25.67°；第 3 响起爆 11~12 层楼内 C1、E2~E5 柱、F3~F6 柱，共计 18 根立柱，起爆雷管采用半秒导爆管雷管 3 段，时间间隔为 0.5s，此时楼房倒塌的力矩方向为 49°；第 4 响起爆 3~6 层楼内的 96 根立柱，起爆雷管采用半秒导爆管雷管 4 段，时间间隔为 0.5s，此时楼房下层结构开始全部爆破，楼房由转体阶段逐步转为下坐阶段；第 5 响起爆 1~2 层楼内的 24 根立柱，起爆雷管采用半秒导爆管雷管 5 段，时间间隔为 0.5s，此时楼房下层结构全部爆破，楼房完全转为下坐阶段；从第 1 响至第 5 响间隔为 2s。（见图 11 和图 12）。

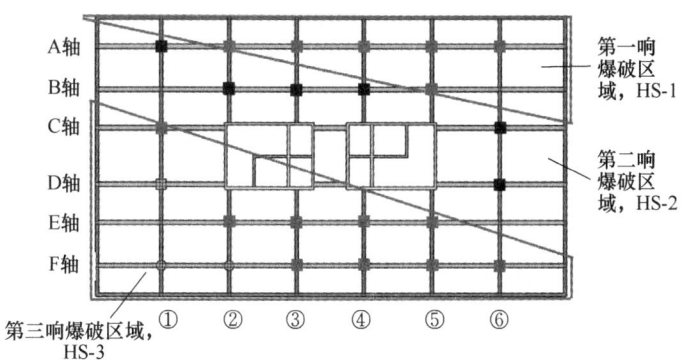

图 11　第 11 层和 12 层延期起爆示意图

Fig. 11　Schematic diagram of delayed initiation on the 11th and 12th floors

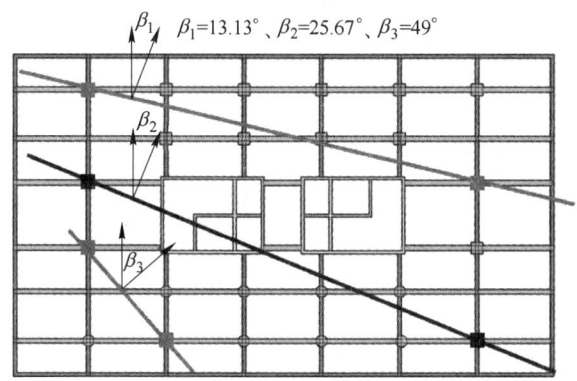

图 12　第 11 层和 12 层爆破切口定向角度示意图

Fig. 12　Schematic diagram of directional angle of blasting cut on the 11th and 12th floors

5　安全分析与防护

5.1　楼房失稳可靠性分析

楼房的立柱爆破后，其破坏高度（爆高）应当满足下式：

$$h_p \geqslant k(b + H_{min}) \tag{1}$$

式中，k 为经验系数，$k = 1.5 \sim 2.0$；b 为立柱截面的最大边长，本大楼 $b = 1.0$m；H_{min} 为临界破坏高度，按照大柔度杆考虑，$H_{min} = 12.5d$，d 为立柱的竖向主筋直径，本大楼立柱配筋直径为 $d = 0.025$m（螺纹钢），即 $H_{min} = 0.315$m。

经计算，$h_p = k(b + H_{min}) = （1.5 \sim 2.0）\times（1.0 + 0.315）= 1.97 \sim 2.63$m。

本大楼 $1 \sim 2$ 层立柱的爆高为 3.0m；$3 \sim 6$ 层立柱的爆高为 2.8m；$11 \sim 12$ 层立柱爆高分别为：A2 ~ A6 柱及 B5 柱，共计 12 根立柱爆高 2.3m；A1 柱、B2 ~ B4 柱、C6 柱及 D6 柱，共计 12 根立柱爆高 1.28m；C1 柱、E2 ~ E5 柱、F3 ~ F6 柱，共计 18 根立柱爆高 0.64m。均满足式（1）的条件，故本楼房的破坏上部楼体自重作用下能够失稳设计是合理的，其爆破部位的立柱在上部楼体自重作用下能够可靠地失稳。

5.2　爆破地震波及最大一段（次）起爆药量的确定

对于西侧 40m 处的宝宇天邑澜湾居民楼，取安全振动速度 $v_c = 2.0\text{cm/s}$。根据《爆破安全规程》[6] 给出的质点垂直振速公式（苏联萨道夫斯基公式）进行计算：

$$v = KK'\left(\frac{Q^{\frac{1}{3}}}{R}\right)^{\alpha} \tag{2}$$

允许的最大一段（次）起爆药量 $Q_{\max}$ 关系式：

$$Q_{\max} = \left(\frac{v_c}{KK'}\right)^{\frac{3}{\alpha}} R^3 \tag{3}$$

式中，$Q_{\max}$ 为最大一段（次）起爆的炸药量，kg；v_c 为被保护目标的安全振动速度，cm/s；K' 为微差控制爆破修正系数，楼房爆破通常取 0.25；R 为爆点中心至被保护目标的距离，m；K、α 分别为与爆破地形、地质条件等有关的系数和地震波衰减指数。

根据本次爆点周围的实际地质条件，经计算最大一段（次）允许装药量 $Q_{\max}$ 为 781. 14kg。本次爆破最大一段装药量为 192kg，爆破地震波对上述最近的周围建筑设施不会产生任何影响。

5.3　楼体落地振动引起的地震效应确定

对于楼体落地振动效应，目前尚无适应各种情况的并为大家所公认的准确公式计算，通常采用以往类同工程经验确定。对于最不理想的情况，即刚性楼体对刚性地面，中国科学院力学所实测的公式如下：

$$v = 0.08k\left(\frac{I^{\frac{1}{3}}}{R}\right)^{1.67} \tag{4}$$

式中，v 为落地震动速度，cm/s；k 为楼体落地处地面铺垫材料的减震系数，采用沙包或松土铺垫厚度达 5. 0~8. 0m 时，取 0. 15~0. 05；I 为楼体落地冲量，N·s。

I 的计算公式为：

$$I = m\left(2gZ_c\right)^{\frac{1}{2}} \tag{5}$$

式中，m 为楼体的有效质量，kg；Z_c 为楼体的重心高度，m。

本次爆破的大楼为框架剪力墙结构，本大楼爆破切口以上的楼体质量为 $m_0 = 46223993\text{kg}$，大楼爆破落地时，视为自由落体；大楼的每个切口下落高度为 $Z_c = 3\text{m}$；爆破时，因为在大楼倒向的预计落地地面上铺垫厚度达 8m 以上的松土，材料的减震系数 k 可取 0. 1。则大楼落地冲量 $I = 358049510\text{N·s}$，撞击点中心距建筑物最近的距离为 $R = 25\text{m}$。将上述参数代入上式，计算得出落地震动速度为 $V = 2. 14\text{cm/s}$。

计算结果表明，在没有采取开挖减震沟减振措施条件下，该落地振动能满足安全要求，若在保护目标和爆点之间开挖减震沟，则完全能满足要求[7]。

5.4　安全防护

爆破时在爆破部位用 4 层草垫子和 2 层金属网外挂一层密目安全网防护，可有效防止飞石的危害效应。具体安全防护措施如下：

（1）在楼体预计落地的部位地面上堆放 8m 高松土，减小楼体的落地冲击。

（2）在被保护目标（高压线）一侧整个爆破部位上，竖立防护围挡并悬挂 4 层浸过水的草垫和 2 层铁丝网，防止飞石打断高压线。协调供电局等相关单位，爆破前，对楼体西侧以及南侧的高压线进行断电，并做好电力抢险紧急预案。

（3）在被保护目标（北环辰能五金城）一侧整个爆破部位上，竖立防护围挡并悬挂 4 层浸过水的草垫和 2 层铁丝网，外侧再用安全网进行二次防护围挡，以防止爆破飞石对周边的影响[8-9]。

6　爆破效果

伴随着 5 次连续的爆破声响过，大楼按设计解体、倾倒、转向、塌落。经实际测量倒塌长度为 30m，向右转向 15m，后座 10m，最高爆堆高度为 10m，无爆破飞溅物产生。全部倒塌过程历时 7s，楼房解体充分、折叠偏转过程明显，达到预期爆破效果。爆破倒塌过程如图 13 所示。

图 13　爆破倒塌过程
（a）起爆瞬间；（b）开始转体；（c）倒塌效果
Fig. 13　The collapsing process

7　结论

（1）框架-剪力墙结构楼房的拆除爆破，采取预先拆除、预先弱化结构等处理措施，不仅能够减小爆破量，降低大楼整体刚性，还可以使大楼解体更加充分，爆破效果更加理想。

（2）延期时间对倒塌距离影响较大。最佳的延期时间是使楼房产生 15°～30°倾角后，使解体部分大落差地垂直下落，更容易使楼房的梁、柱、墙体解体成片状。

（3）运用高位切口三段切割精确转体爆破技术，可有效控制楼房倒塌方向，确保周边设施安全。

（4）通过缓冲带和减震沟，可以使地震波有效地衰减，从而保护周边建筑和设施。

参 考 文 献

［1］汪旭光．爆破设计与施工［M］．北京：冶金工业出版社，2011.

［2］郭进，公文新．高层框架楼房单向折叠爆破拆除［J］．工程爆破，2016，22（6）：58-61.

［3］马世明，余兴春，任少华，等．复杂环境下14层框剪楼房折叠拆除爆破［J］．工程爆破，2021，27（1）：69-73，78.

［4］齐世福，刘好全，李宾利，等．框剪结构高楼纵向倾倒拆除爆破研究［J］．爆破器材，2014，43（3）：41-47.

［5］姚显春，姚尧，张伟，等．高层框-剪结构建筑的定向爆破拆除［J］．爆破器材，2019，48（3）：49-54.

［6］辛振坤，泮红星，骆利锋，等．18层大厦双向三次折叠控制爆破技术［J］．工程爆破，2015，21（4）：33-36.

［7］国家安全生产监督管理．爆破安全规程：GB 6722—2014［S］．北京：中国标准出版社，2014.

［8］顾毅成，史雅语，金骥良．工程爆破安全［M］．合肥：中国科技大学出版社，2009：542-543.

［9］李友军，张北龙，郑耿，等．高层建筑物多切口大角度定向爆破技术与应用［J］．工程爆破，2019，25（2）：49-54，60.

18 层框–筒结构楼房爆破拆除设计与模拟验证

苏 健[1]　闫鸿浩[1]　李晓杰[1,2]　王小红[1]

（1. 大连理工大学工程力学系，辽宁　大连　116024；

2. 工业装备结构分析优化与 CAE 软件全国重点实验室，辽宁　大连　116024）

摘　要：对于复杂环境条件下大跨距高楼房爆破拆除，为保证附近人员财产的安全，采用折叠爆破，分区块延期起爆方式，保障楼房倒塌后爆堆形态集中，同时控制爆破振动及塌落振动对于周围建筑的危害。为验证爆破拆除设计的合理性，采用 ANSYS/LSDYNA 软件建立楼体分离式共节点三维有限元模型，对楼体倒塌形态进行分析。通过分析楼体顶部关键节点发现楼房按原定设计方向进行倒塌，解体充分，爆破后爆堆堆积，未出现明显楼体部件飞散等问题。结果表明：大跨距楼房重力势能转换较快，楼房解体倾倒迅速，楼体解体后爆破振动值相较于整体定向倾倒塌落振动经验计算数值明显降低，为类似爆破工程提供参考。

关键词：楼房拆除；爆破振动；数值模拟

Blasting Demolition Design and Simulation Verification of 18-story Frame-barrel Structure Building

Su Jian[1]　Yan Honghao[1]　Li Xiaojie[1,2]　Wang Xiaohong[1]

（1. Department of Engineering Mechanics, Dalian University of Technology, Dalian 116024, Liaoning; 2. State Key Laboratory of Structural Analysis, Optimization and CAE Software for Industrial Equipment, Dalian 116024, Liaoning）

Abstract：For blasting demolition of long-span tall buildings under complex environmental conditions, in order to ensure the safety of nearby personnel and property, folding blasting and delayed blasting of zoning blocks are used to ensure the concentration of explosion pile after the collapse of the building, and at the same time control the damage of blasting vibration and collapse vibration to surrounding buildings. In order to verify the rationality of the blasting demolition design, ANSYS/LSDYNA numerical simulation software was used to establish a three-dimensional finite element model of the separate common nodes of the building to conduct analysis of the collapse form of the building. Through the analysis of the key nodes on the top of the building, it was found that the building collapsed according to the original design direction, the air disintegration was sufficient, the explosion pile was piled up after blasting, and no obvious problems such as the flying of the building components. The results show that the conversion of gravitational potential energy of long-span buildings is faster, the buildings disintegrate and toppling quickly, and the blasting vibration value after the building

基金项目：国家自然科学基金（12172084）。

作者信息：苏健，博士研究生，sj518@ mail. dlut. edu. cn。

disintegrates in the air is significantly lower than the empirical calculation value of the whole directional toppling collapse vibration, which provides a reference for similar blasting projects.

Keywords: demolition of buildings; blasting vibration; numerical simulation

1 引言

城市人口的不断增加和土地资源的有限性使城市超高层建筑的数量持续增长。而超高层建筑普遍采用大跨距框架-核心筒组合的结构形式,这种形式主要由框架和核心筒构成组合体系。其中,筒体具有远大于框架的抗侧移刚度,因此是主要的抗侧力构件,而框架则主要用来承担竖向荷载。由于此结构整体刚度极大,且高度在百米至几百米,如果在风灾和地震等特殊情况下被破坏,基本无法用机械和人工方法进行拆除。此外,此类结构大部分处于城市中心,建筑物分布密集,爆破拆除难度很大。因此,针对此类高层建筑的爆破拆除对城市规划和可持续发展至关重要。近年来,针对高层建筑爆破拆除的众多爆破工程实践及理论,国内研究学者进行了相关研究。

李采华通过预切割分块和削弱结构强度等措施,成功采用了"分片塌落、空中解体、三角立体延时"的爆破方案拆除了16层和18层剪力墙筒体结构楼房[1]。杨国梁采用共节点分离式钢筋混凝土模型对典型的框-筒结构的折叠拆除进行三维模拟研究,主要考察不同的起爆方式、切口高度及延迟时间等因素对结构破坏的影响[2]。吴建宇利用 ANSYS /LS-DYNA 有限元程序对采取分段爆破的框架-筒体塌落过程进行数值模拟,分析研究了结构物塌落着地的过程及局部破碎情况并与实际爆破效果进行比较[3]。费鸿禄通过对待拆的框-筒结构楼房的周围环境和结构特性进行分析,采用"内向折叠"的爆破拆除方案成功地拆除了6层框-筒结构的建筑物[4]。此外,国内学者利用 LS-DYNA 中分离式共节点模型,对拆除爆破筒仓、烟囱(双向折叠)和楼房等建(构)筑物进行模拟,模拟结果与真实倒塌过程十分吻合[5-7]。可以看出,框架-核心筒结构高层楼房由于其结构的受力复杂性,目前针对其爆破的方法还不是很多,可借鉴的成熟经验较为有限。

对于复杂环境条件下大跨距高楼房爆破拆除工况,本文设计了以下爆破拆除方案:采用折叠爆破,分区块延期起爆方式,保障楼房倒塌后爆堆形态集中,同时控制爆破振动及塌落振动对于周围建筑的危害。采用仿真软件验证了爆破设计的合理性,通过分析楼体顶部关键节点发现楼房按原定设计方向进行倒塌,解体充分,爆破后爆堆堆积,未出现明显楼体部件飞散等问题。

2 工程概况

2.1 楼体概况

现有一大跨距框架核心筒18层高烂尾楼,主楼为18层,裙楼4层;主楼平面结构为长方形,长×宽为48.0m×28.67m。主楼为框架-核心筒结构,1层层间高度为4.8m,2~18层的层间高度均为3.5m,高度为64.3m,总建筑面积为30214.3m²。

2.2 周边环境

待拆楼房东距"小区内景观河"110m,其间紧邻有待拆4层烂尾楼,以远距150m为在建楼房;南面到院内活动板房、临时食堂160m,至交通干道260m;西面到在建高层楼房最近50m,至交通干道路(距400m)均为在建及已建楼房;北侧8m处有两个配电站,北侧9m处地下有由东向西布置的市政自来水管、光缆,北侧10m处为城市道路,北侧马路对面距137m处为在建楼房,西北方向为商住混合楼,直线距离为150m。爆破环境较为复杂。图1为楼体周边环境图。

图 1 楼体周边环境

Fig. 1 Building surrounding environment

2.3 内部结构

楼房内部布置有 22 根立柱，中间部位为框剪结构电梯井和楼梯间等。纵向 7 根立柱间距为 8.0m，横向 4 根立柱间距分别为 8.6m、7.8m 和 8.6m。立柱断面为正方形，1 层断面规格为 0.95m×0.95m，2 层递减为 0.9m×0.9m，3~6 层均为 0.85m×0.85m，9 层以上递减为 0.8m× 0.8m。立柱的层间高度：第 1 层为 4.8m，梁下高度为 4.0m；第 2 层及以上各层的层间高度为 3.5m，梁下高度 2.8m。每层立柱间分布有纵向和横向的大梁，第 1 层大梁断面规格为：宽×高为 0.4m×0.8m，第 2 层及以上各层为：宽×高为 0.4m×0.7m。中心部分为核心筒建筑结构，分布有电梯井、楼梯间和管线、通风井等；核心筒厚度分别为 0.36m 和 0.25m，分层总长度为 37.4m 和 12.5m。内部结构示意图如图 2 所示。

3 爆破拆除设计

3.1 整体倒塌

由于待拆楼房的结构平面布局为长方形，根据楼房周围的爆破环境及倒塌区域内的地面松软程度，兼顾南面均为待拆除的烂尾建筑，有足够的倒塌空间和场地条件等，选择该方向倒塌较为安全与合理。根据现场情况，决定采用"向南定向折叠倒塌"的爆破方案。图 3 为其倒塌方向示意图。爆破方案的主要内容有：

（1）1~5 层布置第一个爆破切口，11~12 层布设第二个爆破切口，采用正向折叠爆破拆除方案，上下两层切口同时起爆。

（2）爆破缺口内的立柱全部钻孔爆破；爆破缺口内的每层电梯间和楼梯间采用爆破方式切割成条状，每个侧面留 3~4 个约 1.5m 宽的支撑墙体，其余部分的混凝土全部采用爆破和人

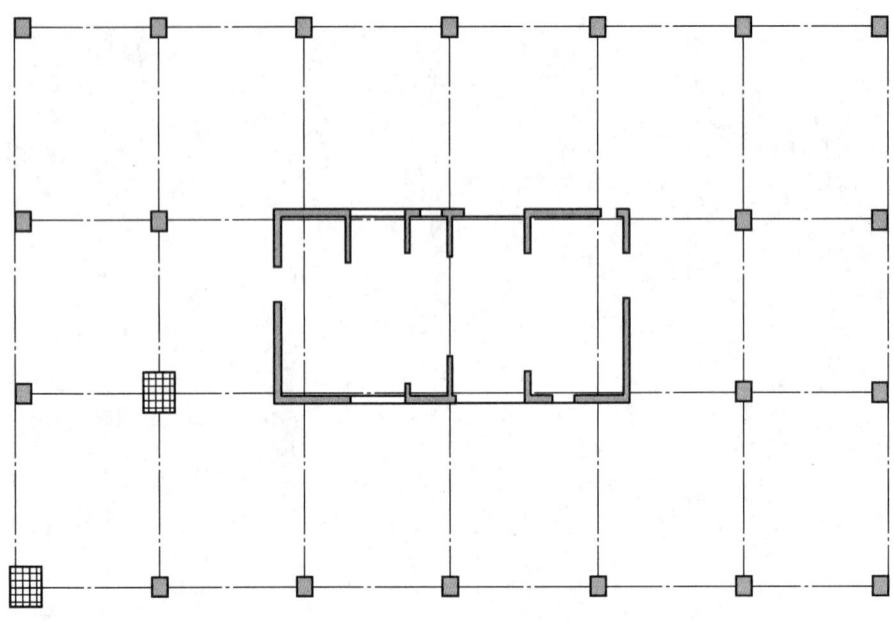

图 2　内部结构示意图

Fig. 2　Schematic diagram of internal structure

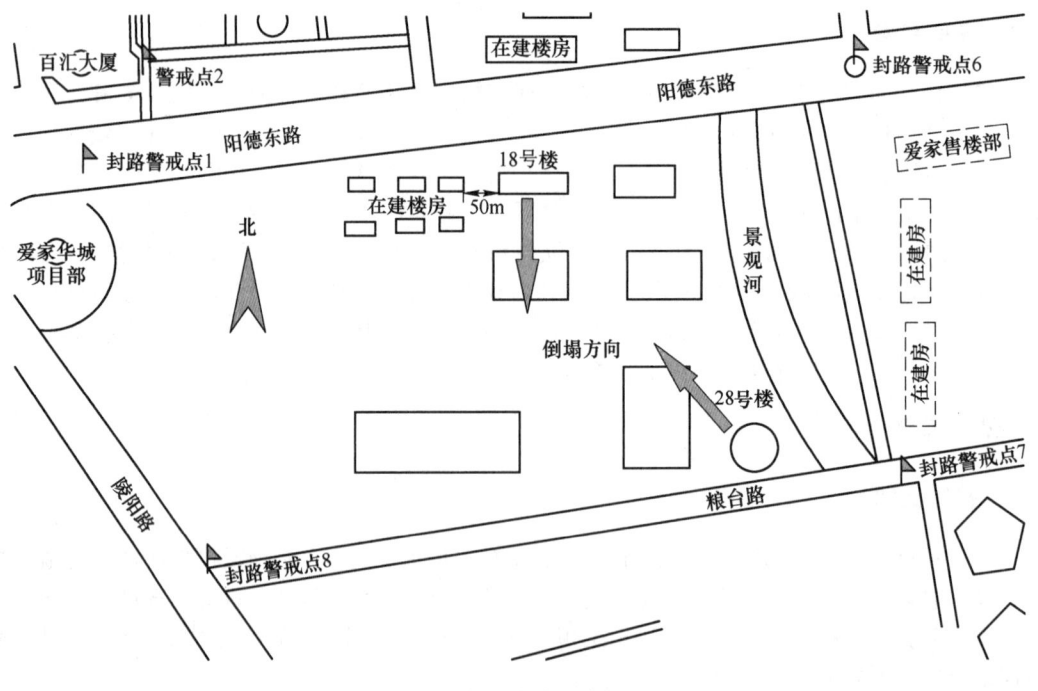

图 3　倒塌方向示意图

Fig. 3　Schematic diagram of collapse direction

工方式剔除；在楼房梁的交叉处布置 5~6 个炮孔，对梁体进行破坏，使倒塌更充分。施工中必须按照设计进行，确保施工安全和楼房的整体安全性。

（3）同时与倒塌方向平行的梁采用爆破的方式进行分段爆破，以便于楼房在倒塌过程中能够较好地折叠，使之解体，以减小塌落时的触地冲量，这样先期塌落到地面的楼板等建筑垃圾就成为后继倒塌物的缓冲层，可进一步减小塌落震动，并最大限度地降低爆堆。

（4）采用草袋和竹笆对楼房立柱的东、西及北侧进行严密防护，11、12楼对东西及南侧进行严密防护，防止爆破飞石对售楼部、在建楼房和商场造成破坏。

3.2 爆破切口参数确定

多层或高层建筑物的上部结构在爆破后，有时会倾而不倒或部分不倒，如何能保证建筑物全部倒塌，爆破切口高度设计要考虑的重要因素。高层楼房整体爆破倒塌爆破切口必须满足两个条件：一是楼房倾倒时重力矩必须大于预留支撑的截面抗矩；二是爆破切口闭合时，楼房重心必须在楼房触地点的外侧。

爆破切口的高度可以取为：

$$(H_C - \sqrt{H_C^2 - 2L^2})/2 \leqslant h \leqslant H_C/2 \tag{1}$$

式中，L 为两外承重柱（墙）之间的跨度或为爆破切口的水平长度，m；H_C 为上部结构的重心高度，m；h 为爆破切口的相对高度，m。

根据场地条件以及结构特点，待拆楼房向南倒塌（沿楼房横向倒塌）。楼高70.3m，横向宽度25m，高宽比 $H_C/L = 1.406 < \sqrt{2}$。不满足以纵向边缘为支撑点的定向倒塌条件。为此把支撑点（转动铰链）前移一排柱子，以第三排柱为共支撑点（转动铰链），同时把第三部分和第二部分之间的延期时间扩大为1s左右，以达到支撑点前移的目的，共前移8.6m。$H_C/L > \sqrt{2}$，满足定向倒塌的条件。α 取30°，计算 $h = 16.7$m。为了创造该楼倒塌条件，拟采用阶梯式缺口。

施工中，第一部分立柱采用五层炸高（15.2m）；第二部分立柱和核心筒体部分采用四层炸高（12.4m）；第三部分立柱和核心筒体部分采用三层炸高（9.6m）；第四部分立柱为支撑区，只在立柱下部打2个孔。十一层和十二层局部进行弱化处理（前三部分每根立柱打6个炮孔，核心筒体打2排炮孔），进一步增加第一部分的爆破缺口高度，使缺口最大高度为20.8m（>16.7m）。爆破缺口示意图如图4所示。

3.3 爆破参数

楼房立柱和梁的爆破参数见表1，剪力墙及楼板的爆破参数见表2。

表 1 楼房立柱和梁的爆破参数

Tab. 1 Blasting parameter of the building column and beam

截面尺寸 /cm×cm	最小抵抗线/cm	孔距/cm	排距/cm	孔深/cm	炸药单耗/kg·m⁻³	单孔装药量/g
95×95	30	30	40	75	3.0	550
90×90	30	30	40	70	3.0	500
85×85	30	30	40	65	3.0	450
80×80	30	30	40	60	3.0	400
80×40	20	30	—	57	3.0	260
70×40	20	30	—	45	3.0	220

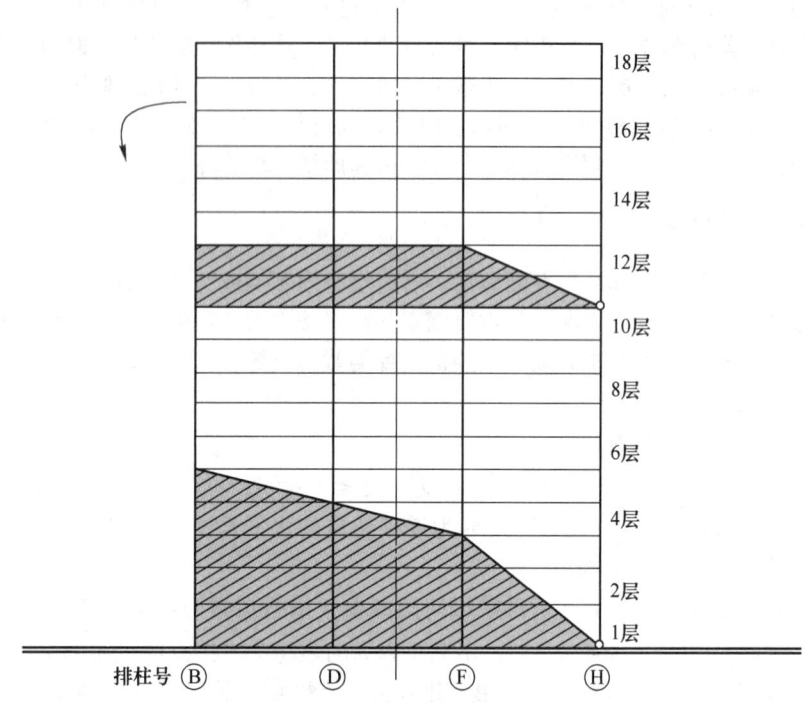

图 4　高楼爆破缺口示意图

Fig. 4　Diagram of detonator section of tall building

表 2　剪力墙及楼板爆破参数

Tab. 2　Blasting parameters of shear wall and floor

剪力墙厚度/cm	最小抵抗线/cm	孔距/cm	排距/cm	孔深/cm	炸药单耗/kg·m⁻³	单孔装药量/g
36	15	30	25	26	3.5	130
25	12.5	25	20	17	3.5	70
20	10	35	—	30	3.5	120
15	7.5	20	20	10	2.0	20

炮孔数及装药量统计得总炮孔数 3928 个，总装药量 886.2kg。

3.4　爆破网路和起爆延期时间

爆破网路的设计要力求简洁，雷管段数不宜太多，以便于装药、连接和检查。图 5 为雷管段别划分区域图。

本次爆破网路设计主要考虑以下几点：（1）每栋楼的一层从缺口边缘分区顺序延期起爆，以减少最大段爆破药量。最后区域弱爆破，只形成铰链，延期时间较长。（2）各楼层之间上下对应位置延期起爆，上层比下层延期起爆。（3）为保障楼体顺利塌落，控制楼体后座程度，为此把支撑点（转动铰链）前移一排柱子，以第三排柱为倒塌前期的临时支撑点（转动铰链），同时把第三部分和第二部分之间的延期时间扩大为 1s 左右，以达到支撑点前移的目的，共前移 8.6m。后续随着 3~5 区起爆，支撑点后移，楼体整体沿新支撑点转动倾倒。对照图 5 中各区域，爆破切口各区域雷管段别见表 3。

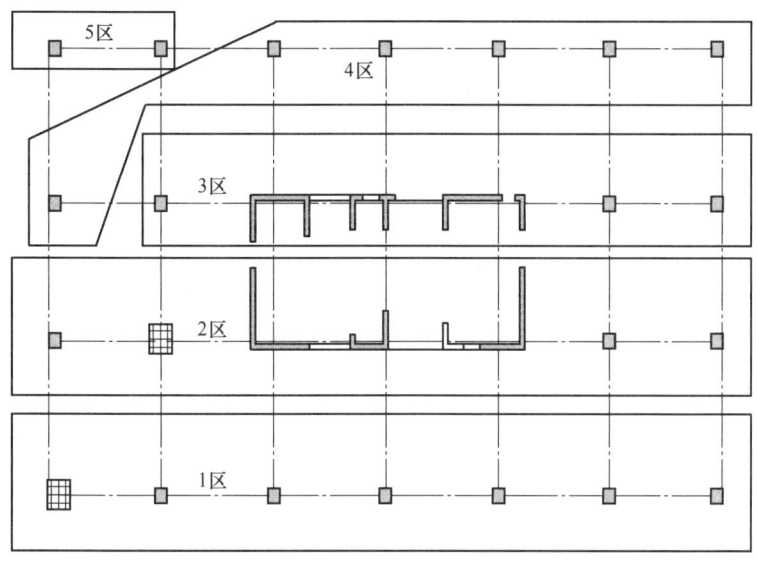

图 5　雷管段别划分区域图

Fig. 5　Division of detonator sections

表 3　孔内雷管段别分布

Tab. 3　Different distribution of detonator segments in the hole

层数	1 区域	2 区域	3 区域	4 区域	5 区域
11~12 层	MS-5	MS-6	MS-7		
5 层	MS-9				
6 层	MS-8	MS-12			
4 层	MS-7	MS-9	HS-4		
2 层	MS-6	MS-8	HS-4		
1 层	MS-5	MS-7	HS-4	HS-6	HS-6

　　本次拆除爆破为确保爆破安全，除起爆雷管外，全部采用非电起爆网路，孔内、孔外全部采用非电导爆管雷管，按设计要求顺序延时起爆。设计全部采用孔内延时、孔外 2 段毫秒非电雷管引爆的起爆网路。

　　网路连接时首先将墙体上炮孔内导爆管雷管，每 15~20 发簇联，使用毫秒 2 段非电雷管作为连接元件，然后用四通和导爆管将毫秒 2 段非电雷管连接，将同层各个房间的炮孔连接成闭合复式网路。网路的传爆采用复式形式，以保证网路的可靠性，在接力路线比较长时采用交叉复式接力网路，在控制建筑物倒塌的关键部位应适当增加闭合网路的网格密度。

4　数值试验分析

4.1　模型建立

　　基于分离式共节点建模法，使用 LSDYNA 建立 1:1 三维有限元仿真模型，模型单位制选取为 kg-m-s，其中钢筋材料采用梁单元 BEAM161 进行建模，混凝土材料和地面采用实体单元 SOLID164 建模。

4.2 材料选取

钢筋材料与混凝土材料均采用塑性随动模型 *MAT_PLASTIC_KINEMATIC 加以描述，地面材料采用 *MAT_RIGID 刚体材料描述，MAT_ADD_EROSION 关键字定义爆破切口并模拟混凝土的压碎破坏过程，材料参数见表4。

表 4 有限元模型材料参数

Tab. 4 Material parameters of finite element model

材 料	钢筋	混凝土
材料密度 ρ /kg·m^{-3}	7850	2600
弹性模量 E/GPa	210	25
泊松比 ν	0.29	0.20
切线模量 E/GPa	20	0.5
屈服应力 σ/MPa	26	52.4

4.3 载荷施加

在楼房模型上施加自身重力载荷和重力加速度 $g=9.8\text{m/s}^2$，筒体与地面接触处施加全方向约束载荷，楼房底部施加固结约束。

4.4 接触设置

选用单面自动接触关键字模拟各组分间的接触；采用节点-单元穿透控制接触关键字模拟钢筋与地面的接触，防止钢筋穿透地面，节省计算时长。

4.5 模型建立

楼房钢筋骨架与混凝土筒体有限元模型如图6所示，模型中适当去除了部分梁单元和楼板单元以还原。

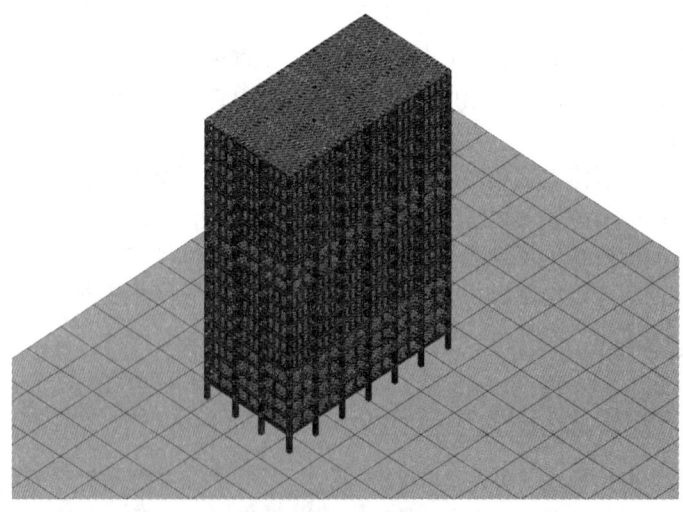

图 6 楼房有限元模型

Fig. 6 Finite element model of the building

4.6 倒塌过程

采用 LS-PrePost 后处理，楼房倒塌过程如图 7 所示。

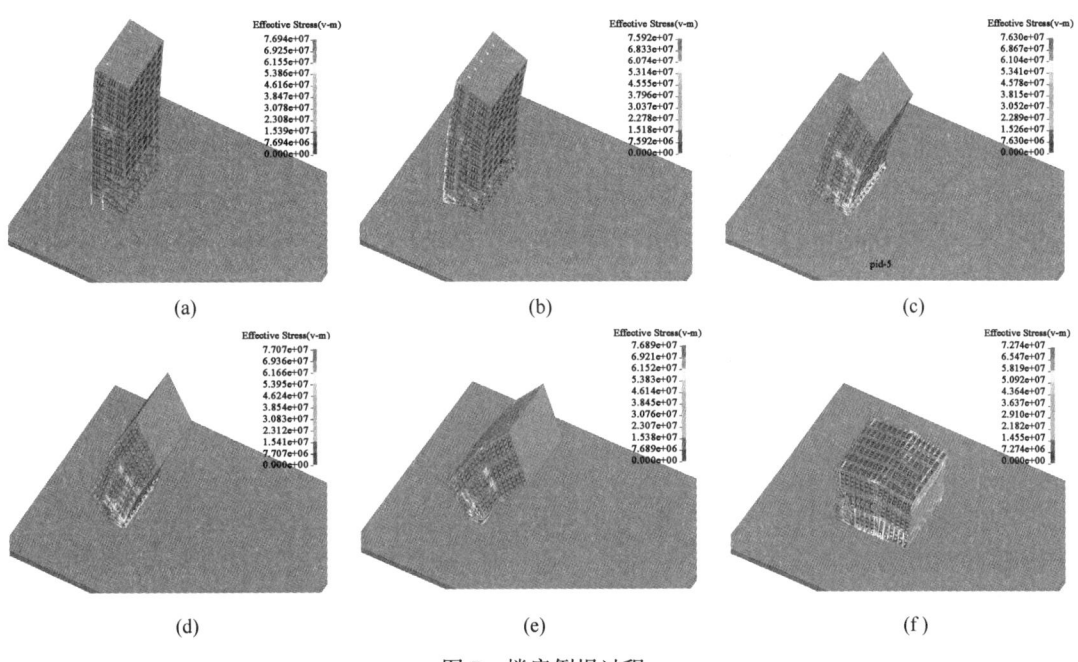

图 7　楼房倒塌过程

（a）1s；（b）2s；（c）4s；（d）6s；（e）8s；（f）0.5s

Fig. 7　Building collapse process

图 7（a）是 $t=1s$ 时楼房的状态图。在数值模拟时，设置 $t=2s$ 从模型中删除设置好的切口物理单元，模拟爆炸形成的爆破切口。切口形成后楼梯的整体性受到破坏，切口部分失去承载力，楼房上部结构的重力全部作用于余留的承重柱，1~11 层部分梁材料单元同时失效，楼板解体下落。

图 7（c）是 $t=4s$ 时造楼房的状态图。爆破切口形成后，底部砖混结构余留支撑部位开始受压。随着楼体缓慢前倾，支撑部位同时承受压应力，逐渐达到失效应变条件，开始下坐。

图 7（f）中楼体下坐完成。此时楼体处于加速下倾阶段。在楼房下坐完成后，随着楼体切口触地完全闭合，将绕形成新的转动支点下倾。在加速下倾前，楼体将有一段相对稳定的下倾阶段，该阶段的时长与下坐完成时楼体的下倾速度有关。

4.7 节点分析

为了全面了解楼体结构在爆破过程中的响应，选择了顶部关键节点（No. 964792）作为观测点，以观察其三方向位移变化情况。通过数值试验的结果，获得了顶部关键节点在爆破拆除过程中的位移时间历程。如图 8 所示，从位移时间曲线中可以清晰地观察到结构在爆破后的动态响应情况。

结果表明，楼体 X 方向上发生少量位移，说明楼体依照设计方向倒塌，未发生明显偏移。楼体 Y 方向上位移为 38m 左右，远低于楼体高度（64.3m），说明楼体倾倒过程中存在下坐，下坐程度较大，主要原因为底部抗压强度较低，受上部楼体压缩破坏较大。竖直方向即 Z 方向在切口形成约 1s 内，楼体顶部竖直位移与速度时程曲线趋于水平线，说明楼体在自重作用下

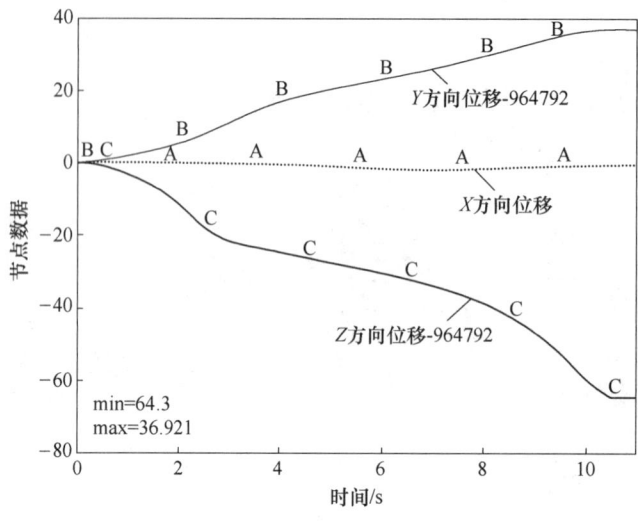

图 8　节点位移变化曲线
Fig. 8　Node position change curve

重心开始偏移并旋转但还没开始下落，处于大偏心受压脆性断裂阶段。在 1.5~10.4s 阶段，楼体顶部的速度处于均匀加速过程，说明顶部竖直方向的速度在下坐阶段也近似以自由落体的形式进行加速。

5　现场实际爆破

起爆后，楼房向预定方向倒塌，倒塌过程（见图 9）历时 9s，爆破后，爆堆破碎效果理想

图 9　楼房爆破倾倒过程
Fig. 9　The blasting dumping process of the building

（见图 10），爆堆高度 6m 左右，楼房前冲 40m，东西两侧坍塌范围 5m，北靠西侧最大后坐 8m，靠东侧最大后坐 10m。爆破后发现后排立柱从 4 楼顶处折断，上部压塌下部后坐。从爆堆形状看，楼体倒向完全符合设计预期，倒向精确。

图 10　爆堆形态

Fig. 10　Morphology of explosive pile

6　总结

本文基于大跨距高楼房的实际工况，采用"向南定向折叠倒塌"的爆破方案，结合构筑物通过导爆管串联进同一起爆网路的孔内、孔外延时起爆技术，结合相关理论及工程实际进行定向窗开设、爆破切口设计、爆破参数选择等，制定了一套高效可实施的爆破拆除设计。同时采用数值模拟技术进行了试验分析，高效地完成了爆破拆除。根据顶部节点位移变化数值仿真计算结果发现，待拆除高楼整体结构对称，重心未发生明显偏移，倒塌时相较于原位置偏移较少，楼体倒塌后长度较短，说明产生了一定的下坐和压缩破坏，但计算过程中待拆除高楼整体倒塌过程基本符合设计要求。

本文采用分离式共节点建模方法建立三维有限元模型，对高楼房爆破倒塌过程进行仿真计算，模拟过程还原了余留体裂缝扩展和下坐倒塌现象，证实了分离式共节点建模法数值模拟建筑物爆破倒塌过程的可行性和准确性。

参 考 文 献

[1] 李采华，谭雪刚，薛峰松，等. 16 和 18 层剪力墙筒体大楼爆破拆除 [J]. 工程爆破，2004（2）：31-34，16.

[2] 杨国梁，杨军，姜琳琳. 框–筒结构建筑物的折叠爆破拆除 [J]. 爆炸与冲击，2009，29（4）：380-384.

[3] 吴建宇，龙源，纪冲，等. 城市高层框架–筒体结构建筑物拆除数值模拟研究 [J]. 爆破，2015，32（2）：95-99.

[4] 费鸿禄，张广贝，何文斌，等. 复杂环境下框–筒结构楼房内向折叠爆破拆除技术研究 [J]. 爆破，2021，38（1）：80-86.

［5］叶海旺，薛江波，房泽法．基于 LS-DYNA 的砖烟囱爆破拆除模拟研究［J］．爆破，2008（2）：39-42.

［6］张培平．基于 LS-DYNA 进行薄 18 壁筒状结构物的爆破倒塌模拟研究［D］．青岛：山东科技大学，2008.

［7］刘浩，钟聪明，刘鹏．LS-DYNA 在建筑结构弹塑性分析中的应用［J］．建筑结构，2015，45（23）：65-71.

复杂环境下混合结构火损危楼精细爆破拆除

叶小军[1,2]　付艳恕[1]　李卫群[3]　肖先锋[1]　赵朋龙[1]　叶冬鲜[2]

（1. 南昌大学先进制造学院，南昌　330031；

2. 南昌工学院信息与人工智能学院，南昌　330108；

3. 江西省高端爆破工程有限公司，江西　吉安　343000）

摘　要：建筑物构件的强度性能因火灾高温灼烧而大幅降低，为确保复杂环境下遭火灾的危险混合结构建筑物（1~2 层为框架结构，3~7 层为两栋间距 8.7m 的砖混结构）的顺利爆破拆除，以及构件的强度退化进行强化支撑以保障施工安全、对爆破参数精细化设计以确保建筑物精准倒塌，并运用 ANSYS-LS/DYNA 软件对选择的参数进行验算和爆破效果预测。结果表明：本文采用的精细化设计方案确保了作业人员的施工安全、建筑物的精准倒塌及危害效应的有效控制，可为火灾后危险建筑物的拆除爆破提供一定的参考。

关键词：火损危楼；强化支撑；精细化设计；数值模拟；爆破拆除

Study on Precision Demolition Blasting of Dangerous Fired Hybrid Building in Complex Environments

Ye Xiaojun[1,2]　Fu Yanshu[1]　Li Weiqun[3]　Xiao Xianfeng[1]
Zhao Penglong[1]　Ye dongxian[2]

（1. School of Advanced Manufacture, Nanchang University, Nanchang 330031；
2. School of Information and Artificial Intelligence, Nanchang Institute of Science and Technology,
Nanchang 330108；3. Jiangxi Province Gaoduan Blasting Engineering Co., Ltd.,
Ji'an 343000, Jiangxi）

Abstract：The strength performance of building components is greatly reduced due to the high temperature burning of fire. In order to ensure the smooth blasting demolition of dangerous hybrid buildings (The first and second floors are frame structures, while the third to seventh floors are brick concrete structures with a spacing of 8.7 meters between two buildings) exposed to fire in complex environment, considering the strength degradation of components, strengthening support is adopted to ensure construction safety, and precise design of blasting parameters to ensure accurate collapse of the building. ANSYS/LS-DYNA software is used to check the selected parameters and predict the blasting effect. The results show that the precise design scheme adopted in this paper ensures the construction

基金项目：国家自然科学基金项目（12062013，12162024）。

作者信息：叶小军，博士，副教授，yexiaojun0512@ 126. com。

safety of operators, the precise collapse of buildings and the effective control of hazard effects, which can provide some reference for the demolition and blasting of dangerous fired buildings.

Keywords: dangerous fired building; strengthening support; precision blasting; numerical simulation; demolition blasting

1 引言

建筑结构发生火灾后, 钢筋混凝土构件在高温作用下, 各项性能均有不同程度的降低; 同时, 建筑结构发生火灾时, 通常是整栋结构系统中的局部结构受火, 受火开间构件在高温作用下的膨胀变形, 会受到相邻受火构件和节点以及相邻非受火构件的约束, 因此结构内部各构件之间将会产生剧烈的内力重分布和应力重分布[1-10], 因构件性能下降及构件间受力的重分布, 导致整栋建筑物的安全性能下降。

对该类强度减退的建筑物进行爆破拆除时需要进行精细化设计, 在作业施工前要对建筑物结构进行强化支撑, 同时还需要对爆破参数进行优化调整, 以确保爆破作业过程的安全及建筑物按设计要求倒塌。

2 工程概况

2.1 大楼结构

待拆除建筑为某县百货大楼, 其位于县城中心, 建于 2001 年, 建筑面积约 1.16 万米^2, 一、二层为框架式整体结构商场, 长 71.7m, 宽 32.4m, 各层高 5.10m; 三层及以上为前后两栋砖混结构居民房, 栋间距 8.7m; 前栋长 71.7m, 宽 11.40m, 层高 3.0m, 中间 6 层, 两侧各 5 层, 高 28.20m; 后栋长 71.7m, 宽 11.82m, 层高 3.0m, 共 4 层, 高 22.20m。

大楼的一、二层框架结构由 6 排方形立柱支撑, 前后栋各 3 排 (按砖混结构房划分), 前后两栋之间距离部分无立柱支撑, 大楼钢筋混凝土强度为 C20。楼体西北往东南方向 23m 处从楼顶至基础有一条 30cm 宽贯穿性沉降缝, 将大楼分为两座不相连的两大部分, 如图 1 所示。

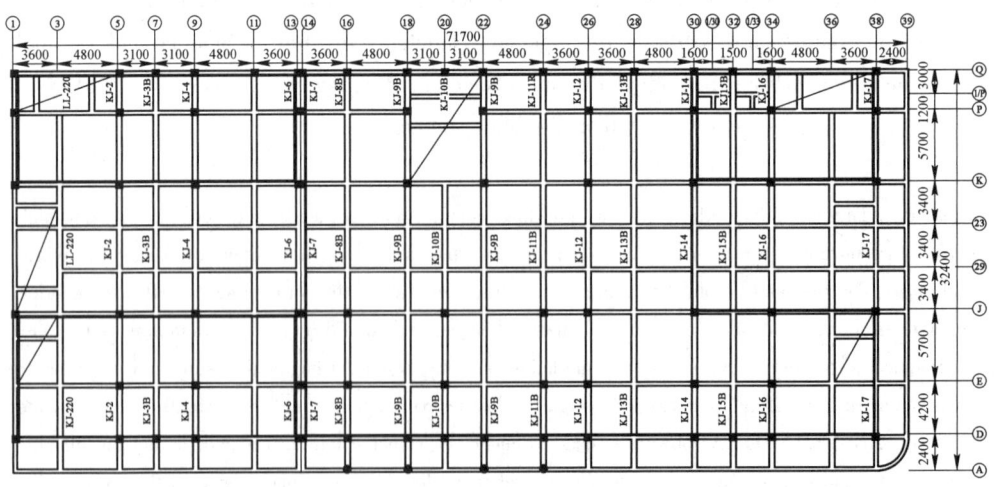

图 1　火损楼梁柱结构图

Fig. 1　Structure of the dangerous fired building's beams and columns

2.2　火损危楼损伤状况

百货大楼发生过较为严重的火灾，着火点位于二层右边 D 柱至 J 柱与 34 号至 39 号之间，整个二层及楼面大面积烧伤，特别是 K 柱至 Q 柱与 14 号至 38 号之间（后栋）位置较为严重，柱及梁系结构大部分混凝土保护层脱落，钢筋外露，局部钢筋爆裂，楼面板多处塌陷，梁系刚性严重受损，强度不同程度降低，支撑柱、梁系不同程度的烧伤，致使其相邻之间的强度不一，导致梁系断裂，如图 2 所示。

图 2　火损楼梁柱及楼面受损图

Fig. 2　Actual situation of the dangerous fired building

一层楼面及梁系位于二楼几处较为严重部位的相对位置也有不同程度的烧伤，局部保护层脱落，强度不同程度受损，但未发现较为明显的裂痕及变形，内部强度几乎未受损。其他部位尤其是左边楼面、梁系、支撑柱基本未受损，整体性较好。

三层及以上为砖混结构居民房，因二楼的严重损伤导致三楼及以上的前后栋基本上都有不同程度的损伤，墙体已出现不规则的不同方向的 45°裂痕和径向裂隙，且部分裂痕较长较宽，部分支撑墙体也已出现裂痕，尤其是在二楼损伤较为严重的相对位置更为严重，如图 3 所示。

图 3　三楼墙体受损图

Fig. 3　Damaged walls on the third floor

2.3　周边环境

大楼周边环境特别复杂，西南面 3m 处有地下燃气管道，4.5m 有水管，5.8m 有移动管网，

6.7m 有污水管道，10.4m 有电信管网，15m 处有街道。东南面约 2m 处深约 0.7m 地下埋有各类管线通道，2m 外为龙岗路，15m 处有大片商住两用房。东北面约 2m 处有一盖板式地下污水沟；7m 处埋深 0.5m 有高压线缆；约 8m 长人行通道，通道一、二层距离爆破体 0.6m，三楼以上紧挨着爆破体；西北角 8m 处有三台变压器；20m 处为华鑫宾馆，7m 处为商住两用楼，商住楼后面为繁华商业区。西北面 1.5m 处为商住楼通道，通道靠近被拆楼房方向有电缆线、通信线等，1.5m 外为大片商住楼，商住楼后面为繁华商业区。

东北、西北及东南方向的商住楼房均低于被拆大楼，爆破体周围 100m 内主要为商业区，200m 内有医院、学校、机关单位、宾馆、公园及社区活动区等，人、车流量较大，环境极复杂，如图 4 所示。

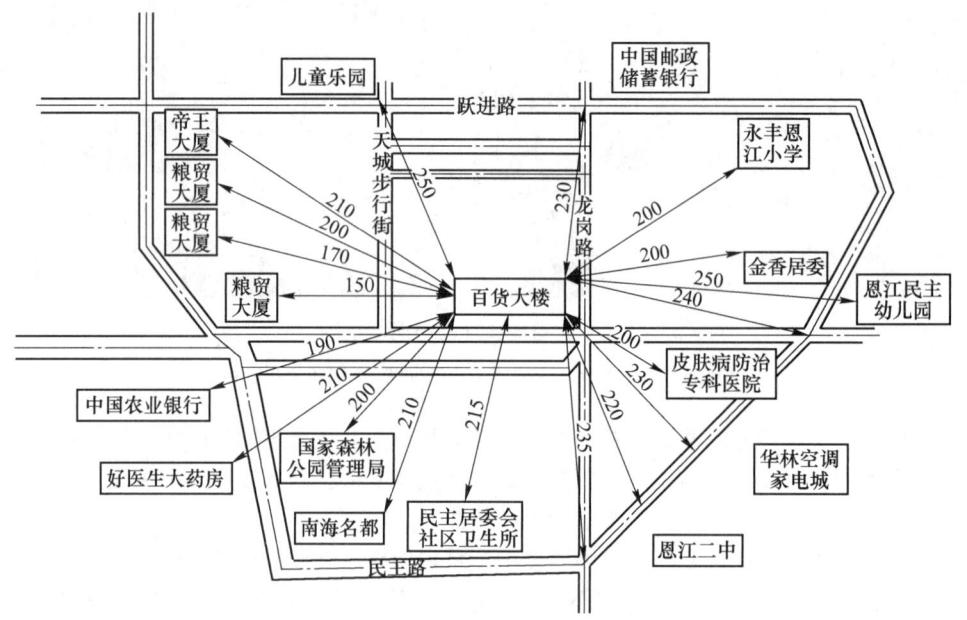

图 4　火损楼周边建筑物示意图

Fig. 4　Environental of the dangerous fired building

3　混合结构火损危楼爆破拆除难点分析

（1）大楼基础薄弱、楼体受损。大楼地基圈梁只设计了外圈，加之整体大楼受损严重，预拆除及爆破拆除时需充分考虑其整体稳定性；二层大面积烧伤、支撑柱及梁系刚性降低、强度不一，三楼及以上楼层的墙体及结构件等均出现不同程度裂痕，特别严重的是出现不同方向的 45°裂痕，东南方向及西北方向三楼墙体明显向外倾斜，此现象意味着倒塌方向的不可控性，局部裂痕的长度及裂宽大且方向又不规则，拆除前还需进一步细查确保其稳定性，拆除时尽量减少碰撞及振动，特别是预拆除时需加倍谨慎，确保安全。

（2）周边建筑物众多、环境复杂。被拆大楼左侧及背面距离保护对象最近处只有 1.5m，需拟定一套安全可行，各工序相互结合的方法确保后座、人员及坍塌物扩散不伤及保护对象；合理设置延期时间、控制最大一段单响药量确保爆破振动对保护对象的伤害；加强近体覆盖和保护对象覆盖控制飞石伤害；对保护对象采取近体覆盖，预防预拆除时掉落物损坏保护对象；合理设置倒塌方向及倒塌方式和延时时间，确保倒塌方向不伤及保护对象，以及倒塌方式及延期时间避免后座或堆积物过高或不倒造成二次隐患；爆破体位于繁华地段，人、车流量很大，爆破时人员疏散量极大。

（3）周边管线绵密交错，前处理及防护工作复杂。被拆除大楼周边的附属设施非常多，有地下煤气管道、下水管道，以及各类光缆、通信线、高压线缆等管线，需要做好各项防护工作。

火损楼因过火存在着不确定的危险，故设计预拆除的部位非常关键，关系到人员、机械及保护对象和被拆除大楼的稳定性。

4 爆破方案

4.1 总体方案

将整个拆除工程区域切割成多个人工机械拆除区和爆破区，在距离保护对象太近的区域先进行人工拆除，为爆破预留一定的后座和坍塌物扩散空间，再根据周围环境及大楼的整体结构形式，爆破区部分设计为向西南方向定向倒塌。

4.2 精细化方案设计

4.2.1 局部加固

采用钢管对一、二楼损伤较严重的无支撑柱的梁系交接处进行临时加固；三楼在门洞及窗洞处或其他受力处采用木支撑进行局部加固，三楼有倾向的外墙利用脚手架和较稳定的构件来稳住，如图5所示。施工阶段，需派专人实时跟踪，严格做好裂隙监测记录，提前预防。

图5　火损楼钢管支撑加固图

Fig. 5　Steel pipe support reinforcement for the dangerous fired building

4.2.2 预处理

因严重火灾导致结构多处性能退化，为防止爆破过程中意外的发生对周边居民楼及商用楼造成破坏，须对西北及东面共三个角位置的3~7层砖混楼进行预先拆除，如图6所示；同时对一、二楼室内的非承重墙、楼梯、烟道、非承重隔室、前后栋及空间区内的附属建筑全拆除。

4.2.3 爆破切口设计

爆破倒塌方向为西南方向（正立面），为此在一、二层的前、后栋位置各设计一个三角形

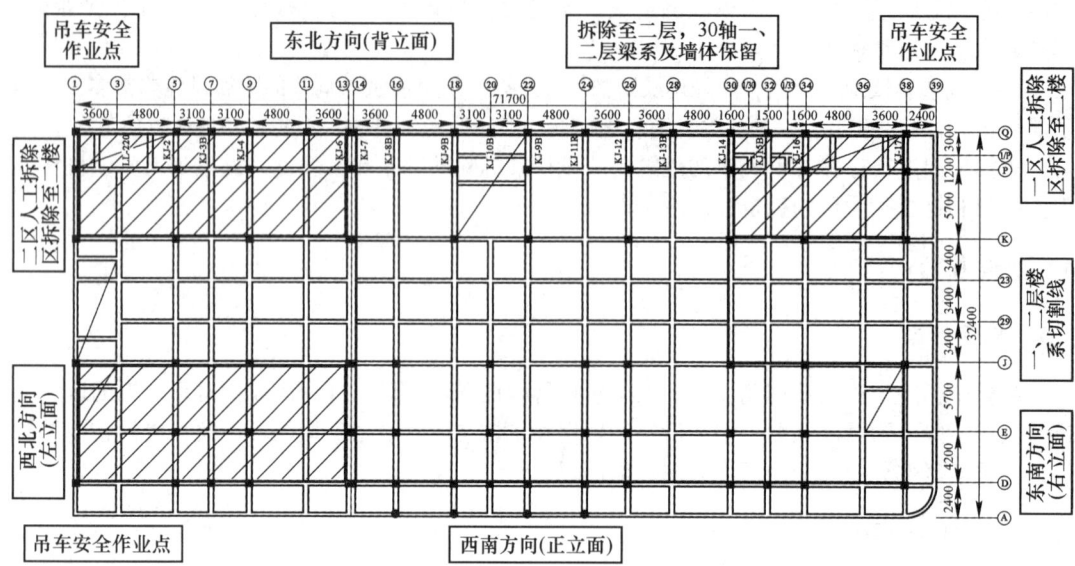

图 6　火损楼预拆除范围示意图

Fig. 6　Scope of pretreatment of the dangerous fired building

的爆破切口,在一、二层前后栋之间 J 轴至 K 轴之间的梁系各设计两个切口,每切口设计 3 个炮孔;Q 轴至 K 轴、D 轴至 J 轴之间的梁系各设计一个切口,每切口设计 3 个炮孔,采取强松动爆破,具体如图 7 所示。

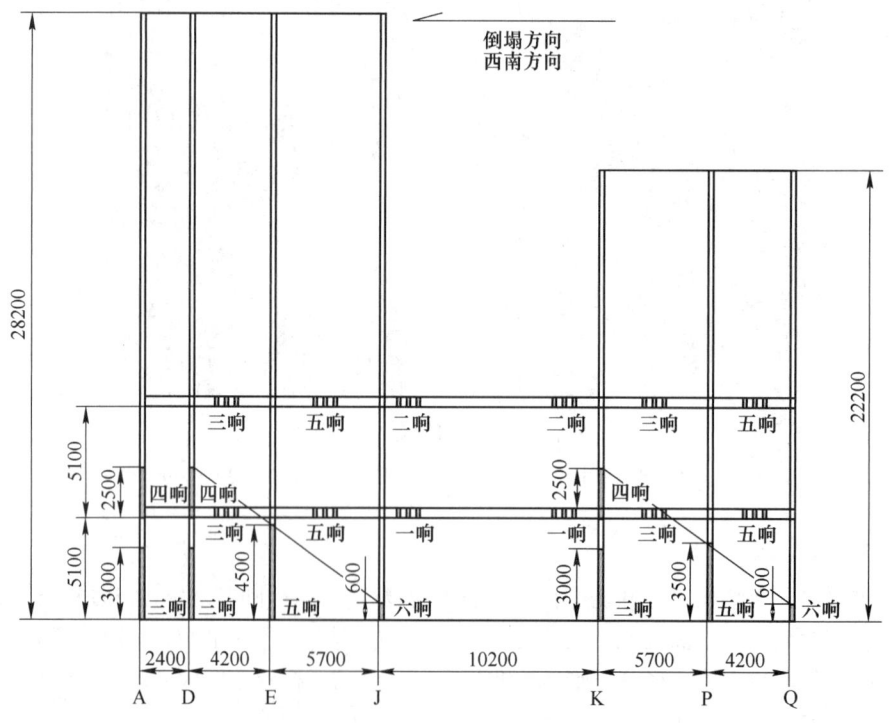

图 7　爆破切口及起爆分区示意图

Fig. 7　Blasting cutting and network delay of the dangerous fired building

根据经验公式[11]计算爆破切口高度公式

$$H = L \cdot \tan\alpha \tag{1}$$

式中，H 为炸高；L 为楼房跨度（约12m）；α 为切口角度（一般为25°~30°），取30°。

经计算得出炸高 H 为7m。

其中，前栋A轴一层炸高3.0m，二层炸高2.5m；D轴一层炸高3.0m，二层炸高2.5m；E轴一层炸高4.5m；J轴一层炸高0.6m。后栋K轴一层炸高3.0m，二层炸高2.5m；P轴一层炸高3.5m；Q轴一层炸高0.6m。

4.2.4 爆破孔网参数及药量设计

本次爆破部分立柱因受火损，混凝土强度不同程度的减弱，为保证爆破效果，单耗要相应的减小。

（1）主要支撑柱。孔径 D 取 ϕ50mm；孔深 L 取 0.65B（B 为支撑柱短边长度），为52cm；填塞长度 $L_{填}$ 取 30cm；装药长度 $L_{装}$ = 22cm（连续装药）；单耗取 1.2kg/m³；孔距 a = 65cm；单孔装药量 Q = 500g。

（2）次要支撑柱。孔径 D 取 ϕ42mm；孔深 L 取 0.65B（B 为支撑柱短边长度），为40cm；填塞长度 $L_{填}$ 取 25cm；装药长度 $L_{装}$ = 15cm（连续装药）；单耗 q 取 1.2kg/m³；孔距 a = 55cm；单孔装药量 Q = 240g。

（3）梁。孔径 D 取 ϕ38mm；孔深 L 取 70cm；孔距 a 取 35cm；单耗（前后节点处）q 取 1.0kg/m³，中段处 q 取 0.8kg/m³；填塞长度 $L_{填}$ 取 20cm；装药长度 $L_{装}$ = 50cm（空气间隔装药、两个药包、相邻孔错开装药位置）；单孔装药量（前后节点处）Q = 110g（上药包60g、下药包50g）。

（4）加固钢支撑拆除。一楼爆破前采用气割切除掉，二楼在钢支撑底脚两边各钻一孔，把支撑处底梁炸掉，和支撑柱同排的则和支撑柱同时起爆，梁系之间的钢支撑跟着前排支撑柱同时起爆。构件孔径 D 取 ϕ38mm；孔深 L 取 80cm；孔距 a 取 35cm；单耗 q 取 1.0kg/m³；填塞长度 $L_{填}$ 取 30cm；装药长度 $L_{装}$ = 50cm（间隔装药）；单孔装药量 Q = 120g（下药包60g，上药包60g，相邻炮孔药包错开装药）。

4.2.5 装药结构

柱采用连续装药结构；梁系采用间隔装药结构，将设计药量分为两个药包，中间或上、中、下空气间隔装药，相邻炮孔药包错开装药，将炸药分别固定在竹片两端，竹片与装药段长度相等，然后用炮棍轻轻将起爆药包送入孔内，如图8所示。

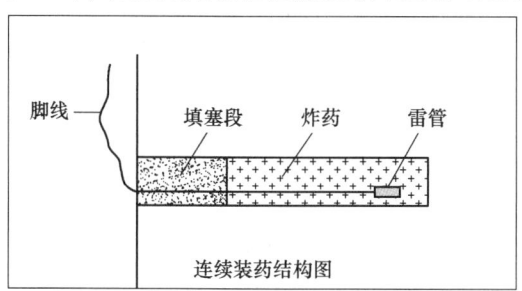 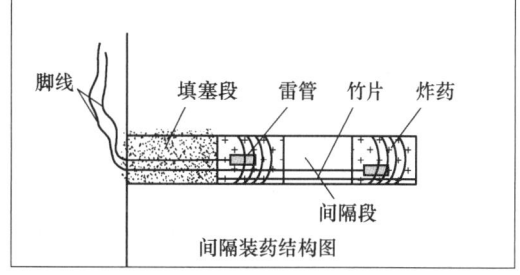

图 8 装药结构示意图

Fig. 8 Charge structure

4.2.6　起爆网路设计

起爆网路设计是控制有害效应、爆破体的倒塌方向和倒塌效果的关键，根据大楼的结构和形状，一、二楼为整体结构，三楼及以上为分前后两栋，根据现状勘探结果，三楼及以上不具备钻孔条件，同时三楼及以上前后栋中间有 8.7m 的空间距离，柱间距 10.2m，两栋大楼之间牵引力较小，起爆顺序和延期时间成为关键，为此全网路设计为数码电子雷管，设计 6 条起爆主线，雷管总数约 1422 枚，五台主线起爆器，总起爆器一台，如图 9 所示。起爆分区示意图如图 7 所示。

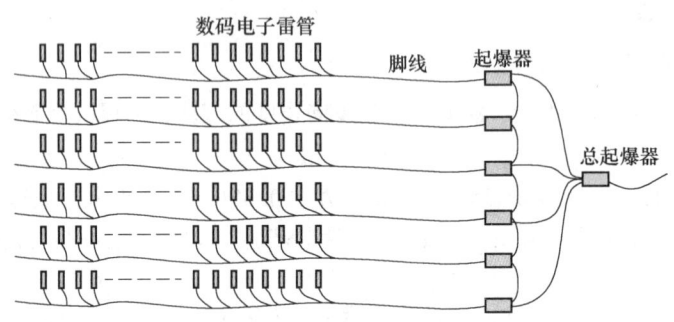

图 9　起爆网路示意图

Fig. 9　Initiation network

5　数值模拟验证

运用冲击动力学仿真软件 ANSYS/LS-DYNA 进行建模，采用 kg-m-s 单位制，不考虑楼梯间、卫生间等狭小结构对楼房刚度的影响，按预拆除后的楼体进行合理简化。墙体及梁、柱、板均采用 SOLID164 单元，大楼 1~2 层的梁、柱、板及 3~6 层的圈梁用 *MAT_PLASTIC_KINEMATIC 材料，混凝土等级为 C20，材料密度为 2350kg/m³，泊松比 0.27，抗拉强度 3.5MPa，弹性模量为 48GPa，屈服应力 2.6MPa，切线模量 40MPa，混凝土通过定义失效主应变（设置为 0.025）和抗拉强度等参数来控制[12]，地面设置为刚体，楼房主要构件材料的物理力学参数见表 1。

表 1　模型材料的物理力学参数

Tab. 1　Mechanical parameters of materials

名　　称	密度 ρ/kg·m⁻³	弹性模 E/GPa	泊松比 μ	抗拉强度/MPa	抗压强度/MPa
墙体、楼板	2350	32	0.22	4.0	50
砖	2200	30	0.22	3.5	40

忽略切口墙体的爆炸过程，通过关键字 MAT_ADD_EROSION 来设置爆破切口，以模拟的网路延迟时间，通过计算，得到倒塌过程图 10 所示。

从图 10 可以看出，建筑体在倒塌过程中，预留部分可有效阻止残体会向两侧外散；同时爆堆非常集中，说明爆破延时设置效果较好。

取 H417438 单元，其在建筑物倒塌过程中的抛出运动轨迹如图 11 所示，从图中可以看出，在起始阶段，单元保持惯性位移基本没有变化，在下方构件塌落后有一个反向运动，之后再沿设计方向快速运动，直到被抛到爆堆的最外沿，抛出的距离约 8.6m，从该单元的运动过程及图 11 中爆堆的状态，也说明爆堆非常集中。

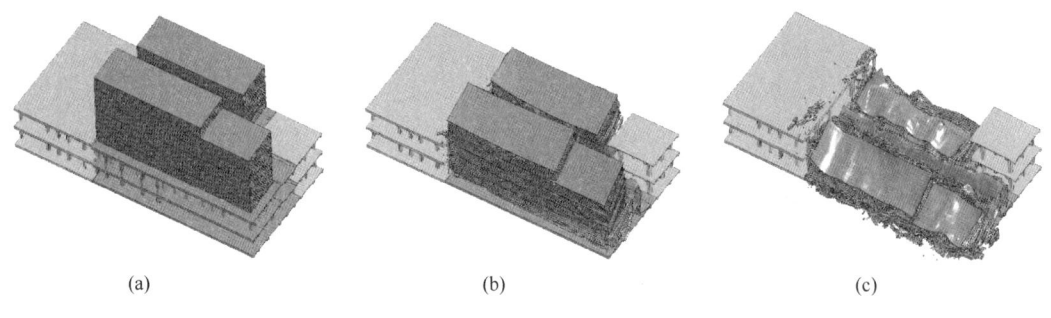

图 10　火损楼仿真倒塌过程

（a）$t=0.4s$；（b）$t=1s$；（c）$t=4s$

Fig. 10　Simulated collapse process of the dangerous fired building

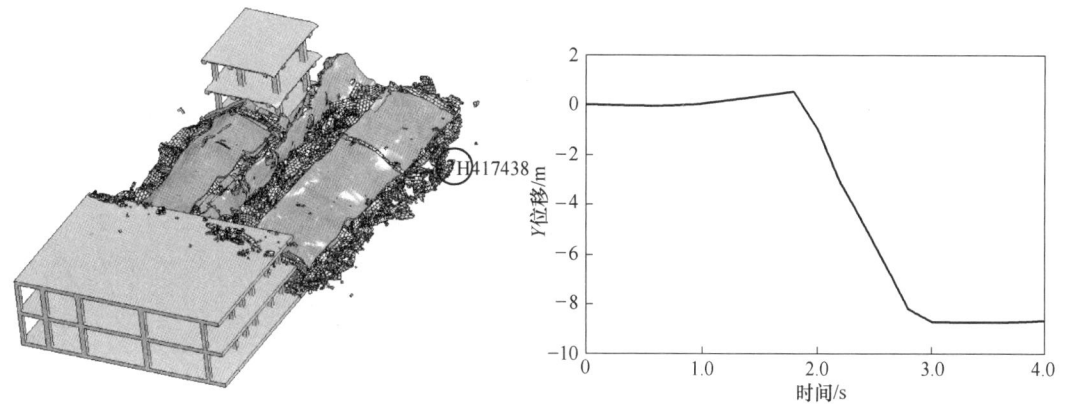

图 11　爆堆边缘点的位移时程图

Fig. 11　Displacement time history of explosive pile edge point

　　取节点 242059，该节点距离倒塌点的距离约 23m，其振动速度时程曲线如图 12 所示，从图中可以看到，建筑物塌落引起节点的最大振动速度为 4.6cm/s；据中国科学院力学所给出的塌落振动公式[11]：

$$v_t = K_t(R' / \sqrt[3]{MgH/\sigma})^\beta \tag{2}$$

式中，v_t 为塌落引起的振动速度，cm/s；K_t 为衰减系数，取 3.4；R' 取 3.0；M 为下落构件的质量，约为 2600t；g 为重力加速度，取 9.8m/s²；H 为构件中心的高度，取 14m；σ 为地面介质的破坏强度，一般取 10MPa；β 取 -1.75，由此可以计算出 $v_t = 4.08cm/s$。与仿真计算结果误差为 11.1%，说明仿真的材料参数与建模方法是可行的。

6　爆破效果评价

　　起爆后楼房按照设计要求倒塌，预留未爆部分在爆破过程中为外侧居民楼阻挡了残体的冲击。整个倒塌解体过程历时约 4s，倾倒反方向基本无后坐现象。实际爆破效果如图 13 所示，楼房解体充分，爆堆整体高度约 7.2m。

　　楼房实际倒塌姿态、解体状况、爆堆形态与数值模拟计算结果基本一致，经爆后检查，周边建筑物及设施完好无损，爆破飞石得到有效控制，保证了各方向的建筑物、管线等保护目标的安全，取得了预期的爆破效果。

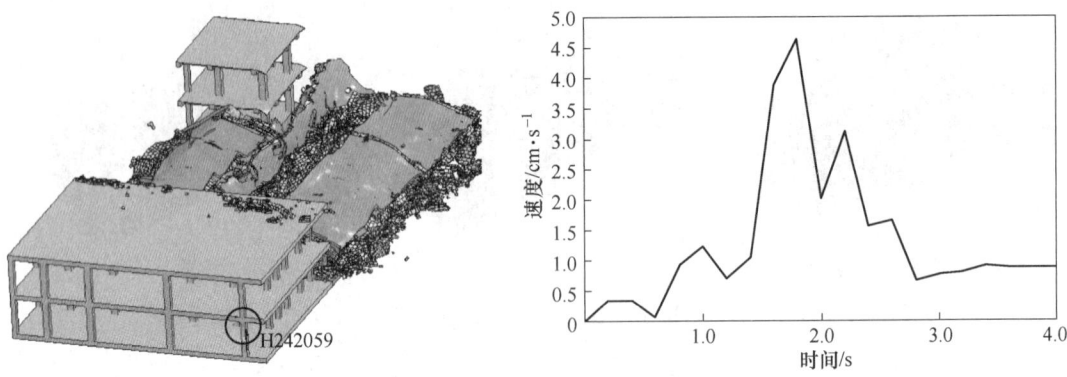

图 12　邻近节点爆破振动时程图

Fig. 12　Blasting vibration time history of adjacent nodes

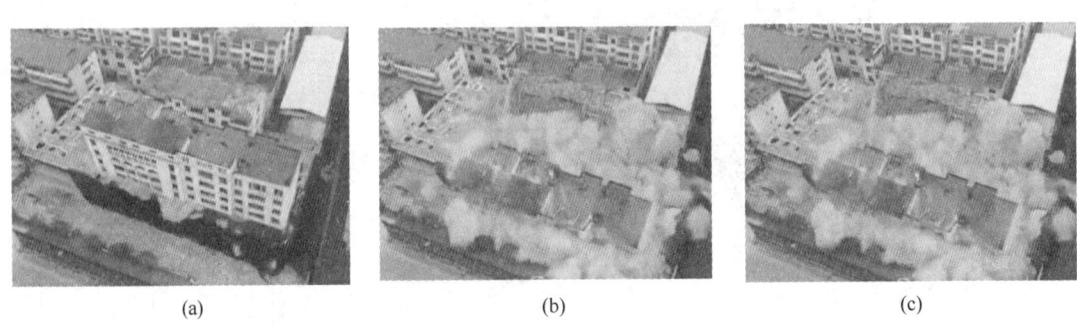

图 13　火损楼倒塌过程

（a）$t=0.4$s；（b）$t=1$s；（c）$t=4$s

Fig. 13　Collapse process of the dangerous fired building

7　结论

（1）根据楼房的特点和周边环境，综合考虑建筑物火损性能减弱及周边环境，精细设计爆破参数和起爆网路，采取了可靠的安全防护方案，本次爆破可为同类工程提供参考。

（2）强度减退的建筑物进行爆破拆除时，在预拆除时对建筑物结构进行强化支撑，可保证作业人员的安全，并有利于建筑物按设计方向精准倒塌。

（3）爆破参数设计中，单耗及孔排距要根据结构因火受损的不同情况适当减小（本案例单耗较平时减少了30%），可有效地减少飞石等爆破灾害。

（4）合理地运用数值模拟软件进行前期模拟分析试验，将模拟结果进行详细分析，优化爆破设计方案，能更有效地保证拆除爆破的成功。

参 考 文 献

[1] 郝宗达，刁梦竹，李易，等．多层混凝土框架火灾连续倒塌数值分析 [J]．工业建筑，2017，47（9）：54-59.

[2] 王统辉．高温（火灾）作用后混凝土材料力学性能的试验研究及有限元分析 [D]．长春：吉林建筑大学，2017.

［3］于凯华．火灾后钢筋混凝土构件损伤评估研究［J］．四川水泥，2018（5）：295．

［4］赵宝生，邱斌，李建平，等．局部火灾对某在建混凝土框剪结构高层建筑承载性能的影响分析［J］．工程质量，2018，36（7）：38-44．

［5］孟玉．地下混凝土框架结构火灾行为数值模拟［D］．泉州：华侨大学，2017．

［6］吕学涛，杨华，张素梅．非均匀火灾作用下方钢管混凝土柱受力机理研究［J］．建筑结构学报，2013，34（3）：35-44．

［7］王丽．钢筋混凝土结构火灾下数值分析与研究［D］．长春：吉林大学，2018．

［8］罗福友，周浩仓，陶明，等．高配筋立柱楼房定向爆破拆除技术［J］．工程爆破，2018，24（1）：43-49．

［9］张超，薛素铎，王广勇，等．火灾后型钢混凝土框架结构力学性能试验研究及分析［J］．工程力学，2018，35（5）：152-161．

［10］李易，陆新征，叶列平，等．混凝土框架结构火灾连续倒塌数值分析模型［J］．工程力学，2012，29（4）：96-103，112．

［11］汪旭光．爆破设计与施工［M］．北京：冶金工业出版社，2011：201-203．

［12］马世明，余兴春，任少华，等．复杂环境下14层框剪楼房折叠拆除爆破［J］．工程爆破，2021，27（1）：69-73，78．

大规模建筑群一次性爆破拆除施工

段德胜　刘学庆　吕盛　张林

（青岛第一市政工程有限公司，山东　青岛　266000）

摘　要：大规模楼群常规拆除具有周期长、污染严重、组织难度高、拆除费用高等缺点，而采用大规模楼群拆除的爆破施工技术能很好的解决以上问题。爆破团队通过理论与实践相结合的方式，总结出以双复试闭合回路网路提高准爆率、利用车库弱化爆破缓冲降振、扁平化施工组织提高施工效率为创新点的大规模建筑群爆破拆除施工技术。通过对青岛市城阳区 16 栋楼房一次性爆破拆除成功实施，验证了该技术的成熟性和可靠性，也给后续大体量、短工期、组织难度高的爆破拆除项目提供了成熟的设计思路与参考依据。

关键词：大规模；爆破拆除；闭合网路；填塞；安全防护

One-time Explosive Demolition for Large-scale Buildings

Duan Desheng　Liu Xueqing　Lv Sheng　Zhang Lin

（Qingdao No. 1 municipal Engineering Co., Ltd., Qingdao 266000, Shandong）

Abstract：The conventional demolition of large-scale building groups has the disadvantages of long period, serious pollution, high organization difficulty and high demolition cost. The blasting construction technology of large-scale building group demolition can solve these problems well. Through the combination of theory and practice, the blasting team summed up the construction technology of blasting demolition of large-scale buildings with the innovation of double test closed loop network to improve the quasi-explosion rate, the use of garage to weaken the blasting buffer and reduce the vibration, and the flat construction organization to improve the construction efficiency. The successful implementation of one-time blasting demolition of 16 buildings in Chengyang District of Qingdao verifies the maturity and reliability of this technology, and also provides mature design ideas and reference basis for subsequent blasting demolition projects with large volume, short construction period and high organizational difficulty.

Keywords：large-scale; demolition blasting; closed network; tamp; safety protection

1　工程概况

1.1　项目简介

国科健康科技小镇 85 地块爆破拆除工程位于青岛市城阳区城阳街道办驯虎山路东侧，凤

作者信息：段德胜，学士，工程师，360855036@qq.com。

山南路北侧,包含19栋12层框剪结构小高层住宅及车库,总建筑面积约160000m²。因建设需要,业主要求将85地块地上16栋楼(1号、2号、3号、5号、6号、7号、8号、10号、11号、12号、15号、16号、18号、19号、20号、21号)及车库(含基础)进行爆破拆除。

待拆楼房共16栋,为框架剪力墙结构,地下1层,地上12层(2号楼位地上11层),层高2.9m,建筑总高度32.95~35.55m,楼房南北间距37~50m。地下室结构为框剪结构,其中框架梁尺寸400mm×600mm;顶板厚350mm;车库、商业框架柱500mm×500mm、600mm×600mm,剪力墙尺寸为200mm,基础防水板厚度为300mm。地上部分结构为框剪结构,其中承重柱尺寸500mm×500mm、600mm×600mm,悬挑梁尺寸200mm×450mm、200mm×350mm,板厚150mm、160mm,暗柱、剪力墙尺寸为600mm、200mm。楼体整体布局如图1所示。

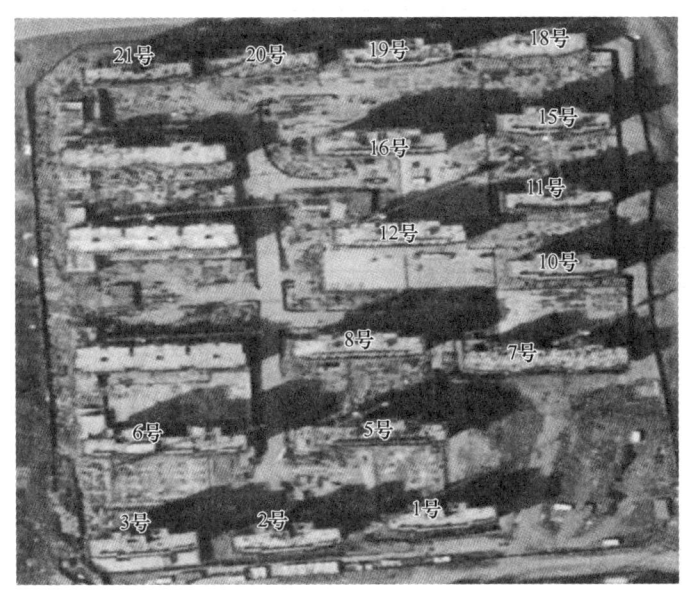

图1 待拆楼群布局

Fig. 1 Layout of buildings to be demolished

1.2 周边环境

待爆破拆除区域位于青岛市城阳区,周边250m范围内无居民区和地下管线,但分布有在建楼房、架空高压线,具体周边环境(见图2)如下:

东侧距离高压线42m、距离板房47m、距离在建楼体55m;东南侧距离在建幼儿园(1层已完成)30m;西侧距离凤凰山路20m、距离待拆楼体30m;南侧距离凤山路20m,距离在建楼体40m;北侧距离秋阳路20m、距离在建工地40m、距离施工用架空线40m。

1.3 工程重难点分析

(1)待拆楼房数量为16栋,爆破拆除规模大。爆破拆除要针对每栋楼不同的倒塌空间和相对关系分别确定合理的倒塌方向、倒塌方式、延期间隔以确定整体爆破方案。

(2)对楼体的预处理是影响爆破效果的主要因素之一。保证预处理部位的准确性,通过预处理简化楼体结构,使钻孔、装药、网路连接、安全防护等工作简明清晰。

(3)网路布设复杂,保障网路安全是爆破成功的关键因素之一,要采用多重保障,确保

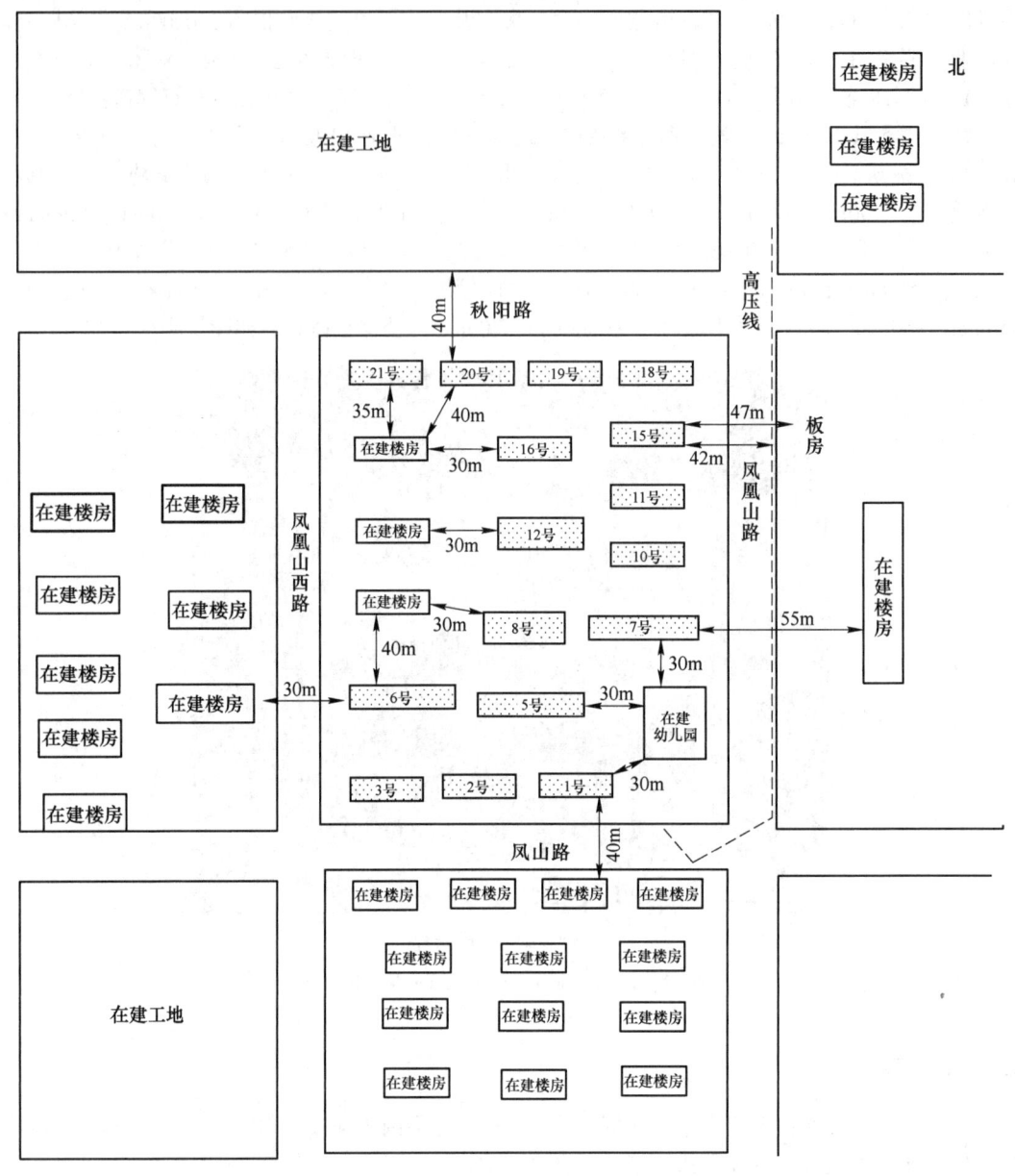

图 2　周边环境

Fig. 2　Surrounding environment

网路传导能到达每一发雷管。

（4）保证堵塞质量是防止爆破飞散物危害的主要因素。该项目堵塞工程量大，施工时间长，炮泥容易干涩脱落，使爆破效果大打折扣，保障炮孔堵塞也是保证爆破质量的重点难点工作。

2　爆破方案

2.1　总体方案

该项目一次性起爆 16 栋楼房，爆破规模大，楼体密集。在选择爆破方案时根据楼体间的相对空间对每个不同位置的楼体设计了不同倒塌方式，充分分析定向倒塌、折叠倒塌及原地坍塌[1]的爆破方式适应条件，结合楼房高度、结构特点、施工现场场地测量及保证密集楼群中的每个楼体爆破后充分解体并将爆破影响控制在有限空间范围内。确定总体方案为倾倒方向水平场地大于 2/3 楼体的高度选择定向倒塌方式；倾倒方向水平场地小于 2/3 且大于 1/3 楼体的高度选择折叠倒塌方式。在考虑到技术能力、安全性、可操作性和经济成本等因素，经综合分析，该项目爆破最终方案是以定向倒塌爆破方式为主，对个别楼体采用定向折叠倒塌爆破的方式进行爆破拆除。

具体方案：1 号、2 号、3 号、5 号、7 号、8 号楼采取定向爆破的方式向北倒塌；10 号、11 号、12 号、15 号、16 号、18 号、19 号楼采取定向爆破的方式向南倒塌；6 号楼采取折叠倒塌的方式向南倒塌；20 号、21 号楼采取折叠倒塌的方式向北倒塌。

2.2 爆破切口设计

楼房爆破采取定向倒塌爆破时，要满足其向指定方向倾倒坍塌，需要在底部形成合适的爆破缺口。此次需爆破拆除的 16 栋楼房为地上 12 层（2 号楼 11 层），地下 1 层，地下与地上中间为筏板，屋顶相对高度 H 为 32.95~35.55m，相对宽度 L 为 12.23m，高宽比大于 1.5，重心到转动轴的距离 r 为 17.57~18.79m。根据公式[2] $r\cos\left[\arctan\left(\dfrac{H}{L}\right) - \arctan\left(\dfrac{h}{L}\right)\right] - \sqrt{L^2 + h^2} > 0$，计算与讨论研究切口高度 h 不小于 6.9m，根据每层 2.9m 计算，至少爆破 3 层。结合实际情况最终确定每栋楼房地下 1 层、地上 1~2 层为主要爆破层，折叠倒塌爆破楼体增加 6 层、7 层为爆破层。起爆时，首先使地下 1 层、地上 1~2 层爆破形成缺口，然后 6 层、7 层爆破形成折叠层缺口，使楼房整体失稳倒塌。

对于墙体的炸毁高度，参考 $H = (1.5~2.5)\delta$ 确定。选择墙体的炸毁高度时，保证选取高度大于以上公式计算参考数值。布孔自楼面 0.5m 开始，直至要求炸毁高度内布设炮孔，倒塌背向立柱爆破高度降低，总体将沿倒塌方向平面将楼房爆破层划分为前排、中排、后排 3 个区域，区域炸高设计见表 1。

表 1 炸高设计表
Tab. 1 Blasting height design sheet

楼 层	前排炸高/m	中排炸高/m	后排炸高/m
地下 1 层	2.0	2.0	0.5
1 层	2.0	2.0	0.5
2 层	2.0	1.5	0
6 层	2.0	2.0	0.5
7 层	2.0	1.5	0

确定爆破切口（见图 3）后对每栋楼体进行预处理。将每栋楼房底部 1 层入口门洞及附属结构采用机械方式拆除，并将楼体之间连接的筏板破碎分割，减小楼体倒塌时的相互影响。根据楼体的框剪结构，采用化墙为柱的思路对墙面进行处理，机械凿除剪力墙，保留承重部分，延倒塌方向外墙、隔墙按照爆破缺口的形状预先处理，并对后排铰点处剔除部分混凝土。最后将待爆楼层的楼梯结构弱化处理。待爆楼层的楼梯用风镐从中间剔除不少于一踏步的混凝土，使楼梯切成两段，作为塌落的折点，保留钢筋连接，以保证结构的稳定和方便施工人员上下。

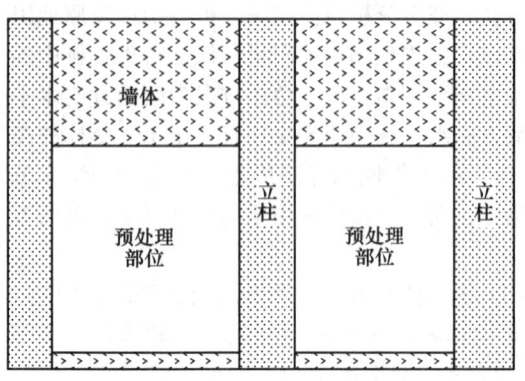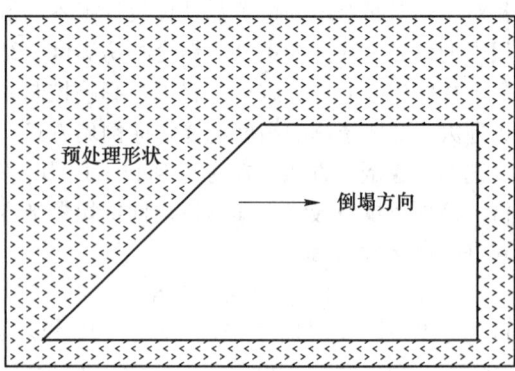

图 3　爆破切口设计

Fig. 3　Blasting notch design

2.3　爆破孔网参数及药量设计

本项目待拆楼墙体厚度为 200mm，构造柱尺寸 200mm×200mm 与墙体相连成为一体以墙体计算。地上框架立柱和地下车库立柱主要以 500mm×500mm 和 600mm×600mm 为主。其中地下车库立柱进行弱化爆破，地上部分正常爆破。具体参数如下：

（1）500mm×500mm 立柱。垂直一面纵向布孔一排，以中心线为准交叉布置。炮孔直径 $d=$ 38mm；最小抵抗线 $W = \frac{1}{2}B = 250$mm（其中 B 为立柱宽度，$B=500$mm）；炮孔深度应使的药包位于立柱中心，即 $l = (0.6 \sim 0.8)B$，此次选取 $l=320$mm；炮孔间距 $h=400$mm，装药结构为单层装药。根据理论计算及试爆效果，对地下一层柱体爆破选取单耗为 800g/m³；对地上柱体爆破选取单耗 1200g/m³。

（2）600mm×600mm 立柱。垂直一面纵向布孔一排，以中心线为准交叉布置。炮孔直径 $d=$ 38mm；最小抵抗线 $W = \frac{1}{2}B = 300$mm（其中 B 为立柱宽度，$B=600$mm）；炮孔深度应使的药包位于立柱中心，即 $l = (0.6 \sim 0.8)B$，选取 $l=350$mm；立柱截面长度 $a_{立柱}=600$mm、立柱宽度 $b_{立柱}=600$mm、炮孔间距 $h=400$mm，装药结构为单层装药；根据理论计算及试爆效果，对地下一层柱体爆破选取单耗为 700g/m³；对地上柱体爆破选取单耗 1100g/m³。立柱布孔示意图如图4所示。

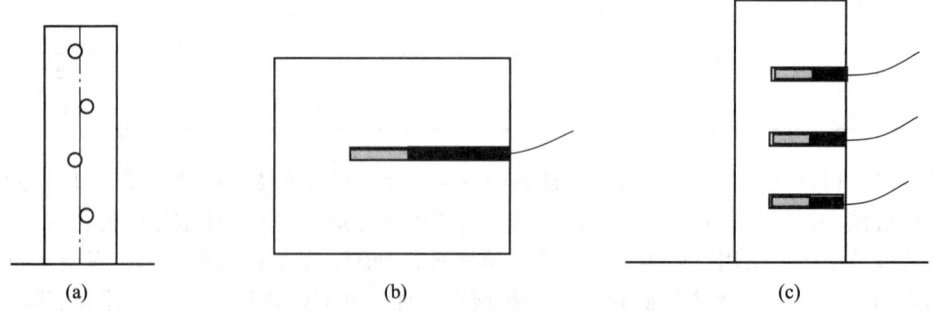

图 4　立柱布孔示意图

（a）立柱布孔；（b）装药结构；（c）炮孔截面

Fig. 4　Column position blast hole layout

（3）剪力墙及墙柱。剪力墙壁厚 200mm，采用梅花形布孔，炮孔直径 $d=38$mm；最小抵抗线 $W=\dfrac{1}{2}\sigma=100$mm（其中 σ 为墙体厚度，取 200mm）；墙孔深度 l 根据计算，取 $l=(0.6\sim0.8)B$（其中，B 为墙厚）。此次爆破取 $l=120$mm、孔间距 $a_{墙体}=(1.2\sim2.5)W=200$mm、排间距 $b_{墙体}=(0.8\sim1.0)a_{墙体}=200$mm；另外，对于钢筋混凝土 200mm 厚墙壁属于薄壁结构，根据以往爆破经验，其单耗较大，根据理论计算及试爆效果，对剪力墙的爆破选取单耗为 2000g/m³。墙柱布孔如图 5 所示。

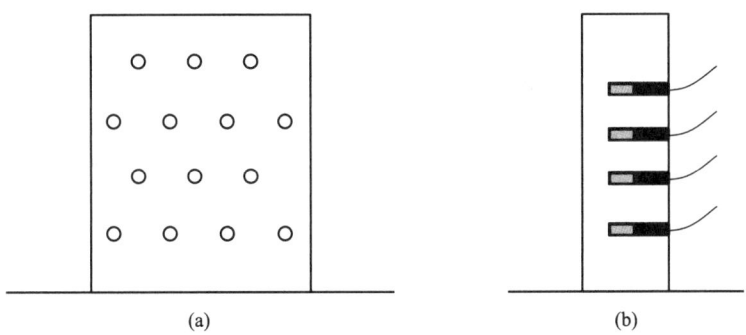

图 5　墙柱布孔示意图

（a）炮孔布置；（b）炮孔截面

Fig. 5　Layout of blast holes on the wall

该项目单孔药量 $Q=qV$[1]（其中 Q 为单孔装药量，q 为炸药单耗）；爆破参数见表 2。

表 2　爆破参数

Tab. 2　Blasting parameter

构建尺寸 /mm×mm	最小抵抗线 /mm	孔径/mm	孔距/mm	排距/mm	孔深/mm	单耗 /g·m⁻³	单孔药量 Q_i/g	布孔方式
地下柱体 500×500	250	38	400		320	800	80	一字形
地下柱体 600×600	300	38	400		350	700	100	一字形
地上柱体 500×500	250	38	400		320	1200	120	一字形
地上柱体 600×600	300	38	400		350	1100	160	一字形
剪力墙 200	100	38	200	200	120	2000	20	梅花形

2.4　爆破网路设计

该项目网路规模庞大，设计采用串联并联结合的导爆管雷管网路（见图 6）。每个楼体内的爆破缺口采取独立的双复式闭合回路（见图 7）。孔内采用毫秒延时导爆管雷管，孔外使用四通将所在柱体的炮孔连通成回路，再将此网路双向连接搭桥，使其相互连通成网，双向均能连通各个炮孔，从而组成双复式起爆网路；在此基础上，每个房间形成小回路，各房间形成中回路，上下层间采用导爆管连接。折叠爆破楼内的上下爆破缺口之间由闭合网路不同位置接入两发以上半秒延期雷管连接，楼与楼之间采用两发以上 Ms4 段雷管连接，组成安全可靠的爆破网路。

各栋楼根据楼层和分区不同，设置不同段别的雷管。按照从下往上、从前排向后排段别递

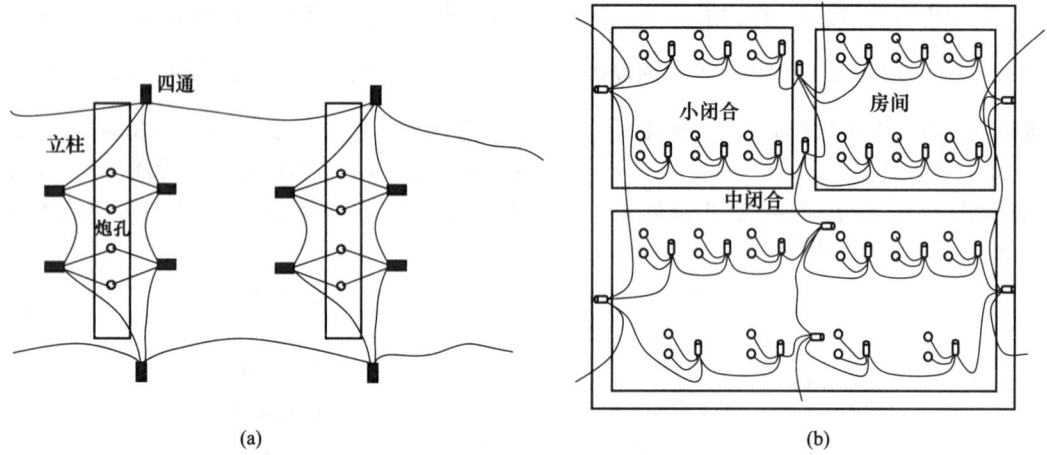

(a)　　　　　　　　　　　　　　　　　　　　　(b)

图 6　网路设计示意图

（a）柱体双复式闭合回路设计；（b）房间双复式闭合回路

Fig. 6　Network design diagram

图 7　网路闭合图

Fig. 7　Network closure diagram

增的原则设置段别；折叠爆破楼体上部爆破部位（6 层、7 层）与下部爆破部位（地下 1 层、1~2 层）采用 Hs2 雷管由上而下串联，各楼层段别设置见表 3。楼与楼之间采用 Ms4 段雷管串联，起爆顺序为 1 号、2 号、3 号、6 号、5 号、8 号、7 号、10 号、12 号、11 号、16 号、15 号、18 号、19 号、20 号、21 号，如图 8 所示。

表 3　雷管段别设置

Tab. 3　Detonator section setting

名　称	前排	中排	后排
地下 1 层	Ms3	Ms3	Ms3
1 层	Ms3	Ms6	Ms9
2 层	Ms6	Ms9	不炸
6 层	Ms3	Ms6	MS9
7 层	Ms6	Ms9	不炸

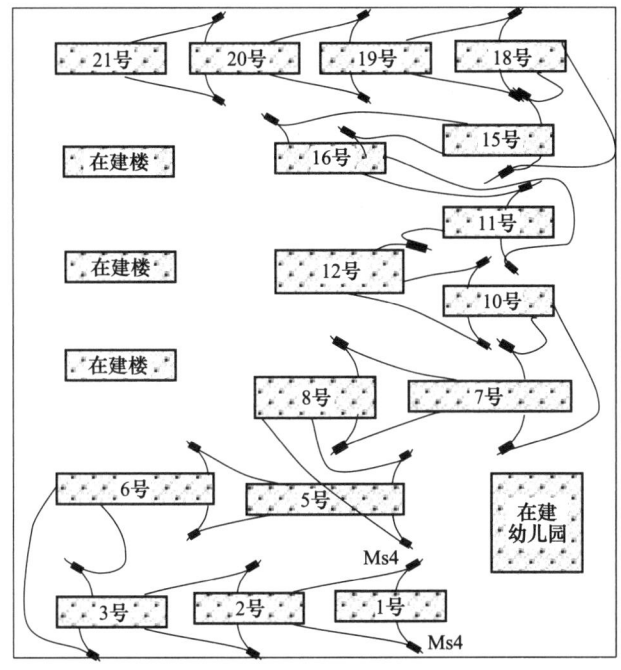

图 8 楼体间网路连接图

Fig. 8 Diagram of interconnection between buildings

3 爆破安全设计

3.1 爆破震动校核

爆破拆除产生的震动主要是因楼体质量大、高度高、下落速度快落地后会产生很强烈的塌落振动。对于爆破拆除的塌落振动可由以下公式[3]计算：

$$v_t = K_t \left[\frac{R}{\left(\frac{MgH}{\sigma}\right)^{\frac{1}{3}}} \right]^{\beta}$$

式中，v_t 为塌落引起的地面振速，cm/s；M 为下落构建质量，t；g 为重力加速度，9.8m/s²；H 为构件的中心高度，m；σ 为地面介质破坏强度，一般取 10MPa；R 为观测点至冲击地面中心的距离，m；K_t、β 为塌落振动速度衰减系数和指数，取 $K_t = 1.1$，$\beta = -1.7$。

楼房倒塌时并非直接全部落到地面，而是经车库底板进行缓冲，降低塌落振动后落地。

此次爆破楼体质量差别不大，选取楼体重心倒塌位置距离最近的幼儿园进行振动校核，距离 30m，塌落质量 $M = 1500t$，重心高度取 $H = 20m$。产生的塌落振动振速 $v = 1.1$cm/s。

经计算塌落振动小于 2cm/s，因此此次爆破的短时间的塌落振动不会对周边保护物造成破坏。

3.2 爆破飞散物防护设计

对于楼体爆破拆除，飞散物的最大飞散距离可用经验公式[4] $R_{max} = 70k^{0.58}$ 进行估算（其中，R_{max} 为爆破个别飞石最大距离 m；k 为炸药单耗 kg/m³；选取 2.0kg/m³），各计算理论值 $R_{max} =$

104.64m。通过采取严密覆盖，紧实堵塞，减少边墙单孔药量等措施，可以将最大飞散距离控制在100m以内。

　　爆破飞散物虽属个别，主要是炸药爆炸瞬间炸掉的个别碎块及楼房落地后砸到地面激起的石块，会对周边人身、建筑等被保护物造成破坏，危害比较大。但由于飞行方向无法预测，往往给爆破区的人员和建筑物造成威胁。因此，爆破飞散物的危害应引起重视，需要采取严密的覆盖措施，严加防范。个别飞散物防护措施主要有：

　　(1) 装药期间一定要严格按照爆破设计及试爆结果施工，不能多装药。

　　(2) 使用氧化硅铁无水泡泥并进行分段填塞，即炮孔填塞分为两段进行，第一段封孔炮泥顺时针旋转填塞，第二段炮泥逆时针旋转封孔，以确保炮孔填塞后内部炮泥长时间保持湿润，堵塞紧实，有效防止飞散物危害。

　　(3) 装药连线后，在炮孔处使用竹排、草帘、铁丝网、密目网复合覆盖，并用铁丝固定住，保持竹排与立柱留有一定空间，非完全贴合，最后将楼房爆破楼层用竹排，草帘，绿网遮挡，做进一步防护。

　　(4) 爆破前将楼房顶部进行清理，防止塌落时顶部物块飞出。

　　炮孔防护图和楼层防护图如图9和图10所示。

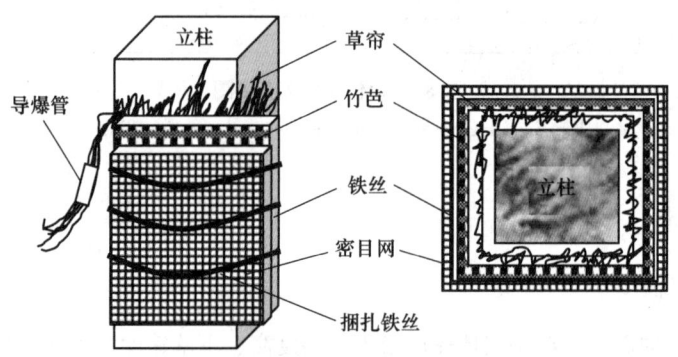

图 9　炮孔防护示意图

Fig. 9　Blast hole protection diagram

图 10　楼层防护图

Fig. 10　Wall protection

4 爆破效果

2021 年 4 月 13 日早 6 点 16 分，随着起爆指令的下达，计划爆破拆除的 16 栋楼按照既定方案应声而倒。通过无人机拍摄及爆后检查，发现此次爆破亮点颇多。

由于倒塌场地的限制，三栋采用折叠爆破的楼体，折叠时机把握精准，起爆瞬间，三栋楼体完全按照设计方向折叠并倒塌，爆堆堆积范围比预期范围小。此外爆破倒塌的撞地冲击力将待拆地下车库整体砸碎，节省大量拆除费用及施工周期。安全防护效果理想，未出现飞散物危害。通过对爆破过程中地面震动波的监测，证明地面防震防护效果明显，各监测点未超出 2cm/s。实践证明了所计算的爆破参数和所作大量工作的正确性。爆破前后对比图如图 11 ~ 图 13 所示。

图 11 爆破前

Fig. 11 Before blasting

图 12 爆破瞬间

Fig. 12 Demolition by blasting

5 结论

（1）一次性爆破楼群对于倒塌方式的选择，要根据每栋楼高度及落地空间做出合理设计。倾倒方向水平场地大于 2/3 楼体的高度时可以选择定向倒塌方式；倾倒方向水平场地小于 2/3 且大于 1/3 楼体的高度时可以选择折叠倒塌方式。

（2）对楼体的预处理做整体考虑，尽可能减小楼体倒塌时的相互影响。首先对整片连接的楼群进行底板切割，化为单独楼体；继而对单独楼体进行结构分区、化墙为柱，保留承重部

图 13　爆后效果

Fig. 13　Effect after explosion

分；最后做好楼梯结构弱化及铰点处理。

（3）一次性爆破楼群的网路设计是爆破成功的关键因素之一。实践证明连接方式采用双复式闭合回路结合多雷管串联起爆能够保证爆破网路的安全性和可靠性。

（4）大规模的爆破工程通常持续时间较长，炮泥容易失水脱落，对爆破效果有影响，独创的填塞方法使炮泥长时间保持紧实；使用竹排、草帘、铁丝网、密目网复合覆盖，保持竹排与立柱留有一定空间。在大规模爆破作业中防止飞散物危害有非常好的效果，在类似工程中值得借鉴。

参 考 文 献

[1] 汪旭光. 爆破设计与施工 [M]. 北京：冶金工业出版社，2011.

[2] 中国爆破行业协会. 房屋类建筑物拆除爆破工程技术设计规范 T/CSEB 0021—2022.

[3] 周家汉. 建筑物爆破拆除塌落振动速度计算公式的讨论和应用 [A]. 中国爆破新技术Ⅱ，2008.

[4] 汪旭光，于亚伦. 拆除爆破理论与工程实例 [M]. 北京：人民交通出版社，2008.

复杂环境下椭圆形框剪楼房定向爆破技术

孙　飞　　顾　云　　李　飞　　刘勤杰　　刘　迪

（核工业南京建设集团有限公司，南京　211102）

摘　要：依据一栋19层椭圆形的框剪结构楼房结构特征及工程环境条件，采用底部三层开设三角形切口，定向倒塌的爆破拆除方案；通过割断大断面爆破立柱环向钢筋、水钻孔钻设炮孔、锚固剂作为填塞材料等工艺技术，确保了楼房爆破拆除质量；应用近体防护、远体防护、挖设减震沟等安全技术措施，确保了爆破过程中周围建（构）筑物的安全。其经验可为类似工程提供参考。

关键词：椭圆形楼房；复杂环境；定向爆破；预处理；安全技术

Directional Blasting Technology for Elliptical Frame-shear Structure Buildings in Complex Environments

Sun Fei　Gu Yun　Li Fei　Liu Qinjie　Liu Di

（Nuclear Industry Nanjing Construction Group Co., Ltd., Nanjing 211102）

Abstract：Taking the blasting demolition of a 19 story, elliptical shaped frame-shear structure building as the research background. On the basis of fully understanding the structural characteristics, stress characteristics, and engineering environment of the building, a directional collapse blasting scheme was determined to use a triangular blasting cut and a half second wedge hole extension in the bottom three floors (14.17m). Furthermore, the pre-treatment and blasting parameters were finely designed; During the implementation process, a series of technological measures were taken to ensure the blasting quality of the building, including pre-treatment, cutting off the circumferential steel bars of the blasting column, using water drill holes to drill blasting holes, and selecting anchoring agents as filling materials; The safety of surrounding buildings (structures) during the blasting process is ensured through safety technical measures such as near body protection, far body protection, and excavation of shock absorption trenches. Its experience can provide reference for similar projects.

Keywords：oval shaped building; complex environment; directional blasting; pre processing; security technology

1　工程概况

1.1　工程环境

如图1所示，待拆除的东渡大厦位于苏州市张家港市人民路73号，周围环境复杂。东侧

基金项目：江苏省科技厅基础研究计划（自然科学基金）面上项目（BK20211397）。

作者信息：孙飞，硕士，工程师，1326662880@qq.com。

距离水系支流最近 40m，距离配电箱 42m，距离国泰新天地写字楼 68m；南侧距离张家港市公安局特勤队（待拆）56m；北侧距离燃气管线 30m，距离下埋 10kV 供电电缆 32m，距离下埋电信光纤 35m，距离给水管道 37m，距离人民东路 38m。

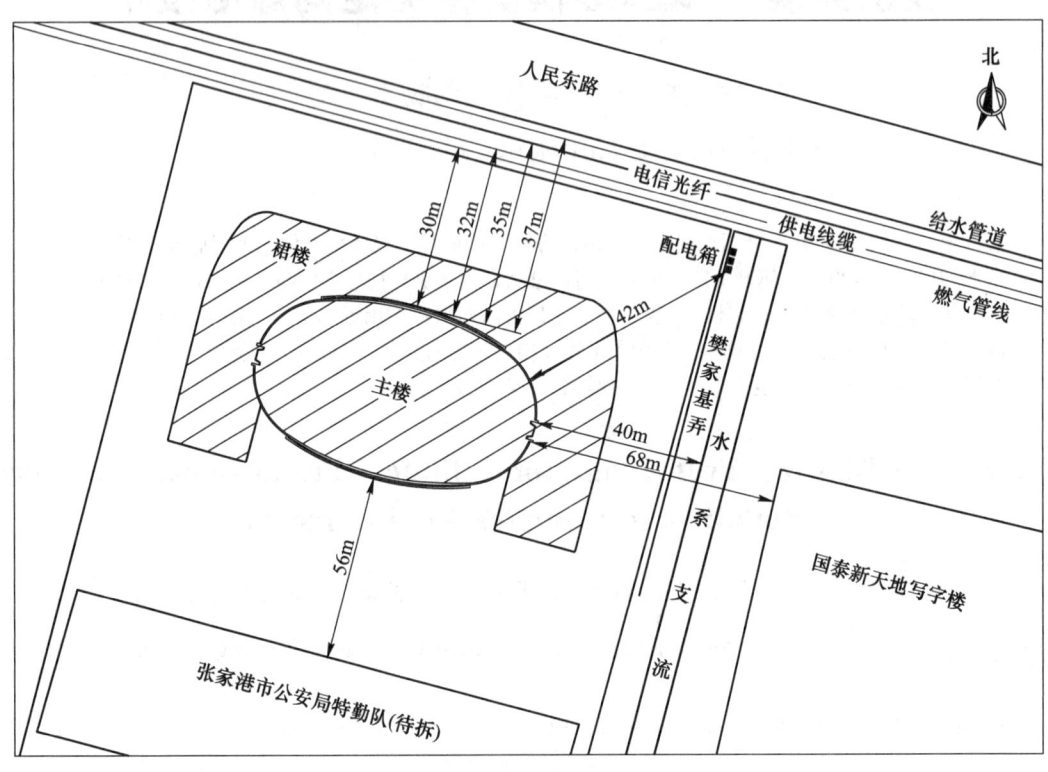

图 1　工程环境图

Fig. 1　Engineering environment map

1.2　结构特征

待拆东渡大厦主楼为框剪结构，抗震等级为二级，地上 19 层，地下 1 层，截面呈椭圆形，长边 40.5m，短边约 23.4m，主楼地面以上建筑总高度 75m。裙房二层，建筑高度 10.77m，建筑面积约 17419.34m²，地面以上主楼总质量约 8000t。

主楼四层以下（17.60m 以下）混凝土强度等级 C40，五层以上（17.60m 以上）混凝土强度等级 C35。1 层层高 5.36m，2 层层高 5.45m，3 层及以上层高 3.4m，承重结构主要由承重柱和剪力墙组成，各层承重结构布置基本一致。1~4 层立柱及剪力墙平面布置图如图 2 所示，主要承重结构截面尺寸见表 1。

表 1　主要承重结构截面尺寸一览表

Tab. 1　List of cross-sectional dimensions of main load-bearing structures

承重部位	截面尺寸	单层立柱根数
承重圆柱 Z1	ϕ1000mm	8
承重圆柱 Z2	ϕ900mm	4

续表1

承重部位	截面尺寸	单层立柱根数
承重方柱 F1	500mm×500mm	2
承重方柱 F2	700mm×500mm	4
剪力墙	厚度均为250mm	

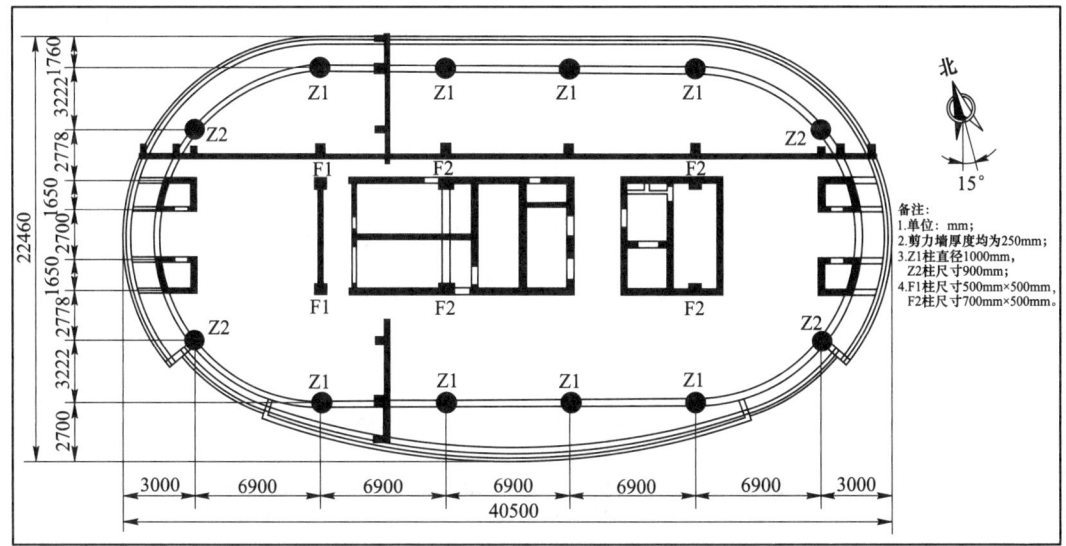

图2　1~4层立柱及剪力墙平面布置图

Fig. 2　Layout plan of columns and shear walls on floors 1-4

2　爆破总体方案设计

选择南偏西约15°，即向张家港公安局特勤队主楼（待拆）定向倒塌的爆破方案，在1~3层设置爆破切口，通过合理的预处理，优化设计爆破参数，选取适当安全防护及减振技术，确保本次控制爆破拆除的安全[1-6]。

3　爆破参数设计

3.1　预处理

3.1.1　裙楼预处理

（1）北侧裙楼保留，使用机械将裙楼与主楼分离。

（2）为确保爆破切口爆破时产生的飞石不对西侧建（构）筑物产生影响，西侧裙楼保留1/2暂不拆除，使用机械将与主楼连接部分的裙楼拆除并清运干净。

3.1.2　主楼预处理

主要为爆破切口的预处理：

（1）剪力墙预处理：在结构安全稳定的前提下，使用机械破除部分剪力墙，以减少钻孔作业量，将剪力墙变成柱，对预留柱进行钻孔爆破。

（2）楼梯预处理：切口采用风镐将每层楼梯打断1~2个台阶，剔除混凝土，预留钢筋。

（3）砖墙预处理：爆破切口内全部砖墙用机械拆除。

（4）承重圆柱预处理：由于圆柱直径较大，且配筋较密，装药前使用圆盘锯在柱侧爆破位置沿竖向将箍筋切断。

爆破切口预处理后平面图如图3所示。

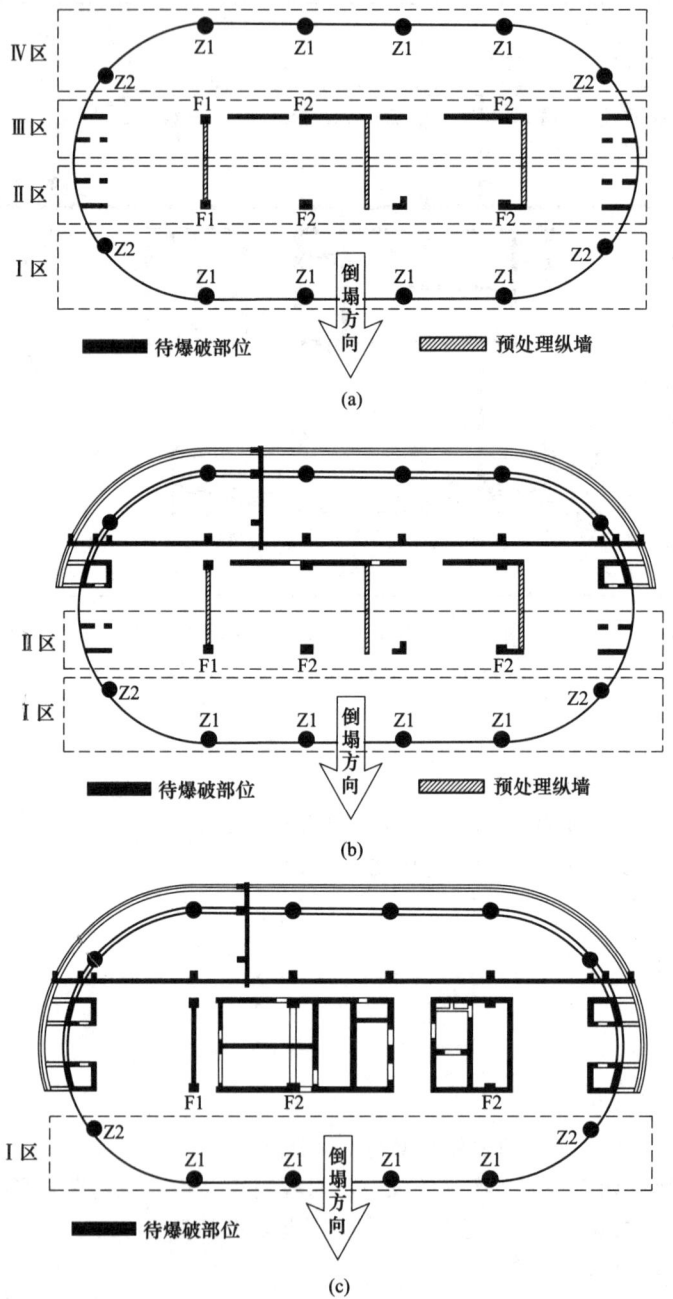

图3　爆破切口预处理后平面图

（a）1层；（b）2层；（c）3层

Fig. 3　Plan view of pre processed blasting cut

3.2 爆破参数设计

3.2.1 切口形式

在 1~3 层开设三角形爆破切口，切口倾角 31.20°，如图 4 所示。

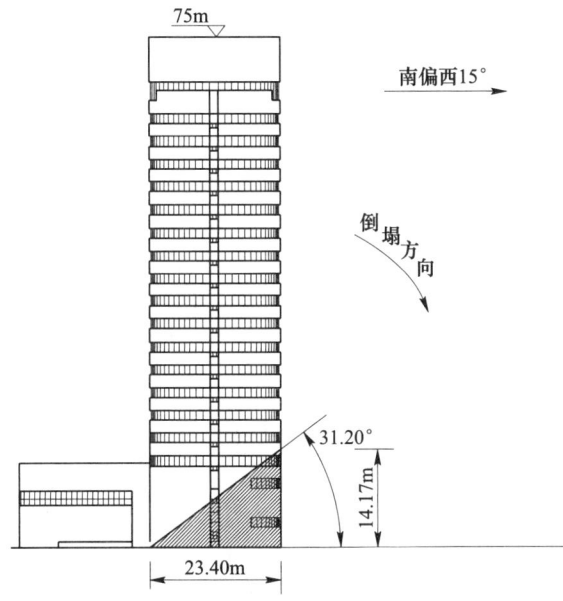

图 4 爆破切口示意图

Fig. 4 Schematic diagram of blasting cut

3.2.2 立柱破坏高度

根据经验公式，立柱炸高 H 为：

$$H = K(B + H_{min}) \tag{1}$$

式中，B 为立柱截面边长，m，本次计算取最大立柱为圆柱 Z1，直径 1000mm；H_{min} 为立柱失稳最小破坏高度，m，本次爆破 $H_{min} = 45d$，d 为钢筋直径；K 为经验系数，一般取 1~1.5，本次爆破取 1.25。

圆柱 Z1 钢筋直径最大为 φ22mm，截面边长 1m，计算出炸高 $H = 2.5$m，为确保楼房顺利失稳倾斜，爆破切口为 1~3 层，从南至北根据各承重柱、剪力墙分布位置，将其分为 I ~ Ⅳ区，切口高度均大于计算结果。具体爆破立柱位置及立柱破坏高度见表 2。

表 2 炸高参数表

Tab. 2 Explosion height parameters

楼层	炸高/m			
	I 区	Ⅱ 区	Ⅲ 区	Ⅳ区
1 层	2.5	2.0	0.9	0.7
2 层	2.5	2.0		
3 层	1.5			

3.2.3 炮孔参数设计

圆柱（Z1、Z2柱）因其横截面为圆形，为确保装药爆炸时能量释放均匀，采用 ϕ60mm 水钻沿圆心方向钻孔，在中心集团装药，如图5所示；方形立柱（F1、F2柱）布置一列孔；剪力墙预处理变柱后根据厚度合理选择炮孔深度、孔排距及装药量，钻孔设备选用水钻。各部位爆破参数见表3~表5。

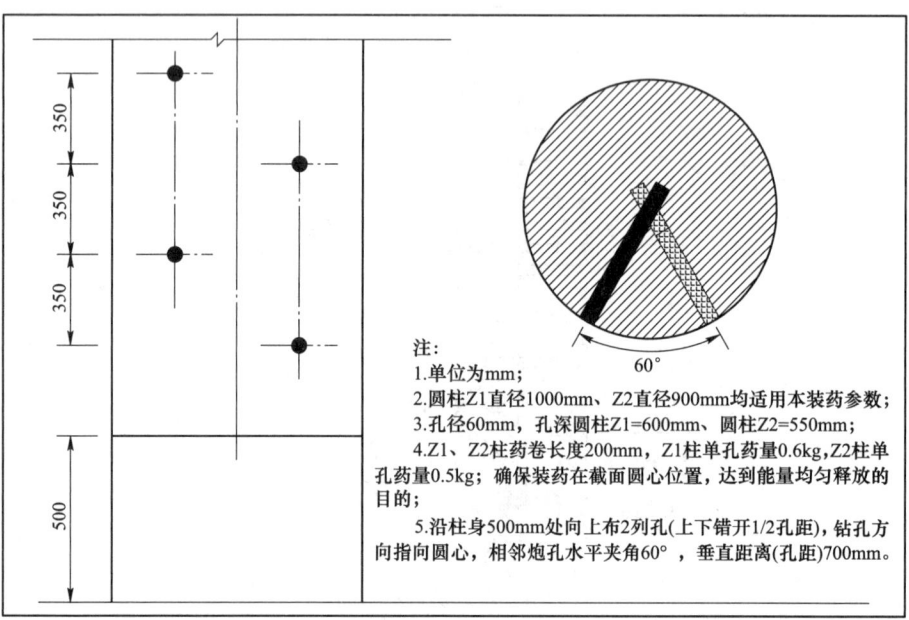

注：
1. 单位为mm；
2. 圆柱Z1直径1000mm、Z2直径900mm均适用本装药参数；
3. 孔径60mm，孔深圆柱Z1=600mm、圆柱Z2=550mm；
4. Z1、Z2柱药卷长度200mm，Z1柱单孔药量0.6kg，Z2柱单孔药量0.5kg；确保装药在截面圆心位置，达到能量均匀释放的目的；
5. 沿柱身500mm处向上布2列孔(上下错开1/2孔距)，钻孔方向指向圆心，相邻炮孔水平夹角60°，垂直距离(孔距)700mm。

图5　圆柱 Z1、Z2 布孔设计图

Fig. 5　Design of hole arrangement for cylinders Z1 and Z2

表3　1 层装药参数一览表

Tab. 3　List of 1st layer charging parameters

分区	部位	数量	尺寸 /mm	炸高 /m	孔距 /mm	排距 /mm	排数	孔深 /mm	孔数	单孔药量/g	单耗 /kg·m⁻³	装药量 /kg
I区	圆柱 Z1	4	ϕ1000	2.5	700	500	2	600	32	600	2.18	19.20
	圆柱 Z2	2	ϕ900	2.5	700	450	2	550	16	500	2.25	8.00
II区	方柱 F1	1	500×500	2.0	350	—	1	350	6	200	2.29	1.20
	方柱 F2	2	700×500	2.0	300	300	1	300	28	100	2.00	2.80
	L形柱	1	600×600	2.0	200	300	7	150	42	40	2.67	1.68
	墙体	7	7500	2.0	200	300	7	150	266	40	2.67	10.64
III区	方柱 F1	1	500×500	0.9	350	—	1	350	3	200	2.29	0.60
	方柱 F2	2	700×500	0.9	300	300	2	300	12	100	2.00	1.20
	墙体	7	21000	0.9	200	300	3	150	315	0.40	2.67	12.60
IV区	圆柱 Z1	4	ϕ1000	0.7	700	500	2	600	12	600	2.18	7.20
	圆柱 Z2	2	ϕ900	0.7	700	450	2	550	6	500	2.25	3.00
1 层钻孔总数/个		738（其中ϕ60mm孔数66个，ϕ40mm孔数672个）										
1 层装药量/kg		68.12										

表4　2层装药参数一览表

Tab. 4　List of 2nd layer charge parameters

分区	部位	数量	尺寸/mm	炸高/m	孔距/mm	排距/mm	排数	孔深/mm	孔数	单孔药量/g	单耗/kg·m⁻³	装药/kg
I区	圆柱 Z1	4	φ1000	2.5	700	500	2	600	32	600	2.18	19.20
	圆柱 Z2	2	φ900	2.5	700	450	2	550	16	500	2.25	8.00
II区	方柱 F1	1	500×500	2.0	350	—	1	350	6	200	2.29	1.20
	方柱 F2	2	700×500	2.0	300	300	2	300	28	100	2.00	2.80
	L形柱	1	600×600	2.0	200	300	7	150	42	40	2.67	1.68
	墙体	7	7500	2.0	200	300	7	150	266	40	2.67	10.64
2层钻孔总数/个		390（其中 φ60mm 孔数 48 个，φ40mm 孔数 342 个）										
2层装药量/kg		43.52										

表5　3层装药参数一览表

Tab. 5　List of 3rd layer charge parameters

分区	部位	数量	尺寸/mm	炸高/m	孔距/mm	排距/mm	排数	孔深/mm	孔数	单孔药量/g	单耗/kg·m⁻³	装药/kg
I区	圆柱 Z1	4	φ1000	1.5	700	500	2	600	20	600	2.18	12.00
	圆柱 Z2	2	φ900	1.5	700	450	2	550	10	500	2.25	5.00
3层钻孔总数/个		30										
3层装药量/kg		17.00										

3.3　起爆网路设计

本次爆破选择定向倒塌，采用非电导爆管雷管起爆网路进行起爆。爆破切口起爆顺序如下（见图6）：第一响（HS-3 段）为1层 I～III区、2层 I区；第二响（HS-4 段）为2层 II区、3层 I区；第三响（HS-5 段）为1层 IV区。

3.4　爆破安全技术措施

本项目爆破危害效应主要有爆破飞石、爆破噪声、爆破振动及塌落震动，采取的安全技术措施如下：

（1）采用锚固剂作为填塞材料。采用 φ35mm×300mm 规格的锚固剂作为填塞材料，因其具有遇水软化、失水微膨胀的特点，可在填塞完毕 30min 内完成固化、产生强度确保填塞质量。

（2）近体防护。在承重柱、剪力墙的爆破部位用一层棉被与两层绿网进行防护，后用铁丝分别在上、中、下绑扎三道，可有效地控制爆破飞石的危害。

（3）远体防护。东侧距国泰新天地办公楼仅 68m，为防止爆破飞石危害，在爆破楼层四周爆破区域外墙体挂设两层材质为密目网的防护围幕，边角用铁丝固定。

（4）挖设减震沟。爆破前，在东渡大厦东侧 5m 左右挖设一条南北走向 50m 长的减震沟，减震沟沟底宽 1m、深度 2m。

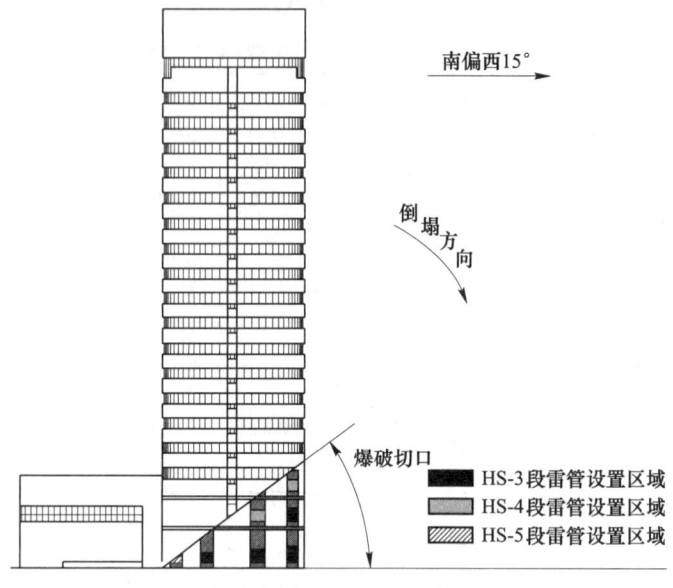

图 6　起爆网路示意图

Fig. 6　Schematic diagram of detonation network

4　爆破效果

起爆后，楼房倒塌方向与设计方向一致，倒塌触地后整体性较好，梁、柱节点因倒塌后均已产生不同程度破坏。爆堆距张家港市公安局特勤队约 1m，爆破危害效应均控制在安全范围内。倒塌过程及爆堆如图 7 所示。

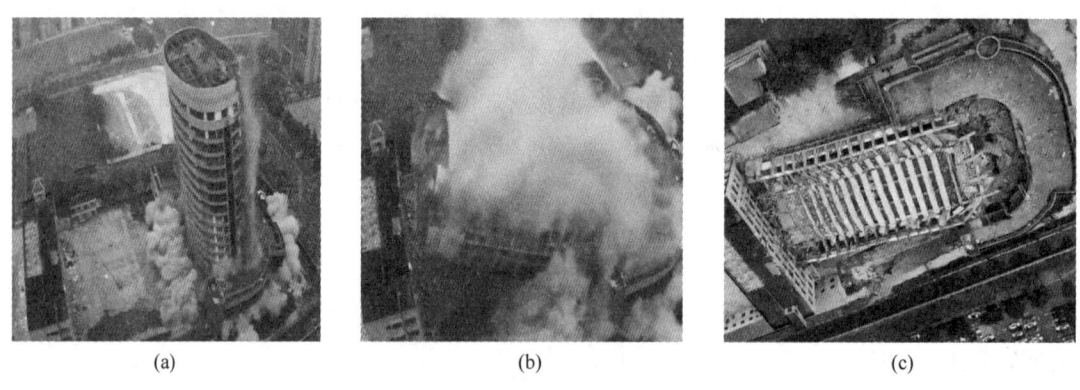

图 7　爆破效果

（a）楼体后坐完成瞬间；（b）楼体倒塌过程；（c）楼体倒塌完成

Fig. 7　Blasting effect

5　结语

（1）对于尺寸较大的承重柱，为了确保爆破效果，可将爆破部位的环向箍筋割断，大大减小了箍筋的约束。

（2）采用水钻进行钻设，有效避免了手风钻钻孔时碰到钢筋重新就近布孔、灰尘大的问题，可以精确地按设计进行布孔，确保了施工的质量及爆破效果，同时改善了现场安全文明施工的条件。

（3）采用锚固剂作为填塞材料，具有快速固化的特点，锚固剂与孔壁之间的膨胀作用产生较大的摩擦力，确保了填塞质量，加快了填塞速度。

参 考 文 献

［1］罗伟，王明明，刘治兵．11 层框架结构楼房爆破拆除［J］.煤矿爆破，2020，38（4）：34-38.

［2］叶海旺，李庆，郑长青，等．22 层框架楼房定向爆破拆除倒塌过程分析［J］.爆破，2021，38（2）：111-117.

［3］罗福友，周浩仓，陶明，等．分块斜线起爆网路在楼房爆破拆除中的应用［J］.工程爆破，2018，24（3）：32-38.

［4］刘国军，张海龙，赵存清．复杂环境下"L"型框架楼房定向爆破拆除［J］.爆破，2016，33（1）：93-95.

［5］董保立，张纪云，王晓，等．复杂环境下 12 层框剪结构楼房爆破拆除［J］.工程爆破，2017，23（2）：58-61.

［6］陶明，罗福友，程三建．复杂环境下多排立柱框架楼房爆破拆除技术［J］.工程爆破，2018，24（3）：39-43.

［7］刘德禹，李本伟，胡浩川，等．复杂环境下异型 16 层楼房拆除爆破［J］.爆破，2022，39（4）：116-119.

［8］罗福友，周浩仓，陶明，等．高配筋立柱楼房定向爆破拆除技术［J］.工程爆破，2018，24（1）：43-49，62.

［9］程涛，孟繁树，田园，等．闹市区框剪结构楼房爆破拆除与有害效应控制［J］.工程爆破，2018，24（6）：65-69.

城市复杂环境下 U 形楼房爆破拆除

贺 攀[1,2]　　刘士兵[1,2]　　伍锡南[1,2]

(1. 湖南南岭民爆工程有限公司, 长沙　410205;

2. 易普力股份有限公司, 长沙　410205)

摘　要: 娄底市旺角大厦为 28m 高的 U 形民用和商业建筑, 其地下室一层为框架结构、地上一层及以上为砖混结构。大厦位于老城区, 爆破环境非常复杂, 周边保护物较多, 其中距离建筑最近仅为 3.5m, 据此采用整体向北、局部向西倒塌的爆破方案, 并通过数码电子雷管斜线分区起爆网路、延时时间的精确设置和精细施工来确保大楼安全有序倒塌。结合现场实际情况, 爆破前采用精确度高的微型挖机进行预拆除, 并根据防护的难易程度对"望湘门"牌坊、自来水管道等分别采取适应的防护方法。经过爆破前数值模拟、会议研讨及现场试爆确定最佳炸药单耗。最终大厦成功地实施了爆破拆除, 爆破效果良好, 可为类似的工程项目提供借鉴经验。

关键词: 复杂环境; 精细爆破技术; 斜线分区起爆网路; 微型挖机

Blasting Demolition of U-shaped Building in Complex Urban Environment

He Pan[1,2]　　Liu Shibing[1,2]　　Wu Xi'nan[1,2]

(1. Hunan Nanling Civil Blasting Engineering Co., Ltd., Changsha 410205;

2. Explosive Corporation Limited, Changsha 410205)

Abstract: The Wangjiao Building in Loudi City is a 28m high U-shaped civil and commercial building with a frame structure on the ground floor and a brick-concrete structure on above the first floor. The building is located in the old city. The blasting environment is very complex and there are many protected objects around it, of which the nearest distance to the building is only 3.5m. Based on this, the blasting scheme of whole north and part west collapse is adopted, and the digital electronic detonator slanting zone initiation network, precise setting of delay time and fine construction are adopted to ensure the safe and orderly collapse of the building. According to the degree of difficulty of protection of the "Wangxiangmen" archway、 water pipes and so on, adaptive protection methods were adopted respectively. The optimum explosive unit consumption was determined by numerical simulation before blasting, conference discussion and field test. Finally, the building was successfully carried out blasting demolition, and blasting effect is good, which can provide reference for similar projects.

Keywords: complex environment; fine blasting technology; diagonal zonal initiation network; micro excavator

作者信息: 贺攀, 硕士, 高级爆破工程师, 286684418@qq.com。

1　工程概况

1.1　工程简介

旺角大厦位于娄底市涟滨街与娄星路交会处的东北角（娄底一大桥南岸东侧），是于 2007 年建成的私房联建商住楼。该大厦地下一层为框架结构，地上七层为砖混结构，高度 28.4m，建筑面积 11533.04m²。2013 年开始，旺角大厦陆续出现墙面瓷砖及四楼以上部分墙体开裂的情况，经几次维修加固，房屋墙体开裂现象没有得到根本解决。开裂比较严重的房屋主要集中在 4 层，裂缝以不规则开裂为主，部分外墙胀裂达 35.0mm，且存在局部失稳破坏的可能，房屋上部承重结构处于危险状态，存在严重安全隐患。

1.2　周边环境

待拆大厦位于娄底一大桥东南侧，北面距娄底涟水河风光带的最近距离为 22m，北面 5m 处有娄底市涟水河老街地标性文物"望湘门"牌坊，该牌坊承载着娄底老一辈市民的记忆，娄底市政府及周边市民均要求爆破时要保护好"望湘门"牌坊，确保该牌坊完好无损；西面为娄星南路，距娄底一大桥的最近距离为 15.3m，西南侧 7m 处有 10kV 的双开路市政高压线；南面为涟滨东街，对面的沿街商铺 33m；东面有商铺和民房，商铺和民房的距离分别为 5.0m 和 3.3m。待拆楼房的状态如图 1 和图 2 所示，具体的周边环境如图 3 所示。

图 1　旺角大厦正北面全景

Fig. 1　Panorama of Wangjiao building due north

图 2　旺角大厦南面全景

Fig. 2　Panorama of the south side of Wangjiao building

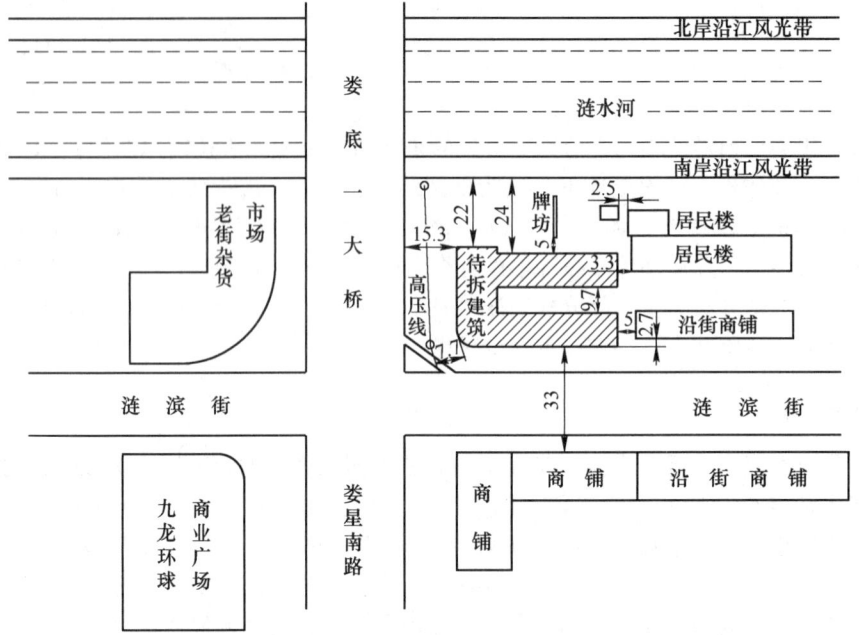

图 3　旺角大厦周边环境图（单位：m）

Fig. 3　Surrounding environment map of wangjiao building（unit：m）

1.3　工程结构

旺角大厦为东西走向的 U 形建筑，东西方向长 46.4m，南北方向宽 35.2m。地下一层高 4.8m，地上一层层高为 3m，夹层层高 2.3m，地上二层至地上七层（局部六层）的层高 3m。将第一层的地面标高定义为 ±0 时，建筑总高度 28m。建筑结构模型如图 4 所示，爆破切口内主要承重立柱、构造柱、承重墙体数量及分布如图 5、图 6 所示。

1.4　工程特点

（1）周围环境复杂。待拆大楼毗邻娄星南路、涟滨东路，属于娄底市老城区中心地带，车、人流量大，商铺、民房密集，距离民房最近的直线距离仅有 3.3m。

（2）大厦高度较高，倒塌范围受限。综合大楼最高点为 28m，东南西北四个方向均有建筑物不同程度限制了大厦的倒向和范围。

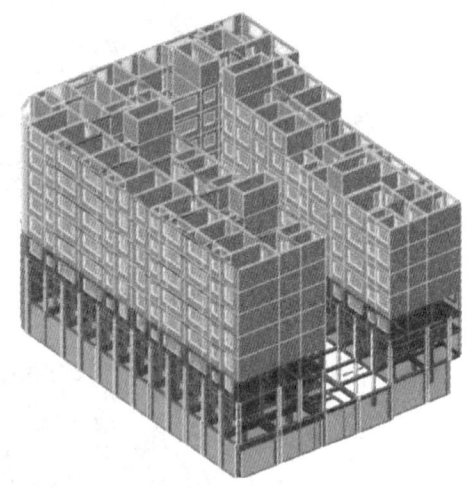

图 4　结构模型图

Fig. 4　Structural model diagram

（3）大楼属于 D_u 级危房，很多楼层出现了不同程度的开裂和倾斜，给爆破施工前期的预拆除工作带来了诸多安全风险。

（4）拆除时间紧，工程量大。娄底市政府要求本次爆破拆除的总工期必须控制在 15 天以

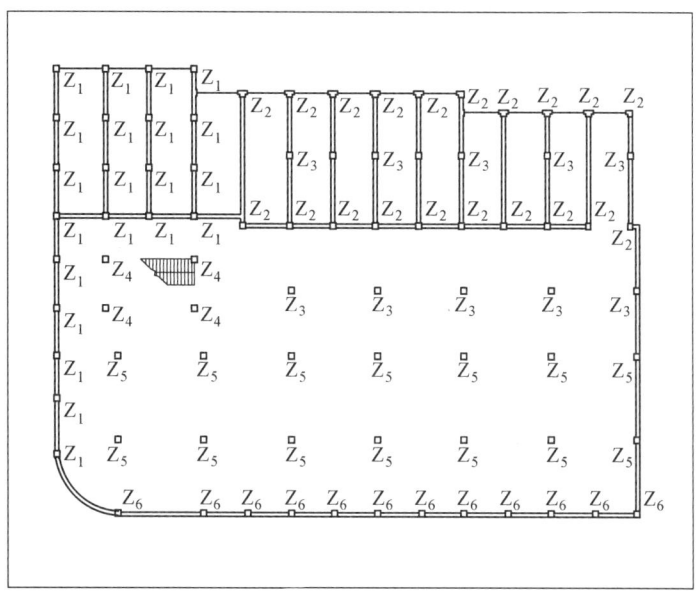

图 5　地下室立柱分布

Fig. 5　Basement column distribution

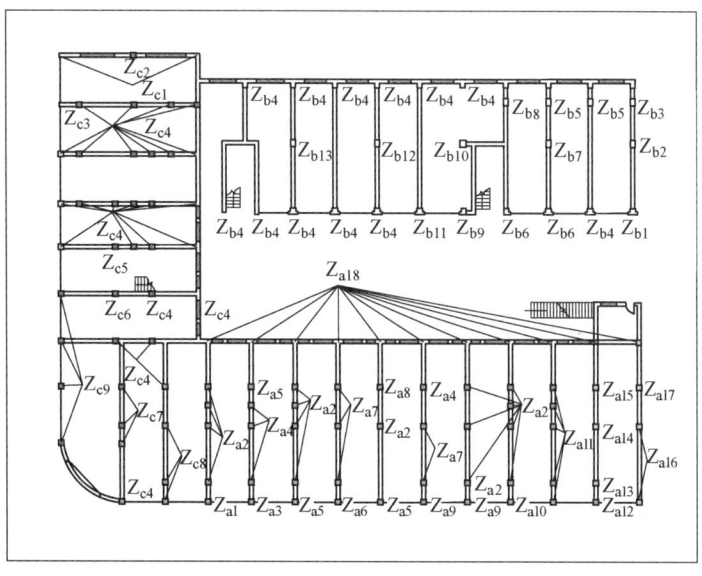

图 6　首层立柱、构造柱及承重墙体分布

Fig. 6　First column structural and bearing wall distribution

内，拟拆除大厦的总爆破拆除面积为 11533.04m²，爆破前期预拆除的工作量较大，对承重墙、承重柱的钻孔工作量也比较大。

（5）由于旺角大厦位于娄底市中心闹市区，因此必须严格控制爆破施工中的有害效应

（如爆破飞石、爆破振动、爆破有毒气体及爆破残渣对路面的污染），确保爆破施工的安全可靠。

2 爆破方案

2.1 技术难点

（1）爆破振动控制。大楼周边环境复杂，稍有不慎，爆破振动就可能损害周边建筑。

（2）爆破扬尘控制。钻孔和预处理时，会产生部分扬尘，特别是爆破建筑倒地时，更是扬尘满天，施工中必须有效迅速地降低扬尘污染。

（3）爆破飞石控制。周边保护物众多，不能因飞石受到损伤。

（4）大厦附近地下管线防护。该大厦附近地下管线错综复杂，爆破拆除时，必须对保留的地下管线进行特殊防护。

（5）文明施工的要求。拆除大楼紧邻闹市区，居民密集，施工中必须尽量减少对交通和居民的干扰。

2.2 爆破方案的选择

大厦是一个 U 形的整体布置，且东、南、西、北侧均有需要保护的重要设施和建筑，根据现场的实际地形及受保护设施和建筑拟采用的防护方案，最终确定采用整体向北、局部向西倒塌的控制爆破方案。

根据楼房结构特点、平面位置相互关系、周边环境条件和业主要求，拟将大厦划分为 A、B、C 三个区域，A 区采用向正北方向倒塌、B 区采用向北偏西方向倒塌、C 区采用向正北方向倒塌，起爆自西北角的 C 区开始，逐步向东和向南进行传爆，如图 7 所示。

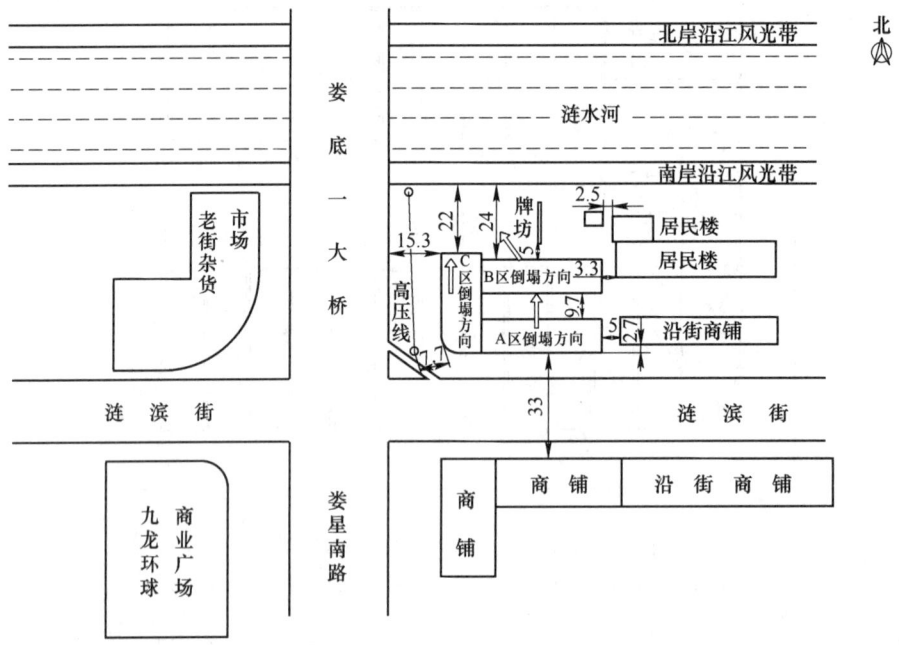

图 7 倒塌方向示意图（单位：m）

Fig. 7 Schematic diagram of collapse direction（unit：m）

3 爆破参数

3.1 切口尺寸的选择

根据类似建筑的爆破拆除经验[1]，本次爆破 A、B、C 区域的爆破切口高度均取 7m，即将地下室一层和地上一层设置为爆破切口，充分利用电子数码雷管的精确延期时间控制楼房的倒塌方向，A、B、C 区域的爆破切口的设计如图 8 所示。

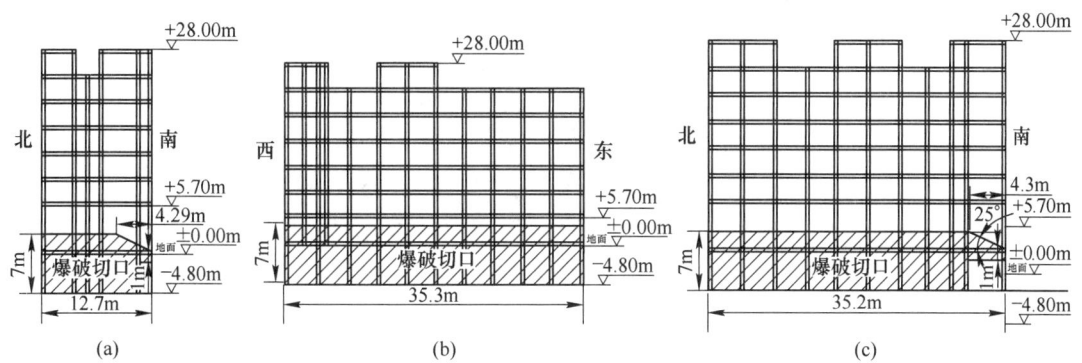

图 8 A、B、C 区域的爆破切口设计

（a）A 区；（b）B 区；（c）C 区

Fig. 8 Design of blasting cuts in areas A, B, and C

3.2 预处理

在确保大楼受力结构绝对稳定的前提下，预先对爆破切口内可能影响倒塌方向的非承重墙、部分承重砖墙、楼梯、门窗等进行预处理，具体做法如下[2]：

（1）对于爆破切口内的门窗、采用人工方法全部进行预拆除。

（2）对于地下室一层，除了南面、东面、西面边上立柱间的挡土墙，其他立柱间的装修物、填充墙等全部用挖机及铲车进行预拆除，确保立柱全部暴露且四面临空。

（3）对于首层部分承重砖墙预处理，保留拐角横梁等重点部位，除了 C 区西面两排，若两构造柱之间的距离小于 1.2m，则把两构造柱之间的部分承重墙全部预拆除，若两构造柱之间的距离大于 1.2m，则将砖墙间隔拆除，间隔距离小于 1.2m，预留若干长度为 30~35cm 的小砖柱，拆除高度为 1.8m，将待拆楼房爆破切口中非承重墙全部由人工拆除。由于一楼为商铺，开间较小，空间作业范围有限，为了提高预处理的效率，针对本次预处理量最大的砖墙采用微型挖机进行机械预拆除，其具有机动灵活，劳动强度低，可在房间内部等有限空间内进行作业等特点。预拆除示意图如图 9 所示。

（4）对于楼梯，将负一层、一层和二层的楼梯用风镐进行预处理，切口处理宽度为三个台阶，确保其整体刚度完全破坏。

（5）管线预处理：对待拆楼房采取断水、断气、断电等措施后将所有管线采用人工进行拆除或者迁移。

3.3 爆破参数选择

旺角大厦地下一层、地上一层承重立柱的尺寸不尽相同，根据承重立柱的尺寸及经验公式

图 9　预拆除示意图

Fig. 9　Pre demolition diagram

合理调整爆破参数[3]，最小抵抗线 $W = 1/2\delta$，孔距：$a = 2W$，排距：$b = a$，孔深：$L = 2/3\delta$，使用风动凿岩机钻孔，根据经验，取单耗：$q = 1.5\text{kg/m}^3$，本次爆破的设计参数见表1。

表 1　大厦爆破参数表

Tab. 1　Table of building blasting parameters

区域	立柱尺寸 /mm×mm	数量	最小抵抗线/mm	孔径/mm	孔距/mm	孔深/mm	单耗 /kg·m⁻³	单孔药量 /g	布孔方式
地下室	600×600	14	300	40	500	420	1500	300	中心剪切式
	520×520	10	260	40	400	360	1500	150	中心剪切式
	520×360	20	180	40	300	360	1500	100	中心直线式
	500×400	4	200	40	400	350	1500	150	中心直线式
	420×420	21	210	40	400	290	1500	150	中心直线式
	400×400	12	200	40	300	280	1500	100	中心直线式
地上一层 A 区	330×540	1	165	40	300	380	1500	80	中心直线式
	300×420	16	150	40	300	290	1500	60	中心直线式
	340×400	1	170	40	300	280	1500	80	中心直线式
	320×400	4	160	40	300	280	1500	60	中心直线式
	330×420	3	165	40	300	290	1500	80	中心直线式
	340×430	1	170	40	300	300	1500	80	中心直线式
	340×410	5	170	40	300	290	1500	80	中心直线式
	300×450	1	150	40	300	320	1500	60	中心直线式
	340×450	2	170	40	300	320	1500	80	中心直线式
	360×410	1	180	40	300	290	1500	80	中心直线式
	330×430	5	165	40	300	300	1500	80	中心直线式

区域	立柱尺寸 /mm×mm	数量	最小抵抗线/mm	孔径/mm	孔距/mm	孔深/mm	单耗 /kg·m⁻³	单孔药量 /g	布孔方式
地上一层 A 区	450×550	1	225	40	300	390	1500	100	中心直线式
	420×520	1	210	40	300	360	1500	100	中心直线式
	460×530	1	230	40	300	370	1500	100	中心直线式
	440×430	1	215	40	300	310	1500	100	中心直线式
	430×540	2	215	40	300	380	1500	100	中心直线式
	430×450	1	215	40	300	320	1500	100	中心直线式
	280×400	11	140	40	300	280	1500	50	中心直线式
地上一层 B 区	500×560	1	250	40	300	390	1500	100	中心直线式
	570×520	1	260	40	300	400	1500	100	中心直线式
	360×520	1	180	40	300	360	1500	100	中心直线式
	410×550	12	205	40	300	390	1500	100	中心直线式
	360×500	2	180	40	300	350	1500	100	中心直线式
	410×580	2	205	40	300	410	1500	100	中心直线式
	510×510	1	255	40	300	360	1500	100	中心直线式
	400×520	1	200	40	300	360	1500	100	中心直线式
	380×600	1	192	40	300	420	1500	100	中心直线式
	510×520	1	255	40	300	360	1500	100	中心直线式
	630×410	1	205	40	300	440	1500	160	中心直线式
	540×530	1	265	40	300	380	1500	180	中心直线式
	560×530	1	265	40	300	390	1500	180	中心直线式
地上一层 C 区	360×410	2	180	40	300	290	1500	70	中心直线式
	330×440	1	165	40	300	310	1500	70	中心直线式
	330×520	1	165	40	300	360	1500	80	中心直线式
	330×420	26	165	40	300	290	1500	70	中心直线式
	330×500	1	165	40	300	350	1500	80	中心直线式
	450×500	1	225	40	300	350	1500	150	中心直线式
	300×420	3	150	40	300	290	1500	70	中心直线式
	350×420	3	175	40	300	290	1500	70	中心直线式
	460×420	4	210	40	300	320	1500	120	中心直线式
砖墙	24 砖墙		120	40	300	160	1500	37.5	梅花形布置

4　起爆网路

4.1　起爆延时分段设计

　　为确保大楼完全按设计的起爆顺序安全准爆，本次大楼拆除采用斜线分区起爆网路，雷管采用数码电子雷管，地下室的立柱最先起爆，地上一层的同轴立柱的延期时间在地下室立柱的延期时间上增加 40ms，地下一层立柱、地上一层立柱的延期时间设置如图 10 和图 11 所示。

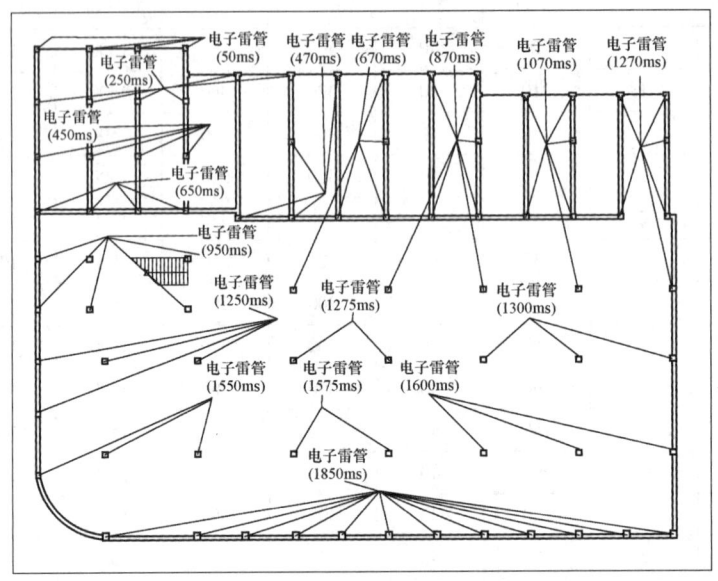

图 10　地下室立柱数码电子雷管延期时间设置图

Fig. 10　Delay time setting diagram of digital electronic detonator for basement column

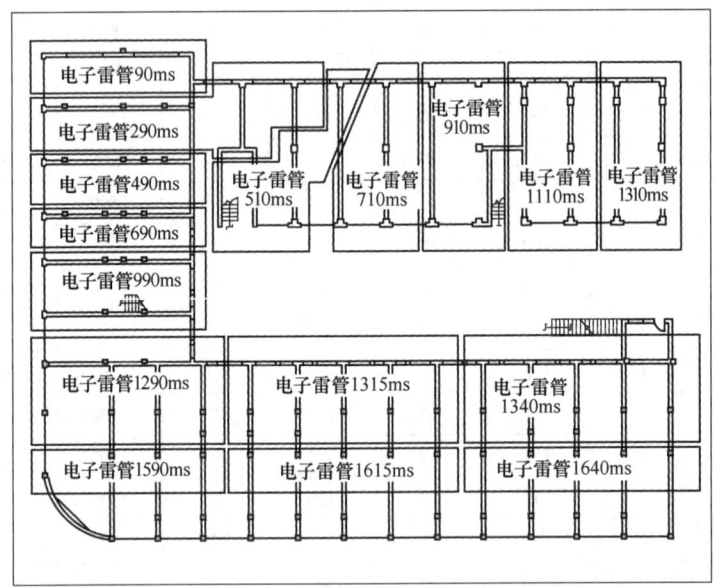

图 11　地上一层数码电子雷管延期时间设置图

Fig. 11　Delay time setting diagram for digital electronic detonators on the first floor above ground

4.2　起爆网路连接

（1）本工程使用电子雷管并联起爆网路，共使用起爆器 7 台，将起爆网路平均分成 6 条子起爆网路，然后全部接入到主起爆网路，组网起爆（见图12）[4]。

（2）每发雷管入孔前使用专用仪表对其进行逐发检验，检验合格后方可装入炮孔内。

（3）起爆前应对每一条子网络以及组网后的网路进行导通测试，确保无网路不通、雷管漏接等情况。

（4）每个起爆器并联负荷的数码电子雷管的总数控制在 300 发以内[5]。

图 12　电子雷管并联起爆网路

Fig. 12　Parallel initiation network of electronic detonators

5　重点部位安全防护与精细施工

5.1　重点部位安全防护

（1）对于东侧居民楼及沿街商铺：1）保留原有卷帘门完整并使其处于关闭状态，充分地防止飞石。临近旺角大厦东侧的墙面上所有门窗紧闭。2）在旺角大厦与需保护居民楼及商铺间的巷子内铺满 5m 高的玉米秸秆和稻草等柔性防护材料，使废渣脱落后经过充分缓冲，避免对居民楼及商铺产生破坏。

（2）对于北侧"望湘门"牌坊：分别在门牌的东西南三侧搭设 6m 高的脚手架，脚手架距离门牌的距离为 2.5m，其南侧超过牌坊尺寸界线 3m，而后在牌坊与脚手架之间填充玉米秸秆和稻草等柔性材料，脚手架可灵活移动，避免对"望湘门"产生刚性破坏，达到对牌坊四面进行充分保护的目的。

（3）对于西南侧市政高压线：在爆破前联系电力管理部门进行临时断电，并对线路采用铺钢板加沙袋的综合防护措施。

（4）对于南面沿街商铺：保留商铺原有卷帘门并在爆破时保持关闭状态，将所有竹夹板绑成竹排立于缝隙或孔洞处，有效阻挡飞石。

（5）从旺角大厦二楼往下拉遮阳网做成的裙网，遮阳网层数不少于四层，确保四面墙体均拉满。

5.2　精细施工

精细化施工从以下几个方面体现：

（1）机械施工自动化和智能化。爆破预拆除采用高精度微型挖机，在保证施工进度的前提下确保作业精细化[6]。

（2）采用钢尺对爆破对象尺寸进行测量，装药前对所有炮孔数量进行重新复核，并根据实际情况核算出每一个炮孔所需要的炸药量，指定专人把装药量及延时时间标记在每一个炮孔边上，双人检查[7]，确保零差错。

（3）通过爆破前数值模拟、会议研讨及现场试爆确定最佳炸药单耗，再根据实际情况进行实时修正。

（4）对布孔、钻孔、验孔、装药、起爆和警戒等爆破作业过程分别编制标准化作业程序，相关人员严格按程序操作，既提高了效率又保证了质量和安全[8]。

6 爆破效果

旺角大厦周边200m范围内设为警戒区域，共设置警戒点10个。项目从施工人员进场到爆破施工结束总共耗时15天，炮孔总数2171个，使用乳化炸药170.8kg、雷管2171发。爆破后，大厦按预定设计方向充分解体，C区向北偏西方向倒塌，B区紧接着向西逐渐解体，由于受到C区空间受限的夹制作用，B区解体后的砖块向北倾泻，均匀的倒塌在北面5m范围内，北面5m处"望湘门"牌坊因事先做了专项柔性防护而未受到任何破坏，A区向正北方向倒塌并解体充分，爆破最终取得了良好的效果（见图13）。

图 13 爆破效果

Fig. 13 Blasting effect

施工过程中未出现安全事故，周边建筑未受飞石影响。因该项目爆区环境复杂，在大厦四周设置了 4 个具有代表性的监测点位，东面 3.3m 处的居民楼监测点距大厦最近且测得的数据最大，其测得的质点振速为 1.0249cm/s，爆破振动的有害效应控制在了国家标准范围以内[9]。周边建筑物的最大质点振动数据如图 14 所示。

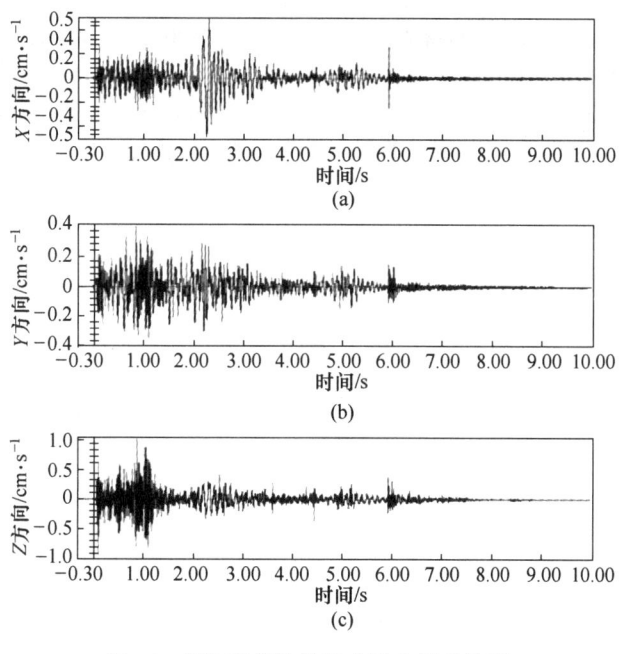

图 14　周边建筑物的最大质点振动数据

（a）X 方向；（b）Y 方向；（c）Z 方向

Fig. 14　Maximum particle vibration data of surrounding buildings

7　结语

（1）基于本次爆破拆除施工环境复杂、延时要求高、振动控制严等特点，本次起爆网路采用数码电子雷管分区斜线起爆网路[10]，通过精细施工、巧妙地使大楼按预定的起爆顺序倒塌在预定的范围内。最大程度地保护了周边的需保护对象，获得了娄底市市政府及周边居民的高度评价和认可。

（2）根据大厦的构造及所处的地理环境，选择将支座铰链设置在地下室负一楼南侧 A5~A64 的十二根立柱上，选择将主要装药区域控制在地下一层，大大减小了南面商业街爆破飞散物的防护工作量。

（3）针对于距大厦北面 5m 处需要重点保护的"望湘门"牌坊，采取了钢管脚手架柔性支撑防护，确保了娄底市老街标志性文物没有受到任何的破坏。

参 考 文 献

[1] 刘殿中，杨仕春. 工程爆破实用手册 [M]. 北京：冶金工业出版社，2003：485-511.

[2] 刘士兵，贺攀，程塞珍. 单向三折叠拆除爆破技术在复杂环境下的应用 [J]. 工程爆破，2019，25（5）：57-62.

[3] 汪旭光. 爆破设计与施工 [M]. 北京：冶金工业出版社，2011.

[4] 马世明，余兴春，任少华，等. 复杂环境下 14 层框剪楼房折叠拆除爆破 [J]. 工程爆破，2021，27

　　　　（1）：69-73，78.

[5]　伍锡南，聂群福. 复杂环境下高大渡槽拆除爆破的控制爆破技术［J］. 工程爆破，2022，28（5）：
　　　81-87.

[6]　谢先启，卢文波. 精细爆破［J］. 工程爆破，2008，14（3）：1-7.

[7]　李介明. 超深地连墙的精细化拆除爆破［J］. 工程爆破，2020，26（4）：65-68.

[8]　谢先启. 精细爆破发展现状及展望［J］. 中国工程科学，2014，16（11）：14-19.

[9]　国家安全生产监督管理总局. 爆破安全规程：GB 6722—2014［S］. 北京：中国标准出版社，2015.

[10]　罗福友，颜嘉俊，刘成敏，等. 楼房拆除爆破降振和解体优化［J］. 工程爆破，2022，28（4）：
　　　56-61，107.

大跨度多功能剧场建筑物的控制爆破拆除

罗 伟[1,3] 王明明[2] 杨洪新[2] 李健康[3]

(1. 深圳市地健工程爆破有限公司, 广东 深圳 518040; 2. 深圳市城投爆破工程有限公司, 广东 深圳 518040; 3. 深圳市工程爆破协会, 广东 深圳 518040)

摘 要: 为了确保多功能剧场建筑物的安全拆除, 根据其建筑层数为地上三层, 高度为31.4m, 主体长度为69m, 建筑结构类型为钢筋混凝土框架结构、跨度大、中间看台大厅屋顶为钢结构的特点及周边环境情况, 采用了看台大厅原地坍塌、北侧舞台向南定向坍塌的爆破方案, 设计了合理的爆破切口范围和参数, 采取了有效的安全防护措施, 达到了预期的爆破拆除效果, 可为类似爆破工程提供参考。

关键词: 大跨度; 框架结构; 钢结构; 控制爆破; 安全防护

Controlled Blasting Demolition of the Large Span Multi-functional Theater Building

Luo Wei[1,3] Wang Mingming[2] Yang Hongxin[2] Li Jiankang[3]

(1. Shenzhen Dijian Engineering Blasting Co., Ltd., Shenzhen 518040, Guangdong;
2. Shenzhen Chengtou Blasting Engineering Co., Ltd., Shenzhen 518040, Guangdong;
3. Shenzhen Society of Engineering Blasting, Shenzhen 518040, Guangdong)

Abstract: In order to ensure the safe demolition of the multi-functional theater building, according to three floors above ground, height of 31.4m, length of 69m, structural type of reinforced concrete frame structure, large span, steel structure on the roof of the middle grandstand hall and the surrounding environment, the blasting scheme of the grandstand hall in situ blasting and the north stage directional blasting southward was adopted, the reasonable blasting cut range and parameters were designed, effective safety protection measures were taken, and the expected blasting demolition effect was achieved, which can provide reference for similar blasting engineering.

Keywords: large span; frame structure; steel structure; controlled blasting; safety protection

1 工程概况及结构特点

东部华侨城小镇多功能剧场为多功能大型乙等剧场, 位于深圳市盐田区三洲田水库一级水源保护区内, 华侨城片区茶溪谷外北侧。因深圳市水源保护区整治要求, 需要对其进行拆除。

作者信息: 罗伟, 硕士, 高级工程师, 21758788@qq.com。

多功能剧场依山而建，坐北朝南，主体呈圆形，建筑面积 10263.95m²，主要为钢筋混凝土框架结构，中间看台大厅屋顶为钢结构，层数为地上三层，高度 31.4m，南北主体长度 69m，中间最大跨度 44.2m。待拆的多功能剧场建筑物如图 1 所示。

图 1　待拆多功能剧场建筑物

Fig. 1　Multi-functional theater building

待拆的多功能剧场建筑物建筑结构复杂、跨度大，拆除施工难度大，安全风险高。多功能剧场建筑物建筑结构如图 2 和图 3 所示，建筑尺寸如下：

（1）中间的部分为剧场大厅，圆形钢构屋顶直径 44.2m，南北向长度 38.5m，中间最大跨度 44.2m；中间屋顶高度 21m，穹顶最高处高度为 28m；支撑结构为南侧环形包厢结构及北侧舞台结构。

（2）南侧的半圆环部分为环形包厢看台，3 层钢筋混凝土框架结构，高度 13.95m，其中 1 层高 6.6m，2 层高 4.0m，3 层高度 3.35m，共计 13 间，开间跨度 4.6~5.8m，宽度 5.4m，其中，立柱共 26 根，截面尺寸为 φ600mm；剪力墙有 4 处，厚度为 400mm。

（3）北侧为舞台部分，东西两侧为三层设备间，共两跨，跨度 4.8m，钢筋混凝土框架结构，1 层高度 5.0m，2、3 层高度 4.0m；中间舞台间跨度 24.8m，高度 28.6m，舞台间上部有 4 道钢构舞台棚隔层。其中，立柱共 31 根，截面尺寸分别为 800mm×500mm、1500mm×1000mm、800mm×800mm。剪力墙有两处，厚度为 500mm。

多功能剧场建筑物东侧为山地，南侧距离钟楼广场 28m，西南侧距离茵特拉根温泉酒店 26m，西侧距离茵特拉根温泉酒店 50m，北侧为山地。周边环境示意图如图 4 所示。

2　总体方案设计

根据多功能剧场建筑物结构特点和周边环境，采取了南侧环形包厢原地坍塌、北侧舞台部分南向定向坍塌的爆破拆除方案。爆破前先对非承重墙体、楼梯、附属的构件及南侧圆环形包厢与北侧舞台连接部位的剪力墙进行了预处理。

3　爆破参数设计

3.1　爆破切口高度

多功能剧场建筑物南侧环形包厢 3 层钢筋混凝土框架结构，高度 13.95m，采用矩形切口，

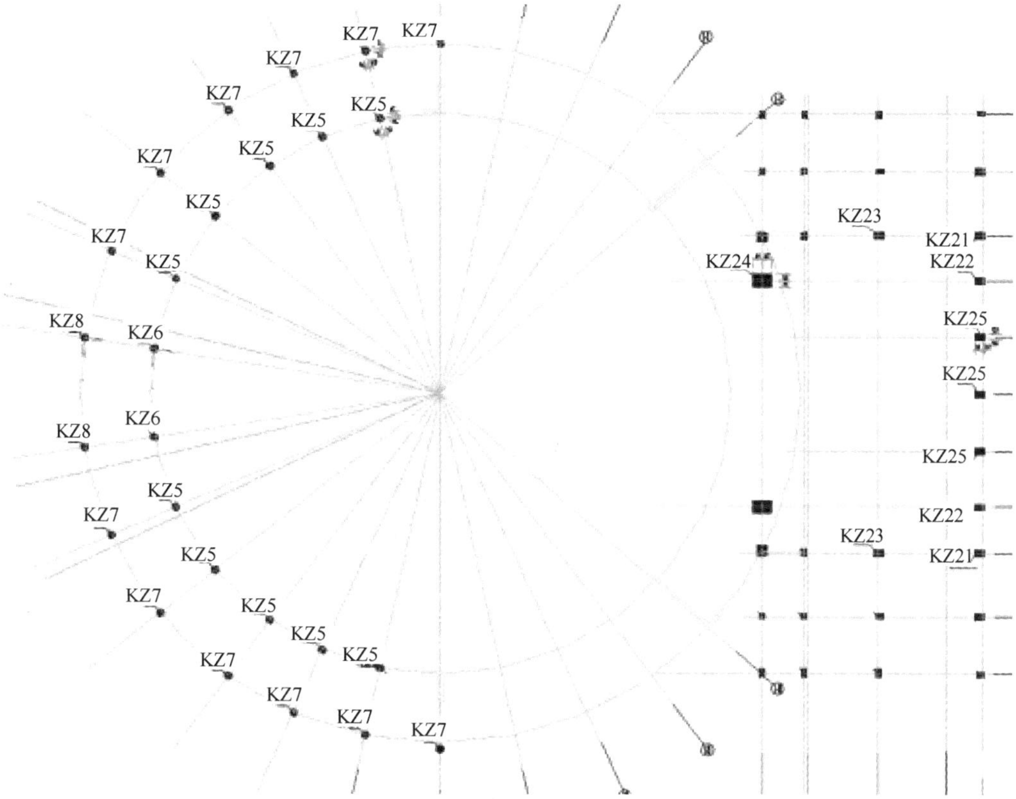

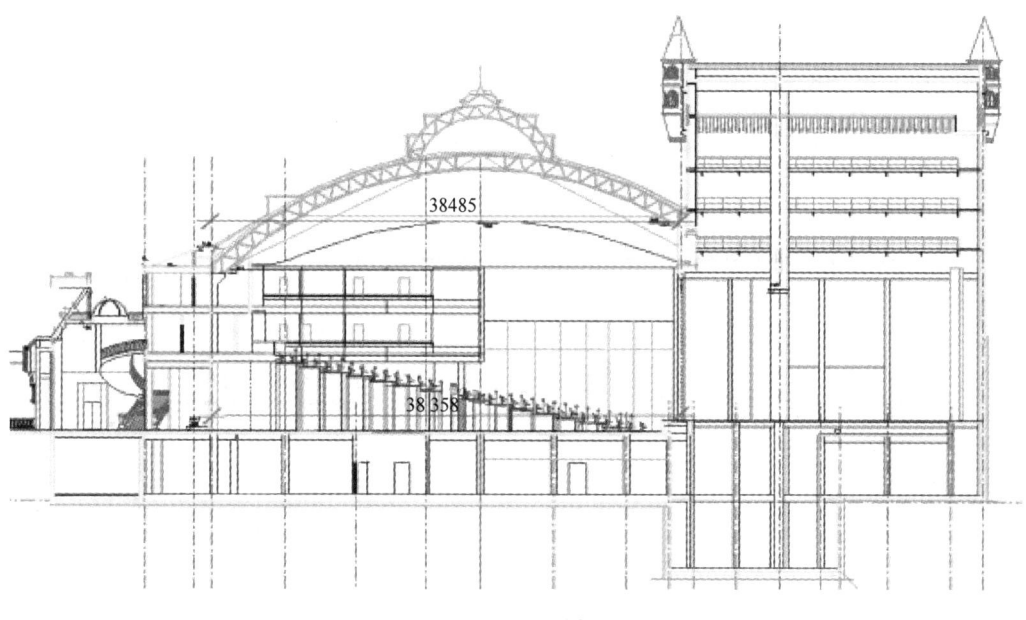

图 2 平面结构

Fig. 2 Flat structure of the multi-functional theater building

图 3 立面结构

Fig. 3 Facade structure of the multi-functional theater building

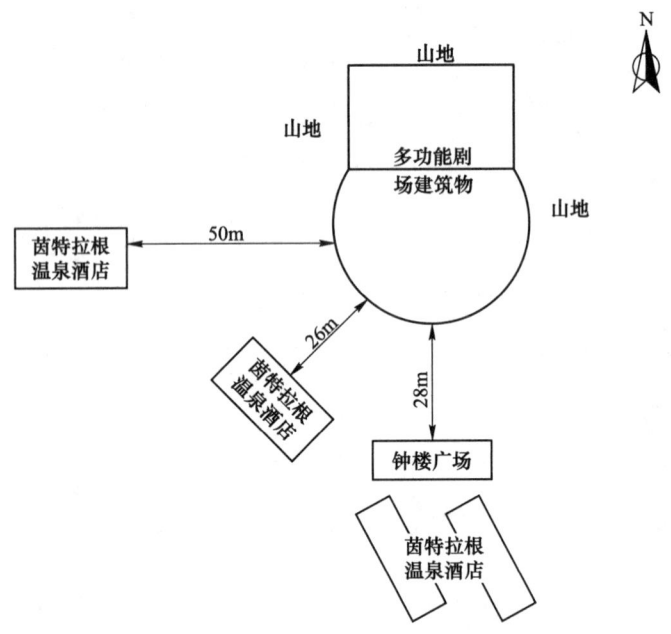

图 4　周边环境示意图

Fig. 4　Surrounding environment

炸高 12.9m。北侧舞台高度 28.6m，采用梯形切口，爆破切口部分共 4 排门柱，3 层高度 13m，炸高 12m。爆破切口如图 5 所示。

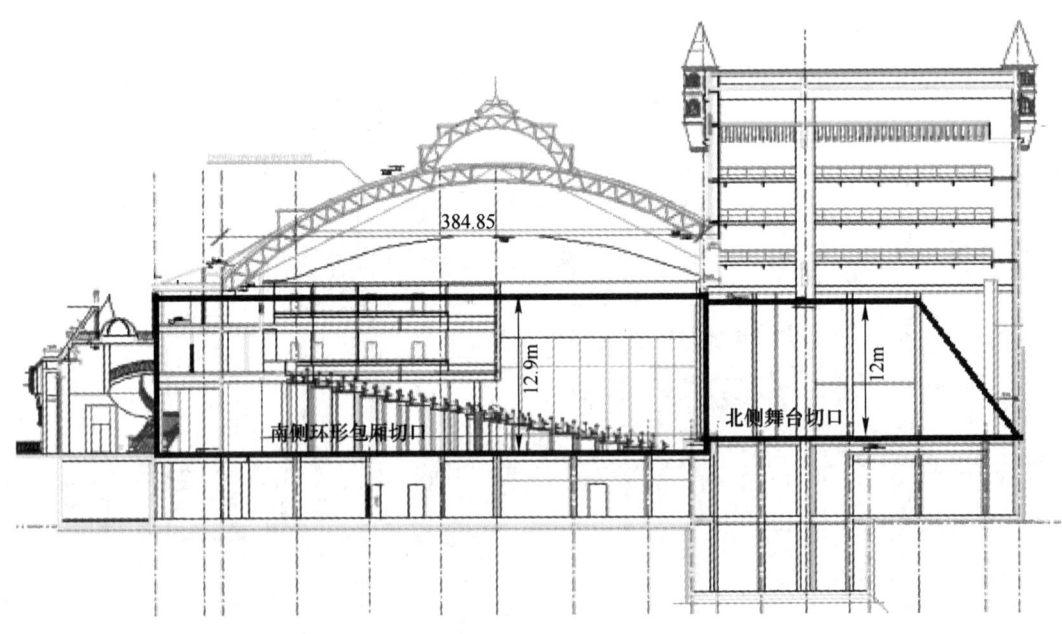

图 5　爆破切口示意图

Fig. 5　Blasting cut of the north stage

3.2 炮孔布置及爆破参数计算

3.2.1 炮孔布置方式

本次爆破拆除的立柱主要为圆柱和矩形柱，采用单排直列布孔。

3.2.2 最小抵抗线

最小抵抗线公式如下：

$$W = 1/2\delta$$

式中，δ 为立柱宽度。

3.2.3 炮孔深度

按经验公式计算：

$$L = (\delta + L_1)/2$$

式中，δ 为立柱宽度；L_1 为药包长度。

3.2.4 炮孔间距

钢筋混凝土的炮孔间距一般取 $a = (0.8 \sim 1.1)L$。

3.2.5 单孔装药量

按体积法计算药量：

$$Q = qab\delta$$

式中，δ 为立柱宽度；q 为单位体积用药量，$q = 2.0 \sim 3.0 kg/m^3$。

3.2.6 总装药量

炮孔总数 $m = 981$ 个，$Q_总 = 289.78 kg$，爆破参数见表1。

表1 爆破参数

Tab. 1 Blasting parameters

构件名称	断面尺寸 $B×H/mm$	孔深/cm	间排距 $a(b)/cm$	炸药单耗 $/kg \cdot m^{-3}$	单孔药量/g
南侧包厢看台	圆柱 φ600	40	35	2.0	200
	剪力墙柱 800×400	50	30	2.0	200
北侧舞台	立柱 800×500	57	35	3.0	400
	立柱 1500×1000	75	37.5(40)	3.0	600
	立柱 800×800	55	35	3.0	330
	剪力墙柱 800×500	60	35	3.0	400
	剪力墙柱 500×500	38	35	3.0	260

4 起爆网路设计

采用电子雷管起爆网路，南侧环形包厢先起爆，北侧舞台部分后起爆。南侧环形包厢原地坍塌双排立柱间延期时间为50ms，南侧环形包厢与北侧舞台间延期时间为100ms，北侧舞台间单排立柱间延期时间为100ms，最后排立柱延期时间为1000ms。起爆网路示意图如图6所示。

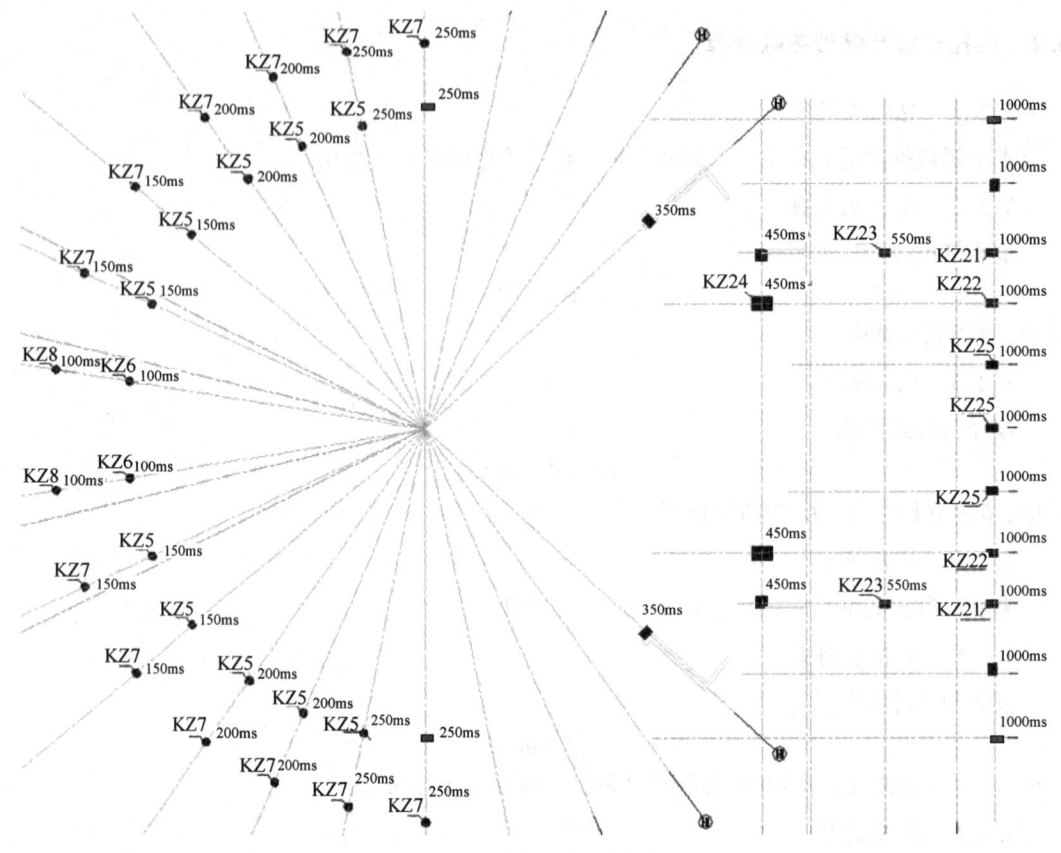

图 6 起爆网路示意图

Fig. 6 Detonation network

5 爆破安全校核

5.1 爆破振动

5.1.1 爆破振动

爆破振动按下式计算：

$$V = K' \cdot K'' \cdot K \cdot (Q^{1/3}/R)^{\alpha}$$

式中，V 为爆破振动速度，cm/s；Q 为同段最大药量，kg；R 为保护建筑物的距离，m；K、α 为系数，取 90、1.6；K' 为高差系数，取 0.4；K'' 为离散系数，取 0.7。

爆破时，舞台部分立柱的同段药量最大（$Q_{max} = 15.5$kg），距离茵特拉根温泉酒店约 80m。经计算：$v = 0.10$cm/s，低于《爆破安全规程》[1] 中一般民用建筑物安全允许振动速度的规定。

5.1.2 触地塌落振动

多功能剧场建筑物倒塌触地时产生的塌落振动按下式计算[2]：

$$v_1 = k_t \left[\frac{R}{(MgH/\sigma)^{1/3}} \right]^{\beta}$$

式中，v_1 为塌落引起的振动速度，cm/s；M 为下落建筑物的质量，考虑南侧环形包厢原地坍塌、北侧舞台部分南向定向坍塌，取 500t；H 为建筑物的重心高度，取 13m；g 为重力加速度，取 $9.8m/s^2$；σ 为地面介质的破坏强度，取 10MPa；R 为观测点到冲击地面中心的最近距离，取 80m；k_t、β 分别为塌落振动速度衰减系数和指数，取 $k_t = 3.37$，$\beta = -1.66$。

经计算：$v_1 = 0.29cm/s$，低于一般民用建筑物安全允许振动速度的规定。

5.2　爆破飞石

根据爆破飞石安全距离经验计算公式[3] $S_{飞} = v^2/g$，其中 v 为飞石初始飞行速度，控制爆破中当爆破作用指数为 1 时，v 取 20m/s，经计算 $S_{飞} = 40m$。

为了严格控制飞石，对南侧和西南侧立柱采用密目网进行了四层包裹缠绕式防护，在南侧三层看台部分的外侧悬挂了六层密目安全网进行了遮挡防护[4]。起爆时，人员及车辆均撤离至 100m 范围以外。

6　爆破效果

起爆后，南侧环形包厢建筑按设计原地坍塌，北侧舞台部分框架建筑按设计南向定向倒塌，周边保护物完好无损，达到了预期效果。如图 7 所示。在倒塌方向 30m 处还进行了爆破振动速度测试，测得的最大振动速度为 0.1079cm/s，低于一般民用建筑物安全允许振动速度的规定。爆破振动速度测试数据见表 2。

图 7　爆破效果图
Fig. 7　Blasting effect

表 2　爆破振动速度测试数据
Tab. 2　Blasting vibration velocity monitoring data

通道	最大值/cm·s⁻¹	主频/Hz	传感器灵敏度	触发电平/cm·s⁻¹	时刻/s	偏移量
CH1	0.0291	55.56	28.000	0.100	0.1110	0.0000

通道	最大值/cm·s⁻¹	主频/Hz	传感器灵敏度	触发电平/cm·s⁻¹	时刻/s	偏移量
CH2	0.0537	36.23	28.000	0.100	0.1812	0.0000
CH3	0.1079	55.56	28.000	0.100	0.0004	0.0000

7　结论

（1）对于大跨度多功能剧场建筑物的爆破拆除，应在保证结构安全的前提下，尽可能对影响爆破效果的构件进行预处理。

（2）精心设计爆破方案，合理选择爆破参数，才能实现南侧环形包厢建筑原地坍塌、北侧舞台部分框架建筑南向定向倒塌的目的。

（3）采取合理的延期时间和防护措施，有利于结构解体，降低爆破有害效应。

参 考 文 献

［1］国家安全生产监督管理总局 . 爆破安全规程：GB 6722—2014 ［S］. 北京：中国标准出版社，2015.

［2］周家汉 . 爆破拆除塌落振动速度计算公式的讨论 ［J］. 工程爆破，2009，15（1）：1-4.

［3］张云鹏，甘德清，郑瑞春 . 拆除爆破 ［M］. 北京：冶金工业出版社，2002.

［4］罗伟，王明明，路元军，等 . 复杂环境下连体筒仓的控制拆除爆破 ［J］. 工程爆破，2023，26（5）：101-106.

两座 150m 高钢筋混凝土烟囱同时爆破拆除

任 江　汪高龙　王 潇

（连云港明达工程爆破有限公司，江苏　连云港　222021）

摘　要：待爆的两座 150m 高钢筋混凝土烟囱周边环境复杂。为了保证爆破拆除不影响电厂机组正常运行，避免烟道和灰斗板对烟囱倒塌方向的不利影响，通过对烟囱的结构分析，对切口部位进行了优选。通过封堵烟道，应用复式梯形切口、开设定向窗和导向窗对爆破方向精确定位。两座烟囱间延时爆破，在东西两侧开挖减振沟，倒塌方向修筑土堤，土堤顶部用密目网覆盖等减振措施；对爆破部位采用两层草帘、六层密目网及两层硬质塑料网再附加竹笆进行严密覆盖，用细铁丝将覆盖材料上中下捆绑密实，在靠近机组侧搭设防护幕墙，确保了机组不受飞散物的影响，爆破效果良好。测振数据证明减振措施有效。

关键词：拆除爆破；钢筋混凝土烟囱；爆破参数；复式正梯形；安全防护

Simultaneous Blasting Demolition of Two 150m High Reinforced Concrete Chimneys

Ren Jiang　Wang Gaolong　Wang Xiao

（Lianyungang Mingda Engineering Blasting Co., Ltd., Lianyungang 222021, Jiangsu）

Abstract：The surrounding environment of the two 150m-high reinforced concrete chimneys to be exploded is very complicated, requiring blasting and demolition without affecting the normal operation of the power plant units. This paper analyzes the structure of the chimney, considers the adverse effects of the flue and ash bucket on the collapse of the chimney, and details the reasons for the selection of the cutout. By plugging the existing flue, using a double trapezoidal cut form, opening directional windows and guide windows to accurately position the blasting direction, in order to avoid the influence of the thermal insulation layer, the method of internal and external drilling was used to finally realize the chimney Collapse in the predetermined direction. Considering that the simultaneous detonation of two chimneys has a great impact on the vibration of surrounding buildings, the vibration reduction method of delayed blasting between the two chimneys is adopted, and the damping trench is excavated on the east and west sides. The earth embankment is built in the direction of collapse, and the top of the earth embankment is covered with a dense mesh net to reduce vibration. In order to ensure that the blasting debris does not affect the operating unit, two layers of straw curtains, six layers of dense mesh nets, and two layers of hard plastic nets are used for the blasting parts to tightly cover the outer hole positions of the chimney. The iron wire binds the covering material up, middle, and down tightly. In addition, a

作者信息：任江，硕士，高级工程师，306703598@qq.com。

protective curtain wall was set up near the unit to ensure that the unit is not affected by flying objects, and a good blasting effect has been achieved. The vibration measurement data shows that the vibration reduction measures are in place, and the surrounding units are operating normally, which can provide a reference for similar demolition.

Keywords: demolition blasting; reinforced concrete chimney; blasting parameters; compound trapezoid; security

1　工程概况

1.1　周边环境

本工程位于江苏射阳港发电有限责任公司内,待拆工程为电厂原一、二期发电机组,东侧为厂区的在用办公区,西侧为正在运行的三期 2×660MW 机组及其附属设施,南北两侧均有厂区内部道路,周边道路敷设有电缆沟、蒸汽管沟等各类地上、地下管线,爆破环境复杂(见图1)。

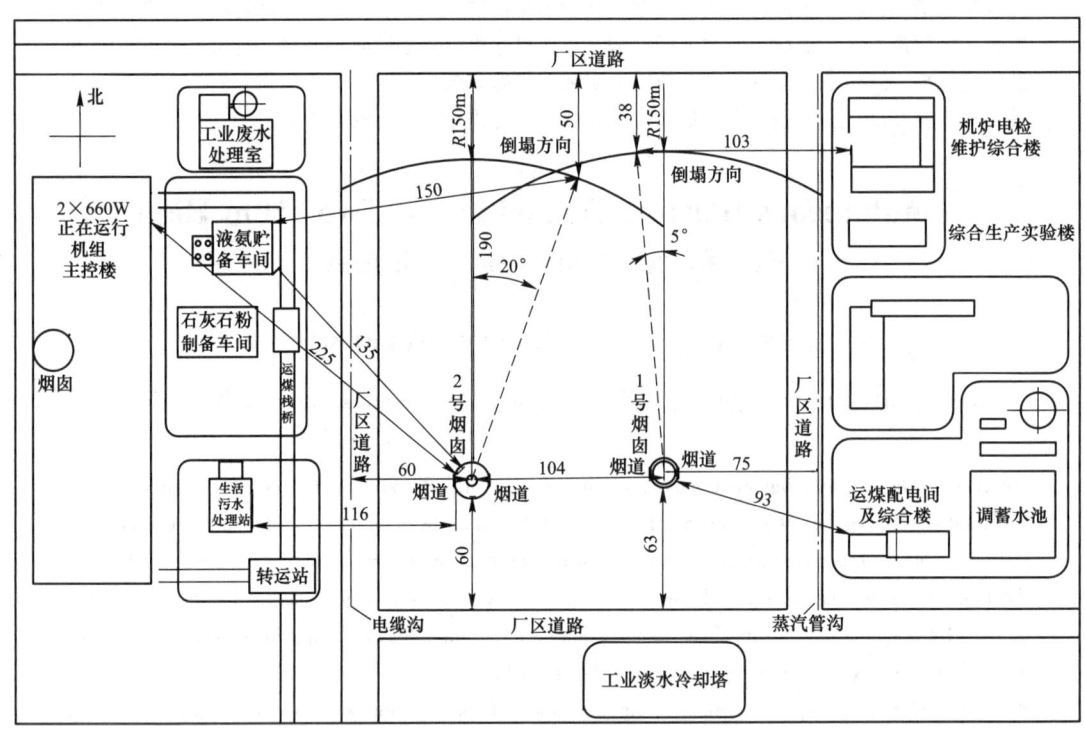

图1　烟囱周边环境(单位:m)

Fig. 1　Environment around Chimney (unit: m)

1.2　结构特点

两座烟囱底部中心距离 103m,均为钢筋混凝土结构,高 150m。

1号烟囱底部外径 17.64m,壁厚为 0.40m,南向有一个出灰口(底标高与地坪齐平,规格为 1.8m×2.4m)。烟囱上部+6.55m 处有钢筋混凝土灰斗板(厚 0.35m),+6.9m 处设有东西方向对称的两个烟道口(烟道标高为+6.9~+12.0m,宽度为 5.4m),+6.9m 以上部位烟囱整体壁厚为 0.74m(其中钢筋混凝土厚 0.4m、耐火砖厚 0.24m、隔热层厚 0.1m)。

2 号烟囱底部外径 16.52m，底部壁厚为 0.40m，底部南北向各有一个出灰口（底标高与地坪齐平，规格均为 2.85m×2.4m）。烟囱上部+9.8m 处有钢筋混凝土灰斗板（厚 0.16m），灰斗板为现浇混凝土结构，中间加四个 500mm×500mm 混凝土连体立柱支撑。灰斗板上部设有东西方向对称的两个烟道口（烟道标高为+9.8 ~ +18.75m，宽度为 5.14m），+9.8m 部位以上烟囱整体壁厚为 0.72m（其中混凝土厚 0.4m、耐火砖厚 0.24m、隔热层厚 0.08m）。

2 爆破拆除方案

2.1 爆破难点分析

（1）两座钢筋混凝土烟囱均高达 150m，塌落触地冲击振动大，触地易产生飞溅，2 号烟囱靠近正在运行的三期机组和控制室，对振动要求高。

（2）两座烟囱下部均有烟道口、出灰口及灰斗结构，会影响烟囱的倒塌方向，应有合理的处理措施。

2.2 爆破方案选择

由于两座烟囱东西两侧均有需要保护的重要建（构）筑物，特别是 2 号烟囱附近有运行的三期机组，为确保机组的安全，2 号烟囱倒塌中心尽可能往东偏移。拟定 1 号烟囱倒向为北偏西 5°，2 号烟囱倒向为北偏东 20°。经计算此角度下两烟囱在倒塌方向发生±5°偏差时，顶部不会发生碰撞重叠。

（1）采用低位爆破切口：烟囱上部烟道口较大，根据以往拆除经验，烟囱倒塌方向极有可能改变。采取措施将烟道封堵后，再采用底部切口，考虑烟囱内部的灰斗板为现浇钢筋混凝土结构，厚度大，结构牢，整体性好，切口闭合时受灰斗板的保护，灰斗板以上筒体不易破碎，可能出现烟囱不倒或倾倒时发生扭转产生严重偏移的事故。

（2）采用高位爆破切口：适当提高爆破切口至灰斗板以上，避开灰斗板对倒塌方向的影响。如果利用现有不封堵的烟道，因倒塌中心线有角度，烟道处于不对称的情况，极易影响倒塌方向，2 号烟囱支撑范围有烟道，爆破前需对烟道进行封堵[2-4]。

2.3 总体拆除方案

为确保施工安全，本次拆除对烟道进行封堵，采用提高切口至灰斗板以上的定向爆破倾倒拆除方案。1 号烟囱倒向为北偏西 5°，2 号烟囱倒向为北偏东 20°。待拆除两座烟囱采用一次点火，烟囱间采用 6 段半秒雷管孔外延时的爆破方案，1 号烟囱先于 2 号烟囱起爆。

2.4 预处理

（1）将烟囱上部的烟道两侧凿毛露出原始钢筋，冲洗干净，按原设计配筋参数进行植筋，搭设模板，采用同等级的混凝土浇筑封堵，并及时进行养护。

（2）当浇筑封堵的烟道达到设计强度后，用测量仪器准确地把倾倒方向标在烟囱的圆形筒壁上，从中心线向两侧对称均匀布置炮孔及导向窗、定向窗。

（3）定向窗、导向窗的周边按照标注线采用水钻钻孔机切边，剥离露出钢筋后用液压机割断钢筋，结合使用破碎锤施工到设计尺寸。

（4）切口范围内的烟道构造钢筋预先机械切断，烟囱内部耐火砖爆破区域上部横向机械切割开缝。

（5）切割移除+0 ~ +20m 范围内的爬梯和避雷线。

2.5 爆破切口设计

2.5.1 爆破切口

两座烟囱均采用复式正梯形，底部梯形底角 30°，上部梯形底角 45°的开口形式[5]。切口均在高于灰斗板 0.5m 处以上水平钻孔。

2.5.2 切口长度

爆破切口的长度一般为烟囱周长的 1/2~2/3。待拆烟囱为钢筋混凝土结构，外径较大，为确保爆破效果，参照类似工程经验，本工程切口圆心角取 218°[6-7]。

1 号烟囱切口底边在+6.9m 灰斗板上部的 0.5m 处。此处烟囱外径 16.812m，周长 52.79m，烟囱壁厚 0.74m。烟囱切口展开长度 L=218/360×52.79=31.96m，取 32m。

2 号烟囱切口底边在+9.8m 灰斗板上部 0.5m 处。此处烟囱外径 14.952m，周长 46.95m，烟囱壁厚 0.72m。烟囱切口展开长度 L=218/360×46.95=28.43m，取 28.4m。

2.5.3 切口高度 H

爆破切口的高度确定主要与筒壁的材质和厚度有关[8]，烟囱的拆除爆破要求爆破切口的筒壁要瞬间离开原来的位置，使结构失稳，根据经验公式：爆破部位的切口高度 H=(3.0~5.0)δ（δ 为烟囱爆破切口部位的壁厚），计算得 1 号烟囱 H_1=(3.0~5.0)×0.74=2.22~3.7m，2 号烟囱 H_2=(3.0~5.0)×0.72=2.216~3.6m。为确保爆破效果，两座烟囱实际切口高度均取 3.6m。爆破切口设计图如图 2 所示。

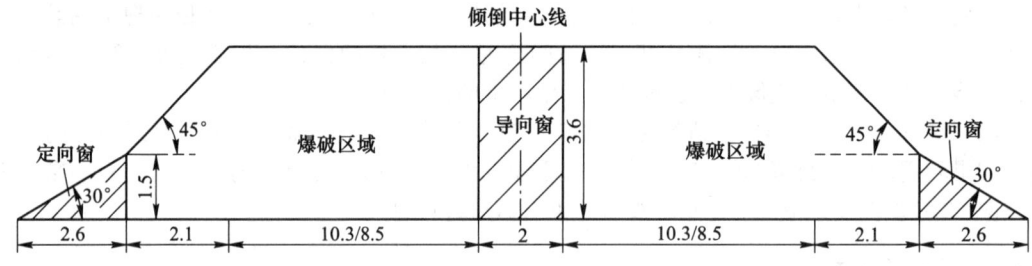

图 2　爆破切口设计（单位：m）

Fig. 2　Design of blasting cut（unit：m）

2.5.4 切口形成保留面强度校核

由烟囱自重引起的压应力：

$$\sigma_{压} = Pg/S \tag{1}$$

其中

$$S = [(360 - 216)/360] \times \pi \times (R^2 - r^2) \tag{2}$$

式中，$\sigma_{压}$ 为烟囱自重引起的压应力，MPa；P 为切口底边以上烟囱自重，kg；g 为重力加速度，取 9.8N/kg；S 为预留截面的面积，m^2；R 为爆破切口处外半径，m；r 为爆破切口处内半径，m。

根据设计文件，1 号烟囱的混凝土标号为 C25，取 σ_0=16.7MPa；2 号烟囱的混凝土标号为 C35，取 σ_0=23.4MPa。σ_0 为混凝土抗压强度。

1 号烟囱：P_1=4500000kg，R_1=8.406m，r_1=8.006m，计算得 $\sigma_{压}$=5.42MPa<16.7MPa。

2 号烟囱：P_2=3500000kg，R_2=7.476m，r_2=7.076m，计算得 $\sigma_{压}$=4.76MPa<23.4MPa。

说明爆破切口形成的余留截面面积能承受烟囱上部重量引起的压应力，所以烟囱在起爆后不会产生后坐现象。

2.5.5　倾倒可靠性的校核[9]

爆破缺口闭合时，烟囱的重心必须偏移至烟囱筒体以外才能保证其倾倒可靠性。

爆破缺口的闭合角 β 为：

$$\beta = \tan^{-1}\left(\frac{H_P}{R + r\sin\alpha}\right) \tag{3}$$

式中，H_P 为爆破缺口高度；R、r 分别为切口底部的外、内半径；α 为设计方案中两侧定向窗的夹角。

两烟囱的夹角相同，$\alpha = 30°$。代入数值得 1 号烟囱 $\beta_1 = 16.17°$；2 号烟囱 $\beta_2 = 18.1°$。

缺口闭合后，烟囱的重心偏移距离用下式计算：

$$x_i = \left[Z_C^2 + (r\sin\alpha)^2 \right]^{1/2} \cdot \cos\left(\tan^{-1}\frac{Z_C}{r\sin\alpha} - \beta\right) - r\sin\alpha \tag{4}$$

式中，Z_C 为烟囱相对爆破缺口位置的重心高度；x_i 为重心偏移至烟囱筒壁以外的距离。

1 号烟囱 $Z_C = 53m$，代入公式计算得 $x_1 = 14.6m > 8.406m$。

2 号烟囱 $Z_C = 43m$，代入公式计算得 $x_2 = 13.18m > 7.476m$。

由此可以看出，烟囱的重心完全能够移至筒壁以外。因此，上述爆破缺口高度的设计是合理的，烟囱能够按照设计的形式倾倒。

2.6　爆破参数设计

（1）孔网参数：考虑到烟囱的混凝土与耐火砖之间的隔热层缝隙影响，为确保装药质量，采用内外分别钻孔的方式。结合以往施工经验，内部耐火砖为砌体结构，中间抽空后易塌落，钻孔高度可取 1.8m。炮孔直径选取 $d = 36mm$，孔距取 $a = 0.35m$，排距 $b = 0.30m$，采用梅花形方式布孔。

（2）炮孔深度 L：一般采取 $L = 2/3\delta$（δ 表示壁厚）。因内外分别钻孔，则混凝土部分 $L_1 = 0.28m$；耐火砖侧 $L_2 = 0.16m$。

（3）炸药单耗 q 值：根据经验取 $q = 3kg/m^3$。

（4）单孔药量：混凝土 $Q_{单1} = qab\delta = 0.126kg$，取 120g；耐火砖：$Q_{单2} = qab\delta = 75.6g$，取 75g。混凝土孔装药 120g/孔，堵塞 16cm；结合以往经验，为使爆破体充分破碎，考虑采取底部药量加强的方式，因此底部两排单孔装药为 150g/孔，堵塞 13cm；耐火砖孔底装药 75g/孔，堵塞 9cm。装药时炮泥须填满、捣实。

（5）单孔装药结构：采用单孔集中装药方式。

（6）爆破参数见表 1。

表 1　爆破参数表
Tab. 1　Blasting parameters

爆破部位		孔距/cm	排距/cm	孔径/cm	孔深/cm	堵塞/cm	单孔药量/g	孔数/个	总药量/kg
1 号烟囱	混凝土	35	30	36	28	16/13	120/150	784	130
	耐火砖				16	9	75	418	

续表1

爆破部位		孔距/cm	排距/cm	孔径/cm	孔深/cm	堵塞/cm	单孔药量/g	孔数/个	总药量/kg
2号烟囱	混凝土	35	30	36	28	16/13	120/150	664	110
	耐火砖				16	9	75	358	

2.7 爆破网路设计

本次爆破采用烟囱内同段雷管（MS-1），考虑到其他段别导爆管雷管里的延期药延期时间可能存在误差，如果分段，不能确保切口部分左右对称同时起爆，为使烟囱按照预定位置倾倒，所以单个烟囱全部采用瞬发雷管，两座烟囱间采用半秒雷管延时。

每个孔装一发导爆管雷管，采用集中装药方式，装药填塞完毕后，将相邻炮孔引出的20根以下的导爆管连接为1个集束把，每个集束把连接2枚非电雷管，即单个烟囱所有孔内和孔间连接全部采用MS-1导爆管雷管，然后使用导爆管和四通将各集束把的非电毫秒雷管连接起来，形成非电复式闭合起爆网路（见图3）。两座烟囱之间采用6段半秒雷管连接，引出线引至起爆点。

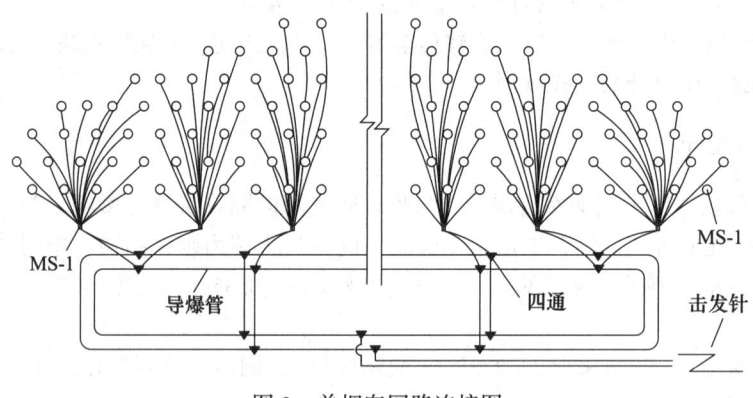

图 3 单烟囱网路连接图

Fig. 3 Single chimney network connection diagram

3 爆破安全防护措施

本项目烟囱的西侧有正在运行的电厂机组（爆破振动要求 $v_允 = 0.7 \sim 0.9 \, \text{cm/s}$）[10]，需特别控制的爆破危害主要是爆破振动、烟囱塌落触地振动及飞散物。通过理论核算，振动与飞散物均可满足施工要求。但为了确保施工的绝对安全，本工程采取了如下措施控制爆破有害效应。同时在三期机组附近布设测振点，确定爆破振动速度对机组的影响值。

3.1 减少振动的措施

减少振动的措施有[11-12]：

（1）为减小爆破振动的影响，东向两侧各开挖一条宽2m×深3m的减振沟（见图4）。

（2）在烟囱的倒塌方向上预先修筑5道土堤，顶面铺设密目网覆盖（见图4）。缓冲垫层的铺垫范围：土堤宽度范围以设计倾倒中心线为准±15°，每隔20m构筑一道高度不小于3m

图 4　防护堤及减振沟

Fig. 4　Protective dike and damping ditch

（含顶部压三层沙袋），底宽不小于 6m 的减振墙。这样烟囱塌落着地时先经过砂包缓冲，再触及地面，不仅可以减小烟囱塌落冲击地面的振动效应，还可大大减小烟囱撞击地面时的碎块飞散。

（3）烟囱间采用延时爆破的方式，减小两座烟囱同时触地的振动影响。

3.2　爆破个别飞散物的防护措施

（1）直接覆盖爆破部位。采用两层草帘、六层密目网及两层硬质塑料网，靠近运行机组侧再附加竹笆，严密覆盖烟囱的外炮孔位置，搭接长度不小于 20cm。用细铁丝将覆盖材料上、中、下捆绑密实，同时，要注意保护好爆破网路。

（2）在拆除施工区域西侧用架子管、建筑防护网从烟囱根部向北 50m 开始搭设高度不低于 12m，长度不小于 120m 的防护幕墙（见图 5）；另外用竹笆、建筑模板封堵东西向建筑物的门窗及埋地管沟，以确保安全。

图 5　防护幕墙

Fig. 5　Protective curtain wall

4　爆破效果

本次爆破两座烟囱起爆后先下坐后倾倒，筒体下坐 30m 左右，1 号、2 号烟囱整体爆破倾倒过程持续20s。切口底部有灰斗板增强支撑，未明显损坏。烟囱按照预定方向倒塌，后坐不明显，触地后解体充分，爆破飞散物、触地振动、飞溅均未对周边建（构）筑物造成损坏。放在西侧三期机组主控楼附近的测振仪器结果显示触地振动最高振速为0.394cm/s，未对三期机组正常运行产生影响，可见减振沟与防撞土堤的减振效果良好。爆破效果如图6所示。

图6　爆后效果

Fig. 6　Post blast effect

5　结语

通过对两座150m高钢筋混凝土烟囱同时爆破拆除实践，总结如下：

（1）为了保证烟囱按照预定方向倾倒，需要对烟囱结构进行认真分析，对于烟囱倾倒的不利影响因素如烟道、灰斗板、隔热层、爬梯等，应提前进行处理；对切口位置、定向窗、导向窗要精准定位。

（2）两座烟囱同时起爆对周边建（构）筑物的振动影响大，为了减小振动，采用了两座烟囱间延时爆破的方式。同时采用了在东西两侧开挖减振沟，倒塌方向修筑土堤，土堤顶部用密目网覆盖等措施，有效地控制了爆破振动对周围建筑物以及运行机组的影响。

（3）对爆破部位采用两层草帘、六层密目网及两层硬质塑料网再附加竹笆的方式严密覆盖烟囱的外炮孔位置，再用细铁丝将覆盖材料上、中、下捆绑密实，靠近机组侧搭设防护幕墙，确保了机组不受飞散物的影响。

参 考 文 献

［1］夏卫国，曾政. 海口华能电厂150m高钢筋混凝土烟囱控制爆破拆除［J］. 爆破，2011，28（1）：72-74.

［2］汪旭光. 爆破设计与施工［M］. 北京：冶金工业出版社，2015：224-262.

［3］苏筱嘉，边作青，王友杰，等. 两座150m高钢筋混凝土烟囱定向爆破拆除［J］. 工程爆破，2017，23（6）：39-42.

［4］张建平，王俊生，胡俊涛. 150m钢筋混凝土烟囱爆破拆除［J］. 工程爆破，2016，22（1）：82-85.

［5］司君婷，吕小师，曹娟. 210m钢筋混凝体烟囱高位缺口控制爆破拆除实践［J］. 爆破，2017，34（1）：124-128.

［6］李鸿，陈信鸿，李杰. 150m高钢筋混凝土烟囱定向爆破拆除［J］. 工程爆破，2016，22（3）：40-44.

［7］于淑宝，汪旭光. 210m烟囱同向折叠爆破降振效果分析［J］. 爆破，2020，37（2）：60-68，74.

［8］赵文，李玉景，张宝亮，等. 复杂环境下80m高危裂缝钢混烟囱爆破拆除［J］. 工程爆破，2018，

24（2）：77-82.

［9］ 杨明山，付玉华，张吉勇，等．复杂环境下 62m 高烟囱的拆除爆破及安全控制 ［J］．工程爆破，2017，23（2）：53-57.

［10］ 国家安全生产监督管理总局．爆破安全规程：GB 6722—2014 ［S］．北京：中国标准出版社，2015.

［11］ 高愿，杨军，邹宗山，等．厂房和 150m 烟囱爆破拆除减振技术分析 ［J］．工程爆破，2015，21（5）：68-72.

［12］ 余兴春，任少华，赵端豪，等．210m 高钢筋陶泥混凝土内衬结构烟囱的爆破拆除 ［J］．工程爆破，2017，23（3）：73-76.

卸荷槽数量对双曲线冷却塔爆破倒塌过程
影响的数值研究

张书鹏　余德运　杨 威　张东升　王浩南　莫乃笛

（北方爆破科技有限公司，北京　100089）

摘　要：双曲线冷却塔爆破拆除时，在塔身预设卸荷槽可以显著减少钻孔爆破工作量，但是卸荷槽的参数和布置形式多根据经验选择，缺乏理论依据。为研究卸荷槽数量对双曲线冷却塔爆破倒塌过程的影响，以贵阳某发电厂冷却塔为背景，使用 ANSYS/LS-DYNA 进行数值模拟，对卸荷槽数量不同时冷却塔的倒塌过程进行对比分析，结果表明：卸荷槽数量越多，塔体倾倒角速度越快，卸荷槽过少时，爆破切口闭合后受到的阻力会抑制倾倒趋势；卸荷槽数量较少时，卸荷槽数量对塔体倒塌长度没有显著影响，但卸荷槽数量足够多时，会使塔体向倾倒方向的反方向扭曲，有利于减少倒塌长度；卸荷槽数量越多，塔体后坐距离越大，但后坐现象只发生在塔体倾倒过程中的切口闭合阶段和加速倾倒阶段，扭转变形倾倒阶段无后坐现象。

关键词：双曲线冷却塔；爆破拆除；卸荷槽

Numerical Study on the Effect of Unloading Chutes on the Process
of Blast Collapse of Hyperbolic Cooling Towers

Zhang Shupeng　Yu Deyun　Yang Wei　Zhang Dongsheng　Wang Haonan　Mo Naidi

（North Blasting Technology Co., Ltd., Beijing 100089）

Abstract：During the demolition of hyperbolic cooling towers, the pre-set unloading chutes in the tower body can significantly reduce the drilling and blasting workload, but the parameters and layout of the unloading chutes are mostly selected based on experience rather than theoretical basis. To research the influence of unloading chutes on the blast collapse process of hyperbolic cooling towers, taking a power generation plant cooling tower in Guiyang as the background, numerical simulations were conducted by using ANSYS/LS-DYNA to compare and analysis the collapse process of cooling towers under different numbers of unloading chutes. Results show that：The more the number of unloading chutes, the faster the tower tipping angle speed, when the unloading chutes are too few, the resistance after the blast cut closure will inhibit the tipping trend. When the number of unloading chutes is few, the number of unloading chutes has no significant impression on the collapse length of the tower, but when the number of unloading chutes is large enough, it will make the tower twist in the opposite direction of the tipping direction, which is conducive to reducing the collapse length. The more unloading chutes, the greater the tower recoil distance, but the recoil phenomenon only occurs in the tower tipping process, the notch

作者信息：张书鹏，博士研究生，782640988@ qq. com。

closure stage，and accelerated tipping stage，but the torsional deformation tipping stage.

Keywords：hyperbolic cooling tower；blasting demolition；unloading chutes

1 引言

对双曲线钢筋混凝土冷却塔进行爆破拆除时，可通过机械设备在爆破切口上方塔身预设卸荷槽，以增强爆破效果，减少钻孔爆破工作量。2008 年霍州某发电厂 85.0m 冷却塔[1]和 2009 年西宁某发电厂 69.8m 冷却塔[2]爆破拆除时，钻孔数量均超过 2000 个，使用炸药均超过 100kg。而 2006 年燕山某石化公司 52m 冷却塔[3]和 2007 年高密大昌纺织厂 62m 冷却塔爆破拆除时[4]，通过塔身预设卸荷槽后，钻孔不足 200 个，使用炸药不足 10kg，并实现了良好的爆破效果。

开设卸荷槽可以大大减少钻孔爆破工作量，增强爆破效果，但是卸荷槽的参数选择和布置形式多采用经验法，缺乏理论依据，导致参数及形式迥异[3-15]，见表 1。在过往项目中，卸荷槽高 4.0~18.0m，宽 0.2~5.0m 不等且差别很大，布置形式有隔 3 跨布满切口、逐跨布满切口，也有只开 2 个卸荷槽等。张建华等人[16]通过数值模拟得出卸荷槽的宽度对双曲线冷却塔倒塌过程基本没有影响。本文以数值模拟为手段，针对卸荷槽数量对双曲线冷却塔倒塌过程的影响展开研究，研究成果可用于指导双曲线冷却塔爆破拆除时卸荷槽的参数选择，具有重要的现实意义与理论价值。

表 1 卸荷槽参数

Tab. 1 Parameters of unloading chutes

编号	工程背景	塔体尺寸		人字柱		卸荷槽参数			
		高度/m	底部直径/m	数量/对	高度/m	数量/个	高度/m	宽度/m	布置方式
1	燕山某石化公司（2006 年）	52	34.0	24	6.0	7	1.0~6.0	0.4	紧挨圈梁隔 1 跨布置
2	高密大昌纺织厂（2007 年）	62	49.8	36	4.8	11	4.0	4.0	紧挨圈梁逐跨布置
3	浑江某电厂（2008 年）	60	46.0	30	9.5	7	7.0	1.0	紧挨圈梁隔 1 跨布置
4	长兴某电厂（2010 年）	90	71.7	40	5.8	11	上 2.0 下 5.0	5.0	紧挨圈梁隔 1 跨布置
5	大武口某电厂（2011 年）	75	62.6	40	5.0	9	6.0~18.0	上 0.8 下 1.5	紧挨圈梁隔 1 跨布置
6	烟台某电厂（2012 年）	70	55.5	38	5.4	11	2.0~4.2	4.0	紧挨圈梁隔 1 跨布置
7	双鸭山某电厂（2012 年）	90	71.2	40	5.8	11	10.0	上 0.8 下 2.0	紧挨圈梁隔 1 跨布置
8	焦作某电厂（2013 年）	100	43.8	46	6.0	13	6.0~18.0	上 0.8 下 2.0	紧挨圈梁隔 1 跨布置

编号	工程背景	塔体尺寸		人字柱		卸荷槽参数			
		高度/m	底部直径/m	数量/对	高度/m	数量/个	高度/m	宽度/m	布置方式
9	赤峰某电厂（2013年）	105	85.0	44	7.8	12	6.0~10.0	上0.3 下1.0	紧挨圈梁隔1跨布置
10	贵阳某电厂（2015年）	86	60.0	40	5.5	2	4.0	2.0	圈梁往上5m布2个
11	黄台某电厂（2017年）	70	54.9	40	5.0	11	4.0~16.0	0.2	紧挨圈梁隔1跨布置
12	天津陈塘某电厂（2017年）	100	73.2	44	6.9	12	7.5~15.0	上0.8 下1.5	紧挨圈梁隔1跨布置
13	枣庄某电厂（2018年）	92	73.6	40	5.8	6	6.6~14.6	5.6	紧挨圈梁隔3跨布置

2　卸荷槽的作用

卸荷槽是爆破前预先布置在爆破切口上部塔身上的条形槽，槽内混凝土被完全剔除，槽内钢筋完全暴露，且横向钢筋均被切断。卸荷槽的作用主要有[13,17-18]：

（1）提高实际爆破切口高度。开设卸荷槽后，实际切口高度为人字柱高度+支撑圈梁高度+卸荷槽高度形成的复合切口高度。图1为复合切口实物图，复合切口范围内人字柱区域采用钻孔爆破，支撑圈梁和卸荷槽区域需采用机械在爆破前预设。

（2）确保连续倒塌。卸荷槽将完整筒形塔身分割成若干"墙撑"，降低了塔身的强度，且卸荷槽的布设促使筒形塔发生应力重分布，在"墙撑"附近产生应力集中，受爆破作用后更容易破坏，失去支撑能力，从而保证塔体的连续倒塌。

（3）促进塔体解体。卸荷槽提高了实际爆破切口高度，增大了倾倒角速度，倾倒角速度越大越利于塔身在倾倒过程中的扭转变形和破坏，也越利于塔体触地后的解体。

图1　复合切口

Fig. 1　Combined blasting cut

（4）降低触地振动。"墙撑"的变形和扭转过程会吸收切口闭合和倾倒过程中的触地冲击能量，避免塔体的刚性触地，从而降低触地振动。

3　冷却塔倒塌过程数值计算结果与实际对比

3.1　工程背景

以贵阳某发电厂薄壁双曲线钢筋混凝土冷却塔定向爆破拆除为工程背景，该冷却塔高86.0m，底部直径60.0m，由C30混凝土浇筑而成。人字形立柱高5.5m，有40对，共计80根，截面尺寸0.4m×0.4m，内部有8根ϕ18mm的竖筋和ϕ8mm的箍筋，箍筋间距20cm。人字柱上部钢筋混凝土圈梁高1.0m、厚0.5m，采用ϕ18mm钢筋，间距为10cm×10cm；圈梁以上塔筒底部厚度为0.5m，上部厚度为0.12m，采用ϕ8mm钢筋，间距为10cm×10cm。

爆破切口高度取6.5m（人字形立柱高度+圈梁高度），切口长度取其底部圈梁周长的0.6倍，对应的圆心角为220°。爆破前，采用机械预拆除15根人字柱及部分圈梁和塔壁（最大高度8.5m），爆破切口上方开设2个卸荷槽（宽2.0m，高6.0m）、2个定向窗（边长2.0m），具体情况如图2所示。

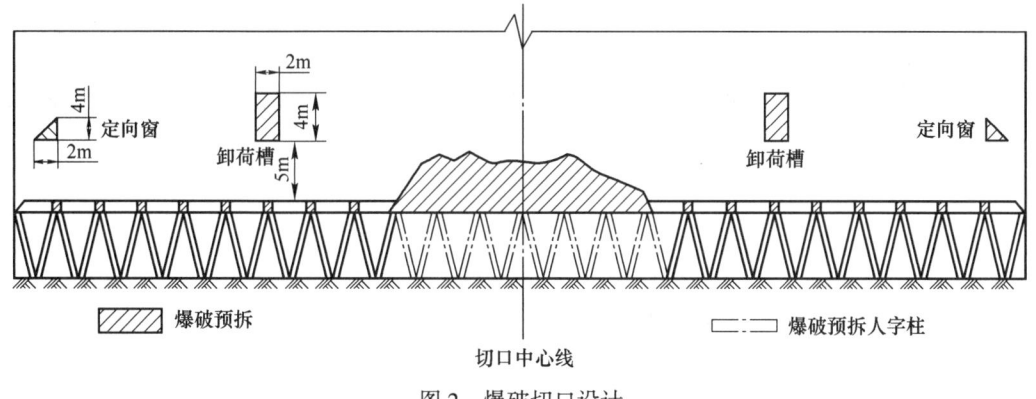

图2　爆破切口设计

Fig. 2　Design of blasting cut

3.2　数值计算模型及参数

利用ANSYS/LS-DYNA数值计算方法，采用分离式共节点建模方法[19]，对钢筋和混凝土单元分别建模，并通过节点重合实现两种材料的相互作用，建立上述86.0m钢筋混凝土冷却塔有限元计算模型。钢筋的单元类型选用BEAM161，材料模型选用*MAT_PLASTIC_KINEMATIC；混凝土的单元类型选用SOLID164，材料模型选用MAT_072R3简单输入模型，模型参数见表2。切口运用*MAT_ADD_EROSION定义。

表2　模型材料参数

Tab. 2　Model material parameters

材料名称	密度/kg·m⁻³	弹性模量/GPa	泊松比	屈服强度/MPa	抗压强度/MPa
混凝土	2.31	——	——	——	30
ϕ8钢筋	7.80	2.1	0.3	300	——
ϕ18钢筋	7.80	2.0	0.3	400	——

3.3 数值计算结果与实际对比分析

图 3 为通过高速摄影获得的冷却塔实际倒塌过程和数值计算获取的冷却塔倒塌过程。对图 3 中冷却塔倒塌过程进行分析处理后，得到了冷却塔倒塌过程中塔身倾角和高度随时间变化曲线，如图 4 所示。由图 3、图 4 及表 3 可知，数值计算得出的冷却塔倒塌过程与实际倒塌过程及规律相符，计算结果相对误差最大为 7.3%，计算结果具有较高的可靠性。但数值计算忽略了破碎混凝土的承载能力，导致计算得到的倾倒速度比实际略快。图像结果显示倒塌过程分为三个阶段：切口闭合阶段、加速倾倒阶段、扭转变形倾倒阶段。起爆后 0~2.0s，塔体以保留人字柱为"铰点"，向设计倾倒方向倾倒，爆破切口逐渐闭合，此阶段为切口闭合阶段。塔身受卸荷槽弱化作用强度明显下降，倾倒过程中卸荷槽附近区域受应力集中影响首先发生破坏，倾倒速度增快，该阶段为加速倾倒阶段，过程发生在起爆后 2.0~4.0s。继续倾倒过程中，塔身开始出现扭转变形直到失去承载能力，过程中随时可能发生下坐，该阶段为扭转变形倾倒阶段，过程发生在爆后 4.0s 之后。

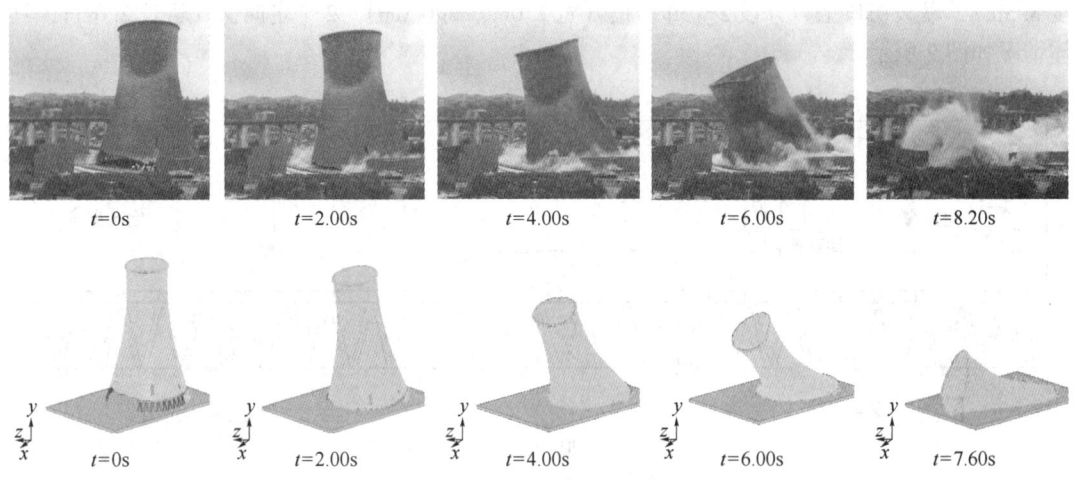

图 3　实际倒塌过程和数值计算倒塌过程

Fig. 3　Actual collapse process and numerical calculation collapse process

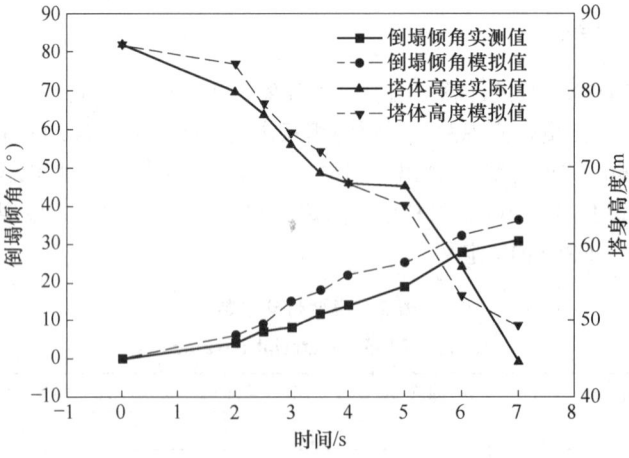

图 4　倾角和塔高随时间变化

Fig. 4　Angle and height of collapsing

表 3　模拟结果与工程实际对比

Tab. 3　Comparison between simulation results and engineering practice

类　目	实验值	模拟值	相对误差
倾倒时间/s	8.2	7.6	−7.3%
倒塌范围长度/m	90.0	95.3	5.9%
倒塌范围宽度/m	60.0	63.0	5.0%

4　卸荷槽数量对倒塌过程影响数值分析

4.1　卸荷槽数量对倾倒速度和倒塌长度的影响

共设计 5 种研究方案，针对卸荷槽数量对倾倒速度和倒塌长度的影响展开研究。各方案只有卸荷槽数量不同，其他参数保持一致。各方案卸荷槽参数如表 4 所示。

表 4　卸荷槽设计方案

Tab. 4　Design scheme of unloading chutes

方案编号	切口范围/(°)	卸荷槽			布置形式
		宽度/m	高度/m	数量/个	
方案 1	220	0.5	10.0	3	隔跨对称
方案 2	220	0.5	10.0	5	隔跨对称
方案 3	220	0.5	10.0	7	隔跨对称
方案 4	220	0.5	10.0	9	隔跨对称
方案 5	220	0.5	10.0	11	隔跨对称

图 5 为数值计算得到的 5 种研究方案下双曲线冷却塔倒塌过程。图 6 为各研究方案冷却塔倒塌过程中塔身倾角和高度随时间的变化曲线。由图 5、图 6 可知，当卸荷槽数量大于等于 7

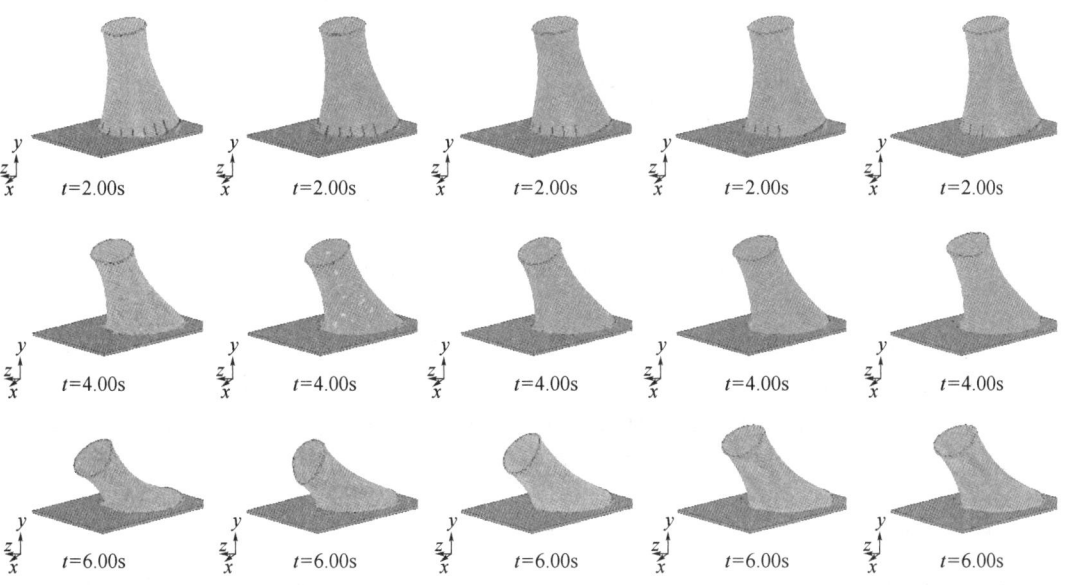

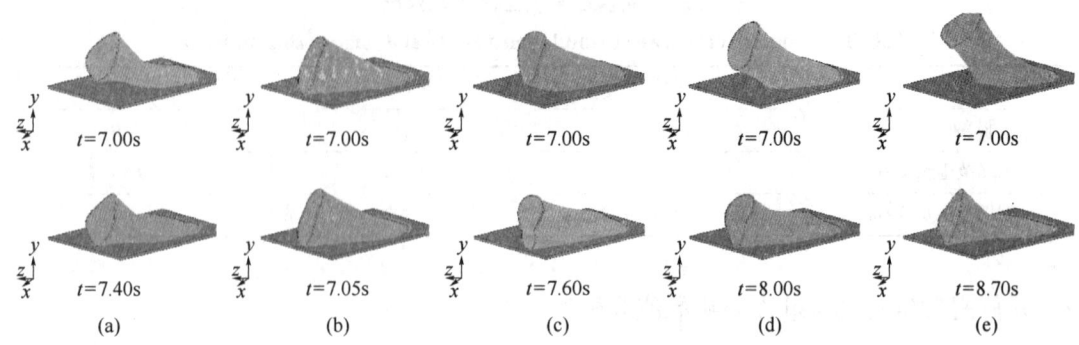

图 5　数值计算得到的不同切缝数量下的倒塌过程

(a) 11 条切缝；(b) 9 条切缝；(c) 7 条切缝；(d) 5 条切缝；(e) 3 条切缝

Fig. 5　Numerical simulation of collapse process with different unloading chutes

个时，倒塌过程表现出明显的一致性，整个倾倒过程中塔身倾倒角速度持续增大，说明爆破切口闭合后受到的阻力没有影响加速倾倒趋势，卸荷槽达到了设计效果。当卸荷槽数量小于 7 个时，起爆 4.0s 后塔身倾倒角速度均出现下降现象，表明爆破切口闭合后受到的阻力对倾倒趋势起抑制作用，卸荷槽没有达到设计效果。抑制现象的产生是因为当卸荷槽布置较少时，无法充分降低塔身强度，爆破切口闭合后塔身仍有一定的承载能力，对倾倒过程产生阻碍，导致倾倒角速度下降；如果塔身残余强度过高，还可能会出现不倒或倒偏事故。

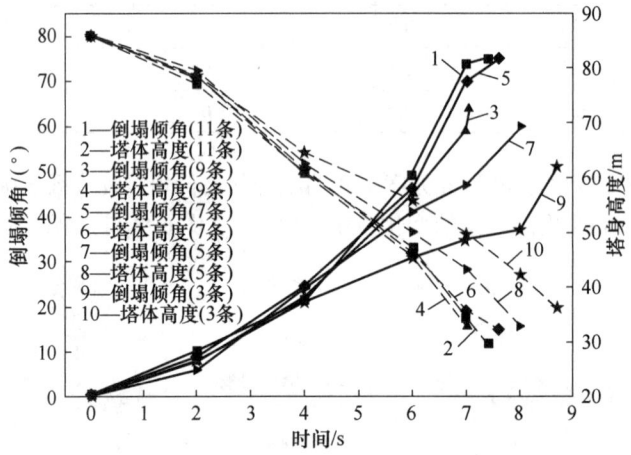

图 6　塔身倾角和高度随时间变化图

Fig. 6　Diagrams of tower inclination and height over time

　　图 7 为数值计算得到的各研究方案双曲线冷却塔倒塌时间和长度曲线。由图 7 可得，卸荷槽数量越多，倒塌速度越快，但卸荷槽数量对倒塌长度没有显著影响。卸荷槽为 11 个时塔身倾倒速度最快，倾倒速度过快导致塔身向倾倒反方向扭曲，待下部塔身完全倒地后，上部塔身继续运动，最终倒塌长度相对较小，但整体耗时增加。

4.2　卸荷槽数量对倒塌过程中塔体后坐的影响

　　在冷却塔倾倒过程中，塔体后坐可能导致保留支撑人字柱过早破坏而失去支撑能力，从而

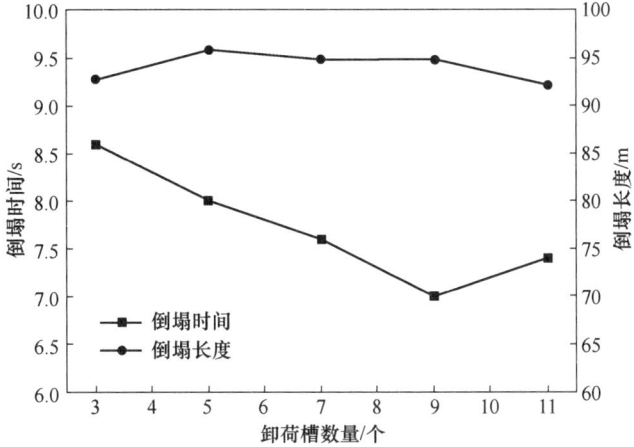

图 7　卸荷槽数量不同时的倒塌时间和长度

Fig. 7　Collapse time and length with different number of unloading chutes

造成塔体倾而不倒的安全事故。为此，在方案设计时应尽量避免或尽可能减轻后坐程度。为研究卸荷槽数量对塔体后坐的影响，以倾倒方向背侧保留人字柱顶部节点为观测对象，观测该点沿倾倒方向位移，研究方案同表 4。

图 8 为观测点位移时程曲线，曲线以倾倒方向为正。从图 8 可以看出，各研究方案起爆后均发生不同程度的后坐，在起爆约 3.5s 后开始向倾倒方向移动，后坐过程发生在切口闭合阶段和加速倾倒阶段。图 9 为各研究方案的最大后坐距离。由图 9 可知，最大后坐距离随着切缝数量的增加而增大；切缝数量为 11 条时，后坐程度最严重，最大后坐距离达 6.1m；切缝数量为 3 条时，后坐程度最轻，最大后坐距离为 4.6m。

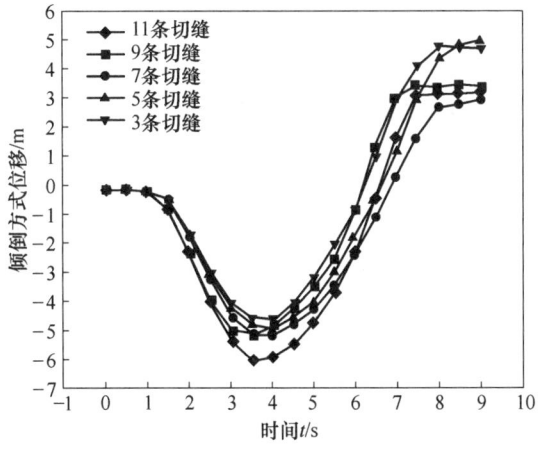

图 8　塔身测点位移曲线

Fig. 8　Displacement curves of tower measurement points

5　结论

本文以贵阳某发电厂高 86m 薄壁双曲线钢筋混凝土冷却塔定向爆破拆除工程为背景，以

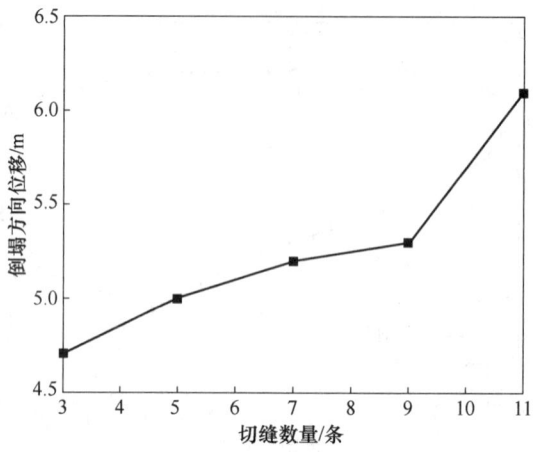

图 9　卸荷槽数量不同时最大后坐距离

Fig. 9　Maximum recoil distance when the number of unloading chutes is different

ANSYS/LS-DYNA 数值计算方法为手段，分析了卸荷槽数量对双曲线冷却塔倒塌过程和塔体后坐的影响，得出以下结论：

（1）数值计算能完整再现冷却塔倾倒过程中切口闭合、加速倾倒和扭转变形继续倾倒的全过程，计算结果具有较高的可靠性。

（2）卸荷槽数量越多，塔体倾倒角速度越快。布置 7 个以上卸荷槽时，塔体倾倒能保持持续加速；卸荷槽少于 7 个时，爆破切口闭合后受到的阻力会抑制倾倒趋势，导致倾倒角速度下降。

（3）卸荷槽数量较少时，卸荷槽数量对塔体倒塌长度影响不大。卸荷槽足够多时，塔体会往倾倒方向的反方向扭曲，有利于减少倒塌长度。在当前工况下使塔体产生反向扭曲的卸荷槽数量临界值为 11 个。

（4）卸荷槽数量越多，塔体后坐距离越大。后坐现象只发生在塔体倾倒过程中的切口闭合阶段和加速倾倒阶段。扭转变形倾倒阶段无后坐现象。

参 考 文 献

[1] 谢胜军，单翔，李金轩，等 . 霍州发电厂冷却塔定向爆破拆除 [J]. 爆破，2009，26（2）：53-56.

[2] 贾永胜，谢先启，罗启军，等 . 69.8m 高冷却塔定向爆破拆除 [J]. 工程爆破，2010，16（1）：59-62.

[3] 王汉军，杨仁树，李清 . 薄壁结构双曲线冷却塔的定向爆破拆除技术 [J]. 煤炭科学技术，2006，34（7）：36-37，40.

[4] 高文乐，毕卫国，张金泉，等 . 简化爆破切口法快速拆除高 62m 的冷却塔 [J]. 工程爆破，2008，14（1）：57-59.

[5] 李尚海，齐世福，公文新 . 复杂环境下冷却塔控制爆破拆除 [C] //第九届全国工程爆破学术会议，2008：499-501.

[6] 瞿家林，徐刚，年鑫哲 . 电厂内复杂环境下两座 90m 高冷却塔爆破拆除 [J]. 工作爆破，2011，17（1）：65-67，81.

[7] 祁亚静，杨小林，褚怀保，等 . 复杂环境下 2 座冷却塔控制爆破拆除 [J]. 爆破，2012，29（2）：63-66.

[8] 孙跃光，张春玉，魏冰方．烟台电厂两座冷却塔控制爆破拆除 [C] //第十一届全国工程爆破学术会议，2012：721-726.

[9] 徐鹏飞．高卸荷槽在冷却塔爆破拆除中的应用数值研究 [D]．焦作：河南理工大学，2014.

[10] 任毅，王小成，董保立．焦作电厂2座100m高冷却塔爆破拆除 [J]．爆破，2013，30 (2)：134-135，170.

[11] 江天生，王振毅，蒋跃飞．赤峰元宝山电厂105m冷却塔爆破拆除 [J]．爆破，2013，30 (3)：88-90，134.

[12] 李勇，池恩安，张义平，等．复杂环境下高危双曲线冷却塔爆破拆除 [J]．爆破，2016，33 (2)：102-106.

[13] 谢先启，姚颖康，贾永胜，等．冷却塔爆破拆除失稳机制与变形破坏特征研究 [J]．爆破，2017，34 (2)：40-46.

[14] 边作青，张纪云，高帅杰，等．高卸荷槽技术在100m高冷却塔爆破拆除中的应用 [J]．现代矿业，2018，591：197-199.

[15] 高文乐，朱茂迅，李元振，等．发电厂双曲线型冷却塔的定向爆破拆除及爆破效果数值分析 [J]．爆破器材，2020，49 (4)：52-57.

[16] 张建华，谌彪，黄刚，等．卸荷槽对冷却塔拆除爆破的数值模拟研究 [J]．爆破，2020，37 (3)：122-128.

[17] 付天杰，赵超群，梁儒，等．竖向切缝在高大冷却塔拆除爆破中的作用 [J]．工程爆破，2011，17 (4)：58-62.

[18] 崔建林，林代恒，欧正保．61m高双曲线冷却塔爆破拆除失败原因分析 [J]．工程爆破，2018，24 (5)：78-82.

[19] 余德运，杨军，陈大勇，等．基于分离式共节点模型的钢筋混凝土结构爆破拆除数值模拟 [J]．爆炸与冲击，2011，31 (4)：349-355.

小切口在高 90m 钢筋混凝土冷却塔爆破拆除中的应用

汪庆桃[1]   孙向阳[2]

（1. 国防科学技术大学军政基础教育学院，长沙　410072；

2. 湖南中人爆破工程有限公司，长沙　410001）

摘　要： 双曲线钢筋混凝土结构冷却塔具有体积大、高宽比小、塔壁薄、重心低等特点，在定向爆破拆除过程中易发生后坐、倒塌方向出现偏差或坐而不倒等现象，从而造成安全事故。因此精细化设计爆破位置、爆破切口长度、预处理工艺、起爆网路等参数对于精确控制倒塌方向非常关键。以某 90m 高钢筋混凝土冷却塔的定向爆破拆除为例，实践了一种小切口高卸荷槽爆破拆除工艺。结果表明，较小的切口长度确保了人字柱的支撑作用，有效防止了后坐的发生，确保了倒塌方向的稳定性，同时减少了施工作业和炸药使用量，缩短了施工工期。

关键词： 冷却塔；小切口；爆破拆除；卸荷槽

Application of Small Cut in Blasting Demolition of a 90 meter High Reinforced Concrete Cooling Tower

Wang Qingtao[1]   Sun Xiangyang[2]

（1. School of Military and Political Basic Education, National University of Defense Science and Technology, Changsha 410072; 2. Hunan Zhongren Blasting Engineering Co., Ltd., Changsha 410001）

Abstract： The hyperbolic reinforced concrete structure cooling tower has the characteristics of large volume, small aspect ratio, thin tower wall, and low center of gravity. During directional blasting demolition, it is prone to backside, collapse direction deviation, or sitting without falling, which can cause safety accidents. Therefore, precise design of parameters such as blasting position, blasting cut length, pre-treatment process, and initiation network is crucial for accurately controlling the direction of collapse. Taking the directional blasting demolition of a 90 meter high reinforced concrete cooling tower as an example, a small incision high unloading groove blasting demolition process was practiced. The results show that the smaller cut length ensures the support effect of the herringbone column, effectively prevents backseat, ensures stability in the direction of collapse, and reduces construction operations and explosive usage, shortening the construction period.

Keywords： cooling tower; small incision; blasting demolition; unloading tank

作者信息：汪庆桃，博士，副教授，35016567@ qq. com。

1　引言

　　双曲线型钢筋混凝土冷却塔具有体积大、高宽比小、塔壁薄、重心低等特点，在爆破拆除过程中易发生后坐、倒塌方向出现偏差或坐而不倒等现象[1]。因此，国内外学者都对冷却塔爆破拆除的理论和工程实践进行了研究。李守巨[2]对爆破拆除冷却塔倒塌条件进行了研究，薛里[3]、吴剑锋[4]对双曲线型冷却塔爆破拆除切口参数进行分析，徐鹏飞[5]对高卸荷槽在冷却塔爆破拆除中的作用进行了研究。本文根据冷却塔倒塌过程实际观测，针对某些弱支撑冷却塔结构，研究小切口（圆心角小于180°）在冷却塔爆破拆除中的应用，以某 90m 高双曲线型钢筋混凝土冷却塔爆破工程为例，系统介绍了小切口情况下冷却塔倒塌原理、方案设计、爆破效果等，成功的工程实践可为类似工程提供参考。

2　工程概况

　　待爆破拆除的冷却塔位于某发电厂厂区内，冷却塔由通风筒、淋水平台、水池等设施组成，爆破拆除冷却塔主要是指爆破拆除冷却塔的通风筒体。冷却塔高 90m，为双曲线型钢筋混凝土结构，筒身为 C30 混凝土浇筑，塔筒下部由 40 对 80 根钢筋混凝土人字柱支撑，柱的断面尺寸为 40cm×40cm，高为 560cm；冷却塔人字柱±0.20m 处外半径 36.8m；通风筒体喉部标高为 +72m，半径 19.4m；通风筒体壁厚从圈梁处 50cm 开始，逐渐往上变薄，至标高 +67m，最薄为 14cm；至标高 +86m，壁厚往上逐渐变厚，至标高 +89m，壁厚为 24.6cm。

　　冷却塔周围环境复杂，要求保护的目标众多，图 1 为冷却塔周围环境示意图。从图 1 可以看出，冷却塔距 1 号建筑物 96m，距维修厂房 60m，距 2 号建筑物 110m，距煤棚 223m，距围墙、办公楼、装备库 36m，距烟囱 93m，距二期主厂房 204m。

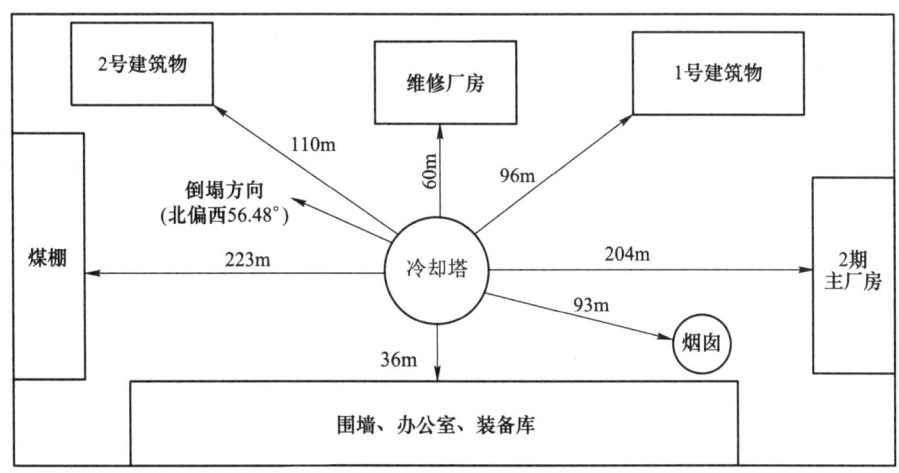

图 1　周围环境

Fig. 1　Surrounding environment

3　结构特点及倒塌原理

　　本冷却塔具有高度高、高宽比较小、圆筒直径上小下大、薄壁结构的特点；整个塔体由钢筋混凝土构成，结构自重大，壁厚随标高变化而变化，重心低；混凝土为 C30，配筋率较高，使用年限较长，强度弱化较为明显，在爆破拆除过程中要特别注意施工的安全和倒塌方向的精准性，防止出现爆而不倒的现象。

冷却塔的爆破拆除一般为采用爆破的方法在其下部某一位置形成一定尺寸的爆破切口，上部筒体在自重作用下形成倾覆力矩，当倾覆力矩超过预支撑的抗弯强度时，则筒体开始失稳[2]。由于冷却塔横向尺寸大，壁薄，因此切口形成后在应力重新分配过程中筒体结构受力很复杂，一般来说在重力作用下在筒壁内还会产生很大的剪应力。因此，在工程实践中可以看到，在切口形成后筒体在倾覆的过程中会出现明显的纵向不规则的裂纹、裂纹扩大、筒体扭曲、倒塌、触地破碎等现象。一般认为，当切口尺寸过大，预留的支撑不足以承受筒体上部的重力，切口形成后上部筒体的重力作用会瞬时压碎预留支撑体，造成后坐现象的发生，严重后坐会使冷却塔出现坐而不倒或造成倾倒方向的严重偏转。对于钢筋混凝土烟囱等高宽比较大的高耸结构物，当切口尺寸过小时，会出现爆而不倒的情况。但是对于冷却塔，在小切口尺寸的情况下，由于其高宽比小、重心低、壁薄的结构特点，重力造成的剪应力会使上部筒体发生破裂，由于冷却塔筒体一般为钢筋混凝土结构，整体性相对较强，因此破裂变形会使倾覆力矩发生变化，最终导致冷却塔的失稳倒塌。因此，从理论上分析，小切口尺寸爆破切口设计在冷却塔拆除中的应用是可行的。而且，小切口尺寸爆破设计可以提供足够的支撑，防止出现爆而不倒的情况。另外，切口的高度也非常关键，切口高度大，施工作业量大，施工安全风险高；切口高度小，筒体在倾覆过程中切口闭合后形成新的支撑，会出现倒塌、破碎不充分的情况。

4　爆破设计

4.1　爆破总体方案

根据冷却塔周边环境情况，对冷却塔采取定向爆破倒塌的方法进行拆除，倒塌方向如图1所示，为北偏西56.48°。冷却塔爆破拆除的方法主要有爆破筒壁、圈梁、人字柱的常规爆破拆除法，以及在筒壁、圈梁用长臂液压碎石锤开设卸荷槽，只爆人字柱和卸荷槽之间预留支撑的爆破拆除法。根据本冷却塔结构特点，拟采取爆破冷却塔人字支撑柱和圈梁，用机械开设高卸荷槽的方法进行拆除。同时，考虑到本冷却塔使用年限较长，支撑柱及筒体结构强度减弱，因此，使用小切口（小于180°）、少量开卸高荷槽的总体设计方案。

4.2　预处理设计

4.2.1　淋水平台及立柱预拆除

冷却塔的淋水平台及立柱与通风筒没有关联，因此预先拆除淋水平台及立柱对通风筒的稳定性没有任何影响。普通挖机换装液压碎石锤，把爆破缺口正中心的一对人字柱破碎拆除，修路进入水池，将水池内的立柱、淋水平台全部破碎拆除。普通挖机换装挖斗，将爆破缺口距水池边缘5m范围水池内碎渣清空，以提高上部通风筒体翻转高度。

4.2.2　高卸荷槽的开设

在爆破缺口范围通风筒壁及圈梁上开设卸荷槽目的是破坏缺口上方筒壁的整体性，使爆破缺口内筒壁触地闭合时，筒壁更易产生变形解体，从而增加通风筒的翻转角度，确保通风筒上部发生剪切扭曲变形。由于冷却塔使用年限较长，为了保证结构稳定及预处理安全，在切口范围内的筒壁上仅开设5组高卸荷槽（见图2）。其中倒向中心线处设置一个卸荷槽，以倒向中心线为基准向两侧隔3个人字支撑柱，在第3、4个人字支撑柱中间设置两个卸荷槽；以倒向中心线为基准向两侧隔10个人字支撑柱，在第10、11个人字支撑柱靠后部柱设置两个卸荷槽。卸荷槽高 10m，宽 0.5m。卸荷槽圈梁下部 1.3m 采用钻孔爆破方式开设，其余采用机械的方法开设。高卸荷槽的开设，既可增加切口的高度，又可促使筒体的解体，减小筒体触底时的塌落振动。

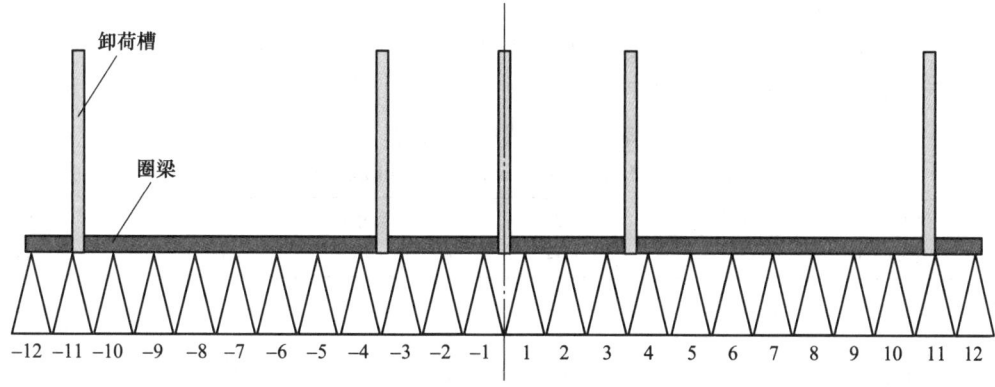

图2　卸荷槽开设位置示意图

Fig. 2　Sketch of the position of the load reduction groove

4.3　爆破切口

切口长度对冷却塔是否失稳以及失稳后能否按照预定的方向倒塌是非常关键的，切口长度的设计应该满足[3-4]：（1）切口形成瞬间，预支撑体足以支撑上部筒体的重量；（2）切口形成后，结构的倾覆力矩应大于结构的抵抗弯矩。根据这两个条件，便可以求出切口截面圆心角的范围，一般大于 190°。

考虑到本冷却塔使用年限较长，钢筋混凝土支撑柱及筒壁强度弱化明显，因此设计爆破人字柱 20 对 40 根，其中-10 号、10 号人字柱只炸下段，切口圆心角为 171°，筒壁缺口靠边卸荷槽尽量靠后支撑柱开设。

切口区高度为高卸荷切口区高度加人字柱爆破切口区高度，为 15.6m。上部筒体翻转总高度为切口区高度和水池高度之和，为 17.6m。

4.4　爆破参数设计

冷却塔各部位的炮孔直径为 38mm，使用风动凿岩机钻孔，冷却塔爆破参数见表1。

（1）孔深：人字柱孔深 $L_{人字柱} = 1/2 \cdot (\delta_{人字柱} + l_{人字柱}) = 23.5cm$，取 24cm，$l_{人字柱}$ 为药包长度；圈梁孔深 $L_{圈梁} = 2/3 \cdot \delta_{圈梁} = 33.3cm$，取 34cm。

（2）最小抵抗线：$W_{人字柱} = 1/2 \cdot \delta_{人字柱}$（$\delta_{人字柱}$ 为切口范围内立柱壁厚）$= 1/2 \times 40 = 20cm$；$W_{圈梁} = 1/2 \cdot \delta_{圈梁}$（$\delta_{圈梁}$ 为切口范围内圈梁壁厚）$= 1/2 \times 50 = 25cm$。

（3）孔距：$a_{人字柱} = 2W_{人字柱} = 2 \times 20 = 40cm$，取 40cm；$a_{圈梁} = 1.6W_{圈梁} = 1.4 \times 25 = 35cm$，取 35cm。

（4）圈梁部位排距 0.35m。

（5）炮孔布置：人字形立柱爆破部位，-9~9 号人字支撑柱从底部向上 0.5m 处开始钻孔，向上每隔 0.4m 钻一孔，共钻 3 孔；从圈梁处向下 0.5m 处往下每隔 0.4m 钻一孔，共钻 4 孔。每根人字支撑柱上共计钻 7 个孔（-1 号、1 号人字支撑柱各预先拆除一根柱体），-10 号、10 号人字柱只炸下段，从底部向上 0.5m 处向上每隔 0.4m 钻一孔，钻 5 孔，炸高为 2m。圈梁部位在卸荷槽对应的圈梁部位布置三排炮孔，每排 3 个炮孔。

（6）单耗：经试爆确定炸药单耗，人字支撑柱炸药单耗 1100g/m³；圈梁炸药单耗为 2000g/m³。

（7）单孔装药量 Q：

$Q_{人字柱} = qsa$（s 为立柱截面积）；$Q = 1100 \times 0.16 \times 0.4 = 70.4g$，取 70g。

$Q_{圈梁} = q\delta_{圈梁}ab$（b 为排距）；$Q = 2000 \times 0.5 \times 0.35 \times 0.35 = 122.5g$，取 120g。

表 1　冷却塔爆破参数表
Tab. 1　Blasting parameters of cooling tower

构件名称	构件尺寸 /cm×cm	抵抗线/cm	孔距/cm	排距 /cm	孔深 /cm	单耗 /g·m⁻³	单孔药量 /g	孔数 /个	总药量 /kg
人字 立柱	40×40	20	40		24	1100	70	251	17.57
圈梁	130×50	25	35	35	34	2000	120	45	5.4
总　计								296	22.97

4.5　起爆网路设计

为使冷却塔能够按照爆破拆除设计方案安全、准确地倒塌在预定范围内，起爆网路设计非常关键。由于爆区位于电厂厂区内，周围电力设施、设备较多，产生的杂散电流、射频电流等较强，为避免在施工过程中外来电流的作用导致误爆、早爆事故，选择可靠性高、安全性好的起爆网路是十分必要的。为控制单响药量、保证冷却塔筒体柔性塌落，起爆分段较多，因此，所有起爆雷管使用数码电子雷管。

为减小一次起爆药量，尽可能降低冷却塔的塌落震动，采用分段延时起爆设计，具体见表 2。

表 2　爆破延时分段
Tab. 2　Blasting delay

炮孔部位	延期时间/ms	炮孔部位	延期时间/ms
中心减荷槽圈梁	0	6 号及-6 号人字柱	1000
1 号及-1 号人字柱	0	7 号及-7 号人字柱	1200
2 号及-2 号人字柱	200	8 号及-8 号人字柱	1400
3 号及-3 号人字柱	400	9 号及-9 号人字柱	1600
中间卸荷槽圈梁	600	两侧卸荷槽圈梁	1800
4 号及-4 号人字柱	600	10 号及-10 号人字柱	1800
5 号及-5 号人字柱	800		

5　爆破效果

图 3 为冷却塔倒塌、解体过程。从图 3 可以看出，起爆后瞬时形成的倾覆力矩使筒体发生明显的倾覆，在倾覆的过程中筒体破裂、扭转、触地，最终破碎。实践表明，冷却塔与设计倒塌方向一致，没有发生后坐现象，需要保护的建筑物均完好无损，振动控制在预测范围之内，

爆破没有明显飞石飞出，爆破取得完满成功。

　　　　(a)　　　　　　　　　(b)　　　　　　　　　(c)　　　　　　　　　(d)

图 3　冷却塔倒塌过程

Fig. 3　Collapse process of cooling tower

6　结论

采用一种小切口长度的冷却塔爆破拆除技术，即爆破圆心角为 171°，在沿倒塌中心线两侧筒体辅以开设纵向卸荷槽的方法。主要创新点有：

（1）小爆破切口长度。共爆破 40 对人字柱的 20 对，其中−10 号和 10 号对人字柱只爆破底部节点，切口圆心角为 171°，实践表明，对于冷却塔，尤其是使用年限较长，混凝土强度较为弱化时，采用这种小切口长度的爆破设计可有效增强预留部分的支撑作用，防止出现后坐现象。

（2）少卸荷槽数量。本次设计卸荷槽 5 条，比常规做法减少了 2~4 条，减少了施工作业量，提高了冷却塔爆破前的稳定性。同时，使靠边卸荷槽尽量靠后支撑柱开设，少卸荷槽的设计方法，有利于结构的稳定性，减小了施工作业量。

（3）适当提高卸荷槽的高度可促使筒体的解体，以降低塌落振动。成功的爆破拆除实践表明，该方法倒塌方向精准，筒体倒塌破碎效果良好。与传统方法相比，该方法缩短了施工工期，降低了塌落振动，降低了成本，提高了安全性，对类似工程具有较强的指导意义。

参 考 文 献

[1] 谢先启，姚颖康，贾永胜，等．冷却塔爆破拆除失稳机制与变形破坏特征研究 [J]．爆破，2017，34（2）：40-46.

[2] 李守巨，上官子昌，张立国，等．爆破拆除冷却塔倾倒条件的研究 [J]．辽宁工程技术大学学报，1999，18（1）：9-14.

[3] 薛里，张志毅，杨年华．双曲线冷却塔爆破拆除切口参数的探讨 [J]．工程爆破，2011，17（2）：49-52.

[4] 吴剑锋．双曲线型冷却塔爆破拆除切口参数研究 [J]．爆破，2009，26（1）：65-68.

[5] 徐鹏飞．高卸荷槽在冷却塔爆破拆除中的应用数值研究 [D]．焦作：河南理工大学，2014.

复杂环境下超长肋拱式渡槽上部结构精细爆破拆除

刘桐 王璞 蒋跃飞 陈飞权 何涛 许晓磊

（浙江省高能爆破工程有限公司，杭州 310030）

摘 要：某超长肋拱式渡槽上部结构需爆破拆除，同时须确保槽墩安全以用于后续重建。围绕工程要求与难点，通过分析上部结构力学特征并充分考虑构件塌落对槽墩的冲击影响，科学选择预处理与爆破部位；针对具有"多样化、异形、薄壁、小体积"特点的上部复杂构件，精细确定各部位"粉碎性爆破""解体性爆破""弱化刚度爆破"的不同破碎目的并通过密集布孔、构件分区布孔、炸药单耗精确选取针对性设计了爆破参数。为克服周边环境"线性动态变化复杂性"难点，以最小化爆破和塌落振动及其叠加效应为原则，差异化选取了 4 种逐跨起爆延期时间；采取覆盖、隔离等主被动防护措施降低飞石危害；围绕各墩体特点设置柔性缓冲层与刚性防撞层；在地面采取缓冲堤弱化塌落体触地冲击荷载，降低振动对近距保护对象的影响；利用斜坡缓冲层调整爆堆堆积形态，确保烟囱、厂房安全。最终取得了良好的爆破效果，槽墩与周边环境安全均未受影响，对于类似工程具有一定的参考价值。

关键词：复杂环境；肋拱式渡槽；上部结构；精细爆破；爆破拆除

Precision Demolition Blasting of Over-length Ribbed-arch Aqueduct Superstructure in Complex Environment

Liu Tong Wang Pu Jiang Yuefei Chen Feiquan He Tao Xu Xiaolei

（Zhejiang Gaoneng Corporation of Blasting Engineering Co., Ltd., Hangzhou 310030）

Abstract: The superstructures of a over-length ribbed-arch aqueduct needs to be demolished by blasting while ensuring the safety of the piers for subsequent reconstruction. Around the engineering requirements and difficulties, the pretreatment and blasting parts are scientifically selected by analyzing the mechanical characteristics of the superstructures and fully considering the macro impact of component collapse on the piers; Aiming at the superstructures with the characteristics of "diversification, abnormity, thin wall and small volume", the different crushing purposes of "crushing blasting" "disintegrating blasting" and "weakening stiffness blasting" at each part are finely determined, and the blasting parameters are pertinency designed through concentrated hole layout, component zoning hole layout and accurately selecting explosive unit consumption. In order to overcome the difficulty of the surrounding environment that "linear dynamic change complexity", four different initiation delay times are selected based on the principle of minimizing blasting and collapse vibration and their superposition effect. Taking active and passive protective measures such as covering and

作者信息：刘桐，硕士，工程师，454070968@qq.com。

isolation to reduce the harm of flying stones. Flexible buffer layer and rigid anti-collision layer are set around the characteristics of each pier body. Buffer dike is adopted on the ground to weaken the impact load of collapse body on the ground and reduce the impact of vibration on close protection objects. The slope buffer layer is used to adjust the stacking form of blasting pile to ensure the safety of chimney and plant. Finally, a good blasting effect is achieved, and the safety of the piers and the surrounding environment are not affected, which has a certain reference value for similar projects.

Keywords：complex environment；ribbed-arch aqueduct；collapse vibration；precision demolition；demolition blasting

1　工程概况

某渡槽作为当地农业灌溉供水主干道重要建筑物，在投入使用40余年后，除槽墩以外的主要构件均出现严重风化气蚀、错位开裂和漏水现象，无法满足相关规范要求且对人民生命财产安全存在较大隐患。因此亟须对上部结构进行爆破拆除，同时确保槽墩安全以用于后续重建。

1.1　结构特点

渡槽总长555m，其中肋拱式510m，共17跨，单跨30m，距地最大高度19.4m；进口段有一孔浆砌石拱，长19.6m，出口段有二孔浆砌石拱，长25.4m。主要结构有预制钢筋混凝土矩形槽身、少筋双曲拱支承结构、浆砌石重力墩与基础，尺寸与特点如下：

（1）槽身：含横梁（断面0.15m×0.10m）、侧板（厚0.09m）和底板（厚0.09~0.42m渐变）。

（2）拱上支撑：含拱肋竖墙（宽2.00m×高2.67m×厚0.25m，中部1个空孔0.5m×1.0m）、槽墩竖墙（宽2.00m×高4.39m×厚0.35m，中部2个空孔0.5m×1.0m）。

（3）主拱圈：含拱波（厚0.12m）、拱肋（断面0.32m×0.20m）、隔板（厚0.10m）。

（4）槽墩：含常规墩（底宽3.6~4.85m，高1.6~13m），加强墩（底宽5.5~9m，高6.5~13.5m）。

总体结构类似于拱形桥类建（构）筑物，但因功能不同，渡槽各构件呈"多样化、异形、薄壁、小体积"特点。

1.2　周边环境

渡槽南段180m长范围西侧紧靠某运营厂区：距围墙最近处仅1.2m，距厂房最近处仅3.8m，距厂内30m高砖烟囱3m；南段30m长范围东侧紧靠一停产厂区：距围墙最近处3m，距厂房最近为11m。渡槽北段多跨下部存在：地埋污水管、移动光缆、通讯线路、国防光缆、广播电视光缆、电信光缆、电力线路；9号墩东侧6m处有配电房；12号墩东侧5m处有公共厕所；16号墩西侧14m处有一处民房；沿北段210m长范围东侧为聚集民房，最近距渡槽15m（13号墩东侧），其他分布在30m以外。周边环境较一般拆除爆破工程而言，具有"沿渡槽线性动态变化"的复杂性（见图1）。

1.3　工程难点分析

（1）待拆除的上部结构处于空中，离地距离高，在合理选择爆破部位使其解体塌落的同时须克服构件"多样化、异形、薄壁、小体积"特点，精细设计爆破参数，降低飞石危害影响；

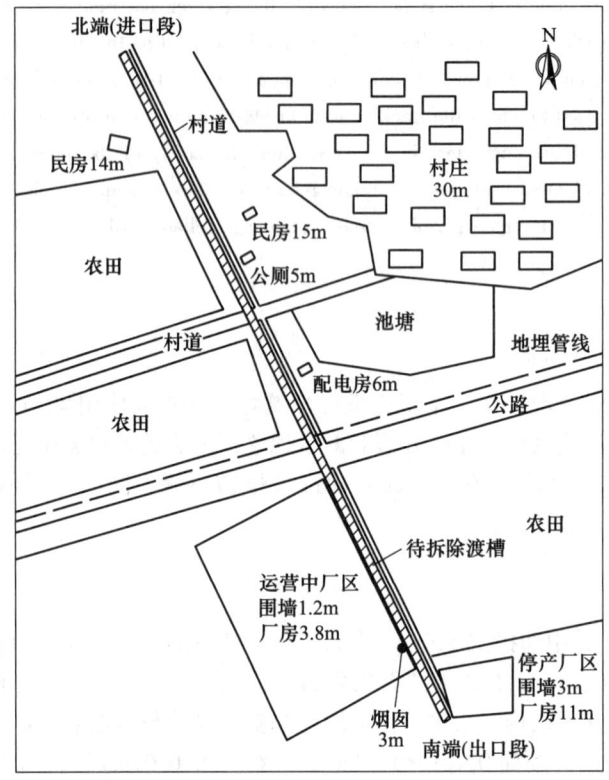

图 1　周边环境示意图

Fig. 1　Schematic diagram of surrounding environment

（2）针对槽墩的保护，须结合精细控制预拆除、构件破碎效果等技术手段以及防护措施，通过减荷与控制墩体上空塌落体块度，最大化降低上部结构对墩体的碰撞冲击影响；

（3）须针对周边环境"线性动态变化复杂性"特点，以"一墩一策、一跨一策"原则精细实施安全防护，确保爆破安全。

2　精细拆除爆破设计

2.1　受力分析与爆破部位选取

待拆除渡槽结构受力特点[1-3]：槽身由拱上竖墙支承，由排架传递垂直向下的作用力至主拱圈；拱结构在竖向荷载作用下，墩（台）体承受垂直压力与水平推力，同时根据作用力和反作用力原理，墩（台）帽向主拱圈提供一对水平反力，使拱内产生轴向压力，以此减小了主拱圈内由荷载所引起的截面弯矩，使其成为偏心受压构件（见图2），则主拱圈为上部结构主要控制构件，其中拱肋起到主要承重作用，隔板可视为拱肋之间横向连系梁，拱波除连系作用外还设置了竖墙底座。由此可知在"拱脚"处解除水平和竖直向支撑时，拱上结构可在自重作用下发生转动失稳而垂直向下塌落，达到拆除目的；同时还需对槽墩上方大体积竖墙和槽身进行减荷或解小来保证塌落过程中墩体的安全。考虑到渡槽南段3跨距地高度小，距保护对象近，因此在拱顶处进行弱爆破处理有利于原地坍塌与降低塌落振动。

最终爆破部位确定为：拱肋拱脚、槽墩上方竖墙及南侧3跨拱顶（见图3）。

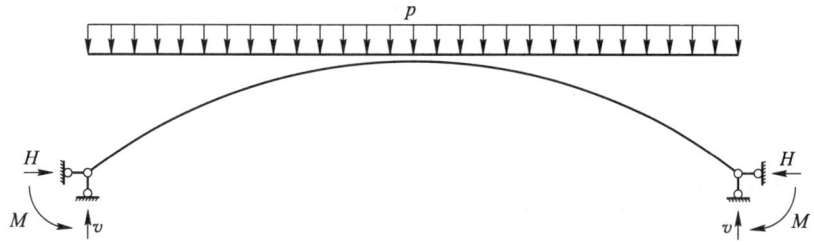

图 2　拱形结构典型受力图

Fig. 2　Typical stress diagram of arch structure

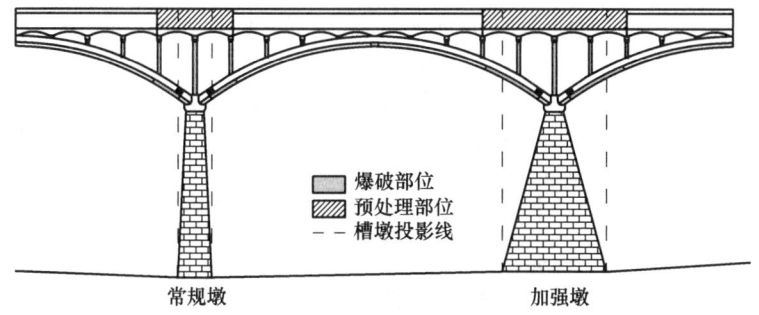

图 3　爆破和预处理部位示意图

Fig. 3　Schematic diagram of blasting and pretreatment parts

2.2　预处理

（1）墩体上方的槽身厚度小，无法进行爆破，因此利用人工风镐方式对侧面板进行预拆除，区域范围应超出墩体宽度，在明显减少塌落中槽墩受到直接冲击影响的同时，还可以减少爆破安全隐患，节约爆破施工工期。

（2）渡槽南段第 1 跨下部横穿有矿山运输道路，第 2~3 跨平行于厂区围墙，紧邻厂房、烟囱，塌落振动等危害效应控制难度高，且上部未爆破结构需要依靠触地时的冲击自行解体，解体后的爆堆形态难以预测，为了降低塌落振动与爆堆散落带来的安全隐患，对南侧 3 跨槽身侧面板进行大范围预处理（见图 4），一方面减小塌落体质量，一方面避免槽身在触地时向两侧散落。

2.3　爆破参数

前述选取的爆破构件存在"薄壁、异形、小体积"特点，应针对不同结构在孔网布置、炸药单耗和装药结构各方面精细分析设计，孔径均为 ϕ42mm，单耗选择因渡槽现状差无法试爆，结合不同构件破碎目的、相关理论与经验选取常规取值范围的中位偏大值[4-5]。

（1）拱肋：沿外侧轴线钻凿 1 排水平浅孔，爆破范围长 2.5m，爆破范围内包含隔板，隔板下部横梁与拱肋的连接处内部有钢筋交接点，在此处钻孔加深可确保隔板梁得到有效破坏。拱肋厚 0.2m，最小抵抗线 0.1m，孔距 0.2m，孔深 0.13m（隔板孔 0.63m），单耗 4kg/m³，堵塞 0.08m，则单孔装药量为 50g（隔板孔为 150g），装药结构连续（隔板孔分段），如图 5 和图 6 所示。

（2）竖墙：炮孔布置依据其"异形"规格划分小区，原则是在每小区中间位置的两侧短

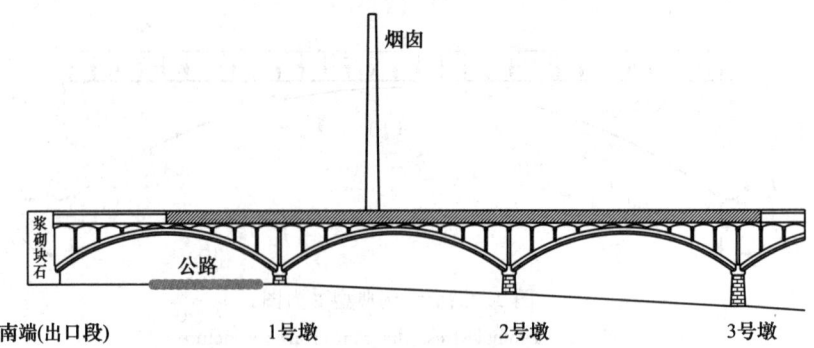

图 4　南侧 3 跨槽身侧面板预处理示意图

Fig. 4　Schematic diagram of pretreatment of 3-span on the south side

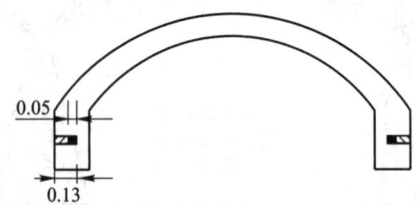

图 5　拱肋装药结构示意图

Fig. 5　Schematic diagram of arch rib charging structure

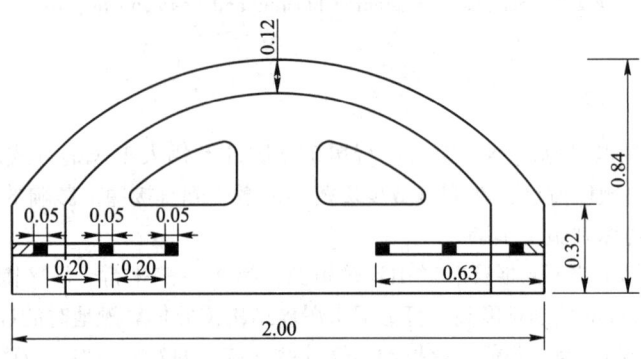

图 6　隔板孔装药结构示意图

Fig. 6　Schematic diagram of partition-hole charging structure

边对称布置 1 对水平孔，因此各区孔位布设是独立的，通过均匀分段装药使每一对水平孔共同负担分区中间区域结构，目的在于减小竖墙塌落块度，确保槽墩安全。

1）槽墩竖墙：A 区厚 0.45m，最小抵抗线 0.225m，孔深 1.1m，单耗 2.5kg/m³，堵塞 0.22m，则单孔装药量 400g；B 区厚 0.35m，最小抵抗线 0.175m，孔深 0.9m，单耗 3.0kg/m³，堵塞 0.19m，则单孔装药量 320g；C 区厚 0.35m，最小抵抗线 0.175m，孔深 0.6m，单耗 3.0kg/m³，堵塞 0.18m，则单孔装药量 240g，如图 7 所示。

2）拱肋竖墙：A 区厚 0.35m，最小抵抗线 0.175m，孔深 1.1m，单耗 3.0kg/m³，堵塞 0.22m，则单孔装药量 400g；B 区厚 0.25m，最小抵抗线 0.125m，孔深 0.9m，单耗 3.5kg/m³，堵塞 0.19m，则单孔装药量 200g；C 区厚 0.25m，最小抵抗线 0.125m，孔深 0.6m，单耗 3.5kg/m³，堵塞 0.15m，则单孔装药量 150g，如图 8 所示。

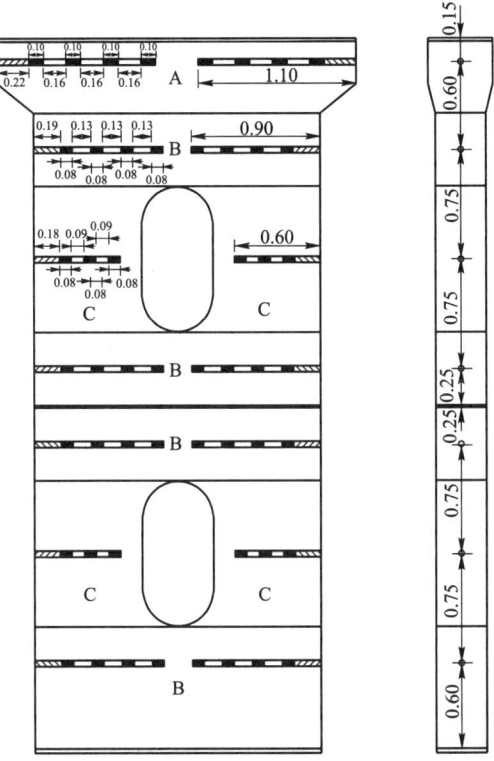

图 7　槽墩竖墙布孔与装药结构示意图

Fig. 7　Hole and charging schematic diagram of pier wall

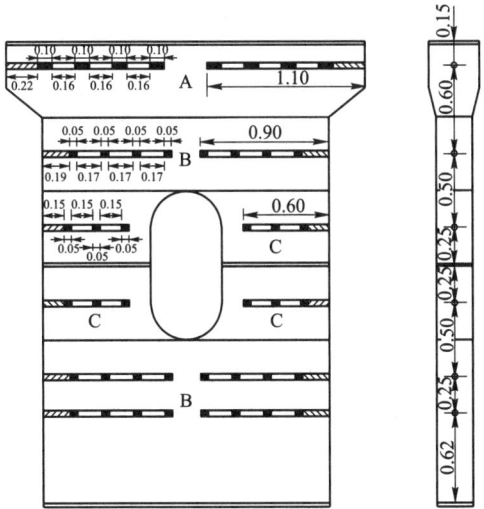

图 8　拱肋竖墙布孔与装药结构示意图

Fig. 8　Hole and charging schematic diagram of arch rib wall

（3）拱顶：南侧3跨拱顶处爆破区域设置在两根拱肋的中间，从槽身底板打探孔进行精准定位，向下钻凿垂直浅孔，每根拱肋布置2个炮孔，主要起到弱化主拱圈整体刚度的作用。拱肋厚 0.2m，最小抵抗线 0.1m，孔径 0.2m，孔深 0.3m，单耗 4kg/m³，堵塞 0.25m，则单孔装药量 50g，如图 9 所示。

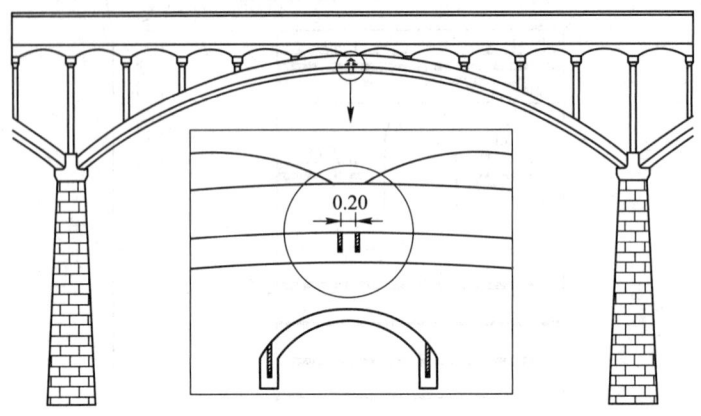

图 9　拱顶布孔与装药结构示意图

Fig. 9　Hole and charging schematic diagram of vault

2.4　爆破网路

进出口段及每个槽墩上部的各个爆破部位形成一个爆破分区，共 18 个爆破区域，由南向北依次逐跨起爆。延期时间通常主要考虑最大单段药量导致爆破振动的影响，本工程因拆除部分距地高度大、环境复杂，还须避免各跨上部结构塌落触地振动叠加效应对保护对象的影响，因此根据地形走势与各跨距地高度的变化，利用工业电子雷管优势精细设计不同跨间延期时差，使相邻各跨上部结构错峰触地，延期时间确定为：第 1~4 跨延时 150ms，第 5~11 跨延时 100ms，第 12~15 跨延时 150ms，第 16~17 跨延时 50ms，总延时 2.0s，如图 10 所示。

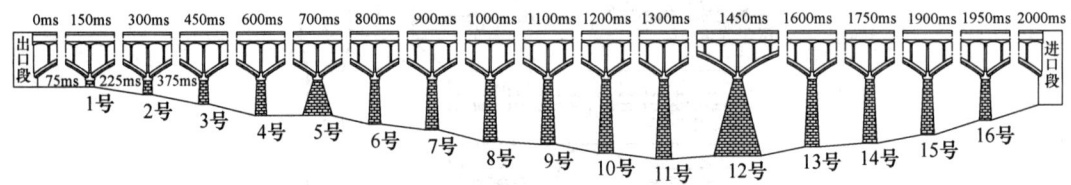

图 10　爆破网路示意图

Fig. 10　Schematic diagram of blasting network

结合环境条件可知，渡槽南侧 1 号~6 号墩爆区距离厂房、烟囱等保护对象很近，对其进行区内二次延时：两座拱肋竖墙为一区，槽墩竖墙与拱肋为一区，由上至下分两段起爆，延时 25ms，如图 11 所示。

3　爆破安全控制

3.1　爆破振动安全校核

利用萨道夫斯基公式 $\nu = k'K(\sqrt[3]{Q}/R)^{\alpha}$ 对爆破振动进行校核[6]，其中，$K = 250$；$\alpha = 2$；$k' = 0.25$，计算结果均小于安全控制标准（见表 1）。

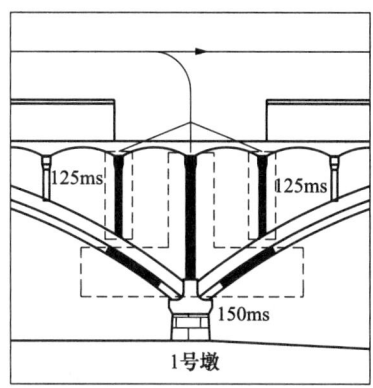

图 11　二次分区示意图（以 1 号墩为例）

Fig. 11　Schematic diagram of secondary zoning

表 1　爆破振动计算表

Tab. 1　Calculation of blasting vibration

保护物名称	距离/m	控制标准 /cm·s⁻¹	最近爆破部位	最大单段药量 /kg	爆破振动速度 /cm·s⁻¹
烟囱	17	2.5	1 号墩爆区	12.32	1.15
金属厂厂房	10	2.5	槽墩竖墙+拱肋区	7.12	2.31
工艺品厂厂房	13	2.5	南端拱肋爆区	1.4	0.46
配电房	23	2.5	9 号墩爆区	12.32	0.63
民房（西北侧）	25	2.5	16 号墩爆区	12.32	0.53
民房（东北侧）	34	2.5	13 号墩爆区	12.32	0.29
水泥制品厂办公房	70	2.5	南端拱肋爆区	1.4	0.02

3.2　塌落振动理论模型校核

利用塌落体冲击触地动量守恒封闭系统理论模型建立的板型结构塌落诱发的近区地面振动速度计算公式 $v_R = \dfrac{m_1 v_1}{m_2}\left(\dfrac{1}{R}\right)^{\beta}$ 对塌落振动进行校核[7]，计算数据见表 2，其中东侧厂房和配电房处振动小于安全控制标准，烟囱和西侧厂房处的质点振动速度峰值超过安全控制标准，通过加强烟囱、厂房附近的缓冲层填筑等防护措施降低塌落高度与触地振动，经计算采取减振措施后的烟囱、西侧厂房处的质点振动速度峰值可降低至 0.87~1.3cm/s。

表 2　塌落振动计算表

Tab. 2　Calculation of collapse vibration

保护物名称	烟囱	东侧厂房	西侧厂房	配电房
距离/m	3	11	3.8	6
塌落振动速度/cm·s⁻¹	4.36	0.5	3.24	1.80

3.3　安全防护精细设计与实施

（1）飞石防护[8]（见图 12）：1）主动覆盖防护：针对爆破部位利用毛竹片进行贴合覆盖防护并用铁丝扎紧；2）隔离防护：该渡槽跨度长、高度高，飞石飞散空间更大，在爆破部位沿渡槽走向两侧挂设毛竹帘并用铁丝相互串联扎紧，形成整体防护墙进行隔离防护。

图 12　爆破飞石防护

Fig. 12　Blasting flying stone protection

（2）槽墩缓冲防护[9]（见图 13）：为了防止破碎后小块结构砸落至槽墩，进一步确保其安全，在墩体两侧设置轮胎+毛竹片形成柔性缓冲层，对于个别墩体加设钢板防撞层。

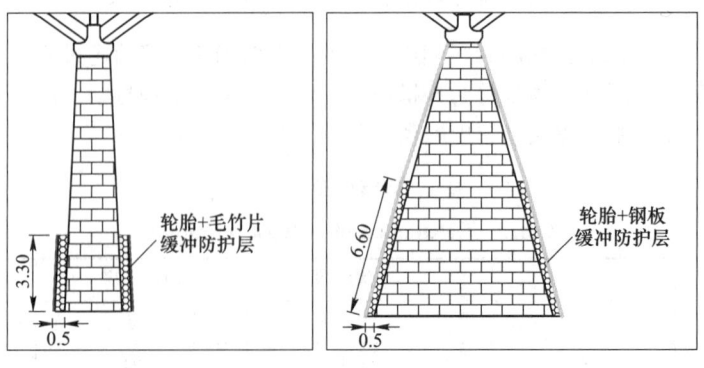

图 13　槽墩缓冲防撞防护

Fig. 13　Buffer and anti-collision protection of piers

（3）振动缓冲防护（见图14）：1）针对下方公路、地埋管线等重点区域设置钢板+轮胎+土堤塌落缓冲层，降低触地冲击作业与振动影响；2）针对渡槽南段西侧厂房与烟囱，采用土堤+沙包形成斜坡缓冲层，有效弱化塌落体触地的瞬时冲击荷载、大幅降低触地振动的同时，给予爆堆背向保护对象倾倒与堆积的趋势，确保厂房、烟囱结构与基础的安全。

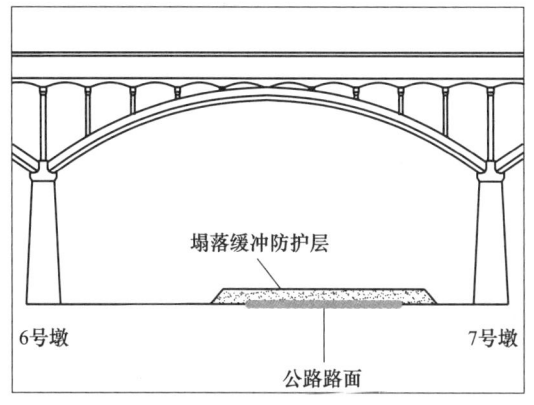
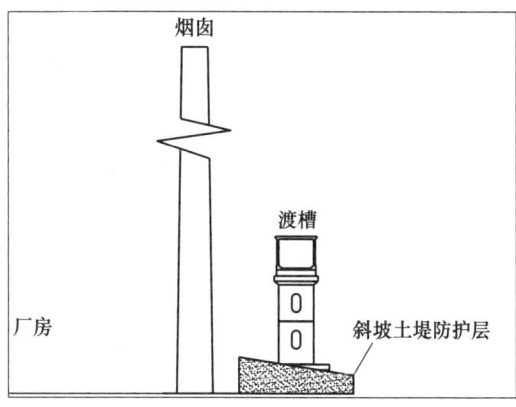

图 14　振动缓冲防护

Fig. 14　Vibration buffer protection

4　爆破效果

渡槽上部结构解体塌落姿态与堆积范围完全符合设计意图，拱肋拱脚处破碎充分，各构件触底后解体破碎块度小，仅个别竖墙与槽身需机械解小，单跨爆堆基本为"两端高、中间低"的形态；爆破飞石控制得当，最大飞散距离在20m以内；经第三方检测，爆破与塌落振动均未对周边环境造成影响，且16座槽墩均安全完好，墩体缓冲防护层未出现散落、压扁等情况，充分发挥了防撞缓冲作用。爆破前后图如图15所示。

图 15　爆前与爆后

Fig. 15　Before and after blasting

5　结论

（1）在超长肋拱式渡槽仅爆破拆除上部结构同时并确保下部槽墩安全的前提下，引入精细爆破理念，以结构力学为基础选择爆破部位，以确保环境与槽墩安全为原则，确定各部位不同破碎目的，克服构件"多样化、异形、薄壁、小体积"特点，精细计算并确定布孔方式、炸药单耗与装药结构等爆破参数，经工程实践证明效果良好，精细爆破拆除设计思路对类似工程具有一定的参考价值与借鉴意义。

（2）对于周边环境"线性动态变化复杂性"特点，一方面利用工业电子雷管优势精细化逐跨起爆延期时间，一方面通过"一墩一策、一跨一策"原则设计并实施的"多角度、立体式"安全防护措施，确保了爆破安全，为上述精细爆破拆除设计思路的实现提供了有效保障。

参 考 文 献

[1] 池恩安. 公路桥梁组合拆除爆破及数值模拟 [D]. 武汉：武汉理工大学, 2011.

[2] 谢先启, 贾永胜, 姚颖康, 等. 复杂环境下城市超长高架桥精细爆破拆除关键技术研究 [J]. 中国工程科学, 2014, 16 (11)：65-71, 77.

[3] 刘国军, 梁锐, 杨元兵. 复杂环境下钢筋混凝土简支梁式桥爆破拆除 [J]. 爆破, 2017, 34 (4)：115-119.

[4] 汪旭光. 爆破设计与施工 [M]. 北京：冶金工业出版社, 2011：445-454.

[5] 金骥良, 顾毅成, 史雅语. 拆除爆破设计与施工 [M]. 北京：中国铁道出版社, 2004.

[6] 国家安全生产监督管理总局. 爆破安全规程：GB 6722—2014 [S]. 北京：中国标准出版社, 2014.

[7] 孙金山, 谢先启, 贾永胜, 等. 建（构）筑物拆除爆破塌落触地振动预测模型研究 [J]. 工程爆破, 2014, 20 (2)：25-28.

[8] 李建强. 132m 渡槽爆破拆除 [J]. 爆破, 2010, 27 (2)：71-73, 102.

[9] 谢先启, 韩传伟, 刘昌邦. 钢筋砼渡槽控爆拆除技术 [J]. 爆破, 2008 (2)：49-52.

复杂环境空心墩简支超高架渡槽爆破拆除

段筱冀[1]　刘兵兵[1]　牛　江[1]　韩学军[1]　叶建军[1,2]　王　征[3]

（1. 湖北凯龙工程爆破有限公司，湖北　荆门　448000；

2. 湖北工业大学土木工程与建筑学院，武汉　430068；

3. 湖北大禹建设股份有限公司，武汉　430061）

摘　要：宜昌宋家嘴渡槽38号~60号墩柱之间长度为384 m，墩高超过跨度，最大墩高超过40m，周边环境复杂。为保证拆除安全和减少对周围环境影响，决定利用空心墩柱砌块吊装孔作为炮孔并采用逐跨延时定向倒塌的爆破拆除技术方案，38号~56号槽墩垂直于渡槽走向朝东定向倒塌，57号~60号槽墩沿渡槽走向朝北定向倒塌。通过人工切割渡槽连接处、带水源金刚石钻断开构造柱、柔性材料覆盖防护、延时起爆技术、槽身蓄水等措施以控制爆破有害效应的环境影响。爆破后，57号墩双向受力首先塌落，随后58号、59号、60号墩朝北塌落，5s内四墩全部触地。10s内所有渡槽依次落地。除向北倒塌的4个渡槽外，其余渡槽破碎碎块塌落在纵向轴线两侧各10m范围内；两端保留渡槽和墩柱、倒虹吸管道、拌合站及邻近其他保护建筑未受影响。

关键词：超高简支渡槽；吊装孔；爆破拆除；定向倒塌；逐跨延时

Blasting Demolition of Hollow Pier Simply Supported Superelevated Aqueduct in Complex Environment

Duan Xiaoyan[1]　Liu Bingbing[1]　Niu Jiang[1]　Han Xuejun[1]　Ye Jianjun[1,2]　Wang Zheng[3]

（1. Hubei Kailong Engineering Blasting Co., Ltd., Jingmen 448000, Hubei; 2. School of Civil Engineering and Architecture, Hubei University of Technology, Wuhan 430068; 3. Hubei Dayu Construction Co., Ltd., Wuhan 430061）

Abstract：The length between the 38#~60# piers of the Songjiazui Aqueduct in Yichang is 384 meters, the pier height exceeds the span, and the maximum pier height exceeds 40 meters, and the surrounding environment is complex. In order to ensure the safety of demolition and reduce the impact on the surrounding environment, it is decided to use the hoisting hole of hollow pier block as the blast hole and adopt the technical scheme of blasting demolition with span-by-span delayed directional collapse. The 38#~56# pier collapsed vertically towards the east along the direction of the aqueduct, while the 57#~60# pier collapsed towards the north along the direction of the aqueduct. To control the environmental impact of harmful blasting effects, measures such as manually cutting the connection of the aqueduct, using diamond drills with water sources to break the structural columns, covering with flexible materials

基金项目：2022年湖北省安全生产专项资金科技项目（SJZX20220909）。

作者信息：段筱冀，工程师，1975825070@ qq. com。

for protection, using delayed detonation technology, and storing water in the tank body are taken. After blasting, 57# pier collapsed first due to its overturning force, and then 58#, 59# and 60# piers collapsed northward, and all four piers touched the ground within 5s. All aqueducts shall land in turn within 10s. Except for the four aqueducts that collapsed to the north, the other aqueduct fragments collapsed within 10 meters on both sides of the strike axis; The aqueduct and pier column, inverted siphon pipe, mixing station and other adjacent protective buildings are not affected at both ends. It shows that the blasting design and construction are reasonable and the project is successfully implemented.

Keywords: simply supported superelevated aqueduct; hoisting hole; demolition blasting; directional collapse; span-by-span delay

1971 年建成通水的东风渠灌区是全国三十个大型灌区之一，宋家嘴渡槽是灌区 41 座渡槽中最长的渡槽。东风渠灌区续建配套与现代化改造纳入国家重点推进的 150 项重大水利工程之一，按照集中连片和优先对灌区内安全隐患突出的渠系及建筑物进行整治改造原则，拟对宋家嘴渡槽进行拆除原址重建。原设计采用的是利用长臂破碎机的机械拆除方案，这用在高墩渡槽部分存在较大安全风险。为了降低安全风险，决定对高墩柱的 38 号~60 号空心槽墩渡槽采用爆破拆除方法，剩余渡槽业主再采用机械方式拆除。

伍锡南等人[1]针对高墩柱的简支结构钢筋混凝土渡槽采用数码电子雷管分段延时控制爆破，并采取多重防护措施，成功地实现了渡槽的拆除。谢续文等人[2]针对墩高介于 5~30m 的简支钢筋混凝土箱式渡槽，采用跨间半秒延期的双向定向控制爆破，较为成功地实现了渡槽的拆除，并通过受力分析得出了影响简支结构定向爆破切口大小的因素。周祥磊等[3]针对主塔高达 64m 的单索面预应力斜拉桥，在周边环境极其复杂情况下，结合大桥自身结构特点，采用"主塔向北定向倒塌，主墩与桥面原地坍塌"的爆破方案，采用孔内和孔外相结合的延期起爆技术，成功地使金婺大桥安全倒塌。张文锡[4]针对墩高 20m 的先简支后连续的预应力钢筋砼大桥，采用整体单向倾倒及原地塌落爆破方案，并采用半秒延期分段起爆方式，成功地实现了大桥一次爆破拆除。蒋文俊[5]及其团队为了确定那平大桥的最佳爆破拆除参数，通过数值模拟分析了该桥梁 16m 高墩柱分段延期爆破下的应力损伤和倒塌形态，指导了大桥一次性成功爆破拆除。

目前国内对于超高墩柱桥梁或渡槽爆破拆除案例少有报道，无法为复杂环境下空心墩超高简支渡槽的爆破拆除提供有力的技术指导。在上述文献提供的切口参数设计、跨间延时和定向倒塌等经验的基础上，本文详细介绍东风渠灌区超高空心墩简支渡槽爆破拆除设计和施工情况，为同类工程提供参考。

1　工程概况

1.1　周边环境

待爆破拆除的宜昌宋家嘴 38 号~60 号墩柱之间渡槽墩槽长 384m。53 号~54 号槽墩下方下穿有南北走向县道 Y017，另有乡道紧邻平行于南侧。渡槽下穿有架空通信线，槽墩距离南侧最近的民房约 37m，距离南侧混凝土拌合站料仓高塔约 18m，距离南侧倒虹吸临时输水管道（管道直径 1.80m）中心 15m。渡槽周边环境十分复杂（见图 1 和图 2）。

图 1　宋家嘴渡槽爆破拆除部分周边环境航拍图

Fig. 1　Aerial photo of the surrounding environment of the blasting demolition part of the Songjiazui aqueduct

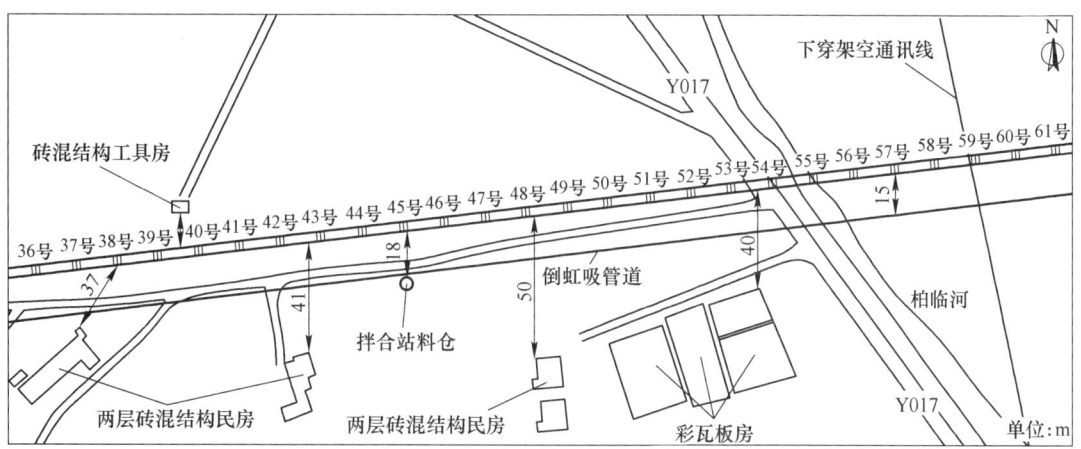

图 2　宋家嘴渡槽爆破拆除部分周边环境示意图

Fig. 2　Schematic diagram of the surrounding environment for the blasting demolition of the Songjiazui aqueduct

1.2　渡槽结构

待爆破拆除渡槽从上至下可分三部分，即：槽身、槽墩柱和基础。渡槽槽墩基本尺寸见表 1，其实景和结构分别如图 3 和图 4 所示。

（1）槽身。上部槽身为过水部分，每节 U 型槽身长 16.0m，高 3.1m，宽 3.46m，约 28.8m³，预制 250 号混凝土（对应新规范 C20 强度）结构。相邻槽身间连接缝采用锯末、水泥加防水材料配合填缝。连接缝位于墩帽上方中心线位置，墩帽上的预埋钢板（300mm×200mm×25mm，4 块），槽身纵向分布钢筋同 30mm×30mm×3mm L 型角钢焊接连接。

（2）槽墩柱。中部槽墩高为 23.4～39.5m，横截面为类长方形中空结构，长 5.6m，宽 2.6m。槽墩墩身每 5m 设一根圈梁（内设最粗 ϕ16mm 圆筋），四边中间设有 0.4m 宽现浇构造柱（200 号钢筋混凝土，对应新规范 C15 强度），从底到顶与圈梁连接成整体。槽墩上部圈梁处有连系梁。空心墩墩身浆砌部分为长 0.5m、高 0.4m、厚 0.3m 的预制块 200 号混凝土（对

(a)　　　　　　　　　　　　　　(b)

图 3　渡槽实景图

（a）近景；（b）远景

Fig. 3　Actual view of the aqueduct

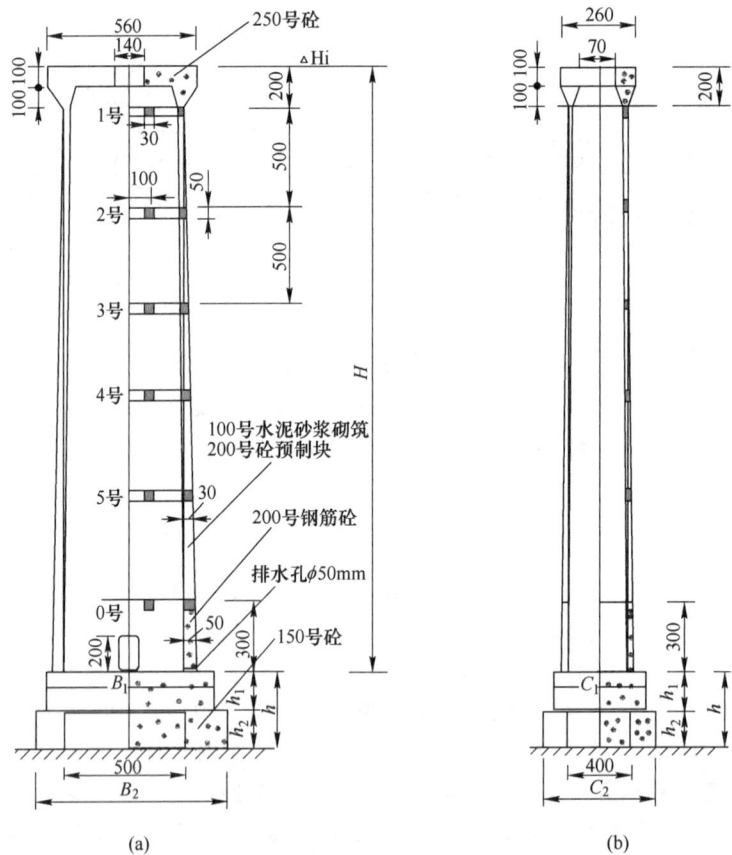

(a)　　　　　　　　　　　　　　(b)

图 4　宋家嘴渡槽爆破拆除部分槽墩结构图（单位：cm）

（a）Ⅰ—Ⅰ视图；（b）Ⅱ—Ⅱ视图

Fig. 4　Structural diagram of the pier in the blasting demolition section of the Songjiazui aqueduct（unit：cm）

应新规范 C15 强度）加水泥砂浆 100 号（对应新规范 C5 强度）砌筑，中心预留有 $\phi 50mm$ 通孔（吊装孔）。空心墩内部每 5m 高设有两道联系梁（长×宽×高 = 1.4m×0.5m×0.3m），与圈梁连接成整体，沿中心线两侧 1m 对称布置。

表 1　槽墩基本尺寸

Tab. 1　Basic dimensions of aqueduct piers

墩号	墩高/m		墩底尺寸/m			基础/m					
						一层			二层		
	H	墩顶高程 ΔH_i	B	C	h	B_1	C_1	h_1	B_2	C_2	h_2
38	23.4	195.443	6.156	3.156	2	6.8	4.6	1	7.4	6	1
39	26.9	195.41	6.346	3.346	2.5	7.2	4.8	1.25	7.8	6	1.25
40	30	195.377	6.514	3.514	2	7.2	4.8	1	7.8	6	1
41	30	195.344	6.514	3.514	2.5	7.2	4.8	1.25	7.8	6	1.25
42	32.5	195.311	6.648	3.648	3	7.6	5	1.5	8.6	6	1.5
43	36	195.278	6.838	3.838	2	8	5.2	1	8.6	6.2	1
44	36	195.215	6.838	3.838	2	8	5.2	1	8.6	6.2	1
45	35	195.212	6.784	3.784	2	8	5	1	8.6	6	1
46	35.5	195.179	6.81	3.81	3	8.1	5.1	1	9.3	6.1	1
47	35	195.146	6.784	3.784	2	8	5	1	8.6	6	1
48	36.2	195.113	6.848	3.848	2	8	5.2	1	8.6	6.2	1
49	35.2	195.08	6.794	3.794	3	8	5	1.5	8.6	6	1.5
50	35.6	195.047	6.816	3.816	5.7	8	5	1.9	8.8	6.2	1.9
51	36.2	195.014	6.848	3.848	3	8	5.2	1.5	8.6	6.2	1.5
52	37	194.981	6.892	3.892	3	8	5.2	1.5	8.6	6.2	1.5
53	37	194.948	6.892	3.892	3	8	5.2	1.5	8.6	6.2	1.5
54	39.5	194.96	7.028	4.028	3	8.1	5.1	1	9.3	6.1	1
55	39.5	194.882	7.028	4.028	3	8.1	5.1	1	9.3	6.1	1
56	36	194.849	6.838	3.838	5.1	7.7	5.2	1.7	8.3	6.2	1.7
57	38	194.816	6.946	3.946	3	8	5.2	1.5	8.6	6.2	1.5
58	35.9	194.783	6.832	3.832	5.4	8	5	1.8	8.6	6	1.8
59	38	194.75	6.946	3.946	4	8	5.2	2	8.8	6.2	2
60	37.5	194.717	6.918	3.918	3	8	5.2	1.5	8.6	6.2	1.5

（3）基础。下部基础为 2~3 层平台 100 号混凝土（对应新规范 C5 强度）分层浇筑结构（46 号、50 号、54 号、55 号、56 号、58 号为三层平台基础）；高度为 2.0~5.7m；基础上部长 6.8~8.1m，宽 4.6~5.2m；基础底部长 7.4~10.3m，宽 6.0~6.2m。基础底部岩石为红砂岩。

1.3　工程特点及难点

（1）周边环境复杂，待拆槽墩地处居民房聚集区，可供倒塌的范围小。邻近有变压器、供电线、通讯光缆、商砼拌合站、磅房、临时倒虹吸输水管道并横跨县道、乡道等。拆除爆破会产生爆破振动、塌落振动、飞散物、冲击波、噪声和粉尘等危害效应，爆破时必须严格控制这些有害效应对周边被保护对象的影响。施工作业前要完成影响范围内居民房屋的调查与鉴定，对重点人员登记并一对一落实疏散监护人员，工作难度大。

（2）爆破拆除渡槽长 384m，由于爆破拆除渡槽与保留渡槽相连，高空作业将联系割断难以实施，爆破倒塌过程可能形成多米诺效应影响相连的渡槽，爆破警戒要扩大至渡槽全域，涉及的区域大、面积广、住户多，组织难度大。

（3）爆破作业过程中钻孔、预拆除、装药、防护等施工涉及高空作业，应采取安全措施保证高空作业的安全。同时，渡槽年久失修存在不稳定安全隐患，要有周密的应急预案。

（4）空心墩混凝土砌块中心有 φ50mm 通孔（吊装孔），利用其作为炮孔可以减少钻孔工作量，可避免钻孔扬尘对周边环境的影响，但底部堵塞难度大。

（5）为减少交通封控对县道交通及周边居民出行影响，爆破作业须在当日完成。这就要求装药堵塞、爆区覆盖防护和脚手架拆除要交叉作业，必须周密策划、精心组织、严格过程监督。

2　爆破拆除方案选择

如上所述，渡槽紧邻重要民房、道路和其他设施等，周围环境极为复杂。而渡槽质量、各部分的截面积都较大，需用较大的药量才能保证爆破效果。要减小爆破振动和落地冲击振动，保证周围建（构）筑物的安全，必须采用分段延期、逐跨起爆。同样，为了减轻环境影响，应尽量采用沿渡槽走向定向倒塌的方案。不同于城市低矮简支桥梁爆破[6-8]，本工程中所有待拆除渡槽槽身高度都超过了跨度，如果所有渡槽都沿着渡槽走向倒塌，不管往哪一边倒塌，都会砸向邻近保留渡槽而产生不可控危险。为此，决定采用垂直渡槽走向与沿渡槽走向方向倾倒相结合的方案，少量垂直走向方向倾倒的渡槽先爆，为沿渡槽走向方向倾倒的槽墩提供倒塌空间，避免影响两端保留渡槽。具体设置如下：

57 号~60 号槽墩选择垂直渡槽轴线方向向北定向倒塌，38 号~56 号槽墩选择顺渡槽轴线方向向东定向倒塌。起爆点选择 60 号槽墩，起爆站选在渡槽东山体外坡脚距离相邻标段渡槽 50m 外的地方。各槽墩倒塌方向如图 5 所示。

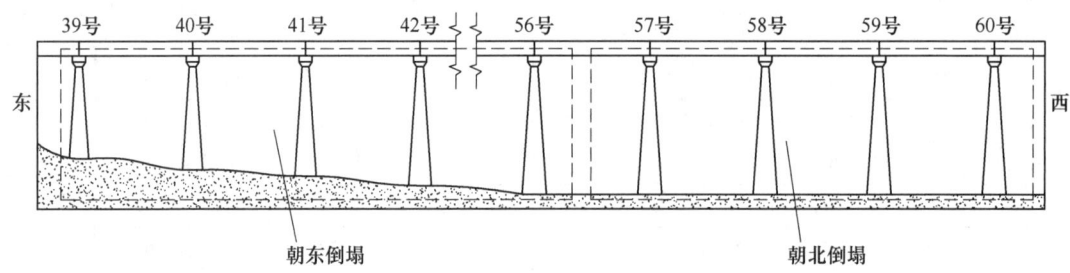

图 5　槽墩倒塌方向示意图

Fig. 5　Schematic diagram of the collapse direction of the aqueduct piers

3　爆破参数设计

3.1　预处理

（1）宋家嘴渡槽架空高度高，为避免牵扯相邻标段渡槽及高空作业，对本区域尾段焊渡槽 67 号槽墩顶部槽帽与槽身焊接处、两跨过水槽连接处预先用人工方式切割，形成贯通缝。

（2）38号~60号槽墩底部人工凿平，内、外地面整平压实，形成脚手架搭设平台。搭设脚手架后将拟用作炮孔的砌块吊装孔底部填塞密实，切口范围内构造柱两边各人工拆除1~2列混凝土砌块增加爆破临空面同时化墙为柱，定向向北坍塌的4根空心墩切口背面构造柱用带水源金刚石钻断开，破坏其内部结构。墩座底部检修孔打开，爆破部位对面掏开2~3个砌块，增加气体溢出通道，以避免爆生气体冲击对保留部位的影响。

（3）渡槽下的供电、通信线路迁走或改为地下走线；40号槽墩临近的工具房爆破前迁走，槽墩之间连接线等全部剪断。

3.2 爆破切口

3.2.1 切口高度

根据爆破设计手册[9]，为确保钢筋混凝土框架结构爆破后快速打开切口，使得渡槽在倾覆力矩下顺利坍塌或倾倒[10-11]，钢筋混凝土框架结构承重立柱的爆破破坏高度 H 可按下式确定：

$$H = K(B + H_{min}) \tag{1}$$

式中，K 为经验系数，$K = 1.5 \sim 2.0$，本工程取 1.5；B 为立柱截面的边长，矩形截面取长边，本工程 B 取 0.4m，（即构造柱长边长度）；H_{min} 为立柱失稳的最小破坏高度，可用下式表示

$$H_{min} = (30 \sim 50)d \tag{2}$$

其中，d 为钢筋直径，cm；本工程 d 取 1.6cm，则 $H_{min} = 48 \sim 80$cm，实取 80cm，即 0.8m。

将 $K = 1.5$，$H_{min} = 0.8$，$B = 0.4$ 代入式（1），计算得到 $H = 1.8$m。即钢筋混凝土框架结构承重立柱的爆破破坏高度不得小于 1.8m。

3.2.2 切口方向及部位

3.2.2.1 38号~56号槽墩爆破切口设计（沿走向倒塌，朝东）

根据槽墩设计情况，每层砌块高度为 0.4m，为方便布置炮孔，切口高度取 5 层砌块高度，即 H=2.0m。为便于钻孔操作，切口下边位于距基础底座上方 0.4m（一层砌块高度）位置。38号~56号槽墩爆破切口示意图如图6所示，在南、北构造柱西边底部2层砌块人工拆除各2

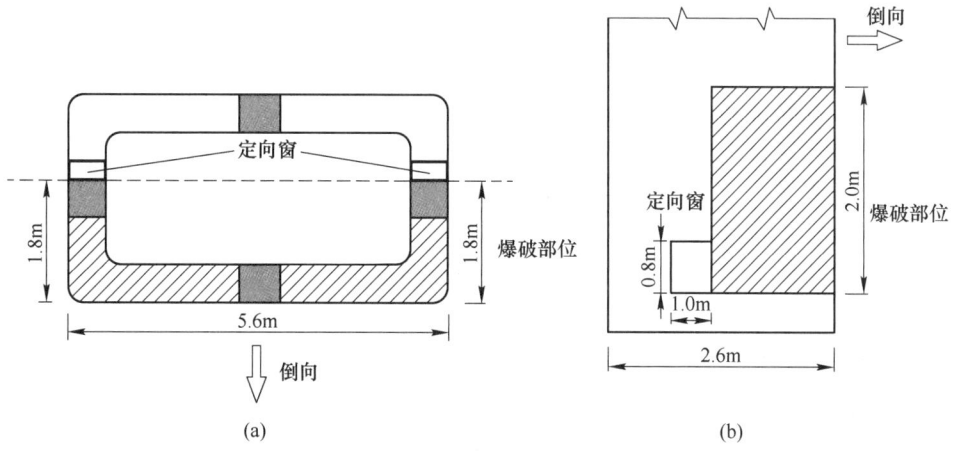

(a)   (b)

图6 38号~56号槽墩爆破切口示意图

（a）墩身横截面；（b）墩身纵截面

Fig. 6 Schematic diagram of blasting cuts for No. 38~No. 56# aqueduct piers

个混凝土砌块砖形成对称的定向窗。根据类似长高比较大的高耸建筑物拆除经验，切口形状选择矩形，以槽墩东面构造柱为中心布置。在切口高度内，槽墩倒塌方向侧全部爆破，南北两侧爆破区域应包含构造柱。切口长度 S 取 9.2m，占周长的 56%。

3.2.2.2　57 号~60 号槽墩爆破切口设计（垂直走向倒塌，朝北）

57 号~60 号槽墩爆破切口示意图如图 7 所示，切口高度取 5 层砌块高度，即 $H=2.0$m。为便于钻孔操作，切口下边位于距基础底座上方 0.4m（一层砌块）位置。在东、西构造柱南边底部 2 层砌块人工拆除各 2 个混凝土砌块砖形成对称的定向窗。在切口高度内，槽墩倒塌方向侧全部爆破，东西两侧爆破区域包含构造柱。取切口长度 S 取 11.2m，占周长的 68%。

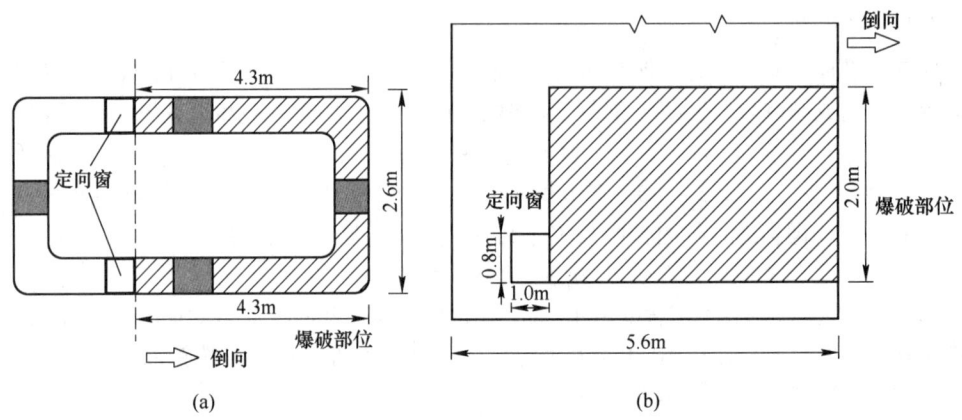

图 7　57 号~60 号槽墩爆破切口示意图

（a）墩身横截面；（b）墩身纵截面

Fig. 7　Schematic diagram of blasting cuts for 57#~60# aqueduct piers

3.3　爆破参数

3.3.1　爆破孔网参数

（1）空心墩壁厚（δ）：0.3m；

（2）最小抵抗线（W）：0.15m；

（3）炮孔直径（d）：42mm；

（4）炮孔孔距（a）、排距（b）：$a=0.5$m，$b=0.4$m（砌块砖尺寸）；

（5）炮孔深度（L）：0.2m；

（6）单孔装药量（Q）：根据体积公式 $Q=qab\delta$ 确定单孔装药量；

（7）竖向构造柱位置应适当加密炮孔，竖向炮孔孔距（a）：0.3m。

3.3.2　装药结构

孔内装 ϕ32mm 乳化炸药，雷管正向连接，脚线引出孔外，孔口用炮泥封堵严实。

3.3.3　炮孔成孔方式、堵塞材料及单耗确定

本次渡槽爆破炮孔数目庞大，利用空心墩混凝土砌块吊装孔作为炮孔将极大减少钻孔工作量。鉴于吊装孔为两端开口的通孔，为加快堵孔效率，事先采用锚杆锚固剂堵塞炮孔底部，在爆破施工当日采用炮泥堵塞一端即可。为确定爆破单耗，在槽墩上人工抠取了 4 个混凝土砌

块，分别按照 1000g/m³ 和 1500g/m³ 单耗控制装药进行试爆，发现两种单耗均能保证砌块完全破碎。为确保爆破后砌块充分解体抛出，确定采用 1500g/m³ 单耗（竖向构造柱和圈梁采用 2000g/m³ 单耗）。设计炮孔总数 2382 个，其中 1916 个炮孔为利用的吊装孔堵塞改造。

3.4　爆破网路设计

鉴于爆破炮孔数目庞大，所需雷管数量多，如全部使用数码电子雷管，不但爆破成本高，还需采用多个起爆器，降低了操作可靠性。考虑到仓库库存有满足本工程施工所需要的导爆管雷管，为降低爆破成本，提高爆破安全性，本次爆破网路设计采用导爆管雷管与数码雷管混合起爆网路。用单发高段别导爆管雷管入孔，每 15 发左右汇集为一簇接入 2 发 1 段导爆管雷管，同墩各簇汇集成一股后再用双发数码雷管接入网路。各墩之间延期时间由孔外数码雷管设置。

参考同类工程经验[1-3]，爆破网路设计以 60 号槽墩为起爆点，孔外激发数码雷管设定为 0ms；59 号~57 号槽墩间隔 50ms，56 号与 57 号槽墩间隔设计为 500ms，后续 55 号~38 号槽墩按照间隔 300ms 逐墩递加设定延期时间。

4　爆破安全设计

4.1　控制爆破飞石危害

为避免爆破飞石造成危害，对炮孔装药部位用双层高强土工布加铁丝网固定进行爆区覆盖防护；对槽身及墩身解体塌落后可能碰撞的部位（地面、基础、路面等）采取覆盖沙土或沙袋的保护性防护；机械设备、车辆及人员提前转移到安全区域，邻近建筑物门窗微开启并予固定；重点保护建筑迎爆面采用排架防护、保护建筑物楼顶采取柔性材料覆盖防护。

4.2　控制爆破振动危害

为降低爆破振动：采用延时爆破技术，减少一次起爆最大药量，并减少爆破振动并使构件充分解体；紧邻居民区侧、倒虹吸管道侧开挖减振沟，管道上方覆盖沙土、沙袋；倒塌地面杂物清理干净，倒塌轴线两侧铺沙袋或废旧轮胎、植物枝干等，设置减振土堤；沿线的公路护栏等市政设施预先拆除；邻近及下穿的架空电线、通信线提前迁走或改道。爆破时对重点建筑物进行爆破振动监测。

4.3　控制爆破粉尘危害

为降低爆破粉尘，采取以下措施：在渡槽两端砌筑围堰，蓄积一定量的水在渡槽内，爆破后积水下泄喷淋爆堆减少爆破扬尘。

4.4　爆破警戒

爆破警戒范围设置为 300m。爆破时，警戒范围内道路实行交通管制，县道及乡道均禁止通行。为避免爆破后下坠的槽身砸倒未纳入本次爆破范围的槽墩发生多米诺骨牌现象，爆破警戒范围扩大到东风渠宋家嘴渡槽全区域。为避免职责交叉出现疏漏，施工组织设计双重警戒圈，爆破施工单位负责内场装药警戒、业主及管理机关负责外场警戒，装药完成发布爆破预警时内场警戒再由里向外与既定的外场警戒点汇合共同实施爆破警戒。

4.5　重点保护部位

紧邻的倒虹吸管道是保护重点，在爆破时管道临时停止输水。为加强对临时倒虹吸过水钢管的保护，设计上采取在管道靠近渡槽侧开挖减振沟，管道上方覆盖沙土与废旧轮胎等措施减少塌落振动及意外情况对管道的影响。

5 爆破效果

爆破倒塌姿态如图 8 所示，2022 年 11 月 17 日 16 时 18 分对渡槽实施爆破。起爆后 0.5s 四个朝北墩爆破缺口形成，1.5s 后开始倾覆，57 号墩受自身倾覆拉力及来自 56 号墩倾覆挤压力叠加影响首先塌落，随后 58 号、59 号、60 号墩朝北塌落。2.5s 四墩倒塌缺口形成，56 号墩槽身下坠，5s 朝北四墩落地，朝东 56 号墩倾斜，10s 时所有渡槽落地。

(a)

(b)

(c)

图 8　渡槽倒塌过程组图

Fig. 8　Collapse process diagram of the aqueducts

塌落范围：57 号~60 号槽墩区域，槽身主体朝北倒塌距渡槽东西走向轴线约 30m，少量砌块破碎体散落距离约 40m。其他槽墩区域，槽身主体均基本沿轴线倒塌，无明显偏移，砌块破碎体大多分布于轴线两侧各 10m 范围内，倒虹吸管道、拌合站及邻近其他保护建筑未受影响，最近建筑物处的质点振速为 0.439cm/s，爆破有害效应控制在国家标准范围内[12]，爆后效果如图 9 所示。

图 9 爆破后效果

Fig. 9 Effect after blasting

6 爆后总结

（1）受槽墩上部槽身压力及倾覆摩擦力、焊接件拉力的影响，渡槽支撑墩倾覆力矩远小于烟囱、水塔之类独立高耸构筑物的倾覆力矩，尤其是沿长轴定向倒塌的爆破切口设计在周边环境较好时切口应取大值。

（2）渡槽爆破选择环境相对好的地方起爆，打开缺口形成后续渡槽的倒塌空间很关键，起爆点应选择相对较高的槽墩，具备条件的首选槽墩原地塌落打开缺口。

（3）与城市低矮简支桥梁爆破不同，简支超高架沿渡槽走向定向塌落，墩间延期时间间隔应尽量取小以形成同方向的整体倾覆力，在验证满足塌落振动要求下，确保槽墩、槽身同向跌落，避免触地后架堆及变向。

参 考 文 献

[1] 伍锡南，聂群富. 复杂环境下高大渡槽拆除爆破的控制爆破技术 [J]. 工程爆破，2022，28（5）：81-87.

[2] 谢续文，杨准. 简支结构定向控制爆破缺口参数探讨 [J]. 采矿技术，2017，17（1）：90-91，94.

[3] 周祥磊，陈德志，罗鹏，等. 独塔单索面预应力斜拉桥爆破拆除 [J]. 爆破，2020，37（4）：89-93，137.

[4] 张文锡. 先简支后连续钢筋混凝土大桥控制爆破拆除 [J]. 爆破，2022，39（1）：130-133.

[5] 蒋文俊，唐春海，程贵海. 基于数值模拟的多跨简支梁桥拆除爆破技术 [J]. 工程爆破，2022，28（1）：91-98.

[6] 叶武，楼晓江，刘雷洋，等. 公路跨线高架桥拆除爆破方案优化研究 [J]. 爆破，2022，39（3）：124-132，144.

[7] 茆恒阳，郑德明，廖和平，等. 复杂环境下 350m 钢筋砼桥梁爆破拆除 [J]. 爆破，2019，36（4）：108-111.

[8] 刘国军，梁锐，杨元兵. 复杂环境下钢筋混凝土简支梁式桥爆破拆除 [J]. 爆破，2017，34（4）：115-119.

[9] 汪旭光. 爆破设计与施工 [M]. 北京: 冶金工业出版社, 2015.

[10] 杨志红, 郑文富, 何慧明, 等. 框架核心筒结构高层建筑的对向倒塌爆破拆除 [J]. 爆破器材, 2022, 51 (6): 60-64.

[11] 姬震西, 夏春鹏, 李涛. 73m 高三角形框架剪力墙水塔定向拆除爆破 [J]. 工程爆破, 2022, 28 (2): 93-97.

[12] 国家安全生产监督管理总局. 爆破安全规程: GB 6722—2014 [S]. 北京: 中国标准出版社, 2015.

取水口岩埂围堰控制爆破拆除设计与施工

胡安静

（中国水利水电第十四工程局有限公司，昆明　650041）

摘　要：山西中部引黄水源工程取水口位于天桥库区内，取水口围堰采用预留岩埂型式，最大高度12m，其中水下部分7m，岩埂厚度1.7~5.6m，取水口周边建（构）筑物较多，施工环境复杂，岩埂与进水塔结构紧邻，通过采用控制爆破技术有效保护了围堰最近的进水塔及闸门、天桥电厂办公区、厂区及大坝枢纽等建筑。

关键词：山西中部引黄；水下；岩埂围堰；微震爆破；拆除技术

Design and Construction of Controlled Blasting Demolition Plan for the Rock Embankment Cofferdam

Hu Anjing

（Sinohydro Bureau 14th Co., Ltd., Kunming 650041）

Abstract：The water intake of the Shanxi Central Yellow River Diversion Water Source Project is located in the Tianqiao Reservoir Area. The cofferdam for the water intake adopts a reserved rock ridge type, with a maximum height of 12m, including 7m in the underwater part. The thickness of the rock ridge is 1.7-5.6m. There are many buildings (structures) around the water intake, and the construction environment is complex. The rock ridge is adjacent to the water intake tower structure. By using controlled blasting technology, the nearest water intake tower and gate of the cofferdam, as well as the office area of the Tianqiao Power Plant, are effectively protected buildings such as factory areas and dam hubs.

Keywords：shanxi central yellow river diversion；underwater；rock ridge cofferdam；microseismic blasting；demolition technology

1　概述

1.1　工程概况

山西省中部引黄工程是山西省"十二五"规划大水网建设中一项重要的工程，规划年供水6.02亿立方米。山西省中部引黄工程包括取水工程和输水工程。取水工程位于保德县境内，从取水口至出水池段，沿线长约2.5km。取水口位于天桥水电站左坝头上游320m处，最低取水水位830.0m，设计取水水位834.0m。进水口设拦污栅一道，工作闸门两道，塔身段检修平

作者信息：胡安静，学士，高级工程师，huanjing1985@163.com。

台高程 836.6m[1]。

1.2 水文及地质条件

取水口位于天桥电站大坝左坝头上游 380m 处的黄河左岸，本段黄河流向 NE35°~40°，河底高程 820m 左右。取水口位于本段黄河河谷左岸岸坡处，岸坡为基岩岸坡。岸坡陡峻，水面以上附近天然坡度近 90°。上部高程 EL856m 平台为省道 S249 禹保线公路。

取水口围堰按照天桥水库正常蓄水位设计，水位高程为 EL834.0m[2]，其中枯期汛限水位高程为 EL832.0m，实际堰顶高程为 EL835.8m。

取水口部位的地层由上至下分别为：

（1）EL840m~EL831m 高程间：奥陶系中统峰峰组下段第一岩组（O_2f^1-1）泥灰岩、泥质白云岩。

（2）EL831m~EL816m 高程间：奥陶系中统峰峰组下段第三岩组（O_2f^1-3）泥灰岩、泥质白云岩夹灰岩，泥灰岩岩性较软，灰岩岩性较硬。其岩性软弱，由于靠近岸边，岩体较破碎，基础位于库正常蓄水位之下，地基岩体基本质量级别为 IV 级。

1.3 岩埂围堰结构概况

取水口围堰采用预留岩埂加固后成型，岩埂原厚度 1.7~5.6m，岩埂布置三排 φ219mm 钢管桩[1]进行加固，迎水面侵蚀倒悬空腔采用模袋、玻璃纤维筋、M25 砂浆回填背水面采取垂直边坡开挖，设置三道内撑梁，围堰两侧与取水口拦污栅的闸门墩相接。为满足山西中部引黄地下泵站提水需要，取水塔土建和安装完工后续需拆除围堰，拆除范围为 EL824.0m~EL835.8m 间、左 0+006.60~右 0+006.60 段岩埂，取水口岩埂围堰拆除工程量约 1150m³，水下部分高 7m。具体围岩断面型式如图 1 所示。

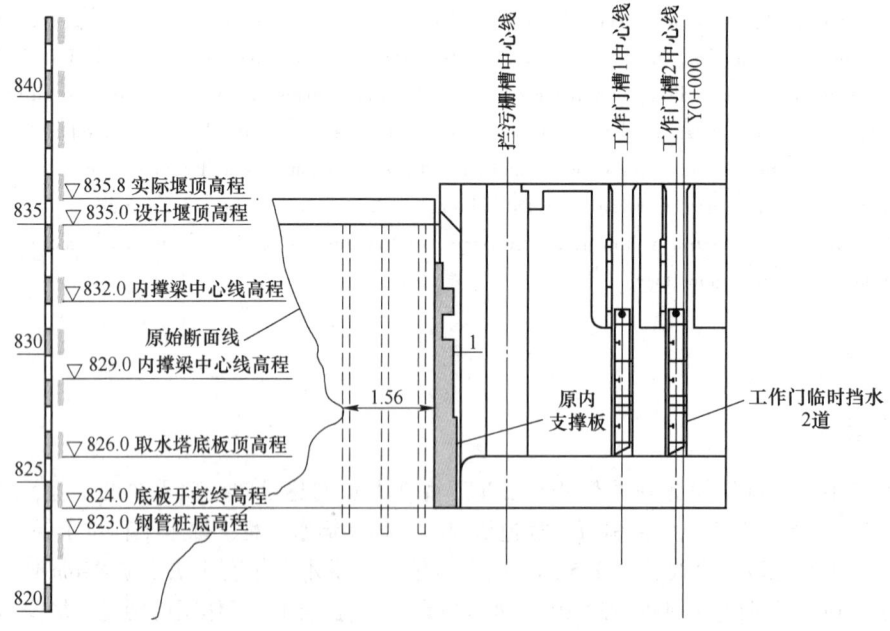

图 1 取水口围堰典型断面图（取水塔中心线剖面处，单位：m）

Fig. 1 Typical cross section of water intake cofferdam (at the centerline section of the water intake tower, unit: m)

1.4 取水口围堰拆除范围及周边环境

取水口基础为泥灰岩，取水塔底板顶面浇筑高程为 EL826.0m，为保证取水塔基础的稳定又不影响过流，预留岩埂拟拆除至高程 EL824.0m。同时，为了保证取水口边坡的稳定，左右两侧预留部分钢管桩不拆除，维护垂直边坡的稳定性，仅拆除左 0+006.60~右 0+006.60 范围内的岩埂。考虑到取水口前岩体风化程度较高、冲蚀严重以及进水流态，取水口岩埂上下游两侧从第三排钢管桩处向外按 30°拆除形成喇叭口进水断面。

取水口周边建（构）筑物较多，施工环境复杂，岩埂与进水塔结构紧邻，内边缘距拦污栅墩墩头为 1m；岩埂在天桥库内且临近生活办公区，距离约 48m，距天桥水电厂生活区最短直线距离约 300m；取水口上方为 S249 省道，车流量较大，每日约 8000~12000 辆；距下游天桥水电站大坝、厂房直线距离分别为 300m、320m，且拆除期间，厂房正常发电；距东山水泥厂直线距离约 550m[3]。具体位置关系如图 2 所示。岩埂拆除需对周边建筑、设施采取有效的控制、防护措施。

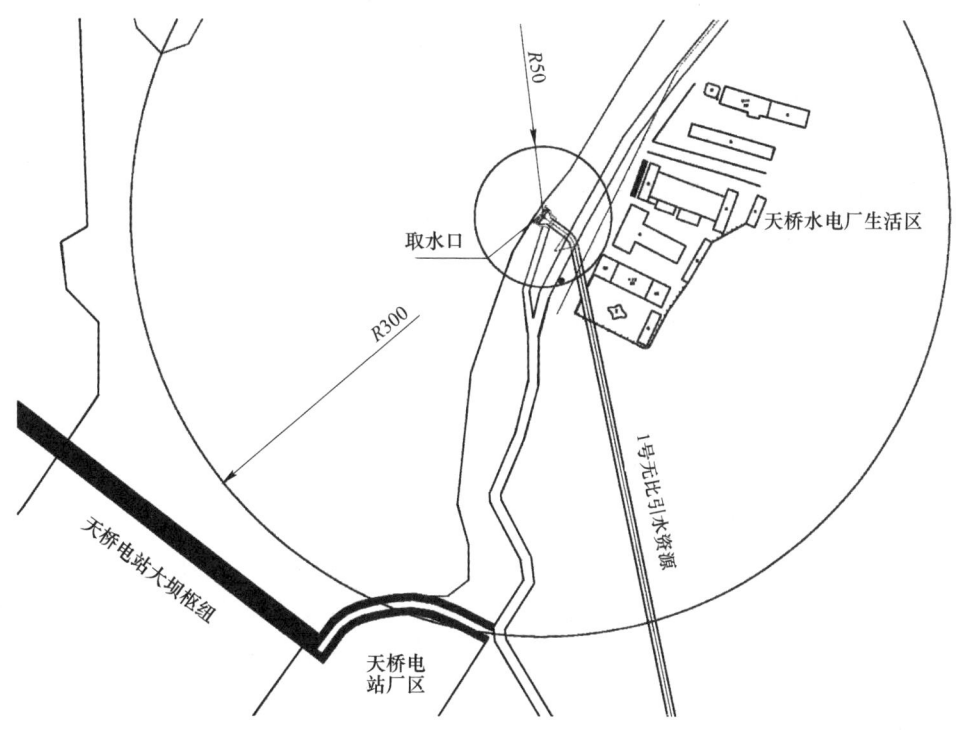

图 2 取水口围堰位置关系平面图

Fig. 2 Layout plan of the position relationship of the water intake cofferdam

1.5 围堰拆除难点

（1）岩埂围堰距永久水工建筑物近，进水塔拦污栅闸墩与预留岩埂紧邻，爆破安全控制要求高。

（2）岩埂围堰布置三排 ϕ219mm 钢管桩采取密集钢管桩加固，钢管只能被炸裂失稳不能被炸断，整体性好，爆破拆除难度大。

（3）岩埂围堰距居民区较近，爆破质点振动速度、冲击波和飞石控制要求较高。

（4）岩埂围堰工作面窄，工期较紧。

（5）岩埂围堰应在天桥库区内，只能一次整体拆除，起爆网路复杂、爆破器材抗水性能要求高。

（6）取水口周边环境复杂、地质条件复杂、不可预见性因素较多，需结合现场实际情况进行处置。

2　爆破拆除总体要求

2.1　爆破设计要求

（1）由于取水口围堰紧邻进水塔，爆破不得危及取水口进水塔结构、拦污栅及闸门等金属结构、闸室的安全。

（2）爆破飞石必须严格控制，不得砸坏周围的其他保护物。

（3）严格控制爆破振动对周围需保护的民用建筑物影响。

（4）根据类似工程的经验和实际机械设备工况，主体围堰爆破后需要进行水下清渣，但水下清渣难度很大，为了保证清渣的效果，因此围堰爆破的块度按不大于 50cm[4] 控制。

为了满足上述要求，因此需要采用科学安全的爆破设计，严格控制爆破振动、爆破飞石、爆破空气冲击波和爆炸水击波，防止这些爆破有害效应对周围保护物造成破坏。

2.2　爆破拆除前工程建筑物实体完成要求

（1）取水塔混凝土塔身混凝土及金属结构（拦污栅、工作门等水下部分）全部完成。

（2）取水塔结构防护设施完成。

（3）岩埂围堰内支撑换撑完成。

3　爆破安全分析

3.1　爆破振动安全控制标准分析

3.1.1　邻近水工建筑物

取水口受地形、地质条件及围堰周边建筑物的限制，围堰距被保护的建筑物很近，最小距离仅 6.5m（地震波传播距离），因此爆破振动、爆破飞石及爆炸水击波是本次围堰爆破控制的重点。需保护的建筑物有闸门、闸门槽、闸门启闭机系统、进水塔混凝土等，进水塔混凝土和闸门槽为钢筋混凝土结构，闸门属于钢结构。《爆破安全规程》（GB 6722—2014）中未明确规定闸门及其相关系统的爆破安全振动标准[6]。

根据一般大型水电站的工程设计经验，导流及引水洞设计地震设防烈度大于Ⅶ度[7]，通过工程类比确定闸门的抗震设计标准为 20cm/s，校核标准为 30cm/s，其他钢筋混凝土结构物的抗震设计标准为 15cm/s，校核标准为 20cm/s。又根据在大朝山、糯扎渡、构皮滩、彭水、溪洛渡、深溪沟、官地、功果桥等围堰爆破拆除中的经验，闸门和闸门槽的爆破抗振设计标准为 15cm/s[8]，校核标准为 20cm/s，实践证明是可行的。结合 GB 6722—2014 中的相关规定，为了安全起见，在设计中爆破安全控制标准按照 8cm/s 设计，10cm/s 校核，为周围保护物的安全留出一定的富余度。

取水塔 836.6m 以下混凝土于 2018 年 8 月 30 日浇筑完成，拦污栅槽二期混凝土 9 月 15 日全部浇筑完成，按非挡水新浇大体积混凝土可取上限值的要求，相应龄期下的振速也能满足要求。围堰拆除前仍将施工取水口排架混凝土，混凝土龄期在 7d 以上，根据 GB 6722—2014，未对新浇框排架混凝土允许振速进行设定，考虑已采取减震措施、框排架混凝土位于取水塔顶 836.6m 平台以上，按 8cm/s 设计。

3.1.2 城区民用建筑物

由于取水口距离天桥水电站生活区较近，距 40m 处有个景观凉亭和一道围墙，距离最近需保护的建筑物仅 48m，且为二十世纪七八十年代砖混结构。根据 GB 6722—2014 的规定一般民用建筑物爆破振动允许值（≤10Hz）为 1.5～2.0cm/s，为安全起见，防止围墙倒塌，本次围堰拆除爆破对于需保护民房的振动允许取 1.5cm/s，对于围墙的振动允许值取 1.0cm/s。

3.1.3 发电厂建（构）筑物

取水口下游为天桥水电站，天桥电厂的发电厂房和中控室距离岩埂约 320m。根据 GB 6722—2014 的规定，运行中的水电站及发电厂中心控制室设备爆破振动允许值为 0.5～0.6cm/s（≤10Hz），为安全起见，本次围堰拆除爆破对于天桥电厂中控室的振动允许值取 0.5cm/s。

3.2 爆破水击波安全控制标准分析

GB 6722—2014 只给出部分保护对象类别的质点振动速度，未给出关于水击波的安全允许标准。且任何已有的水击波衰减规律均不能百分之百地真实反映爆破时的水击波情况，爆破水击波或动水压力直接作用在挡水建筑物的迎水面，产生反射应力和透射应力，由于水的声阻抗小于混凝土（钢材）的声阻抗，因此反射应力和透射应力均与入射力相同性质，即均为压应力。

由于混凝土（钢材）的抗压强度较高，而且爆破产生的动水压力是由炮孔中逸出的部分能量和由基岩中传入水中产生的，不同于水中爆炸产生的水击波压力，从大量的实测资料来看均不足 1.0MPa[9]。因此，围堰拆除爆破可以不考虑水击波或动水压力对被保护物的直接破坏，但考虑可能产生的间接破坏。对于天桥电厂其发电厂房及中控室距岩埂 320m 且有大坝的阻挡，可不考虑爆破水击波的影响。

由于大部分炸药能量被用来破碎、抛掷被爆体，只有小部分能量形成水击波，另外岩埂爆破拆除为有限水域，水击波在传播中经过多次折射与反射，还将耗散部分能量，因此，在工程实际中，要从理论上计算水击波效应是非常困难的。对于较重要的工程，一般通过现场爆破试验或参考类似工程的实测资料，确定适用于工程的水中冲击波压力计算公式。工作闸门为距离爆区最近的保护对象（第二排炮孔距工作闸门 2 的距离，约为 11.5m），岩埂拆除水下爆破最大单段起爆药量为 9.0kg 时，根据类似工程水击波压力经验公式计算的水击波压力见表 1。

表 1　类似工程水击波压力经验公式的计算值

Tab. 1　Calculation values of empirical formula for water hammer wave pressure in similar projects

序号	工程名称	水击波压力经验公式	水击波压强 p/MPa
1	葛洲坝水下钻孔爆破	$3.00\rho^{1.45}$	0.25
2	葛洲坝围堰心墙爆破	$1.15\rho^{0.95}$	0.23
3	青岛灵山岩埂爆破	$2.33\rho^{1.48}$	0.19
4	湘江大源渡河纵向围堰水下钻孔爆破	$3.10\rho^{1.45}$	0.26

注：表中 ρ 为比例药量 $\rho = Q^{1/3}/R$；Q 为最大单响药量，kg；R 为爆心距，m。

工作闸门的设计水头为 10.09m，即静态承压能力为 0.1MPa（动态承压能力略强）。由表 2

的计算结果可知，由于闸门距离岩堰较近，采用闸门挡水爆破的方案具有一定的风险，可能造成工作闸门的部分功能失效诸如启闭困难、漏水等。因此，若选用闸门挡水的方案进行岩堰拆除爆破，必须增加工作闸门的防护措施，本处爆破时考虑水库为正常蓄水位，静水水头为8m，爆破前闸门不挡水，爆破瞬间爆渣对水流有部分缓冲作用，且距离较短，故不考虑水击波对闸门的影响。

表2　取水口岩堰围堰爆破拆除最大爆破单段药量控制表

Tab. 2　Control of maximum single stage charge for blasting demolition of rock embankment cofferdam at water intake

序号	重点保护对象	爆心距 R/m	设计允许振速 v/cm · s^{-1}	允许最大单段量/kg	备注
1	取水塔结构闸门处	6.5	10	11.8	地震波传播距离
			12	16.6	校核控制标准
2	天桥电厂生活区居民楼	48	1.5	142	
3	天桥电厂生活区围墙	40	1.0	38	
4	天桥电厂中控室	320	0.5	5509	

3.3　最大允许单段药量的确定

3.3.1　重点保护对象确定

根据取水口周边设施分布情况，主要受保护的区域有天桥电厂中控室，距离取水口预留岩堰320m；天桥水电站生活区居民楼，距离取水口预留岩堰48m；天桥水电站生活区围墙，距离取水口预留岩堰40m；取水口闸门距岩堰约6.5m（地震波传播距离），取水口拦污栅墩距岩堰50cm。综上所述，考虑闸门受损影响较大，最不利位置为取水口进水塔闸门槽处。

3.3.2　爆破振动参数回归

爆破振动即质点振动速度大小取决于爆源点至被保护区域的距离、最大单段药量以及与场地地质条件、岩体特性、爆破条件等有关的系数。

根据相关规程规范，爆破对建筑物（保护对象）的损害一般以质点振动速度衡量，GB 6722—2014给出了质点振动速度传播规律估算公式：

$$v = k\left(\frac{\sqrt[3]{Q}}{R}\right)^{\alpha} \tag{1}$$

结合前期取水口及进水隧洞隧洞监测值计算得到 α 值为1.62，K 值约为54。根据不同的保护对象的允许振动速度及回归公式可得到最大单段药量控制结果（见表2）。

山西中部引黄工程取水口岩堰围堰距离保护物（进水塔闸门）、天桥水电站生活区，进水塔为主要爆破质点振动速度控制区域，安全控制标准按照10cm/s设计，12cm/s校核。

综上所述，取水口围堰爆破最大单段药量为9.0kg，没有超过允许的最大单段药量，爆破不会对需要保护建筑物造成有害影响。

4　爆破拆除方案设计

4.1　预拆除及临时挡水布置

（1）围堰后内支撑梁处理。采用风镐将岩堰背水面的内支撑梁端混凝土进行拆除，割断钢筋并解除"八"字形内支撑梁在闸墩处及岩埂处的支撑点,避免造成闸墩混凝土的损伤。为确保取水口梁拆除期间岩埂围堰稳定安全,在梁拆除前,在梁端高程位置的拦污栅墩头至岩埂背后间利用方木临时撑垫至爆破前,单处方木支撑面积不小于梁截面积(0.3m²)。

（2）闸门安装及临时挡水。为确保取水口后洞室安全,在岩埂拆除前将取水口两道工作门都安装完成并临时就位,确保即便第一道门因爆破受损出现较大漏水等问题,第二道门仍基本能挡水以保障后部施工安全。

4.2　爆破参数设计

4.2.1　炮孔直径

钻孔设备:支架式潜孔钻机,孔径90mm,对于成孔困难的部位(迎水侧倒悬体部位)或者有潜在塌孔风险的炮孔孔内一律采用ϕ108跟管造孔后下ϕ90PVC装药套管,造孔直径加大为108mm,炸药选用ϕ32mm乳化炸药。

4.2.2　炸药单耗

根据爆渣部位的不同,考虑基岩有压渣及水压条件和抛掷需要,单耗选择在0.7~0.8kg/m³之间。底部和堰体前约束比较大的部位,且有钢管桩的影响,考虑能将钢管桩附近岩石破碎,使钢管桩与岩石分离,底部单耗值取1.5kg/m³。按照此炸药单耗,根据类似工程的经验,不大于50cm的渣量可以占到70%以上,满足爆破要求,还有一定的富余度。

4.2.3　炮孔间距及孔深

对于没有钢管桩的区域,炮孔间距a取1.5m,炮孔排距取1.2m。对于采用钢管桩加固的区域,为了保证钢管与岩石分离,在每两个钢管桩之间布设一个炮孔,第一排钢管桩炮孔布置在迎水侧,第二排和第三排钢管桩炮孔布置在背水侧,在岩埂背水面钻设一排倾斜光爆孔。炮孔布置图如图3和图4所示。

4.2.4　堵塞长度

堵塞长度也是控制爆破飞石的关键,采用与抵抗线相同的堵塞长度即1.0~1.5m。

4.2.5　装药结构

采用间隔装药结构,以第二排孔为例,为使钢管桩跟岩石分离,底部1.0m采用3节ϕ32mm乳化炸药一捆进行装药,然后再采用2节ϕ32mm乳化炸药一捆进行装药,装药长度2.3m,药卷上部采用编织袋等柔性材料封堵后,采用岩粉堵塞80cm后再采用2节ϕ32mm乳化炸药一捆进行装药至堵塞段,堵塞长度1.25m,再对孔口封堵前,利用编织袋填塞第二段药卷的顶部,避免岩粉进入孔内炸药间的空隙,分层填塞,并利用炮棍捣实,清除孔口附近的浮石。最大单段药量约为9.0kg。

对于倒悬体部位的炮孔,底部采用3节ϕ32mm乳化炸药一捆进行装药,装药长度1.0m;然后采用2节ϕ32mm乳化炸药一捆减弱装药至距倒悬体空腔底部1.0m,用编织袋装沙封堵倒悬体,封堵至超过倒悬体空腔顶部1.0m,接着采用2节ϕ32mm乳化炸药一捆减弱装药至堵塞段,堵塞长度1.5m。

4.2.6　单段药量

根据前期施工经验及计算成果,控制孔内分2段装药[11],孔外采用MS2、MS5逐孔分段延时,最大单段药量只能控制在10kg以内。倒悬空腔部分采用袋装砂袋回填填充,如图5所示。

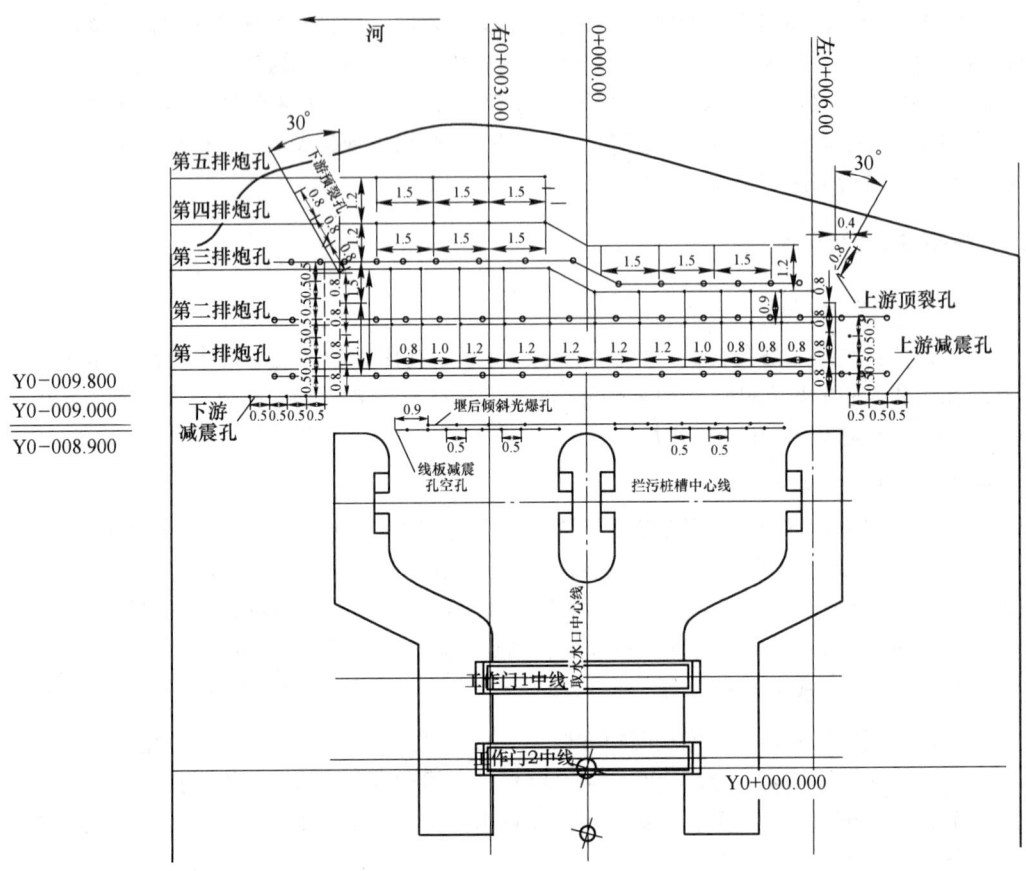

图 3　取水口岩埂围堰拆除炮孔平面布置图

Fig. 3　Layout plan of blasting holes for demolition of rock embankment cofferdam at water intake

4.2.7　混凝土面板爆破参数

围堰内侧贴面浇筑了一层玻璃纤维筋混凝土，混凝土最大厚度 0.8m，由于混凝土较薄，且倾斜布置，上下还有台阶分层，不具备从顶部钻直孔的条件，只能采用水平孔爆破。厚度大于 0.7m 的，采用 φ40mm 孔径钻头，间排距 0.4m×0.3m，孔底距离岩石面 0.15m，堵塞长度 0.2~0.3m，孔内下一发雷管，φ32mm 药卷连续装药，雷管布置在装药段中部位置。混凝土面板炮孔布置如图 6 所示。

混凝土面板拆除采用簇联式非电毫秒雷管起爆网路，联网示意图如图 7 所示。

4.2.8　两端预裂孔爆破参数

两侧设置预裂孔，向下倾斜布置，倾角与两端设计坡面坡度一致，间距为 0.5m，线装药密度为 250g/m，孔口堵塞长度为 1.0m，采用导爆索将 φ32 药卷绑扎成串状的间隔装药结构。

4.3　爆渣块度控制

通过修正的 KUZ-RAM 模型预测水下爆破的块度分布：

$$X_{50} = A \ (1/q)^{0.8} Q^{1/6} \left[115/(K_D^2 E) \right]^{19/30} \tag{2}$$

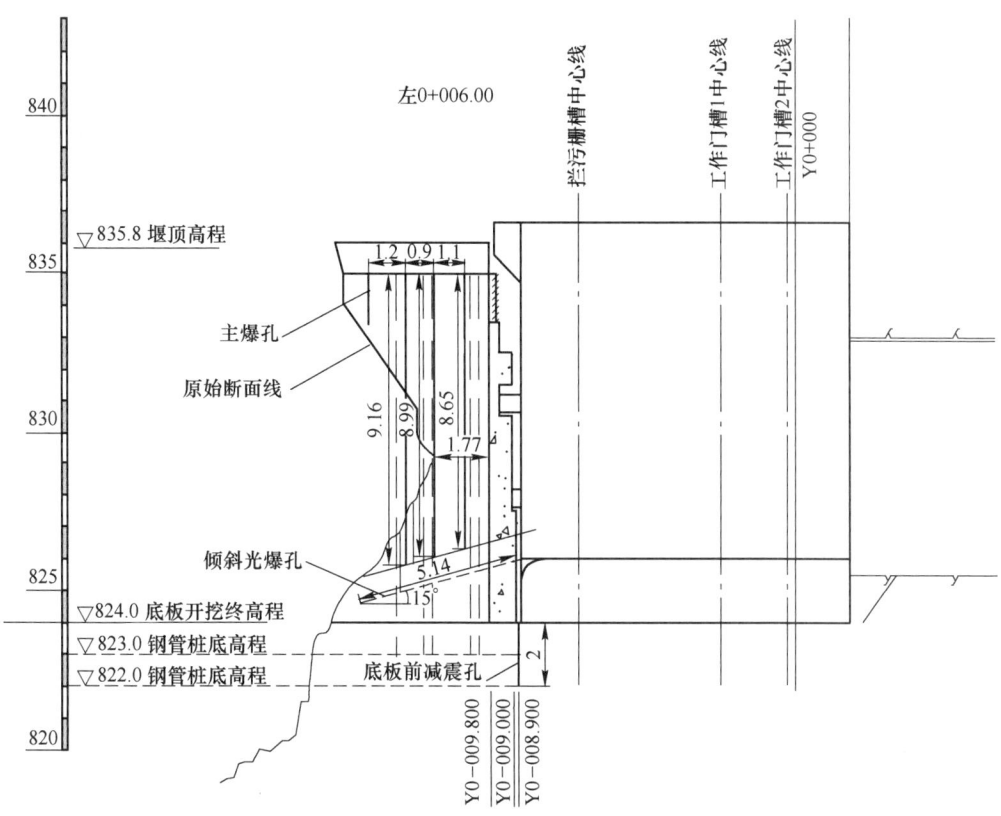

图 4　拆除炮孔典型断面图（左 0+006 处）

Fig. 4　Typical cross section of demolition blast hole（left 0+006）

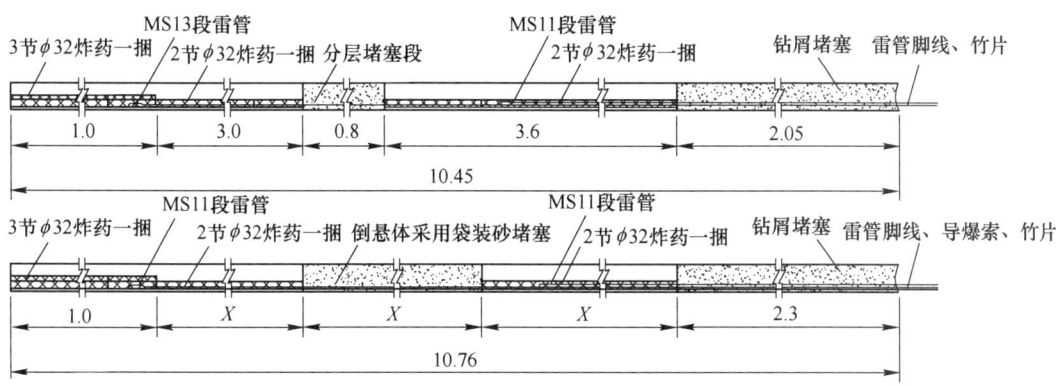

图 5　岩埂围堰拆除主爆孔典型装药图（上为第四排孔、下为第五排孔）

Fig. 5　Typical charging diagram of the main blasting hole for demolition of rock ridge cofferdam（fourth and fifth row holes）

　　根据类似工程的经验，主体围堰爆破后需要进行水下清渣，但水下清渣难度很大，为了保证清渣的效果，因此围堰爆破的块度按不大于 50cm 控制。考虑最不利的情况，上部装药单耗按照 1.1kg/m^3，单孔装药量按 7.2kg 计算；下部装药单耗按照 1.5kg/m^3，单孔装药量按 9.0kg

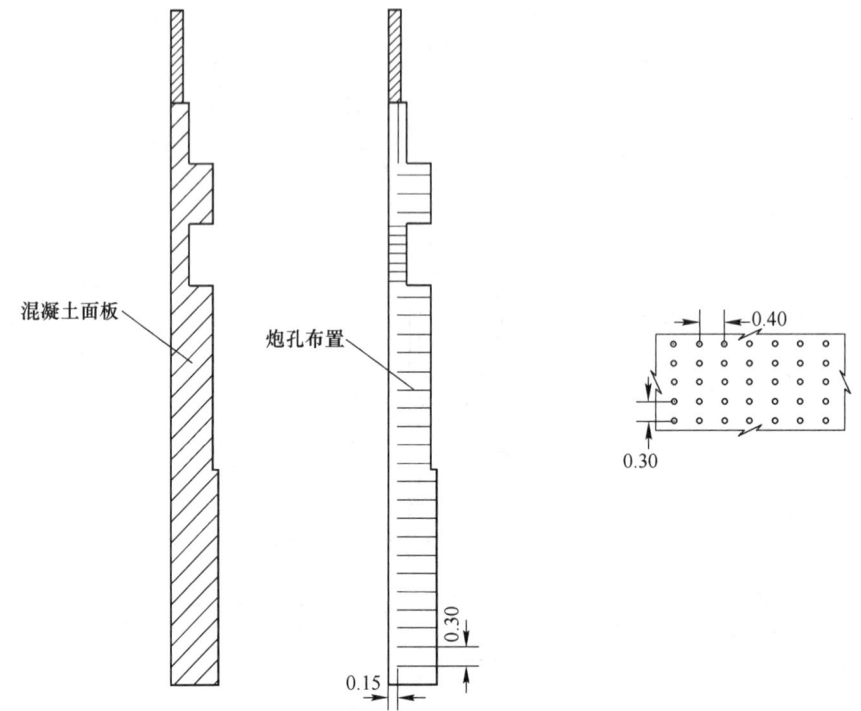

图 6　岩埂围堰后混凝土面板炮孔布置示意图（单位：m）

Fig. 6　Schematic diagram of the layout of concrete panel blast holes behind the rock cofferdam（unit：m）

计算。按照上面的粒径计算公式，计算得到岩埂爆破爆后爆渣粒径见表 3。

表 3　爆渣平均粒径计算表

Tab. 3　Calculation table for average particle size of explosive slag

炸药水下性能降低率	0（未降低）	10%	20%
上部爆渣平均粒径/cm	12.0	13.7	16.0
下部爆渣平均粒径/cm	9.7	11.1	12.9

由表 3 可知，炸药水下性能降低 20%，最大的平均块度也只有 16cm，能够保证不大于 50cm 的块度要求。

4.4　起爆网路设计

4.4.1　起爆网路设计原则

（1）起爆网路的单段药量满足振动安全要求。根据周围建筑物允许振速，由爆破振动速度公式反算允许单段药量，单段药量控制在 9kg 可以满足振动安全控制的要求，且偏于保守。

（2）在单段药量严格控制的情况下，同一排相邻孔尽量不出现重段和串段现象。

（3）整个网路传爆雷管全部传爆，或者绝大部分已经传爆，第一响的炮孔才能起爆。

（4）万一同排炮孔发生重段或串段，最大单段药量产生的振动速度值不超过 1.0cm/s 的校核标准。

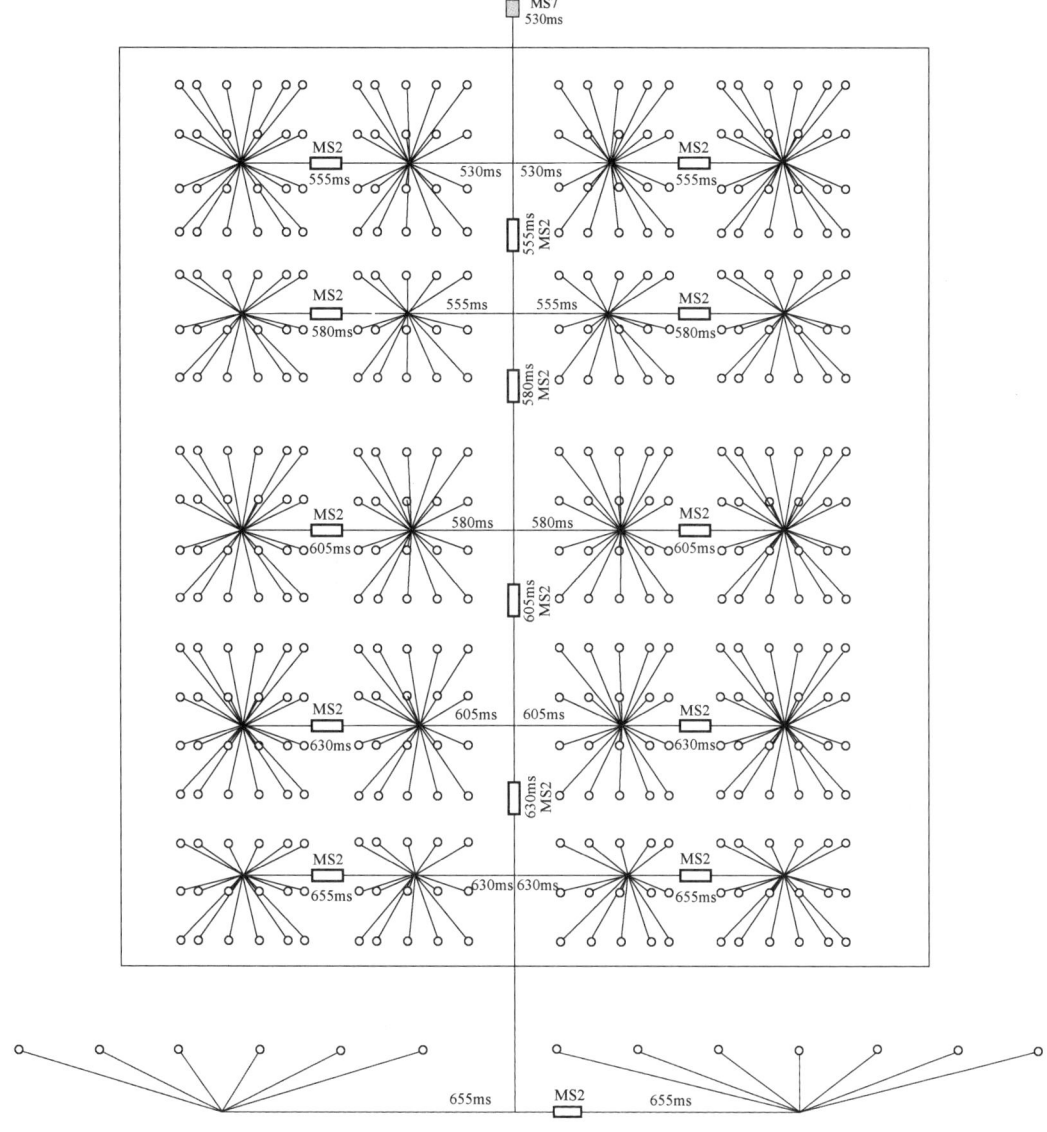

图 7　岩埂围堰后混凝土面板炮孔簇联式起爆网路示意图

Fig. 7　Schematic diagram of the connected detonation network of concrete panel blast holes behind the rock cofferdam

4.4.2　导爆管起爆网路设计

（1）非电导爆管雷管的选择。本次围堰爆破拆除决定采用普通导爆管雷管组成的非电接力式起爆网路。为确保接力起爆网路的安全、可靠，孔内起爆选用高段别雷管，孔外传爆选用低段别（MS2、MS5）普通导爆管雷管，同时确保孔内高段别（MS11、MS13）普通导爆管雷管的延时误差小于排间雷管的延时。

（2）起爆网路。采用非电导爆管起爆网路，孔间及排间采用 MS2、MS5 延时，孔内采用 MS11、MS13 段毫秒雷管与导爆索传爆。

4.4.3　起爆网路可靠度计算

网路采用非电毫秒雷管排间、孔间孔外接力传爆网路为多分支的并串联网路。网路中任一点的传爆可靠度[14-15]按下式计算：

$$P_{ij} = \left[1 - (l - R)^m \right]^{(i+j)} \tag{3}$$

式中，P_{ij} 为第 i 排节点第 j 个孔间节点的可靠度；R 为单发雷管的可靠度；m 为节点雷管并联数；i 为排间节点顺序号；j 为节点所在排的孔间顺序号。

在非电接力起爆网路中，每个节点的传爆可靠度是不同的，并随着节点数的增加，传爆可靠度随之降低。因此，排间与孔间节点数之和最多的支网路的传爆可靠度，即为整个网路的传爆可靠度 P：

$$P_{ij} = \left[1 - (l - R)^m \right]^{\max(i+j)} \tag{4}$$

式中，$\max(i+j)$ 为网路中间排、孔间节点数之和的最大值。

由于围堰作业空间小，现场工作人员多，为保证网路传爆的可靠性，增加安全储备系数，排间、孔间接力雷管 2 发并联，孔内起爆雷管数不少于 2 发。

主体围堰爆破排间最大节点数 5，孔间最大节点数 12，节点雷管并联数为 2，普通非电毫秒非电雷管的单发雷管的可靠度 R 为 86.09%。代入上面公式计算得

$$P = \left[1 - (1 - 0.8609)^2 \right]^{(5+12)} = 71.738\%$$

计算结果表明，如果采用 2 发并联进行接力，起爆网路最远点的可靠度仅 71.74%；实际现在单发雷管起爆可靠度大于 98%，相应的起爆网路最远点的可靠度达 99.32%，其可靠度满足要求。

5　爆破效果

2018 年 10 月 22 日 13 时完成爆破前施工现场工作，总装药 970kg。2018 年 10 月 22 日 15 时整起爆，取水口岩埂围堰在 6s 间没入水中，爆破拆除取得圆满成功。取水口围堰成功爆破标志着山西中部引黄工程从岩埂围堰挡水转为闸门挡水阶段，为山西中部引黄水源工程地下泵站首台机调试目标奠定了坚实基础。

参 考 文 献

[1]　王涛，万新，冯信，等．即有库区内取水口预留岩埂围堰施工技术应用 [J]．云南水力发电，2019，35（4）：21-24．

[2]　陈松伟，周丽艳，崔振华，等．黄河天桥水电站除险加固后运行调度方式研究 [J]．水力发电，2015，41（11）：92-95．

[3]　胡安静，等．即有库区内取水口施工技术研究成果报告 [Z]．201903．

[4]　李金河，刘美山．溪洛渡水电站导流洞围堰爆破技术及效果分析 [J]．工程爆破，2011，17（3）：53-57．

[5]　蒋峰．水电站围堰拆除爆破振动控制研究 [D]．武汉：长江科学院．2008．

[6]　国家安全生产监督管理总局．爆破安全规程：GB 6722—2014 [S]．北京：中国标准出版社，2015．

[7]　水电水利规划设计总院．水电工程水工建筑物抗震设计规范：NB 35047—2015 [S]．北京：中国电力出版社，2015．

[8]　刘瑞杰．简述禹门口扩建一级站围堰拆除方案设计 [J]．山西水利科技，2016（1）：44-47．

[9]　柯松林，李琳娜，司剑峰，等．水下钻孔爆破的爆炸冲击波测试与分析 [J]．中国工程科学，2014，16（11）：103-106．

［10］陈坤鑫，韩雪靖，杨春颖，等．一定深度水下爆破冲击波衰减规律的研究［J］．矿业工程，2018
　　　（4）：48-51.

［11］俞鸿林，马兰芬，张宗龙．黄金坪水电站尾水出口围堰拆除施工技术［J］．云南水力发电，2016，
　　　32（1）：68-73.

［12］郭进平．新编爆破工程实用技术大全［M］．北京：光明日报出版社，2002.

［13］杨尹，蔡云，尹斌．Kuz-Ram爆破块度预报模型在Jatigede大坝堆石料爆破开采中的研究与应用
　　　［J］．四川水力发电，2014，33（2）：32-35.

［14］梁开水，赵翔，张志旭．导爆管起爆网路可靠度分析［J］．爆破器材，2006（5）：22-24.

［15］崔晓荣，李战军，周听清，等．拆除爆破中的大规模起爆网路的可靠性分析［J］．爆破，2012，29
　　　（2）：110-113.

地下管桩水压爆破拆除

陈豫生　　樊荆连　　樊荆江

（深圳市华海爆破工程有限公司, 广东　深圳　518019）

摘　要：人工开挖的桩井中出现预应力混凝土管桩, 管桩是前期为承载地面建筑打桩嵌入地下原土层和全风化岩层的桩基, 它阻碍了桩井开挖, 机械和人工均无法处理。本文先后用不同水压爆破公式计算炸药量进行试爆拆除, 根据多次试爆结果, 最终确定了适用的水压爆破计算公式及参数。该公式可用于类似条件下管桩的爆破拆除。

关键词：水压爆破；拆除管桩

Demolition Blasting of Underground Concrete Pipe Piles

Chen Yusheng　Fan Jinglian　Fan Jingjiang

(Shenzhen Huahai Blasting Enginneering Co., Ltd., Shenzhen 518019, Guangdong)

Abstract：The concrete pipe pile is a building foundation which is embedded in the original soil layer and fully weathered rock layer for bearing the ground building in the early stage. The prestressed concrete pipe piles appeared in the digging pile unexpectedly. which hinders the excavation of the pile well and can not be dealt with mechanically and manually. This paper has successively used different hydraulic blasting formulas to calculate the amount of explosive for trial blasting demolition, and finally determined the applicable hydraulic blasting calculation formula and parameters according to the results of many times of test blasting. The formula can be applied to the blasting demolition of pipe piles under similar conditions.

Keywords：water pressure blasting；demolition of concrete pipe pile

某城市旧改项目, 设计为地下三层, 基坑深度 17.9~18.3m, 采用桩基础方案。桩基为人工开挖桩井, 直径 1.2~1.8m, 遇岩后爆破施工。人工挖桩井过程中, 发现部分桩井存在原建筑用钢筋砼管桩, 影响正常施工。管桩深入地下原始土石内, 采用风镐无法破碎、机械向外拉拔不动。因桩井空间狭小且管桩长度较长, 用液压破碎锤仅能处理开口位置约 1m 长度, 剩余部分锤头不能进入, 无法破碎。管桩与桩井相互关系见图 1。

管桩拆除方案采用水压爆破。管桩中充满泥水, 水压爆破可加以利用。

1　待爆体概况

开挖暴露出的管桩为钢筋混凝土结构, 外径 300~450mm, 壁厚 60mm, 长度 7~10m, 共

作者信息：陈豫生, 工程师, 1211443070@qq.com。

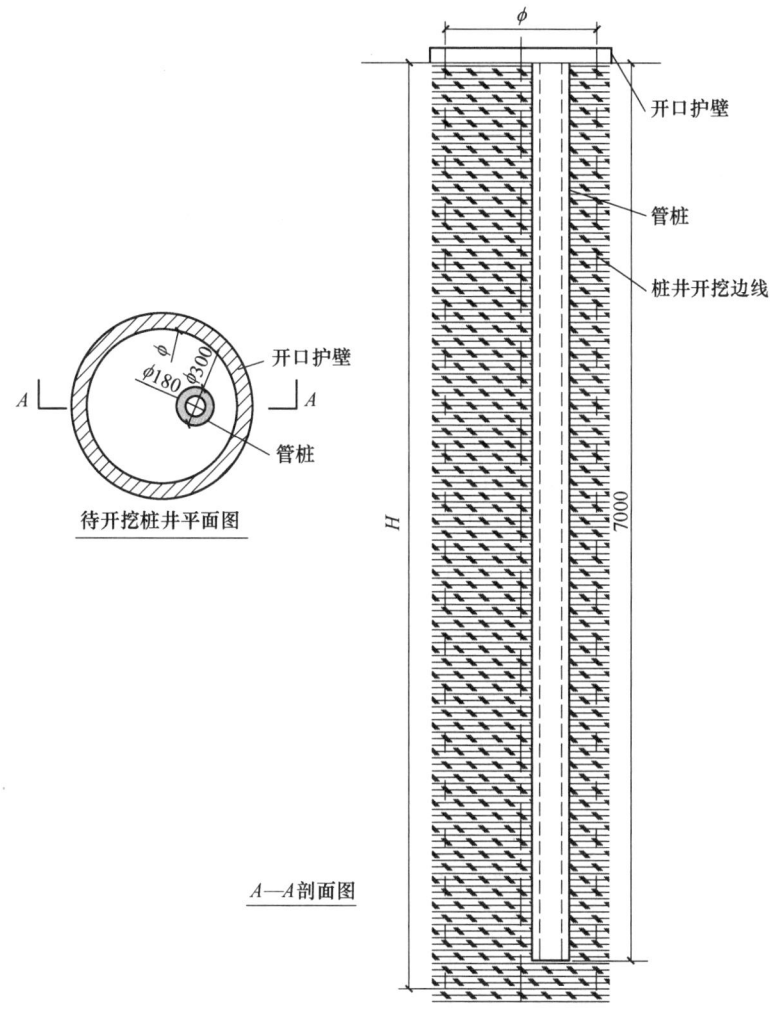

图 1 管桩、桩井相互位置示意图（单位：mm）
Fig. 1 Schematic diagram of mutual position of pipe pile and pile well（unit：mm）

47 根。根据早期预应力混凝土管桩标准（GB 13476—1992、GB 13476—1999），按高强度推测其为 C80 级。

管桩深埋地下，周边地质从上至下分别为粉质黏土、砾砂、有机质黏土、含砾黏土、砾质黏性土、全风化花岗岩，底部持力层为强风化花岗岩。

2 爆破参数及装药试爆

水压爆破药量计算公式较多，主要是冲量准则公式、考虑注水体积和材料强度的药量计算公式、考虑结构物截面面积的药量计算公式和考虑结构物形状尺寸的药量计算公式 4 种[1]。

本次管桩爆破没有案例可循，先进行装药量计算，然后通过试爆以确定合适爆破参数。选取长 7m、外直径 300mm、壁厚 60mm 的管桩做试验，先后三次计算装药并试爆，前面 2 种公式计算药量均偏小，达不到拆除效果。

2.1　考虑结构物截面面积

四种主要计算公式中按第三种公式计算的结果最大，计算如下：

$$Q_1 = C\pi D\delta (小截面) \tag{1}$$

式中，Q_1 为截面装药量；D 为管子的外径，cm；δ 为管壁厚度，cm；C 为装药系数，封口式爆破 $C = 0.022 \sim 0.03 \text{g/cm}^2$。

将管桩几何数值代入后计算可得小截面形式下 $Q_1 = 0.012 \sim 0.017 \text{kg}$。

管桩为长筒形结构，项目需要将其全部破碎，而不仅仅是炸断，故需布置多个药包。药包间距 a 原则上按下式计算。

$$a \leqslant (1.3 \sim 1.4)R \tag{2}$$

式中，R 为圆筒形容器通过药包中心的截面内半径，m；$R = 0.09 \text{m}$。

计算得 $a \leqslant 0.12 \sim 0.13 \text{m}$，取 $a = 0.13 \text{m}$，则线装药量为 $q_1 = 0.09 \sim 0.13 \text{kg/m}$。

按 $q_1 = 0.13 \text{kg/m}$ 进行装药封口试爆后，管桩只是局部产生一些细小裂纹，风镐都不能撬开，效果很不理想。初步分析是未考虑管桩四周是土壤环绕，而不是空气环境，所以药量不足。

2.2　考虑土壤环境因素影响

水压爆破要求被爆破体外围临空，以保证爆破效果。而本项目中管桩周边无法掏空，管桩爆破破碎后才能开挖，实际是以含水土层为约束的水压爆破，所以用药量需加以放大，放大数值参考水下钻孔爆破方式选取。

水下钻孔爆破单耗基本是一般陆地梯段爆破单耗的 $1.3 \sim 1.5$ 倍，因管桩长度未超过 10m，故增加水压调整系数 K_w，并取小值 $K_w = 1.3$。

实际单个药包药量 $Q_2 = Q_1 \times K_w = 0.022 \text{kg}$（取大值），线装药量为 $q_2 = 0.17 \text{kg/m}$。

按 $q_2 = 0.17 \text{kg/m}$ 进行装药封口试爆后，效果较第一次试爆稍强，裂纹数量增多，个别位置可见钢筋，但管桩整体完好，用风镐可以破开，只是效率很低，不能达到拆除效果，说明药量仍是不足。

2.3　考虑材料强度因素影响

进一步分析，判断是未考虑混凝土强度问题，故采用包含材料性能特点的冲量准则简化公式[2]再次计算。

$$Q_3 = K_0(K_1 K_2 \delta)^{1.6} R^{1.4} \tag{3}$$

式中，Q 为 TNT 药包重量，kg；当采用 2 号岩石乳化炸药时，需乘以换算系数 1.37；K_0 为与结构材质和受力特点有关的系数，查表 C80 混凝土 $K_0 = 0.581$；K_1 为结构物壁厚修正系数，与结构物 δ/R 值有关，查表 $K_1 = 1.41$；K_2 为与破碎程度有关的系数，混凝土完全破碎取 $18 \sim 22$；δ 为容器壁厚，m。

代入计算 $Q_5 = 0.053 \sim 0.074 \text{kg}$。考虑周边水压调整系数 K_w，实际单个药包药量 $Q_s = Q_5 \times K_w = 0.069 \sim 0.096 \text{kg}$，线装药量 $q_3 = 0.53 \sim 0.74 \text{kg/m}$。

与 q_2 相比，q_3 是 q_2 的 4 倍以上，保守应用，按 $q_3 = 0.5 \text{kg/m}$ 进行第三次试爆，效果良好：管桩混凝土全部破碎并从钢筋上脱离，药包位置钢筋 90% 断裂，可轻松挖运处理，桩井可以顺利开挖。

3 装药起爆方式

试爆中均采用间隔装药，爆破装药采用 2 号岩石乳化炸药，炸药密度为 1.25g/cm^3，药卷直径 32mm，单根药卷长 0.3m，整体用导爆索连接，然后固定在竹片上插入管桩中央，砂包紧紧封住管桩口部，导爆索孔外连接雷管起爆。为防止冲孔，在封口砂包上压 3~4 层砂袋，单个砂袋为 20kg 左右。

管桩底部 0.9m 长度加强装药，顶部 0.6m 不装药，上部 1.3m 减弱装药，中部正常装药，总装药量 3.6kg，所有装药间隙均为水充满。

装药结构示意图如图 2 所示。剩余所有管桩均按此线装药量方式进行作业，管桩长度超过 7m 时，上部减弱、底部加强装药不变，长度超出部分均按中间正常装药方式处理。全部管桩破碎良好，项目顺利完成。

4 结论

根据项目实际施工情况，可以得到基于冲量准则的地下管桩水压爆破拆除简化公式：

$$Q = K_w K_0 (K_1 K_3 \delta)^{1.6} R^{1.4} \qquad (4)$$

经过检验，式（4）完全可以在类似情况下的地下管桩水压拆除爆破中推广使用。

需要说明的是，初步计算过程中，基于冲量准测的水压爆破药量计算公式有两个，一个为基本冲量准测公式，一个为基本冲量准则简化公式，两式均未考虑材料强度影响，计算结果偏小，不符合项目实际情况，所以没有选用。

另外，地下管桩水压爆破拆除装药量远大于常规设计用药量，一是与其周边为泥土约束有关，即水下影响因素 K_w 关系较大；二是地下管桩爆破拆除时必须考虑材料因数 K_0；三是地下管桩水压爆破拆除时，必须采用多药包装药形式将其整体破碎，而不是局部折断，目的是利于爆后挖运。

参 考 文 献

[1] 汪旭光. 爆破设计与施工 [M]. 北京：冶金工业出版社，2011：455-458，370.

[2] 李向杰. 新编爆破技术应用手册 [M]. 北京：中国科学技术出版社，2013：1071-1072.

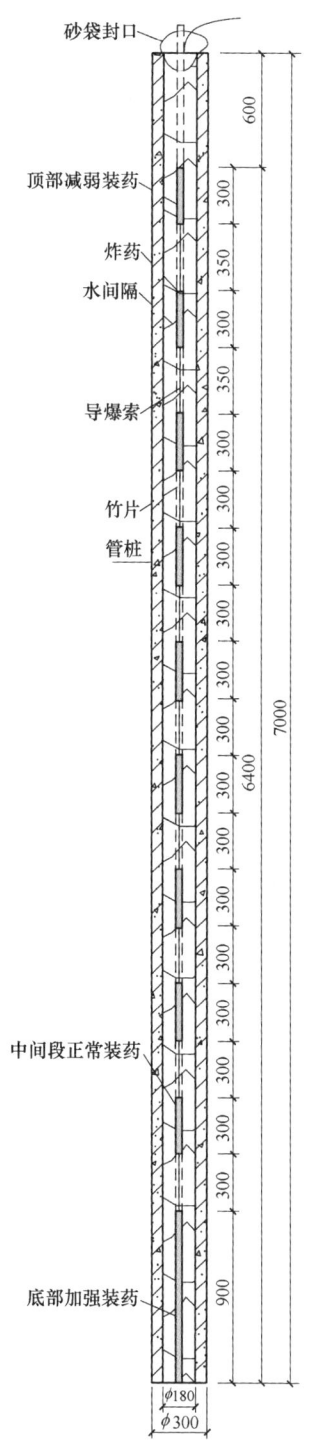

图 2 装药结构示意图
（单位：mm）

Fig. 2 Schematic diagram of blasting charge structure（unit：mm）

特种爆破

夹层爆炸焊接的焊接特性研究

陈　翔[1,2]　胡家念[1,2]　黄佳雯[1,2]　梁国峰[1,2]

（1. 江汉大学省部共建精细爆破国家重点实验室，武汉　430056；

2. 湖北（武汉）爆炸与爆破技术研究院，武汉　430056）

摘　要：目前爆炸焊接在焊接低熔点、高强度的金属时存在一定困难。这是由于在焊接这类金属时，沉积在界面上的能量过高，从而导致焊接窗口很小或不存在。夹层爆炸焊接可以降低沉积在焊接界面的能量，从而扩大焊接窗口，实现低熔点、高硬度金属的焊接。在本研究中，对比了夹层爆炸焊接和直接爆炸焊接的区别。研究结果表明，在爆炸焊接中使用夹层可以减少过度熔化，扩大可焊窗口。采用光滑粒子动力学（SPH）方法对焊接过程进行数值模拟，得出了有关界面形态、温度、熔化和压强的信息。使用流固耦合算法，模拟了不同厚度的夹层在板件空气冲击波作用下的运动情况。得出夹层越薄受空气冲击波影响越大的结论，并指出不宜使用过薄的夹层进行夹层爆炸焊接。

关键词：爆炸加工；爆炸焊接；夹层爆炸焊接；爆炸焊接窗口

Study on Characteristics of Explosive Welding with an Interlayer

Chen Xiang[1,2]　Hu Jianian[1,2]　Huang Jiawen[1,2]　Liang Guofeng[1,2]

（1. State Key Laboratory of Precision Blasting，Jianghan University，Wuhan 430056；

2. Hubei（Wuhan）Institute of Explosion and Blasting Technology，Wuhan 430056）

Abstract：Explosive welding has some difficulties in welding low melting point，high strength metal，due to the high energy deposited at the interface during welding，causing the upper limit of the weldability window at a low position，resulting in a small or non-existent weldability window. Explosive welding with an interlayer can reduce the energy deposited on the welding interface，and expanding the weldability window to realize the welding of low melting point and high hardness metals. In this study，the differences between using interlayer explosive welding and direct welding were compared. The results show that using interlayer explosive welding can reduce the excessive melting，expand the weldability window. The smooth particle hydrodynamics（SPH）method was used to simulate the direct explosive welding and interlayer explosive welding，obtain information about interface morphology，temperature，melting，and pressure. Using the Fluid-structure interaction algorithm，the motion of interlayer with different thickness under the action of air shock wave was simulated. It is concluded that the thinner the interlayer is，the greater the impact of air shock wave is.

基金项目：武汉市知识创新专项（2022010801020379）。

作者信息：陈翔，博士，讲师，chenxiang@ jhun. edu. cn。

Keywords：explosive working；explosive welding；interlayer explosive welding；explosive weldability window

1 引言

爆炸焊接可以控制异质金属焊接界面产生的化合物厚度[1-4]，在工业上有着广泛的应用。目前，传统的爆炸焊接难以焊接低熔点或高强度的金属。对于低熔点或高强度金属，爆炸焊接过程中沉积在界面上的能量会导致金属过度熔化。根据爆炸焊接窗口理论，低熔点金属的窗口上限位置比较低，高强度金属的爆炸焊接窗口的下限位置比较高，这就导致低熔点或高强度金属的爆炸焊接窗口很小或不存在[5]。过度熔化可以通过层间爆炸焊接来解决，在此过程中，沉积在一个界面上的能量分散到两个界面上，控制所需焊接界面的过度熔化，扩大可焊窗口面积，降低焊接难度。夹层爆炸焊接如图1所示[6]。通过夹层可以控制界面上的能量，减小涡旋区域、熔化区域、大塑性变形区域，实现高质量焊接，如图2所示[7]。Hokamoto 等人于1993年首次报道了铝合金和304不锈钢的夹层爆炸焊接[8]。迄今为止，夹层爆炸焊接的研究主要集中在两个方面，一方面是低熔点金属与其他金属的焊接，如铝合金与钢或不锈钢[9-12]、镁合金与钛[13]、铝合金与钛[14-15]等，另一方面是高强度金属的爆炸焊接，如锆与钢的焊接[16]，高强度钛合金与钢或高强钢的焊接[17-18]，以及高强钛合金与铜的焊接[19]。本研究对夹层爆炸焊接的机理展开研究，为了研究夹层对爆炸焊接窗口的影响，使用不同厚度的夹层爆炸焊接 A6061 高硬度铝合金和 SUS 821L1 双相不锈钢。通过理论分析和仿真模拟研究了板与板之间的空气冲击波。采用光滑粒子流体动力学（SPH）模拟方法研究了板的焊接碰撞过程，并考察了夹层厚度对焊接窗口的影响。

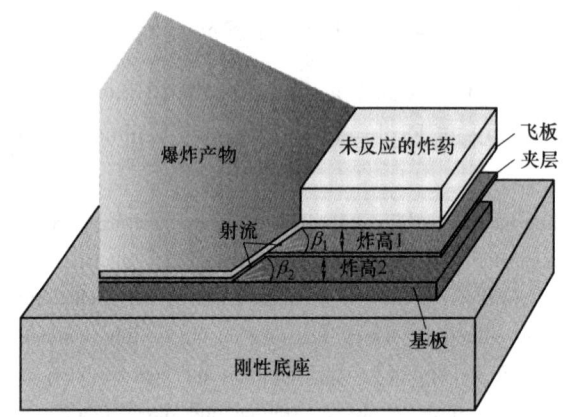

图 1 夹层爆炸焊接示意图

Fig. 1 Schematic of explosive welding with an interlayer

2 夹层对爆炸焊接窗口的影响

2.1 材料与方法

使用3mm厚的 JIS A6061 作为飞板，并且使用3mm厚度的 JIS SUS 821L1 作为基板[5]。使用0.5mm厚、0.3mm厚和0.1mm厚的 JIS SUS 304 作为中间层。实验参数和结果见表1。

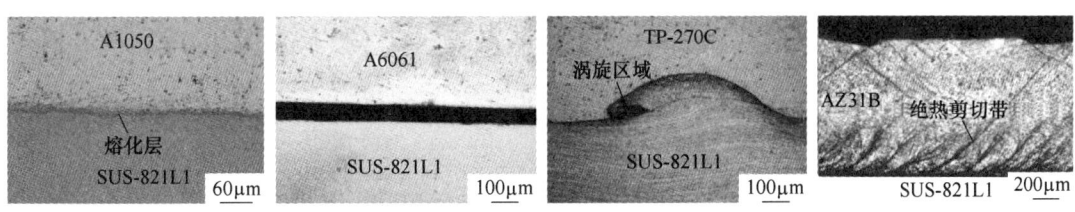

直接爆炸焊接结果

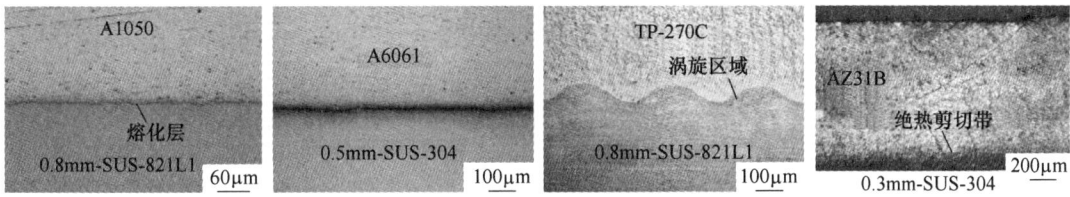

夹层爆炸焊接结果

图 2 直接爆炸焊接与夹层爆炸焊接的对比

Fig. 2 Comparison of direct welding and interlayer welding

表 1 实验参数和结果

Tab. 1 Experimental parameters and results

样品	炸药厚度/mm	爆速/m·s⁻¹	炸高 1/mm	炸高 2/mm	夹层	焊接结果
1	38	2450	2	—	—	未焊接
2	48	2575	2	2	0. 5mm-SUS 304	焊接成功
3	48	2575	2	2	0. 3mm-SUS 304	焊接成功
4	48	2575	2	2	0. 1mm-SUS 304	未焊接
5	28	2350	2	2	0. 1mm-SUS 304	未焊接

飞板速度 (v_P) 和碰撞角 (β) 是计算炸药焊接参数的重要因素。它们之间的关系可以表示如下[20]：

$$v_P = 2v_D \sin\frac{\beta}{2} \tag{1}$$

式中 v_D——炸药的爆速。

碰撞角 β 可以使用以下方程计算[8]：

$$\beta = \left(\sqrt{\frac{K+1}{K-1}} - 1 \right) \frac{\pi}{2} \frac{r}{r + 2.71 + \dfrac{0.184t_e}{s}} \tag{2}$$

式中 r——质量比（炸药与飞板质量比）；

t_e——炸药厚度

s——间隔距离；

K——爆轰产物的气体多变指数。

碰撞过程中界面处耗散的能量对爆炸焊接的结果有重要影响。在直接爆炸焊接中，碰撞过程中的动能损失 (ΔKE) 可以使用以下方程计算获得[14]：

$$\Delta KE = \frac{m_{\mathrm{D}} m_{\mathrm{C}} v_{\mathrm{P}}^2}{2(m_{\mathrm{D}} + m_{\mathrm{C}})} \tag{3}$$

式中 m_{C}——基板的每单位面积质量;

   m_{D}——飞板的每单位区域质量;

   ΔKE_1——飞板和夹层之间的动能损失。

计算结果见表2。参考文献 [21] 和 [22] 给出了表2中列出的 K 值。

表2 计算结果

Tab. 2   Calculation result

样品	K	质量比 r	飞板最小速度 $v_{\mathrm{Pmin}}/\mathrm{m \cdot s^{-1}}$	飞板最大速度 $v_{\mathrm{Pmax}}/\mathrm{m \cdot s^{-1}}$	最小碰撞角 $\beta_{\min}/(°)$	最大碰撞角 $\beta_{\max}/(°)$	ΔKE_1 $/\mathrm{kJ \cdot m^{-2}}$
1	2.37	1.49	423	—	9.9	—	1176
2	2.48	1.88	450	596	10.0	13.3	310
3	2.48	1.88	450	596	10.0	13.3	205
4	2.48	1.88	450	596	10.0	13.3	76
5	2.20	1.10	402	502	9.8	12.3	60

2.2 界面微观结构

图3给出了不同焊接条件下获得的微观结构。观察到样品1、样品4和样品5未焊接,样品1可能是由于在界面处的过度能量沉积,对于样品4和样品5,可能由于界面上沉积的能量过低。后面数值模拟部分,将结合模拟结果和可焊性窗口来分析样品1、样品4和样品5未焊的原因。样品2和样品3的结果表明,夹层越薄熔化区域越小。铝合金与夹层之间的界面是平

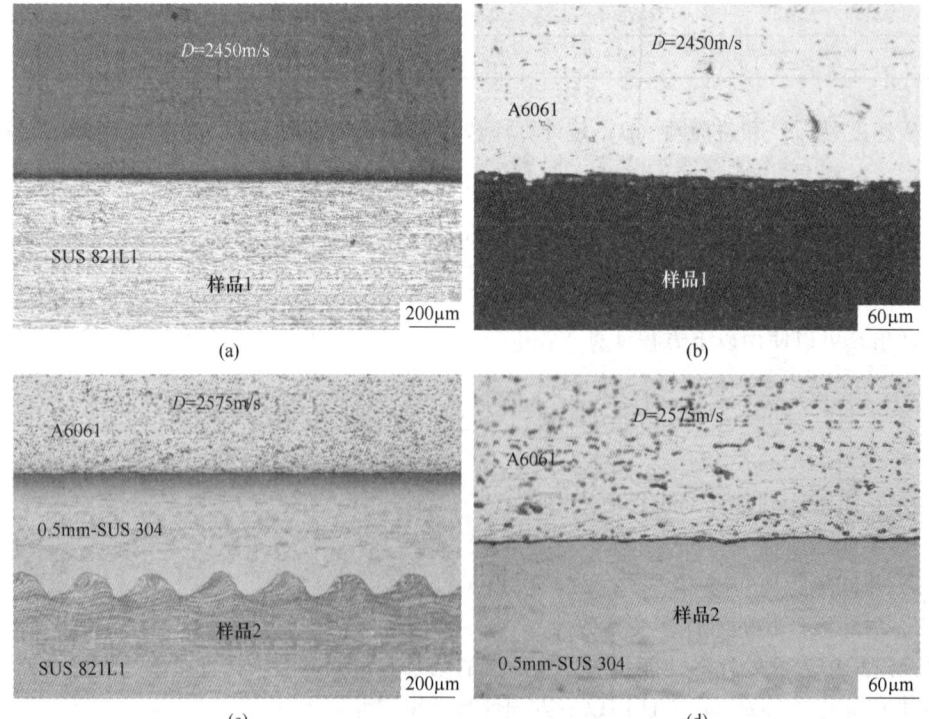

(a)   (b)

(c)   (d)

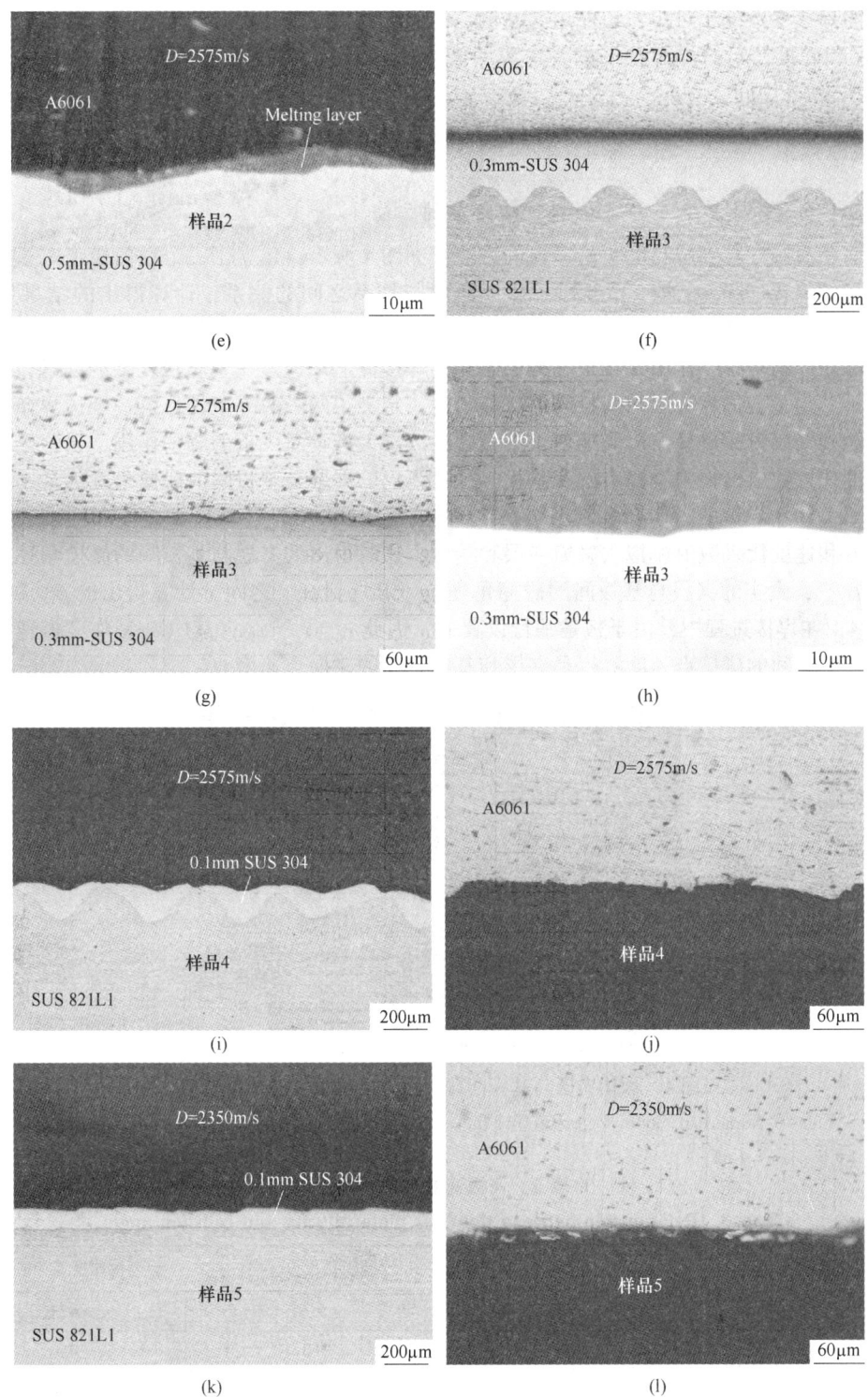

图 3　界面微观结构

（a），（b）样品 1；（c）~（e）样品 2；（f）~（h）样品 3；（i），（j）样品 4；（k），（l）样品 5

Fig. 3　Microstructure of the interface

的，表明焊接参数处于可焊窗口左边界左侧。样品 4 的夹层和基板间的界面是波浪形，而样品 5 的夹层和底板之间的界面是平的，这表明 SUS 304 和 SUS 821L1 的可焊性窗口的左边界在 2350~2575m/s 之间。

2.3 数值模拟

2.3.1 一种估算夹层与基板间碰撞角度的方法

目前还没有计算夹层与底板碰撞角的方法。如图 4 所示，建立了一个数值模型来模拟夹层与碰撞板的焊接过程。式（2）给出了碰撞角度与炸高之间的关系，计算得出的结果见表 3。在一定范围内，碰撞角随着炸高的增加而增大。这可归因于爆轰产物的影响。当飞板与夹层焊接后，爆炸产物将继续作用在飞板和夹层组成的焊接件上。这是一个非常复杂的问题，很难去定量分析。为了去估算夹层与基板间的碰撞角度，定义了两个边界条件：第一个边界条件是飞板刚接触到夹层时的碰撞角度和速度，不考虑后续爆轰产物对飞板的驱动作用，以这个碰撞角度和速度代入数值模拟去碰撞夹层和基板，这时得出的夹层与基板间的碰撞角度为最小碰撞角 $\beta_{2\min}$；第二个边界条件是不考虑夹层的存在，直接使用式（2）计算碰撞角度和速度，以这个碰撞角度和速度代入数值模拟去碰撞夹层和基板，这时得出的夹层与基板间的碰撞角度为最大碰撞角 $\beta_{2\max}$，真实的夹层与基板间的碰撞角度位于 $\beta_{2\min}$ 到 $\beta_{2\max}$ 之间。计算得出的 $\beta_{\min}$ 和 $\beta_{\max}$ 结果见表 4。在焊接过程中，由于板是平行设置的，因此 $v_D = v_{C_1} = v_{C_2}$，其中 v_D 是炸药爆速，v_{C_1} 是飞板与夹层之间的碰撞点速度；v_{C_2} 是夹层和基板之间的碰撞点速度。

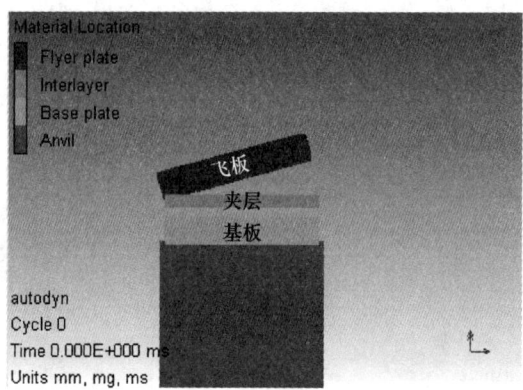

图 4　预估夹层与基板间碰撞角碰撞角角度的数值模型

Fig. 4　Numerical model for predicting the collision angle between interlayer and substrate

表 3　飞板速度与碰撞角度

Tab. 3　Relationship between the flyer plate velocity and collision angle

样品	炸高	碰撞角度 $\beta/(°)$	飞板速度 $v_P/m \cdot s^{-1}$
1	2	9.9	423
2-1	2	10	450
2-2	4	13.3	596
3-1	2	10	450
3-2	4	13.3	596

样品	炸高	碰撞角度 $\beta/(°)$	飞板速度 $v_p/m \cdot s^{-1}$
4-1	2	10	450
4-2	4	13.3	596
5-1	2	9.8	402
5-2	4	12.3	502

表 4　模拟得出的夹层与基板间的碰撞角度

Tab. 4　Collision angle between the interlayer and the base plate

样品	碰撞角度 $\beta_{2min}/(°)$	碰撞角度 $\beta_{2max}/(°)$
2	8.0	11.7
3	9.6	12.0
4	9.8	12.9
5	9.5	11.7

2.3.2　爆炸焊接飞板斜碰撞过程的数值模拟

表 3 中 1、2-1、3-1、4-1、5-1 的参数用于飞板和夹层的模拟，2-2、3-2、4-2、5-2 的参数则用于夹层和基板的模拟。Von Mises 应力用于评估界面的熔化。图 5 所示的模拟结果表明仅 A6061 侧有射流产生。射流和熔化的量随着被碰撞板厚度的减小而减小。当使用 0.1mm 厚的

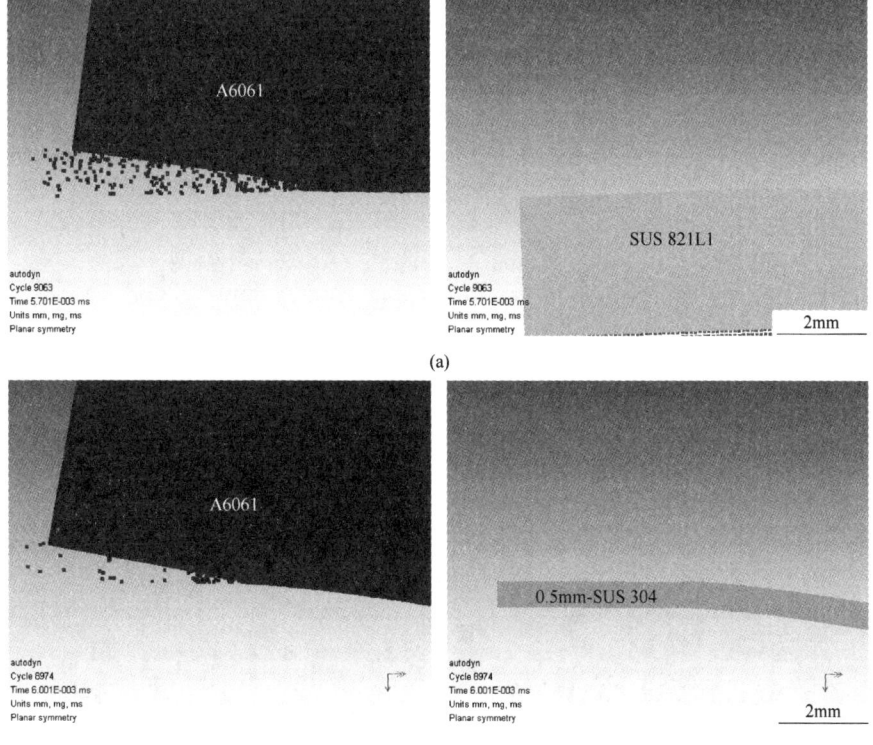

(a)

(b)

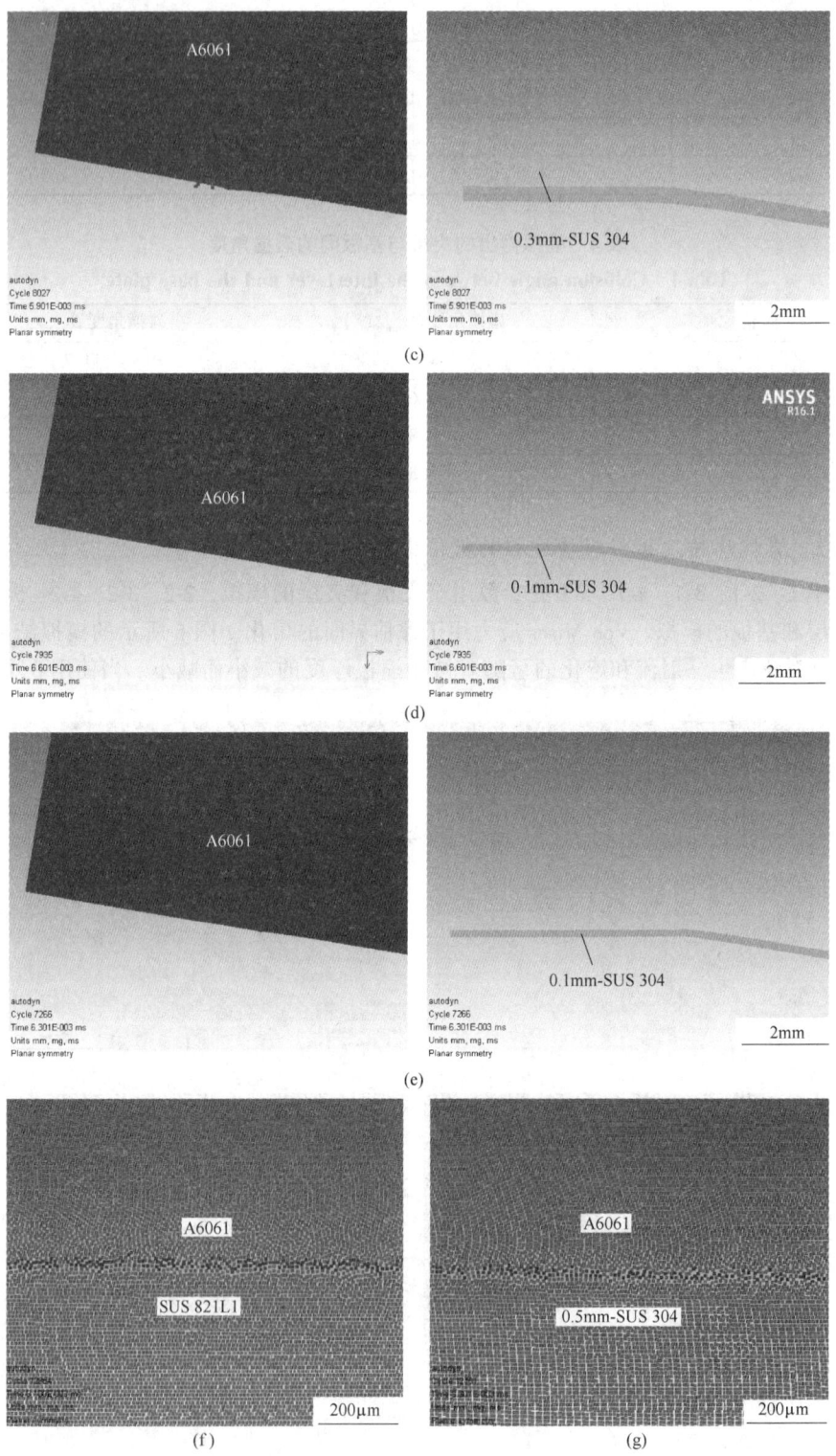

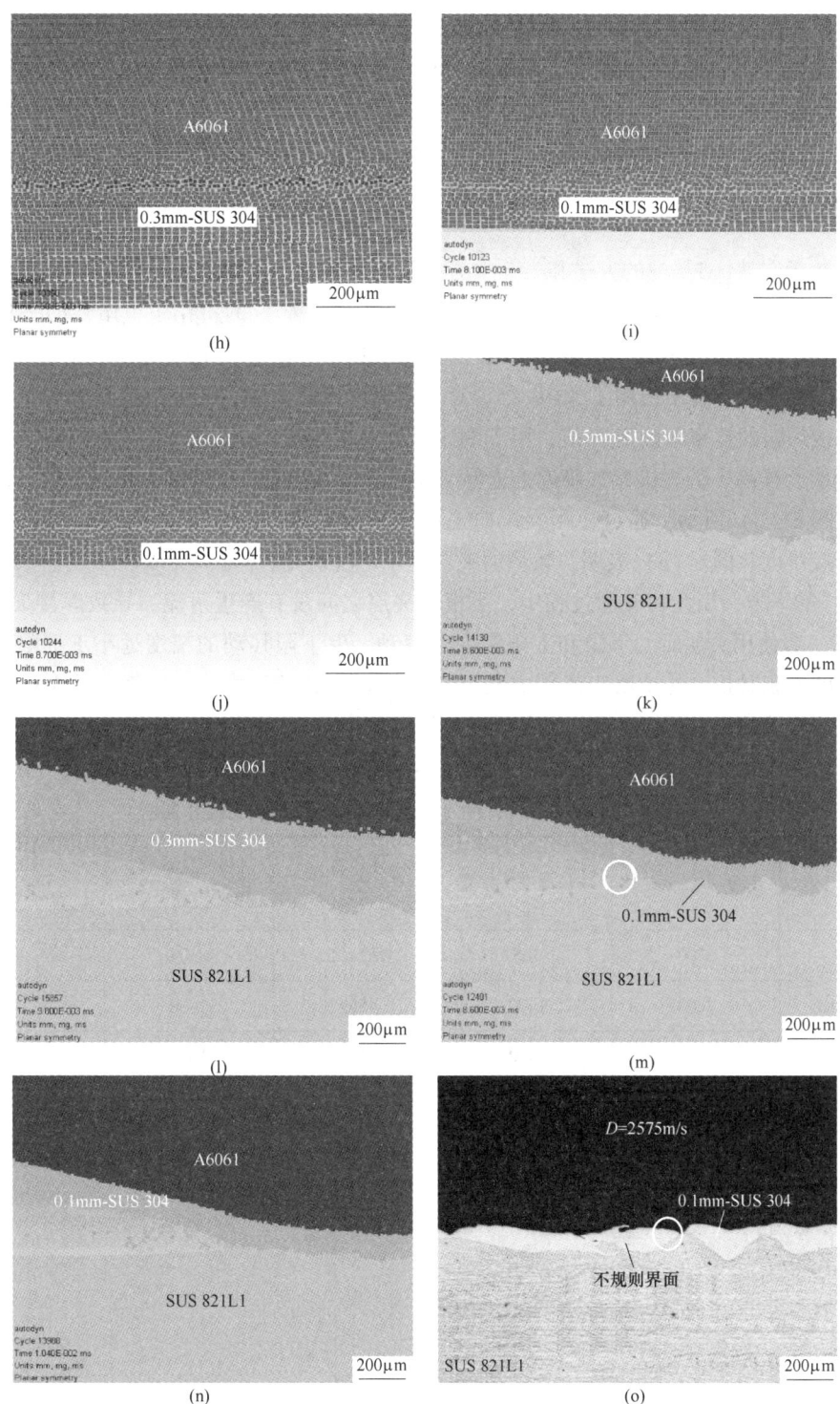

图 5　斜碰撞模拟

（a）~（e）样品 1~样品 5 飞板与碰撞板之间的射流和界面；（f）~（j）样品 1~样品 5 飞板和碰撞板之间的熔化
（Von Mises 应力 =0）；（k）~（n）样品 2~样品 5 夹层和基板之间的射流；（o）样品 4 的不规则界面

Fig. 5　Simulation of oblique collision

夹层时，没有观察到喷射或熔化。模拟结果表明，样品1由于界面处的能量沉积过多从而导致界面的过度熔化，从而未达成焊接。样品4和样品5的界面处没有出现射流喷射和熔化，由于在界面处沉积的能量低，故没有被焊接。夹层与基板间的波纹随着夹层厚度的减小而增大。图 5（m）中的射流可能穿透夹层，然后形成如图5（o）所示的不规则界面。

2.4　爆炸焊接窗口

使用参考文献［5］中的方法和表5中的参数构建图6中的爆炸焊接可焊性窗口，通过数值模拟获得产生射流的窗口下边界。左边界使用Cowan等人[23]的工作中雷诺数的平均值$R_T=10.6$来计算。右边界是根据De Rosset[24]提出的方法得出。由于A6061的熔点较低，因此上限更为严格，在上限计算中使用了$N=0.15$。对于不同厚度的夹层，在上边界计算中，使用沉积能量与直接焊接的比率来确定N值，用于SUS 304/SUS 821L1的上边界计算的N取0.037。图 6（a）表明，样品1的焊接参数接近上边界，表明过度熔化导致了焊接失败，与数值模拟结果一致。如图6（b）所示，通过使用夹层向上扩展了上边界，使用夹层扩大了焊接窗口面积，降低了焊接难度。图6（c）表明，较薄的夹层更难产生射流。样品4和样品5的参数在下边界（射流限）的下方，因此在碰撞过程中，飞板和夹层之间没有产生射流，导致焊接失败。图6（d）表明，当使用夹层时，下限和上限都向上移动，但下限移动的幅度远小于上限，总体上可焊窗口的面积是扩大的；由于使用文献［23］中雷诺数的平均值，计算出的左极限不是很准确，根据实验结果，焊接参数应当是在左边界的左侧。

表 5　TP 270C、SUS 821L1 和 SUS 304 的性能[6]
Tab. 5　Properties of TP 270C, SUS 821L1 and SUS 304

材料	密度 ρ/kg·m^{-3}	熔化温度 T_m/℃	体声速 c_b/m·s^{-1}	热传导系数 λ/W·(m·K)$^{-1}$	比热容 C_p/J·(kg·K)$^{-1}$
A6061	2700	585	5240	167.0	897
SUS821L1	7800	1400	4569	16.0	500
SUS304	7930	1400	4569	16.3	500

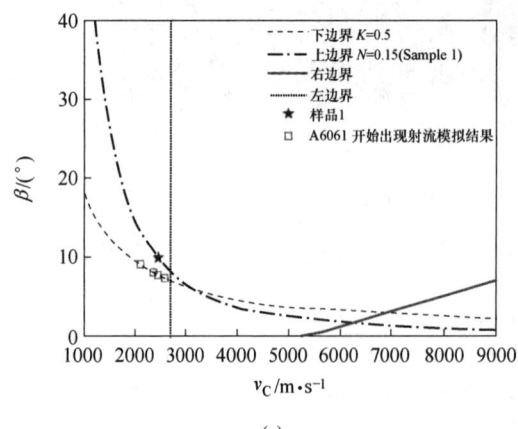

(a)

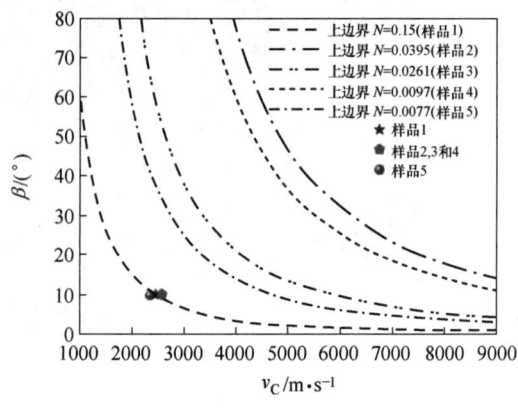

(b)

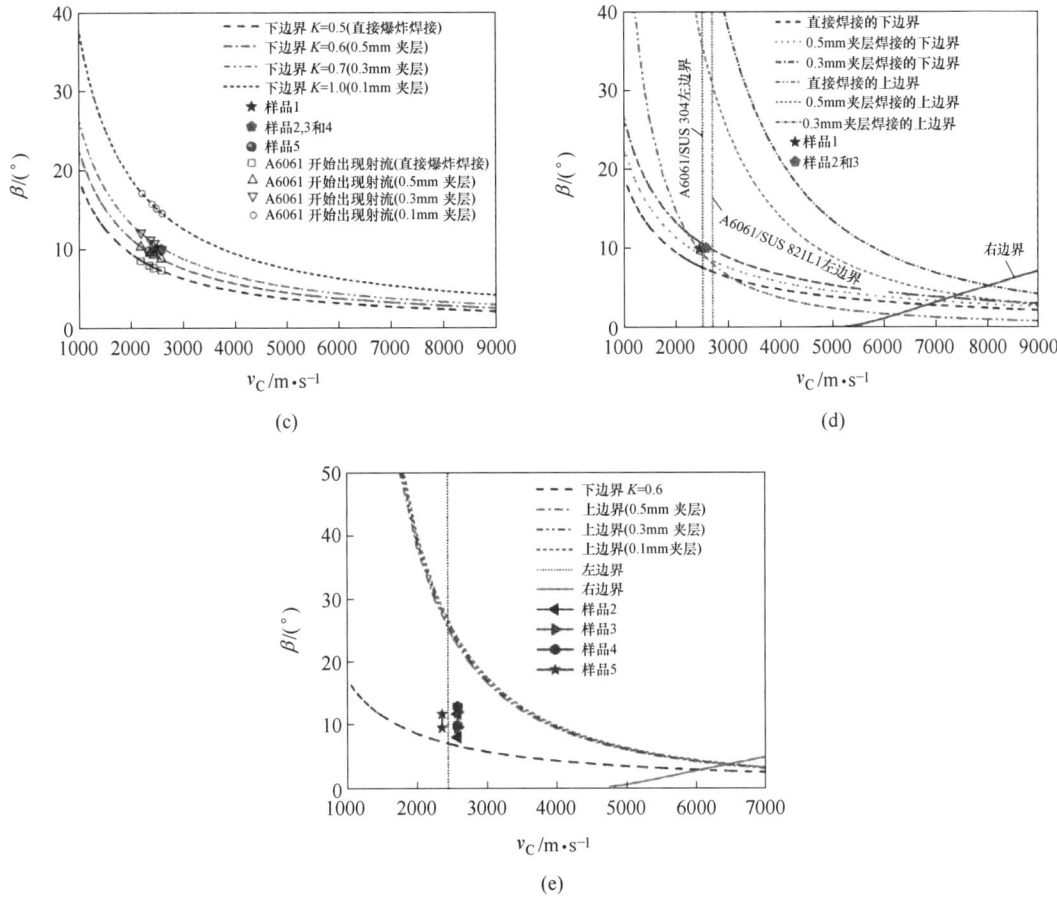

图 6　可焊性窗口[6]

（a）A6061/SUS 821L1 的直接焊接窗口；（b）使用不同厚度夹层的 A6061/SUS 304 的窗口上限；（c）使用不同厚度
夹层的 A 6061/SUS 304 的窗口下限；（d）直接焊接和层间焊接的对比；（e）夹层和基板间的窗口

Fig. 6　Weldability window

3　板间空气冲击波的研究

3.1　理论模型

爆炸焊接通常在空气中进行，对于小尺寸的板材，射流会迅速从飞板和基板之间的间隙喷出，不会影响焊接效果。然而，在大板的焊接中，碰撞点之前的空气被压缩，射流燃烧也加热了间隙中的气体，导致气体膨胀，从而导致飞板向上移动，影响焊接结果。

当飞板和基板之间的碰撞点从左向右移动时，类似于一个"活塞"，压缩间隙中的气体，如图 7（a）所示，活塞移动的速度等于爆速 v_d。气体冲击波将在间隙中形成。如图 7（b）所示，飞板和夹层之间的空气冲击波将在爆轰波阵面的前方传播，因此爆轰波阵面前方的飞板将被顶起，飞板上的炸药密度将发生变化。这些现象会改变焊接参数，影响焊接效果。

假设空气冲击波的速度为 D，空气冲击波前方的气体为未扰动区域，气体速度为 0，压强为大气压 p_0，气体密度为 ρ_0，单位质量内能为 E_0，声速为 c_0，冲击波后的相应参数为 v_d、p、

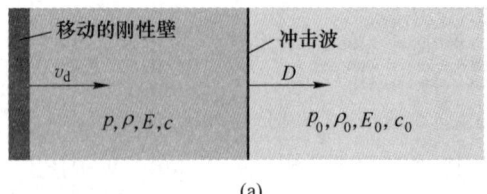

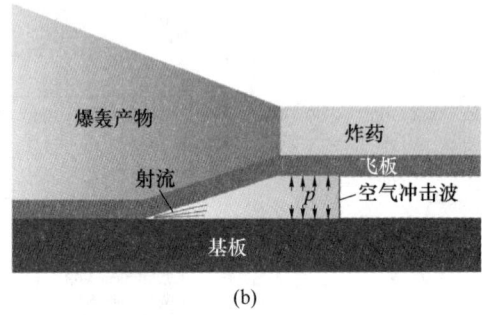

图 7　空气冲击波示意图[6]

(a) 活塞模型；(b) 爆炸焊接示意图

Fig. 7　Schematic of the air shock wave

ρ、E、c，则参数在活塞模型中满足以下冲击波关系：

$$\begin{cases} \rho_0 D = \rho(D - v_{\mathrm{d}}) \\ p - p_0 = \rho_0 D v_{\mathrm{d}} \\ E - E_0 = \dfrac{1}{2}(p + p_0)\left(\dfrac{1}{\rho_0} - \dfrac{1}{\rho}\right) \end{cases} \quad (4)$$

比内能 E 和声速 c 可以通过多方气体方程来获得：

$$E = \frac{1}{\gamma - 1} \frac{p}{\rho}; \quad c = \sqrt{\frac{\gamma p}{\rho}} \quad (5)$$

式中　γ——绝热指数。

在式（4）中，冲击波前气体的参数是已知的，冲击波后粒子速度是 v_{d}，需要求解的参数是冲击波速度 D 和冲击波压强 p。将式（5）中的 E 代入式（4）可得：

$$\begin{cases} \dfrac{\rho_0}{\rho} = 1 - \dfrac{v_{\mathrm{d}}}{D} \\ p = p_0 + \rho_0 D v_{\mathrm{d}} \\ \dfrac{2\rho_0\left(\dfrac{p}{\rho} - \dfrac{p_0}{\rho_0}\right)}{\gamma - 1} = \dfrac{p + p_0}{1 - \dfrac{\rho_0}{\rho}} \end{cases} \quad (6)$$

通过结合式（5）和式（6），可以得到 D 的一元二次方程如下：

$$\left(\frac{D}{v_{\mathrm{d}}}\right)^2 - \frac{\gamma + 1}{2}\left(\frac{D}{v_{\mathrm{d}}}\right) - \left(\frac{c_0}{v_{\mathrm{d}}}\right)^2 = 0 \quad (7)$$

$$\begin{cases} \dfrac{D}{v_d} = \dfrac{\gamma + 1}{4} \pm \sqrt{\dfrac{(\gamma + 1)^2}{16} + \left(\dfrac{c_0}{v_d}\right)^2} \\ p - p_0 = \rho_0 D v_d \end{cases} \quad (8)$$

飞板和基板之间的气体压强可以通过式（8）获得。实际情况比上述模型复杂得多，例如，气体不满足理想气体假设，冲击波的高温和高压将电离气体[30-31]，从而降低绝热指数、冲击波速度和压强。然而，射流会进入高温高压的空气冲击波中。射流中的金属颗粒与空气冲击波中的氧气、氮气和其他气体发生反应，改变了气体成分，增加了其内能和质量密度，从而增加了冲击波压强。此外，冲击波产生的高压会挤压和提升爆轰波前的飞板和炸药，增加冲击波前的空间，降低压强。考虑到这些因素，很明显式（8）无法获得准确的结果。然而，式（8）的模型仍然可以大致反映飞板和基板之间的气流。如上所述，在大面积板材的焊接中，板间空气冲击波现象会更加明显。在夹层焊接中，夹层通常很薄。在飞板与夹层之间、夹层与基板之间的空气冲击波的作用下，夹层会摆动，夹层中空气冲击波示意图如图 8（a）所示。空气的参数见表 6。使用活塞模型的计算结果见表 7，可以观察到空气冲击波随着爆速的增加而变强。样品 5 的焊接参数位于左极限的左侧，界面应平整；然而由于板之间空气冲击波的影响，获得了不规则的界面，如图 8（b）所示。这说明板间空气冲击波确实影响了焊接的结果。

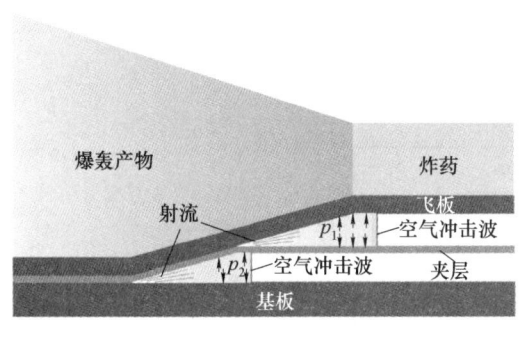

(a)

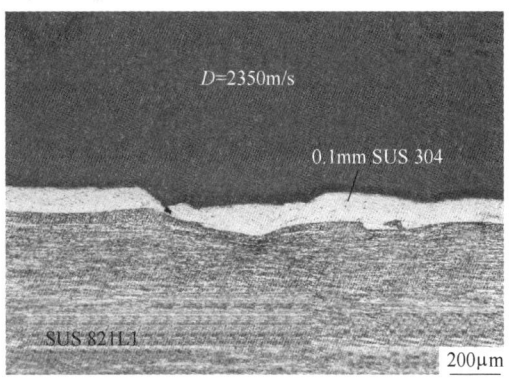

(b)

图 8　空气冲击波对夹层爆炸焊接的影响[6]

（a）示意图；（b）焊接结果

Fig. 8　Schematic of the air shock wave during interlayer explosive welding

表 6　空气参数

Tab. 6　Parameters of air

分子量 M	绝热指数 γ	大气压下的声速 $c_0/\mathrm{m \cdot s^{-1}}$	密度 $\rho/\mathrm{kg \cdot m^{-3}}$
28.959	1.404	331	1.292

表 7　活塞模型计算得出的冲击压强

Tab. 7　Pressure of the air shockwave calculated by the piston model

样品	爆速/$\mathrm{m \cdot s^{-1}}$	D/v_d	空气冲击波 p/MPa
4	2575	1.216	10.417
5	2350	1.218	8.676

3.2 数值模拟

3.2.1 活塞模型的数值模拟

采用流固耦合有限元算法对活塞模型进行模拟,设置9个观测点,数值模型如图9(a)所示。图9(b)表明,在移动的刚性壁前,压强是均匀的,冲击波的作用时间随着距离的增加而增加,如图9(c)所示。表8中给出的模拟结果与表8中给出的计算结果接近,验证了数值模拟的准确性。

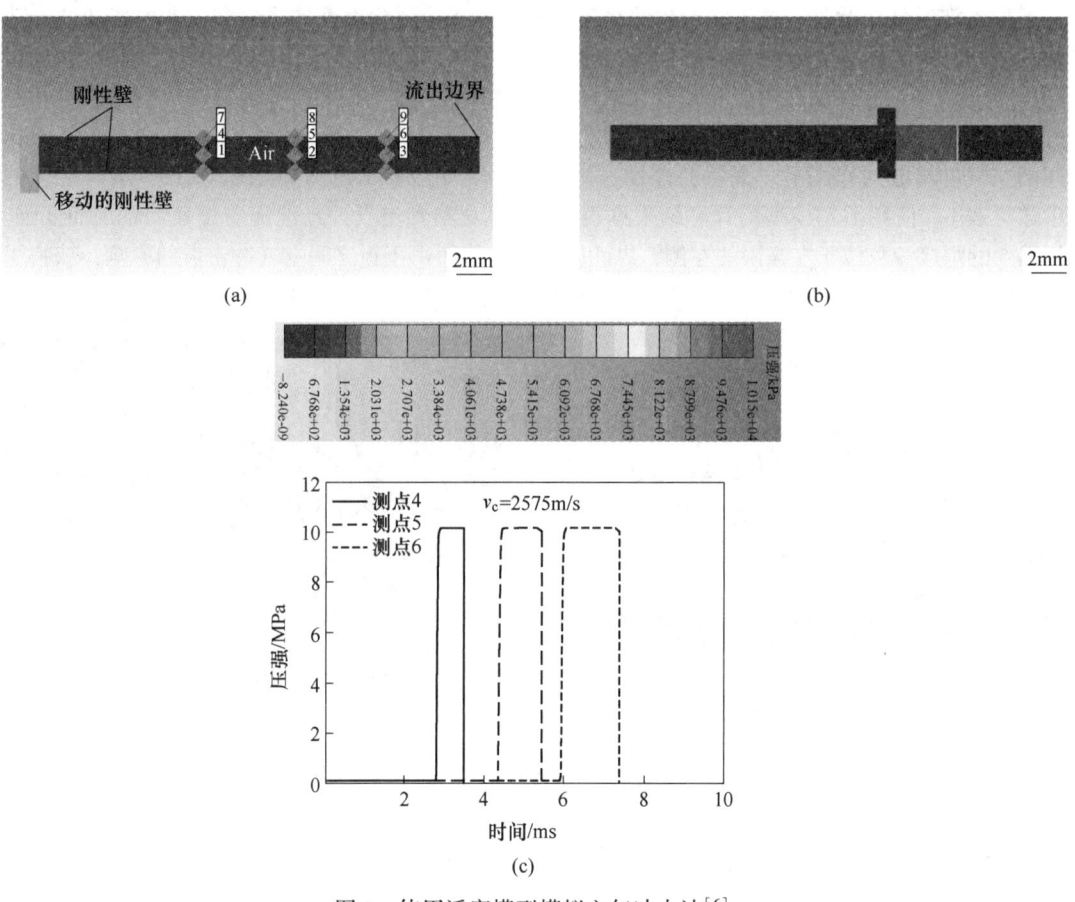

图9　使用活塞模型模拟空气冲击波[6]

(a) 数值模型;(b) 压强分布;(c) 倾斜碰撞模型的点4、点5和点6的压强曲线

Fig. 6　Simulation of the air shock wave using the piston model

表8　观测点的压强峰值

Tab. 8　Peak pressure of the observation point　　　　　　　　　　（MPa）

测点序号	1	2	3	4	5	6	7	8	9
活 塞 模 型									
2575m/s	10.15	10.15	10.15	10.15	10.15	10.15	10.15	10.15	10.15
2350m/s	8.48	8.48	8.48	8.48	8.48	8.48	8.48	8.48	8.48

3.2.2　夹层爆炸焊接的数值模拟

模拟中使用的参数见表 9 和表 10，ANFO 炸药的参数使用了参考文献［25］中修改的 JWL 方程。数值模型如图 10（a）所示。飞板和夹层之间的压强小于夹层和基板之间的压强，如图 10（b）所示。与活塞模型类似，发现冲击波的作用时间随着距离的增加而增加，如图 10（c）和（h）所示。图 10（d）和（i）中的空气冲击波脉冲增加了距离，这意味着空气冲击波的冲量在离起始点越远的地方越大。图 10（e）和（j）表明，夹层在空气冲击波作用下具有速度。速度引起的位移如图 10（f）和（k）所示，观察到 0.1mm 厚夹层的位移大于 0.8mm 厚夹层。夹层的位移将改变板间的炸高，这可能是图 9（b）中观察到的不均匀界面的原因。图 10（g）和（l）表明，空气冲击波引起了板的塑性变形。空气冲击波的压强分布如图 10（m）和（n）所示，随着空气冲击波传播距离的增加，两个空气冲击波之间的距离 S 变小了，这是由于在飞板和夹层之间的空气冲击波作用下夹层向下移动，增加了飞板与夹层间的距离，削弱了飞板与夹层间的冲击波。同时，夹层的运动减小了夹层与底板之间的距离，增强了夹层与基板间的冲击波。如果板的长度足够大，夹层和基板间的冲击波将赶上飞板和夹层之间的冲击。在这之后，夹层会向上移动，夹层与底板之间的冲击波会减弱，飞板与夹层之间的冲击波会增强，导致整个夹层上下摆动。模拟结果表明，对于较薄的夹层，空气冲击波的影响更为明显。

表 9　材料的状态方程[6]

Tab. 9　Parameters of the shock equation of state

材　料	Gruneisen 系数 γ	$c_1/\mathrm{m \cdot s^{-1}}$	参数 S_1	温度/K	比热容/$\mathrm{J \cdot (kg \cdot K)^{-1}}$
A6061	1.97	5240	1.40	300	885
SUS 821L1	2.17	4569	1.49	300	452
SUS 304	2.17	4569	1.49	300	452
Steel 1006	2.17	4569	1.49	300	452

表 10　Johnson-Cook 强度模型[6]

Tab. 10　Johnson-Cook's law parameters

材料	A/MPa	B/MPa	C	n	m	T_m
A6061	324	114	0.002	0.42	1.34	855K
SUS 821L1	577	1100	0.015	0.50	0.70	1811K
SUS 304	280	1100	0.015	0.50	0.70	1811K
Steel 1006	350	275	0.022	0.36	1.00	1811K

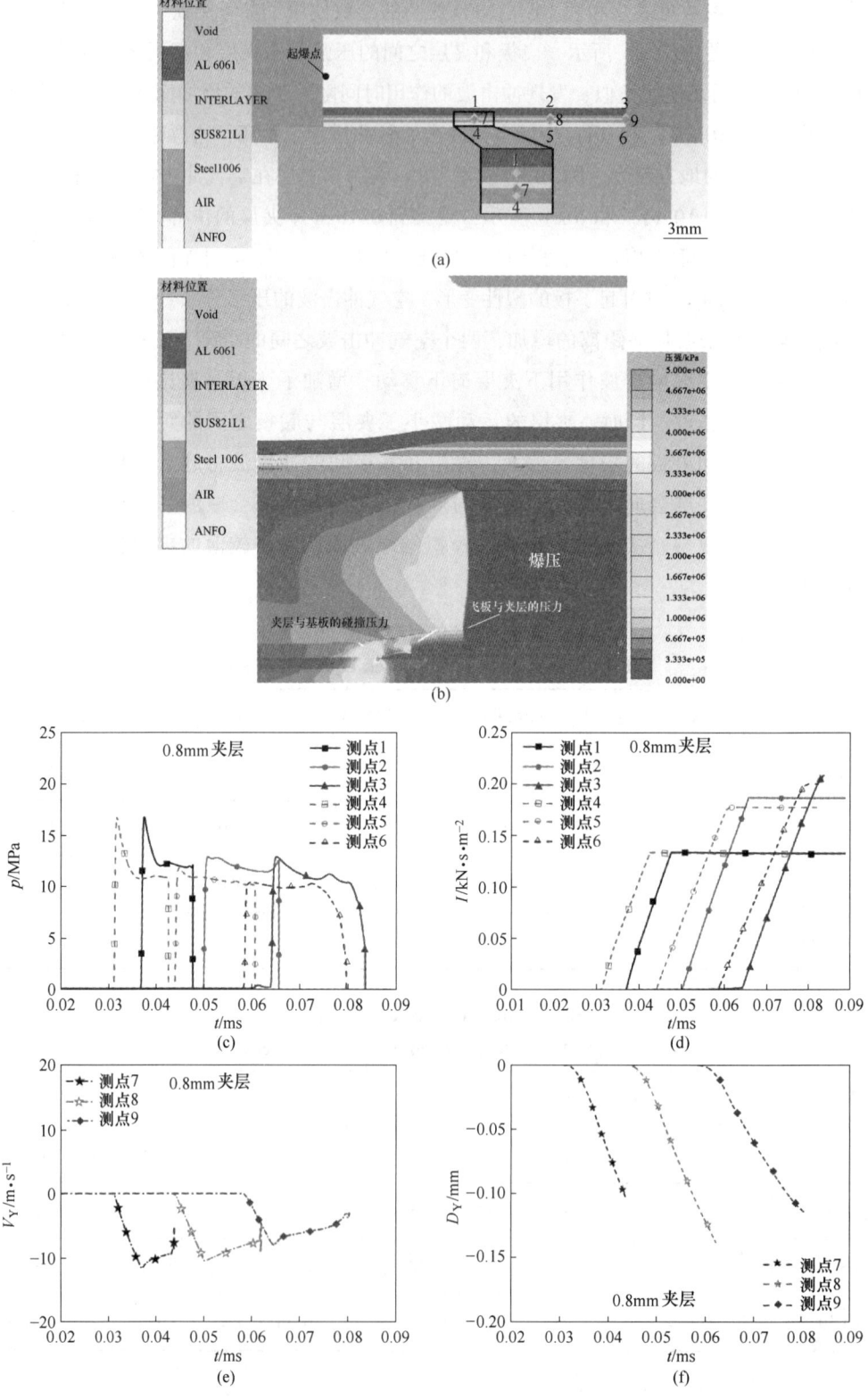

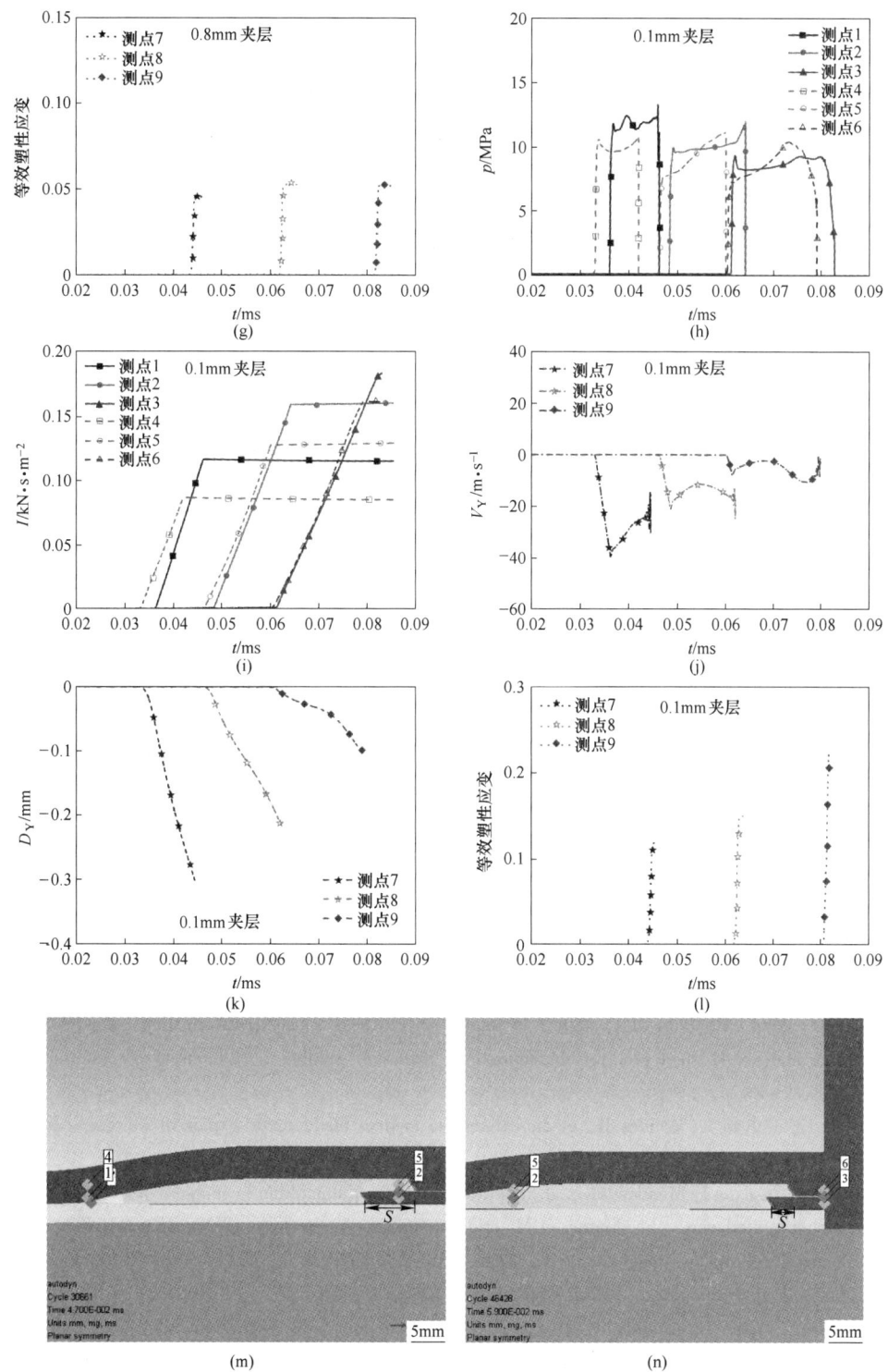

图 10　板间空气冲击波的模拟[6]

（a）数值模型；（b）0.8mm 厚夹层爆炸焊接的压强分布；（c），（h）空气冲击波的压强；（d），（i）空气冲击波的冲量；（e），（j）在空气冲击波作用下夹层的速度；（f），（k）空气冲击波作用下夹层的位移；（g），（l）空气冲击波作用下的塑性应变；（m），（n）0.1mm 厚夹层板间冲击波压强分布

Fig. 10　Simulation of the air shock wave between the plates

4　结论

（1）夹层爆炸焊接可以实现常规爆炸焊接无法实现的高强度、低熔点金属的焊接。

（2）夹层导致可焊性窗口的上下限向上移动，上边界移动幅度大于下边界，可焊窗口的面积扩大，可选择的焊接参数增多，降低了爆炸焊接的难度。

（3）通过理论和数值模拟分析，证明了在爆炸焊接过程中，板间空气冲击波会影响夹层运动的结论。空气冲击波的影响随着夹层的变薄而变得更加明显。空气冲击波对焊接结果有负面影响，尤其是大面积板材的焊接。

参 考 文 献

［1］ He Y, Zhang S, Ding Q, et al. Comprehensive investigation of microstructural inhomogeneity in the bonding zone of explosive-welded AISI 410S/A283GrD composite ［J］. Composite Interfaces, 2022, 29（1）: 57-77.

［2］ Liang H L, Luo N, Chen Y, et al. Experimental and numerical simulation study of Fe-based amorphous foil/Al-1060 composites fabricated by an underwater explosive welding method ［J］. Composite Interfaces, 2021, 28（10）: 997-1013.

［3］ Sun Z, Shi C, Wu X, et al. Comprehensive investigation of effect of the charge thickness and stand-off gap on interface characteristics of explosively welded TA2 and Q235B ［J］. Composite Interfaces, 2020, 27（11）: 977-993.

［4］ Greenberg B A, Ivanov M A, Inozemtsev A V, et al. Comparative characterisation of interfaces for two-and multi-layered Cu-Ta explosively welded composites ［J］. Composite Interfaces, 2020, 27（7）: 705-715.

［5］ Chen X, Inao D, Tanaka S, et al. Explosive welding of Al alloys and high strength duplex stainless steel by controlling energetic conditions ［J］. Journal of Manufacturing Processes, 2020, 58: 1318-1333.

［6］ Chen X, Li X, Inao D, et al. Study of explosive welding of A6061/SUS821L1 using interlayers with different thicknesses and the air shockwave between plates ［J］. The International Journal of Advanced Manufacturing Technology, 2021, 116: 3779-3794.

［7］ Miao Y, Chen X, Wang H. Some applications of interlayer explosive welding ［J］. Composite Interfaces, 2022, 29（4）: 345-360.

［8］ Hokamoto K, Izuma T, Fujita M. New explosive welding technique to weld ［J］. Metallurgical Transactions A, 1993, 24: 2289-2297.

［9］ Han J H, Ahn J P, Shin M C. Effect of interlayer thickness on shear deformation behavior of AA5083 aluminum alloy/SS41 steel plates manufactured by explosive welding ［J］. Journal of Materials Science, 2003, 38: 13-18.

［10］ Hsfl C G, Galvão I, Mendes R, et al. Aluminum-to-steel cladding by explosive welding ［J］. Metals, 2020, 10（8）: 1062.

［11］ Carvalho G, Galvão I, Mendes R, et al. Explosive welding of aluminium to stainless steel using carbon steel and niobium interlayers ［J］. Journal of Materials Processing Technology, 2020, 283: 116707.

［12］ Corigliano P, Crupi V, Guglielmino E, et al. Full-field analysis of AL/FE explosive welded joints for shipbuilding applications ［J］. Marine Structures, 2018, 57: 207-218.

［13］ Habib M A, Keno H, Uchida R, et al. Cladding of titanium and magnesium alloy plates using energy-controlled underwater three layer explosive welding ［J］. Journal of Materials Processing Technology, 2015, 217: 310-316.

［14］ Fang Z, Shi C, Sun Z, et al. Influence of interlayer technique on microstructure and mechanical properties of Ti/Al cladding plate manufactured via explosive welding ［J］. Materials Research Express, 2019, 6（10）: 1065f9.

［15］ Wu X, Shi C, Fang Z, et al. Comparative study on welding energy and Interface characteristics of titanium-aluminum explosive composites with and without interlayer ［J］. Materials & Design, 2021, 197: 109279.

［16］ Wang X, Zhao Z, Wang J X, et al. Influences of transition layer on shear strength of Zr/steel explosive clad plate ［J］. Explosion and Shock Waves, 2014, 34 （6）: 685-690.

［17］ Lazurenko D V, Bataev I A, Mali V I, et al. Structural transformations occurring upon explosive welding of alloy steel and high-strength titanium ［J］. Physics of Metals and Metallography, 2018, 119: 469-476.

［18］ Rosenthal I, Miriyev A, Tuval E, et al. Characterization of explosion-bonded Ti-alloy/steel plate with Ni interlayer ［J］. Metallography, Microstructure, and Analysis, 2014, 3: 97-103.

［19］ Mahmood Y, Chen P, Bataev I A, et al. Experimental and numerical investigations of interface properties of Ti6Al4V/CP-Ti/Copper composite plate prepared by explosive welding ［J］. Defence Technology, 2021, 17 （5）: 1592-1601.

［20］ Chiba A, Tanimura S, Hokamoto K, Science of explosive welding: state of art. In Impact Engineering and Application ［C］ //Deribas A. Proceeedings of the 4th International Symposium on Impact Engineering. Japan: Elsevier, 2001: 530-531.

［21］ Manikandan P, Hokamoto K, Deribas A A, et al. Explosive welding of titanium/stainless steel by controlling energetic conditions ［J］. Materials transactions, 2006, 47 （8）: 2049-2055.

［22］ Tanguay V, Higgins A J. The channel effect: Coupling of the detonation and the precursor shock wave by precompression of the explosive ［J］. Journal of Applied Physics, 2004, 96 （9）: 4894-4902.

［23］ Cowan G R, Bergmann O R, Holtzman A H. Mechanism of bond zone wave formation in explosion-clad metals ［J］. Metallurgical and Materials Transactions B, 1971, 2: 3145-3155.

［24］ De Rosset W S. Analysis of explosive bonding parameters ［J］. Materials and Manufacturing Processes, 2006, 21 （6）: 634-638.

［25］ Mahmood Y, Guo B, Chen P, et al. Numerical study of an interlayer effect on explosively welded joints ［J］. The International Journal of Multiphysics, 2020, 14 （1）: 69-80.

复合增效射孔枪孔眼外部压强分布检测方法研究

杨　斌[1]　魏晓龙[2]　郝志坚[2]　张　波[2]　曾玉峰[2]　孙志国[2]　吴春泉[2]

（1. 中石化经纬有限公司，山东　青岛　266071；

2. 中石化经纬有限公司胜利测井公司，山东　东营　257096）

摘　要：复合增效射孔时的能量衰减对射孔完井效果影响较大，孔眼外的压强分布反映了射孔的能量衰减情况。设计了一种地面试验装置和测试方法，模拟测试井液中复合增效射孔枪射孔后射孔孔眼外部不同位置的压强（p）随时间（t）变化曲线（p-t 曲线）。将单发内置式复合射孔器单元放在模拟试验装置中，环空注满清水，在射孔孔眼同一方位不同位置安装压强传感器测试压强曲线。试验结果表明，由于压强波和井液的相互作用，在距离射孔孔眼同一方位不同位置的压强分布有差异，聚能射孔弹爆炸高频爆轰波在井液中衰减明显，随距射孔孔眼的距离增大而减小；火药燃烧低频压强波在井液中与井液的相互作用更复杂，对射孔孔眼外部压强分布影响的不确定性更大。研究表明，此检测方法能有效提供孔眼的压强变化情况，为复合增效射孔理论模型研究提供了参考。

关键词：复合增效射孔；射孔孔眼；压强分布；井液 p-t 曲线

Research on the Detection Method of Pressure Distribution Outside the Hole of a Composite Enhanced Perforation Gun

Yang Bin[1]　Wei Xiaolong[2]　Hao Zhijian[2]　Zhang Bo[2]　Zeng Yufeng[2]
Sun Zhiguo[2]　Wu Chunquan[2]

（1. Sinopec Matrix Co., Ltd., Qingdao 266071, Shandong；

2. Shengli Logging Company of Sinopec Matrix Co., Ltd., Dongying 257096, Shandong）

Abstract：The energy attenuation during composite enhanced perforation has a significant impact on the perforation completion effect, and the pressure distribution outside the perforation hole reflects the energy attenuation of the perforation. A ground testing device and method were designed to simulate the variation curve (*p-t* curve) of pressure (*p*) at different positions outside the perforation hole after perforation with a composite enhanced perforating gun in the testing wellbore fluid with time (*t*). Place the single engine built-in composite enhanced perforator unit in a simulation test device then, then fill the annulus with clean water, and install pressure sensors at different positions in the same direction of the perforation hole to test the pressure curve. The experimental results indicate that due to the interaction between pressure waves and wellbore fluids, there are differences in pressure distribution at

作者信息：魏晓龙，男，本科，高级工程师，13954685600@ 163. com。

different positions in the same direction from the perforation hole; The high-frequency detonation wave of shaped charge perforating charge explosion attenuates significantly in the wellbore fluid, and decreases with the increase of distance from the perforating hole. The low-frequency pressure wave of gunpowder combustion has a more complex interaction with the wellbore fluid, which has a greater uncertainty on the pressure distribution outside the perforation hole. Research has shown that this detection method can effectively provide information on the pressure changes in the perforation, providing a reference for the study of composite enhanced perforation theoretical models.

Keywords: composite enhanced perforation; perforation hole; pressure distribution; wellbore fluid p-t curve

1 引言

复合增效射孔作为油田增产的重要措施，在国内外已使用多年，取得了较好的应用效果。内置式复合增效射孔采用射孔枪内装配火药，点火的瞬间由射孔弹形成的金属射流及爆轰波冲击火药装药，使火药点火燃烧，在射孔枪内生成高温高压气体，通过枪身射孔孔眼和泄压孔释放到井筒中，对地层作用达到增产增注的目的。

由于复合增效射孔是在压井液中进行，火药燃烧生成的高温高压气体在井筒中与压井液相互作用也是复合增效射孔作用过程的重要部分，而且压井液的运动影响着复合增效射孔能量利用率的大小，很大程度上决定着施工效果的好坏。国内外的研究者开展了大量关于复合增效射孔理论模型的研究，其中火药燃气与压井液相互作用都是重要的研究内容。吴飞鹏等人在研究中不仅考虑火药爆燃应力对液柱的宏观推动作用和应力波对液柱的冲击压缩作用，而且考虑液柱运动过程中由速度分布造成的动能影响及管柱摩擦阻力影响，以液柱任意微小截面单元为研究对象，利用质量守恒、动量守恒、能量守恒等条件，研究火药爆燃压强变化和气液界面高度变化。其研究表明复合增效射孔的气液作用是气液混相流动的复杂过程，对火药爆燃压强和作用效果有很大影响。

现有的复合增效射孔作用效果实验室模拟评价集中在通过混凝土靶模拟试验或复合增效射孔器单元试验测试环空压强，模拟研究的是火药燃气对地层的作用。很少见到有关火药燃气与压井液作用的模拟测试研究，这导致复合增效射孔理论模型研究中火药燃气与压井液相互作用及其对火药燃气压强的影响缺乏试验数据的支撑。

本文针对复合增效射孔火药燃气与压井液相互作用的研究需要，开展井液中复合增效射孔枪孔眼外部压强分布测试，研究复合增效射孔压强波在液体中的传播特性，为复合增效射孔理论模型研究提供试验数据支持。

2 试验方案设计

2.1 复合增效射孔燃气作用过程

复合增效射孔器点火后，在聚能射孔弹完成射孔的同时，金属射流及爆轰波冲击点燃火药，开始着火燃烧，产生高温高压燃气，通过枪身射孔孔眼释放到井筒。由于井筒中充满压挡液，火药燃气一方面在井筒内沿轴向运动，向上和向下压缩井筒套管内的液体，推动压井液运动；另一方面燃气经套管表面射孔形成的孔眼，向射孔通道内构成孔眼压裂气体对地层作用。

2.2 测试方案设计

施工使用的复合增效射孔器装配射孔弹、火药数量多，产生的冲击破坏作用大。模拟测试时为了保障试验设备和人员安全，使用单发装药的复合增效射孔器单元进行测试。火药燃气从枪身射孔孔眼释放后，在井筒内沿轴向向上和向下方向与压井液产生相互作用，在射孔枪孔眼向下方位不同距离设置压强测试点，模拟测试不同位置的压强波分布。

2.3　试验装置

复合增效射孔器装药单元由 102 单元射孔枪内装 1 发聚能射孔弹和 1 发火药，射孔弹装药量 38g，火药装药量 20g。

试验装置（见图 1）由釜体和保护管组成，釜体内径 140mm，保护管外径 102mm，壁厚 11mm，长度 1200mm。护管上距离单元射孔枪 200mm 的位置设置传感器接口 1，距离单元射孔枪 300mm 的位置设置传感器接口 2。

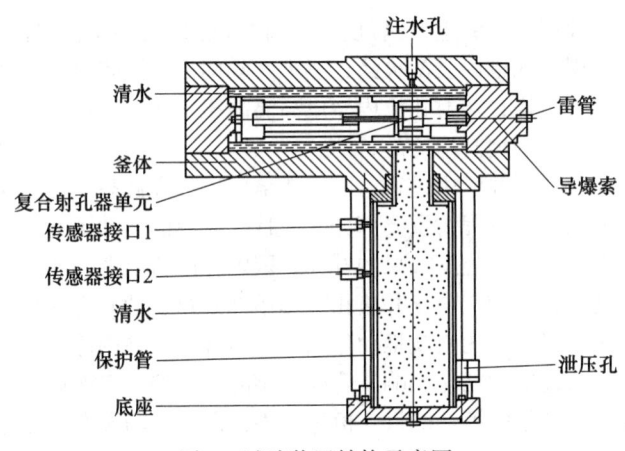

图 1　试验装置结构示意图

Fig. 1　Schematic diagram of the test device structure

数据采集系统由压强传感器、放大器、采集与分析软件组成，分别在传感器接口 1、传感器接口 2 的位置安装 1 号、2 号传感器，同时采集这 2 个位置的压强数据。

3　试验

组装好复合增效射孔器单元，火药安装在射孔弹侧面。安装好釜体尾堵，将复合增效射孔器单元放置到釜体中，确保射孔枪安装固定到位，射流方向垂直于保护管。安装釜体上接头，导爆索通过中心孔穿出。

将护管安装到底座上，灌满清水。将釜体与护管装配到位，旋紧固定螺钉。通过注水孔向釜体内部灌满清水，用螺栓封堵注水孔。安装传感器 1、传感器 2，测试信号正常后接雷管，点火起爆，采集数据。

4　试验结果及分析

点火后射孔弹正常起爆，火药燃烧完全，图 2 为传感器采集到的 p-t 曲线。从图 2 的 p-t 曲线可以看出聚能射孔弹炸药爆轰及火药燃烧产生的特征峰，曲线上第 1 个尖峰是聚能射孔弹起爆后炸药爆轰波产生的压强峰，峰值压强高，升压速度快，峰值持续时间小于 1ms，不同位置的传感器 1 和传感器 2 测到的射孔弹爆轰波尖峰峰值和时间有差异；约 2ms 后测到第二压强峰值，峰值压强和升压速率相对较低，持续时间为 5～10ms，这是火药燃烧产生的峰值，传感器

1 和传感器 2 测到的压强峰值和时间也存在差异。不同位置的传感器 1 和传感器 2 检测到的 p-t 曲线总体趋势一致，传感器 1 接收到压强峰值信号时间早于传感器 2，传感器 1 检测到的第一峰值压强高于传感器 2 检测到的压强值，传感器 1 检测到的第二峰值压强低于传感器 2 检测到的压强值（见表 1）。

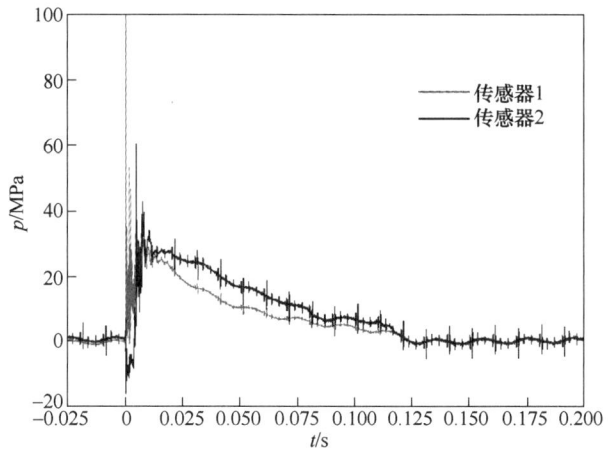

图 2　复合增效射孔器单元测试射孔枪孔眼外部压强分布 p-t 曲线

Fig. 2　Test the p-t curve of pressure distribution outside the perforation hole of the composite enhanced perforator unit

表 1　传感器检测到的 p-t 数据

Tab. 1　p-t data detected by sensors

序　号	距孔眼距离/mm	第一压强峰		第二压强峰	
		峰值压强/MPa	峰值压强时间/ms	峰值压强/MPa	峰值压强时间/ms
传感器 1	200	100	0.058	35	6
传感器 2	300	63	6	45	10

5　结论

（1）由于压强波与井液相互作用，在距孔眼不同位置测试到的井液中复合增效射孔枪射孔孔眼外部压强有差异。

（2）聚能射孔弹炸药高频爆轰波（第一压强峰）在井液中衰减明显，随距射孔孔眼的距离增大而减小。

（3）火药燃烧低频压强波（第二压强峰），受到井液相互作用和管壁反射的复杂影响，对射孔孔眼外部压强分布影响的不确定性更大，需要更进一步加强这方面的理论和测试研究。

参 考 文 献

[1] 孙新波，刘辉，王宝兴，等 . 复合射孔技术综述 [J]. 爆破器材，2007，36（5）：29-31.

[2] 唐凯，任国辉，张清彬，等 . 国内射孔技术现状及发展方向 [C] //2013 年油气井射孔技术交流会论文集，2013.

［3］韩国有，李东传．复合射孔压裂效果评价方法研究进展［J］．测井技术，2016，40（5）：655-658.

［4］李东传，金成福，余海鹰．复合射孔器射孔后环空压强分布试验研究［J］．爆破器材，2008，38（1）：38-40.

［5］赵旭，柳贡慧．复合射孔上部压井液运动理论模型研究［J］．钻井液与完井液，2008，25（3）：7-9.

［6］吴飞鹏，蒲春生，吴波．高能气体压裂中压挡液柱运动解析模型研究［J］．石油钻采工艺，2009，31（3）：82-84.

氮氧混合体相变气体破岩理论分析

张 娟[1]　李运潮[1]　李国良[2]　向拓宇[1]

（1. 中材（南京）矿山研究院有限公司，南京　210000；

2. 广东宏凯气能技术有限公司，广东　深圳　518063）

摘　要：为了拓宽气体破岩技术领域，对以氮氧液态混合体作为破岩介质、采用柔性储能管作为破岩装置的氮氧混合气体破岩技术进行理论分析和计算，研究氮氧混合比例、吸收剂质量等对破岩效果的影响。结果表明，氮氧混合气体破岩技术的破岩效果和施工安全性与氮氧混合比例、储能管内吸收剂质量和氮氧液态混合体总充液量等参数密切相关。研究工作对氮氧混合体相变气体破岩技术的工程应用具有理论指导意义和参考价值。

关键词：气体破岩技术；氮氧液态混合体；破岩效果；安全

Theoretical Analysis of Rock Breaking with Phase Transition of Nitrogen-oxygen Mixed Gas

Zhang Juan[1]　Li Yunchao[1]　Li Guoliang[2]　Xiang Tuoyu[1]

（1. Sinoma（Nanjing）Mining Research Institute Co., Ltd., Nanjing 210000；

2. Guangdong Hongkai Gas Energy Technology Co., Ltd., Shenzhen 518063, Guangdong）

Abstract：In order to broaden the field of gas rock breaking technology, the rock breaking technology of nitrogen-oxygen mixed gas with nitrogen-oxygen liquid mixture as rock breaking medium and flexible energy storage tube as rock breaking device is theoretically analyzed and calculated, and the influence of liquid nitrogen and oxygen mixture ratio and the quality of absorbent on rock breaking effect is studied. The results show that the rock breaking effect and construction safety are closely related to liquid nitrogen and oxygen mixture ratio, the quality of absorbent in the energy storage tube and the total liquid filled amount of nitrogen-oxygen liquid mixture, etc. The research reseluts can provide theoretical guidance and valuable reference of nitrogen-oxygen mixture and phase transition in the gas lock breaking.

Keywords：gas rock breaking technology；nitrogen-oxygen liquid mixture；rock breaking effect；safety

　　工程应用的破岩技术种类众多，包括普遍使用的炸药爆破技术[1-3]、机械破岩技术[4-5]、气体破岩技术[6-7]等。其中，气体破岩技术是采用液化气体的瞬间相变产生高压气体实现破岩的一项新型技术，具有环保程度高，破岩振动、飞石、噪声等不良效应少的特点，已经逐渐被广泛应用在城市建设基坑、隧道凿岩、矿山开采等各个领域，可作为传统破岩技术的补充、辅助

作者信息：张娟，工程师，博士，zhangjuan@ smri. tech。

或替代。目前，根据气体破岩使用相变介质的不同，主要分为二氧化碳气体破岩和氧气破岩两大类。二氧化碳气体破岩技术是采用相变膨胀装置实现，装置内的液态二氧化碳在外部能量的激发下由液态转变成气态，相变使得二氧化碳体积膨胀导致装置内压强陡增，最终对外界机械做功达到破岩效果[8-10]。近些年来，二氧化碳破岩技术在各类岩石破碎工程中被广泛应用，但该技术采用的膨胀装置主要是金属筒，导致其对机械设备要求较高、施工流程繁琐。

近两年逐渐兴起的液氧破岩技术是一项新型破岩技术，顾名思义，该技术以液氧作为相变介质使岩石发生破碎的技术[11]。传统的液氧炸药由于施工工艺和激发方式的落后，存在操作复杂、危险性高等问题[12]。21世纪，随着时代发展和技术革新，液氧破岩技术已经更新换代。新型液氧破岩技术采用柔性储能管孔内充装法，利用先进充装设备和液氧罐实现孔内进行定量安全充液，大大提高了施工安全性，且新型液氧破岩技术采用无火药的电阻丝作为发火元件，所有破岩器材不涉及民用爆炸物品[13-14]。虽然在液氧的输送工艺、灌注工艺及设备上都有了技术革新，但是液氧自身的高氧化性、高敏感性使得以纯液氧作为相变介质的液氧破岩技术在施工过程中，会由于操作不当带来较高的安全隐患。氮氧混合气体破岩技术采用氮氧液态混合体作为相变介质，是以液氧破岩技术为基础的优化创新，能保证达到良好破岩效果的同时，从根本上提高施工作业的安全性。调研发现很少有关于液氧、氮氧液态混合体作为破岩介质的相关技术报道，本文通过对该技术的破岩机理和破岩影响因素进行理论分析和计算，为该技术的发展和推广提供理论基础。

1　氮氧混合气体破岩技术作用机理

氮氧混合气体破岩技术需采用如图1所示的破岩器材实现。该破岩器材包括柔性储能管和激发系统两部分组成。柔性储能管由吸收剂、中心充液管（一般为铝制管）、排气管、柔性外壳和管口密封件组成，激发系统由发火元件通过脚线和外接激发器连接后共同组成。当氮氧液态混合体通过中心充液管注入到储能管中后被吸收剂充分吸收，激发器激发设置在多层吸收剂中，某局部位置的发火元件释放高压电火花时，储能管内局部吸收剂在液氧的助燃下发生剧烈燃烧，其火焰燃烧波的阵面沿储能管轴向传播，使得储能管其他部位的吸收剂也迅速参与燃烧，吸收剂发生从点到线、再由线到面的燃烧过程。燃烧反应产生的热作用使得储能管内余留的氮氧液态混合体达到或超过气化所需要的临界温度，使氮氧液态混合体发生有限域接力放大的相变效果，使其在短时间内迅速气化膨胀形成高压荷载，岩石介质受到破裂破坏并产生了小幅度的抛掷运动，最终达到破岩的目的。

氮氧混合气体破岩技术，结合了液氧的强氧化性、活泼性和液氮的化学惰性及两者的高物理相变膨胀比。液氧作为助燃剂和氧化剂可以参与有机吸收剂的燃烧，为剩余液态气体的相变提供足够热量。但是液氧是非常强的氧化剂，与大多数非金属有机材料与液氧接触时，即可形成可燃性或爆炸性物系，以纯液氧作为破岩相变介质的液氧破岩技术在施工过程中，存在较多的安全隐患。而液氮具有化学惰性，液氮的加入可明显降低吸收了液态气体的吸收剂对明火、静电、冲击等的敏感度，从而大幅度提高破岩的施工安全性。同时，液氮和液氧都具有高的物理相变膨胀比（常温常压下：液氮696倍，液氧860倍），在吸收了卷纸的燃烧热后，可瞬间气化相变对外界岩石产生机械功达到破岩效果。

氮氧混合气体破岩技术具有显著优势。首先，该技术破岩基础装置选用的是轻质柔性储能管，该装置可在施工过程中大幅度弯曲变形，方便操作人员安放至炮孔内。此外，氮氧液态混合体破岩技术采用的孔内充液技术，排除了气体破岩器材因搬运过程导致的危险隐患，且在柔性储能管注入氮氧液态混合体前，所有的组件都是安全无害的，也不需要采用专门设施储存和运输。最后，该激发系统中发火元件为无火药电阻丝，并非雷管、电引火头等受管制组件。因此，氮氧液态混合体破岩技术所用的破岩器材都属于非管制常规材料，用于破岩可大幅度提高破岩效率和施工安全系数，且无有害气体产生。

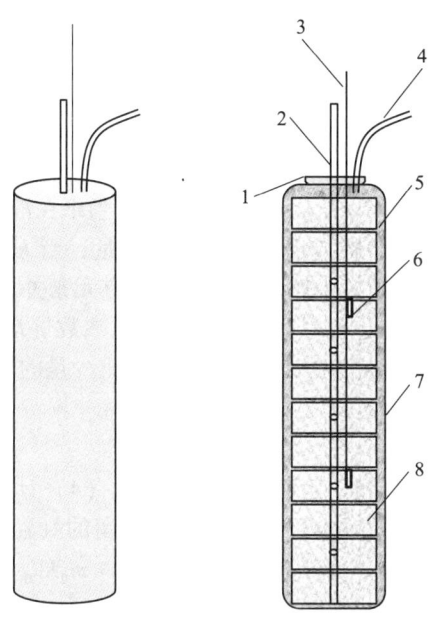

图1　储能管外观和剖面示意图

1—管口密封件；2—中心进液管；3—发火元件脚线；4—排气管；5—氮氧液态混合体；
6—发火元件；7—柔性外壳；8—卷纸

2　氮氧混合比例计算

液氧具有强氧化性和助燃性、感度高等特点，氮氧液态混合体中液氧浓度过高时，将使得吸收了氮氧液态混合体的储能管对压强、电火花、冲击等作用的敏感度提高，导致破岩作业的安全性降低。因此，储能管中氮氧液态混合体的液氧含量在满足助燃的前提下，应使其含量尽量低以有助于破岩作业安全性的提高。目前氮氧混合气体破岩技术在小范围试验过程中，液氮液氧混合比的控制主要以经验为主，本文提出一种氮氧混合比例的确定方法。

饱和系数 K_H 为吸收剂吸收液氧至完全饱和时，氧气质量与单位体积吸收剂质量之比[12]：

$$K_H = \frac{m_L b}{m_0} \tag{1}$$

式中，K_H 为饱和系数；m_0 为卷纸质量，kg；m_L 为总液态气体质量，kg（氮氧混合比例为 $a:b$，其中 $a+b=1$）。

氧系数 K_i 为不同燃烧程度下，氧气质量与单位体积吸收剂（可燃物部分）的质量之比，通过有机元素分析可测定卷纸的元素含量分别为碳 C-x%，氢 H-y%，氧 O-z%，也可根据卷纸主要成分纤维素的化学式 $(C_6H_{10}O_5)_n$ 进行估算。根据卷纸燃烧不同元素消耗氧之间的比例关系

$$C + O_2 = CO_2 \qquad C + O_2 = CO \qquad H_2 + O_2 = H_2O$$

质量比　　　　　1:2.67　　　　　　1:1.33　　　　　　1:8

利用式（2）和式（3）可计算卷纸的饱和系数 K_i：

$$K_{CO_2} = \frac{2.67x + 8y - z}{100} \qquad (2)$$

$$K_{CO} = \frac{2.67x + 8y - z}{100} \qquad (3)$$

式中，K_{CO_2} 为卷纸完全燃烧生成 CO_2 的氧系数；K_{CO} 为卷纸部分燃烧只能生成 CO 的氧系数。

根据卷纸燃烧的化学式

$$(C_6H_{10}O_5)_{n=1} + 6O_2 = 6CO_2 + 5H_2O + Q_{热}$$

可以看出，当 K_H（饱和系数）$\geqslant K_{CO_2}$（氧系数）时，卷纸在液氧的助燃下充分燃烧，可燃元素被完全氧化生成 CO_2 和 H_2O，释放出最大的燃烧热量；当 K_{CO_2}（氧系数）$> K_H$（饱和系数）$\geqslant K_{CO}$（氧系数）时，卷纸在液氧中燃烧不充分，可燃元素并未被完全氧化生成 CO_2、CO 和 H_2O，仅放出部分燃烧热量；当饱和系数（K_H）小于氧系数（K_{CO}）时，卷纸在液氧中的燃烧极其不充分，可燃元素可能会生成 CO 和碳单质，仅放出少量的热量。

$$\frac{m_L b}{m_0} = \frac{2.67x + 8y - z}{100} \qquad (4)$$

因此，当柔性储能管中卷纸质量一定时，可根据公式（4）计算得出液氧的注入量 $m_{O_2} \geqslant m_0 K_{CO_2}$ 才能保证卷纸释放出最大的燃烧热，为储能管内余留的氮氧液态混合体提供气化相变的能量。下文中的理论计算结果全是基于液氧的注入量 $m_{O_2} \geqslant m_0 K_{CO_2}$ 前提下得到的。

3　炮孔内的气化状态模拟

氮氧混合气体破岩技术依靠卷纸燃烧反应产生的热作用，使得储能管内余留的氮氧液态混合体达到或超过气化所需要的临界温度，使其在短时间内迅速气化膨胀形成高压荷载破碎岩石。因此，只有清楚氮氧液态混合体的气化状态，才能明确储能管在激发后炮孔内压强变化。

如图 2 所示，常压下液态气体气化过程的温熵状态图可分为三个阶段，包含两个临界点。第 1 阶段为过冷液体状态（液体温度低于沸点），随着液态从外界环境中吸收热量，液体温度逐渐上升直至达到第一个临界点，饱和液体点 a（液体温度为饱和温度，即常压下沸点）。第 2 阶段为气化状态，从饱和液体点 a 气化阶段开始（液氧常压沸点 $-183℃/90K$，液氮常压沸点 $-196℃/77K$），液体不断吸热气化，但温度不变熵增加直至液体全部气化成饱和气体，达到第二个临界点，饱和蒸气点 b。此时温度仍为饱和温度，吸收热量称为汽化潜热。第三阶段为过热气体状态，随着外界对气体继续加热，气体温度也逐渐升高，气体熵增加。

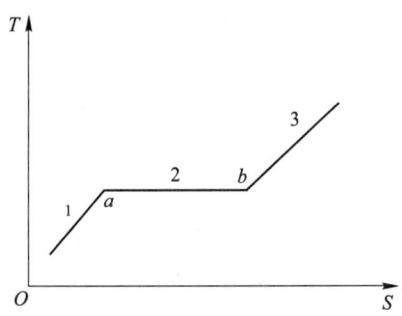

图 2　液态气体状态坐标图

常温常压下，激发前后炮孔内气体状态模拟图同样可概括为三个状态，如图 3 所示。氮氧液态混合体注入到柔性储能管中，在炮孔内状态如 A，可近似看作图 2 中的 a 点状态；储能管在激发后，炮孔内的氮氧液态混合体瞬间吸收大量卷纸燃烧的热量后气化到达状态 B；破岩后，氮氧混合气体体积增大，与大气融为一体，恢复至常温常压状态 C。由此可知，起到破碎岩石的是状态 B 高压高温气体对岩石的压强场作用。状态 A 到状态 B 主要靠柔性储能管中卷纸的快速燃烧产生大量气体的同时，提供大量热量使得余留氮氧液态混合体瞬间相变膨胀。

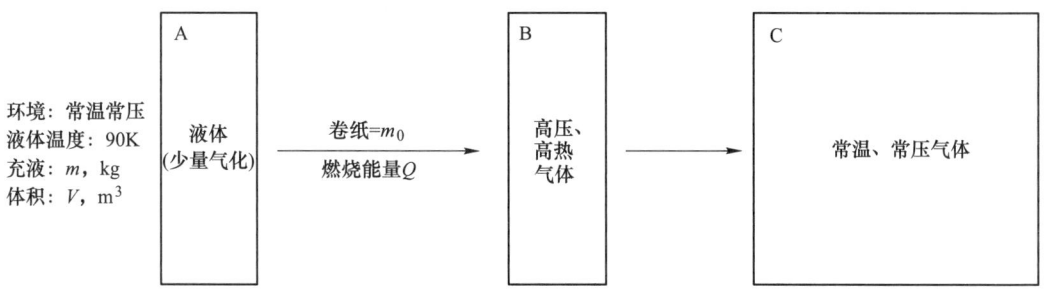

图3 储能管激发前后炮孔内气体状态模拟图

4 燃烧热和炮孔压强之间的关系

根据以上分析，假设氮氧液态混合体从环境中吸收的热量忽略不计，卷纸燃烧产生的热量全部提供给炮孔内混合气体且无热量损失。为了方便计算，这里将氮氧液态混合体近似为纯液氧计算，卷纸燃烧消耗氧气的同时也会生成二氧化碳和水，将燃烧后混合气体近似为纯氧气计算。

卷纸燃烧化学式如下：

$$(C_6H_{10}O_5)_{n=1} + 6O_2 === 6CO_2 + 5H_2O + Q_{热}$$

其中，$Q_{热} = 2332kJ/mol$，根据化学式可计算出单位质量卷纸燃烧产生的热量 $Q_b = 14395kJ$；单位质量卷纸燃烧消耗的液氧量 $e = 1.185kg$。

卷纸燃烧热 Q 可根据公式（5）计算得到，上文提到柔性储能管内液氧量是足够维持卷纸完全燃烧的，因此燃烧后余留的氮氧液态混合体质量 m_2 由公式（6）计算得到

$$Q = m_0 Q_b \tag{5}$$

$$m_2 = m - em_0 \tag{6}$$

卷纸燃烧热 Q 全部提供给余留的氮氧液态混合体的气化过程和炮孔内混合气体的吸热，则

$$Q = Q_1 + Q_2 \tag{7}$$

$$Q_1 = m_2 \times r \tag{8}$$

$$Q_2 = c_v \times m \times \Delta T \tag{9}$$

式中，m 为氮氧液态混合体充液量，kg；m_0 为卷纸质量，g；r 为液氧气化热，液氮气化热 199kJ/kg，液氧气化热 213kJ/kg；ΔT 为混合气体吸热前后温差 $\Delta T = (T_2 - T_1)$，K，T_1 为一个大气压下液态气体饱和温度，K（液氧 $T_1 = 90K$，液氮 $T_1 = 77K$）；T_2 为过热气体温度。

根据上述式（6）~式（8）计算可得

$$T_2 = \frac{m_0 Q_b - (m - em_0) \times r}{c_v m} + T_1 \tag{10}$$

已知卷纸燃烧后混合气体温度 T_2，代入理想气体状态方程可得

$$p = \frac{mRT_2}{MV} = \frac{mR}{MV} \left[\frac{m_0 Q_b - (m - em_0) \times r}{c_v m} + T_1 \right]$$

$$= \frac{7465891.36}{d^2 h} \times m_0 - \frac{78796.56}{d^2 h} \times m \tag{11}$$

式中，p 为炮孔内压强；d 为炮孔直径；h 为炮孔深度。

从公式（11）可以看出，当炮孔体积固定时，炮孔内压强 p 跟卷纸质量 m_0 成正比，跟炮

孔内充液质量 m 成反比。因此，当液氧量正好满足卷纸完全燃烧完成生成二氧化碳时，炮孔压强最大，破岩效果最好，随后液氧量的继续增加反而会使炮孔压强降低。结合上文，当 K_H（饱和系数）$\geq K_{CO_2}$（氧系数）时，卷纸在液氧的助燃下充分燃烧，可燃元素被完全氧化生成 CO_2 和 H_2O，释放出最大的燃烧热量。由此可知，想要达到最佳破岩效果，无论是选择纯液氧还是氮氧液态混合体作为相变介质，存在一个最佳充液量，并不是越多越好。

氮氧混合气体破岩是为了提高施工安全性，以氮氧液态混合体作为破岩相变介质的新技术。液氮作为惰性液化气体能明显降低混合物的感度的同时，氮氧液态混合体中的液氧浓度也相应降低，这样将导致卷纸燃烧速率变慢，进而影响炮孔内的压强峰值。因此，为了达到不同岩石的不同破碎效果，应根据岩石材料破坏强度，合理调整氮氧的混合比例。

5　结语

（1）氮氧混合气体破岩技术作为一种新型气体破岩技术，破岩过程具有更小的次生灾害效应，如粉尘、飞石、振动、噪声等，有利于安全生产。在施工位置受限、周边环境复杂的情况下使用氮氧混合气体破岩技术，优势更加明显。该技术可作为炸药爆破技术的补充和辅助。孔内充装技术使得柔性储能管在注入氮氧液态混合体前，所有的组件都是安全无危害的，不需要采用专门设施储存和运输，排除了搬运过程导致的安全隐患。另外，该激发系统中发火元件为无火药电阻丝，所用的破岩器材均不属于民用爆炸物品。

（2）氮氧混合气体破岩技术依靠卷纸燃烧反应产生的热作用，使得储能管内余留的氮氧液态混合体达到或超过气化所需要的临界温度，使其在短时间内迅速气化膨胀形成高压荷载破碎岩石。当 K_H（饱和系数）$\geq K_{CO_2}$（氧系数）时，卷纸在液氧的助燃下充分燃烧，可燃元素被完全氧化生成 CO_2 和 H_2O，释放出最大的燃烧热量；当 K_{CO_2}（氧系数）$> K_H$（饱和系数）$\geq K_{CO}$（氧系数）时，卷纸在液氧中燃烧不充分，可燃元素并未被完全氧化生成 CO_2、CO 和 H_2O，仅放出部分燃烧热量；当 K_H（饱和系数）$< K_{CO}$（氧系数）时，卷纸在液氧中的燃烧极其不充分，可燃元素可能会生成 CO 和碳单质，仅放出少量的热量。结果表明，当柔性储能管中卷纸质量一定时，液氧的注入量 $m_{O_2} \geq m_0 K_{CO_2}$ 才能保证卷纸释放出最大的燃烧热。

（3）当炮孔体积固定时，炮孔内压强 p 跟卷纸质量 m_0 成正比，跟炮孔内充液质量 m 成反比。因此，当液氧量正好满足卷纸完全燃烧完成生成二氧化碳时，炮孔压强最大，破岩效果最好，随后液氧量的继续增加反而会使炮孔压强降低。因此，为了达到不同岩石的不同破碎效果，应根据岩石材料破坏强度，合理调整氮氧液体的混合比例。

参 考 文 献

[1] 汪飞. 复杂环境下露天矿山爆破及安全控制 [J]. 工程爆破，2022，28（4）：120-124，130.

[2] 李继业. 露天矿山爆破振动影响因素研究 [J]. 世界有色金属，2022（12）：156-158.

[3] 李萍丰，张兵兵，谢守冬. 露天矿山台阶爆破技术发展现状及展望 [J]. 工程爆破，2021，27（3）：59-62，88.

[4] 郑志杰，黄丹，杨小聪，等. 极破碎岩体机械开挖卸荷扰动条件下进路参数优化研究 [J]. 矿业研究与开发，2022，42（7）：19-24.

[5] 吴佑俭，吴璇. 矿用固定式破碎机械臂工作范围建模与分析 [J]. 矿山机械，2021，49（6）：29-33.

[6] 蔡余康，胡少斌，庞烁钢，等. CO_2 聚能剂燃烧与冲压实验研究 [J]. 工程爆破，2022，28（3）：77-81，116.

［7］袁海梁，刘孝义，陈少波，等．基于 sph 算法的 CO_2 相变破岩数值模拟 ［J］．工程爆破，2023，29（1）：62-68.

［8］梅比，高星，方莹，等．二氧化碳膨胀爆破新型致裂管与安全技术研究 ［J］．爆破，2021，38（2）：153-159.

［9］肖婷，欧玉峰．致裂器对液态 CO_2 相变破岩的功效影响分析 ［J］．工程爆破，2022，28（4）：78-83.

［10］Wang X L, Li H, Li R W. Study on the cracking and penetration effect of liquid carbon dioxide phase transition ［J］. Geotechnical and Geological Engineering, 2022, 40: 2811-2821

［11］方莹．矿山工程开采，炸药不是唯一选择——最新高新科技气体膨胀替代炸药 ［J］．湖南安全与防灾，2017（9）：50-51.

［12］马尔钦科 A. 液氧炸药 ［M］. 北京：冶金工业出版社，1957：49-52.

［13］方莹，曾齐平，谷长清，等．一种孔内充装柔性致裂装置：ZL202123161456.0 ［P］. 2021. 12. 16.

［14］赵洋，王丰文，赵宏娟．一种孔内气体膨胀装置．ZL 202220970203.3 ［P］. 2022. 07. 15.

CuCrZr/316L 爆炸焊接中空构件的制备及性能研究

张冰原[1]　　马宏昊[1,2]　　沈兆武[1]　　芮天安[3]

（1. 中国科学技术大学中国科学院材料力学行为和设计重点实验室，合肥　230027；

2. 中国科学技术大学火灾科学国家重点实验室，合肥　230026；

3. 安徽宝泰特种材料有限公司，安徽　宣城　242538）

摘　要：开发集成大量复杂冷却剂通道的热核反应堆中空构件仍然是一项具有挑战性的任务，这是由于存在异种金属连接、过时效及焊接面积大（米量级）等潜在的技术问题。本文采用改进的爆炸焊接技术成功地制造了 CuCrZr/316L 中空构件，其中通过采用理论计算和复合填充模具获得了理想的焊接条件。微观结构分析表明，在结合界面处检测到连续完整的不规则波状的冶金结合，并且流道边角处的缺陷被控制在百微米级别。接头在给定的高温条件（200℃）下表现出高剪切强度（约 292MPa），其峰值强度、应力–位移曲线和失效模式与室温（25℃）条件下的实验结果基本一致。在各种氦气泄漏试验条件下，CuCrZr/316L 中空构件的密封性均满足标准要求。研究结果突破了传统爆炸焊接主要面向平板、管、棒等简单几何结构材料焊接的限制，对于拓宽该技术在持续发展的现代工业领域的应用具有重要意义。

关键词：爆炸焊接；中空构件；微观结构；力学性能

Fabrication and Performance Investigations on Explosively Welded CuCrZr/316L Hollow Component

Zhang Bingyuan[1]　　Ma Honghao[1,2]　　Shen Zhaowu[1]　　Rui Tianan[3]

（1. CAS Key Laboratory of Mechanical Behavior and Design of Materials, Department of Modern Mechanics, University of Science and Technology of China, Hefei 230027; 2. State Key Laboratory of Fire Science, University of Science and Technology of China, Hefei 230026; 3. Anhui Baotai Special Materials Co., Ltd., Xuancheng 242538, Anhui）

Abstract：Developing hollow components that integrate a large number of complex coolant channels for thermonuclear reactors remains a challenging task, owing to potential technical problems such as dissimilar metal connections, over-aging and large welding areas (meter-scale). In this paper, CuCrZr/316L hollow components were manufactured using an improved explosive welding technique, where theoretical calculations and composite filling mold were used to achieve ideal welding conditions.

基金项目：国家自然科学基金（12272374，12002339）；中国科学技术大学学生创新创业和成果转化行动计划"学生创新创业基金"（CY2022G38）；安徽省科技重大专项，核电级大面积强耐蚀铁基爆炸复合材料关键技术研发与产业化（202003a05020035）。

作者信息：马宏昊，副教授，hhma@ustc.edu.cn。

Microstructure analysis showed that irregular waves of continuous and complete metallurgical bonding were detected at the bonding interface, and the defects at the corner of the flow channel were controlled at the hundred-micron-level. The joint exhibited high shear strength (~292MPa) under the given high-temperature conditions (200℃), whose peak strength, stress-distance curve and failure mode were almost consistent with the experimental results at room temperature (25℃). Under all conditions of the helium-leak test, the leak tightness of the CuCrZr/316L hollow component met the standard requirement. The research results broke through the limitation of traditional explosive welding technology, which mainly focuses on the welding of materials with simple geometric structures such as flat plates, tubes, or rods, and are of great significance for expanding the application of this technology in the modern industrial field of continuous development.

Keywords: explosive welding; hollow component; microstructure; mechanical properties

1 引言

包层第一壁是聚变反应堆的关键功能部件之一，其主要功能是为整个装置提供中子和高热负荷的屏蔽，同时将聚变能转化为热能用来发电。由于第一壁直接面对反应堆内产生的高能量密度热流，其内部包含大量具有复杂流道的中空结构用于输送冷却液[1-2]。目前，CuCrZr 板与 316L 不锈钢板组成的中空构件受到人们越来越多的关注，如图 1 所示，冷却通道位于 316L 板内部并紧邻 CuCrZr 基体，该工程方案充分利用了铜优良的导热性，同时有效地提高了构件的抗变形能力。极端的服役环境对 CuCrZr 与 316L 之间的结合质量提出了严峻的挑战，所以几种传统的制造方法如钎焊[3]、激光焊接[4]、热等静压[5] 等不再适用。钎焊方法具有适用于大多数异种金属组合焊接的优点，但低熔点焊料的引入会导致接头在高温环境下的失效。对于激光焊接和热等静压工艺，焊接过程的高热量输入可能导致晶粒过度生长和过时效。

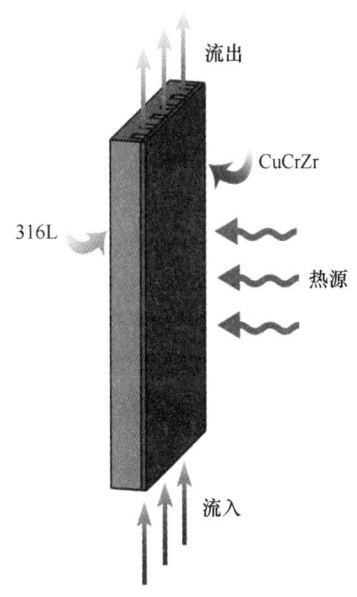

流出

CuCrZr

316L

热源

流入

图 1 中空构件示意图

Fig. 1 Diagram of the hollow component

爆炸焊接是一种应用广泛的高速冲击焊接技术，它通过爆炸驱动飞板对基板的高速冲击建立材料界面与界面的冶金结合[6]。与传统制造方法相比，爆炸焊接具有更强的异种金属结合能力，可以实现冶金不相容金属组合（如铜/钢）的高强度结合[7]。此外，由于炸药的强大工作能力，爆炸焊接提供了在一次操作中快速、经济地连接大面积金属板的机会[8]。因此，爆炸焊接是一种很有前途的制造全尺寸高质量中空构件的技术。然而，由于待连接表面存在空腔，用爆炸焊接方法获得无缺陷中空构件仍然是一项具有挑战性的任务。在高速碰撞过程中，飞板在空腔处不可避免地承受强大的剪切力，导致严重变形甚至断裂。目前，爆炸焊接技术的研究主要集中在平板、管、棒等几何结构简单的材料的焊接，涉及中空构件制造的报道较少。Duan 等人[9-10]用涂有抗焊剂的铝钢金属模块填充基板的凹槽，爆炸焊接后通过加热熔化铝板取出模块得到中空构件。但非冶金填充模块在高速碰撞时会反射拉伸力，这对焊接过程有负面影响。

在这项工作中，研究了一种改进的爆炸焊接方法来制造高质量的 CuCrZr/316L 双金属中空构件。采用光学显微镜（OM）、扫描电子显微镜（SEM）和能量色散光谱（EDS）来揭示结合界面的微观结构和元素分布。同时进行了室温和高温拉伸剪切试验，系统地评价了界面的力学性能。最后，通过氦气泄漏试验评估中空组件内部流道的密封性能。

2　材料与实验方法

2.1　工艺流程

图 2 为改进爆炸焊接法制备中空构件的工艺流程，共包括 4 个步骤。

步骤 1（铣槽）：在基板上铣槽预制流道，其尺寸和路径如图 2（a）所示。

步骤 2（填充空腔）：首先将等长支撑芯棒（316L）放置在凹槽中，并通过电子束焊接固定在凹槽中心（见图 2（b））。然后，将整个基板加热至 110℃后，用熔融的低熔点合金填充各通道的空腔（见图 2（c））。低熔点合金由 30% In、20% Sn 和 50% Bi 组成，熔点约为 81℃。

步骤 3（爆炸焊接）：采用传统的爆炸焊接方法，获得内部包含填充模块的中空板（见图 2（d））。

步骤 4（释放）：将中空板两端切割露出填充模块后，将焊件加热到 110℃以熔化复合填充模块中的低熔点合金。然后，可以很容易地取出流道中剩余的填充物以形成中空构件。

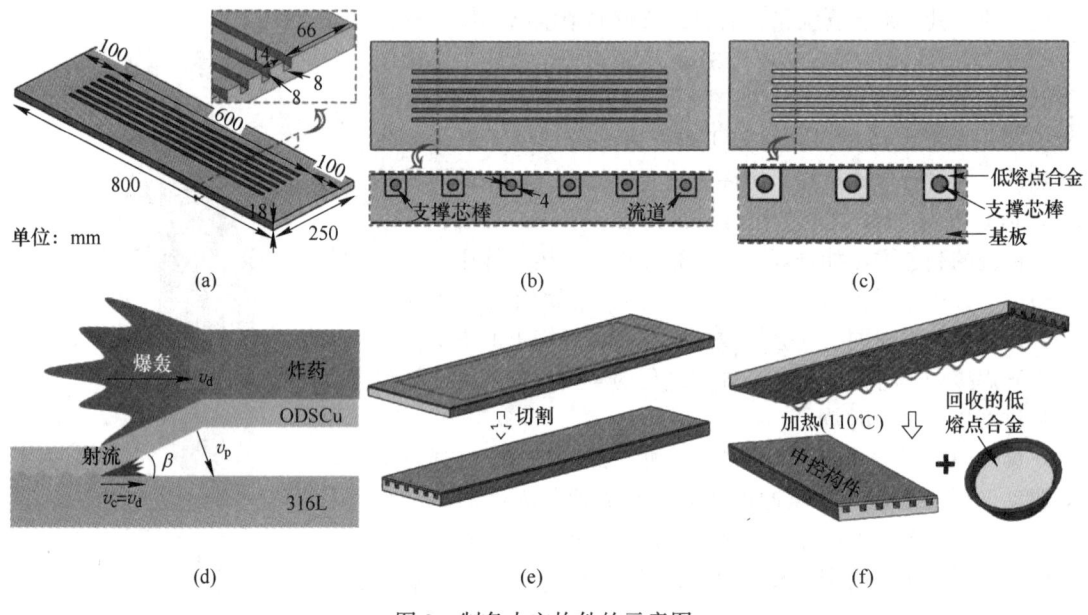

图 2　制备中空构件的示意图

Fig. 2　Schematic diagram for fabricating hollow component

2.2　爆炸焊接实验

实验的飞板选用尺寸为 800mm×280mm×3mm 的 CuCrZr 板，基板为尺寸为 800mm×250mm×18mm 的 316L 不锈钢基板，平行放置在飞板下方。CuCrZr 和 316L 的化学成分见表 1。两块板的间隔距离设置为 8mm，炸药的厚度为 38mm。爆炸材料选用膨化硝铵炸药，炸药装填密度为 0.75g/cm³，爆速 v_d 约为 2200m/s。当这些爆炸焊接实验条件确定后，爆炸焊接过程中飞片的冲击速度 v_p 和碰撞角 β 等动态参数可由 Gurney 式（1）~式（4）计算[11]：

$$v_{p} = \sqrt{2E}\left[\frac{1 + A^3}{3(1 + A)} + \frac{M}{C}\right]^{1/2}\left\{1 - \left[\frac{T_e}{T_e + (1 + A)s}\right]^{\gamma - 1}\right\}^{1/2} \tag{1}$$

$$A = 1 + 2\frac{M}{C} \tag{2}$$

$$E = \frac{1}{\gamma^2 - 1}\left(\frac{\gamma}{\gamma + 1}\right)^{\gamma}v_d^2 \tag{3}$$

式中，T_e 为炸药厚度；s 为飞板和基板之间的间隙；M 为飞板单位面积质量；C 为炸药单位面积质量；γ 为爆炸产物的多方指数，对于膨化硝铵炸药取 2.5。

对于平板爆炸焊接装置，碰撞角 β 由式（4）给出：

$$v_p = 2v_c\sin(\beta/2) \tag{4}$$

式中，v_c 为碰撞点移动速度，对于平行法爆炸焊接，碰撞点移动速度 v_c 等于炸药爆速 v_d。

通过理论计算确定了撞击速度 v_p 为 392m/s，撞击角度 β 为 10.2°。

表 1　CuCrZr 与 316L 不锈钢的化学成分（质量分数）

Table 1　Chemical composition of CuCrZr and 316L stainless steel （%）

不锈钢 类型	元　素							杂质
	Cu	Fe	Cr	Zr	Ni	Mo	Mn	
CuCrZr	Bal.	—	0.75	0.11	—	—	—	总数小于0.1
316L	—	Bal.	17.5	—	12.2	2.50	1.80	总数小于0.1

焊接窗口是爆炸焊接技术中评价动态参数合理性的一个重要概念，当焊接条件处于该窗口内时，即可获得成功的焊接。图3给出了基于碰撞点速度 v_c 和碰撞角 β 建立的焊接窗口，相应的计算细节已由之前的工作[12-13]给出。与钢相比，低熔点合金表现出更好的冶金性能，并且需要更少的碰撞能量来实现键合。此外，低熔点合金（约 30MPa）的强度远低于 316L（约 305MPa），因此较低的碰撞速度有利于避免填充部分出现较大的凹痕。如图3所示，为了获得良好的焊接质量，动态参数被设计在下限附近。

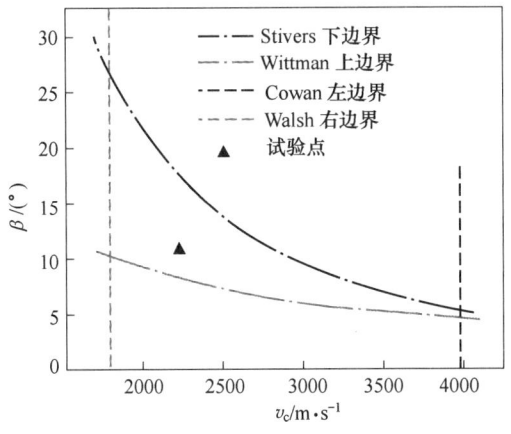

图 3　CuCrZr 和 316L 不锈钢焊接体系的可焊性窗口

Fig. 3　Weldability window for CuCrZr and 316L stainless steel welding system

2.3　技术测试

为了进行界面微观结构分析，从焊件中含有流道的部分提取了试样。试样的工作截面垂直于爆轰方向，用金刚砂纸和微米级金刚石浆进行打磨。利用 OM（Leica DM4M）和 SEM（GeminiSEM 500）对结合界面进行了多尺度观察，并利用 EDS 分析了元素的分布。

为评价 CuCrZr/316L 中空构件的力学性能，分别在室温（25℃）和高温（200℃）下进行了拉伸剪切试验。拉伸剪切试样按《金属材料拉伸试验第 2 部分：高温试验方法》（GB/T 228.2—2015）[14] 制备，试样详情如图 4 所示。拉伸剪切实验在配备有环境箱（温度范围：-129～540℃）的材料试验机（MTS810）上开展，其应变速率为 $1\times10^{-4}/s$。高温试验时，将剪切试样加热至 200℃ 然后保温 15min，保温过程温度精度为 3℃，保温完成后进行拉伸剪切试验。

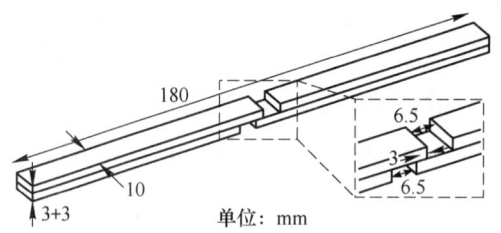

图 4　拉伸剪切试样尺寸

Fig. 4　Dimensions of the tensile shear sample

通过氦泄漏试验对流道的气密性进行了检验。分别从获得的中空构件的两端和中间切割出 3 个包含单通道的测试样品，其测试尺寸如图 5 所示。根据第一壁的服役环境进行泄漏试验，包括 3 个阶段的加载条件：（1）室温：在室温（25℃）下，在真空室中向测试样品的通道内泵入氦气，并保持 2MPa 的气体压力 30min，检查泄漏率。（2）高压：将流道内氦气压力提高至 4MPa，持续 30min，连续记录氦气泄漏率。（3）高温：将通道内压力降至 2MPa 后，将样品加热至 200℃ 保持 30min，随后将样品温度降至 25℃ 保持 30min，记录整个过程的泄漏率。

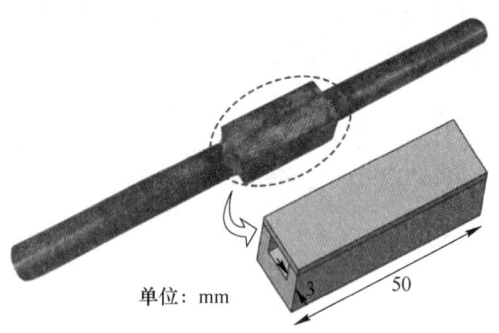

图 5　氦泄漏试样尺寸

Fig. 5　Dimensions of the helium leak specimen

3　技术测试

3.1　宏观分析

图 6（a）为爆炸焊接后回收的 CuCrZr/316L 焊接板的表面形貌，铜层平整的与含有填充模

块的基板紧密结合，未出现分离、凹陷等宏观缺陷。切割焊件两端，观察垂直于爆轰方向的截面形貌特征（见图 6（b）），可以观测到飞板与基板和填充模块同时实现了冶金连接。此外，在填充位置的飞板上几乎没有出现凹痕，并且流道的形状在高速冲击后保持完整未出现明显形变。如图 6（c）所示，通过加热去除复合填充模具从而成功获得了中空构件。由于低熔点合金的熔点极低（约 81℃），释放过程可以有效避免接触高温环境，可以有效提高该步骤的安全性和便捷性。在释放过程中回收的低熔点合金也体现了这一点，如图 6（c）所示，熔融的低熔点合金自动流出并可以使用纸杯收集。回收的低熔点合金可以重复使用，从而进一步降低生产成本。

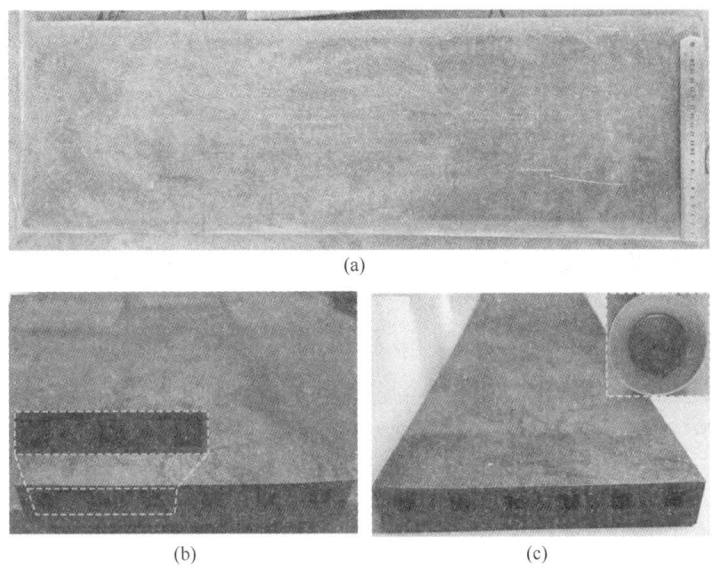

图 6　CuCrZr/316L 中空构件的图片

（a）爆炸焊接后；（b）焊件切割后；（c）释放后

Fig. 6　Photograph of the CuCrZr/316L hollow component

3.2　微观结构观测

结合界面的微观结构与接头的性能密切相关，因此对界面的几个区域进行了 OM 和 SEM 分析。观测位置如图 7 所示，其中区域 1 位于 CuCrZr/316L 界面，区域 2 位于流道边角，区域 3 为流道上方的铜边界。

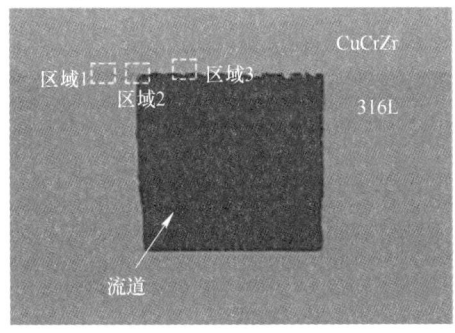

图 7　金相试样图片

Fig. 7　Photograph of the metallographic specimen

图 8（a）为 OM 获得的区域 1 的显微组织，表明 CuCrZr/316L 界面处的冶金结合以不规则的波状形态产生。波形的形成是由于界面附近自激振荡引起碰撞点压力分布变化的结果[15]。相较于平直界面，波形界面具有更大的结合面积并产生机械锁紧，从而提供更高的结合强度。波形结构放大图如图 8（b）所示，在 CuCrZr/316L 界面处形成了宽约 90μm 的熔化区。在强烈的撞击过程中，飞板释放的动能在两种金属之间产生了强烈的塑性流动、剪切和摩擦，导致界面处的温度迅速上升，从而诱导熔化过程的产生[16]。此外，在熔化区还观察到母金属碎片、长度约为 10 μm 的裂纹和直径约为 8 μm 的孔洞（见图 8（c））。由于高速冲击产生的热量和随后的超高冷却速度，在熔化区形成这些缺陷是几乎所有冲击焊接技术的一个普遍问题[17-18]。值得注意的是，CuCrZr/316L 界面的孔洞和裂纹总是出现在熔化区，没有向母材扩展的趋势。

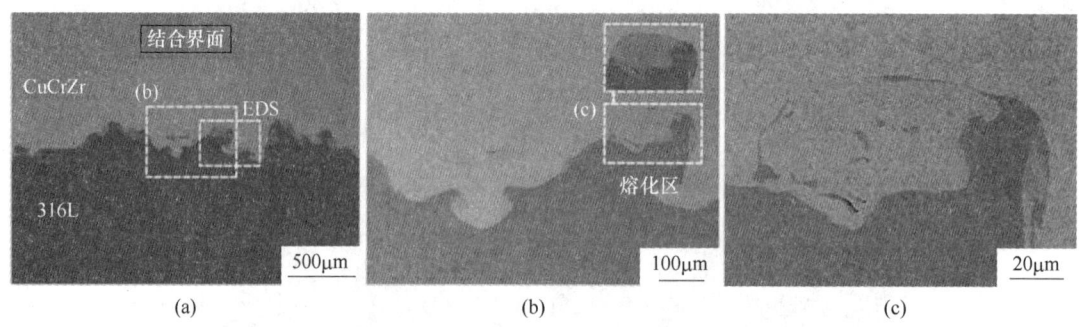

图 8　结合界面微观结构

（a）图 7 中区域 1 金相图；（b）CuCrZr/316L 界面的 SEM 图像；（c）融化区放大图

Fig. 8　Microstructure of bonding interface

图 9（a）显示了 CuCrZr 与 316L 在流道边处连续完整的冶金结合，有力地证明了该方法的可行性。图 9（b）~（d）是边角处微观结构的高倍率扫描电镜图像，在界面处检测到由 3 种母金属组成的熔化区。熔化区内所含的低熔点合金通过不同的灰度级来识别，它们沿熔化区的长度方向分布，含量随着离边角距离的增加而减少。焊接过程中的射流的形成可以解释三金属熔化区的形成和熔化区内低熔点合金含量的变化。在高速碰撞过程中，碰撞点附近的材料在强烈挤压下开始剥落并喷射出微量金属射流，包含低熔点合金的射流随着结合过程会随机进入相邻的 CuCrZr/316L 未结合界面间。很明显熔化区内包含的低熔点合金在高温环境中会重新融化，导致熔化区内产生裂纹，对结合质量产生不利影响。但区域 2 的多尺度观察表明，含低熔点合金射流的影响仅限于距流道边角 200μm 以内，范围外的 CuCrZr/316L 界面可正常结合。

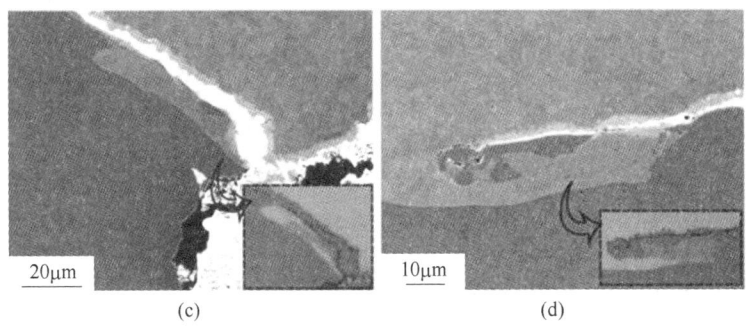

图 9　流道角处微观结构

（a）图 7 中区域 2 的金相图；（b）流道边角的 SEM 图像；（c）（d）包含 3 种母金属的熔化区放大图

Fig. 9　Microstructure of the corner of the flow channel

图 10（a）显示了区域 3 的金相图，在流道的上边缘检测到一个不规则的波浪形铜界面。铜层表面有一层紧密黏附的低熔点合金和若干破碎的铜颗粒（见图 10（b）），表明 CuCrZr 与低熔点合金之间形成了类似于 CuCrZr/316L 界面的波状冶金结合。显然，波形界面增加了冷却液与 CuCrZr 基体的接触面积，这可能有助于提高传热效率。

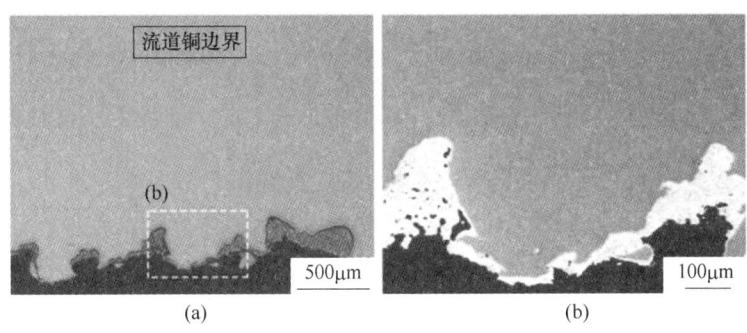

图 10　流道铜边界处微观结构

（a）图 7 中区域 3 的金相图；（b）铜界面的 SEM 图像

Fig. 10　Microstructure of the copper edge of the flow channel

3.3　元素分布

为了进一步揭示界面处的冶金结合特性，在图 11（a）所示的选定区域进行了 EDS 分析。元素面扫描结果（见图 11（b）~（d）显示了母材和熔融区之间明暗交替的颜色对比，表明界面附近的化学成分发生了剧烈变化。如图 11（e）所示，跨越焊接界面处的元素线扫描结果剧烈变化，表明两金属板在该区域以固相的形式连接。面扫描结果还显示了熔化区内部含有少量 Fe 碎片，并同时包含 Cu、Fe 和 Cr 元素，很好地反映了在融化区域参与材料的强烈混合。在之前的工作中也得到了类似的结果，如 Al/Fe[19]、Fe/Mg[20]、Al/Cu[21] 的爆炸焊接。图 11（f）显示了跨越 CuCrZr 基体和熔化区的线扫描结果，在熔化区位置元素分布呈现出一个较大振荡的平台。这一结果很好地反映了熔化区成分变化的控制机制，这是参与焊接的金属在高温、高压的极端条件下剧烈混合而引起的。此外根据二元相图[22]可知，铜和钢在液态时是可溶的，而在固相温度以下，这两种元素几乎不相溶。然而，在凝固的熔体中没有观察到铜钢混合物内的分离。先前的研究分别基于解析计算[15]和数值模拟[23]对爆炸焊接界面处的冷却速率进行了评估，确定其冷却速率为 $10^7 \sim 10^9$ K/s。这一结果可以支持这样一种观点，即在随后的超高冷却速率下，紧密混合的熔融颗粒在分离之前可以完全凝固，从而实现铜钢冶金不相容材料间良好的冶金结合。

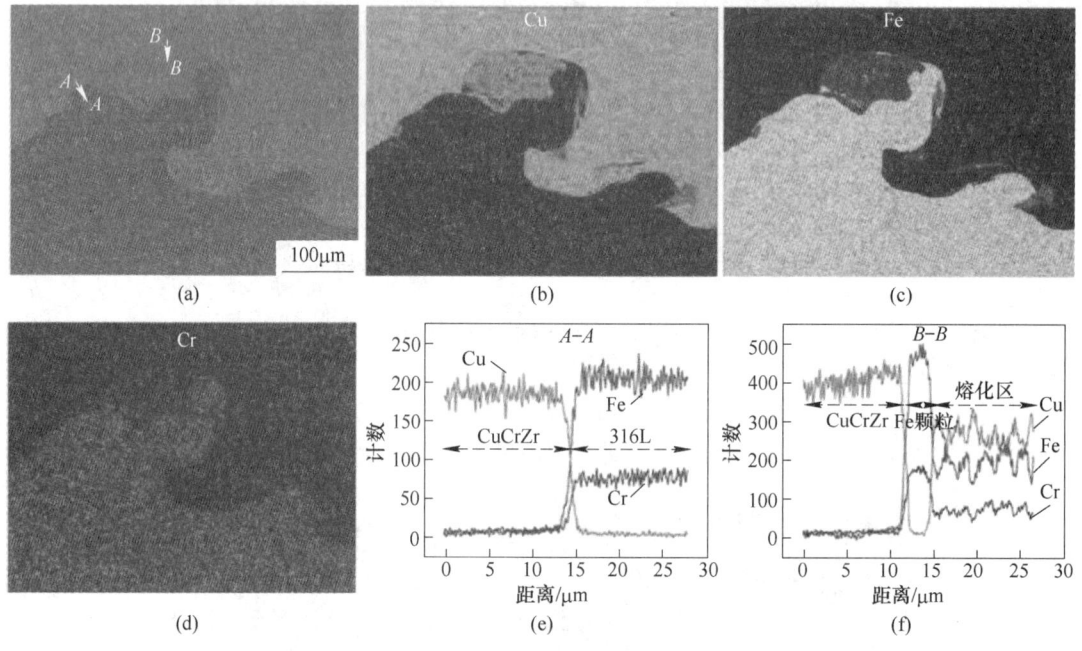

图 11　结合界面 EDS 测试结果

（a）波形结构的 SEM 图像；（b）Cu、（c）Fe、（d）Cr 在 CuCrZr/316L 界面的面分布；（e）CuCrZ 基体到
316L 基体的线扫描结果（标记为 A-A）；（f）CuCrZr 基体到熔化区的线扫描结果（标记为 B-B）

Fig. 11　EDS result of bonding interface

3.4　力学测试

图 12（a）为分别在室温（25℃）和高温（200℃）条件下开展拉伸剪切试验得到的剪切应力-位移曲线。结果显示，在给定的高温条件下 CuCrZr/316L 界面的抗剪强度没有受到明显影响，在 25℃条件下 CuCrZr/316L 界面抗剪强度为 307MPa，而 200℃时为 292MPa。本工作制备的试样的抗剪强度与传统爆炸焊接工艺制作的 CuCrZr/316L 接头（301MPa）的抗剪强度非常接近[24]，这表明本文中改进的爆炸焊接方法的可靠性。失效试样的断口形貌均呈现出带状波纹（见图 12（b）），这在两种试验条件下试样的破坏都倾向于沿界面中的波浪状结构滑动最终发生破坏。这一实验结果也反映了波形界面可以增加剪切面面积，有利于获得较高抗剪强度的接头。

3.5　气密性

如图 13 所示，氦泄漏试验按照核反应堆真空室的标准程序进行，相应的试验结果见表 2。3 种试样的最大泄漏率分别为 7.6×10^{-11} Pa·m³/s、7.5×10^{-11} Pa·m³/s 和 7.8×10^{-11} Pa·m³/s，均低于 1.0×10^{-10} Pa·m³/s 的泄漏率标准。该结果表明，改进后的爆炸焊接方法是制备高质量 CuCrZr/316L 中空构件的有效方法。

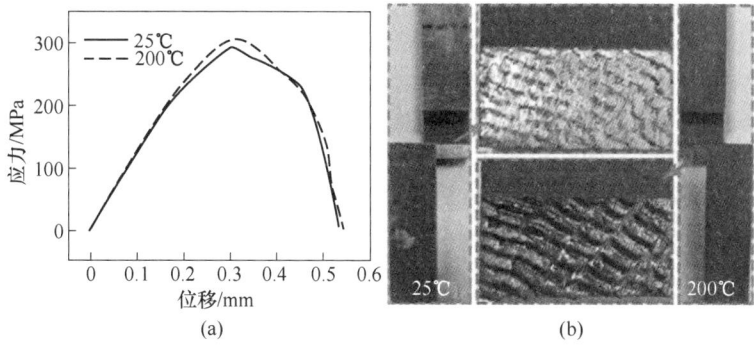

图 12 拉剪试样的应力-位移曲线(a)和断口形貌(b)

Fig. 12 Stress-distance curve (a) and fracture morphology (b) of tensile-shear specimen

图 13 氦泄漏检测设备及样品测试现场图片

Fig. 13 Scene picture of helium-leak detection equipment and sample test

表 2 CuCrZr/316L 中空构件氦泄漏试验结果

Tab. 2 The helium-leak test results of CuCrZr/316L hollow component

$(Pa \cdot m^3/s)$

试样编号	I	II	III
室温	1.6×10^{-11}	1.5×10^{-11}	1.8×10^{-11}
高压	7.6×10^{-11}	7.5×10^{-11}	7.8×10^{-11}
高温	7.3×10^{-11}	7.0×10^{-11}	7.1×10^{-11}
最大泄漏率	7.6×10^{-11}	7.5×10^{-11}	7.8×10^{-11}
标准泄漏率	1.0×10^{-10}		

4 结论

在本研究中，采用改进的爆炸焊接技术成功制备了 CuCrZr/316L 中空构件。采用多种分析方法对所获得的焊件进行了系统的研究（包括宏观形貌、微观结构、力学性能和密封性）。可以得出以下结论：

（1）改进的爆炸焊接技术是制备高质量、全尺寸 CuCrZr/316L 中空构件的可行方法。焊件的宏观结果表明，飞板与基板结合紧密，流道无变形和损伤。经拉伸剪切试验和氦泄漏试验证实，中空构件具有较高的结合强度和可靠的密封性。

（2）微观结构表明，结合界面具有良好的结合质量。在 CuCrZr/316L 界面处，连续完整的冶金结合呈现不规则的波状形貌。在流道的边角，缺陷被控制在百微米级别。在流道铜边界处，复合填充模具提供了足够的支撑强度，CuCrZr 基体无塑性变形和缺陷。

（3）在 CuCrZr/316L 结合界面处观察到典型的局部熔化区，SEM/EDS 分析表明熔化区由两种母金属的微量熔化物和破碎的铁颗粒的强烈混合组成。

参 考 文 献

［1］Abdou M, Morley N B, Smolentsev S, et al. Blanket/first wall challenges and required R&D on the pathway to DEMO ［J］. Fusion Engineering and Design, 2015, 100：2-43.

［2］De Castro V, Marquis E A, Lozano-Perez S, et al. Stability of nanoscale secondary phases in an oxide dispersion strengthened Fe-12Cr alloy ［J］. Acta Materialia, 2011, 59：3927-3936.

［3］Mirski Z, Wojdat T, Hejna J. Assessment of structure and selected mechanical properties of braze welded joints of copper-lined steel tubes ［J］. Archives of Metallurgy and Materials, 2020, 20：12.

［4］Ramachandran S, Lakshminarayanan A K. An insight into microstructural heterogeneities formation between weld subregions of laser welded copper to stainless steel joints ［J］. Transactions of Nonferrous Metals Society of China, 2020, 30：727-745.

［5］Ordás N, Samaniego F, Iturriza I, et al. Mechanical and microstructural characterization of HIP joints of a simplified prototype of the ITER NHF First Wall Panel ［J］. Fusion Engineering and Design, 2017, 124：999-1003.

［6］Findik F. Recent developments in explosive welding ［J］. Materials & Design, 2011, 32：1081-1093.

［7］Zhang B, Ma H, Xu J, et al. Investigations on the microstructure evolution and mechanical properties of explosive welded ODS-Cu/316L stainless steel composite ［J］. Fusion Engineering and Design, 2022, 179：113142.

［8］Xu J, Ma H, Yang M, et al. Experimental and numerical investigations on the microstructural features and mechanical properties of explosive welded niobium-steel interface ［J］. Materials & Design, 2022, 218：110716.

［9］Duan M, Wei L, Hong J, et al. Experimental study on hollow structural component by explosive welding ［J］. Fusion Engineering and Design, 2014, 89：3009-3015.

［10］Duan M, Wang Y, Ran H, et al. Study on inconel 625 hollow structure manufactured by explosive welding ［J］. Materials and Manufacturing Processes, 2014, 29：1011-1016.

［11］Yang M, Ma H, Shen Z. Study on explosive welding of Ta2 titanium to Q235 steel using colloid water as a covering for explosives ［J］. Journal of Materials Research and Technology-JMR&T, 2019, 8：5572-5580.

［12］Walsh J M, Shreffler R G, Willig F J. Limiting conditions for jet formation in high velocity collisions ［J］. Journal of Applied Physics, 1953, 24：349-359.

［13］Hoseini Athar M M, Tolaminejad B. Weldability window and the effect of interface morphology on the properties of Al/Cu/Al laminated composites fabricated by explosive welding ［J］. Materials & Design, 2015, 86：516-525.

［14］GB/T 228.2—2015. Metallic materials-Tensile testing—Part 2：Method of test at elevated temperature. China National Standardization Management Committee. September 11, 2015.

［15］Bataev I A, Lazurenko D V, Tanaka S, et al. High cooling rates and metastable phases at the interfaces of explosively welded materials ［J］. Acta Materialia, 2017, 135：277-289.

[16] Yang M, Xu J, Ma H, et al. Microstructure development during explosive welding of metal foil: morphologies, mechanical behaviors and mechanisms [J]. Composites Part B-Engineering, 2021, 212: 108685.

[17] Satyanarayan, Mori A, Nishi M, Hokamoto K. Underwater shock wave weldability window for Sn-Cu plates [J]. Journal of Materials Processing Technology, 2019, 267: 152-158.

[18] Paul H, Chulist R, Lityńska-Dobrzyńska L, et al. Interfacial reactions and microstructure related properties of explosively welded tantalum and steel sheets with copper interlayer [J]. Materials & Design, 2021, 208: 109873.

[19] Chu Q, Xia T, Zhao P, et al. Interfacial investigation of explosion-welded Al/steel plate: The microstructure, mechanical properties and residual stresses [J]. Materials Science and Engineering: A, 2022, 833: 142525.

[20] Zhang T, Wang W, Zhou J, et al. Interfacial characteristics and nano-mechanical properties of dissimilar 304 austenitic stainless steel/AZ31B Mg alloy welding joint [J]. Journal of Manufacturing Processes, 2019, 42: 257-265.

[21] Li J S, Sapanathan T, Raoelison R N, et al. On the complete interface development of Al/Cu magnetic pulse welding via experimental characterizations and multiphysics numerical simulations [J]. Journal of Materials Processing Technology, 2021, 296: 117185.

[22] Cahn R W. Binary alloy phase diagrams-second edition [J]. Advanced Materials, 1991, 3: 628-629.

[23] Li J S, Raoelison R N, Sapanathan T, et al. Interface evolution during magnetic pulse welding under extremely high strain rate collision: Mechanisms, thermomechanical kinetics and consequences [J]. Acta Materialia, 2020, 195: 404-415.

[24] Yang M, Ma H, Yao D, et al. Experimental study for manufacturing 316L/CuCrZr hollow structural component [J]. Fusion Engineering and Design, 2019, 144: 107-118.

高温高压条件下油气井用管柱切割爆松技术研究及应用

郭同政[1]　李 凯[2]　朱建新[1]　汪长栓[2]　高 强[2]　邵 鸣[1]

(1. 中石化经纬有限公司胜利测井公司, 山东　东营　257096;

2. 北方斯伦贝谢油田技术 (西安) 有限公司, 西安　710000)

摘　要: 针对国内外一些高温高压小水眼油气井管柱遇卡不能回收的问题, 本文设计采用聚能爆炸切割技术和线性装药方法, 以井下 2-7/8 英寸钻杆为研究目标, 分别设计了 ϕ36mm 爆松装置和 ϕ36mm 钻杆切割装置, 主要从爆松、切割装置壳体结构设计、起爆传爆结构设计、装药结构设计及装药选择等方面进行了研究, 并对这两种切割爆松装置的设计过程进行总结。通过地面、井下试验、井下应用等, 验证设计的爆松、切割装置能够在高温高压小水眼井内有效对管柱进行松扣及切割, 降低了施工难度, 缩短了施工周期, 且操作简便、施工安全。

关键词: 聚能切割; 爆松; 高温高压; 小水眼

Research and Application about the Technology of String Cutting & Backing Off with Explosives within Oil and Gas Wells under High Temperature and High Pressure

Guo Tongzheng[1]　Li Kai[2]　Zhu Jianxin[1]　Wang Changshuan[2]

Gao Qiang[2]　Shao Ming[1]

(1. Sinopec Matrix corporation, Shengli Logging Company, Dongying 257096, Shandong;

2. North Schlumberger Oilfield Technologies (Xi'an) Co., Ltd., Xi'an 710000)

Abstract: In response to the problem that the strings are stuck and unable to be retrieved in some slim hole wells at home and abroad, jet cutting technology and linear loading of explosives are introduced in this paper. 2-7/8″ drill pipes used downhole are studied, ϕ36mm backing off devices and ϕ36mm cutting devices for drill pipe are designed respectively. The body structures of the two devices, structure of blasting and boosting, explosives loading structure and selection of explosives are also studied, meanwhile the design process about the two devices are summarized. It has been verified that the two devices can effectively back off and cut the stuck pipe string within the slim holes under high-temperature and high-pressure through ground and downhole tests as well as downhole application, thereby operation difficulties are reduced, operation period is shortened and it is safe and convenient to operate.

Keywords: jet cutting; backing off with explosives; high temperature and high pressure; slim bore hole

作者信息: 郭同政, 硕士, 高级工程师, guotongzheng. osjw@ sinopec. com。

1　引言

随着油气资源向深层勘探开发力度的加大，高温高压、小井眼深井越来越多，钻具遇复杂地层出现遇阻、遇卡的风险也逐年提高。尤其在新疆西部地区以及南方地区超深井越来越多[1-3]，温度达到200℃左右，井筒压力140MPa，水眼直径在52mm左右，现有的爆松、切割装置以及配套装置的耐温耐压指标无法满足当前施工需求，制约了聚能切割爆松工艺技术的应用[3-6]。应尽快研制超高温高压小井眼切割爆松技术，发挥测井在处理工程问题方面优势，为深层勘探开发提供技术支持。因此研究耐高温高压小水眼井切割技术可实现过小水眼切割大直径管柱的目的，同时在切割技术处理工程问题具有快捷、成本低等诸多优势，可为深层勘探开发提供技术支持[7-9]。

本文针对高温高压小水眼井管柱切割及松扣的问题，以井下常规2-7/8英寸钻杆为研究对象，针对不同类型的爆松切割产品的需求和应用特点，设计了一种外径36mm的钻杆切割装置和外径36mm的钻杆爆松装置，以实现对目标管柱的切割和爆松应用，解决管柱遇卡难题，从而实现目标管柱的回收[10]，具有施工工艺简单、施工周期短、费用低等优点。

2　爆松切割装置的设计研究

2.1　φ36mm 钻杆切割装置设计

钻杆切割装置最大设计外径 φ36mm，由于直径过小，因此设计采用两端起爆的方式，以实现用较小的装药量炸断钻杆。主装药选择以 HNS 为基底的 S992 炸药，其耐温性能可达200℃/6h，如图1所示。

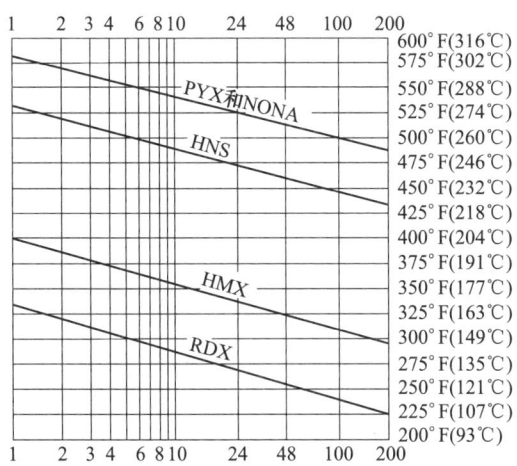

图1　炸药耐温曲线图[11]

Fig. 1　Temperature curve of explosives

2.1.1　原理结构设计及验证

利用两端起爆时爆轰波对碰，使爆轰波有效地向波阵面运动方向汇聚，起爆器材的中心处叠加能量达到最大，利用 ANSYS LSDYNA 软件对两端起爆过程进行仿真，模拟结果如图2所示。由图2可知，两端同时起爆后，爆轰波在中心处叠加，由原先的轴向传递转为径向传递，从而对中心处的钻杆造成冲击并切割钻杆。

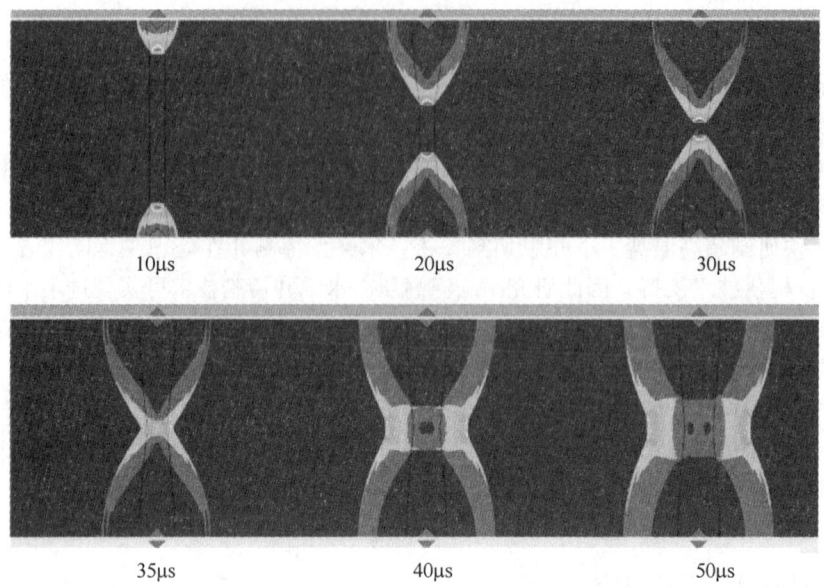

10μs　　　　　　　20μs　　　　　　　30μs

35μs　　　　　　　40μs　　　　　　　50μs

图 2　两端起爆爆轰波中心叠加过程应力云图

Fig. 2　Stress cloud diagram of the superposition process of detonation wave at both ends

该结构具有对称性，采用 ANSYS/AUTODYN-2D 二维 1/2 结构建立有限元仿真模型。为将问题简化，在初步仿真计算时，不考虑壳体的影响，仅考虑炸药、水及钢靶材料。炸药采用多物质 Euler 算法，设置双起爆的起爆方式，并为欧拉域设置非反射边界，靶板采用 Lagrange 算法，靶板材料设置侵蚀应变，防止拉格朗日网格畸变导致计算失败。聚能装药产生的爆轰产物采用 JWL 状态方程描述如下：

$$P = A\left(1 - \frac{\omega}{R_1 V}\right)E^{-R_1 V} + B\left(1 - \frac{\omega}{R_2 V}\right)E^{-R_2 V}\frac{\omega E}{V} \tag{1}$$

式中，P 为压力；E 为爆轰产物的内能；V 为爆轰产物的相对体积；A、B、R_1、R_2、ω 为实验拟合参数。

炸药材料参数见表1。

表 1　炸药材料参数

Tab. 1　Explosive material parameters

$\rho/g \cdot cm^{-3}$	P/kPa	$D/m \cdot s^{-1}$	A/kPa	B/kPa	R_1	R_2	ω	$E/kJ \cdot m^{-3}$
1. 65	$2.15×10^7$	$7.03×10^3$	$4.631×10^8$	$8.873×10^6$	4. 55	1. 35	$3.5×10^{-1}$	$7.45×10^6$

靶板和药型罩材料模型采用金属材料的 Johnson-Cook 本构模型为：

$$Y = (A + B\varepsilon^n)(1 + C\ln\varepsilon^*)(1 - T^{*m}) \tag{2}$$

靶板采用 STEEL 模型，材料发生断裂及应变表达式为：

$$\varepsilon = (D_1 + D_2 e^{D_3\sigma^*})(1 + D_4\ln\varepsilon^*)(1 + D_5 T^*) \tag{3}$$

式中，ε 为材料断裂应变；$D_1 \sim D_5$ 为与材料有关的常数；ε^* 为有效塑性应变率；T^* 为相对温度，$T^* = (T - T_m)/(T_{melt} - T_{room})$；$\sigma^*$ 为压应力与有效应力之比，$\sigma^* = p/\sigma$。

靶板模型参数见表2。

表2 靶板 Johnson-Cook 模型参数

Tab. 2 Johnson-Cook model parameters of target plate

$\rho/g \cdot cm^{-3}$	A/kPa	B/kPa	C	n	m	T_m/K
7.89	3.5×10^5	2.75×10^5	0.36	0.022	1.0	1811

通过仿真计算得出靶板最终形态结果如图3所示，190μs 时钻杆受到炸药爆轰波的影响，钻杆材料从最中间处屈服后断裂。

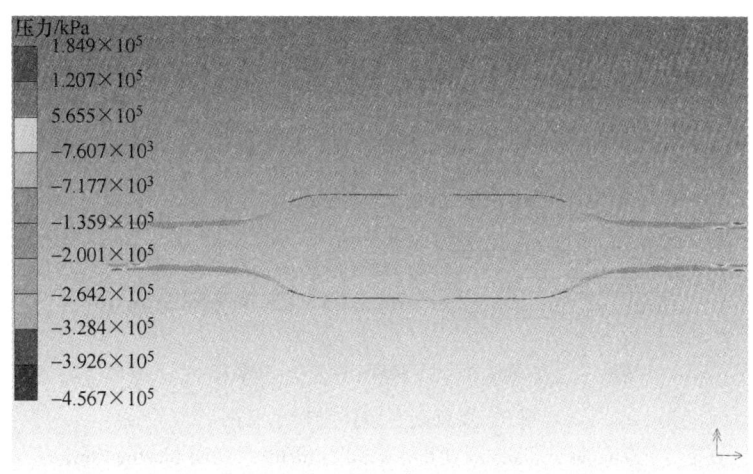

图3 190μs 时钻杆应力云图

Fig. 3 Stress cloud diagram of drill pipe at 190μs

2.1.2 ϕ36mm 钻杆切割装置结构设计

设计通过从起爆接头内同时引出两根相同长度的起爆单元，上端起爆单元缠绕成簧状装置延伸至主装药上端面，下端起爆单元从起爆单元引出后沿主装药表面延伸至主装药尾部，通过上下两端起爆单元同时起爆主装药产生爆轰波叠加，从而切断钻杆。其结构如图4所示。

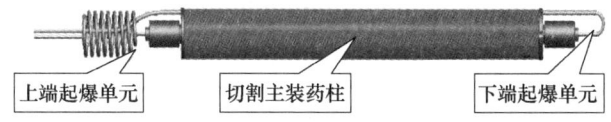

上端起爆单元   切割主装药柱   下端起爆单元

图4 两端起爆整体结构示意图

Fig. 4 Schematic diagram of the overall structure of detonation at both ends

2.2 ϕ36mm 钻杆爆松装置设计

2.2.1 爆松装置原理

在遇卡钻杆进行测卡作业后，对未被卡钻具施加反扭矩，再在选定位置进行爆炸松扣，利用共振的原理，使钻具从丝扣处退开，回收卡点以上钻具。作业过程中炸药量的选用以不炸坏钻具为原则。以127钻杆为例，使用黑索金炸药，在127钻杆进行爆炸松扣作业时，推荐炸药用量的经验公式如下：

$$Q = a + kHr/10 \qquad (4)$$

式中，Q 为炸药用量，g；a 为常数量，$a = 180$g；k 为计算系数，$k = 0.67$；H 为井深，m；r 为钻井液密度，g/cm^3。

因此，爆松装置设计成一种药量可调节的装置，便于在实际作业过程中满足不同的装药量需求。

2.2.2　$\phi36$mm 爆松装置结构设计

设计爆炸松扣装置最大外径为 36mm，借鉴射流销毁废旧炸药，采用射流起爆技术，主装炸药采用裸露装药式结构，提高炸药有效能量。

所设计的爆炸松扣装置结构主要由装药壳体、起爆装置及主装药三大部分组成。为了达到作业后爆松装置的壳体易碎的目的，设计壳体材料为易碎可溶材料，结构为筛管式结构，根据总体装药量及装药单元尺寸，壳体设计成三段式不同长度可连接的装置，实现药量的可调节，如图 5 所示。

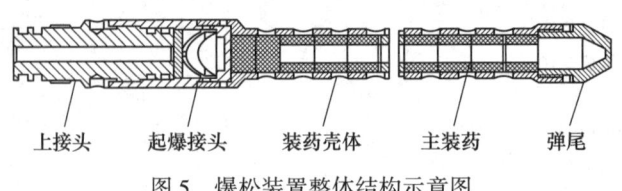

上接头　起爆接头　装药壳体　主装药　弹尾

图 5　爆松装置整体结构示意图

Fig. 5　Schematic diagram of the overall structure of the blasting device

通过井下试验验证所设计的高温高压小水眼用钻杆切割及爆松装置的效果。

3　现场应用数据及结果

3.1　$\phi36$mm 钻杆切割装置试验结果

$\phi36$mm 钻杆切割装置现场应用数据见表 3，切割效果如图 6 所示。所设计的 $\phi36$mm 钻杆切割装置达到了设计要求，通过井下应用，已实现了对包括 2-7/8 英寸钻杆规格及其以上的 3-1/2 及 4-1/2 英寸钻杆切割，且一次性切断钻杆，切割后切割装置接头无粘连、翻边小。

表 3　$\phi36$mm 钻杆切割装置现场应用数据

Tab. 3　$\phi36$mm field data sheet about cutting device of drill pipe

序号	切割管柱类型	切割深度/m	切割位置压力/MPa	切割位置温度/℃	管柱最小通径 ϕ/mm	应用结果
1	2-7/8 英寸钻杆	3800	60	120	50	切割成功
2	2-7/8 英寸钻杆	4060	46	130	47	切割成功
3	4-1/2 英寸钻杆	7500	95	160	41	切割成功

3.2　$\phi36$mm 钻杆爆松装置试验结果

$\phi36$mm 爆炸松扣装置现场应用数据见表 4。通过井下应用，所设计的 $\phi36$mm 钻杆爆松装置达到了设计要求，不仅能够满足对 2-7/8 英寸的解卡松扣，且适用于更大规格的 5 英寸钻杆。

(a)   (b)   (c)

图 6   φ36mm 钻杆切割装置现场切割效果

Fig. 6   φ36mm drill pipe cutting device field cutting effect

表 4   φ36mm 爆炸松扣装置现场应用数据

Tab. 4   Field data sheet of φ36mm backing off device with explosives

序号	管柱类型	松扣深度/m	松扣位置压力/MPa	井温/℃	应用结果
1	2-7/8 英寸钻杆	7621	100	160	松扣成功
2	2-7/8 英寸钻杆	5340	112	12	松扣成功
3	5 英寸钻杆	3500	945	100	松扣成功

4   结论

（1）仿真计算设计及现场应用表明，所设计的 φ36mm 钻杆切割及爆松装置能够对目标钻杆切割及松扣，性能可靠。

（2）φ36mm 钻杆切割及爆松装置可在压力不大于 140MPa，温度不大于 200℃ 的井况条件下，对井下水眼不小于 φ41mm 的多种规格钻杆进行切割及松扣作业。

（3）φ36mm 钻杆切割装置作业后壳体易碎、可溶，后续不会造成井下水眼堵塞，且国内油井钻杆切割领域首次使用两端起爆技术完成钻杆切割。

（4）φ36mm 钻杆爆松装置采用裸露装药，装药量可根据井况进行调节，通过现场应用表明，未对钻具造成损伤，且成功对钻杆进行松扣，作业后的壳体破碎成长度不大于 1cm 碎片且可溶，满足设计要求。

参 考 文 献

[1] 刘四海，蔡利山 . 深井超深井钻探工艺技术 [J]. 钻井液与完井液，2002，19（6）：121-126.

[2] 王劲松，李冬梅 . 小井眼卡钻事故预防、处理与探讨 [J]. 内蒙古石油化工，2011，37（19）：79-80.

[3] 肖汉甫，吴立，陈刚 . 实用爆破技术 [M]. 北京：中国地质大学出版社，2009.

[4] 胡忠武，李中奎，张廷杰，等 . 药型罩材料的发展 [J]. 稀有金属材料与工程，2004，33（10）：

1009-1012.

［5］ 徐永胜．油气井中的切割器研制［D］.南京：南京理工大学, 2003.

［6］ 谭江明．钝感炸药的化学反应速率和超压爆轰理论研究［D］.长沙：国防科学技术大学, 2007.

［7］ 费鸿禄, 付天光, 李德志, 等．线型聚能切割器及其应用［J］.爆破, 2003 (S1)：120-122.

［8］ 祝逢春, 邓振礼, 胡瑜．线性聚能切割器的设计计算［J］.火工品, 2000 (1)：20-23.

［9］ 谢兴博, 钟明寿, 宋歌, 等．水下线型聚能切割器内外炸高对射流侵彻性能的影响［J］.爆破, 2018, 35 (1)：130-136.

［10］ 罗勇, 沈兆武, 崔晓荣, 等．多点聚能切割爆破新技术［J］.工程爆破, 2006, 12 (2)：1-4.

［11］ 刘殿书, 王家磊, 王向娟, 等．乳化炸药耐高温性能试验研究［J］. 2014.

一种大尺寸钛/不锈钢法兰环件爆炸焊接
方法的工艺研究

李 超　夏小院　夏克瑞　邢昊　徐宇皓

（安徽弘雷金属复合材料科技有限公司，安徽 宣城 242000）

摘 要：法兰广泛应用于石化装备行业中，而采用金属复合材料来制作法兰环通常使用整体板坯来进行机加工，此种方法对稀贵金属浪费较多且设备造价较为昂贵。对此情况，针对爆炸复合材料所涉及的炸药爆速、布药方式、起爆雷管放置及其摆放间距进行大量的实验。通过实验，成功完成了钛/不锈钢法兰环件的爆炸焊接制作，其结合状态、机械性能均可满足相应标准的要求。

关键词：法兰；钛/不锈钢；爆炸焊接

Research on Explosive Welding Process of Large-sized Titanium/Stainless Steel Flange Rings with Multipoint Detonation

Li Chao　Xia Xiaoyuan　Xia Kerui　Xing Hao　Xu Yuhao

（Research & Development Department, Anhui Honlly Clad Metal Materials Technology Co., Ltd., Xuancheng 242000, Anhui）

Abstract：Flanges are widely used in the petrochemical equipment industry, and the use of metal composite materials to make flange ring usually uses the whole slab for machining. This method wastes a lot of rare and precious metals and the equipment cost is relatively expensive. In this case, a large number of actual experiments are carried out according to the explosive detonation speed, explosive distribution style, detonator placement and placement spacing involved in explosive composite materials. Through experiments, the explosive welding of titanium/stainless steel flange rings has been successfully completed, and its combination status as well as mechanical properties can meet the requirements of corresponding standards.

Keywords：flange; titanium/stainless steel; explosive welding

1　引言

　　法兰是管件与管件之间相互连接的零件，常用在设备进、出口上，可以用于两个设备之间的连接，其用途非常广泛。在一些石化装备行业中，会采用金属复合材料来制备法兰。目前，

作者信息：李超，工程师，lc525791543@foxmail.com。

传统复合材料的法兰环件多采用整体板坯进行爆炸复合，然后进行机加工，但对于大尺寸的复合材料法兰环，该方法的制造成本昂贵，且对稀贵金属浪费较大，而采用法兰环件板坯爆炸焊接工艺来制备复合金属法兰环可以解决这一问题，但复合法兰环爆炸焊接过程中，在闭合环处安置起爆点均会产生一个爆轰对撞区域，并造成复层因爆轰波对撞而产生大面积的褶皱，且其基体材料及结合界面也会因爆炸载荷较大产生过度的金属熔化，导致爆炸焊接失败。本研究解决了此问题，实现了复合法兰环一次爆炸焊接成型的工艺方案，确保产品使用范围内结合率达到100%，剪切强度满足标准《压力容器用复合板　第3部分：钛-钢复合板》（NB/T 47002.3—2019）要求。

2　试验原理

爆炸焊接是以炸药为能源，其焊接过程是爆轰波传播过程的一种表现方式，研究表明，爆轰波的传播与光波的传播相似，同样都遵守几何光学的惠更斯-菲涅尔原理，根据这一特点，采用方案1：单点起爆，法兰环的爆炸焊接过程（爆轰波传播过程）如图1所示，必然存在对撞处，根据爆炸焊接原理，在对撞处射流产生堆积，且界面空气排气受阻，将会在结合界面产生更高的压力，超出爆炸焊接窗口，导致爆炸焊接失败。采用方案2：多点起爆，当雷管安置间距过大，将同样产生类似方案1的问题，但采用足够多的雷管同时起爆，理论上即可解决此问题，实现图2所示的在法兰环上产生类似于中心起爆产生的环形爆轰波，不产生爆轰对撞问题。

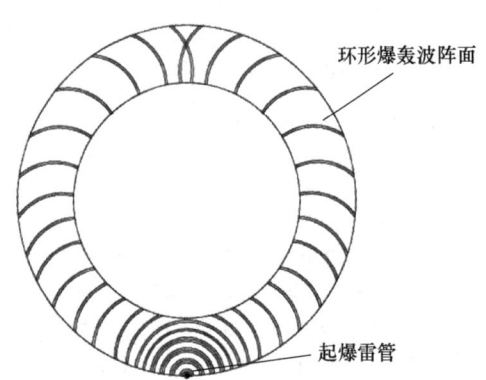

图1　爆轰波对撞

Fig. 1　Detonation wave collision

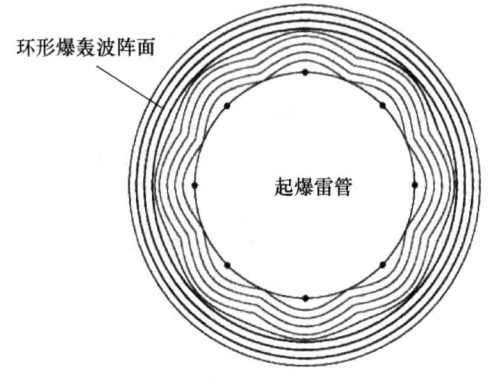

图2　类似中心起爆的环形爆轰波

Fig. 2　A ring detonation wave similar to a central detonation

3　试验方案

3.1　试验材料

试验采用矩形板来确认最合理的起爆间距，试验板复层为TA2，规格为：5mm×850mm×950mm，基材为S31603，规格为：30mm×800mm×900mm，基、复层材料均符合国家相应标准规定，炸药为混合添加剂的粉状乳化炸药。

3.2 试验过程

如图 3 所示，在起爆雷管布置好后，沿雷管边缘布置平行于长度方向的高爆速传爆炸药，以改变爆轰波的传播方向来控制爆轰对撞的长度，并采用不同的起爆间距摸索最合适的雷管间距，同时对爆轰波对撞后产生的问题进行整理分析，并期望形成如图 4 所示的波阵面。

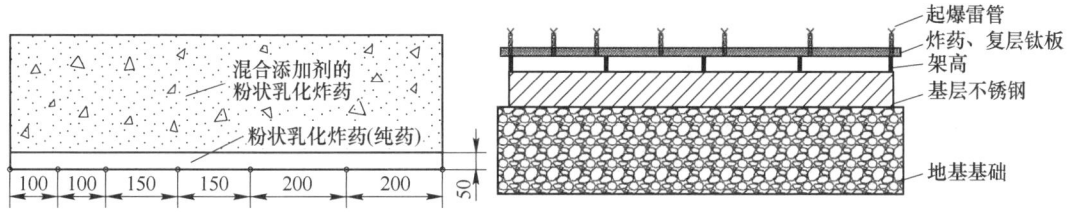

图 3 不同起爆距离雷管安装示意图

Fig. 3 Schematic diagram of detonator installation at different initiation distances

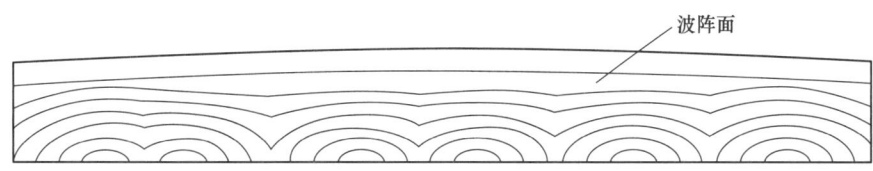

图 4 理想状态的波阵面

Fig. 4 Ideal wavefront

根据图 3 方案，板材完成爆炸复合后，外观检测发现其局部区域存在褶皱、击穿情况（见图 5），消应力热处理后进行超声波检测，发现当雷管放置距离大于 100mm 时，两雷管间存在较大面积的未结合（见图 6）。

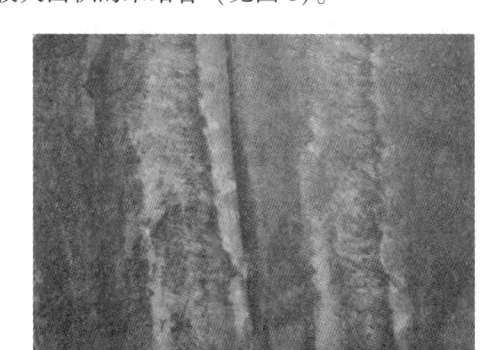

图 5 复层褶皱

Fig. 5 Layered folds

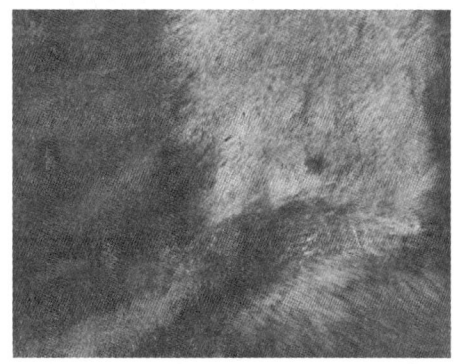

图 6 超声波检测未结合区域

Fig. 6 Ultrasonic detection of unbonded areas

剔除复层后，结合界面有过熔情况，如图 7 所示。按 100mm 放置时可以达到较为理想的状态（见图 7a），当雷管间距为 150mm 或更大时会出现过熔及对撞痕迹（见图 7b）。它们与起爆点间距的关系见表 1。

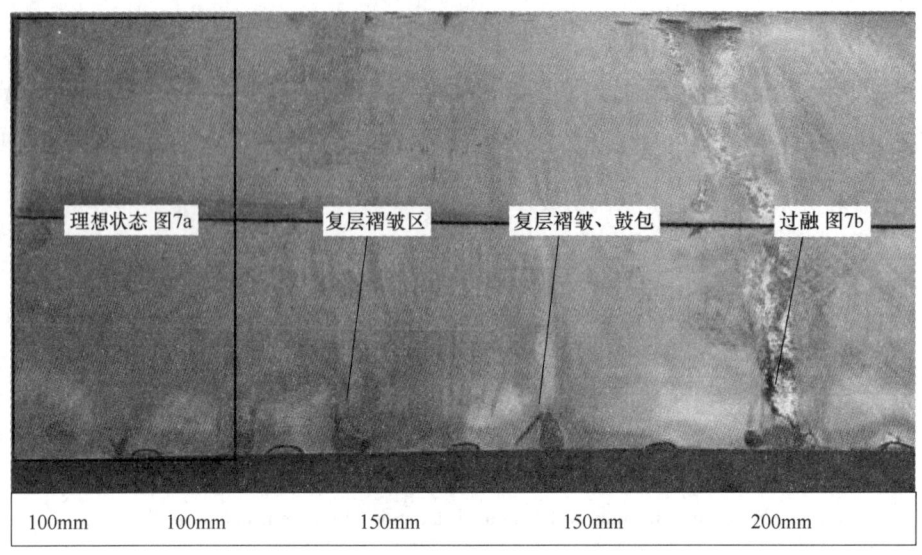

图 7　不同起爆间距对板材的影响

Fig. 7　The effect of different initiation spacing on the plate

图 7a　雷管按 100mm 放置结合界面情况

Fig. 7a　Detonator placed at 100mm bonding
interface

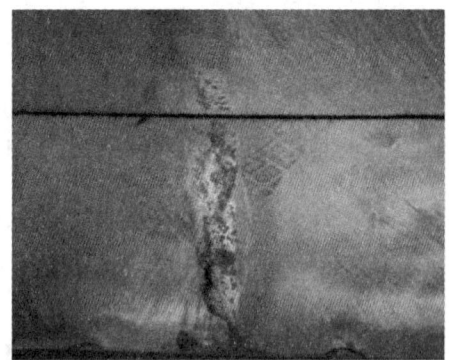

图 7b　雷管按 200mm 放置结合界面情况

Fig. 7b　The bonding interface of the detonator
at 200mm

表 1　不同雷管安置间距下缺陷长度

Tab. 1　Defect length under different spacing of detonators

序号	起爆点间距/mm	复层情况/mm	结合状态	对撞痕迹长度/mm
1	100	完好	结合	50
2	100	完好	结合	70
3	150	褶皱	未结合	410
4	150	凸起	未结合	470
5	200	褶皱	未结合	800

因此，将雷管间距控制在 100mm 时，可在较短距离内控制爆轰波对撞的不利影响，将环

形波阵面转化为平面波阵面。

3.3　试验总结

（1）多点起爆时相临起爆点间将雷管间距控制在100mm，可将环形波阵面转化为平面波阵面。

（2）起爆雷管必须保证同时起爆，起爆时间延期较大时，随起爆雷管间距增大产生的影响越严重，可通过更改雷管型号，采用数码电子雷管，来控制雷管延期的不利影响。

（3）图3中采用的高速传爆炸药为粉状乳化炸药，爆速约3500m/s，与主体炸药的爆速差别可改变初始爆轰波阵面的形态，这个高爆速的炸药爆速越高将更有利于短距离内形成图4上部分的平面波阵面，采用民用爆速约为6000m/s的震源药柱（药粉）取代粉状乳化炸药，效果应更好。

4　成果转化

4.1　产品实例

经沟通，此四件板为法兰环，需求尺寸分别为：（6+65）×φ1400/φ1000及（6+65）×φ1900/φ1500，双方协商后同意采用多点起爆的方法，按环件交付（见表2）。为取得最佳效果，基材S31603按70×φ1480/φ850和70×φ1980/φ1350投料，内圆爆炸加工裕量增加150mm，在环内多点安装瞬发导爆管雷管，并在雷管区附近布置高爆速传爆炸药来消除起爆点之间爆轰对撞夹角的相互影响，具体方案示意图如图8所示（W为雷管摆放间距；X为环件外圆直径；Y为环件传爆药布药边界；Z为环件内圆直径），施工效果如图9所示。

表2　需方订货单
Tab. 2　Buyer's orders

客户名（首字缩写）	材质	规格/mm	数量/mm	面积/m²
NJSD	TA2/S31603	（8+70）×φ1400	2	3.08
		（8+70）×φ1900	2	5.67
制作及验收标准：	NB/T 47002.1—2009 B1			

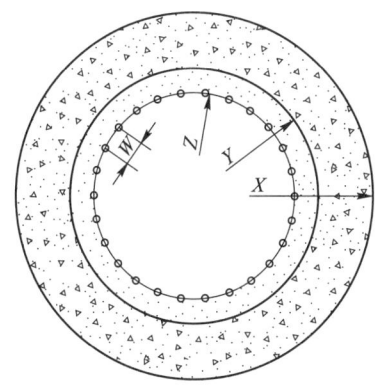

图8　钛/不锈钢法兰环件爆炸复合示意图

Fig. 8　Diagram of the titanium/stainless steel flange ring explosion composite

图9　施工完成

Fig. 9　Construction completed

4.2　爆炸焊接质量

（1）完成爆炸复合后对其外观进行检查，发现环件内径边部传爆药布药区域存在少量的褶皱缺陷，但缺陷范围均控制在传爆药布药范围（100mm）内，如图10所示，此缺陷在加工裕量充足的情况下，不会影响到成品使用。

（2）对环件进行100%超声波探伤后，除传爆药布药区域范围内存在缺陷，结合率符合标准《承压设备无损检测　第3部分：超声检测》（NB/T 47013.3—2015）Ⅰ级，即《压力容器用复合板　第3部分：钛-钢复合板》（NB/T 47002.3—2019）B1级。

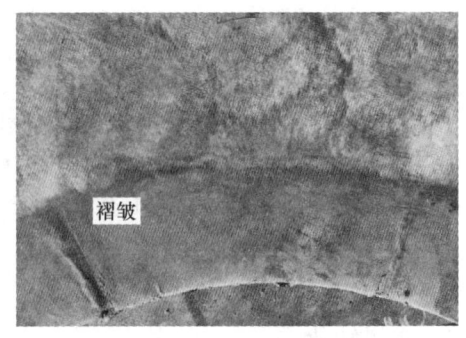

图 10　局部褶皱

Fig. 10　Local folds

（3）复合法兰环件进行消应力处理后，分别从板坯四周切取试样进行剪切实验，实验结果满足标准《压力容器用复合板　第3部分：钛-钢复合板》（NB/T 47002.3—2019）中的要求，符合《钛-不锈钢复合板》（GB/T 8546—2017）中0类要求；实验结果见表3。

表 3　剪切实验

Tab. 3　Shear test

样品编号	试样尺寸	F/kN	τ_b/MPa
1	24.90×4.50	26.56	237
2	24.93×4.49	25.92	232
3	24.55×4.48	25.12	228
4	24.56×4.47	25.58	233

（4）对法兰环切割后，剔复层检查发现，复层钛板褶皱区域（两起爆点中垂线）在结合界面从内径边缘向环内，缺陷小于100mm，且无缺陷处焊接波纹形貌一致，波深、波宽均达到理想状态，如图11所示。

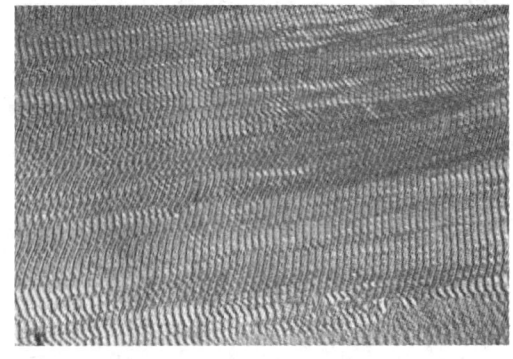

图 11　结合界面对撞痕迹长度及结合界面波纹形貌

Fig. 11　Combined with the length of the interface impact trace and the ripple morphology of the interface

5 结论

（1）本文中综述以 8mm 钛板进行制作钛/不锈钢法兰环，以其结合状态和机械性能状况来看，法兰环内径增加 100mm 裕量作为起爆点安置区域后，起爆雷管按 100mm 间距放置，可实现钛/不锈钢法兰环的一次爆炸焊接成型，且从试验转入实际生产中，通过适当的工艺方案调整也可完成其他规格复合法兰环的一次爆炸焊接成型。

（2）按此方法可实现钛/不锈钢法兰环的一次爆炸焊接成型，并取代以往钛/不锈钢法兰环采用整体板坯进行爆炸复合后在进行机加工的方法，有效地降低了对稀贵金属的浪费和设备的制造成本，使复合法兰环在工程应用上有了更高的选择优势。

（3）按此方法，可以保证金属复合法兰环使用范围内 100% 结合，且剪切强度满足标准《压力容器用复合板　第 3 部分：钛-钢复合板》（NB/T 47002.3—2019）规定的 140MPa 和《钛-不锈钢复合板》（GB/T 8546—2017）规定的 196MPa。

（4）采用此工艺方案，可为特殊板材的爆炸复合提供一定的技术基础。

参 考 文 献

[1] 郑哲敏，杨振声，等．爆炸加工 [M]．北京：国防工业出版社，1981．
[2] 郑远谋．爆炸焊接和爆炸复合材料 [M]．北京：国防工业出版社，2017．
[3] 王耀华．金属材料爆炸焊接精确化研究及应用 [J]．爆炸合材新材料与高效、安全爆破关键科学和工程技术，2011：13-30．
[4] 夏小院，方雨，刘东，等．大面积钛/钢复合板复层撕裂问题研究 [J]．爆炸合成纳米金刚石和岩土安全破碎关键科学与技术，2014：372-376．
[5] 刘自军，周景荣，陈寿军，等．爆炸焊接布药工艺的研究 [J]．爆炸合成纳米金刚石和岩土安全破碎关键科学与技术，2014：324-328．
[6] 张航永，刘润生，关尚哲，等．大面积钛/钢复合板不同装药方式对焊接质量的影响研究 [J]．爆炸合材新材料与高效、安全爆破关键科学和工程技术，2011：187-192．

N06600/S30408 复合板复层焊缝裂纹产生机理研究

张越举　刘 洋　刘晓亮　陈 磊　吴 好　唐凌韬　王兴强

（大连船舶重工集团爆炸加工研究所有限公司，辽宁　大连　116300）

摘　要：本文针对镍基合金 N06600 板材经自动氩弧焊机焊接拼接，与不锈钢 S30408 进行爆炸焊接的复合板，经热处理后，焊缝产生裂纹的实际问题，通过采用不同厂家、不同批次的 N06600 板材，实施拼焊、爆炸复合及热处理试验。对试验用的 N06600 原材进行了晶间腐蚀试验。对于热处理前的 N06600/S30408 复合板的 N06600 复层原材进行了微观金相组织观察。研究结果表明，镍基合金 N06600 板材的拼焊焊缝，在爆炸复合且经热处理后是否产生裂纹，与板材固溶组织具有密切关系。经过生产实践验证，通过晶间腐蚀试验的数值可预测 N06600 板材在热处理时是否产生裂纹。

关键词：镍基合金；爆炸焊接；热处理；焊缝裂纹；晶间腐蚀

Study on the Crack Forming Mechanism of Cladding Sheet Welding Seam in N06600/S30408 Cladding Plates

Zhang Yueju　Liu Yang　Liu Xiaoliang　Chen Lei　Wu Hao
Tang Lingtao　Wang Xingqiang

（Dalian Shipbuilding Industry Explosive Processing Research Co., Ltd.,
Dalian 116300, Liaoning）

Abstract：In this paper, in view of the actual problem that cracks occur in the welding seam of nickel-based alloy N06600 sheet, which is welded by automatic argon arc welding machine and then explosive welding with stainless steel S30408 after heat treatment. By using different manufacturers, different batches of N06600 sheets, it was carried out the welding, explosive welding and heat treatment tests. The intergranular corrosion test of N06600 sheets raw material was carried out. Microscopic metallographic structure was observed for the row material of cladding sheet N06600 of the N06600/ S30408 clad plates before heat treatment. The results show that the solid solution structure of nickel-based alloy N06600 plate is closely related to whether cracks occur in the welding seam after explosive welding and heat treatment. Through the production practice verification, the value of the intergranular corrosion test can predict whether the sheet (N06600) will crack during heat treatment.

Keywords：nickel-based alloy; explosive welding; heat treatment; weld crack; intergranular corrosion

基金项目：中国船舶大连造船厂（09KJ01-20230612-001）。
作者信息：张越举，博士，正高级工程师，zhangyueju2014@163.com。

1 引言

随着我国装备制造业水平的提高，对特种材料的需求也日益增加，尤其是高性能镍及其基合金板材，需求量逐年快速增长。据统计，2022 年全球镍基合金将达到 40.7 万吨，市场规模达 56 亿美元。为了满足国内高涨的材料需求和完善我国产业配套体系，国内新上了几家专门从事镍及其合金材料研究开发和生产的厂家，作为新发展起来的材料制造厂家，其优势不言而喻，但在技术沉淀方面，与国外老牌材料生产厂家相比，确实也存在一定差距。在当前纷繁复杂的国际形势下，工业生产供应链世界范围内的相互协作模式受到干扰，成为当前世界经济发展的一个逆潮流现象。作为爆炸复合加工需求的高性能镍及其合金板材，以往从美国、德国和日本进口，受到新冠疫情及其后疫情因素、国际政治因素、市场需求因素等多重影响下，采用进口板材加工已成为重要的制约条件。在此情况下，使用国产镍及其合金板材，成为制备爆炸复合材料压力容器的首要选择。然而，正如前文所述，国产镍及其合金由于技术沉淀不足，会存在着不可预测的问题，比如某国产厂家提供的 N06600 材料，在拼焊及爆炸复合后，经热处理，焊缝上出现了较为严重的裂纹问题。本文针对此问题，将通过不同厂家和批次的 N06600 材料的大量试验和研究，探索裂纹产生机理，从而为控制爆炸加工复合板质量提供指导依据。

2 试验材料

试验用复层材料 N06600 见表 1，其状态均为固溶处理，不同处为保温时间的差别，其化学成分见表 2，力学性能见表 3。

表 1 试验用 N06600 板材的供货状态

Tab. 1 Supply status of N06600 sheet for experiments

板材批号	试验编号	厚度/mm	热处理状态	制造商
63068 05J	1 号	4	固溶	进口
54199 13J	2 号	3	固溶	进口
3600145	3 号	6	固溶	国产 1
23015401	4 号	6	固溶	国产 2

表 2 试验用 N06600 板材的主要化学成分及含量

Tab. 2 Main chemical components and content of N06600 sheet for experiments/%（%）

批号	C	Si	Mn	S	Ni	Cr	Cu	Fe	Co
63068 05J	0.07	0.2	0.3	0.001	73.0	16.5	0.0	9.6	0.04
54199 13J	0.07	0.2	0.3	0.000	72.9	16.5	0.0	9.7	0.03
3600145	0.046	0.16	0.67	0.001	72.82	16.0	0.01	9.85	—
23015401	0.037	0.2	0.45	0.01	73.26	16.33	0.03	9.0	—

表 3 试验用 N06600 板材的力学性能

Tab. 3 Mechanical of N06600 sheet for experiments

批 号	屈服强度/MPa	抗拉强度/MPa	延伸率/%
63068 05J	331	668	42.0
54199 13J	349	716	35.0
3600145	379	709	38.0
23015401	304	596	49.5

试验用基层材料 S30408 的厚度为 20mm，状态为固溶，其化学成分和力学性能见表 4 和表 5。

表 4　试验用 S30408 板材的主要化学成分及含量

Tab. 4　Main chemical components and content of S30408 sheet for experiments/%　（%）

C	Si	Mn	P	S	Cr	Ni	N
0. 048	0. 39	1. 04	0. 032	0. 002	18. 17	8. 01	0. 04

表 5　试验用 S30408 板材的力学性能

Tab. 5　Mechanical of S30408 sheet for experiments

屈服强度/MPa	抗拉强度/MPa	延伸率/%
311	693	56. 0

3　试验过程及结果分析

3.1　N06600 板材的拼焊

对于爆炸复合板材来说，由于复层受到加工设备的限制，一般复层板的板幅较窄，必须通过拼接的方式来满足复合板板幅的要求。本试验对 N06600 板材采用钨极氩弧焊自动拼焊机进行拼焊。拼焊后，对焊缝分别进行了 100% X 射线检验，检验技术等级为 AB 级，结果表明，所有焊缝按照 NB/T 47013.2—2015 Ⅱ级评定为合格。对焊缝分别进行了 100%的 PT 渗透检验，结果显示，所有焊缝均达到 NB/T 47013.5—2015 Ⅰ级合格。

3.2　复合板爆炸焊接及复层焊缝检验

按照复合板爆炸焊接的工艺参数设置炸药及装配，完成复合板的爆炸复合后，在复合板热处理前，对复合板的复层 N06600 的焊缝进行了表面打磨处理，然后进行了 PT 渗透检验。结果显示，试验编号 1~4 号复合板的复层焊缝均无缺陷显示。随后将复层焊缝的焊肉，局部采用角磨砂轮打磨去除一部分后，对其进行 PT 渗透检验，也均无缺陷显示。

3.3　复合板热处理后的焊缝结果及分析

将试验编号 1~4 号的复合板同炉进行热处理，热处理制度如下：

1020℃保温 20min，水冷。

热处理后，对 1~4 号复合板表面打磨处理，对焊缝进行 PT 渗透检验，结果显示，试验编号为 1 号、3 号的复合板出现了焊缝裂纹问题，而试验编号为 2 号和 4 号的复合板复层焊缝无缺陷显示，如图 1~图 4 所示。

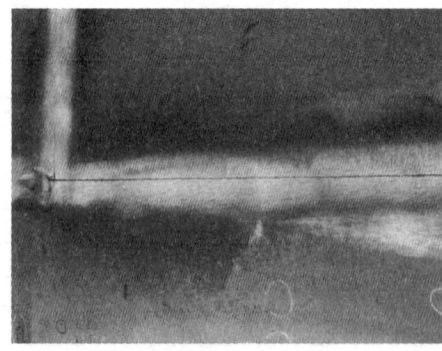

图 1　1 号复合板焊缝裂纹情况

Fig. 1　Welding seam crack for exp. 1

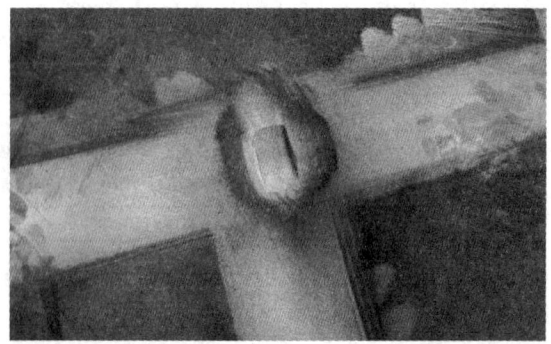

图 2　2 号复合板焊缝情况（无裂纹）

Fig. 2　Welding seam crack for exp. 2（no crack）

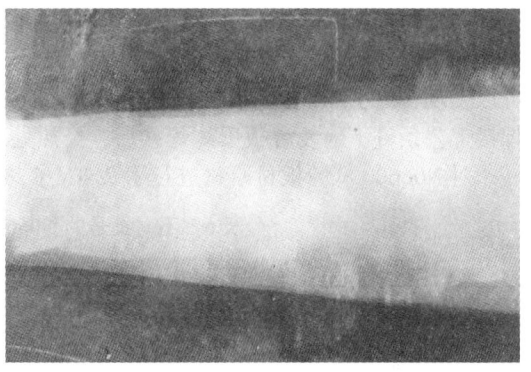

图 3　3 号复合板焊缝裂纹情况　　　　　图 4　4 号复合板焊缝情况（无裂纹）

Fig. 3　Welding seam crack for exp. 1　　　Fig. 4　Welding seam crack for exp. 2（no crack）

对出现严重焊缝裂纹的试验编号为 1 号和 3 号的复层 N06600 原材板进行了金相观察，如图 5 和图 6 所示。

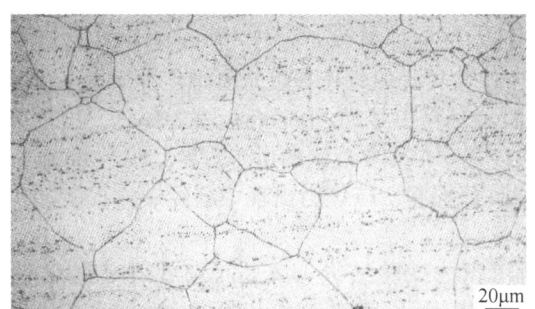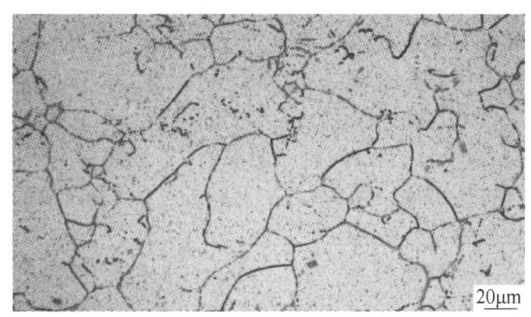

图 5　1 号 N06600 金相组织　　　　　　图 6　3 号 N06600 金相组织

Fig. 5　Microstructure of N06600 for exp. 1　　Fig. 6　Microstructure of N06600 for exp. 3

对未出现焊缝裂纹的试验编号为 2 号和 4 号的复层 N06600 原材也进行了金相观察，如图 7 和图 8 所示。

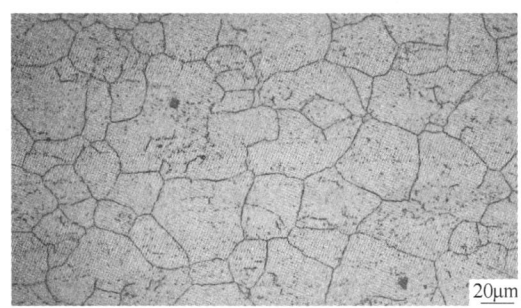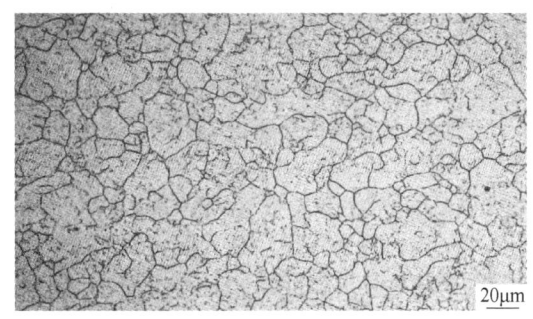

图 7　2 号 N06600 金相组织　　　　　　图 8　4 号 N06600 金相组织

Fig. 7　Microstructure of N06600 for exp. 2　　Fig. 8　Microstructure of N06600 for exp. 4

由金相图形貌可以看出，对于出现焊缝裂纹的 N06600 原始板材来说，其晶粒组织比较粗大，尤其是 3 号的金相组织，其晶界的碳化物聚集较为严重。观察晶粒组织形态可以看出，1

号和 3 号均存在着三叉晶界处的再结晶颗粒生成，说明该板在加工过程中，存在着二次低温固溶处理，在三叉晶界处形成了再结晶晶粒[1]。将 1 号和 3 号与 2 号和 4 号的金相形貌进行对比可以发现，2 号和 4 号的晶粒相对较小。但就单从金相组织形貌，很难区分出导致板材在同一焊接工艺条件下，复合板爆炸焊接后，经热处理焊缝产生裂纹的原因。

对 N06600 试验板材原材进行了 ASTM G28-02 A 法的晶间腐蚀试验，结果见表 6。

表 6 不同批号的 N06600 板材原材晶间腐蚀结果

Tab. 6 Raw material intergranular corrosion results for different N06600 sheet batch

板材批号	试验编号	厚度/mm	腐蚀速率/mm·a^{-1}
63068 05J	1 号	4	58.2
54199 13J	2 号	3	3.7
3600145	3 号	6	23.8
23015401	4 号	6	0.54

从表 6 可以看出，N06600 板材焊缝在爆炸复合后经热处理条件下，焊缝是否出现裂纹，与 N06600 板材原材料的晶间腐蚀特性之间存在一定的关系。据文献可知[2]，N06600 板材的 ASTM G28-02 A 法的晶间腐蚀速率应控制在 3.6mm/a 的范围内。本试验中，试验编号为 2 号的 N06600 板材的晶间腐蚀速率略微大于 3.6mm/a，但在复合板爆炸焊接后，N06600 的焊缝在热处理后也未出现裂纹问题，这说明，3.6mm/a 对于本文讨论的焊缝裂纹问题而言，不是一个可以界定的指标数值。从本文的试验结果来说，试验编号为 3 号的 N06600 板材的焊缝，出现了裂纹问题，其晶间腐蚀速率为 23.8mm/a，至少应该是一个需要控制的粗略边界，即 N06600 板材的晶间腐蚀速率大于 23.8mm/a，从本文的试验数据推测，应该会出现焊缝经爆炸焊接和热处理后，产生裂纹的问题。

按照此推测结论，对 ASTM G28-02 A 法晶间腐蚀试验结果为 4.8mm/a 的国产批号为 23069201 的 6mm N06600 板材，经自动拼焊机氩弧焊拼接后，射线探伤和渗透检验均合格条件下，与批号为 A0622106 的 24mm S30409 不锈钢板进行爆炸焊接和固溶热处理。热处理后，对焊缝进行了 PT 渗透检验，结果显示焊缝良好，这再次印证了采用晶间腐蚀检验数值预测焊缝是否出现裂纹的可行性。

4 结论

本文通过不同批次的进口和国产 N06600 板材的试验结果与分析，得出初步结论如下：

（1）N06600/S30408 组合的复合板，经高温固溶热处理后，N06600 板材的焊接拼缝是否出现裂纹，与 N06600 板材原材的晶间腐蚀速率有一定的关系。

（2）不管是国产还是进口 N06600 材料，都存在着 N06600/S30408 组合的复合板，在固溶热处理后出现 N06600 板材焊接拼缝裂纹的问题。

（3）国产 N06600 板材从爆炸复合加工的质量控制角度看，完全可以替代进口板材。

本文试验数据有限，对于影响 N06600/S30408 组合复合板固溶热处理后 N06600 板材的焊接拼缝裂纹产生的晶间腐蚀速率临界值，仍需长期观察研究。

参 考 文 献

[1] 温方明，郝晓博，曹恒，等. 热处理工艺对 N06600 合金热轧板组织与性能的影响 [J]. 金属热处理，2022，47（9）：113-118.

[2] 齐淑改，熊荣国，张小丽. 热处理对 N06600 复合板覆层耐蚀性能的影响 [C] //压力容器先进技术——第十届全国压力容器学术会议论文集，2021：276-281.

自清洁射孔弹在岩石地层下的流动效率研究

刘玉龙　向旭　陈玉　赵世华　邱德昆

（中国石油集团测井有限公司西南分公司，重庆　江北　400021）

摘　要：本文采用 SICR 热化学反应模型，分析了自清洁射孔对孔道流动效率的有益性，为测试 89 型自清洁、深穿透射孔弹在岩石地层环境射孔后孔道流动效率的差异，应用模拟井底条件下射孔流动效率试验装置，对两种射孔弹射孔后的孔道流量、孔道长度、射孔孔眼半径等参数进行测量，并将测量参数值带入流动效率公式计算得到了流动效率数值。数据显示：相较于深穿透型射孔弹，自清洁射孔弹流动效率提升 15.2%，平均流量提升 17.9%，孔道容积提升 36.5%，从而得出了自清洁射孔弹较深穿透射孔弹在应力岩石地层中流动效率更优的认识。

关键词：射孔弹；自清洁；岩石地层；流动效率

Study of Flow Efficiency of Self-cleaning Charge under Rock Stratum

Liu Yulong　Xiang Xu　Chen Yu　Zhao Shihua　Qiu Dekun

（China National Logging Corporation Southwest Branch，Jiangbei 400021，Chongqing）

Abstract：In this paper，SICR thermochemical reaction model is used，and the beneficial effect of self-cleaning charge on the flow efficiency of the orifice is analyzed. In order to test the difference of the orifice flow efficiency of 89 self-cleaning and deep-penetrating charges after injection in a rocky formation environment，the flow efficiency of the two types of charges after injection is measured under the same sandstone target test conditions according to the industry test standard on the flow efficiency of three-phase stress sandstone targets. The flow efficiency values were obtained after taking the flow efficiency equation into account. The data showed that the flow efficiency of self-cleaning shotgun was 15.2% higher，the average flow rate was 17.9% higher，and the hole volume was 36.5% higher than that of deep-penetrating shotgun. The flow efficiency of the self-cleaning shotgun is better than that of the deep-penetrating shotgun in stressed rock formations.

Keywords：shaped charge；self-cleaning；rock stratum；flow efficiency

1　引言

　　油气井中水力压裂施工作为油气增产的一项重要技术，破裂压力与多种因素有关，如射孔层应力大小与分布，射孔层材质和孔道的堵塞程度等[1]。射孔孔道作为压裂液进入地层的唯一通道，其孔道的流动效率影响了液体的输送，如果压裂压力过高，势必对于压裂施工设备提出

作者信息：刘玉龙，本科，工程师，liuyl_cj@ cnpc. com. cn。

更高要求及更大的经济投入，甚至造成正常的射孔施工难以进行，因此在地面条件下进行射孔后流动效率的评价对射孔压裂尤为重要。通常射孔效能评价采用地面混凝土靶或者钢靶进行，而射孔施工的真实地层通常由砂岩这种沉积岩组成，不同地方的砂岩有不同的物理性质，因此采用统一规格的岩石靶在地面条件带压进行模拟射孔测试，其数据相较于柱状混凝土靶和钢靶更接近于实际射孔后储层效果。

　　自清洁射孔弹的爆炸反应，其爆轰冲击诱发的化学反应及能量释放是一个高压、高温、高瞬态的过程，严酷的物理化学环境使得用于反映该物理化学规律的试验研究手段极为缺乏，造成该问题的研究极端困难，本文中自清洁型射孔弹药型罩采用一种 Ni/Al 活性材料，依据石油天然气行业标准[2]（SY/T 6163—2018）中岩石靶的流动效率测试方法，进行了受三向应力岩石的孔容、流动效率测试，对射孔后的孔道进行表征特征分析，通过 89 型自清洁型射孔弹与89 型深穿透射孔弹数据上的对比，得出了含能材料射孔弹自清洁性能的间接测试数据，自清洁射孔弹在孔道清洁效果上具备孔道清洁优势。

2　射孔压实带模型及自清洁机理分析

2.1　两种射孔弹岩石孔道的模型对比

　　射孔弹被导爆索引爆后，药型罩在爆轰波推动下产生高温、高压、高速射流，套管、水泥环、岩石受到其中的高温、高压射流冲击，地层岩石层被破碎和压实，在射孔孔道周围会形成一个近井污染带，污染带地层的渗透率仅为原始渗透率的 7% ~ 20%[3-4]，此外射孔弹爆炸后产生的碎屑残余物及射流杆体也极易堵塞射孔孔道。针对射孔后岩石层的堵塞和压实带现象，国外率先提出了自清洁聚能射孔技术，它能够极大改善射孔孔道几何形状和流动性能，可在正压或负压条件下作业，即便在弱胶结或各向异性地层，也无须很高的压差就能产生清洁的孔道，从而免除高成本的酸处理、盐水冲洗、水力压裂等孔道清洗作业。

　　图 1 为深穿透和自清洁射孔孔道模型对比，在该模型下深穿透射孔弹形成的孔道特征为孔道起始至中段孔道较粗，射流尾端至末端形成了狭小的射孔通道，射孔孔道末端有射流残渣、岩石碎屑堵塞物，在后续的压裂过程中压裂液很难将附近的压实带压裂，难以形成有效的裂缝通道，而自清洁射孔虽然整体射流长度相较于深穿透低，但整体孔道较粗而平滑，整体通道中所含射孔碎屑和射孔残渣较少，通过自清洁射孔使得油气通道得到优化，最终实现了清洁孔道、提高导流能力的目标[5]。

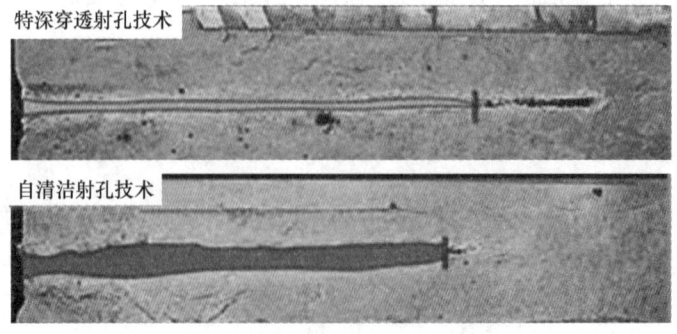

图 1　深穿透和自清洁射孔孔道模型状况对比

Fig. 1　Comparison of extra deep penetration and self-cleaning charge hole model conditions

2.2 自清洁射孔技术机理分析

自清洁射孔弹药型罩金属粉末为使用一定的反应性金属粉末材料代替其中的惰性钨、铜等金属粉末，药型罩材料配方中的主要反应成分为 Ni+Al[6]，为进行基于 Ni/Al 金属间化合物反应机理及能量释放机制的详细分析，国内外建立了许多模型描述冲击作用下含能材料的反应过程，其中冲击诱发化学反应模型（SICR）是一种金属化学反应过程的唯象动能模型的数值模拟方法，图 2 为 Al/Ni 的 SICR 反应模型[7]。

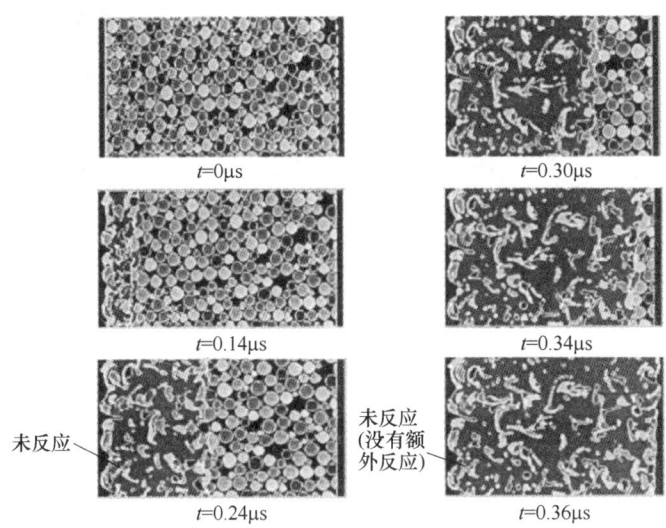

图 2　Al/Ni 反应金属罩 SICR 动态过程

Fig. 2　Al/Ni reaction metal cover SICR dynamic process

射流穿透过程中，药型罩受到瞬时爆轰冲击而发生急剧的物理化学反应，主要为反应金属 Al 和 Ni 发生冲击诱发化学反应，形成能够显著输出反应化学能量的金属化合物产物，发生的具体化学反应及反应生产熔值为：

$$Al + 3Ni \longrightarrow Ni_3Al, \quad \Delta H = -38.3 kJ/mol \tag{1}$$

$$Al + Ni \longrightarrow AlNi, \quad \Delta H = -59.2 kJ/mol \tag{2}$$

$$3Al + 2Ni \longrightarrow Ni_2Al_3, \quad \Delta H = -56.5 kJ/mol \tag{3}$$

$$3Al + Ni \longrightarrow NiAl_3, \quad \Delta H = -37.7 kJ/mol \tag{4}$$

通过上述反应分析，能在 100ns 内产生 5000K 的高温，反应瞬间产生的能量密度与 TNT 爆炸相近，高温使射孔孔道内的压力增加，从而对孔道产生较高的侧向压力，产生了面向地层孔道的涌流，将孔道内的射孔残渣及岩石碎屑带走和清除，使得射孔孔道得到清洁，最终实现提高流动效率的目标。

3　试验部分

3.1　测试装置

采用井下岩心进行流动效率测试更接近于现场使用条件，但井下岩心的获取难度较高，且获取的岩心尺寸不能满足射孔评价要求，本研究对四川天然岩石进行加工，切割出符合 SY/T

6163—2018 标准的 φ178mm×533mm 岩石靶，岩石靶置于流动效率测试装置中后，在岩石靶的上覆面、侧面、下端面分别添加三个方向的不同应力以模拟真实射孔环境中岩石地层的受力状态，通过射孔后孔道特征参数数据的测量来评价射孔孔眼流动效率特性，切割的四川天然岩石靶如图 3 所示。

图 3　切割好的四川天然岩石靶

Fig. 3　Finished Sichuan natural rock targets

通过对岩石靶材的孔隙度、渗透率、密度、抗压强度等参数进行分析测试，得出所切割出的四川天然岩石靶基本参数见表 1。

表 1　岩石靶基本参数

Tab. 1　Basic parameters of rock target

靶样来源	名　称	测量值	平均值
四川天然砂岩	孔隙度/%	11. 31~12. 21	11. 66
	渗透率/μm²	0. 0101~0. 0132	0. 0117
	干岩石密度/g·cm⁻³	2. 2116~2. 1352	2. 1752
	湿岩石密度/g·cm⁻³	2. 2326~2. 3386	2. 2733
	抗压强度/MPa	50, 51, 54	52

为模拟真实储层射孔环境，在地面条件下进行了测试装置的设计与制造，图 4 为设计的地面测试装置示意图，其中三向压力进行了密封与分割，各相压力间进行了严格不互通密封处理，能够模拟真实环境下的围压、孔隙压力、井筒压力的大小，其三向应力大小连续可调。

3. 2　测试方法与分析

砂岩靶测试用孔隙液体质量分数为 3% 的 NaCl 溶液，射孔器引爆时所施加的三向压力如下：

（1）围压：31. 0MPa；

（2）孔隙压力：10. 3MPa；

（3）井筒压力：6. 9MPa。

流体在砂岩内流动期间压差为 345kPa。

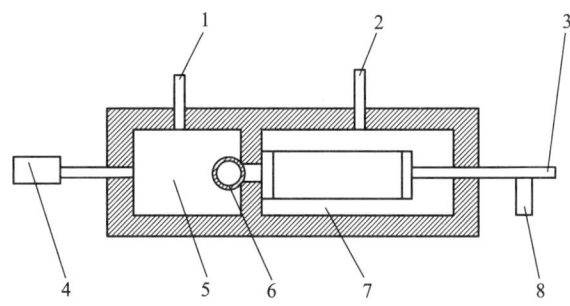

图 4 应力岩石流动效率测试装置

1—井眼压力入口；2—模拟上覆岩层压力入口；3—孔隙压力入口；4—充气储罐；5—模拟井；6—射孔器；
7—模拟上覆岩层压力容器；8—过滤器

Fig. 4 Stress rock flow efficiency test set

射孔之前，对整个靶平行于层面的渗透率（K_1）和垂直于层面渗透率（K_2）进行测量，K_1 和 K_2 用来计算预计进入射孔孔眼的流量，计算公式如下：

$$Q_c = 6.28 \times 10^{-3} \times \frac{\Delta P}{\mu} \left[\frac{K_1 D}{\ln(R/r)} + \frac{K_2 rR}{R-r} \right] \quad (5)$$

式中　Q_c——预计流量的数值，cm³/s；

　　　ΔP——压差的数值，kPa；

　　　μ——流体黏度的数值，mPa·s；

K_1，K_2——孔隙介质渗透率的数值，μm²；

　　　D——射孔孔道长度的数值，mm；

　　　r——平均射孔孔眼半径的数值，mm；

　　　R——砂岩靶半径的数值，mm。

所选用测试的射孔弹外形及内部药型罩、药柱结构完全相同，所采用的药型罩口径为 36mm，深穿透射孔弹为钨铜混合粉末，自清洁药型罩为钨铜铝镍混合粉末，其组分中含 45% 的铝、镍反应金属粉末，所采用的两种射孔弹整体结构如图 5 所示，测试后的射孔孔道状况如图 6、图 7 所示，通过图片对比可以看出，采用自清洁射孔弹的试验靶其孔道相对规则，且孔道的直径较深穿透射孔弹大，孔道末端可以看到明显灼烧的现象。

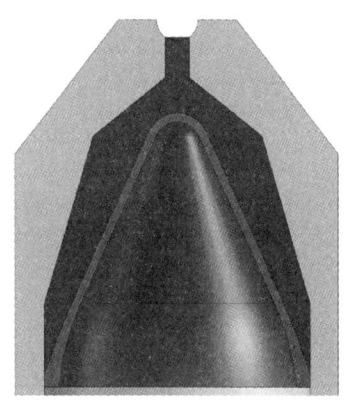

图 5 测试用射孔弹结构

Fig. 5 Test projectile structures

流动效率（CFE）按式（6）计算，数据归一化到实验所用的半径为 89mm 的岩心上。

$$\text{CFE} = \frac{4.49 - \ln r}{4.49 - \ln r + \ln(R/r)(Q_c/Q_m - 1)} \quad (6)$$

式中　Q_c——预计流量的数值，cm³/s；

　　　Q_m——实测流量的数值，cm³/s。

按照上述公式，对两种类型射孔弹测试后的数据进行计算，计算结果见表 2。

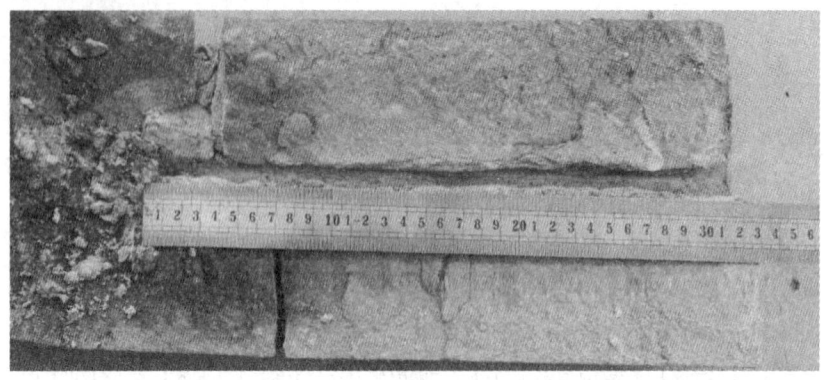

图 6　自清洁型射孔弹穿靶剖面图

Fig. 6　Self-cleaning charge penetration target profile

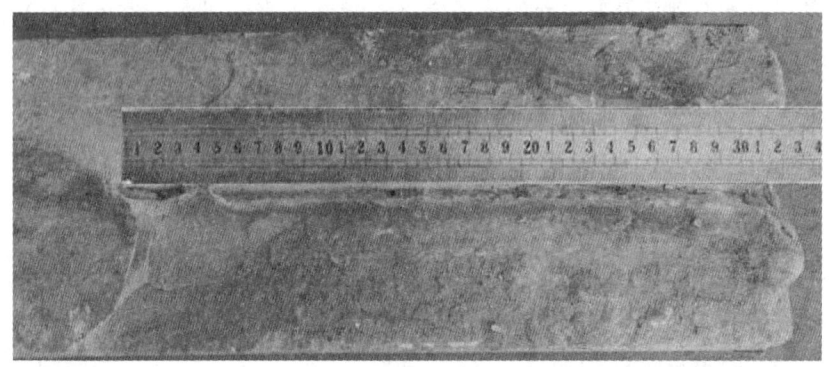

图 7　深穿透射孔弹穿靶剖面图

Fig. 7　Deep penetration charge penetration target profile

表 2　流动效率检测结果

Tab. 2　Flow efficiency test results

射孔弹类型	流动效率	平均流量/cm³·s⁻¹	孔道容积/cm³	入口直径/mm	穿孔深度/mm
自清洁射孔弹	0.83	1.05	30.3	12.2	312
深穿透射孔弹	0.72	0.89	22.2	11.9	323

　　从表中检测结果可以看出，两种弹型的入口孔径基本相当，在穿深方面，深穿透射孔弹略深，孔道容积方面自清洁射孔弹要明显高于深穿透射孔弹，而在平均流量和流动效率方面，均是自清洁射孔弹要优于深穿透射孔弹，通过计算得到，自清洁射孔弹流动效率较深穿透射孔弹提升 15.2%，平均流量提升 17.9%，孔道容积提升 36.5%。

4　结论

　　（1）在应力岩石地层中，采用具有爆轰激发 Ni+Al 药型罩材料反应的自清洁射孔弹，这些具有反应性的组分发生化学反应后使孔道内的压力增加，对孔道产生较高的侧向压力，产生了面向地层孔道的涌流，对压实带及孔道进行冲刷，改善了射孔孔道的几何形状和流动性能，使得较深穿透射孔弹的平均流量提升了 17.9%，孔道容积提升 36.5%，流动效率提升 15.2%。

（2）采用自清洁型射孔弹进行射孔作业，从射孔弹的角度实现了对压实损害带的清理和改性，对于岩石砂砾等致密砂岩地层进行分段压裂改造作业，进一步提高压裂效果具有积极意义。

参 考 文 献

［1］王琛. 致密砂岩油藏 CO_2 驱 CO_2-原油-微纳米级孔喉系统相互作用机理研究［D］. 北京：中国石油大学（北京），2018.

［2］石油测井专业标准化委员会. SY/T 6163—2018 油气井用聚能射孔器材通用技术条件及性能试验方法［S］. 北京：石油工业出版社，2018.

［3］孙新波，赵敏，李东传，等. 实验室条件下聚能射孔损害带研究［J］. 测井技术，2005，29（1）：8-10.

［4］李东传，唐国海，孙新波，等. 射孔压实带研究［J］. 石油勘探与开发，2000，27（5）：112-114.

［5］张先锋，赵晓宁. 多功能含能结构材料研究进展［J］. 含能材料，2009，17（6）：731-739.

［6］潘文强，付代轩，赖康华，等. 含能射孔弹双层药型罩穿孔性能研究［J］. 爆破器材，2017，46（2）：31-34.

［7］任柯融. Al/Ni 基含能结构材料冲击释能行为实验与数值模拟研究［D］. 湖南：国防科技大学，2018.

二氧化碳相变膨胀过程的理论计算研究

杨利军　夏军　席运志　张博伦　申志强

（国防科技大学空天科学学院，长沙　410003）

摘　要：二氧化碳相变膨胀技术是利用物理或化学作用将液态 CO_2 超临界化以实现对外膨胀做功的一种新型岩石致裂技术，已在矿山开采、石油钻井、管道铺设等工业领域广泛应用。与传统炸药爆破技术相比，二氧化碳相变膨胀技术具有危险系数小、有害效应少、制造成本低及绿色环保等优点。由于对跨临界、强瞬态和高致密状态下的 CO_2 相变膨胀机理和机制缺乏深刻认识，二氧化碳相变膨胀技术的持续发展受到限制。结合实验测试结果，建立了二氧化碳相变膨胀过程的一维物理模型，对二氧化碳相变膨胀过程进行了理论计算，获得了在发生不同相变行为时 CO_2 介质压力、质量流量和做功能力等参数特征，分析了 CO_2 介质的相态迁移变化过程，揭示了不同相变行为对做功性能的影响规律。结果表明：在 CO_2 相变膨胀过程可分为四种相变阶段，分别为液相至超临界相转变、超临界相热化、超临界相至气相转变及气相能量弛豫，其中超临界至气态转变阶段对二氧化碳相变膨胀做功性能的影响明显。

关键词：二氧化碳相变膨胀；相态迁移；做功性能

Calculation Study on the Phase Expansion of Carbon Dioxide Blasting System

Yang Lijun　Xia Jun　Xi Yunzhi　Zhang Bolun　Shen Zhiqiang

（College of Aerospace Science and Engineering, National University of Defense Technology, Changsha 410003）

Abstract：Carbon dioxide blasting technology is a new rock fracturing technology that utilizes physical or chemical methods to supercritical CO_2 and achieve external expansion. It has been widely used in industrial fields such as mining, oil drilling, and pipeline laying. Compared with traditional explosive blasting technology, it has advantages such as low risk coefficient, less harmful effects, low manufacturing cost, and environmental protection. Lacking of in-deep understanding of the mechanisms of phase expansion with supercritical, strong transient, and high-density states, the sustained development of Carbon dioxide blasting system is limited. In this paper, the one-dimensional physical model of phase expansion on carbon dioxide blasting system was established, and theoretical calculations were conducted. Parameter characteristics such as CO_2 pressure, expansion rate, and work capacity were obtained when different phase change behaviors occurred. The phase transfer process of CO_2 was

作者简介：杨利军，讲师，工学博士，1310648918@ qq. com。

analyzed, and the influence of different phase change behaviors on work performance was revealed. The results indicate that the CO_2 phase transfer process can be divided into four phase transition stages, namely liquid to supercritical phase transition, supercritical phase heating, supercritical to gas phase transition, and gas phase energy relaxation. Among them, the supercritical to gas phase transition stage has a significant impact on the work performance of phase expansion.

Keywords: carbon dioxide blasting system; phase expansion; work performance

1 引言

二氧化碳相变膨胀技术原理是利用物理或化学作用将液态 CO_2 超临界化，使其产生气体向外膨胀做功，已应用于矿山开采、石油钻井、管道铺设等工业领域。与传统炸药爆破技术相比，二氧化碳相变膨胀技术具有危险系数小、有害效应少、制造成本低及绿色环保等优点[1-2]。

二氧化碳相变膨胀技术[3]最早用于煤层增透、隧道开挖、公路建设等用途，又称为 Cardox 管。2000 年，Kolle 等人[4]进行二氧化碳相变膨胀破岩试验，发现 CO_2 气流对页岩的破碎效率是水射流的 3.3 倍，可明显降低岩石破碎阈值。2007 年，英国安全管理局[5]分析评估了超临界压力下 CO_2 膨胀行为，认为压力释放过程中相变迁移路径是核心问题。随后，国内外高校和科研院陆续开展了二氧化碳相变膨胀过程的压力演化规律和相变机制研究。2019 年，Bo Ke 等人[6]采用液体 CO_2 爆破系统进行了爆破试验。他们把爆破过程分为三个阶段：压力上升阶段、压力释放阶段和压力恢复阶段。2021 年，Zeng 等人[7]对 CO_2 相变膨胀过程的压力进行了实验测量，将压力变化过程分为五个阶段：压力缓慢上升、接近于一条直线、偏离线性呈缓慢上升趋势、释放出高压气体及负压变为常压。从上述研究情况来看，人们十分重视二氧化碳相变膨胀过程研究，并通过观察实验测量的压力曲线，初步证明了二氧化碳相变膨胀过程中压力曲线存在不同变化趋势。然而，由于缺乏对二氧化碳相变膨胀机理深入认识，对不同压力演化过程与相变迁移路径的关系仍不掌握，对相变膨胀过程的能量特性仍不清楚，阻碍了二氧化碳相变膨胀技术的发展。

本文建立了二氧化碳相变膨胀过程的一维物理模型，采用理论计算方法，对二氧化碳相变膨胀过程进行了理论计算，研究了不同相变阶段对二氧化碳相变膨胀过程的影响。计算了 CO_2 介质压力、温度、质量流量和做功能力等性能参数，对比了不同相变阶段对做功能力的影响差异，获得了 CO_2 相态迁移变化机制。

2 物理模型和计算方法

2.1 物理模型简化

基于典型的二氧化碳相变膨胀装置简化了物理计算模型。图 1 是典型二氧化碳相变膨胀装置示意图。图 1 中，二氧化碳相变膨胀装置主要由激发管、主体管、CO_2 介质、阈值片、喷射口和压力变送器等组件构成。激发管在点火后释放大量热能，使液态 CO_2 快速超临界化，并通过压力变送器测量压力。考虑二氧化碳相变膨胀装置具有旋转对称的特点，将二氧化碳相变膨胀装置简化为一维物理模型，如图 2 所示，计算区域高度为 90mm，长度为 320mm，容积为 2.03L，CO_2 介质质量为 1.7kg，密度为 $0.82g/cm^3$。

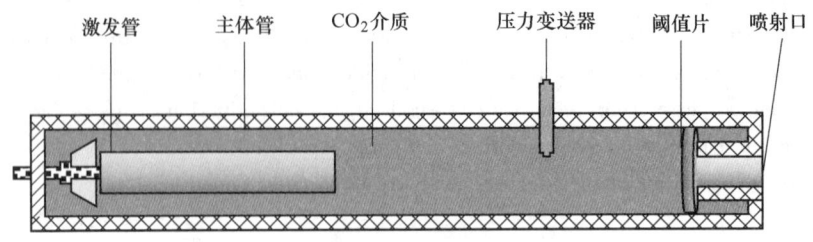

图 1　二氧化碳相变膨胀装置示意图

Fig. 1　Schematic diagram of carbon dioxide blasting system

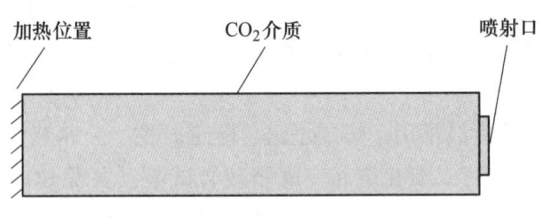

图 2　一维物理计算模型

Fig. 2　One dimensional physical calculation model

2.2　理论建模

在二氧化碳相变膨胀过程中，不同时刻的 CO_2 介质会发生不同的变化，表现出不同的物理特征。图 3 为二氧化碳相变膨胀过程。如图 3 所示，根据压力曲线变化，本文将全过程分为 4 个不同阶段：液相至超临界相转变、超临界相热化、超临界相至气相转变及气相能量弛豫阶段。

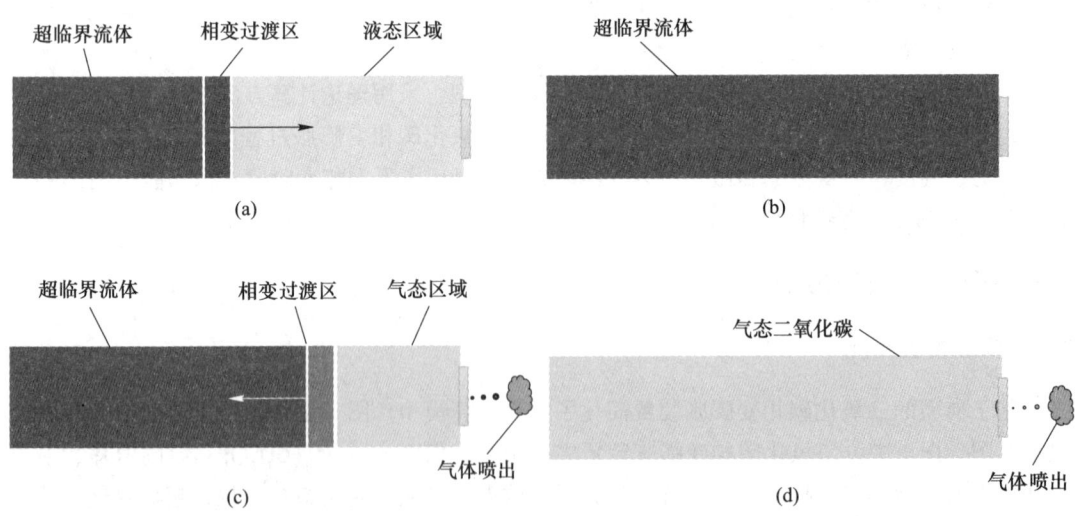

图 3　二氧化碳相变膨胀过程

（a）液相至超临界相转变阶段；（b）超临界相热化阶段；（c）超临界相至气相转变阶段；（d）气相能量弛豫阶段

Fig. 3　The process of carbon dioxide phase expansion

2.2.1 液相至超临界相转变阶段

点火后，做功介质发生快速的超临界化，并形成相变过渡界面，如图 3（a）所示。可由道尔顿分压定律进行近似描述[8]，表达式为：

$$P_1 = w_a p_a + w_b p_b \tag{1}$$

式中，P_1 为介质压力；p_a 和 p_b 分别为液相 a 和超临界相 b 的分压。

2.2.2 超临界相热化阶段

因为持续受加热作用，超临界态介质持续升温，如图 3（b）所示。可采用 Benedict-Webb-Rubin（BWR）方程状态方程描述 P-T 关系[9]，表达式为：

$$P_2 = \frac{RT}{V_m} + \left(B_0 RT - A_0 - \frac{C_0}{T}\right)\frac{1}{V_m^2} + (bRT - a)\frac{1}{V_m^3} + a\alpha\frac{1}{V_m^6} + \frac{c}{T^2 V_m^3}\left(1 + \frac{\gamma}{V_m^2}\right)e^{-\gamma/V_m^2} \tag{2}$$

式中，T 为 CO_2 的温度；R 为理想气体常数；V_m 为 CO_2 的比摩尔质量体积，表达式为 $V_m = V_0/n$；A_0、B_0、C_0、α、γ、a、b 和 c 均为常数。

2.2.3 超临界相至气相转变阶段

在喷射口打开后，稀疏波大量进入，超临界态 CO_2 快速气化，并由喷射口射出，如图 3（c）所示。压力与各组分压力近似服从道尔顿分压定律，表达式为：

$$P_3 = w_b p_b + w_c p_c \tag{3}$$

式中，p_b 和 p_c 分别为超临界相 b 和气相 c 的分压；w_b 和 w_c 分别为 b 和 c 的体积含量。

2.2.4 气相能量弛豫阶段

由于压力依然高于大气压力（0.1013MPa），压力进一步降低，直至与外界空气融为一体，如图 3（d）所示。压力按指数函数形式进行衰减[10]，表达式为：

$$P_4 = P_{sc}e^{-k_c t} \tag{4}$$

式中，P_{sc} 为超临界压力；k_c 为压力衰减速率。

2.3 做功能力和质量流量计算方法

根据做功能力的定义式，做功能力表达式为：

$$W = \int P\dot{V}dt = \int 22.4 \times \frac{\Delta m}{M}Pdt \tag{5}$$

式中，P 为压力；Δm 为由喷射口喷出的质量流量，与开口面积和压力相关，表达式为[11]：

$$\Delta m = \int C_\lambda S_{hou}Pdt \tag{6}$$

式中，C_λ 为二氧化碳特征速度；S_{hou} 为阈值片开口面积。

分别针对液相至超临界相转变、超临界相热化、超临界相至气相转变及气相能量弛豫 4 种不同相变阶段中二氧化碳相变膨胀过程进行了理论计算。计算过程中，忽略激发管、喷射口、主体管及药剂燃烧产物气体的影响。为了评估和分析做功能力，计算材料参数与实验条件一致，阈值片设定压力为 83MPa，阈值片开口面积为 8.7cm²。

3 结果与分析

3.1 物理模型建模判据

压力导数定义为压力对时间的一阶导数，表达式为 $P' = dP/dt$。压力时间导数反映了容器

内 CO_2 介质的变化特征，根据压力曲线的变化趋势，可判定容器的相态变化过程。

图 4 是相变膨胀过程压力导数变化曲线。由图 4 可知，压力导数的变化趋势较为复杂，按其变化趋势大致可以分为 4 个阶段：（1）液相至超临界相转变，压力导数迅速升高，并快速达到最大值；（2）超临界相热化阶段，压力导数迅速下降，由最大值较快速地下降至某一值，随之，破裂片被破坏，压力导数突降；（3）超临界相至气相转变，压力导数相对快速地上升；（4）气相能量弛豫阶段，压力导数相对缓慢地继续上升，并最后趋于稳定。

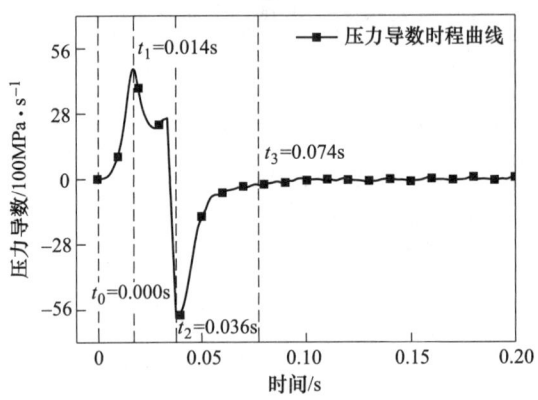

图 4　相变膨胀过程压力导数变化曲线

Fig. 4　Pressure derivative variation curve during phase expansion process

3.2　压力演化过程分析

图 5（a）~（d）分别为 4 个阶段相变膨胀过程的压力的理论计算值和实测值。由图 5（a）可知，在液相至超临界相转变阶段中，随着时间的增加，液态 CO_2 向超临界 CO_2 转变，引起容器内压力的升高，并且理论计算压力与实测压力变化曲线基本重合，当 $t = 0.0072s$ 时刻，容器内实测压力达到 12.50MPa。

由图 5（b）可知，在超临界相热化阶段中，随着时间的增加，超临界 CO_2 逐渐吸收来自药剂的热能，并引起容器内压力的升高。由理论计算的压力与实测压力变化曲线变化趋势一致，当 $t = 0.0306s$ 时刻，容器内实测压力达到 83.82MPa，此时理论预测压力为 83.39MPa，偏差较小。

由图 5（c）可知，在超临界相至气相转变阶段中，压力随着时间的增加而逐渐降低，由最大压力 83.8MPa 降低至 7.38MPa 左右，此时，压力在临界点附近，容器内介质基本转化为气态。

由图 5（d）可知，在气相能量弛豫阶段中，理论计算和实验测量的压力偏差较大。其中，实验测量的压力出现了明显的波动和震荡，而理论计算的压力变化趋势较为平缓。主要原因是在此阶段中 CO_2 介质的温度会迅速降低，甚至出现液态和固态干冰，这导致压力的变化出现明显的波动，进而导致理论与实测的偏差。

图 6 为压力随时间变化曲线。如图 6 所示，理论计算压力与实测压力偏差较小。这表明该物理模型较为合理，CO_2 液-气相变膨胀的物理模型较准确描述了介质压力的变化过程。

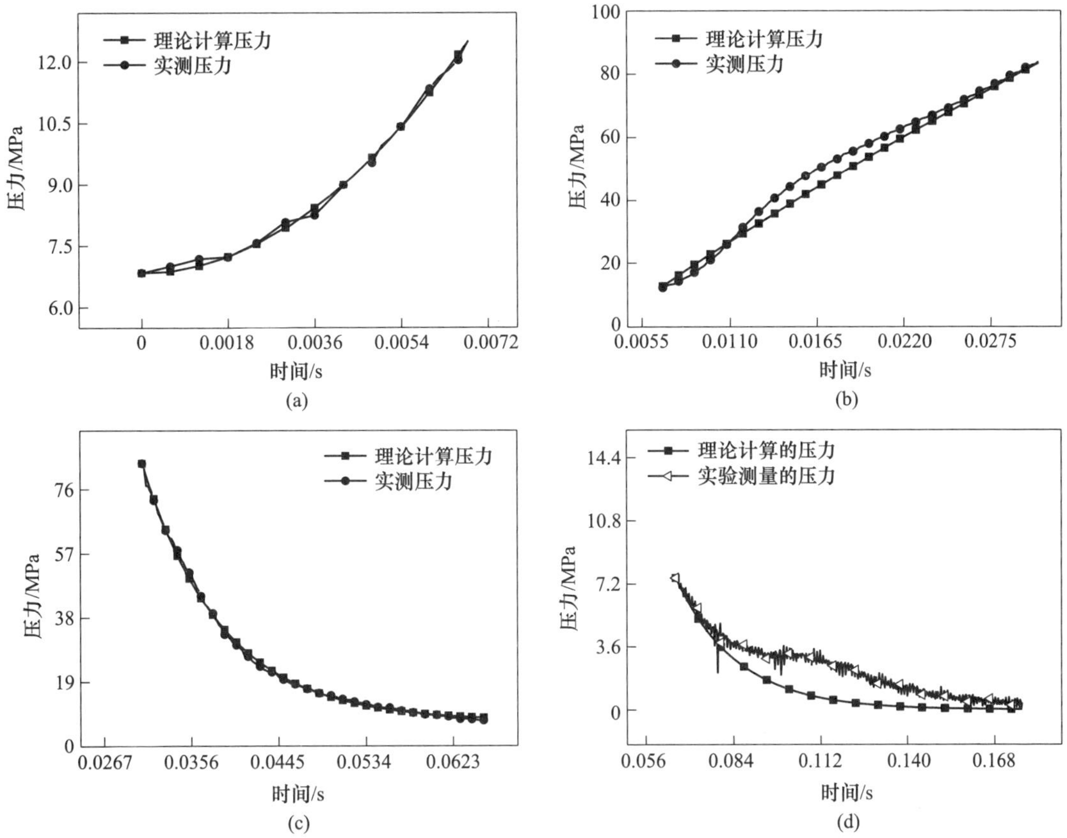

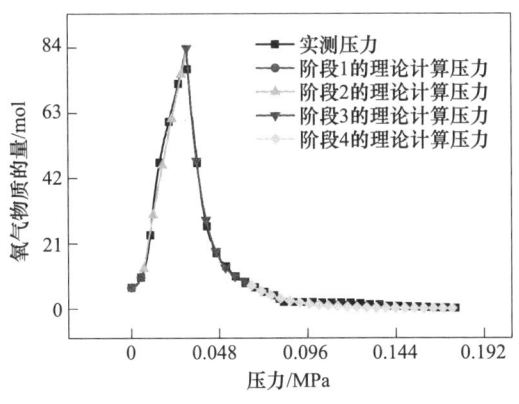

图 5　相变膨胀过程的压力的理论计算值和实测值

（a）液相至超临界相转变；（b）超临界相热化；（c）超临界相至气相转变阶段；（d）气相能量弛豫阶段

Fig. 5　Theoretical and measured values of pressure during phase expansion process

图 6　压力随时间变化曲线

Fig. 6　Pressure curve over time

3.3　质量流量和做功能力分析

图 7 为质量随时间的变化关系曲线。由图 7 可知，在压力阈值片打开之后，稀疏波大量进

入容器内，导致超临界 CO_2 相变为气态 CO_2，使其质量随着时间增加而减少，一部分气态 CO_2 仍留在容器内，一部分由开口位置处喷出膨胀管。当 $t = 0.065s$ 时，容器内超临界介质基本全部转化为气态，喷出气体质量为 0.708kg，容器内气体质量为 0.992kg。这表明了高压气体大量存在，会持续对外做功。

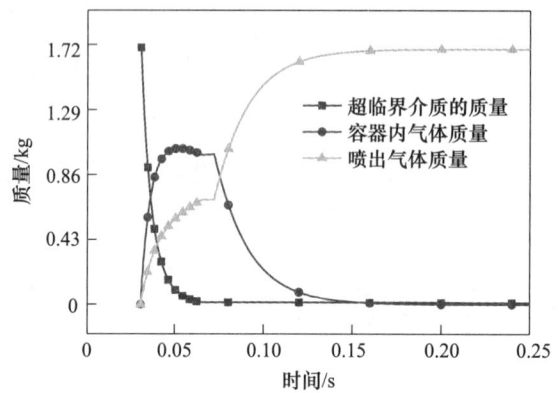

图 7   质量随时间的变化曲线

Fig. 7   Quality curve over time

图 8 为做功能量随时间变化曲线。如图 8 所示，在膨胀过程中，只有阶段 3 超临界相至气相转变及阶段 4 气相能量弛豫对外做功，如图 8 所示，做功单元对外总功为 380.86kJ，其中，阶段 3 中气体对外做功大小为 307.53kJ，阶段 4 中气体对外做功大小为 73.33kJ。这表明在二氧化碳膨胀全过程中，超临界至气态转变阶段对二氧化碳相变膨胀做功性能的影响明显。

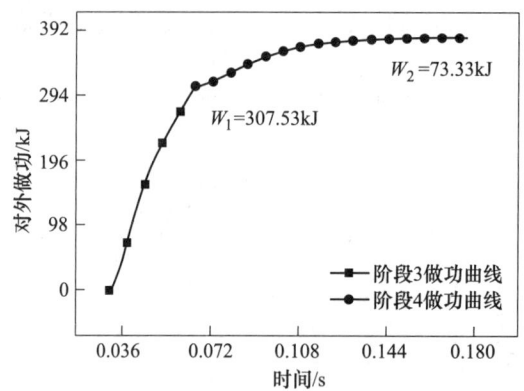

图 8   做功能量随时间变化曲线

Fig. 8   The curve of work ability over time

4   结论

（1）CO_2 相变膨胀过程存在 4 个相变阶段，分别为液相至超临界相转变、超临界相热化、超临界相至气相转变及气相能量弛豫阶段。

（2）超临界相至气相转变和气相能量弛豫阶段介质均会对外做功，其中超临界至气态转变阶段对二氧化碳相变膨胀做功性能的影响明显。

参 考 文 献

[1] 夏军, 陶良云, 李必红, 等. 二氧化碳液-气相变膨胀破岩技术及应用 [J]. 工程爆破, 2018, 24 (3): 50-54.

[2] 赵龙, 王兆丰, 孙矩正, 等. 液态 CO_2 相变致裂增透技术在高瓦斯低透煤层的应用 [J]. 煤炭科学技术, 2016, 44 (3): 75-79.

[3] Horton N. No blast, no damnation [J]. World Mining Equipment (U S), 1993, 17 (2): 22-24, 26.

[4] Kolle J J. Coiled-tubing drilling with supercritical carbon dioxide [C] //SPE/CIM International Conference on Horizontal Well Technology. SPE, 2000: SPE-65534-MS.

[5] Connolly S, Cusco L. Hazards from high pressure carbon dioxide releases during carbon dioxide sequestration processes [C] //IChemE Symposium Series. IChemE Rugby, 2007, 153: 1-5.

[6] Ke B, Zhou K, Xu C, et al. Thermodynamic properties and explosion energy analysis of carbon dioxide blasting systems [J]. Mining Technology, 2019, 128 (1): 39-50.

[7] Zeng Y, Li H, Xia X, et al. Experimental study on cavity pressure of carbon dioxide fracturing tube [J]. Journal of Vibroengineering, 2021, 23 (7): 1602-1620.

[8] 郑晓红, 凌育赵, 陈志慧. 水蒸气蒸馏实验装置的改进 [J]. 仲恺农业技术学院, 2000, 13 (1): 69-71.

[9] Mazzoccoli M, Bosio B, Arato E. Analysis and comparison of Equations-of-State with p-ρ-T experimental data for CO_2 and CO_2-mixture pipeline transport [J]. Energy Procedia, 2012, 23: 274-283.

[10] 白鑫. 液态二氧化碳相变射孔致裂煤岩体增透机理及应用研究 [D]. 重庆: 重庆大学, 2019.

[11] 王伯羲, 冯增国. 火药燃烧理论 [M]. 北京: 北京理工大学出版社, 1997.

含微量五羰基铁气相爆轰合成纳米碳材料

陈端花[1]　李晓杰[1,2]　闫鸿浩[1,2]　王小红[1,2]　王宇新[1,2]

(大连理工大学　1. 工程力学系；2. 工业装备结构分析优化与
CAE 软件全国重点实验室，辽宁　大连　116024)

摘　要：气相爆轰法作为一种新型的高效的合成碳纳米材料的方法，已经制备出碳纳米球、碳纳米管、碳包覆金属纳米颗粒等碳纳米材料，从而受到广泛重视。本研究采用五羰基铁作为催化剂，在特制的气相爆轰管内引爆乙炔与氧气的混合气体合成碳纳米材料。实验研究了乙炔与氧气浓度比以及催化剂（五羰基铁）的质量对产物粒子的影响。通过 XRD、TEM 以及 BET 物理吸附实验对爆轰产物进行了检验。结果表明：产物 XRD 图谱中石墨峰明显，说明产物主要为具有石墨化特征的无定形碳，导电性能良好；产物的主要组分为 C、α-Fe、γ-Fe，大多为 100nm 以内的不规则囊状碳；实验产物比表面积最大可达 253.857m^2/g，孔体积为 0.940cm^3/g，具有较强的吸附能力。

关键词：气相爆轰法；五羰基铁；碳纳米材料；碳纳米胶囊

Gaseous Detonation Synthesis of Carbon Nanomaterials Containing Trace Iron Pentacarbonyl

Chen Duanhua[1], Li Xiaojie[1,2], Yan Honghao[1,2], Wang Xiaohong[1,2], Wang Yuxin[1,2]

(1. Department of Engineering Mechanics；2. State Key Laboratory of Structural Analysis, Optimization and CAE Software for INDUSTRIAL Equipment, Dalian University of Technology, Dalian 116024, Liaoning)

Abstract：As a new and efficient method for synthesizing carbon nanomaterials, the gaseous detonation method has prepared carbon nanomaterials such as carbon nanospheres, carbon nanotubes, and carbon coated metal nanoparticles, which has received widespread attention. The Iron pentacarbonyl produced was used as a catalyst to detonate acetylene and oxygen mixture in a specially made gaseous detonation tube to synthesize carbon nanomaterials. The effects of the concentration ratio of acetylene to oxygen and the quality of catalyst (Iron pentacarbonyl) on the product particles were studied experimentally. The detonation products were tested through XRD, TEM, and BET physical adsorption experiments. The results showed that the Graphite Peak in the XRD spectrum of the product was obvious, indicating that the product was mainly Amorphous carbon with graphitization characteristics, and had good electrical conductivity; The main components of the product are C、α-Fe、γ-Fe, mostly irregular cystic carbon

基金项目：国家自然科学基金（12072067，11672067，12172084）。

作者信息：陈端花，硕士，cdh5507@163.com。

within 100nm；The maximum specific surface area of the experimental product can reach 253. 857m²/g, and the pore volume is 0. 940cm³/g, indicating strong adsorption capacity.

Keywords：gaseous detonation method；iron pentacarbonyl；carbon nanomaterials；carbon nanocapsules

碳纳米材料是碳元素与纳米材料的交叉新领域。纳米材料因其小尺寸特征打破了人类对世界的认知精度，具有多种优良特性及潜在功能，从而被广泛应用于光、电、磁、医疗等领域[1]。而碳元素是自然界中最重要的元素之一，它具有 sp、sp²、sp³ 等多种杂化轨道特性，以其为基础合成的纳米材料种类繁多[2]。继富勒烯、碳纳米管、石墨烯等碳纳米材料出现后，其优异的导电性、导热性、催化性能、小尺寸效应[3-5]及因其比表面积大而具备的强吸附性等独特的物理、化学性质受到重视，各领域研究人员采用不同的制备方法获取各种碳纳米材料。主要的制备方法有石墨电弧放电法（ARC）[6-7]、固相热解法[8]、化学气相沉积法（CVD）[9]、激光蒸发法[10]、热解聚合物法[11]、原位合成法、模板法等[12]。目前已制备的常见的碳纳米材料有碳纳米管、碳纳米球、石墨烯、碳量子点及众多的碳包覆金属等纳米材料。但这些制备方法普遍存在仪器设备昂贵、能耗高、有效产物分离率低、经济效益差、连续性差等问题，导致对所需碳纳米材料无法实现大规模生产。为此大连理工大学爆炸研究组提出了一种合成碳纳米材料的新方法——气相爆轰法[13]。气相爆轰合成碳纳米材料是将前驱体与 CH₄、C₂H₂ 等纯净的可燃性气体，与氧气、空气等氧化性气体混合后，置于气相爆轰反应容器中点火引爆，通过燃烧、爆轰的能量合成碳纳米材料的新技术[14-15]。气相爆轰合成的过程中不需要固体炸药、雷管，安全性能高。并且兼具制备过程简单、反应速率快、效率高、产量大、产物纯度高等优点。大连理工大学爆炸研究课题组已通过气相爆轰合成的方法制备了纳米 TiO₂、纳米 SnO₂、纳米 SiO₂ 等纳米材料，以及碳纳米管、碳纳米球、碳包覆铁纳米颗粒、碳包覆铜纳米颗粒等碳纳米粒子[16-20]。本研究将在此基础上采用适当的催化剂，对氧气、乙炔在气相爆轰反应容器中进行电火花引爆合成高纯度的新型碳纳米材料。并利用多种表征方法对产物进行表征，从而进行分析。为合成新型碳纳米材料及规模化生产提供参考。

1 实验

1.1 实验原理

实验采用五羰基铁作为催化剂，但因五羰基铁常温下是有毒气体，因此选用常温下无毒的粉末状九羰基二铁在气相爆轰反应容器中加热（100~120℃）分解得到五羰基铁。将氧气、乙炔按照一定的比例充入气相爆轰反应容器中，待充分混合后，利用高能点火器点火引爆。借助爆轰波所具有的强冲击、可控反应热、极快的化学反应速率、爆轰传播稳定的特点，以及催化剂能够改变产物胞体的结构，加快其生长速度，能够快速、高效、安全、可控地合成高纯碳纳米材料。为具备一定量的游离碳为碳纳米材料的生长提供碳源，整个实验过程保证在负氧平衡条件下完成。

1.2 实验原料及仪器

实验选用乙炔（高纯，大连大特气体有限公司，≥99.9%）和氧气（高纯，大连大特气体有限公司，≥99.9%）作为爆源，五羰基铁作为催化剂。

气相爆轰容器通常根据反应物及是否需要加热等条件选取、加工制作，例如反应釜、球形容器、爆轰管等。结合本次实验需求自制气相爆轰管如图 1 所示。气相爆轰管长 1100mm，内径 95mm，外径 190mm，体积 7.8L，足以满足爆燃向爆轰转变的条件。衬里选用钛质材料，能够有效提高防腐蚀能力，两端用法兰盘密封。管内主要由4个系统组成：抽气、压力监测、高能点火系统和温度控制系统。温度控制系统通过油浴加热使得九羰基二铁分解成五羰基铁，最高可加热到453.15K。油浴加热相对于电加热更安全、可控性更好，但相对较慢，能够实现更稳定地控制反应初始温度。

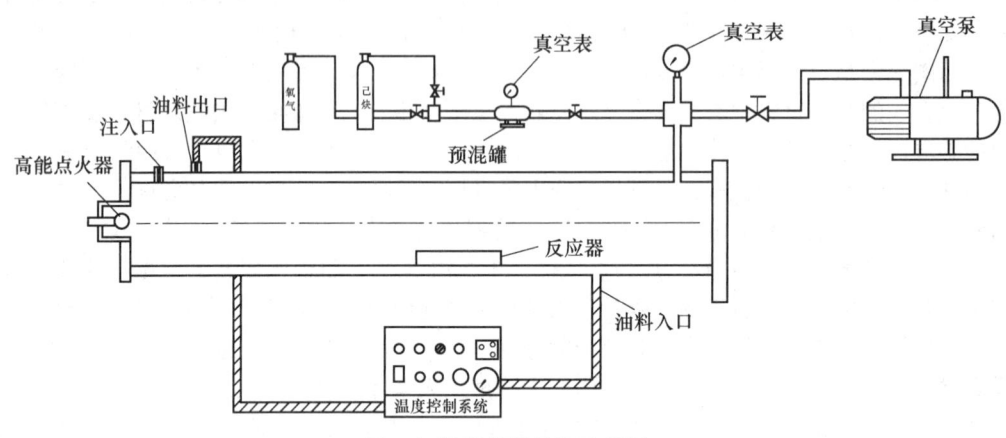

图1 气相爆轰管结构示意图

Fig. 1　Schematic diagram of gas phase detonation tube structure

1.3　实验过程

1.3.1　改变氧气和乙炔的比例

取0.5g九羰基二铁置于气相爆轰管内部，接着抽真空，按照表1通入一定量的乙炔和氧气，之后通过温度控制系统加热并保持在125℃，待气压表示数稳定后，利用高能点火器引爆。静置30min左右，打开法兰盘收集产物。

表1　改变氧气、乙炔比例实验主要参数

Tab. 1　Main parameters of changing the oxygen acetylene ratio experiment

序号	初始温度/K	$n(C_2H_2):n(O_2)$	$p(C_2H_2)$/kPa	$p(O_2)$/kPa	$m(Fe_2(CO)_9)$/g
1	400	4:1	40	10	0.5
2	400	3:1	45	15	0.5
3	400	2:1	40	20	0.5
4	400	3:1	60	20	0.5

1.3.2　改变催化剂五羰基铁含量

此实验过程与改变氧气、乙炔比例实验相同，按照表2改变催化剂含量。

表2　改变催化剂含量实验主要参数

Tab. 2　Main parameters of changing catalyst content experiment

序号	初始温度/K	$n(C_2H_2):n(O_2)$	$p(C_2H_2)$/kPa	$p(O_2)$/kPa	$m(Fe_2(CO)_9)$/g
1	400	3:1	60	20	0
2	400	3:1	60	20	0.5

续表2

序号	初始温度/K	$n(C_2H_2):n(O_2)$	$p(C_2H_2)/kPa$	$p(O_2)/kPa$	$m(Fe_2(CO)_9)/g$
3	400	3:1	60	20	1
4	400	3:1	60	20	1.5
5	400	3:1	60	20	2

2 结果与讨论

获取实验产物之后，利用 X 射线衍射仪（XRD）、透射电子显微镜（TEM）、物理吸附仪（BET）对产物的结构、形貌以及比表面积进行表征分析。

2.1 氧气和乙炔的比例对气相爆轰合成碳纳米材料的影响

图 2 是不同氧气、乙炔浓度比例下制备的产物 XRD 图谱。4 组实验产物的 XRD 图谱中在 26.5°附近都有一个尖锐的大鼓包，对应着石墨结构的（002）晶面，且衍射背底浮动较大，说明产物是以无定形碳为主，并且具有明显的石墨化特征。对比这 4 组实验图像可以发现，第 4 组实验产物在 26.5°附近的峰最为尖锐，说明该产物石墨化程度最高。通过图谱与标准 PDF 卡对照分析，得到产物组分主要有 C、α-Fe、γ-Fe。

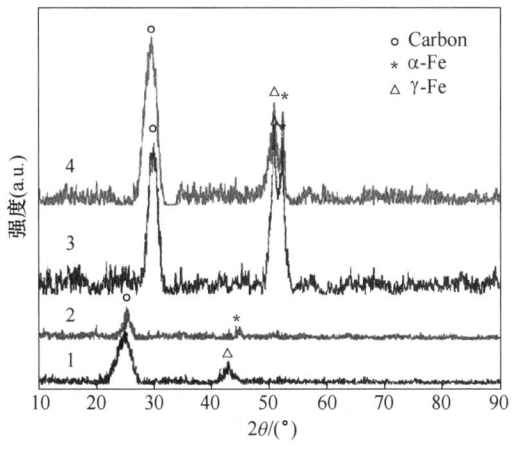

图 2　不同氧气、乙炔浓度比例下制备的产物 XRD 图谱

Fig. 2　XRD spectra of products prepared under different oxygen acetylene concentration ratios

通过 XRD 表征分析已获悉产物的结构组成，但由于碳纳米物质的种类多，因此通过透射电子显微镜对产物进行表征更能直观清晰地观察产物的形貌特征及粒径大小，从而进一步确定碳纳米材料的种类。图 3 是不同氧气、乙炔浓度比例下所得产物的 TEM 图像。从图像可看出 4 组实验的产物主要为囊状碳纳米颗粒。图像颜色大多较浅，说明囊壳薄且分散均匀。随着乙炔比例的增加图像颜色逐渐加深，是产物较多堆积叠加造成的。第二组实验产物 TEM 图像中可明显观察到类碳纳米管结构，这为利用氧气、乙炔气相爆轰合成碳纳米管提供新思路。

图 4 是不同氧气、乙炔浓度比例下所得产物的孔径分布图。图中样品等温线是 IUPAC 分类中的典型的 V 形等温线，说明产物存在介孔结构。利用 BJH 方法计算产物孔径分布在 2~6nm 之间，样品最大比表面积为 253.857m²/g，具有很强的吸附能力。

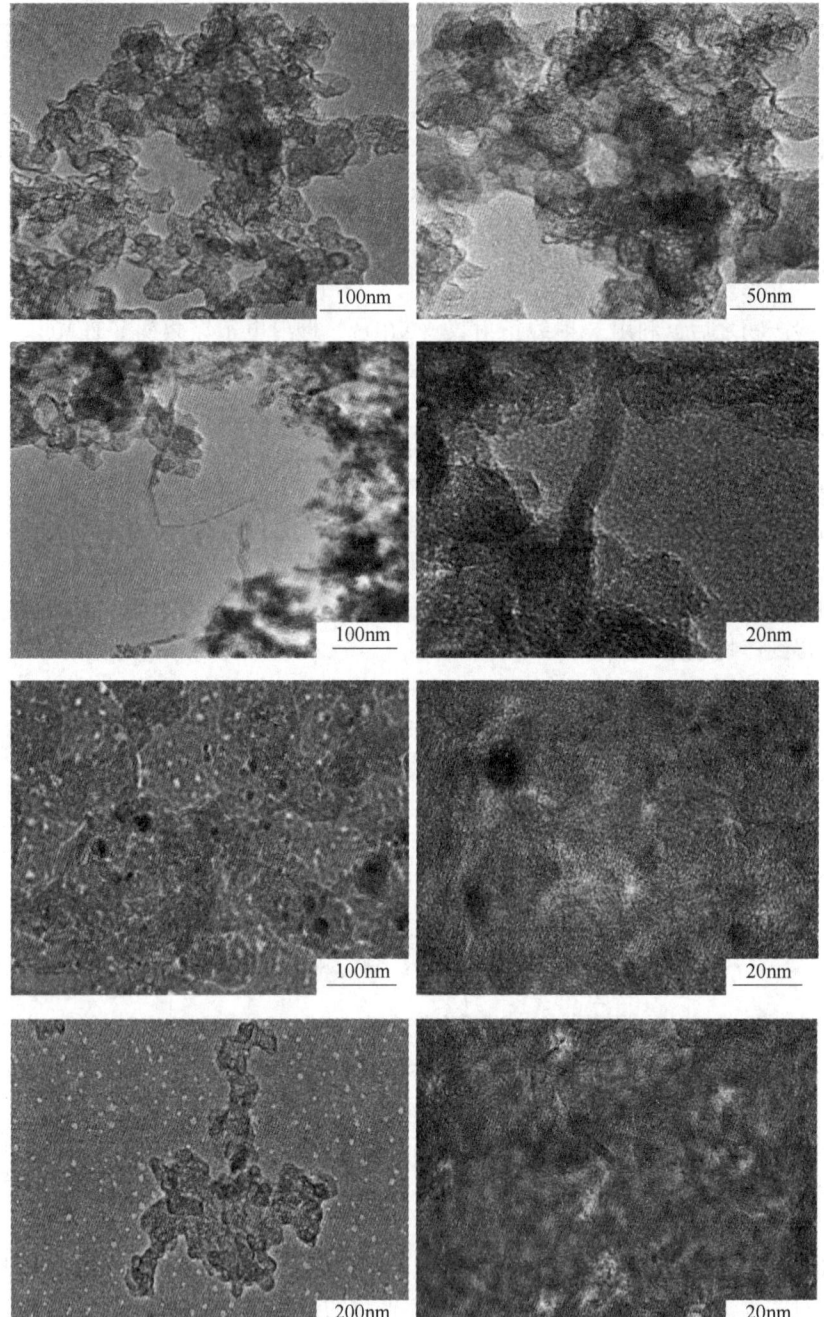

图 3　不同氧气、乙炔浓度比例下所得产物的 TEM 图像

Fig. 3　TEM images of products obtained under different oxygen acetylene concentration ratios

2.2　催化剂五羰基铁含量对气相爆轰合成碳纳米材料的影响

图 5 是不同催化剂含量下所得产物的 XRD 图谱。对 XRD 结果进行分析可知，产物组分仍然为 C、α-Fe、γ-Fe。5 组实验产物均以具备石墨化特征的无定形碳为主，其中实验 1 和实验 4

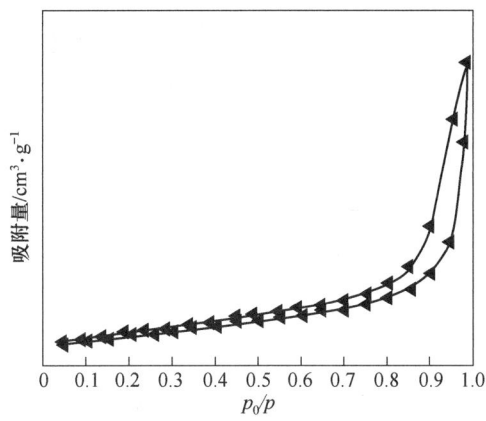

图 4　不同氧气、乙炔浓度比例下所得产物的孔径分布图

Fig. 4　Pore size distribution of products obtained under different oxygen acetylene concentration ratios

在 $2\theta=26°$ 左右的峰值最为尖锐，说明这两组实验的产物石墨化程度最高。利用 Scherrer 公式 $D=\dfrac{K\lambda}{\beta\cos\theta}$，对产物 XRD 衍射图像峰值附近晶粒进行计算，所得晶粒度为 3~10nm，从结果来看，除第 4 组实验外，晶粒尺寸随催化剂含量增多而减小。且样品 2、样品 3 的 c 轴小于 a 轴，样品 4 的 c 轴大于 a 轴。

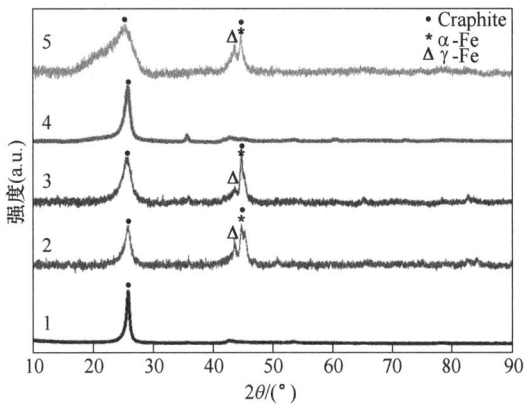

图 5　不同催化剂含量下所得产物的 XRD 图谱

Fig. 5　XRD patterns of products obtained under different catalyst contents

图 6 是不同催化剂含量下所得产物的 TEM 图像。从图像中可以观察到，产物中广泛存在一种类似于胶囊的碳层结构，大多为 100nm 左右的不规则球形，一部分表面光滑且无缝隙，一部分是壳上有孔，形成碳纳米笼，或者是碳层未能将弯曲闭合。本组实验在第三组和第四组产物中同样出现了长条的管状类似于碳纳米管或者碳纳米纤维结构。第一组实验未加入催化剂，生成物颗粒较大，碳胶囊内部包裹着片状或者排列不紧密的小颗粒。随着九羰基二铁质量的增多，生成物颗粒尺寸逐渐减小，趋向均匀，与 XRD 分析结果一致。同时生成物中碳包覆铁纳米颗粒也逐渐增多，第四、第五组尤为明显。整体来看，第三、第四组实验的产物颗粒大小与分布均比其他组更为均匀，囊状结构更为明显。TEM 图像的清晰度并不高，通过对图像局部

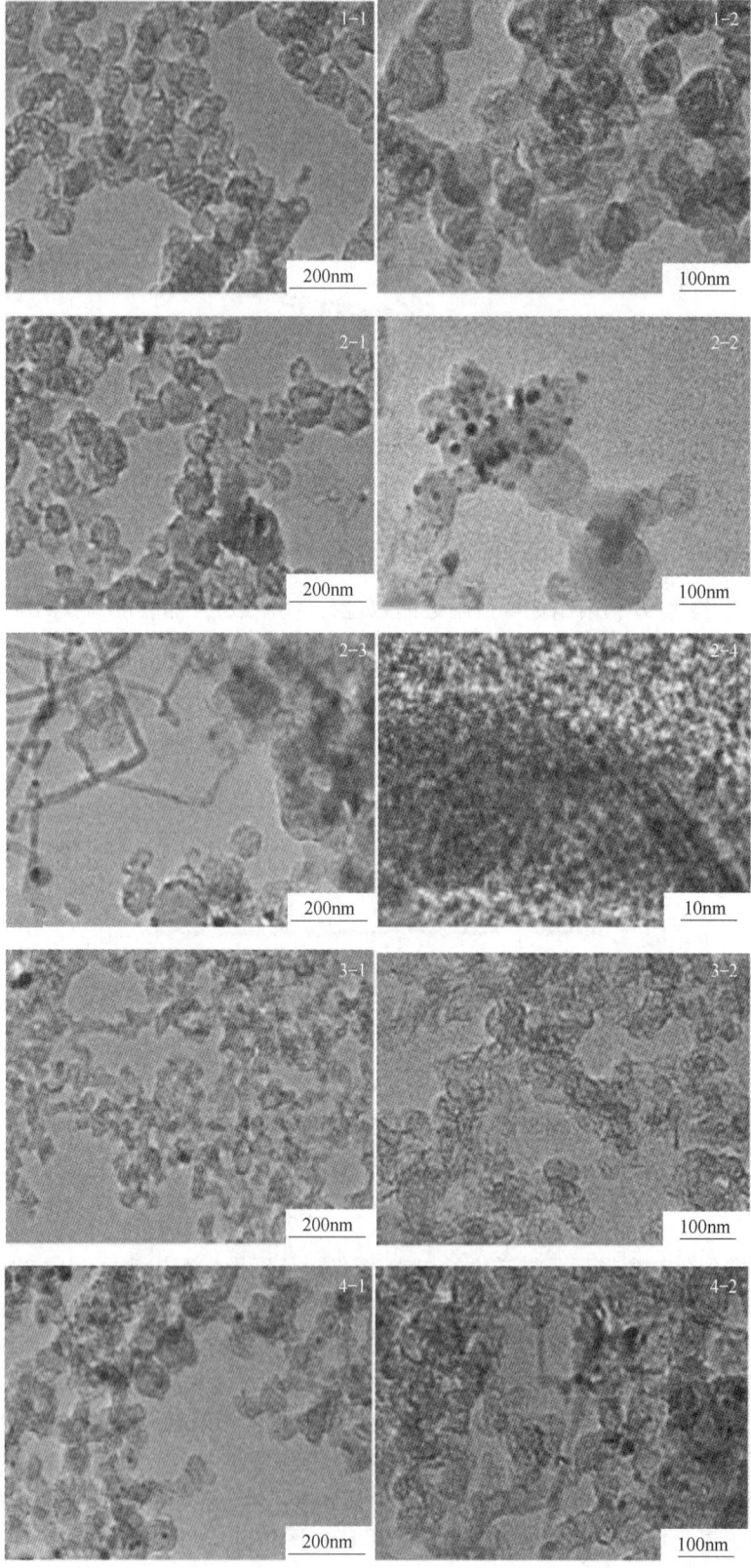

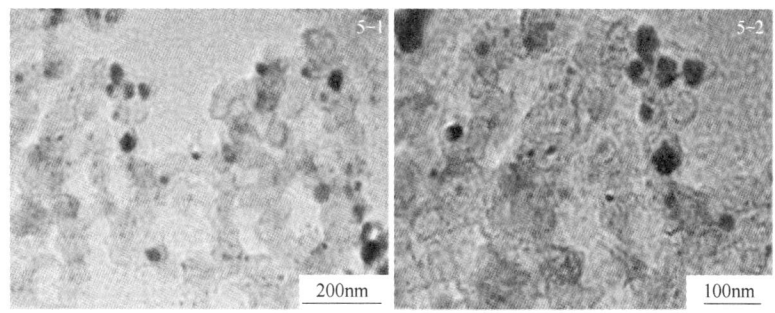

图 6　不同催化剂含量下所得产物的 TEM 图像

Fig. 6　TEM images of products obtained under different catalyst contents

放大，如图 7 所示，得到产物由 c 轴 6~20 层十分薄的碳层弯曲包裹形成。测量得到晶面间距为 3.44nm，与石墨（002）晶面对应，这也说明产物具有石墨化特征。

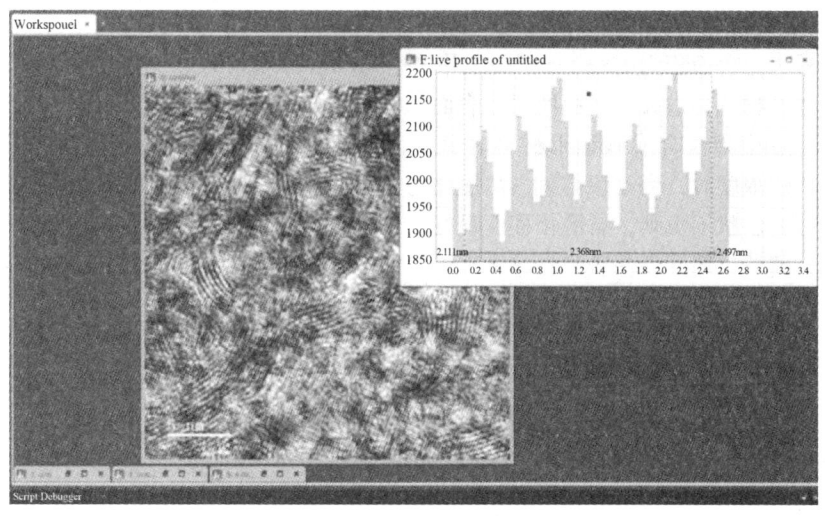

图 7　产物局部放大粒径图

Fig. 7　Partial enlarged particle size of the product

图 8 是不同催化剂含量下所得产物的孔径分布图。通过 BET 物理吸附实验对爆轰产物的比表面积进行测量，发现产物的实际比表面积只有第三组样品的比较大，为 126.475m²/g，超过了 120m²/g。但目前世界上最轻的材料是碳气凝胶，其比表面积为 600~1100m²/g。高比表面积的碳纳米材料具有较强的吸附能力，可以用作固体杂质的吸附剂，降低环境中的铅、汞、铜、铬、锌等重金属物质，或用作储氢材料等。因此进一步进行实验探究，提升产物的比表面积具有一定意义。

3　结论

（1）采用五羰基铁作为催化剂，通过控制氧气、乙炔比例，可以获得具有较大比表面积的胶囊状碳纳米结构颗粒。由产物 XRD 图谱分析可知产物主要为具有石墨化倾向的无定形碳。TEM 图像分析可得，产物石墨化程度较高，导电性能好。产物 BET 物理吸附实验结果表明第一组产物的最大比表面积为样品最大比表面积，为 253.857m²/g，具有很强的吸附能力；第二

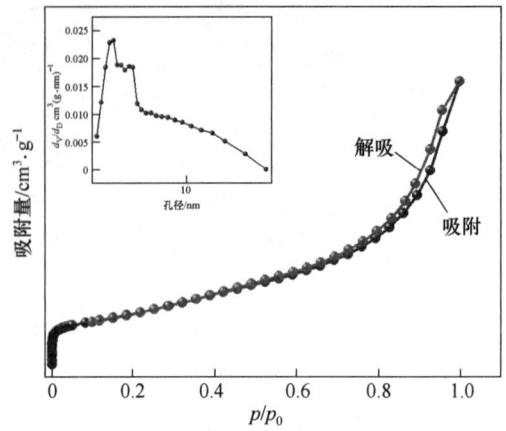

图 8　不同催化剂含量下所得产物的孔径分布图

Fig. 8　Pore size distribution of products obtained under different catalyst contents

组实验产物最大比表面积为 126.475m²/g,并未达到产物的理想结果,分析认为实验中放出热量太大,导致产物孔径过大,从而使得比表面积较小。

(2) 在气相爆轰法合成碳纳米材料时氧气、乙炔比例与催化剂五羰基铁含量相互影响。改变氧气、乙炔浓度时,当乙炔与氧气浓度比为 3∶1 时,所合成的碳纳米胶囊粒径大小均匀,且分散性较好,形状不规则,石墨化程度最好,比表面积最大。在此浓度基础上,保持其他初始条件不变,随催化剂五羰基铁含量的增加,产物中出现碳包覆铁纳米颗粒,以及类碳纳米管状结构。

<h2 style="text-align:center">参 考 文 献</h2>

[1] 覃锦兰,侯慧玉. 碳纳米材料的应用研究进展 [J]. 化工管理,2023 (10):78-81.

[2] Cao G Z, Wang Y. Nanostructures and Nanomaterials [M]. USA:World Scientific,2011.

[3] Cao B, Zhang Q, Liu H, et al. Graphitic carbon nanocage as a stable and high power anode for potassium-ion batteries [J]. Advanced Energy Materials,2018,8 (25):1801149.

[4] Dorn H C, Fatouros P P, et al. Endohedral Metallofullerenes:Applications of a new class of carbonaceous nanomaterials [J]. Nanoscience and Nanotechnology Letters,2010,2 (2):66-72.

[5] Sun Q, Mu J, Ma F, et al. Sulfur-doped hollow porous carbon spheres as high-performance anode materials for potassium ion batteries [J]. Journal of Energy Storage,2023,72:108297.

[6] 阮超,陈名海. 电弧放电法制备碳纳米管研究进展 [J]. 材料导报,2020,34 (11):11129-11136.

[7] Voss E, Vigolo B, Medjahdi G, et al. Covalent functionalization of polyhedral graphitic particles synthesized by arc discharge from graphite [J]. Physical Chemistry Chemical Physics:PCCP,2017,19 (7):5405-5410.

[8] 李亚利,梁勇,于瀛大. 纳米碳管制备新技术——固相热解法 [J]. 科学通报,1997 (16):1787-1790.

[9] Wang S L, Huang X L, He Y H, et al. Synthesis, growth mechanism and thermal stability of copper nanoparticles encapsulated by multi-layer graphene [J]. Carbon,2012,50 (6):2119-2125.

[10] Alfe M, Minopoli G, Tartaglia M, et al. Coating of flexible PDMS substrates through matrix-assisted pulsed laser evaporation (MAPLE) with a new-concept biocompatible graphenic material [J]. Nanomaterials,2022,12 (20):3663.

［11］ Jaewon C, Na R K, Hyoung-Joon J, et al. Nanoporous pyropolymer nanosheets fabricated from renewable bio-resources for supercapacitors ［J］. Journal of Industrial and Engineering Chemistry, 2016, 43: 158-163.

［12］ Wu Q, Yang L J, Wang X Z, et al. Carbon-based nanocages: Carbon-based nanocages: A new platform for advanced energy storage and conversion (Adv. Mater. 27/2020) ［J］. Advanced Materials, 2020, 32 (27): 2070201-2070206.

［13］ 王帅. 气相爆轰合成碳纳米材料的研究 ［D］. 大连：大连理工大学, 2014.

［14］ 李晓杰, 王帅, 王小红, 等. 气相爆轰法合成碳纳米材料的研究 ［C］//中国力学大会, 西安, 2013.

［15］ Mikhalkin V N, Sumskoi S I, Tereza A M, et al. Ignition, combustion, and detonation of gas-phase and heterogeneous mixtures (Review) ［J］. Russian Journal of Physical Chemistry B, 2022, 16 (4): 629-641.

［16］ 闫鸿浩, 吴林松, 李晓杰, 等. 气相爆轰合成纳米 SnO_2（英文）［J］. 稀有金属材料与工程, 2013, 42 (7): 1325-1327.

［17］ 闫鸿浩, 李晓杰, 欧阳欣, 等. 多元气相爆轰合成纳米 TiO_2 研究 ［C］//中国力学学会学术大会, 北京 2007.

［18］ 曲艳东, 孙从煌, 朱凯泽, 等. 气相爆轰合成纳米 TiO_2 粉末的实验研究 ［J］. 稀有金属与硬质合金, 2017, 45 (6): 48-53.

［19］ 李恒玺. 气相爆燃（轰）法合成纳米二氧化锡及表征分析 ［D］. 大连：大连理工大学, 2012.

［20］ 席树雄. 气相爆燃合成纳米二氧化硅的研究 ［D］. 大连：大连理工大学, 2011.

高破裂压力储层新型定面复合射孔技术研究和应用

孙宪宏[1]　姚志中[1]　师西宏[1]　于伟强[2]　白文龙[2]

（1. 通源石油科技集团股份有限公司，西安　710075；

2. 东北石油大学机械科学与工程学院，黑龙江　大庆　163318）

摘　要：高破裂压力储藏埋藏深、岩性致密、储层物性差，采用传统定面射孔，射孔孔眼聚焦在套管壁同一个横截面上，使套管剩余强度明显下降；同时出现部分层段水力压裂压不开，不得不放弃压裂的现象。为满足高破裂压裂储层的需要，开发了新型定面复合射孔器，六发射孔弹在储层指定深度形成垂直于套管轴线完整截面，不仅大幅降低了高破裂压力储层的破裂压力，还改善了传统定面射孔器射孔后对套管的损伤，避免了因地层压不开一些层段不得不割舍的问题，为高破裂压力储层提供了一种可靠的射孔方案。

关键词：破裂压力；新型定面复合射孔；套管损伤

Experimental Study on Aftereffect Composite Perforation Efficiency

Sun Xianhong[1]　Yao Zhizhong[1]　Shi Xihong[1]　Yu Weiqiang[2]　Bai Wenlong[2]

（1. Tong Petrotech Corp，Xi'an 710075，2. School of Mechanical Science and Engineering
Northeast Petroleum University，Daqing 163318, Heilongjiang）

Abstract：Due to the high fracture pressure storage depth, tight lithology and poor physical property of the reservoir, the residual strength of the casing is greatly reduced by focusing the perforation holes on the same cross section of the casing wall with traditional fixed-plane perforation. At the same time, the hydraulic fracturing of some strata cannot be opened, and the fracturing has to be abandoned. In order to meet the needs of high-fracture fractured reservoirs, a new fixed-surface composite perforator is developed. The six-shot perforator forms a complete section perpendicular to the casing axis at the specified depth of the reservoir, which not only greatly reduces the fracture pressure of the high-fracture pressure reservoir, but also improves the damage to the casing after perforating with the traditional fixed-surface perforator, avoiding the problem that some intervals to be cut off due to formation pressure failure. It provides a reliable perforating scheme for high fracture pressure reservoir.

Keywords：fracture pressure；new fixed-surface composite perforation；casing damage

1　引言

随着我国非常规油气藏的不断开发，射孔压裂完井作业过程中遇到的高破裂压裂储层越来

作者信息：孙宪宏，高级工程师，470021789@qq.com。

越多，高破裂压力储层储集空间以孔隙与天然裂缝为主，存在明显的各向差异性，且具有致密性及低孔、低渗的特征，同时非常规储层往往埋藏较深，主要在 3500m 以上，地层破裂压力较高，一般在 70MPa 以上甚至超过 105MPa，导致水力压裂时其泵注压力较高[1]。对压裂施工设备的功率和承载能力提出了更高的要求，而且要求更高的经济投入，使得正常施工难以进行[2]。压裂泵压力超过 70MPa，泵压过高施工成本高，安全风险加大；地层压不开也影响生产的进度，部分层段因为压不开只能放弃，影响了产能的正常开发[3]。

　　传统的定面射孔技术是解决高破裂压裂储层的一个途径，中国石油勘探研究院和通源石油联合开发了定面射孔技术（见图 1）[4]。从 2013 年定面技术投放市场至今，该技术确实解决了一部分问题，但是射孔孔眼聚焦在套管壁同一个横截面上，导致套管剩余强度大幅下降，并且该技术中一组定面会形成两个扇形面，并非真正落在套管同一横截面上[5]。同时该技术还存在的另一个问题是两个半面相距太近，就会导致一个半面压开、另一个半面压不开的现象。这些问题导致传统的定面射孔难以满足高破裂压力储层的开发需求，定面射孔技术的升级问题日益迫切[6]。

　　为解决高破裂压力储层的射孔压力的完井问题，确保高破裂压力储层的正常压裂，提高压裂施工效果，就需要对水平井起裂机理进行分析，判断该技术是否具备降低破裂压力、破裂面积大小以及诱导裂缝、提高裂缝沟通的能力[7]。

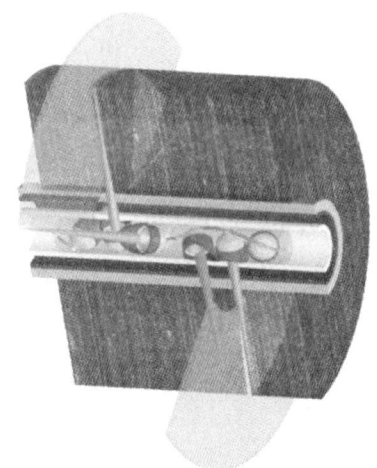

图 1　传统定面射孔
Fig. 1　Traditional fixed-surface
perforation

2　问题分析

2.1　水平井地应力裂缝起裂规律分析

　　对于不同射孔方式来说，决定其是否是最优选择，主要考虑以下两个方面：一是起裂压力的大小；二是近井筒的裂缝形态[8]。起裂压力决定着地层是否易起裂。近井筒的裂缝形态决定着远井筒裂缝的发育，适当的近井筒形态可以最大化地利用压裂液，而复杂的近井筒裂缝会使得压裂液集中在近井筒端，导致压裂液无法快速地到达远井筒端，形成宏观主裂缝[9]。

　　图 2 是各种射孔方式在正断层地应力条件下（$\sigma_v > \sigma_{hmax} > \sigma_{hmin}$）的最终扩展形态。

　　从图 3 和图 4 可以看出 0°定向射孔情况下起裂压力最小，而 60°螺旋射孔、120°螺旋射孔、180°定向射孔的起裂压力基本不变，这是因为 0°定向射孔情况下，孔间距离过近，裂缝扩展发生起裂时射孔孔眼间产生沟通现象，有效降低了起裂压力；但是 0°定向射孔后水力压裂形成平行于套管轴线的裂缝，易于引起段与段之间压裂裂缝的交叉串通，裂缝向纵深扩展能力降低，导致井筒与远井筒端储层无法沟通，远井筒端的产能难以有效开发。

　　定面射孔相较于螺旋射孔、定向射孔，可将无效孔利用，能有效降低地层的起裂压力，可有效引导裂缝方向，在近井筒圆周方向上增大裂缝与井筒的沟通面积，提高近井筒储层渗透性[10]。根据井况的不同优化射孔方案可以有效解决水力压裂中的破裂压力高、诱导体积压裂近井筒裂缝走向等问题[11]。

　　如图 5 所示，当地应力分布为 $\sigma_v > \sigma_H > \sigma_h$ 时，最大主应力的等值线垂直于井筒轴线分布，说明裂缝在垂直于井筒面内起裂同时在井筒面内扩展，最终形成垂直井筒的初始裂缝，相比常规射孔起裂压力降低约 11MPa。当地应力分布为 $\sigma_H > \sigma_h > \sigma_v$ 时，最大主应力的等值线平行于井

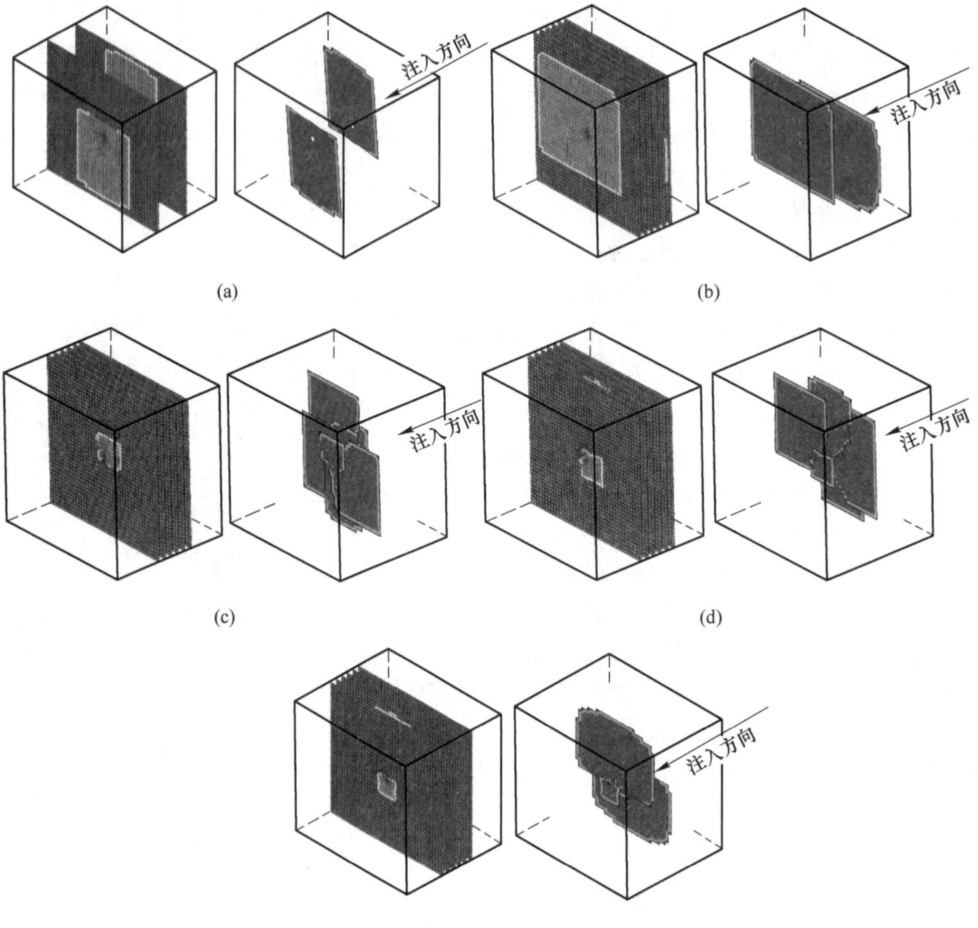

(a)

(b)

(c)

(d)

(e)

图 2　不同射孔方式的最终扩展形态

（a）定面射孔；（b）0°定向射孔；（c）60°螺旋射孔；（d）120°螺旋射孔；（e）180°定向射孔

Fig. 2　Final expansion patterns of different perforating methods

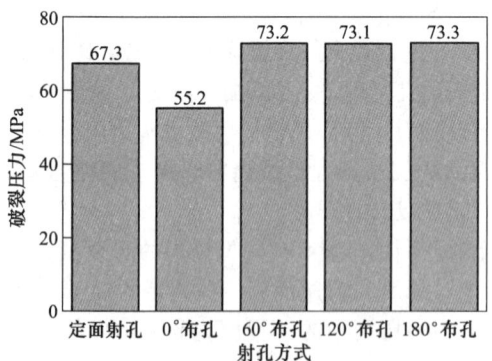

图 3　不同射孔方式破裂压力对比

Fig. 3　Comparison of rupture pressure of different
perforating methods

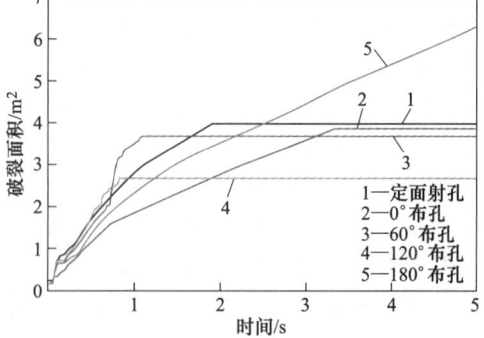

图 4　不同射孔方式破裂面积对比

Fig. 4　Comparison of fracture area of different
perforating methods

筒轴线，说明水力裂缝在定面射孔面内先起裂，在垂直于井筒轴线的平面扩展，易形成转向裂缝，此时的起裂压力较为复杂[12]。

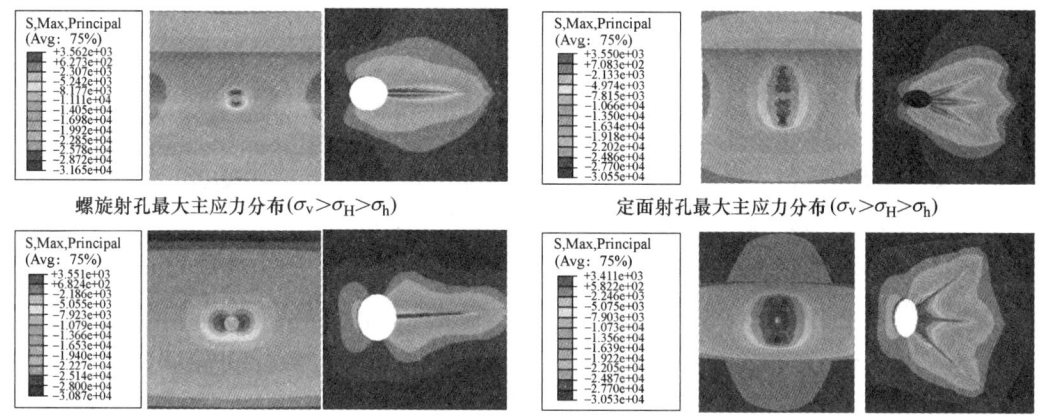

螺旋射孔最大主应力分布($\sigma_v > \sigma_H > \sigma_h$) 定面射孔最大主应力分布($\sigma_v > \sigma_H > \sigma_h$)

螺旋射孔最大主应力分布($\sigma_H > \sigma_h > \sigma_v$) 定面射孔最大主应力分布($\sigma_H > \sigma_h > \sigma_v$)

图5 不同地应力下定面射孔水力压裂起裂对比分析

Fig. 5 Comparative analysis of fracture initiation of perforating hydraulic fracturing at different ground stress determined surfaces

2.2 复合射孔技术降低破裂压力模型分析

如图6所示，对两种射孔方式的破裂压力进行对比分析，可以得出以下结论：

（1）常规射孔的起裂压力为78MPa，复合射孔的起裂压力为38MPa，起裂压力下降为原来的49.6%，效果显著。

（2）从扩展过程看，常规射孔和复合射孔的扩展均以横向扩展为主，复合射孔不改变裂纹扩展的扩展主路径。

（3）从分析结果可以看出，由于二次起裂的效果，起裂载荷下降了49.6%，裂纹扩展面依然沿着主应力面扩展，即横向扩展。

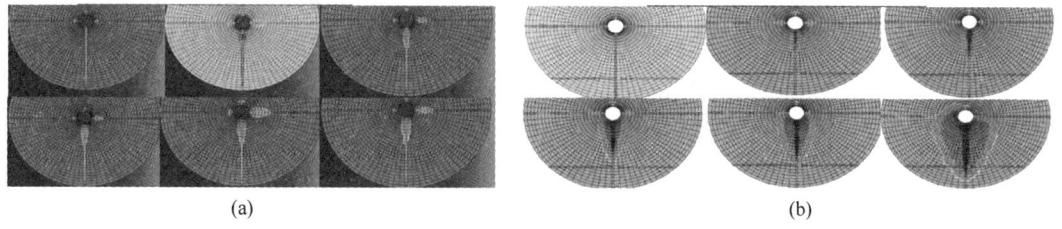

(a) (b)

图6 复合射孔与常规射孔破裂压力对比模型

（a）常规裂纹扩展过程仿真结果；（b）复合型裂纹扩展过程仿真结果

Fig. 6 Fracture pressure comparison model between composite perforation and conventional perforation

3 改进思路及结构设计

3.1 改进思路

根据射孔弹穿深，使射孔弹聚焦面形成于距套管一定距离的地层中（见图7），六发射孔弹落在真正意义上的同一横截面上，避免传统定面射孔两个半面压裂时产生的干涉；大幅减小了射孔弹的设计倾角，提高了射孔的穿深；套管安全性得到了改善；结合复合射孔技术，降低地层破裂压力。

3.2　设计原理

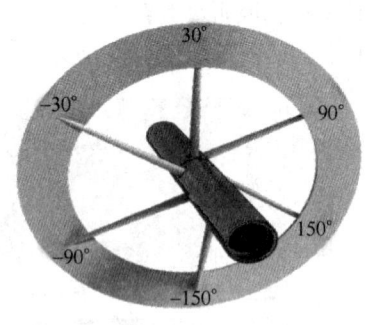

图 7　新型定面射孔设想图

Fig. 7　New fixed-plane perforation schematic

新型泵送定面复合射孔技术是将火药设置在定面射孔的簇间，采用 3D 设计方法，通过射孔枪和射孔弹穿深的优化匹配，射孔后在地层指定位置实现垂直于套管轴线的六发射流孔的共面，产生沿井筒横向的应力集中，降低地层破裂压力，结合火药产生的高温、高压气体在近井带形成网状裂缝，较大幅度地降低地层破裂压力。压裂完井时的裂缝走向沿井筒横向扩展，避免段与段之间压裂裂缝的交叉串通，提高缝网系统的完善程度，实现地层和井筒的有效沟通。

3.3　结构设计

（1）采用特殊的弹架（见图 8）实现特殊的布弹结构，该弹架布弹的特点为六发射孔弹为一个射孔单元，六发射孔弹沿射孔器轴向依次排列。

（2）二次做功的压裂火药位于两个射孔单元之间。

（3）整个射孔器的核心是等孔径射孔弹。

（4）射孔器枪身上的盲孔设计，按照六发一个射孔单元来设计。

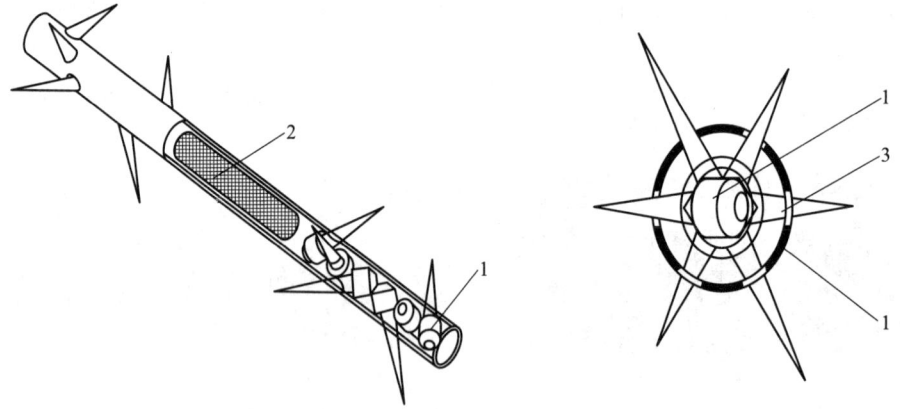

图 8　新型定面复合射孔器结构设计

1—射孔弹；2—内置复合火药；3—六发射孔弹射流在地层内设定位置形成的共面

Fig. 8　Structural design of the new fixed-surface composite perforator

3.4　定面复合射孔和常规设计孔的起裂对比

本节应用 ABAQUS 有限元分析技术，对新型定面复合射孔和常规射孔起裂情况进行了对比分析。模拟过程中所选取的材料参数见表 1 和表 2。

表1　地层材料
表1　地层材料
Tab. 1　Formation materials

参　　数	数　　值
杨氏模量	20GPa
泊松比	0.25

表2　套管材料
Tab. 2　Casing materials

参　　数	数　　值
杨氏模量	206GPa
泊松比	0.26
屈服强度	345MPa

模拟过程中的约束添加如下：

$-X$ 面的位移约束为 0，$-Y$ 面的位移约束为 0，$\pm Z$ 面的位移约束为 0，$+X$ 面施加最大值地应力，模拟 X 方向变化的地应力，$+Y$ 面施加最大地应力的 1.2 倍或 1.5 倍，模拟 Y 方向的地应力（见图9）。

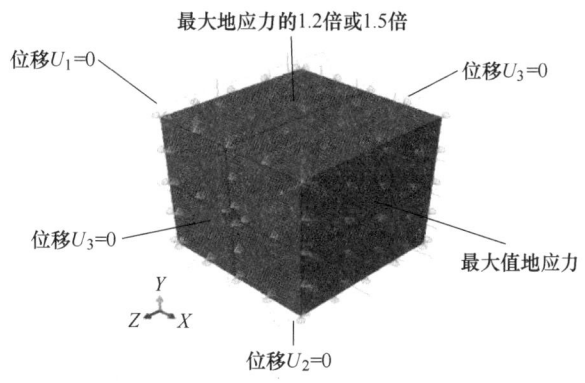

图9　模型边界条件
Fig. 9　Model boundary conditions

模拟结果如图10和图11所示，从结果可以看出，90°相位常规射孔裂纹沿着纵向扩展，新型定面射孔裂纹沿着横向扩展。

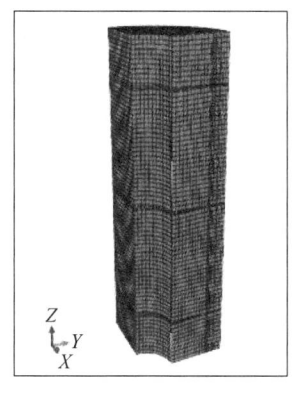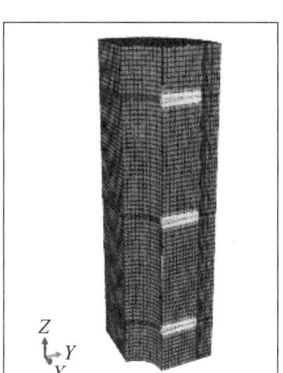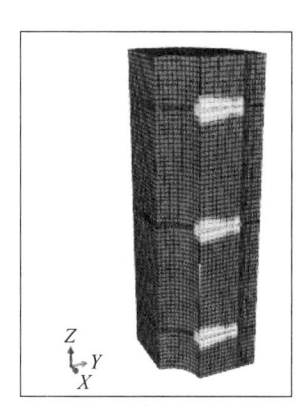

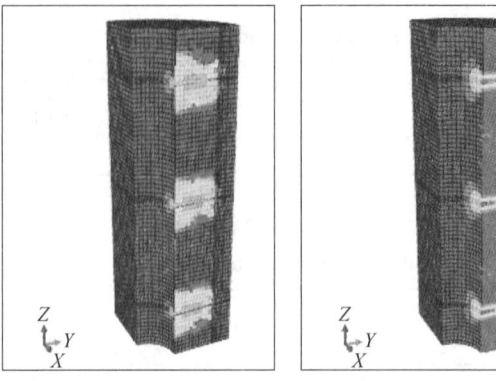

图 10　常规射孔起裂模型

Fig. 10　Conventional perforation initiation model

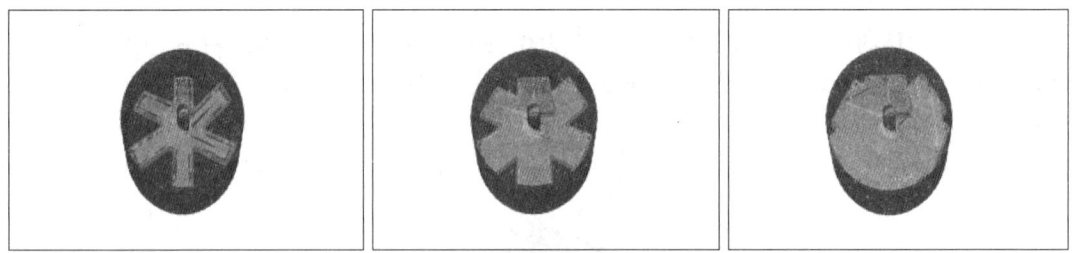

图 11　新型定面复合射孔起裂模型

Fig. 11　A new fixed-surface composite perforation initiation model

3.5　新型定面复合射孔和常规设计孔的套管损伤对比

从图 12 和表 3 的结果分析看出，两种地应力的情况下新型定面射孔套管与常规套管承受

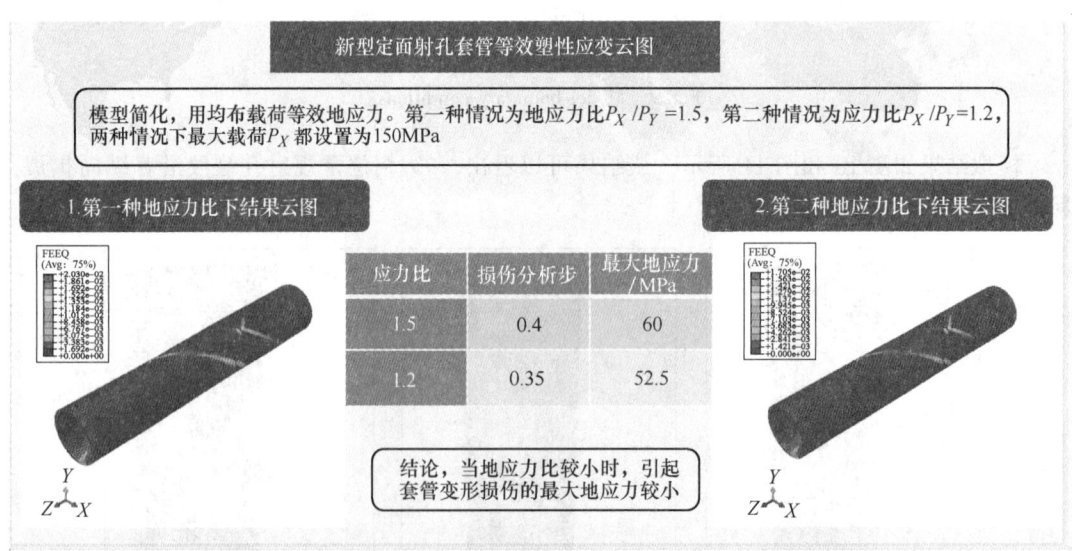

图 12　新型定面复合射孔套管损伤分析云图

Fig. 12　Cloud image of casing damage analysis for the new fixed-surface composite perforating

的地应力一样。在 3 种角度下，随着旋转变化新型定面射孔套管达到等效塑性变形的地应力，与常规射孔套管相比没有差别。

表 3 新型定面复合射孔与常规射孔套管损伤对比
Tab. 3 Casing damage comparison between new fixed-surface composite perforating and conventional perforating （MPa）

方 式	应力比 1.5	应力比 1.2	0°	45°	90°
新型定面射孔套管	60	52.5	60	60	60
16 孔密 90°相位常规射孔套管	60	52.5	60	60	60

4 地面试验

I89DP12-105(M)新型定面复合射孔枪，装德圣吉林双林 DP41RDX25-1，内装 E3 复合药，药量 25g/片×5 片 = 125g/m，内层套管为 5-1/2″，材质 J55；外层靶壳采用 3mm 的钢板制作，外层靶壳外径根据射孔枪配备的射孔弹穿深设计确定，内外层套管之间浇注水泥（水泥试样检测结果抗压强度 81.2MPa）。

试验结果如下：射孔后射孔枪完好（见图 13），测量枪身最大胀形量 3.3mm，混凝土靶外壳六发射流孔形成一个完整的面（见图 14）。

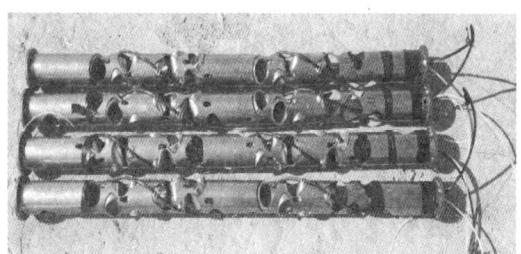

图 13 新型定面复合射孔试验器材
Fig. 13 New fixed-surface composite perforating test equipment

5 现场试验

5.1 井筒基本资料

贵州安××井位于贵州省安场向斜北段西翼，井别为评价井，井型为水平井，完井井深 4945m，改造层段 3757.00 ~ 4901.00m，共 20 段。套管规格 139.7mm，壁厚 12.34mm 材质 P110T，下入深度 4912.0m。储层井温 88.6℃，根据邻井资料情况，地层压力系数为 1.20~1.34，属于高破裂压力井。

5.2 试验方案

试验方案如下：
常规射孔器：89DP25H12-105；
新型定面复合射孔：I89DP12-105(M)；
射孔弹：DP41HMX25-1 射孔弹；

图 14 新型定面复合射孔后试验靶
Fig. 14 The new fixed-surface composite perforating test target

压裂火药：复合药，150g/m；

井口：KQ130；

压裂液量：滑溜水，设计液量每层 1800m³；

压裂泵车：2500 型。

第 10/11、16/17、19/20 层新型定面复合射孔 I89DP12-105(M)与常规射孔 89DP25H12-105 进行效果对比。

5.3 试验数据

新型定面复合射孔 I89DP12-105(M)的水力压裂曲线如图 15 所示，常规射孔 89DP25H12-105 的水力压裂曲线如图 16 所示。

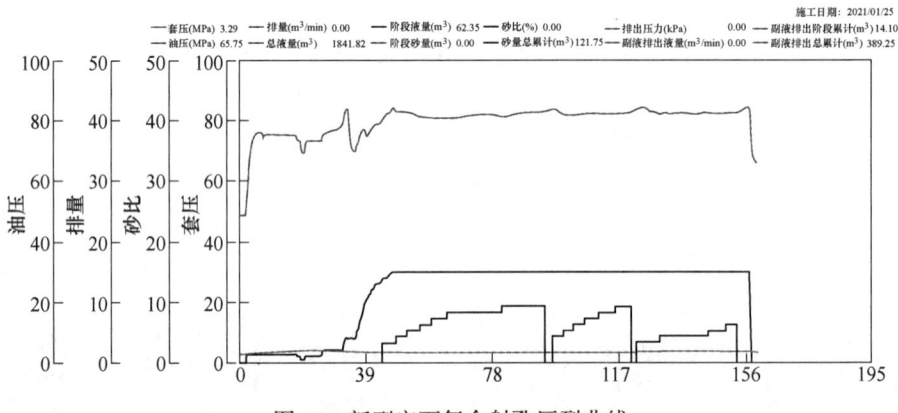

图 15 新型定面复合射孔压裂曲线

Fig. 15 The new fixed-surface composite perforation fracturing curve

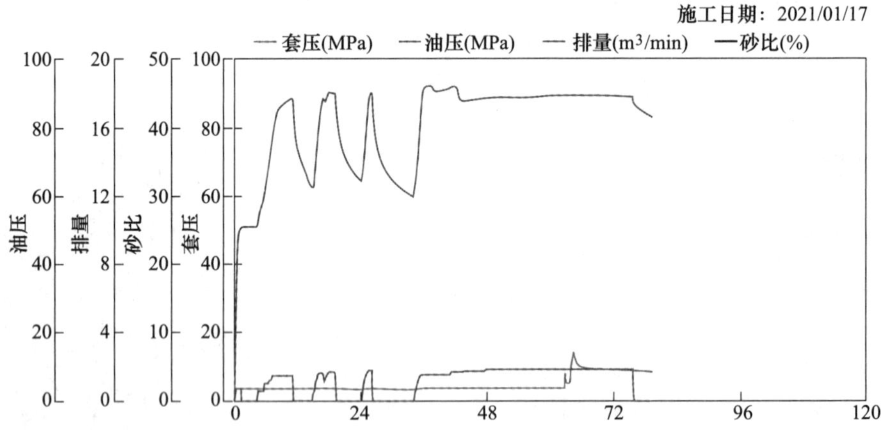

图 16 常规射孔后水力压裂曲线

Fig. 16 Hydraulic fracturing curve after conventional perforation

对目标层分三组进行对比汇总分析，10/11 层位为一组对照组，16/17 层位为一组对照组，19/20 层位为一组对照组，对三组目标层应用进行新型定面复合射孔和常规射孔破裂压力进行对比分析，为避免其他参数干扰，确保两层位的分簇、厚度、孔密、弹数相同，结果见表 4。

表4　新型定面复合射孔和常规射孔破裂压力对比

Tab. 4　Comparison of rupture pressure between the new fixed-surface composite perforation and conventional perforation

层位	分簇	射孔井段/m	单簇厚度/m	簇间距/m	孔密/孔·m^{-1}	弹数/发·m^{-1}	封隔器位置/m	枪型	压裂液/m^3	破裂压力/MPa
10	4	4625.0~4589.0	1	14/7/11	12	12	4631	定面	1726.1	76.5
11	4	4565.0~4544.0	1	5/5/7	12	12	4580	常规	1816.6	91.7
破裂压力下降										16.5%
16	4	3933.0~3905.0	1	7/9/8	12	12	3940	定面	1723.6	74.7
17	4	3875.0~3862.0	1	7/10/12	12	12	3900	常规	1638.4	90.8
破裂压力下降										17.7%
19	4	3848.0~3823.0	1	7/8/6	12	12	3865	定面	1795.0	68.5
20	4	3807.0~3785.0	1	2/7/9	12	12	3820	常规	1849.1	88.9
破裂压力下降										22.9%
破裂压力平均下降										19.03%

　　根据数据分析可知，地层条件接近的相邻层，新型定面复合射孔与常规射孔相比破裂压裂下降明显，平均下降19.03%。

6　结论

　　（1）通过理论分析、地面试验和现场试验证明，高破裂压力储层工况下，新型定面复合射孔地层破裂压力下降明显，既保证了高破裂压力层段可靠压开，也提高了水力压裂施工安全性。

　　（2）新型定面复合射孔工艺形成的完整截面，避免了传统定面射孔的两个半面压裂过程中的干涉隐患，提高分段压裂施工效率。

　　（3）新型定面复合射孔对套管的损伤与常规射孔相当，克服了传统定面射孔对套管损伤的疑虑，新型定面复合射孔是解决高破裂压力储层值得推荐的一项技术。

参 考 文 献

[1] 刘合，兰忠孝，王素玲，等. 水平井定面射孔条件下水力裂缝起裂机理 [J]. 石油勘探与开发，2015，42（6）：794-800.

[2] 唐凯，陈建波，陈华彬. 定面射孔技术在四川盆地致密气井中的应用 [J]. 测井技术，2014，38（4）：495-498.

[3] 王素玲，隋旭，宋永超. 定面射孔新工艺对水力裂缝扩展影响研究 [J]. 岩石力学，2016，37（12）：3393-3400.

[4] 姜浒，刘书杰，何保生，等. 定向射孔对水力压裂多裂缝形态的影响实验 [J]. 天然气工业，2014，34（2）：66-70.

[5] 王素玲，苏义宝，孙延安，等. 定面射孔新工艺对套管强度的影响研究 [J]. 力学与实践，2018，40（4）：402-408.

[6] 刘奉银，段鹏辉，苏良银，等. 定面射孔水力压裂影响因素研究 [J]. 电网与清洁能源，2017，33

（8）：71-76.

［7］赵振峰，唐梅荣，逄铭玉，等. 定面射孔对压裂初始裂缝形态的影响研究 ［J］. 科学技术与工程，2016，16（22）：60-63.

［8］赵金洲，陈曦宇，李勇明，等. 水平井分段多簇压裂模拟分析及射孔优化 ［J］. 石油勘探与开发，2017，44（1）：117-124

［9］Zou Y S, Ma X F, Zhang S C, et al. Numerical investigation into the influence of bedding plane on hydraulic fracture network propagation in shale formations ［J］. Rock Mechanics and Rock Engineering, 2016, 49: 3597-3614.

［10］Fallahzadeh S H, Shadizadeh S R, Pourafshary P, et al. Modeling the perforation stress profile for analyzing hydraulic fracture initiation in a cased hole ［C］//Nigeria Annual International Conference and Exhibition, One Petro, 2010.

［11］唐凯，陈建波，张清彬，等. 定面射孔套管结构动态响应分析及应用 ［J］. 测井技术，2017，41（4）：485-489.

［12］卢春辉. 定面射孔时射孔参数的优选方法研究 ［J］. 石化技术，2018，25（8）：265.

影视烟剂配方与白烟控制技术研究

赵国清[1]　　孟　强[1]　　刘忠民[2]

（1. 北京依山汇海影视科技有限公司，北京　100164；

2. 北京市治安总队危管支队，北京　100032）

摘　要：为解决影视烟火特效作业中所用烟火药品不能满足在战争场景中炸点的爆炸效果无白烟的问题，利用理论分析和实际测试相结合的方法，研究了新型火药配方；通过试验对比不同参数的爆破装置爆炸效果体的特征，建立爆破装置、新配方质量与单炸点规模的匹配关系。结果表明：通过研究不同炸点烟雾消除机理，优化组分和配比的新配方，其爆炸威力优于原配方；新配方反应生成的气体能完全溶于水介质，组分配伍性好，可实现作业过程的高效化和安全化；建立了炸点布设深度、新配方药品质量和爆炸效果体三者间关联数据，并设计了针对不同炸点的整套爆破装置，实现了爆炸效果体的最优组合；新型烟火爆破技术完成了对传统TNT、乳化炸药的取代，有效提高了烟火特效工作的安全性、艺术性和经济性。

关键词：影视烟火特效；炸点白烟；配方优选；效果匹配；爆破装置

Research on White Smoke Control Technology and Pyrotechnic Formula for Film and Television

Zhao Guoqing[1]　　Meng Qiang[1]　　Liu Zhongmin[2]

（1. Beijing Yishan Huihai Film and Television Technology Co., Ltd., Beijing 100164；

2. Hazardous Management Branch of Beijing Public Security Corps, Beijing 100032）

Abstract：In order to solve the problem that the drugs used to solve the explosion effect of film and television pyrotechnics can not meet the technical requirements of no white smoke for explosive explosion in war scenes. The formation mechanism of white smoke of each explosive ignition powder was analyzed by means of theoretical analysis and practical test. The law between the meso-structure and macro-phenomenon of smoke was studied, and the control method and technical scheme for the formation of water-soluble gas by the new powder formula were clarified. The action form of the explosive point gunpowder on the projectile was studied, and the influence of the depth of the water medium and the change of the gunpowder quality on the forming effect of the explosive point was analyzed. By comparing the characteristics of the explosion effect body under different parameters of the blasting device equipment, the combined explosion point test was carried out to study the layout of the explosion points in different combinations, and the matching relationship between the quality of the blasting device equipment, the new formula and the scale of the single explosion point were established. The results

作者信息：赵国清，硕士，高级工程师，mengqianghfer@ 163. com。

show that: By studying the smoke elimination mechanism of different explosion points, the new formula designed by optimizing the composition and ratio has stronger explosive power than the original formula; The raw materials of the new formula are easy to obtain, and the gas generated by the reaction can be completely dissolved in the water medium. The new gunpowder components have good synergy, and the preparation, transportation, storage and usage are safe and stable, which can realize the high efficiency and safety of the operation process; The correlation data between the depth of the explosion point, the quality of the new formula drug and the explosion effect body are established. The optimal combination of the explosion effect body is realized for the whole set of blasting technology and equipment for different explosion points; The new explosive technology reduces the dependence on traditional TNT and emulsion explosives, and effectively improves the safety, artistry and economy of the pyrotechnic effect work.

Keywords: film and television fireworks special effects; fry some white smoke; formulation design; effect matching; blasting equipment

1　引言

目前,影视烟火特效作业爆炸效果所用药品大多采用金属粉和高氯酸钾火药,其原材料为易制爆危险化学品。该类产品无论是地面炸点,还是水中炸点都会产生大量的白烟,在大制作、大场面的拍摄中,炸点数量众多,产生的白烟层层叠加,遮挡镜头的景深,减弱镜头的穿透力,爆炸效果严重偏离实际,影响影片制作的画面质感。鉴于安全、环保要求和国家大环境的变化,迫切需要改变现有金属粉火药配方,使之产生的气体能被水介质吸收,减少白烟生成,以期达到拍摄要求。关于炸药配方优化,保利集团赵明生[1]研究了混装乳化炸药配方与岩石匹配效果,有效降低了爆破后的岩石大块率。周阳[2]为炸药配方设计中知识的便捷获取与使用提供了新的手段,为炸药配方设计的研究人员提供了直观、易用的辅助工具。程扬帆[3]研制出一种利用微囊技术实现孔内增稠的地下矿用乳化炸药,具有较高的爆炸威力和抗低温性能。张续[4]基于SPSS软件优化了耐低温乳化炸药配方。李杰[5]开展了混装炸药组分乳化剂和燃烧油的配比调整和试验,有效降低了爆破大块率,提升了矿山剥离开采的钻爆、铲装运施工效率。Andrzej Orzechowski[6]采用低感、钝感炸药NTO、NGU作为添加剂,获得了以RDX、HMX为基的低感高能炸药配方。

上述研究对多种炸药的配方进行了优化,并对炸药性能进行了分析,然而国内外有关于影视烟火特效作业炸点白烟机理及控制技术的研究还较少,针对影视烟火炸点白烟现象进行火药配方优化的研究还未见人报道。因此,采用理论分析和实际测试相结合的方法,对两种常用炸点火药的氧化还原反应过程和生成物组成结构特征进行分析,研究炸点烟雾的组成成分和生成原因,明确新型火药配方生成水溶性气体的控制方法和技术方案。通过试验对比不同参数的爆破装置器材下爆炸效果体的特征,开展组合式炸点试验,研究不同组合形式的炸点布设方式,建立爆破装置器材、新配方质量与单炸点规模的匹配关系。

2　炸点烟雾的生成机理与新型火药开发设计

2.1　影视烟火白色烟雾成因分析

金属粉火药的爆轰反应为氧化还原反应,反应过程产生的气体成分不能溶于水,生成的固体物质都是白色粉末状态,且由于爆速慢,爆炸威力相对较小,造成地面土炸点和水中炸点爆炸后产生大量的白烟。此前，这个问题有两个解决途径：一是利用军品 TNT；二是利用民用爆炸物品乳化炸药，并用瞬发电雷管起爆。TNT 多为过去炸弹爆炸装药。用散装粉状或块状 TNT 代替炸弹，爆炸效果基本一致，可以达到拍摄要求。然而 2016 年以后，已没有获得 TNT 的途径。乳化炸药作为民用爆炸物品，其爆速虽然低于 TNT，但产生的烟量比金属粉药少很多，但由于目前爆破行业使用的起爆雷管多为电子雷管，瞬发电雷管已被淘汰，而影视烟火炸点的起爆特点要求是瞬发、点控、无固定周期，因此，乳化炸药也不能使用。

2.2 原配方反应过程及产物分析

现阶段传统的影视烟火特效作业中，战争场面的地面炸点、水中炸点所用药品为：镁粉或镁铝合金粉、高氯酸钾。两者以适当的比例物理混合，其反应过程如下：

（1）镁粉药

$$KClO_4 \longrightarrow KCl + 2O_2 \uparrow$$

$$2Mg + O_2 \longrightarrow 2MgO$$

$$2Mg + KClO_4 \longrightarrow 2MgO + KCl + 2O_2 \uparrow$$

（2）镁铝合金粉药

$$KClO_4 \longrightarrow KCl + 2O_2 \uparrow$$

$$2Mg + O_2 \longrightarrow 2MgO$$

$$4Al + 3O_2 \longrightarrow 2Al_2O_3$$

$$2KClO_4 + Mg + 2Al \longrightarrow MgO + Al_2O_3 + 2KCl + 2O_2 \uparrow$$

可见，两个配方最终生成物为氧化镁（MgO）、氯化钾（KCl）和 O_2（氧气），三氧化二铝（Al_2O_3）、氧化镁（MgO）、氯化钾（KCl）和氧气（O_2）。其中，三氧化二铝（Al_2O_3）、氧化镁（MgO）、氯化钾（KCl）都是白色固体粉末。

镁粉火药药包在地面爆炸时，生成的氧气将固态产物氧化镁、氯化钾以超细粉末状态分散在药包上方空气中，形成了白色烟雾。镁铝合金粉火药药包在地面爆炸时，生成的气态产物氧气，将固态白色产物氧化镁、三氧化二铝、氯化钾以超细粉末状态分散在药包上方空气中，形成了白色烟雾。镁粉火药药包在水中爆炸时，生成的气态产物氧气在水中的溶解度很小，水温在 20℃时，100 个体积的水只能溶解 3 个体积的氧，因此，生成的气态氧气仍能将固态产物氧化镁、氯化钾以超细粉末状态推出水面，分散在水面上形成白色烟雾。水面烟雾的大小受药包在水下深度的影响，药包在水下越深，烟雾相对要小一些，水中炸点药包在水下的深度有技术要求，一般不低于 50cm，而在此深度的药包爆炸后水面烟雾仍然很大。相同的，镁铝合金粉火药在水中爆炸，水面产生白色烟雾的过程是一样的。

2.3 炸点火药配方的优化

2.3.1 复合氧化剂的确定

无论是镁粉、高氯酸钾配方还是镁铝合金粉、高氯酸钾配方，其气体生成物都为氧气，要使新配方化学反应能生成可溶于水介质的成分，只能选用带有硝酸根的盐类，即硝酸钾或硝酸钡等氧化剂。硝酸钡加热分解生成 NO 和 O_2，可以使用。由于硝酸钾加热分解生成 KNO_2 和 O_2，不生成 NO，所以不能使用。另外，硝酸钡分解温度和高氯酸钾分解温度都在 600℃左右，活性相匹配。因此选用硝酸钡代替部分高氯酸钾，通过试验，确定硝酸钡和高氯酸钾的比例为 1∶4。

2.3.2　金属还原剂的确定

由于氧化剂硝酸钡活性和高氯酸钾活性相当，所以还原剂选取活性好的镁粉和贮存稳定性更高的铝粉组合，镁粉和铝粉的比例为 1.3：1。

2.3.3　化学反应过程

新配方的主要成分为：Mg（镁粉）、Al（铝粉）、Ba(NO_3)$_2$（硝酸钡）、$KClO_4$（高氯酸钾）。反应过程如下：

$$2Ba(NO_3)_2 \longrightarrow 2BaO + 4NO\uparrow + O_2\uparrow$$
$$KClO_4 \longrightarrow KCl + 2O_2\uparrow$$
$$2Mg + O_2 \longrightarrow 2MgO$$
$$4Al + 3O_2 \longrightarrow 2Al_2O_3$$

反应方程式为：

$$2Ba(NO_3)_2 + KClO_4 + Mg + 2Al \longrightarrow MgO + Al_2O_3 + KCl + 2BaO + 4NO\uparrow + 2O_2\uparrow$$

由反应式可知新配方可生成氧化镁（MgO）、三氧化二铝（Al_2O_3）、氯化钾（KCl）、氧化钡（BaO）4 种白色固体粉末，可生成一氧化氮（NO）和氧气（O_2）两种气体。

3　新配方炸点白烟控制方法和技术方案

3.1　水中炸点白色烟雾消除技术

3.1.1　白色烟雾消除机理

上述反应生成气体 NO，NO 自身带有自由基，这使其化学性质非常活泼，它与氧气反应后，可形成具有腐蚀性的气体二氧化氮，二氧化氮是一种棕红色高度活性气态物质，又称过氧化氮，它和水介质可以任意比例互溶生成无色的硝酸，其反应方程式如下：

$$2NO + O_2 \longrightarrow 2NO_2$$
$$NO_2 + H_2O \longrightarrow HNO_3 + NO$$

爆炸初期 NO_2 作为动力源，将粉末状氧化镁、三氧化二铝、氯化钾、氧化钡往水面推送，但由于 NO_2 可与水任意比互溶，NO_2 量迅速减少，造成白色固体粉末在往水面扩散过程中，动力越来越小，直至完全被水阻挡，分散在水中，从而消除了白色烟雾，白色烟雾的大小与药量、水深相关。经试验，30g 药，30cm 水深，水面即无烟雾；30~100g 药量，40cm 水深，水面即无烟雾；100~200g 药量，45cm 水深，水面即无烟雾。药量、水深与白色烟雾的关系见表 1。不同条件下烟雾状态分别如图 1~图 5 所示。

表 1　药量、水深与白色烟雾的关系

Tab. 1　The relationship between dose, water depth and white smoke

药量/g	水深/cm	烟雾大小	水柱形状	影像
30	20	较大	细、高	图 1
	30	无	形状好	图 2
	40	无	粗、低	图 3
150	40	少许	形状好	图 4
200	45	无	形状好	图 5

图 1　药量 30g、水深 20cm 烟雾状态

Fig. 1　30g, 20cm water depth smoke state

图 2　药量 30g、水深 30cm 烟雾状态

Fig. 2　30g, 30cm water depth smoke state

图 3　药量 30g、水深 40cm 烟雾状态

Fig. 3　30g, water depth of 40cm smoke state

图 4　药量 150g、水深 40cm 烟雾状态

Fig. 4　150g, 40cm water depth smoke state

3.1.2　新旧配方效果对比

将新配方火药的爆炸效果（见图 5）与传统火药的爆炸效果（见图 6）进行对比，可以看出两种火药炸点效果差异：新配方火药的爆炸烟雾中白烟明显消除，且爆炸威力强，画面感和冲击力更强；传统配方火药爆炸后水柱中明显伴有大量白烟，水柱底端白烟聚集最为严重，且有翻滚上升扩散现象，画面感较差，不能用于拍摄成像。

3.2　地面炸点白色烟雾消除技术

从前述炸点白烟形成的原因可知，即使是新配方药剂用作地面炸点，仍然要产生大量白烟。若消除白烟，需基于水中消除白烟的原理，将火药产生的能量用水介质作为载体，传递给土炸点埋设的细土等抛射物，并将其按一定的形状和高度抛出。

图 5　药量 200g、水深 45cm 烟雾状态

Fig. 5　200g, 45cm water depth smoke state

图 6　镁铝合金粉、高氯酸钾火药 150g，水深 50cm
时的烟雾状态

Fig. 6　Smoke state of magnesium aluminum alloy powder,
potassium perchlorate powder 150g, water depth 50cm

3.2.1　抛射筒的设计

一般情况下，作为手榴弹或 60 迫击炮炸点，其药包药量在 40~80g 之间，如果作为水中炸点，其在水中的埋设深度为 40cm。抛射筒的材质选用壁厚 10mm 的无缝钢管，高度为 40cm。为了简化工作程序，选取 40g 药包和 80g 药包两种药量，优选两种直径的抛射筒，两种直径的抛射筒可以任意组合。表 2 为不同抛射筒直径实验数据。

表 2　40g 药量抛射筒直径实验数据

Tab. 2　The experimental data of 40g charge projectile tube diameter

直径/mm	水量/g	抛射物质量/kg	炸点效果	烟雾大小	影像
φ100	3140	100	形状不好	有少许烟	图 7
φ120	4522	100	形状好	无烟	图 8
φ150	7065	100	形状不好，有少量水雾和泥点	无烟	图 9

从上述数据可以看出，40g 药抛射筒直径为 φ120mm 效果最佳，φ100mm 抛射筒水量偏少，不足以将生成物溶解分散掉，而 φ150mm 抛射筒水量又太多了，有少量水雾和泥点。

表 3 给出了增加药量，并增加抛射筒直径后的炸点效果。从表 3 数据可以看出，80g 药量、抛射筒直径为 φ200mm 效果最佳；φ150mm 抛射筒水量偏少；φ300mm 抛射筒水量偏多。图 10~图 12 分别给出了表 3 中不同条件下的炸点实际效果。

表 3　药量为 80g 抛射筒直径实验数据

Tab. 3　The experimental data of the diameter of 80g charge projectile cylinder

直径/mm	水量/g	抛射物质量/kg	炸点效果	烟雾大小	影像
φ150	7065	200	形状不好	有少许烟	图 10
φ200	12560	200	形状好	无烟	图 11
φ300	28260	200	形状不好，有少量水雾和泥点	无烟	图 12

图 7　药量 40g、抛射筒直径为 ϕ100mm 炸点
　　实际效果

Fig. 7　The actual effect of explosive point is 40g
and the diameter of projectile cylinder is ϕ100mm

图 8　药量 40g、抛射筒直径为 ϕ120mm 炸点
　　实际效果

Fig. 8　The actual effect of explosive point is 40g
and the diameter of projectile cylinder is ϕ120mm

图 9　药量 40g、抛射筒直径为 ϕ150mm 炸点
　　实际效果

Fig. 9　The actual effect of explosive point is 40g
and the diameter of projectile cylinder is ϕ150mm

图 10　药量 80g、抛射筒直径为 ϕ150mm 炸点
　　实际效果

Fig. 10　The actual effect of explosive point is 80g
and the diameter of projectile cylinder is ϕ150mm

　　根据上述试验结果，得出优化的抛射筒尺寸数据，制作出两种抛射筒：（1）ϕ120mm，壁厚 10mm，高 400mm，底 20mm，如图 13 所示；（2）ϕ200mm，壁厚 10mm，高 400mm，底 20mm，如图 14 所示。

3.2.2　组合式抛射筒

　　拍摄大型场面时，埋设的炸点比单抛射筒炸点要求更大，如炸点模拟飞机航弹，此时可采用将抛射筒组合的使用方式。实践中，稍小一些的炸点采用 3 个 ϕ120mm 的抛射筒组合，面对

图 11　药量 80g、抛射筒直径为 ϕ200mm 炸点
实际效果

Fig. 11　The actual effect of explosive point is 80g
and the diameter of projectile cylinder is ϕ200mm

图 12　药量 80g、抛射筒直径为 ϕ300mm 炸点
实际效果

Fig. 12　The actual effect of explosive point is 80g
and the diameter of projectile cylinder is ϕ300mm

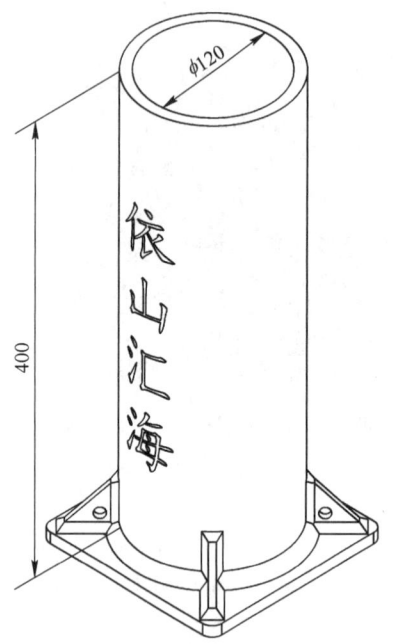

图 13　直径 ϕ120mm 抛射筒

Fig. 13　Diameter ϕ120mm projectile cylinder

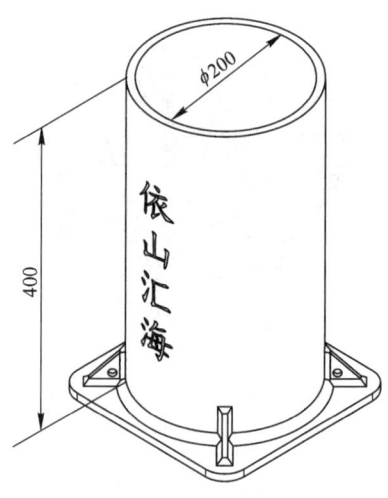

图 14　直径 ϕ200 抛射筒

Fig. 14　Diameter ϕ200mm projectile cylinder

镜头呈三角形摆放，如图 15 所示。

　　稍大一些的炸点，采用 2 个 ϕ120mm 和 1 个 ϕ200mm 的抛射筒组合，呈三角形摆放，如图 16 所示。

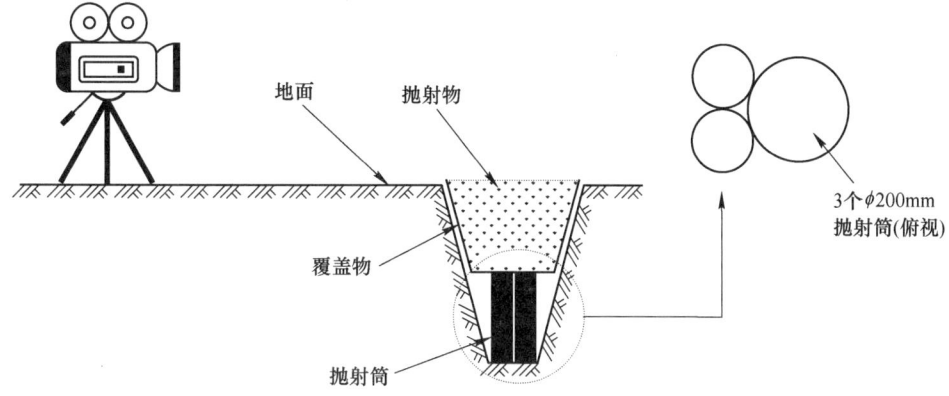

图 15　采用 3 个 φ120mm 的抛射筒组合形式

Fig. 15　The combined form of three φ120mm projectile barrels is adopted

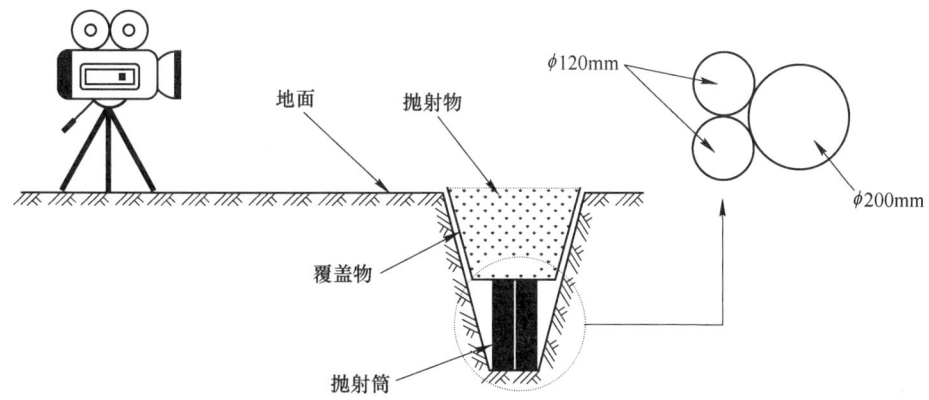

图 16　采用 2 个 φ120mm 和 1 个 φ200mm 的抛射筒组合形式示意图

Fig. 16　The schematic diagram of the combination of two φ120mm and one φ200mm projectile barrels is adopted

3.3　现场炸点作业流程及埋设方法

3.3.1　作业流程

图 17 给出了现场炸点准备、布置、防护、引爆及爆后检查等作业过程的流程。

3.3.2　埋设方法

在布设炸点前，现场人员根据拍摄任务要求，携带测量、拍照、录像等器材到现场实地观测勘察爆破对象以及爆破区域周围环境条件，收集准确可靠的地质地形、设备设施、建（构）筑物以及保护对象等资料信息，制定发烟方案。进行爆破器材准备与检查，包括准备抛射筒、水介质、防护麻袋、抛射用土、抛射辅料、爆破斗等，按照要求进行新配方药品配置，确保拍摄任务能够有条不紊地顺利实施。

3.3.2.1　地面炸点埋设

（1）步骤一：埋设，如图 18 所示，挖设弹坑，将三个 φ120mm 的抛射筒安放在底部，呈三角形，坑底用麻袋覆盖，将抛射筒加满水介质，并将药包放置在抛射筒底部中心位置，固定。

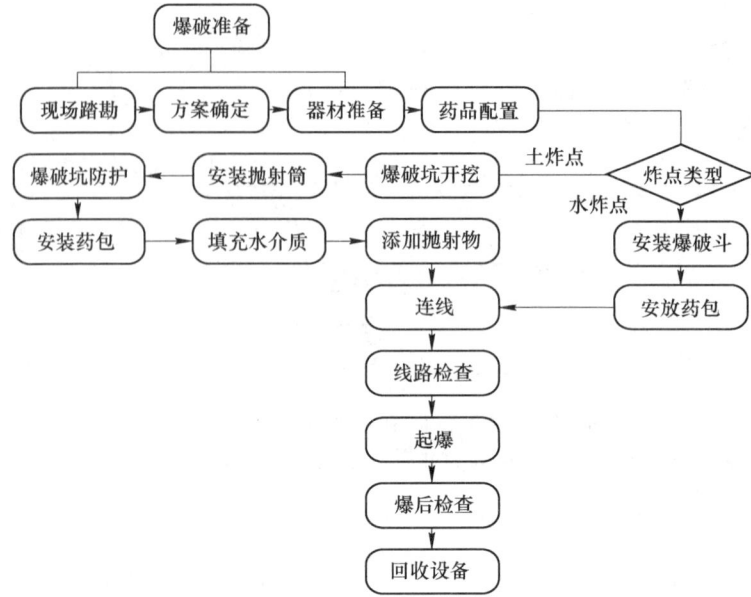

图 17　现场炸点实施作业流程

Fig. 17　On-site explosion point implementation operation process

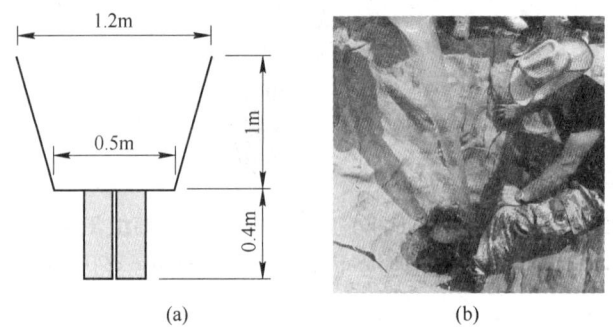

(a)　　　　　　　　　　(b)

图 18　地面炸点埋设方法

（a）弹坑示意图；（b）弹坑实拍图

Fig. 18　Burying method of ground blasting point

（2）步骤二：上口封堵，如图 19 所示，用飞机木分三层将抛射筒的上口封住。

（3）步骤三：覆盖，如图 20 所示，加入花土、树皮等抛射物。

3.3.2.2　水中炸点埋设

水中炸点安装方法如图 21 所示。

（1）步骤一：在炸点位置配置方形铁斗，方形铁斗上沿距水面 20cm，固定好。

（2）步骤二：将药包安装在方形铁斗中心线位置，且药包距离水面下方 40cm 处。

3.4　工程应用

在电影《伟大的战争》拍摄中，为了更加真实地还原战场氛围，要求烟火特效团队下大力量，对地面炸点和水中炸点的效果进行改进，去掉白色烟雾。因此，已将上述试验结果应用

图 19　抛射筒的上口封堵方法

Fig. 19　The upper sealing method of the projectile barrel

图 20　炸点覆盖方法

Fig. 20　Burst point coverage method

于该电影大同江战役场景的拍摄中。

3.4.1　地面炸点

本次拍摄的炸点为飞机航弹，埋设的炸点比试验所做的炸点大，需要将抛射筒组合使用。实践中，炸点采用 3 个 ϕ120mm 的抛射筒组合和采用 2 个 ϕ120mm 和 1 个 ϕ200mm 的抛射筒组合，面对镜头呈三角形摆放，抛射用土较重，分别为 27 袋和 37 袋。爆炸效果如图 22 和图 23 所示。

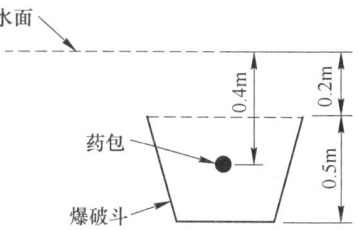

图 21　水中炸点安装控制尺寸

Fig. 21　Installation control size of underwater explosion point

图 22　采用 3 个 ϕ120mm 的抛射筒组合
形式爆破效果

Fig. 22　The blasting effect of the combination of three ϕ120mm projectile barrels is adopted

图 23　采用 2 个 ϕ120mm 和 1 个 ϕ200mm 的抛射筒组合
形式爆破效果

Fig. 23　The blasting effect of the combination of two ϕ120mm and one ϕ200mm projectile barrels is adopted

3.4.2　水中炸点

拍摄现场通过建造宽 70m、长 70m、深 0.7m 的人工湖作为大同江,拍摄志愿军过江过程中,遭受敌机轰炸的场面。现场的烟火设计要求在只有不足 5000m² 的水面设置水中炸点 35 个,500 人的志愿军由北往南过江,因为人员多,水面相对较小,为了保证演员安全,每个炸点配置一个 70cm×70cm×50cm 的方形铁斗,方形铁斗上沿距水面 20cm,将 80g 火药安装在方形铁斗中心位置水下 40cm 处,演员距炸点中心距离大约 1m。得益于该新型配方火药为类似于发射药的竖向药,横向力量小,同时配合爆破斗,能确保演员人身安全,爆炸效果如图 24 所示。因水中炸点无烟,画面穿透力强,拍摄效果极佳。

(a)　　　　　　　　　　(b)　　　　　　　　　　(c)

图 24　水中炸点爆炸效果

（a）爆炸初期；（b）爆炸中期；（c）爆炸后期

Fig. 24　Effect of underwater explosion point explosion

4　结论

论文对炸点白烟产生机理进行研究,明确了消除炸点白烟的新思路,开发出了新型火药,创建了利用水介质分离吸纳爆炸能量而消除炸点白烟的控制技术。主要结论如下:

(1) 利用新配方火药爆炸冲击对抛射物进行爆炸抛射,通过调整配方组分,实现对炸点效果白烟的控制,最大程度上消除了白烟,极大提高了影视作品成片的穿透感、立体感和画面感。满足了观众对高质量影视作品的极致需求,提升了影视特效质量,推动影视特效向更高质量发展。

(2) 实现最优爆炸发射器材组合方式,采用固定药品药量的精细化、标准化组合,极大提高了爆破技术在影视特效作业中的技术水平,对国内外影视特效的标准化作业起到了良好的示范作用。

(3) 结合水介质对炸点白烟进行消除处理,精准控制了固体粉尘颗粒区的扩大,降低粉尘危害,极大程度上保证了制作、参演人员的安全,同时对有效控制爆炸能量指向具有重大意义,一定程度上降低了爆炸冲击对作业人员的伤害。

参 考 文 献

[1] 赵明生,黄胜松,周建敏,等. 混装乳化炸药配方对炸药–岩石匹配效果影响研究 [J]. 爆破, 2021,

38（4）：124-128，179.

［2］周阳，李学俊，王冬磊，等. 炸药配方设计知识图谱的构建与可视分析方法研究 ［J］. 数据分析与知识发现，2021，5（9）：42-53.

［3］程扬帆，陶臣，夏煜，等. 基于增稠微囊的地下矿用乳化炸药配方设计及性能表征 ［J］. 金属矿山，2022，547（1）：142-147.

［4］张续，吴红波，朱可可，等. 基于 SPSS 软件优化耐低温乳化炸药配方研究 ［J］. 爆破器材，2020，49（6）：42-47.

［5］李杰，刘露，赵明生，等. 基于混装乳化炸药配方调整改善爆破效果的研究 ［J］. 矿业研究与开发，2020，40（5）：27-31.

［6］Orzechowski A，Maranda A，Powata D，et al. Study on sensitivity of plastic explosive formula containing insensitive explosive ［J］. Energetic Materials，2004（6）：364-367，5.

LNG 海水汽化器用钛-不锈钢管板爆炸复合工艺研究

邢昊　夏小院　方雨　叶宇　王鹏

（安徽弘雷金属复合材料科技有限公司，安徽　宣城　242000）

摘　要：本文研究了一种半幅爆炸复合工艺，适用于 LNG 海水汽化器使用的钛-不锈钢复合管板焊接。其采用等厚木制材料代替不需要复合区域的钛板，实现全面积等量装药，解决了半幅爆炸复合工艺出现的过渡区域边界效应范围大、剪切变形严重甚至断裂等问题。从而降低复层金属损耗、提高管板机加工效率。对试验结果进行了分析和总结，满足相关工业化产品的要求。

关键词：LNG 海水汽化器；半幅复合；钛-不锈钢管板

Explosive Composite Process of Titanium-stainless Steel Pipe Plate for LNG Seawater Vaporizer

Xing Hao　Xia Xiaoyuan　Fang Yu　Ye Yu　Wang Peng

（Anhui Honlly Clad Metal Materials Technology Co., Ltd., Xuancheng 242000, Anhui）

Abstract：In this paper, a half-blast composite process is studied, which is suitable for welding titanium-stainless steel composite tube plate used in LNG seawater carburetor. The equi-thick wooden material is used to replace the titanium plate which does not need composite area to achieve full area equal charge, which solves the problems such as large boundary effect range of transition region, serious shear deformation and even fracture in the half-width explosive composite process. This method can reduce the loss of laminated metal and improve the machining efficiency of tube plate machine. The test results are analyzed and summarized to meet the requirements of related industrial products.

Keywords：LNG seawater vaporizer; half-width composite; titanium-stainless steel tube plate

1　引言

　　液化天然气（LNG，liquefied natural gas）是在气田中自然开采出来的可燃气体，主要由甲烷构成。通过在常压下冷却至-162℃，使之凝结成液体。天然气液化后可以大大节约储运空间，同时，天然气是一种无色无味有毒且易爆的可燃气体，一旦泄露，将产生严重的安全事故，给人身安全和财产安全带来巨大威胁，因此对天然气的存储、运输，液态转化设备等提出了更高的要求。

作者信息：邢昊，工程师，honllyjs@163.com。

钛-不锈钢管板是 LNG 气化装置的重要部件, 对设备密封起到关键性作用, 而钛-不锈钢管板只能采用爆炸焊接制作。S30403 不锈钢也称为超低碳不锈钢, 是一种通用性的不锈钢材料, 广泛地应用于制作要求良好综合性能 (耐腐蚀和成型性) 的设备[1]。TA2 材料是一种重要的稀贵金属材料, 钛材因具有强度高、耐蚀性好、耐热性高等特点而被广泛应用于各个领域。通常情况下, 作为连接载体, 管板需要对本身进行开孔处理, 但由于部分材料在使用过程中是不需要整体开孔的, 且在实际使用过程中, 局部区域不需要进行爆炸焊接复合型材料, 如果采用整体板坯进行爆炸复合, 然后进行车加工, 会造成成本昂贵, 对稀贵金属浪费较大, 市场竞争力小[2-3]。因此, 可通过爆炸复合半幅材料 (即在不锈钢材料的局部区域焊接钛材料) 降低材料损耗, 提高材料利用率。

2　试验原理

金属爆炸焊接的过程是将炸药、雷管、复板和基板在基础 (地面) 上安装起来。当置于复板之上的炸药被雷管引爆后, 炸药的爆炸化学反应经过一段时间的加速便以爆轰速度在复板上向前传播[4]。随着爆轰波的高速推进和爆炸产物的急剧膨胀, 炸药的化学能便大部分转化为高速运动的爆轰波和爆炸产物的动能, 并推动复板向基板高速运动[5]。在这个过程中, 在两板的接触面上借助波的形成, 由于倾斜撞击和切向应力的作用而发生强烈的塑性变形、熔化和原子间的扩散, 从而使两种金属材料强固地焊接在一起, 如图 1 所示, 形成一种新型爆炸焊接复合板材料。

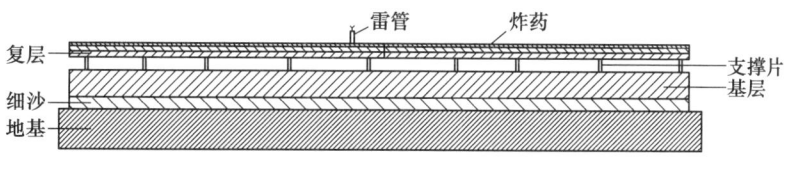

图 1　新型工艺爆炸复合材料布置示意图

Fig. 1　Layout diagram of new process explosive composite materials

结合图 2 和图 3 所示, 在爆炸复合半幅材料时, 由于中间区域处于复层边界, 在经爆炸复合时, 复层上炸药爆炸产生动能, 在推向基层运动时, 由于边界效应, 复合区域边部所受到的爆炸载荷的作用力大大高于其他区域, 基复层边界区域能量过大, 导致在结束爆炸复合时搭接区域能量不能完全卸载, 边界效应范围大, 并对基体金属形成剪切作用, 导致剪切变形严重甚至出现板体中心区域断裂等现象。此次重点对钛-不锈钢管板的爆炸复合工艺进行试验, 通过试验摸索出一套合理的爆炸焊接工艺。

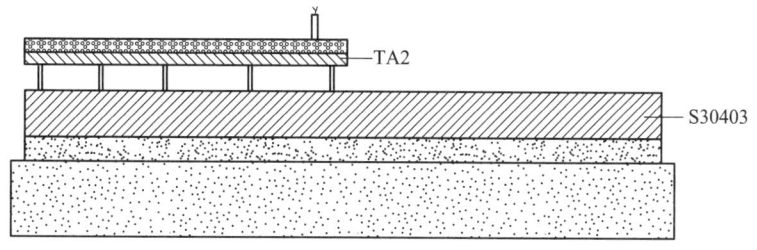

图 2　传统工艺爆炸复合半幅材料布置示意图

Fig. 2　Schematic diagram of traditional explosive composite half-panel material layout

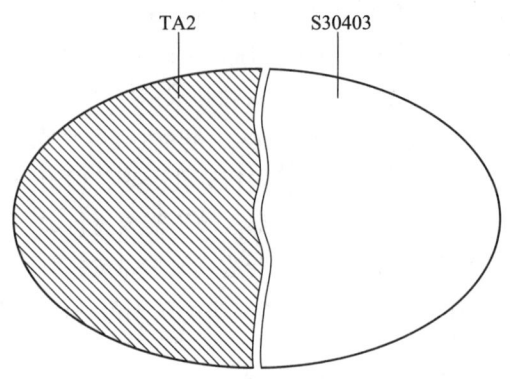

图 3　传统工艺爆炸复合半幅材料焊接结果示意图

Fig. 3　Schematic diagram of welding results of conventional explosive composite half-width material

本文结合炸药爆炸力学[5]、金属物理学[1]优选不吸潮、密度合适的粉状材料，作为炸药爆速缓释剂和密度调节剂，配置钛-不锈钢/碳钢（合金钢）的爆炸复合专用炸药[6-7]。通过建立复板边界、末端炸药爆轰稀疏效应和绕射效应理论模型，配合起爆端不定常爆轰理论，解决半幅爆炸复合工艺出现的过渡区域边界效应范围大、剪切变形严重甚至断裂等问题。为实现钛-不锈钢/碳钢（合金钢）板的大面积、高贴合率（达100%）的一次性复合提供技术支撑。

3　试验方案

3.1　试验材料

S30403 板、TA2 板（见表1）、细沙、地基、间隙支撑、炸药、雷管、木板，基、复层材料均符合国家相应标准规定，炸药为混合添加剂的粉状乳化炸药。

表 1　S30403、TA2 力学性能图表

Tab. 1　Mechanical properties of S30403 and TA2

材质	抗拉强度 R_m/MPa	屈服强度 $R_{p0.2}$/MPa	断后伸长率 A/%	硬度（HV）
S30403	490	210	40	210
TA2	440~620	320	30	

3.2　试验过程

3.2.1　第一次试验

备料：S30403：50×ϕ1000mm 1 件，TA2：8×ϕ1050+600mm 1 件

铁皮：8×ϕ1050+600mm 1 件

此次爆炸复合试验是用 10mm 铁皮作为中间区域，与复层钛板作过渡，为防止将铁皮爆炸复合至基层材料上，将铁皮区域基层表面涂刷黄油，并附一层薄纸。通过爆炸复合，半面钛板成功焊接在基层 S30403 材料上，但由于爆炸焊接时炸药能量过大，铁皮同样被焊接在基层材料上，无法剔除（见图4）。中间过渡区域由于有两层材料，搭接区域出现多处鼓包现象，在爆炸焊接时出现基复层中间射流无法及时排除，铁皮区域鼓包严重的现象（见图5）。通过此

次试验可以看出，使用一种相近材质的材料经爆炸复合后，可能会导致材料被焊接在板材上，没有达到节约材料成本的目的，且效果较差，铁皮被焊接在材料上，无法剔除。

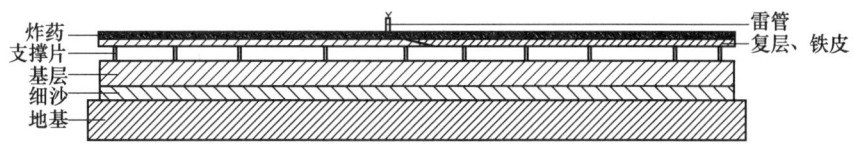

图 4   铁皮安装效果

Fig. 4   Installation effect of iron sheet

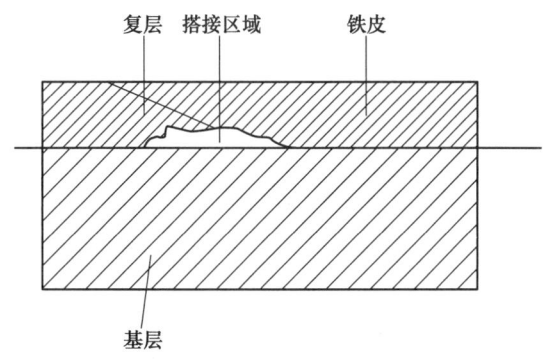

图 5   搭接区域鼓包

Fig. 5   Bulging in the lap area

3.2.2   第二次试验

备料：S30403：50×φ1000mm 1 件，TA2：8×φ1050+600mm 1 件

木板：8×φ1050+600mm 1 件

为解决另半面在爆炸复合时被焊接在基层材料上的问题，选用 10mm 木板作为复层过渡（见图 6）。由于 10mm 木板质地较硬，铺放炸药后木板不会变形。在爆炸焊接时由于炸药的热能将木板燃烧，基复层之间的空气会自然释放，射流可以及时排出，又由于在爆炸复合时炸药的爆轰作用整体一致，在复层的边界效应会被转移至边缘区域（见图 7 和图 8）。搭接区域受力均衡，焊接效果得到保证。经检测，此实验板满足使用要求。

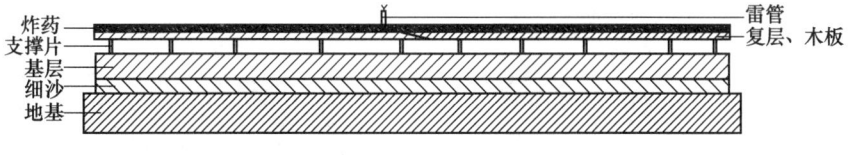

图 6   木板安装效果

Fig. 6   Board installation effect

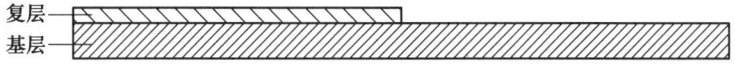

图 7   成品效果 1

Fig. 7   Finished effect 1

4 结论

（1）按此工艺方法可以实现钛-不锈钢半幅爆炸复合工艺研究；

（2）按此工艺方法可以有效地降低了稀贵金属的损耗；

（3）按此工艺方法可以实现大面积钛-不锈钢半幅爆炸复合新型材料。

5 应用实例

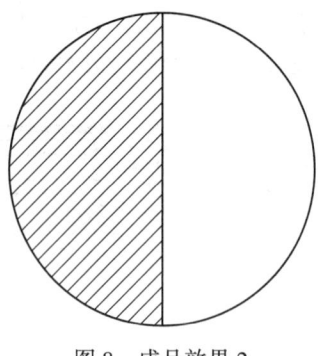

图 8 成品效果 2
Fig. 8 Finished effect 2

5.1 采购信息

客户订购 10 件半幅爆炸复合钛-不锈钢管板，双方协商后同意采用半幅爆炸复合管板（见表 2）。

表 2 需方订货清单信息
Tab. 2 Buyer's orders

客户名称	材质	规格/mm	件数
NJCG	TA2/S30408	10/137×φ2748+1340	4
		10/140×φ2952+1460	6

注：制作及验收标准为 NB/T 47002.3—2019 B1 级。

为取得最佳效果，考虑管板边界效应影响，对材料加工裕量增加了 150mm，S30408 按 140×φ2850mm、143×φ3050mm 投料，复层 TA2 按 φ2900+1490mm、φ3100+1610mm 投料，其他区域使用木板代替，并在直边钛与木板搭接区域将两者坡口进行处理，施工效果如图 9 所示。经爆炸复合，炸药的热能将木板燃烧，基复层之间的空气自然释放，射流及时排出，边界效应转移至边缘，搭接区域受力均衡，钛与不锈钢之间形成有效焊接，成品如图 10 所示。

图 9 现场操作
Fig. 9 Field operation

图 10 爆炸复合后成品
Fig. 10 Finished product after explosive composite

5.2 爆炸焊接质量

完成爆炸复合后对其外观进行检查，半幅面平整，钛板与木板搭接区域存在少量的鼓包缺陷，但此缺陷范围可控制在直边 100mm 范围内，将直边复层钛板 100mm 加工裕量剔除后，不影响成品半幅爆炸复合管板材料的使用（见图 11）。

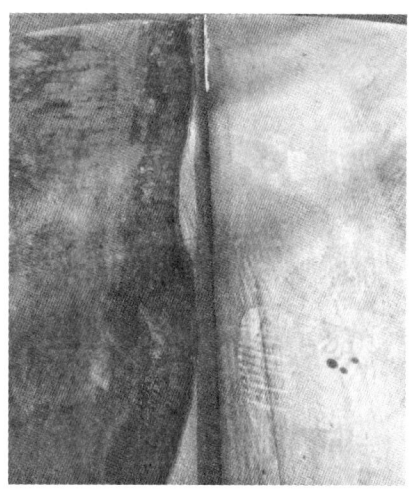

图 11　成品半幅爆炸复合板搭接区域

Fig. 11　Overlapping area of the finished half explosive composite plate

对半幅复合管板进行 100% 超声波探伤后，直边钛板与木板搭接区域 100mm 范围内存在缺陷，结合率符合标准 NB/T 47013.3—2015 Ⅰ 级，即符合 NB/T 47002.3—2019 B1 级。

对板材分别从 0°、90°、180°角位置分别取样，对复合管板按 GB/T 6396—2008 标准对复合板式样进行剪切强度检测，剪切试验数据见表 3，试验结果满足标准 NB/T 47002.3—2019 中对剪切强度（140MPa）的要求。

表 3　剪切试验数据

Tab. 3　Shear test

式样编号	1 号	3 号	5 号	7 号	9 号	10 号
0°剪切性能/MPa	230	225	233	242	250	244
90°剪切性能/MPa	235	236	225	245	228	238
180°剪切性能/MPa	235	240	230	231	237	226

6　结论

本文以 10mm 钛板与不锈钢管板制作半幅爆炸复合管板，从其制作及成品板结合状态来看，在半幅钛材直边增加约 150mm 的裕量作为与木板搭接过渡区域，经爆炸复合，可实现钛-不锈钢半幅爆炸复合管板成品。且在应用中得以验证，通过适当的工艺方案调整也可完成其他规格或材质的半幅爆炸复合管板。

按此方法可实现半幅爆炸复合管板，并取代以往钛-不锈钢半幅爆炸复合管板采用整体板坯进行爆炸复合后再进行机加工的方法，有效地降低了对稀贵金属的浪费和设备制造成本，使半幅爆炸复合管板在工程应用上有了更好的选择优势，并满足相关工业化产品的要求。

参 考 文 献

[1] 戴起勋. 金属材料学 [M]. 北京：化学工业出版社，2012.

[2] 黄文尧，颜事龙 . 炸药化学与制造 ［M］. 北京：冶金工业出版社，2009.

[3] 王耀华 . 金属板材爆炸焊接研究与实践 ［M］. 北京：国防工业出版社，2007.

[4] 谢飞鸿 . 爆炸焊接动力学及其计算方法 ［M］. 北京：科学出版社，2014.

[5] 张航永，刘润生，关尚哲，等 . 大面积钛/钢复合板不同装药方式对焊接质量的影响研究 ［C］//中国工程科技论坛第 125 场，2011.

[6] 汪旭光 . 乳化炸药 ［M］. 北京：冶金工业出版社，1989.

[7] 吕春绪，刘祖亮，倪欧琪 . 工业炸药 ［J］. 北京：兵器工业出版社，1994.

水平井避光纤定向射孔技术

贺红民　孙志忠　扈勇　焦延　刘雅春　陈博

（中国石油集团测井有限公司长庆分公司，西安　710201）

摘　要：油气水平井内进行定向射孔作业时通常采用射孔枪安装偏心配重的方式实现，由于工程作业存在的一些不确定因素，水平井定向射孔作业时即使射孔枪和射孔弹按设计要求进行了装配，射孔枪入井后，也可能存在射孔方向与设计要求不符。特别是当油气井井筒外侧铺设有光纤时，如果射孔方向不符合要求损伤了光纤，将会造成不可逆转的损失。本文介绍了一种水平井内避开光纤进行定向射孔的技术，可确保射孔方向准确，施工安全。

关键词：水平井定向射孔；避光纤射孔；多簇射孔；射孔枪；倾角传感器

Oriented Perforation Techniques with Avoidance of Optical Fibers in Horizontal Wells

He Hongmin　Sun Zhizhong　Hu Yong　Jiao Yan　Liu Yachun　Chen Bo

（Changqing Branch，CNPC Logging Co.，Ltd.，Xi'an 710201）

Abstract：Oriented perforating operations in oil and gas horizontal wells are usually implemented by installing eccentric balance weights on perforating guns. Because of some uncertain factors in engineering operations，even if the perforating guns and perforating bullets are installed according to the design requirements，after the perforating guns entering the wells，the perforating direction may not match the design requirements. Especially when an optical fiber is laid outside the wellbore of an oil and gas well，if the perforating direction does not meet the requirements and damages the optical fiber，it will cause an irreversible loss. This paper introduces a technique for oriented perforation in horizontal wells avoiding optical fiber，which can ensure accurate perforating direction and safe construction.

Keywords：oriented perforation in horizontal wells；perforation with avoidance of optical fibers；multi-cluster perforation；perforating gun；inclination sensor

1　引言

永置式光纤监测是通过光纤自身及其压力传感器从油气井井下获得震动、温度、压力等基础数据，经过现场快速解释分析，不仅可在压裂过程中进行压裂监测，指导现场压裂施工[1]；同时可在油气田后期开采活动中进行过程监测，获得更加精准的油气井产出数据，对油藏描述、动态分析及生产动态管理具有重要的指导意义，是一种新的油藏生产管理方法。该技术已

作者信息：贺红民，本科，高级工程师，hehongmin. cnlc@ cnpc. com. cn。

成功地应用在智能完井系统中，并成为很多油公司智能完井系统的标准配置，光纤预置井由于投资大、光纤损坏后不可修复等，对射孔方向要求提出了极高的要求。

油气水平井定向射孔施工中，通过偏心配重实现射孔方向定位的技术工艺成本低廉、结构简洁、应用简捷，因此在油气水平井定向射孔中应用较多[2]。理论上，该工艺技术成熟，但实际操作中由于射孔器装配方法或器材连接可能存在摩阻，影响了弹架转动的灵活性。当射孔枪输送至水平段射孔位置时，偏心配重若没有按设计要求转向射孔枪的正下方位置，同时地面操作人员没有及时发现，将会造成实际射孔与设计方向发生偏离。因此为了防止误射孔，定向射孔枪偏心配重转动的灵活性及射孔方向监测非常关键。

2 水平井定向射孔技术

电缆输送水平井定向射孔技术目前有两种，一种是采用旋转定向仪器配接射孔枪，射孔枪穿孔方向可通过旋转定向仪器的转动随时调整；另外一种是通过在射孔枪内安装偏心配重块，依靠重力作用实现自定向射孔，射孔枪装配完成后射孔方向固定不可调整。虽然后者射孔枪入井后射孔方向不可更改，但技术工艺成本低廉、结构简洁、现场操作方便，因此在油气水平井定向射孔中应用较多。

2.1 自定向射孔的工艺原理

射孔枪弹架的两端安装了轴承，使得弹架在射孔枪轴线上可以自由转动，同时弹架的侧面安装了偏心配重块，偏心配重块使得射孔弹架重心发生偏离。当射孔器输送至水平段时，在重力作用下，配重块始终处于射孔枪的正下方位置，如图1所示。因此，射孔枪入井前，需要确定射孔方向与井筒底边的夹角，即射孔弹安装方向与弹架重力底边的夹角，使得实际射孔方向与设计要求一致。

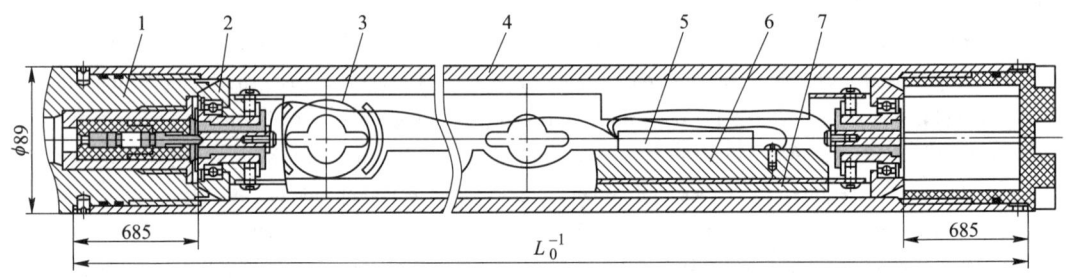

图 1　自定向射孔弹架结构

1—导通接头；2—旋转支撑环；3—弹架；4—枪身；5—选发模块；6—内配重；7—外配重

Fig. 1　Self-directional perforated cartridge structure

2.2 偏心配重的设计

射孔枪依靠偏心配重实现自定向的方式有多种，射孔枪外安装的偏心配重虽然可重复使用但由于结构繁琐、装配不便，因此不适用于推广应用；射孔枪内安装的偏心配重根据在弹架上的安装位置分为外侧、内侧和弹架两端3种方式（弹架外侧、内侧配重分别见图2和图3）。通过计算对比，弹架外侧安装配重块扭矩大，容易使弹架发生偏转，使射孔弹实现射孔定向。但由于射孔方向与重力方向的夹角不是固定值，射孔弹安装方向多变，紧贴弹架外侧的配重随射孔弹方向的变化，外形尺寸也随着调整，因此造成配重形状和重心发生变化，异性配重的重心也不易确定，特别是在射孔方向向下时，弹架外侧不易安装配重。

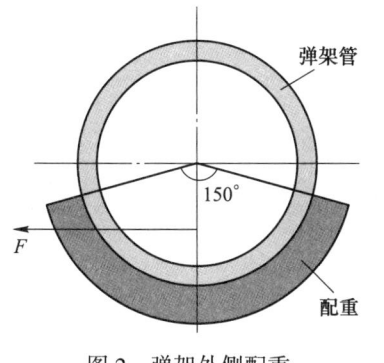

图 2　弹架外侧配重

Fig. 2　Counterweight on the outside of the magazine

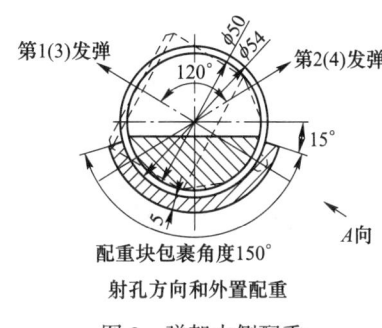

图 3　弹架内侧配重

Fig. 3　Counterweight inside the magazine

　　配重安装在弹架内侧时，不论射孔方向如何，配重的形状均固定，同时射孔方向可以根据设计要求进行调整，但弹架内侧安装配重时，占用安装射孔弹的空间，射孔孔密减小。配重安装在弹架两端时，配重数量较少，影响定向效果，同时增加了射孔枪长度，因此通常不采用单一的弹架两端安装配重，而是将这种方法与弹架内侧或外侧安装配重相结合，以增大偏心配重扭矩。

2.3　旋转支撑环的设计

　　旋转支撑环安装在射孔枪弹架两端，在满足弹架灵活转动的同时要保证射孔枪点火供电正常。采用角接触轴承代替深沟球轴承可以减小弹架转动时轴承内圈与外圈之间的摩阻，同时点火导通设计采用弹架贯通线连接于轴承内圈上的导电柱体上，使弹架与轴承内圈成一体，导通线路与轴承绝缘，如图 4 所示。轴承外圈起到固定和支撑作用。

2.4　导爆索的固定设计

　　射孔弹起爆是通过雷管起爆导爆索，导爆索再起爆射孔弹，每支射孔枪内根据通常装配16 发射孔弹，要保证每发射孔弹均可正常起爆，射孔枪内的导爆索和点火线在点火前均要保证完好无损，不受弹架转动的影响。由于弹架与射孔枪内壁之间的间隙较小，通常为 9mm 左右，导爆索外径为 6mm 左右，如果导爆索固定在弹架外侧装配松动，极易影响射孔弹架的转动，因此导爆索通常在弹架内部安装。为了保证导爆索不受弹架磨损，弹架上固定射孔弹和导爆索的位置，卡槽设计走向与导爆索固定延伸方向一致。

2.5　导通接头的设计

　　连接射孔枪的导通接头在多级射孔作业中不仅起到连接、隔离的作用，而且接头不影响射孔弹架的旋转，因此导通接头与射孔弹架之间采用触点式对接。弹簧插件即保证了通电导通可靠又降低了接头与弹架的摩阻。导通接头内部设计了承压盘防止下部射孔枪点火后，井筒内的液体经由下层射孔枪的孔眼进入上层射孔枪内部。弹簧插件及承压盘每次使用后可以更换，外部壳体可重复利用。导通接头设计如图 5 所示。

图 4　旋转支撑环

Fig. 4　Rotating support ring

图 5　导通接头设计

Fig. 5　Conduction joint design

3　射孔误差

在射孔弹架转动灵活，射孔弹穿孔方向与配重受重力方向之间的夹角与设计相符的情况下，不考虑其他摩阻的影响，由于射孔枪外径小于套管内径，在水平井内始终处于套管的底边位置，因此射孔枪的中心轴和井眼中心轴不重合，射孔弹穿孔方向与设计要求的方向始终存在一定偏差[3]。当射孔枪穿孔方向与套管定向射孔角度偏差较小时，应考虑射孔枪与套管两者中心轴不重合所造成的影响。

由图 6 可以看出，实际射孔轨道 oa、ob、oc、od 与设计的孔眼轨道 OA、OB、OC、OD 为互相平行的轨道不重合。以油气水平井常用的 $5^{1/2}''$ 套管和 89 型射孔枪为例，常用的 $5^{1/2}''$ 套管外径 139.7mm，内径 124.26mm，89 型射孔枪外径 89mm，射孔为两个相位定向射孔，向上或向下定向射孔角度为两个射孔相位的夹角，对比了水平井内射孔角度与套管外穿孔角度，正向上或正向下射孔角度与套管外穿孔角度偏差为零，水平 180° 射孔偏差最大为 15°。不同定向射孔角度射孔统计见表 1。

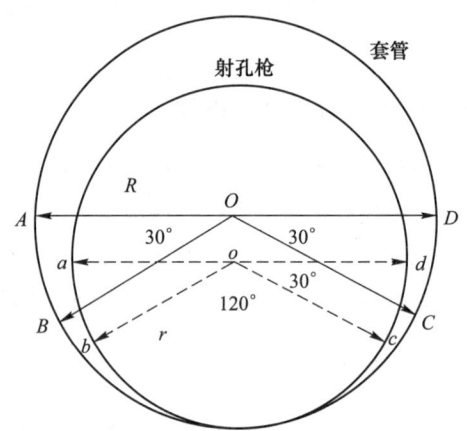

图 6　实际射孔与设计孔眼轨道示意图

Fig. 6　Schematic diagram of the actual perforation and design eyelet orbit

表 1　各相位定向射孔器射孔效果示意图

Tab. 1　Schematic diagram of the perforating effect of each phase directional perforator

序号	射孔枪型号	89 射孔枪射孔角度	$5^{1/2}''$ 套管孔眼角度
1	0° 正向上	0° 正向上	0° 正向上
2	60° 夹角向上	330°、30°	323、37
3	90° 夹角向上	315°、45°	305、55
4	120° 夹角向上	300°、60°	287、73
5	150° 夹角向上	285°、75°	271、89

续表1

序号	射孔枪型号	89 射孔枪射孔角度	5$^{1/2}$″套管孔眼角度
6	180°水平	270°、90°	255、105
7	150°夹角向下	255°、105°	241、119
8	120°夹角向下	240°、120°	227、133
9	90°夹角向下	225°、135°	215、145
10	60°夹角向下	210°、150°	203、157
11	0°正向下	0°正向下	0°正向下

4　射孔方向监测

油气水平井在避光纤射孔之前没有采用射孔定向监测技术，自油气井套管外铺设光纤后，为了确保射孔时不会误伤管外光纤，自定向射孔监测技术受到了重视。

水平井定向射孔方向的监测应用了倾角传感器，倾角传感器安装在射孔弹架内水平位置，如图7所示。作业前弹架水平位置与射孔弹射孔方向夹角确定，射孔枪下入井内后测量出射孔弹架水平位置的倾角即可确定射孔弹射孔方向，当射孔倾角偏差超出误差范围后即可放弃射孔，确保了套管外光纤安全。因此水平井定向射孔监测技术可以确保射孔方向的准确性。

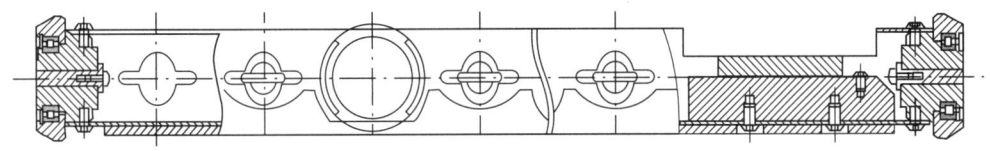

图 7　倾角传感器的安装

Fig. 7　Installation of the inclination sensor

5　现场应用

5.1　基本情况

庆××-4 井是某油田布置的一口试验井，套管外预置了光纤。套管内径 124.26mm，井深 3253.0m，水平段长度 1327.0m。2023 年进行压裂改造 21 段，其中采用定向射孔 20 段，共 85 簇。射孔作业前，通过 4 种光纤测量技术对井内预置方向进行了测量，如图8所示。当相位变化较大（井下光纤发生旋转），或者几项数据误差较大（超过 30°）时，定义为危险段，对应深度位置不进行射孔作业。

5.2　定向射孔方案

为控制风险套管外预置光纤方位左右角度变化 40°范围内的区域定义为射孔避射区，射孔避射区左右角度变化为 50°范围内的区域定义为安全风险过渡区，其余 180°范围定义为射孔安全区，如图9所示。该井射孔避光纤角度不小于135°，为了确保定向射孔准确，同时满足油气井压裂改造，射孔采用 89 型、相位夹角 60°定向射孔枪，如图10所示。全井段射孔枪设计了 270°~330°、280°~340°、310°~10°、320°~20°、360°~60° 5 种相位。作业时采用定向射孔枪配套分级点火技术和定向监测技术。

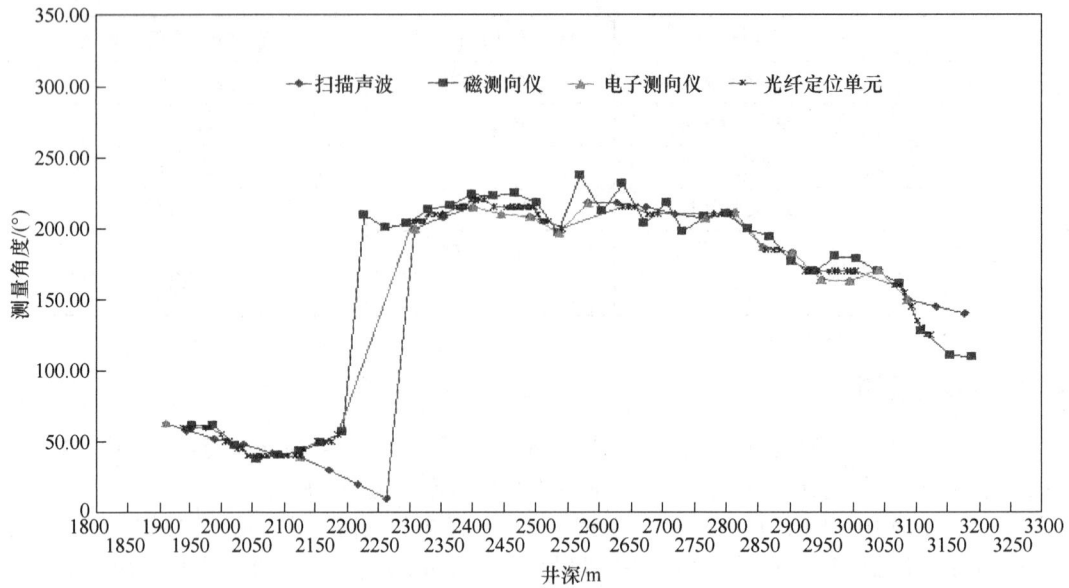

图 8　4 种测量光纤定位对比

Fig. 8　Comparison of four measurement fiber positions

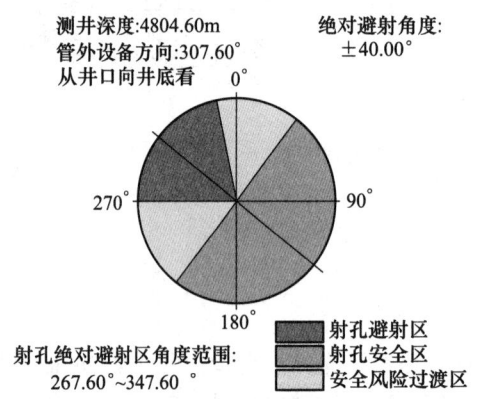

测井深度:4804.60m
管外设备方向:307.60°
从井口向井底看

绝对避射角度:
±40.00°

射孔绝对避射区角度范围:
267.60°~347.60°

射孔避射区
射孔安全区
安全风险过渡区

图 9　避射光纤示意图

Fig. 9　Schematic diagram of radiation
avoidance fiber

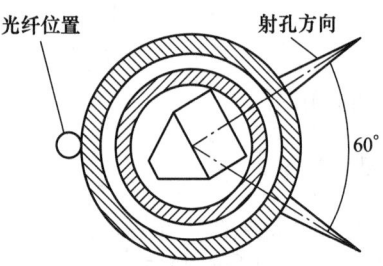

光纤位置　　　射孔方向

图 10　双排射孔示意图

Fig. 10　Schematic diagram of double
row perforation

5.3　应用效果

定向多簇射孔作业中,每簇射孔起爆产生的震动,都会使剩余未起爆射孔枪内弹架发生转动,共 9 段 12 簇射孔枪检测到相位发生偏转,见表 2。其中 7 簇射孔枪恢复至 15°允许误差范围内,另外 5 簇未恢复至设计要求,误差超出范围的使用备用定向射孔枪完成作业。20 段共 85 簇避光纤射孔完成后,光纤完好,压裂施工正常。

表2 庆××-4井避光纤射孔监测记录

Tab. 2 Monitoring records of Qing ××-4 well avoidance fiber perforation

序号	层段	枪簇序	下井前	到位后	点火前	点火与否	备注
1	第1	8	−1	−52	1	√	
2		9	−2	157	−6	√	
3	第2	备用	0	63	53	×	
4	第6	3	0	−50	25	×	用备用枪
5		4	0	0	−6	√	
6	第8	2	0	0	−35	×	用备用枪
7	第9	备用	0	164	3	×	
8	第11	3	2	0	−11	√	
9	第12	3	0	42	0	√	
10	第15	3	3	−1	−13	√	
11	第20	2	−2	−11	−3	√	
12		4	−3	−18	6	√	

6 结论

水平井避光纤射孔采用偏心定向射孔枪及定向射孔实时监测技术相结合，形成了较为成熟的工器具及作业方法。通过油气井现场应用，验证了水平井定向射孔技术可以满足现场避光纤作业施工需求。

（1）水平井定向射孔实时监测技术与偏心配重定向射孔器相结合，提高了定向射孔的准确性，为定向射孔施工方案制定及现场应用提供了便利条件。

（2）采用水平井定向射孔实时监测技术可避免在施工中因其他原因造成光纤损坏而怀疑射孔方向有误的被动局面。

（3）水平井避光纤射孔作业时，还需要在关键环节上进行把控和确认，有利于现场作业顺利开展。

参 考 文 献

[1] 付晓松，姚艳华，王德有，等．光纤井下监测技术装备及应用 [J]．油气井测试，2010，19（3）：69-70．

[2] 陈华彬，唐凯，陈锋，等．水平井定向分簇射孔技术及其应用 [J]．地质勘探，2016，36（7）：33-39．

[3] 齐向前．水平井定向射孔的相位偏差 [J]．油气井测试，2007，16（4）：13-14．

新型气能破岩技术露天台阶爆破钻爆参数优化研究

李国良[1]　方莹[1]　朱振海[1]　李健康[2]　郑长青[3]　张娟[4]　李运潮[4]

（1. 广东宏凯气能技术有限公司，广东　深圳　518000；

2. 深圳市工程爆破协会，广东　深圳　518000；

3. 珠海爆破新技术开发有限公司，广东　珠海　519000；

4. 中材（南京）矿山研究院有限公司，南京　210000）

摘　要：露天场平和采矿工程主要采用炸药爆破方法施工，但当环境复杂不能使用民爆物品时，被迫采取机械法或静态膨胀剂法破岩施工。由于机械法和静态膨胀剂施工效率低且成本高、作业人员劳动强度大，严重影响工程建设的施工进度和投资效益。为解决不能使用民爆物品的施工难题，本文将新型气能破岩技术应用到露天场地平整工程中，分别研究了不同孔径（90mm、115mm）炮孔对破岩效率的影响，探索出适用于一般露天场地气能破岩的钻爆参数设计和施工方法，得到了能量密度对破岩效率的影响因子。工程应用研究表明，新型气能破岩技术可有效地破碎各种坚硬岩石，具有施工操作简便、安全、破岩效率高，不涉及民爆物品和易制爆危险化学品等优点，具有广阔的工程推广应用价值。

关键词：气能破岩技术；液氧；致裂管；孔内充气；场地平整

Study on Optimization of Drilling and Blasting Parameters of Open-pit Bench Blasting with New Gas Energy Rock Breaking Technology

Li Guoliang[1]　Fang Ying[1]　Zhu Zhenhai[1]　Li Jiankang[2]　Zheng Changqing[3]
Zhang Juan[4]　Li Yunchao[4]

（1. Guangdong Hongkai Gas Energy Technology Co., Ltd., Shenzhen 518000, Guangdong;
2. Shenzhen Engineering Blasting Association, Shenzhen 518000, Guangdong; 3. Zhuhai
Blasting New Technology Development Co., Ltd., Zhuhai 519000, Guangdong; 4. Sinoma
（Nanjing）Mining Research Institute Co., Ltd., Nanjing 210000）

Abstract：Explosive blasting is mainly used in the open-pit leveling and mining projects. However, when the environment is complex and civil explosives are not permitted, it is forced to adopt mechanical method or static expansion agent method to break the rocks. Due to the low construction efficiency, high cost of mechanical method and static expansion agent, the labor intensity of direct operators is high, which seriously affect the construction progress and investment benefit of engineering construction. In order to solve the construction problem of not allowing the usage of civil explosive materials, this paper

作者信息：李国良，硕士，高级工程师，gdhkgy@163.com。

applies the new gas-energy rock breaking technology to the open-pit site leveling project, and studies the influence of different apertures (ϕ90mm and ϕ115mm) on the rock breaking efficiency. The drilling and blasting parameters of design and construction method suitable for gas-energy rock breaking in general open-pit sites are obtained, and the influence factors of energy density on rock breaking efficiency are acquired. Engineering application results show that the new gas-energy rock breaking technology can effectively break various kinds of hard rocks. It has the advantages of simple construction operation, good safety, high rock breaking efficiency, and does not involve civil explosives and explosive hazardous chemicals. It has a broad application prospect in engineering.

Keywords: gas energy rock breaking technology; liquid oxygen; cracking tube; inflating in the hole; site levelling

1　引言

目前常用的破岩技术主要有炸药爆破、液压破碎锤、劈裂棒、静态膨胀剂等方法，其中，炸药爆破具有施工成本低、破岩效率高的优点，在采矿、市政建设等工程中得到广泛应用。近几年，二氧化碳气体膨胀破岩方法得到学者和工程技术人员的关注、研究和初步应用[1-5]。但是，由于二氧化碳气体膨胀需要使用激发管（也称发热管），激发管中的药粉含有高氯酸钾，属于易制爆危险化学品，因而受到限制。另外，二氧化碳致裂管是特制钢管，加工成本较高，导致二氧化碳膨胀破岩的施工成本也比较高，因此受到治安管理和经济价格的双重制约。为解决这些问题，本文作者在前期发明的二氧化碳孔内充装技术的基础上，研发出新型空气能气体膨胀破岩方法。该方法核心技术是利用液氧相变产生高压气体膨胀做功，经过多个露天台阶爆破工程的应用，取得了不同钻孔直径下优化的钻爆参数，解决了复杂环境下不能使用炸药爆破作业时又需要快速破岩的难题。

2　气能破岩装备系统

气能膨胀破岩装备系统主要由杜瓦罐、智能充装机、柔性致裂管组成，如图1所示。杜瓦罐是一种特种容器，用于运输和现场储存液氧。智能充装机实现精准充气，控制和调节充入柔性致裂管的液氧流速和流量。致裂管是一个组合装置，图2给出了柔性致裂管的结构示意图。

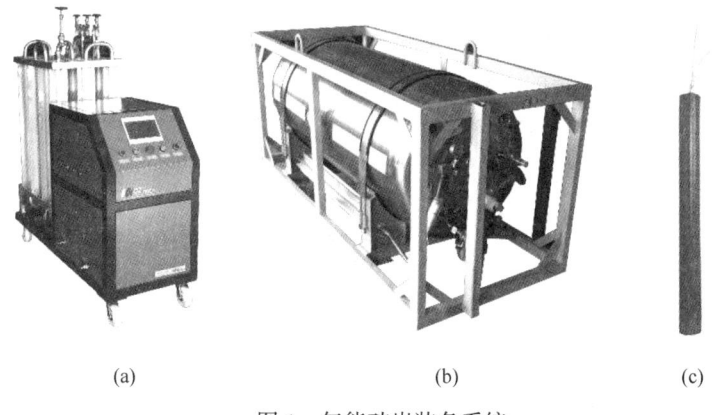

(a)　　　　　　　　(b)　　　　　　　　(c)

图1　气能破岩装备系统

（a）智能充装机；（b）杜瓦罐；（c）柔性致裂管

Fig. 1　Gas energy rock breaking equipment system

该致裂管主要由塑料外套管、可燃介质（本研究中用卷纸）、充液管、排气管、点火元件组成。外套管用于存放可燃介质和液氧，要保证充入液氧后不泄漏，放入炮孔过程中不被磨坏。点火元件是专用电阻桥丝，通入电流后电阻丝立即熔化，产生火星，用于点燃吸收了液氧的可燃介质。

3　气能破岩机理

利用液氧与可燃物接触不会自燃和在一定温度下液氧能够发生相变体积膨胀的特性，方莹等人[6-10]提出并发明了液氧孔内充装方法和气能破岩新技术。

气能破岩机理如下：把致裂管装入炮孔并堵塞好，用智能充装机把液氧充入致裂管，待可燃介质充分吸收了液氧以后，激发点火元件点燃可燃介质，可燃介质在液氧的助燃作用下剧烈燃烧并瞬间爆燃，使炮孔内温度、压力快速升高，当炮孔内温度、压力超过某个临界值时，没有参与燃烧的液氧立即发生相变，由液态变成气态，体积膨胀 800 多倍，在炮孔内产生高压气体。高压气体作用在孔壁上对岩石做功，由于气体压力（实测 250~300MPa）远大于岩石的抗拉、抗剪强度，从而在孔壁上产生大量裂缝，随后高压气体的"气锲"效应使裂缝进一步扩展，在气体膨胀力继续作用下，破裂的岩石脱离母岩，达到破岩的效果。

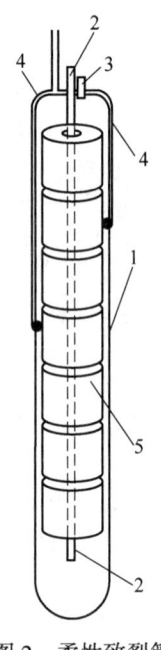

图 2　柔性致裂管
结构示意图
1—外套管；2—充液管；
3—排气管；4—点火元件；
5—可燃介质
Fig. 2　Schematic diagram of flexible fracturing pipe structure

4　气能破岩作业工艺流程

（1）组装致裂管。把可燃介质装入塑料外套管中，在装的同时把点火元件固定在适当位置，插入充气管和排气管，将塑料外套管两头封闭，确保充入的液氧不会泄漏。

（2）安装致裂管。把致裂管放入炮孔，充气管、排气管、点火脚线露在炮孔外面，用炮泥堵塞好炮孔。致裂管在炮孔中的状态如图 3 所示。

（3）连线组网。将各炮孔的点火元件用串联的方式连接起来，组成点火网路，确保点火网路畅通且电阻值符合设计要求。

（4）充装液氧。智能充装机连接杜瓦罐和充液管，将液氧充入致裂管。

（5）警戒与点火。根据充装的液氧量和预测的破岩效果估算警戒距离，并布置警戒。检查警戒情况并确认安全后，下达点火指令。

5　钻爆参数优化研究

选择不同的孔径（90mm、115mm）和石灰岩、花岗岩进行对比试验。

5.1　孔距排距优选

炮孔直径为 90mm 时，可燃介质直径为 76mm，根据能量密度经验计算公式[10]，可以算出能量密度为 4~5L/m，对应的单孔负担面积为 4~8m²，优选的孔距为 2.0~3.0m，排距为 2.0~2.6m。

炮孔直径为 115mm 时，可燃介质直径为 95mm，能量密度为 6~7.2L/m，对应的单孔负担面积为 6~12m²，优选的孔距为 3.0~4.0m，排距为 2.0~3.0m。

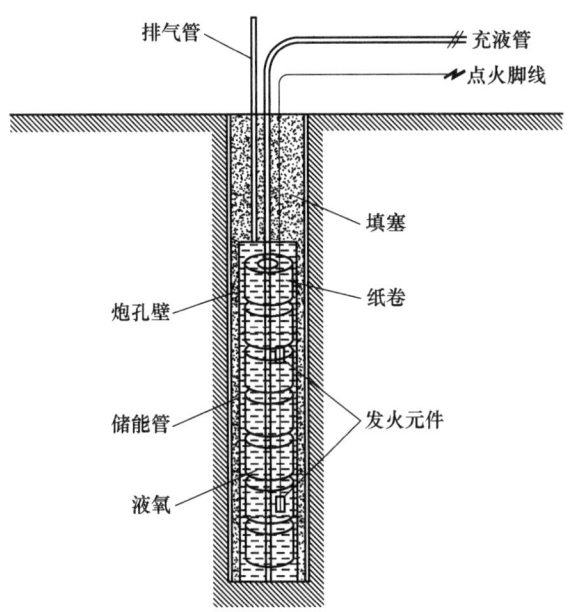

图3 致裂管在炮孔内的结构剖面示意图

Fig. 3 Schematic structural cross-section of the fracturing pipe in the blast hole

岩石硬时取小值，岩石软时取大值；岩石充分破碎取小值，岩石轻度破碎取大值。具体取值可通过试炮确定。

5.2 台阶高度影响

分别对 6m、9m、12m、15m 4 种高度台阶进行对比试验研究。炮孔直径为 90mm，对应的孔距为 2~3.0m、排距在 2.0~2.5m 之间。炮孔直径为 115mm，对应的孔距为 3.0~4.0m、排距在 2.0~3.0m 之间。结果表明，这 4 种高度台阶都可以顺利起爆，不受致裂管长度的影响，炮孔中的液氧都能相变，岩石破碎效果也差不多。研究表明，炮孔深度对液氧相变没有影响。

5.3 炮孔堵塞长度影响

在对 6m、9m、12m、15m 4 种高度台阶进行对比试验时，堵塞长度控制在 3~4m 范围。试验表明，堵塞长度对破岩效果影响不大，堵塞长度大的，孔口大块多一些，但是，飞石较少也飞不远，比较安全。由此可得出堵塞长度可以控制在排距的 1.5~2.0 倍范围。

6 典型工程应用

6.1 采石场整治工程气能破岩应用情况

6.1.1 工程概况

该采石场过去是采用机械+爆破法切割方料（大块石），现按当地政府要求进行整治，由于多年不开采，现在距爆区 300m 内有民房和高压线，不能使用民爆物品施工。岩石为微风化花岗岩，抗压强度约为 120MPa。

6.1.2 钻爆参数

优化后的钻爆参数如下：

（1）最小抵抗线：2.0m；

（2）孔距：2.2m；

（3）排距：1.8m；

（4）孔径：90mm；

（5）一次点火炮孔数量：10 个；

（6）台阶高度：9.0m，孔深 10.5m，超深 1.5m；

（7）致裂管长度：7.0m；

（8）堵塞长度：3.5m；

（9）能量密度：4.25L/m（每米充气量）；

（10）一次点火液氧用量：297.5L；

（11）破岩方量：394m³；

（12）单耗：0.76L/m³。

6.1.3　破岩效果

点火后，气体膨胀使岩体产生鼓包，鼓包破裂后岩石在气体推动下向前抛移，但飞散距离不远，基本上在 30m 以内。

由于堵塞长度 3.5m，所以孔口岩石破碎不均匀，有些大块需要炮机解小。典型的破岩过程如图 4 所示。

6.2　气能破岩在采矿工程中的应用

6.2.1　工程概况

某采石场给一家水泥厂供料，长年开采。试验区台阶高度 15m。岩石为中等风化石灰岩，岩石解理裂隙较发育，抗压强度为 40~50MPa，可爆性较好。

6.2.2　优化后的钻爆参数

研究中孔径分别选择 90mm、115mm，各进行 2 次气能破岩试验，同时进行振动、噪声监测，根据破岩效果研究分析优化钻爆参数。四次试验的钻爆参数、Z 向振动、噪声数据见表 1。

(a)　　　　　　　　　　　　(b)　　　　　　　　　　　　(c)

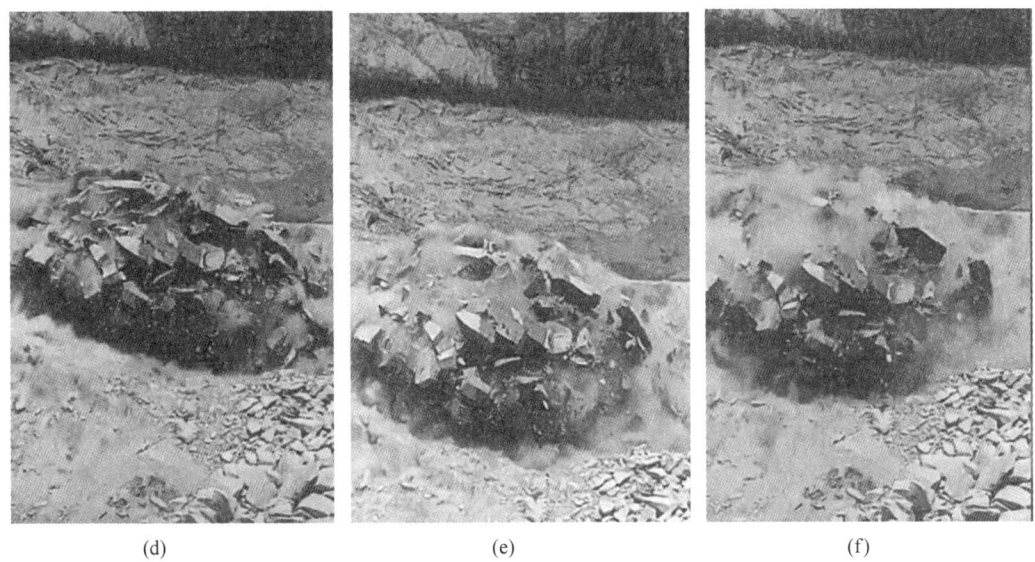

(d)　　　　　　　　　　　(e)　　　　　　　　　　　(f)

图 4　典型的花岗岩气能破岩过程

（a）点火前；（b）鼓包隆起；（c）鼓包继续隆起；（d）岩块前移；（e）岩块下落；（f）岩块继续下落

Fig. 4　Typical gas energy rock breaking process of granit

表 1　四次试验的钻爆参数、振动、噪声一览表

Tab. 1　List of drilling and blasting parameters, vibration and noise of 4 tests

钻爆参数	炮孔直径/mm			
	90		115	
	第 1 次试验	第 2 次试验	第 1 次试验	第 2 次试验
最小抵抗线/m	2.4	2.5	3.0	2.7
孔距/m	2.7	3.0	3.5	4.0
排距/m	2.2	单排	2.8	单排
炮孔数量/个	19	12	17.0	8
孔深/m	17.0	17.0	17.5	17
致裂管长度/m	13.2	13.2	13.5	13.2
堵塞长度/m	4.0	4.0	4.0	4.0
能量密度/L·m^{-1}	6.3	66	6.5	7.1
液氧用量/L	1591	800	1497.0	753
一次破岩量/m^3	1846.8	1350.0	2677.5	1440.0
折算单耗/L·m^{-3}	0.86	0.59	0.56	0.52
20m Z 向振动/cm·s^{-1}	未测	6.954	未测	7.344
50m Z 向振动/cm·s^{-1}	1.143	0.691	3.199	5.351
100m Z 向振动/cm·s^{-1}	1.203	未测	1.683	未测
100m 噪声/dB	83.6	88.5	84.9	94.5

　　由表中数据分析可知，对于 90mm 炮孔，孔距 3.0m、最小抵抗线 2.5m 较优，折算单耗 0.6L/m³；对于 115mm 炮孔，孔距 4.0m、最小抵抗线 2.7m 较优，折算单耗 0.52L/m³。当然，还可以重复多做几次试验，找出更优的钻爆参数。

6.2.3　破岩效果

　　每次点火后都能可靠激发。气体膨胀先使岩体产生鼓包，鼓包破裂后岩块向前翻滚、飞散，但飞散距离不远，基本上落在距离坡脚 30m 范围内。由于岩石可爆性较好，虽然堵塞长度达到 4.0m，孔口岩石没有大块需要解小。典型的破岩过程如图 5 所示。

(a)　　　　　　　　　　　　(b)

(c)　　　　　　　　　　　　(d)

图 5　典型的石灰岩气能破岩过程

（a）点火前；（b）鼓包隆起；（c）岩块翻滚抛出；（d）岩块落地

Fig. 5　Typical limestone gas energy rock breaking process

7　结论

　　通过上述研究与分析，可以得出以下结论：

　　（1）本研究首次把液氧相变气体膨胀破岩技术规模化地应用到台阶爆破工程中，充分证明新型气能破岩技术可以解决不能使用炸药爆破又需要快速、安全、大量破岩的施工难题。

（2）该技术方法不涉及民爆物品、易制爆物品，利用液氧独特的"助燃+相变"特性，让液氧在炮孔内先为可燃介质助燃再自身相变，利用相变后气体膨胀产生的压力对外做功破碎岩石，操作过程中没有机械撞击、摩擦、静电火花等的安全风险，提高了破岩作业的本质安全水平。

（3）给出的钻爆参数说明孔径大的破岩单耗较低，经济效益高，对于可爆性好的石灰岩，可以实现 $0.5L/m^3$ 的单耗。采用 115mm 炮孔，适当增加充装设备和作业人员，可实现单日破岩 5000 方（13000t）。

参 考 文 献

[1] 梅比，高星，方莹，等．二氧化碳膨胀爆破新型致裂管与安全技术研究［J］．爆破，2021（2）：153-159.

[2] 刘国军，张树文．超临界 CO_2 致裂页岩实验研究［J］．煤炭学报，2017（3）：694-701.

[3] 孙可明，辛利伟，王婷婷，等．超临界 CO_2 气爆煤体致裂规律模拟研究［J］．中国矿业大学学报，2017（3）：1-6.

[4] 杜泽生，范迎春，薛宇飞，等．二氧化碳爆破采掘装备及技术研究［J］．煤炭科学技术，2016（9）：36-42.

[5] 董庆祥，王兆丰，韩亚北，等．液态 CO_2 相变致裂的 TNT 当量研究［J］．中国安全科学学报，2014（11）：84-88.

[6] 方莹．一种孔内充装柔性致裂装置及其使用方法：中国，20211153943.1［P］．2021-12-17.

[7] 方莹，等．一种孔内充装柔性致裂装置：中国，CN216593001U［P］．2022-05-24.

[8] 方莹．一种孔内充装柔性致裂装置及其使用方法：中国，CN114184090A［P］．2022-03-15.

[9] 方莹．一种孔内充装的可燃气体致裂管：中国，CN211575994U［P］．2020-09-25.

[10] Fang Ying, Chen Zhidong, et al. Research on key technology of new air energy expansion blasting［C］// Proceedings of the 13th International Symposium on Rock Fragmentation by Blasting, Beijing：Metallurgical Industry Press，2022.

3D 打印不锈钢/纯铝爆炸焊接界面研究

黄佳雯[1,2]　梁国峰[1,2]　胡家念[1,2]　陈翔[1,2]

（1. 江汉大学省部共建精细爆破国家重点实验室，武汉　430056；

2. 湖北（武汉）爆炸与爆破技术研究院，武汉　430056）

摘　要：爆炸焊接已广泛应用于制造金属复合板，而 3D 打印的金属材料因其特有的打印特性受到广泛的关注与研究。本研究为了扩展爆炸焊接与 3D 打印材料的应用，利用 3D 打印不锈钢 SUS316L 与纯铝 A1060 进行爆炸焊接，探究其焊接的可行性及特征区域的微观组织结构在爆炸焊接后的变化。通过光学显微镜（OM）、扫描电镜（SEM）对其焊接界面微观结构进行表征；利用 ANSYS/AUTODYN 软件进行数值模拟，分析焊接界面演化机理，如压力变化、射流、熔化等。结果表明，3D 打印不锈钢 SUS316L 与纯铝 A1060 可以通过爆炸焊接在一起，且焊接质量良好。

关键词：爆炸焊接；3D 打印；SPH

Research on Interface Microstructure of Explosive Welding 3D Printing Stainless Steel/Pure Aluminum

Huang Jiawen[1,2]　Liang Guofeng[1,2]　Hu Jianian[1,2]　Chen Xiang[1,2]

（1. State Key Laboratory of Precision Blasting, Jianghan University, Wuhan 430056；

2. Hubei Province Key Laboratory of Engineering Blasting, Jianghan University, Wuhan 430056）

Abstract：Explosive welding has been widely utilized to produce composite metal plates. However, 3D printing of metal materials has gotten much attention and research due to its unique printing properties. In this study, 3D printed stainless steel SUS3161L is explosion welded with pure aluminum 1060 to broaden the applicablity of explosive welding with 3D printed materials. To investigate the feasibility of its welding as well as the changes in microstructure in the distinctive zone following explosive welding. Characterization of the welding interface microstructure using the optical microscope（OM）and scanning electron microscopy（SEM）; numerical simulation utilizing ANSYS/AUTODYN software to study the welding interface evolution process, such as pressure change, jet, melting, and so on. The results show that explosive welding 3D printing stainless steel SUS316L and pure aluminum A1060 with good weld quality is possible.

Keywords：explosive welding; 3D printing; SPH

基金项目：武汉市知识创新专项（2022010801020379）。

作者信息：黄佳雯，硕士，huangjiawen9944@163.com。

1 引言

　　3D 打印技术又称之为增材制造（additive manufacturing），一般是以金属粉末、塑料丝材等为基材，以数字模型的文件为基础，通过逐层堆叠累积的方式构建三维模型，是第三次工业革命标志性的成果[1]。3D 打印技术因为其快速成型、减少浪费、批量生产而在航天航空、医疗、汽车等制造业得到广泛的应用[2-5]。伴随着 3D 打印技术快速发展，对于金属 3D 打印的研究也在不断进步，市场需求量也越来越广泛。其中 3D 打印的 316L 钢有着巨大的潜力，其打印后的高强度和良好的延展性受到广泛的关注[6-8]。爆炸焊接是一种固相焊接方法，通常用于异种金属之间的连接。爆炸焊接利用炸药被引爆后所产生的强冲击力和瞬时产生的热能，造成两层或多层同种或异种金属材料间在界面处发生高速碰撞，从而实现不同种类的金属材料间产生高强度的冶金结合[9-10]。爆炸焊接相比于传统焊接方式有着更好的结合强度且能更高效率地大规模生产。本研究为了扩展爆炸焊接与 3D 打印材料的应用，利用 3D 打印不锈钢中选择性激光熔化（SLM）SUS316L 与纯铝 A1060 进行爆炸焊接，探究其焊接的可行性以及特征区域的微观组织结构在爆炸焊接后的变化。

　　在本研究中，爆炸焊接伴随着高压、高应变和高温的条件，由于其结合过程的瞬时性和复杂性，为了更细致和准确地了解 3D 打印材料焊接的可行性和其爆炸焊复合界面的形成机理，对焊接界面微观组织形貌特征进行分析，并利用软件 ANSYS/AUTODYN 观察整个焊接过程中压力变化、射流、熔化等，揭示其形成机理。

2 实验

2.1 实验材料

　　本研究选用 3D 打印中选择性激光熔化（SLM）的 SUS316L 不锈钢作为基板以及纯铝 A1060 作为飞板进行爆炸焊接，其化学成分分别见表 1 和表 2。基板和飞板的尺寸为 200mm×100mm×3mm（长×宽×高）。利用维氏硬度计对母材进行硬度测试，施加了 2N 的力，测试结果见表 3。在进行爆炸焊接前，对基板和飞板的焊接面进行打磨抛光，后用无水乙醇进行擦拭备用。

表 1　SLM-SUS316L 的化学组成成分（质量分数）
Tab. 1　Chemical compositions of SLM-SUS316L（mass pct）　　　（%）

材料	C	O	Si	Mn	Ni	Cr	Mo	Fe
SLM-SUS316L	≤0.03	≤0.13	≤1.00	≤2.00	10.00~14.00	16.00~18.00	2.00~3.00	余量

表 2　A1060 的化学组成成分（质量分数）
Tab. 2　Chemical compositions of A1060（mass pct）　　　（%）

材料	Ti	Mn	Zn	Mg	Si	Fe	Cu	Al
A1060	≤0.03	≤0.03	≤0.05	≤0.03	≤0.25	≤0.35	≤0.05	≥99.6

表 3　母材的维氏硬度
Tab. 3　Hardness of the original materials

材　　料	焊接界面（HV）	厚度界面（HV）
SLM-SUS316L	225	215
A1060	39	42

2.2 实验参数

在爆炸焊接中，主要的实验参数有两个，分别是碰撞角 β 和冲击速度 v_P，它们二者的关系可以表示如下[10]：

$$v_P = 2v_D \sin\frac{\beta}{2} \tag{1}$$

式中，v_D 为炸药的爆轰速度；碰撞角 β 与爆轰速度和炸药厚度等初始条件所决定，其计算方式参考 [11]，最后计算的参数见表4。

表4 爆炸初始参数
Tab. 4 Initial parameters for explosive welding

材料（厚度）	炸高/mm	爆轰速度 $V_D/\mathrm{m \cdot s^{-1}}$	炸药消耗比 r	多方指数 K	碰撞角 $\beta/(°)$	碰撞速度 $v_p/\mathrm{m \cdot s^{-1}}$
A1060+SLM-SUS316L （3mm）+（3mm）	2	2000	1.99	1.6	14.7	511

2.3 实验方法

将抛光好的基板和飞板平行放置于砧座之上，起爆雷管，完成复合板的焊接。爆炸装置如图1所示。所用的主要炸药是铵油炸药（一种硝酸铵和燃料油的混合物），密度约为 $0.8\mathrm{g/cm^3}$。

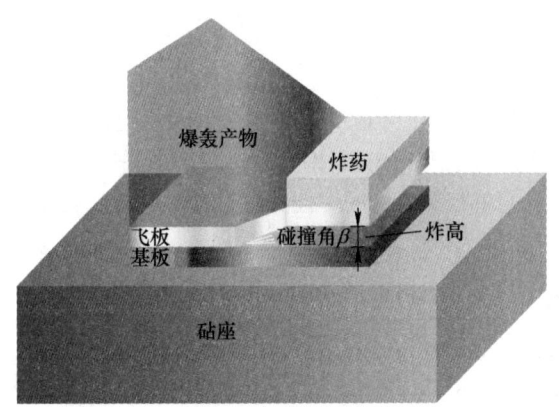

图1 爆炸焊接装置示意图
Fig. 1 Schematic of the explosive welding device

为了观察焊接件的具体形貌特征，将焊接件切割，沿着爆轰方向镶样与磨抛。用金刚石砂纸研磨至4000目，再利用氧化铝抛光液进行抛光，完成制样。通过光学显微镜（OM）进行界面结构的观察与分析；利用扫描电镜（SEM）进行更进一步的微观组织分析以及面扫进行成分分析。

利用 ANASYS/AUTODYN 对冲击焊接过程进行数值模拟，观察其焊接机理。平滑粒子流体动力学（SPH）是一种使用粒子的无网格拉格朗日流体动力学，避免了一定的网格纠缠，与传统的拉格朗日技术有所区别，因此当处理大变形材料时更加稳定[12]。目前，这种方法也被广泛应用到爆炸焊接的模拟中[13-15]。在本次研究中，Mie-Gruneisen 为状态方程，Johnson-Cook 为强度模型，其强度模型因考虑了应变硬化效应、温度和应变速率而可以更好地解释爆炸焊接中高压引起的大塑性变形[16]。粒径影响着计算的稳定性、界面轮廓和射流颗粒，所以在 SPH 方法中起着至关重要的作用。在本研究中，飞板（A1060）与基板（SLM-SUS316L）的尺寸均设置为 10mm（长）×3mm（高），粒径选择为 5μm。而砧座的尺寸设置为 12mm（长）×60mm（高），粒径选择为 100μm。其具体模型参数见表 5 和表 6[17-20]。

表 5　Johnson-Cook 强度方程参数

Tab. 5　Parameters of Johnson-Cook strength mode

材料	密度/g·cm^{-3}	剪切模量/kPa	屈服强度/kPa	硬化系数/kPa	硬化指数
SLM-SUS316L	7.98	8.07×10^7	5.73×10^5	4.55×10^6	1.28
A1060	2.71	2.05×10^7	6.56×10^4	1.09×10^5	0.23
材料	应变速率常数	热软化	熔化温度/K	参考应变率/s^{-1}	应变率修正
SLM-SUS316L	0.01896	0.6	1723	1.00	一阶
A1060	0.029	1	933	1.00	一阶

表 6　冲击状态方程参数

Tab. 6　Parameters of Shock equation of state

材料	Gruneisen 系数 γ	C_1/m·s^{-1}	S_1	参考温度/K	比热容/J·(kg·K)$^{-1}$
SLM-SUS316L	1.93	4570	1.49	298	423
A1060	1.97	5386	1.34	298	896

3　结果与讨论

3.1　光学显微镜分析

图 2 是磨抛后的爆炸焊接界面在光学显微镜下沿着爆轰方向的形貌，上层为飞板纯铝 A1060，下层为基板 SLM-SUS316L。界面形态一般分为波状界面和平直界面[21-22]。在本次研究中，焊接界面呈接近平直的状态。波的产生是一种流体流动现象，由于 A1060 与 SLM-SUS316L 之间熔点、硬度、强度等有明显的差异，导致其流体特征不明显，界面接近平直状态[23]。在铝/钢爆炸焊接中这是一种常见现象[24-26]。在图 2（b）SLM-SUS316L 一侧观察到一些孔洞，这是 3D 打印材料中常见的现象，在 3D 打印粉末堆叠过程中，受到激光参数、粉末特性和温度梯度等因素的影响，形成的材料密度有所不同[27-28]。在本次研究中选择的 3D 打印 SUS316L 密实度大于 99%。

利用配制的金相腐蚀液对母材 SLM-SUS316L 与焊接后的复合材料进行金相腐蚀，观察其形貌的变化。图 2（e）是爆炸焊接前的母材熔池形态，其熔池形态由于 3D 打印特性所造成的激光熔化金属颗粒在烧结与凝固中层层堆叠所形成的级联特性。图 2（f）是爆炸焊接后 SLM-SUS316L 的熔池形态，可以看出其熔池状态沿着爆轰方向拉伸。爆炸焊接过程中产生巨大冲击力，使金属颗粒受到剧烈变形，颗粒沿着爆轰方向被拉长[29]。

3.2　扫描电镜分析

为了进一步对焊接界面中熔化区微观结构形貌进行表征，利用扫描电镜（SEM）对焊接界

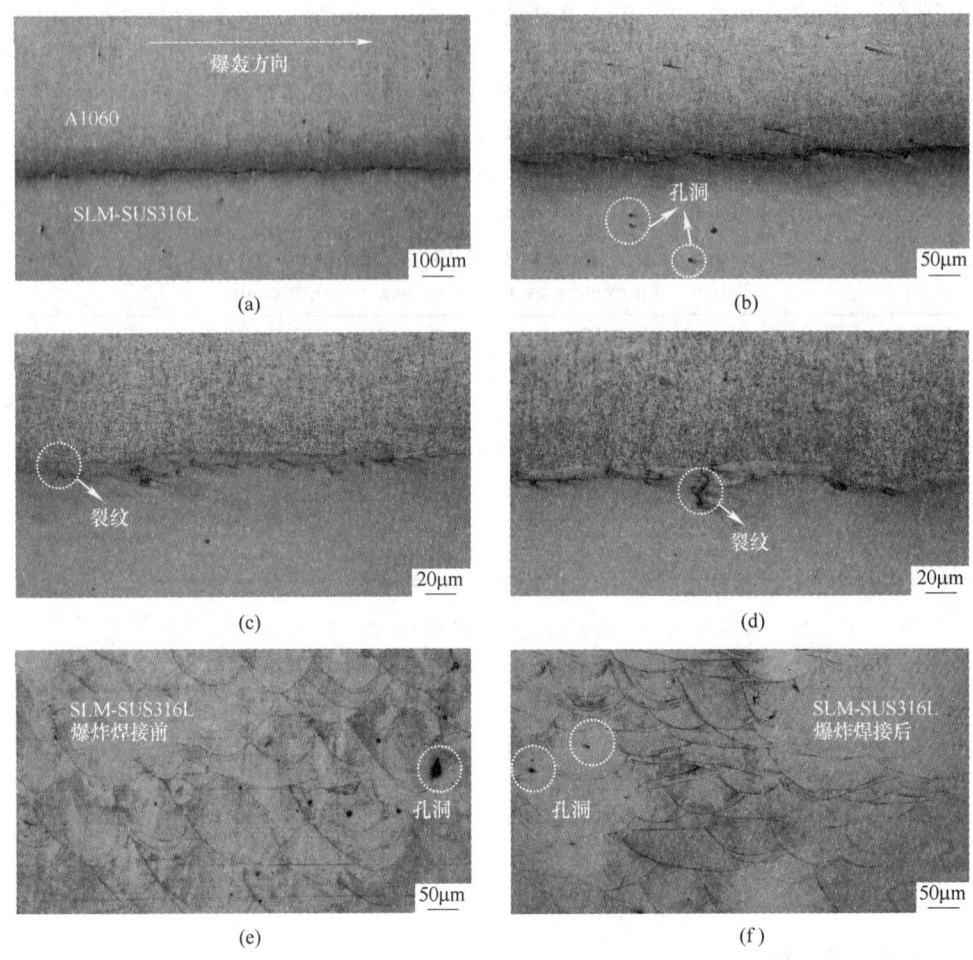

图 2 光学显微镜微观形貌图

(a)~(d) A1060/SLM-SUS316L 焊接界面形貌；(e) 母材 SLM-SUS316L 腐蚀金相图；

(f) 爆炸焊接后 SLM-SUS36L 腐蚀金相图

Fig. 2 Optical microscope micro-morphology

面观察，如图 3 所示。爆炸焊接发生时，飞板以较高的速度向基板运动，在接触表面发生倾斜碰撞，导致界面发生相应的物理化学变化，促使界面发生冶金结合，完成复合板的焊接。在本次研究中，可以观察到熔化层的厚度在 20μm 以内，爆炸焊接界面的形成往往伴随着高温、高压，高温形成密集的热量且被较冷的金属所包围而形成熔化区。熔化区有着 SLM-SUS36L 颗粒的渗透与微孔的出现，颗粒破碎伴随着大量的热，微孔是熔体在结晶过程中收缩的结果[30]。熔化区还有着垂直于爆轰方向的裂纹产生，这些裂纹并没有向母材延伸的趋势。这是由于在爆炸焊接过程中高温后快速凝固所导致的热应力产生的。其中爆炸焊接界面处的冷却速率估计可达 $10^5 \sim 10^7$K/s。而这些在熔化层中所产生的缺陷是正常的现象[31-33]。

在此基础上，对其界面针对 Al 元素与 Fe 元素进行线扫描与面扫描。图 4 是焊接界面面扫的结果，对图 4 (a) 区域进行整体的面扫描。其中元素分布有着交替颜色的变化，可以看出熔化区大部分由纯铝 A1060 组成，这是由于飞板 A1060 （933K） 比基板 SLM-SUS316L （1723K） 的熔点低，爆炸焊接过程中产生的高温会先将熔点低的纯铝 A1060 进行熔化。图 5

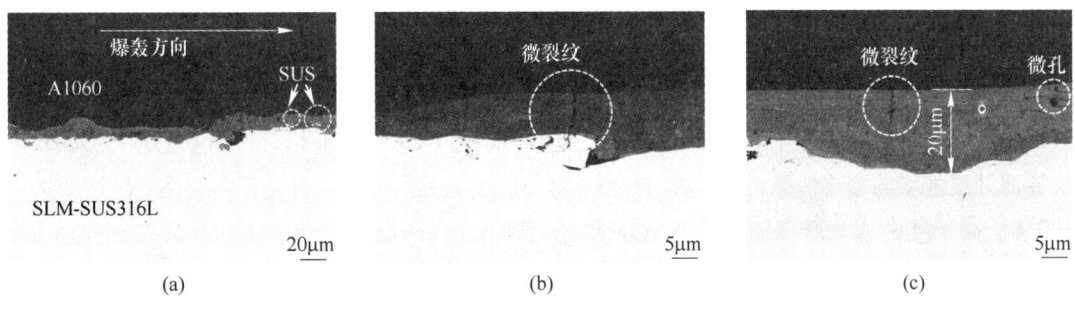

图 3　A1060/SLM-SUS316L 焊接界面形貌 SEM 图

Fig. 3　SEM image of A1060/SLM-SUS316L weld interface

是选取焊接界面中熔化区域厚度进行线扫的结果。由此可以看出 Al 元素和 Fe 元素有着扩散的趋势,熔化区域达到 14μm。熔化区域液态金属强烈的塑性流动和高温导致原子扩散而产生 Al 元素的富集。正是由于界面处的这种扩散,让复合板的冶金结合得到进一步增强。爆炸焊接结合界面上发生的牢固冶金结合可以归纳为三个阶段:首先是焊接界面物理相互接触阶段;再进行焊接界面化学相互作用阶段;最后界面元素扩散阶段完成冶金结合[34]。

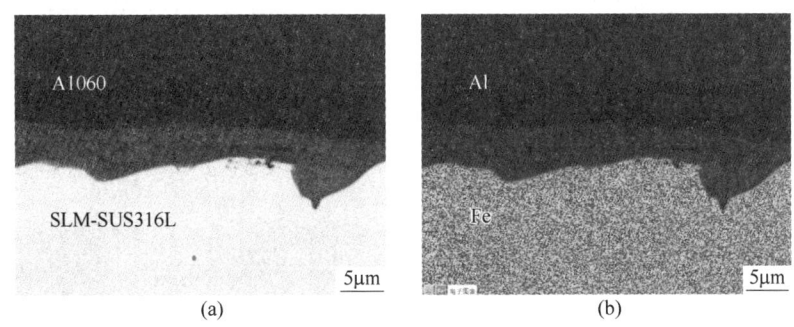

图 4　A1060/SLM-SUS316L 焊接界面面扫描结果

Fig. 4　A1060/SLM-SUS316L weld interface surface scanning results

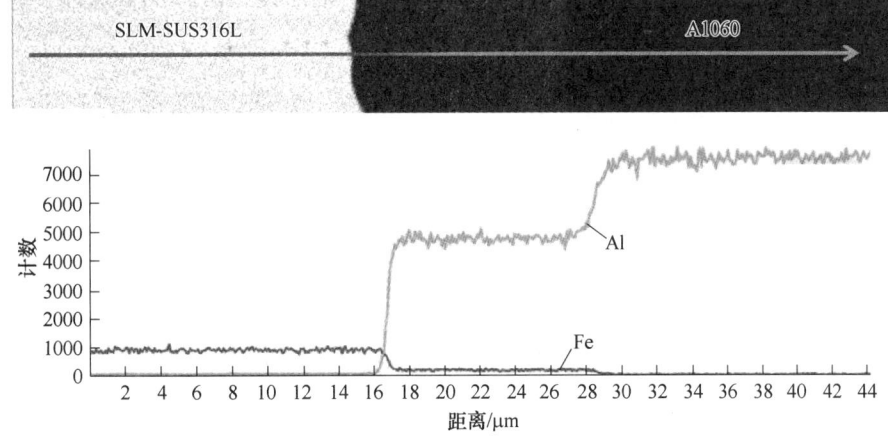

图 5　A1060/SLM-SUS316L 焊接界面线扫描结果

Fig. 5　Line scan results for A1060/SLM-SUS316L welded interface

3.3 数值模拟

图 6（a）为数值模拟中爆炸焊接初始二维模型图，初始碰撞角度为 14.7°，冲击速度为 511m/s，在爆炸焊接发生后，形成了较为平直的界面，与实验结果相符。图 6（c）为爆炸焊接界面处温度场的变化情况，可以看出在爆炸焊接瞬时，温度迅速上升，界面处温度高达 1500~3000K，高于纯铝 A1060 飞板的熔点（660K），因此，在高温条件下，A1060 会先产生熔化，产生熔化区。而在远离接触面的温度保持室温，因此在界面附近的熔化金属的冷却速率很大，在熔化层高温凝固过程中容易形成裂纹等缺陷是正常的。图 6（d）为爆炸焊接界面处压力场的变化情况，观察到压力在飞板与基板碰撞处达到最高。同时如图 6（f）所示，碰撞点附近的应变率最高可达 $1×10^4s^{-1}$，这表明在爆炸焊接过程中，碰撞点附近发生了巨大的变形，其中等效塑性应变达到 10。

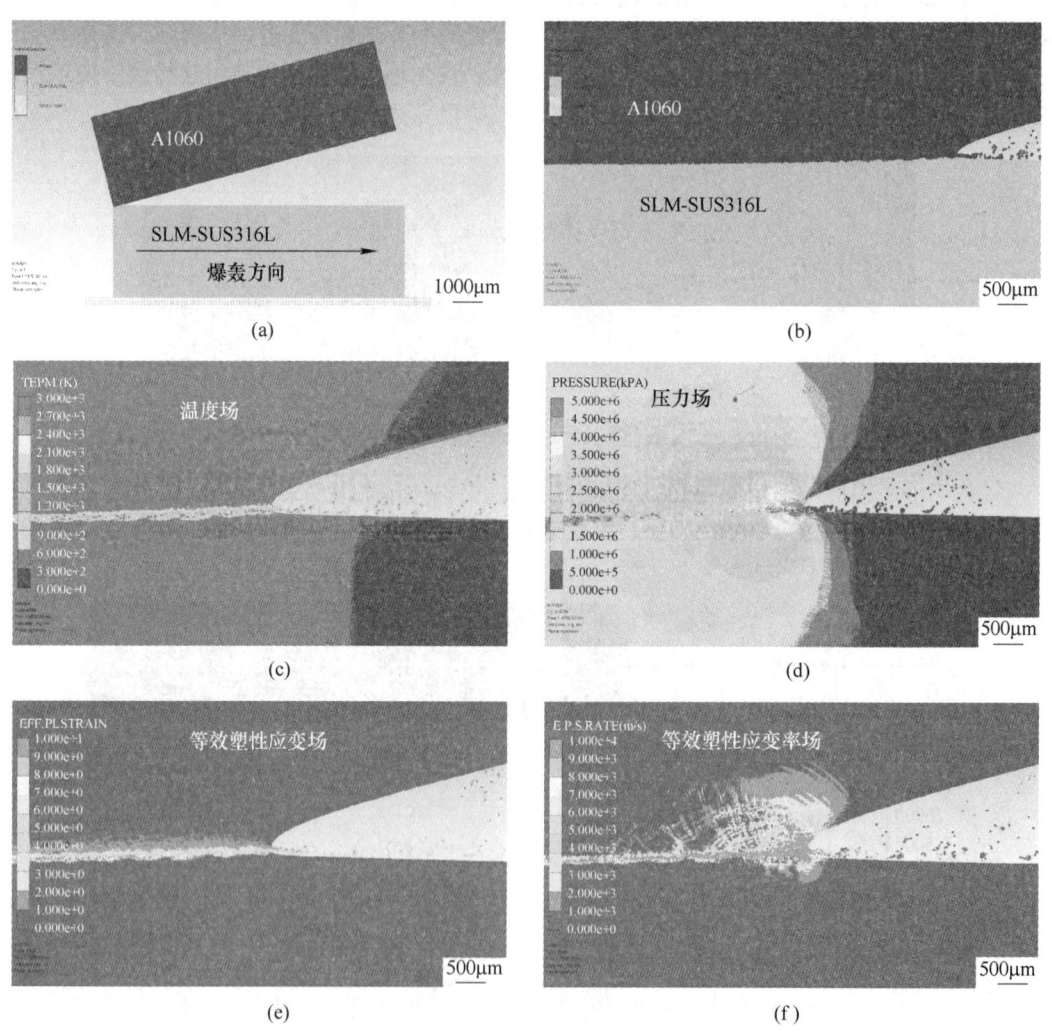

图 6　A1060/SLM-SUS316L 焊接界面数值模拟结果

Fig. 6　Numerical simulation results of A1060/SLM-SUS316L welded interface

　　在爆炸焊接过程中，射流起着重要的作用，射流可以冲刷母材接触面的氧化物等污染物，为焊接表面提供清洁活化的表面[35]。在数值模拟中，如图 7（a）所示，界面处产生了金属射流粒子，大部分来源于飞板纯铝 A1060 一侧。在碰撞点附近金属射流粒子有高速变化的运动方向，射流方向大多向着爆轰方向使界面趋于平直，同时飞板所产生的射流不断冲刷着基板 SLM-SUS316L，导致部分 SUS 颗粒会进入熔化层，进一步解释图 3（a）的实验结果。图 7（b）是 MIS. STRESS（米塞斯等效应力）的结果，可以反映熔化的金属颗粒情况，可以看出在飞板 A1060 一侧所产生的熔化较多，与实验结果吻合。

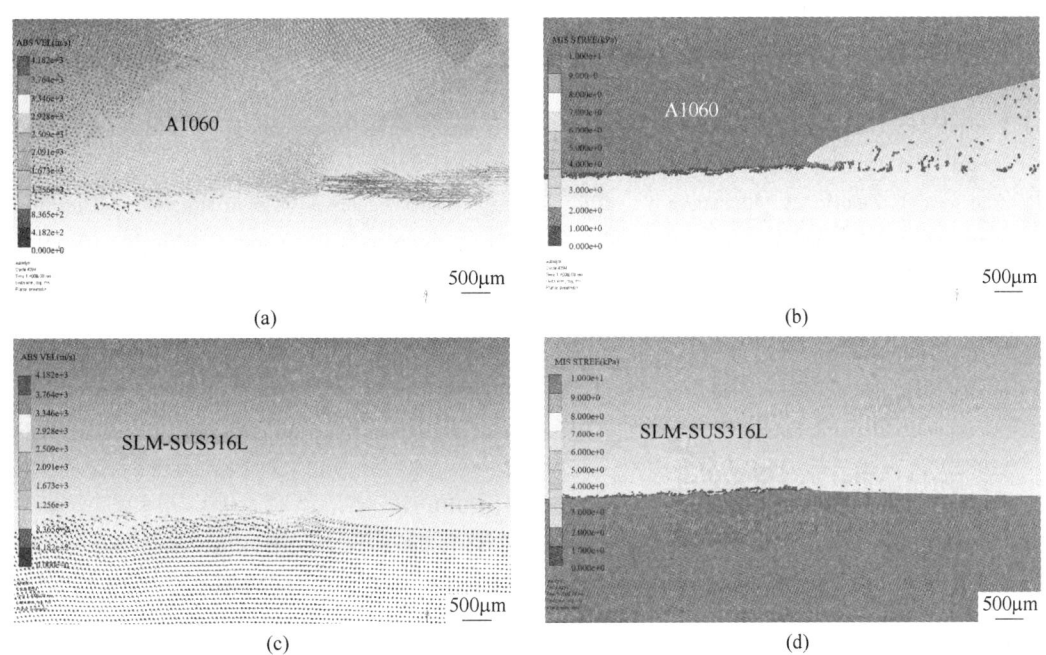

(a)　　　　　　　　　　　　　　　　　(b)

(c)　　　　　　　　　　　　　　　　　(d)

图 7　A1060/SLM-SUS316L 焊接界面的数值模拟射流与熔化结果

Fig. 7　Numerical simulation of jet and melting results at the A1060/SLM-SUS316L weld interface

4　结论

　　本研究表明 3D 打印的 SUS316L 与纯铝 A1060 可以进行爆炸焊接且焊接质量良好。进行了微观组织分析与数值模拟来说明 3D 打印材料爆炸焊接的可行性及其平直界面形成的机理，可以得出如下结论：

　　（1）实现了 SLM-SUS316L/A1060 的爆炸焊接，在微观形貌分析中没有出现分层、大裂纹等现象。

　　（2）焊接界面趋于平直，熔化区域不超过 $20\mu m$，大部分是 Al 元素的扩散，其中熔化区域有着微裂纹与微孔，但并不向母材延伸。在爆炸焊接的高压作用下，熔池晶粒形态沿着爆轰方向延伸。

　　（3）在数值模拟分析中，爆炸焊接的界面温度可达 1500~3000K。碰撞点附近的应变率最高可达 $1\times10^4 s^{-1}$，在界面产生了大塑性变形。界面有金属射流粒子产生并朝着爆轰方向，因此导致界面平直的趋势。A1060 所产生的熔化区域更多。

参 考 文 献

[1] 张仕颖. 基于 FDM 的金属 3D 打印平台关键结构设计与成型工艺研究 [D]. 重庆：重庆三峡学院，2023.

[2] 卢秉恒. 增材制造技术——现状与未来 [J]. 中国机械工程，2020，31（1）：19-23.

[3] McMenamin Paul G, Quayle Michelle R, McHenry Colin R, et al. The production of anatomical teaching resources using three-dimensional (3D) printing technology [J]. Anatomical Sciences Education, 2014, 7 (6): 478-486.

[4] 喻茜. 精准影像及 3D 打印技术在经导管主动脉瓣置换术的应用研究 [D]. 郑州：郑州大学，2022.

[5] 易欧司光电技术（上海）有限公司，等. 聚合物 3D 打印技术在航空航天领域中的应用 [J]. 现代制造，2022（4）：66.

[6] Wang Y M, Voisin T, McKeown J T, et al. Additively manufactured hierarchical stainless steels with high strength and ductility [J]. Nature Materials, 2018, 17 (1): 63-71.

[7] Zinovieva O, Zinoviev A, Romanova V, et al. Three-dimensional analysis of grain structure and texture of additively manufactured 316L austenitic stainless steel [J]. Additive Manufacturing, 2020, 36: 101521.

[8] Kong D, Dong C, Wei S, et al. About metastable cellular structure in additively manufactured austenitic stainless steels [J]. Additive Manufacturing, 2021, 38: 101804.

[9] Deribas A A, Kudinov V M, Matveenkov F I. Effect of the initial parameters on the process of wave formation in explosive welding [J]. Combustion, Explosion and Shock Waves, 1967, 3 (4): 344-348.

[10] Crossland, Bernard. Explosive Welding of Metals and Its Application [M]. Oxford: Clarendon Press, 1982.

[11] 汪旭光. 爆破手册 [M]. 北京：冶金工业出版社，2010.

[12] Hayhurst C J, Clegg R A. Cylindrically symmetric SPH simulations of hypervelocity impacts on thin plates [J]. International Journal of Impact Engineering, 1997, 20 (1/2/3/4/5): 337-348.

[13] Wang X, Zheng Y, Liu H, et al. Numerical study of the mechanism of explosive/impact welding using smoothed particle hydrodynamics method [J]. Materials & Design, 2012, 35: 210-219.

[14] Sun Z, Shi C, Xu F, et al. Detonation process analysis and interface morphology distribution of double vertical explosive welding by SPH 2D/3D numerical simulation and experiment [J]. Materials & Design, 2020, 191: 108630.

[15] Aizawa Y, Nishiwaki J, Harada Y, et al. Experimental and numerical analysis of the formation behavior of intermediate layers at explosive welded Al/Fe joint interfaces [J]. Journal of Manufacturing Processes, 2016, 24: 100-106.

[16] Khaustov S V, Pai V V, Lukyanov Y L, et al. Simulation and experimental determination of temperature in the joint zone during explosive welding [J]. Thermal Science and Engineering Progress, 2022, 30: 101240.

[17] Jelani M, Li Z, Shen Z, et al. Thermomechanical response of aluminum alloys under the combined action of tensile loading and laser irradiations [J]. Chinese Physics B, 2018, 27 (3): 037901.

[18] Noraphaiphipaksa N, Manonukul A, Kanchanomai C, et al. Fretting fatigue life prediction of 316L stainless steel based on elastic-plastic fracture mechanics approach [J]. Tribology International, 2014, 78: 84-93.

[19] Mahmood Y, Dai K, Chen P, et al. Experimental and numerical study on microstructure and mechanical properties of Ti-6Al-4V/Al-1060 Explosive Welding [J]. Metals, 2019, 9 (11): 1189.

[20] Liang H, Chen Y, Luo N, et al. Experimental and numerical investigation on interface microstructure and phase constitution of radiation resistant Pb/316L stainless steel explosive welded composite plate [J].

Journal of Materials Research and Technology, 2023, 24: 2562-2574.

[21] Akbari-Mousavi S A A, Barrett L M, Al-Hassani S T S. Explosive welding of metal plates [J]. Journal of Materials Processing Technology, 2008, 202 (1/2/3): 224-239.

[22] Findik F. Recent developments in explosive welding [J]. Materials & Design, 2011, 32 (3): 1081-1093.

[23] Chen X, Inao D, Tanaka S, et al. Explosive welding of Al alloys and high strength duplex stainless steel by controlling energetic conditions [J]. Journal of Manufacturing Processes, 2020, 58: 1318-1333.

[24] Carvalho G, Galvão I, Mendes R, et al. Explosive welding of aluminium to stainless steel [J]. Journal of Materials Processing Technology, 2018, 262: 340-349.

[25] Szecket A, Inal O T, Vigueras D J, et al. A wavy versus straight interface in the explosive welding of aluminum to steel [J]. Journal of Vacuum Science & Technology A: Vacuum, Surfaces, and Films, 1985, 3 (6): 2588-2593.

[26] Carvalho G, Galvão I, Mendes R, et al. Formation of intermetallic structures at the interface of steel-to-aluminium explosive welds [J]. Materials Characterization, 2018, 142: 432-442.

[27] Xia M, Gu D, Yu G, et al. Porosity evolution and its thermodynamic mechanism of randomly packed powder-bed during selective laser melting of Inconel 718 alloy [J]. International Journal of Machine Tools and Manufacture, 2017, 116: 96-106.

[28] Bang G B, Kim W R, Kim H K, et al. Effect of process parameters for selective laser melting with SUS316L on mechanical and microstructural properties with variation in chemical composition [J]. Materials & Design, 2021, 197: 109221.

[29] Zhou Q, Liu R, Ran C, et al. Effect of microstructure on mechanical properties of titanium-steel explosive welding interface [J]. Materials Science and Engineering: A, 2022, 830: 142260.

[30] Gladkovsky S V, Kuteneva S V, Sergeev S N. Microstructure and mechanical properties of sandwich copper/steel composites produced by explosive welding [J]. Materials Characterization, 2019, 154: 294-303.

[31] Acarer M, Gülenç B, Findik F. The influence of some factors on steel/steel bonding quality on there characteristics of explosive welding joints [J]. Journal of Materials Science, 2004, 39 (21): 6457-6466.

[32] Cui Y, Liu D, Zhang Y, et al. The microstructure and mechanical properties of TA1-low alloy steel composite plate manufactured by explosive welding [J]. Metals, 2020, 10 (5): 663.

[33] Yang M, Ma H, Shen Z, et al. Dissimilar material welding of tantalum foil and Q235 steel plate using improved explosive welding technique [J]. Materials & Design, 2020, 186: 108348.

[34] 武佳琪. 镁/钛异种金属爆炸焊接界面微观组织及性能的研究 [D]. 太原: 太原理工大学, 2015.

[35] 丁琪琪. 0Cr13/Q235 爆炸焊复合板界面特征及形成机制研究 [D]. 合肥: 合肥工业大学, 2019.

临氢铬钼钒钢复合板的爆炸焊接实验研究

侯国亭　冯 健　刘献甫　张晓飞　张陆定

（舞钢神州重工金属复合材料有限公司, 河南　平顶山　462500）

摘　要：为了解决临氢铬钼钒钢复合板只能使用堆焊工艺生产, 大大增加设备制造成本和制造工期的问题, 利用爆炸焊接工艺对临氢铬钼钒钢进行了爆炸焊接实验研究。结果表明, 对于组合材料 12Cr2Mo1VR(H)+S34778, 厚度（3+98）mm 的临氢铬钼钒钢复合板, 炸药爆速选用 2300m/s, 布药厚度选用 35mm, 两板间隙选用 7mm 时, 爆炸焊接质量较好, 复合板界面结合率达到 100%。经消应力热处理, 按标准要求对实验样品进行取样分析, 分别做了晶间腐蚀（E法）和力学性能实验。实验数据表明, 界面剪切强度达到 325MPa, 抗拉强度、屈服强度和延伸率分别为 722MPa、605MPa、22%, 弯曲和复层晶间腐蚀符合标准要求。

关键词：爆炸焊接；临氢铬钼钒钢；金属复合板；热处理

Study on Explosion Welding of Clad Metal Plate Made of Chromium-Molybdenum-Vanadium Steel in Hydrogen Environment

Hou Guoting　Feng Jian　Liu Xianfu　Zhang Xiaofei　Zhang Luding

（Wugang Shenzhou Heavy Industry Clad Metal Materials Co., Ltd., Pingdingshan 462500, Henan）

Abstract：In order to solve the problem that the clad metal plate in hydrogen environment, which is made of Chromium-Molybdenum-Vanadium steel and stainless steel, can only be produced by overlay welding process, which greatly increases the equipment manufacturing cost and manufacturing period, the experimental study on explosive welding of the clad metal plate was carried out by means of explosive welding technology. The results show that the explosive welding quality is better and the interface bonding rate of clad metal plate reaches 100% when the explosive detonation speed is 2300m/s, the explosive thickness is 35mm and the gap between the two plates is 7mm for the materials of 12Cr2Mo1VR(H)+S34778 and the thickness of the two plates is 3+98mm. After stress relief heat treatment, the experimental samples were sampled and analyzed according to the standards, the intergranular corrosion (E-method) and mechanical properties were tested respectively. The experimental results indicate that the interfacial shear strength attains 325MPa, while the tensile strength, yield strength and elongation are measured as 722MPa, 605MPa and 22%, respectively. Moreover, both bending and intergranular corrosion conform to the standard requirements.

作者信息：侯国亭, 硕士, 高级工程师, wgszzg@163.com。

Keywords：explosive welding；Chromium-Molybdenum-Vanadium steel in hydrogen environment；clad metal plate；heat treatment

近年来出现的重质油裂化和煤化工新工艺，要求临氢设备用金属复合板能够更加耐受高温高压等苛刻环境条件。目前，我国对加钒铬钼临氢钢复合板的研究开发基本上还处于起步阶段，还未发现国内有关加钒铬钼临氢钢复合板的重大研究成果发表。国外技术人员早在20世纪80年代，就开始了研究开发具有更高强度，且又能满足高温、高压及临氢环境等苛刻条件下使用的新材料：如临氢铬钼钒钢2.25Cr-1Mo-0.25V[1]；我国技术人员在开发临氢铬钼钒钢的过程中，始终积极主动，如文献［2］和［3］分别发表了2.25Cr-1Mo-0.25V钢加氢反应器的研制成果以及2.25Cr-1Mo-0.25V钢产生焊缝回火脆化的原因和预防措施；文献［4］和［5］分别探讨了热处理工艺对2.25Cr-1Mo-0.25V加钒Cr-Mo临氢钢低温韧性和相变温度的影响，取得了积极的成果，并成功地运用到生产实践中。但是，到目前为止，还未发现我国任何关于临氢铬钼钒钢复合板的研究成果或文献发表。我国大型加氢设备所使用的临氢铬钼钒钢复合板主要依赖进口或使用堆焊工艺生产，大大增加了设备制造成本和制造工期。因此开发研究高效、快捷的爆炸焊接临氢铬钼钒钢复合板生产工艺技术，对促进我国临氢铬钼钒钢复合板国产化，将起到积极的推动作用，具有良好的社会意义和经济效益。本文实验研究的重点为临氢铬钼钒钢复合板的爆炸焊接工艺技术，对于这种材料的进一步实验验证如临氢环境下长时间运行的可靠性，氢致剥离实验，高温持久及蠕变试验，回火脆化倾向性评定实验等基础性数据，还有待继续进行深入的实验开发研究。

1 实验材料及过程

1.1 实验材料

实验用基板选用国内某钢厂生产的12Cr2Mo1VR（H）钢板，规格尺寸为：98mm×1700mm×8900mm；复板选用S34778，规格尺寸为：3mm×1740mm×8940mm。两种金属材料的理化性能见表1~表4。

表1　12Cr2Mo1VR(H)钢板的化学成分（质量分数）
Tab. 1　Mass fraction of chemical composition of the steel plate 12Cr2Mo1VR(H)（%）

元素	C	Si	Mn	P	S	Cr	Mo
含量	0.12	0.04	0.50	0.004	0.003	2.37	1.04
元素	Nb	Ni	V	Cu	Ti	Ca	
含量	0.04	0.14	0.32	0.013	0.01	0.001	

表2　12Cr2Mo1VR(H)钢板的室温力学性能
Tab. 2　Mechanical properties of the steel plate 12Cr2Mo1VR(H)

抗拉强度 R_m/MPa	屈服强度 R_{eL}/MPa	伸长率 A/%	V型冲击功（-20℃）A_{KV}/J	弯曲试验180°，$b=2a$
692	560	24	217，225，230	完好

表3　S34778钢板的化学成分（质量分数）
Tab. 3　Mass fraction of chemical composition of the stainless steel plate S34778（%）

元素	C	Si	Mn	P	S	Cr	Ni
含量	0.06	0.62	1.85	0.025	0.013	18.32	11.89

表 4 S34778 钢板的力学性能

Tab. 4 Mechanical properties of the stainless steel plate S34778

抗拉强度 R_m/MPa	屈服强度 $R_{p1.0}$/MPa	伸长率 A/%	弯曲试验 180°，$b=2a$
540	260	42	完好

1.2 试验过程

1.2.1 爆炸焊接

目前国内外爆炸焊接工艺都是采用平行式爆炸焊接装置，即基板和复板均平行放置在爆炸基础之上，炸药经雷管引爆后，爆轰波以炸药爆炸速度 v_d 向四周传播，复板在爆轰波作用下以速度 v_p 碰撞基板，从而实现基复板焊接的目的[6]。图 1 所示为爆炸焊接平行安装法与参数关系分解示意，一般假设爆炸焊接的碰撞点移动速度 v_c 与炸药的爆炸速度 v_d 相等，这样炸药爆轰波驱动复板冲击基板的速度 v_p 可用式（1）表示如下[7]：

$$v_p = 2v_d\sin\beta/2 \tag{1}$$

式中　v_p——复板冲击基板的下落速度，m/s；

　　　v_d——炸药爆炸速度，m/s；

　　　β——复板动态弯折角，一般为 2°~25°。

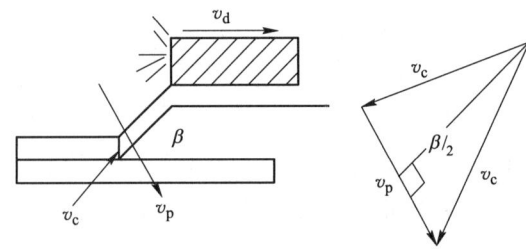

图 1 平行安装法与参数关系

Fig. 1 Parallel installation method and parameter relationship

式（1）中的三个参数 v_p、v_d、β 呈函数关系，除炸药爆速可以根据要求预先调配外，其他两个参数 v_p 和 β 都和两板之间的间距、装药厚度有关。

爆炸焊接生产中，为简化起见，其工艺参数通常使用经验公式计算。文献［8］提供了计算单位面积装药量和药厚的经验公式及两板之间的间距计算公式。

$$W_g = K_g\sqrt{\rho\delta_1\delta\rho_1} \tag{2}$$

$$\delta_0 = \frac{W_g}{\rho_0} \tag{3}$$

式中　W_g——单位面积装药量，g/cm²；

　　　K_g——装药系数，对于不锈钢和碳钢的爆炸焊接，K_g 取值 1.5；

　　　δ_0，δ_1——装药厚度和复板厚度，cm；

　　　ρ_0，ρ_1——炸药密度和复板密度，g/cm³。

对于两板间距，所述文献给出的经验公式为：

$$h = 0.2(\delta_0 + \delta_1) \tag{4}$$

在已知复板密度 $\rho_1 = 7.93 \text{g/cm}^3$、厚度 $\delta_1 = 3\text{mm}$，预先配置的炸药爆速 $v_\text{d} = 2300\text{m/s}$、密度 $\rho_0 = 0.65 \text{g/cm}^3$ 的情况下，可通过式（2）～式（4）分别计算出爆炸焊接理论装药厚度和两板间距参数为：$\delta_0 = 3.55\text{cm}$；$h = 0.77\text{cm}$。

关于板间距 h、炸药爆速和复板动态弯折角 β 之间的关系，文献［9］整理得出了它们之间的关系式如下：

$$\sin\frac{\beta}{2} = \frac{-5.7649h^2 + 131.4h + 0.7595}{2v_\text{d}} \tag{5}$$

式中，v_p 单位取 m/s，间隙 h 单位取 mm。

利用式（5）和式（1），可计算出爆炸焊接的两个动态参数：

$v_\text{p} = 670.74\text{m/s}$；$\beta = 16.77°$。

根据理论计算结果可以看出，复板动态弯折角为 16.77°，符合理论上动态弯折角为 2°～25° 的要求，复板冲击速度 670.74m/s，也符合文献［10］所提出的复板冲击基板的最小速度应大于 304m/s 的要求，因此经修订后爆炸焊接实验采用的爆炸焊接参数如下：

$v_\text{d} = 2300\text{m/s}$；$\delta_0 = 35\text{mm}$；$h = 7\text{mm}$；$v_\text{p} = 670\text{s}$；$\beta = 16°$。

采用修订后的参数对选材的复合板进行了爆炸焊接，爆炸焊接前后的金属复合板 12Cr2Mo1VR(H)+S34778（3+98mm）如图 2、图 3 所示，爆炸焊接后经现场 UT 超声无损检测，除起爆点有 $\phi20\text{mm}$ 区域未复合外，其余部分全部实现复合。

图 2 爆炸焊接前 12Cr2Mo1VR(H)+S34778
Fig. 2 Before explosive welding
12Cr2Mo1VR(H)+S34778

图 3 爆炸焊接后 12Cr2Mo1VR(H)+S34778
Fig. 3 After explosive welding
12Cr2Mo1VR(H)+S34778

1.2.2 热处理

爆炸焊接金属复合板由于存在爆炸焊接应力，需要进行消除应力热处理。由于爆炸焊接的材料是由两种不同物理化学性质的板材组合而成，所以在有关标准和压力容器设备设计中，要求这种新型复合板材在热处理后既要保证基层材料的力学性能，又要保证复层材料的耐腐蚀性能，也即要兼具两种板材的原有热处理状态。例如标准 NB/T 47002.1—2019[11] 中第 7.1.6 小节对此就给出了明确说明。

本文用于爆炸焊接实验所使用的板材为 12Cr2Mo1VR(H) 容器板和 S34778 不锈钢板，按标准 GB 713—2014 和 GB 150—2011[12-13]规定，12Cr2Mo1VR（H）容器板交货状态为正火加回火；复层不锈钢板 S34778 的交货状态依据标准 GB/T 24511—2017[14]为固溶。两种板材经爆炸焊接后，组合成了一种新型的层状复合板材，对于这种新型复合板材的热处理，多年来相关领域科技人员试图寻找一种合适的热处理工艺，但由于两种板材的热处理状态差别很大，如遵循一种板材的热处理状态对复合板材进行固溶处理，则会破坏另一种板材的原始热处理状态如正火加回火。对于爆炸焊接复合板材的热处理，相关设计单位在技术要求条款中，往往要求热处理后需保证两种组合板材之前的交货状态，从理论上讲，这样的要求是矛盾的，也是不可能实现的。

为解决爆炸焊接复合板材热处理工艺的混乱和模糊状态，标准 NB/T 47002.1—2019 引进了热处理标准 GB/T 30583—2014[15]，明确规定复合板消除应力热处理工艺和设备参考此标准的相关要求，并且注明采用低于基材回火温度所进行的复合板消除应力热处理，应视为不会改变基材的原有热处理状态。这样就统一了对复合板热处理的认识，消除了检查、监管等部门对复合板热处理后是否已经改变原组合板材热处理状态的误解或争议。

遵照以上所述，本实验参用标准 GB/T 30583—2014 给出的热处理规范参数，热处理保温温度为 620℃；保温时间为 $\frac{3+98}{25}=4.04h$，升温速度不大于 120℃/h。热处理曲线如图 4 所示。

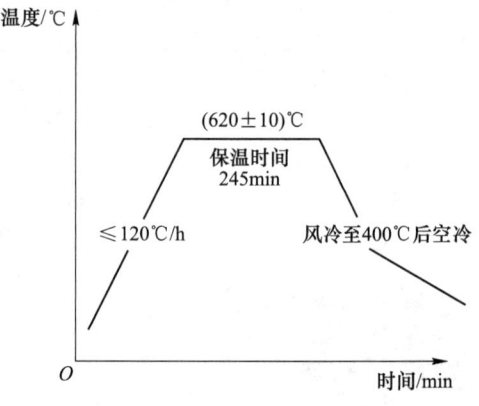

图 4　热处理曲线
Fig. 4　Heat treatment curve

2　实验结果

对消应力热处理后的 12Cr2Mo1VR（H）+S34778 金属复合板，按标准要求进行取样，分别做了晶间腐蚀（E 法）和力学性能实验。实验数据表明，复层晶间腐蚀符合标准要求，力学性能参数符合标准要求且性能优良。力学性能实验数据结果见表 5，晶间腐蚀和力学性能试样如图 5 和图 6 所示。

表 5　12Cr2Mo1VR（H）+S34778 金属复合板的力学性能
Tab. 5　Mechanical properties of the steel plate 12Cr2Mo1VR（H）+S34778

抗拉强度 R_m/MPa	屈服强度 R_{eL}/MPa	伸长率 A/%	V 型冲击功（0℃）A_{KV}/J	剪切强度/MPa	内外弯曲试验 180°，$b=3a$
722	605	22	193，206，215	325	完好

3　结论

（1）实验证明，采用简洁明了的经验公式对爆炸焊接参数进行估算，然后再验证优化，是进行爆炸焊接参数设计的一个有效途径。本文利用该方法计算的爆炸焊接技术参数，经优化后成功运用于爆炸焊接 12Cr2Mo1VR（H）+S34778 金属复合板生产工艺中，经 UT 检测表明，该金属复合板产品的结合状态和结合率达到或超过了 NB/T 47002.1—2019 等相关行业或国家标准的要求。

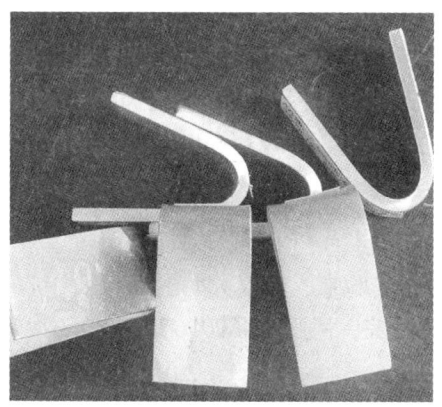

图 5　晶间腐蚀（E 法）弯曲试样

Fig. 5　Iintergranular corrosion（E-method）

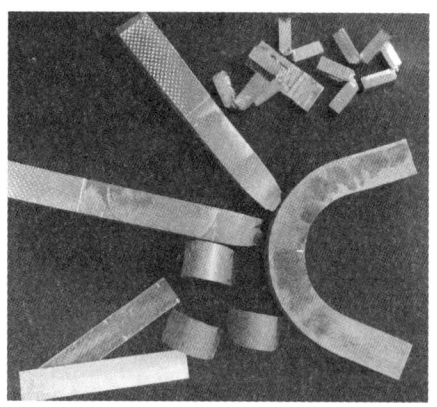

图 6　力学性能检测试样

Fig. 6　Mechanical properties test sample

（2）经消应力热处理后的 12Cr2Mo1VR（H）+S34778 金属复合板，其理化性能指标完全满足标准 NB/T 47002.1—2019 中对压力容器用金属复合板的技术要求，因此可以认定，本实验制订的热处理工艺也是正确而有效的。

（3）本爆炸焊接参数计算方法和消应力热处理生产工艺也可推广应用到其他钢种如 S31603、S30403、15CrMoR、14Cr1MoR 等复合板的爆炸焊接生产实践中。

参 考 文 献

［1］陈崇刚，黎国磊. 我国 $2\frac{1}{2}$Cr-Mo-$\frac{1}{4}$V 抗氢钢的开发 ［J］. 石油化工设备技术，2002，5：38-42.

［2］梅丽华，魏刚. 2.25Cr-1Mo-0.25V 钢加氢反应器的研制 ［J］. 压力容器，2003，11：36-42.

［3］宋立平，孙荣禄. 2.25Cr-1Mo-0.25V 钢的回火脆化研究 ［J］. 压力容器，2010，27（11）：30-33.

［4］马喜龙，胡传顺，秦华，等. 热处理工艺对 2.25Cr-1Mo-0.25V 钢相变温度的影响 ［J］. 石油化工高等学校学报，2011，6：79-81.

［5］周维海，张文辉，王存宇，等. 热处理工艺对 2.25Cr-1Mo-0.25V 钢低温韧性的影响 ［J］. 中国冶金，2005，9：46-48.

［6］史长根. 爆炸焊接下限原理与双立法 ［M］. 北京：冶金工业出版社，2015.

［7］韩顺昌. 爆炸焊接界面相变与断口组织 ［M］. 北京：国防工业出版社，2011.

［8］郑远谋. 爆炸焊接和爆炸复合材料 ［M］. 北京：国防工业出版社，2007.

［9］冯健，冯叔瑜，史和生，等. 爆炸焊接间隙与动态弯折角关系式的研究 ［J］. 压力容器，2010，11：30-33.

［10］汪旭光. 爆破设计与施工 ［M］. 北京：冶金工业出版社，2011.

［11］全国锅炉压力容器标准化技术委员会. NB/T 47002.1—2019 压力容器用复合板　第 1 部分：不锈钢-钢复合板 ［S］. 北京：中国标准出版社，2017.

［12］全国钢标准化技术委员会. GB 713—2014 锅炉和压力容器用钢板 ［S］. 北京：中国标准出版社，2014.

［13］全国锅炉压力容器标准化技术委员会. GB 150.1～150.4—2011 压力容器 ［S］. 北京：中国标准出版社，2012.

［14］全国钢标准化技术委员会. GB/T 24511—2017 承压设备用不锈钢和耐热钢钢板和钢带 ［S］. 北京：中国标准出版社，2017.

［15］全国锅炉压力容器标准化技术委员会. GB/T 30583—2014 承压设备焊后热处理规程 ［S］. 北京：中国标准出版社，2014.

纯铝与钛合金的爆炸焊接研究

梁国峰[1,2]　黄佳雯[1,2]　胡家念[1,2]　陈翔[1,2]

（1. 江汉大学省部共建精细爆破国家重点实验室，武汉　430056；

2. 湖北（武汉）爆炸与爆破技术研究院，武汉　430056）

摘　要：爆炸焊接的金属复合板能够极大地改善单一金属材料的强度、韧性、耐磨损性、耐腐蚀性等性能，被广泛地应用到石油、化工、船舶、冶金等工业领域。本研究成功爆炸焊接了轻质合金纯铝 A1060 与 Ti-6Al-4V 钛合金。通过光学显微镜（OM）分析焊接界面的微观结构；利用 ANSYS/AUTODYN 软件模拟其焊接界面的形貌特征、熔化区域及射流情况，数值模拟结果与实际焊接结果相吻合。此外，还进行了力学性能测试，结果表明其焊接质量良好。

关键词：爆炸焊接；微观结构分析；A1060/Ti-6Al-4V；数值模拟

Study of Pure Aluminum and Titanium Alloy in Explosive Welding

Liang Guofeng[1,2]　　Huang Jiawen[1,2]　　Hu Jianian[1,2]　　Chen Xiang[1,2]

（1. State Key Laboratory of Precision Blasting, Jianghan University, Wuhan 430056;

2. Hubei (Wuhan) Province Key Laboratory of Engineering Blasting,

Wuhan 430056）

Abstract：Explosive welding metal composite plates can significantly improve the strength, toughness, wear resistance, corrosion resistance, and other properties of single metal materials. It is widely utilized in the petroleum, chemical, shipping, and metallurgy industries. The lightweight alloy of pure aluminum A1060 and Ti-6Al-4V titanium alloy were successfully explosion welded in this investigation. The optical microscope (OM) was used to examine the microstructure of the welded interface; ANSYS/ AUTODYN software was used to simulate the morphological features of the welded interface, the melting region, the jet, and the numerical simulation results agreed with the actual welding results. Furthermore, mechanical property tests were performed, and the findings revealed good welding quality.

Keywords：explosive welding; microstructure analysis; A1060/Ti-6Al-4V; numerical simulation

1　引言

纯铝和钛合金是现代工程领域中广泛应用的两种材料。纯铝具有密度低，比强度高及塑性加工性能好，导热性、导电性和耐腐蚀性好的特点，成为航空航天、汽车制造和电子设备等领

基金项目：武汉市知识创新专项（2022010801020379）。

作者信息：梁国峰，硕士，liangguofeng202306@163.com。

域的理想材料之一[1-2]。钛合金具有较高的强度、硬度和耐蚀性，同时具备优异的热稳定性和轻质高强特性[3-4]，因而广泛应用于航空航天、医疗器械和高档运动器材等领域。

　　然而，纯铝和钛合金在焊接过程中存在一定的困难。由于纯铝和钛合金各自的化学性质和熔点差异，传统的焊接方法难以实现有效的连接。此外，这两种材料也易受到热影响区（HAZ）的影响，引发变形、裂纹和机械性能下降等问题。爆炸焊接作为一种高速冲击焊接技术[5-7]，利用由爆炸引发的爆轰波效应，使待焊接的金属材料间产生高速碰撞，从而在接触面部分产生局部熔化或塑性变形，进而实现紧密的接合。在焊接过程中，由于射流可剥离一定厚度的基、复板表层，具有自清理功能，使它成为爆炸焊接的一个必要条件[8]。这种技术能够在非常短的时间内完成焊接，减少热影响区的范围，从而降低了变形和材料性能损伤的风险。与传统焊接相比，爆炸焊接适用于常规焊接方法难以实现的大面积复合板制作和异种金属、层状复合材料的制备[9-12]。基于此，本研究以 A1060 为飞板、Ti-6Al-4V 为基板展开爆炸焊接研究。通过直接焊接来制备铝-钛合金复合板。使用光学显微镜（OM）、ANSYS/AUTODYN 软件模拟[13-14]分析焊接界面结合机制，使用万能试验机测试复合材料的力学性能。

2　材料与方法

2.1　材料

　　本研究采用 A1060 铝板和 Ti-6Al-4V 钛板作为母材，其尺寸均为 200mm×100mm×3mm（长×宽×高）。两种材料的化学成分和力学性能分别见表 1 和表 2[15-18]。

表 1　材料的化学组成
Tab. 1　Chemical composition of the materials

材料	化学组成（质量分数)/%								
A1060	Si	Fe	Cu	Mn	Mg	Cr	Zn	Ti	Al
	≤0.25	≤0.35	≤0.05	≤0.03	≤0.03	—	≤0.05	≤0.03	Bal
Ti-6Al-4V	O	V	Al	Fe	H	C	N	Ti	
	<0.2	3.5	5.5	<0.3	<0.0015	<0.08	<0.05	Bal	

表 2　材料的力学性能
Tab. 2　Mechanical properties of materials

材料	密度/g·cm⁻³	屈服强度/MPa	抗拉强度/MPa	延伸率/%
A1060	2.68	110	97	28
Ti-6Al-4V	4.51	872	947	13

2.2　方法

　　爆炸焊接示意图如图 1 所示。爆炸焊接之前将 A1060 和 Ti-6Al-4V 的待焊接面打磨抛光；采用平行放置爆炸焊接法，将基板、飞板布置于砧座上，炸药平铺于飞板顶部的炸药盒内，由雷管置于飞板一侧起爆。在爆炸焊接过程中，飞板与基板碰撞，将能量传递到飞板与基板的结合界面，促进飞板与基板的复合，实现爆炸复合。其中，β 为飞板与基板的碰撞角，炸高是飞板与基板之间的距离。试验中使用的炸药为粉状乳化炸药+添加物，密度约为 800kg/m³，炸药的厚度为 20mm。

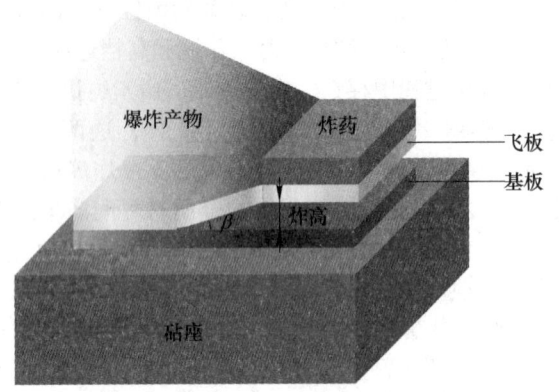

图 1　爆炸焊接装置示意图

Fig. 1　Schematic of the explosive welding device

在焊接界面处选取检测金相试样，采用光学显微镜对其焊接界面附近的组织演变进行研究分析；采用 ANSYS/AUTODYN 模拟进一步分析焊接界面结合机制，验证其准确性；采用金属材料万能试验机与三点弯曲试验对 A1060/Ti-6Al-4V 爆炸焊接复合板进行拉伸剪切试验与弯曲试验，测试焊接界面的力学性能。

在本次试验工作中，飞板速度（v_P）和碰撞角（β）是计算爆炸焊接参数的重要因素。二者之间的关系可以用式（1）表示[19]：

$$v_P = 2v_D \sin \frac{\beta}{2} \tag{1}$$

式中，v_D 为炸药的爆速；碰撞角 β 可参考《爆破手册》[20]第 828 页的公式计算；K 为炸药的多方指数。对于常用的铵油炸药 K 值，可以根据炸药的爆速 D（m/s）简单估算[20]：

$$K = \sqrt{1 + (D/1607)^2} \tag{2}$$

相关参数及计算结果见表 3。

表 3　计算结果

Tab. 3　Calculation results

样品	材料厚度/mm	炸高/mm	爆速 v_D/m·s^{-1}	多方指数 K	爆炸比 r	碰撞角 β	碰撞速度 v_P/m·s^{-1}
1	A1060+Ti-6Al-4V (3mm) + (3mm)	2	2300	1.75	1.25	12.1°	485

3　结果与讨论

3.1　界面形态分析

截取部分 A1060/Ti-6Al-4V 爆炸焊接复合板界面处的金相试样，对其焊接界面进行观察分析，得到的图像如图 2 所示。其中，图 2（a）和（b）分别为 A1060/Ti-6Al-4V 复合板在 100 倍、200 倍下的界面整体微观形貌；图 2（c）和（d）为界面处局部放大的微观形貌。由图 2（a）和（b）可以看出，在 A1060/Ti-6Al-4V 焊接界面上呈现无波平直状[21-22]，且界面处未出现分层或局部熔化现象。通常情况下，爆炸焊接可以产生两种连接界面：平直界面和波状界面[23]。对于爆炸焊接技术形成的复合板，波状界面的性能优于平直界面，且小波状界面结合强度优于大的波状界面结合强度[24-26]。本次研究中的焊接界面形状与 Bazarnik 等人[27] 在 Ti-6Al-4V/Al2519 焊接中观察到的这种光滑的 Ti／Al 界面连接模式相似。这是由于两种材料之间的强度有明显差异，以及流体特征不明显[28]。还可以注意到，不同焊接界面的熔化层厚度大小不一，大致在 30μm 以内变化，如图 2（c）和（d）所示。接下来，结合数值模拟进一步验证分析焊接界面结合机制。

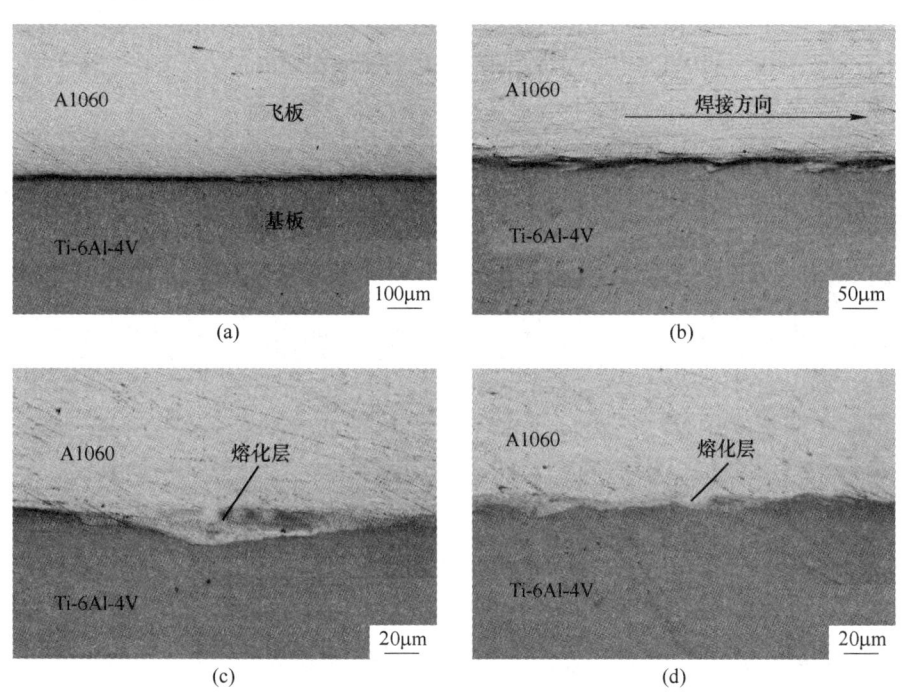

图 2　焊接界面的光学显微镜照片

Fig. 2　Optical microscopic photographs of welding interface

3.2　数值模拟分析

利用 ANSYS/AUTODYN 软件模拟 A1060/Ti-6Al-4V 的爆炸焊接过程。由于传统的拉格朗日（Lagrange）算法[29] 在处理大变形问题时，容易出现网格畸变。为了避免材料大变形引起的网格变形，并准确地模拟材料的变形行为[30]，本试验使用无网格 SPH（光滑粒子流体动力学）算法[31-32]。

仿真模拟试验中，飞板 A1060、基板 Ti-6Al-4V 均采用 Shock 状态方程[33] 和 Johnson Cook 材料模型[34-35]。A1060 和 Ti-6Al-4V 的尺寸为 20mm（长度）×3mm（高度），粒径为 10μm，砧座的尺寸为 12mm（长度）×60mm（高度），粒径为 100μm。具体参数见表 4[36-37]。

表 4　材料模型参数及状态方程参数

Tab. 4　Parameters of material model and equation of state

材料	A/MPa	B/MPa	N	C	M	密度/kg·m^{-3}	C_0/m·s^{-1}	G	S
A1060	66.56	108.8	0.23	0.029	1	2707	5386	1.97	1.339
Ti-6Al-4V	1098	1092	0.93	0.014	1.1	4430	5130	1.23	1.028

模拟结果如图 3 所示，从图 3（a）可以看出焊接界面呈现无波平直状，与光镜实验结果一致。并且在模拟过程中，很明显能够观察到金属射流的存在，这对于保证爆炸焊接的质量至关重要。金属射流不仅能够清理复合板待焊接表面，还能够在焊接过程中被捕获，从而参与到波状界面的形成[38]。图 3（b）和（d）是仿真模拟中 MIS. STRESS（米塞斯等效应力）的结果，MIS. STRESS 可以反映出熔化层的变化情况，可以看出 A1060 侧的射流喷射量大于 Ti-6Al-4V 侧，这是因为 A1060 的熔点较低，在爆炸焊接时，在高温高压下更易发生熔化。熔化区域内液态金属的强烈塑性流动和高温促使铝元素向熔化区域扩散，从而导致铝在熔化区域的聚积。此外，从图 3（b）可以看出，A1060 和 Ti-6Al-4V 间的熔化区厚度在 30μm 以内变化，与实际焊接熔化层厚度吻合。

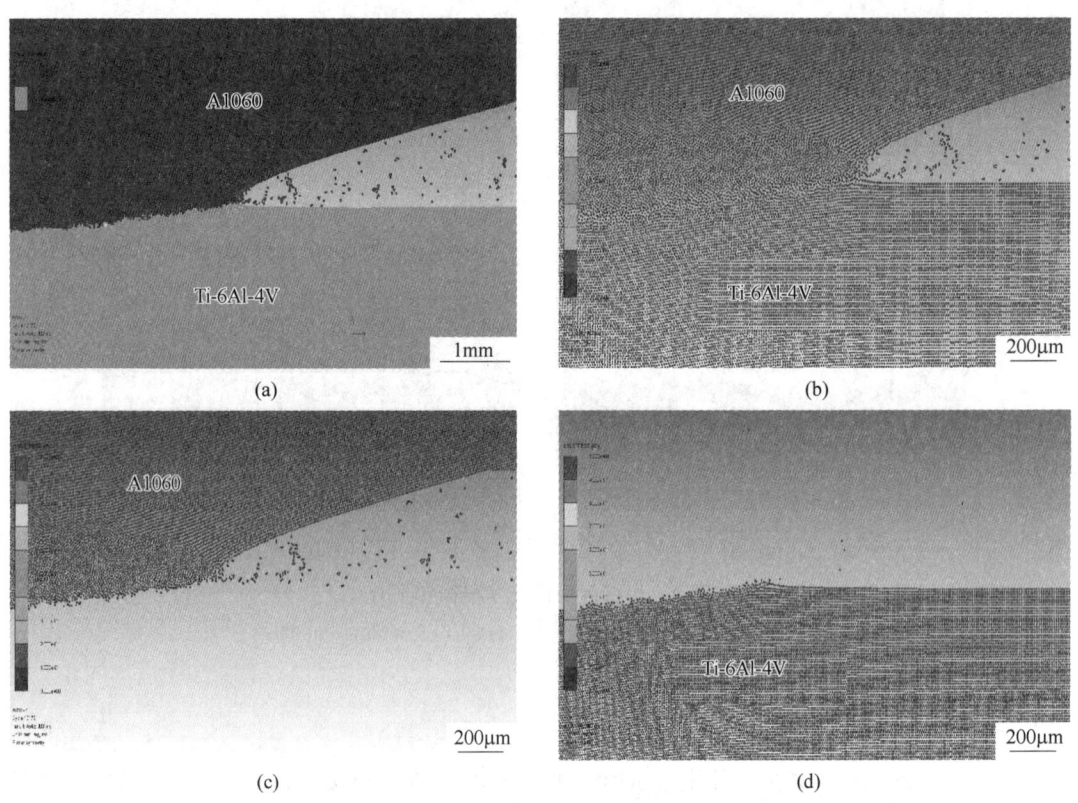

图 3　模拟结果

（a）界面射流的数值模拟结果；（b）~（d）界面 MIS 的数值仿真结果

Fig. 3　Simulation result

3.3　力学性能分析

3.3.1　拉伸剪切试验

本研究进行了拉伸剪切测试，以评估爆炸复合板的焊接结合强度[39-40]。采用金属材料万能试验机来研究焊接复合板的剪切力学性能，拉剪试件结合面积为 10mm×4mm，试验机的加载速度为 1mm/min，拉伸测试样品示意图如图 4 所示。图 5 为拉剪破坏实物图，实验参数结果见表 5，结果表明，复合材料的断裂分离发生在母材 A1060 侧区域，焊接界面的抗剪强度大于 70.8MPa，且该侧发生大的塑性变形导致拉伸破坏，表明 A1060/Ti-6Al-4V 复合板界面结合强度较好。

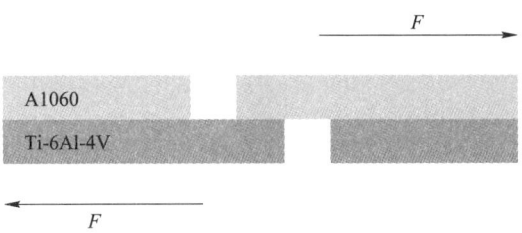

图 4　拉伸剪切试验试样示意图

Fig. 4　Schematic diagram of the tensile shear test sample

图 5　拉剪破坏实物图

Fig. 5　Physical diagram of tensile and shear failure

表 5　拉伸剪切试验结果

Tab. 5　The results of the tensile shear test

样　品	1-1	1-2	1-3
最大抗剪强度/MPa	67.5	62.0	70.8
裂缝主要位置	A1060	A1060	A1060

3.3.2　弯曲试验

弯曲试验也是评估爆炸复合板结合质量的一个重要因素，本次试验采用三点弯曲试验，试验示意图如图 6 所示。利用线切割机进行切样，弯曲试样的样品尺寸为 $100mm \times 10mm \times 6mm$（长×宽×高），试验条件为：加载速率 $1mm/min$，加载载荷 $10kN$，实验跨距为 $50mm$，分别对复合材料的 A1060 侧和 Ti-6Al-4V 侧进行弯曲，试验结果如图 7 所示。宏观结果显示，在对复合材料进行 A1060 侧弯曲时，焊接界面附近的 Ti-6Al-4V 侧会出现裂纹；而在向 Ti-6Al-4V 侧进行侧弯曲时，裂纹也会在 Ti-6Al-4V 侧发生。且向两侧弯曲时的焊接界面均完好，没有出现明显的分离或开裂现象。出现弯曲断裂一方面是由于未经热处理，爆炸焊接后，焊接复合板还有残余应力，另一方面是因为钛合金具有高强度和高硬度特性。相比之下，纯铝具有更好的塑性和可塑性，因此，Ti-6Al-4V 会在两侧弯曲时均先出现开裂。

4　结论

本研究通过爆炸焊接技术成功获得了 A1060/Ti-6Al-4V 合金复合板。通过对界面组织演变观察、数值模拟分析及力学性能测试得出以下结论：

（1）A1060/Ti-6Al-4V 合金复合板结合界面呈无波平直状，未发现明显的孔洞、裂纹等微

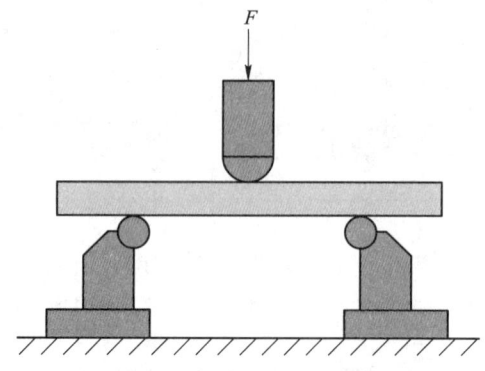

图 6　三点弯曲试验试样示意图

Fig. 6　Schematic diagram of the three-point face bending test sample

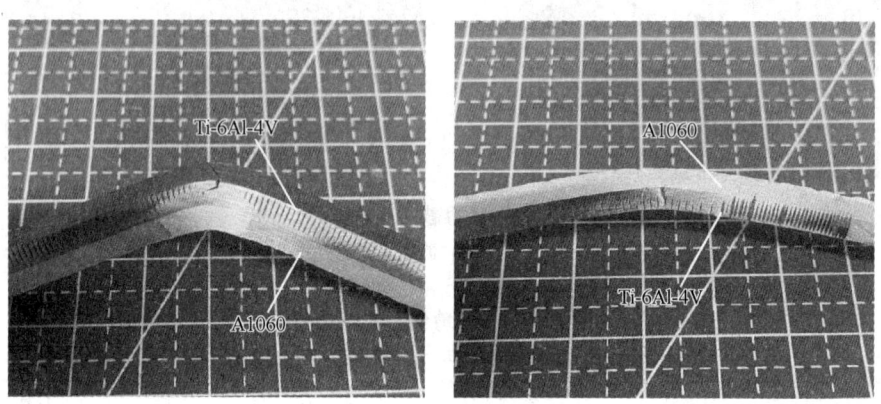

图 7　弯曲试验结果图

Fig. 7　Bend test results diagram

观缺陷。

（2）数值模拟得到的 A1060/Ti-6Al-4V 合金复合板结合界面形貌与试验一致。A1060 侧会产生更多的射流量，熔化层厚度在 $30\mu m$ 以内变化。

（3）A1060/Ti-6Al-4V 合金复合板的拉伸剪切试验结果表明：断裂分离发生在母材 A1060 侧，焊接界面的结合强度大于 70.8MPa。弯曲试验结果表明：向铝钛两侧弯曲时裂纹均先在 Ti-6Al-4V 侧产生，焊接界面力学性能良好。

参 考 文 献

[1] 张婷婷，王文先，魏屹，等. 钛/铝/镁爆炸焊复合板波形界面及力学性能 [J]. 焊接学报，2017，38（8）：33-36，130.

[2] 李雪交，马宏昊，沈兆武. 铝合金与槽型界面钢板的爆炸焊接 [J]. 爆炸与冲击，2016，36（5）：640-647.

[3] Eylon D, Seagle S R. Titanium technology in the USA-an overview [J]. 材料科学技术：英文版，2001，17（4）：439-443.

[4] 吴景涛. Mg-RE/TC4 异种金属扩散焊接研究 [D]. 郑州：郑州航空工业管理学院，2022.

[5] 郑远谋. 爆炸焊接和爆炸复合材料 [J]. 焊接技术，2007，36（6）：1-5.

［6］ 夏鸿博，王少刚，翟伟国，等．金属爆炸焊接技术研究进展［J］．热加工工艺，2013，42（5）：203-206.

［7］ Wang P, Hu S, Shen J, et al. Effects of electrode positive/negative ratio on microstructure and mechanical properties of Mg/Al dissimilar variable polarity cold metal transfer welded joints［J］. Materials Science and Engineering：A, 2016, 652：127-135.

［8］ Findik F. Recent developments in explosive welding［J］. Materials & Design, 2011, 32（3）：1081-1093.

［9］ Liang H, Chen Y, Luo N, et al. Phase constitution and texture distribution in the vortex zone of Co/Cu explosive welded plates［J］. Journal of Materials Research and Technology, 2022, 18：4228-4235.

［10］ Gao Y, Nakata K, Nagatsuka K, et al. Interface microstructural control by probe length adjustment in friction stir welding of titanium and steel lap joint［J］. Materials & Design（1980—2015）, 2015, 65：17-23.

［11］ 郭训忠，陶杰，袁正，等．爆炸焊接 TA/Al 复合管的界面及性能研究［J］．稀有金属材料与工程，2012，41（1）：139-142.

［12］ Honarpisheh M, Asemabadi M, Sedighi M. Investigation of annealing treatment on the interfacial properties of explosive-welded Al/Cu/Al multilayer［J］. Materials & Design, 2012, 37：122-127.

［13］ 薛治国，樊科社，黄杏利，等．数值模拟在大面积厚复层钛钢复合板研制中的应用［J］．材料开发与应用，2011，26（5）：11-14.

［14］ Tanaka K. Numerical studies of explosive welding by SPH［C］//Materials Science Forum, Trans Tech Publications Ltd, 2008.

［15］ Wang Z J, Wang Z, Li M X. Failure analysis of Al1060 sheets under double-sided pressure deformation conditions［J］. Key Engineering Materials, 2007, 353：603-606.

［16］ Bazarnik P, Adamczyk-Cieślak B, Gałka A, et al. Mechanical and microstructural characteristics of Ti6Al4V/AA2519 and Ti6Al4V/AA1050/AA2519 laminates manufactured by explosive welding［J］. Materials & Design, 2016, 111：146-157.

［17］ Wang Z J, Wang Z, Li M X. Failure analysis of Al1060 sheets under double-sided pressure deformation conditions［J］. Key Engineering Materials, 2007, 353：603-606.

［18］ Kimura M, Iijima T, Kusaka M, et al. Joining phenomena and tensile strength of friction welded joint between Ti-6Al-4V titanium alloy and low carbon steel［J］. Journal of Manufacturing Processes, 2016, 24：203-211.

［19］ Crossland B. Explosive welding of metals and its application［M］. Oxford：Clarendon Press, 1982.

［20］ Wang Xuguang, et al. Handbook of Blasting［J］. Beijing：Metallurgical Industry Press, 2010.

［21］ Wittman R H. The influence of collision parameters of the strength and microstructure of an explosion welded aluminium alloy［J］. Proc. 2nd Int. Sym. on Use of an Explosive Energy in Manufacturing Metallic Materials, 1973：153-168.

［22］ Athar M M H, Tolaminejad B. Weldability window and the effect of interface morphology on the properties of Al/Cu/Al laminated composites fabricated by explosive welding［J］. Materials & Design, 2015, 86：516-525.

［23］ Acarer M, Gülenç B, Findik F. Investigation of explosive welding parameters and their effects on microhardness and shear strength［J］. Materials & Design, 2003, 24（8）：659-664.

［24］ Wronka B. Testing of explosive welding and welded joints. The microstructure of explosive welded joints and their mechanical properties［J］. Journal of Materials Science, 2010, 45：3465-3469.

［25］ 韩顺昌．爆炸焊接界面相变与断口组织［M］．北京：国防工业出版社，2011.

［26］ Xue Q, Gray G T. Development of adiabatic shear bands in annealed 316L stainless steel：Part Ⅱ. TEM studies of the evolution of microstructure during deformation localization［J］. Metallurgical and Materials

Transactions A, 2006, 37: 2447-2458.

[27] Bazarnik P, Adamczyk-Cieślak B, Gałka A, et al. Mechanical and microstructural characteristics of Ti6Al4V/AA2519 and Ti6Al4V/AA1050/AA2519 laminates manufactured by explosive welding [J]. Materials & Design, 2016, 111: 146-157.

[28] Chen X, Inao D, Tanaka S, et al. Explosive welding of Al alloys and high strength duplex stainless steel by controlling energetic conditions [J]. Journal of Manufacturing Processes, 2020, 58: 1318-1333.

[29] 马雷鸣. 基于 SPH 法的爆炸焊接质量模拟研究 [D]. 淮南: 安徽理工大学, 2020.

[30] Wang X, Zheng Y, Liu H, et al. Numerical study of the mechanism of explosive/impact welding using smoothed particle hydrodynamics method [J]. Materials & Design, 2012, 35: 210-219.

[31] Li Z, Wang X, Yang H, et al. Numerical studies on laser impact welding: Smooth particle hydrodynamics (SPH), Eulerian, and SPH-Lagrange [J]. Journal of Manufacturing Processes, 2021, 68: 43-56.

[32] Zhang Z L, Liu M B. Numerical studies on explosive welding with ANFO by using a density adaptive SPH method [J]. Journal of Manufacturing Processes, 2019, 41: 208-220.

[33] Jelani M, Li Z, Shen Z, et al. Thermomechanical response of aluminum alloys under the combined action of tensile loading and laser irradiations [J]. Chinese Physics B, 2018, 27 (3): 037901.

[34] 白金泽. LS-DYNA 3D 理论基础与实例分析 [M]. 北京: 科学出版社, 2005.

[35] 舒畅, 程礼, 许煜. Johnson-Cook 本构模型参数估计研究 [J]. 中国有色金属学报, 2020, 30 (5): 1073-1083.

[36] Ye L, Zhu X. Analysis of the effect of impact of near-wall acoustic bubble collapse micro-jet on Al1060 [J]. Ultrasonics Sonochemistry, 2017, 36: 507-516.

[37] Lesuer, D. Experiment Investigations of Material Models for Ti-6Al-4V Titanium and 2024-T3 Aluminum [R]. US Washington: Department of Transportation, Federal Aviation Administration, 2000.

[38] 代弦德, 李雪交, 张廷赵, 等. 1060-T2-Q235 爆炸焊接试验及数值模拟 [J]. 火工品, 2023 (1): 37-41.

[39] Zhang H, Jiao K X, Zhang J L, et al. Microstructure and mechanical properties investigations of copper-steel composite fabricated by explosive welding [J]. Materials Science and Engineering: A, 2018, 731: 278-287.

[40] Zhang B, Ma H, Xu J, et al. Investigations on the microstructure evolution and mechanical properties of explosive welded ODS-Cu/316L stainless steel composite [J]. Fusion Engineering and Design, 2022, 179: 113142.

多层轻质金属复合爆炸焊接技术及界面微观结构特征研究

梁汉良[1,2] 罗 宁[1,2] 周嘉楠[1,2] 芮天安[3] 潘玉龙[3]

（1. 中国矿业大学深部岩土力学与地下工程国家重点实验室，江苏 徐州 221116；
2. 中国矿业大学力学与土木工程学院，江苏 徐州 221116；
3. 安徽宝泰特种材料有限公司，安徽 宣城 242500）

摘 要：近年来，随着航空航天、国防军工等领域技术与装备的快速发展，为了面对复杂的服役环境，同时减轻装备质量，多层轻质金属复合材料引起研究人员的广泛关注。钛、铝、镁等轻质金属及其合金，具有高比强度、高比弹性模量、高阻尼减震性、高静电屏蔽性和高机械加工性等优点，是目前最有应用前景的轻量化金属材料。本研究以 TA2 纯钛、AZ31B 镁合金、2024 铝合金为研究对象，通过添加 1060 纯铝作为过渡层，采用平行法爆炸焊接技术，实现了 TA2/1060/AZ31B/1060/2024 多层轻质金属板材的一次成型有效复合。研究结果表明，TA2/1060 结合界面呈现不规律的小波形结构特征，1060/AZ31B 结合界面呈现出大波形结构特征，AZ31B/1060 界面呈现规律的小波形结构特征，1060/2024 结合界面处有明显的漩涡结构产生。五层复合板的 4 个结合界面均呈现出爆炸焊接典型的波形结构特征，且无明显的裂纹、气孔或分层现象产生，多层轻质金属复合板整体焊接质量良好。
关键词：爆炸焊接；轻质金属；多层复合板；微观结构特征；波形界面

Research on the Explosive Welding Technology and Microstructure Characteristics of Joining Interfaces of Multilayer Lightweight Metal Composites

Liang Hanliang[1,2] Luo Ning[1,2] Zhou Jia'nan[1,2] Rui Tianan[3] Pan Yulong[3]

(1. State Key Laboratory for Geo-mechanics and Deep Underground Engineering, China University of Mining and Technology, Xuzhou 221116, Jiangsu; 2. School of Mechanics and Civil Engineering, China University of Mining and Technology, Xuzhou 221116, Jiangsu; 3. Anhui Baotai Special Materials Co., Ltd., Xuancheng 242500, Anhui)

Abstract: In recent years, with the rapid development of technology and equipment in the fields of aerospace, defense and military industry, in order to face the complex service environment and reduce

基金项目：江汉大学爆破工程湖北省重点实验室开放基金（BL2021-03）；徐州市科技计划项目（KC21301）。
作者信息：罗宁，教授/博导，nluo@cumt.edu.com。

the overall equipment quality, multi-layer lightweight metal composite materials have attracted wide attention of researchers. Titanium, aluminum, magnesium and their alloys have the advantages of high specific strength, high specific elastic modulus, high damping shock absorption, high electrostatic shielding and high mechanical processing, which are the most promising lightweight metal materials for application. In this study, TA2 pure titanium, AZ31B magnesium alloy and 2024 aluminum alloy were used as the research objects. By adding 1060 pure aluminum as the transition layer, the TA2/1060/AZ31B/1060/2024 multi-layer metal composite was effectively welded in one step using parallel explosive welding technology. The results show that the TA2/1060 joining interface shows irregular small waveform structure characteristics, the 1060/AZ31B joining interface shows large waveform structure characteristics. The AZ31B/1060 joining interface shows regular small waveform structure characteristics, and the 1060/2024 joining interface has obvious vortex structure. The four joining interfaces of the five-layer composite plate show the typical waveform structure characteristics of explosive welding, and there are no obvious cracks, pores or delamination. The overall welding quality of the multilayer lightweight composite plate is good.

Keywords：explosive welding；lightweight metal；multilayer composite；microstructure characteristics；waveform interface

随着现代科学技术及高科技工业生产的迅猛发展，对于材料的综合性能要求也随之不断提升，单一组元的金属材料在许多工业领域及装备制造中已逐渐无法满足需求。《中国制造2025》战略规划[1]中提出"加快新材料、新技术和新工艺的应用，以特种金属功能材料、高性能结构材料、功能性高分子材料、特种无机非金属材料和先进复合材料为发展重点，发展新一代轻量化、模块化及关键核心零部件，突破产业化制备瓶颈"。加快轻质高强新型金属复合材料的开发和研究具有十分紧迫的现实意义，已成为近年来国内外的热点研究课题。

钛、铝、镁等轻质金属及其合金，基于其轻质高强和矿产资源储量丰富的优势，是目前可应用、轻量化最有发展和应用前景的金属材料，具有不可替代的优异性能，如高比强度、高比弹性模量、高阻尼减震性、高导热性、高静电屏蔽性、高机械加工性和极低的密度，以及易回收利用等一系列优点，被称为"21世纪的绿色材料"[2]。钛及钛合金材料作为一种轻质、高强、耐磨、耐蚀、耐高温的金属材料，广泛应用于飞机发动机及火箭、导弹等飞行器结构件及国防武器装备制造领域，被称为"太空金属"[3-5]。然而，由于钛及钛合金材料在生产过程中所需能耗较大，经济成本较高，且生产过程中伴随着污染物的排放，致使钛及钛合金材料价格昂贵，使得其应用受到了一定程度的限制。铝及铝合金材料因其质轻、比强度高、可塑性强及价格低廉等优点，在航空航天、交通运输、建筑结构等领域有着广泛的应用，特别是经过合金化的高强铝合金，一直是航空航天飞行器的主体结构材料之一[6-8]。镁及镁合金材料具有密度小、强度高、弹性模量大、电磁防护性好、减震及抗冲击性能优异等特点，在航空电磁屏蔽和冲击减震等领域具有广泛的应用[9-11]。

近年来，随着航空航天、国防军工等领域技术与装备的快速进步与发展，为了面对复杂的服役环境，同时减轻整体装备质量，多层轻质金属复合材料逐渐引起研究人员的广泛关注。金属层状复合材料是通过特殊的工艺方法将两种或两种以上具有不同性能的金属板材进行分层组合而获得的一类新型金属复合材料。它不仅可以选择种类较多的材料组合，传承各自组元的优良性能，而且可以弥补各组元之间的不足，具有组成其单一金属材料所无法比拟的综合性能。由于金属材料间物理化学性质的差异，多层金属的焊接既要保证材料的完美结合而不产生裂纹缺陷，又要避免焊接界面产生过多金属间化合物。若能实现多层轻质金属的有效复合，得到兼具多种优异的力学、物理及化学特性的新型轻质高强金属复合材料，将为装备结构轻量化提供广阔的应用前景。

目前针对异质金属复合技术的研究有很多，其中爆炸焊接技术作为一种特殊的固态焊接工艺，主要是利用炸药爆轰产生的巨大能量，驱动复层金属与基层金属发生高速斜碰撞，在碰撞区处产生金属射流，从而实现待焊材料在界面处的冶金结合[12-14]。相较于其他连接技术，爆炸焊接技术具有结合强度高、热影响区小、异质金属焊接能力强、生产效率高以及可以实现大尺寸双层及多层金属一次复合成型的显著优势[15-17]。钛、铝、镁三种轻质金属及合金材料，在物理、化学及力学性特性等方面相差较大，其中钛导热率是铝镁及其合金的1/15，线膨胀系数是铝的1/4，镁、铝熔点都为650℃左右，但它们与钛熔点相差1000℃以上，并且相同条件下变形抗力也相差较大，这些材料特性方面的差异给钛、镁、铝多层轻质金属复合材料的制备带来了极大的困难和挑战[18-22]。

基于上述背景，本文主要以钛、铝、镁三种轻质金属及合金材料作为研究对象，通过实验研究的方法，对多层轻质金属复合爆炸焊接技术及结合界面微观结构特征进行了系统的研究。本项研究工作将为多层轻质金属复合材料的焊接参数设计及结构优化提供理论基础与实验数据；对爆炸焊接结合界面微观结构和材料相态变化的表征分析，将有助于爆炸焊接界面结合机理与强化机制的揭示；同时，多层轻质金属复合材料的有效制备，有助于实现装备防护能力的轻质、高效的目标，在航空航天、国防军工等领域有着广泛的应用前景。因此，相关研究工作的开展具有十分重要的科学意义和实际应用价值。

1 实验材料及方法

本文选用工业纯钛TA2作为飞板，AZ31B镁合金作为中间板，2024铝合金作为基板，为了提高材料间的可焊性，选取1060纯铝作为中间过渡层，各板材的物理尺寸及板间间隙参数见表1，金属板材化学成分见表2。将待焊接板材表面进行打磨抛光处理，通过铝制圆柱型间隙支撑柱，采用平行法布置方式，将板材交替叠放置于砂土地基上方，如图1所示。为了避免炸药爆轰所产生的高温对飞板表面造成损伤，将水玻璃均匀涂抹于飞板上表面。本试验所用炸药为粉状乳化炸药，炸药密度约为0.87g/cm³，爆速约为2000m/s，炸药厚度为35mm。为了避免雷管起爆区对板材焊接的影响，预制的药盒尺寸大于飞板尺寸，将雷管置于药盒端部中点处，如图2所示。

表1 板材尺寸参数及板间间隙设置
Tab. 1 The dimensions of plates and the stand-off distances

板材位置	材料	物理尺寸/mm×mm×mm	板间间隙/mm			
第1层（飞板）	TA2	800×400×4	6			
第2层（过渡层）	1060Al	800×400×1		3		
第3层（中间板）	AZ31B	700×350×3			3	
第4层（过渡板）	1060Al	800×400×1				5
第5层（基板）	2024Al	800×400×10				

表 2 金属板材化学成分
Tab. 2 Chemical composition of metal plates

材料	化学组成及占比								
TA2	元素组成	Fe	C	N	H	O	Ti		
	/%	0.30	0.10	0.05	0.015	0.25	质量百分比		
AZ31B	元素组成	Al	Si	Ca	Zn	Mn	Fe	Cu	Ni	Mg
	/%	2.5~3.5	0.08	0.04	0.6~1.4	0.2~1.0	0.003	0.01	0.001	质量百分比
2024Al	元素组成	Cu	Mn	Mg	Cr	Si	Zn	Al		
	/%	3.8~4.9	0.3~1.0	1.2~1.8	0.10	0.50	0.25	Bal.		
1060Al	元素组成	Fe	Mn	Mg	Si	Zn	Ti	Cu	V	Al
	/%	0.35	0.03	0.03	0.25	0.05	0.03	0.05	0.05	质量百分比

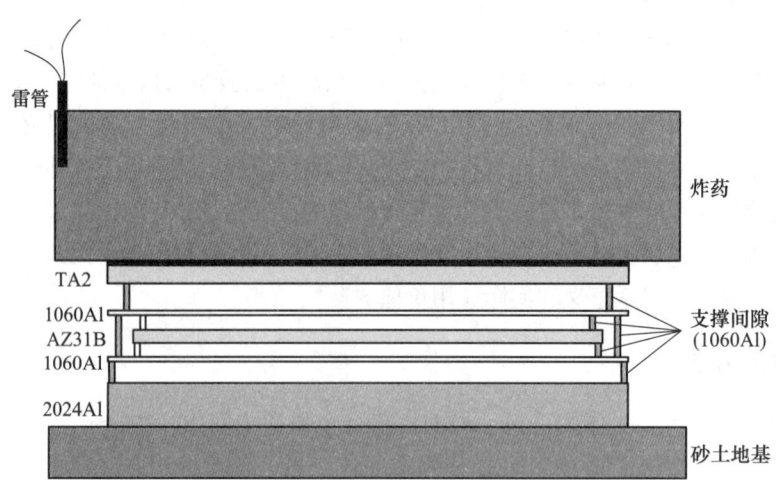

图 1 多层板材爆炸焊接实验示意图

Fig. 1 The diagram of multilayer plate explosive welding experiment

(a) (b)

图 2 多层板材爆炸焊接实验现场图

Fig. 2 The field picture of multilayer plate explosive welding experiment

为了研究焊后多层复合板材爆炸焊接结合界面微观结构特征，通过线切割技术从复合板中间位置，沿平行于爆轰方向切取 10mm×19mm×5mm 的金相试样，利用 500 号、1200 号、2000

号砂纸对沿平行于爆轰方向的界面进行打磨，抛光后通过金相显微镜（CEWEI-LW600LJT）对结合界面进行观测。

2 研究成果

焊接后的 TA2/1060/AZ31B/1060/2024 五层轻质金属复合板如图 3 所示，对焊后的复合板进行超声检测，检测结果显示复合板中间位置由于支撑间隙的原因，出现小尺寸的未焊合区，其他区域焊接效果良好，整体焊合率达 95% 以上。

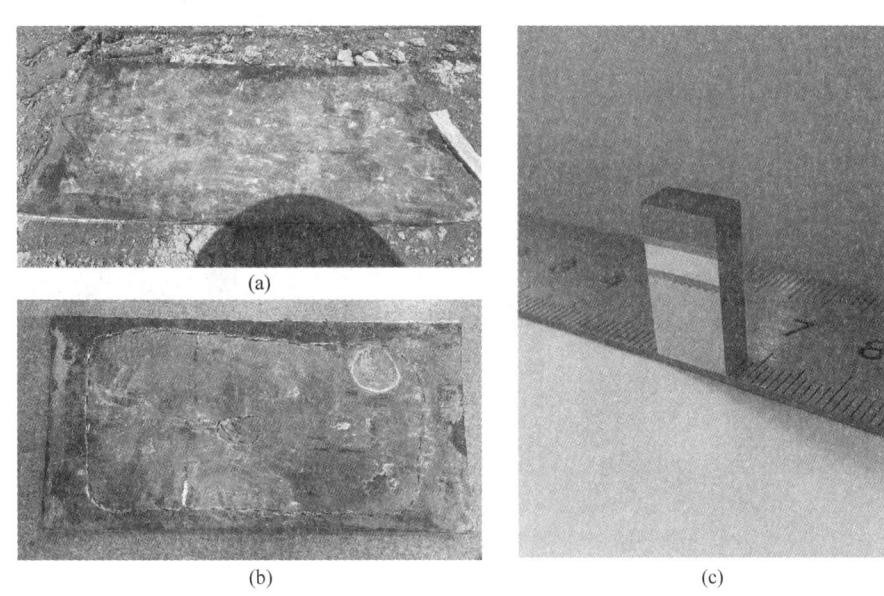

(a)

(b)

(c)

图 3　多层轻质金属爆炸焊接复合板实物图

Fig. 3　Picture of multilayer light metal explosive welded composite plate

TA2/1060/AZ31B/1060/2024 五层复合板结合界面金相图如图 4 所示，图 4（a）为复合板界面整体图像，从图中可以看出，五层复合板的 4 个结合界面均出现爆炸焊接典型的波形结构特征，且均无明显的裂纹、缺陷、气孔生成，整体焊接质量良好。图 4（b）为第 1~2 层 TA2/1060 结合界面及第 2~3 层 1060/AZ31B 结合界面放大图。从图中可以看出，TA2/1060 结合界面呈现不规律的小波形结构特征，而 1060/AZ31B 结合界面则为规律的大波形结构，波长约为 544μm，振幅约为 75μm。此外，在 1060/AZ31B 结合界面处还发现了断裂的波峰，波峰金属主要为 AZ31B 镁合金。在爆炸焊接过程中，由于炸药爆轰驱动金属板材发生碰撞，在碰撞点处形成高温高压区，金属材料因此发生塑性流动。波峰的断裂主要是由于流动金属流速过大、变形量大、变形速率高，使它们脱离板材金属本体，随湍流金属冲挤到漩涡其他位置，并由于熔化金属的冲刷和热作用发生一定程度的熔化，使棱角光滑[23]。

图 4（c）为第 3~4 层 AZ31B/1060 及第 4~5 层 1060/2024 结合界面微观形貌图，从图中可以看出，AZ31B/1060 结合界面呈现规律的小波形结构，波长约为 165μm，振幅约为 57μm，界面处无明显的缺陷或熔焊区生成，这种规律的小波形结构特征通常被视为爆炸焊接理想的结合界面，表明材料间的焊接质量十分良好。爆炸焊接过程是一种特殊的高速、高压、高温、瞬时和绝热的物理-化学过程，在板材碰撞区域会产生极大的塑性变形，波形结构特征就是结合区内塑性变形的表现，波形形成的过程就是塑性变形发生和发展的过程。随着波形的不断起

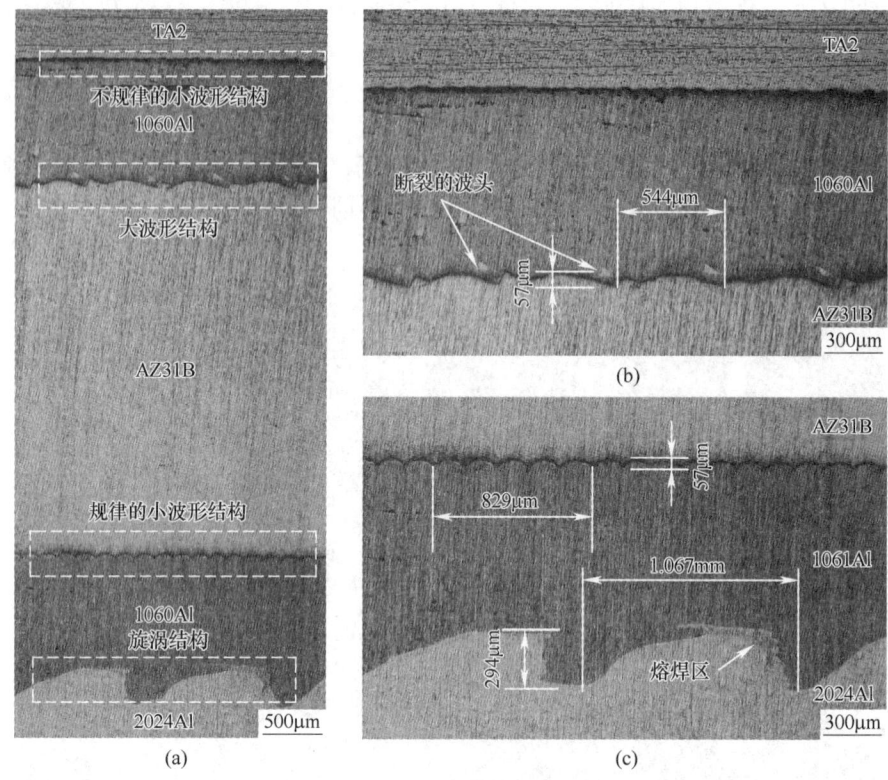

图4　多层轻质金属爆炸焊接复合板结合界面微观形貌特征

Fig. 4　Microstructure characteristics of joining interfaces of multilayer light metal explosive welded composite plate

伏，金属塑性变形的状况通常也随之发生周期性的起伏变化[24]。

从图4（c）中可以看出，1060/2024结合界面处有漩涡结构产生，漩涡结构波长约为1.067mm，振幅约为294μm。漩涡结构的形成是结合界面处的金属射流与来流金属相互作用的结果，由于炸药爆轰脉冲载荷的作用，板材碰撞区处的金属射流发生周期性的摆动，从而造成发散形的射流分别与复板和基板金属的来流金属发生周期性的交替作用，当射流向上发生偏转时，与复板的来流金属相遇，部分射流连同它所裹挟的高压气体和破碎金属颗粒被复板的来流金属卷走，最终形成漩涡结构。金属射流的周期性摆动不仅是波状界面的形成前提，也是漩涡结构形成的主要原因[23]。此外，在1060/2024界面漩涡结构波峰处还观测到有明显的熔焊区生成，这主要与焊接过程中的塑性变形热有关。在金属板材高速碰撞塑性变形过程中，外界载荷的90%~95%转变成热能，热能的积累使得温度迅速升到金属熔点，致使紧靠界面的一部分塑性变形最严重的金属发生熔化。在后续爆炸产物能量的作用下，随着波形的形成，原本均匀分布的熔体逐渐汇集在波前压力最小的漩涡区内。当大部分熔体流进漩涡区并冷凝后，就形成了分布在波峰前端的熔焊区[24]。

3　结论

（1）通过平行法爆炸焊接技术，成功地实现了TA2/1060/AZ31B/1060/2024多层轻质金属复合板材的有效制备。

（2）TA2/1060/AZ31B/1060/2024五层轻质金属复合板的4个结合界面均呈现出爆炸焊接

特有的典型波形结构特征，且无明显的裂纹、气孔或分层现象产生，多层复合板整体焊接质量良好。

（3）TA2/1060 结合界面呈现不规律的小波形结构特征，而 1060/AZ31B 结合界面则为规律的大波形结构，波长约为 544μm，振幅约为 75μm。此外，在 1060/AZ31B 结合界面处还发现了断裂的波峰，波峰金属主要为 AZ31B 镁合金。

（4）AZ31B/1060 结合界面呈现规律的小波形结构，波长约为 165μm，振幅约为 57μm，界面处无明显的缺陷或熔焊区生成。1060/2024 结合界面处有漩涡结构产生，漩涡结构波长约为 1.067mm，振幅约为 294μm。此外，在 1060/2024 界面漩涡结构波峰处还观测到有明显的熔焊区生成。

参 考 文 献

[1] 国务院关于印发《中国制造 2025》的通知 [R/OL]. （2015-05-08）[2015-05-19]. http://www.gov.cn/zhangce//content/2015-05-2015/19/contont-9784.htm.

[2] 王群，王婧超，李雄魁，等. 航天用轻质结构材料研究进展及应用需求 [J]. 宇航材料工艺，2017，47（1）：1-4.

[3] 郑超，朱秀荣，王军，等. 装甲钛合金的研究与应用现状 [J]. 钛工业进展，2020，37（4）：41-48.

[4] 肖文龙，付雨，王俊帅，等. 高强度高弹性钛合金的研究进展 [J]. 航空材料学报，2020，40（3）：11-24.

[5] 赵永庆，葛鹏，辛社伟. 近五年钛合金材料研发进展 [J]. 中国材料进展，2020，39（7）：527-534.

[6] 熊柏青，闫宏伟，张永安，等. 我国航空铝合金产业发展战略研究 [J]. 中国工程科学，2023，25（1）：88-95.

[7] 臧金鑫，陈军洲，韩凯，等. 航空铝合金研究进展与发展趋势 [J]. 中国材料进展，2022，41（10）：769-777.

[8] 管仁国，娄花芬，黄晖，等. 铝合金材料发展现状、趋势及展望 [J]. 中国工程科学，2020，22（5）：68-75.

[9] 李杨，胡红军，钟韬，等. 铝/镁双金属复合成形技术的研究现状及发展趋势 [J]. 材料热处理学报，2022，43（12）：1-9.

[10] 薛志勇，母明浩，韩修柱，等. 新时代航空航天用镁合金的成型及强化研究进展 [J]. 热加工工艺，2022，51（3）：1-6，12.

[11] 吴国华，陈玉狮，丁文江. 镁合金在航空航天领域研究应用现状与展望 [J]. 载人航天，2016，22（3）：281-292.

[12] Liang H, Luo N, Chen Y, et al. Interface microstructure and phase constitution of AA1060/TA2/SS30408 trimetallic composites fabricated by explosive welding [J]. Journal of Materials Research and Technology, 2022, 18: 564-576.

[13] Luo N, Liang H, Sun X, et al. Research on the interfacial microstructure of three-layered stainless steel/Ti/low-carbon steel composite prepared by explosive welding [J]. Composite Interfaces, 2021, 28 (6): 609-624.

[14] Liang H L, Luo N, Li X J, et al. Joining of Zr60Ti17Cu12Ni11 bulk metallic glass and aluminum 1060 by underwater explosive welding method [J]. Journal of Manufacturing Processes, 2019, 45: 115-122.

[15] Liang H, Luo N, Chen Y, et al. Experimental and numerical investigations on interface microstructure characteristics and wave formation mechanism of Sn/Cu explosive welded plates [J]. Composite Interfaces, 2023, 30 (5): 467-491.

[16] Liang H, Chen Y, Luo N, et al. Phase constitution and texture distribution in the vortex zone of Co/Cu

explosive welded plates ［J］. Journal of Materials Research and Technology, 2022, 18: 4228-4235.

［17］ Liang H, Chen Y, Luo N, et al. Experimental and numerical investigation on interface microstructure and phase constitution of radiation resistant Pb/316L stainless steel explosive welded composite plate ［J］. Journal of Materials Research and Technology, 2023, 24: 2562-2574.

［18］ 许斯洋, 李继忠, 丁桦. 镁及镁合金剧烈塑性变形研究及发展趋势 ［J］. 材料与冶金学报, 2015 (4): 305-310.

［19］ 李韵豪. 钛及钛合金塑性变形加工的感应加热 (上) ［J］. 金属加工 (热加工), 2016 (11): 31-36.

［20］ 李韵豪. 铝及铝合金塑性变形加工的感应加热 (下) ［J］. 金属加工 (热加工), 2016 (5): 25-30.

［21］ 李韵豪. 铝及铝合金塑性变形加工的感应加热 (上) ［J］. 金属加工 (热加工), 2016 (3): 54-58.

［22］ 李韵豪. 钛及钛合金塑性变形加工的感应加热 (下) ［J］. 金属加工 (热加工), 2016 (13): 61-65.

［23］ 韩顺昌. 爆炸焊接界面相变与断口组织 ［M］. 北京: 国防工业出版社, 2011.

［24］ 郑远谋. 爆炸焊接和爆炸复合材料的原理和应用 ［M］. 长沙: 中南大学出版社, 2007.

新型气能破岩技术隧道掘进掏槽钻爆参数优化研究

李国良[1] 方莹[1] 朱振海[1] 刘杰[1] 张娟[2] 李运潮[2]

（1. 广东宏凯气能技术有限公司, 广东 深圳 518000;

2. 中材（南京）矿山研究院有限公司, 南京 210000）

摘 要：为解决不能使用炸药爆破条件下进行隧道掘进的施工难题，本文将新型气能破岩技术应用到隧道掘进工程中。工程应用表明，新型气能破岩技术具有施工简便、破岩效率高、安全性好等特点。针对花岗岩、云母片岩两种岩石，在 90mm 和 76mm 两种炮孔情况下对掏槽钻爆参数进行了研究。通过多个循环的钻爆参数试验研究，探索得到一套适用于一般隧道开挖的气能破岩钻爆参数设计和施工方法。应用表明，该技术具有广阔的推广应用前景。

关键词：隧道掏槽；气能破岩；液氧；柔性致裂管；孔内充液

Study on Optimization of Drilling and Blasting Parameters of Tunnel Excavation Cut with New Gas Energy Rock Breaking Technology

Li Guoliang[1] Fang Ying[1] Zhu Zhenhai[1] Liu Jie[1]
Zhang Juan[2] Li Yunchao[2]

（1. Guangdong Hongkai Gas Energy Technology Co., Ltd., Shenzhen 518000, Guangdong;

2. Sinoma（Nanjing）Mining Research Institute Co., Ltd., Nanjing 210000）

Abstract：In order to solve the construction problem of tunnel excavation under the conditions which the explosives are not allowed, the author applies the new kind of gas energy rock-breaking technology to tunnel excavation engineering. The engineering application shows that the new gas energy rock-breaking technology has the characteristics of simple construction and good safety with high breaking efficiency. Aiming at granite and mica schist, the drilling and blasting parameters of cutting were studied under two kinds of blast holes of ϕ90mm and ϕ76mm. Through the experimental study of drilling and blasting parameters of multiple cycles, a set of drilling and blasting parameters design and construction methods for gas energy rock breaking suitable for general tunnel excavation are obtained. The application results show that the technology has broad application prospects in engineering.

Keywords：tunnel cutting; gas can break rocks; liquid oxygen; flexible fracturing tube; hole filling with liquid

1 引言

在隧道掘进工程中，当环境复杂不能使用民爆物品爆破施工时，只能采用机械法或者静态

作者信息：李国良，硕士，高级工程师，gdhkgy@163.com。

膨胀剂法[1-2]进行破岩。由于机械法和静态膨胀剂施工不但效率低而且成本高、员工劳动强度大，严重影响工程建设的施工进度。尽管二氧化碳气体膨胀法[3-8]在破岩方面得到了一些应用，但是，近两年由于二氧化碳气体膨胀法所使用的激发管含有易制爆危险化学品，因此，该方法的工程应用受到极大的限制。

为了解决不能使用民爆物品又要快速破岩的问题，本文作者研究发明了新型气能破岩技术，并取得多项专利[9-12]。将该技术首次应用到隧洞掘进工程中，针对不同岩石、不同孔径进行钻爆参数优化研究。通过本隧道多个循环掘进作业的工程实践，研究总结出一套适用于不同岩石隧道开挖的气体膨胀破岩施工方法和相应的钻爆参数设计方法。本文主要给出经过多次优化的掏槽破岩钻爆参数研究成果。

2　工程概况

试验研究隧道位于闽北山区，是一条双向四车道的公路隧道，长约500m，最大宽度15.05m，高度10.25m。隧道穿过的岩石属于中风化云母片岩和中风化花岗岩，比较坚硬，围岩属Ⅲ~Ⅳ类，岩石抗压强度约100MPa。在破碎下来的岩块中可以见到含有少量多金属矿物、硫化铁等杂质。气体膨胀破岩试验研究段位于隧道进口30~80m范围，为Ⅳ类围岩，该段岩体中裂隙、解理比较发育，可爆性较好。由于隧道进出口都位于风景名胜区，且距离高铁站不足1000m，因此，该隧道不能使用民爆物品施工。在施工单位的密切配合下，成功地把新型气能破岩技术应用到隧道掘进工程中，并取得了令人满意的效果。

3　新型气能破岩设备与机理

新型气能破岩设备主要由杜瓦罐、智能充装机、柔性致裂管组成。杜瓦罐用于现场储存液态氧气。智能充装机用于调节充装压力、控制充入致裂管液氧的流速和流量。柔性致裂管主要由外套管、可燃介质、充管管、排气管和点火元件（电桥丝）组成[13]。外套管主要作用是存放可燃介质和在炮孔内临时储存液氧，充液管是专用铝质细管，排气管是一般塑料管，其作用是使致裂管内的压力保持在常压状态，点火元件提供初始热能点燃可燃介质。

气能破岩机理如下：把致裂管装入炮孔并堵塞好，用智能充装机把液氧充入致裂管，待可燃介质充分吸收了液氧以后，激发点火元件点燃可燃介质，可燃介质在液氧的助燃作用下剧烈燃烧并瞬间爆燃，使炮孔内温度、压力快速升高，当炮孔内温度、压力超过某个临界值时，没有参与燃烧的液氧立即发生相变，由液态变成气态，体积膨胀800多倍，在炮孔内产生高压气体。高压气体作用在孔壁上对岩石做功，由于气体压力（实测250~300MPa）远大于岩石的抗拉、抗剪强度，从而在孔壁上产生大量裂缝，随后高压气体的"气锲"效应使裂缝进一步扩展，在气体膨胀力继续作用下，破裂的岩石脱离岩体，达到破岩的效果。

4　隧道掏槽钻爆参数优化设计

由于气能破岩技术的点火装置是没有延时功能的电桥丝（或叫点火头），不能实现一次点火分段膨胀破岩。因此，需要把一个循环进尺分成多次爆破来实施。先进行掏槽创造自由面，再进行辅助爆破，然后进行周边爆破，相应的炮孔也要分次钻孔。如果隧道截面比较大，可能需要多次辅助爆破作业。下面介绍福建某项目隧道掏槽破岩钻爆参数设计和施工方法。

该隧道开挖面积大约150m²，先开挖上拱部分，开挖面积约96m²。经过多次试验，反复优化钻爆参数和起爆网路，最后确定了最优方案。对于一个循环一般情况分4~5次进行气能破岩作业，分别是掏槽、辅助、周边破岩。下面重点介绍优化的掏槽钻爆参数设计。

4.1 掏槽钻爆参数设计

设计依据是要实现一次掏槽深度不小于 3.50m。

（1）掏槽形式：楔形掏槽。

（2）炮孔设计：根据现场钻孔机具条件和致裂管结构特点，设计炮孔直径 76mm，掏槽孔共 33 个，分为 3 种 5 排，掏槽孔布置如图 1 所示。

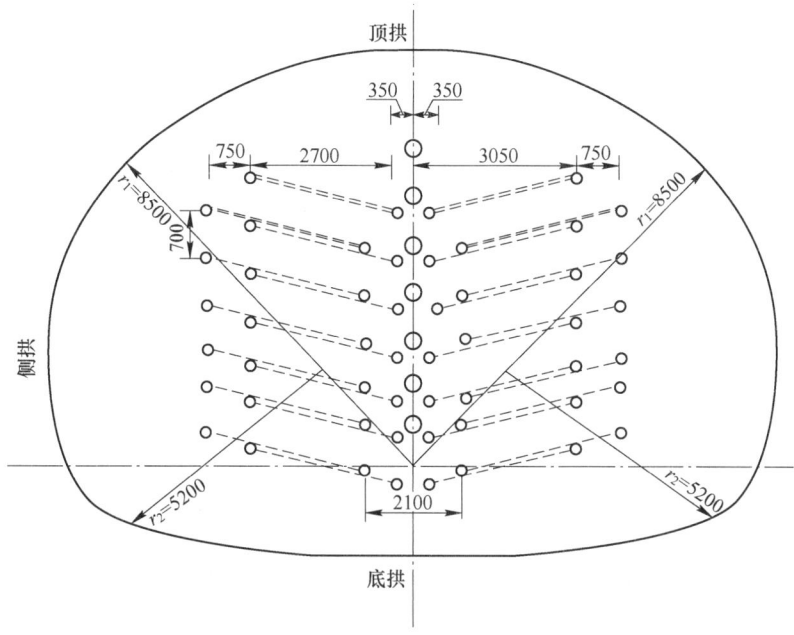

图 1　掏槽孔分布示意图（图中数字单位：mm）

Fig. 1　Schematic diagram of the distribution of cut holes（figure in millimeters）

1）中心孔：1 排 7 个，孔长 4.70m，炮孔与隧道进尺方向平行，向下 12°；

2）内排斜孔：位于中心孔两侧，左右各 1 排，每排 7 个炮孔，孔长 4.50m，炮孔与隧洞断面的夹角为 60°，向下 12°；

3）外排斜孔：位于内排斜孔外侧，左右各 1 排，每排 6 个炮孔，孔长 4.50m，炮孔与隧洞断面的水平夹角为 65°，向下 12°。

（3）孔距、排距设计：参考台阶爆破的能量密度计算公式[13]计算。对于直径 76mm 的炮孔，计算得 $q = 3.87$ L/m。在露天台阶爆破情况下，这样的能量密度一个炮孔可以负担 4.8m² 的破岩面积。根据现场多次试爆探索，用于隧道掏槽破岩时，能量密度需要提高 10 倍，即一个炮孔只能负担 0.5m² 左右的破岩面积。因此，为确保掏槽成功，炮孔间距取 0.70~0.8m，排距与孔距相同。一个掏槽炮孔负担面积为 0.5m² 左右。优化的掏槽破岩钻爆参数见表 1。

表 1　隧道掘进优化的掏槽破岩钻爆参数一览表

Tab. 1　List of parameters of cutting rock-breaking drilling and blasting for tunnel excavation optimization

炮孔类型	炮孔数量 /个	钻孔角度 /(°)	炮孔长度 /m	孔距/m	距中心孔 距离/m	致裂管 长度/m	堵塞长度 /m	总充液量 /L
中心孔	7	向下 12°	4.7	0.7	0	3.2	1.5	

续表1

炮孔类型	炮孔数量/个	钻孔角度/(°)	炮孔长度/m	孔距/m	距中心孔距离/m	致裂管长度/m	堵塞长度/m	总充液量/L
内排斜孔	14	向下 12°，向内 60°	4.7	0.7	3.05	3.2	1.5	
外排斜孔	12	向下 12°，向内 65°	4.5	0.7	3.80	3.2	1.3	
合计								422.4

注：右线，里程（进洞位置）：+71m，本循环第1炮。

　　（4）致裂管与堵塞长度设计：设计致裂管长度时需要兼顾两方面因素，一是保证堵塞长度不小于1m，二是在炮孔长度的50%~75%范围内取值，实际取值见表1。

　　（5）充气量设计：充气量根据致裂管的能量密度计算。计算得到致裂管的能量密度为3.87L/m（每米长致裂管充入的液氧量），考虑输液管道的损耗等因素，充液量按照4L/m设计，因此，本次掏槽破岩总充气量为422.4L。

　　（6）起爆网路设计：起爆网路为串联电路，每个炮孔中安装2个点火元件，一共使用66个点火元件。每个致裂管中的2个点火元件采用串联方式连接。

　　（7）掏槽破岩效果：点火后炮孔实现相变膨胀。掏槽的可见深度3.6m，口宽8.4m，高度4.7m；底宽2.4m，高度4.2m。掏槽破岩前后的实景图如图2~图4所示。

图2　掏槽破岩起爆前的实景照片（白色的是充气管）

Fig. 2　The real scene before rock cutting and blasting (the white one is the inflatable tube)

　　根据实际进尺3.6m和炮孔深度4.5m计算，掏槽成功率达到80%，满足设计要求。

4.2　其他区域钻爆参数设计

　　掏槽成功后，根据该隧道面积大小把剩余的部分划分成4个破岩区（分别是左上、左下、右上、右下区）进行处理。辅助破岩区的炮孔布置和钻爆参数设计如下。

图 3　掏槽破岩后的实景照片

Fig. 3　Real scene after cutting and breaking rock

图 4　作业人员正在测量掏槽深度

Fig. 4　Photo of workers measuring cut depth

（1）炮孔布置：根据每个区域的大小布置辅助孔、周边孔，一次点火炮孔数量控制在30~35个。

（2）钻爆参数：辅助孔的孔距0.9~1.1m，排距0.8~0.9m，周边孔的孔距0.7~0.8m，孔长4.2~4.5m，炮孔与隧道断面的夹角80°~90°，向下12°。

5　气能破岩对隧道围岩的保护作用分析

5.1　气能破岩产生的振动峰值

对掏槽破岩产生的振动进行了监测。在洞口外距离掌子面 100m 处设置了 1 个测振点，测得最大峰值（Z 向）为 1.44cm/s，频率 102.4Hz，测试记录的振动波形图如图 5 所示。如果用萨氏公式计算 422kg 炸药在 100m 处的振动，K 取 200，α 取 1.5，得振动速度为 4.11cm/s。由此可见，如果使用同样重量的炸药掏槽爆破产生的振动是气能破岩的 3 倍左右。测振仪编号 L20-S24837，采样率 10240sps，校准系数 28.60V/(m·s)，量程 34.97cm/s。

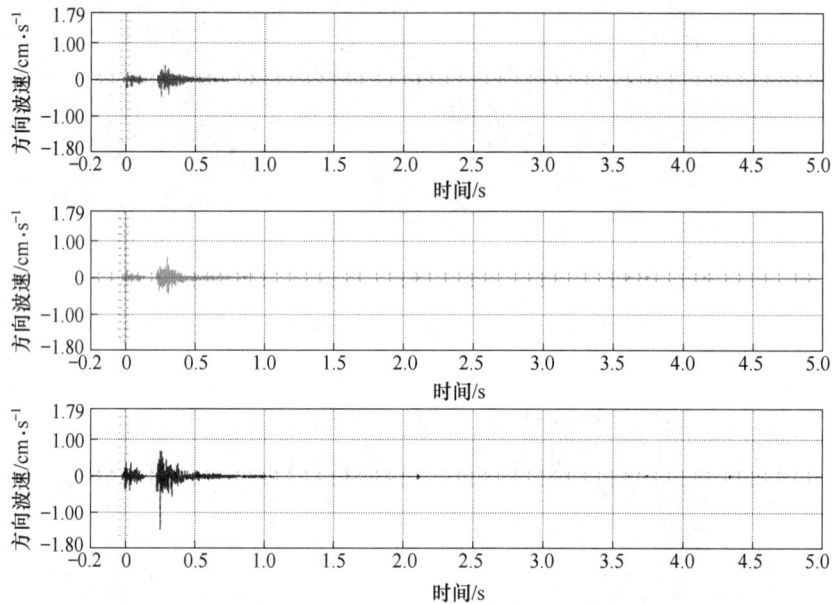

图 5　气体膨胀掏槽破岩产生的振动波形图

Fig. 5　Waveform diagram of vibration caused by gas expansion cut breaking rock

5.2　气能破岩半眼率

由于气能破岩不产生冲击波，因此，气体膨胀破岩后在围岩上保留的半眼痕迹比较多，说明对保留围岩的保护作用好。图 6 显示一排 6 个炮孔气体破岩后全部留下半眼痕迹。

6　单位耗气量和循环施工工期估算

6.1　初步估算

根据隧道掘进多个循环作业的钻爆参数研究分析，对于中风化云母片岩花岗岩，开挖断面 96m²，炮孔直径 76mm，一个循环破岩作业 5 次，平均循环进尺 3.6m，共消耗液氧 1860L，破碎岩石约 346m³，由此可以得到平均单位耗气量为 5.38L/m³。

2022 年在广东采用气能破岩技术开挖一个隧道，岩石是中等风化花岗岩，抗压强度为 90~100MPa，开挖断面 70m²，炮孔直径 90mm，一个循环破岩作业 4 次，共消耗液氧 710.40L，破碎岩石约 70×2.5＝175m³，折算平均单位耗气量为 4.06L/m³。

图 6　气体膨胀破岩后留下的半眼痕迹

Fig. 6　Half-eye marks left by gas expansion and rock breaking

本项目施工是在 2022 年广东项目施工经验基础上进行了优化，施工组织管理、工序衔接、人员设备调配更加合理，目前已经实现 2 天 1 个循环，1 个循环进尺 3.6m，平均一天进尺 1.8m，开挖方量 172.8m³/d。

2022 年广东项目开挖面积才 70m²，每天钻孔、爆破 2 次，达到 2 天 1 个循环进尺 2.5m，平均一天进尺 1.25m，开挖方量 87.5m³/d。福建项目比广东项目每天开挖量增加了 85.3m³，掘进效率提高了将近一倍。

6.2　注意事项

需特别注意的安全与施工问题如下：

（1）尽量缩短充液管路长度，提高充液管路保温性能，保证液氧充入致裂管前不挥发。

（2）尽量将充液分流器挂在隧道断面的最高处，保证液氧能够顺利地流入炮孔内的致裂管中。

（3）充液人员与设备必须正对掌子面作业时，必须做好人员、设备的防护措施，防止个别炮孔早爆产生飞石导致伤人、损坏设备的安全事故。

7　结论

通过上述研究与分析，可以得出以下结论：

（1）本研究是首次对新型气能破岩技术隧洞掘进掏槽钻爆参数优化进行研究，给出的钻爆参数优化研究成果和施工工艺流程方法具有一定的实用价值，可供同行们进一步研究和施工参考。

（2）对于开挖面积约 100m² 的隧道，岩石为中等风化，可以实现 2 天 1 个循环，平均一天进尺 1.8m，基本上能够满足一般隧道掘进施工进度的要求，有较为广阔的推广应用前景。

（3）由于采用作者发明的孔内充气技术，装好致裂管、堵塞好炮孔后再向致裂管中充入相变膨胀做功介质（液氧），让可燃介质在炮孔内静止状况下吸收液氧，因此没有机械撞击、摩擦、静电火花等安全风险，提高了气体膨胀破岩作业的本质安全水平。

参 考 文 献

［1］赵慧群，李水．铣挖施工技术在大断面软岩隧道施工中的应用［J］．公路，2016（8）：263-265.

［2］谢雄刚，刘锦伟，王磊，等．静态膨胀剂膨胀开裂突出煤层的测试研究［J］．煤炭学报，2016，41
（10）：2620-2625.

［3］郭志兴．液态二氧化碳爆破筒及现场试爆［J］．爆破，1994，11（3）：72-74.

［4］王兆丰，孙小明，陆庭侃，等．液态 CO_2 相变致裂强化瓦斯预抽试验研究［J］．河南理工大学学报
（自然科学版），2015，34（1）：1-5.

［5］陶明，赵华涛，李夕兵，等．液态 CO_2 相变致裂破岩与炸药破岩综合对比分析［J］．爆破，2018，
35（2）：41-49.

［6］董庆祥，王兆丰，韩亚北．液态 CO_2 相变致裂的 TNT 当量研究［J］．中国安全科学学报，2014，24
（11）：84-88.

［7］孙可明，辛利伟，吴迪，等．初应力条件下超临界 CO_2 气体爆破致裂规律研究［J］．振动与冲击，
2018，37（12）：232-238.

［8］梅比，高星，方莹，等．二氧化碳膨胀爆破新型致裂管与安全技术研究［J］．爆破，2021（2）：
153-159.

［9］方莹．一种孔内充装的可燃气体致裂管：中国，CN211575994U［P］．2020-09-25.

［10］方莹．一种孔内充装柔性致裂装置及其使用方法：中国，20211153943.1［P］．2021-12-17.

［11］方莹，等．一种孔内充装柔性致裂装置中国，CN216593001U［P］．2022-05-24.

［12］方莹．一种孔内充装柔性致裂装置及其使用方法：中国，CN114184090A［P］．2022-03-15.

［13］Fang Ying, Chen Zhidong, et al. Research on key technology of new air energy expansion blasting［C］//
Proceedings of the 13th International Symposium on Rock Fragmentation by Blasting，Beijing：Metallurgical
Industry Press，2022.

爆炸焊接制备大比例碳钢-不锈钢复合板

张 杰[1] 孙 建[2] 许成武[2] 潘玉龙[2] 倪志刚[1]

(1. 安徽宝泰特种材料有限公司, 安徽 宣城 242500;
2. 南京宝泰特种材料股份有限公司, 南京 211100)

摘 要: 常规爆炸焊接复合板要求复层厚度不超过基层厚度的三分之一, 限制了部分行业对爆炸复合板的使用。此法可一次成型制备出复层厚度超出基层厚度二分之一的大比例钢-不锈钢复合板, 扩大爆炸焊接复合板的应用行业及范围。但此法要求基层板材厚度不低于20mm, 防止在爆炸载荷的作用下发生断裂或产生其他缺陷。爆炸焊接用药量较大, 故需对土质地基进行加固, 防止地基承载力不足导致爆炸焊接失败。对爆炸焊接复合板结合率、界面波形、结合强度、力学性能进行了分析。结果表明: 爆炸焊接结合率大于99.5%, 界面结合良好, 波形规则, 可承受后续加工过程。

关键词: 大比例; 复合板; 爆炸焊接; 波形规则

Large Proportion CS-SS Clad Plate Prepared by Explosion Welding

Zhang Jie[1] Sun Jian[2] Xu Chengwu[2] Pan Yulong[2] Ni Zhigang[1]

(1. Anhui Baotai Special Material Co., Ltd., Xuancheng 242500, Anhui;
2. Nanjing Baotai Special Materials Co., Ltd., Nanjing 211100)

Abstract: Conventional explosive welded clad plates require that the thickness of the cladding layer should not exceed one third of the thickness of the backing steel, which limits the use of explosive welded clad plates in some industries. This method can produce a large proportion of steel-stainless steel clad plate with the thickness of the cladding layer exceeding one half of the thickness of the backing steel at one time, and expand the application industry and scope of explosive welding clad plate. However, this method requires that the thickness of the backing plate should not be less than 20mm to prevent fracture or other defects under explosive loads. Explosive welding requires a large amount of explosive, so the soil foundation needs to be reinforced to prevent the failure of explosive welding due to insufficient bearing capacity of the foundation. The bonding ratio, interface waveform, bonding strength and mechanical properties of explosive welded clad plate were analyzed. The results show that the bonding ratio of explosive welding is more than 99.5% and the waveform is regular with a good interface, which is good for future processing.

Keywords: large proportion; clad plate; explosion welding; good interface

作者信息: 张杰, 工程师, zhangj8163@163.com。

1 前言

爆炸焊接爆炸复合板不会改变原有材料的化学成分和物理状态，可以根据实际需要，将待复合材料单独处理成所需的最佳状态。其应用性能十分优良，可以经受冷、热加工而不改变组合材料的厚度比，复合材料的结合强度很高，通常高于组合材料较低的一方。复合材料在后续的热处理、校平、切割、卷筒、旋压等生产中，不会产生分层或开裂，故爆炸焊接复合板被广泛使用于多种行业。对于目前爆炸焊接技术而言，爆炸法制作的复合板，其基层厚度与覆材厚度之比不宜小于3，即便近几年行业内不断研究新技术、突破老瓶颈，爆炸法制作的复合板其基层厚度和覆材厚度之比也只是略小于3，基覆材厚度之比限制了部分行业对复合板的应用。

首次接触海绵钛制造行业的Q245R+S31603爆炸复合板，其规格为（10+20）mm，因其基、覆材厚度之比很小，难以常规方法爆炸复合成型，经探究、试验后确定通过两次爆炸成型的方式进行制作该复合板，每次复合6mm的Q245R，即实际为（6+6+20）mm。此方法制作爆炸焊接复合板，爆炸前准备、爆炸焊接、消应力热处理及校平过程均需进行两次，效率低下，成本浪费极大。后经我司多次推算、试验，终于探究出该厚度比例的复合板一次爆炸成型方法。

爆炸焊接按装配方式分为倾斜法和平行法，其中倾斜法多用于小板幅试验班，平行法多用于实际生产，此方法则结合两种装配方式并可应用于大批量、大规模爆炸复合。

2 界面波的形成和其积极作用

爆炸焊接复合板以炸药为能源，覆板在爆轰荷载的作用下，发生折弯的同时向基板运动，并与基层钢板呈一定角度发生碰撞。碰撞过程就是波形成的过程，也是金属爆炸焊接能量转换和重新分配的过程[1]。

界面处发生塑性变形，破碎并消除了表面的氧化膜等杂物，使两种金属都露出清洁、新鲜的表面，为原子间键合提供条件；其次，塑性变形引起界面高温，降低材料刚性，为界面结合提供更好的结合条件；界面的波状分布扩大了界面结合的面积，从而提高了界面结合强度。

3 爆炸复合参数选择

在给定的材料组合中12mm Q245R+20mm S31603，可调整的参数有炸药爆速、间隙高度、炸药用量。上述参数在爆炸焊接过程中影响到碰撞角β、弯折角γ、复板运动速度v_p、碰撞点移动速度v_{cp}和碰撞点前气体排除速度v_a等。爆炸复合成功焊合的条件是：间隙内空气全部、及时的排除，界面金属在炸药爆轰作用下发生塑性变形形成波状结合。

平行法时：$v_a = v_{cp} = v_d$；

角度法时：$v_a = v_{cp} = \dfrac{\sin\gamma}{\sin(\alpha + \gamma)}$。

不难看出，影响气体排除速度的是炸药爆速，间隙中气体由静止突然被加速至爆速或略小于爆速时，不仅需要一个过程而且气体还会变为电离状态，此变化仍需要时间[1]，故若给予一定的排气时间，则需降低炸药爆速，故此次混药爆速为1700m/s，以增加排气时间、延缓排气过程（混药为粉状乳化炸药与糠、石粉按一定比例混合，从而降低炸药爆速、猛度）。根据多年经验，12mm复层单位面积用药量与覆板质量之比约为1∶2，在1700mm/s的爆速下，铺药高度采用100mm，以保证4.7g/cm²的单面面积用药量及充足的爆炸化学能。

根据经验公式间隙高度[2]$S \approx 0.2(\delta_f + H) = 0.2 \times (12 + 100) = 25.2$mm，但根据我司不锈钢板

爆炸复合经验来看，20mm 已完全满足 12mm 板材的爆炸复合，超出 20mm 结合界面波幅将大幅度增大，而在实践过程中发现，20mm 的间隙高度可以满足爆炸需求并获得相对稳定的贴合质量，但起爆点未结合面积较大，且爆轰末端波纹的波幅较大，非小波纹结合界面，最终将间隙高度定为 16mm 以获得小波状结合界面及稳定的结合质量。

因板材厚度较厚且炸药用量大，普通 V 型间隙难以支撑该重量，导致安装失败，而加大间隙密度导致界面内支撑间隙被压缩后堆积在界面内，形成密集的小面积未结合缺陷，爆炸结合质量较差。为保证板材成功安装且不因间隙密度原因产生缺陷，故将边缘支撑间隙改为 N 型，且高度改为 18mm，用以承担更多板材和炸药的重量，防止安装失败。

4 材料准备及具体实施方式

4.1 材料信息

材料性能数据见表 1，化学成分见表 2。

表 1 材料性能数据
Tab. 1 Information for material

材料	厚度/mm	硬度 HV10	抗拉/MPa	屈服/MPa	延伸率/%	爆速/m·s⁻¹	密度/g·cm⁻³	尺寸/mm
Q245R	12	140	453	310	31	—	7.85	2490×6550
S31603	20	173	544	330	47	—	8	2440×6500
炸药	100	—	—	—	—	1700	1.1	

表 2 材料成品分析
Tab. 2 Product analysis (%)

材料	C	Si	Mn	P	S	Cr	Ni
Q245R	0.15	0.26	0.85	0.016	0.007	0.16	0.19
S31603	0.022	0.43	1.52	0.014	0.008	16.43	10.85

材料	Mo	N	Cu	Nb	V	Alt	Ti
Q245R	0.04	—	0.021	0.032	0.022	0.031	0.023
S31603	2.26	0.04	—	—	—	—	—

4.2 材料准备

基、覆板待结合面抛磨干净并使表面粗糙度 $R_a \leqslant 10\mu m$，防止粗糙度造成结合界面出现周期性或连续性的夹杂物中间层。

Q245R 与 S31603 平整度保证不大于 2mm/m 且不大于 6mm/整板，防止板型对射流的产生和排气造成影响。

Q245R 长边中焊接三角形钢板用于放置起爆点，起爆点距 Q245R 边缘距离不小于 300mm，使炸药传爆至板边缘时已达到稳定爆轰。

使用粉状乳化炸药和添加物配置爆速 1700m/s 的爆炸焊接用混药，并要求配置完成后 1h 内使用，防止搅拌和添加物长时间放置造成破乳。

在铺设炸药前，Q245R 板面涂刷一层黄油，防止炸药和板面之间的微小空隙在绝热压缩下对板面造成损伤。

4.3 具体安装方式

具体安装方式如图 1 所示，起爆点位置如图 2 所示。

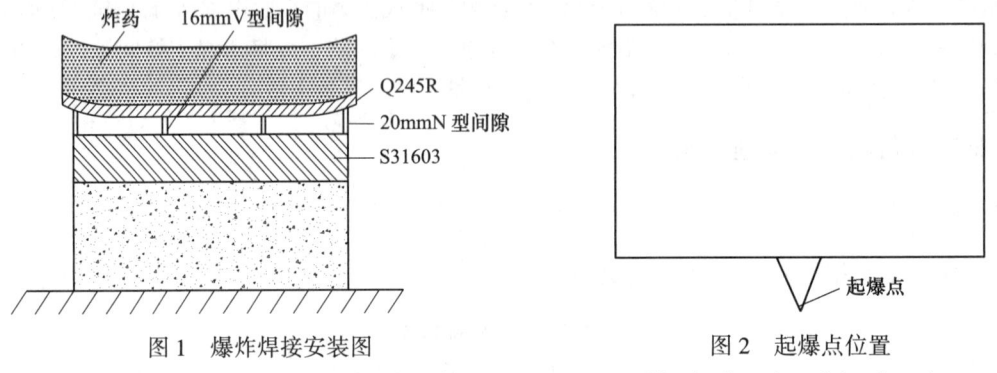

图 1　爆炸焊接安装图
Fig. 1　Installation diagram of explosion welding

图 2　起爆点位置
Fig. 2　Location of the shotpoint

5　结论

（1）爆炸焊接复合板标准要求复层厚度不超过基层厚度的三分之一，限制了部分行业对爆炸复合板的使用。一次成型制备出复层厚度超出基层厚度的二分之一的大比例钢-不锈钢复合板，此法可扩大爆炸焊接复合板的应用行业及范围。

（2）依据上述参数及安装方式制作的爆炸焊接复合板，经消除应力退火、校平后，超声检测结果满足《压力容器用复合板 第 1 部分：不锈钢-钢复合板》（NB/T 47002.1—2019）B1级要求，剪切强度高达 380MPa。同时钢板可承受后期的压制、卷制而无任何缺陷产生。

参 考 文 献

[1] 郑远谋. 爆炸焊接和爆炸复合材料的原理及应用 [M]. 长沙：中南大学出版社，2007：147-148.
[2] 杨扬. 金属爆炸焊复合技术与物理冶金 [M]. 北京：化学工业出版社，2005：39.

铝铜等厚爆炸焊接复合板工艺研究

张 杰[1]　许成武[2]　孙 建[2]　潘玉龙[2]　严 翔[2]

（1. 安徽宝泰特种材料有限公司，安徽　宣城　242500；
2. 南京宝泰特种材料股份有限公司，南京　211100）

摘　要：通过爆炸焊接试验得到了铝铜等厚复合板爆炸焊接工艺参数和工艺措施。对爆炸焊接后铝铜等厚复合板结合率、界面波形、结合强度、力学性能进行了分析。结果表明：爆炸焊接结合率大于99%，界面结合良好，波形规则，能承受后续焊接、冲压等加工过程。

关键词：铝；铜；爆炸焊接；工艺研究

Study on Aluminum Plus Copper Clad Plate with Same Thickness Process

Zhang Jie[1]　Xu Chengwu[2]　Sun Jian[2]　Pan Yulong[2]　Yan Xiang[2]

（1. Anhui Baotai Special Materials Co., Ltd., Xuancheng 242500, Anhui；
2. Nanjing Baotai Special Materials Co., Ltd., Nanjing 211100）

Abstract：The explosion welding process parameters and process measures of aluminum plus copper clad plate with same thickness were determined by explosive welding test. Analyzing the bonding rate, interface wave, bonding strength and mechanical properties of aluminum copper clad plate with same thickness after explosive bonding process. The results show that its wave form is regular with a good interface, and it can be stamped and welded without a bad influence.

Keywords：aluminum；copper；explosion cladding；process study

1　引言

　　铜是一种红色金属，是与人类关系非常密切的有色金属，被广泛地应用于电气、轻工、机械制造、建筑工业、国防工业、冶金、汽车、新能源等行业领域，在中国有色金属材料的消费中仅次于铝。但同时铜密度较大，且价格相对昂贵。铜铝复合板之间为冶金结合，它将铜的优良导电性和铝的焊接性、轻比重融为一体，仍然保持了各自的优良性能，如铜的良好导电性、抗腐蚀性、抗氧化性、高热容量，铝的轻比重、高导热性以及铜所具有的美观的外表，是一种新式节能型复合材料。在如今有色金属市场价格、能源价格急剧飙升的情况下，选择铜铝复合板不失为明智的选择，可使用在铜铝过渡接头、电气设备附件、导电轨道电动开关装置、冷凝

作者信息：张杰，男，工程师，zhangj8163@163.com。

器、冷却器、汽车散热器、活动金属箱板、铜铝垫片、铜铝连接板上。

　　热水供暖使用的铜铝散热器具有导热性能好、较高的承压能力、耐腐蚀力强等优点，是目前研发的一种比较理想的新型住宅散热器，与其他材料的散热器相比，特点是从根本上解决了散热器的防腐问题，同时又充分利用了铝价格相对便宜和质轻的优点，被广泛的应用。铝基覆钢箔层压板具有热阻小、散热性好、机械加工容易、电磁屏蔽性好、板材平整、尺寸稳定和刚性好等优点，被广泛用于汽车、摩托车、电视机和电子元器件等行业印制电路板；铜铝复合板用作供电部位的导电板和铜铝母线排的过渡接头，表面不会过热和拉弧，使导电性能稳定、减少了电能损耗、延长了导电板寿命、维修更换量减少，且价格较低。

　　爆炸焊接不会改变原有材料的化学成分和物理状态，可以根据实际需要，将待复合材料单独处理成所需的最佳状态。其应用性能十分优良，可以经受冷、热加工而不改变组合材料的厚度比，复合材料的结合强度很高，通常高于组合材料中较低的一方。复合材料在后续的热处理、校平、切割、卷筒、旋压等生产中，不会产生分层或开裂，故爆炸焊接复合板被广泛使用于多种行业。因铜、铝熔点差距较大且前期受市场需求影响，关于铝-铜爆炸焊接的研究相对较少。

　　爆炸焊接按装配方式分为倾斜法和平行法，其中倾斜法多用于小板幅试验班，平行法多用于实际生产，此方法结合两种装配方式并可应用于大批量、大规模爆炸焊接。

2　爆炸焊接的必要条件

2.1　足够的炸药使用量

　　爆炸焊接以炸药为能源，炸药的化学能经过多次的传递、转换和分配后，能够在金属间的结合界面上形成一定厚度的具有塑性变形、熔化和扩散的结合区[1]。原则上说，在适当的工艺条件下，爆速范围宽阔的一般都可以用于金属的爆炸焊接，但实践表明低爆速炸药有利于爆炸焊接复合板的制造，尤其是大面积或覆材较厚的板材的爆炸焊接。

2.2　间隙高度及排气问题

　　爆炸焊接过程中，覆板在炸药爆轰作用下，以极快的速度飞向基层钢板并发生折弯，倾斜地与基层钢板发生碰撞，碰撞的过程即是爆炸焊接的过程，是能量转换、分配的过程，同时也是波状界面形成的过程[1]。覆材并非整体、匀速地与基层发生碰撞，而是在爆轰作用下发生折弯，并在碰撞点 S 处与基层发生碰撞，碰撞点随爆轰的进行也在飞快移动，其速度与炸药爆速相当。

　　当间隙高度足够时，复板会依次经历加速—匀速—减速三个过程并最终与基材发生碰撞，故间隙高度的选择可影响覆材的飞行姿态，即间接影响结合过程中的能量转换和分配，并最终影响爆炸结合率。

　　平行法时：

$$V_a = V_{cp} = V_d \tag{1}$$

　　角度法时：

$$V_a = V_{cp} = \frac{\sin\gamma}{\sin(\alpha + \gamma)} \tag{2}$$

　　同时，基覆板间隙内存在大量空气，由式（1）和式（2）不难看出，当炸药被引爆间隙中气体由静止突然被加速至爆速或略小于爆速时，不仅需要一个过程而且气体还会变为电离状态，此变化仍需要时间。而爆炸焊接成功的必要条件之一则是基覆板间空气在爆炸焊接过程中需及时、全部地排出，故需给予一定的排气时间。降低炸药爆速，选用低爆速炸药，增加排气时间、延缓排气过程。

在给定的材料组合中，炸药爆速、间隙高度、炸药用量为主要参数。并在爆炸焊接过程中影响到碰撞角 β、弯折角 γ、复板运动速度 V_p、碰撞点移动速度 V_{cp} 和碰撞点前气体排除速度 V_a 等。爆炸焊接成功焊合的条件是间隙内空气全部、及时地排除，界面金属在炸药爆轰作用下发生塑性变形形成波状结合。

3 不同参数爆炸焊接性能对比

3.1 材料成分及性能

试验所用材料成分和性能见表 1～表 3，其中 12mm 铝 1060 作为覆材，12mm 紫铜 T2 作为基材。

表 1 爆炸焊接试验用 1060 板材化学成分

Tab. 1 Product analysis of 1060 for explosion welding test

材质	Si	Fe	Cu	Mn	Mg	Cr	Zn	C	Ti	Al	其他
1060	0.16	0.18	0.03	0.01	0.01	—	0.03	—	0.01	余量	0.05

表 2 爆炸焊接试验用 T2 板材化学成分

Tab. 2 Product analysis of T2 for explosion welding test

材质	Bi	Sb	Fe	Ni	Pb	Sn	S	Zn	O	Cu
T2	0.0006	0.0015	0.004	—	0.0043	0.03	0.0037	—	—	0.05

表 3 爆炸焊接试验用板材物理性能

Tab. 3 Physical property of the plate for explosion welding test

材质	密度 /g·m⁻³	熔点 /℃	比热容 /J·(kg·K)⁻¹	热膨胀系数	体积声速 /m·s	屈服强度 /MPa	抗拉强度 /MPa	伸长率/%	硬度（HV）
T2	8.89	1083	386	17.64	4674	—	270	36	62
1060	2.7	615	900	23.6	6305	21	85	27	15

3.2 试验过程及结果对比

保证用药量的同时，调整炸药爆速和间隙高度，并对表面保护情况进行对比，筛选出该材料的最佳爆炸参数，各组具体试验数据见表 4。

表 4 爆炸焊接工艺参数

Tab. 4 Technological parameter for Explosion welding

试验序号	炸药爆速 m/s	间隙/mm	用药量/g·cm⁻²	表面保护
1	1500	8	3.0	润滑脂
2	1700	8	3.0	润滑脂

续表 4

试验序号	炸药爆速 m/s	间隙/mm	用药量/g·cm^{-2}	表面保护
3	1900	8	3.0	润滑脂
4	1500	10	2.5	润滑脂
5	1700	10	2.5	润滑脂
6	1900	10	2.5	润滑脂
7	1700	10	2.0	润滑脂
8	1700	12	2.0	润滑脂
9	1900	10	2.0	润滑脂
10	1700	14	2.5	润滑脂
11	1700	12	2.5	润滑脂
12	1700	8	2.5	润滑脂

为保证板间距内气体及时、全部地排除，应选择低爆速炸药（粉状乳化炸药按需拌入添加物，以调节炸药爆速）。根据经验，12mm 铝板单位面积用药量应为 2.0~3.0g/cm^2，众所周知，黄油、润滑脂等表面保护效果较纤维板或不用缓冲层较好，故此次试验覆板表面以润滑脂加以保护，不做对比试验。具体试验参数见表 4。首次进行序号 1~3 试板的爆炸试验，3 件板界面均不同程度出现过熔现象，说明药量过大；序号 4~6 降低药量并同步调高间隙，结果表明爆速 1700m/s，间隙高度 10mm，爆炸焊接结果最好；为确定最佳工艺参数，遂进行序号 7~9 试验，爆轰起始端均出现未结合缺陷，且均有大量直接结合界面，说明药量较少，不满足爆炸焊接所需能量，遂进行序号 11~12 爆炸焊接试板，综合 12 件试板结果来看，序号 5 结果最优，试验结果见表 5。

表 5　爆炸焊接结果

Tab. 5　The result of explosion welding

试验序号	结合率/%	剥离强度/N·mm^{-1}	结合界面状态
1	50	5	爆轰起始段未结合，爆轰末端界面过熔
2	60	7	爆轰起始端未结合，多数为波状结合，部分界面过熔
3	45	5	爆轰起始端未结合，基本为波状结合，大部界面过熔
4	76	6	爆轰起始端未结合，多数为波状结合，少数为直接结合界面
5	100	23	整体结合良好，为波状结合界面
6	80	11	爆轰末端界面过熔，次末端波幅较大
7	71	9	爆轰起始端未结合，末端为直接结合界面
8	75	7	爆轰起始端未结合，基本为直接结合界面
9	93	11	爆轰起始端未结合，爆轰末端波状结合，其余直接结合
10	95	13	爆轰末端过渡熔化大，覆材有裂纹出现
11	100	15	整体结合良好，爆轰末端波幅增大
12	98	14	爆轰起始端为直接结合界面

4 结论

采用 1700m/s 的炸药，用药量 2.5g/cm²，间隙高度 10mm，（12+12）mm 的 1060 铝和 T2 紫铜爆炸焊接复合板经超声检测，100%贴合，满足 GB/T 32468—2015 的要求，剥离强度达 21N/mm，180℃弯曲不产生裂纹和分层，满足要求。

参 考 文 献

[1] 郑远谋. 爆炸焊接和爆炸复合材料的原理及应用 ［M］. 长沙：中南大学出版社，2007.

热处理制度对改善316L/Q345R复合板爆炸硬化的影响

吴 好　刘 洋　李子健　陈 磊　刘 欧　张 鹏

（大连船舶重工集团爆炸加工研究所有限公司，辽宁　大连　116300）

摘　要：爆炸焊接会导致复合板在复合材料的表面、界面和基层内部形成的残余应力，形成爆炸硬化，导致复合板界面附近的基层、复层及界面硬度会有显著提升，此时对复合板进行热处理显得尤为重要。热处理需要兼顾双金属材料的不同热处理区间，在保证力学性能和复层的抗腐蚀功能的前提下，降低复合板的硬度消除爆炸硬化。本文通过试验，研究不同的热处理制度对316L/Q345R复合板硬度的影响及消除界面硬化的情况，改善复合板的综合性能，对复合板实际生产及应用具有重要的指导意义。

关键词：复合板；爆炸焊接；热处理；力学性能；硬度

Effect of Heat Treatment on Explosion Hardening of 316L/Q345R Composite Plate

Wu Hao　Liu Yang　Li Zijian　Chen Lei　Liu Ou　Zhang Peng

（Dalian Shipbuilding Industry Group Explosive Processing Research Institute
Co., Ltd., Dalian 116300, Liaoning）

Abstract：Explosive welding will cause the composite plate to form residual stress on the surface, interface and base of the composite material, forming explosion hardening, resulting in the base, layer and interface hardness near the interface of the composite plate will be significantly improved. At this time, the heat treatment of the composite plate is particularly important. Heat treatment needs to take into account the different heat treatment intervals of bimetallic materials, and reduce the hardness of the composite plate to eliminate explosion hardening under the premise of ensuring the mechanical properties and the corrosion resistance of the composite layer. Through experiments, this paper studies the influence of different heat treatment systems on the hardness of 316L/Q345R composite board and eliminates the interfacial hardening, improves the comprehensive performance of composite board, and has important guiding significance for the actual production and application of composite board.

Keywords：composite plate; explosive welding; heat treatment; mechanical property; hardness

1　引言

复合板兼顾复层不锈钢良好的耐腐蚀性及基层碳钢的高强度的特点。但通过爆炸复合生产

作者信息：吴好，本科，助理工程师，2996492957@ qq.com。

复合板会存在结合界面硬化以及残余应力难以消除的情况，突出特点为复合板的强度及硬度变高、韧性变差。本文意在研究不锈钢板与碳钢板在爆炸复合后硬度的变化，以及在保证复合板力学性能和复层耐腐蚀性的情况下，研究不同热处理制度对复合板改善界面硬化及降低界面硬度的情况。通过研究 S31603+Q345R 复合材料建立热处理制度、组织和性能之间的关系，对复合材料后续使用及加工具有重要意义。

2 实验材料

在研究不同温度区间热处理制度对硬度的影响时，为了避免在复层不锈钢敏化区间内停留时间过长，从而发生晶界贫铬的现象，破坏晶界稳定的情况。本文选择碳含量、铬含量相对低，并且增加了比铬元素更亲碳的稳定性元素 Mo 的复层材料 S31603 与 Q345R 作基层材料进行爆炸复合，这种材料的敏化区间范围更小、更容易规避。

试验选用的 4mm S31603 采用太钢材料作为复层，57mm Q345R（正火）采用舞阳钢厂材料作为基层，其化学成分及力学性能见表 1~表 4。

表 1　δ=4mm 厚 S31603 的化学成分（实测）
Tab. 1　Chemical constituents of δ=4mm S31603（measurement）　（%）

化学成分	C	Si	Mn	P	S	Cr	Ni	Mo	N
实测值	0.021	0.49	1.10	0.026	0.001	16.89	10.16	2.03	0.04
合格值	≤0.03	≤0.075	≤2.00	≤0.035	≤0.015	16~18	10~14	2~3	≤0.01

表 2　δ=4mm 厚 S31603 的力学性能（室温）**及晶间腐蚀实验结果表**（实测）
Tab. 2　Mechanical properties of δ=4mm S31603（room temperature）**and experimental results of intergranular corrosion**（measurement）

指标	屈服强度（0.2%）/MPa	抗拉强度/MPa	延伸率/%	硬度值 HV	晶间腐蚀（GB/T 4334—2020）
实测值	285	628	58	216, 204, 198	合格
合格值	≥210	≥490	≥40	≤220	—

表 3　δ=57mm 厚 Q345R（正火）的化学成分（实测）
Tab. 3　Chemical constituents of δ=57mm Q345R（measurement）　（%）

化学成分	C	Si	Mn	P	S	Cu	Ni
实测值	0.16	0.27	1.46	0.013	0.003	0.015	0.02
合格值	≤0.20	≤0.55	1.20~1.70	≤0.025	≤0.010	≤0.30	≤0.30
化学成分	Cr	Mo	Nb	V	Ti	Al	
实测值	0.025	0.003	0.006	0.002	0.014	0.037	
合格值	≤0.30	≤0.08	≤0.05	≤0.05	≤0.03	≥0.02	

表4 δ = 57mm 厚 Q345R 的力学性能表（实测）

Tab. 4 Mechanical properties of δ = 57mm Q345R （measurement）

指标	屈服强度 (0.2%) /MPa	抗拉强度/MPa	延伸率/%	冲击试验		硬度值 HV
				温度/℃	冲击吸收能量 KV_2/J	
实测值	389	534	30	0	253，263，267	153，162，159
合格值	≥315	490~620	≥21	0	≥41	—

3 复合板爆炸复合后特点

4mm S31603 与 57mm Q345R 爆炸焊接后爆炸态的性能见表5。

表5 爆炸态复合板的力学性能表（实测）

Tab. 5 Mechanical properties of explosive composite plates （measurement）

指标	屈服强度 (0.2%)/MPa	抗拉强度 /MPa	延伸率/%	冲击试验		硬度值（HV）		
				温度/℃	冲击吸收能量 KV_2/J	靠界面复层	靠界面基层	界面
实测值	478	602	22.4	0	89，93，130	298，302，316	202，213，234	267，259，287
合格值	≥315	490~620	≥21	0	≥41	—		

在爆炸焊接过程中，由于两种金属高速碰撞，在界面附近受到强烈塑性变形，在界面处形成细晶区，产生内应力从而产生界面硬化[1]。对比爆炸态复合板性能与原材性能可知，爆炸复合使强度、硬度升高，塑性降低。爆炸复合后，靠近界面硬度值最大，在紧靠结合界面处的塑性变形也最为严重，加工硬化最为严重，因而显微硬度值最高[2]，原因主要为：（1）爆炸复合时温度急剧升高，随后快速冷却，因而产生了淬火效应；（2）在界面处的高温使得固溶在基体中的合金元素来不及析出，并且组织非常细小[3]。

因此爆炸后的复合钢板必须经过适当的热处理使其性能得以恢复，以及界面硬化现象得以消除。

4 热处理实验方案及检验结果

由于热处理过程中保温温度、保温时间和冷却方式等因素，对组织均匀性、力学性能、硬度和耐蚀性都有很大的影响，由此本文从9种热处理制度展开实验分析，见表6和表7。

表6 不同热处理制度下 S31603+Q345R 复合钢板的力学性能（实测）

Tab. 6 Mechanical properties of S31603+Q345R compound steel plate with different heat treatment regimes （measurement）

序号	热处理制度	屈服强度 (0.2%) /MPa	抗拉强度 /MPa	延伸率 /%	冲击试验		弯曲强度（内弯）	剪切强度 /MPa	晶间腐蚀 (GB/T 4334—2020)
					温度/℃	冲击功 KV_2/J			
1	600℃×4h 炉冷	372	563	26.8	0	278，264，235	合格	298	合格
2	600℃×10h 炉冷	368	559	27.0	0	246，223，202	合格	302	合格

序号	热处理制度	屈服强度（0.2%）/MPa	抗拉强度/MPa	延伸率/%	冲击试验		弯曲强度（内弯）	剪切强度/MPa	晶间腐蚀（GB/T 4334—2020）
					温度/℃	冲击功 KV_2/J			
3	680℃×4h 空冷	357	550	27.6	0	143.56, 76	合格	314	合格
4	880℃×2h 空冷	344	543	29.2	0	202, 234, 227	合格	308	合格
5	880℃×5h 空冷	339	540	29.0	0	212, 200, 198	合格	314	合格
6	920℃×2h 空冷	334	538	29.6	0	223, 197, 204	合格	324	合格
7	920℃×5h 空冷	330	535	29.6	0	189, 234, 220	合格	334	合格
8	1060℃×1h 水冷	471	662	19.8	0	41, 123, 35	合格	302	合格
9	1060℃×1h 水冷+620℃×4h 空冷	374	517	30	0	179, 203, 201	合格	296	合格

表7　不同热处理制度下 S31603+Q345R 复合钢板的硬度（实测）

Tab. 7　Cross section hardness of S31603+Q345R compound steel plate with different heat treatment regimes（measurement）

序号	热处理制度	硬度 HV		
		靠界面复层	靠界面基层	界面
1	600℃×4h，炉冷	314, 290, 300	198, 189, 192	289, 265, 278
2	600℃×10h，炉冷	302, 292, 280	178, 192, 180	277, 289, 293
3	680℃×4h，空冷	298, 284, 305	182, 179, 191	276, 288, 295
4	880℃×2h，空冷	276, 291, 287	167, 159, 166	210, 200, 194
5	880℃×5h，空冷	259, 278, 289	153, 164, 176	188, 191, 203
6	920℃×2h，空冷	261, 259, 273	152, 161, 159	201, 179, 185
7	920℃×5h，空冷	273, 260, 282	156, 169, 170	182, 193, 198
8	1060℃×1h，水冷	187, 168, 177	203, 220, 184	205, 191, 198
9	1060℃×1h，水冷+620℃×4h，空冷	176, 182, 186	167, 169, 171	188, 179, 182

选 3 组具有代表性的热处理制度，分别是 600℃×4h，炉冷；920℃×2h，空冷；1060℃×1h，水冷+620℃×4h，空冷；对复合板的复层、基层以及界面进行金相组织检验，如图 1~图 3 所示。

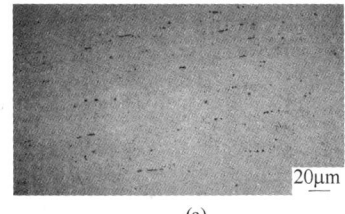 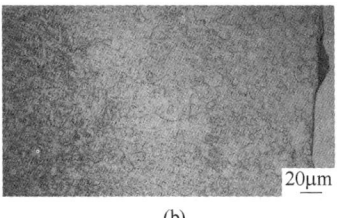 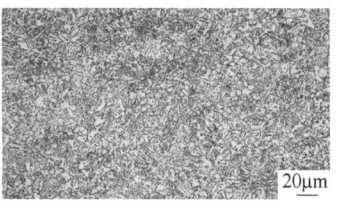

　　　　　(a)　　　　　　　　　　　　(b)　　　　　　　　　　　　(c)

图 1　复合板金相照片（600℃×4h，炉冷）

（a）复层（奥氏体+少量铁素体）；（b）界面附近（回火索氏体+铁素体）；（c）基层（铁素体+珠光体）

Fig. 1　The microstructure of S31603 + Q345R（600℃×4h，furnace cooling）

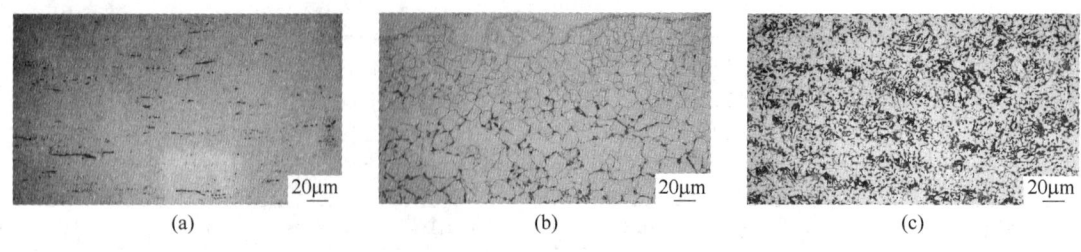

图2 复合板金相照片（920℃×2h，空冷）

（a）复层（奥氏体+少量铁素体）；（b）界面附近（铁素体+珠光体）；（c）基层（铁素体+珠光体）

Fig. 2 The microstructure of S31603 + Q345R（920℃×2h，air cooling）

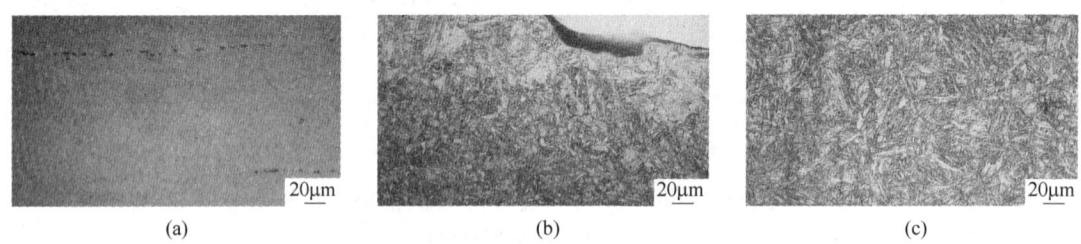

图3 复合板金相照片（1060℃×1h，水冷+620℃×4h，空冷）

（a）复层（奥氏体+少量铁素体）；（b）界面附近（回火索氏体）；（c）基层（回火索氏体）

Fig. 3 The microstructure of S31603 + Q345R（1060℃×1h，water cooling+620℃×4h，air cooling）

5 分析

对比上述实验数据，不锈钢合金元素含量更高，其组织以奥氏体为主，加工硬化能力更强，位错和孪晶更容易聚集和生成，所以不锈钢侧硬度升高更为剧烈，且降低其硬度也尤为困难。

综上9种热处理实验可知，600℃退火虽然可以保证复合板力学性能以及复层晶腐，但是对复合板消除界面硬化降低硬度没有明显效果，延长保温时间对降低硬度作用也不甚明显。通过图1可知，金相图界面附近由于爆炸复合时温度急剧升高又快速冷却，因而产生了淬火效应，加之进行退火热处理生成回火索氏体，与爆炸态复合板相比显著提高钢板韧性；680℃退火会产生碳化物析出，导致晶界处局部脆化[4]，从而降低冲击韧性，因此这种热处理制度不适用；880~920℃正火在保证复合板力学性能以及复层晶腐的前提下，对比图1与图2可知，基层晶粒明显细化，对界面硬化有显著改善，并且对复合板基层硬度也有所降低，但是对复合板复层硬度改善不明显；1060℃固溶热处理是可以有效地降低复合板复层硬度，在爆炸复合产生高温高压的冶金环境中，析出的碳化物在高温下固溶于奥氏体中，再通过急冷方式使钢板保持到常温，减少钢中铁素体含量，通过固溶参数的调整可以对钢的晶粒度进行控制，使钢的组织得到软化[5]，但是高温下水冷会使Q345R碳钢板生成马氏体组织，会使基层钢板强度提高，冲击韧性降低；在固溶后增加回火过程，图3所示基层生成回火索氏体，恢复碳钢板的力学性能，对于强度及韧性有明显改善，同时起到降低复合板界面及基、复层硬度的作用，甚至可以降低至与基、复板单金属硬度相仿。但是不建议使用此种方法来降低复合板硬度，对于碳钢板进行固溶有很大的风险，造成过热或过烧情况出现而导致基层晶粒粗大。

6 结论

本文意在保证复合板力学性能和复层晶间腐蚀的前提下，研究不同热处理制度对复合钢板界面、基层和复层 3 层硬度的影响。根据热处理实验检验结果及对金相组织的分析可以得出如下结论：

（1）退火热处理制度对降低硬度效果不明显，复层及界面硬度基本维持在 320HV，基层硬度基本维持在 200HV。

（2）正火热处理制度对改善复合板界面及基层硬度效果较为明显，对复层硬度影响不大，保温时间为 1.8min/mm 即可满足要求，硬度并不会因延长保温时间而有显著变化。

（3）若期望界面及基、复层硬度都降低至原材附近，可以选用固溶加回火的热处理制度，但基于碳钢板的特征考虑不建议使用此种热处理制度。

参 考 文 献

[1] 白允强，黄文，王章忠，等．2205 双相不锈钢/Q345 低合金钢爆炸复合板的组织与力学性能 [J]．机械工程材料，2012，36（12）：33-44．

[2] 王芝玲，刘威，蒋佳强，等．Q345R/304 爆炸复合板的组织及力学性能研究 [J]．热加工工艺，2015，44（23）：243-245．

[3] 苏铁建，高书娟，李树奎，等．几种不同硬度和热导率的钢种的绝热剪切带特征 [J]．材料工程，2004（7）：6-9．

[4] 裴海洋，王立新，张寿禄，等．爆炸复合板符合界面微观组织分析 [J]．材料工程，2002，19（11）：11-14．

[5] 康永林．轧制工程学 [M]．北京：冶金工业出版社，2004．

激光调控含能材料爆炸驱动微尺度薄膜
精密焊接实验研究

付艳恕　肖先锋　叶小军　吴方亮

（南昌大学先进制造学院，南昌　330031）

摘　要：本文针对电子及微机电系统封装领域对高可靠性界面制备提出的挑战，借助爆炸焊接技术具有的固态连接优异特性，开展基于激光聚焦能量调控液体含能工质爆炸行为研究，产生的冲击波将驱动金属薄膜与基板发生高速斜碰撞，从而实现毫微量级金属薄膜精密爆炸焊接。文中利用激光聚焦能量调控含能材料进行了 Al/Cu 的金属对精密爆炸焊接实验，通过观察 Al 薄膜与 Cu 基板焊接动态过程、界面微观形貌，结合数值模拟方法探讨激光聚焦能量调控液体含能工质爆炸行为制备 Al/Cu 的金属对精密爆炸焊接界面技术可行性，并对界面质量进行分析，结果表明焊接结合界面存在 Al/Cu 元素扩散，具有技术可行性；但界面伴随有动力学过程的卸载回弹现象，表明尚需对冲击载荷实施进一步精密调控。

关键词：激光调控；微尺度薄膜；精密爆炸焊接；先进封装

Experimental Researches on Precise Explosive Welding of Microscale Metal Foils by Laser Manipulated Energetic Material Explosion

Fu Yanshu　Xiao Xianfeng　Ye Xiaojun　Wu Fangliang

（School of Advanced Manufactures，Nanchang University，Nanchang 330031）

Abstract：In response to the challenges of high stability requirement in the advanced packaging for microelectronics and MEMS, based on the merits of solid connect in the impact welding technology, this paper applied the focused laser energy to manipulate explosion of the energetic material to drive the micro metal foils impacting with based plate and weld together. Metal couple of Al and Cu foils were picked out to validate the feasibility of the manufacture method by model analyzing of physical process, structure detecting of the micro welding interface and data revealing of the numerical simulation. Results show that there was not only element diffusion at the welding interface seen as one of clues of welding, but also rebound zone in the center of welding pot as a defect of welding. Therefore, the technology of laser controlled precise explosive welding has the feasibility to drive the metal couple welding together, but the driven energy should be optimized to control the impact loading strength between metal couples so as to avoid the unload rebound zone in the center of welding pot.

基金项目：国家自然科学基金项目（12162024）；江西省杰出青年人才资助计划项目（20192BCB23003）；江西省自然科学基金面上项目（20224BAB201019）。

作者信息：付艳恕，博士，副教授，yshfu@ncu.edu.cn。

Keywords：laser manipulated；microscale foils；precise explosive welding；advanced packaging

1 引言

常规爆炸焊接利用炸药爆轰产物做功驱动复板运动并与基板发生碰撞形成焊接，可实现平方米级尺度的大面积金属板复合（EXW，explosive welding）。因其能实现高比强度、高耐腐蚀性的异质金属对之间面面复合而广泛应用于制备汽车、船舶、核工业[1]、石油化工管道[2]及电力输配[3]等工程领域结构件。

EXW 中由于颗粒或粉末状炸药在铺设过程中的厚度、密度一致性难以保障，仅适用于较大尺度的结构件野外焊接，由于较差的可控性，不适合制备厚度小于 1mm 的薄膜金属[4]，也难以形成质量稳定的工业生产工艺。激光烧蚀液体相爆炸驱动金属薄膜微焊接（LIW，laser impact welding）工艺，LIW 是利用激光能量烧蚀涂覆于复板表面的液体介质，使其迅速气化产生相爆炸（非含能材料化学爆炸）而形成冲击波驱动薄膜加速，与基板发生碰撞形成焊接，可实现直径为毫米量级，甚至更小面积的复合，适用于微机电系统制造领域电子集成封装。Daehn[5]于 2009 年研发出 LIW 技术并获得美国专利，使爆炸焊接技术推广到微、细尺度的应用，现广泛应用于微机电系统封装。文献［6］对持续时间 8ns，脉冲能量为 3J 的激光聚焦进行了直径 3mm 的铝-铝及铝-钢复合。国内江苏大学的某团队[7]基于该技术开展了焊接尺度为 5mm 直径的铜/铝焊接研究。

以上两种焊接技术不仅在复合尺寸上形成互补，工作原理皆是由冲击波驱动金属板间发生高速斜碰撞，产生射流清理表面污染物，并在高压下实现金属冶金连接，因而统称为爆炸焊接，且由于 LIW 本身的精密、可控属性，使得 EXW 中能量调控所存在的困难，在 LIW 中迎来了解决机遇。当前对 LIW 能量调控研究工作主要从激光入射参数着手，大多通过调节激光入射功率、脉宽角度探索微焊接效果。国内较具代表性的是解放军装备学院开展的工作[8-10]，指出激光烧蚀液态聚合物形成的溅射现象与推进性能有很大关系，其控制因素众多，如激光强度、掺杂份数和溶液黏度等，当前所形成的理论对能量调控机理的解析尚浅。特别是通常情况下高分子聚合物液态工质对于红外激光是透明的，吸收系数较小，而为了增强激光的吸收，在实际情况中往往会掺入红外染料或碳粉，导致调控效果发生弥散，相应的精密性减弱[11]。实际上虽然 LIW 能够实现小尺度的快速连接，但很难控制烧蚀相变的一致性，常使得焊接界面中心位置压力过高而受损，边界区域压力过低而脱焊[12]。

因而本文尝试开展激光调控含能材料爆炸驱动微尺度薄膜精密焊接研究，其工作原理可概括为首先将液体含能工质均匀涂覆于薄膜上表面，由于微、纳厚度的薄膜单位面积质量及结构刚度极小，实现碰撞焊接所需驱动能量较弱，对应的液态含能材料涂覆厚度通常小于临界爆轰尺寸；进一步将激光能量聚焦于液态含能工质上，通过激光能量触发使其发生爆炸反应，产生冲击波驱动薄膜向基体运动实现精密爆炸焊接。

2 实验原理与方案设计

含能材料的激光点火过程本质上是激光与物质相互作用的过程，按照引起含能材料初始反应作用机理的不同，激光点火机理包括热作用机理、光化学作用机理、电离作用机理和冲击起爆机理等。本文专注于利用含能材料激光点火方式，探讨微尺度薄膜精密焊接研究，其可控性体现在：（1）液态含能工质铺设厚度与密实度均匀性易得到保证；（2）由于液态含能工质涂覆厚度小于其爆轰临界尺寸，因而爆炸反应不能自持，必须有激光聚焦能量补偿才能触发，使得焊接路线可由激光移动路径决定，而焊接界面尺寸可由激光聚焦特征尺度调控。

2.1 实验系统介绍

焊接所使用的实验系统如图 1 所示，主要由激光发射装置、激光电源、水冷装置、计算机控制装置、反射镜、聚焦镜、焊接装置、焊接工作平台组成。本实验所使用的激光器是由鞍山紫玉激光科技有限公司生产的灯泵大能量电光调 Q 激光器（Hercules-1000），激光器装置和焊接工作平台分别如图 2 和图 3 所示。Hercules-1000 激光器主要技术参数见表 1。

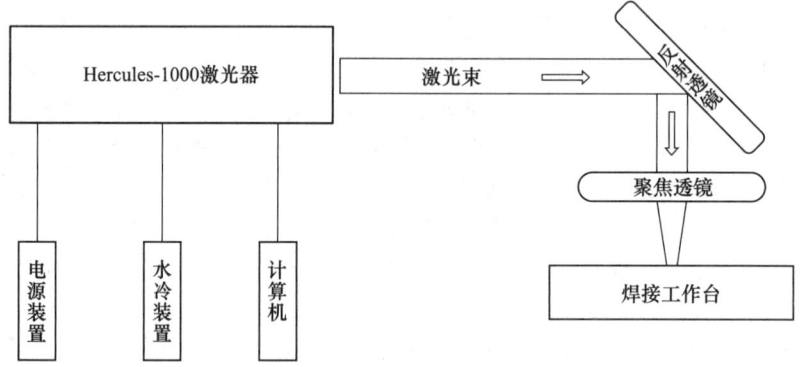

图 1   焊接实验系统

Fig. 1   Welding experiment system

图 2   激光器调控爆炸焊接工作平台

Fig. 2   Laser controlled explosive welding platform

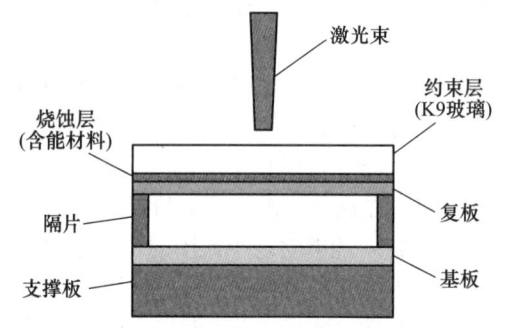

图 3   焊接装置

Fig. 3   welding device

表 1   Hercules-1000 技术参数表

Tab. 1   Technical parameters table of Hercules-1000

激 光 参 数	参 数 值
波长/nm	1064
脉宽/ns	9.480
出口光束直径/mm	9.81
脉冲重复频率/Hz	10
激光能量/mJ	52.7~1280

焊接装置如图3所示。从上到下依次为激光束、约束层、烧蚀层、复板、隔片、基板、支撑板。焊接开始时，高斯激光束透过约束层玻璃透窗辐照在烧蚀层上，烧蚀层含能材料吸收激光能量，瞬间转化为高温等离子体。但由于上方约束层的存在，高温等离子体只能向下冲击复板，复板在高温等离子体的作用下向下冲出与基板发生高速碰撞，发生焊接。

2.2 实验材料及准备

本次实验所需材料以及实验前准备工作如下：

（1）复板和基板材料：本次实验选择厚度为 $50\mu m$、边长为 $20mm \times 20mm$ 的工业纯铝为复板，厚度为 $100\mu m$、边长为 $25mm \times 8mm$ T2 紫铜为焊基板。

（2）约束层材料选用厚度为 6mm、边长为 $40mm \times 40mm$，中心带深度为 0.1mm，直径 5mm 的圆形研磨孔的 K9 玻璃。

（3）含能（烧蚀层）材料：分别选用黑漆、黑胶带和柴油硝酸铵胶状物。

2.3 实验参数设计

在实验过程中，通过计算机控制调节移动工作平台与聚焦镜之间的距离，控制激光光斑直径为 1.5mm。通过调节激光器，控制调节激光能量为 717mJ、920mJ、1280mJ，具体相关实验参数见表2。

表2 实验参数
Tab. 2 Experimental parameters

实验参数	参数值
复板/基板	工业纯铝/T2 紫铜
复板规格/mm×mm×mm	25×8×0.05
基板规格/mm×mm×mm	20×20×0.1
烧蚀层材料	黑漆，黑胶带，柴油硝酸铵胶状
激光能量/mJ	717，920，1280
光斑直径/mm	1.5
复板与基板间距/mm	0.2

3 实验结果与分析

在不同的烧蚀层材料和激光能量下，焊接实验的结果见表3。

表3 不同烧蚀层材料和激光能量下焊接实验结果
Tab. 3 Experimental results under different ablative layer materials and laser energy

烧蚀层	激光能量		
	717mJ	920mJ	1280mJ
空白组	×	×	×
柴油硝酸铵	√	√	√

注：√表示实验成功，焊接完成；×表示实验不成功，焊接没完成。

根据表3所示实验结果表可以看出，未涂覆含能材料的空白组试件表面形貌如图4所示，未实现焊接且 Al 片被击穿，基板铜片表面有 Al 烧蚀残留物。

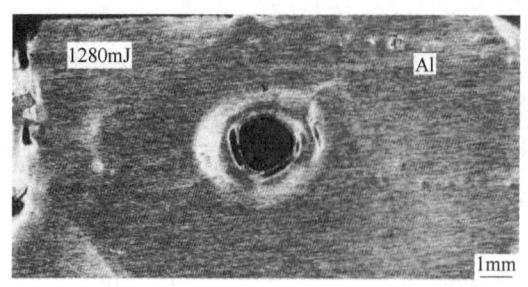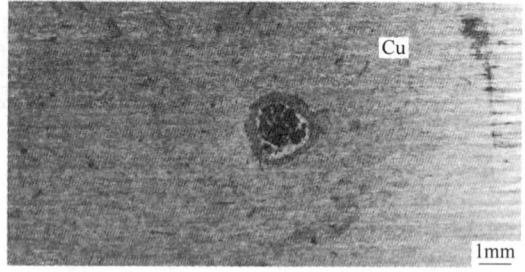

图 4　空白组焊件表面形貌

Fig. 4　Surface morphology of blank assembly weldment

当烧蚀层材料为黑漆时，激光能量为 717mJ、920mJ 时，焊接成功；当涂覆柴油硝酸铵胶状物，且激光能量 1280mJ 时焊接成功，焊接试件表面如图 5 所示。焊接结合区域位于红色标记内，范围与光斑大小保持一致，直径约为 1.5mm。同时，焊接区域可以发现许多褶皱和波纹，由于在焊接时形成的冲击波从焊点位置向周围传播，冲击波在基、复板中连续不停地反射与折射，导致复板金属表面发生塑性变形，最终使得有效焊接区域复板表面产生波纹与褶皱。

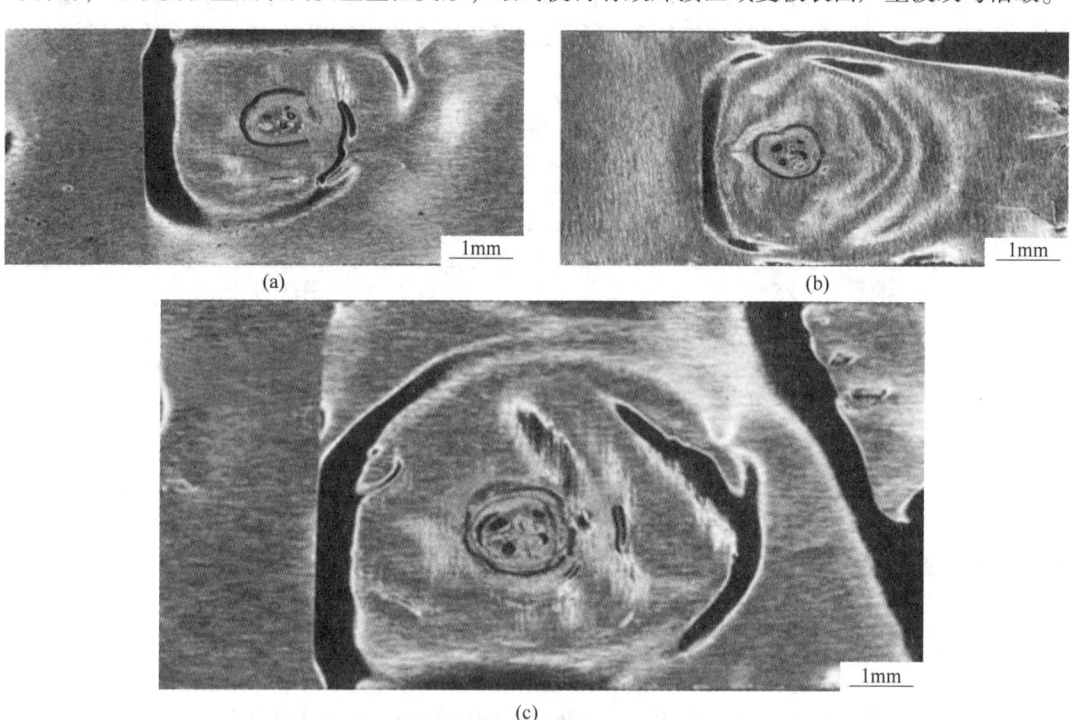

图 5　烧蚀层为黑漆时焊件表面形貌

（a）717mJ；（b）920mJ；（c）1280mJ

Fig. 5　Surface morphology of weldment when the ablation layer is black paint

图 6 为激光能量为 717mJ、920mJ、1280mJ 时焊接试件的结合界面形貌图。可以看出，当激光能量为 717mJ 时，复板和基板间呈平直状结合；当激光能量增大到 920mJ 时，复板和基板间呈微波状结合；当激光能量为 1280mJ 时，复板和基板间呈波状结合，界面波的波长和振幅都较激光能量为 920mJ 时要大。这是因为当激光能量增加时，激光能量转化成复板的动能也就

越大，复板撞击基板时的速度也随之增大，从而导致复板和基板在碰撞结合时塑性变形程度更加剧烈，进而形成的波状界面也更明显。

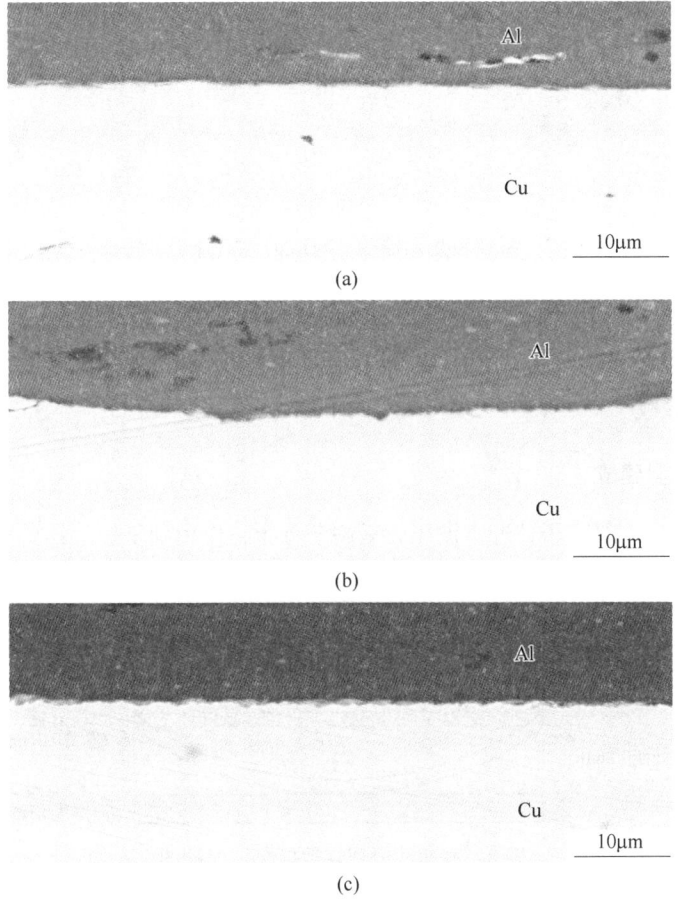

图 6　系列激光能量调控焊接界面微观形貌图

（a）717mJ；（b）920mJ；（c）1280mJ

Fig. 6　Microscopic morphology of laser energy controlled welding interface in series

　　如图 7 为系列激光调控能量下界面开裂区特征形貌。开裂区位于焊接区与反弹区之间，与焊接区相连。开裂区的形成原因如下：当复板刚与基板接触碰撞时，碰撞角度从 0°开始变化。刚开始没有达到焊接角度，而后碰撞继续，当碰撞角度变化达到可焊接范围后焊接开始，但是由于反弹现象，初始焊接的一部分会因为形成反弹区而撕裂拉扯开，形成开裂区。

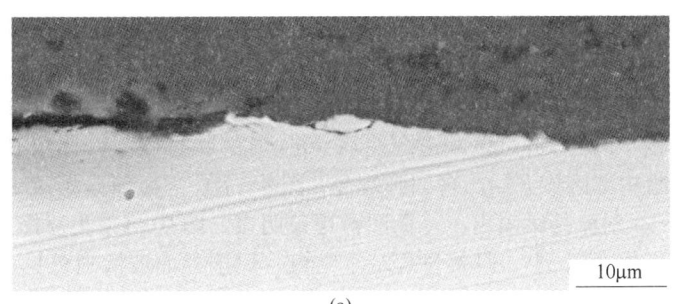

（a）

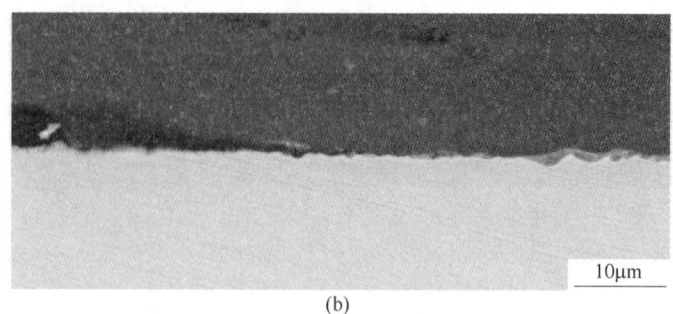

(b)

图 7 系列激光调控能量对应的界面开裂区特征

(a) 920mJ; (b) 1280mJ

Fig. 7 Interface Characteristics of cracking zone corresponding to energy in series

4 模型及材料参数

4.1 数值模拟模型建立

短脉冲激光诱导的等离子体冲击波压力呈高斯分布, 作用到复板上, 复板发生近似于蘑菇状凸起的塑性变形后以每秒几百米的速度与基板发生碰撞[13]。所以在建立模型时将复板设计为理想的圆弧, 并由此建立了复板和基板高速冲击焊接二维平面模型, 如图 8 所示。

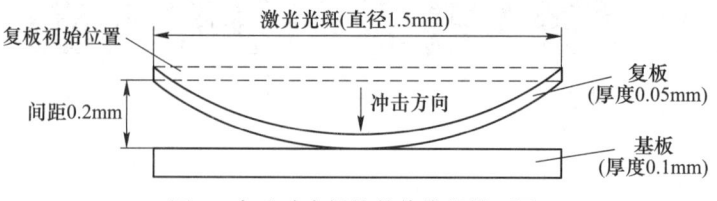

图 8 高速冲击焊接数值模拟模型图

Fig. 8 Numerical simulation model diagram of high-speed impact welding

在 Al/Cu 焊接数值模拟过程中, 复板铝的厚度为 0.05mm, 基板铜的厚度为 0.1mm。将 SPH 粒子的大小设定为 1μm。本章的模拟中设置的变量为复板的冲击速度。其中, 初始的加载条件为复板的初始冲击速度, 基于先前的相关研究[14-15], 复板的初始冲击速度分别设置为 400m/s、600m/s、800m/s, 基板的初始速度设为固定值 0m/s。

4.2 焊接过程

图 9 为不同时刻的 Al/Cu 高速冲击焊接过程状态图。其中, 图 9 (a) 为焊接开始时复板和基板初始碰撞时刻的状态图。图 9 (b) 为碰撞开始后 20ns 时的状态图, 此时复板与基板的碰撞角 β 为 3°, 碰撞角过小, 无法满足射流产生条件, 无射流产生。图 9 (c) 为碰撞开始后 40ns 时刻的状态图, 随着碰撞点的移动, 碰撞角 β 增大为 12°, 此时射流开始产生, 复板和基板之间开始进行焊接。图 9 (d) 为碰撞开始后 90ns 时的状态图, 碰撞角 β 持续增大到 18°, 大量射流产生, 复板中部区域开始出现回弹现象。图 9 (e) 为碰撞开始后 160ns 时的状态图, 碰撞角 β 扩大到 25°, 射流持续喷出, 复板回弹现象明显。图 9 (f) 为碰撞开始后 200ns 时刻的状态图, 碰撞角 β 扩大到 35°, 焊接过程基本结束, 焊接界面波清晰可见, 焊件左右两侧为结合区域, 中间部分为回弹区域, 这与实验结果相一致。

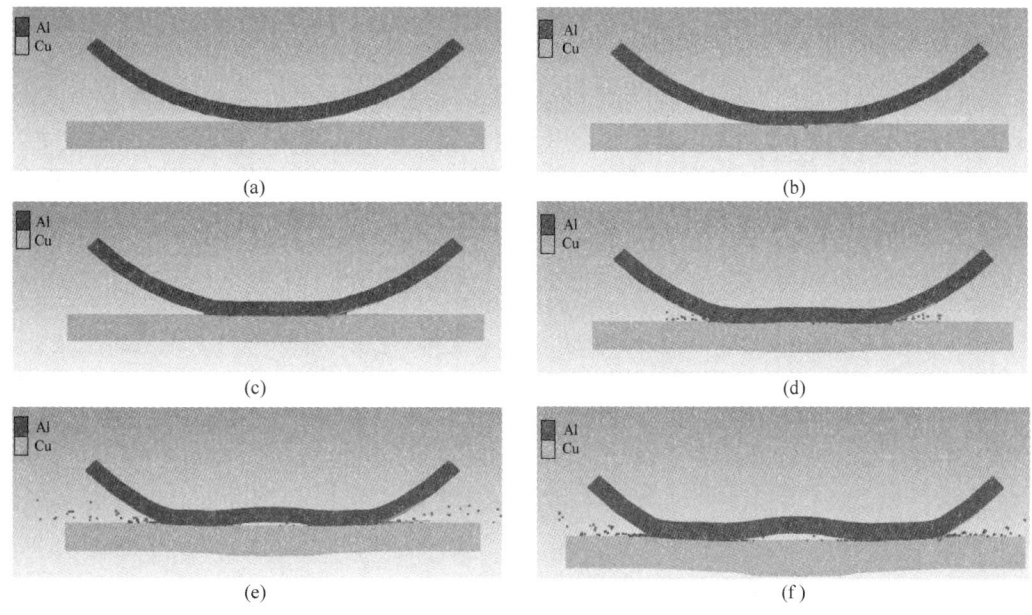

图 9　焊接过程

（a）0ns；（b）20ns；（c）40ns；（d）90ns；（e）160ns；（f）200ns

Fig. 9　Welding process

4.3　波形界面形貌特征

随着激光能量的提高，冲击碰撞速度随之增大，焊接结合界面由平直状转变为微波状和小波状。这是由于冲击速度增大，焊接结合界面的有效塑性应变增大，导致基、复板塑性变形程度加剧，促使焊接界面波的波长和振幅增大，如图 10 所示。

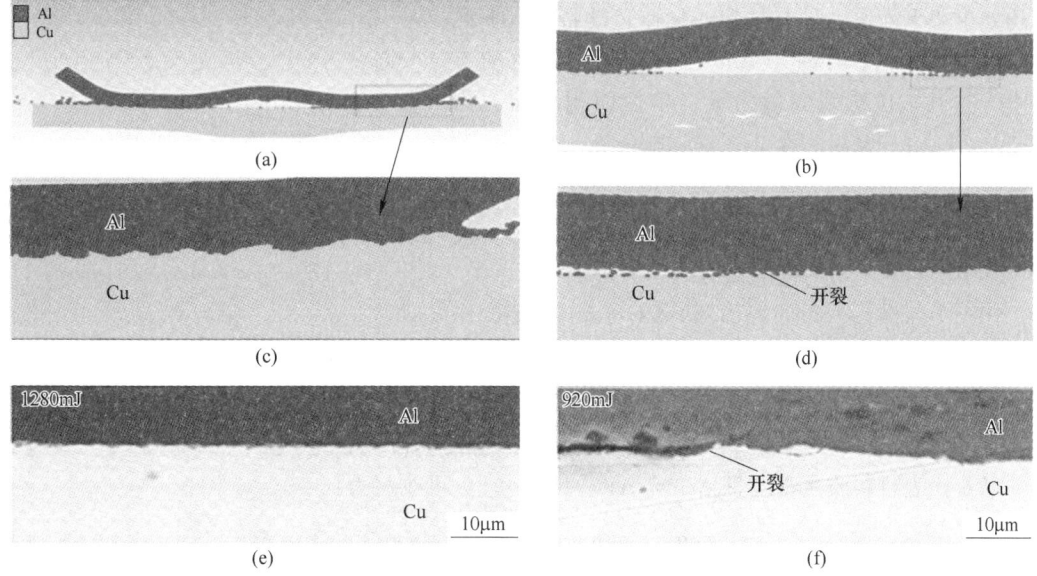

图 10　焊接界面形貌图及回弹与开裂现象

Fig. 10　Welding interface morphology and rebound and cracking phenomenon

5　界面不规则的非平衡力学原理

复板受驱运动的爆炸焊接过程可用爆轰波与金属壳表面相互作用理论进行描述[16]，具体运动参数可表示为如图 11 所示。爆轰波作用于复板表面获得转角 θ_2，同时传入折射波 T_1T_2，折射波在复板下表面反射时，使自由表面获得转折角 θ_3，并在 T_2 处反射稀疏波 R'，此稀疏波和 T_1B_1 表面相互作用，并逐步使它具有同样的转折角 θ_3。

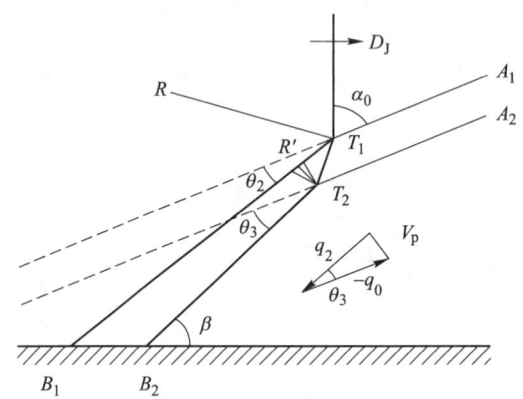

图 11　爆轰波和金属壳相互作用

Fig. 11　Interaction between detonation and shell

由图 11 可知，折射波 T_1T_2 通常不与复板下表面垂直或重合，因而折射波作用效果可分解为沿复板下表面和垂直于复板下表面两部分，驱动复板下表面产生法向加速度 a_n 和切向加速度 a_τ。

由图 11 可知，爆炸焊接过程中，复板表面及其内部均处于非平衡态，具有强烈的加速运动特性。据此考察如图 12 所示的面元 ΔA_n，建立非平衡运动方程[17-18]。其单位法线向量为 $\boldsymbol{n}$，单位面积表面力为 $\overset{n}{T}$。设 ΔA_n 与一个四面体单元的斜面重合，其余三个表面则平行于坐标轴 ξ_i。由于加速特性的存在，因而惯性力和体积力分别由 $\Delta m\ddot{u}$ 和 Δmg_i（$i=1$，2，3）代表，其中圆点表示对时间的微分。

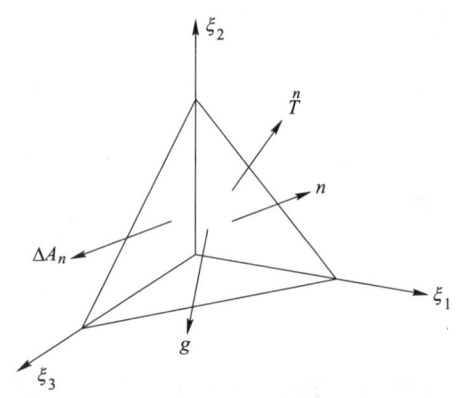

图 12　四面体单元受力分析

Fig. 12　Force analysis of elements

在三个与坐标平行的表面 $\Delta A_n\Delta A_j = \Delta A_n n_j$ 上，作用有 9 个应力分量 σ_{ij}（i，$j=1$，2，3），其中 $n_j=(1$，2，3）代表单位法线向量 $\boldsymbol{n}$ 的分量。利用下标重复求和记号，则力平衡条件可表达如下：

$$\overset{n}{T}_i\Delta A_n + \Delta mg_i = \sigma_{ij}n_j\Delta A_n + \Delta m\ddot{u}_i \quad (i=1，2，3) \tag{1}$$

以 ρ 代表材料质量密度且 $\Delta m = \rho\Delta V$，则式（1）可改写为：

$$\overset{n}{T}_i = \sigma_{ij} + \rho(\ddot{u}_i - g_i)\gamma_i \quad (i=1，2，3) \tag{2}$$

式中，$\gamma_i = \Delta V_n/\Delta A_n$。

由式（2）可知，只要物质表面具有区别于体积力的加速度（重力场中为重力加速度），

即 $\ddot{u}_i \neq g_i$ ，则体积相对于表面积的变化率 $\gamma_i \neq 0$ 必不为零。而由图 1 可知，在爆炸焊接过程中爆轰波的作用必然使复板获得显著加速度而飞向基板，因而 $\ddot{u}_i \neq g_i$ ，使得 $\gamma_i \neq 0$ 。体积相对于表面积变化率不为零在根本上改变了边界条件和应力转换关系，使得作用于面元 ΔA 上的表面力不再独立于与 ΔV 中质量 Δm 成正比的体积力。

进一步，由冲量与加速度可得单元受驱动能：

$$W = \int F \mathrm{d}x = \int mv \frac{\mathrm{d}v}{\mathrm{d}x} \mathrm{d}x = \int I_d \ddot{u}_i \mathrm{d}t \qquad (3)$$

式（3）描述了由冲量、加速度及作用时间决定的物质元 ΔV 受驱动能，其在各区域间的差异导致焊接界面结构各异，在横截面和纵剖面上的波状、卷曲甚至嵌入等特征，均是式（2）、式（3）对时间积分的结果在三个方向的体现。

6 结论

本文尝试利用激光调控含能材料爆炸驱动微尺寸金属薄膜精密焊接，并对制备所得金属焊件的表面形貌、界面波形、界面微观结构等进行了探讨，相关工作内容和结果如下：

（1）搭建了激光调控含能材料驱动微尺度金属薄膜爆炸焊接，并通过调节激光能量、匹配含能工质，实现了激光调控含能材料爆炸驱动微尺寸金属薄膜精密焊接。

（2）观察并呈现了焊接界面形貌结构特征与激光调控能量之间的对应关系，探讨了界面特征形成机理。

本文呈现的研究结果为后续优化激光调控含能材料爆炸驱动微尺寸金属薄膜精密焊接工艺提供参考。

参 考 文 献

［1］Duan M J, Wei L, Hong J, et al. Experimental study on hollow structural component by explosive welding ［J］. Fusion Engineering and Design, 2014, 89：3009-3015.

［2］Xie M X, Zhang L J, Zhang G F, et al. Microstructure and mechanical properties of CP-Ti/X65 bimetallic sheets fabricated by explosive welding and hot rolling ［J］. Materials and Design, 2015, 87：181-197.

［3］Bergmann J P, Petzoldt F, Schürer R, et al. Solid-state welding of aluminum to copper-case studies ［J］. Welding in the World, 2013, 57：541-550.

［4］Lyama H, Kira A, Fujita M, et al. An investigation on under water explosive bonding process ［J］. J. Pressure Vessel Technology. Trans. ASME, 2001, 123（4）：486-494.

［5］Daehn G S, Lippold J C. Low temperature spot impact welding driven without contact：US, Patent PCT/US09/36299 ［P］. 2009.

［6］Zhang Y, Sudarsanam S B, Curtis P, et al. Application of high velocity impact welding at varied different length scales ［J］. Journal of Materials Processing Technology, 2011, 211：944-952.

［7］Wang X, Gu Y X, Qiu T B, et al. An experimental and numerical study of laser impact spot welding ［J］. Materials and Design, 2015, 65：1143-1152.

［8］金星, 常浩, 叶继飞. 超短脉冲激光烧蚀冲量耦合测量方法 ［J］. 红外与激光工程, 2017, 46（3）：1-6.

［9］李南雷, 叶继飞, 周伟静. 掺杂对甘油激光烧蚀冲量耦合特性的影响 ［J］. 推进技术, 2015, 36（10）：1595-1560.

［10］周伟静, 洪延姬, 叶继飞. 一种用于激光烧蚀微推进的比冲进接测量方法 ［J］. 推进技术, 2017, 38（6）：1434-1440.

[11] Loureiro A, Mendes R, Ribeiro J B, et al. Effect of explosive mixture on quality of explosive welds of copper to aluminium [J]. Materials and Design, 2016, 95: 256-267.

[12] Wang Huimin, Wang Yuliang. Laser-driven flyer application in thin film dissimilar materials welding and spalling [J]. Optics and Laser in Engineering, 2017, 97: 1-8.

[13] Turgutlu A, Al-Hassani S T S, Akyurt M. Experimental investigation of deformation and jetting during impact spot welding [J]. International Journal of Impact Engineering, 1995, 16 (5): 789-799.

[14] Wang H M, Vivek A, Wang Y L, et al. Laser impact welding application in joining aluminum to titanium [J]. Journal of Laser Applications, 2016, 28 (3): 032002.

[15] Wang H M, Wang Y L. Characteristics of Flyer Velocity in Laser Impact Welding [J]. Metals, 2019, 9 (3): 281.

[16] 王继海. 二维非定常流和激波 [M]. 北京: 科学出版社, 1994: 492-501.

[17] Sih G C. Thermomechanics of Nonequilibrium and Irreversible Processes (1) [J]. Advances in Mechanics, 1989, V19 (2): 158-171.

[18] Sih G C. Thermomechanics of Nonequilibrium and Irreversible Processes (2) [J]. Advances in Mechanics, 1989, V19 (3): 304-319.

不同厚度 N02201/Q245R 复合板热处理工艺研究

刘洋 陈磊 吴好 刘晓亮 王兴强 李子健 刘欧 张鹏

（大连船舶重工集团爆炸加工研究所有限公司，辽宁 大连 116300）

摘 要：本文针对 N02201/Q245R 复合板在不同厚度时，分别采用退火和正火热处理方式，通过试验结果研究分析，得出不同厚度下不同热处理工艺对复合板性能的影响，为今后不同厚度 N02201/Q245R 复合板生产过程中采用合适的热处理工艺提供依据。

关键词：复合板；爆炸焊接；热处理工艺；不同厚度

Study on Heat Treatment Process of N02201/Q245R Composite Plate with Different Thicknesses

Liu Yang Chen Lei Wu Hao Liu Xiaoliang Wang Xingqiang Li Zijian
Liu Ou Zhang Peng

（Dalian Shipbuilding Industry Group explosive processing Research
Institute Co., Ltd., Dalian 116300, Liaoning）

Abstract：This article focuses on the use of annealing and normalizing heat treatment methods for N02201/Q245R composite plates with different thicknesses. Through experimental results analysis, the influence of different heat treatment processes on the performance of composite plates with different thicknesses is obtained, providing a basis for the use of appropriate heat treatment processes in the production process of N02201/Q245R composite plates with different thicknesses in the future.

Keywords：composite plate；explosive welding；heat treatment process；different thicknesses

1 引言

纯镍在氧化性介质中有良好的耐蚀性，在还原性酸性系统中常常具有与铂相等的开路电位，在热浓碱液中耐蚀性极好，而且不产生碱脆型应力腐蚀，但其价格昂贵，材料成本较高，同时材料强度低于普通钢板的强度，难以满足众多领域对材料成本、性能的综合要求。采用镍钢复合板，是以镍或镍合金为复层，碳钢为基层，通过特定的加工方式将两种以上不同材料结合为一种新的复合材料，既保证了镍和镍基合金的强耐蚀性，又保证了材料的强度和塑性，集两种材料的优点于一身，充分发挥不同材料的特性，使设备的制造成本大幅度降低。目前，镍钢复合板被广泛应用于冶金、石油化工、水利、核工业、食品、建筑等诸多领域[1-3]。

作者信息：刘洋，本科，高级工程师，13942810809@126.com。

本文所研究的 N02201/Q245R 复合板，是通过爆炸焊接方式加工的复合材料，爆炸焊接的瞬间会对复合界面产生硬化和强化，并改变了基板的力学性能，所以在爆炸焊接后需要对复合板进行热处理。热处理是单金属材料为获得一定组织和性能的重要加工工序，也是金属爆炸复合材料为获得一定组织和性能的重要加工工序，这类材料的热处理类型也有退火、淬火、回火、正火和时效等[4]。由于 N02201/Q245R 两种材料热处理规范不同，在爆炸焊接后进行热处理时，就需要兼顾两种材料的热处理制度进行综合考虑。

2　基复板材料特点

2.1　复板 N02201 材料特点

N02201 是一种纯度较高的镍合金，不仅能与其他金属形成有价值的合金，还可作为耐蚀结构材料和功能材料独立使用。N02201 具有许多引人注目的特性，使其成为工业界的首选材料之一。它具有出色的耐腐蚀性能，能够在各种恶劣环境中保持稳定。在大气中，N02201 的腐蚀速度非常缓慢，而在海水和多种盐酸中，它表现出良好的耐蚀性能。在高温无水氢氟酸中，N02201 表现出出色的耐蚀性能。此外，它还具有对高温氯和盐酸以及氯和氟气的良好耐蚀性能。N02201 的应用领域非常广泛。它主要用于处理还原性卤系气体、碱溶液、非氧化性盐类和有机酸等设备和部件。通常情况下 N02201 的退火温度为 750~800℃左右。

2.2　基板 Q245R 材料特点

Q245R 是锅炉压力容器钢板之一，属于锅炉板，交货状态包括热轧、控轧、正火。一般为正火板居多，通过正火，以细化晶粒，提高强度和韧性，通常情况下 Q245R 的正火温度为 880~920℃。

3　实验方法

3.1　实验材料

试验选用 N02201/Q245R 复合板厚度分别为 (3+12)mm、(3+24)mm、(3+38)mm、(3+46)mm、(3+80)mm，其化学成分和力学性能分别列于表 1 和表 2。

表 1　N02201、Q245R 的化学成分

Tab. 1　Chemical constituents of N02201、Q245R　　　　　　　　　　(%)

材料	厚度/mm	C	Si	Mn	P	S	Cr	Ni	Cu	Mo	Al	Nb	V	Ti	Fe
N02201	3	0.011	0.004	0.21	—	0.001	—	99.66	0.002	—	—	—	—	—	0.005
Q245R	12	0.14	0.16	0.57	0.014	0.005	0.030	0.001	0.01	0.001	0.033	0.002	0.004	0.003	—
Q245R	24	0.14	0.23	0.68	0.005	0.0013	0.030	0.020	0.080	0.006	0.026	0.001	0.001	0.002	—
Q245R	38	0.15	0.20	0.69	0.009	0.0013	0.060	0.040	0.060	0.008	0.035	0.001	0.001	0.002	—
Q245R	46	0.16	0.25	0.66	0.024	0.0016	0.060	0.010	0.020	0.003	0.033	0.001	0.003	0.003	—
Q245R	80	0.14	0.25	0.89	0.011	0.0022	0.040	0.020	0.020	0.006	0.056	0.015	0.002	0.003	—

表2　N02201、Q245R 的力学性能
Tab. 2　Mechanical properties of N02201、Q245R

材料	厚度/mm	R_e/MPa	R_m/MPa	A/%	A_{KV}（0℃）/J
N02201	3	190	380	52	—
Q245R	12	322	467	35	136, 130, 120
Q245R	24	311	456	35.3	167, 169, 161
Q245R	33	393	490	27.5	193, 235, 231
Q245R	46	276	431	34.3	185, 220, 181
Q245R	80	274	441	30	300, 300, 300

3.2　试验方法

爆炸复合时产生巨大冲击力，结合界面呈正弦波形，靠近结合晶界的组织发生明显塑性变形，强度升高，冲击韧性下降。当基板越薄时，此特点尤为突出，与厚板相比，基板越薄，打击能量对基层影响越大，爆炸硬化、强化越明显，也越难以消除，为改善复合板力学性能并消除爆炸复合产生的残余应力，选择合适的热处理制度尤为重要。

本文选择 540℃，600℃，650℃，900℃ 4 种热处理制度，对（3+12）mm、（3+24）mm、（3+33）mm、（3+46）mm、（3+80）mm 5 个厚度的复合板进行热处理，按照 NB/T 47002.2—2019 和 SA265—2021 中规定，检测复合板的力学性能，按标准规定对（3+12）mm、（3+24）mm、（3+33）mm 3 种厚度进行带复层拉伸试验，对（3+46）mm、（3+80）mm 两种厚度进行去复层拉伸试验，并通过复合界面微观金相组织进行确认退火热处理和正火热处理制度对组织的影响。

4　N02201/Q245R 复合板热处理试验结果及分析

4.1　不同热处理温度对薄 N02201/Q245R（厚度≤38mm）复合板性能的影响

厚度为（3+12）mm 的 N02201/Q245R 复合板，进行带复层拉伸试验，剪切试验及冲击试验，见表3，结果显示：540℃ 和 600℃ 拉伸强度偏高，延伸率低，延伸率不满足标准要求；650℃ 拉伸强度降低，延伸率提升，但仍不满足标准要求，同时冲击韧性大幅降低；900℃ 拉伸强度继续降低，延伸率继续提升，拉伸强度及延伸率接近于原材的性能，冲击韧性符合标准要求。

表3　（3+12）mm 厚 N02201/Q245R 的力学性能表
Tab. 3　Mechanical properties of （3+12）mm N02201/Q245R

试样状态	屈服强度（0.2%）/MPa	抗拉强度/MPa	延伸率/%	剪切强度/MPa	冲击试验 KV_2（0℃）/J
原材	322	467	35	—	136, 130, 120
540℃×4h	448	528	21.3	289	110, 129, 103
600℃×4h	423	502	22.8	267	108, 121, 123
650℃×4h	365	490	28.7	265	47, 28, 24
900℃×0.5h	343	475	34.2	259	78, 104, 121

厚度为（3+24）mm 的 N02201/Q245R 复合板，进行带复层拉伸试验，剪切试验及冲击试验，见表4，结果显示：540℃和600℃拉伸强度偏高，延伸率低，延伸率不满足标准要求；650℃拉伸强度降低，延伸率提升，但仍不满足标准要求，同时冲击韧性大幅降低；900℃拉伸强度继续降低，延伸率继续提升，拉伸强度及延伸率接近原材的性能，冲击韧性符合标准要求。

表 4　（3+24）mm 厚 N02201/Q245R 的力学性能表
Tab. 4　Mechanical properties of（3+24）mm N02201/Q245R

试样状态	屈服强度（0.2%）/MPa	抗拉强度/MPa	延伸率/%	剪切强度/MPa	冲击试验 KV_2（0℃）/J
原材	311	456	35.3	—	167，169，161
540℃×4h	403	496	25.1	299	147，158，160
600℃×4h	368	474	25.3	297	160，149，164
650℃×4h	364	453	24.3	289	53，47，62
900℃×0.5h	327	448	36.4	273	98，102，134

厚度为（3+33）mm 的 N02201/Q245R 复合板，进行带复层拉伸试验，剪切试验及冲击试验，见表5，结果显示：540℃、600℃、650℃拉伸强度及延伸率与原材性能相近，但650℃时，冲击韧性大幅降低；900℃拉伸强度接近原材性能，延伸率较原材有所提升，冲击韧性符合标准要求。

表 5　（3+33）mm 厚 N02201/Q245R 的力学性能表
Tab. 5　Mechanical properties of（3+33）mm N02201/Q245R

试样状态	屈服强度（0.2%）/MPa	抗拉强度/MPa	延伸率/%	剪切强度/MPa	冲击试验 KV_2（0℃）/J
原材	393	490	27.5	—	193，235，231
540℃×4h	379	503	26.4	306	182，193，147
600℃×4h	378	502	26.6	311	164，139，187
650℃×4h	387	487	27.8	297	49，82，54
900℃×0.5h	378	476	30.1	285	184，119，87

综合表3~表5的数据可以看出，厚度不大于38mm 的 N02201/Q245R 复合板，带复层进行拉伸试验，540℃、600℃时拉伸强度偏高，延伸率低，无法满足标准要求，随着温度升高，拉伸强度及延伸率均有所改善，但仍然不满足标准要求；当热处理温度达到650℃时，基层会有碳化物开始析出产生局部脆化[5]，从而影响冲击韧性；当热处理温度为900℃正火加热到 Ac_3 以上20~30℃时，因为晶体重新结晶，均匀组织，晶粒得以细化，内应力消除完全，力学性能各项指标趋于稳定。

4.2　不同热处理温度对厚 N02201/Q245R（厚度>38mm）复合板性能的影响

厚度为（3+46）mm 的 N02201/Q245R 复合板，进行去复层拉伸试验，仅对基层进行拉伸试验（见表6），温度在540℃、600℃、650℃、900℃时，拉伸强度相差不大，均接近原材性能；650℃时，冲击韧性下降。

表6　(3+46)mm 厚 N02201/Q245R 的力学性能表
Tab. 6　Mechanical properties of (3+46)mm N02201/Q245R

试样状态	屈服强度(0.2%)/MPa	抗拉强度/MPa	延伸率/%	剪切强度/MPa	冲击试验 KV_2 (0℃)/J
原材	276	431	34.3	—	185, 220, 181
540℃×4h	294	474	30.1	312	187, 169, 200
600℃×4h	289	465	32.3	297	178, 192, 203
650℃×4h	278	454	33.4	305	142, 87, 76
900℃×1h	283	434	36.9	289	176, 177, 196

厚度为 (3+80)mm 的 N02201/Q245R 复合板，进行去复层拉伸试验，仅对基层进行拉伸试验（见表7），温度在 540℃、600℃、650℃、900℃时，拉伸强度相差不大，均接近原材性能，冲击韧性均满足标准要求。

表7　(3+80)mm 厚 N02201/Q245R 的力学性能表
Tab. 7　Mechanical properties of (3+80)mm N02201/Q245R

试样状态	屈服强度(0.2%)/MPa	抗拉强度/MPa	延伸率/%	剪切强度/MPa	冲击试验 KV_2 (0℃)/J
原材	274	441	30	—	300, 300, 300
540℃×4h	297	481	28.7	289	274, 298, 300
600℃×4h	284	477	28.9	301	300, 296, 287
650℃×4h	276	454	30.1	277	245, 211, 198
900℃×2h	272	435	32.4	265	289, 276, 290

综合表6、表7的数据可以看出，厚度大于 38mm 的 N02201/Q245R 复合板，去复层进行拉伸试验，在 650℃以下退火及 900℃正火时，均可以满足要求。

4.3　退火热处理与正火热处理对复合板组织的影响

对 (3+80)mm 的 N02201/Q245R 复合板分别进行 600℃×4h 退火热处理和 900℃×2h 正火热处理，对两种制度下的复合界面分别进行金相组织检验，图1和图2为金相组织检测结果图。

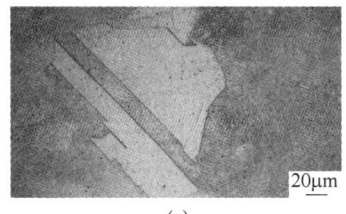
(a)

(b)
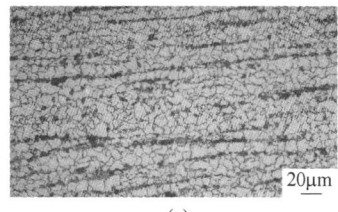
(c)

图1　(3+80)mm 的 N02201/Q245R 复合板 600℃退火热处理后金相组织图
(a) 600℃复层；(b) 600℃复合界面；(c) 600℃基层
Fig. 1　Metallographic structure diagram of N02201/Q245R composite plate (3+80)mm after 600℃ annealing heat treatment

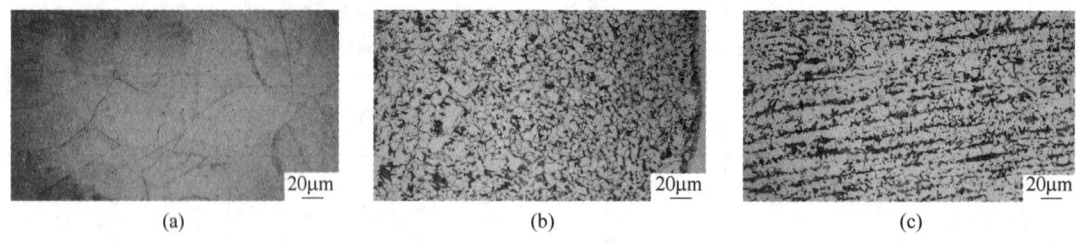

图2 （3+80）mm 的 N02201/Q245R 复合板 900℃正火热处理后金相组织图

（a）900℃复层；（b）900℃复合界面；（c）900℃基层

Fig. 2　Metallographic structure diagram of N02201/Q245R composite plate （3+80）mm after 900 ℃ normalizing heat treatment

图1（a）为 N02201/Q245R 复合板 600℃退火热处理后复层金相组织，根据图片结果显示，组织为奥氏体。

图1（b）为 N02201/Q245R 复合板 600℃退火热处理后复合界面金相组织，根据图片结果显示，组织为铁素体和珠光体。

图1（c）为 N02201/Q245R 复合板 600℃退火热处理后基层金相组织，根据图片结果显示，组织为铁素体和珠光体。

图2（a）为 N02201/Q245R 复合板 900℃正火热处理后复层金相组织，根据图片结果显示，组织为奥氏体。

图2（b）为 N02201/Q245R 复合板 900℃正火热处理后复合界面金相组织，根据图片结果显示，组织为铁素体和珠光体。

图2（c）为 N02201/Q245R 复合板 900℃正火热处理后基层金相组织，根据图片结果显示，组织为铁素体和珠光体。

将两种制度金相组织图进行对比可以看出，正火热处理比退火热处理基层铁素体组织减少，珠光体组织增加，珠光体组织细化，组织相对更为均匀，性能得到较好改善。

5　结论

（1）N02201/Q245R 退火温度大于 650℃，冲击不合格概率变大，可以通过正火方式进行提升。

（2）N02201/Q245R 薄板（厚度不大于 38mm），650℃以下退火，爆炸焊接后应力无法彻底消除，特点为带复层拉伸强度较高（比原材高 80~100MPa），延伸率大概率无法满足标准要求，基板越薄，效果越明显。

（3）N02201/Q245R 薄板（厚度不大于 38mm），900℃正火，力学性能各项指标能够满足标准要求。

（4）N02201/Q245R 厚板（厚度大于 38mm），650℃以下退火及 900℃正火时，力学性能各项指标能够满足标准要求。正火热处理制度使基层组织晶粒更加细化，组织得到较好的改善。

参 考 文 献

[1] 周杰，史和生，杨文芬，等 . 金属复合板加工技术的研究现状及发展趋势 [J]. 金属世界，2022（5）：24-34.

［2］郑远谋 . 爆炸焊接和金属复合材料及其工程应用［M］. 长沙：中南大学出版社，2002.

［3］冯志猛 . 镍钢复合板封头制造［J］. 石油化工设备，1999，28（6）：47-48.

［4］郑远谋 . 金属爆炸复合材料的热处理［J］. 金属热处理，1999（1）：26-30.

［5］裴海洋，王立新，张寿禄，等 . 爆炸复合板复合界面微观组织分析［J］. 材料工程，20021（1）：11-14.

粉末孔洞的细观运动对爆炸压实结合机制的影响

赵　帅[1]　李晓杰[1,2]

（1. 大连理工大学工程力学系，辽宁　大连　116024；2. 大连理工大学工业装备结构
分析优化与 CAE 软件全国重点实验室，辽宁　大连　116024）

摘　要：爆炸压实为将多孔材料压实为致密体并产生结合的细观过程，主要是多孔材料中粒子与粒子之间孔隙的塌缩与闭合过程。光滑粒子动力学（SPH）无网格法可以避免大变形的网格畸变，本文利用该方法对爆炸压实中孔隙闭合过程进行数值模拟，并结合爆炸压实沉能机制对孔隙闭合过程进行理论分析。通过建立密排球模型中的正三角孔隙和倒三角孔隙闭合模型，给予速度边界 300m/s 和 400m/s 进行加载。根据模拟得到的孔隙闭合模型图和温度分布图，可以得出在孔隙闭合过程中发生了微爆炸焊接、大塑性变形的孔隙闭合、超声速碰撞、射流侵彻以及液相烧结等过程。通过对比 300m/s 和 400m/s 下孔隙闭合后的熔化区域得到：随碰撞速度增大，熔化区域变大且在倒三角模型中，上端颗粒的塑性变形也增大。不同的孔隙闭合方式下所产生的沉能机制与理论分析得出的相符合。同时结合数值模拟结果解释了预压实、还原烧结及扩散烧结的重要性。

关键词：爆炸压实；数值模拟；SPH；孔隙塌缩；沉能机制

Effect of Meso-motion of Powder Poreson the Bonding Mechanism of Explosive Compaction

Zhao Shuai[1]　Li Xiaojie[1,2]

（1. Department of Engineering Mechanics, Dalian University of Tehnology, Dalian 116024,
Liaoning; 2. State Key Laboratory of Structural Analysis, Optimization and CAE Software for
Industrial Equipment, Dalian University of Technology, Dalian 116024, Liaoning）

Abstract: Explosive compaction compacts porous materials into dense bodies and produces bonding meso-processes, mainly the collapse and closing of pores between particles in porous materials. Smooth Particle Hydrodynamics (SPH), a meshless method that can avoid large deformation mesh distortion, is used to numerically simulate the pore closure process in explosive compaction, and combine the explosive compaction energy sinking mechanism to analyze the pore closure process. By establishing the positive triangle pore and inverting triangle pore closure model in the dense accumulation model of the ball, the velocity boundary is given 300m/s and 400m/s for loading. According to the simulated pore closure model diagram and temperature distribution map, it can be concluded that micro-explosive

基金项目：国家自然科学基金（12072067，11672067）。
作者信息：赵帅，在读硕士，2642183050@ qq. com。

welding, pore closure with large plastic deformation, supersonic collision, jet penetration and liquid phase sintering occur during the pore closure process. By comparing the melting region after pore closure at 300m/s and 400m/s, the melting region becomes larger with the increase of collision velocity and the plastic deformation of the upper particles also increases in the inverted triangle model. The sinking energy mechanism generated by different pore closure methods is consistent with the theoretical analysis. At the same time, combined with the numerical simulation results, the importance of precompaction, reduction sintering and diffusion sintering is explained.

Keywords：explosive compaction；numerical simulation；SPH；pore collapse；sinking mechanism

爆炸压实是利用炸药爆轰直接加载或者是驱动飞板高速冲击加载，载荷以冲击波的形式作用在粉末体上，使其在瞬时的高温高压下固结成密实体的爆炸加工方法[1]。爆炸压实最显著的特点为作用压强大（0.1~100GPa）、温度高（10^3K 量级）、作用时间短（粉末烧结在数十纳秒到数微秒内完成）。在爆炸压实之前，通常需要通过预压实的方法将粉末材料压实到一定的密度，然后对粉末材料进行还原烧结，以去除粉末材料表面的氧化物和杂质，使得粉末材料表面更洁净，有利于在爆炸压实时粉末颗粒之间产生微爆炸焊接、微摩擦焊接、孔隙闭合等在颗粒表面的沉能结合作用。尽管爆炸压实可以使粉末被压制到接近理论密度，但粉末颗粒之间仍有部分未结合区，最后需要通过扩散烧结消除。这种烧结工艺不仅可得到致密度高结合强度高的材料，而且可保持纳米粒子原有的大小和特性，这是其他粉末烧结工艺所难以做到的[2]。

国内外学者已经通过爆炸压实的方法制得了许多合金、陶瓷及复合材料，例如，李晓杰等人[3]利用爆炸烧结制备了 CuCr 合金，王占磊等人[4]制备了 WC/Cu 复合材料，温金海[5]制备了 TiAlMn 合金等。

爆炸压实将多孔材料压实为致密体并产生结合的细观过程，主要是多孔材料中粒子与粒子之间孔隙的塌缩与闭合过程。因此对于爆炸压实过程中的孔隙塌缩问题开展研究极有必要。由于爆炸烧结的反应时间极为短暂，且过程伴随高温高压，所以通常无法对颗粒细观运动、反应过程进行观测，只能借助计算机模拟研究材料颗粒之间的碰撞变形过程[6]。

光滑粒子动力学（SPH）方法是计算力学领域新兴的一种无网格 Lagrange 算法，该算法在计算中不需要网格，避免了大变形问题中网格重构及网格畸变等问题，使计算精度不受结构变形程度的影响[7]。利用 SPH 方法对爆炸压实过程中颗粒碰撞进行模拟，通过 SPH 粒子的大变形流动能够更有效地观察出孔隙的闭合方式和粒子之间的沉能机制。

赵铮等人[8]利用 SPH 方法计算了颗粒碰撞问题，模拟出微射流的产生，以及孔隙的塌缩闭合过程。李晓杰等人[9]在这些研究基础上将模拟与理论研究结合，提出了粉末压实沉能机制，即爆炸压实中颗粒间存在着微爆炸焊接、微摩擦焊接、射流侵彻、大塑性变形等沉能过程，不同的孔隙闭合方式下所产生的沉能机制与理论分析相符合。但是对多个粒子在排列情况不同时发生碰撞对沉能过程的影响尚不十分清楚，为此，本文利用 LS-DYNA 软件的 SPH 方法继续对于不同速度下无氧铜粉末的孔隙闭合方式进行细观运动模拟，并结合理论对沉能机制进行分析研究。

1　爆炸压实沉能机制

在通过爆炸压实的方法对粉末材料进行压实时，疏松材料的孔隙闭合是由爆轰波在材料中产生的冲击波实现的。炸药的爆轰压力分布是极其不均匀的，因此冲击波压力也极其复杂，按照冲击波产生的原因可以将其分为两类甚至更多的种类。冲击波会影响致密体的宏观结构形态以及压实胚的质量[10]。本文旨在研究爆炸压实过程中颗粒与颗粒之间孔隙闭合的细观过程，同时只有压实冲击波会对压实过程产生影响，因此本文研究压实冲击波对孔隙闭合过程的影响。

关于爆炸压实过程中颗粒间的沉能机制，国内外学者已经进行了大量的研究，主要包括微爆炸焊接、微摩擦焊接、大塑性变形及超声速碰撞[11-14]。

在爆炸压实的过程中，有三个参量极其关键，即碰撞速度 v_p、碰撞角 β 和闭合速度（碰撞点移动速度）v_c，它们决定了粉末颗粒间碰撞能否产生射流，并发生爆炸焊接。由于这三个参量之间存在几何关系（$v_p = 2v_c\sin(\beta/2)$ 如图 1 所示），则可通过碰撞速度 v_p 和闭合速度 v_c 判断颗粒间能否发生爆炸焊接。v_p 和 v_c 在平面内构成的一个速度区域，如图 1 所示，称为爆炸焊接窗口。爆炸焊接窗口由流动限、声速限、焊接下限、焊接上限组成（见图 2）。只有 v_p 和 v_c 位于爆炸焊接窗口之内才可以形成爆炸焊接并产生射流[15]。当闭合速度和碰撞速度不能同时满足爆炸焊接窗口的约束时，则会产生其他的闭合方式。

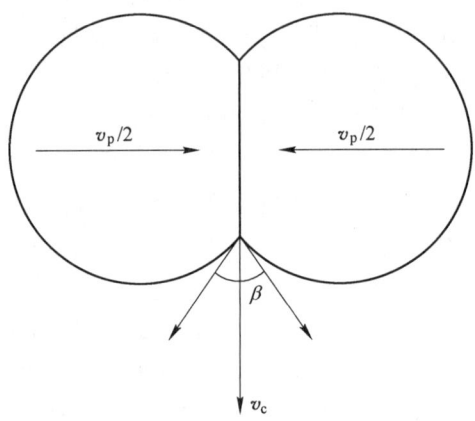

图 1　爆炸焊接参数关系示意图

Fig. 1　Schematic diagram of the relationship between explosion welding parameters

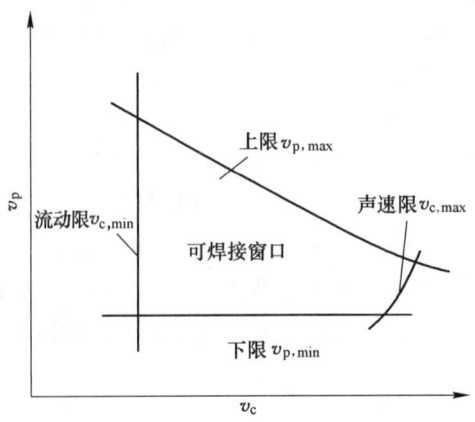

图 2　爆炸焊接参数窗口

Fig. 2　Explode welding parameters window

2 爆炸压实粉末颗粒细观运动的模型

2.1 粉末模型建立

在爆炸压实中粉末的大小、形状不一，粉末排列也是极其不规则，所以其内部的真实的颗粒碰撞是十分复杂，很难于直接模拟。为此，通常将粉末颗粒设成统一直径，采用如图3的密排球的堆积模型，通过对比研究粉末颗粒表面的细观冲击运动参数，针对流动形态进行分析，以确定粉末间的沉能结合机制。根据密排球模型的孔隙情况，当压实冲击波从粉末体上方入射时，可将粉末之间的孔隙分为上面两个颗粒下面一个颗粒的正三角模型（见图4（a）），以及下面两个颗粒上面一个颗粒的倒三角模型（见图4（b））。两者孔隙的构造形式不同，将会有引起不同的闭合方式[8]。

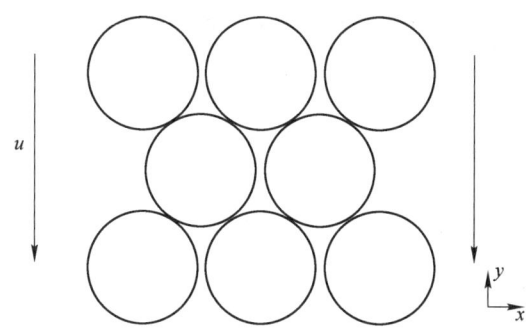

图3　粉末的密排球模型

Fig. 3　Dense accumulation model of the ball

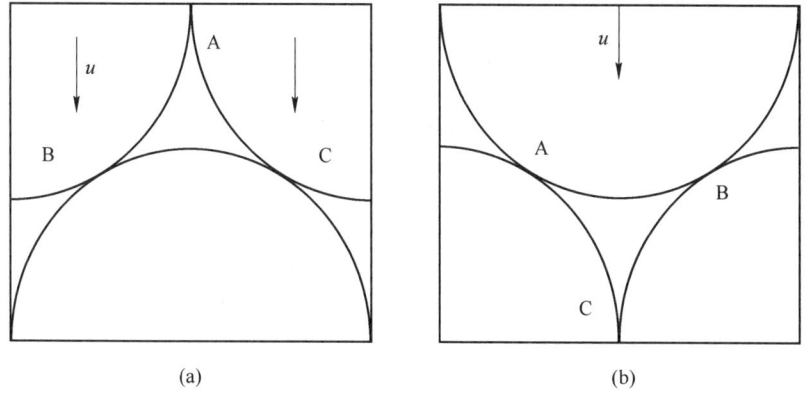

(a)　　　　　　　　　　　　　(b)

图4　孔隙闭合模型

（a）正三角孔隙；（b）倒三角孔隙

Fig. 4　Pore closure model

为了进行典型的爆炸压实分析，本文将模型参数设置为颗粒半径40μm，上方施加速度为 u 的运动边界，方向竖直向下，实际代表了粉末中宏观冲击波的波后质点速度 u。根据爆炸焊接原理，u 即是微爆炸焊接的碰撞速度 v_p。根据模型的对称性，图3中其他三个边界设置为 x 方向为固壁边界，y 方向为滑移边界。材料选择典型的无氧铜作为代表。

2.2　材料本构关系与状态方程

在爆炸压实的过程中，金属颗粒的运动速度可以达到每秒几百米甚至每秒几千米[8]，所以采用考虑应变率和温度效应的 Johnson-Cook 本构方程[15]：

$$\sigma_y = (A + B\bar{\varepsilon}_p^n)(1 + C\ln\dot{\varepsilon}^*)(1 - T_H^m) \tag{1}$$

式中，A 为参考应变率和常温度下的材料初始屈服应力；B、n 分别为参考应变率和常温下的材料应变硬化模量和硬化指数；C 为材料应变率强化参数；m 为材料热软化参数；参考温度一般为室温 T_0；$\bar{\varepsilon}_p$ 为等效塑性应变；$T_H = (T - T_0)/(T_m - T_0)$，其中 T_m 为材料熔点温度；$\dot{\varepsilon}^* = \dot{\varepsilon}/\dot{\varepsilon}_0$，为无量纲的等效塑性应变率，$\dot{\varepsilon}_0$ 为参考应变率且其值为 $1.0s^{-1}$。

无氧铜的 Johnson-Cook 本构关系参数见表 1。

表 1　Johnson-Cook 本构模型参数
Tab. 1　Johnson-Cook constitutive model parameters

A/MPa	B/MPa	n	C	m	T_m/℃	比热容 c_p/J · (kg · K)$^{-1}$	T_0/℃
90	292	0.31	0.025	1.09	1356	383	20

高温高压、高速变形及流体材料需要使用状态方程来描述体积变化，本研究采用 LS-DYNA 自带的 Grüneisen 状态方程

$$P = \frac{\rho_0 C^2 \mu \left[1 + \left(1 - \frac{\gamma_0}{2}\right)\mu - \mu^2\alpha/2 \right]}{\left[1 - (S_1 - 1)\mu - S_2\frac{\mu^2}{\mu + 1} - S_3\frac{\mu^3}{(\mu + 1)^2} \right]^2} + (\gamma_0 + \alpha\mu)E \tag{2}$$

式中，ρ_0 为材料初始密度；C 为冲击波速度 u_s 与冲击波过后质点速度 u_p 曲线的截距（体积声速）；$\mu = \rho/\rho_0 - 1$；S_1、S_2、S_3 为该曲线斜率的系数；γ_0 为常温常压下材料的 Grüneisen 系数；α 为对 γ_0 的一阶体积修正。参数见表 2，模拟采用的单位制为 g-cm-μs-℃。

表 2　Grüneisen 状态方程参数
Tab. 2　Grüneisen equation of state parameters

C/km · s^{-1}	S_1	S_2	S_3	γ_0
3.94	1.45	0	0	2.04

3　粉末孔隙闭合数值模拟与结合沉能机制分析

由文献[15]可知，无氧铜的爆炸焊接窗口流动限为 $v_c = 1365m/s$，声速限为 $v_c = 3910m/s$，下限为 $v_p = 183m/s$。因此，考虑到微细粉末的硬化效应，本文采用铜粉爆炸压实中常用的 $u = v_p$，取 300m/s 和 400m/s 进行计算。一是由于所研究的颗粒尺寸较小，二则是与爆炸焊接的"过熔开裂"不同，爆炸压实中的冲击熔化会促进粉末间的结合，因此不用考虑爆炸焊接窗口上限问题。

3.1　正三角形孔隙的闭合运动

图 5 为正三角模型孔隙闭合的数值模拟结果，通过温度来判断熔化区域，若温度达到材料

熔化温度，则该区域出现了材料熔化。

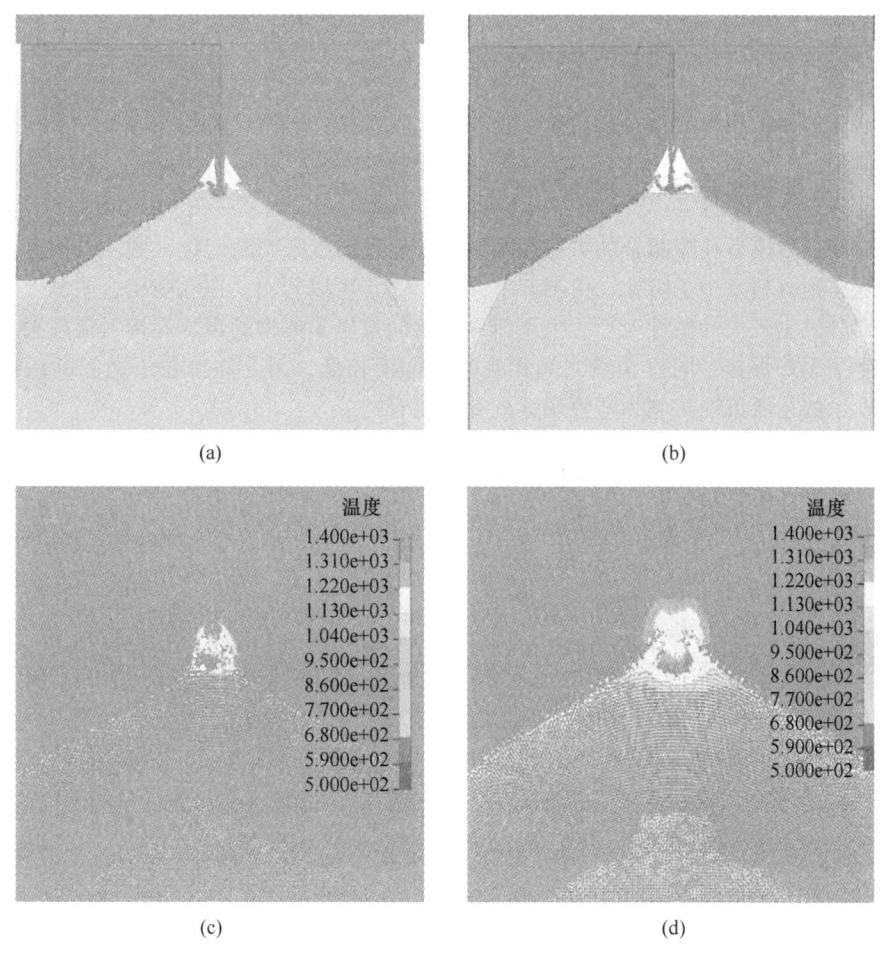

图 5　正三角孔隙闭合

（a）300m/s 速度下孔隙闭合过程；（b）400m/s 速度下孔隙闭合过程；

（c）300m/s 速度下孔隙闭合后温度云图；（d）400m/s 速度下孔隙闭合后温度云图

Fig. 5　Equilateral triangle pore closure

由图 5（a）和（b）可以看出，在孔隙闭合阶段，上下排颗粒及同排颗粒之间发生了典型的爆炸焊接产生射流的现象，可以确定发生了爆炸焊接。同排颗粒间爆炸焊接产生的射流将侵彻下排颗粒中心部分，此处发生了射流侵彻的沉能机制[17]。下端颗粒发生侵彻沉能区域附近，材料有较大的塑性变形，此时发生大塑性变形的孔隙闭合。同时可以发现，同排粒子间产生的射流在侵彻下方粒子时会向两侧旋转，形成空穴，空穴的产生会使得爆炸压实后的材料不是致密体，材料密度小于理论密度，影响材料性能。

由图 5（c）和（d）可以看出，温度主要集中在爆炸焊接界面和射流区域，这是因为发生爆炸焊接时，在碰撞点附近会产生高压且碰撞点附近的材料强度与此处高压相比属于高阶小量，进而发生强烈的塑性变形，导致界面的温度升高，区域材料呈现流体状态[18]。在温度集中区域，温度达到材料的熔化温度值，此时材料发生熔化，在熔化区域内将会发生液相烧结[2]。在同排颗粒间和上下排颗粒间的初始碰撞位置上，没有明显的塑性变形及温度变化，能量沉积较少，在初始碰撞位置发生的是超声速碰撞，表现为强烈的冲击波效应。

　　结合图4可以看出，随着碰撞速度的增加，同排颗粒间产生的射流更为细长且射流量更大，射流尖端附近的熔化区域也变大。

　　通过对图4的分析得出，爆炸压焊过程中，颗粒之间发生了爆炸焊接，射流侵彻，液相烧结，超声速碰撞及大塑性变形沉能机制。

3.2 倒三角孔隙的闭合运动

　　图6为倒三角模型孔隙闭合的数值模拟结果，通过温度来判断熔化区域，若温度达到材料的熔化温度，则材料发生了熔化。由图6（a）和（b）可以看出，在孔隙闭合中，上端颗粒下表面中间部分发生较大的塑性变形，上下排颗粒之间发生了典型的爆炸焊接射流喷射现象，可以确定发生了爆炸焊接，同排颗粒之间相互挤压程度较低，因此同排粒子之间的碰撞速度较小，此时发生的主要沉能机制为塑性塌缩的孔隙闭合[19]。

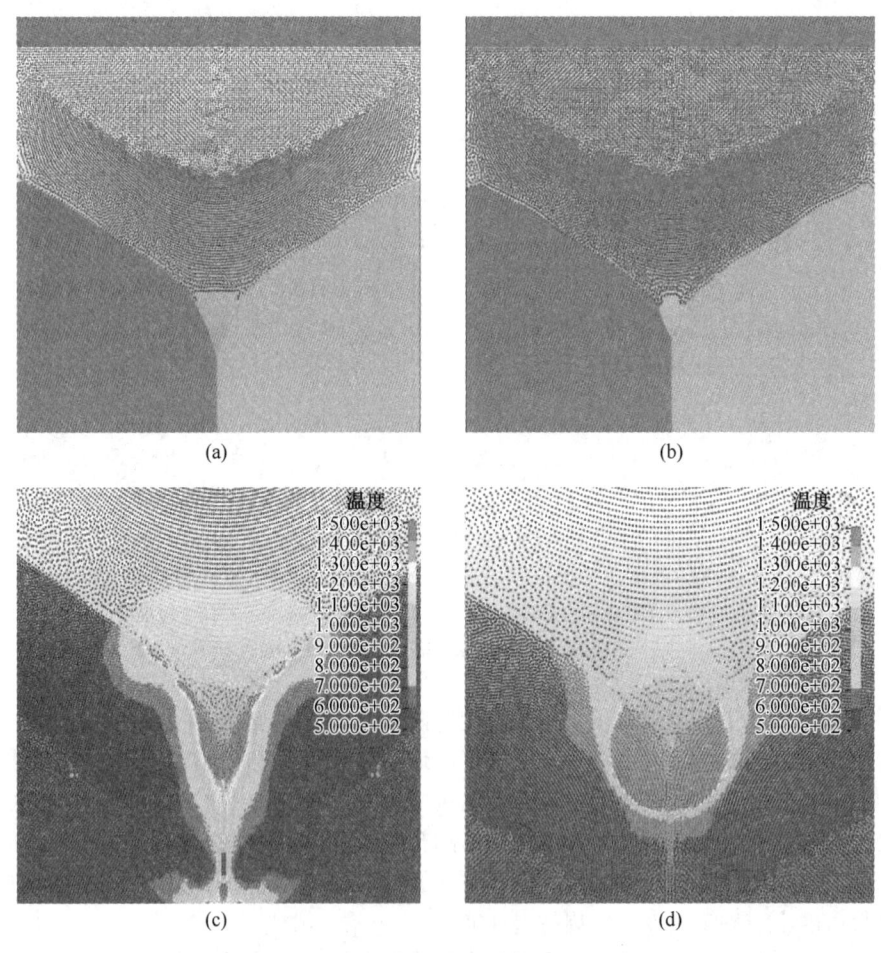

图6　倒三角孔隙闭合
（a）300m/s速度下孔隙闭合过程；（b）400m/s速度下孔隙闭合过程；
（c）300m/s速度下孔隙闭合后温度云图；（d）400m/s速度下孔隙闭合后温度云图
Fig. 6　Inverted triangular pore closure

孔隙闭合后温度云图（见图6（c）和（d））显示在孔隙闭合中心附近温度极高，在温度集中区域发生了材料的熔化，这些熔融区域属于液相烧结。同时可以发现，与正三角形的上下排颗粒接触面的温度相比，倒三角形的上下排颗粒接触面上很大一部分区域有明显的能量沉积，导致温度提升，这是因为上端颗粒的下表面经过强烈拉伸贯入到孔隙当中，主要表现为强烈的塑性变形，同时也会与下端同排颗粒表面发生微摩擦焊接。上下排颗粒的初始接触位置上，颗粒表面没有明显的能量沉积，此时发生正碰撞，表现为强烈的冲击波效应，导致颗粒温度整体升高。

比较图6（c）和（d）可以发现随着加载速度的增加，熔融区域变大且温度更高。比较图6（a）和（b）可以发现随着加载速度的增加，上方颗粒中间部分的塑性变形更大。

通过对图6的分析得出，爆炸压焊过程中，颗粒之间发生了大塑性变形、爆炸焊接、射流侵彻，液相烧结、微摩擦焊接及超声速碰撞。

4　微观机理的研究对爆炸压实的意义

爆炸压焊—扩散烧结法的整个过程分为预压实、还原烧结、爆炸压实、扩散烧结四步[2]，国内外学者已经对爆炸压实前进行还原烧结和预压实操作的重要性进行了研究，发现还原烧结可以提高压坯的致密度和硬度，而预压实有助于后续爆炸压实更容易达到理论密度[19-21]。

对多孔材料进行爆炸压实时，更多的是通过调节工艺参数使得碰撞速度和闭合速度落在爆炸焊接窗口里使其发生微爆炸焊接。两粒子初始碰撞位置的碰撞点上，此时碰撞角度β极小，闭合速度极容易超过强度限发生超声速碰撞，本文的模拟已经验证了这一点。预压实和还原烧结可以在一定程度上将两个粒子黏结，使两粒子发生碰撞的时候碰撞点具有一定的碰撞角度，尽量减少超声速碰撞发生。

当发生微爆炸焊接时，爆炸焊接处将会产生速度极快的射流。射流会将颗粒碰撞表面的杂质和氧化物冲刷到孔隙当中，达到颗粒表面自清洁的效果，使得发生在颗粒表面的沉能机制更容易发生，而大塑性变形和超声速碰撞由于不会产生射流将达不到表面自清洁的效果，因此颗粒表面的杂质和氧化物会对材料的致密度和强度产生极大影响。由本文的正三角孔隙闭合模型可知，上下排颗粒及同排颗粒都发生爆炸焊接后，孔隙中残余的杂质以及孔隙中空气将难以被排出，并在孔隙中形成高压，高密度的空气区域影响孔隙的完全闭合。因此在爆炸压焊前通过还原烧结去除粉末颗粒表面氧化物并对预压实的材料进行真空处理是非常有必要的[22-23]。

在爆炸压焊后，颗粒之间的正碰撞和超声速碰撞是无法完全避免的，导致涂层间会存在一些微孔隙，同时微爆炸焊接、射流侵彻等微观结合方式的存在使得材料中存在较大的残余应力，这些内部缺陷的存在会大大影响材料的性能，通过后续的扩散烧结可以使这些内部缺陷得到改善。

5　结论

（1）正三角孔隙闭合的沉能机制为：同排颗粒之间因为横向膨胀较大互相挤压，产生微爆炸焊接并产生射流侵彻下排颗粒顶部。上下排颗粒的交界面处，会发生超声速碰撞和爆炸焊接。下排颗粒中心部分发生大塑性变形。在爆炸焊接区域以及射流尖端部分会发生熔化，发生液相烧结。

（2）倒三角孔隙闭合的沉能机制为：上下排颗粒接触面上会发生超声速碰撞、爆炸焊接以及微摩擦焊接。上排颗粒中心发生的大塑性变形。在爆炸焊接界面、射流侵彻区域以及上端颗粒下表面的中心部分（即孔隙闭合的中心部分）会发生熔化，发生液相烧结。同排颗粒间由于挤压不够剧烈所以发生的主要沉能机制为大塑性变形。

（3）随着碰撞速度的增加，孔隙闭合后的熔化区域变大。在正三角模型中，随碰撞速度增大，射流更为细长且射流量更多。

（4）在爆炸压实前对材料进行还原烧结有利于较大程度减少碰撞时颗粒表面发生正碰撞和超声速碰撞时不利于微爆炸焊接发生的区域，爆炸后扩散烧结可以有效地消除未焊合的微裂纹等缺陷，可提高爆炸压实材料的结合强度，获得优异的材料性能。

参 考 文 献

[1] 李晓杰，王金相，陈浩然，等．金属粉末爆炸烧结颗粒间结合细观机制研究［J］．应用基础与工程科学学报，2005（1）：58-66.

[2] 陈翔．爆炸压焊—扩散烧结法制备钨铜涂层与钨铜梯度功能材料的研究［D］．大连：大连理工大学，2019.

[3] 李晓杰，赵铮，曲艳东，等．爆炸烧结制备CuCr合金［J］．爆炸与冲击，2005（3）：251-254.

[4] 李晓杰，王占磊，李瑞勇，等．爆炸粉末烧结法制取WC/Cu复合材料的研究［J］．材料开发与应用，2006（3）：16-17，33.

[5] 温金海，黄伯云，曲选辉，等．爆炸烧结粉末TiAlMn合金［J］．稀有金属，1994（4）：276-279，288.

[6] 赵铮．颗粒增强铜基复合材料的爆炸压实和数值模拟研究［D］．大连：大连理工大学，2007.

[7] 王玉恒，刘峰，宋凤梅．SPH原理、发展现状及热传导问题模型［J］．中国工程科学，2008（11）：47-51.

[8] 赵铮，李晓杰，闫鸿浩，等．爆炸压实过程中颗粒碰撞问题的SPH法数值模拟［J］．高压物理学报，2007（4）：373-378.

[9] 李晓杰，陈翔，闫鸿浩，等．基于SPH方法的爆炸压实孔隙塌缩模拟［J］．工程爆破，2016，22（3）：1-5.

[10] 张杰，赵铮，杜长星．基于流固耦合算法的多孔铜爆炸压实数值模拟［J］．科学技术与工程，2010，10（32）：8001-8004.

[11] REAUGH J E. Computer-simulations to study the explosive consolidation of powders into rods［J］. Journal of Applied Physics，1987，61（3）：962-968.

[12] 张德良，王晓林．粉末爆炸烧结材料参数效应数值研究［J］．爆炸与冲击，1996（2）：105-110.

[13] MORRIS D G. Bonding processes during the dynamic compaction of metallic powders［J］. Materials Science and Engineering，1983，57（2）：187-195.

[14] 邵丙璜，高举贤，李国豪．金属粉末爆炸烧结界面能量沉积机制［J］．爆炸与冲击，1989（1）：17-27.

[15] Johnson G R，Cook W H. Fracture characteristics of 3 metals subjected to various strains，strain rates，temperatures and pressures［J］. Engineering Fracture Mechanics，1985，21（1）：31-48.

[16] 李晓杰，杨文彬，奚进一，等．双金属爆炸焊接下限［J］．爆破器材，1999（3）：22-26.

[17] 史进伟，罗兴柏，刘国庆，等．间隔介质对射流侵彻间隔靶影响的数值模拟［J］．工程爆破，2015，21（5）：19-22，36.

[18] 莫非．爆炸焊接界面热力耦合数值模拟研究［D］．大连：大连理工大学，2012.

[19] 王金相．爆炸粉末烧结的细观沉能机制研究［D］．大连：大连理工大学，2005.

[20] 孙伟．水下爆炸焊接与涂层烧结研究［D］．大连：大连理工大学，2014.

[21] 王占磊．爆炸压实W-Cu纳米合金及其聚能破甲应用研究［D］．大连：大连理工大学，2012.

[22] 范靖宇．爆炸压焊-扩散烧结法制备粉末复合涂层材料的研究［D］．大连：大连理工大学，2022.

[23] 陈翔，李晓杰，缪玉松，等．爆炸压实/扩散烧结法制备钨铜梯度材料［J］．爆炸与冲击，2019，39（1）：131-139.

大规格钛-钢复合板的制备工艺及性能研究

王　丁[1]　樊科社[1,2]　薛治国[1]　张鹏辉[1]　朱磊[1,2]　吴江涛[1,2]　黄杏利[1]

（1. 西安天力金属复合材料有限公司，西安　710201）
（2. 陕西省层状金属复合材料工程研究中心，西安　710201）

摘　要：通过爆炸焊接技术制备大尺寸 6.5/50mm×4500mm×8500mm 的钛钢复合板，并进行超声无损检测、相控阵波形形貌、界面组织形貌、电子扫描及力学性能试验分析。结果表明：炸药参数应控制在爆速为 2450~2500m/s、密度 0.80g/cm³、猛度 10.0~11.0mm 范围内，制备出的板材各项力学性能满足技术指标 ASTM B898—2021。界面形貌为典型波纹状结合，界面清晰均匀，波形在漩涡区存在少量的熔化，波幅和波长的比值为 0.25~0.35，且在比值为 0.3 时复合板的剪切强度最高。本文为大规格钛钢复合板的制备提供了工艺方法，并揭示大规格钛钢复合板的界面特点，为后续优化复合板爆炸焊接工艺提供理论指导。

关键词：大规格钛-钢复合板；相控阵；界面形貌；力学性能；波幅比

Study on the Preparation Technique and Properties of Large-sized Titanium Steel Composite Plants

Wang Ding[1]　Fan Keshe[1,2]　Xue Zhiguo[1]　Zhang Penghui[1]　Zhu Lei[1,2]
Wu Jiangtao[1,2]　Huang Xingli[1]

（1. Xi'an Tianli Clad Metal Materials Co., Ltd., Xi'an 710201）
（2. Shaanxi Engineering Research Center of Metal Clad Plate, Xi'an 710201）

Abstract：The large-size 6.5/50mm×4500mm×8500mm titanium-steel composite plates were prepared by explosive welding technology, and carry out ultrasonic nondestructive testing, phased array waveform morphology, interface metallographic structure, electronic scanning and mechanical properties test analysis. The results show that the explosive parameters can be controlled within the velocity of detonation was 2450~2500m/s, density was 0.80g/cm³, brisance was 10.0~11.0mm, the mechanical properties of the prepared plates, meet the technical requirements of ASTM B898—2021. The waveform of the interface is a typical corrugated combination, the interface is clear and uniform, and there is a small amount of melting in the vortex area. The amplitude and wavelength ratio of the product is between 0.25~0.35, and the shear strength of the product is the highest at the ratio is 0.3. This research provides a process method for the preparation of large-size titanium-steel composite plants, and discovers the interface characteristics of large-size titanium-steel composite plants, which provides theoretical

作者信息：王丁，硕士，工程师，15209277694@ 163. com。

guidance for the subsequent optimization of the explosive welding process of composite plants.

Keywords: large-sized titanium/steel composite plants; phased array; microstructure of interface; mechanical properties; amplitude ratio

1 引言

为满足机械零部件的功能需要，将物理、化学、力学性能有较大差异的不同材料通过特殊工艺制备而成的复合材料应运而生。爆炸焊接工艺作为一种重要的结构连接方法，集合了扩散焊接、熔化焊接、压力焊接"三位一体"的焊接技术特点，所获得的产品不仅能够充分发挥异性材料的特性，且尺寸不受设备条件的限制、界面结合强度高、再加工性能优越，被广泛应用于航空航天、核电、化工、原子能等领域，进一步挖掘并释放传统单一金属材料的应用潜力[1-3]。

钛作为一种新型金属材料，具有密度小、强度高、耐腐蚀和高低温性能优良等特点，为节约钛资源、降低设备成本、提高设备质量、减少检修时间，钛钢复合板被大量应用于精对苯二甲酸（PTA）、氧化反应器、结晶器、溶剂脱水塔、大型换热器等设备的核心部件，是现代化学工业和压力容器工业中不可或缺的结构材料[4-6]。现代工业装备技术不断升级的过程，对材料的性能要求越来越高，对钛/钢复合板制造的规格和质量都提出了更高的需求。钛和钛合金作为复层的材料，变形抗力较大，冲击韧性值较小，属于难变形材料，爆炸焊接后钛层易产生绝热剪切线，一定程度限制钛钢复合板在规格上的突破、界面质量的优化及综合性能的提高。

随着科学技术的不断发展，研究者从材料、炸药、界面成形机理、调控机制等大量的研究工作被开展，仅限于小试板试验，其理论研究为实际生产提供一定理论指导[2,4]。在实际生产制备中，由于基复层材料自身性能的差异，不同特性材料爆炸焊接窗口差异较大，根据理论制定的爆炸焊接工艺，实际产品的质量往往不尽人意。爆炸焊接形成结合界面的波纹受到多种因素的作用机制[7-10]，直接影响产品的最终质量。随着订货规格的增大，在工艺生产中受爆炸复合工艺均一性及爆轰波稳定性的影响，在爆速相同的条件下排气所需要的时间增多，排气困难加大造成工艺控制难度逐渐增大，因而对于大规格钛钢复合板的界面特点研究尤为关键[11-14]。根据炸药爆轰压强理论公式 $p=\rho_0 v_d^2/(k+1)$，$k=1+\rho/\rho_0$（其中，p 为爆轰压力；v_d 为炸药速度；ρ_0 为炸药初始密度；ρ 为炸药爆炸生成物的密度）。随着爆炸反应的进行，爆轰波与爆炸生成物叠加造成爆轰压力增加，板幅增大，爆轰压力稳定性降低，控制稳定爆轰压力是高质量复合板制备工艺的关键。

2 制备工艺

2.1 原材料准备

选择对 6 块工业纯钛板、碳钢板进行爆炸焊接，牌号分别为 ASTM B265 Gr. 1、ASTM A516 Gr. 70，规格为 6.5mm×4550mm×8550mm/52mm×4500mm×8500mm。对退火态的复层钛板 Gr. 1 和正火态的基层钢板 Gr. 70 进行化学成分及力学性能测试，结果见表 1 和表 2，性能参数见表 3，性能参数满足爆炸焊接的工艺要求。

表 1　钛板 Gr. 1 的化学成分及力学性能结果
Tab. 1　Results of chemical composition and mechanical properties of titanium plate Gr. 1

化学成分/%						拉伸性能		
Fe	C	N	O	H	Ti	R_m/MPa	$R_{p0.2}$/MPa	A/%
0.021	0.004	0.003	0.003	0.0009	其余	304	275	44

表2　钢板 Gr.70 的化学成分及力学性能结果

Tab. 2　Results of chemical composition and mechanical properties of steel plate Gr. 70

化学成分/%								拉伸性能		
Cr	Mn	Ni	P	Si	Ti	C	S	R_m/MPa	$R_{p0.2}$/MPa	A/%
0.084	1.48	0.17	0.017	0.32	0.013	0.169	0.001	567	336	35

表3　钛板 Gr.1 和碳钢板 Gr.70 的力学性能参数

Tab. 3　Mechanical properties of titanium plate Gr. 1 and steel plate Gr. 70

材料	密度/kg·m^{-3}	硬度/(HV)	弹性模量/GPa	泊松比
Gr. 1	4510	139	116	0.34
Gr. 70	7830	160	200	0.33

2.2　工艺制备过程

图1为爆炸焊接过程界面动态变化示意图，首先对基、复板的待结合界面进行千页轮抛光处理，达到平整、光滑、洁净的表面，保证钛板、钢板待结合界面平均表面粗糙度 $Ra \leqslant 6.3$ μm。爆炸焊接时，复板表面均匀涂刷一层黄油防止炸药产生的高压高温作用将表面灼伤。在工艺参数设计上，针对大规格板材爆炸焊接爆轰波传播距离远的特点，一方面要防止间隙高度、炸药厚度、炸药爆速、炸药密度等工艺参数偏低造成爆轰能量不足、排气难度大引起复合板界面结合强度不高；另一方面要避免能量过高引起复合板边部撕裂，界面过熔现象。

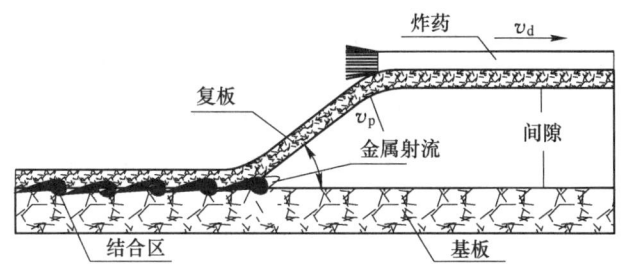

图1　爆炸焊接过程界面动态变化示意图

Fig. 1　Dynamic change of interface during explosive welding

针对大规格钛钢复合板的制备特点，爆炸焊接工艺采用平行法安装，即 $v_p = 2\sin\varphi/2$，$v_p = v_d$，几何中心放置雷管，炸药等厚度平铺在飞板上，则碰撞点的最小速度 v_m 应满足（1）：

$$v_m = \left| \frac{2Re(H_1 + H_2)}{\rho_1 + \rho_2} \right|^{1/2} \tag{1}$$

式中，雷诺系数 Re 取10.8；H_1、H_2 为复、基板的维氏硬度；ρ_1、ρ_2 为复、基板的密度。

为保证形成稳定的再入射流，v_p 应小于复层材料的体积声速表达式（2）：

$$v_S = \left| \frac{E}{3(1 - 2\nu)\rho} \right|^{1/2} \tag{2}$$

式中，E 为钛板的弹性模量；ρ 为材料的密度；ν 为泊松比。

因此，碰撞点移动速度应满足：$v_m < v_p < v_S$。由 Christensen 和 Stivers 根据 v_m 的计算值[15-16]，

提出的相应碰撞速率的表达式：

$$v_P = v_m + 200, \quad v_m < 2000\text{m/s}$$
$$v_P = v_m + 100, \quad 2000 < v_m < 2500\text{m/s} \qquad (3)$$
$$v_P = v_m + 50, \quad V_m > 2500\text{m/s}$$

由理论计算确定所需炸药的关键参数——爆速，计算得 $v_m = 2\,288\text{m/s}$，即所使用炸药爆轰速度理论最佳值为 2388m/s。采用平行法安装时，炸药爆轰速度与钛钢复合板界面碰撞点的移动速度相同，为保证可焊性窗口下限要求的爆速值，控制使用炸药的爆速为 $2450 \sim 2500\text{m/s}$。根据工业粉状硝铵类炸药特点，通过添加稀释剂制备物理及化学状态稳定并满足工艺要求的炸药[17]。

在制备过程中，大规格复层钛板平直度均匀性不高，存在复层弯曲下陷，间距减小导致复板加速时间短，碰撞速度减小，若复板碰撞速度达不到最小值便产生不了射流。根据理论计算及生产实践经验，现场工艺对 A、B 两个区域采用不同的炸药及支撑物高度，设计出 6 种不同的工艺。图 2 所示为爆炸焊接现场布置示意图，表 4 所列为爆炸焊接现场工艺炸药参数。

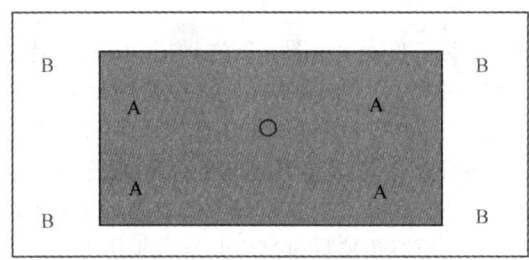

图 2　爆炸焊接现场布置示意图

Fig. 2　Schematic diagram of the position of the explosion welding site

表 4　爆炸焊接现场工艺炸药参数

Tab. 4　Explosive process parameters at the explosive welding site

工艺编号	爆速/m·s⁻¹	密度/g·cm⁻³	布药高度/mm	间隙高度/mm	
				A	B
1 号	2450~2500	0.80	45~50	12	12
2 号	2450~2500	0.80	45~50	12	14
3 号	2450~2500	0.80	45~50	14	14
4 号	2450~2500	0.80	40~45	14	16
5 号	2450~2500	0.80	40~45	16	16
6 号	2450~2500	0.80	40~45	16	18

2.3　性能分析

爆炸焊接结束后对 6 块复合板逐张进行超声无损检测、相控阵界面成像、界面波纹金相、剪切强度试验，按退火炉批取样进行力学性能测试，并对爆炸态和退火态的界面硬度进行测量，典型界面组织进行电子扫描。复合板的验收标准执行 ASTM B898—2021 的 A 级[18]，无损检测采用 Anyscan-31 超声波探伤仪，界面成像采用 OmnicCan X3 相控阵仪器，拉伸设备采用电子万能试验机 CMT5105，参照 ASTM E8/E8M-17a 进行测试；冲击试验采用 MRIE-F1432 750J 摆锤式冲击试验机，按照 ASTM E23—2017 标准进行；剪切强度试验按照 ASTM B898—2021 进行样品加工[18]。采用 MRIE-F2573 型进行显微组织分析，维氏硬度检测采用 MRIE-F1433 维氏硬度计，采用 VEGA 3 XMU 超大样品室钨灯丝扫描电镜进行界面组织成分分析。

3　结果与讨论

3.1　超声无损检测

　　6 块复合板材的超声无损检测选用 2.5P、φ20 单探头、水作为耦合剂，采用直接接触法对整个板材进行衍射时差法超声检测，执行 ASTM B898—2021 的 A 级（有效结合率不小于 99%）要求[18]，除板材几何中心的雷管区 φ25mm 范围内，检测有效区域结合率均达到 100%，超声无损检测结果满足技术要求。

　　相控阵成像采用线阵相控阵探头，探头频率为 10MHz、晶片数量为 128、阵元间距为 0.5mm、有机玻璃楔块厚度为 20mm，将探头和编码器固定在手持扫查架上，构成一套完整的相控阵 C 扫快速成像检测系统，以水为耦合剂，压紧探头使其与板面耦合良好，扫查方式为线性扫查方式，聚焦位置为复合板结合界面深度处，扫查面为复合板的覆层表面。图 3 为钛钢复合板界面结合的相控阵成像形貌，可以发现复合板的结合界面为典型的波状结合，波纹均匀。相控阵成像很好反映了界面的特点，减少常用剥钛试验判定界面质量的方法，避免材料浪费。

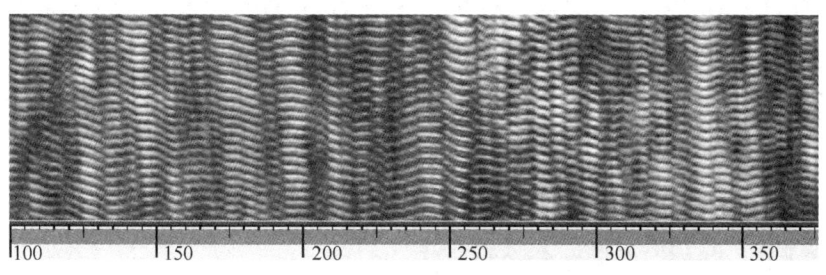

图 3　钛钢复合板结合界面的相控阵成像形貌

Fig. 3　Phasing array imaging morphology of titanium-steel composite plants bonding interface

3.2　界面形貌特点

　　图 4 为 1~6 号板材在相同位置的 50 倍金相照片，可以发现，在爆轰波载荷的冲击作用下，复层、基层及结合界面均产生大量的塑性变形。制备的钛/钢复合板结合界面为典型的波状结合，在钛钢界面结合处沿着爆轰波传播方向周期性重复，波前具有漩涡特征，除漩涡区存在小量的熔化块外，其余地方没有发现明显的熔化现象。

　　熔化物产生于结合界面处及漩涡内部，从爆炸焊接成形的机理上分析，爆炸焊接实施成功的必要条件是产生金属射流，因而熔化及局部熔化现象的产生不可避免。当碰撞点速度过低时，不能引起材料软化，爆炸焊接无法实现；结合界面温度高则会产生过多的熔化量，造成在结合界面处出现大量的空洞或者熔化物。

　　分别对 6 块板材界面金相的波幅及波长进行 3 次测量取平均值，表 5 为 6 块板材的波幅比计算结果，均处于 0.25~0.35 之间。

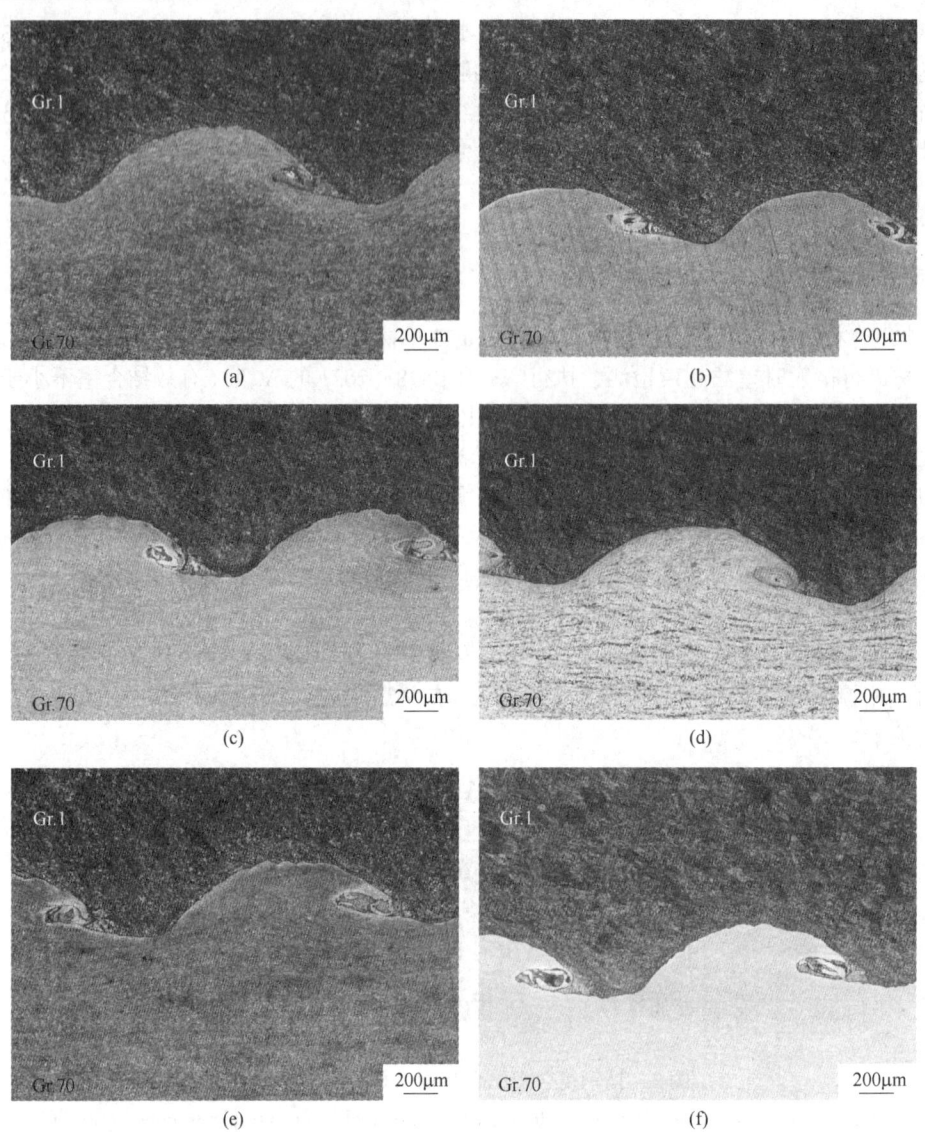

图 4　6 块钛钢复合板的典型界面 50 倍金相图

（a）1 号板材；（b）2 号板材；（c）3 号板材；（d）4 号板材；（e）5 号板材；（f）6 号板材

Fig. 4　Typical interface metallographic structure photos of 6 titanium steel composite plates respectively

表 5　6 块板材波幅 A 和波长 λ 的比值

Tab. 5　Ratio of amplitude A and wavelength λ of 6 plates

序号	No. 1	No. 2	No. 3	No. 4	No. 5	No. 6
第 1 组	0.288	0.294	0.256	0.296	0.326	0.330
第 2 组	0.286	0.291	0.256	0.290	0.321	0.341
第 3 组	0.287	0.296	0.261	0.294	0.324	0.340

3.3　力学性能

3.3.1　拉伸及冲击

钛钢复合板退火去应力处理后，按炉批取样进行拉伸及冲击试验测试，位置位于复合板的边部中间位置。拉伸试验是测定材料力学性能的常用方法，反映处在静载荷作用材料经历弹性变形、塑性变形、断裂三个过程的强度变化。拉伸断裂后，若复合板拉伸结果未能达到最小要求的强度数据，则判定材料的复合板的强度不合，无法满足后续复合板在设备制造生产过程中对材料的强度要求。断口冲击是吸收裂纹逐渐扩大到断裂产生的能量的一个过程，判断复合板材的碳钢侧在冲击载荷下的韧脆特性，韧性是抵抗裂纹扩展的能力，是材料在断裂前吸收能量和塑性变形的能力，吸收功越大意味着承受应变的能力越强。按照 ASTM B898—2021 标准进行室温拉伸和-46℃低温冲击试验[18]3 个批次基层钢材的性能测试结果见表 6，满足 ASTM B898—2021 标准中对材料力学性能的技术要求[18]。

表 6　6 块板材的室温拉伸和-46℃低温冲击测试结果
Tab. 6　6 Room-temperature tensile and -46℃ low-temperature impact test results of the 6 plates

批次	抗拉强度/MPa	屈服强度/MPa	断后延伸率/%	-46℃冲击/J
第 1 批次	534	358	33.5	128、132、148
第 2 批次	537	350	31.0	183、169、179
第 3 批次	526	346	31.0	128、132、148

3.3.2　剪切强度

剪切强度是评估复合板结合界面质量的重要指标，结合处的界面强度是设备加工、安全运行、使用寿命的保证，因而要求复合板的结合界面具有一定强度。6 块复合板的剪切试样位置均位于板材角部（距离板材起爆点的远端，且尽可能紧挨金相试样）。每块板材做 3 次剪切试验，剪切强度测试结果见表 7，结果处于 170~240MPa，平均值为 211MPa，均高于 ASTM B898—2021 技术要求对复合板剪切强度要求的 137.9MPa[18]。对波幅比及剪切强度的数据进行拟合，结果如图 5 所示。

表 7　6 块板材的剪切强度测试结果
Tab. 7　Test results on shear strength of the 6 plates

序号	No. 1	No. 2	No. 3	No. 4	No. 5	No. 6
第 1 组	211	217	176	233	214	213
第 2 组	208	214	177	237	212	212
第 3 组	211	217	178	238	216	214

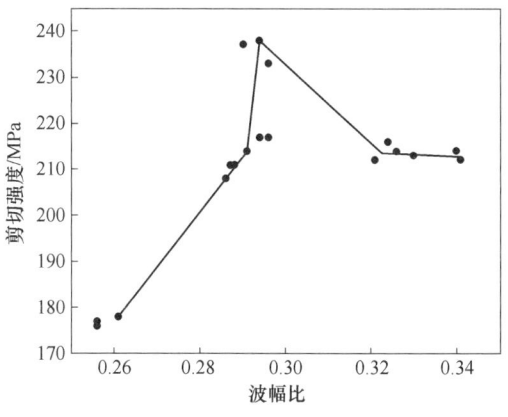

图 5　6 块试样的波幅比与剪切强度的数据拟合
Fig. 5　Data fitting of amplitude ratio and shear strength of 6 samples

3.3.3　界面硬度

图 6 为复合板 Gr. 1/Gr. 70 结合区爆炸焊接态、退火处理态的界面两侧的维氏显微硬度结果，反映爆炸焊接后不同区域材料的塑性变形情况。钛板和钢板距结合界面距离越近，材料的变形量大，爆炸产生的加工硬化效应明显，导致该区域的硬度值越大。再者，爆炸焊接过程中的冷却速率极高，局部高温高压使钛板和钢板两侧的碳元素来不及扩散，形成碳在铁中的过饱和固溶体或硬脆的金属间化合物，从而造成界面的显微硬度较高。

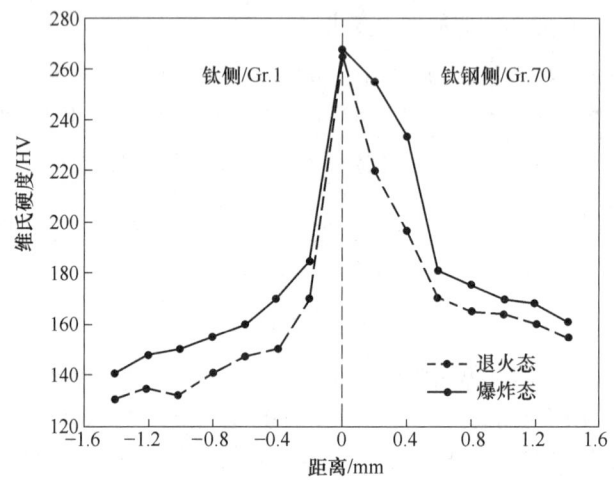

图 6　钛钢复合板(Gr. 1/Gr. 70)结合区的维氏硬度 HV 分布规律

Fig. 6　Distribution of HV microhardness in titanium-steel composite plate (Gr. 1/Gr. 70) binding zone

经过低温退火处理后，材料的爆炸加工硬化效应得到释放。在距界面相同距离下，退火态显微硬度明显小于爆炸态，界面变形区附近的变化尤为明显；离界面的距离越远，硬度逐渐稳定并趋向钛板和钢板本身，复合板的塑性变形增强，可加工性提高。

3.4　界面组织特点

图 7 为 4 号钛钢复合板界面的 100 倍金相图。在钛层一侧，靠近界面没有出现有规律的形变特点，但有大量"绝热剪切线"产生。材料在高速冲击作用下，塑性变形由局部开始，局部塑性变形热来不及传播，热量的聚集使材料局部屈服强度降低，当动态屈服强度低于冲击载荷产生的剪切应力时，该部位将产生瞬间剪切变形。在碳钢一侧，距离界面越近，晶粒的形变量越大，原来的等轴晶沿着变形方向逐渐伸长，晶粒伸长的程度显著，当变形量很大时各个晶粒已难以辨别开来，呈纤维状条纹，距离界面越远，逐渐呈现出钢侧基体的原始组织。图 8 为 4 号钛钢复合板界面的 SEM 图可以发现，钛板和钢板两侧均保持各自的组织成分，钛钢复合板界面的形成主要以塑性形变主导，钛钢复合板两侧的组织特征与界面处的显微硬度值分析结果一致。

通过对 6 块板材无损检测、力学性能及界面金相组织分析可以发现，除雷管区 $\phi 25 \mathrm{mm}$ 范围内存在不结合，有效区域均结合良好；复合板的剪切强度、拉伸强度、冲击性能满足 ASTM B898—2021 技术要求[18]。钛钢复合板界面波纹均匀，金相组织的微观特点反映各区域的晶粒变化与硬度分布规律的关系，界面波幅比值结果在 0.25~0.35 之间，随着波幅比的增大剪切强度逐渐增加，超过 0.3 以后剪切强度逐渐降低并趋于稳定。4 号板的所采取工艺参数制备的板

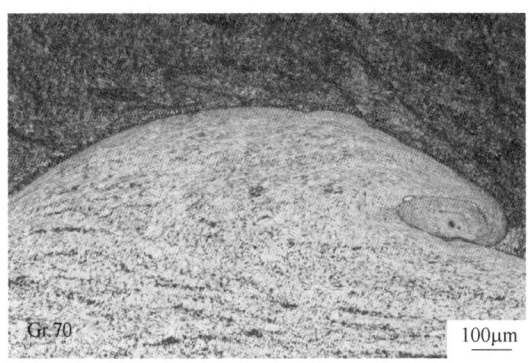

图7　4号钛钢复合板界面的100倍金相图

Fig. 7　Interface metallographic structure photos of No. 4 titanium steel composite plates

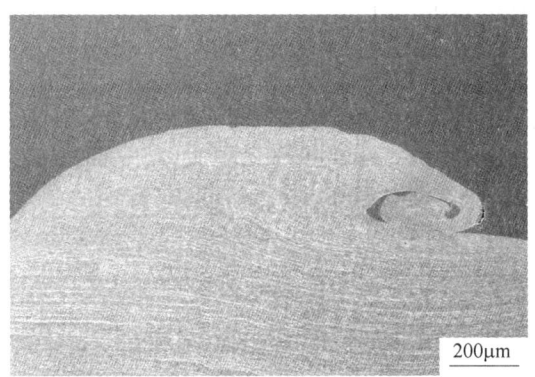

图8　4号钛钢复合板界面的SEM图

Fig. 8　SEM image of the interface of No. 4 titanium-steel clad plate

材剪切强度最高，所采用的调低炸药高度，调高边部间隙支撑高度的工艺，有利于结合处爆炸焊接过程的排气，为大规格复合板材的爆炸焊接工艺确定提供实践指导。

4　结论

（1）根据理论计算及生产实践经验设计工艺方案，针对大尺寸复合板爆炸焊接的特点，对特定区域采用"回"字形设计，既防止工艺参数偏低造成爆轰能量不足、排气难度大引起界面结合强度不高，同时避免能量过高引起复合板边部撕裂，界面过熔现象。

（2）大尺寸6.5/50mm×4500mm×8500mm的钛钢复合板制备工艺参数准确，炸药参数应控制在爆速2450～2500m/s、密度0.80g/cm³、猛度10.0～11.0mm范围内，各项力学性能满足ASTM B898—2021的技术要求，后期的大规格产品制备中可继续沿用其制备工艺参数[18]。

（3）相控阵检测技术是无损检测领域中的新技术，检测方法对工件无破坏性，操作方法简单快捷，检测效率较高，爆炸波纹实时成像且清晰直观，相控阵C扫成像图与实物界面图高度吻合，避免机械剥钛过程对复合界面的破坏。

（4）结合界面为典型的波状结合，剪切强度处于170～240MPa之间、波幅比值处于0.25～0.35之间，当波幅和波长的比值为0.3左右时，板材的剪切强度最高。复合板两侧距离界面越近，硬度HV值越高，最高可达到260～270，材料的加工硬化严重；退火处理应力得到释放，塑性提高，便于后期变形加工。复合板距离界面越远，两侧硬度快速降低，并趋于母体材料。

参 考 文 献

［1］ Vaidyanathan P V, Ramanathan A. Design for quality explosive welding ［J］. Journal of Materials Processing Technology, 1992, 32 (1/2)：439-448.

［2］ Kahraman N, Gülen B, Findik F. Joining of titanium/stainless steel by explosive welding and effect on interface ［J］. Journal of Materials Processing Technology, 2005, 169 (2)：127-133.

［3］ Acarer M, Gülen B, Findik F. The influence of some factors on steel/steel bonding quality on there characteristics of explosive welding joints ［J］. Journal of Materials ence, 2004, 39 (21)：6457-6466.

［4］ Manikandan P, Hokamoto K, Fujita M, et al. Control of energetic conditions by employing interlayer of different thickness for explosive welding of titanium/304 stainless steel ［J］. Mater Process Technol, 2008, 195：232-240.

［5］ Plocinski, Tomasz, Kurzydlowski, et al. Microstructural and microanalysis investigations of bond titanium grade1/low alloy steel st52-3N obtained by explosive welding ［J］. Journal of Alloys & Compounds An Interdisciplinary, 2016, 8, 112-117.

［6］ Borchers C, Lenz M, Deutges M, et al. Microstructure and mechanical properties of medium-carbon steel bonded low-carbon steel by explosive welding ［J］. Materials and Design, 2015, 89 (8)：369-376.

［7］ Mustafa A, Gülenç B, Findik F. Investigation of explosive welding parameters and their effects on microhardness and shear strength ［J］. Materials & Design, 2003, 24 (1)：659-664.

［8］ Durgutlu A, Okuyucu H, Gulenc B. Investigation of effect of the stand-off distance on interface characteristics of explosively welded copper and stainless steel ［J］. Materials & Design, 2008, 29 (7)：1480-1484.

［9］ Jaramillov D, Inal O T, Szecket A. Effect of base plate thickness on wave size and wave morphology in explosively welded couples ［J］. Journal of Materials Science, 1987, 22 (9)：3143-3147.

［10］ Greenberg B A, Ivanov M A, Inozemtsev A V, et al. Evolution of interface relief during explosive welding：Transitions from splashes to waves ［J］. Bulletin of the Russian Academy of Sciences Physics, 2015, 79 (9)：1118-1121.

［11］ Wang X Y, Li X J, Wang X H, et al. Nu-mercal simulation on interfacial wave formation in explo-sive welding using material point method ［J］. Explosion and Shock Waves, 2014, 34 (6)：716-722.

［12］ Shi C, Wang Y, Li Z, et al. Study of mechanism of wave formation at the interface in explosive welding ［J］. Explosive Materials, 2004, 33 (5)：25-28.

［13］ Reid R, et al. Prediction of the wavelength of interface waves in symmetric explosive welding ［J］. Journal of Mechanical Engineering Science, 2006, 112 (7)：216-220.

［14］ Jaramillo D, Szecket A, Inal O T. On the transition from a waveless to a wavy interface in explosive welding ［J］. Materials Science and Engineering, 1987, 91 (87)：217-222.

［15］ Blazynski T Z. Explosive welding forming and compaction ［M］. London：Application Science Publishers Ltd, 1983.

［16］ Stivers S W, Wittman R H. Computer selection of the optimum explosive loading and welding geometry ［C］ //Proc 5th Int Conf on High Energy Rate Forming. Denver：University of Denver, 1975.

［17］ An L C. A new type of low detonation velocity explosives for explosive welding ［J］. Chinese Journal of Explosives & Propellants, 2003, 78 (2)：218-227.

［18］ ASTM B898—2021. Standard specification for reactive and refractory metal Clad Plate ［S］. ASTM Standard 2021.

爆破器材与装备

冲击载荷作用下钽电容电压瞬变特性及微观机理研究

王家乐[1] 李洪伟[1] 王小兵[2] 梁 昊[1] 周 恩[1] 郭子如[1,3] 苏 洪[1] 赵金耀[1]

（1. 安徽理工大学化学工程学院，安徽 淮南 232001；

2. 中钢集团马鞍山矿山研究院有限公司，安徽 马鞍山 243000；

3. 宏大爆破工程集团有限责任公司，广州 510055）

摘 要：为探究钽电容在冲击载荷作用下的失效机制，利用水下爆炸的方法设计并开展了 5 组不同强度的钽电容冲击实验。研究了冲击载荷作用下钽电容的电压瞬变特性，通过漏电、充电电流变化分析了钽电容的失效模式，利用扫描电镜观察钽电容的微观结构，讨论了冲击载荷作用下的失效机理。结果表明：钽电容受冲击后发生短路失效，电压大幅度降低，在自愈完成后电压缓慢上升。随着冲击波超压的增大，钽电容失效概率增大，导致失效的临界超压约为 32MPa。不同类型的电压变化对应不同的失效模式，包括击穿后瞬间自愈、击穿后缓慢自愈和多次击穿自愈。冲击载荷作用下钽电容的微观失效机理与其氧化膜本身的瑕疵相关，机理包括氧化膜中微裂缝扩展使得局部电场强度过高导致击穿、氧化膜较薄区域杂质及晶态膜突出形成导电通道、贯穿型裂缝形成后气体电离导致的击穿。

关键词：钽电容；冲击载荷；水下爆炸；电子雷管

Voltage Transient Characteristics and Microscopic Mechanism of Tantalum Capacitor under Impact Load

Wang Jiale[1] Li Hongwei[1] Wang Xiaobing[2] Liang Hao[1] Zhou En[1]
Guo Ziru[1,3] Su Hong[1] Zhao Jinyao[1]

（1. School of Chemical Engineering, Anhui University of Science and Technolodge, Huainan 232001, Anhui; 2. Sinosteel Ma'anshan General Institute of Mining Research Co., Ltd., Ma'anshan 243000, Anhui; 3. Hongda Blasting Engineering Group Co., Ltd., Guangzhou 510055）

Abstract: In order to investigate the failure mechanism of tantalum capacitors under shock loads, shock experiments were conducted on tantalum capacitors using underwater explosions. Five groups of experiments with different shock intensities were designed by varying the distance between the capacitor and the explosive source to study the transient voltage characteristics of tantalum capacitors under shock loads. The voltage variations of tantalum capacitors were explained based on changes in internal leakage

基金项目：基金项目全称（批准号）；国家自然科学基金（00000000）。

作者信息：王家乐，在读研究生，872646853@ qq. com。

current and external charging current, and the failure modes of tantalum capacitors were analyzed. Scanning electron microscopy was utilized to observe the microstructure of damaged areas in tantalum capacitors, and the micro-failure mechanisms under shock loads were discussed. The results indicate that tantalum capacitors experience short-circuit failures after shocks, with a significant decrease in voltage initially, followed by a slow rise self-recovery. As the shock wave overpressure increases, the probability of tantalum capacitor failure increases, with a critical overpressure threshold of approximately 32MPa. Different types of voltage variations correspond to different failure modes, including instant self-recovery after breakdown, slow self-recovery after breakdown, and repetitive breakdown with self-recovery. The micro-failure mechanisms of tantalum capacitors under shock loads include the propagation of microcracks within the oxide film leading to excessive local electric field strength and breakdown, the formation of conductive pathways due to impurities and protrusions in thin oxide regions causing leakage, and the formation of through-cracks followed by gas ionization leading to breakdown.

Keywords: tantalum capacitor; shock loading; underwater explosion; electronic detonator

1 引言

数码电子雷管凭借其延期精度高、安全性强等优点广泛应用于各类爆破工程当中，但在隧道、孔桩、巷道掘进等小孔距爆破应用场景下，在受到邻近炮孔爆炸产生的冲击作用后可能出现拒爆现象。有研究表明数码电子雷管受冲击后的拒爆与其电容参数漂移有关[1-2]。钽电容是数码电子雷管中一种主流的电容类型，作为数码电子雷管内部的储能元件，其可靠性直接决定了数码电子雷管能否正常发火。因此，有必要对钽电容在冲击载荷下的性能变化展开研究。

当前对于钽电容在载荷环境下的性能参数变化已有一些研究。程融对钽电容开展了空气炮锤击试验，发现钽电容在冲击载荷作用下会出现瞬时短路现象[3]。李长龙通过马歇特锤击试验研究了钽电容在冲击过载条件下的漏电流及容值变化规律，结果表明漏电流和容值随冲击强度增大而增大[4-5]。贾丰州对钽电容在冲击载荷作用下的电场分布和漏电流变化特性进行了仿真分析，指出在弹性范围内，当冲击载荷脉宽减小或幅值增大时，漏电流呈增大趋势[6]。A. Teverovsky研究了轴向压缩实验中片式钽电容的电参数变化特性，发现在一定范围内静态应力会增大漏电流、降低击穿电压[7]。

目前已有的研究成果表示，载荷环境下钽电容主要存在漏电流增大和瞬时短路两个问题。对于瞬时短路的问题，目前报道较少，机理尚不清晰。为了揭示钽电容在爆炸冲击作用下的失效机理，本文采用水下爆炸的方法，对钽电容进行冲击实验，分析了钽电容在冲击载荷下的电压变化特性，根据钽电容电压变化特性及微观结构变化分析其失效机理。

2 实验

2.1 实验仪器及样品

主要实验仪器：直径160cm、高度140cm圆形不锈钢爆炸水池；PCB水下压力传感器（ICP W138A06）；Agilent 5000A数字储存示波器；483C05型恒流源；8号电子雷管及起爆器；BWL定值电阻（10W 100Ω）；KXN-305D直流恒压电源。

实验样品为某品牌同一生产批次、同一型号的钽电容，具体参数见表1。

表 1 电容型号参数
Tab. 1 Capacitance type parameter

表 1 电容型号参数
Tab. 1 Capacitance type parameter

电容类型	耐压	容值	封装规格	阳极材料	阴极材料	介电层	数量
贴片钽电容	25V	47μF	7343	Ta	MnO_2	Ta_2O_5	50

2.2 实验布置

在圆形爆炸水池中心处，通过配重将直径为 1mm 的铜丝拉直，在铜丝上固定一发 8 号电子雷管作为爆源，雷管入水深度 70cm。用 PVC 薄膜给钽电容做防水处理后，将电容贴于固定支架上，置于水中，使电容与雷管主装药位置在同一水平线上并相距一定距离。以雷管位置为对称中心，在电容的对称点处布置水下压力传感器，压力信号通过恒流源传输至示波器，如图 1 所示。

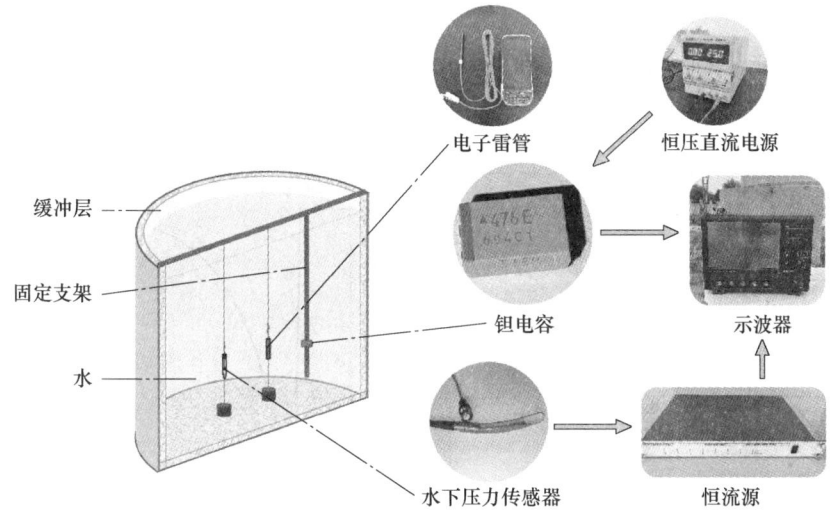

图 1 实验测试系统

Fig. 1 Experimental test system

在电路方面，钽电容与 100Ω 定值电阻串联，再连接恒压直流电源形成回路。其中定值电阻起到限制浪涌电流的作用，恒压直流电源在实验过程中持续为钽电容供压。示波器并联在电容两端，记录爆炸冲击瞬间电容两端电压变化，如图 2 所示。

通过调整钽电容与爆源之间的水平距离改变钽电容的受冲击强度，分别在 13cm、14cm、15cm、16cm、19cm 的距离下进行了 5 组实验。为了得到钽电容电压变化的普遍规律和减小实验误差，同一距离下，钽电容冲击实验重复 10 次。

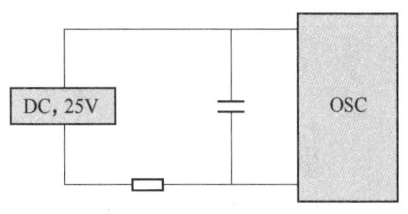

图 2 电路示意图

Fig. 2 Circuit diagram

3 钽电容电压瞬变特性

3.1 冲击波超压作用

同一距离下，冲击波超压测量 3 次，取平均值，超压测量结果见表 2。

表 2　不同距离下的冲击波超压

Tab. 2　Shock wave overpressure at different distances

距离/cm	冲击波超压/MPa			冲击波超压均值/MPa
	第一次测量	第二次测量	第三次测量	
13	38.627	38.045	38.557	38.410
14	36.157	37.219	36.358	36.578
15	31.974	32.312	31.845	32.044
16	30.146	29.418	29.022	29.529
19	24.719	25.767	25.057	25.181

3.2　冲击载荷下的电压瞬变特性

通过对实验结果的分析对比，发现大部分电压变化曲线具有相似特征。冲击载荷下钽电容的电压变化可分为三类，如图 3（b）~（d）所示。图 3（a）表示钽电容在冲击载荷作用下电压未发生变化。

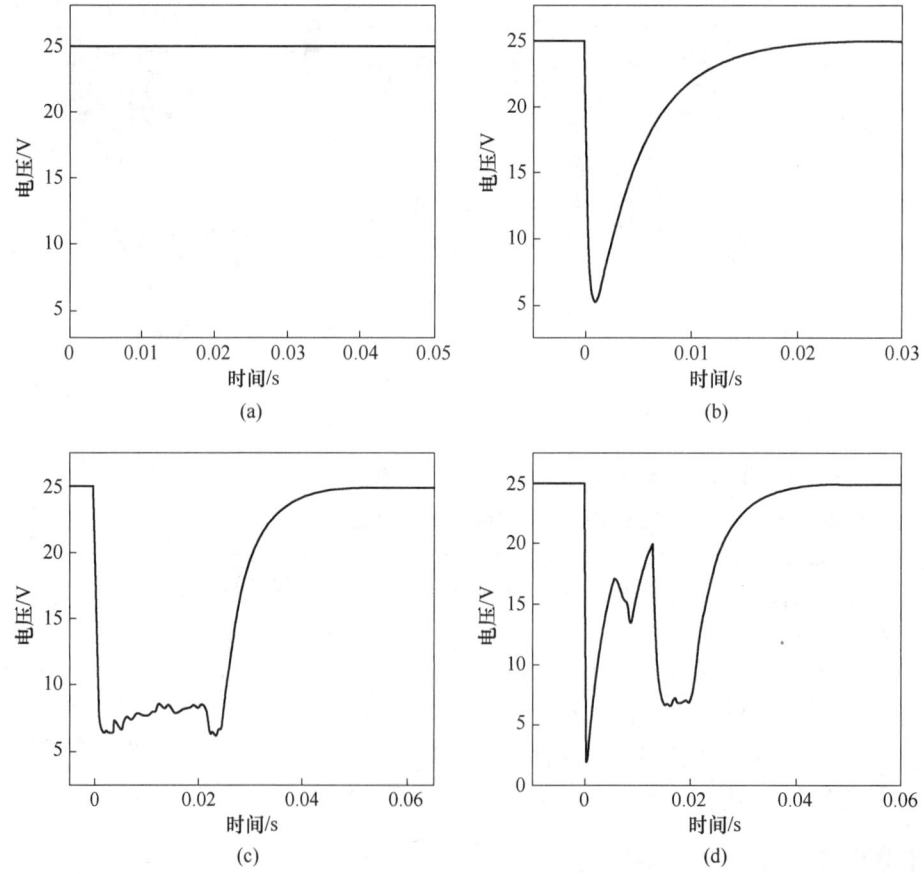

图 3　冲击载荷下钽电容电压变化曲线

（a）工作电压；（b）Ⅰ类电压变化曲线；（c）Ⅱ类电压变化曲线；（d）Ⅲ类电压变化曲线

Fig. 3　Voltage change curve of tantalum capacitor under impact load

Ⅰ类电压变化曲线如图 3（b）所示，特点为电压降低后立即升高。钽电容初始电压为25.000V，在受到冲击载荷作用后的某一时刻，电压发生断崖式下降，经过 1.13ms 下降至最低电压点 5.178V。随后电压开始上升，上升速率随着电压的增大而减缓，约 25ms 电压基本恢复至初始水平。

Ⅱ类电压变化曲线如图 3（c）所示，特点是先降低，然后电压在较低水平波动一段时间后再上升。用时 2.2ms 下降至最低电压点 6.404V，随后电压在较低水平维持约 20ms，期间电压反复上下小幅度波动，最后电压开始上升。

Ⅲ类电压变化曲线如图 3（d）所示，特点是波形复杂，电压反复下降上升，同时含有与Ⅱ类电压变化曲线相同的低压波动段。钽电容受冲击作用后电压快速下降，用时 0.49ms 电压下降至 1.925V，随后电压在上升至 17.102V 和 20.002V 时又出现两次下降，最后一次下降后在 6.651V 上下波动约 4.5ms，最终电压恢复至初始水平。

3 种类型的电压变化均表明钽电容在冲击载荷作用下出现了瞬时失效现象。电压瞬间下降意味着极板电荷大量流失，由于钽电容外部电源持续供压，无放电电路，因此判断放电发生在钽电容内部，介电层 Ta_2O_5 可能发生了击穿，导致钽电容短路失效。

对以上 3 种类型的电压变化在不同距离下出现频次进行统计，如图 4 所示。

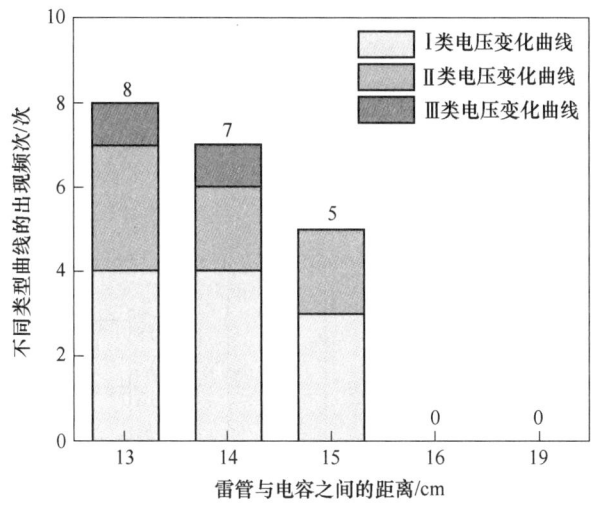

图 4 各类电压变化曲线出现频次统计图

Fig. 4 Statistical graph of frequency of various voltage variation curves

实验结果表示，当钽电容与爆源的距离为 19cm 和 16cm 时，钽电容电压均未出现变化，失效概率为 0。当距离缩小至 15cm 时，10 次冲击实验中 5 次发生短路失效，失效概率为 50%，此时冲击波超压为 32.004MPa。由此可见，冲击波导致钽电容短路失效的临界压力约为32MPa。随着钽电容与爆源之间距离的进一步减小，冲击波超压继续增大，钽电容失效概率随之增大。

4 瞬时失效微观机理

4.1 电压瞬变机理

冲击载荷作用下钽电容容值变化极小，可忽略不计[4]，此时钽电容两端电压与极板所带电荷量成正比，电荷量的变化取决于外部的充电电流和内部的漏电电流。

$$I_C = \frac{E - U}{R} \tag{1}$$

$$I_L = C\frac{dU}{dt} - I_C \tag{2}$$

式中，I_C 为充电电流；I_L 为漏电电流；E 为电源电压；U 为钽电容两端电压；R 为串联电阻阻值；C 为钽电容容值。

图 3 中三类电压变化曲线所对应的 I_C、I_L 变化图像如图 5（b）~（d）所示。图 5（a）表示冲击载荷作用下充电电流与放电电流均未出现变化。

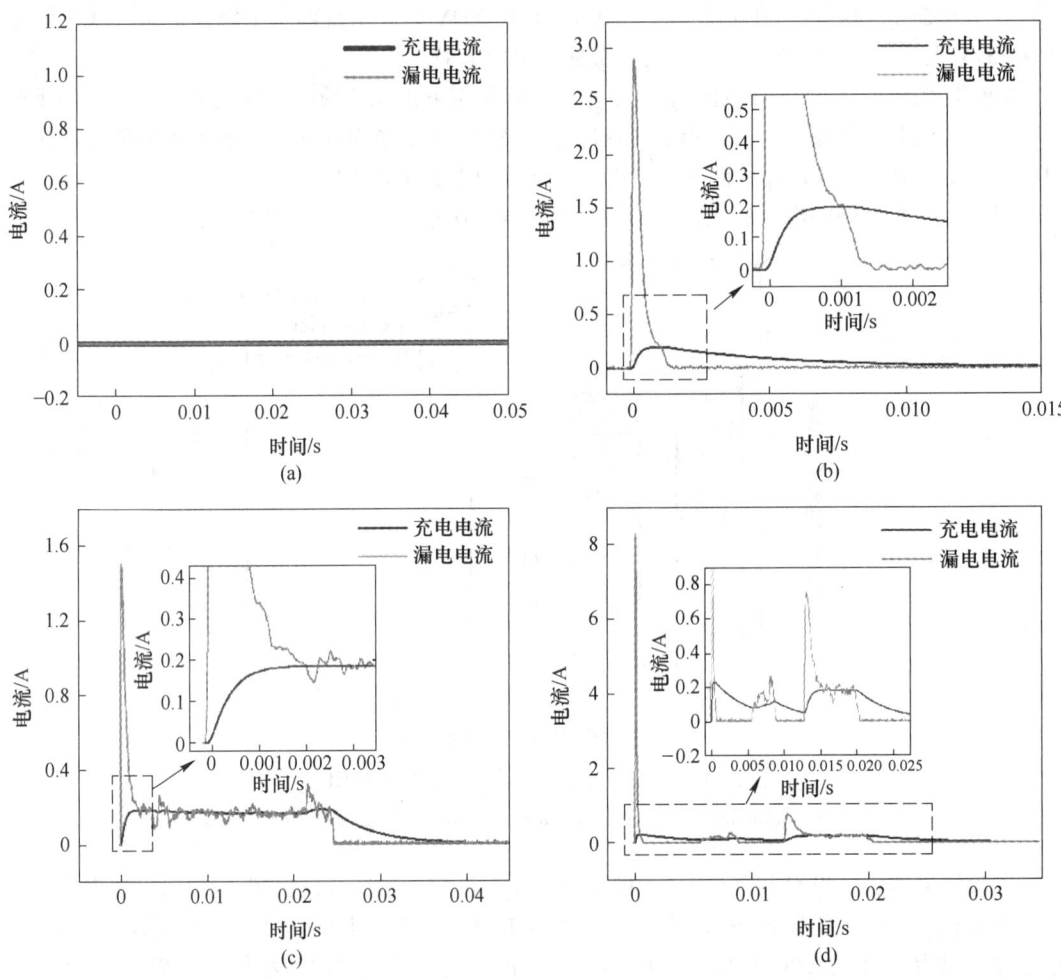

图 5　冲击载荷下漏电-充电电流变化曲线

Fig. 5　Change curve of leak-charge current under impact load

图 5（b）对应着 I 类电压变化。出现 I 类电压变化的可能原因是钽电容在冲击载荷作用下氧化膜发生了击穿，I_L 迅速上升，峰值为 2.896A。大电流导致的局部升温使阴极 MnO_2 发生反应生成高阻值的 Mn_2O_3，Mn_2O_3 堵塞导电通道阻碍了电子的转移[8]，并且电场强度的下降也使电子移动速率下降，因此 I_L 达到峰值后迅速下降。I_L 上升后钽电容电压快速下降，电源与电

容之间电势差不断增大，于是 I_C 开始上升。当 I_C 上升至与 I_L 相等时，极板电荷量不再减小，电压下降至最低点 5.178V，此时 I_C 也达到峰值。随后 I_L 继续减小，在 1.68ms 时下降至 0.4mA，此时可认为钽电容基本完成了自愈。由于 I_C 大于 I_L，电荷积累，电压上升，随着电压上升 I_C 持续减小，直至电容充电完毕。

图 5（c）与Ⅱ类电压变化相对应。I_L 峰值为 1.503A，随着阴极反应的进行和电场强度的降低，I_L 不断减小，I_C 也随着钽电容与电源之间电势差的增大而不断增大，这个过程中电压不断降低。在 I_C 与 I_L 交汇后，I_L 并未继续减小，而是围绕着 I_C 上下波动。这说明此时 Mn_2O_3 未完全堵塞导电通道，漏电继续发生，且漏电电流与充电电流相当，导致电压在较低水平波动。在波动持续了约 20ms 后，I_L 突然下降至 1.6mA，表明此时钽电容完成了自愈，此时由于 I_C 大于 I_L，电容电压开始上升，I_C 也随着电压上升而逐步减小，直至充电完毕。

图 5（d）为Ⅲ类电压变化的漏电－充电电流变化曲线，受冲击后 I_L 峰值达到了 8.254A，阴极反应迅速完成，堵塞导电通道。在 I_C 与 I_L 初次交汇过后，电容电压开始上升，电压上升过程中，I_L 再次突增，峰值为 0.269A。这表明首次自愈后，氧化膜绝缘性能并没有完全恢复，在场强不断增大的过程中再次发生了击穿。随后钽电容再次自愈，在电压上升至 20.002V 时发生了第三次击穿。I_L 在第三次下降过程中出现了Ⅱ类变化中的 I_L 围绕着 I_C 上下波动的现象，时间持续了约 4.5ms，随后电压基本恢复至额定电压。这表示第三次击穿后，氧化膜绝缘性能基本恢复。

4.2　微纳尺度的失效－修复机制

在加载电压远超出额定电压的情况下，电容器普遍会发生击穿现象。在冲击实验中，加载电压为额定电压，钽电容仍出现了击穿现象。为解释这一现象，将实验中发生击穿的钽电容外壳剥解，利用扫描电镜观察其内部形貌。

图 6 为钽电容损伤部位的形貌。雷管爆炸后，冲击波在水介质中传播，在钽电容表面处，冲击波发生反射与透射，透射波转变为应力波在钽芯中传播。钽芯由无数个钽球紧密连接组成，在应力作用下，钽球受到其相邻钽球挤压后出现严重变形，氧化膜出现了约 100nm 宽的裂缝，在裂缝内部和周围布满了 Mn 的氧化物。

图 6　钽电容损伤部位形貌图

Fig. 6　Tantalum capacitor damage site topography

Ta 粉在烧结后表面呈多孔状，在阳极氧化过程中，氧化膜难免会出现孔隙和裂缝[10]。当

Ta 表面含有杂质时，阳极氧化后杂质会嵌入到氧化膜之中，在外电场作用下，氧化膜中杂质处会出现电应力集中，使得此处离子容易得到所需活化能，重新排序，出现晶态 Ta_2O_5[11]。而晶态膜介电性能远不如无定形态膜[12]。

　　因此，钽电容在冲击载荷作用下的电压变化现象可以通过形变导致的裂缝扩展和杂质及周围晶态膜顶破氧化膜来解释，如图 7 所示。

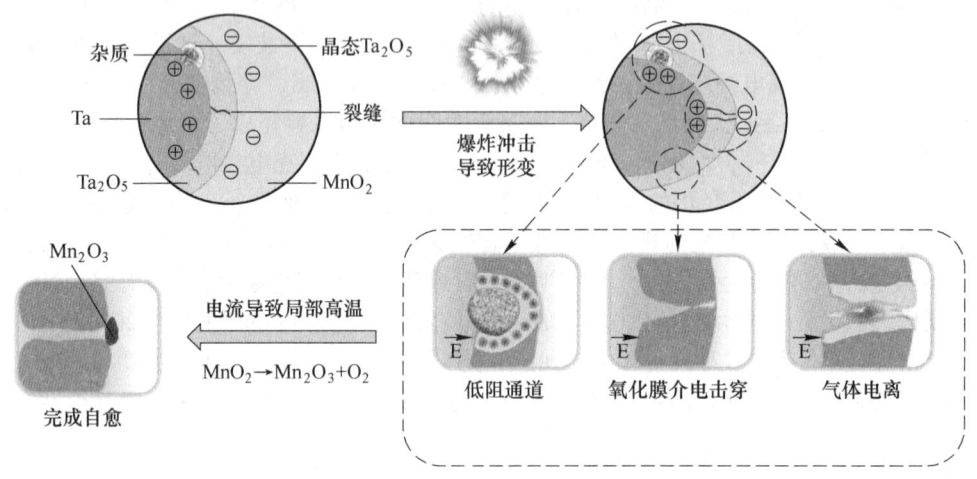

图 7　冲击载荷下钽电容失效–修复机制

Fig. 7　Failure of tantalum capacitors under impact loads-repair mechanism

　　裂缝扩展时，裂缝处氧化膜不断变薄，使得此处电场强度不断增大。当电场强度超过击穿场强，氧化膜导带中因场致发射而存在的电子会在电场作用下不断加速，电子碰撞晶格时产生电离，不断地撞击和电离使得导带中电子不断增加，在氧化膜中形成导电通道[13]，宏观表现为电流急剧上升。大电流产生的局部高温使阴极 MnO_2 反应生成 Mn_2O_3，高阻值的 Mn_2O_3 堵塞导电通道后电容电压重新开始上升。这种冲击导致裂缝扩展，进而在电场作用下发生击穿的过程对应着 I 类电压变化。

　　II 类变化是由于钽球在发生形变后，氧化膜厚度均匀性变差，在氧化膜较薄的区域下方有杂质和晶态膜的存在时，杂质及其周围的晶态膜会顶破无定形膜，使晶态膜或杂质与阴极直接接触，在阴极和阳极之间形成低阻通道。低阻通道内的电流大小取决于晶态膜的阻值。相较于无定形膜击穿时的电离电流，低阻通道的电流更小，因此小电流的热量积累更慢，缺陷区域温度上升也慢，自愈时间较长。于是出现了电压在低电位持续波动的现象。

　　III 类变化是因为强冲击载荷使裂缝完全贯穿氧化膜，使得阴极与阳极之间仅间隔几十纳米厚的气体介质。与固体相比，气体的介电强度较小，在强电场作用下易电离。气体介质电离产生的大电流使局部温度快速上升，钽电容快速完成第一次自愈。自愈过程中，裂缝中气体介质电离产生的能量以热传导和热辐射的方式向阴极传递，阴极材料表层首先达到反应温度生成 Mn_2O_3，随后阴极反应由外向内层层进行。贯穿型裂缝的横截面积较大，完成自愈所需要堵塞的面积也就更大，大面积的 MnO_2 发生反应时，由于温度分布不均匀和反应释氧，生成的 Mn_2O_3 难免存在未反应的 MnO_2 和孔隙。层层 Mn_2O_3 中的 MnO_2 或孔隙相连接时，就会形成较大缺陷。因此当电压再次上升、电场强度增大时，在 Mn_2O_3 缺陷处就会发生二次甚至多次击穿，直至完全自愈。短时间内同一裂缝处的多次击穿导致热量累积，温度不断上升，使裂缝周围的无定形膜发生晶化。当晶态膜不断生长，在阳极与阴极之间形成导电通道后，就会出现 II

类变化中的缓慢自愈现象。

5 结论

本文采用水下爆炸的方法对钽电容进行了不同强度的冲击实验，研究了冲击载荷作用下钽电容的电压变化特性，讨论了钽电容瞬时失效的微观机理。主要结论如下：

（1）冲击载荷作用下钽电容出现了三种类型的电压变化，三种电压变化均表明钽电容发生了短路失效。三类电压变化对应三种不同的失效过程，分别为击穿后瞬间自愈、击穿后缓慢自愈、多次击穿和自愈。

（2）随着冲击波超压增大，钽电容的短路失效概率增大。钽电容发生短路失效的临界超压约为32.004MPa。

（3）钽电容在冲击作用下的微观失效机理与其氧化膜本身的瑕疵相关，机理包括氧化膜中微裂缝扩展使得局部电场强度超过击穿场强造成击穿、氧化膜较薄区域下方的杂质及晶态膜突出形成导电通道、贯穿型裂缝形成后气体电离导致的击穿。

参 考 文 献

[1] 杨文，岳彩新，宋家良，等. 工业电子雷管抗冲击性能试验研究 [J]. 火工品，2022，205（2）：16-19.

[2] 刘忠民，杨年华，石磊，等. 电子雷管小孔距爆破拒爆试验研究 [J]. 爆破器材，2021，50（5）：39-42，49.

[3] 程融，张永录. 某型电子干扰弹引信用固体钽电容器失效分析 [J]. 国防技术基础，2009（8）：28-30.

[4] 李长龙，高世桥，牛少华，等. 高冲击下引信用固态钽电容的参数变化 [J]. 爆炸与冲击，2018，38（2）：419-425.

[5] 李长龙，高世桥，牛少华，等. 高冲击环境对引信用储能电容性能的影响 [J]. 兵工学报，2016，37（S2）：16-22.

[6] 贾丰州，牛少华，孙远程，等. 冲击载荷作用下的固体钽电容力-电响应特性 [J]. 探测与控制学报，2022，44（5）：20-25.

[7] Teverovsky A. Effect of mechanical stresses on characteristics of chip tantalum capacitors [J]. IEEE Transactions on Device and Materials Reliability, 2007, 7 (3): 399-406.

[8] Teverovsky A. Breakdown and self-healing in tantalum capacitors [J]. IEEE Transactions on Dielectrics and Electrical Insulation, 2021, 28 (2): 663-671.

[9] Teverovsky A. Scintillation and surge current breakdown voltages in solid tantalum capacitors [J]. IEEE Transactions on Dielectrics & Electrical Insulation, 2009, 16 (4): 1134-1142.

[10] Vermilyea D A. The effect of metal surface condition on the anodic oxidation of tantalum [J]. Acta Metallurgica, 1954, 2 (3): 476-481.

[11] 潘齐凤. 片式钽电容器浪涌电流失效研究 [D]. 成都：电子科技大学，2012.

[12] Ezhilvalavan S, Tseng T Y. Conduction mechanisms in amorphous and crystalline Ta_2O_5 thin films [J]. Journal of Applied Physics, 1998, 83 (9): 4797-4801.

[13] Miyairi K. Electrical breakdown and electroluminescence in tantalum pentoxide films [C] // Electrical Insulation and Dielectric Phenomena, 1988. Annual Report. Conference on. IEEE, 2002.

乳化炸药水下爆炸 TNT 当量系数数值计算分析

王 博[1]　王小红[1]　李晓杰[1,2]　闫鸿浩[1]

（1. 大连理工大学工程力学系，辽宁 大连 116024；
2. 工业装备结构分析国家重点实验室，辽宁 大连 116024）

摘 要：乳化炸药广泛应用于各种水下爆破工程。为研究乳化炸药水下爆炸 TNT 当量系数，精确控制水下爆炸载荷输出，利用 AUTODYN 有限元软件建立一维轴对称楔形模型，计算乳化炸药水下爆炸冲击波峰压，并与 TNT 水下爆炸冲击波峰压经验公式计算值进行对比分析，获取乳化炸药水下爆炸 TNT 当量系数并对其适用性进行验证。结果表明，距爆心距离增加数值模拟结果逐渐低于经验值，计算误差呈现先减小后增大的趋势；在比例距离 $0.3 \leqslant \bar{r} \leqslant 3.6$ 范围内，乳化炸药水下爆炸的 TNT 当量系数平均值为 0.635，且对不同药量乳化炸药具有适用性。研究结果可为优化水下爆破参数，降低冲击波危害提供重要参考。

关键词：爆炸载荷；数值计算；经验公式；TNT 当量系数

Numerical Analysis of TNT Equivalent Factor Underwater Explosion of Emulsified Explosives

Wang Bo[1]　Wang Xiaohong[1]　Li Xiaojie[1,2]　Yan Honghao[1]

（1. Department of Engineering Mechanics, Dalian University of Technology, Dalian 116024, Liaoning; 2. State Key Laboratory of Structural Analysis for Industrial Equipment, Dalian 116024, Liaoning）

Abstract: Emulsified explosives are widely used in various underwater blasting projects. In order to study the TNT equivalent factor of underwater explosion of emulsified explosives and precisely control the underwater explosion load output. Using AUTODYN finite element software to establish a one-dimensional axisymmetric wedge model, to calculate the peak shock wave pressure of underwater explosion of emulsion explosives, and to compare and analyze the values calculated by empirical equation of peak shock wave pressure of underwater explosion of TNT, to obtain the TNT equivalent factor of underwater explosion of emulsion explosives and to verify its applicability. The results show that: the distance from the bursting center distance increases the numerical simulation results gradually lower than the empirical value, the calculation error shows a trend of decreasing and then increasing; in the proportional distance $0.3 \leqslant \bar{r} \leqslant 3.6$ range, emulsion explosives underwater explosion of TNT equivalent coefficient average value of 0.635 and has applicability to different quality emulsion

基金项目：国家自然科学基金（12172084）。

作者信息：王博，研究生，wb0921@ mail. dlut. edu. cn。

explosives. The results of the study can improve important references for optimizing underwater blasting parameters and reducing shock wave hazards.

Keywords：blast load；numerical calculation；empirical formula；TNT equivalent factor

1 引言

乳化炸药具有良好的抗水、抗压能力，广泛应用于水下炸礁、水下拆除、水下爆夯等水下爆破工程。由于水的密度比空气大，冲击波在水中有更好的传播条件。在面对复杂的施工条件及周围环境时，确定乳化炸药水下爆炸 TNT 当量系数，控制乳化炸药水下爆炸冲击波峰值对降低爆破振动，减少冲击波危害具有重要意义。

近年来国内外许多学者针对乳化炸药在不同爆炸环境下的 TNT 当量系数进行了研究。乔小玲等人[1]通过不同药量 TNT 和岩石型乳化炸药空中爆炸试验，获得了与试验数据吻合较好的冲击波超压表达式和乳化炸药空中爆炸 TNT 当量系数。范俊余等人[2]通过试验研究了岩石乳化炸药在空气自由场和通道外爆炸时的 TNT 当量系数并将乳化炸药换算成 TNT 当量进行数值模拟，模拟结果与试验结果基本吻合。刘玲等人[3]通过试验测试了 5 种自制炸药冲击波峰压并结合数值模拟分别计算了 5 种自制炸药的 TNT 当量系数，验证了利用冲击波超压计算低密度、低爆速非常规自制炸药 TNT 当量系数的可行性。夏曼曼等人[4]通过试验并结合 TNT 当量法对乳化炸药空中爆炸经验公式进行了修正。郑欣颖等人[5]通过开展乳化炸药水下爆炸试验，得到乳化炸药水下爆炸等冲击波超压和等气泡脉动周期下 TNT 当量系数分别为 0.595 和 0.646。由于水下爆炸试验过程烦琐、操作复杂且耗费巨大，获取乳化炸药水下爆炸 TNT 当量系数需要进行大量试验且其适用性还需进一步验证，而通过借助有限元软件可以有效缩减试验周期，降低试验成本。

本文利用 AUTODYN 有限元软件建立一维轴对称楔形模型，首先对一定比例距离范围内 1kg 乳化炸药和 TNT 水下爆炸冲击波峰压衰减规律进行数值计算，之后通过计算获得 1kg 乳化炸药水下爆炸 TNT 当量系数并利用不同药量乳化炸药对其适用性进行验证，结论可为水下爆破工程提供重要参考。

2 数值计算模型

2.1 几何模型

采用 AUTODYN 有限元程序建立一维轴对称楔形模型描述球形装药水下爆炸冲击波传播过程，模型采用多物质 Euler 算法。水域半径尺寸设为 20m 并在边界处施加无反射边界条件，在比例距离 $0.3 \leq \bar{r} \leq 3.6$ 范围内设置一系列监测点，如图 1 所示。整个水域划分为 20000 个网格，模型单元总数共计为 20000 个。

2.2 材料模型

2.2.1 炸药

采用标准的 JWL 状态方程对 TNT 和乳化炸药的爆轰过程进行描述，具体形式为：

$$P = A\left(1 - \frac{\omega}{R_1 V}\right) e^{-R_1 V} + B\left(1 - \frac{\omega}{R_2 V}\right) e^{-R_2 V} + \frac{\omega E_0}{V} \tag{1}$$

式中，P 为爆轰压力；A、B、R_1、R_2、ω 为 JWL 状态方程参数（常数）；E_0 为炸药单位体积的

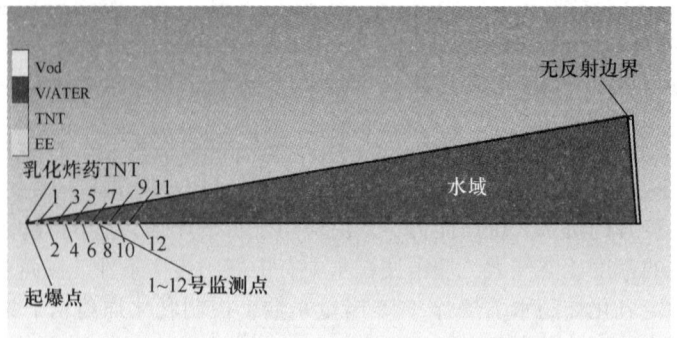

图 1 水下爆炸楔形计算模型

Fig. 1 Wedge model of underwater explosion

初始内能；V 为炸药爆轰产物的相对体积。

各炸药参数取值见表 1 和表 2。

表 1 乳化炸药 JWL 状态方程参数[6]

Tab. 1 Emulsified Explosives JWL equation of state parameters

ρ_0 /g · cm^{-3}	A/MPa	B/MPa	R_1	R_2	ω	E_0/GJ · m^{-3}
1. 10	3.2642×10^5	0.0581×10^5	5. 80	1. 56	0. 57	2. 674

表 2 TNT 炸药 JWL 状态方程参数[7]

Tab. 2 TNT explosives JWL equation of state parameters

ρ_0 /kg · m^{-3}	A/MPa	B/MPa	R_1	R_2	ω	E_0/GJ · m^{-3}
1630	3.712×10^5	0.0323×10^5	4. 15	0. 95	0. 3	7. 0

2.2.2 水域

水域采用 Shock 状态方程，可描述为：

$$\begin{cases} P = \dfrac{\rho_0 C_0^2 \mu \left[1 + \left(1 - \dfrac{\gamma_0}{2} \right)\mu - \dfrac{a}{2}\mu^2 \right]}{\left[1 - (S_1 - 1)\mu - S_2 \dfrac{\mu^2}{\mu + 1} - S_3 \dfrac{\mu^3}{(\mu + 1)^2} \right]^2} + (\gamma_0 + \alpha\mu)e & \mu \geqslant 0 \\ P = p_0 C_0^2 \mu + (\gamma_0 + \alpha\mu)e & \mu \geqslant 0 \end{cases} \quad (2)$$

式中，P 为水中压力；μ 为压缩比，$\mu = \rho/\rho_0 - 1$（其中，ρ_0 为水的密度）；C_0 为声速；α 为体积修正系数；S_1、S_2 和 S_3 为试验拟合系数。

各参数取值见表 3。

表 3 水的 Shock 状态方程参数[8]

Tab. 3 Parameters of the Shock equation of state for water

C_0/km · s^{-1}	S_1	S_2	S_3	γ_0	α
1. 647	1. 92	0	0	0	0. 49

3 数值计算及结果分析

3.1 TNT 当量计算

图 2 （a） 为 1kg TNT 炸药水下爆炸冲击波峰压 Cole 经验公式计算值与数值模拟结果对比曲线。可以看出：在 $0.3 \leqslant \bar{r} \leqslant 3.6$ 范围内，经验值与计算结果误差小于 12%，可以认为 $0.3 \leqslant \bar{r} \leqslant 3.6$ 范围内数值计算模型具有一定精度，计算结果具有可靠性。由于计算误差累加，数值计算结果逐渐低于经验值，经验公式与数值计算结果之间的误差呈现先减小后增大的趋势。图 2 （b） 为 1kg 乳化炸药水下爆炸冲击波峰压数值计算结果。

$$\bar{r} = \frac{r}{\sqrt[3]{W}} \tag{3}$$

式中，$\bar{r}$ 为比例距离；r 为距爆心距离；W 为炸药药量。

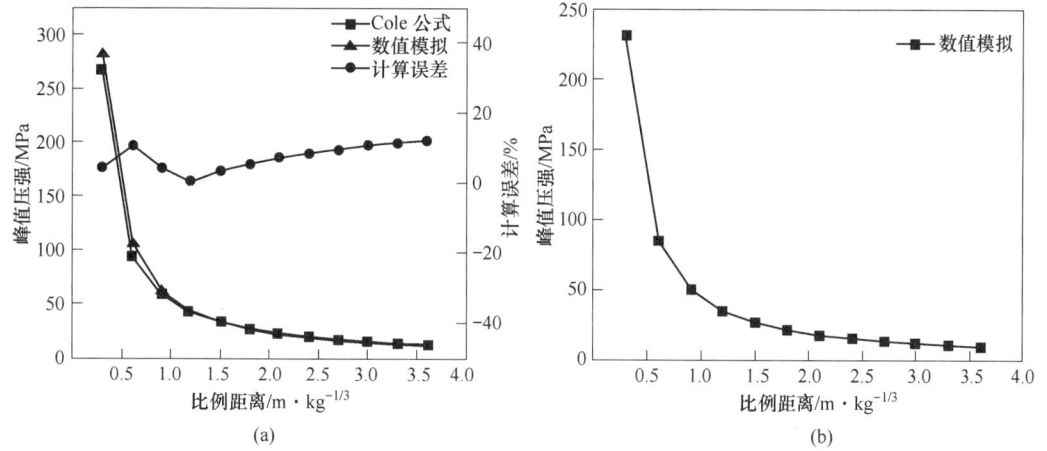

图 2　炸药水下爆炸冲击波峰压计算结果

（a）TNT 冲击波峰压对比关系曲线；（b）乳化炸药冲击波峰压

Fig. 2　Calculation results of explosive underwater detonation shock wave peak pressure

利用能量相似原理通过爆热对爆源进行 TNT 当量换算会产生较大的计算误差，本文采取由实际爆炸输出来确定 TNT 当量的方法，即在同样的径向距离处得到相同爆炸峰压 （或正压冲量） 时 TNT 药量与爆炸物药量的比值[9]。公式（4）为冲击波超压一般表达形式，利用其对 1kg TNT 和乳化炸药水下爆炸冲击波峰压数值计算结果进行拟合，分别得出式（5）和式（6）的冲击波峰压公式。图 3 （a） 为 TNT 冲击波峰压拟合公式与经验公式和数值计算结果对比曲线，拟合公式与经验公式吻合较好且能够准确描述数值计算结果。乳化炸药水下爆炸冲击波峰压拟合公式如图 3 （b） 所示。

$$\Delta p = \frac{A_1}{\bar{r}} + \frac{A_2}{\bar{r}^2} + \frac{A_3}{\bar{r}^3} \tag{4}$$

式中，Δp 为水下爆炸冲击波峰压；A_1、A_2、A_3 为待定拟合系数。

$$\Delta p_{\text{TNT}} = \frac{35.275}{\bar{r}_{\text{TNT}}} + \frac{19.585}{\bar{r}_{\text{TNT}}^2} - \frac{1.4675}{\bar{r}_{\text{TNT}}^3} \tag{5}$$

$$\Delta p_{\text{EE}} = \frac{31.1022}{\bar{r}_{\text{EE}}} + \frac{12.575}{\bar{r}_{\text{EE}}^2} - \frac{0.3116}{\bar{r}_{\text{EE}}^3} \tag{6}$$

式中, Δp_{TNT}、Δp_{EE} 分别为 TNT 和乳化炸药的冲击波峰压; $\bar{r}_{TNT}$、$\bar{r}_{EE}$ 分别为 TNT 和乳化炸药的比例距离。

$$W = \frac{m_{TNT}}{m_{EE}} = \left(\frac{\bar{r}_{EE}}{\bar{r}_{TNT}}\right)^3 \tag{7}$$

式中, W 为 TNT 当量系数; m_{TNT}、m_{EE} 分别为 TNT 和乳化炸药的药量。

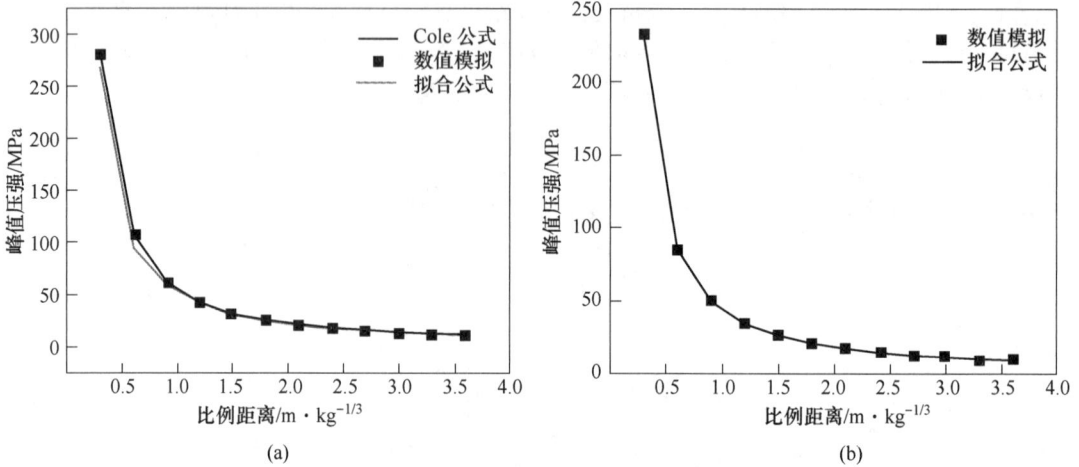

(a)　　　　　　　　　　　　　(b)

图 3　炸药水下爆炸冲击波峰压拟合曲线

(a) TNT 冲击波峰压拟合曲线; (b) 乳化炸药冲击波峰压拟合曲线

Fig. 3　Fitting formula for explosive underwater explosion shock wave peak pressure

根据拟合公式 (5) 和式 (6) 可计算出同一峰压时 TNT 和乳化炸药的比例距离, 进而代入式 (7) 可计算出不同比例距离时乳化炸药水下爆炸 TNT 当量系数。图 4 为乳化炸药水下爆炸 TNT 当量系数曲线, 可以看出 TNT 当量随比例距离变化发生变化, 在比例距离 $0.3 \leqslant \bar{r} \leqslant 3.6$ 范围内 TNT 当量系数介于 $0.617 \sim 0.663$ 之间。取其平均值 0.635 作为该比例距离范围内 TNT 当量系数。

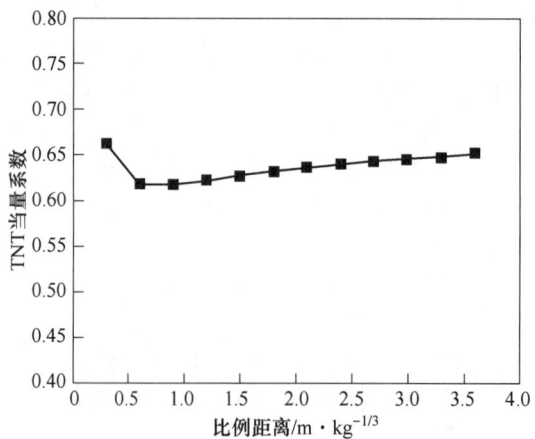

图 4　乳化炸药 TNT 当量系数曲线

Fig. 4　Curve of TNT equivalent factor of emulsified explosives

3.2　TNT 当量系数适用性验证

通过对 1kg TNT 和乳化炸药水下爆炸冲击波峰压进行数值计算获得一定比例距离范围内 TNT 当量系数，需对其适用性进行验证。利用上述有限元模型分别对药量为 0.5kg、1kg、5kg 和 10kg 的乳化炸药水下爆炸冲击波峰压进行数值计算，并将其与 TNT 当量系数为 0.635 的水下爆炸经验公式及数值模拟结果进行对比，结果如图 5 所示。

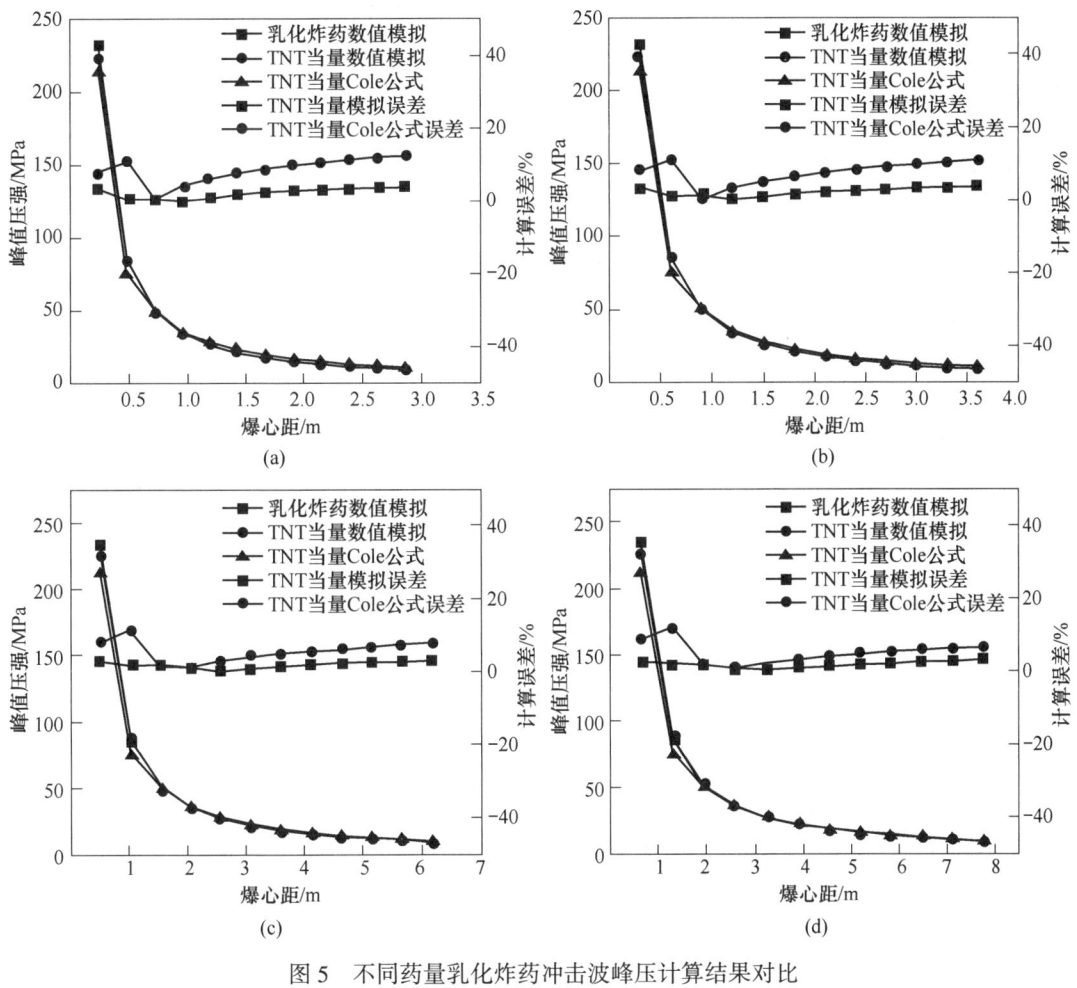

图 5　不同药量乳化炸药冲击波峰压计算结果对比
(a) 0.5kg；(b) 1kg；(c) 5kg；(d) 10kg

Fig. 5　Comparison of shock wave peak pressure calculations for different masses of emulsified explosives

在 5~60 倍装药半径范围内，每隔 $5R_0$ 设置一个监测点，不同药量乳化炸药数值计算结果与采用 0.635 的 TNT 当量系数经验公式计算结果和数值模拟结果吻合较好。乳化炸药数值模拟与 TNT 当量数值模拟之间计算误差小于 5%，与 TNT 当量经验公式之间计算误差小于 13%，Cole 经验公式计算值与数值模拟结果之间的误差受炸药药量的影响随着炸药药量的增加计算误差逐渐减小，这是由于 Cole 经验公式主要依据大药量实验数据，当药量过小时使用 Cole 公式会对准确性造成一定影响，误差最大值出现在 $10R_0$ 处，这是由于经验公式是两个分段不连续的函数，选择不同的分段函数计算临近分段处的冲击波峰压对计算误差有很大影响。还可以看出，在相同 R/R_0 处、相同计算方式不同药量的冲击波峰压基本一致。计算结果表明采用 0.635 的 TNT 当量系数描述不同药量乳化炸药水下爆炸载荷输出具有稳定性和适用性。

4 结论

本文基于 AUTODYN 有限元软件，对 TNT 和乳化炸药水下爆炸过程进行了数值计算，得到如下结论：

（1）AUTODYN 有限元软件能够较为精确的计算炸药水下爆炸冲击波峰压，在比例距离 $0.3 \leqslant \bar{r} \leqslant 3.6$ 范围内计算结果与经验值误差小于 12%，数值模拟过程中由于计算误差累积，距爆心距离增加数值模拟结果逐渐低于经验值，计算误差呈现先减小后增大的趋势。

（2）乳化炸药水下爆炸 TNT 当量系数为 0.635，通过对不同药量乳化炸药水下爆炸冲击波峰压数值计算，证明利用 TNT 当量描述乳化炸药水下爆炸特性是可行的且对于不同药量乳化炸药具有适用性。

参 考 文 献

[1] 乔小玲，胡毅亭，彭金华，等. 岩石型乳化炸药的 TNT 当量 [J]. 爆破器材，1998 (6)：5-8.

[2] 范俊余，方秦，张亚栋，等. 岩石乳化炸药 TNT 当量系数的试验研究 [J]. 兵工学报，2011，32 (10)：1243-1249.

[3] 刘玲，袁俊明，刘玉存，等. 自制炸药的冲击波超压测试及 TNT 当量估算 [J]. 火炸药学报，2015，38 (2)：50-53.

[4] 夏曼曼，吴红波，徐飞扬，等. 乳化炸药空中爆炸冲击波衰减规律的研究 [J]. 爆破器材，2017，46 (4)：21-24.

[5] 郑欣颖，李海涛，张弛，等. 乳化炸药水下爆炸载荷输出特性实验研究 [J]. 高压物理学报，2022，36 (4)：182-190.

[6] 宋锦泉. 乳化炸药爆轰特性研究 [D]. 北京：北京科技大学，2000.

[7] 胡亮亮，黄瑞源，李世超，等. 水下爆炸冲击波数值仿真研究 [J]. 高压物理学报，2020，34 (1)：100-112.

[8] 李晓杰，张程娇，闫鸿浩，等. 水下爆炸冲击波的数值研究 [C]. 中国广东广州，2012.

[9] Tang Mingjun, Peng Jianhua. A new conception on TNT equivalence [C] //Proceeding of China-Japan Seminar on Energetic Materials. Nanjing：Nanjing University of Science and Technology, The University of Tokyo, 1996：139-148.

火灾条件下乳化炸药安全性的数值分析

张 奇[1,2] 于建波[1]

（1. 北京理工大学爆炸科学与技术国家重点实验室，北京 100081；

2. 江汉大学省部共建精细爆破国家重点实验室，武汉 430056）

摘 要：乳化炸药生产、储存、运输过程的安全性至关重要，特别是火灾条件下乳化炸药的安全性是应急救援的基础。本文建立了火灾条件下乳化炸药爆炸危险性的数值模型，通过火灾流体动力学及乳化炸药化学反应动力学数值模拟研究，得到火灾条件下乳化炸药爆炸危险的演化规律。研究表明，火灾温度为2000K时，从火灾发生初期到乳化炸药爆炸的时间间隔仅需要8.3s；火灾温度为673K时，4600s时乳化炸药发生爆炸；火灾温度为1600K时，乳化炸药温升至750K时发生爆炸；火灾温度为673K时，乳化炸药发生爆炸时近火端外壁面温度为586K；火灾温度为600K时，乳化炸药壳体壁面温度为522K，乳化炸药不发生爆炸。

关键词：乳化炸药；火灾；安全性；数值模拟

Numerical Study on Safety State of Emulsion Explosive in Fire

Zhang Qi[1,2] Yu Jianbo[1]

（1. State Key Laboratory of Explosion Science and Technology, Beijing Institute of Technology, Beijing 100081; 2. Hubei Key Laboratory of Blasting Engineering, Jianghan University, Wuhan 430056）

Abstract：The safety in production, storage and transportation process of emulsion explosive is an important topic. Temperature response characteristic of emulsion explosive under fire conditions is the basis of emergency measure. In this study, a numerical model of explosion risk of emulsion explosive under fire conditions is established, and the evolution law of explosion risk of emulsified explosive under fire conditions is studied through numerical simulation of fluid dynamics and chemical reaction dynamics of emulsion explosive. The results show that when the fire temperature is 2000K, the time interval from the initial stage of fire to initiation of emulsion explosive is only 8.3s. When the fire temperature is 673K, the emulsion explosive is initiated at 4600s. When the fire temperature is 1600K, the emulsion explosive is initiated when the temperature rises to 750K. When the fire temperature is 673K, the temperature of outer wall covering the emulsion explosive charge facing the fire is 586K. When the fire temperature is 600K, the temperature on shell wall of the emulsion explosive charge is 522K, and the

基金项目：江汉大学省部共建精细爆破国家重点实验室、江汉大学爆破工程湖北省重点实验室联合开放基金资助（PBSKL2022A02）。

作者信息：张奇，教授，qzhang@bit.edu.cn。

emulsion explosive is not initiated.

Keywords：emulsion explosive；fire；safety；numerical simulation

1　引言

乳化炸药是目前常用的工业炸药，但乳化炸药意外爆炸事故时有发生。2008 年 6 月 13 日，吕梁市孝义市某公司井下 1 号炸药存放点爆炸高温产物引发 2 号存放点炸药爆炸。2009 年 7 月 18 日，湘潭市某公司炸药仓库连续发生爆炸，引发山火、山火又引发其他爆炸品爆炸。2020 年 7 月 24 日，青海某公司乳化炸药库发生火灾，由于处置合理、火灾未造成较大影响。2021 年 1 月 10 日，栖霞市某金矿气割作业产生的高温熔渣引起纸箱等可燃物燃烧，导致硐室内的导爆管雷管、导爆索和乳化炸药爆炸。2021 年 1 月 23 日，印度发生乳化炸药爆炸事故。

乳化炸药生产、储存、运输过程的安全性至关重要[1-2]，特别是火灾条件下乳化炸药的安全性是应急救援的基础。火灾条件下乳化炸药能否发生爆炸与火灾温度及其持续时间、乳化炸药与火区的相对位置等因素有关，目前相关研究较少。由于乳化炸药应用范围广、危险性大，因此做好消防救援预案是乳化炸药生产、使用、储存和运输安全的重要举措，利用火灾条件下乳化炸药的爆炸危险性分析，建立火灾条件下乳化炸药的爆炸危险性研判模型是急需解决的重要课题。

与烤燃实验[3-6]不同，火灾条件下乳化炸药爆炸危险性实验难度较大，火灾需要考虑热辐射、热对流和热传导。火灾条件下乳化炸药爆炸危险性与火灾强度、炸药存放位置等因素有关，本文建立火灾条件下乳化炸药爆炸危险性的数值模型，通过流体动力学数值模拟，研究火灾条件下乳化炸药爆炸危险的演化规律。数值模拟可以考查堆积状态、气候与环境、火灾及应急，这是实验无法比拟的。

2　计算模型

数值模拟基于有限体积法求解 Navier-Stokes 偏微分方程。

$$\frac{\partial \rho}{\partial t} + \frac{\partial}{\partial x_i}(\rho \boldsymbol{u}_i) = S_m \tag{1}$$

式中，ρ 为密度；t 为时间；x_i 为空间坐标在 i 方向上的分量；$\boldsymbol{u}_i$ 为速度矢量在 i 方向上的分量；S_m 为源项。

$$\frac{\partial}{\partial t}(\rho u_i) + \frac{\partial}{\partial x_i}(\rho u_i u_j) = -\frac{\partial p}{\partial x_i} + \frac{\partial \tau_{ij}}{\partial x_i} + \rho g_i + F_i \tag{2}$$

式中，p 为静压；τ_{ij} 为应力张量；g_i 和 F_i 分别为 i 方向上的重力体积力和外部体积力。

$$\tau_{ij} = \mu \left(\frac{\partial u_i}{\partial x_j} + \frac{\partial u_i}{\partial x_i} \right) + \lambda \mu \frac{\partial u_i}{\partial x_i} p_{ij} \tag{3}$$

式中，μ 为动力黏度；λ 为第二黏度。

$$\frac{\partial(\rho E)}{\partial t} + \frac{\partial[u_i(\rho E + p)]}{\partial x_i} = \frac{\partial \left[k_{\text{eff}} \frac{\partial T}{\partial x_i} - \sum_{j'} h_j \vec{J}_{j'} + u_j(\tau_{ij})_{\text{eff}} \right]}{\partial x_i} + S_h \tag{4}$$

式中，k_{eff} 为有效导热系数，$k_{\text{eff}} = k + k_t$（湍流导热系数与层流导热系数之和）；k 为导热系数，是温度的多项式，k 取 $0.01006T+5.413\mathrm{e}{-5}T^2$；$k_t$ 为湍流导热系数，$k_t = c_p \mu_t / Pr_t$（其中，Pr_t 为湍流 Prandtl 数）；c_p 为比热容；$\vec{J}_{j'}$ 为物质 j' 的通量；E 为流体微团总能。

流体微团总能的表达式为：

$$E = h - \frac{p}{\rho} + \frac{u_i^2}{2} \tag{5}$$

显焓为：

$$h = \sum_{j'} Y_{j'} h_{j'} \tag{6}$$

式中，$Y_{j'}$ 为组分 j 的质量分数；组分 j 的焓定义为 $h_j = \int_{T_{ref}}^{T} c_{p,j'} \mathrm{d}T$（其中，$T_{ref} = 298.15\mathrm{K}$）；$c_{p,j'}$ 为组分 j' 的定压比热容。

方程式（4）包含了由于化学反应而产生的能量源项：

$$S_h = - \sum_{j'} \frac{h_{j'}^0}{M_{w,j'}} R_{j'} \tag{7}$$

式中，$M_{w,j'}$ 为第 j' 种物质的分子量；$h_{j'}^0$ 为组分 j' 的生成焓；$R_{j'}$ 为组分 j' 的体积生成速度。

湍流模型采用标准 k-ε 模型。燃烧采用有限速率/涡耗散模型，对 Arrhenius 反应速率 R_A 和湍流混合速率 R_E 进行计算，并取两者中的较小值作为计算反应速率：

$$R = \min\{R_A, R_E\} \tag{8}$$

层流化学反应速率 R_A 为：

$$R_A = Y_{fu} Y_{O_2} \rho^2 A_{fu} \exp\left(\frac{-E}{RT}\right) \tag{9}$$

式中，Y_{fu} 为燃料质量分数；Y_{O_2} 为氧气质量分数；A_{fu} 为指前因子；E 为活化能；R 为普适气体常数。

辐射热流在位置 $\vec{r}$ 处沿着 $\vec{S}$ 的辐射传递方程（RTE）为：

$$\frac{\mathrm{d}I(\vec{r}, \vec{s})}{\mathrm{d}s} + (a + \sigma_s)I(\vec{r}, \vec{S}) = an^2 \frac{\sigma T^4}{\pi} + \frac{\sigma_s}{4\pi} \int_0^{4\pi} I(\vec{r}, \vec{s}) \Phi(\vec{s}, \vec{s}) \mathrm{d}\Omega \tag{10}$$

式中，$\vec{r}$ 为位置向量；$\vec{s}$ 为方向向量；$\vec{s}$ 为散射方向向量；s 为沿程长度（行程长度）；a 为吸收系数；n 为折射指数；σ_s 为散射系数；σ 为斯蒂芬-玻耳兹曼常数，$\sigma = 5.672 \times 10^{-8} \mathrm{W/(m^2 \cdot K^4)}$；$I$ 为辐射强度，取决于位置（$\vec{r}$）与方向（$\vec{s}$）；T 为当地温度；Φ 为凝聚相的散射相函数；Ω 为空间立体角。

火灾条件下乳化炸药升温直至爆炸过程受火焰热辐射及热对流作用，火焰热辐射及热对流表示为：

$$q = q_{rad} + q_{conv} \tag{11}$$

$$q_{rad} = \sigma AF(\varepsilon_f T_f^4 - \varepsilon_s T_s^4) \tag{12}$$

$$q_{conv} = h_f A(T_f - T_s) \tag{13}$$

式中，q 为传入乳化炸药总热量；q_{rad} 为辐射传热量；q_{conv} 为对流传热；σ 取 $5.76 \times 10^{-8} \mathrm{W/(m^2 \cdot K^4)}$；$A$ 为传热面积；F 为视角系数，$F = 1$；ε_f 为火焰辐射率；ε_s 为壁面辐射率，$\varepsilon_s = 0.9$；h_f 为对流换热系数，$h_f = 56\mathrm{W/(m^2 \cdot K)}$。

乳化炸药主要成分为硝酸铵，发生分解反应过程通过下式表达：

$$8NH_4NO_3 \longrightarrow 2NO_2 + 5N_2 + 4NO + 16H_2O \tag{14}$$

乳化炸药化学反应遵循 Arrhenius 定律，反应动力学参数见表 1。

表 1　乳化炸药化学反应动力学参数
Tab. 1　Chemical reaction kinetics parameters of emulsion explosive

$Q/\mathrm{kJ \cdot kg^{-1}}$	$\ln A/\mathrm{s^{-1}}$	$E/\mathrm{kJ \cdot mol^{-1}}$
2745.62	36.13	150.28

3　数值方法实验验证

图 1 是文献 [7] 中实验装置，该装置主要由外部铁桶、高温细沙、防爆罐、乳化炸药样品及耐高温热电偶组成。乳化炸药样品化学组分质量分数分别为：0.7 硝酸铵、0.1 硝酸钠、0.1 油相和 0.1 水。防爆罐的厚度为 2mm。实验装置内将细沙加热，当温度达到 468K 后，罐内放入乳化炸药样品，热电偶实时监测乳化炸药温度。图 2 为模拟和试验乳化炸药的温度响应，试验与模拟爆炸延迟时间相对误差小于 1%。

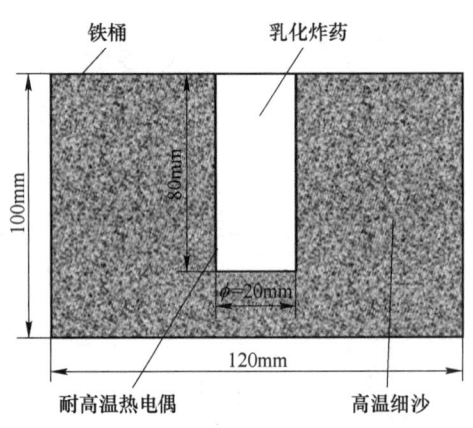

图 1　乳化炸药烤燃实验装置
Fig. 1　Cook-off test device for emulsion explosive

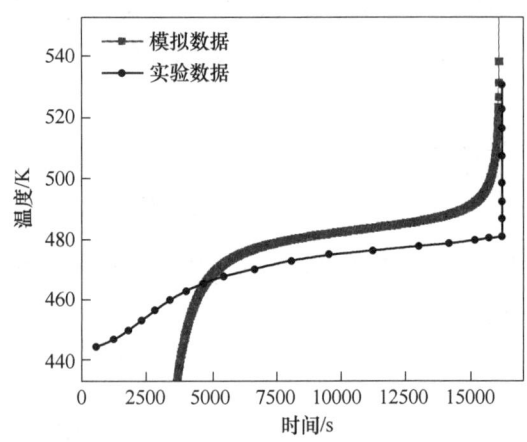

图 2　乳化炸药温度响应模拟与实验比较
Fig. 2　Comparison between simulated and experimental temperature response of emulsion explosive

4　乳化炸药爆炸危险性分析

数值计算模型如图 3 所示，研究中的乳化炸药装置的尺寸和物理参数与上述实验装置相同，乳化炸药尺寸为 ϕ100mm×200mm、壳体厚度为 2mm、装置与火焰面的距离为 200mm。乳化炸药组分质量分数为 0.7 硝酸铵、0.2 硝酸钠和 0.1 油相。为便于表述，将池火表面温度定义为火焰温度，将乳化炸药爆炸临界温度定义为爆炸瞬时温度，将朝向火焰方向的壳体外部温度定义为壁面温度。数值模拟中所用材料参数见表 2。

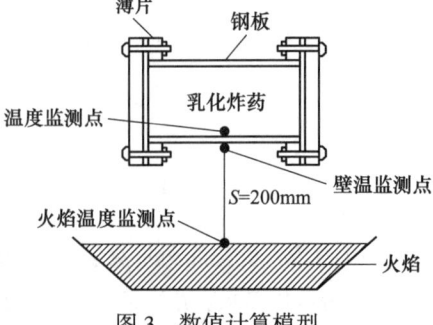

图 3　数值计算模型
Fig. 3　Numerical model for temperature response of emulsion explosive in fire

表2 相关材料物理性质
Tab. 2 Physical properties of the examined materials

材　料	密度/kg·m⁻³	热容/J·(kg·K)⁻¹	热传导系数/W·(m·K)⁻¹
钢	8030	502	0.3
火焰	1.225	1006.43	0.024
NH_4NO_3	1720	1740	0.1
$NANO_3$	2260	1093	0.13

本文通过调节燃料反应参数来模拟火灾（火焰）温度，火灾（火焰）温度分别为473K、573K、600K、673K、800K、1000K、1200K、1400K、1600K、1800K及2000K。

数值模拟得到火灾条件下乳化炸药温度响应过程，当火灾温度大于1200K时，乳化炸药爆炸主要来源于热辐射的诱导；当火灾温度小于1200K时，乳化炸药爆炸受到热辐射、热对流和热传导共同影响。

4.1　火灾条件下乳化炸药的爆炸过程

800K火灾温度90s时壳体外壁温度达到500K，装置内乳化炸药温升20K，在330s开始发生热分解反应，乳化炸药内部温度逐渐高于外壁面温度，350s时，乳化炸药内部温度突然升高、发生爆炸。

4.2　火灾温度对爆炸延迟时间的影响

图4为火灾条件下乳化炸药响应温度随时间的变化。当火灾温度为2000K时，乳化炸药发生爆炸的时间为8.3s，乳化炸药从300K初始温度迅速上升至610K并发生爆炸。当火灾温度为673K时，3000s时间内乳化炸药温度升高缓慢，3000s后温度缓慢升高直至4600s时发生爆炸。

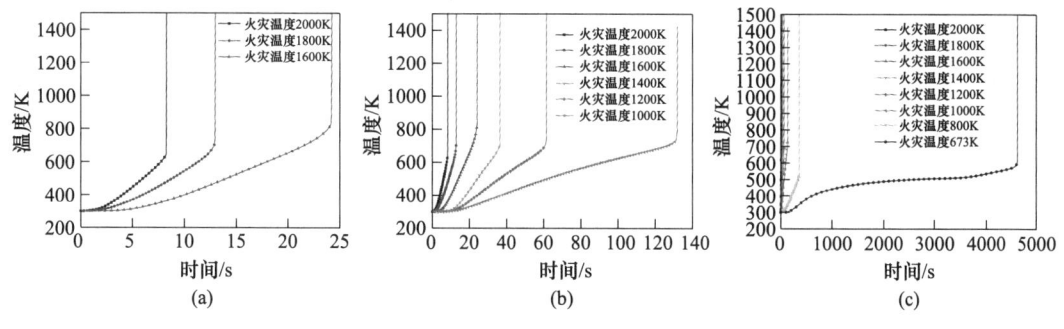

图4　火灾条件下乳化炸药温度响应
（a）1600~2000K；（b）1000~2000K；（c）673~2000K
Fig. 4　Temperature response of emulsion explosive under fire conditions

4.3　火灾温度对乳化炸药着火点的影响

火灾条件下乳化炸药发生爆炸时的位置定义为着火点。火灾温度为2000~1200K时，乳化炸药装置两角处温度率先到达爆炸临界点并发生爆炸。当火灾温度小于1200K时，着火点发生在近火端中部。随着火灾温度进一步降低，着火点趋向乳化炸药装药中心。

4.4 火灾温度对爆炸瞬时温度的影响

图 5 为火灾条件下乳化炸药发生爆炸的瞬时温度和着火延迟时间。由图中可以看出，当火灾温度为 673K 时，爆炸瞬时温度为 635K；当火灾温度达到 1600K 时，爆炸瞬时温度达到 750K；火灾温度为 2000K 时，爆炸瞬时温度为 630K。随着火灾温度的增大，着火延迟时间逐渐降低。

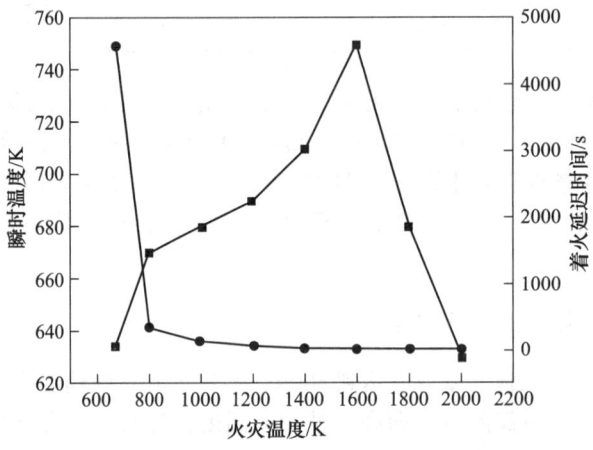

图 5 火灾条件下乳化炸药爆炸瞬时温度和着火延迟时间

Fig. 5 Instantaneous explosion temperature and ignition delay time of emulsion explosive under fire conditions

4.5 火灾温度与乳化炸药装置外壁面温度

火灾条件下，乳化炸药爆炸瞬时装置近火端外壁面温度定义为外壁面温度。当火灾温度为 673K 时，乳化炸药爆炸瞬时外壁面温度为 586K；当火灾温度为 600K 时，外壁面温度为 522K。因此，522K 为火灾条件下乳化炸药的安全温度。

根据数值模拟，如果不考虑乳化装药爆炸，火灾持续作用下乳化炸药装置外壁面温度和所能达到的最高温度见表 3 和表 4。

表 3 乳化炸药爆炸瞬时壳体外壁面温度

Tab. 3 Temperature on the outer wall covering emulsion explosive at initiation moment

火灾温度/K	爆炸发生时壳体温度/K
2000	1349
1800	1219
1600	1082
1400	954
1200	850
1000	789
800	644
673	586

表 4　火灾条件下乳化炸药装置外壁面所能达到的最高温度
Tab. 4　Highest temperature that can be reached on the outer wall covering the emulsion
explosive under fire conditions

火灾温度/K	外壁能达到的最高温度/K
2000	1737
1800	1556
1600	1384
1400	1209
1200	1038
1000	952
800	693
673	585
600	522
573	502
473	450

5　结论

（1）利用建立的火灾条件下乳化炸药爆炸危险性数值模型，研究火灾热辐射、热传导和热对流能量传输过程，是火灾条件下乳化炸药爆炸危险性研判的重要途径。

（2）着火延迟时间随着火灾温度的降低而增加。当火灾温度为 2000K 时，从火灾发生初期到乳化炸药爆炸的时间间隔仅需要 8.3s，炸药从 300K 的初始温度迅速上升至 610K 并发生爆炸；当火灾温度下降至 673K 时，乳化炸药的升温速率变得缓慢，在前 1500s 时间内，乳化炸药内部温度的升高呈现逐渐放缓的趋势，直至 4600s 时才发生爆炸。

（3）不同火灾温度下乳化炸药发生爆炸时的着火点位置不同。当火灾温度为 2000～1200K 之间时，乳化炸药的着火点位于方形装置近火端两边角处；当火灾温度小于 1200K 时，着火点转移至炸药近火端中部，随着火灾温度进一步降低，着火点向乳化炸药中心点转移。

（4）乳化炸药爆炸瞬时温度随着火灾温度的增加而增加，并在火灾温度为 1600K 时达到最大值 750K，火灾温度进一步增加后，初始爆炸温度逐渐降低。

（5）乳化炸药装置近火端外壁面温度随着火灾温度的降低而降低。当火灾温度下降至 673K 时，乳化炸药爆炸时刻近火端外壁面温度为 586K；当火灾温度下降至 600K，乳化炸药无法发生爆炸，此时对应的最高壁面温度为 522K，可认为该壁面温度为乳化炸药的安全温度，在该温度以下，乳化炸药无爆炸危险性。

参 考 文 献

[1] 宋锦泉，汪旭光，段宝福. 粉状乳化炸药燃烧转爆轰实验研究与数值模拟 [J]. 爆破器材，2016，35（6）：1-6.

[2] 王文斌，高娜娜，杨祖一，等. 乳化器内乳胶基质热爆炸条件探讨 [J]. 矿业研究与开发，2015，35（3）：23-26.

[3] Han Z, Sachdeva S, Papadaki M, et al. Ammonium nitrate thermal decomposition with additives [J]. J. Loss Prev. Process Ind., 2015, 35（5）：307-315.

[4] Li W, Yu Y, Ye R. Effects of charge size on slow cook-off characteristics of AP/HTPB composite propellant in base bleed unit [J]. Propellants, Explos., Pyrotech., 2018, 43 (4): 404-412.

[5] Yang H, Yu Y, Ye R, et al. Cook-off test and numerical simulation of AP/HTPB composite solid propellant [J]. J. Loss Prev. Process., 2016, 40: 1-9.

[6] Kou Y, Chen L, Lu J, et al. Assessing the thermal safety of solid propellant charges based on slow cook-off tests and numerical simulations [J]. Combust. Flame., 2021, 228: 154-162.

[7] 方琦. 评价民用炸药耐热性的实验方法 [D]. 淮南: 安徽理工大学, 2020.

生物质燃料非稳态爆轰与破岩技术研究

沈兆武[1]　何　泽[1]　马宏昊[1,2]　王鲁庆[1]　陈子俊[1]

（1. 中国科学技术大学中国科学院材料力学行为和设计重点实验室，合肥　230027；
2. 中国科学技术大学火灾科学国家重点实验室，合肥　230026）

摘　要：随着"双碳"目标和绿色矿山战略的提出，工业炸药自身危险性高、环境污染严重等问题逐渐凸显，从国家需要和行业发展角度都需要研发一种安全、高效、经济、环保的非炸药爆破技术。生物质燃料包括农作物秸秆、木粉、再生棉纤维、地沟油、废金属塑料粉等，具有能量高、价格低廉、产物无污染等优点，是潜在的爆破原材料。本文通过强约束高初压方式实现生物质燃料能量释放速度调控，达到工程爆破目的。论文建立了气固两相高压爆轰理论模型和爆轰参数计算方法，开展了实验测试和现场爆破试验，验证了生物质燃料非稳态爆轰破岩的可行性，发现了生物质燃料具有爆轰局部非稳态与体系可稳定爆轰的特点，爆速达到 2400m/s；猛度实验表明，同质量生物质燃料爆炸破岩装置爆炸威力优于普通工业炸药。

关键词：生物质燃料；气固两相爆轰；非炸药爆破

Study of Unsteady Detonation and Rock Breaking Technology of Biomass Fuel

Shen Zhaowu[1]　He Ze[1]　Ma Honghao[1,2]　Wang Luqing[1]　Chen Zijun[1]

（1. CAS Key Laboratory of Mechanical Behavior and Design of Materials, Department of Modern Mechanics, University of Science and Technology of China, Hefei 230027;
2. State Key Laboratory of Fire Science, University of Science and Technology of China, Hefei 230026）

Abstract: With the proposal of double carbon policy and the green mining construction, the problems of high risk and serious environmental pollution of industrial explosives have gradually become prominent. So it is necessary to develop a safe, efficient, economical and environmentally friendly non-explosive blasting technology from the perspective of national needs and industry development. Biomass fuels, including crop straw, wood flour, recycled cotton fiber, gutter oil, waste powder of metal and plastic, have the advantages of high energy, low price and non-polluting products, so they are excellent blasting raw materials. This paper realizes the rapid energy release of biomass fuels by elevated pressure and

基金项目：国家自然科学基金（12272374，12002339）；中国科学技术大学学生创新创业和成果转化行动计划"学生创新创业基金"（CY2022G38）。

作者信息：沈兆武，教授，zwshen@ustc.edu.cn。

closed method, and achieve the purpose of engineering blasting. The theoretical model of gas-solid two-phase detonation in elevated pressure has been established and calculated the parameters of detonation, the results are consistent with the experimental detonation velocity. The feasibility of unsteady state rock blasting by biomass fuel is verified by experiments and field blasting tests. Local unsteady state does not affect the stable detonation transmission of elevated pressure system, the detonation velocity can reach 2400m/s. The intensity test shows that the explosive power of the same mass biomass fuel explosive rock breaking device is better than that of ordinary industrial explosives.

Keywords: biomass fuels; gas-solid two-phase detonation; non-explosive blasting

1　引言

炸药作为工程爆破中广泛应用的物质，在城市建设和矿山开采等许多领域都有着广泛应用。工业炸药爆破产生大量含氮化合物，对空气、土壤尤其是地下水污染严重[1]。I. Oluwoye 等人[2]在总结全球氮氧化物产生途径时指出，每吨硝铵炸药会生成约 5kg 含氮氧化物，爆后瞬间形成极高浓度氮氧化物，达到国际允许值的 3000 倍，这与国家"双碳"目标及绿色矿山战略相悖。绿色爆破技术是爆破行业未来发展的必然趋势，国内也有很多学者提出了爆破技术绿色化的方案，主要以控制为主[3-4]。非炸药爆破技术作为绿色爆破的重要组成部分，现有技术大致可分为机械破岩[5]、物化做功破岩[6]和电气设备类破岩[7]三类，主要采用物理做功方式，但存在功率较低，难以处理高强度岩石等问题。

秸秆、木粉等生物质燃料及再生棉纤维、地沟油、废金属粉、塑料粉或纤维等许多高能废弃物的高效利用，也是践行双碳政策的重要举措。生物质燃料理论热值可达到工业炸药的 3 倍，反应生成大量气体，具有实现爆破加载的基础；同时还具有状态稳定、价格低廉、产物无污染等优点，是优秀的非炸药破岩原材料。但一般条件生物质燃料能量释放方式为燃烧，能量释放缓慢。如何调控生物质燃料能量释放速率以达到爆破破岩的要求，这是生物质燃料破岩技术的关键。

为生物质燃料提供高压氧气环境是一种可行的方式。F. Zhang 等人[8-9]在对玉米淀粉的研究中认为，生物质燃料挥发性高，燃烧产物主要为气态，在爆轰时反应主要受动力学控制。这意味着爆轰时生物质燃料的反应速率与压力及温度呈正相关[9]。高压密闭环境下强点火可使生物质燃料-氧气体系快速转变为爆轰，实现能量的快速释放，达到工程爆破的目的。黄宇等人[10]也以此种方式实现了金属铝纤维混合燃料的破岩。

2　生物质燃料爆炸性能

2.1　装置设计及技术路线

综合考虑到经济效益及飞管等安全因素，设计如图 1 所示的薄壁破岩装置。生物质燃料破岩技术路线如下：

（1）根据爆破设计确定生物质燃料质量及氧气充压和破岩管直径及壁厚，确保薄壁管的抗拉强度强于初始充压。内部自然填充生物质燃料等高能量可燃物料，管道两端通过焊接等方式密封并预留点火头及充气管布置孔。

（2）在爆破现场将充气管和点火头等布置在薄壁管的预留孔上。通过螺纹、胶封等方式实现整个装置的密封。将破岩管放入炮孔内并填充炮泥，单向阀和点火线位于地表，此时整个装置处于预爆破状态。由于生物质燃料自身的高负氧特性在常压下不会发生爆炸，这意味着整个装置直到此时都是安全无危害的。

（3）通过单向阀向整个装置内充入高压氧气，点火形成爆轰，薄壁结构破碎生成大量气体并释放大量热，实现破岩。

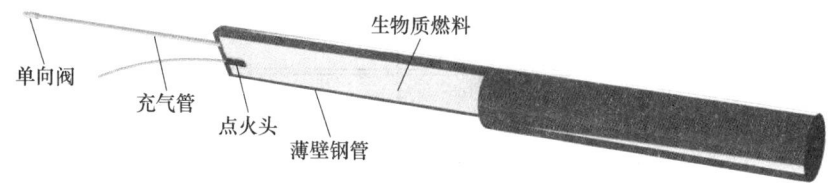

图 1　生物质燃料爆炸破岩管示意图

Fig. 1　Schematic of biomass fuel explosion rock breaking tube

综合来看，整个装置加工及操作简单，原材料具有价格低廉、来源广泛、能量高且产物无污染等优点，符合非炸药破岩安全、高效、经济、环保的要求。通过控制充压的多少从而控制体系的氧平衡和能量释放速率，进而控制爆破威力和爆破效果。同时由于生物质燃料自身分子结构的原因，与炸药破岩相比，生物质燃料破岩装置爆破产生应力波的加载速率更低，作用时间更长，峰值压力更低。不仅不会在爆破孔附近出现大量粉碎区，造成大量能量浪费并影响矿石开采，而且平缓的应力波加载会减少爆破振动，使得该破岩装置可应用于城市复杂环境的爆破拆除工程。

2.2　爆速实验及传爆性能

对于生物质燃料，由于颗粒本身的不均匀性，传爆过程中各处的填充密度不同，能量释放速率也不同，导致爆轰过程是非理想、非稳态的，且受多种因素影响[11]。故需要研究生物质燃料高压传爆性能。

采用内径 13mm、壁厚 1.5mm、长 4m 的薄壁铝管对生物质燃料高压传爆可行性验证。所用木粉颗粒的尺寸上限为 2mm（下同），填充密度约为 0.19g/cm³、充压 8MPa，雷管引爆。实验结果如图 2 所示。可以看到，4m 长铝管完全粉碎，实验证明了在较细管径下高压高密度生物质燃料-氧气体系形成爆轰并稳定传爆，验证了生物质燃料高压爆轰破岩传爆的可行性。

图 2　传爆性能试验

Fig. 2　Detonation transmission performance experiment

采用断通法和电探针法测量自然堆积密度下（0.14~0.15g/cm³）高压生物质燃料体系的爆轰速度示意图如图 3 所示。当爆轰波掠过电探针时，波后反应区的高温高压会把铜丝表面的漆熔掉，使两根铜丝接通，电探针从断路变为通路，回路中产生 1 个电信号，仪器记录时间，根据每 2 个探针之间的距离计算出爆轰波的速度（爆速）。

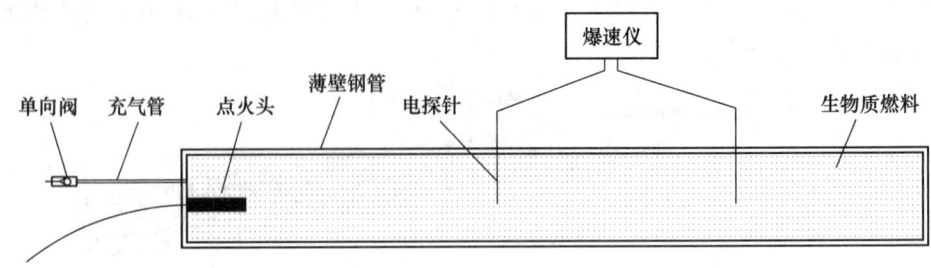

图 3　爆速管示意图

Fig. 3　Schematic of detonation velocity experiment

实验条件及结果见表 1，共 3 次实验，1 号实验存在 3 个测点。对比几组实验，根据管道破碎情况和管壁强度，可以确定在达到探针前管道内已形成稳态爆轰，爆速为 2300～2500m/s。这意味着木粉的不均匀性造成的非稳态爆轰，表现为同一发实验不同测点测得的爆速存在略微差别，但这种局部的非稳态爆轰并不影响爆轰的稳定传播，同时对爆速等爆轰参数的影响也很小。

表 1　生物质燃料爆炸破岩管爆速

Tab. 1　Detonation velocity biomass fuel explosion rock breaking tube

序号	管道内径/mm	木粉密度 /g·cm^{-3}	氧气充压 /MPa	测点距离 /cm	间隔距离 /μm	爆速 /m·s^{-1}
	13	0.15	7	50	219.5	2278
1	13	0.15	7	50	216.8	2306
	13	0.15	7	50	214.2	2334
2	30	0.15	7	50	209.7	2384
3	30	0.15	7	50	201.9	2476

2.3　铅柱压缩实验

铅柱压缩实验是测量炸药爆生气体做功能力的常用方法，能够简单直观地描述爆生气体的做功能力。不同于水下爆炸和空中爆炸测量冲击波，铅柱压缩法直接使炸药与铅柱贴合，通过铅柱的压缩量来评判炸药的做功能力，通常也把铅柱的压缩量称为炸药的猛度。

如图 4（a）所示，右侧高为 6cm、直径 4cm 的未压缩铅柱；左侧为 50g 乳化炸药猛度实验铅柱，压缩量约为 16.5mm；中间为生物质炸药猛度实验铅柱，爆炸容器长为 20cm、内径 44mm、壁厚 1.5mm 的圆柱型钢筒，装置体积约为 0.3L，内填木粉 50g，填充密度为 0.165g/cm^3、工业氧充压为 8MPa、氧系数约为 0.57，此时铅柱压缩量约为 15mm，略低于乳化炸药猛度，高于铵油炸药猛度。

如图 4（b）所示，中间为生物质炸药猛度实验铅柱，爆炸容器长为 18cm、内径 56mm、壁厚 1.5mm 的圆柱型钢筒，装置体积约为 0.44L，内填木粉 50g、填充密度为 0.113g/cm^3、工业氧充压为 8MPa、氧系数约为 0.75，此时铅柱压缩量约为 19.5mm，优于乳化炸药的猛度。两组实验氧系数均不到 1，氧气不足以使木粉完全反应。随着氧系数的增加，生物质燃料能量释放更多, 爆炸威力更大, 优于现有工业炸药的猛度。猛度试验同样验证了生物质燃料爆轰破岩爆破威力的可行性。

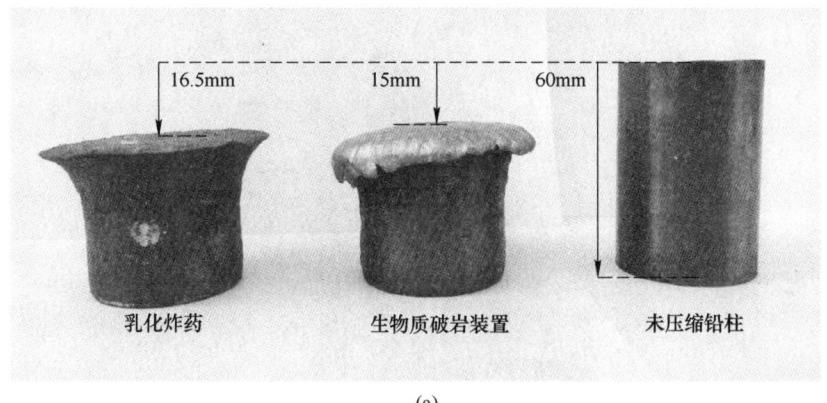

(a)

(b)

图 4　猛度实验结果
(a) 装置尺寸长 20cm、内径 44mm；(b) 装置尺寸长 18cm、内径 56mm
Fig. 4　The brisance factor of explosive

2.4　现场爆破实验

2.4.1　爆破设计

如图 5 所示, 爆破台阶左侧梯形部分为磁铁矿爆破试验区, 爆破岩石为闪长玢岩, 单排爆破, 总长约为 25m, 预设 8 个炮孔, 孔间距 a 为 2.5m。前排底盘抵抗线 ω_2 长约为 3m, 表层抵抗线 ω_1 长为 2.5m, 炮孔孔径为 14cm、孔深 H 为 5m。生物质燃料爆破装置共 6 根, 长 2m、内径 10cm、填塞深度 3m, 沿一侧依次填充, 单孔木粉质量约为 2.3kg, 总质量约为 14kg, 充压 7MPa, 此时管道内为负氧平衡, 并非最大威力爆破, 此时氧气与木粉总质量约为 22.4g。6 个孔同时起爆。

2.4.2　现场爆破效果

目前普遍认爆破破岩是由于应力波与爆轰气体压力的共同作用[12], 即爆破生成的应力波在炮孔周围形成一些初始裂缝, 随后生成的爆轰气体对裂缝进行扩展, 最终达到破碎的效果。

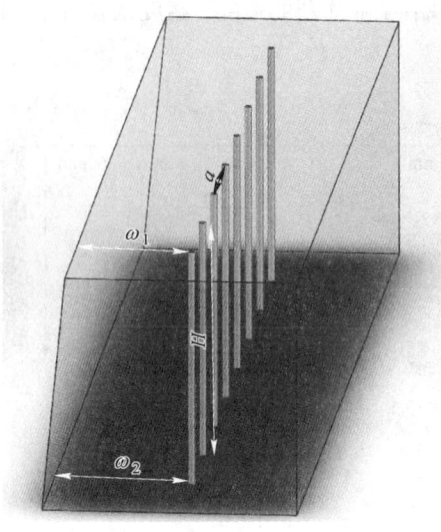

图 5　爆破设计示意图

Fig. 5　Schematic of blasting design

生物质破岩装置现场爆破效果如图 6 所示，6 根生物质破岩管全部引爆，无飞管。8 个孔间裂缝相互贯穿，整个作业面形成预裂缝，岩石未抛飞，爆破效果类似于松动爆破。同时爆破裂缝基本只沿预设爆破孔扩展，且扩展到未填充爆破装置的炮孔。这意味着爆轰产生的冲击波强度只在炮孔中心线方向因应力波叠加形成贯穿裂缝，随后由于气楔作用扩展，能量释放较平缓。爆破结果接近松动爆破，综合考虑木粉质量和爆破体积，同等质量生物质燃料爆破威力约为铵油炸药的 3~4 倍，高压固气体系（包括氧气）的爆破威力为铵油炸药的 2~2.5 倍。

(a)　　　　　　　　　　　　　　　　　　　(b)

图 6　爆破效果对比图

（a）爆破前；（b）爆破后

Fig. 6　Comparison of blasting effect

2.4.3 爆破振动监测及结果分析

为判断生物质破岩爆破对周边建筑的影响，对试验条件下爆破振动进行测试分析。表2为相同场地相同岩石条件下乳化炸药爆破振动测试数据。

表 2 爆破振动测试数据
Tab. 2 Test data of blasting vibration

序号	孔距/m	孔深/m	堵塞长度/m	单孔装药量/kg	爆心距/m	测试振动合速度/cm·s⁻¹
1	8	14	5.4	240	46.6	13.912
2	8	14	5.4	240	65.1	6.3691
3	8	14	5.4	240	88.3	3.8885
4	8	14	5.4	240	106.1	4.5344
5	8	14	5.4	240	135.0	2.3636
6	8	14	5.4	240	155.8	2.5066
7	8	14	5.4	240	185.4	1.7875

采用萨道夫斯基公式对爆破衰减进行回归分析：

$$v = K(Q^{1/3}/R)^\alpha \tag{1}$$

式中，v 为爆破振动速度，cm/s；Q 为最大单段药量，kg，对于延迟起爆一般指单孔装药量，而对于同时同步起爆一般指总装药量；R 为测点与爆源的距离，m；K 为介质系数，与介质和爆破条件因素有关；α 为衰减系数。

爆破振动衰减的拟合回归曲线如图7所示，截距为5.24，斜率为1.38，回归系数 r 为0.93。则乳化炸药在该爆破场所的爆破振动衰减公式为：

$$v = 44.57(Q^{1/3}/R)^{1.38} \tag{2}$$

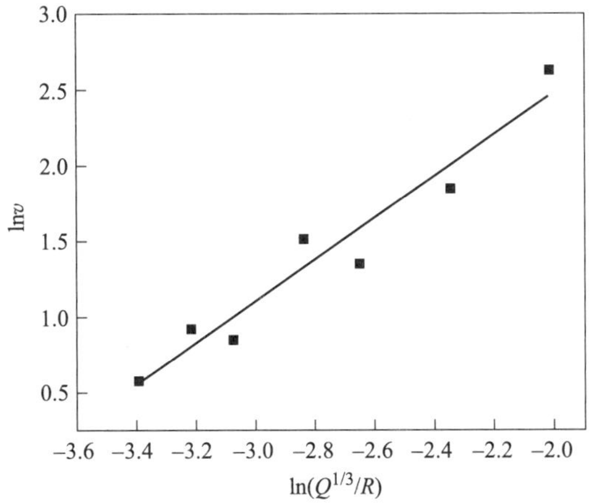

图7 爆破振动衰减回归曲线
Fig. 7 Blasting vibration attenuation curve

在生物质燃料爆破振动测量中布置两个测点，距爆心距离30m，振动合速度分别为1.665cm/s 和0.378cm/s。由于6根破岩管为同步起爆，计算中 Q 为总装药，计算得相同条件下乳化炸药的振动速度为 1.705cm/s。实验结果表明，生物质燃料爆破装置的爆破振动小于工业炸药，在减振方面具有更优异的性能。

3　生物质破岩简化爆轰模型及参数计算

气固两相爆轰有别于纯气体爆轰及凝聚态炸药爆轰。尤其是高密度条件下，存在自身颗粒的不均匀性影响不同区域固相填充密度不同；由于气固两相反应仅发生两相交界处，造成反应速率不一致；在反应区内颗粒尺寸引起的参与反应的固相占比不同等问题。实际情况下在整个传爆过程中，爆轰参量变化是不一致的，是随着传播过程而改变的，这在前文爆速测试实验中得到了验证。这意味着生物质炸药爆轰是非稳态的，包括 CJ 面上不同位置处的爆轰参数也可能不同，说明 CJ 面可能并不是一个平面。但在宏观上爆轰依然能保证稳定传播。本节将模型简化认为在诱导和反应区内气固两相能反应完全，不考虑颗粒大小和形状等影响造成的经过 CJ 面后气固两相反应物皆有剩余的情况，不考虑氧气过少时存在木粉不参与反应的情况。通过简化模型对生物质破岩装置的爆轰参数进行简单预测[13]。

以爆速实验条件为例，按照 $H_2O-CO-CO_2$ 规则，实验条件下木粉的爆炸方程式为：

$$C_{15}H_{22}O_{10} + 7O_2 \rightleftharpoons 13CO + 2C + 11H_2O + Q_v \tag{3}$$

由木粉的生成焓和各爆轰产物的生成热计算得理论爆热 Q_v 为 2779kJ/mol（7670kJ/kg）。按照 Kast 平均摩尔定容热容计算式，1mol 木粉爆轰产物确定产物的比定容热容与爆温 t（单位摄氏度）的关系为：

$$\sum \overline{c_{V_i}} = 504.74 + 0.1234t \tag{4}$$

进而计算得爆温为：

$$t = \frac{-a + \sqrt{a^2 + 4bQ_v}}{2b} \tag{5}$$

式中，a、b 分别为定容比热容与温升线性关系式中的截距和斜率，计算爆温 $T_2 = t+293 = 3183K$。

对于爆轰产物的局部等熵指数可近似按式（6）确定[14]：

$$\frac{1}{\gamma} = \sum \frac{x_i}{\gamma_i} \tag{6}$$

式中，x_i 为爆轰产物中第 i 种组分的摩尔分数；γ_i 为爆轰产物中第 i 种组分的局部等熵指数。

常见爆轰产物的局部等熵指数为 $\gamma_{CO_2} = 4.5$、$\gamma_{CO} = 2.85$、$\gamma_C = 3.55$，$\gamma_{H_2O} = 1.9$。

根据式（6）计算得爆轰产物的等熵指数 $\gamma = 2.38$。根据式（7）和式（8）计算得爆速 $v_d = 2330m/s$、爆压 $p_2 = 0.39GPa$。爆速的计算结果与实验条件下得到的爆速值相近，证明该爆轰参数计算的正确性及简化模型的可行性。

$$v_d = \frac{k+1}{k}\sqrt{kRT_2} \tag{7}$$

$$p_2 = \frac{\rho_0 v_d^2}{k+1} \tag{8}$$

4　结论

论文从国家需要和行业发展角度出发，设计了一种以生物质燃料为基的安全、高效、经济、环保的非炸药爆破技术。通过高压密闭方式实现生物质燃料能量的快速释放，达到工程爆破的目的。通过爆速实验和铅柱压缩猛度验证了该破岩技术的可行性。爆速实验显示该爆破技术传爆稳定，局部的非稳态并不影响高压体系稳定传爆，爆速可达 2300～2500m/s。猛度实验显示猛度优于普通工业炸药，且随氧系数的增加猛度有增加趋势；进行现场试验表明，该爆破技术可以实现岩石的致裂，致裂过程以爆轰气体产物作用为主，且造成的爆破振动较小；建立了气固两相高压爆轰简化模型并进行爆轰参数计算，计算的爆速结果与实验测试结果相近，可用于爆轰参数及爆破威力的简单预测。

参 考 文 献

[1] 熊峻巍，卢文波. 工程爆破氮污染影响评价与控制研究综述 [J]. 爆破，2019，36（4）：1-12，23.

[2] Oluwoye I, Dlugogorski B Z, Gore J, et al. Atmospheric emission of NO_x from mining explosives：A critical review [J]. Atmospheric Environment, 2017, 167: 81-96.

[3] 李昱捷，谭伟华，朱靖. 绿色矿山建设中的露天台阶爆破技术发展应用 [J]. 采矿技术，2023，23（1）：132-134.

[4] 李胜林，梁书锋，李晨，等. 露天矿山深孔台阶爆破技术的现状与发展趋势 [J]. 矿业科学学报，2021，6（5）：598-605.

[5] 刘海卫. 钻孔劈裂器破岩机理的数值模拟研究 [D]. 武汉：武汉理工大学，2007.

[6] 谢晓锋，李夕兵，李启月，等. 液态 CO_2 相变破岩技术述评研究 [J]. 铁道科学与工程学报，2018，15（6）：1406-1414.

[7] Wang P, Xu J, et al. Dynamic splitting tensile behaviors of red-sandstone subjected to repeated thermal shocks：Deterioration and micro-mechanism [J]. Engineering Geology, 2017 (223): 1-10.

[8] Zhang F, Gerrard K, Ripley R C. Reaction mechanism of aluminum-particle-air detonation [J]. Journal of propulsion and power, 2009, 25 (4): 845-858.

[9] Zhang F. Detonation in reactive solid particle-gas flow [J]. Journal of propulsion and power, 2006, 22 (6): 1289-1309.

[10] 黄宇，马宏昊，王林桂，等. 铝纤维混合燃料破岩激波管作用机理研究 [J]. 工程爆破，2020，26（2）：17-23.

[11] 严传俊，范玮. 燃烧学 [M]. 3 版. 西安：西北工业大学出版社，2016.

[12] Л. П. 奥尔连科，等. 爆炸物理学 [M]. 北京：科学出版社，2011.

[13] 杨小林，王树仁. 岩石爆破损伤断裂的细观机理 [J]. 爆炸与冲击，2000（3）：247-252.

[14] 金韶华，松全才. 炸药理论 [M]. 西安：西北工业大学出版社，2010.

井下专用乳化基质黏弹性分析

孙伟博　杨　健　王　燕　高雪峰

（西安科技大学能源学院，西安　710054）

摘　要：井下上向中深孔爆破用乳化炸药黏度高，掌握其流变特性，对井下乳化炸药装填系统设计至关重要。对不同剪切强度制备的为 25℃和 50℃的乳化基质进行剪切速率扫描、大振幅振荡剪切、振荡频率扫描等流变实验，实验结果表明，乳化基质的本构方程可以用 Herschel-Bulkley 模型进行表征，随着应变幅值从 0.01%增大到 40%，储能模量从大于耗散模量逐步变化到小于耗散模量，且从很低的应变幅值就呈现非线性变化。根据傅里叶-切比雪夫理论，乳化基质的应变硬化比率为应变变硬，剪切增稠比率在振荡频率 0.1Hz 下表现出剪切稀化，在 1Hz 下表现出剪切变稠。研究表明，井下乳化基质以非线性黏弹性为主，随着剪切强度增强，乳化基质表现为应变变硬，剪切增稠比率对温度不敏感，对振荡频率敏感。

关键词：乳化基质；非线性黏弹性；大振幅振荡剪切；傅里叶-切比雪夫理论

Analysis of the Viscoelasticity of Underground-specific Emulsion Matrix

Sun Weibo　Yang Jian　Wang Yan　Gao Xuefeng

（College of Energy Engineering, Xi'an University of Science and Technology, Xi'an 710054）

Abstract：High viscosity of emulsion explosives used for underground upward medium-deep hole blasting is crucial to the design of the underground emulsion explosive loading system. Understanding its rheological properties is of great importance. Rheological experiments were conducted on emulsion matrices prepared under different shear strengths at temperatures of 25℃ and 50℃, including shear rate scanning, large amplitude oscillatory shear, oscillation frequency scanning. The experimental results indicate that the constitutive equation of the emulsion matrix can be characterized by the Herschel-Bulkley model. As the strain amplitude increases from 0.01% to 40%, the storage modulus gradually changes from being greater than the loss modulus to being smaller than the loss modulus, and a nonlinear change is observed even at very low strain amplitudes. According to the Fourier-Chebyshev theory, the strain-stiffening ratio of the emulsion matrix shows strain stiffening behavior, and the shear-thickening ratio exhibits shear thinning at an oscillation frequency of 0.1Hz and shear thickening at 1Hz. The study shows that the underground emulsion matrix is mainly characterized by nonlinear

基金项目：陕西省重点研发计划（2021KW-37）。

作者信息：孙伟博，博士，讲师，sunweibo@ xust. edu. cn。

viscoelasticity. With increasing shear strength, the emulsion matrix exhibits strain stiffening behavior. The shear thickening ratio is insensitive to temperature but sensitive to oscillation frequency.

Keywords：emulsified matrix；nonlinear viscoelasticity；LAOS；FT-Chebyshev analysis

1 引言

乳化基质是一种高内相比例 W/O 型乳状液，除了具有较高含量的分散相体积分数外，分散相还含有硝酸铵、硝酸钠和硝酸钙等无机盐[1]。流变性是乳化基质的一个重要性质，对于乳化基质的制备、运输及储存都有重要影响，同时流变性也一定程度上反映了乳化基质性质和微观结构的关系[2-3]，流变研究的重点一直是关于剪切黏度依赖性方面的研究[4]，武海英[5]研究了不同乳化剂对乳胶基质黏度和屈服应力的影响规律。王丽琼等人[6]对典型乳化剂的流变特性进行研究，实验结果表明，常温时乳化剂黏度不随剪切速率变化而变化；振荡模式下，乳化剂模量不受应变影响；耗散模量随频率增大呈线性增加，而储能模量则呈非线性增加。任翔等人[7]测试了乳胶基质的屈服值、触变环面积和黏弹性等流变学性质。尹国光等人[8]通过模拟运输试验研究了不同运输条件下乳胶基质流变特性及稳定性的变化规律。目前乳化基质流变性质的研究关于非线性黏弹性部分较少，大剪切变形下，对长距离输送有较大的影响。所以，为了设计出好的井下乳化炸药装填系统，需要对非线性黏弹性部分及大振幅振荡剪切有更深入的了解。

2 实验仪器与方法

2.1 乳化基质的制备

按照硝酸铵 79%~81%、水 14%~16%，一体化油相 5.5%~6.5%的配比制备乳化基质，乳化基质制备方法如下：

（1）高速剪切。水相加热到 95℃，油相加热到 50℃；搅拌器以 300r/min 搅拌 15s，期间缓慢加入油水两相，然后继续搅拌 30s；搅拌器快速加速到 1450r/min 搅拌 90s；停止搅拌，将基质装入试样盒，贴好标签。

（2）低速剪切。水相加热到 95℃，油相加热到 50℃，先将油相加入搅拌器中，启动搅拌器，转速 450r/min，缓慢加入水相，搅拌 120s，停止搅拌，将基质装入试样盒，贴好标签。

本实验制备了两种不同的乳化基质，EM01（高速搅拌）和 EM02（低速搅拌）。

2.2 实验仪器

乳化基质制备仪器如图 1（a）和（b）所示，实验中测试乳化基质流变性质所采用的仪器为安东帕 MCR302 型平行平板流变仪，如图 1（c）所示。

2.3 实验方法

（1）测试乳化基质流动性：将 3g 乳化基质放于流变仪平板传感器上，设定间隙 1mm，温度分别为 25℃、50℃。测定乳化基质黏度及剪切应力随剪切速率变化而发生的变化。

（2）频率扫描下乳化基质黏弹性研究：取 3g 乳化基质于传感器上，设定间隙 1mm，温度为 25℃和 50℃。固定应变幅值 10%，测定频率 0.1~100rad/s 下乳化基质黏弹性变化。

（3）大振幅振荡剪切下，黏弹性的变化：取 3g 乳化基质放于传感器上，设定间隙 1mm，

(a)　　　　　　　　　　(b)　　　　　　　　　　(c)

图 1　乳化基质制备仪器

（a）行星搅拌机；（b）高速搅拌机；（c）安东帕 MCR302e 型流变仪

Fig. 1　Emulsion matrix preparation instrument

温度为 25℃和 50℃。固定振荡频率为 0.1Hz 和 1Hz，测定应变幅值为 0.1%～100%下乳化基质黏弹性的变化。

3　实验结果与分析

3.1　乳化基质稳态剪切分析

图 2（a）给出了 EM01 在 25℃和 50℃下剪切应力随剪切速率的变化。由图可以看出，整个阶段剪切应力随着剪切速率增加呈现出增加的趋势，但在低剪切速率下（$<30s^{-1}$）呈现出非线性的特点。

图 2（b）给出了 EM02 在 25℃和 50℃下剪切应力随剪切速率的变化。由图可以看出，EM02 整体趋势呈现线性增加，在剪切速率为 $5s^{-1}$ 后，斜率略微减小。使用 Herschel-Bulkley 方

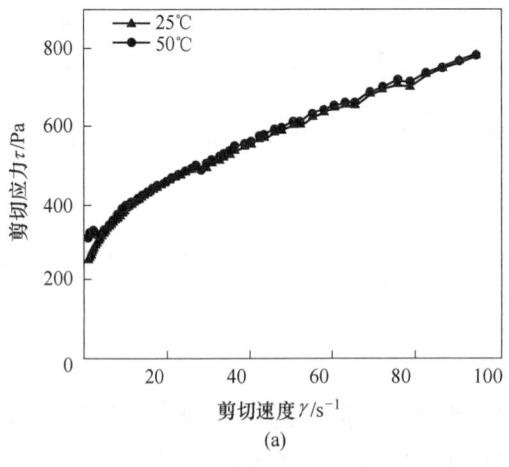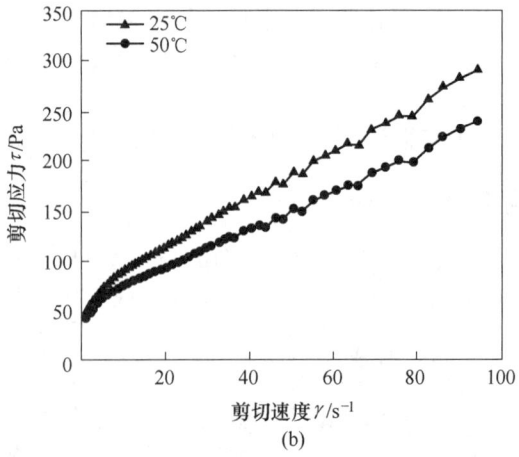

(a)　　　　　　　　　　　　　　　　(b)

图 2　两种乳化基质剪切应力随剪切速率升高的变化

（a）EM01 在 25℃和 50℃下变化曲线；（b）EM02 在 25℃和 50℃下变化曲线

Fig. 2　The change of shear stress of two emulsified substrates with the increase of shear rate

程^[9]对两种乳化基质进行分析，结果见表1，由表可见，实验结果比较符合 Herschel-Bulkley 方程，拟合度达99%。Herschel-Bulkley 模型的公式可以用下式表示：

$$y = a + b \cdot x^p \tag{1}$$

式中，a 为屈服值；b 为稠度；p 为流动系数。

表1　两种乳化基质 Herschel-Bulkley 方程参数
Tab. 1　Herschel-Bulkley equation parameters for two emulsified matrices

乳化剂	温度/℃	Herschel-Bulkley 方程参数			拟合度
		a	b	p	
EM01	25	194.02	58.394	0.49765	0.99
EM02		39.625	9.7899	0.69554	0.99
EM01	50	291.84	17.031	0.74384	0.99
EM02		40.248	5.9917	0.74965	0.99

从表1可以知道，EM01 在25℃和50℃下屈服应力 τ_0 分别为194.02Pa、291.84Pa，EM02 在25℃和50℃下屈服应力 τ_0 分别为39.625Pa、40.248Pa。可以看出 EM01 的屈服应力大于 EM02，这说明高速搅拌下，使得乳化基质的屈服应力升高。

3.2　频率扫描分析

对于乳化基质而言，当频率位于高频时，储能一般大于损耗模量，主要表现为胶体（固体）状态^[10]；当频率位于低频时，其储能一般小于损耗模量，主要表现为流体状态。

图3给出了 EM01 在不同温度下储能模量与耗散模量随角频率 ω 的变化，与一般结果一致，在高频下，乳化基质主要表现为胶体（固体）状态，在低频下，主要表现为流体状态，随着温度从25℃升高到50℃，状态转换的临界点从1.2rad/s 上升至4rad/s 左右。

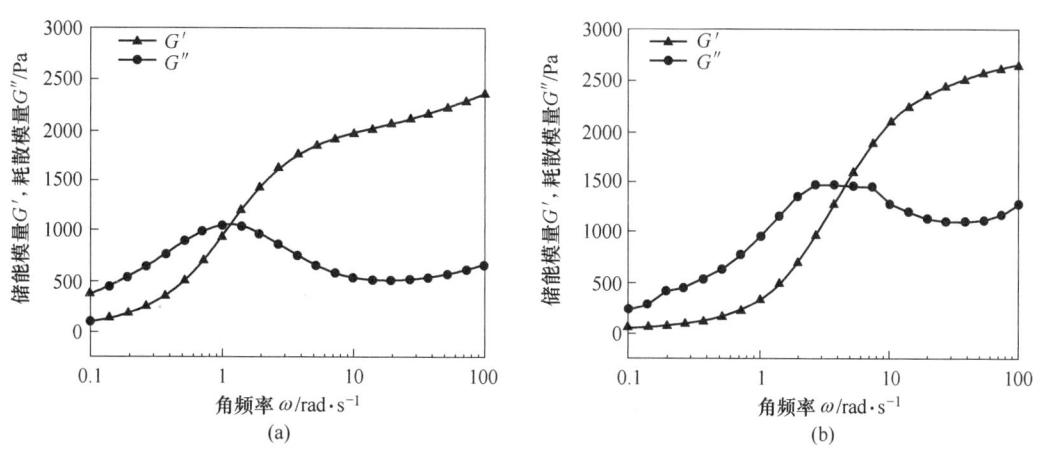

图3　EM01 储能模量和耗散模量随角频率的变化

（a）25℃；（b）50℃

Fig. 3　EM01 Changes of energy storage modulus and dissipation modulus with angular frequency

图4给出了 EM02 在25℃和50℃下，储能和耗散模量随着角频率的变化。同样，频率从高

频到低频，EM02 表现出了从胶体过渡到流体的特性。临界点随温度的升高从 0.72rad/s 上升到了 1.5rad/s 左右。

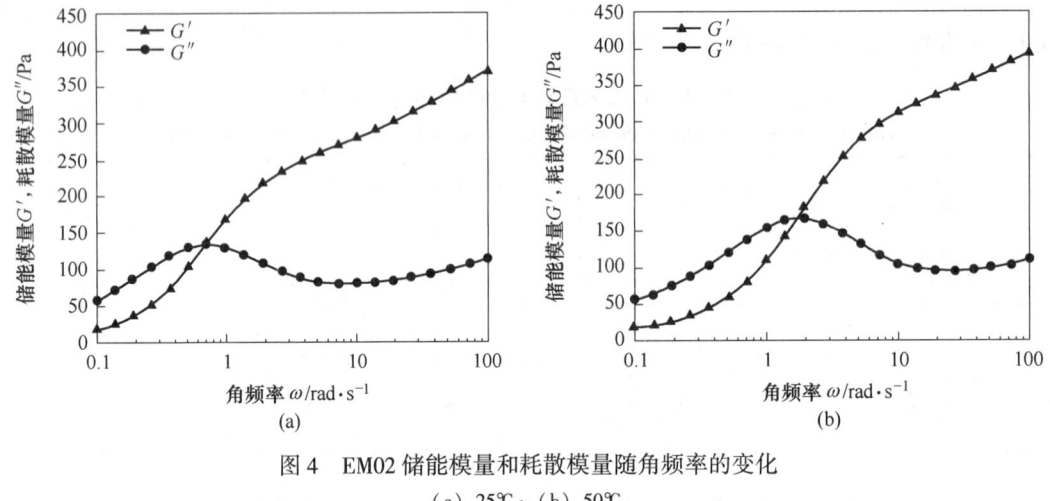

图 4 EM02 储能模量和耗散模量随角频率的变化

（a）25℃；（b）50℃

Fig. 4 EM02 Changes of energy storage modulus and dissipation modulus with angular frequency

3.3 基于储能模量和耗散模量的振荡应变扫描分析

图 5 和图 6 给出了 EM01、EM02 在振荡频率为 0.1Hz 和 1Hz，温度为 25℃和 50℃下储能模量和耗散模量随剪切应变幅值增加的变化，由图可以看出，随应变幅值增加，两种乳化基质是由储能模量大于耗散模量过渡到小于耗散模量，状态由胶体过渡到流体，但过渡不是线性过渡，且两种乳化基质在很小的剪切应变幅值就表现出了非线性特性，这表明，此时的储能模量和耗散模量只能定性的描述材料的部分非线性特性，其可能会丢失材料如周期内或者周期间的应变变硬/应变变软和剪切增稠/剪切变稀等信息[10]。

总的来说，对于两种乳化基质，随着应变幅值从 0.01%增加到 100%，无论是 0.1Hz 或者 1Hz，无论是 25℃还是 50℃，都呈现出很强的非线性特性。这是乳化基质本身的性质决定的，但是，用损耗模量和储能模量的相对大小关系不足以清楚描述乳化基质的非线性细节特性[11-12]，需要做更加深入的研究。

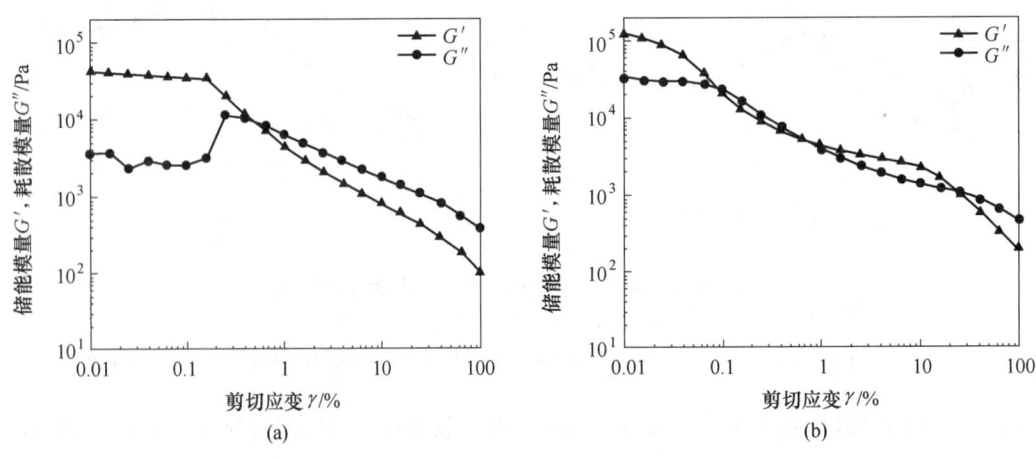

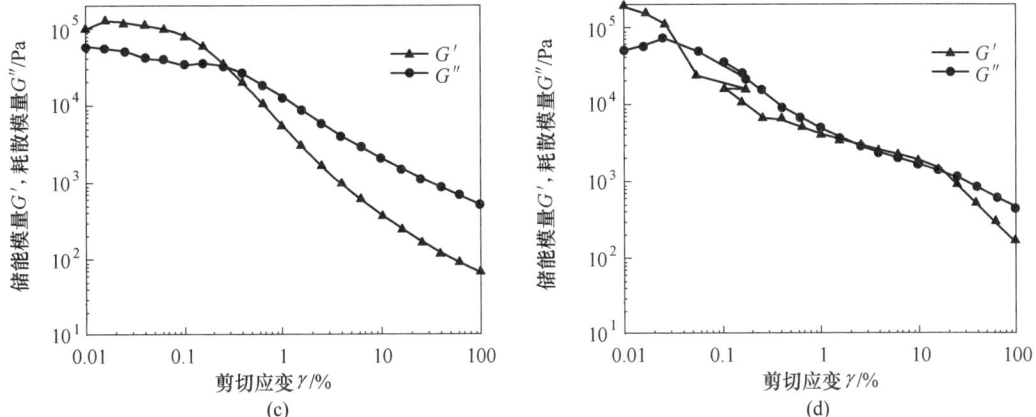

图 5   EM01 在不同振荡频率下，在不同温度下储能模量和耗能模量随剪切应变幅值变化

(a) 0.1Hz，25℃；(b) 1Hz，25℃；(c) 0.1Hz，50℃；(d) 1Hz，50℃

Fig. 5   The energy storage modulus and energy dissipation modulus of EM01 change with the shear strain amplitude at different oscillating frequencies and temperatures

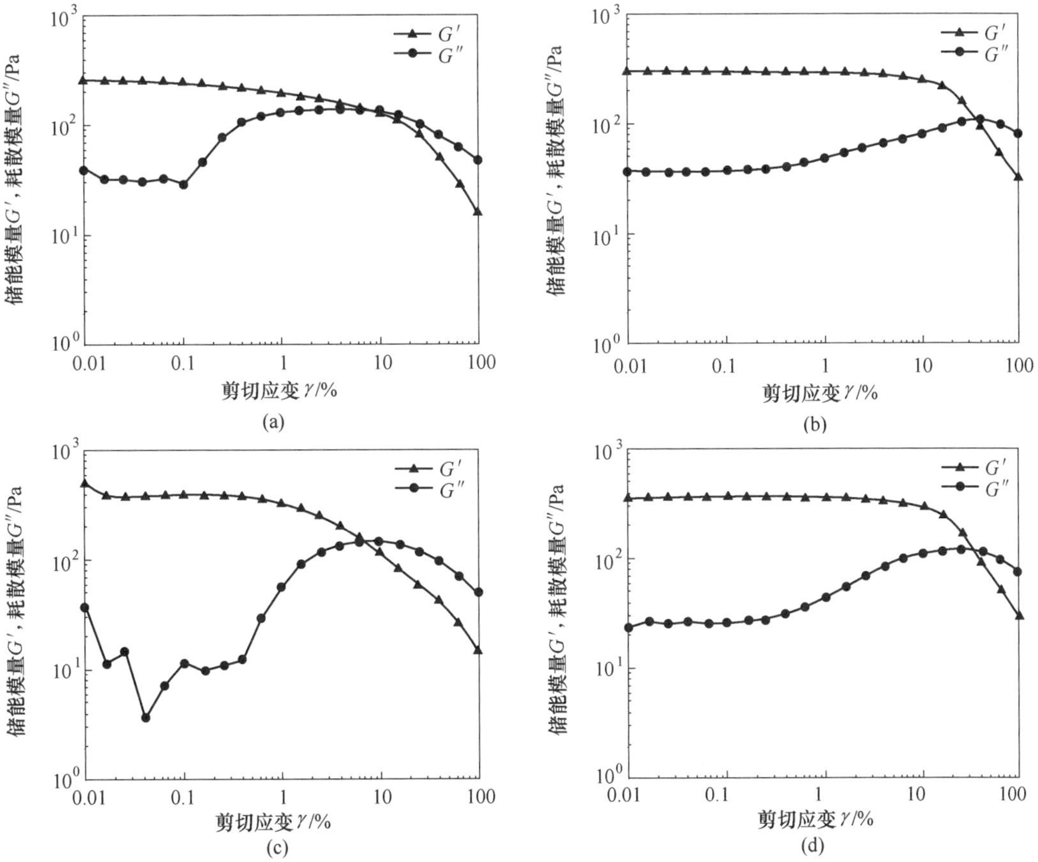

图 6   EM02 在不同振荡频率下，在不同温度下储能模量和耗能模量随剪切应变幅值变化

(a) 0.1Hz，25℃；(b) 1Hz，25℃；(c) 0.1Hz，50℃；(d) 1Hz，50℃

Fig. 6   The energy storage modulus and energy dissipation modulus of EM02 change with the shear strain amplitude at different oscillating frequencies and temperatures

3.4　基于傅里叶-切比雪夫法的流变非线性黏弹性表征

傅里叶-切比雪夫理论[13]定义了非线性黏弹性表征的无量纲指数，其中非线性弹性表征的无量纲指数[14-21]为：

$$S = \frac{G'_L - G'_M}{G'_L} \tag{2}$$

式中，S 为应变硬化比率；G'_M 为最小应变处模量；G'_L 为最大应变处模量。

非线性黏性表征的无量纲指数[14-21]为：

$$T = \frac{\eta'_L - \eta'_M}{\eta'_L} \tag{3}$$

式中，T 为剪切增稠比率；η'_M 为最小应变率处动态黏度；η'_L 为最大应变率动态黏度。

图7为不同温度及不同振荡频率下 AX-应变硬化比率随应变幅值的变化。从图中可以看出，无论是在 0.1Hz 还是 1Hz，25℃ 还是 50℃ 下，在低剪切应变幅值下（小于1%），S 小于零，乳化基质表现为应变变软，当剪切应变幅值大于1%后，S 大于零，乳化基质表现为应变变硬。

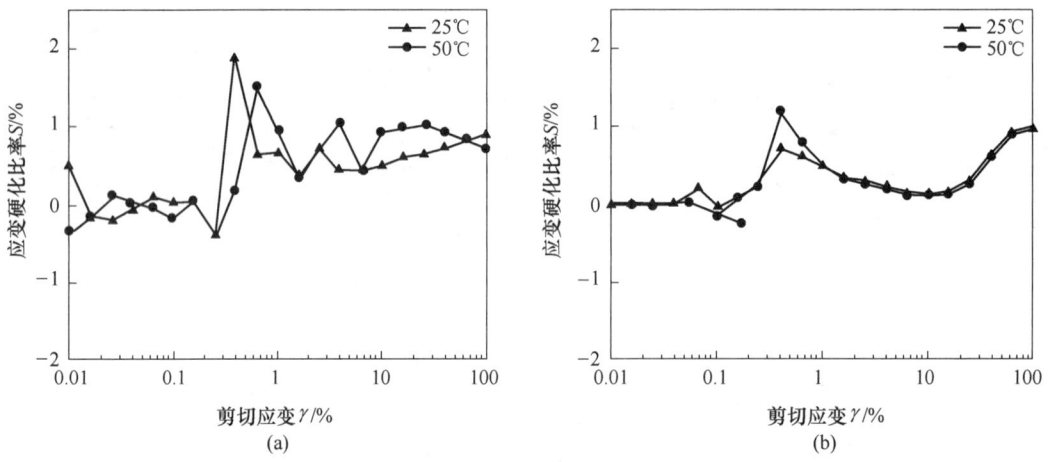

图7　EM01 在不同振荡频率及不同温度下应变硬化比率 S 随应变幅值的变化
（a）0.1Hz；（b）1Hz
Fig. 7　Change of strain-stiffening ratio (S) of EM01 with strain amplitude at different oscillation frequencies and temperatures

图8给出了 EM02 应变硬化比率随剪切应变增加的变化，由图可知，随着剪切应变幅值的增加，EM02 由应变变软过渡到应变变硬，但是在不同频率下，发生变化的应变幅值有所不同，在 0.1Hz 下，应变幅值为 6%~10% 之间由应变变软过渡到应变变硬，而在 1Hz 下，发生变化的应变幅值为 25.2% 左右。这表明，EM02 应变硬化比率与温度关系并不大，而与频率有着密切关系。

图9给出了 EM01 在不同振荡频率及不同温度下剪切增稠比率 T 随应变幅值的变化。可以看出，EM01 在不同的振荡频率下表现出不同的黏弹性行为，在振荡频率为 0.1Hz 时，剪切应变幅值小于 5% 时，T 小于零，从剪切增稠转换到剪切变稀，而在 1Hz 下，T 大于零，基本从开始就表现出剪切增稠。这表明，EM01 的非线性黏弹行为与温度关系不大，与频率关系密切。

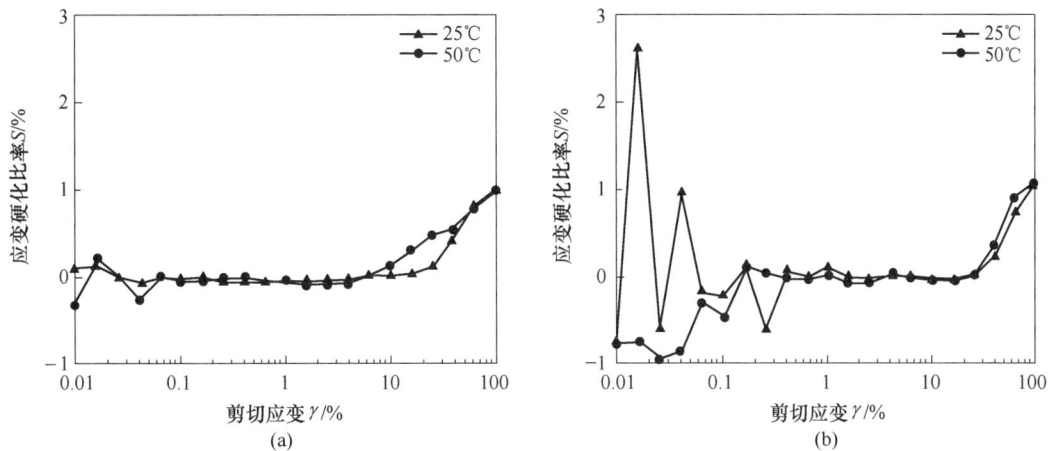

图 8　EM02 在不同振荡频率以及不同温度下应变硬化比率（S）随应变幅值的变化

（a）0.1Hz；（b）1Hz

Fig. 8　Change of strain-stiffening ratio（S）of EM02 with strain amplitude at different oscillation frequencies and temperatures

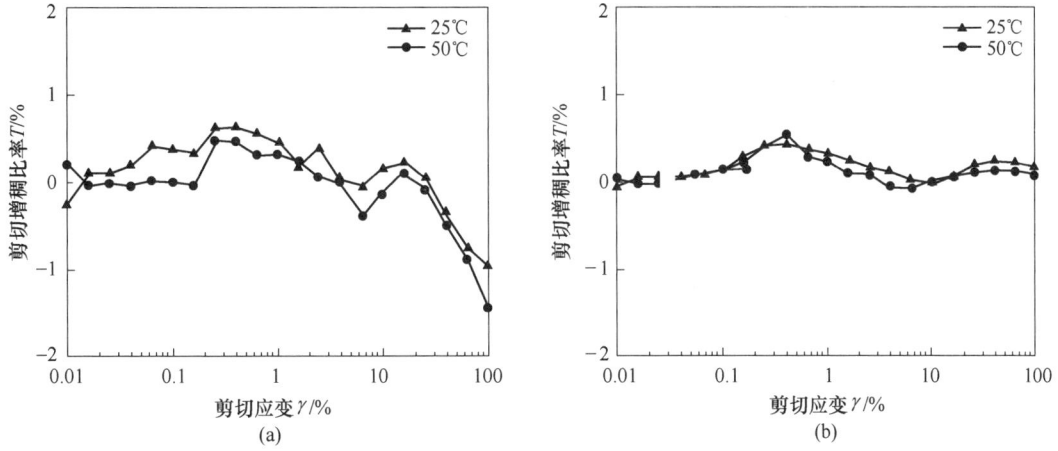

图 9　EM01 在不同振荡频率及不同温度下剪切增稠比率 T 随应变幅值的变化

（a）0.1Hz；（b）1Hz

Fig. 9　The change of shear thickening ratio（T）of EM01 with strain amplitude at different oscillation frequencies and temperatures

图 10 给出了 EM02 剪切增稠比率 T 随应变幅值的变化。可以看出，EM02 从 T 小于零过渡到 T 大于零，这表明 *EM*02 为剪切增稠过渡到剪切变稀。但在不同频率下，产生变化的应变幅值由小于 1% 上升到 10% 左右，这同样表明 EM02 的剪切增稠比率与频率关系密切。

4　结论

（1）通过对 EM01、EM02 进行稳态应变扫描的实验结果进行分析，发现样品的应力应变曲线的单调性较好，本构方程可以用 Herschel-Bulkley 流变函数表征。

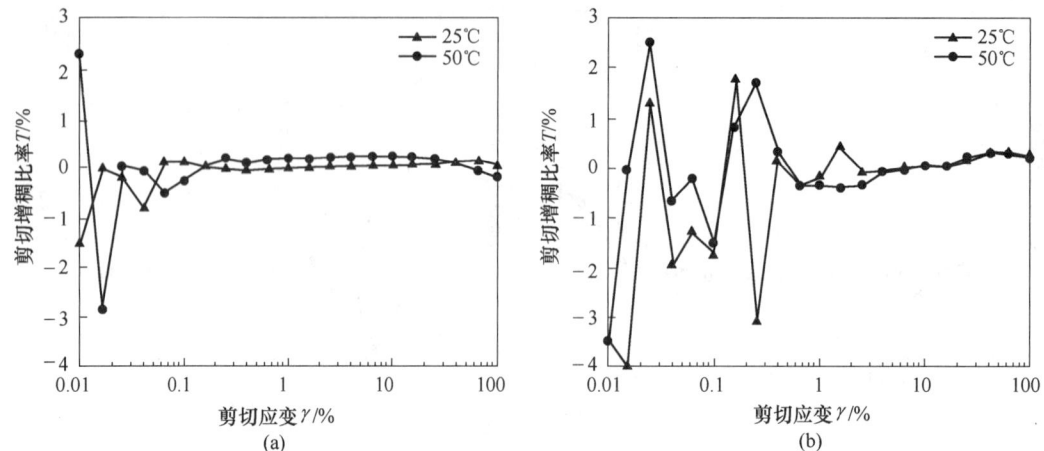

图 10　EM02 在不同振荡频率及不同温度下剪切增稠比率 T 随应变幅值的变化

（a）0.1Hz；（b）1Hz

Fig. 10　The change of shear thickening ratio (T) of EM02 with strain amplitude at different oscillation frequencies and temperatures

（2）通过对 EM01、EM02 乳化基质样品的振荡剪切分析发现，样品的黏弹性明显，并且从很低的剪切速率（<1%）开始就表现出非线性黏弹特性。

（3）采用傅里叶-切比雪夫（FT-chebyshev）理论对样品的非线性黏弹特性进行分析，发现样品的黏弹特性与温度变化不是很密切，而与振荡频率关系密切，样品在很小的应变幅值下表现出应变变软，而在应变幅值增大的情况下变化到应变变硬，在变化过程中应变变硬的特性表现为非线性。

（4）EM01 在不同的振荡频率下表现出了不同的黏弹性行为，在振荡频率为 0.1Hz 下从剪切增稠转换到剪切变稀，而在 1Hz 下，表现出剪切增稠。这表明，EM01 的非线性黏弹行为与温度关系不大，与频率关系密切。

（5）EM02 虽然是由剪切增稠变化到剪切变稀，但随频率从 0.1Hz 变化到 1Hz，产生变化的应变幅值由小于 1% 上升到 10% 左右。

参 考 文 献

[1] 张凯铭. 乳化炸药基质的流变性研究 [D]. 南京：南京理工大学，2015.

[2] 杨有万，赵海荣，张凯铭，等. 现场混装乳化炸药基质的流变性研究 [J]. 爆破器材，2018，47（3）：14-18.

[3] 卢文川，孟昭禹，马军，等. 乳化剂和油相材料对现场混装乳化炸药基质稳定性的影响 [J]. 爆破器材，2019，48（6）：7-13.

[4] 周建敏. 乳化炸药基质剪切稳定性研究及应用 [D]. 北京：北京科技大学，2022.

[5] 武海英. 高分子乳化剂对现场混装乳化炸药稳定性的影响 [D]. 北京：北京理工大学，2016.

[6] 王丽琼，王娜峰，方杰. 典型乳化剂流变特性的实验研究 [C] //中国职业安全健康协会. 中国职业安全健康协会 2009 年学术年会论文集. 北京：煤炭工业出版社，2009.

[7] 任翔，王森，朱卫丰，等. 基于司盘-吐温复配乳化剂的乳膏流变学性质和稳定性研究 [C] //中华中医药学会制剂分会，2011.

［8］尹国光，尹国辉，李军．不同乳化剂材料对乳胶基质稳定性影响的研究［J］．煤矿爆破，2017（3）：13-15.

［9］刘海明，卢昊正，南敢，等．基于黏度时变性的 Herschel-Bulkley 流体劈裂注浆扩散特性研究［J］．自然灾害学报，2022，31（3）：213-221.

［10］汪辉兴．锂基磁流变脂流变特性及在隔振悬置中的基础应用研究［D］．南京：南京理工大学，2021.

［11］杨凯，俞炜．屈服应力流体的非线性黏弹性研究．第十二届全国流变学学术会议［C］//中国广东广州，2014.

［12］李祥刚．高剪切速率下高分子熔体动态流变行为的表征及应用［D］．长沙：中南大学，2014.

［13］Wilhelm M, Maring D, Spiess H W. Fourier-transform rheology［J］. Rheologica Acta, 1998, 37（4）：399-405.

［14］樊泽鹏，王梓佳，徐加秋，等．基于大振幅振荡剪切（LAOS）的沥青非线性流变行为研究［J］．中南大学学报（自然科学版），2021，52（7）：2258-2267.

［15］杨凯．屈服应力流体在大振幅振荡剪切流场中的流变学研究［D］．上海：上海交通大学，2017.

［16］Heymann L, Peukert S, Aksel N. Investigation of the solid-liquid transition of highly concentrated suspensions in oscillatory amplitude sweeps［J］. Journal of Rheology, 2002, 46（1）：93-112.

［17］Cho K S, Hyun K, Ahn K H, et al. A geometrical interpretation of large amplitude oscillatory shear response［J］. Journal of Rheology, 2005, 49（3）：747-758.

［18］Ewoldt R H, Hosoi A E, Mckinley G H. New measures for characterizing nonlinear viscoelasticity in large amplitude oscillatory shear［J］. Journal of Rheology, 2008, 52（6）：1427-1458.

［19］Ewoldt R H, Winter P, Maxey J, et al. Large amplitude oscillatory shear of pseudoplastic and elastoviscoplastic materials［J］. Rheologica Acta, 2010, 49（2）：191-212.

［20］Goudoulas T B, Germann N. Nonlinear rheological behavior of gelatin gels：In situ gels and individual layers［J］. Journal of Colloid and Interface Science, 2019, 553：746-757.

［21］Goudoulas T B, Germann N. Nonlinear rheological behavior of gelatin gels：In situ gels and individual gel layers filled with hard particles［J］. Journal of Colloid and Interface Science, 2019, 556：1-11.

现场混装乳化炸药及其在地下矿山的应用

刘万义[1]　王肇中[2]

(1. 鞍钢矿业爆破有限公司，辽宁　鞍山　114046；
2. 矿冶科技集团有限公司，北京　100160)

摘　要：针对上向孔深孔装药仍采用人工装药，作业环境差、爆破效果不稳定及工人劳动强度大等问题。采用现场混装技术，生产可用于地下矿的上向深孔用的混装乳化炸药，研究了现场混装乳化炸药的性能，分析了现场混装乳化炸药应用的经济效益和社会效益，并在眼前山地下矿山爆破作业实际应用，取得了显著的成果，应用实践表明现场混装乳化炸药在地下矿山的应用具有良好的发展前景。

关键词：现场混装乳化炸药；乳化炸药；上向炮孔；应用

In-situ Mixed Emulsion Explosive and Its Application in Underground Mines

Liu Wanyi[1]　Wang Zhaozhong[2]

(1. Ansteel Mineral Industry Blasting Co., Ltd., Anshan 114046, Liaoning；
2. Bgrimm Technology Group Co., Ltd., Beijing 100160)

Abstract：The manual deep up - hole charging process in underground mines has many problems such as poor operating environment, unstable blasting effect, high labor intensity and so on. The in-situ mixed emulsion explosive technology was used to produce the mixed emulsion explosive which can be used in the underground mine. The performance of the in-situ mixed emulsion explosive was studied, the economic and social benefits of the application of the in-situ mixed emulsion explosive have been analyzed, and the practical application in the mine blasting operation in Yan qianshan obtained remarkable results. It shows that the application of in-situ mixed emulsion explosive in underground mines has a good development prospect.

Keywords：in-situ mixed emulsion explosive; emulsion explosive; up-hole; application

1　引言

随着埋藏浅表的矿产资源不断减少和国家对环境保护及绿色发展政策的加快实施，矿山开采正在加快向纵深发展，地下开采比例逐步增加，许多矿山已由露天开采转为地下开采方式[1-2]。目前，国内在地下爆破工程中普遍采用包装类成品炸药，该类炸药成本高，炸药感度

作者信息：刘万义，本科，工程师，50845444@ qq. com。

高，运输危险，甚至因装药效果不好导致爆破时产生大量有毒、有害气体。近些年，一些大型地下铁矿爆破采用无底柱分段崩落采矿法，使用国产装药器填装粉状、粒状或黏性粒状炸药，但装药机械化程度低、装药过程返粉率高、工人劳动强度大。本文介绍了一种现场混装乳化炸药，其工艺是在地面制备地下散装乳化炸药基质，再装入机械化、自动化的地下装药车运送到地下作业面，经泵送、敏化装入地下爆区炮孔中制成现场混装乳化炸药。该炸药具有油包水型的独特结构，兼有乳化炸药的抗水性、高黏着力和优良爆炸性能等优点，可用于地下矿的上向深孔装药，并在眼前山地下矿山爆破作业实际应用，取得了显著的成果，具有良好的发展前景。

2 现场混装乳化炸药

现场混装乳化炸药就是采用现场混装技术，利用地面站制备乳化基质，然后由基质运输车运载这些半成品到作业现场，用装药车车载系统将其输送、敏化和装填而制成的一种工业炸药，实现乳化基质的制备、运输和装填一体化服务。它具有生产安全、原材料来源广泛、炸药密度现场可调、炸药抗水性好、爆轰性能优、能实现耦合装药，以及上向孔装药不掉药等优点，加之机械化、高效率作业，可以减轻工人劳动强度，最大限度地提高炸药制备、运输和使用安全性，这已成为当今民用炸药技术的一个主要发展方向[3]，正受到人们越来越多的关注。

2.1 制备工艺

现场混装乳化炸药制备工艺由乳化基质制备站[4]、乳化基质运输车[5]和装药车[6-7]三大主要系统组成，地面站将油相和水相混合、乳化，制备乳化基质；然后混装车或乳化基质运输车将乳化基质运到爆破作业现场，混装车将乳化基质与敏化剂按一定的配比混合，通过输药软管将产品输送到炮孔。产品的制备、输送和计量等操作通过自控系统自动完成[8]，混装乳化炸药工艺流程及乳化基质生产、运输设备和装药设备分别如图1和图2所示。

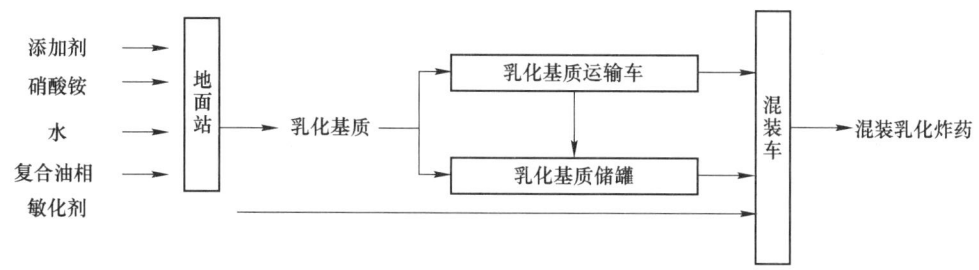

图1 现场混装乳化炸药工艺流程

Fig. 1 Process flow of in-situ mixed emulsion explosive

图2 乳化基质生产、运输设备和装药设备

Fig. 2 Emulsion matrix production, transport equipment and charging equipment

2.2 工艺配方及性能

2.2.1 工艺配方

现场混装乳化炸药要求地面站生产的乳化基质具有无雷管感度、流动性好、抗颠簸性强、黏度适中等特点，通过优选设备和配方优化试验，最终确定乳化基质和现场混装乳化炸药配方见表1和表2。

表 1　乳化基质配方

Tab. 1　The formulation of emulsion matrix

组分	硝酸铵	水	一体化油相	添加剂
含量/%	77~83	17~18	6~7	0.1~0.5

表 2　现场混装乳化炸药配方

Tab. 2　The formulation of in-situ mixed emulsion explosive

组分	乳化基质	敏化剂
含量/%	96~98	1.0~4.0

经过检测，乳化基质贮存期达一年以上，基质黏度为 16000~30000mPa·s（70℃，brookfield，7号转子）；现场混装乳化炸药各项性能指标为：炸药密度为 1.15~1.18g/cm³（敏化 10min），爆速（孔内）为 5200~5500m/s。

2.2.2 性能

乳化基质的安全性能是现场混装乳化炸药技术发展的前提，是生产乳化炸药的质量保证[9-10]，地面站生产的乳化基质经国家民爆器材检测中心检测，其性能见表3和表4。

表 3　乳化基质性能

Tab. 3　The property of emulsion matrix

项目	隔板试验	热安全性试验	通风管试验	克南试验	雷管感度	密度/g·cm⁻³
结果	合格	合格	合格	合格	无	1.25~1.35

表 4　现场混装乳化炸药安全性能

Tab. 4　The safety of in-situ mixed emulsion explosive

项目	雷管感度	热感度	撞击感度/%	摩擦感度/%	有毒气体/L·kg⁻¹
结果	无	不爆不燃	0	0	26

试验结果表明乳化基质满足现场混装技术罐装运输要求。现场混装乳化炸药的机械感度、热感度、雷管感度和有毒气体均符合要求，是一种本质安全性较好的工业炸药。

3　现场混装炸药的经济效益和社会效益

（1）安全有保障。现场混装炸药在地面生产、储存、运输过程都是炸药的原料及半成品，现场混装车内装载的乳化基质只是氧化剂而并非成品炸药，乳化基质加入敏化剂装入炮孔内，经发泡后才成为炸药，整个混装过程是安全的。

（2）炸药成本低。采用现场混装车可减少成品炸药储存费用和风险，同时，现场混装炸药成本低，可大大降低爆破成本，与购买粉状乳化炸药相比，使用现场混装乳化炸药，每吨成本降低 2000 元以上。

（3）装药效果好。采用现场混装乳化炸药，装药流畅，不同于采用装药器或装药车装填包装炸药，不会发生手工装药时出现的堵孔和"返粉"掉药现象，对于水孔装药具有明显的优越性，与粉状乳化炸药相比，由于现场混装乳化炸药与炮孔有很好的耦合性，具有装药密度大（1.10~1.20g/cm³）、炸药威力高（孔内爆速实测在 5000m/s 以上）、密度范围可调等优点，为优化爆破孔网参数提供新的技术条件。

（4）装药效率高。采用现场混装乳化炸药技术，机械化程度高，可大大减轻工人的劳动强度，提高劳动生产率，缩短装药时间，装药效率可达 5t/h 以上，操作人员仅需 2 人，与手工装药相比，可提高装药效率 5~10 倍。

4　现场混装乳化炸药在地下矿山的应用

以鞍钢集团矿业公司眼前山铁矿为例，采用无底柱分段崩落采矿法，过去采用压风方式装填外购粉状乳化炸药，存在返粉率高、环境条件差、工人劳动强度大、作业效率低、成本高、爆破效果不理想。为解决这些问题，眼前山铁矿采场采用现场混装技术装填乳化炸药，研发一套成熟的爆破作业技术，取得了很好的爆破效果。中深孔落矿主要工艺参数为：分段高度18m、进路间距20m、排距2m、孔底距1.5~2m，穿孔采用 simba_H1354 凿岩台车，钎头直径为 φ78mm、孔径 80mm。在前期装药测试和充分技术论证的前提下，目前项目部工程技术人员与眼前山井下矿又进行 φ102mm 炮孔爆破现场工业试验，将爆破、采矿参数进行整体优化，实现分段高度 22.5m、进路间距 20m、炮孔排距 2.8m、孔底距 2.5m，爆破作业参数见表 5。

表 5　眼前山铁矿爆破作业参数

Tab. 5　Blasting operation parameters of Yanqianshan iron mine

阶段高度 /m	分段高度 /m	进路间距 /m	崩矿步距 /m	钻孔孔径 /mm	孔底距 /m	抵抗线 /m	单排爆破量/t	延米崩矿量/t·m⁻¹	炸药单耗 /kg·t⁻¹	雷管单耗 /发·(万吨)⁻¹
72	18	20	2.0~2.2	80	1.8~2	2~2.5	1614	7.0	0.60	14
72	18	20	2.4	89	2.6	2.5	2512	10.2	0.58	18
90	22.5	20	2.5~3.0	102	2.5	3.0	2420	16.0	0.55	8.7

现场混装乳化炸药在眼前山地下矿山的爆破应用实践，取得了如下显著效果：

（1）采用地下现场混装乳化炸药生产和爆破技术，减少了穿孔量和采准工程量，有效提高铲运效率，降低矿石损失率与贫化率，改善矿石破碎均匀效果，提升了矿山经济效益，近三年年均为眼前山矿创 600 万元以上经济效益。

（2）研发的现场混装乳化炸药通过了第八组安全性检测，炸药的黏结性、敏化特性、孔内爆速等理化指标均满足地下矿山爆破工程需要。2019 年下半年以来，井下混装乳化炸药消耗逐步增加，2021~2022 年乳化炸药使用比例达 95% 以上，目前已淘汰外购成品粉状乳化炸药装药爆破方式，截至 2023 年 4 月末，已累计生产井下混装乳化炸药 6850t，其中 2022 年达到2388t，同比增加 492t。

（3）该项技术的引进与系列化改进不仅实现了炸药来源自产，简化爆炸物品管理流程，降低管理风险，同时大量减少井下爆材临时存放点数量和成品炸药的库存量，爆破物品运输及存储安全性更高，现场装药减少了人工领药数量，降低了人员作业劳动强度。爆破施工效率显著提升，作业环境得到根本改善，爆破成本下降，爆破后块度均匀、大块率下降显著，消灭了悬顶和推墙，眉线整齐，爆破效果明显改善，运输装药工序实现了本质安全。

（4）混装乳化炸药的应用为采掘出矿、运输工序创造了良好条件，眼前山铁矿增产达产进程加快，矿石生产能力由 2020 年的 300 万吨提高到 2022 年的 480 万吨，而且整体呈稳步上升趋势，为国内同行业地采矿山起到示范作用，构建了地下爆破专用乳化基质地面制备、井下基质地面远程配送、基质地下配送、井下炸药制备及可视距遥控装药为特点的全新井下爆破一体化服务模式。

5　结论

采用现场混装技术制备的现场混装乳化炸药具有良好的爆轰性能和安全性能，能满足井下矿山爆破作业的需要。现场混装乳化炸药生产安全性好，不污染环境，井下装药作业成本低，因此具有良好的经济效益和社会效益。在鞍钢集团矿业公司眼前山地下矿山的应用表明，该混装乳化炸药技术彻底解决了地下中小直径炮孔上向孔装填难题，装药操作简单，显著提升了装药效率，减少了作业人员劳动强度，提高了作业安全性，降低了爆破作业成本，对于推动地下矿用现场混装乳化炸药技术的发展具有重要意义。

参 考 文 献

[1] 秦虎，龚兵，熊代余，等．地下矿用炸药现场混装技术的新进展 [J]．金属矿山，2009（9）：152-154.
[2] 徐颖．地下工程爆破技术的现状及发展 [J]．中国煤炭，2001（11）：29-31.
[3] 夏光．工业炸药现场混装技术的应用与发展趋势 [J]．煤矿爆破，2019，37（1）：27-30.
[4] 龚兵，史良文，李国仲，等．MEF 移动式乳化基质制备站的应用 [J]．矿冶，2009，18（2）：1-4.
[5] 李鑫，查正清．远程配送乳化基质专用运输车的研制 [J]．工程爆破，2014，20（3）：40-42.
[6] 龚兵，熊代余，李国仲，等．BCJ 多功能装药车的研究与应用 [J]．爆破器材，2010，39（3）：12-14.
[7] 冯有景．现场混装炸药车 [M]．北京：冶金工业出版社，2014.
[8] 田惺哲，张鑫．新型地下矿用乳化炸药现场混装车控制系统的设计与应用 [J]．世界有色金属，2019（15）：260-262.
[9] 汪旭光．乳化炸药 [M]．2 版．北京：冶金工业出版社，2008.
[10] 吕春绪，刘祖亮，倪欧琪．工业炸药 [M]．北京：兵器工业出版社，1994.

北京市电子雷管推广应用的现状与思考

关四喜[1]　刘忠民[1]　徐靖宇[1]　杨年华[2]

（1. 北京市公安局治安总队，北京　100088；2. 北京工程爆破协会，北京　100081）

摘　要：在电子雷管推广的攻坚克难阶段，依据目前北京市电子雷管起爆器材生产及应用的调查统计信息，对露天爆破、隧道爆破等不同类型爆破项目中电子雷管的推广应用情况进行总结，并且针对电子雷管现场使用过程中出现的具体问题，从生产厂商、应用单位、管理部门三方面寻求解决策略。提出了生产厂商及时对接电子雷管爆破作业需求、作业单位充分发挥电子雷管技术优势、管理部门及时优化电子雷管信息处理的相关对策，为加快电子雷管技术的推广应用提供了思路。

关键词：电子雷管；推广应用；安全管理

Current Situation and Consideration of the Application of Electronic Detonators in Beijing

Guan Sixi[1]　Liu Zhongmin[1]　Xu Jingyu[1]　Yang Nianhua[2]

（1. Public Security Management Corps of Beijing Public Security Bureau，Beijing 100088；
2. Beijing Engineering Blasting Association，Beijing 100081 ）

Abstract：In the difficult stage of electronic detonator promotion, the dissemination and application of electronic detonators in open-pit blasting and tunnel blasting are summarized based on the investigation and statistics of the production and application of electronic detonator initiating materials in Beijing area and the classification criteria of blasting project types. The application of electronic detonators in different types of blasting projects, such as open-pit blasting and tunnel blasting, is also summarized. Specific problems are solved from three aspects：the manufacturer, the application unit and the management department of the electronic detonator. The related methods of strict docking between the manufacturer and the operation demand of the electronic detonator, giving full play to the technical advantages of the electronic detonator by the operation unit, and optimizing the information processing of the electronic detonator in time by the management department are put forward, which provides ideas for speeding up the popularization and application of the electronic detonator technology.

Keywords：electronic detonator；promotion and application；solution

为进一步加强民爆物品安全管理工作，全面实现民爆物品治理现代化，针对当前北京市反恐防恐形势及 2020 年 2 月北京冬奥会测试赛的安保需要，结合爆破作业项目实际情况，北京

作者信息：关四喜，支队长，wgcbz@ 163. com。

市从 2018 年 10 月 17 日起提出分类、分期推广电子雷管使用。

从 2019 年 1 月 1 日起，北京市辖区的爆破项目积极推广使用电子雷管。爆破作业人员操作从生涩到熟练，电子雷管产品从单一到多样，爆破项目类型从露天台阶至隧道、桩井，电子雷管推广场景多种多样。然而电子雷管在不同类型的爆破项目及环境条件下表现不一，在推广电子雷管的攻坚克难阶段，有必要对电子雷管的使用现状进行总结归纳，找出问题，寻找解决办法，安全实现传统导爆管雷管至电子雷管的平稳过渡。

1　北京市推广应用电子雷管的现状

1.1　分类分期推广电子雷管方案

在充分市场调研的基础上，结合北京地区安保形势，北京市公安局治安管理总队制定了电子雷管推广方案，具体为从 2018 年 10 月 17 日起新签订的爆破施工项目均应采用电子雷管进行爆破设计施工，经试用确认安全后，在爆破作业项目中使用电子雷管。已签订施工合同的露天爆破项目，原爆破器材延续使用至 2018 年 12 月 31 日，已签订合同的隧道爆破项目原爆破器材延续使用至 2019 年 12 月 31 日。地下煤矿及磁铁矿在国家主管部门未允许使用符合安全标准的电子雷管前，仍延续使用原爆破器材。现在北京市已 100% 采用电子雷管进行爆破作业。

1.2　露天爆破应用电子雷管情况

从 2019 年 1 月 1 日，北京辖区的露天爆破全部使用电子雷管，其中包括露天矿山日常生产爆破及基坑开挖、公路路堑开挖等工程，此类工程钻孔直径 90mm 以上、钻孔深度 5m 以上，连续或间隔装药，孔距及排距大于 2m，使用逐排或逐孔起爆网路，孔内设置 1~2 个起爆体，每个起爆体上设一发电子雷管。截至今年 6 月底，露天爆破已使用电子雷管 3 万余发，未发现拒爆现象，也尚未发生盲炮事故，电子雷管安全可靠，爆破作业单位反映良好，甚至有些露天爆破项目再不愿意使用导爆管雷管。

露天爆破应用电子雷管效益显著，主要为：（1）时差设置方便快捷，便于实现逐孔起爆网路等复杂网路，更利于岩石的破碎，降低大块率；（2）大幅降低了单段药量，有效减少了爆破振动；（3）爆破网路更加可靠，传统的非电雷管爆破网路是通过孔排间的地表雷管连接，不容易检查，对工人的操作水平要求较高，而电子雷管网路可以通过仪表检查，及时发现施工和网路联接中的质量瑕疵或错误，从而保证爆破的可靠性和准确性；（4）爆破成本增加较少，露天深孔爆破单孔装药量达数十千克，即使每孔为双发雷管（实际浅孔可使用单发雷管），雷管的成本比例相对较低，何况电子雷管爆破产生的附加效益也显而易见，因此应用电子雷管爆破的成本有竞争优势。综上所述，露天石方爆破中推广应用电子雷管得到广大用户的欢迎。

1.3　隧道及桩井应用电子雷管情况

北京地区目前在施的隧道爆破项目大部分为公路隧道和铁路隧道，如新建京张高铁八达岭长城站由于下穿长城及青龙桥车站，爆破振动要求高；地下长城站中加上预留岩柱断面小，爆破损伤要求高，只有电子雷管才能解决上述技术难题，因此这类项目愿意大批量使用电子雷管。

近年来北京新开工的隧道项目主要有 G109 高速公路隧道，已全部使用电子雷管；此外输电塔、护坡桩等桩井爆破项目也较多。与露天爆破不同，隧道爆破掌子面为 50~120m²，孔桩直径为 1.2~2.4m，该类地下爆破临空面狭窄，岩石爆破夹制作用大、钻孔孔径小、炮孔密集，炮孔间距仅为30~70cm。由于地质及钻孔不规范的问题，导致部分炮孔间距更近，爆破环境复杂多变，存在潮湿、涌水等现象。掏槽孔与崩落孔均为连续装药，孔内单发雷管，周边孔多用电子雷管引爆导爆索的间隔装药结构。隧道爆破相比于桩井爆破来讲，断面稍大，炮孔间距相对较大，但电子雷管在地下爆破中应用存在的问题较多，反映的问题主要集中在两个方面：

（1）电子雷管网路连接防水性差导致网路检测失败，不能准确起爆。隧道内应用电子雷管初期，电子雷管的尾端接头未做防水处理，在潮湿或多水的环境中故障较多，后厂家对接头进行了防水处理，现场使用时又可通过塑料袋包裹进一步进行防水处理，连接质量得到改善，但涌水严重的隧道，电子雷管网路可靠性还有待提高：初期检查一切正常，警戒完成连网时，出现雷管信息丢失等错误，不能起爆，现场只能移动台车至掌子面处，重新检查，直至起爆器检查通过，此过程耽误时间较长。延庆区某一涌水严重的隧道，网路核查修复用时长达4h，误工严重，不仅对后续施工安排带来困难，且爆破作业人员的精力和体力有所透支，造成对使用电子雷管产生畏难甚至抗拒的情绪。

（2）炮孔密集且炮孔间延期时差较大时，后爆孔拒爆现象严重。据现场调查，炮孔孔距20~40cm、孔间时差大于8ms或20ms时（因雷管厂家不同而不同），较易发生电子雷管拒爆现象，桩井基础爆破在-15℃以下的寒冷等天气下，拒爆现象更加严重。电子雷管现场试验发现小间距的强烈爆破振动会影响点火头的稳定性，从而导致盲炮的产生，目前解决方案是通过减小延期时间来保证雷管的准确起爆。现场采用厂家推荐的小延期间隔如5~7ms设定掏槽孔与第一圈崩落孔的延期时间，爆后检查发现，炮孔利用率低，部分只能达到40%，崩落孔附近的岩石仅在炮孔孔口处发生破碎。为改善爆破效果，在采用厂家建议的延期方案前提下，爆破公司多通过增大炸药单耗方式改进爆破效果。一是在保证填塞长度情况下多打炮孔；二是不增加炮孔的情况下直接增大装药系数。第一种方式工耗大量增加，且由于装药均集中在岩石底部，上部易产生大块；第二种方式易出现冲击波和爆破飞石等安全事故。

隧道内爆破掌子面首先起爆的掏槽孔在50~75ms之后形成第二临空面，扩槽孔的延期时间应根据岩石的坚固性系数及最小抵抗线的距离等因素进行设定，根据电子雷管的缺陷性能来设计毫秒时差违背了毫秒延时爆破设计的原则，需要谨慎对待。因此在井下小孔径爆破项目中推广应用电子雷管远没有露天石方爆破中那样乐观。

2 电子雷管推广过程中相关单位应进行的工作

电子雷管推广应用是一个系统工程，其推广效果的优劣除直接与电子雷管指标、质量直接相关，还与电子雷管信息工具与系统、相关单位与人员等因素相关。

结合北京地区电子推广过程中产生的问题，本文从主体单位出发，提出一些思路与方法，抛砖引玉，由于水平有限，请批评指正。

2.1 电子雷管芯片研发及雷管生产企业

电子雷管芯片研发及雷管生产企业分别负责电子雷管的芯片研发、测试、定型、生产、三码绑定、推广、销售工作，同时也负责民爆信息系统的研发等工作，掌握电子雷管性能参数、生产参数、异常信息等。作为电子雷管的研发生产主体单位应做好以下工作。

（1）提升产品质量，降低产品的不合格率，精确延时，完善"三码合一"技术，产品使用要满足操作简单、使用方便等客户需求。

（2）完善电子雷管配套使用的起爆系统，目前起爆器功能不统一，每换一家产品需重新学习网路联接、设置和操作等程序；部分电子雷管起爆器现场定位信息、数据下载、数据上传等均通过手机 APP，从信息安全及爆破安全的角度出发存在漏洞，也有爆破作业场所偏僻、通信信号弱等问题。

（3）对电子芯片或雷管结构的研发与创新还需进一步提高，当下电子雷管在隧道及桩井爆破施工中，在炮孔间距较小时出现"拒爆"现象较为普遍，此种技术难题直接制约着电子雷管的推广效果，应针对此类问题，急需研制出新型芯片或者雷管结构。

（4）加强对爆破作业单位培训，按层次编写电子雷管设计、施工等标准手册，明确告知作业人员正确与错误的操作方式，改变目前电子雷管培训无教材的局面。

（5）充分考虑用户对价格的接受能力，在保证安全可靠前提下，研发不同使用环境要求的电子雷管，提升产品竞争能力。

（6）研发电子雷管现场检测并行处理系统。目前应用电子雷管的爆破网路时，只能由一台设备完成注册、延时设置与检测等操作，不能并行作业，作业时长明显增加。某爆破公司针对一个约 80m² 隧道爆破施工用时进行统计，其他条件为：掌子面上布置约 120 个炮孔，施工时 7 名爆破作业人员分布在 3 层台车上，台车共 6 个区域，顶部 1 个，两侧各 2 个，中部 1 个。两种网路工序及用时统计见表 1。电子雷管的注册连线只能由一人完成，耗时长且存在严重的窝工现象。研发现场电子雷管信息并行处理系统可大大增加爆破施工效率。

表 1　80m² 隧道开挖断面两种网路耗时统计

Tab. 1　Time-consuming statistics of two networks for excavation section of 80m² tunnel

导爆管雷管		电子雷管	
步　骤	用时/min	步　骤	用时/min
登记领取	10	登记领取	5
装药	30	装药	30
注册	0	注册	45
连线	10	连线	
检查	5	检查	5
起爆	5	起爆	5
合计	60	合计	90

2.2　爆破作业单位

爆破作业单位是电子雷管的使用者，对爆破安全、质量、进度直接负责。在推广电子雷管应用过程中，应做好以下工作：

（1）积极响应国家政策，支持电子雷管新技术的推广，充分认识电子雷管的优点与安全特性，同时要深知电子雷管某些方面还不成熟，因此从自身的角度出发，规范操作，减小误差，针对特殊情况，加强沟通，攻坚克难。

（2）要充分利用电子雷管自身的优势，研究精确延时下的岩石破碎机理，研发新技术和新方法，提高炸药能量利用率，降低爆破综合成本。

（3）与电子雷管生产单位一起，对作业人员进行系统的培训，使他们能熟知电子雷管相关标准，熟练掌握电子雷管起爆系统，规范电子雷管联网操作程序与动作，向生产单位总结反馈异常信息，根据现场特点提供需求分析等。

2.3　行业主管部门

行业主管部门作为宏观政策的制定者与行业的监督管理机构，应系统了解电子雷管应用现状，做好电子雷管的生产、使用单位的服务工作，结合安保形势及经济发展要求，协调成本与安全矛盾，全面把握电子雷管推广进度。

（1）提升爆破器材安全管理工作的科技化、信息化、智能化水平，强化爆破器材安全监管工作，研究简约化购买和使用过程信息管理系统。目前公安机关在"全国民爆信息管理系统网络服务平台"中已经基本实现电子雷管跟踪管理、起爆器管理。但电子雷管信息管理系统有中国爆破网和丹灵公司的公安网站并行，两套系统要求不尽统一，给企业使用带来不便，如何实现双网协调联动，需相关部门研究解决。

（2）加强监管工作的力度和范围，完善民爆系统的功能，应充分考虑现场偶发的异常情况。目前北京地区主管机关无法实时监管电子雷管的实际爆破地点，爆破作业单位可通过丹灵系统自行更改起爆器准爆区域；深孔爆破时，电子雷管异常掉入孔内且无法取出时，起爆器对此雷管信息无法进行处理；现场剩余雷管需退库时难以直接操作。以上这些问题是爆破作业单位面临的共性问题，行业主管部门应作为牵头单位，多听取企业的意见，联合爆破行业协会及民爆系统研发单位，组织编制现场电子雷管信息处理流程，形成推荐标准。

（3）针对不适合使用电子雷管的特殊工程部位，经爆破专家论证后，应以安全为重，适时调整使用导爆管雷管进行爆破作业，确保电子雷管爆破得到安全平稳过渡。

3　结语

电子雷管经过 20 年的不断发展与完善技术已经接近成熟，在全国范围内推广使用三码绑定的电子雷管、起爆区域控制等技术实现了本质安全，这为爆破器材安全监管和爆破作业的安全管理提供了强有力的技术支撑。

加快电子雷管技术的推广应用是未来民爆行业发展的大趋势，对于推广使用过程中所发现的问题，应严肃对待，加强学习，积极努力寻求解决方案，各主体单位还要不断总结经验，共同完善技术，赋予电子雷管更多高技术的爆破功效，设计出更加多样化的产品类型，实现对电子雷管的无缝隙管控，确保电子雷管的有序安全地在全市推广应用。

参 考 文 献

［1］杨年华．应用电子雷管进行干扰降振爆破试验研究［J］．工程爆破 2013, 19（6）：210-217.
［2］龚敏, 吴昊骏．隧道爆破现场高速图像采集与精确控制爆破参数研究［J］．爆炸与冲击, 2019, 39（5）：1-10.

电子雷管–导爆管雷管混合起爆网路应用探讨

张万斌　李强蜂

（贵州开源爆破工程有限公司，贵阳　551400）

摘　要：本文主要介绍了电子雷管–导爆管雷管混合起爆网路在工程实践中的两种应用场景。一是在预裂爆破中，可以解决导爆管雷管地表管段别不足时，导爆管雷管起爆网路不能构建逐孔延时起爆网路的问题，还可以解决预裂孔使用雷管数量多带来的网路规模过大问题；二是用电子雷管来引爆导爆管雷管网路，解决导爆管雷管起爆器可靠性差、导爆管雷管不可追踪的问题。

关键词：电子雷管；导爆管雷管；混合起爆网路；预裂爆破

Discussion on Application of Electronic Detonator-detonator Hybrid Detonator Network

Zhang Wanbin　Li Qiangfeng

（Guizhou Kaiyuan Engineering Blasting Co., Ltd., Guiyang 551400）

Abstract：Two application scenarios of electronic detonator – detonator hybrid detonation network in engineering practice are introduced. First, the application in pre–split blasting can solve the problem that the detonating network of the detonating tube and detonator cannot build a hole by hole differential network when the surface section of the detonating tube and detonator is insufficient. It can also solve the problem that the network is too large due to the number of detonators used in the pre–crack hole. Second, electronic detonators are used to detonate the detonator network of the detonator, to solve the problem of poor reliability and untraceable detonator of the detonator.

Keywords：electronic detonator；detonator；hybrid initiation network；precracking blasting

1　引言

电子雷管又称数码电子雷管、数码雷管或工业数码电子雷管，即采用电子控制模块对起爆过程进行控制的电雷管[1]。电子雷管在安全监管方面，具有其他雷管无法比拟的优势，主要体现在以下几点[2-4]：（1）在起爆过程中需要在起爆器中输入密码，大大降低了雷管流失后被不法分子利用的可能性；（2）起爆器具有 GPS 定位功能，只有在准爆区域内才能使用，电子雷管的起爆器内置 GPS 定位元件，当起爆器开机后，要先进行 GPS 定位，定位成功后，起爆器

作者信息：张万斌，硕士，工程师，21143596@qq.com。

软件自动将定位的坐标与事先备案的项目坐标进行比对，只有比对成功，系统才允许进行雷管注册、起爆等操作；如果定位结果显示不在准爆区域内，则不允许进行有关操作；（3）起爆之前需要下载工作码，起爆完成后需要上传起爆记录，形成闭环管理。电子雷管的上述优势都是导爆管雷管所不具备的。

起爆网路是指向多个起爆药包传递起爆信息和能量的系统，包括电起爆网路，非电起爆网路和混合起爆网路[5]。电子雷管-导爆管雷管混合起爆网路，即在一个网路中同时使用电子雷管和导爆管雷管的起爆网路。该网路在国内爆破施工中已经有使用的案例。汪献强将电子雷管与导爆管雷管的混合起爆网路应用到城区隧道爆破中，达到了控制爆破振动的目的[6]。薛里和孟海利也对在隧道爆破中使用了电子雷管-导爆管雷管混合起爆网路降振进行了研究[7]。王铭锋、王学进、王北锋在城市楼群拆除爆破中使用了电子雷管-导爆管雷管混合起爆网路[8]。贵州开源爆破工程有限公司在爆破工程实践中的两个场景用到了该网路，取得了良好的应用效果。一是在预裂爆破中，预裂孔使用导爆管雷管，其他炮孔使用电子雷管；二是在使用导爆管雷管的网路中，使用电子雷管来引爆导爆管雷管。下面具体进行介绍。

2　电子雷管-导爆管雷管混合起爆网路在预裂爆破中的应用

贵州开源爆破工程有限公司曾采购过一批高精度导爆管雷管，用于临近高压铁塔附近的爆破施工。该批雷管分为孔内管（见图1）和地表管（见图2），孔内管延时时间为400ms（脚线长14 m），地表管延时时间有17ms、25ms、42ms、65ms、100ms几个段别。利用两种以上段别的地表管，可以构建逐孔毫秒延时起爆网路。当临近高压铁塔的爆区施工完毕后，购买的导爆管雷管尚有大量剩余。但是剩余的地表管中，只有65ms（脚线长9m）这一个段别，无法构建逐孔毫秒延时起爆网路，孔内管剩余数量则很多。另一方面，按照国家有关规定，2022年6月以后，要停止导爆管雷管的生产，9月以后停止销售。因此想要再采购其他段别的地表管也已经不可能。如果不对起爆网路作改进，那么剩下的这批导爆管雷管将无法使用，只能进行销毁处理。而此时，贵州开源爆破工程有限公司正在露天矿山进行大规模的预裂爆破施工，将导爆管雷管用于预裂孔中，而在主爆孔和缓冲孔中则使用电子雷管，构建电子雷管-导爆管雷管混合网路，取得了较好的效果。

图1　孔内高精度导爆管雷管

Fig. 1　High precision detonating tube in hole detonator

图2　地表高精度导爆管雷管

Fig. 2　High precision surface detonator detonator

预裂爆破是指沿开挖边界布置密集炮孔采用不耦合装药或装填低威力炸药，在主爆区爆破之前起爆，在爆破和保留区之间形成一道有一定宽度的贯穿裂缝，以减弱主体爆破对保留岩体的破坏，并形成平整的轮廓面的爆破作业，称预裂爆破[9]。预裂爆破基本作业方法有下列两种[10]：

（1）预裂孔先行爆破法。在主体石方钻孔之前，先沿边坡钻密集孔进行预裂爆破，然后再进行主体石方钻孔爆破。

（2）一次分段延期起爆法。预裂孔和主爆破孔用毫秒延期雷管同次分段起爆，预裂孔先于主爆孔 100~150ms 起爆。

2.1 引入混合网路前的预裂爆破设计

在瓮福磷矿穿岩洞矿实施预裂爆破，之前使用的是电子雷管网路。该矿的永久边坡坡面角设计为 60°~65°，预裂孔的倾角先后使用过 60°和 65°两种，后来确定为 65°。有关爆破参数见表 1[11-12]。

表 1　预裂爆破的主要爆破参数

Tab. 1　The main blasting parameters of presplit blasting

炮孔类型	孔径/mm	倾角/(°)	孔深/m	孔距/m	排距/m	单孔装药量/kg	备 注
主爆孔	180 或 200	90	12~15	7 或 6	5	120~210	
缓冲孔	180 或 200	90	5~7	4	4	30~45	其排距是指它与最后一排主爆孔间的距离
预裂孔	120	65	13~16.5	1.4	3.5	11.7~15	其排距是指它与缓冲孔间的距离

炮孔深度按照与主爆孔到同一水平来定，例如当主爆孔深度为 12m 时，预裂孔长度为 $L = 12m/\sin 65° = 13.2m$，实际取 13m。主爆孔和缓冲孔使用的炸药为现场混装铵油炸药（用于干孔）和现场混装乳化炸药（用于水孔），使用铵油炸药时的单耗为 0.38kg/m³ 左右，使用乳化炸药时的单耗为 0.4kg/m³ 左右。使用电子雷管，并使用起爆弹或者 ϕ70mm 的二号岩石乳化炸药制作起爆药包。为确保起爆的可靠性，主爆孔每孔使用 2 发雷管，缓冲孔每孔使用 1 发雷管。预裂孔的延米装药量经过了一系列摸索，最终确定为 0.9kg/m。

炮孔平面布置图如图 3 所示，剖面布置图如图 4 所示，图 4 中的炮孔深度以主爆孔 12m 为例，当主爆孔深度有变化时，缓冲孔、预裂孔的深度要相应调整。

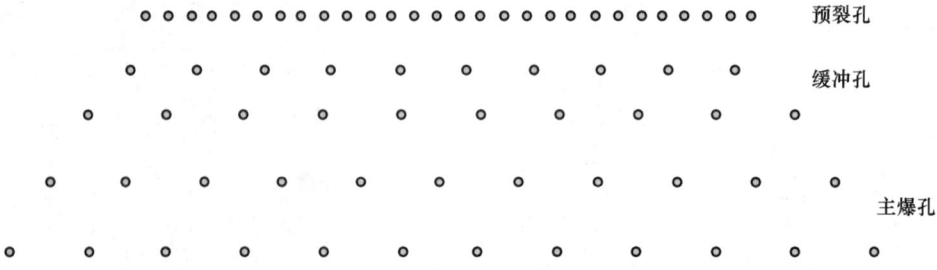

图 3　预裂爆破炮孔布置平面图

Fig. 3　Presplit blasting hole layout plan

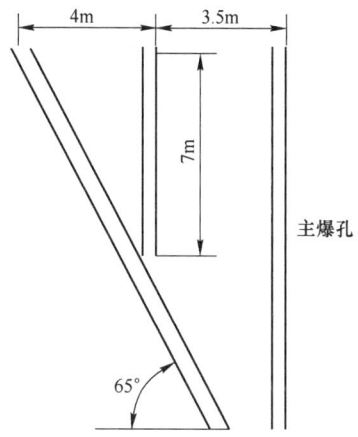

图4　预裂爆破炮孔布置剖面图
Fig. 4　Profile of pre-split blasting hole layout

预裂孔的装药结构如图5所示。使用φ32mm的二号岩石乳化炸药，每卷长度为300mm，装药结构为不耦合装药，以炮孔长度为14m的孔为例，具体结构如下：

（1）加强装药段。靠近孔底部分为加强装药段，将2卷炸药并在一起，捆绑在竹片上，再用2卷炸药也并在一起，与之前的2卷炸药首尾相接，绑在竹片上，依次类推，加强段总共绑20卷炸药，按照2卷×10的结构捆绑，使用一发电子雷管引爆整个药段。

（2）正常装药段。中部为正常装药段，装药结构为2卷×5+1卷×5=15卷。捆绑方式也是首尾相接，用1发电子雷管引爆。

（3）减弱装药段。靠近孔口部分为减弱装药段，装药结构为1卷×7=7卷，用1发电子雷管引爆。

这样，每个预裂孔总共需要使用3发电子雷管。当一次起爆的预裂孔数量较多时，雷管的用量就会很多。比如，如果一次起爆80个预裂孔，则仅预裂孔部分就要使用240发电子雷管，加上主爆孔（主爆孔每孔使用2发雷管）和缓冲孔也要使用电子雷管，整个爆区的雷管数量很可能超过400发，这样的起爆规模过大，超过了单台起爆器的带载上限，会给施工带来不便，增加成本。

2.2　起爆网路的改进

为了解决上述问题，同时也为了将剩余的导爆管雷管变废为宝，将预裂孔中的孔内管全部改为导爆管雷管，每个预裂孔再使用1发地表导爆管雷管来引爆孔内管，最后将地表导爆管雷管每8~10发分为一组，使用1发电子雷管来引爆地表管，整个爆区的起爆网路如图6所示。导爆管雷管得到了利用，减少了网路中电子雷管的用量，以80个预裂孔为例，只需要配置10发电子雷管就可以了，电子雷管总数超过起爆器带载上限的问题也迎刃而解。

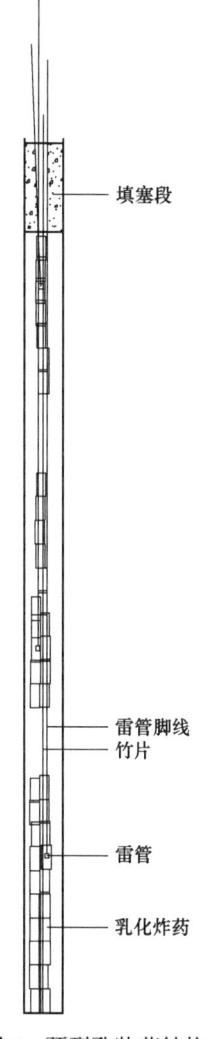

图5　预裂孔装药结构图
Fig. 5　Pre-crack charge structure drawing

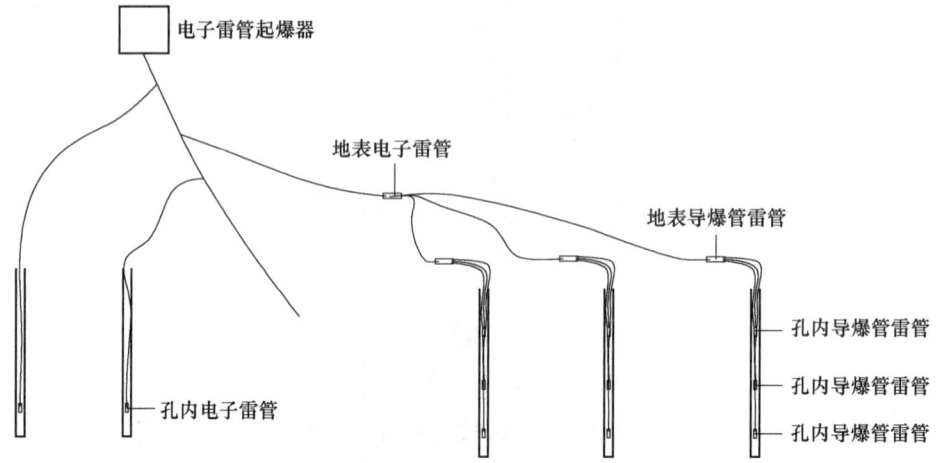

图6　电子雷管-高精度导爆管雷管混合起爆网路示意图

Fig. 6　Schematic diagram of electronic detonator-high precision detonator-detonator hybrid initiation network

2.3　施工注意事项

（1）预裂孔由于回填深度较浅，爆破中容易冲孔，产生大量石头
或砂土飞出，会损坏设备或砸伤人员。在环境复杂区域实施爆破时，为了保证足够的回填深
度，可以先在竹片上做记号，作为绑炸药的上限。在捆绑减弱段的炸药时，可以从记号处向孔
底方向捆绑，不同药段之间的间距可以适当调整。

（2）起爆药包宜在炸药捆绑之前制作，即拿一卷炸药，在其中插入雷管，然后用电胶布
将创口包扎好，确保在后期下孔过程中，雷管不会因为受到拉扯而从药卷中脱出。起爆药包做
好后，再将其捆绑在竹片上。

（3）对电子雷管进行延时设置时需要注意预裂孔部分，孔内管自带400ms延时，地表管自
带65ms延时，计算预裂孔的总延时时间，要将这部分延时加进去。例如，如果将图6中的地
表电子雷管延时设置为100ms，则预裂孔的总延时时间为400ms+65ms+100ms＝565ms。而预裂
孔爆区，要求预裂孔超前于主爆孔100~150ms起爆，那么主爆孔的起始延时可以按照565ms+
（100~150）ms来计算，结果为665~715ms。

2.4　应用效果与经济效益分析

经过一段时间的应用实践，该网路应用效果良好，没有出现盲炮。

临近高压铁塔的爆区施工完毕后，我公司剩下的高精度导爆管雷管总数在4000发以上，
按照每发雷管20元计算，价值在8万元以上。通过设计上述混合网路，将剩下的导爆管雷管
消耗掉并节约了电子雷管的用量。这里剩余导爆管雷管的数量就按照4000发计算，按照该起
爆网路，一个预裂孔合计使用导爆管雷管4发，那么4000发导爆管雷管可以供1000个预裂孔
使用，并需要搭配约125发电子雷管；如果预裂孔全部使用电子雷管，则需要3000发电子雷
管。改用该混合网路，可以净节省电子雷管2875发，按照每发电子雷管20元的采购成本计
算，则可以节省成本5.75万元。

3 使用电子雷管引爆导爆管雷管网路

除预裂爆破外，浅孔爆破也可以采用电子雷管–导爆管雷管混合起爆网路，消耗导爆管雷管，减少电子雷管用量。

普通导爆管雷管（非高精度导爆管雷管）网路，因起爆器选择不当可能造成盲炮。为了解决这一问题，使用 1 发电子雷管来引爆导爆管网路，构建一个简单的电子雷管–导爆管雷管混合起爆网路。由于电子雷管起爆器可靠性好，可较好解决拒爆现象，给施工带来了便利。

另外，从安全监管的角度来看，该网路虽然只是在导爆管网路的基础上稍加改进，却最大限度地利用了电子雷管在安全监管方面的优势，受到了公安部门的欢迎。

4 结论

（1）在预裂爆破中，在预裂孔中使用高精度导爆管雷管，其余炮孔中使用电子雷管，可以解决导爆管雷管段别不足带来的网路构建困难问题，还可以解决预裂孔数量过多引起的电子雷管起爆规模过大问题。在当前无法购买导爆管雷管这样的时期，该网路给合理利用剩余的导爆管雷管提供了一个很好的方案。

（2）用电子雷管起爆导爆管雷管网路，可靠性好，能很好地解决因导爆管雷管起爆器造成的拒爆问题，给施工带来了便利，而且便于公安部门的追踪管理。

参 考 文 献

[1] 颜景龙. 中国电子雷管技术与应用 [J]. 中国工程科学, 2015, 17 (1): 36-41.

[2] 张瑞萍. 论民用爆炸物品管理的警务创新———以电子雷管技术推广应用为视角 [J]. 山东警察学院学报, 2019 (4): 119-125.

[3] 张万斌, 李玉景, 张华, 等. PHED-1 型电子雷管在露天深孔爆破中的应用 [J]. 爆破器材, 2019, 48 (2): 47-50, 64.

[4] 李杰, 余红兵, 张亮, 等. 高精度 JR 数码电子雷管在露天矿山开采中的应用 [J]. 化工矿物与加工, 2017 (3): 49-52.

[5] 汪旭光, 郑炳旭, 张正忠, 等. GB 6722—2014 爆破安全规程 [S].

[6] 汪献强. 数码电子雷管与导爆管毫秒雷管组合法爆破技术在城区隧道中的应用 [J]. 科技资讯, 2014, 13: 53-54.

[7] 薛里, 孟海利. 电子–导爆管雷管混合起爆网路在隧道爆破中的应用 [J]. 铁道建筑, 2016 (3): 70-74.

[8] 王铭锋, 王学进, 王北锋. 电子雷管—导爆管雷管混合网路在城市楼群拆除爆破中的应用 [J]. 煤矿爆破, 2018, 130 (6): 32-35.

[9] 颜事龙, 胡坤轮, 徐颖, 等. 现代工程爆破理论与技术 [M]. 徐州: 中国矿业大学出版社, 2007.

[10] 汪旭光. 爆破手册 [M]. 北京: 冶金工业出版社, 2010.

[11] 李建华. 预裂爆破技术在大型露天矿山的应用 [J]. 有色金属, 2015, 67 (3): 74-76, 81.

[12] 李永凤, 高德瑞. 预裂爆破技术在新疆富蕴蒙库铁矿的应用 [J]. 矿冶工程, 2015, 35 (3): 37-39.

电子雷管在复杂环境岩石路基爆破开挖中的应用

李建设　　王 冠

（中铁十九局集团有限公司，北京　100176）

摘　要：在莆炎高速公路三明段 YA10 标华口互通 A 匝道深路堑开挖爆破工程中，针对复杂的爆破环境，采用大区多排电子雷管毫秒延时逐孔起爆技术进行爆破开挖，从爆后效果观察和爆破振动监测数据来看，采用该技术能够减少爆破次数、控制爆破振动速度，保证了工程进度和施工安全。

关键词：深路堑开挖；电子雷管；逐孔起爆；复杂环境；爆破振动

Application of Millisecond Delay Blasting Technology of Electronic Detonator in Excavation of Rock Subgrade of Adjacent Operating Highway

Li Jianshe　Wang Guan

（China Railway 19th Bureau Group Co., Ltd., Beijing 100176）

Abstract：In the excavation and blasting project of deep cutting of YA10 Biao Huakou Interconnecting A ramp in Sanming section of Puyan Highway, aiming at the complex blasting environment, multi-row electronic detonator millisecond delay blasting technology is adopted to carry out blasting excavation. From the observation of post-detonation effect and blasting vibration monitoring data, it can be seen that this technology can reduce blasting times and control blasting vibration speed. Ensure the project progress and construction safety.

Keywords：deep cutting excavation；electronic detonator；millisecond delay hole to hole blasting；complex environment；blasting vibration

1　工程概况

1.1　地形地质

莆炎高速公路三明段 YA10 标，起于尤溪县华口村中仙乡莆炎高速永泰梧桐至尤溪中仙段（福州市境）的终点，同时是和厦沙高速的交叉点，设计桩号 K161 + 556.623（ZK161 + 576.642），终点位于湖美溪隧道中部，桩号 K168+550（ZK168+550），全长 6.99km，设计时

作者信息：李建设，硕士，教授级高级工程师，13501135532@163.com。

速为100km/h；华口互通位于尤溪县中仙乡华口村两侧的剥蚀残丘上，互通右线主线桥起止桩号为K160+800~K162+300，左线Z3K160+700~Z1K162+300，拟建互通设主线桥1座，匝道桥4座，深路堑2处，高路堤1处；其中华口互通A匝道为深路堑，该区段为丘陵地段，坡地地形稍陡，从上至下分布第四系覆盖层（填筑土、粉质黏土）、全风化凝灰质砂岩、砂土状强风化凝灰质砂岩、碎块状强风化凝灰质砂岩、中风化凝灰质砂岩，岩石节理裂隙中等发育，地层结构较简单，无其他不良地质构造。地表机械开挖后上部属普坚石，下部属坚石，普氏硬度为 $f=6~12$。AK0+380为边坡最大开挖中心，开挖高度约24.50m，为岩土混合边坡，建议采用台式放坡，平台宽为2.0m，全风化及坡积粉质黏土坡率1:1.0~1:1.25，强风化1:1.0~1:0.75，中风化岩1:0.5，坡顶设置排水天沟，边坡按规范要求防护。地下水以基岩裂隙水为主，水量贫乏。AK470~AK660段匝道路基开挖需要进行爆破，工程量约50000m³（清表挖去部分土方），该路段为全路堑开挖，地表覆土层少，整体上呈南北走向，地势北低南高、东低西高。

1.2 爆区周围环境

路堑通过的地区环境复杂，开挖区整体上呈南北走向，爆区长度约160m，宽度10~35m不等，西侧为山体，山体上有高压线杆及变压器，距离爆区约60m，爆区南侧与厦沙高速公路路基相连，厦沙高速公路南侧桥梁距离爆区约50m，厦沙高速公路东北侧桥梁距离爆区约40m，爆区东侧为正在施工的B匝道，距爆区约90m，爆区北侧150m为正在施工的B匝道路基。由于爆破开挖区紧邻正在运营的厦沙高速公路，距离高压线、匝道、桥梁较近，周围环境复杂，爆破方案设计应严格控制爆破振动、飞散物及滚石的影响范围。爆破开挖区域周围环境如图1所示。

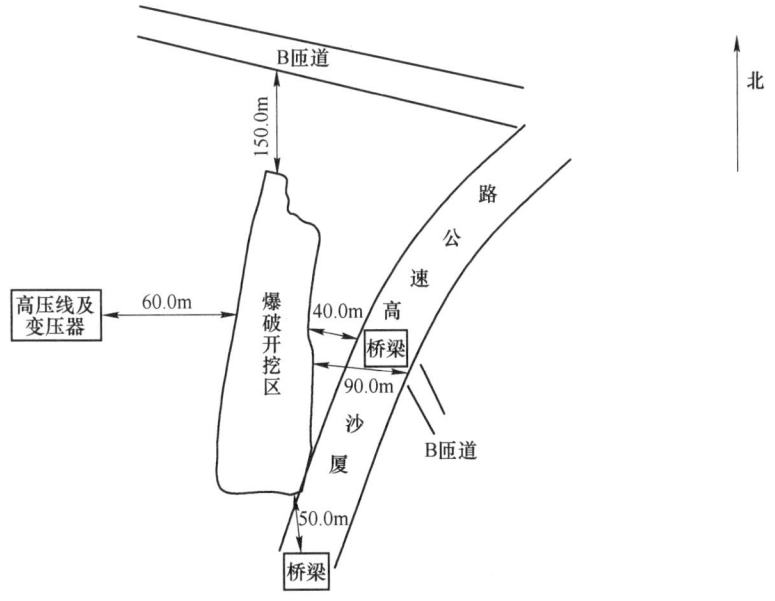

图1 爆破开挖区域周围环境图

Fig. 1 Surrounding environment map of blasting excavation area

1.3　技术要求

根据爆区周围环境及施工技术条件，该区域石方爆破要求如下：

（1）控制爆破飞散物的影响范围，确保周围临近高速公路、桥梁及高压线路的安全。

（2）应控制爆破振动对周围桥梁、高压线杆的影响，桥梁爆破振动速度应控制在 3.5 ~ 4.5cm/s 或 5~6cm/s [《铁路工程爆破振动安全技术规程》（TB 10313—2019）] 以内。

（3）由于紧邻厦沙高速公路，且 A 匝道相连路基开挖岩石边坡高度 10 ~ 18m 不等，控制爆破滚石的数量及影响范围，爆破期间高速公路封锁至解除控制在 30min 之内。由于厦沙、莆炎高速公路均在正常运营，因此在保证安全的情况下尽可能增大单次爆破规模，减少爆破次数。

（4）爆破块度利于大型机械挖运，边坡易于采用机械修坡成型。

2　爆破方案选择

2.1　爆破方案选择原则

根据开挖路段的地形地质、周围环境情况和技术要求，制定爆破方案时应遵循以下原则：（1）必须确保施工过程安全可靠；（2）确保路堑施工质量要求和边坡的安全稳定；（3）能够满足工程对工期的要求；（4）爆破有害效应易于控制在安全范围内。

2.2　爆破方案选择

综合考虑工期、爆区周围要保护的建（构）筑物的情况，结合待爆山体的地形地貌、岩体性质、结构特点，决定采用"大区多排电子雷管毫秒延时逐孔起爆深孔松动爆破"的施工方案，采用电子雷管毫秒延时爆破网路，严格控制最大单段爆破药量。

3　爆破参数及网路设计

3.1　炮孔布置

全路堑开挖爆破采用矩形布孔，垂直路堑走向成排布置炮孔，钻孔形式为垂直炮孔，同排炮孔深度中间深两侧浅，排间炮孔深度自北向南逐渐加深。炮孔布置如图 2 所示。

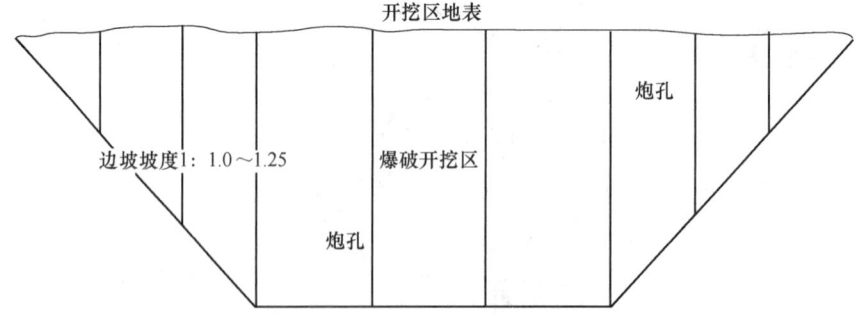

图 2　路堑开挖典型断面炮孔布置示意图

Fig. 2　Schematic diagram of deep-hole layout in typical section of cutting excavation

3.2 爆破参数的确定

（1）单位炸药消耗量 k。

k 的选取与岩性、台阶高度、自由面数量、炸药种类、炮孔直径等多种因素有关，本工程 k 值在 $0.25 \sim 0.4$kg/m³ 选取。

（2）孔径 d 及炮孔深度 L。

炮孔直径 $d=120$mm，炮孔深度 $L=(H+h)/\sin\theta$，其中，H 为台阶高度；h 为炮孔超深，取 $h=0.5 \sim 1.5$m；θ 为炮孔倾角72°。炮孔深度 $L=3.0 \sim 14.0$m 不等。钻孔过程中进行地质素描，并根据地质变化情况对爆破参数进行合理调整。

（3）炮孔间距 a、排距 b。

炮孔间距 $a=2.8 \sim 4.3$m，炮孔排距 $b=2.5 \sim 3.6$m，根据现场实际情况进行调整。

（4）底盘抵抗线 W。

底盘抵抗线 $W=2.8 \sim 4.3$m（控制滚石），根据现场实际情况进行调整。

（5）单孔装药量 Q。

第一排按 $Q=kaW_1H$ 计算，其他排按 $Q=K'kabH$ 计算，其中，K' 为增加系数，取1.1。

（6）填塞长度。

为了控制飞石的影响范围，填塞长度不小于1.2倍炮孔抵抗线。

炮孔采用底部连续耦合装药结构，孔内采用单发电子雷管，2号岩石胶状乳化炸药（药卷直径 $\phi90$），装药结构图如图3所示。爆区起爆顺序排间从北向南、孔间从西向东逐排逐孔起爆。

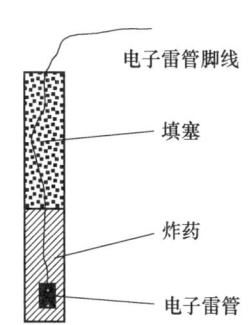

电子雷管脚线

填塞

炸药

电子雷管

图3 炮孔装药结构图
Fig. 3 Deep-hole charge structure diagram

3.3 爆破网路设计

采用福建海峡科化股份有限公司生产的现场设置型普通电子雷管，连接方式为并联，每孔使用1发电子雷管，电子雷管网路延期时间间隔仍按照露天爆破孔间及排间不同的延期时间现场设置，由于岩石为凝灰质砂岩，岩石韧性较好，延期时间间隔选择较大值，孔间延期时间间隔为25ms，排间延期时间间隔为65ms，排间及孔间毫秒延时间隔时间能有效地错开，确保雷管起爆延期时间不发生重叠现象，能有效地控制爆破振动效应，改善岩石的破碎效果。

爆破传爆方向整体上沿走向方向自北向南、垂直走向方向自东向西。采用电子雷管起爆器远距离引爆整个爆破网路。大区多排逐孔毫秒延时爆破网路图如图4所示。深孔爆破设计成果见表1。爆破器材计划见表2。

表1 深孔爆破设计成果表
Tab. 1 Table of deep-hole blasting design

序号	孔深/m	孔距/m	排距/m	装药长度/m	填塞长度/m	装药量/kg
1	3.5	2.8	2.5	0.3	3.2	2.4
2	5.0	3.0	2.8	1.8	3.2	17.1
3	6.0	3.3	3.0	2.4	3.6	22.8
4	7.0	3.4	3.0	3.2	3.8	30.4
5	8.0	3.6	3.2	4.0	4.0	38.0

续表1

序号	孔深/m	孔距/m	排距/m	装药长度/m	填塞长度/m	装药量/kg
6	9.0	3.8	3.2	4.8	4.2	45.6
7	10.0	3.8	3.4	5.8	4.2	68.4
8	11.0	4.0	3.4	6.5	4.5	76.7
9	12.0	4.1	3.5	7.5	4.5	88.5
10	13.0	4.2	3.6	8.3	4.7	99.6
11	14.0	4.3	3.6	9.0	5.0	108.0

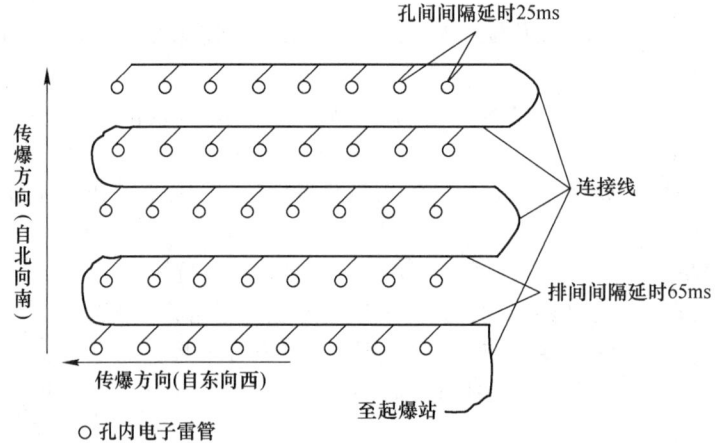

图4 大区多排逐孔毫秒延时起爆网路图

Fig. 4 Multi-row millisecond delay detonation network in large area

表2 爆破器材计划表

Tab. 2 Blasting materials and accessories schedule

序 号	名 称	规 格	数 量
1	乳化炸药	袋装及箱装	10570kg
2	电子雷管	15m 脚线	349 发
3	连接线（双股）		1000m

4 爆破安全校核

4.1 爆破振动

为了防止爆破振动对附近桥梁产生的不利影响，爆破振动安全允许距离，可按式（1）计算：

$$R = \left(\frac{K}{V}\right)^{\frac{1}{\alpha}} \cdot Q^{\frac{1}{3}} \tag{1}$$

式中 R——爆破振动安全允许距离，m；

Q——炸药量，齐发爆破为总药量，延时爆破为最大一段药量，kg，取 $Q = 108.0$kg；

　　　　V——保护对象所在地质点振动安全允许速度，cm/s，取 $V=3.5$ cm/s；

　　K，α——与爆破点至计算保护对象间的地形、地质条件等有关的系数和衰减指数，可按表选取，或通过现场试验确定，取 $K=150$、$\alpha=1.5$。

　　根据计算在单段最大药量为 108.0kg，质点振动安全允许速度为 3.5cm/s 时，爆破振动安全允许距离为 58.3m，而最近的桥梁距离爆区最深炮孔为 75m，处于安全范围内，估算 75m 处爆破振动速度为 2.4cm/s。因而在现场爆破实施时要确保单段最大装药量小于 108kg。另外，受保护桥梁在高程上位于开挖区域两侧下部，爆破振动对桥梁的实际影响会变得更小。

4.2　爆破个别飞散物

　　根据《爆破安全规程》（GB 6722—2014）有关规定，深孔爆破个别飞散物对人员的安全距离不应小于 200m，因此，此次爆破对人员的安全警戒圈半径划定为 200m。

5　安全技术措施

　　合理确定爆破参数，采用电子雷管毫秒延时逐孔起爆技术，控制爆破振动对附近桥梁的影响。同时采取以下安全技术措施：

　　（1）采用电子雷管毫秒延时逐孔起爆网路，按照设计要求设置雷管延期时间间隔，网路敷设时认真检查核对。按照设计要求装药，严格控制最大单段装药量，控制爆破振动对桥梁产生不利的影响。

　　（2）确保临空面炮孔的最小抵抗线不小于 35 倍的炮孔直径，保证填塞质量（采用碎石屑进行填塞，填塞密实）及填塞长度（不小于 35 倍的炮孔直径）。

　　（3）由于紧邻高速公路，岩石边坡高度大于 10m，采取上部设置 2~4m 宽的小平台、临空面炮孔后起爆及在高速公路护栏板外设置 1m 高竹笆遮挡等措施控制滚石滚落范围。

　　（4）考虑到周围环境情况，在爆破实施时对爆破振动效应进行监测。

　　（5）由于爆破区紧邻运营的高速公路，需要采取繁琐的施工工序精细作业，增加爆破器材数量，减少爆破次数，从技术及管理方面尽可能减少对运营高速公路的影响。

6　爆破效果分析及结论

　　从现场爆破效果来看，电子雷管毫秒延时逐孔起爆网路传爆可靠，爆破后桥梁没有受到任何影响，爆后爆堆向上隆起约 0.7~1.5m，录像实际观测未发现飞石，无盲炮，爆破取得了圆满成功。采用振动监测仪对爆破振动速度进行了监测，监测点距离最近炮孔水平距离 10~20m，在爆区的中部，Y 方向平行于匝道走向。从监测结果来看，5 台振动仪波形分布相同，爆破振动持续时间 3.3~3.5s，符合该爆破设计的要求，由于该段爆破为拉槽爆破，夹制性大，而且为了控制滚石的影响范围，孔间起爆顺序先从没有临空面的东侧起爆，因而在 X 方向的振动速度与 Z 方向振动速度较大，而且先起爆的东侧比后起爆的西侧 X 方向的振动速度明显偏大，排间随着炮孔深度的增大自北向南振动速度逐渐增大，振速变化明显时间段集中在 1.7~2.8s 之间，符合孔深 10~14m 分布在爆区后段的现场实际情况，监测振动速度与估算振动速度相近。测振点布置示意图如图 5 所示，爆破振动监测数据见表 3。

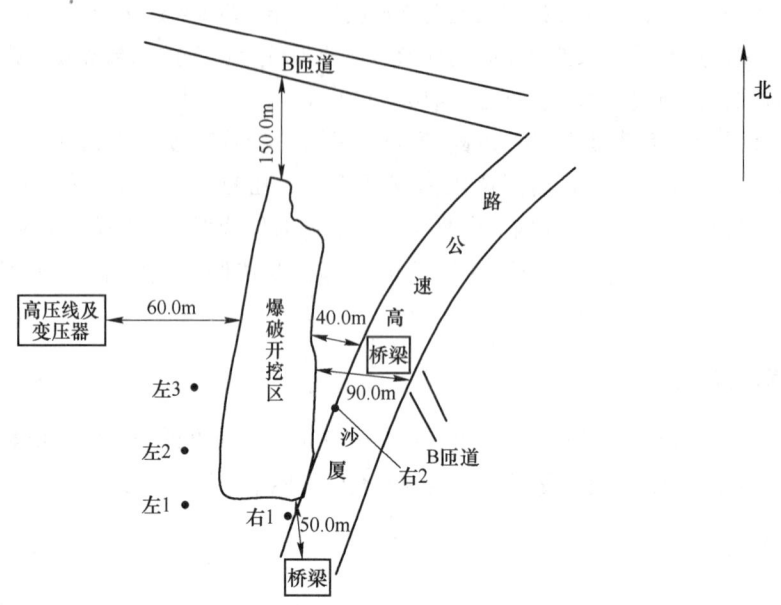

图 5　测振点布置示意图

Fig. 5　Layout diagram of vibration measurement points

表 3　爆破振动监测数据表

Tab. 3　Blast vibration monitoring data table

测振仪	通道号（方向）	最大速度/cm·s⁻¹	振动主频率/Hz	最大速度时刻/s
右 1	X	7.432	34.1	2.0398
	Y	5.819	26.0	2.0372
	Z	5.469	18.5	1.6757
右 2	X	2.711	30.7	2.2498
	Y	2.375	38.8	2.6381
	Z	3.868	28.4	2.6216
左 1	X	14.41	9.09	2.7640
	Y	6.13	7.35	2.7195
	Z	9.81	23.26	2.5565
左 2	X	11.91	12.99	2.7810
	Y	20.57	24.39	2.3985
	Z	16.77	18.52	2.4295
左 3	X	7.42	10.417	2.5890
	Y	6.35	52.632	2.1920
	Z	10.86	33.333	2.0850

（1）本工程根据环境要求和地形地质特点选择的爆破方案，设计合理，技术可行，安全可靠，在不需要特殊防护条件下，爆破无飞散物；采用电子雷管毫秒延时逐孔起爆网路，实现

了大区多排近 400 个炮孔毫秒延时间隔的顺序起爆，从而达到控制单段最大爆破药量，降低爆破振动的目的，保证了周围建筑物的安全。从现场多次爆破实践发现，采用孔间与排间不同延时间隔组合比孔间等间隔设置电子雷管逐孔起爆网路能更好地控制振动速度及振动持续时间，爆破效果更好。设计中采取的上部设置 2~4m 宽的小平台、临空面炮孔后起爆及在高速公路护栏板外设置 1m 高竹笆遮挡等措施控制滚石滚落范围非常有效，爆后只有几块滚石滚落进主路，爆后路面滚石及边坡危石清理均在 20min 全部完成，对运营高速公路影响最小。

（2）根据周围环境和岩石性质选择的爆破参数和采用的爆破网路，改善了爆破质量，加快了施工进度，减少了爆破次数，取得了较好的社会及经济效益，有效地控制了爆破的有害效应。

参 考 文 献

［1］汪旭光．爆破手册［M］．北京：冶金工业出版社，2010．

［2］王海亮．铁路工程爆破［M］．北京：中国铁道出版社，2001．

［3］张志毅．中国爆破新技术Ⅳ［M］．北京：冶金工业出版社，2016．

［4］李建设，李建彬，田爱军，等．承德市张双铁路（二期）第四合同段段基土石方开挖爆破振动测试及影响评价［C］//爆破振动影响与测试技术座谈会论文汇编．中国工程爆破协会，2009：184-190．

电子雷管起爆系统在城镇暗挖中的应用

郭玉琪　闫鸿浩　李晓杰　王小红

（大连理工大学运载工程与力学学部工程力学系，辽宁　大连　116024）

摘　要：城市建设对爆破开挖要求越来越高或极其苛刻，传统非电起爆网路难以控制振动要求，在这种情况下，电子雷管的应用将成为爆破技术的主要趋势。电子雷管有缺点，但优点也很显著：具有爆破延时可调并且有较高的准确性，精确到1ms，同时大大提高了安全性。本文主要介绍了电子雷管在城市暗挖中的现状，以大连5号地铁站工程为实例，电子雷管起爆可以大大减小爆破振动速度幅值，地铁站的顺利通车说明了电子雷管起爆的可行性。

关键词：地铁隧道；电子雷管；起爆网路

Electronic Detonator Initiation System in the Application of Urban Concealed Excavation

Guo Yuqi　Yan Honghao　Li Xiaojie　Wang Xiaohong

（Department of Engineering Mechanics, Faculty of Transport Engineering and Mechanics, Dalian University of Technology, Dalian 116024, Liaoning）

Abstract：Urban construction requirements for blasting excavation are increasingly high or extremely demanding, the traditional non-electric detonation network is difficult to control vibration requirements, in this case, the application of electronic detonators will become the main trend in blasting technology. Electronic detonators have disadvantages, but also significant advantages: with adjustable blasting delay and high accuracy, accurate to 1 millisecond, while greatly improving safety. This paper mainly introduces the current situation of electronic detonator in urban concealed excavation, with Dalian No. 5 subway station project as an example, and electronic detonator detonation can greatly reduce the blasting vibration velocity amplitude, the smooth opening of the subway station illustrates the feasibility of electronic detonator detonation.

Keywords：subway tunnels；electronic detonators；detonation network

1　引言

随着时代的进步，城市建设速度越来越快，尤其是地铁工程，而地铁的建设离不开爆破工程。由于地铁站建设周围建筑比较多，因此对爆破的要求也越来越高，在达到爆破目的的同时

基金项目：国家自然科学基金（12172084）。
作者信息：郭玉琪，硕士，1430634306@ qq. com。

也要避免对周围建筑的振动影响，减少因爆破而产生的居民纠纷问题。要求爆破安全性可靠性非常高，所以起爆网路的设计成为趋势，通过增加起爆段数设计，不仅可以减少爆破次数，还可以在实现扩大爆破规模的同时控制药单耗，大大提高了经济性和安全性。近些年起爆网络在爆破行业内越来越受欢迎，尤其是电子雷管起爆网络，凭借其精确的爆破延时优势，大大提高了爆破工程的质量。

纵观电子雷管的应用发展，从 20 世纪 80 年代，电子雷管开始进入爆破市场，前期的应用基本都在国外，他们的一些试验都取得了很好的爆破效果。而在我国 2006 年三峡围堰爆破拆除中也利用电子雷管起爆系统并取得了巨大的成功，电子雷管起爆网络在我国矿山开挖和爆破拆除等工程中都取得了巨大的经济和安全效益。近几年电子雷管在隧道开挖和城镇建设中应用越来越多，如杨译等人[1]在隧道开挖中通过将电雷管与电子雷管起爆系统对比，发现电子雷管不仅减少了最大段起爆药量，而且大大提高了爆破效率。在城镇中爆破这种优势会更明显，如孟小伟等人[2]在城镇浅埋隧道爆破工程中也进行了电子雷管起爆，以实际工程为背景，针对爆破周边密集的建筑，进行减振和爆破控制，将电子雷管与非电毫秒雷管爆破效果对比，电子雷管爆破大大降低了振动，不仅保证了工程进度，还达到了安全标准，在后续的一些电子雷管的实际工程应用及电子雷管在工程爆破中得以推广[3-4]。韩涛等人[5]以高速公路隧道开挖为工程背景使用电子雷管进行爆破，通过设计炮眼参数、装药结构、延期时间进行优化，达到爆破目的。该爆破产生的爆堆均匀，松散性好，取得良好爆破效果。肖业辉等人[6]也是在地铁隧道爆破中使用电子雷管，实现了在复杂环境下的爆破任务，这都展现了电子雷管起爆系统在爆破效果及综合效率等方面的优势。

2　电子雷管起爆系统

电子雷管[7]与传统延期电雷管的基本原理是相同的，而不同的是电子雷管增加了电子电路，从而使它可以随意设置延期时间，并更加准确的进行控制。这都归功于电子雷管中增加了一个微型电子芯片取代了使用传统延期药与电点火方式，能够精确控制通往引火的电源，大大减少了误差。

电子雷管起爆系统基本上由雷管、编码器和起爆器组成。其中编码器主要功能就是将设计好的延期时间根据每发雷管对应的 ID 码，发送到对应的雷管并完成设定。在此次爆破中的每发雷管的数据都会记录在编码器中，首先记录的就是雷管在起爆网路的位置，然后在检测雷管 ID 码时，会对雷管性能、有无漏电、起爆回路的连接等进行检测，如果没问题，最后会提醒操作员进行延期时间设定。而起爆器的功能是对整个爆破网路编程与触发起爆进行控制。比编码器更高一级，起爆器会自动识别所连接的编码器，并从其中读取整个网路数据，检测整个网路，只有当起爆器和编码器没有任何错误的时候，才可以起爆。

当然使用电子雷管也有缺点，如电子雷管成本较高，对于那些造价低的工程，施工成本会有不同的增加；再就是电子雷管与传统雷管相比其操作流程较复杂，在小断面爆破中，会有个别抗震性能略差的雷管产生拒爆，在使用电子雷管的起爆时，网路计算复杂，要求操作水平高，受雷电、静电和杂散电流的影响有可能引起网路意外起爆事故。所以不要盲目使用电子雷管，还是要针对实际问题做出更经济，更安全的爆破方案。

3 工程概况

3.1 工程介绍

为促进大连海湾两岸的经济协调发展，加快城市向北发展的进度，缓解城市交通问题，缩短两地距离方便人们出行，开始建设大连地铁 5 号线，它是节约能源、环境保护的需要，也是促进沿线城市更新改造及发展的需要。本文爆破实例就是大连 5 号线地铁站爆破开挖，而大连地铁 5 号线是中国辽宁大连市第六条建成运营的地铁，也是东北地区首次跨海地铁线路，全长 24.484km，共 18 个站，此次爆破工程就是对老虎滩地铁站进行爆破开挖，用的就是电子雷管起爆系统，也是大连首次使用电子雷管建设地铁工程，对今后此区域使用电子雷管起爆具有指导或示范意义。

本次爆破使用暗挖法进行地下爆破开挖，如图 1 所示，老虎滩公园站附属 D 出口暗挖段中心起始里程为 K2+266.201，东西走向，暗挖段宽度 8m、高度 8.4m、长度约 42m、埋深 10 ~ 12m。在爆破开挖开始前，使用机械开挖长约 12m，由于剩余部分由岩石构成，岩石种类为围岩级别 Ⅳ 级，中风化石英岩，节理较发育，需进行爆破施工，爆破实际长度约 30m。爆区正上方位于解放路老虎滩段北侧，东侧有珊瑚馆，南侧距离国家海上卫生动员中心约 50m，西侧与北侧分别有驾校、教育培训中心。

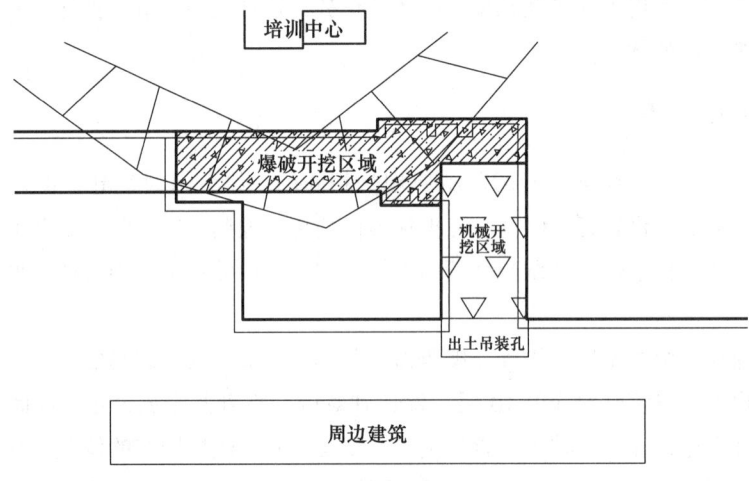

图 1　施工布局图

Fig. 1　Construction layout diagram

3.2 施工难点

此爆破工程处于市区，周围建筑较多，对爆破振动要求较高，依据《爆破安全规程》（GB 6722—2014）[8]，本次工程属于 D 级工程范围，同时由于爆破地点处于闹市区，风景名胜区，工程等级拟定为 C 级管理。复杂的建筑、密集的人群和其地表的燃气管线（待拆除）都是本次爆破的重点与难点。

4　电子雷管起爆的应用

4.1　爆破设计

（1）采用浅孔松动爆破，孔内采用不耦合装药方式以达到减小爆破后炸药对孔壁初始压力的目的。

（2）钻孔参数：孔径 42mm 凿岩钻孔，布孔方式为正方形与梅花形相结合，周边孔孔距 550mm。

（3）使用粉状乳化炸药（药重 150g，药柱长 200mm、药径 32mm）。

（4）雷管：电子雷管。

4.2　爆破方案

利用电子雷管高精确性和延时精准的特点，采用电子雷管起爆，设计爆破网路[9]并进行小药量装药，多段位设置采用上下台阶法，将上台阶进行两个循环后再对下台阶进行施工，电子雷管组间微差间隔在 20~100ms[10]，通过无线扫描方式进行注册，当编码器和起爆器都没有错误时进行起爆，通过该起爆方式将爆破振动控制在安全标准范围内。

爆破网路具体信息：掏槽区域的 8 个孔分成 4 对延时起爆，承担的单段药量 0.6kg、1.2kg、1.2kg、1.2kg。如果采用非电导爆管雷管，通常是 6 个掏槽孔为一个段位，起爆药量达到 1.2×6=7.2kg。将单段药量从 7.2kg 降低到 0.6kg，在地表相同位置处产生的振动速度预计可降低 3.5 倍。往期，采用非电导爆管雷管的第 1 系列，段别有 MS-1、MS-3、MS-5、MS-6 等，分别对应延时 0ms、50ms、110ms、150ms，间隔时间 50ms、60ms、40ms。通过电子雷管引爆，设置间隔为 20ms、40ms、80ms、20ms。间隔的时间可以根据实际灵活调整，调整延时间隔具有方便性与准确性。

辅助孔 8 排，24 个孔；上顶孔 12 个；次周孔 10 个；拱顶孔 18 个；边墙孔 6 个；底板孔 9 个，孔距 740mm。上台阶布孔图如图 2 所示，每孔装药量及对应的延时时刻见表 1，理论延时 740ms。

下台阶，布置 5 排，进尺 1.5m，合计 40 孔，下台阶总药量 24kg，理论延时 450ms。下台阶布孔图和爆破参数如图 3 和表 2 所示。

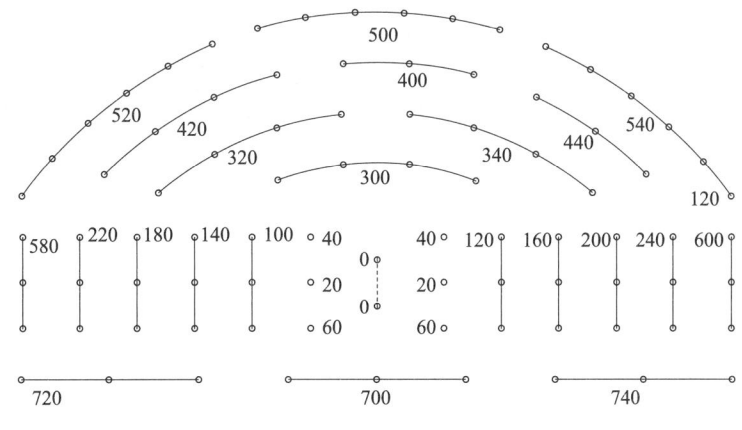

图 2　上台阶布孔图

Fig. 2　The upper step of the layout of holes

表 1　上台阶爆破参数表

Tab. 1　Table of blasting parameters for the upper step

类　别	孔深	孔数/个	药量/kg	单段药量/kg	延时/ms
掏槽孔 1	0.80	2	0.30	0.60	0.00
掏槽孔 2	1.30	2	0.60	1.20	20.00
掏槽孔 3	1.30	2	0.60	1.20	40.00
掏槽孔 4	1.30	2	0.60	1.20	60.00
辅助孔 1	1.10	3	0.30	0.90	100.00
辅助孔 2	1.10	3	0.30	0.90	120.00
辅助孔 3	1.10	3	0.30	0.90	140.00
辅助孔 4	1.10	3	0.30	0.90	160.00
辅助孔 5	1.10	3	0.30	0.90	180.00
辅助孔 6	1.10	3	0.30	0.90	200.00
辅助孔 7	1.10	3	0.30	0.90	220.00
辅助孔 8	1.10	3	0.30	0.90	240.00
上顶孔 1	1.10	4	0.30	1.20	300.00
上顶孔 2	1.10	4	0.30	1.20	320.00
上顶孔 3	1.10	4	0.30	1.20	340.00
次周孔 1	1.10	3	0.30	0.90	400.00
次周孔 2	1.10	4	0.30	1.20	420.00
次周孔 3	1.10	3	0.30	0.90	440.00
拱顶孔	1.10	6	0.15	0.90	500.00
拱顶孔	1.10	6	0.15	0.90	520.00
拱顶孔	1.10	6	0.15	0.90	540.00
边墙孔	1.10	3	0.30	0.90	580.00
边墙孔	1.10	3	0.30	0.90	600.00
底板孔 1	1.10	3	0.60	1.80	700.00
底板孔 2	1.10	3	0.60	1.80	720.00
底板孔 3	1.10	3	0.60	1.80	740.00
合　计		87		27.90	

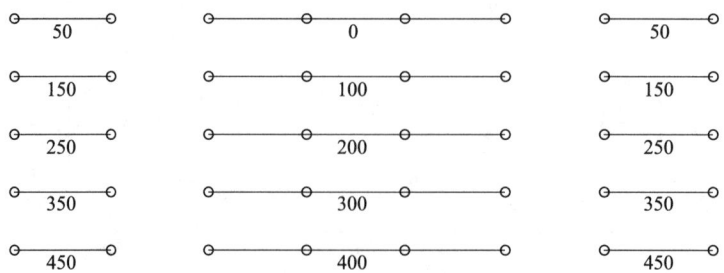

图 3　下台阶布孔图

Fig. 3　Lower step layout hole diagram

表 2　下台阶爆破参数表
Tab. 2　Table of blasting parameters for lower steps

类　别	孔深	孔数	药量/kg	单段药量/kg	延时/ms
1 排中	1.70	4	0.60	2.40	0.00
1 排边	1.70	4	0.60	2.40	50.00
2 排中	1.70	4	0.60	2.40	100.00
2 排边	1.70	4	0.60	2.40	150.00
3 排中	1.70	4	0.60	2.40	200.00
3 排边	1.70	4	0.60	2.40	120.00
4 排中	1.70	4	0.60	2.40	140.00
4 排边	1.70	4	0.60	2.40	350.00
5 排中	1.70	4	0.60	2.40	400.00
5 排边	1.70	4	0.60	2.40	450.00
合计		40		24	

对爆破进行测试，由于下台阶的炮引起的振动速度较上台阶小很多，因此只提供了上台阶爆破监测数据，如图 4 与图 5 为使用电子雷管后爆破振动波形。由于余震影响，此结果接近起爆网路预计时长，结果理想。电子雷管起爆主要是减少同时起爆药量，通过设计爆破延时，达到减震的目的，由图可以看出最大振动速度控制在 1.5cm/s 以内，而测得振动频率在不同方向上分别为：垂直频率 28.250Hz、纬向频率 25.055Hz、径向频率 20.783Hz，分布在 20.783 ～ 28.250Hz，满足安全标准。

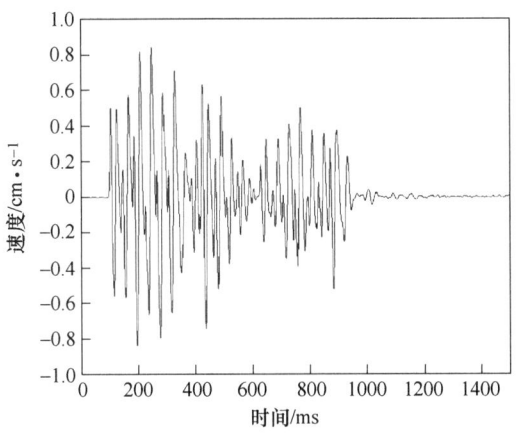

图 4　垂直方向振动速度

Fig. 4　Vibration speed in vertical direction

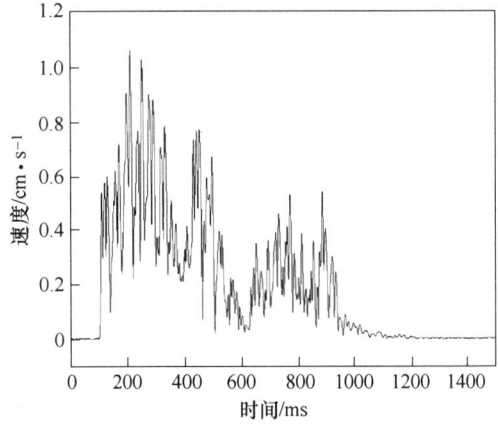

图 5　合振动速度

Fig. 5　Combined vibration speed

5　辅助安全管理

严格执行《爆破安全规程》规定，各环节分工明确，对于爆破的有害效应主要采取松动爆破控制和施工时严格控制炮孔的装药、填塞、连线质量[11]。本次工程的防护重点应该放在爆破的震动危害控制。

（1）通过严格按照不同距离所允许的最大一次起爆药量设计最大分段药量。

（2）严格测量爆破区域与周围建筑的距离，将爆破影响控制在安全范围内，仔细计算分析起爆网路连接分段药量数值，落实到每个炮孔上，并在炮区起爆网路上标注好，施工时必须严格按照设计好的网路和装药量进行施工。

（3）为保证安全实施，引入了爆破安全评估、安全监理、第三方振动监测三家独立法人单位。安全评估单位预先评价爆破设计方案，爆破安全监理单位组织现场监督实施方案，爆破振动第三方监测组织现场抽测。

6 结论

本文以大连市地铁工程为背景，在大连区域首次采用电子雷管起爆方式进行爆破开挖隧道，初步得出如下结论：

（1）根据探测地铁站附近地质条件，为降低爆破振动影响，采用上下台阶法加水平钻孔的爆破方式，有效降低爆破振动。

（2）采用电子雷管起爆方式，通过进行小药量装药，多段位设置，在达到爆破效果的同时将振动速度控制在安全范围内。

参 考 文 献

[1] 杨译，顾光祥，杨吉．数码电子雷管在高瓦斯隧道开挖中的应用探讨 [J]．建材与装饰，2015（45）：272-273．

[2] 孟小伟，黄明利，谭忠盛，等．数码电子雷管在城镇浅埋隧道减振爆破中的应用 [J]．工程爆破，2012，18（1）：28-32，64．

[3] 康斌．数码电子雷管在露天石灰石矿山爆破中的应用 [J]．建材世界，2023，44（3）：155-157．

[4] 刘吉祥，邓海通，王爱文，等．浅谈数码电子雷管在工程爆破中的推广应用 [J]．采矿技术，2023，23（2）：99-102．

[5] 韩涛，郭伟平，上官洲境，等．数码电子雷管在隧道爆破开挖中的应用 [J]．施工技术，2020，49（21）：85-87．

[6] 肖业辉，王海亮，王万仁，等．数码电子雷管在复杂环境下隧道爆破中的应用 [J]．山西建筑，2021，47（8）：148-150．

[7] 闫鸿浩，李晓杰．城镇露天爆破新技术 [M]．北京：中国建筑工业出版社，2015．

[8] 国家安全生产监督管理总局．GB 6722—2014 爆破安全规程 [S]．

[9] 李洪伟，吴延梦，吴立辉，等．电子雷管起爆条件下隧道掏槽孔与辅助孔的延时优化试验研究 [J]．高压物理学报，2023，37（1）：171-181．

[10] 张建华，张玉健，陈志强，等．电子雷管微差爆破技术在银山矿掘进爆破中的应用 [J]．现代矿业，2023，39（2）：112-114，118．

[11] 闫鸿浩，赵碧波，李晓杰，等．大型浅埋隧道爆破工程安全管理模式 [J]．工程爆破，2017，23（2）：6-10．

电子雷管延时设置影响因素及取值建议

樊百平[1]　　万向东[2]

（1. 陕西秦盾爆破技术培训中心有限公司，西安　710016；

2. 西安庆华民用爆破器材股份有限公司，西安　710025）

摘　要：本文通过微差爆破、逐孔起爆的机理分析，参考国内外学者已建立的延期时间间隔计算模型，结合部分工程实例验证，提出了露天深孔爆破以及地下掘进爆破使用电子雷管延时设置需要考虑的影响因素，并给出了建议的取值范围。

关键词：电子雷管；延时设置；影响因素；取值范围

Influence Factor and Value Suggestion for Setting Delay of Electronic Detonator

Fan Baiping[1]　　Wan Xiangdong[2]

（1. Shaanxi Qindun Blasting Technology Training Center Co., Ltd., Xi'an 710016；

2. Xi'an Qinghua Commercial Explosives Co., Ltd., Xi'an 710025）

Abstract：This article analyzes the mechanism of millisecond blasting and hole by hole initiation, referring to the delay time interval calculation models established by domestic and foreign scholars, and combining with the practical application effects of some engineering projects. It proposes the influencing factors that need to be considered when using electronic detonators for delay setting in surface deep hole blasting and underground excavation blasting, and provides a suggested range of values.

Keywords：electronic detonator；delay setting；influence factors；value range

1　引言

在民爆产业政策的带动下，电子雷管作为产品结构调整的主要方向，近几年产量呈现快速增长趋势。从近5年电子雷管产量变化情况看（见图1），其年产量总体保持高速增长。2022年电子雷管产量为3.4亿发，同比增长110%，是2018年的22倍[1]。

伴随电子雷管的快速增长，越来越多的爆破作业单位和工程项目开始使用电子雷管，为寻找改善点解决使用过程的实际问题，汇总整理了近2年技术服务工程师收集的使用信息，并实地走访部分爆破作业单位，征求其对电子雷管的操作现状和应用效果的意见。

本文通过微差爆破、逐孔起爆的机理分析，参考国内外学者已建立的延期时间间隔计算模

作者信息：樊百平，本科，高级工程师，29281127@qq.com。

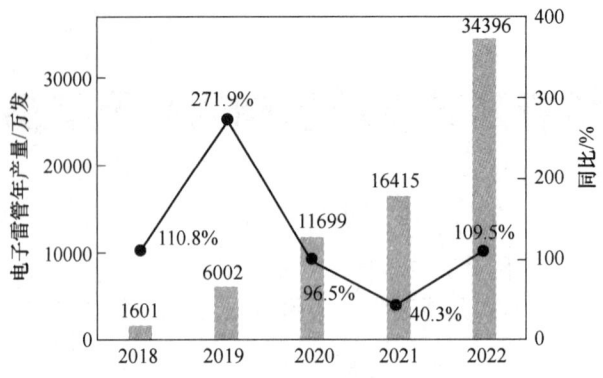

图 1　近 5 年国内电子雷管年产量变化

Fig. 1　Changes in annual production of electronic detonator in china in the last five years

型，结合部分工程实例验证，提出了露天深孔爆破及巷道掘进爆破应用电子雷管延时设置的影响因素，并给出了建议的取值范围。

2　延时间隔确定理论及经验公式

合理设计微差爆破延期时间能够改善爆破质量，减少炸药单耗，提高岩石破碎率，降低爆破振动并提高经济效益。

2.1　微差爆破

微差爆破就是以毫秒时间间隔依次顺序起爆多个药包的爆破方法，对微差爆破的理论研究主要存在以下 4 个方面的假说。

2.1.1　增加新自由面假说

该假说认为先爆药包在介质中爆炸后会形成一定宽度的裂隙和补充自由面，后爆药包利用先爆药包造成的裂隙和新自由面达到反射拉伸波破碎的良好效果。

苏联哈努卡耶夫[2]提出，合理的起爆间隔时间应是先爆药包刚刚产生爆破漏斗，并且爆破岩石脱离岩体，产生 0.8~1cm 的贯穿裂缝。他提出间隔时间半经验的计算公式如下：

$$t = t_1 + t_2 + t_3 = \frac{L}{v_t} + \frac{S}{v_a} + \frac{2W}{v_p} \tag{1}$$

式中，t 为合理微差时间，ms；t_1 为产生裂缝的时间，ms；t_2 为破碎岩石离开母岩距离 S 的时间，ms；t_3 为弹性应力波传至自由面并返回所需时间，ms；L 为裂缝的长度，m，可以近似 $L=W$；v_t 为应力波作用下裂缝扩展速度，m/s；S 为产生裂隙的宽度，可取 $b=0.01$m；v_a 为爆生气体作用下裂隙扩展速度，m/s；W 为最小抵抗线的长度，m；v_p 为岩体内部的声波传播速度，m/s。

2.1.2　应力波叠加假说

该假说认为先爆药包产生的冲击波首次经过自由面反射后形成发射拉伸波传到后爆药包时起爆后爆药包最为适宜，这时两组波相互叠加，增加了岩石中的应力状态，以此提高爆破效果。G. I. Pokroviskyi[3-4]给出延期时间应当小于岩石中振动的间隔时间，通常取 4~5ms。

波克罗弗斯基[5]提出的合理延时时间的确定公式如下：

$$t = \frac{a}{v_p} + 5 \times 10^{-4} \sqrt[3]{Q} \tag{2}$$

式中，a 为炮孔间距，m；v_p 为压应力波的传播速度，m/s；Q 为单孔炸药量，kg。

2.1.3 增强碰撞作用假说

该假说认为先爆炮孔使破碎的岩石向前移动一段距离后，后续炮孔开始爆炸，可使岩块在运动过程中相互碰撞，引起再次破碎，同时由于相互碰撞，消耗了部分能量，降低了岩块的速度，从而使抛掷距离得以减小，这样爆落下来的岩块相对均匀，大块率低，而且爆堆也比较集中。

波克罗弗斯基[6]提出合理的延时时间的计算公式如下：

$$t = \frac{\sqrt{a^2 + 4W^2}}{v_p} \tag{3}$$

式中，a 为炮孔间距，m；W 为最小抵抗线长度，m；v_p 为压应力波的传播速度，m/s。

2.1.4 地震波干扰降振假说

该假说认为一定的延时间隔能把各段地震波主振相的最大振幅在时间上错开，理论状态时可通过相邻炮孔产生的地震波相位正好相反来达到最佳降振效果。

苏联的有色冶金矿物研究院[2]提出合理延时时间的计算公式如下：

$$t = \left(\frac{50}{q}\right) d \sqrt{\rho R} \tag{4}$$

式中，q 为单位炸药的消耗量，kg/m³；d 为药包的直径，m；ρ 为装药密度，kg/m³；R 为药包的作用半径，m。

此外，匈牙利学者库塔（Kotai）[7]认为，岩石破坏是爆破波干扰的结果，强化和延长了岩石振动持续时间，考虑到波长和波在岩体内通过的时间，提出微差时间为 20ms；加拿大学者 Bolye 提出岩体开始位移与抵抗线呈函数关系，建议每米抵抗线需间隔时间 5~7ms。

2.2 逐孔起爆

逐孔起爆在露天深孔爆破已被广泛应用，具体指爆区内孔间与排间炮孔的起爆次序通过采用不同延时间隔，使得各炮孔的起爆时间按一定规律相互错开，任何一个炮孔单独起爆，既能减小爆破振动，改善爆破效果，又能提高铲运效率，降低采掘综合成本。

2.2.1 孔间的合理时间

合理的延时时间即前一个炮孔为下一个炮孔形成自由面的时间，也即炮孔前方岩石前移和回弹时间加上岩块脱离岩体的时间。

长沙矿冶研究院[8]通过大量试验提出孔间的合理延时时间计算公式如下：

$$t = (1 \sim 2) \sqrt[3]{Q} + \left(10.2\rho_e \frac{v_e}{\rho_r} v_r - 1.78\right) \sqrt[3]{Q} + \frac{S}{\bar{v}} \tag{5}$$

式中，t 为孔间的延时时间，ms；Q 为炮孔的平均装药量，kg；ρ_e 为炸药的密度，kg/m³；v_e 为孔内炸药的爆速，m/s；ρ_r 为岩石的密度，kg/m³；v_r 为岩石的纵波波速，m/s；S 为岩石的移动距离，m；$\bar{v}$ 为岩石的平均移动速度，m/s。

近年来，国内矿山通过大量现场试验和生产实践总结出同一排炮孔间的最佳延期时间是每孔距 3~8ms/m，此时相邻炮孔共同作用可取得良好的爆破效果。

2.2.2　排间的合理延时时间

排与排的延期时间长短决定了爆堆的形状和松散度，排与排之间的时间间隔必须足够长，这样才可以使先爆岩石完全脱离原来位置，为后爆破岩石创造自由面，不会阻挡后面岩石的移动。

排间微差时间可以由以下半经验公式确定[9]：

$$t = \frac{\left[s + 2(v_1^2 - v_2^2)\dfrac{H}{g} \right]^{1/2} - s}{\bar{v}} \qquad (6)$$

式中，s 为前后排距，m；v_1 为堵塞段岩石的飞行速度，m/s；v_2 为中部岩石的飞行速度，m/s；H 为岩石的下落高度，m；g 为重力加速度，m/s^2。

近年来，国内矿山通过大量现场试验和生产实践总结出最佳的排间间隔时间是每排距 8~15ms/m，此时前后排炮孔共同作用，可取得良好的爆破效果。

2.3　地下掘进爆破

地下掘进爆破是从单自由面条件开始的岩石爆破，具有特殊性，这使得已有的研究结果并不完全适用对井巷掘进爆破微差时间的选取确定。

宗琦等人[10]通过理论分析和试验研究得出，在岩石坚固性系数 $f=6$ 左右的岩巷中掘进爆破、孔深 2.0m 以下且抵抗线 500~700mm 时，较为合理的延迟时间为 45~75ms，同时辅以合理的掏槽方式、爆破参数和起爆顺序，可明显提高爆破效率。

李鹏等人[11]通过微差爆破的基本原理及物理学基本公式，推导出隧道爆破合理微差时间的计算公式，在非电导爆管雷管应用条件下，掏槽孔间延时时间选取 50ms，后续炮孔爆破间隔时间不低于 50ms，对克服实际工程中炮孔利用率不高及传统隧道爆破作业时微差时间选择的盲目性具有一定的指导意义。

3　工程实例

3.1　露天中深孔爆破

吴献明等人[12]在同一爆破工地，分别使用电子雷管爆破与导爆管雷管爆破进行应用对比，得出以下结论，电子雷管能设置任何时长的孔间与排间延期（孔间延时间隔 30~50ms、排间延时间隔 75~100ms），能更好地满足爆破设计者对炮孔延期时间的精准控制，以满足提高爆破效果的需求。

鹿文娇等人[13]在南芬露天铁矿用电子雷管取代非电高精度导爆管雷管，设置电子雷管孔间延时间隔为 40~60ms、排间延时间隔为 100ms，得出以下结论，数码电子雷管延期时间可以根据设计者的需要由设计者自行设定，攻克了高精度导爆管雷管和传统普通雷管受段别限制的难题，在爆破参数优化、微差时间选择与岩性匹配方面可以做得更好，在改善爆破质量和降低爆破振动方面要优于高精度导爆管雷管。

蔡文华等人[14]在水厂铁矿深孔爆破中应用电子雷管，研究了起爆微差时间对爆破前冲、后冲、大块率等的影响，使得爆破前冲、后冲得到有效控制（前排孔间延期时间设置为 35~45ms 的微差时，前冲约为段高的 2 倍，爆破前冲大块较少，爆破质量好；压渣爆破时，排间微差时间选取为 50~60ms 时，可见爆破后冲距离控制在 5~7m，微差挤压爆破效果相对较好，大块率相对其他微差时间有所降低），爆破质量得到有效改善，爆破大块率明显降低。

李伟[15]为解决金堆城东川河引水隧洞上方采场近距离常规爆破中振动较大的问题，通过不同延期时间对比试验，结合振动波形图和测振数据分析，找出了最佳的降振微差时间，结果表明，电子雷管在孔间延期 30ms、排间延期 75ms 时，能提高爆破振动频率，有效降低爆破振动强度，相比常规爆破，其爆破减震率为 22.7%。

3.2　地下掘进爆破

金小淳等人[16]在小断面隧道应用电子雷管，通过对人的因素、雷管特点、隧道地质条件及孔网参数等因素进行对比，采用理论分析及现场爆破振动测试试验得出孔网参数不合理的关键要素，提出在小断面隧道中应用 10ms 孔间间隔对称逐孔起爆技术，达到错峰减振效果，有效解决电子雷管拒爆、盲炮及爆破效果差的问题现状。

肖业辉等人[17]在青岛地铁 1 号线四线断面隧道应用电子雷管，为严控爆破有害效应，从电子雷管爆破网路、爆破参数、装药结构、爆破器材等方面对爆破施工技术措施进行了研究。设计相邻炮孔延时间隔为 50ms，实现逐孔起爆，解决了导爆管雷管段数有限、误差较大等问题，有效降低了爆破振动，爆破效果良好。

陈之兼等人[18]在酒泉市某地下铁矿针对使用电子雷管爆破中出现丢炮、盲炮和进尺差的问题，通过电子雷管模拟导爆管雷管时差的 3 种爆破方案设计与工程实践进行研究分析，结果表明，在同一段内的不同炮孔设置起爆时间差（段内延时差 20~50ms）的方案相比不设时间差方案的爆破效果显著提高。

姚华南[19]为解决巷道掘进工作面使用电子雷管掘进进尺效果较差、炮孔利用率较低的问题，采取逐孔起爆方式，设置逐孔递增的延期时间（逐孔等间隔递增 100~200ms）方案，炮孔利用率可达到 90% 以上。进一步尝试使用逐孔等间隔递增 50ms 进行试验，发现延期时间间隔越低，巷道掘进岩石破碎度越好，爆堆更低且抛渣更远。

张建华等人[20]在银山矿井下巷道掘进过程中，应用电子雷管后出现爆破效果不佳、进尺不理想的问题，通过理论分析和公式计算，得出掏槽孔采用 150~300ms 的延时逐孔起爆，崩落孔和周边孔采用 50~100ms 延时的同段延期起爆方案，现场试验后表明，掏槽孔残孔基本在20cm 以下，掘进平均炮孔利用率达到 93%，巷道断面成型规整，岩石块度均匀，爆堆集中，效果良好。

4　延时设置考虑因素与取值建议

将露天深孔爆破及地下掘进爆破应用电子雷管的延时设置考虑因素和取值建议见表 1 和表 2。

表 1　露天深孔爆破延时设置影响因素与取值建议

Tab. 1　Influencing factors to consider and value suggestions for setting delay of surface deep hole blasting

影响因素	对延时设置的影响	建议取值范围
岩石特性（硬度）	软岩采用较长微差时间以增加应力波及爆炸气体在岩体中的作用时间；硬岩采用短微差时间使爆炸能量迅速释放以加强岩石的有效破碎	（1）起爆网络首发起爆的电子雷管起始延时为 20~100ms；（2）孔间延时间隔为 3~8ms/m（孔距）；（3）排间延时间隔为 8~15ms/m（排距）；
地质条件（节理、裂隙发育）	有软弱夹层、裂隙较发育的岩石为使爆破能量依次迅速释放和避免爆破气体泄漏及应力波迅速衰减，宜采用较短的延时时间	

影响因素		对延时设置的影响	建议取值范围
爆破块度		随着孔间延时间隔的增加，爆落岩石的平均块度和最大块度呈先下降后上升趋势	（4）首排炮孔中间作为起爆点时，同排炮孔左右向延期时间间隔为8ms； （5）炮孔内分段间隔装药设置两个起爆体时，孔内延时间隔10~25ms； （6）抛掷爆破：孔间延时间隔9ms，排间延时间隔150~360ms[21]； （7）预裂爆破：预裂孔延时时间整体早于主爆孔不小于75~110ms，预裂孔孔间延时间隔4~6ms
装药结构		分段间隔装药结构设置两个起爆体，需选用威力大的炸药时取大值，选用威力较小的炸药时取小值，可采用自上而下和自下而上两种起爆方式	
自由面利用及起爆点位置		爆区台阶有2斜坡面时，一般将最边角处的炮孔（此时有3个自由面）设为起爆点，再依次从前至后逐孔起爆；仅1个斜坡面时，将首排中间炮孔设为起爆点，再左右两个方向依次从前至后逐孔起爆	
前冲、后冲控制		炮孔排数一般3~7排，前2排易产生前冲，排间延时间隔宜取小值；最后1排易产生后冲，其延时间隔宜取大值	
松动爆破		为控制抛掷，松动爆破宜缩小孔间和排间延时间隔，以缩短应力波及爆炸气体在岩体中的作用时间。	
挤压爆破		延时间隔应较常规爆破时增大30%~60%为宜，当岩石坚硬且碴堆（挤压材料）较密时取上限数值。	
其他爆破情形	抛掷爆破	为提高抛掷率，相邻炮孔宜同时起爆时，彼此之间的拉伸波相互加强，这样可减少岩块块度，同时得到较高的覆盖物运动的初始速度。排间延时设置过大时相邻前排炮孔爆炸后，产生的拉力会破坏后排炮孔，使后排炮孔内的药柱出现间断，导致药柱不能连续爆轰从而导致爆燃；排间毫秒延期时间过小，会对预留台阶造成破坏[21]	
	边坡控制爆破	预裂孔与主爆区炮孔一次爆破时，预裂孔应在主爆孔爆破前引爆，并间隔足够的延期时间，确保预裂峰充分成形	

表2　地下掘进爆破延时设置影响因素与取值建议

Tab. 2　Influencing factors to consider and value suggestions for setting delay of underground excavation blasting

影响因素		对延时设置的影响	建议取值范围
岩石特性（硬度）		软岩采用较长微差时间以增加应力波及爆炸气体在岩体中的作用时间；硬岩采用短微差时间使爆炸能量迅速释放以加强岩石的有效破碎	（1）起爆网络首发起爆的电子雷管起始延时10~25ms； （2）掏槽孔： 1）平行空孔垂直掏槽：按螺旋形顺序起爆，掏槽孔孔间延时25~50ms； 2）倾斜掏槽：同一级内掏槽孔每组对称炮孔同时起爆，组间延时3~8ms，两级掏槽孔排间延时40~60ms；
巷道形式及特点	地下矿山巷道	巷道断面小，炮孔间的孔间距及排间距较小，对电子雷管抗冲击性能要求较高，当延时间隔设置不合理时，先爆炮孔产生的巨大冲击力及质点峰值振动速度较大，造成电子雷管内外部结构被破坏，也可致使未爆炮孔内的药卷与药卷、药卷与雷管、起爆药包与药卷发生分离，进而产生盲炮	

续表2

影响因素		对延时设置的影响	建议取值范围
巷道形式及特点	铁路、公路、地铁隧道	断面尺寸大，存在浅埋地段，地质条件复杂多样，爆破质量要求高，特别是穿越城市建筑群地段要严控爆破振动等有害效应，需通过合理的延时间隔设计，实现逐孔起爆，保证爆破安全和效果	（3）辅助孔： 1）起爆顺序按螺旋形逐孔引爆； 2）地下矿山巷道：同相邻掏槽孔间隔延时150～250ms，辅助孔间间隔150～250ms； 3）铁路、公路、地铁隧道：内圈辅助孔同相邻掏槽孔间隔150～250ms，同圈辅助孔孔间间隔8～15ms，各圈辅助孔排间延时150～250ms。 （4）周边孔： 1）起爆次序设置为底孔→帮孔→顶孔； 2）周边孔起爆时间应滞后相邻辅助孔至少100ms以上； 3）相邻周边孔延时间隔2～6ms。
	开挖方法	地下矿山小断面巷道以及围岩条件较好的隧道工程选用全断面法，起爆网络一次性设计，对延时间隔选取的合理性和准确性要求较高，应反复对比论证；围岩条件不良及周边环境复杂的隧道选用台阶法或分部开挖法，工序繁杂影响因素多，起爆网络分次设计，核心是上台阶或先行导坑起爆网络延时选取	
	平行空孔垂直掏槽	不受断面大小限制，岩石坚硬时选用大直径空孔，为充分利用空孔的补偿空间，掏槽孔宜通过延时间隔设置实现按螺旋形顺序起爆	
掏槽孔形式	倾斜掏槽	适用于大断面隧道，炮孔呈左右对称排布，根据实际需求可设置为多级掏槽孔，为保证掏槽效果需通过延时间隔设置实现同一级内掏槽孔每组对称炮孔同时起爆，组间按短延时间隔逐次起爆；两级掏槽孔排间设置较大的延时间隔，给爆落岩石充分的移动时间	
	混合掏槽	为充分利用垂直掏槽和倾斜掏槽的优势，起爆网络延时设置综合垂直掏槽和倾斜掏槽的考虑因素	
	辅助孔	辅助孔在掏槽孔形成充分的空腔后起爆，为使掏槽孔爆落的岩石充分抛出和下落，辅助孔起爆时间与相邻掏槽孔应设置较大的延时间隔。辅助孔一般多圈布置，同一圈炮孔设置按螺旋形顺序逐孔起爆，炮孔之间设置较短的延时间隔；各圈辅助孔之间设置较长的延时间隔，给爆落岩石充分的移动时间	
	光爆质量要求	地下矿山小断面巷道周边孔无光爆要求时，周边孔起爆网络可参照辅助孔延时设置；光爆质量要求高时，需进行周边孔的起爆网络设计，周边孔起爆时间应滞后相邻辅助孔至少100ms以上。为提高炮孔利用率及抛渣效果，周边孔应按底孔→帮孔→顶孔的顺序起爆。相邻周边孔可设置较短的延时间隔实现逐孔起爆，既满足光爆效果，又保证作业安全	

注：存在两个（两个以上）自由面的下部台阶（下部导坑、核心土部分）按逐孔起爆网络设计，延时设置取值可参照表1选取。

5　结论

通过微差爆破、逐孔起爆的机理分析，参考国内外学者已建立的延期时间间隔计算模型，结合部分工程实例验证，提出了露天中深孔爆破及井巷掘进爆破应用电子雷管延时设置需要考虑的因素，并给出了建议的取值范围。

由于爆破现场实际地质条件及作业环境复杂多变，在实际应用的过程中可参照表1和表2初选延时设置区间，在作业过程进行不同取值的对比试验，并根据实施效果优化调整，最终优选出适合现场实际的电子雷管最佳延时数据。

参 考 文 献

[1] 2022年民爆行业运行情况 [Z]. 中国爆破器材行业协会. 2023-02-23.

[2] 哈努卡耶夫. 矿岩爆破物理过程 [M]. 北京：北京冶金工业出版社，1980.

[3] Wheeler R M. How millisecond delay periods may enhance or deduce blast vibration effects [J]. Mining Engineering, 1988, 4 (10)：969-973.

[4] Yamamoto M, Noda H, Urakawa T, et al. Theoretical study on blast vibration control method, which is based upon wave interference [J]. Journal of Japan Explosive Society, 2008, 58 (5)：221-230.

[5] 张志呈. 爆破基础理论与设计施工技术 [M]. 重庆：重庆大学出版社，1994.

[6] 吕则欣，陈华兴. 岩石强度理论研究 [J]. 西部探矿工程，2009 (1)：5-6.

[7] Blare D P. Blast vibration control in the presence of delay scatter and random fluctuations between blastholes Int [J]. Num. Analy. Geomesh, 1993, 17：95-118.

[8] 罗开军. 孔内孔间微差爆破间隔时间的合理选择 [J]. 金属矿山，2006 (4)：4-6.

[9] 张志呈，熊文，昝曼卿. 浅谈逐孔起爆技术时间间隔的选取 [J]. 爆破，2011，28 (2)：45-49.

[10] 宗琦，刘积铭，徐颖. 合理延迟时间的理论分析和试验研究 [J]. 中国矿业大学学报，1996，27 (3)：14-18.

[11] 李鹏，吕良哲，陈智山，等. 隧道爆破中合理微差时间的选择 [J]. 采矿技术，2011，11 (5)：127-128.

[12] 吴献明，李中辉，张文锡，等. 数码电子雷管与非电导爆管雷管在露天深孔爆破中的应用对比 [J]. 西部探矿工程，2021 (11)：14-16.

[13] 鹿文娇，李兰彬，马士博，等. 数码电子雷管在南芬露天铁矿的应用 [J]. 现代矿业，2021 (11)：234-236.

[14] 蔡文华，尹芝足，康福军，等. 数码电子雷管在水厂铁矿深孔爆破中的应用 [J]. 现代矿业，2021 (8)：109-111.

[15] 李伟. 基于数码电子雷管的微差爆破对临近隧洞降振效果研究 [J]. 中国矿山工程，2021，50 (4)：60-64.

[16] 金小淳，马志刚，杨波，等. 工业电子雷管在小断面隧道中的应用效果分析 [J]. 工程爆破，2022 (2)：128-134.

[17] 肖业辉，王海亮，王万仁，等. 数码电子雷管在复杂环境下隧道爆破中的应用 [J]. 山西建筑，2021，47 (8)：149-150.

[18] 陈之兼，王铭锋，张阳阳. 电子雷管在某井下铁矿应用中存在的问题及对策 [J]. 煤矿爆破，2022，40 (3)：35-38.

[19] 姚华南. 电子雷管在巷道掘进中的应用研究 [J]. 煤矿爆破，2021，39 (4)：25-28.

[20] 张建华，张玉健，陈志强，等. 电子雷管微差爆破技术在银山矿掘进爆破中的应用 [J]. 现代矿业，2023，2 (2)：112-118.

[21] 陈浩鲁，文岐，陈需. 大抵抗线抛掷爆破技术研究 [J]. 石油石化物资采购，2021 (29)：81-83.

基于 HHT 分析的大断面隧道爆破数码雷管合理延时研究

谭成驰　覃献军　黄朝喜　熊小军　雷在政　郑继有　廖振刚

（广西工程技术研究院有限公司，南宁　530200）

摘　要：采用 Hilbert-Huang 变换对优化前爆破振动原始信号进行分析，获得爆破振动原始信号的二维希尔伯特能量谱和三维希尔伯特能量图；从时频和能量仿真角度分析，大断面隧道爆破施工合理的数码雷管延时时间范围为 26~40ms，数码雷管延时优化后爆破振动降低 31.91%。

关键词：隧道爆破；数码雷管；HHT 变换；爆破振动

Research on Reasonable Delay of Digital Detonators for Large Section Tunnel Blasting Based on HHT Analysis

Tan Chengchi　Qin Xianjun　Huang Chaoxi　Xiong Xiaojun　Lei Zaizheng
Zheng Jiyou　Liao Zhengang

（Guangxi Engineering Technology Research Institute Co., Ltd., Nanning 530200）

Abstract：Using Hilbert-Huang transform to analyze the original signal of blasting vibration before optimization, obtain the two-dimensional Hilbert energy spectrum and three-dimensional Hilbert energy map of the original signal of blasting vibration. From the perspective of time-frequency and energy simulation, the reasonable delay time range of digital detonators for large-section tunnel blasting construction is 26-40ms. After optimizing the delay of the digital detonator, the blasting vibration was reduced by 31.91%.

Keywords：tunnel blasting；digital detonator；hilbert-huang transform；blasting vibration

1　引言

为了满足交通运输要求，大断面隧道得到广泛应用。但在隧道爆破循环开挖的时候，隧道掘进爆破施工作业设置的数码雷管延时仍沿用传统电雷管、非电导爆管雷管基础上发展而来的岩石爆破相关理论与技术，会产生较大的爆破振动影响围岩稳定性和作业人员的自身安全，未能充分发挥数码雷管可随意设置延时的优点[1-2]，可根据波的叠加原理设置合理的延时时间降低爆破振动。因此，如何利用充分数码雷管优点降低爆破振动和提高隧道掘进爆破效率，优化数码雷管延时成为亟待解决的问题。

作者信息：谭成驰，硕士研究生，1035983174@qq.com。

近年来，随着数码雷管逐渐应用，不仅能够改善爆破效果，还能降低爆破振动。傅洪贤等人[3]依托实际隧道对数码雷管与非数码雷管做对比试验，结果表明，在相同条件下前者比后者爆破振动低 80%，并且爆破效果优于前者。李清等人[4]通过实际工程现场监测数据通过理论公式推导，提出计算出合理的数码雷管延时时间。

Huang 等人[5]依托实际工程试验，在等同条件下分别研究掏槽孔同时起爆和延时起爆产生爆破振动信号的差异，进一步研究不同延时对爆破振动的影响。随着时间的推移，研究发现爆破信号为非平稳信号，采用传统的理论公式计算延时时间已满足不了需求。刘小乐等人[6]采用 HHT 法对原始波数据进行分析，展现了非平稳信号在频域、能量方面的变化特征；凌同华等人[7]基于 MATLAB 软件进行数字仿真技术利用波形叠加原理模拟出单响最佳爆破延时时间。邱贤阳等人[8]基于 Hilbert-Huang 变换分析了数码雷管延时和段数对爆破叠加信号降振效果的影响。

为了能够充分发挥数码雷管优势在大断面隧道爆破施工的应用，弥补理论落后于实践需要的情况，本文以天峨—北海公路巴马至平果段（巴马至羌圩）三分部塘达隧道为背景，通过现场实验和利用波的叠加原理分析爆破振动信号[9]选出合理起爆延时时间。

2　希尔伯特-黄变换

希尔伯特-黄变换（HHT）主要由 EMD 算法与 Hilbert 变换两部分组成。

2.1　EMD 算法

第一步对原始信号 $X(t)$ 找出所有极值点，并对极大值进行插值，然后得到上包络线 $X_{max}(t)$；同理得到下包络线 $X_{min}(t)$。上、下包络线包含了原始信号所有数据，依次连接它们的均值即可得到均值线 $m_1(t)$：

$$m_1(t) = [X_{max}(t) + X_{min}(t)]/2 \tag{1}$$

用原始信号 $X(t)$ 减去均值线 $m_1(t)$，即可得到 $h_1(t)$：

$$h_1(t) = X_1(t) - m_1(t) \tag{2}$$

将 $h_1(t)$ 重复如上步骤 k 次，直到满足 IMF 所需条件后得到的 $h_{1k}(t)$：

$$h_{1k}(t) = h_{1(k-1)}(t) - m_{1(k-1)}(t) \tag{3}$$

最终利用标准差作为评判标准 SD：

$$SD = \sum_{t=0}^{r} \left| \frac{|h_{1(k-1)}(t) - h_{1k}(t)|^2}{h_{1(k-1)}^2(t)} \right| \tag{4}$$

2.2　Hilbert 变换

对原始信号 IMF 分量 $c(t)$ 做希尔伯特变换：

$$z(t) = c(t) + jH[c(t)] = a(t)e^{j\Phi(t)} \tag{5}$$

式（5）中 $a(t)$、$\Phi(t)$ 分别为幅值函数和相位函数：

$$a(t) = \sqrt{c^2(t) + H^2[c(t)]} \tag{6}$$

$$\Phi(t) = \arctan \frac{H[c(t)]}{c(t)} \tag{7}$$

通过相位函数计算出瞬时频率为：

$$f(t) = \frac{1}{2\pi} \frac{d\Phi(t)}{dt} \tag{8}$$

从而得到 Hilbert 谱：

$$H(\omega,\ t) = Re \sum_{i=1}^{n} a_i(t) e^{j\Phi_i(t)} \tag{9}$$

将振幅的平方对时间积分，即可得到 Hilbert 能量谱：

$$ES(\omega) = \int_0^T H^2(\omega,\ t)\,\mathrm{d}t \tag{10}$$

3 基于频域和能量分析爆破振动信号

通过 TC-4850 爆破测振仪监测爆破振动信号，将监测信号导入 MATLAB 软件进行分析。爆破振动原始信号如图 1 所示。

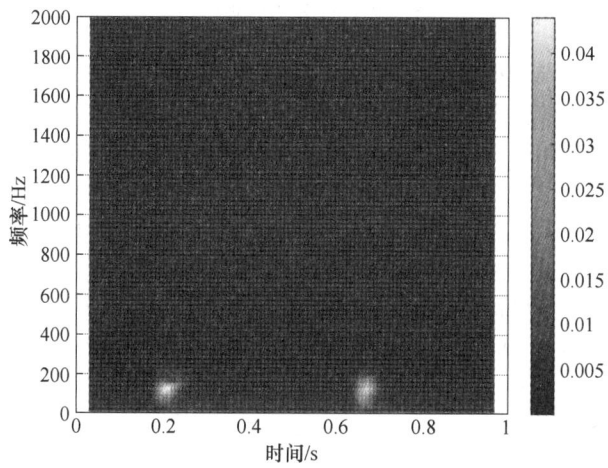

图 1 爆破振动原始信号

Fig. 1 Original signal of blasting vibration

3.1 爆破振动信号时频分析

利用 MATLAB 软件对延时起爆监测到的信号进行 HHT 变换，从而得到二维希尔伯特能量谱（HHT）。HHT 能量谱图如图 2 所示。

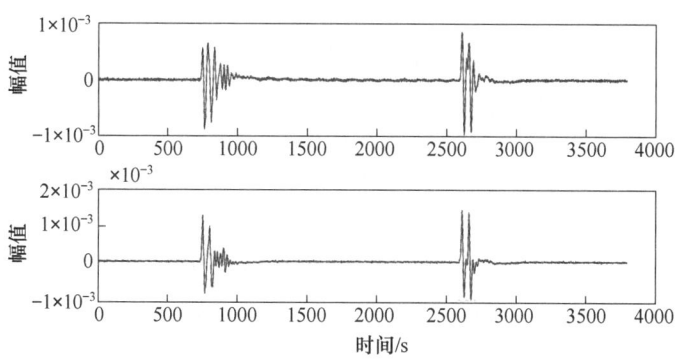

图 2 HHT 能量谱图

Fig. 2 HHT energy spectrum

由图 2 可以得出，爆破振动的能量主要位于中高频区域范围，HHT 能量谱图频率主要集中在 31. 25 ~ 140. 25Hz，峰值出现在 125Hz。根据 HHT 能量谱图获得对应的主频率，得到不同延时条件下径向叠加信号的主频率变化的曲线图，如图 3 所示。

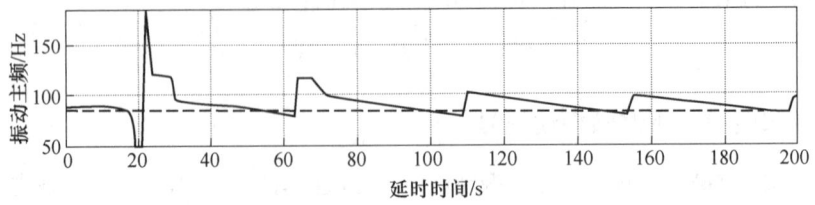

图 3　在不同延时下径向振动主频变化规律

Fig. 3　Changes in the dominant frequency of radial vibration under different delays

由图 3 可见，延时不同对振动主频有较大的影响，随着延时不断增加，叠加后的主频呈现不规则周期性规律变化，伴随着曲线也呈现不规则性跳跃递增。以图中主频变化曲线第一周期为例进行分析，延时时间为 0 ~ 20ms 时，主频呈现逐渐递减；当延时为 20ms 时，主频降低到最低值；延时为 20 ~ 43ms 时，主频呈现急剧递增现象，主频最大值递增到 137Hz；当延时为 22 ~ 45ms 时，主频呈现阶梯式急剧递减现象；在选择合理的延时时间时应该考虑地震波对建（构）筑物的影响，建筑（构）物固定频率一般较低，主频率越低越容易与建（构）筑物产生共振。因此，在选择合理延时时间考虑主频因素时，应该选择主频大于单段波形频率的时间，故径向延时时间选择 20 ~ 43ms 较为合理。同理，垂向与切向合理的延时选择分别为 18 ~ 40ms、22 ~ 41ms。

最终，从时频角度分析主频变化曲线规律，综合径向、垂向与切向三个方向的合理延时时间，选共有延时部分 22 ~ 40ms 作为考虑频域因素分析最佳延时时间。

3. 2　爆破振动信号叠加能量分析

利用 MATLAB 软件对爆破振动信号进行 HHT 变换得到三维希尔伯特能量图，如图 4 所示。

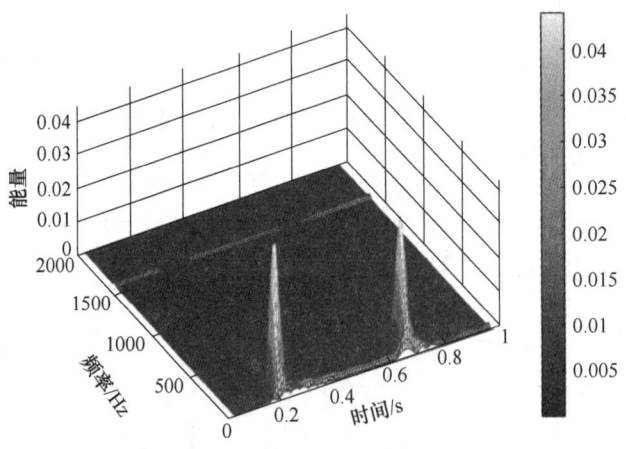

图 4　三维希尔伯特能量图

Fig. 4　Three-dimensional Hilbert energy map

从图 4 上很清晰地看出，不同延时爆破振动所携带能量在时间、频率上的分布情况，颜色不同表示所携带的能量不同，颜色越浅表示振动携带的能量越低；反之，振动携带的能量越高。通过对爆破振动信号研究发现，此次爆破振动所携带能量在频带 70~117Hz 范围内比重相对较大，能量峰值对应的主频达到 125Hz，原因是本次爆破振动信号是在二衬的地方监测的。通过研究最大瞬时能量随着时间变化的规律，从而得到爆破振动最大瞬间能量变化规律曲线（径向为例），如图 5 所示。

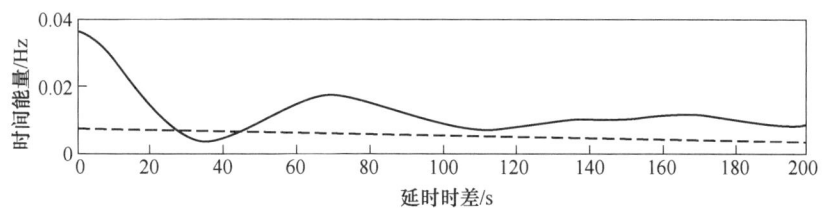

图 5　不同延时爆破振动信号最大瞬时能量变化曲线图

Fig. 5　Maximum instantaneous energy change curve of blasting vibration signals with different delays

　　从图 5 很清晰地看出，延时为 0~26ms 时，瞬间能量随着延时增加而减小，此段的瞬间能量总是大于单段波形的能量；延时为 26~47ms 时，其中延时在 26~35ms 时，瞬间能量继续随着延时增加而减小，延时为 35~47ms 时，瞬间能量随着延时增加而呈现缓慢的增加，在此延时期间，瞬间能量始终保持小于单段波形的能量。当延时时间在 47ms 以上时，瞬间能量始终大于单段波形的能量，导致无法通过叠加原理降低瞬间能量。因此，在选择合理延时时间考虑瞬间能量因素时，应该选择瞬间能量始终小于单段波能量的时间，故径向合理延时时间选择 26~47ms 较为合理。同理，垂向与切向合理的延时选择分别为 22~42ms、25~45ms。

　　最终，从对爆破振动信号做能量仿真分析角度考虑，以径向、垂向与切向三个方向仿真叠加出来的数据作为依据，选出合理延时时间范围为 26~42ms。

4　爆破有害效应控制对比

　　为了对比优化前后数码雷管延时爆破效果，分别进行优化前后数码雷管延时爆破试验，爆破振动时程曲线如图 6 和图 7 所示。

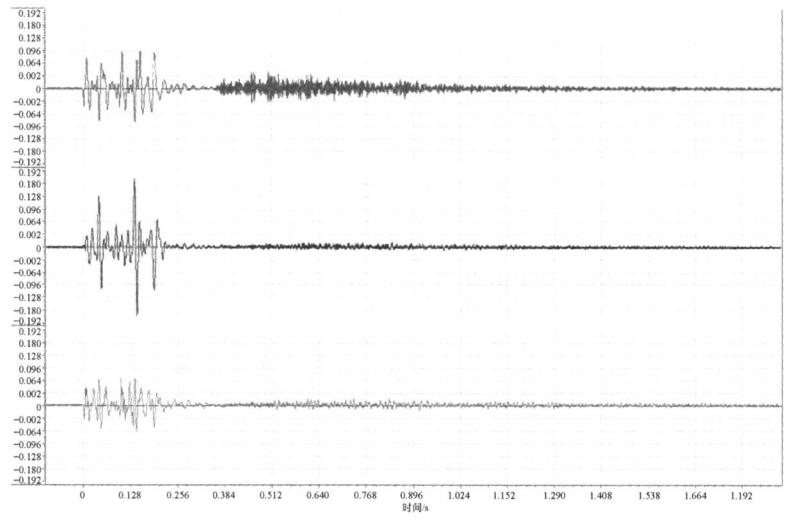

图 6　优化前爆破振动时程曲线

Fig. 6　Time history curve of blasting vibration before optimization

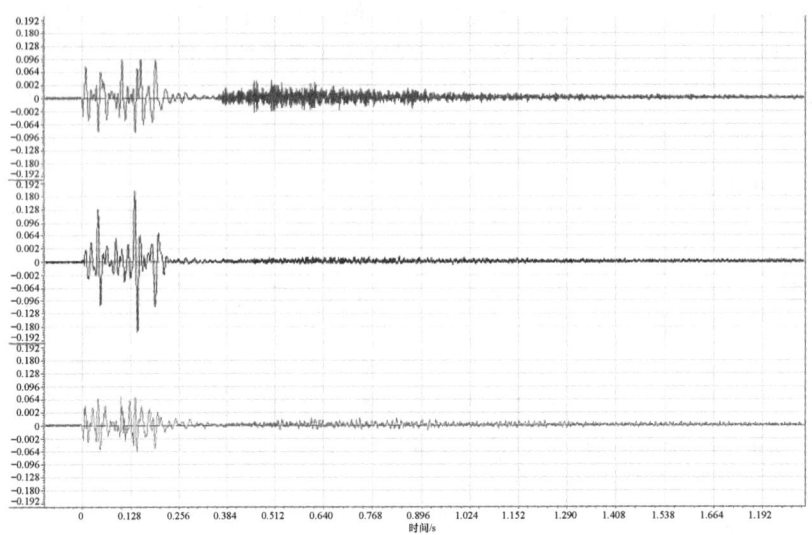

图 7　优化后爆破振动时程曲线

Fig. 7　Time history curve of optimized blasting vibration

　　由试验数据可知，数码雷管延时优化前后的爆破振动峰值分别为 0.141cm/s、0.096cm/s，振动数值降低 31.91%，因此有效控制爆破振动危害对围岩稳定性和作业人员是有利的。

5　结论

　　以爆破振动信号为基础利用 MATLAB 软件进行分析时，将主频和瞬间能量作为评判合理延时时间的重要参数，具有如下结论：

　　（1）从时频角度分析，在选择合理延时时间应该选择主频大于单段波形频率的时间，22~40ms 作为考虑频域因素分析最佳延时时间。

　　（2）从能量仿真角度分析，在选择合理延时时间应该选择瞬间能量始终小于单段波能量的时间，26~42ms 作为考虑能量仿真叠加因素分析最佳延时时间。

　　（3）综合时频和能量仿真角度分析，最终大断面隧道爆破施工选取合理的数码雷管延时时间范围为 26~40ms，数码雷管延时优化后其爆破振动数位降低 31.91%。

参 考 文 献

［1］李创新，刘仕佳，常根召，等．电子雷管推广使用问题探究［J］．煤矿爆破，2018，126（2）：14-16.

［2］姚华南．电子雷管在巷道掘进中的应用研究［J］．煤矿爆破，2021，39（4）：25-28.

［3］傅洪贤，沈周，赵勇，等．隧道电子雷管爆破降振技术试验研究［J］．岩石力学与工程学报，2012，31（3）：597-603.

［4］李清，于强，张迪，等．地铁隧道精确控制爆破延期时间优选及应用［J］．振动与冲击，2018，37（13）：135-140，170.

［5］Huang D，Qiu X Y，Shi X Z，et al. Experimental and numerical investigation of blast-induced vibration for short-delay cut blasting in underground mining［J］. Shock and Vibration，2019（1）：1-13.

［6］刘小乐，袁海平，郑鑫，等．基于 HHT 的爆破振动信号时频能量分析［J］．合肥工业大学学报（自然科学版），2019，42（6）：779-784.

［7］凌同华，李夕兵，戴塔根，等. 基于小波变换的微差爆破震动信号分离法［J］. 地下空间与工程学报，2006（3）：491-494.

［8］邱贤阳，史秀志，周健，等. 基于 HHT 能量谱的高精度雷管短微差爆破降振效果分析［J］. 爆炸与冲击，2017，37（1）：107-113.

［9］刘倩，吕淑然. 露天台阶爆破毫秒延时间隔时间研究［J］. 工程爆破，2014，20（1）：54-58.

浅议工业电子雷管现场使用问题

王浩雨　张英豪　张立明　杨茂松

（北京煋邦数码科技有限公司，北京　102302）

摘　要：工业电子雷管（以下简称电子雷管）所具有的安全性、可控性和生产特殊性等优势，使其越来越被广泛应用在隧道掘进、矿区、城区、水利工程等爆破工程领域。随着电子雷管新技术的不断发展，电子雷管与合理的爆破技术相结合，极大提高了爆破工程中的安全性、便捷性。但由于电子雷管作为新型产品，在爆破工程推广应用中存在丢炮、盲炮和进尺差等问题，究其原因主要包括起爆器故障、操作技能不熟练、爆破连接母线不匹配、特殊应用场景措施不当、网络连接、延时方案不适合等原因。文章针对电子雷管在爆破工程应用中出现的典型问题进行分析探讨，并提出有效的解决措施。

关键词：电子雷管；使用；问题；分析

Discussion on the Field Use of Industrial Electronic Detonators

Wang Haoyu　Zhang Yinghao　Zhang Liming　Yang Maosong

（Beijing SINO BANG Digital Technology Co., Ltd., Beijing 102302）

Abstract：Industrial electronic detonator（hereinafter referred to as electronic detonator）has the advantages of safety, controllability and the particularity of production, so that it is more and more widely used in tunnel tunneling, mining area, urban area, water conservancy engineering and other blasting engineering fields. With the continuous development of the new technology of electronic detonator, the combination of electronic detonator and reasonable blasting technology greatly improves the safety and convenience of blasting engineering. However, as a new product, electronic detonator has problems such as gun loss, blind gun and poor difference in the promotion and application of blasting engineering. The main reasons include the failure of detonator, unskilled operation skills, mismatching of blasting connection bus, improper measures in special application scenarios, and network connection and unsuitable delay scheme. This paper analyzes and discusses the typical problems of electronic detonator in blasting engineering application, and puts forward effective solutions.

Keywords：electronic detonator; use; problem; analysis

1 引言

20 世纪 80 年代初，电子雷管技术的研发工作初步开始，90 年代，电子雷管起爆技术逐渐

作者信息：王浩雨，工程师，1430619899@ qq. com。

成熟，达到工程爆破标准。2018 年 12 月，公安部、工信部发布 "关于贯彻执行《工业电子雷管信息管理通则》有关事项的通知"，要求各地公安机关、民爆行业主管联合相关部门和行业协会，大力推广应用电子雷管，确保实现 2022 年电子雷管全面使用的目标[1]。

与传统的化学延期雷管相比，电子雷管采用微电子技术、数码技术、加密技术等方式，实现延时、通信、加密、控制等功能，通过电子控制模块，取代传统的化学延期药剂，提高延时精度，控制通往引火药头的能量，减少无关能量点燃引火药头的可能性，提高了雷管安全性。电子雷管具有独特的优点：（1）起爆系统具有高精度和高安全性，延期时间可按照 1ms 间隔进行设置，可以抗静电、抗射频发火；（2）为爆破工程的信息化管理和智能化开采提供了终端控制技术，满足工程爆破优化和精细化的迫切需求，在爆破工程实际应用中取得了丰硕成果；（3）通过起爆控制器和丹灵民爆物品管理系统的连接，可以实现公安部门对涉爆产品流向的监控和管理，有效防止未经公安部门授权的起爆操作，对反恐和维护公共安全具有重要意义[2]。

2 使用中遇到的问题及解决措施

随着电子雷管的全面推广普及，在不同环境的使用过程中，由于其结构的特殊性，使用过程中陆续暴露出一些问题，特别是在爆破工程推广应用中存在丢炮、盲炮和进尺差等问题，究其原因主要包括起爆器故障、操作技能不熟练、爆破连接母线不匹配、特殊应用场景措施不当、网络连接、延时方案不适合等[3]，不仅影响爆破作业整体效果及施工进度，也存在严重安全隐患，威胁到作业人员的人身安全[4]。

针对工业数码电子雷管现场使用过程中的问题，结合北京煜邦数码科技有限公司近些年的应用实例，梳理总结为 "人、机、料、法、环" 五大类影响因素。其中，人的因素包括相关产品知识和操作技能；机的因素主要是起爆控制器及系统；料的因素包括放炮母线、线夹和产品本身质量；法的因素主要包括网络连接和检测异常处理；环的因素指特殊应用场景下的措施。对各类影响因素进行统计汇总，占比见图 1。

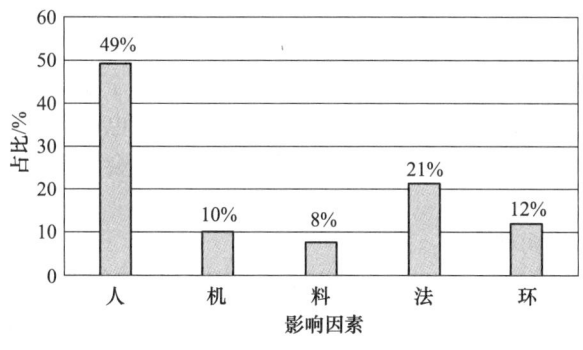

图 1　影响因素占比

Fig. 1　Proportion of influencing factors

2.1 起爆器故障及网络故障

相对于传统起爆器，新的起爆控制器具有注册、网络检测、在线设置延时、在线下载、起爆检测、起爆高压充电、数据上传等功能，功能的增加使起爆器的故障率便随之升高。起爆器故障主要包含起爆器本身配件故障，主要有：扫描灯、充电、开关机等，涉及控制芯片通信的控制板故障，涉及的异常情况包括起爆器无法对雷管识别、检测，无法下载与上传、无法高压充电。

网络故障分为两种，一种是当前网络信号不好，无法定位，无法授权，此时更换信号良好的网络即可；另一种是丹灵民用网络服务平台故障，导致现场作业时无法授权或者爆破作业完成后无法上传数据，此时耐心等待丹灵民用网络服务平台恢复正常即可。

起爆器使用过程中，发现异常后立即进行分析排查，若确定是起爆器故障则联系相关技术人员解决。

2.2　起爆人员操作技能不熟练

邀请电子雷管厂家技术人员对爆破作业人员进行电子雷管使用技能培训，现场指导爆破作业人员熟练掌握操作技能，并且学会处理起爆异常情况，同时加强起爆人员的技能考核。现场起爆过程中，如果爆破人员发现电子雷管起爆流程出现异常，要及时检查组网并组织人员认真排除异常现象，反复检查后依然未能排除异常的情况下，现场负责人应立即联系上级技术人员或电子雷管厂家技术人员寻求解决方案。

2.3　爆破连接母线不匹配、线夹不合格、不防水

目前，爆破连接母线没有统一的行业标准，市场上常见的爆破连接母线直径有 0.5mm、0.52mm、0.6mm、0.62mm 等，由于各生产厂家选购原材料的脚线、粗细等存在差异，特别是线夹内切刀缝隙大小也各不一样，组网连线时，如果母线线径与切刀缝隙不匹配，会导致电子雷管线夹金属件与连接母线无法有效导通，引起雷管在网络中连接不稳定，出现随机检测不在线的情况。所以在选择起爆母线上，一定要事先咨询电子雷管厂家电子雷管线夹金属件切刀缝隙宽度，要确保和采购的电子雷管相匹配。要选择合格的线夹，有的线夹刀口卡不破线皮或无法可靠卡紧导致通信失败；隧道和有水作业环境需使用防水线夹，否则进水后导致漏电影响可靠起爆。

2.4　网络检测异常

网络检测是起爆器对现场已装孔雷管和网络连接状态进行全面检测，现场有漏连的管，网络短路、断路、漏电等，网络检测时起爆器界面有异常提示或电流值显示异常，需排查故障后重新组网检测，操作人员若不排查，选择忽略进行强行起爆，会导致无法起爆或起爆后出现盲炮情况。

网络检测异常通常有两种情况：

（1）整个网络电流值正常，与标准电流值相差不大（电子雷管厂家给出的单发电流值乘以检测的数量）。当网络检测结果显示某一发或者某几发雷管不在线，该问题可能是雷管未联接到总线上，也可能是漏联、母线直径与线夹不匹配、装药的过程中把脚线捅断等。处理措施：打开检测结果列表，找到对应的电子雷管，重新连接。当重新卡线，再次检测该发电子雷管还是检测不在线时，可把线夹取掉，并保留好，直接把该发雷管的脚线连接在爆破母线上。2020 年，广西梧州某露天采石场，因雷管厂家生产时线夹质量问题，每次爆破作业网络检测时，都有不在线雷管现象，需要把线夹取掉，直接把该发雷管的脚线连接在爆破母线上，才能检测正常。

（2）线路故障。线路故障包括短路、断路、电流偏大和偏小 4 种情况。

1）短路。短路即整个网络有短路的地方，一般起爆控制器会提示，当前网络异常，电流

特别大或者直接提示短路，出现此种情况时，应首先排除是不是起爆器本身问题，把母线从起爆控制器上取下，若检测时未出现短路提示，则起爆器没有问题；通过二分法取去检测整个爆破网络，检测到哪一段时，有相应的短路提示，则说明该段网络有问题，再次对该段网络进行二分法检测，直到找出短路的地方为止。

常见的短路是卡线的时候卡到一个卡槽中，或者爆破母线有破损处导致的短路，但是，在少数情况下，短路还会发生在某发雷管脚线上。2021年在阿坝州松潘县某隧道工地，现场爆破员在装药的时候，把一发雷管脚线捅断，未及时处理，便把该发雷管直接卡在了母线上，因为炮孔内有水，直接导致网络检测短路，现场处理了4个多小时才把问题处理好。

2）断路。断路即起爆器网络检测结果显示电流为零，并有相应的断路提示，起爆控制器未能和整个网络相连接。此时，也应先排除是不是起爆器本身问题，找一节爆破母线，分别插入起爆控制器的连接孔内，若设备提示短路，则设备正常，若无反应，设备异常，立即更换新的设备。排除是设备问题后，此时从爆破网络另外一端检测，若检测正常，对另一端检测异常的爆破母线立即进行更换。

3）电流偏大。网络检测时起爆控制器提示电流偏大，明显大于标准电流（一般是2倍以上），检测又有很多发管不在线时，应用二分法找出是哪一段线路或者哪一发管，几发管电流偏大，找到后根据具体问题做相应的处理。常见的原因有母线破损、母线末端未用电胶布包扎处理搭接、沾水或接触导体、线夹内金属件浸水及电子雷管脚线绝缘层破损内线芯外露等。

2023年6月，四川攀枝花某煤矿中班作业，当班使用雷管数量30发，因回收利用使用过的爆破母线，在连接雷管卡线时未及时发现母线有破损，致使在网络检测时，起爆控制器页面显示的电流为4000多（正常电流应为300），现场多次检测均有不在线雷管，也未联系厂家技术人员，强行起爆，导致多发雷管未响，产生拒爆，后在厂家技术人员建议下，晚班即使用新的爆破母线，未出现电流异常和电流过大情况。

4）电流偏小。电流偏小是有少数雷管网络检测时正确，大部分通信错误（小于参考电流50%就会提示）。这种情况可能有在连接爆破母线时，线卡把母线卡断；爆破母线绝缘皮里面的铜芯线有折断的；爆破母线受到外界破坏，比如隧道里顶板岩石脱落砸断等。处理措施包括：从第一发通信错误的雷管编号处查找该发雷管前后的爆破母线是否断开；采用二分法，找到母线折断的地方，重新接好即可。

2022年12月，云南彝良县某爆破公司隧道项目，当班使用120发雷管，在网络检测时候，电流正常，所有雷管均显示在线，但是在人员撤到起爆点进行起爆检测时，却突然出现多发雷管检测不在线情况，因未关注到电流偏小提示，现场作业人员怀疑是设备问题，更换设备后，检测还是同样情况，联系厂家技术人员视频后，当即发现电流偏小，正常电流是1200mA，但是起爆器页面显示只有700mA，后来去检查线路，发现是隧道顶板有岩石脱落，砸断了爆破母线，重新连接好砸断的母线后正常起爆。

2.5 特殊应用场景措施不当

隧道、井下、基桩等小断面掘进爆破的主要特点是地质构造复杂、环境湿度大、炮孔间距小且密集度大，使得施工时起爆网路容易进水，影响网路整体稳定性。由于电子雷管是依靠电子芯片达到延期目的，在微差爆破中，首先爆炸的炮孔在爆破瞬间会产生强大的电磁波和冲击波，影响附近炮孔中还未爆炸的电子芯片工作。同时，高速冲击波产生的机械应力会破坏电子雷管芯片和引火药头，导致电子雷管引火药头不能按照预期发火，从而造成雷管拒爆，产生盲炮，通常作业现场还会在发现管体扭曲或被击穿而未发生爆炸的电子雷管。

数据表明，小断面爆破产生的盲炮率主要受延时设置和孔距影响，延时小的情况下，盲炮率低，延时增大后，盲炮率也随之增高，孔距越小，影响越明显。因此，适当缩小孔间和排间的延时，可以降低盲炮的产生。在保证出料块度合适的原则上尽量缩短段间延时，现多数井下3m×3m 以下小掘进面的炮孔间距多为 10~20cm，建议根据实际情况可适当将炮孔间距扩大到20cm 以上；保证掏槽眼钻孔深度，做好防水措施；采用雷管或炸药废纸箱浸水后填塞炮孔，保证爆破能量充分使用的同时能有效避免后爆电子雷管被先爆电子雷管拉出。

针对小断面工程爆破盲炮的发生，加强芯片和引火头等内部构造和抗震性能，提高其抗杂散电流、电磁性能，开发隧道、井桩专用型工业电子雷管，才能够解决普通工业电子雷管在隧道、井下及孔桩等小断面工程中的盲炮现象。

2.6　电子雷管产品本身质量

电子雷管产品本身质量主要问题集中在电子控制模块、点火头和焊接工艺三部分。电子雷管在使用过程中受冲击振动、静电影响，会出现以下三种情况：

（1）电子控制模块的储能电容在受冲击振动作用后，若不采取防护措施易出现电容掉电的情况影响可靠起爆。在静电作用影响下电子控制模块被"击呆"而失效。

（2）点火头的药剂性质和生产加工工艺是影响电子引火元件质量和安全的重要因素。

（3）电子引火头与脚线的焊接工艺也是影响质量的重要因素。焊接工艺有铆接、焊接和铆焊三种。其中铆焊相对而言牢固性较好。

因此提高电子控制模块抗冲击振动和静电性能，选择合适点火药剂和加工工艺及采取铆焊焊接工艺能有效解决电子雷管本身质量问题。

3　结论

本文对电子雷管在爆破工程应用中出现的典型问题进行了分析探讨，并结合北京煜邦数码科技有限公司近 6 年产品使用情况进行了汇总对比，旨在厘清原因和找出解决和防范问题的措施。电子雷管在使用过程中出现丢炮、盲炮和进尺差等问题，只要从 5 个大的方面"人、机、料、法、环"着手，通过培训提升爆破技术人员整体素质和操作技能，提高电子雷管及起爆控制器本身质量和适配母线，针对小断面、金属矿山、煤矿等特殊应用场景开发系列电子雷管产品来满足特殊场景需要，同时关注安全，使用中的问题就会越来越少。数码电子雷管作为民爆行业升级换代产品，是民爆行业高质量发展的需要。我们有理由相信：随着产品的逐步切换和推广使用，进而会推动产品不断迭代升级和改进完善，通过民爆和爆破行业同仁的共同努力，数码电子雷管生产和使用会走向更加成熟。

参 考 文 献

[1] 张英豪，张泽楠. 数码电子雷管应用问题的探讨 [J]. 火工品，2018 (4)：54-57.
[2] 杨文. 工业电子雷管抗冲击性能研究 [D]. 北京：煤炭科学研究总院，2014.
[3] 胡伟. 电子雷管在应用中的典型问题及解决措施 [J]. 化工管理，2021 (28)：129-130.
[4] 林文斌，赖远标，余晖，等. 工业电子雷管盲炮产生原因分析及其处理措施 [J]. 现代工业经济和信息化，2021，11 (3)：136-137，157.

数码电子雷管在某石灰岩矿山爆破中的应用

焦永品

（铜陵有色金属集团铜冠矿山建设股份有限公司，安徽　铜陵　244000）

摘　要：为降低爆破作业产生的有害效应对周边环境的影响，减少盲炮率、降低大块率，更加高效、科学的对露天灰岩矿进行开采作业，利用数码电子雷管延期时间可根据现场需要进行设置，且延迟精度高、网路安全可控等优点，开展了逐孔起爆网路试验。较采用传统的普通导爆管雷进行爆破作业，电子雷管起爆网路可有效降低盲炮及大块率。

关键词：数码电子雷管；逐孔爆破；爆破振动；盲炮；大块率

Blasting Practice of Digital Electronic Detonator in a Limestone Open-pit Mine

Jiao Yongpin

（Tongguan Mine Construction Co., Ltd., Tongling Nonferrous Metals Group, Tongling 244000, Anhui）

Abstract：In order to reduce the impact of the harmful effects of blasting operations on the surrounding environment. Reduce the probability of accidental non-explosion and reduce the rate of large blocks, More efficient and scientific mining of open-pit limestone mines. Using the digital electronic detonator, the delay time can be set according to the needs of the site, and has the advantages of high delay precision and controllable network security. Compared with the traditional ordinary nonel detonator for blasting operations, it can effectively reduce the probability of accidental non-explosion and the rate of large blocks.

Keywords：digital electronic detonator；hole by hole blasting；blasting vibration；accidental non-explosion；boulder yield

数码电子雷管是一种采用电子控制模块取代传统延期药实现精准延时的新型起爆器材。20世纪80年代初，南非 AEL 和瑞典 DynamitNobel 公司分别发布了各自的第一代电子延时起爆系统 Dynatronie 和 ExExl000。1999 年，德国 DynamitNobel 公司和澳大利亚 Orica 研制开发出 I-Kon 电子起爆系统（即 EBS），随后陆续出现了其他种类的数码电子雷管系统，如 EDD、Smartdet、Electrodet 数码电子雷管系统。我国数码电子雷管的研究工作于 20 世纪 90 年代末期开始。2006年 6 月 6 日，葛洲坝易普力公司成功将数码电子雷管应用于三峡工程三期 RCC 围堰拆除爆破，

作者信息：焦永品，本科，采矿工程师，284448593@qq.com。

开启了国内数码电子雷管技术蓬勃发展的序幕。目前，我国对民爆物品使用的安全管控需求日益迫切，数码电子雷管的出现，满足了国家精准管控要求，在爆破工程中应用将越来越多[2]。

随着爆破工程技术的发展，数码电子雷管得益于其自身精确度高、安全性好、操作简单、能极大优化爆破方案等优点，得到了迅速发展并被广泛推广使用。特别是今年以来，工信部发文全国推广使用数码电子雷管，作者结合实际操作过程，通过多次参数优化，取得了较好的爆破效果。

1　工程概况及矿体特征

由项目初步设计[3]可知，采用数码电子雷管后的爆破方案包含以下3方面。

1.1　逐孔爆破

无论爆区边缘300m范围内有无保护对象时，均采用高精度数码电子雷管、毫秒微差逐孔起爆方式，严格控制爆破单响最大药量和一次爆破消耗炸药量。爆破参数取底盘抵抗线和孔排距的方式分别为4.5m、4.5m和4.0m，单孔装药量为$Q = qabH = 133.65$kg，露天采场最后一排孔装药量增加10%，约为147kg。采用逐孔起爆，每次爆破15个炮孔，每个炮孔单独一段，所有炮孔均按一定的间隔延期顺序接力起爆，最大单段药量即为单孔装药量147kg，一次爆破消耗炸药量2205kg。数码雷管的推广使用为逐孔爆破方案提供了较为方便的条件。

1.2　预裂爆破

当采剥工作面靠近固定边帮时，为了保证最终边坡的稳定性，必须采取预裂爆破。在设计的开挖边界线上打一排间距较密的炮孔，每孔装少量炸药。即在靠近边帮的边界线上打一排孔径为90mm、孔深为16m、倾角为60°的倾斜密集预裂炮孔，炮孔间距0.8~1.2m，采用乳化炸药，药卷直径40~60mm，孔底1m处的装药密度比上部的装药密度大1.5~2倍，孔口1~1.5m处不装药，也采用多发数码电子雷管同时起爆。为了保证预裂爆破的效果，要求预裂孔必须在主爆孔之前100~150ms起爆。数码雷管的推广使用为预裂爆破方案提供了较为方便的条件。

1.3　矿体特征

该矿床系海相化学沉积层状碳酸盐岩矿床，层位稳定，矿物成分简单，主要赋存于下三叠统南陵湖组（T1n）地层中，岩性主要为青灰色-灰黑色中厚层、厚层状微晶灰岩。矿区内矿层因F7断层将其错断为南西、北东两部分，其余地段呈连续分布，南西部矿层编为Ⅰ-1号矿体，Ⅰ-1号矿体与大凹山矿体相连；北东部矿层编为Ⅰ-2号矿体，矿层整体上呈北东向分布，大凹山矿体和Ⅰ-1号矿体沿走向长2890余米，宽136.46~745.78m，平均564.78m，Ⅰ-2号矿体沿走向长2260m，宽216.06~607.88m，平均415.18m。

2　数码电子雷管简介及起爆流程

2.1　数码电子雷管简介

项目采用的是河南前进民爆股份有限公司生产的数码电子雷管，数码电子雷管性能如下：

（1）抗振性能。在振动试验机上振动10min后，不发生爆炸、结构松散或损坏现象。

（2）起爆能力。起爆后能炸穿5mm厚铅板，穿孔直径大于数码电子雷管外径。

（3）延时精度。可在0~12000ms范围内1ms为间隔任意设置。在-20℃、70℃及常温试验条件下延期时间精度为：0~150ms 时的误差不超过 1.5ms，151~12000ms 时相对误差不超过 1%。

（4）抗水性能。常温下，将数码电子雷管浸入压力为（0.2±0.02）MPa 的水中保持 24h 取出后，数码电子雷管能正常起爆。

（5）抗拉性能。数码电子雷管在 19.6N 的静拉力作用下持续 1min，数码电子雷管密封塞和脚线不发生目视可见的损坏和移动，数码电子雷管能正常起爆。

所选型数码电子雷管抗静电、抗杂散电流、抗射频、抗交直流等性能良好，其采用内置专有 ID 及密码，必须采用专用且授权过的起爆设备和密钥起爆，在系统连接形成起爆网路后，起爆手持机可对全网路的安全性和可靠性进行检测，确保每发数码电子雷管都处于正常可起爆状态，故障率低，能较大满足本工程的爆破需要。

2.2　起爆流程

数码电子雷管起爆操作流程如图 1 所示。

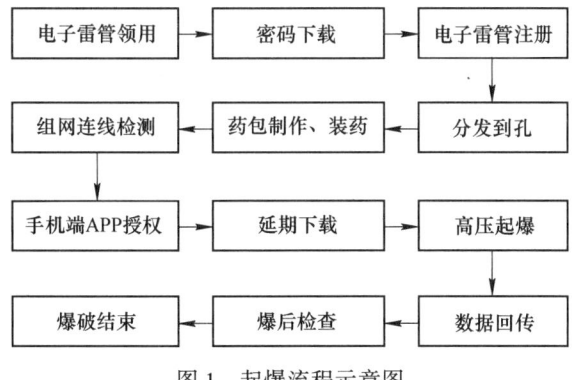

图 1　起爆流程示意图

Fig. 1　Schematic diagram of blasting operation process

3　爆破有害效应控制

根据爆破现场周边环境和保护对象，本工程的危害效应仅考虑防护爆破地震波和爆破飞石，爆破空气冲击波和噪声强度很小，不对其进行防护。

爆破振动速度公式如下：

$$Q = \left(\frac{v}{K}\right)^{\frac{3}{\alpha}} R^3 \tag{1}$$

式中，Q 为起爆药量，Q 取 147kg；R 为爆破震动点到建筑物的最近距离，按本工程建筑物距爆破位置最近为 400m 计算；v 为一般民用建筑物允许的最大质点振动速度，按《爆破安全规程》（GB 6722—2014）[1]规定，一般民用建筑物安全振速为 2cm/s；K 为与岩石、爆破方案等因素有关的系数，本工程取 170；α 为与地质条件有关的地震波衰减系数，本工程取 1.5。

由式（1）可得：

$$v = K\left(\frac{Q^{\frac{1}{3}}}{R}\right)^{\alpha} \tag{2}$$

将以上数据代入式（2）计算可得，距离爆破中心 400m 处的建筑物振动速度为 0.27cm/s。

现场采用 TDEC 爆破测振仪记录爆破振动数据，测振的爆破测振图如图 2 所示，通过研究测振图发现最大爆破振速不大于 0.28cm/s，与理论计算数值相符。

根据《爆破安全规程》（GB 6722—2014）[1] 规定的各种建筑物的爆破振动安全允许振速标准见表 1。

表 1　爆破振动安全允许标准
Tab. 1　Blasting vibration safety allowable standards

保护对象类别	安全允许振速/cm·s⁻¹		
	振频 $f<10Hz$	$10Hz<$ 振频 $f<50Hz$	$50Hz<$ 振频 $f<100Hz$
土窑洞、土坯房、毛石房屋	0.15~0.45	0.45~0.9	0.9~1.5
一般民用建筑物	1.5~2.0	2.0~2.5	2.5~3.0
工业和商业建筑物	2.5~3.5	3.5~4.5	4.2~5.0
永久性岩石高边坡	5~9	8~12	10~15

理论计算数值和仪器测量数值对比表 1 发现，理论计算数值和仪器测量数值均远小于爆破振动安全允许值，故证明采用该爆破方案能保证爆破产生的地震波不会对最近 400m 处一般民用建筑物产生危害。进一步论证了采用数码电子雷管爆破能有效控制爆破振动，使爆破产生的危害效应对周边的影响更小。

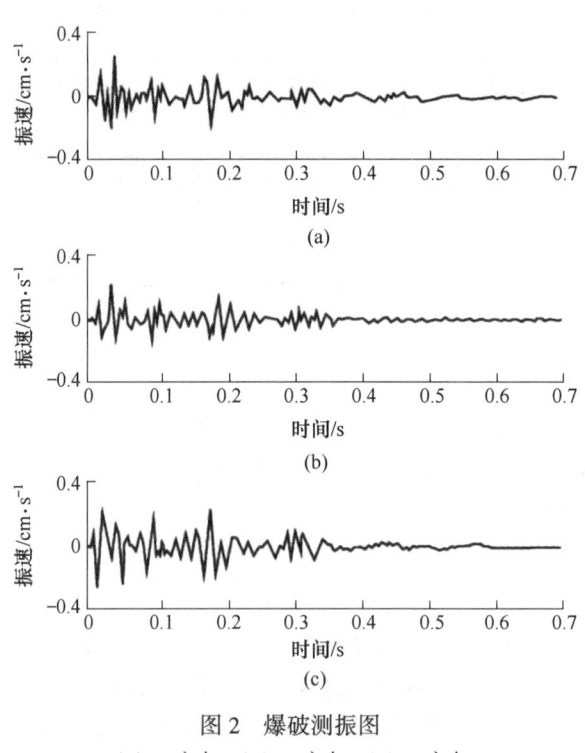

图 2　爆破测振图
（a）X 方向；（b）Y 方向；（c）Z 方向
Fig. 2　Blasting vibration measurement records

4　爆破效果

通过近期的应用实践发现，采用数码电子雷管逐孔起爆技术爆破效果比普通导爆管雷管更好。爆后爆堆集中无飞石，呈自然塌落状；现场振感不明显；爆破石方的破碎度更高，很少发现直径100cm以上大块，便于挖装、运输和后续加工。数码电子雷管的连线作业比导爆管雷管更加方便快捷，连线后能对整个爆破网络进行测试，保证整个网络畅通，能有效避免盲炮事件发生。爆破作业中孔内仅需使用一发数码电子雷管，孔外无需使用延期雷管，有效节省了成本。

5　结论

（1）铜冠矿建在金磊矿业大凹山—寒山水泥用石灰岩矿爆破作业中数码电子雷管的实践应用，高效科学的完成了露天灰岩矿的开采任务，为数码电子雷管的大面积推广使用积累了经验。

（2）相比较传统的导爆管雷管，采用数码电子雷管能有效降低大块率和盲炮率，可大大减少雷管的使用数量，有效降低了成本，取得良好的经济效益。

（3）数码电子雷管在露天矿山爆破中成功应用，证明其有着独特的优越性，积极推动电子雷管的使用能够更加有效推动行业发展。

参 考 文 献

[1] 国家安全生产监督管理局 . GB 6722-2014 爆破安全规程［S］. 北京：中国标准出版社，2015.

[2] 黄志坚，杨明东 . 数码电子雷管在宝塔山石灰石矿爆破中的应用［J］. 露天采矿技术，2021，36（2）：52-54.

[3] 铜陵有色设计研究院有限责任公司 . 安徽金磊矿业有限责任公司铜山矿区大凹山—寒山水泥用石灰岩矿 980 万吨/年露天开采建设工程初步设计［R］. 2020.

水环境中爆破器材爆炸性能测试装置设计研究

何声虎[1]　刘　辉[1,2]　汪思涵[1]　何盼盼[1]　尹　涛[1]

（1. 池州市长江岩土爆破工程有限公司，安徽　池州　247100；
2. 安徽理工大学化学工程学院，安徽　淮南　232001）

摘　要：常用爆破器材的缺陷限制其在爆破施工中的应用范围，特别是深水环境中爆炸性能受到了严重影响，有的甚至失去了爆破器材的爆炸性能。利用泄爆、防护及耗能原理，设计一套试验装置用于模拟不同深度的水环境实现不同水深条件下爆破器材性能的测试。在不同水深环境中，对某厂生产的爆破器材进行初步实验，结果表明：装置为研究爆破器材在水中的爆炸性能提供一种有效途径。

关键词：水环境；爆破器材；爆炸性能；泄爆；测试装置

Design and Research of Explosive Performance Testing Device for Blasting Supplies in Water Environment

He Shenghu[1]　Liu Hui[1,2]　Wang Sihan[1]　He Panpan[1]　Yin Tao[1]

（1. Yangtze Geotech Demolition & Blasting Co., Ltd., Chizhou 247100, Anhui；
2. School of Chemical Engineering, Anhui University of Science and Technology,
Huainan 232001, Anhui）

Abstract：The defects of commonly used blasting equipment limit its application in blasting construction, especially in deep water environment, its explosive performance has been seriously affected, and some even lost the explosive performance of blasting equipment. Based on the principles of explosion venting, explosion protection and energy dissipation, a set of test equipment is designed to simulate the water environment of different depths to test the performance of blasting equipment under different water depths. In different water depth environment, a preliminary experiment on blasting equipment produced by a factory is carried out. The results show that the device provides an effective way to study the explosion performance of blasting equipment in water.

Keywords：water environment；blasting supplies；explosion characteristic；explosion venting；testing device

随着爆破器材和爆破技术的发展，人类对江、河、湖、海的不断开发和利用，水下爆破被越来越广泛地用于航道疏浚、水工建筑物基岩开挖、水下爆夯和深水爆破拆除等工程。常用爆

作者信息：何声虎，工程师，1589034567@ qq. com。

破器材的缺陷限制其爆破施工中的应用范围,特别是在深水环境中其爆炸性能受到了严重影响[1-7],有的甚至失去了爆炸性能。研究深水作用下爆破器材的爆炸性能对水下爆破设计和施工具有十分重要的意义。

水下爆炸环境复杂,有很多不确定因素,这就使水下爆炸实验研究的条件受限、周期较长,耗费大,同时由于水下爆炸实验大多属于破坏性实验,实验的可观测性差,能够采集到的测试数据有限[7]。一种安全可靠、实验方便、重复进行水下爆炸实验的实验设备,即水介质爆炸容器将为研究水环境条件下爆破器材爆炸性提供了较好的方法。

1 模拟水环境实验原理

水下或水中爆破时,爆破器材受到的压力是静水表面大气压和静水压力之和。设计能够盛水且能够抵抗设计装药爆炸的装置,通过对封闭装置内的水介质加压即改变静水表面压力就可模拟不同深度的水环境[1-2]。在此环境下对爆破器材的爆炸性能既可定性研究,又可进行定量研究,还能对水下爆破对象进行大药量的模拟研究爆破效果。

2 实验装置设计

有关深水环境的模拟装置研究文献有很多[1-7],主要局限于小药量、单次性、模拟水深小、成本大。水的压缩性小和传递冲击波能量效率高等特点决定了相同药量情况下盛水介质爆炸实验装置远比空气介质爆炸容器具有更复杂的特性。为了满足不同药量、不同水深环境的实验,利用泄爆、防护及耗能原理[8-10]设计一种可重复使用的能够模拟现场实际的爆破器材爆炸性能测试装置。

根据圆柱形爆炸容器易加工、造价低等优点,借鉴高压容器爆破片[11]泄爆特性,设计防护吸能装置+泄爆装置+抗爆圆柱筒体+泄爆装置+防护吸能装置的模拟深水环境的爆炸装置,实验装置如图1所示。该装置主要由两端开口的抗爆圆柱筒体,两端开口的法兰及紧固件、爆破片及密封垫,圆台形防护罩及防护沙袋,加压加水孔、压力表,加压管加压装置及底座组成。该实验装置申请了国家实用新型专利并已授权公布。

图 1 实验装置

1—加压加水孔;2—抗爆圆柱筒体;3—压力表;4—圆台形防护罩及防护吸能沙袋;5—底座;
6—加压管及加压装置;7—法兰及紧固件;8—爆破片及密封垫

Fig. 1 Experimentai device

2.1　泄爆装置设计

爆破片是一种压差驱动非重闭性快速泄压装置，当爆破片两侧压力差到设定条件时泄放压力介质，达到保护设备安全的目的，是一种超压泄放装置。

泄爆装置由爆破片和夹持器两部分组成，夹持器作用是保证爆破片周边加持牢靠、密封严密同时提供一个与容器安全泄放量相当的泄放通道[12]。

爆炸容器的爆破片设计目的是当容器内装药点燃起爆，爆破片即爆破泄爆，使装药爆炸对抗爆体圆柱形筒体的作用尽可能小，且处于弹性变形范围。因此设计爆破片的最小爆破压力等于容器泄爆口的工作压力即模拟水深的压力。爆破片爆破压力公式[13]如下：

$$p_b = K\sigma_b \frac{\delta}{D} \tag{1}$$

式中，p_b 为爆破片最小爆破压强，也是泄爆口爆破片的工作压强，数值等于模拟水深的压强，MPa；K 为材料系数，由材料应变硬化程度决定，取值为 3~3.8，具体由实验确定；σ_b 为材料的拉伸极限强度，MPa；δ 为爆破片厚度，mm；D 为爆破片泄放口直径，mm。

根据模拟水深的压强，由公式（2）可计算爆破片厚度为：

$$\delta = \frac{p_b D}{K\sigma_b} \tag{2}$$

设计选择内径 210mm 的 16MnR 钢管，$\sigma_b = 490$MPa。为爆破片加工方便，选用 304 不锈薄钢板制作爆破片，$\sigma_b = 520$MPa，按设计水深 2MPa 计算爆破片厚度为：

$$\delta = \frac{2 \times 210}{3.8 \times 520} = 0.21\text{mm}$$

2.2　抗爆圆柱筒体设计

当高压容器因超压导致泄爆装置动作时，高压容器内存在两个完全相反的效应[14]：一是通过泄压装置泄放出大量物质而使高压容器内压力下降；二是因爆炸使容器内压力急剧升高。两方面共同作用的结果使得筒体内的压力有所下降，最后达到一个峰值。设计选择外径 280mm、内径 210mm 的 16MnR 钢，壁厚为 35mm、长 600mm；对于 16MnR 钢，$\sigma_b = 490$MPa，$K = 3.8$；根据公式（1）计算抗爆圆柱筒体的爆破压强为：

$$p_b = 3.8 \times 490 \times \frac{35}{210} = 310.3\text{MPa}$$

同时，由于采取两端泄压，无量纲泄压比[15-16] $A/V^{2/3}$ 较大，长径比 L/D 较小，达到了平衡泄爆[15]，当爆破片爆破时，其压力为 2MPa，容器内的水介质和高温高压的爆炸产物通过两端的泄爆口泄放到容器外，保证圆柱形筒体变形在弹性范围内。

2.3　防护吸能设计

当装药起爆，爆破片爆破时，高温高压爆炸产物和容器中的水介质向容器两端泄爆，为确保周围环境安全，根据泄爆特性，在泄爆口设计圆台形防护罩，大端面直径不小于泄爆口，小端面直径方便放置吸能沙袋防护并具有适当的抗爆性。防护吸能罩与圆柱形筒体通过紧固件相连接。当装药量较大时，一级防护沙袋冲出吸能防护罩，需要增加一级防护，具体需要几级防护应由实验确定，以便确保爆炸容器使用时对周围环境的安全确保在允许范围。

3 模拟水深实验

水介质爆炸容器的要求与高压容器的要求有所不同，采用高压容器的爆破设计对于水介质爆炸容器是一种定性设计，为保证设计爆炸容器的安全可靠及实用性，上述设计的容器需要对防护性能和防护级别、圆柱形筒体的变形及最大药量进行实验确定，待容器的实验工况确定后方可进行爆破器材爆速、猛度等爆炸性质定量实验。本文选用某厂生产的储存期内合格的化学敏化岩石乳化炸药，直径 32mm、药量 50g，爆破片采用 0.21mm 的 304 不锈钢薄钢板制作，采用一级防护，在较安全的环境和模拟不同水深条件下进行初步耐水压实验。

3.1 实验设计

根据一般水下爆破工程实际，实验将水介质爆炸容器的表压设计为 0MPa、0.1MPa、0.2MPa、0.3MPa、0.4MPa 共 5 组，每组平行实验 3 次；当表压达到设计压力时，静止 30min 后起爆。用乳化炸药固定在 3mm 厚实验钢板上进行分析判断，同时钢板对放置炸药的容器壁具有保护作用。

3.2 实验步骤

（1）选择安全环境放置容器底座，并将圆柱形筒体放在底座上。

（2）将 50g 乳化炸药插入雷管与 3mm 厚实验用钢板条固定在一起放入圆柱形筒体中间，雷管脚线从筒体一端与法兰之间引出。

（3）将密封垫片、304 不锈钢泄爆片、法兰和泄爆防护吸能罩连接件通过紧固螺栓与圆柱形筒体相连并旋紧至密封不透气透水。

（4）加装防护罩及吸能沙袋。

（5）将水管从加压、加水孔插入筒体注满水，注满后气孔有水溢出，旋紧气孔、抽出水管、连接加气管。

（6）装置进行气密性检查。采用高压气罐填充气体进行逐级加压的方式，直到容器壁上高压气表的读数符合实验要求的压力即关闭高压气罐停止加压。观察筒体高压气表压力指示值是否变化，若变化，继续紧固螺栓至压力表读数不变；继续加压至设定压力。

（7）拆除高压气罐、高压加气管和筒体高压气表并将其移至安全位置。

（8）静止 30min 设定时间后，撤离、警戒、起爆容器内装药。

（9）爆破完毕后收集、检查、判断、分析、记录实验结果。

（10）重复上述步骤（1）~步骤（9）继续进行实验至设计实验完毕。

3.3 实验结果

经过 5 组共 15 次实验，结果见表 1。模拟水环境爆炸容器在 50g 乳化炸药爆轰条件下，一级防护是安全的，15 次实验中仅有 1 次因实验钢板冲出使防护吸能沙袋与防护罩脱离，距离防护罩 1.5m；当药量增加时，需要增加防护级别为二级或三级。实验条件下，实验因水的泄出噪声很小。从实验钢板痕迹看，0.3MPa 时，实验一是半爆；0.4MPa 时 3 次平行实验全拒爆。

表 1 乳化炸药静水压力试验结果

Tab. 1 The test results of the emulsion explosive under the static pressure

组别	压力/MPa	实验一	实验二	实验三
一	0	正常爆轰	正常爆轰	正常爆轰

续表1

组别	压力/MPa	实验一	实验二	实验三
二	0.1	正常爆轰	正常爆轰	正常爆轰
三	0.2	正常爆轰	正常爆轰	正常爆轰
四	0.3	半爆或拒爆	正常爆轰	正常爆轰
五	0.4	半爆或拒爆	半爆或拒爆	半爆或拒爆

4 结论

基于泄爆、防护吸能原理设计的模拟水环境爆炸测试容器经初步实验验证了设计的可行性并得出如下结论：

(1) 实验条件下，选用某厂生产的化学敏化的岩石乳化炸药静水压力达到 0.3MPa 时，会出现半爆，0.4MPa 时拒爆。

(2) 设计爆炸容器能够模拟含水炸药在不同水深的爆炸性质。

(3) 设计基于高压容器的泄爆和防护吸能原理是一种定性设计，当需要进行不同水深的爆速、猛度等定量爆炸性测试时，待爆炸容器最大实验药量和对应的防护级别测试确定后方可进行。

参 考 文 献

[1] 刘磊, 汪旭光, 杨溢, 等. 不同敏化材料的乳化炸药抗水压力性能的实验研究 [J]. 爆破, 2010, 27 (2): 10-13.

[2] 胡坤伦, 梁鎏鎏, 沈东. 含水炸药在静压作用下爆炸特性的实验研究 [J]. 火工品, 2012, 2: 22-25.

[3] 钟帅. 模拟深水爆炸装药输出能量的研究 [D]. 淮南: 安徽理工大学, 2007.

[4] 郑思友, 夏斌, 何振, 等. 乳化炸药损伤对爆炸性能的影响 [J]. 爆破器材, 2013, 42 (2): 22-25.

[5] 卢良民. 乳化炸药在水下爆破中抗水抗压性能的实验与机理探讨 [J]. 低碳世界, 2016, 16: 246-247.

[6] 汪齐, 胡坤伦, 王猛, 等. 深水静压作用下含水炸药爆炸性能的研究 [J]. 火工品, 2017, 3: 41-44.

[7] 李琳娜. 水介质爆炸容器动力响应分析与实验研究 [D]. 武汉: 武汉理工大学, 2013.

[8] 刘明君, 李展, 谢伟, 等. 一种新型危险品仓库结构设计及安全距离 [J]. 爆炸与冲击, 2023, 43 (4): 1-14.

[9] 尹军, 闫兴清, 喻健良, 等. 爆炸片爆破压力设计及校核方法探讨 [J]. 辽宁化工, 2016, 45 (8): 1072-1074.

[10] 陈鹏宇, 段宏, 侯海量, 等. 爆炸冲击载荷作用下加筋板的变形吸能特性数值分析 [J]. 中国舰船研究, 2019, 14 (3): 66-74.

[11] 杨超, 惠虎, 黄淞. 超高压爆破片设计爆破压力的理论计算与数值模拟的对比研究 [J]. 压力容器, 2020, 37 (3): 21-26.

[12] 刘鸿雁, 邵海龙, 王强, 等. 海洋平台爆破片选型与计算方法研究 [J]. 仪器仪表用户, 2020, 27 (10): 1-4.

[13] 王东方. 爆破片爆破压力可靠性研究 [J]. 导弹与航天运载技术, 2007, 3: 43-45.

[14] 杜宇婷，司荣军，薛少谦. 铝粉爆炸无火焰泄压技术及装备研究 [J]. 中国安全生产科学技术，2020，16（4）：132-136.

[15] 周灿，王志荣，蒋军成. 球形容器小口泄爆压力变化特性 [J]. 实验流体力学，2013，27（3）：62-65.

[16] 马龙生，王志荣，朱明，等. 球形容器泄爆及其外部伤害效应 [J]. 解放军理工大学学报（自然科学版），2016，17（4）：396-402.

隧洞开挖爆破电子雷管拒爆及带炮问题探讨

吴从清[1]　张汉斌[2]

（1. 长江科学院，武汉　430019；2. 中国地质大学（武汉），武汉　430074）

摘　要：隧洞开挖爆破使用数码电子雷管经常出现拒爆及带炮问题，对比导爆管雷管，本文对可能引起拒爆及带炮的多种因素进行分析，其中掏槽方式、炮孔间距、延时间隔、连接方法、堵塞牢固程度等是主要原因，提出了电子雷管分时连接、设置松弛长度的技术措施，经过施工验证，效果良好。

关键词：电子雷管；拒爆；隧道开挖；安全措施

Research on the Problem of Electronic Detonator Misfiring and Pulling Out of the Hole in Tunnel Excavation Blasting

Wu Congqing[1]　Zhang Hanbin[2]

（1. Yangtze River Academy of Sciences，Wuhan 430019；

2. China University of Geosciences（Wuhan），Wuhan 430074）

Abstract：The use of digital electronic detonators in tunnel excavation blasting often leads to problems of misfire and Pulling out of the hole. By comparing the use of non detonator detonators, this article analyzes various factors that may cause misfire and Pulling out of the hole, among which the main reasons are cutting method, hole spacing, delay interval, connection by delay-time method, and degree of blockage and firmness. Technical measures such as connection and setting relaxation length for electronic detonators are proposed, and after construction verification, the results are fine.

Keywords：electronic detonator；misfiring；pulling out of the hole；safety measure

1　引言

隧洞开挖爆破已采用电子雷管全面代替导爆管雷管，在按比例供应时期部分隧洞施工队不惜销毁电子雷管而仅采用习惯的导爆管雷管，主要原因就是隧洞开挖爆破采用电子雷管经常出现拒爆及带炮问题。电子雷管从本质上讲就是增加了控制模块及储能电容，采用晶振计时器代替延时火药的电雷管，具备延时精度高、连接便利、网路可测、抗杂散电流能力强等优点，但是内部电子线路板的抗震性能可能影响其起爆性能。正是由于隧洞开挖爆破的钻孔间距较小、约束及振动大，近距离挤压、强振可能造成电子雷管线路板破裂而失效。相反，导爆管雷管起

作者信息：吴从清，高级工程师，wuwucq@ 126. com。

爆后位于钢帽内的延时火药燃烧后的抗干扰能力较强；另外，电子雷管连接线强度较高、抗拉能力较强、不易炸断，导爆管雷管的塑料管强度较低、抗拉能力弱，容易炸断，由此在隧洞开挖爆破中采用电子雷管的带炮问题相比导爆管雷管严重。

2 电子雷管的拒爆问题

2.1 电子雷管的结构特点

电子雷管的控制模块包括点火开关、计时器及储能电容功能，其长方形印制板（PCB）的主要材料是覆铜板，而覆铜板（敷铜板）是由基板、铜箔和黏合剂构成的。基板是由高分子合成树脂和增强材料组成的绝缘层板；在基板的表面覆盖一层导电率较高、焊接性良好的纯铜箔，铜箔采用黏合剂牢固地覆在基板上，常用覆铜板的厚度有 1.0mm、1.5mm 和 2.0mm 三种。覆铜板的种类也较多，按绝缘材料不同可分为纸基板、玻璃布基板和合成纤维板；按黏结剂树脂不同又分为酚醛、环氧、聚脂和聚四氟乙烯等。

电子雷管识别及起爆以后，电容器完成储能，计时程序开始运行，等待计时完成后才能点火，控制模块一直在运行，隧洞爆破近距离的相邻孔爆破的岩渣挤压、应力波及爆破近区强烈振动可以对相对脆弱的电子线路板造成破坏，其中基板、铜箔线路及电子元器件管脚焊点等均为结构弱点，可能导致点火程序中断及雷管拒爆。导爆管雷管及电雷管的延时燃烧火药置于钢帽之内，钢帽强度较高、圆筒结构相比板状结构抗震能力更强，雷管起爆后位于钢帽内的延时药强烈燃烧过程不易遭受挤压中断。

2.2 电子雷管的拒爆

（1）挤压破坏。在节理裂隙发育的岩体中爆破时，爆破石渣、应力波、穿过裂隙的爆生气体均对相邻炮孔内的炸药和雷管产生强烈挤压和冲击，电子雷管内部存在的空腔在强力作用下产生雷管外观的凹陷、扭曲、弯折变形，当这些变形较大时，雷管内部的电路板可能产生脱焊、断裂、电器件损坏。

（2）强震破坏。在相邻炮孔近距离爆破且雷管存在延时时差时，内部电子元器件必然遭受较大的振动影响，各元器件的质量、惯性及固定方式存在差异，由此可能造成器件本身或焊接破坏。电子雷管用于大孔距台阶，爆破相对可靠，然而隧洞开挖爆破孔距较近，爆破近区振动对电子雷管准爆性能的影响不可忽视。

（3）储能不足。实际施工中发现当起爆站距离大于 1km 时容易发生个别电子雷管拒爆问题，其中起爆母线的断面大小、质量、线路连接接触电阻等产生一定电压降低及能力损失，影响雷管储能电量，虽然爆破网路可以通过起爆控制器检测，但仍然可能产生个别雷管拒爆。

（4）抗拉破坏。电子雷管与导爆管雷管的抗拉标准质量标准是一致的，其中普通型雷管能在 19.6N、高强度型在 78.4N 的静拉力下持续 1min，导爆管不应从卡口塞内脱出，部分高强度电子雷管具有高达 294N 的抗拉能力。这仍然是一种静力抗拉标准，应该说电子雷管起爆后脚线剪断（拉断）仍不影响其起爆性能，正是由于电子雷管脚线抗拉能力较强、不易炸断，强烈的爆渣抛出作用可能引起内部模块的铜箔断裂、基板破裂等引起雷管拒爆。

2.3 爆破参数对电子雷管拒爆的影响试验

2.3.1 炮孔间距试验

在重大工程中可以选择岩体结构、自由面及约束条件与实际爆破相当的地点进行雷管拒爆的试验爆破，其中钻孔间距一致、延时间隔大于等于设计时差；可以先行起爆部分雷管，测试相邻雷管是否完好；也可以同时起爆，采用冲击波或振动测试波形判断后续雷管是否准爆。在一定深度的水下不同并列悬吊个数距离的起爆体，可以简单模拟岩体裂隙饱和含水或透水条件下的雷管拒爆距离试验。

2.3.2　起爆距离试验

采用不同起爆距离、截面大小、连接接触电阻（手动扭结、钢丝钳扭结、焊接等）的起爆母线，试验在全网测试通过的前提下是否有拒爆雷管。

3　电子雷管的带炮问题

3.1　带炮的本质

电子雷管爆破网路采用卡槽连接，孔外金属连接线强度高，不易被炸断及砸断，带炮的本质是先爆的炮孔向外抛出的爆渣及爆生气体带动延时起爆的相邻炮孔雷管脚线将雷管从孔内拉出一段距离，可能导致炮孔拒爆、半爆或留底。

（1）当雷管拉出孔底距离小于炸药在孔内的殉爆距离时，爆后炮孔底部不会留存残药，但是孔底的爆破作用相比连续装药及完全耦合装药肯定弱化留埂；

（2）当雷管拉出孔底距离大于炸药在孔内的殉爆距离时，爆后炮孔底部明显残留炸药，孔底留埂的长度加大，即明显残留炮眼；雷管拉出孔底的同时，孔内装药可能同时向外拉出，造成堵塞长度不足，造成较大爆破冲击波及噪声，同时孔口产生各向飞石容易炸断光爆孔外导爆索。

（3）当光爆孔不耦合装药并采用竹片绑扎时，雷管及炸药很容易部分及全部拉出孔外爆破，造成光爆失当及失效。

3.2　影响因素

（1）掏槽方式。在中大型隧洞开挖中多采用楔形掏槽爆破，具有充分利用自由面、炮孔数量少、掏槽效率高的优点，同时楔形内部爆渣向外抛出距离作用较大，当孔外起爆线连接较为紧密时，后续延时起爆的雷管脚线极易被从孔内向外拉出，楔形掏槽锥顶角越大，拉出作用及距离越大。相对而言，小型断面隧洞开挖采用桶形掏槽时，掏槽爆破以相邻空孔为自由面，爆渣抛出距离较小，拉出作用较小。

（2）延时间隔。隧洞开挖爆破掏槽孔、辅助孔、崩落孔、光爆孔及底眼抛渣孔等各圈炮孔的时差越大，先行起爆的炮孔爆渣向外运动的时间较长、距离较大，因此，带炮拉出的作用越强。

（3）堵塞质量。堵塞质量对雷管抗拉出作用影响较大，包括堵塞长度及密实度。实际施工中已很少采用炮泥密实堵塞，在影响较大的爆破中，可以采用快干锚固剂（卷材）进行堵塞，为加强雷管抗拉能力，也可以将雷管脚线绑扎成结再进行堵塞。

3.3　技术措施

隧洞开挖爆破施工中采用较为松弛的区域线连接各炮孔雷管，在小断面隧洞爆破采用桶型掏槽时一般不会产生带炮问题。当较大断面采用楔形掏槽爆破时，较为松弛的区域线连接方法也不能完全解决带炮问题，主要原因是楔形掏槽的抛出距离较大，爆渣抛出形成新的自由面的所需时间较长。当采用导爆管雷管起爆时可以采用一种完全炸断导爆管的簇连方法，但是电子雷管的金属脚线很难炸断，孔外也不可能设置传爆雷管炸断区域线及雷管脚线，因此建议采用一种分时连接方法，必要时设置段间松弛长度。

（1）先行连接掏槽区域：采用区域线先行连接各先行起爆的掏槽孔雷管。

（2）设置松弛长度：根据掏槽孔与最近一圈辅助孔的延时时差，初步估算爆渣运动速度约为 50m/s，当延时时差为 0.1s 时，计算松弛长度不大于 5m，将松弛长度绕成手掌宽度的空心线圈，采用连接线将空心线圈绕缠约 1 圈以上，防止施工过程中线圈松脱，同时保证在一定拉力作用下该松弛段线圈可以轻松展开。

（3）逐步分圈连接后续各圈，根据延时时差及爆渣运动方向考虑是否设置松弛长度。

（4）后爆区域的雷管脚线及区域线不要位于先爆区域内并避开爆渣冲击范围，孔外雷管脚线较长时应绕成可松脱拉开的线圈。

（5）分时（分圈）连接的首个炮孔应适当加强堵塞，以加强抗拉能力。

4 探讨与建议

电子雷管由于控制模块在起爆后仍处于工作状态，内部电路板存在空腔及结构弱点，因此炮孔距离较近的隧洞开挖爆破可能造成雷管管壳凹陷、弯折、破裂并引起拒爆，重要爆破项目应试验采用合适的炮孔间距及延时时差，生产厂家可以采用强化材质、钢帽内装电路板或空腔灌注等方法强化抗振性能。

电子雷管爆破网路采用卡槽连接，孔外金属连接线强度高，不易被炸断及砸断，电子雷管脚线及连接线容易被先行起爆的炮孔产生的爆渣从孔内拉出一段距离，可能导致炮孔拒爆、半爆或留底的带炮问题。采用合理的掏槽方式保证堵塞质量，合理延时及松弛连接等技术措施可以改善带炮风险。楔形掏槽爆破的抛掷作用强烈，建议采用分时（分圈）连接起爆线，相邻段别延时间隔较大时连接线应设置松弛长度，后续雷管脚线及连接线应避开爆渣冲击范围。

参 考 文 献

[1] 陈庆，王宏图，胡国忠，等. 隧道开挖施工的爆破振动监测与控制技术 [J]. 岩土力学，2005，26（6）：964-967.

[2] 汪旭光. 爆破设计与施工 [M]. 北京：冶金工业出版社，2011.

岩石钻孔爆破电子雷管合理时差的设置

成永华[1]　郑长青[2]　许 松[2]

（1. 江门市安恒爆破工程有限公司，广东　江门　529000；

2. 珠海爆破新技术开发有限公司，广东　珠海　519000）

摘　要：通过电子雷管结构性能特性及毫秒延时爆破机理，分析了炮孔间距和药卷直径对电子雷管的影响范围，提出了电子雷管在几种常见的岩石钻孔爆破类型中延时时差设置的基本原则、计算方法和时差设置的合理范围。

关键词：岩石钻孔爆破；电子雷管；毫秒延时爆破；合理时差

Reasonable Time Difference Setting of Electronic Detonator for Rock Drilling and Blasting

Cheng Yonghua[1]　Zheng Changqing[2]　Xu Song[2]

（1. Jiangmen Anheng Explosives Engineering Co., Ltd., Jiangmen 529000, Guangdong；

2. Zhuhai Blasting New Technology Development Co., Ltd, Zhuhai 519000, Guangdong）

Abstract：Based on the structural characteristics of electronic detonators and the mechanism of millisecond delay blasting, the influence range of hole spacing and cartridge diameter on electronic detonators is analyzed. The basic principle, calculation method and reasonable range of time delay setting of electronic detonators in several common types of rock drilling and blasting are put forward.

Keywords：rock drilling blasting; electronic detonators; millisecond delay blasting; reasonable time difference

1　引言

有别于传统电雷管和导爆管雷管，电子雷管采用电子芯片代替了传统雷管的延期药进行延时。在相同工况条件的岩石钻孔爆破施工中，如果延时时差设置不合理，会出现电子雷管芯片受损而拒爆的现象，而使用传统的毫秒延时电雷管或导爆管雷管则不会出现此类情况。对于不同类型的岩石钻孔爆破，既要保证电子雷管的芯片不损坏，又要实现良好的爆破效果，电子雷管时差设置的合理性就值得深入总结、探讨和研究。本文基于毫秒延时爆破的作用机理，结合电子雷管的基本结构及点火方式，针对几种常见的岩石钻孔爆破类型并结合多个实例，提出电子雷管时差设置的基本原则、计算方法和时差设置的合理范围。

作者信息：成永华，高级工程师，yonghuac@ 126. com。

2　常用雷管的基本结构及点火方式

目前民用爆破中常用的雷管有电雷管、导爆管雷管、电子雷管，其基本结构及点火方式如图 1 所示。

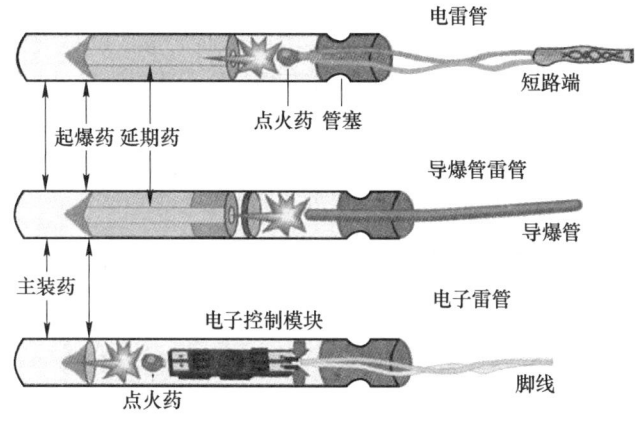

图 1　三种雷管的基本结构及点火方式示意图

Fig. 1　Schematic diagram of the basic structure and ignition principle of the three detonators

2.1　延期电雷管的基本结构及点火方式

延期电雷管由管壳、点火药（点火头）、延期药、起爆药、电桥丝、外接电脚线组成。起爆时给雷管的两根脚线通电，电流流经雷管点火头里的电桥丝，使电桥丝发热，达到雷管的发火冲量，电点火头发火继而点燃延期药，延期药引爆起爆药，起爆药引爆主装药，利用主装药爆炸的能量，引爆炸药等爆破器材。电雷管通电，只要达到电雷管的发火冲量，点火药立即被点燃，而后引爆延期药和猛炸药。在此期间，若雷管受到猛烈冲击，也不会熄火拒爆产生盲炮。

2.2　延期导爆管雷管的基本结构及点火方式

延期导爆管雷管由管壳、点火药（点火头）、延期药、起爆药、外插导爆管组成。起爆时，通过导爆管传来的爆轰波传入雷管引燃雷管内的点火药，点火药引燃延期药，延期药爆炸引爆起爆药，起爆药引爆主装药，继而引爆炸药等爆破器材。传入雷管内的爆轰波引爆延期药和猛炸药在延期药延时期间，若受到猛烈冲击，也不会熄火拒爆产生盲炮。

2.3　电子雷管的基本结构及点火方式

电子雷管由管壳、电子芯片微电子线路、点火药（点火头）、起爆药、主装药，外接电线组成。当电子雷管通过延时方案注册认证等连网检测，进入起爆环节时，电子雷管起爆器给电子雷管内置电容充电，充电完成后电容放电起爆，延时设置为 0ms 的电子雷管点火头立即点火引爆起爆药，起爆药引爆主装药，利用主装药爆炸的能量，引爆与雷管相接触的炸药等爆破器材，而延时设置为 10000ms 的电子雷管的点火头，则要等到芯片计时到 10000ms 时，点火头才点火引爆起爆药，但如果电子雷管正在进行点火倒计时，雷管芯片受外力作用受损，点火头不能点火，这发雷管就会拒爆，这种情况在炮孔间距较小的孔桩、承台、地下掘进爆破较易出现。

3　电子雷管受损的单炮孔作用范围

岩石钻孔爆破，通常采用毫秒延时爆破，毫秒延时爆破的基本思想是利用先响炮孔为后响炮孔创造新的动态自由面，以更利于岩石的破碎。大量工程实践表明，后响炮孔的电子雷管会受到先响炮孔岩石的冲击破碎而受损。在单个炮孔破坏的范围，如果岩石是弹脆性的，就会形成粉碎区，粉碎区半径一般不超过药包半径的 4~7 倍，而后形成的破裂区范围为药包半径的120~150 倍。单个炮孔能够引起相邻炮孔破坏的范围大约为药包直径的 10 倍（药包半径的 20倍），也就是说距离先响炮孔 10 倍药包直径的炮孔会破裂，但炮孔里的雷管不爆，大概率会受损，考虑到电子雷管芯片的脆弱性，单个炮孔小于 10 倍药包直径一定受损，大于 10 倍小于 15倍药包直径受损概率较大，大于 15 倍药包直径几乎不受损。

4　岩石钻孔爆破电子雷管合理时差的设置

岩石钻孔爆破电子雷管合理时差设置的原则：（1）电子雷管使用安全，即先响炮孔不应导致后响炮孔电子雷管拒爆；（2）爆破后的岩石达到良好的破碎效果。

要满足电子雷管使用安全，后响炮孔与先响炮孔的距离应大于 $10D$（D 为先响炮孔的药包直径），最好大于 $15D$。如果距离小于 $15D$，就要求相邻炮孔的电子雷管时差设置得足够短，这个时差应该小于冲击波由先响炮孔向外扩展到径向裂隙的出现需要的 1~2ms 加上形成的径向裂隙以 0.15~0.4 倍应力波传播速度（波速为 3000~5000m/s）发展到后响炮孔的时间。假如相邻炮孔相距 0.45m，径向裂隙以 450m/s 的速度扩展，那么这个时差应该设置为小于 3ms。

要满足爆破后的岩石达到良好的破碎效果，这个合理时差的选择主要与岩石性质、抵抗线、岩石移动速度及对爆破破碎效果和减振的要求等因素有关，实践中可采用如下经验公式[1]计算。

$$\Delta t = 2W/v_{\mathrm{p}} + K_1 W/C_{\mathrm{p}} + S/v \tag{1}$$

式中，Δt 为秒延时时间，s；W 为抵抗线值，m；v_{p} 为岩石中弹性纵波速度，m/s；K_1 为系数，表示岩体受高压气体作用后在抵抗线方向裂隙发展的过程，一般可取 2~3；C_{p} 为裂缝扩展速度，与岩石性质、炸药特性及爆破方式等因素有关，一般中硬岩石为 1000~1500m/s，坚硬岩石为 2000m/s 左右，软岩为 1000m/s 以下；S 为破裂面移动距离，一般取 0.1~0.3m；v 为破裂体运动的平均速度，m/s，对于松动爆破而言，$v = 10~20$m/s，对于掘进爆破（掏槽）而言，$v = 40~60$m/s。

4.1　露天台阶钻孔爆破的合理时差

露天台阶钻孔爆破的，炮孔间距通常都大于 $15D$，已满足电子雷管使用安全的条件，因此满足爆破后的岩石达到良好的破碎效果，就显得更为突出[2-3]。由于具有岩石的多样性，可按式（1）计算爆破时差，再根据现场试验确定最终的电子雷管合理时差。

试算例 1：坚硬花岗岩，钻孔直径为 140mm、抵抗线为 4.5m、台阶高度为 10m，加强松动深孔爆破。根据式（1）有：W 取 4.5m、v_{p} 取 5000m/s、K_1 取 3、C_{p} 取 2000m/s、S 取 0.3m、v 取 20m/s，则：

（1）排间时差（破裂面移动距离取 0.3m）：

$$\Delta t = 2 \times 4.5/5000 + 3 \times 4.5/2000 + 0.3/20 = 24\mathrm{ms}$$

（2）孔间时差（破裂面移动距离取 0m）：

$$\Delta t = 2 \times 4.5/5000 + 3 \times 4.5/2000 + 0/20 = 9\mathrm{ms}$$

（3）孔间时差（破裂面移动距离为0.1m）：
$$\Delta t = 2 \times 4.5/5000 + 3 \times 4.5/2000 + 0.1/20 = 14\text{ms}$$

试算例2：中等坚硬石灰岩，钻孔直径为140mm、抵抗线为4.5m、台阶高度为10m，加强松动深孔爆破。根据式（1）有：W 取4.5m、v_p 取4000m/s、K_1 取2.5、C_p 取1500m/s、S 取0.3m、v 取10m/s，则：

（1）排间时差（破裂面移动距离取0.3m）：
$$\Delta t = 2 \times 4.5/4000 + 2.5 \times 4.5/1500 + 0.3/10 = 39.8\text{ms}$$

（2）孔间时差（破裂面移动距离取0m）：
$$\Delta t = 2 \times 4.5/4000 + 2.5 \times 4.5/1500 + 0/10 = 9.8\text{ms}$$

（3）孔间时差（破裂面移动距离取0.1m）：
$$\Delta t = 2 \times 4.5/4000 + 2.5 \times 4.5/1500 + 0.1/10 = 19.8\text{ms}$$

ORICA公司根据多年的爆破研究认为，对于中等硬度岩石，深孔台阶爆破的时差排间时差取42ms、孔间时差取17ms（中等偏硬取9ms）能够取得较好的岩石爆破破碎效果。

根据高速摄影测试，采用深孔台阶爆破，药包爆破后10ms，地面岩石开始有明显移动，接着在加速过程中形成鼓包，到20ms时，鼓包运动接近最大速度，到100ms时，鼓包严重破裂。

ORICA公司推荐深孔台阶爆破时差方案如图2和图3所示。

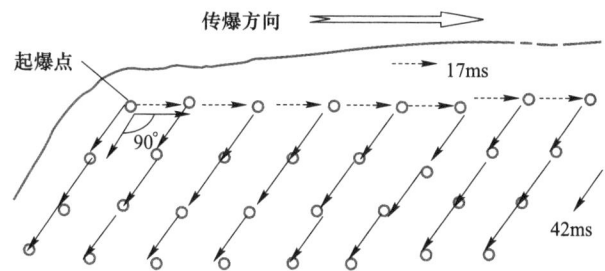

图2　ORICA公司推荐深孔台阶爆破时差方案1

Fig. 2　ORICA recommends deep hole step blasting time difference 1

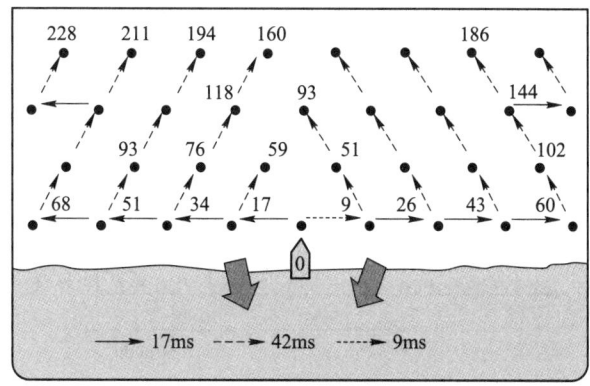

图3　ORICA公司推荐深孔台阶爆破时差方案2

Fig. 3　ORICA recommends deep hole step blasting time difference 2

我国露天矿山多排孔挤压爆破的排间时差通常取 50ms 以上，在台阶高度为 12~15m 的坚硬岩石中使用威力较高的炸药时，孔间时差取 10~15ms，如果使用威力较低的铵油炸药，孔间时差多选用 10~25ms。

因此，深孔台阶爆破的合理时差排间取 42~100ms、孔间取 9~25ms，岩石坚硬致密取小值，岩石松软取大值[4]。在广东多个中等硬度花岗岩、石灰岩的深孔爆破工程项目中，使用排间 42ms、孔间 17ms 的时差设置均取得较好的爆破效果。

4.2　隧道（井巷）钻孔爆破的合理时差

使用电子雷管进行井巷（隧道）开挖钻孔爆破，由于相邻炮孔距离较小，特别是掏槽孔，同一级掏槽孔间距一般小于 15D，因此同级掏槽使用电子雷管最好同响，如果采用不同响，楔形掏槽的同一对掏槽孔也应该采用同响，相邻不同对的掏槽孔的时差最大不超过 5ms 为宜，否则容易造成后响炮孔电子雷管的受损出现盲炮；其他扩槽孔、辅助孔、边孔的孔间距一般都大于 15D，其时差设置，从掏槽第一圈，第二圈，第三圈，…辅助孔 1，辅助孔 2，…周边孔，底板孔，每一圈的时差设置以 20~50ms 为宜，这与式（1）计算的结果基本吻合。下面是几个使用电子雷管掘进爆破的隧道（隧洞）钻爆参数案例，供参考。

4.2.1　唐家湾大南山应急避险工程

主洞为整体性较好的花岗岩，以 Ⅱ 级围岩为主，三臂液压台车钻孔，炮孔直径 45mm，进尺 4.0m，全断面开挖，光面爆破，主洞炮孔布置如图 4 所示，各参数见表 1。

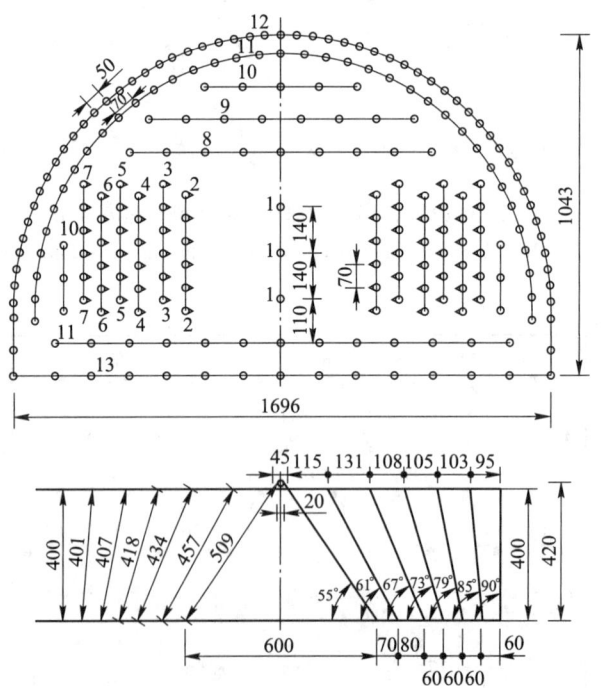

图 4　唐家湾大南山应急避险工程主洞炮孔布置图

Fig. 4　Tangjiawan Danan mountain emergency shelter project main hole layout

表1 唐家湾大南山应急避险工程主洞钻爆参数表

Tab. 1 Table of drilling and blasting parameters of the main hole of Tangjiawan Danan mountain emergency shelter project

炮孔名称	炮孔深度/cm	炮孔个数/个	装药直径/mm	药卷数量/个	单孔药量/kg	总药量/kg	雷管段别	备注
周边孔	400	55		2	0.6	33.0	13	
内圈孔	400	37		5	1.5	55.5	12	
掏槽孔1	509、457、434	48		8	2.4	115.2	2、3、4	
掏槽孔2	418、407、401	48	32	7	2.1	100.8	5、6、7	每段延时20ms
中心孔	300	3		5	1.5	4.5	1	
辅助孔	400	41		5	1.5	61.5	7、8、9、10、11、12	
底板孔	400	15		8	2.4	36	14	
总计		247				406.5		

4.2.2 鹤山抽水蓄能电站探洞爆破

主洞为整体性较好的花岗岩，以Ⅱ级围岩为主，采用人工钻孔，炮孔直径42mm，全断面开挖，炮孔布置如图5所示，各参数见表2。

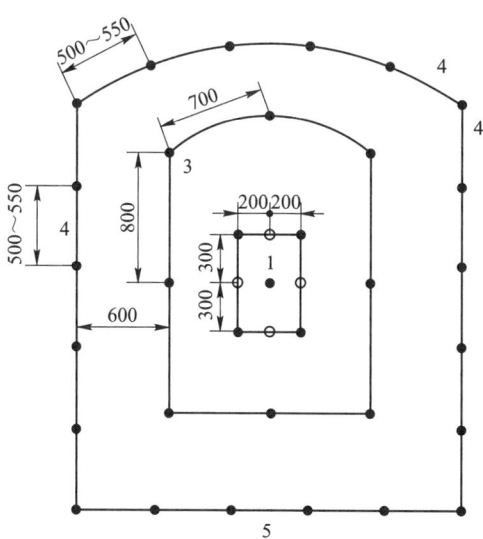

图5 鹤山抽水蓄能电站探洞爆破炮孔布置图

Fig. 5 Layout of blasting hole in Heshan pumped storage power station

表2 鹤山抽水蓄能电站探洞爆破钻爆参数表

Tab. 2 Parameters of tunnel blasting in Heshan pumped storage power statio

序号	炮孔名称	炮孔深度/m	孔数/个	钻孔角度	单孔药量/kg	单段药量/kg	雷管延时/ms	备注
1	空孔	2.5	4	直孔				不装药

续表 2

序号	炮孔名称	炮孔深度 /m	孔数/个	钻孔角度	单孔药量 /kg	单段药量 /kg	雷管延时 /ms	备注
2	掏槽孔	2.5	1	直孔	1.8	1.8	50	
3	掏槽孔	2.5	4	直孔	1.8	7.2	80	
4	辅助孔	2.2	8	直孔	1.1	8.8	110	孔距 0.7~0.8m
5	周边孔	2.2	14	外偏 5°	0.6	8.4	140	孔距 0.5~0.55m
6	底板孔	2.2	6	外偏 5°	1.1	6.6	170	孔距 0.5m
合计		14.32m³	37			32.8		单耗 2.30kg/m³

5　结论

（1）大量工程实践表明岩石钻孔爆破电子雷管合理的时差设置既能使电子雷管不产生拒爆，又能实现良好的破碎和降振效果。

（2）深孔台阶爆破排间取 42~100ms、孔间取 9~25ms，岩石坚硬致密取小值，岩石松软取大值。

（3）隧道（井巷）开挖爆破，同级或同对掏槽孔宜同响，相邻不同对掏槽孔的时差最大不超过 5ms，其它炮孔每圈时差以 20~50ms 为宜。

参 考 文 献

[1] 汪旭光. 爆破手册 [M]. 北京：冶金工业出版社，2010.
[2] 汪旭光. 爆破设计与施工 [M]. 北京：冶金工业出版社，2011.
[3] 顾毅成，史雅语，金骥良. 工程爆破安全 [M]. 合肥：中国科学技术大学出版社，2009.
[4] 斯蒂格. 奥洛弗松. 建筑及采矿工程实用爆破技术 [M]. 北京：煤炭工业出版社，1992.

一种新型内冲击激发式安全电子雷管的研究

刘登程[1] 聂 诚[2] 王 爱[3] 邓小娟[1]

（1. 上海鲲程电子科技有限公司，上海 201100；

2. 湖南湘科控股集团有限公司，长沙 410000；

3. 湖南神斧集团湘南爆破器材有限责任公司，湖南 永州 425000）

摘　要：本文介绍了一种新型内冲击激发式安全电子雷管（简称 IID 雷管），属无起爆药雷管的一种产品形式。IID 雷管不装填起爆药，仅使用猛炸药，通过一个激发组件与雷管管壳、有孔加强帽构成了一个点火、传火、燃烧、冲击起爆、传爆序列，雷管可靠起爆；也可与各种延时控制电路、多种点火药剂制成的点火头匹配生产工业电子雷管。经大量实测和工程验证，IID 雷管和有起爆药雷管相比，有等效的爆轰能量输出及相近的瞬发度和延时精度，可以满足各类工程爆破需求，具有较高的安全性和环境适应性。IID 雷管的生产工艺简单，采用五装三压等进行生产，工艺条件要求相对宽松，可在现有民爆企业的基础雷管生产线上进行生产，无需进行大幅度的工序调整和工艺条件的改动，具有较好的推广应用前景。

关键词：内冲击激发；无起爆药雷管；激发组件；数码电子雷管；安全雷管

Research on a New Safe Inner-incentive Non-primary Electronic Detonator

Liu Dengcheng[1]　Nie Cheng[2]　Wang Ai[3]　Deng Xiaojuan[1]

（1. Shanghai Kuncheng Electronic Technology Co., Ltd., Shanghai 201100；2. Hunan Xiangke Holding Group Co., Ltd., Changsha 410000；3. Hunan Shenfu Group Xiangnan Explosive Materials Co., Ltd., Yongzhou 425000, Hunan）

Abstract：A new safe inner-incentive non-primary electronic detonator (IID detonator) is composed of elementary high explosive, the excitation component, detonator case and the perforated reinforced cap, etc, which forms a dependable sequence from ignition, flame propagation, combustion, impact initiation to transmission detonation, consequently, the reliability of detonator initiation can be improved greatly. It can also be made in industrial electronic detonators with various electronic control module and ignition element which made of diversified ignition agents . After abundant testing, the IID detonator has equivalent detonation energy output, similar instantaneousness and delay accuracy compared with the primary explosive detonator, which can be applied to various engineering blasting, and has higher safety and environmental adaptability. The production process condition of the IID detonator is simple and relatively loose, which reflected in that can be produced by adopting five loading and three pressing.

作者信息：刘登程，本科，高级工程师，liudengcheng@ shkcdz. com。

The IID detonator can be produced directly to the basic detonator production line of the existing explosive enterprises, that means its process condition can be applied without significant adjustment, so that the IID detonator has a bright popularization and application prospect.

Keywords：inner-incentive；non-primary explosive detonator；excitation element；digital electronic detonator；safety detonator

1　引言

基于雷管安全生产使用及相关公共安全管理等方面的原因，民用工程雷管不断更新迭代，逐步淘汰传统的火雷管、电雷管及导爆管雷管，推广使用数码电子雷管。电子雷管属采用电子引火元件代替延期体对起爆过程控制的电雷管。由于电子引火元件能精确控制延期时间和起爆能量，同时电子芯片内置信息码可以与雷管管壳码和起爆密码绑定，可实现起爆时域或空域管制，同时高精度延期时间控制和高可靠性起爆，极大的满足了以毫秒延时爆破逐孔起爆为代表的现代爆破技术需求[1]。电子雷管的密码控制极大地强化了工业雷管的公共安全管理。但是电子雷管仍然沿用传统基础雷管，在基础雷管中装填有起爆药和猛炸药。长期以来我们一直以DDNP（二硝基重氮酚）为主要的起爆药[2]，近年来逐步更替为硝酸肼镍、GTG（GTX）等新的起爆药剂[3]，在一定程度上缓解了起爆药生产废水带来的环境污染压力。但是，相比猛炸药，起爆药的机械感度还是偏高，由起爆药生产、雷管装填、雷管运输、爆破施工及爆破哑炮排除等雷管全生命周期内的安全问题仍不能忽视，同时为了提高起爆药生产过程的安全性和自动化生产程度，实现人机隔离，需要持续大量的技术改造投入[4]。

如果工业电子雷管遭遇非正常渠道丢失或遗弃，该雷管被解剖切去芯片部分，其基础雷管仍然可以被普通的引火线（索）、点火头等点燃引爆，仍具雷管爆炸威力，在全社会的公共安全管理方面还存在一定的风险或隐患。所以，研制不含起爆药的安全雷管对安全生产、环境保护和公共安全管理等多方面具有重要的意义。

近30多年来，有许多雷管生产企业都进行了不同程度的无起爆药雷管产品研发和生产，有效推动了无起爆药雷管的技术进步，但是由于产品工艺要求苛刻和产品可靠性等方面的原因，该产品未能获得大规模的推广使用。

本文提出了新型内冲击激发式安全雷管（简称 IID 雷管），其本质属性也是无起爆药雷管的一种产品形式。IID 雷管和有起爆药雷管相比，具有同等的能量输出，可与各种电子引火元件匹配生产工业电子雷管，与其他无起爆药雷管技术相比，工艺条件要求相对宽松，可在低温和复杂的爆破现场环境下灵活使用，满足各类工程爆破需求，具有更高的安全性和环境适应性，也可在现有民爆企业的基础雷管生产线上进行生产，不需要进行大幅度的工序调整和工艺条件的改动，具有较大的推广应用前景。

2　IID 雷管设计原理

IID 雷管的结构如图 1 所示。

在 IID 雷管中，使用了一个新型的激发组件，该部件的主体是底部带凹坑的无孔加强帽，在凹坑处涂以瓷釉、陶釉或高分子树脂材料经烧结固化形成一玻璃质硬质涂层。在雷管中，激发组件与有孔加强帽反扣叠放装填，管壳为厚壁带台阶管壳，在雷管底部装填一道装药，经压制后装填二道装药，再装填激发组件，随后装填三道装药，再装填有孔加强帽进行合压，制成 IID 专用基础雷管，最后与电子引火元件装配、卡口、赋码检测等制成 IID 工业电子雷管。

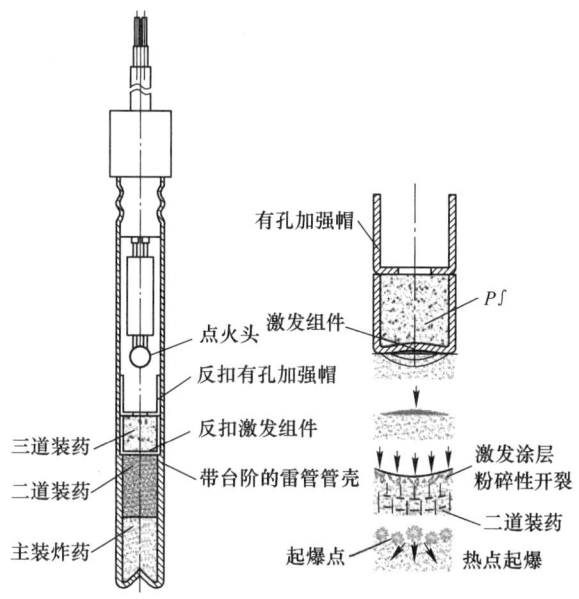

图 1　IID 雷管结构示意图

Fig. 1　Structure diagram of IID detonator

IID 雷管的激发起爆原理是使用专用的起爆器对该电子雷管实施控制起爆，点火头激发产生的火焰通过有孔加强帽的传火孔将三道装药点燃，该装药受雷管管壳和有孔加强帽、激发组件构成的双重约束下，炸药由低速燃烧扩展成高速燃烧，瞬间产生大量的热和气体产物，使得有孔加强帽和激发组件之间狭小相对密闭的空间内形成压力突升，对激发组件形成高压冲击，压迫激发组件底部膨胀变形；同时激发组件底部的脆性硬涂层破裂，涂层碎裂物在持续的膨胀力驱动下直接刺入二道装药层，由于二道装药是密度相对较低，具有一定的压缩性，激发组件膨胀并驱动碎裂物刺入炸药层。在炸药和涂层碎裂物有效的相对位移运动中产生足可以起爆炸药的热点（热核），热点爆炸迅速成长为高速爆轰，进而起爆雷管的主装炸药，实现雷管的爆轰能量输出。

3　测试结果与分析

3.1　适配 LTNR 点火药剂的 IID 工业电子雷管测试结果

关于 LTNR（斯蒂芬酸铅）药头的 IID 雷管连续试验累计完成上万发的试验量，具体试验结果如下。

3.1.1　雷管装药参数

适配 LTNR 药头的 IID 雷管（LTNR 点火头 86/24 管壳–电子引火元件）装药参数见表 1。

表 1　LTNR 药头 IID 雷管装药结构参数

Tab. 1　Charge parameters of IID detonator with LTNR ignitor

工　序	药量/mg	松装高度/mm	压高/mm	备注
一道药	380~410		10.2~10.5	石墨造粒 RDX

续表1

工　序	药量/mg	松装高度/mm	压高/mm	备注
二道药	390~410	25.5~26.3		PETN
激发组件				JF-04-Y
三道药	200~210			PETN
有孔加强帽				YK-25
合压高度			30.2~30.6	

3.1.2　雷管起爆能力测试

按照 GB/T 13226《工业雷管铅板试验方法》标准的测试要求，将 100 发雷管直立于铅板 35mm×5mm 中央，用电子雷管专用起爆器起爆，观察起爆后铅板全部穿孔且炸孔直径均匀，在 11.2~12.5mm 范围内，试验结果表明该雷管起爆能力可满足要求。其中部分铅板样品如图 2 所示。

同时对该种雷管进行了近万发的铅板炸孔试验，雷管管塞处残留段呈五瓣或六瓣向上翻起，可见雷管各装药都已完全爆轰。IID 雷管的一道主装药虽然等量于传统的有起爆药雷管的装药量，但其铅板炸孔平均直径偏大 0.5~1mm。试验结果表明，IID 雷管的起爆能力可略优于有起爆药雷管。

3.1.3　IID 雷管抗震能力测试

在一些无起爆药雷管结构设计中，为了提高雷管爆炸可靠性，通常采用二道装药结构，且对装药的装药量或装药高度要求极为苛刻，二道装药不能有明显的压制，否则会产生大概率的半爆现象，以致人们一直误解无起爆药雷管抗振动能力差，特别是不能被倒置反向起爆使用，生产工艺要求苛刻。

客观上当雷管有二道装药时，该雷管受到振动后，二道装药必然要产生整体下顿产生空腔，使得连续的装药结构被空腔中断。如图 3 和图 4 所示。

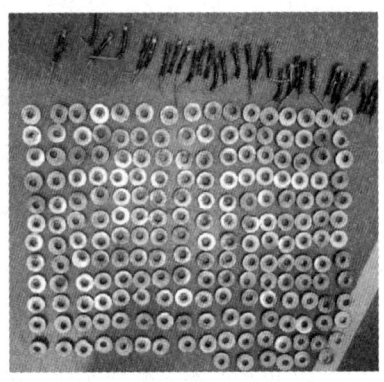

图 2　部分铅板炸孔照片

Fig. 2　Photos of blasted-holes in some lead plates

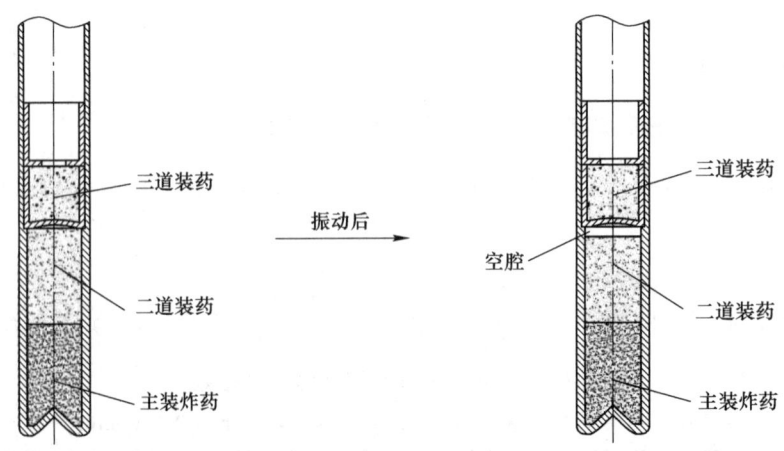

图 3　雷管受到正向振动后二道装药出现空腔

Fig. 3　Occured charge gap when the detonator is subjected to shock vibration

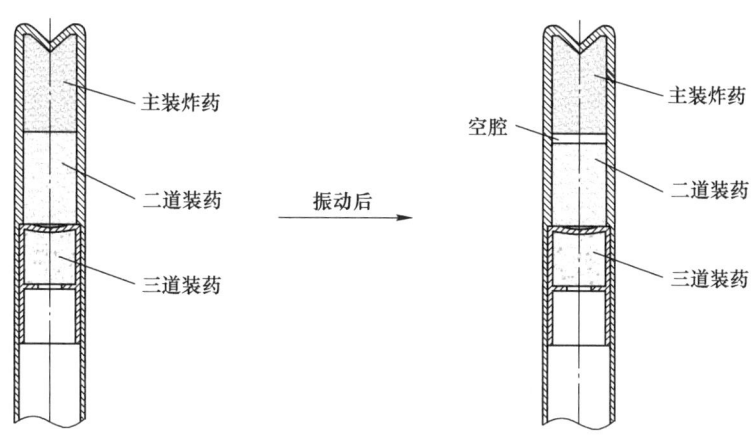

图4　雷管受到反方向振动后二道装药出现空腔

Fig. 4　Occurred gap in loose charge when the detonator is subjected to shock vibration by opposite-direction

当雷管受到正向振动且被正向使用时，二道装药上部的空腔有利于被上层结构所激发起爆。但是雷管被反向振动且反向倒置起爆时，二道装药下顿密实产生的空腔隔开了主装炸药，二道装药被起爆产生的冲击波能量被空腔衰减，严重时主装炸药不能被有效起爆，出现大概率的雷管输出能力降低或半爆现象。

在 IID 雷管结构设计中，使用了激发组件，其激发起爆能力相对较强，二道装药 400mg 采用一次性装填，其装药高度可以承受 15% 左右的压缩量，既保证了雷管的起爆可靠性，又能提高雷管的抗冲击振动能力，起爆方式不受任何限制。二道装药可被适度压制，使得 IID 雷管生产工艺条件要求相对宽松。

本试验中按照《工业数码电子雷管》（WJ 9085）抗振性能测试要求，分别取 100 发 IID 电子雷管置于振动试验机中，连续进行正向/反向振动 10min，振动结束后分别进行正向、反向起爆，测试结果见表 2。

表2　LTNR 药头 IID 雷管正反向振动后起爆能力测试

Tab. 2　Detonation test after positive and negative vibration of IID detonator with LTNR ignitor

测试条件	测试数量	震动测试结果	起爆测试结果
正向震动 10min 后进行正向起爆	100 发	震动过程中雷管未发生爆炸、结构松散或损坏等	正向起爆全部穿孔，平均孔径约 11.5mm
正向震动 10min 后进行反向起爆	100 发	震动过程中雷管未发生爆炸、结构松散或损坏等	反向起爆全部穿孔，平均孔径约 11.5mm
反向震动 10min 后进行正向起爆	100 发	震动过程中雷管未发生爆炸、结构松散或损坏等	正向起爆全部穿孔，平均孔径约 11.5mm
反向震动 10min 后进行反向起爆	100 发	震动过程中雷管未发生爆炸、结构松散或损坏等	反向起爆全部穿孔，平均孔径约 11.2mm

由此可见，IID 电子雷管具有较好的抗振性能和正向、反向起爆能力，这些性能主要得益于激发组件本身的激发起爆能力相对较强，使得二道装药可适度压缩，保障雷管装药结构的稳定性较好。

3.1.4　IID 雷管在高低温环境下的起爆能力测试

本试验中按照《工业数码电子雷管》（WJ 9085）耐温性能测试要求，分别取 100 发试验样品至于 -20℃ 冷冻箱和 85℃ 的高温箱内 4h，取出即刻进行雷管输出能力测试，雷管没有瞎火和半爆现象，在 -20℃ 存放的样品铅板炸孔直径分布范围在 10.5~12.2mm，在 80℃ 存放的样品，铅板炸孔直径分布范围在 11.5~12.4mm，说明 IID 雷管在低温、高温等特殊环境中具有较好的耐温性能，符合《工业数码电子雷管》（WJ 9085）标准。同时经与常温下雷管的输出能力对比，IID 雷管在低温、高温等特殊环境中起爆能力没有显著变化。

3.1.5　延时精度测试

根据《工业数码电子雷管》（WJ 9085）要求在 -20℃、70℃ 及常温试验条件下对雷管延期时间测试要求，为进一步验证高温下雷管性能，将 70℃ 提高至 85℃，部分测试数据见表 3。

表 3　LTNR-IID 电子雷管延时精度测试部分试验数据

Tab. 3　Delay accuracy test data of LTNR-IID electronic detonator

温度/℃	测试数量/发	名义延期/ms	最大值	最小值	平均值	标准差	最大误差/最大相对误差
-20	10	0	0.761	0.059	0.664	0.059	0.761
	10	150	150.923	150.542	150.72	0.117	0.923
	10	6000	6011.211	5998.09	6003.838	3.994	0.19%
常温	10	0	0.777	0.606	0.673	0.049	0.777
	10	150	150.839	150.066	150.583	0.194	0.839
	10	6000	6007.627	5992.739	6001.007	4.048	0.13%
85	10	0	0.705	0.591	0.654	0.039	0.705
	10	150	150.818	150.379	150.586	0.151	0.818
	10	6000	6012.907	5997.267	6002.026	4.252	0.22%

根据上述测试结果，IID 雷管的延期时间可满足 WJ 9085—2015 标准要求。由此可见，IID 雷管的点火、激发起爆、传爆等爆炸序列作用过程连续，燃速或爆炸成长时间短，几乎不受使用环境影响，在 -20℃ 和 85℃ 下有等同的延时精度。

3.1.6　其他性能测试

根据《工业数码电子雷管》（WJ 9085—2015）标准要求，对适配 LTNR 药头的 IID 工业电子雷管经国家民用爆破器材质量检验检测中心进行全项检测后，产品各项性能完全符合标准要求。

3.2　适配 K-K 点火头的 IID 工业电子雷管测试结果

关于适配 K-K（苦味酸钾-高氯酸钾）点火头的 IID 雷管经累计 1.5 万余发的试验，具体测试数据如下。

3.2.1　雷管装药参数

适配 K-K 点火头的 IID 工业电子雷管的结构参数基本与 LTNR 点火头 IID 雷管相似，唯一不同的是使用了 JF-03 激发组件。

3.2.2　雷管起爆能力测试

按照《工业雷管铅板试验方法》（GB/T 13226）标准的测试要求，适配 K-K 点火头的 IID 雷管铅板炸孔直径分布在 10.5～12.5mm 范围内，符合标准要求。其中部分铅板样品如图 5 所示。

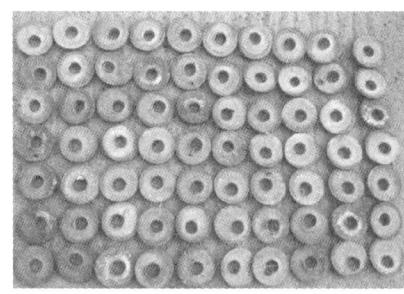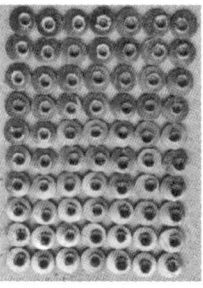

图 5　部分铅板炸孔照片

Fig. 5　Photos of blasted-holes in some lead plates

在试验初期，适配 K-K 点火头的 IID 雷管多次发生半爆导致铅板盲孔或小孔等现象，如图 6 所示。经分析其主要原因是选用的激发组件规格和装药参数不匹配，使得雷管管壳破肚与激发组件起爆时序错位太大，管壳破肚在先，炸药燃烧产生动态高压损失严重，致使激发组件不能有效激发起爆炸药，适度增加炸药燃烧约束条件和降低激发组件底部膨胀阈值是最直接有效的措施，经反复试验和人为制造缺陷验证，针对试验过程出现的半爆等问题，全部得到了有效的解决。IID 雷管的激发起爆过程实质是一个动态的压力平衡系统。

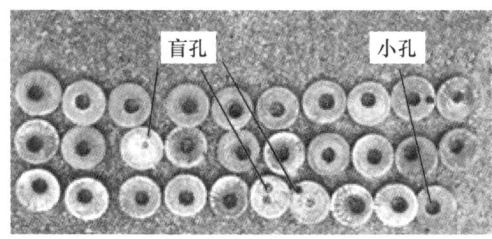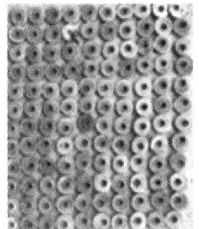

图 6　试验初期遇到的铅板小孔或盲孔照片

Fig. 6　Photos of lead plate holes or blind holes encountered in the early stage of the experiment

3.2.3　K-K 点火头 IID 雷管抗振能力和高低温环境适应能力

当 K-K 点火头 IID 雷管的系统起爆、传爆序列条件建立起来以后，按照《工业数码电子雷管》（WJ 9085—2015）中抗振性能及耐温性能测试要求，并对测试后雷管进行起爆能力测试，测试结果表明，IID 工业电子雷管可满足抗振、高低温性能测试要求，同时其在测试后与 LTNR 点火头 IID 雷管有同样的起爆输出能力。

3.2.4　延时精度测试

本试验中按照《工业数码电子雷管》（WJ 9085—2015）要求在常温试验条件下对适配 K-K 点火头 IID 工业电子雷管延期时间进行测试，部分测试数据见表 4。

表 4　K-K-IID 电子雷管延时精度测试部分试验数据
Tab. 4　Delay accuracy test data of K-K IID electronic detonator

测试数量/发	名义延期/ms	最大值/ms	最小值/ms	平均值/ms	标准差	最大误差/ms
50	0	1.23	0.87	1.05	0.869	1.23

上述测试数据表明，适配 K-K 点火头的 IID 工业电子雷管的延时精度可满足 WJ 9085—2015 标准要求，相比 LTNR-IID 雷管的延期精度稍差一些，主要原因是 K-K 点火头本身的作用时间和精度所致。其高低温环境下的延时精度与常温下相似，不再赘述。

3.2.5　其他性能

K-K-IID 工业电子雷管经国家民用爆破器材质量检验检测中心进行全项检测，产品合格，符合 WJ 9085—2015 要求。

3.3　适配 LLDDNP、LLG 点火头的 IID 工业电子雷管试验测试结果

3.3.1　雷管装药参数

LLDDNP（氯酸钾-硫化锑-DDNP）、LLG（氯酸钾-硫氰酸铅-铬酸铅）点火头-IID 工业电子雷管的装药参数与 LTNR 和 K-K 点火头的 IID 雷管基本一样，所不同的是选用了不同的激发组件。

3.3.2　雷管输出能力测试

经前述铅板试验测试，LLDDNP（氯酸钾-硫化锑-DDNP）、LLG（氯酸钾-硫氰酸铅-铬酸铅）点火头-IID 工业电子雷管可满足抗振、高低温等测试要求，且经测试后进行雷管输出能力与 LTNR 和 K-K 点火头的 IID 雷管基本一样。

3.3.3　LLDDNP、LLG 点火头-IID 工业电子雷管延时精度测试

参照前述 IID 雷管延时精度测试方法，分别对 LLDDNP、LLG 点火头-IID 工业电子雷管在常温下的 0ms 时延期时间进行测试，测试结果见表 5。

表 5　LLDDNP-IID 与 LLG-IID 电子雷管延时精度测试部分试验数据
Tab. 5　Delay accuracy test data of LLDDNP-IID and LLG-IID electronic detonator

点火药剂	测试数量/发	名义延期/ms	最大值/ms	最小值/ms	平均值/ms	标准差	最大误差/ms
LLDDNP	50	0	17.24	8.15	12.5144	2.670	17.24
LLG	50	0	2.43	1.3	1.87	0.268	2.43

从上述测试数据可以看出，LLDDNP-IID 雷管延时精度较差，雷管系统从点火到起爆用时长，雷管爆炸时间一致性不好。但是 LLG 点火头的 IID 雷管延时精度略有偏高于 K-K 点火头雷管，还需进一步优化。

4　结论

本文设计了一款结构独特的激发组件，将其应用到雷管装药结构中形成了一个点火—燃烧—激发起爆—传爆的爆炸序列，成功构造了一个经典的灼热点起爆条件，在炸药快速燃烧产生的冲击力作用下，激发组件可靠起爆炸药实现了雷管装药爆炸，具体结论如下：

（1）该雷管装药结构与传统无起爆药雷管基本相同，通过变换激发组件型号可实现与多

种不同类型点火药剂匹配，且关键性工艺条件要求相对宽松，无需进行大幅度的工序调整和工艺条件的变动，使得 IID 雷管具有宽泛的应用条件。

（2）IID 雷管经过上万发产品测试试验，该产品结构稳定可靠，可与各类点火头构成的电子引火元件配套生产工业电子雷管，同时抗振性能好，倒置起爆能力强，高低温条件下均能可靠起爆，可满足各类不同特殊环境下的使用需求，具有较大的推广应用空间。

（3）列举了4种不同点火头与 IID 雷管适配的情况，既包括燃烧慢的 LLDDNP 点火头，也包括点火速度较快的 LTNR 和 LLG 点火头，由于他们输出的火焰持续时间长短不一，其点燃炸药的能力也不同，导致炸药燃烧的状态也各有差异，有些延期精度方面还不能满足标准要求，后续还将进一步加大试验研究，为无起爆药雷管的发展和推广提供更多可行方案。

参 考 文 献

［1］张建华，张玉健，陈志强，等．电子雷管微差爆破技术在银山矿掘进爆破中的应用［J］．现代矿业，2023，39（2）：112-114，118.

［2］田淑文．工业雷管起爆药发展方向——球型叠氮化铅［J］．国防技术基础，2008（11）：53-54.

［3］张立和，邱春艳．GTX 起爆药在工业雷管中的应用［C］//中国兵工学会民用爆破器材专业委员会．民用爆破器材理论与实践——中国兵工学会民用爆破器材专业委员会第七届学术年会论文集，兵器工业出版社，2012：332-334.

［4］李卫兵．起爆药生产废水中重金属离子的治理方法［J］．科技信息，2011（9）：768-769.

有关电子雷管用点火药剂的探讨

李荣荣　　张英豪　　张立明

（北京煜邦数码科技有限公司，北京　102302）

摘　要：电子雷管，全称工业电子雷管，由电子控制模块、引火药头、基础雷管三大部分组成。点火药剂作为引火药头的重要组成在电子雷管中至关重要，事关能否可靠起爆。本文以北京煜邦数码科技有限公司的电子控制模块为例，对其匹配的点火药剂进行对比分析，在点火药剂选取方面进行探讨，并就点火药剂选取原则和标准提供一些思路和建议。

关键词：电子雷管；点火药剂；性能对比；可靠性

Discussion on Ignition Agents for Electronic Detonators

Li Rongrong　　Zhang Yinghao　　Zhang Liming

（Beijing SINO BANG Digital Technology Co., Ltd., Beijing 102302）

Abstract：The electronic detonator, full name industrial electronic detonator, is composed of three parts：electronic control module, igniting head and basic detonator. Ignition agent as an important component of the primer is very important in the electronic detonator, which is related to whether it can be reliably detonated. In this paper, the electronic control module of Beijing SINO BANG Digital Technology Co., Ltd., is taken as an example, the matching ignition agent is compared and analyzed, the selection of ignition agent is discussed, and some ideas and suggestions are provided on the selection principles and standards of ignition agent.

Keywords：electronic detonator；igniting medicament；performance comparison；reliability

1　概述

我国从 20 世纪 80 年代开始研制、试验及之后小规模生产和使用工业数码电子雷管，随着近年来爆破技术和采矿业采掘方式的不断发展和进步，深孔爆破和大爆破比例增加，传统的工业雷管用量逐年减少，而工业电子雷管因其精准的延期时间、优化简单的网络设计、安全可靠的密码起爆、环境污染的显著减少和有效降低的爆破振动等优点得到快速发展，加上工业电子雷管流向的可追溯性、爆破作业信息的可控性等特点，使其成为反恐防爆的有效手段，形成我国独具特色的"数码"雷管结构和用途[1]。

民用爆破器材行业"十四五"安全发展规划中提出：支持关键数字技术与民爆行业融合应用技术装备研发。推动高可靠性、高稳定性工业数码电子雷管及引火模块（电子控制模块和

作者信息：李荣荣，工程师，1494212079@ qq. com。

点火元件）研发。支持用于特殊用途的民爆新产品、新技术研发[2]。

由于电子雷管是通过电容储存电荷，在控制芯片完成计时后打开电容放电开关，使电容中储存的电能释放出来从而引爆点火药头。由于受到电容储存的电荷量有限，所以对电子雷管引火药剂的稳定性和发火性能要求较高。

据有关资料介绍，采用电子芯片控制延期时间的精确度极高，其绝对精度可达 0.1%，相对精度可达 0.005%[3]。目前，国内数码电子雷管实物质量与标准要求的主要差距在于点火头在规定的电能作用下发火的可靠性和点火头的延期精度等方面。

电子雷管由电子控制模块、引火药头、基础雷管三大部分组成，而电子控制模块是控制电子雷管延期时间的核心部分，其质量对于电子雷管的整体质量至关重要。煜邦数码科技有限公司的电子控制模块状态可在线检测、延期时间可在线校准、起爆网络可靠性高，内置产品序列号和起爆密码，内嵌抗干扰隔离电路，芯片模块具备三级安全控制开关，使用上更安全、更可靠，自公司成立以来未出现任何生产事故和现场早爆现象，而且爆破网路设计简单、操作使用方便。因此，本文采用煜邦数码科技有限公司的煜邦电子控制模块配合各种点火药剂进行一系列试验，分析了各种药剂的性能和适用条件。

2 电子引火元件的原理分析

北京煜邦数码科技有限公司（以下简称煜邦科技）的电子控制模块作为电子雷管的引火元件和传统电雷管的引火元件之间有一个共性的发火原理，即都是将电能转化为热能从而激发引火元件发火，但在结构和延期原理等方面有所差异。通过对电子雷管的发火过程、发火模型及电子雷管内部电路进行理论分析并总结出两类雷管用引火元件设计要求的不同，在此基础上分析了电子雷管用引火元件对选择药剂的设计思路以及与电引火元件在药剂选择上的不同：

（1）煜邦科技电子控制模块能独立控制外界输入的能量且将能量储存在内部的电容中，在能量输入药头之前由各控制模块个体内的芯片按程序设计自行控制，通过控制模块进行控制的各雷管之间无直接联系且多采用并联网络，因此不会出现像传统电雷管串联起爆时因电阻阻值范围过大、药头的发火一致性不好而导致"丢炮"现象[4]。

（2）传统电雷管是先点火后延时，其延期药的燃烧易受引火药头的影响，如药头产生的气体会造成雷管气室内压力增大，延期药的燃速会发生很大的变化，延期精度波动，因此延期电雷管引火药剂的选择会受到约束，而电子雷管是先延时后点火，通过电子控制模块进行延时控制，其引火药头不需要考虑此问题，药剂的选择范围更加广泛。

（3）煜邦科技电子控制模块的结构和内部电路设计使得外部强弱电的输入与药头的激发无直接联系，且芯片设置有效地提高了安全性，抗静电、抗射频、抗杂散电流的能力大大增强，选择药头药剂时不需要考虑药剂感度导致的早爆、拒爆问题。

（4）煜邦科技电子控制模块的储能器件和发火结构决定了能提供给引火药头的最大发火能量是固定的，其可为药头提供的最大发火能量受到电容容量和耐压值的限制。

3 几种点火药的介绍

3.1 硫氰酸铅

硫氰酸铅为白色或淡黄色结晶粉末，其分子式为 $Pb(SCN)_2$，密度为 $3.82g/cm^3$，具有一定的毒性。其物理性质较稳定，溶于硫氰酸钾和硝酸溶液，微溶于冷水，易溶于热水，在温度达到 190~195℃时分解，可由硫氰酸钠和硝酸铅通过化学反应制备，常作为起爆药剂用于各种爆炸物品的生产。

3.2　微晶共沉淀

微晶体共沉淀点火药是一种新型的点火药，它具有较大的爆热和燃烧残渣量、延期精度高，电感度和热感度相对较低。

3.3　LDNP

LDNP 点火药的粒度很小，与桥丝的接触面积比较大，该点火药具有较高的热丝感度，但由于其点火后无明显火焰，故通常与其他药剂混合来作点火药。

3.4　苦味酸钾

苦味酸钾是一种耐热炸药和性能良好的单体延期药和点火药，苦味酸钾的撞击感度、摩擦感度、静电感度都很低。苦味酸钾药剂的秒量精度高、火焰效果好，但电感度和火焰感度过于低。

3.5　斯蒂芬酸铅

斯蒂芬酸铅（LTNR）是一种常用点火药，它具有良好的火焰感度，真空热安定性和相容性稳定，且无腐蚀性，常用于火焰雷管及电点火头中。斯蒂芬酸铅作为电子雷管点火药剂使用时，火焰感度、电感度、稳定性和一致性都非常好，最大缺点在于静电感度较高，生产和半成品运输过程中存在安全隐患。

3.6　DDNP

传统的电引火元件用引火药剂多采用 KCLO3-C-DDNP 系列，其发火可靠性和一致性并不理想。同时，因为 DDNP 感度高，生产过程中存在着安全隐患，生产过程中产生的大量难以处理废水，造成严重的环境污染[5]，故目前在电子雷管中使用较少。

4　几种药剂的发火性能比较

由于电子雷管的工作原理，电子控制模块的电容大小和工作电压对其能量上限的限制，药剂的发火难易程度和模块是否匹配是选择药剂种类和电子控制模块型号时首先要考虑的因素。

图 1 是从煜邦数码科技有限公司电子控制模块使用 68μF 发火电容时与各种药剂相匹配的实验结果中选取出的具有代表性的一组数据，为保证药剂与控制模块匹配时的发火可靠性，以升降试验中电压不超过 10.5V 为初步判断标准，从中能够看出 LDNP、斯蒂芬酸铅和硫氰酸铅药剂与发火电容值为 68μF 控制模块相匹配，而 DDNP、微晶共沉淀、苦味酸钾药剂则需与发火电容容值更高电子控制模块相匹配。

将实验数据按照表 1 左侧的格式进行整理，使用表 1 右侧的公式进行计算。表中试验电压一栏按试验水平（i）由小到大依次排列，最小一号为 0，试验电压依次为 X_0，X_1，X_2，…，对应的试验水平序号（i）为 0，1，2，…。

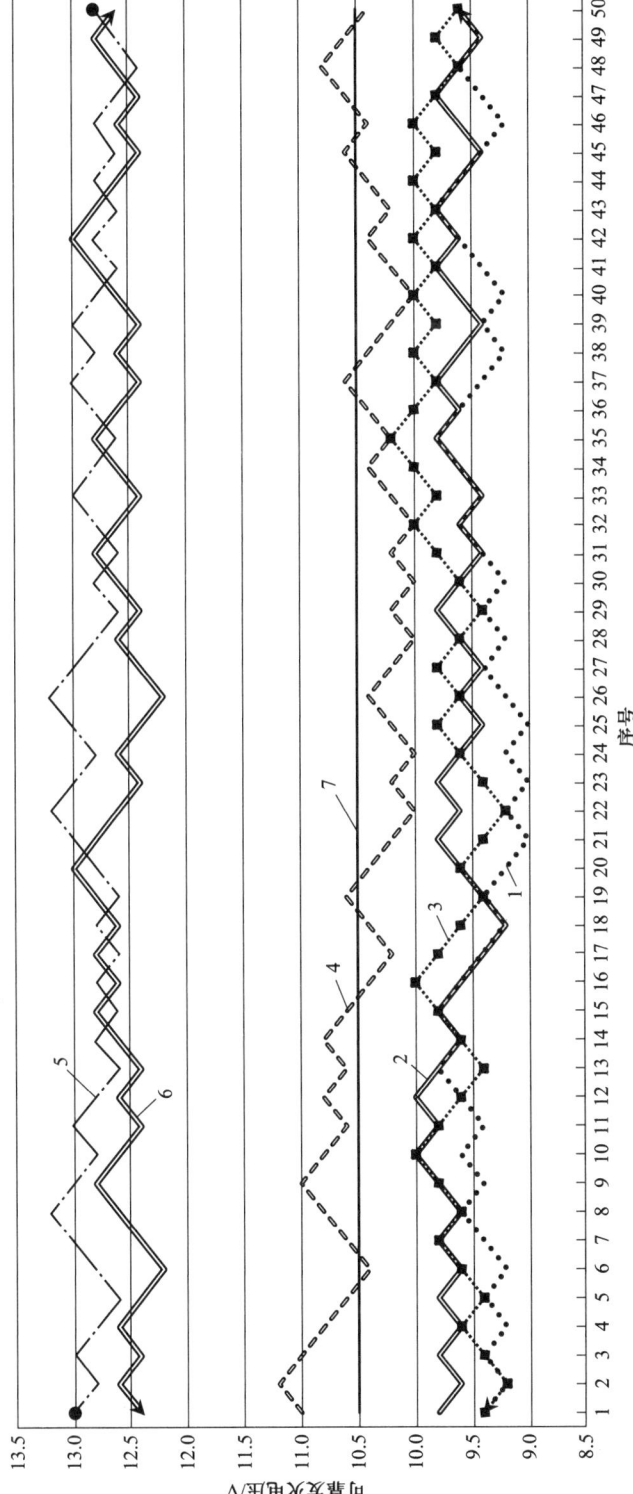

图1　68μF 电容药剂升降结果对比图

1—硫氰酸铅；2—斯蒂芬酸铅；3—LDNP；4—DDNP；5—微晶共沉淀；6—苦味酸钾；7—选型标准线

Fig. 1　68μF capacitance medicament lifting and lowering method result contrast

表 1　升降数据整理计算表

Tab. 1　Lift data collation calculation table

试验电压 /V	i	试验结果		结果整理			
		n_1	n_0	in_1	i^2n_1	in_0	i^2n_0
X_0+5d	5						
X_0+4d	4						
X_0+3d	3						
X_0+2d	2						
X_0+d	1						
X_0	0						
总计		$N=$	$N=$	$A=$	$B=$	$A=$	$B=$

$$M=(NB-A^2)/N^2$$
样本标准差：$S=1.62(M+0.029)d$
50%发火电压：$X_{0.50}=X0+d\ (A/N\pm1/2)$
不发火电压：$X_{0.0001}=X_{0.50}-3.719S$
可靠发火电压：$X_{0.9999}=X_{0.50}+3.719S$

注：X_0 为试验最低电压；N 为试验中发火总数或试验中瞎火总数，两者相等时任取一状态，不相等时取总发数小者；n_1 为各试验水平的发火数；n_0 为各试验水平的瞎火数；i 为试验水平序号；A 为 $\sum in_1$ 或 $\sum in_0$；B 为 $\sum i^2n_1$ 或 $\sum i^2n_0$，选取状态与 N 对应；d 为步长；因发火率随试验电压的提高而增加，故 N 取发火状态，为 "−"，N 取瞎火状态，为 "+"。

数据计算结果为：硫氰酸铅：$M=0.81$，$S=0.27$，$X_{0.50}=9.40$V，$X_{0.0001}=8.39$V，$X_{0.9999}=10.41$V；斯蒂芬酸铅：$M=0.47$，$S=0.16$，$X_{0.50}=9.63$V，$X_{0.0001}=9.03$V，$X_{0.9999}=10.23$V；LDNP：$M=1.08$，$S=0.36$，$X_{0.50}=9.72$V，$X_{0.0001}=8.38$V，$X_{0.9999}=11.05$V；DDNP：$M=1.82$，$S=0.60$V，$X_{0.50}=10.42$V，$X_{0.0001}=8.20$V，$X_{0.9999}=12.68$V；微晶共沉淀：$M=0.58$，$S=0.20$，$X_{0.50}=12.81$V，$X_{0.0001}=12.07$V，$X_{0.9999}=13.54$V；苦味酸钾：$M=0.57$，$S=0.19$，$X_{0.50}=12.58$V，$X_{0.0001}=11.85$V，$X_{0.9999}=13.31$V。

升降计算结果的可靠发火电压要不大于 11.5V，硫氰酸铅、斯蒂芬酸铅、LDNP 三种药剂电压符合要求，可与电容容值为 68μF 的电子控制模块配合使用。DDNP、微晶共沉淀、苦味酸钾药剂的可靠发火电压均达到了 12V 以上，这三种药剂与电容容值 68μF 的电子控制模块不匹配，和计算前通过数据整体分布范围初步判断结果相同。

根据数据可以初步看出，三种电压值符合要求的药剂的稳定性：斯蒂芬酸铅>硫氰酸铅>LDNP，为验证此现象是否偶然，下面就三种药剂的多组实验数据进行了对比，对此进行验证。

图 2 所示是对斯蒂芬酸铅、硫氰酸铅和 LDNP 三种敏感药剂 20 组实验结果进行了总结，主要从 20 组样本标准差 S 的平均值、可靠发火电压的极差、完全不发火电压极差、50% 发火电压极差四个方面对药剂发火稳定性进行了对比，根据这些数据可以看出三种药剂的稳定性和一致性对比结果为斯蒂芬酸铅>硫氰酸铅>LDNP。

图 3 所示是从煜邦科技电子控制模块使用 100μF 发火电容时与苦味酸钾、微晶共沉淀和 DDNP 药剂相匹配时具有的代表性的某组实验结果的数据对比情况，根据折线图可以从中看出三种药剂与 100μF 电容的电子控制模块的实验结果符合选型要求，数据计算结果也在电子雷管药剂与控制模块的匹配要求范围内。

数据计算结果为苦味酸钾：$M=0.7344$，$S=0.2473$，$X_{0.50}=9.3750$V，$X_{0.0001}=8.4553$V，$X_{0.9999}=10.2947$V；微晶共沉淀：$M=0.8576$，$S=0.2873$，$X_{0.50}=9.436$V，$X_{0.0001}=8.3675$V，$X_{0.9999}=10.5045$V；DDNP：$M=0.9931$，$S=0.3312$，$X_{0.50}=8.7167$V，$X_{0.0001}=7.4850$V，$X_{0.9999}=9.9584$V。

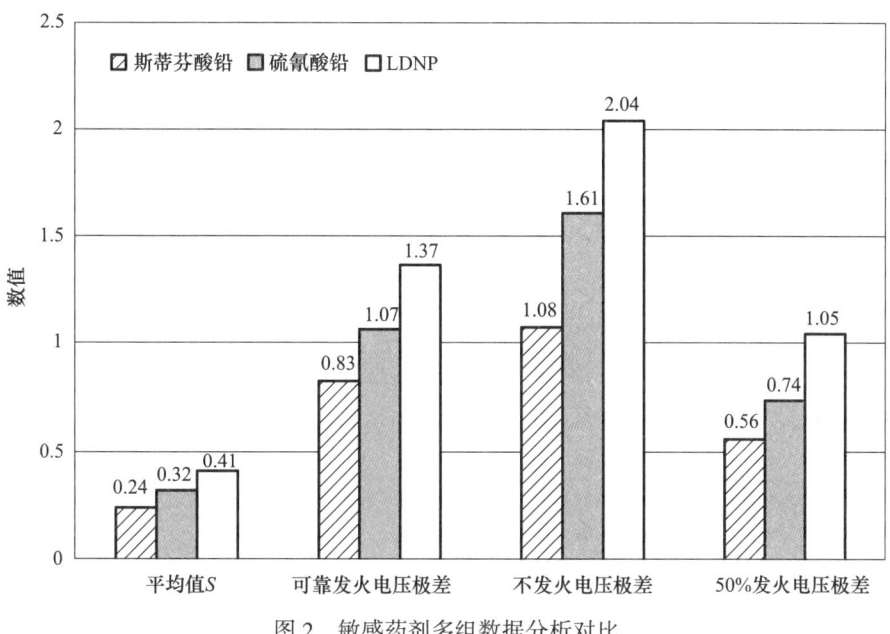

图 2　敏感药剂多组数据分析对比

Fig. 2　Sensitivive medicament mutiple sets of data analysis

图 4 为对苦味酸钾、微晶共沉淀和 DDNP 药剂 20 组实验结果进行的总结，主要从 20 组样本标准差 S 的平均值、可靠发火电压的极差、完全不发火电压极差、50% 发火电压极差四个方面对药剂发火稳定性进行了对比，根据这些数据可以看出三种药剂的稳定性和一致性对比结果为苦味酸钾>微晶共沉淀>DDNP。

5　斯蒂芬酸铅、硫氰酸铅药剂秒量结果对比

电子雷管相比于传统雷管的显著优势包括：延期精度高，可满足高精度微差爆破的要求，爆破中能够有效地降低炸药单耗、改善爆破效果，显著降低爆破振动对周边的影响[6]。因此延期精度对电子雷管而言是一个非常重要的技术指标，尽管电子雷管的延期时间由其内置的集成控制芯片控制，但是其延期精度却受集成控制芯片和点火药头的延期精度的共同影响。所以点火药剂对电子雷管延期精度的影响也是选择药剂时需要考虑的一项重要因素。

两种药剂统一使用电子控制模块使用煜邦科技同一型号电子控制模块进行蘸药，用同一台设备分别用蘸有斯蒂芬酸铅药剂和硫氰酸铅药剂的电子引火元件做了延期时间为 0ms 的秒量试验。煜邦电子控制模块延期精确度高误差可忽略，且实验中只有药头可排除基础雷管本身延期时间的影响，试验结果见表 2、表 3。

表 2　硫氰酸铅药剂秒量结果

Tab. 2　Lead thiocyanate medicament delay precision result

0.13	0.14	0.22	0.10	0.20
0.15	0.26	0.26	0.24	0.26
0.20	0.19	0.11	0.28	0.15
0.22	0.22	0.17	0.16	0.19

$\Delta X = 0.18$, $\overline{X} = 0.19$, $S = 0.05$

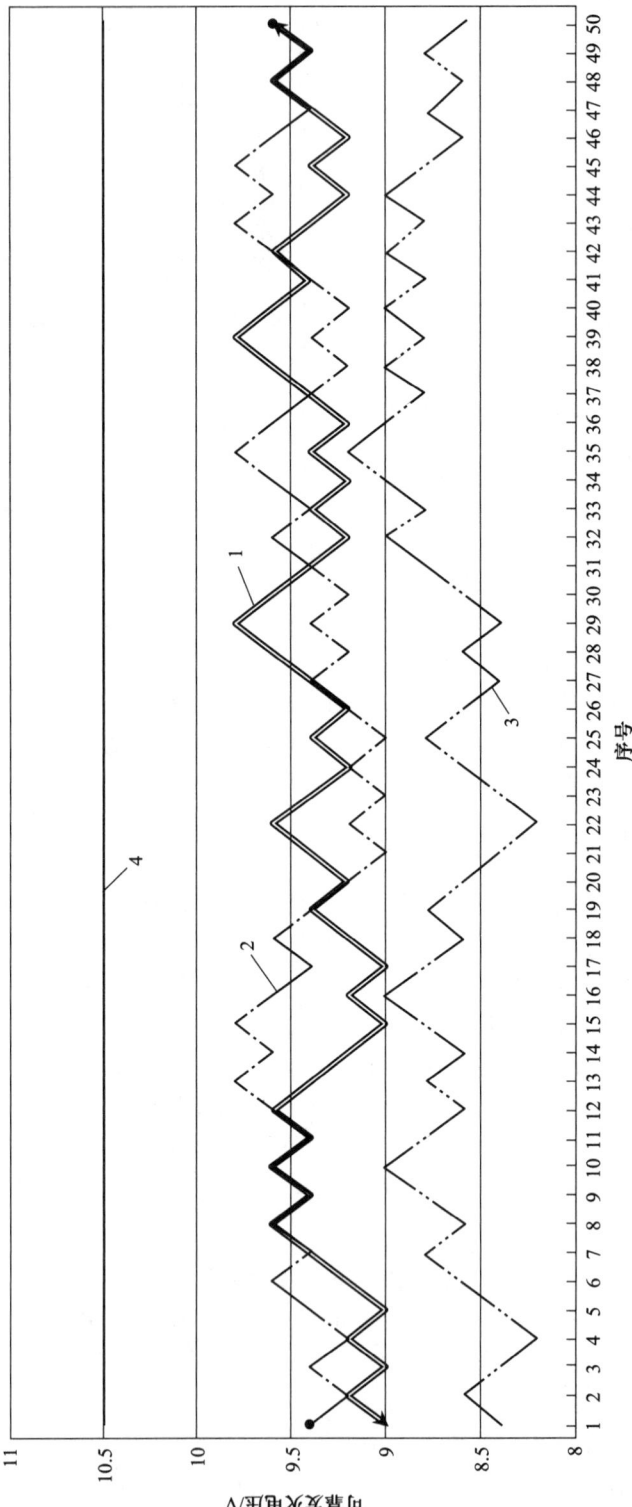

图3　100μF电容药剂升降结果对比图
1—苦味酸钾；2—微晶共沉淀；3—DDNP；4—选型标准线
Fig. 3　100μF capacitance medicament lifting and lowering method result contrast

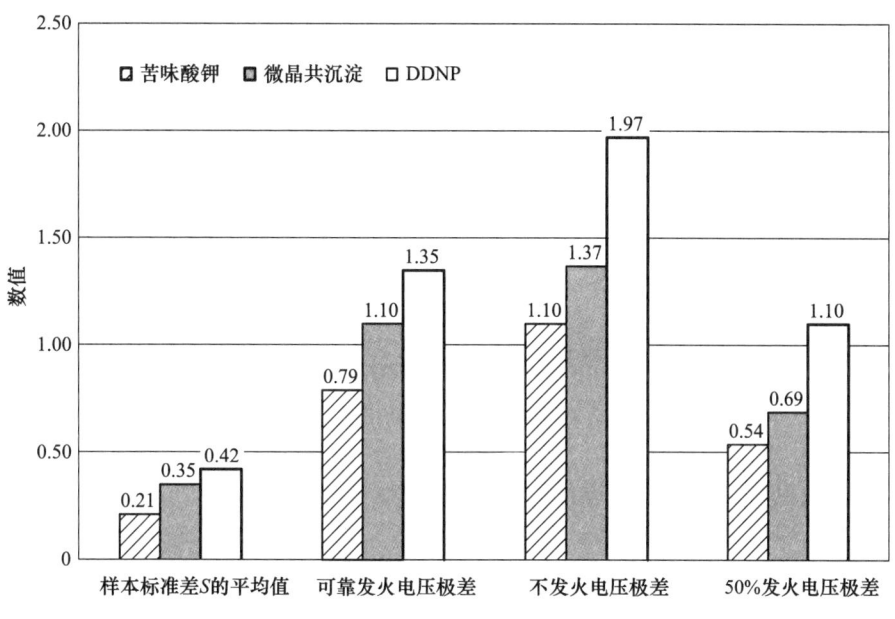

图 4　钝感药剂多组数据分析对比

Fig. 4　Insensitivive medicament mutiple sets of data analysis

表 3　斯蒂芬酸铅药剂秒量结果

Tab. 3　LTNR medicament delay precision result

0. 15	0. 18	0. 10	0. 13	0. 12
0. 14	0. 11	0. 20	0. 15	0. 10
0. 14	0. 12	0. 11	0. 16	0. 14
0. 10	0. 19	0. 17	0. 14	0. 16

$\Delta X = 0.1$，$\overline{X} = 0.14$，$S = 0.03$

从表中数据可以看出，斯蒂芬酸铅药剂比硫氰酸铅药剂的秒量结果更精确，秒量一致性更好。

6　斯蒂芬酸铅、硫氰酸铅药剂撞击试验

用重量为 5kg 的钢球从特定高度自由落体砸在药头上，根据同等条件下两种药剂的药头被砸爆和未被砸爆的数量来比较两种药剂的撞击感度。试验结果如表 4 所示。

表 4　斯蒂芬酸铅、硫氰酸铅药剂撞击感度试验结果

Tab. 4　LTNR and lead thiocyanate medicament impact sensitivity experimental result

撞击高度/cm	药剂类型	总次数	爆/发	未爆/发
70	斯蒂芬酸铅	10	10	0
	硫氰酸铅	10	10	0
50	斯蒂芬酸铅	10	10	0
	硫氰酸铅	10	10	0

撞击高度/cm	药剂类型	总次数	爆/发	未爆/发
20	斯蒂芬酸铅	4	1	3
	硫氰酸铅	10	5	5

由撞击试验结果可以看出硫氰酸铅药剂比斯蒂芬酸铅药剂的撞击感度高。

7　结论

从以上实验结果可知，斯蒂芬酸铅、硫氰酸铅、DDNP药剂热感度和电感度较高，在电子雷管的应用中适合与电容较小的电子控制模块配套使用。苦味酸钾、微晶共沉淀、DDNP药剂较为钝感，在电子雷管的应用中适合与电容较大的电子控制模块配套使用。

斯蒂芬酸铅药剂的危险性较高但其稳定性和一致性是最好的，若厂内混药和蘸药设备机械化程度高、可避免人工接触药剂则可优先选择该药剂。

硫氰酸铅药剂相比于斯蒂芬酸铅药剂静电感度低很多，安全性相对较高，但其撞击感度较高，在某些工序上仍存在一定的危险性，若厂内生产工序中人为接触药剂的步骤可避免撞击则可以优先选择硫氰酸铅药剂。

LDNP相对钝感，对安全有利。但由于LDNP点火后无明显火焰，故一般不单独作点火药，往往与其他药剂配合使用。

基于发火可靠和安全兼顾考虑，引火药头可采用"夹芯"结构。即将相对敏感药剂作为内层药剂，相对钝感药剂作为外层药剂，比如斯蒂芬酸铅药剂的静电感度高，生产过程中危险性高，如果将其作为内层药剂，再涂抹一层钝感外层药剂，就既能降低危险性又能利用斯蒂芬酸铅药剂良好的发火性能。

苦味酸钾在三种钝感药剂中的发火稳定性和一致性最好，微晶共沉淀药剂的延期精度更好，DDNP药剂火焰感度优于苦味酸钾。有的厂家采用将其作为内层药，外层包裹苦味酸钾的方式，但由于其生产过程中会产生大量有毒物质废水，所以一般可根据需求从苦味酸钾和微晶共沉淀药剂中进行选择，非必要不选用DDNP药剂。

参 考 文 献

[1] 中国爆破器材行业协会.工业电子雷管调研报告[Z]//民爆行业智能制造会议，2018.
[2] 工业和信息化部."十四五"民用爆炸物品行业安全发展规划[EB/OL].（2021-11-07）. https://www.miit.gov.cn/cms_files/filemanager/1226211233/attach/20224/720e333bf2794fedb93cecae0f6c20d7.pdf.
[3] 何厚金.工业雷管提高延期精度的技术发展趋势——电子延期[J].爆破器材，2004，33：35-38.
[4] 张英豪.串联丢炮的原因分析[J].火工品，2007（5）：51-52.
[5] 张英豪，曹文俊，田淑文.几种起爆药的性能与应用探讨[J].火工品，2008（3）：23-25.
[6] 陈余华.一种高精度安全型点火药头在电子雷管中的应用[J].科学技术创新，2020，31：158-159.

某敏感区域电子雷管应用及振动分析

黄继龙　　闫鸿浩　　李晓杰　　王小红

（大连理工大学运载工程与力学学部工程力学系，辽宁　大连　116024）

摘　要：精密仪器工作时，对周围环境振动较为敏感，要求较高。因此，精密仪器厂房附近的环境振动就成为干扰仪器正常运行的一个重要因素。当在此类敏感区域进行爆破作业时，需要对爆破振动提出精度更高的控制指标。为分析爆破工程中遇到的精密仪器保护问题，本文以大连 Intel 公司北侧场平爆破项目为例进行研究。该爆破工程采用电子雷管起爆装置，进行浅孔爆破，并对爆破振动信号进行监测采集。数据结果表明：该测点振动合速度为 0.0776cm/s、振动主频为 68.552Hz，满足国标要求；加速度功率谱密度主体分布在控制线以下，满足精密仪器的要求。将加速度功率谱密度作为爆破振动的一项控制指标，可以提高精度，为敏感区域的爆破振动控制提供参考。

关键词：爆破振动；精密仪器；电子雷管；振动频域

Electronic Detonator Application and Vibration Analysis in a Sensitive Area

Huang Jilong　　Yan Honghao　　Li Xiaojie　　Wang Xiaohong

（Department of Engineering Mechanics, Faculty of Vehicle Engineering and Mechanics, Dalian University of Technology, Dalian 116024, Liaoning）

Abstract：When precision instruments work, they are sensitive to the vibration of the surrounding environment and have higher requirements. Therefore, the environmental vibration near the precision instrument plant has become an important factor that interferes with the normal operation of the instrument. When blasting operations are carried out in such sensitive areas, it is necessary to provide more accurate control indicators for blasting vibration. In order to analyze the protection problems of precision instruments encountered in blasting engineering, this paper takes the north side field flat blasting project of Dalian Intel Company as an example to study. This blasting project adopts an electronic detonator initiation device to carry out shallow hole blasting and monitor and collect blasting vibration signals. The data results show that the vibration combined velocity of the measuring point is 0.0776cm/s, and the vibration frequency is 68.552Hz, which meets the requirements of the national standard; the acceleration power spectrum density body is distributed below the control line to meet the requirements of precision instruments. Using the acceleration power spectral density as a control index of burst vibration

基金项目：国家自然科学基金（12172084）。

作者信息：黄继龙，在读硕士，hjl2232819942@163.com。

can improve the accuracy and provide a reference for burst vibration control in sensitive areas.

Keywords: blasting vibration; precision instruments; electronic detonators; vibration frequency domain

1 引言

随着爆破技术的不断发展与完善，工程爆破广泛运用于众多领域。在爆破给工程带来节省时间、降低成本等益处的同时，也会带来一些负面影响。爆破地震波作为炸药在固体介质中爆炸的必然产物，由爆炸时所产生的应力波经衰减而成。通常以爆破区的冲击波、邻近区的应力波和中远区的近似弹性波为主要形式转化、衰减、消失[1]。爆破振动一般会给周围环境带来威胁，如影响人们的日常生活与工作；干扰受振动较为敏感的精密仪器正常工作，当在此类区域实施爆破时，从安全与经济角度出发，必须考虑爆破振动带来的后续影响，并将其控制在安全范围内，这是爆破工程中必须解决的问题。

当于上述敏感区域进行爆破作业与爆破振动控制时，需要关注爆破方案、爆破振动数据和被保护仪器对振动控制标准等问题。一些研究表明，爆破参数的确定和调整应考虑爆破振动速度和振动频率的共同作用[2-3]。在爆破工程中可由爆破参数预测爆破振动峰值速度，通过改变参数将振动速度控制到安全允许范围内；与此同时，查看保护对象的敏感响应频段，控制振动频率避开此频段，以防产生共振而出现较强的爆破振动效应，对仪器造成损害。

此外，增加了对爆破振动加速度功率谱密度控制的分析。以爆破振动测得数据为基础，分析得出加速度功率谱密度图谱，在给定的加速度功率谱密度控制线下，找到一个可行的爆破振动速度，由振动速度衰减规律系数可在不同爆破区域选择深孔或浅孔爆破。未来爆破工程必将面临更加复杂的环境，当遇到精密仪器保护问题时，可在给定加速度功率谱密度指标后，通过对爆破参数调整，实现对爆破振动的有效控制。

2 工程背景

2.1 工程概况

英特尔半导体（大连）有限公司成立于2006年6月，投资总额为25亿美元，位于辽宁省大连经济技术开发区淮河东路，主要经营超精密加工设备研发与制造。本文案例为英特尔北部用地场平项目，地点位于大连开发区董家沟，1号路北侧、丹大高速南侧。爆破开挖山体东西长约2000m、南北宽约450m、面积约 $6.2 \times 10^5 m^2$。英特尔公司厂房位于爆破山体区域南侧120m处；爆破山体区域南侧、东侧均有住宅；爆破区域内侧有待拆迁房屋。

2.2 爆破参数

本次爆破类别为浅孔爆破。相较于深孔爆破，浅孔爆破能够有效提高爆破振动主频率，考虑到精密仪器受低频段的影响比高频段更大，并且该爆破点距离厂房位置较近，故在该处选择浅孔爆破。在爆破振动降幅增频机制的指导下，爆破方案上可选择远处深孔爆破，近处浅孔爆破，从而在提高爆破振动主频的情况下，使被保护区域允许的爆破振动速度幅值取大一些[1]。详细爆破参数见表1。

表 1 爆破参数
Tab. 1 Blasting parameters

孔径/mm	段高/m	孔深/m	超深/m	孔距/m	排距/m	抵抗线/m	填塞高度/m	单孔装药/kg
40	2.5	2.7	0.2	1.3	1.0	1.0	1.6	1.05

起爆方法为电子雷管起爆法。电子雷管起爆系统由雷管、编码器和起爆器三部分组成，相比于传统的普通雷管起爆系统，电子雷管在使用性能方面有较大提升。由于电子雷管增加了电子电路，可以按要求设定并准确实现起爆时间，极大提高了引爆的时间精度和安全性。并且电子雷管脚线稳定性较好，在被踩踏或打结时仍可以正常引爆，保证了爆炸装药时的安全性和可靠性，减少了爆炸时的安全隐患[4]。电子雷管凭借其高精度和高可靠性，有效地提高了爆破效果，节省爆破成本，且为后续施工带来便利。

2.3 监测布点

将爆破测振仪放置于英特尔厂区外部围墙中央处，仪器与爆破点的直线距离为350m，爆破山体区域及周边平面图与监测点布置情况如图1所示。

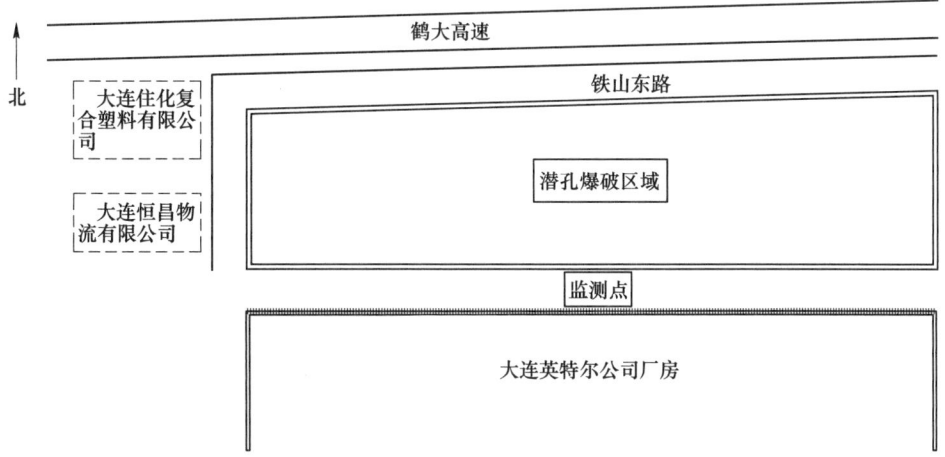

图 1 爆破工程平面图

Fig. 1 Blasting engineering plan

3 爆破振动信号分析

爆破振动不仅会对人们日常生活造成影响，也会影响对振动较为敏感的精密仪器。英特尔公司主要进行半导体集成电路的生产，由于产品特性的要求，仪器设备在使用时要求达到精密甚至超精密的级别，细微的环境振动可能会导致仪器产生数据偏差，加工精度降低，甚至无法工作[5]。因此，对于该场平工程中所进行的爆破作业，必须要考虑爆破振动带来的影响。公司从经济效益角度出发，在施工时，厂房内精密仪器并不会停工，所以对本次爆破作业给精密仪器带来振动影响的考虑，需要贯穿整个施工过程。本文选取爆破振动速度、振动频率与加速度功率谱密度三项爆破振动信号进行分析。

3.1 振动速度与频率分析

用于表征爆破振动的参数众多，作为常用且具有代表性的安全标准和判断依据，目前多将质点峰值振动速度作为衡量振动强度的唯一指标。但一些工程和实验结果表明，仅在振动速度指标下，爆破产生的损害与预期不符。因此，若仅选用单一参数对爆破振动特征进行描述是不够周详的。近些年一些研究表明，物体在相同振动速度、不同振动频率与振动时间的爆破作用下，其安全受到的影响是不同的[6]。因此，对爆破振动频率的分析不可忽略。

振动效应可由振幅、角频率和初相位来表征，振幅又可由振动速度表达。目前在制定爆破振动标准时，通常同时将爆破振动速度与振动频率两个基本参数作为爆破振动的安全依据。爆破振动数据见表2，垂直速度振动图谱与合速度的振动图谱如图2和图3所示。

表 2　爆破振动数据

Tab. 2　Blasting vibration data

垂直速度 $v_z/\mathrm{cm \cdot s^{-1}}$	垂直频率 /Hz	纬向速度 $v_y/\mathrm{cm \cdot s^{-1}}$	纬向频率 /Hz	经向速度 $v_X/\mathrm{cm \cdot s^{-1}}$	经向频率 /Hz	合速度 $v_H/\mathrm{cm \cdot s^{-1}}$
0.0729	68.552	0.0466	71.422	0.0302	35.124	0.0776

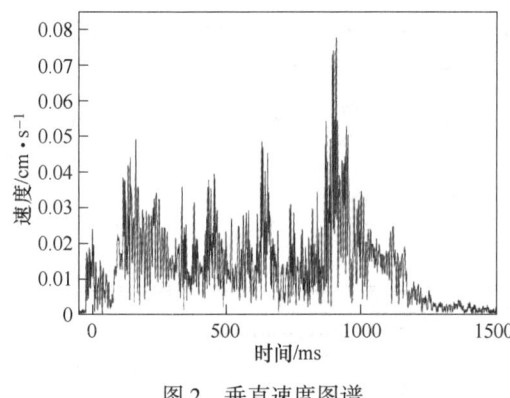 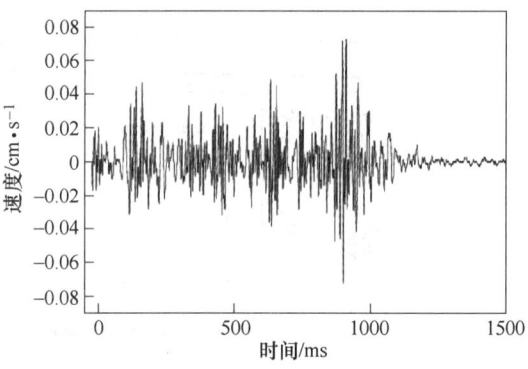

图 2　垂直速度图谱　　　　　　　　　　图 3　合速度图谱

Fig. 2　Vertical velocity map　　　　　　Fig. 3　Combined velocity map

对爆破振动数据分析可以看到，振动合速度最大为 0.0776cm/s，相对应振动主频为 68.552Hz。对照《爆破安全规程》（GB 6722—2014）中规定的爆破振动安全允许振速，选取要求最严格的一般古建筑与古迹作为保护对象类别，即当主振频率不大于 10Hz 时，质点振动速度允许标准为 0.1~0.2cm/s；当主振频率分布在 10~50Hz 时，安全允许振速为 0.2~0.3cm/s；当主振频率大于 50Hz 时，安全允许振速为 0.3~0.5cm/s。通过对照可知该爆破振动速度在安全范围内，满足国标要求。

3.2　加速度功率谱密度分析

相较于常用的两项爆破振动分析指标，即振动速度与振动频率而言，此次增加了对加速度功率谱密度的分析。《爆破安全规程》（GB 6722—2014）中已经指出，对精密仪器、仪表等保护对象，需采用爆破振动加速度作为安全判据，却没有提及加速度功率谱密度的问题。由于英特尔公司厂房内存在大量精密仪器，对爆破振动影响必须慎重考虑，于是提出将爆破振动加速度功率谱密度作为一个控制指标。

一般古建筑与古迹作为《爆破安全规程》（GB 6722—2014）中要求最为严格的对象类别，安全允许振动速度为 0.1~0.5cm/s。然而对于精密仪器而言，对爆破振动的指标要求一般是高于该标准的。因此，若将振动最大速度作为唯一评判标准，可能会使判断出现偏差，精度实际上没有达到仪器所需的要求，在爆破过程中会对仪器造成损害。此时考虑到增加新的控制指标，通过对一些工程案例的分析，决定增加加速度功率谱密度控制指标。

3.2.1 加速度功率谱密度

功率谱密度定义为单位频带内的信号功率，即在频域上信号功率的分布状况，通过功率谱密度可将振动分析从时间域转换到频率域。根据帕塞瓦尔定理，信号在时间域的总功率等于在频率域的总功率，可以得到随机过程的功率谱密度，它反映了随机过程统计参量均方值在频率域上的分布，即在各个频率域上，振动能量的概率分布[7]。功率谱密度是一个频域中的量，它直接反映了在频域中不同频率所对应的值。因此，采用加速度功率谱密度方法能够分析振动信号于不同频率范围内的能量分布。从能量分布角度对爆破振动进行评估，在要求标准上达到更高。

3.2.2 加速度功率谱密度控制线

对加速度功率谱密度的分析流程如下：通过对所测爆破振动速度进行微分得到加速度，然后对加速度进行快速傅里叶变换得到加速度功率谱密度；根据保护对象对振动的要求，划定加速度功率谱密度控制线[8]；最后在不同的频率下将加速度功率谱密度与控制线进行对比，据此确定爆破振动速度控制指标。若明显高于控制线则表明爆破参数满足不了控制指标要求，此时需要将爆破振动速度调整到安全范围内，得出新的爆破振动控制指标。

公司给出某重要精密仪器加速度功率谱密度控制线为：功率谱密度 $PSD = 1.0 \times 10^{-7}$（m/s²)²/Hz（振动频率为 1~4Hz）；$PSD = 1.0 \times 10^{-5}$（m/s²)²/Hz（振动频率大于 20Hz）。爆破振动加速度功率谱密度控制线与径向、纬向和垂直方向的加速度功率谱密度如图 4~图 6 所示。

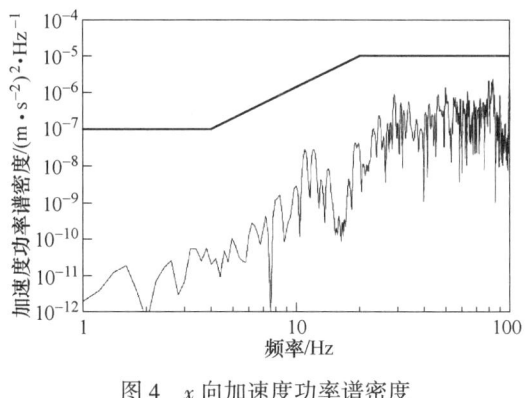

图 4　x 向加速度功率谱密度

Fig. 4　x-direction acceleration power spectral density

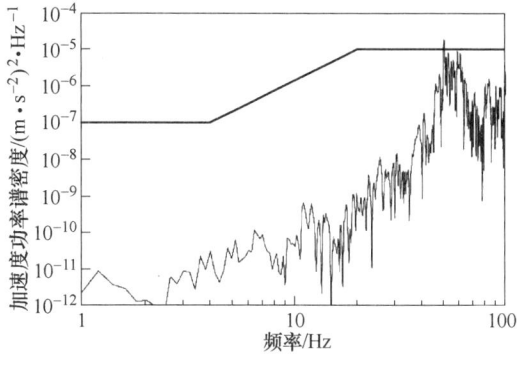

图 5　y 向加速度功率谱密度

Fig. 5　y-direction acceleration power spectral density

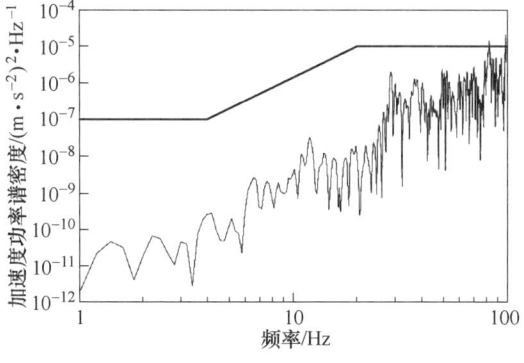

图 6　z 向加速度功率谱密度

Fig. 6　z-direction acceleration power spectral density

对测点选择 x 方向的振动分析，振动速度峰值为 0.0302cm/s，振动主频为 35.124Hz，加速度功率谱密度在所有频段均位于控制线以下，满足控制指标；选择 y 方向的振动分析，速度峰值为 0.0466cm/s，振动主频为 71.422Hz，加速度功率谱密度在 73Hz 频段处，略微超出 $1.0×10^{-5}(m/s^2)^2/Hz$ 控制线，基本满足控制指标；选择 z 方向的振动分析，速度峰值为 0.0729cm/s，振动主频为 68.552Hz，加速度功率谱密度基本满足要求。

4　结论

为了保证在爆破作业时不对英特尔公司精密仪器造成损害，结合此工程案例中所测数据，对爆破振动控制指标进行分析，得出如下结论：

（1）该监测点处爆破振动速度最大为 0.0776cm/s，振动主频为 68.552Hz，满足选定的一般古建筑与古迹的国标要求。

（2）将爆破振动速度转化为加速度功率谱密度控制指标，要求较国标更为严格，该监测点处的加速度功率谱密度主体分布在控制线下方，满足精密仪器的要求。

（3）当在爆破工程中遇到精密仪器保护问题时，可增加加速度功率谱密度作为控制指标，从而对爆破振动进行更加有效的控制；相似爆破工程可进行参考。

（4）此次爆破振动信号均满足控制指标要求，可维持现方案；若后续施工方案改变较大，则需对爆破参数进行调整。

参 考 文 献

［1］闫鸿浩，李晓杰. 城镇露天爆破新技术［M］. 北京：中国建筑工业出版社，2015.
［2］赵新涛，李扬，王剑明，等. 岩石地基爆破开挖爆破振动峰值速度预测研究［J］. 西部探矿工程，2020，32（10）：23-25.
［3］卢文波，张乐，周俊汝，等. 爆破振动频率衰减机制和衰减规律的理论分析［J］. 爆破，2013，30（2）：1-6，11.
［4］姚欣. 电子雷管在露天采矿深孔爆破中的应用分析［J］. 石河子科技，2023（2）：32-33.
［5］高广运，钟雯，孟园，等. 精密仪器厂房微振动实测与数值模拟分析［J］. 工程地质学报，2020，28（5）：1076-1083.
［6］闫鸿浩，赵碧波，李晓杰. 改良型中深孔爆破振动频率研究［J］. 振动与冲击，2017，36（12）：93-98.
［7］田运生. 爆破地震地面运动的演变功率谱密度函数分析［J］. 爆炸与冲击，2007（1）：7-11.
［8］闫鸿浩，浑长宏，李晓杰，等. 加速度功率谱密度指标控制下的爆破研究［J］. 岩石力学与工程学报，2016，35（S2）：4180-4186.

基于 MBD 的水上施工平台设计与应用

陆少锋[1,2]　范怀斌[1,2]　王尹军[2,3,4]

(1. 广西新港湾工程有限公司, 南宁　530200; 2. 广西壮族自治区水下破岩工程研究中心, 南宁　530200; 3. 广西新港湾 汪旭光院士工作站, 南宁　530200; 4. 矿冶科技集团有限公司, 北京　100160)

摘　要: 针对水上施工平台在相通水域转运时间长、花费成本高、在非贯通水域无法进行拖航等问题。提出基于模型定义 (model-based definition, MBD) 组合模型构建法设计的水上作业平台, 通过模型参数信息结构化表达方法, 以模块输入为模型构建方法, 采用 UG 系统二次开发技术进行模型参数提取, 交互进行加工工序设计, 实现分体建造, 通过配置不同的设备形成钻机船、挖泥船、打桩船、货船等。拼装组合船体根据施工需要组合成适宜的船舶, 并可在任意航区调遣及开展施工作业。

关键词: MBD; 施工平台; UG; 设计

Design and Application of Water Construction Platform Based MBD

Lu Shaofeng[1,2]　Fan Huaibin[1,2]　Wang Yinjun[2,3,4]

(1. Guangxi New Harbour Engineering Co., Ltd., Nanning 530200;
2. College of Resources and Environment Guangxi University, Nanning 530200;
3. Wang Xuguang Academician Work Station, Guangxi New Harbour, Nanning 530200;
4. Mining and Metallurgical Technology Group Co., Ltd., Beijing 100160)

Abstract: In response to issues such as long transportation time, high cost, and inability to tow in non connected water areas, the construction platform on water has to address. Propose a water operation platform designed based on the model based definition (MBD) combination model construction method. Through the structured expression method of model parameter information, module input is used as the model construction method, and UG system secondary development technology is used to extract model parameters. Interactive processing process design is carried out to achieve split construction, and different equipment is configured to form drilling rigs, dredgers, pile driving ships, cargo ships, etc. The assembled and assembled hull can be assembled into suitable ships according to construction needs, and can be dispatched and carried out construction operations in any navigation area.

Keywords: MBD; construction platform; UG; design

基金项目: 广西科技基地和人才专项 (桂科 AD20238084); 广西重点研发计划 (桂科 AB22035001); 防城港市重点研发计划 (防科 AB21014001); 广西交通运输行业重点科技项目 "水下破岩施工钻机船智能纠偏定位及钻孔施工关键技术研究" (桂交便函〔2022〕174 号)。

作者信息: 陆少锋, 高级工程师, 285738643@ qq. com。

1 引言

随着数字化设计技术的发展，基于模型定义（model-based definition，MBD）方法被各类制造业所使用。MBD 取代二维图纸通过基于模型驱动的产品研制模式成为新的发展趋势。以三维数字化模型为核心，实现模型驱动的加工和检验检测等制造活动。在设计组合工程船平台时，利用 UG 软件对组合工程船各模块进行参数化建模，需注意组合模块的尺寸和结构连接强度等要素，防止因结构强度不足而造成连接失效，通过对关键连接部件进行有限元分析，有效避免船舶设计过程中所出现的缺陷问题，减少产品开发周期。

对于急河段工程施工技术，已有众多专家、学者对其进行了研究和改进。梁进等[4]通过实践总结研发一套急流滩钻机船钻孔爆破施工关键技术，综合应用模块化组合船体、七锚缆船舶定位、套管垂直导向系统、平行双滚筒锚机、起爆网路等炸礁施工关键技术，使施工船在任意航区调遣施工；范怀斌等[5]改变传统的船体建造方法，采用拼装船后进行施工可减少工程船储备量，有效避免部分工程船无法进入作业区域而停航。范怀斌等[6]通过使用钻机垂直导向技术，在急流条件下保持了钻机套管升降系统操作稳定；姚方明等[7]设计出船首两锚缆"八"字形布置，解决工程船在急流环境下易移位、施工困难的问题。姚方明等[8]以解决实际工程问题为基本出发点，在研究水下钻孔爆破水击波传播规律的基础上，进行超压峰值传播衰减规律回归计算，综合分析水中冲击波有害效应影响规律。姚方明等[9]解决急流水域水下钻孔爆破钻爆船的定位难题，针对当前常用的 4 锚缆、5 锚缆、6 锚缆定位系统存在的定位不稳固问题，基于澜沧江四级航道整治建设工程，研究了 7 锚缆定位技术。应用流体动力学原理，根据不同施工状态，对钻爆船整体和各受力部位进行了受力分析和风荷载、水流力计算。范怀斌等[10]采用多层差异性气泡帷幕对水下爆破施工进行防护，可以在完成水下炸礁爆破施工任务的同时，不破坏水下生态环境。

本文在已有研究成果的基础上，依托水上工程现场情况，提出了以水上施工平台为研究对象，以 UG 三维软件和 Visual C++编程软件为平台，开发了组合工程船智能化 CAD 设计系统，使用智能化系统的整体架构与参数化建模的方法，建立智能化 CAD 系统的开发流程并对关键组件进行重构，快速得出了部件的三维模型设计，实现了工程船自动装配。采用本套设计方案可以改变传统的船体建造方法，拼装后进行施工可减少工程船储备量。基于 MBD 组合模型构建法设计的钻机回转器、缓冲缸、电动葫芦、电气及液压附件与钻架做成一体化模块通过公路进行运输，当需要转移工地时，将钻机与船体整体分拆，直接进行吊装，若干套钻机放置在一台卡车内运输至异地船舶。安装时钻机可整体吊下船，由于钻机底座为连接式，相关附件采用接口式，效率会得到极大的提高。经实际工程验证效果较好，以期为类似工程整治提供参考。

2 基于 MBD 的模型工序构建方法

随着数字化设计技术的发展，基于模型定义（model-based definition，MBD）方法被各类制造业所使用。MBD 取代二维图纸通过基于模型驱动的产品研制模式成为新的发展趋势。以三维数字化模型为核心，实现模型驱动的加工和检验检测等制造活动。在设计组合工程船平台时，利用 UG 软件对组合工程船各模块进行参数化建模，需注意组合模块的尺寸和结构连接强度等要素，防止因结构强度不足而造成连接失效，通过对关键连接部件进行有限元分析，有效避免船舶设计过程中所出现的缺陷问题，减少产品开发周期。基于 MBD 构建方法的技术路线如图 1 所示。

水上平台为钢结构动力平台，属Ⅲ类工程船。平台结构为单底、单壳、单甲板、横骨架式

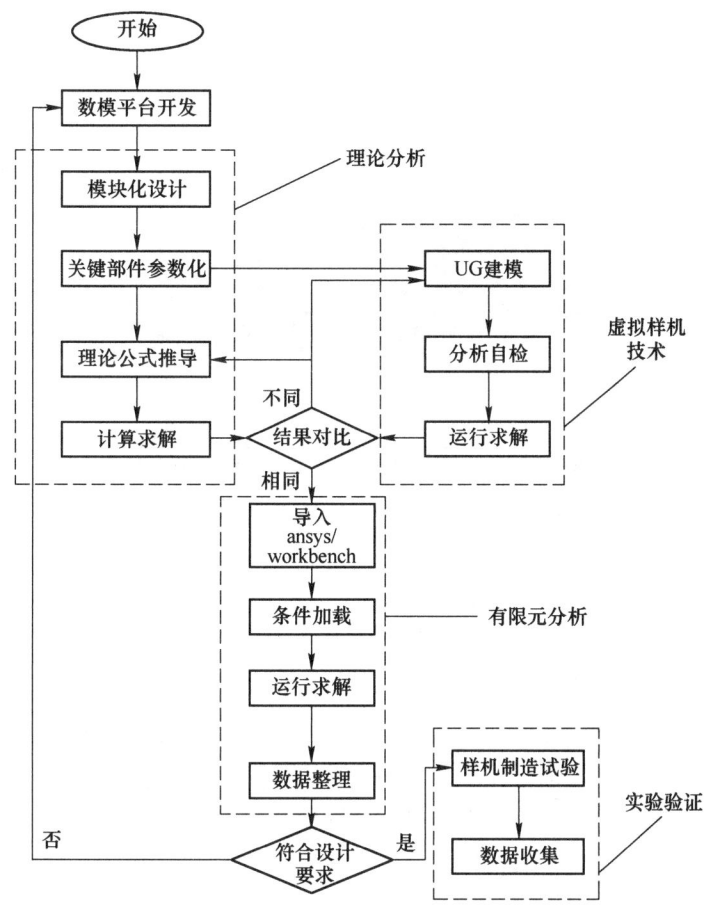

图 1　MBD 构建方法技术路线

Fig. 1　MBD construction method technology roadmap

结构，舷侧为交替肋骨制形式结构。船体平台体共设左、中、右 3 个片体，每个片体各分前后 2 个浮箱，共 6 个浮箱组合而成。右后浮箱 21.0m×2.8m，右前浮箱 17.8m×2.8m，中后浮箱 14.0m×3.0m，中前浮箱 24.8m×3.0m，左后浮箱 21.0m×2.8m，左前浮箱 17.8m×2.8m。其中甲板室有 9 个集装箱房，如图 2 所示。

　　本船甲板下共分隔为 21 个水密舱室（以左钻机作介绍，右钻机与之相反），左片体从船尾往船首分别包括舵机舱、主机燃油舱、主机舱、空舱、空舱（内设有舱底泵）、空舱、首尖舱。中间片体船尾往船首分别是尾空舱（新港湾 85 号、86 号设绞车液压泵站）、生活污水贮存柜舱（内舱底泵）、物资舱、发电机舱、燃油舱、燃油舱、首尖舱（新港湾 85 号、86 号设绞车液压油箱）。右片体从船尾往船首分别是：舵机舱、主机燃油舱、主机舱、空舱（内设有液压泵站和舱底泵）、空舱、物资舱、压载舱。舱内水密舱室模块布置概况如图 3 所示。

　　浮箱完成吊装，并且左、右浮箱的中间连接法兰都进行了紧固，使全部浮箱形成三个独立的船体。下一步工作需要把左、右船体向中间合拢，并紧固连接法兰，完成船体拼装。在进行合拢前，需要舷边的前、中、后部位对称安装导缆架，并安装好张紧钢缆。拼装过程如图 3 所示。吊左（右）前浮箱。左（右）前浮箱长 17.8m，宽 2.8m，靠前位置有定位桩套（不对中安装），舷边水线下有圆角，首部有倾斜。所以，左（右）前浮箱在吊放入水后，产生的侧倾

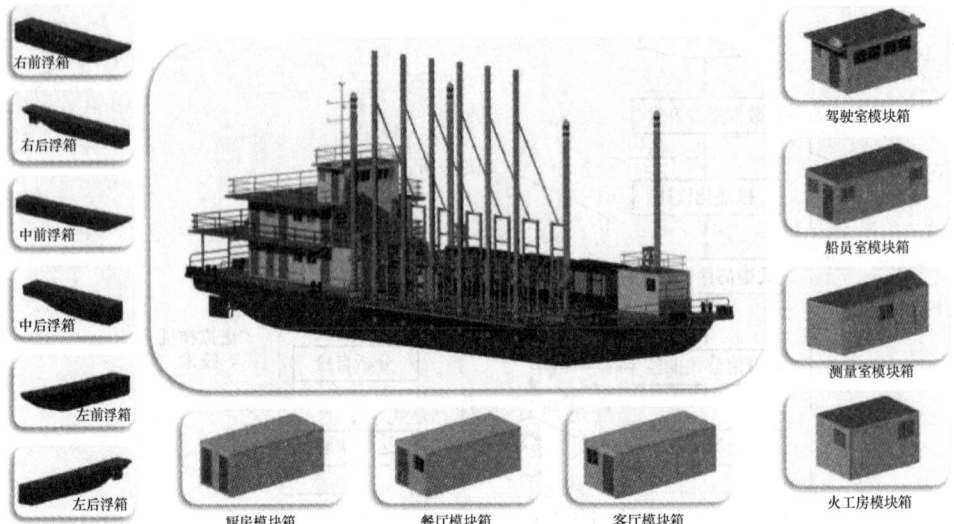

图2　水上施工平台组成部分

Fig. 2　Components of water construction platform

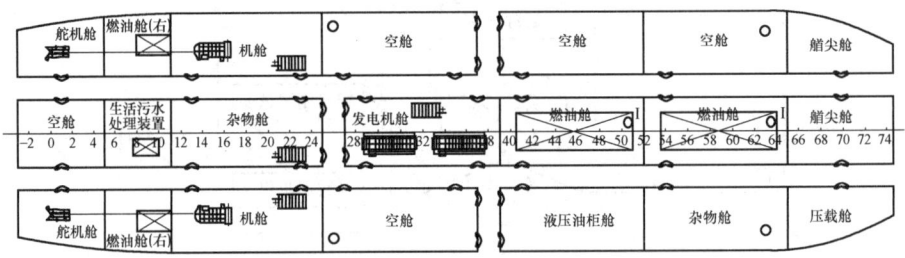

图3　连接结构示意图

Fig. 3　Schematic diagram of connection structure

会比主浮箱更严重。由于首部有倾斜,产生的浮力
小,因而出现首重尾轻的现象。在拼装中,出现两个
浮箱的前后高低错开的现象,这是拼装过程中的一个
难点。所以,在起吊左(右)前浮箱进行拼装时,
需要吊机保持吊重协助进行扶正。同时,锚艇需要停
靠在主浮箱的后部。在需要时,利用多根吊臂钢丝绳
帮抬主浮箱后部同步调平。

　　本平台由中部主浮箱和两侧对称布置的四个边浮
箱组成,主浮箱和边浮箱分别用若干组连接装置连
接,通过法兰进行连接。由分析结果可知,连接组件
的应力集中主要分布在连接处的根部,应力最大值为
16.408MPa。对照该材料特性可知,设计是合理和安

图4　安装中的水上作业平台

Fig. 4　Water work platform under installation

全的。仿真结果验证了初始设计的可行性,确立了在数字样机设计中的关键部件是否满足强度
要求的验证。

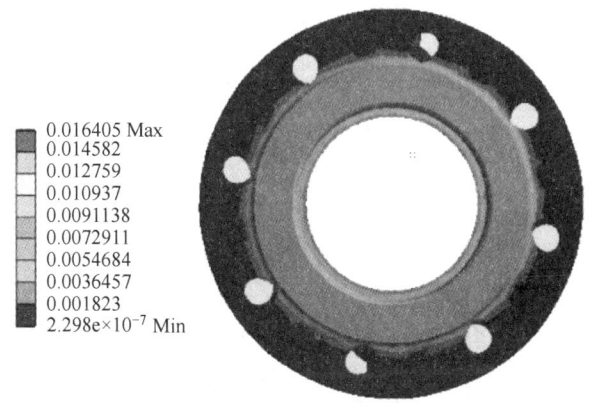

图 5　有限元分析结果（单位：MPa）

Fig. 5　Finite no analysis results（unit：MPa）

　　试验时应在舾装前进行，即焊缝区域未涂保护层或未敷设隔热材料前进行；压水试验时各舱焊缝必须干洁；进行水压试验时，将水灌至规定的高度，10~15min 后，在该水压高度的条件下，有关船体结构和焊缝不应有渗漏现象发生。冲水试验可用涂煤油试验代替，进行冲水试验时，喷嘴处压力应至少为 0.2MPa，最大距离应不大于 1.5m，喷嘴直径应不少于 13mm。涂煤油密封性试验如图 6 所示。

图 6　煤油密封性试验

Fig. 6　Kerosene sealing test

　　通过计算机放样，数控切割机切割下料。T 型材采用面板和复板焊接成型，曲率较大的构件，要在放样台上拼装成型，曲率比较大的肋骨，要使用肋骨弯辊机。加工成型的构件主要有，船底结构：实肋板、中龙骨、旁龙骨、主机机座等；舷侧结构：舷侧纵桁、强肋骨、普通肋骨；甲板结构：甲板纵桁、强横梁等；舱壁结构：水平桁、垂直桁等。分段组装、船体合拢、下水、码头舾装，船体分为主船体、船员室、驾驶楼，按方便运输的要求进行设计。

3　工程应用

　　通过施工地形图，详细了解施工区域地理位置，仔细研究分析环境情况、条件、地质资料，确定左舷钻机船还是右舷钻机船施工，根据水流情况选配锚艇动力。调遣拼装钻机船、锚艇进入施工区域如图 7 所示。

　　按施工图标注查找基准点，测量并布置施工水尺。施工水尺必须远离施工船舶，并固定在坚固的硬体物上，避免暂时水浪影响读数。在施工区域地形图上进行布孔，按 2.5m 孔距的布

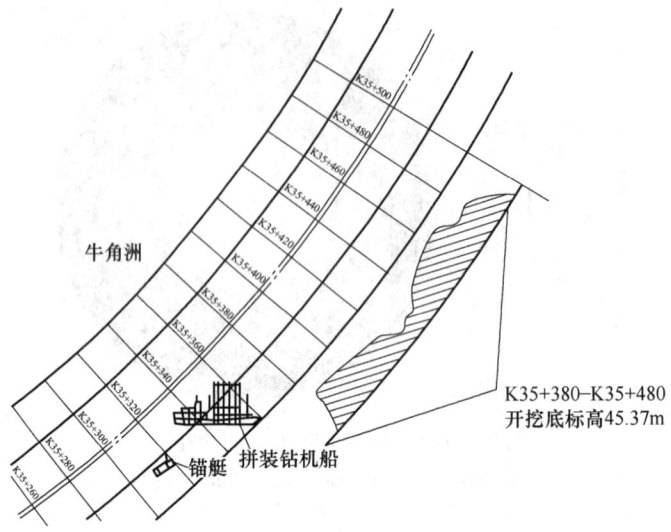

图 7 调遣拼装工程船进入施工区域

Fig. 7 Dispatch construction boats to enter the construction area

置，内河一排 6 孔的长度一般为 12.5m（6 台钻机，钻机中心距 2.5m），排距为 2m（根据地质岩层的硬度调整，1.8~2.5m），排孔一般顺水流方向布置。如图 8 所示。

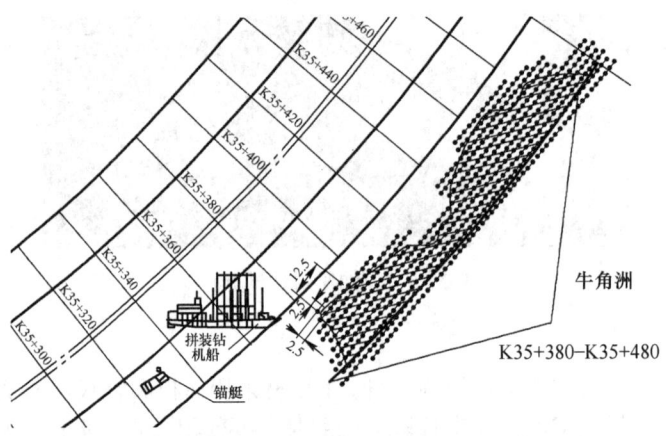

图 8 标定施工基准点

Fig. 8 Calibration of construction reference points

布好孔的施工图导入 GPS 处理系统，打开 GPS 定位，施工船舶按计算指示图到达预先做好的布孔图附近位置。施工船舶到达预定位置后：

（1）先抛船头锚，船舶无动力状态下形成船头顶水流布置，松开船头锚绞车，当船舶靠近第一排孔位时刹住绞车，首锚的抛弃距离大概是 250~300m。

（2）首锚到达预定位置后，抛尾锚，抛弃距离范围是 250~300m。

（3）首尾锚定位后，抛左右舷锚，根据水域具体情况确定距离，一般通航侧的锚尽量远抛。抛锚的距离越远越好（有效钢丝绳长度的情况下），便于施工时船体多向微调，避免时间浪费于船舶施工定位上，提高施工效率。

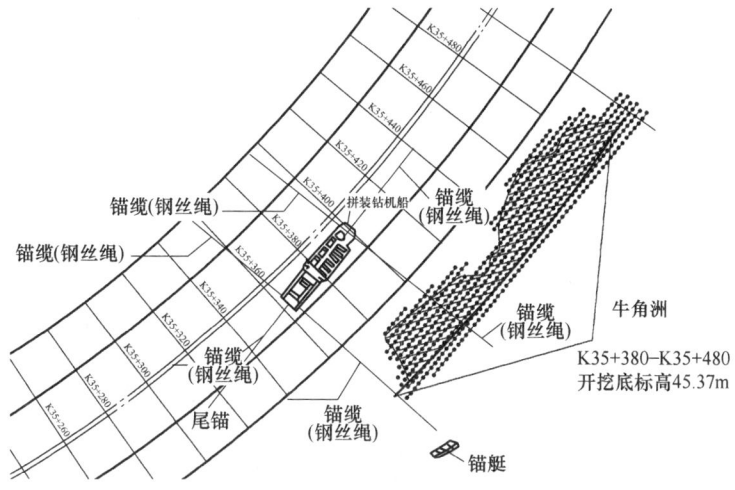

图 9　施工船抛锚定位

Fig. 9　Anchoring and positioning of construction vessel

施工图（CAD 图）导入 GPS 处理软件，打开 GPS 定位系统后拼装钻机船，只有在施工绞车的牵引下才会发生明显的位移，当移动的船舶轨迹与 CAD 布孔线基本重合平齐时，可以开动左右舷首尾各 2 台绞车，通过 GPS 屏显船舶移动轨迹，当移动的船舶轨迹与 CAD 布孔线重合平齐时，刹住绞车，工程船定位如图 10 所示。

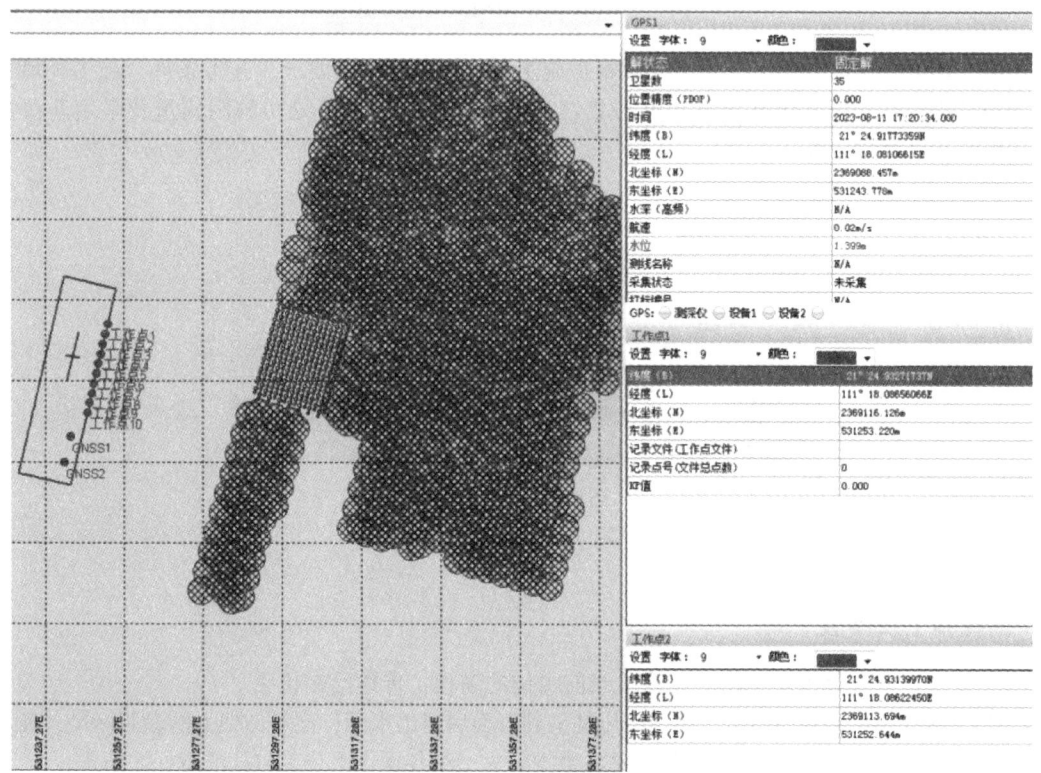

图 10　工程船轨迹定位

Fig. 10　Engineering ship trajectory positioning

采用锚缆定位系统施工时，锚机、锚缆和锚是保证钻爆船定位准确和钻爆船在急流中安全稳固的关键设备，应用流体力学、流体动力学原理，对钻爆船各部位在急流滩所受水流力进行分析、计算，即考虑最大风速和最大水流速度的共同作用下，对船舶缆绳的受力情况进行分析，以保障船舶的定位安全，6 锚缆定位技术如图 11 所示。

图 11　6 锚缆定位技术

Fig. 11　6 Anchor cable positioning technology

施工船舶进入新的施工区域，必须根据施工图纸提供的施工要求、施工条件、施工环境等技术要求进行炸药试验爆破效果数据采集，得出本施工区域岩层最初的用药量及限用药量数据，指导后续爆破工作。

图 12　工程实例

Fig. 12　Engineering examples

4　钻孔施工及爆破

（1）技术员观察水尺水位，计算出当前水位的高程，传达给钻机手。

（2）钻机操作手开动钻机，用钻杆压钻头到岩面后退出水面，比对钻架上的参照标尺，确定本钻孔钻深，报施工技术员。技术员报钻深数据，火工组各操作手分工包扎准备好炸药条。

（3）钻机操作手开动钻机，先压下套管到岩层再压钻杆钻进。钻头和冲击器工作产生的废渣如果颗粒太大无法自动排出时，需要加大钻头进气量强行排渣，提高钻孔效率。钻头底部嵌有半圆状金刚钻和压缩空气排气孔。

（4）套管引导钻杆抵达预定位置不发生极限偏差，保护钻孔成形，避免杂物和钻孔排渣回填孔内，同时保证炸药条顺利装填。不同长度的套管可以通过接头连接起来，带有排砂孔的套管一般安装在最末端，目的是防止排砂重新回填成孔。钻头排砂孔如图 13 所示。

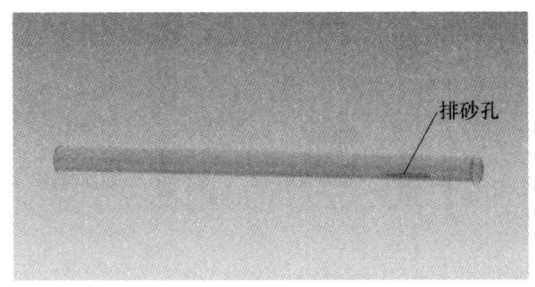

图 13　钻头排砂孔

Fig. 13　Drill sand discharge hole

（5）在试爆监测的数据指导下，分层微差爆破，确定每层钻孔深度。而且钻孔总深度要超过规定开挖标高底 1.8m，如图 14 所示。

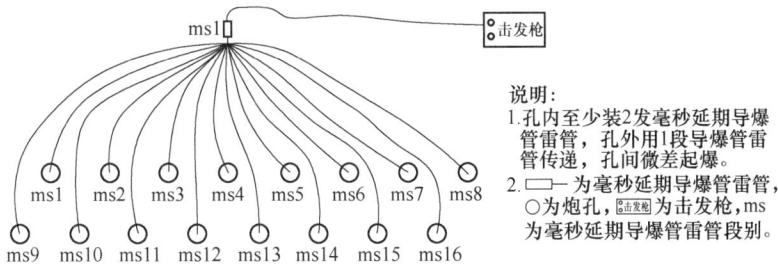

图 14　分层微差爆破

Fig. 14　Layered millisecond blasting

（6）药条的加工过程要有效消除人体、接触物体的静电，炸药加工处设置消除静电装置，使用防爆电器。专用雷管专业隔离存放，随用随领。并做好炸药、雷管数量的登记，上报主管部门及公安部门。单孔用药量必须依据试爆结果数据，确定药条的长度。药条的加工过程人员应穿戴专业服装、鞋帽，其他人员不可进入，加工成品由专业人员送出至钻机旁边，装填前使用隔离垫。试验药包加工如图 15 所示。

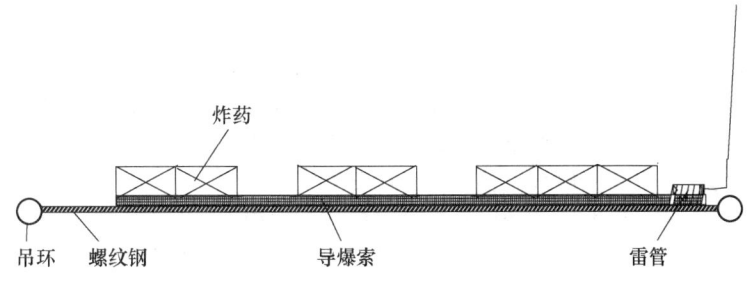

图 15　试验药包加工示意图

Fig. 15　Schematic diagram of experimental drug package processing

（7）装填。钻孔完成后填装炸药条，炸药条的长度不仅受到成孔的深度，还要受到施工环境的制约。为防止药条从钻孔中浮起，装填后需要在孔中放入适量小颗粒石块压顶。

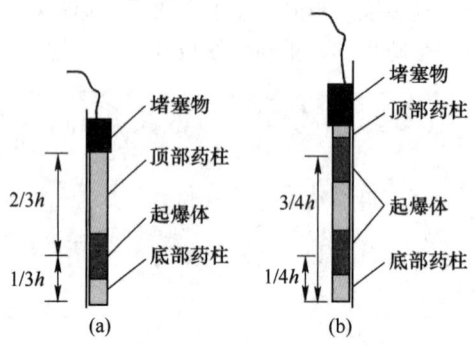

图 16　装填示意图

（a）$h<3\text{m}$；（b）$h>3\text{m}$

Fig. 16　Charging and stemming diagram

在已完成钻孔的区域，在图例上用红色标记，区分记录，避免重复施工。标记已作业区域如图 17 所示。

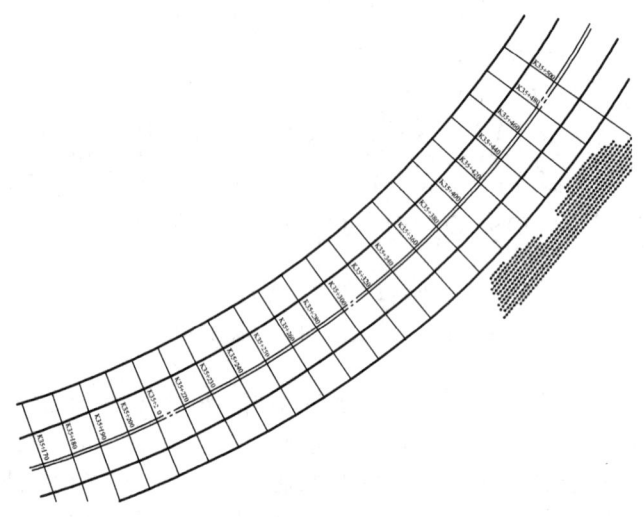

图 17　作业区域标记

Fig. 17　Work area marking

首次分区域爆破之前，根据试爆结果参数装填炸药，包括雷管数量、总装填炸药数量、与岸上建筑物、水上相关养殖与建筑、过往船舶距离等情况，决定本次爆破的参数。不同的区块具体情况不同，视上次爆破结果调整参数，以达到良好的爆破效果。做好上述工作的前提下，在导爆管总线上绑扎起爆专用电线，移动施工船舶至安全位置，高声喇叭按规定要求播放爆破警示信号，启动锚艇脱离母船，准备应急抢险。播放爆破警示信号截止时间到时，观察哨详细观察水面及岸上情况。仔细观察是否有填装药条浮于水面，如发现类似物品，必须现场检查确认并处理。确定安全，爆破手接到指挥员起爆指令，同时打开监测仪器，方可接电引爆。

施工后收回引爆电线，清点导爆管残余数量，确认全部药条已经爆炸，施工船舶移动回到

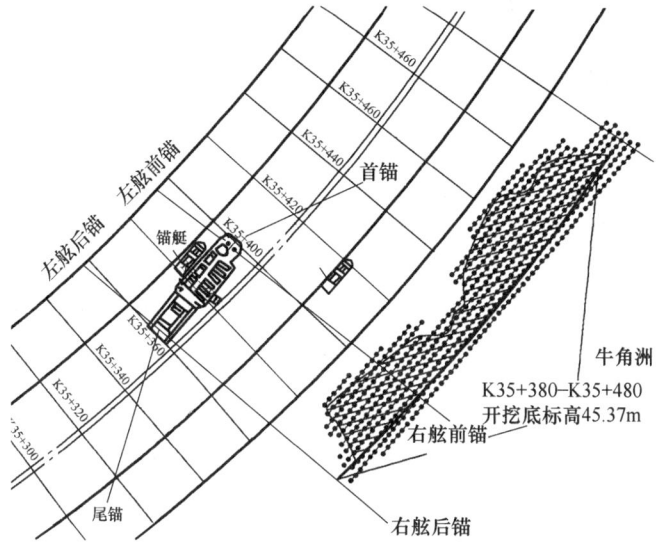

图 18　施工船驶离作业区域

Fig. 18　The construction vessel leaves the operation area

施工区域，进行新钻孔开钻。疏浚炸药是乳化炸药、导爆管在没有引爆电力的作用下是相对安全的，强力触碰等外力破坏不发生爆炸情况并自行失效。因此当发生盲爆、拒爆情况，按要求做好数量、区域记录，移交下个工序施工船舶注意加以销毁即可。

5　结语

基于 MBD 工程船平台的精准导向施工关键技术，主要取得了以下结论和成果。

（1）对水上工程船的理论知识进行了研究，利用三维绘图软件 UG 进行三维数字化设计。

（2）基于联合仿真建立的虚拟样机模型，受力计算条件如果设置得当，结果将接近工作实际，如此可以减少设计者对物理样机的依赖，节省开发时间和成本。

（3）对模块化组合工程平台进行了试制。试制成功后，在澜沧江 244 界碑至临沧港四级航道建设工程第 4 标段进行了施工，证实基于 MBD 工程船平台的精准导向施工关键技术方法正确。本方案可操作性强，且存在良好的经济效益、环保效益和社会效益，有利于促进水运工程建设事业的技术升级与科学发展。

参 考 文 献

[1] 中交第一航务工程局有限公司. 水运工程质量检验标准：JTS 257—2008 [S]. 北京：人民交通出版社，2008.

[2] 长江重庆航道工程局. 水运工程爆破技术规范：JTS 204—2008 [S]. 北京：人民交通出版社，2008.

[3] 国家安全生产监督管理总局. 爆破安全规程：GB 6722—2014 [S]. 北京：中国标准出版社，2014.

[4] 梁进，陆少锋，刁约，等. 急流滩钻孔爆破施工解决方案 [J]. 水运工程，2022（9）：192-197.

[5] 范怀斌，陆少锋，刁约，等. 模块化组合工程船平台的设计与应用 [J]. 港工技术，2022，59（2）：97-100.

[6] 范怀斌，陆少锋，刁约，等. 急流河段钻机垂直导向技术的分析与应用 [J]. 大众科技，2022，24（6）：75-78.

[7] 姚方明，梁进，农志祥，等．急流河段工程船锚缆布置方法的应用与研究 [J]．港工技术，2022，59 (4)：7-9.

[8] 姚方明，范怀斌，杨超，等．水下钻孔破岩爆破振动衰减规律试验研究 [J]．港工技术，2023，59 (6)：54-57.

[9] 姚方明，马本泰，范怀斌，等．急流水域水下爆破钻爆船 7 锚缆定位技术 [J]．工程爆破，2023，29 (1)：107-114.

[10] 范怀斌，李基锐，覃峰，等．航道急流湾滩整治工程施工方案 [J]．水运工程，2023 (2)：129-133，170.

[11] 范怀斌，陆少锋，莫崇勋，等．多层差异性气泡帷幕对水下爆破冲击波的衰减效应的试验研究 [J]．爆破器材，2023，52 (2)：48-55.

模拟深地环境射孔性能试验装置研制

郭　鹏[1,3]　唐顺杰[2]　杨清勇[1,3]　严　坤[2]

（1. 中国石油集团测井有限公司西南分公司，重庆　400021；

2. 武汉海王机电工程技术有限公司，武汉　430064；

3. 中国石油测井重点实验室射孔技术研究实验室，四川　隆昌　642177）

摘　要：射孔器是油气井射孔作业的核心装置，其在地层岩石中穿孔深度、孔径、射孔孔道形状对于储层改造和油气流出具有重要意义。本文结合射孔器在地层环境中的工况特点，研制了一套模拟深地环境的射孔性能试验装置，同时加载温度、井筒压强、地层压强和岩心孔隙压强，最高工作温度200℃、最高工作压强200MPa。应用表明，该套试验装置构建了深地环境工况，进行射孔器射孔性能试验，测试获得穿孔深度、孔径、孔道形态等参数，为综合评价射孔器性能提供了试验方法和手段。

关键词：射孔；射孔器；射孔性能；地层环境；射孔试验装置

Development of Perforation Performance Test Device for Simulating Deep Ground Environment

Guo Peng[1,3]　Tang Shunjie[2]　Yang Qingyong[1,3]　Yan Kun[2]

（1. China National Logging Corporation Southwest Branch, Chongqing, 400021；

2. Wuhan Haiwang Mechanical and Electrical Engineering Technology Co., Ltd.,

Wuhan 430064；3. Key Laboratory of Well Logging Perforation Technology Research

Laboratory CNPC, Longchang 642177, Sichuan）

Abstract：Perforator is the core device for oil and gas well perforation operations, and its perforation depth, aperture, and channel shape in formation rocks are of great significance for reservoir reconstruction and oil and gas outflow. This article combines the working characteristics of the perforator in the formation environment to develop a perforation performance testing device that simulates deep ground environments. It can simultaneously load temperature, wellbore pressure, formation pressure, and core pore pressure, with a maximum working temperature of 200℃ and a maximum working pressure of 200MPa. The application shows that the testing device has constructed deep ground environmental conditions, conducted perforation performance tests on the perforator, and obtained parameters such as perforation depth, aperture, and channel shape, providing experimental methods and means for comprehensive evaluation of perforator performance.

作者信息：郭鹏，工程硕士，高级工程师，pengge_sc@cnpc.com.cn。

Keywords：perforation；perforator；perforation performance；stratigraphic environment；perforation performance test device

1　引言

从油藏评价的试井到完井及补救性修井作业，射孔一直是能成功进行勘探、经济性地进行油气生产、保持油井产能及有效地进行油气开采的关键，射孔作业不仅为油气产出创造高速流动通道，还为压裂液、支撑剂等注入创造孔道条件。射孔器是射孔作业中的核心装置，其穿孔深度、套管孔径、射孔孔道形态等技术参数是影响油气产出、压裂液注入地层的重要指标。自1948年美国 Welex 公司成功研制出聚能射孔器以来，聚能射孔器就以穿透能力强、效率高、成本低的优势迅速在油气井中应用，目前，全世界约95%的油气井在使用聚能射孔器进行射孔作业。

对于聚能射孔器技术性能测试评价，国内外射孔器材制造商、试验检验机构、油田公司通常采用美国石油学会制定的 API RP 19B《Evaluation of well perforators》标准推荐的方法完成。主要试验方法包括：（1）常温常压下射孔器地面混凝土靶射孔试验；（2）单发、常温、应力条件（20.7MPa）下贝雷砂岩靶射孔试验；（3）高温常压射孔器钢靶射孔试验；（4）常温条件下模拟井底条件下（地层压强31MPa、孔隙压强10.3MPa、井筒压强6.9MPa）射孔孔眼流动特性试验。受试验装置限制，聚能射孔器技术性能测试一般采用常温常压地面混凝土靶射孔试验方法。

目前，世界新增油气储量的60%来自深部地层，我国83%的深地油气仍有待探明开发，深层、超深层已成为我国油气重大发现的主阵地，向地球深部进军成为石油战线保障国家能源安全的必由之路。随着钻井深度的增加，超高温、超高压、高含硫等叠加影响，对聚能射孔器的技术性能提出更为严苛的要求，目前建立的试验方法和试验装置难以满足超高温、超高压试验要求。本文结合射孔器在地层环境中的工况特点，设计、研制了一套模拟深地环境的射孔性能试验装置，同时加载温度、井筒压力、地层压力和岩心孔隙压力，最高工作温度为200℃、最高工作压力为200MPa。应用表明，该套试验装置构建了深地环境工况，进行射孔器射孔性能试验，测试获得穿孔深度、套管孔径、孔道形态等参数，为综合评价射孔器性能提供了试验方法和手段。

2　模拟深地环境的射孔性能试验装置简介

试验装置主要由高温超高压试验容器、三向压强分隔装置、升温降温系统、加压系统、电气控制系统组成，试验装置组成如图1所示，主要技术参数见表1。工作原理是以高温超高压容器内部的纯净水为工作介质，利用容器外夹套中的导热油循环加热，再对容器内部注水加压来模拟深部地层高温超高压工作环境，利用装在容器内部的三向压强分隔装置，从三个方向分别加载井筒压强、孔隙压强、地层压强，三个方向的压强加载如图2所示。试验时，先将射孔器配在三向压力分隔装置上，再整体装入容器中，封闭容器后开始升温升压，温度压力达到目标值后，保温保压一段时间后起爆射孔器。待高温高压容器内温度、压强降至70℃以下、常压后，起出三向压强分隔装置，拆卸后取出岩心靶，测量穿孔深度、套管孔径等参数。

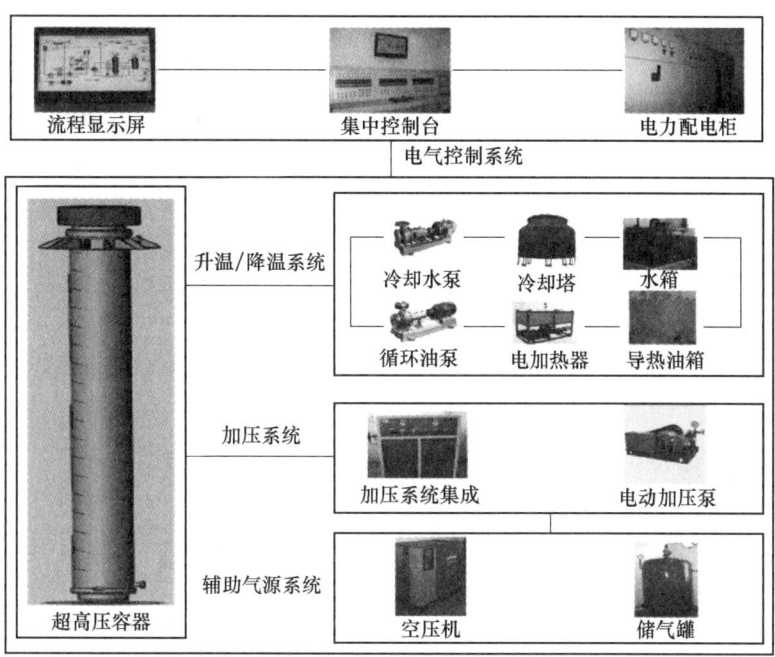

图 1 试验装置组成示意图

Fig. 1 Schematic diagram of test device composition

表 1 试验装置主要技术参数

Tab. 1 Main technical parameters of test equipment

序号	参数名称	数 值
1	容器试验空间	$\phi330\times3000$mm
2	工作温度	$0\sim200$℃
3	井筒压力	$0\sim200$MPa
4	地层压力	$0\sim200$MPa
5	孔隙压力	$0\sim200$MPa
6	天然/人工岩心	$\phi178\times800$mm

3 分系统设计

3.1 高温超高压容器

高温超高压容器是模拟深地层环境射孔试验装置的核心部件，其内部可建立高温超高压的试验环境。结构如图 3 所示，主要由筒体、上密封头、上螺纹压环、下密封头、下螺纹压环、导热油夹套、悬挂式支座等组成。

进行高温超高压容器的设计首先需要根据容器的试验工况需求确定设计参数，其中主要包括容器内径、容器内部有效长度、设计温度、设计压强等。据表 1 的主要技术参数，容器内径和容器内部有效长度已经确定，温度在最高工作温度的基础上设计一定余量，取为 205℃，现主要需要根据试验情况确定设计压强。

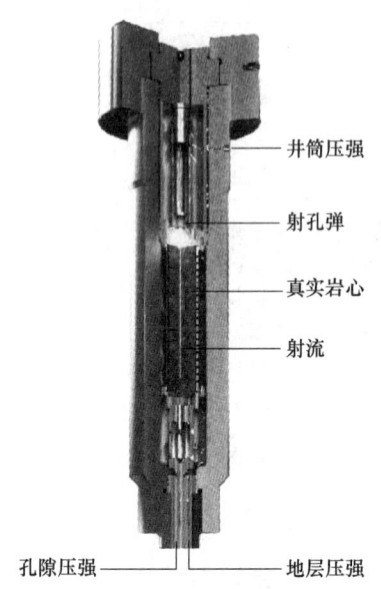

图 2　三向压强加载示意图

Fig. 2　Schematic diagram of three-
dimensional pressure loading

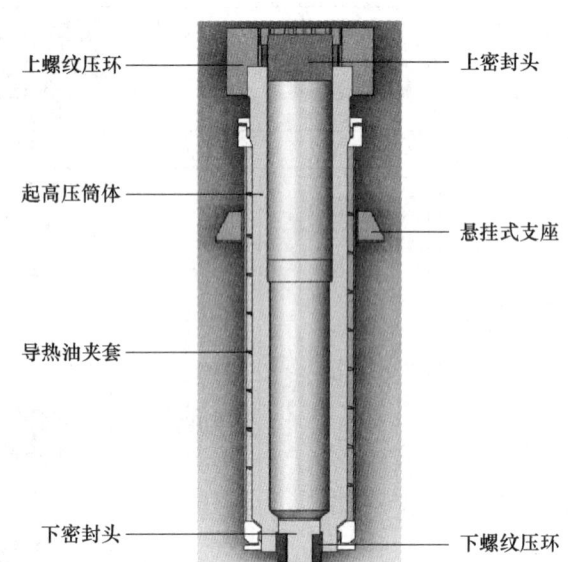

图 3　高温超高压容器结构图

Fig. 3　Structural diagram of high-temperature
and ultra-high pressure vessels

普通的超高压容器主要用于仪器设备的静态耐温耐压试验，确定设计压强的时候只需在最高工作压强的基础上，附加容器设计所需预留的安全附件的压强裕量即可。但本容器中需进行单发射孔弹爆炸试验，爆轰冲击波在容器中将产生动态压强增量，该压强增量将与静态工作压强叠加作用在超高压容器上，从而导致在射孔弹爆炸瞬时容器内工作压强增大，因此，本容器的设计压强由三部分叠加而成：射孔时的静态工作压强、射孔弹爆炸瞬间产生的动态压强增量、安全附件所需预留的压强裕量。设计时，如果压强设计过小，则安全附件将在射孔弹爆炸瞬间起到超压泄放作用，超高压容器不能正常工作；如果压强设计过大，则会给高温超高压容器的制造带来一定难度，并带来制造成本的增加。因此，需要对射孔弹爆炸瞬间容器中产生的动态压强增量进行研究，以确定设计压强的取值。

高温超高压容器主要受压元件采用 36CrNi3MoV Ⅳ 锻件，其屈服强度不低于 895MPa，抗拉强度不低于 1000MPa。该材料机械强度高、塑性和韧性好、断裂韧性值高、疲劳强度好、可锻性好、淬透性好。

高温超高压容器长期在高压下工作，筒体端面、上密封头、上螺纹压环接触处通常是整个结构的高应力区域，对这些区域进行应力分析是设计必须考虑的问题，另外，密封头与筒体端面变形的位移大小及对密封圈的影响也是必须注意的问题。根据高温超高压试验容器的实际结构，分 4 个部分分别建立 ANSYS 有限元模型进行结构和刚度分析，第 1 部分包括上螺纹压环与筒体，第 2 部分为上密封头，第 3 部分包括下螺纹压环与筒体，第 4 部分为下密封头。由于结构的对称特性，第 1、2、4 部分建立实际结构的 1/12 模型，第 3 部分则采用轴对称模型。第 1、3 部分主要考虑温度载荷的影响，第 3 和 4 部分处于端部，温度影响较小，仅考虑压力波动的影响。高温超高压容器在操作工况下压力载荷如图5所示。工况1：导热油注入，内容器外表面温度迅速升至80℃，内表面为20℃，压力0MPa；工况2：加热升温至200℃（升温过程内容器与夹套温差为60℃），压力为120MPa；工况3：稳定阶段，内容器温度为200℃，压力升到200MPa；工况4：内容器降温，外表面温度为140℃，内表面为200℃，压力为200MPa；工况5：内容器降温至100℃（降温过程内容器与夹套温差为60℃），压力为0MPa；工况6：内容器常温，压力为0MPa。各部分的应力最大幅值计算结果见表2，从表2可知，应力循环幅值最大点位于筒体内壁上开孔的内倒角处，因此，应重点对该处进行局部过渡应变失效评定。

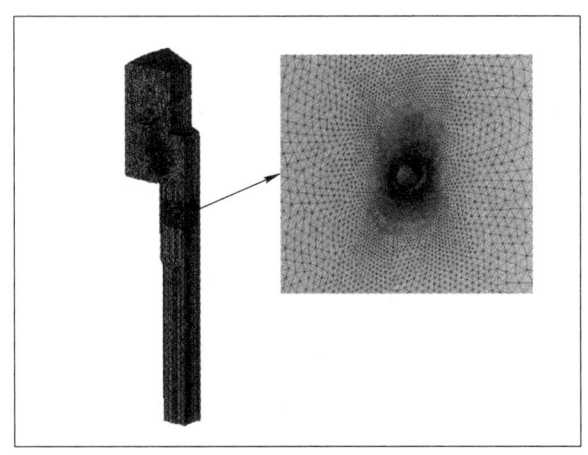

图4　第1部分有限元网格划分示意图

Fig. 4　Part 1 schematic diagram of finite element mesh division

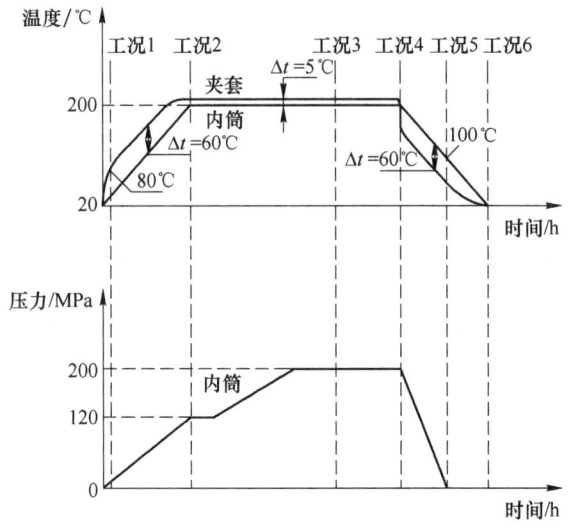

图5　容器内压强加载过程图

Fig. 5　Process diagram of pressure loading inside the container

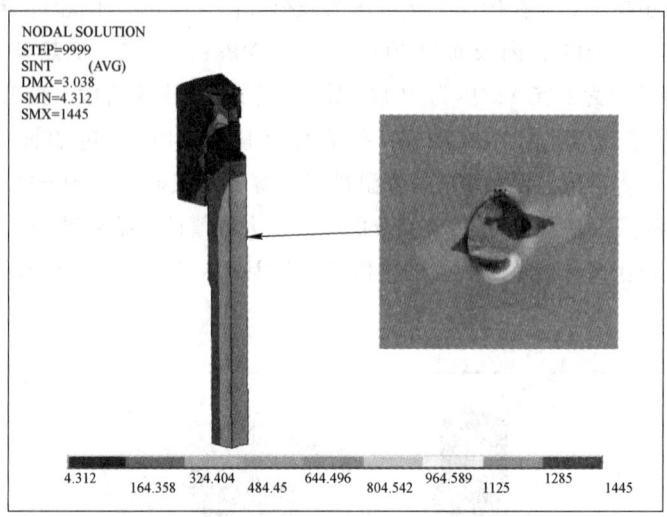

图 6   第 1 部分最危险工况下的应力幅值云图

Fig. 6   Part 1 stress amplitude cloud map under the most dangerous working conditions

表 2   各部分最大应力循环幅值

Tab. 2   Maximum stress cycle amplitude of each model

序号	部 分 名 称	最大应力循环幅值/MPa	最大应力位置
1	第 1 部分 （上螺纹压环与筒体，筒体上开孔）	1445	筒体内壁上的开孔的内倒角处
2	第 2 部分 （上密封头）	1272	上密封头齿根凹槽处
3	第 3 部分 （下螺纹压环与筒体）	1212	下螺纹压环与内筒接触的第一圈螺纹处
4	第 4 部分 （下密封头）	1068	下密封头凸缘根部倒角处

筒体内壁上开孔的内倒角处的过渡应变失效评定采用弹塑性分析法，载荷放大系数取 1.42 倍设计工况，计算结果如图 7 所示。由图 7 所知，压力加载完成后，其累计损伤效应最大点在于筒体开孔内壁下端，加压到 120MPa（实际加载为 $1.42 \times 120 = 171$MPa），最大应变为 0.0041，应变增量为 0.0041，三轴应变极限为 0.581；加压到 230MPa（实际软件加载为 $1.42 \times 230 = 327$MPa）时，最大应变为 0.0047，三轴应变极限为 0.789，应变增量为 $0.0047 - 0.0041 = 0.0006$；最大累计损伤对应的最大应变为 0.0047。

根据弹塑性分析容器局部过渡应变失效评定：

$$D_{\varepsilon} = \sum_{k=1}^{n} D_{\varepsilon,k} = \sum_{k=1}^{n} \frac{\Delta \varepsilon_{\mathrm{peq},k}}{\varepsilon_{\mathrm{L},k}} \tag{1}$$

式中，D_{ε} 为累积应变损伤系数；$D_{\varepsilon,k}$ 为第 k 步载荷顺序下产生的应变损伤系数；$\Delta \varepsilon_{\mathrm{peq},k}$ 为第 k 步加载后产生的当量塑性应变增量；$\varepsilon_{\mathrm{L},k}$ 为第 k 步加载时三轴应力状态对应的应变极限。

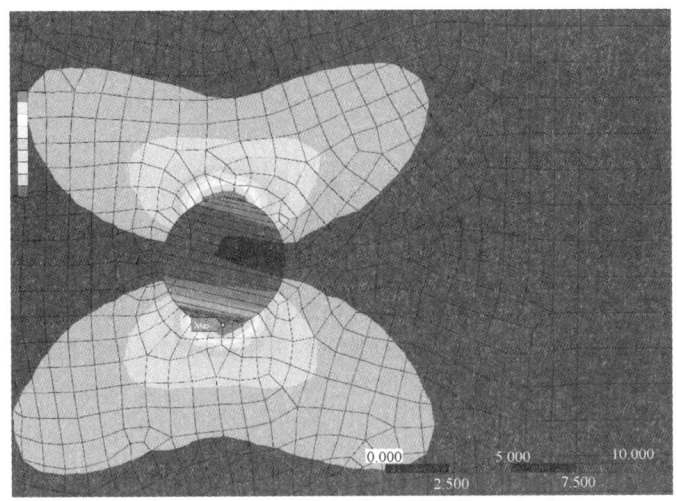

图 7　筒体内壁上开孔的内倒角处数值计算结果

Fig. 7　Numerical calculation results at the inner chamfer of the opening on the inner wall of the cylinder

工程上一般取 D_ε 的安全系数为 1。将上述计算结果代入式（1）计算可得：

$$D_\varepsilon = \frac{0.0041 - 0}{0.581} + \frac{0.0047 - 0.0041}{0.796} = 0.0078 \leqslant 1$$

因此，筒体内壁上开孔内倒角处的过渡应变失效评定通过。

根据 GB/T 34019—2017，若容器圆筒内表面的轴–径向裂纹（设初始深长比 $a/l = 1/3$）同时满足如下条件：（1）裂纹扩展至 $0.8t$ 时，$K_1 < K_{Ic}$；（2）$0.2t < (K_{Ic}/R_{p0.2})^2$，其中，$K_1$ 为应力强度因子，MPa·$\sqrt{m}$；K_{Ic} 为材料的断裂韧性，MPa·$\sqrt{m}$；t 为容器壁厚，mm，判定容器未爆先漏，该设备均不满足，故筒体内表面裂纹，按断裂力学法进行疲劳评定。

本设备可能的裂纹为筒体开孔处裂纹，裂纹位于筒体内壁开孔结构不连续处的轴–径向平面，为 1/4 圆或半圆，定义为 B 型。根据分析结果，疲劳分析法得到的疲劳允许次数更小，为 623 次，对应的应力循环幅值为 711.6MPa。因此该设备在全幅压力波动（0~200MPa）的疲劳许用次数为 623 次。

考虑该设备使用时的具体压力波动情况，分别计算各压力波动下的应力循环幅、疲劳分析法的允许次数及断裂力学法的允许次数，以两种方法得到的最小值为疲劳许用次数，评定其累积疲劳，计算结果见表 3。

表 3　各压力波动的疲劳计算

Tab. 3　Fatigue calculation of various pressure fluctuations

压力波动范围/MPa	应力循环幅值 /MPa	预计循环次数 n/次	疲劳分析允许 次数/次	断裂力学法允许 次数/次	许用疲劳次数 N/次
0~200	711.6	200	623	796	623
0~172	612.0	200	1002	1301	1002
0~140	498.1	680	2158	2544	2158
0~120	427.0	680	4197	4204	4197

累积损失系数 $U = \dfrac{n_1}{N_1} + \dfrac{n_2}{N_2} + \dfrac{n_3}{N_3} + \dfrac{n_4}{N_4} = 0.998 < 1$，合格

综上所述，高温超高压容器在循环载荷的作用下，疲劳允许次数为：0~200Pa 的 200 次，0~172MPa 的 200 次，0~140MPa 的 680 次，0~120MPa 的 680 次。

3.2 三向压力分隔装置

三向压力分隔装置的主要作用是将高温超高压试验容器内部空间分隔成相互独立的三部分，分别用于加载井筒压力、地层压力和孔隙压力，结构示意图如图 8 所示。从图中可知，中间隔离环将高温超高压容器内部分隔为两个独立空间，即上部空间作为模拟井筒压力空间，装入射孔器（见图 9）；下部空间分隔为模拟孔隙压力空间与模拟地层压力空间，在模拟孔隙压力空间装入/人工砂岩靶，三个压力空间均有独立的进压口与加压设备相连。

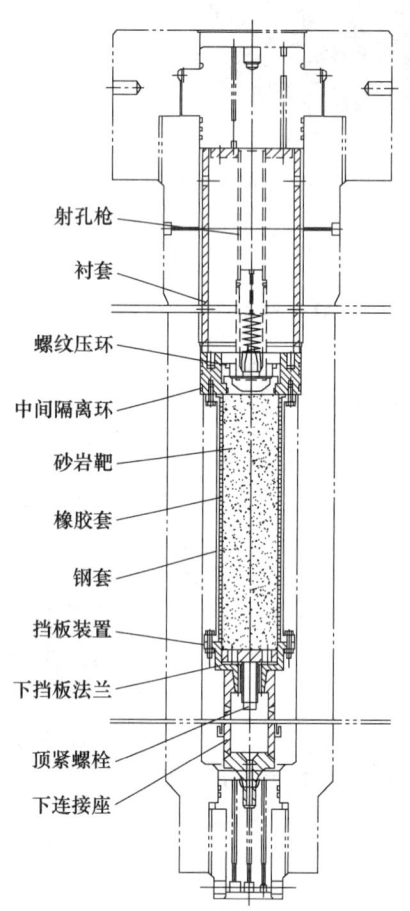

射孔枪
衬套
螺纹压环
中间隔离环
砂岩靶
橡胶套
钢套
挡板装置
下挡板法兰
顶紧螺栓
下连接座

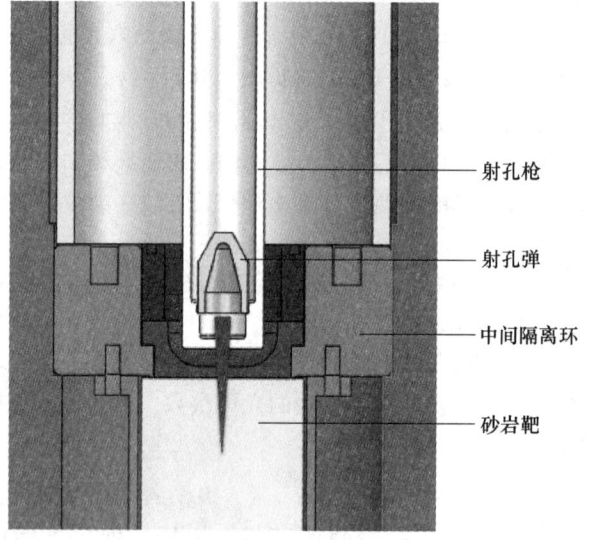

射孔枪
射孔弹
中间隔离环
砂岩靶

图 8 三向压力分隔装置结构示意图
Fig. 8 Schematic diagram of the structure of the three-way pressure separation device

图 9 中间隔离环结构示意图
Fig. 9 Schematic diagram of the middle isolation ring structure

3.3 升温降温系统

升温降温系统的原理如图 10 所示，主要包括低位油箱、循环油泵、导热油加热器、高位油箱、导热油冷却器、油气分离器、补油泵、排油泵等设备。其主要功能是以导热油为介质完成超高压试验容器与外界的热交换，从而实现超高压试验容器内部液体介质的升温、降温，导热油流经超高压试验容器外部的导热油夹套完成与超高压试验容器热交换。升温时，电加热器提供热源；降温时，冷却器和冷却塔联合工作将热量散入大气中。

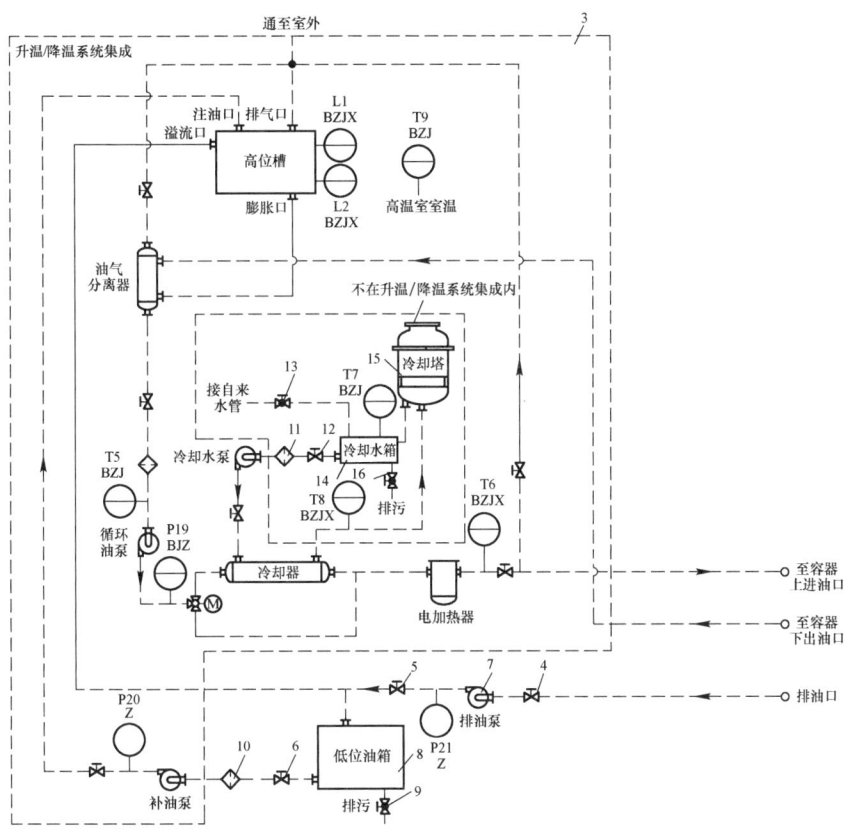

图 10　升温降温系统原理图

Fig. 10　Schematic diagram of heating and cooling system

3.4　加压系统

加压系统原理图如图 11 所示，主要包括 1 台高压泵、1 台超高压泵、5 个超高压气控阀、7 个超高压手动阀、2 个超高压单向阀、1 台波动罐。三条加压支路分别与超高压容器的模拟井筒压力空间、模拟孔隙压力空间和模拟地层压力空间相连。加压时，加压泵向容器内注水，容器内部压力上升；卸压时，容器内部的水排出，压力下降。

3.5　电气控制系统

电气控制系统包括配电系统、测量与控制系统及工业电视监控系统三部分。配电系统主要对用电设备（如电加热器、电机、电磁阀、控制台等）供电、进行通断电控制、提供过载保护等；测量与控制系统主要是完成所有热工参数（如温度、压力、液位、流量等）的采集、处理、记录、显示、打印，对用电设备进行远程控制，对热工参数值进行集中显示和报警；工业电视监控系统主要对关键设备进行远程监控，及时发现问题和处理。

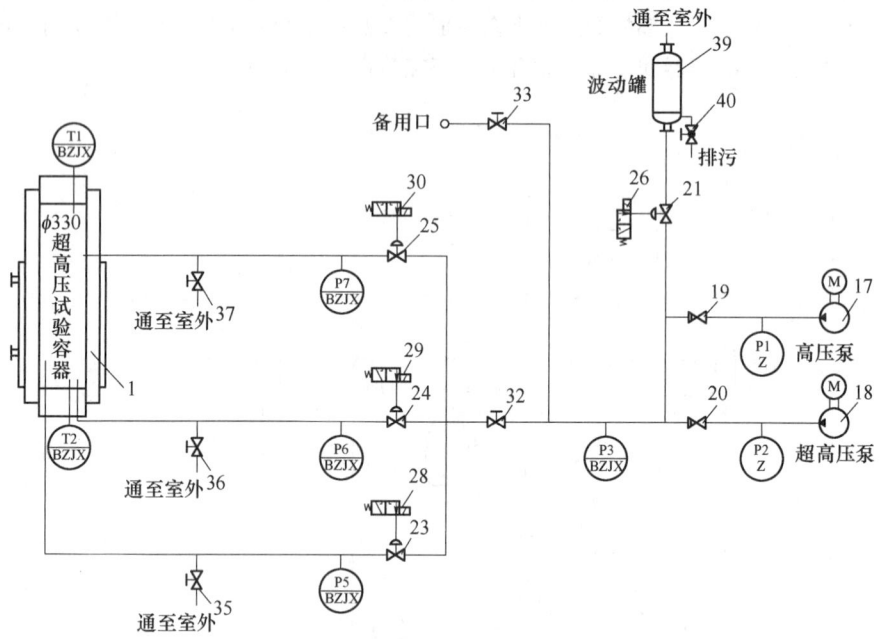

图 11　加压系统原理图

Fig. 11　Schematic diagram of pressurization system

4　应用验证

在高温 180℃ 下，高温超高压试验容器中建立三向压力（地层压力 50MPa、孔隙压力 40MPa、井筒压力 30MPa），达到设定的温度、压力后起爆射孔器，射孔后测量穿孔后靶的流动性。试验数据见表 4，温度与三向压力加载过程如图 12 所示，试验后试验靶上的射孔孔道如图 13 所示。

表 4　模拟深地环境射孔试验数据

Tab. 4　Simulated deep ground environment perforation test data

时　间	地层压力/MPa	井筒压力/MPa	孔隙压力/MPa	容器下部水温/℃
11：40：00	49.29	24.22	38.57	183.7
12：10：00	50.70	25.48	36.61	185.0
射孔后	49.51	4.10	34.81	185.1

试验表明，在高温 180℃ 下，超高压试验容器中成功建立了三向压力（地层压力、孔隙压力和井筒压力分别为 50MPa、40MPa、30MPa），点火射孔后，井筒压力降为 4.0MPa，地层压力、孔隙压力缓慢下降。试验完成后，砂岩靶如图 13 所示，测量射孔穿深约 400mm。

5　结论

（1）研制的模拟深地环境射孔性能试验装置，可同时加载温度、井筒压力、地层压力和孔隙压力，在室内即可模拟真实井筒和地层环境，开展射孔弹穿孔性能试验，有效解决了深地环境下射孔器实际性能测试难题。

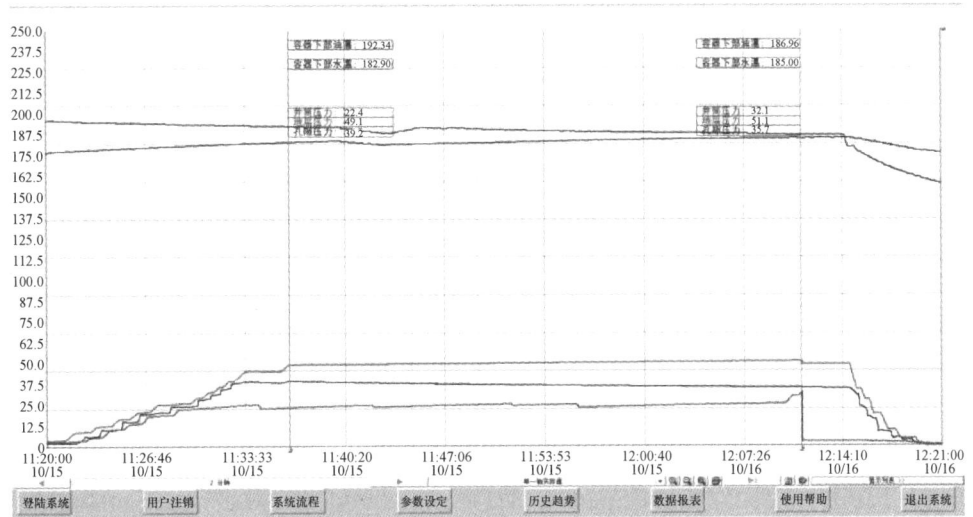

图 12　温度与三向压力加载曲线

Fig. 12　Temperature and three-dimensional pressure loading curve

图 13　射孔试验后砂岩靶上的射孔孔道

Fig. 13　Perforation channels on sandstone targets after perforation testing

（2）该装置为射孔器性能研究和设计提供了模拟深地环境试验条件，有力促进我国射孔器性能提升、新型射孔器产品研发，也为我国射孔器性能试验标准的建设提供了试验数据支持。

（3）模拟深地环境射孔性能，不仅需要建立试验环境，还需要开发能客观反映地层岩石物理参数的试验用靶，建议开展大尺寸（ϕ178mm×800mm）天然/人工岩心制作技术研究，为开展模拟真实岩石射孔试验提供试验靶。

参 考 文 献

［1］王海东，孙新波. 国内外射孔技术发展综述［J］. 爆破器材，2006，6（35）：110-117.

［2］API RP19B 油气井射孔器评价的推荐做法［S］. 美国石油学会. 2000.

［3］GB 150—2011 压力容器［S］. 国家质量监督检验检疫总局，2011.

［4］JB 4732—1995（R2005）钢制压力容器-分析设计标准［S］. 2005.

［5］ASME Boiler and Pressure Vessel Code［S］，Section Ⅷ，Division 1，1989.

［6］ASME Boiler and Pressure Vessel Code［S］. Section Ⅷ，Division 2，1989.

[7] 曹胜光，舒挺，陈冬群，等 . 1kg TNT 当量爆炸容器的研制 [J]. 压力容器，2004，21（4）：33-36.

[8] 邵国华，魏兆灿 . 超高压容器设计 [M]. 北京：化学工业出版社，2002.

[9] Manning，W. R. D. Bursting Pressure as the Basis for Cylinderr Design [J]. ASME Journal of Pressure Vessel Technology，1978，100：374.

一种新型伞式间隔装置研究与应用

郝亚飞　安振伟　张程娇

（中国葛洲坝集团易普力股份有限公司，重庆　401121）

摘　要：露天深孔台阶爆破采用空气间隔装置可以达到改善爆破效果、降低成本的目的。因此发明了一种新型伞式间隔装置，就伞式间隔装置结构及材质匹配性、不同工况下系列化间隔装置、伞式间隔装置与爆破优化相结合等方面开展了研究，结果表明，产品可适用于普通孔、水孔、高温孔等不同工况；采用伞式间隔装药结构在改善爆炸应力波作用周边岩体强度方面更有优势，尤其在伞式间隔段及其偏上 2m 范围内，作用应力明显增大，有利于破岩。通过现场爆破试验确定采用伞式间隔装置进行上部间隔、下部间隔、上下同时间隔与不采用间隔方式爆破效果无明显差异，但炸药单耗可降低 5%~8%。

关键词：伞式间隔器；结构材质；数值仿真；炸药单耗

Research and Application of a New Umbrella Type Spacer

Hao Yafei　An Zhenwei　Zhang Chengjiao

（China Gezhouba Group Explosive Co., Ltd., Chongqing 401121）

Abstract：The use of air spacers in open-pit deep hole bench blasting can improve the blasting effect and reduce costs. This article invented a new type of umbrella spacing device, and conducted research on the structure and material matching of umbrella spacing devices, serialization of spacing devices under different working conditions, and the combination of umbrella spacing devices and blasting optimization. The results showed that the product can be suitable for different working conditions such as ordinary holes, water holes, and high-temperature holes; The use of umbrella shaped interval charging structure has more advantages in terms of the strength of the surrounding rock mass under the action of explosive stress waves, especially in the umbrella shaped interval and its upper range of 2 meters, the applied stress is significantly increased, which is conducive to rock breaking. Through on-site blasting tests, it was determined that there was no significant difference in the blasting effect between using an umbrella type spacing device for upper spacing, lower spacing, and simultaneous upper and lower spacing, and not using a spacing method. However, the unit explosive consumption can be reduced by about 5%-8%.

Keywords：umbrella type spacer; construction; numerical simulation; the unit explosive consumption

空气间隔装置进行间隔装药爆破技术是近年来在露天矿山台阶爆破与地下矿山采场爆破中

作者信息：郝亚飞，博士，正高级工程师，153158039@qq.com。

使用较多的一种不耦合装药爆破技术。针对空气间隔装药爆破的作用机理及特点，国内学者开展了大量研究。金鑫等人[1]采用正交试验对空气间隔爆破技术进行应用效果评价，存在一个合理间隔高度和达到连续装药的爆破效果。苗小虎等人[2]采用弹性理论计算了合理的空气间隔长度，空气间隔区域火工品消耗降低了24%。尹作明[3]通过引入空气间隔长度比例参数，揭示了炸药爆轰与孔内空气间的相互作用、爆轰气体的流动特征及近区岩石破碎特征，发现了中部空气间隔装药的上下药柱爆轰压力具有双峰特性，并建立了24m高台阶垂直深孔精准爆破空气间隔装药结构的优选标准。相关学者[4-9]采用数值仿真技术对空气间隔装药进行了研究，为现场装药爆破试验提供了理论支撑。李顺波等人[10]通过理论和现场试验分析得出，空气间隔比例为10%时平均块度和无空气间隔平均块度接近。朱强等人[11]采用现场试验和数值计算相结合的方法表明，空气间隔装药预裂爆破的岩体损伤分布特征与传统预裂爆破存在明显的差异，装药段存在明显的粉碎破坏区，爆破损伤区的范围显著大于空气段及传统预裂爆破，但在岩体较完整处，空气段的岩体损伤相对不明显。陈明等人[12]研究了混装车装药条件下的宽孔距空气间隔预裂爆破技术，即使预裂孔间距较大，炮孔间岩体在爆生气体压力作用下产生的应力强度因子也往往大于岩石的断裂韧度，炮孔间可以形成预裂缝。楼晓明等人[13]发明了一种新型空气间隔器，采取孔外快速充气的方式，提高了间隔器安放位置的准确率。

由于传统充气式间隔装置成本较高，平均单支在30元以上，且存在漏气导致支撑力不足、充填气体为可燃性气体的安全隐患等问题，因此，本文发明了一种新型非充气式伞式间隔器，致力于解决上述问题。

1　伞式间隔器

1.1　结构及材质

通过建模+试验方式确定了伞式间隔装置的产品结构形式：通过三维建模及现场试验的方式确定了圆盘的线绳卡口及板撑结构型式；综合考虑支撑效果、爆破效果等，确定支撑夹角范围135°±10°；产品结构形式确定了以线绳、圆盘、插销、配重等为主要构件的结构形式。

通过性能及成本对比试验确定了伞式间隔装置的圆盘主要材料为PP加纤（加纤比例根据需要确定）；综合考虑运输、使用及成本等因素，确定了束口袋+现场装填配重的方式；在炮孔内安装间隔装置，堵塞至设计位置，2h后观测间隔器未下滑。

1.2　系列化产品

根据不同的孔径，研制了不同规格的伞式间隔装置，实现了产品系列化、专业化；研制了适用于普通孔、水孔、高温孔等不同工况下的产品；确定了适用于电子雷管、导爆管等不同起爆器材的产品。

2　数值仿真

采用LS-dyna数值仿真软件，建立了伞式间隔器对爆破效果影响的计算模型，计算工况分为无空气间隔、空气间隔（无锥角设计）、伞式空气间隔3种工况。

通过数值仿真（见图1）分析发现，相比连续装药结构，采用伞式间隔装药结构在爆炸应力波作用周边岩体强度方面更有优势，尤其在伞式间隔段及其偏上2m范围内，作用应力明显增大，有利于破岩。通过现场爆破试验确定采用伞式间隔装置进行上部间隔、下部间隔、上下同时间隔与不采用间隔方式爆破效果无明显差异。

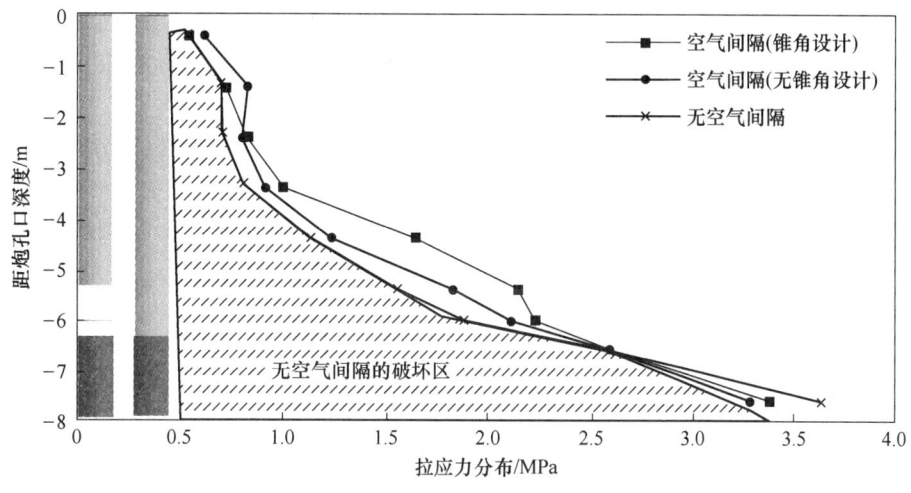

图 1　数值仿真分析结果

Fig. 1　Numerical simulation analysis results

3　现场试验

3.1　验证性试验

3.1.1　下孔试验

伞式间隔装置进入炮孔后，向上提拉间隔装置，观察其能否被回收及被回收的难易程度和伞型装置是否可正常、水平地卡在孔壁。

经试验发现，产品平下时因张开面大，产品边缘易受到孔壁的碰撞，可能导致装置打开；产品侧下时受到孔壁碰撞的机会大大减少，同时改变了受力方向，可有效避免产品提前打开。下孔试验如图 2 所示。

图 2　下孔试验

Fig. 2　Downhole test

3.1.2　承载力试验

主要测试伞式间隔装置在不同孔深条件下的承重能力，按照孔深由浅入深进行（4.5m、12m），并记录有效承重时间。测试时将间隔装置在浅孔位置释放，然后填塞岩屑并依次增加孔上方重量来模拟深孔处的承载力，模拟完毕后再按 4.5m、12m 孔深实际测试（4.5m 工况主要测试填塞段的承重能力，12m 工况主要测试装药段承重能力）。

经过测试，伞式间隔装置下到预定位置后，向上提 50cm，然后利用提抖方式打开伞式间隔装置；观察装置是否正常打开，并向上提拉线绳，无打滑及下降现象产生；向炮孔内装填堵塞物至设计要求位置，并在间隔装置露出炮孔 1m 位置的线绳上做好标记，利用现场石块压住。经观测，堵塞两天后标记点未出现下滑现象，表明承载效果符合要求。

3.2　比对试验

在某石灰石矿开展验证性试验，试验部位台阶高度 12m、孔径 165mm，三角形布孔，孔网参数均为 6m×4m，三排合计 40 个炮孔。采用中部起爆，由起爆点将爆区分成两个部分，一部分采用上部空气间隔装填结构，另一部分作为对照组采用常规装填结构。采用现场混装铵油炸药，相较于原装药结构，试验填塞高度减少 0.5m，装药高度减少 0.5m。

经验证，伞式间隔装置使用方便，虽然容易从孔中拉出，但在填孔过程中未见明显下滑，可满足使用要求；爆后堆的状态、下沉高度和块度效果与对照组效果一致。

3.3　爆破优化试验

3.3.1　底部间隔试验

选择 3 组爆破作业位置，底部分别间隔 100cm、80cm、100cm，观察爆破效果。爆破效果良好，无根底产生，爆破后预计底板高程 792m，挖装后实际底板高程为 791.4m，证明底部间隔 1m 可行。底部间隔爆破控装效果如图 3 所示。

图 3　爆破挖装效果
Fig. 3　Blasting excavation and loading effect

3.3.2　上部间隔试验

选择 2 组爆破作业位置，上部间隔 50cm，观察爆破效果。爆破效果良好，顶部均无大块产生，试验区域后拉 2.45m，常规装药区域后拉 2.5m。上部间隔爆破效果如图 4 所示。

图 4 爆破挖装效果

Fig. 4 Blasting excavation and loading effect

3.3.3 底部及顶部同时间隔试验

选择 2 组爆破作业位置，上部分别间隔 50cm、70cm，底部间隔 100cm，观察爆破效果。爆破效果良好，顶部均无大块产生，挖装后底部无根底产生，后拉 2.4m。

4 结论

（1）相比传统充气式间隔装置，新型伞式间隔装置可适用于普通孔、水孔、高温孔等不同工况。

（2）数值仿真计算表明，伞式间隔装置装药在改善爆炸应力波作用周边岩体强度方面更有优势。

（3）现场爆破试验表明，伞式间隔装置不仅操作便捷，制作成本低廉，同时可以改善爆破效果，降低炸药单耗。

参 考 文 献

[1] 金鑫，高佳明，苏宏伟，等. 露天矿深孔台阶爆破间隔装药爆破试验研究 [J]. 爆破，2023，40（2）：42-47.

[2] 苗小虎，喻智，谭期仁，等. 纳米比亚湖山铀矿空气间隔装药试验研究 [J]. 中国矿业，2020，29（8）：165-168.

[3] 尹作明. 深孔爆破空气间隔装药爆炸荷载特性研究及应用 [D]. 北京：北京科技大学，2023.

[4] 李章超，徐帅，李金平，等. 基于 JKSimBlast 的露天台阶爆破空气间隔装药结构优化研究 [J]. 爆破，2023，40（1）：50-56，68.

[5] 张晓平，马建军，刘令. 露天深孔空气间隔装药爆破的数值模拟研究 [J]. 科学技术与工程，2020，20（33）：13599-13605.

[6] 张晓平. 露天大直径深孔爆破块度控制的数值模拟研究 [D]. 武汉：武汉科技大学，2020.

[7] 霍晓伟. 双利矿炮孔超深及空气间隔装药数值优化研究与应用 [D]. 内蒙古：内蒙古科技大学，2019.

[8] 韩崇刚. 空气间隔装药对混凝土爆破效应的数值模拟 [J]. 工程爆破，2018，24（2）：15-20.

[9] 陈必港，伍恩，雇意. 基于流固耦合的光面爆破不同空气间隔装药分析比较 [J]. 矿业研究与开发，2016，36（9）：82-87.

［10］李顺波，李泽华，李宏伟，等．顶部空气间隔装药对岩石爆破块度影响的试验研究［J］．爆破器材，2020，49（6）：61-64.

［11］朱强，陈明，郑炳旭，等．空气间隔装药预裂爆破岩体损伤分布特征及控制技术［J］．岩石力学与工程学报，2016，35（S1）：2758-2765.

［12］陈明，张俊，郑炳旭，等．基于现场混装的宽孔距空气间隔预裂爆破技术［J］．爆破，2016，33（3）：1-4，30.

［13］楼晓明，王振昌，黄小彬，等．新型空气间隔器的研发与试验研究［J］．福州大学学报（自然科学版），2018，46（4）：561-567.

矿山智能爆破关键装备器材与工程应用

李萍丰[1]　许献忠[2]　赵国瑞[3]　李大财[4]

（1. 宏大爆破工程集团有限责任公司，广州　510623；2. 中国矿业大学（北京），
北京　100083；3. 山东大学，济南　250199，4. 湖南金聚能科技有限公司，
长沙　410000）

摘　要：爆破是矿山最经济、最高效的开采工艺，作为矿山开采关键工序，其智能化是矿山全生产链智能化建设的重要内容。本文阐述矿山爆破智能化建设的总体目标、技术路径和阶段，介绍了智能爆破部分关键装备、器材的技术特点和在华润水泥肇庆大排项目矿山开采全生产链智能示范工程应用的具体情况。研究表明：（1）爆破的智能化是社会发展的必然趋势，是疏通矿山全生产链智能化"梗阻"的关键；（2）智能爆破的关键装备和器材具有感知、数据提取、少人操作、连续作业等特点；（3）智能爆破实现了爆破施工多场景、全工序感知、数据提取、互联与协同的工业应用，取得了初步效果；（4）智能爆破将为爆破行业注入新活力，促进采矿行业高质量发展。

关键词：智能爆破；感知；矿山全生产链；价值链共享

Key Equipment and Engineering Applications of Intelligent Blasting

Li Pingfeng[1]　Xu Xianzhong[2]　Zhao Guorui[3]　Li Dacai[4]

（1. Hongda Blasting Engineering Group Co., Ltd., Guangzhou 510623；
2. China University of Mining & Technology, Beijing 100083；
3. Shandong University, Jinan 250199；
4. Hunan Kenon Technology Co., Ltd., Changsha 410000）

Abstract：Blasting is the most economical and efficient mining process in mines. As a key mining process, its intelligence is an important part of the intelligent construction of the entire production chain in mines. This paper summarizes the development process of bench blasting technology, expounds the overall goal, technical path and stage of intelligent blasting construction, introduces the technical characteristics of some key equipment and equipment of intelligent blasting, and the specific application of intelligent demonstration project in the whole production chain of mine mining of China Resources Cement Zhaoqing Dapai Project. Research has shown that：（1）The intelligence of blasting is an inevitable trend in social development, and is the key to unblocking the intelligent "obstruction" of the entire mining production chain；（2）The key equipment and equipment for intelligent blasting have characteristics such as perception, data extraction, few person operation, and continuous operation；

作者信息：李萍丰，教授级高级工程师，hdbplpf@ 163. com。

（3）Intelligent blasting has achieved industrial applications with multiple scenes, full process perception, data extraction, interconnection and collaboration in blasting construction, and has achieved preliminary results. （4）Intelligent blasting will inject new vitality into the blasting industry and promote high-quality development of the mining industry.

Keywords：intelligent blasting；perception；entire production chain of the mine；value chain sharing

1 引言

随着智能化技术、器材与装备加快迭代升级，新基建加快推进新一代信息技术与矿业开发技术深度融合，智能化矿山建设成为矿山实现高质量发展的必由之路。据不完全统计，截至2022年底我国煤矿已建成智能化采掘工作面813个（其中采煤工作面477个，掘进工作面336个）[1]，已经有300~400台无人矿山卡车在露天矿山投入运营。爆破是矿山开采的龙头工序，是整个矿山最危险、劳动力密集型的工序，实现爆破智能化势在必行[2]，但由于爆破工艺的不连续性、安全风险性和行业特殊性，爆破的智能化研究和建设相对滞后，成为矿山全生产链智能化建设的"肠梗塞"。经过几年的潜心研究，爆破智能化取得突破性进展，获得了多项"零到1"的原始创新[3-10]，初步建成了全球首个矿山开采全生产链智能示范工程。本文介绍其中涉及智能爆破的部分关键装备、器材及在大排项目常态化应用的具体情况。

2 矿山智能爆破建设阶段和总体框架

2.1 矿山智能爆破建设的阶段

煤矿智能建设起步较早[12]，爆破智能化从2008年开始，发展可分为3个阶段：

（1）起步阶段。从2008年汪旭光院士[13]提出"信息化是爆破行业发展的必然趋势"开始进入起步阶段，主要工作是爆破智能化的酝酿、发动和准备阶段。

（2）初级阶段。从2020年成立智能爆破研究中心开始，主要工作是开展从"零到1"的原始创新，智能爆破的理论研究和研制实现地质、穿孔、地面站、装药、堵塞、起爆和安全管理等方面的数据提取装备（感知）取得突破性进展，目前我国智能爆破研究和建设处于初级阶段。

（3）高级阶段。高级阶段是将爆破全过程全工序智能化，人工干预决策过渡到智能决策，打造"国际领先"的"安全、高效、绿色、可持续发展"的新型现代化爆破。

2.2 矿山爆破智能化总体架构

按照爆破智能化的建设总体目标，构筑爆破智能化"1理论+1平台+7关键装备、器材和技术+4算法"总体架构：

（1）"1理论"是指炸药能量与岩体破碎能量匹配理论；

（2）"1平台"是指智能露天矿全生产链数据融合决策平台；

（3）"7关键装备、器材和技术"是指爆破地质智能车、智能钻机、智能装药车、智能堵塞车、智能起爆器材、智能安全管理和智能爆破效果；

（4）"4算法"是指炸药能量与岩体破碎能量匹配算法、钻机钻进能耗与岩体破碎能量特征算法、三维块度分布智能算法和爆破价值链共享智能算法。

智能爆破总体架构如图1所示。

3 矿山智能爆破关键装备和器材

传统露天矿爆破作业工艺不连续、机械化、信息化程度低、数字化感知能力差、安全压力

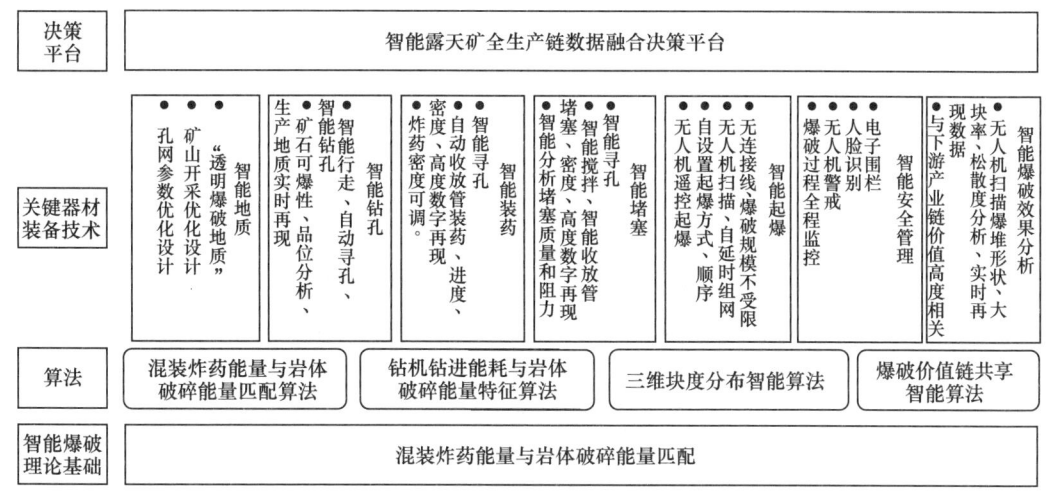

图 1　智能爆破总体架构

Fig. 1　Overall architecture of intelligent blasting

大、效率低，难以与生产环节形成全生产链数据融合，急需研制感知能力强、实时提取数据的智能化设备。

3.1　矿山智能透明爆破地质探测车

矿山智能透明爆破地质探测车主要探测爆破区域内的断层、节理、裂隙、软硬岩分界面、夹层、溶洞六类地质异常体，采用地质雷达快速采集数据、建立爆破地质异常体的数据对比库，构建岩石可爆性多因素的三维爆破地质透明地图，为保障矿山爆破作业的安全性、可靠性和智能爆破提供技术支撑。

3.1.1　探地雷达工作原理

地质雷达法[14]通过天线连续拖动的方式向地下发射高频电磁波，电磁波信号在物体内部传播时遇到存在电性差异（如介电常数差异）的介质界面时，发生反射、透射和折射。界面两侧介质的介电常数差异越大，反射的电磁波能量也越大，反射的电磁波被与发射天线同步移动的接收天线接收后，通过雷达主机精确记录反射回的电磁波的双程走时、振幅与相位等运动特征，获得地下介质的断面扫描雷达图像，通过对雷达图像进行处理和图像解译，达到识别地下目标物的目的，其工作原理如图 2 所示。

3.1.2　矿山智能透明爆破地质探测车

矿山智能透明爆破地质探测车包括超深天线车载控制系统、数据高速采集及传输系统、测距装置、视频模块、天线保护装置、车载机械臂及其控制系统等，各子系统的同步控制和采集；胶轮底盘进行探测车系统集成，实现低频地质雷达天线的有效安全挂载及智能化探测作业。矿山智能透明爆破地质探测车如图 3 所示，矿山智能透明爆破地质探测车原理如图 4 所示。

相关技术参数：

（1）产品型号：JX1083TK26（轴距 3815）；

（2）探测深度：50m；

（3）天线功率：10W；

（4）天线扫描速度：0.03m/s；

（5）底板探测行车速度：3~20km/h；

（6）探测隧道高度：8m；

（7）探测仰拱高度：8m；

（8）车辆外形尺寸（长×宽×高）：6.5m×2.1m×2.9m。

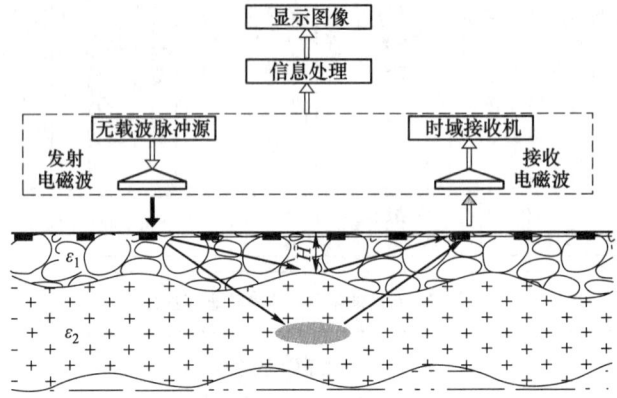

图 2　地质雷达法工作原理

Fig. 2　Working principle of geological radar method

图 3　矿山智能透明爆破地质探测车

Fig. 3　Intelligent transparent blasting geological exploration vehicle for mines

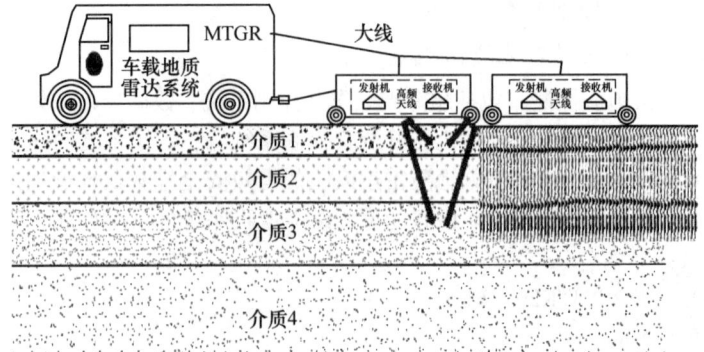

图 4　矿山智能透明爆破地质探测车原理图

Fig. 4　Schematic diagram of intelligent transparent blasting geological exploration vehicle for mines

3.2 乳化炸药混装智能装药车

根据民爆行业产品结构调整及发展方向的要求，工业炸药生产方式由包装型生产线向现场混装作业方式发展，生产过程要实现连续化、自动化。近年来随着露天开采炸药用量的逐渐加大，混装车的需求量也随之增大，但目前现场乳化炸药混装车均为人工拽拉装药胶管，人工劳动强度大，智能化程度较低（见图 5）。

图 5 传统的现场乳化炸药混装车装药图

Fig. 5 Charging diagram of traditional on-site emulsion explosive mixed loading vehicle

3.2.1 乳化炸药现场混装智能装药车

乳化炸药混装智能装药车（简称智能装药车）主要由二类汽车底盘、动力输出系统、伸缩臂智能装药系统、液压系统、电气控制系统、清洗系统等部分组成。整车动力来源于汽车发动机，由取力器驱动液压油泵，液压油泵输出高压油到各个执行机构——高精度计量泵马达、卷筒马达等。智能装药车如图 6 和图 7 所示。

图 6 乳化炸药混装智能装药车

Fig. 6 Intelligent charging vehicle for emulsion explosive mixing

3.2.2 智能装药车工作原理

（1）将乳化炸药地面站生产的半成品乳胶基质泵入智能装药车的乳化基质料仓，将配制好的敏化剂（润滑液）溶液泵入智能装药车的敏化剂箱，并将冲洗水箱的水加至规定水位；

（2）智能装药车驶入爆破现场，启动智能装药车发动机挂上取力器，开启自控系统，液

图 7　乳化炸药混装智能装药车展臂图

Fig. 7　Exhibition arm diagram of intelligent charging vehicle for mixed loading of emulsion explosives

压系统开始工作。

（3）通过遥控调节智能伸缩臂的伸缩、回转寻找炮孔、对准炮孔。

（4）通过遥控软管卷筒将输药软管放入孔底。

（5）通过遥控分别打开乳化基质料仓和敏化剂的碟阀，经过"长距离输送减阻装置"（见图 8），在胶管末端的静态混合器进行混合敏化经软管送入孔底，乳胶基质经 10～15min 发泡后，形成无雷管感度的乳化炸药。

（6）通过智能装药车自带电脑采集乳胶基质、敏化剂和胶管末端的高精度计量泵的数据，精准显示实时的炮孔装药高度、装药密度等炸药参数。

（7）装药到爆破设计高度后遥控关闭乳化基质料仓和敏化剂的碟阀。

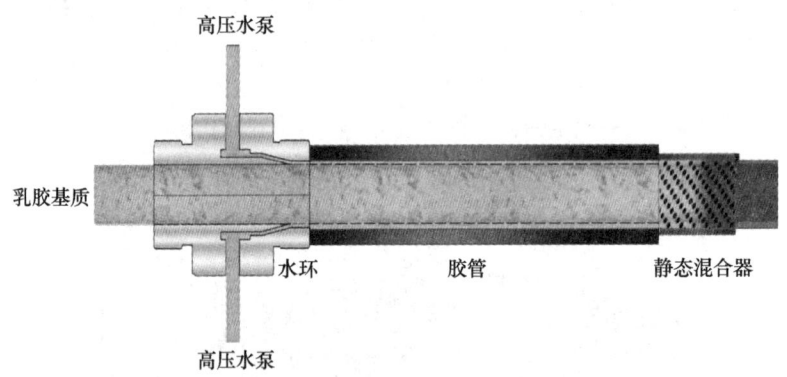

图 8　长距离输送减阻装置

Fig. 8　Drag reduction device for long-distance transportation

3.2.3　乳化炸药混装智能装药车技术参数

（1）远程遥控寻孔，GPS 地理信息的采集及存储，视频监控的管理及存储。

（2）大角度（大于 270°）辐射范围、长伸缩臂（大于 15m）智能装药。

（3）自动送管、退管，装药高度、炸药密度、炸药爆速实时传送信息平台。

（4）不同乳胶基质温度无后效快速化学敏化。

（5）敏化剂减阻。

（6）乳胶基质与微量元素的均匀混制、安全输送、计量及炸药密度调节。

（7）工艺参数、安全联锁等数据自动采集、处理分析、反馈功能，实现系统闭环控制。

（8）通过网络与数据管理平台实现数据交换、查询，可使用便携式客户终端实现远程智能化遥控操作。

（9）现场混装乳化炸药输送效率：70~150kg/min。

（10）爆速指标值：不小于4000m/s，炸药密度控制在1.05~1.20g/cm³。

3.3　无线起爆器材

无线起爆系统是基于工业电子雷管研发的，由控制背板（加装在制式起爆器上）+中继器+无线盒子+工业电子雷管与对应的操作平台共同实现的。

3.3.1　无线起爆系统原理及特点

控制背板（加装在制式起爆器上）+中继器+无线盒子+工业电子雷管无线起爆原理如图9所示。

图9　无线起爆系统原理图

Fig. 9　Schematic diagram of wireless detonation system

其特点如下：

（1）基于工业电子雷管的无线起爆系统；保留工业电子雷管三码绑定，信息可追溯、起爆控制安全的优点。

（2）保留制式起爆器向全国工业电子雷管密码中心发送请求信息的优点，在原有制式起爆器上加装用于无线传输的控制背板；将制式起爆器完成身份验证和工作码申请并解析出准爆要求、禁爆要求、起爆密码等信息通过控制背板以无线方式传输给中继器、无线盒子、数码电子雷管。

（3）无线盒子通过有线与工业电子雷管联系，考虑成本、效率、无线盒子和操作人员的熟练程度及爆破作业的环境，工业电子雷管可以单独连接，也可以每20发工业电子雷管串联一起再与无线盒子连接。

（4）无线盒子和中继器（无人机搭载）采用频段在2.400~2.4835GHz之间、射频功率0.65W、通信带宽最大600Mbp的2.4GHz无线传输技术。

（5）中继器（无人机搭载）和加装控制背板的制式控制器采用频段433Hz的LoRa无线技术。

3.3.2　无线起爆系统的简要操作步骤

（1）丹灵系统备案：起爆器备案、爆破区域备案（作业范围和起爆半径）。

（2）火工品出库登记：出库、登记、发放的操作方式与常规民用爆炸物品的出库一致。

（3）装药、装起爆雷管、堵塞。

（4）网路连接：每 20 发工业电子雷管用母线并联，无线盒子再连接在母线上。

（5）延期时间设置、组网、网路检测：打开无线盒子有源开关，用制式起爆器扫描无线盒子，设定工业电子雷管延期时间和组网，并进行组网检查，系统上显示无误后，人员撤至起爆站。

（6）通信连接：警戒完毕后，无人机搭载中继器从起爆站起飞，悬停在爆区无线盒子上空 50m 内，当制式起爆器获得工业电子雷管的信息，并解密起爆密码，确认合法后起爆工业电子雷管。无线起爆系统示意图如图 10 所示。

图 10　无线起爆系统示意图

Fig. 10　Schematic diagram of wireless detonation system

3.3.3　器材简介

3.3.3.1　控制背板

加装在制式起爆器的无线通信装置如图 11 所示，技术性能如下：

（1）可拆卸控制背板（制式起爆器），采用 2.4G 无线通信与无线盒子通信，采用 433MHz 无线 LoRa 与中继器通信，MODBUS 协议，数据 CRC16 校验。

（2）内置可编程 2.4G 无线芯片，自带过滤功能、特定指令通信。

（3）内置可编程单片机，自带过滤功能、特定指令通信。

（4）无线 2.4G 通信距离：40m（空旷）。

（5）无线 LoRa 通信距离：500m（空旷）。

（6）待机时长 48h 以上。

3.3.3.2　无线盒子

无线盒子如图 12 所示，其技术性能如下：

（1）外观：白色、方形挂耳式。

（2）电池：3.7V/1200mAh，待机 48h 以上。

（3）稳定带载数：20 发工业数码电子雷管。

（4）利用超低压（3.7V）组网方式，跟工业电子雷管进行组网操作。

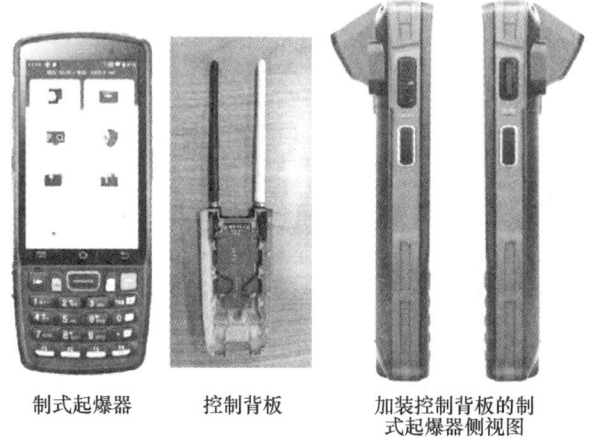

制式起爆器 控制背板 加装控制背板的制 式起爆器侧视图

图 11 控制背板（制式起爆器）

Fig. 11 Control backboard（standard detonator）

（5）限流、限压，实现无线盒子与工业电子雷管通信的安全可靠性。

（6）采用 2.4G 无线通信与中继器和起爆器通信，MODBUS 协议，数据 CRC16 校验，自带过滤功能、特定指令和对应智能无线起爆模块编号方可实现通信。

（7）采用 MBUS 特定通信方式。

图 12 无线盒子

Fig. 12 Wireless box

3.3.3.3 中继器

中继器如图 13 所示，其技术性能如下：

（1）可充电电池，3.7V/1200mAh，待机 4h 以上，5V/1A MiniUSB 接口。

（2）形状：长 60mm×宽 36mm×高 15mm。

（3）轻便的质量：30g，适合无人机带载。

（4）采用 2.4G 无线通信与智能无线起爆模块通信，采用 433MHz 无线 LoRa 与制式起爆器（加装控制背板）通信，MODBUS 协议，数据 CRC16 校验。

（5）内置可编程 2.4G 无线芯片，自带过滤功能、特定指令和对应中继编号方可实现通信。

图 13 中继器

Fig. 13 Repeater

（6）无线 2.4G 通信距离：40m（空旷）。

（7）无线 LoRa 通信距离：500m（空旷）。

4　关键装备器材工业应用

露天矿山全生产链智能化建设在华润肇庆大排矿（简称大排矿）进行，主要实现测量、穿孔、爆破（装药、堵塞、连线、起爆）、运输、安全管理等智能化，鉴于篇幅所限，本文介绍其中测量、爆破（装药、堵塞、连线、起爆）的部分器材、装备的工业应用具体情况。

大排矿位于肇庆市封开县长岗镇、罗董镇，其中心地理坐标为：东经 111°36′20″，北纬 23°20′40″。矿区南侧有 768 乡道接县道 X427，西侧有省道 S266，省道 S266 往南与广佛肇高速及国道 G321 相接，可达封开县城和江口码头，西南方向直距西江约 7km，水陆路可达广州、南宁两地，交通较为方便。

大排矿以生产砂石骨料为主，矿区所在的地段属于丘陵地貌，地势北高南低，自东、西两侧向中部倾斜，形成狭长槽形地带（见图 14）；矿体主要由黑云母二长花岗岩为主，次为花岗闪长岩，少量寒武系变质砂岩，均属坚硬岩石；矿区范围海拔标高最低为 100m，标高最高为大排山顶为 366.2m，最大相对高差 266.20m。设计最低开采标高为 +30m，开采境界封闭圈标高约为 +105m，即开采 +105m 以上水平时为山坡露天开采，开采 +105m 以下水平时为凹陷露天开采，公路开拓，中深孔爆破，台阶式开采，年生产规模为 1100 万立方米。

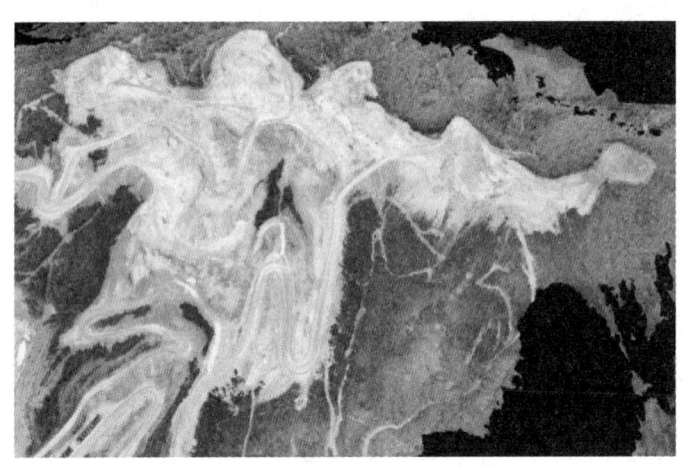

图 14　华润肇庆大排矿全景图

Fig. 14　Panorama of china resources Zhaoqing Dapai mine

4.1　矿山智能透明爆破地质探测车工业应用

从 2023 年 5 月 17—22 日，矿山智能透明爆破地质探测车在大排矿共完成 25 条测线的探测工作。工作时采用直接耦合法，天线平放于地面，探测开始后拖动天线，现场如图 15 所示。

4.1.1　工作量统计

本次地质雷达探测使用 100MHz、75MHz 两种不同频率天线分别对对应测线进行探测，具体见表 1。

图15　矿山智能透明爆破地质探测车工业性实验场景图

Fig. 15　Industrial experiment scene graph of mine intelligent transparent blasting geological exploration vehicle

表1　矿山智能透明爆破地质探测车工作量统计表

Tab. 1　Workload statistics of intelligent transparent blasting geological exploration vehicles in mines

天线频率/MHz	测　试　点		探测长度/m	覆盖面积/m²
100	西采区	270 平台	120	70.2
		300 平台西侧边缘	140	81.9
		300 平台西侧小平台	244	178.38
		300 平台东侧边缘	260	152.1
		300 平台西侧大平台	765	2720
75	西采区	300 平台西侧大平台	765	2720
	东采区	315 平台	12	7.2
合　计			2306	5929.78

4.1.2　数据处理

本次检测为保证数据处理与解释结果的准确性、可靠性，数据处理与解释遵循流程如图16所示。

4.1.3　探测结果

西采区+300平台东西方向等间距布置9条测线，浅部存在1处岩性分界面和2处裂隙发育异常，详细信息如表2、图17~图19所示。

表2　西采区+300平台岩石分界面、裂隙分布

Tab. 2　Rock interface and crack distribution of the+300 platform in the west mining area

测线号	起点坐标		终点坐标		起始深度/m	终止深度/m	属性
	经度/(°)	纬度/(°)	经度/(°)	纬度/(°)			
3	11136.252738	2320.790489	11136.248111	2320.791604	2.00	5.00	岩性分界面
8	11136.255910	2320.778528	11136.250845	2320.779430	1.50	4.00	裂隙发育
9	11136.246101	2320.779094	11136.242835	2320.779817	1.25	4.00	裂隙发育

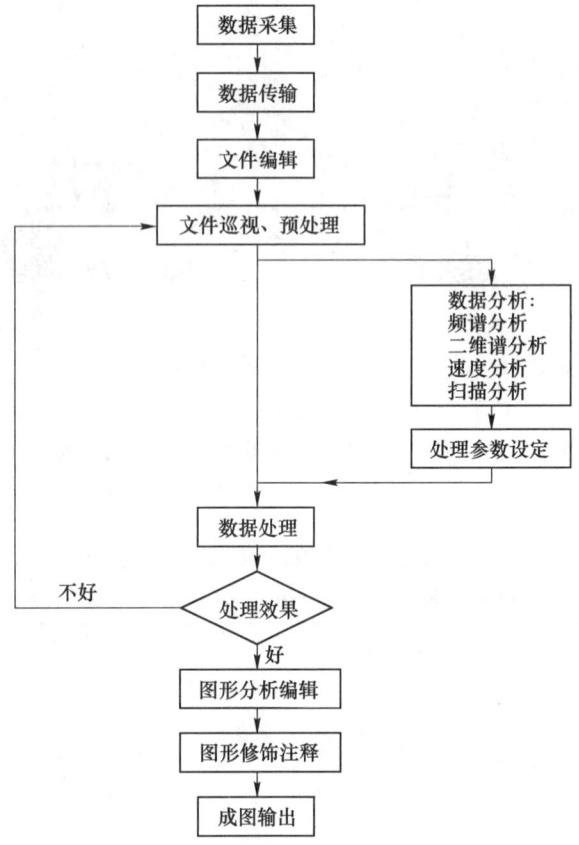

图 16　数据处理与解释流程图

Fig. 16　Data processing and interpretation flowchart

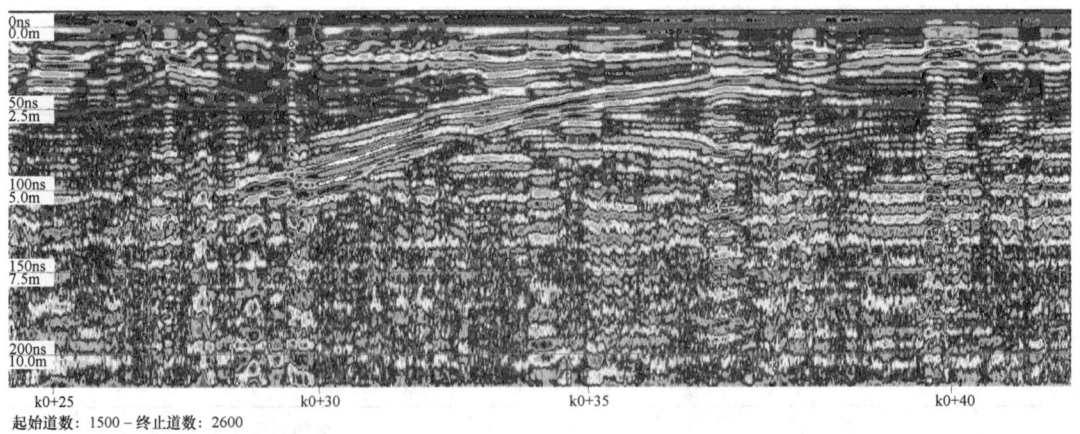

起始道数：1500 – 终止道数：2600

图 17　西采区+300平台岩性分界面雷达图谱

Fig. 17　Radar spectra of the lithology interface of the west mining area+300 platform

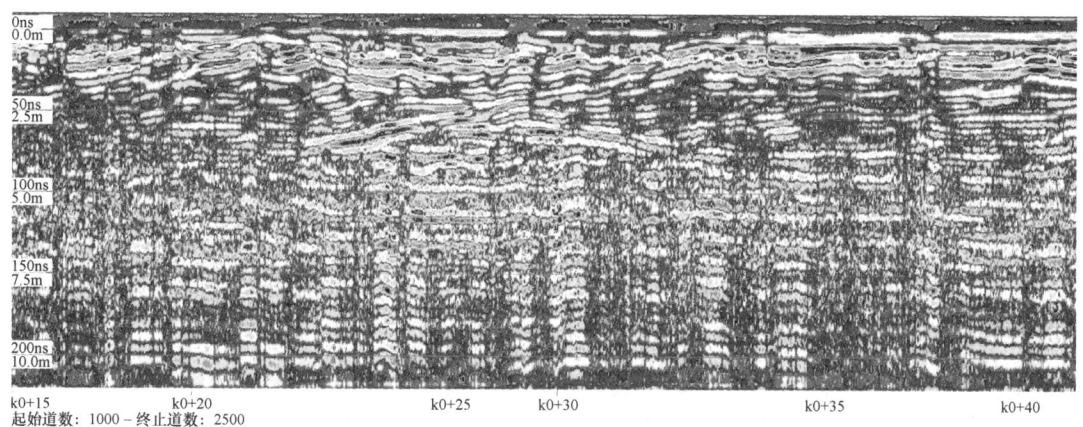

图 18　西采区+300 平台裂隙发育雷达图谱

Fig. 18　Radar atlas of fracture development on the+300 platform in the west mining area

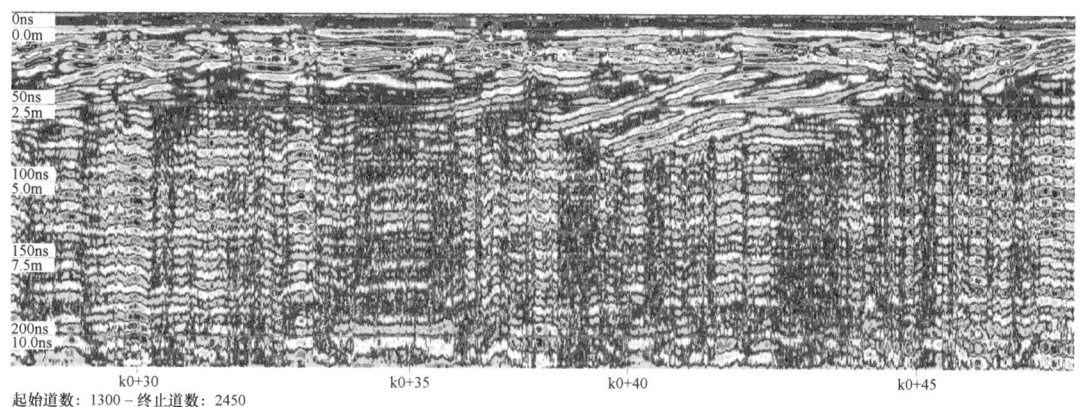

图 19　西采区+300 平台裂隙发育雷达图谱

Fig. 19　Radar atlas of fracture development on the+300 platform in the west mining area

4.2　智能装药车的工业应用

2022 年 9 月，智能装药车在宏大爆破工程集团有限责任公司云浮地面站进行了工业试验前的带水调试、带乳胶基质试运行、性能测试及矿山装药一系列试验。从 2023 年 3 月起在大排项目进行常态化工业应用。

4.2.1　智能装药车带黏稠乳胶基质装药效率及相关测试

黏稠乳胶基质装药效率试验结果见表 3。

表 3　黏稠乳胶基质装药效率数据表

Tab. 3　Data table for charge efficiency of viscous latex matrix

序号	螺杆泵转速 /r · min^{-1}	转速仪 /r · min^{-1}	基质流量计 /L · min^{-1}	装药效率 /kg · min^{-1}	输送压力 /MPa	敏化（润滑）剂/L · h^{-1}	螺杆泵单圈输送量/L · r^{-1}
1	85	84	80	105	0.32	120	0.95

序号	螺杆泵转速 /r·min⁻¹	转速仪 /r·min⁻¹	基质流量计 /L·min⁻¹	装药效率 /kg·min⁻¹	输送压力 /MPa	敏化（润滑） 剂/L·h⁻¹	螺杆泵单圈输 送量/L·r⁻¹
2	95	96	95	120	0.45	140	0.96
3	105	106	100	130	0.55	155	0.94
4	120	118	115	150	0.75	165	0.95

4.2.2 安全联锁装置的校验

智能装药车安全联锁校验结果见表4。

表4 成套设备安全联锁校验结果

Tab. 4 Safety interlock verification results of complete equipment

序号	安全联锁项目	安全联锁名称	备注
1	超温	液压油温	报警
		螺杆泵输送物料（乳胶基质）	报警并停车
2	超压	螺杆泵输送物料	报警并停车
3	低压（欠压）	螺杆泵输送物料	报警并停车
4	流量	高黏度物料流量计低流量	报警
5	紧急停车	按下"急停"按钮	系统自动停机
6	水环润滑低流量保护	流量低于设定值	报警

4.2.3 智能装药车的比对试验

在不同装药效率下，输送压力、炸药密度、敏化效果的对比试验见表5。

表5 不同装药效率下，输送压力、炸药密度、敏化效果的比对统计

Tab. 6 Comparative statistics of transportation pressure, explosive density, and sensitization effect under different charging efficiency

序号	装药效率/kg·min⁻¹	输送压力/MPa	炸药密度/g·cm⁻³	敏化效果
1	100	0.35	1.18	气泡细小、均匀
2	120	0.48	1.16	气泡细小、均匀
3	130	0.55	1.20	气泡细小、均匀
4	150	0.62	1.20	气泡细小、均匀

4.2.4 智能装药车乳化炸药性能测试

现场混装乳化炸药产品性能测试见表6。

表6 现场混装乳化炸药性能测试表

Tab. 6 Performance test table for field mixed emulsion explosives

名 称	爆速/m·s⁻¹	密度/g·cm⁻³	备注
混装乳化炸药	4880	1.14	合格
	5160	1.18	合格
	4963	1.21	合格

4.2.5　智能装药车装药工业性试验

智能装药车从 2022 年 3 月起在大排项目部进行常态化工业性装药试验（见图 20），2022 年 4 月的装药统计见表 7，共装药 10 次，装药量 14.18t。

图 20　大排项目部乳化炸药现场混装智能装药车常态化工业性装药试验现场

Fig. 20　The on-site mixed loading intelligent charging vehicle for emulsion explosives in the Dapai project department's normalized industrial charging test site diagram

4.3　无线起爆器材工业应用

无线起爆器材实验室实验、安全性能和其他功能测试已经于 2021 年底前完成。从 2022 年 3 月起在大排项目部进行常态化工业应用，截至 2023 年 6 月 30 日，共计使用工业电子雷管 760 发，炸药约 91200kg，全部安全顺利起爆，爆破效果良好。以 2023 年 6 月 30 日深孔+浅孔为例说明。

4.3.1　试验概况

2023 年 6 月 30 日，深孔+浅孔无线起爆试验场地位于大排项目部东采区 300m 平台，爆区岩石为花岗岩，布置炮孔数 40 个，孔深 4.0~7.0m，本次爆破设计单耗 0.50kg/m³，孔网参数 4m×3m，填塞长度 3.5m，工业电子雷管 40 发，每个炮孔孔内放置 1 发雷管。使用无线盒子 4 个，每个无线盒子连接 10 发雷管。孔间延期时间设置为 17ms，排间延期时间设置为 42ms。本次使用成品乳化炸药 72kg，混装乳化炸药 1000kg（见图 21）。

图 21　大排项目部无线起爆常态化试验场景图

Fig. 21　Scene graph of wireless initiation normalization test of Dapai project department

表 7　2022 年 4 月混装智能装药车常态化工业性装药统计

Tab. 7　Statistical table for normalized industrial charging of mixed intelligent charging vehicles in April 2022

序号	日期	单孔装药量/kg	孔深/m	装药效率/kg·min⁻¹	孔数/个	总装药量/kg	总用时/min	总装药效率/kg·min⁻¹	压力/MPa	温度/℃	敏化剂流量/kg·h⁻¹	密度/kg·L⁻¹	孔网参数	备 注
1	4月3日	100		110→98	12	1200	60	20	max=1.6 min=0.3	37		现场密度杯测出的误差较大，待校准后再记录		1. 出现超压停机的情况，调整螺杆泵的转速（将至螺杆泵的转速由 7 调至 6.5，装药效率 110 降至 98），未出现超压。2. 水孔装药压力会大幅增大而后缓慢降低
2	4月3日	160		98	6	960	40	24	—	37	170	—		为司机单独操作。据反映未出现停机情况，未挪车一次性完成装药
3	4月23日	60			7	420	40	10.5			170			超压停机一次，重新清洗后继续装药
4		200		98	3	600	20	30	max=1.6 min=0.3	50	170	1.23		超压停机一次，重新清洗后装药，未挪车，超孔数较少，总装药效率较高
5	4月24日	145		95	9	1250	60	20.8	max=2.1（调高丁报警值）min=0.3	49	170	1.27		超压停机 3 次，报警复位后继续装药。影响小。分析原因为：药孔为水孔，装药压力呈先增后减趋势，瞬时压力加大导致停机，随后便缓慢下降

续表 7

序号	日期	单孔装药量/kg	孔深/m	装药效率/kg·min^{-1}	孔数/个	总装药量/kg	总用时/min	总装药效率/kg·min^{-1}	压力/MPa	温度/℃	敏化剂流量/kg·h^{-1}	密度/kg·L^{-1}	孔网参数	备注
6	4月25日	150		95→100	11（其中干孔6个，水孔5个）	1650	60（挪车1次）	27.5	max=2.1 min=0.2	45				1. 超压停机3次，均为干孔，报警复位后继续装药，影响小。分析原因为：药孔较近，卷盘中药管占比较大，需要压力较大。
7		260		100	6（其中干孔3个，水孔3个）	1500	35	43	max=1.6 min=0.06	45	170	1.23		2. 为深孔炮区，孔深均超过18m，药管绝大部分呈直线状，送药快，未出现超压现象，压力最低达到0.06（装药正常）
8	4月26日	150		100	8（其中干孔4个，水孔4个）	1100（含浅孔，个别装药量较少）	50	22	max=2.1 min=0.2	49	170	1.23		超压停机2次，报警复位后继续装药，影响小
9	4月27日	150		100	14（均为干孔）	2000	60（挪车1次）	33.3	max=2.1 min=0.2	49	170	1.25		超压停机2次，报警复位后继续装药，影响小
10	4月28日	210	17	100→107	15（均为水孔）	3200	120（挪车2次）	26.7	max=2.2 min=0.15	49	170→185	1.25	梅花形布孔 设计布孔参数：7.5m×4.5m 实际布孔参数：7.2m×4.2m	1. 调大了螺杆泵转速，使装药效率上升至107； 2. 调高了敏化剂流量为185kg/h； 3. 超压停机2次，报警复位后继续装药，影响小

4.3.2　起爆方式

中继器使用无人机搭载,悬停在炮区 30m 左右高度;起爆器距离中继器 300m 左右距离。

4.3.3　爆破效果

本次爆破无盲炮,无飞石,爆堆整体向上隆起,达到预期效果。爆堆表面仅有个别大块(表面超过 1m 的约 3 块),爆堆松散,平均挖运效率为 4min/车,爆堆内大块率小于 1.5%。挖装未完毕,底板平整度和根脚在后期挖运完毕后测量确定。爆破效果如图 22 所示。

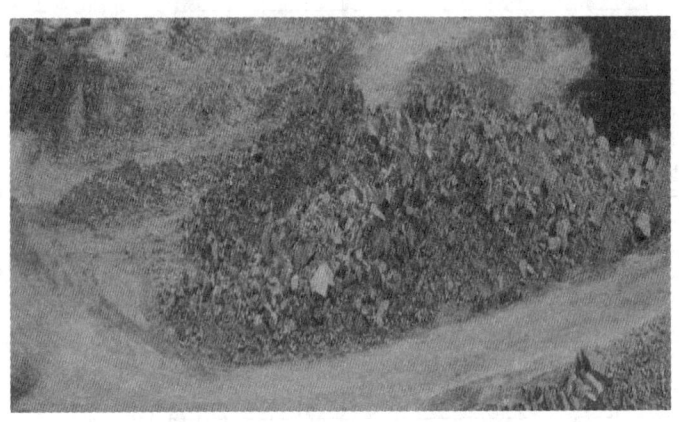

图 22　大排项目部无线起爆常态化试验爆破效果图

Fig. 22　Effect of wireless initiation normalization test blasting in the dapai project department

4.3.4　无线起爆系统和无线起爆系统效率对比

无线起爆系统和无线起爆系统效率对比分析见表 8。

表 8　无线起爆系统和无线起爆系统效率对比

Tab. 8　Comparison of efficiency between wireless initiation system and wireless initiation system

序号	日期	编号	孔数/个	装药量/kg	装药时间/min	连线时间 开始	连线时间 完成	起爆时间	从连线到起爆所需要时间/min	起爆方式
1	2023.6.25	001	57	11020	150	16:00	16:30	17:35	65 (1.14)	无线起爆
2	2023.6.26	002	37	8540	120	13:30	13:45	15:22	112 (3.03)	无线起爆
3	2023.6.28	003	76	12840	180	15:50	16:10	16:18	28 (0.37)	有线起爆
4	2023.6.30	004	83	16020	180	15:00	15:15	15:44	44 (0.53)	有线起爆
5	2023.6.30	005	40	1000	30	15:00	15:10	15:18	18 (0.45)	无线起爆

5　结语

爆破智能化建设前景广阔、意义深远,是建设"安全、高效、绿色、可持续"发展矿山的必然选择,是提高爆破企业核心竞争力、实现爆破行业可持续发展的必要条件,研究表明:

(1) 爆破的智能化是社会发展的必然趋势,是疏通矿山全生产链智能化"梗阻"的关键。

(2) 智能爆破的关键器材和装备具有感知、数据提取、少人操作、连续作业等特点。

（3）智能爆破实现了爆破施工多场景、全工序感知、数据提取、互联与协同的工业应用，取得了初步效果。

（4）智能爆破将为爆破行业注入新活力，促进采矿行业高质量发展。

参 考 文 献

［1］王国法，富佳兴，孟令宇，等．煤矿智能化创新团队建设与关键技术研发进展［J］．工矿自动化，2022，48（12）：1-15.

［2］李萍丰，谢守冬，张兵兵，等．智能台阶爆破的基本框架及未来发展［J］．工程爆破，2022，28（2）：46-53，61.

［3］汪旭光，吴春平．智能爆破的产生背景及新思维［J］．金属矿山，2022（7）：2-6.

［4］李萍丰，张金链，徐振洋，等．智能无线远距离起爆系统在露天矿山爆破的应用分析［J］．金属矿山，2022（4）：72-78.

［5］李萍丰，张金链，徐振洋，等．基于LoRa物联的远程智能起爆系统研发［J］．金属矿山，2022（7）：42-49.

［6］张兵兵，李萍丰，谢守冬，等．基于无人机航测技术的露天矿山爆堆形态分析［J］．金属矿山，2022（9）：161-166.

［7］李孝臣，汪泉，谢守冬，等．负压条件下球形爆炸容器内乳化炸药冲击波参数研究［J］．火炸药学报，2023，46（3）：252-259.

［8］过江，赵培东，张琛，等．能耗控制视角下的MOPSO爆破参数优化研究［J］．工程爆破，2022，28（5）：9-16，51.

［9］郭连军，王雪松，徐振洋，等．岩石能量体概念及岩石破碎指标研究［J］．金属矿山，2021（8）：21-27.

［10］郭连军，马昊阳，徐景龙，等．循环冲击作用下岩石能量耗散特征及损伤研究［J］．矿业研究与开发，2023，43（5）：106-112.

［11］李萍丰，张兵兵，谢守冬．露天矿山台阶爆破技术发展现状及展望［J］．工程爆破，2021，27（3）：59-62，88.

［12］赵国瑞．煤矿智能开采初级阶段问题分析与5G应用关键技术［J］．煤炭科学技术，2020，48（7）：161-167.

［13］汪旭光．中国工程爆破与爆破器材的现状及展望［J］．工程爆破，2007（4）：1-8.

［14］许献磊，方桂，李俊鹏，等．探地雷达多频数据融合算法研究［J］．地球物理学进展，2018，33（5）：2181-2186.

现场混装炸药预装药爆破关键技术研究与应用

曾祥武

（铜冠矿山建设股份有限公司，安徽　铜陵　244000）

摘　要：本文主要针对我国某金属矿山上向深孔人工装药过程中存在的问题，采用一种机械化地下上向孔现场混装乳化炸药装药的新型设备，此设备的应用能有效解决当前存在的人工装药问题，同时提升其本质安全的水平，可为今后的地下矿爆破一体化服务提供了一种先进的技术方式。

关键词：地下矿山；现场混装；乳化炸药；装药车

Research and Application of Key Technologies for On-site Mixed Explosives Pre-charged Blasting

Zeng Xiangwu

（Tongguan Mine Construction Co., Ltd., Tongling 244000, Anhui）

Abstract：The article is mainly about the problems existing in the process of artificial charging of deep holes in a metal mine in my country. A new type of equipment for mixing emulsion explosives and charging of emulsion explosives in the underground holes is adopted. The application of this equipment can be effective. It solves the current problem of artificial charging, and at the same time improves it to the level of intrinsic safety, and provides more advanced equipment for the integrated service of underground mine blasting in the future.

Keywords：underground mines；one-site mixing；emulsion explosives；charging trucks

1　前言

当前地下矿装药施工主要是以人工方式进行的，其中金属矿上向孔大部分都是以装药器为主要工具，然后利用到压差风送乳化铵油的炸药，实践表明，施工人员在装药的过程中仍然存在许多问题，如装药效率低，装药较复杂，爆破效果差，安全性较低等问题。为此有关人员研究了一种新型上向深孔混装装药设备来替代以往的人工装药方式，该设备的应用能有效降低人工劳动强度及爆破综合成本。

2　新型地下现场混装乳化炸药车关键技术

2.1　专用上向孔乳胶基质工艺配方和孔内中低温

快速敏化技术为满足地下垂直或倾斜上向深孔自动化装药，首先需要解决装入炮孔内乳胶

作者信息：曾祥武，本科，采矿工程师，1253631192@qq.com。

基质能快速敏化和具备一定的黏附力，才能确保不落药，因而对乳胶基质配方及工艺有较高的要求；制备的乳胶基质需要满足行业规范要求，即通过国家标准（GB/T 14372—2005）《危险货物运输爆炸品认可、分项试验方法和判据》第 8 组试验的 8（a）~（c）试验。在引进国外地下矿山专用乳胶基质配方的基础上，首先通过 PVC 管模拟试验满足要求后，组织多次实地炮孔装药，多次优化微调，研发了独特的工艺配方。经国家民用爆破器材质量监督检验中心检测所检项目中 ANE 的热稳定性试验、ANE 隔板试验和克南试验均符合标准规定的要求，可划入5.1 氧化剂项；并经国家安全生产淮北民用爆破器材检测检验中心检测此装药爆速在 5000 m/s（报告编号：2014-LZR-114），满足了行业运输及性能要求。在满足政策要求情况下，对乳胶基质的黏度进行了大量试验，经最终确定 30℃时乳胶基质黏度在 8 万~10 万 mPa·s，装药不落药。同样，敏化不及时或不适应孔内环境，将大大降低后续敏化发泡作用，从而进一步减弱膨胀黏附作用；发泡过快也不满足起爆所需的微孔热点。通过化学敏化技术、外加酸及调整发泡剂浓度等方式使得乳胶基质在 10~50℃ 的情况下，孔内敏化时间均保持在 10~30min 内敏化完成，保证在不同季节装药，基质的敏化时间基本不受温度变化影响，尤其是在冬天低温条件下作业，确切保障设备的适用性。

2.2 水环减阻、末端静态混合和喷射增黏技术

乳胶基质输送采用水环减阻技术，有效保证了高黏度乳胶基质的远距离输送，提高了炸药输送过程的安全性。静态混合器工作原理是利用固定在管内的混合单元体改变流体在管内的流动状态，产生分流、合流、旋转，以达到不同流体之间良好分散和充分混合的目的。当乳化基质与敏化剂通过静态混合器充分混合后，在出口处增设聚四氟乙烯喷射增黏装置，即一定间隙的环形锥形出口，与出口端面呈 45°，在输送压力下产生压迫作用力，致使混合物呈环形 45°方向高速喷向炮孔壁，增压冲击作用增强了黏附作用，同时，该装置可通过更换前置分装置调整间隙大小，来控制喷射速度及压力大小，并在主装置上增设保护导片，保障送管前端与炮孔平行，防止送管过程的折损破坏。由于乳胶基质具有触变性，在上述两结构作用下黏度可成倍增长，并在一定角度冲击作用下极大地提高了乳胶基质与孔壁的黏附力，解决了地下上向孔的装药难题。同时，设备自动匹配系统会控制装药速度和退管速度，从而确保耦合喷射装药，确保不断层及混装乳化炸药的爆破效果。

2.3 机械臂遥控找孔，自动收送管深孔装药

采用机械臂遥控找孔，操作人员通过遥控器控制机械臂将装药管送至炮孔附近，通过自动送管器将装药管及起爆弹自动输送至炮孔底部，输送过程中通过传感装置自动计算送管长度，送管理论最大深度可达 40m 左右。在装药过程中自动收管，收管速度由送管器根据装药速度自动匹配。装药完成后通过遥控器控制送管器将装药软管自动收回，收管过程中通过传感装置自动计算收管长度，该功能实现了深孔的自动化机械化装填作业，提高了输送管和装药的效率，降低了操作人员的劳动强度。并且操作人员可站在离炮孔一定距离相对较安全的地方进行操作，有效地保护了操作人员的作业安全。

3 乳化炸药现场混装技术

乳化炸药现场混装技术是用装药车装载 MEF 移动式地面站制备的炸药半成品——乳胶基质运送到爆破作业现场，并用装药车载单元将与敏化剂按一定比例混合后装入炮孔，在炮孔内经化学敏化后才成为乳化炸药。

3.1　乳胶基质制备

MEF 移动式制备站是一条可移动的自动化连续乳胶基质生产线，它集油水相溶液制备、输送，计量、连续乳化及乳胶基质的冷却、输送和自动控制为一体。MEF 移动式制备站制备的乳胶基质是一种内相高浓度的氧化盐水溶液，外相为各类似油类的物质所形成油包水型（W/O）连续介质，它是炸药发展至今最具本质安全性产品。为解决上述存在的问题，研发一种新型的适用于集中生产、远程配送的地下矿乳胶基质势在必行，且这对于降低矿山开采成本、避免向上孔装药返药问题、提高爆破效果等具有重要意义。

3.2　BCJ-2 型装药车工作原理

BCJ-2 型装药车主要由汽车底盘和装药系统组成，其中装药系统包括乳胶基质制备、储存及其输送系统、敏化剂储存和输送系统、液压系统、动态监控信息系统等组成。装药系统的动力来源于 380V 三相电，通过主油泵驱动液压系统的马达，带动配料、混合、泵送机构进行工作。完成乳胶基质的输送、填充、敏化成药，实现炮孔装填和炸药制备一体化，乳胶基质最终在炮孔中敏化成为乳化炸药。通过车载自控系统，实现作业参数和安全参数在线监控，系统自动化程度高，计量配比准确。

3.3　乳胶基质要求

要求上向中深孔装填的乳胶基质既具有一定的黏度，又有较好的泵输送流动性。如果黏度太大，不利于乳胶基质的输送，会发生装药压力高、超压报警、堵塞填管等问题；如果黏度太小，则上向中深孔装药后因不具备黏性而容易掉药，不稳定。乳胶基质的黏度随温度降低而增大，新制备乳胶基质温度达到 55~60℃，不适合井下上向中深孔装药，需要冷却至 50℃ 以下，乳胶黏度增大到合适范围，既能满足良好的泵送流动性，又能保证乳胶基质在孔内具有良好的附着性、黏聚性。为配合东南矿体井下中深孔装药试验，在原有油相基础上添加 5%~10% 复合蜡增稠，生产出来的乳胶基质黏稠度达到 47~60mPa·s。满足 60m 装药管输药不堵管，深孔装药不掉药要求，在试验过程中取得良好的效果，可装入向上炮孔敏化后形成乳化炸药，比较稳定，无掉药现象，可大大降低爆破炸药成本，有效改善了爆破效果，大大降低了爆破施工及其他施工过程存在的危险性因素。

4　地下现场混装乳化炸药车的应用

4.1　装药设计及孔网参数

在赞比亚谦比希铜矿东南矿体地下矿山主要进行了拉槽孔装药爆破试验和向上中深孔装药多批次爆破试验，爆破效果较好。装药最大孔深为 5m，孔网参数 2.5m×2.5m，采用连续装药结构方式，炸药单耗约 1.32kg/m³。

4.2　实际装药情况

乳化炸药在地表通过 MFF 移动式制备站制作乳胶基质，通过地表钻孔下放到井下专用炸药硐室，再利用装药车将炸药运输至装药现场。在现场装药时，在装药单元里加入化学敏化剂，乳胶基质与敏化剂在炮孔化学敏化后形成乳化炸药。

装药速率高，约 2h 就能装完 45 个孔，单孔装药时间约 2min，且有效装药孔深较有保证，均能装到孔底，不掉药，孔口堵塞简单，装药效果较好，较安全。由于装药效果好 、炸药车转场便捷、装药速率高且安全等特点，目前赞比亚谦比希铜矿东南矿体均已采用装药车装乳化炸药，不仅在采场里可以装下向孔和上向孔，在掘进平巷里也可以采用装药车装乳化炸药。

装药量和装药速度调节设置方便，由 1 名操作员在主操作箱进行装药量、装药速度等参数设置，另一名操作员负责插装起爆弹和收放装药管即可完成装药操作。

5　结语

由上可知，将新型上向深孔混装装药设备应用到实际工程中能有效解决到当前存在的问题，同时减少到人工劳动的强度及爆破综合所使用到的成本，有效提升了装药爆破工作过程的安全性，可彻底替换到以往人工装药的方式，符合当前我国民爆行业政策发展的主要方向。

参 考 文 献

[1] 建筑业信息化关键技术研究与应用项目组 . 建筑业信息化关键技术与典型示范 [M]. 北京：中国建筑工业出版社，2013.
[2] 刘红宁，杨世林，杨明，等 . 中药制造现代化——固体制剂产业化关键技术研究及应用 [J]. 中国现代中药，2020（2）：155-161.
[3] 孙伟博 . 井下乳化炸药混装关键技术研究 [D]. 沈阳：东北大学，2013.
[4] 蒋文斌，邹柏华 . 乳化炸药现场混装技术与装备的研究开发与应用 [C] //全国采矿技术与装备进展年评报告会 . 中国金属学会、中国有色金属学会，2010.
[5] 郭飞高，郝亚飞，曹治军，等 . 现场混装炸药预装药爆破关键技术研究与应用 [J]. 矿业研究与开发，2020（1）：60-63.
[6] 熊代余，李国仲，史良文，等，BCJ系列乳化炸药现场混装车的研制与应用 [J]. 爆破器材，2004（6）：12-16.

爆破测试技术与安全管理

高陡边坡岩体爆破振动效应研究

张声辉[1]　高文学[2]　郑小龙[3]　张小军[2]　何茂林[2]

(1. 江西铜业技术研究院有限公司，南昌　330096；

2. 北京工业大学，北京　100124；

3. 江西省应急管理科学研究院，南昌　330103)

摘　要：为探索高陡边坡岩体爆破振动传播规律，基于崇礼国家跳台滑雪中心边坡岩体爆破开挖及其振动监测，并结合数值模拟，对爆破荷载作用下边坡岩体的振动速度与应力变化规律进行了研究。结果表明：边坡岩体的质点峰值振速与应力整体上随着爆心距的增加而衰减，垂向质点峰值振速大于水平径向和切向；台阶坡顶附近，各向质点峰值振速大于坡底，"鞭梢效应"显著，而台阶坡底附近"应力集中"明显。因此，获取的边坡岩体爆破振动传播特性，能够较好地指导爆破施工，并可为边坡稳定性提供参考。

关键词：高陡边坡；爆破振动；峰值振速；峰值应力；鞭梢效应

Study on Rock Blasting Vibration Effect on High Slope

Zhang Shenghui[1]　Gao Wenxue[2]　Zheng Xiaolong[3]　Zhang Xiaojun[2]　He Maolin[2]

(1. Jiangxi Copper Technology Institute Co., Ltd., Nanchang 330096；

2. Beijing University of Technology, Beijing 100124；

3. Jiangxi Academy of Emergency Management Science, Nanchang 330103)

Abstract：In order to explore the propagation law of rock blasting vibration in the high slope, the variation law of vibration velocity and stress of slope rock under blasting excavation was studied by the blasting vibration monitoring of rock slope in Chongli National Ski Jumping Centre and combining with numerical simulation. The results show that the peak particle velocity (PPV) and stress of the slope rock generally attenuate with the increase of the explosion source distance, and the PPV of the vertical component is larger than that of the horizontal radial and tangential components; the PPV of each component near the bench top is larger than that at the bench bottom, and the "whiplash effect" is significant. However, the "stress concentration" is obvious near the bottom of the bench. Therefore, the obtained rock blasting vibration propagation characteristics of slope can effectively guide blasting construction and provide reference for slope stability.

Keywords：high slope；blasting vibration；PPV；peak stress；whiplash effect

基金项目：国家重点研发计划"科技冬奥"重点专项（2018YFF0300205）。

作者信息：张声辉，博士，zhangsh920510@163.com。

1 引言

　　一直以来，爆破振动对边坡岩体及临近复杂环境产生的影响受到人们的广泛关注[1-2]，研究爆破荷载作用下高陡边坡岩体的爆破振动效应，对保证边坡安全稳定具有重要的现实工程价值[3]。

　　针对岩质边坡爆破产生的振动效应问题，国内外不少从事爆破研究的学者也取得了一定的研究成果[4-8]。钟冬望等人[4]通过室内混凝土边坡物理模型试验和有限元数值模拟计算相结合的手段，研究了爆炸冲击荷载作用下岩质边坡的动力特性，并且通过预制减震沟改变了边坡的应力状态分布和降低了爆破振动强度；夏文俊等人[5]利用爆破振动实测和数值模拟方法，针对白鹤滩水电站坝基岩体的振动响应展开了深入的探讨；陈明等人[6]基于静力学理论、现场爆破振动监测和数值模拟方法对边坡爆破质点振速的高程放大效应与台阶"鞭梢效应"进行了研究；郭学彬等人[7]针对不同类型的坡面分析了爆破振动波的响应特征，阐明高程放大效应也是一种坡面效应；Havenith 等人[8]通过有限元法数值模拟对滑坡进行响应特性分析，地震波的放大与应变局部化之间有很大的关系，尤其是在凸形的地貌部位。

　　在上述研究成果基础上，本文以崇礼国家跳台滑雪中心高陡边坡岩体爆破为背景工程，通过现场爆破振动监测，并建立相应的数值模型，系统研究边坡爆破岩体质点振动速度和应力变化规律，可为后续施工优化爆破方案及边坡重点部位的支护提供指导与建议。

2 爆破振动监测试验

2.1 工程概况

　　崇礼国家跳台滑雪中心高陡边坡是此次开展爆破试验的地点，主要岩性为中等风化花岗岩，由上而下逐级采用爆破开挖，非临近边坡爆破开挖采用台阶深孔爆破方案。台阶高度按照设计要求有 9m 和 10m，台阶宽度有 2m、4m 和 8m，坡率有 1：0.9 和 1：0.5，爆破开挖的边坡横断面设计如图 1 所示。

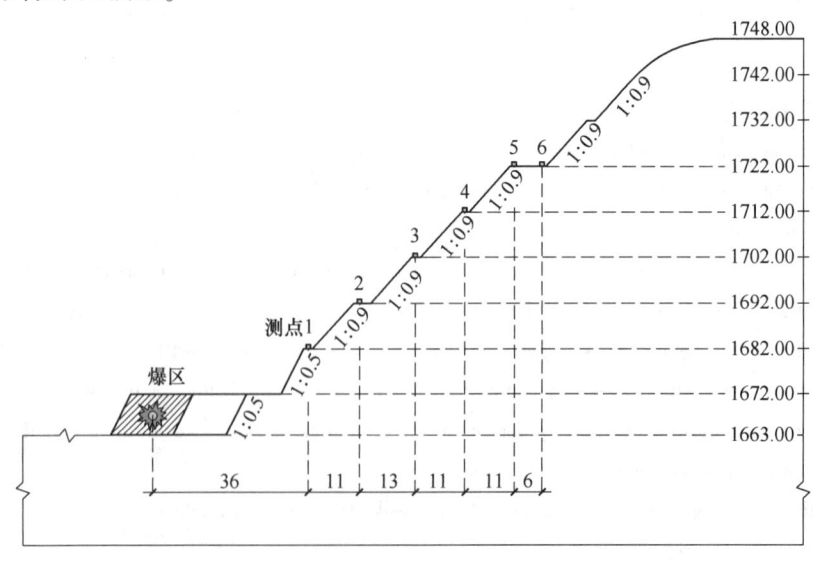

图 1　边坡岩体爆破振动测点布置

Fig. 1　Layout of rock blasting vibration monitoring points on the slope

2.2　爆破方案与施工方法

此次爆破采用2号岩石乳化炸药，炸药密度为 1.1g/cm³，炸药爆速大于或等于3200m/s。为改善爆破质量，采用梅花型布孔，炸药单耗 $q=0.4kg/m^3$，炮孔直径 $\phi=90mm$，潜孔钻机倾斜钻孔，炮孔倾角 $\alpha=75°$，孔深10m，超深1m，孔距 3.0~3.5m，排距 2.5~3.0m，堵塞3.0m左右，必要时在炮孔孔口处压置沙袋加强堵塞，以控制爆破危害，现场爆破采用的连续装药结构和逐排起爆网路。实际施工时，根据岩石性质和周围环境，对单耗和钻孔参数进行适当调整，以保证岩石破碎效果。

2.3　爆破振动监测方案

边坡岩体爆破振动监测采用 TC-4850N 型测振仪，三向速度传感器粘固在基岩上以保证监测正确性。测点布置如图1所示，测点 1~5 均布置在距离所处台阶坡顶1m，测点6位置至台阶坡顶7m。在高程1672m台阶深孔爆破下的各测点相关爆破参数与峰值振动速度监测结果见表1。

表1　质点峰值振速监测结果
Tab. 1　Monitoring results of the PPV

测点编号	最大段药量 /kg	测点高程 /m	测点水平距离 /m	高程差值 /m	质点峰值振速/cm·s⁻¹		
					径向	切向	垂向
1	538	1682	36	15	10.77	11.08	11.85
2	538	1692	47	25	7.50	7.34	8.26
3	538	1702	60	35	5.07	5.12	5.54
4	538	1712	71	45	3.59	3.44	3.81
5	538	1722	82	55	4.53	4.32	4.79
6	538	1722	88	55	2.70	2.83	3.07

2.4　监测试验结果分析

质点峰值振速作为表征爆破振动强度和爆破应力波传播规律的关键指标，其随水平距离或高程的增加而变化的规律如图2所示。

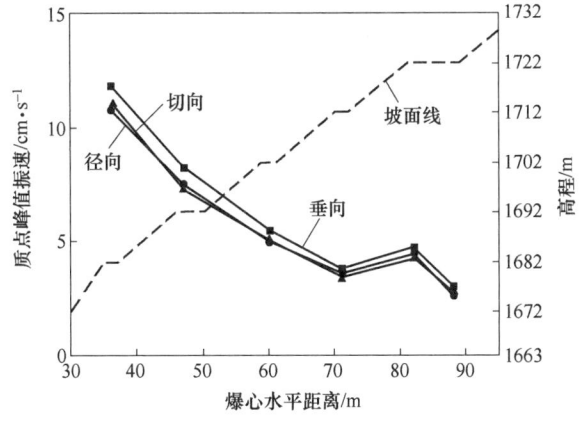

图2　质点峰值振动速度变化规律
Fig. 2　Variation law of the PPV

从图 2 可以看出，边坡岩体质点峰值振速整体上随着爆心距的增加而衰减，但各向的振动响应有所差异，垂向质点峰值振速均比水平径向和切向要大，且径向和切向的质点振速峰值较为接近；结合实测点的特殊数据分析，高程 1722m 台阶 5 号测点相对于高程 1712m 台阶 4 号测点的爆心距在增加，而质点振速峰值却有显著的突增，表现出局部的高程放大效应；从同一台阶的 5 号、6 号测点来看，靠近坡底的 6 号测点振速峰值相较于靠近坡顶的 5 号测点有加剧的衰减，表明 5 号测点位置处的振动响应存在一定的"鞭梢效应"。

3　爆破振动数值模拟

3.1　数值模型

基于崇礼国家跳台滑雪中心高陡边坡背景工程，将边坡岩体视为理想的弹塑性体，岩体基本力学参数见表 2，构建的动力有限元三维数值计算模型如图 3 所示。模型范围 X 方向为 150m，Y 方向为 36m，Z 方向为 94m，划分网格单元时，最小尺寸为 0.05m，最大尺寸为 1.0m，计算单位制为 kg-m-s；炮孔及附近网格加密处理，其远处网格适当加宽，中间网格平滑过渡。

表 2　岩体基本力学性质参数
Tab. 2　Basic mechanical property parameters of rock

岩性	密度/kg·m⁻³	弹性模量/GPa	压缩模量/GPa	泊松比	黏聚力/MPa	内摩擦角/(°)	抗压强度/MPa
花岗岩	2450	11.42	13.71	0.25	3.26	52	78.36

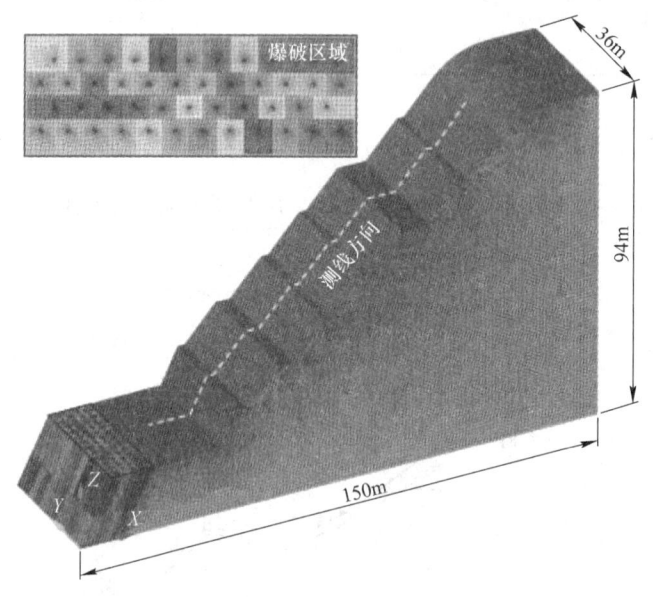

图 3　数值计算模型
Fig. 3　Numerical calculation model

采用等效爆破荷载方法进行计算，施加形式为三角型脉冲波分布荷载[9]，基于爆轰波理论与爆腔膨胀理论，在不耦合装药情况下，作用在炮孔壁上的峰值压强运用式（1）计算为：

$$p_0 = \frac{\rho_0 D^2}{2(\gamma + 1)} \left(\frac{d}{\phi} \right)^{2\gamma} \tag{1}$$

式中，p_0 为不耦合装药下的炮孔压强；ρ_0 为炸药密度；D 为炸药爆轰速度；γ 为等熵指数取为 3；d 为装药直径；ϕ 为炮孔直径。

爆炸荷载升压时间 t_r 由式（2）计算：

$$t_r = \frac{12 \sqrt{r^{2-\mu}} Q^{0.05}}{E_V} \tag{2}$$

爆炸荷载压力正压作用时间 t_s 由式（3）计算：

$$t_s = \frac{84 \sqrt[3]{r^{2-\mu}} Q^{0.2}}{E_V} \tag{3}$$

式中，r 为比例半径，$r = R/R_w$；R 为与药包轴线的距离；R_w 为药包横切半径；μ 为泊松比；Q 为装药量，kg；E_V 为岩体体积压缩模量，MPa。

结合式（1）~式（3）计算取整，$p_0 = 394\text{MPa}$，$t_r = 1\text{ms}$，$t_s = 11\text{ms}$。

3.2 模拟结果验证

通过数值模型计算，提取与现场监测点相对应的质点峰值振动速度进行对比，并计算相对误差，模拟得到的质点峰值振速及其相对误差结果如图 4 所示。

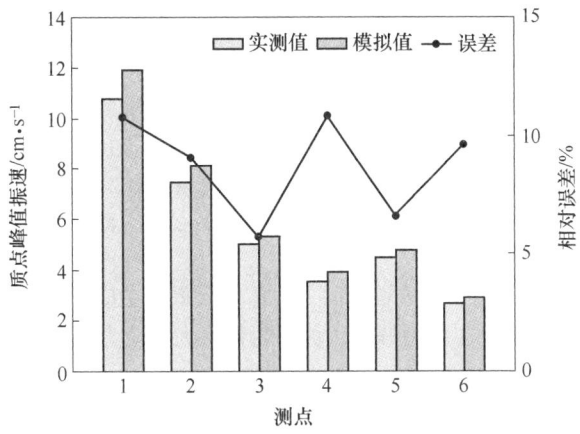

图 4　模拟峰值振速相对误差

Fig. 4　Relative error of simulated PPV

由图 4 可知，质点峰值振速的模拟结果与实测数据比较接近，相对误差在 5.72%~10.86% 之间，基本在 10% 以内，表明模拟结果具有一定的真实性。从整体数据的角度分析，模拟的质点峰值振速都大于实测值，原因是数值计算模型假定为理想的弹塑性材料，造成模拟结果很大可能会比实测值大，但数值计算结果的总体变化规律与实测结果一致。因此，利用数值模拟对爆破荷载作用下的岩质边坡动力响应特征进行更深入地分析是可行的，并且在现场监测有限的情况下，利用数值模拟研究也可以解决实际中的很多问题，能较好地反馈于现场并指导施工。

3.3 峰值振速与应力变化规律

为研究边坡坡面质点峰值振动速度的变化规律，提取坡面中间一条测线的岩体单元质点峰值振动速度进行分析。坡面质点峰值振速的变化规律如图 5 所示。

从图 5 可知，总体来说，爆破荷载作用下边坡坡面岩体各个方向的质点峰值振速随水平距离增加而衰减，当水平距离达到 90m 时，各方向的峰值振速均已衰减至 2.90cm/s 以下。边坡坡面上垂向质点峰值振速比水平径向和切向的更大，受到坡形的影响，台阶坡顶位置附近的质点峰值振动速度有局部放大效应，"鞭梢效应"明显；各高程台阶产生的"鞭梢效应"强弱程度不同，宽度为 8m 的 1722m 台阶，坡顶质点峰值振速相对于坡底的放大倍数最大；宽度为 4m 的 1692m 台阶，放大倍数次之；其他宽度为 2m 的台阶，放大倍数最小，表明台阶宽度越大，"鞭梢效应"越为显著。同时，在高程 1722m 台阶坡顶附近的质点峰值振速都较 1712m 台阶的大，且放大系数在径向、切向、垂向上分别为 1.138、1.120、1.140，具有一定的高程放大效应，与现场监测的 4 号、5 号测点呈现的规律一致。

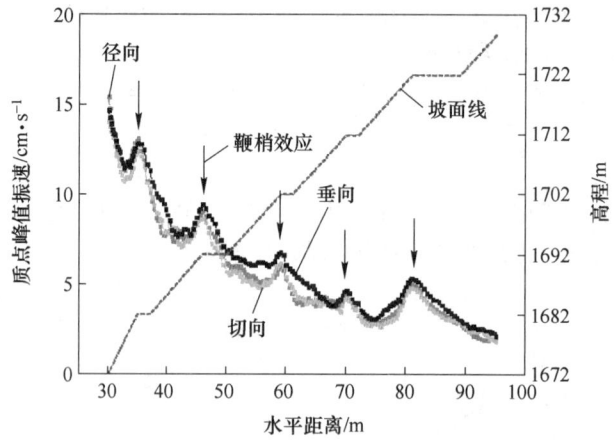

图 5 坡面质点峰值振速变化规律

Fig. 5 Variation law of PPV on slope surface

为深入分析在爆破荷载作用下，边坡坡面上岩体单元最大主应力的分布规律，提取与振速分析相同测线位置的岩体单元最大主应力峰值，坡面岩体最大主应力峰值的分布规律如图 6 所示。

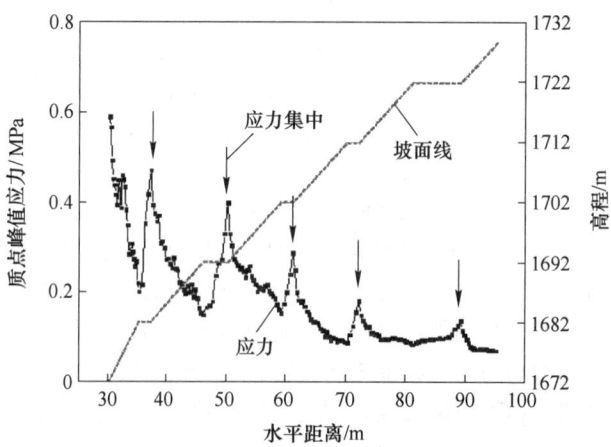

图 6 坡面岩体峰值应力变化规律

Fig. 6 Peak stress variation law of slope rock

通过图 6 可以看出，总体来说，爆破荷载作用下边坡坡面岩体最大主应力峰值随水平距离增加而衰减，当水平距离达到 90m 时，岩体单元峰值应力均已衰减至 0.10MPa 以下；台阶坡底和坡顶岩体峰值应力分布规律与振速不同，坡底附近"应力集中"明显；如高程 1722m 台阶坡底和坡顶的质点峰值应力分别为 0.138MPa 和 0.085MPa，表明坡底位置峰值应力有局部放大效应。

4 结论

本文基于崇礼国家跳台滑雪中心高陡边坡岩体爆破工程，结合现场爆破振动监测和相应的数值模型计算方法，系统研究了高陡边坡爆破及其振动效应。主要得到以下结论：

(1) 边坡岩体质点峰值振速整体上随着爆心距的增加而衰减，各向的振动响应有所差异，垂向质点峰值振速相对于水平径向和切向要大。

(2) 模拟与实测的质点峰值振速相对误差基本在 10% 以内；台阶坡顶位置附近的各向质点峰值振动速度比坡底的大，"鞭梢效应"显著。

(3) 边坡岩体峰值应力总体上随水平距离增加而衰减，台阶坡底附近"应力集中"明显。

参 考 文 献

[1] 罗周全, 贾楠, 谢承煜, 等. 爆破荷载作用下采场边坡动力稳定性分析 [J]. 中南大学学报（自然科学版）, 2013, 44（9）: 3823-3828.

[2] 张声辉, 刘连生, 钟清亮, 等. 露天边坡爆破地震波能量分布特征研究 [J]. 振动与冲击, 2019, 38（7）: 224-232.

[3] 明锋, 祝文化, 李东庆. 爆破震动频率对边坡稳定性的影响 [J]. 中南大学学报（自然科学版）, 2012, 43（11）: 4439-4445.

[4] 钟冬望, 吴亮, 陈浩. 爆炸荷载下岩质边坡动力特性试验及数值分析研究 [J]. 岩石力学与工程学报, 2010, 29（S1）: 2964-2971.

[5] 夏文俊, 卢文波, 陈明, 等. 白鹤滩坝址柱状节理玄武岩爆破损伤质点峰值振速安全阈值研究 [J]. 岩石力学与工程学报, 2019, 38（S1）: 2997-3007.

[6] 陈明, 卢文波, 李鹏, 等. 岩质边坡爆破振动速度的高程放大效应研究 [J]. 岩石力学与工程学报, 2011, 30（11）: 2189-2195.

[7] 郭学彬, 肖正学, 张志呈. 爆破振动作用的坡面效应 [J]. 岩石力学与工程学报, 2001（1）: 83-86.

[8] Havenith H B, Vanini M, Jongmans D, et al. Initiation of earthquake-induced slope failure: Influence of topographical and other site specific amplification effects [J]. Journal of Seismology, 2003, 7（3）: 397-412.

[9] 叶明班, 高文学, 曹晓立, 等. 爆炸荷载下岩质边坡动力响应规律研究 [J]. 爆破, 2019, 36（4）: 31-36, 118.

基于 PSO-LSSVM 模型的埋地钢管爆破振动速度预测研究

涂圣武[1]　钟冬望[2]　贾永胜[1,3]　姚颖康[1,3]　何 理[2]　黄小武[1,3]

（1. 江汉大学精细爆破国家重点实验室，武汉　430056；

2. 爆破工程湖北省重点实验室，武汉　430065；

3. 武汉爆破有限公司，武汉　430056）

摘　要：为保证爆破作业区邻近埋地管道的安全运行，准确预测爆破荷载作用下埋地管道的峰值振动速度具有重要的工程实际意义。依托埋地钢管爆破模型试验的测试结果，采用灰色关联分析法对相关影响因素进行敏感性分析。建立最小二乘支持向量机（LS-SVM）模型对管道峰值振速进行预测，并通过粒子群算法（PSO）局部寻优确定 LS-SVM 模型中最佳参数组合，将 PSO-LSSVM 模型预测结果与 BP 神经网络模型和萨道夫斯基公式进行了对比分析。结果表明，PSO-LSSVM 模型对管道峰值振速预测的拟合相关系数（R^2）、均方根误差（RMSE）、平均相对误差（MRE）及纳什系数（NSE）分别为 91.51%、2.95%、8.69% 和 99.03%，PSO-LSSVM 模型预测精度更高，且具有更好的泛化能力，为复杂爆破工况下埋地管道振动速度预测提供了一种新思路。

关键词：爆破荷载；埋地管道；振速预测；最小二乘支持向量机；粒子群算法

Prediction of Blasting Vibration Velocity of Buried Steel Pipe Based on PSO-LSSVM Model

Tu Shengwu[1]　Zhong Dongwang[2]　Jia Yongsheng[1,3]　Yao Yingkang[1,3]
He Li[2]　Huang Xiaowu[1,3]

（1. State Key Laboratory of Precision Blasting, Jianghan University, Wuhan 430056;

2. Hubei Provincial Key Laboratory of Blasting Engineering, Wuhan 430065;

3. Wuhan Explosion & Blasting Co., Ltd., Wuhan 430056）

Abstract: In order to ensure the safe operation of adjacent buried pipelines under blasting vibration, it is of great engineering practical significance to accurately predict the peak vibration velocity of buried pipelines under blasting loads. Relying on the test results of the buried steel pipe blasting model test, the sensitivity analysis of relevant influencing factors was carried out by using the gray correlation analysis method. Establish the least squares support vector machine (LS-SVM) model to predict the peak vibration velocity of the pipeline, and determine the best parameter combination in the LS-SVM

基金项目：湖北省自然科学基金面上项目（2021CFB541）。

作者信息：涂圣武，博士，tsw0936@163.com。

model through the local optimization of the particle swarm optimization (PSO), and predict the results of the PSO-LSSVM model. It is compared with BP neural network model and Sa's empirical formula. The results show that the fitting correlation coefficient (R^2), root mean square error (RMSE), average relative error (MRE) and Nash coefficient (NSE) of the PSO-LSSVM model for the prediction of pipeline peak vibration velocity are 91. 51%, 2. 95%, 8. 69% and 99. 03%, the PSO-LSSVM model has higher prediction accuracy and better generalization ability, which provides a new idea for the vibration velocity prediction of buried pipelines under complex blasting conditions.

Keywords: blasting load; buried pipeline; vibration velocity prediction; least squares support vector machine; particle swarm optimization

1 引言

爆破作业对埋地管道安全产生威胁的主要因素是爆破地震波，会引起管道产生变形和振动，致使管体结构产生不同程度的破坏，因此精确预测爆破过程中产生的振动效应，优化爆破设计参数是降低爆破振动效应对埋地管道危害的主要方法[1]。目前用于预测爆破振动速度的主要方法有经验公式法[2-6]、BP 神经网络及其改进算法[7-10]、数值模拟[11-13]等。现有萨道夫斯基公式或在其基础上的改进公式，考虑因素较少，对多因素影响下的预测误差较大，只能适应特定爆破工程；BP 神经网络需要大量训练样本完善模型以提高模型预测精度，不符合工程实际需要；而数值模拟方法往往需要具备较强的数值计算技能，通常只能得到某种特定条件下具体的解，不具有普遍性。因此探寻一种综合考虑各种因素、预测精度更高的方法，为复杂因素下爆破振动效应的预测提供新的思路，对城市生命线工程防灾减灾方面具有重要意义。

随着计算机网络技术和机器学习方法的发展，逐渐出现了一大批具有较强非线性处理能力和实时学习等特点的科学方法。支持向量机（SVM，Support Vector Machine）作为一种新兴的机器学习算法，具有较强的寻优能力，能够解决爆破工程中样本少、非线性、影响参数多等实际问题[14]。Ke 等人[15]将神经网络和支持向量回归模型混合编码形成杂交的智能模型，提高了对地面震动强度的预测精度。岳中文等人[16]提出了结合主成分分析和遗传算法对 SVM 模型进行优化，研究结果表明该模型的收敛速度和预测精度均有所提升。最小二乘支持向量机（LS-SVM，Least Squares Support Vector Machine）模型将 SVM 模型中的不等式约束变为等式约束，能够极大降低计算的难度和复杂程度。粒子群算法（PSO，Particle Swarm Optimization）作为一种新型的全局搜索算法，具有设置参数少、收敛速度快、预测精度高等特点，在参数寻优方面得到了广泛应用。何理等人[17]建立最小二乘支持向量机模型对矿山爆破振动速度进行预测，结果表明 PSO-LSSVM 模型预测精度更高，用于多因素影响下的矿山爆破质点峰值振动速度预测切实可行。

本文采用埋地管道爆破模型试验的结果[18-20]，建立了基于 PSO-LSSVM 的埋地钢管爆破振动速度预测模型。采用灰色关联分析法对实测埋地钢管的各种影响因素进行敏感性分析，确定了各种影响因素之间的主次关系；利用 PSO 算法局部寻优确定 LS-SVM 模型中正则化参数和核函数宽度系数的最佳参数组合，结合试验和数值模拟数据，对埋地钢管的爆破振动速度进行预测；通过将 PSO-LSSVM 模型、BP 神经网络模型和萨道夫斯基公式预测结果进行对比分析，结果表明 PSO-LSSVM 模型的预测精度更高。相关研究成果可为邻近爆破工程的埋地管道振动速度预测提供新的思路。

2　基于 PSO 的 LS-SVM 预测模型建立

2.1　PSO-LSSVM 基本原理

支持向量机（SVM）是一类对数据进行二元分类的广义线性分类器，其决策边界是对学习样本求解的最大边距超平面。而 LS-SVM 算法是标准 SVM 算法的优化，主要优化特点是加入了等式约束，使不等式约束求解变为解线性方程，从而降低了算法的复杂性[21]。LS-SVM 最终的优化函数为：

$$f(x) = \sum_{i=1}^{n} \xi_i K(x, x_i) + b \tag{1}$$

式中，$K(x, x_i)$ 为核函数；b 为偏置常数；ξ_i 为拉格朗日乘子。

文中选取的核函数为高斯核函数，其表达式为

$$K(X_i, X_j) = \exp\left(-\frac{\|X_i - X_j\|^2}{2\sigma^2}\right) \tag{2}$$

式中，σ 为高斯核函数的核宽度；$\|\cdot\|$ 为向量的模；X_i、X_j 为两个样本集。

通过经验选取 LS-SVM 模型的正则化参数 γ 和核函数宽度系数 σ，得到的模型往往并不是最优的，因此采用粒子群算法（PSO）迭代寻优 LS-SVM 模型的这两个参数，以提高模型的预测精度和收敛速度。粒子群算法是由 Kennedy 和 Eberhart 提出的一种进化计算算法[17]，该算法的灵感来自生物体的社会行为，如鸟类聚集和鱼类成群。该算法由一群粒子组成，基于其最佳解来寻找最佳位置，包括最佳个人位置（p_{best}）和最佳全局位置（g_{best}）。在 PSO 中，粒子根据其位置和速度的运动过程公式为：

$$v_{new} = w \times v + C_1 \cdot r_1(p_{best} - X) + C_2 \cdot r_2(g_{best} - X) \tag{3}$$

$$X_{new} = X + v_{new} \tag{4}$$

式中，C_1 和 C_2 为学习因子；v 和 X 分别表示当前粒子的速度和位置；v_{new} 和 X_{new} 分别表示粒子的新速度和新位置；w 为惯性权重；r_1 和 r_2 为 [0，1] 区间内的随机数。

2.2　PSO-LSSVM 模型处理流程

通过 LSSVM 模型建立爆破峰值振动速度及其影响因素之间的非线性关系进行爆破峰值振动速度的预测，利用 PSO 算法寻找 LSSVM 关键参数 γ 和 σ 的最佳组合，构建基于 PSO-LSSVM 的爆破峰值振动速度预测模型，其具体流程如图 1 所示。

3　埋地管道振速影响因素的灰色关联分析

3.1　模型试验概况

本试验场地位于爆破工程湖北省重点实验室空场地，场地内土介质主要为黄黏土。试验对象选用城市建设中输油输气常用的 20 号无缝碳钢钢管，管道敷设方式采取直埋式，利用大型挖掘机械开挖管沟，填埋时采用场地土回填，敷设流程符合工程实际。爆破试验中采用 2 号岩石乳化炸药，制作成球形药包，采用耦合装药方式。实验采用 TC-4850 型爆破测振仪对各埋地管道及地面爆破振动速度进行检测。试验布置如图 2 所示，爆破测振仪布置如图 3 所示。

实验改变的参数包括管道内压、爆心距、爆源埋深及药量。采用控制变量法设计实验并根据正交法进一步优化实验方案，试验参数及控制变量范围见表 1。

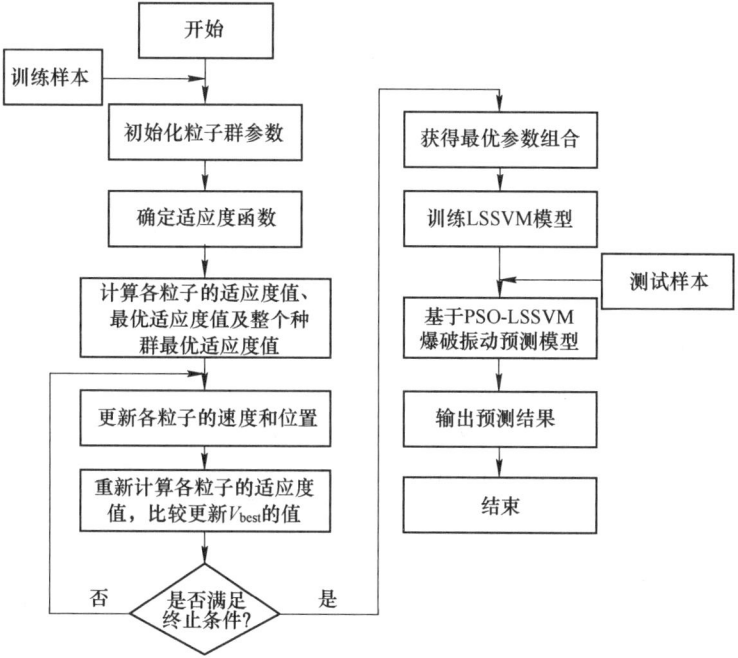

图 1　PSO-LSSVM 模型的处理流程

Fig. 1　Processing flow of the PSO-LSSVM model

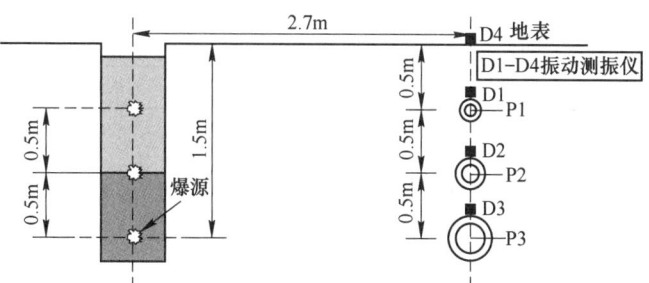

图 2　模型试验布置图

Fig. 2　Model test layout

图 3　爆破测振仪安装示意图

Fig. 3　Installation of blasting vibrometer

表 1　试验参数及控制变量范围
Tab. 1　Test parameters and control variable ranges

试验参数	控制变量范围
炸药量/g	50, 75, 100, 125, 150, 175, 200
爆源埋深/m	0.5, 1, 1.5, 2
管道内压/MPa	0, 0.2, 0.4, 0.6, 0.8
爆心距/m	2.2, 2.7, 3.2

试验采用 3 根不同公称直径的 20 号无缝钢管作为试验的研究对象。钢管的几何参数和材料力学性能参数分别见表 2 和表 3。

表 2　钢管材料参数
Tab. 2　Material parameters of steel pipe

密度 ρ_s/kg·m^{-3}	杨氏模量 E_s/GPa	泊松比 μ_s	强度极限 σ_{sb}/MPa	屈服极限 σ_{ss}/MPa	延伸率 ξ_s/%
7850	210	0.30	410	200	25

表 3　钢管道几何参数
Tab. 3　Geometric parameters of steel pipes

管道编号	管道外径 D_s/mm	管道内径 d_s/mm	管道壁厚 δ_s/mm	管道长度 L_s/m
P1	110	101.5	4.24	4.5
P2	160	149.6	4.7	4.5
P3	300	291.2	4.4	4.5

3.2　管道振速影响因素的灰色关联分析

灰色关联分析法的基本思想是根据序列曲线几何形状的相似程度来判断其联系是否紧密。曲线越接近，相应序列之间的灰色关联度就越大，反之亦然。灰色关联分析方法是通过计算系统特征变量数据序列之间的灰色关联度，建立灰色关联度矩阵，利用优势分析原则，得出各影响因素的顺序，最终确定出主要影响因素。

相关系数关联度的一般表达式为：

$$\gamma_i = \frac{1}{n} \sum_{n}^{i=1} \varepsilon_i(k) \quad (k = 1, 2, \cdots, n) \tag{5}$$

式中，γ_i 为相关系数关联度；ε_i 为关联系数。

选取模型试验的 60 组数据集，见表 4。其中包括装药量 Q、炸药埋深 H_e、爆心距 R、管道壁厚 δ、管道埋深 H、管道直径 D、管道内压 p 和管道峰值振速 v 等 8 个特征参数。

表 4　数据统计表
Tab. 4　Data statistics

组数	v/cm·s^{-1}	Q/g	R/m	H_e/m	D/mm	δ/mm	H/m	p/MPa
1	20.25	100	2.2	1	110	4.24	0.5	0
2	29.54	150	2.2	0.5	160	4.7	1	0.4

组数	$v/\text{cm} \cdot \text{s}^{-1}$	Q/g	R/m	H_e/m	D/mm	δ/mm	H/m	p/MPa
3	29.32	200	2.7	1.5	300	4.4	1.5	0.6
4	15.18	175	3.2	2	160	4.7	1	0.4
5	35.33	200	2.2	1.5	110	4.24	0.5	0.2
6	25.62	150	2.7	1.5	300	4.4	1.5	0.6
7	20.25	100	2.2	1	300	4.4	1.5	0
8	15.89	125	3.2	1	160	4.7	1	0.8
9	23.40	200	2.7	1.5	160	4.7	1	0.4
⋮	⋮	⋮	⋮	⋮	⋮	⋮	⋮	⋮
60	32.39	300	2.7	2	160	4.7	1	0.6

代入式（5）中得到每个参数与峰值振速 v 的特征参数影响因子关联度，并整理排序后得到表5。

表5　特征参数影响因子关联度
Tab. 5　Correlation degree of characteristic parameter influence factor

Q	R	δ	p	D	H_e	H
0.789	0.763	0.703	0.685	0.627	0.618	0.605

由表5可以看出，对管道峰值振速影响最大的特征参数是装药量 Q，其次是爆心距 R、管道壁厚 δ、管道内压 p，影响较小的是管道直径 D、炸药埋深 H_e、管道埋深 H，三者的影响程度接近。文中选取了7个参数作为模型的输入变量，在实际工程爆破中，考虑现场测试成本及预测模型的计算效率等问题，可选取装药量 Q、爆心距 R、管道壁厚 δ、管道内压 p 和管道直径 D 这5个特征参数作为输入变量，也可根据不同工况增加场地介质参数、管道敷设方式等变量。

4　PSO-LSSVM 预测模型应用与分析

4.1　模型建立

采用 MATLAB 仿真平台建立 PSO-LSSVM 模型，并对模型初始化参数设定如下：种群规模 $q = 20$，最大迭代次数 $t_{\max} = 100$，学习因子 $C_1 = 1.5$、$C_2 = 1.7$，惯性权重系数 $w = [0.4, 0.95]$，正则化参数 $\gamma \in [0.1, 100]$，核函数宽度系数 $\sigma \in [0.01, 1000]$。将归一化处理后的60组数据集分为两组，前48组作为模型的训练样本，对模型进行训练和学习，后12组作为测试样本进行预测，得到 PSO-LSSVM 模型的适应度曲线如图4所示。

由图4可知，当进化代数达到70时，适应度曲线已趋于平稳状态。此时的最优参数组合为 $v_{\text{best}} = (21.10, 150.94)$，将得到的最优参数组合代入到模型中，对训练样本进行预测，得到训练样本真实值与预测值对比如图5所示。由图5可以看出，PSO-LSSVM 模型的整体训练效果良好，统计得到训练样本的真实值与其预测值的均方根误差 RMSE = 0.05，相关系数 $R^2 = 0.94$，说明该模型回归拟合效果良好。

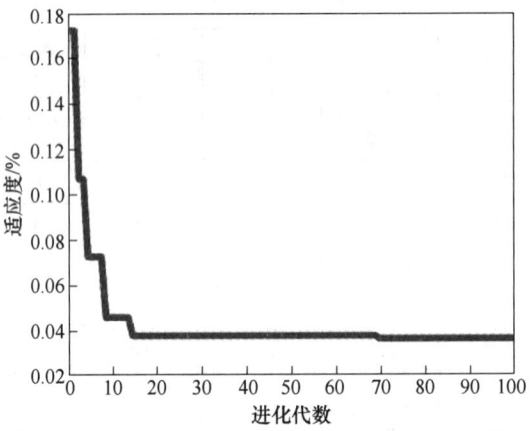

图 4　PSO-LSSVM 模型适应度曲线

Fig. 4　Fitness curve of PSO-LSSVM model

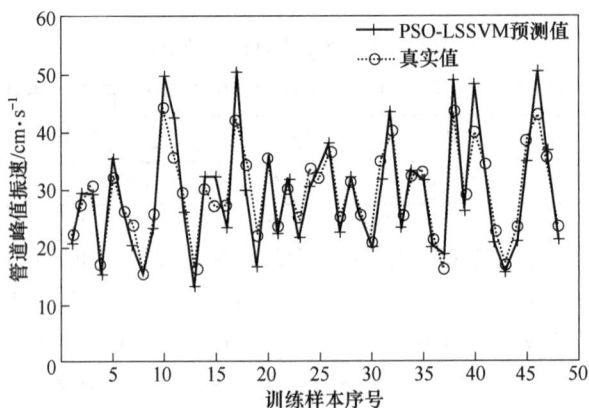

图 5　PSO-LSSVM 模型训练样本真实值与预测值对比

Fig. 5　Comparison between the real value and the predicted value of the training sample of the PSO-LSSVM model

4.2　预测结果对比分析

训练样本的回归拟合证明了 PSO-LSSVM 模型具有良好的学习能力，为了验证 PSO-LSSVM 模型同样具有良好的预测能力，通过输入 12 组测试样本数据进行预测，并分别与 BP 神经网络模型、振速预测经验公式和修正公式进行对比分析。4 种模型对管道峰值振速的预测值与真实值的对比结果如图 6 所示。

从分析对比图可以看出，PSO-LSSVM 模型的预测值与真实值最为接近，效果明显优于 BP 神经网络模型和经验公式。为进一步量化对比各模型预测精度，分别计算模型评价指标如下：拟合相关系数（R^2）、均方根误差（RMSE）、平均相对误差（MRE）及纳什系数（NSE）。

$$R^2 = \frac{\left[\sum_{i=1}^{n} (x_i - \bar{x})^2 \right] - \left[\sum_{i=1}^{n} (x_i - x_p)^2 \right]}{\sum_{i=1}^{n} (x_i - \bar{x})^2} \tag{6}$$

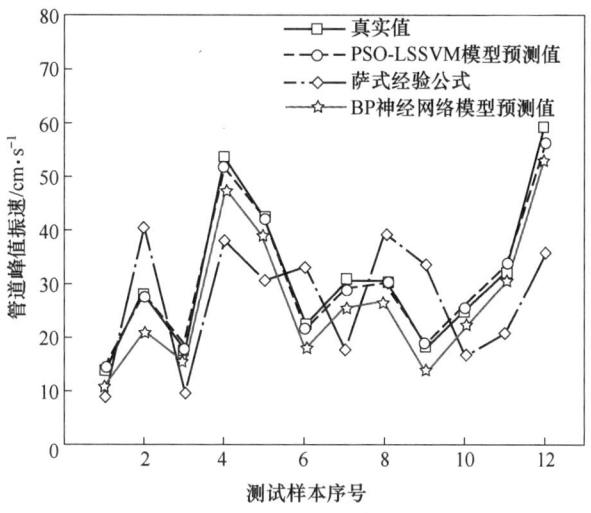

图 6　不同模型的预测结果对比

Fig. 6　Comparison of prediction results of different models

$$RMSE = \sqrt{\frac{1}{n} \times \sum_{i=1}^{n} (x_i - x_p)^2} \tag{7}$$

$$MRE = \frac{1}{n} \times \sum_{i=1}^{n} \left| \frac{(x_i - x_p)}{x_i} \right| \tag{8}$$

$$NSE = 1 - \frac{\sum_{i=1}^{n} (x_i - x_p)^2}{\sum_{i=1}^{n} (x_i - \bar{x})^2} \tag{9}$$

式中，n 为测试样本数据集的数目；x_p 为振速预测值；x_i 为振速的真实值；$\bar{x}$ 为振速真实值的平均值。

为了避免数据集中存在特异值导致模型预测精度降低，使结果更具有可信度，采用 K 折交叉验证[22]对数据集和模型进行检验，取 $K = 5$，其步骤为：

（1）将整个数据集分成均等 5 份；

（2）依次取其中 1 份作为测试集，用其余 4 份做训练集训练模型，计算每次模型预测结果的评价指标；

（3）将 5 次预测得到的评价指标取平均值得到模型最终的评价指标。

K 折交叉验证后模型最终的各评价指标统计结果见表 6。

表 6　模型评价指标表

Tab. 6　Model evaluation index

公式类型	MRE	NSE	R^2	RMSE
PSO-LSSVM 模型	0.0869	0.9903	0.9151	0.2954
BP 神经网络模型	0.3476	0.8976	0.8848	0.7601
萨氏经验公式	0.7849	0.2014	0.6286	2.8444

由表 6 可以看出，采用萨氏经验公式对管道峰值振速进行预测时，R^2 为 0.88，RMSE 为 19.68%，NSE 为 33.99%，且模型的波动性最大，MRE 为 0.78，说明该公式在本研究中预测效果较差。BP 神经网络模型的 R^2 为 0.88，RMSE 为 0.76，相对于经验公式，其预测精确度有较大提高，说明利用计算机网络技术和机器学习方法更适用于数据集样本较少的爆破工程物理量预测。经过 PSO 算法优化后的 LS-SVM 模型的 RMSE、MRE 最小，模型的预测精度最高且波动性最小，R^2 和 NSE 的值最大，模型的拟合效果更好，能够更为精确地预测爆破荷载作用下的埋地管道峰值振速。

5　结论

基于最小二乘支持向量机构理论，构造了基于 PSO-LSSVM 的埋地管道爆破振动预测模型。将 PSO-LSSVM 模型预测结果与 BP 神经网络模型、传统经验公式预测结果进行对比分析。主要取得以下结论：

（1）建立了埋地管道爆破振动速度预测的 LS-SVM 模型，通过 PSO 算法对 LS-SVM 模型参数寻优，确定了 LS-SVM 模型最优参数组合 v_{best} =（21.10，150.94），克服了传统 LSSVM 模型通过经验给定关键参数导致预测精度低的问题。并通过 K 折检验法对振速模型预测结果进行检验，有效避免了模型预测精度降低的风险概率，提高了模型预测结果的可靠性。

（2）通过对管道模型试验实测的 60 组数据集进行分析，PSO-LSSVM 模型对管道峰值振速预测的 R^2 为 0.92，RMSE 为 0.29，MRE 为 0.087，NSE 为 0.99。针对爆破工程实践中管道峰值振速预测样本少、影响因子多等实际问题，PSO-LSSVM 模型具有更高的学习泛化能力及预测精度，是一种较为理想的人工智能预测方法。

（3）实际试验的爆破次数限制导致收集的有效数据较少，且影响爆破振动效应的众多因素中有些并非主要因素，在以后的研究过程中增加样本数量，提炼影响爆破振动的主要因素，可显著提高预测精度。

参 考 文 献

[1] Shi C H, Zhao Q J, Lei M F, et al. Vibration velocity control standard of buried pipeline under blast loading of adjacent tunnel [J]. Soils and Foundations, 2019, 59 (6): 2195-2205.

[2] 孙金山，颜佳鑫，蒋跃飞，等. 宽大建（构）筑物爆破拆除塌落触地振动速度预测模型 [J]. 江汉大学学报（自然科学版），2022, 50 (1): 5-10.

[3] 李晋，陶铁军，雷振，等. 考虑密集系数的台阶松动爆破振动速度预测模型 [J]. 工程爆破，2023, 29 (1): 48-54.

[4] 何理，钟东望，李鹏，等. 下穿隧道爆破荷载激励下边坡振动预测及能量分析 [J]. 爆炸与冲击，2020, 40 (7): 108-117.

[5] He L, Zhong D W, Liu Y H, et al. Prediction of bench blasting vibration on slope and safety threshold of blasting vibration velocity to undercrossing tunnel [J]. Shock and Vibration, 2021 (17): 1-14.

[6] 李修贤，程贵海，谭成驰，等. 基于量纲分析法的爆破振动速度预测模型研究 [J]. 化工矿物与加工，2022, 51 (6): 36-40.

[7] 秦驰越，张文兴. 基于机器学习的露天矿排土场边坡稳定性预测 [J]. 金属矿山，2021, 50 (8): 164-169.

[8] 胡业红，何梦，周参军，等. 基于 GA-BP 神经网络的毫秒延时爆破振动速度预测研究 [J]. 中国矿业，2022, 31 (2): 72-77.

[9] 张研，王鹏鹏. 基于 RVM 的爆破振动速度预测模型 [J]. 爆破，2022, 39 (1): 168-174.

［10］岳中文, 吴羽霄, 魏正, 等. 基于 PSO-LSSVM 模型的露天矿爆破振动效应预测 ［J］. 工程爆破, 2020, 26（6）: 1-8.

［11］Guo J, Zhang C, Xie S D, et al. Research on the prediction model of blasting vibration velocity in the dahuangshan mine ［J］. Applied Sciences-Basel, 2022, 12（12）: 5849.

［12］Luo Y, Gong H, Qu D, et al. Vibration velocity and frequency characteristics of surrounding rock of adjacent tunnel under blasting excavation ［J］. Sci Rep, 2022, 12（1）: 8453.

［13］Sun J S, Jia Y S, Zhang Z, et al. Study on blast-induced ground vibration velocity limits for slope rock masses ［J］. Frontiers in Earth Science, 2023.

［14］彭府华, 刘建. 爆破振动峰值速度预测的 SVM 模型及应用 ［J］. 湖南有色金属, 2021, 37（3）: 11-13, 18.

［15］Ke B, Nguyen H, Bui X N, et al. Estimation of ground vibration intensity induced by mine blasting using a state-of-the-art hybrid autoencoder neural network and support vector regression model ［J］. Natural Resources Research, 2021, 30（3）: 3853-3864.

［16］岳中文, 吴羽霄, 魏正, 等. 基于 PCA-GA-SVM 的露天矿爆破振动速度预测模型研究 ［J］. 工程爆破, 2021, 27（4）: 22-28, 39.

［17］何理, 刘易和, 李琳娜, 等. 基于粒子群-最小二乘支持向量机模型的矿山爆破振动速度预测 ［J］. 金属矿山, 2022（7）: 145-150.

［18］钟冬望, 黄雄, 司剑峰, 等. 爆破荷载作用下埋地钢管的动态响应实验研究 ［J］. 爆破, 2018, 35（2）: 19-25.

［19］龚相超, 钟冬望, 司剑峰, 等. 高饱和黏性土中爆炸波作用下直埋钢管（空管）动态响应 ［J］. 爆炸与冲击, 2020, 40（2）: 13-25.

［20］Tu S W, Zhong D W, Li L N, et al. Determination of blast vibration safety criteria for buried polyethylene pipelines adjacent to blast areas, using vibration velocity and strain data ［J］. Sensors, 2023, 23（14）: 6359.

［21］张国鹏, 赵根, 胡英国, 等. 基于 BFO-LSSVM 算法的爆破振动峰值速度预测 ［J］. 长江技术经济, 2022, 6（5）: 51-56.

［22］汪学清, 刘爽, 李秋燕, 等. 基于 K 折交叉验证的 SVM 隧道围岩分级判别 ［J］. 矿冶工程, 2021, 41（6）: 126-128, 133.

小净距隧道掘进爆破及其振动响应规律研究

李小帅[1]　葛晨雨[2]　张小军[1]　李　卓[1]　高文学[1]

（1. 北京工业大学 城市建设学部，北京　100124；

2. 北京市政路桥股份有限公司，北京　100045）

摘　要： 为了研究爆破荷载作用下小净距隧道中夹岩区的动力稳定性问题，本节介绍依托小龙门隧道爆破工程，开展现场爆破振动监测试验，并基于此分析了不同炮孔爆破在后行洞左、右（中夹岩）拱腰中产生的振动特征差异，并结合数值模拟的方法深入探讨了爆破地震波在中夹岩中的传播特征。结果表明：中夹岩对爆破振动具有明显的放大效应，其 PPV 值大于左拱腰，但振动衰减速度更快，此外中夹岩区小于 40Hz 的低频振动能量占比较大，更易引起支护结构的共振，发生损伤与破坏的风险更高；受"转角削弱"作用的影响，在比例距离 SD ≤ 11.57 m·kg$^{1/3}$ 范围内，掌子面后方围岩的最大爆破振速由周边孔产生。

关键词： 中夹岩；小净距隧道；爆破振动效应；掘进爆破

Study on Attenuation Law of Blasting Vibration in a Small Clear Distance Highway Tunnel

Li Xiaoshuai[1]　Ge Chenyu[2]　Zhang Xiaojun[1]　Li Zhuo[1]　Gao Wenxue[1]

（1. Faculty of Architecture, Civil and Transportation Engineering, Beijing University of Technology, Beijing 100124; 2. Beijing Municipal Road and Bridge Co., Ltd., Beijing 100045）

Abstract： In order to study the dynamic stability of the interlaid rock in the small clear distance tunnel under the blasting load, the field test was carried out based on the blasting project of the Xiaolongmen tunnel. The vibration characteristics of different types of blasting holes in the left and right arch waist of the posterior excavating tunnel were analyzed. Further, the propagation characteristics of blasting Seismic wave in interlaid rock are discussed by numerical simulation. The results show that the interlaid rock has obvious amplification effect on blasting vibration. The PPV value in the interlaid rock is larger than that in the left arch waist, but the vibration attenuation speed is faster. In addition, the energy of the low frequency vibration signal less than 40Hz on the side of the interlaid rock is relatively large, which is more likely to cause the resonance of the supporting structure, and the risk of damage and failure is higher. Affected by the corner weakening effect, the maximum blasting vibration velocity of the surrounding rock behind the tunnel face is generated by the surrounding holes in the range of

基金项目：爆破工程湖北省重点实验室开放基金（BL2021-23）。

作者信息：李小帅，博士研究生，lixiaoshuai626@163.com。

proportional distance SD≤11.57m·kg$^{1/3}$.

Keywords：interlaid rock；small clear distance tunnel；blasting vibration effect；driving blasting

1 引言

随着我国公路、铁路隧道大规模建设，小净距隧道工程不断涌现。中夹岩作为小净距隧道的重要承载结构，其在爆破荷载作用下的稳定性对于保证隧道施工安全至关重要[1-3]。

爆破振动作为影响隧道中夹岩稳定性的重要因素之一，得到了相关研究人员的广泛关注。T. Deng 等人[4]模拟狮子山隧道爆破掘进过程，分析了中夹岩的振动衰减规律，得到了中夹岩在3个方向振动速度的分布特征。罗阳等人[5]针对小净距隧道后行洞爆破施工所引起的先行洞围岩振动问题，研究了中夹岩厚度与先行洞迎爆侧最大振速的关系。刘传阳等人[6]对比分析了掏槽爆破、光面爆破对中夹岩的振动影响，发现中夹岩的峰值振速比掌子面前方区域放大1.4倍；通过分析振动波形提出了降低爆破振速、提高爆破循环进尺的技术措施。以上学者针对小净距隧道爆破振动响应特性的研究主要聚焦于后行洞爆破对先行洞迎爆侧的影响，并且大部分研究仅从爆破振动速度衰减规律方面分析隧道掘进爆破对中夹岩的扰动影响，缺乏从爆破振动能量特征、频率特性及地震波传播规律等角度，分析后行洞爆破对中夹岩区与非中夹岩区的影响差异。

为优化爆破振动信号降噪处理效果，并进一步掌握小净距隧道后行洞爆破振动对中夹岩的影响规律，本文以国道109新线高速小龙门隧道工程为背景，开展爆破振动现场监测试验与数值模拟，对比分析不同类型炮孔爆破在掌子面后方中夹岩区及非中夹岩区的振动速度衰减规律、频率分布特征及地震波的传播规律，研究成果可为小净距隧道爆破振动控制提供指导与参考。

2 工程概况及振动监测

2.1 工程概况

国道109新线高速小龙门隧道位于北京、河北交界处，全长6412m，隧道（北京段）起止桩号为A1K73+999.38～A1K78+377。该隧道为双向分离式4车道，开挖宽度16.84m，开挖高度11.25m，相邻隧道净距为20.8m，根据《公路隧道设计规范》（JTG D70—2004）属于小净距隧道[7]。爆破振动监测段范围为A1K74+715～A1K74+765，该范围内围岩等级主要为Ⅲ级，多为白云质灰岩，埋深206m。隧道掘进采用上下台阶法钻爆施工，炸药类型为2号岩石乳化炸药，药卷直径32mm，爆速为3600m/s，密度为1130kg/m³。隧道爆破上台阶炮孔布置如图1所示，爆破参数见表1。

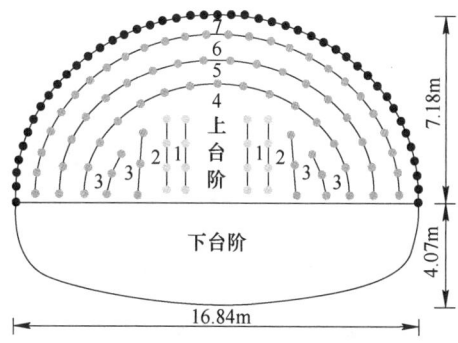

图1　隧道断面尺寸与上台阶炮孔布置图

Fig. 1　Tunnel section size and upper bench blasthole layout

表1　上台阶爆破参数

Tab. 1　Upper bench blasting parameters

段别	孔数	孔径/mm	起爆时间/ms	单孔装药量/kg	孔深/m	累计装药/kg
1	8	42	0	2.7	3.5	21.6
2	8	42	50	2.4	3.2	19.2
3	12	42	100	1.8	3.0	21.6
4	15	42	150	1.8	3.0	27.0
5	18	42	200	1.8	3.0	32.4
6	26	42	250	1.5	3.0	39.0
7	45	42	300	0.9	3.0	40.5
合计	132					201.3

2.2　监测方案

为监测后行洞掌子面爆破引起的振动响应情况，在后行洞上台阶的左拱腰、右拱腰（中夹岩区）各布置3个监测点，1号和4号监测点距爆破掌子面30m，同侧监测点间距为10m，监测点距离地面高度约为1.5m，监测点位置如图2所示。现场监测使用TC-6850爆破测振仪。传感器的 X、Y、Z 分别指向隧道的纵向、横断面方向与垂向。同时，为了防止飞石及冲击波影响监测数据，在仪器周围固定金属防护罩，如图3所示。

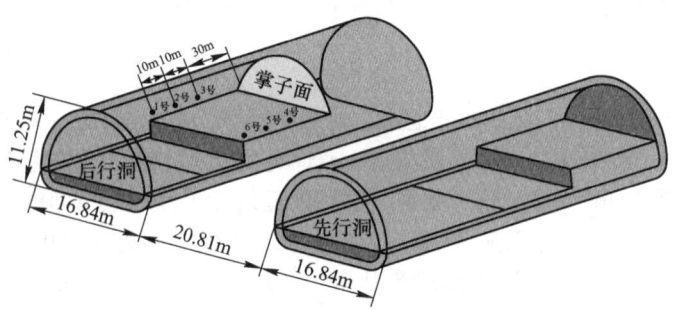

图2　监测点位置图

Fig. 2　Monitoring point layout diagram

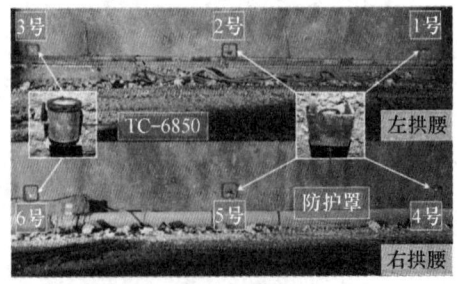

图3　现场传感器安装

Fig. 3　Field installation of sensors

3 爆破振动规律研究

3.1 爆破振动波形特征

现场共进行了 5 次爆破振动监测试验，由于篇幅所限，仅列出距爆破掌子面 30m 处隧道左拱腰（1 号）与中夹岩（4 号）典型爆破振动时程曲线，如图 4 所示。图 4 中按电子雷管延期时间划分了不同段别炮孔爆破振动曲线。通过图 4 可以发现，各段波形虽然存在一定叠加，但整体分界清晰，各段波形起波时间与设定吻合。对比左拱腰与中夹岩三向波形图可以看出，除

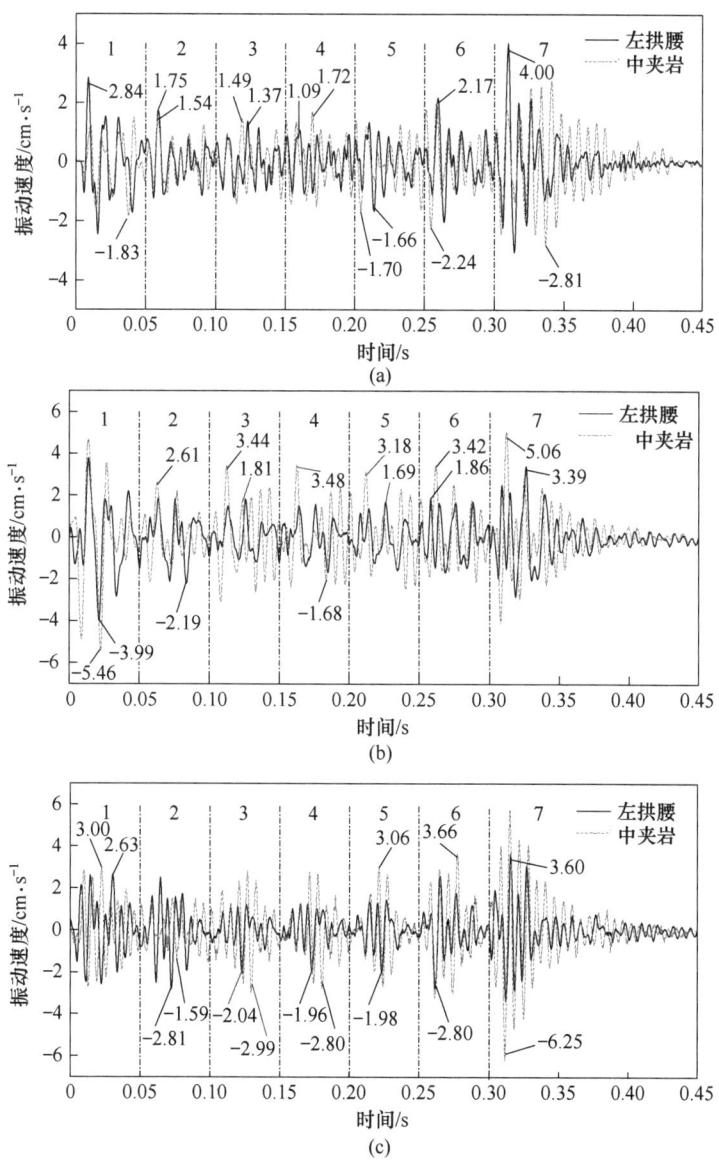

图 4　距掌子面 30m 处实测爆破振动波形图
（a）X 方向；（b）Y 方向；（c）Z 方向

Fig. 4　The measured blasting vibration waveform at 30m from the working face

极少数段别外，绝大多数段别爆破在中夹岩一侧所引起的振动大于左拱腰。此外，两个测点的 X 与 Z 方向最大质点峰值振速出现在第 7 个波峰处，Y 方向最大质点峰值振速出现在第 1 个波峰处，同时通过计算三向振动合速度最大值出现在第 7 个波峰处，第 1 个波峰峰值次之，但两者相差较小，这说明在距掌子面 30m 处，周边孔爆破产生的振动最大，且略大于掏槽孔爆破所产生的振动。

3.2　隧道左拱腰与中夹岩振动速度衰减特征

为分析爆破作用下后行洞左拱腰与右侧中夹岩的振动速度特征差异，根据萨道夫斯基经验公式，对爆破振动监测数据进行回归分析[8]：

$$PPV = K(SD)^{-\alpha} \tag{1}$$

$$SD = \frac{R}{\sqrt[3]{Q}} \tag{2}$$

式中，α、K、SD、Q 与 R 分别为衰减系数、场地系数、比例距离、单段药量及测点距爆源的距离。

图 5 与图 6 分别显示了隧道左拱腰与中夹岩各测点质点峰值振速 PPV 与比例距离 SD 的关系。对比图 5 与图 6 可知，掌子面爆破在中夹岩与左拱腰中产生的振动速度衰减特征存在差异，中夹岩振速衰减拟合曲线的 K 值与 α 值均大于左拱腰，这说明在监测范围内的中夹岩振动速度更大，但衰减较快。分析认为，中夹岩存在两个临空面，形成了自由度更大的"薄板结构"，这会在一定程度上产生放大效应，同时沿隧道径向传播的地震波在遇到已开挖隧道时会发生反射，反射波与沿隧道轴线方向传播的地震波会产生叠加，这也可能造成振动速度的增大。一般情况下，小净距隧道中夹岩的损伤程度会更严重，地震波在裂隙较多的中夹岩中传播会造成其能量的快速衰减，因此地震波在中夹岩中传播衰减比左拱腰更快。

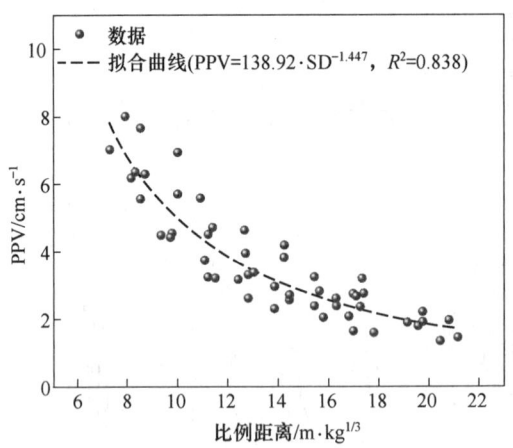

图 5　隧道左拱腰振动速度衰减图

Fig. 5　Vibration velocity attenuation curve of left arch waist

3.3　掏槽孔与周边孔爆破振动速度衰减特征

图 7 和图 8 分别反映了掏槽孔、周边孔爆破时，中夹岩一侧 PPV 随 SD 的变化规律。对比掏槽孔与周边孔爆破振动衰减曲线可知，周边孔爆破产生的振动衰减速率比掏槽孔更快。其原

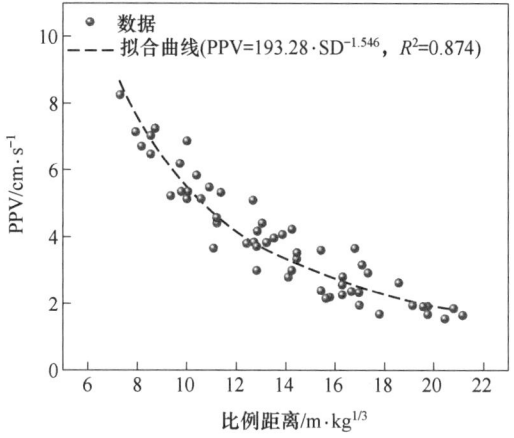

图 6 隧道中夹岩振动速度衰减图

Fig. 6 Vibration velocity attenuation curve of interlaid rock

因主要是周边孔爆破时有两个自由面而掏槽孔只有一个，周边孔爆破所受到的岩石夹制作用比掏槽孔弱，并且周边孔爆破时隧道围岩已受到前序多段爆破扰动而产生大量微裂纹，这导致了周边孔爆破所产生的地震波 PPV 值衰减更快。

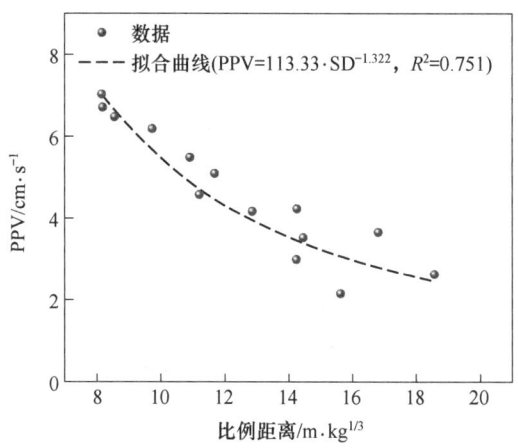

图 7 掏槽孔爆破振动速度衰减图

Fig. 7 Cut hole blasting vibration velocity attenuation curve

此外，当 SD 小于等于 $11.57 \mathrm{m} \cdot \mathrm{kg}^{1/3}$ 时，即距爆源较近的一段范围内，周边孔爆破产生的地震波 PPV 值更大；当 SD 超过 $11.57 \mathrm{m} \cdot \mathrm{kg}^{1/3}$ 时，即距爆源较远后，掏槽孔爆破产生的地震波 PPV 值更大。从掏槽孔与周边孔的装药量来看，虽然周边孔总装药量远大于掏槽孔，但周边孔分布分散，正常情况下周边孔爆破所引起的 PPV 值应小于掏槽孔 PPV 值，然而本研究发现在距离爆源较近时上述规律并不适用。通过分析两种炮孔爆破所产生地震波的传播路径（见图 9）可以对上述现象进行解释。由于监测点位于掌子面后方，受开挖空洞影响，爆破产生的地震波无法以直达波的形式传递到监测点处，需要先沿隧道掌子面径向传播至开挖边界后才可沿隧道洞壁传播，此过程会受到转角的削弱作用影响[9]。掏槽孔位于掌子面中间位置，距离开挖

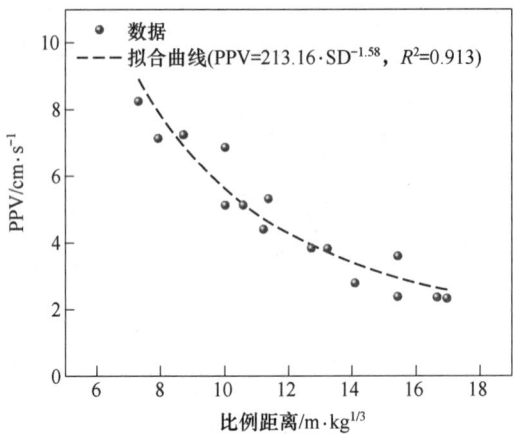

图 8　周边孔爆破振动速度衰减图

Fig. 8　Surrounding hole blasting vibration velocity attenuation curve

轮廓线有一定距离（本研究中该距离约为 6.8m），存在覆盖面积较大的转角区域，同时传播路径长度相对更长，这导致地震波的幅值被较大程度削弱，而周边孔紧邻开挖轮廓线，转角的削弱作用可以忽略不计，并且传播路径相对较近，因此在距掌子面一定范围内周边孔的 PPV 值大于掏槽孔。但由于周边孔产生的地震波衰减速率更快，且距离掌子面较远后转角的削弱作用及传播路径长度对地震波的衰减影响减弱，因此在超过 SD 临界值后，掏槽孔 PPV 值大于周边孔。

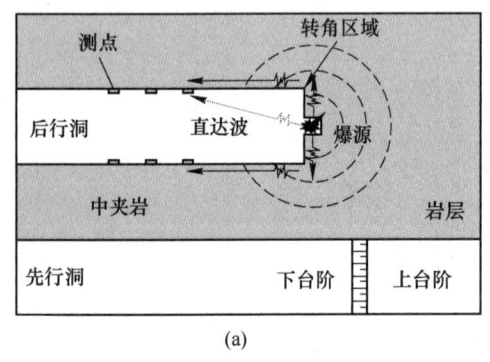
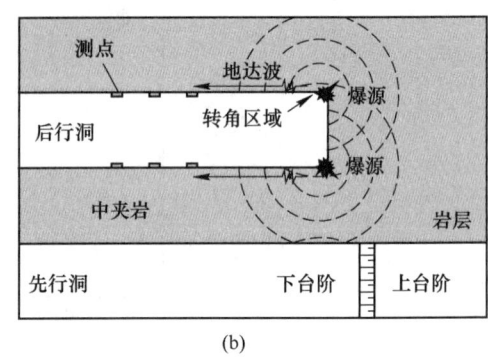

　　　　　　　　　　　（a）　　　　　　　　　　　　　　　　　　　　（b）

图 9　爆破地震波传播示意图

（a）掏槽孔；（b）周边孔

Fig. 9　Blasting seismic wave propagation path diagram

3.4　爆破振动频率分析

　　在评估爆破振动危害程度时，振动频率也是一个重要参考因素[10]。图 10 显示了隧道左拱腰及中夹岩爆破振动频率分布情况。可以看出，距离掌子面较近的监测点振动高频率部分分布范围更广，其中测点 1 号与 4 号的频率范围最广，主要分布在 20~120Hz 范围内，而其他监测点的频率主要分布在 20~80Hz 范围内。这是由于含缺陷岩体会以不同的速率抑制或衰减地震波频率，通常情况下，岩石对高频率波的衰减作用大于对低频率波[11]，高频率波在岩石中传播时需要更多的运动周期来通过相同的距离，因此高频率波比低频率波的衰减速率更快。

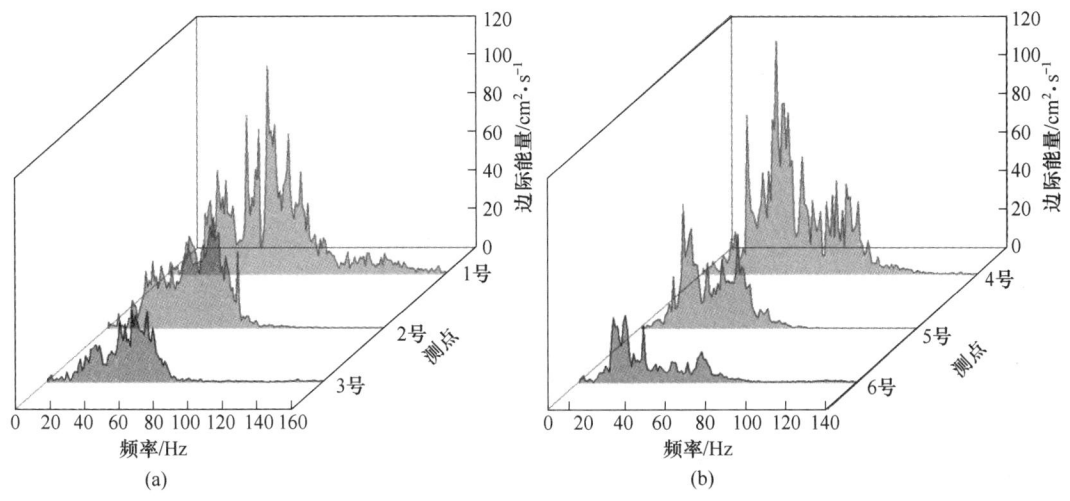

图 10　各测点爆破振动频率分布图

（a）左拱腰；（b）中夹岩

Fig. 10　Blasting vibration frequency-energy distribution of each measuring point

对比隧道左拱腰与中夹岩频率分布情况可以发现，两者频率成分存在较大差异。隧道左拱腰 1 号~3 号监测点小于 40Hz 低频段的边际能量占比分别为 24.03%、29.64%、30.10%，中夹岩 4 号~6 号监测点小于 40Hz 低频段的边际能量占比分别为 39.57%、56.63%、60.23%。由此可见，中夹岩一侧低频振动能量占比较大。由于低频振动更容易引起结构的共振，其对隧道的安全影响更大[12]，再加上中夹岩对爆破振动速度的放大效应，中夹岩一侧的围岩与衬砌结构出现损伤与破坏的风险更高，因此在隧道爆破施工过程中应重点关注中夹岩的稳定性。

4　数值模拟分析

为了更加清晰地了解不同类型炮孔爆破地震波在隧道围岩中的传播过程，借助 ANSYS/LS-DYNA 软件对后行洞爆破过程进行模拟。由于小龙门隧道上台阶单次爆破炮孔数量较多、模型尺寸较大，使用经典流固耦合法或在炮孔壁上施加荷载的方法会极大降低建模与计算效率，因此本研究通过等效爆炸荷载法将折减后的爆炸荷载施加在各段炮孔开挖边界上[13-14]，以开展相关数值模拟研究。

4.1　数值模型与参数

根据小龙门隧道实际工况建立如图 11 所示的三维模型，该模型尺寸为 60m×68.4m×20m，共划分 1921264 个单元，单元类型为 Soilid164，最小网格尺寸为 5mm。模型的 6 个外部边界均设置为无反射边界，隧道掌子面以及已开挖轮廓面设置为自由边界。隧道围岩采用 RHT 本构模型，现场实测围岩物理力学参数见表 2。

表 2　围岩本构模型基本参数

Tab. 2　Mechanical parameters of surrounding rock

岩性	抗拉强度/MPa	抗压强度/MPa	密度/g·cm⁻³	泊松比	弹性模量/GPa	剪切模量/GPa
灰岩	2.0	60.0	2.3	0.28	25.0	7.81

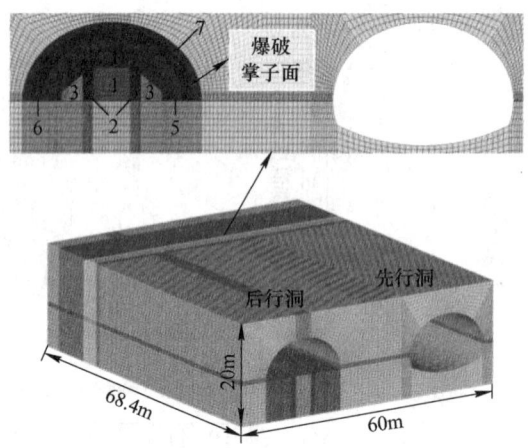

图 11　小龙门隧道三维数值模型

Fig. 11　3D numerical model of Xiaolongmen tunnel

　　为了真实模拟掌子面爆破过程，采用重启动技术将上台阶爆破分为 7 次加载计算，每次重启动使用关键字 *DELETE_PART 删除上一段别炮孔爆破开挖单元部分，通过 *STRESS_INITIALIZATION 保留应力、应变、位移、损伤等历史变量并传递给下一次加载计算。每次数值计算所施加的荷载峰值与作用时间，根据文献[15-16]进行计算，结果见表 3。

表 3　各段炮孔爆破等效荷载

Tab. 3　Equivalent load of various blast holes

段别	炮孔直径/mm	炮孔间距/mm	上升时间/ms	正压作用时间/ms	等效荷载/MPa
1	42	550	1.08	6.20	171.63
2	42	800	1.00	5.66	114.15
3	42	1000	0.83	4.51	66.57
4	42	1000	0.67	3.55	46.76
5	42	1000	0.67	3.55	46.76
6	42	800	0.50	2.55	24.66
7	42	500	0.33	1.60	15.29

4.2　数值模拟结果与分析

　　图 12 为掏槽孔爆破地震波在隧道围岩内的传播特征。当 $t=0$ms 时，掏槽孔起爆，爆炸所产生的地震波以柱形波的形式向外传播，受已开挖区空洞效应的影响，地震波向掌子面后方围岩传播前需先沿掌子面径向衍射；当 $t=1.9$ms 时，地震波传播至开挖轮廓线处，一部分地震波经转角沿开挖轮廓面向掌子面后方衍射，对比图 12（c）中的 A 区与 B 区可以发现此过程会较大程度削弱向掌子面后方围岩传播地震波的能量并造成质点峰值振速的降低；$t=6.1$ms 时，向中夹岩一侧传播的地震波到达先行洞迎爆侧并发生反射，反射波于 7.9ms 时与后续地震波相遇，一部分反射波与后续地震波相互叠加并继续传播，从图 12（f）中可以看出与爆源距离相同时，中夹岩一侧质点峰值振速明显大于左拱腰，这与现场实测得到的规律一致。

　　图 13 为周边孔爆破地震波在隧道围岩内的传播特征。当 $t=300$ms 时，周边孔由开挖轮廓线附近起爆，地震波向外传播；当 $t=304.5$ms 时，地震波到达先行洞迎爆侧后发生反射；在后

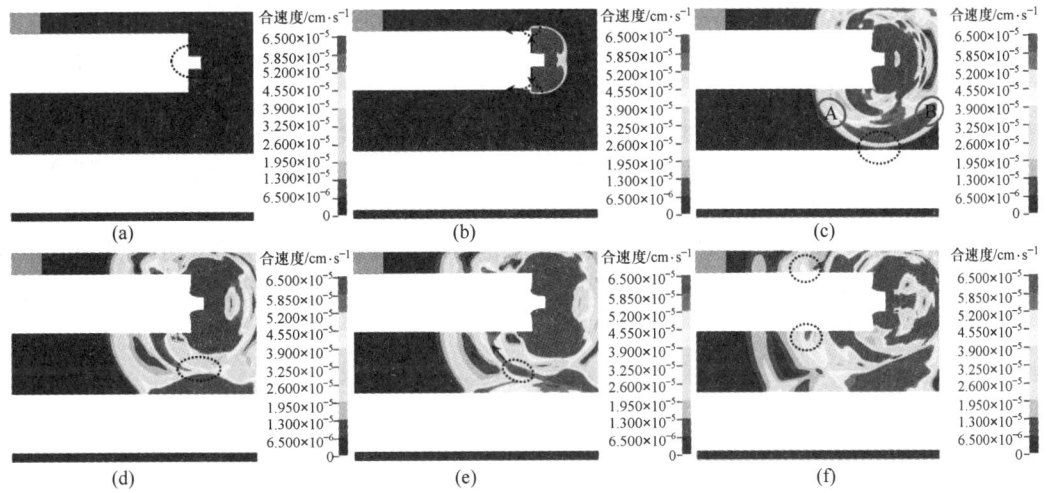

图 12　掏槽孔爆破地震波传播特征

（a）$t=0$ms；（b）$t=1.9$ms；（c）$t=6.1$ms；（d）$t=7.9$ms；（e）$t=8.8$ms；（f）$t=11.5$ms

Fig. 12　Propagation characteristics of seismic wave from cut hole blasting

续传播过程中，部分反射波与后续地震波叠加，这在一定程度上造成了中夹岩区质点峰值振速的放大。通过对比图 13（c）中的 C 区与 D 区可以发现，掌子面前、后相同位置的质点峰值振速相近，说明周边孔爆破地震波向掌子面后方围岩传播时，并不会受到已开挖空洞区的严重影响，这与掏槽孔爆破地震波的传播特征存在较大差别，同时这种地震波传播特征的差异可以更直观地解释爆源较近范围内周边孔 PPV 值大于掏槽孔 PPV 值的原因。

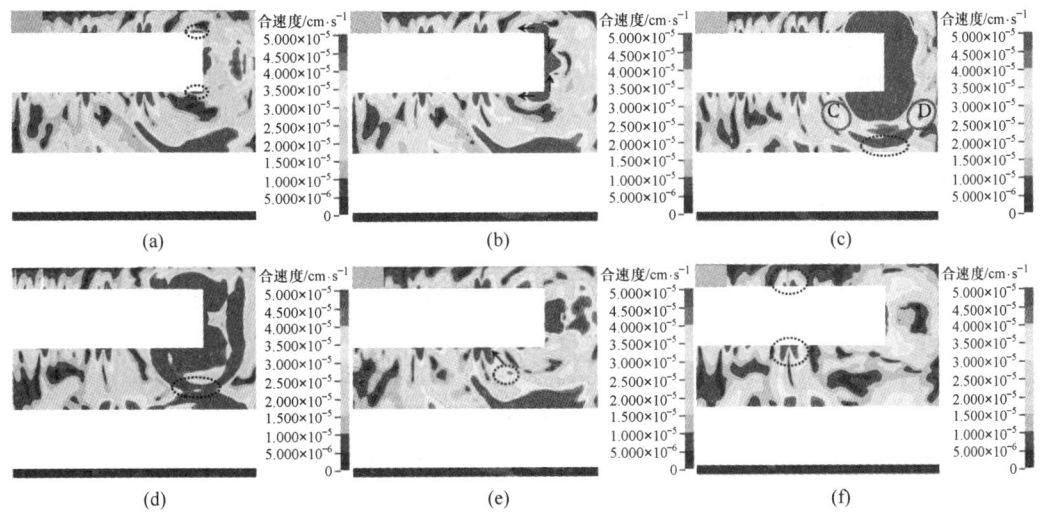

图 13　周边孔爆破地震波传播特征

（a）$t=300$ms；（b）$t=300.8$ms；（c）$t=304.5$ms；（d）$t=306.4$ms；（e）$t=310.6$ms；（f）$t=315.9$ms

Fig. 13　Propagation characteristics of seismic wave from surrounding hole blasting

5　结论

针对爆破荷载作用下小净距隧道中夹岩的动力稳定性问题，采用现场监测与数值模拟等手段，研究了掏槽孔、周边孔爆破在隧道不同区域产生的振动规律，主要得出以下结论：

（1）小净距隧道后行洞爆破在中夹岩一侧拱腰处产生的振动大于另一侧拱腰，地震波在中夹岩中传播存在明显的放大效应，但中夹岩区的振动衰减速率较快。

（2）以比例距离 $SD = 11.57 \text{m} \cdot \text{kg}^{1/3}$ 为临界值，在 $SD \leqslant 11.57 \text{m} \cdot \text{kg}^{1/3}$ 范围内，周边孔爆破在掌子面后方围岩中的产生的振动大于掏槽孔，但超过该比例距离临界值后，掏槽孔爆破所产生的振动会逐渐超过周边孔。

（3）岩石的高频滤波特性导致爆破振动频率范围随比例距离的增大而减小，高频只出现在爆破近区；中夹岩一侧小于40Hz的低频振动能量占比较大，更易引起围岩与支护结构的共振，发生破坏的风险更高。

参 考 文 献

[1] Mo Y, Teng B, Zou Z Y, et al. Small spacing tunnels the blasting excavation dynamic effect [C] // Applied Mechanics and Materials. Trans Tech Publications Ltd, 2013, 353: 1484-1489.

[2] SONG S, Li S, LI L, et al. Model test study on vibration blasting of large cross-section tunnel with small clearance in horizontal stratified surrounding rock [J]. Tunnelling and Underground Space Technology, 2019, 92: 103013.

[3] Cao F, Zhang S, Ling T. Analysis of cumulative damage for shared rock in a neighborhood tunnel under cyclic blasting loading using the ultrasonic test [J]. Shock and Vibration, 2020, 2020: 1-12.

[4] Deng T, Wu L, Lin J. Blasting Vibration Analysis for the Interlaid Rock in Small Interval Tunnel [M] // Tunneling and Underground Construction, 2014: 125-133.

[5] 罗阳，杨建辉，胡东荣. 小净距隧道围岩的爆破振动影响规律研究 [J]. 地下空间与工程学报, 2021, 17 (4): 1309-1313, 1336.

[6] 刘传阳，杨年华，张雷彪，等. 分岔段超小净距隧道爆破围岩振动衰减特征 [J]. 工程爆破, 2021, 27 (4): 124-129.

[7] 中华人民共和国行业标准. 公路隧道设计规范 JTG D70—2004 [S]. 北京：人民交通出版社, 2004.

[8] Dragomiretskiy K, Zosso D. Variational mode decomposition [J]. IEEE transactions on signal processing, 2013, 62 (3): 531-544.

[9] Daubechies I, Lu J, Wu H T. Synchrosqueezed wavelet transforms: An empirical mode decomposition-like tool [J]. Applied and Computational Harmonic Analysis, 2011, 30 (2): 243-261.

[10] Bertsekas D P. Multiplier methods: A survey [J]. Automatica, 1976, 12 (2): 133-145.

[11] Bertsekas D P. Constrained optimization and lagrange multiplier methods [M]. Nashua: Athena Scientific, 1996.

[12] Lian J, Liu Z, Wang H, et al. Adaptive variational mode decomposition method for signal processing based on mode characteristic [J]. Mechanical Systems and Signal Processing, 2018, 7 (107): 53-77.

[13] 彭亚雄，刘广进，苏莹，等. 基于自适应 VMD-MPE 算法的矿山爆破地震波信号降噪方法研究 [J]. 振动与冲击, 2022, 41 (13): 135-141.

[14] 周春煦，赵岩. 下穿铁路隧道爆破振动分析及控制方法研究 [J]. 中国安全生产科学技术, 2022, 18 (11): 133-140.

[15] Ji L, Zhou C, Lu S, et al. Numerical studies on the cumulative damage effects and safety criterion of a large cross-section tunnel induced by single and multiple full-scale blasting [J]. Rock Mechanics and Rock Engineering, 2021, 54: 6393-6411.

[16] 凌天龙. 长城站开挖围岩爆破损伤与累积效应研究 [D]. 北京：中国矿业大学（北京）, 2019.

不同爆心距下隧道爆破振动波传播与衰减特性研究

王军祥[1]　马宝龙[1]　宁宝宽[1]　寇海军[2]　李 俭[3]

（1. 沈阳工业大学建筑与土木工程学院，沈阳　110870；
2. 中铁十九局集团有限公司，北京　100076；
3. 中铁十九局集团第三工程有限公司，沈阳　110136）

摘　要：本文对铁路隧道爆破近端和远端处围岩动力响应特性差异化分析具有重要意义。对沈白高铁辽宁段新宾隧道钻爆法施工后不同爆心距、同一断面不同位置进行振速监测，对爆破振动波在岩体中的传播与衰减规律进行分析；进行爆破振动波数值模拟分析对实际工程难以监测的近端振速进行了补充。研究结果表明：隧道围岩质点振速具有明显的方向效应，且振速规律随爆心距增加产生分化，在爆破远端峰值振速方向由 Y 方向（竖直方向）转变为 Z 方向（迎爆方向），并拟合得到了隧道拱顶、拱肩及拱脚三方向上振速的线性衰减公式，以此为后续施工安全性做出有效预测。

关键词：振动波；爆心距；数值模拟；峰值振速

Study on the Propagation and Attenuation Characteristics of Tunnel Blasting Vibration Wave at different Blast Center Distances

Wang Junxiang[1]　Ma Baolong[1]　Ning Baokuan[1]　Kou Haijun[2]　Li Jian[3]

（1. School of Architecture and Civil Engineering, Shenyang University of Technology, Shenyang 110870; 2. China Railway 19th Bureau Group Co., Ltd., Beijing 100076; 3. China Railway 19th Bureau Group Third Engineering Co., Ltd., Shenyang 110136）

Abstract：It is of great significance to analyse the difference between the dynamic response characteristics of the surrounding rock at the proximal and distal ends of the railway tunnel blasting. Relying on the monitoring of vibration velocity at different blast center distances and different locations in the same section after the construction of Xinbin Tunnel of Liaoning section of Shenbai High-speed Railway, the propagation and attenuation of blast vibration wave in the rock body are analysed; numerical simulation of blast vibration wave is carried out to supplement the proximal vibration velocity, which is difficult to be monitored by the actual project. The results show that：The vibration velocity of tunnel surrounding rock has obvious directional effect, and the vibration velocity law is differentiated

基金项目：国家自然科学基金资助项目（51974187）；辽宁省自然科学基金资助项目（2019-MS-242）；辽宁省教育厅重点攻关资助项目（LZGD2020004）；辽宁省桥梁安全工程专业技术创新中心 2021 年度开放基金资助项目（2021-13）
作者信息：王军祥，博士，副教授，博士生导师，w.j.xgood@163.com。

with the increase of blast center distance, and the peak vibration velocity direction at the far end of the blast is changed from the *Y*-direction (vertical direction) to the *Z*-direction (blast direction), and the linear attenuation formula of the vibration velocity in the three directions of the tunnel arch, arch shoulder and arch foot is obtained by the fitting, which is an effective prediction of the safety of the subsequent construction.

Keywords：vibration wave；burst center distance；numerical simulation；peak vibration velocity

1　引言

近些年来，随着我国经济技术的迅猛发展，各类交通设施建造工程也在如火如荼地进行，其中高速铁路建造里程的增加最为迅速。我国高速铁路建设在取得巨大成就的同时，也面临着一些难题，在隧道掘进施工中，钻爆法因为经济、便利等被广泛应用于隧道掘进领域中，但由于岩体自身的不稳定性，在爆破振动扰动作用下常会引起塌方、突水、岩爆等地质灾害，从而引起重大安全事故，危害施工人员安全，造成经济损失，严重影响施工进度，因此研究爆破振动的传播特性是十分必要的，会对上述灾害有一定的预警与防备作用。

事实上，针对钻爆法施工中爆破振动在岩体中的传播与衰减特性，国内外专家学者[1-7]已做了大量相关的试验研究。J. A. Sanchidrián 等人[8]结合现场监测实验对爆破总能量的分布情况进行研究。Xibing Li 等人[9]从能量演化与动态应力集中的角度分析了隧道爆破的动态响应，表明残余动能、应变能折减量与侧压系数和隧道埋深呈正相关关系，在相同条件下残余动能远大于应变能折减量。王永伟等人[10]研究了爆破近端质点振速的方向效应。Z. L. Wang 等人[11]提出了一种结合 UDEC 和 LS-DYNA 的耦合方法，其中爆炸过程由 LS-DYNA 模拟，而波在断层岩体中的传播及其动态效应由 UDEC 模拟，利用此方法研究了断裂岩体中爆炸引起的裂纹演化和破坏区分布。朱大鹏等人[12]通过数值模拟与现场实测相结合的手段对隧道岩堆围岩动力响应进行预测，进一步精准评估隧道围岩稳定性。陈祥等人[13]通过结合现场实测与数值模拟对爆破后围岩的动力响应及衰减规律展开研究，研究表明爆破振速随爆心距增加呈指数型衰减。

综合已有成果可知，爆破引起振动波的传播与衰减规律大多通过现场试验及数值模拟的方式来研究，但针对爆破近端和爆破远端振动波传播与衰减规律的差异化研究较少。以沈白高铁辽宁段新宾隧道为例，进行大量现场监测，并结合数值模拟软件研究了不同爆心距下振动波在岩体中的传播与衰减规律，在此基础上得出了不同位置下的振速衰减公式，进行了爆破近端与爆破远端的差异化分析，研究结果对实际工程安全施工及爆破设计方案优化具有重要意义。

2　工程背景

2.1　工程地质条件

新宾隧道进口里程为 DK123+408.82，出口里程为 DK133+616，最大与最低高程分别为668.59m 与297m，隧道最大与最小埋深分别为338.9m 与49m。隧道包含Ⅲ、Ⅳ及Ⅴ级围岩，具体围岩等级分布情况见表1。隧道区域位于花岗岩与砂岩、页岩、安山岩接触地带及断层附近，岩体较破碎、岩石节理裂隙较多、富水性较强。新宾隧道现场施工如图1所示。

隧道名称	长度/m	围岩级别			明洞		洞门形式
		V	IV	III	进口	出口	
沈白高铁辽宁段 TJ-1标段隧道	10207.18	927.18	2775	6505	51.18	28	帽檐斜切式缓冲结构

(a)   (b)

图1 新宾隧道现场施工图
（a）隧道口结构图；（b）掌子面施工图
Fig. 1 Construction drawing of xinbin tunnel on site

2.2 爆破开挖方案

根据工程概况和施工要求，综合考虑爆区环境、地质、设备和技术条件，决定采用浅孔控制爆破技术。数据采集段为III级围岩段，使用台阶法进行爆破掘进施工，由于现场工程爆破中上台阶使用炸药量及爆破振动速度远远大于下台阶，因此在监测阶段主要监测上台阶爆破产生的振速，以保证施工安全。表2为爆破施工中具体爆破设计参数，图2为爆破孔位设计图。

表2 爆破设计参数表
Tab. 2 Table of blasting design parameters

炮孔名称	眼数/个	药卷直径/mm	眼深/m	单眼装药量/kg	总药量/kg
掏槽眼	10	32	2.7	1.8	18
扩槽眼	14	32	2.6	1.4	19.6
辅助眼	69	32	2.2	1.2	82.8
周边眼	49	32	2.2	0.4	19.6
底板眼	17	32	2.2	1.4	23.8
合计	159				163.8

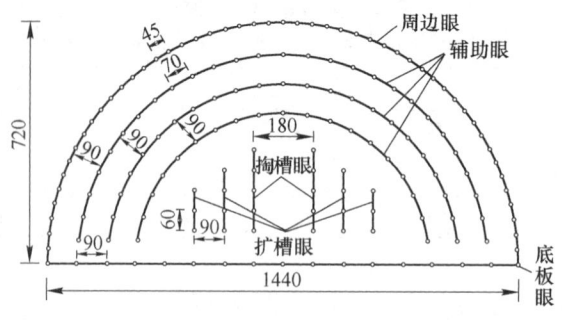

图 2　爆破孔位设计图（单位：cm）

Fig. 2　Design drawing of blasting hole position（unit：cm）

2.3　现场监测方案

振动监测系统整体由数据采集装置与数据分析软件共同组成，本监测方案采用 6 套数据采集装置，且每套数据采集装置均由三矢量传感器与 TC-4850 测振仪构成。本套监测系统操作简便，便于携带，无需在施工现场连接过多数据采集线，采集的数据准确性高，可在施工环境复杂的隧道中取代老式的磁带机及采用电缆传输信号的监测体系。

在现场振动监测中监测点的布置非常关键，它直接影响到爆破振动的监测效果，监测断面纵向排布位置如图 3 所示，共设置 6 个不同爆心距的监测断面，爆心距分别选取为 50m、70m、80m、120m、140m 与 160m；布置位置分别为隧道拱顶、左侧和右侧拱肩与左、右两侧拱脚；安装传感器时，将传感器 Z、X 方向设为水平方向，其中 Z 方向为迎爆方向即平行于洞室轴线方向，X 方向为垂直洞室轴线方向，Y 方向设置为竖直方向。

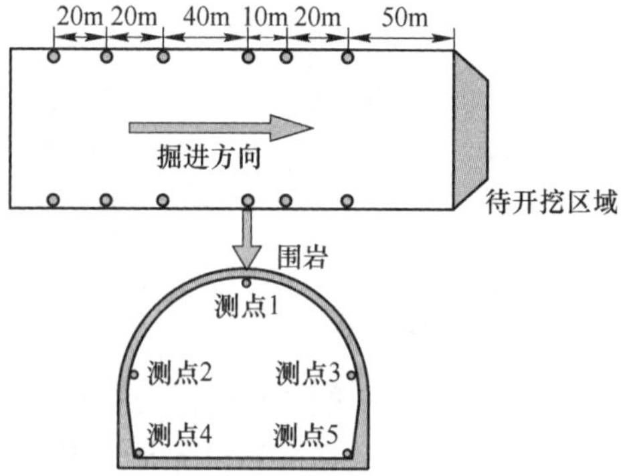

3　爆破振动波测试结果与分析

3.1　爆破振速测试结果

图 4 列举了现场监测所得到的部分爆破振速时程曲线图，曲线中的 3 种颜色分别代表 3 个测试通道，则红、蓝、绿分别对应 Z、X、Y 3 个测试方向。

由于受现场监测环境与设备安装情况影响，部分数据离散性较大，不便于进行理论与规律分析，故在每个监测断面挑选出一组离散较小的数据进行相关分析。具体数据见表 3。

图 3　测点布控图

Fig. 3　Layout location of section monitoring points

表 3　不同爆心距下的爆破振速监测值

Tab. 3　Monitoring values of blasting vibration velocity under different blasting center distances

测试次数	爆心距/m	单段最大药量/kg	监测点位置	Z/cm·s^{-1}	X/cm·s^{-1}	Y/cm·s^{-1}
第一次爆破	160	32.4	拱顶	0.49	0.06	0.41
			右拱肩	0.35	0.31	0.24

测试次数	爆心距/m	单段最大药量/kg	监测点位置	$Z/\mathrm{cm \cdot s^{-1}}$	$X/\mathrm{cm \cdot s^{-1}}$	$Y/\mathrm{cm \cdot s^{-1}}$
第一次爆破	160	32.4	左拱肩	0.38	0.16	0.22
			右拱脚	0.26	0.19	0.32
			左拱脚	0.48	0.26	0.36
第二次爆破	140	32.4	拱顶	0.54	0.04	0.51
			右拱肩	0.53	0.36	0.39
			左拱肩	0.48	0.50	0.38
			右拱脚	0.54	0.49	0.21
			左拱脚	0.46	0.45	0.41
第三次爆破	120	32.4	拱顶	0.61	0.26	0.67
			右拱肩	0.63	0.21	0.36
			左拱肩	0.78	0.66	1.03
			右拱脚	0.65	0.67	0.47
			左拱脚	0.51	0.47	0.64
第四次爆破	80	32.4	拱顶	1.06	0.30	0.77
			右拱肩	0.94	0.65	0.75
			左拱肩	0.82	0.65	0.91
			右拱脚	0.92	0.60	0.90
			左拱脚	0.87	0.41	1.00
第五次爆破	70	32.4	拱顶	1.46	0.38	1.62
			右拱肩	1.14	0.85	0.67
			左拱肩	0.97	1.50	1.51
			右拱脚	1.13	0.97	1.07
			左拱脚	0.95	1.28	1.23
第六次爆破	50	32.4	拱顶	2.51	0.80	2.98
			右拱肩	2.04	1.67	1.04
			左拱肩	2.10	2.40	1.57
			右拱脚	2.27	1.97	1.76
			左拱脚	2.09	2.22	1.06

3.2 不同爆心距下振速规律分析

图5分别为X、Y、Z三方向上各位置峰值振速–爆心距关系及拟合曲线图，分别分析三个不同方向上各监测位置的振速分布情况，其中在Z方向（迎爆方向）上5个监测点位的振速峰值整体差距不大；在X方向（垂直于洞室轴线方向）上拱肩与拱脚处峰值振速明显大于拱顶，这是由于在拱肩与拱脚处，临空面法线方向平行于X方向，X方向振速振幅在该处具有放大效应，因此造成这种振速分布规律；Y方向（竖直方向）上拱顶处峰值振动速与之同理，皆具有放大效应，加之爆破时拱顶处相比于其他监测点位受到竖直向位移影响较大，导致拱顶在

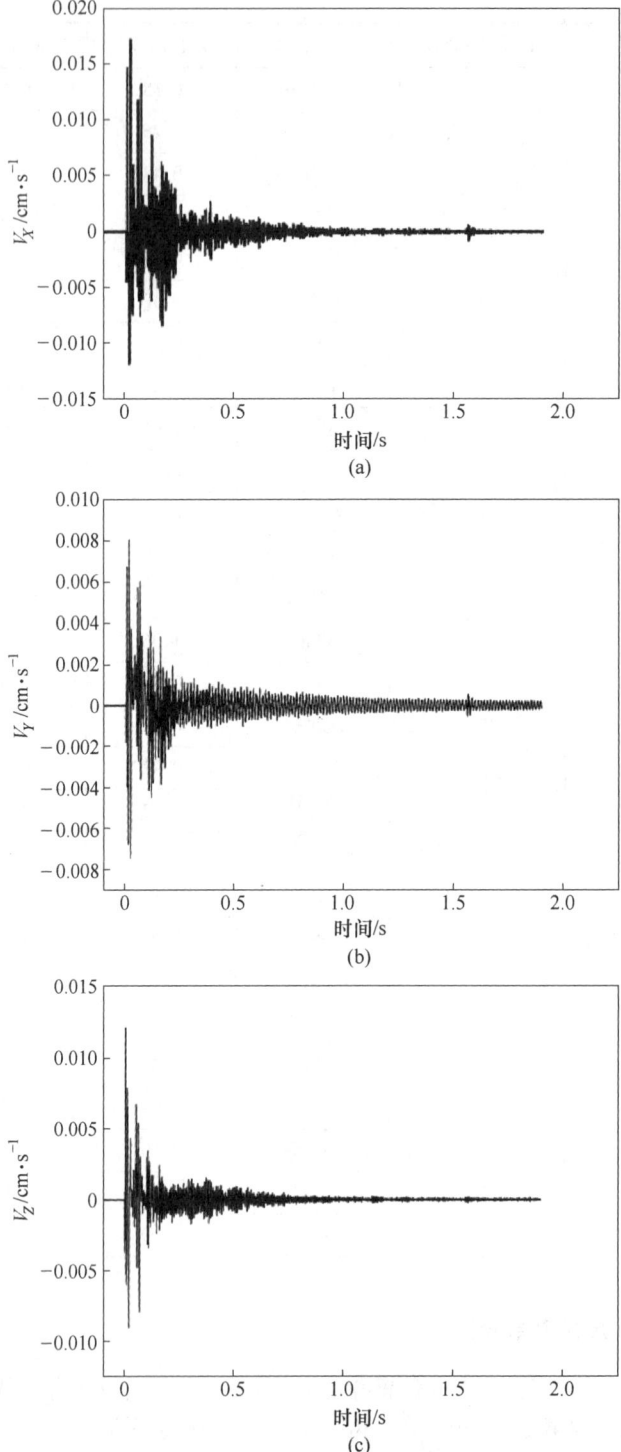

图 4　爆破振速典型时程曲线图

（a）X 方向振速；（b）Y 方向振速；（c）Z 方向振速

Fig. 4　Typical time history curve of blasting vibration velocity

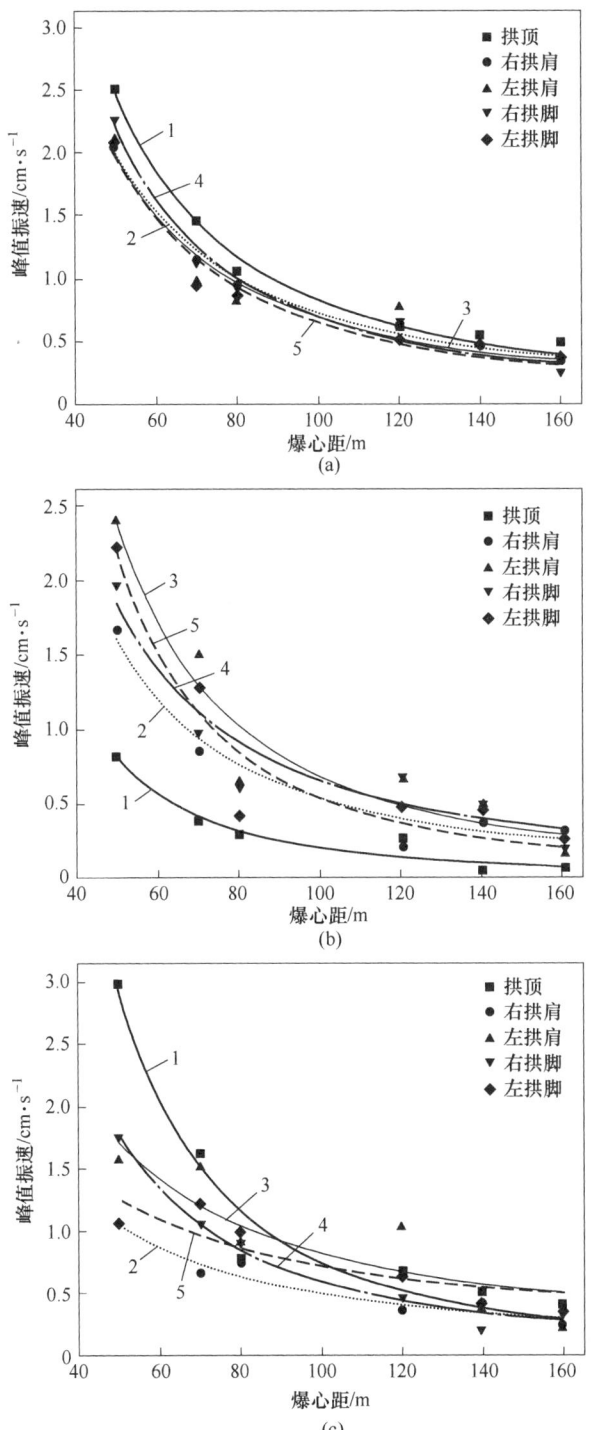

图 5　三方向各位置峰值振速-爆心距关系及拟合曲线图
（a）Z 方向；（b）X 方向；（c）Y 方向
1—拱顶拟合曲线；2—右拱肩拟合曲线；3—左拱肩拟合曲线；4—右拱脚拟合曲线；5—左拱脚拟合曲线
Fig. 5　Peak vibration velocity explosion center distance relationship and fitting curve at various positions in three directions

Y方向上的振速峰值明显大于其他监测位置。随着爆心距的增加，三个方向上所有位置的峰值振速差距均逐渐减小，有部分曲线在爆破远端出现重合现象，其原因是振动波随着爆心距的增加，在爆破远端逐渐衰减成为一种弱应力波，对远端围岩影响逐渐减小，故而峰值振速也相对于近端差距逐渐变小。

　　由于在X、Y、Z三个方向上，Z方向（迎爆方向）的峰值振速大于其他两个方向，而在同一断面上，各监测点位置Z方向峰值振速差距不大，故选取拱顶Z方向峰值振速进行衰减分析，分别以爆心距10m为单位计算峰值振速衰减量，并将其拟合。图6为峰值振速衰减量及拟合曲线图，结果发现，随着爆心距从50m增加至160m，振速由2.51cm/s衰减至0.49cm/s，随着爆心距的增大，质点峰值振速衰减量呈指数型减少的趋势，爆破源近端振速衰减速度明显大于远端，爆心距50~70m时，振速由2.51cm/s衰减至1.46cm/s，衰减率为41.8%，每10m的平均衰减量为0.525cm/s；而爆心距从120m增加至140m时，振速由0.61cm/s衰减至0.54cm/s，衰减率为11.5%，每10m的平均衰减量仅为0.035cm/s，远远小于爆源近端衰减率，此结果也与振动波传播规律相符合。

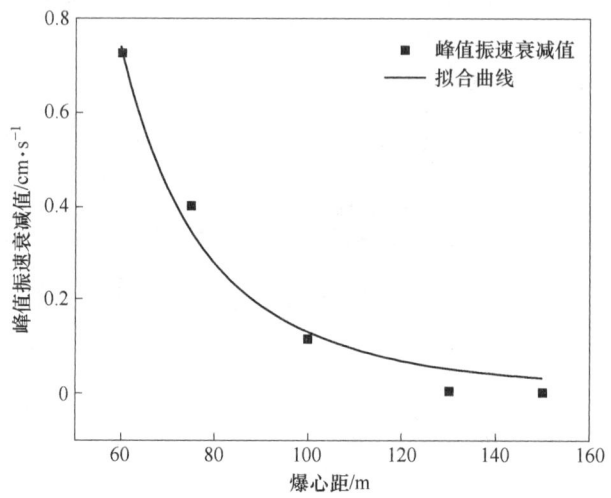

图6　峰值振速衰减值及拟合曲线图

Fig. 6　Peak vibration velocity attenuation value and fitting curve diagram

3.3　爆破质点振速预测公式

根据《爆破安全技术规程》（GB 6722—2014），对交通隧道爆破振动安全允许标准见表4。

表4　爆破振动安全允许标准

Tab. 4　Safety allowable standards for blasting vibration

保护对象类别	安全允许质点振动速度 V/cm·s^{-1}		
	$f \leqslant 10Hz$	$10Hz < f \leqslant 50Hz$	$f > 50Hz$
交通隧道	10~12	12~15	15~20

　　根据萨道夫斯基经验公式预测其爆破振动强度，并利用最小二乘法对监测数据进行回归分析，得到其相关性系数，见式（1）：

$$v = K\left(\frac{\sqrt[3]{Q}}{R}\right)^{\alpha} \tag{1}$$

式中，v 为质点振动速度，cm/s；Q 为单段最大药量，kg；R 为振源至质点的距离，m；K、α 为场地系数与衰减系数。

对式（1）进行回归分析，之后两边取对数得到式（2）：

$$\ln v = \ln K + \alpha \ln(Q^{1/3}/R) \tag{2}$$

令 $y = \ln v$，$x = \ln(Q^{1/3}/R)$，$\alpha_0 = \ln K$，$\alpha_1 = \alpha$，转换为标准线性方程。根据极值定理 α_0 与 α_1 应满足下列方程（3）：

$$\left.\begin{array}{l} a_0 = \dfrac{\sum\limits_{i=1}^{n}(x_i - \bar{x})(y_i - \bar{y})}{\sum\limits_{i=1}^{n}(x_i - \bar{x})^2} \\ \alpha_1 = \bar{y} - \alpha_0 \bar{x} \end{array}\right\} \tag{3}$$

式中，$\bar{x} = \sum\limits_{i=1}^{n}\dfrac{x_i}{n}$；$\bar{y} = \sum\limits_{i=1}^{n}\dfrac{y_i}{n}$，因此 $K = e^{\alpha_0}$；$\alpha_0 = \alpha_1$。

选取拱顶与两侧拱肩、两侧拱脚平均值作为代表数据，分别在 X、Y、Z 三个方向上建立爆破过程中质点的峰值振速与爆心距之间的线性相关关系，并确定相应的振动波传播衰减参数 K、α，获取振速回归直线与相关系数 R^2，以此来有效预测不同爆心距下的峰值振速变化规律，保证施工安全，并对爆破方案的设计提供参考，图 7 为振速回归直线图。

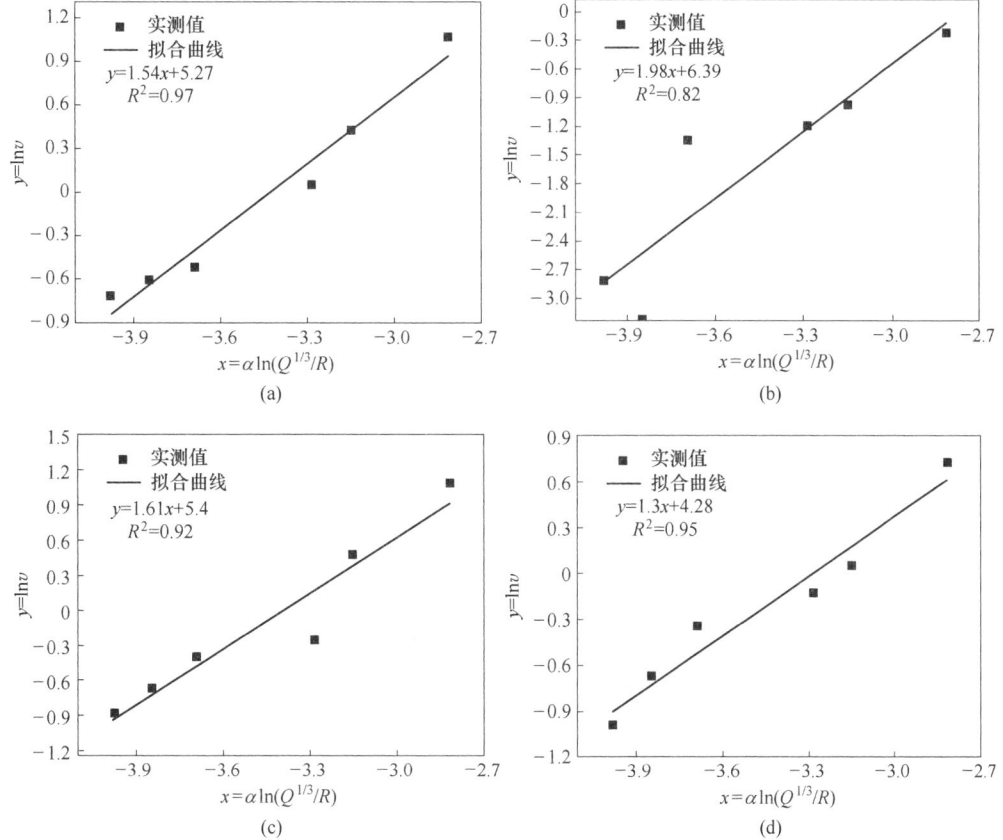

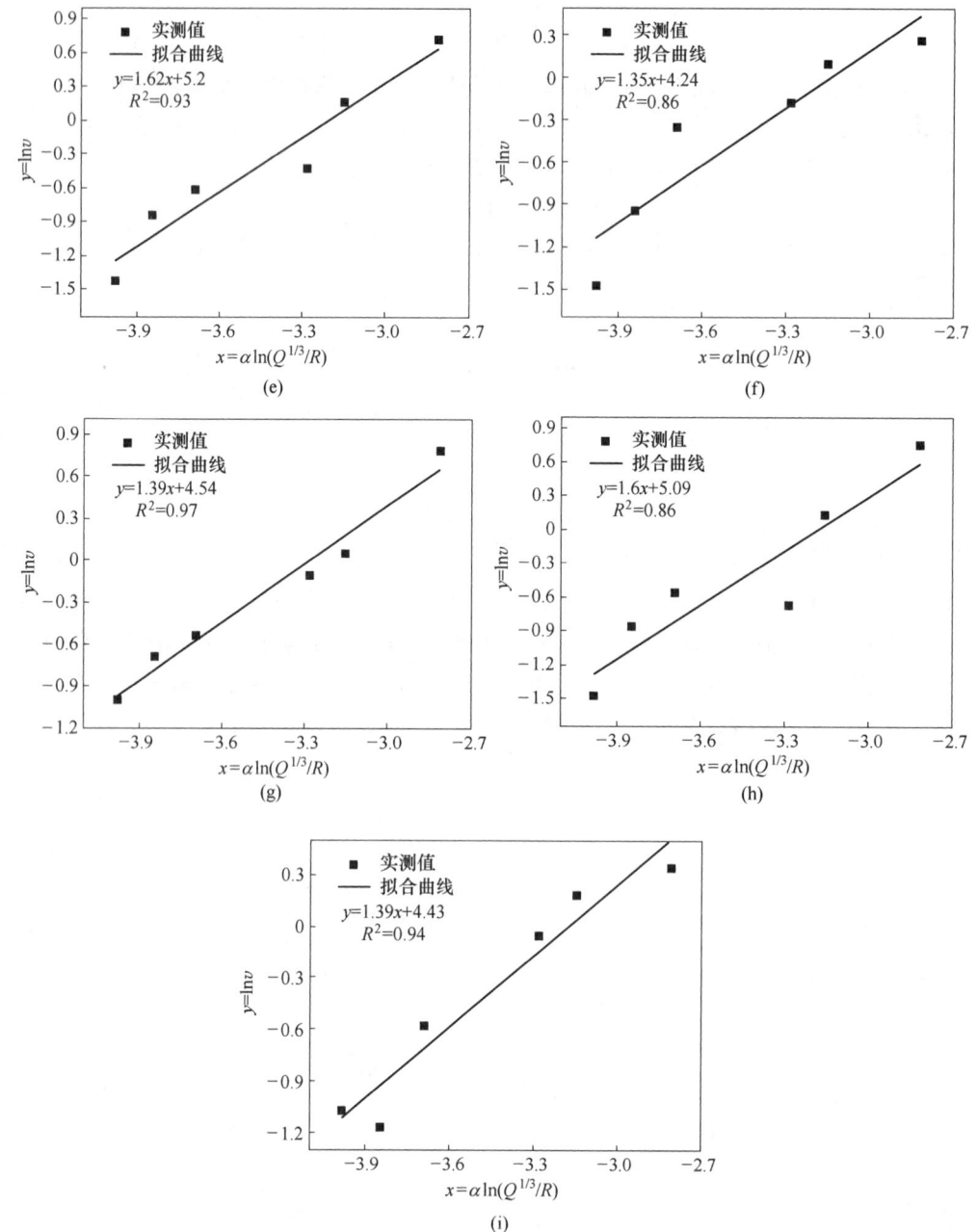

图 7　振速回归直线图

（a）拱顶 Z 方向；（b）拱肩 Z 方向；（c）拱底 Z 方向；（d）拱顶 X 方向；（e）拱肩 X 方向；（f）拱底 X 方向；
（g）拱顶 Y 方向；（h）拱肩 Y 方向；（i）拱底 Y 方向

Fig. 7　Linear diagram of vibration velocity regression

　　由表 5 中的萨道夫斯基公式中可看出，由于岩石介质节理、走向层次的不同，加之受到波反射与叠加等因素，隧道在开挖断面不同位置及方向上的爆破振速衰减规律有所差异。在得到爆破地震衰减规律后，主要用于对后续施工中的爆破振动进行有效预测，据此判断即将实行的爆破方案是否科学合理和安全可靠，并为之后的爆破方案优化提供依据。

表5　不同位置的振速衰减公式
Tab. 5　Vibration speed attenuation formula at different positions

位置	振速方向	萨道夫斯基公式	拟合公式	相关系数（R^2）
拱顶	Z	$V = 194.42\left(\dfrac{\sqrt[3]{Q}}{R}\right)^{1.54}$	$y = 1.54x + 5.27$	0.97
	X	$v = 72.24\left(\dfrac{\sqrt[3]{Q}}{R}\right)^{1.3}$	$y = 1.3x + 4.28$	0.95
	Y	$v = 93.69\left(\dfrac{\sqrt[3]{Q}}{R}\right)^{1.39}$	$y = 1.39x + 4.54$	0.97
拱肩	Z	$v = 186.79\left(\dfrac{\sqrt[3]{Q}}{R}\right)^{1.98}$	$y = 1.98x + 6.39$	0.82
	X	$v = 181.27\left(\dfrac{\sqrt[3]{Q}}{R}\right)^{1.62}$	$y = 1.62x + 5.2$	0.93
	Y	$v = 162.39\left(\dfrac{\sqrt[3]{Q}}{R}\right)^{1.6}$	$y = 1.6x + 5.09$	0.86
拱脚	Z	$v = 221.41\left(\dfrac{\sqrt[3]{Q}}{R}\right)^{1.61}$	$y = 1.61x + 5.4$	0.92
	X	$v = 69.41\left(\dfrac{\sqrt[3]{Q}}{R}\right)^{1.35}$	$y = 1.35x + 4.24$	0.86
	Y	$v = 83.93\left(\dfrac{\sqrt[3]{Q}}{R}\right)^{1.39}$	$y = 1.39x + 4.43$	0.94

4　隧道爆破动力响应数值模拟分析

4.1　数值模型

利用 ANSYS 进行数值模型建模，采用 LS-DYNA Solver 进行求解运算，最后使用 LS-PrePost 软件进行后处理，数值模拟中所有参数均统一使用 cm-g-μs 单位制。三维隧道数值模型如图8所示，模型整体尺寸为 80m×80m×200m，隧道围岩尺寸取值需大于 3~5 倍洞径，以消除边界效应对其计算结果的影响，根据现场实际情况，建立台阶法开挖模型，下台阶长度为 20m，模型共由岩体、空气和炸药三种材料组成，均选用实体单元 solid 164 进行网格划分。由于各类炮孔功能有所差异，因此对不同类别炮孔分别进行建模，岩石整体采用拉格朗日网格建模，炸药和空气采用流固耦合方式来处理相互作用，单元使用多物质 ALE 算法，设置无反射边界条件。在模型的 6 个外边界上均施加法

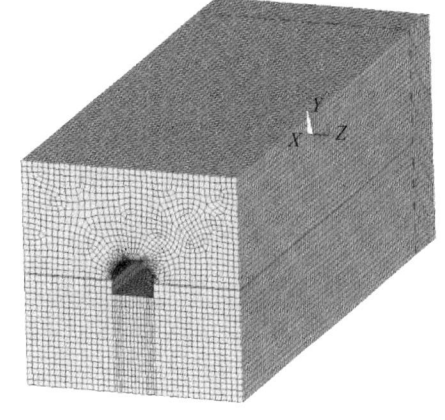

图 8　三维隧道数值模型
Fig. 8　3D tunnel numerical model

向位移约束，以消除人为边界面的反射波对结构动力响应的影响，数值模拟方向设定与现场监测时的方向保持一致，Z 为迎爆方向，X 为垂直隧道轴线方向，Y 为竖直方向。

4.2　隧道动力响应模拟

为了减轻爆破工作对隧道整体结构的损伤，故采用延时起爆方式进行起爆，各排孔起爆时间间隔设置为 100μs，掌子面的整体爆破过程如图 9 中的掌子面各时段岩体损伤图。首先在0μs 时，中心掏槽眼全部开始起爆，随着炮孔间损伤相互连通，中心粉碎区大面积形成，为后续起爆的炮孔提供了一个较好的临空面，100μs 时，扩槽眼开始起爆，裂纹扩展情况与掏槽眼类似，200μs 爆破面第一圈辅助眼已经全部开始起爆，此时，掌子面中心部位的掏槽眼与扩槽眼之间粉碎区已经相互贯通，形成成片的面积性损伤区，爆破效果较好，也证明起爆间隔时间设置较为合理，300μs、400μs 时，第二、三圈辅助眼相继开始起爆，由此时段的岩体损伤图也可看出，爆破过程连续性较好，辅助眼之间岩石基本破碎，500μs 周边眼起爆，由于周边孔

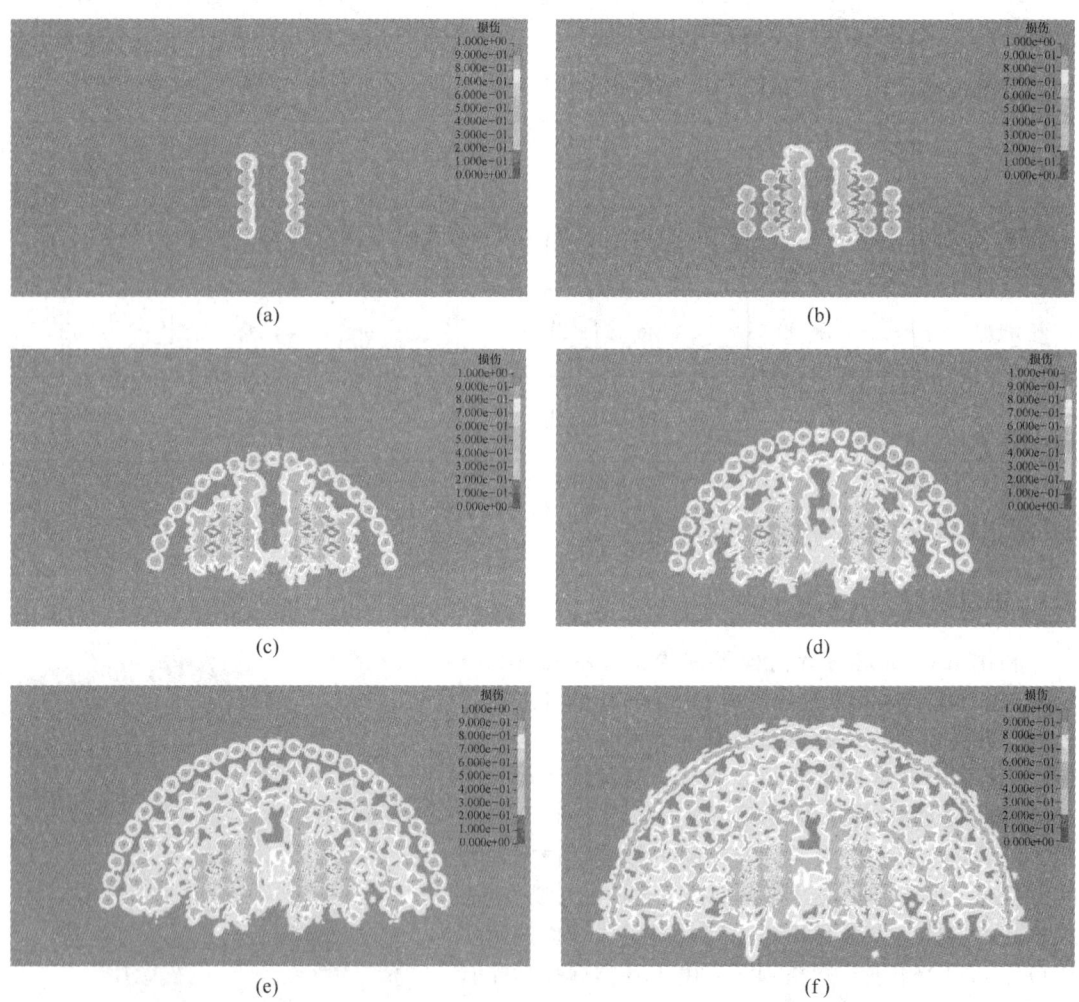

图 9　掌子面各时段岩体损伤图

（a）100μs；（b）200μs；（c）300μs；（d）400μs；（e）500μs；（f）860μs

Fig. 9　Rock mass damage map of the face at different time periods

排孔间距较小，裂隙贯通的也更加迅速，随着周边孔周围岩石破碎区逐渐连接成片，至此，隧道爆破轮廓线形成，600μs 底板眼起爆，860μs 后裂纹基本停止扩展，仅会延伸形成一些细微裂纹，掌子面整体损伤也趋于稳定，此时由岩体损伤图也可看出，爆破工作成功完成，各炮孔爆破后连通性较好，除个别区域存在少量超挖，整体效果良好。

4.3　隧道动力响应模拟结果分析

根据现有的研究，选取 SD=10 作为分界确定作为爆破振动近区和远区，其与最大单段装药量 Q 与爆心距 R 满足以下关系：

$$SD = \frac{R}{\sqrt[3]{Q}} \tag{4}$$

式中，R 为爆心距；Q 为最大单段装药量。

将 SD=10 与爆破面最大单段装药量代入式（4），求得爆心距 R 约为 31.9m，因此当爆心距 $R \leq 31.9$m 时，判断其为近端区；爆心距 $R > 31.9$m 时，则为远端区。

分别就远端区与近端区分别设置监测断面，对其振速响应规律进行研究，其中在近端区选取爆心距为 10m 与 30m 的两个监测断面，远端区选取的监测断面爆心距为 50m 与 70m，由于数值模拟采用的围岩材料为单一化且各向同性的理想材料，经过数据对比发现，隧道对称两侧监测数据基本相同，故在监测过程中仅在一侧设置监测点即可，每个监测面上的单侧布置 4 个监测点，分别布置在隧道拱顶、右侧拱肩、右侧拱底及拱底中心，记录每个位置的振速数据，以此探讨振速在隧道近端区与远端区的分布与衰减情况。对隧道内不同监测点位上的振动数据进行输出，分别监测了拱顶、拱肩、拱脚与拱底中部。为更直观分析隧道掌子面爆破开挖产生的振动速度在隧道中的传播过程，根据数值计算结果中各个监测位置的峰值振动速度绘制振速分布特征图，并对其进行拟合，图 10 为振速分布特征拟合图。

距离掌子面越近，各监测位置特征越明显。在爆破近端，爆心距为 10m 处的监测面上，可明显看出隧道内质点 Y 方向（竖直方向）的峰值振速除在拱脚处，其他位置皆远大于隧道水平方向，说明竖直方向的振动在距离掌子面较近区域为主要振动传播方向，其原因为隧道埋深较大，隧道围岩级别较好，随着中心掏槽区的起爆，隧道爆破产生的振动波主要包括体波和面波，由于隧道水平方向均存在自由面，故均在一定程度存在衰减，导致隧道垂直方向的振动速度峰值较大；X 方向上拱脚处峰值振速相较于其他两方向更大，是由于隧道为椭圆形结构，在隧道的拱脚处应力集中现象最为明显，从而导致此处的应力过大，根据应力波理论，应力过大将会导致此处的波阻抗较大，故而此处的振速峰值也较大。在爆心距增加至 30m 时，隧道内质点的振动传播速度逐渐减小，虽然拱顶与拱底中部的 Y 方向振速峰值仍然大于同位置的 X、Z 方向振速峰值，但可看出 Y 方向衰减最为严重，X 方向次之，Z 方向最小，说明在爆破近端区随着与隧道掌子面距离的增加，隧道内质点速度衰减主要以 Y 方向为主。

在爆破远端，爆心距增加至 50m 时，除了部分特征点位上，如拱脚 X 方向与拱顶、拱底中部 Y 方向上的峰值振速值大于同位置的 Z 方向上的值，其他位置上 Z 方向振速整体较大，在爆心距增加至 70m 时，各特征位置质点振速峰值则都逐渐有向内收敛的趋势，这是由于随着爆心距的增加，振动波逐渐衰减，对围岩的扰动作用也逐渐变弱，使得各位置与方向上的振速峰值逐渐接近，这也与现场监测的爆破远端区动力响应规律相符合。

由近、远两端振速分布拟合图可明显看出，在总体振速分布趋势上，爆破近端，Y 方向上振速峰值整体较大，竖直方向的振动速度占据主导地位，且 Y 方向振速在近端衰减最快，隧道内质点速度衰减主要以 Y 方向为主，当爆心距增加到远端时，振速规律开始出现分化，各方向

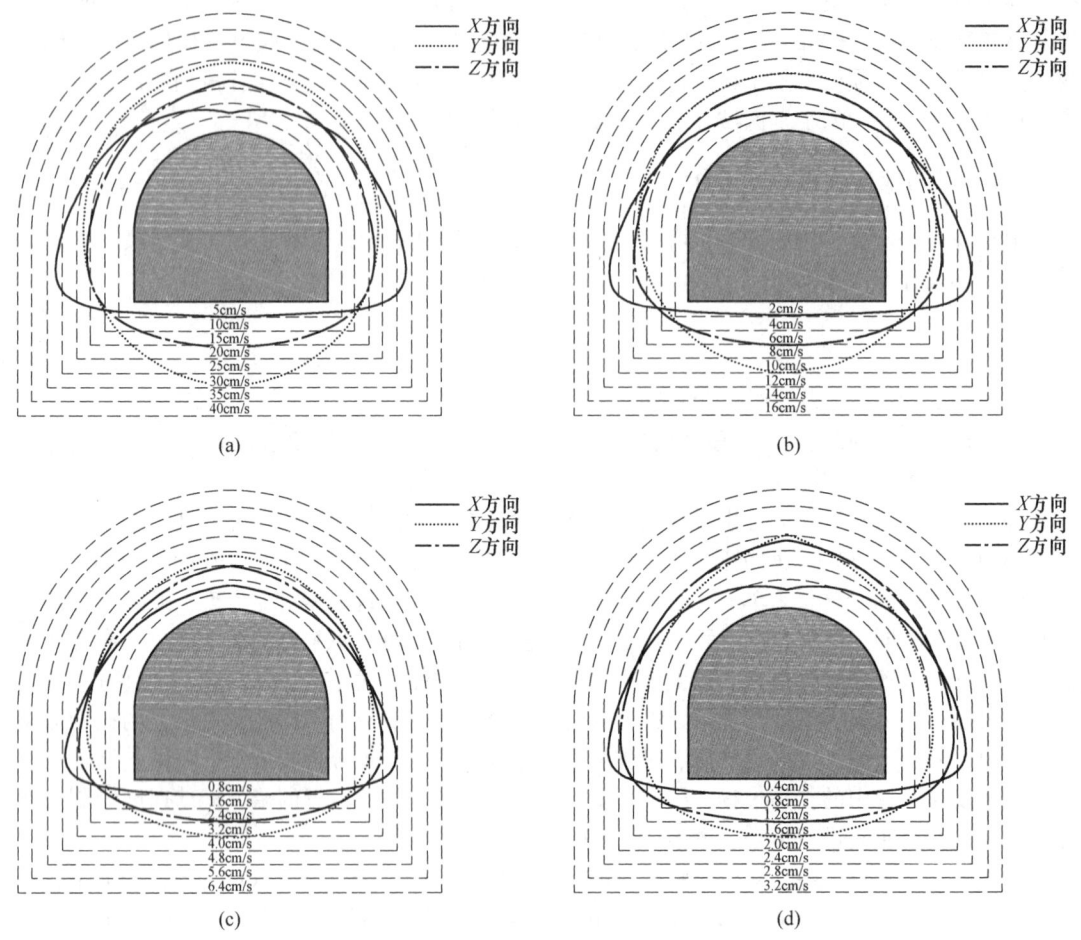

图 10　隧道位置振速分布拟合图

（a）10m 处振速分布拟合图；（b）30m 处振速分布拟合图；（c）50m 处振速分布拟合图；（d）70m 处振速分布拟合图

Fig. 10　Fitting diagram of vibration velocity distribution at tunnel position

振速随着爆心距的增加逐渐向内收敛，且 Z 方向振速逐渐开始变为整体振速最大方向，故最大振速曲线也就基本依附在 Z 方向的速度曲线上，因此在考虑爆破振动对隧道安全的影响或进行爆破方案优化调整时，近端区优先考虑 Y 方向振动速度，远端区优先考虑 Z 方向振动速度，以保证施工安全，此结论与前文中的爆破远端区现场监测数据分析结果大致相同，并对爆破近端区拱底中部位置的动力响应规律进行了补充。

4.4　数值模拟与实际工程对比分析

挑选峰值振速相对较大的拱顶监测点位，对其数值模拟结果与实际工程监测结果中 X、Y、Z 三个方向上的峰值振速值进行对比拟合分析，数值模拟计算结果包括近端区与远端区（爆心距 10~160m）的峰值振速，现场实测的数据为爆心距 50~160m 峰值振速，其对比情况及拟合曲线图如图 11 所示，在对比段（爆心距 50~160m）中可明显看出，数值模拟与实测数据的拟合曲线变化趋势与数值都十分接近，在爆心距逐渐增加的情况下，其质点峰值振速均呈指数型减少的趋势。在整体上，数值模拟中计算出的振速数据略大于在施工现场监测到的振速数据，造

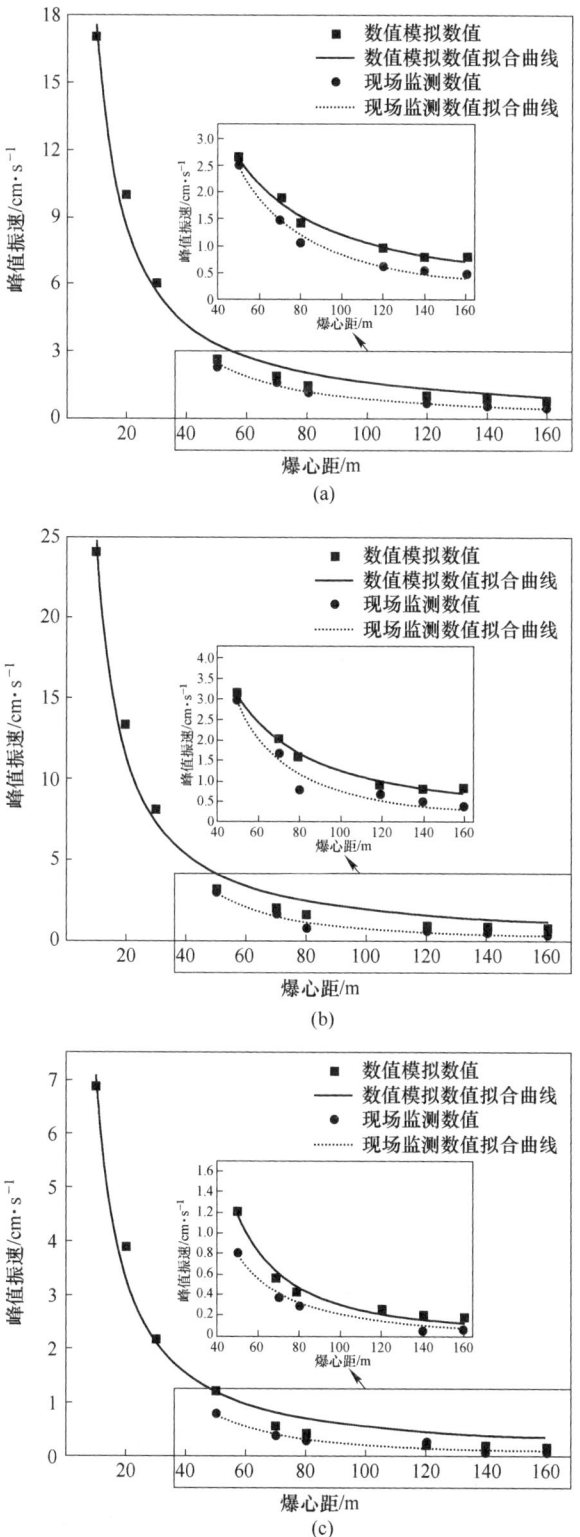

图 11　数值模拟与实测数据对比及拟合曲线图

Fig. 11　Comparison and fitting curve of numerical simulation and measured data

成这种现象可能的原因是数值模拟采用的围岩材料为单一化且各向同性的理想材料，没有考虑到围岩中裂隙节理等综合因素，而实际的工程中工况复杂，围岩性质复杂，因此造成了一定的误差。

5　结论

以沈白高铁辽宁段新宾隧道工程为依托，进行现场监测并结合数值模拟计算，对不同爆心距下隧道爆破振动波传播与衰减特性进行研究，并得出以下结论：

（1）通过现场监测及数值模拟均发现质点的振速具有明显的方向效应，且在总体振速分布趋势上，爆破近端 Y 方向振速峰值整体较大，随着爆心距增加，振速规律开始出现分化，各方向振速随着爆心距增加逐渐向内收敛，爆破远端 Z 方向振速逐渐变为整体振速最大方向，进而在爆破方案调整时优先考虑近端区 Y 方向振速及远端区 Z 方向振速；

（2）利用最小二乘法对现场实测数据进行回归分析，获得了爆破振动波的振动衰减参数 K、α 与相关系数 R^2，并得到了本工程爆破围岩不同位置与方向上的振速衰减公式，以此为后续施工安全性作出有效预测。

参　考　文　献

[1] 陶铁军，汪旭光，池恩安，等．基于能量的爆破振动波衰减公式 [J]．工程爆破，2015，21（6）：78-83.

[2] 谢烽，韩亮，刘殿书，等．基于叠加原理的隧道爆破近区振动规律研究 [J]．振动与冲击，2018，37（2）：182-188.

[3] 刘达，卢文波，陈明，等．隧洞钻爆开挖爆破振动主频衰减公式研究 [J]．岩石力学与工程学报，2018，37（9）：2015-2026.

[4] 张声辉，刘连生，钟清亮，等．露天边坡爆破振动波能量分布特征研究 [J]．振动与冲击，2019，38（7）：224-232.

[5] 高启栋，卢文波，杨招伟，等．垂直孔爆破诱发振动波的成分构成及演化规律 [J]．岩石力学与工程学报，2019，38（1）：18-27.

[6] Crandell F J. Ground vibration due to blasting and its effect upon structures [M]. Boston Society of Civil Engineers, 1949.

[7] Longerfors, Westerberg, Kihlstrom. Ground vibration in blasting [J]. Water-Power, 1958：335-421.

[8] Sanchidrián J A, Segarra P, López L M. Energy components in rock blasting [J]. International Journal of Rock Mechanics & Mining Sciences, 2007, 44（1）：130-147.

[9] Li X B, Li C, Cao W, et al. Dynamic stress concentration and energy evolution of deep-buried tunnels under blasting loads [J]. International Journal of Rock Mechanics and Mining Sciences, 2018, 104：131-146.

[10] 王永伟，李冠中．西双版纳隧道爆破开挖动力力学特征及损伤效应 [J]．长江科学院院报，2023，40（1）：165-170.

[11] Wang Z L, Konietzky H, Shen R F. Coupled finite element and discrete element method for underground blast in faulted rock masses [J]. Soil Dynamics and Earthquake Engineering, 2009, 29（6）：939-945.

[12] 朱大鹏，阿布拉铁，许红波．爆破振动下大前石岭隧道岩堆围岩动力响应预测 [J]．地下空间与工程学报，2021，17（S2）：645-649.

[13] 陈祥，刘明学，祁小博．爆破振动作用下大型地下洞室群围岩动力响应及合理间距分析 [J]．振动与冲击，2021，40（1）：277-285.

超高钢筋混凝土烟囱爆破拆除早断控制方法研究

罗 鹏[1] 刘昌邦[1] 黄小武[1] 王 威[1] 孙金山[2]

（1. 武汉爆破有限公司，武汉 430056；

2. 江汉大学精细爆破国家重点实验室，武汉 430056）

摘 要：烟囱结构具有横截面小、重心高、材料不均匀等特点，传统定向爆破拆除存在易出现"严重下坐、早断、方向失控"等现象，安全风险极高。为探究高耸钢筋混凝土烟囱在爆破拆除过程中出现的空中折断、早断现象，以一座 180m 烟囱爆破拆除工程为实例，通过振动监测、支撑区数字图像相关法（DIC）分析、爆破录像分析等手段，对该烟囱下坐和空中断裂过程的运动状态进行观测和分析。研究结果表明：超高烟囱倒塌过程分为起爆—切口贯通—下坐—起偏—折断—触地等 7 个过程，其中，早断现象易出现在下坐完成至烟囱偏转至 30°之间，且断裂部位位于烟囱高度上部 1/3 处。为解决超高烟囱过早发生断裂，导致倾倒方向失控，提出了优化爆破切口形状与圆心角、爆破切口渐进起爆、抬高爆破切口等控制措施。

关键词：超高钢筋混凝土烟囱；爆破拆除；早断控制方法

Research on Early Break Control Method for Demolition of Ultra High Reinforced Concrete Chimney by Blasting

Luo Peng[1] Liu Changbang[1] Huang Xiaowu[1] Wang Wei[1] Sun Jinshan[2]

（1. Wuhan Explosions & Blasting Co., Ltd., Wuhan 430056；

2. State Key Laboratory of Precision Blasting, Jianghan University, Wuhan 430056）

Abstract：The chimney structure has the characteristics of small cross section, high canter of gravity, uneven material, etc. Traditional directional blasting demolition is prone to phenomena such as "sinking, early breaking, out-of-control direction" and other phenomena, and the safety risk is extremely high. To investigate the phenomena of sinking and early breaking of towering reinforced concrete chimneys during blasting demolition. Taking a demolition project of a 180m chimney as an example, the motion state of the chimney's sinking and air-breaking was observed and analysed through vibration monitoring, Digital Image Correlation (DIC) analysis of the support area, blasting video analysis and other means. The results show that the collapse process of a super-high chimney can be divided into 7 processes： initiation-cut penetration-sinking-deviation-breaking-touching the ground. Among them, the phenomenon of early breakage is likely to occur between the completion of sinking and the deviation of the chimney to 30°, and the breakage site is located at the upper 1/3 of the chimney height. In order to solve the problem of early breakage of tower chimneys and out-of-control direction,

作者信息：罗鹏，工程师、博士研究生，272886755@qq.com。

control measures such as optimising the shape and central angle of the blast cutting, gradually initiating the blast cutting and raising the blast cutting have been proposed.

Keywords：ultra high reinforced concrete chimney；directional blasting；early break bontrol bethod

1　引言

近年来，爆破拆除烟囱的高度已达240m，其中，在爆破拆除150m以上的高烟囱时，烟囱出现严重下坐的情况时有发生，并在开始起偏的短时间内发生筒壁中部断裂甚至脱离，导致上段烟囱倒塌方向失控，下段烟囱受到反力从而炸而不倒或者反向倒塌，从而引发严重的安全事故。

针对烟囱的早断现象，杨建华[1]建立烟囱在爆破拆除定向倾倒过程中的力学模型，分析了其破坏机制，认为高度超过150m的钢筋混凝土烟囱在倾倒角度超过40°后，均可能在离顶部约1/3高度处发生断裂，烟囱越高，折断发生的时间越早。侯吉旋[2]认为质量均匀分布烟囱的断裂点距离顶部1/3处，而对于上细下粗的烟囱，断裂点将会下移。唐海[3]认为烟囱在倾倒过程中主要发生弯曲破坏，首次折断的部位约在距离顶部1/3高度处，强度不大的烟囱可能会有多次折断。周俊珍[4]通过烟囱空中折断的力学模型推导出烟囱倒塌过程中最大剪力和最大弯矩位置分别在$2/3H_0$和$1/3H_0$处，并提出烟囱折断是烟囱材料、结构、风化程度和爆炸荷载等因素综合作用的结果。孙金山[5]通过对一座180m烟囱的下坐和空中断裂过程的观测分析，认为烟囱在下坐结束阶段冲击基础时产生的冲击荷载将在烟囱中段引起大于底端应变的应变，是烟囱发生早期断裂的主要原因。

目前，关于超高烟囱空中折断问题的理论研究较为丰富，但对于控制技术的研究较少。本文将以一座180m钢筋混凝土烟囱的爆破拆除工程为背景，观测其运动和断裂过程，探讨烟囱爆破拆除中早断现象的控制方法。

2　工程案例

2.1　爆破方案

爆破拆除的钢筋混凝土烟囱高180m，所用混凝土标号C30，内置双层钢筋，环向配水平箍筋，烟囱主要结构尺寸见表1。经计算，烟囱重心高度$Z_c = 61m$，筒身+90.00m、+140.00m、+173.75m三处设有信号平台，底部共有2个烟道口。烟道口1中心线位于烟囱北偏西60°，+0.46m~+5.78m标高处，宽5.40m；烟道口2中心线位于烟囱底部正北方向，标高7.50~12.82m，宽5.40m，如图1（a）所示。

表1　烟囱结构及配筋

Tab. 1　Chimney structure and reinforcement

标高/m	壁厚/mm	隔热层/mm	内衬/mm	配　筋	
				竖筋	环筋
+20.0~+30.0	500	80	240	外 φ22@200 内 φ14@200	外 φ18@200 内 φ14@200
±0.0~+20.0	500			外 φ22@200 内 φ16@200	

烟囱采用正梯形爆破切口，向北偏西 60°定向倾倒爆破方案[6]。切口高度 6.00m，扩大原有烟道口 1 成为拱形导向窗[7]，爆破切口参数见表 2，爆破切口展开图如图 1（b）所示。

表 2　爆破切口参数
Tab. 2　Blasting parameter

爆破切口形状	爆破切口圆心角/(°)	爆破切口高度/m	导向窗尺寸/m	定向窗形状	定向窗夹角/(°)
正梯形	216	6.0	宽：8.00 高：11.00	直角三角形，采用绳锯切割成型	30

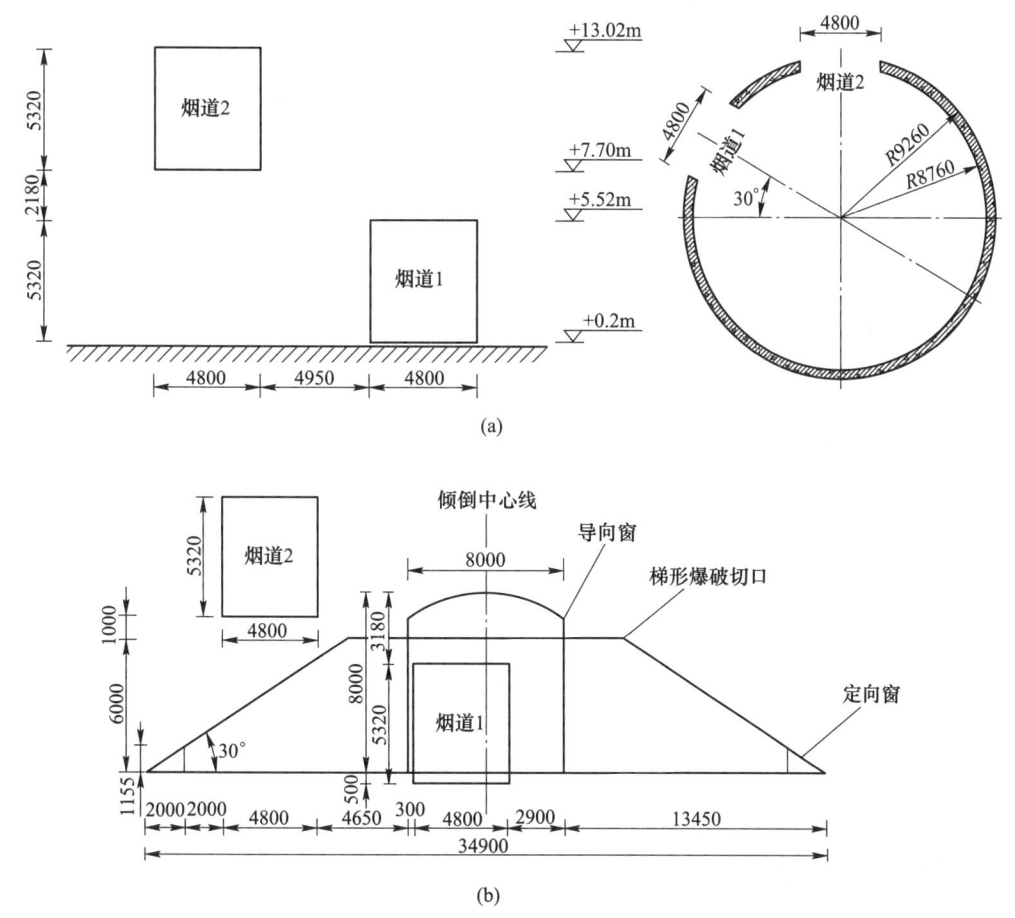

图 1　爆破方案
（a）烟囱结构示意图；（b）爆破切口展开图（单位：mm）
Fig. 1　Blasting plan of the chimney

2.2　爆破效果模拟

受倒塌空间环境限制及烟囱底部烟道 2 位置限制，正梯形爆破切口左侧斜边位于烟道 2 正下方，过大的下坐会导致烟道 2 下部筒壁破坏，并与切口联通，削弱倾倒中心线左侧支撑，造成烟囱实际倾倒向左偏移，对周边保护对象造成破坏。因此，爆破前使用 ANSYS/LS-DYNA 有限元分析软件对烟囱进行 1 : 1 建模，筒壁及钢筋采用 *MAT_PLASTIC_ KINEMATIC 定义，地面采用 *MAT_RIGID 定义为刚体，通过 *ADD_EROSION 关键字控制爆破切口生成，预测向左偏移角度及验证爆破方案可行性[8-9]，爆破效果模拟情况如图 2 所示。

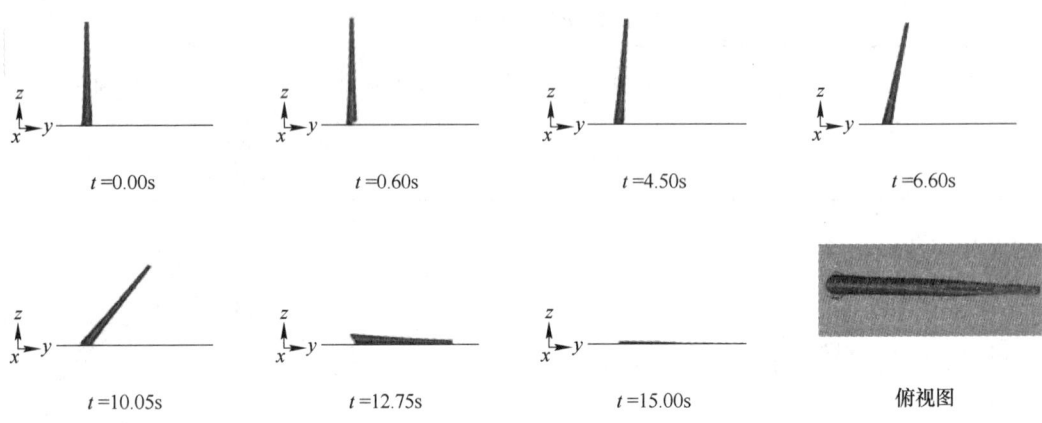

t=0.00s　　　　　　t=0.60s　　　　　　t=4.50s　　　　　　t=6.60s

t=10.05s　　　　　t=12.75s　　　　　t=15.00s　　　　　俯视图

图 2　爆破效果模拟

Fig. 2　Blast effect simulation

通过模拟结果可以看出，此方案能够保证烟囱整体倒塌，倒塌历时 15.1s，烟囱倒塌后向烟道口 2 方向发生少量偏移，偏移角约 2°。

3　支撑区下坐运动过程监测及分析

3.1　监测方案

在烟囱支撑区涂刷 12m 高散斑区域，标记散斑区域及高度，将高速摄影机架设在其正后方 10m 位置，监测支撑区破坏过程；在支撑区外围布置数台运动相机，监测爆破切口的闭合过程。揭示烟囱支撑区失稳破坏过程，分析支撑区出现严重下坐的成因，提出控制下坐量的技术方法。支撑区监测设备如图 3 所示。

(a)　　　　　　　　　　　(b)　　　　　　　　　　　(c)

图 3　监测设备

（a）散斑区域；（b）运动相机；（c）无人机

Fig. 3　Monitoring equipment

3.2　支撑区运动过程

　　爆破切口形成后约 0.5s，从定向窗顶端起产生了与水平方向夹角约 45° 的裂缝（见图 4 (a)），并迅速向支撑区中心发展；起爆后约 1.2s，两侧裂缝贯通，支撑区中心崩解（见图 4 (b)），支撑区被瞬间压溃，烟囱开始下坐；起爆后约 3.5s 下坐停止（见图 4 (c)），烟囱沿预定方向缓慢倾倒，直至完全倒塌。

图 4　支撑区破坏过程

（a）t = 0.5s；（b）t = 1.2s；（c）t = 3.5s；（d）t = 7.0s

Fig. 4　Destruction process in the support part

3.3　支撑区破坏过程分析

　　对高速摄影机所采集到的支撑区动态破坏过程进行 DIC 分析，获得烟囱下坐过程中支撑区运动数据，如图 5~图 7 所示。

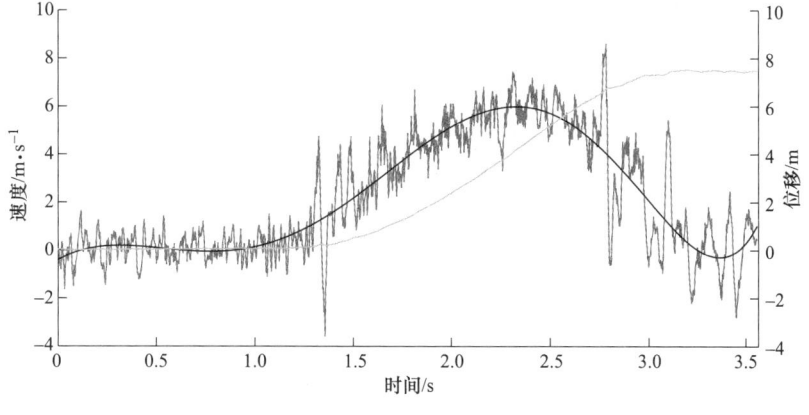

图 5　支撑区速度、位移时程曲线

Fig. 5　Velocity and displacement time-history curves in the support part

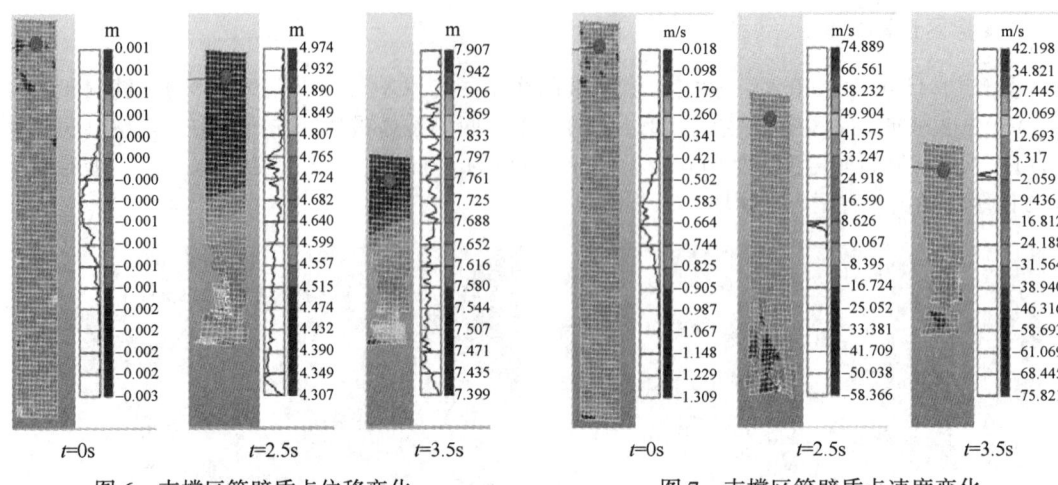

t=0s	t=2.5s	t=3.5s

图 6　支撑区筒壁质点位移变化

Fig. 6　Particle displacement change in support part

图 7　支撑区筒壁质点速度变化

Fig. 7　Particle velocity change in support part

烟囱在支撑区两侧裂缝交汇后开始下坐，下坐过程持续约 2.3s，期间下坐速度先随时间平稳增长，起爆后 2.5s 下坐速度达到最高 8.26m/s，随后迅速衰减并逐渐停止，趋于结束时发生微小"回弹"。由于烟道口 2 与爆破切口左侧尖角及爆破切口顶部距离过近，烟囱支撑区破碎下坐过程中造成左右受力不均，导致烟囱产生轻微转动，至下坐完成时偏转角约 3°，下坐总高度约 7.9m。

4　筒壁区空中断裂过程监测及分析

4.1　空中断裂过程

爆破场地观测由专业影视航拍无人机完成，设备如图 3（c）所示。观测点位于场地东北方。空中折断过程如图 8 所示，烟囱在下坐结束后，沿预定倾倒方向加速倒塌，起爆后约 6.6s，烟囱+100m 高程处发生断裂，断裂后的上半段筒体在自重与惯性作用下继续沿设计倾倒方向倒塌，下半段筒体则脱离设计方向继续倾倒，倾倒过程如图 8 所示。

4.2　空中断裂过程分析

将录像导入千眼狼爆破分析软件，对烟囱顶端进行追踪，得到烟囱顶部质点运动轨迹与位移时程曲线，如图 9（a）和（b）所示。将质点位移曲线对时间求导，近似获得烟囱顶部质点的速度（见图 9（c））、加速度（见图 9（d））时程曲线。在烟囱下坐期间，烟囱顶部运动状态与支撑区基本吻合，断裂发生后，烟囱上半部分摆脱与下半部分筒身的连接，进入加速坠落阶段，最大加速度约为 10m/s²，近似做自由落体运动，总体呈现下坐—起偏—折断—加速偏转—触地等。

5　烟囱倒塌效果

烟囱倒塌后爆堆如图 10 所示。烟囱上半段筒体倒塌位置与设计方向基本吻合，下半段筒体则偏离设计方向 15°。两段筒体均解体完全，空中折断未对周边建筑造成破坏。

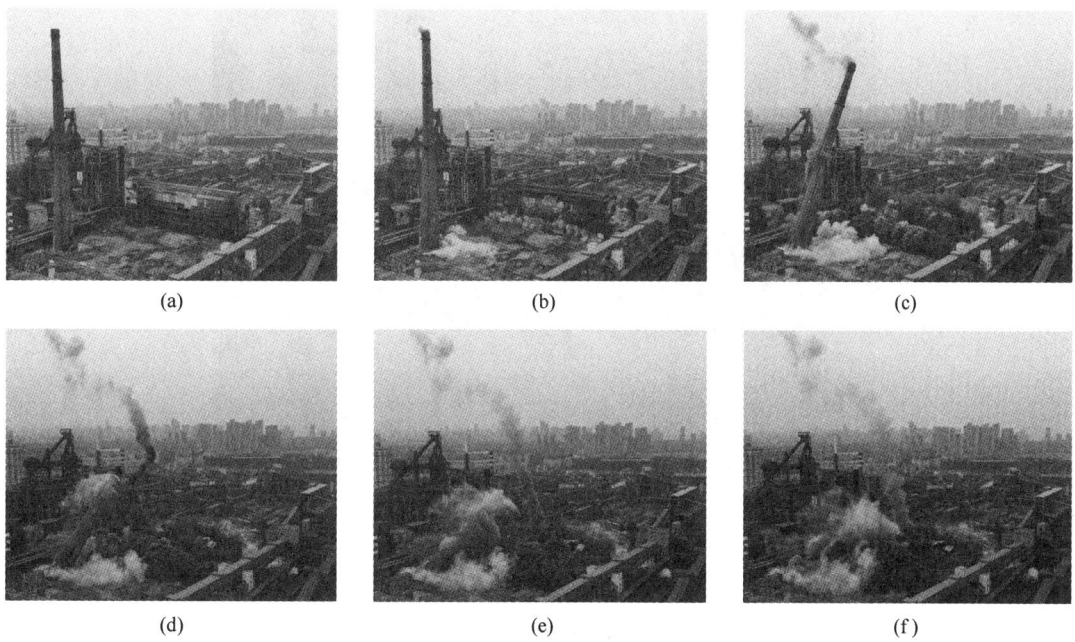

图 8　烟囱空中折断过程

（a）$t=0.0$s；（b）$t=0.6$s；（c）$t=6.6$s；（d）$t=9.2$s；（e）$t=13.3$s；（f）$t=15.1$s

Fig. 8　Breaking in the air of chimney

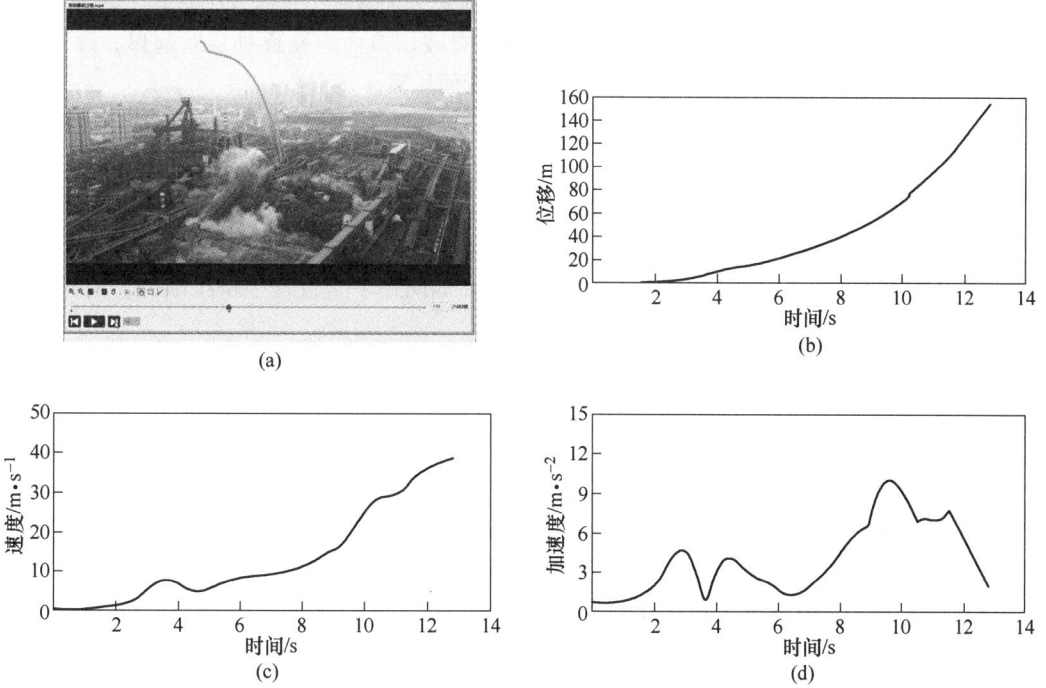

图 9　烟囱顶端运动状态

（a）烟囱顶部质点运动轨迹；（b）烟囱顶部质点位移；（c）烟囱顶部质点速度；（d）烟囱顶部质点加速度

Fig. 9　Movement of the top of the chimney

图 10　烟囱爆破效果图

Fig. 10　Diagram of chimney muck pile

6　烟囱早断控制技术

烟囱的空中折断现象与强烈的下坐密不可分。预防空中折断可通过预防与控制烟囱的下坐、使烟囱更快形成倒塌趋势及通过烟囱自身结构耗散能量三方面着手，具体方法如下（见图 11）。

（1）利用数码电子雷管延时精准的特点，调控爆破切口内炮孔逐排延时起爆，逐渐减小支撑区域面积，避免烟囱受力体系突变导致支撑区瞬间压溃。

（2）优化爆破切口形状，采用三角形或喇叭形爆破切口，使支撑区截面面积逐渐过渡至整个圆环截面，增大支撑区的极限承载力，避免支撑区被瞬间整体压溃。

（3）优化爆破切口的圆心角，在满足倾覆条件时，需考虑支撑区的残余承载力，通过增大支撑区截面面积或对支撑区进行加固，提高其抗压强度，减小下坐的速度。

（4）将爆破切口抬高，使切口上部与下部筒壁在烟囱在下坐过程中挤压破碎，消耗能量，起到缓冲作用，避免反向加速度过大[10]。

7　结论

高烟囱由于其高度高、自重大、支撑截面小，在爆破拆除过程中容易出现下坐和中部断裂的现象，严重影响爆破安全和爆破效果。以一座 180m 高钢筋混凝土烟囱爆破工程为例，分析了烟囱下坐和空中断裂过程中的运动状态，研究并提出了几种烟囱爆破拆除防早断技术，得到以下结论。

（1）超高烟囱倒塌过程分为起爆—切口贯通—下坐—起偏—折断—触地等 7 个过程。

（2）早断现象易出现在下坐完成至烟囱偏转至 30° 之间，且断裂部位位于烟囱高度上部1/3 处。

（3）通过优化爆破切口形状与圆心角、优化爆破切口参数和形状、爆破切口渐进起爆、抬高爆破切口等措施可控制超高烟囱筒壁过早发生断裂，导致倾倒方向失控。

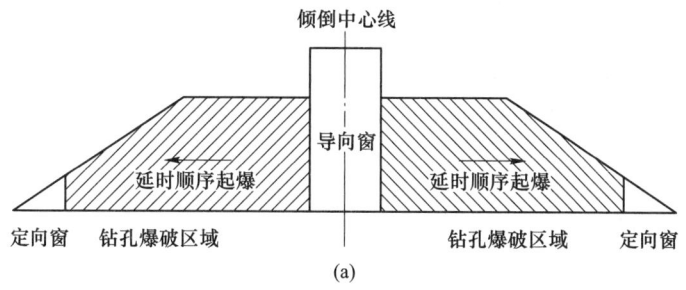

(a)

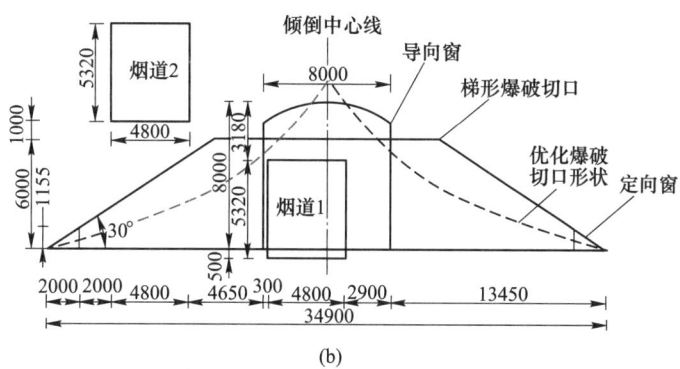

(b)

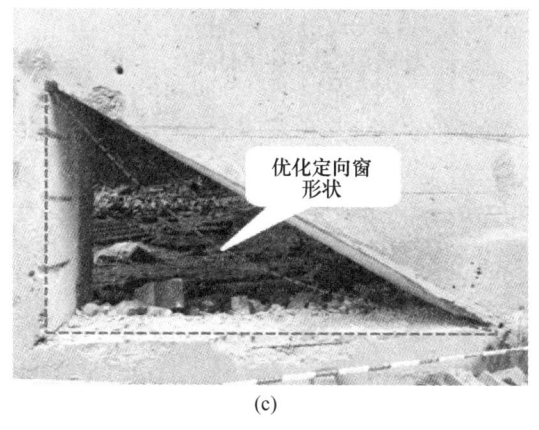

(c)

(d)

图 11　烟囱防早断技术

（a）延时顺序起爆；（b）优化爆破切口；（c）优化定向窗；（d）高位切口

Fig. 11　Chimney fracture prevention technology

参 考 文 献

［1］杨建华，马玉岩，卢文波，等．高烟囱爆破拆除倾倒折断力学分析［J］．岩土力学，2011，32（2）：
　　　459-464.

［2］侯吉旋，李志昂，郭兴，等．质量非均匀分布的烟囱在倾倒过程中的力学分析［J］．大学物理，2017，
　　　36（6）：50-51，55.

［3］唐海，梁开水，张成良．烟囱爆破倾倒折断的力学浅析［J］．爆破，2003，20（1）：9-11.

［4］周俊珍，李科斌．烟囱爆破时空中折断现象的数值模拟［J］．采矿技术，2014，14（5）：148-
　　　150，160.

［5］孙金山，谢先启，贾永胜，等．钢筋混凝土烟囱爆破拆除的下坐及早期断裂预测［J］．爆炸与冲击，2022，42（8）：160-174.

［6］陈德志．高耸构筑物爆破理论及技术［M］．北京：科学出版社，2018.

［7］陈德志，何国敏，丁帮勤，等．南昌电厂210m烟囱定向爆破拆除安全技术［J］．工业安全与环保，2012，38（5）：52-54.

［8］叶家明．超高钢混烟囱倒塌精度影响因素数值模拟研究及应用［D］．淮南：安徽理工大学，2021.

［9］胡彬，杨赛群，李洪伟，等．超高钢混烟囱爆破切口角度计算及数值模拟［J］．工程爆破，2022，28（1）：99-106.

［10］徐顺香，谢广波，陈德志，等．+40m高位切口定向爆破拆除一座150m和两座210m高烟囱［J］．爆破，2022，39（4）：120-124，137.

复杂环境下隧道爆破振动控制关键技术

张凤海[1]　朱明德[2]

（1. 重庆市工程爆破协会，重庆　401147；

2. 重庆福斯特建设工程有限公司，重庆　400015）

摘　要：本文主要对在中心城区复杂环境下隧道爆破的振动控制进行了爆破试验总结，为复杂环境下隧道爆破开挖提供参考依据。通过不同的掏槽方式、起爆顺序调整、时差控制、齐爆药量优化，获取爆破振动的相关参数，利用萨道夫斯基公式回归 K、α 值，指导优化钻爆参数，达到控制爆破振动的目的。由于电子雷管的普及，隧道掘进各种掏槽方式的逐孔起爆得以实现；通过对爆破振动波的分析，有针对性地调整不同炮孔的起爆时差，尽量实现爆破振动波的错相叠加效应，有效控制了爆破振动。

关键词：复杂环境　隧道爆破　振动控制

Key Technology of Tunnel Blasting Vibration Control in Complex Environment

Zhang Fenghai[1]　Zhu Mingde[2]

（1. Chongqing Association of Engineering Blasting，Chongqing 401147；

2. Chongqing First Construction Engineering Co.，Ltd.，Chongqing 400015）

Abstract：In this paper, the vibration control of tunnel blasting in the complex environment of the Central City is summarized, which provides a reference for tunnel blasting excavation in the complex environment. The parameters of blasting vibration are obtained through different cutting methods, the adjustment of initiation sequence, the control of time difference and the optimization of homogeneous charge, the aim of controlling blasting vibration is achieved. Because of the popularity of electronic detonators, hole-by-hole initiation of various tunnel tunneling methods can be realized, the stacking effect of blasting vibration wave can be realized as far as possible, and the blasting vibration can be controlled effectively.

Keywords：complex environment；tunnel blasting；vibration control

1　引言

随着城市交通的发展，在中心城区进行地下开挖项目越来越多，特别是主城 CBD 中心区，其周边环境十分复杂，如建构筑物老旧，有学校、医院、文物、高铁、轨道等重要建构筑物，

作者信息：张凤海，高级工程师，1134911819@ qq. com。

地下管网众多，人口密集。为了尽量减小爆破开挖对周边环境的影响（主要是爆破振动的影响），部分项目采用机械开挖方式。与爆破开挖相比，机械开挖施工进度慢、工程造价高。尤其在重庆市主城区，隧道穿越地层主要岩层为砂岩、砂质泥岩互层，岩石强度普遍较高，采用爆破开挖具有明显的优势和必要性，会取得较好的社会效益和经济效益。采用爆破开挖既要将爆破振动控制在《爆破安全规程》规定的范围内，又要满足业主及相关部门提出的更为严格的其他要求，增强市民的安全感、舒适感。因此如何最大程度控制爆破振动是中心城区进行爆破施工亟待解决的问题。本文主要对在中心城区复杂环境下隧道爆破的振动控制进行爆破试验总结，解决爆破振动控制关键技术，为在复杂环境下隧道爆破开挖控制振动提供参考依据。

2　爆破试验段项目概况

　　爆破试验在重庆市主城渝中区某轨道交通项目施工通道进行。施工通道原为机械开挖，月进尺约 50m；断面宽 6.48m，高 6.44m，开挖断面积 38.5m^2，地质以砂质泥岩为主，局部夹杂层状砂岩，岩体较完整，隧道埋深 12~36m。爆破区域周边需保护对象为砖混结构民房（距爆破点最近水平距离 19m、垂直距离 12m）、图书馆文物距爆破点最近水平距离 31m、垂直距离 60m）、学校砖混结构教室（距爆破点最近水平距离 47m、垂直距离 65m）。

　　根据《爆破安全规程》[1]的规定及相关部门的要求，结合保护对象的结构类型，砖混结构民房及学校教室最大允许安全振速控制值定为 0.5cm/s，图书馆最大允许安全振速控制值要求小于 0.3cm/s。

　　爆破试验主要工作内容：确定合理的爆破循环进尺、合理的掏槽方式、最大单孔药量及最大齐爆药量；获取相同药量下不同孔位（掏槽孔、辅助孔、周边孔）单响时的爆破振动波参数，回归萨道夫斯基公式中的 k、α 值，指导后续施工；确定不同孔位的合理延时时差；确定合理的起爆顺序。

3　合理爆破循环进尺的确定

　　施工通道采用机械开挖时，每天进尺约 2m，月进尺约 50m。

　　在确保安全可控的情况下，为了充分发挥爆破开挖的技术、经济优势，兼顾支护设计的要求，初步拟定爆破循环进尺 2.0m。

　　在中心城区施工，爆破施工受爆破时间及爆破器材供应等限制，只能在白天进行爆破作业。根据爆破工艺编制的循环进度表，2 天完成 3 个循环，每循环进尺 2.0m 较为合理，则月进尺约 75m，开挖进度提高 50%。

4　掏槽方式的选择与确定

　　爆破掘进选择了机械掏槽、大直径中空孔直眼掏槽、楔形掏槽等三种掏槽方式进行试验。

4.1　机械掏槽

　　机械掏槽可以直接增加新的临空面，良好的临空面不仅有利于提高炮眼利用率，也有利于降低爆破振动。采用机械破碎在断面的中下部形成直径 1.2m、深 2.2m 的空腔。扩槽炮孔深度 2.2m，单孔装药量 1.2kg，本次试验逐孔起爆起爆时差设为 25ms，实测直线距离 22m 处的砖混结构民房基础爆破振速为 0.42cm/s。试验证明，合理的延时时差使爆破振动波叠加较少，逐孔起爆的爆破振速即为单段药量的爆破振速。

　　机械掏槽的优点在于采用机械施工为爆破提供足够的临空面，避免爆破掏槽产生较大的振动，掘进孔及周边孔做到逐孔起爆，单响爆破振动最大限度不叠加，达到控制爆破振动的目的。但机械掏槽施工时间较长，影响施工进度，且成本较高。

4.2 大直径中空孔直眼掏槽

在断面的中下部布置直眼掏槽，大直径中空孔（D150mm）孔深2.2m，直眼掏槽孔孔深2.2m，装药量1.8kg，对称起爆，起爆时差设为25ms，直眼掏槽炮孔布置如图1所示[2]。

现场实测直线距离22m处的砖混结构民房基础爆破振速为0.48cm/s，炮孔利用率达90%以上。

直眼掏槽的优点在于：炮孔深度不受断面大小限制，适合于钻孔台车施工。但直眼掏槽炸药单耗高，单位面积钻孔量大，钻孔精度要求高，对钻工的技术水平要求高。

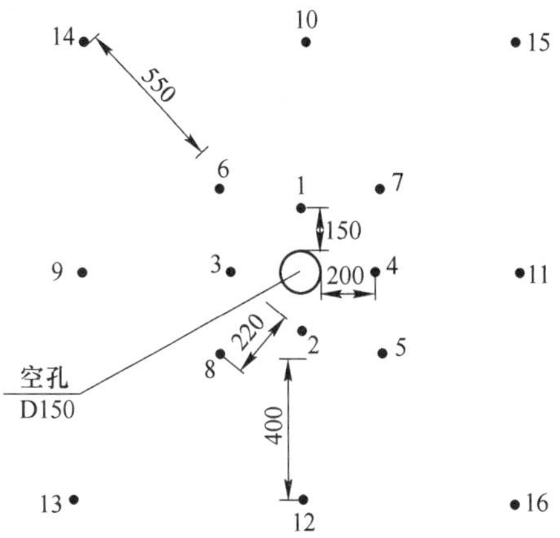

图 1　直眼掏槽炮孔布置

Fig. 1　Layout of straight cut holes

4.3 楔形掏槽

试验采用复式楔形掏槽，掏槽孔深最大2.5m，最大单孔装药量1.5kg，对称起爆，延时时差为5~10ms，复式楔形掏槽炮孔布置如图2所示。

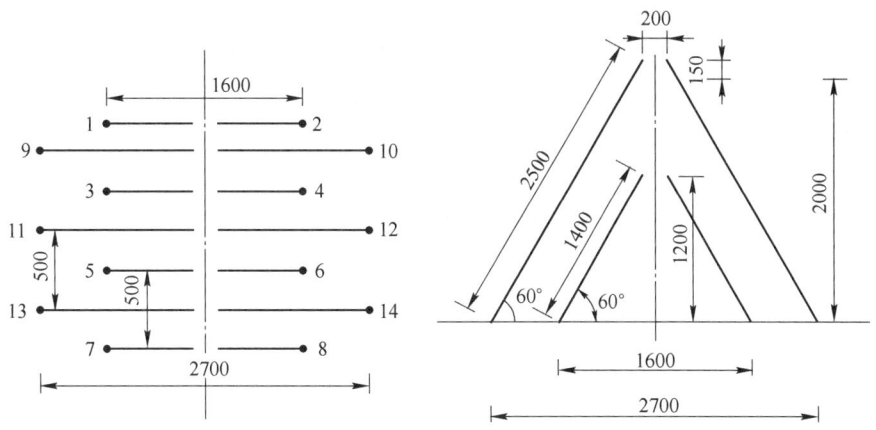

图 2　复式楔形掏槽炮孔布置图

Fig. 2　Layout of double wedge cut holes

现场实测直线距离22m处的砖混结构民房基础爆破振速为0.38cm/s，炮孔利用率达90%以上。

楔形掏槽的优点在于对钻工技术、钻孔精度要求一般，操作简单，单位钻孔量少，炸药单耗低，但楔形掏槽受断面大小限制。

4.4 掏槽方式确定

经过掏槽爆破试验对比，采用楔形掏槽较为合理。

5　楔形掏槽爆破参数

本次试验采用复式楔形掏槽[2]，尽量减小掏槽孔的最小抵抗线，从而降低单孔装药量，楔形掏槽爆破参数见表1。

表 1　楔形掏槽参数表
Tab. 1　Wedge cut parameter table

炮孔名称	炮孔编号	炮孔数目/个	炮孔间距/m	炮孔排距/m	炮孔长度/m	单孔装药量/kg	装药量小计/kg
掏槽孔 1	1~8	8	0.5	—	1.4	1.0	8.0
掏槽孔 2	9~14	6	0.5	0.55	2.5	1.5	9.0
合计		14					17.0

6　K、α 值的获取

本次试验，对掏槽孔、辅助孔、周边孔的单响振动波进行了监测。对收集的振动波数据进行了分析和回归[3]。

使用同一监测线上 5 组实测数据，通过萨道夫斯基公式计算爆破点至保护对象的地形、地质条件有关的系数和衰减指数：

$$v = K(Q^{1/3}/R)^{\alpha}$$

式中，K、α 为回归方程的回归系数；Q 为齐发药量，kg；R 为爆心距，m；v 为振动速度，cm/s。

根据最小二乘法，将各监测点的质点振动速度值 v 及齐爆药量 Q、爆心距 R 分别代入上式，进行回归分析计算，得到该地质与地形条件下的 K 和 α 值。

隧道爆破单孔装药量一般在掏槽孔最大，且在相同药量、爆心距、测点条件下，其爆破振速最大，爆破振动波在 Z 轴方向对保护对象的影响最大，本次对掏槽孔振动波 Z 方向振速数据的 k、α 进行回归分析（见表2），对爆破振动控制具有指导作用。

表 2　K、α 回归分析计算表
Tab. 2　K、α regression analysis table

监测点	实测振速 v/cm·s^{-1}	齐爆药量 Q/kg	爆心距 R/m	$x = \lg(Q^{1/3}/R)$	$y = \lg v$
1	0.48	1.5	26	−1.356	−0.319
2	0.235	1.5	35	−1.485	−0.629
3	0.146	1.5	48	−1.623	−0.836
4	0.083	1.5	56	−1.689	−1.018
5	0.077	1.5	67	−1.767	−1.114
平均				−1.584	−0.796
	α	1.994	K	230.552	

经计算得 $K = 230.552$，$\alpha = 1.994$。本次试验掏槽孔爆破获取 $K = 230$，$\alpha = 2.0$。

7　起爆时差的确定

通过试验及振动监测数据分析，不同孔位的振动波主频和周期有所不同，影响爆破振速的主要参数即最大齐爆药量。采用电子雷管可以实现逐孔起爆，最大单孔装药量即为最大齐爆药

量。如果时差间隔足够长，则相邻两孔爆破振动波不会叠加，即单响爆破振速为最大振速，这是控制爆破振速的最低要求。如果时差间隔合理，利用振动波的错相叠加效应，可进一步减小爆破振动效应。但由于岩石的各向异性、爆破振动传播路径不同等因素的影响，确定错相叠加的起爆时差较为困难。

7.1 掏槽孔时差确定

隧道爆破采用楔形掏槽方式，在未使用电子雷管前，至少需成对掏槽同时齐爆方能保证良好的掏槽效果。

实践证明，相邻掏槽孔时差控制在 2~10ms 内，前一响炮孔爆破之后，为后续炮孔爆破提供新的临空面，同时也能充分利用炸药爆炸应力波的叠加效应达到掏槽目的。

在掏槽孔相同药量、相近孔位、相同测点位置及距离的条件下，测得单响振动波形图（见图3）和时差间隔5ms相邻两响振动波形图（图4）。

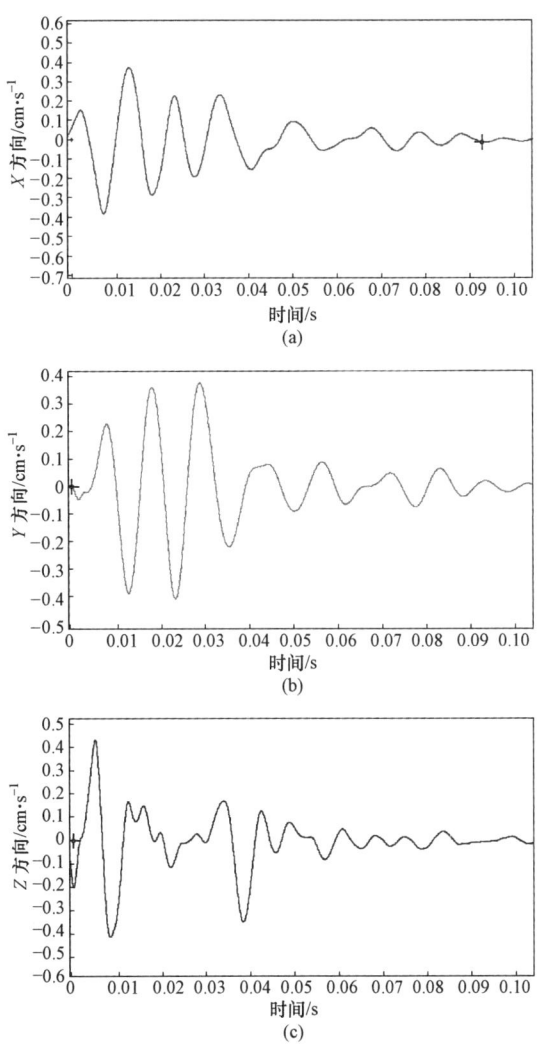

图 3　单响爆破振动波形图

Fig. 3　Single blast vibration wave diagram

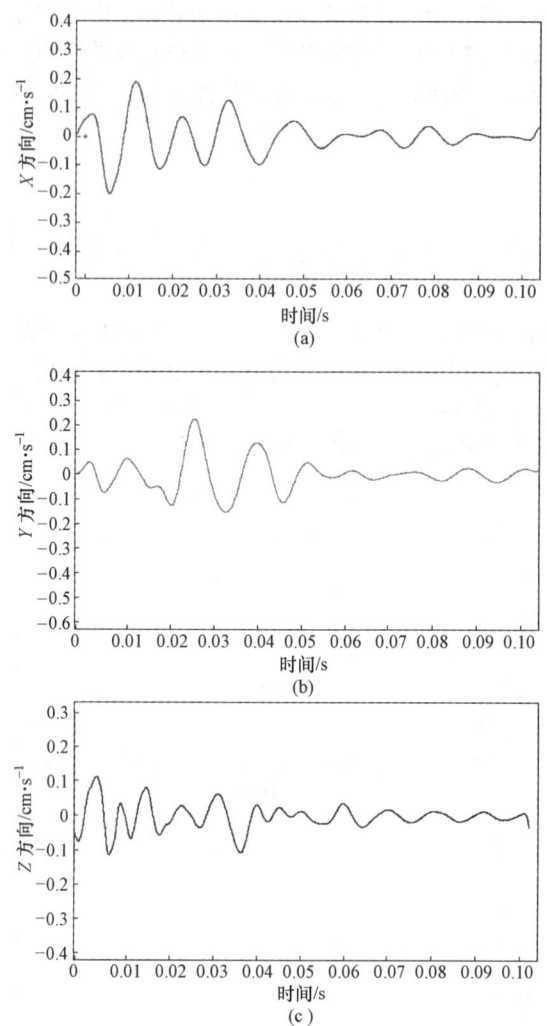

图 4　相邻两响时差间隔 5ms 爆破振动波形图

Fig. 4　The v liration wave chart of two adjacent blasting time difference interval of 5ms

根据图 3 和图 4 可以看出，单响振动波在 50ms 时振速衰减至最大峰值的 25%左右，若时差在 50ms，考虑振动波最不利的叠加效应，即最大振速为单响最大峰值的 1.25 倍。本次监测单响振动波主频为约 100Hz，即周期为 10ms。

掏槽相邻两响时差间隔 5ms 即单响振动波周期的 1/2，最大程度地利用振动波的错相叠加，减小爆破振速。从图 3 和图 4 可以看出，利用振动波错相叠加可以减小爆破振速，X、Y 方向减小爆破振速 50%，Z 方向减小爆破振速 75%。

试验也进行了 3 响间隔 5ms 起爆，但在第 3 响振速最大峰值时刻振速减小仅为 25%，主要原因为第 1、2 响振动波叠加后在第 3 响时刻叠加效应不明显。故本次试验在成对掏槽间加大时差间隔 25ms，即每对掏槽为 1 组，组内间隔 5ms，组间间隔 25ms，经过多次试验，振速可降低 50%，达到振动控制目的。

本次试验对爆破振动实施跟踪监测，一旦爆破振速达到安全控制值 0.5cm/s 的 80%，则根据监测结果进行分析调整间隔时差。

7.2 辅助孔时差确定

经过掏槽孔掏槽后，辅助孔第 1 个孔有 2 个自由面，由于采用了逐孔起爆，后续辅助孔，夹制作用与掏槽孔相比较小，爆破振动在相同药量情况下减小，同时辅助孔单孔装药量小于掏槽孔单孔装药量，控制爆破振动明显易于掏槽孔。

由于辅助孔相邻药包间距较大，为了尽可能避免爆破振动波的叠加效应。试验采用单响爆破振动波的 1.5 倍周期作为间隔时差。

经试验，本次辅助孔时差间隔 22ms，振速可降低 30%~50%。

7.3 周边孔时差确定

隧道掘进采用光面爆破，故周边孔抵抗线较小，单孔装药量较小。爆破振动较易控制，为了取得较好的光爆效果，周边孔最好的起爆时差为同时齐爆，但同时齐爆药量较大，爆破振动不能满足振动控制要求。原则上 3~4 个光爆孔为 1 组，即 1 组光爆孔药量不超过辅助孔单孔药量，则爆破振速应低于辅助孔爆破振速。

周边孔每组时差间隔采用单响爆破振动波的 1/2 周期间隔时差，即 10ms，既能控制爆破振动，又能达到良好的爆破效果。

7.4 起爆时差的调整

根据爆破振动监测结果，如爆破振速超过单响爆破振速控制值的 50%，则需对该次爆破振动波进行分析，找出爆破振速最大峰值所在时刻、相应炮孔位及齐爆药量、主频、周期，分析原因，对爆破参数及起爆时差、起爆顺序进行相应调整。

8 起爆顺序的确定

全断面起爆顺序依次为掏槽孔—辅助孔—光爆孔—底板孔。

8.1 掏槽孔起爆顺序

掏槽孔逐孔对称起爆，起爆顺序按 T1~T14 数字顺序逐孔起爆，如图 5 所示。

8.2 辅助孔起爆顺序

辅助孔起爆顺序在本次试验进行了两种不同的起爆顺序对比，一种是相邻孔逐孔顺序起爆，一种是断面中心线两侧对称起爆。

经试验，断面中心线两侧对称起爆的振动控制优于相邻孔逐孔顺序起爆，但爆破效果上相邻孔逐孔顺序起爆优于断面中心线两侧对称起爆。

辅助孔起爆顺序选取断面中心线两侧对称起爆，

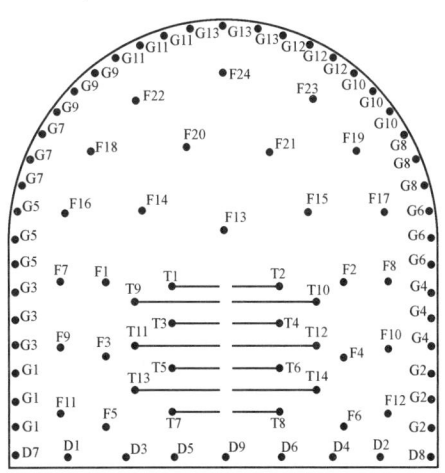

图 5 起爆顺序图

Fig. 5 Initiation sequence diagram

起爆顺序按 F1~F24 数字顺序逐孔起爆，如图 5 所示。

8.3　光爆孔、底板孔起爆顺序

光爆孔起爆顺序按 G1~G13 数字顺序逐组起爆，如图 5 所示。

底板孔起爆顺序按 D1~D9 数字顺序逐孔起爆，如图 5 所示。

9　试验结果

采用复式楔形掏槽，根据不同孔位的振动波，合理控制不同孔位的起爆时差（掏槽孔 5ms、辅助孔 22ms、周边孔 10ms），采用对称型逐孔起爆技术，有效控制了爆破振动效应（比单响爆破振速降低 50%）。

试验隧道长度 330m，每循环进尺 2.0m，距保护对象最近 22m，最大振速均在 0.5cm/s 以内。

通过不同孔位的单响爆破振动监测结果，分析爆破振动波参数，为确定爆破时差提供了依据，从而实现了爆破振动波错相叠加，有效降低了爆破振动。同时利用单响爆破振动监测结果，回归萨道夫斯基公式中的 K 和 α 值，为后续爆破施工提供了参考。

参 考 文 献

[1] 国家质量监督检验检疫总局. GB 6722—2014 爆破安全规程 [S]. 北京：中国标准出版社，2014.
[2] 汪旭光. 爆破设计与施工 [M]. 北京：冶金工业出版社，2011.
[3] 王路杰，王海亮. 浅埋隧道爆破振动衰减系数 K、α 值的回归分析 [D]. 青岛：山东科技大学，2015.

隧道爆破近区振动衰减规律研究

许华威[1] 凌贤长[1] 丁灏[2] 任思澔[2] 于科[2] 芦睿泉[3] 杨林[3] 管晓明[1]

(1. 青岛理工大学 土木工程学院, 山东 青岛 266520; 2. 中建八局第四建设有限公司, 山东 青岛 266100; 3. 青岛地铁集团有限公司, 山东 青岛 266071)

摘 要: 隧道爆破近区振动极易造成掌子面附近围岩过度损伤和支护结构破坏。通过采用现场试验监测与数值模拟方法, 研究了隧道不同炮孔爆破下掌子面前后方围岩的振动特征和振速衰减规律。结果表明: 在爆破近区掌子面附近, 周边孔爆破产生的峰值振速最大, 传播距离是关键因素。在爆破远区, 掏槽孔爆破产生峰值振速最大, 自由面条件和装药量是关键因素。隧道爆破近区拱顶振速和有效应力显著高于其他部位, 在爆破作用下更容易发生破坏。掌子面前方围岩峰值振速随传播距离增加先迅速衰减, 后缓慢衰减。掌子面后方拱顶围岩振速在 0~2m 范围内先迅速衰减, 在 2~6m 范围内略有增大, 之后随传播距离的增加缓慢减小。主要是掌子面后方受已开挖隧道影响, 在 2~6m 一定范围内存在空洞放大效应所致, 在爆破施工中应进行重点监测。

关键词: 隧道爆破; 振动测试; 数值模拟; 振动特性; 衰减规律

Vibration Characteristics and Vibration Velocity Attenuation Law of Tunnel Blasting Near Field

Xu Huawei[1] Ling Xianzhang[1] Ding Hao[2] Ren Sihao[2] Yu Ke[2] Lu Ruiquan[3] Yang Lin[3] Guan Xiaoming[1]

(1. School of Civil Engineering, Qingdao University of Technology, Qingdao 266520, Shandong; 2. The Fourth Construction Co., Ltd., of China Construction Eighth Engineering Division, Qingdao 266100, Shandong; 3. Qingdao Metro Group Co., Ltd., Qingdao 266071, Shandong)

Abstract: The vibration in the near field of tunnel blasting can easily cause excessive damage to the surrounding rock near the tunnel face and damage to the supporting structure. By means of field test monitoring and numerical simulation, the vibration characteristics and vibration velocity attenuation law of surrounding rock in front and rear of tunnel face under different blasthole blasting are studied. The results show that the peak vibration velocity generated by the peripheral hole blasting is the largest near the tunnel face in the blasting near field, and the propagation distance is the key factor. In the far field

基金项目: 江汉大学省部共建精细爆破国家重点实验室、江汉大学爆破工程湖北省重点实验室联合开放基金资助项目 (PBSKL2022C06); 山东省自然科学基金面上项目 (ZR2022ME043); 青岛市科技惠民示范专项项目 (23-2-8-cspz-13-nsh)。

作者信息: 许华威, 在读硕士研究生, xuhuawei2019@163.com。

of blasting, the peak vibration velocity of cut hole blasting is the largest, and the free surface condition and charge quantity are the key factors. The vibration velocity and effective stress of the vault near the tunnel blasting are significantly higher than those of other parts, and it is more likely to be damaged under blasting. The peak vibration velocity of the surrounding rock in front of the tunnel face decreases rapidly with the increase of the propagation distance, and then decreases slowly. The vibration velocity of the surrounding rock of the vault behind the tunnel face decreases rapidly in the range of 0 ~ 2m, increases slightly in the range of 2 ~ 6m, and then decreases slowly with the increase of the propagation distance. The main reason is that the rear of the tunnel face is affected by the excavated tunnel, and there is a cavity amplification effect in a certain range of 2 ~ 6m, which should be monitored in the blasting construction.

Keywords: tunnel blasting; vibration test; numerical simulation; vibration characteristics; attenuation law

随着我国综合交通的不断发展，隧道建设的需求也在不断增加。在隧道及地下工程领域，其施工方法主要有盾构法、浅埋暗挖法和钻爆法。对于岩质隧道，钻爆法以其经济成本低、适用性强在隧道开挖过程中发挥着不可替代的作用。然而，这种开挖方法产生的振动、冲击破坏和飞石等有害影响，不可避免地对隧道爆破近区、围岩和支护结构造成过度损伤，对临近的建筑物、管线等造成振动破坏[1-3]，引发生产安全事故。因此，研究隧道爆破近区振动衰减规律，对保证隧道爆破施工安全具有非常重要的意义。

目前，针对隧道爆破振动传播规律的研究主要集中在爆源至地面及掌子面后方较远范围内的振动传播规律[4-8]，掌子面后方近区及前后方不同炮孔起爆下振动传播规律的研究较少。有些学者提出了隧道后方已开挖区上方地表的"空洞效应"。蔡军等人[9]通过对模拟结果的分析，得出爆破荷载0.8MPa作用下，空洞效应影响较大的区域位于距掌子面8~12m处的隧道拱顶处。刘志波[10]发现隧道掌子面两侧地表10m的范围内会产生空洞效应。综上，针对掌子面爆破近区、不同炮孔起爆下掌子面前后方振动衰减规律还鲜有研究，亟需展开进一步研究。

本文以棋盘山隧道爆破开挖为背景，对隧道掌子面后方拱顶进行振动测试，探究隧道掌子面后方爆破近区的振动传播规律，建立爆破近区周边孔振速预测公式。通过ANSYS/LD-DYNA模拟软件，建立全断面爆破开挖模型，首先验证模型的正确性，然后分析隧道掌子面前后方围岩振动响应特性，研究不同炮孔爆破作用下的振速衰减规律，分析空洞效应对振动特性的影响，为爆破近区爆破振动安全控制提供理论依据。

1 工程概况与施工方案

1.1 工程概况及爆破方案

棋盘山隧道全长2346m，隧道所属区域围岩成因较复杂，围岩级别也各不相同，主要以Ⅲ级为主。隧道采用全断面方法开挖爆破。隧道钻孔采用YT28风钻，孔径42mm，进尺4m，掏槽孔孔深为5m，其他类型炮孔深度为4m，单次爆破炸药总用量247.6kg，隧道炮眼布置如图1所示。

1.2 监测方案

本文以棋盘山隧道爆破施工为工程背景，在掌子面后方5m范围内沿隧道拱顶纵向布置9

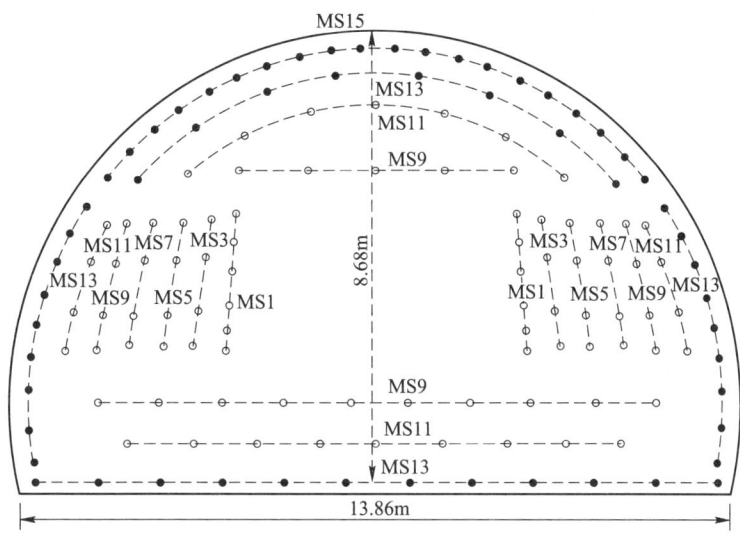

图 1 棋盘山隧道炮孔布置图

Fig. 1 Blasthole layout of Qipanshan tunnel

个监测点，测点方案如图 2 所示。本文以隧道掌子面为界，掌子面前方为隧道未开挖区，掌子面后方为隧道已开挖区。

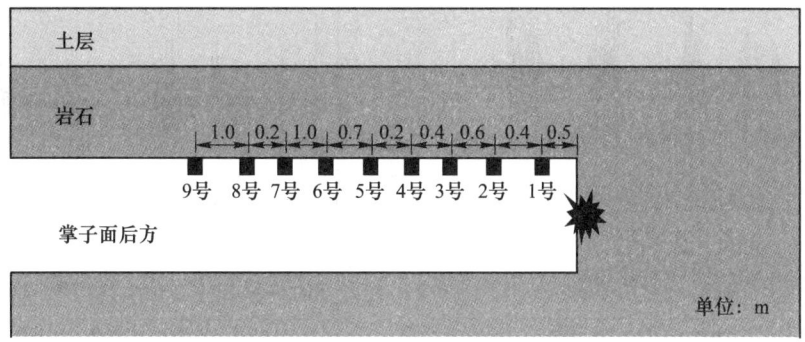

图 2 掌子面后方围岩振动测试示意图

Fig. 2 The schematic diagram of surrounding rock vibration test behind the tunnel face

1.3 爆破振动监测结果分析

在掌子面后方 5m 范围内进行了多次爆破振动试验，共获得 10 组典型振动数据，见表 1。实测的掌子面后方围岩典型振动速度波形如图 3 所示。

表 1 掌子面后方拱顶振动数据

Tab. 1 Vibration data of surrounding rock of vault behind tunnel face

测点距离掌子面水平距离/m	药量/kg	雷管段位	比例距离/m·kg$^{-1/3}$	振动速度/cm·s^{-1}
0.50	34.80	MS1	0.15	75.00
0.90	34.80	MS1	0.28	18.75

测点距离掌子面水平距离/m	药量/kg	雷管段位	比例距离/m·kg⁻¹ᐟ³	振动速度/cm·s⁻¹
1.50	34.80	MS1	0.46	29.50
1.90	34.80	MS1	0.58	11.14
2.80	34.80	MS1	0.86	16.50
3.80	34.80	MS1	1.16	12.23
4.00	34.80	MS1	1.23	21.33
5.00	34.80	MS1	1.53	14.71
0.50	8.00	MS15	0.25	84.00
0.70	8.00	MS15	0.35	36.00
0.90	8.00	MS15	0.45	17.00
1.30	8.00	MS15	0.65	37.00
1.90	8.00	MS15	0.95	18.00
2.80	8.00	MS15	1.40	15.00
5.00	8.00	MS15	2.50	13.00

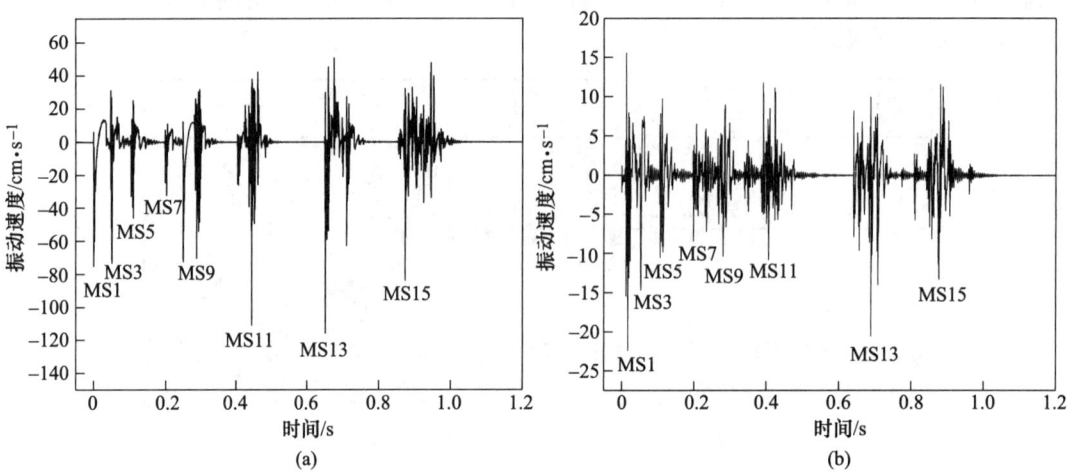

图3 掌子面后方不同距离处拱顶振动波形图

(a) 0.5m; (b) 5m

Fig. 3 Vibration waveform of vault surrounding rock at different distances behind the working face

由图3可以看出，当监测点距离隧道掌子面0.5m时，MS13段周边孔爆破引起的振动速度最大。而测点距离隧道掌子面5m时，MS1段掏槽孔爆破产生的振动速度最大。从上述分析可以看出，在隧道爆破近区周边孔产生的振动大于掏槽孔，对周边围岩的扰动更大。因此有必要对爆破近区周边孔的爆破作用进一步分析。本文采用萨道夫斯基经验公式对掌子面后方周边孔实测振速数据进行回归分析，得到周边孔爆破下掌子面后方拱顶振动的经验衰减公式：

$$v_{周边孔} = 12.78 \left(\frac{Q^{1/3}}{R} \right)^{1.26}, \quad R^2 = 0.75 \tag{1}$$

式中，Q 为每段位最大装药量，kg；R 为测点至爆心距离，m。

2 隧道爆破数值模拟

运用 ANSYS/LS-DYNA 软件建立隧道爆破开挖的数值模型。为节约计算时间，本文以 YOZ 面为对称面建立 1/2 对称模型，模型尺寸为 7m（长）×25m（宽）×9m（高），如图 4 所示。在模型对称面施加对称约束，顶面定义为自由面，其余均设置为无反射边界条件。炸药通过定义关键字 *MAT_HIGH_EXPLOSIVE_BURN 模拟，空气采用 MAT-NULL 材料模型和线性多项式状态方程 EOS-LINEAR-POLYNOMIAL 进行描述，岩石采用 MAT_PLASTIC_KINEMATIC 材料模型，材料参数取值参考文献 [1] 和 [2]。

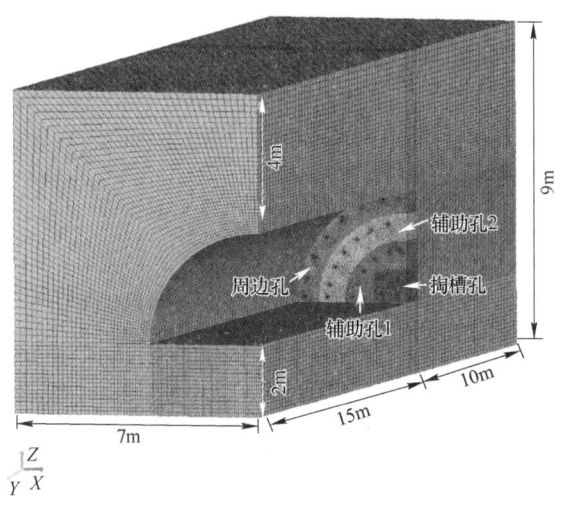

图 4　数值模拟及网格划分

Fig. 4　Numerical simulation and meshing

掌子面后方现场试验与模拟振动传播规律对比如图 5 所示。从图 5 可以看出，随着距掌子面水平距离的增大，现场实测与模拟得出的掌子面后方围岩振速衰减规律是一致的，在 0~1m

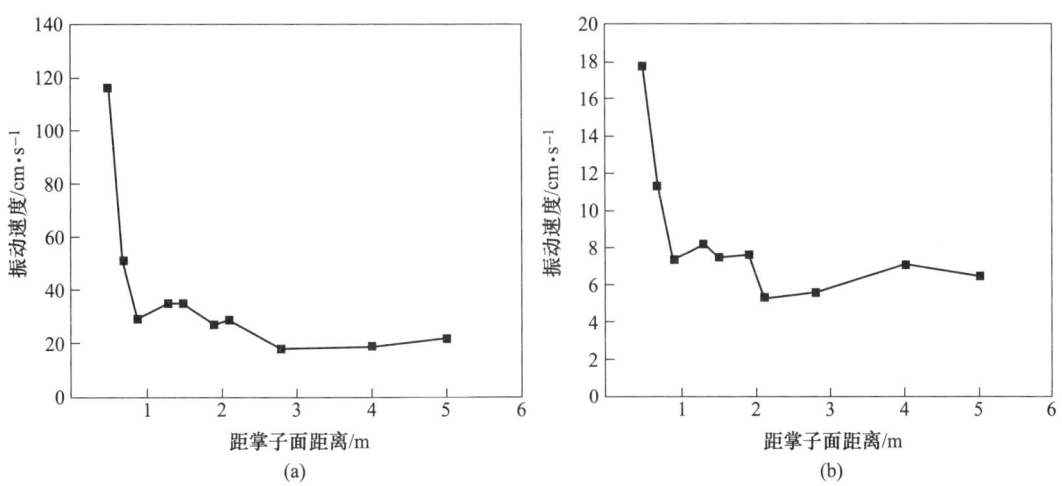

图 5　掌子面后方现场试验与模拟振动传播规律对比

（a）现场实测；（b）数值模拟

Fig. 5　Comparison of field test and simulated vibration propagation law behind the tunnel face

范围内均先迅速衰减，然后在 1~2m 处略微增大，之后缓慢衰减，证明了数值模型的正确性和可靠性。另外，为了节约计算成本，数值模拟简化了装药量和炮孔数目，数值模拟中的炮孔装药量要小于实际装药量，导致数值模拟中的振速小于现场实测值。

3　隧道爆破近区围岩振动规律

3.1　爆破地震波传播及围岩损伤特征

掏槽孔起爆下不同时刻介质有效应力云图如图 6 所示。从图 6 中可以看出，应力波在 $t=3.9$ms 时已经传播到掌子面后方侧壁，并随着时间的增加不断向后传播。在 3.9~5.2ms 期间应力波在侧壁上向后传播的过程中有所加强，这主要是由于爆破所产生的应力波在已成洞区隧道壁上不断反射和透射，在传播路径上多次叠加使得应力波增强。掌子面后方某一区域围岩上存在振动放大区，其振动响应大于其他部位围岩。在实际工程中可能会引起围岩裂隙扩展并贯通，造成围岩严重损伤、掉块、塌方等事故。

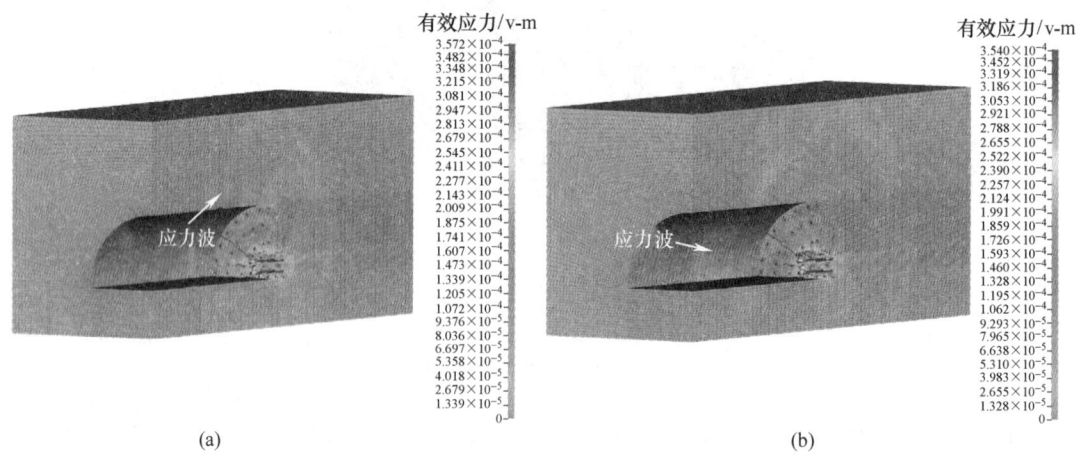

(a)　　　　　　　　　　　　　　　　　　　　(b)

图 6　掏槽孔起爆下不同时刻介质有效应力云图（单位：10^2GPa）

（a）$t=3.9$ms；（b）$t=5.2$ms

Fig. 6　The effective stress cloud diagram of the medium at different times under the blasting of the cut hole（unit：10^2GPa）

3.2　掌子面前后方围岩振动响应

掌子面前后方不同炮孔类型振动传播规律如图 7 所示。由图 7 可以得出：

（1）对于掌子面前方围岩，无论是掏槽孔和还是辅助孔、周边孔爆破，随着传播距离的增加，围岩的合成振速均先快速衰减，后缓慢下降。

（2）对于掌子面后方围岩，不同类型炮孔爆破的振动特性有显著差异。

1）当掏槽孔和辅助孔 1 起爆时，拱顶合成振速在掌子面后方 0~2 m 范围内先快速衰减，在 2~6m 范围内略有增加，呈现上下波动趋势，然后随着传播距离的增加缓慢下降。在 2~6m 的范围内，掌子面后方围岩受到已开挖隧道空洞放大效应的影响，导致爆破地震波在掌子面后方的拱顶产生反射和透射叠加而增大。

2）辅助孔 2 和周边孔爆破时，掌子面后方拱顶的合成振速先快速衰减，后缓慢下降。主要原因是周边孔和辅助孔2距离隧道侧壁较近，已开挖隧道的空洞放大效应不显著，呈现规律性衰减。

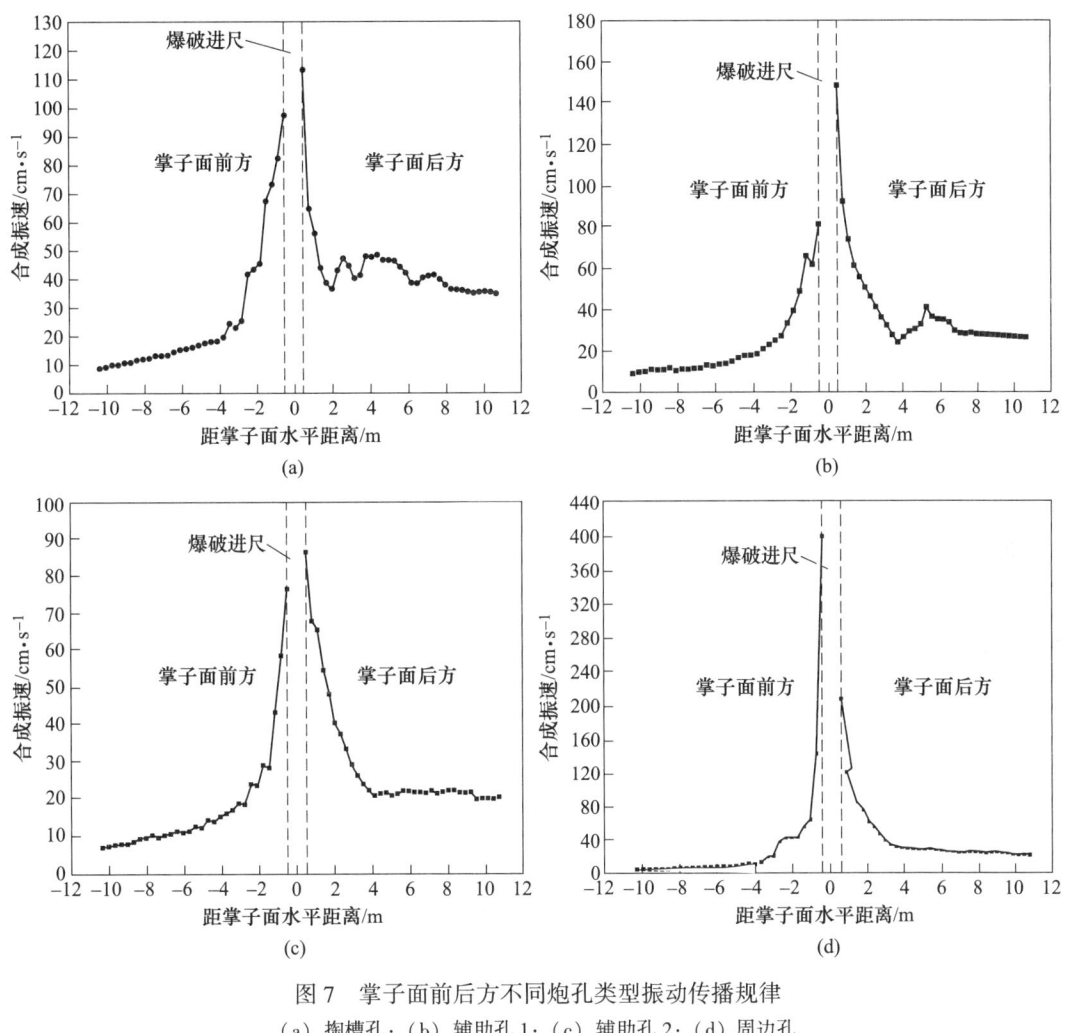

图 7　掌子面前后方不同炮孔类型振动传播规律

（a）掏槽孔；（b）辅助孔 1；（c）辅助孔 2；（d）周边孔

Fig. 7　Vibration propagation law of different blasthole types in front and rear of working face

3.3　掌子面后方不同炮孔振动传播规律

掌子面后方不同爆破孔的合成振速衰减规律如图 8 所示。通过图 8 可以看出，掌子面后方围岩振速随距离增加而不断减少，在距离掌子面较近的区域振速衰减迅速，距离掌子面较远的区域衰减缓慢。主要是由于岩石具有高滤波性，加上振动波在岩石传播过程中的能量损耗，高频成分迅速衰减并被周围的岩石吸收，导致隧道爆破近区振速衰减较快。随着距离的不断增大，低频成分占比不断增加，且传播过程中不易耗散，导致距离掌子面较远的区域振速衰减缓慢。

根据图 8 可以看出，在 0~2.0m 范围内，辅助孔和周边孔的合成振动速度大于掏槽孔的合成振速。当距离大于 2.0m 时，掏槽孔的合成振速大于辅助孔和周边孔所产生的合成振速。例如，图 9 显示了隧道掌子面后方 0.3m 和 9.3m 处拱顶的 Z 向振速波形图。从图 9 可以看出，隧

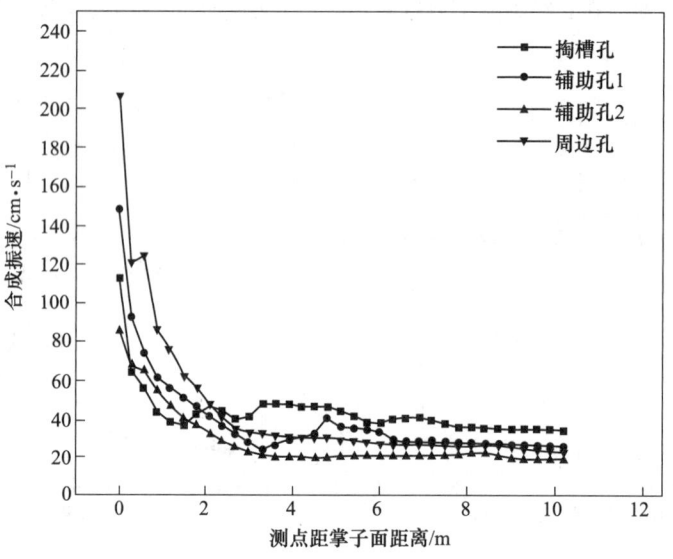

图 8　掌子面后方不同爆破孔的合成振速衰减规律

Fig. 8　The attenuation law of synthetic vibration velocity of different blasting holes behind the tunnel face

道掌子面附近最大的振速是周边孔爆破引起的，辅助孔的振速也大于掏槽孔所产生的振速。但随着传播距离增加到约 4m 时，掏槽孔爆破产生的振速逐渐变成最大。

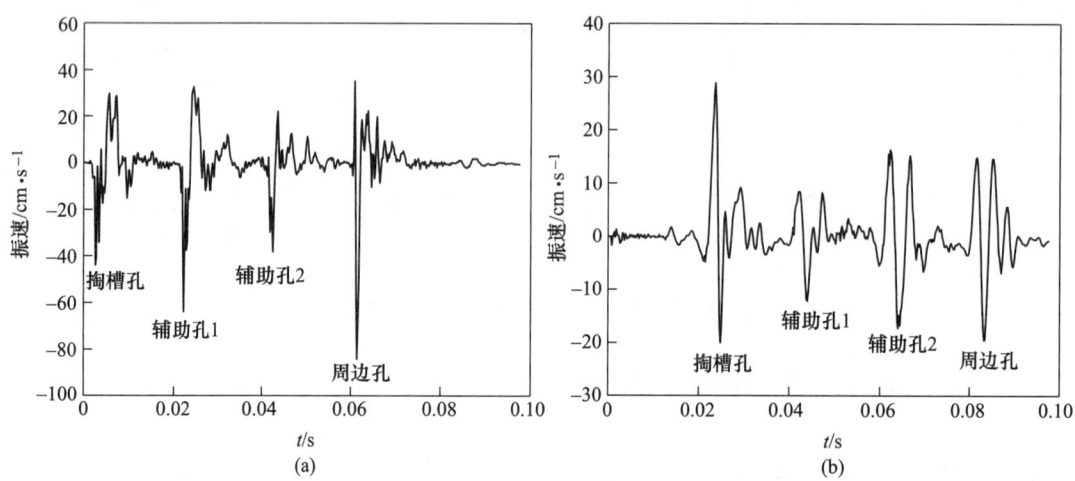

图 9　掌子面后方拱顶 0.3m 和 9.3m 处 Z 向振动波形图

(a) 0.3m；(b) 9.3m

Fig. 9　Z-direction vibration waveforms at 0.3m and 9.3m behind the tunnel face

　　这主要是受装药量、离爆破中心的距离、自由面数、围岩条件等的影响。在隧道爆破近区，离爆破中心的距离比其他因素对振动速度的影响要大得多。由于周边孔离监测点很近，因此周边孔产生的振动最大。随着传播距离的增加，装药量和自由面数等因素比爆心距因素更重要。与辅助孔和周边孔相比，掏槽孔只有一个自由面，具有很大的岩石夹制作用。因此，在距离掌子面较远的区域，掏槽孔产生的振动大于辅助孔和周边孔。这些结果与图 2 现场实测数据规律一致，同时进一步验证了数值模拟的正确性。

综上所述，在隧道爆破近区中，应研究周边孔的爆破振动特性及衰减规律。需要注意的是，近区围岩爆破安全性评价应根据周边孔爆破产生振动进行。

4　结论

（1）掌子面附近围岩的最大振动速度是由周边孔爆破引起的，传播距离对爆破振速的影响较大。掏槽孔爆破在远离掌子面的围岩中产生的振动速度最大，岩石约束条件和装药量的影响大于传播距离。

（2）掌子面前方围岩振速随传播距离的增加先迅速衰减，后缓慢减小。掌子面后方拱顶振动速度在 0~2m 范围内先迅速衰减，随后在 2~6m 范围内略有增大，之后随传播距离的增加缓慢减小。掌子面后方已开挖隧道在 2~6m 范围内存在空洞放大效应，导致爆破振动波在掌子面后方拱顶产生叠加振速增大。在实际施工过程中，掌子面后方 2~6m 范围内应加强监测，避免出现振速增大导致的后方拱顶掉块现象。

参 考 文 献

[1] 管晓明，张良，王利民，等．隧道近距下穿管线的爆破振动特征及安全标准 [J]．中南大学学报（自然科学版），2019，50（11）：2870-2885.

[2] 张良，管晓明，张春巍，等．浅埋隧道爆破地下马蹄形管道的振动响应研究 [J]．爆破，2019，36（2）：117-125.

[3] 刘会丰，宋景东，王岗，等．地下管线受爆破振动的监测方案及响应特征研究 [J]．工程建设，2021，53（8）：72-78.

[4] 于建新，郭敏，陈晨，等．城市超浅埋小净距隧道爆破振动响应特性研究 [J]．土木工程学报，2020，53（S1）：272-277.

[5] 石连松，高文学，王林台．地铁浅埋隧道爆破振动效应试验与数值模拟研究 [J]．北京理工大学学报，2018，38（12）：1237-1243.

[6] 李胜林，方真刚，杨瑞，等．浅埋地铁隧道爆破施工引起的地表振动规律分析 [J]．爆破，2019，36（2）：111-116，130.

[7] 汪平，吉凌．浅埋地铁隧道爆破振动速度传播规律及预测 [J]．工程爆破，2021，27（2）：108-113，134.

[8] 冯阳阳．浅埋隧道爆破地表振动传播规律试验研究 [D]．绵阳：西南科技大学，2018.

[9] 蔡军，苏莹，邱秀丽．爆破荷载作用下空洞效应对围岩振动速度的影响 [J]．矿冶工程，2021，41（5）：10-13，17.

[10] 刘志波．莲花山隧道爆破振动效应试验研究 [J]．爆破，2020，37（3）：78-84.

隧道爆破对既有线铁路隧道的振动安全影响分析

邓志勇[1,3]　刘世波[1,3]　付天杰[1,3]　肖文海[2]　顾问天[2]

（1. 中国铁道科学院集团有限公司，北京　100081；

2. 铁科院（深圳）研究设计院有限公司，广东　深圳　518063；

3. 深圳市和利爆破技术工程有限公司，广东　深圳　518034）

摘　要：随着我国轨道交通的快速发展，隧道上跨或下穿的情况越来越常见，因新建隧道施工造成的既有隧道结构破坏的概率也随之增加。如何减小新建隧道对既有隧道结构安全的影响，满足其正常的运营要求，是交叉隧道施工中的重难点问题。基于此，本篇文章对新建铁路隧道邻近既有铁路隧道振动影响进行研究，结合现场振动安全施工要求，采用数值计算提出交叉段合理施工工法。采用有限元模拟方法，开展了新建铁路隧道爆破施工对既有高铁隧道的影响分析，以供参考。

关键词：既有线铁路隧道；新建铁路隧道；爆破施工；爆破振动

Analysis of the Impact of Tunnel Blasting on the Vibration Safety of Existing Railway Tunnels

Deng Zhiyong[1,3]　Liu Shibo[1,3]　Fu Tianjie[1,3]　Xiao Wenhai[2]　Gu Wentian[2]

（1. China Academy of Railway Sciences Group Co., Ltd., Beijing 100081; 2. Academy of Railway Sciences (Shenzhen) Research and Design Institute Co., Ltd., Shenzhen 518063, Guangdong; 3. Shenzhen Heli Blasting Technology Engineering Co., Ltd., Shenzhen 518034, Guangdong）

Abstract：With the rapid development of my country's rail transit, it is more and more common for tunnels to cross or pass through existing tunnels, and the structural damage of existing tunnels caused by the construction of new tunnels also increases. How to decrease the impact of the new tunnel on the safety of the existing tunnel structure and meet its normal operation requirements is a difficult problem in the construction of cross tunnels. Based on this, this article studies the vibration impact of the existing railway tunnel adjacent to the newly built railway tunnel, and combines the site vibration safety construction requirements, and uses numerical calculations to propose a reasonable construction method for the intersection section. Using the finite element simulation method, the impact analysis of the blasting construction of the new railway tunnel on the existing high-speed railway tunnel is carried out for reference.

Keywords：existing railway tunnels; new railway tunnels; blasting construction; blasting vibration

作者信息：邓志勇，工学博士，研究员，738581080@qq.com。

1　概述

新建深汕铁路线隧道施工以矿山法为主，涉及下穿、上跨、并行等多条营运铁路隧道，为保障沿线营运铁路线安全，在施工前进行现场爆破试验，结合数值仿真方法，研究爆破施工对营运铁路隧道的安全影响。根据设计要求，运营铁路隧道爆破振动允许最大安全振动速度为2.0cm/s。

根据试验监测数据，数值仿真反演分析各工况条件下爆破振动等特点，研究分析爆破施工对邻近营运铁路隧道的振动影响问题，给出较为明确的施工参数，作为指导后续工程设计、施工的依据。

2　现场试验

2.1　试验工点

隧道爆破现场试验工点选择在深汕铁路长岭陂斜井（已完成开挖）模拟运营铁路隧道，邻近的深惠城际铁路长岭陂斜井矿山法爆破模拟新建深汕铁路隧道爆破施工。

深汕铁路长岭陂斜井高7m、宽7m、面积43.7m²，试验点位置属于Ⅲ类围岩。深惠城际铁路长岭陂斜井断面高度为7.02m，宽度为8.54m，开挖面积为52.8m²，试验点位置属于Ⅳ类围岩。两斜井洞身水平净距为22~52m，竖向垂直距离0.0~46.9m；试验点水平净距为22m，竖向垂直距离6.0m。

2.2　爆破方案及测点布设

爆破振动监测点布置在深汕铁路长岭陂斜井，通过调整深惠城际长岭陂斜井矿山法爆破参数、起爆网路等，获取相应的现场试验数据。设计斜井Ⅳ级围岩采用全断面爆破开挖，爆破开挖进尺控制在1.5m以内，采用楔形掏槽的布孔方式，数码电子雷管起爆网路，控制单响最大炸药量，满足爆破振动安全要求。

隧道爆破炮孔布置及起爆顺序如图1所示，图1中灰色炮孔为掏槽孔，黑色炮孔为辅助孔

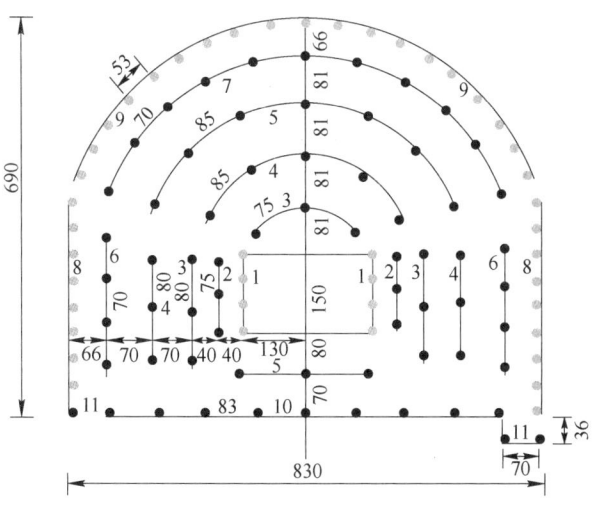

图1　斜井Ⅳ级围岩隧道爆破炮孔布置示意图

Fig. 1　Schematic diagram of the layout of the blasting holes in the inclined shaft Ⅳ grade surrounding rock tunnel

和底板孔，浅灰色炮孔为周边孔；图 1 中黑色数字为炮孔孔间距，单位为 cm，红色数字为起爆顺序，段间延时 50ms，钻孔直径为 42mm。

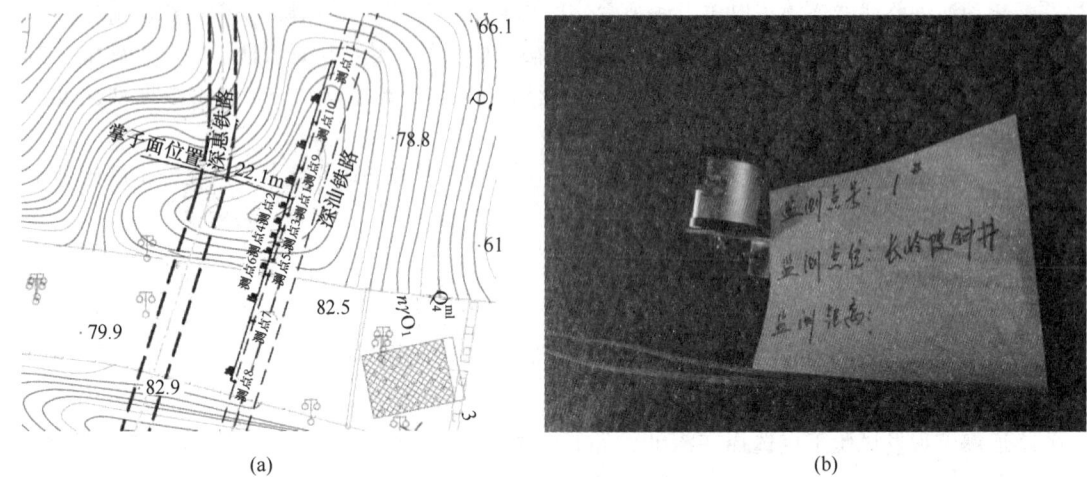

(a)　　　　　　　　　　　　　　　　　　　(b)

图 2　爆破振动监测点布置

（a）测点示意图；（b）测点照片

Fig. 2　Layout of blasting vibration monitoring points

2.3　试验结果

试验参数：（1）掏槽孔单响药量 12kg，最大单响药量 19.8kg；（2）掏槽孔单响药量 12kg，最大单响药量 21.6kg。

爆破实测振动速度小于 2.0cm/s 测点位置：距掌子面最近距离约 45m 位置有 6 次试验，距掌子面最近距离约 60m 位置有 6 次试验。分析实测波形，爆破振动速度峰值出现在掏槽孔起爆阶段，为此，试验中首先调整掏槽孔的单响药量，掏槽孔调整为单孔单响（段内延时 5ms），即掏槽孔单响药量为 1.5kg。

23 日爆破参数：最大单响药量 19.8kg，掏槽孔单响药量为 1.5kg（单孔单响），实测波形如图 3（a）所示。爆破近区测点振动速度明显降低，距爆破掌子面 20m（距爆源净距 30.33m）位置振速降低到 2.67cm/s，距爆破掌子面 30m（距爆源净距 37.68m）位置振速降低到 1.68cm/s，低于 2.0cm/s 振速控制指标。分析波形，掏槽孔爆破振动速度峰值已小于最大爆破振速峰值，且爆破振动速度峰值发生在第 5 响。所以调整掏槽孔单响药量，爆破振动速度控制效果明显。

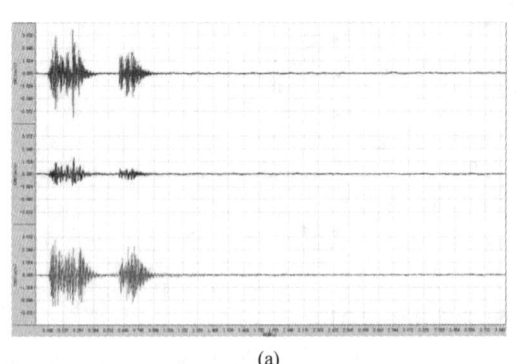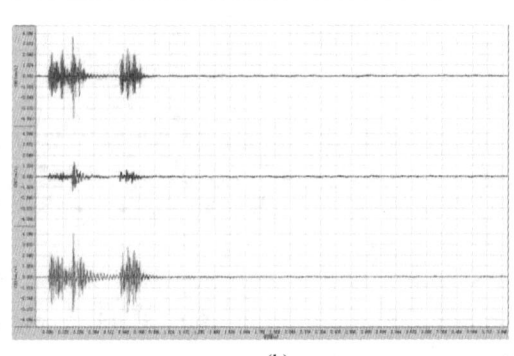

(a)　　　　　　　　　　　　　　　　　　　(b)

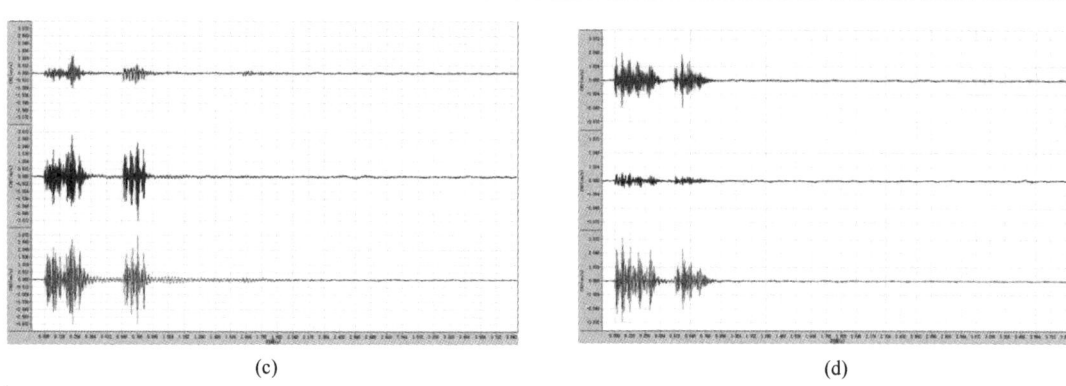

(c)   (d)

图3　3号点爆破振动速度实测波形

（a）3月23日；（b）3月24日；（c）3月25日；（d）3月27日

Fig. 3　Measured waveform of blasting vibration velocity at No. 3 point

　　3月24日和25日试验中，掏槽孔单响药量为1.5kg（单孔单响），最大单响药量调整为7.2kg、5.4kg。实测波形如图3（b）（c）所示。分析测试数据，最大单响药量调整为5.4kg，爆破振动速度控制效果明显，振动速度峰值发生在第5响，距离爆破掌子面16m（距爆源净距27.86m），位置爆破振动速度2.12cm/s，接近2.0cm/s振速控制指标。

　　3月27日试验中，掏槽孔单响药量为1.5kg（单孔单响，段内延时5ms），辅助孔、周边孔、底板孔均为单孔单响，段间延时50ms、段内延时5ms，最大单响药量1.5kg。实测波形如图3（d）所示。分析测试数据，爆破振动速度控制效果明显，振动速度峰值发生在第2响，距离爆破掌子面14m（距爆源净距26.76m），位置爆破振动速度2.52cm/s。

3　数值模型建立

　　采用三维Midas/GTS计算软件对爆破施工的冲击荷载进行力学仿真计算分析。计算爆破荷载在场地的传递和扩散，得出邻近隧道结构的振动影响。

3.1　计算模型

　　建立三维有限元仿真计算模型，反演爆破荷载峰值和地层波动参数，建立一个模型总尺寸为200m×200m×88m；模型中土体采用三维实体单元，隧道衬砌结构采用二维板单元。场地地层主要有粉质黏土和全、强、中、微风化花岗岩地层，深汕和深惠隧道位于微风化花岗岩地层中，各种岩层的岩土物理力学参数见表1。

表1　主要岩土物理力学参数值

Tab. 1　Main physical and mechanical parameters of rock and soil

岩　层	参　　数					
	天然重度 γ /kN·m^{-3}	黏聚力 c/kPa	内摩擦角 ϕ /(°)	动弹性模量 /MPa	泊松比 μ	阻尼比 λ
全风化花岗岩	20.0	45	34	700	0.35	0.05
强风化花岗岩	23.0	55	38	1500	0.15	0.025
中风化花岗岩	22.0	180	34	14800	0.2	0.002
微风化花岗岩	22.0	200	36	35830	0.18	0.0015

有限元仿真动力计算的模型侧面采用软件自带阻尼吸收单元模拟场地周边及场地对爆破模型波动能量的吸收，底面采用弹性单元模型，顶面为自由边界。

3.2　爆破荷载

岩石爆破过程是一个瞬间动力过程，岩土体和结构体的受力和响应非常复杂。通过施加瞬时脉冲荷载（爆破荷载）来计算爆破施工引起的周边场地的震速。当采用的装药形式为耦合装药时，爆破荷载幅值由式（1）确定：

$$p_0 = \frac{\rho_e D_e^2}{2(k+1)} \cdot \frac{2\rho_m C_p}{\rho_m C_p + \rho_e D_e} \tag{1}$$

式中，p_0 为爆破荷载峰值压力，kPa；ρ_e 为炸药密度，kg/m³；D_e 为炸药爆速，m/s；ρ_m 为岩石密度，kg/m³；C_p 为岩石弹性应力波波速，m/s；k 为绝热指数。

根据冲击波在岩面传播时波阵面的压力衰减规律，计算冲击波传导至 r 处的波峰压力作为模型荷载，其经验公式如下：

$$p = p_0 \left(\frac{r_0}{r}\right)^n \tag{2}$$

式中，p 为距离炸药 r 处的冲击波波峰压力，kPa；p_0 为爆破荷载峰值压力，kPa；r_0 为爆孔半径，m；r 为距爆孔中心距离，m；n 为指数，$n = 2 + \mu/(1+\mu)$，μ 为泊松比，取 0.2。

3.3　爆破时程分析

Midas/GTS 的时程分析（Time History Analysis）中采用的动力平衡方程如下：

$$\boldsymbol{M}\ddot{u}(t) + \boldsymbol{C}\dot{u}(t) + \boldsymbol{K}u(t) = p(t) \tag{3}$$

式中，$\boldsymbol{M}$ 为质量矩阵；$\boldsymbol{C}$ 为阻尼矩阵；$\boldsymbol{K}$ 为矩阵刚度；$p(t)$ 为动力荷载；$\ddot{u}(t)$ 为相对加速度；$\dot{u}(t)$ 为相对速度；$u(t)$ 为相对位移。

时程分析是指当结构受动荷载作用时，计算任意时刻结构响应（位移、内力等）的过程。Midas/GTS 使用振型叠加法（Modal Superposition Method）进行时程分析。

爆破测试反演计算模型爆破点和测点位置图如图 4 所示。

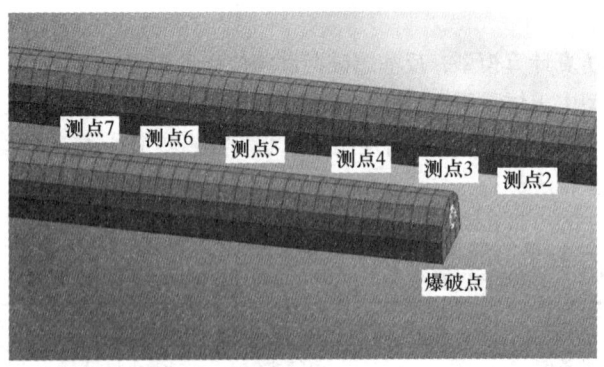

图 4　爆破测试反演计算模型爆破点和测点位置图

Fig. 4　Blasting point and measuring point location map of the blasting test inversion calculation model

3.4　爆破参数有限元反演分析

针对最大单响药量 3.0kg、4.5kg 分别进行有限元反演计算，爆破输入采用爆破点对应位置的某单元侧面和底面作为输入点。数值模拟采用爆破侧面压力输入面积为 2.0m×2.0m，底面面积为 2.0m×2.0m。爆破单元药量 3.0kg 模型对应爆破点侧面输入荷载幅值为 264MPa、底面 13.2MPa；爆破单元药量 4.5kg 模型对应爆破点侧面输入荷载幅值 400MPa、底面 20MPa。爆破最大单响药量 3.0kg 模型计算成果如图 5（a）所示，振速时程曲线如图 6 所示。爆破最大单响药量 4.5kg 模型计算成果如图 5（b）所示，振速时程曲线如图 7 所示。

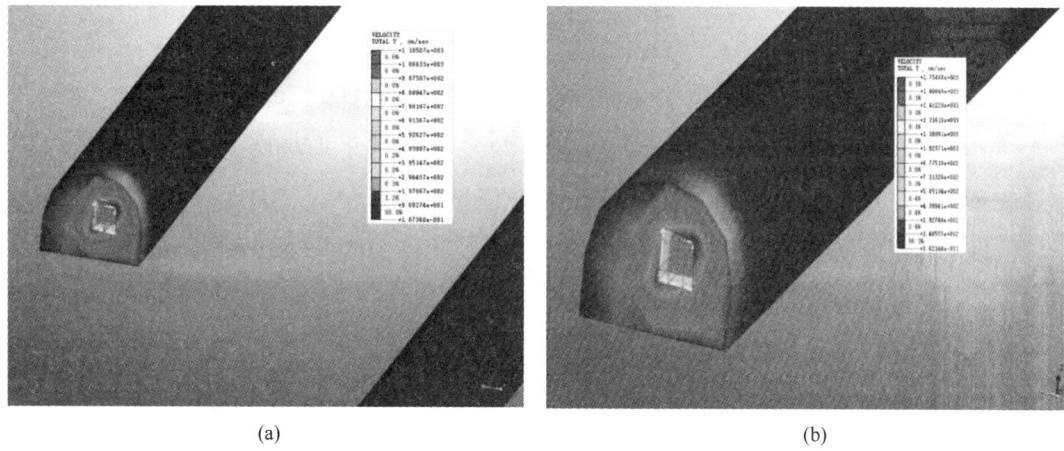

(a)　　　　　　　　　　　　　　　　　　(b)

图 5　爆破最大振速分布图

（a）单响爆破药量 3.0kg；（b）单响爆破药量 4.5kg

Fig. 5　Distribution diagram of maximum blasting velocity

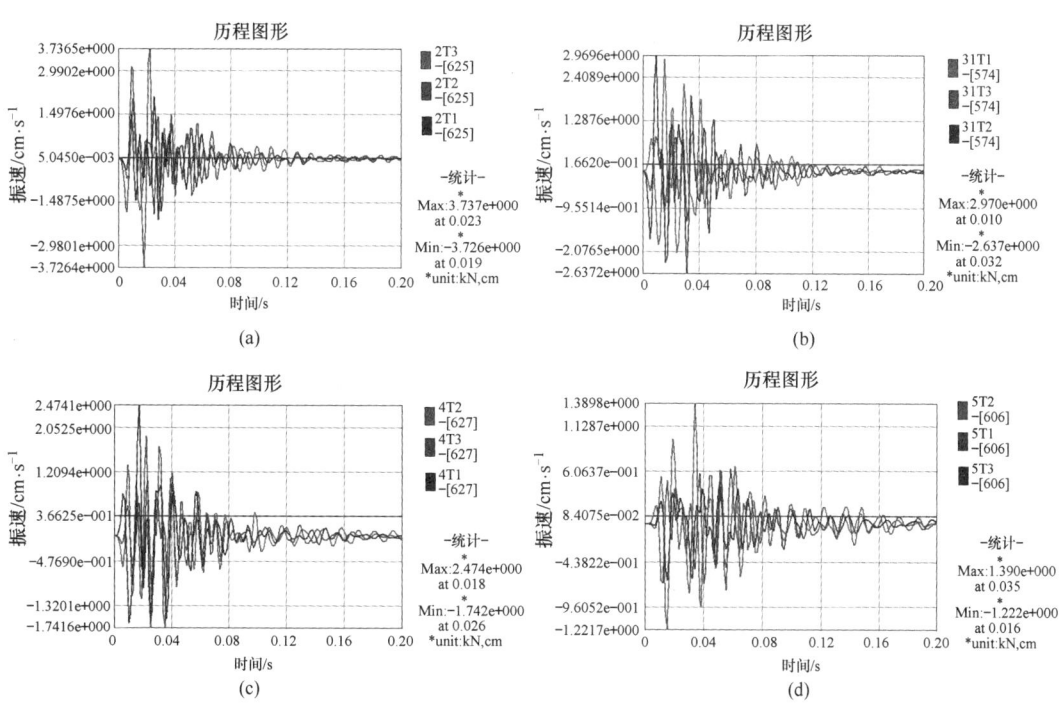

图 6　振速时程曲线（单响爆破药量 3.0kg）

（a）测点 2；（b）测点 3；（c）测点 4；（d）测点 5

Fig. 6　Vibration velocity time-history curve（single-shot blasting charge 3.0kg）

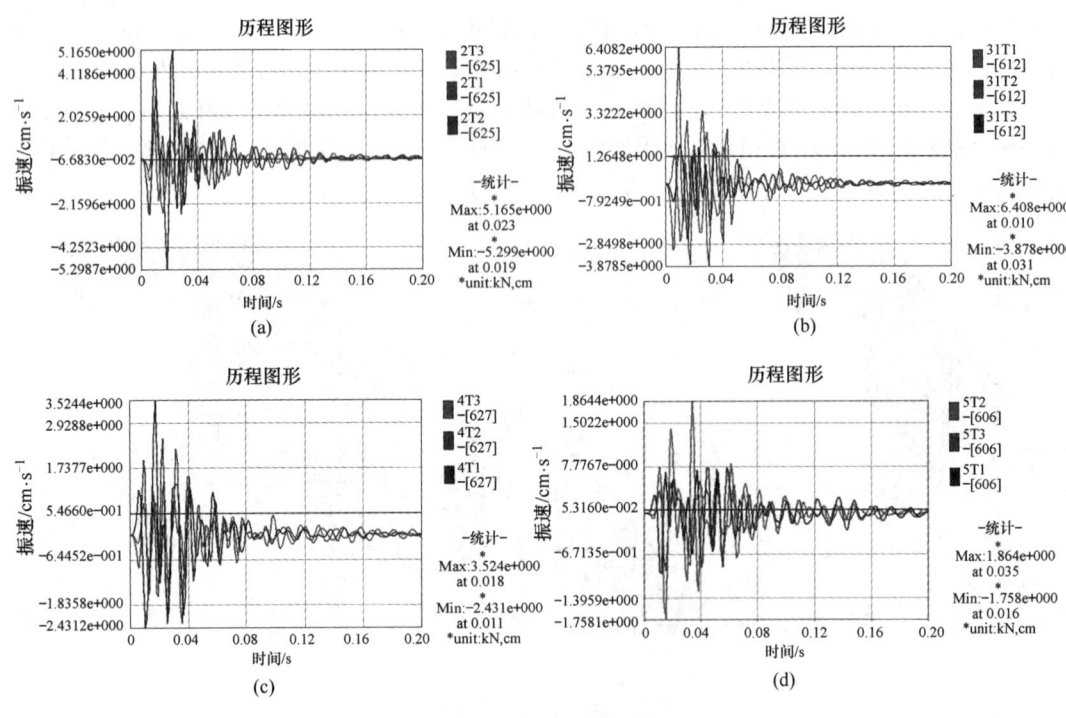

图 7　振速时程曲线（单响爆破药量 4.5kg）

（a）测点 2；（b）测点 3；（c）测点 4；（d）测点 5

Fig. 7　Vibration velocity time history curve (single-shot blasting charge 4.5kg)

3.5　反演计算成果

将上述爆破反演计算测点振速幅值与现场爆破测试幅值进行汇总比较，单响最大药量 3.0kg 测点距离与振速关系如图 8（a）所示，单响最大药量 4.5kg 测点距离与振速关系如图 8（b）

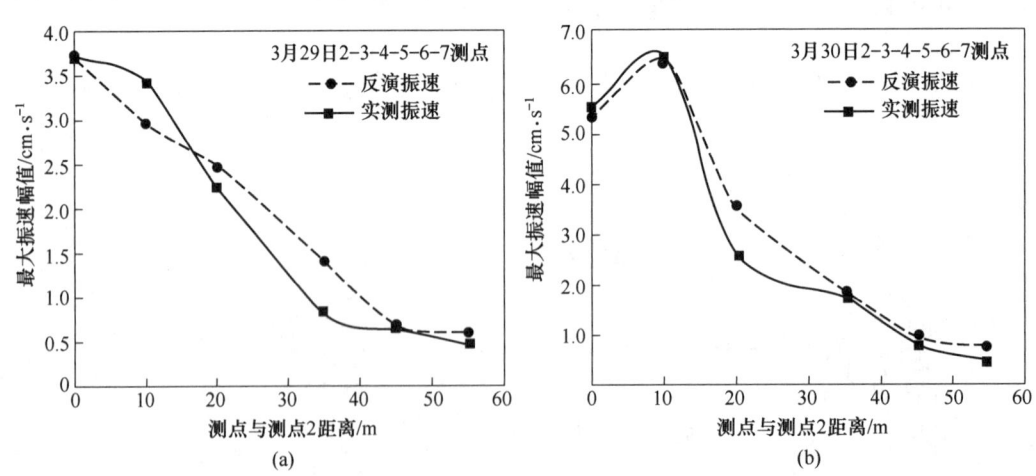

图 8　最大振速与测点 2 距离关系图

（a）单响爆破药量 3.0kg；（b）单响爆破药量 4.5kg

Fig. 8　Relationship between maximum vibration velocity and distance from measuring point 2

所示。其中测点 2 与爆破点水平距离 22.0m，竖向高程 6.5m。

上述反演计算成果表明，所记录的测点与现场位置相吻合，最大振速分布也相近，爆破单响药量 3.0kg 在爆破单元 2.0m×2.0m×2.0m（长×宽×高）爆破点侧面输入荷载幅值为 264MPa、底面 13.2MPa；爆破单元药量 4.5kg 模型爆破点侧面输入荷载幅值 400MPa、底面 20MPa，取值合理，选用的阻尼也合理可行。

4 计算实例

新建深汕铁路隧道上跨、下穿、并行等营运铁路隧道，本节就塘朗山隧道（西段）对广深港铁路隧道、民乐斜井对厦深铁路隧道的影响进行有限元仿真计算。

4.1 塘朗山隧道爆破对广深港隧道影响分析

塘朗山隧道（西段）有一段近接广深港隧道，上下交叉竖向最小距离约 45.0m。

根据上述数值模型，建立塘朗山下穿广深港隧道三维有限元模型（见图9）。模型中土体采用三维实体单元，隧道衬砌结构采用二维板单元。场地地层主要有粉质黏土和全、强、中（弱）风化花岗岩地层，深汕和广深港隧道位于微风化花岗岩地层中。分别采用最大单响药量 3.0kg 和 4.5kg 等效荷载进行爆破仿真计算。计算中爆破点和测点位置设置在两隧道距离最近点。

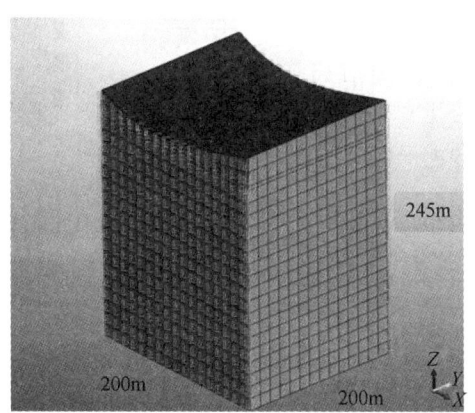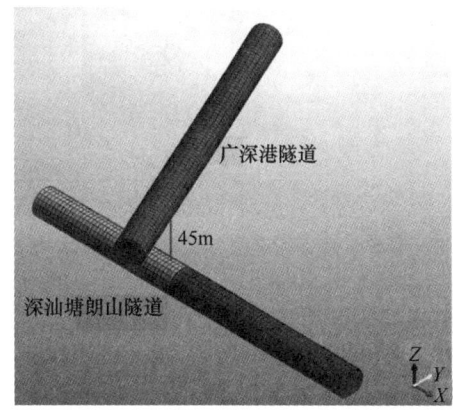

图9 三维有限元模型图

Fig. 9 Three-dimensional finite element model diagram

4.1.1 最大单响爆破药量 3.0kg 计算成果

对该工况的爆破进行数值仿真分析，爆破荷载作用下，冲击脉冲如图10（b）所示，广深港隧道底振动速度如图10（a）所示，最大振速为 0.84cm/s。

4.1.2 最大单响爆破药量 4.5kg 计算成果

对该工况的爆破进行数值仿真分析，爆破荷载作用下，冲击脉冲如图11（b）所示，广深港隧道底振动速度如图11（a）所示，最大振速为 1.28cm/s。

4.2 民乐斜井爆破对厦深铁路隧道的影响分析

民乐斜井某处爆破工点近接厦深铁路隧道，上下交叉竖向最小距离约 25.0m。

根据上述数值模型，建立民乐斜井下穿厦深铁路隧道三维有限元模型（见图12）。模型中

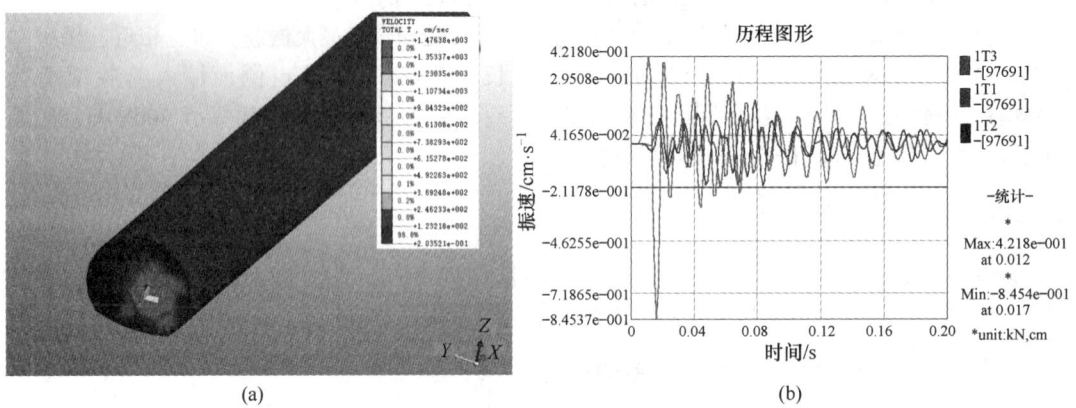

图 10　3.0kg 爆破荷载作用下计算结果

（a）隧道振动速度云图；（b）广深港隧道底振速时程曲线

Fig. 10　Calculation result under 3.0kg blasting load

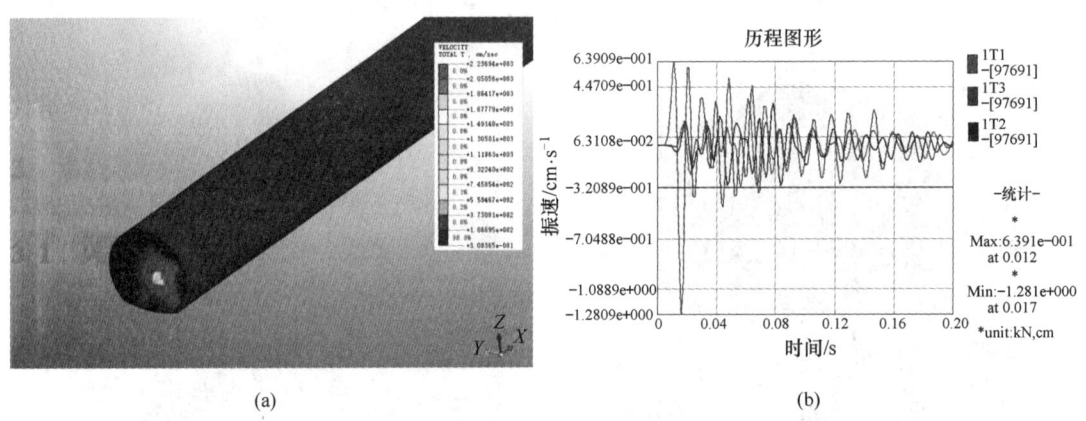

图 11　4.5kg 爆破荷载作用下计算结果

（a）隧道振动速度云图；（b）广深港隧道底振速时程曲线

Fig. 11　Calculation result under 4.5kg blasting load

土体采用三维实体单元，隧道衬砌结构采用二维板单元。场地地层主要有粉质黏土和全、强、中（弱）风化花岗岩地层，民乐斜井铁路和厦深隧道位于弱风化花岗岩地层中。分别采用最大单响药量 3.0kg 和 4.5kg 等效荷载进行爆破仿真计算。计算中爆破点和测点位置设置在两隧道距离最近点。

4.2.1　最大单响爆破药量 3.0kg 计算成果

对该工况的爆破进行数值仿真分析，爆破荷载作用下，冲击脉冲如图 13（b）所示，厦深隧道底振动速度如图 13（a）所示，最大振速为 1.79cm/s。

4.2.2　最大单响爆破药量 4.5kg 计算成果

对该工况的爆破进行数值仿真分析，爆破荷载作用下，冲击脉冲如图 14（b）所示，厦深隧道底振动速度如图 14（a）所示，最大振速为 3.14cm/s。

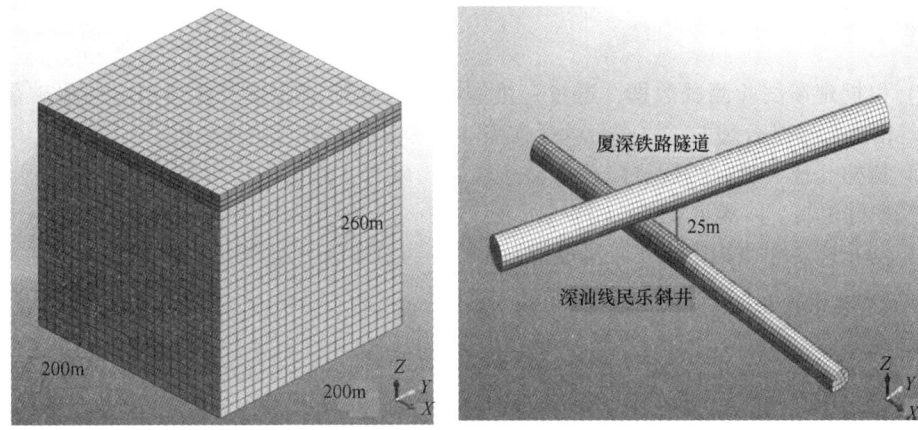

图 12　三维有限元模型图

Fig. 12　Three-dimensional finite element model diagram

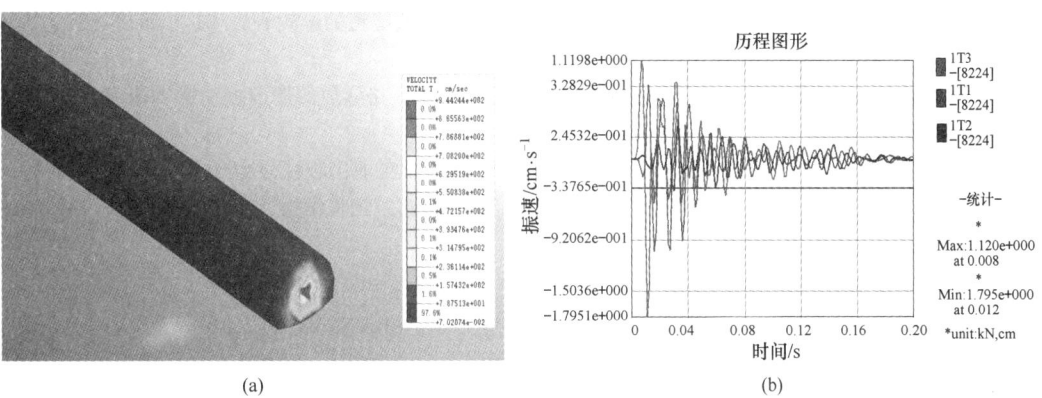

(a)　　　　　　　　　　　　　　　　　(b)

图 13　3.0kg 爆破荷载作用下计算结果

（a）隧道振动速度云图；（b）厦深隧道底振速时程曲线

Fig. 13　Calculation result under 3.0kg blasting load

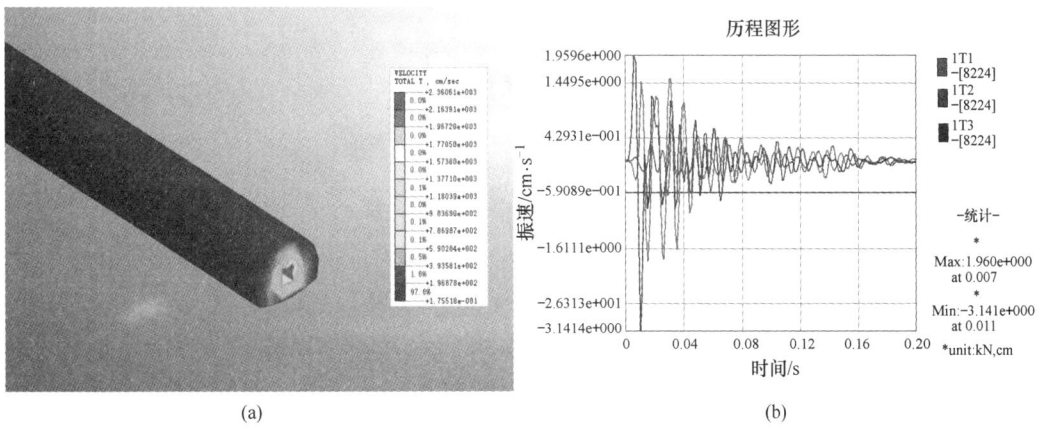

(a)　　　　　　　　　　　　　　　　　(b)

图 14　4.5kg 爆破荷载作用下计算结果

（a）隧道振动速度云图；（b）厦深隧道底振速时程曲线

Fig. 14　Calculation result under 4.5kg blasting load

5　结论

（1）根据现场试验测试数据，通过三维有限元数值反演计算，得到相应的爆破荷载峰、阻尼值等模型参数是合理的，可进行营运铁路隧道爆破振动数值仿真分析。

（2）掏槽孔最大单响药量对爆破振动速度影响较大，施工中应对掏槽孔、掘进孔的最大单响药量进行控制，以满足安全控制要求。

（3）与花岗岩介质相比，砂岩和石灰岩介质等药量爆破引起周边振动强度要小。

参 考 文 献

[1] 汪旭光. 爆破设计与施工 [M]. 北京：冶金工业出版社，2011：201-203.

[2] 陈庆，王宏图，胡国忠，等. 隧道开挖施工的爆破振动监测与控制技术 [J]. 岩土力学，2005，26（6）：964-967.

[3] 范德全. 新建铁路隧道上跨爆破施工对既有铁路隧道振动影响探析 [J]. 福建建筑，2019（12）：144-148.

[4] 程刚，张兆杰，罗晋明. 新建铁路隧道上跨施工对既有铁路隧道的影响研究 [J]. 四川建筑，2019，40（3）：53-56，59.

[5] 李宁，唐炜，赵秋义，等. 新建铁路隧道爆破施工对既有铁路隧道的爆破振动影响研究 [J]. 中国水运（下半月），2019，20（4）：185-187.

[6] 李治. Midas/GTS 在岩土工程中应用 [M]. 北京：中国建筑工业出版社，2013.

[7] 吴迪. 隧道施工参数对地表沉降的影响研究 [J]. 水利与建筑工程学报，2018，16（2）：131-134.

智能化石油民爆设计与器材链管理系统设计与实现

许君扬　王峰　马涛　刘超瑾　赵振洋　柳茜茜　张馨尹

（物华能源科技有限公司，西安　710061）

摘　要：针对现有石油民爆设计系统存在计算时间长、枪型固定无法添加、设计结果无法修改、无法使用特殊器材、缺乏统计分析信息功能、版本过低及兼容性差等问题，本文提出了智能化石油民爆设计与器材链管理系统。从系统框架设计及开发、数字化石油民爆设计算法开发及器材数据库搭建及开发等方面介绍了软件设计开发过程的技术路线。实际井况实验结果表明本软件在设计准确性及运行耗时方面均有明显提升。

关键词：数字化石油民爆设计；软件系统开发；器材链管理

Design and Implementation of Intelligent Petroleum Civil Explosive Design and Equipment Chain Management System

Xu Junyang　Wang Feng　Ma Tao　Liu Chaojin　Zhao Zhenyang
Liu Qianqian　Zhang Xinyin

（Wuhua Energy Technology Co., Ltd., Xi'an 710061）

Abstract：There are many problems in the existing perforation design system, such as long calculation time, unable to add the fixed gun type, unable to modify the design results, unable to use special equipment, lack of statistical analysis information function, low version and poor software compatibility. The paper introduces the Intelligent Petroleum Civil Explosive Design and Equipment Chain Management System. The technical route of software design and development process is introduced from the aspects of system framework design and development, digital perforation design algorithm development, equipment database construction and development. The experimental results of actual well conditions show that the software has significantly improved in design accuracy and running time.

Keywords：digital petroleum civil explosive design；software system develop；equipment chain management

　　射孔作业是石油开采过程的"临门一脚"，已经有多年的历史。石油民爆设计则是射孔作业中重要的一部分，对于复杂分布的油层，石油民爆设计结果的好坏直接影响油层射开率，进而影响采收率[1]。针对现有石油民爆设计系统存在计算时间长、枪型固定无法添加、设计结果无法修改、无法使用特殊器材、缺乏统计分析信息功能、版本过低软件兼容性差等问题[2]。本文提出基于 GDAA 算法的数字化石油民爆设计与器材链管理系统，利用智能算法进行石油民爆

作者信息：许君扬，硕士，工程师，13679253041@163.com。

设计，有效提高石油民爆设计工作的效率及准确率，降低设计出错率，以及降低设计成本。同时，利用数据库技术建立火工品及器材数据库，实现火工品及器材的数字化管理，有利于实现器材管理的标准化，提升管理效率。

1　数字化石油民爆设计与器材链管理系统的总体设计

1.1　系统框架及开发平台

1.1.1　系统框架

系统框架结构如图 1 所示，由数字化石油民爆设计、数据库模块、管理模块三个模块组成。

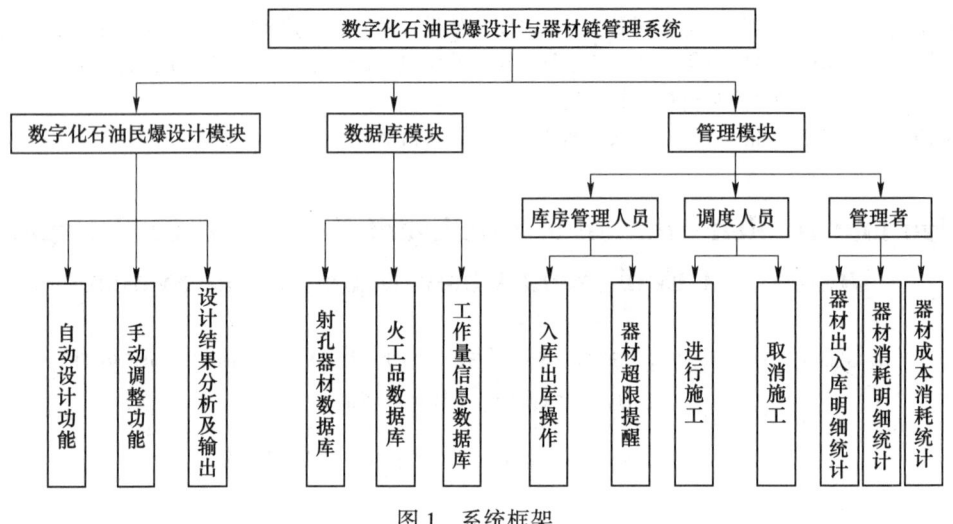

图 1　系统框架

Fig. 1　System framework

数字化石油民爆设计模块有两部分功能：（1）根据给定的初始条件完成石油民爆设计；（2）设计结果分析及输出功能，该功能可对设计结果进行详细分析，分析指标包括：射孔覆盖率、装弹数及油层理论最大射孔覆盖率等。

器材库模块有三部分功能：（1）器材基础信息维护功能，用户可将所有器材录入数据库；（2）出入库管理功能，可以实现器材的动态管理，同时每次操作都会有明确的操作记录，方便查询；（3）器材超限预警，当库存器材量超过上限或低于下限时会提醒库房管理人员进行处理，保证库房安全。

运营决策模块有两部分功能：（1）数据统计功能，收集统计器材库存数据、排炮结果、已完成石油民爆设计的井数据、未完成石油民爆设计的井数据等多维度的信息，统一分析和管理；（2）报表输出功能，即将统计出来的结果以报表的形式进行输出。

1.1.2　系统开发平台

系统采用 Java Develop Kit 1.8 开发工具，采用 Java 编程语言，基于 Java Swing 框架进行开发。客户端程序可适配 Windows XP、64 位及 32 位 Windows 7、Windows 10 等主流操作系统，报告输出部分针对 Word 07、10 等版本分别设计了不同的输出格式。数据库采用 PostgreSQL[3]，该数据库源代码条理清晰，易读，容易上手，同时 PostgreSQL 更易于进行二次开发[4]。

1.2 系统功能模块设计

1.2.1 系统数据库设计

软件的正常运行都离不开数据支撑，为保证该软件正常运行，需建立相应的数据库。该软件的数据库涉及射孔弹、雷管、传爆管等火工品，以及软件正常运行过程中需要使用的其他数据表，具体的数据表结构如图2所示。

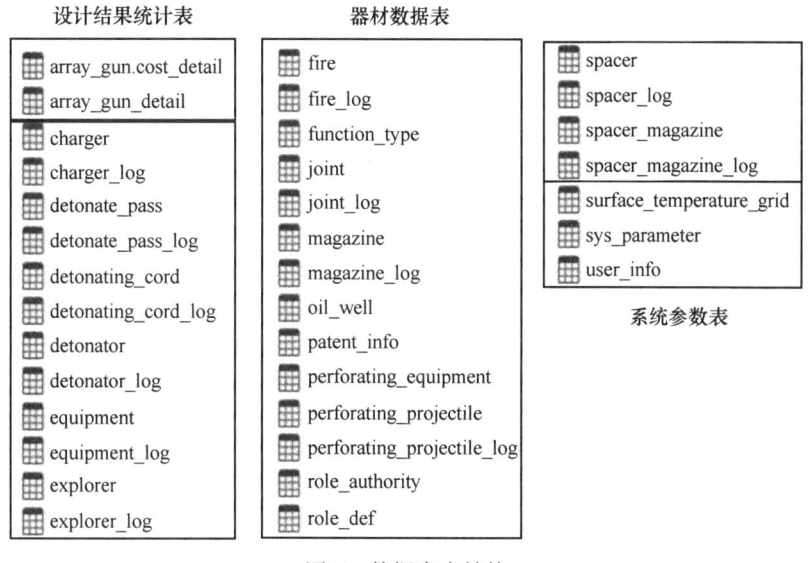

图 2　数据库表结构

Fig. 2　Database table structure

1.2.2 系统工作流程设计

系统的设计流程如图3所示，首先选择射孔工艺，设置射孔段并选择待用器材，完成上述操作便开始进行自动设计，由设计人员判断自动设计结果是否满足要求，符合要求则输出，同时将结果保存至数据库，并从器材库中扣除对应数量的器材放入待定区；如果设计结果需要调整，设计人员可以进行手动调整直至结果符合要求再进行保存。当器材进入待定区后，系统会对器材库中的器材数量进行判断，若不够则通知库管进行购置器材。若该次设计进行施工，则将进入待定区的器材进行出库，若取消施工则解除占用的器材。施工完毕后，将设计及施工数据进行保存，供后续统计分析使用。

2 石油民爆设计算法

完成了软件框架设计后，需要对自动设计算法进行设计及实现。通过前期调研及大量仿真试验，本文提出了结合贪婪算法及动态规划算法的石油民爆设计算法（Greed-Dynamic-ArrayAlgorithm），用于进行石油民爆设计。

2.1 结合贪婪算法及动态规划算法的石油民爆设计算法

针对贪婪算法[5]存在求解问题时只考虑局部最优解，无法得到整体最优解，动态规划算法[6]的应用场景与石油民爆设计存在一定差异等问题。本文提出了结合贪婪算法及动态规划算

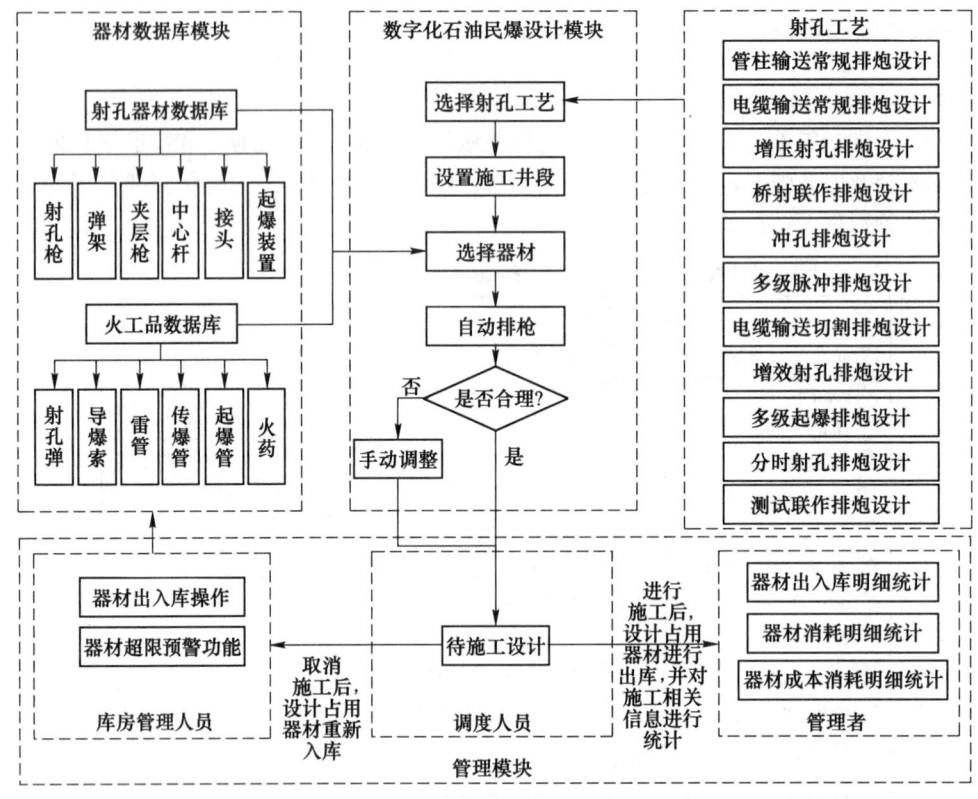

图 3　系统运行流程图

Fig. 3　System operation flow chart

法的石油民爆设计算法。该算法在进行石油民爆设计时，对贪婪算法的应用场景进行了限定，同时，根据石油民爆设计的特点对动态规划算法进行了适应性优化[7]。

首先贪婪算法的应用场景从宏观来看，对于每个射孔段，其管串排布均会对后续层段排布产生影响，但对于夹层段长度超过射孔段长度 10 倍以上时，这种影响其实可以忽略，这正符合了贪婪算法所需最重要的无后效性。

其次是动态规划算法的适应性优化，本系统根据背包问题动规思路，将其引申到石油民爆设计过程中，即为分析如何将给定的一组物品（即射孔枪、接箍）在限定的长度内（即为需设计层段长度）做出选择，使物品的总长度尽可能接近限定的长度，同时保证使用的射孔枪数量最少。

$F_{[i][v]}$ 表示前 i 件物品恰好放入空间为 v 的容器中时，容器可以包含的最大价值。可以理解为当前枪的长度总和刚好为 v，因此背包问题的状体转移方程可以记为：

$$F_{[i][v]} = \text{Max}\{F_{[i-1][v]},\ F_{[i-1][v-w[i]]} + v[i]\}$$

其中，$w[i]$ 为物品的价值，在本例中由于不存在枪串价值高低区别，因此 $w[i] = i$。建立长度数组 $\text{Res}_{[v]}$，结果数组 $Q_{[v,n]}$，其中 v 为待排布段长度（精确到 cm，整数），将所有待选枪（共 n 支）依射孔段长度从大到小排序，记为 $\text{GUN}_{[n]}$，其中最长枪为 $\text{GUN}_{[1]}$，初始化 $\text{Res}_{[v]}$ 即

$$\text{Res}_{[v]} = \text{FIX}\left(\frac{v}{\text{GUN}_{[1]}}\right) \cdot \text{GUN}_{[1]}$$

$$Q_{[i,\ 1]} = \mathrm{FIX}\left(\frac{v}{\mathrm{GUN}_{[1]}}\right)$$

随后进行优化改进：

$\mathrm{Res}_{[v]} = \mathrm{Max}(\mathrm{Res}_{[i]},\ \mathrm{Res}_{[i-\mathrm{GUN}_{[2]}]}) + \mathrm{GUN}_{[2]}$，若 $\mathrm{Res}_{[v]} < \mathrm{Res}_{[i-\mathrm{GUN}_{[2]}]} + \mathrm{GUN}_{[2]}$，则表示 $\mathrm{GUN}_{[2]}$ 为更优解，那么

$$Q_{[i,\ 1]} = Q_{[i-\mathrm{GUN}_{[2]},\ 1]}$$
$$Q_{[i,\ 2]} = Q_{[i-\mathrm{GUN}_{[2]},\ 1]} + 1$$

如此循环 n 次，即可求得最优解的集合，随后根据实际情况选择 v 的值及对应的 $Q_{[v,\ x]}$。

2.2　设计算法运行流程

设计算法的流程如图 4 所示，在进行射孔段石油民爆设计时，首先设定射孔器材、地层等

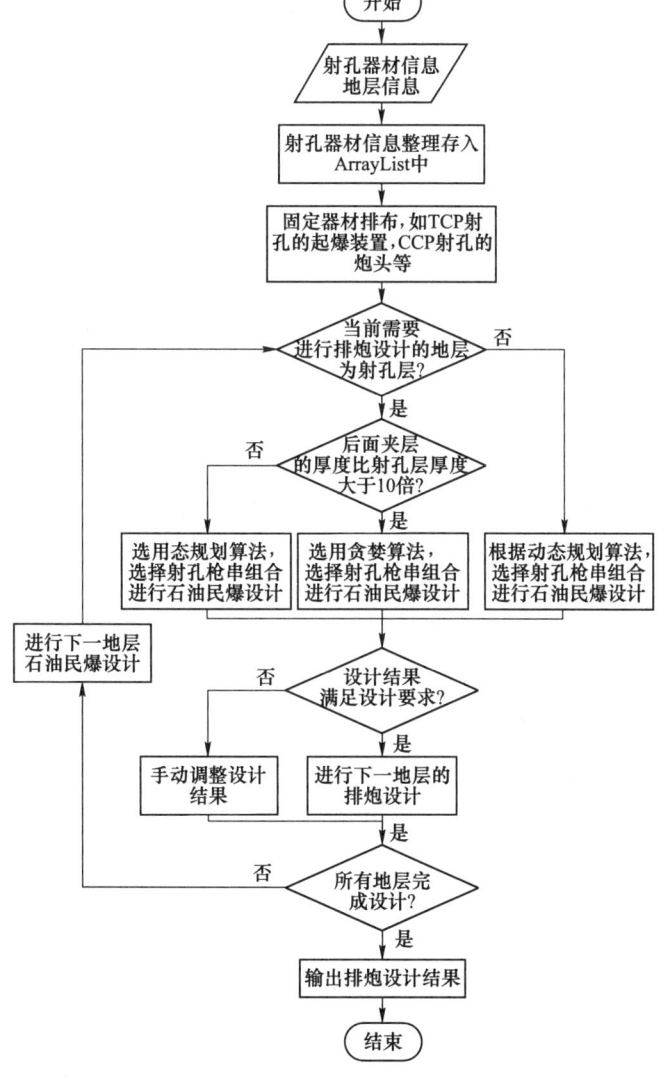

图 4　设计算法运行流程图

Fig. 4　Design algorithm operation flow chart

信息，完成基础设定后进行石油民爆设计。在进行射孔层设计时，当夹层段长度超过射孔段长度 10 倍以上时选用贪婪算法，其他情况选择动态规划算法。在进行夹层段设计时，选用动态规划算法进行设计。若设计结果与预期存在偏差则进行手动修改。当完成了所有地层设计后，则进行设计结果输出[8]。

2.3　石油民爆设计评价算法

完成石油民爆设计后，需要对石油民爆设计结果进行验证，由于目前缺乏统一的验证手段，主要通过设计人员的经验进行评价。为了保证设计的合理性及评价结果的统一性，本文提出了理论射孔覆盖率这一概念。其含义是在不考虑器材数量的情况下理论最大射孔长度与实际油层总长的比值，具体计算公式如下所示：

$$\text{Length} = \sum_{i}^{n} \left[\text{FIX}\left(\frac{L_{\text{Oil}}}{L_{\text{gun}} + L_{\text{joint}}}\right) \times L_{\text{Perf}} + \text{Min}\left(L_{\text{Perf}},\ \text{MOD}\left(\frac{L_{\text{Oil}}}{L_{\text{gun}} + L_{\text{joint}}}\right)\right) \right]$$

$$\text{Cov} = \frac{\text{Length}}{L_{\text{All Oil}}} \times 100\%$$

式中，Length 为理论最大射孔长度；L_{Oil} 为油层长度；L_{gun} 为最长枪长度；L_{joint} 为接头长度；L_{Perf} 为最长射孔段长度。式 Cov 为理论射孔覆盖率，$L_{\text{All Oil}}$ 为实际油层总长。理论射孔覆盖率可以为设计结果优劣提供理论判断依据。

3　系统功能实现

3.1　火工品数据库功能

器材数据库分为射孔器材维护及民爆物品维护两部分，射孔器材维护模块分为射孔枪、弹架、夹层枪、中心杆、接头、起爆装置等 6 部分；火工品维护分为射孔弹、导爆索、传爆管、雷管、起爆器、火药等 6 部分，系统界面如图 5 所示。同时系统可以进行出入库管理，具体的界面如图 6 所示，系统对每次出入库都进行了明确的记录，实现了精细化管理。

3.2　石油民爆设计功能

管柱输送常规石油民爆设计界面如图 7 所示，界面分为左右两个部分，左侧为参数的设置区，右侧为排炮结果的展示区。参数设置区包括井参数、射孔参数及操作指令三部分组成。

（1）井参数，输入井的基本信息，包括甲方、地区、井号及人工井底等参数，同时需要输入选用的枪型、弹型、引爆方式等信息。

（2）射孔参数，射孔参数包括 4 类信息，即施工井段、压力井温参数、民爆物品设置和射孔器材设置。

（3）操作指令，在完成了以上两个模块内容的录入后，可以通过该区域内的按钮进行具体操作，包括自动排枪、结果输出、存储数据、加载数据、替换器材、设计完成等 6 个操作指令。完成以上两部分设定后，点击自动排枪即可得到设计结果，设计结果展示在界面右边的窗口中。

图 5　火工品数据库界面

Fig. 5　Initiating explosive device database interface

图 6　火工品出入库功能界面

Fig. 6　Initiating explosive device warehousing function interface

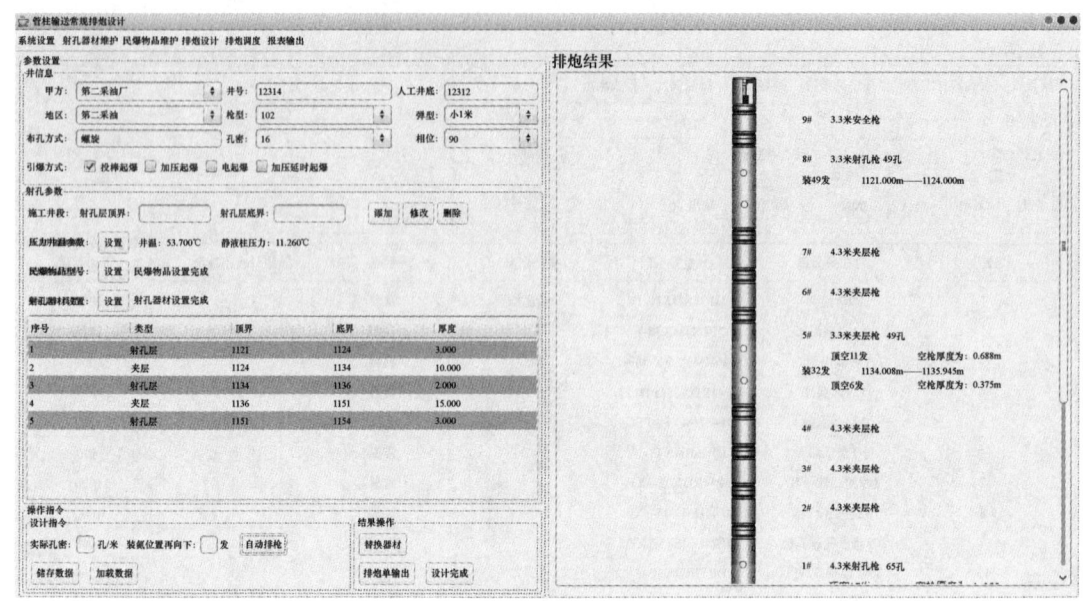

图 7　数字化石油民爆设计功能界面

Fig. 7　Digital perforation design function interface

3.3　设计结果及统计报表输出功能

3.3.1　设计结果输出功能

设计结果输出如图 8 和图 9 所示，设计结果输出包含两部分，第一部分是射孔器材使用清单，清单中将此次施工使用的所有射孔器材及火工品的用量进行了精确的统计；第二部分是设计结果示意图，该部分可以为施工队伍在进行枪串连接时提供帮助，降低施工出错概率。

3.3.2　统计报表输出功能

系统内部集成的统计功能包括器材出入库明细、器材消耗、器材成本消耗、器材实际用量 4 个维度。输出的统计报表样式如图 10 所示。

4　总结

在进行软件测试的过程中，对于大多数井况，自动设计即能取得较满意的结果；系统中的各项操作如油层信息输入、设置待用器材、自动设计等操作耗时均小于 3min。这里选取较有代表性的 5 种井况，对其设计结果进行分析，见表 1。

表 1　软件运行效果统计

Tab. 1　Software operation effect statistics

井况特点	射孔层总长/m	原射孔覆盖率/%	射孔覆盖率/%	原设计耗时/s	设计耗时/s
长夹层、短油层	5.5	98	100	70	30
夹层长短不一、长油层	23.0	90.15	93.74	85	35
长夹层、油层长短不一	6.0	97	100	73	30
短夹层、短油层	5.5	99	100	124	70
多夹层、情况复杂	75	89.12	95.20	270	160

油管输送射孔器材使用清单

编号：40279.33

井号：	12314	枪型：	102
射孔井段：	1121.0—1154.0米	弹型：	小1米
引爆方式：	投棒超爆	孔密：	16孔/米
设计日期及时间：	2022-06-29 11:39:28	相位：	90度

表2 　　　　　　　　　　射孔器材使用清单

射孔枪

序号	型号	数量
1	102-16-90-105-4.3	1
2	102-16-90-105-3.3	2
小计		3

弹架

序号	型号	数量
1	102/127-16-90-105-4.3	1
2	102/127-16-90-105-3.3	2
小计		3

夹层枪

序号	型号	数量
1	NS-89-70-4.3	5
2	NS-89-70-3.3	1
小计		6

中心杆

序号	型号	数量
1	89-70-3.3	1
2	89-70-4.3	5
小计		6

接头

序号	型号	数量
1	89夹层枪母接头(上)	6
2	89夹层枪公接头(下)	6
3	102母接头(上)	3
4	102公接头(下)	2
5	102炮尾	1
小计		18

其他器材

序号	型号	数量
1	上护管	9
2	下护管	9
3	橡胶垫	9
4	点火棒	
5	"O"型密封圈-102	12
6	"O"型密封圈-89	24
小计		64

起爆装置

序号	型号	数量
1	安全机械点火头(T扣)：AJ-3D6	1
小计		1

表3 　　　　　　　　　　民爆物品使用清单

	射孔弹	导爆索	传爆索	火药	起爆器	雷管
序号	DP46RDX43-1	80RDX.XHV	CB20-5.51		HQBQ1-1	
小计	129	38.9	17		1	

图8 设计结果输出样式1

Fig. 8 Design result output style 1

实验结果汇总如下：

（1）对于夹层段较长的井况，无论油层长短，射孔覆盖率均达到了理论最大值，并且装弹枪使用率较高，空枪大多为长枪。

（2）对于夹层较短的井况，若油层长短不一，射孔覆盖率与理论最大值相差8%，装弹枪使用率较高；若油层较短，则射孔覆盖率非常接近理论最大值，装弹枪使用率较高。

（3）对于多射孔段复杂井况，射孔覆盖率非常接近理论最大值，装弹枪使用率较高，空枪大多为长枪。

（4）与现有的石油民爆设计软件对比，设计结果的射孔覆盖率略有提升，操作效率与原软件相比提升约50%。

数字化石油民爆设计与器材链管理系统可使设计流程化，避免设计过程中，因人员技术水平参差不齐而出现纰漏，提高工作效率。当系统数据量足够庞大，历史数据足够有参考性时，编号：

甲方：	第二采油厂
井号：	12314
地区：	第一采油
射孔井段：	1121.0－1154.0米
人工井底：	12312米
设计日期及时间：	2022-06-29 11：39：28

技术说明

枪型：	102
弹型：	小1米
孔密：	16孔/米
相位：	90度
布孔方式：	螺旋
引爆方式：	投排起爆

表1　　　　　　　　　　　　射孔井段分层表　　　　单位：米

层序号	射孔井段	层厚	夹层厚	累计厚度
1	1121.0－1124.0	3.0	10.0	3.000 13.000
2	1134.0－1136.0	2.0	15.0	15.000 30.000
3	1151.0－1154.0	3.0	0.0	33.000
共计射开3层		8.000	25.000	33.000

射孔枪排炮设计示意图

起爆装置长度(去扣)：0.416m
安全枪长度：3.703m

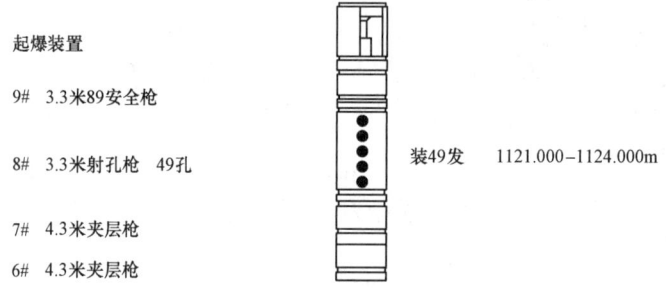

起爆装置

9#　3.3米89安全枪

8#　3.3米射孔枪　49孔　　　　　　装49发　　1121.000－1124.000m

7#　4.3米夹层枪

6#　4.3米夹层枪

图 9　设计结果输出样式 2

Fig. 9　Design result output style 2

器材消耗清单																	
时间：						2022-01-01－2022-06-30											
						射孔器材								民爆物品			
序号	井号	射孔枪根数	射孔枪米数	夹层枪根数	夹层枪米数	上接头	下接头	炮尾	弹架根数	弹架米数	中心杆根数	中心杆米数	起爆装置	射孔弹	导爆索	雷管	起爆器	火药	传爆管
1		1	3.3	1	3.3	1	2	1	2	2	2	1	8	1	6.6	1	3.3	1	33
2		1	3.3	1	3.3	2	2	1	2	2	2	1	8	1	6.6	1	3.3	1	17
3		1	3.3	1	3.3	1	2	1	2	2	2	0	8	1	6.6	1	3.3	1	49
4		1	3.3	1	3.3	1	2	1	2	2	2	1	8	1	6.6	1	3.3	1	17
5		1	3.3	1	3.3	1	2	1	2	2	2	1	8	1	6.6	1	3.3	1	33
6		5	17.5	2	7.6	6	7	1	7	7	7	1	28	5	35	2	7.6	1	117

图 10　统计报表输出样式

Fig. 10　Statistical report output style

可利用智能算法进行进一步升级，形成根据当前的井况数据和历史数据自动生成设计方案的模式。为有针对性的技术升级提供有力数据支撑。

<h1 style="text-align:center">参 考 文 献</h1>

[1] 郑长建，张伟民．大庆油田射孔工艺技术发展历程［C］// 中国石油学会．中国石油学会，2018．

[2] 于洪淼．射孔方案设计信息化［J］.中国科技博览，2015（41）：31．

[3] 高晶晶．一种基于 PostgreSQL 数据库的切片管理系统［J］.数码设计，2019，8（24）：7．

[4] 陈珺．PostgreSQL 在时空数据管理中的应用［J］.测绘通报，2008（7）：44-46．

［5］任桐鑫，王少博，沈维翰，等．基于遗传算法和贪婪算法的新一代通信网络设计研究［J］.数学建模及其应用，2020（2）：41-52.

［6］吴友凯，叶永舜．一种计算地理轨迹相似度的动态规划算法［J］.经营管理者，2017（16）：19-20.

［7］孙晓静．基于动态规划算法与贪婪算法的多挂靠港滚装船配载优化研究［D］.大连：大连海事大学，2013.

［8］周红．射孔排炮设计优化算法的研究［D］.大庆：东北石油大学，2012.

露天矿山爆破振动传播规律研究

杨 飞[1]　董恒超[2]

（1. 湖南铁军工程建设有限公司，长沙　410000；

2. 湖南轨道昭阳矿业有限公司，湖南　邵阳　422000）

摘　要：在露天矿山爆破工程中，根据工程地形、地质条件选取合理的衰减系数及预测爆破振动衰减规律的模型，对于爆破设计和控制爆破有害效应有着重要意义。根据爆破振动监测数据，利用线性回归及非线性回归方法对爆破振动预测模型进行分析，得到矿山的爆破振动衰减规律。结果表明，考虑高程效应的线性回归预测模型显著性明显，平均偏差仅有 3.09%，预测精度高于传统经验公式，可为该露天矿山后期爆破设计、施工提供指导依据。

关键词：爆破振动；衰减规律；回归分析；露天矿山

Study on Attenuation Law of Blasting Vibration in Open-pit Mine

Yang Fei[1]　Dong Hengchao[2]

（1. Hunan Tiejun Engineering Construction Co., Ltd., Changsha 410000；

2. Zhaoyang Mining Co., Ltd., of Hunan Rail Transit Group, Shaoyang 422000, Hunan）

Abstract：The attenuation coefficient and the prediction model of blasting vibration velocity which have been selected in accordance with the engineering topography, geological conditions, have great significance for blasting design and controlling the harmful effects of blasting. Using the monitoring data of blasting vibration, the attenuation law of blasting vibration was obtained by analyzed the empirical formula of blasting vibration through linear regression and nonlinear regression method. The results showed that the linear prediction model which was considering elevation effect reflected the obvious significance, and its average deviation was only 3.09%, and the prediction accuracy of the linear prediction model was higher than the traditional empirical formula. The results will provide guidance for blasting design and construction for open-pit mine.

Keywords：blasting vibration; attenuation law; regression analysis; open-pit mine

1　引言

工程爆破技术作为一种高效的施工技术被广泛应用于矿山建设过程中，随着民爆器材的更新、爆破技术的发展，工程爆破的优势越来越明显。与此同时，爆破作业环境越来越复杂，爆

作者信息：杨飞，硕士，工程师，yangfeiwodexin@163.com。

破安全问题也逐渐突出，如何有效预测、控制爆破过程中的有害效应成为当前各专家、学者研究的重点问题。作为评估爆破工程安全的重要因素，爆破振动传播规律的研究一直是热点课题[1-4]。由于爆破振动的传播受工程地形、地质条件影响，研究该矿爆破振动传播规律，对于确保该矿爆破工程安全、准确防控爆破灾害有着重要意义。

《爆破安全规程》（GB 6722—2014）规定：爆破振动以质点峰值振动速度和主振频率为判据，其中质点振动速度为 3 个分量中最大值，振动频率为主振频率。工程实践中，常用萨道夫斯基公式对爆破质点振动速度进行预测。

$$v = K\left(\frac{\sqrt[3]{Q}}{R}\right)^{\alpha} \tag{1}$$

式中，v 为爆破振动质点峰值速度，cm/s；Q 为单段最大起爆药量，kg；R 为爆心距，m；K 为与地形、地质条件有关的系数；α 为衰减系数。该公式虽然物理意义简单明确，能够进行量化计算，但是仅用 K、α 不能准确反应复杂的地形、地质环境对爆破振动的影响，从而严重影响了计算的精度和爆破安全[5]。

随着研究的不断深入，逐渐发现爆破作业场地的高程差对爆破振动质点速度有着显著的影响[1-2,6]。包松采用量纲理论构建了爆破振动速度预测模型，通过线性回归得到非线性拟合考虑高程效应的预测模型精度较高。陈军凯等人通过研究发现存在高程效应且其具有明显的方向性，纵向放大系数最大，同时"鞭梢效应"在台阶外缘附近较为明显。在此基础上，一些学者经过大量研究提出了许多考虑高程效应的修正公式，其中王在泉等人通过工程验证，认为放大效应并不一定是单调递增，在此基础上提出了修正公式[7]：

$$v = K\left(\frac{\sqrt[3]{Q}}{L}\right)^{\alpha}\left(\frac{\sqrt[3]{Q}}{H}\right)^{\beta} \tag{2}$$

式中，L 为测点与爆心间的水平距离，m；H 为测点与爆心间的高程差，m；β 为高程差影响因子；其他同式（1）。

为确保露天矿山安全生产，预防爆破振动造成的危害，利用湖南浏阳某露天矿山爆破振动监测数据，对爆破质点振动速度公式进行线性和非线性回归分析，从而得到该矿的爆破振动传播规律及表征该规律的经验公式和适用于该矿地形地质环境的 K、α 值，便于指导、改进该矿山后续的开采生产。

2　工程应用

2.1　工程概况

露天矿山位于湖南省浏阳市，设计规模为 150 万吨/年，矿种为建筑石料用灰岩。矿区属丘陵区，表层熔岩发育，矿区范围内为平缓的单斜构造。岩性单一，岩体结构为中厚层状，岩石抗压强度高，普氏系数 $f = 8 \sim 10$。水文地质条件简单，矿区整体稳定性好。

矿山开采采用深孔台阶爆破，台阶高度为 15m，孔径为 90mm，孔深 17m，底盘抵抗线为 3.5m，孔距 3.5m，排距 3m，布孔方式为三角形。爆破采用改性铵油炸药，利用数码电子雷管实现逐孔起爆，单孔装药量根据地质条件进行调整，一次最大炸药消耗量为 2880kg。

2.2　监测方案

为了解露天石灰石矿山爆破振动的特征，准确预测爆破振动传播规律，指导矿山爆破设计、减小爆破振动对周围居民及矿区内工业建筑的影响，对矿山爆破振动传播规律进行监测、分析、研究。现场采用 TC-4850 爆破测振仪进行监测。

根据矿山工程施工情况，对 60m、30m、15m 三个不同的台阶高度进行爆破振动监测，每次按水平距离共设置 5 个测点，分别为 40m、60m、80m、100m、120m。每个测点布置 3 个方向的传感器，用于监测水平径向、水平切向和竖直方向的振速和主频。监测数据见表 1。

表 1　爆破振动监测结果
Tab. 1　Blast vibration test results

序号	爆心垂直距离 H/m	爆心水平距离 L/m	爆心距离 R/m	单段最大药量 Q/kg	振动速度 v/cm·s^{-1}
1	60	40	72.111	96	3.674
2	62	60	86.279	96	2.428
3	61.5	80	100.907	96	1.723
4	62.7	100	118.031	96	1.467
5	63.6	120	135.812	96	1.069
6	45.4	40	60.508	108	4.378
7	46	60	75.604	108	2.861
8	45.5	80	92.034	108	1.992
9	46.8	100	110.409	108	1.645
10	47	120	128.876	108	1.287
11	15.6	40	42.934	72	4.984
12	16	60	62.097	72	3.026
13	16.7	80	81.724	72	2.367
14	17.5	100	101.520	72	1.679
15	18	120	121.342	72	1.304

3　回归分析

3.1　线性回归分析

线性回归分析的原理是利用数理统计的方法，对一个或者多个自变量与因变量之间的关系进行建模分析。工程实践中，常用数学思维通过变量代换进行线性关系建模，然后进行线性回归分析[8-9]，其中一个自变量的称为一元线性回归，多个自变量的称为多元线性回归。本文以式（1）为例，进行线性处理，如下：

式（1）两边取对数，得到：

$$\ln v = \ln K + \alpha \ln\left(\frac{\sqrt[3]{Q}}{R}\right) \tag{3}$$

令：$y = \ln v$，$b = \ln K$，$a = \alpha$，$x = \ln\left(\frac{\sqrt[3]{Q}}{R}\right)$，得到线性函数：$y = ax + b$，利用实测数据，进行线性回归分析，计算相应未知参数。

根据表 1 的监测数据，对式（1）进行一元线性回归分析，回归方程（图 1）为：$y =$

1.4682x + 5.1442, 相关系数 r^2 = 0.963, 说明自变量与因变量之间线性关系显著, 回归方程可靠。由回归方程可得未知参数：$K = e^{5.1442}$ = 171.434, α = 1.4682, 萨道夫斯基公式为：

$$v = 171.434 \left(\frac{\sqrt[3]{Q}}{R} \right)^{1.4682} \tag{4}$$

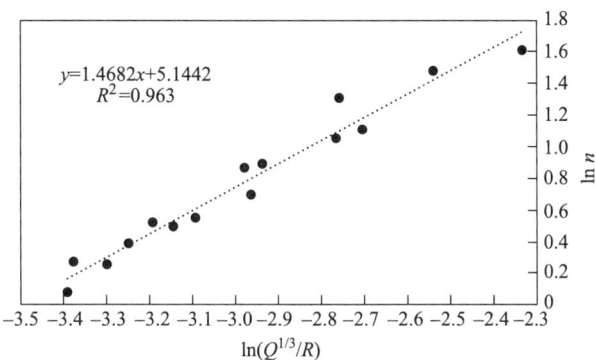

图 1 一元线性回归方程

Fig. 1 Unary linear regression equation

利用 SPSS 软件对式（2）进行多元线性回归分析, 由表 2 可知调整后的 r^2 为 0.992, 表明该回归模型整体具有较高的可靠性, 即爆心距离观测点的水平距离和垂直距离与爆破振动速度之间存在相关性。DW 值为 2.421, 接近 2, 说明各数据之间相互独立, 统计数据具有一定的可靠性。

表 2 模型汇总

Tab. 2 Model summary

模型	r	r 方	调整 r 方	标准估计的误差	Durbin-Watson
1	0.997[a]	0.993	0.992	0.04205891	2.421

表 3 中, Sig 值为 0, 小于 0.05, 表明该回归方程式是可靠的。且 F 值 858.230 远大于 F_a (k, $n-k-1$), 表示该模型中的各解释标量整体对被解释变量有显著解释作用, 即水平距离和垂直距离对爆破振动速度有一定的影响。表 3 数据表明整个回归方程有使用价值。

表 3 方差分析

Tab. 3 Analysis of variance

模 型		平方和	df	均方	F	Sig.
1	回归	3.036	2	1.518	858.230	0.000[b]
	残差	0.021	12	0.002		
	总计	3.058	14			

表 4 中, VIF 值为 1.005, 小于 5, 说明变量之间不存在多重共线性, 进一步证明该模型的可靠性。其中所有系数的 Sig 值均为 0, 小于 0.05, 说明其对爆破振动速度的预测有显著作用。从标准系数可以看出, 在该模型存在高程效应, 但是在该模型中高程效应对爆破振动速度的影响程度小于水平距离的影响程度。

表 4　系数
Tab. 4　Coefficient

模　型		非标准化系数		标准系数	t	Sig.	共线性统计量	
		B	标准误差	试用版			容差	VIF
1	（常量）	4.478	0.093		48.140	0.000		
	高程因子	0.278	0.021	0.316	13.111	0.000	0.995	1.005
	衰减系数	1.114	0.028	0.967	40.121	0.000	0.995	1.005

多元线性回归方程为：

$$v = 88.058 \left(\frac{\sqrt[3]{Q}}{L}\right)^{1.114} \left(\frac{\sqrt[3]{Q}}{H}\right)^{0.278} \tag{5}$$

3.2　非线性回归分析

工程实践中，不可线性化处理的回归问题或者可线性化处理的回归模型精度不能满足工程应用时，通常采用非线性回归分析。在数理统计的基础上，利用各数据处理软件对非线性模型进行迭代计算，使模型收敛时最优参数即为未知参数的解[10-11]。利用 SPSS 非线性分析功能，对式（1）和式（2）进行非线性回归分析，其中式（1）相关性系数 $r^2 = 0.950$，式（2）相关性系数 $r^2 = 0.996$ 结果如下：

$$v = 128.577 \left(\frac{\sqrt[3]{Q}}{R}\right)^{1.365} \tag{6}$$

$$v = 88.668 \left(\frac{\sqrt[3]{Q}}{L}\right)^{1.103} \left(\frac{\sqrt[3]{Q}}{H}\right)^{0.296} \tag{7}$$

4　结果分析

回归分析得到的爆破振动速度预测见表 5。

表 5　回归得到的 PPV 预测值与偏差
Tab. 5　Deviationr and PPV predicted values obtained from regression analysis

序号	实测 PPV /cm·s⁻¹	Eq (4) /cm·s⁻¹	偏差/%	Eq (5) /cm·s⁻¹	偏差/%	Eq (6) /cm·s⁻¹	偏差/%	Eq (7) /cm·s⁻¹	偏差/%
1	3.674	2.994	18.5	3.851	4.81	2.985	18.76	3.791	3.19
2	2.428	2.301	5.23	2.429	0.03	2.337	3.76	2.401	1.13
3	1.723	1.828	6.12	1.767	2.54	1.887	9.51	1.752	1.69
4	1.467	1.453	0.99	1.371	6.57	1.523	3.85	1.362	7.16
5	1.069	1.182	10.58	1.114	4.23	1.258	17.67	1.109	3.76
6	4.378	4.104	6.26	4.395	0.38	4.001	8.60	4.350	0.65
7	2.861	2.959	3.43	2.787	2.58	2.952	3.19	2.770	3.17
8	1.992	2.217	11.30	2.029	1.86	2.257	13.32	2.024	1.59
9	1.645	1.697	3.17	1.570	4.55	1.761	7.03	1.569	4.62
10	1.287	1.352	5.08	1.280	0.54	1.426	10.77	1.282	0.42

序号	实测PPV /cm·s⁻¹	Eq (4) /cm·s⁻¹	偏差/%	Eq (5) /cm·s⁻¹	偏差/%	Eq (6) /cm·s⁻¹	偏差/%	Eq (7) /cm·s⁻¹	偏差/%
11	4.984	5.569	11.74	4.900	1.69	5.315	6.63	4.939	0.90
12	3.026	3.240	7.06	3.097	2.35	3.212	6.13	3.135	3.59
13	2.367	2.165	8.55	2.221	6.15	2.207	6.74	2.254	4.78
14	1.679	1.574	6.24	1.710	1.85	1.642	2.22	1.738	3.49
15	1.304	1.212	7.09	1.385	6.20	1.287	1.31	1.409	8.08
平均值			7.42		3.09		7.97		3.21

表5数据显示，对于萨道夫斯基公式，线性回归结果的平均偏差为7.42%，最大偏差达到18.5%；非线性回归分析结果的平均偏差为7.97%，最大偏差达到18.76%。对于考虑高程的修正公式，线性回归结果的平均偏差为3.09%，最大偏差为6.57%；非线性回归结果的平均偏差为3.21%，最大偏差为8.08%。对于萨道夫斯基公式，线性回归和非线性回归得到的K值相差较大，而考虑高程的修正公式两次回归得到的相关系数较为接近，进一步证明萨道夫斯基公式对爆破振动峰值速度的预测精度受地形地貌的影响较大，不能准确地表征爆破振动的衰减规律；修正公式考虑了高程效应，预测精度比传统经验公式平均提高了4.545%，能够较好地表征该矿的爆破振动衰减规律。在该矿的地形、地质条件下，线性回归的拟合程度高于非线性回归，采用线性回归方法拟合考虑高程的修正公式的预测精度最高，可以适用于该矿，可为后续的开采施工提供指导依据。

表5数据可以看出，在测点1（高程60m、水平距离40m）处，坡比为1.5，萨道夫斯基公式在该处的预测值偏小，偏差最大，而修正公式的预测值接近监测值，偏差明显降低，说明存在着高程效应；测点15（高程18m、水平距离120m），坡比0.15，该处萨道夫斯基公式的预测精度平均提高了14.43%，而修正公式的预测精度平均降低了3.14%，可以看出萨道夫斯基公式适用于平缓地段，高程效应受坡比影响[8]较大。

5 结论

随着矿山的开采，有效控制爆破振动对矿区工业建筑及周边居民的影响是绿色矿山建设的重要内容。根据浏阳某露天矿山爆破振动监测数据，利用SPSS软件进行线性回归和非线性回归分析，得到符合现场地形、地质条件的爆破振动衰减模型。通过工程应用对所建立的模型进行验证，主要结论如下：

（1）考虑高程效应的修正公式对爆破振动峰值速度预测结果比传统的经验公式预测精度平均提高了4.545%。

（2）两个模型对比，线性回归分析的拟合程度高于非线性回归分析。在该露天矿山以后的开采中，可以选用线性回归拟合的考虑高程效应的修正公式对爆破振动速度进行预测，K取88.058，衰减系数α取1.114，高程差影响因子β取0.278。

（3）高程效应受坡比影响，在选取爆破振动速度预测模型时应充分考虑地形地貌的因素。

（4）下一步应针对高程修正公式的适用条件、坡比对修正公式的影响程度进行深入研究。

参 考 文 献

[1] 包松. 高程条件对爆破振动环境效应的影响研究 [D]. 鞍山：辽宁科技大学，2022.

［2］杨如孜，张光权，司凯凯，等．考虑高程放大效应的爆破振速预测研究［J］．工程爆破，2023，29（1）：144-152．

［3］陈军凯，魏正，郝向军，等．基于 EEMD-HHT 法的露天矿山深孔爆破振动效应研究［J］．金属矿山，2022，11：77-83．

［4］张勤彬，程贵海，徐中慧．基于回归分析的露天矿山爆破振动传播规律研究［J］．矿业研究与开发，2018，38（5）：37-40．

［5］王海亮．工程爆破［M］．北京：中国铁道出版社，2008．

［6］言志信．爆破地震效应及安全［M］．北京：科学出版社，2011．

［7］王在泉，陆文兴．高边坡爆破开挖震动传播规律及质量控制［J］．爆破，1994（3）：1-4．

［8］杨飞，周晓光，李昱捷．爆破振动衰减系数的回归分析［J］．采矿技术，2018（5）：186-188．

［9］胡刚．某松散体边坡爆破振动回归分析［J］．价值工程，2023（12）：153-155．

［10］吕涛，石永强，黄诚，等．非线性回归法求解爆破振动速度衰减公式参数［J］．岩土力学，2007，28（9）：1871-1878．

［11］包松，郭连军，莫宏毅，等．高程影响下爆破振动速度衰减模型优选研究［J］．有色金属工程，2022，12（9）：156-121．

近距离下穿引水隧洞的地下爆破开挖振动控制研究

张福炀[1] 罗伟[2,3] 张雷[1] 谢凯强[1]

(1. 浙江安盛爆破工程有限公司，浙江 绍兴 312000；2. 深圳市地健工程爆破有限公司，
广东 深圳 518040；3. 深圳市工程爆破协会，广东 深圳 518040)

摘 要：为揭示引水隧洞下近距离交叉隧洞爆破开挖振动变化规律，采用现场检测、理论分析、数值计算方法，开展了交叉隧洞开挖时引水上隧洞振动规律研究，计算了不同掌子面距离下多种炸药量的上隧洞爆破振动速度幅值。研究结果表明：质点振动速度随各参数的改变而改变，利用现场振动监测数据，回归拟合得到的萨道夫斯基公式参数为 $K=112$，$\alpha=1.63$；上隧洞振动速度的数值计算结果小于萨道夫斯基经验参数的计算结果，尤其在隧道爆破近区相差较大，对应用于上部引水隧洞的萨道夫斯基公式进行了修正；小净距隧洞下穿既有隧洞在交叉段掘进爆破时，随着爆破距离的接近，振速呈上升趋势，采用进尺控制、最大段装药量控制、减少掏槽眼爆破装药量、增加起爆次数、增加雷管起爆时差等方法可有效控制振动速度。

关键词：上下交叉；引水隧洞；爆破开挖；振动速度

Research on Vibration Control of Underground Blasting Excavation Through a Diversion Tunnel at Close Range

Zhang Fuyang[1]   Luo Wei[2,3]   Zhang Lei[1]   Xie Kaiqiang[1]

(1. Zhegjiang Ansheng Blasting Engineering Co., Ltd., Shaoxing 312000, Zhejiang;
2. Shenzhen Dijian Engineering Blasting Co., Ltd., Shenzhen 518040, Guangdong;
3. Shenzhen Society of Engineering Blasting, Shenzhen 518040, Guangdong)

Abstract：In order to reveal the variation law of vibration during blasting excavation of a short distance cross tunnel under the headrace tunnel, on-site detection, theoretical analysis, and numerical calculation methods were used to study the vibration law of the upper headrace tunnel during cross tunnel excavation. The amplitude of blasting vibration velocity of the upper tunnel with various explosive quantities at different face distances was calculated. The research results indicate that the particle vibration velocity changes with the changes of various parameters. Using on-site vibration monitoring data, the Sadovsky formula parameter obtained through regression fitting is $K=112$, $\alpha=1.63$; The numerical calculation results of the vibration velocity of the upper Suidong tunnel are smaller than the calculation results of the Sadovsky empirical parameters, especially in the near zone of tunnel blasting,

作者信息：张福炀，博士，正高级工程师，94014772@qq.com。

---

which is significantly different. Therefore, the Sadovsky formula used for the upper headrace tunnel has been modified; when excavating and blasting an existing tunnel with a small clear distance, the vibration speed increases as the blasting distance approaches. Methods such as footage control, maximum segment charge control, reducing cut hole blasting charge, increasing detonation frequency, and increasing detonator detonation time difference can effectively control the vibration speed.

Keywords: up and down crossing; diversion tunnel; blasting excavation; vibration velocity

1　引言

随着我国水利工程的开展，部分地区不可必免地出现上下交叉隧洞施工的情况，当两隧洞距离较近时，开挖工程对既有隧洞产生影响[1]。特别是小净距、上下交叉引水隧洞等施工条件极为复杂的工程中，隧洞钻爆引起的振动安全问题更加明显[2-3]。

国内学者对下穿隧洞爆破掘进工程的振动问题开展了较多研究，杨成全[4]认为，距爆源30m以内，结构部位和爆心距共同影响振速分布；30m以外区域，以爆心距影响为主。余明等人[5]对浅埋隧洞开挖振动开展了研究，认为可根据受保护物抗振能力分段控制循环进尺及炸药量，在特别需要控制的洞段，可降低循环进尺。

随着爆破理论和计算机技术的发展，数值计算方法成为研究振动爆破效应的重要手段，如杨建华[6]建立了群孔起爆条件下爆炸荷载作用的等效弹性边界，对炮孔周围岩石破坏范围的空间分布特征开展了研究。J. Torano 等人[7]利用数值计算软件研究了台阶爆破诱发的振动，均取得了有效成果。

由于上下交叉隧洞中上隧洞内无法布置振动传感器进行振动检测，需采用数值计算方法对既有隧洞振动状态进行计算，根据计算结果并对比掘进隧洞爆破振动检测数据，对萨道夫斯基公式参数进行修正，以便对同类工程进行指导。

2　工程概况

皂李湖—白马湖输水隧洞为绍兴市上虞区虞东河湖综合整治工程的一部分。主要任务为利用两湖的水级差，新开隧洞沟通两湖，通过引皂李湖水至白马湖，改善白马湖水质，隧洞引水规模为5m³/s，采用无压隧洞。隧洞长2384m，采用城门洞型，净内径 10.0m×8.0m，采用C25W6F50 钢筋混凝土衬砌。

慈溪至汤浦引水工程寒天岗隧洞为圆形，内径 2.6m，采用有压隧洞。皂李湖—白马湖输水隧洞在桩号 1+664.368 附近与寒天岗隧洞交叉，下穿寒天岗引水隧洞，交叉处位于寒天岗隧洞桩号约 0+911.10~0+923.10 段，寒天岗隧洞底标高约为 14.25m，洞身采用素混凝土衬砌，皂李湖—白马湖输水隧洞顶标高约为 10.55m，寒天岗隧洞与皂李湖—白马湖输水隧洞交叉处最近距离相差约为 3.7m，小于 1.0 倍开挖洞径，开挖进程中上部寒天岗隧洞不断水。

隧洞洞身段基岩为含角砾晶屑熔结凝灰岩，局部可能夹砂砾石层。覆盖层为残坡积含碎、块石粉质黏土，分布于进出口山坡。进口段基岩裸露，工程地质条件好。洞身段上覆岩体较厚，隧洞通过围岩以Ⅰ~Ⅱ类为主，岩体完整性好，成洞条件较好。

皂李湖—白马湖输水隧洞和寒天岗引水隧洞平面位置如图1所示。

3　交叉段30m爆破方案

因两隧洞上下交叉处最近距离仅3.7m，为确保上部隧洞引水不受影响，控制爆破范围内

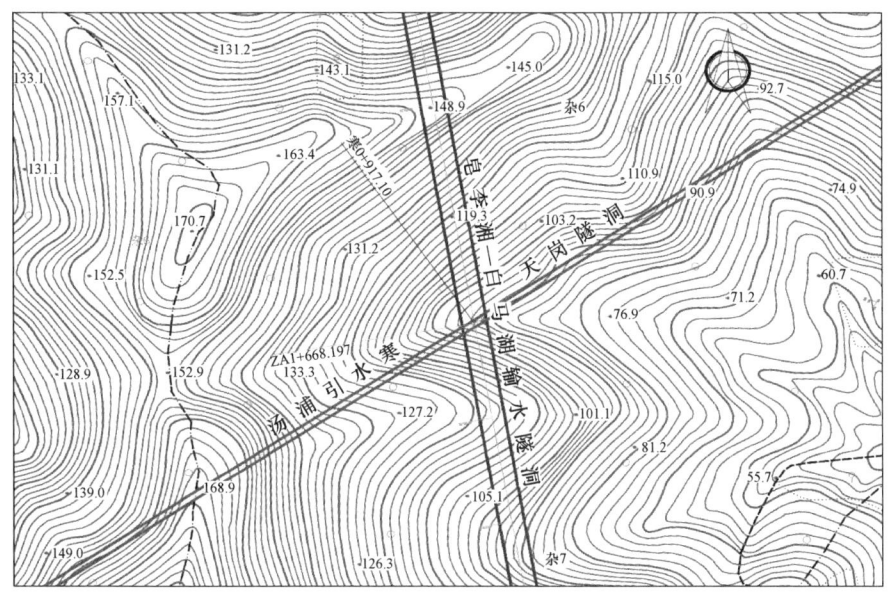

图 1　平面布置图

Fig. 1　Layout plan

取 1.5 的保证系数，控制爆破范围为交叉段前后共 30m，包括寒天岗隧洞洞身宽度 3.0m，此段采取单向掘进的开挖方案。同时，为减少单响药量，采用先开拓导洞，再扩挖的掘进方案。导洞一次爆破成形，分三次扩挖，具体爆破参数见表 1 和表 2；交叉段炮孔布置如图 2 和图 3 所示。

表 1　小导洞爆破参数

Tab. 1　Blasting parameters of small pilot tunnel

炮孔名称	段别	孔深/m	炮孔角度/(°)	孔数/个	每孔装药量/kg	药量/kg	备注
掏槽孔	1	2.5	90	1	1.5	1.5	
空孔	—	2.5	90	4	0	0	
掏槽孔	3	2.5	90	4	1.2	4.8	
辅助孔	5	2.0	90	2	0.9	1.8	
辅助孔	7、9	2.0	90	15	0.9	13.5	>8.78kg，分段
底孔	11	2.0	90	7	0.75	5.25	
周边孔	13、15	2.0	90	15	0.75	11.25	>8.78kg，分段
合计				48		38.1	

表 2　分层分段爆破参数

Tab. 2　Blasting parameters of layered and segmented blast

爆破次数	炮孔名称	段别	孔深/m	炮孔角度/(°)	孔数/个	每孔装药量/kg	药量/kg	备注
第一次爆破	辅助孔	1	1.0	90	13	0.3	3.9	<5.53kg，不分段
	辅助孔	3、5	1.0	90	21	0.3	6.3	>5.53kg，分段 2 个段
	辅助孔	7、9	1.0	90	28	0.3	8.4	>3.20kg，分 3 段

续表 2

爆破次数	炮孔名称	段别	孔深/m	炮孔角度/(°)	孔数/个	每孔装药量/kg	药量/kg	备注
第二次爆破	辅助孔	1、3、5、7、9、11	1.0	90	32	0.3	9.6	>1.64kg，上部4个段、下部2个分段
第三次爆破	底眼	1	1.0	90	8	0.45	3.6	<5.53kg，不分段
	光爆孔	3、5、7、9、11、13、15	1.0	90	53	0.15	7.95	>0.69kg，分上部6个段、下部1个段
合计					156		39.75	

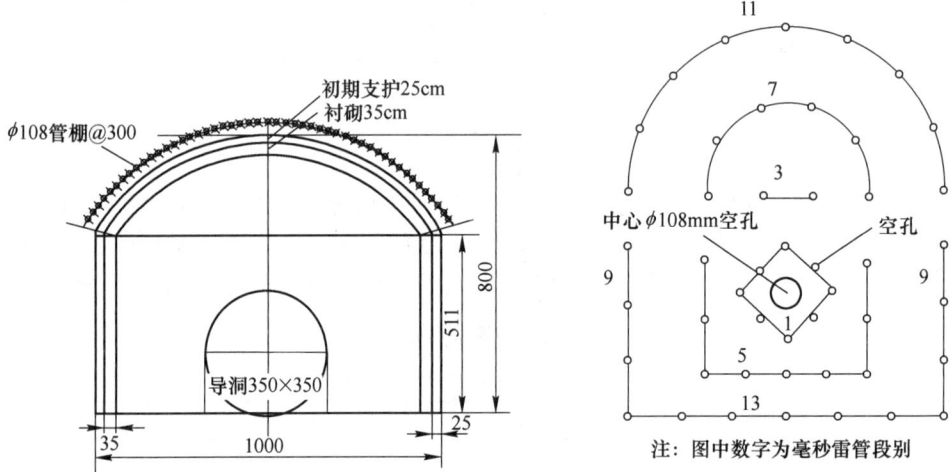

图 2　小导洞炮孔布置图

Fig. 2　Hole layout of small pilot tunnel

4　上隧洞振动速度数值计算

本文模型均为静弹性模型，围岩参数取原始地勘数据。新建隧道爆破施工是一个连续爆破的过程，是掌子面逐渐靠近交叉断面又逐渐远离交叉断面的过程，在这个过程中，由于爆破位置与既有隧道的相对位置不同，既有隧道受到的影响必然也存在区别。因此，对考虑上隧道有水和上隧道无水的两种工况进行数值模拟，分别分析距离交叉段 13.9m、10.4m、3.9m、0.7m 时的振速，作为结构爆破荷载下的安全判据，探究不同炸药参数及不同断面对已有隧道结构物的影响。

4.1　计算模型

计算模型几何尺寸为 40m×40m×40m，上部隧洞底标高约为 14.25m，洞身采用素混凝土衬砌，新建隧洞顶标高约为 10.55m，上部隧洞与新建隧洞交叉处最近距离相差约为 3.7m，距离小于 1.0 倍开挖洞径，属于小净距交叉隧洞，整体模型如图 4 所示。

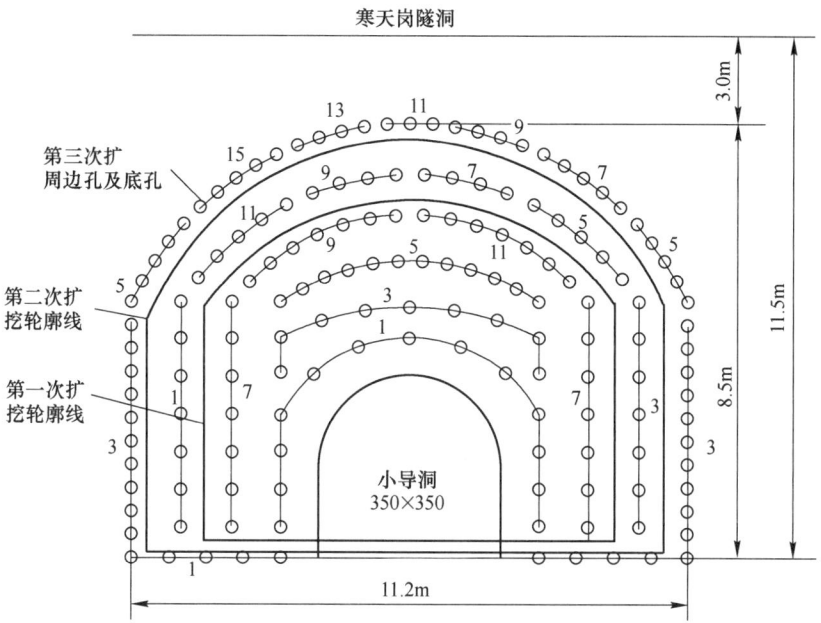

图 3　分层分段炮孔布置图（图中数字为毫秒雷管段别）

Fig. 3　Layered and segmented blast hole layout plan

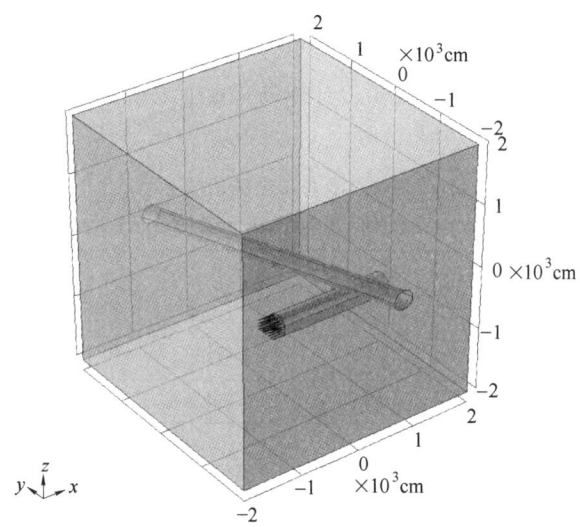

图 4　整体计算模型

Fig. 4　Overall calculation model

4.2　网格处理及爆破参数

在计算动力学问题时波形频率大小和岩体的动力特性会对应力波传播的模拟精度产生影响。Lancioni[8]和 Lysmer[9]的研究表明，要想模拟模型中波的传播，有限元网格的尺寸必须要小于输入波形最高频率对应的波长的 1/8 到 1/10，即 $\Delta L \leqslant (1/10 \sim 1/8) \lambda$，$\lambda$ 为最高频率对应的波长。

爆破冲击波在岩体内传播速度约为 5000m/s，振动频率范围为 10~100Hz，因此可计算出爆破冲击波的最小波长 λ 为 50m，本次分析模型网格最大尺寸 ΔL 为 3m，处于模型边缘位置，而最小网格尺寸为 2mm，位置处于爆孔附近。本模型的最大网格尺寸 $\Delta L < \dfrac{\lambda}{10}$，满足计算要求。

负荷量及装载持续时间计算公式为

$$P_i = 140 \times 10^6 \times Q_i^{\frac{2}{3}} \tag{1}$$

$$t_i = 0.81 \times 10^{-3} \times Q_i^{\frac{1}{3}} \tag{2}$$

式中，P_i 为钻孔负载，kN；t_i 为爆炸持续时间，s；Q_i 为单孔装药量，kg。

由此可以得不同位置下钻孔边界条件，见表3。

表3　爆孔边界条件参数表
Tab. 3　Parameter table for boundary conditions of blast holes

掌子面位置/m	炸药总量/kg	单孔炸药量/kg	负荷量/kN	装载持续时间/s
13.9	42	1.65	1.95×10^5	9.57×10^{-4}
10.3	36	1.32	1.68×10^5	8.89×10^{-4}
3.7	18	0.99	1.39×10^5	8.07×10^{-4}
0.7	12	0.75	1.15×10^5	7.35×10^{-4}

4.3　材料参数

各级别围岩参数，均根据《铁道隧道设计规范》（TB 10003—2016）取得，围岩和支护参数见表4。

表4　围岩和支护参数
Tab. 4　Table of surrounding rock and support parameters

围岩级别	弹性模量/GPa	泊松比	密度/kg·m^{-3}	摩擦角/(°)	黏聚力/MPa
V	1.20	0.40	1900	23	0.1
IV	3.00	0.30	2300	30	0.4
III	10.0	0.27	2400	42	1.0
II	25.0	0.23	2600	53	1.8
二衬	31.0	0.18	2500	—	—
初支	21.0	0.18	2300	—	—
仰拱	28.0	0.18	2300	—	—

5　计算结果

5.1　数据验证

在下穿隧洞内开展现场振动监测，分别距掌子面 6.1m、9.6m、16.1m、19.3m 处布置了测点并采集了振动数据，同时，利用数值模拟方法计算了相同位置及工况下的质点振动速度，具体数据见表5。

表5　爆破振动监测及数值计算结果
Tab. 5　Blasting vibration monitoring parameters

测点	爆心距离 R/m	最大单响药量 Q/kg	振动速度 $v/\mathrm{cm \cdot s^{-1}}$	数值计算振动速度 $v/\mathrm{cm \cdot s^{-1}}$	X	Y
1	6.10	8.78	17.2	16.1	−0.562	1.766
2	9.60	8.78	9.3	9.6	−1.067	1.585
3	16.10	5.78	2.7	3.2	−1.815	0.358
4	19.30	3.85	1.5	1.3	−2.132	−0.105

监测数据与数值计算数据显示，两者振动速度数值比较接近，变化规律一致，证明数值计算参数设置合理，计算结果可信。

5.2　含水上隧道振速

下穿隧洞爆破开挖时，上隧洞正常引水，因此隧洞表面与水耦合，一定程度上限制了隧洞表面的质点振动，为研究此工况下上隧洞振动情况，计算了交叉处上隧洞表面振动速度，不同掌子面位置的振速时程曲线如图5所示。

距离交叉点中心为13.9m时，Z轴最大质点振动速度发生在3.4ms时，最大质点振动速度为3.3cm/s，25.3ms之后处于平衡状态；距离交叉点中心为10.4m时，最大质点振动速度发生在3.1ms时，最大质点振动速度为3.8cm/s，20~28.1ms之间又出现波动，28.1ms之后处于平衡状态；距离交叉点中心为3.9m时，最大质点振动速度发生在1.7ms时，最大质点振动速度为5.7cm/s，25.3ms之后处于平衡状态；距离交叉点中心为0.7m时，最大质点振动速度发生在1.6ms时，最大质点振动速度为5.0cm/s，20.8ms之后处于平衡状态。

5.3　无水上隧道振速

上隧道无水时不同爆破位置的振速时程曲线如图6所示。

距离交叉点中心为13.9m时，Z轴最大质点振动速度发生在3.5ms时，最大质点振动速度为3.7cm/s，26.1ms之后处于平衡状态；距离交叉点中心为10.4m时，最大质点振动速度发生在3.1ms时，最大质点振动速度为4.3cm/s，13.7~16.1ms之间又出现波动，23.4ms之后处于平衡状态；距离交叉点中心为3.9m时，最大质点振动速度发生在1.7ms时，最大质点振动速度为5.4cm/s，25.4ms之后处于平衡状态；距离交叉点中心为0.7m时，最大质点振动速度发生在1.6ms时，最大质点振动速度为5.1cm/s，23.5ms之后处于平衡状态。

小净距隧洞下穿既有隧洞在交叉段掘进爆破时，随着爆破距离的接近，振速呈上升趋势，采用进尺控制、最大段装药量控制、减少掏槽眼爆破装药量、增加起爆次数、增加雷管起爆时差等方法可有效控制振动速度。

5.4　针对含水隧洞萨道夫斯基公式的修正

通过对隧洞爆破开挖过程中进行爆破振动衰减规律的观测，在结合现场地形、地质条件推算出有关的系数和衰减指数 K、α，从而通过萨道夫斯基公式指导现场施工。萨道夫斯基经验

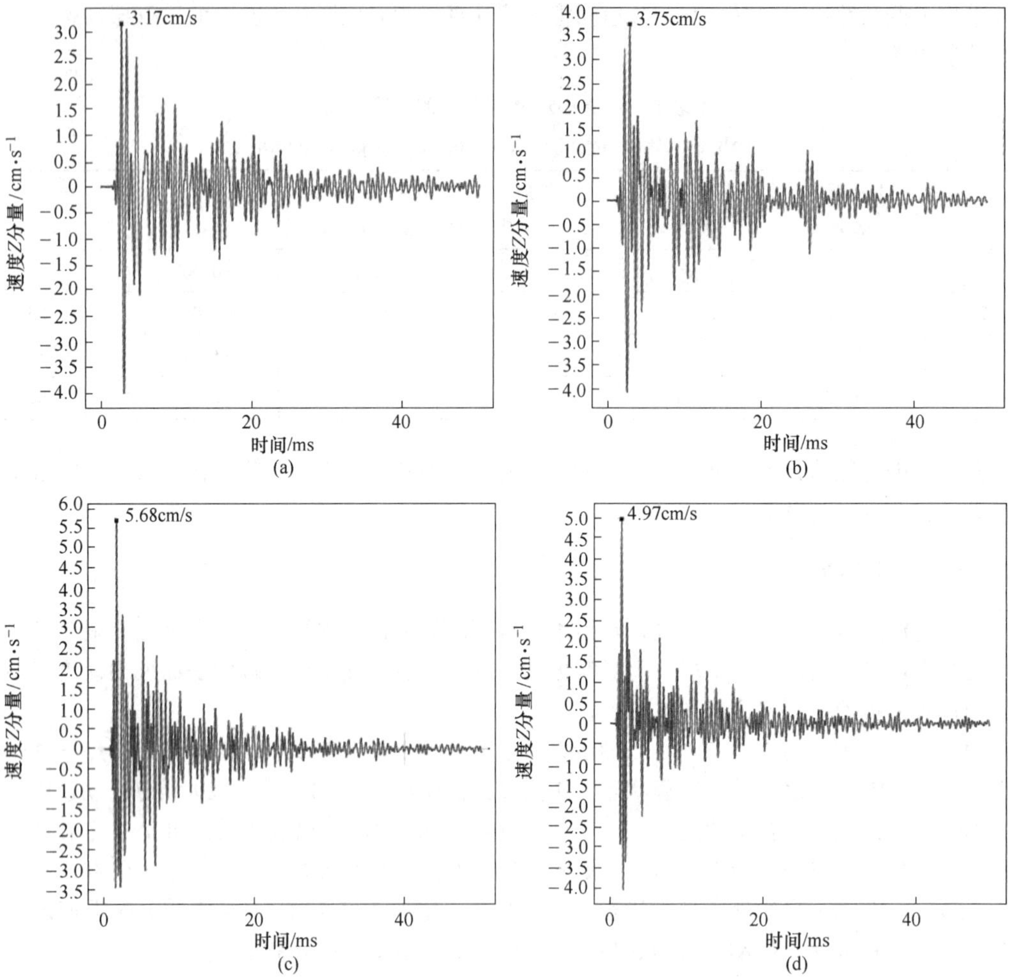

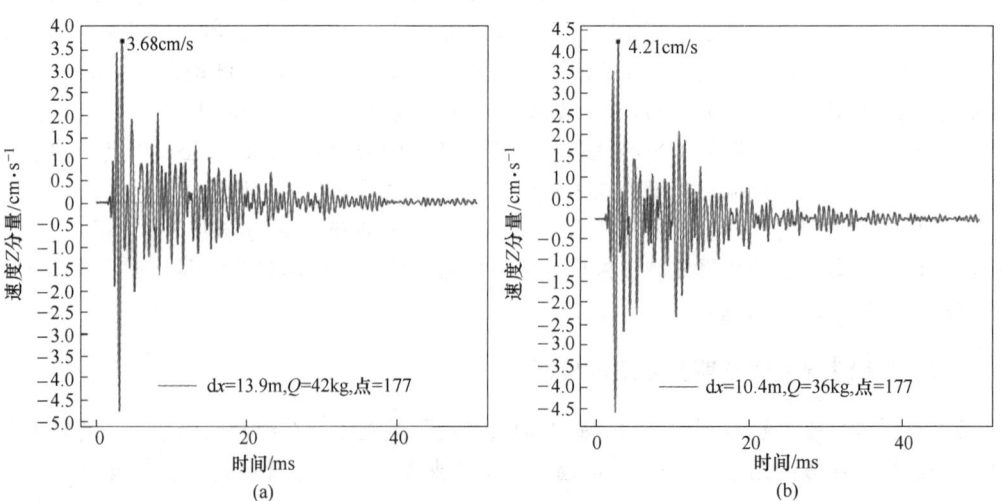

图 5　有水上隧道内部振速时程曲线图

（a）距交叉中心 13.9m；（b）距交叉中心 10.4m；（c）距交叉中心 3.9m；（d）距交叉中心 0.7m

Fig. 5　Time history curve of internal vibration velocity with water tunnel

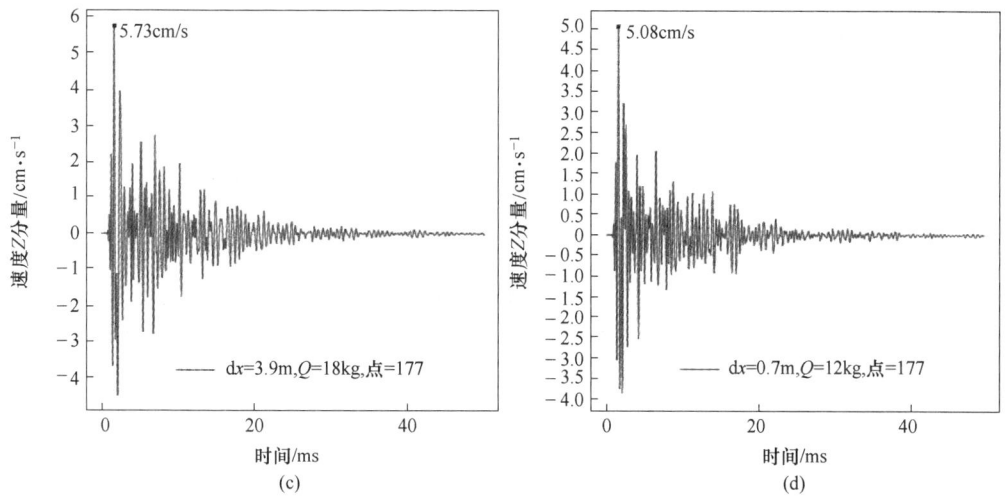

图 6　无水上隧道内部振速时程曲线图

（a）距交叉中心 13.9m；（b）距交叉中心 10.4m；（c）距交叉中心 3.9m；（d）距交叉中心 0.7m

Fig. 6　Time history curve of internal vibration velocity in waterless tunnel

公式常用于地表自由面振动速度的推算，萨道夫斯基经验公式为

$$v = K\left(\frac{\sqrt[3]{Q}}{R}\right)^{\alpha}$$ （3）

式中，v 为预测地点的振动速度，cm/s；R 为爆心距，m；Q 为炸药量，kg；K、α 为衰减指数，可按《爆破安全规程》（GB 6722—2014）对爆区不同岩性的 K、α 值的取值选取，或通过现场试验确定。

　　采用线性回归方程进行数据处理，此次爆破具体的模拟爆破参数和数据见表 5。

　　表 5 为下隧洞爆破振动监测数据，对表 5 中的爆破参数和实测数据进行拟合，得到的萨道夫斯基公式为：

$$v = 112\left(\frac{\sqrt[3]{Q}}{R}\right)^{1.63}$$ （4）

　　由于下隧洞爆破开挖时，上隧洞通水，无法进行洞内振动监测，只能通过公式计算或者数值模拟计算对振动状态进行预测，上隧洞监测点距离掌子面的爆心距为

$$R = \sqrt{d^2 + h^2}$$ （5）

式中，d 为掌子面距交叉点水平距离，m；h 为上、下隧洞垂直距离，3.7m。

　　通过拟合出来的 $K = 112$，$\alpha = 1.63$ 计算上隧洞内部底板的振速，与模拟有水时上隧洞内部底板的振速做对比，见表 6。

表 6　数值模拟振速与拟合振速对比

Tab. 6　Comparison of numerical simulation vibration velocity and fitting vibration velocity

测点	掌子面距位移交叉点距离 d/m	爆心距 R/m	最大单响药量 Q/kg	上隧洞拟合振动速度 v/cm·s^{-1}	数值模拟振速 v/cm·s^{-1}
1	13.90	14.38	8.78	4.72	3.30
2	10.4	11.03	8.78	7.27	3.80

测点	掌子面距位移交叉点 距离 d/m	爆心距 R/m	最大单响药量 Q/kg	上隧洞拟合振动 速度 v/cm·s^{-1}	数值模拟振速 v/cm·s^{-1}
3	3.90	5.37	5.78	18.73	5.70
4	0.70	3.76	3.85	26.83	5.00

通过对比发现，采用萨道夫斯基公式计算的含水上隧洞在近距离爆破时，振动速度偏离数值计算的振动速度较大，表明用萨道夫斯基公式预测上隧道内部底板的振速误差较大，分析认为，上隧洞为引水隧洞，爆破开挖时不停水，隧洞表面与水形成流固耦合作用，抑制了上隧洞表面质点的自由振动。萨道夫斯基公式用在充水隧洞时需要对参数进行修正，得公式（6）。

$$v = K/C\left(\frac{\sqrt[3]{Q}}{R}\right)^{\alpha} \tag{6}$$

式中，C 为修正参数，为爆心距的函数，表达式为 $C = 17.4R^{-0.935}$。

应用修正的萨道夫斯基公式对充水隧道表面振动速度进行计算，与数值计算结果对比分析，见表7。

表7　修正计算值与模拟数据对比分析
Tab. 7　Comparative analysis of corrected calculated values and simulated data

掌子面距位移 交叉点距离/m	炸药量/kg	允许振速 /cm·s^{-1}	爆破 Z 轴最大声波速度/cm·s^{-1}			负荷量/kN
			修正计算	有水	无水	
13.9	8.78	8	3.27	3.30	3.70	9.57×10^{-4}
10.4	8.78		3.94	3.80	4.30	8.89×10^{-4}
3.9	5.78		5.17	5.70	5.40	8.07×10^{-4}
0.7	3.85		5.31	5.00	5.10	7.35×10^{-4}

结果显示，修正后的预测结果接近模拟计算值，该公式更适用于充水隧洞振动衰减规律，可以预测下一次下穿爆破交叉隧洞时上隧洞产生的振动速度值。如振速过大，可以调整爆破参数，选择合理的爆破炸药量和爆心距。通过数值模拟表明，该振动波衰减模型具有良好的应用效果，为小净距交叉隧道的爆破振动研究提供参考依据。

由于隧洞开挖地质结构的特殊性，萨道夫斯基公式在隧洞爆破近区也存在一定误差，计算值趋于保守，但足以保证工程施工的安全性，有利于保护既有构筑物。

6　结论

（1）通过同隧洞内实测振动数据对萨道夫斯基公式参数进行拟合，获得参数 $K = 112$、$\alpha = 1.63$，推测了洞口表面振速并与模拟计算结果对比，均在允许振速 8cm/s 内，表明数值模拟的准确有效。

（2）上隧洞振动速度的数值计算结果远小于萨道夫斯基经验公式计算结果，尤其在隧道爆破近区相差较大，表明萨道夫斯基经验公式预测含水隧洞底板的振速时误差较大，因此对公式进行了修正。

（3）小净距隧洞下穿既有隧洞在交叉段掘进爆破时，随着爆破距离的接近，振速呈上升趋势，采用进尺控制、最大段装药量控制、减少掏槽眼爆破装药量、增加起爆次数、增加雷管起爆时差等方法可有效控制振动速度。

参 考 文 献

[1] 杨成全，舒大强，陈明，等. 下穿隧洞爆破掘进对既有隧洞的振动影响［J］. 爆破，2016，33（3）：5-9，52.

[2] 王明年，潘晓马，张成满，等. 邻近隧道爆破振动响应研究［J］. 岩土力学，2004（3）：412-414.

[3] 叶培旭，杨新安，凌保林，等. 近距离交叉隧洞爆破对既有隧道的振动影响［J］. 岩土力学，2011，32（2）：537-541.

[4] 杨成全，舒大强，陈明，等. 下穿隧洞爆破掘进对既有隧洞的振动影响［J］. 爆破，2016，33（3）：5-9，52.

[5] 余明，舒大强，丁留涛，等. 浅埋隧洞钻爆技术与振动控制［J］. 爆破，2015，32（1）：69-74.

[6] 杨建华，卢文波，陈明，等. 岩石爆破开挖诱发振动的等效模拟方法［J］. 爆炸与冲击，2012，32（2）：157-163.

[7] Torano J，Rodriguez R，Diego I，et al. FEM models including randomness and its application to the blasting vibrations prediction［J］. Computers and Geotechnics，2006，33（1）：15-28.

[8] Lancioni G. Numerical comparison of high-order absorbing boundary conditions and perfectly matched layers for a dispersive one-dimensional medium［J］. Computer Methods in Applied Mechanics & Engineering，2012，209-212（2）：74-86.

[9] Lysmer J，Drake L A. A finite element method for seismology［J］. Methods in Computational Physics：Advances in Research and Applications，1972，11：181-216.

上跨既有高铁隧道掘进爆破振动响应分析

吴廷尧　阳 洋　张 旭　荆梦瑶

（重庆大学　土木学院，重庆　400045）

摘　要：钻爆法仍然是当前隧道开挖施工中的重要方法，如何控制钻爆法爆破振动效应及其对上跨隧道的影响是隧道建设中的关键问题。为了减少新建隧道爆破对既有高铁隧道的影响，本文以重庆市科学城隧道开挖爆破工程为依托，结合隧道内爆破振动监测测试、理论分析和数值模拟手段，开展了上跨既有高铁隧道掘进爆破振动响应分析，建立掘进爆破引起的上跨既有高铁隧道衰减规律数学预测模型，研究表明：在掘进爆破近区，隧道内质点的振动速度峰值垂直方向（Y）大于隧道径向方向（X）大于隧道轴向方向（Z）；在水平 X 方向隧道的拱肩处，围岩振动速度较小，而在隧道的拱顶、拱脚和底板处，振动速度较大，在垂直 Y 方向隧道底板和隧道边墙的振动速度较大，拱脚处最小；考虑高程影响的爆破振动预测公式较未考虑高程的预测公式准确率较高，本文的研究方法可以提高现场振动速度预测准确度。

关键词：隧道；爆破振动效应；上跨铁路；极限拉应力准则

Research on Blasting Safety Criterion of Existing High Railway Tunnel over Tunnel

Wu Tingyao　Yang Yang　Zhang Xu　Jing Mengyao

（College of Civil Engineering, Chongqing University, Chongqing 400045）

Abstract：Drilling and blasting method is still an important method in the current tunnel excavation construction. How to control the vibration effect of blasting during construction and its influence on the upper span tunnel is the key problem in tunnel construction. Based on the Chongqing Science City tunnel excavation blasting project, combined with the blasting vibration monitoring and testing in the tunnel, this paper analyzes the propagation attenuation law of the tunnel blasting vibration along the rock mass, and studies the load characteristics of the explosion stress wave propagating to the existing high-speed railway tunnel. Considering the influence of the buried depth of the blasting source, a mathematical prediction model of the attenuation law of the upper span existing high-speed railway tunnel caused by tunnel blasting is established. Based on the dynamic finite element numerical method, the effect of blasting vibration on the existing high-speed railway tunnel structure is analyzed, and the propagation and attenuation of blasting vibration along the tunnel contour are studied. Based on the limit tensile stress criterion, limit shear stress criterion and Mohr criterion, and compared with the numerical simulation results, the blasting safety criterion model of the existing high-speed railway tunnel over the tunnel is established.

Keywords：tunnel；blasting vibration；effect over railway；limit tensile stress criterion

作者信息：吴廷尧，博士，工程师，wutingyao@ cug. edu. cn。

1 引言

随着高铁建设的迅速发展，隧道上跨既有高铁隧道的爆破施工现象在交通工程中变得频繁出现。隧道上跨既有高铁掘进爆破安全判据的研究也得到了一定的关注。在爆破震动控制技术方面，S. P. Singh 等[1]通过改进爆破技术和引入新的材料，提高了爆破施工的安全性和效果。Mahendra Gadge 等[2]采用了先进的监测系统和振动控制技术，对爆破振动进行了有效控制。在结构损伤评估技术方面，Hamdia 等[3]采用了先进的结构损伤评估技术，包括激光扫描、声发射监测等，对新建隧道爆破施工后周边既有隧道结构损伤进行了准确的评估。

随着高铁建设的快速发展，隧道上跨既有高铁掘进爆破安全判据研究已经引起了广泛的关注。在隧道上跨既有隧道施工爆破振动控制方面，冷振东[4-5]通过调整爆破参数、采用防振措施等方式，提高了爆破施工的安全性。在结构损伤评估方面，蒋楠、黄一文、吉凌等[6-7]通过对爆破施工后的结构进行损伤评估，分析结构的受损情况，为爆破施工提供了重要的依据。同时张震、罗帅兵等[8-9]采用无损检测技术和数值模拟方法，对结构损伤进行定量化评估。

综上所述，国内外对隧道上跨既有高铁掘进爆破安全判据的研究都取得了一定的进展。然而，仍然存在一些问题需要进一步研究和探索，如掘进爆破工施工对上跨既有隧道内结构的影响、施工参数的优化等[10-11]。因此，结合现有国内外研究现状，本文对隧道上跨既有高铁掘进爆破安全判据进行深入研究，聚焦于掘进爆破开挖工程，以科学城隧道工程为依托，结合现场隧道内爆破振动监测，分析掘进爆破振动沿岩体内传播衰减规律，研究爆炸应力波传播至既有高铁隧道的荷载特征，并采用无量纲分析的原理，建立掘进爆破引起的上跨既有高铁隧道衰减规律数学预测模型；基于动力有限元数值计算方法，分析主线掘进爆破振动作用传播及衰减规律。

2 科学城掘进爆破工程概况

科学城隧道工程全长 4.1km，隧道建筑限界净高 5.0m，净宽 13.5m，隧道最大纵坡为3%，隧道地质断面布置图如图 1 所示。

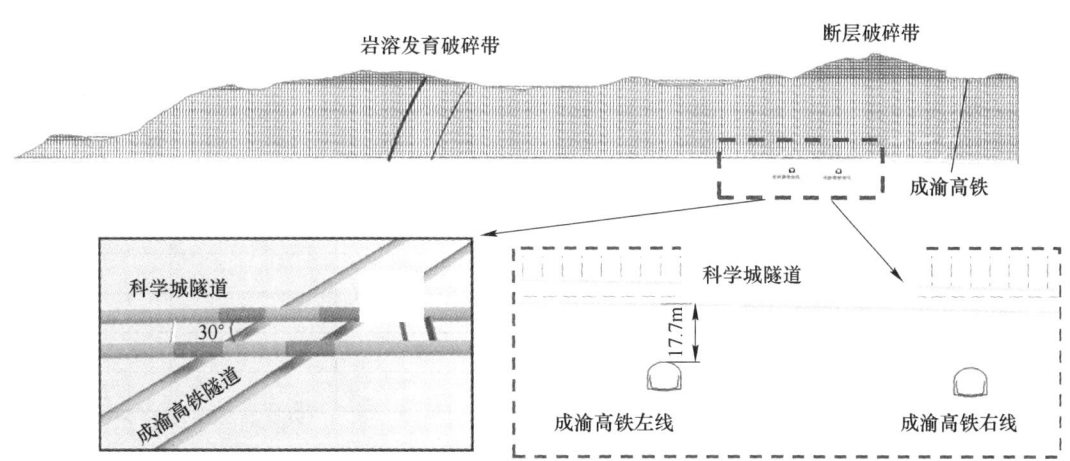

图 1 隧道地质横断面分布图

Fig. 1 Distribution of tunnel geological cross section

本隧道施工区上跨既有成渝高铁隧道，掘进爆破施工不仅要保证本隧道施工安全，同时还要保护上跨高铁隧道的安全，爆破施工的难度和风险很大。隧道上跨既有运营高铁隧道施工难度较大，且隧道主要穿越钙质泥岩、灰岩及砂岩等地层，采用钻爆暗挖法施工。本文以Ⅳ级围岩为主要研究对象，采用上下台阶毫秒延期爆破方法开挖，每循环进尺控制在 2.5 m 左右。炮孔充填 2 号岩石乳化炸药，炮孔直径均为 42mm，药卷直径为 32mm，最大单段药量为 21.6kg（掏槽孔装药量），掏槽孔采用单楔形布置方式，掏槽深度为 3.5m，与隧道开挖水平径向方向呈 60°夹角，具体断面炮孔布置见图 2（1，3，5，7，9，11，13，15 代表雷管段数），爆破参数统计表见表 1，掏槽眼影响光面爆破效果与隧道开挖循环进尺，因此掏槽眼爆破效果的好坏对于获得良好的爆破效果尤为重要。后续研究过程中主要针对掏槽孔爆破造成的影响，因为掏槽爆破往往就是最大单段药量。其引起的爆破振动也大。

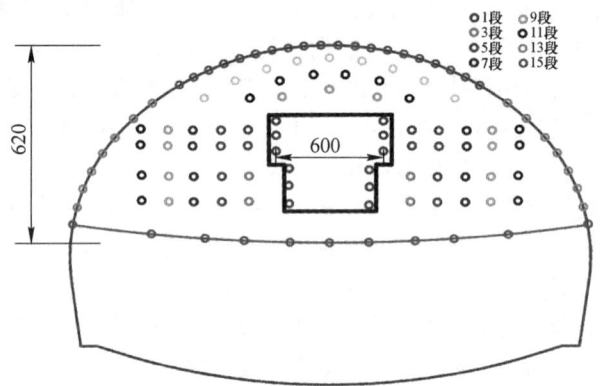

图 2　全断面炮孔布置图（单位：cm）

Fig. 2　Schematic diagram of blasting parameters（unit：cm）

表 1　爆破参数统计表

Tab. 1　Statistical table of blasting parameters

炮孔分类	雷管段位	数量/个	炮孔深度/m	单孔装药量/节	单孔装药量/kg	单段装药量/kg
掏槽孔	1	12	3.5	6	1.8	21.6
辅助孔 1	3	4	3.3	4	1.2	4.8
辅助孔 2	5	10	3.3	3	0.9	9
辅助孔 3	7	8	3.1	3	0.9	7.2
辅助孔 4	9	11	2.9	3	0.9	9.9
辅助孔 5	11	14	2.7	3	0.9	12.6
辅助孔 6	13	23	2.5	2	0.6	13.8
周边孔 7	15	20	2.5	1	0.3	6
底板孔 8	15	11	2.5	2	0.6	6.6
合计		113				91.5

3　掘进爆破振动监测分析

3.1　现场监测数据分析

采用成都中科测控爆破振动监测仪器，对既有高铁隧道和科学城隧道进行监测分析，并统计现场爆破振动监测数据，具体监测点布置示意图如图3所示，其中D1~D3布置在科学城隧道左线，D4~D7布置在大学城复线隧道右线，D8布置在成渝高铁隧道左线，D9布置在成渝高铁隧道右线。

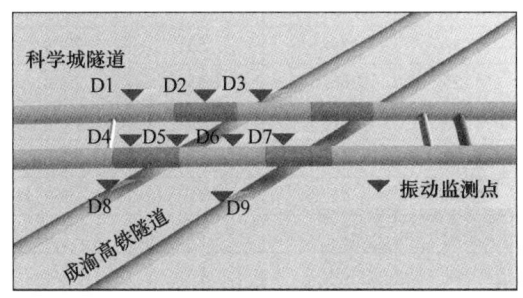

图3　科学城隧道振动测点布置示意图

Fig. 3　Schematic diagram of vibration measurement points in Science City tunnel

根据萨道夫斯基公式对两条隧道进行数据回归分析，式中：v 为地震安全速度，cm/s；k 为与地质条件有关的系数；Q 为单段最大起爆药量，kg；R 为距爆源距离，m；α 为爆破衰减系数。科学城隧道的振动速度回归公式为：

$$v = 4.92 \left(\frac{\sqrt[3]{Q}}{R} \right)^{0.65}, \ R^2 = 0.7439 \tag{1}$$

根据《爆破安全规程》（GB 6722—2014）[12]中对频率的相关规定（见表2），爆破振动监测数据统计如表3、图4所示。结合科学城隧道和既有高铁隧道的现场监测数据分析可知，爆破振动频率大多数大于50Hz，故选取振动速度峰值控制阈值为15cm/s，通过分析表3不难发现，隧道内PPV值（Peak Particle Velocity）为2.32cm/s，远远小于隧道峰值控制阈值，说明科学城掘进爆破施工方案设计是合理、安全可靠的。

表2　爆破振动安全允许标准

Tab. 2　Allowable blasting vibration safety standards

保护对象类别	安全允许质点振动速度 v/cm·s^{-1}		
	$f \leqslant 10\text{Hz}$	$10\text{Hz} \leqslant f \leqslant 50\text{Hz}$	$f \geqslant 50\text{Hz}$
交通隧道	10~12	12~15	15~20

表3　科学城隧道和既有高铁隧道振动参数统计表

Tab. 3　Statistical table of vibration parameters of Science City tunnel and existing high-speed railway tunnel

科学城隧道				既有高铁隧道			
距离/m	药量/kg	振速/cm·s^{-1}	主频/Hz	距离/m	药量/kg	振速/cm·s^{-1}	主频/Hz
16	36.4	1.85	109.5	22	27	1.31	98.6
20	33.6	1.12	105.5	22	30.8	1.32	98.5
20	28.6	1.01	112.2	22	30.8	1.41	85.6
20	27	1.23	113.5	22	28.6	1.13	88.6
20	27	1.26	123.2	22	28.6	2.23	87.8
25	34	1.01	122.0	40	30	1.35	68.5
25	28.4	1.05	103.5	45	29.4	1.2	69.6

续表 3

科学城隧道				既有高铁隧道			
距离/m	药量/kg	振速/cm·s⁻¹	主频/Hz	距离/m	药量/kg	振速/cm·s⁻¹	主频/Hz
25	24	1.25	89.3	50	30	1.65	70.5
40	27.4	1.58	89.5	55	29.8	1.15	62.3
45	30.2	1.25	65.5	55	29.4	1.68	60.1
50	27.4	1.11	66.3	65	29.8	1.21	58.6
55	30.2	1.07	58.5	73	27.6	1.15	50.1
65	28.6	0.71	66.8	75	36	1.35	48
70	30.6	0.63	70.5	81	27.6	1.11	49.6
80	36.4	0.61	50.5	85	32	1.32	50
73	27.6	0.52	45.6	90	36.6	1.68	52.5
81	27.6	0.49	48.5	95	39	0.54	51
90	36.6	0.387	38.3	100	29.2	0.12	51.3
100	36.6	0.42	38.2	100	36.6	0.13	50.6

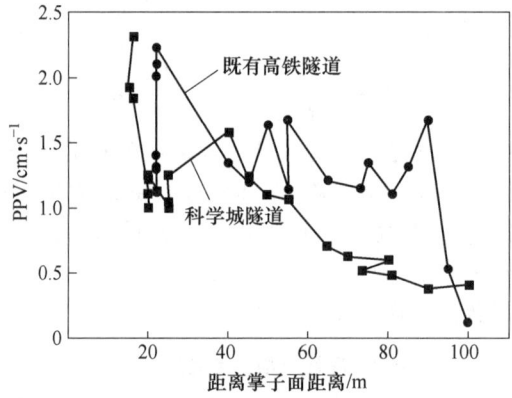

图 4　爆破振动监测数据统计

Fig. 4　Statistics of blasting vibration monitoring data

3.2　既有高铁隧道衰减规律数学模型的建立

根据大量学者对于爆破振动在岩土体中的衰减规律的相关现场实测实验及数值模拟研究成果可知：爆破振动在岩土体中传播与多种因素有关[13-14]，主要相关参数见表 4。

表 4　掘进爆破振动涉及的重要物理量

Tab. 4　Important physical quantities involved in tunnel blasting shock wave

分　类	变　量	量纲
因变量	岩土体质点振动位移 μ'	L
	岩土体质点振动峰值速度 v'	LT-1
	岩土体质点振动加速度 α	LT-2
	岩土体质点振动频率 f'	T-1

分　类	变　量	量　纲
自变量	掘进爆破单段药量 Q	M
	质点与爆源之间的距离 r	L
	质点与既有高铁隧道的高程差 H	L
	爆源之间距离（即隧道埋深）D	L
	岩土体密度 ρ	ML-3
	岩土体中地震波传播速度 c	LT-1
	爆轰时间 t	T

注：岩土体的密度及声波传播速度，假定为不变；L 为长度的量纲；T 为时间的量纲；M 为质量的量纲。

由量纲分析白金汉定理（π 定理），岩土体质点振动峰值速度 v' 可表示为：

$$v' = \Phi(\mu', \rho, H, D, a, f', t, Q, r, c) \tag{2}$$

根据 π 定理，其中独立量纲取为 Q、r、c，则有如下无量纲数：

$$\begin{cases} \pi = \dfrac{v'}{c}, \ \pi_1 = \dfrac{\mu'}{r}, \ \pi_2 = \dfrac{\rho}{Qr^{-3}}, \\[2mm] \pi_3 = \dfrac{H}{r}, \ \pi_4 = \dfrac{D}{r}, \ \pi_5 = \dfrac{a}{r^{-1}c^2}, \\[2mm] \pi_6 = \dfrac{f'}{r^{-1}c}, \ \pi_7 = \dfrac{t}{rc^{-1}} \end{cases} \tag{3}$$

把式（3）代入式（2）可得：

$$\frac{v'}{c} = \Phi\left(\frac{\mu'}{r}, \ \frac{\rho}{Qr^{-3}}, \ \frac{H}{r}, \ \frac{D}{r}, \ \frac{a}{r^{-1}c^2}, \ \frac{f'}{r^{-1}c}, \ \frac{t}{rc^{-1}}\right) \tag{4}$$

将 π_2，π_3，π_4 重新组合，可以得到无量纲数 π_8：

$$\pi_8 = (\pi_2^{\frac{1}{3}})^{\beta_1}\pi_3^{\beta_2}\pi_4^{\beta_3} = \left(\frac{\sqrt[3]{\rho}\,r}{\sqrt[3]{Q}}\right)^{\beta_1}\left(\frac{H}{r}\right)^{\beta_2}\left(\frac{D}{r}\right)^{\beta_3} \tag{5}$$

式中，β_1、β_2、β_3 分别为 π_2、π_3、π_4 的指数。

对于某一场地，ρ 和 c 可以近似为常数。因而，由式（5）可以认为 $v' \sim \left(\dfrac{1}{Q^{1/3}r^{-1}}\right)^{\beta_1}\left(\dfrac{H}{r}\right)^{\beta_2}$ $\left(\dfrac{D}{r}\right)^{\beta_3}$ 具有函数关系。

综上所述，可将这函数关系写成：

$$\ln v' = \left[\alpha_1 + \beta_1\ln\left(\frac{\sqrt[3]{Q}}{r}\right)\right] + \left[\alpha_2 + \beta_2\ln\left(\frac{H}{r}\right)\right] + \left[\alpha_3 + \beta_3\ln\left(\frac{D}{r}\right)\right] \tag{6}$$

令 $\ln v' = \alpha_1 + \beta_1\ln\left(\dfrac{\sqrt[3]{Q}}{r}\right)$，则有：

$$\ln v' = \alpha_1 + (\beta_1\ln Q)/3 - \beta_1\ln r \tag{7}$$

式中，α_1、α_2、α_3 分别为函数变换过程中给定的系数。

令 $\ln k_1 = \ln\alpha_1$，则有：

$$v'_0 = k_1\left(\frac{\sqrt[3]{Q}}{r}\right)^{\beta_1} \tag{8}$$

式（8）是不存在高程差影响条件下的爆破振动速度预测公式。把式（8）代入式（7）可得到：

$$\ln v' = \ln v'_0 + \left[\alpha_2 + \beta_2 \ln\left(\frac{H}{r}\right) \right] + \left[\alpha_3 + \beta_3 \ln\left(\frac{D}{r}\right) \right] \tag{9}$$

令 $\ln k_2 = \ln \alpha_2$，$\ln k_3 = \ln \alpha_3$，则式（11）可变为：

$$v' = k_1 k_2 k_3 \left(\frac{\sqrt[3]{Q}}{r}\right)^{\beta_1} \left(\frac{H}{r}\right)^{\beta_2} \left(\frac{D}{r}\right)^{\beta_3} \tag{10}$$

令 $j = k_1 k_2 k_3$，则建立反映存在高程差影响下平整地形条件的爆破振动速度衰减规律的数学模型为：

$$v' = j \left(\frac{\sqrt[3]{Q}}{r}\right)^{\beta_1} \left(\frac{H}{r}\right)^{\beta_2} \left(\frac{D}{r}\right)^{\beta_3} \tag{11}$$

式中，j 为场地影响系数；β_1 为振动速度峰值强度衰减系数；β_2 为振动速度峰值强度高程影响效应系数；β_3 为振动速度水平距离影响效应系数。

对比式（8）和式（11）可知：既有高铁隧道在岩土体中传播衰减过程中，受到测点与爆源之间的高程的影响。为了评价式（11）所建立既有高铁掘进爆破振动预测模型的合理性和准确性，根据拟合曲线的拟合系数，将其与传统预测公式进行对比，见表5，通过过表5不难发现，考虑高程影响的爆破振动预测公式较未考虑高程的预测公式准确率较高，本文的研究方法可以提高现场振动速度预测准确度。

表 5　既有高铁掘进爆破振动峰值预测模型

Tab. 5　Prediction model of blasting vibration peak of existing high-speed railway tunnel

式（8）	相关性系数	式（11）	相关性系数
$v' = 29.12 \left(\dfrac{\sqrt[3]{Q}}{r}\right)^{1.310}$	0.47	$v' = 39.1 \left(\dfrac{\sqrt[3]{Q}}{r}\right)^{1.067} \left(\dfrac{H}{r}\right)^{-0.331} \left(\dfrac{D}{r}\right)^{0.22}$	0.84

4　数值模拟计算方法和可靠性验证

4.1　爆破加载方法

结合爆炸应力波理论[8]，将爆破荷载采用三角形荷载形式进行加载，炸药的初始压力为：

$$P_0 = \frac{\rho_0 D^2}{2(\gamma + 1)} \left(\frac{d_c}{d_b}\right)^{2\gamma} \tag{12}$$

式中，P_0 为炸药爆轰压力；ρ_0 为炸药密度；D 为炸药爆轰速度；γ 为炸药的等熵指数，近似取值为 $\gamma = 2\sim3$，本文取 $\gamma = 3$；d_c、d_b 分别为药卷直径与炮孔直径。

本文采用 $\rho_0 = 1240 \text{kg/m}^3$，$D = 4800 \text{m/s}$ 的乳化炸药，具体加载形式如图5所示。

4.2　数值模型和参数选择

4.2.1　模型尺寸及边界条件

结合数值模拟软件 Flac3D 对新建隧道施工开展既有高铁隧道动力响应研究，为了避免模型的边界效应，模型底部与隧道的距离为隧道三倍洞径距离，模型材料包括钙质泥岩和砂岩。

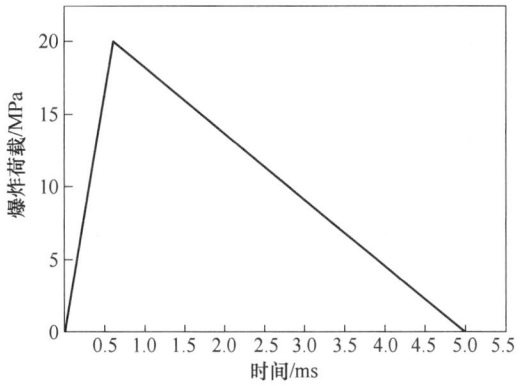

图 5　等效爆炸冲击荷载加载曲线

Fig. 5　Loading curve of equivalent explosion impact load

图 6 为隧道数值模型，模型整体尺寸为 120m×80m×99.65m，数值模型采用无反射边界，并且在隧道轮廓面采用自由边界。相关的物理力学参数见表 6。

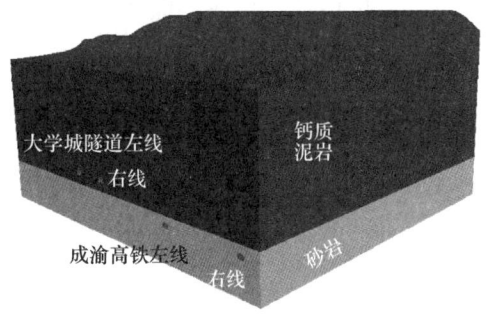

图 6　隧道数值模型

Fig. 6　Tunnel numerical model

表 6　相关的物理力学参数选取表

Tab. 6　Selection of related physical and mechanical parameters

参　量	单位	类　型	
		钙质泥岩	砂岩
密度	g/cm³	2.2	2.6
弹性模量	GPa	0.1	0.45
剪切模量	MPa	39.06	187.5
泊松比	—	0.28	0.2
内聚力	MPa	10	15
摩擦角	(°)	22	45
抗压强度	MPa	130	150
屈服强度	MPa	0.4	0.8

4.2.2　数值模拟的可靠性分析

为了验证数值模拟结果的合理性，根据掘进爆破开挖的实际情况，设置了与现场一致的监测点。现场监测点布置如图3所示，D3现场监测波形图和数值模拟波形图对比如图7所示。为了对现场爆破振动试验数据进行验证，表7列出了每个监测点的数值模拟和实测质点振动速度峰值。通过分析表7不难发现，现场监测数据与模拟数据相差不大，最大误差为13.35%。造成上述现象的原因是数值模拟过程中没有考虑节理和弱化面可能存在对岩土中质点振动速度峰值和频率衰减的影响。综上所述，根据数值模拟研究得到的相关参数用于新建隧道施工对既有隧道动力响应研究是可行的。

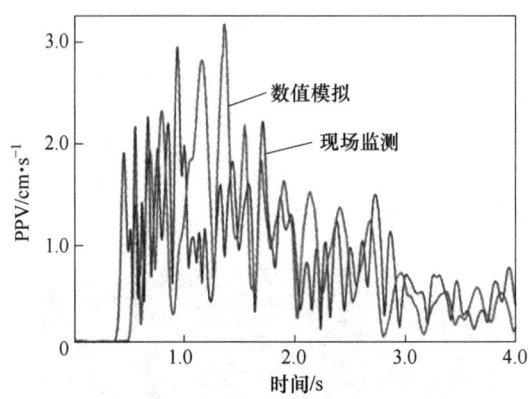

图 7　现场监测波形图和数值模拟波形图对比

Fig. 7　Comparison between field monitoring waveform and numerical simulation waveform

表 7　数值模拟与现场监测的速度峰值

Tab. 7　Speed peaks of numerical simulation and field monitoring

监测点	数值模拟/cm·s⁻¹			合速度	现场实测/cm·s⁻¹			合速度	合速度误差百分比/%
	X	Y	Z		X	Y	Z		
D1 号	1.312	1.354	1.372	2.33	1.1	1.225	1.171	2.02	13.35
D2 号	1.132	1.231	1.812	2.46	1.123	1.534	1.742	2.57	−4.57
D3 号	1.523	1.985	1.985	3.19	1.42	1.975	1.924	3.10	2.89
D4 号	1.255	1.672	1.187	2.40	1.264	1.615	1.167	2.35	1.84
D5 号	1.412	1.567	1.685	2.69	1.6	1.646	1.523	2.75	−2.03

5　既有高铁掘进爆破振动效应

爆破产生的地震波由远及近地传播，并且逐渐由体波向面波转化，为了了解不同隧道断面处，爆破地震波造成的隧道质点的振动变化规律，当新建隧道正上跨既有高铁隧道时，选取距离掌子面距离分别为1m、5m、30m处既有高铁隧道轮廓的质点分布规律，如图8所示。

（1）从图8不难看出，在掘进爆破近区，隧道内质点的振动速度峰值垂直方向（Y）大于

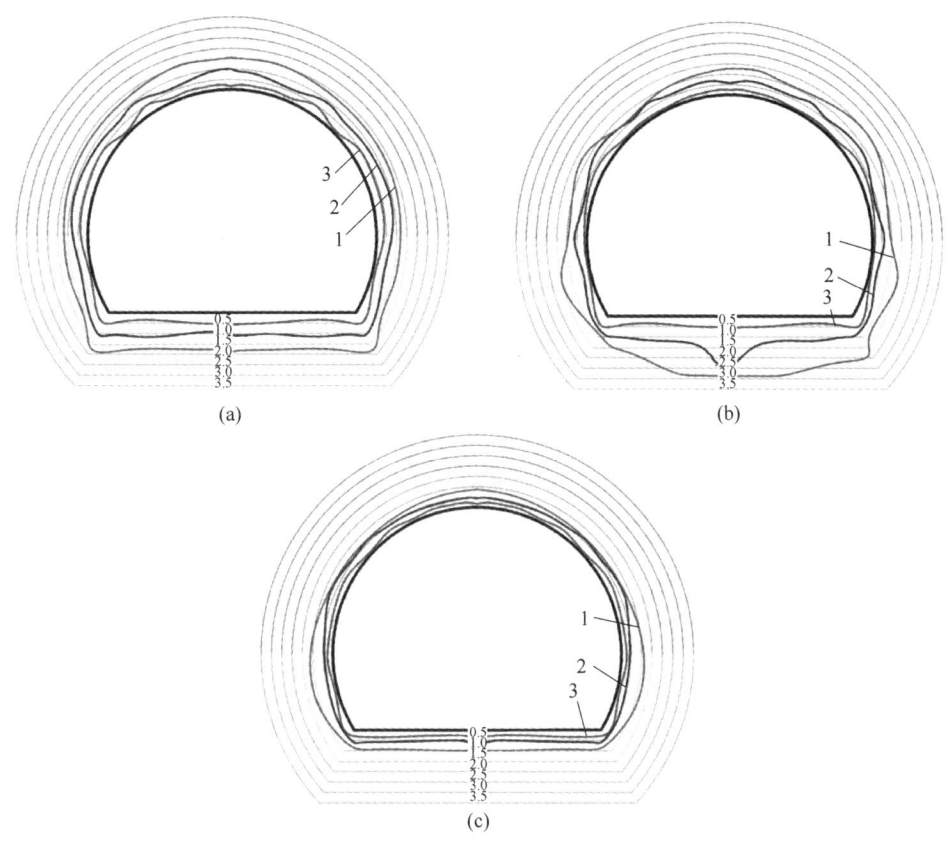

图 8   隧道开挖断面峰值振动速度分布
（a）X 方向；（b）Y 方向；（c）Z 方向
1—1m；2—5m；3—30m
Fig. 8   Peak vibration velocity distribution of tunnel excavation section

隧道径向方向（X）大于隧道轴向方向（Z），这是因为在隧道的 X 方向和 Z 方向均存在自由面，爆破振动均在一定程度存在衰减，而隧道的垂直方向（Y）埋深较大，隧道在该方向的衰减程度较小，故导致隧道垂直方向的振动速度峰值较大。

（2）从图 8（a）中，隧道内质点水平 X 方向的传播规律，不难看出隧道的拱肩处围岩振动速度较小，而在隧道的拱顶、拱脚和底板处振动速度较大，这是由于隧道为椭圆形结构，在隧道的拱脚处容易发生应力集中，而导致此处的应力过大，同时由于隧道底板在高地应力的情况下，爆破开挖导致隧道整体应力重新分布而出现卸荷回弹的情况，导致此处应力波的传播被一定程度地放大。

（3）从图 8（b）中隧道质点垂直 Y 方向的传播规律，不难看出隧道底板和隧道边墙的振动速度较大，拱脚处最小，隧道开挖导致隧道内出现临空面，为隧道的进一步变形提供了条件，同时隧道内垂直方向的振动对应于掘进爆破地震波中的横波，也就是 SH 波和 SV 波，而横波在自由面和岩体分界面极易进行反射和折射，故导致在掘进爆破近区隧道顶部和边墙及底板处垂直方向振动速度较大，而拱脚和拱肩处由于存在应力集中现象和特殊的部位结构，而导致应力波引起的振动速度较小。

6　结论

以科学城隧道工程为依托，结合现场隧道内爆破振动监测、动力有限元数值计算方法，分析主线掘进爆破振动作用传播及衰减规律，得到主要结论如下：

（1）在掘进爆破近区，隧道内质点的振动速度峰值垂直方向大于隧道径向方向大于隧道轴向方向（$Y>X>Z$）。

（2）同时随着距离掌子面距离的增加，隧道内质点的振动传播速度逐渐减小，而且随着与隧道掌子面距离的增加，隧道内质点速度衰减主要以 Y 方向为主。

（3）隧道的拱肩处，围岩振动速度较小，而在隧道的拱顶、拱脚和底板处，振动速度较大，同时由于地板在高地应力的情况下，爆破开挖导致隧道整体应力重新分布而出现卸荷回弹的情况，导致此处应力波的传播被一定程度地放大。

参 考 文 献

［1］Singh S. P. New trends in drilling and blasting technology. International Journal of Surface Mining ［J］. Reclamation and Environment，2021，488：305-315.

［2］Mahendra G，Gaurav L，Satish C. A review on micro-blasting as surface treatment technique for improved cutting tool performance ［J］. Materials Today：Proceedings，2022，64：725-730.

［3］Hamdia K M，Mohammed A，Mamoun A. Structural damage assessment criteria for reinforced concrete buildings by using a Fuzzy Analytic Hierarchy process ［J］. Underground Space，2018，3（3）：243-249.

［4］冷振东，高启栋，卢文波，等. 岩石钻孔爆破能量调控理论与应用技术研究进展 ［J］. 金属矿山，2023（5）：64-76.

［5］冷振东，范勇，涂书芳，等. 电子雷管起爆技术研究进展与发展建议 ［J］. 中国工程科学，2023，25（1）：142-154.

［6］黄一文，蒋楠，周传波，等. 内壁腐蚀混凝土管道爆破动力失效机制 ［J］. 浙江大学学报（工学版），2022，56（7）：1342-1352.

［7］吉凌，周传波，张波，等. 大断面隧道爆破作用下围岩动力响应特性与损伤效应研究 ［J］. 铁道学报，2021，43（7）：161-168.

［8］张震，姚颖康，贾永胜，等. 冲击荷载作用下地铁隧道盾构管片破坏特性 ［J］. 地下空间与工程学报，2023：1-9.

［9］罗帅兵，蒋楠，周传波，等. 地铁联络通道下穿爆破邻近高架桥动力响应 ［J］. 振动. 测试与诊断，2022，42（1）：49-55，193-194.

［10］蔡忠伟，蒋楠，胡宗耀，等. 引水隧洞直眼掏槽起爆网路优化试验对比研究 ［J］. 建筑结构，2022，52（S1）：2928-2934.

［11］颜天成，张庆彬，陈敏. 新建掘进爆破对下部近接运营高铁隧道影响分析 ［J］. 爆破，2023，40（1）：185-193，220.

［12］国家安全生产监督管理总局. 爆破安全规程：GB 6722—2014 ［S］. 北京：中国标准出版社，2014.

［13］Hastings M C，Popper A N. Effects of sound on fish ［R］. California Department of Transportation，2005.

［14］Govoni J J，West M A，Settle L R，et al. Effects of underwater explosions on larval fish：implications for a coastal engineering project ［J］. Journal of Coastal Research，2008，24（sp2）：228-233.

［15］Langhaar H L，Dimensional analysis and theory of models ［J］. New York：Wiley，1951.

爆破作业现场爆炸物品智能管控平台

赵宏伟[1]　刘忠民[1]　徐靖宇[1]　宋　洋[1]　曹帅峰[1]　杨年华[2]

(1. 北京市公安局治安管理总队，北京　100088；

2. 北京工程爆破协会，北京　100081)

摘　要：民用爆炸物品各流向环节中除了现场使用阶段都有实时信息化监管手段，然而全国涉爆违法犯罪案件中 80% 的爆炸物品来自爆破作业使用环节，亟需开发爆炸物品现场末端智能管控平台。该管控平台基于现场作业的数据、视频和图像采集，实现了涉爆人员、爆破器材、爆破作业流程的规范化和信息化管理，解决了爆破作业现场的监管和爆炸物品的追溯问题，达到了爆破作业的三管、四控、五协调的智慧作业管理。在北京重大爆破工程中的应用表明它不仅实现了爆破作业现场规范化管理，也提高了监理人员效率和质量。爆破作业现场智能管控平台对严格落实爆破单位主体责任，强化公安机关监管责任，解决爆破作业现场"最后一公里"的监管具有不可替代的作用。

关键词：爆炸物品；爆破作业；智能管控；信息化管理

Intelligent Supervision Platform for Explosives in Blasting Site

Zhao Hongwei[1]　Liu Zhongmin[1]　Xu Jingyu[1]　Song Yang[1]
Cao Shuaifeng[1]　Yang Nianhua[2]

(1. Public Security Management Corps of Beijing Public Security Bureau, Beijing 100088；
2. Beijing Engineering Blasting Association, Beijing 100081)

Abstract：In addition to the on-site blasting stage, there are real-time information supervision in the flows of civil explosives. However, 80% of the explosives related illegal and criminal cases come from the blasting operations. It is urgent to develop a intelligent supervision platform for explosives in terminal on-site blasting. Based on the data, video and image acquisition of field operations, the supervision platform realizes the standardization and information management to the blasting personnel, explosives and blasting operation process. It solves the problems of supervision and tracing of explosives in the on-site blasting, and achieves the intelligent management of "three supervisions, four controls and five coordination" in blasting operation. Its application in major blasting projects in Beijing shows that it not only realizes the standardized management of blasting on site, but also improves the efficiency and quality of supervisors. The intelligent supervision platform on blasting operation plays an irreplaceable role in strictly implementing the main responsibility of blasting units, strengthening the supervision responsibility of public security organs, and supervision of the "last kilometer" in blasting operation.

Keywords：explosives；blasting operation；intelligent supervision；information management

作者信息：赵宏伟，副支队长，wgcbz@163.com。

1　前言

根据《中华人民共和国安全生产法》《民用爆炸物品安全管理条例》和公安部《从严管控民用爆炸物品十条规定》，应加快推行远程安全信息采集、安全监管和监测预警，提升安全监管的精准化、智能化水平。鉴于民用爆炸物品的生产、购买、运输、储存环节都有网络信息化监管手段[1]，亟需加强民用爆炸物品现场使用阶段的末端管控。然而现在末端使用阶段的网络信息采集和管理的平台尚没有成熟的设备。尽管要求末端使用阶段发放、领取民用爆炸物品时，保管员、安全员、爆破员必须同时在场、登记签字、监控录像。在未开发爆炸物品智能管控平台前，基本都是爆破结束后补签字，曾经造成过现场偷窃雷管炸药非法倒卖给盗采煤矿的老板，给社会和生态环境造成严重灾害。全国涉爆违法犯罪案件中80%的爆炸物品来自爆破作业使用环节[1]。

从2018年起北京率先推广使用电子雷管的基础上，开发了爆破作业现场互联网+管控平台，首先保证末端使用的爆炸物品信息能及时上传云端，并具有远程监管功能。后逐年升级改进，发展到智能化管控水平，具有爆破器材线上审批、自动统计、爆破现场作业视频监控、作业人员人脸识别等功能。至今，所有爆破作业现场都由安全监理使用此平台进行末端管控，各项安全管理制度执行率都有显著提升，各操作环节更加规范，大幅度消除了发生重大爆炸事故的违章作业。

此前民用爆炸物品最终使用环节的监管主要靠人工记录，不仅容易发生差错，还能逃避恶意偷盗和任意违章使用。北京爆破行业联合开发的爆破作业现场智能管控平台，将物联网、移动互联网、云平台等先进技术引入爆炸物品现场使用环节，由现场爆破监理使用智能化设备开展现场监督管理，实现了涉爆人员、爆破器材、爆破作业流程的规范化和信息化管理。解决了爆破作业现场"最后一公里"的监管及对爆破作业现场的雷管、炸药追溯问题；变"信息孤岛"为数据联动，充分发挥监管数据价值，大幅提升爆破作业现场安全监管能力，促进安全管理创新。已在兴延高速公路和京张高铁隧道路堑爆破工程中推广应用，并进行了手持小型化和地下弱光无信号的持续改进，现在G109高速公路隧道爆破工程中全面应用，高峰期一天有40多个爆破作业面同时开工，现场智能管控平台对保障生产安全发挥了极其重要的作用。实际应用效果显示其经济、社会和环境效益十分显著。

2　爆破现场智能管控平台的架构及功能设计

爆破作业现场智能管控平台，是基于现场作业信息化管理的需求，通过现场数据采集、实时视频和图像采集，实现爆破现场作业全程可视化安全管理，为爆破作业单位提供信息化监控、末端爆破器材管理。达到了爆破作业的三管、四控、五协调的智慧作业管理。"三管"是作业人员管理、爆破器材管理、作业流程管理；"四控"是作业项目监控、作业安全监控、作业过程监理、作业管理监控；"五协调"是公安监管协调管理、监理单位协调管理、爆破公司协调管理、爆破协会协调管理、作业人员协调管理。

爆破作业现场智能管控平台主要由云平台服务系统、智能硬件工作站及控制系统、移动应用APP组成。

2.1　云平台服务系统

云平台服务系统是为公安监管单位、监理单位、爆破协会、爆破公司提供爆破工程监控管理、爆破批次执行管理的入口。具有公安监控系统功能、监理单位监督作业系统功能、爆破公司项目管理系统功能、爆破协会监督系统功能。

公安监控系统功能[2]包括：爆破作业人员管理、爆破作业使用爆炸物品管理、爆破作业过程实时可视化监管、不同维度的统计分析报告、APP 移动监控、工程审批及爆炸物品和人员监督功能。

监理单位监督作业系统功能[3]包括：爆破工程信息审核、爆破器材用量审核、人员确认、现场作业全过程信息采集、爆破作业过程监控、爆破效果确认、现场执行 APP 等功能，如图 1 所示。

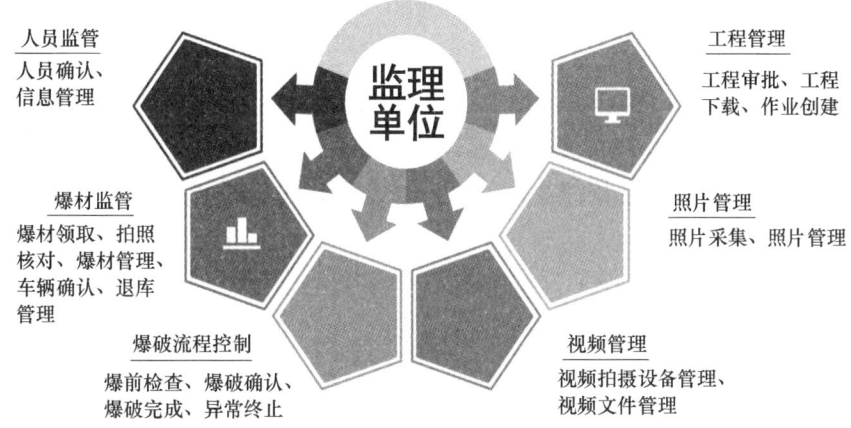

图 1　监理单位现场监督作业功能分解图

Fig. 1　Function breakdown diagram of supervision operation on-site

爆破公司项目管理系统功能包括：爆破作业项目登记、爆破器材用量登记、爆破作业项目实时可视化监控功能、爆破作业流程控制、人员确认、车辆确认、爆破器材分发、爆破效果确认等功能，以及爆材用量、爆破工程量、作业人员等统计分析。

爆破协会监督系统功能：爆破项目审核、硬件设备编号绑定、爆破作业项目实时巡视功能、爆破作业进度查看功能。

2.2　智能硬件工作站及控制系统

智能硬件工作站是为爆破现场安全监理定制研发的一款专业设备。现场作业系统是部署在爆破作业现场的一个专业移动应用服务器，支持自组网功能。当现场移动网络不覆盖的情况下，可以保证现场作业正常进行。其中的系统功能包括：

（1）现场人员管理：通过生物识别（人脸识别、指纹识别）技术进行现场作业人员的核准。

（2）现场作业视频采集：通过无线摄像头利用自组网技术，进行无线视频实时采集。同时支持各种爆破作业现场，可实现隧道洞内弱光拍摄无需人为干预，解放现场作业人员。

（3）爆破作业过程信息收集：爆破作业全过程信息收集，并实时同步后端平台系统。其中包括现场视频信息、现场照片信息、现场爆炸物品运输车辆信息、现场爆炸物品发放使用信息、现场爆破作业人员信息等。此类信息的同步均为系统自动完成。

2.3　移动应用 APP

爆破现场作业过程可划分为图 2 中的几个主要环节[3-4]，移动应用 APP 应按照爆破作业工序要点对应确定功能。

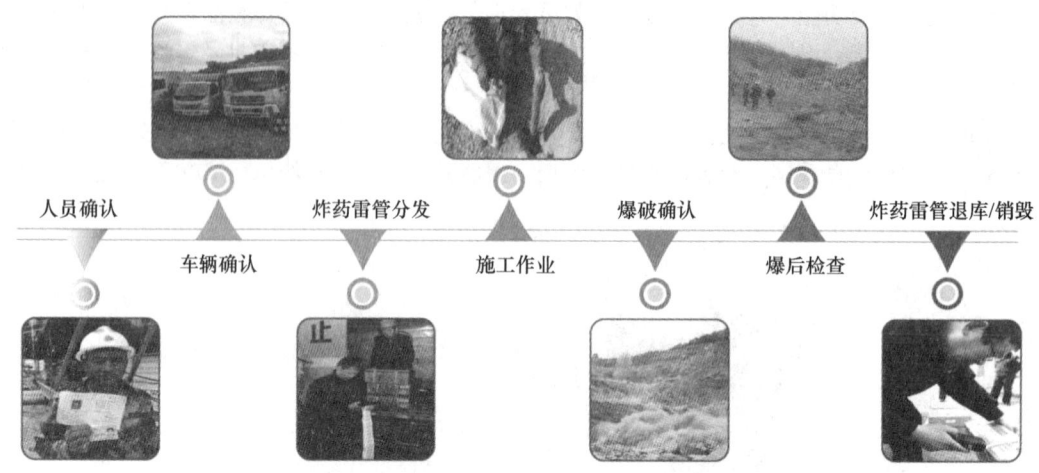

图 2　爆破现场作业过程的主要环节划分

Fig. 2　The division of main links in the operation process of blasting

现场作业执行 APP：具备现场作业执行过程监控管理功能，作业过程要点控制功能等，主要给爆破现场监理人员使用，可对爆破作业进行全面管控。现场执行功能包括：

（1）人员确认：完成爆破作业现场负责人、监理人及爆破作业人员签到功能，并能采集现场照片视频信息。现场人员和数量与系统登记不配，将给予提醒警示。

（2）车辆确认：完成炸药、雷管运输车辆信息确认功能，并能采集现场照片和视频信息。发现运输的爆炸物品信息不符或运输车牌不配，系统发出警示信息。

（3）爆破器材发放和使用：可记录爆破作业过程中发放和使用的雷管、炸药信息，若发放与起爆雷管数炸药量对比有误将给予明确提醒，便于防止现场遗漏遗失。目前管理的炸药最小使用单位为公斤，雷管最小使用单位为单发雷管，实现精细管控。

（4）爆破器材退库：自动计算剩余爆炸物品数量，完成爆破现场剩余爆炸物品的退库跟踪管理。

（5）现场作业管理 APP：实现公安机关工作人员、监理人员、爆破协会人员、爆破公司管理人员随时随地可对权限范围内的爆破项目、爆破作业现场全过程、全流程的控制管理，具备作业视频查看、爆炸物品用量爆破统计、作业人员和过程监控等功能。

对于爆破作业现场的安全管控及信息的实时性要求，爆破作业多个相关方对数据平台系统的数据采集实时交互需求，同时考虑到系统的高并发、大数据和数据安全等相关要素[4-5]，通过现场实际应用证明该平台系统给爆破安全管理带来了以下创新：

（1）规范爆破作业，减少违章。平台借助智能移动终端解决了现场作业的规范管理、流程管理、爆炸物品管理及人员管理等问题，避免违法违规操作。系统可以自动识别爆破人员、核对现场作业人数、设置电子围栏、提供数字证书。

（2）爆炸物品全生命周期管理。实现了爆炸物品信息闭环管理，现场采集数据自动与平台数据进行同步，通过对历史爆破作业数据查阅，实现爆破施工过程数据的追溯与管理。同时对爆炸物品用量数据分析，能够为企业管理者提供真实、科学的数据基础，利用大数据技术进行采集、整合、处理、加工，为爆破作业现场安全、辅助决策等充分发挥数据潜在价值。

（3）数据共享监管模式。系统应用大数据和云平台技术，建立爆破作业批次线上审批、工程统计、爆破现场作业监控、爆炸物品流向追溯、人员统计等模块。结合法规中定义爆破项目、实施单位、爆炸物品用量等的自动核准功能，使公安监管可以直观到爆破一线，掌握并统计爆破现场全部信息，落实人员责任，完善追溯机制。加强爆破现场作业规范管理，预防爆破事故，强化爆炸物品监管力度、提高作业人员管控，实现多方远程监管。

（4）远程管控和智慧预警。通过大屏控制中心能够观看、查询各项目部的在线监控或上传的视频、图片、上报的数据；能够自动安全预警，了解爆破现场紧急情况，并进行远程指挥应急处理。

安全预警：通过设置报警限值，实现系统自动报警，如：限定当天雷管、炸药使用量，在超过限量时系统自动报警；在出现安全事件上报时，总部系统自动报警；系统在自动报警的同时，会在平台、客户端推送报警消息提醒，并可和管理人员、监管人员等远程通话进行及时指挥。

3　爆破现场智能管控平台的实施效果

爆破现场智能管控平台可无缝衔接多种爆破作业环境及复杂爆破现场，具备可扩展性、可复制性。在国道 G109 新线 10 多个隧道爆破工程、昌平某工程基坑及山体爆破工程、兴延高速公路、京张高铁等重大工程中得到了应用。由于采用了本项成果，实现了爆破作业现场使用环节安全监管及时、可视、可控，使安全监管可以直观到爆破一线，实现了爆破作业现场全流程规范化管理，为民爆物品末端管控提供了有效的信息化监管手段，爆破安全得到了保障，最大限度降低了现场违章率，为首都公共安全和应急管理提供了强有力支撑。由于依托物联网、移动互联网、云平台、定位服务等先进技术，实现了智能爆破管理，改变了传统的爆破管理模式，同时使得监理作业人员减少、质量提高。监管平台真实发挥了消除隐患和安全预警作用，近年来未发生过炸药雷管流失，未发生过严重违章问题，更未发生过爆炸事故，极大地减轻了首都爆炸物品安全监管压力，实际应用效果显示其经济、社会和环境效益十分显著。

4　讨论和总结

随着国内经济不断发展，爆破作业应用非常广泛，包含采矿、交通、水利、电力、建筑和石油开采等领域。民爆物品的应用和管理，从国家相关监管部门的管理要求，以及企业本身对人员和财产安全的重视，应在不同层面结合法规、管理制度，采用信息化手段实施。但其爆炸物品的流程长，环节众多，流程管理上尚存在信息孤岛现象，其中在爆破现场末端使用管理更为明显。如何实现爆破现场所有关键节点的问题可查询、责任可追溯，强化爆炸物品流向监管，落实人员责任，是爆破作业现场减少安全隐患的关键问题所在。

为进一步加强民用爆炸物品的安全管理，提高爆破作业本质安全，降低爆炸事故的发生概率，公安部出台了《从严管控民用爆炸物品十条规定》，2021 年发布了新版《安全生产法》，鼓励和支持企业采用新技术、新工艺、新设备、新材料，对现有设施、工艺条件及生产服务进行改造和提升，增强创新和竞争能力，加快产业升级。

我国爆破行业一直是小型企业占主导，集中度低，北京有 25 家爆破公司，全国大约有上万家爆破公司。但由于国内爆破市场还不规范，工程招投标中分包现象较多，应严查资质条件不够的单位和人员挂靠从事爆破作业，需要严格监管爆炸物品流向。

由于爆破作业工作环境差、风险大，岗位没有吸引力。《爆破安全规程》（GB 6722—2014）只规定了爆破员、安全员、保管员文化程度初中以上，现状是从业人员年龄偏大、专业素质偏低。因民用爆炸物品从业人员文化程度不高，理解国家法律、政策能力弱，贯彻规章制度、掌握爆破技术和操作规程的方法水平有限，爆破技术主要通过师傅带徒弟的方式获取，相关的爆破技术基础理论知识、安全操作知识、法律意识比较薄弱。爆破作业现场涉及人员多，既有爆破员、安全员、保管员、押运员，还有技术人员和现场负责人，接触爆炸物品的人员较多。爆破作业大多在荒山野外，山高路远，民警难以做到每起爆破作业都亲临现场监督，爆破作业现场主要存在以下隐患：一是一些企业为了降低成本，加快工程速度，爆破作业和安全防护不严格按爆破设计实施。二是一些爆破施工企业，为了取得资质，招聘一些临时爆破员，而实施爆破作业的则是经验和知识不足的人员。三是爆炸物品的领用、清退不规范，领用现场不登记、不签名或有他人代签，作业后剩余的爆炸物品不及时清退回库，甚至有故意隐藏放在作业现场附近的。

针对爆破作业以上一些问题，应尽快完善综合治安监管体系、行政部门安全管理协作机制。工程爆破治安管理机制区别于社会层面的治安管理办法，针对爆破作业的特殊性，需要采取强制性的管理措施进行监管。民爆物品末端使用环节存在监管的短板和薄弱环节，极易发生被盗、被抢、被私自截留等现象，不法分子利用民爆物品进行违法犯罪活动，将对公共安全造成严重威胁。当前爆破现场作业监管必须实现爆破作业现场信息化管理，只有对爆炸物品来源、运输、实际用量进行信息记录和闭合管控，对爆破实施的各个环节数据进行信息共享和监管，才能堵住末端使用环节的漏洞。据统计全国涉爆违法犯罪案件中 80% 的爆炸物品来自爆破作业单位的使用环节。爆破作业现场智能管控平台对严格落实爆破单位主体责任，强化公安机关监管责任，解决爆破作业现场"最后一公里"的监管具有不可替代的作用。

参 考 文 献

[1] 李昱捷，伍云云，陈学立．爆破作业现场视频监控系统的应用 [J].采矿技术，2018，1 (5)：140-142.

[2] 胡永正．论爆破作业现场的安全监管 [J].公安学刊——浙江警察学院学报，2013 (4)：46-49.

[3] 中国爆破行业协会．《爆破安全监理规范》T/CSEB 0010—2019 [S].2019.

[4] 中华人民共和国国务院.民用爆炸物品管理条例（国务院令第 466 号）[Z].2006-05-10.

[5] 曲厂建，朱振海，汪旭光．远程视频监控技术研究及在工程爆破中的应用 [J] 工程爆破，2012 (3)：81-84.

岩塞爆破安全监理实践与探讨

黎卫超　赵　根　吴从清　周先平

（长江科学院 水利部岩土力学与工程重点实验室，武汉　430010）

摘　要：针对岩塞爆破工程的特殊性，分析了岩塞爆破安全监理的特点，结合刘家峡岩塞爆破工程实例，介绍了岩塞爆破安全监理的主要内容，对其中遇到的问题进行了探讨并提出了解决对策，最后，总结了岩塞爆破安全监理的实践经验，为今后爆破工程安全监理制度的建立、完善及推广应用积累了经验，同时也期望为类似工程实施爆破安全监理提供参考。

关键词：岩塞；爆破；安全监理；实践

Practice and Discussion of Safety Supervision for Large Rock-plug Blasting in Deep Silt

Li Weichao　Zhao Gen　Wu Congqing　Zhou Xianping

（Key Laboratory of Geotechnical Mechanics and Engineering of the Ministry of Water Resources，Yangtze River Scientific Research Institute，Wuhan 430010）

Abstract：Taking the rock plug blasting in Liujiaxia as an example，and based on the characteristics of safety supervision for the large rock plug blasting in deep silt，its main content has been elaborated in this thesis；the problems in Liujiaxia's project has been analyzed and related solutions has also been introduced. Finally，practical experience of the safety supervision in rock plug blasting has been summarized. This thesis accumulates some experience for the establishment，perfection and popularization of the blasting engineering supervising system，meanwhile it advances some references for the similar blasting projects.

Keywords：rock plug；blasting；safety supervision；practice

1　引言

自我国全面推行建设工程监理制度以来，其在各类建设工程中已取得良好的成效。对于爆破行业而言，我国的爆破工程安全监理较建设工程监理起步晚，在面对建设工程中涉及的爆破项目及爆破专项问题时，为保证项目高效安全的完成，我国爆破工程安全监理才应运而生。随着大量爆破工程项目的开展，爆破监理制度也开始受到一些专家学者的重视。张道振等人[1]总结了监理在爆破施工安全中的作用，并在大量爆破工程安全监理工作的基础上，指出了爆破安

作者信息：黎卫超，硕士，工程师，liwc0905@ mail. crsri. cn。

全监理工作中存在的问题[2]；周明安等人[3]提出了爆破安全监理的准则，并探讨了爆破安全监理的方法。蒙云琪等人[4]为解决爆破现场环境复杂多变，安全监理工作难以全面到位的问题，利用现有设备集成了互联网连接的便携式远程视频监控系统；为了使爆破工程安全监理行业更加规范化、有序化[5]，中国爆破行业协会于 2019 年年底颁布了《爆破安全监理规范》（T/CSEB 0010—2019）（团体标准）[6]，对爆破安全监理制度的完善起到了一定的促进作用。

近年来，国内专家学者针对多个不同爆破方向的安全监理制度做了总结。赵晓东[7]与薛永利等人[8]都基于隧道爆破开挖项目的爆破安全监理工作，总结了隧道爆破安全监理的经验，为后续隧道爆破施工安全监理的工作提供了参考，而杨磊等人[9]基于隧道爆破施工，提出了爆破安全监理存在的一些问题，并给出了解决措施；邓正道[10]通过在土石方爆破开挖中实施安全监理技术，发现爆破安全监理是保证重要土石方爆破中不可或缺的一环；武翠香等人[11]基于高速公路路堑土石方爆破开挖项目的安全管理工作，提出要把管理上升到管理和监督相结合的层次上来，这对高速公路爆破安全监理的发展具有积极意义。何华伟等人[12]与程家增等人[13]都基于高耸建筑物爆破拆除项目的安全监理工作，对监理工作的主要内容和基本方法做了介绍，并指出了拆除爆破安全监理存在的突出问题。

目前，岩塞爆破安全监理方面的技术总结从未有人涉足。不同的爆破方向有不同的特点，因而爆破安全监理也不尽相同。如果在岩塞爆破安全监理方面笼统地套用已有的爆破安全监理的成果，既不契合岩塞爆破的工程特点，也不能保证岩塞爆破的顺利实施。因此，本文从刘家峡水电站排沙洞岩塞爆破工程实践出发，基于岩塞爆破的工程特点，探讨并总结安全监理在岩塞爆破中的应用和作用。

2 岩塞爆破安全监理的特点

与一般爆破工程相比，岩塞爆破具有鲜明的自身特点，这也决定了岩塞爆破安全监理在监理方法、手段和程序上都有较大的差异。

（1）岩塞爆破风险大。岩塞一般位于水面以下数十米，进口轴线与水平面成一定夹角（一般取 30°~60°），是一个底部直径小外部直径大的倒悬体，距离迎水面十几米甚至数米，渗水是不可避免的。岩塞处于高水压、高渗水条件下时间越长，不确定因素越多，施工条件越复杂，发生安全事故的可能性越大。

（2）岩塞爆破作业面狭窄、工期紧。一般搭设临时施工平台及施工栈道为岩塞爆破提供施工便道及工作面，这种临时设施提供的工作面狭小，施工便利性差，很难提高工作效率；而爆破器材的防水性及岩塞的稳定性都随时间逐渐变差，因此，需要在最短的时间内完成各工序的施工并起爆。

（3）岩塞爆破装药、堵塞困难。炮孔是与水平面成一定夹角的发散孔，药卷会因自身重力向孔外滑移，需采用特殊的堵塞材料，确保炸药不能向孔外滑移，因此装药、堵塞比一般爆破工程都困难。

（4）岩塞爆破施工工序繁多。岩塞爆破除了常规的钻孔、装药、堵塞、联网等工序，还有导爆索的防水处理，药卷的预先加工及防水处理，起爆体的加工及防水处理，各药室之间的灌浆封堵，集碴坑充水，施工平台及施工栈道的拆除等工序。

岩塞爆破的特点要求爆破安全监理人员，审查爆破施工工艺设计和应急预案，现场监督实施等关键环节采取有效的措施控制药卷预加工、装药、堵塞的质量；遇到问题必须有较快的反应速度，做出监理指令、答复时间也远小于一般爆破工程要求，有的甚至需现场立即做出决定，保证各工序连续有效地进行。岩塞爆破安全监理工程师应具有较高的责任心，丰富的爆破设计、施工经验和各方面的协调能力。

3　岩塞爆破监理实例

3.1　工程概况

（1）工程概况：刘家峡水电站排沙洞岩塞体位于黄河左岸洮河口的对面，正常水位以下70.0m，上有约25.0m厚的淤泥层，岩塞体厚12.3m，其底部内径10.0m，外口近似椭圆（尺寸27.8m×20.3m），岩塞体方量2606.0m³，岩塞进口轴线与水平面呈45°夹角。在厚淤泥层下进行大直径岩塞爆破国内外尚无先例。

（2）爆破方案：岩塞体采用单层分散药室+周边预裂孔，在岩塞外口淤泥层布置爆破扰动孔的爆破方案。布置单层7个药室（其中4号药室分为上下两部分），分4段起爆；周边布置124个预裂孔，分4段起爆；布置12个淤泥扰动爆破孔，分3段起爆。

（3）设计装药量：药室装药量5906.4kg，预裂孔装药量1466.9kg，淤泥扰动爆破孔装药量1227.0kg，整个岩塞爆破工程总装药量8600.3kg，最大单段药量为1680.0kg。

（4）起爆网路：采用进口电子数码雷管复式起爆网路。

3.2　工作内容

岩塞爆破安全监理与主体工程监理是包含关系，主要是协助业主完成对岩塞爆破方案的审查工作，做好岩塞爆破施工的安全管理和文明生产管理，并对其中存在的问题及时向业主汇报并提出有益的建议。

监督施工方严格落实国家有关标准和规范，按照设计方案施工，做好装药、堵塞、网路连接等施工过程中的质量控制，有效地杜绝各类事故隐患，将爆破有害效应严格控制在设计范围内。

代表业主负责岩塞爆破施工进度管理，根据进度计划进行监督、控制和服务，及时向业主反馈意见、建议，确保总体进度计划的完成。

负责审验爆破作业人员资格[1]，制止无资格人员从事爆破作业，监督爆炸物品领取、清退制度的落实情况。参加爆破器材试验和起爆网路试验，根据现场实际情况进一步优化和完善爆破设计，确保岩塞爆破工程的质量和安全。

3.3　工作范围

岩塞爆破安全监理的范围为爆破器材试验，岩塞爆破装药、堵塞、联网等相关工作开始至本工程爆破任务完毕；岩塞的钻孔及药室开挖验收为主体工程监理范围。

3.4　质量控制

3.4.1　施工前的控制

检查施工方的施工准备，主要包括以下内容：设计文件、施工措施计划交底情况，施工安全、质量保证措施，爆破器材及相关辅助材料（竹片、胶带、封堵材料）到位情况，劳动组织和人员安排及相关人员的资质情况；审查施工方报送的施工计划及专项安全措施方案，关键审查其施工程序、工艺、方案对工程质量、施工工期和工程安全的影响，督促施工方建立健全质量保证体系并严格检查其落实措施。开展施工工艺试验，认真记录、分析、总结，审定施工试验方案和成果，发现问题及时改进。提出如下建议及改进措施：

（1）检查及指导爆破网路试验，提供了高清视频资料；检查及指导水下炸药起爆性能试验，针对预裂爆破装药结构，建议增加导爆索水下传爆及起爆性能试验；检查及指导存放期炸药性能对比试验，建议采用冲击波测试对比方法代替爆破漏斗试验，方法简便，试验资料可靠性高。

（2）检查及指导淤泥扰动爆破孔装药试验，建议简化外包装保证装药可靠性，提出淤泥扰动爆破孔堵塞采用较小布袋尺寸及上部采用小石堵塞的改进措施，减小卡孔的可能性，同时保证药卷在孔内良好固定。

（3）对各药室及预裂孔装药量分别进行验算，计算不耦合系数，建议药室装药采用整箱堆放及紧贴抵抗线侧堆放的措施，这样不仅提高药室装药的施工质量及进度，还有利于后续封堵施工，建议预裂孔连续装药保证起爆可靠性。

（4）建议改进起爆体大小和材质直接采用炸药包装箱制作保证药室炸药起爆及先后起爆的各药室避免应力波破坏，提出导爆索采用环氧树脂封闭端头的防水结构改进措施，有效提高导爆索在水下起爆的可靠性。

（5）建议增加灌浆试块强度检验的措施，保证药室的封堵质量确定合理的起爆时间。

3.4.2 施工中的控制

（1）实行工序控制，每个钻孔及药室的装药预加工都必须经监理工程师检查合格后方可进入装药工序，装药工序验收完成后才能进行堵塞工序，堵塞工序验收完成后才能进行网路连接工序。

（2）对完成的预加工预裂爆破药卷进行仔细检查、认真核对，发现部分预裂孔雷管绑扎不合格及爆破药卷参数错误并及时督促修正。

（3）药室堵塞前检查等重要工序由总监执行，发现联通药室的管路破损、抹浆不密实等问题并及时督促改正，阻止封堵灌浆时浆液进入药室。

（4）要求施工单位根据对应的预裂孔孔深在绑扎药卷的竹片上做好标记，以此标记控制药卷装到孔底，遇到卡孔时装药人员将药卷慢慢拉出炮孔放置一边继续下一个炮孔的装药，这些出问题的预裂孔最后集中处理，及时阻止装药人员私自拆除药卷改变装药参数或使用蛮力强行装入孔内。

（5）根据各药室的设计药量，将炸药分堆摆放并分别送至对应的药室。

（6）建立监理日志，对施工全过程跟踪记录、旁站及现场巡视，随时检查施工质量，及时发现问题和解决问题，妥善处理施工异常情况，加强协调与汇报，完善相关设计变更手续。

3.4.3 质量验收资料

根据本工程特点设置的钻孔（药室）装药及堵塞质量验收表格经各方确认并采纳，经各方签认的质量验收资料真实可靠及可追溯，药室装药及堵塞参数成图。

（1）完成预裂爆破装药及堵塞验收资料。

（2）完成药室装药验收和药室堵塞的验收资料。

（3）完成淤泥扰动爆破孔装药及堵塞验收资料。

3.5 安全管理控制

（1）监督施工方专职安全员建立爆破器材现场登记制度，监理工程师见证签字。

（2）施工现场雷管及炸药、导爆索分开存放，人力运输爆破器材应符合相关规范要求，限定数量及轻拿轻放，预裂孔药卷加工应存放有序，起爆雷管（起爆体）加工采用木质平台。

（3）从事爆破作业的炮工应持有公安部门颁发的《爆破员作业证》方准上岗操作。

（4）装药施工现场必须在划定警戒范围的边界路口设置醒目的标志牌，标明警戒和注意事项，配备专职警戒人员，明确警戒人员职责，严禁施工区吸烟用火，严禁把其他易燃、易爆物品带入施工区。

（5）检查施工方配备专职安全员，严格执行各项安全规章制度和操作规程，特别是施工通道、高空作业、照明、警戒、水上作业等安全措施，保证施工安全。

（6）洞内及水上夜间进行装药作业，必须有充足的照明措施并采用防爆灯具，钻孔装药采用木制炮棍头。

（7）装药工作完成后将剩余炸药清点退库，其他不能退库的爆破器材清点后按规定销毁。

4 存在问题及对策

4.1 存在的主要问题

存在的主要问题如下：

（1）岩塞爆破工期短，工序多，施工人员多而杂，大部分人员缺乏安全技术知识、安全操作技能及安全思想，这存在一定的安全隐患。

（2）爆破安全监理工程师知识结构不合理，缺乏既懂爆破技术又有工程监理知识的复合型人才，导致监理不到位，影响爆破工程的安全监理效果。

（3）爆破还处于半经验半理论的状态，对爆破施工质量的监督、检验和控制缺乏足够的标准和规范，爆破安全监理难以对爆破施工质量进行检查及验收。

4.2 存在问题的对策

存在问题的对策：

（1）爆破作业前对全体施工人员进行安全教育与培训，增强人的安全施工意识，增加安全施工知识，提高人员的安全素质，有效地防止不安全的施工行为，实现安全施工。

（2）加强爆破安全监理人员的理论学习，爆破技术和监理知识的岗前、岗后的业务培训，建立严格的考核和资质认证制度。

（3）研究炮孔位置、钻孔倾斜角度、装药量、堵塞长度等技术参数允许偏差的标准和规范，为爆破工程质量检验与控制提供依据。

5 结语

岩塞爆破工期短，工序多，各工序衔接紧密，一般监理工作的程序在时间上不适应岩塞爆破作业的实际情况，岩塞爆破安全监理能提供专业的服务，起到重要的监督和协调作用，最终促成岩塞爆破工程安全顺利实施。

岩塞爆破安全监理的实践表明，作为独立、公正、专业的爆破监理单位参与岩塞爆破工程管理，有利于规范参与各方的建设行为，发现安全隐患，最大限度地减少安全事故的发生；有利于防止岩塞爆破设计和施工的随意性，促使优化和完善爆破设计及施工措施；有利于岩塞爆破安全监理经验的积累，促进爆破技术及爆破安全监理制度的发展。

在岩塞爆破工程决策阶段即开始实施专业的爆破安全监理，将有利于提高岩塞爆破工程投资决策科学化、利益最大化，有利于提高岩塞爆破工程爆破设计和施工的标准化、程序化。

参 考 文 献

[1] 张道振，何华伟，唐小再，等．监理在爆破施工安全中的作用 [J]．爆破，2007 (4)：96-98.

[2] 张道振，何华伟，邵晓宁．浅谈爆破工程监理存在的问题及对策 [J]．工程爆破，2008 (3)：82-84.

[3] 周明安，曹前，唐成凤，等．如何实施爆破安全监理 [J]．采矿技术，2013，13 (5)：111-112+185.

[4] 蒙云琪，吴剑锋，张兆龙，等．爆破工程现场监理视频监控系统的应用 [J]．爆破，2017，34 (2)：148-151.

[5] 闫鸿浩，杨瑞，李晓杰．爆破安全监理技术的探讨 [J]．山西建筑，2016，42 (9)：232-233.

[6] 殷怀堂，管志强，杨海斌，等．爆破安全监理规范 (团体标准)：T/CSEB 0010—2019 [S]．北京：冶金工业出版社；中国爆破行业协会，2019.

[7] 赵晓东．轨道交通线施工爆破安全监理经验总结 [J]．煤矿爆破，2017 (2)：37-38.

[8] 薛永利，王静，杨勇．浅谈如何在地铁隧道爆破工程中实施爆破安全监理 [J]．西部探矿工程，2016，28 (11)：182-184.

[9] 杨磊，罗衍涛，苏凯凯．城市隧道施工爆破安全监理探讨 [J]．江西建材，2017 (4)：196，198.

[10] 陈益飞，邓正道．CMICT 码头土石方工程的爆破震动安全监理 [J]．工程爆破，2005 (3)：79-82，58.

[11] 武翠香，陈素萍，赵明生，等．高速公路路堑开挖爆破安全管理浅谈 [J]．爆破，2006 (2)：122-124.

[12] 何华伟，张道振，唐小再，等．高耸建筑物拆除爆破安全监理实践 [J]．工程爆破，2009，15 (1)：89-91.

[13] 程家增，李中飞，冯林，等．青海桥头铝电 70m 高冷却塔拆除爆破安全监理 [J]．采矿技术，2010，10 (5)：87-88，99.

基于物联网技术的爆破作业全过程精细化管控

毛允德[1]　王尹军[2]　王清正[1]

（1. 北京龙德时代技术服务有限公司，北京　100096；

2. 北京北矿亿博科技有限责任公司，北京　100162）

摘　要：为实现爆破作业全过程的精细化管控，基于物联网技术开发了爆破作业智能管控系统，采用各类传感器对爆破器材的入库、保管、领用、发放、装药、人员连锁、爆破位置、安全警戒，以及冲击波、振动、粉尘、噪声、有毒有害气体、盲炮、爆堆形态等全过程数据进行自动采集，并与相关规定和爆破设计进行分析比对，确认每一过程操作的合规性，有效控制爆破作业全过程。该智能管控系统已在青岛市全域各类爆破工程中得到广泛应用，并推广应用到矿山爆破工程。实践表明，爆破作业智能管控系统的成功应用，实现了爆破作业过程的"安全、高效、环保"等综合效果，对提高爆破作业的本质安全和智能化水平，发挥了重要作用。

关键词：物联网；爆破作业；管控系统；本质安全；智能化

Fine Control of the Entire Process of Blasting Operations Based on Internet of Things Technology

Mao Yunde[1]　Wang Yinjun[2]　Wang Qingzheng[1]

（1. Beijing Longde Times Technology Service Co., Ltd., Beijing 100096；

2. BGRIMM Explosives & Blasting Technology Co., Ltd., Beijing 100162）

Abstract：In order to achieve precise control of the entire process of blasting operations, an intelligent control system for blasting operations has been developed based on Internet of Things technology. Various sensors are used to automatically collect data on the storage, storage, requisition, distribution, charging, personnel interlocking, blasting location, safety warning, as well as shock wave, vibration, dust, noise, toxic and harmful gases, blind shots, and blasting pile morphology of blasting equipment, And analyze and compare with relevant regulations and blasting design to confirm the compliance of each process operation and effectively control the entire blasting operation process. This intelligent control system has been widely applied in various blasting projects throughout Qingdao city and has been promoted and applied to mining blasting projects. Practice has shown that the application of this control system has achieved comprehensive effects such as "safety, efficiency, and environmental protection" in the blasting operation process, playing an important role in improving the intrinsic safety and intelligent level of blasting operations.

Keywords：internet of things；blasting operations；control system；intrinsic safety；intelligence

作者信息：毛允德，博士，研究员，maoyunde@ 126. com。

1　引言

　　爆破作业是岩土工程施工、建（构）筑物拆除、矿物和能源开采的主要手段，在国民经济建设中发挥了重要作用。但是，随着技术的进步、社会的发展，尤其是目前我国经济进入了创新驱动的高质量发展阶段，对爆破作业的安全性、环保性和高效性等都提出了更高的标准和要求。实现对爆破作业全过程的智能管控，对于进一步提升精细化爆破作业水平，具有重要的现实意义。

　　本文将物联网、大数据、云计算等现代信息技术应用于爆破作业精细化管控，开发了基于物联网技术的精细化爆破作业智能管控系统，实现对爆破作业全过程数据的智能采集和判断分析，提升了爆破作业精细化管控水平。

2　精细化爆破作业智能管控系统的结构与功能

2.1　基本原理

　　"安全、环保、高效"是精细爆破的主要特征，物联网大数据等现代信息技术是实现精细化爆破智能管控目的的技术手段，即通过传感器集群自动采集爆破作业过程中的"人、物、环、操"等数据，及时掌控现场变化情况，通过大数据的智能分析，判断其合规性，对不符合相关规定的操作拒绝执行，从而达到高效监控爆破作业全过程的目的。

　　基于物联网技术的精细化爆破作业智能管控系统，围绕安全监管的要求，从"全程化、信息化、可视化、智能化"角度出发，以传感器技术、射频识别技术、音频和视频采集技术等为基础，充分利用物联网技术，综合运用GPS定位、虹膜识别、云测振仪、云存储、智能控制等技术，设立系统控制点，强化爆破作业本质安全，对爆破器材的保管与使用进行全流程管控。

2.2　智能管控系统的结构

　　物联网大数据技术是近年来飞速发展起来的具有广阔前景的信息技术，一般由三个层级组成，即数据采集层、数据传输层、管理控制层。数据采集层就是采用高精度的传感技术，自动采集现场爆破作业的相关数据；数据传输层就是依托信息传输技术，如WiFi、4G、5G、光通信、因特网等，将采集的数据传输到管控系统；管理控制层，负责数据的存储、记录、判析，并形成指令，下达执行。

　　爆破作业智能管控系统的物联网架构，主要包括感知层、传输层、存储及应用层。感知层由起爆器、测振传感器、虹膜传感器、噪声传感器、冲击波传感器、盲炮检测传感器、有害气体传感器、粉尘传感器、手持机APP、视频采集器等构成；传输层以公共通信网络为基础，局域网为辅，公共网络包括宽带网络、无线通信网络（WiFi、4G、5G）等，局域网络包括矿井光纤网及相关的有线、无线通信网（包括4G、5G、WiFi、光口、蓝牙、R485）等；存储与应用层的核心由基于云端的爆破作业安全操作控制系统、计算机操作系统、数据库软件、安全防护系统软件及相应的服务器等，以及与之关联的爆破作业、监管、研发等单位使用的终端PC机、手机与相关软件系统等组成。

　　基于物联网技术的精细化爆破作业管控系统（其基本架构见图1），将与爆破相关的主要元素"人、物、环、操、管"等，进行数据采集、传输、存储，并进行结构化处理，形成民爆大数据库。通过对数据的挖掘分析，实现爆破作业的智能高效，并为行业监管部门和科研单位等提供数据支撑。其中，"人"可以是法人，也可以是与爆破作业相关的各类人员；"物"主要是指民用爆炸物品，包括起爆器材和工业炸药；"环"即环境，包括爆破作业环境、存储、运输和爆破作业的位置及气体、温度、湿度、粉尘等；"操"即操作，指爆破作业人员、库管人员、运输人员、监理人员、监管人员、设计人员等的行为动作；"管"包括各级公安机关、应急部门、企业等机构及人员的管理。

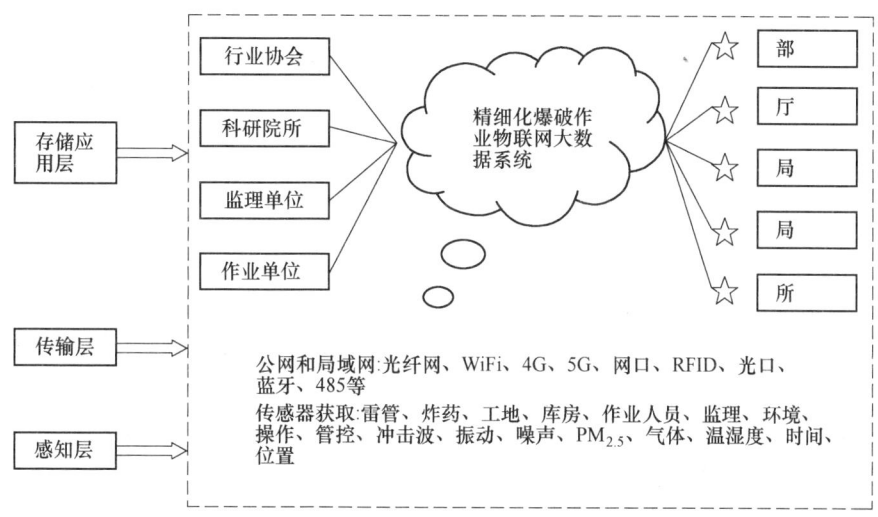

图 1 基于物联网技术的精细化爆破作业智能管控系统基本架构图

Fig. 1 Basic architecture of intelligent control system for fine blasting operations based on internet of things technology

2.3 基本功能

基于物联网技术的精细化爆破作业智能管控系统，其基本功能：（1）自动而精确地获取民爆物品的信息和流向，自动生成民爆物品使用情况的汇总报表、统计记录，同时实时跟踪民爆物品的位置和流向，最大限度地降低流失的风险；（2）及时准确地查询起爆数据、测振数据、盲炮数据、监控视频等；（3）建立完善的涉爆单位风险评估、分级预警检查，以及现场监管机制；（4）采用云计算、大数据、虹膜识别、智能控制等信息技术，将相关监管机关、配送单位、爆破单位、爆破相关人员等进行"云"连接；（5）对民用爆破物品的申请、审批、配送、领取、爆破、清退、风险评估等末端管控相关程序及工作，按照相关规定进行"云计算"，以实现民用爆破物品末端管控的"办公"和"爆破"作业管控的一体化、网络化、信息化和智能化。

智能化管控爆破执行情况，包括炮孔编号、雷管编码、装药量、起爆顺序、延期时间，以及爆堆形状、有害效应等，系统采集详细的爆破数据，基于数据分析进而提出改进措施。

3 精细化爆破作业智能管控系统软件和技术参数

3.1 主要软件系统及功能

智能管控系统的软件主要有爆破作业控制系统（包括 PC 版和 APP 版）、爆破作业监理 APP 系统等。

3.1.1　爆破作业安全操作控制系统

爆破作业操作控制系统是一个大数据云计算管理软件系统。该系统对采集层的设备进行管理和控制，为现场的传感器、控制器、显示器等数据类型、采集、传输、显示、报警等设置标准，给执行器（起爆器、显示器）等下达执行命令，对设备的运行状态、故障等进行检测；对传输数据、传输设备进行管控，设定传输方式、保密方式等；对应用层接收储存的数据设定存储方式、安全防护方式，并对相关数据进行挖掘分析，包括与国家相关法律法规、标准及爆破作业设计进行比对，对于违法、违规、违反设计的操作，进行警示或终止作业，以防范违法、违规和违反设计的操作和行为，进而杜绝事故的发生。

爆破作业操作控制系统根据职责范围，为监管机关、爆破单位、行业协会、研究机构的相关人员设定了工作权限，个人可以凭密码（虹膜、脸谱等）进入系统，完成相应的工作。

3.1.2　爆破作业智能监理 APP 系统

爆破作业监理对爆破设计方案的正确执行及保障爆破作业安全十分重要。爆破作业智能监理 APP 系统实现了智能化采集、传输及分析，包括从爆破设计审批到爆破作业全过程的数据。该系统根据用户名密码（脸谱、虹膜等），对监理工程师进行识别，采用北斗定位系统等对爆破项目进行确认，确保整个监理工作的安全可靠。监理工程师在爆破现场使用该系统进入监理项目，并根据系统提示执行相关监理工作。与人工采集、手工填写数据的传统监理方式相比，该系统节省了90%以上的监理工作量。

3.2　主要硬件及功能参数

爆破作业智能管控系统的硬件包括云系统（存储应用层）、传输系统及采集系统等硬件，其中云系统、传输系统硬件设备都是标准设备，由专业化机构完成建设，采集（层）设备为爆破作业的专用传感器和执行器，主要包括虹膜识别仪（传感器）、测振传感器、瓦斯传感器、爆破噪声传感器、有害气体多参数传感器、冲击波传感器、盲炮检测传感器、多功能电子雷管起爆器、爆破区域控制器、爆破作业告示电子牌、爆堆及爆破效果激光扫描传感器等。

爆破作业人员识别是爆破作业安全规范的基础，虹膜识别的误差率仅为五十万分之一，是目前最可靠的生物识别技术，用于爆破作业中对爆破员、运输员、库管员、安全员、监理人员、管理人员、监管人员等的识别，进而准确执行"三人（或五人）连锁"爆破作业控制。使用前，先将相关人员的虹膜等身份信息录入系统，现场作业时，系统提示作业人员进行虹膜识别人员确认，操作人员根据提示操作即可完成虹膜识别。

爆破测振传感器是爆破测振仪的升级版。现场监测的数据自动进入系统，进行储存、判析。数据传输形式有 WiFi、4G 等多种方式，遥控触发，自动实时上传或者现场保存后延时上传。

瓦斯传感器用于煤矿等有可燃气体环境下的爆破作业控制，分别在装药前、爆破前后进行瓦斯检测，检测指标有 CH_4、CO、CO_2 等，检测数据通过无线通信上传至服务器，数据超限即报警，进而通过停止装药、停止爆破、禁止人员进入等方式，控制爆破作业安全进行。

噪声传感器检测主要控制爆破环境噪声，保障爆破噪声不超标，数据采集频率每秒 100 次。有毒有害气体多参数传感器检测爆破作业产生的有毒、有害气体、粉尘等，检测指标包括 CH_4、CO、CO_2、H_2S、O_2、T、RH、粉尘等的浓度。冲击波传感器采集、上传，采集频率 1M/s。盲炮检测传感器通过检测每个炮孔的爆破强度、爆炸时间，智能分析爆破作业是否完成、是否存在盲炮，以及推测盲炮位置，实现爆破作业全过程的无缝管控。多功能电子雷管起爆器是爆破作业的执行装置，具有起爆多家电子雷管的功能，接受云系统的控制。爆破区域控制器用于控制爆破作业的区域范围，一方面接受现场检测数据传输到云系统，另一方面接受云系统指令并控制起爆器作业区域。地面采用手机 APP 控制，井下采用手机及其他移动设备，也可以采用固定设备。爆破作业告示电子牌用于现场展示、公告爆破作业信息，显示爆破作业进度，采用 P1.5~2.5 彩色 LED 屏系统。爆堆及爆破效果激光扫描传感器用于自动测量爆堆的位置、大小、块度，以及爆破形成的裂隙等。

4　爆破作业智能管控系统应用

4.1　青岛市爆破工程

从 2018 年开始上述精细化爆破作业智能管控系统在青岛市管辖范围内的所有爆破作业地点（包括隧道、露天、建筑拆除、金矿等）全面推广使用，获得了良好效果[1]，主要表现在：控制了震动、噪声，民众上访率降低了 95% 以上；杜绝了民爆物品的流失，包括盗窃、遗失、私自存放等；精准控制爆破，严格控制起爆延时、孔数、装药量等，进而控制爆破震动强度（见表 1 数据），实现了在文物保护严格要求下地铁隧道爆破作业的正常施工，减少炮孔数量和民爆物品用量 30% 左右；攻克了盲炮检测难题，对爆破作业实现了完全闭合监控。

表 1　精细化爆破作业智能管控系统实测的爆破振动数据

Tab. 1　Measured blasting vibration data of the intelligent control system for refined blasting operations

爆破项目名称	炮孔数/个	爆破振速/cm·s^{-1}
青岛市地铁四号线江苏路车站主体及附属工程	130	0.08
青岛地铁四号线江苏路车站附属结构	160	0.12
地铁 6 号线 2 期 03 工区灵山湾路站及配线段工程	140	0.10
青岛市地铁 15 号线丹山站主体及附属设施爆破工程	90	0.07
地铁 5 号线土建二标段 01 工区	120	0.11

4.2　矿山爆破工程

精细化智能爆破作业监控系统在国内部分煤矿爆破作业中同样获得了良好的应用效果，杜绝了爆破事故和民爆物品流失，并形成了《煤矿井下爆破监控系统通用技术条件》（NB/T 10747—2021）、《煤矿井下爆破作业监控系统使用与管理规范》（NB/T 10746—2021）两个行业标准。

在非煤矿山也获得了应用，例如山东黄金集团在青岛的金矿，基于应用效果正在申请《矿山爆破作业安全监控系统》矿山安全标准立项。

4.3　综合应用效果分析

精细化智能爆破作业管控系统经过在青岛 6 年多的应用，以及在部分煤矿和非煤矿山的应用，均产生了良好应用效果，对保障爆破安全和社会稳定发挥了重要作用。应用实践表明，该系统适应性强，能满足露天、井巷、隧道等各种爆破作业现场安全监管要求，应用环境包括城市爆破、煤矿爆破和非煤矿山爆破等各种环境。

通过该系统的应用，落实落细了法规标准的相关规定和要求，优化了施工流程，堵死了安全死角，提升了本质安全水平，使现场安全管理更加严格、有效、科学、规范。

5 结论

基于物联网大数据技术的精细化爆破作业智能管控系统，实现对爆破作业全过程"人、物、环、操、管"的智能化监测和管控，确保每一个步骤、每一个环节都严格按照法律、法规、标准、设计的要求进行，出现任何偏差都可得到提示并及时纠正，确保了爆破设计方案的正确实施，提高了爆破作业的精细化程度和安全管控水平。实践表明，该系统技术先进，应用效果良好，可有效杜绝爆破安全事故、环保事件和涉爆案件，并提高爆破效率，优化爆破质量。

参 考 文 献

[1] 王海峰，徐振，王清正. 智能云民爆物品末端管控技术在青岛地铁的研究与应用 [C] //智慧城市与轨道交通 2019. 北京：中国城市出版社，2019：3.

废旧炮（炸）弹的辨识方法

周明安　　周晓光

（湖南铁军工程建设有限公司，长沙　410003）

摘　要：公安机关每年需处置大量的废旧炮（炸）弹，辨识是处置过程中的重要环节，通过辨识区分废旧炮（炸）弹的种类，区分教练弹、空壳弹、疑似化学弹，评估废旧炮（炸）弹性能状态。废旧炮（炸）弹种类复杂、来源各异，有普通弹药还有日军遗留的化学武器，因缺少专业人员、缺少相关资料，辨识一直是废旧炮（炸）弹处置工作的难点。依据实践经验，总结了看、测、称、对四步辨识法。看弹体形状、颜色、标志、色带、有无引信、有无扳手槽等外形特征，测量弹的直径、长度、扳手槽间距及位置等尺寸，称弹的质量。通过看、测、称获取废旧炮（炸）弹的物理特征要素，根据外观识别获取的信息对照资料、图样、已知实物，依据经验对废旧炮（炸）弹进行比对综合分析辨识。

关键词：废旧炮（炸）弹；外观识别；比对分析；综合辨识

Identification Method for Waste Cannons（Bombs）

Zhou Ming'an　Zhou Xiaoguang

（Hunan Tiejun Engineering Constrution Co., Ltd., Changsha 410003）

Abstract：The public security organs need to dispose of a large number of waste guns（explosives）every year, and identification is an important part of the disposal process. By identifying and distinguishing the types of waste guns（explosives）, distinguishing between trainer shells, empty shell shells, and suspected chemical bombs, the elastic energy state of waste guns（explosives）is evaluated. The types and sources of waste artillery（explosives）are complex, including ordinary ammunition and chemical weapons left behind by the Japanese army. Due to a lack of professional personnel and relevant information, identification has always been a difficulty in the disposal of waste artillery（explosives）. Based on practical experience, the four step identification method of observation, measurement, weighing, and alignment has been summarized. Measure the diameter, length, spacing between wrench slots, and position of the projectile by examining its shape, color, markings, color bands, presence of fuses, and presence of wrench slots. Weigh the weight of the projectile. By observing, measuring, and weighing the physical characteristics of waste artillery（explosives）, the information obtained from appearance recognition is compared with data, drawings, and known physical objects. Based on experience, waste artillery（explosives）are compared, analyzed, and identified comprehensively.

Keywords：waste artillery（explosive）shells; appearance identification; comparative analysis; comprehensive identification

作者信息：周明安，教授，zhouxiaoguang123@ foxmail. com。

1 引言

公安机关每年需处置的大量废旧炮（炸）弹，大多是战争遗留爆炸物。战争遗留爆炸物是指因战争遗留在民间未爆的军用爆炸物品，包括未爆炸弹药和被弃置的爆炸性弹药。"未爆炸弹药"已装设引信、进入待发状态，或已经发射、投放、投掷或射出，应爆炸而未爆炸；"被弃置的爆炸性弹药"武装冲突中没有被使用、被留下来或倾弃，且已不再受其控制的爆炸性弹药。

废旧炮（炸）弹性能不稳定，处置风险高。有很多弹药已装设引信、处于待发状态，特别是日军遗留弹药大部分为铜质引信，解保引信再次动作的可能性高。装填苦味酸、硝斗炸药的弹药更加敏感，处置不当可发生爆炸事故。尽管很多弹药已有几十年的历史，但爆炸威力不减。

废旧炮（炸）弹种类复杂、来源各异种类。种类有航弹、炮弹、地雷、手榴弹、枪弹、炸药、火工品、化学弹及其他爆炸装置。归属有日军、苏军、美军、国民党及军阀，也有我军生产使用的。

废旧炮（炸）弹地点分散、数量巨大。或埋于地下，或沉于水中（江、河、湖、海），或藏于建筑物内，或单个，或成堆。

废旧炮（炸）弹威胁人民生命财产及环境的安全，可能成为恐怖（犯罪）分子制作爆炸装置的来源。应准确辨识，及时销毁，消除隐患。

辨识是处置废旧炮（炸）弹过程中的重要环节，通过辨识区分废旧炮（炸）弹的种类，区分教练弹、空壳弹、疑似化学弹，评估废旧炮（炸）弹性能状态。因旧炮（炸）弹大多锈蚀严重，还有常规弹与化学弹混存，辨识难度大。因缺少专业人员、缺少相关资料，辨识一直是废旧炮（炸）弹处置工作的难点。

看、测、称、对，是实践中总结实用的四步辨识法。看、测、称即外观识别，通过眼、耳、鼻、手等感官对弹药外观特征进行观察、测量辨识。外观识别可从两个方面获取信息：（1）弹药标志、标识符号、色带；（2）弹药构造组成、外形特点、主要尺寸、重量和包装要素等。通过看、测、称获取废旧炮（炸）的物理特征要素，根据获取的信息对照资料、图样、已知实物，依据经验对废旧炮（炸）弹进行比对综合分析辨识。

2 识别前的准备工作

2.1 专业人员辨识、设置警戒

《公安机关处置爆炸物品工作安全规范》规定：对废旧炮（炸）弹，应当邀请专业技术人员鉴别弹药种类、年代，并根据装药性质、弹药外观等信息评估可能存在的爆炸风险后，方可进行挖掘和搬运、转移等工作。

废旧炮（炸）弹的辨识应由专业人员选择在平坦、开阔、光线好的区域实施，设置警戒区，无关人员不得进入。

2.2 准备器材

准备尺寸测量卷尺、卡尺，称重电子台秤，拍摄器材，文具及登记表格等。

2.3 观察清除

观察弹体及引信状况，弹体有无破损，有无燃烧弹因弹体破裂遇到空气发烟燃烧现象，如

有采取封堵或将弹体没入水箱中等应急措施，观察有无苦味酸泄漏，有无引信、引信状态；确保在辨识过程中不会引发危险。

清除弹体上附着的泥土和铁锈等附着物，以便于测量和特征的辨识。

清除、辨识过程中，应轻拿轻放，不要触碰引信。

3 通过标志色带辨识

3.1 通过标志辨识

弹药在制造时为保管及使用上的方便，利用文字、符号或颜色喷涂（或压印）在弹药或其包装箱上，以便识别。

一般情况下，各国很少直接写出国名，而是在弹药或包装箱上标记出其制造厂的厂徽或简号。

3.1.1 通过包装箱上的符号标志辨识

对于有包装箱的弹药，可利用其包装箱上的符号标志加以辨识。解放后我军弹药包装箱标志比较明显，标志有弹药名称、生产批次、年份、工厂代号等信息。解放前兵工厂所造弹药多在外箱的前后两侧标有弹药名称、简号、厂徽及内装数量，在箱盖上标记有质量及体积。图1为国产旧式克式75mm山炮弹装箱正面标志。

2个菱形图案是第十一厂（巩县兵工厂）厂徽，箱内为克式75mm山炮榴弹。

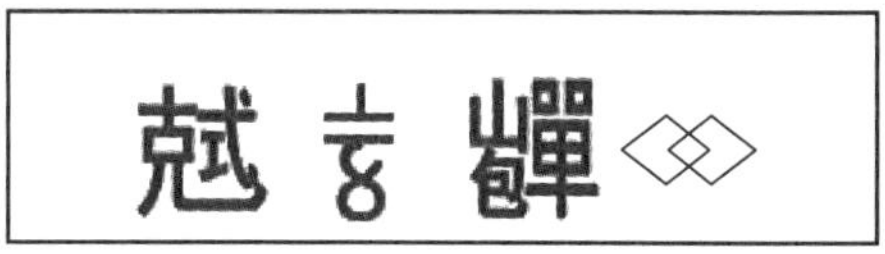

图1　国产旧式克式75mm山炮弹
装箱正面标志
Fig. 1　Front marking of homemade old style
75mm mountain cannon shell packaging

日造弹药：箱体各面均用黑色文字或简号标明弹药名称。箱体上有"信管共"字样的表示箱内装引信，否则就不写或以"信管除"的字样来表示。弹药数量用"两筒""一人""四人"等文字表示，如"信管共两筒"表示"装弹两发附引信"。箱侧常有装箱清单，详记弹药名称、适用武器、配用引信、底火、装填炸药。

3.1.2 通过弹体上的符号标志辨识

通过弹体上印有的字母和数字进行辨识。

废旧炮（炸）弹处置时常见我军67式手榴弹，如图2所示。

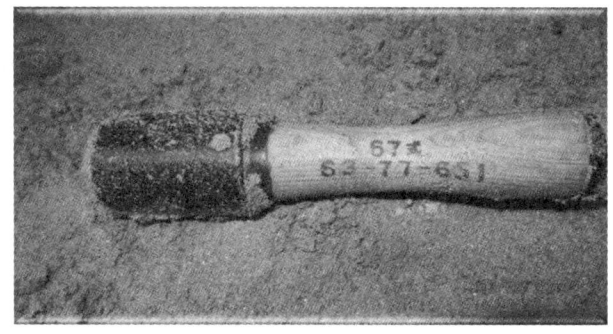

图2　67式手榴弹
Fig. 2　Type 67 grenade

　　木柄上第1行标识67式，表示为67式木柄手榴弹。第2行三组数字分别标识生产批次—生产年份—工厂代号。日军弹药兵工厂厂徽简号、弹种符号、度量单位、纪年方式等均有其独特的特点。

　　图3为弹体长约60cm的铜壳炮弹，弹底部标识"昭十四"，通过纪年方式可判断为日军弹药，生产年代为1939年（昭和+1925＝公元纪年）。

图 3　铜壳炮弹底部标识

Fig. 3　Copper shell bottom marking

3.1.3　通过弹体上的涂色及色带辨识

　　为了区分弹种、弹壳制造材料、弹体装药及发射装药种类的不同而喷涂于弹头、药筒上的各种不同的颜色带，称为识别色带。如果弹体色带清晰可辨，有助于弹药的辨识。

　　弹体上一般都涂有不同的颜色以区分不同的弹药，用特定颜色来表示弹药装填物，如通常黄色表示弹药内部装填有高爆炸药，黑色表示穿甲等。

　　但是涂色及色带各国没有统一标准，需依据不同国家、不同时期弹药的涂色及色带规定判断。如日军炮弹颜色普通弹的标志方法有新、旧两种，弹体均为黑色，新标志法减少了旧标志法的颜色带条数；毒剂弹的标志部位与普通弹新法标志相同，只是弹体均为灰色。日军弹色带标志包括装药区分带、炸药区分带、弹种区分带、材料区分带，这些区分带按位置、颜色区分，如图4所示。

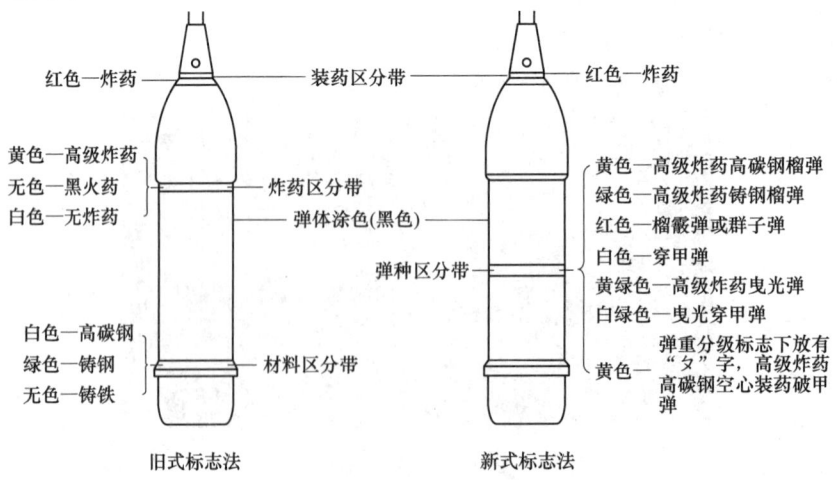

图 4　日军炮弹涂色及色带标识

Fig. 4　Painting identification of Japanese artillery shells

4 通过外形特征辨识

4.1 通过外形特征辨识弹种

通过外形特征进行弹种分类辨识。采取先大类、后小类的辨识步骤，即先根据弹药投射方式进行分类，可分为空投类、射击类、投掷类和布设类 4 大类型弹药。再在大类中判别具体弹药种类，如射击类弹药可分为枪弹、炮弹、迫击炮弹、火箭弹和枪榴弹等；投掷类弹药包括手榴弹、枪掷弹、掷投弹；布设类弹药包括地雷和水雷。

大多数弹药外部特征比较明显，如航空炸弹、迫击炮弹有尾翼，而航空炸弹有弹耳。也有迫击炮弹没有尾翼，底部有底孔，图 5 是日军 11 年式 70mm 曲射炮兵榴弹。

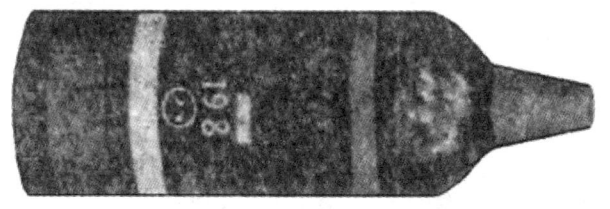

图 5 日军 11 年式 70mm 曲射炮兵榴弹

Fig. 5 Japanese 11-year 70mm curved artillery grenade

同一类弹药外形是复杂的，如手榴弹形状多样，部分手榴弹外形如图 6 所示。

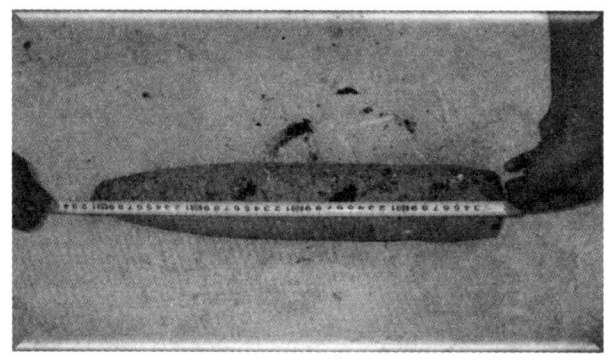

图 6 部分手榴弹外形

Fig. 6 Part of the hand grenade appearance

教练弹大多在弹体上标识有"教练弹"字样，但有的没有标识，有的是通过涂色区分，注意不能仅凭重量区分教练弹、实弹。空壳弹的区分应当注意，不要将暴露出药型罩的破甲弹误认为空壳弹。

对于形状特殊的疑似弹药的辨识需慎重，如有开孔，可取少量（不超过 1g）装填物，在安全区域做燃烧试验，人在 2m 外观察能否燃烧、燃烧火焰颜色，判断是否是炸药，如 TNT 炸药燃烧火焰微带红色，冒黑烟、并伴有短线头状的黑色烟丝，在火焰上方徐徐飘浮。

4.2 测量、称重获取物理特征信息

测量弹药的直径、长度和质量等特征信息，是外观识别必不可少的工作。

　　测量弹体尺寸时，应配合工具使用。长度可以用钢卷尺、直角尺测量，如图7所示。炮弹长度应测量总长度、弹头部、圆柱部、弹尾部长度。

图7　钢卷尺测量炮弹长度

Fig. 7　Measuring the length of shells with a steel tape measure

　　炮弹直径指定心部直径，可用游标卡尺、千分尺测量。可用卡规、卡钳测量扳手槽间距等。可用电子台秤称重。

5　依据资料综合辨识

　　根据弹药弹体颜色、色带（色环）、标志符号，依据弹药的外形及其尺寸等物理特征信息，对照已有图样或已知实物比对综合识别。图8为日军1式100kg航空炸弹图样。

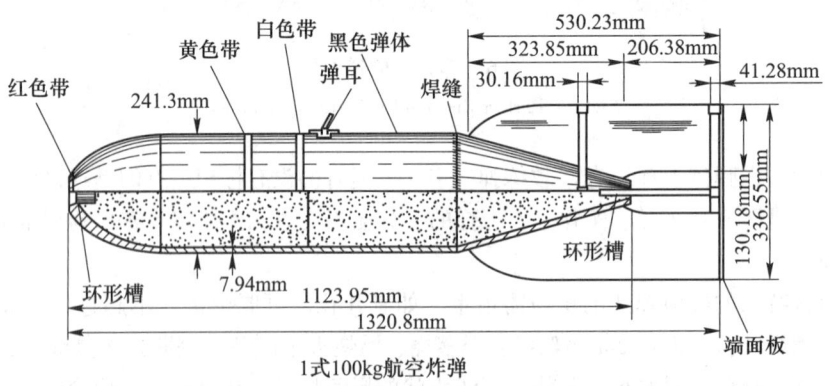

图8　日军1式100kg航空炸弹图样

Fig. 8　Drawing of Japanese type 1 100kg aerial bomb

6 日军遗留化学武器的初步识别

6.1 日军遗留化学武器的基本情况

根据 1997 年 7 月 30 日生效的《禁止化学武器公约》，日本遗留化学武器指日本在侵华战争期间和战败投降后，未经我国允许遗留在我国领土上的化学武器。1945 年日军战败前夕，为掩盖罪行，将大量化学武器就地掩埋或弃于中国江河湖泊之中。截至目前，已在中国 18 个省、自治区、直辖市共计 120 多个地点发现日遗化武。

日本侵华战争已结束 78 年，《公约》已生效 26 年，但日本遗弃在中国领土上的大量化学武器仍严重威胁和危害着中国人民生命财产和生态环境安全。据不完全统计，二战结束至今日遗化武已造成中国民众 2000 余人伤亡。早日全面、干净、彻底销毁日遗化武刻不容缓。

2023 年 3 月 22 日，中国向《禁止化学武器公约》第五次审议大会提交了《关于日本遗弃在华化学武器问题的立场文件》。大会发言人指出，日本遗弃在华化学武器已成为实现无化武世界最现实的挑战。《禁止化学武器公约》生效 26 年来，全球库存化武销毁了 99%以上，而日遗化武仅销毁了已知总量的不到五分之一。同时，相关挖掘、销毁工作还存在埋藏线索缺失、水土污染严重等突出问题。

6.2 外观识别

用眼、耳、鼻、手等感官对弹药外观特征测量与观察初步识别。看弹体形状、颜色、标志、色带、扳手槽；量弹的直径、长度、扳手槽间距及位置；称重量；听声音，轻轻摇晃弹体听内部有无液体的声音（非专业人员勿操作）。对于符合如下特殊情况 1 项或 2 项以上者可初步定为疑似化学弹：

特殊尺寸：直径（炮弹）75mm、90mm、105mm、150mm；特殊重量：重量（航弹）15kg、50kg、60kg；特殊气味：有臭味、刺鼻气味；特殊形状：有月牙形扳手槽的；特殊感觉：有液体晃动感觉的；特殊颜色：弹体上有特殊的色环或标识。

化学弹的重要特征是大多在弹体头部有一对"半月型"扳手凹槽，它是用来拧紧炸管，将毒剂密封在弹仓内的平行刻槽。部分燃烧弹、发烟弹和火焰弹也有扳手槽，凡有扳手槽的弹药应视为特种弹。

6.3 图纸对比识别

外观识别后，再通过图纸比对识别。用弹体的结构参数与日军毒剂弹的图纸资料比对。表 1 为 90mm 日军遗留化学毒剂迫击炮弹参数。

表 1 90mm 化学毒剂迫击炮弹有关参数
Tab. 1 Relevant parameters of 90mm chemical agent mortar shell

弹名	90mm 迫击炮芥路混合毒剂弹	90mm 迫击炮二苯氰胂弹
色带特征	黄色	红色
弹径/mm	90	90

弹名	90mm 迫击炮芥路混合毒剂弹	90mm 迫击炮二苯氰胂弹
弹体长	300	290
扳手槽间距/mm	42	65
扳手槽距弹底距离/mm	287	255
全备弹重/kg	5.32	5.34

参 考 文 献

［1］ 李裕春，刘强，等. 日军战争遗留弹药识别技术手册 ［M］. 北京：兵器工业出版社，2023.

［2］ 徐黎平，陈斌，周明安. 战争遗留爆炸物的检查与销毁 ［M］. 北京：海潮出版社，2009.

［3］ 周明安，夏军，肖志武. 战争遗留爆炸物的检查与销毁探讨 ［J］. 爆破，2007（2）：82-86.

［4］ 周明安，李是良，谢临溪. 战争遗留爆炸物识别系统的设计与实现 ［J］. 采矿技术，2011（5）：100-102.

数码电子雷管使用人脸识别验证系统的探索

龙昌军[1]　苏　皇[1]　黄忠明[1]　宋其程[1]　王国辉[2]　余学斌[2]　陆建业[2]　华小玉[3]

（1. 广西金建华爆破工程有限公司，广西　百色　533000；2. 百色市公安局治安警察支队，

广西　百色　533000；3. 贵州中科易联科技有限公司，贵阳　550000）

摘　要：为真正实现民爆物品的末端管控，百色市公安局治安支队与广西金建华爆破工程有限公司、中科易联公司利用数码电子雷管特性联合开发了《爆破作业现场人脸识别安全认证系统》，使用该系统进行了长达一年多的爆破作业。结果表明：通过《爆破作业现场人脸识别安全认证系统》，达到了爆破作业时爆破技术员、爆破员、安全员必须同时在作业现场方可实施爆破作业的目的，符合公安部《从严管控民用爆炸物品十条规定》要求，真正实现了末端管控。

关键词：末端管控；人脸识别；数码电子雷管；安全认证系统

Exploration of Using Face Recognition Verification System in Digital Electronic Detonator

Long Changjun[1]　Su Huang[1]　Huang Zhongming[1]　Song Qicheng[1]

Wang Guohui[2]　Yu Xuebin[2]　Lu Jianye[2]　Hua Xiaoyu[3]

(1. Guangxi Jinjianhua Blasting Engineering Co., Ltd., Baise 533000, Guangxi;

2. Baise City Public Security Police Detachment, Baise 533000, Guangxi;

3. Guizhou Zhongke Yilian Technology Co., Ltd., Guiyang 550000)

Abstract：The Baise Public Security Bureau Detachment, Guangxi Jinjianhua Explosion Engineering Co., Ltd., and Zhongke Yilian company was united exploitation the Face Recognition at Blasting Working-spot Safety Certification System by using the characteristics of digital electronic detonators, and was used this system for blasting operation for more than one year. The results show that the used of the Face Recognition at Blasting Working-spot Safety Certification System achieved the expected goal that blasters' permit, blasters and safety officers must be at the working-spot at the same time which meets the requirements of the Ten Provisions on Strict Control of Civil Explosives by the Ministry of Public Security, and truly realizes the end control.

Keywords：terminal control；face recognition；digital electronic detonator；safety certification system

　　雷管是用来起爆各类炸药的一种起爆器材，也是民用爆炸物品中的最危险的物品，如雷管流失到社会上将会给犯罪分子可乘之机而造成严重社会治安问题，给人民群众带来生命、财产

作者信息：龙昌军，本科，高级工程师，917813370@ qq. com。

损失。"9·30"柳城爆炸事故后，公安部下发《从严管控民用爆炸物品十条规定》，要求"爆破作业时，项目技术负责人、爆破员、安全员必须同时在场"，防止民用爆炸物品流失。但百色市公安局治安支队在检查中发现，百色辖区的一些爆破作业单位由于爆破技术人员不足，现场只有 1 至 2 名爆破员或安全员即实施爆破作业，存在严重监管不到位、危险作业的情况，存在易造成民用爆炸物品监管流失现象。经过 3 年的研发，成功开发出"爆破作业现场人脸识别安全认证系统"，并试用成功，取得了良好的效果，杜绝了雷管监管流失，实现末端管控目的。

1 百色市民爆物品末端管控分析

百色市公安局治安支队在进行例行安全检查中发现，一些爆破作业单位在实施爆破作业时，很多项目没有爆破技术员现场，现场只有一名爆破员和一名安全员，甚至只有一名爆破员便实施爆破作业。同时百色市公安局治安支队在安全监管信息平台上进行视频巡检时发现：某爆破作业单位的爆破技术员早上 10 点（视频显示时间）在××县实施了起爆作业，但这名爆破技术员 11 点时又出现在距该县 300 多公里另一个县的项目上实施爆破作业，而从该县到另一个县至少有 4 个小时的车程。

根据检查发现的此类情况，百色市公安局治安支队多次针对性地进行现场调研，发现较多的营业性爆破作业单位由于承接了大量项目工程，但爆破技术员严重不足，因此给一名技术员挂多个爆破作业项目的项目技术负责人，而实际上 1 名爆破技术员一天内只能在同一个县份或项目上最多可完成 2 至 3 个爆破作业点全过程施工，项目不在同一个县份且距离较远时根本不可能到项目现场实施爆破作业。这些情况严重违反了公安部《从严管控民用爆炸物品十条规定》和《广西公安机关民用爆炸物品安全监管工作规范》规定爆破作业必须爆破技术员、爆破员、安全员同时在场的要求。

百色市公安局治安支队认真贯彻执行公安部下发工作要求，全面强化民用爆炸物品管控措施，严防民用爆炸物品非法流失，强化涉爆单位人员管理，但警力不足，缺少及时有效的监管手段，导致一些涉爆单位会在考虑成本节约的情况下进行违法施工作业，从而存在易出现物品流失、危险作业等安全隐患。

2 研发人脸识别安全认证系统目的

基于民爆物品末端管控现状，百色市公安局治安支队、广西金建华民用爆破器材有限公司、广西金建华爆破公司技术人员进行充分沟通、讨论，共同决定研发在起爆前先进行人脸识别才能起爆的安全认证系统。确保满足进一步贯彻落实公安部《从严管控民用爆炸物品十条规定》和《广西公安机关民用爆炸物品安全监管工作规范》要求，严格落实爆破作业单位主体责任和岗位职责，实现信息技术与民用爆炸物品末端管控深度融合，不断提高爆破作业单位与公安机关对民用爆炸物品管控的信息化、智能化管理水平，严格管控"爆破作业时，项目技术负责人、爆破员、安全员必须同时在场"的规定，消除爆破作业单位项目技术负责人、爆破员、安全员不同时在现场也能实施爆破作业的监管缺失和安全隐患，切实做好民用爆炸物品末端管控，利用科技手段对民用爆炸物品的使用环节落实监管，同时也使爆破作业单位做到标准化、规范化爆破作业。

3 系统研发、测试和试用验证

由百色市公安局、金建华公司、贵州中科易联公司联合研发，经过 3 年的研发，成功开发出"爆破作业现场人脸识别安全认证系统"，并试用成功，取得了良好的效果，实现末端管控目的，杜绝雷管监管流失。

3.1 系统研发、测试和试用验证现状

根据百色市公安局治安支队关于加强爆破作业现场危险爆炸物品末端管控的相关工作要求，百色市公安局、金建华公司、中科易联公司联合研发出"爆破作业现场人脸识别安全认证系统"，并由广西金建华爆破工程有限公司现场试用验证其可行性和可操作性。该系统主要作用是爆破作业现场通过人脸动态活体识别，判定三大员（爆破技术员、爆破员、安全员）是否在现场，即由数码电子雷管起爆器在原来电子雷管区域控制程序获取授权码、起爆密码的基础上，增加人脸识别程序，通过采用人脸识别、活体检测、卫星定位等技术，结合公安机关全国违法犯罪人员信息等数据库进行人员动态比对，经人脸活体动态识别确认通过后方可进入爆破起爆程序。历经3年联合研发、测试。该认证系统由金建华爆破公司首次进入实际爆破作业现场试用验证成功后，并在公司旗下百色辖区的9个县（区）市爆破作业现场全面试用验证，经过1年多的试用验证，取得非常好的效果，成功完成了爆破作业现场人脸识别安全认证系统验证测试，图1为百色市公安局现场验证及测试。

图1 百色市公安局现场验证及测试

Fig. 1 Baise City Public Security Bureau on-site verification and testing

3.2 系统使用流程

（1）在智慧民爆网设置账号、设置区域、添加三大员、添加作业项目，如图2所示；公安主管部门在智慧民爆网审核批准爆破企业报送的三大员准入。

（2）作业项目获取授权密码，三大员签到（30min内有效，人员定位在800m范围有效，具体时间及范围可由主管部门设定），三大员人脸识别认证签到成功后，可以获取充电授权并完成起爆，详见图3爆破作业人员比对。

（3）使用过程中有时存在由于环境偏僻无信号不能获取充电授权起爆的情况：1）无4G信号（只能提前到达有信号的地方进行签到）；2）三大员未签到或者有其中一名未签到；3）三大员未在辖区主管部门备案通过（无法签到）；4）签到人员超出设置距离范围无法签到；5）签到时间超过30min；6）非本人人脸识别签到无法通过。图4为人脸识别获得充电授权过程。

（4）爆破作业完成后自动形成相关爆破日志并将信息推送至管理平台，定时对爆破作业相关情况进行统计分析（见图5）。

图2　爆破作业人员及项目添加设置

Fig. 2　Blasting operators and project add settings

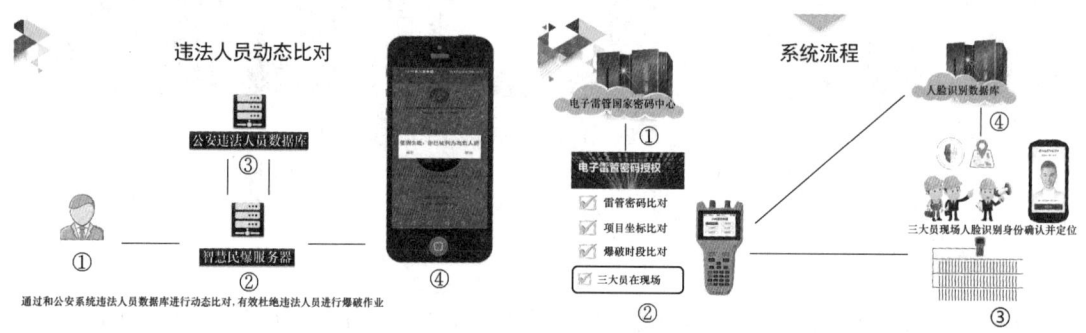

图3　爆破作业人员比对

Fig. 3　Blasting workers than

4　人脸识别安全认证系统使用效果

2020 年 3 月在田阳分公司试用，2021 年 3 月 18～21 日开始，金建华爆破公司全体三大员进行了人员注册，并选取在百色市右江区、田阳区、田东县、隆林县、靖西市、德保县、平果市、乐业县、田林县的 9 个分公司为全面试点单位。在人脸认证备案、项目备案、起爆器升级完成后于 2021 年 3 月 30 日开始全面试用电子数码雷管人脸识别认证系统。截至 2023 年 6 月 30 日，广西金建华爆破工程有限公司三大员共签到 280 人，9 个试用分公司签到用户数 73 人，签到项目数 235 个，验证次数 8296 次，试效果良好，达到研发的目的（详见表1）。

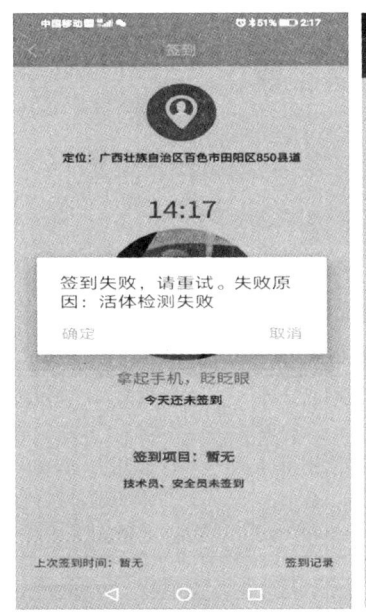

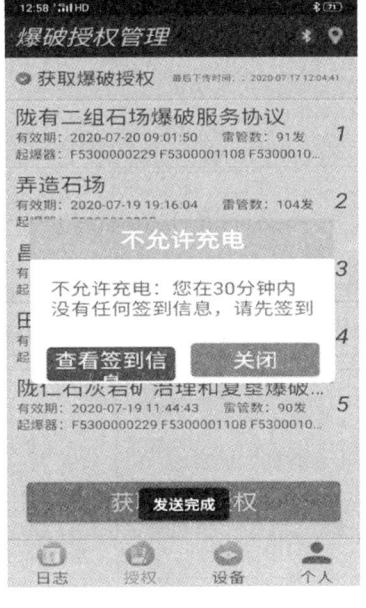

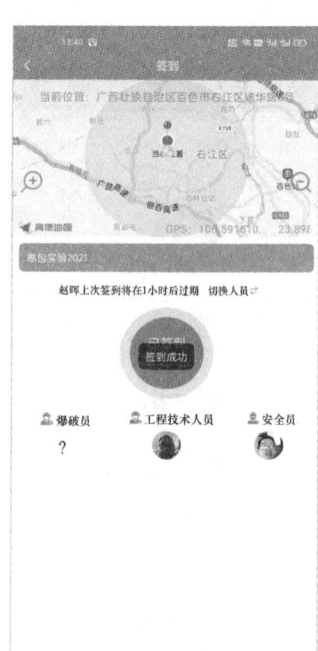

图 4　通过人脸识别获取充电授权

Fig. 4　Get charging authorization through face recognition

分析研判

实时推送

将爆破日志中项目信息、起爆器信息、爆破员和现场人员签到记录进行对比，对现场作业人员不满足"爆破作业时，项目技术负责人、爆破员、安全员必须同时在场"要求的，及时向项目成员、企业领导、辖区监管人员发送预警信息。

定时推送

每周固定时（周一、周四）推送近期作业中，已采用三大员现场人脸识别的任务数，未满足"三大员同时在场"的任务数及预警处理情况。

① 人员近期作业情况统计

统计企业人员的作业情况，可以按总公司、分公司、部门统计指定时间段内，作业人员数量、空闲人员数量，方便企业在人员调度、人才招聘方面进行辅助决策

② 检查任务统计

统计辖区监管单位或下属企业统计各种检查作业任务数量、已检查数量、未检查数量，便于查看检查任务的执行情况

③ 基础数据统计

统计辖区内企业数量、从业人员数量、爆破项目数量等

分析统计

④ 审核任务统计

按辖区监管单位或下属企业统计各种审核任务数量，包括任务总量、已审核数量、未审核数量，便于查看审核任务的处理情况

⑤ 作业任务统计

按辖区行政区划或下属企业统计各种作业任务数量，包括任务总量、已完成数量、未完成数量、物品使用数量、爆破任务的执行情况

⑥ 爆破作业人员签到记录

按签到时间、涉爆企业、签到人员、爆破项目、签到时间及所在行政区域等查看人员签到记录

图 5　统计分析

Fig. 5　Statistical analysis

表 1　金建华爆破公司人脸识别试用验证情况统计

Tab. 1　Jinjianhua blasting company face recognition trial verification statistics

序号	单位名称	三大员(技、爆、安)数量/人	三大员在平台备案人数/人	三大员备案人数占比/%	单位现在起爆器数量/台	具有人脸识别功能装备/台	具有人脸识别功能台数占比/%	爆破作业项目数量/项	已开展人脸识别项目数量/项	已开展人脸识别项目数量占比/%	2021.4-2023.6月爆破/次	2021.4-2023.6月使用人脸识别起爆/次	使用人脸识别起爆次数占比/%
1	德保分公司	6	6	100	14	5	36	28	20	71	647	623	96
2	隆林分公司	8	8	100	8	4	50	42	36	86	1337	1320	99

序号	单位名称	三大员（技、爆、安）数量/人	三大员在平台备案人数/人	三大员备案人数占比/%	单位现在起爆器数量/台	具有人脸识别功能装备/台	具有人脸识别功能台数占比/%	爆破作业项目数量/项	已开展人脸识别项目数量/项	已开展人脸识别项目数量占比/%	2021.4-2023.6月爆破/次	2021.4-2023.6月使用人脸识别起爆/次	使用人脸识别起爆次数占比/%
3	乐业分公司	9	9	100	6	4	67	23	21	91	1212	1189	98
4	靖西分公司	9	9	100	5	3	60	18	14	78	766	703	92
5	田林分公司	7	7	100	5	3	60	61	54	89	527	496	94
6	平果分公司	9	9	100	7	5	71	8	8	100	1430	1277	89
7	田东分公司	8	8	100	4	2	50	22	20	91	2127	1941	91
8	田阳分公司	10	10	100	4	2	50	38	36	95	647	601	93
9	右江区分公司	7	7	100	4	3	75	32	26	81	180	146	81

（1）在爆破过程中，实现了离开监管部门设置的爆破区域就无法正常起爆的目的。

（2）实现了"三大员"不同时在场就无法起爆的目的。试用中，爆破技术员、爆破员、安全员任何一人验证不通过或不在现场，起爆器就无法进入下一步操作程序，无法正常起爆。

（3）实现了需通过人脸识别验证的三大员离起爆器超过规定距离后不能通过验证的目的。

（4）在进行验证时视频、手机图片、相片等不能通过验证，必须是活体现场验证操作。

（5）通过验证后必须在规定的时间内实施起爆作业，杜绝了先进行验证后三大员不在现场也可进行爆破作业的情况。

（6）每次爆破作业不是本次爆破项目登记的三大员不能通过活体验证，无法实施爆破作业。

（7）末端监管部门可在人脸识别系统上进行巡查确认，如项目登记三大员不在该项目爆破作业，监管部门可在后台设置起爆器、现场三大员为黑名单取消该次爆破作业。

（8）末端监管部门将正在实施且登记过的三大员设置为黑名单后，此次爆破作业验证不通过，不能实施起爆作业，实现了杜绝违法犯罪前科人员接触爆破作业的目的。

（9）不管是正用于爆破作业的起爆器或备用起爆器，末端监管部门在使用前设置为黑名单后，该起爆器就不能正常启用，实现了末端管控。

5　人脸识别安全认证系统五大优势

（1）落实"三大员"同时在场才能起爆的要求。起爆过程中，项目技术负责人、安全员和爆破员必须在公安机关指定的有效范围和时限内进行人脸识别签到，且在既定的授权时间起爆，杜绝各种弄虚作假。

（2）杜绝虚假识别。系统通过分析人脸图片的边框、质量、扭曲、全局特征、局部微纹理等技术，有效过滤二次翻拍、图片、视频等虚假欺骗行为。

（3）适应各种复杂作业环境。该系统适应各种爆破作业环境，对于类似隧道、桩基坑、井下等无网络环境，经公安机关核实确认，给予有效距离和离线时间授权，有效适应各种有网络、无网络特殊环境。

（4）实现大数据辨识违法员。认证系统和公安内网实现数据互通，将系统人员和公安机关全国违法犯罪人员信息等数据库进行实时动态比对，对有违法犯罪记录的人员进行黑名单处理，有效杜绝高危人员接触爆破作业。

（5）系统兼容性强。认证系统采用微服务分布式架构，能灵活的按需扩展资源，从容应对各种安全威胁和各种性能瓶颈，数据定时全量备份，实时增量备份，真正实现有备无患。

6　结论

从试用结果看，爆破作业现场人脸识别安全认证系统达到了公安机关治安监管部门的要求，在爆破作业三大员不在现场的情况、不在设定的爆破区域内、已取得爆破作业证的三大员中途出现违法犯罪设置为黑名单等均不能进行爆破作业，杜绝了一些爆破作业单位在人员不足或者不在现场都可以起爆的情况，在爆破作业时按认证系统要求操作完成且通过系统认证后均能正常起爆，真正实现了末端管控，也杜绝了数码电子雷管流失的情况。此系统在金建华爆破公司试用验证成功后，百色本地的另外两家爆破公司也开始试用。从试用情况看，使用该系统可促使各爆破作业单位更加严格按相关规定进行爆破作业，消除民爆物品流失隐患，但此系统只能用于数码电子雷管，其他非数码电子雷管无法使用。

参 考 文 献

[1] 国家安全生产监督管理总局. 爆破安全规程：GB 6722—2014 [S]. 北京：中国标准出版社，2014.
[2] 公安部. 从严管控民用爆炸物品十条规定.
[3] 张豪. 矿山爆破安全与技术的探析 [J]. 世界有色金属，2021（4）：44-45.
[4] 叶磊，汪泽. 互联网与爆破安全管理融合技术研究 [J]. 2021，27（2）：130-134.
[5] 褚健. 工业互联网时代工厂安全生产的思考与实践 [J]. 科技导报，2019，37（12）：92-96.

物联网架构下爆破企业精细化管理研究

黄兴诚[1,2]

（1. 广西桂物民爆物品有限公司，南宁　530299；
2. 广西桂物爆破工程有限公司，南宁　530299）

摘　要：针对传统爆破器材物流链效率低下、爆破施工过程等安全监管难的问题，将精细爆破的理念引入爆破企业管理。根据爆破器材物流链特点，初步构建了民爆器材流通物联网系统，实现了信息的产生与收集、发送与接受、处理与应用。结合爆破项目管理，分别从精细化设计、精细化施工、精细化管理三个方面论述。结果表明，在爆破器材全生命周期，采用物联网技术的精细化管理，流通闭环监管信息传输更及时、监管更严密、预警更及时；采用精细爆破技术施工过程可靠性更高、效果更好，安全环保管理方面优势明显。

关键词：物联网；精细爆破；智能爆破；精细化管理

Research on Refined Management of Blasting Enterprises under the Internet of Things Architecture

Huang Xingcheng[1,2]

（1. Guangxi Guiwu Civil Explosive Goods Co., Ltd., Nanning 530299；
2. Guangxi Guiwu Blasting Engineering Co., Ltd., Nanning 530299）

Abstract：Aiming at the problems of low efficiency of traditional blasting material logistics chain and difficult safety supervision of blasting construction process, the concept of fine blasting is introduced into the management of blasting enterprises. According to the characteristics of explosive material logistics chain, the Internet of Things system for the circulation of civil explosive material is preliminarily built to realize the generation and collection, sending and receiving, processing and application of information. Combined with the blasting project management, the paper discusses from three aspects：Fine design, fine construction and fine management. The results show that in the whole life cycle of blasting equipment, the use of the Internet of Things technology fine management, circulation closed-loop supervision information transmission more timely, more rigorous supervision, more timely warning；the use of fine blasting technology in the construction process has higher efficiency, better effect, and obvious advantages in safety and environmental protection management.

Keywords：Internet of Things（IoT）；fine blasting；intelligent blasting；fine management

1　引言

随着时代发展，传统的爆破企业管理模式开始不适应现代化发展，针对传统的爆破器材物

作者信息：黄兴诚，经济师，44298115@qq.com。

流链效率低下、爆破施工过程等安全监管难的问题，爆破企业亟待寻找适应时代发展的新理念、新技术、新方法来突破传统管理方式的束缚，解决行业飞速发展遇到的新问题。

在我国科技发展的背景下，企业的管理模式逐渐向信息化、数据化转变，给企业管理带来了极大的便利，虽然这种管理模式方便了人与人之间的信息交流，但在人与物之间的管理仍没有得到优化。当物联网的概念被首次提出后，物联网技术使社会经济和生活方式发生了巨大变化。企业也开始引入相关技术，将精细爆破的理念引入爆破企业管理。精细化管理的理念引入，初步构建了民爆器材流通物联网系统，实现了信息的产生与收集、发送与接受、处理与应用。以此构成流通闭环监管信息传输更及时、监管更严密、预警更及时。相比较于传统理念的企业管理，采用精细爆破技术施工过程效率更高、效果更好，安全环保管理方面优势明显。

本文主要通过企业引入精细爆破的理念结合物联网技术，如何解决爆破企业传统爆破器材物流链效率低下、爆破施工过程等安全监管难的问题。

2 物联网

2.1 物联网概念

所谓的物联网其实就是把所有物品通过信息传感设备与互联网连接起来，进行信息交换，即物物相息，以实现智能化识别和管理。从物联网的运作原理看出，物联网主要通过感应层、网络层和管理层三大层级进行运作。感应层通过携带无线终端智能化物件收集外在的信息，然后通过各种无线和/或有线的长距离和/或短距离通信传导至网络层（互联网）实现互联互通，管理层通过互联网收集到外在的信息，从而做出相应的处理及应对。如图 1 所示，形成三大层级相互依存、相互联系，共同构建了物联网体系。

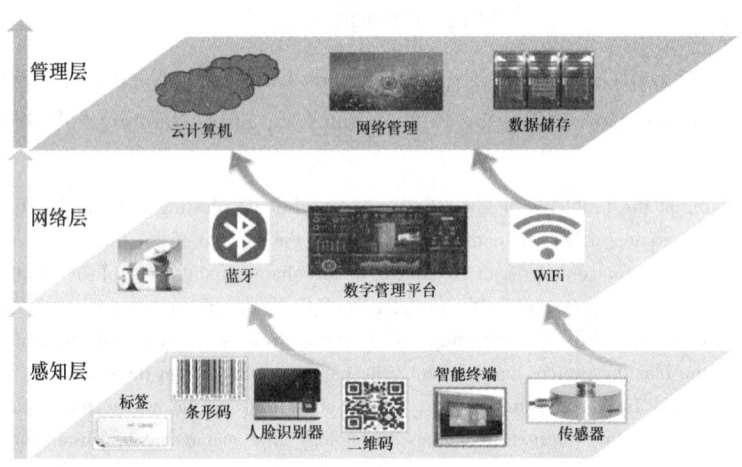

图 1　物联网层次图

Fig. 1　Internet of Things hierarchy diagram

2.2 物联网在企业中的运用

随着企业的不断发展，传统的人工管理模式在物流链效率、安全监管等问题上无法解决，开始无法适应企业整体管理需求。物联网架构下爆破企业利用 MES 系统[1]在数据采集、备份、反馈、物流监管及风险的预警等方面的功能更强，助力企业降低安全风险、减少事故发生概率。企业通过感应层的相关设备能够将爆破物流信息、爆破人员信息、爆破环境信息进行收集统筹、备份及反馈，降低人工疏忽导致信息缺失的风险，保障企业的信息安全。在物流监管方面，通过感应设备、GPS定位器等设备传到信息到物联网管理平台，企业可以直接通过物联网管理平台对物流监管进行统筹管理，形成流通闭环监管，企业的物流链信息传输更及时、监管更严密、预警更及时，提高了爆破企业管理能力。由于物联网的信息感应及时、传递速率快，当监查到企业在储藏、施工、信息安全等方面出现风险时，物联网管理平台都能够在第一时间进行预警处理，提醒企业进行防控和处理，提高企业的安全管理水平，保障企业安全长久的运营。

3 传统民爆企业管理的缺点

民爆企业相较于其他企业，最突出的特点就是它的高危型，即生产的产品具有极高的感度，因此爆破事故频发不止。民用爆破企业从原料开始，历经生产、运输、销售、使用一直到产品消亡，产品的整个生命周期都存在风险，稍有不慎就有可能酿成重大安全事故。如图2所示，在传统民爆企业中，大多数工业事故多是工人安全意识薄弱、爆破器材因素、爆破环境因素、其他因素所导致[2]。因此，建立一个具有精细化的民爆企业管理体系迫在眉睫。

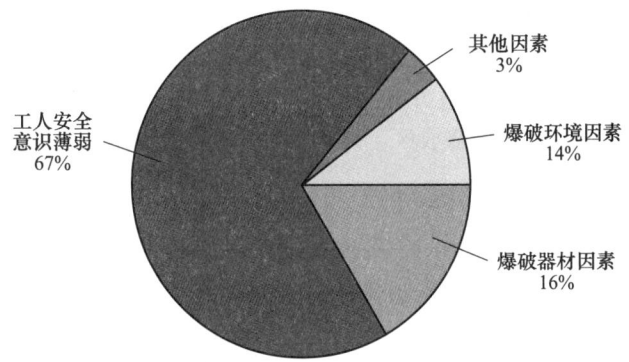

图2 民爆企业发生爆破事故原因

Fig. 2 Causes of blasting accidents in blasting enterprises

3.1 工人安全意识薄弱

传统的民爆企业安全管理往往是由人工负责的安全管理部门进行管理，在一定程度上无法保障安全制度落实到位，存在较大的安全隐患。甚至有些企业为了提高工作效率对机构进行精简改组撤销或兼并了安全管理部门，导致企业安全管理机构缺失或者安全管理机构不完善，造成安全工作没人管或者有人兼管没人专管安全管理出现无序混乱现象[3]。企业的隐患排查整改不扎实、排除不够深入、对风险隐患视而不见等问题常成为企业发生事故潜在隐患。物联网构架下管理的企业，物联网技术与人工智能的广泛应用，企业管理触发机制更自动化、系统自动预警更强、安全干预措施响应更及时、系统处置机制更科学、企业安全制度落实痕迹更加到位，一旦企业出现发生安全事故，人机协同响应快速，企业都能在第一时间收到传感器系统信息反馈，并自动启动相关的解决措施方案，可以确保企业的安全管理机制高效运行。

3.2 爆破器材管理不到位

民爆器材管理不到位主要体现在两个方面：爆破器材本身性能不稳定性和人为因素。在民爆器材方面，民爆器材的主要特征就是其具有的高风险性，而且这种特性贯穿于该产品的整个生命周期。民用爆破器材产品的生产风险不言而喻，由于制造爆破器材的主要原料都是极具敏感性的炸药。因此，不难想象在民爆物品运输中，摩擦、撞击、静电和热量的产生是多么普遍[4]。另外就是人为因素，一方面是爆破器材的管理人员安全意识薄弱，安全监管没做到位。例如，爆破器材的使用期限时间记载不准确，不熟悉常用炸药、火具等爆破器材的性能，没有定期检查爆破器材的状态、性能劣化等。另一方面是企业为了在市场上获得更大的利益，通过违规超量储存爆破器材[5]，提升自己在市场上的资源优势。

3.3　爆破环境管理不到位

在民爆企业施工环节，特别容易出现因爆破产生的飞石、尘土、水中冲击波等有害效应，对施工人员的生命造成威胁，引发爆破事故[6]。传统的民爆企业在环境管理工作方面，往往是采用派遣工人对爆破孔洞、爆破位置、爆破环境进行人工勘察，而后根据采集的数据进行爆破，在环境勘察和进行爆破时无法保障爆破人员的安全，给民爆企业安全管理带来重大隐患。通过物联网架构下管理，工作人员可以通过人工控制无人机、智能勘察车等感应设备对爆破的环境进行信息收集，避免因孔洞坍塌等因素导致人员伤亡。在进行爆破时，爆破起爆顺序不对、堵塞质量不达标、装药量过量等因素，导致大量的爆破飞石、粉尘等环境危害，对爆破员生命造成威胁。基于物联网技术的应用，企业可以根据收集到的环境信息，对爆破施工进行分析，在物联网平台上提供安全的爆破方案，调节好爆破顺序，控制好装药量，并采取防护措施。在爆破集中区域，设置相应的警戒区、警戒岗哨，并将外界闲杂人员合理隔离，保障人员的安全。

3.4　其他因素管理

在其他因素方面，主要导致爆破事故产生的因素是人的安全意识缺乏和企业安全意识缺乏。由于爆破行业本身具有的高危性，所以参与爆破器材生产和工作的操作人员往往会因为自身素质和综合能力不足难以胜任爆破器材的生产运输工作[7]。在实际的生产线中，由于工作人员的技能素质不高，对于规章制度及关键技术掌握不够透彻；其次，多数企业的岗位安全培训流于形式，对事故的隐患意识认识不够；甚至一些民爆企业在市场利益的驱动下，普遍存在超员、员工培训不充分、爆破安全教育不到位的违规行为，这些因素是企业最大的安全隐患，给社会带来不稳定因素。

4　物联网在爆破企业起到的精细化管理

因为爆破企业本身具有高危性，因此在企业的管理方面，企业亟需一种安全且精细化的管理模式来保障企业的安全。结合当下物联网智能性、传感性和物联性，企业通过引入物联网技术管理企业更能保障企业安全，由于物联网技术涵盖多门技术，覆盖了多门学科，具有应用面广、形式多样等特点，在企业管理方面更能起到精细化的管理，如图3所示。

4.1　基于物联网的管理流程跟踪

4.1.1　安全检查流程

（1）物联网起到的人员精细化管理作用。物联网架构下的爆破企业通过物联网管理平台，可以将收集到的工作人员信息进行检查，保障施工时工作人员的信息正确，避免出现非工作人

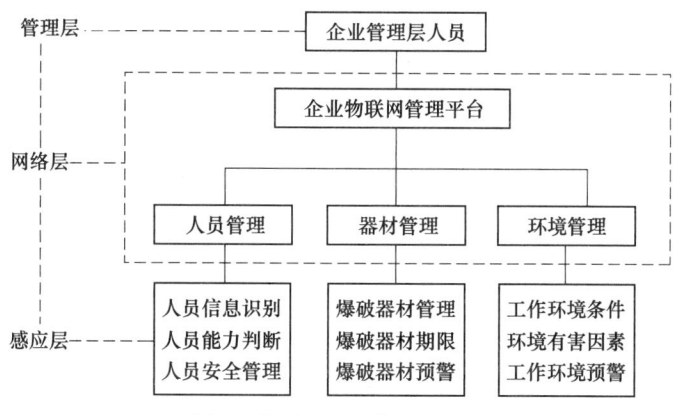

图 3　物联网下的管理流程图
Fig. 3　Management flow chart under IoT

员参与施工的危险行为,并且通过人脸识别器等信息收集设备进行签到、监控等处理,能够避免出现施工岗位少人、缺人、甚至非岗位人员代替工作的危险行为,杜绝了因人员管理出现安全危险事件的发生。通过物联网平台对人员的精细化管理,为企业的安全运行提供保障[8]。

　　(2)物联网起到的器材精细化管理作用。基于物联网技术的应用,能够对爆破器材流通环节信息实时跟踪。对爆破器材的购买、领用、运输、卸货、爆破都会进行信息采集,而后根据收集到的信息对爆破器材根据国家要求进行相应的处理和管理,每一个环节都会落实具体负责人员处理。如果在保管方面,物联网管理平台通过相关监控、人员识别、生物感应等设备对爆破器材保管进行管理,要求工作人员做到24小时监管,严禁无关人员进入库区,一旦发生爆破器材丢失被盗,会紧急触发警报,避免造成社会危害。

　　(3)物联网起到的环境精细化管理作用。爆破企业基于物联网技术应用,进行爆破作业前期勘察,可以通过无人机等感应设备进行信息采集,物联网管理平台对采集到的信息进行分析,对爆破位置、爆破环境、爆破安全范围进行精细计算,避免因爆破环境危害导致的人员伤亡,同时,物联网管理平台会在恶劣天气发生时进行预警处理,同时物联网管理平台会根据现场情况,通知工作人员停止作业,确保安全。

4.1.2　库房通风及除尘管理

　　在器材库房管理方面,安全管理工作不容忽视,否则隐患无穷,给社会安全带来极大的隐患。库房必须保持通风防尘良好,防止器材霉变、劣化,甚至出现局部热聚集等安全隐患。基于物联网技术的应用,库房的通风及除尘会通过感应设备将库房的温度、湿度、PM值等环境信息收集并发送到系统平台,系统平台再根据收到的信息进一步对库房进行通风处理或通知工作人员进行除尘处理。通过物联网的管控,库房在人力资源的运用和时间的管控下都取得了一定的收益,并且由于物联网的智能性,相比于人工管控,基于物联网技术的管控更具有数据性且安全性更高,更精细化,管理信息可跟踪溯源。

4.1.3　库房巡查及监控

　　爆破器材属易燃易爆物品,库房的巡查及监控方面必须精细管控,以杜绝危险隐患的产生。传统的爆破企业进行库房巡查时,主要靠人工一件件进行检查,难免会出现漏查、监查不到位、无法定时检查等,无法做到精细化管理。有了物联网技术应用,爆破器材身份信息都会统一记录到系统库,系统会根据《民用爆炸物品储存库治安防范要求》(GA 837—2009),定时要求值班人员对库房进行定期排查；当出现台风、暴雨等危害性天气时，通过网络层的信息，系统会对企业进行一个预警处理，提醒企业加大对爆破器材库房的保护；此外，通过物联网管理，企业可以通过监控系统对储藏室进行 24 小时的监督，保障储藏室的安全；由于爆破器材的易爆性和受潮性，物联网管理下库房通过温度感受器和湿度感受器对外界的环境进行信息收集，而后根据国家标准要求，将温度控制在 15~30℃，相对适度控制在 65%~75%，避免储藏室因为环境因素发生爆炸。

4.2　基于物联网的民爆器材闭环管理

闭环管理的思路是，在民用爆炸物品监管工作出现问题时，通过对民爆器材的购买、领用、运输、卸货、爆破等环节的信息采集，将信息通过平台系统储存到企业的数据库中，再将相关信息通过物联网系统平台调出，供企业数据库查看，形成物联网下的闭环管理，如图 4 所示。这个模式不仅能够避免监管工作中出现的民用爆破物品丢失、被盗的问题，还能对监管人员监管缺失的问题起到一个预防作用，信息环环相扣，增强了企业的安全监管能力。

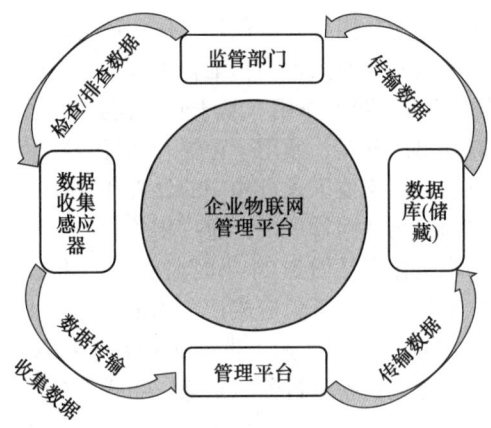

图 4　物联网架构下的民爆企业闭环管理模式

Fig. 4　Blasting enterprise closed management mode under the IoT

4.2.1　民爆运输车辆定位及监管

基于物联网监管平台技术，当民爆运输车对爆破器材进行运输时，监管系统通过生物识别技术首先会对工作人员进行生物生理信息收集和排查，检查是否为企业的工作人员，其次是对爆破器材进行信息确认，是否为所需的爆破器材、数量是否对应、质量是否安全；最后是监管平台通过北斗系统实时检测装载有 GPS 定位器的运输车，实时获取民爆运输车的位置，时刻为运输车遇到的突发时间做好准备。

4.2.2　民爆器材分类身份信息及识别

依托于物联网技术的平台管控，当民爆器材要运输入库时，平台都会对相关的民爆器材信息进行收集、整合、分类。通过数据采集模块，将数据收集器收集到的数据传到物联网监管平台，平台根据要求进行分类，而后派出指定工作人员根据输出的数据对民爆器材的分类。这种管理模式避免了传统人工进行民爆器材分类时工作人员出现的工作失误、岗位缺失、非专业人员分类等问题，提高了企业的安全性。

4.2.3 民爆器材的监管工作

传统民爆器材的监管工作一般由公安局监管，每一次都需要安排相关人员进行现场监管，耗费大量的人力物力，而且有些企业为了利益最大化，常常弄虚作假，谎报瞒报，给民爆器材的监管带来重大隐患，对安全生产和社会稳定造成重大威胁。通过物联网监管平台，首先民爆器材的相关信息会被记录在企业的数据库中，当监管人员进行监察时，就能够快速地将信息展现给监管人员，另外爆破器材的记录信息需要监管人员和企业高层人员进行独立的密码输入才能对数据进行更改，避免了企业私自更改爆破器材信息的行为。

4.3 基于物联网的精细爆破施工

4.3.1 精细设计

为了爆破施工的顺利施工，基于物联网的技术，首先通过感知层对施工地点进行信息收集，即通过工业仪表、传感器、条码、监控设备等设备技术获取到需要且关键的信息。并将信息传输到物联网的管理平台，平台会根据收集到的信息对爆破方案、爆破参数、炸药类型、爆破器材的选择与确定、起爆网络设计及安全防护措施等内容进行精细化设计[9]。例如，对港口码头扩建工程进行精细化水下爆破设计，首先通过收集到的相关信息，物联网管理平台会确定水下裸露爆破、水下钻孔爆破等方案，先确定好爆破方案，而后对爆破工程的炸药类型、炸药用量、器材运输、人员检查、安全督察进行一个合理的设计，将爆破施工的流程设计出来，建立出完善爆破操作规程和爆破安全管理制度。

4.3.2 精细施工

精细化施工主要是布孔、钻孔、装药等方面进行精细化管理，随着施工机械化和自动化水平的提高，以及引进激光测绘仪、炮孔测偏仪、爆速仪等一系列的先进测量工具、仪器，为精细爆破施工提供了技术支持。通过精确测量有效保障施工质量和安全，实现爆破工程测量放线、钻孔精度、装药填塞等各项工序精细化的施工目标[10]。

4.3.3 智能爆破

所谓智能爆破，其核心主要是以实现对爆破施工全周期生命智能化为目标的物联网技术，以及相关工作的数字化，包括报告和现场综合管理数字化、器材运输数字化、爆破振动监测数字化等。构建通过物联网和智能化技术融入工程爆破技术，以高效、绿色、安全的工作原则，确保工程爆破全生命周期的动态描述，为企业未来爆破施工的可持续发展奠定基础，构建起一套物与物、人与物互联互通的网络[11]。

5 结论

较传统的人工管理模式，物联网技术在爆破企业精细化管理中起到了重要作用，管理效能得到全面提升。

（1）物联网架构下爆破企业精细化管理实现了信息的产生与收集、发送与接受、处理与应用。相比于传统的爆破企业管理，其信息传输的优越性为企业的安全管理提供了强大的保障，面对紧急事故预警更快。

（2）物联网架构下爆破企业精细化管理，在管理爆破器材全生命周期预警性更强。根据物联网人、机、物的互联互通的特点，实现对爆器材全过程的智能化感知、识别和管理，防止爆破器材本身易爆性、损坏、过期导致的爆破事故。

（3）基于物联网技术应用，爆破施工过程效率更高、效果更好，更安全更环保。通过物联网和智能化技术所构建的一套人、机、物互联的网络，实现了对工程爆破全生命周期的动态描述，相比于传统爆破企业管理，其能构造出更科学、更安全、更环保高效的爆破方案。

参 考 文 献

[1] 梅晏伟. 基于物联网的智能制造执行系统设计与实现 [J]. 现代工业经济和信息化，2017，7（1）：99-100.

[2] 马华祥，张宪堂，王洪立，等. 试论爆破施工安全管理体系的建立 [J]. 煤矿爆破，2006（1）：27-28.

[3] 庞玮，余德运. 高速公路爆破施工中安全管理探讨 [J]. 爆破，2007（2）：105-108.

[4] 覃文鹏. 民用爆破器材生产企业安全管理模式研究 [D]. 长春：吉林大学，2009.

[5] 郑德明，吴联中，夏曼曼，等. 浅析营业性爆破作业单位民用爆炸物品储存库 [J]. 爆破，2023，40（1）：213-215.

[6] 李旭，邓九兰，郑国锋，等. 露天矿山危险、有害因素的分析及预防 [C] // 中国职业安全健康协会. 中国职业安全健康协会2008年学术年会论文集，2008：308-311.

[7] 陈玉荣. 民用爆破器材生产企业安全管理模式探讨 [J]. 企业技术开发，2014，33（24）：146-147.

[8] 黄朝元. 事故系统"四要素"在爆破器材生产企业安全生产工作中的应用 [J]. 能源与环境，2012（2）：107-108.

[9] 母永烨，李祥龙，冷智高，等. 精细爆破技术在矿山的研究与应用 [J]. 有色金属（矿山部分），2020，72（2）：13-18.

[10] 赵海涛，罗正. 露天矿山精细化爆破技术探讨 [J]. 工程爆破，2019，5（4）：45-50.

[11] 陶刘群，汪旭光. 基于物联网技术的智能爆破初步研究 [J]. 有色金属（矿山部分），2012，64（6）：59-62.

无底柱分段崩落法爆破参数的优化

任敦虎[1] 李焘[2] 王明[3]

（1. 中国五矿集团鲁中矿业有限公司，济南 271110；

2. 内蒙古隆安安全评价有限公司，内蒙古 包头 014010；

3. 华夏天信物联科技有限公司，江苏 徐州 221000）

摘 要：鲁中矿业有限公司采矿部地下铁矿巷道围岩软弱破碎，随着采矿深度的延伸，地压显现越来越明显，在采矿过程中，时常会有工作面顶板冒落、采出矿石大块率高、炸药单耗高、矿石贫化率高等问题，影响矿山正常的安全生产和经营成本。为了克服上述实际问题，通过对无底柱分段崩落法中深孔爆破各项参数进行跟踪，从优化拉槽方式、优化起爆方式、优化炮孔直径调整崩矿步距和孔底距、优化装药结构、优化矿石回收方式 5 个方面采取优化设计，制定了更为可靠合理的爆破参数和爆破方式，为采用无底柱分段崩落法采矿的同类矿山采矿安全提供参考依据。

关键词：无底柱分段崩落法；采矿安全技术；中深孔爆破；爆破参数

Optimization of Blasting Parameters by Segmented Caving Method Without Bottom Column

Ren Dunhu[1] Li Tao[2] Wang Ming[3]

（1. China Minmetals Corporation Luzhong Mining Co., Ltd., Jinan 271110；

2. Inner Mongolia Long'an Safety Evaluation Co., Ltd., Baotou 014010, Inner Mongolia；

3. Huaxia Tianxin IoT Technology Co., Ltd., Xuzhou 221000, Jiangsu）

Abstract：The surrounding rock of an underground iron mine roadway is weak and fractured. As the mining depth extends, the ground pressure becomes more and more obvious. During the mining process, there are often problems such as the roof of the face falling, high rate of large ore blocks being extracted, high explosive consumption, and high ore dilution rate, which affect the normal safety production and operating costs of the mine. In order to overcome the practical problems mentioned above, by tracking various parameters of deep hole blasting in the sublevel caving method without bottom pillars, optimization design was adopted from five aspects：Optimizing the groove method, optimizing the initiation method, optimizing the diameter of the blast hole to adjust the collapse step and bottom distance, optimizing the charging structure, and optimizing the ore recovery method. More reliable and reasonable blasting parameters and methods were developed, to provide a reference basis for the mining safety of similar mines that adopt the non pillar sublevel caving method for mining.

基金项目：鲁中矿业有限公司科技攻关项目。

作者信息：任敦虎，工程师，rendunhu@qq.com。

Keywords：segmented caving method without bottom column；mining safety technology；medium-length hole blasting；blasting parameters

1 矿体概况

1.1 地形地质概况

鲁中矿业有限公司采矿部隶属于中国五矿集团五矿矿业有限公司，是国内少数的大型地下铁矿之一，采矿部所属区域内矿体是矽卡岩型磁铁矿床，矿体的赋存形态和矿体的规模受到矿体弧形背斜倾末端的控制，大部分的矿体在矿岩接触带、假整合面和各分层间之中。

矿床顶板和底板岩石强度差异较大，上层顶板的围岩大部分为红板岩和角岩，少量为砾岩，矿体下分层岩石为蚀变闪长岩、闪长岩、大理岩、蛇纹岩等，其中闪长岩坚固性及稳定性较好，中间部位为铁矿石，坚固性及稳定性较好，局部区域有矿岩接触带，矿体周围区域为矽卡岩-铁矿的矿岩接触带，坚固性及稳定性差，一般情况下除闪长岩、蚀变闪长岩、大理岩稳定性和坚固性较好外，其余岩石的稳定性和坚固性较差，在一定条件下遇水崩解松散及风化容易发生失稳变形，造成一定次生危害，在近些年采矿过程中，经常发生局部巷道坍塌的现象。通过查阅相关资料对采矿部所属区域围岩进行分组，围岩分级见表1。

表 1 　围岩分级表

Tab. 1 　Classification of surrounding rock

岩组名称	岩体特性	岩石强度/MPa	岩体级别	岩体强度/MPa	岩体设计强度/MPa
磁铁矿	多为块状，裂隙不甚发育	81.4	Ⅲ	37.7	25.5
蚀变闪长岩	裂隙不发育，但接触带处裂隙发育	46.0	Ⅳ	20.4	13.8
大理岩	岩心比较完整，裂隙小甚发育，蚀变后较松软，易坍塌，富水	59.0	Ⅳ	24.8	16.7
砾岩	裂隙不发育，含水性差	23.3	Ⅴ	10.3	6.9
矽卡岩	发育在接触带处，裂隙较发育，含水性较好	39.5	Ⅴ	140.6	19.9
闪长岩	岩心较完整，裂隙不甚发育，但近矿处裂隙较发育，蚀变较强	72.0	Ⅲ	30.5	20.6
板岩	节理裂隙发育，性脆易碎，稳定性差	20.4	Ⅴ	8.1	—

1.2 采矿工艺参数概况

鲁中矿业采矿部使用无底柱分段崩落采矿方法，各中段采用下行式开采顺序，各分层采用后退式开采顺序，垂直勘探线方向由上向下退采，各个中段为50m高度，分层的高度为12.5m和16.5m，各相邻的进路间距14m，各回采进路断面为10.66m²，炮孔为上向垂直扇形孔施工方式，使用DD210深孔台车和YGZ-90型凿岩机进行穿孔，孔深7.5~21m，孔径ϕ65mm，边孔角45°~55°，相邻炮孔的排间距为1.7~1.8m，孔底距为1.8~2.2m。

采矿部现在使用黏性炸药进行爆破，使用 BQF-100 II 型装药器装药，炸药的密度为 920~1050kg/m³，每米中深孔装药量为 3.45kg，采用毫秒导爆管雷管引爆导爆索，起爆方式为导爆索全孔同时起爆，导爆索爆速为 6300m/s，选用 3 立电铲和 LCDY-2 型电铲出矿，铲车斗容分别为 3m³ 与 2m³，各个采区溜井水平间距为 50m，运输距离为 100~200m。

2 爆破参数的优化

2.1 优化起爆方式

扇形柱状炮孔的中深孔爆破起爆方式中，初始起爆位置对爆破效果的影响较大，起爆点位置一方面影响爆轰气体的作用时间，另一方面影响爆轰波的传播方向。

大量爆破试验证明，中深孔爆破采用孔口起爆与孔底起爆对爆破效果影响如下：孔底起爆炸药的动、静作用时间都要比孔口起爆时的长，孔壁压力维持时间长，冲量增大，静压作用强，缓减了加载速率，有利于岩石的破碎[1]，能改善炮孔的利用效率，降低矿石大块产出率，一定程度上提高爆破效果，减少爆破对顶板破坏程度；与孔口起爆相反的是，孔底起爆产生的高应力爆轰波从内部传导指向了矿体内部，爆轰能量大部分被矿体吸收，使得矿石被充分破碎，明显降低大块率。

鲁中矿业采矿部起爆方式是导爆索全孔同时起爆，爆破产生的爆炸应力波的形状在中深孔轴向方向上是对称的，中深孔的两端爆轰波在孔口及孔底位置呈半圆形分布，应力波的强度在中深孔的中间高两端低，通过近些年的试验，使用孔底起爆技术得到了以下效果：爆破后的矿石破碎均匀，同比降低大块率 25%，得到了较好的爆破效果。图 1 为职工在进行孔底起爆装药联线，图 2 为孔底起爆装药联线完毕效果图，图 3 为孔口起爆爆破效果图，图 4 为孔底起爆效果图。

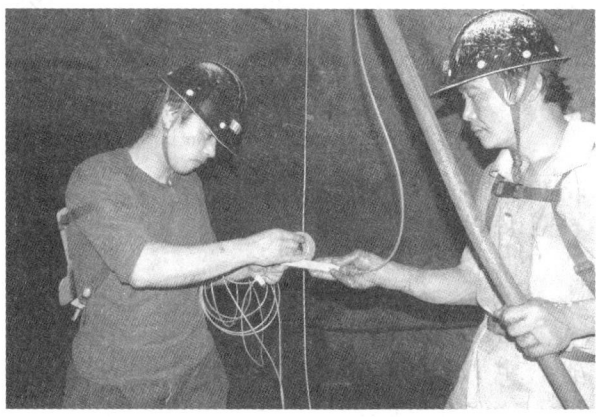

图 1 职工正在进行孔底起爆装药联线

Fig. 1 The employee is conducting a hole bottom initiation charge connection line

2.2 优化拉槽设计

鲁中矿业采矿部目前采用的拉槽方式为倾斜扇形炮孔逐排抬高拉槽法，此方法是根据矿体赋存形态设计采矿巷道长度，事先人工凿切割井，利用超出矿体的巷道作为补偿空间的爆破拉槽方法。

图 2　孔底起爆装药联线完毕效果图

Fig. 2　Effect diagram of the completion of the hole bottom initiation charge connection

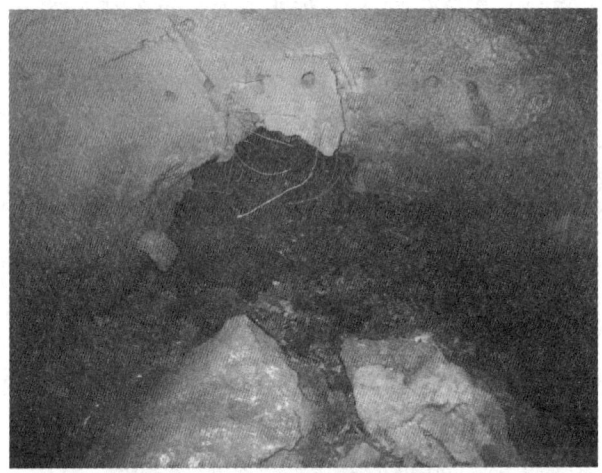

图 3　孔口起爆爆破效果图

Fig. 3　Effect of orifice initiation blasting

图 4　孔底起爆爆破效果图

Fig. 4　Effect of bottom initiation blasting

日常生产中发现逐排抬高拉槽法需要额外掘进缓冲巷道，增加了采矿成本和巷道围岩冒落的危险，爆破后产生的空气冲击波破坏力巨大，在拉槽进路附近的风机、配电盘和标志牌等设备设施极易受到空气冲击波的破坏，存在着巷道利用率低、炸药单耗高、废石混入率高、贫化率高、采矿成本高的弊端。

为了克服上述弊端，就需要利用现有的设备，通过设计中深孔爆破一次成井的方法，将切井爆破至所需高度，然后通过切井两侧的扇形孔进行扩槽作为补偿空间进行一次性拉槽，具体施工步骤是：（1）在掌子面退后2.5m处用中深孔台车或台架施工切井，切井高度根据拉槽高度设计，然后在切井位置施工三排扇形角不同的斜孔，通过分段爆破原理；（2）先将切井爆破至拉槽高度；（3）通过三排扇形孔的分段爆破使切井顶部空间向两侧扩大，直至扩到正常排控制边界，达到切井与上分层贯通后，两侧孔将空间打开形成一次性拉槽。中深孔爆破一次性拉槽炮孔剖面图如图5所示，炮孔布置图如图6所示。

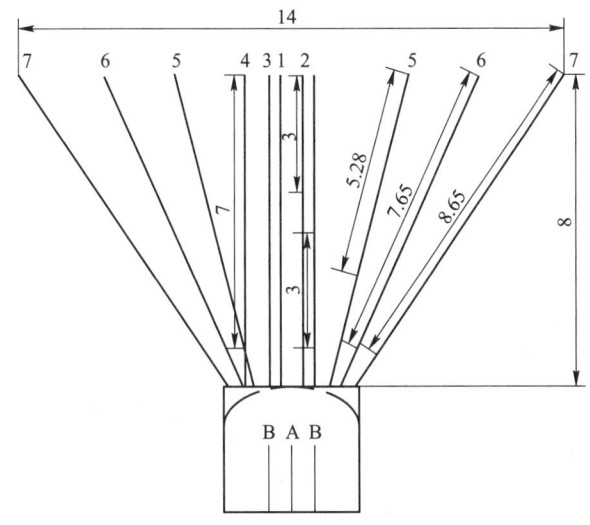

图5 中深孔爆破一次性拉槽炮孔剖面图

Fig. 5 Sectional view of a single slot blasting hole for medium and deep hole blasting

中深孔切井设计到目前为止，设计较为成熟，并在多条进路实施，效果较为显著。一次性拉槽设计现已在-195m水平22.4进路、22.1进路和22.5进路实施，从几条进路爆破效果来看，有显著的效果，后续通过对爆破的情况再对设计加以修改和完善从而取得更好的效果。施工完毕后的炮孔布置图如图7所示。

自从采用中深孔爆破一次性拉槽取得了以下效果：可以减少额外掘进巷道8m，减少中深孔施工800m，采矿成本大大降低，应用于急倾斜厚大矿体及边缘不规则的矿体时具有良好的经济效果。中深孔爆破一次性拉槽爆破后的效果如图8所示。

2.3 优化炮孔直径调整崩矿步距和孔底距

中深孔的炮孔直径直接影响最小抵抗线的大小，由于中深孔爆破装药量大，炸药在岩石中分布不均匀，合理的孔网参数尤为重要，孔网参数过大，爆破效果差大块率高，甚至是出现"隔墙"，严重影响爆破效果[2]；孔网参数过小，会降低施工效率，增加凿岩时间，浪费爆破材料，减少每米炮孔爆破量。所以说孔径的大小直接影响着凿岩成本、爆破的效果、采矿效率和成本，目前我矿所使用的中深孔施工凿岩台架如图9所示，钻头直径为 ϕ65mm。

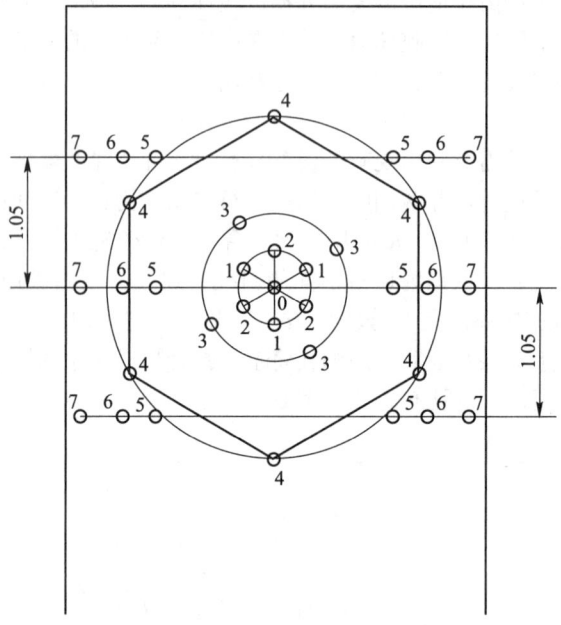

图 6　中深孔爆破一次性拉槽炮孔布置图

Fig. 6　Layout of single use slotting holes for medium deep hole blasting

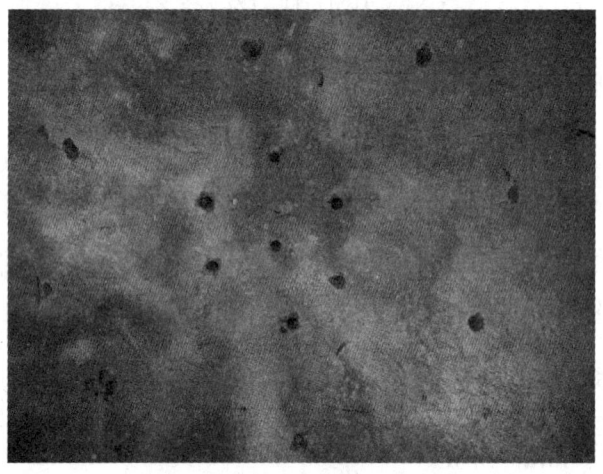

图 7　现场施工的炮孔布置图

Fig. 7　Layout of blast holes for site construction

在无底柱分段崩落法崩矿中，最小抵抗线的大小和孔底距与炮孔直径的关系，可根据式（1）和式（2）计算[3]：

$$W = d \sqrt{\frac{\pi \Delta \psi}{4mq}} \tag{1}$$

式中　Δ——装药密度，900~1000kg/m³；

　　　d——炮孔直径，m；

　　　ψ——装药系数，0.7~0.8；

m——炮孔密集系数，扇形孔取 1.1~1.5；

q——炸药单耗，kg/m^3。

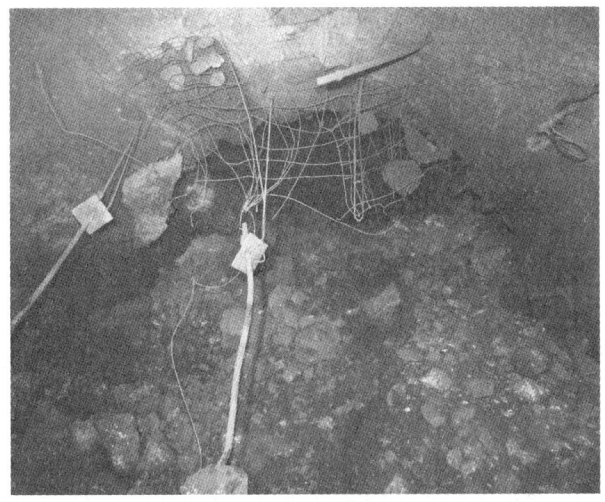

图 8　一次性拉槽爆破后的效果图

Fig. 8　Effect diagram after one-time slot blasting

图 9　中深孔施工凿岩台架

Fig. 9　Rock drilling platform for deep hole construction

$$a = mW \tag{2}$$

式中　a——孔底距，m。

也可参照经验计算：

$$W = (25 \sim 35)d \tag{3}$$

　　为提高爆破及施工效率，对中深孔炮孔直径及排距进行优化。目前鲁中矿业采矿部所采用的钻探直径为 $\phi65mm$，经计算最小抵抗线的范围在 1.9~2.2m 之间，在实际回采中选取崩矿步距 1.7m；优化后选用直径 $\phi76mm$ 的钻头进行试验，经计算最小抵抗线的范围在 1.6~2.6m 之间，选取崩矿步距 2m 进行试验，通过在港里矿-212m 水平试验，两种孔径每百米巷道中深孔数据对比见表2和表3。

表2　百米巷道总凿岩时间与孔径对照表
Tab. 2　Comparison table of total drilling time and aperture of a 100 meter tunnel

孔径/mm	巷道长度/m	崩矿步距/m	中深孔排数/排	总凿岩时间/min
64	100	1.7	59	35630
76	100	2.0	50	28715

表3　每米深孔崩矿量与孔径对照
Tab. 3　Comparison of ore collapse volume and pore size per meter of deep holes

孔径/mm	巷道长度/m	单排孔总长度/m	排数/排	总装药量/kg	每米深孔崩矿量/t
64	100	198	59	37586	7.03
76	100	165.5	50	37544	9.90

炮孔直径及崩矿步距增大后，对深孔设计进行了重新调整，单排炮孔总长度由198m降低到165.5m，虽然增大了直径但中深孔长度减少使得百米巷道装药量与之前大致相等，施工中深孔的总凿岩时间缩短了19.4%，节约了大量时间成本；同时中深孔长度的减少使每米深孔崩矿量提高了40.8%，大大提高了爆破效率；通过优化眉线破坏率得到了有效控制，提高了职工作业的安全性。

2.4　优化装药结构

目前鲁中矿业采矿部中深孔装药由于装药设备限制、风压过高、职工操作水平的限制，使每排孔的装药量过大，孔口处装药过于密集且预留不装药长度相同，导致炸药消耗量对比同类矿山显著增加，同时由于孔口炸药集中，孔口处眉线破坏非常严重，为后排孔的装药也留下很大的安全隐患。

为此，特提出改进的装药方式，采用孔间间隔装药，减少孔口位置的装药量，其改进后的装药布置及每孔装药量见图10和表4。

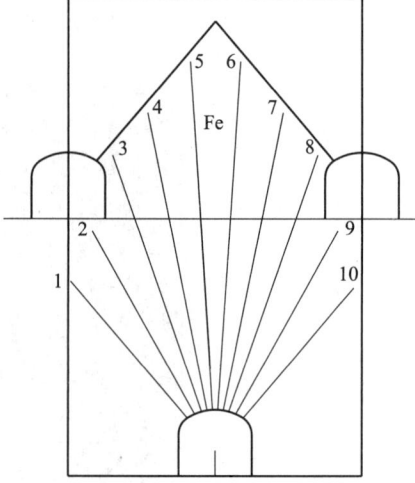

图10　每孔装药布置
Fig. 10　Layout of charging for each hole

表4　12.5m分段炮孔每孔装药量
Tab. 4　Charge per hole for 12.5m segmented blast holes

序号	角度/(°)	孔深/m	不装药长度/m	装药深度/m	装药量/kg
1	50	8.6	1	7.6	24
2	61	10	4	6	19
3	71	13	3	10	32
4	79	14.6	6	8.6	28
5	86	16.8	2	14.8	47
6	86	16.8	7	9.8	31

序号	角度/(°)	孔深/m	不装药长度/m	装药深度/m	装药量/kg
7	79	14.6	3	11.6	37
8	71	13	5	8	25
9	61	10	4	6	19
10	50	8.6	1	7.6	24
合　计		126	36	90	286

改进后的装药结构，在炮孔完好的情况下，不仅能够减少炸药的消耗量，也能改善爆破效果，提高眉线的完好率，减少后排炮孔破坏率，大大提高了后排炮孔装药的安全性。

2.5　优化矿石回收方式

由于矿体的赋存特征，下水平较上水平矿体向外延伸，上水平的下盘区域矿石对应上水平中部区域。在回采下水平相应位置的矿石，上水平矿岩会通过爆破空间落下，在本水平进行回收。为此在部分巷道破坏严重或者难采区域，可一次性爆破2至3排中深孔，回收一部分矿石获得足够补偿空间后再进行下一排深孔爆破，加快顶板破碎区域回采速度[4]，本水平回采巷道的服务时间得到缩短，减少了本水平采准巷道的巷修工程量，节约了人力物力。

上水平的矿石使用无底柱分段崩落法后，矿石矿柱失去支撑作用，下水平对应位置顶板会充分卸压，使下水平的巷道处于卸载降压区，减轻巷道破坏程度，为低贫化回收上水平矿石预留足够的时间，达到并段回采的效果[5]。

3　结论

通过对鲁中矿业采矿部无底柱分段崩落法采矿参数优化，从起爆方式、一次性成井拉槽、装药结构、炮孔直径、崩矿步距、矿石回收方式等几个方面进行研究，提出改进并优化采矿设计：

（1）利用孔底起爆改善爆破效果，大块率同比降低25%，提高能量的利用率。

（2）设计中深孔爆破一次性拉槽，减少额外掘进巷道15m，减少中深孔施工800m，提高了巷道利用率、降低炸药单耗、降低了废石混入率，在急倾斜厚大矿体及边缘不规则的矿体取得较好的经济效益。

（3）设计合理的装药结构减少炸药的消耗量，提高炮孔眉线的完好率，减少后排炮孔破坏。

（4）在现有进路间距与分段高度为14m×12.5m的情况下，适当增大炮孔直径至ϕ76mm，可以降低19.4%的中深孔总凿岩时间，提高40.8%的每米深孔崩矿量，在节约大量时间的基础上大大提高炸药的利用率及爆破效率。

4　建议

建议在后续采矿过程中，在条件合适的情况下，利用电子雷管精准控制实施毫秒延时挤压爆破，充分破碎矿石控制爆破大块率，减少二次爆破炸药单耗；同时加强在爆破延期时间方面的研究和分析；加强对双排同时起爆的研究分析，为后续经济高效的回采矿石提供科学依据和理论指导。通过对鲁中矿业爆破参数优化，取得了良好的成效，对于国内同类矿山具有一定的借鉴意义。

参 考 文 献

[1] 王庆国，何章义. 工程爆破起爆方向研究. [J]. 陕西理工学院学报，2010 (12)：32-37.

[2] 邓飞，程秋亭，陈艳红，等. 中深孔爆破参数优化试验研究. [J]. 有色金属科学与工程，2015 (2)：66~69.

[3] 刘殿中，杨仕春. 工程爆破实用手册 [M]. 北京：冶金工业出版社，2003.

[4] 李东闯，Wang Jian，等. 地下采矿中深孔爆破效果的主要决定因素 [C] //2014 中国首届矿山安全爆破与高效开采新技术、新工艺成果交流暨设备展示会. 中国有色金属学会，2014.

[5] 马爱. 上盘高应力区采矿措施的探讨 [J]. 中国科技博览，2010 (4)：129-130.

基于智能无线爆破方案的安全管理实践

李　旺　宇永山　束学来　张万忠

（宏大爆破工程集团有限责任公司，广州　510623）

摘　要：露天矿山爆破施工中，传统的物理导线网路连接已难以满足矿山智能化发展的需要，为此研发了智能无线爆破技术。为了有效应对智能无线爆破带来的潜在安全风险，结合项目现场生产实践情况，从网路连接、快速检测、风险管控、远程起爆等环节，建立了一套完整的智能无线爆破安全管理体系。在肇庆华润水泥项目进行了多次试验，根据现场应用反馈不断优化安全管理方案，从人员配置、器材操作、风险识别与强化管控等方面，较好地保证了无线起爆的安全实施，为智能无线爆破的安全运行和效果评价提供了一种定性、定量相结合的方法，对爆破工程安全管理具有一定的指导意义。

关键词：露天矿山；智能无线爆破；安全风险；安全管理

Safety Management Practice Based on Intelligent Wireless Blasting Scheme

Li Wang　Zi Yongshan　Shu Xuelai　Zhang Wanzhong

（Hongda Blasting Engineering Group Co., Ltd., Guangzhou 510623）

Abstract：In the blasting construction of open pit mine, the traditional physical wire network connection is difficult to meet the needs of the intelligent development of mine, so the intelligent wireless blasting technology is developed. In order to effectively deal with the potential safety risks brought by intelligent wireless blasting, combined with the production practice of the project site, a complete set of intelligent wireless blasting safety management system has been established from network connection, rapid detection, risk control, remote detonation and other links. Several tests have been carried out in Zhaoqing China Resources Cement project, and the safety management scheme has been continuously optimized according to the field application feedback. From the aspects of personnel allocation, equipment operation, risk identification and strengthened control, the safe implementation of wireless detonation has been better ensured, and a qualitative and quantitative method has been provided for the safe operation and effect evaluation of intelligent wireless blasting. It has certain guiding significance to the safety management of blasting engineering.

Keywords：open-pit mines；intelligent wireless blasting；security risk；safety management

1　引言

本文研究的智能无线爆破方案是指炮孔和炮孔之间没有传统导线连接、起爆网络和起爆器

作者信息：李旺，工程师，1792197773@ qq. com。

之间没有母线连接，运用智能起爆控制器和智能无线起爆模块，将避免因起爆能量不足或爆破网路连接失误造成盲炮的爆破安全事故，实现了智能无线远距离起爆的爆破作业模式[1]。该模式与传统露天矿山爆破模式的安全风险有很大区别。因此，必须加强智能无线爆破作业安全管理，增强对安全生产工作的主动性、预见性和规范性，将智能无线爆破作业安全问题消灭在萌芽状态。

2 露天矿山爆破安全管理现状

据不完全统计，截至 2021 年，全国共有金属非金属矿山 69763 座[2]，露天矿山占金属非金属矿山的 80% 以上，其中小型露天矿山占露天矿山总数的 90% 以上。尤其爆破是现代露天矿山开发不可缺少的一个重要环节，其领域和范围也在矿山开采中呈现不断增加的趋势，2016—2019 年各类爆破作业的年均炸药使用量分别约 357.87 万吨、394.63 万吨、428.69 万吨、441.30 万吨，从业人员数量（约 70 万人）和爆炸物品使用量均为世界第一，爆炸物品年均使用量的 70% 以上应用于露天爆破作业[3]。

但与此同时，矿山管理机构及人员职责不清、专业技术人员缺乏、矿山开采无序、生产装备落后、人员素质差、生产作业混乱、隐患排查工作未有落实，存在巨大的安全风险，无法保障开采人员的生命安全[4]。这其中爆破危险性大、潜在不安全因素多、易产生事故和公害，且波及范围广，每年爆破作业导致的安全事故均上百起，死亡过百人，对人民生命和国家财产造成了重大损失，露天矿山爆破安全现状不容乐观。例如，2001—2013 年，我国露天矿山发生爆破与坍塌事故 8912 起，死亡 10495 人，2001—2013 年，露天矿山爆破与坍塌事故统计见表 1；2012—2021 年我国发生了 102 起民爆物品爆炸伤亡事故[5-8]，死亡 479 人，2012—2021 年来的民爆物品爆炸死亡事故统计见表 2。

表 1 2001—2013 年露天矿山爆破与坍塌事故

Tab. 1 2001—2013 open pit mine blasting and collapse accidents

事故级别	事故总数/起	死亡人数	事故类别	事故数量/起	死亡人数
一般事故	8912	10495	爆破事故	2618	4387
			坍塌事故	1287	1597
较大事故	191	815	爆破事故	140	609
			坍塌事故	34	138
重特大事故	7	145	坍塌事故	6	132

表 2 2012—2021 年民爆物品爆炸事故情况统计表

Tab. 2 Statistical table of civil explosive articles explosion accidents in 2012—2021

年份	2012	2013	2014	2015	2016	2017	2018	2019	2020	2021
事故起数/起	15	11	15	9	15	9	6	8	8	6
死亡人数/人	90	75	62	29	68	33	23	48	18	33

因此，爆破现场实现智能化、少人化开采将对职工安全与健康、生产建设正常进行及企业经济效益等重要问题有着极其重要的意义[9]。

3 智能无线爆破的安全保障和技术优势

3.1 智能无线爆破系统

3.1.1 智能无线爆破系统构成

智能无线爆破系统总体架构如图 1 所示，系统由智能起爆控制器、信号中继器、智能无线起爆模块、数码电子雷管和无线远距离起爆系统平台软件等几大部分组成。智能起爆控制器既可通过无线通信与智能无线起爆模块通信，实现爆破程序，也可通过无线 LoRa 与中继器通信，借助中继器与智能无线起爆模块的大范围通信，扩展通信范围，实现远距离指令传输，精准控制爆破程序。智能无线起爆模块与数码电子雷管连接，获取数码电雷管的相关信息，并把信息上传到智能起爆控制器，在接收到起爆控制命令后，将产生起爆密码传回给智能起爆控制器获取密码授权，之后将起爆信号发送给数码电子雷管，数码电子雷管起爆引爆炸药，完成爆破程序。

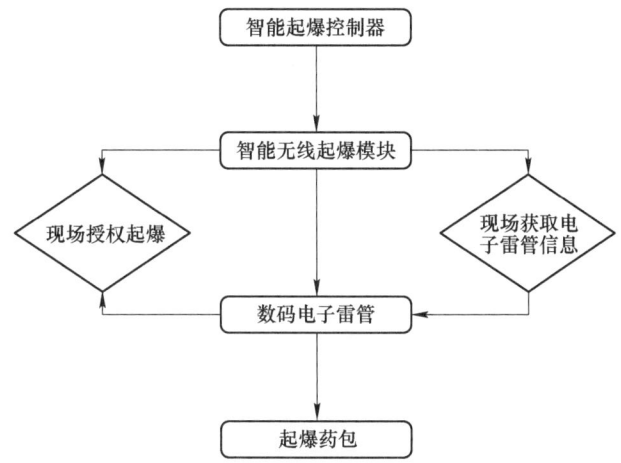

图 1 智能无线爆破系统总体架构

Fig. 1 Overall architecture of intelligent wireless blasting system

3.1.2 与传统爆破的安全区别

智能无线爆破与传统爆破的安全区别如下：

（1）从结构上，智能无线爆破比传统爆破模式会新增加智能起爆控制器、信号中继器、智能无线起爆模块等至少三个固件，需要考虑各部件连结的可靠性，以及潜在的安全风险，如：中继器失效、无线起爆模块通信失败、智能起爆控制器起爆中断等，都需要增加安全措施，制定相应应急预案，以保障安全。

（2）从软件上，无线远距离起爆系统平台软件的安全性必须保证在有关部门授权下、在允许爆破的区域内可靠使用，防止受到雷电等信号的干扰。

（3）从安全控制上，智能起爆控制器为实现与手机端、信号中继器或无线智能起爆模块双向通信、定位、存储和传输数据等功能，需保证无线起爆网路的排他性和封闭性[10]；智能起爆控制器中定位模块也需满足准爆区对数码电子雷管的管理要求，实现爆破区域管控[11]。智能无线起爆模块需接收智能起爆控制器发送的起爆命令，同时需解决数码雷管起爆能量不足而造成的雷管无法起爆导致盲炮出现的安全隐患等问题[12]。

（4）从人员上，严格按照《爆破安全规程》（GB 6722—2014）[13]进行施工爆破作业人员必须由经过爆破专业培训并取得爆破从业资格的人员实施。同时对其进行智能无线爆破模式的专项培训，防止人为原因操作失误造成的安全事故。

3.2　智能无线爆破安全保障

3.2.1　公安部门许可、实时验证安全保障

数码电子雷管、智能无线起爆模块、智能起爆控制器在获得公安机关的批准区域进行爆破作业，爆破器材才能合法使用；同时，它们需要获得公安部门工作码授权、验证，才能"合法"使用；在按键起爆前要确认安全并输入组网密码才能起爆。

3.2.2　双向通信安全保障

智能无线起爆模块与数码电子雷管连接，获取数码电雷管的相关信息，并把信息上传到智能起爆控制器；智能起爆控制器确认上向传送的智能无线起爆模块的数据合法后，发送起爆控制命令给智能无线起爆模块；智能无线起爆模块接收起爆控制命令，产生起爆密码传回给智能起爆控制器；智能起爆控制器在规定的时间内输入该密码后，智能无线起爆模块生成起爆信号，并将起爆信号发送给数码电子雷管，数码电子雷管起爆引爆炸药，完成爆破作业实施过程。

该过程将避免单向通信，防止在公共安全性、稳定性方面存在隐患或缺陷，减少雷电等信号的干扰[14]。

3.2.3　无线传输技术安全保障

无线传输技术安全保障如下：

（1）物理层的安全性：在所有的物联网通信技术中，LoRa 技术可以在噪声下 20dB 解调，而其他的物联网通信技术必须高于噪声一定强度才能实现解调。普通设备很难检测和干扰 LoRa 信号。

（2）网络层的安全性：LoRa 在本地收集、处理和存储数据。数据受网络所有者的完全控制，不会离开私有的网络。

（3）数据加密的安全性：LoRa 技术只是一个物理层的透传技术，用户可以在其网络层链路层架设自己的安全引擎，可以进行最深度的定制，还可以加入硬加密芯片。从数据加密方法分析中可以看到 LoRa 的安全性能得到有力保证。

（4）应用层的安全性：由于 LoRa 在组网上具有很强的灵活性，其应用侧的安全管理手段可以配合网络层及加密算法，实现整个应用的整体安全。

3.3　智能无线爆破技术优势

智能无线爆破技术优势如下：

（1）摆脱传统起爆器的导线物理连接：无线智能起爆成套器材（智能无线起爆模块、智能起爆控制器、智能中继器）使爆破作业能够摆脱传统起爆器的导线物理连接，炮孔之间没有有线联系，省略了爆破网路连接和检查环节，大大节省爆破作业时间，提高了爆破作业效率，减少人员进入高风险区域的机会，在最大程度上保证爆破作业人员的安全，实现爆破作业场所少人化和本质安全。

（2）最大限度挖潜数码电子雷管的潜能：改变传统的起爆模式，将向电子雷管提供能量

的起爆模式转变成向电子雷管提供信号的起爆模式，将传统的物理有线的网络连接模式变成安全的无线连接模式。颠覆了传统的起爆系统，极大限度地挖潜了数码电子雷管的潜力，最大限度地满足了公共安全的需要。

（3）为智能爆破场景建设奠定坚实的基础：现阶段数字化、信息化、智能化是露天矿山采矿技术的发展方向，在爆破领域数字化、智能化爆破技术的研究应用也势在必行，无线网路起爆控制系统是智能爆破技术研究应用的重要环节，为提高矿山爆破作业的本质安全提供技术保障。

4 智能无线爆破方案安全管理实践

4.1 作业前安全准备

4.1.1 现场勘察

现场勘察工作：

（1）与传统方案相比，智能无线爆破方案需加强对爆破周边环境检查，确定是否会有射频、地磁干扰、静电危害及可能存在的电流信号的干扰，以便采取相应的保护措施。

（2）智能无线爆破方案依托无人机提前对炮区环境进行巡飞，采集相关数据信息，以便确定位置信息，并规划警戒方案。

（3）严格做好"三清工作"，才有安全施工的前提[15]。

4.1.2 编制爆破设计说明书

根据工程地质宏观结构及爆破要求，结合《爆破安全规程》（GB 6722—2014）和《爆破作业单位资质条件和管理要求》（GA 990—2012）[16]、《爆破作业项目管理要求》（GA 991—2012）[17]和《爆破作业人员资格条件和管理要求》（GA 53—2015）[18]等国家爆破安全法规和地方法规，编制适用本工程的设计说明书。

4.1.3 警戒方案和应急方案编制及安全交底

因为智能无线爆破方案是一种新型的爆破方案，大部分爆破作业人员都没有使用过，所以在作业前需要提前编制好警戒方案和应急方案，并对可能出现的异常情况向当班作业人员进行交底。

4.1.4 布孔和穿孔准备

根据爆破设计说明书及无人机现场勘察数据，对炮区进行布孔。并对炮区进行安全穿孔作业，并做好相关警戒防护。

4.1.5 爆破器材准备

爆破器材准备工作：

（1）根据爆破设计提前对智能起爆控制器和信号中继器进行电量检测，必要时进行充电，避免爆破过程出现电量不足，影响正常起爆。

（2）根据孔位情况对智能无线起爆模块数量进行合理准备。

（3）对智能无线起爆模块必须进行安全检测，确定通信是否正常，协议是否有效，必须保证其能对配套雷管成功交互。

（4）按照现场勘探确定的警戒方案，备好相关警戒器材，如：喊话器、无人机、警戒红旗，避免警戒器材不足，带来安全风险。

（5）按照安全评估和民用爆炸物品审批要求，准备好相关民用爆破器材，如：配套的数码电子雷管、炸药等。

4.1.6　人员准备

人员准备工作：

（1）对数码电子雷管的连接，智能无线起爆模块的连接、扫描、延时设置等方面，智能中继器、智能起爆器的使用，爆破记录的上传等环节的持证爆破作业人员进行专门培训，培训合格后，方可进行相关爆破环节。

（2）对警戒人员，必须提前安排专人负责且所有警戒人员必须对其安全意识加强培训，做好警戒关才能将风险扼杀在摇篮里。

4.2　现场安全操作

4.2.1　炮区警戒

在民用爆炸物品进入炮区前，就提前对炮区进行无人机巡飞警戒，并采集相关数据，做好安全把控的第一关。

4.2.2　现场领用

根据公安部相关法律法规，数码电子雷管、智能无线起爆模块、智能起爆控制器在获得公安机关的批准区域进行爆破作业，并按公安部规定的程序进行正确领用和发放。

4.2.3　制作起爆药包、装药、填塞

（1）智能无线爆破方案的数码电子雷管因增加无线起爆功能后，若使雷管部分或者整体结构上产生较大区别，在制作起爆药包时，必须控制操作力度，防止因人为造成结构损坏，形成安全风险。

（2）装药和填塞过程应和传统模式一样，严格遵守相关操作规程。

4.2.4　雷管扫码注册及设置延期时间

雷管扫码注册及设置延期时间应严格按照爆破设计进行，遵循现场勘察设定的起爆方案，避免产生起爆网络延时错乱的情况，导致盲炮。

4.2.5　连接智能无线起爆模块

（1）与传统模式相比，智能无线爆破方案将增加该步骤用于支撑实现远程无线起爆，同时，由于模块本身必须设置为带电，方便启动模块或者用于给数码电子雷管供能，该步骤进行时，必须严格清场，并且爆破员此时不可给模块通电，避免增加安全风险。

（2）模块的连接必须按照爆破设计进行，保证起爆信号传输质量、模块数量的合理性及起爆网络的正确性。

4.2.6　爆破安全警戒

智能无线爆破方案将增加警戒无人机参与警戒，有效减少了视野盲区，爆破总指挥可通过无人机视野，更好地把控全场警戒情况。同时，智能无线爆破方案由于其远距离操控性，大大增强了起爆站成员的安全性，避免其被爆破危害效应近距离伤害。

4.2.7　起爆

（1）清场完毕后，进行起爆准备工作，将智能无线起爆模块打开，并与智能中继器和智

能起爆器进行通信。智能无线起爆模块也具有数码电子雷管一样的工作码，爆破作业单位需要提前备案，有关部门核准使用单位、合同及准爆的区域才可以获取到智能无线起爆模块的工作码，智能无线起爆模块起爆需要起爆密码，含雷智能无线起爆模块 UID 和起爆器密码的工作码由公安部门管理并现场授权才能使用，若发生意外，需按应急方案处理解决。

（2）准备完毕后，在爆破总指挥的指挥下，方可爆破。

4.3 爆后检查

通过无人机对炮区及其周围环境按要求进行爆后检查，尤其是有无盲炮、爆破效果、有无爆燃、有无残药等现象，之后再进行人工复查并做好相关记录，让整个爆破工程的最后一关取得圆满成功。

5 结论

本文首先阐述了露天矿山爆破安全管理现状，结合露天传统爆破案例事故情况量化介绍，进一步展现爆破过程中安全问题的严峻形势，引出在智能化、无人化时代大环境下智能无线爆破的安全思考，并通过对智能无线爆破方案的安全保障和技术优势及实践过程的完整梳理，将智能无线爆破方案的安全风险于实践中逐一展示。基于此，可以大幅提高人们对露天爆破的安全意识，同时，也对智能无线爆破研究提供了实践的建议，将有助于智能无线爆破的快速发展。

参 考 文 献

[1] 李萍丰，张金链，徐振洋，等. 智能无线远距离起爆系统在露天矿山爆破的应用分析 [J]. 金属矿山，2022（4）：72-78.

[2] 贾丽琼，李亚萍，郭慧. 盘点家底，69763 座矿山，支撑中华民族振兴之路 [J]. 中国地质，2021，48（3）：979.

[3] 刘知言，陈银友，许艳生. 露天爆破事故分析与安全管理研究 [J]. 工程爆破，2022，28（1）：90-94.

[4] 赵宝峰. 露天矿山安全管理存在的典型问题与策略分析 [J]. 山西冶金，2023，46（3）：241-243.

[5] 张飞燕，张念思，韩颖，等. 近 10 年我国民爆物品爆炸事故统计及预测 [J]. 爆破，2022，39（4）：192-200.

[6] 中爆网. 事故案例 [EB/OL]. http：//www. cbsw. cn/module. do？typeid＝78.

[7] 安全管理网. 事故案例 [EB/OL]. http：//www. safehoo. com/case/.

[8] 王玉杰，梁开水. 爆破工程 [M]. 武汉：武汉理工大学出版社，2007.

[9] 王文才，张世明，周连春，等. 大型露天金属矿爆破的事故树分析 [J]. 金属矿山，2010（4）：163-166.

[10] 李萍丰，谢守冬，张金链，等. 一种无线起爆方法及系统：CN113781761A [P]. 2021-12-10.

[11] 陈海峰，聂伟荣. 基于 STM32 的引信多用途起爆电路设计 [J]. 火力与指挥控制，2018，43（4）：148-151.

[12] 李萍丰，张金链，徐振洋，等. 基于 LoRa 物联的远程智能起爆系统研发 [J]. 金属矿山，2022（7）：42-49.

[13] 国家安全生产监督管理总局. 爆破安全规程：GB 6722—2014 [S]. 北京：中国标准出版社，2015.

［14］ Anonymous S. Wireless initiation for naval mine disposal ［J］. Ocean News & Technology，2022，28 （3）：46.

［15］ 张万营. 浅谈爆破施工过程安全管理 ［J］. 山西建筑，2009，35 （10）：220—221.

［16］ 中华人民共和国公安部. 爆破作业单位资质条件和管理要求：GA 990—2012 ［S］. 北京：中国标准 出版社，2012.

［17］ 中华人民共和国公安部. 爆破作业项目管理要求：GA 991-2012 ［S］. 北京：中国标准出版 社，2012.

［18］ 中华人民共和国公安部. 爆破作业人员资格条件和管理要求：GA 53—2015 ［S］. 北京：中国标准 出版社，2016.

激光销毁未爆弹药研究进展

汪庆桃　吴克刚

（国防科技大学军政基础教育学院，长沙　410072）

摘　要：激光销毁未爆弹药具有远距离、非接触、能量精确可控、柔性强、作业效率高的特点，因此，近年来在未爆弹药销毁领域应用越来越广泛。对激光销毁未爆弹药原理进行了分析，综述了激光辐照下金属材料温度场分布、金属材料损伤特性，金属约束炸药结构在激光辐照下的点火、燃烧、燃烧加速及爆炸方面的理论、实验与数值模拟研究的国内外研究进展，从应用效果出发，以工程化的视角，探讨了激光销毁未爆弹药亟需解决的问题，进一步指出了未爆弹药销毁的发展趋势。

关键词：激光；未爆弹药；销毁；热爆炸

Research Progress in Laser Destruction of Unexploded Ordnance

Wang Qingtao　Wu Kegang

（Basic Education College，NUDT，Changsha 410072）

Abstract：Laser destruction of unexploded ordnance has the characteristics of long-distance, non-contact, precise and controllable energy, strong flexibility, and high operational efficiency. In recent years, its application in the field of unexploded ordnance destruction has become increasingly widespread. The principle of laser destruction of unexploded ordnance was analyzed, and the temperature field distribution and damage characteristics of metal materials under laser irradiation were summarized. The theoretical, experimental, and numerical simulation research progress in the ignition, combustion, combustion acceleration, and explosion of metal confined explosive structures under laser irradiation was reviewed both domestically and internationally. Starting from the application effect and from the perspective of engineering, the urgent problems that need to be solved in laser destruction of unexploded ordnance were discussed, further pointing out the development trend of unexploded ordnance destruction.

Keywords：laser；unexploded ordnance；destruction；thermal explosion

　　未爆弹药（UXO，Unexploded Ordnance）是指在武装冲突或者演习训练结束后仍遗留在某一地区的各种未能按预期设计运作（被弃置或者未正常起爆）的爆炸性弹药。从未爆弹药产生的原因可区分为两类：（1）在点火、投掷、发射、埋设后引信失效、功能失灵、设计缺陷、超过使用期限、勤务处理或是其他原因使弹药不能正常爆炸的弹药；（2）在武装冲突中没有

作者信息：汪庆桃，博士，副教授，35016567@qq.com。

被使用，但被武装冲突当事方留下来或遭集中遗弃、丢失、掩埋，而且已不再受其控制的爆炸性弹药。据国际红十字会统计，世界上每年战争遗留爆炸物而导致人员致伤、致残、致死的事故数以万计。据"地雷监测"机构确认[1]，1999 年，全世界约有 1.5 万~2.0 万名战争遗留爆炸物造成的伤亡人员。2014 年以来，阿富汗、利比亚、尼日利亚、叙利亚、乌克兰等国家所发生的武装冲突，造成全球由于地雷/UXO 伤亡人员急剧增加。因此，如何安全、快速地处置未爆弹药，是世界各国一直都在进行研究的重大课题之一。

当前，未爆弹药的销毁方法主要有人工法、炸药诱爆法、燃烧法等，这些方法的一个共同特点是需要人员近距离接触/触动未爆弹药，因此存在很大的安全隐患。随着激光技术的发展，利用激光销毁未爆弹药成为可能。激光销毁技术是利用激光的定向发射、能量密度高的特点，使未爆弹药壳体局部升温，根据激光功率的大小及壳体的尺寸不同，壳体可能受热熔化、气化直至穿孔，同时能量经过内壁传导到炸药表面，炸药表层升温和熔化；随着温度的升高，炸药发生热分解，形成气体产物，放热反应进一步加强并形成局部热点，最终炸药发生点火和爆炸。从上述内容可以看出，激光销毁未爆弹药技术可以通过远距离操控激光器来实现，具有安全、快捷和高效等优点，这种非接触、远距离的作业方式大大减小了排爆作业的心理压力，降低了作业人员的危险性。此外，激光销毁未爆弹是以热爆炸的形式进行销毁，相比通常采用的诱爆法来说大大减小了未爆弹销毁时爆炸的烈度，减轻了对周围环境的影响。因此，激光销毁未爆弹具有重要的工程应用前景。

1　销毁未爆弹药的激光武器系统研究进展

炸药在外部热作用下发生的点火、燃烧和爆炸现象通常归纳为热爆炸问题。热爆炸也被称为热自燃，是内部自热引起的点火、燃烧、燃烧加速及爆炸现象[2]。近些年，激光技术在大功率和小型化方向均取得较大发展，为未爆弹药销毁提供了一个强有力的工具，尤其是近年来大力发展的光纤激光器，以其较高的转化效率和良好的散热性能，成为未爆弹药销毁系统的最佳选择。

20 世纪 90 年代，美国将多用途机动车辆和激光中和系统相结合，进行了一系列未爆弹药销毁测试，并将其部署于伊拉克地区执行排除 UXO 和简易爆炸装置（IED）任务[3]。2007 年波音公司将 1kW 的光纤激光器加入"复仇者"武器系统，用来销毁各类弹药。以色列推出的雷神（Thon）系统，将高能激光和 12.7mm 口径机枪并列组合在一个稳定的武器平台上，可以依据现场情况，采取激光热引爆或机枪射击方式排除 UXO。王飞等人[4]对俄罗斯激光武器发展现状与发展战略进行了归纳总结，国内同样注重实现激光在军事领域的运用，在 2018 年珠海航展上，中国兵器工业集团展示了在 CS/VP3 防地雷反伏击车上安装的轻型车载激光扫雷排爆系统。中国电子科技集团公司、航天科工集团、湖南兵器轻武器研究所等单位在便携式激光排爆系统方面都有着深入的研究，相关产品能够销毁包括 230mm 火箭弹、152mm 加榴炮弹在内的多种弹药。

从国内外文献资料分析可以看出，激光销毁未爆弹药在车载/机载方面得到了较为广泛的应用，在便携式系统方面近年来发展很快。相对来讲，车载/机载系统对体积和重量不敏感，因此相对战场适应能力较强，应用较为成熟。但是对于便携式销毁系统来说，还存在着体积大、重量重、保障困难、续航时间不能满足野外实战需求的缺点。从销毁机理来讲，当前销毁系统没有考虑激光功率与未爆弹药结构特征相匹配，因此，未爆弹药可能出现热爆炸、燃烧、爆轰等多种销毁方式。

2 激光辐照下金属材料响应特性研究进展

未爆弹药通常可以简化为一金属约束的炸药复合结构，激光辐照的热效应首先是引起金属外壳温度上升。早在 1976 年，Kruer 以热传导方程为基础，建立了激光辐照下的热传导模型，这一时期很多学者试图求解温升效应的解析解，这一部分工作孙承纬[5]做了很好的总结。孙承纬[5]假设受辐照热作用的物体为各向同性物体，在给定材料参数、热能输入形式、边界条件及初始条件的前提下，将激光辐照问题转化为不定常热传导方程的求解问题，并给出了半无限厚物体及有限厚度广延板块两种模式下物体的温度场计算公式。但是，解析解忽略了很多重要的因素，其结果与实际存在较大的偏差。随着计算机的发展，采用数值计算求解激光辐照下材料的温升过程和瞬态温度场分布成为可能。

梁业广等人[6]基于热弹塑性理论对激光辐照时金属板的温度分布进行了研究，并数值模拟了存在熔融相变时板内温度梯度和温升随着激光功率密度的变化规律。Chimier 等人[7]建立了金属靶加热、烧蚀的数值仿真模型，用于分析激光作用下金属靶的热传导过程和温度场分布，其结果与实验结果吻合较好。赵凤艳[8]基于热传导理论，建立了金属材料的激光辐照模型。毛煜东[9]采用格子玻耳兹曼方法对纳米薄膜受超快激光作用下二维传热进行了数值模拟，得出了在不同激光加载方式时的传热特性。激光销毁未爆弹药技术中，激光对弹体的烧蚀损伤影响很大。张宇等人[10]研究了典型航空材料在激光辐照下的损伤特性。宋林森等人[11]建立了包含初始条件与边界条件的激光穿孔热力学模型，并对穿孔过程进行了数值模拟，研究了材料穿孔孔径、孔深受激光作用时间、输出能量影响的规律。王铭等人[12]针对千瓦级的连续激光辐照钢靶，研究了钢靶在激光辐照下的温升曲线及相变分布，并进行了实验验证。方远志等人[13]对激光摆动对激光熔化沉积钛合金微观组织及力学性能进行了实验研究。为了获得更好的预测结果，何雅静等人[13]以不锈钢板为研究对象，构建了多种脉冲激光共同作用模式下的穿孔模型，从理论、仿真和实验三个方面对不同穿孔工艺、脉冲能量、脉冲宽度等情况下的激光穿孔效果开展了研究。王译那等人[15]基于有限容积法建立了激光辐照金属靶板数值模型，研究结果表明，整个作用过程存在升温、穿孔和孔径增大三个阶段，并且得到了不同形式脉冲激光作用下靶材穿孔深度及材料损失体积与辐照时间的关系。K. T. Voisey 等人[16]对激光穿孔过程开展了实验研究，采用高速摄影和粒子流中断技术测量喷射速度，发现激光辐照开始后，基板表面立即开始升温，一段时间后，表面温度达到熔点，形成熔融层，再之后温度达到沸点，材料汽化产生一个反冲压力，作用在熔融层上，从烧蚀前沿前面的区域除去熔融物质。如果激光功率足够高，金属的熔质会在发生流动之前直接进入蒸发阶段，此时金属的快速蒸发成为金属去除的主要方式。

为了更好地解释现象和预测实验结果，研究人员进一步开发了各种模型。王崇旭[17]开展了激光辐照钢靶板实验，建立了激光功率、光斑直径等参数与穿孔尺寸的经验公式。H. D. Vora 等人[18]建立了考虑熔质流体状态的模型，模型分两步，第一步中只考虑传热方程，在激光加热一定时间后删除到达熔点的单元，第二步以加热结果为初始形态，用纳维尔斯托克斯方程描述熔质状态，并考虑多相之间的传热，构建的模型较好地预测了实验结果。Shashank 等人[19]采取构建气、液、固三相耦合的方法，对穿孔过程进行了建模。S. Marimuthu 等人[20]利用 ANSYS 的生死单元法模拟了激光对材料的烧蚀穿孔过程，并与实验观察进行了对比。

从文献调研来看，激光与金属相互的研究驱动主要在激光加工领域，而以激光销毁未爆弹药为背景的研究还很不成熟，研究方法大多采用解耦的方式，即不考虑激光与金属相互作用时炸药的热传导效应，而在实际销毁过程中，未爆弹药壳体响应与炸药响应是相互影响的，因此，现有的研究有待于进一步深入。

3 激光辐照下未爆弹药热爆炸研究进展

从化学反应动力学角度看，热爆炸起因于非线性化学动力学，即放热反应系统中出现的热反馈。一旦系统产生的热量不能全部散发于环境中或损失掉，系统就会出现热量积累，连续的热反馈会使系统出现失控，导致自动点火或发生化学爆炸。早期热爆炸理论基本都忽略时间因素，被称为稳态热点火理论。稳定态理论研究不考虑反应物消耗时放热与散热的临界平衡问题，从数学的角度讨论临界条件的定义、临界点的确定、各种情况下系统的爆炸判据和临界温度。热爆炸非稳定态理论则考虑热爆炸问题中与时间有关的问题，这些问题包括反应物消耗的影响、反应物的温度历程等。实际涉及热爆炸非稳定态理论研究文献极少，而且主要集中在一维反应物的热爆炸理论研究，对于二维、三维反应物的热爆炸理论研究较少，相关工作冯长根[2]做了很好的总结。

在研究热爆炸理论的同时，对热爆炸实验也展开了大量的研究工作，主要内容集中在热爆炸临界温度、热爆炸延滞期和反应物的温度历程等。热爆炸实验研究的目的主要有两个：一是对热爆炸理论进行实验验证；二是为了工程实际的需要，如用于放热反应物质的热自燃危险性评价、含能材料的耐热性能评价等。

热爆炸实验最主要的方法是烤燃实验，即弹药在外界热刺激作用下发生点火、燃烧和爆炸的现象。根据外界加热温度上升的速率大小，烤燃实验可以分为慢烤燃和快烤燃两种，慢烤燃是指弹体整体缓慢加热，可以忽略弹体各部位温度差异。快烤燃由于温升很快，所以作用在炸药表面的温度还来不及传到炸药内部，因此，弹体各部位温度差异明显。

相对于慢烤燃来说，快烤燃的研究较少。美国犹他大学 C-SAFE 研究中心 Ciro 等人[21]进行了一系列快烤燃试验，通过丙酮燃烧对炸药装置进行加热，采用热电偶测试壳体及炸药表面的温度，研究不同约束状态下炸药装置的快烤燃行为，结果发现，火烧快烤燃试验的最大问题是难以准确估算壳体表面热流的大小。为了提高试验精度，又采用了在壳体外表包裹电加热带，通过焦耳热来加热的方法。但是，电加热方式能够提供的热流密度较低，难以满足快烤燃的实验要求。为了克服上述缺点，美国 Sandia 国家实验室 Cooper 等人[22]应用辐射加热来实现快烤燃，研究慢烤燃反应模型能否精确预测快烤燃行为。试验获得了不同热流条件下炸药的点火时刻（或者称为点火延迟时间），热流测试精度获得了大幅提高。美国 Los Alamos 国家试验室的Asay[23]认为炸药点火时刻只与温度相关，与冲击、碰撞和辐照等这些具体加热方式无关，并提出了计算热爆炸的点火时刻估算公式。张晋元[24]通过实验研究了热作用下带壳装药的点火延滞时间与壳体厚度的关系，即随着壳体厚度的增大，炸药热敏感度逐渐下降，热点火延滞时间逐渐增大。

从激光销毁未爆弹原理可以看出，快烤燃的相关理论可以用来描述激光辐照未爆弹时的响应机理，但是，又与快烤燃存在不同，主要为，一是激光辐照未爆弹时，热流密度比快烤燃的热流密度要大，壳体加热时间更短，在秒量级；二是激光加热是一个典型的局部范围。因此，激光辐照未爆弹时导致炸药的反应烈度和弹体破坏模式会存在差异。

王伟平等人[25]阐释了激光辐照含能材料点火的机理，并通过实验对含能材料的点火阈值和相关规律进行了探索，分析了激光入射角度、光斑大小等因素造成的影响。Kats[27]提出了一种新的数学模型，用于确定任意多分散燃料混合物强制热点火的临界条件，并详细讨论了液体燃料各项参数对点火条件的影响。

焦路光[28]在考虑金属层厚度的前提下，构建了金属/炸药结构激光点火的一维数值模型，用于装药点火时间的研究。丁洋等人[29]以带壳装药的激光热点火实验为基础，建立了非线性的热传导数值模型，考察了金属/炸药界面接触热阻对炸药热响应过程和热点火规律的影响。

由于一维模型在建立过程中做了较多简化，其结果存在较大误差，逐渐无法满足对研究精度的要求。为了更清楚地描述炸药在激光作用下的行为特性，王育雄等人[30]建立了二维计算模型，分析了不同因素对炸药点火延滞时间的影响。曲素莉[26]采用数值模拟方法建立了炸药激光点火的二维模型，得到了炸药点火能量阈值与激光光斑大小、炸药感度等因素的关系。周霖等人[31]则基于有限差分法建立了炸药激光点火的准三维（二维轴对称）模型，通过数值模拟研究了 RDX、HMX 等炸药的激光点火延滞时间，其计算结果与实验结果吻合良好。

为了推动相关研究深入发展，增加实用性，许多学者分别基于试验研究和数值模拟，建立了炸药点火时间的经验公式。Boley[32]将未爆弹药简化为金属壳/TNT 的二维轴对称模型，并考虑壳体的激光烧蚀效应，解释了内层炸药的激光热点火原理，推导了炸药点火延滞时间的计算公式。

张家雷[33]以壳体/炸药双层简化模型表征常见地雷装置，并应用解耦方法和有限积分变换法解得惰性炸药升温和炸药分解点火两阶段的时间，由此推导出约束炸药在激光辐照作用下的点火延滞时间计算表达式。

炸药点火以后，自持燃烧、爆炸的机理比较复杂。Boley[32]利用数值模拟的方法研究了未爆弹药激光热起爆过程中热点的形成过程；Lee[34]基于一维的钢壳/RDX 模型，假设金属与炸药之间的接触为理想接触，且入射激光能量全部被金属外壳所吸收，对炸药的激光起爆理论进行了研究。

国内研究方面，孙承纬[35]最早提出了激光辐照作用下炸药发生热起爆的基本原理，并对炸药装置的激光热起爆临界条件进行研究。焦路光[28]将金属/炸药结构简化为圆柱体，根据凝聚炸药的热起爆理论对其在激光辐照下发生热爆炸的可能性进行了分析。李伟等人[36]针对某型地雷和未爆弹进行了一系列的试验，研究了光纤激光对炸药直接辐照致其燃烧及爆炸的参数阈值。此外，美国陆军努力将热爆炸相关研究成果应用于实践[37]，主要通过泄压技术影响炸药热点火后的自持反应进程，从而确保弹药在热刺激下安全的燃烧耗尽而不发生爆炸。

从上可以看出，激光加载下炸药发生热爆炸机理复杂，尤其是对于未爆弹药来说，金属外壳的约束使得未爆弹药内部装药呈现多种响应方式。而炸药的响应方式直接决定了销毁过程的安全距离及销毁过程对周围环境的影响，因此，深入研究激光功率、辐照时间、光斑尺寸等参数与未爆弹药销毁方式的对应关系对于进一步增强激光销毁系统的应用范围、战场适应能力和销毁效率有着重要的作用。

4　结论

激光销毁未爆弹药具有安全、快捷和高效等优点，这种非接触、远距离的作业方式大大减小了排爆人员的心理压力、降低了危险性。当前，随着激光器的大功率和小型化取得的长足进步，利用激光销毁未爆弹药成为可能。但是，由于未爆弹药本身结构的复杂性和销毁环境的复杂性，需要在以下几个方面加强研究：（1）激光器高功率、长出光时间和系统轻型化问题；（2）激光功率、辐照时间、光斑尺寸等参数与未爆弹药销毁方式方法研究，加强激光器在100~200m 范围内的持续变焦能力研究；（3）激光辐照下未爆弹药响应特性的精细化测试技术和数值模拟技术。

参 考 文 献

[1] 国际禁雷运动．地雷监测报告概要 2019［M］．袁靖军，吴刚，译．北京：兵器工业出版社，2022．

［2］ 冯长根. 热爆炸理论 ［M］. 北京：科学出版社，1988.

［3］ 任国光. 反未爆弹药和简易爆炸装置的激光武器 ［J］. 激光与红外，2009，39（3）：233-238.

［4］ 王飞，周爱美，王宇霄. 俄罗斯激光武器发展现状与发展战略探析 ［J］. 舰船电子对抗，2023，46（1）：47-50.

［5］ 孙承纬. 激光辐照效应 ［M］. 北京：国防工业出版社，2002.

［6］ 梁业广，林浩山，王德安. 激光辐照金属圆柱壳体热应力分析 ［J］. 桂林工学院学报，2009，29（1）：158-160.

［7］ Chimier B, Tikhonchuk V T, Hallo L. Heating model for metals irradiated by a subpicosecond laser pulse ［J］. Physical Review B, 2007, 75（19）：195124. 1-195124. 12.

［8］ 赵凤艳. 连续激光辐照金属材料和半导体材料的热效应分析 ［D］. 吉林：长春理工大学，2011.

［9］ 毛煜东，王先征，赵国晨，等. 纳米薄膜受超快激光作用下二维传热数值模拟 ［J］. 山东建筑大学学报，2022，37（6）：37-45.

［10］ 张宇，白春玉，惠旭龙. LY12-CZ 铝合金材料激光辐照损伤分析 ［J］. 航空科学技术，2022，33（8）：61-67.

［11］ 宋林森，史国权，李占国. 利用 ANSYS 进行激光打孔温度场仿真 ［J］. 兵工学报，2006，27（5）：879-882.

［12］ 王铭，韩越，车东博，等. 连续激光与复合激光辐照钢靶的相变烧蚀分析 ［J］. 激光与光电子学进展，2021，59（11）：1-8.

［13］ 方远志，戴国庆，郭艳华，等. 激光摆动对激光熔化沉积钛合金微观组织及力学性能的影响 ［J］. 金属学报，2023，59（1）：136-146

［14］ 何雅静，王伟，许本志，等. 复合脉冲深度激光打孔的实验研究 ［J］. 激光技术，2017，41（3）：380-384.

［15］ 王译那，宋镇江，黄秀军，等. 关于脉冲激光辐照靶材作用机理的研究 ［J］. 光电技术应用，2018，33（4）：58-63.

［16］ Voisey K T, Kudesia S S, Rodden W S O, et al. Melt ejection during laser drilling of metals ［J］. Materials Science & Engineering A, 2003, 356（1）：414-424.

［17］ 王崇旭. 激光辐照密闭金属/炸药复合结构动态响应 ［D］. 长沙：国防科技大学，2021.

［18］ Vora H D, Santhanakrishnan S, Harimkar S P, et al. Evolution of surface topography in one-dimensional laser machining of structural alumina ［J］. Journal of the European Ceramic Society, 2012, 32（16）：4205-4218.

［19］ Shashank S, Vijay M, Ramakrishna S A, et al. Numerical simulation of melt hydrodynamics induced hole blockage in Quasi-CW fiber laser micro-drilling of $TiAl_6V_4$ ［J］. Journal of Materials Processing Technology, 2018, 262：131-148.

［20］ Marimuthu S, Dunleavey J, Liu Y, et al. Characteristics of hole formation during laser drilling of SiC reinforced aluminium metal matrix composites ［J］. Journal of Materials Processing Technology, 2019, 271：554-567.

［21］ Ciro W, Eddings E G, Sarofim A. Fast Cookoff Tests Report ［R］. Center for the Simulation of Accidental Fires and Explosions, 2003.

［22］ Cooper M A, Oliver M S, Erikson W W. Effect of pressure vents on the fast cookoff of energetic materials ［R］. Sandia Report, Sand, 2013-8964, 2013.

［23］ Mcafee J M. Non-Shock Initiation of Explosives ［M］. Berlin：Springer-Verlag Berlin Heidelberg, 2010.

［24］ 张晋元. 壳体厚度对传爆药慢速烤燃响应的研究 ［J］. 中国安全生产科学技术，2011，7（3）：61-64.

［25］ 王伟平，谭福利，张可星，等. 激光对金属背面含能材料的点火阈值 ［J］. 激光技术，2001（3）：

199-202.

[26] 曲素莉. 炸药激光点火数值模拟 [J]. 科技视界, 2012 (24): 69-71.

[27] Kats, Greenberg. Forced thermal ignition of a polydisperse fuel spray. Combustion Science and Technology, 2018, 190 (5): 849-877.

[28] 焦路光. 连续波激光对液体贮箱的辐照效应研究 [D]. 长沙: 国防科学技术大学, 2013

[29] 丁洋, 赵生伟, 初哲, 等. 激光辐照带壳装药热点火数值计算模型 [J]. 现代应用物理, 2017, 8 (3): 67-73.

[30] 王育雄, 张明安, 等. 激光点火工程的二维数值模拟 [J]. 火炮发射与控制学报, 2003 (4): 1-4.

[31] 周霖, 刘鸿明, 徐更光. 炸药激光起爆过程的准三维有限差分数值模拟 [J]. 火炸药学报, 2004 (1): 16-19.

[32] Boley C D, Fochs S N, Rubenchik A M. Lethality effects of a high-power solid-state laser [R]. 2007, UCRL-JRNL-234510.

[33] 张家雷. 激光辐照下约束炸药热爆炸机理研究 [D]. 绵阳: 中国工程物理研究院, 2017.

[34] Lee K C, Kim K H, Yoh J J. Modeling of high energy laser ignition of energetic materials [J]. Journal of Applied Physics, 2008, 103 (8): 83536.

[35] 孙承纬, 张宁, 王伟平, 等. 激光的热和力学效应学术会议论文集 [C]. 宁波, 1996: 1-8.

[36] 李伟, 赵勇, 陈曦, 等. 大功率光纤激光器在销毁弹药中的应用 [J]. 激光与光电子学进展, 2008, 45 (7): 39-43.

[37] Madsen T, Defisher S, Baker E L, et al. Explosive venting technology for Cook-Off response mitigation [J]. US Army Armament Research, Development, and Engineering Center, Picatinny Arsenal, NJ, ARMET-TR-10003, 2010.

浅析民爆物品"五定管理模式"在煤矿生产中的应用

尹斌斌

（河南能源焦煤集团九里山矿，河南　焦作　454171）

摘　要：民爆物品的使用为社会主义市场经济发展做出了重要贡献，但也暴露出许多隐患和问题。煤矿企业积极探索"五定管理模式"：定量提前一天报批使用、定视频运输动态监督、定固定地点流向监控管理、定岗定人作业流程细化责任管理和定制度精细过程监管责任追究。通过"五定管理模式"加强了矿井民爆物品自民爆公司运出、井上下接收运输、井下炸药库发放、作业现场使用全过程的细化管理，确保矿井对民爆物品的管理规范化、标准化、精细化。

关键词：煤矿；民爆物品；五定管理模式

Analysis on the Application of "Five Fixed Management Mode" of Civil Explosive Materials in Coal Mine Production

Yin Binbin

（Jiulishan Mine of Henan Energy Coking Coal Group，Jiaozuo 454171，Henan）

Abstract：The use of civil explosive materials has made important contributions to the development of socialist market economy，but it has also exposed many hidden dangers and problems. Coal mines enterprises actively explore the five management modes of "quantitative approval one day in advance，dynamic supervision of video transportation，monitoring and management of fixed location flow，detailed responsibility management of operation process and detailed supervision and responsibility investigation of system and fine process". Through the "five fixed management mode"，the detailed management of the whole process of transporting civil explosive materials from the civil explosive company in the mine，receiving and transporting them up and down the well，distributing underground explosives，and using them on the job site is strengthened，so as to ensure the standardized，standardized and refined management of civil explosive materials in the mine.

Keywords：coal mine；civil explosive materials；five fixed management mode

1　引言

爆破作业是煤矿生产过程中应用最广泛的技术之一，对减轻矿工的劳动强度和提高工作效率发挥至关重要的作用。随着科学技术的发展，爆破技术也在不断提高，但在爆破作业过程中，由于认识不足，操作不当，甚至违章作业、违章指挥，时常会发生爆破事故。尤其高突矿

作者信息：尹斌斌，本科，工程师，yinbinguxinglei@163.com。

井还受到瓦斯、煤尘等危险源的影响，甚至可能导致重大事故的发生，给生命和财产安全造成严重威胁。只有通过切实可行的管理举措，方可杜绝煤矿爆破事故的发生，确保矿井持久、高效安全生产。

2 五定管理模式

2.1 每天定量报批民爆物品使用量

为利于公安部门监督管理，杜绝民爆物品丢失、浪费，超前量化各作业地点使用量。首先矿井根据实际生产任务需要，提前一天谋划井下各作业地点民爆物品使用量，安排专人汇总、整理总使用量，然后再向公安部门申报，实名制操作国家民爆系统网络报备、审批矿井民爆物品使用量获批后，矿井方可获领每天量化的民爆物品[1]。

2.2 井上、井下定视频全过程监督民爆物品接收、运输、临时存储、发放、领用

通过井上、井下各固定地点安设多组监控视频的方式，详实记录民爆物品自入库、沿线运输、临时存放、保管员发放、爆破员领用、安全员监督发放领用等全流程作业。定视频运输动态监督可有效防范民爆物品丢失和运输管理过程中的不规范操作，做到全面监控、过程追溯，严防出现民爆物品的丢失、运输、存贮、发放等关键环节管理不足[2]。

2.2.1 井上民爆物品接收点装卸、运输管理

在民爆公司运输民爆物品专用车辆到达矿井前15钟，武保科、供应科需派人员在民爆物品地面接收点等待。武保科负责周围5m外设置警戒带，清除周围20m范围内无关作业人员，制止无关人员靠近警戒范围；供应科对准备装卸民爆物品的专用矿车车辆（厢）安全情况进行检查，清除车辆内一切杂物，确保车辆完好。接收地点处要求视频全程监督、记录整个作业流程。

民爆物品运送至井上交接点后，由供应科派专人负责验收，核对品种、规格、数量、物资调拨单、民爆物品管理跟踪卡、运输许可证、单位卡，确认无误后，办理交接手续，共同签字确认，再将民爆物品装卸到专用矿车（厢）内加锁。

2.2.2 井上接收点至井下临时交接点民爆物品装卸、运输管理

运送民爆物品前必须通知副井绞车司机和井上、下把钩工、调度室。井上运输区提前安排专人负责对专用装卸车辆完好情况进行全面复查，保证车辆完好可靠。将装雷管车辆调配成一列车，炸药调配一列车，便于副井筒运输。炸药和雷管不在同一列车内运输，严格按照规定在井上下运送民爆物品。交接班、人员上下井的时间内，严禁运送民爆物品。

2.2.3 民爆物品井下临时交接点管理

井下临时交接点内设置雷管临时置放硐室、炸药临时置放硐室、民爆物品临时分发点等[3]。雷管临时置放硐室和炸药临时置放硐室必须是独立硐室，相互之间不得混装。炸药、雷管不得在同一地点同时发放。

民爆物品存入井下临时交接点时必须清点数量，核对品种、规格、型号并登记入账，分类存放在指定硐室内，堆放严格按照相关规定执行，变质失效的民爆物品禁止入内。

井下临时交接点采用专用硐室存放民爆物品，硐室挂牌管理、视频全程监督，硐室之间的距离必须符合民爆物品安全距离的规定。

2.2.4 井下临时交接点民爆物品的发放、领用

爆破员、安全员、保管员均须持证上岗。爆破工必须出示特种作业操作证、爆破作业人员许可证、民爆物品信息管理系统人员卡、爆破器材领用单、民用爆炸物品领用通知单等有效证件方可领取民爆物品。

民用爆炸物品领用通知单按照当班所需民爆物品需求量（满足作业规程、措施规定）填写规范，由使用单位安全员签字、使用单位盖章确认，并经矿井爆破管理项目技术负责人审批签字。爆破器材领用单，由使用单位、通风区队长、发料人（使用单位）队长盖章和使用单位班组长、通风区爆破工签字。爆破器材领用单、民用爆炸物品领用通知单内容包括：时间、地点、班次、炸药、雷管需求量。填写规范、字迹清楚，印章齐全，签字齐全。

涉爆单位使用的炸药及雷管数量应由当班班组长、安全员和爆破工共同核实，确认实用量无误后在现场签字认可。不得中途或在井下临时交接点补签，不得随意涂改。在领取爆破材料时，爆破工要严格按照爆破器材领用单、民用爆炸物品领用通知单中内容提取所需的爆破材料数量，办理领取手续，现场点清数目，检查品种，校对编号，无编号或编号不清楚的雷管禁止领取。

保管员发放民爆物品时必须认真核对爆破工的相关证件、领用单方可发放。严禁无审批发放，严禁超量发放，严禁手续不全发放，严禁打白条或打电话支领发放。保管员查验无误进行分发雷管、炸药时，当面点清数量，校对雷管编号，并登记在《民用爆炸物品购买、领用、清退登记簿》，要求保管员、爆破工、安全员三方签字确认，无编号或编号不清楚的雷管禁止发放。炸药和雷管必须分别发放，先发炸药，再发雷管，严禁炸药和雷管同时发放、同时携带。民爆物品发放结束后，保管员应认真填写管理台账，做到班清、日结，账、卡、物三对照，数字要准确、清晰。

爆破工领取炸药、雷管时，必须现场确认使用同一厂家、同一品种的煤矿许用炸药和雷管，且使用符合规定的安全等级不低于三级的煤矿许用含水炸药和煤矿许用数码毫秒延期电雷管。

在井下临时交接点指定位置领取炸药、雷管，需要全程在视频监控下操作。涉爆单位安全员需要监督民爆物品的领取和发放过程[3]。

2.3 井下作业现场定人监督、管理民爆物品使用

煤矿井下生产地点不固定，无法采取视频等有效监督爆破物品的使用，自井下临时交接点领取至作业现场使用民爆物品，必须固定持证上岗人员爆破工、安全员、保管员、班长对其使用过程的相互监督，从而保证爆破作业的完整实施。

2.3.1 井下临时交接点至生产作业地点的运输管理

在井下临时交接点由供应科的保管员、通风区的爆破员及生产区队的安全员（背药工）三人按照流程，共同根据生产区队提前一天计划民爆物品使用量领取当班民爆物品，然后由爆破工、安全员运送民爆物品至井下作业地点。

采用人力运送方式将民爆物品由井下临时交接点运送到工作地点。雷管必须由爆破工亲自运送，且雷管要装在雷管盒内。炸药应当由爆破工或在爆破工监护下运送。爆破工必须监督落实炸药、雷管分开存放于专用炮箱内并加双锁管理，不得混在一起，钥匙由爆破工和背药工各拿一把。

2.3.2 现场作业地点保存民爆物品的管理

民爆物品运送到作业地点后，爆破工必须把炸药、雷管分别存放在专用民爆物品存放箱内并加锁，钥匙要由爆破工和背药工亲自保管并随身携带，不准随意撬箱、别锁，炮箱损坏时严禁乱扔、乱放，要及时修理或更换。专用箱必须放在顶板完好，支架完整，避开机械、电器设备的地方。

生产单位必须安排保管员负责炸药箱的看护工作，严防炸药丢失、转借现象发生。当天要把运送的炸药、雷管按照计划使用完，不得转让他人或私自携带上井，严禁积存炸药、雷管。

每个爆破工使用的雷管专人专号，作业现场爆破工负责雷管的看护工作，不得转借、丢失。

2.3.3 民爆物品井下爆破管理制度

爆破作业必须编制爆破作业说明书[4]，并符合下列要求：（1）炮眼布置图必须标明采煤工作面的高度和打眼范围或者掘进工作面的巷道断面尺寸，炮眼的位置、个数、深度、角度及炮眼编号，并用正面图、平面图和剖面图表示；（2）炮眼说明表必须说明炮眼的名称、深度、角度，使用炸药、雷管的品种、装药量、封泥长度、连线方法和起爆顺序；（3）必须编入采掘作业规程措施，并及时修改补充；（4）钻眼、爆破人员必须依照说明书进行作业。

爆破作业必须规范爆破程序，严格执行"一炮三检"和"三人连锁"等爆破管理制度，加强对拒爆、残爆的检查和处置。

作业地点每次爆破前，施工单位跟班队长必须向矿调度室汇报。施工单位同时有两个及两个以上施工地点的，跟班队长必须至少汇报一个，其余可由跟班队长安排班组长汇报。汇报内容包括：施工单位、汇报人姓名、汇报时间、爆破作业地点、爆破材料消耗量、瓦斯、煤（岩）尘、支护、安全设施、警戒等情况，经同意后方可进行爆破作业，严禁擅自爆破。

每次爆破后都要及时将煤（矸）扒开，露出全部爆破炮眼，以便进行拒爆、残爆检查，对使用彩带地点进行拒爆、残爆检查时要以是否残留彩带为准。发现拒爆、残爆后，当班班组长必须及时向调度室和区队汇报。处理拒爆、残爆时应在当班处理完毕。在拒爆、残爆处理完毕之前，严禁在该地点进行与处理拒爆、残爆无关的工作，如果当班未能处理完毕，当班班组长、爆破工必须在现场向下一班班组长、爆破工交接清楚后方可撤离现场。

2.4 定岗、定责管理民爆物品的使用

矿井通过对各爆破作业关键岗位人员定岗定责，以责核岗的方式，全面落实岗责任制，达到作业人员岗责匹配，确保安全生产的目的。

武保科安全员负责井上下民爆物品装卸、交接、运输全过程的警戒、看护、押运、跟车，确保各环节、工序、流程符合相关规定。

爆破员须严格按照民用爆炸物品领用通知单提取所需的爆破材料数量，并负责雷管的保存、运送和使用，监督炸药的运送和使用过程，每次爆破作业必须符合作业规程措施的规定。

保管员负责民爆物品的接收、验收、核对、发放、监督，做到班清、日结、账、卡、物三对照。

安全员负责全过程监督民爆物品的保存、运输、使用，防止丢失及不合理的使用。

班组长负责作业地点民爆物品的使用量满足规程措施要求、放炮警戒到位、作业地点支护到位满足爆破条件。

瓦检员负责现场"一炮三检""三人连锁"制度的执行，只用确认现场瓦斯浓度满足要求

方可爆破作业。

通风区队负责落实爆破员、瓦检员是否按照规程措施相关规章制度执行爆破作业。

生产区队负责落实现场是否按照设计进行爆破作业，安全员是否全程参与爆破作业的监督过程。

矿井、安监科、通防科两级监督各生产地区、作业人员是否按照规程措施要求进行爆破作业。

2.5　定制度精细化过程监管、激励考核

根据落实国家相关制度、文件要求，矿井针对民爆物品管理，细化过程，制定《民爆物品丢失处理管理》《民爆物品回收、销毁管理》《矿井爆破管理制度》《民爆物品领用管理制度》《井上民爆物品接收点装卸、运输管理》等相关制度，做到"有法可依、有法必依、执纪必严、违法必究"。

3　"五定管理模式"创造的效益

通过定量报批模式，由生产一线自我上报、矿井层面把关、政府层级审批，从源头计划民爆物品使用量，杜绝了民爆物品的丢失、浪费、积存现象的发生，更杜绝了民爆物品使用不完退库现象，有效规范民爆物品的使用管理。

通过开创"定视频监督模式"实现视频井上下监督民爆物品的装卸、运输、接收、监督、发放、领用等过程，精细化模式管理，做到过程规范、流程监督、责任精准，节约了人力、物力，有效防范了民爆物品丢失，也有利于管理者的多方位管控民爆物品作业，提高工作效率。

通过定固定地点、定岗定责、定制度等有效手段划分作业期间各自责任，各人各尽其责、各司其职。把各工序细化具体到每一个细节和环节模式，实现了组织的标准化、高效化、低成本、快节奏，从而为保证矿井的民爆物品管理的规范化、标准化、精细化打下坚实基础。

4　结论

通过"五定管理模式"的推广应用及民爆物品量化审批、工序监督、流程监管、过程追溯、激励考核等一系列切实可行的举措，完善了矿井爆破作业全流程的标准化、规范化管理模式，探索总结出了符合政策且有效满足矿山安全生产需要的煤矿民爆物品管理新模式，有效规范民爆物品使用。落实了《民用爆炸物品安全管理条例》，杜绝了违规使用民爆物品导致各类涉爆案件和事故的发生，改进了原本矿山民爆一体化监督管理的不足，进一步规范和强化煤矿山民爆物品的安全管理。

参 考 文 献

[1] GB 6722—2003 爆破安全规程 [S]. 北京：中国标准出版社，2004.
[2] 国务院. 民用爆炸物品安全管理条例（国务院令第 466 号）[Z]. 2006.
[3] 公安部治安管理局. 爆破作业技能与安全 [M]. 北京：冶金工业出版社，2014.
[4] 国家矿山安全监察局. 煤矿安全规程（2022 版）[M]. 北京：应急管理出版社，2022.